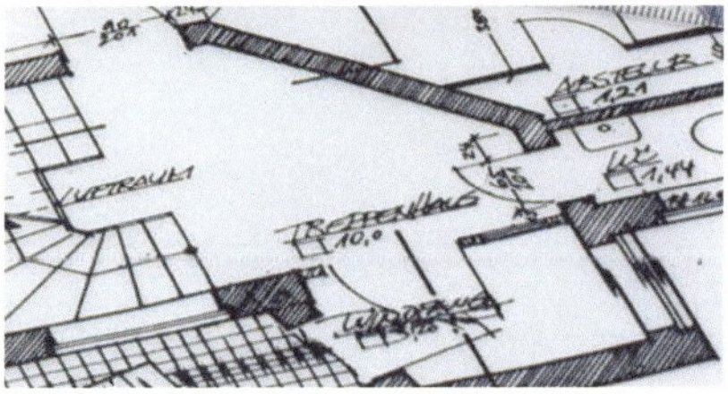

Bautabellen für Architekten

mit Entwurfshinweisen und Beispielen

Begründet von Klaus-Jürgen Schneider

Herausgegeben von
Alfons Goris

Mit Beiträgen von

Klaus Berner · Rudolf Bertig · Dirk Bohne
Heinrich Bruckner · Ömer Bucak · Erich Cziesielski
Dietrich Franke · Rolf Gelhaus · Alfons Goris
Christof Hausser · Joachim P. Heisel
Hans-Peter Hockelmann · Hans Kahlen
Erwin Knublauch · M.-Maximilian Lederer
Hellmut Losert · Jochen Menkenhagen
Otto Oberegge · Michael Raupach · Günther Riegler
Peter Schmidt · Klaus-Jürgen Schneider
Ulrich Schneider · Günter Steck · Karlheinz Tripler
Heinz Volz · Robert Weber · Silvia Weber
Günter Wolf · Rüdiger Wormuth · Josef Zimmermann

17. Auflage 2006

Werner Verlag

17. Auflage 2006

Bibliografische Information Der Deutschen Bibliothek
Die Deutsche Bibliothek verzeichnet diese Publikation in der Deutschen Nationalbibliografie; detaillierte bibliografische Daten sind im Internet über **http://dnb.ddb.de** abrufbar.

ISBN-10 3-8041-5229-5
IBSN-13 978-3-8041-5229-8

Printed in Germany

Druck und Bindung:
Claußen & Bosse, Leck

www.werner-verlag.de

Vorwort zur 17. Auflage

Nachdem ich die „Bautabellen“ seit 1974 (1. Auflage) bis einschließlich 16. Auflage herausgegeben habe, übernimmt Herr Professor Goris dankenswerterweise die Herausgabe der 17. und weiterer Auflagen.

Der bisherige Erfolg dieses Buches basiert auf der hervorragenden Mitarbeit eines kompetenten und engagierten Autorenteams. Für diese langjährige konstruktive und angenehme fachliche und menschliche Zusammenarbeit bedanke ich mich sehr herzlich.

An dieser Stelle geht auch noch einmal mein ganz besonderer Dank an den Verleger Klaus Werner, der mit verlegerischem Weitblick die Herausgabe der 1. Auflage der „Bautabellen“ im Jahre 1974 beim Werner Verlag, Düsseldorf, sehr gefördert hat.

Herrn Professor Goris und allen alten und neuen Autoren wünsche ich für die 17. und für alle weiteren Auflagen viel Erfolg und eine gute Unterstützung durch den Verlag.

Minden, im Juli 2006 *Klaus-Jürgen Schneider*

„Schneider Bautabellen“, seit über 30 Jahren ein Standardwerk für Architekten und Bauingenieure, erscheint jetzt als aktualisierte und erweiterte Neuauflage. In der 17. Auflage der BAUTABELLEN FÜR ARCHITEKTEN wird unter Berücksichtigung des neuesten Stands der Normung und aktueller bautechnischer Entwicklungen ein breites Spektrum des Bauwesens dargestellt.

Neben den erforderlichen Aktualisierungen und Ergänzungen wurden einige Themen neu aufgenommen oder grundlegend überarbeitet. Beispielhaft seien hier das umfassende neue Kapitel *Technische Gebäudeausrüstung*, die neu aufgenommenen Beiträge *Schutz und Instandsetzung* und *Befestigungstechnik* sowie die Erweiterung des Abschnitts *Vorbemessung* genannt. Grundlegend neu bearbeitet wurden die Kapitel *Baubetrieb*, *Lastannahmen* und *Holzbau nach DIN 1052 (neu).*

Aktuelle Informationen und Entwicklungen (z. B. bei Normänderungen und bei Druckfehlerkorrekturen) werden auf der Internetseite *www.schneider-bautabellen.de* bereitgestellt.

Der Baupraxis und den Studierenden steht somit mit der 17. Auflage wieder ein unverzichtbares Kompendium zur Verfügung, das aktuell und kompetent über die wichtigsten Bereiche des Planens und Bauens informiert.

Allen Autoren gilt mein besonderer Dank. Neben den aus früheren Auflagen bekannten Autoren – mit den Professoren Gelhaus, Richter, Schneider und Wormuth sogar vier Autoren der ersten Stunde – konnte eine größere Anzahl von neuen Autoren hinzugewonnen werden, die mit großem Engagement und Sachverstand ihre Fachbeiträge bearbeitet haben.

Danken möchte ich auch allen Lesern, die mit kritischen Anmerkungen und Verbesserungsvorschlägen wesentlich zum Gelingen dieses Werkes beigetragen haben.

Die Zusammenarbeit mit dem Werner Verlag war wie auch in der Vergangenheit sehr gut. Hierfür bedanke ich mich im Namen aller Autoren.

Die Bautabellen standen bisher unter der Herausgeberschaft von Prof. Schneider. In den letzten Jahrzehnten ist es ihm gelungen, die „Bautabellen“ zu einem Standardwerk für Architekten und Ingenieure auf hohem Niveau und mit einem sehr guten Ruf zu entwickeln. Für diese große Leistung danke ich ihm auch im Namen des Verlages ganz besonders.

Siegen, im Juli 2006 *Alfons Goris*

1 Objektentwurf

Prof. Dr. Joachim P. Heisel

Inhaltsverzeichnis

Vorbemerkungen

In diesem Kapitel sind Informationen für den Entwurf zusammengestellt: Gebäudetypen, Maßempfehlungen, Mindestmaße sowie baurechtliche Vorschriften u.a.m. Die kritische Auseinandersetzung mit gebauten und/oder veröffentlichten Planungen und den eigenen Entwurf kann es nicht ersetzen.
Für die Genehmigungs- und Ausführungsplanung ist ein Blick in die aktuellen Regelwerke und die landesspezifischen Bestimmungen unerlässlich.

1 Allgemeine Planungsgrundlagen

1.1 Mensch und Maße

Der Entwurf von Gebäuden muss sich maßlich, funktional und gestalterisch an den Benutzern, den Menschen, orientieren. Grundmaße, die sich aus den Körperabmessungen des Menschen ergeben, sind bei der Planung und Dimensionierung der Räume, Bauteile und Einrichtungen zu beachten.

Maßverhältnisse
Bestimmte Maßverhältnisse, Proportionen, wirken auf den Menschen besonders angenehm. Es sind in der Regel Maßverhältnisse, die sich durch Eindeutigkeit und Unterscheidbarkeit der Teile auszeichnen und deren Teile in einem klaren, intuitiv spürbaren inneren Verhältnis zueinander stehen, z. B. 1:2; 2:3; 3:5.

Der sog. Goldene Schnitt gilt als ästhetisch besonders befriedigend. Er definiert das Verhältnis zweier Streckenteile (*a, b*) und des größeren Streckenteils (*b*) zur Gesamtstrecke nach der Formel:

$$a : b = b : (a+b)$$

Seit der Antike werden die Maße und Maßverhältnisse des menschlichen Körpers als ästhetisch besonders befriedigend und harmonisch empfunden. Le Corbusiers entwickelte aus dem menschlichen Körper, insbesondere aus der Höhe des Solarplexus und seiner Verdopplung, Maßsysteme (Modulor), die sich jeweils im Goldenen Schnitt verkürzen bzw. verlängern.

Module
Modulsysteme gehen von einer Grundeinheit (Modul) aus. Alle weiteren Teile werden als ganzzahlige Vielfache dieses Moduls fortentwickelt.

Menschen und Maße (cm)

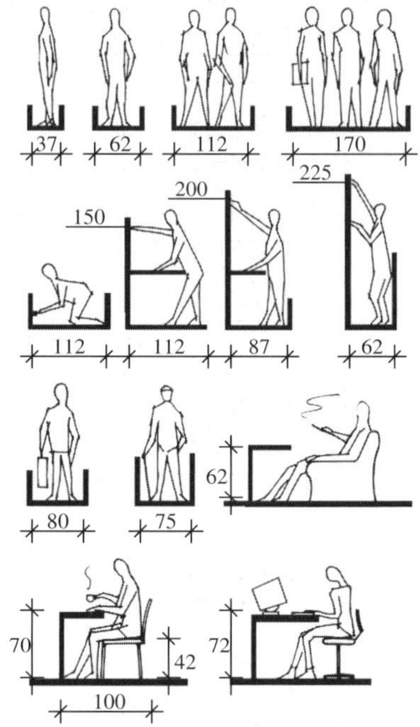

Modulor-Maße (cm). Le Corbusier

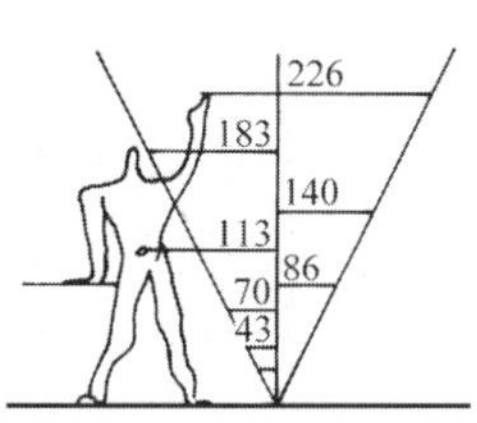

Rote Reihe	Blaue Reihe
3281	6563
2028	4056
1253	2507
774	1549
479	957
296	592
183	366
113	226
70	140
43	86
26	53
16	33
10	20
6	12
4	8
2	4
1	3

Besonnungstabelle
(Horizontal- und Vertikalwinkel (HW, VW))

Uhr-zeit	21.6.		21.3./23.9.		21.12.	
	HW	VW	HW	VW	HW	VW
4.00	127°	2°				
5.00	116°	9°				
6.00	105°	18°	90°	0°		
7.00	94°	27°	78°	9°		
8.00	82°	37°	66°	18°		
9.00	68°	46°	52°	26°	41°	5°
10.00	51°	54°	37°	33°	28°	11°
11.00	28°	59°	19°	37°	14°	14°
12.00	0°	62°	0°	39°	0°	15°
13.00	28°	59°	19°	37°	14°	
14.00	51°	54°	37°	33°	28°	11°
15.00	68°	46°	52°	26°	41°	5°
16.00	82°	37°	66°	18°		
17.00	94°	27°	78°	9°		
18.00	105°	18°	90°	0°		
19.00	116°	9°				
20.00	127°	2°				

Beispiel für die Anwendung der Besonnungstabelle: Schattenwurf am 21.3., 11.00 Uhr

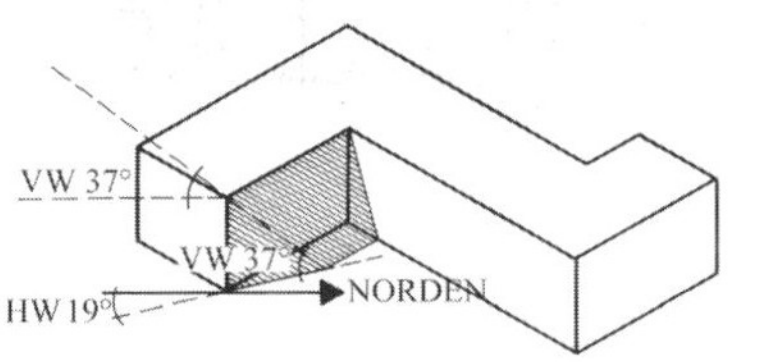

Tageslichtverteilung bei unterschiedlicher Anordnung gleich großer Fensterflächen

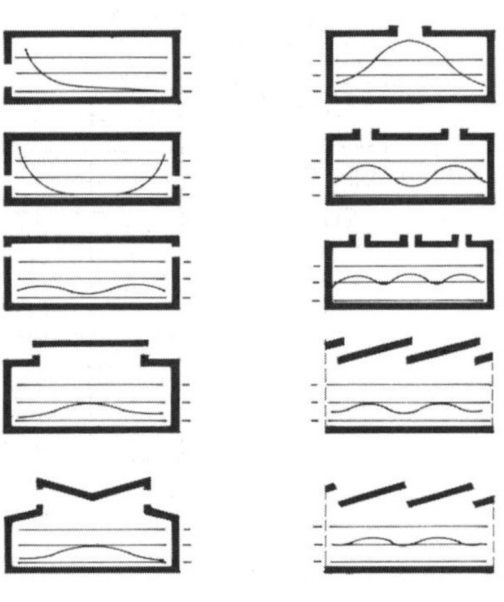

1.2 Besonnung

DIN 5034

Sonnenstände im Jahreslauf

Die Dauer und die Intensität der Besonnung eines Bauwerkes hängen, neben dem Grad der Bewölkung und der Verschattung durch Nachbarobjekte, von der Jahres- und der Tageszeit ab. Für Deutschland gilt etwa: Am 21. 12. (Wintersonnenwende; 7,5 h/Tag) beginnt die Sonne von ihrem tiefsten Mittagsstand (15°) immer höher zu steigen, bis sie am 21. 6. (Sommersonnenwende; 16 h/Tag) ihren höchsten Stand (62°) erreicht. Gleichzeitig wandern die Auf- und Untergangspunkte immer weiter nach Osten bzw. nach Westen. Zu den Tag- und Nachtgleichen (21. 3. und 23. 9.; 12 h/Tag) steht die Sonne 39° über dem Horizont.
Statistische Werte über die monatliche Sonnenscheindauer liefern die regionalen Wetterämter.

Ermittlung des Sonnenstandes

In der Regel ermittelt man 3 Besonnungsfälle: Winter- und Sommersonnenwende sowie Tag- und Nachtgleiche. Die Horizontal- und Vertikalwinkel der Sonne zu einer bestimmten Uhrzeit werden Tabellen entnommen und in Grundriss, Aufriss oder Isometrie eingetragen.

1.3 Belichtung

DIN 5034

Tageslichtquotient

Der Tageslichtquotient (D) beschreibt das Verhältnis der *Belichtungsstärke* in einem Raum (E_p) zu der im Freien (E_a):

$$D = E_p / E_a \times 100\ \%$$

Für Wohnräume gilt: In 85 cm über Fußboden, in halber Raumtiefe und in 1 m Distanz zu den Wänden: D = mind. 0,9 % im Mittel; am ungünstigsten Punkt dieser Linie: D = mind. 0,75 %. Bei Fenstern in 2 aneinander grenzenden Wänden D = mind. 1 % am ungünstigsten Punkt.
Fenster bedingen mit zunehmender Raumtiefe eine deutliche Abnahme des Tageslichts. Hohe Fenster belichten weiter in die Tiefe.
Als Orientierungswert für eine ausreichend belichtete Raumtiefe (Rt) gilt:

$$Rt = 1{,}5 \times \text{Fenstersturzhöhe}$$

Helle Raumoberflächen fördern die natürliche Belichtung durch Reflexion und Streuung. Lichtlenkprismen können schräg einfallendes Sonnenlicht horizontal in die Tiefe des Raumes werfen. Dachlichter ermöglichen die Versorgung großflächiger Räume mit Tageslicht.
Blendung von Personen und ein Aufheizen von Räumen sind ggf. durch Sonnen- und Blendschutzvorrichtungen zu verhindern. Eine blendfreie, gleichmäßige Lichtverteilung kann u. a. durch Nordorientierung der Öffnungen, und/oder Lichtstreuung erreicht werden.

Bestimmung des Tageslichtquotienten (*D*)
Bei bandförmigen Belichtungselementen an einem Punkt (P) wird *D* graphisch ermittelt:
Die Messebene (*m*) liegt 85 cm über Fußboden. Halbkreis mit beliebigem Radius (*r*) um P schlagen, die oberen bzw. unteren Öffnungskanten mit P verbinden, senkrechte Projektion der Schnittpunkte dieser Verbindungslinien mit dem Halbkreis auf die Messebene. Der Tageslichtquotient entspricht nun dem Anteil der auf die Messstrecke projizierten Öffnungen ($Ö_1$, $Ö_2$, ...) am Durchmesser des Halbkreises um P. Wegen der Lichtverluste durch Glas, Sprossen und Verschmutzung wird der ermittelte Wert auf 66 % reduziert. Formel:

$$D = 2 \times r / (Ö_1 + Ö_2 + ...) \times 0,66$$

Gleichmäßig verteilte punktförmige Öffnungen sind nach ihrem Anteil (z. B. 0,5) an der Fassadenlänge zu berücksichtigen. Formel z. B.:

$$D = 2 \times r / (Ö_1 + Ö_2 + ...) \times 0,5 \times 0,66$$

1.4 Bauordnungsrechtl. Begriffe

MBO, HHR, VStättVO

Aufenthaltsräume
Sie dienen dem nicht nur vorübergehenden Aufenthalt von Menschen. Lichte Raumhöhe mind. 2,40 m; in Dachräumen mind. 50 % der Fläche 2,30 m hoch; Bauteile unter 1,50 m Höhe werden dabei nicht berücksichtigt. Vor Fenstern von Aufenthaltsräumen darf das Gelände max. 50 cm über dem Fußboden liegen.

Vollgeschosse
Nach MBO sind Vollgeschosse Geschosse, deren *Deckenoberkante* im Mittel mehr als 1,40 m über die Geländeoberfläche hinausragt und die über mind. 2/3 (einige Bundesländer 3/4) ihrer Grundfläche eine lichte Höhe von mind. 2,30 m haben.

Gebäudeklassen
Die MBO unterscheidet folgende Gebäudeklassen (GK) nach der Höhe des Fußbodens eines Aufenthaltsraums über Gelände (AüG):

GK 1: Frei stehend, AüG max. 7 m, insgesamt max. 400 m²; max. 2 Nutzungseinheiten

GK 2: wie vor jedoch, nicht frei stehend,
GK 3: sonstige Gebäude mit AüG max. 7 m,
GK 4: AüG max. 13 m, Nutzungseinheiten jeweils max. 400 m²,
GK 5: sonstige Gebäude.

Gebäude der GK 1 bis 3 werden auch als Gebäude niedriger Bauweise, die der GK 4 als Gebäude mittlerer Bauweise und der GK 5 als Gebäude hoher Bauweise bezeichnet.
Ab AüG über 22 m handelt es sich um ein Hochhaus. Es gelten dann die HHR der Länder. Bauten mit über 200 Besuchern unterliegen der Versammlungstättenverordnung (VStättVO).

Faustregel für ausreichende Belichtung

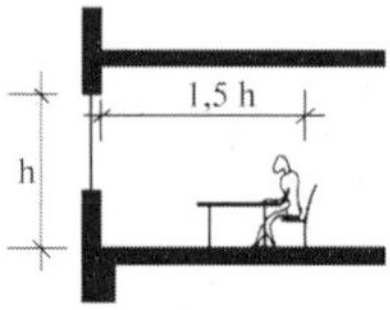

Graphische Bestimmung des Tageslichtquotienten

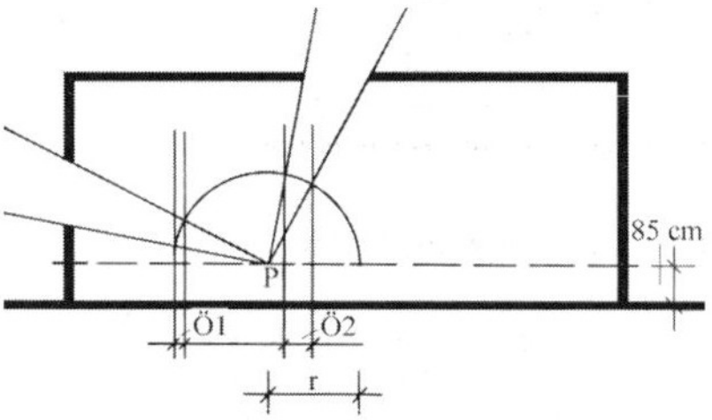

Besondere Formen von Dachlichtern

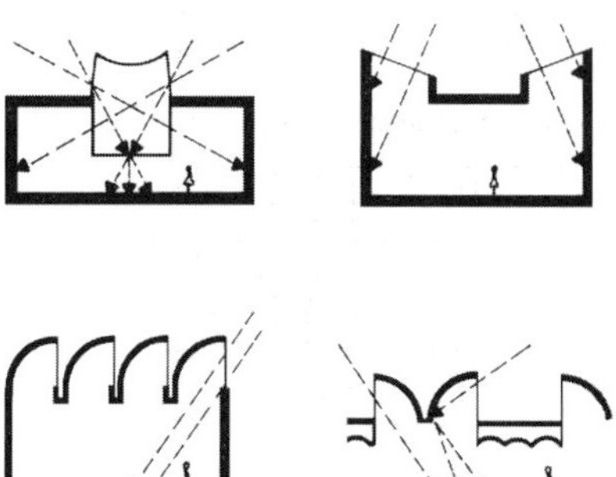

Gebäudeklassen,
Bauweise (BW) und
2. Rettungsweg

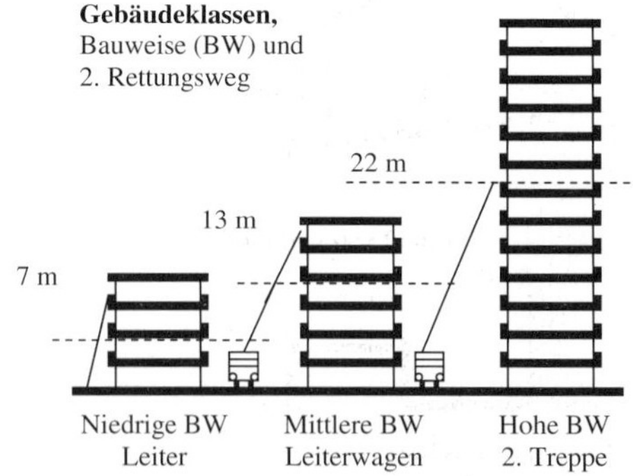

Maße von Fensterflächen

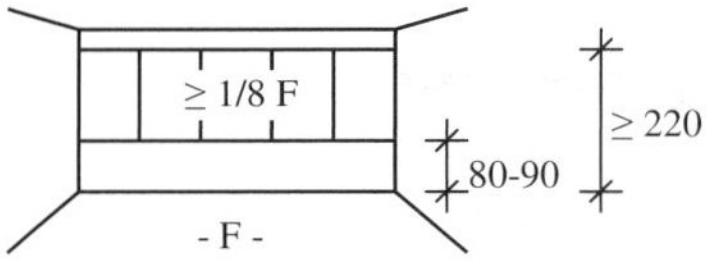

Brüstungshöhen (BRH) (cm)

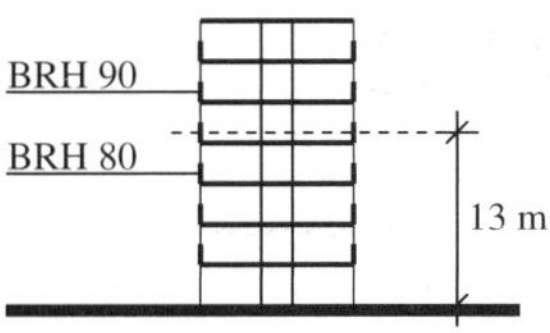

Maße für Fenster als Rettungswege (cm)

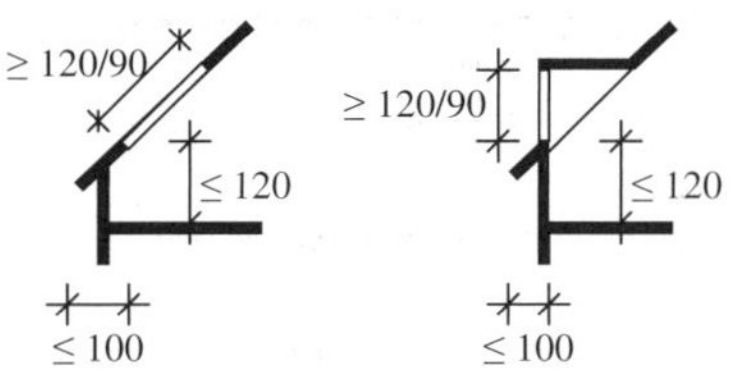

Orientierungsmaße. Liegende Dachfenster (cm)

Breite\Höhe	85	112	121	123	145
54		X			
65	X		X		
74		X			X
85		X			
94				X	X
105				x	X

Höhen von Schornsteinmündungen (cm)

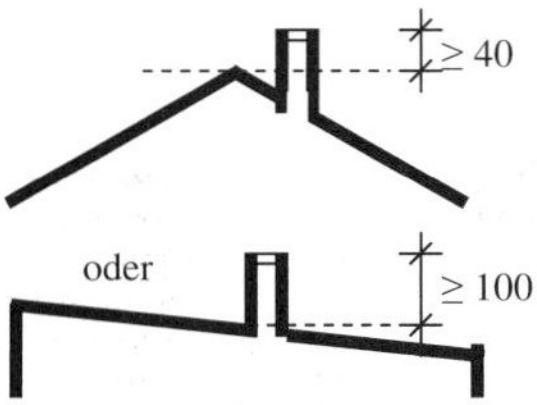

Schornsteinabstand von Aufbauten und Fenstern

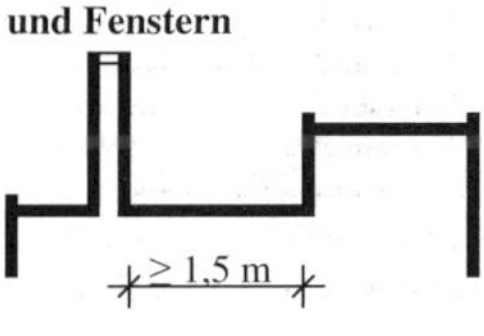

2 Bauelemente

2.1 Öffnungen

2.1.1 Fenster

LBO, ArbStättV, DIN 5034, DIN 18 025

Aufenthaltsräume müssen über Fenster (notwendige Fenster) belichtet und belüftet sein. Rohbaumaße der notwendigen Fenster mind. 1/8 der Netto-Grundfläche der Räume, in Kindertagesstätten und Schulen mind. 1/5. Ausnahmen sind möglich, wenn Raumfunktionen dies verlangen und Belichtung sowie Belüftung gesichert sind.
Bei Wohnräumen und Arbeitsstätten bis etwa 50 m² Fläche gilt: Unterkante Fenster möglichst max. 90 cm, Oberkante mind. 2,20 m über Fußboden. Wohnungen für Rollstuhlfahrer: Unterkante Fensterglas mind. eines Raumes max. 60 cm über Fußboden. Brüstungshöhen bei Absturzhöhen ≤ 12 m mind. 80 cm, bei größeren Höhen mind. 90 cm über Fußboden. Besondere Bestimmungen gelten bei Arbeitsstätten (s. Abschn. 7).
Fenster, die als Rettungswege gelten, müssen mind. 90 cm × 120 cm im Lichten messen. Die Unterkante darf max. 1,2 m über Fußboden liegen. In Dachschrägen oder in Dachaufbauten (z. B. Gauben) dürfen Rettungsfenster max. 1 m horizontal gemessen von der Traufe entfernt sein.

2.1.2 Türen

LBO, GhVo, DIN 4102, DIN 4109

Die schall- und brandschutztechnischen Anforderungen und der Transport von Möbeln u. Ä. ist bei der Festlegung von Bauart und Maßen zu beachten.

Türen in Wohnungen
Eingangstüren: Breite mind. 90 cm im Lichten. Rohbau-Türbreiten innerhalb von Wohnungen: 88,5 cm; zu untergeordneten Räumen: 76 cm.

2.2 Erschließungselemente

2.2.1 Rettungswege

LBO

Nutzungseinheiten müssen mind. 2 unabhängige Rettungswege ins Freie besitzen. Als Rettungswege fungieren insbesondere Flure und Treppen. Der 2. Rettungsweg kann bei Brüstungen ≤ 8 m über Gelände ein Gerät der Feuerwehr sein.
Zum Freiem oder notwendigen Treppenräumen max. 35 m Lauflinie, in Versammlungsstätten (> 200 Besucher) in der Regel max. 30 m; in Hochhäusern 25 m; zu Schulen s. Abschn. 9.

Nach MBO ist ein 2. Rettungsweg nicht erforderlich, wenn sicher gestellt ist, dass Feuer und Rauch in den Treppenraum nicht eindringen können (Sicherheitstreppenraum).
Bauaufsichtlich erforderliche Flure und Treppen, werden als „notwendig" bezeichnet.
In Versammlungsstätten sind stets 2 bauliche Rettungswege erforderlich. Breite in geschlossenen Stätten: 1,2 m je 200 Besucher, in Freiluftstätten: 1,2 m je 600 Besucher.

2.2.2 Treppen

LBO, HHR, SchulBauRl, VStättVO, DIN 18 065, DIN 18 024, DIN 18 025

Notwendige Treppen
Jedes Geschoss, das nicht zu ebener Erde liegt, muss mind. über 1 Treppe (= notwendige Treppe) erschlossen sein. Leitern, Fahrtreppen und Einschubtreppen sind als notwendige Treppen unzulässig.
Versammlungsstätten (> 200 Besucher), Schulen und Hochhäuser (Aufenthaltsräume > 22 m über Gelände) und Tiefgaragen, deren Rampen nicht unmittelbar ins Freie führen, benötigen mind. 2 Treppen. Zu Treppen im barrierefreien Bauen s. Abschn. 4. Versammlungsstätten.
Treppen in Versammlungsstätten max. 2,40 m breit, sonst Mittengeländer erforderlich. An beiden Seiten Handläufe ohne offene Enden anordnen und über Treppenabsätze fortführen. Wendeltreppen sind als notwendige Treppen unzulässig. Geschosse mit ≥ 800 Besuchern benötigen jeweils eigene Treppenanlagen.

Steigungsverhältnis
DIN 18 065 ist neben den bauordnungsrechtlichen Vorschriften, die zentrale Planungsgrundlage für Treppen.
Unter dem Steigungsverhältnis einer Treppe wird die Relation zwischen der Auftrittsbreite (b) und der Höhe (h) der Stufen verstanden. Das Steigungsverhältnis darf sich in der Lauflinie einer Treppe nicht ändern.
Günstige Steigungsverhältnisse, etwa 17/29 cm, ergeben sich aus der Schrittlänge des Menschen von 62 bis 64 cm. Formel:

$$2 \times h + b = 62 \text{ bis } 64 \text{ cm}$$

z. B.: $2 \times 17 \text{ cm} + 29 \text{ cm} = 63 \text{ cm}$

Diese Formel ist insbesondere für notwendige Treppen im Sinne der LBO anzuwenden.
Grundsätzlich sollten Steigungen 21 cm nicht überschreiten und Auftrittsbreiten 21 cm nicht unterschreiten.
Freitreppen und repräsentative Treppen in Gebäuden sollten größere Auftrittsbreiten und geringere Steigungshöhen erhalten.
In Gebäuden, in denen sich möglicherweise Kinder aufhalten, darf der Lichtraum zwischen offenen Treppenstufen 12 cm nicht übersteigen.

Stufen, Begriffe

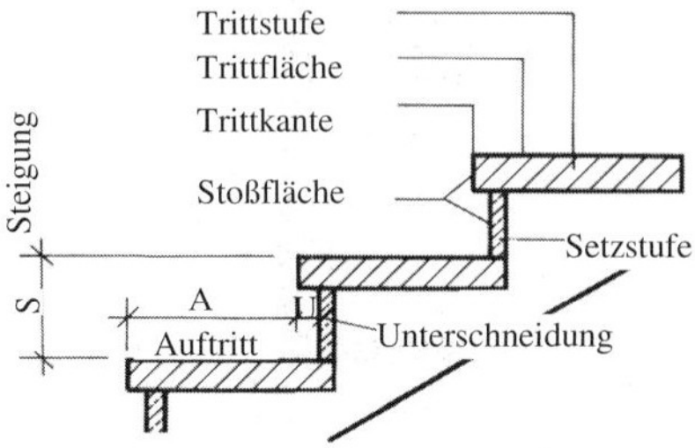

Stufenformen

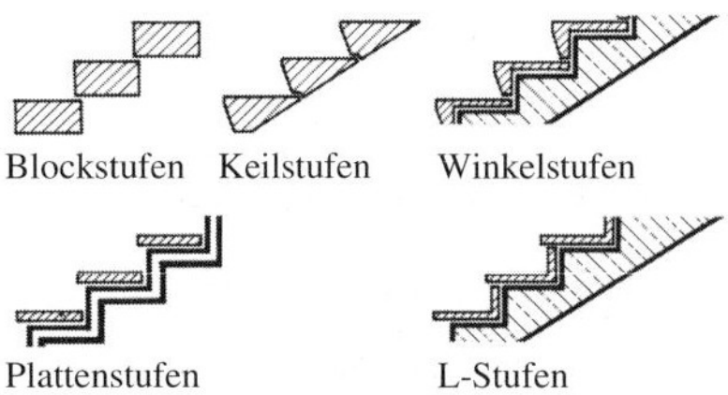

Günstige Treppensteigungen

Freitreppen	14 – 16 cm
Versammlungsstätten	15 – 17 cm
Schulen	14 – 16 cm
öffentliche Gebäude	16 – 17 cm
Gewerbebauten	17 – 19 cm
Verwaltungsbauten	16 – 17 cm
Wohnhäuser	16 – 19 cm
Bodentreppen	18 – 20 cm
Kellertreppen	18 – 19 cm
nicht notwendige Treppen	bis 21 cm

Treppen, Begriffe

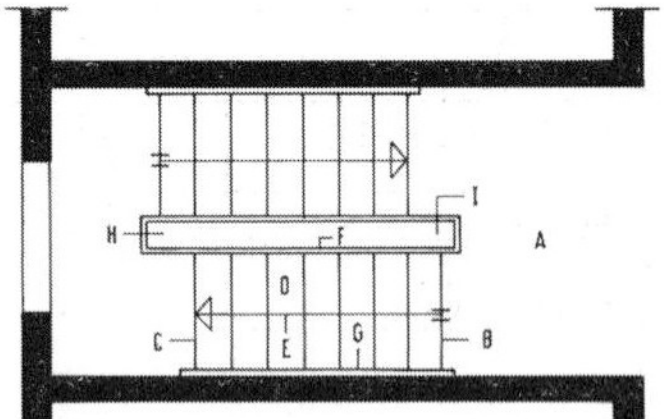

A Podest
B Antrittstufe
C Ausstrittstufe
D Treppenlauf
E Lauflinie
F Innere Treppenwange
G Äußere Treppenwange
H Krümmling
I Treppenauge

Treppen, wichtige Maße (cm)

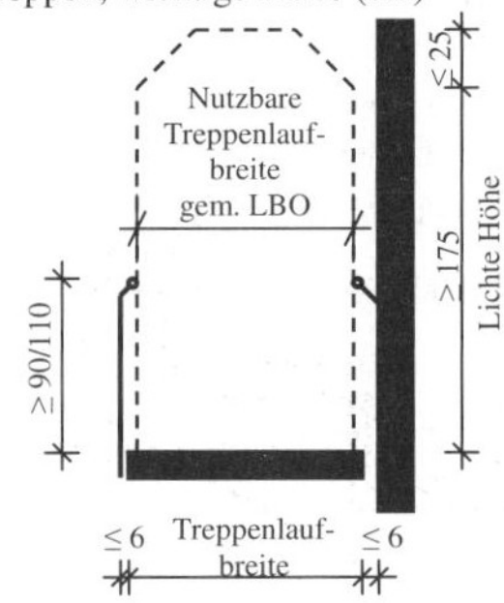

Treppenformen

-  Einläufige gerade Treppe
-  Einläufige im Austritt viertelgewendelte Treppe
-  Einläufige im Antritt viertelgewendelte Treppe
-  Einläufige zweimal viertelgewendelte Treppe
- 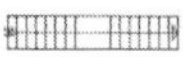 Zweiläufige gerade Treppe mit Zwischenpodest
- 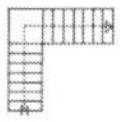 Zweiläufige gewinkelte Treppe mit Zwischenpodest
- 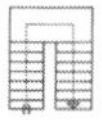 Zweiläufige gegenläufige Treppe mit Zwischenpodest
-  Einläufig halbgewendelte Treppe
- 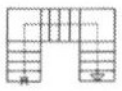 Dreiläufige zweimal abgewinkelte Treppe mit 2 Zwischenpodesten
-  Spindeltreppe
- 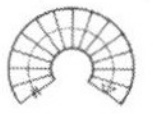 Wendeltreppe

Nutzbare Mindest- bzw. Maximaltreppenbreiten

nicht notw. Treppe	≥ 50 cm
Treppe in Wohnungen	≥ 80 cm
Wohnhaus bis 2 Geschosse	≥ 90 cm
Garagen	≥ 100 cm
übrige Gebäude	≥ 100 cm
Hochhäuser	≥ 125 cm
Versammlungstätten	≤ 250 cm

Durchmesser bei Wendeltreppen

Ø Deckenöffnung	Ø Treppe
140 cm	125 cm
160 cm	145 cm
180 cm	165 cm
200 cm	185 cm
220 cm	205 cm
230 cm	215 cm

Podeste
Spätestens nach 18 Stufen ist ein Podest vorzusehen. Die Podestbreite muss mind. der Treppenbreite entsprechen. Die Podestlänge (L) errechnet sich wie folgt (n = wählbare Zahl):

$$L = n \times \text{Schrittlänge} + 1\ \text{Auftritt}$$

Schlägt eine Tür in Richtung der Treppe auf, so muss vor der Treppe ein Absatz sein, dessen Tiefe mind. der Türbreite entspricht.

Nutzbare Treppenbreiten
Als nutzbare Breite einer Treppe bezeichnet man den freien Raum zwischen begrenzenden Bauteilen, wie Wänden, Handläufen u. Ä.
Bei Wendeltreppen und Treppen mit einem zentralen Tragstab (Spindeltreppen) sind bei Durchmessern ab 220 cm bzw. 270 cm nutzbare Laufbreiten von 80 cm bzw. 100 cm erreichbar. Sie gelten dann als notwendige Treppen.

Handläufe und Geländer
Treppen mit mehr als 3 Stufen müssen einen Handlauf besitzen. Bauaufsichtlich notwendige Handläufe müssen fest sein, z. B. keine Seile. Ab 1,50 m Breite sind beidseitige Handläufe sinnvoll, ab 2,40 m Breite kann ein mittiger Handlauf erforderlich sein (VStättVO).
Treppengeländer müssen über der Vorderkante der Stufen bzw. der Oberkante des Fußbodens eine Höhe von mind. 90 cm aufweisen. Bei mehr als 12 m Absturzhöhe muss die Geländerhöhe mind. 110 cm betragen.
Besondere Bestimmungen gelten für Arbeitsstätten (s. Abschn. 7), Kindertagesstätten und Schulen (s. Abschn. 9).

Treppenformen
Treppen sollten möglichst homogen verlaufen. Kombinationen von geradläufigen und gewendelten Teilen sollten sich auf Treppen innerhalb von Wohnungen beschränken.
Bei gewendelten Treppen in Wohnungen und Wohngebäuden mit max. 2 Wohnungen muss die Auftrittsbreite 15 cm von der inneren Begrenzung mind. 10 cm betragen. Für Spindeltreppen gibt es in diesen Gebäuden keine Beschränkung. In den übrigen Gebäuden muss die schmalste Trittbreite gewendelter Treppen mind. 10 cm betragen.
In der Lauflinie darf sich das Steigungsverhältnis nicht verändern. Sie muss ohne Knick mit einem Mindestradius von 30 cm innerhalb des Gehbereichs verlaufen.

Bauart
Treppen von Gebäuden der GK 1–2 sind frei. Bei Bauten der GK 3 müssen Treppen aus nichtbrennbaren Baustoffen (A) oder feuerhemmend (F 30) sein, bei Bauten der GK 4 aus nichtbrennbaren Baustoffen (A) und Gebäuden der GK 5 mind. F 30-A.
Notwendige Treppen in Versammlungsstätten und Hochhäusern (> 22 m) müssen F 90 sein.

2.2.3 Treppenräume

LBO, HHR

Für Gebäude mit mehr als 2 Nutzungseinheiten und/oder mit Fußboden eines Aufenthaltsraums über 7 m Höhe über Gelände (GK 4–5) gilt: Notwendige Treppen müssen in einem eigenen, an der Außenwand liegenden Treppenraum angeordnet sein. Innen liegende Treppenräume können gestattet werden, wenn wegen der Rauchgefährdung und des Brandschutzes keine Bedenken bestehen. Jeder Treppenraum muss einen sicheren und möglichst kurzen Ausgang ins Freie besitzen.
Bei mehr als 2 Vollgeschossen muss die notwendige Treppe in einem Zug zu den Geschossen führen. Die Treppen zum Dachraum müssen damit unmittelbar verbunden sein. Zu Fluren mit mehr als 4 Wohneinheiten oder ähnlichen Nutzungseinheiten muss der Treppenraum rauchdicht abgeschlossen sein.

Entrauchung
In jedem Geschoss ist ein Außenfenster von mind. 0,5 m² freiem Lüftungsquerschnitt, bei innen liegenden Treppenhäusern und solchen von Höhen über 13 m eine RWA-Öffnung an der höchsten Stelle von mind. 1 m² freiem Lüftungsquerschnitt erforderlich. Die Öffnung sollte mind. 5 % der Grundfläche des Treppenraums besitzen. Sie muss mind. im EG und im obersten Geschoss zu bedienen sein.

Bauart
Notwendige Treppenräume in Gebäuden der GK 1–2 sind frei. Bei GK 3 müssen sie feuerhemmend (F 30) sein, bei GK 4 hochfeuerhemmend (F 60) und bei GK 5 ist die Bauart von Brandwänden (F 90-A) erforderlich.

Treppenräume in Hochhäusern
Liegt der Fußboden eines Aufenthaltsraumes 22 m über Gelände, so gilt:
Von jeder Stelle eines Aufenthaltsraumes dürfen notwendige Treppen oder Sicherheitstreppenräume max. 25 m entfernt sein. Es sind mind. 2 notwendige Treppen oder ein Sicherheitstreppenraum vorzusehen. Letzterer muss an einer Außenwand liegen und über einen an 2 Seiten offenen Gang zu erreichen sein, der mind. so breit wie die Treppe ist und dessen Länge mind. die doppelte Treppenbreite beträgt. Hochhäuser mit dem Fußboden eines Aufenthaltsraumes über 60 m über Gelände erfordern mind. 2 Sicherheitstreppenräume.
Innen liegende Treppenräume benötigen einen Vorraum und eine mechanische Lüftung.
Die Rauchabzüge müssen von jedem Geschoss zu bedienen sein. Treppen und Wände sind feuerbeständig und nichtbrennbar (F 90-A) auszuführen, Türen mind. feuerhemmend (T 30).

Treppen, Gehbereiche

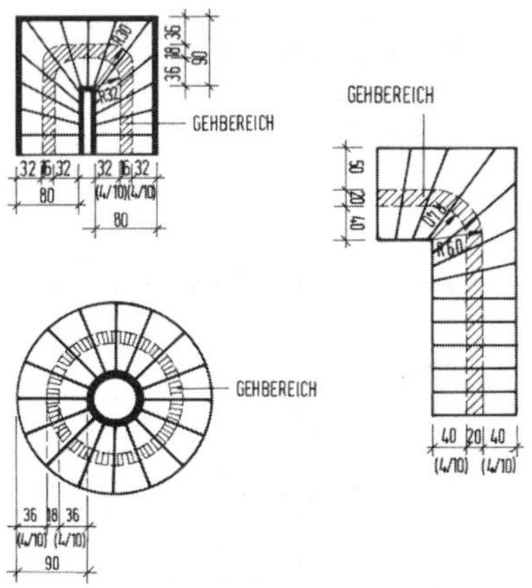

Treppen, Flächenbedarf

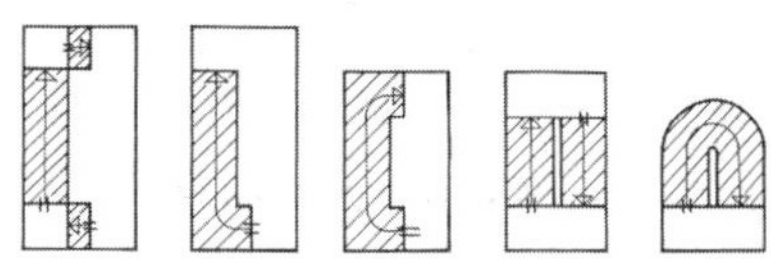

12.50 m²   11.25 m²   9.00 m²   9.00 m²   7.25 m²

Orientierungswerte für die nutzbare Breite von Fluchttreppenhäusern in Verkaufs- und Ausstellungsgebäuden

bis 100 m²	1,10 m
bis 250 m²	1,30 m
bis 500 m²	1,65 m
bis 1000 m²	1,80 m
über 1000 m²	2,10 m

Orientierungswerte für die nutzbare Breite von Fluchttreppenhäusern

bis 100 Personen	1,10 m
bis 250 Personen	1,65 m
über 250 Personen	2,10 m

Grundrissmaße von Raumspartreppen (bis 285 cm Höhe)

Länge	Breite
120 cm	60 cm
120 cm	65 cm
120 cm	70 cm

Bodentreppe, Begriffe

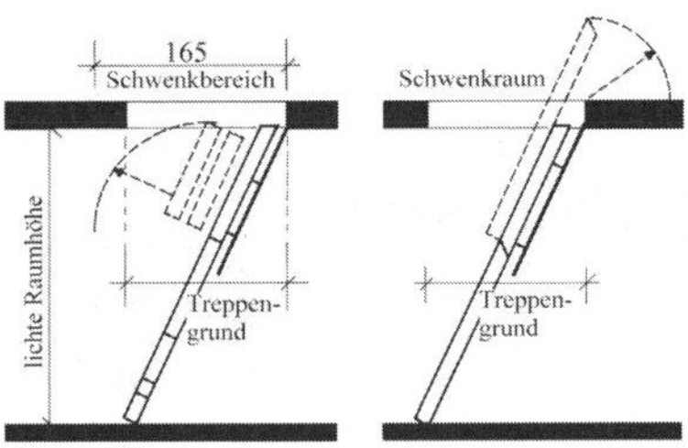

Einbaumaße für Bodentreppen (cm)

Lichte Raumhöhe	Lukenbreite	Lukenlänge
2-teilig mit Schwenkraum		
200-280	60	100, 110, 120
200-280	70	110
220-300	60, 70	120, 130
240-320	60, 70	140
3-teilig ohne Schwenkraum		
230-270	60	120
230-270	70	120,130,140

Alten- und behindertengerechte Rampe

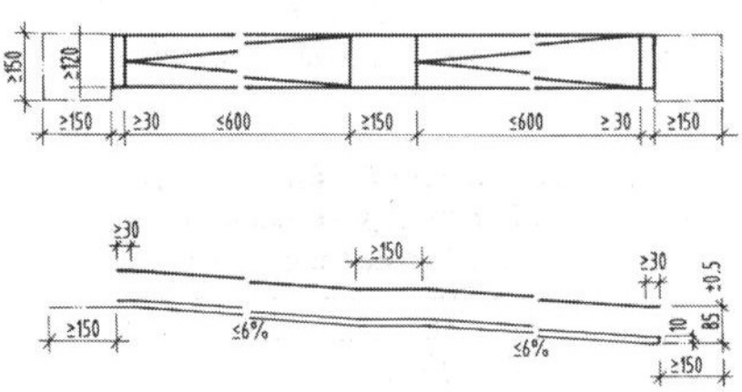

Treppenrampe (≤ 25°)

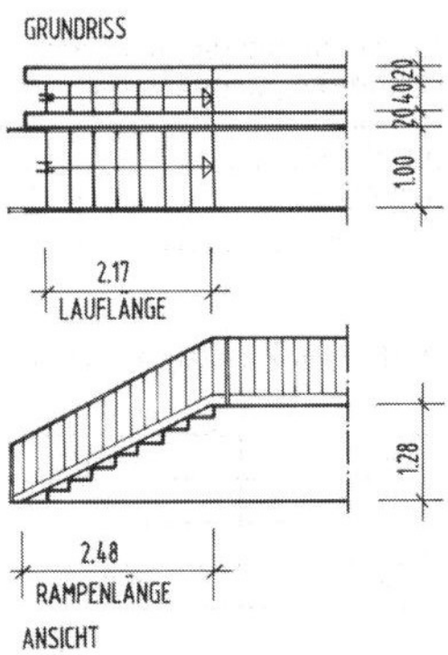

Baurechtlich nicht notwendige Treppen
Baurechtlich nicht notwendige Treppen müssen Laufbreiten von mind. 50 cm besitzen. Stufenhöhe: max. 21 cm; Stufenbreite: mind. 21 cm. Leitertreppen für den Zugang zu Dachböden besitzen Neigungen bis zu 55°.

2.2.4 Rampen

Rampen für Rollstuhlfahrer und Fußgänger sollen max. 6 % Steigung und nach 6 m ein Podest von 150 cm Länge besitzen. Lichte Breite mind. 120 cm. Seitliche Radabweiser mind. 10 cm hoch. Geländer auf 85 cm Höhe. Geländer und Radabweiser 30 cm über Anfang und Ende der Rampe hinausführen. Davor jeweils eine waagerechte Fläche von mind. 150 cm × 150 cm vorhalten.
Für Kinderwagen und Fahrradfahrer gelegentlich Rampen mit mittiger Treppenanlage bis max. 25° Steigung erforderlich.

2.2.5 Umwehrungen

Bereiche mit Absturzhöhen über 1 m sind mit Umwehrungen (z. B. Geländer) zu sichern, sofern dies nicht der Zweckbestimmung widerspricht (z. B. Laderampen).
Die Umwehrungen müssen bis zu einer Absturzhöhe von 12 m eine Höhe von mind. 90 cm besitzen, bei größeren Höhen mind. 1,1 m. Besondere Regeln gelten für Arbeitsstätten und Schulen (s. Abschn. 7 und 9).

2.2.6 Flure

Flure. Allgemeines
In der Regel ist es sinnvoll, den Anteil von Fluren in einem Grundriss möglichst gering zu halten. Längere Flure gliedern. Verwinkelte Flure sind wenig attraktiv und erschweren die Orientierung. In Wohnbauten, Schulen, Heimen, Bürobauten u. Ä. sollten Flure auch als Aufenthalts- und Kommunikationszonen ausgebildet werden. Auf ausreichende, möglichst natürliche Belichtung ist zu achten.

Nach LBO sind Flure nach 30 m Länge durch rauchdichte, selbstschließende Türen zu unterteilen. Treppen in Fluren: mind. 3 Stufen.

Dimensionierung
Faustwert bei größeren Menschenmengen: 1 m Breite auf 60 – 70 Menschen. Übliche Breiten:

Wohnungen	1,20 – 1,40 m
einhüftige Büros	1,30 – 1,60 m
zweihüftige Bürobauten	1,40 – 1,60 m

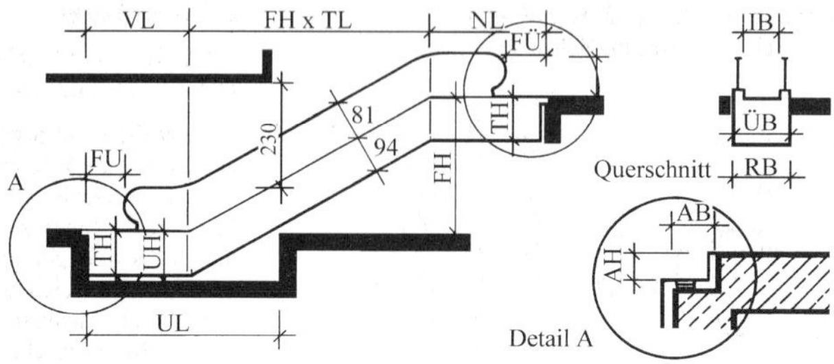

2.2.7 Fahrtreppen und Fahrsteige

DIN EN 115, LBO, DIN 18 024

Zur kontinuierlichen Beförderung größerer Menschenmengen ist der Einsatz von Fahrtreppen und Fahrsteigen sinnvoll. Fahrtreppen gelten nicht als notwendige Treppen.

Fahrtreppen

Steigungen in Kaufhäusern und Verwaltungsbauten gem. DIN 18 024 max. 30°. Steigungen in Verkehrsanlagen (z. B.: U-Bahnhof): auch 27,3°, ähnlich den gängigen Treppensteigungen. Lichte Breite 80 bzw. 100 cm. 60 cm Breite lässt die DIN EN 115 nicht mehr zu. Vor Fahrtreppen ist ein Stauraum von mind. 2,50 m Tiefe vom Ende der Fahrtreppenbalustrade vorzusehen. Die lichte Kopfhöhe muss mind. 2,30 m betragen. Neben der Länge der eigentlichen Treppen muss die Planung die oberen und unteren Umlenk- und Motorräume berücksichtigen. Auf die Auflager kommen hohe Lasten.

Die Förderleistung einer Fahrtreppe hängt von deren Breite und Fahrgeschwindigkeit ab. In öffentlich zugängigen Gebäuden beträgt die Geschwindigkeit gem. DIN 18 024 max. 0,5 m/s.

Bei Kaufhäusern wird etwa je 1000 m² Verkaufsfläche eine Fahrtreppe eingebaut.

Fahrsteige

Fahrsteige sind horizontale oder leicht geneigte Fördermittel (max. 12°) für größere Menschenmengen. Sie sind sinnvoll, wenn die Menschen Gepäck über weite Strecken transportieren müssen (z. B. Flughafen). Baulängen bis 250 m sind möglich. Eine Aufteilung in kürzere Teilstücke bietet mehr Zusteigemöglichkeiten, zwingt aber auch zu häufigem Umsteigen auf weiterführende Fahrsteige. In öffentlich zugängigen Bereichen dürfen die Neigung max. 7° und die Fördergeschwindigkeit max. 0,5 m/s betragen (DIN 18 024).

Breite von Fahrtreppen

80 cm	1 Person + Tasche
100 cm	2 Personen oder 1 Person + Gepäck

Maße von Fahrtreppen (cm)

VL	TL	NL	FU	FO	TH	UH	UL
Fahrtreppe 27,3° (Gr. 1)							
226	1.9375	244	71	58	112	120	450
Fahrtreppe 27,3° (Gr. 2)							
266	1.9375	284	71	58	112	120	490
Fahrtreppe 30° (Gr. 1)							
226	1.7321	244	71	58	112	120	430
Fahrtreppe 30° (Gr. 2)							
266	1.7321	284	71	58	112	120	470
Fahrtreppe 35° mit Glasbalustrade (Gr. 1)							
221	1.4281	249	79	79	105	115	400
Fahrtreppe 30° mit Glasbalustrade (Gr. 1)							
221	1.7321	249	79	79	105	115	430
Fahrtreppe 35° mit Glasbalustrade (Gr. 1)							
221	1.4281	249	79	79	105	115	400
Fahrtreppe 30° mit Ganzglasbalustrade (Gr. 1)							
221	1.7321	249	24	24	105	115	430
Fahrtreppe 35° mit Ganzglasbalustrade (Gr. 1)							
221	1.4281	249	24	24	105	115	400

Breiten- und Auflagermaße von Fahrtreppen (cm)

IB	UB	RB	AH	AB
Verkehrsfahrtreppe mit geschlossener Balustrade				
80	142	148	14	20
100	162	168	14	20
Fahrtreppen mit Glasbalustrade				
80	137	143	14	18
100	157	163	14	18
Fahrtreppe mit Ganzglasbalustrade				
80	130	136	14	18
100	150	156	14	18

Fahrtreppen. Fördermenge (Pers./h)

Stufenbreite	80 cm	100 cm
bei $v = 0,5$ m/s	6750	9000
bei $v = 0,65$ m/s	8775	11700

Systemmaße von Aufzugsanlagen, Grundriss (oben) und Schnitte (unten)

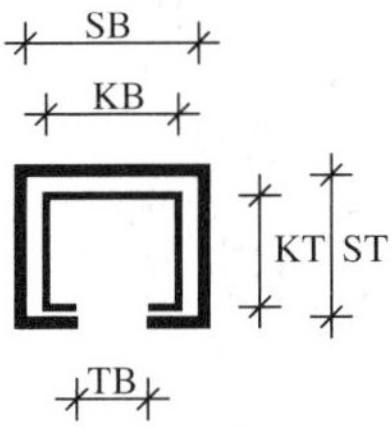

Legende:
TK: Tragfähigkeit
KB: Korbbreite
KT: Korbtiefe
TH: Türhöhe
TB: Türbreite
SB: Schachtbreite
ST: Schachttiefe
SK: Schachtkopfhöhe
SG: Schachtgrubentiefe
TW: Triebwerksraum

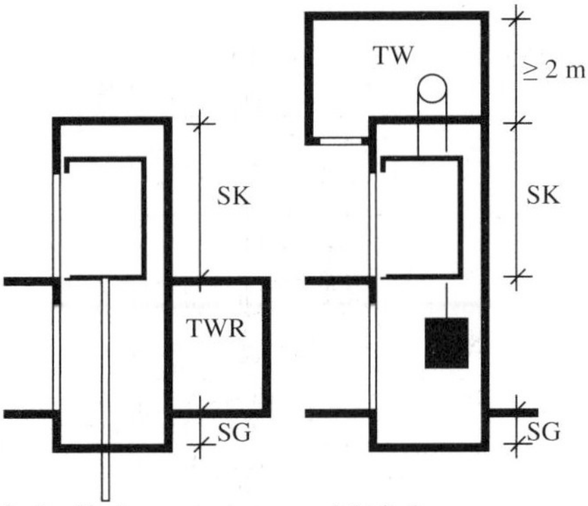

hydraulisch elektrisch

Maße von Personenaufzügen in Wohngebäuden (cm)

Fahrkorb-, Tür- und Schachtmaße						
TK	KB	KT	TH	TB	SB	ST
320 kg	90	150	200	70	150	150
450 kg	100	120	210	80	160	170
630 kg	110	140	210	90	170	190
1000 kg	110	210	210	90	170	260
Schachtgrubentiefe nach Nenngeschwindigkeit						
m/s	0,40	0,63	1,00	1,60	2,00	2,50
320 kg	140	140	140	-	-	-
450 kg	140	140	140	160	-	-
630 kg	140	140	140	160	175	220
1000 kg	140	140	140	160	175	220
Schachtkopfhöhe nach Nenngeschwindigkeit						
m/s	0,40	0,63	1,00	1,60	2,00	2,50
320 kg	360	360	370	-	-	-
450 kg	360	360	370	380	-	-
630 kg	360	360	370	380	430	500
1000 kg	360	360	370	380	430	500
Triebwerksraummaße						
	elektrisch				hydraulisch	
m/s	0,63–1,60		2,00–2,50		0,40–1,00	
630 kg	250 × 370		270 × 510		SB bzw. ST × 200	
1000 kg	320 × 490		270 × 510			

2.2.8 Aufzüge

LBO, DIN EN 81, DIN 15 306, DIN 15 309, DIN 15 310, DIN 18 024, DIN 18 025

Notwendige Aufzüge

Gebäude mit Aufenthaltsräumen von mehr als 13 m über Gelände (GK 5) erfordern Aufzüge: Mind. 1 Aufzugkorb muss für Krankentragen und Rollstühle geeignet (2,10 m × 1,10 m) und barrierefrei erreichbar sein. Er muss alle Geschosse mit Ausnahme des obersten Geschosses und der Kellergeschosse anfahren.

In Gebäuden mit Publikumsverkehr ist mind. 1 rollstuhlgerechter Aufzug (KB: 1,10 m, KT: 1,40 m, TB: 0,90 m) vorzusehen.

Notwendige Aufzüge müssen eine lichte Türbreite von mind. 90 cm besitzen. Stauflächen vor den Aufzügen beachten!

Stauflächen

Vor jedem Aufzug ist eine Staufläche zu planen. Ihre Tiefe soll mind. der des Fahrkorbes entsprechen, bei Aufzugsgruppen der des tiefsten Korbes. Stauflächen vor rollstuhlgerechten Aufzügen messen mind. 150 cm × 150 cm (s. Abschn. 4).

Lage im Grundriss

Aufzüge in der Nähe von Treppenanlagen, zentral und leicht auffindbar anordnen. Mehrere Aufzüge zu Gruppen zusammenfassen. Bei großflächigen Gebäuden mehrere Aufzugsgruppen im Grundriss verteilen. Die Zugänge zu Aufzügen sollten ggf. zu kontrollieren sein (Pförtner).

Aufzugsschächte

Aufzüge im Gebäudeinneren benötigen eigene Schächte. Max. 3 Aufzüge je Schacht.

Aufzüge ohne Schacht sind erlaubt:

- in einem notwendigen Treppenraum mit Ausnahme von Hochhäusern,
- zwischen offenen Geschossen und in Räumen, die Geschosse verbinden (Hallen) und
- in Gebäuden der GK 1 und 2.

In Gebäuden der GK 3 muss die Schachtwand feuerhemmend (F 30), bei GK 4 hochfeuerhemmend (F 60) und bei GK 5 in feuerbeständig und nichtbrennbar (F 90-A) ausgeführt werden.

Aufzugsschächte müssen zu lüften sein und einen Rauchabzug von mind. 2,5 % der Grundfläche, jedoch mind. 0,1 m² besitzen.

Türen und andere Öffnungen in feuerbeständigen Aufzugsschächten müssen rauchdicht sein und den Übergriff von Feuer verhindern.

Schachtgruben und Schachtköpfe

Zur Aufnahme des Korbaufbaus und anderer Einbauten benötigen Aufzugsschächte Gruben und Köpfe, deren Maße von der Nenngeschwindigkeit der Anlage abhängen.

Triebwerks- und Rollenräume

Die Maschinen für seilgezogene Aufzüge befinden sich am günstigsten über dem Schacht. Bei größeren Aufzügen ist dazu ein Triebwerksraum erforderlich, dessen Höhen sich nach der Größe des Triebwerks richtet. Bei kleineren Aufzügen kann der Antrieb noch im Schacht angeordnet werden. Eine Anordnung im Keller neben dem Schacht ist wegen der Seilumlenkung aufwendiger.

Maschinenräume für Hydraulikaufzüge liegen am unteren Ende des Schachtes, möglichst max. 5 m von Hubzylindern entfernt, andernfalls treten Energieverluste auf. Boden durch Türschwelle und ölfesten Anstrich als Leckauffangwanne ausbilden (Volumen = Ölinhalt der Maschinerie). Sie besitzen die Breite der angrenzenden Schachtseite und 2 m Tiefe.

Antriebsarten

Seilgezogene Aufzüge sind in ihrer Hubhöhe und ihrer Geschwindigkeit hydraulischen Aufzügen überlegen.

Hydraulische Aufzüge können max. 15–20 m hoch heben. Sie eignen sich besonders zum Transport großer Lasten. Aus ästhetischen Gründen werden sie häufiger bei verglasten Aufzugsanlagen eingesetzt. Hubzylinder können u. A. in Erdbohrungen mit Schutzrohr untergebracht werden.

Aufzüge in Hochhäusern

Von jeder Stelle müssen mind. 2 Aufzüge zu erreichen sein, die jedes Geschoss anfahren. Die Haltestellen dürfen nur in Fluren oder eigenen Vorräumen liegen. Die Haltestellen im Keller sind in Vorräumen in F 90-Bauweise mit mind. T 30-A-Türen anzuordnen. Liegt der Fußboden eines Geschosses 30 m über Gelände, so ist mind. 1 Feuerwehraufzug auszuführen: Jeder Punkt eines Geschosses darf max. 50 m vom Feuerwehraufzug entfernt liegen. Feuerwehraufzüge besitzen einen eigenen Schacht und einen Vorraum in F 90-A-Ausführung. Der Vorraum muss das Einbringen einer Trage (0,60 m ×2,40 m) ermöglichen, selbstschließende T 30-Türen und Rauchabzüge aufweisen.

Bei Gebäuden mit mehr als 20 Geschossen ist die Anordnung von kleineren Nah- und großen Fernverkehrsaufzügen mit Umsteigegeschossen (Sky-Lobbys) sinnvoll.

Maße von Personenaufzügen in Nicht-Wohngebäuden (cm)

Fahrkorb-, Tür- und Schachtmaße						
TK	KB	KT	TH	TB	SB	ST
630 kg	110	140	210	90	200	210
800 kg	135	140	210	90	200	220
1000 kg	160	140	210	90	220	220
1000 kg	160	140	210	80	160	260
1000 kg	160	140	210	110	240	220
1275 kg	200	140	210	110	250	220
Schachtgrubentiefe und Nenngeschwindigkeit						
- entspricht Personenaufzügen -						
Schachtkopfhöhe und Nenngeschwindigkeit						
m/s	0,40	0,63	1,00	1,60	2,00	2,50
630 kg		380	380	400	-	-
800 kg		380	380	400	440	500
1000 kg		420	420	420	440	520
1275 kg		420	420	420	440	520
Triebwerksraummaße (elektrisch)						
m/s	0,63–1,60		2,00–3,00		3,50–6,00	
630 kg	250 × 370		-		-	
1000 kg	320 × 490		270 × 510		300 × 570	
1275 kg	320 × 490		300 × 530		300 × 570	
Triebwerksraummaße (hydraulisch): SB bzw. ST × 200						
TK: Tragfähigkeit; KB: Korbbreite; KT: Korbtiefe; TH: Türhöhe; TB: Türbreite; SB: Schachtbreite; ST: Schachttiefe						

Maße von Bettenaufzügen (cm)

Fahrkorb-, Tür- und Schachtmaße						
TK	KB	KT	TH	TB	SB	ST
1275 kg	120	230	210	110	210	290
1600 kg	140	240	210	130	260	300
2000 kg	150	270	210	130	260	330
2500 kg	180	270	210	140	270	330
Schachtgrubentiefe und Nenngeschwindigkeit						
m/s	0,63	1,00	1,60	2,00	2,50	
1275–2000 kg	160	170	190	210	250	
2500 kg	180	190	210	230	250	
Schachtkopfhöhe und Nenngeschwindigkeit						
m/s	0,63	1,00	1,60	2,00	2,50	
1275–2000 kg	440	440	440	460	540	
2500 kg	460	460	460	480	560	
Triebwerksraummaße						
1275 kg	320 × 550	2000 kg	320 × 580			
1600 kg	320 × 550	2500 kg	350 × 580			
TK: Tragfähigkeit; KB: Korbbreite; KT: Korbtiefe; TH: Türhöhe; TB: Türbreite; SB: Schachtbreite; ST: Schachttiefe						

3 Wohnungsbau

3.1 Wohnhaustypen

Von der Wahl des Haustyps hängt wesentlich die mögliche Dichte einer Wohnbebauung ab. Art und Maß der baulichen Nutzung sind in der Regel in Bebauungsplänen der Gemeinden festgesetzt. Das Maß der baulichen Nutzung wird durch Grundflächenzahl (GRZ) und Geschossflächenzahl (GFZ) beschrieben.

Die Dichte nimmt von vielgeschossigen Mehrfamilienhäusern über Ketten- und Reihenhäuser bis zu frei stehenden Einfamilienhäusern hin ab. Neben der Grundstücksgröße ist auch der Erschließungsaufwand je Wohneinheit ein wichtiger Kostenfaktor. Er lässt sich u.a. an der Straßenbreite der Grundstücke ablesen.

Von innerörtlichen Lagen abgesehen, ist es meist sinnvoll, den Bauten eine Vorzone zu geben, die 2 m Breite nicht unterschreiten sollte. Bei der Tiefe von Privatgärten sind 10 m als das Minimum anzusehen, um einen Schutz der Privatsphäre zu gewährleisten. Die in der Tabelle aufgeführten Grundstückstiefen sind daher als absolute Mindestmaße zu verstehen. Die Grundrissflächen bewegen sich im Rahmen des Üblichen.

Neben der Wahl des Bautyps beeinflussen dessen Anordnung, die Art der Erschließung, die Größe von öffentlichen Freiräumen und die Anordnung des ruhenden Verkehrs ganz wesentlich die Dichte und Qualität einer Wohnsiedlung.

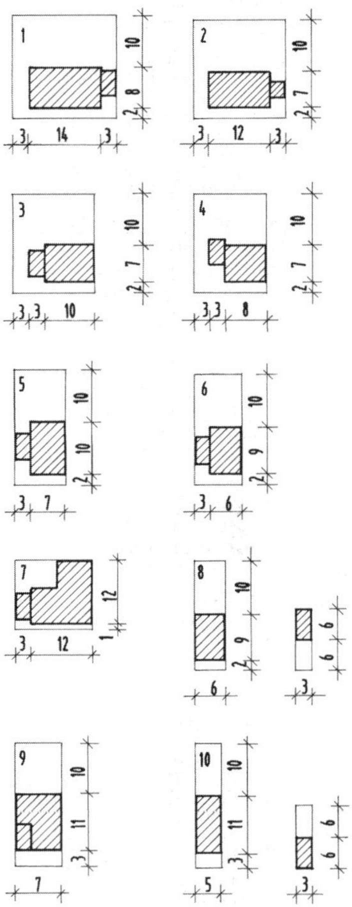

Links:
Mindestmaße für Grundstücke bei verschiedenen Einfamilienhäusern

Städtebauliche Kennwerte von Einfamilienhaustypen (vgl. Abb. oben)

Haustyp	Zahl der Geschosse	Grundstücksmaße in m / m² (mind.)	GRZ	GFZ	durchschnittliche Wohndichte in Einwohner/ha
1 Frei stehendes EFH	1	20 × 20 / 400	0,32	0,32	< 80
2 Frei stehendes EFH	2	18 × 19 / 342	0,30	0,54	< 90
3 Doppelhaus	1,5	16 × 19 / 304	0,29	0,40	< 110
4 Doppelhaus	2	14 × 19 / 266	0,28	0,49	< 130
5 Kettenhaus	1,5	10 × 22 / 220	0,40	0,56	< 150
6 Kettenhaus	2	9 × 21 / 189	0,38	0,67	< 180
7 Gartenhofhaus	1	15 × 13 / 195	0,65	0,65	< 185
8 Reihenhaus + Stellplatz	2	6 × 21 / 162	0,44	0,78	< 210
9 Reihenhaus	2	7 × 22 / 154	0,54	0,91	< 250
10 Reihenhaus + Stellplatz	3	5 × 24 / 156	0,47	0,82	< 220

3.1.1 Raumkonzepte

Offene und geschlossene Grundrisse

Geschlossene Räume bieten hohe Privatheit durch Sicht- und Schallschutz. Wohnungen mit ausschließlich geschlossenen Räumen sind jedoch meist unflexibel zu nutzen und schlechter zu belichten. Sie erfordern zudem in der Regel abgetrennte, räumlich nicht wirksame Erschließungsflächen.

Offene, mit transparenten, transluzenten oder halbhohen Teilern gegliederte Räumlichkeiten wirken großzügiger und lichter, offene kleinere Wohnungen wirken größer. Wohnungen mit offenen Grundrissen oder Grundrissteilen sind zudem flexibler in der Nutzung. Es gilt, für jede Wohnung und ihre Teilbereiche das richtige Maß an Offenheit bzw. Geschlossenheit zu finden.

Räumliche Entwicklung

Sowohl im Einfamilienhausbau wie im Geschosswohnungsbau lassen sich durch Verteilung der Wohnungen auf verschiedene Ebenen interessante Raum- und Sichtbeziehungen erreichen. Absenken des Wohnraums, zweigeschossige Ausführung (Maisonette), halbversetzte Geschosse (Split-Level) und die Ausbildung von Galerien sind gängige Ansätze zur innenräumlichen Gestaltung.

Sichtbezüge

Von ähnlich großer Bedeutung sind die Sicht- und Blickbeziehungen innerhalb einer Wohnung und aus dem Gebäude heraus. Offene Grundrisse erlauben z. B. Außensichtbezüge nach mehreren Richtungen.

Veränderbarkeit der Grundrisse

Wohnhäuser sollten möglichst so entworfen und konstruiert sein, dass sie den sich verändernden Vorstellungen und Bedürfnissen der Bewohner angepasst werden können. Möglichkeiten bieten u. a.:

- leichte Trennwände (Schallschutz!)
- versetzbare Trennwände
- verschiebbare Trennwände
- neutrale, vielseitig verwendbare Räume
- offene Grundrisse.

Reihenhaus in Stuttgart
Architekten: Szyszkowitz/Kowalski

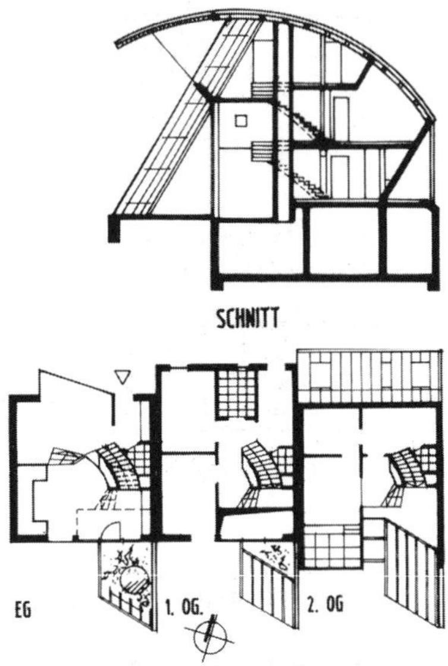

Reihenhaus in Darmstadt
Architekten: Eisele + Fritz

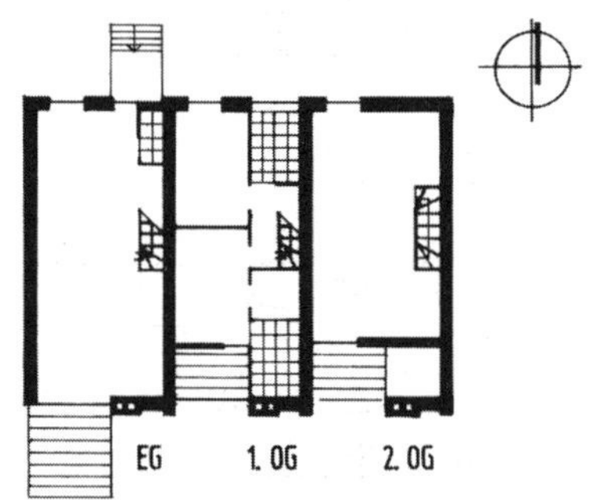

Wohnanlage in Schwabach
Architekt: H. Rieß

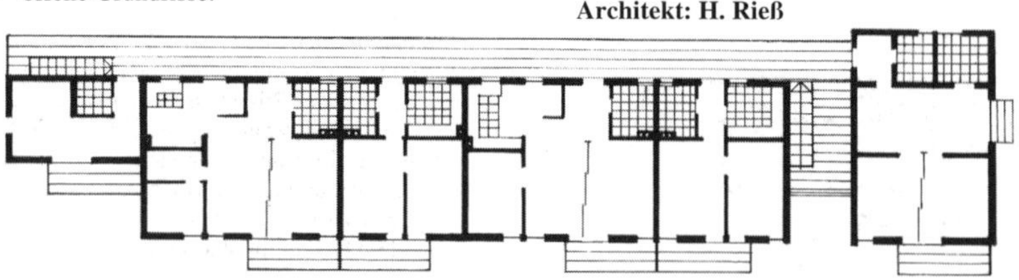

Frei stehendes Einfamilienhaus (1-geschossig)

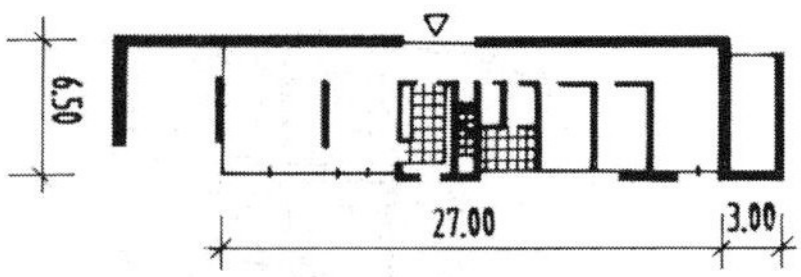

Frei stehendes Einfamilienhaus (1 1/2-geschossig) (EG: links, OG: rechts)

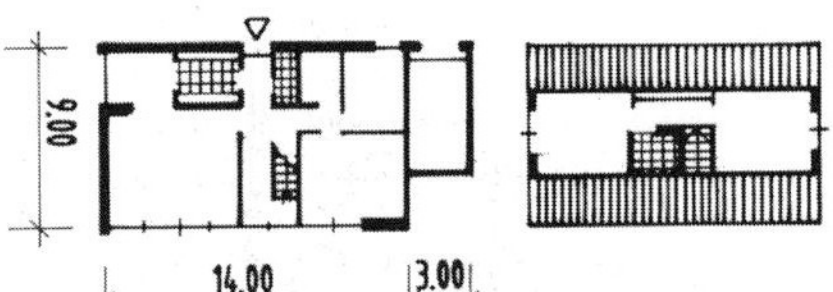

Frei stehendes Einfamilienhaus (2-geschossig) (EG: links, OG: rechts)

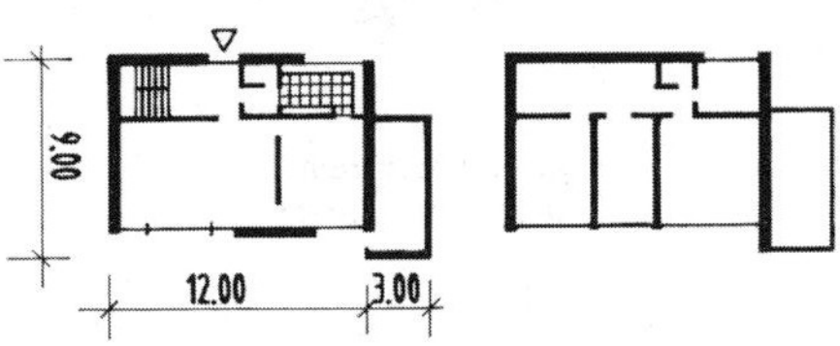

Doppelhaus (1 1/2-geschossig)

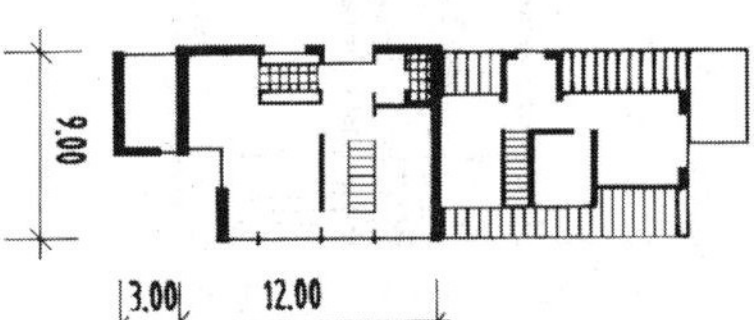

Doppelhaus (2-geschossig)

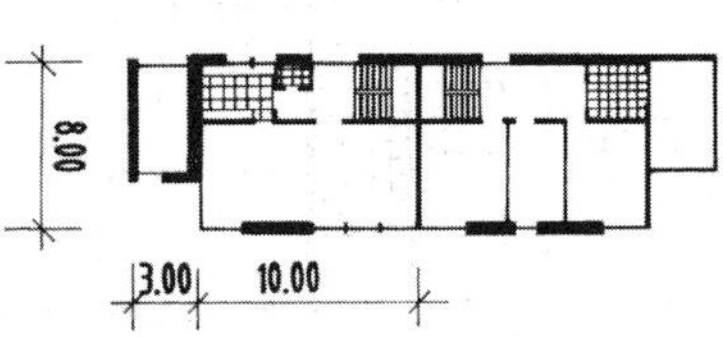

3.1.2 Einfamilienhäuser

Unter Einfamilienhäusern sind frei stehende oder gereihte Häuser mit 1 Wohneinheit und mit max. 1 kleineren Einliegerwohnung zu verstehen. Wegen des Zwangs zur Reduzierung des Flächenverbrauchs, der Kosten und des Energieverbrauchs erlangen flächensparende Bautypen wie Reihenhäuser und Gartenhofhäuser eine immer größere Bedeutung.

Ausbau und Erweiterung
Da Bauvorhaben meist die momentanen Finanzmittel der Bauherren erschöpfen, sind nach Möglichkeit spätere Ausbauten und Erweiterungen zu ermöglichen.

Schallschutz
Zwischen Einfamilienhäusern, die aneinander stoßen, wie Gartenhof-, Ketten-, Doppel-, Reihen- und Stadthäusern, sind Schalltrennfugen anzuordnen. Diese sind durch die Kellerwände, bei Fehlen eines Kellers durch die Fundamente zu führen.

Frei stehende Einfamilienhäuser
In der Regel die individuellste Form des Wohnhauses. 1-, 1 1/2- oder 2-geschossig. Garage im, am oder beim Haus. Großer Flächenverbrauch. Ebene oder versetzte Geschosse (Split-Level).

Doppelhäuser
Doppelhäuser ermöglichen geringere Grundstücksbreiten als freistehende Einfamilienhäuser. Häufig werden sie ähnlich Reihenendhäusern ausgeführt. Der PKW-Stellplatz wird im oder am Haus angeordnet. Gegenüber Ketten- und Reihenhäusern sind sie seitlich umgehbar. Beide Hälften sind gleich oder mindestens aufeinander abgestimmt zu gestalten. Sie werden meist von Bauträgern errichtet.
Die Haushälften sind schalltechnisch durch doppelte Wände mit Fuge zu trennen. Bei den Freisitzen ist auf Privatheit zu achten. Probleme liegen in der Akzeptanz dieser Häuser bei Bauherren, da ein gewisser Zwang zur gestalterischen Anpassung an den Nachbarn besteht. Das Doppelhaus ist ein Kompromiss zwischen frei stehendem Einfamilienhaus und Reihenhaus.

Kettenhäuser

Kettenhäuser sind Reihungen deutlich ablesbarer 1 1/2- bis 2-geschossiger Wohnhäuser mit kleineren Zwischenteilen (Nebenräumen, Garagen) oder deutlichen Versätzen. Sie werden von Bauträgern oder mit Gestaltungsauflagen privat errichtet. Gewisse Individualität ist durch die Zwischenelemente möglich. Räumlich interessante Ausformungen der Eingangs- und der Rückseite bieten Wetter- und Sichtschutz. Die Garagen können am Haus als Kettenverbindungsglied oder als Sammelgaragen ausgeführt werden. Garagen als Verbindungsglieder erlauben den Durchgang von der Straße zum Garten. Vorteile der Kettenhäuser: Individualität, geringer Flächenverbrauch, geringere Hüllflächen.

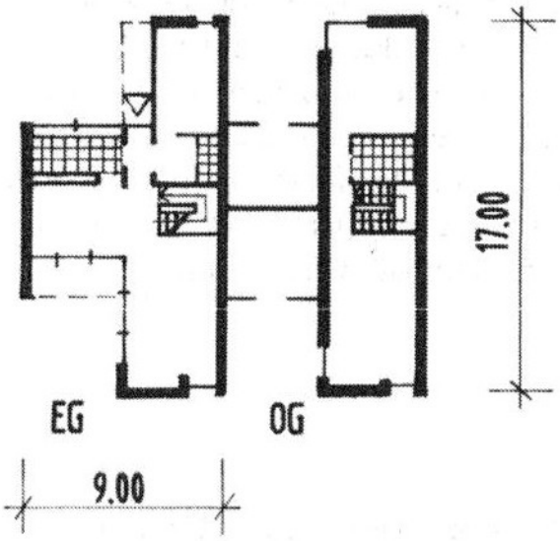

Gartenhofhäuser

Gartenhofhäuser werden in der Regel als Reihungen L- oder U-förmiger eingeschossiger Grundrisse um Wohnhöfe in flächiger, dichter Bauweise von Bauträgern oder mit Gestaltungsauflagen privat errichtet. Gewisse Individualität ist möglich.

Die Flügel der Häuser nehmen jeweils bestimmte Wohnbereiche auf, z. B. Wohn- und Essbereich oder die Individualräume. Die Bereiche können so optimal orientiert werden. Um die Besonnung der Höfe zu gewährleisten, sind in der Regel eingeschossige Bauweisen mit flach geneigten Dächern erforderlich.

Dieser Bautypus bietet einen guten Wetter-, Sicht- und Schallschutz der Freibereiche. Trotz hoher Verdichtung verbleibt ein gesicherter Privatbereich. Schalltrennfugen zum Nachbarn sind erforderlich. Garagen werden im Haus oder als Sammelgarage ausgeführt; evtl. Durchgang von der Straße oder vom Wohnweg zum Garten. Vorteile: Individualität, geringer Flächenverbrauch.

Atriumhäuser

Bei dieser Hausform ist der Innenhof vierseitig von Wohnräumen umbaut. Diese Bauform ist nur bei großflächigen Wohnhäusern sinnvoll und weniger wirtschaftlich als die kompakteren L- bzw. U-förmigen Gartenhofhäuser.

Gartenhofhaus (1-geschossig)

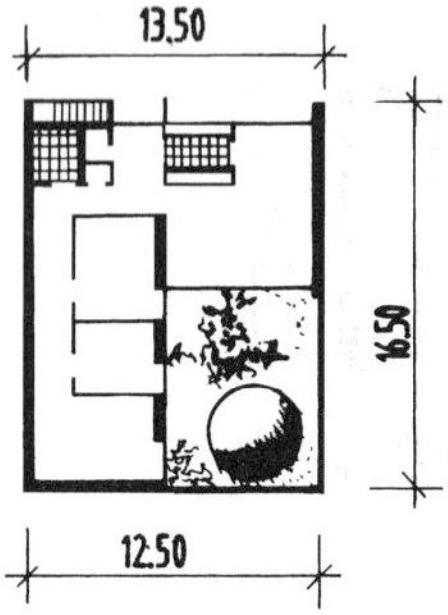

Kettenhäuser

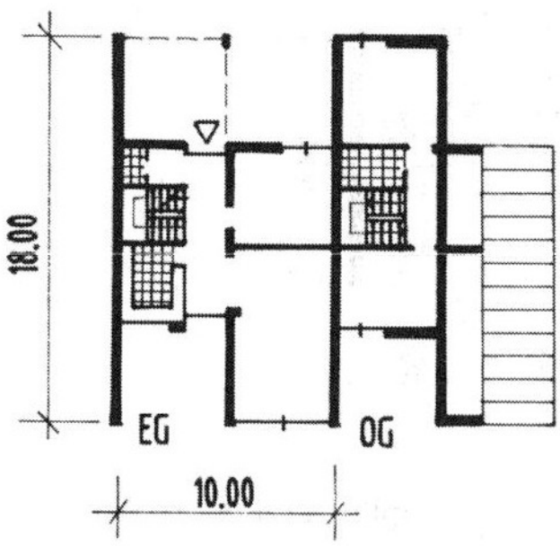

Gartenhofhaus (z. T. 2-geschossig)

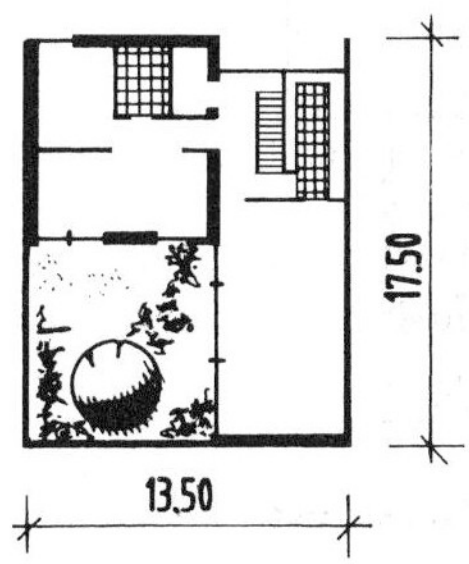

Gartenhofhaus in Puchheim
Architekt: M. Kovatsch

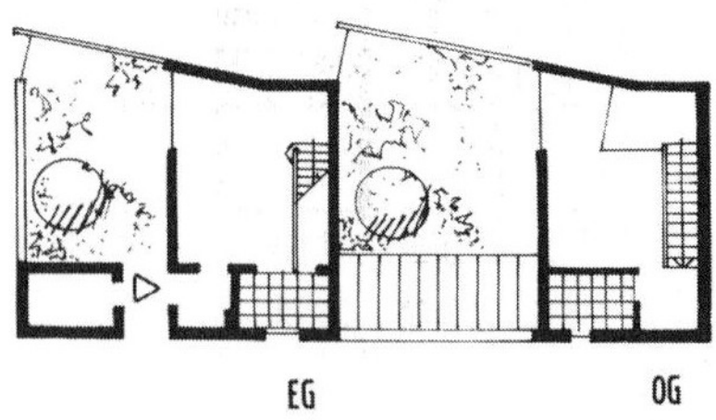

Reihenhaus; Treppe längs angeordnet

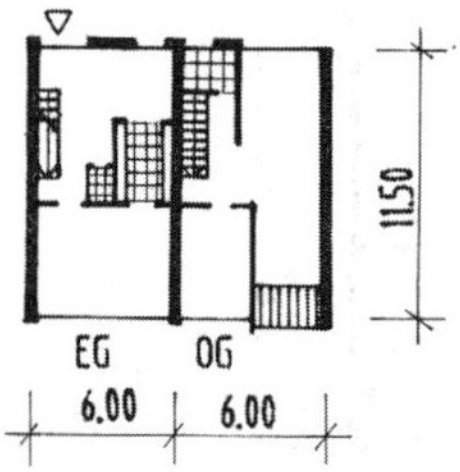

Reihenhaus; Treppe quer angeordnet

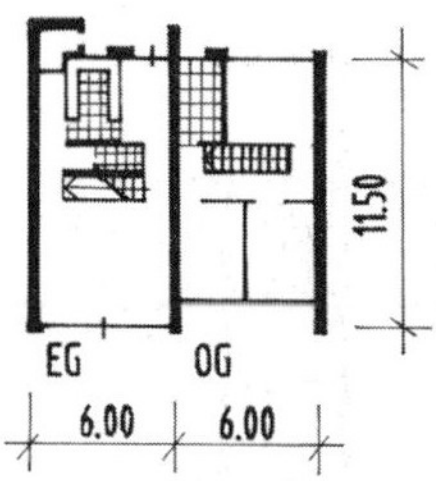

Reihenhaus mit Split-Level

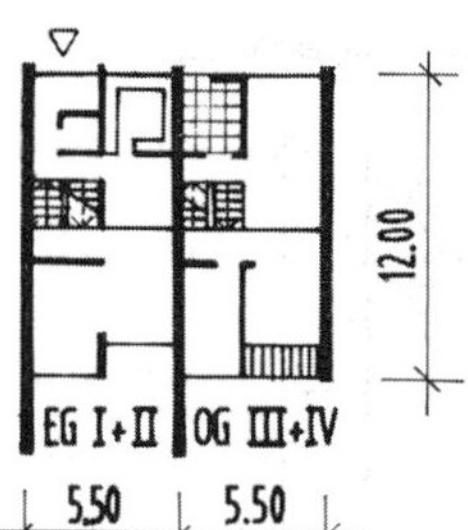

Reihenhaus mit 3 Geschossen

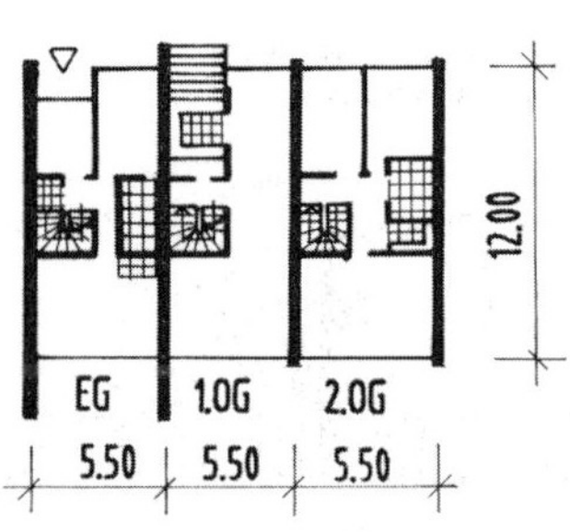

Reihenhäuser

Reihung 2- bis 3-geschossiger schmaler, tiefer Bauten, durch Schalltrennfugen getrennt. Sie werden von Bauträgern errichtet. In der Regel befinden sich im Erdgeschoss die Wohnräume mit Küche, in den Obergeschossen die Individualräume. Abstellräume werden entweder im Keller oder in Kellerersatzräumen angeordnet. Letzterer kann auch außerhalb des geheizten Bereiches als einfacher Anbau ausgeführt sein

Die Garagen sind in der Regel in Sammelgaragen, bisweilen auch im Haus, z. B. im Keller, angeordnet. Reihenhäuser bieten eine besonders gute Ausnutzung der Grundstücke. Durch plastische Gestaltung der einzelnen Häuser und Versprünge in der Reihung werden interessante Gestaltungen möglich.

Die Privatheit der Freisitze kann durch bauliche Maßnahmen und durch Pflanzungen gewährleistet werden. Die Vorzonen zu den Erschließungswegen bieten sich als halbprivate Kommunikations- und Pufferzonen an. Kellerersatzräume und Garagen/Carports lassen sich als Gliederungselemente verwenden.

Reihenhaus mit Split-Level, Carport, Kellerersatzraum und Wintergarten
Architekt: A. Schuster

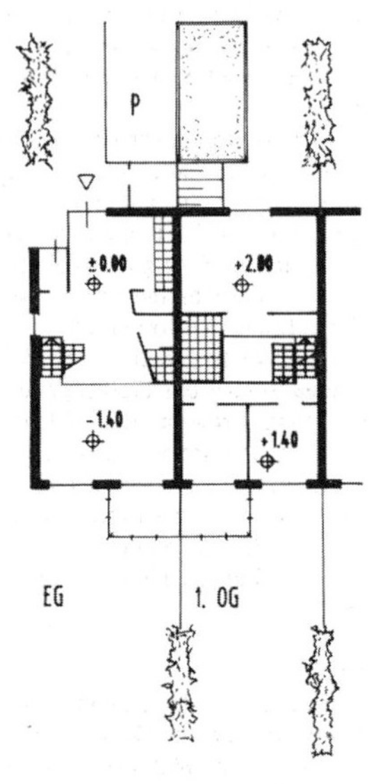

Stadthäuser
Es handelt sich um Reihungen individuell nach gewissen Gestaltungsvorgaben entworfener, meist dreigeschossiger Häuser mit einer zweiten, kleineren Wohnung im Erd- oder im Dachgeschoss. Die Stadthäuser erreichen eine stadttypische hohe Grundstücksnutzung bei gleichzeitiger Ausformung eines markanten, baulich geprägten städtischen Straßenraums.

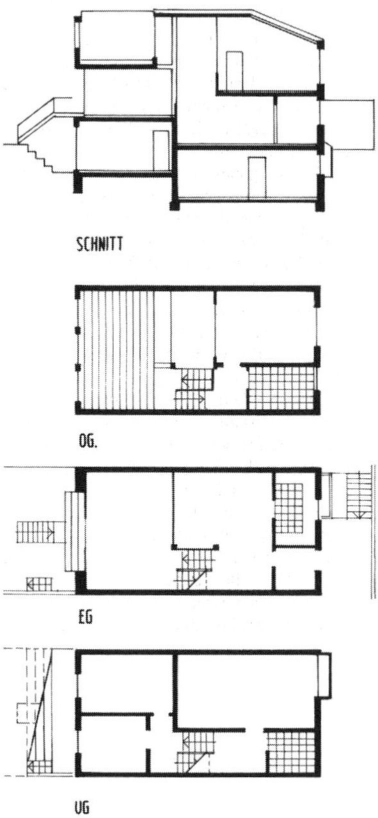

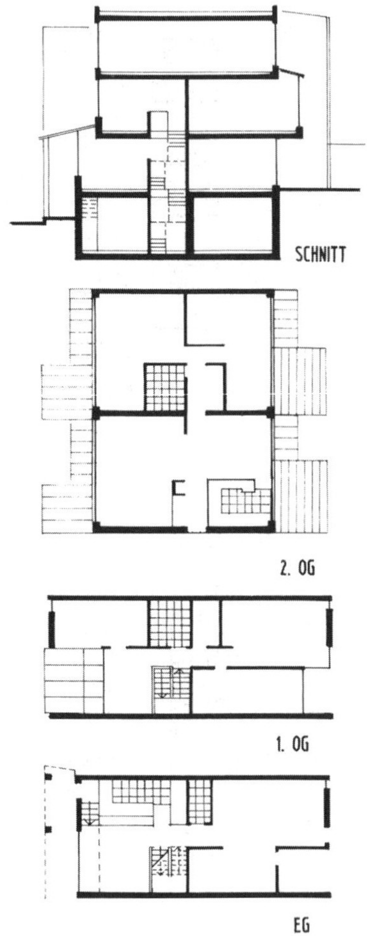

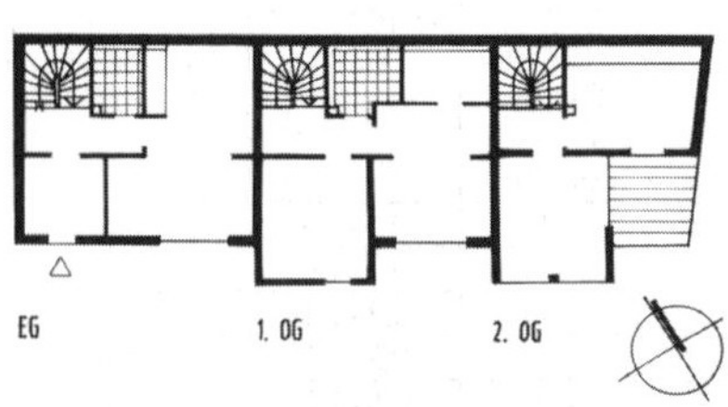

Oben links:
Hauszeilen in Schophheim-Wiechs
Architekten: G. Pfeifer, R. Mayer

Oben rechts:
Hofumbauung in Niederwangen / Bern
Architekten: Atelier 5

Unten links:
Stadthaus in Nürnberg
Architekten: Baufrösche

Räume und Raummaße in Geschosswohnungen

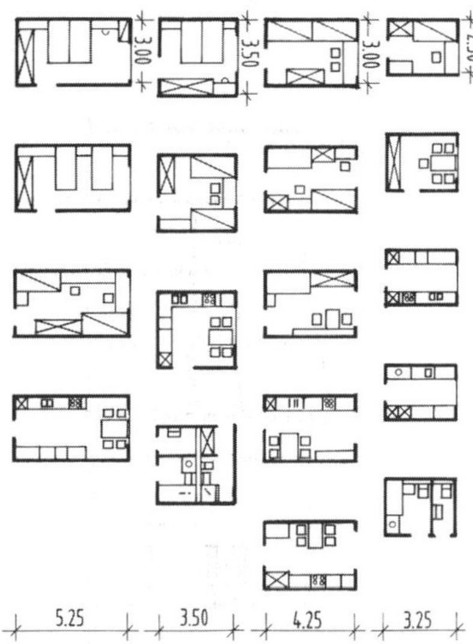

Grundrissbeispiele

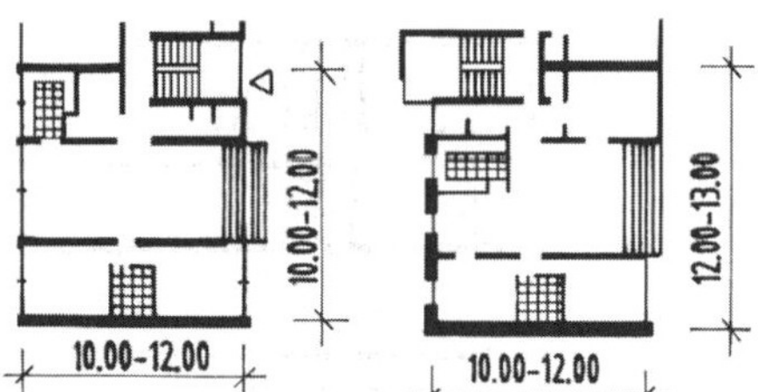

3.1.3 Geschosswohnungsbauten

Grundsätze

Miet- oder Eigentumswohnungen in mehrgeschossigen Bauten sind insbesondere im städtischen Umfeld zu finden. Je nach Lage und städtebaulichem Umfeld können Block-, Zeilen-, Scheibenhaus- oder Punkthauslösungen sinnvoll sein.

Die Wohnungen werden vertikal über Treppenhäuser und spätestens ab 6 Vollgeschossen auch mit Fahrstühlen erschlossen. Horizontal sind sie entweder unmittelbar von einem Treppenhaus (Spännertyp) oder über einen Gang (Gangtyp) erschlossen. Je geringer der Anteil der Erschließungselemente am Bauvolumen, desto günstiger die Baukosten. Je mehr Wohnungen über ein Treppenhaus oder einen Flur erschlossen werden, desto größer wird jedoch auch die Anonymität.

Eine Wohnung kann sich über 1 Geschoss oder über mehrere Geschosse erstrecken, als Split-Level-Typ oder als Maisonette. Mehrgeschossige Wohnungen besitzen einen schmaleren Zuschnitt, ähnlich einem Reihenhaus.

Der ruhende Verkehr wird in Sammelanlagen untergebracht: je nach Güte des Objektes, Baulandpreis und Verfügbarkeit des Bodens in offenen oder überdachten Stellplätzen, Garagen oder Tiefgaragen.

Die Abstellflächen für Müllbehälter, Fahrräder und Kinderwagen sowie Hausanschluss-, Wasch- und Trocken- sowie Abstellräume sind frühzeitig in die Planung zu integrieren (vgl. Abschn. 3.2.6 und 3.3.1).

Bei Gebäuden mit mehr als 3 Wohnungen ist auf dem Grundstück ein Spielplatz für Kleinkinder anzulegen, sofern kein geeigneter Spielplatz in der Nähe vorhanden oder geplant ist oder die Wohnungen kinderlosen Personengruppen vorbehalten sind.

Städtebauliche Kennwerte von Geschosswohnungsbauten

Haustyp	Zahl der Geschosse	Grundstücksmaße in m² / WE	Zweckmäßige Grundstücksbreite (m)	empfohlene GFZ	durchschnittliche Nettowohndichte in Einwohner/ha
1 Einspänner	2	120–220	> 20	0,6–0,8	< 300
2 Zweispänner	3		> 30	0,8–1,0	< 350
3 Zwei- und Mehrspänner	4	= Wohnfläche	> 40	0,8–1,1	< 400
4 Drei- u. Mehrspänner	5	= Wohnfläche	> 50	0,8–1,1	< 400
5 Vier- u. Mehrspänner	> 5	= Wohnfläche	> 60	0,8–1,2	< 450

Konstruktion und Technik
Auf den Schallschutz der Decken, Wohnungstrennwände und Installationen besonders achten. Die wegen des Schallschutzes schweren Wohnungstrennwände (Mauerwerk, Beton) werden meist gleichzeitig zur vertikalen Lastabtragung herangezogen (Massivbauweise).

Schottenbauweise
Die Decken spannen zwischen in regelmäßigen Abständen angeordneten Innenwänden (Schotten). Abstand der Schotten 3 m – 6 m (Zimmerbreite). Zwischen den Schotten erlauben leichte Trennwände freie Grundrissgestaltungen.

Skelettbauweise
In der Regel teurere Lösung, erlaubt aber freiere Grundrissgestaltungen. Wohnungstrennwände müssen oft aus Schallschutzgründen massiv ausgeführt werden und sind dann nur an konstruktiv verstärkten Deckenbereichen (Unterzüge) zu realisieren.

Tiefgaragen
Bei Bauten mit Tiefgaragen sind Schotten- oder Stützenabstände, Wohnungs- und Parkplatzbreiten frühzeitig abzustimmen.

Technischer Ausbau
Räume mit Installationsanteilen (Bäder, Küchen) werden möglichst an durchgehende vertikale Trassen gelegt. Bei Installationen und Deckendurchführungen auf den Schallschutz achten. Innen liegende Bäder benötigen Abluftschächte.

Wohnhaus (Zweispänner) mit Ateliervorbauten in Nürnberg (1. OG), Architekten: Baufrösche

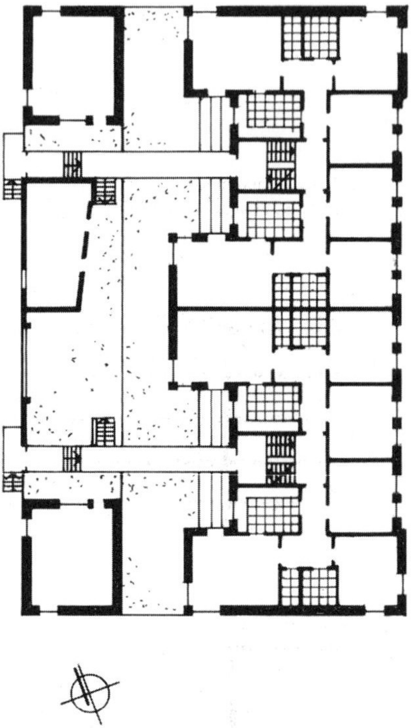

Rechts: Wohnhaus mit Flurerschließung in Sulzbach Rosenberg,
Architekten: D. Fink und Th. Jocher

Unten: Wohnhaus (Zweispänner) in Stuttgart, Architekt: M. Adler

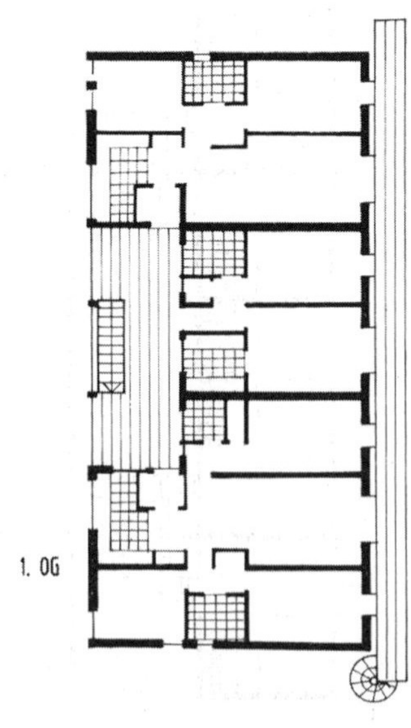

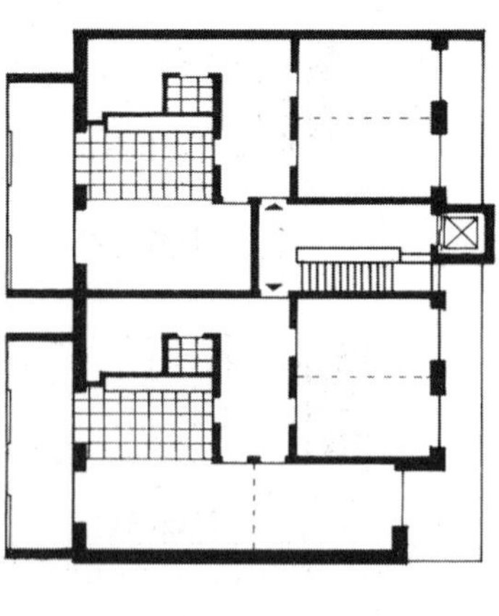

Geschossbauten ohne Flurerschließung (Spännertypen)

Die Wohnungen werden unmittelbar von Treppenhauskernen erschlossen. Je nach Anzahl der je Treppenhaus auf einem Geschoss erschlossenen Wohnungen unterscheidet man ein-, zwei-, drei- oder vierspännige Wohnbauten. Wirtschaftlich günstig sind mehrspännige Lösungen. Liegen die Treppenhäuser an der Nord- oder Ostseite des Gebäudes, so wird die Orientierung nach den übrigen Seiten nicht behindert. Nebenräume und Bäder liegen meist dem Kern zugewandt, Wohn- und Schlafräume nach SW bzw. SO.

Unten:
Wohnanlage in Ingolstadt
Architekten: H. Schröder, S. Widmann

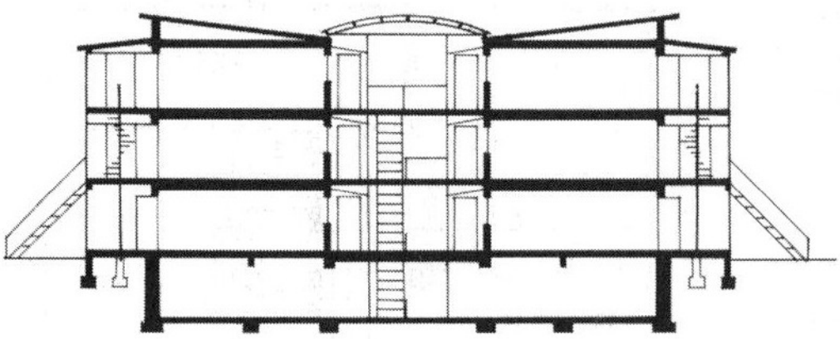

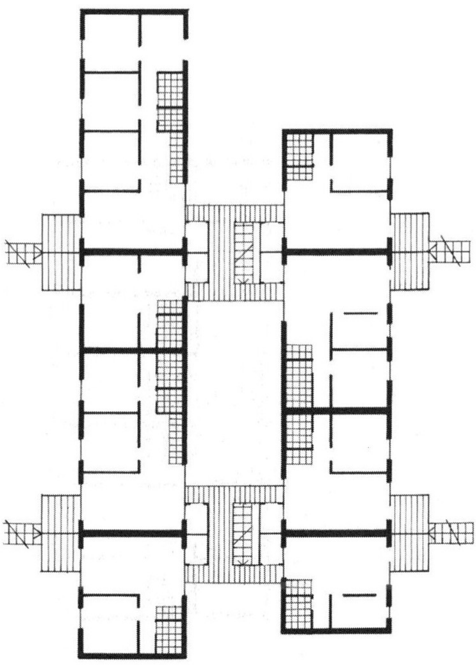

Unten:
Grundtypen,
Zwei-, Drei- und Vierspänner

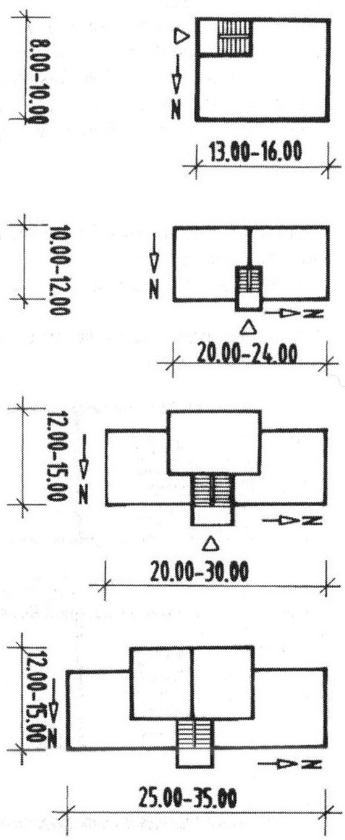

Geschossbauten mit Flurerschließung (Gangtypen)
Deutlich mehr Wohnungen lassen sich über Gänge an Treppenhäuser anbinden. Dies ist u.a. bei einer Vielzahl kleinerer Wohnungen sinnvoll, etwa bei Heimen. Im regulären Geschosswohnungsbau werden Gangerschließungen häufig als anonym empfunden. Gänge als Freiräume mit Aufenthaltsqualitäten ausgestalten.

Innengänge
Die Erschließung beidseitig liegender Wohnungen erfolgt über einen Innenflur. Möglichst natürliche Belichtung und Außenbezüge sichern. Flur räumlich differenziert ausformen. Eine Nord-Süd-Erstreckung des Flures verhindert bei eingeschossigen Wohnungen reine Nord- bzw. Südorientierungen. Durch Wohnungen mit versetzten Geschossen werden zu beiden Gebäudeseiten durchgehende Wohneinheiten möglich.

Außengänge (Laubengänge)
Außengänge bieten den Vorteil der Belichtung und Belüftung beider Wohnungsseiten. Offene Gänge sind wegen der Witterung problematisch. Verbesserung durch ganz oder teilweise transparenten Witterungsschutz. Am Gang liegen bevorzugt Nebenräume, Bad und Küche. Die Anlagerung von Schlafräumen ist wegen des Schallschutzes problematisch. Zweigeschossige Wohnungen als Split-Level oder Maisonetten erlauben gangfreie Geschosse.

Außenganghäuser

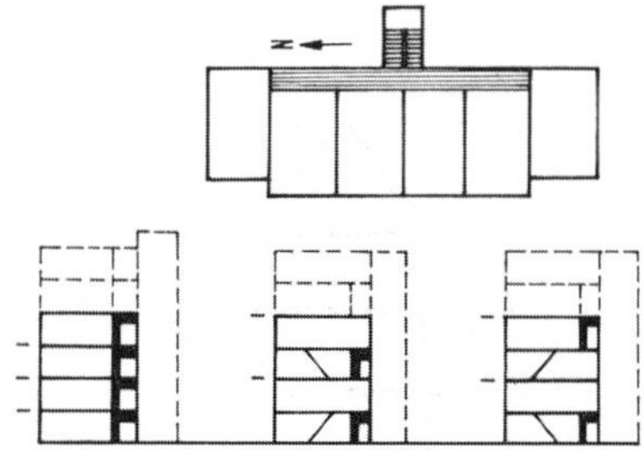

Innenganghäuser

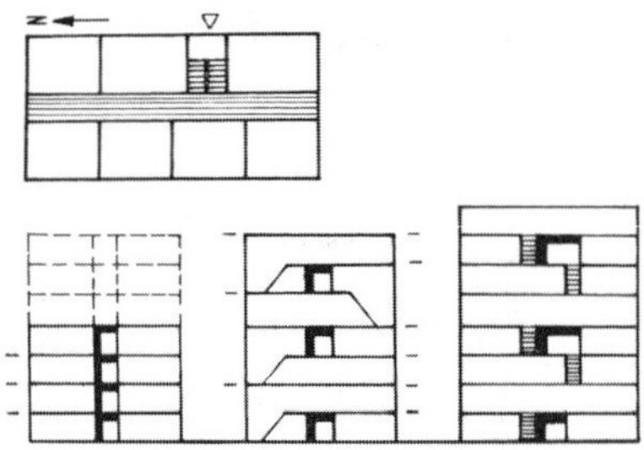

Innenflurhaus in Stuttgart, Architekten: Gullichsen, Kairamo, Vormala

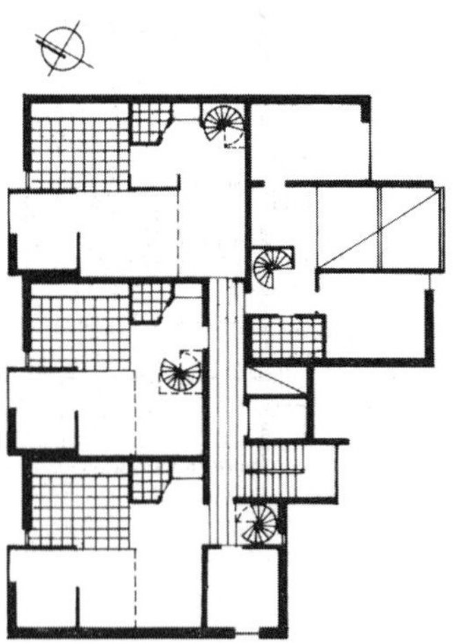

Ganghäuser, Sonderformen

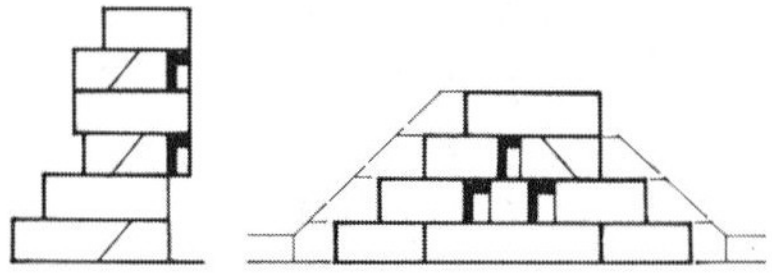

Laubenganghaus in Nürnberg,
Architekten: Baufrösche
Teilgrundriss 2. Obergeschoss und Schnitt

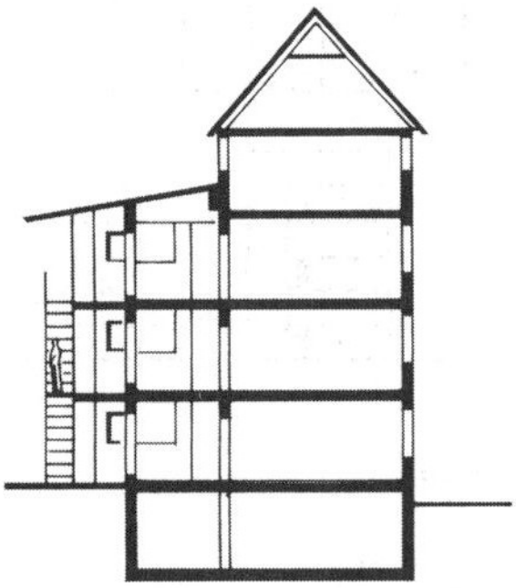

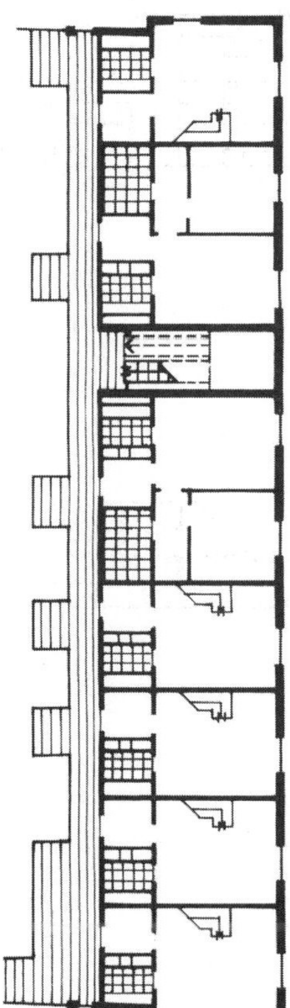

Laubenganghaus in Nürnberg,
Architekten: Steidle + Partner
Teilgrundriss 2. Obergeschoss und Schnitt

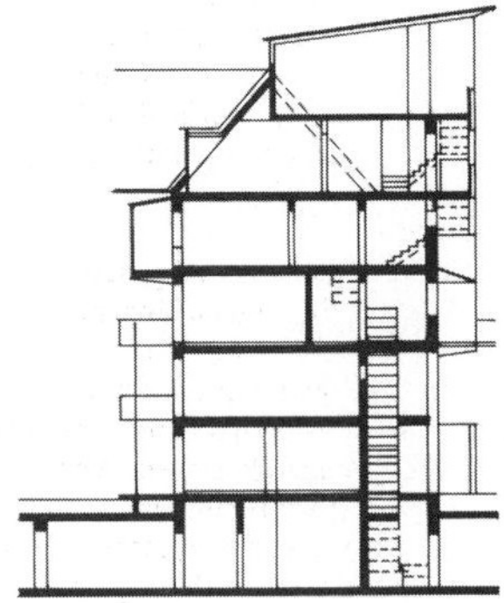

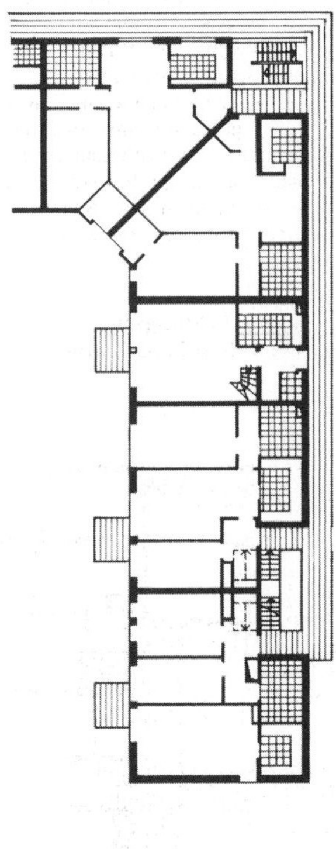

3.2 Wohnungen

LBO, WoBauG

Wohnungen in Wohngebäuden mit mehr als 2 Wohnungen müssen abgeschlossen sein und einen eigenen abschließbaren Zugang ins Freie, zu einem Flur oder einer Treppe besitzen.
Jede Wohnung muss mit einem Bad mit Badewanne oder Dusche, mit einer Toilette, einer Küche oder einer Kochnische ausgestattet sein. Zu jeder Wohnung muss ein Abstellraum gehören.

3.2.1 Eingangsbereiche, Flure

Eingangsbereiche dienen als Windfang, dem Schallschutz und der Erschließung anderer Wohnungsteile: Gästetoilette, Küche, Wohnzimmer, Schlafbereich. Mindestbreite des Windfangs: 137,5 cm. Im Eingangsbereich ist eine mind. 100 cm breite Kleiderablage vorzusehen. Auf ausreichende Belichtung und ansprechende räumliche Gestaltung achten. Dielen lassen sich auch als Essplätze nutzen. Flure müssen mind. 87,5 cm breit sein.

3.2.2 Wohnräume

Lage und Anbindung von Wohnräumen
In der Regel gilt: Möglichst unmittelbarer Zugang vom Vorraum und Trennung von den Individualräumen (Schlafzimmern) wegen Schallschutz. Küche und Essplatz in der Nähe anordnen. Von Wohnraum Zugang zu Garten, Balkon o. Ä. Gute Belichtung und Sichtbezug ins Freie wichtig. Orientierung: SO bis SW.

Größe und Einrichtung
Größe und Einrichtung ergeben sich aus der Art der Nutzung und der Zahl der Nutzer. Essplatz und Küche können integriert sein. Größere Wohnräume durch Trennelemente und Niveauversätze differenzieren. Mindesteinrichtung: Sitzgruppe, Schrank oder Regal, halbhoher Schrank. Auf ausreichende Stellmöglichkeiten achten.
Breite in 1-Zimmer-Wohnungen mind. 3,50 m, bei 2-Zimmer-Wohnungen mind. 2,75 m. Wohnraum für 1–2 Personen: mind. 14 m², für jede weitere Person: 2 m² zusätzlich. Bei Wohnungen für mehr als 2 Personen möglichst 2 Wohnräume planen: Erster Raum mind. 2,75 m breit und 14 m² groß, Zweiter Raum mind. 2,25 m breit und bei 3 Personen mind. 6 m² groß. Für jede weitere Person mind. 1 m² Zuschlag. Den zweiten Raum der Küche zuordnen als Teil der Küche oder des Flures.

Abstände und Bewegungsflächen in Wohnungen (cm)

zwischen Möbel und Wand	5
zwischen Hinterkante Stuhl u. Wand	30
zwischen Möbel u. Tür (Schalterseite)	20
zwischen Möbel und Tür	10
zwischen Möbel und Fenster	15
zwischen Stellfläche und Wand	70
zwischen verschied. Stellflächen	70
in Eingangsfluren	130
in Neben- und Stichfluren	90

Mindestgrößen für Wohnzimmer (m²)

Mit Essplatz für 4 Personen	20
Mit Essplatz für 5 Personen	22
Mit Essplatz für 6 Personen	24
Wohnung ohne Essplatz	18

Wohnraum mit Essplatz

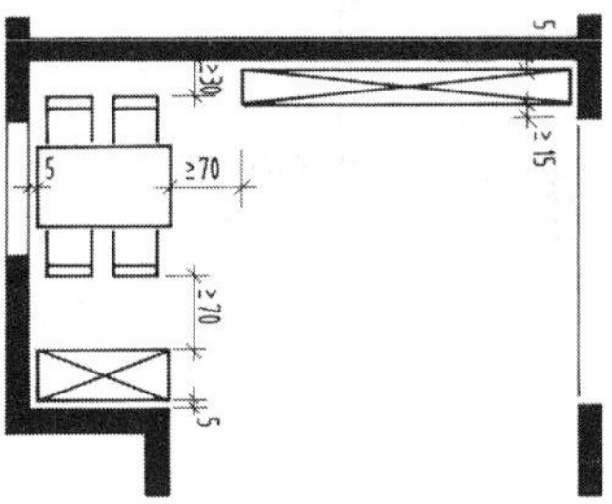

Imbiss-Essplätze

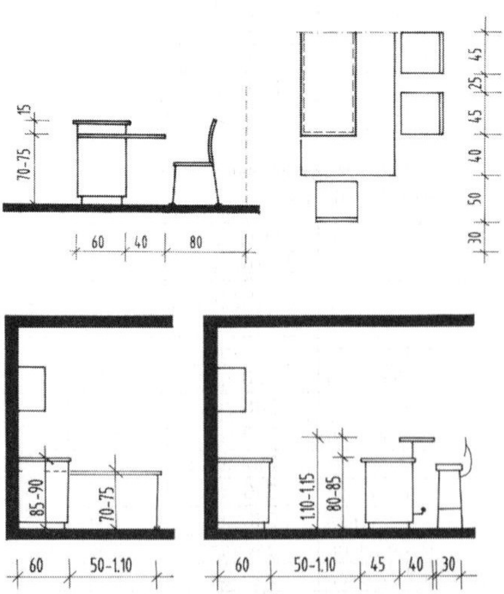

Essplätze und deren Möblierung

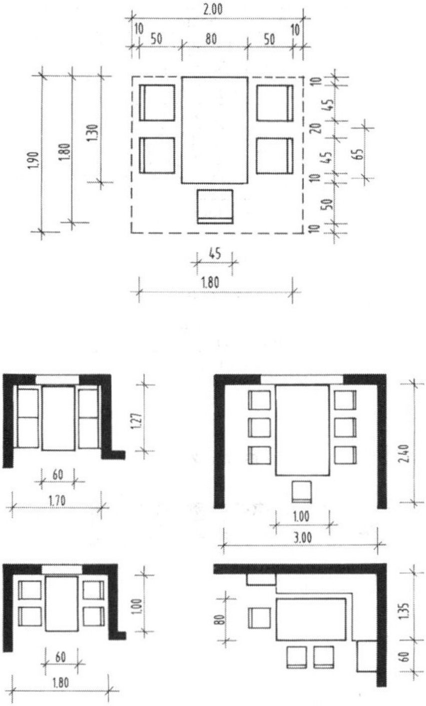

Esstischmaße (cm)

Nutzung	Tischhöhe	Tischbreite
Imbiss, 1-seitig	70–75	min. 40
Imbiss, 2-seitig	70–75	min. 60
Ansetztisch	70–75	min. 40
Essbar	110–115	min. 40
Esstisch	70–75	min. 80

Flächenbedarf von Speiseplätzen (Tischbreite 80 cm)

Personen	Breite	Länge
Mit Kopfplätzen		
3 Personen	240 cm	160 cm
4 Personen	240 cm	240 cm
5 Personen	240 cm	210 cm
6 Personen	240 cm	290 cm
7 Personen	240 cm	275 cm
8 Personen	240 cm	355 cm
Ohne Kopfplätzen		
2 Personen	240 cm	70 cm
4 Personen	240 cm	120 cm
6 Personen	240 cm	180 cm
8 Personen	240 cm	240 cm

3.2.3 Loggien, Balkone und Glaserker

Freisitze steigern den Wohnwert erheblich, insbesondere für alte und behinderte Menschen. Über den Wohnraum erschließen. Auf Sicht- und Windschutz achten und diesen aus der baulichen Gestaltung heraus entwickeln. Räume mit Geborgenheit und Privatbereichen ausbilden. Eventuell feste Vorrichtungen für Begrünung.

Glaserker können als Klimapuffer und Lärmschutz wirken, an sonnigen Tagen den Wohnraum erweitern und ähnlich Balkonen genutzt werden.

Größe der Balkone auf die Größe der Wohnung abstimmen. Bei Nutzung als Sitzplatz: Fläche: mind. 3 m² bei nutzbarer Tiefe von mind. 140 cm.

Orientierung nach Besonnung und Aussicht. Bevorzugt: S bis SW.

3.2.4 Speiseplätze und -räume

Jede Wohnung sollte zumindest über einen Essplatz für 4 Personen verfügen.

Lage von Speiseplätzen

Kleinere Essgelegenheiten in Küchen anbieten, größere in der Nähe der Küche, im oder beim Wohnraum. Insbesondere bei kleineren Wohnungen Essplatz in den Wohnraum integrieren. Erweiterung des Tisches zur Bewirtung von Gästen räumlich ermöglichen. Frühstücksplatz im Osten, Speiseplatz im Westen. Auf Aussicht und Belichtung achten.

Imbissplätze

Zur Einnahme kurzer Mahlzeiten, z. B. Frühstück. Oft im Bereich von Küchen als Auszieh-, Klapp- oder kleiner Einzeltisch angeordnet. Bei offenen Küchen auch als Bartresen mit Hockern oder als Ansetztische an übliche Küchenmöbel.

Speiseplätze

Zur Einnahme auch größerer Malzeiten und zur Bewirtung von Gästen (erweiterungsfähig).

Wichtige Maße

Tischbreite bei einseitiger Nutzung (z. B. Ansetztisch): mind. 40 cm. Breite bei beidseitiger Nutzung für Imbiss: mind. 60 cm, für Essplatz: mind. 80 cm. Essfläche je Person für Imbiss: mind. 60 cm × 30 cm; für Essplatz: mindestens 60 cm × 40 cm. Tischhöhe: 70 cm – 75 cm.

Freier Raum für einen Stuhlplatz zwischen Vorderkante Tisch und Wand: mind. 80 cm, für einen Banksitz: mind. 60 cm.

Durchmesser runder Imbisstische: mind. 90 cm

Formel: $D = 65\ \text{cm} \times \text{Pers.} / 3{,}14$

Für 4 Speiseplätze: mind. 110 cm

Formel: $D = 85\ \text{cm} \times \text{Pers.} / 3{,}14$

3.2.5 Individualräume

Individualräume, oft als Schlafräume bezeichnet, sind so zu orientieren, dass sie von außen und von der eigenen und benachbarten Wohnungen möglichst wenig Schallimmissionen erhalten. Der Weg zum Bad ist möglichst kurz und vom Wohnraum nicht einsehbar zu gestalten. Die Erschließung eines Schlafraumes über den Wohnraum ist nur in Wohnungen für max. 2 Personen sinnvoll. In Wohnungen gehobenen Standards evtl. Kombination von Schlafräumen mit Ankleidezimmern und die unmittelbare Zuordnung eines Bades und/oder eines WC planen. Orientierung reiner Schlafzimmer: O bis SO.

Größen
Für 1 Person mind. 8 m² Fläche und mind. 2,25 m breit. Für 2 Personen mind. 13 m² und mind. 2,75 m breit.

Schlafzimmer für Paare
Oft in traditioneller Form des Schlafzimmers für Paare (Elternzimmer) mit der Möblierung: 2 Betten, 2 Nachtschränke, Wäscheschrank, Kommode und 2 Stühle. In Miet- und Eigentumswohnungen muss klassische Stellung mit Doppelbett und seitlichen Nachttischen möglich sein. Besser freie Anordnung, auch getrennte Bettstellung ermöglichen und Bewegungsraum zum Aus- und Ankleiden lassen; evtl. Platz für weitere Funktionen (Schreiben, Hobbys etc.).

Kinderzimmer
Diese Zimmer sind Aufenthalts-, Arbeits- und Spiel- und Schlafräume für Kinder und Jugendliche. Gibt es keine Kinder mehr in der Wohnung, so werden sie von den Erwachsenen genutzt. Die Räume müssen daher in Größe und Zuschnitt so gestaltet sein, dass sie vielseitig nutzbar und wandlungsfähig sind.
Kinderzimmer so legen, dass sie von gemeinschaftlichen Wohnräumen nicht zu sehr abgetrennt, aber abends auch keiner Lärmbelästigung von den Wohnräumen ausgesetzt sind. Nähe zum Bad. Orientierung: S bis W.
Je Kind mind. Bett, Kleiderschrank, Arbeitstisch, Stuhl, Kommode oder Regal. Spielfläche mind. 120 cm × 180 cm. Hoch- und Etagenbetten können den Bewegungs- und Spielraum deutlich vergrößern.

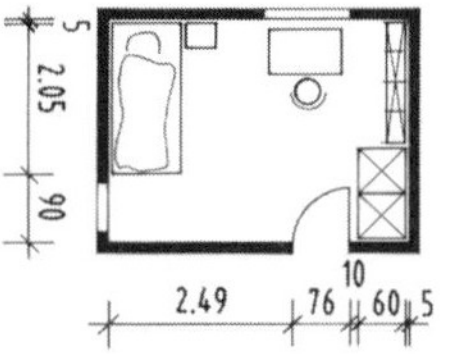

Stell- und Spielflächen in Individualräumen Orientierungswert für Mindestmaße (cm)

Objekt	Maße
1 Bett je Person	100 × 205
Nachtschränke	55 × 40
Wäscheschrank für 1 Person	110 × 65
Wäscheschrank für 2 Personen	180 × 65
Kommode u.Ä.	110 × 55
Arbeitstisch für 1 Kind	100 × 60
Arbeitstisch für 2 Kinder	140 × 55
Stuhl	45 × 50
Spiel- und Bewegungsfläche	120 × 180

Mindestmaßempfehlungen

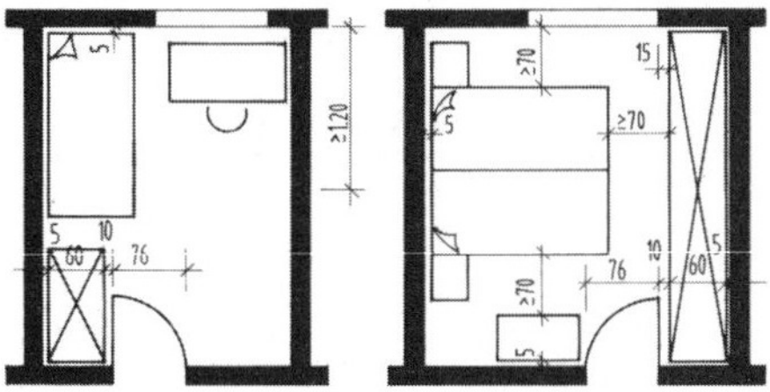

Schlafzimmer für Paare, Varianten

Kinderzimmer, Mindestmaße und Beispiele

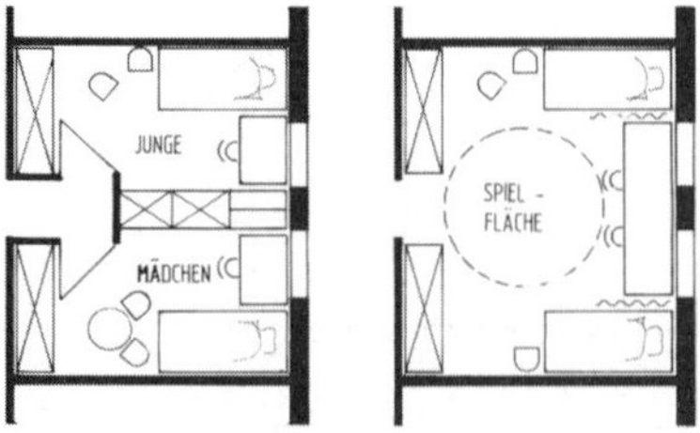

Vorratsräume und Speisekammern

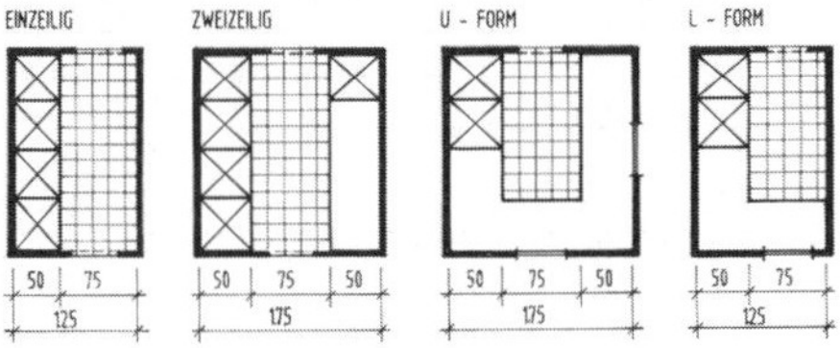

Hauswirtschaftsräume

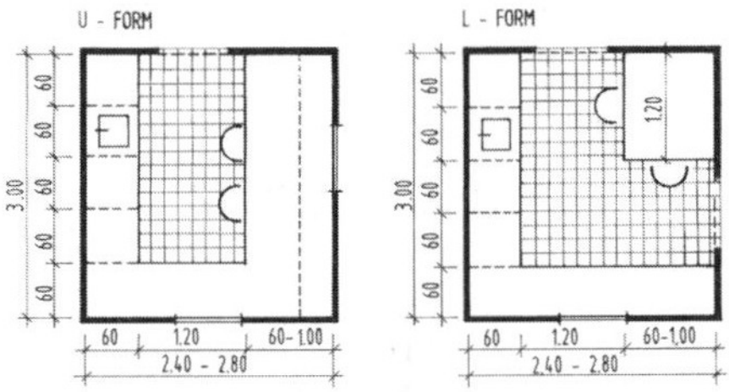

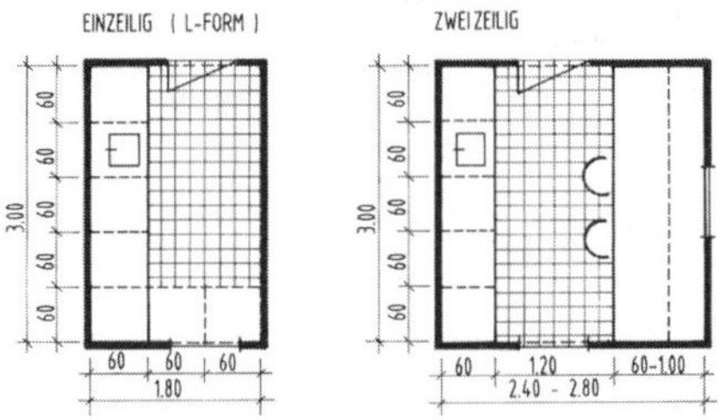

Hauswirtschaftsräume, Richt- und Mindestmaße

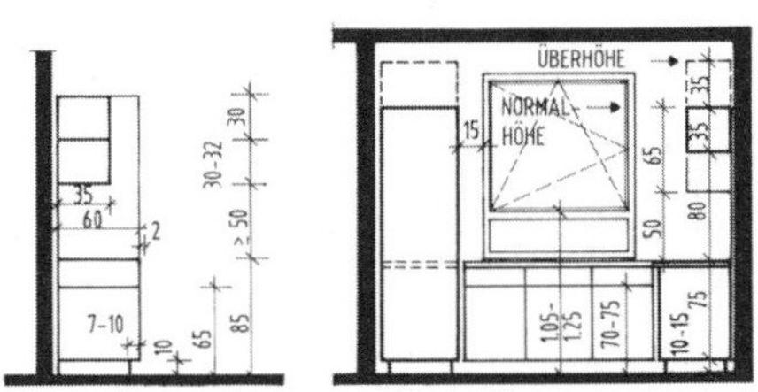

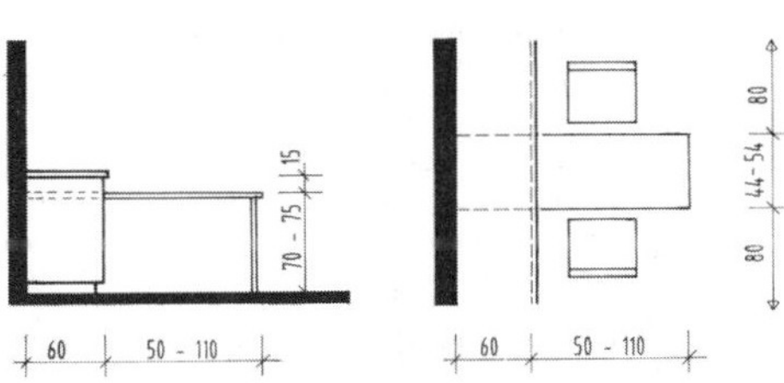

3.2.6 Lager- und Wirtschaftsräume

LBO

Vorratsräume, Speisekammern

Diese Räume sind in der Regel den Küchen unmittelbar zugeordnet. Sie dienen der Aufbewahrung von Essensvorräten und weniger verderblichen Speisen. Die Größe der Räume schwankt von begehbaren Schränken bis zu größeren Räumen mit Kühlschränken und Gefriertruhen. Vorratsräume werden heute wegen des Flächenverbrauchs nur noch in gehobenen Wohnungsbauten ausgeführt.

Hauswirtschaftsräume

Hauswirtschaftsräume dienen in der Regel zum Waschen, Bügeln und Lagern von Wäsche, zum Nähen und anderen Haushaltsarbeiten (6 m² bis 15 m²). Sie sind entweder der Küche oder den Schlafräumen zugeordnet. Waschmaschine, Wäschetrockner und Waschbecken vorsehen.

Wasch- und Trockenräume

Wenn in Wohnungsbauten keine Aufstellmöglichkeiten in den Wohnungen gegeben sind, sind Anschlüsse für Waschmaschinen- und Wäschetrockner in ausreichender Zahl in einem Gemeinschaftsraum vorzusehen.

Abstellflächen und -räume

Zu jeder Wohnung muss nach LBO ein Abstellraum von mind. 6 m² gehören. Mind. 1 m² davon muss in der Wohnung liegen und sollte möglichst eine lichte Breite von 75 cm besitzen. Er dient dem Abstellen sperriger Gegenstände, wie Besen, Staubsauger, Bügelbrett. In einfachen Wohnungen wird dieser Raum ähnlich einem Schrank ausgeformt und in Fluren oder anderen allgemein zugänglichen Räumen angeordnet. Günstig ist, wenn mind. 2 % einer Wohnung als Abstellfläche dienen. Diese Fläche kann in verschiedene Einzelflächen aufgeteilt sein.

Abstellräume für Kinderwagen und Fahrräder

Wohngebäude der Gebäudeklassen 3 – 5 (s. Abschn. 1) müssen gut erreichbare Abstellräume für Kinderwagen und Fahrräder besitzen, aber auch bei den übrigen Wohnbauten ist an entsprechende Abstellmöglichkeiten zu denken. Treppen sind hier hinderlich. Gegebenenfalls Treppenrampen einplanen.

3.2.7 Bäder und Toilettenräume

LBO, DIN 18 022, DIN 4109

Lage und Aufteilung

Sinnvoll: Bäder in der Nähe der Schlafräume. Orientierung: gut: Osten, möglich: Norden. Bad und WC vom Flur zugänglich. Wenn das Bad nur von Schlafzimmern zugänglich ist: mind. 1 WC über Flur erschließen (Gäste-WC).

Kleinere Wohnungen: Toilette im Bad. Größere Wohnungen: Bad mit Toilette plus Gästetoilette im Eingangsbereich. Optimal: Gästetoilette und Bad mit abgetrenntem WC.

Installationsräume möglichst mit anderen Bereichen, etwa Küchen, derselben Wohnung gemeinsam nutzen. Bei mehrgeschossigen Bauten Bäder und Küchen an durchgehenden vertikalen Installationssträngen anordnen.

Belichtung/Belüftung

Möglichst natürlich belichten und belüften. Innen liegende Bäder und Toiletten mechanisch entlüften (DIN 18 017).

Schallschutz

Bei Bädern und Toiletten auf den Schallschutz achten. Installationswände möglichst nicht an Wohn- und Schlafräume legen, sondern z. B. an Küchen oder benachbarte Bäder und Toiletten. Vorwandinstallationen und Armaturen der Schallschutzklasse I verwenden. Bäder und Toiletten benachbarter Wohnungen nicht an einen Installationsstrang anschließen. Die Lage der Stränge in einem Schacht ist möglich.

Regelabstände, Bewegungsflächen

Der Regelabstand zwischen Sanitärobjekten oder Objekt und gegenüber liegender Wand beträgt mind. 75 cm, bei Waschmaschinen und Trocknern mind. 90 cm, zwischen Sanitärobjekt und angrenzender Querwand oder Nachbarobjekt mind. 20 cm, bei Bidets und bei WC, die seitlich von zwei Wänden eingefasst sind, mind. jeweils 25 cm, zwischen Badewanne und Nachbarobjekt 0 cm. Türleibungen auf mind. 10 cm Breite freihalten.

Sanitärobjekte/Maschinen

Die Mindestmaße für Bäder und Toiletten ergeben sich aus den Größen der Sanitärobjekte und der zugehörigen Bewegungs- und Standflächen. Diese können sich überlappen.

Klosetts

Hänge-WC erlauben eine bessere Reinigung des Bodens. Nachteil: aufwendigere Wandbefestigung.

Waschbecken

Einfaches Handwaschbecken in Toiletten. Größere Waschtische in Bädern. In Haushalten mit mehreren Personen: 2 Waschbecken oder Doppelwaschbecken einplanen.

WC, Mindestmaße

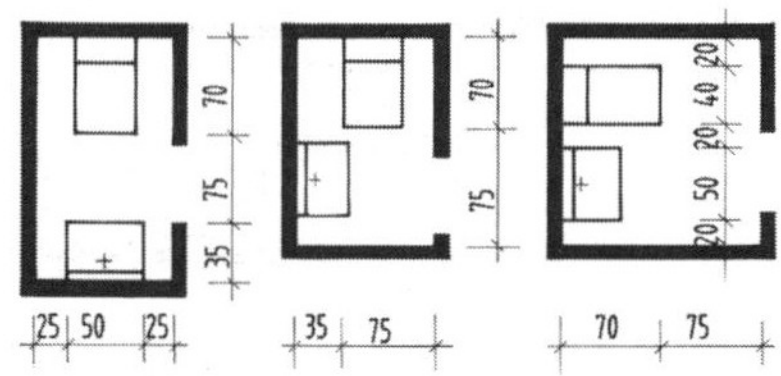

Duschbad (l.) und Duschzelle (r.), Mindestmaße

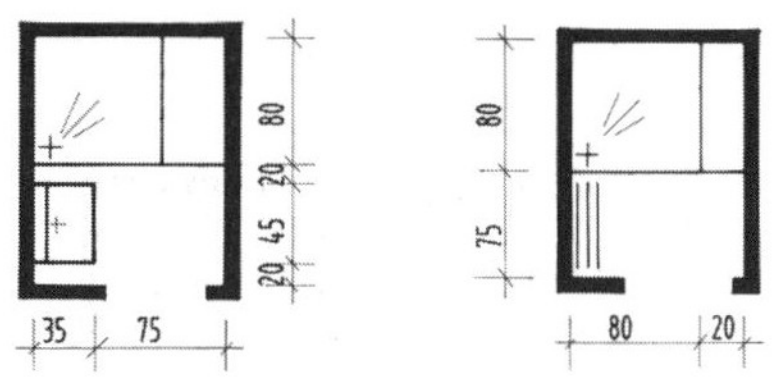

Mindestflächen für Sanitärobjekte (cm)

Objekt	Tiefe	Breite
Handwaschbecken	35	45
Waschbecken	55	60
Doppelwaschbecken	55	120
Einbauwaschtisch	60	70
Doppeleinbauwascht.	60	140
WC mit Spülkasten	75	40
WC ohne Spülkasten	60	40
Urinal	40	40
Bidet	60	40
Duschtasse	80	80
Badewanne	75	170
Hochschrank	40	30
Waschmaschine	60	60

Sanitärobjekte. Freiraummaße (cm)

Objekt / Freiraum	Zur Wand	Zum Nachbarobjekt	Freie Tiefe vor dem Objekt
Waschbecken	20	15	75
Einbauwaschb.	0	15	75
WC	20[1)]	20	75
Urinal	20[1)]	20	75
Bidet	25	25	75
Duschtasse	0	20[2)]	75 / 90
Badewanne	0	20[2)]	75 / 90

1) Unmittelbar zwischen zwei Wänden: 25 cm
2) Abstand zu Waschbecken: 0–20 cm

Duschbäder mit Toilette, Mindestmaße

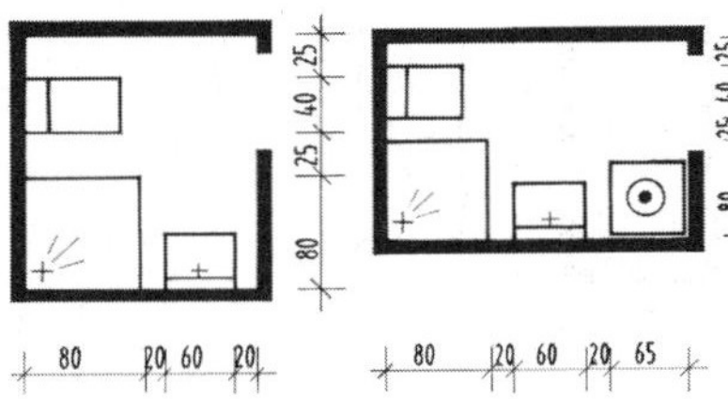

Wannenbäder, Mindestmaße

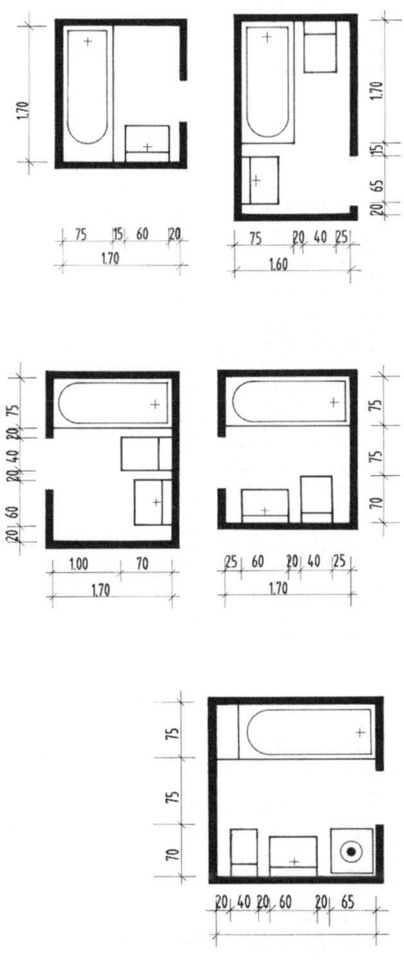

Duschwannen
Ideal für kleine Bäder und für Senioren. Bewegungsraum ggf. seitlich erweitern. In größeren Bädern als Ergänzung der Badewanne. Freier Durchstieg von mind. 70 cm.

Badewannen
Zur Körperpflege und zur Entspannung in größeren Bädern, evtl. mit Duscheinrichtung in der Wanne. Besser: zusätzliche Duschwanne.

Urinal
In Wohnungen in der Regel nicht sinnvoll.

Bidet
Zur Reinigung des Intimbereichs. Besser: Verwendung einer Dusche.

Waschmaschinen/Wäschetrockner
Soweit keine Waschräume zur Verfügung stehen oder die Wege zu weit sind. Eventuell Platz für Wäschekorb: 40 cm × 40 cm. Wasser- und Abwasseranschluss vorsehen. Lichte Türbreite mind. 65 cm.

Ablagen
Ablagen für Pflegemittel, Handtücher usw. vorsehen.

Bäder- und Toilettentypen

Toilettenräume
Raum mit WC und Handwaschbecken als Gästetoilette oder als Ergänzung zu Bädern in größeren Haushalten. Größe bei Anordnung der Objekte über Eck: mind. 100 cm × 145 cm; bei Anordnung an einer Wand: 150 cm × 145 cm.

Duschbad
Raum mit Waschbecken und Dusche. Als Ergänzung zu Bädern in größeren Haushalten. Größe: mind. 100 cm × 165 cm.

Duschbad mit Toilette
Raum mit WC, Waschbecken und Dusche für kleine Wohnungen, Apartments, Hotelzimmer und als Gästebad. Mindestgröße eines Duschbades mit Toilette: 180 cm × 170 cm.

Wannenbad mit Toilette
Raum mit WC, Waschbecken und Badewanne in Wohnungen, Appartements und Hotelzimmern. Größen: mind. 170 cm × 220 cm bzw. 220 cm × 225 cm.

Vollbad mit Toilette
Raum mit WC, Waschbecken, Dusche und Badewanne in größeren Wohnungen. Größen: mind. 240 cm × 235 cm bzw. 170 cm × 245 cm.

Bäder mit getrennter Toilette
In Haushalten mit mehreren Personen kann es sinnvoll sein, die Toilette mit einem Waschbecken außerhalb des Bades anzuordnen, um die gleichzeitige Nutzung durch unterschiedliche Personen zu erlauben.

3.2.8 Küchen

DIN 18 022, DIN 66 354, DIN 68 901

Lage in der Wohnung

Von Wohnungs- bzw. Hauseingängen möglichst unmittelbar zu erreichen. Kurzer Weg zum Essplatz und zu Vorratsräumen. Vorteilhaft: Zugang zum Garten, Sicht auf Spielplatz der Kinder und Haustür. Orientierung nach Lebensgewohnheiten; vorteilhaft Osten (Morgensonne); Nordorientierung möglich.

Küchentypen

Die Wahl des Typus wird – neben wirtschaftlichen Gründen – von den Lebensgewohnheiten der Benutzer abhängen.

Arbeitsküchen (mind. 8–10 m²)

Diese sind ausschließlich für das Bereiten von Speisen und Getränken konzipiert. Auf vergleichsweise kleiner Fläche werden die notwendigen Möbel und Maschinen angeordnet. Vorteil: geringer Raumbedarf; Nachteil: wenig kommunikativ, keine Aufenthaltsqualität.

Wohnküchen (mind. 12–14 m²)

Wohnküchen enthalten neben den eigentlichen Küchenmöbeln auch Wohnelemente, etwa Esstische, Bänke, Stühle usw., die das Speisen und Arbeiten über das eigentliche Kochen hinaus in der Küche ermöglichen. Vorteile: kommunikativ, hohe Aufenthaltsqualität; Nachteil: hoher Raumbedarf.

Offene Küchen (mind. 6–8 m²)

Offene Küchen sind in der Regel Arbeitsküchen, die eine mehr oder weniger gute Sichtverbindung zu Wohnräumen besitzen. Vorteile: geringer Raumbedarf, kommunikativ; Nachteile: Geruchs- und optische Belästigung der Wohnräume. Abhilfen: starke Abluftanlage; geschickte Anordnung von Raumteilern

Schrankküchen (0,5–1 m²)

Breiten von 60, 90 oder 120 cm; mit Türen verschließbar für kleine Wohnungen und Büros.

Küchenelemente (Breite × Tiefe)

Unterschränke (40; 60; 120; 150 cm × 60 cm)

Dienen zur Aufnahme von schwerem und/oder sperrigem Geschirr (Pfannen, Töpfe) und zur Aufnahme von Einbaugeräten.

Herd (60 cm × 60 cm)

In der Regel mit 4-flammiger Kochmulde und Backofen. Auch 2-flammig (30 cm × 60 cm). Abzugshaube. Neben dem Herd Arbeits- und Abstellflächen (mind. 30 cm × 60 cm).

Spüle (60; 90; 120; 150 cm × 60 cm)

Möglichst mit 2 großen Becken mit Abtropfplatz links (150 cm × 60 cm). Darunter Abfalleimer, Kühlschrank oder Geschirrspüler.

Küchen, Richt- und Mindestmaße

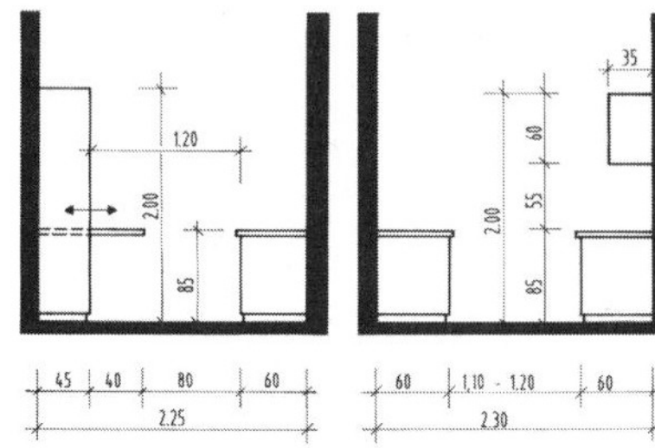

Kücheneinrichtung (cm)

Objekt	Breite	Tiefe
Unterschrank	30-150	60
Hochschrank	60	60
Oberschrank	30-150	40
Speisenschrank	60	60
Kühlschrank	60	60
Gefrierschrank	60	60
Gefriertruhe	mind. 90	60
Küchenmaschinen-Fläche	mind. 60	60
Kleine Arbeitsfläche zwischen Herd u. Spüle	mind. 60	60
Gr. Arbeitsfläche	mind. 120	60
Herd / Backofen	60	60
Abstellplatte zum Herd	20	60
Spülmaschine	45 o. 60	60
Einbeckenspüle mit Abtropffläche	mind. 90	60
Doppelspüle mit Abtropffläche	mind. 120	60
Abstell- und Abtropffläche neben der Spüle	60	60

Koordinierungsmaße für Küchenmöbel

Frontbreiten der Möbel	30, 40, 45, 50, 60, 90, 100, 120
Standartbreite der Einbaugeräte	60
Tiefe der Unterschränke	60
Höhe der Unterschränke	85
Unterkante der Oberschränke	135–140
Tiefe der Oberschränke	35
Höhe der Oberschränke	60–90
Gangbreite zwischen Möbeln	120

Herde und Ablufthauben, Höhenmaße

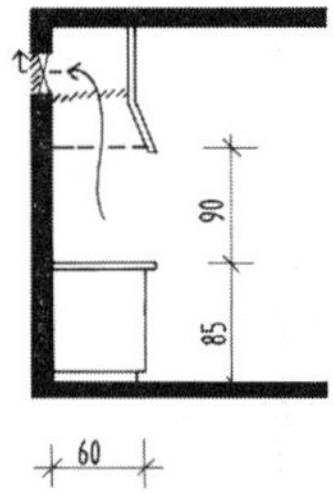

Küchen, Grundtypen

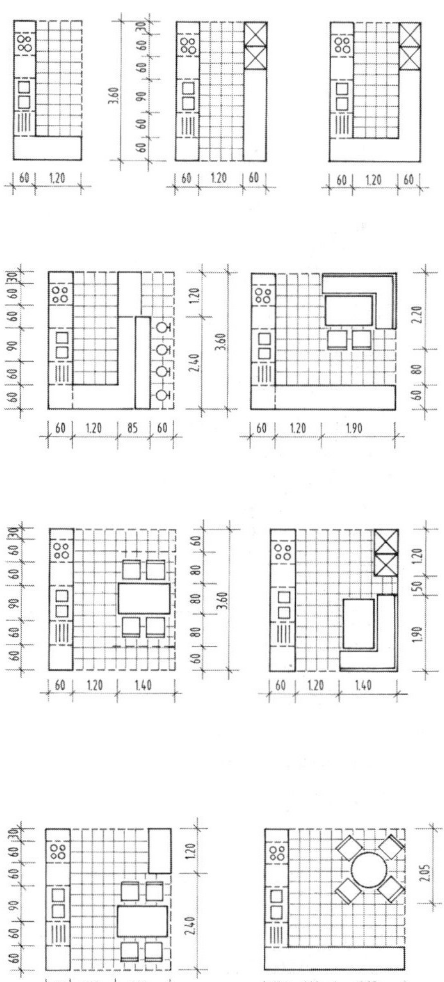

Rechts der Spüle Abstellfläche für schmutziges Geschirr.

Geschirrspülmaschine (45; 60 cm × 60 cm)
In der Nähe der Spüle anordnen.

Kühl- und Gefrierschränke (60 cm × 60 cm)
In der Nähe der Arbeitsfläche und des Herdes einplanen.

Waschmaschine, Trockner (60 cm × 60 cm)
Wenn keine anderen Räume geeignet sind (Keller, Bad).

Steharbeitsfläche (60; 120 cm × 60 cm)
Fläche zur Küchenarbeit im Stehen. Arbeitshöhe max. 92 cm. Fensterbrüstung entsprechend höher planen.

Vorbereitungsfläche (mind. 120 cm × 60 cm)
Fläche mit Sitzgelegenheit in 70-75 cm Höhe für vorbereitende Arbeiten.

Hochschränke (40-60 cm × 60 cm, h = 2 m)
Dienen als Vorrats- und Besenschränke sowie zur Aufnahme von Einbaugeräten, z. B. Kühlschränke, Backofen, Mikrowellenherd.

Oberschränke (40; 60; 120; 150 cm × 60 cm)
Dienen zur Aufnahme von Geschirr und leichten Vorräten sowie von Geräten: Mikrowellenherd. Unter den Schränken Beleuchtung für die Arbeitsflächen.

Dunsthauben (50 cm × 60 cm)
Über den Herd angeordnet, saugen sie die Kochdünste ab und filtern sie von Fett und z. T. von Gerüchen. Umlufthauben bringen nicht den gewünschten Luftwechsel. Abluftgeräte bringen die mit Fett und Feuchte belastete Luft über Kanäle nach außen. Austritt möglichst über Dach, nicht in der Nähe von Fenstern.

Anordnung der Küchenelemente
Ideal ist folgende Reihung von rechts nach links: Abstellfläche (*b* mind. 30 cm), Herd, Arbeitsfläche (*b* mind. 60 cm), Spüle, Breite der Abtropffläche mind. 30 cm.

Belichtung und Beleuchtung
Möglichst natürliche Belichtung über Fenster, insbesondere der Vorbereitungsflächen. Arbeitsflächenbeleuchtung mittels Lampen unter den Oberschränken.

Belüftung
Möglichst natürliche Belüftung über Fenster. Bei Arbeitsplatten vor den Fenstern muss wegen der dort abgestellten Gegenstände die Fensterbrüstung höher sein oder das Fenster ein unteres Festteil besitzen.
Optimal: Entfernen der Kochdünste über Abluftgeräte, ggf. besondere Frischluftzuführung zur Reduzierung der Wärmeverluste. Achtung: Aus Kaminen und Kaminöfen können wegen des Unterdrucks Abgase abgesaugt werden.

3.3 Technikräume

3.3.1 Hausanschlussbereiche

DIN 18 012

Sie dienen der Einführung von Leitungen in das Gebäude und zur Aufnahme der Anschlusseinrichtungen: Zähler, Sicherungen, Verteiler, Übergabestationen.

Hausanschlussnischen und -wände
In nicht unterkellerten Einfamilienhäusern sind Nischen von 2 m Höhe, 0,875 m Breite und 0,30 m Tiefe ausreichend. Entfernung zur Außenwand max. 3 m.
In Wohngebäuden mit max. 4 Wohneinheiten genügt eine nicht brennbare Hausanschlusswand von mind. 6 cm Dicke in Verbindung mit der Außenwand.

Hausanschlussräume
Von außen, Flur oder Treppenraum zugänglich machen. Bei Belegung einer Seite mind. 1,50 m breit, bei Belegung beider Seiten mind. 1,80 m breit.

3.3.2 Heiz- und Brennstofflagerräume

FeuVO, WHG, VDI-Rl 2050

Heizräume
Bei Feuerstätten mit Gesamtnennwärmeleistungen über 50 kW wird ein eigener Heizraum erforderlich: Rauminhalt mind. 8 m³; lichte Raumhöhe mind. 200 cm. Wände, Decken, Stützen: F 90. Türen: T 30 und selbstschließend, wenn sie nicht unmittelbar ins Freie führen. Türen müssen unmittelbar auf einen Rettungsweg führen, zum Rettungsweg aufschlagen und stets vom Raum zu öffnen sein. Sie dürfen nicht mit Aufenthaltsräumen und Räumen notwendiger Treppen in unmittelbarer Verbindung stehen. Über 350 kW Gesamtnennwärmeleistung sind 2 möglichst entgegengesetzt liegende Ausgänge erforderlich. Bodeneinläufe bei Heizölbetrieb mit Ölsperren ausrüsten. Ständig wirksame Verbrennungsluftzufuhr und die Vermeidung von Unterdruck sind sicher zu stellen.

Brennstofflagerräume
Öltanks müssen doppelwandig sein, oder der Raum muss eine Auffangwanne besitzen. Lagerung von max. 5000 l Öl in Tanks in Räumen mit Feuerstätten ist möglich, wenn diese außerhalb der Auffangwanne und mind. 1 m entfernt steht. Besondere Brennstofflagerräume sind bei mehr als 150 kW Gesamtnennwärmeleistung und / oder mehr als 5000 l Öl erforderlich. Wände, Decken und Stützen: F 90; Türen: T 30 und selbstschließend, soweit nicht ins Freie führend. Alle Baustoffe: nichtbrennbar.

Orientierungsgrößen für Hausanschlussräume (b × l) (cm)

bis ca. 30 Wohneinheiten ohne Fernwärmeanschluss	180 × 200
bis ca. 10 Wohneinheiten mit Fernwärmeanschluss	180 × 200
Wasserzähler bis q_n = 10 m³/h Starkstrom bis 165 kVA Fernwärme bis 80 kW	180 × 200
bis ca. 60 Wohneinheiten ohne Fernwärmeanschluss	180 × 350
bis ca. 30 Wohneinheiten mit Fernwärmeanschluss	180 × 350
Wasserzähler über q_n = 10 m³/h Starkstrom bis 270 kVA Fernwärme bis 200 kW	180 × 350

Abmessungen von Öltanks (cm)

Inhalt	Breite	Höhe	Länge
1 000 l	72	150	110
1 500 l	72	150	165
2 000 l	72	150	215

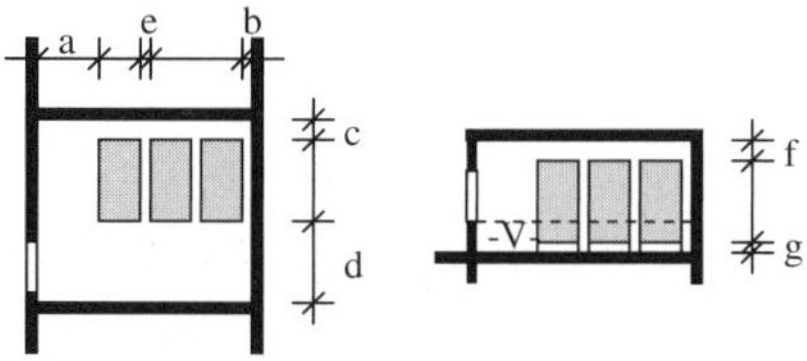

Heizöltankbatterien, Grundriss (l.) und Schnitt

Abstandsmaße für Heizöltankbatterien (cm)

Art / Maße	a	b	c	d	e	f	g
Stahl	40	25	25	40	4	25	5
PA, PE	40	5	-	40	-	-	-
GFK	40	5	5	40	5	-	-

Orientierungswerte. Jahresbedarf an Heizöl

Lagermenge in l	Objekt
$Q_N \times 210$	Wohnhäuser,
$Q_N \times 190$	Bürobauten
$Q_N \times 150$	Schulen
Q_N = Heizlast (W)	

Orientierungswerte. Lagermenge an Heizöl

Q_N	Lagermenge
bis 100 kW	100 % des Jahresbedarfs
100 - 1 000 kW	50 - 70 % des Jahresbedarfs
über 1 000 kW	30 - 50 % des Jahresbedarfs

Erweiterung eines Seniorenheims in Beilngries (1. Obergeschoss) (Architekten: Nickl & Partner)

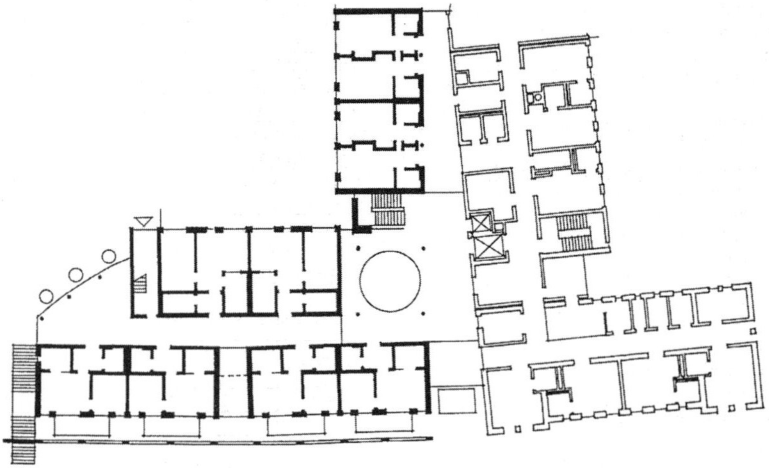

Mindestgrößen von Wohn- und Pflegeplätzen (HeimMindBauV)

Art des Platzes	Größe	Ausstattung
Altenwohnheime		
1- Pers.- Wohnplatz	12 m²	Ko, WC, 1 Wb
2- Pers.- Wohnplatz	18 m²	Ko, WC, 1 Wb
3- Pers.- Wohnplatz	24 m²	Ko, WC, 2 Wb
4- Pers.- Wohnplatz	30 m²	Ko, WC, 2 Wb
Altenheime		
1- Pers.- Wohnplatz	12 m²	1 Wb
2- Pers.- Wohnplatz	18 m²	1 Wb
3- Pers.- Wohnplatz	24 m²	2 Wb
4- Pers.- Wohnplatz	30 m²	2 Wb
Altenpflegeheime		
1- Pers.- Wohnplatz	12 m²	
2- Pers.- Wohnplatz	18 m²	
3- Pers.- Wohnplatz	24 m²	
4- Pers.- Wohnplatz	30 m²	

Ko= Kochgelegenheit Wb= Waschbecken

Mindestausstattung von Schlafräumen in Altenwohnungen und Altenwohnheimen (Altenwohnstätten)

Möbel	Länge × Breite:
1 Bett je Nutzer	205 × 100 cm
1 Schrank je Nutzer	110 × 65 cm
1 tischhohes Möbel	110 × 55 cm

3.4 Sonderformen des Wohnens

3.4.1 Altenwohnstätten

DIN 18022, DIN 18025; HeimMindBauV; Altenwohnstätten- Empfehlungen

Beim Bauen für ältere Menschen ist insbesondere die DIN 18 025-2, bei rollstuhlgerechtem Bauen DIN 18 025-1 zu beachten. Für behinderte Senioren wird das Umfeld der Anlage bedeutsam. Geschützte Ausblicke, Freisitze im Gebäude und Fußwege mit Sitzgelegenheiten im Freien machen das Umfeld erlebbar.

Altengerechte Wohnungen

1- und 2-Personen-Wohnungen nach DIN 18 025-2, die den Bedürfnissen älterer Menschen Rechnung tragen. Wohneinheiten sind in ein normales Wohnumfeld integriert, z. B. im EG von Geschosswohnungsbauten.

Mindest-Raumprogramm nach Altenwohnstätten-Empfehlungen:

- 1-Personen-Wohnung (40-50 m²): Vorraum (freie Fläche mind. 120 cm × 150 cm, 100 cm Garderobe); mind. 1 m² Abstellfläche; Wohnschlafzimmer (möglichst 18 m²); evtl. Schlafzimmer; Sanitärraum mit Waschtisch, WC. Bewegungsfläche vor den Objekten: mind. 75 cm. Lichter Abstand Waschtisch – Wand: mind. 20 cm. Erwünscht: Bade- oder Duschwanne und Loggia.
- 2-Personen-Wohnung: wie vor, jedoch zzgl. Wohnraum (mind. 18 m², besser 20 m²).

Altenwohnheim (HeimMindBauV)
Senioren werden durch Sozialeinrichtungen in Wohnanlagen oder ambulant betreut. Die Anlagen verfügen über Gemeinschaftseinrichtungen für Essen, Freizeit, Pflege, Therapie usw. Wohnraumprogramm wie vor. Mindestgröße und -ausstattung nach HeimMindBauV. Für max. 20 Bewohner 1 Dusche bzw. Wanne. Standard: Duschbad und WC in jeder Wohnung. Gemeinschaftsraum: mind. 0,75 m² je Bewohner.

Altenheime (HeimMindBauV)
Größere Einheiten (120 WE und mehr). Planung nach dem Heimgesetz. Rollstuhlgerechte Ausrüstung nach DIN 18 025-1. Aufzüge für Liegendkranke und mit Klappsitz. Umfangreiche Nebeneinrichtungen zur Versorgung, Pflege und Freizeitgestaltung: Speiseräume, Wandelgänge, Teeküchen, Freizeiträume, Sport- und Gymnastikräume, Wasch- und Trockenräume, Leichenraum. Therapie und Betreuungsräume. Wirtschafts-, Personal- und Verwaltungsräume. Gemeinschaftsflächen: mind. 20 m² oder 1 m² je Bewohner. Mind. 1 Kochgelegenheit für die Bewohner. Bäder und WC wie in Altenwohnheimen.
Wohnungen nach Altenwohnstätten-Empfehlungen: Vorraum (mind. 120 cm × 150 cm); mind. 100 cm Garderobe, 1-Personen-Wohnschlafzimmer oder 2-Personen-Wohnplätze, evtl. mit Schlafzimmer, Bad mit WC, Altenbade- oder Duschwanne, Loggia.

Altenpflegeheime (HeimMindBauV)
Sie dienen der Betreuung pflegebedürftiger und chronisch kranker Menschen möglichst in 1- oder 2-Bett-Pflegezimmern. 10 Bewohner werden zu einer Wohngruppe mit Gemeinschaftsraum und Teeküche zusammengefasst. Für 3 Wohngruppen: Betreuer- und Pflegeräume, WC und Duschräume sowie Geräteräume in der Nähe. Wohn- und medizinischer Bereich sind getrennt. Medizinischer Bereich mit Arzträumen und Therapieeinrichtungen. Zentrale Versorgungs- und Freizeiträume. Verwaltung. Bettenaufzug erforderlich. Flur- und Türbreiten für fahrbare Betten.

Altentagesstätten
Einrichtungen zur sozialen Betreuung und ambulanter Versorgung älterer Menschen. Oft in räumlicher Verbindung mit altengerechtem oder betreutem Wohnen. Einrichtungen nach Bedarf: Dienst- und Beratungsraum 20 m², Gruppenräume 20–30 m², Veranstaltungsraum, WC, Teeküche.

Mindestausstattung von Kleinküchen in Altenwohnungen und in Altenwohnheimen für Selbstversorger (Altenwohnstätten)

Objekte in dieser Folge:	Breite
Unterschrank mit Arbeitsplatte	60 cm
Spüle	40 cm
Unterschrank mit Arbeitsplatte und herausziehbarer Platte für Arbeiten im Sitzen	60 cm
Herd mit Backofen	50 cm
Unterschrank mit Arbeitsplatte	60 cm
Kühlschrank	60 cm
Arbeitshöhe 85 cm	
Bewegungsfläche mind. 120 cm tief	

Altengerechte Küchen

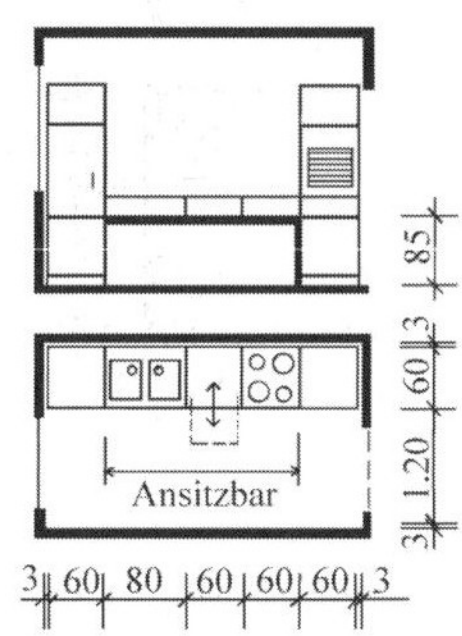

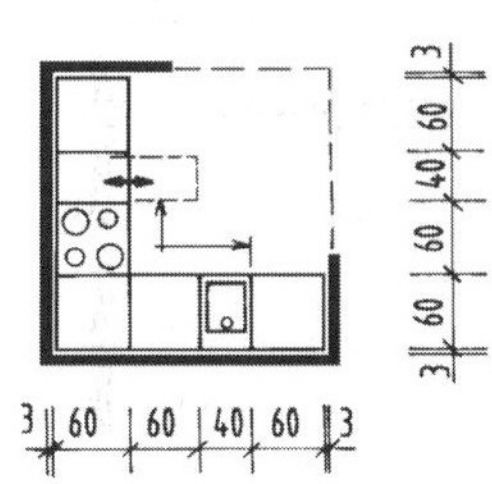

Altengerechte Stufen

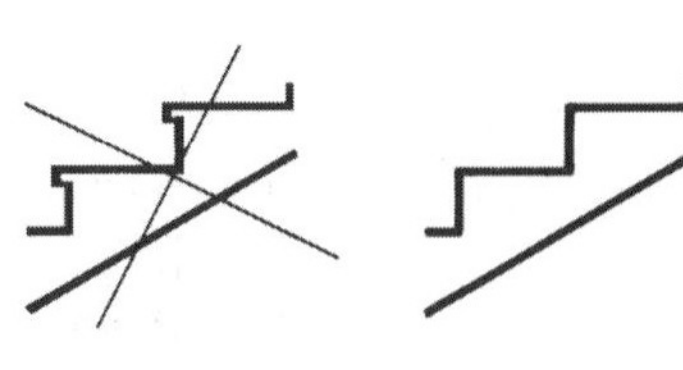

Altengerechte Bäder

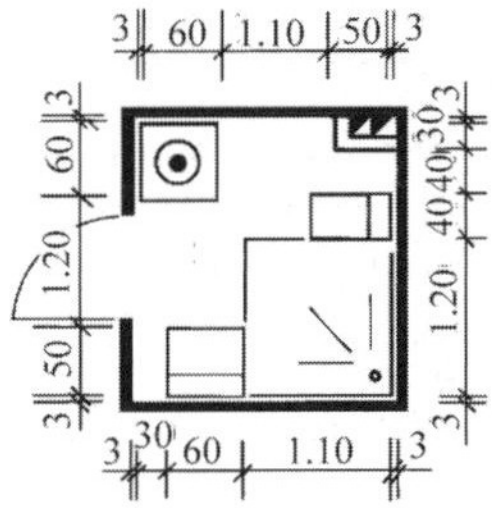

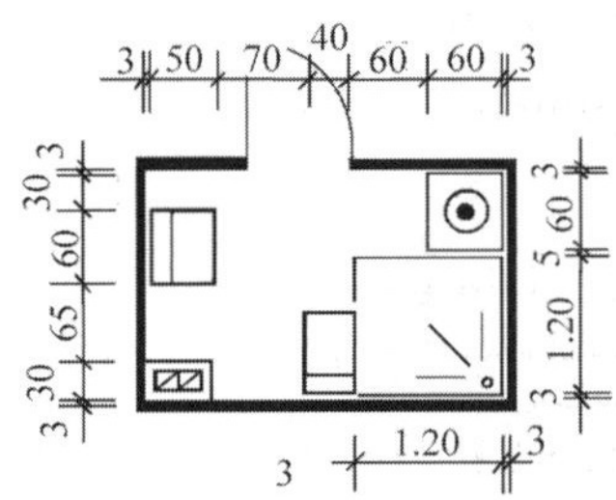

Altengerechtes Treppenhaus

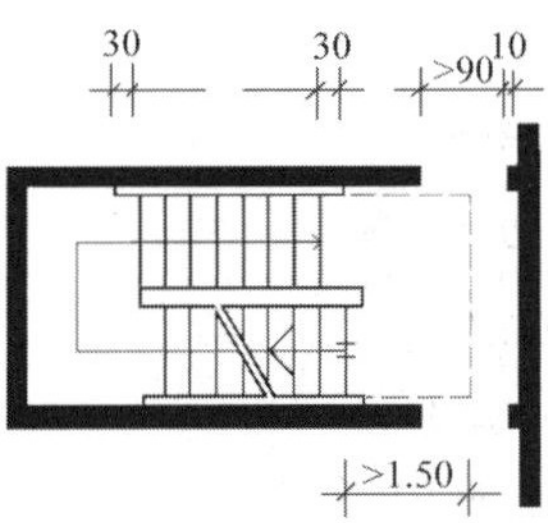

Bewegungsflächen vor Drehtüren (DIN 18 025-2)

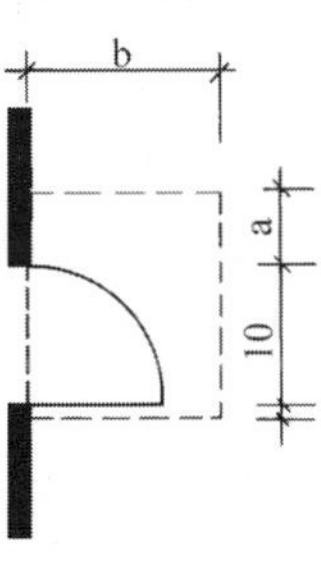

a	b
25 cm	170 cm
35 cm	160 cm
45 cm	150 cm
55 cm	140 cm

Altengerechte Wohnung

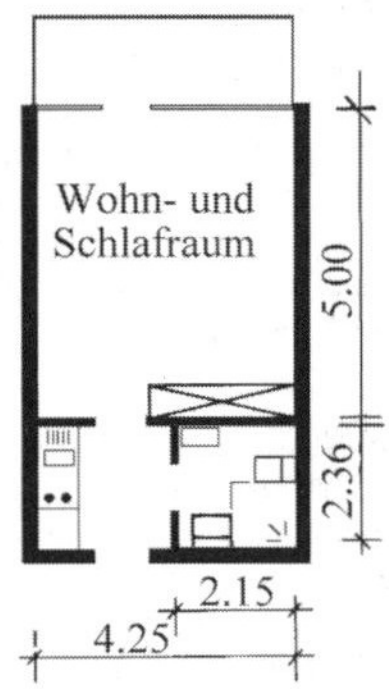

Elemente altengerechten Bauens

Eingang direkt anfahrbar. Zugwege rollstuhlgerecht, mind. 120 cm breit. Türen und Flure nach DIN 18 025-2. Rollstuhlabstellplätze im Eingangsbereich (mind. 190 cm × 150 cm). Bei Altenwohnstätten, die höher als im 1. Obergeschoss liegen: mind. 1 Fahrstuhl nach DIN 18 025-2. Möglichst 1 Aufzug für Tragen und Möbeltransport. Wohnstätten im 5. Obergeschoss und höher sind mit einen Aufzug für liegenden Personentransport zu erschließen. Treppen nach möglichst gradläufig ausführen. Treppenstufen 16/30 cm mit farbig markierten Kannten. Treppen und Flure beidseitig mit Handläufen versehen. Handläufe im Treppenauge nicht unterbrechen. Trittstufen nicht überkragend. In Küchen keine Möbel vor Fenstern anordnen. Bäder: rutschfester Boden, Türen nach außen aufschlagend, altengerechte Wannen oder Duschen einbauen. Haltegriffe vorsehen.

Jede Wohnung mit Freisitz nach DIN 18 025 planen. Sinnvoll sind deren Überdachung und seitlicher Schutz vor Wetter. Undurchsichtige Teile von Brüstungen dürfen max. 60 cm hoch sein. Nutzbare Fläche mind. 4,5 m², nutzbare Tiefe des Freisitzes mind. 150 cm.

Erschließungselemente und Gemeinschaftseinrichtungen von Heimen sollten räumlich so differenziert ausgestaltet sein, dass immer wieder interessante, abwechslungsreiche Räumlichkeiten entstehen. Geschützte Bereiche für einzelne Personen oder kleinere Gruppen zur Ruhe und zur Kommunikation anbieten.

4 Barrierefreies Bauen

DIN 18 024, DIN 18 025, LBO, HeimMindBauV

Das barrierefreie Bauen muss die für behinderte Personen notwendigen bauseitigen Hilfsmittel und Bewegungsräume zur Verfügung stellen und auf bauliche Elemente, die zu einer Einschränkung der Lebens- und Bewegungsfreiheit führen, verzichten.

Anwendungsbereiche

Bauten, die von Behinderten, älteren Menschen und Müttern mit Kleinkindern häufiger aufgesucht werden, müssen von diesen ohne fremde Hilfe genutzt werden können. Bei Geschäftshäusern, Versammlungsstätten, Bürogebäuden, bei Bauten, die der Öffentlichkeit zugänglich sind (z. B. Banken, Sportstätten, Museen), sowie bei deren Stellplätzen und Garagen gilt dies für die Bereiche mit Publikumsverkehr. Bei Tagesstätten, Werkstätten und Heimen für Behinderte sowie bei Altersheimen, Altenwohnheimen und Altenpflegeheimen muss die gesamte bauliche Anlage von den genannten Gruppen genutzt werden können.

4.1 Öffentlich zugängige Bereiche

Verkehrs- und Grünanlagen, Spielplätze
DIN 18 024-1

Straßen, Plätze, öffentliche Verkehrs- und Grünanlagen sowie Spielplätze sind auf Grundlage der DIN 18 024-1 barrierefrei zu planen. Dazu gehört u. a. die Schaffung rollstuhlgerechter Bewegungs- und Begegnungsflächen.

Gehwege
Fußgängerflächen sind gegenüber Fahrbahnen mit einem mind. 75 cm breiten Schutzstreifen zu trennen. Rad- und Gehwege durch 50 cm breite Trennstreifen trennen, der optisch und taktil deutlich erkennbar ist. Breiten/Tiefen-Verhältnis von Muldenrinnen max. 1:30.
Längsgefälle von Gehwegen ohne Verweilplätze max. 3 %; mit Verweilplätzen in max. 10 m Abstand max. 6 %. Quergefälle von Gehwegen max. 2 %, in Grundstückszufahrten max. 6 %.
Richtungsänderungen, verkehrsberuhigte Straßenräume und Verweilplätze sind taktil und durch optische Kontrastierung erkennbar zu machen.
Borde an Zugängen und Übergängen sind in der ganzen Breite auf 3 cm abzusenken. Sie müssen taktil und optisch deutlich erkennbar sein.

Zugang zu anderen Ebenen
Ebenen sind mit Treppen und zusätzlich mit Rampen und/oder Aufzügen zu verbinden.

Üblicher Selbstfahrer-Rollstuhl

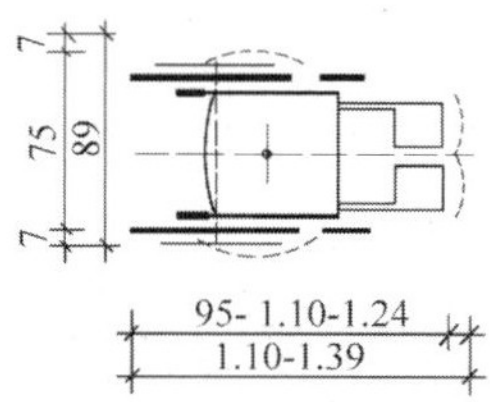

Stuhlart	Länge	Breite
Zimmerrollstuhl	115 cm	75 cm
Selbstfahrer	174 cm	75 cm
Elektro-Rollstuhl	90–117 cm	75 cm
Dreirad-Rollstuhl	210 cm	75 cm

Treppen dürfen nicht gewendelt sein. Treppen mit beidseitigem Handlauf in 85 cm Höhe versehen. Durchmesser des Handlaufs 3–4,5 cm. Der Handlauf darf nicht unterbrochen sein und muss 30 cm über Anfang und Ende der Treppe hinausragen.
Bei Treppen mit max. 3 Stufen ist jede Stufe mit einen 5–8 cm breiten Streifen optisch zu kontrastieren. Bei Treppen mit mehr als 3 Stufen nur die erste und die letzte Stufe. Offene Stufenenden sollten 2 cm hohe Aufkantungen besitzen. Stufenunterschneidungen sind nicht zulässig. Die Durchgangshöhe unter Treppen muss mind. 230 cm betragen, niedrigere Bereiche sind zu schließen.
Rampen sind mit max. 6 % Gefälle und mit Zwischenpodesten nach max. 6 m auszuführen (s. Abschn. 2.2.4). Aufzüge sind mit ausreichenden Fahrkorbmaßen und Bewegungsraum vor der Anlage zu planen (s. Abschn. 2.2.8).

Grünanlagen und Spielplätze
Hauptwege mit Lichtraumprofil von mind. 150 cm Breite und mind. 230 cm Höhe. Längsgefälle max. 4 %, Quergefälle max. 2 %. In Sichtweite, jedoch max. alle 18 m, sind Begegnungsflächen anzuordnen. Ein Längsgefälle von max. 6 % ist aus topografischen Gründen zulässig, wenn alle 10 m ebene Ruhe-, Verweil- oder Begegnungsflächen angeordnet werden. Ruhebänke sind in max. 100 m Abstand aufzustellen.
Park- und Freizeitanlagen müssen mind. 1 Sanitäranlage nach DIN 18 024-2 und Notrufmöglichkeiten besitzen.

Bewegungsflächen. Mindestmaße (DIN 18 024-1 und -2)

	Breite in cm	Tiefe in cm
Verweilflächen auf Schutzinseln oder Fahrbahnstreifen. Hauptverkehrsstraßen	400	250
Gehwege im Umfeld von Kindergärten, Schulen, Freizeiteinrichtungen, Einkaufszentren, Pflegeeinrichtungen	300	
Fußgängerüberwege und Furten		
Verweilflächen auf Fußgängerüberwegen und Furten von Erschließungsstraßen	300	200
Gehwege an Sammelstraßen	200	
Als Wendemöglichkeit, Ruhefläche, Verweilplatz	150	150
Am Anfang und am Ende einer Rampe		
Vor Fahrschachttüren		
Vor Haus- und Gebäudeeingängen, Fernsprecheinrichtungen, Notrufanlagen, Serviceschaltern, Dienstleistungsautomaten, Briefeinwürfen, Ruf- und Sprechanlagen, Durchgängen, Kassen, Kontrollen, Bedienungseinrichtungen, Rahmensperren, Umlaufschranken		
Vor und neben Ruhebänken		
Vor und nach Fahrtreppen und Fahrsteigen		
In Fluren und auf Hauptwegen	150	
Auf Gehwegen und Hauptgehwegen		
Neben Treppenauf- und abgängen		
Neben der Längsseite des Kfz des Rollstuhlfahrers auf Pkw-Stellplätzen		150
Vor Rollstuhlabstellplätzen		
Vor Therapieeinrichtungen		
Zwischen Umlaufschranken	130	
Zwischen Radabweisern einer Rampe, auf Hauptgehwegen	120	
In Durchgängen an Kassen und Kontrollen	90	
Auf Nebengehwegen		
Entlang Haltestellen öffentlicher Verkehrsmittel		250

Pkw-Stellplätze
Mind. 3 % der Stellplätze, mind. jedoch 1 Stellplatz muss eine 150 cm tiefe Bewegungsfläche an der Längsseite eines geparkten Pkws aufweisen. Empfohlene Breite des Stellplatzes bei offener Stellfläche: 350 cm; bei seitlicher Begrenzung durch eine Wand o. Ä.: 380 cm.

Haltestellen
Haltestellen öffentlicher Verkehrsmittel und der Bahn sind so zu gestalten, dass der Höhenunterschied und der Abstand zwischen Fahrgastraum des Fahrzeugs und der Vorderkante der Zusteigfläche max. 3 cm beträgt. Die Einstiegstelle muss taktil und optisch kontrastreich sein. Es sind Sitzgelegenheiten und ein Witterungsschutz für Rollstuhlfahrer vorzusehen.

Baustellensicherung
Baustellen- und Notwege sind mit einer Absperrung mit mind. zwei 10 cm hohen Schranken zu sichern. Die Oberkante der oberen Schranke liegt 100 cm, die der unteren Schranke 25 cm über Gelände. Das Lichtraumprofil muss mind. 120 cm Breite und 230 cm Höhe besitzen.
In nicht überschaubaren bzw. längeren Bereichen sind Begegnungsflächen einzurichten.

Öffentliche Einrichtungen
Öffentliche Einrichtungen und Angebote wie Fernsprecher, Notrufanlagen, Fahrkarten- und Geldautomaten, Briefkästen etc. müssen anfahrbar sein und sind in einer Höhe von 85 cm anzubringen.

Behindertengerechte Stellplätze und Garagen (DIN 18 024-1 und -2)

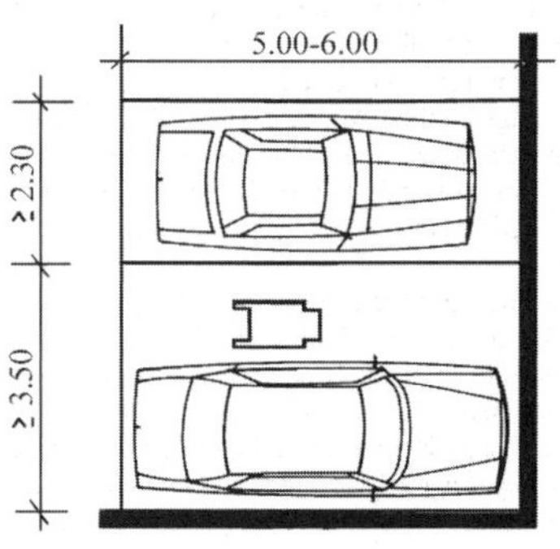

Öffentlich zugängige Gebäude
DIN 18 024-2

Türen
Türen sind mindestens mit einer lichten Breite von 90 cm und einer lichten Höhe von 210 cm auszuführen. Untere Türanschläge und -schwellen max. 2 cm hoch. Türen von Toilettenzellen, Dusch- und Umkleidekabinen dürfen nicht nach innen schlagen. Hauseingangstüren, Brandschutztüren und Garagentore müssen kraftbetätigt werden können. Vor und hinter Türen sind Bewegungsflächen anzuordnen (s. Tabelle). Türgriffe von Drehtüren müssen in geschlossenem Zustand und von Schiebetüren auch in geöffnetem Zustand mind. 50 cm in diesen Flächen liegen (s. Grafik). Schalter vor kraftbetätigten Türen sind bei frontaler Anfahrt mind. 250 cm vor der aufschlagenden Tür und auf der Gegenseite mind. 150 cm davor anzubringen.

Erreichbarkeit
Stufenlos erreichbarer Eingang. Rampen gem. Abschn. 2.2.4 ausführen. Aufzüge sind mit ausreichenden Fahrkorbmaßen und Bewegungsraum vor der Anlage zu planen (s. Abschn. 2.2.8). In Verlängerung der Treppe darf keine Treppe angeordnet werden. Bodenbeläge müssen rutschfest und für Rollstühle geeignet sein. Längsgefälle von Zugangswegen max. 3 %, Quergefälle max. 2 %.

Treppen
Notwendige Treppen dürfen nicht gewendelt sein. Treppen mit beidseitigem Handlauf in 85 cm Höhe zu versehen. Durchmesser des Handlaufs 3–4,5 cm. Der Handlauf darf nicht unterbrochen sein und muss 30 cm über Anfang und Ende der Treppe hinausragen. Keine Stufenunterschneidungen.

Bewegungsflächen vor und hinter Automatiktüren. Mindestmaße (DIN 18 024-2)

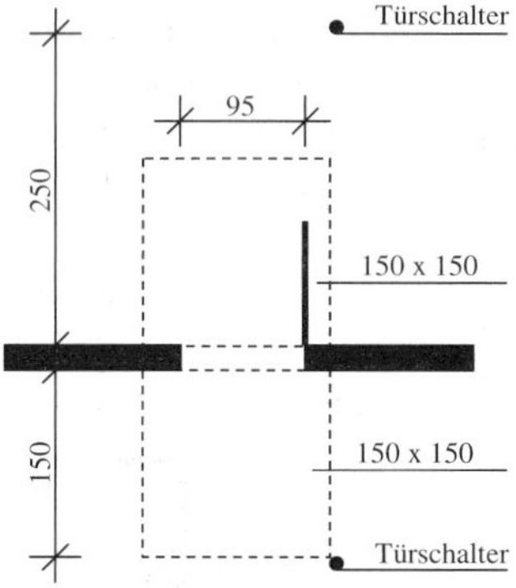

Begegnungsflächen. Mindestmaße (DIN 18 024-1 und -2)

Fall des Erfordernis	Breite in cm	Tiefe in cm
Hauptgehwege: in Sichtweite, jedoch mind. je 18 m	250	250
Geh- und Nebengehwege: in Sichtweite		
Gehwege neben Baustellensicherungen	180	180
Flure und Wege in Gebäuden mit Längen > 15 m		

Begegnungsflächen im Bereich von Türen (DIN 18 024-2)

	Breite in cm	Tiefe in cm
Drehtür: Aufschlagsseite	150	150
Drehtür: Nicht-Aufschlagsseite	150	120
Schiebetür: Beide Seiten	190	120

Bewegungsflächen vor und hinter Schiebetüren. Mindestmaße (DIN 18 024-2)

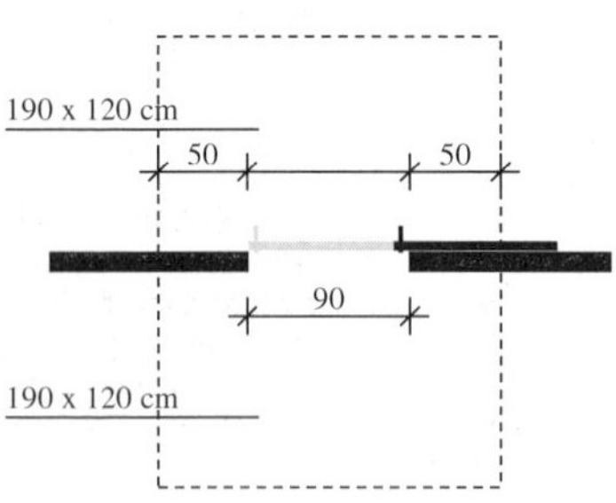

Bewegungsflächen vor und hinter Drehtüren. Mindestmaße (DIN 18 024-2)

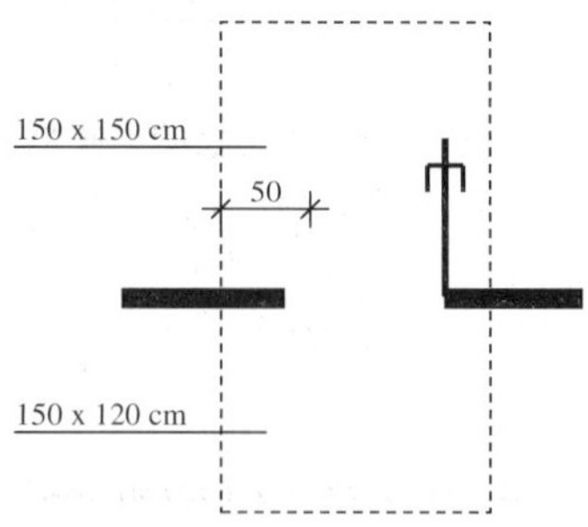

Rollstuhlgerechter Sanitärraum. Mindestmaße (cm) (DIN 18 024-2)

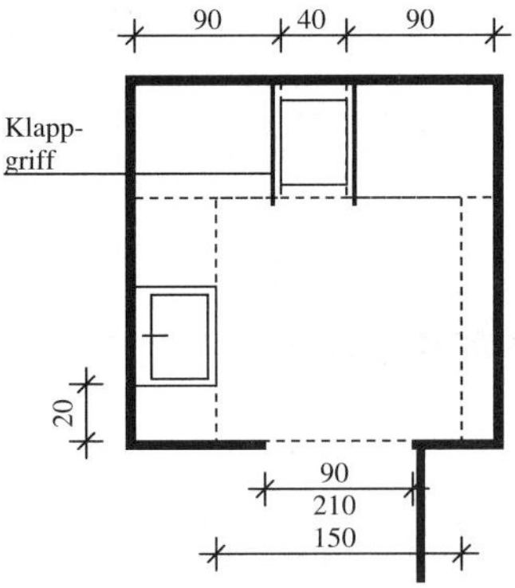

Toilette mit Duschbereich (DIN 18 024-2)

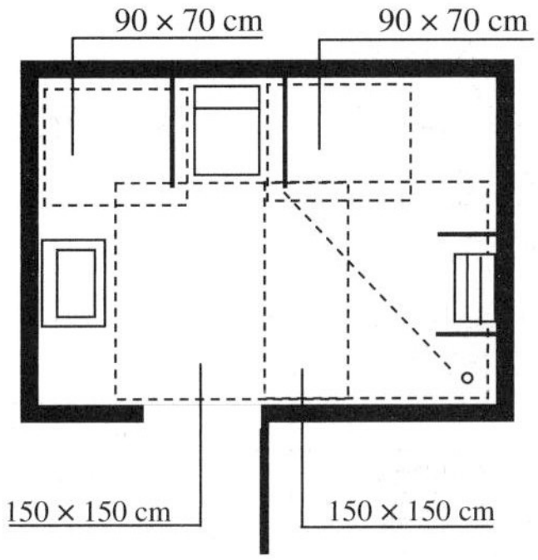

Barrierefreie Treppe (DIN 18 024-2)

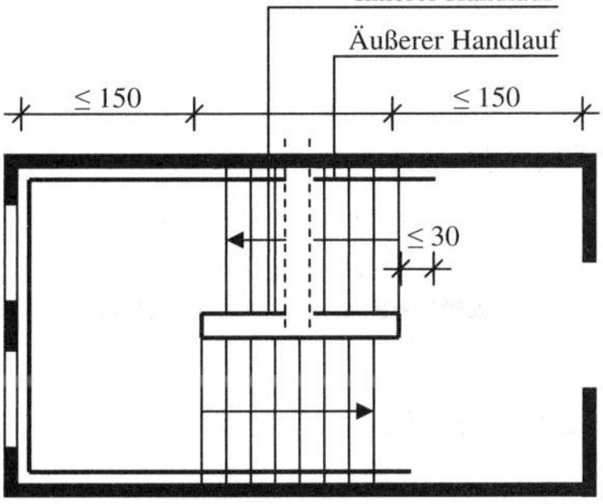

Sanitärräume
In jedem Sanitärraum bzw. in jeder Sanitäranlage muss mind. 1 rollstuhlgerechte Toilettenkabine vorhanden sein. Links und rechts neben dem Klosett sind Bewegungsflächen von 95 cm × 70 cm zu planen; vor dem Klosett, vor dem Waschtisch und dem Handtrockner eine Bewegungsfläche von 150 cm × 150 cm. Die Höhe der Oberkante des Toilettensitzes soll 48 cm betragen. 55 cm hinter der Vorderkante des Sitzes muss der Sitzende sich anlehnen können. Links und rechts der Toilettenschüssel sind in 70 cm Abstand vertikal und horizontal klappbare Griffe für mind. 100 kg Belastung am vordersten Punkt in 85 cm Höhe zu installieren. Die Griffe müssen die Vorderkante des Toilettenbeckens um 15 cm überragen. Die Oberkante des Waschtisches auf max. 80 cm planen, darunter Kniefreiheit mind. 30 cm tief und mind. bis 67 cm Höhe. Einhandarmatur mit schwenkbarem Auslauf; Wassertemperatur max. 45 °C. Handtrockner, Seifenspender und Mündung eines selbstschließenden Abfallkorbes in 85 cm Höhe. Zur Ausstattung gehören zudem Spiegel für Sitz- und Stehposition, Notruf, Wasserventil mit Schlauch, Fußbodenablauf, Kleiderhaken in 85 cm und 150 cm Höhe und eine 15 cm tiefe und 30 cm breite Ablage in 85 cm Höhe. Der Notruf muss auch am Boden liegend erreichbar sein (ggf. Schnur). Die Tür muss nach außen öffnen. Sie muss von innen abschließbar sein und über eine Notfall-Öffnungsvorrichtung von außen verfügen.

Sanitärräume in Raststätten, Sportstätten, Behinderteneinrichtungen
Zusätzlich zu dem Vorgenannten: Klappliege (200 cm × 90 cm) in 50 cm Höhe; Klappwickeltisch (mind. 50 cm × 50 cm) in 85 cm Höhe.

Duschkabinen
Schwellenfreie Duschplätze mit Grundfläche von mind. 150 cm × 150 cm, z.B. als seitliche Bewegungsfläche von Toilettenbecken. In 48 cm Sitzhöhe Duschklappsitz, Sitzfläche 40 cm tief, 45 cm breit, links und rechts des Klappsitzes waagerechte, hochklappbare Haltegriffe. Vor dem Sitz Bewegungsfläche von 95 cm × 70 cm. Einhebelarmaturen, Seifenschalen und Ablage in 85 cm Höhe. Notruf, der auch am Boden liegend erreichbar ist (ggf. Schnur).

Umkleidebereiche
Arbeitsstätten, Sport- und Badestätten und Therapieeinrichtungen müssen mind. einen Umkleidebereich für Rollstuhlfahrer besitzen. Türmaße (90 cm × 210 cm), Aufschlagrichtung nach außen, Hakenhöhen (85 cm) und Bewegungsflächen (150 cm × 150 cm) bei der Planung beachten.

Schwimm- und Bewegungsbecken
Technische Einstieghilfen, wie Lifte oder Rutschen sind erforderlich. Rollstuhlabstellfläche in der Nähe vorsehen.

Rollstuhlabstellplätze
Rollstuhlplätze sind mind. 150 cm tief und 190 cm breit zur Aufnahme von 2 Rollstühlen vorzusehen. Davor muss eine Bewegungsfläche gleicher Größe vorhanden sein. Eingangsbereiche sollten einen Rollstuhlabstellplatz haben.

Versammlungs-, Sport- und Gaststätten
In Versammlungs-, Sport- und Gaststätten sind 1 % der Plätze, mind. jedoch zwei für Rollstuhlbenutzer vorzusehen. Platz für Rollstuhlbenutzer: 95 cm × 150 cm. Möglichst Sitzplatz für Begleitperson in der Nähe planen.

Beherbergungsbetriebe
Mind. 1 % der Zimmer, mind. jedoch 1 Zimmer sind rollstuhlgerecht zu planen.

Tresen, Serviceschalter, Verkaufstische
Höhe möglichst 85 cm. Mind. 1 Bereich unterfahrbar mit Kniefreiheit bis in 30 cm Tiefe und 67 cm Höhe.

Stellplätze
1 % der Stellplätze, mind. jedoch 2 nach DIN 18 024-1. Stellplätze möglichst nahe dem Eingang bzw. nahe dem Aufzug. Beim Haupteingang Stellplatz für Kleinbus (Länge: 750 cm, Breite: 350 cm, Höhe: 250 cm) planen.

Bedienungselemente
Schalter, Toilettenspüler, Klingel u. a. Bedienungseinrichtungen sind in 85 cm Höhe anzubringen.

Barrierefreie Fahrstuhlanlage (DIN 18 024)

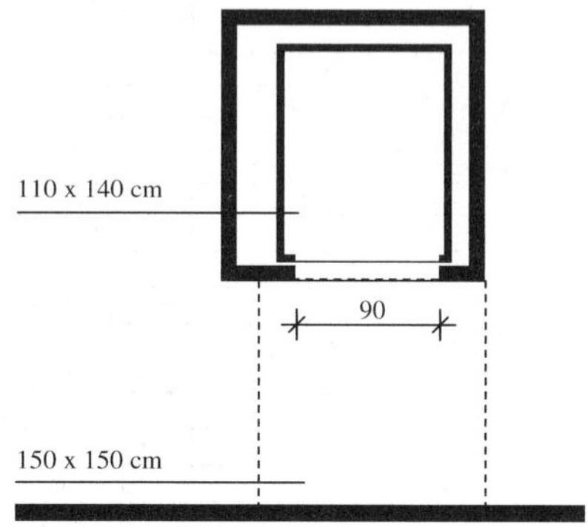

Abstellplatz für 2 Rollstühle (DIN 18024-2)

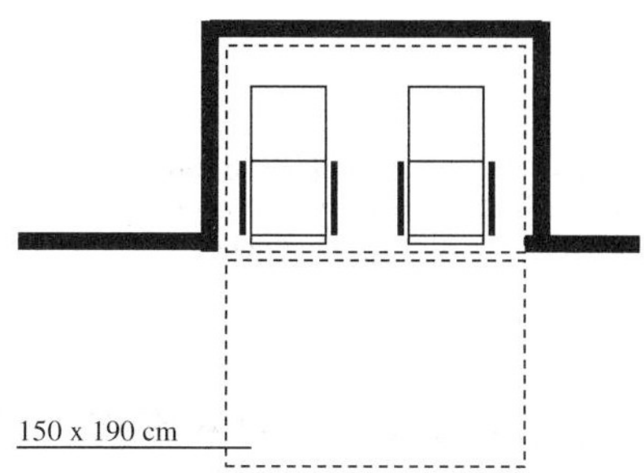

Barrierefreier Garagenstellplatz (DIN 18 024-1 und -2)

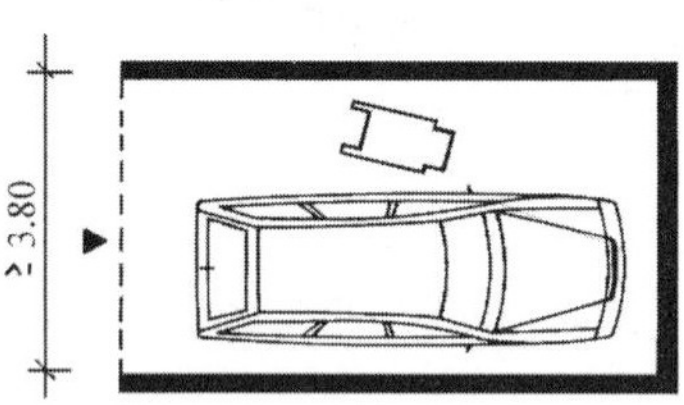

Bewegungsfläche neben Bedienungselementen. Mindestmaße

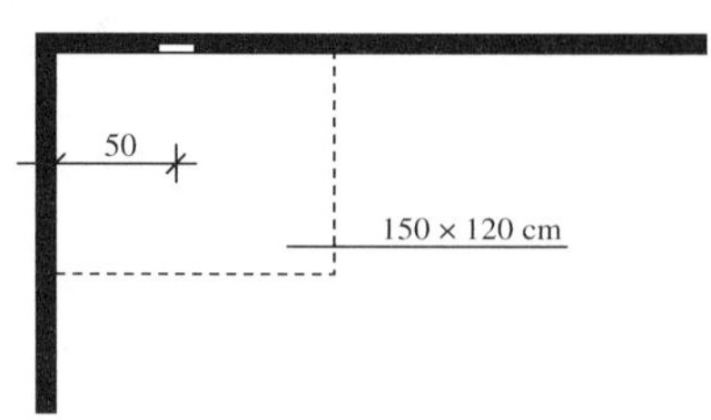

Wohnungen für Schwerbehinderte
Mindestgrößen - und -ausstattung

Größe der Wohnzimmer:	
Für 1 Person	20 m²
Für 2 bis 4 Pers.	22 m²
Für 5 Personen	24 m²
Für 6 und mehr Personen	26 m²
Größe der Abstellräume:	
Anteil an der Wohnfläche	2 %
Mindestfläche	1 m²
Möbel im Schlafzimmer	
1 Bett je Person	205 × 100 cm
1 Schrank je Person	120 × 65 cm
1 tischhohes Möbel	120 × 65 cm
Ausstattung der Küche	
Abstellplatte	60 × 60 cm
Doppelbeckenspüle	80 × 60 cm
kleine Arbeitsplatte	60 × 60 cm
Herdmulde	60 × 60 cm
Abstellplatte	30 × 60 cm
4 schrankhohe Einrichtungsteile	à 60 × 60 cm
tischhoher Kühlschrank	60 × 60 cm
Arbeitsplatte	120 × 60 cm

4.2 Barrierefreie Wohnungen

DIN 18 025-2

Erschließung

Pkw-Stellplätze für Behinderte sind mind. 3,30 m breit auszuführen. Der Hauseingang und eine Wohnebene müssen stufenlos erreichbar sein. Alle zu einer Ebene gehörenden Räume und die Gemeinschaftseinrichtungen mehrerer Wohnungen müssen stufenlos, ggf. auch über nachrüstbare Rampen oder Aufzüge, zugänglich sein. Wege zwischen Wänden außerhalb von Wohnungen (z. B. Flure) sollten mind. 150 cm breit sein.

Möglichst wenig Treppen bauen. Vor Treppen waagerechte Flächen von mind. 150 cm Tiefe anordnen. Treppen in Bauten mit gehbehinderten Personen sollten Treppensteigungen von etwa 16 cm × 30 cm besitzen. Sie sollten möglichst gradläufig sein. Der Handlauf (Durchmesser 3–4,5 cm) sollte am Treppenauge nicht unterbrochen sein. Treppen müssen beidseitig Geländer in 85 cm Höhe besitzen, die über Anfang und Ende 30 cm hinausführen. Stufenunterschneidungen sind nicht zulässig.

Rampen oder Aufzüge zur Überwindung von Höhenunterschieden. Rampen max. 6 % Steigung, nach 6 m Podest von 150 cm Länge. Lichte Breite mind. 120 cm. Seitliche Radabweiser zur Führung der Rollstühle, mind. 10 cm

Altenwohnheim Lindenhof in Basel,
1. und 2. Obergeschoss
(Architekten: Brogli & Müller)

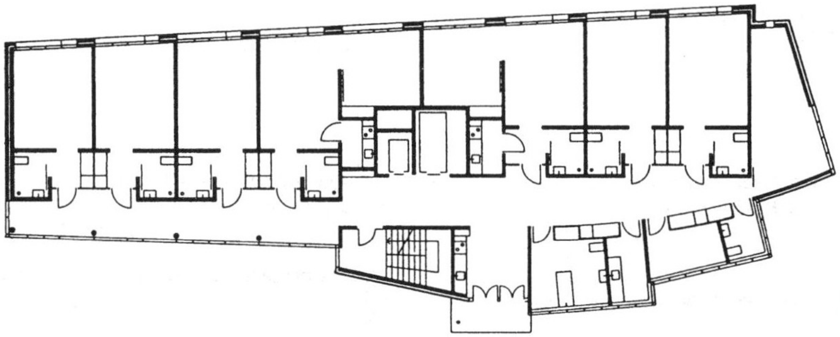

hoch. Geländer auf 85 cm Höhe. Geländer und Radabweiser 30 cm über Anfang und Ende der Rampe hinausführen. Davor jeweils eine waagerechte Fläche von mind. 150 cm × 150 cm vorhalten.
Die Zahl der Türen ist auf das Notwendigste zu beschränken. Sie müssen eine Breite von mind. 80 cm, Hauseingangs- und Wohnungseingangstüren jedoch von mind. 90 cm haben. Lichte Höhe mind. 210 cm. Aufschlagsrichtungen und Bewegungsräume besonders beachten, ggf. Automatiktüren einsetzen. Schwellen bis 2 cm Höhe zulässig.

Mindestmaße für Fahrkörbe (DIN 18 025): Breite: 110 cm; Tiefe: 140 cm; Fahrstuhltüren 90 cm breit. Davor Bewegungsfläche von 150 cm × 150 cm.

Räumlichkeiten
In Wohnungen muss der Abstand zwischen Wänden (z. B. Flure) mind. 120 cm betragen.

Schlafbereich
Auf einer Längsseite eines Bettes ist ein Bewegungsraum von mind. 120 cm Breite vorzusehen. Jedes Bett sollte bei Bedarf von 3 Seiten her zugänglich gemacht werden können.

Küchen
Die Mindestbreite vor Kücheneinrichtungen beträgt 120 cm, vor Möbeln 90 cm. Alle Schalter, Armaturen, Steckdosen und Beschläge (Fenster!) im Griffbereich: *h* = etwa 85 cm; in Sonderfällen: *h* = max. 140, mind. 40 cm über Fußboden. Keine Möbel vor Fenster planen.

Bäder
Vor Einrichtungen im Sanitärbereich und in der stufenlos begehbaren Dusche muss nach DIN 18 025-2 ein Bewegungsraum von mind. 120 cm× 120 cm gesichert sein. In der Praxis wird die Fläche vor Sanitärobjekten meist reduziert. Die Tür darf nicht in den Sanitärraum schlagen und sollte von außen zu entriegeln sein. Unter dem Waschbecken Beinfreiraum durch Unterputz- oder Flachaufputzsiphon schaffen. Rutschfester Boden. Haltegriffe vorsehen.

Freisitze
Jede Wohnung sollte einen Freisitz von mind. 4,5 m² mit einer Bewegungsfläche von mind. 150 cm ×150 cm aufweisen. Sinnvoll sind deren Überdachung und seitlicher Schutz vor Wetter. Undurchsichtige Teile von Brüstungen dürfen max. 60 cm hoch sein. In jeder Wohnung ist mind. 1 Fenster als tiefes Fenster auszuführen: Undurchsichtige Fensterbrüstungen max. 60 cm hoch.

Empfehlungen zur Gestaltung von Fluren und Eingangsbereichen

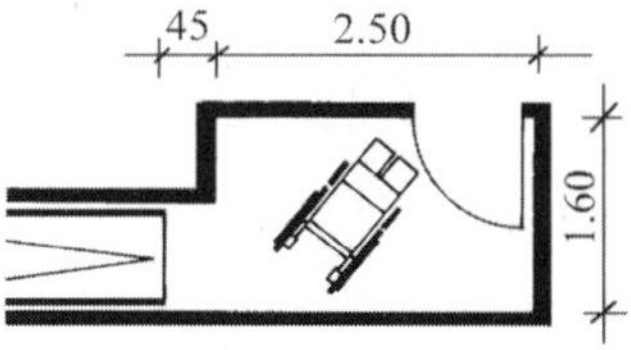

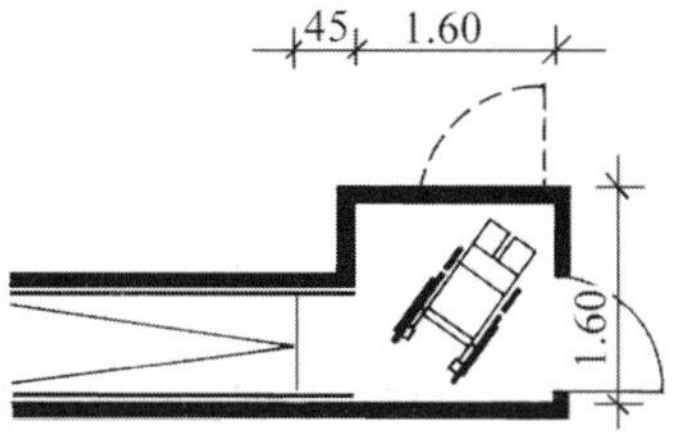

Rollstuhlgerechte Küche Grundriss (oben), Schnitt (unten)

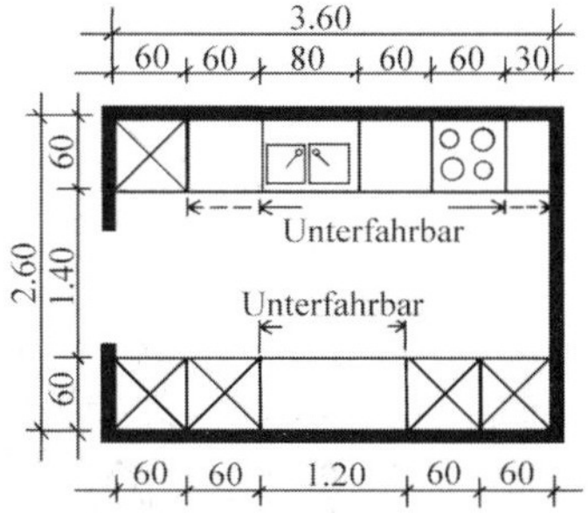

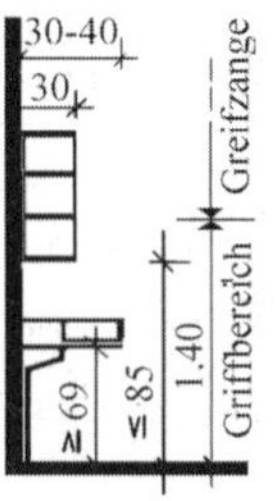

Rollstuhlgerechte Bäder

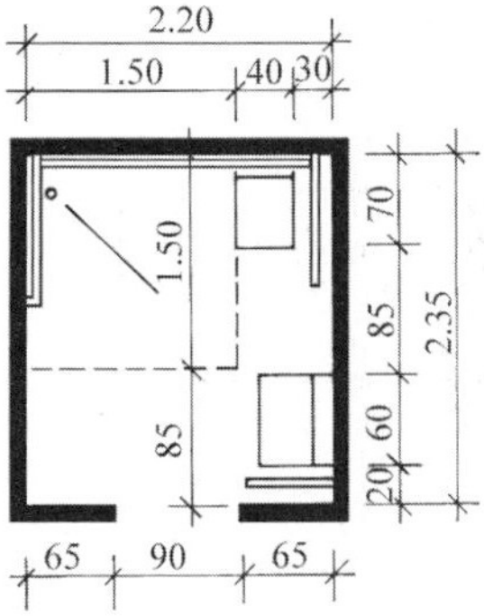

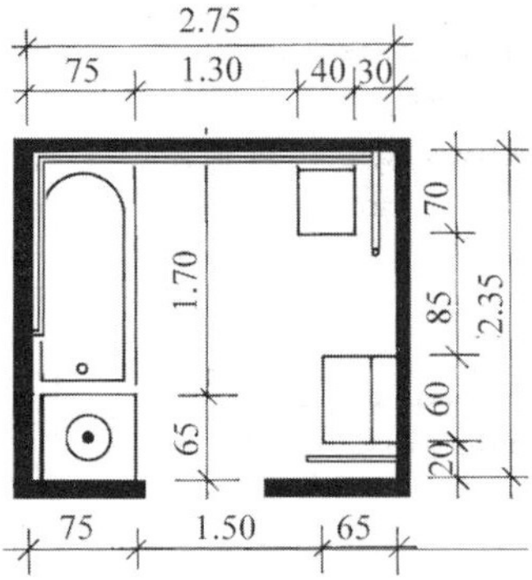

Rollstuhlgerechte Räume

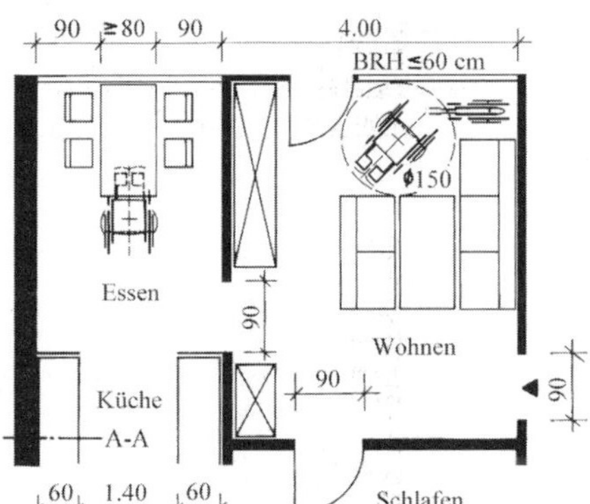

4.3 Rollstuhlgerechte Wohnungen

DIN 18 025-1

Zusätzlich bzw. abweichend von den bisherigen Ausführungen ist beim rollstuhlgerechten Bauen nach DIN 18 025-1 Folgendes zu beachten:

Erschließung

PKW-Stellplätze müssen Raum zum Umsteigen auf den Rollstuhl bieten. Breite des Stellplatzes mind. 3,50 m. Grenzt der Umsteigebereich an eine Wand (Garage): 3,85 m. Hauseingänge: mind. 95 cm breit. Keine Drehtüren. Gut: automatische Türen. Eventuell Rollstuhlabstellplatz (mind. 190 cm × 150 cm) im Eingangsbereich für den Straßenrollstuhl mit Umstiegsmöglichkeit auf den Hausrollstuhl. Davor Bewegungsfläche mind. 150 cm tief. Lichte Türbreiten, auch in Wohnungen: mind. 90 cm, max. 110 cm.

Räumlichkeiten

In jedem Raum, vor und hinter handbetätigten Drehflügeltüren, vor WC und Waschbecken ist eine Wendefläche von mind. 150 cm × 150 cm zu planen.

Bäder

Auf einer Seite des WC muss ein Freiraum von mind. 95 cm × 70 cm liegen. Auf der anderen Seite muss ein Abstand zur Wand oder zum nächsten Objekt von mind. 30 cm garantiert sein. Duschplätze sind stufenfrei mit 150 cm × 150 cm Größe auszuführen. Waschtisch mind. 60 cm breit und 50 cm tief, unterfahrbar. WC-Sitzhöhe 48 cm. Duschplatz und WC nebeneinander anordnen. Sanitärräume stets mit mechanischer Lüftung.

Zugang zum Bad möglichst vom Flur und vom Schlafzimmer. Türen nicht zum Sanitärraum aufschlagen lassen. Wohnungen mit mehr als 3 Personen brauchen einen zweiten Sanitärraum mit regulärem Waschbecken und WC.

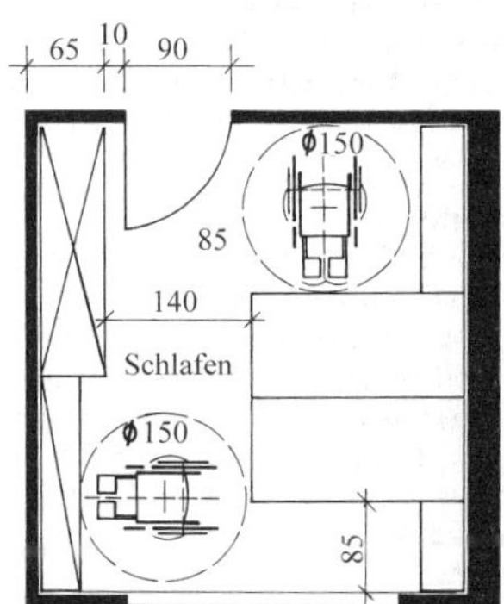

Bewegungsflächen
Vor einer Längsseite des Bettes, vor Schränken, Kücheneinrichtungen, Badewannen, Rollstuhlabstellplätzen sowie neben Pkw-Längsseiten muss die Bewegungsfläche mind. 150 cm breit sein. Vor Möbeln, die seitlich angefahren werden, entlang der Einstiegseite des Bettes, zwischen Wänden in der Wohnung und neben Bedienungseinrichtungen muss die Bewegungsfläche mind. 120 cm breit sein.

Arbeitsflächen, Tische
Arbeitsflächen (Tische, Waschbecken, Küchenmöbel usw.) müssen unterfahrbar sein: Unterkante mind. 69 cm über Fußboden; Oberkante max: 85 cm über Fußboden, bei Waschbecken etwa 95–100 cm über Fußboden. Ansitzbreite für Rollstühle an Tischen: 80 cm.

Küchen
Handelsübliche Küchenmöbel werden mit entsprechenden unterfahrbaren Arbeitsflächen versehen, die Höhen der Oberschränke reduziert. Herd, Arbeitsplatte und Spüle unterfahrbar, möglichst über Eck anordnen.

Freisitze und tiefe Fenster wie Abschn. 4.2.

Rollstuhlgerechte Wohnung (Mindestmaße)

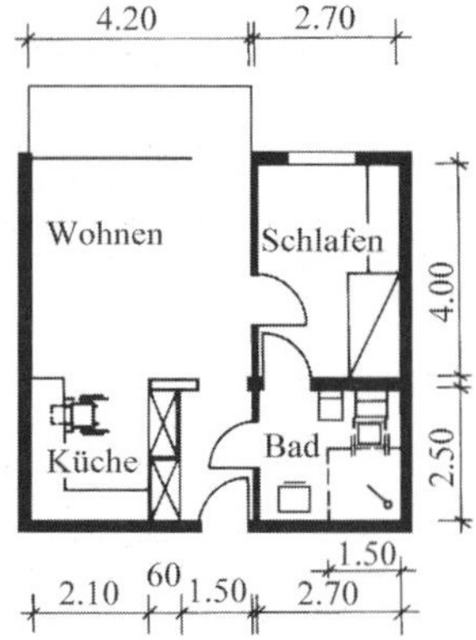

Altenheim in Bad Wörishofen, Erdgeschoss (Architekten: Huber & Partner)

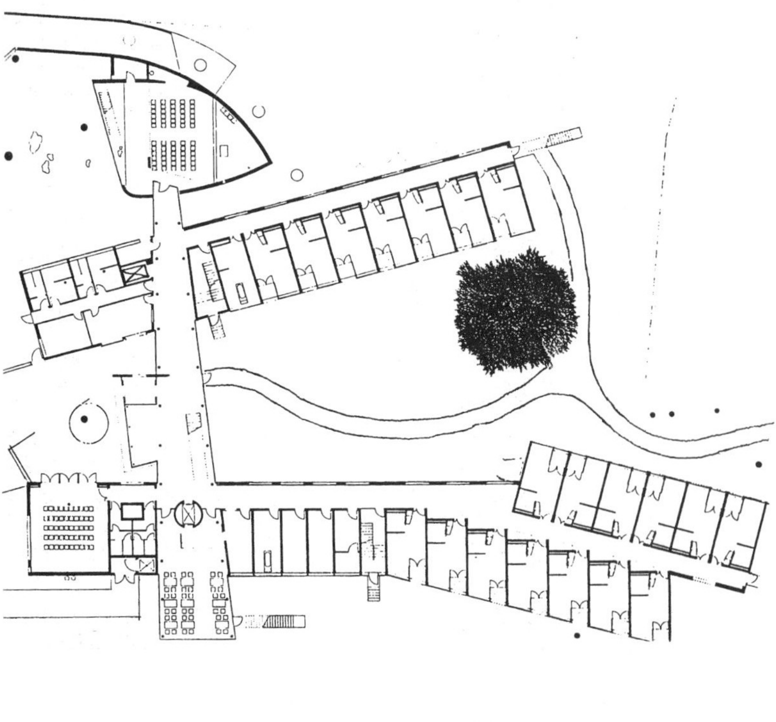

5 Gaststätten

GastStättV; ArbStättV; ASR; DIN 18 024; über 200 Besucher: VStättVO

5.1 Schank- und Speisegaststätten

Ab mehr als 200 Besuchern (1 m²/je Tischsitzplatz) gilt die VStättVO. Schank- und Speisegaststätten müssen barrierefreie Zugänge und Fluchtwege sowie barrierefreie Toiletten besitzen. 1 % der Stellplätze, mind. jedoch 2 sind barrierefrei auszubilden.

5.1.1 Gästebereich

Schankräume
Schankräume und Wohnungen müssen getrennt zugänglich sein. Grundfläche von Schankräumen: mind. 25 m², weitere Schankräume: mind. 15 m². Lichte Raumhöhe möglichst 3 m. Lichte Breite der Türen mind. 90 cm. Flure und Rettungswege mind. 100 cm breit bzw. 100 cm Breite je 150 darauf angewiesene Personen. Garderoben mit Hutablage und Schirmständer (1 m / 25 Plätze).
Übliche Bestuhlung: 4er-Tische, zu anderen Aufstellungen kombinierbar. Evtl. Barplätze zum Essen und Trinken. Größere Räume gliedern. Eventuell unterschiedliche Platzangebote anbieten. Flexible Raumteiler ermöglichen unterschiedliche Nutzungen und Raumgrößen. 1 % der Sitzplätze, mind. jedoch 2 müssen für Rollstühle geeignet sein (mind. 95 cm × 150 cm).
Tischfläche je Gast: mind. 60 cm breit, 40 cm tief. Breite eines Esstisches: mind. 80 cm.

WC-Anlagen
Für Personal und Gäste getrennte Anlagen. Personal-WC mit Vorraum nach ArbStättV, nicht über den Schankraum oder das Freie erschließen.

5.1.2 Servicebereiche

Küchen *(DIN 66 075)*
Kochküchen müssen mind. 15 m² Grundfläche und eine lichte Höhe von 3 m besitzen. Mindestausrüstung: 1 Wasserzapfstelle, 1 eigene Handwaschgelegenheit, 1 Schmutzwasserausguss.

Küchen besitzen folgende Hauptteile:

Anlieferung und Abfuhrbereich (11 % Flächenanteil) mit Annahme, Registratur und Vorsortieren der Waren. Vorsortieren des Mülls und des Leergutes. Büro des Lagerleiters und/oder des Küchenleiters. Anlieferung gut mit Lkw erreichbar, nicht einsehbar.

Warenlager (40 % Flächenanteil) mit Kühllager für Molkereiprodukte, Fleischwaren, Obst und Gemüse sowie Getränke jeweils getrennt. Dazu: Vorkühlung und Tiefkühlung. In kleineren Gaststätten in Kühlschränken, in größeren Gaststätten in Kühlräumen. Lager vor Sonne schützen.

Küche (25 % Flächenanteil) mit Vorbereitung von Gemüse und Salaten (Waschen, Putzen, Schneiden) sowie von Fleisch (Entbeinen, Portionieren). Vorbereitung entfällt bei weitgehend vorbereiteter Anlieferung der Waren. Warme Küche zum Kochen, Backen und Bra-

Möblierung von Gasträumen

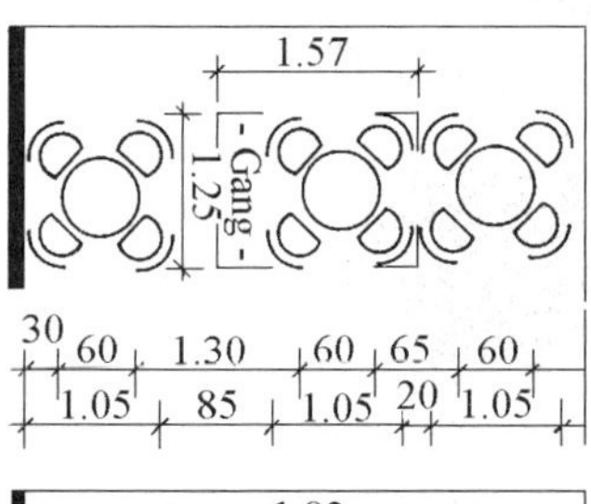

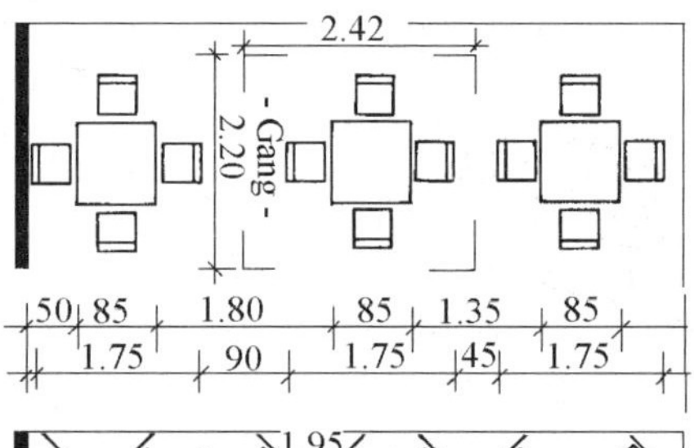

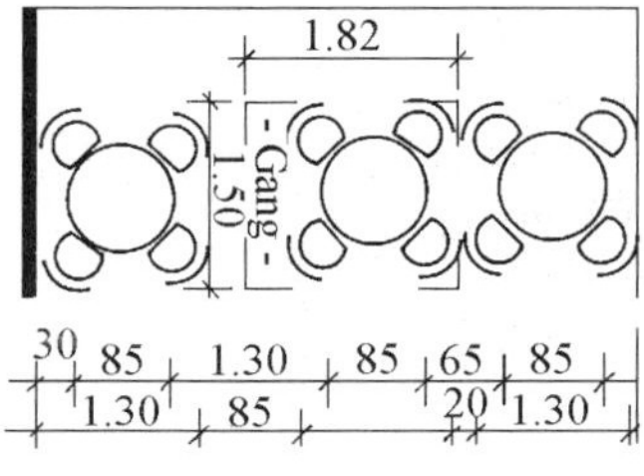

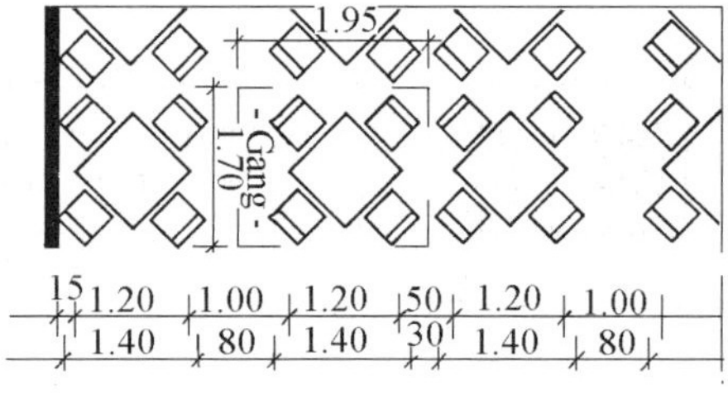

ten. Kalte Küche für Salate, Brote u. Ä. Grundmodul für Kücheneinrichtungen 53 cm × 32,5 cm (DIN 66 075). Be- und Entlüftung von größter Wichtigkeit (VDI-Rl 2052). Boden rutschfest.

Spülküche (12 % Flächenanteil) für Geschirr und Töpfe mit Automaten und Doppelspülbecken mit Abtropffläche; bei Kantinen o. Ä. mit Zuführung des Geschirrs über Bandanlagen.

Sozialbereich (12 % Flächenanteil) mit Umkleide-, Wasch-, Toiletten-, Pausen- und Ruheraum nach ArbStättV.

Speiseausgabe
Bei Ausgabe über Kellner: Warm- und Kühlhaltevorrichtungen zur Pufferung der Auslieferung. Kelleroffice mit Kasse in der Nähe der Speiseausgabe. Besteck- und Geschirrlager sowie Warmhalteplattenspender für den Kellner.

Bei Selbstbedienung: Tablettausgabe in der Nähe des Eingangs – Speiseausgabe über Tresen mit rückseitiger Beschickung, Bedienung am Tresen oder Automaten – Kasse – Besteckausgabe – Sitzplätze – Geschirrrückgabe in der Nähe der Spülküche und des Ausgangs. Evtl. automatische Rückführung des Geschirrs zur Spülmaschine.

Organisation von Küchen

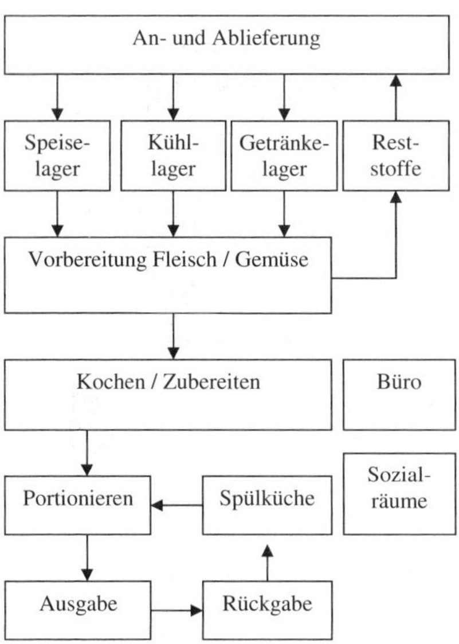

Orientierungswerte für Küchen und Küchennebenräume (m²/Platz)

Bereich	≤ 100 Gäste	≤ 250 Gäste	> 250 Gäste
Anlieferung und Abfuhr	**0,2**	**0,2**	**0,2**
- Warenanlieferung	0,07	0,06	0,05
- Lagerverwaltung	0,03	0,02	0,04
- Büro-Küchenchef	0,05	0,04	0,03
- Abfall	0,10	0,12	0,11
Warenlager	**0,35**	**0,45**	**0,38**
- Vorkühlraum		0,03	0,03
- Fleischkühlraum		0,05	0,04
- Milchprodukte-kühlraum		0,04	0,03
- Gemüse-Kühlraum		0,04	0,05
- Tiefkühlraum		0,04	0,04
- Kalte Küche	0,02	0,02	
- Speiseabfall-kühlraum	0,02	0,02	
- Lebensmittellager	0,02	0,02	0,02
- Gemüselager	0,09	0,07	0,04
- Getränkelager		0,03	0,02
- Weinkeller		0,04	0,03
- Geschirrlager	0,04	0,03	0,03
Küche			
- Fleisch-Vorbereitung	0,1	0,08	0,05
- Gemüse-Vorbereitung	0,1	0,08	0,06
- Warme Küche	0,3	0,2	0,2
- Kalte Küche	0,2	0,15	0,1
- Speisenausgabe	0,08	0,08	0,07
- Spülküche	0,1	0,12	0,1

Flächenbedarf von Gasträumen

Art der Gaststätte	Platzbelegung	Küche/ Gedeck	Fläche/ Sitzplatz
Gutes Restaurant	1	0,8 m²	1,9 m²
Pension	1–1,5	0,4 m²	1,5 m²
Einfache Gastst.	1,5–2	0,5 m²	1,7 m²
Pizzeria	2–3	0,5 m²	1,5 m²

Bemessung von Besucherzahlen (VStättVO)

Einrichtung	Nutzbare Laufbreite
Sitzplätze an Tischen	1 Besucher je m² Grundfläche des Raums
Sitzplätze in Reihen und Stehplätze	2 Besucher je lfm Stufenreihe
Stehplätze auf Stufenreihen	2 Besucher je m² Grundfläche des Raums
Ausstellungsräume	1 Besucher je m² Grundfläche des Raums

Autobahn-Tank- und Rastanlage bei Ellwangen (Architekten: Arge Arat / Haisch / Volz)

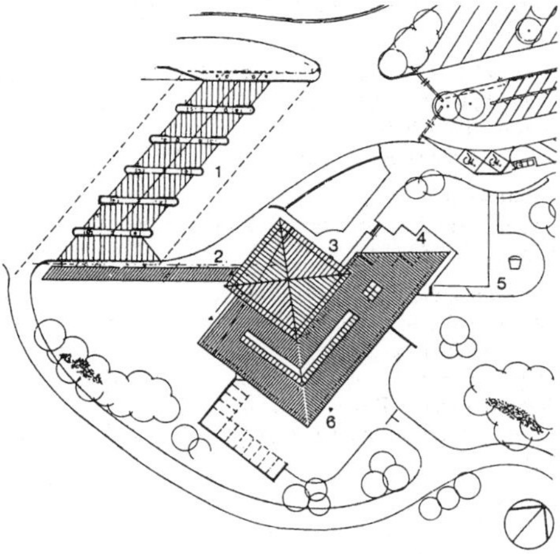

Lageplan

1 Tankanlage
2 Verbindungsgang
3 Pavillon
4 Terrasse
5 Spielplatz
6 Anlieferung

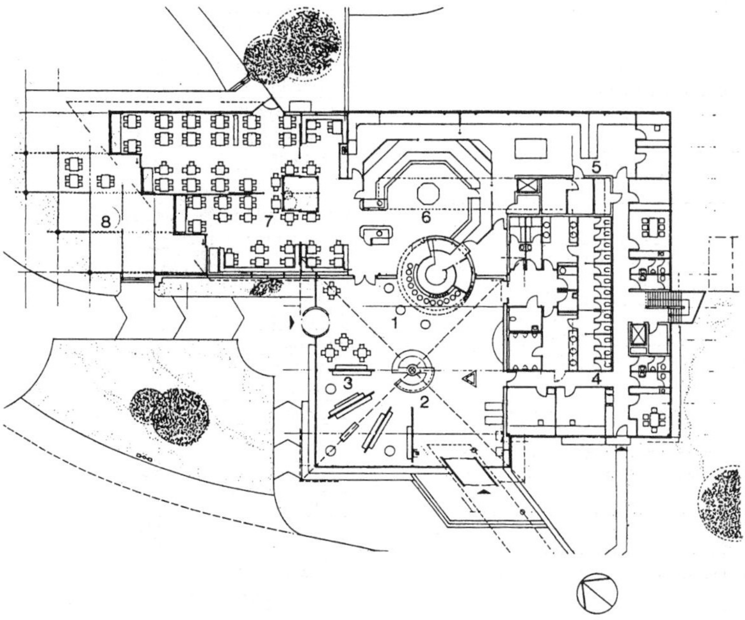

Grundriss

1 Eingangspavillon
2 Kasse
3 Verkaufsbereich
4 Verwaltung
5 Küche
6 SB-Bereich
7 Restaurant
8 Terrasse

Gemüsevorbereitungsraum

A: Waage
B: Schneiden
C: Schleuder
D: Spüle

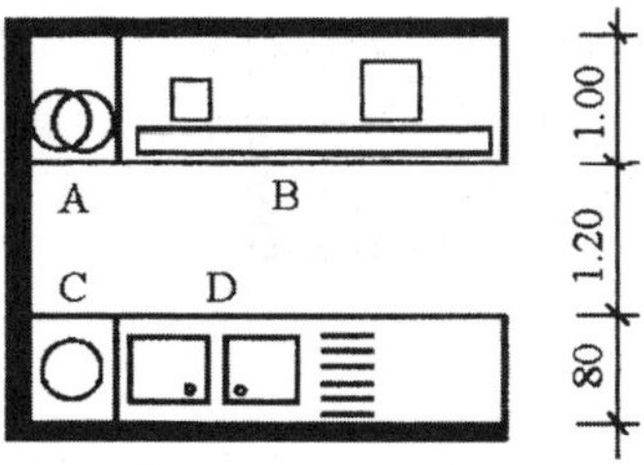

Fleischvorbereitung

A: Wolf
B: Tranchierbereich
C; Hackstock
D: Waage
E: Spüle

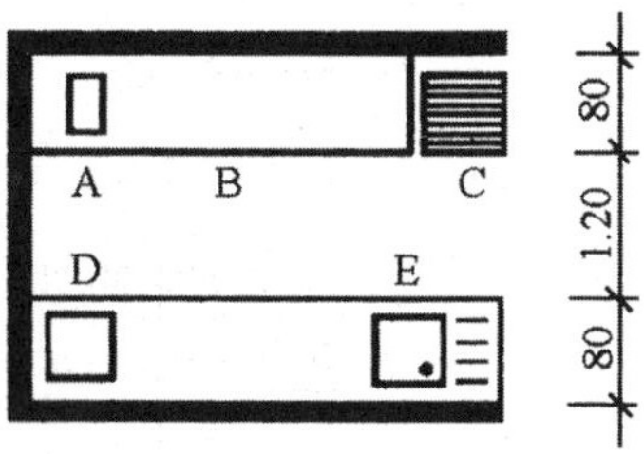

Warme Küche

A Hockerkocher
B Arbeits- / Abstelltisch
C Kochkessel
D Handwaschbecken
E Etagenbratofen
F Herd
G Fritteuse
H-I Bratpfannen
K Konvektomat
L Abstellzone

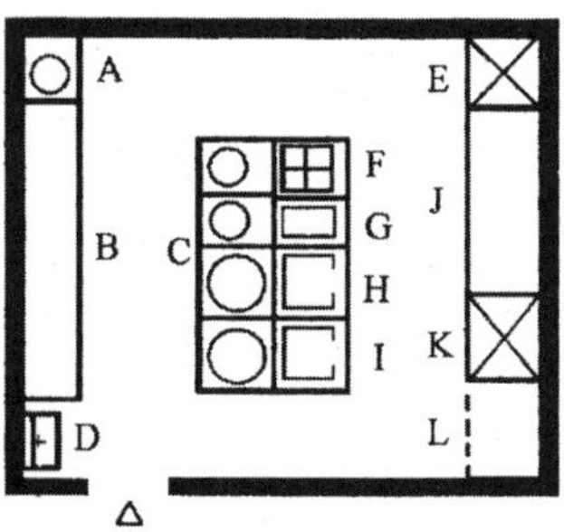

Platzbedarf bei Gasträumen

Bei Selbstbedienung		
Art des Tisches	Pers. / Tisch	Fläche / Platz
Quadratischer Tisch	4	1,25 m²
Rechteckiger Tisch	4	1,25 m²
Rechteckiger Tisch	6	1,05 m²
Rechteckiger Tisch	8	1,10 m²
Bei Bedienung		
Art des Tisches	Pers./Tisch	Fläche/Platz
Quadratischer Tisch	4	1,25 m²
Rechteckiger Tisch	4	1,10 m²
Rechteckiger Tisch	6	1,00 m²
Rechteckiger Tisch	8	1,10 m²

Toilettenanlagen in Schank- und Speisewirtschaften

Gastraum (m²)	WC-D	WC-H	Urinal-Becken	Urinal-Rinne
-50	1 St.	1 St.	2 St.	2 m
50-100	1 St.	2 St.	3 St.	2 m
100-150	2 St.	2 St.	3 St.	2,5 m
150-200	2 St.	3 St.	4 St.	3 m
200-250	2 St.	3 St.	5 St.	3,5 m
250-350	3 St.	4 St.	6 St.	4 m
Pro WC 1 Waschbecken vorsehen				

Hotel in Mandarfen (A) Bau I, Erdgeschoss (Architekten: E.+A. Neururer)

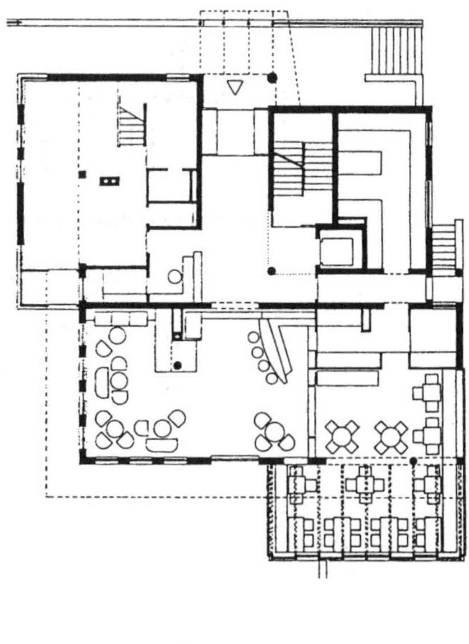

Großspülküche

A Geschirrwaschen
B Auslauf
C Geschirrspülmasch.
D Vorspüle
E Vorabräumung
F Rückgabe

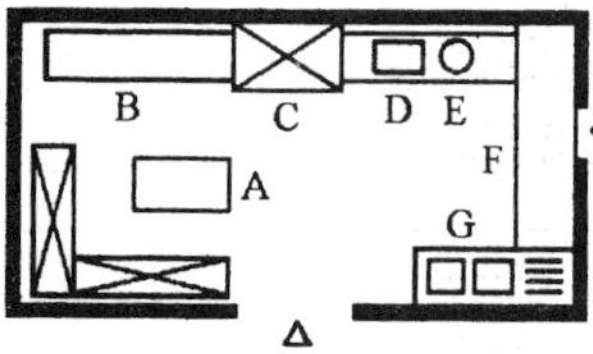

Kleinspülküche

A Regal
B Arbeitstisch
C Spüle
D Stellfläche

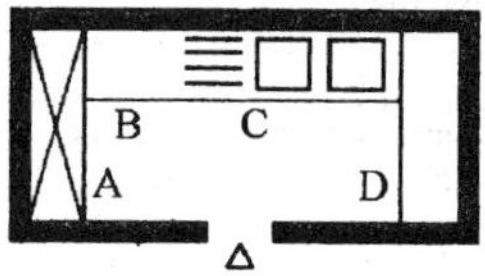

Speisenausgabe

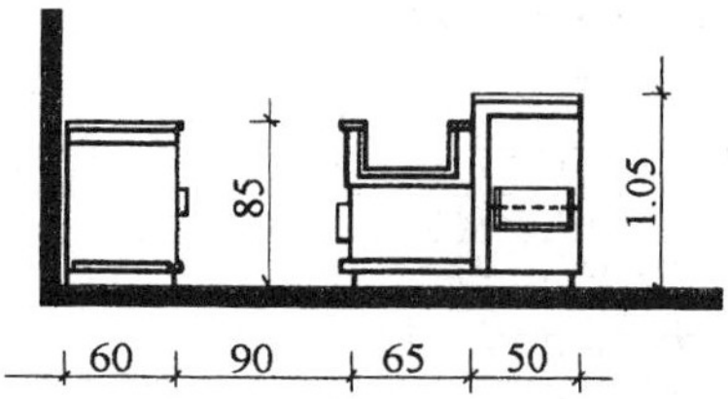

Hotel in Mandarfen (A) Bau II, Erdgeschoss (Architekten: E. und A. Neururer)

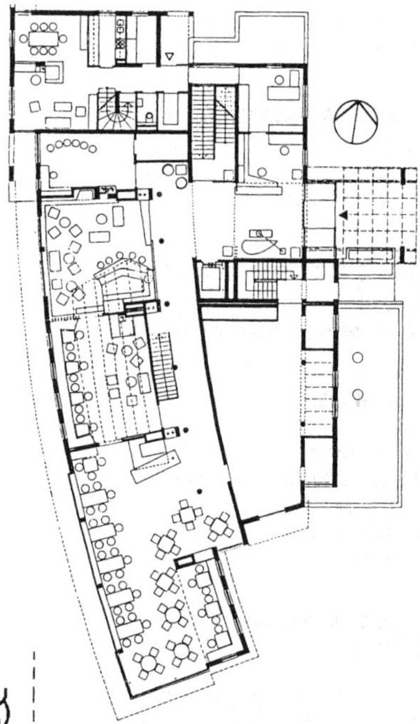

Schanktresen

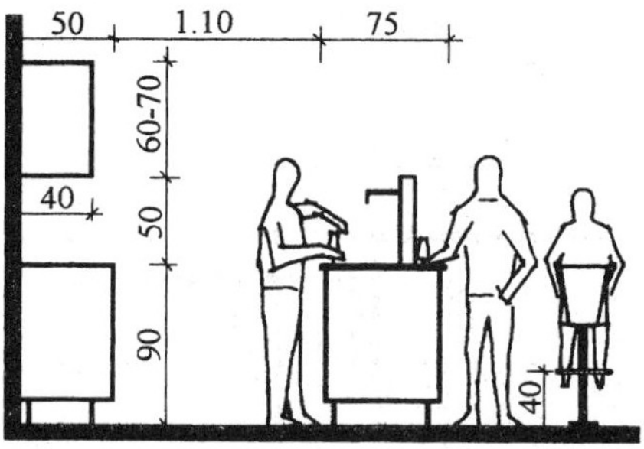

Essbar, Aufsicht (links) und Schnitt (rechts)

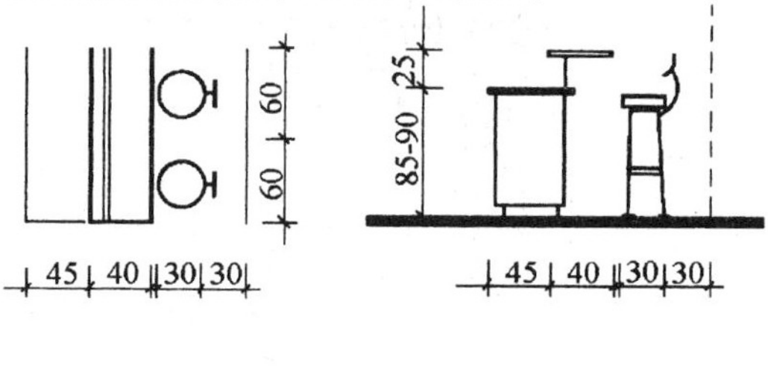

5.2 Hotels

5.2.1 Organisation

Vorfahrt der Gäste möglichst getrennt von der Materiallieferung und -abfuhr planen. Leichte Erreichbarkeit des Kfz-Stellplatzes für den Gast. Rezeption, Wartezone, Kofferraum und Verwaltungsräume beim Eingang.
Speise- und Aufenthaltsräume in guter Lage im EG bzw. DG. Restaurant möglichst auch für externe Gäste nutzbar, evtl. mit angegliederter Bar. Frühstücksraum auch als Fest- oder Tagungsraum nutzbar. Tagungs- und Festräume möglichst in der Größe variabel und von der Küche zu versorgen. Mögliche weitere Einrichtungen: Fitnessräume, Schwimmbad, Sauna, Boutiquen, Friseur etc.
Erschließung größerer Häuser für Gäste und Personal/Material getrennt. Flure mind. 150 cm breit. 1 Etagenservice (mind. 20 m²) in der Nähe des Serviceaufzuges für 15 bis 20 Zimmer.

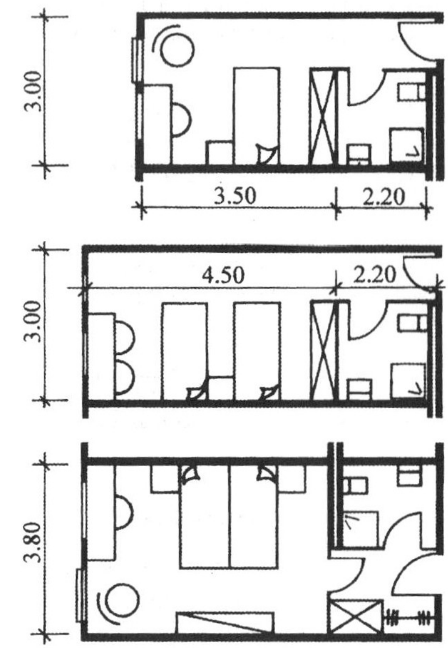

5.2.2 Hotelzimmer

Vorwiegend Doppelzimmer (etwa 25 m²), auch als Einzelzimmer vermietbar. Mindestausstattung: Doppelbett oder 2 Betten, Sessel, Arbeitstisch, Stuhl, TV, Kühlschrank, Schrank, Garderobe, Bad mit Dusche, Waschbecken und WC. Gut: Schallschleuse zum Flur durch zusätzliche Tür. In größeren Häusern auch Apartments mit getrennten Wohn- und Schlafbereichen.

Hotel Bielerhöhe an der Silvrettastraße (A), 1. Obergeschoss (Architekten: Untertrifaller / Hörburger)

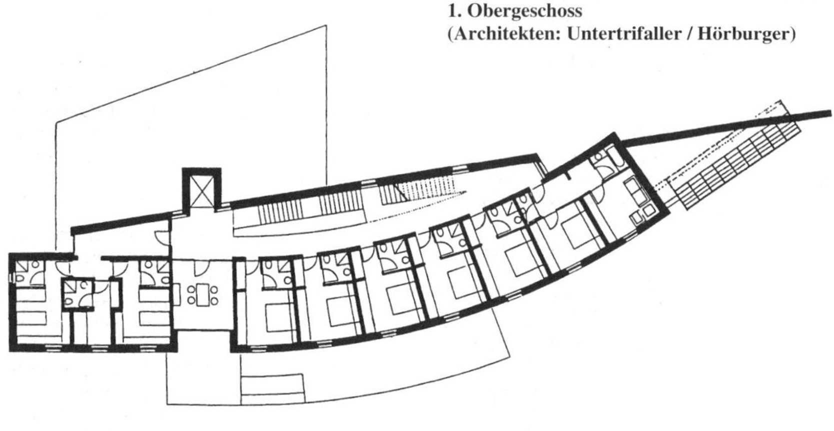

Standard-Schreibtisch nach DIN (links)
Schreibtisch nach Herstellernorm (rechts)

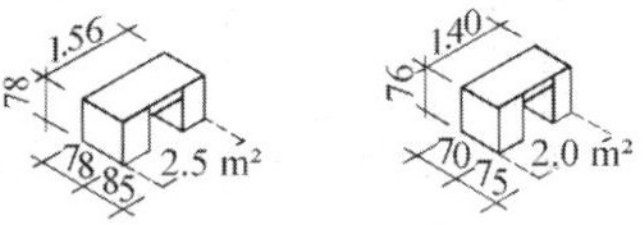

Bürotresen mit Schreibtisch (links)
Bürotresen mit Schreibplatz längs (rechts)

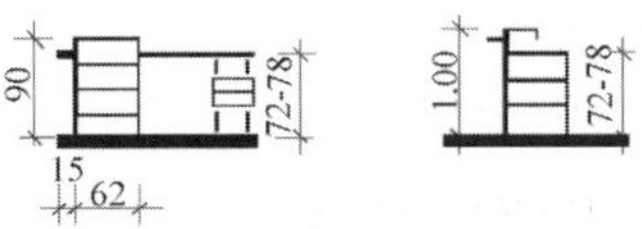

Flächenbedarf von Arbeitsplätzen

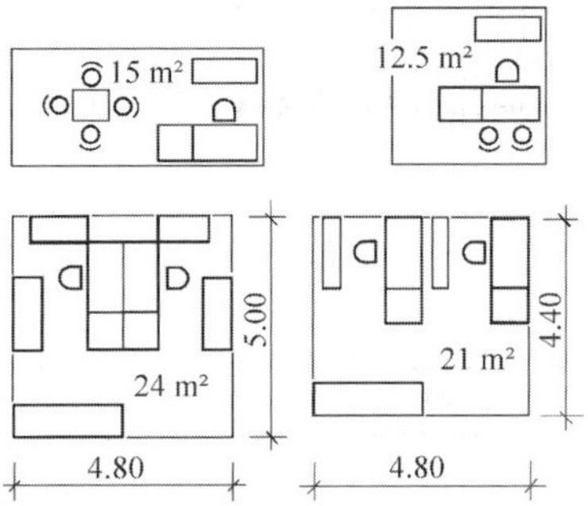

Orientierungswerte für Arbeitsflächenbedarf in Büros

Schreibmaschinenplatz	1,70 m²
Einfacher Sachbearbeiter in Bürozelle	8 m²
Sachbearbeiter mit 2 Besucherstühlen in Bürozelle	12 m²
Sachbearbeiter mit besonderem Besuchertisch in Bürozelle	16 m²
Einfacher Sachbearbeiter im Großraum	12 m²
Besprechungsräume je Sitz	2,50 m²
Zeichenarbeitsplatz	16 m²

6 Verwaltungsbau

LBO; ArbStättV; ASR; DIN 4549; BGI 650

Raumprogramme im Verwaltungsbau

Neben den eigentlichen Büroarbeitsplätzen sind häufig folgende Elemente erforderlich: Empfang/Pförtner, Besprechungsräume oder -zonen, Kopierräume, Archive, Lager, Ruheräume, Teeküchen, Kantinen. Pausenräume sind bei Büroarbeitsplätzen nicht erforderlich, jedoch insbesondere bei Büros mit Publikumsverkehr sinnvoll. Die Dimensionierung der WC-Anlage erfolgt nach ASR. Unerlässlich: Technik-, Müll- und Putzräume.

6.1 Büroraumtypen

Grundsätze

Die Wahl des Büroraumtyps hängt sehr stark von den Tätigkeiten, der Organisationsstruktur und der Philosophie eines Unternehmens ab. Ähnliches gilt für Größe und Ausstattung der einzelnen Arbeitsplätze.

Büroarbeitsplätze

Die ArbStättV fordert: Arbeitsräume von mind. 8 m² Grundfläche; für jeden Arbeitnehmer mind. 1,5 m² Bewegungsfläche mit mind. 1 m Breite; je Arbeitnehmer mit sitzender Tätigkeit mind. 12 m³ Raum.

Mindestmaße für lichte Raumhöhen in Abhängigkeit von der Raumgröße nach ArbStättV beachten (s. Abschn. 7). Eine Raumtiefe bis zum 1,5fachen der Fenstersturzhöhe ist in der Regel ausreichend natürlich belichtet.

Bildschirmarbeitsplätze

Bildschirmarbeitsplätze benötigen Möblierungen nach BGI 650 und müssen reflexionsarm sein. Sie sind möglichst quer zu Fenstern und Leuchtenbändern anzuordnen. Nur reflexionsarme Leuchten einbauen und vor Fenstern Blendschutz vorsehen.

Zellenbüro

Bis max. 4 Arbeitsplätze in einem abgeschlossenen Raum. Zellenbreite nach Anzahl und Art der Arbeitsplätze: 3,60–4,80 m; Tiefe: etwa 4,80 m. Vorteile: Weniger Störung durch andere Mitarbeiter, natürliche Belichtung und Belüftung möglich. Nachteile: Wenig kommunikativ, unübersichtlich. Einsatzgebiete: Bereiche für besonders konzentriertes Arbeiten (Denkzellen), sensible Bereiche (Personalwesen; leitende Angestellte), laute Bereiche.

Maße für Bildschirmarbeitsplätze (cm) (BGI 650)

	Arbeitsfläche		Arbeitsflächenhöhe			
	Breite	Tiefe	höhenverstellbar		fest	
			Sitzend	Stehend	Sitzend	Stehend
Mindestanforderung	120, 160	80	68-76	95-118	72	103-106
Empfehlung	160	80, 90, 100	< 62-82	95-120	-	105

Verwaltungsgebäude in Sarnen (CH)
Erdgeschoss und 1.-3. Obergeschoss
(Architektin: A. Roost)

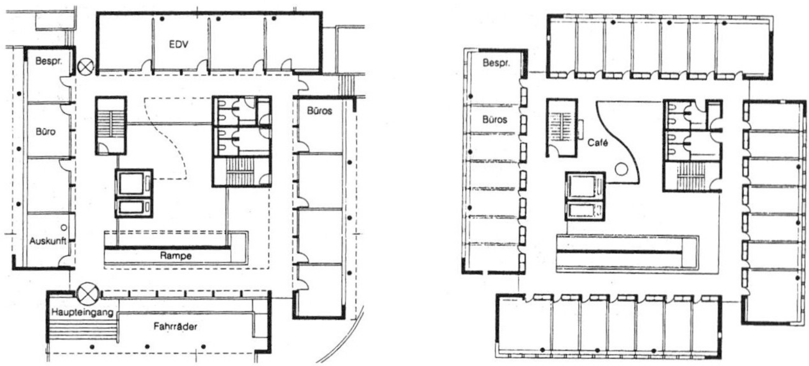

Zürich-Haus in Hamburg, Erdgeschoss
(Architekten: von Gerkan, Marg & Partner)

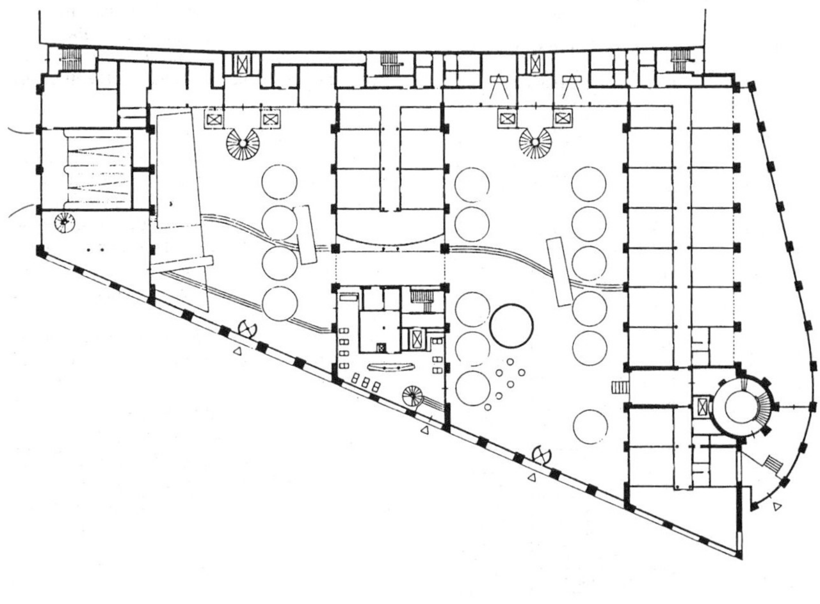

Verwaltungsgebäude der Neuen Messe in Leipzig, Ebene +2 (Ausschnitt) (Architekten: von Gerkan, Marg & Partner)

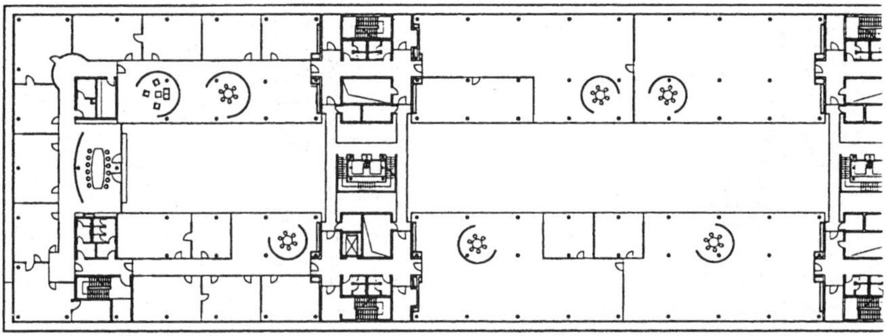

Übliche Breitenmaße von Bürobauten

Typ	1-Bund	2-Bund	3-Bund
Zellenbüro	8–11 m	12–15 m	19–24 m
Gruppenbüro	10–13 m	17–19 m	24–27 m

Typ	Flurlose Erschließung	Flur-erschließung
Großraum	25–30 m	25–30 m

Raumhöhen in Büroräumen (ArbStättV)

Grundfläche	Lichte Raumhöhe (min.)
–50 m²	2,50 m
51–100 m²	2,75 m
101–250 m²	3,00 m
251–2000 m²	3,25 m

Orientierungswerte für Bürogrößem

Vorstandsvorsitzender	45 m²
Vorstand	35 m²
Vorstandssekretärin	14 m²
Hauptabteilungsleiter	25 m²
HAL- Sekretariat	14 m²
Abteilungsleiter	20 m²
AL- Sekretärin	14 m²
Besprechungsraum	18 m²
1- Personen- Schreibtisch- Zelle	8 m²
2- Personen- Schreibtisch- Zelle	18 m²
3- Personen- Schreibtisch- Zelle	27 m²
4- Personen- Schreibtisch- Zelle	36 m²
Je Angestellten im Gruppenbüro	12 m²
Je Angestellten im Großraumbüro	12 m²

Gruppenbüro

Bis etwa 20 Arbeitsplätze in einem Raum. Arbeitsgruppen über 12 Personen sind selten. Arbeitsplätze max. 7,50 m von Fensterflächen entfernt; evtl. Gliederung durch halbhohe Elemente (Möbel/Stellwände) und Pflanzen. Sichtbezug nach außen wahren. Vorteile: Kommunikatives Arbeiten, Übersichtlichkeit, Flexibilität, natürliche Belichtung und Belüftung möglich. Nachteile: gegenseitige Störung möglich, häufig tagsüber künstliche Beleuchtung der innen liegenden Bereiche notwendig. Orientierungswert: 12 m² je Angestellten.

Großraumbüro

Anordnung von mehr als 20 Arbeitsplätzen auf einer Fläche. Entfernung zu Fenstern bis zu 20 m. Lichte Raumhöhe mind. 3 m. Gliederung durch halbhohe Stellwände, Möbel und Pflanzen. Rettungswege freihalten und erkennbar machen, ggf. ausschildern.

Vorteile: Kommunikatives Arbeiten, Flexibilität.

Nachteile: evtl. gegenseitige Störung, dauernde künstliche Beleuchtung und Belüftung erforderlich.

Kombinationen der Bürotypen

Häufig werden die vorgenannten Büroarten in einem Gebäude entsprechend den unterschiedlichen Anforderungen kombiniert. Planungen sollten spätere Wechsel zwischen Bürotypen, etwa von Gruppenbüros zu Zellen, ermöglichen.

6.2 Gebäudetypen

6.2.1 Grundrisstypen

Bei mehrgeschossigen Verwaltungsbauten werden die vertikalen Erschließungs- und Versorgungselemente mit den Feuchträumen zu Gruppen (Kerne) zusammengefasst.

Einbündige Anlage
Ein Flur erschließt einseitig angeordnete Büroräume. Erschließungs- und Nebenräume in Kernen oder parallel zum Flur. Wirtschaftlich bei großen Büroraumtiefen. Sinnvoll beim Abwenden von einer besonders schallbelasteten Seite. Orientierung der Büroseite nach Süden.

Zweibündige Anlage
Ein Flur erschließt beidseitig angeordnete Büroräume. Erschließungs- und Nebenräume in Kernen als Teil eines Bundes. Orientierung der Büroseiten nach Osten bzw. Westen.

Dreibündige Anlage
Zwei Flure erschließen an den Außenseiten liegende Büroräume. Erschließungs- und Nebenräume (z. B. Besprechungsräume) sind in Kernen bzw. offen (Kombibüro) zwischen den Fluren angeordnet. Orientierung der Büroseiten nach Osten bzw. Westen.

Flurlose Anlage
Nicht unterteilte, freie Bürofläche mit integriertem oder angelagertem Kern.

Boden und Deckenaufbau in Büros (cm)
(LRH: Lichte Raumhöhe gem. ArbStättV)

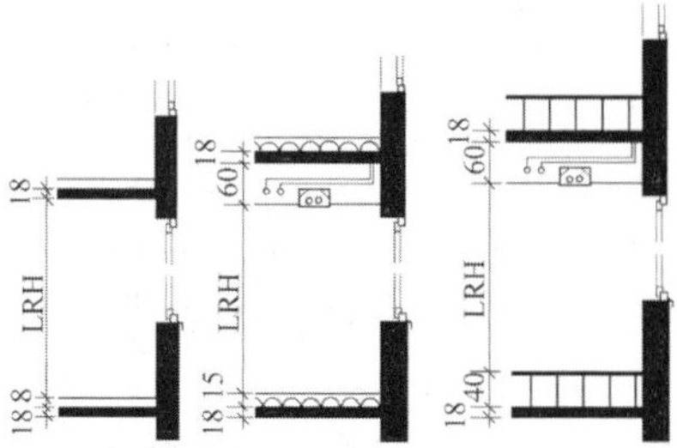

Orientierungswerte für Geschosshöhen in Bürobauten

Bautyp	Geschosshöhe
Zellenbüro ohne Unterdecke	2,75–3,10 m
Zellenbüro Elektro, Heizung, Sanitär in der Unterdecke	3,00–3,20 m
Zellenbüro mit Klimakanälen in der Unterdecke	3,20–3,40 m
Gruppen- und Großraumbüro mit Klimakanälen in der Unterdecke	3,45–4,20 m
Gruppen- und Großraumbüro mit Klimakanälen in der Unterdecke und im Fußboden	3,85–4,60 m

Verwaltungsgebäude in Lünen
Obergeschoss und Schnitt
(Architekten: A. Hillebrandt & G. Schulz)

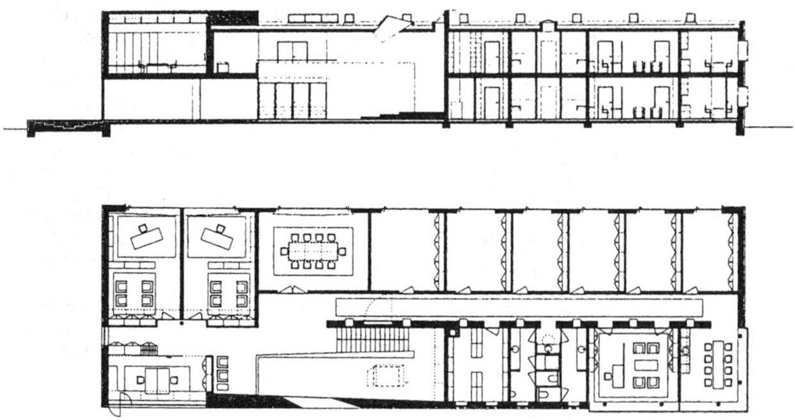

Anordnung der Kerne in Abhängigkeit von Rettungswegen bzw. Brandabschnitten

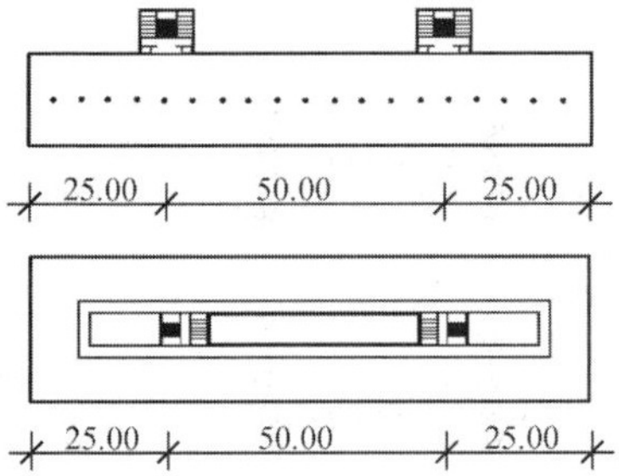

Lage von Kernen bei Großraumbüros (oben) und bei Zellenbüros (unten)

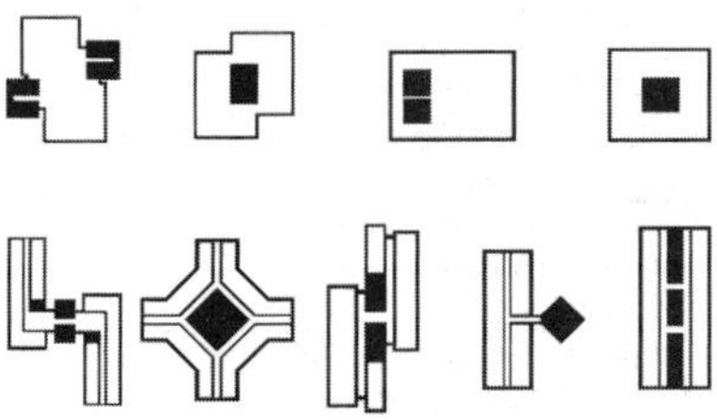

Ausbauraster und Büroteilungen

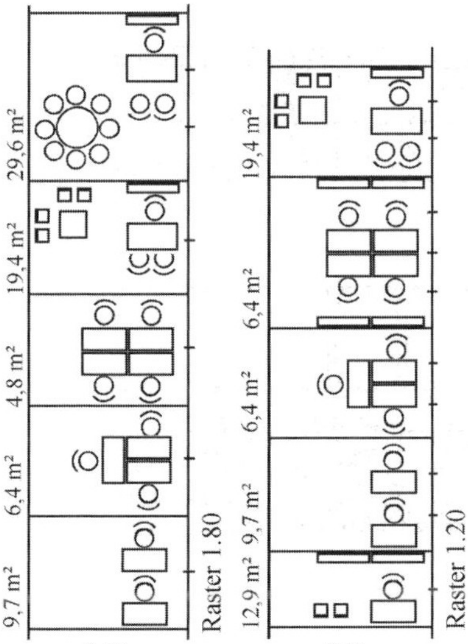

6.2.2 Baukörpertypen

Bürobauten mit Zellen- und Gruppenbüros sind in ihrer Tiefe durch die Forderung nach natürlicher Belichtung beschränkt. Als Folge entstehen lange, schmale Bauten, an die Querarme z. T. angesetzt werden.
Großraumbüros erlauben wegen der großen nutzbaren Tiefe besonders kompakte Baukörper mit geringer Außenfläche. Stärkere Sichtbeziehung nach außen wird durch geringere Tiefen bzw. stärkere Gliederung des Baukörpers erreicht.

Lage und Anzahl der Kerne
Die Lage und die Anzahl der Kerne ergeben sich aus den baurechtlichen Bestimmungen (LBO, HHR). Je nach LBO muss von jedem Punkt eines Aufenthaltsraumes nach 30 oder 35 m ein notwendiges Treppenhaus erreichbar sein, bei Hochhäusern gar in 25 m Entfernung. Kerne können in die Bunde integriert oder an den Hauptbaukörper angesetzt werden. Bei abgewinkelten Baukörpern liegen Kerne vorzugsweise in den nicht belichtbaren Innenecken.

Flure
Flure lassen sich durch plastische Ausbildung der Wände, etwa Rücksprünge bei Eingängen, gliedern. Belichtung und Belüftung durch kopfseitige Fenster ermöglichen. Oberlichter in den Flurwänden und Glastüren belichten lange Flure. In Fluren und Treppenhäusern kommunikative Zonen ausgestalten. Flurbreiten: 1,50 bis 2,50 m.

6.3 Konstruktion und Technik

Konstruktionsraster
Skelettkonstruktionen erlauben freiere Grundriss- und Fassadendispositionen. Stützen im Fassadenbereich, in den Fluren oder in den Flurwänden anordnen. Übliche Spannweiten bei Zellenbüros bis etwa 6,5 m, bei Gruppen- und Großraumbüros bis etwa 9 m. Besser: etwa 5 m bzw. 7,5 m. Unterzüge quer zur Hauptachse des Gebäudes erlauben günstigere Durchlaufdeckenplatten. Unterzüge parallel zur Hauptachse des Gebäudes erlauben Hauptinstallationstrassen ohne Kollision mit den Unterzügen. Horizontalkräfte werden über die Decken, die Kerne, Rahmen oder Verbände (Stahlbau) abgetragen.
Bei Tiefgaragen ist die Parkplatzanordnung für das Tragwerksraster maßgebend. Das Tragwerkraster soll ein ganzzahliges Vielfaches des Ausbaurasters sein.

Ausbauraster

Das Ausbauraster gibt die Grundmaße für die Ausbauelemente Fassade, leichte Innenwände, Unterdecken und demontierbare Fußböden vor. Insbesondere bei der Verwendung umsetzbarer Trennwände sind die genannten Ausbauelemente mit Hilfe des Ausbaurasters maßlich zu koordinieren. Übliche Raster: 12 M (120 cm), 18 M (180 cm). Beide beruhen auf der Modulvorzugsreihe 3 M nach DIN 18 000. 12 M wird bei Bauten mit vielen kleinen Räumen bevorzugt. 18 M gilt als wirtschaftlicher, u. a., weil die Zahl der Elemente (Fassadenteilung) geringer sein kann.

Technischer Ausbau

Möglichst natürlich belichten und belüften. Das bedeutet: Raumtiefen von max. 7,50 m, Raumgrößen max. 150 m².

Sonnen- und Blendschutz sind im Sommer bei intensiver Einstrahlung und im Winter bei tiefstehender Sonne unerlässlich.

Tragwerke für Bürobauten

Systemgrundrisse mit eingezeichneten Schnitten

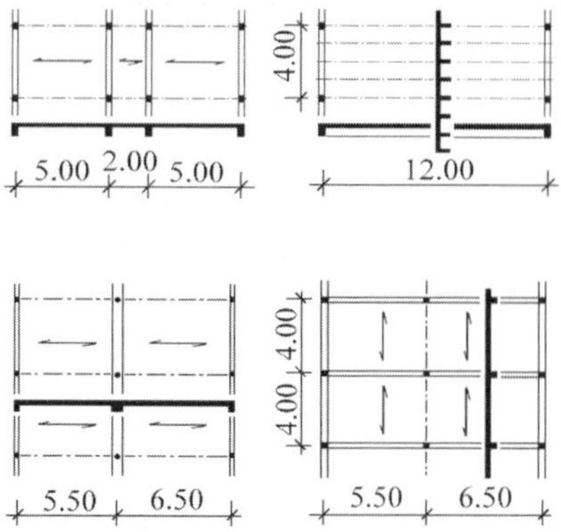

(unten)
Haus der Wirtschaftsförderung in Duisburg
Regelgeschoss
(Architekten: Sir N. Forster & Partners)

(ganz unten)
Verwaltungsgebäude in Langenthal (CH)
Erdgeschoss
(Architekt: F. Geiser)

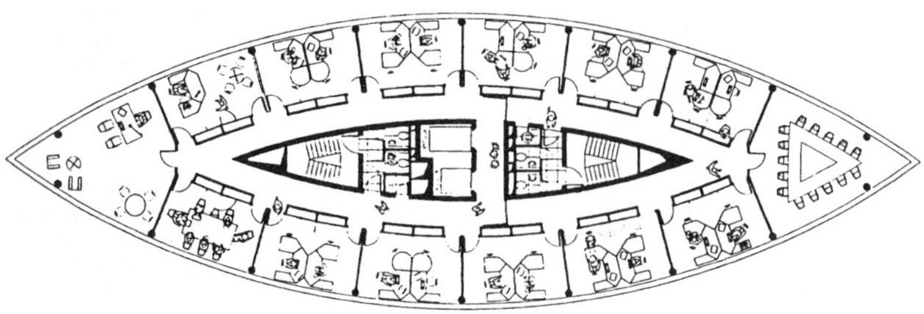

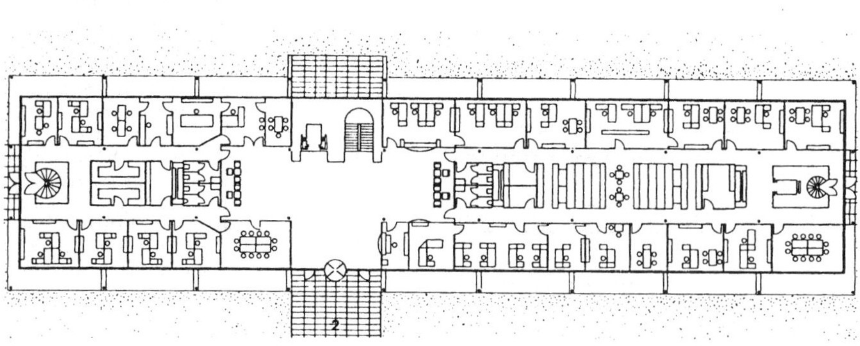

Tragwerke von Geschossbauten

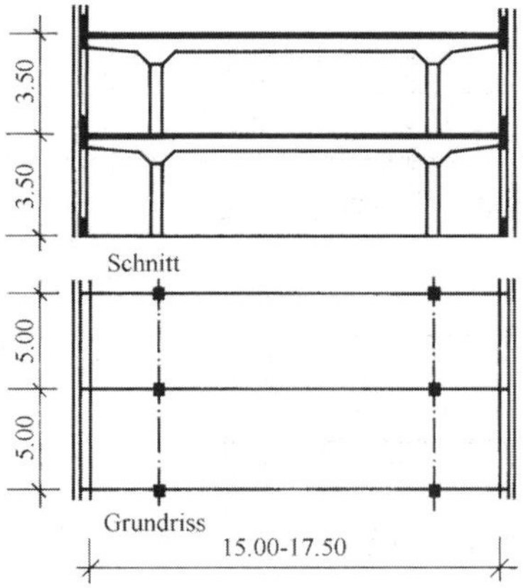

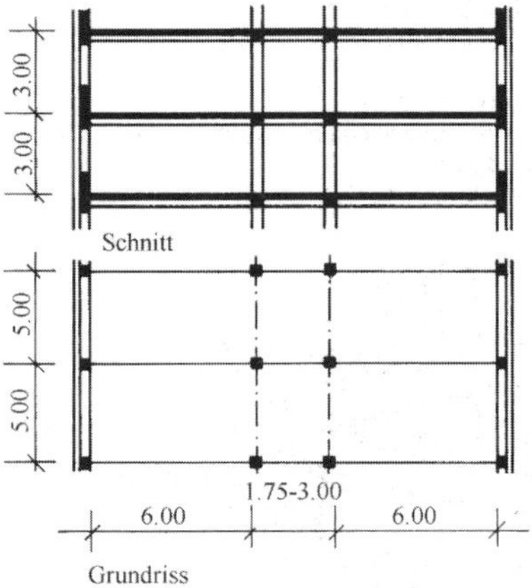

Typologie von Hallen
Grundtyp – Staffelung - Addition

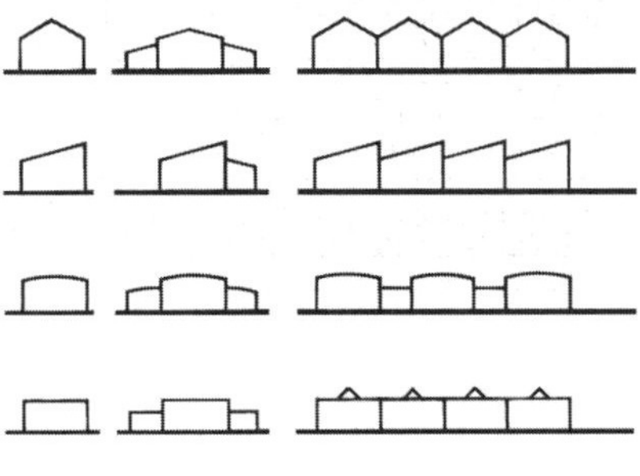

7 Gewerbebauten

ArbStättV, ASR, DIN 18 225, DIN 18 230, DIN 18 232

7.1 Produktions- und Werkstätten

7.1.1 Geschossbauten

Die Produktionsstätten sind in mehreren Geschossen übereinander angeordnet. Flächensparende Bauweise. Sinnvoll und wirtschaftlich in Bereichen hoher Grundstückskosten und bei max. 15 kN/m² Deckenlast: Werkstätten und Produktion leichter Produkte mit leichten Maschinen (Elektro-, Lebensmittel-, Textilindustrie). Wenige Innenstützen erlauben freie Raumnutzung. Wegen der seitlichen Belichtung max. 20 m Gebäudetiefe. Bei großflächigen Bauten Höfe anordnen. Kompakte Installationsführung, natürliche Be- und Entlüftung möglich. Raumhöhe mind. 3 m. Arbeitsplätze bis max. 2-fache lichte Fensterhöhe von der Außenwand entfernt anordnen. Verhältnis Fenster/Bodenfläche bei groben Arbeiten: mind. 1/10; bei feinen Arbeiten mind. 1/5. Sonnen- und Blendschutz berücksichtigen.

Vertikaler Verkehr erfolgt über Aufzüge, Bänder oder Rutschen. Vertikale Erschließung und Toiletten zu Kernen zusammenfassen. Haustechnik im Keller oder auf dem Dach. Wegen des Brandschutzes werden meist Stahlbetonkonstruktionen ausgeführt. Unterzugs- bzw. Binderabstände: etwa 5 m. Bei hohen Flächenlasten und/oder großen Spannweiten Plattenbalkendecken einsetzen.

7.1.2 Hallen

Eingeschossige Bauten mit weitgespannten Konstruktionen und größeren Raumhöhen. Spannweiten und Höhen richten sich nach der Funktion des Bauwerkes. Wirtschaftlich: Spannweiten von 15–20 m, Höhen von 4–6 m. Großflächige Hallen in Schiffe untergliedern. Evtl. Ausrüstung mit Brückenkrananlagen. Belichtung in der Tiefe über Lichtbänder, Sheds, Lichtkuppeln oder Fensterbänder in der Fassade oder in Höhenversätzen zwischen den Schiffen. Öffnungen im Dach für Lüftung sowie Rauch- und Wärmeabzug (RWA) nach DIN 18 232 vorsehen. Bei Arbeitsstätten Sichtbeziehung nach außen sicherstellen. Einsatzbereiche: Großproduktion, Werkstätten, Lager. Vorteile: alle Funktionen auf einer Ebene. Einfacher Materialfluss. Nachteile: hoher Flächenverbrauch, hohe Wärmeverluste, sommerlicher Wärmeschutz bei Leichtbauten.

Metallbau-Werkstatt
(Architekten: StadtBauPlan)

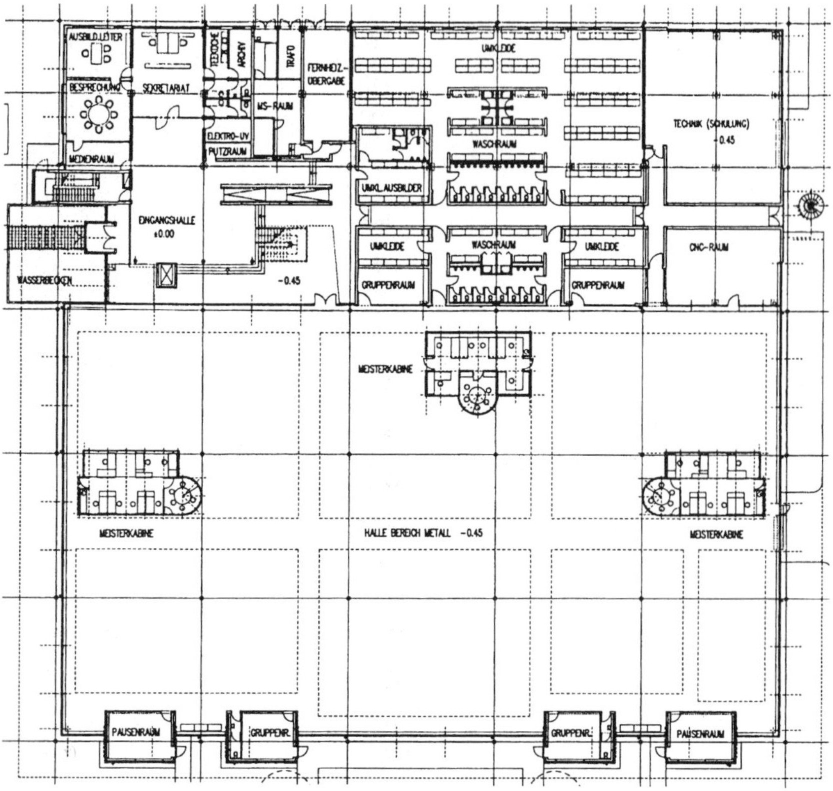

7.1.3 Flachbauten

Eingeschossige Bauten mit mittlerer Spannweite (6–10 m) und Höhen (3–5 m) für großflächige gewerbliche Nutzungen, z. B. Einzelhandel, Werkstätten. Vor- und Nachteile ähnlich den Hallen. Geringere Aufwendungen für das Tragwerk wegen kürzerer Spannweiten.

7.1.4 Kombinationen

Geschoss-, Hallen- und Flachbauten werden häufig mit Sozial- und Verwaltungseinrichtungen ergänzt. Die unterschiedlichen Höhen können zum Stapeln bestimmter Funktion oder zur Belichtung genutzt werden.

Gewerbebauten, Grundtypen

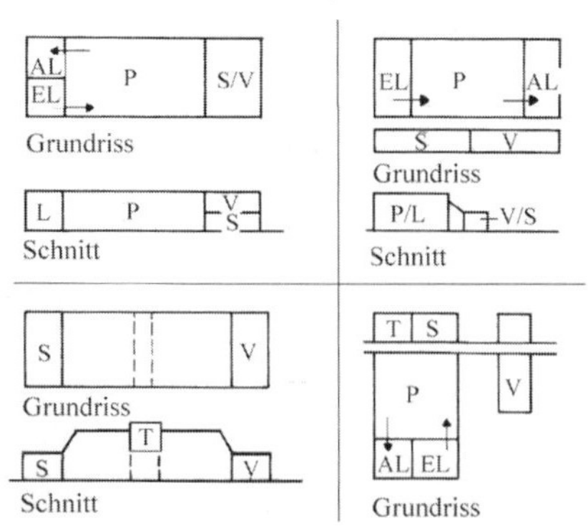

Eurogitterboxen und -paletten

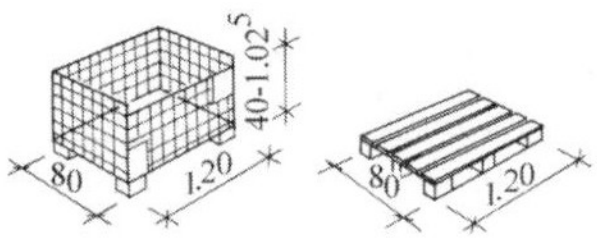

Paletten-Regallager

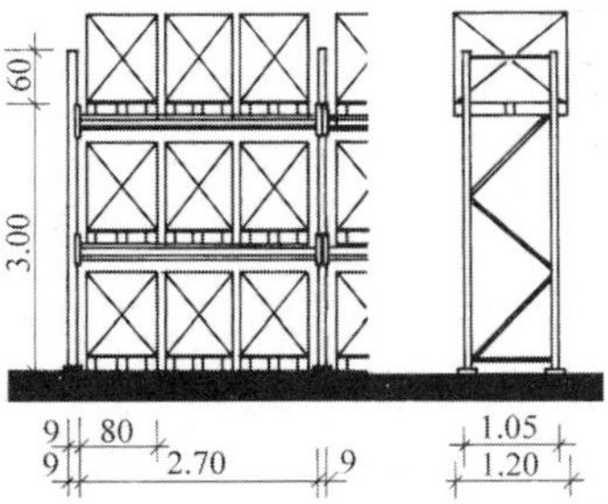

Gefahrstofflager

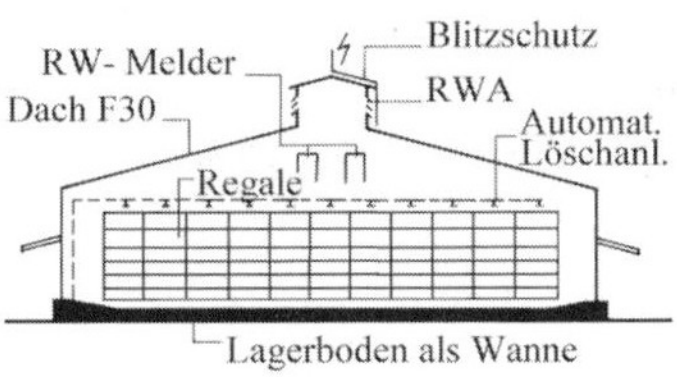

Hallen und Flachbauten

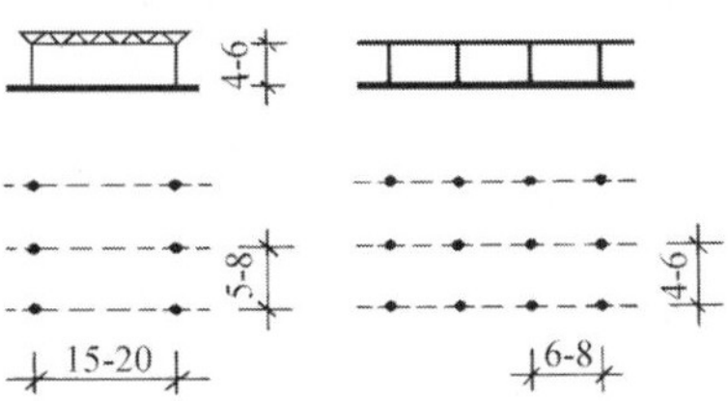

7.2 Lager

TRbF, WHG

Bei Lagerung von wasser- sowie umweltgefährdenden Materialien sind Lager gemäß WHG je nach Menge und Art des Stoffes (z. B. Wassergefährdungsklasse) mit besonderen Einrichtungen zu versehen: überdachte Lagerung und Umfüllung, Leckwarnanlagen, Auffangvorrichtungen bei Leckagen, Löschwasserrückhaltebecken, Sperren der Kanalisation.

Für brennbare Flüssigkeiten sind nach TRbF je nach Art und Menge des Stoffes besondere bauliche Ausführungen erforderlich: F 90-Wände und -Decken, RWA-Anlagen, Rauch- und Feuermelder, automatische Löschanlagen.

7.2.1 Schüttgutlager

Lagerung je nach Witterungsempfindlichkeit und verfügbarer Fläche in offenen oder überdachten Schüttkegeln, in Schüttgutboxen oder Silos. Auf gute Be- und Entlademöglichkeiten und Rangierflächen achten.

7.2.2 Lagerung von Flüssigkeit

Nur bei kleineren Mengen sind Fass- und Kanisterlager sinnvoll und erlaubt. Für größere Mengen sind ober- oder unterirdische Tanklager erforderlich. Gewässerschutz beachten.

7.2.3 Stückgutlager

Als Flächenlager (z. B. für Betonfertigteile), als ein- oder mehrgeschossige Regallager (z. B. für Kleinteile, Paletten) oder Ständerlager (z. B. für Rohre).

Kleinere Lager mit handlichen Teilen werden von Hand bedient. Schwerere Güter werden mit Gabelstaplern sowie mit Kranen (Brücken- oder Portalkranen) bewegt. Für den Transport werden die Güter auf Paletten (Europalette 80 cm × 120 cm) oder in Körbe gelegt. Gabelstapler mit starrer Gabel benötigen je nach Größe und Lenkung zum Drehen breite Gänge (bis 3,50 m). Schwenkbare Gabeln ermöglichen schmale Gänge. Hubhöhe der Stapler bis ca. 4,50 m.

Höhere Lager werden mit speziellen Stapelkranen bedient. Hochregallager erreichen bis zu 25 m Höhe. Sie werden in der Regel vollautomatisch bedient.

Bei Lagern auf die hohen Lasten achten: bei Regalen auf die Fußlasten, bei Staplerbetrieb auch auf die Radlasten.

7.3 Arbeitsstätten, Grundsätze

ArbStättV; ASR

Arbeitsstätten sind Orte regelmäßiger Tätigkeit im Rahmen eines Gewerbebetriebes: Industrie, Handel, Handwerk, Baugewerbe, Verwaltung, Aus- und Fortbildung usw.

Arbeitsraumhöhen, Mindestlufträume, Bewegungsflächen am Arbeitsplatz

Je Arbeitnehmer sind in Arbeitsräumen Mindestmaße für Raumhöhen und Lufträume einzuhalten. An jedem Arbeitsplatz ist eine Fläche von mind. 1,5 m² zur freien Bewegung anzubieten. Ist dies aus betrieblichen Gründen nicht möglich, so muss die Fläche in nächstmöglicher Nähe liegen.

Sichtverbindung nach außen

Soweit betriebliche Belange nicht entgegenstehen, benötigen Arbeits-, Pausen-, Bereitschafts-, Liege- und Sanitätsräume Sichtverbindungen nach außen. Bei Räumen bis 600 m² Grundfläche und bei Pausenräumen soll die Sichtfläche (Fenster) mind. 1/10 der Grundfläche betragen. Für größere Räume bestehen keine Festlegungen. Sinnvoll ist mind. 1/100 der Grundfläche. Größe einzelner Sichtflächen bei Raumtiefen bis 5 m mind. 1,25 m², bei größeren Raumtiefen mind. 1,50 m²; Höhe mind. 125 cm, Breite mind. 100 cm; Brüstungshöhe bei sitzenden Tätigkeiten max. 85 cm, bei Tätigkeiten im Stehen max. 125 cm.

Wege und Tore

DIN 18 225

Wege mit Fahrverkehr müssen zu Türen, Toren, Austritten u. Ä. mind. 100 cm Abstand aufweisen. Bei Geschwindigkeiten bis 20 km/h beträgt die Fahrbahnbreite mind. Fahrzeugbreite + 2fachen Randzuschlag (50 cm). Bei Gegenverkehr mind. 2fache Fahrzeugbreite + 2fachen Randzuschlag + Begegnungszuschlag (40 cm). Bei Gehverkehr auf dem Weg erhöht sich der Randzuschlag auf 75 cm. Die Breite reiner Gehwege ergibt sich aus der Zahl der Personen im Einzugsbereich. Bei Toren, die vorwiegend dem Fahrverkehr dienen, ist in unmittelbarer Nähe eine Tür für Fußgänger anzuordnen.

Umwehrungen in Arbeitsstätten

Höhe mind. 100 cm. Bei Absturzhöhen über 12 m mind. 110 cm. Bei Umwehrungen mit senkrechten Stäben mind. alle 18 cm einen Stab anordnen. Außer bei Treppen mind. 5 cm hohe Fußleiste ausführen. Horizontallasten von mind. 1000 N/m sind aufzunehmen, geringere Lasten (500 N/m) bei Treppen, Bühnen und Stegen mit geringen lotrechten Verkehrslasten.

Haken- (oben) und Bügelumkleiden (unten)

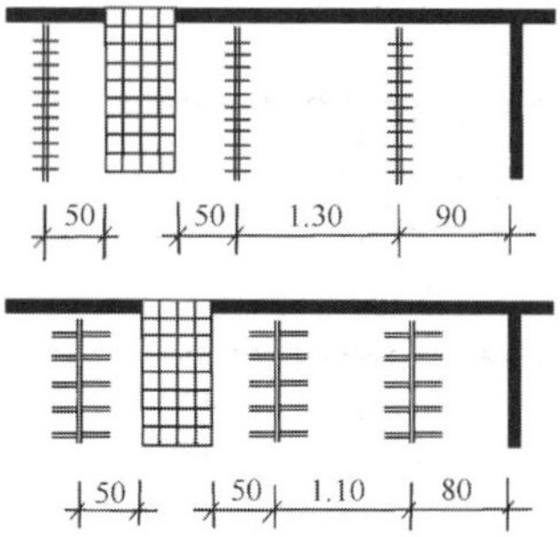

Raumhöhen in Arbeitsstätten (ArbStättV)

Grundfläche	Lichte Raumhöhe (min.)
bis 50 m²	2,50 m
51–100 m²	2,75 m
101–250 m²	3,00 m
251–2000 m²	3,25 m

Mindest- Raumtemperaturen (ASR 6/1,3)

bei überwiegend sitzender Tätigkeit	+ 19° C
bei nicht sitzender Tätigkeit	+ 17° C
bei schwerer körperlicher Arbeit	+ 12° C
in Umkleide- u. Waschräumen	+ 24° C
in Büroräumen	+ 20° C
in Verkaufsräumen	+ 19° C

Max. Entfernung zu Türen und Toren in Arbeitsstätten (ASR 10/1)

in regulären Räumen	gem. LBO
in brandgefährdeten Räumen ohne Sprinklerung o. Ä.	25 m
in brandgefährdeten Räumen mit Sprinklerung o. Ä.	gem. LBO
in giftstoffgefährdeten Räumen	20 m
in explosionsgefährdeten Räumen	20 m
in explosivstoffgefährdeten Räumen	10 m

Lichte Breite von Wegen (ASR 10/1)

Personen in Einzugsbereich	Lichte Breite
bis 5	87,5 cm
bis 20	100 cm
bis 100	125 cm
bis 250	175 cm
bis 400	225 cm

Maße für Spindumkleiden ***(ASR)***
ohne Bänke (oben), mit Bänken (mittig), mit Hocker (unten) *(V = Verkehrsfläche)*

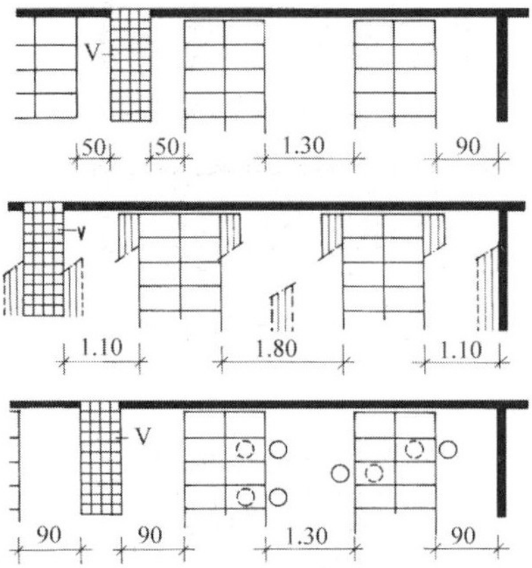

Duschplätze (links) und -kabinen (rechts) ***(ASR)***

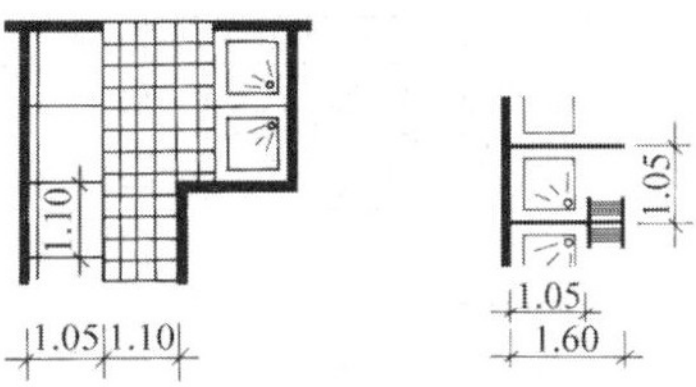

Maße für Wand- und Deckenduschplätze (links) sowie Waschplätze (rechts) ***(ASR)***

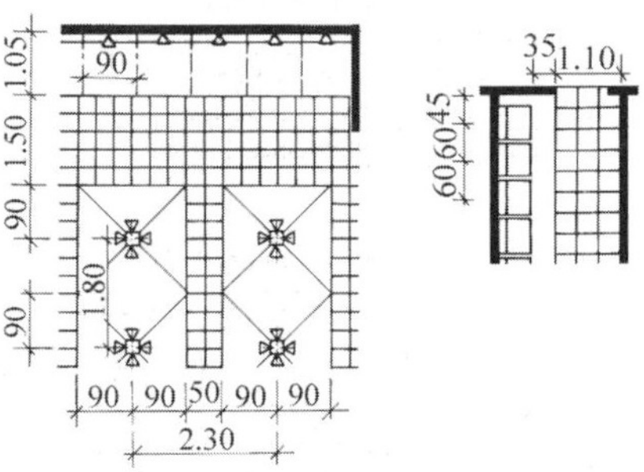

7.4 Sozialräume

ArbStättV, ASR

Pausen- und Bereitschaftsräume

Bei mehr als 10 Arbeitnehmern ist ein Pausenraum anzubieten, nicht jedoch bei Büroarbeit und vergleichbaren Tätigkeiten. Bei Arbeitsplätzen mit schwerer körperlicher Arbeit, Staub, Hitze, Lärm, gefährlichen Stoffen oder ohne Sichtverbindung nach außen sind Pausenräume vorzuhalten. Gasträume von Kantinen gelten als Pausenräume. Fällt Arbeitsbereitschaft an, so sind, soweit keine geeigneten Pausenräume vorhanden sind, Bereitschaftsräume anzubieten. Mindestgrößen von Pausen- und Bereitschaftsräumen: 1 m² je Arbeitnehmer, mind. jedoch 6 m². Ausstattung mit Stühlen, Tischen, Kleiderhaken, Trinkwasser oder kalten Getränken, evtl. Küche mit Spüle, Kühlschrank und Herd. Sichtverbindung nach außen sichern.

Geschlechtertrennung

Gem. ArbStäV sind Umkleide-, Wasch- und Toilettenräume für Frauen und Männer zu trennen, soweit die getrennte Nutzung einer gemeinsamen Anlage nicht möglich, d.h. praktikabel ist.

Liegeräume

Werdenden, stillenden Müttern und Frauen, die während der Arbeit keine Möglichkeit zum zeitweisen Sitzen haben, sind Liegen (mind. 70 cm × 190 cm) in Liegeräumen anzubieten. Diese dürfen nicht von außen einsehbar sein.

Umkleideräume

Wenn Arbeitnehmer Arbeitskleidung tragen und es gesundheitlich oder sittlich nicht zumutbar ist, dass sie sich anderswo umkleiden, müssen Umkleideräume zur Verfügung stehen. Raumhöhe bei bis zu 30 m² Grundfläche mind. 230 cm, über 30 m² Grundfläche: mind. 250 cm. Grundfläche: mind. 6 m². Aufbewahrung der Kleidung in Schränken oder an Haken oder Bügeln. Vor jeder Kleiderablage eine freie Bodenfläche (inkl. Verkehrsfläche) von mind. 0,5 m² sichern. Wenn Arbeitnehmer mit gesundheitsgefährdenden oder übelriechenden Stoffen arbeiten oder starker Verschmutzung ausgesetzt sind, müssen Arbeitskleidung (schwarz) und Straßenkleidung (weiß) getrennt aufbewahrt werden. Sind Umkleideräume nicht erforderlich, so erhält jeder Arbeitnehmer eine Kleiderablage und ein abschließbares Fach.

Waschräume

Wenn Arbeitnehmer infektiösen, giftigen, gesundheitsschädlichen, ätzenden, reizenden oder geruchsbelästigenden Stoffen, einer deutlichen Verschmutzung, Hitze oder Nässe ausgesetzt sind, muss für je 4 Arbeitnehmer eine Waschgelegenheit (Waschbecken, -rinnen, -brunnen oder Duschen) angeboten werden. Bei mäßig schmutzender Tätigkeit ist 1 Waschgelegenheit für 5 Arbeitnehmer anzubieten. Bei stark schmutzender Tätigkeit muss 1/3 der Waschgelegenheiten Duschen sein. Bei Arbeiten mit infektiösen, giftigen, gesundheitsschädlichen, ätzenden, reizenden oder stark geruchsbelästigenden Stoffen ist für je 4 Arbeitnehmer eine Dusche einzurichten. Anzahl der Wascheinrichtungen nach der personalstärksten Schicht. Montagehöhe eines Duschkopfes an der Wand: mind. 180 cm. Lichte Höhe unter der Decke hängender Duschköpfe: mind. 200 cm.
Oberkante von Waschbecken u. Ä. 70–80 cm über Fußboden. Die Breite einer Waschstelle muss mind. 60 cm, möglichst 70 cm, die Tiefe mind. 55 cm betragen. Freie Bodenfläche vor einer Waschstelle möglichst 70 cm × 70 cm. Raumhöhen wie bei Umkleideräumen. Grundfläche mind. 4 m². Für je 10 Waschstellen 1 Fußwaschstand vorsehen. Wasch- und Umkleideräume als getrennte Räume ausbilden, aber unmittelbar verbinden.

Toilettenräume

Toilettenräume dürfen von ständigen Arbeitsplätzen nicht mehr als 100 m und ein Geschoss entfernt sein. Sie bestehen aus einem Raum mit Toilettenzellen, ggf. Bedürfnisständen und einem Vorraum mit Waschgelegenheiten. In der Nähe von Pausen-, Bereitschafts-, Umkleide- und Waschräumen müssen Toilettenräume angeordnet sein. Toilettenanlagen sollten nicht mehr als 10 WC aufweisen.

Sanitätsräume

Sind erforderlich bei mehr als 1000 Arbeitnehmern oder mehr als 100 Arbeitnehmern in Betrieben mit besonderen Unfallgefahren. Raumgröße: mind. 20 m². Lichte Raumhöhe: mind. 250 cm. Türen: mind. 120 cm breit. Vor Schnee und Regen geschützter Transport zum Krankenwagen muss möglich sein.
Ausstattung: Waschbecken, Schreibtisch, Stuhl, Liege.

Maße für Waschbecken und -rinnen (links) sowie -brunnen (rechts) *(ASR)*

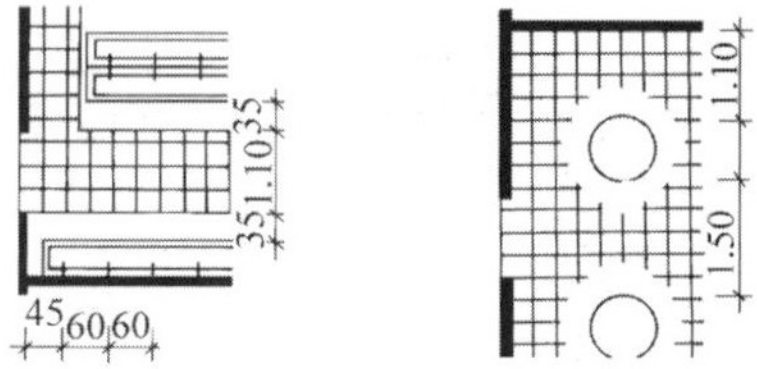

Maße für Toilettenanlagen *(ASR)*

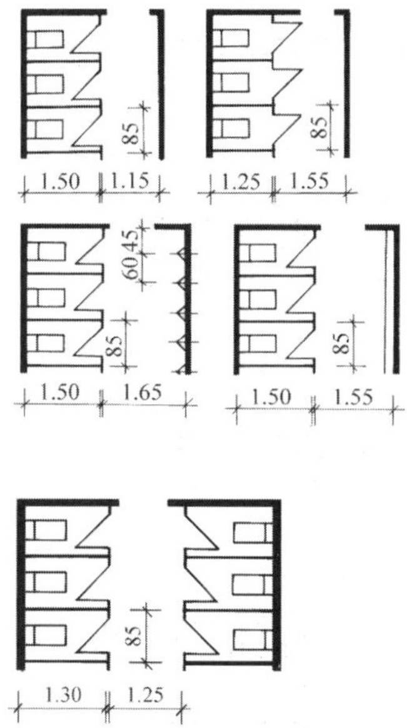

Bedarfszahlen für Toilettenanlagen *(ASR)*

Männer	WC	Urinale	Frauen	WC
bis 5	1		bis 5	1
bis 10	1	1	bis 10	1
bis 25	2	2	bis 20	2
bis 50	3	3	bis 35	3
bis 75	4	4	bis 50	4
bis 100	5	5	bis 65	5
bis 130	6	6	bis 80	6
bis 160	7	7	bis 100	7
bis 190	8	8	bis 120	8
bis 220	9	9	bis 140	9
bis 250	10	10	bis 160	10
1 Waschbecken je 2 WC oder Urinale				

Leichtathletik-Wettkampfbahnen Typen A–C (Von oben nach unten)

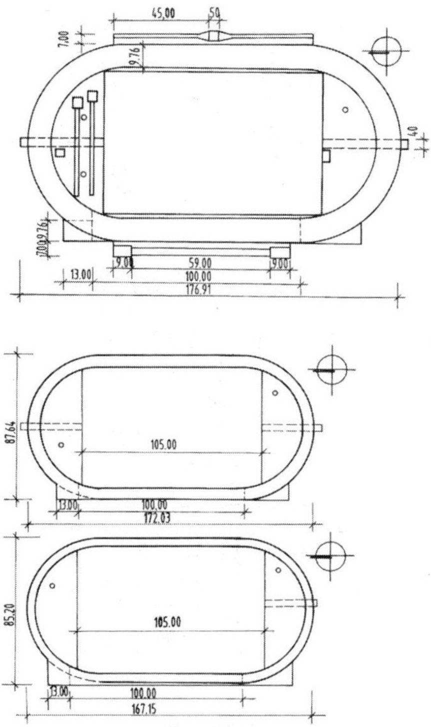

8 Sportbauten

8.1 Sportfelder

DIN 18 035, DIN 18 036, 18. BImSchV

Der Flächenbedarf ergibt sich aus dem Spielfeld und den jeweils notwendigen Bewegungs- und Sicherheitsstreifen um das Feld. Für die meisten Sportarten gibt es Max.- und Mind.-Größen für Sportfelder sowie Richtwerte für Wettkampffelder (s. Tabelle). Für die Leichtathletik gibt es drei Wettkampfanlagentypen (A–C).

8.2 Sporthallen

DIN 18 032, DIN 18 036, DIN 18 038

Konzeption

Größere Sporthallen können durch Trennwände, die von der Decke abgesenkt werden, unterteilt werden (Einzel-, Doppel- und Dreifachhallen). Die Hallenteile müssen getrennt zugänglich sein und eine Öffnung von mind. 1,5 m Breite und 2,2 m Höhe für den Gerätetransport besitzen. Wände müssen bis 2 m Höhe ebenflächig, geschlossen, splitterfrei und glatt sein: Keine Pfeiler, Türklinken usw. Türen nur an den Längsseiten. Wände, Decken, Verglasungen, Lampen etc. ballwurfsicher ausführen. Die Nebenräume liegen in der Regel in flacheren Anbauten. Jede Hallenanlage erhält einen Eingangsraum (Foyer) von mind. 15 m² je Teilungsoption mit mind. je 1 Damen-, Herren- und Behindertentoilette.

Sportfeldmaße (m)

Sportart	mögliche Feldlänge	mögliche Feldbreite	Regelmaße für Wettkämpfe	Sicherheitsstreifen Seitlich	Sicherheitstreifen Vorn und Hinten	Lichte Hallenhöhe
Badminton			13,40 / 6,10	0,30	1,30	7–9
Basketball	28–24	15–13	28 / 15	1	1	7
Eishockey			60 / 30			7
Fechtbahn	24–13	2,00–1,80	13-24 / 2	3	3	4
Feldfußball	120–90	90–45	105 / 70			
Feldhockey			91,4 / 55,0	4	5	
Geräteturnen	29	16	36 / 16			7
Gewichtheben			4 / 4	3	3	4
Hallenfußball	50–30	25–15	40 / 20	0,5	2	5,5
Hallenhandball	44–38	22–18	40 / 20	1	2	7
Hallenhockey	18–22	36–44	40 / 20	0,5	2	5,5
Prellball	60	25	8 / 16	2	4	
Squash	9,754	6,40	9,754 / 6,400			6
Tanzsport	14	14	140 m²			4
Tennis			10,97 / 23,77	3,66	6,4	7
Tischtennis			2,740 / 1,525	2,24	4,63	4
Volleyball			18 / 9	5	8	7,0–12,5

Sportgeräteraum
Mindesttiefe: 4,5 m. Länge bei Einzelhalle mind. 15 m, bei Doppelhalle mind. 21 m, bei Dreifachhalle mind. 27 m. Länge je Hallenteil mind. 6 m. Lichte Höhe mind. 2,50 m. Lichte Torhöhe mind. 2,20 m. Bei Sporthallen nur für Spiele: Tiefe mind. 3 m, Länge mind. 6 m.

Umkleiden, Sanitärräume
Zur Schonung des hochwertigen Hallenbodens endet in der Umkleide der Straßenschuhbereich („Stiefelbereich") und beginnt der Turnschuhbereich.
Die Anzahl der Umkleiden richtet sich nach den möglichen Feldern. Je Hallenteilung mind. 1 Umkleide planen. Um zeitweise Doppelbelegung von beginnenden und fertigen Teams zu vermeiden, mind. 2 Umkleiden oder teilbare Umkleiden vorsehen. Standardgröße: 12 m Banklänge. Für jeden Umkleideplatz 2 Haken und Sitzbank von mind. 40 cm Breite und 30 cm Tiefe. Platzbedarf: ca. 0,6 m²/Sportler; bei Umkleiden unter 20 Plätzen oder teilbaren Umkleiden: ca. 1,2 m²/ Sportler. Verkehrsflächen zwischen Bänken mind. 120 cm breit. Als einziger Durchgang zwischen den Bänken mind. 180 cm breit.
Zwischen Umkleide und Halle Toiletten und Waschbereich anordnen. Je Umkleide mind. 2 Toiletten und 1 Waschraum vorsehen, bei Einzelhallen auch teilbar. 1 Dusche für 4 Sportler. Standard: 2 Waschbecken und 6 Duschen je Umkleide. Zwischen gegenüber liegenden Wasch- und Duschplätzen mind. 150 cm Abstand. (vgl. auch Abschn. 7).

Sportlehrerraum, Hallenwart
Für jedes Hallenteil 1 Lehrer- und Schiedsrichterraum (Arbeitstisch, Stuhl, 3 Garderobenschränke, Waschgelegenheit, Dusche) vorsehen. Ohne Erste-Hilfe-Funktion mind. 10 m², mit Erste-Hilfe-Funktion (Schrank, Trage, Liege) mind. 12 m². Größere Hallen: Raum für Hallenwart ca. 10 m².

8.3 Sporträume

Konditions- und Krafttrainingsräume: 35–80 m², 3,5 m Höhe. Fitnessräume: 20–50 m², 2,5 m Höhe. Gymnastikräume mit Ballettstangen, Spiegel- und Sprossenwand: 10 m × 10 m bis 14 m × 14 m, 4 m Höhe.

Tennisplatz

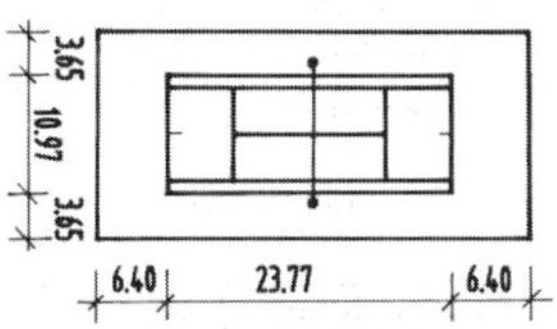

Sportlerumkleidebereich, Grundriss

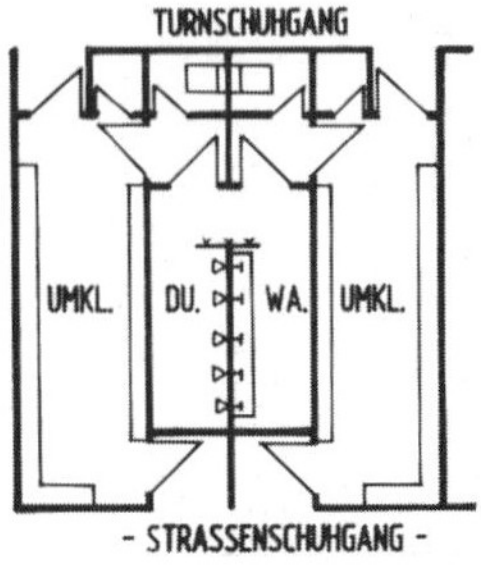

Sportlerumkleideraum, Grundriss Hakenumkleide (links), Spindumkleide (rechts)

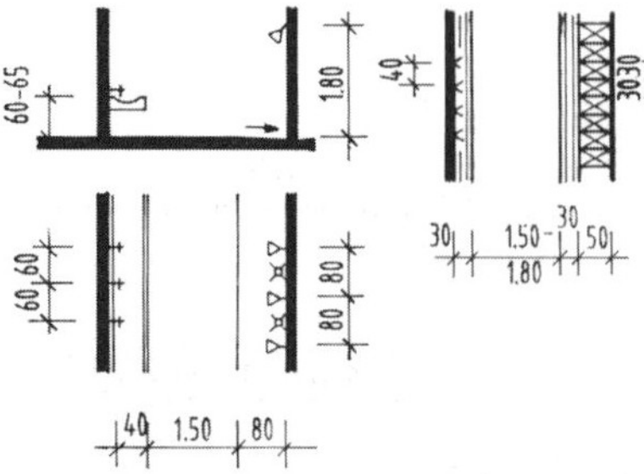

Garderobensitzbänke

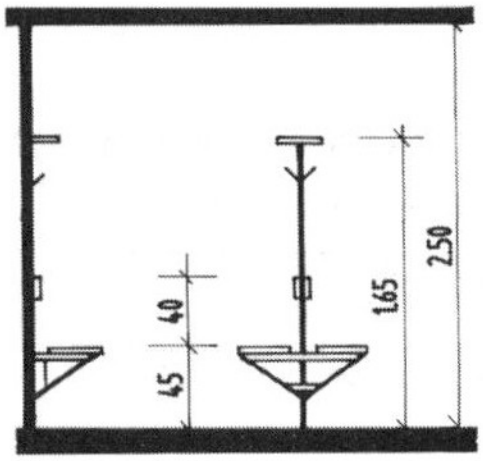

Eissportfeld

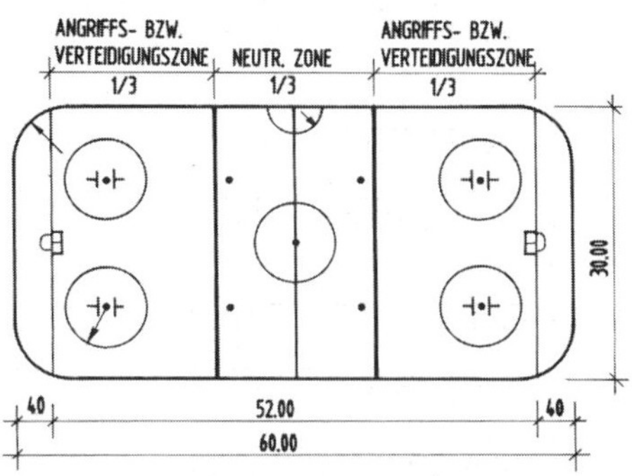

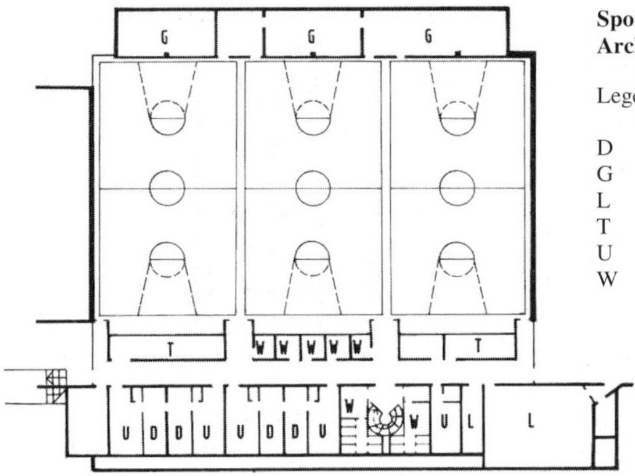

Sporthalle in Wernau, Hallenebene
Architekten: Prof. Gerber + Gabeler

Legende

D	Duschraum
G	Geräteraum
L	Lagerraum
T	Technikraum
U	Umkleideraum
W	WC

Squashhalle Richtmaße (m)

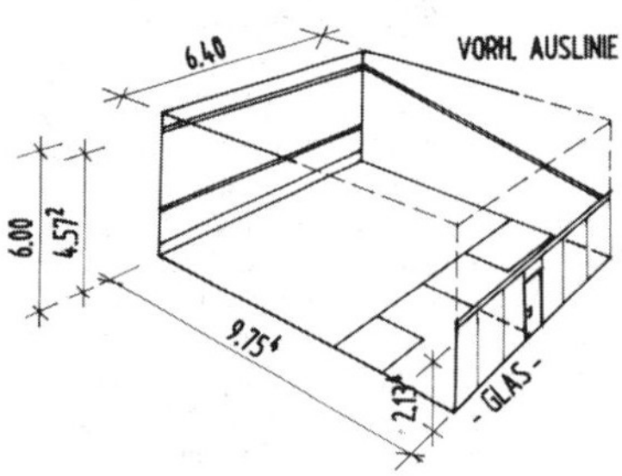

Sporthalle in Wernau, Schnitt
Architekten: Prof. Gerber + Gabeler

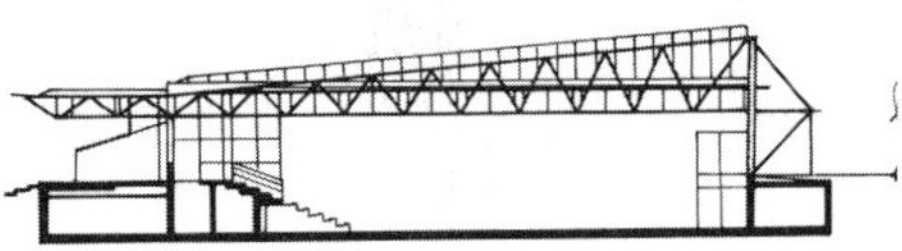

Sporthallen- Grundtypen (siehe auch DIN 18 032)

Hallentyp	Größe in m	Mögl. Teilungen	Anmerkungen / Mögliche Spiele
Einzelhalle für Spiele	22 × 44 × 7	keine	Badminton, Basket-, Fuß- u. Handball, Hockey, Volleyball
Zweifachhalle für Spiele	22 × 44 × 7	22 × 22 + 22 × 22 ; 22 × 26 + 22 × 18; 22 × 14 + 22 × 34	Badminton, Basket-, Fuß- u. Handball, Hockey, Volleyball
Dreifachhalle für Spiele	66 × 44 × 7	3 × 22 × 44	Wie vor
Vierfachhalle für Spiele	88 × 44 × 9	4 × 22 × 44	Wie vor
Einzelhalle	15 × 27 × 5,5	keine	Badminton, Basketball, Volleyball, kleine Schulsporthalle
Multifunkt. Zweifachhalle	30 × 27 × 7	2 × 15 × 27	Badminton; Basketball Fußball, Volleyball
Multifunkt. Dreifachhalle	45 × 27 × 7	3 × 15 × 27	Badminton; Basketball Fußball, Handball, Hockey Volleyball
Geräteturnhalle	15 × 27 × 7 18 × 36 × 7	keine	Geräteturnen
Turnmehrzweckhalle	10 × 10 × 4–5,5 15 × 15 × 4–5,5	keine	Gymnastik, Ballett
Kampfsportraum	16 × 16 × 4	keine	Boxen, Ringen, Judo

8.4 Ausstattung von Sportstadien und -hallen

VStättVO

Erschließung, Rettungswege

Getrennte Zugänge für Sportler und Zuschauer. Kassen und Eingangskontrollen mit Stauraum davor und ausreichenden Verteiler- und Warteflächen dahinter.

VStättVO gilt für Hallen mit über 200, Freilichtbühnen mit über 1000 und offene Stadien mit über 5000 Besuchern. Dann sind 2 bauliche Rettungswege erforderlich, Breite der Rettungswege bei offenen Anlagen: 1,2 m/600 Besucher, in Hallen 1,2 m/200 Besucher. Treppenbreite: max. 2,40 m.

Tribünen

Steigungsverhältnisse von Tribünen zwischen 1:2 und 1:3. In Gruppen von max. bis 4 m Höhe getrennt zu erschließen.

Stehstufen: Stufentiefe mind. 40 cm, besser 60 cm, Stufenhöhe 20 cm, Stehplatzbreite mind. 50 cm. Vor der ersten Stehstufe und in versetzter Anordnung alle weiteren 10 Stehstufen mind. 1,10 m hohe und mind. 3 m lange Panikgeländer anordnen.

Sitzstufen mit Bänken oder Einzelsitzen: Stufentiefe mind. 80 cm, Stufenhöhe 40 cm, Sitzplatzbreite mind. 50 cm, Sitztiefe mind. 35 cm, freie Durchgangsbreite mind. 45 cm. Sitze versetzt anordnen. Zahl der Sitzplätze an einer Gangseite nach VStättVO in Hallen max.: 10, in Freilichtstadien: max. 20. Bei Stehplätzen analog verfahren.

1 % der Plätze, jedoch mind. 2 für Rollstühle (95 × 150 cm).

Einrichtungen für Besucher

1 Garderobenplatz je 3 Sportzuschauer bzw. 1 Besucher geselliger oder kultureller Veranstaltungen. 0,05–0,1 m² je Garderobenplatz. 1 m Ausgabetheke je 30 Garderobenplätze. Besuchertoiletten gemäß VStättVO (s. Tabelle).

Gastronomie

bei Selbstbedienung: 1 m Theke/50 Besucher;
bei Kellnerbetrieb: 1 m Theke/100 Besucher;
Teeküche: 12–15 m², 6 m² Lager;
Kiosk: 8–12 m², 10–12 m² Lager;
bei Cafeteria oder Restaurant: s. Gaststätten.

Funktionsräume

Erste-Hilfe-Raum (mind. 8 m²); je 30 000 Besucher: Behandlungs- und Ruheraum (15 m²), Lagerraum (2 m²), 2 WC mit Vorräumen; Stadien über 30 000 Besucher: 15-m²-Raum für Polizei und Feuerwehr. Kameraplattform: 2 m × 2 m; Pressekabine: 1,5 m², erhöht in Feldmitte; Schaltraum 8 m². Technik-, Wartungs- und Gerätepflegeräume. Reinigungsgeräteraum (mind. 5 m²).

Ausstattung von Sporthallen

Hallentyp	Eingangsraum	WC je Eingangsraum	Geräteraum, Spielhalle	Geräteraum, multif. Halle
Einzelhalle	15 m²	1 H,1D	60 m²	20 m²
Doppel halle	30 m²	1 H,1D	90 m²	40 m²
3fach-Halle	45 m²	1 H,1D	120 m²	60 m²
4fach-Halle	60 m²	1 H,1D	150 m²	80 m²

Stehtribüne (oben), Sitztribüne (unten) Stufung, Höhe und Mindest-Breite (cm)

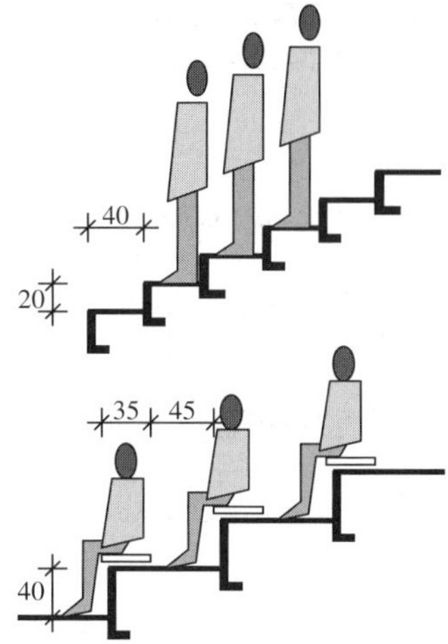

Schulsporthallen gem. SchBauRL (Breite × Länge × lichte Höhe)

Art der Halle	Übungseinheiten	Maße (m)
Regelhalle	1	15 × 27 × 5,5
Regelhalle	2	22 × 44 × 5,5
Regelhalle	3	22 × 44 × 5,5
Ausnahmehalle	2	22 × 26 × 7
Ausnahmehalle	3	22 × 18 × 7

Besuchertoiletten in Sporthallen und -stadien

Besucher	Damen	Herren
≤ 200	2 WC	1 WC, 2 UR
201–1.000 je weitere 100	1,2 WC	0,8 WC, 1,2 UR
1.001–20.000 je weitere 100	0,8 WC	0,4 WC, 0,6 UR
≥ 20.001 je weitere 100	0,4 WC	0,3 WC, 0,6 UR
Je WC bzw. 0,5 UR (Urinal) 1 Waschbecken		

Wippe

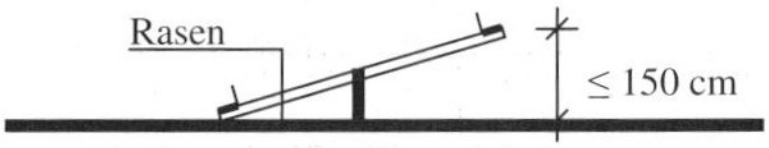

Schaukel bis 2,6 m Höhe

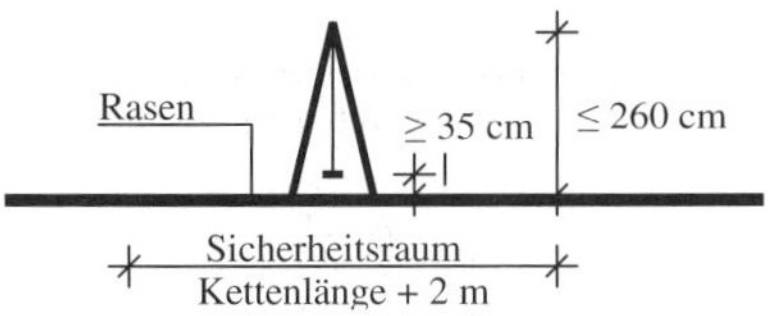

Beispiel einer Spielkombination

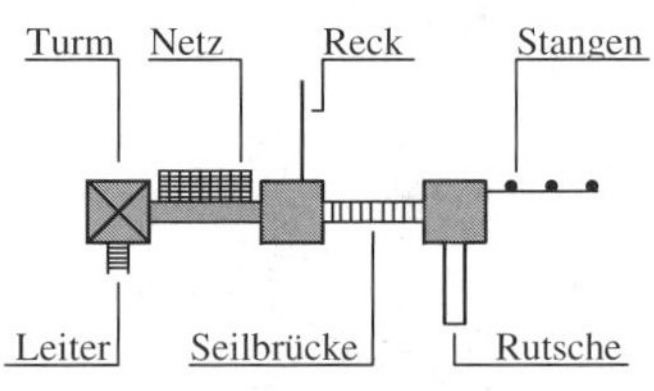

Anforderungen an Sicherheitsraum von Spielgeräten (cm) (GUV-SI 8017)

Situation bzw. Gerät	Forderung
Freie Fallhöhe ≤ 60	keine
Freie Fallhöhe > 60 ≤ 150	150
Freie Fallhöhe > 150	2/3 FH + 50
Schaukeln	KL + 200

Böden im Sicherheitsraum von Spielgeräten in Abhängigkeit von der Fallhöhe (cm)

Boden	GUV-SI 8017
Beton/Stein	≤ 60
Bitumengebunden	≤ 60
Oberboden	≤ 100
Rasen (dauerhaft vorh.)	≤ 150
Fallschutzplatten (DIN EN 1177)	≥ 150
Sand, Feinkies, Mulch (Korn u. Dicke gem. GUV SI 8017)	≥ 150

9 Bauen für Kinder und Jugendliche

9.1 Spielplätze

LBO, DIN EN 1176, DIN EN 1177, DIN 18 034, DIN 33 942, GUV-V S1, GUV-SR 2002, GUV-SI 8014, GUV-SI 8017, GUV-SI 8018

Erfordernis und Größe
Verschiedene LBO fordern bei Errichtung von Gebäuden mit mehr als 3 Wohnungen Kleinkinderspielplätze, sofern in der Nähe keine öffentliche Anlage vorhanden ist. Je Wohnung mind. 3 m² nutzbare Spielfläche, mind. jedoch 30 m². Mind. 1/3 als Sandspielfläche.

Lage und Gliederung
Spielplätze für Kleinkinder möglichst in Sicht- und Rufweite der elterlichen Wohnungen bauen. Von verkehrsreichen Zonen weglegen bzw. abschirmen, in Grünanlagen und Wegesysteme integrieren. Übersichtlich und abwechslungsreich gestalten. Zonierung nach Altersgruppen: Krabbelzonen für ganz Junge, Spielgeräte und Sandkasten für Kleinkinder, Abenteuerzone für ältere Kinder. Spielplätze und ihre Zugänge barrierefrei gestalten (s. Abschn. 4).

Ausstattung
Unterschiedliche Bedürfnisse der Altersstufen beachten. Materialien und Konstruktionen mit positiven Tast- und Erfahrungseigenschaften wählen. Beliebt bei älteren Kindern: Abenteuerspielplätze mit Klettergeräten, Häusern, Türmen und Anlagen für kreatives Handeln (z. B. Bauen). Bei größeren Anlagen verschiedene Szenen mit Spielgeräten schaffen. Rückzugsmöglichkeiten (Spielhäuser), Erlebnisspiele und Freiflächen für eigene Spiele anbieten.

Sicherheitsrichtlinien
Absätze von mehr als 20 cm Höhe im Gelände sichern, z. B. mit Pflanzstreifen. Vertiefungen sichern. Oberflächen und Einfassungen nicht scharfkantig. Nur schwer splitternde Rundhölzer verwenden. Keine giftigen Pflanzen. Gewässer nur bis max. 40 cm Tiefe, sie benötigen eine 1 m breite, flachgeneigte, trittsichere Uferzone. Gegenüber Verkehrsflächen mind. 1 m hohe Einfriedungen (z. B. Hecke) vorsehen.
Nur Spielgeräte gemäß den Sicherheitsregeln DIN EN 1176, GUV-SI 8017 und mit TÜV- oder GS-Prüfung verwenden, ohne scharfe Kanten, Scher- und Quetschstellen. Unter und um die Geräte einen Sicherheitsraum mit weichen Böden nach GUV-SI 8017 und DIN EN 1177 schaffen. Fundamente mind. 40 cm tief vergraben oder mind. 20 cm tief und unter 45° abschrägen. Vorstehende Konstruktionsteile abpolstern.

9.2 Kindertagesstätten

KiTaV, KiGartGV, GUV-SR 2002

9.2.1 Definitionen

Kindertagesstätte
Oberbegriff für Einrichtungen zur Betreuung und pädagogischen Förderung von Kindern während des Tages. Dazu zählen u.a.:

Kinderkrippe
Einrichtung zur ganztägigen Betreuung und pädagogischen Förderung von 8-monatigen bis 3-jährigen.

Kindergarten
Einrichtung zur Betreuung und pädagogischen Förderung von 3- bis 6-jährigen.

Kinderhort
Einrichtung zur Betreuung und pädagogischen Förderung von Kindern bis 15 Jahren.

9.2.2 Planungsanforderungen

Grundsätzliches
Kindertagesstätten müssen in ihrer baulichen Ausgestaltung auf die jeweiligen Altersstufen und die Gruppenzusammensetzung abgestimmt sein. Die Atmosphäre soll licht, offen, anregend sein, aber auch Geborgenheit vermitteln. Kommunikative Bereiche wie auch Rückzugsmöglichkeiten anbieten. Eine barrierefreie Ausführung gemäß DIN 18 024-2 ermöglicht die Bildung integrativer Gruppen (s. Abschn. 4).

Bauprogramme
Für Einrichtungen mit mind. 3 Kindergruppen ist folgendes Raumprogramm üblich, bei kleineren Einrichtungen können die Anforderungen reduziert sein:

Gruppenräume
Die Größe der Gruppenräume ist abhängig von der Zahl und dem Alter der Kinder. Gruppenräume dürfen keine Durchgangsräume sein, sie sollen günstig zur Sonne liegen, licht und möglichst natürlich belüftbar sein. Lichte Raumhöhe möglichst 2,70 m. Die Fensterfläche muss 20 % der Grundfläche betragen. Sonnenschutz ist erforderlich. Möglichst unmittelbaren Zugang zum Freien anbieten. Evtl. räumlich gefasste Freiräume für die Gruppen. Gruppenräume für Kinder unter 3 Jahren und behinderte Kinder ebenerdig anordnen. Für jeweils 2 Gruppen ein Raum für Kleingruppenarbeit. Zu jedem Gruppenraum Schränke, Spielzeugregale, Tische, Stühle u.a.m. Vor den Gruppenräumen Garderoben anordnen.
Den Gruppenräumen räumlich zugeordnet: eine sanitäre Anlage. 2 benachbarte Gruppen können eine gemeinsame Anlage nutzen. Sanitär- und Wirtschaftsräume mit rutschfesten Böden. WC-Trennwände 1,20–1,50 m hoch. Waschbecken

Kindertagesstätte in Manching, Erdgeschoss
Architekt: Th. Hugues

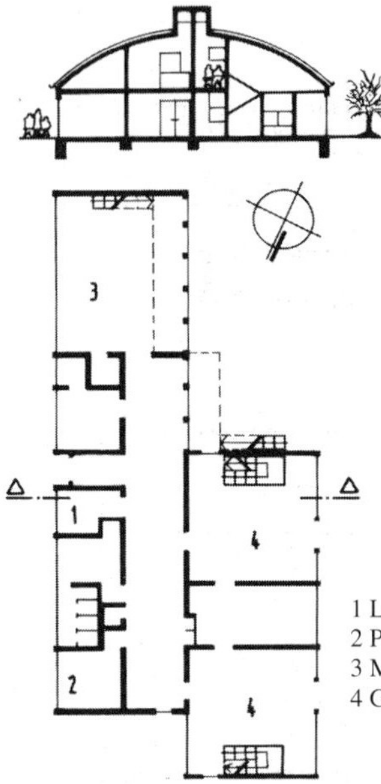

1 Leiterin
2 Personalraum
3 Mehrzweckraum
4 Gruppenräume

Gruppengrößen in Kinderbetreuungsstätten

Einrichtung	Kinder / Gruppe
Kinderkrippe	max. 10
Kindergarten	max. 18–20
Kinderhort	max. 15–18
altersgemischte Gruppen mit Kindern bis max. 3 Jahren	max. 15
integrative Gruppe	max. 15

Größe von Gruppenräumen

Einrichtung	Fläche / Kind
Kindertagesstätten	2,5 m²
Kinder unter 3 Jahren	3,5 m²
Behinderte Kinder	3,5 m²

Ausstattung von Sanitärräumen für Gruppen in Kindertagesstätten

Art	Bezugsgröße
1 Waschbecken	je 6 Kinder
1 Toilette	je 9–10 Kinder
1 Fußwaschbecken mit Handbrause oder Dusche	je Gruppe
1 Dusche	je Gruppe
1 Personal-Waschbecken	je Gruppe
1 Ausgussbecken	je Gruppe

Kindertagesstätte in Frankfurt-Sossenheim, Architekt: Chr. Mäckler

Schnitt

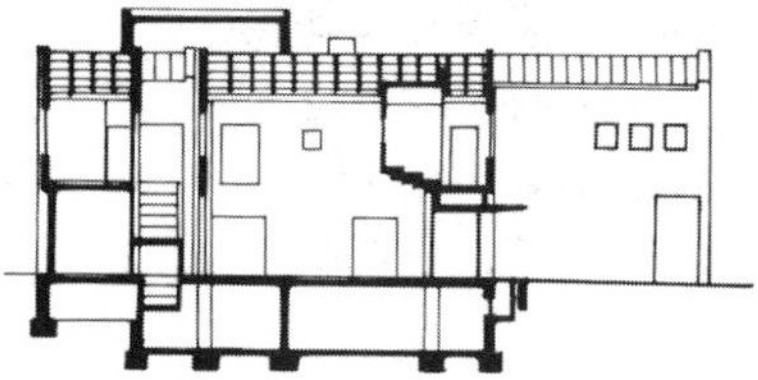

Obergeschoss

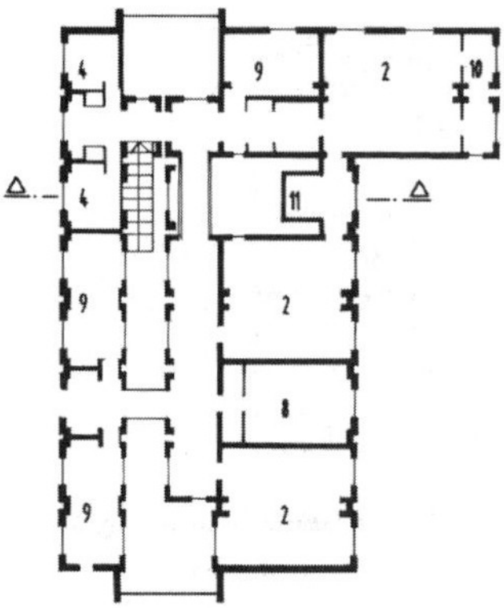

Erdgeschoss

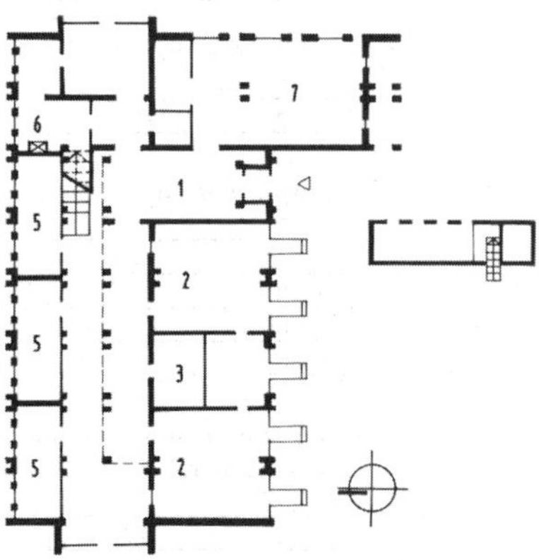

1 Eingangshaus
2 Gruppenraum
3 Abstellraum
4 Waschraum
5 Verwaltung
6 Küche
7 Mehrzweckraum
8 Werkraum
9 Hausaufgaben

55 cm hoch einbauen, für Kinder unter 2 Jahren 45 cm hoch. Stiefelwaschbecken. Sanitäre Anlagen für Kinder und Personal trennen.
Bei mehr als 2 Gruppen ist ein Mehrzweck- und Bewegungsraum sinnvoll (mind. 60 m²). Dazu Nebenraum als Geräte- und Stuhllager. Bei Ganztagsbetreuung und für Kinder unter 3 Jahren sind Schlaf- und Ruheräume vorzusehen (mind. 2,5 m²/Kind). Bei Kleinkindern (bis 6 Jahre) ist ein Pflegeraum oder -bereich erforderlich. In Ganztagseinrichtungen müssen Räume für Schularbeiten und andere Beschäftigungen vorhanden sein.
Für jedes Kind mind. 10 m² Außenspielfläche, mind. jedoch 300 m². Natur-, Spiel- und Bewegungsbereiche anbieten.

Funktionsräume
Zimmer für Leitung, Personalraum, Personal-WC, Mehrzweck-, Therapie- und Bewegungsraum, Küche, Vorratsraum und wenn nicht in den Gruppenräumen gegessen wird: ein Speiseraum. Abstellraum für Außenspielgeräte. Pkw- und Fahrradstellplätze. Kurzzeitparkplätze für Eltern. Bei Krippen Abstellplätze für Kinderwagen. Technik-, Lager- und Müllräume.

9.2.3 Sicherheit und Ausstattung

Gebäudeeingänge und Bodenbeläge
Vermeiden, dass Kinder vom Gebäude unmittelbar in den Straßenverkehr laufen, ggf. Geländer o. Ä. anordnen. Podeste vor Gebäudeeingängen müssen in der Tiefe die nach außen aufgeschlagene Tür um 40 cm überragen. Jeder Eingang ist mit einer oberflächenbündigen Abstreifmatte über die volle Breite zu versehen. Beim Haupteingang muss deren Tiefe mind. 1,30 m betragen. Bodenbeläge rutschhemmend gemäß GUV-R 181, nicht scharfkantig und möglichst sturzweich. Böden, Wandbelag bis 1,5 m Höhe abwaschbar.

Treppen und Flure
Einzelne Stufen und Stolperstellen (z. B. Türpuffer) nicht zulässig. Stufenvorderkanten leicht abrunden. Treppen mit beidseitigen Handläufen. Spalt zwischen Geländer bzw. Wand und Treppe max. 4 cm.
Stufenhöhe max. 17 cm, Auftrittsbreite mind. 28 cm. Freie Treppenbreite mind. 1,30 m. Flurbreiten möglichst mind. 1,70 m.
Bei Leitern als Aufstiege zu Spielebenen ist die Einstiegsöffnung mit einem Querriegel in Höhe der Umwehrung zu sichern. Ab 1 m Aufstiegshöhe ist ein falldämpfender Boden im Bereich der Leiter anzuordnen.
Alle Ecken und Kanten von Bauteilen und Einrichtungsgegenständen sind mit einem Radius von mind. 2 mm, besser 10 mm, abzurunden und dürfen keine Spitzen haben. Wände dürfen

Kindertagesstätte in Frankfurt-Griesheim, Architekt: Funk & Schröder

1 Leiterin
2 Glashäuser
3 Gruppenräume
4 Hausaufgaben
5 Werkräume
6 Personalraum
7 Kinderküche

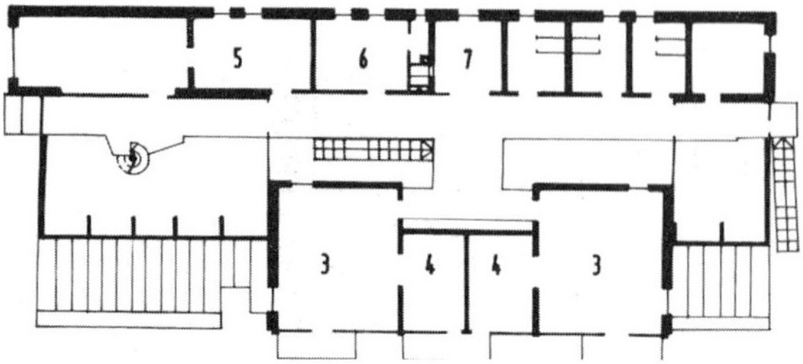

Obergeschoss

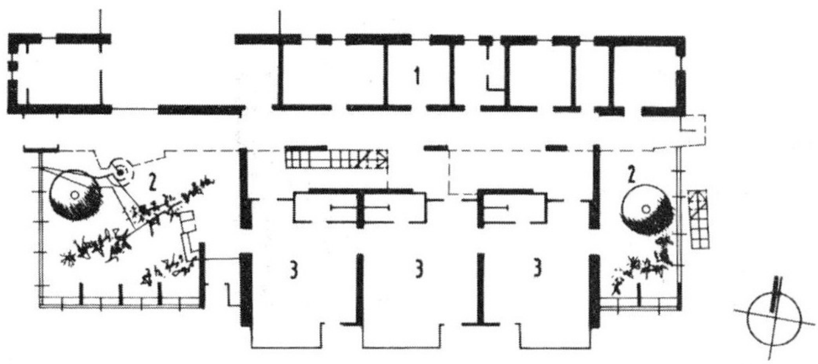

Erdgeschoss

bis 1,50 m Höhe nicht spitzig-rau sein. Verglasungen müssen bis in 1,50 m Höhe aus Einscheiben- oder Verbund-Sicherheitsglas sein, kein Drahtglas. Glasflächen in der Nähe des Fußbodens kennzeichnen.

Fenster und Türen
Türen nicht in Verkehrsflächen schlagen lassen. Leichtgängige Türen, keine Pendeltüren. Keine scharfkantigen Beschläge. Kanten im Berührungsbereich runden. Griffe, Hebel und Schlösser mind. 25 mm von der Schließkante. Kinder sollen im Sitzen raussehen können, daher geschlossene Brüstungen max. 60 cm hoch ausführen. Offene Fenster und Hebel von Oberlichtöffnern dürfen nicht in den Aufenthaltsbereich ragen. Dreh-Kipp-Fenster nur mit Sicherung gegen Fehlbedienung (Herausfallen).

Umwehrungen
Umwehrungen, außer Fensterbrüstungen, mind. 1 m hoch. Bei Spielebenen bis 1,50 m Höhe über Fußböden genügen 70 cm hohe Umwehrungen. Aufklettern und Rutschen darf nicht möglich sein. Abstand vertikaler Stäbe max. 12 cm.

Möbel
Füße von Einrichtungsgegenständen dürfen nicht Stolperstellen darstellen. Rollbare Teile benötigen Feststellvorrichtungen. Schubladen gegen Herausfallen sichern.

Bewegungsräume
Fußböden mit elastischen Belägen oder elastischem Untergrund (Schwingboden) ausführen. Wände bis in 1,50 m Höhe besonders ebenflächig. Ausgenommen: Türnischen und Fensterwände. Vorstehende Teile außer Sprossenwände unzulässig. Türen dürfen nicht nach innen schlagen. Eigener Raum für Geräte erforderlich.

Toiletten- und Waschräume
Boden rutschhemmend gemäß GUV-I 8527. Bodenabläufe. Wassertemperatur max. 45 °C.

Kindersicherungen
Müllsammelstellen, Reinigungs- und Desinfektionsmittel, Medikamente gegen Zugriff von Kindern sichern. Steckdosen nur mit Kindersicherungen.

Einfriedungen
Aufenthalts- und Spielbereiche im Freien sind mind. 1 m hoch einzufrieden. Die Einfriedung darf nicht spitz oder scharf sein und muss ein Aufklettern erschweren.

Oberstufenzentrum in Berlin,
Architekten: Quick, Bäckmann, Quick

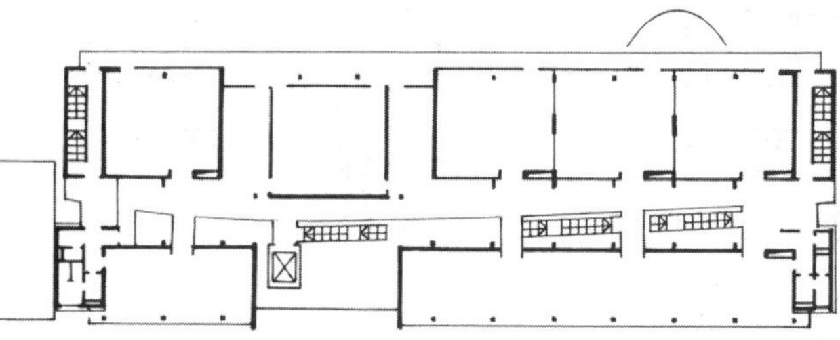

Obergeschoss

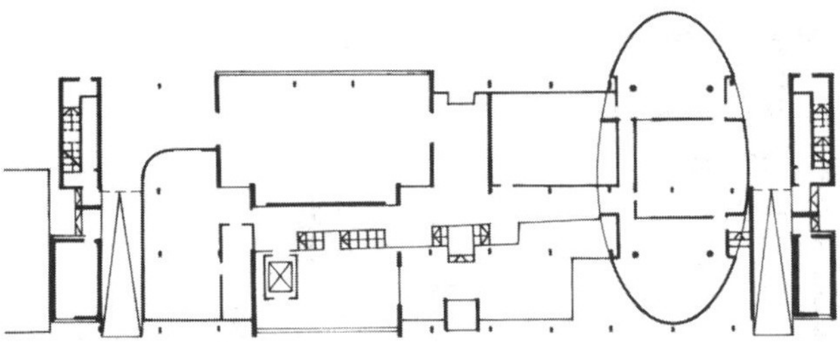

Erdgeschoss

9.3 Schulen

SchulBauR, SchBauTR, DIN 58 125, GUV-V S1, GUV 16.3, GUV-SR 2001, GUV-R 181, VStättVO

Grundsätzliches
In Abhängigkeit von Größe, Alter der Schüler und Bildungsauftrag liegen Schulen unterschiedliche Bauprogramme zugrunde. Die Planungen sollten max. 4 Geschosse vorsehen und Erweiterungen ermöglichen.
Ziel aller Planungen sollte eine freundliche, anregende, aber auch Geborgenheit vermittelnde Atmosphäre sein. Bei großen Schulanlagen ist der Anonymität durch Ausbildung identifizierbarer Teilbereiche entgegenzuwirken und gleichzeitig eine Übersichtlichkeit und Orientierbarkeit zu gewährleisten. Auf eine barrierefreie Ausgestaltung gemäß DIN 18 024-2 ist zu achten (s. Abschn. 4).

Unterrichtsräume. Allgemeines
Für alle Unterrichtsräume mit Sitzbestuhlung gilt: lichte Raumhöhe mind. 3 m, unter Unterzügen u. Ä. mind. 2,50 m. Bei geneigten Decken mind. 2,25 m. Bei einseitiger Belichtung max. Raumtiefe 7,20 m. Faustformel: Glasflächen mind. 1/5 der Grundfläche. Max. Tafelabstand möglichst unter 9 m. Ausstattung mit Verdunklungs- und Sonnenschutz. Je Schüler 0,3 m² Lüftungsflügel.

Räume für Allgemeinunterricht
Die Größe der Klassenzimmer richtet sich nach der Gruppengröße. Individuelle Ausformung und Gestaltung der einzelnen Räume erleichtern die Identifikation der Schüler mit ihrem Klassenraum. Möglichst interessante, vielfältig möblierbare Raumformen. Ausstattung mit Tafel, Leinwand, Handwaschbecken, Schrank für Lehrmittel. Garderobe in der Nähe auf dem Flur, mit Ablagen für Helme. Insbesondere für jüngere Schüler möglichst direkter Zugang ins Freie. Freiraumklassen anbieten.

Sprachlabore
Etwa 25–30 Plätze/1000 Schüler in der Nähe der Bibliothek/Mediathek. Man unterscheidet: Labore für Hören und Sprechen (HS) und Labore mit zusätzlichem Aufnehmen (HSA); evtl.: Aufnahmeraum, Materialraum.

EDV- Unterrichtsräume
EDV-Räume aus Sicherheitsgründen nicht im EG anordnen. Für die Ausgestaltung der Unterrichtsplätze sind die Normen und Richtlinien für Bildschirm-Arbeitsplätze anzuwenden.

Naturwissenschaftliche Unterrichtsbereiche

Bereiche für Biologie-, Physik- und Chemieunterricht mit Lehr-, Übungs- und Vorbereitungs- und Sammlungsräumen. Lehrräume mit ansteigendem Gestühl. Übungs-, Vorbereitungs- und Sammlungsräume unmittelbar zugeordnet. Zwischen Arbeitstischen mind. 85 cm; wenn Schüler Rücken an Rücken arbeiten: mind. 1,50 m Abstand. Zentrale Notsperrung für Elektrik, Gase und andere Medien. In Chemieräumen: Abstand Experimentiertisch zu Schülertischen mind. 1,20 m, Abzüge für Gas und Dämpfe notwendig. Chemieunterrichtsräume: mind. 2 Ausgänge.
Bei Unterrichtsräumen mit ansteigender Bestuhlung sind Rampen und ab 10 % Steigung auch Stufen zulässig. Alle Stufen in gleicher Breite. Hauptgänge mind. 90 cm breit. An der obersten Reihe mind. noch 2,30 m lichte Raumhöhe. Bei Höhenunterschieden über 3 m ist ein 2. Ausgang in Höhe der obersten Reihe erforderlich.
Ein Schulgarten von ca. 300–400 m² dient dem Biologie- bzw. dem Umweltunterricht.

Einrichtungen zur Sporterziehung

Für die Sporterziehung sind je nach Größe der Schule Sport- und Gymnastikhallen (15 m × 27 m) und Sportplätze im Freien mit entsprechenden Umkleiden vorzusehen. Ausführung gem. DIN 18 032 und DIN 18 035 (s. Abschn. 8). Die inneren Stirnseiten der Sporthallen sind zur Minderung der Ballreflexion mit nachgiebigem Material abzudecken, ggf. auch mit mobilen Matten. Sportstätten sollten so konzipiert sein, dass sie auch für den Breitensport genutzt werden können: Zugang von außen, Nähe zu Kfz-Stellplätzen.

Einrichtungen für musischen Unterricht

Bei Unterrichtsräumen für Kunst ist insbesondere auf eine möglichst gleichmäßige, natürliche Belichtung zu achten (Nordlicht). Nebenräume: Materiallager, Lehrmittelräume, Werkräume.
Räume für Musikunterricht stellen besondere Anforderung bezüglich Akustik, Schalldämpfung und Schalldämmung. Raum für größere Instrumente, unterschiedliche Bestuhlungen ermöglichen. Mögliche Nebenräume: Lehrmittelraum, Übungsräume.

Einrichtungen für praktischen Unterricht

Insbesondere an Berufsschulen sind fachpraktische Übungsräume zu planen. Je nach Art der durchgeführten Übungen ist auf eine ausreichende Belichtung und auf die Schallemissionen zu achten. Zwischen Werktischen mind. 85 cm, wenn Schüler Rücken an Rücken arbeiten: 1,50 m Abstand. Zentrale Notsperrung für Elektrik, Gase und andere Medien; evtl. Absaugan-

Maße und Platzbedarf für Schülerplätze

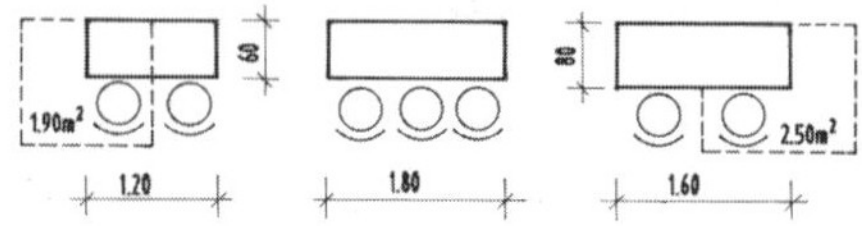

Naturwissenschaftlicher Bereich

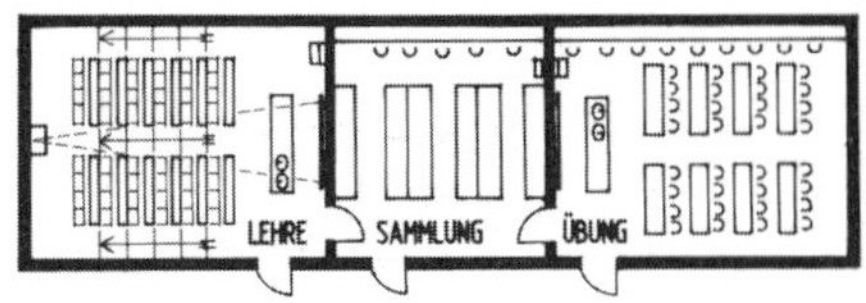

Sprachlabor mit Geräteraum und Studio

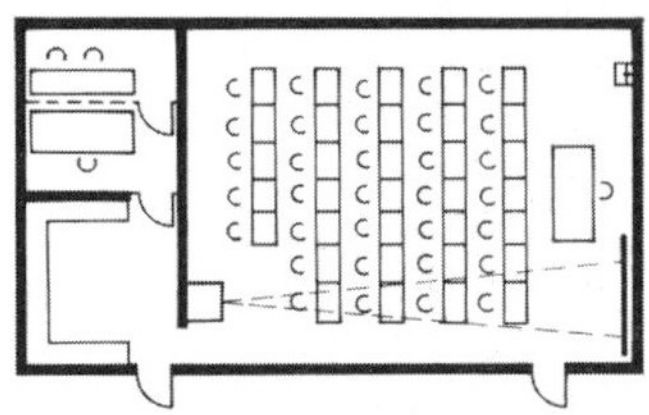

Ansteigende Bestuhlungen

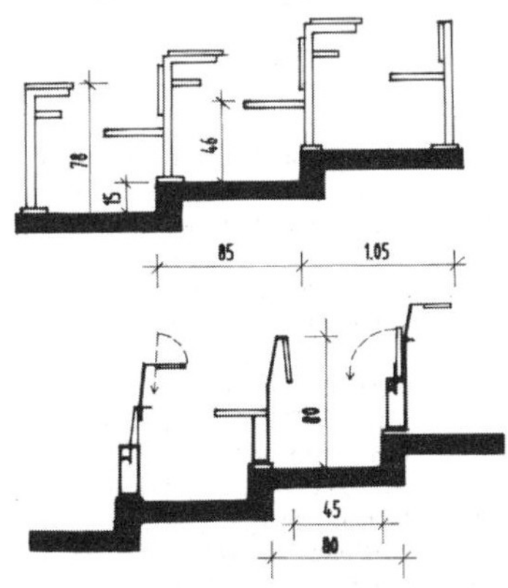

Orientierungswerte. Gruppengrößen in Schulen

Schulform	Alter	Klasse	Anzahl
Grundschule	6	1	18–22
Grundschule	7–10	2–4	20–30
Gesamtschule	10–16	5–10	20–30
Hauptschule	10–16	5–10	20–30
Sonderschule	6–15	5–10	10–18
Sekundarstufe I	10–16	5–10	20–30
Sekundarstufe II	16–19	11–13	15–25

Hauptschule in Wien, Erdgeschoss
Architekt: R. Lainer

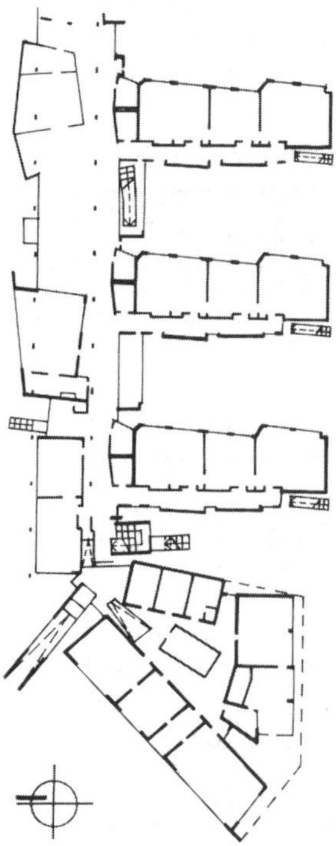

lagen erforderlich. Beim Umgang mit brennbaren Flüssigkeiten ist die VbF zu beachten. Brandgefährdete Räume benötigen 2 Ausgänge.

Bibliotheken und Mediatheken
Ausgabebereich mit Handlager und EDV-Arbeitsplätzen (6 m²). Katalogschrank (6 m²). EDV-Arbeitsplätze für Katalog und Online-Dienste (s. Abschn. 6). Bücherregale ($h = 2$ m) mit ca. 125 Bänden/m. Regaltiefe: 30 cm. Gangbreite: mind. 60 cm. Leseplätze im Fensterbereich anbieten. Sitzgruppe mit Zeitschriftenständer. Biblio- und Mediatheken sollten möglichst zentral, in der Nähe der Pausenbereiche liegen und auch nach Schulschluss zugänglich sein.

Küchen und Speiseräume
Soweit erforderlich, sind Küchen und Speiseräume in der Nähe der Pausenhöfe und -räume vorzusehen. Küchenplanung und Möblierung der Speiseräume gem. Abschn. 5. Faustformel für Platzzahl (P): Zahl der teilnehmenden Schüler (S) und Mehrfachbelegung eines Essplatzes (B). Formel: $P = S / B$

Raumgrößen im Schulbau

Klassenräume	
Standard-Klassenraum	2 m²/Sch.
Großraum-Klassenraum	3–5 m² Sch.
Naturw. Unterricht	
Lehrraum	2,5 m²/Sch.
Sammlungsraum	40–60 m²
Vorbereitungsraum	30–35 m²
Übungsraum	2,5 m²/Sch.
Sprachenunterricht	
HS-Sprachlabor	2,0 m²/Sch.
HSA-Sprachlabor	2,5 m²/Sch.
Sprachlaborkabine	1 x 2 m
Aufnahmeraum	14 m²
Geräteraum für Sprachlabor	16 m²
Nebenraum	70–75 m²
Praktischer Unterricht	
Hauswirtschaftsunterricht	2 m²/Sch.
Küche	30–40 m²
Lehrraum	20–25 m²
Werkstatt (16 Plätze)	112 m²
Wasch- und Umkleideraum	0,55 m²/Platz
Kunsterziehung	
Musik- und Zeichenräume	je 80–85 m²
je 1 Nebenraum	15–20 m²
Werkraum	80–85 m²
Nebenraum	20 m²
Sportunterricht	
Wasch- und Umkleideräume	10–20 m²
Leibesübungsraum	20–25 m²
Turnhalle. 1 Übungseinheit	15 x 27 m
2 Waschräume und Umkleiden	50–60 m²
Lehrerumkleide	8–10 m²
Geräteraum	20–30 m²
Zentrale Einrichtungen	
Pausenhof	4–6 m²/Sch.
Pausenhalle	0,4 m²/Sch.
Speiseraum	1,4 m²/Platz
Lehrmittelraum	15–20 m²
Bücherei, Mediathek	0,5 m²/Sch.
Schülermitverwaltung	20–25 m²
Aula	0,4 m²/Sch.
Verwaltung	20–25 m²
Schulleiterbüro	12–16 m²
Büro des Vertreters	12–16 m²
Sekretariat	12–26 m²
Elternsprechzimmer	12 m²
Hausmeisterzimmer	12 m²
Lehrer- und Konferenzzimmer	1,5 m²/Lehrer

Toilettenanlagen im Schulbau

Benutzer	WC	Urinale	Waschbecken
für 40 Jungen	1	2	2
für 40 Mädchen	2	-	2
für 15 Lehrer	1	1	1
für 10 Lehrerinnen	1	-	1

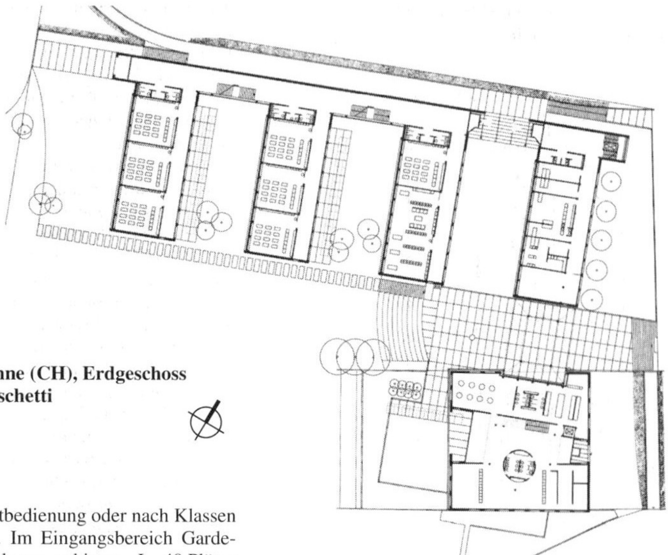

Schule in Lausanne (CH), Erdgeschoss
Architekt: F. Boschetti

Ausgabe als Selbstbedienung oder nach Klassen auf Servierwagen. Im Eingangsbereich Garderobe und WC-Anlagen anbieten. Je 40 Plätze 1 Handwaschbecken. Bei mehr als 200 Essplätzen gilt die VStättVO.

Pausenhöfe und -hallen
Pausenhöfe sind so zu planen, dass auch bei schlechter Witterung ein Aufenthalt im Freien möglich ist (Teilüberdachung). Sonnig und windgeschützt ausbilden. Störung von Unterrichtsräumen möglichst vermeiden. Die Freilauffläche ist mit 4–6 m²/Schüler anzusetzen. Als gedeckte Pausenbereiche können auch Eingangshalle, Speise- oder Mehrzweckräume dienen. Die Schüler sollen Anregung zur Bewegung erhalten. Unterschiedliche Zonierungen der Pausenhöfe (Spiel-, Sitz-, Naturbereiche) mit unterschiedlichen Angeboten für die verschiedenen Altersgruppen sind oft sinnvoll, dürfen aber die Aufsicht nicht erschweren. Pausenhöfe sollten Spielgeräte nach DIN EN 1176 enthalten, die von vielen Kindern in kurzer Zeit benutzt werden können, z. B. Rutschen (vgl. Abschn. 9.1). Gefährdung durch Kfz ausschließen.

Gemeinschaftsbereich, Aula
Raum für Veranstaltungen und Feierstunden. In kleineren Anlagen auch als Pausenraum oder durch Unterteilung als Unterrichtsraum nutzbar. Eine Aula mit Bühne ist bei größeren Gymnasien, insbesondere bei zusätzlicher außerschulischer Nutzung, sinnvoll. Fasst der Raum mehr als 200 Besucher, so gilt die VStättVO.

WC-Anlagen
Stets getrennte Anlagen für Jungen und Mädchen. Stunden-WC: zur Benutzung während des Unterrichts in max. 40 m Entfernung von Unterrichtungsräumen je 1 WC in der Nähe des Treppenhauses. Pausen-WC: größere Anlagen, ebenerdig und von Pausenhof oder -halle zugänglich. Eigene WC für Lehrpersonal. Auf jedem Geschoss und im Bereich der Sportstätten eine barrierefreie Toilette (s. Abschn. 4).

Lehrer- und Verwaltungsräume
Diese Räume sollten für Besucher leicht auffindbar sein. Zum Verwaltungsbereich gehören meist: Lehrerzimmer mit Konferenztisch, Postfächern und kleiner Handbibliothek, Zimmer für Schulleitung, Sekretariat, Elternsprech- und Arztzimmer, Raum für Schülervertretung, Hausmeisterraum im Eingangsbereich.

Allgemeine Sicherheitsanforderungen
Sicherheitsanforderungen an Schulen sind vor allem in DIN 58 125 und in den GUV-Richtlinien, insbesondere GUV-V S1 geregelt.
Pausenhöfe, Spielanlagen, Verkehrswege und Werkräume mit rutschhemmenden Böden gem. GUV-R 181. In Wasch- und Duschräumen Beläge der Gruppe B und in daran angrenzenden Gruppenumkleideräumen Beläge der Gruppe A gem. GUV-I 8527. Keine Stolperstellen in Verkehrsflächen. Im Eingangsbereich mind. 1,50 m tiefe Matte in ganzer Durchgangsbreite.
Erste-Hilfe-Einrichtungen gem. GUV-SI 8065.

Fahrrad- und Kfz-Stellplätze
Fahrrad- und Mopedständer außerhalb des Pausenhofes. Fahrradrampen über 10 % Neigung nur mit Gehstufen, max. 25 % (s. Abschn. 2.2.4). Stellplatzzufahrt und Fußwege trennen.

Grundschule in Leonberg, Erdgeschoss
Architekt: R. Scholl

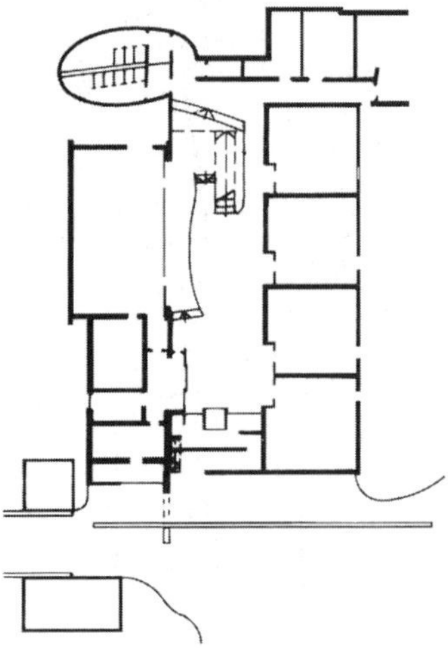

Bauaufsichtliche Bestimmungen
Ergänzend zu den Bestimmungen der LBO haben die Länder eigene Richtlinien mit Kostenrichtwerten und Planungshinweisen (TR Schulbau bzw. SchBauTR) und bauaufsichtliche Richtlinien (SchulbauR) erlassen. Hier die für den Entwurf wichtigsten Bestimmungen:
Brandwände sind in Abweichung zur LBO nur alle 60 m erforderlich. Türen in den Brandwänden müssen feuerhemmend (T 30), rauchdicht und selbstschließend sein. Angrenzende Flurwände dürfen auf 2,5 m Länge keine Öffnungen besitzen.
Gewendelte Treppen sind als Rettungswege unzulässig. Einzelstufen vermeiden. Wenn dies nicht möglich ist, deutlich kennzeichnen. Bereiche unter Treppen mit weniger als 2 m Höhe gegen unbeabsichtigtes Unterlaufen sichern. Treppen mit beidseitigen Handläufen ohne offene Enden, in den Treppenaugen umlaufend. In Grundschulen zusätzlicher Handlauf in 70 cm Höhe. Stufenhöhe max. 17 cm, Stufenbreite mind. 28 cm. Bei gebogenen Läufen: mind. 23 cm, 1,25 m von der inneren Treppenwange entfernt max. 40 cm. Absätze mit Höhen von 20 cm bis 100 cm mit Absturzsicherungen versehen, z. B. Pflanzstreifen. Rutschen und Aufsteigen auf die Geländer erschweren. Öffnungen in Umwehrungen in einer Richtung nicht größer als 12 cm, Abstand von der zu sichernden Fläche max. 4 cm. Rampen in Fluren max. 6 % Neigung. Geländer und Umwehrungen mind. 1,10 m hoch.

Türen zu Unterrichtsräumen mit mind. 0,9 m, besser 1 m, Breite im Lichten. Türen in Verkehrs- und Rettungswegen sowie bei Räumen für mind. 80 Personen in Fluchtrichtung aufschlagen lassen. Türflügel dürfen max. 20 cm in Rettungswege ragen und die notwendige Flurbreite mindern.
Stützen und Wandecken bis 2 m Höhe ohne scharfe Kanten: rund, mit gebrochenen Kanten oder mit einem Radius von mind. 2 mm, besser 10 mm, abrunden. Oberflächen von Wänden und Stützen bis 2 m Höhe nicht spitzig-rau. Türgriffe abgerundet, Türblätter und -griffe an der Griffkante ohne scharfe Kanten. Verglasungen auch in Möbeln bis 2 m Höhe nur aus Sicherheitsgläsern. Sicherheitsgläser sind nicht notwendig, wenn ein 1 m hohes Geländer oder eine Pflanzzone davor angeordnet oder eine mind. 80 cm hohe Fensterbrüstung mit mind. 20 cm tiefen Fensterbänken vorhanden sind.
Wasseranlagen benötigen eine mind. 1 m breite, max. 40 cm tiefe Flachwasserzone und sind max. 1,20 m tief oder sind mit Zäunen, Geländern oder Hecken zu sichern.

Flure und Rettungswege
Von jeder Stelle eines Unterrichtsraums müssen mind. 2 unabhängige, bauliche Rettungswege erreichbar sein, die unmittelbar oder über Treppen und Flure ins Freie führen. Fenster sind als Rettungswege zulässig, wenn sie zu Balkonen, begehbaren Dächern u.Ä. führen.
Von jeder Stelle eines Unterrichtsraumes max. 35 m Lauflinie bis ins Freie bzw. ins Treppenhaus. Stichflure max. 10 m lang. Ausgänge zu Treppen und Fluren dürfen nicht breiter als diese sein.
Unterrichtsräume über 180 m², über 200 Besucher oder mit erhöhter Brandgefahr (Chemie, Holzwerkräume) benötigen mind. 2 günstig gelegene Ausgänge. Die Türen müssen in Fluchtrichtung aufschlagen
Breite von Rettungswegen (Flure / Treppen): 1 m je 150 zu rettende Personen, Flure bei weniger als 180 Benutzer mind. 1,25 m, sonst mind. 2 m. Notwendige Treppen mind. 1,25 m, max. 2,50 m breit. Sonstige Rettungswege: mind. 1 m breit.
Einer der beiden notwendigen Rettungswege darf durch eine Halle führen, wenn diese eine RWA-Anlage besitzt. Rettungswege in Hallen sollten max. 20 m Länge besitzen.
Hallen, die offene Geschosse verbinden, benötigen RWA-Anlagen von 1 % der Grundfläche und mind. 1 m² Größe. Sie sind brandtechnisch wie Treppenhäuser auszubilden, wenn sie als Rettungswege dienen.

Bauart
Feuerwiderstand und Brennbarkeit der Bauteile bestimmt sich nach der jeweiligen LBO.

2 A Baukonstruktion
2 B Abdichtung von Hochbauten im Erdreich

Inhaltsverzeichnis

2 A Baukonstruktion

Prof. Dipl.-Ing. Rüdiger Wormuth

1 Grundlagen. Konstruktionsarten

1.1 Allgemeines

Bei der hier angewandten Systematik der Baukonstruktionslehre ist der wichtigste Ordnungsfaktor die Art des Tragwerks [2.1]. Es folgen Konstruktionselemente, die die Struktur eines Tragwerks, und schließlich Bauteile, die die Grobstruktur eines Gebäudes bestimmen.

Der Baustoff ist kein Gliederungsfaktor, wenn der baukonstruktive Entwurf vom Entwurf des Tragwerks her entwickelt wird. Baustoffe werden für bestimmte Funktionen (z. B. Tragfunktion, bauphysikalische Anforderungen) ausgewählt.

In der Baupraxis sind Gebäude aus Konstruktionselementen nur einer Konstruktionsart oder aus nur einem Baustoff selten anzutreffen. In der Regel sind es wirtschaftliche Überlegungen, die zu Mischkonstruktionen führen.

Eine wichtige Konstruktionsaufgabe ist die Berücksichtigung von Formänderungen bei Bauteilen und Baustoffen. Es gibt lastabhängige Verformungen (elastische Verformung, Kriechverformung) und lastunabhängige Verformungen (Schwindverformung, Temperaturverformung). Bei Mischkonstruktionen müssen daher die Verbindungen der Bauteile hinsichtlich baustoffspezifischer und konstruktionsbedingter Verformungen besonders sorgfältig konstruiert werden.

1.2 Massivbau

Konstruktionselemente des Massivbaus sind Körper (z. B. Mauerwerkskörper) mit relativ großer Masse. Bei klassischen Massivbauten (z. B. Mauerwerks- und Gewölbekonstruktionen) dominieren Druckkräfte. Das äußere Erscheinungsbild von Gebäuden in Massivkonstruktion wird durch relativ geschlossene Außenwandflächen und eher hochformatige Außenwandöffnungen bestimmt.

Das Konstruktionsprinzip des Massivbaus ist der „Zellenbau" mit sich gegenseitig aussteifenden Wand- und Deckenscheiben. Beim Standsicherheitsnachweis von Mauerwerkskonstruktionen nach DIN 1053-1 wird zwischen einseitig, zweiseitig, dreiseitig oder vierseitig gehaltenen Wänden unterschieden. Ringanker und Ringbalken sind Konstruktionselemente, die der Standsicherheit von Wänden dienen (s. Kap. 15 und [2.2]).

Ringanker sind unter bestimmten Bedingungen in jeder Deckenlage oder darunter auf allen Außenwänden und bzw. oder auf allen Querwänden, die der Abtragung senkrechter Lasten dienen, ringförmig anzulegen.

Tafel: Konstruktionselemente massiver Bauwerke

KONSTRUKTIONS-ELEMENTE	KRAFT-GRÖSSEN	VERFORMUNG	MATERIAL
WAND/MAUER	DRUCKKRÄFTE	LÄNGENSTAUCHUNG QUERDREHUNG	KÜNSTLICHE UND NATÜRLICHE MAUERSTEINE UND MÖRTEL. BETON, STAHLBETON, PORENBETON, LEHM.
STURZ	BIEGE-MOMENTE	DURCHBIEGUNG	BEWEHRTES MAUERWERK, STAHLBETON
BOGEN	DRUCKKRÄFTE (IM STÜTZLINIENBEREICH)	LÄNGENSTAUCHUNG QUERDEHNUNG	KÜNSTLICHE UND NATÜRLICHE MAUERSTEINE UND MÖRTEL. GUSSMAUERWERK, BETON, STAHLBETON.
RINGANKER	ZUGKRÄFTE	LÄNGENDEHNUNG QUERKONTRAKTION	BEWEHRTES MAUERWERK, STAHLBETON, STAHL, HOLZ
RINGBALKEN	BIEGE-MOMENTE	DURCHBIEGUNG	BEWEHRTES MAUERWERK, STAHLBETON, STAHL, HOLZ
PLATTE	BIEGE-MOMENTE	DURCHBIEGUNG	STAHLBETON, TRAGENDE ODER NICHTTRAGENDE FÜLLKÖRPER UND GROSSFORMATIGE FERTIGTEILE AUS ZIEGELN UND BETON IN VERBINDUNG MIT STAHLBETON

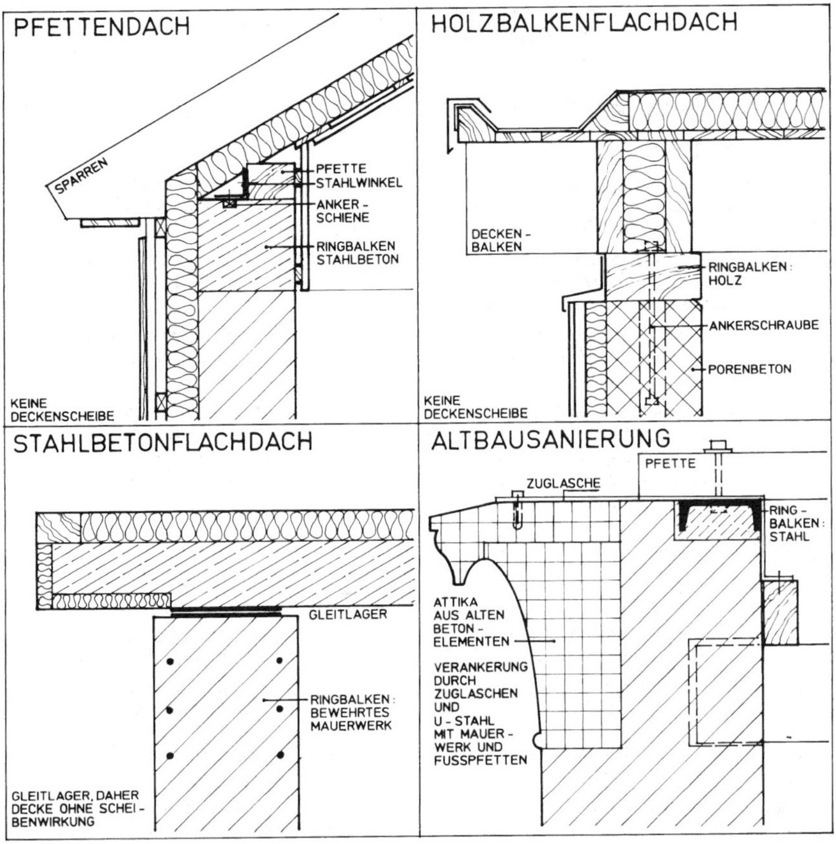

Abb. Ringbalken. Beispiele

Ringbalken dienen der Aufnahme und Abtragung auf Wände wirkender horizontaler Lasten (z. B. Wind). Sie können außerdem die Funktion von Stürzen haben oder, bei ringförmiger Geschlossenheit, die von Ringankern.

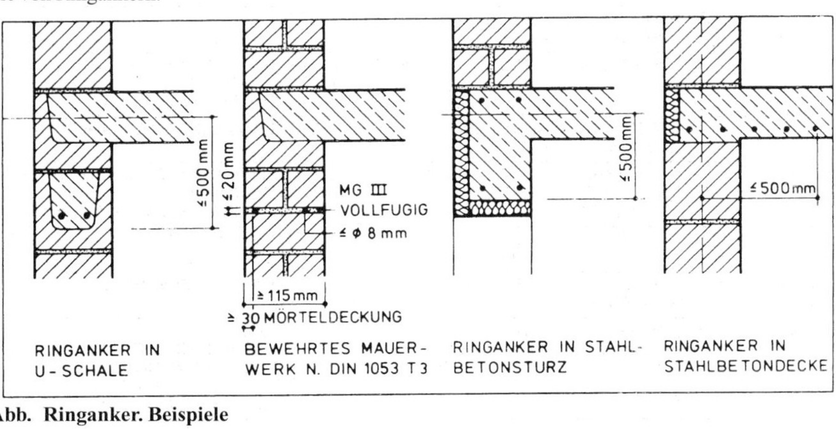

Abb. Ringanker. Beispiele

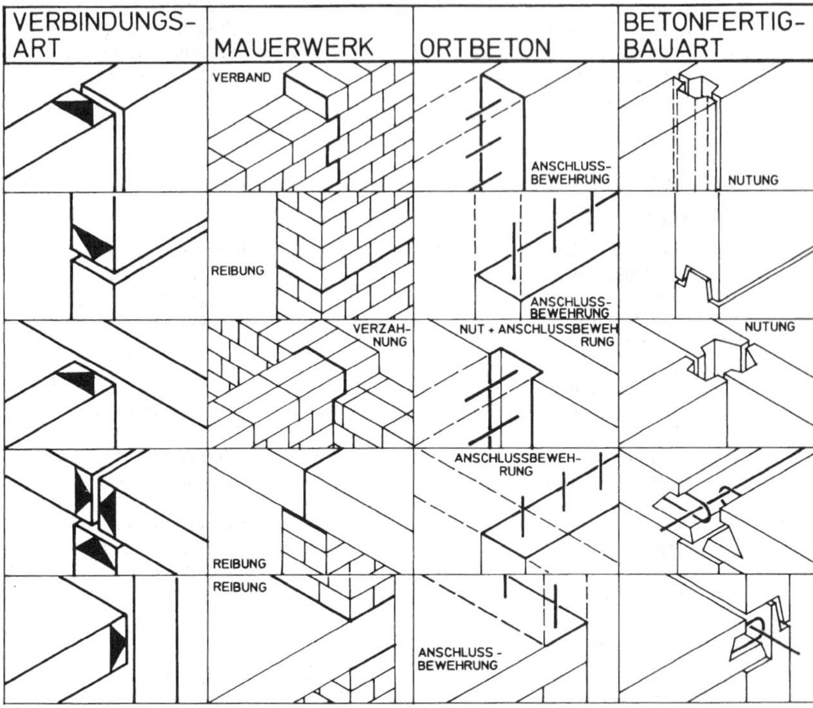

Abb. Massivbau. Verbindungen

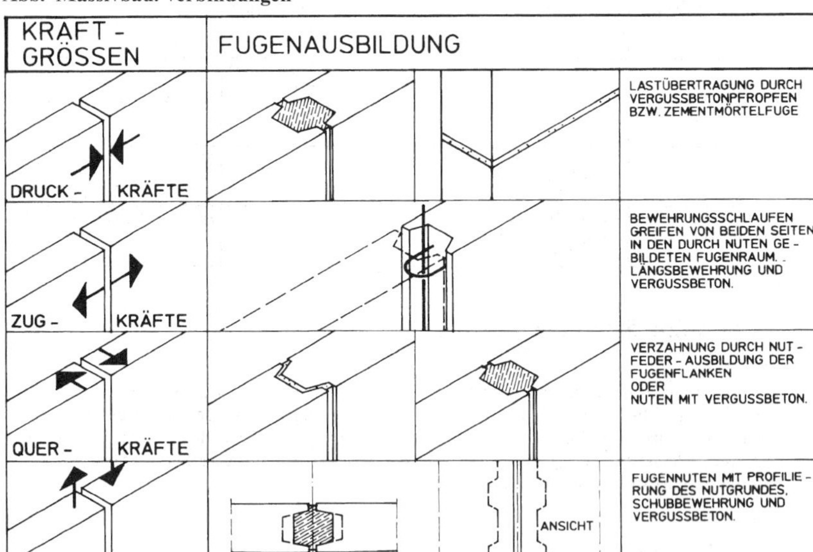

Abb. Stahlbetonfertigteile. Verbindungen

Massive Bauteile werden in der Regel durch Mörtel miteinander verbunden. Verbindend wirken dabei die Haftung des Mörtels und bzw. oder die durch Auflast entstehende Reibung in den Verbindungsfugen. Verbindungen von zeitlich nacheinander entstehenden Ortbetonbauteilen werden durch Anschlussbewehrung hergestellt. Bei Betonfertigteilen gibt es je nach statischer Funktion eine unterschiedliche Ausbildung der Fugenbereiche.

1.3 Skelettbau

1.3.1 Allgemeines

Konstruktionselemente des Skelettbaus sind Stäbe, deren Länge sehr groß ist im Vergleich zu den beiden anderen Abmessungen. Die Einzelstäbe von Skelettkonstruktionen sind meist für bestimmte Kraftgrößen spezialisiert: Druckkräfte, Zugkräfte und bzw. oder Biegemomente. Das tragende Gerippe eines Skelettbaus hat keine raumabschließende Wirkung. Die raumbegrenzenden Bauteile haben in der Regel keine tragende Funktion.

Es gibt bei Skelettkonstruktionen zwei Stabilitätsprinzipien:
- Aussteifung gelenkiger Stabwerke durch Dreiecksverbände, scheibenartige Konstruktionen (Fachwerke) oder Scheiben (Wand- oder Deckenscheiben)
- die Stabanschlüsse werden am Fundament oder an massiven Bauteilen durch Einspannung biegesteif hergestellt bzw. die Stabanschlüsse untereinander als biegesteife Rahmenecken ausgebildet.

Für die Erscheinung von Skelettbauwerken ist die Art der Stabilisierung und damit die Ausbildung der Knotenpunkte entscheidend. Gelenkige Verbindungen werden aus konstruktiven und konstruktionsästhetischen Gründen vorzugsweise aus Stahl hergestellt. Dagegen bieten biegesteife Rahmenecken aus Stahlbeton oder Holz keine herstellungstechnischen Probleme.

Tafel: Konstruktionselemente des Skelettbaus

KONSTRUKTIONS-ELEMENT	KRAFTGRÖSSE	VERFORMUNG	MATERIAL
STÜTZE/STIEL/SÄULE/ DRUCKSTAB (FACHWERK)	NORMALKRÄFTE UND/ ODER BIEGEMOMENTE	KNICKEN LÄNGSSTAUCHUNG UND QUERDEHNUNG DURCHBIEGUNG	HOLZ; STAHL; STAHLBETON
ZUGSTAB	NORMALKRÄFTE (ZUG)	LÄNGENDEHNUNG UND QUERKONTRAKTION	
TRÄGER/BALKEN/UNTER-(ÜBER-)ZUGRIEGEL	BIEGEMOMENTE QUERKRÄFTE	DURCHBIEGUNG	
GELENKIGES LAGER	BIEGEMOMENTE = 0 NORMALKRÄFTE QUERKRÄFTE		STAHL
BIEGESTEIFE RAHMEN-ECKE/EINGESPANNTES LAGER	BIEGEMOMENTE ≠ 0 BIEGEMOMENTE QUERKRÄFTE		HOLZ; STAHL; STAHLBETON

1.3.2 Gelenkige Stabanschlüsse

- **Stahlbau**

Allseits bewegliche Punktkipplager sind selten erforderlich. Konstruktiv logisch und gestalterisch einleuchtend, hat L. Mies van der Rohe an der Neuen Nationalgalerie in Berlin dieses Problem gelöst (s. nachfolgende Abb.; Stahlbau). Je nachdem, in welchen Richtungen die Gelenke fixiert werden müssen und um Normal- bzw. Querkräfte auf das angeschlossene Tragwerksteil übertragen zu können, wird der Gelenkanschluss auszubilden sein.

- **Stahlbetonbau**

Gelenkige Verbindungen sind untypisch für den Stahlbetonbau, da sie nur mit großem konstruktivem Aufwand herstellbar sind. Es wird daher nur eine gelenkige Verbindung des Stahlbetonfertigteil-Geschossbaus dargestellt [2.15].

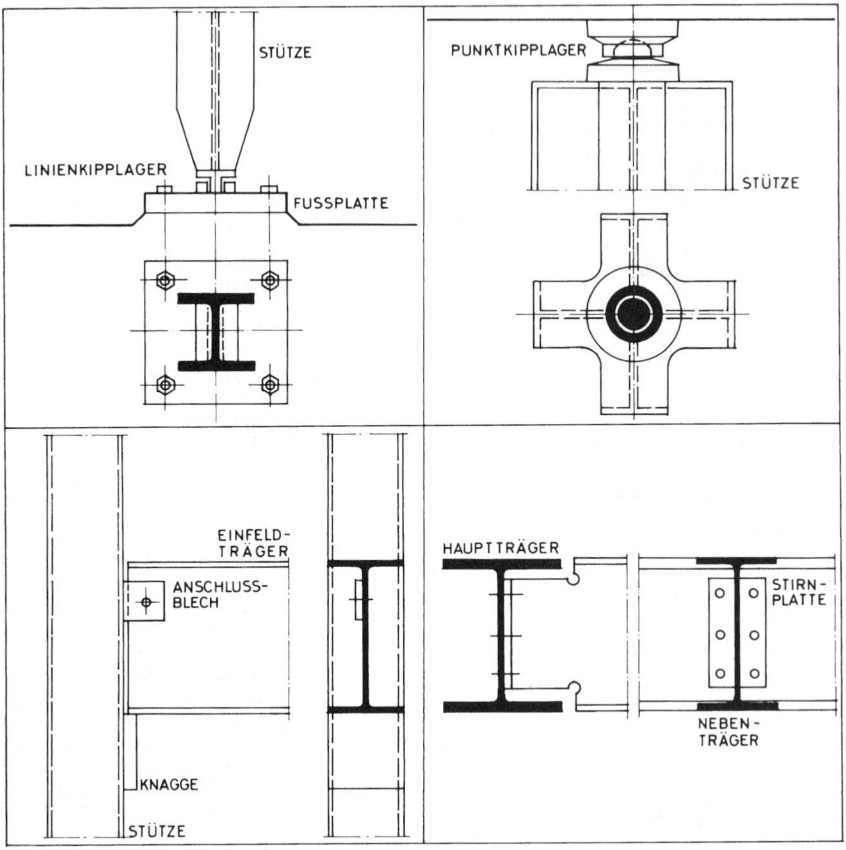

Abb. Stahlbau. Gelenkige Verbindungen

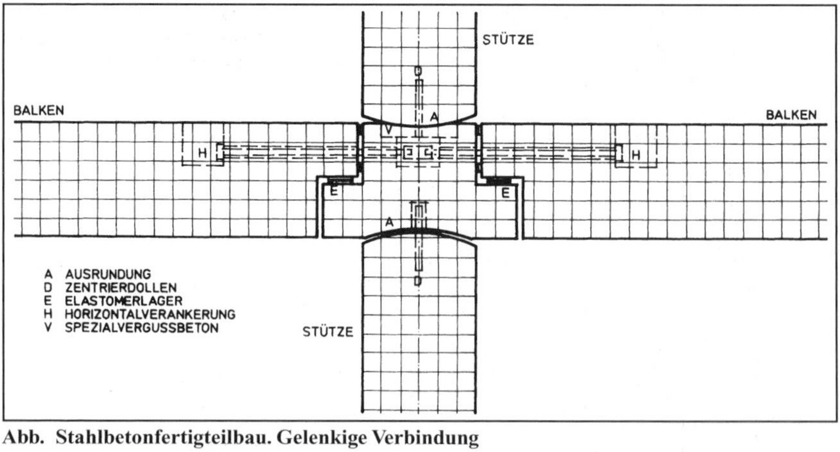

Abb. Stahlbetonfertigteilbau. Gelenkige Verbindung

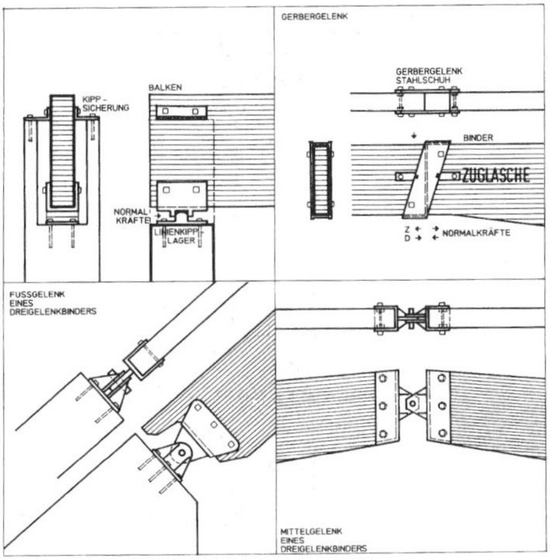

Abb. Holzbau. Gelenkige Verbindungen

- **Holzbau**

Bei hochbeanspruchten Gelenken von Holzskelettkonstruktionen wird in der Regel Stahl verwendet. Dabei vermeidet man Schwächungen der Holzbauteile. Bei klassischen handwerklichen Holzverbindungen ist dagegen eine Schwächung in der Regel unvermeidlich. Für die statisch-konstruktiven Anforderungen gilt das bereits oben für Stahlgelenke Ausgeführte.

1.3.3 Biegesteife Stabanschlüsse

- **Stahlbau**

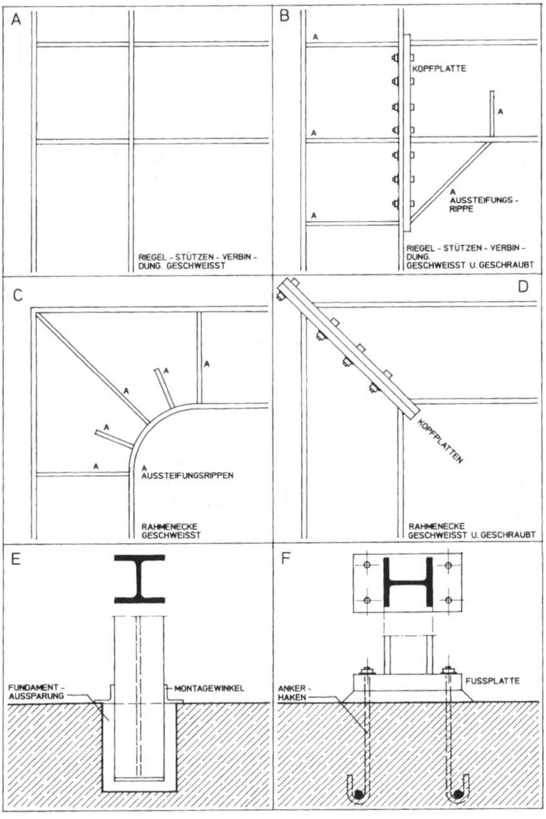

Müssen bei Stahlstützen große Druckkräfte und Biegemomente auf die Fundamente übertragen werden, so sind relativ aufwendige Konstruktionen aus Fußplatten zur Verteilung der Druckkräfte und im Fundament verankerte Zugglieder erforderlich. Für biegesteife Rahmenecken gibt es eine Reihe von Standardanschlüssen, bei denen je nach dem statischen Erfordernis der Kraftumlenkung eine Querschnittsvergrößerung im Eckbereich oder wegen der Querkraftübertragung Aussteifungsrippen notwendig werden.

Abb. Stahlbau. Biegesteife Anschlüsse

• Holzbau

Biegesteife Anschlüsse von Holzstützen an Fundamenten sind nur mittels relativ komplizierter Stahlverbindungen möglich. Für biegesteife Holzrahmenecken gibt es hingegen einige holzgemäße Konstruktionslösungen von der klassischen handwerklichen Ausführung eines diagonal beide Stäbe verbindenden Kopfbands bis hin zur industriell hergestellten Keilzinkenverbindung.

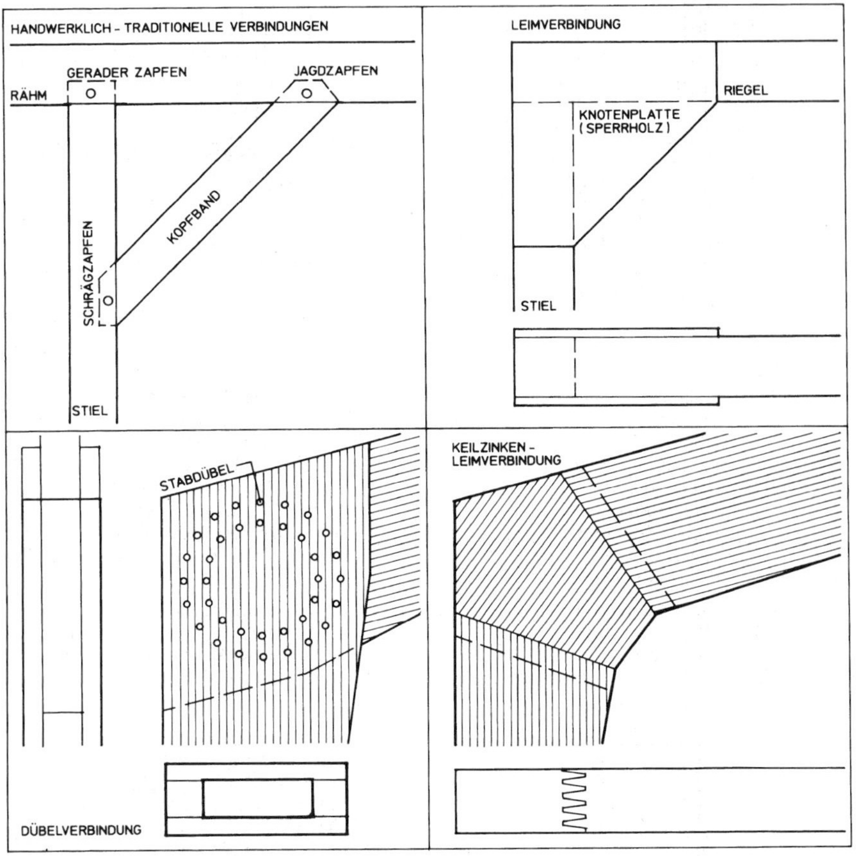

Abb. Holzbau. Biegesteife Rahmenecken

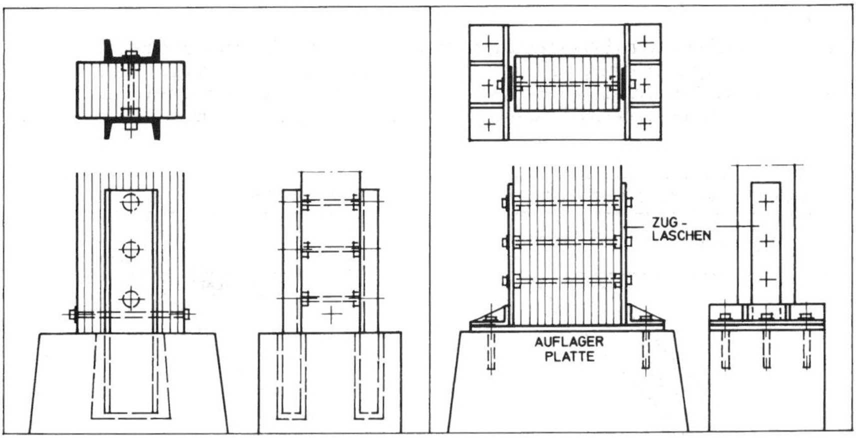

Abb. Holzbau. Stützeneinspannungen

• Stahlbetonbau

Für eingespannte Stahlbetonstützen gibt es zwei Standardlösungen: die Ortbetonstütze mit breitem Fundamentfuß, der im Bereich des Stützengrundrisses gegen das „Durchstanzen" eine größere Dicke als im Randbereich besitzt und dadurch eine geneigte Oberfläche von nicht mehr als 30° erhält [2.13] [2.14], wenn auf eine Konterschalung verzichtet werden soll; und das Köcher- oder Hülsenfundament für Stahlbetonfertigstützen. Ortbetonstützenfundamentfüße werden allerdings i. d. R. wegen des geringeren Arbeitsaufwandes mit ebener Oberfläche, jedoch mit der gegen das „Durchstanzen" erforderlichen Gesamtdicke hergestellt. Wegen des relativ großen Schalungsaufwandes für die Herstellung von Ortbetonköcherfundamenten sind inzwischen Alternativen entwickelt worden: 1. Köcher-fundamentfertigteile, 2. Stütze-Fundament-Fertigteile.

Bei biegesteifen Stahlbetonrahmenecken sind hinsichtlich der Bewehrungsführung zwei Lastfälle zu unterscheiden [2.13]: Der Lastfall des „öffnenden" Moments (innen Zug) und der des „schließenden" Moments (außen Zug). Die konstruktionsästhetisch einleuchtende Ausrundung der Rahmeninnenecke kommt heute aus wirtschaftlichen Gründen nicht mehr zur Ausführung.

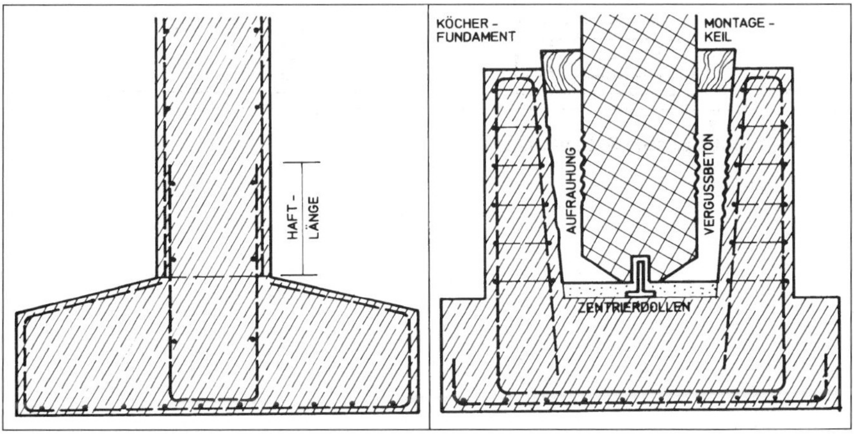

Abb. Stahlbetonbau. Eingespannte Stützen

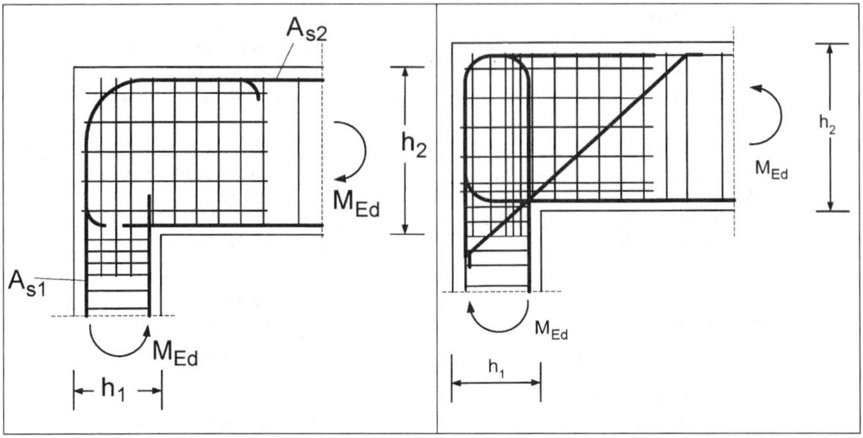

Abb. Stahlbetonbau. Biegesteife Rahmenecken (links: außen Zug; rechts: innen Zug)

1.4 Flächentragwerke

1.4.1 Allgemeines

Konstruktionselemente von Flächentragwerken sind Flächen, deren Dicken im Verhältnis zu den übrigen Dimensionen sehr klein sind. Gewölbekuppeln und Kuppelschalen haben zwar ähnliche Erscheinungsformen, in der Tragwerksdicke und im Tragverhalten unterscheiden sie sich jedoch erheblich, Schalen sind wesentlich dünner als Kuppeln. Die günstige Materialausnutzung bei tragenden Flächen hat ihre Ursache darin, dass fast ausschließlich Normalkräfte vorkommen (Ausnahmen: Platten).

Ebene Flächentragwerke sind Scheiben und Platten. Aus ihnen setzen sich Faltwerke zusammen. Platten erfüllen zwar nicht alle Kriterien, die an Flächentragwerke zu stellen sind, ihre Tragwirkung wirdj edoch zum Verständnis der Tragwirkung von Flächentragwerken und zu deren Berechnung in die theoretischen Überlegungen einbezogen.

Gekrümmte Flächentragwerke werden auch als Schalen bezeichnet. Man unterscheidet einfach gekrümmte Schalen (z. B. Zylindertonnenschalen) und zwei- oder mehrfach gekrümmte Schalen (z. B. Rotationsflächenschalen oder Leitkurvenflächenschalen).

Tafel: Konstruktionselemente ebener Flächentragwerke

KONSTRUKTIONS-ELEMENT	KRAFTGRÖSSEN	VERFORMUNG	MATERIAL
PLATTE KRAFTRICHTUNG SENKRECHT ZUR FLÄCHE	BIEGEMOMENTE	DURCHBIEGUNG	STAHLBETON
SCHEIBE/WANDARTIGER TRÄGER KRAFTRICHTUNG PARALLEL ZUR FLÄCHENEBENE	NORMALKRÄFTE	BEULEN/KIPPEN	
FALTE	NORMALKRÄFTE	DAS PRINZIP DER FALTUNG IST, VERFORMUNGEN ZU VERHINDERN	
RANDTRÄGER/ LÄNGSVERSTEIFER	BIEGEMOMENTE	DURCHBIEGUNG	
QUERVERSTEIFER QUER ZUR HAUPTTRAGRICHTUNG	NORMALKRÄFTE	BEULEN	

1.4.2 Ebene Flächentragwerke

Das Tragverhalten von ebenen Flächentragwerken ist am wirksamsten, wenn der Kraftangriff in Richtung der Flächenebene (Scheibenwirkung), und am schwächsten, wenn er senkrecht zur Flächenebene erfolgt (Plattenwirkung). Faltwerke sind eine Synthese der positiven Eigenschaften von Scheibe und Platte.

Die Plattenwirkung kann angenommen werden zwischen den als Auflager vorstellbaren Faltwerkskanten und der Scheibenwirkung in Haupttragrichtung des Faltwerks, also in Richtung der Falten von Auflager zu Auflager. Die Scheibenwirkung wird größer, je steiler die Faltwerksflächen stehen. Damit verbessert sich die Tragfähigkeit des Faltwerks. Sie verschlechtert sich in dem Maße, wie der Neigungswinkel der Faltwerksflächen flacher wird und somit die Plattenwirkung der Flächen zur Wirkung kommt.

Voraussetzung für die Formstabilität eines Faltwerks ist die Unverschieblichkeit der Faltwerkskanten. Kantenverformung kann durch eine Reihe von Maßnahmen eingeschränkt werden:

1. Steilere Faltung oder Verkleinerung des von zwei Faltwerksflächen eingeschlossenen Winkels (V-Falte).
2. Anordnung von Querversteifern oder biegesteifen Querrahmen.
3. Die Verformung insbesondere freier Faltwerkskanten wird durch Längsversteifer behindert.

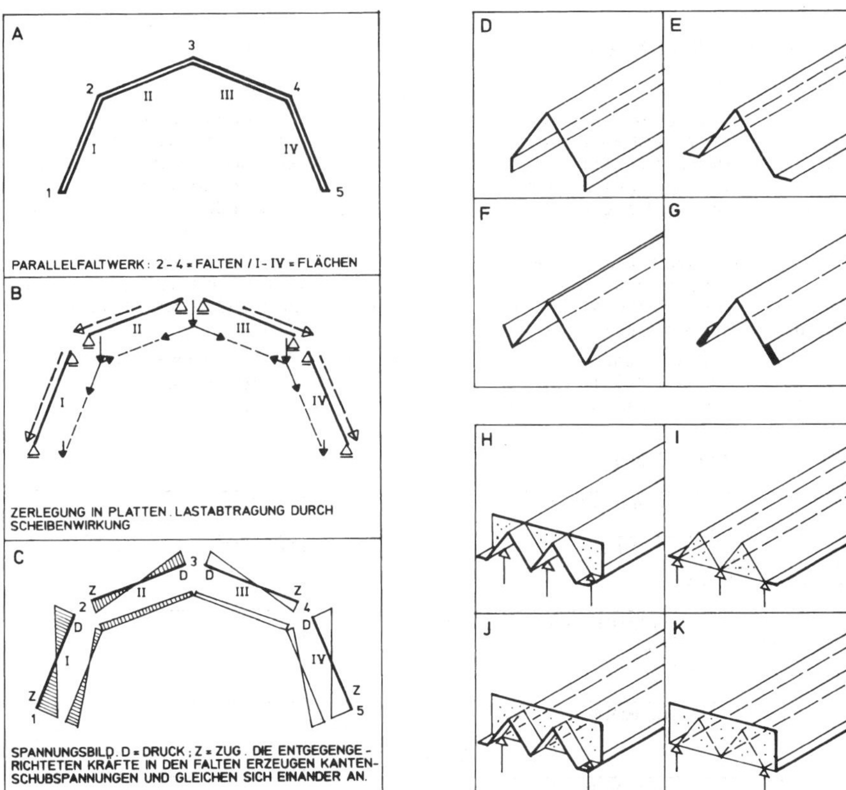

Abb. Faltwerke. Tragverhalten.
A–C: Tragverhalten; D–G: Längsversteifer; H–K: Querversteifer

Tafel: Konstruktionselemente gekrümmter Flächentragwerke

KONSTRUKTIONS-ELEMENT	KRAFTGRÖSSEN	VERFORMUNG	MATERIAL
SCHALENFLÄCHE	NORMALKRÄFTE (IN RANDZONEN AUCH BIEGEMOMENTE)	BEULEN	STAHLBETON/HOLZ/GLASFASER-VERSTÄRKTER KUNSTSTOFF/ACRYLGLAS/BLECHE
RANDTRÄGER IN DER HAUPTTRAGRICHTG.	BIEGEMOMENTE NORMALKRÄFTE	DURCHBIEGUNG	
DRUCKRING ZUGRING	NORMALKRÄFTE	STAUCHUNG (DRUCK) DEHNUNG (ZUG)	
ÜBERGANGSBOGEN	NORMALKRÄFTE (BIEGEMOMENTE REDUZIERT)	BEULEN	
QUERVERSTEIFER QUER ZUR HAUPTTRAGRICHTUNG	NORMALKRÄFTE (SCHEIBE) BIEGEMOMENTE (RAHMEN)	BEULEN DURCHBIEGUNG	

1.4.3 Gekrümmte Flächentragwerke (Schalen)

Die sehr große Formenvielfalt von Schalen lässt sich grob in drei Gruppen gliedern:

- Zylinderschalen
- Rotationsflächenschalen
- allgemeine Schalen.

Zylinderschalen (Zylinderträger) lassen sich als Abkömmlinge von Parallelfaltwerken deuten, bei denen die Anzahl der Falten unendlich groß geworden ist. Entsprechend wird auch das Tragverhalten erklärt: eine Mischung aus Scheiben- und Plattenwirkung wie beim Parallelfaltwerk. Zusätzlich kann von einer Gewölbewirkung ausgegangen werden. Sie dient der Lastverteilung innerhalb des Zylinderträgers. Wie bei Parallelfaltwerken sind die freien Schalenränder besonders verformungsgefährdet. Ähnlich wie dort lässt sich die Formstabilität freier Ränder durch längs- und querversteifende Konstruktionselemente wahren.

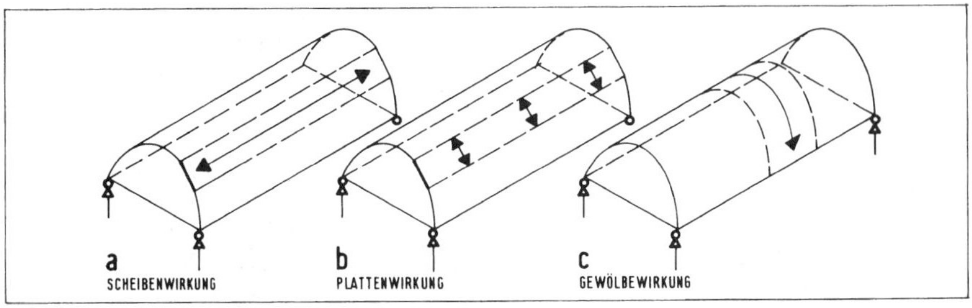

Abb. Tragverhalten von Zylinderträgern (Quertonnenschalen)

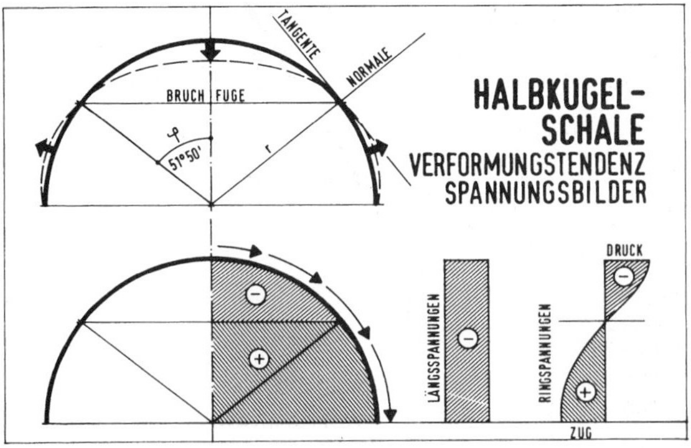

Abb. Halbkugelschale. Tragverhalten

Beispielhaft für **Rotationsflächenschalen** wird das Tragverhalten einer Halbkugelschale an ihrer Verformungstendenz und den Spannungsbildern dargestellt. Bei Kuppelschalen mit flachem Stich kann der Schalenrand durch Fußringe oder Übergangsbogen stabilisiert werden, oder er erhält eine widerlagerähnliche Unterstützung.

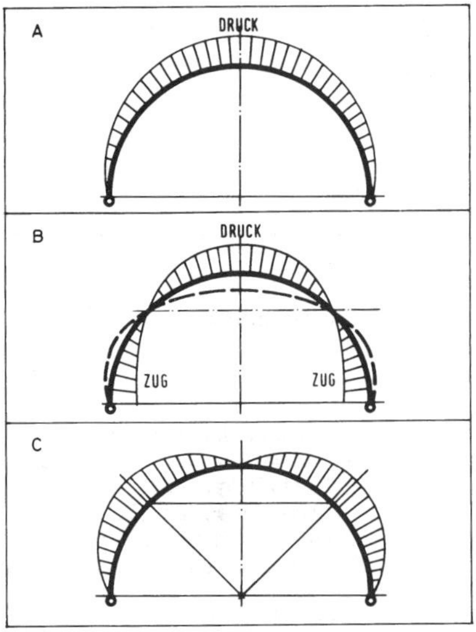

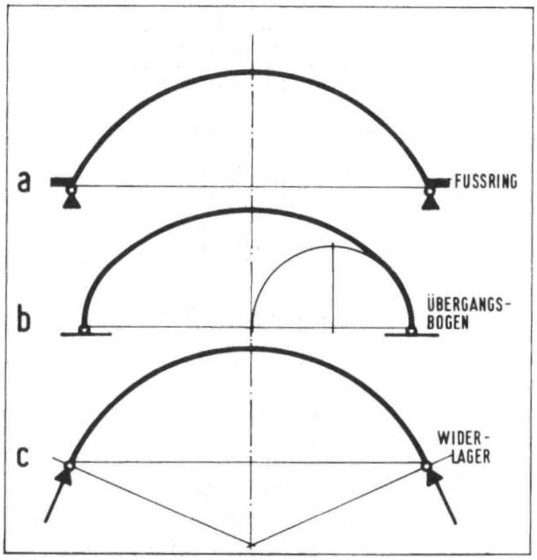

Abb. (oben) Kuppelschalen. Lagerung. Randstabilisierung

Abb. (links) Quertonnenschalen. Spannungsbilder

A. Ringspannungen, B. Längsspannungen, C. Schubspannungen

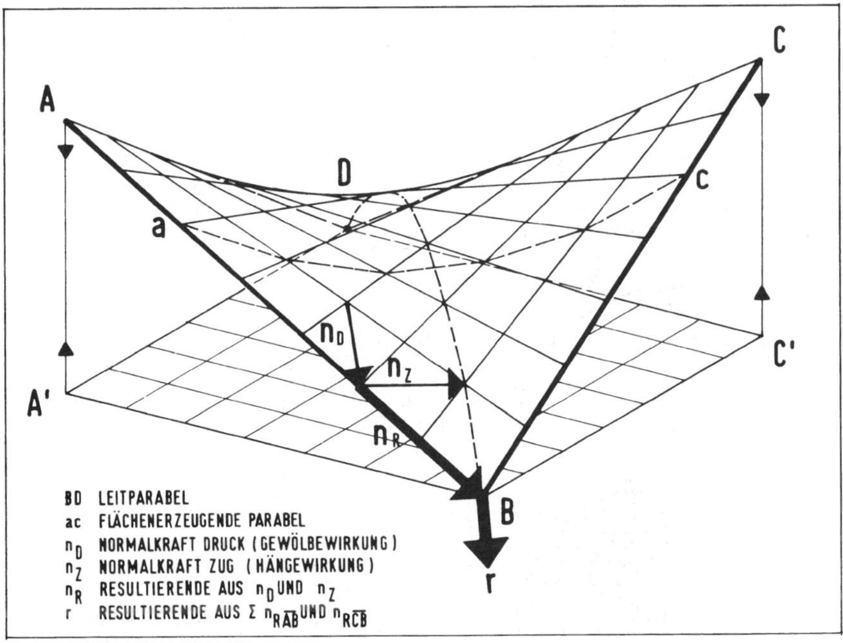

Abb. HP-Schalen: Geometrische und statische Merkmale

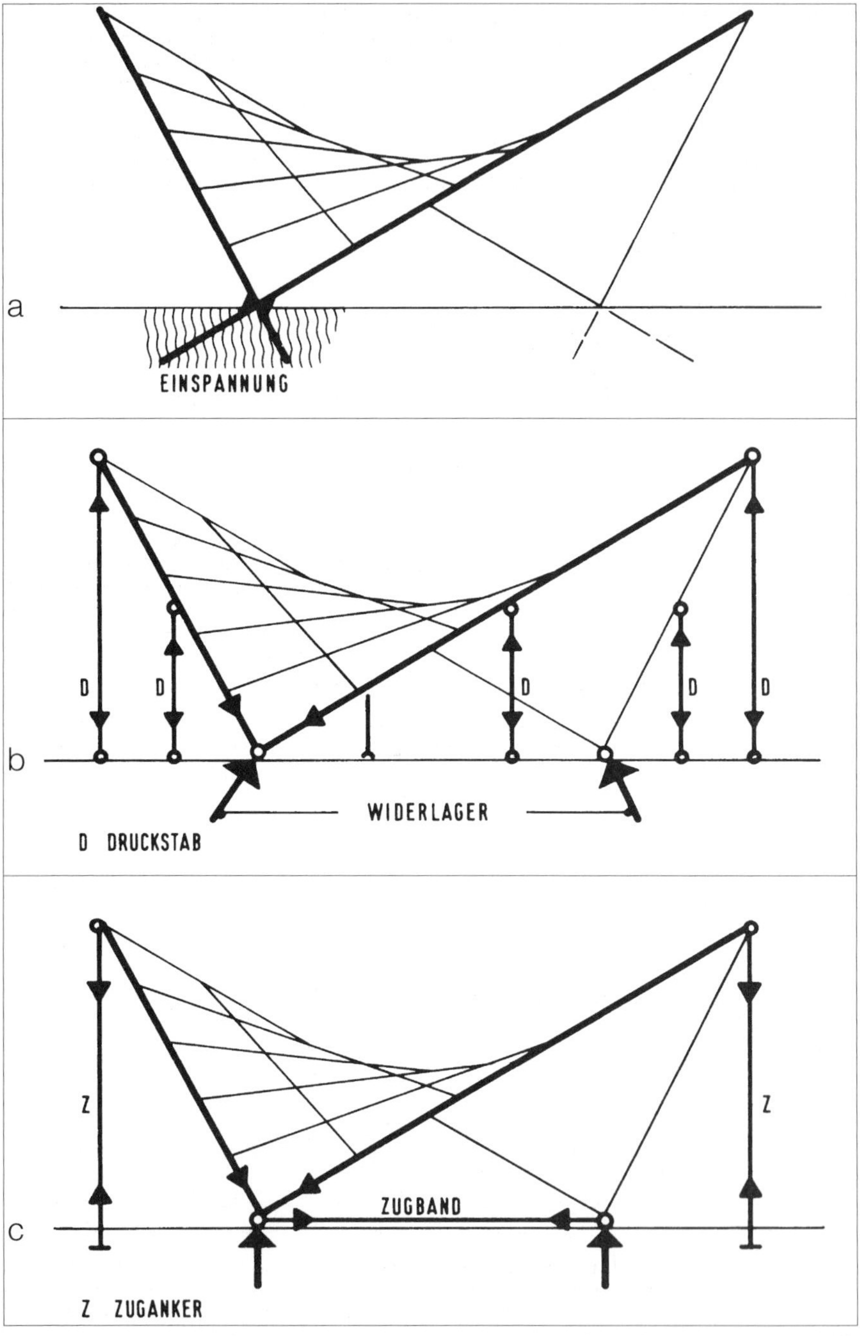

Abb. HP-Schalen. Standfestigkeit (die Schalenränder sind durch biegesteife Randglieder gefasst)

Hyperbolische Paraboloidschalen (HP-Schalen) sind als Sattelflächen zu bezeichnen, da sie gegensinnig gekrümmt sind. Die Geometrie ist einfach erklärbar: Auf einer bogenartig stehenden Parabel als Leitkurve wird eine „hängende" Parabel geführt. Die HP-Schalenfläche wird somit auch als Leitkurvenfläche definiert. Durch diese geometrischen Merkmale wird das Tragverhalten anschaulich charakterisiert als eine Durchdringung von Gewölbe- und Hängewirkung.

Wie bei anderen Schalenformen und auch bei Faltwerken gilt bei HP-Schalen, dass Additionen, Kombinationen und Durchdringung von Einzelelementen zu großer Stabilität der dann entstehenden Gesamtform führen, weil die Ränder der Einzelelemente sich an den Berührungsstellen gegenseitig stabilisieren. An einer HP-Schale mit biegesteifen Randgliedern werden drei Möglichkeiten für die Standfestigkeit des Gesamttragwerks dargestellt.

1.5 Seiltragwerke

Es gilt hier der Stabilitätsgrundsatz: In allen zugbeanspruchten Konstruktionselementen müssen immer Zugspannungen herrschen.

Die Dachlasten eines Seiltragwerks werden von Tragseilen aufgenommen, die üblicherweise hängend angeordnet sind (Hängedächer). Die Seile sind biegeweich und passen ihre Form widerstandslos den auftretenden Lasten an. Sie müssen daher stabilisiert werden. Je nach Art des Seiltragwerks wird eine Stabilisierung durch Dacheigenlast, eine steife Schalenfläche oder punktuelle oder lineare Stabilisierungselemente bewirkt. Durch punktuelle Stabilisatoren werden einzelne Tragseilpunkte fixiert. Lineare Stabilisierungselemente (Seile, Balken, Bogen) fixieren jeweils einen Punkt auf mehreren Tragseilen.

Bei Zugbeanspruchung von Seilen treten elastische und nichtelastische Verformungen auf. Die nichtelastischen Verformungen aufgrund des Kriechens des Stahls bewirken das so genannte **Seilreck.** Es sind Längendehnungen der Einzeldrähte eines Seils und damit verbundene Querkontraktionen, die ihrerseits Querschnitts- und Längenveränderungen des gesamten Seils bewirken. Durch mehrfaches Vorrecken der Seile vor dem Einbau und vor der endgültigen Belastung wird verhindert, dass nichtkorrigierbare Veränderungen des Spannungszustands am fertigen Tragwerk auftreten und Befestigungselemente (siehe Abb. S. 2.49) wie Seilschellen lose werden.

Tafel: Konstruktionselemente von Seiltragwerken

KONSTRUKTIONS-ELEMENT	KRAFTGRÖSSEN	VERFORMUNG	MATERIAL
TRAGSEIL STABILISIERBAR DURCH: DACHEIGENGEWICHT/ STEIFE SCHALENFLÄCHE/ PUNKTFÖRMIGE ODER LINEARE STABILISATOREN/GEGENSINNIGE KRÜMMUNG VON SEILNETZEN	ZUGKRÄFTE	LÄNGENDEHNUNG	STAHLSEILE
RÜCKHALTESEIL SPANNSEIL			
MAST/PYLON DRUCKSTAB ZUR ERZEUGUNG VON HOCHPUNKTEN	DRUCKKRÄFTE	KNICKEN	STAHL/HOLZ
LUFTSTÜTZE PUNKTFÖRMIGER DRUCKSTABILISATOR			
STABILISIERUNGSSEIL	ZUGKRÄFTE	LÄNGENDEHNUNG	STAHLSEILE
STABILISIERUNGS-BALKEN	BIEGEMOMENTE	DURCHBIEGUNG	STAHL/HOLZ
STABILISIERUNGS-BOGEN	DRUCKKRÄFTE	LÄNGENSTAUCHUNG	STAHL/HOLZ/HOCHDRUCKSCHLÄUCHE

Das in der folgenden Abbildung dargestellte Seilnetztragwerk des Olympiastadions in München ist als Übergangsform zu Membrantragwerken (Zelte) denkbar, wenn man sich die Netzmaschen sehr eng vorstellt. Eine Trennung in Trag- und Stabilisierungsseile ist bei der komplizierten, mehrfach gekrümmten Netzfläche nicht mehr möglich.

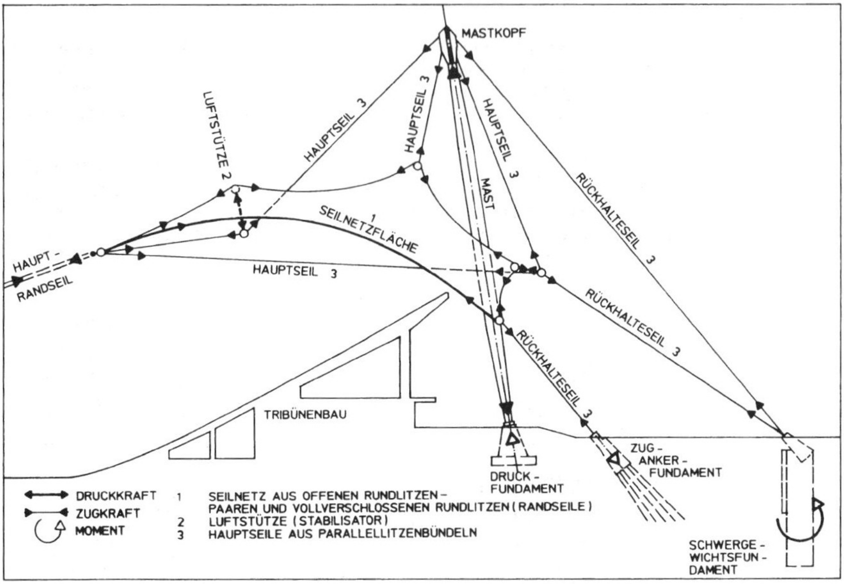

Abb. Seilnetztragwerk (Olympiastadion München)

1.6 Membrantragwerke

1.6.1 Allgemeines

Die konstruktive und formale Verwandtschaft von Membrantragwerken zu bestimmten Arten von Seilnetztragwerken oder auch zu HP-Schalen fällt auf.

Der schon bei Seiltragwerken aufgestellte Stabilitätsgrundsatz (Abschn. 1.5) gilt auch hier. Dieser Grundsatz ist bei gekrümmten Membranflächen nur einzuhalten, wenn die Flächen doppelt und gegensinnig gekrümmt sind (Sattelflächen). Bei pneumatisch stabilisierten Membrantragwerken (z. B. Traglufthallen) wird die Membran hingegen durch ein Stütz-, Stabilisierungs- oder Füllmedium stabilisiert.

Tafel: Konstruktionselemente von Membrantragwerken

KONSTRUKTIONS-ELEMENT	KRAFTGRÖSSEN	VERFORMUNG	MATERIAL
ZELTMEMBRAN KONSTRUKTIONSPRINZIP: DURCH HOCH- UND TIEFPUNKTE WERDEN MEMBRANFLÄCHEN ERZEUGT, DIE IN JEDEM PUNKT GEGENSINNIG GEKRÜMMT SIND.	ZUGKRÄFTE	DEHNUNG	PVC-BESCHICHTETES POLYESTER-GARNGEWEBE
RÜCKHALTESEIL SPANNSEIL			STAHL- ODER KUNSTSTOFFASERSEILE
MAST/PYLON DRUCKSTAB ZUR ERZEUGUNG VON HOCHPUNKTEN	DRUCKKRÄFTE	KNICKEN	STAHL/HOLZ
STABILISIERUNGSSEIL	ZUGKRÄFTE	LÄNGSDEHNUNG	STAHL- ODER KUNSTSTOFFFASERSEILE
STABILISIERUNGS-BOGEN	DRUCKKRÄFTE	STAUCHUNG	HOLZ/STAHL/HOCHDRUCKSCHLÄUCHE

1.6.2 Zelte

Durch Hoch- und Tiefpunkte werden Membranflächen erzeugt, die in jedem Punkt gegensinnig gekrümmt sind. Hochpunkte sind durch Pylone und nach oben gerichtete Seile, Grate durch Bogen, Tiefpunkte durch Seilabspannungen und Kehlen durch Kehlseile herzustellen. Eine derart entstandene doppelt und gegensinnig gekrümmte Membranfläche ist um so steifer, je stärker die Krümmungen sind.

Membranen sind sehr empfindlich gegen punktförmige Belastungen senkrecht zur Membranfläche. Sind punktförmige Stabilisatoren der Membranfläche erforderlich, dann ist durch geeignete konstruktive Maßnahmen sicherzustellen, dass die dort entstehenden Punktbelastungen allmählich in die Membran eingeleitet werden oder dass die Membran an diesen Stellen Verstärkungen erhält. Für Membranen werden in der Regel beschichtete Polyestergarngewebe verwendet.

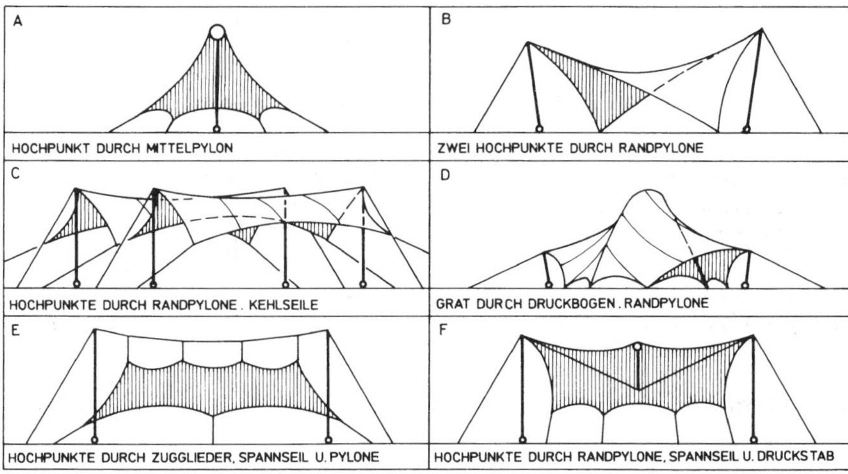

Abb. Membrantragwerke (Zelte)

1.6.3 Pneumatisch stabilisierte Membrantragwerke

Die Geometrie pneumatisch stabilisierter Membrantragwerke wird ausschließlich von der Membranstabilisierung bestimmt. Primärstabilisator ist ein gasförmiges Medium (z. B. Luft). Die Membran wird also durch ein nicht formbeständiges Medium flächig unterstützt. Sie trennt Medien unterschiedlicher Dichte. Das Stabilisierungselement ist ein Konstruktionselement und stellt keine Belastung dar. Es herrscht ein Gleichgewichtszustand zwischen dem Innendruck des stabilisierenden Mediums und dem Spannungszustand der stabilisierten Membran.

Die Lastabtragung auf den Baugrund infolge senkrechter Lasten ist vernachlässigbar. Bedeutend ist das Problem der Windverankerung.

Die Geometrie pneumatisch stabilisierter Membrantragwerke hängt ab
von der Art der Druckdifferenz zwischen Stabilisierungsmedium und Außenluft:
- **Überdruck** oder
- **Unterdruck,**

dem Maß der Druckdifferenz:
- **Hochdruck** oder
- **Niederdruck**

und der Art zusätzlicher Stabilisierungselemente (siehe Seiltragwerke und Zelte).

Die Zugspannung in der Membran (Membranspannung) ist proportional dem Innendruck und dem Krümmungsradius. Bei geschicktem Entwurf zusätzlicher Stabilisierungselemente (z. B. Kehlseile) können mit dadurch entstehenden kleinen Krümmungsradien (s. nachfolgende Abb.) relativ große Hallen ohne allzu große Membranspannungen hergestellt werden.

Abb. Pneumatisch stabilisierte Membrantragwerke. Membranspannung

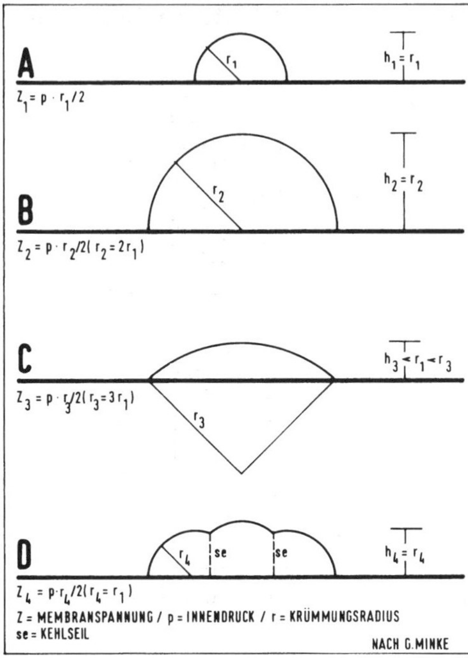

Abb. Traglufthalle. Fundamentanschluss

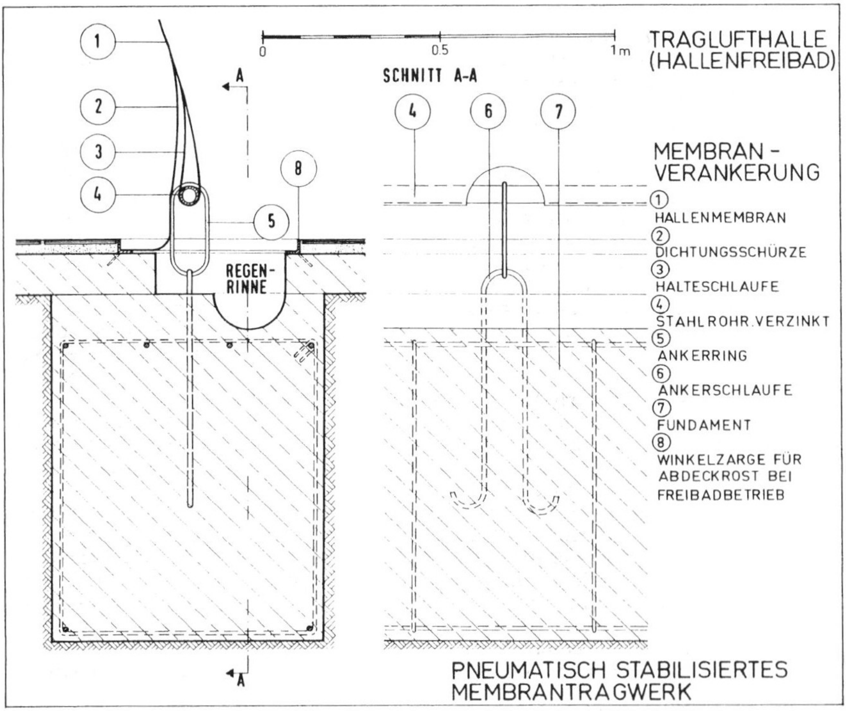

2 Bauteile. Anwendungsbeispiele

2.1 Außenwände

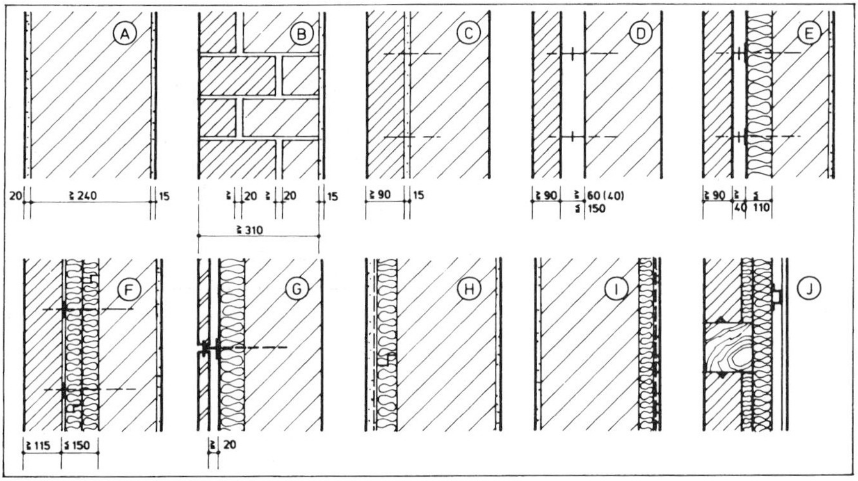

Abb. Außenwände aus Mauerwerk. Übersicht. Baukonstruktive Probleme und Hinweise zur Ausführung

A) Einschalige Außenwände:
Schlagregenschutz; geometrische, materialbedingte, konstruktionsbedingte Wärmebrücken.

B) Einschaliges Verblendmauerwerk:
Vollfiigige Ausführung; hohlraumfreie Längsfuge (Schlagregenschutz); Wärmebrücken.

C) Zweischalige Außenwände mit Putzschicht (wie A):
Ausführung der Putzschicht und der sie durchstoßenden Drahtanker: Verankerung der Außenschale; ggf. Abfangung der Außenschale; Dehnfugen der Außenschale; Sickerwasserdichtungen; Verformungsunterschiede der Schalen (schadensanfällige Konstruktion).

D) Zweischaliges Mauerwerk mit Luftschicht:
Wärmebrücken; ausreichende Hinterlüftung der Außenschale; Freihalten des Luftraumes von Mörtelbrücken, Vermeiden von Wasserübertritt auf die Innenschale; Verankerung, Abfangungen und Dehnfugen der Außenschale; Sickerwasserdichtungen.

E) Zweischaliges Mauerwerk mit Luftschicht und zusätzlicher Wärmedämmung:
Ausreichende Hinterlüftung der Außenschale; Freihalten des Luftraumes von Mörtelbrücken; Vermeiden von Wasserübertritt von außen nach innen; Verankerung, Abfangung und Dehnfugen der Außenschale; Sickerwasserdichtungen; Lückenlosigkeit und Befestigung der Dämmplatten.

F) Zweischaliges Mauerwerk mit Kerndämmung:
Schlagregenschutz; Ausführung der Kerndämmung; Hydrophobierung bei Mineralwolledämmmatten und Hyperlite-Schüttungen; Verankerung, Abfangung und Dehnfugen der Außenschale; Sickerwasserdichtungen; der mit Kerndämmmaterial ausgefüllte Raum kann durch Mörtelwülste eingeengt werden (Wärmebrücken/Durchfeuchtung).

G) Zweischaliges Mauerwerk mit Wärmedämmung und hinterlüfteter Wetterschutzschale:
Lückenlosigkeit und Befestigung der Wärmedämmung; Belüftung des Luftzwischenraumes.

H) Mauerwerk mit Wärmedämmverbundsystem „Thermohaut“ oder Wärmedämmputz:
Gewährleistung der Dampfdiffusion; Schrumpfen der Wärmedämmplatten (Ablagern); Anordnung, Lage und Befestigung der WD-Platten; Armierung; Schutz des Dämmsystems vor mechanischen Beschädigungen.

I) Einschaliges Mauerwerk mit Innendämmung:
Wärmebrücken bei einbindenden Innenbauteilen; Dampfsperren; Wärmespeicherfähigkeit.

(Fortsetzung s. folgende Seite)

J) Mauerwerksausgefachte Holzfachwerkwände:
Konstruktive Verbindung Holz/Mauerwerk; Verformungen Holz/Mauerwerk; Wind- und Schlagregendichtigkeit; Wärmebrücken; Dampfsperre.

Dies ist eine schadensanfällige Konstruktion, da durch unvermeidlich eindringendes Schlagregenwasser (Fuge zwischen Holz und Ausfachung) im Inneren der Wand gute Wachstumsbedingungen für holzzerstörende Pilze entstehen [2.10].

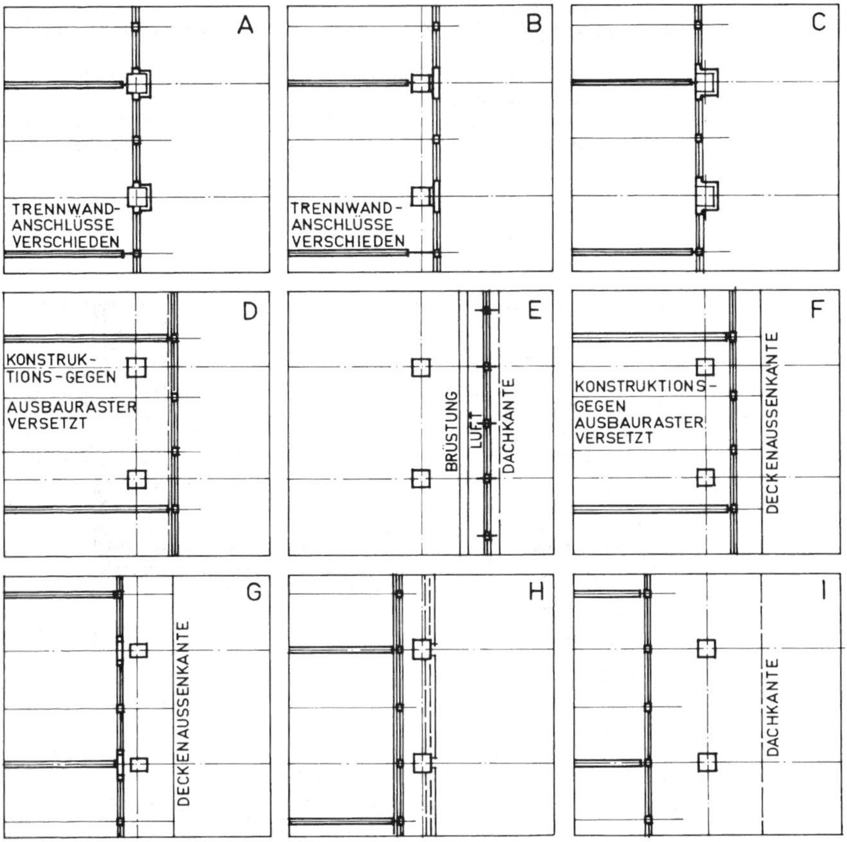

Abb. Außenwandkonstruktionen im Skelettbau. Übersicht. Baukonstruktive Probleme

A) Außenwand zwischen den Stützen der Tragkonstruktion:
Wärmebrückenprobleme im Stützenbereich; Fugen zwischen tragenden Stützen und Ausfachung; unterschiedliche Verformungen von Tragkonstruktion und Ausfachung.

B) Außenwand direkt vor der Tragkonstruktion (Vorhangfassade):
Guter Witterungsschutz bei dichter Außenfassade; unterschiedliche Verformung von Tragkonstruktion und Vorhangfassade.

C) Außenwand um die vorstehenden Stützen herumgeführt:
Probleme wie im Fall B, die Tragkonstruktion ist jedoch geschützt; komplizierte Fassadenabwicklung.

D) Außenwand vor den Stützen der Tragkonstruktion (Vorhangfassade):
Stützen hinter Deckenvorderkante und Brüstung: Probleme wie im Fall B.

(Fortsetzung s. folgende Seite)

E) Selbsttragende Vorhangfassade über mehrere Geschosse:
Probleme wie im Fall B; Brandüberschlag von Geschoss zu Geschoss; Windlasten auf der Vorhangfassade.

F) Außenwand zwischen den auskragenden Decken vor den Stützen:
Wärmebrücken-, Verformungs- und Dichtigkeitsprobleme im Deckenbereich; Deckenstirnflächen witterungsgefährdet.

G) Außenwand hinter Stützen und auskragender Decke:
Wärmebrücken-, Verformungs- und Dichtigkeitsprobleme im Deckenbereich; Stützen und Deckenstirnflächen witterungsgefährdet.

H) Außenwandkonstruktion verspringt im Stützenbereich zwischen Brüstungs- und Fensterebene:
Komplizierte baukonstruktive Anschlüsse; Wärmebrückenprobleme im Deckenbereich.

I) Selbsttragende Fassade hinter den Stützen:
Völlige Trennung von Stützen und Außenwand (vgl. D und E); Windlasten erfordern eigene Tragkonstruktion in der Außenwand; Wärmebrückenproblem am Dachanschluss der Außenwand.

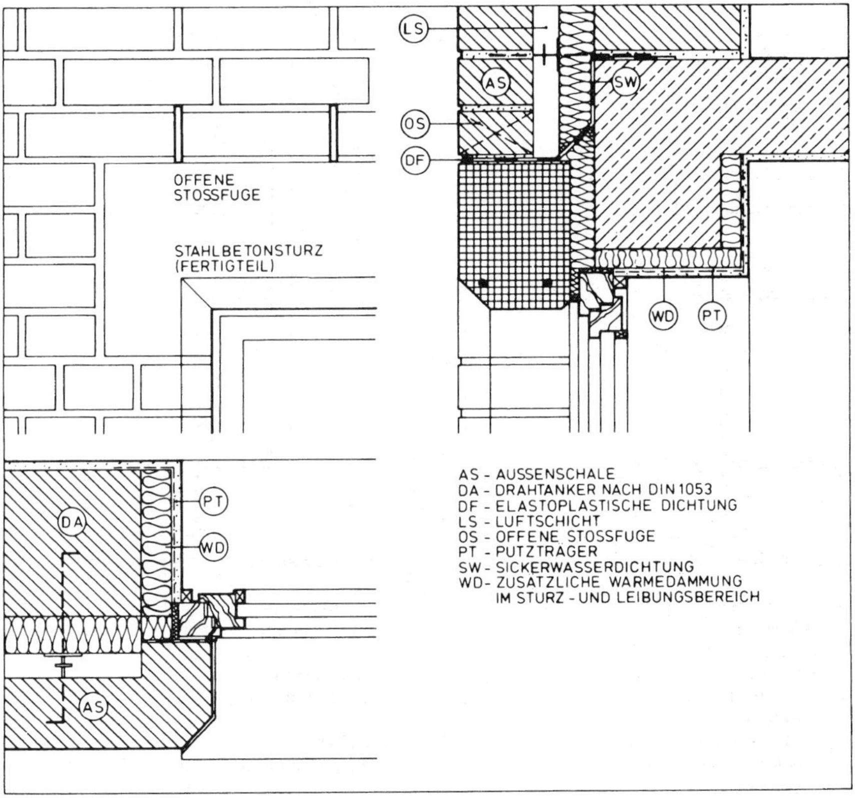

Abb. Fenstersturz bei zweischaligem Verblendmauerwerk mit Luftschicht und zusätzlicher Wärmedämmung

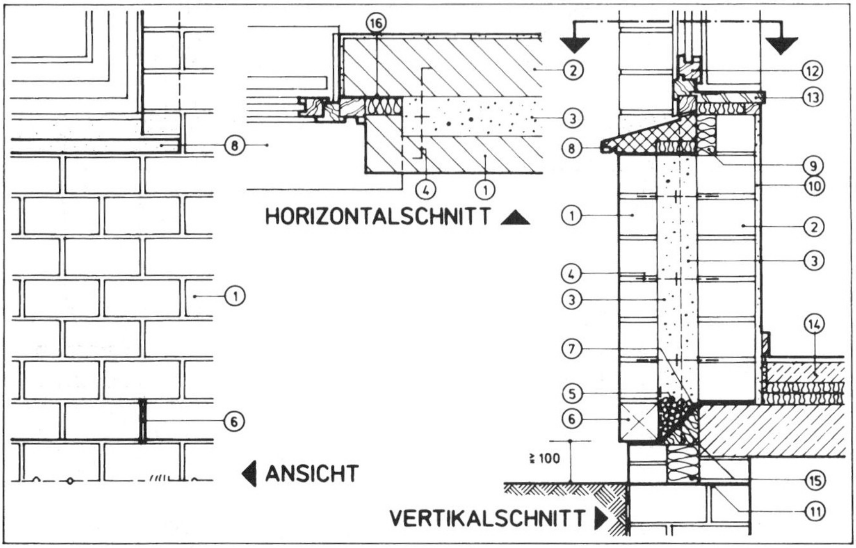

Abb. Außenmauerwerk mit Kerndämmung (Bei Verwendung von Kemdämmmatten bzw. -platten sind diese mittels Kunststoffkrallenplatten, die von außen auf die Drahtanker zu schieben sind, zu fixieren. Die Rieselsperre vor der Entwässerungsöffnung ⑥ entfällt).

1 Außenschale, d = 115 mm, 2 Innenschale, 3 Schüttdämmung, hydrophobiert, mit Zulassung, 4 Drahtanker, Edelstahl, mit KunststofFscheibe, 5 Drainschüttung, z. B. Blähton, 6 Enrwässerungsöffnung, z. B. offene Stoßfuge, mit Rieselsperre, 7 Sickerwasserdichrung, 8 Fensterbank außen, z. B. Betonfertigteil, 9 zusätzliche Wärmedämmung, 10 Innenputz P I/P II, 11 Sperrschicht gegen Bodenfeuchtigkeit, 12 Holzfenster mit Einbauzarge, 13 Fensterbank, innen, 14 Schwimmender Estrich, 15 Dämmstoffkeil und Sockeldämmung aus Hartschaum oder Schaumglas, 16 Schlagregensperre

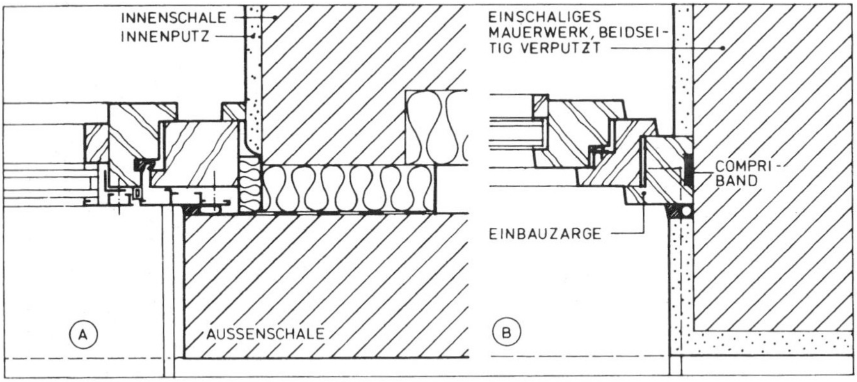

Abb. A) Zweischaliges Mauerwerk mit Luftschicht und zusätzlicher Wärmedämmung
Holz-Alu-Fenster im Innenanschlag. Montage nach Fertigstellung des Innenputzes. Schlagregenschutz von Wärmedämmung und Innenschale ist zu beachten.

B) Einschaliges, beidseitig verputztes Mauerwerk
Holzfenster mit Einbauzarge in stumpfer Leibung (ohne Anschlag). Das Fensterelement wird nach Abschluss der Putzarbeiten montiert. Wärmebrückenwirkung der Fensterleibung ist zu beachten.

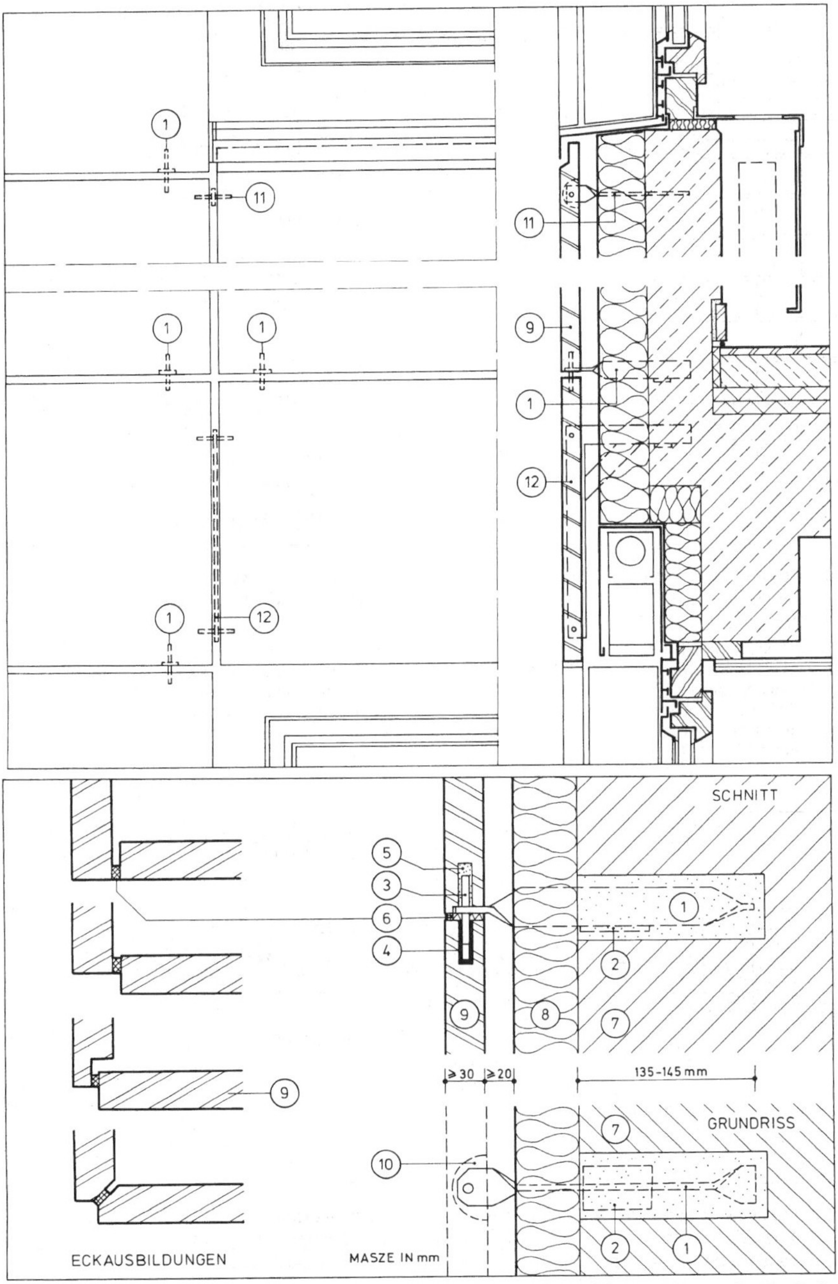

Abb. Mauerwerk mit außenseitiger Wärmedämmung und hinterlüfteter Wetterschutzschale
1 Traganker, nichtrostender Stahl, 2 Druckplatte, 3 Ankerdorn, 4 Ankerdorn in Kunststoffröhrchen gleitend, 5 Feinmörtel, 6 Elastoplastische Versiegelung, 7 Mauerwerk, 8 Wärmedämmung, 9 Naturwerksteinplatten, 10 Ausschurung, 11 Halteanker, 12 Sturzabhängung

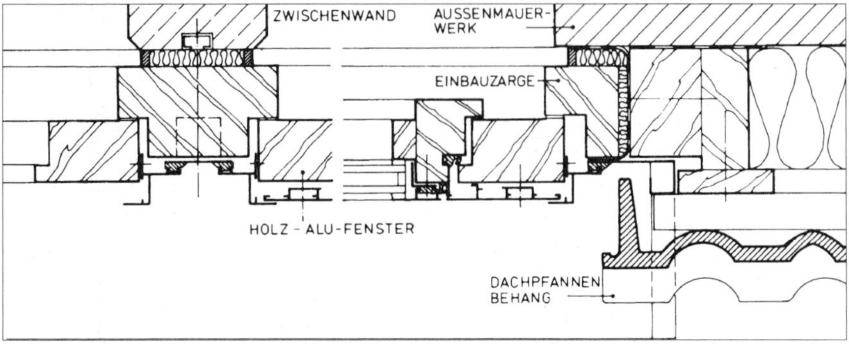

Abb. Dachpfannenbehang (Tragfähigkeit der Holzunterkonstruktion ist ggf. statisch nachzuweisen.)

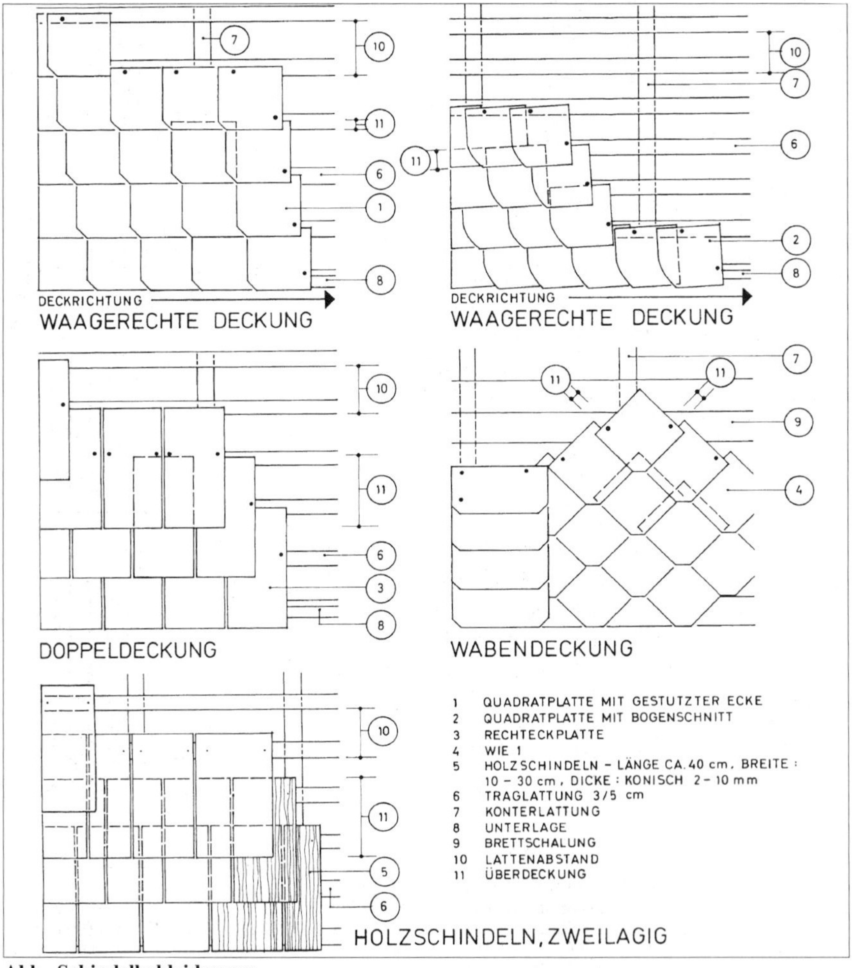

Abb. Schindelbekleidungen

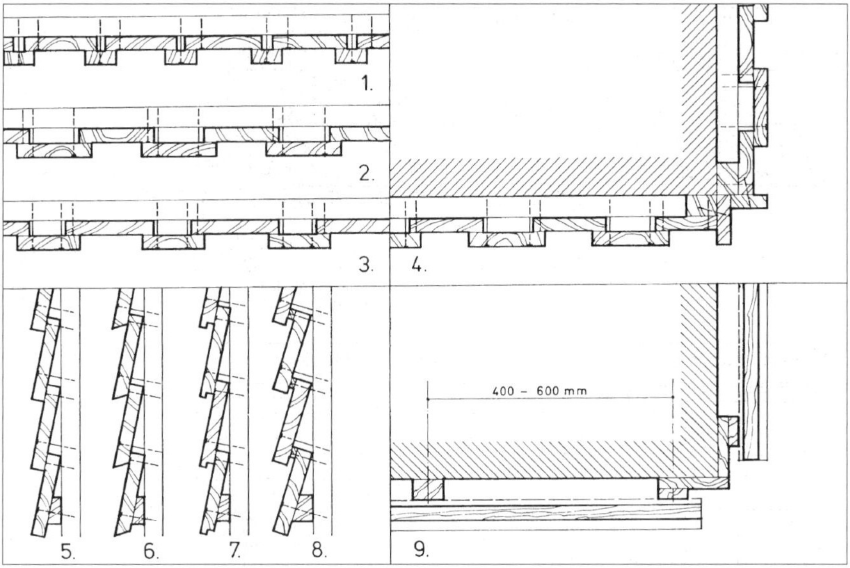

Abb. Aufgedoppelte Schalungen

1–3 Aufgedoppelte Schalung aus parallel besäumten Brettern nach DIN 4071. Brettdicke 21 mm, Brettüberlappungen: Ü = 12 % der Brettbreite oder = 25 mm. Nagelung nie durch mehrere Bretter; 4 Eckausbildung; 5–8 Horizontale Stülpschalungen aus sägerauen, parallel besäumten Brettern nach DIN 4071. Brettdicke 21 mm. Bretter mit Tropfkanten. Nagelung nie durch mehrere Bretter; 9 Eckausbildung

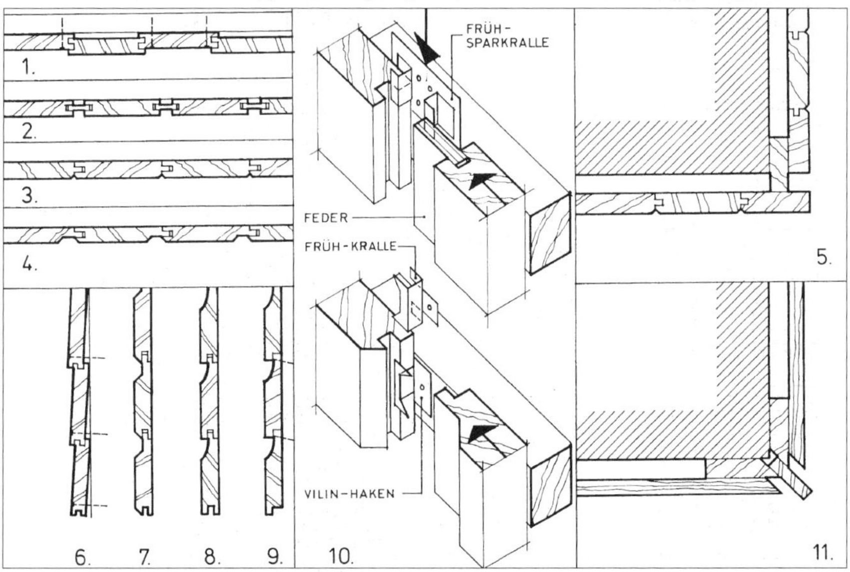

Abb. Gespundete Schalungen und Profilbrettschalungen

1 und 2 Glattkantbretter, gehobelt und genutet nach DIN 68 127 (senkrecht), 3 gespundete Fasebretter, gehobelt nach DIN 68 122 (senkrecht), 5 Eckausbildung, 6 wie 1 und 2 (horizontal), 7 wie 4 (horizontal), 8 Stülpschalungsbretter Form A, gespundet nach DIN 68 123 (horizontal), 9 wie 8, jedoch Form B (horizontal), 10 Befestigungen durch Spezialklammern, 11 Eckausbildung

2.2 Decken

2.2.1 Allgemeines

Decken haben in erster Linie neben ihrer Eigenlast die Verkehrslasten aus der Nutzung der darüber liegenden Räume auf die Tragkonstruktion abzutragen. Die erforderliche Dicke der tragenden Deckenkonstruktion hängt im Wesentlichen von der Größe der Belastung und von der Spannweite der Decke ab.

Häufig haben Decken für die Gesamtstabilität eines Bauwerks die Funktion der Übertragung von Horizontallasten (z. B. Windlasten) auf vertikale Festpunkte (z. B. Wandscheiben), um sie von dort in die Gründungskonstruktion einzuleiten. Je nach ihrer Konstruktionsart müssen Decken dann als Scheiben oder als Fachwerke ausgebildet werden. Auch bei Mauerwerksbauten sind Deckenscheiben wichtige Konstruktionselemente für die Gesamtstabilität. Werden dort Decken ohne Scheibenwirkung vorgesehen oder wird z. B. durch Gleitschichten am Decken-Wand-Auflager eine kraftschlüssige Verbindung zwischen Wand und Deckenscheibe verhindert, so müssen Ersatzmaßnahmen, z. B. in Form von Ringbalken, eingeplant werden.

2.2.2 Scheibenwirkung von Decken

Scheiben sind flächenhafte Bauteile, die in sich unverschieblich sind. Sie werden nur in ihrer Ebene belastet. Scheiben können durch fachwerkartige Konstruktionen ersetzt werden. Decken können als horizontale Scheiben wirken, wenn sie durch horizontale Lasten beansprucht werden.

Ohne besonderen Nachweis gelten als Deckenscheiben:
- Stahlbetonplattendecken und
- Stahlbetonrippendecken aus Ortbeton

Bei Stahlbetonfertigteildecken sind nach DIN 1045 folgende Bedingungen Voraussetzung für die Anrechenbarkeit einer Scheibenwirkung:
- Die Decke muss eine zusammenhängende, ebene Fläche bilden.
- Die Fertigteile müssen in den Fugen druckfest miteinander verbunden sein.

In den Fugen zwischen den Fertigteilen sind in der Regel Bewehrungen *(Zugpfosten)* zu verlegen und in Randgliedern zu befestigen.

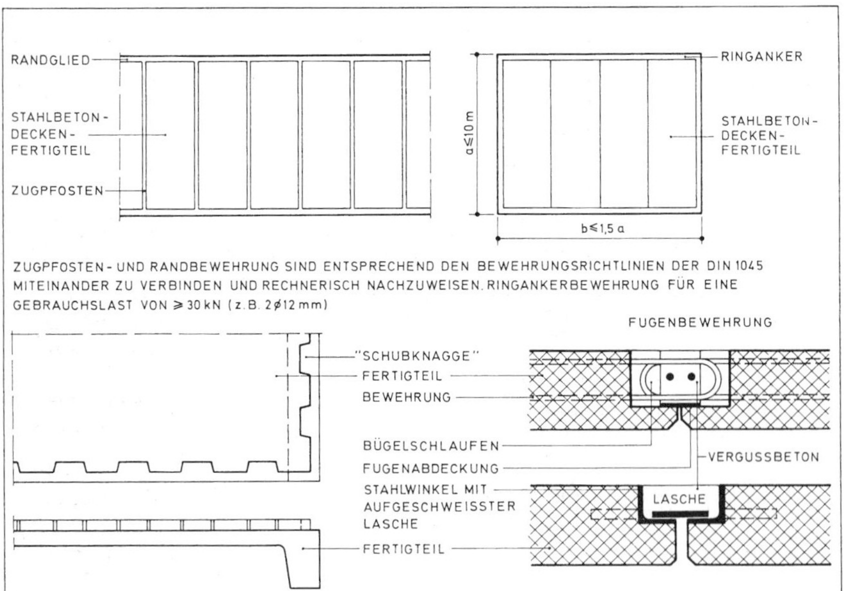

Abb. Scheibenwirkung von Stahlbetonfertigteildecken

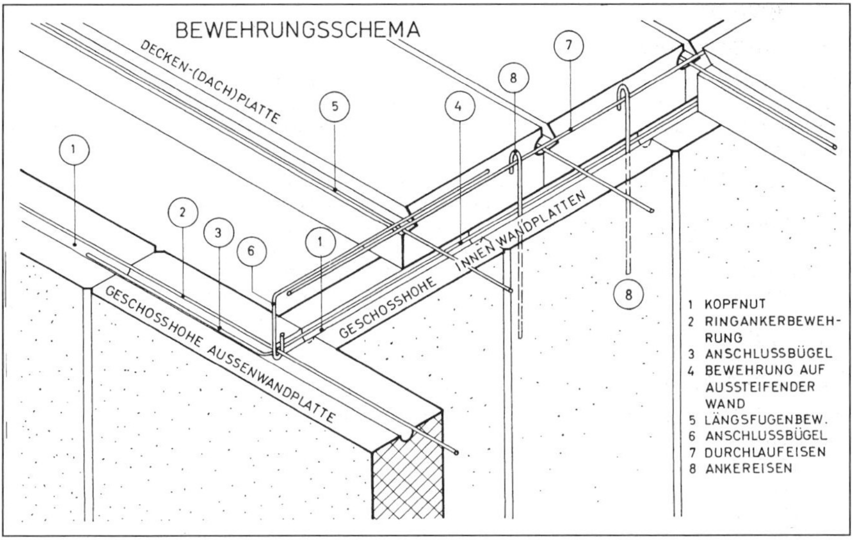

Abb. Scheibenwirkung von Porenbetondeckenplatten

Decken aus **Stahltrapezprofilen** können durch besondere konstruktive Maßnahmen auf die statische Funktion der Scheibenwirkung eingestellt werden. Im Einzelfall müssen allerdings alle konstruktiven Maßnahmen auf der Grundlage einer allgemeinen bauaufsichtlichen Zulassung für das jeweilige Trapezprofil statisch nachgewiesen werden. Es werden folgende Maßnahmen allgemein vorgeschlagen:

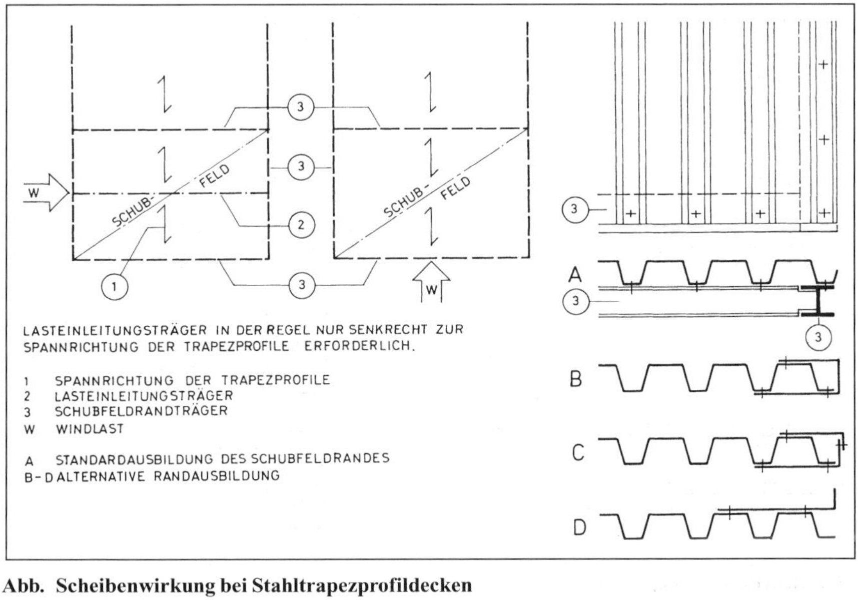

Abb. Scheibenwirkung bei Stahltrapezprofildecken

- Befestigung jedes Trapezprofiluntergurts auf der tragenden Unterkonstruktion
- Unter jedem äußeren Trapezprofil muss in Sickenrichtung (Spannrichtung) durchgehend am Untergurt ein versteifender Träger angeschlossen werden, der seinerseits mit den Auflagern der Trapezprofile zu verbinden ist. Die Trapezprofiltafeln bilden mit den Randträgern rechtwinklige Viergelenkrahmen. Deckenscheiben, allgemein auch als *Schubfelder* bezeichnet, können senkrecht zur Spannrichtung der Trapezprofile durch Träger unterteilt werden, die ggf. als *Lasteinleitungsträger* wirken können. Lasteinleitungsträger müssen mit den Randträgern verbunden werden.

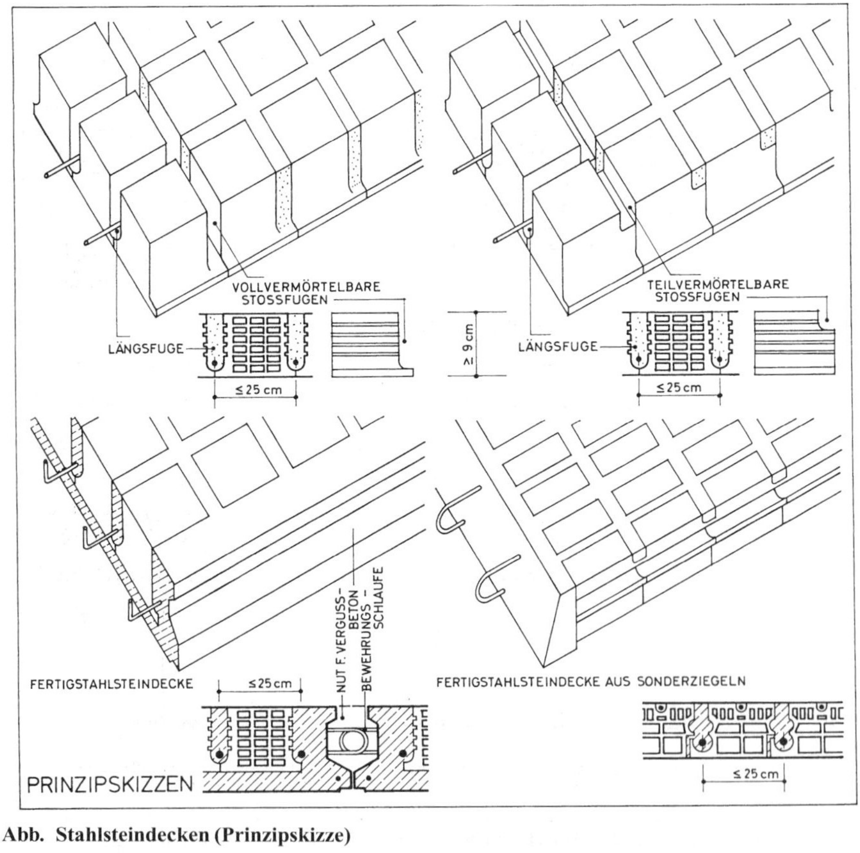

Abb. Stahlsteindecken (Prinzipskizze)

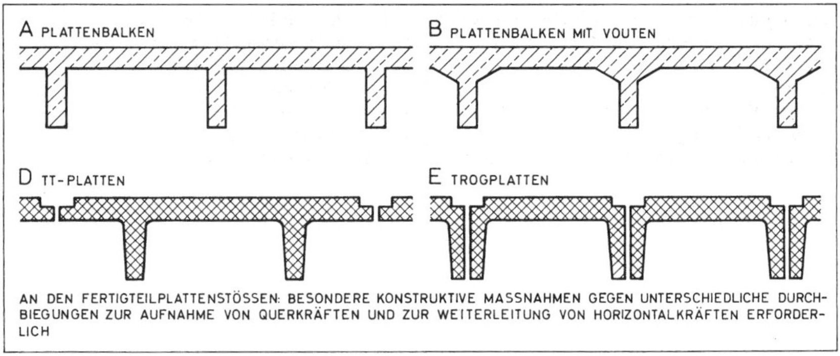

Abb. Plattenbalkendeckentypen

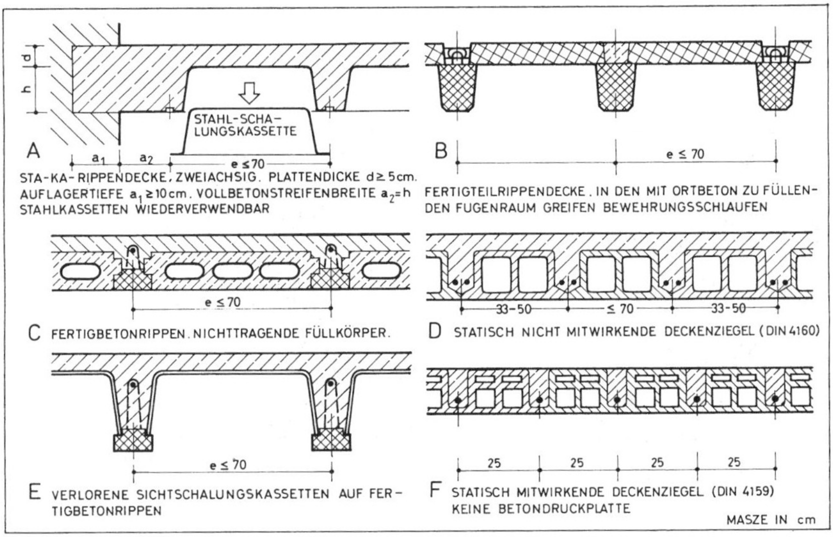

Abb. Rippendeckentypen

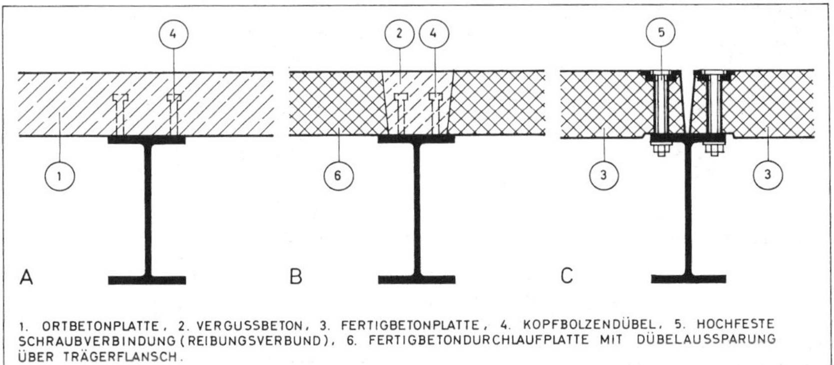

Abb. Stahlträger-Verbunddecken (Beispiel C nur mit bauaufsichtlicher Zulassung)

Holzbalkendecken können als scheibenartige Bauteile angesehen und unter bestimmten Bedingungen zur waagerechten Aussteifung eines Gebäudes herangezogen werden (siehe DIN 1052-1, DIN 1053-1 und [2.2]).

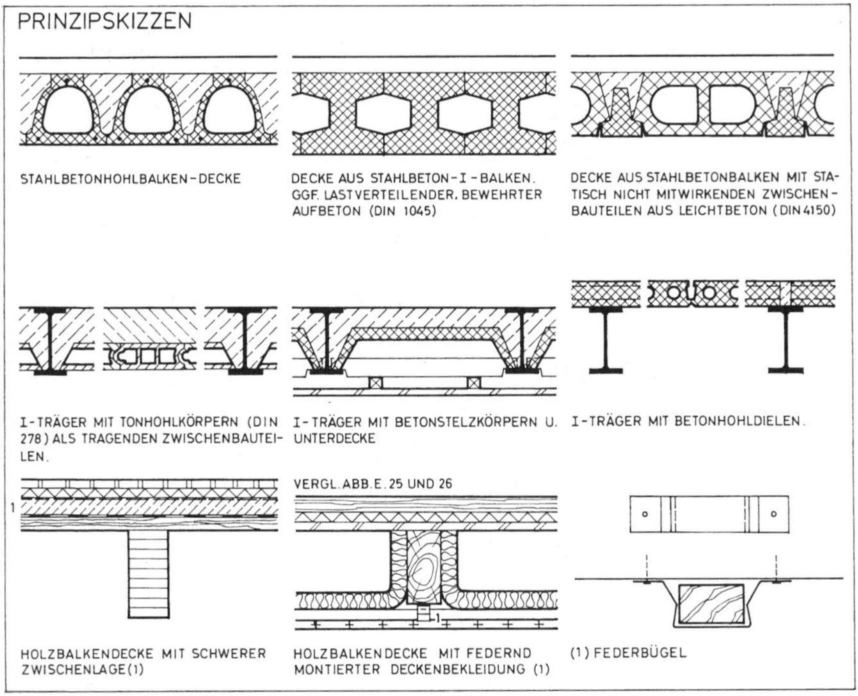

Abb. Träger- und Balkendecken

2.2.3 Tragverhalten von Decken

Das Tragverhalten, die Herstellungskosten, die Auswirkungen auf die Gesamtstabilität des Bauwerks, die Auswirkungen auf die Geschosshöhe und die Integrationsmöglichkeiten für die technische Gebäudeausrüstung sind die wichtigsten Kriterien für die Beurteilung einer Deckenkonstruktion. Entscheidende Einflussgröße für die Abmessung einer Decke ist jedoch oftmals der Brandschutz.

Vereinfachend lassen sich Deckenkonstruktionen in Bezug auf ihr Tragverhalten in drei Gruppen gliedern:

- **Einachsig gespannte Decken** sind Systeme, die nach dem statischen Prinzip des „Trägers auf zwei oder mehreren Stützen" gelagert sind. In Spannrichtung (Tragrichtung) lässt sich die Decke streifenartig zerlegen (Träger, Balken), ohne dass die Tragwirkung beeinträchtigt wird.
- **Zweiachsig gespannte Decken** haben eine flächenhafte Tragwirkung. Eine streifenartige Zerlegung ist ohne Beeinträchtigung der Tragwirkung nicht möglich.
- Bei Deckenkonstruktionen mit **räumlicher Tragwirkung** sind die Konstruktionshöhe und die relativ große Unabhängigkeit dieser Systeme von bestimmten Lagerungsarten die auffälligsten Merkmale.

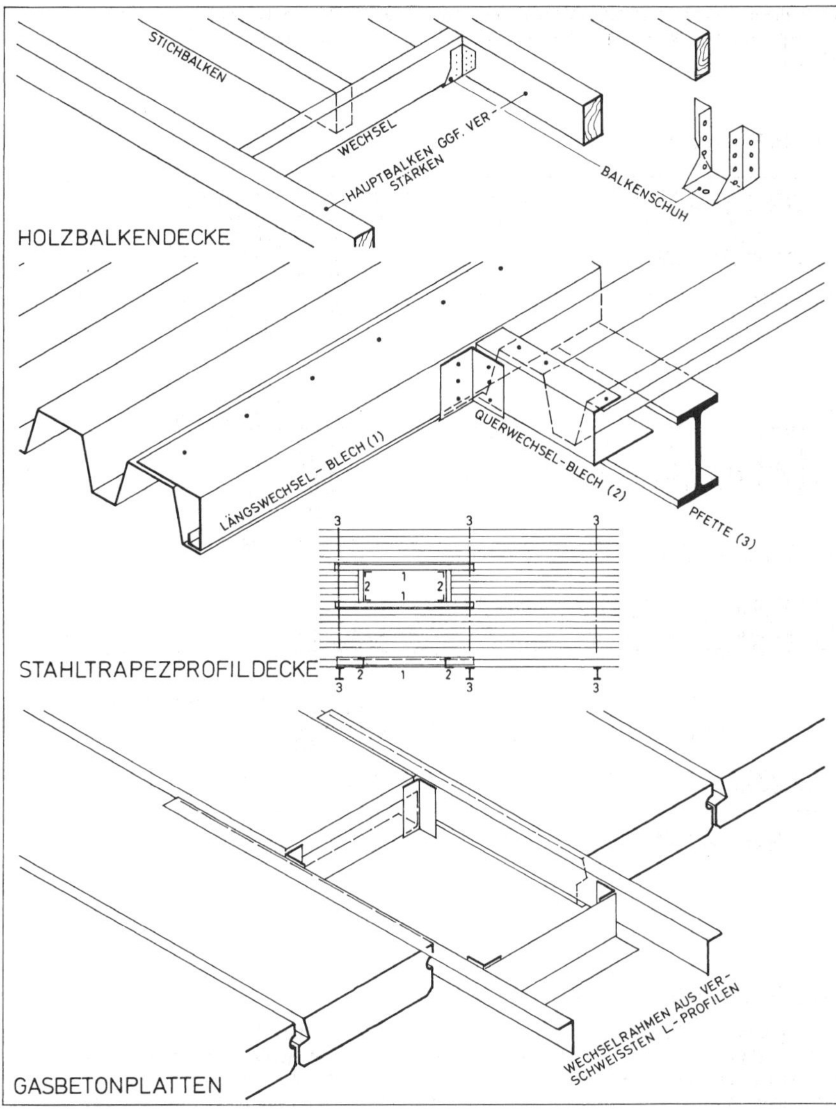

Abb. Auswechselungen

2.2.4 Verformungen

Bei Geschossdecken sind in erster Linie lastabhängige Verformungen (elastische Verformung und Kriechverformung) und ggf. Schwindverformungen zu beachten. Da Geschossdecken in der Regel im Innern der Gebäude keinen größeren Temperaturschwankungen unterliegen, kommen Temperaturverformungen kaum in Betracht. Allenfalls sind sie z. B. bei Decken über Durchfahrten zu berücksichtigen. Besondere Aufmerksamkeit erfordern die Kontaktstellen zwischen Bauteilen und Materialien mit unterschiedlichen Verformungseigenschaften. Bei Decken sind dies insbesondere die Auflagerbereiche.

Durchbiegungen als elastische Verformungen treten bei Belastung auf und gehen bei Entlastung in der Regel wieder zurück. Die bei Belastung auftretenden Kriechverformungen verbleiben jedoch auch nach Entlastung. Ein entscheidender Parameter für die Durchbiegung von Decken ist das Flächenmoment 2. Grades (Trägheitsmoment) des belasteten Deckenbauteils und somit seine Konstruktionshöhe.

Durchbiegungen können zu folgenden Schäden führen:

- Nichttragende Trennwände, die auf sich durchbiegenden Decken stehen, können von ihrer oberen und seitlichen Halterung abreißen.
- Bei unterschiedlichen Durchbiegungen nebeneinander liegender Deckenfertigteile (z. B. Stahlbetonfertigplatten) können an den Fugen zwischen den Einzelteilen und ggf. an Fußböden und Unterdecken Schäden auftreten.
- Bei Stahlprofilträgern kann infolge starker Durchbiegung [2.1] durch *Biegedrillknicken* des Obergurts eine Kippwirkung beim Profilsteg auftreten (siehe [2.1], Abschnitt B 6.4.3).
- Bei Dachdecken oder sonstigen Decken aus Stahlbetonplatten, deren Ränder nicht gehalten sind, heben sich die Auflager bei starker Durchbiegung ab. Zweiachsig gespannte Stahlbetondecken zeigen dieses Phänomen besonders stark an den Eckpunkten. Die komplexen Schadensursachen und Vorsorgemaßnahmen sind hier nicht darstellbar [2.7]. Sind Rissschäden im Auflagerbereich von Decken zu befürchten, so ist eine Trennung von Decke und Wand, z. B. durch eine *Gleitfuge* (Gleitlager), zu empfehlen. Gleitlager müssen die unbeschränkte Beweglichkeit der Decke in der Waagerechten ermöglichen. Um bei großer Durchbiegung der Decke an der inneren Auflagerkante Kantenpressungen mit ihren Folgeschäden zu vermeiden, ist es ratsam, entweder diese Fuge offen zulassen oder an der durch Pressung gefährdeten Kante einen weichen Kantenstreifen einzulegen, so dass die Lasteinleitung aus der Decke mehr zur Wandmitte verlagert wird. Eine andere konstruktive Möglichkeit zur Vermeidung von Rissschäden s. Kapitel 5 A (Tragwerksentwurf und Vorbemessung), Abschnitt 2.2.2.

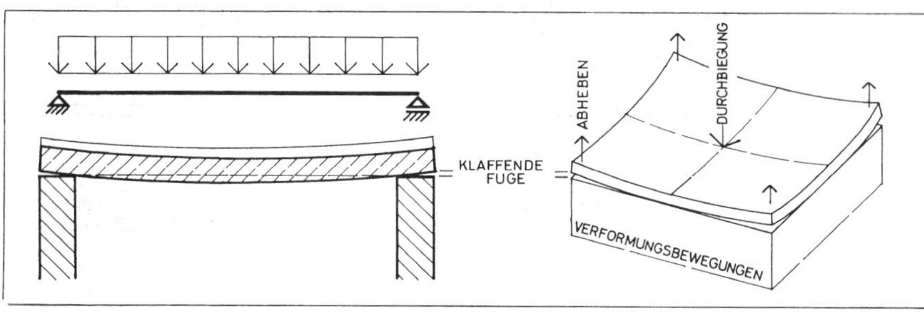

Abb. Schäden aus Durchbiegungen von Decken

2.2.5 Fußbodenkonstruktionen

Fußbodenkonstruktionen werden in der Regel aus mehreren Schichten unterschiedlicher Materialien aufgebaut. Jede Schicht hat eine bestimmte Funktion:

- **Ausgleichsschichten** werden erforderlichenfalls zum Ausgleich von Unebenheiten der Rohbauunterkonstruktion oder ggf. auf Estrichen vor Aufbringen des Bodenbelags notwendig.
- **Schutzschichten** gegen Feuchtigkeit. Hierbei ist zu unterscheiden in Feuchtigkeit aus der Rohbauunterkonstruktion, Eigenfeuchtigkeit der Fußbodenbestandteile (z. B. Zementestrich) und Feuchtigkeit aus der Raumnutzung (Sickerwasser und Spritzwasser).
- **Gefälleschichten** ermöglichen eine Verlegung der Fußbodenkonstruktion im Gefälle bei gleichbleibender Dicke der übrigen Schichten. Das Gefälle der Fußbodenoberfläche oder auch darunter liegender Schichten bewirkt einen schnellen Wasserablauf (z. B. in Duschräumen) zum Fußbodenablauf hin, ohne dass hydrostatischer Druck entsteht.
- **Trennschichten** sollen kraftschlüssige Verbindungen zwischen Fußbodenschichten oder der Unterkonstruktion verhindern, wenn bei unterschiedlichen Bewegungen Rissschäden zu befürchten sind.

- **Wärmedämmschichten** sind bei Fußböden nichtunterkellerter Räume, über Durchfahrten und bei Fußböden in nichtwärmegedämmten Dachräumen erforderlich. Die Dämmschichten können je nach den planerischen Erfordernissen im Zusammenhang mit dem Fußboden oder mit der Rohbaukonstruktion vorgesehen werden.
- **Trittschallschutzschichten** können als Teil eines schwimmenden Estrichs die Weiterleitung des Trittschalls auf die Rohbaukonstruktion behindern oder als entsprechend eingestellte Bodenbeläge die Trittschallentstehung einschränken. Die Dämmmaterialien für schwimmende Estriche eignen sich auch als Wärmedämmmaterialien, jedoch haben nicht alle Wärmedämmmaterialien die für den Trittschallschutz erforderlichen Eigenschaften (geringe dynamische Steifigkeit).

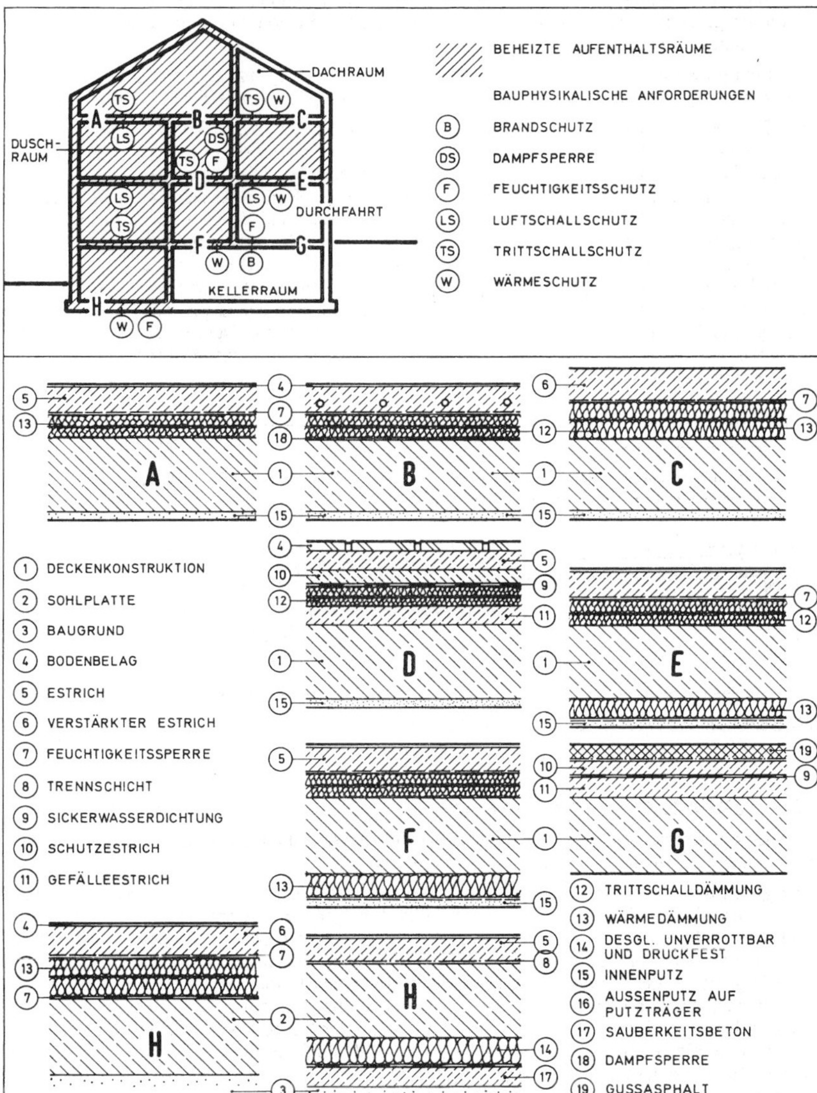

Abb. Fußböden. Bauphysikalische Anforderungen. Übersicht

- **Brandschutzschichten** verbessern den Feuerwiderstand von Deckenkonstruktionen. Dem Brandschutz können Schichten dienen, die noch andere Funktionen haben (Estriche, Dämmschichten), oder aber es werden besondere Brandschutzschichten (z. B. Gipskartonplatten bei Holzbalkendecken) vorgesehen.
- **Lastverteilungsschichten** sollen die Verteilung von punktförmigen Lasten (Möbel, Raddruck, Maschinen) auf eine größere Fläche weniger tragfähiger Schichten bewirken.
- **Elektrisch leitende Schichten** sind bei besonderen Raumnutzungen zur Ableitung unerwünschter elektrostatischer Ladungen erforderlich. Sie werden in der Regel mit dem Bodenbelag verlegt.
- **Bodenbeläge** (Nutzschichten) bilden die benutzbare Oberfläche von Fußbodenkonstruktionen.

Estriche

Estriche sind auf der Baustelle auf einem tragenden Untergrund oder auf Trenn- oder Dämmschichten hergestellte Bauteile. Sie müssen die auf sie wirkenden Verkehrslasten tragen und auf die Unterkonstruktion ableiten können. Man unterscheidet Estriche nach der Art ihrer Konstruktion in
- **Verbundestrich** (Kurzzeichen: V)
- **Estrich auf Trennschichten** und
- **schwimmenden Estrich** (S),

nach den verwendeten Materialien in
- **Anhydrit** (AE)
- **Gussasphaltestrich** (GE)
- **Magnesiaestrich** (ME)
- **Zementestrich** (ZE),

und hinsichtlich besonderer Funktionen gibt es Bezeichnungen wie
- **Hartstoffestrich** für einen besonders verschleißfesten Estrich mit Hartstoffzuschlägen oder
- **Heizestrich** für Estriche, in oder unter denen Fußbodenheizungssysteme untergebracht werden.

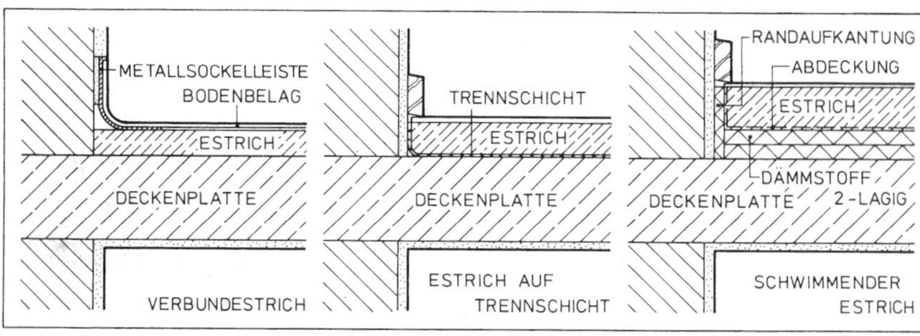

Abb. Estriche

Tafel: Verbundestriche. Eignung tragender Untergründe

Estrichart	Eignung bei tragendem Untergrund aus						
	Beton	Anhydrit-estrich	Magnesia-estrich	Zement-estrich	Guss-asphalt-estrich[1]	Holz[2]	Stahl[2]
Anhydritestrich	+	+	–	+	–	–	○
Gussasphaltestrich	○	–	–	○	+	–	○
Magnesiaestrich[3]	+	○	+	+	○	+	○
Zementestrich	+	○	–	+	–	–	○

Zeichenerklärung + geeignet
○ geeignet mit besonderen Maßnahmen
– nicht geeignet

[1] Sowie andere bitumengebundene Trag-, Binder- oder Deckschichten.
[2] Bei ausreichender Biegefestigkeit.
[3] Bei Stahlbetondecken ist eine Sperrschicht vorzusehen.

Tafel: Schwimmende Estriche. Anforderungen an Dicke und Festigkeit

Verkehrslast	Nutzung des Estrichs Beispiele	Estrichart	Estrichnenndicke in mm[1)] bei einer Zusammendrückbarkeit der Dämmschicht	
			bis 5 mm	5 bis 10 mm
$p \leq 1{,}5$ kN/m²	Wohnräume	ZE 20	≥ 35	≥ 40
$p \leq 2{,}0$ kN/m²	Büroräume, Flure in Wohn- und Bürogebäuden, Krankenzimmer und Aufenthaltsräume in Krankenhäusern	ZE 20	≥ 40	≥ 45
$p \leq 3{,}5$ kN/m²	Treppen einschl. Zugängen in Wohngebäuden, Klassenzimmer, Behandlungsräume in Krankenhäusern	ZE 30	≥ 55	≥ 60
$p \leq 5{,}0$ kN/m²	Versammlungsräume, Ausstellungs- und Verkaufsräume, Gaststätten	ZE 30	≥ 65	≥ 75

[1)] Bei Dämmschichtdicken über 30 mm ist die Estrichdicke um 5 mm zu erhöhen.

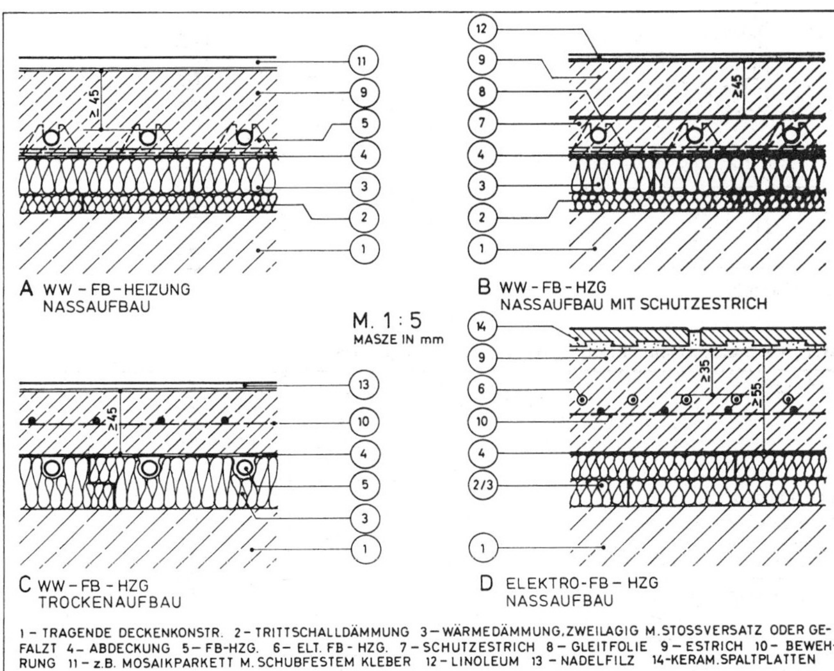

Abb. Fußbodenheizungen und schwimmender Estrich

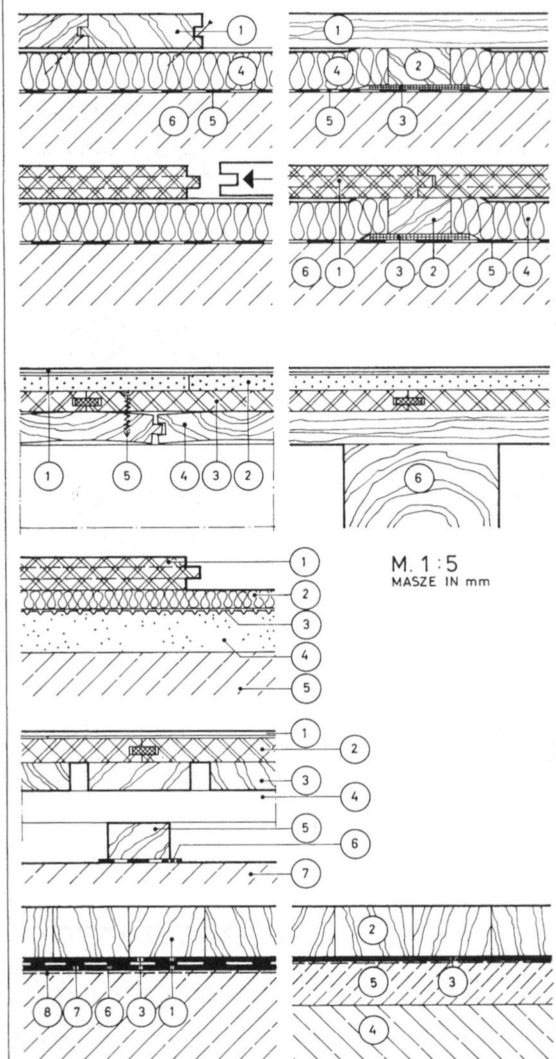

A HOBELDIELEN
1 GESPUNDETE BRETTER/DIN 4072
2 LAGERHÖLZER e = 300 BIS 400
3 BITUMENFILZSTREIFEN
4 DÄMMMATTE
5 FEUCHTIGKEITSSPERRE
6 STAHLBETONDECKE

B FERTIGPARKETT
1 FERTIGPARKETT / DIN 280 T 5
2 LAGERHÖLZER
3 BITUMENFILZSTREIFEN
4 DÄMMMATTE
5 FEUCHTIGKEITSSPERRE
6 ROHDECKE

C SANIERUNG ALTER DIELENBÖDEN
1 LINOLEUM
2 GIPSKARTONPLATTEN
3 HOLZSPANVERLEGEPLATTEN
4 ALTE DIELUNG
5 SENKKOPFSCHRAUBEN
6 DECKENBALKEN

D FERTIGPARKETT
1 FERTIGPARKETT / DIN 280 T 5
2 DÄMMSCHICHT
3 RIPPENPAPPE
4 TROCKENSCHÜTTUNG
5 ROHDECKE

E SCHWINGBODEN
1 LINOLEUM
2 HOLZSPANVERLEGEPLATTEN
3 BRETTLAGE d = 22 mm
4 FEDERHOLZ e = 600 mm
5 LAGERHOLZ e = 600 mm
6 BITUMENFILZ
7 ROHDECKE

F / G HOLZPFLASTER
1 HOLZPFLASTER GE / DIN 68 701
2 HOLZPFLASTER RE / DIN 68 701
3 / 7 KLEBEMASSE
4 ROHBODEN (-DECKE)
5 VERBUNDESTRICH
6 PAPPLAGE / DIN 52 126 BZW. 52 129
8 VORANSTRICH

Abb. Trockenfußböden

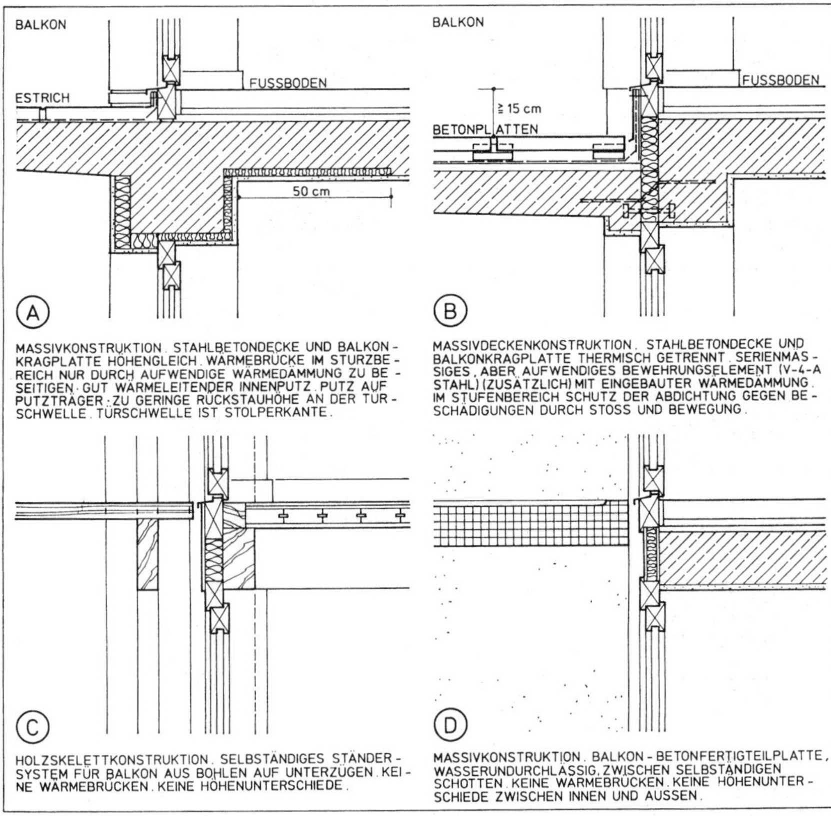

Abb. Balkonkonstruktionen (Prinzipskizzen)

BEI VERKEHRSLASTEN BIS 1.5 kN/m²

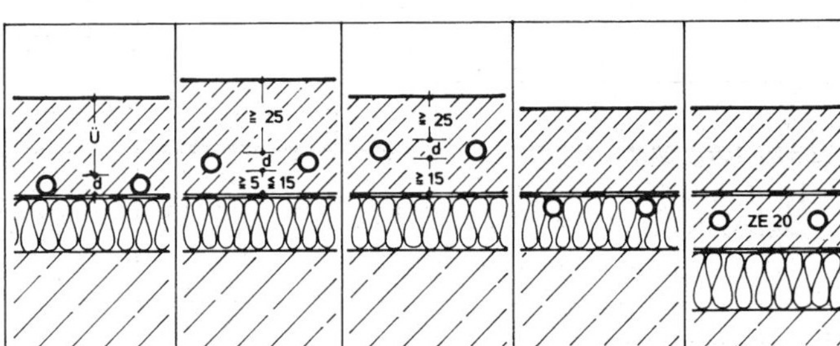

AE 20 ZE 20	ND	45 + d	50 + d	45 + d	45	45
	Ü	45	—	25	—	—
GE 20	ND	35	—	—	—	—
	Ü	15				

ND = NENNDICKE Ü = ÜBERDECKUNG d = HEIZELEMENTDICKE

Abb. Dicke von Heizestrichen

Tafel: Eignung von Bodenbelägen. Übersicht

Die Bewertung und Eignung sind im Einzelfall anhand genauer Produktdaten zu überprüfen: + (gut), ○ (neutral), – (negativ), × (anwendbar), (×) (beschränkt anwendbar)

Belagsgruppe	Belagsart	DIN-Norm	Eigenschaften/Eignung: Brandverhalten/Baustoffklasse	Trittschallschutz	Wärmeschutz	Belastbarkeit	Verschleißfestigkeit	Feuchtigkeitsresistenz	chemische Resistenz	Verschmutzungsresistenz	elektrostatisches Verhalten	Fußbodenheizg.-Eignung	Rutschsicherheit	Anwendungsbereich: Wohnen	Ausstellung/Konferenz	Krankenhaus/Schule/Sport	Kaufhaus/Fabrik	Nassraum/Labors
Asphaltplattenbeläge		18 354	A1	○	+	+	+	○	○	+	+	–	+		×	(×)	×	(×)
Elastische Fußbodenbeläge	Linoleum	18 171	B1 + B2	○	○	○	○	○	○	+	+	+	+	×	×	×	(×)	
		18 173		+										×	×	×	(×)	
	PVC ohne Träger	16 951		○							–		○	(×)	×	(×)	×	
	PVC mit Träger	16 952												×	×	(×)	(×)	
	Elastomer ohne Unterschicht	16 850						+			○	○	+	(×)	×	×	×	(×)
	Elastomer mit Unterschicht	16 852		+				○						(×)	×	×	×	(×)
	Vinyl-Asbest	16 950		○						○	+	+		(×)	×	(×)	×	
Estriche	Gussasphalt	18 560	A1	+	+	○	+	+	○	+	+	–	+			(×)	×	×
	Hartstoff		A1	○	–	+		○				○					×	
	Anhydrit					○	○			○		+					(×)	
	Magnesia																(×)	
	Zement																(×)	
Holzfußbodenbeläge	Dielung	4072/73	B1 + B2	○	+	○	○	–	–	○	+	–	○	×				
	Mosaikparkett	280								+		+		×	×			
	Stabparkett													×	×	(×)		
	Fertigparkett											–		×	×			
	Holzpflaster RE	68 702		+		+		○		○			+	(×)	×	×	×	
	Holzpflaster GE	68 701													×	×	×	
Keramische Bodenbeläge	keram. Spaltplatten	18 166	A1	–	–	+	+	+	+	+	+	+	–	×	×	(×)	(×)	×
	Steingut	18 155												×				×
	Steinzeug													×				×
	Bodenklinker	18 158												×	(×)	×	×	×
Naturstein	Plattenbeläge		A1	–	–	+	+	+	○	○	+	+	○	×	×	×	×	
	Pflaster											–	+		(×)		(×)	
Zementgebundene Beläge	Betonwerksteinplatten	18 500	A1	–	–	+	+	+	○	+	+	+	○	(×)	×	×	×	
	Terrazzo											–						×
Spachtelböden	(Kunststoff)			–	–	○	○	+	○	+	○	○	○				×	×
Textile Fußbodenbeläge	Webteppiche	61 151	B2	+	+	○	○	–	–	○	○	○	+	×	×			
	Wirkteppiche													×				
	Tuftingteppiche													×	×	×	×	
	Nadelvlies													×	×	×	×	
	Klebpolteppiche													×	×			
	Flockteppiche													×				
	Nähwirkteppiche													×				
	Vlieswirkteppiche													×				

2.3 Dächer

2.3.1 Konstruktionen

2.3.1.1 Allgemeines

Wir unterscheiden Flachdächer und geneigte Dächer. Die Grenze zwischen beiden Dachformen ist fließend. Geneigte Dächer erhalten Deckungen, flache Dächer Abdichtungen. Flachdächer sind auf üblichen Deckenkonstruktionen (siehe Abschnitt 2.2 Decken) aufbaubar. Die besonderen konstruktiven und bauphysikalischen Anforderungen an Dächer müssen allerdings Berücksichtigung finden.

Für geneigte Dächer gibt es eine Fülle von Konstruktionsarten. Die Auswahl bestimmt sich aus der gewählten Dachneigung sowie konstruktiven, funktionalen und bauphysikalischen Anforderungen.

Neben den hier beispielhaft für den Wohnungsbau vorgestellten Konstruktionstypen des Sparrendachs und des Pfettendachs gibt es vor allem für freie Spannweiten ab 10 m u. a.
- Vollbinder aus Brettschichtholz, Stahl und Stahlbeton
- Fachwerkbinder aus Holz und Stahl
- Gittergewölbe aus Holz und Stahl
- Raumfachwerke aus Holz und Stahl
- ebene und gekrümmte Flächentragwerke (Abschnitt 1.4) aus Stahlbeton und Holz
- Seiltragwerke aus Stahl (Abschnitt 1.5) und
- Membrantragwerke (Abschnitt 1.6)

sowie Kombinationen dieser Tragwerkstypen (vgl. auch Kapitel 5 A Tragwerksentwurf und Vorbemessung).

2.3.1.2 Sparrendächer (vgl. Kapitel 5 A, Abschnitt 2.1.4)

Sparren- und Kehlbalkendächer werden aus Sparrenpaaren hergestellt, die am First und an den Traufpunkten druck- und zugfest angeschlossen sind. Die Decken, auf denen die Sparren aufstehen, haben Zugbandfunktion. Die konstruktive Einheit von Sparrenpaar und Decke darf nicht gestört werden. Dachein- und -ausbauten sind daher nur in beschränktem Umfang möglich. Der Abtragung von Horizontallasten dienen Windrispen, ggf. im Verbund mit Firstbohlen.

Der Schub der Sparren wird am Traufpunkt mit flacher werdender Sparrenneigung größer. Sparren- und Kehlbalkendächer unter 30° Dachneigung sind daher nicht sinnvoll. Klassische, zimmermäßig hergestellte Sparren- und Kehlbalkendächer haben Dachneigungen ab 45°. Erst dann sind die Versätze am Sparrenfuß handwerklich einwandfrei ausführbar. Bei Sparrendächern auf Deckenbalken muss der durch das Vorholz des Deckenbalkens entstehende Überstand durch einen Aufschiebling ausgeglichen werden. Der Knick am Übergang vom Aufschiebling zur Sparrenoberkante verleiht diesen Dächern ihre besondere Form. Moderne Sparrenfußkonstruktionen bei Stahlbetondecken erlauben Dachüberstände ohne Aufschieblinge.

Sparren- und Kehlbalkendächer sind bei einfachen Satteldachformen und Dachneigungen ab 30° wirtschaftlicher (weniger Holzverbrauch) als Pfettendächer. Der Dachraum ist frei.

2.3.1.3 Pfettendächer (vgl. Kapitel 5 A, Abschnitt 2.1.6)

Pfettendächer bestehen aus horizontalen Pfetten in Gebäudelängsrichtung (parallel zu Traufe und First) und den gelenkig aufliegenden Sparren. Bei größeren Gebäudetiefen sind die Mittelpfetten und ggf. auch die Firstpfette mit Stielen und Kopfbändern und untereinander durch Zangen verbunden und durch Windstreben und die Kopfbänder windausgesteift. Lediglich jedes vierte oder fünfte Sparrenpaar wird mit dem Stuhl durch Zangen gebindeartig zusammengefasst. Auf Kopfbänder an den Stuhlsäulen und den Mittel- bzw. Firstpfetten als Element der Windaussteifung kann verzichtet werden, wenn sie anderweitig sichergestellt wird. Kopfbänder behindern den Dachausbau.

Die Ausführung großer Dachüberstände ist problemlos möglich.

Pfettendächer sind je nach den Mindestneigungen der gewählten Dacheindeckung sehr flach ausführbar.

Mit Pfettendachkonstruktionen sind, wenn auch mit zusätzlichem Aufwand, zusammengesetzte Dachformen leichter herzustellen als mit Sparrendächern. Auch ist die Anpassbarkeit der Dachkonstruktion an komplexere Gebäudegrundrisse leichter möglich. Als Nachteil gilt beim Vorhandensein von Pfettendachstühlen die geringere Flexibilität bei Dachraumausbauten.

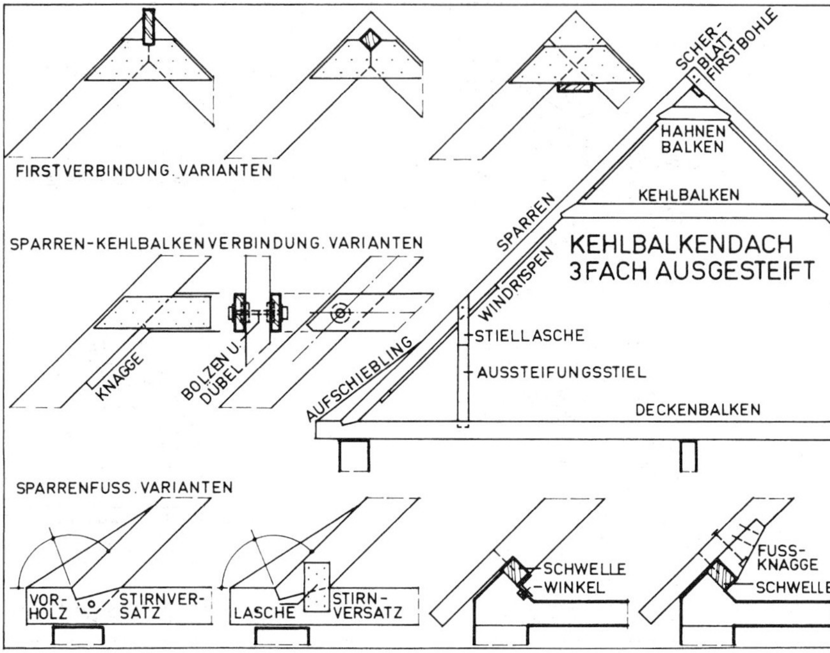

Abb. Sparrendächer

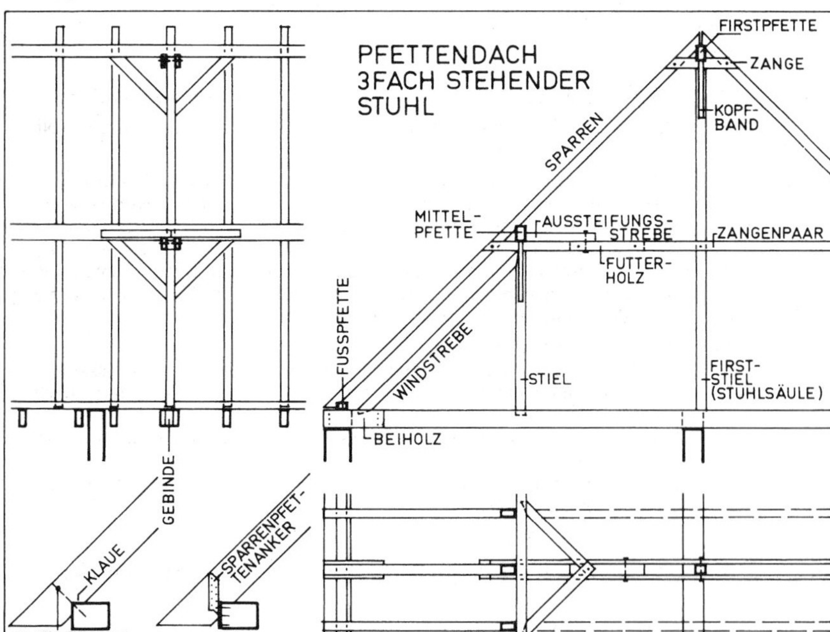

Abb. Pfettendächer

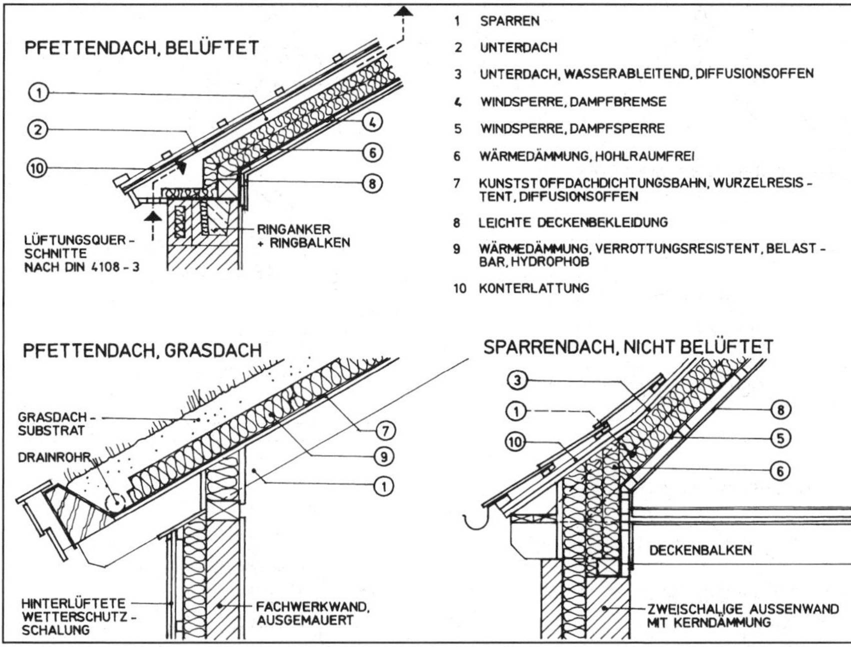

Abb. Geneigte Dächer. Konstruktionsalternativen (Prinzipskizzen)

2.3.2 Feuchteschutz (siehe Kap. 3 A Abschn. 2 Klimabedingter Feuchtigkeitsschutz)

Die wichtigste Funktion von Dächern ist der Schutz von Gebäuden gegen atmosphärische Niederschläge.

Bei normaler Raumnutzung entsteht in Aufenthaltsräumen Wasserdampf, der die Tendenz hat, durch die Gebäudeaußenhülle nach außen zu diffundieren (Diffusion), wenn ein *Dampfdruckgefälle* von innen nach außen besteht. Dabei dringt der Wasserdampf je nach der *Dampfdurchlässigkeit* der Bauteile in diese ein. Bei Abkühlung des Wasserdampfes an oder in den Bauteilen steigt der Wasserdampfdruck an, und bei Überschreitung des Sättigungsdrucks bzw. bei Unterschreiten der Taupunkttemperatur fällt der Wasserdampf als *Tauwasser* aus. Tauwasserbildung ist in der Regel unschädlich, wenn folgende Bedingungen eingehalten werden (DIN 4108-3):

- Tauwasser muss wieder verdunsten können.
- Von Tauwasser betroffene Bauteile dürfen dadurch nicht geschädigt werden. Der massebezogene Feuchtegehalt von Holz darf um nicht mehr als 5 % und der von Holzwerkstoffen um höchstens 3 % erhöht werden.
- Bei Dach- (und Wand-)Konstruktionen darf eine Tauwassermenge von insgesamt 1 kg/m² je Tauperiode nicht überschritten werden.
- Die Tauwassermenge an Berührungsflächen von Bauteilen oder Baustoffschichten mit geringer Kapillarporosität muss auf höchstens 0,5 kg/m² je Tauperiode begrenzt bleiben.

2.3.3 Wärmeschutz (siehe Kap. 3 A Abschn. 1 Wärmeschutz und Energieeinsparung in Gebäuden)

Guter *sommerlicher Wärmeschutz* kann bei Dächern durch hohe Wärmespeicherfähigkeit der Bauteile erreicht werden, wenn ausreichende Wärmedämmung vorhanden ist. Zweischalige (belüftete) Dachkonstruktionen bieten in der Regel bessere Voraussetzungen für den sommerlichen Wärmeschutz als

nichtbelüftete Konstruktionen. Auf der Rauminnenseite der Bauteile liegende Dämmungen sind ungünstig. Begrünte Dächer *(Grasdächer)* haben sich, sind sie richtig konstruiert, für den sommerlichen Wärmeschutz hervorragend bewährt. Die Kühlung beruht auf dem Schattenwurf der Grashalme und den Verdunstungsvorgängen der Pflanzen sowie der Masse des Erdsubstrats.
Der *winterliche Wärmeschutz* wird von folgenden Einflussgrößen bestimmt (baukonstruktive Parameter):
- Wärmedurchgangskoeffizent und
- Schichtenaufbau der Dachkonstruktion
- wirksamer Feuchtigkeitsschutz und
- Winddichtigkeit

Der *Winddichtigkeit* muss beim baukonstruktiven Entwurf, insbesondere von Holzdachkonstruktionen, Dachausbauten und bei Anschlüssen von Decken und Dächern an Wänden, besondere Aufmerksamkeit zugewandt werden.

Tafel: Regeldachneigungen für Dachziegel

Biberschwanzziegeldeckung		
bei Doppeldeckung	≥ 30°	(57,7 %)
bei Kronendeckung	≥ 30°	(57,7 %)
bei Einfachdeckung mit Spließen	≥ 40°	(83,9 %)
Hohlpfannendeckung		
bei Aufschnittdeckung – trocken, mit Strohdocken oder mit Mörtelverstrich	≥ 35°	(70,0 %)
bei Aufschnittdeckung – bei Verwendung von Pappdocken	≥ 30°	(57,7 %)
bei Vorschnittdeckung – trocken mit Strohdocken oder mit Mörtelverstrich	≥ 40°	(83,9 %)
bei Vorschnittdeckung – bei Verwendung von Pappdocken	≥ 35°	(70,0 %)
Mönch-Nonne-Ziegeldeckung	≥ 40°	(83,9 %)
Krempziegel- und Strangfalzziegeldeckung	≥ 35°	(70,0 %)
Falzziegeldeckung		
z. B.: Doppelmuldenfalzziegel, Reformpfannen oder Falzpfannen	≥ 30°	(57,7 %)
Flachpfannendeckung	≥ 22°	(40,4 %)
Verschiebeziegeldeckung	≥ 35°	(70,0 %)

2.3.4 Geneigte Dächer. Dachdeckungsarten

2.3.4.1 Allgemeines

Dachdeckungen werden bei geneigten Dächern, Dachdichtungen bei Flachdächern ausgeführt. Es gibt folgende Dachdeckungsarten:
- Reet- und Strohdeckung
- schuppenartige Deckungen
- platten- und tafelförmige Deckungen
- Deckungen aus Bahnen und Bändern.

In der folgenden Übersicht sind die verschiedenen Dachdeckungen bestimmten Dachneigungsbereichen zugeordnet.

Die erforderlichen Mindestdachneigungen sind abhängig von der Dachdeckungsart, konstruktiven Besonderheiten und bei schuppen- und tafelförmigen Deckungen sowie Deckungen aus Bahnen von den Überdeckungen der Einzelteile in Richtung des Wasserabflusses.

Vorschriften über Mindest- und Regeldachneigungen enthalten die *Fachregeln des Dachdeckerhandwerks* [2.12] (FD) bzw. die Herstellerangaben, die von den Fachregeln abweichen können.

Flache, schuppenartige Deckungen wie Schindeln oder Biberschwanzziegel ohne Falze oder Verformungen, die der Wasserführung dienen, müssen mehrlagig ausgeführt werden, damit überall die senkrechten Fugen der jeweils darüber liegenden Schuppenlage vollständig unterlegt sind. Bei Gebäuden mit untergeordneten Nutzungen können z. B. einfache Biberschwanzdeckungen als Spließdeckung mit Unterlegung der Längsfugen durch schmale, dünne Holzschindeln ausgeführt werden. Durch Unterlegung der Längsfugen mit Papp- oder Strohdocken verbessert man die Wasserabführung bei Hohlpfannendächern. Früher wurden Hohlpfannendächer in der Regel auch von unten mit Kalkmörtel verstrichen. Heute wird für die Flugschneedichtigkeit eher ein Unterdach angeordnet.

Aus der Fülle von Dachpfannenformen werden hier lediglich sechs allgemein übliche und in der Form charakteristische mit einer Reihe unterschiedlicher Details aus dem First-, Trauf- und Ortgangbereich dargestellt. Die Formen von Dachsteinen und die Konstruktionsprinzipien von Dächern mit Dachsteinen ähneln denen von Dachpfannen aus gebranntem Ton. Die Konstruktionsprinzipien von Schindeldeckungen sind in Abschn. 2.1, Seite 2.24, dargestellt.

Für die verschiedenen Dachpfannen- und Dachsteintypen bieten die Hersteller für fast jeden Anwendungsfall Sonderformteile an, so dass homogene Eindeckungen ohne Zuschnitte und ohne zusätzlichen konstruktiven Aufwand möglich sind.

Holzdächer mit schuppenartigen Deckungen sind nicht winddicht. Winddichtigkeit ist jedoch ein wichtiger Aspekt des Wärmeschutzes. Insbesondere bei ausgebauten Dachräumen sind die kritischen Anschlussbereiche der Traufe an Giebeln, Firsten und Gebäudetrennwänden besonders sorgfältig zu konstruieren.

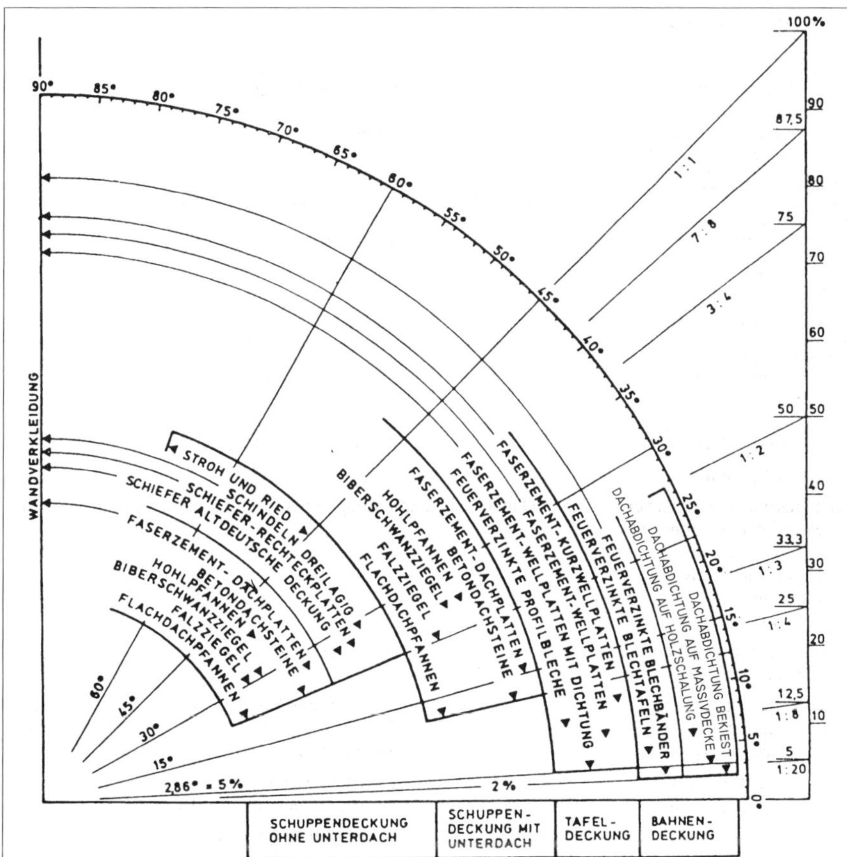

Abb. Dachneigung und Dachdeckung

Besonderen konstruktiven Aufwand erfordert bei allen Dachdeckungsarten die Ausführung von Graten und Kehlen bei Verschneidungen von Dachflächen. Zu beachten ist die geringere Dachneigung in diesen Bereichen.

2.3.4.2 Dachdeckungsarten

BIBERSCHWANZZIEGEL

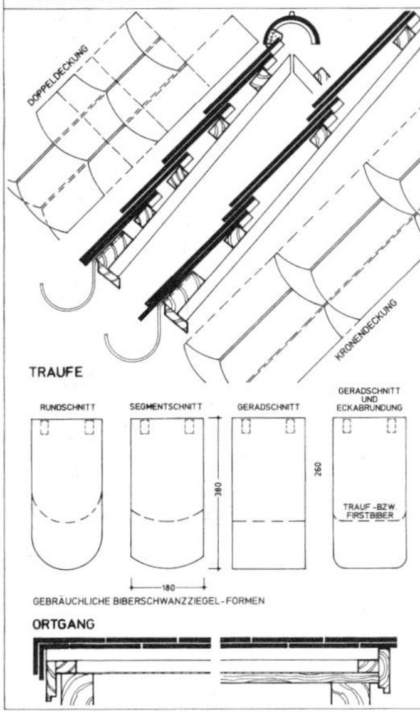

NORMALPFANNE FLÄCHE GEWICHT	175 x 380 mm 1,8 kg/STÜCK
DECKFLÄCHE BEDARF	BEDARF ABHÄNGIG VON DACHNEIGUNG UND ÜBERDECKUNG: KRONENDECKUNG: ca. 36 STCK/m² DOPPELDECKUNG: ca. 34 STCK/m²
LATTENMASZ	KRONENDECKUNG: ca. 320 mm DOPPELDECKUNG: ca. 160 mm
MINDESTDACH-NEIGUNG	30° (REGELDACHNEIGUNG NACH FD)
KONSTRUKTIVE BESONDERHEITEN	

HOHLPFANNE

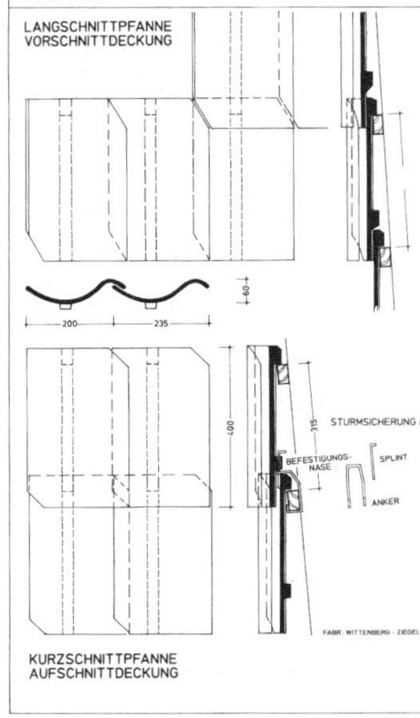

NORMALPFANNE FLÄCHE GEWICHT	235 x 400 mm 2,4 kg/STÜCK
DECKFLÄCHE BEDARF	LANGSCHNITT: 200 x 325 mm 15 STÜCK/m² KURZSCHNITT: 200 x 315 mm 16 STÜCK/m²
LATTENMASZ	LANGSCHNITT: 325 mm KURZSCHNITT: 315 mm
MINDESTDACH-NEIGUNG	BEI AUFSCHNITT-DECKUNG UND MINDESTÜBERDECKUNG VON 100 mm: 35 - 40° BEI VORSCHNITT-DECKUNG: 40°
KONSTRUKTIVE BESONDERHEITEN	STURMSICHERUNG

DOPPELMULDENFALZZIEGEL

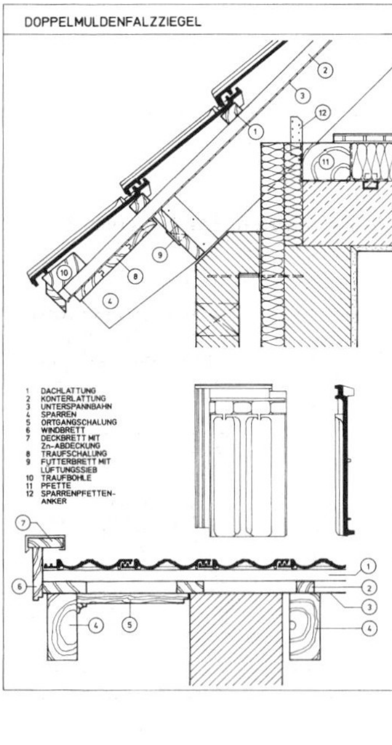

NORMALPFANNE FLÄCHE GEWICHT	240 x 400 mm 3 kg/STÜCK
DECKFLÄCHE BEDARF	200 x 340 mm 15 STÜCK/m²
LATTENMASZ	340 mm
MINDESTDACH-NEIGUNG	30° (UNTER 30° MIT UNTERDACH)
KONSTRUKTIVE BESONDERHEITEN	

HOHLFALZZIEGEL

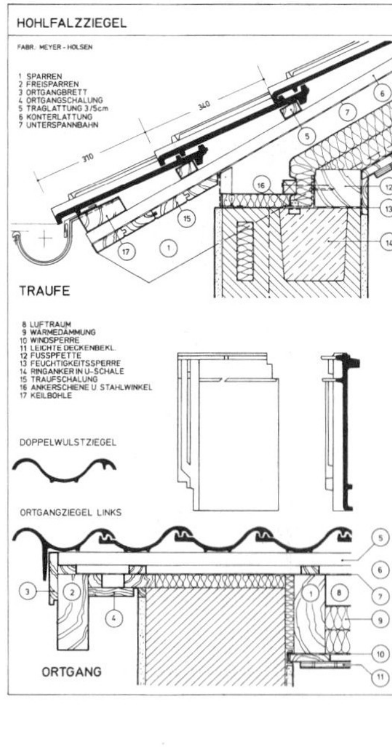

NORMALPFANNE FLÄCHE GEWICHT	260x425 mm 3 kg/STÜCK
DECKFLÄCHE BEDARF	205x315 mm BIS 205x345 mm 14.5 STÜCK/m²
LATTENMASZ	315 mm BIS 345 mm
MINDESTDACH-NEIGUNG	11° MIT UNTERDACH AB 22° KEINE BESONDEREN ANFORDERUNGEN
KONSTRUKTIVE BESONDERHEITEN	

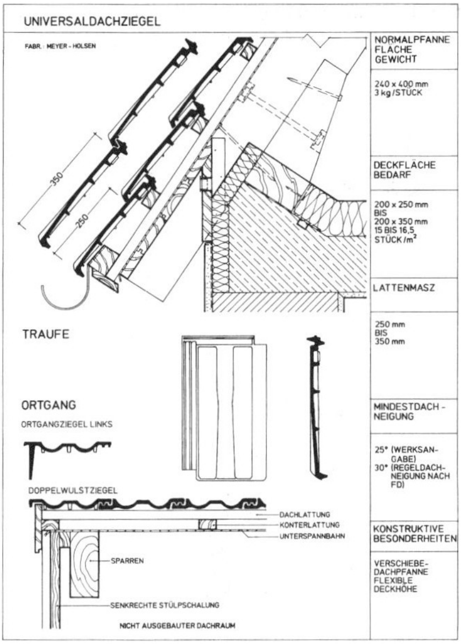

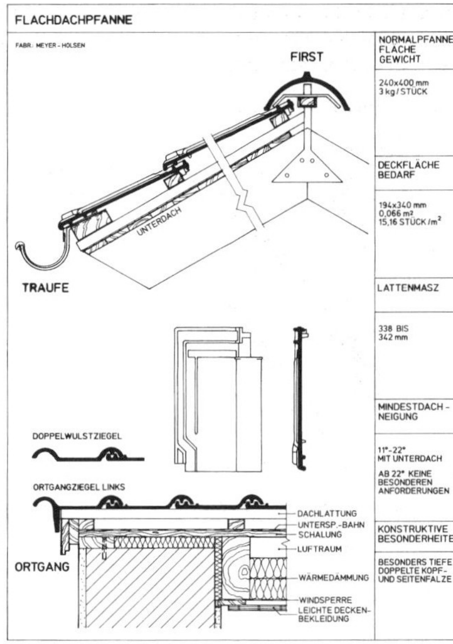

2.3.5 Flachdächer. Konstruktionsarten

Flachdächer sollten mit Gefälle von mindestens 3° zur problemlosen Wegführung des Niederschlagswassers ausgeführt werden. Dächer mit Neigungen unter 3° sind Sonderkonstruktionen mit besonderen Konstruktionsanforderungen.

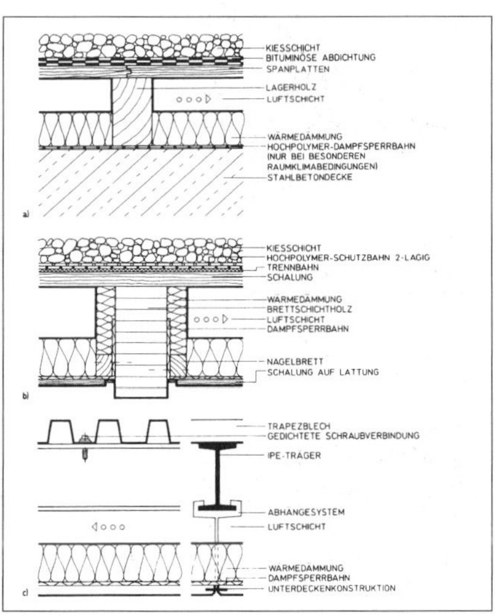

Abb. Durchlüftete Flachdächer (Prinzipskizzen)

Abb. Nichtdurchlüftete Flachdächer (Prinzipskizzen)

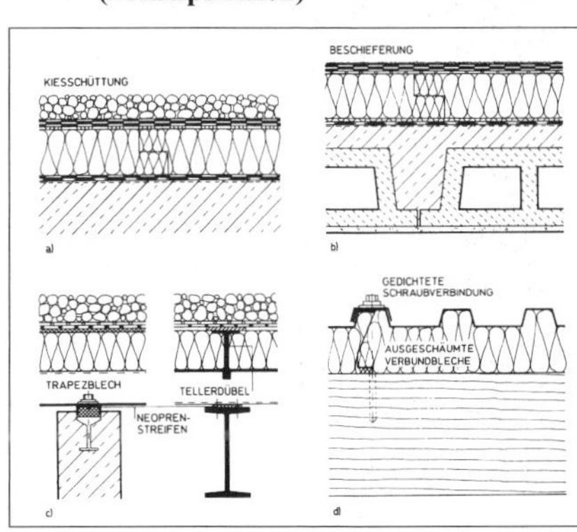

Bei durchlüfteten Flachdächern ist zwischen der Dachabdichtung und deren Träger einerseits und der Wärmedämmung andererseits eine Luftschicht angeordnet, die von außen zu belüften ist. Die Größe und Lage der Lüftungsöffnungen ist nach DIN 4108-3 je nach Dachneigung und Dachtiefe festzulegen [2.12] (Abschn. 2.3.4.1).

Nichtdurchlüftete Flachdächer sind Verbundkonstruktionen, deren Einzelteile hinsichtlich ihrer bauphysikalischen, bauchemischen und statisch-konstruktiven Eigenschaften aufeinander abzustimmen sind. Bei Planung und Ausführung dieser Dächer bedarf es besonderer Sorgfalt.

2.3.6 Dachentwässerungen

DIN 18 460 – Regenfallleitungen außerhalb von Gebäuden und Dachrinnen – ist ersatzlos zurückgezogen worden. DIN 1986-2 – Entwässerungsanlagen für Gebäude und Grundstücke; Bestimmungen für die Ermittlung der lichten Weiten und Nennweiten für Rohrleitungen – ist in DIN EN 12 056-3 : 2000 – Schwerkraftentwässerungsanlagen innerhalb von Gebäuden – Teil 3: Dachentwässerung, Planung und Bemessung, aufgegangen [2.6].

Es wird für die Berechnung der Querschnitte von Dachrinnen und Regenfallrohren ein erheblicher Mehraufwand erforderlich, da eine Fülle zusätzlicher Parameter zu berücksichtigen sind.

2.4 Verbindungen

Die Planung und Gestaltung von Verbindungen zwischen den Bauelementen und Bauteilen ist ein wichtiger Bestandteil des baukonstruktiven Entwurfs.

Verbindungselemente wie Maueranker, Zugbänder, Auflager und Konsolen sind inzwischen durch DIN EN 845-1 : 2003 – Festlegungen für Ergänzungsbauteile für Mauerwerk – genormt worden.

Im Massivbau treten Verbindungen (Abbildung S. 2.4) in der Regel nicht besonders in Erscheinung. Bei der Ausführung von Mauerwerk muss das Überbindemaß (siehe Kapitel 15, Abschnitt 5.6) der Steine übereinander liegender Schichten beachtet werden, d.h., es muss im Verband gemauert werden (DIN 1053-1). Für die Verbindung von Umfassungswänden an Decken und Dachstühlen gelten nach DIN 1053-1 besondere Anforderungen (siehe Kapitel 15, Abschnitt 5.4.3 und [2.1] Abb. B 7.5).

Bei zweischaligen Außenwandkonstruktionen sind die Schalen nach DIN 1053-1 durch Drahtanker aus nichtrostendem Stahl miteinander zu verbinden. Einzelheiten sind in Kapitel 15, Abschnitt 5.3.3 dargestellt.

Abfangungen von Außenschalen zweischaliger Außenwände aus Mauerwerk erfordern besonderen konstruktiven Aufwand (siehe Kapitel 15, Abschnitt 5.3.3 und [2.1], Abschnitte B 7.2 und B 7.3).

Verbindungen von Mauerwerksbauteilen mit Bauteilen aus Mauerwerk oder anderen Baustoffen sind nur durch Verbindungsmittel bzw. Verbindungselemente, die in der Regel aus korrosionsgeschütztem Stahl bestehen, herzustellen.

DIN EN 845-1 stellt Maueranker für schubfeste und gleitende Verbindungen von Mauerwerksschalen untereinander und mit anderen Bauteilen dar (siehe folgende Abb.) und Balkenauflager, bei denen ein dem Balkenquerschnitt entsprechender Balkenschuh aus verzinktem Stahl mit einem Flansch in die Mörtelfuge eingreift, ohne dass das Hirnholz des Balkens mit dem Mauerwerk in

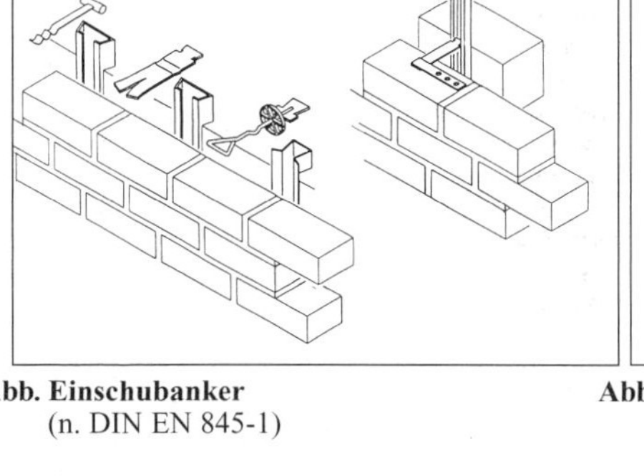

Abb. Einschubanker
(n. DIN EN 845-1)

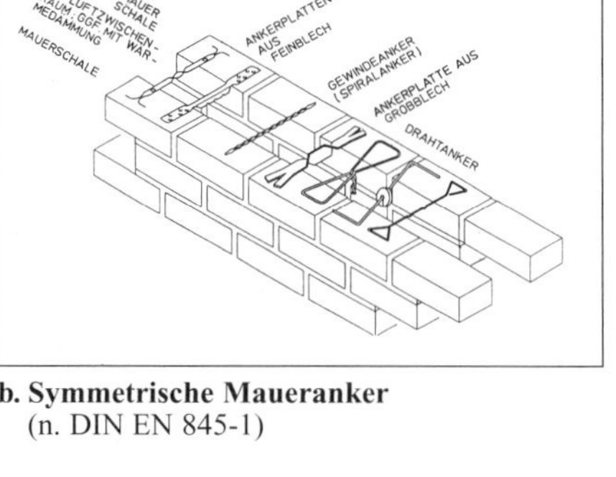

Abb. Symmetrische Maueranker
(n. DIN EN 845-1)

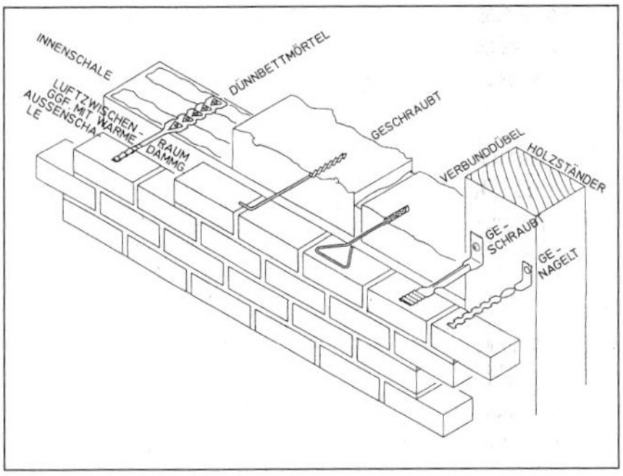

Abb. Asymmetrische Maueranker
(n. DIN EN 845-1)

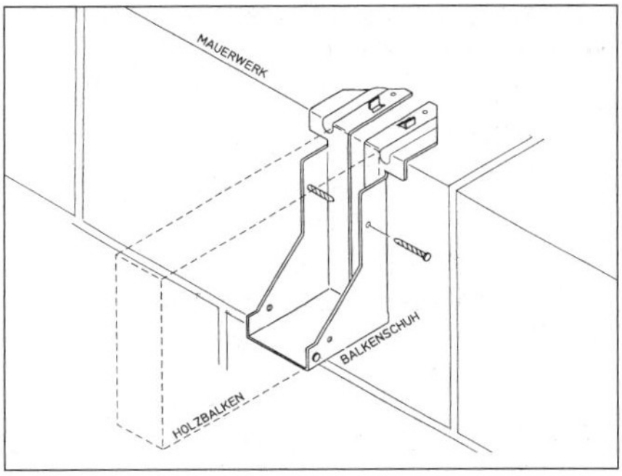

Abb. Balkenauflager für den Einbau in Mörtelfugen (n. DIN EN 845-1)

Berührung kommt (Feuchtigkeitsschutz). Nachträgliches Einziehen von Balken ist mit dieser Methode bei besonderer Ausführungssorgfalt möglich.

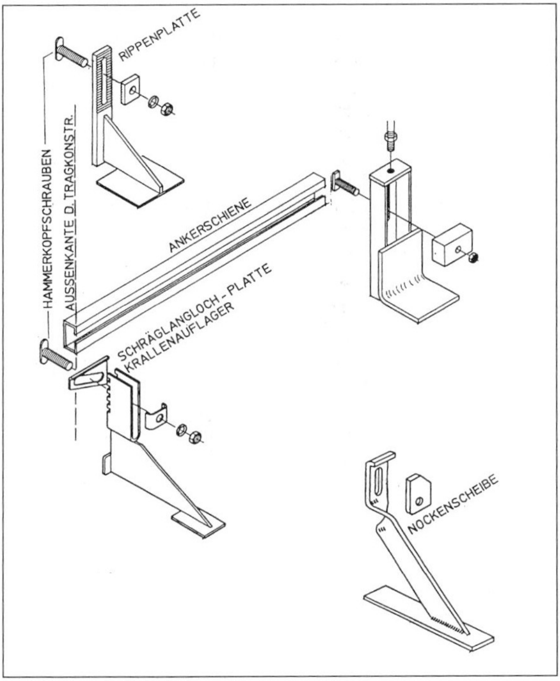

Abb. Konsolen als Auflager für zwei benachbarte Mauersteine als Teile einer Mauerwerkswand (n. DIN EN 845-1)

Für den Anschluss von Bauteilen des Innenausbaus und der technischen Gebäudeausrüstung an tragende Bauteile aus Mauerwerk und Stahlbeton ist eine Fülle von Befestigungssystemen entwickelt worden. Sofern an die Befestigungselemente besondere statisch-konstruktive Sicherheitsanforderungen zu stellen sind, sind i. d. R. bauaufsichtliche Zulassungen erforderlich. In der nachfolgenden Tabelle sind die wichtigsten Anwendungsfälle dargestellt.

Beim Stahlbetonbau ist es üblich, die Befestigungselemente wie Ankerschienen und Ankerboxen bereits vor dem Betonieren auf der Schalung zu fixieren. Nach Abbinden des Betons und Abnehmen der Schalung verbleiben die Befestigungselemente im Betonbauteil. Im Mauerwerksbau werden Verbindungen i. d. R. nachträglich durch punktgenaues Setzen von Dübeln, die in Bohrlöcher eingebracht werden, hergestellt. Die am Mauerwerk zu befestigenden Bauteile werden von in die Dübel eingedrehten Schrauben gehalten. Die Dübelsysteme sind auf die unterschiedlichen Steinfestigkeiten und Steinarten (Vollsteine oder Lochsteine) eingestellt.

Tafel: Befestigungsmittel für Mauerwerk und Stahlbeton

Befestigungsart	Beispiel	Herstellung, Wirkung, Werkstoffe	Anwendungsbereich
Dübelsteine	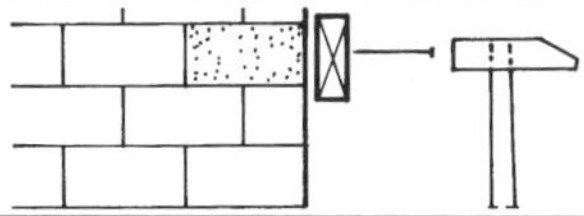	Nagel- und schraubbare Holzbetonsteine, im Verband gemauert	Mauerwerk, Fußleisten, Türfutter
Verbunddübel	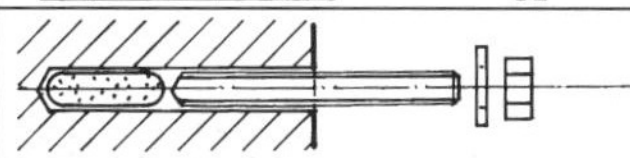	Glaspatrone mit Reaktionsharzmörtel und Gewindestange. Verklebung Gewindestange mit Bohrlochwand.	Beton, Vollbaustoffe
Kunststoffdübel	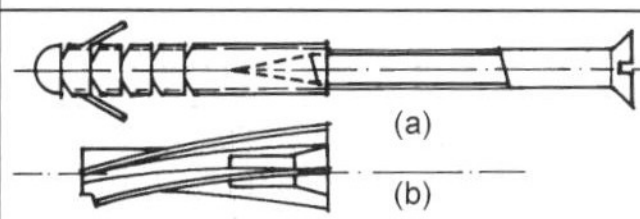	Dübelhülse mit Spreizteil. Schrauben. Wirkung durch Reibung und Verzahnung.	Beton. Alle Arten von Mauerwerk (a). Für Porenbeton Sonderdübel (b)
Injektionsdübel	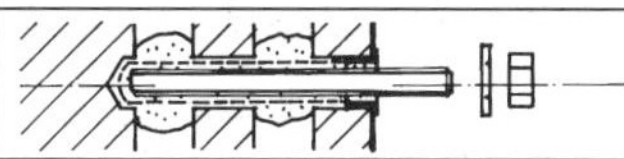	Drahtsiebhülse, Injektionsmörtel, Gewindestange	Poren- und Leichtbeton. Lochsteine
Metallspreizdübel	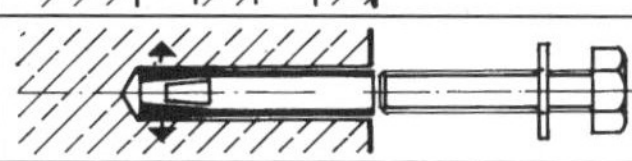	Spreizung der Dübelspitze, z. B. durch Konus beim Eindrehen von Schraubenbolzen.	Beton. Hohe Lasten
Hinterschnittdübel	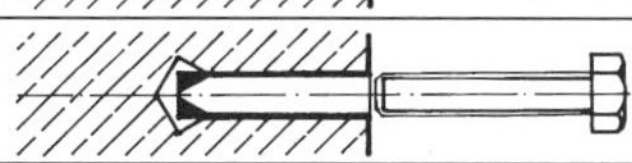	Bohrloch mit Hinterschnitt durch spez. Bohrwerkzeuge. Spreizung der Dübelspitze.	Beton
Ankerschienen	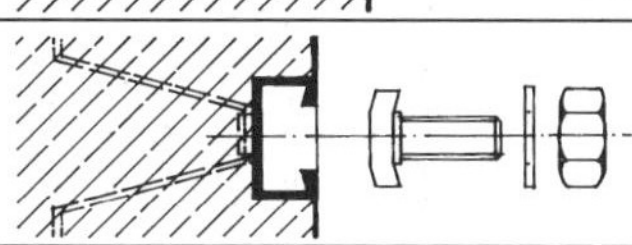	Ankerschiene aus Stahl, Haken- bzw. Hammerkopfschrauben, U-Scheiben, Muttern	Beton. Hohe Lasten
Dübelboxen	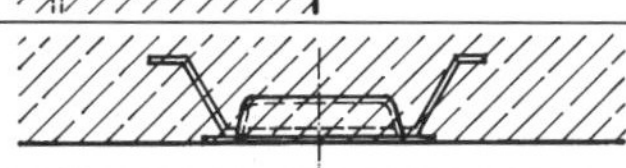	Blechschalen mit Ankerbügeln, gleichzeitig als Aufhängesteg	Beton

Bei allen Befestigungsproblemen sind die Art und Größe der Belastung zu bestimmen und besondere konstruktive Anforderungen wie die Verschieblichkeit der zu befestigenden Teile auf Grund thermischer oder lastabhängiger Verformungen zu berücksichtigen.

Verbindungen im Stahlbau werden durch Schweißen (Kap. 18 A, Abschn. 5) unlösbar und mittels Schrauben (Kap. 18 A, Abschn. 6) lösbar hergestellt. Verzinkungsgerechte Schweißverbindungen sind so zu konstruieren, dass im Zinkbad alle Teile gut von der Verzinkungsflüssigkeit umspült werden und keine zusätzlichen Spannungen in den Stahlteilen entstehen.

Im Holzbau unterscheidet man traditionelle zimmermannsmäßig hergestellte Verbindungen, bei denen die zu verbindenden Skelettbauteile an den Verbindungsstellen geschwächt werden. Handwerkliche Verbindungstechniken sind Versätze, Verblattungen, Verkämmungen und Zapfenverbindungen. Im Ingenieurholzbau (Kapitel 16) werden Verbindungsmittel (Nägel, Schrauben, Schraubenbolzen mit Muttern) aus Stahl verwendet, Dübel aus Holz und Stahl und Verbindungselemente aus Stahl. Bei besonders kontrollierter Fertigung werden Holzbauteile auch verklebt.

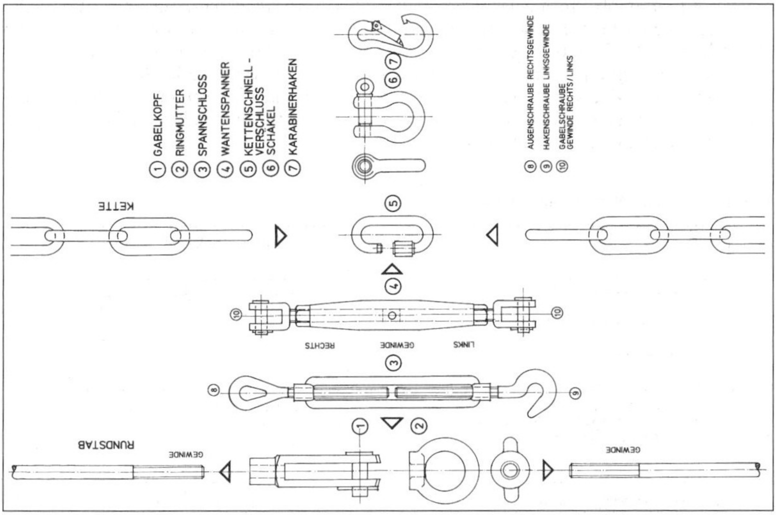

Abb. Seil- und Kettenverbindungen. Spannglieder

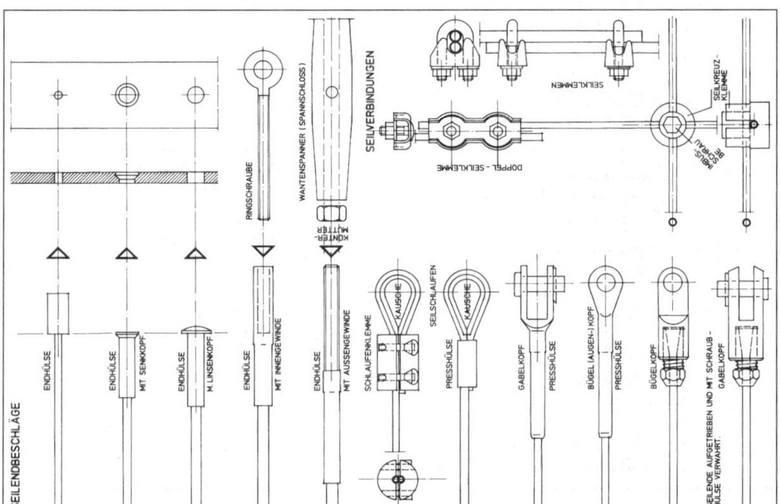

Abb. Seilverbindungen

Zugbelastete Verbindungen von Seilen und Ketten (siehe vorhergehende Abbildungen) gibt es in einer Fülle von Varianten für unterschiedliche Aufgaben. Bei Seilen ist wegen des so genannten Seilrecks nach erstmaliger Belastung oft Nachspannen notwendig. Dies und das Erfordernis der Justierbarkeit führten zur Entwicklung von besonderen Spanngliedern.

2.5 Fugen

Bei Bauwerken entstehen Fugen an den Fügestellen von Einzelteilen und Bauteilen. Die Hauptaufgabe dieser Fugen ist die Verbindung der Teile miteinander. Dabei sind Kräfte zu übertragen. Art und Größe der Kräfte bestimmen die Konstruktion der Fugen.

Bauwerke und Bauteile verformen sich. Es gibt lastabhängige und lastunabhängige Verformungen. Zur Vermeidung von Rissen durch Verformungen sind Trennfugen zu planen. Dazu sind die Kenntnis des Verformungsverhaltens der Baustoffe und Bauteile und auf dieser Grundlage Verformungsberechnungen erforderlich, die für die Wahl geeigneter Fugensysteme nach Art und Größe ausschlaggebend sind.

Bei Ortbetonbauwerken und Bauwerken mit Ortbetonbauteilen sind oft so genannte Arbeitsfugen an Arbeitsabschnitten unumgänglich. Hier ist, insbesondere bei druckwasserbelasteten Sohlplatten und Kellerwänden, durch besondere und sorgfältige Ausbildung der Arbeitsfugen dem Eindringen von Wasser vorzubeugen (vergl.: Kap. 2 B, Abschn. 8).

Arbeits- und Bewegungsfugenbänder aus elastischen Materialien wie Weich-PVC werden bei stehender Anordnung beim zuerst betonierten Abschnitt in den noch weichen Beton eingedrückt und an der Bewehrung fixiert oder mit Stützbügeln vor dem Betonieren aufgestellt. Dabei ist die unverrückbare Lage zu sichern. Bei horizontalem Einbau muss gewährleistet sein, dass unter dem Fugenband keine Nester im Beton und unverdichtete Stellen entstehen. Blechbänder als Arbeits- und Bewegungsfugenbänder werden vor dem Betonieren durch Schweißen an die Bewehrung geheftet, um ihre Lage zu sichern. Völlig problemlos ist die Abdichtung von Arbeitsfugen mittels Injektionsschlauchdichtungen. Die flexiblen Schläuche werden auf dem zuerst betonierten Bauteil befestigt und nach dem Erhärten des Betons des zweiten Abschnitts mit PU-Harz oder einem Zement-Bentonit-Gemisch verpresst. Der dadurch expandierte Schlauch dichtet die Fuge ab.

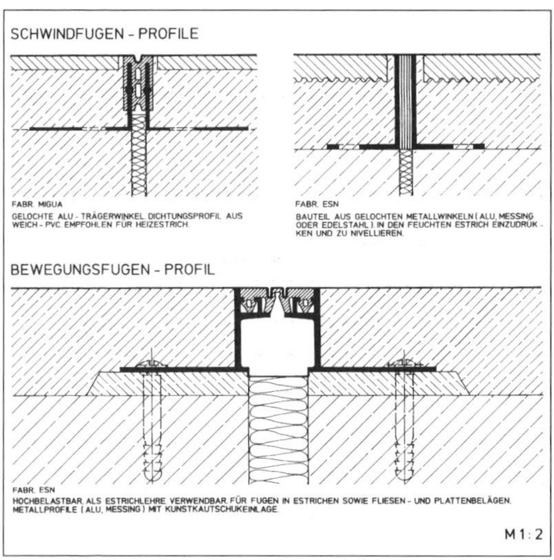

Abb. Fugen in Fußböden

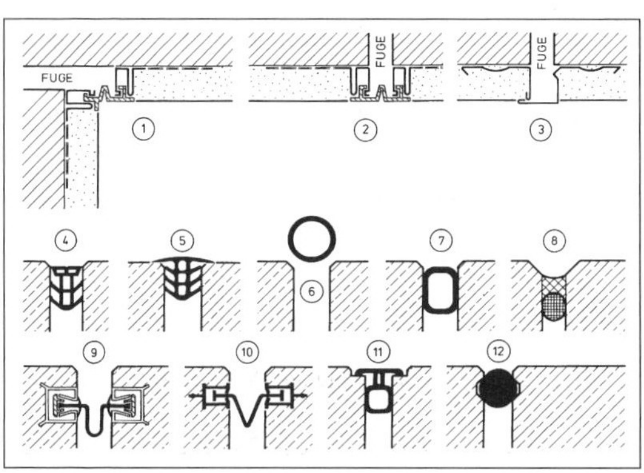

Abb. Fugen in Außenwänden

1 Fuge in Mauerwerksecke, Putzbau. Basisprofile aus verzinktem Stahlblech. PVC-Dehnfugen-Deckprofil, *2* Fuge in Putzfläche, sonst wie 1, *3* Fuge in Putzfläche. Verzinkte Stahlblechprofile, *4* bis *12* Außenfugen bei Stahlbetonwänden, *4*, *5* und *12* Quetsch- und Klemmprofil aus Kunststoff, *6*, *7* und *11* evakuierbare Hohlprofile aus Kunststoff, *8* elastoplastische Fugendichrung mit Hinterfüllmaterial, *9* und *10* Bandprofile in einbetonierten Profilfassungen

2 B Abdichtung von Hochbauten im Erdreich

Prof. Dr. rer. nat. Erich Cziesielski

1 Aufgabe von Abdichtungen

Abdichtungen haben die Aufgabe, Bauwerke vor den schädigenden Einflüssen des im Boden vorhandenen Wassers zu schützen. Schädigende Einflüsse sind:

- Überschwemmungen – Eindringen des Wassers in das Bauwerk
- Durchfeuchtungen von Raumumschließungsflächen und dadurch bedingte Nutzungseinschränkungen dieser Räume
- verringerter Wärmeschutz durchfeuchteter Bauteile
- Frost-Tau-Gefährdung mancher Baustoffe
- verringerte Festigkeit mancher Baustoffe im feuchten Zustand
- bei aggressivem Wasser Korrosion von Baustoffen.

Bauwerksabdichtungen sind dadurch gekennzeichnet, dass sie in der Regel weder gewartet noch nachgebessert werden können, so dass sie für die Lebensdauer des abzudichtenden Bauwerks funktionsfähig sein müssen.

2 Abdichtungsmaterialien

Eine Übersicht der gebräuchlichsten Abdichtungsmaterialien ist in Tafel 2.51 enthalten.

Tafel 2.51 Übersicht gebräuchlicher Abdichtungsmaterialien

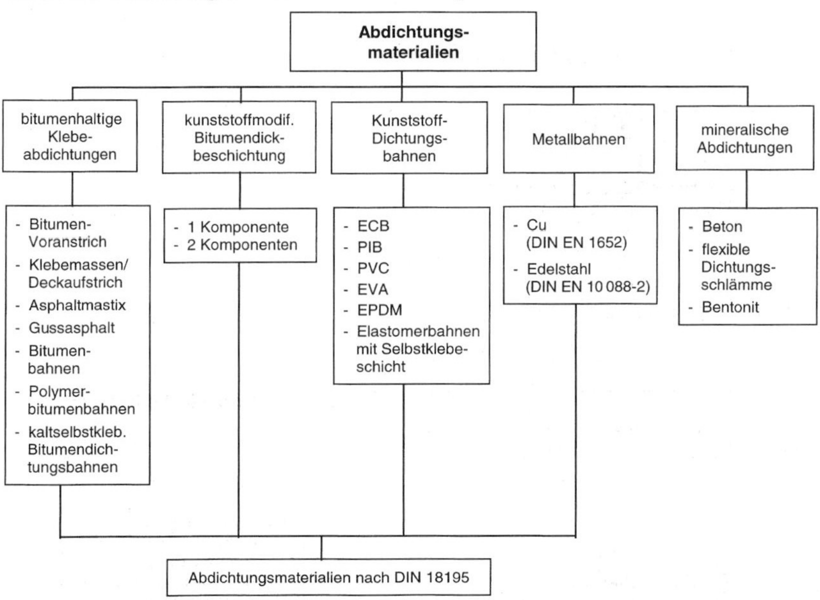

3 Beanspruchung

Vor der Wahl einer geeigneten Abdichtungskonstruktion müssen folgende Planungsgrundlagen bekannt sein:

- Bodenprofil (Bodenarten, Schichtdicken des Bodens, Durchlässigkeit k des Bodens, vgl. Tafel 2.52)

- höchster Grundwasserstand (HGW bei den Wasserwirtschaftsämtern erfragen)
- Aggressivität des Grundwassers (DIN 4030) bei Bauten aus wasserundurchlässigem Beton.

Zur Festlegung der geeigneten Abdichtungsart und der Auswahl der Abdichtungsmaterialien ist die Art des Einwirkens von Wasser auf das Bauwerk von Bedeutung. Grundsätzlich kann zwischen nichtdrückendem und drückendem Wasser unterschieden werden.

a) Nichtdrückendes Wasser

Bodenfeuchtigkeit

Unter Bodenfeuchtigkeit im Sinne von DIN 18 195 wird das in den Poren des Erdreichs kapillargebundene Wasser verstanden (Kapillarwasser) bzw. das an den Bodenteilchen angelagerte Wasser (Haftwasser). Die Bodenfeuchtigkeit entsteht beim Durchsickern des Wassers (Niederschlag) durch den gut wasserdurchlässigen Boden; sie übt keinen hydrostatischen Druck auf die Abdichtung aus. Mit Bodenfeuchtigkeit im Sinne von DIN 18 195 darf nur bei wasserdurchlässigen Böden gerechnet werden (Kies, Sand mit $k > 10^{-4}$ m/s, vgl. Tafel 2.52).

Tafel 2.52 Anhaltswerte für die Durchlässigkeit *k* verschiedener Bodenarten

	Bodenart nach DIN 4023	Korngröße mm	Kap. Steighöhe cm	$k \triangleq$ Durchlässigkeit m/s
	Steine/Blöcke	>60	0	durchlässig
Kies	Grobkies Mittelkies Feinkies	20–60 6–20 2–6	≈0 ≈0 5	durchlässig durchlässig $>1 \cdot 10^{-2}$
Sand	Grobsand Mittelsand Feinsand	0,6–2 0,2–0,6 0,06–0,2	10 25 50–100	$10^{-2} - 1{,}5 \cdot 10^{-3}$ $1{,}5 \cdot 10^{-3} - 1{,}5 \cdot 10^{-4}$ $1{,}5 \cdot 10^{-4} - 5{,}5 \cdot 10^{-6}$
	Schluff Ton	0,002–0,06 <0,002	200–1000 >1000	$5{,}5 \cdot 10^{-6} - 10^{-7}$ $10^{-7} - 10^{-9}$

Sickerwasser

Sickerwasser ist das unter dem Wirken der Schwerkraft sich auf dem Wege zum Grundwasser bewegende Wasser. Es werden unterschieden:

- nichtstauendes Sickerwasser, das weitgehend ungehindert zum Grundwasser abfließt (Kies, Sand, $k > 10^{-4}$ m/s)
- zeitweise aufstauendes Sickerwasser: Kommt es oberhalb weniger durchlässiger Bodenschichten zu einer langsameren Versickerung des Sickerwassers – z. B. im Bereich eines verfüllten Arbeitsraumes –, so entsteht ein zeitweise aufstauendes Sickerwasser. Die davon betroffenen Bauteile werden dann so lange durch hydrostatisch wirkendes Wasser (Druckwasser) beansprucht, bis sich der Wasserstau abgebaut hat. Nach DIN 18 195 liegt eine Beanspruchung durch zeitweise aufstauendes Sickerwasser vor, wenn das zu schützende Bauwerk nicht mehr als 3 m in wenig durchlässigen Boden ohne Dränage einbindet und wenn die Bauwerkssohle mindestens 1000 mm über dem Bemessungswasserstand liegt (Abb. 2.65a).

b) Drückendes Wasser

Stauwasser

Trifft Sickerwasser auf eine weniger wasserdurchlässige Schicht, so wird es gestaut, und der Porenraum in der wasserdurchlässigen Bodenschicht füllt sich mit Wasser – dem Stauwasser. Dieses Wasser übt einen hydrostatischen Druck auf Bauteile aus, die sich im Stauwasser befinden.

Schichtwasser

Ist ein wenig wasserdurchlässiger Boden von gut durchlässigen Bodenschichten durchsetzt (z. B. Kiesadern im Lehmboden), so fließt das Sickerwasser in diesen Schichten auf das Bauwerk zu und übt einen hydrostatischen Druck aus (Abb. 2.53a).

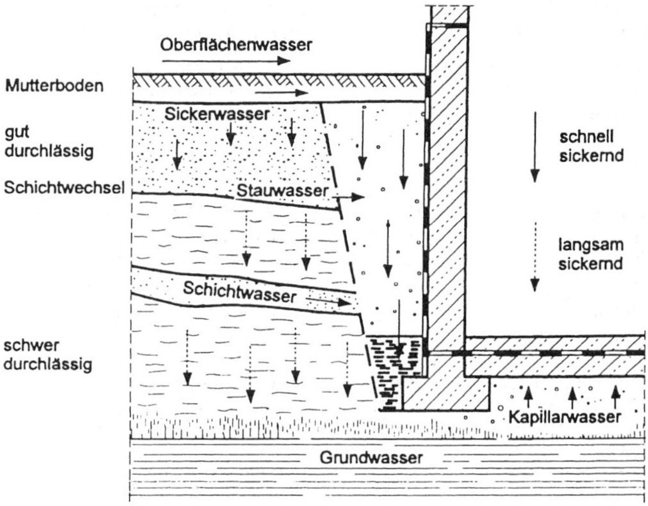

Abb. 2.53a Wasserzufluss an ein Bauwerk

Grundwasser
Es füllt die Poren und Hohlräume zwischen den Bodenteilchen vollständig aus. Im Erdreich liegt ein geschlossener Wasserspiegel vor; taucht ein Bauwerk in das Grundwasser ein, so wird es durch den Druck des Wassers beansprucht (hydrostatischer Druck).

In Abhängigkeit von der Beanspruchung des Bauwerks durch das anstehende Wasser und in Abhängigkeit von der Wasserdurchlässigkeit des anstehenden Bodens sowie von der Nutzung des Bauwerks ist die Art der Abdichtung festzulegen (vgl. Tafel 2.54): Gegen Sickerwasser, gegen nichtdrückendes Wasser bzw. gegen drückendes Wasser (Grundwasser). Bei Vorhandensein von Stauwasser oder Schichtwasser muss die Abdichtung gegen drückendes Wasser bemessen werden. Wird das Schichtwasser bzw. das stauende Wasser durch eine Dränage abgeführt (s. Abschnitt 7), so genügt es, die Abdichtung wie für eine durch Bodenfeuchte beanspruchte Abdichtung auszuführen (vgl. DIN 18 195-1 und Tafel 2.54, Zeile 3).

4 Schutz des Bauwerks gegen Bodenfeuchtigkeit

4.1 Abdichtungsprinzipien

Abdichtungsmaßnahmen gegen Bodenfeuchtigkeit dürfen nach DIN 18 195-4 nur für Bauwerke in nichtbindigen Böden ausgeführt werden, die nicht in das Grundwasser eintauchen (andernfalls vgl. Abschnitt 6). Die Abdichtung muss das Bauwerk gegen im Boden vorhandenes, kapillar gebundenes Wasser schützen. Weiterhin haben die Abdichtungsmaßnahmen die Aufgabe, die durch Kapillarkräfte in den Bauteilen mögliche Wasserbewegung zu unterbinden. In Abb. 2.53b ist die mögliche Wasserbewegung in einer ungeschützten Wand dargestellt; hieraus sind die erforderlichen Stellen für die Abdichtungsmaßnahmen vorgegeben:

- senkrechte Abdichtung der Kellerwand einschließlich Sockel
- waagerechte Abdichtung über dem Fundament
- Abdichtung der Kellersohle.

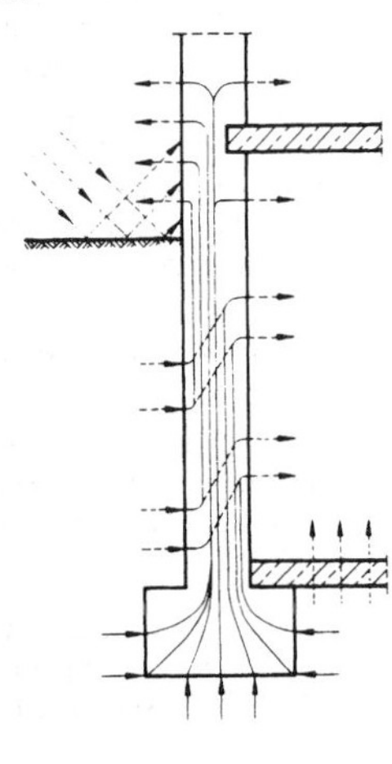

Abb. 2.53b Wasserbewegung in einem nichtabgedichteten Bauwerk

Tafel 2.54 Zuordnung der Abdichtungsarten nach DIN 18 195-1 in Abhängigkeit von Wasserbeanspruchung, Bodenart und Nutzung

Nr.	1	2	3	4	5	6
1	Bauteilart	Wasserart	Einbausituation		Art der Wasser-einwirkung	Art der erforderlichen Abdichtung nach
2	Erdberührte Wände und Bodenplatten oberhalb des Bemessungs-wasserstandes	Kapillarwasser Haftwasser Sickerwasser	stark durchlässiger Boden[8] $> 10^{-4}$ m/s		Bodenfeuchte und nichtstauendes Sickerwasser	DIN 18 195-4
3			wenig durchlässiger Boden[8] $\leq 10^{-4}$ m/s	mit Dränung[1]		
4				ohne Dränung[2]	aufstauendes Sickerwasser	Abschnitt 9 von DIN 18 195-6 : 2000-08
5	Waagerechte und geneigte Flächen im Freien und im Erdreich; Wand- und Bodenflächen in Nassräumen[3]	Niederschlags-wasser Sickerwasser Anstaubewässerung[4] Brauchwasser	Balkone u. Ä. Bauteile im Wohnungsbau Nassräume[3] im Wohnungsbau[6]		nichtdrückendes Wasser, mäßige Beanspruchung	Abschn. 8.2 von DIN 18 195-5 : 2000-08
6			genutzte Dachflächen[5] intensiv begrünte Dächer[4] Nassräume (ausgenommen Wohnungsbau)[6] Schwimmbäder[7]		nichtdrückendes Wasser, hohe Beanspruchung	nach Abschn. 8.3 von DIN 18 195-5 : 2000-08
7			nicht genutzte Dachflächen, frei bewittert, ohne feste Nutzschicht, einschließlich Extensivbegrünung		nichtdrückendes Wasser	DIN 18 531
8	Erdberührte Wände, Boden- und Deckenplatten unterhalb des Bemessungs-wasserstandes	Grundwasser Hochwasser	Jede Bodenart, Gebäudeart und Bauweise		drückendes Wasser von außen	Abschnitt 8 von DIN 18 195-6 : 2000-08
9	Wasser-behälter, Becken	Brauchwasser	im Freien und in Gebäuden		drückendes Wasser von innen	DIN 18 195-7

[1] Dränung nach DIN 4095. [2] Bis zu Gründungstiefen von 3 m unter Geländeoberkante, sonst Zeile 8.
[3] Definition Nassraum siehe Abschn. 3.31 von DIN 18 195-1.
[4] Bis etwa 10 cm Anstauhöhe bei Intensivbegrünungen. [5] Beschreibung siehe 7.3 von DIN 18 195-5.
[6] Beschreibung siehe 7.2 von DIN 18 195-5. [7] Umgänge, Duschräume. [8] Siehe DIN 18 130-1.

Nach DIN 18 195-4 kann eine Abdichtung gegen Bodenfeuchtigkeit auch bei wenig durchlässigen Böden ausgeführt werden, wenn eine Dränage vorhanden und deren Funktionsfähigkeit auf Dauer gegeben ist. Im Hinblick darauf, dass die Funktionsfähigkeit auf Dauer nur dann gegeben ist, wenn die Dränage laufend gewartet wird, sollte die Wahl der Abdichtung im Zusammenwirken mit einer Dränage gründlich abgewogen werden.

4.2 Konstruktive Ausbildung und Materialien

4.2.1 Waagerechte Abdichtung in oder unter Wänden

Waagerechte Abdichtungen in oder unter Wänden haben die Aufgabe, den kapillaren Wassertransport in den Wandbaustoffen zu unterbinden. Bei Wänden aus Beton ist die Anordnung einer waagerechten Abdichtung in der Regel nicht möglich. In solchen Fällen sind die Fundamente und Wände aus wasserundurchlässigem Beton herzustellen, oder wenn dies nicht möglich ist, so ist unterhalb und seitlich der Fundamente eine grobkörnige Kiesschicht als kapillarbrechende Schicht anzuordnen. Die Kiesschüttung ist zu verdichten und gegen das Eindringen von Zementschlämme durch ein geotextiles Vlies zu schützen.

Werden horizontale Abdichtungen ausnahmsweise nicht direkt über dem Fundament angeordnet, sondern in den Wänden, muss die Abdichtung durch einen gegebenenfalls vorhandenen Innenputz geführt werden, um eine Feuchtebrücke im Bereich des Putzes zu vermeiden (Abb. 2.55a). Diese Abdichtung ist mit der Abdichtung der Bodenplatte – sofern vorhanden – zu verkleben, um einerseits mögliche abgetrocknete Durchfeuchtungsspuren unterhalb der Abdichtung in den Wänden zu vermeiden und um andererseits der ästhetischen Beeinträchtigung durch die sichtbare Abdichtungsbahn sowie der Gefahr der Beschädigung der aus der Wand ragenden Abdichtung während des Putzens zu begegnen. Vorzuziehen sind in jedem Fall horizontale Abdichtungen unterhalb der Wände auf dem Fundament (Abb. 2.55b); Konstruktionen entsprechend Abb. 2.55a sind nicht praktikabel!

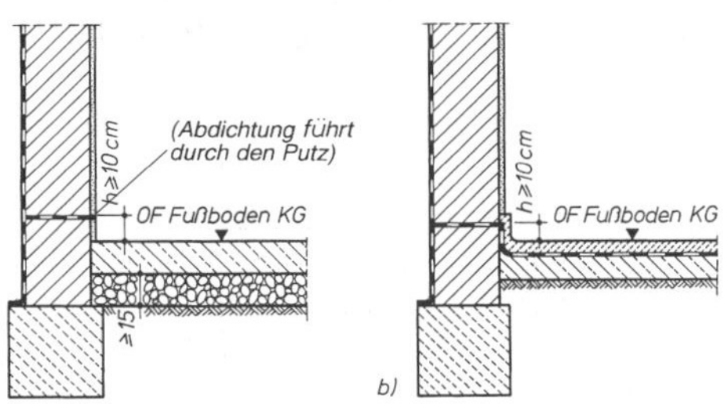

Abb. 2.55a
Horizontale Abdichtung in der Wand (sollte nicht der Regelfall sein)

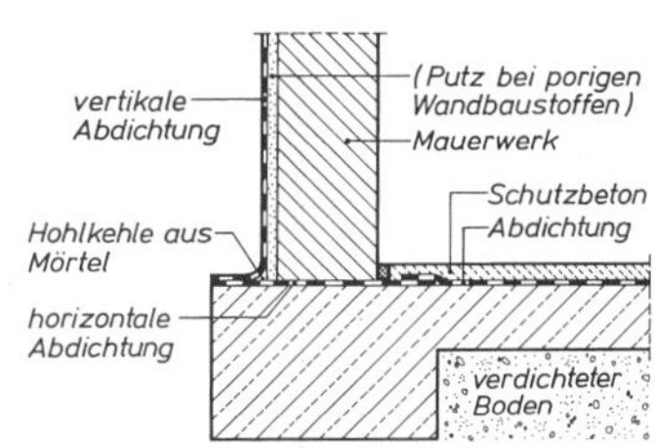

Abb. 2.55b
Horizontale Abdichtung über dem Fundament (Regelfall)

Für die waagerechte Abdichtung in oder unter Wänden dürfen nach DIN 18 195-4 folgende Materialien verwendet werden:

- Bitumen-Dachbahnen mit Rohfilzeinlage nach DIN 52 128
- Bitumen-Dachdichtungsbahnen nach DIN 52 130
- Kunststoff-Dichtungsbahnen nach Tabelle 5 von DIN 18 195-2 (ECB, PIB, PVC, EVA, EPDM, Elastomerbahnen mit Selbstklebeschicht).

Horizontale Abdichtungen in Wänden unter und gegebenenfalls oberhalb von Kellerdecken brauchen in Zukunft nach DIN 18 195-4 nicht mehr ausgeführt zu werden, weil man sich auf die Funktionssicherheit der horizontalen Abdichtung direkt über dem Fundament verlässt.

Die Abdichtungen müssen mindestens einlagig ausgeführt werden. Die Auflageflächen für die Abdichtungsbahnen müssen durch Mauermörtel so glatt ausgeführt werden, dass keine schädlichen

Unebenheiten entstehen (Gefahr von Perforationen). Die Bahnen sind lose zu verlegen – nicht zu verkleben! Die Überdeckungslänge der Bahnen untereinander soll mindestens 200 mm betragen. Die Überdeckungen dürfen verklebt werden.

Die lose verlegten Abdichtungsbahnen sind nicht in der Lage, horizontal wirkende Kräfte – z. B. aus einseitigem Erddruck bei Häusern am Hang oder bei nur einseitig über längere Zeiträume verfüllten Baugruben – aufzunehmen. In solchen Fällen dürfen nach DIN 18 195-4 die Abdichtungen stufenförmig ausgeführt werden; besser ist es aber, die Horizontalkräfte z. B. durch Widerlager (Nocken) o. Ä. aufzunehmen (Abb. 2.56a).

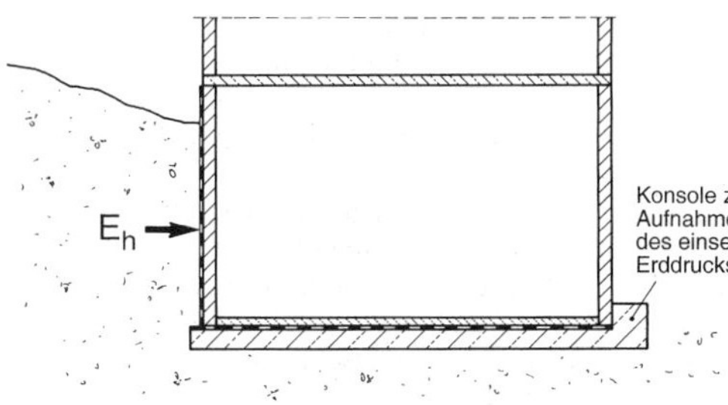

Abb. 2.56a Aufnahme des Erddruckes durch Konsole/Nocke

4.2.2 Abdichtung der Außenwände

Sämtliche vom Boden berührten Außenwandflächen sind abzudichten. Diese Abdichtung muss planmäßig bis 300 mm über Gelände hochgeführt werden, um eine ausreichende Anpassungsmöglichkeit an die Geländeoberfläche sicherzustellen. Im Endzustand darf dieser Wert das Maß von 150 mm nicht unterschreiten (Spritzwasserschutz). Sofern der Sockel des Gebäudes selbst ausreichend wasserabweisend ausgebildet ist (Vormauerziegel, Klinkermauerwerk, Zementputz), darf auf das Hochführen der Abdichtung verzichtet werden (Abb. 2.56b).

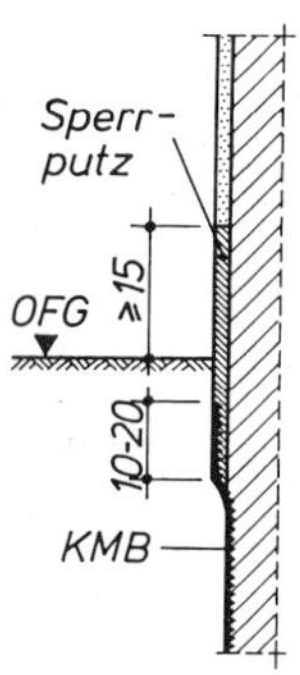

Abb. 2.56b Spritzwasserschutz im Sockelbereich

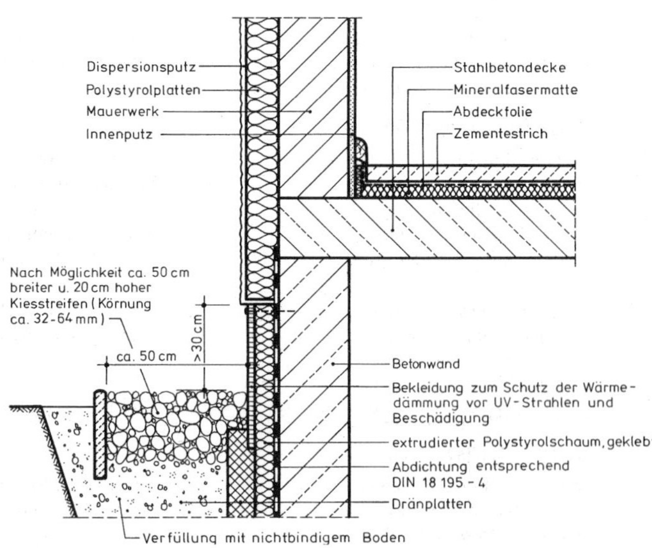

Abb. 2.56c Sockelausbildung bei Vorhandensein einer Perimeterdämmung

Auf eine sorgfältige Verbindung der Wandabdichtung mit der horizontalen Abdichtung unter der Wand ist besonders zu achten (Abb. 2.57). Auch auf die Verträglichkeit der unter Umständen unterschiedlichen Materialien für die vertikale und horizontale Abdichtung ist zu achten; insbesondere dann, wenn für die vertikale Abdichtung eine kunststoffmodifizierte Bitumendickbeschichtung gewählt wird (Herstellerangabe beachten, ob die Bitumendickbeschichtung mit der horizontalen Abdichtung verträglich ist).

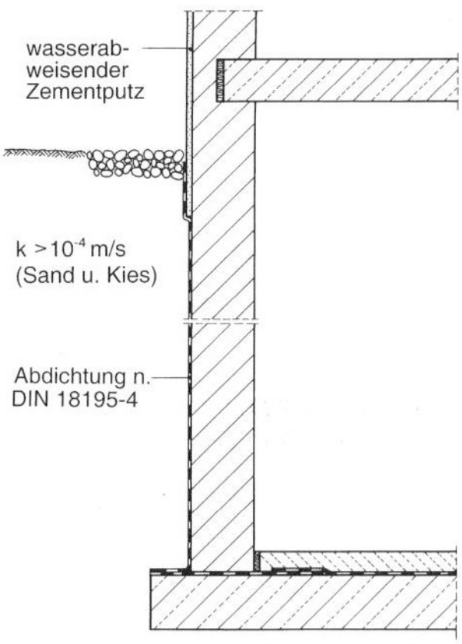

Die Wandabdichtungen sind durch Schutzschichten – z. B. aus Polystyrol o. Ä. – gegen mechanische Beschädigungen beim Verfüllen der Baugrube zu schützen (Bauschutt, Geröll o. Ä. darf nicht unmittelbar die Abdichtung berühren).

Für die Abdichtung der Wände dürfen nach DIN 18 195-4 verwendet werden:

- sämtliche Bahnenabdichtungen mit Ausnahme von Bitumenbahnen mit Rohfilzeinlage
- kunststoffmodifizierte Bitumendickbeschichtungen mit einer Trockenschichtdicke von mindestens 3 mm; die Dickbeschichtung ist grundsätzlich auf einen Voranstrich aufzubringen.

Abb. 2.57
Anschluss der vertikalen Wandabdichtung an die horizontale Sperrschicht

Der Untergrund für die Abdichtung muss fest, eben, frei von Nestern und klaffenden Rissen sowie Graten sein. Nicht verschlossene Vertiefungen, die größer als 5 mm sind, wie beispielsweise Mörteltaschen oder offene Stoß- oder Lagerfugen, sind zu schließen. Haufwerksporige Betone o.Ä. müssen – soweit eine kunststoffmodifizierte Bitumendickbeschichtung als Abdichtung verwendet wird – mit einer Kratzspachtelung geschlossen werden.

Bei der Ausführung bitumenhaltiger Abdichtungen ist zu beachten, dass Kanten gefast und Kehlen möglichst gerundet sein müssen.

Bei der Abdichtung mit KMB (kunststoffmodifizierten Bitumendickbeschichtungen) gilt Folgendes: Die KMB ist zweilagig auszuführen; die Trockenschichtdicke ist zu überprüfen; die Austrocknung ist durch eine Referenzprobe, die in der Baugrube gelagert wird, zu überprüfen; die Kehlen sind nicht mit einer Hohlkehle auszubilden, da die größeren Materialdicken an diesen Stellen sonst nur langsam durchtrocknen.

4.2.3 Abdichtung der Bodenplatte

Kellerfußböden sind gegen aufsteigende Feuchtigkeit entsprechend Abb. 2.57 zu schützen; nur bei geringer Anforderung an die Nutzung der Kellerräume (z. B. Lager für feuchteunempfindliche Güter) darf auf die Abdichtung der Bodenplatte verzichtet werden; statt dessen wird eine grobkörnige, 15 cm dicke Kiesschüttung angeordnet. Der Anschluss einer eventuell notwendigen Fußbodenabdichtung an die Sperrschicht im Mauerwerk geschieht am zweckmäßigsten entsprechend Abb. 2.57.

Als Abdichtungsmaterialien können Bitumenbahnen, kaltselbstklebende Bitumenbahnen, Kunststoff-Dichtungsbahnen, kunststoffmodifizierte Bitumendickbeschichtungen oder Asphaltmastix verwendet werden.

5 Abdichtung gegen nichtdrückendes Wasser

5.1 Abdichtungsprinzipien

Die Abdichtung soll gegen nichtdrückendes Wasser (Niederschlags-, Sicker- oder Brauchwasser) beständig sein: Nichtdrückendes Wasser übt auf die Abdichtung *keinen* oder nur einen *geringfügigen, zeitlich begrenzten* hydrostatischen Druck aus.

Nach der Größe der auf die Abdichtung einwirkenden Beanspruchungen werden „mäßig" oder „hoch beanspruchte" Abdichtungen unterschieden. Mäßig beanspruchte Abdichtungen sind nach DIN 18 195-5 durch folgende Randbedingungen gekennzeichnet:

- Die auf die Abdichtung einwirkenden Verkehrslasten sind ruhend (s. DIN 1055-3).
- Die Wasserbeanspruchung ist gering und wirkt nicht ständig (d.h. Gefälle).

Beispiele für mäßig beanspruchte Abdichtungen nach DIN 18 195-5 sind u.a.:

- Balkone und ähnliche Flächen im Wohnungsbau
- unmittelbar spritzwasserbelastete Fußboden- und Wandflächen in Nassräumen des Wohnungsbaus – soweit sie nicht durch andere Maßnahmen, deren Eignung nachzuweisen ist, hinreichend gegen eindringende Feuchtigkeit geschützt sind.

Bei häuslichen Bädern ohne Bodeneinlauf, die nicht zu den Nassräumen nach DIN 18 195-5 zählen, kann nach DIN 18 195 eine Abdichtung entfallen; wenn jedoch im Bereich von Wohnungsbädern ohne Bodeneinlauf die Umfassungsbauteile aus feuchtigkeitsempfindlichen Materialien bestehen (z.B. aus Holz, Holzwerkstoffen, zementgebundenen Holzwerkstoffplatten, Gips o.Ä.), muss der Schutz gegen Feuchtigkeit bei der Planung besonders beachtet werden (z.B. Merkblatt des Fachverbandes des deutschen Fliesengewerbes).

Zu den hoch beanspruchten Flächen zählen u.a.:

- Dachterrassen, intensiv begrünte Flächen, Parkdecks, Hofkellerdecken und Durchfahrten, erdüberschüttete Decken (nicht dazu gehören z.B. nichtgenutzte und extensiv begrünte Dachflächen, Fahrbahnen, die zu öffentlichen Straßen gehören)
- durch Brauch- oder Reinigungswasser stark beanspruchte Fußboden- und Wandflächen in Nassräumen, wie z.B. Umgänge in Schwimmbädern, öffentlichen Duschen, gewerbliche Küchen u.Ä.

Die Ausführungen in DIN 18 195-5 gelten nicht für die Abdichtung von nichtgenutzten und von extensiv begrünten Dachflächen; hier gilt DIN 18 531 bzw. die Flachdachrichtlinie.

5.2 Bauliche Erfordernisse

- Die Abdichtungen sind mit Gefälle auszuführen ($i \geq 1{,}5\,\%$), damit sich das Wasser auf ihnen nicht staut. Sofern erforderlich, ist eine Dränage (s. Abschnitt 7) anzuordnen.
- Bei Bewegungen des Baukörpers (Schwinden, Bewegungen aus Temperaturänderungen, Setzungen) darf die Abdichtung nicht ihre Schutzfunktion verlieren. Die Größen der zu erwartenden Bewegungen sind z.B. der statischen Berechnung zu entnehmen und mit der von der Abdichtung aufnehmbaren Verformung zu vergleichen.
- Risse im Bauwerk dürfen zum Zeitpunkt ihres Auftretens nicht breiter als 0,5 mm sein und sich nicht weiter als 2,0 mm breit öffnen (für Bitumendickbeschichtungen 1,0 mm). Der Versatz der Risskanten in der Ebene darf nicht größer als 1 mm sein (für Bitumendickbeschichtungen 0,5 mm).
- Werden die genannten Rissabmessungen überschritten, so ist durch konstruktive Maßnahmen (mehr Bewehrung, engere Fugenteilung, Wärmedämmung) den entstehenden Bauwerksbewegungen entgegenzuwirken.
- Die Abdichtung darf nur senkrecht zur Fläche beansprucht werden. Abdichtungen in den Schrägen sind durch Widerlager, Anker o.Ä. am Gleiten zu hindern (vgl. Abb. 2.61a).
- Dämmschichten, auf die die Abdichtungen aufgebracht werden, müssen für die jeweilige Nutzung geeignet sein. In den Dämmstoffnormen werden in der Regel keine Anforderungen an die Druckfestigkeit gestellt; es werden Mindestwerte der Druckspannung festgelegt, die eine Stauchung von 10 %, bezogen auf die ursprüngliche Dicke des Dämmmaterials, verursachen (vgl. z.B. Tafel 2.59). Für zähelastische Dämmstoffe sind diese Grenzwerte zu hoch; es ist mit etwa um die Hälfte verringerten Spannungen zu rechnen. Bei den sprödharten Dämmstoffen rechnet man bei der Bemessung mit einer ca. dreifachen Sicherheit gegen Bruch (vgl. auch bauaufsichtliche Zulassung).

  Die Temperaturempfindlichkeit der Kunstharzschäume ist bei der Verarbeitung bitumenhaltiger Abdichtungen zu beachten. Bei der Verwendung von Kunststoffabdichtungen sind mögliche Weichmacherwanderungen zwischen Kunstharzschäumen und Abdichtungsbahnen zu berücksichtigen (Anordnen von Trennlagen).

Tafel 2.59 Mindestwerte für die Druckspannung bei 10 % Stauchung einiger Dämmstoffe

Dämmstoff	$\sigma_{D,10\%}$ in N/mm²
Kork	0,10
Kork	0,20
Schaumkunststoff	0,10
Schaumkunststoff	0,10
Schaumkunststoff	0,15
Schaumglas	0,50 [1)]
Schaumglas	0,70 [1)]

[1)] Bruchspannung.

- Decken aus großformatigen Einzelelementen für Parkdächer oder vergleichbar genutzte Flächen, z.B. aus Beton-Fertigteilplatten, müssen zur Stabilisierung mit einem bewehrten, am Ort hergestellten Aufbeton oder mit anderen Maßnahmen zur Querkraftübertragung versehen sein, um unterschiedliche Durchbiegungen der Einzelelemente sowohl an ihren Längskanten als auch an den Auflagerfugen zu vermeiden (Schutzwirkung für die Abdichtung).
- Die Abdichtung muss *hohlraumfrei* zwischen den festen Bauteilen des Gebäudes angeordnet werden, damit sie nicht „abfließt" bzw. bei geringfügigen Beanspruchungen durch den Wasserdruck nicht zerstört wird.
- Entwässerungseinläufe, die die Abdichtung durchdringen, müssen sowohl die Oberfläche des Bauwerks als auch die Abdichtungsebene entwässern (z.B. bei Dachterrassen mit Gehwegplatten über der Abdichtung o.Ä.).

5.3 Materialwahl und Konstruktionsbeispiele

a) Mäßig beanspruchte Abdichtung

Als Abdichtungsmaterialien können nach DIN 18 195-5 z.B. verwendet werden:

- 1 Lage Bitumen- oder Polymerbitumenbahn oder -Schweißbahn. Bitumen-Dachdichtungsbahnen mit Gewebeeinlage müssen mit einem Deckaufstrich versehen werden.
- 1 Lage Bitumen-KSK-Bahn
- 1 Lage 1,5 mm PIB- oder ECB-Bahn
- 1,2 mm PVC
- Asphaltmastix auf Trennlage, z.B. aus Rohglasvlies. Die Abdichtung aus Asphaltmastix ist zweilagig herzustellen. Die Dicke muss im Mittel $d = 15$ mm betragen; zul. Abweichungen: min $d = 12$ mm, max $d = 20$ mm. Darüber Schutzschicht aus Gussasphalt, $d = 25$ mm. An- und Abschlüsse, Durchdringungen u.Ä. mit Bitumenbahnen, die für die Kombination mit Asphalt geeignet sind (Verarbeitungstemperatur).
- Kunststoffmodifizierte Bitumendickbeschichtungen, min $d = 3$ mm. An Kehlen und Kanten sind Gewebeverstärkungen einzubauen und auch im Bereich horizontaler Flächen, um die Mindesthöhe der Beschichtung einzuhalten.

b) Hoch beanspruchte Abdichtung (z.B. Abdichtung eines Parkdecks)

Der Aufbau von befahrbaren, gegen nichtdrückendes Wasser abgedichteten Decken ist in den Abb. 2.60a und b dargestellt. Als Abdichtungsmaterialien können nach DIN 18 195-5 beispielsweise verwendet werden:

- 2 Lagen Bitumen- oder Polymerbitumenbahnen und/oder -Schweißbahnen, jeweils mit Gewebe- bzw. Metallbandeinlage. Bei Gefälle $n < 2\,\%$ sind mindestens 2 Lagen Polymerbitumenbahnen zu verwenden.
- 1,5 mm PIB oder 2 mm ECB; oben und unten je eine nackte Bitumenbahn vollständig verklebt. Oberseitig ein Deckaufstrich.

- Asphaltmastix im Verbund mit Gussasphalt ($d = 25$ mm). Zwischen der Abdichtung und dem Untergrund ist eine Trennlage, z.B. aus Rohglasvlies, vorzusehen.

c) Konstruktionsbeispiele

Die prinzipiellen Aufbauten eines Parkdecks sind in den Abb. 2.60a und b dargestellt. Bei einer Abdichtung nach Abb. 2.60a mit einer Pflasterung als Fahrbahnbelag darf das Kiesbett nicht mit Zement verfestigt werden, da der Niederschlag den freien Kalk des Zements löst und es zu Kalkausscheidungen in den Entwässerungsleitungen kommen kann. Die Höhe der Steine sollte mindestens 10 cm betragen, um Verkantungen, Fahrrillen u.Ä. zu vermeiden. Zur Lagesicherung der Steine sind diese in Feldern durch Betonbalken zu umfassen.

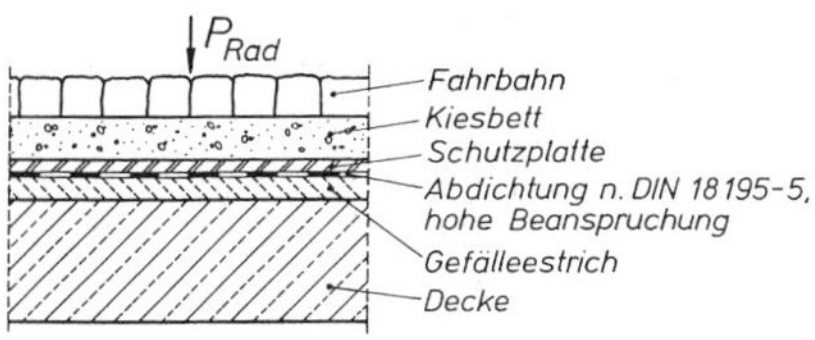

Abb. 2.60a
Parkdeckabdichtung ohne Wärmedämmung

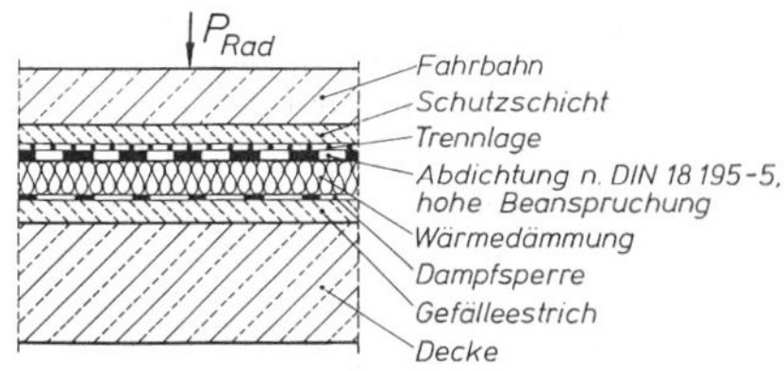

Abb. 2.60b
Parkdeckabdichtung mit Wärmedämmung

Das kritische Detail des Anschlusses einer Tiefgarage an ein Gebäude ist in Abb. 2.60c dargestellt. Abb. 2.60b zeigt die Ausbildung eines Schrammbordes als Schutz der Abdichtung (z.B. im Bereich von Hofdurchfahrten).

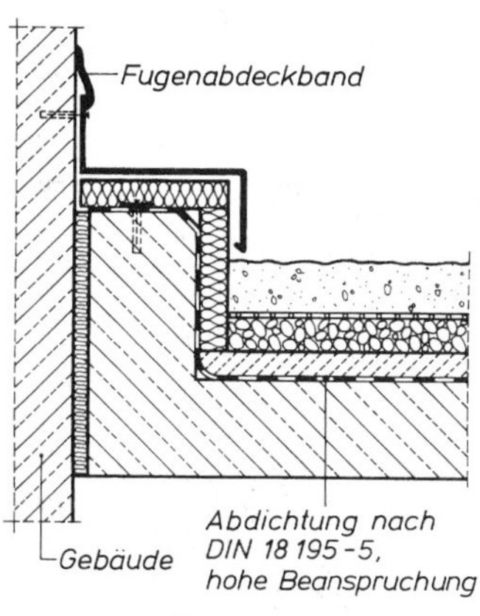

Abb. 2.60c
Fugenabdichtung zwischen Tiefgarage und angrenzendem Gebäude

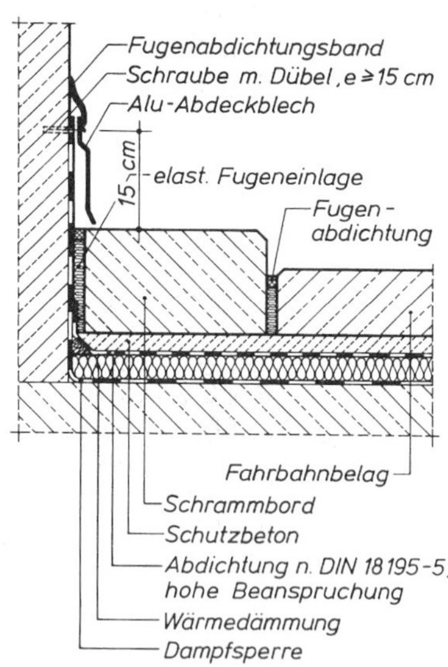

Abb. 2.60d
Schrammbord als Schutz der Abdichtung

Im Bereich von Gefällstrecken werden die in Richtung der Abdichtung wirkenden Kräfte am zweckmäßigsten durch Telleranker aufgenommen (Abb. 2.61a). Ein solcher besteht aus einem Festflansch, der an dem Bolzen wasserdicht angeschweißt ist; auf dem Festflansch wird die Abdichtung aufgeklebt, die mit dem Losflansch gegen den Festflansch gepresst wird. Der Bolzen überträgt die Kraft vom Fahrbahnbelag – einschließlich der Beschleunigungskräfte anfahrender oder bremsender Kraftfahrzeuge – in die Unterkonstruktion; die Bemessung des Bolzens kann unter Verwendung von Abb. 2.61b erfolgen.

Nach DIN 18 195-5 sind Nassräume Innenräume, in denen nutzungsbedingt Wasser in solchen Mengen anfällt, dass zu dessen Ableitung Fußbodenentwässerungen erforderlich sind. Bäder im Wohnungsbau ohne Bodenablauf zählen hingegen nicht zu den Nassräumen, da die anfallende Wassermenge als gering erachtet wird. Ist ein Fußbodenablauf in einem Wohnungsbad vorhanden, so wird dieser auch als Ausguss benutzt, wodurch dann nach DIN 18 195 auch eine Abdichtung notwendig wird. – Entsprechend der Definition eines Nassraumes ist ein Badezimmer im Wohnungsbau mit niveaugleicher Duschtasse ein Nassraum – ein Wohnungsbadezimmer mit aufgekanteter Duschtasse, jedoch ohne Bodenablauf, nicht.

Sind die Umfassungsflächen in einem Wohnungsbadezimmer feuchtigkeitsempfindlich, so sind geeignete Schutzmaßnahmen erforderlich. Diese Schutzmaßnahmen können z. B. durch eine Verbundabdichtung entsprechend dem Merkblatt des Fachverbandes des deutschen Fliesengewerbes ausgeführt werden [2.30] (Abb. 2.62a und b).

Bei den Verbundabdichtungen werden folgende Beanspruchungsklassen unterschieden:
1. Bauaufsichtlich geregelter Bereich (hohe Beanspruchung)
2. Bauaufsichtlich nicht geregelter Bereich.

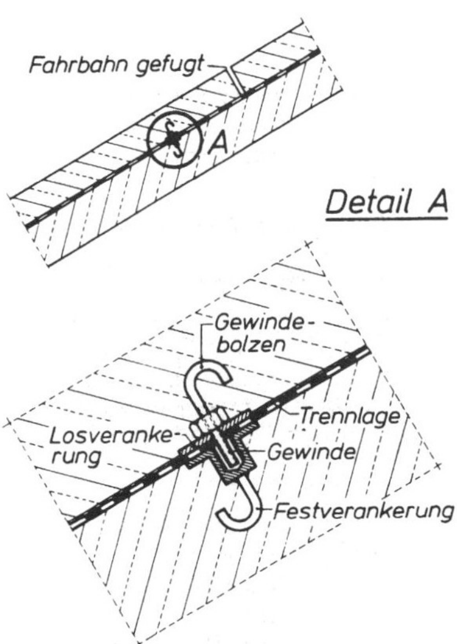

Abb. 2.61a Abdichtung von Rampen mit Tellerankern

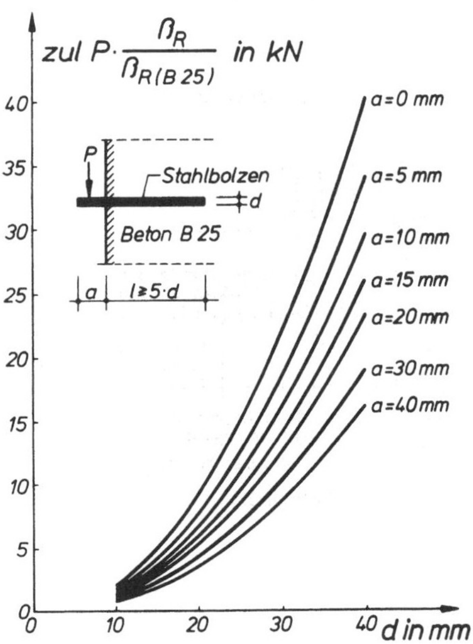

Abb. 2.61b Tragfähigkeit von Bolzen unter dem Einwirken einer Querkraft

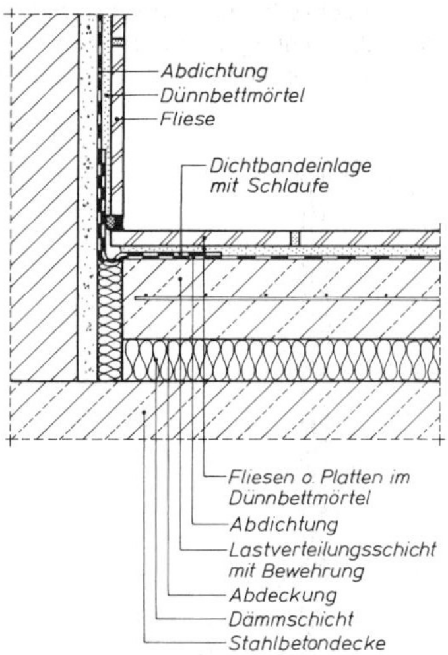

Abb. 2.62a Fugenausbildung am Übergang zwischen Wand- und Bodenfliesen

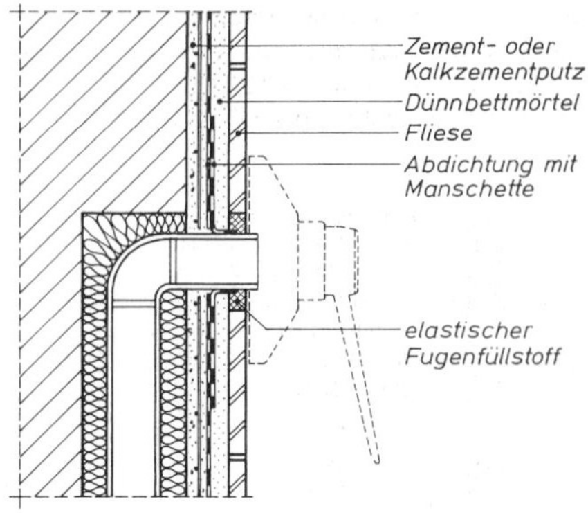

Abb. 2.62b Eindichtung von Wasserrohren

Im bauaufsichtlich geregelten Bereich gelten folgende Beanspruchungsklassen:

A1 Wände in öffentlichen Duschen
A2 Böden in öffentlichen Duschen
B Wände und Böden in öffentlichen Schwimmbädern
C Wände und Böden bei hoher und chemischer Beanspruchung

Im bauaufsichtlich nicht geregelten Bereich gelten folgende Beanspruchungsklassen:

0 Wohnungsbäder **ohne** Bodenablauf
A01 Wandflächen in Wohnungsbädern **mit** Bodenablauf
A02 Bodenflächen in Wohnungsbädern **mit** Bodenablauf
B0 Balkone und Terrassen (nicht über genutzten Räumen)

Für Verbundabdichtungen werden folgende Gruppen von Abdichtungsstoffen unterschieden:

- Kunststoffdispersionen (gefüllt oder ungefüllt)
- Kunststoff-Zement (Mörtel)-Kombinationen (flexible Dichtungsschlämme)
- Reaktionsharze (Expoxyd- oder Polyurethanharze).

Die Eignung von Verbundabdichtungen ist durch ein gültiges Prüfzeugnis zu erbringen (siehe Merkblatt über die „Prüfung von Abdichtungsstoffen und Abdichtungssystemen“, Stand September 1995).

Anmerkung: Im Hinblick darauf, dass die Fugen zwischen den Fliesen auf dem Boden und denen auf der Wand nicht auf Dauer wasserdicht ausgebildet werden können (Verformung des Estrichs), wird empfohlen, grundsätzlich auch bei feuchtigkeitsunempfindlichen Untergründen zumindest eine Abdichtung nach dem o.g. Merkblatt auszuführen. Gegenüber Abdichtungen nach DIN 18 195 erübrigen sich bei den Verbundabdichtungen zusätzliche Schutzschichten, wodurch sich geringere Aufbauhöhen und Konstruktionsdicken realisieren lassen. Weiterhin ist es bei der Verbundabdichtung von Vorteil, dass der Untergrund (z. B. Estrich) nicht von hygienisch und/oder chemisch bedenklichen Wässern durchfeuchtet wird; ein Vorteil, der insbesondere bei der Abdichtung im Bereich von Großküchen, Molkereien, Fleischereibetrieben o.Ä. zum Tragen kommt.

Nassräume in öffentlichen Bädern, gewerbliche Küchen u.Ä. sind entweder nach DIN 18 195-5 für hohe Beanspruchungen abzudichten oder es können auch Verbundabdichtungen gewählt werden. In Abb. 2.63a ist die bitumenhaltige Abdichtung im Bereich einer Dusche dargestellt; der Vorteil einer Verbundabdichtung nach Abb. 2.63b ist augenscheinlich.

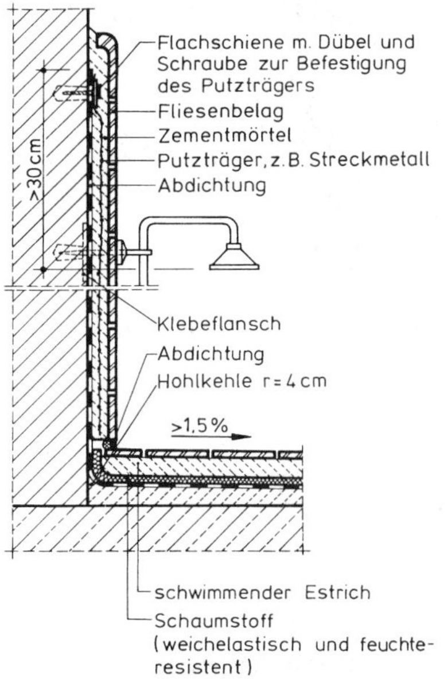

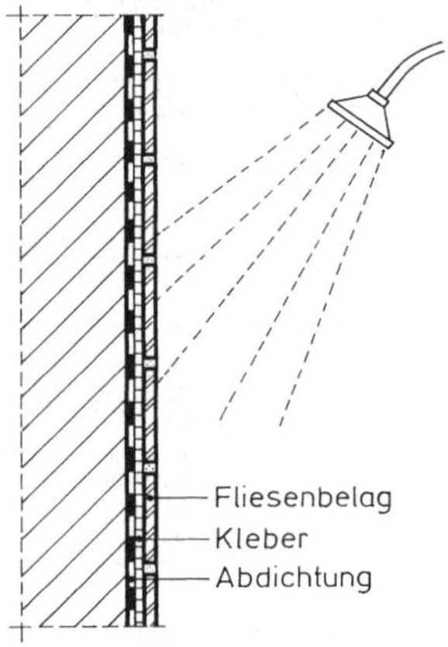

Abb. 2.63b
Verbundabdichtung im Bereich einer Dusche

Abb. 2.63a
Bitumenhaltige Abdichtung im Bereich einer Dusche

6 Abdichtung gegen drückendes Wasser

6.1 Abdichtungsprinzipien

Wasserdruckhaltende Abdichtungen müssen Bauwerke gegen von außen drückendes Wasser schützen und gegen natürliche oder durch Lösungen aus der Umgebung entstandene Aggressivität unempfindlich sein. Nach der Art und Lage der Abdichtung werden unterschieden:

- Außenhautabdichtungen (Regelfall) – s. Abb. 2.64a
- Innenhautabdichtungen bei Behältern bzw. für Sanierungen – s. Abb. 2.64b
- wasserundurchlässige Bauteile/Bauwerke (Regelfall s. Abschnitt 8).

6.2 Konstruktionsprinzipien

- Die Abdichtung darf durch die Bewegungen des Bauwerks nicht beschädigt werden (Schwinden, Setzen, Temperaturbewegungen). Risse im Bauwerk dürfen nach DIN 18 195-6 zum Zeitpunkt ihres Entstehens (zum Zeitpunkt des Abdichtens) nicht breiter als 0,5 mm sein und durch weitere Bewegungen nicht breiter als 5 mm werden. Der Versatz der Rissufer in Richtung der Abdichtungsebene muss geringer als 2 mm sein. Bei Abdichtungen gegen aufstauendes Sickerwasser darf die Rissbreite nicht größer als 0,5 mm sein und durch weitere Bewegungen nicht breiter als 1 mm werden. Der Versatz der Rissufer in der Abdichtungsebene muss geringer als 0,5 mm sein.
- Die Abdichtung ist bei nichtbindigen Böden ($k > 10^{-4}$ m/s) 300 mm über den höchsten Grundwasserspiegel zu führen; bei bindigen Böden 300 mm über Oberkante Erdreich (Begründung: Stauwasserwirkung).
- Die Abdichtung kann keine planmäßigen Kräfte in ihrer Ebene aufnehmen, sie ist also statisch als reibungslos anzusehen. Nichtplanmäßige Kräfte in Richtung der Abdichtungsebene entste-

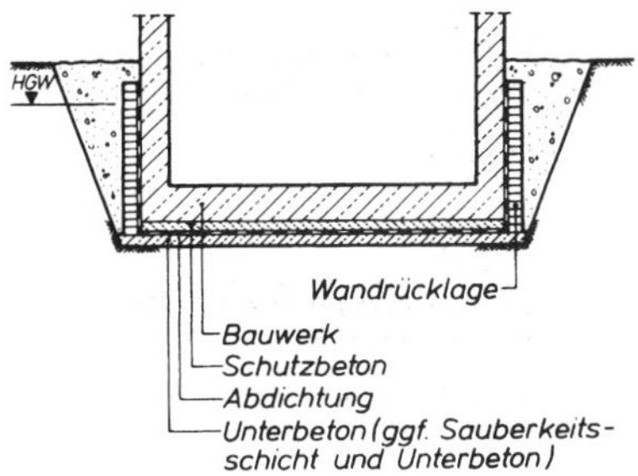

Abb. 2.64a
Außenhautabdichtung, Regelfall für Neubauten

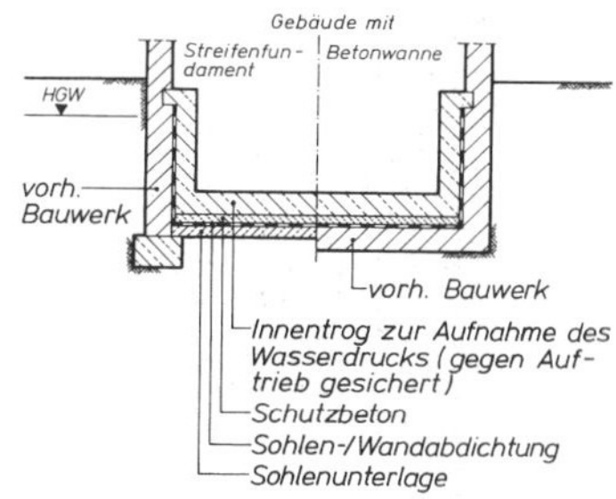

Abb. 2.64b
Innenhautabdichtung, Regelfall für Behälterabdichtungen und nachträgliche Abdichtungen in Gebäuden

hen z. B. durch das Schwinden einer Fundamentplatte, die auf der Abdichtung liegt. Planmäßige Kräfte in der Abdichtungsebene, z. B. bei Bauwerken im Gefälle oder bei einseitiger Baugrubenverfüllung, sind durch Verankerungen (s. Abb.2.61a), Nocken oder sonstige konstruktive Maßnahmen von der Abdichtung fernzuhalten (s. z. B. Abb. 2.56a).

- Die Ermittlung der maximalen Druckspannungen unterhalb der Fundamentplatte geschieht nach DIN 4018 entweder nach dem
  - Spannungstrapezverfahren
  - Bettungsmodulverfahren
  - Streifenmodulverfahren
  - oder nach der FEM.
- Gegen die Abdichtung muss hohlraumfrei gemauert oder betoniert werden. Wandrücklagen aus Mauerwerk müssen geputzt werden. – Wird die tragende Außenwand des Bauwerks in Mauerwerk ausgeführt und nachträglich vor die fertige Abdichtung gestellt, so ist sie durch eine etwa 4 cm breite Fuge, die schichtenweise beim Mauern mit Zementmörtel verfüllt wird, von der Abdichtung zu trennen.
- Bitumenhaltige Abdichtungen mit Trägerbahnen aus Rohfilzpappe oder Jutegewebe müssen zwischen festen Bauteilen eingepresst sein, wobei der Mindesteinpressdruck 0,01 MN/m^2 betragen muss. Bei der Ermittlung des mininalen Einpressdrucks darf der hydrostatische Druck des Wassers nicht in Rechnung gestellt werden.
- Abdichtungen gegen aufstauendes Sickerwasser – nichtdrückendes Wasser – sind nach DIN 18 195-6 Abdichtungen von Kelleraußenwänden und Bodenplatten bei Gründungstiefen bis 3,0 m unter GOK in wenig durchlässigen Böden ($k < 10^{-4}$ m/s) ohne Dränung, bei denen Bodenart und Geländeform nur Stauwasser erwarten lassen, auszuführen. Die Unterkante der Kellersohle muss mindestens 1000 mm über HGW liegen (Abb. 2.65a).
- Wird die bitumenhaltige Abdichtung durch Temperatur beansprucht (Heizkanäle, Abbindewärme dicker Fundamentplatten o.Ä.), so muss der Erweichungspunkt nach Ring und Kugel (s. DIN EN 1427) des verwendeten Bitumens mindestens 30 K über der zu erwartenden Temperatur liegen.
- Bei Einwirkung von Druckluft (wenn beim Abschalten der Wasserhaltung z. B. das Wasser die Luft in den Poren des Erdreichs gegen die Abdichtung presst) sind die Abdichtungen gegen das Ablösen von der Unterlage zu sichern. Bei bitumenhaltigen Abdichtungen sind Metallbänder einzukleben oder „Luftdränagen" vorzusehen (grober Kies, in dessen Poren die Luft entweichen kann).

6.3 Materialwahl und Konstruktionsbeispiele

Bauwerke, die gegen drückendes Wasser abgedichtet werden müssen, werden entweder aus wasserundurchlässigem Beton nach DIN 1045 ausgeführt, oder sie werden mit Bitumen- bzw. Kunststoffbahnen nach DIN 18 195-6 geschützt (Abb. 2.64a).

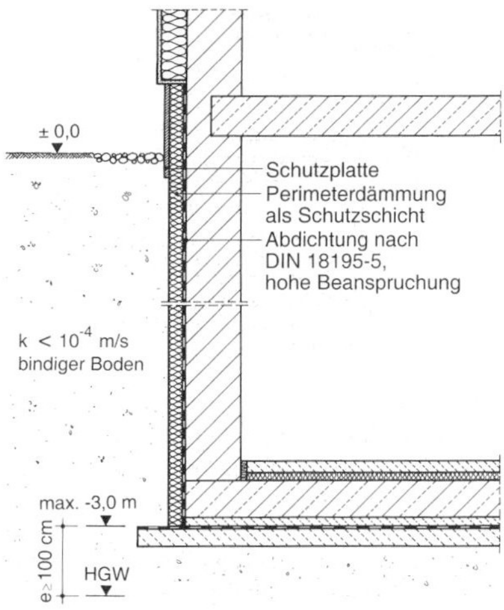

Abb. 2.65a
Abdichtung gegen aufstauendes Sickerwasser nach DIN 18 195-6

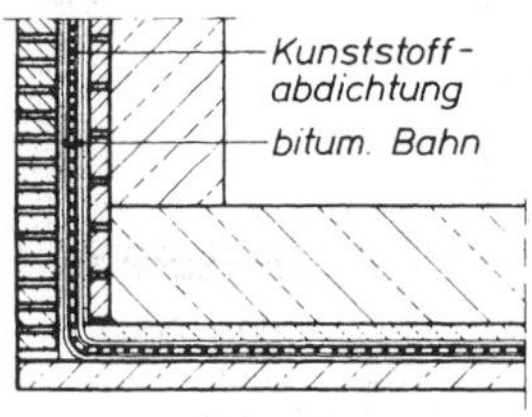

Abb. 2.65b Kehlstoß

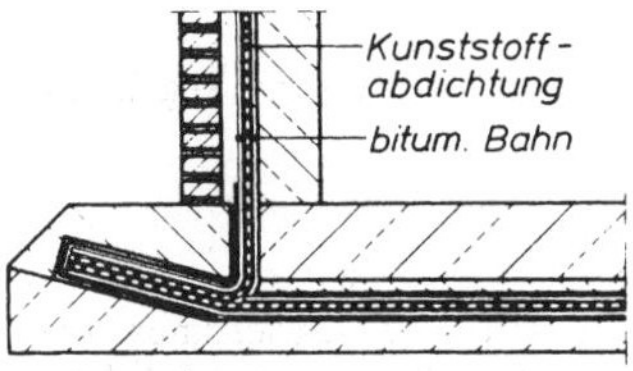

Abb. 2.65c Rückläufiger Stoß (vgl. auch Abb. 2.67a)

Die zulässige Druckbeanspruchung senkrecht zu den Bahnenabdichtungen ist in DIN 18 195-6 in Abhängigkeit von der Art der Abdichtung festgelegt. Die Anzahl der erforderlichen Lagen ist ebenfalls in DIN 18 195-6 in Abhängigkeit von der Eintauchtiefe des Gebäudes in das Grundwasser, der Art der Abdichtungsmaterialien sowie deren Verarbeitung festgelegt (s. Tafel 2.66).

Bei größeren Eintauchtiefen des Bauwerks in das Grundwasser wird der Auftrieb immer größer, so dass die Gefahr des Aufschwimmens gegeben ist. Gemäß DIN 1054 ist die Sicherheit gegen Aufschwimmen η_a nachzuweisen:

$\eta_a = Q_{Auflast} / Q_{Auftrieb} \geq 1{,}1$

Die Ausführung der Abdichtung erfolgt nach der Grundwasserabsenkung und dem anschließenden Ausheben der Baugrube wie folgt:

Auf einer Sauberkeitsschicht/Unterbeton (8 bis 10 cm Magerbeton) wird die Abdichtung aufgebracht. Die Abdichtung ist vor dem Beginn des Bewehrens der Fundamentplatte vor mechanischen Verletzungen zu schützen; dies geschieht in der Regel durch eine etwa 5 cm dicke Schutzbetonschicht. Der Übergang von der Fundamentplatte zu den Wänden erfolgt in Abhängigkeit von den örtlichen Verhältnissen und vom Bauablauf (Abb. 2.65b und 2.65c).

Die Druckbeanspruchung der Abdichtung ist für die Lastfälle „Volllast bei Grundwasserabsenkung (Bauzustand)" und „Volllast mit Auftrieb" zu untersuchen.

Die Wandrücklage (vgl. Abb. 2.67b) soll die hohlraumfreie Einpressung der Abdichtung sicherstellen. Dazu ist es erforderlich, dass sie glatt sowie eben ausgeführt wird und dass sie beweglich auf dem Fundament aufsteht, damit sie durch den Erddruck gegen die Abdichtung bzw. das Bauwerk gepresst wird.

Die Wandrücklagen sollten in Abständen von etwa 5 m und an Gebäudekanten gefugt sein, damit sie in sämtlichen Bereichen gegen den Baukörper gedrückt werden (Abb. 2.67b). Die Wandrücklagen aus Mauerwerk müssen bei noch nicht erfolgter Erdanschüttung den Schalungsdruck des Betons aufnehmen; aus diesem Grunde sind die Rücklagen während des Betonierens im Abstand von etwa 2 m wirksam auszusteifen.

Beim Einbau der Wandbewehrungen vor der Abdichtung ist darauf zu achten, dass die Abdichtung nicht mechanisch beschädigt wird. Der Abstand der Bewehrung von der Abdichtung muss mindestens 5 cm betragen, wobei notwendige Abstandhalter sich nicht in die Abdichtung eindrücken dürfen (Abb. 2.67c).

Tafel 2.66 Zusammenstellung der bahnenförmigen Abdichtungssysteme gegen drückendes Wasser entsprechend DIN 18 195-6 mit der Angabe der zulässigen Druckbelastung

Abdichtungssystem	zul σ in MN/m²	t in m	Lagenzahl bei Bü	 Gi
Nackte Bitumenbahnen (erf. Einpressdruck ≥ 0,01 MN/m²)	0,6	≤ 4 4 bis 9 > 9	3 4 5	3 3 4
Nackte Bitumenbahnen und eine Metallbandlage (Kupfer d = 0,1 mm oder Edelstahl d = 0,05 mm)	1,0	≤ 4 4 bis 9 > 9	3 3 4	3 3 3
Nackte Bitumenbahnen und zwei Metallbandlagen (Kupfer d = 0,1 mm oder Edelstahl d = 0,05 mm)	1,5	≤ 4 4 bis 9 > 9	4 4 5	4 4 4
			Lagenzahl bei sonstiger Verlegung	
Bitumen-Schweißbahnen (nur in Ausnahmefällen – z. B. im Überkopfbereich und an unterschnittenen Flächen)	0,8 bei Glasgewebe, 1,0 bei sonstigen Einlagen	≤ 4	2 mit GE oder PE	
		4 bis 9	3 mit GE oder PE 1 mit GE oder PE + jew. m. 1 Ku	
		> 9	2 mit GE oder PE + jew. m. 1 Ku	
Bitumen-Bahnen und/oder Polymerbitumen-Dachdichtungsbahnen	0,8 bei Glasgewebe, 1,0 bei sonstigen Einlagen	≤ 4	siehe Bit.-Schweißbahnen	
		4 bis 9 > 9	Bitumenbahnen mit Gewebeeinlagen sind mit Bahnen anderer Trägereinlage zu kombinieren.	
Bahnen aus EVA, PIB bzw. PVC-P	1,0 (bei PIB 0,6)	≤ 4 4 bis 9 > 9	1 d = 1,5 mm 1 d = 2,0 mm 1 d = 2,0 mm	
ECB- und EPDM-Bahnen	1,0	≤ 4 4 bis 9 > 9	1 d = 2,0 mm 1 d = 2,5 mm 1 d = 2,5 mm	

zul σ zulässige Druckbelastung
t Eintauchtiefe
Bü Bürstenstreich- oder Gießverfahren
Gi Gieß- und Einwalzverfahren
GE Gewebeeinlage
Ku Kupferbandeinlage
PE Polyestervlies-Einlage

Die Abdichtung gegen aufstauendes Sickerwasser (Abb. 2.65a) kann nach DIN 18 195-6 bestehen aus:

- kunststoffmodifizierter Bitumendickbeschichtung (d = 4 mm). Die Beschichtung ist in zwei Arbeitsgängen aufzubringen. Nach dem ersten Arbeitsgang ist eine Verstärkungslage einzulegen. Die Abdichtung ist grundsätzlich mit einer Schutzschicht zu versehen. Diese darf erst nach ausreichender Trocknung der Abdichtung aufgebracht werden.
- 1 Lage Polymerbitumen-Schweißbahn
- 2 Lagen Bitumen- oder Polymerbitumenbahnen mit Gewebe- oder Polyestervlieseinlage
- 1 Lage bitumenverträgliche Kunststoff-Dichtungsbahn.

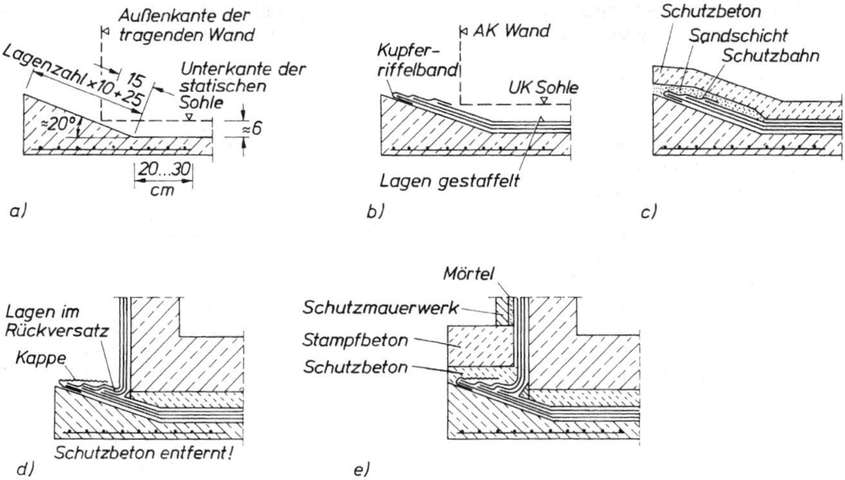

Abb. 2.67a Herstellung eines rückläufigen Stoßes [2.31]

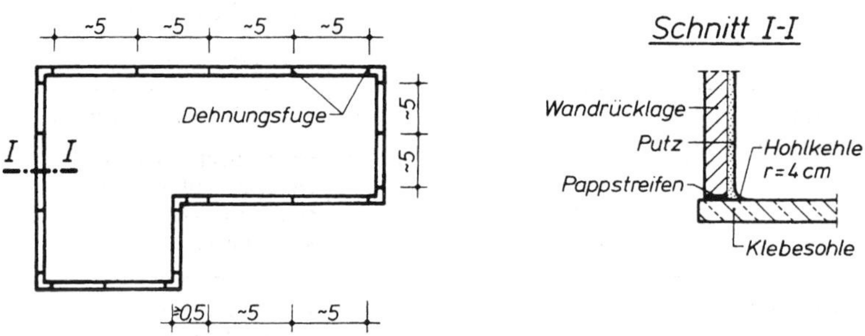

Abb. 2.67b Ausbildung der Wandrücklagen

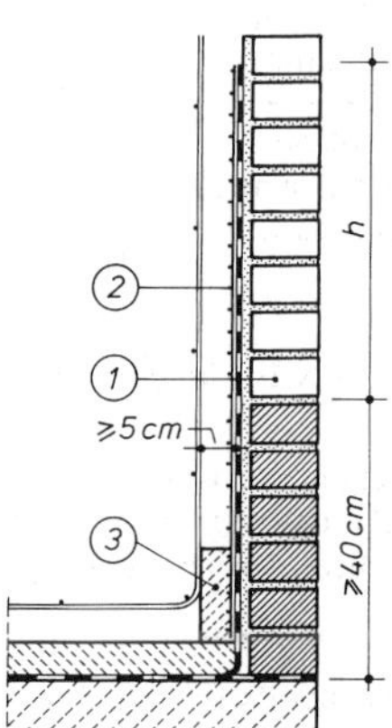

Abb. 2.67c Schutz der Abdichtung (Betondickung)

Stoß der Abdichtung im Bereich von ca. 40 cm über der Sauberkeitsschicht.

1 Wandrücklage
2 Schutzschicht
3 Abstandhalter

7 Gebäudedränung

7.1 Aufgabe und Wirkungsweise einer Dränanlage

Unter einer Dränanlage versteht man einen unterirdischen Leitungsstrang und eine dazugehörige Flächenentwässerung zur Abführung des sich im Bereich baulicher Anlagen im Boden befindenden Wassers (Abb. 2.68a und 2.68b). Die Abführung des Wassers verhindert das Entstehen eines hydrostatischen Drucks auf die Abdichtung; bei der Ableitung des Wassers im Drän soll ein Ausschlämmen von Bodenteilchen nicht auftreten (filterfeste Dränung).

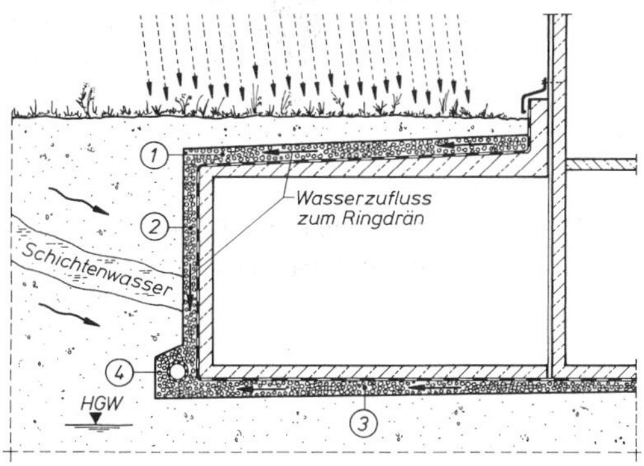

Abb. 2.68a
Wirkungsweise von Dränanlagen

1 Flächendrän (Flächenentwässerung) auf der Decke im Gefälle
2 Wanddrän
3 Flächendrän unter der Bodenplatte im Gefälle
4 Ringdrän im Gefälle

Eine Dränanlage besteht aus den Dränschichten und außerdem aus den Kontroll- und Spüleinrichtungen sowie den Ableitungen. Die Wirkungsweise einer Dränanlage ist Abb. 2.68a und Abb. 2.68b zu entnehmen (vgl. auch DIN 4095, Bild 2): Das auf das Bauwerk zufließende Wasser wird im Bereich der Kelleraußenwände durch eine Wanddränage (Dränschicht) zum Ringdrän geleitet. Das von unten auf das Bauwerk zufließende Wasser wird durch eine horizontale Dränage (Flächendränage, Dränschicht) ebenfalls zum Ringdrän (durch das Fundament) geleitet (Abb. 2.68a und 2.68b). Der Ringdrän leitet das Wasser zu einem Versickerungsschacht (Abb. 2.69b). Der Abstand zwischen Schachtsohle und Grundwasseroberfläche soll mindestens 1 m betragen.

Es ist zweckmäßig, den Sickerschacht mit grobkörnigen Füllstoffen zu füllen, deren Korngröße von unten nach oben abnimmt. Die oberste Schicht muss jedoch aus feinem Sand bestehen, mindestens 500 mm hoch und gegen Ausspülen gesichert sein, z.B. durch eine Prallplatte. Die Bemessung des Sickerschachtes geschieht nach [2.32].

In Abb. 2.69c ist eine Rohrversickerung von Dränwasser in einer Rigole dargestellt. Die Rigole besteht aus einem horizontalen, perforierten Versickerungsrohr (DN ≥ 300 mm), das in einer Kiespackung eingebettet ist; eine Kiesabdeckung verhindert das Zuschlämmen des Kieses. Die Bemessung der Rigolen geschieht ebenfalls nach [2.32].

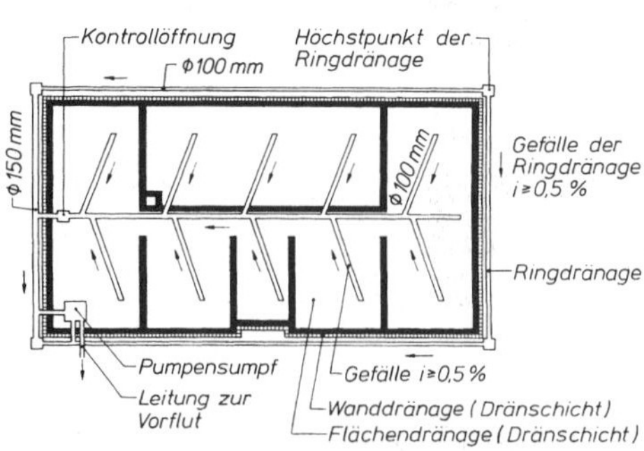

2.68b
Prinzip der Ausbildung von Dränagen

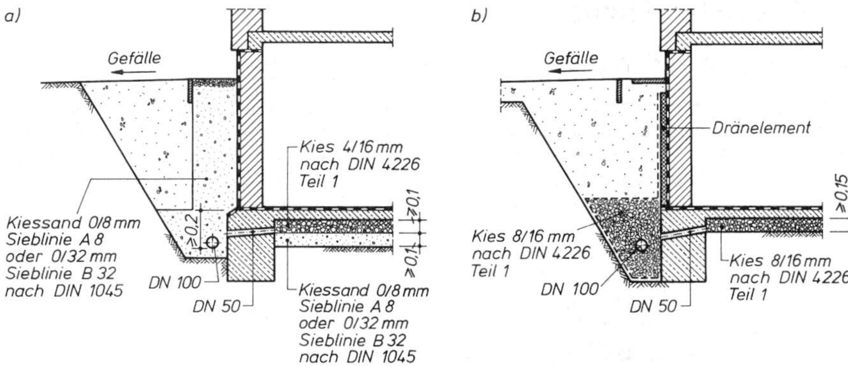

Abb. 2.69a Beispiele einer Dränanlage nach DIN 4095: a) mit mineralischer Dränschicht
b) mit Dränelementen

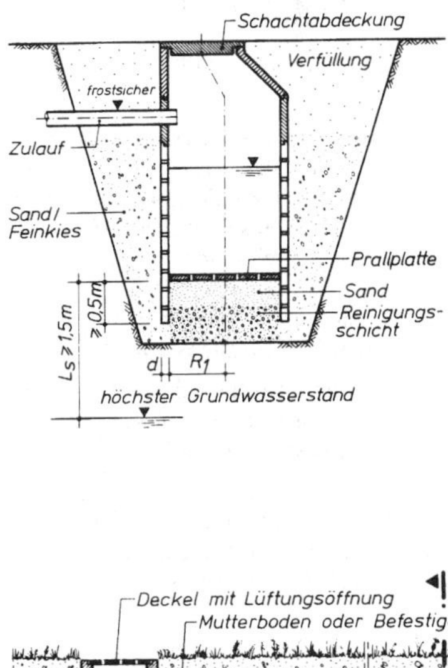

Abb. 2.69b
Versickerungsschacht nach ATV-Regelwerk [2.32]

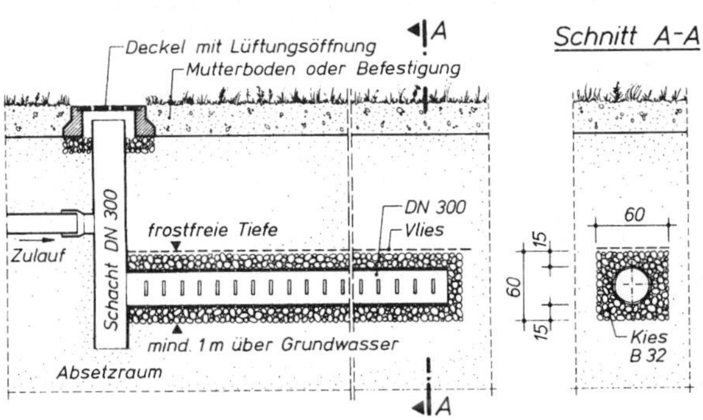

Abb. 2.69c Versickerung von Dränwasser in einer Rigole [2.32]

7.2 Materialien und Konstruktionsprinzipien für Dränanlagen

Die Bemessung einer Dränanlage kann unterbleiben, wenn die Randbedingungen für den Regelfall nach Tafel 2.70a eingehalten werden. In diesem Fall gelten die Bemessungsangaben nach den Tafeln 2.71a und 2.71b.

Tafel 2.70a Richtwerte für den Regelfall einer Dränanlage

Einflussgröße	Richtwert
Richtwerte vor Wänden	
Gelände Durchlässigkeit des Bodens Einbautiefe Gebäudehöhe Länge der Dränleitung zwischen Hochpunkt und Tiefpunkt	eben bis leicht geneigt schwach durchlässig bis 3 m bis 15 m bis 60 m
Richtwerte auf Decken	
Gesamtauflast Deckenteilfläche Deckengefälle Länge der Dränleitung zwischen Hochpunkt und Dach-einlauf/Traufkante Angrenzende Gebäudehöhe	bis 10 kN/m^2 bis 150 m^2 ab 3 % bis 15 m bis 15 m
Richtwerte unter Bodenplatten	
Durchlässigkeit des Bodens Bebaute Fläche	schwach durchlässig bis 200 m^2

Tafel 2.70b Beispiele von Baustoffen für Dränelemente (DIN 4095)

Bauteil	Art	Material
Filterschicht	Schüttung	Mineralstoffe (Sand und Kies)
	Geotextilien	Filtervlies (z.B. Spinnvlies)
Sickerschicht	Schüttung	Mineralstoffe (Sand und Kies)
	Einzel-elemente	Dränsteine (z.B. aus haufwerksporigem Beton) Dränplatten (z.B. aus Schaumkunststoff) Geotextilien (z.B. aus Spinnvlies)
Dränschicht	Schüttungen	Kornabgestufte Mineralstoffe; Mineralstoffgemische (Kiessand) z.B. Körnung 0/8 mm (Sieblinie A 8 nach DIN 1045) oder Körnung 0/32 mm (Sieblinie B 32 nach DIN 1045)
	Einzel-elemente	Dränsteine (z.B. aus haufwerksporigem Beton, ggf. ohne Filtervlies); Dränplatten (z.B. aus Schaumkunststoff, ggf. ohne Filtervlies)
	Verbund-elemente	Dränmatten aus Kunststoff (z.B. aus Höckerprofilen mit Spinnvlies, Wirrgelege mit Nadelvlies, Gitterstrukturen mit Spinnvlies)
Dränrohr	gewellt o. glatt	Beton, Faserzement, Kunststoff, Steinzeug, Ton mit Muffen
	gelocht oder geschlitzt	allseitig (Vollsickerrohr); seitlich und oben (Teilsickerrohr)
	mit Filter-eigenschaften	Kunststoffrohre mit Ummantelung Rohre aus haufwerksporigem Beton

Tafel 2.71a Beispiele für die Ausführung und Dicke der Dränschicht aus mineralischen Baustoffen für den Regelfall (DIN 4095)

Lage	Baustoff	Dicke in m (mind.)
vor Wänden	Kiessand, z. B. Körnung 0/8 mm (Sieblinie A 8) oder 0/32 mm (Sieblinie B 32 nach DIN 1045)	0,50
	Filterschicht, z. B. Körnung 0/4 mm (0/4 a nach DIN 4226-1), und Sickerschicht, z. B. Körnung 4/16 mm (nach DIN 4226-1)	0,10 0,20
	Kies, z. B. Körnung 8/16 mm (nach DIN 4226-1) und Geotextil	0,20
auf Decken	Kies, z. B. Körnung 8/16 mm (nach DIN 4226-1) und Geotextil	0,15
unter Bodenplatten	Filterschicht, z. B. Körnung 0/4 mm (0/4 a nach DIN 4226-1), und Sickerschicht, z. B. Körnung 4/16 mm (nach DIN 4226-1)	0,10 0,10
	Kies, z. B. Körnung 8/16 mm (nach DIN 4226-1) und Geotextil	0,15
um Dränrohre (Ringleitung)	Kiessand, z. B. Körnung 0/8 mm (Sieblinie A 8) oder 0/32 mm (Sieblinie B 32 nach DIN 1045)	0,15
	Sickerschicht, z. B. Körnung 4/16 mm (nach DIN 4226-1), und Filterschicht, z. B. Körnung 0/4 mm (0/4 a nach DIN 4226-1)	0,15 0,10
	Kies, z. B. Körnung 8/16 mm (nach DIN 4226-1) und Geotextil	0,10

Tafel 2.71b Richtwerte für Dränleitungen und Kontrolleinrichtungen im Regelfall nach DIN 4095 (vgl. auch Tafel 2.70a)

Bauteil	Richtwert mind.
Dränleitung	Nennweite ≥ DN 100; Gefälle ≥ 0,5 %
Kontrollrohr	Nennweite ≥ DN 100
Spülrohr	Nennweite DN 300
Übergabeschacht	Nennweite DN 1000

Für die Ausführung von Dränagen gilt:

- Das Mindestgefälle des Ringdräns soll $i = 0{,}5\,\%$ betragen (bei zu geringem Gefälle besteht die Gefahr der Sedimentation und der anschließenden Rohrverstopfung von eingespülten Bodenfeinstteilen).
- Die Ringdränage soll am Hochpunkt mit der Rohrsohle mindestens 20 cm unter Oberkante des Fundamentes liegen (liegt die Ringdränage höher als Oberkante Fundament, so ist der freie Wasserzufluss von der Wanddränage in den Ringdrän unterbunden; liegt der Ringdrän tiefer als die Unterkante des Fundamentes, so kann es bei starkem Wasseranfall zu einer Unterspülung des Fundamentes kommen).
- Die Dränrohre werden mit filterstabilen Kiesschichten oder mit ebenfalls filterstabilen Umhüllungen aus Polyestervlies umgeben (weitgehende Vermeidung des Versandens).
- Anbringen von Kontroll- und Spülrohren an allen Richtungswechseln (Knicke) von Ringdränen entsprechend Abb. 2.68b und 2.72a (Ringdräne können versanden oder verockern – Festsetzen von gallertartigem, verfestigtem Eisenschlamm an Rohrwandungen).
- In regelmäßigen Zeitabständen ist der Sandfang dahingehend zu überprüfen (befindet sich am Boden der Kontrollschächte, Abb. 2.72a), ob zuviel Sand im Ringdrän transportiert wurde. Mindestens einmal jährlich sollen die Ringdräne von den Schächten aus saubergespült werden.
- Richtwerte für die Dränleitungen und Kontrolleinrichtungen im Regelfall enthält Tafel 2.71b.

- Entsorgung des Dränagewassers durch Vorfluter (Bach, See, Graben) oder durch Versickerung im Erdreich (Abb. 2.69b). Sickerschacht 10 bis 20 m vom Bauwerk entfernt anordnen.
- Die Funktionsfähigkeit der Dränleitungen muss nach dem Verfüllen der Baugrube, z. B. durch Spiegelung und Spülung, überprüft werden (Abb. 2.72a).
- Die Abdichtung hinter der Wanddränage und über der Bodendränage kann nach DIN 18 195 einer Abdichtung gegen Bodenfeuchtigkeit (DIN 18 195-4) entsprechen. Dies setzt eine funktionsfähige Dränage voraus. Der Überprüfung und laufenden Wartung kommt eine besondere Bedeutung zu.

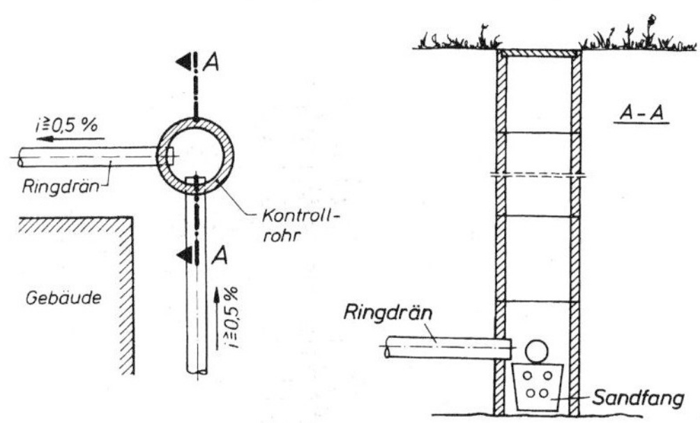

Abb. 2.72a
Spül- und Kontrollrohr

Im Hinblick darauf, dass die nach Abb. 2.69a Teil a auszuführenden Wanddränagen aus abgestuften Kiesschüttungen ausführungstechnische Schwierigkeiten bereiten, ist es zweckmäßig, vorgefertigte Dränelemente im Bereich der Wände zu verwenden. In Abb. 2.72b ist beispielhaft ein Wanddränelement dargestellt, das aus Polystyrolkugeln ∅ 6 bis 12 mm besteht, bei dem die einzelnen Kugeln miteinander bitumenhaltig gebunden sind. Durch die Kugeln wird eine haufwerksporige Platte gebildet, die ein relativ großes Porenvolumen besitzt, in dem das auf die Platte zufließende Wasser abgeführt werden kann (versickern kann). Durch das Porenvolumen ist die Platte fast vergleichbar mit einer Dränschicht aus sandigem Kies (vgl. Abb. 2.72c). – Bei anstehenden Böden, die zum Ausschlämmen neigen, muss zur Erhöhung der von der Dränplatte verlangten Filterstabilität ein geeignetes geotextiles Vlies angeordnet werden; das geotextile Vlies verhindert das Zusetzen der Dränplatten.

Abb. 2.72b
Sickerplatte als Wanddränelement aus miteinander verbundenen Polystyrolkugeln ∅ 6 … 12 mm

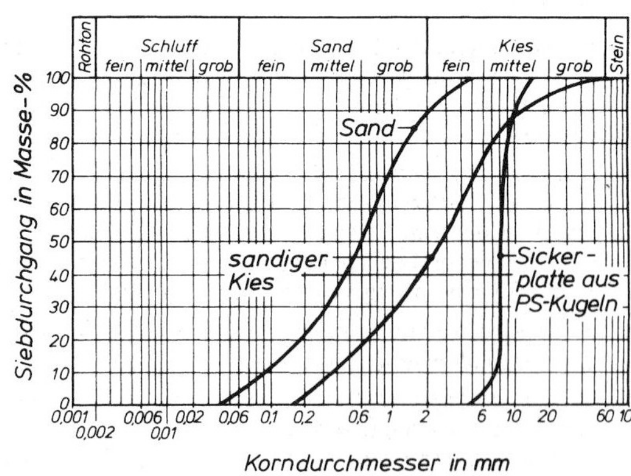

Abb. 2.72c Korngrößenverteilung [2.33]

In Abb. 2.73a ist der Einfluss der Stauchung unter dem Einwirken des Erddrucks aufgezeigt: Unter dem Einwirken eines langfristig wirkenden Erddrucks von 100 bis 150 MN/m² ist eine etwa 25- bis 30-%ige Stauchung der Dränplatte zu erwarten. In Abb. 2.73b ist die Veränderung der abführbaren Wassermenge in Abhängigkeit vom Durchlässigkeitswert dargestellt, der wiederum von der Stauchung abhängig ist. Es lässt sich ablesen, dass Sickerplatten, die um etwa 25 % auf Grund des Erddrucks gestaucht werden, nahezu das gleiche Wasserableitungsvermögen wie Kies ∅ 5 bis 7 mm aufweisen. – Von der Industrie wird eine Vielzahl vergleichbarer Dränelemente, z. B. solche aus Wirrvliesen und aufkaschierten geotextilen Vliesen, angeboten, die die funktionsfähige Ausführung von Dränagen ermöglichen. Die abführbaren Wassermengen dieser Elemente sind von den Herstellern der Elemente durch ein Prüfzeugnis zu belegen.

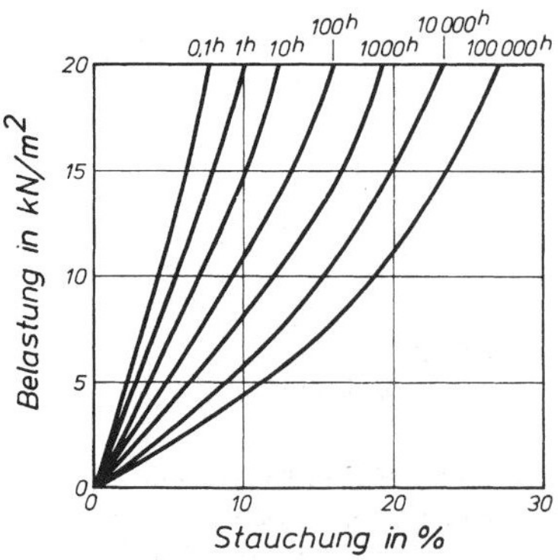

Abb. 2.73a
Stauchung von Sickerplatten aus Polystyrolkugeln entsprechend Abb. 2.72b [2.33]

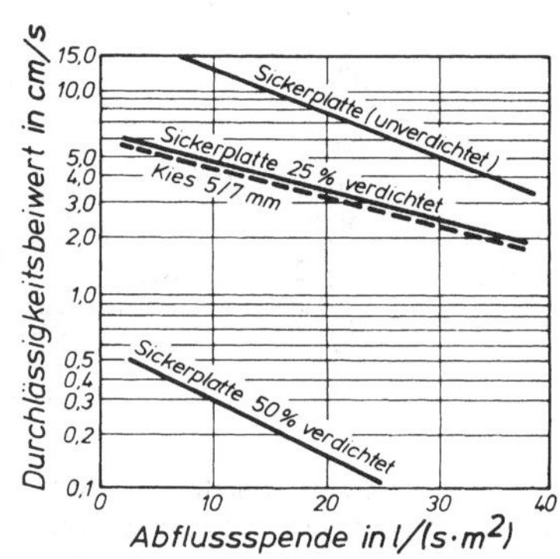

Abb. 2.73b
Abführbare Wassermenge (Abflussspende) [2.33]

8 Gründungsbauwerke aus wasserundurchlässigem Beton (WU-Beton)*)

8.1 Vorteile

Bauten aus wasserundurchlässigem Beton sind dadurch gekennzeichnet, dass der Schutz gegen im Erdreich vorhandenes Wasser durch die Betonkonstruktion selbst erbracht wird. Äußere Abdichtungen aus Bitumen- oder Kunststoffbahnen sind somit nicht erforderlich. Dadurch entstehen folgende Vorteile:

- Wegfall eines Gewerkes (z. B. bitumenhaltige Abdichtung),
- weitgehende Witterungsunabhängigkeit bei der Herstellung des Bauwerkes im Vergleich zu Bauwerken, die zum Beispiel mit bitumenhaltigen Abdichtungsbahnen versehen werden,
- leichte Ortung von Leckagen und deren nachträgliche Sanierung (Bauteile mit einer Außenhautdichtung können im Regelfall im nachhinein schwer oder überhaupt nicht mehr saniert werden).

Um die genannten Vorteile zu erzielen, sind jedoch zusätzliche Maßnahmen im Vergleich zu üblichen Stahlbetonkonstruktionen erforderlich:

- Betonrezeptur (Zement, Sieblinie für die Zuschläge, Betonzusätze),
- Verarbeitung (Schalung, Verdichtung, Nachbehandlung),
- Nachweis der verminderten Rissbildung oder der Rissbreitenbeschränkung (dadurch höherer Bewehrungsgehalt),
- besondere Aufwendungen für die konstruktive Durchbildung des Bauwerkes (Fugen),

*) Es wird auf die Richtlinie des Deutschen Ausschusses für Stahlbeton (WU-Richtlinie Ausg. Nov. 2003) verwiesen.

- Mehraufwendungen für den Innenausbau (WU-Beton ist wasserundurchlässig, aber nicht absolut wasserdicht).

Die aufgeführten Mehraufwendungen müssen technisch befriedigend machbar sein, und sie müssen sich in wirtschaftlicher Hinsicht tragen.

8.2 Planungsgrundsätze

Bauten aus WU-Beton müssen in Abhängigkeit von der Beanspruchung durch das Wasser im Erdreich und der Nutzung des Bauwerks geplant werden. – Es werden zwei Beanspruchungsklassen nach der WU-Richtlinie unterschieden:

Beanspruchungsklasse 1: Für drückendes, nichtdrückendes und zeitweise aufstauendes Wasser
Beanspruchungsklasse 2: Für Bodenfeuchte und nichtstauendes Sickerwasser.

Hinsichtlich der Nutzung werden unterschieden:

- Nutzungsklasse A: Keine feuchten Stellen auf den Bauteiloberflächen zulässig.
- Nutzungsklasse B: Feuchte Stellen auf den Bauteiloberflächen sind im begrenzten Maße zulässig, aber so, dass keine Wasseransammlungen entstehen (Beispiel für Nutzungsklasse B = Parkhäuser, untergeordnete Lagerkeller o.Ä.).
- Vereinbarte Nutzungsklasse, bei der die Anforderungen im Bauvertrag oder in den Entwurfsgrundlagen geregelt werden.

Folgende Nachweise müssen bei der Planung von Kellerbauwerken aus WU-Beton geführt werden, bzw. es müssen folgende Regeln beachtet werden:

- Höhe des maximalen Grundwasserpegels (HGW) (zu erfragen bei den zuständigen Wasserwirtschaftsämtern)
- Prüfen der Korrosivität des Grundwassers entsprechend DIN 4030 (Wasseruntersuchung). Gegebenenfalls ist die Wahl der Zementart in Abhängigkeit vom Angriffsgrad des Grundwassers (schwach, stark, sehr stark) vorzunehmen; unter Umständen ist auf die Ausführung von WU-Beton zu verzichten.
- Wahl eines Betons mit hohem Wassereindringwiderstand nach DIN EN 206-1 und DIN 1045-2 (5.5.3). Für den Anwendungsbereich der WU-Richtlinie gilt jedoch $(w/z)_{eq} \leq 0{,}60$ (entspricht bei Normalbeton einer Druckfestigkeitsklasse C 25/30).
- Die Mindestdicke der Bauteile aus WU-Beton ist abhängig von der Beanspruchungsart des Bauwerks durch das Wasser (drückendes Wasser, aufstauendes Wasser, Bodenfeuchte) und von der Art der Herstellung (Ortbeton, Elementwände, Fertigteile). Es wird auf Tafel 2.74 verwiesen.

Tafel 2.74 Empfohlene Mindestdicken von Bauteilen (Angaben in mm) nach der WU-Richtlinie des DAfStb für alle Nutzungsklassen

			1	2	3
	Bauteil	Beanspruchungsklasse	Ausführungsart		
			Ortbeton	Elementwände	Fertigteile
1	Wände	1[1]	240	240	200
2		2[2]	200	240[3]	100
3	Bodenplatte	1[1]	250	–	200
4		2[2]	150	–	100

[1] Beanspruchungsklasse 1: Drückendes bzw. nichtdrückendes Wasser sowie zeitweise aufstauendes Sickerwasser.
[2] Beanspruchungsklasse 2: Bodenfeuchte und nichtstauendes Sickerwasser.
[3] Unter Beachtung besonderer betontechnologischer und ausführungstechnischer Maßnahmen ist eine Abminderung auf 200 mm möglich.

- Im Rahmen der statischen Berechnung müssen folgende Nachweise geführt werden:
  a) Rissweitenbeschränkung $w_m < w_{cal}$ - Nachweis. Die zulässige Rissweite w_{cal} ist vom hydraulischen Gefälle abhängig (Tafel 2.75).
  b) Nachweis der Druckzonenhöhe x bei Beanspruchungsklasse 1 und Nutzungsklasse A. Alternativ Nachweis zur Begrenzung der Rissbreite.
  c) Nachweis der Zwangs- und Eigenspannungen.
  d) Auftriebssicherung des Bauwerkes.

Tafel 2.75 Zulässige Rissweite w_{cal} in Abhängigkeit vom Druckgefälle $i = h_w/d$

Druckgefälle $i = h_w/d$ in mWS/m	Rechenwert der Rissbreite w_{cal} in mm
≤ 10	0,20
> 10 bis ≤ 15	0,15
> 15 bis ≤ 25	0,10

h_w Höhe des Grundwassers (m); d Bauteildicke (m)

- Ermittlung der in das Bauwerk durch den WU-Beton eintretenden Wassermenge und Nachweis der schadlosen Verdunstungsmöglichkeit (s. Abschn. 8.3).
- Schalungsanker im Wandbereich müssen wasserundurchlässig sein. Es bieten sich z.B. Gewindestähle mit verlorener Kupplungsmutter an (vgl. Abb. 2.75a). Der Nachweis der Dichtheit ist entsprechend dem Merkblatt des Deutschen Beton-Vereins zu führen (DBV-Merkblatt „Schalungsanker").

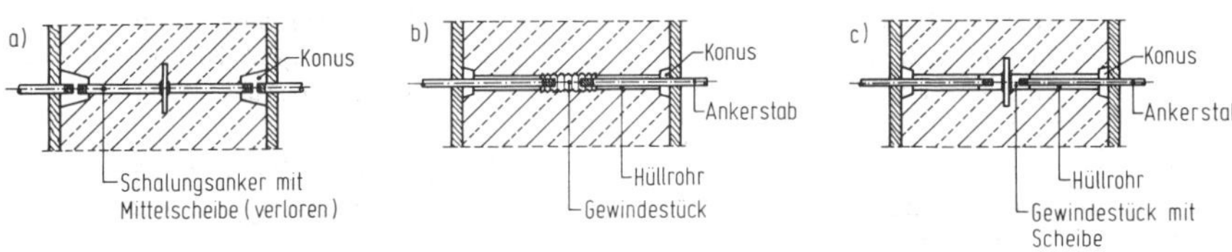

Abb. 2.75a
Konstruktionsprinzipien für Schalungsanker [2.34]

- Zur Einführung von Ver- und Entsorgungsleitungen in das Bauwerk sind Mantelrohre einzubetonieren (Abb. 2.75b). Flanschrohre mit Mittelkranz, die an den Leitungen starr befestigt werden, sind wegen möglicher Setzungen oder anderer Bauwerksbewegungen zu vermeiden.

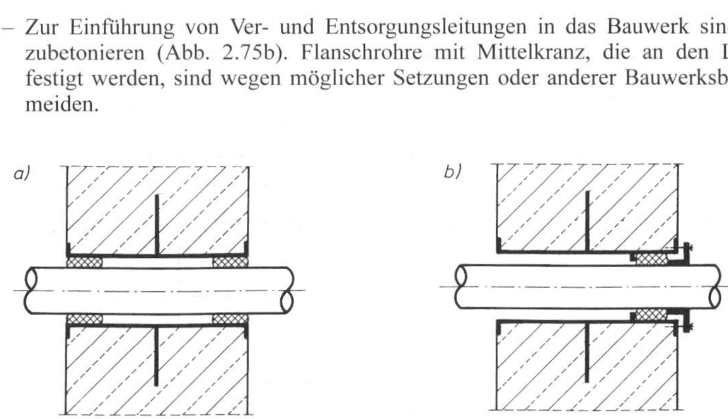

Abb. 2.75b Rohrdurchführungen in Bauteilen aus wasserundurchlässigem Beton
a) mit verstemmter Buchse
b) mit Stopfbuchse

- Die Ausbildung der Arbeitsfugen in den Bauteilen aus WU-Beton wird zzt. noch kontrovers diskutiert. In den Abbildungen 2.76a und 2.76b sind einige Ausführungsbeispiele dargestellt; Näheres s. [2.35].
- Eine Nachbehandlung, z.B. auch durch eine wärmedämmende Abdeckung der Fundamentplatte, ist zweckmäßig, um im frühen Alter des Betons Rissbildungen auf Grund der Temperaturunterschiede in der Fundamentplatte zu vermeiden. Die Wärmedämmung ist spätestens nach 24 Stunden aufzubringen (vgl. Abb. 2.76c), sonst ist sie weitgehend wirkungslos.

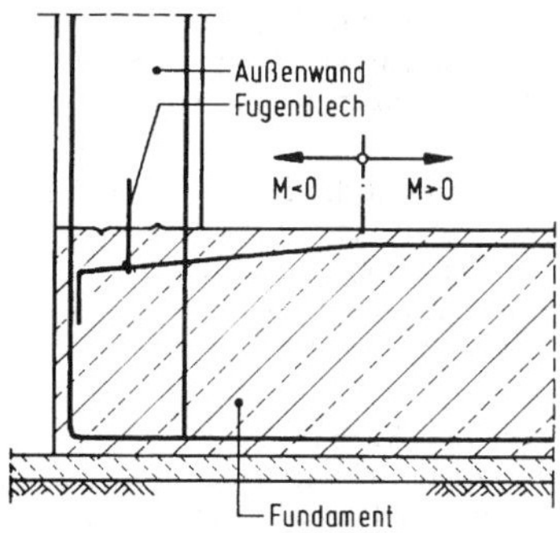

Abb. 2.76a
Fugenausbildung am Übergang Fundamentplatte/Wand

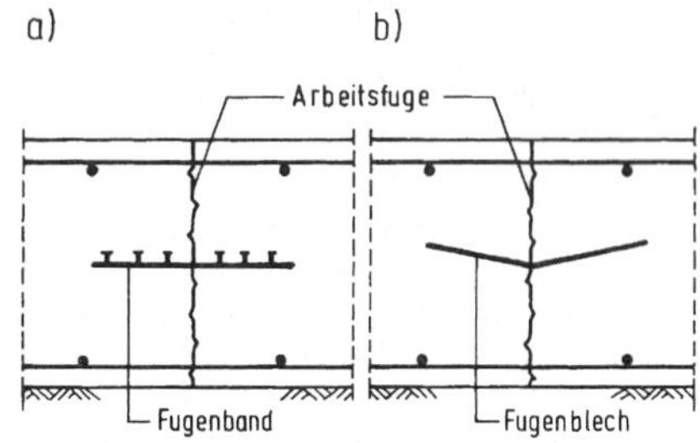

Abb. 2.76b
Arbeitsfuge in der Fundamentplatte
a) Gefahr der Luft- und Wasserblasenbildung unterhalb des Fugenbandes
b) Ein abgewinkeltes Fugenblech ermöglicht die Ableitung von Luft- und Wasserblasen.

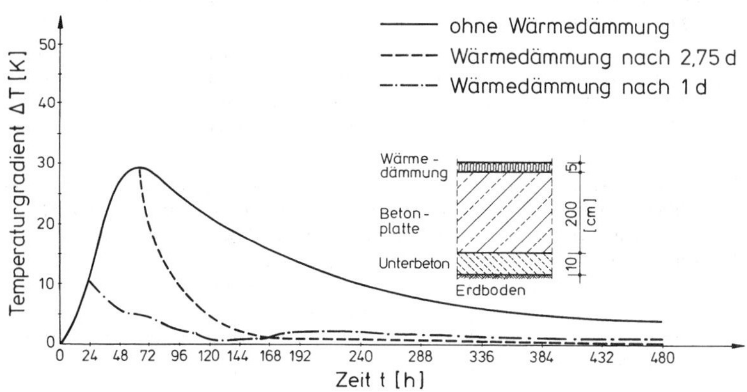

Abb. 2.76c Zeitlicher Verlauf des Temperaturgradienten ΔT zwischen Plattenoberfläche und Betonkern in einem gedämmten und einem ungedämmten Betonquerschnitt (Betonplatte) [2.36]

8.3 Wasserdurchgang durch Bauteile aus WU-Beton

Der Wasserdurchgang durch Bauteile aus WU-Beton kann auf folgende Wassertransportmechanismen zurückgeführt werden:
- Kapillaraktivität
- Diffusion
- Strömungsvorgang des Wassers durch den Beton aufgrund eines Druckgradienten.

In der Vergangenheit wurde der Wasserdurchgang durch Bauteile aus WU-Beton unter Berücksichtigung der einzelnen Transportmechanismen z. B. nach *Kießl* [2.34] und *Häupl* [2.37] berechnet. Untersuchungen von *Springenschmid* und *Beddoe* [2.38] hatten zum Ergebnis, dass praktisch kein Wasser durch den Beton gelangt. Eine mögliche Erklärung für die Unterschiede zwischen den berechneten und gemessenen Wassermengen, die durch einen Beton transportiert werden, sind auf zwei Ursachen zurückzuführen.

1. Der kapillare Wassertransport im Beton wird durch verfahrenstechnische Maßnahmen (z. B. Nachbehandlung), durch werkstoffspezifische Parameter (z. B. Luftporenbildner, Bindemittelwert und Bindemittelmenge, *w*/*z*-Faktor u.Ä.) sowie durch umgebungsbedingte Parameter (z. B. Karbonatisierung) beeinflusst. Die für die Berechnung der transportierten Wassermengen verwendeten Feuchteleitkoeffizienten, die den kapillaren Wassertransport beschreiben, stellen Mittelwerte dar, wobei die günstig wirkenden Parameter nicht zielgerichtet erfasst und in die Berechnung eingeführt wurden.
2. Es wurde experimentell festgestellt, dass die Wasserdurchlässigkeit des Betons sich um eine Zehnerpotenz innerhalb nur eines Monats verringert. Die Abnahme der Wasserdurchlässigkeit mit der Zeit wird auf eine Verringerung des Porenquerschnitts infolge einer Verstopfung der Poren durch Partikel, einer chemischen Reaktion zwischen dem Wasser und dem Zementstein sowie einem Quellen der Kapillarporenwandungen zurückgeführt – ähnlich wie dies bei der sogenannten Selbstheilung von Rissen gesehen wird [2.39].

   Für die bisher durchgeführten Berechnungen wurde die zeitliche Veränderung der Poren- und Kapillarradien nicht berücksichtigt. Es wurden nur die zu einem früheren Zeitpunkt ermittelten Materialkennwerte der Berechnung zugrunde gelegt. Aufgrund der Versuchsergebnisse von *Beddoe*/*Springenschmid* wird in der WU-Richtlinie davon ausgegangen, dass ein Kapillartransport von Wasser durch die Bauteildicke hindurch unabhängig vom hydrostatischen Druck und vom Schichtenaufbau der Bauteile nicht erfolgt.

   Aufgrund des dichten Betongefüges, das auch noch im Laufe der Zeit dichter wird, ist ein Durchströmen des Wassers aufgrund eines Druckgradienten wegen der Erhöhung des hydraulischen Widerstandes nicht möglich.

   Diffusionsvorgänge durch Kapillaren und Poren werden nicht verhindert, da die Wasserdampfmoleküle durch die verbleibenden Poren und Kapillaren in jedem Fall transportiert werden. Nach *Klopfer* [2.40] kann im Mittel mit einem Diffusionsstrom von 0,4 g/(m^2 d) im Dauerzustand nach einigen Jahren der Austrocknung gerechnet werden.

Tafel 2.77 Mittlere Feuchtestromdichten $\dot{m}_{1a}$ im ersten Jahr und $\dot{m}_{2a}$ im zweiten Jahr bei baufeuchten Bauteilen aus WU-Beton von 20 cm Dicke mit oder ohne Wärmedämmung sowie mit oder ohne Beschichtung auf der Raumseite mit unterschiedlichen diffusionsäquivalenten Schichtdicken s_d [2.41]

Situation	$\dot{m}_{1a}$ [g/m^{2}d]	$\dot{m}_{2a}$ [g/m^{2}d]
Raumklima 15 °C, 70 %, keine WD		
$s_d = 0$		4,1
$s_d = 5$ m	6,6	1,1
$s_d = 10$ m		0,8
Raumklima 20 °C, 50 %, keine WD		
$s_d = 0$		6,6
$s_d = 5$ m	8,8	3,3
$s_d = 10$ m		2,2
Raumklima 20 °C, 50 %, 5 cm XPS		
$s_d = 0$		7,1
$s_d = 5$ m	9,9	4,4
$s_d = 10$ m		3,3

Die WU-Betonbauteile haben im Neubauzustand jedoch einen wesentlich höheren Feuchtegehalt (Baufeuchte) als zu dem Zeitpunkt, zu dem sich die Bauteile in der Ausgleichsfeuchte befinden. Die Ausgleichsfeuchte stellt sich in Abhängigkeit von den Randbedingungen ein (ob eine Perimeterdämmung vorhanden ist oder nicht, ob auf den Bauteilen eine Beschichtung innenseitig mit einer diffusionsäquivalenten Luftschichtdicke s_d vorhanden ist, vom Raumklima u.Ä.). In Tafel 2.77 sind die Feuchtestromdichten $\dot{m}_{1a}$ und $\dot{m}_{2a}$ nach *Klopfer* als Mittelwerte für das erste und zweite Jahr der Austrocknung angegeben. Es ist ersichtlich, dass die langfristig eindiffundierende Feuchtemenge in das Bauwerk gering ist im Vergleich zu der Feuchte, die aufgrund der Baufeuchte in den ersten Jahren in das Gebäudeinnere abgegeben wird (Verhältnis 0,4 : 8 = 1 : 20). Obwohl die Feuchtigkeitsmengen, die in das Gebäudeinnere abgegeben werden, relativ gering sind, müssen sie im Hinblick auf einen u. U. feuchtigkeitsempfindlichen Innenausbau unbedingt beachtet werden, z. B. Kleben von PVC-Platten mit einem Dispersionskleber auf den Betonfußboden, weil der Kleber verseifen kann oder das Aufbringen hölzerner Bekleidungen (Wandpaneele, Parkett) an den Betonkonstruktionen.

Zum Schutz des u. U. feuchteempfindlichen Ausbaus ist es zweckmäßig, auf dem Betonboden eine dampfdichte Schicht (z. B. eine bitumenhaltige Dichtungsbahn mit Aluminiumeinlage o.Ä.) aufzukleben. An den Stellen, an denen keine dampfdichte Beschichtung aufgebracht werden kann, z. B. an den Außenwänden des Bauwerks, muss das anfallende Wasser durch Verdunstung abgeführt werden. Im Bereich des Fußbodens hat man früher einen aufgeständerten Fußboden ausgeführt (Abb. 2.78a), der aber aufgrund seiner Konstruktionshöhe und der Kosten durch die o.g. bitumenhaltige Abdichtung mit Aluminiumeinlage verdrängt worden ist.

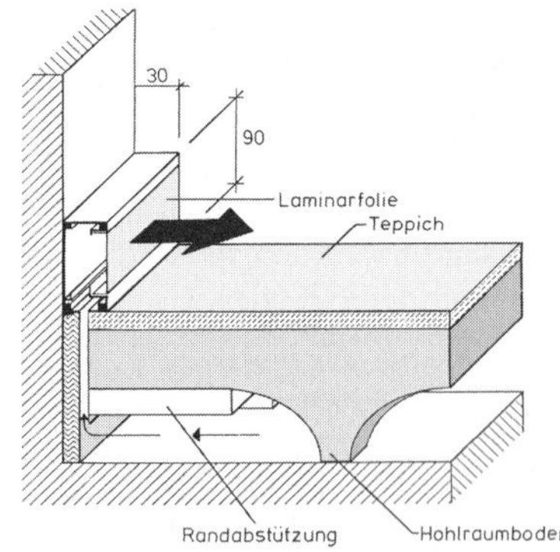

Abb. 2.78a Aufgeständerter Fußboden

Im Bereich der Wände ist hingegen verschiedentlich ein Abstandhalter angebracht worden, so dass der Luftstrom entlang den Wänden nicht durch ein Heranrücken der Möbel an die Wand behindert werden kann (Abb. 2.78b). Auch das Vorsetzen einer belüfteten Wandschicht vor die an das Erdreich grenzenden Außenwände ist möglich (Abb. 2.78c). Hierbei ist das mögliche Entstehen von Schimmelpilzen zu beachten (siehe Abschnitt 8.4).

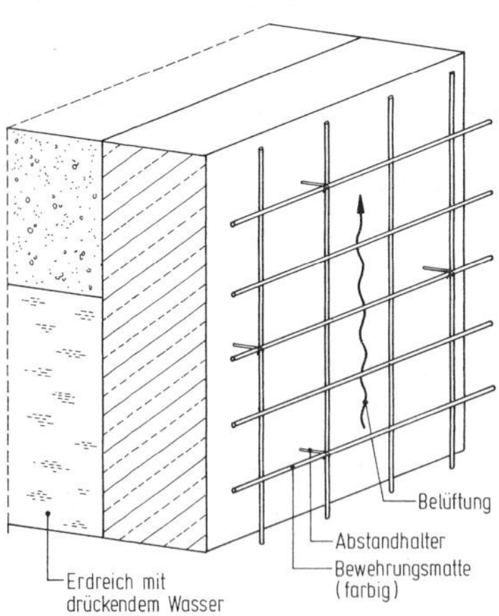

Abb. 2.78b Abstandhalter zur Ermöglichung einer Luftzirkulation entlang der Wand

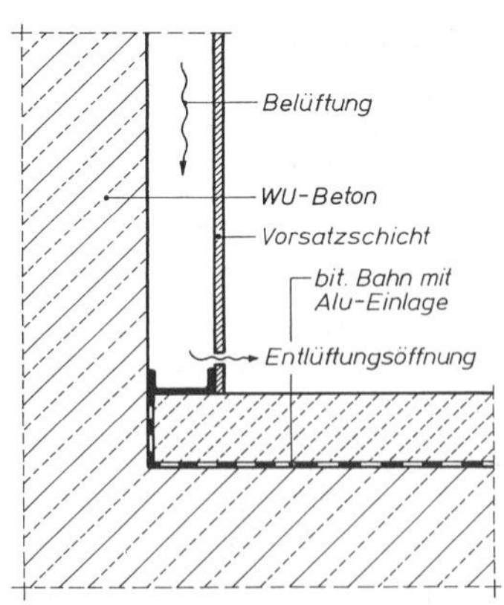

Abb. 2.78c Luftzirkulation hinter der Vorsatzschicht

8.4 Vermeidung von Schimmelpilz bei belüfteten Wand- bzw. Fußbodenkonstruktionen

Schimmelpilze wachsen auf Bauteilen, wenn folgende Gegebenheiten erfüllt sind:

1. Ausreichendes Feuchteangebot auf den Bauteiloberflächen ($\varphi > 80\%$)
2. Die weiteren Randbedingungen wie Temperatur, Luftgeschwindigkeit, Nahrung u.Ä. sind bei den üblichen Konstruktionen des Hochbaus immer erfüllt, so dass bei einem ausreichenden Feuchteangebot Schimmelpilzwachstum möglich ist.

Entsprechend DIN 4108 ist bei einer Raumtemperatur von 20 °C und einer Luftfeuchtigkeit von 50% nachzuweisen, dass die Bauteiloberflächentemperatur ≥ 12,6 °C sein muss, um einen Schimmelpilzbefall zu vermeiden. Diese Forderung kann bei WU-Betonbauteilen eingehalten werden, wenn entweder eine gerichtete und ungestörte Luftströmung entlang der Bauteiloberfläche vorhanden ist ($R_{si} \leq 0{,}17$ m^2 K/W) und/oder wenn eine außenseitige Wärmedämmung auf den Bauteilen angebracht wird (Perimeterdämmung). Gegebenenfalls kann bei innenseitig angebrachten hinterlüfteten Vorsatzschichten in den Belüftungsraum auch ein Heizungsrohr verlegt werden.
In der Regel wird die Forderung der Schimmelpilzfreiheit bei üblichen Gebäuden eingehalten.

Beispiel: 30 cm dicke Betonwand, keine Perimeterdämmung, Klima im Innenraum $\Theta_{li} = +20$ °C, $\phi = 50\%$, $\Theta_{Erdreich} = 10$ °C:

$$U = 1/(R_{si} + d/\lambda) = 1/(0{,}17 + 0{,}30/2{,}1) = 3{,}23 \text{ W/(m}^2 \cdot \text{K)}$$

vorh $\Theta_{si} = \Theta_i - R_{si} \cdot U(\Theta_i - \Theta_e) = +20 - 0{,}17 \cdot 3{,}23 \cdot (20 - 10) = 14{,}5$ °C

vorh $\Theta_{si} > \Theta_{krit} = 12{,}6$ °C

d.h., ein Schimmelpilzbefall wird nicht auftreten.

8.5 Tauwasserbildung im Sommer

Eine Tauwasserbildung auf der Innenseite der erdberührten Bauteile ist in allen Kellern möglich. Bei Bauwerken der Nutzungsklasse A (siehe Abschnitt 8.2) ist eine Tauwasserbildung auf den Bauteiloberflächen nicht zulässig. Im Sommer kann insbesondere dann Tauwasser entstehen, wenn durch geöffnete Fenster warme, feuchte Luft in den Keller gelangen kann, insbesondere schwüle Gewitterluft. Die Raumluft hat dann einen hohen Feuchtigkeitsgehalt. Diese Luft wird an den raumseitigen Wand- und Bodenflächen abgekühlt. Beim Abkühlen der Luft steigt deren relative Luftfeuchtigkeit, obwohl die absolute Luftfeuchtigkeit gleich bleibt. Die Temperatur, bei der die relative Luftfeuchtigkeit 100% erreicht, heißt Taupunkt. Wenn diese Taupunkttemperatur unterschritten wird, kommt es zu einer Tauwasserbildung.

Die Tauwasserbildung lässt sich im Sommer in dieser Situation durch Lüften nicht vermeiden. Im Gegenteil: Es wird sich hierbei noch mehr Tauwasser bilden. Günstige Veränderungen sind nur durch folgende Einflüsse möglich:

- Nur Lüften bei Außenluftverhältnissen mit niedrigem absolutem Feuchtegehalt, z.B. nachts (unpraktikabel)
- Entfeuchtung der Raumluft
- Anheben der Oberflächentemperatur der Bauteile durch eine Perimeterdämmung oder durch Beheizen.

An einem Beispiel soll das Auftreten von Tauwasser aufgezeigt werden:

Betonwand $d = 30$ cm, keine Perimeterdämmung. Im Gebäudeinnern und in der Außenluft wird eine relative Luftfeuchtigkeit von $\phi = 85\%$ mit einer Temperatur von $\Theta_i = \Theta_e = +20$ °C angenommen. Zur Vermeidung von Tauwasser muss die Oberflächentemperatur auf den Betonwänden mindestens betragen kritisch $\Theta_{si} \approx > 17{,}4$ °C. Bei fehlender Perimeterdämmung beträgt $\Theta_{si} = 14{,}5$ °C < krit Θ_{si} (siehe Abschnitt 8.4), so dass mit Tauwasserbildung gerechnet werden muss.

Bei Vorhandensein einer 5 cm dicken Perimeterdämmung:

$U = 1/(0{,}17 + 0{,}30/2{,}1 + 0{,}05/0{,}04) = 0{,}64$ W/(m$^2 \cdot$ K)

$\Theta_{si} = 20 - 0{,}17 \cdot 0{,}64 \cdot (20 - 10) = 18{,}9$ °C > 17,4, d.h., eine Tauwasserbildung wird vermieden.

3 Bauphysik

Prof. Dr.-Ing. Erwin Knublauch

Inhaltsverzeichnis

1 Wärmeschutz und Energieeinsparung in Gebäuden

1.1 Begriffe zum Wärmetransport und Wärmebedarf

1.1.1 Formelzeichen und Einheiten

Die nationalen Regelwerke wurden von DIN 4108-1 (1981) auf internationale Symbole umgestellt.

Größe	Symbol alt	Symbol neu	Einheit[2)]	Bemerkung
Schichtdicke	s	d	m	Einheit beachten!
Celsius-Temperatur	ϑ	θ	°C	θ_i; θ_e Innen-; Außentemperatur
Temperaturdifferenz	$\Delta\vartheta$	ΔT	K	gleiche Zahlenwerte in °C und K
Wärmemenge, wie Jahresheizwärmebedarf, Primärenergiebedarf, W-gewinne/verluste,	Q	Q	kWh, kWh/a	Indizes nach Energiesparvorschriften in DIN V 4701-10 auch q mit Indizes;
auf Nutzfläche bezogener Jahres-(Primär)energiebedarf		Q''	kWh/ (m^2a)	Q' volumenbezogen in kWh/(m^3a)
Wärmestromdichte	q	q	W/m^2	Wärme je Einheit der Bauteilfläche
Wärmeleitfähigkeit	λ	λ	W/(mK)	Bemessungswerte nach Tafel 3.18
Wärmedurchlasswiderstand[1)]	**$1/\Lambda$**	**R**	m^2K/W	Anforderungen nach Tafel 3.4
Wärmeübergangswiderstand[1)]	$1/\alpha_i$	R_{si}	m^2K/W	analog $1/\alpha_a$, R_{se}, nach Tafel 3.27a
Wärmedurchgangswiderstand[1)]	$1/k$	R_T	m^2K/W	$R_T = R_{si} + R + R_{se}$
Wärmedurchgangskoeffizient	**k**	**U**	W/(m^2K)	$U = 1/R_T$
längenbezogener Wärmedurchgangskoeffizient/Wärmebrückenverlustkoeffizient		Ψ	W/(mK)	z. B. nach Wärmebrückenkatalogen oder DIN EN ISO 10 211
spez. Transmissions- oder Lüftungswärmeverlust		H, H_T H_V	W/K	H'_T auf die wärmeübertragende Umfassungsfläche bezogen in W/(m^2K)
spezifische Wärmekapazität	c	c	J/(kg K)	1 J = 1 Ws,[2)] Beispiele nach Tafel 3.27c
Luftwechselrate	n, β	n	1/h	z. B. n_{50} bei 50 Pa Druckdifferenz
Fugendurchlasskoeffizient	a	a	m^3/(hm daPa$^{2/3}$)	z. B. Fugen in beweglichen Bauteilen
Sonneneintragskennwert		S	1	Anforderung n. Tafel 3.13 b
Gesamtenergiedurchlassgrad	g	g	1	solare Gewinne, sommerl. Wärmeschutz
Temperaturfaktor		f_{Rsi}	1	Tauwasserfreiheit an Wärmebrücken
Abminderungsfaktor	z	F_c	1	Sonnenschutzvorrichtung, Beschattung
(beheiztes Gebäude-)Volumen	V	V	m^3	V_e aus den Gebäudeaußenmaßen
(wärmeübertragende) Flächen	A	A	m^2	A_N Gebäudenutzfläche

[1)] Kehrwerte der „Widerstände" heißen „Koeffizienten".
[2)] Frühere Energieeinheit: 1 kcal = 4187 J = 0,001163 kWh; frühere Leistungseinheit: 1 kcal/h = 1,163 W.

1.1.2 Grundbeziehungen

Bei Temperaturunterschieden zwischen dem beheizten und unbeheizten Gebäudeinneren bzw. dem winterlichen Freien kommt es zur Wärmeübertragung durch die Umfassungsbauteile, die durch ausreichend große „Widerstände" bzw. kleine Wärme„koeffizienten" begrenzt wird. Damit werden zunächst die inneren Bauteiloberflächen behaglich warm und bei angepasstem Wohnverhalten frei von (gesundheits-)schädlichem Tauwasser (**Mindestwärmeschutz**, hier Abschnitt 1.2). Der dauerhaften Funktion solcher Bauteile dient die Abwehr auch anderer Wasser/Eis-Bildungen (klimabedingter Feuchtigkeitsschutz, Regenschutz, Bauwerksabdichtung). Die Verkleinerung des Heizenergiebedarfs eines Gebäudes bei guter Ausnutzung der zugelieferten Energie innerhalb der Anlagentechnik ist politische Aufgabe für Bauplanung, Baukonstruktion, Bauphysik und Haustechnik und ist Gegenstand der EnEV, hier Abschnitt 1.3. Zur ingenieurmäßigen Handhabung der Vorgänge werden überwiegend vereinfachte Berechnungsverfahren verwendet, die den Winter (monatsweise) auf zeitunabhängige mittlere Temperaturen und Strahlungsverhältnisse und Bauwerke auf ebene (eindimensionale) Bauteile idealisieren. Solche Berechnungen erfassen daher keine speicherfähigen Massen und sind also für sommerliche (instationäre) Temperaturen ungeeignet. Kleinflächige und nichtebene Bauteile werden als Wärmebrücken behandelt.

a) $R = d_1/\lambda_1 + d_2/\lambda_2 + ... + d_n/\lambda_n = \Sigma\,(d/\lambda)$

b) $U = \dfrac{1}{R_{si} + R + R_{se}}$

Die in allen Schichten gleich große Wärmestromdichte:

$q = U(\theta_i - \theta_e) = 1/R_{si}\,(\theta_i - \theta_{si}) = \Delta\theta_k \lambda_k / d_k$, k Schichtnr.

Temperaturen im geschichteten Bauteil:

$\theta_{si} = \theta_i - R_{si} \cdot q = \theta_i - R_{si}\,U\,(\theta_i - \theta_e)$

allgemein: $\Delta\theta = q\,d/\lambda$

Temperatur hinter der Schicht x von innen ($x = 0$ bis $x = n$):

$\theta_x = \theta_i - U\,(R_{si} + d_1/\lambda_1 + ... + d_x/\lambda_x)(\theta_i - \theta_e)$

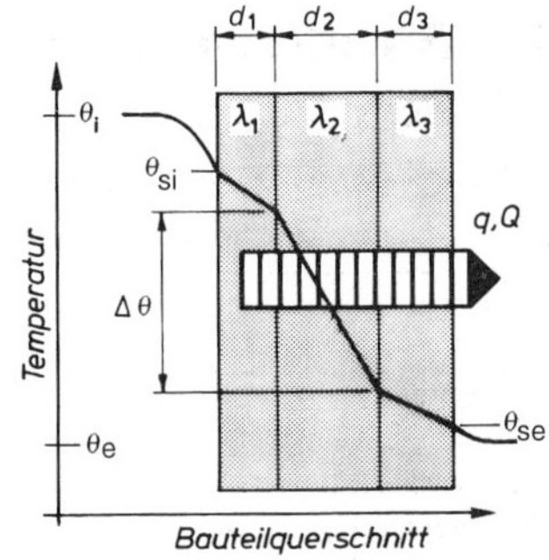

1.1.3 Berechnung von *U* in besonderen Fällen (nach DIN EN ISO 6946 : 2003-10)

Bei aus *Teilbereichen* A_a bis A_q zusammengesetzten Bauteilen der Gesamtfläche $A = \Sigma\,A_i$ mit unterschiedlichen Werten U_i wird ein mittlerer Wert U_m „naiv" bestimmt nach

$$U_m = \frac{1}{R_T'} = \frac{U_a A_a}{A} + \frac{U_b A_b}{A} + \ldots + \frac{U_q A_q}{A} = \frac{f_a}{R_{Ta}} + \frac{f_b}{R_{Tb}} + \ldots + \frac{f_q}{R_{Tq}}$$

$f_i = A_i/A$ ist dabei der Flächenanteil des i-ten ($i = a$ bis q) Bereiches. Der so bestimmte Wert $1/R_T'$ schätzt den Wärmedurchgangskoeffizient zu günstig ein, weil die Wärmebrückenwirkungen an den Grenzen der Bereiche nicht erfasst werden. R_T' heißt daher oberer Grenzwert. Ein unterer Grenzwert R_T'' wird abgeschätzt, indem man den Bauteilquerschnitt in n Schichten parallel zu den Oberflächen so teilt, dass jeweils nur nebeneinander liegende Bereiche entstehen. Jeder Schicht j ($j = 1$ bis n) ordnet man eine äquivalente Wärmeleitfähigkeit $\lambda'' = \lambda_a f_a + \lambda_b f_b + \ldots + \lambda_q f_q$ zu und bestimmt für diese Schicht den Wärmedurchlasswiderstand $R = d/\lambda''$. Man erhält den unteren Grenzwert $R_T'' = R_{si} + \Sigma\,R_j + R_{se}$.

Der tatsächliche Wärmedurchgangswiderstand R_T liegt zwischen R_T' und R_T'', also etwa bei $R_T = (R_T' + R_T'')/2$. Der mittlere U-Wert ist dann $U_m = 2/(R_T' + R_T'')$.

Beispiel:

Sparren (Bereich a, $\lambda_a = 0{,}13$ W/(mK)) mit Zwischensparrendämmung (Bereich b, WLG 040) bilden die Schicht 1 der Dicke 0,16 m. Die Aufsparrendämmung (WLG 035) bildet die Schicht 2 der Dicke 0,08 m. Für die Flächenanteile f_a, f_b gelten: $f_a = 0{,}125, f_b = 0{,}875$. Man erhält

$$\frac{1}{R'_T} = \frac{0{,}125}{3{,}656} + \frac{0{,}875}{6{,}426} = 0{,}170\ \mathrm{W/(m^2K)}$$

$R_T' = 5{,}870\ \mathrm{m^2\,K/W}$

und mit R_{si}, R_{se} nach Tafel 3.27a

$$R_T'' = 0{,}10 + \frac{0{,}08}{0{,}035} + \frac{0{,}16}{0{,}051} + 0{,}04 = 5{,}551\ \mathrm{m^2K/W}$$

$R_T = (R_T' + R_T'')/2 = 5{,}710\ \mathrm{m^2K/W}$ und

$U_m = 0{,}175\ \mathrm{W/(m^2K)}$

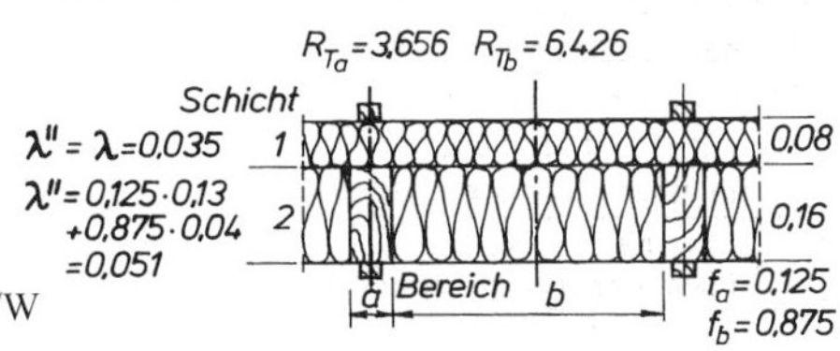

Bei Bauteilen mit *keilförmigen (Dämm)schichten* ist U schlechter als derjenige Wert, der sich aus der *mittleren* Schichtdicke ergeben würde. Einzelheiten siehe DIN EN ISO 6946, Anhang C.

Es werden nur Schichten innenseitig einer *Abdichtung* gegen Erdreich oder das Freie berücksichtigt. Ausnahme: Schichten ohne Wasseraufnahmefähigkeit, insbesondere bei Perimeterdämmung, Umkehrdach oder Ausnahmen im begrünten Dach. Bei der Berechnung des U-Wertes von *Umkehrdächern* ist U um einen Betrag ΔU zu erhöhen, wenn der prozentuale Anteil des Wärmedurchlasswiderstandes unterhalb der Abdichtung am Gesamtwiderstand ≤ 50 % beträgt, und zwar um $\Delta U = 0{,}05$ bei einem Prozentsatz bis 10 % und um $\Delta U = 0{,}03$ bei 10 bis 50 %.

An *Wärmebrücken*, a) durch Richtungswechsel sonst ebener Bauteile (geometrische Wärmebrücke) oder b) durch Einbau stofflich andersartiger Baustoffe (konstruktive Wärmebrücke), verläuft die Wärmestromdichte q nicht mehr allein senkrecht zur Bauteiloberfläche; es entsteht eine Komponente in Bauteilebene mit der Folge höherer Energieverluste und geringerer Oberflächentemperaturen.

1.2 Anforderungen zum Mindestwärmeschutz nach DIN 4108-2

1.2.1 Bauteile mit mindestens 100 kg/m² flächenbezogener Gesamtmasse

Tafel 3.4 Mindestwerte für Wärmedurchlasswiderstände *R* von Bauteilen
Hinweis: Für leichte Bauteile siehe Abschn. 1.2.2

Spalte		1		2
Zeile		Bauteile 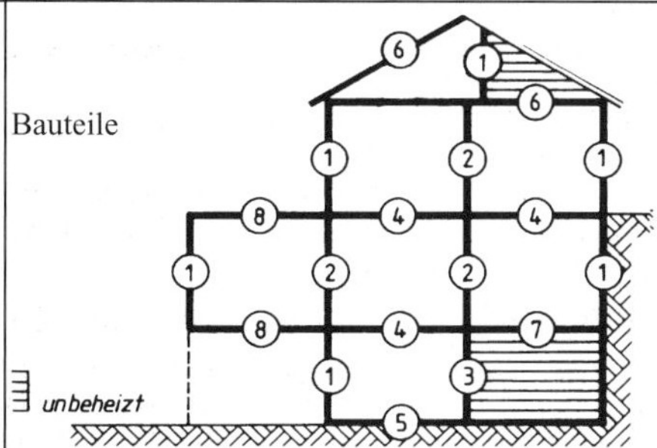		Wärme-durch-lass-wider-stand R m^2 K/W
1		Außenwände; Wände von Aufenthaltsräumen gegen Bodenräume, Durchfahrten, offene Hausflure, Garagen, Erdreich		1,2
2		Wände zwischen fremdgenutzten Räumen; Wohnungstrennwände		0,07
3	3.1	Treppenraumwände	zu Treppenräumen mit wesentlich niedrigeren Innentemperaturen (z. B. indirekt beheizte Treppenräume); Innentemperatur $\theta_i \leq 10$ °C, aber mindestens frostfrei	0,25
	3.2		zu Treppenräumen mit Innentemperaturen $\theta_i > 10$ °C (z. B. in Verwaltungsgebäuden, Geschäftshäusern, Unterrichtsgebäuden, Hotels, Gaststätten und Wohngebäuden)	0,07
4	4.1	Wohnungstrenndecken, Decken zwischen fremden Arbeitsräumen; Decken unter Räumen zwischen gedämmten Dachschrägen und Abseitenwänden	allgemein	0,35
	4.2		in zentralbeheizten Bürogebäuden	0,17
5	5.1	Unterer Abschluss nicht unterkellerter Aufenthaltsräume	unmittelbar an das Erdreich bis zu einer Raumtiefe von 5 m	0,90
	5.2		über einen nichtbelüfteten Hohlraum an das Erdreich grenzend	
6		Decken unter nicht ausgebauten Dachräumen; Decken unter bekriechbaren oder noch niedrigeren Räumen; Decken unter belüfteten Räumen zwischen Dachträgern und Abseitenwänden bei ausgebauten Dachräumen, wärmegedämmte Dachschrägen		
7		Kellerdecken; Decke gegen abgeschlossene, unbeheizte Hausflure u. Ä.		
8	8.1	Decken (auch Dächer), die Aufenthaltsräume gegen die Außenluft abgrenzen	nach unten, gegen Garagen (auch beheizte), Durchfahrten (auch verschließbare) und belüftete Kriechkeller[1)]	1,75
	8.2		nach oben, z. B. massive Dächer nach DIN 18 530, Dächer und Decken unter Terrassen; Umkehrdächer	1,2

[1)] Erhöhter Wärmedurchlasswiderstand wegen Fußkälte.

1.2.2 Leichte Bauteile, Rahmen, und Skelettbauten, Rollladenkästen

Für *Außenwände, Decken unter nicht ausgebauten Dachräumen* und *Dächer* mit einer flächenbezogenen Gesamtmasse unter 100 kg/m² gilt $R \geq 1{,}75\ m^2K/W$. Bei Rahmen- und Skelettbauarten gilt dies nur für den Gefachbereich. In diesen Fällen ist für das gesamte Bauteil zusätzlich im Mittel $R = 1{,}0\ m^2\ K/W$ einzuhalten. Gleiches gilt für *Rollladenkästen;* für deren Deckel $R \geq 0{,}55\ m^2K/W$. Fenster mit *nichttransparenten Ausfachungen: Ausfachung* $R \geq 1{,}2\ m^2\ K/W$.

1.2.3 Anforderungen an den Wärmeschutz von Wärmebrücken

Zur Vermeidung von Schimmelpilzbildung ist $f_{Rsi} \geq 0{,}7$ einzuhalten. Ausreichend wärmegedämmt sind die Konstruktionen nach Abschnitt 1.5.1, bzw. Beiblatt 2 zu DIN 4108.

f_{Rsi} ist dabei eine dimensionslose Temperatur, definiert durch die Gleichung $f_{Rsi} = (\theta_{si} - \theta_e)/(\theta_i - \theta_e)$. Die Einhaltung der Anforderung bedeutet, dass bei den hier üblichen Temperaturannahmen (θ_i = 20 °C, θ_e = –5 °C) θ_{si} selbst an ungünstigster Stelle, wie der Raumkante zwischen zwei Wänden, θ_{si} mindestens 12,6 °C betragen muss. Vergleiche hierzu auch Abschnitt 2.2.2.1 auf Seite 3.35. θ_{si} kann nach DIN EN ISO 10 211 näherungsweise berechnet werden.

1.2.4 Anforderungen an die Luftdichtheit von Außenbauteilen und Gebäuden

DIN 4108-2, DIN 4108-7 und EnEV enthalten Anforderungen, die wie folgt zusammenzufassen sind: Soweit die wärmeübertragende Umfassungsfläche durch Verschalungen oder gestoßene, überlappende sowie plattenartige Bauteile gebildet wird, ist in der Regel eine luftundurchlässige Schicht (Luftdichtheitsschicht) über die gesamte Fläche einzubauen, Beispiele s. Seite 3.17. Planung und Ausführung ohne Nachweis nach DIN 4108-7. Der Fugendurchlasskoeffizient *a* ist bei Bauteilanschlussfugen auf 0,1 $m^3/(mhdaPa^{2/3})$, bei Schließfugen beweglicher Bauteile (Fenster, Lüftungseinrichtungen) fallweise auf Klasse 2 oder 3 nach DIN EN 12 207-1 : 2000-06 begrenzt. Werden *Messungen* der Luftdichtheit von Gebäuden oder Gebäudeteilen durchgeführt, so darf der nach dem Differenzdruckverfahren (DIN EN 13 829 : 2001-02) gemessene Luftvolumenstrom bei einem Differenzdruck von 50 Pa bei Gebäuden

	ohne	mit raumlufttechnischen Anlagen
bezogen auf das beheizte Luftvolumen	$n_{50} = 3\ h^{-1}$	$n_{50} = 1{,}5\ h^{-1}$
bezogen auf die Netto-Grundfläche	$7{,}8\ m^3/(m^2h)$	$3{,}9\ m^3/(m^2h)$

nicht überschreiten.

1.3 Anforderungen der Energieeinsparverordnung (EnEV)

1.3.1 Allgemeines

Die EnEV stellt energetische Anforderungen an Gebäude und ihre Anlagentechnik in der nachzuweisenden Größe „Jahres-Primärenergiebedarf Q_p". Sie erfasst neben dem Jahresheizwärmebedarf Q_h den Nutzwärmebedarf für die Warmwasserbereitung Q_w und in der Form der Anlagenaufwandszahl e_p auch die Wärmeverluste des Heizsystems und des Systems zur Warmwasserbereitung und -verteilung sowie auch den elektrischen Energiebedarf für alle Einrichtungen, die für den Betrieb der heizungs- und raumlufttechnischen Anlagen und der Warmwasserbereitung benötigt werden. Bei Redaktionsschluss dieser Auflage galt die seit dem 8. 12. 2004 novellierte Fassung der EnEV. Eine Neufassung 2006 enthält aufgrund der Novellierung des Energieeinspargesetzes am 1. 9. 05 und in Umsetzung der EU-Richtlinie 2002/91/EG (Gebäuderichtlinie) zur Gesamtenergieeffizienz bei „nicht Wohngebäuden" zusätzliche energetische Anforderungen an Beleuchtungs- und Kühlanlagen. Als Berechnungsgrundlage ist DIN 18 599 mit 10 Teilen und über 750 Seiten im Juli 2005 erschienen, im Wohnungsbau gilt unverändert die bisherige Berechnungsmethode.

Zusätzlich wird die Ausstellung von **„Energieausweisen"** über den jetzigen Stand der Energie- oder Wärmebedarfsausweise nach § 13 EnEV für Neubauten hinaus, mithin also auch für bestehende Gebäude (in einem künftigen § 17 EnEV), geregelt. Solche (neuen) Energieausweise dienen vor allem der Information von Käufern und Mietern von Immobilien. Der Energieausweis soll den Vergleich verschiedener Objekte ermöglichen und so Argumente für die Wohnungs- oder Hauswahl liefern. Wichtig ist, dass die EnEV-Berechnungsmethoden zugrunde gelegt werden und dass man reale Annahmen getroffen hat für die im Detail schwierige Bestandsaufnahme des Gebäudes. Solche neuen Energieausweise sind zwischenzeitlich z. B. als „dena-Energiepässe" erprobt, doch sind die endgültigen Regelungen der EnEV 2006 noch nicht bekannt.

Da in Gebäuden unterschiedliche Energiearten, wie Erdgas oder Heizöl jeweils in Verbindung mit Strom, für die Haustechnik und ggf. auch für die Bereitung von Warmwasser benötigt werden, müssen sie addierbar sein und eine klare Aussage über den tatsächlichen Energieverbrauch, wenigstens unter standardisierten Klima- oder Nutzerbedingungen, zulassen. Dies geschieht über die bewertete Primärenergie (Tafel 3.31). Aus dem Ziel resultieren zahlreiche Abhängigkeiten zwischen Gebäudehülle, Energieträger und Anlagentechnik.

Konkret macht die EnEV Aussagen für

- zu errichtende Gebäude mit normalen und niedrigen Innentemperaturen einschließlich deren Luftdichtheit und der Behandlung von Wärmebrücken,
- für die Änderung und geringfügige (bis 100 m^3) Erweiterung bestehender Gebäude einschließlich Änderungen der vorhandenen Heizanlagen,
- für die Inbetriebnahme von Heizkesseln und Verteilungseinrichtungen und Warmwasseranlagen,
- für Ausweise über Energie- und Wärmebedarf und Energieverbrauchskennwerte.

Die Berechnungsverfahren und Nachweise sind in der Regel nicht mehr unmittelbar in der EnEV dargestellt. So kann die Verordnung nur praktisch umgesetzt werden, wenn die Hintergrundnormen vorliegen. Auf solche Normen wird fallweise entweder hinsichtlich der Normausgabe fest Bezug genommen oder der Anwender wird auf Regeln der Technik verwiesen, die in der Praxis nur schwer aktuell zu verfolgen sind. Die Berechnungen sind im Ergebnis so komplex, dass sie im Allgemeinen mit Hilfe von Softwareprogrammen (mit zeitnahen Updates) durchgeführt werden. Nachfolgend werden daher nur die jeweiligen Anforderungen und Nachweisverfahren skizziert, um Berechnungen Dritter z. B. auf Plausibilität zu prüfen. Ausführlicher dargestellt wird nur das „Vereinfachte Verfahren" nach Anhang 1 Nr. 3, welches für Wohngebäude, die zugleich weitere Bedingungen erfüllen, angewendet werden darf.

1.3.2 Anforderungen und Nachweise für zu errichtende Gebäude mit normalen Innentemperaturen

Solche Gebäude werden aufgrund ihres Verwendungszwecks mehr als 4 Monate auf mindestens 19 °C beheizt. Es sind (bis zu) drei Nachweise zu führen über:

a) den Jahresprimärenergiebedarf, der bei Wohngebäuden auf die Gebäudenutzfläche und bei anderen Gebäuden auf das Gebäudevolumen bezogen wird (Q_P'' und Q_P') (s. Tafel 3.7 Spalten 2 bis 4),

b) den spezifischen, auf die wärmeübertragende Umfassungsfläche bezogenen Transmissionswärmeverlust H_T' (s. Tafel 3.7 Spalten 5 und 6),

c) die Sonneneintragskennwerte S (Grenzwerte nach DIN 4108-2, Tafel 3.13 b).

Der Nachweis nach a) entfällt bei mehr als 70 %iger Beheizung aus Kraft-Wärmekopplung oder mittels erneuerbarer Energien und bei Einzelfeuerstätten in Räumen. Im letzten Fall dürfen die Grenzwerte nach b) (Spalte 5) nur zu 76 % ausgeschöpft werden. Der Nachweis nach c) darf entfallen, wenn der Fensterflächenanteil am Gebäude 30 % nicht überschreitet.

Hinweise zur Tafel 3.7

Die wärmeübertragende *Umfassungsfläche A* ist aus den Außenabmessungen zu ermitteln.

(Einzonenmodell nach DIN EN 832, Maße nach DIN EN ISO 13 789); das beheizte *Volumen* V_e ist das von A eingeschlossene Volumen. A/V_e ist die Eingangsgröße (Spalte 1) der Tafel 3.7.

Die Gebäudenutzfläche von Wohngebäuden wird ermittelt nach $A_N = 0{,}32\ V_e$.

Q_P wird berechnet nach DIN EN 832 : 2003-06 in Verbindung mit DIN V 4108-6 : 2003-06 und DIN V 4701-10 : 2003-08. Der dazu benötigte Jahresheizwärmebedarf Q_h ist nach dem Monatsbilanzverfahren zu bestimmen; für den Nutzwärmebedarf für die *Warmwasserbereitung* in Wohngebäuden sind je m^2 Gebäudenutzfläche 12,5 kWh/(m^2a) anzusetzen. Soweit das beheizte Luftvolumen V benötigt wird, darf bis zu drei Vollgeschossen mit $V = 0{,}76\ V_e$, sonst mit $V = 0{,}80\ V_e$ gerechnet werden.

Wärmebrücken beeinflussen H_T' und Q_h innerhalb des Rechengangs von Q_P. Sie können auf eine der drei folgenden Arten berücksichtigt werden:

a) Erhöhung aller Wärmedurchgangskoeffizienten U um $\Delta U_{WB} = 0{,}10$ W/(m^2K), wenn kein weiterer Nachweis geführt wird,

b) Erhöhung aller Wärmedurchgangskoeffizienten U um $\Delta U_{WB} = 0{,}05$ W/(m^2K), wenn Wärmebrücken nach den Planungsbeispielen nach DIN 4108 Bbl. 2 : 2004-01 unterdrückt werden,

c) genauer Nachweis der Wärmebrücken nach den Regeln der Technik.

Soweit der Wärmebrückeneinfluss bei Teilflächen schon nach c) (oder b)) bei der Berechnung von U berücksichtigt wurde, brauchen die ungünstigen Werte von a) nur für die verbleibenden Bauteilflächen angesetzt zu werden.

Bei *aneinander gereihter Bebauung* werden Trennwände zwischen Bereichen mit normalen Innentemperaturen als nicht wärmedurchlässig angenommen und bei der Ermittlung von A und A/V_e nicht berücksichtigt. Trennwände zu Bereichen mit niedrigen bzw. wesentlich niedrigeren Innentemperaturen werden mit einem Temperatur-Korrekturfaktor F_{nb} nach DIN V 4108-6 : 2003-06 bzw. $F_u = 0{,}5$ gewichtet. Mit diesen Annahmen lassen sich auch Teilbereiche von beheizten Gebäuden getrennt berechnen (z. B. bei Anbauten oder Aufstockungen).

Tafel 3.7 Höchstwerte nach EnEV für Gebäude mit normalen Innentemperaturen

A/V_e	Jahresprimärenergiebedarf Q_P'' kWh/(m²a) bezogen auf die Gebäudenutzfläche A_N		Q_P' kWh/(m³a) bezogen auf Volumen V_e	Spezifischer, auf die wärmeübertragende Umfassungsfläche A bezogener Transmissionswärmeverlust H_T' W/(m²K)	
	Wohngebäude außer solchen nach Spalte 3	mit überwiegender Warmwasserbereitung aus elektrischem Strom	andere Gebäude	Nichtwohngebäude mit einem Fensterflächenanteil ≤ 30 % und Wohngebäude	Nichtwohngebäude mit einem Fensterflächenanteil > 30 %
1	2	3	4	5	6
≤ 0,2	66,00 + 2600/(100 + A_N)	88,00	14,72	1,05	1,55
0,3	73,53 + 2600/(100 + A_N)	95,53	17,13	0,80	1,15
0,4	81,06 + 2600/(100 + A_N)	103,06	19,54	0,68	0,95
0,5	88,58 + 2600/(100 + A_N)	110,58	21,95	0,60	0,83
0,6	96,11 + 2600/(100 + A_N)	118,11	24,36	0,55	0,75
0,7	103,64 + 2600/(100 + A_N)	125,64	26,77	0,51	0,69
0,8	111, 17 + 2600/(100 + A_N)	133,17	29,18	0,49	0,65
0,9	118,70 + 2600/(100 + A_N)	140,70	31,59	0,47	0,62
1	126,23 + 2600/(100 + A_N)	148,23	34,00	0,45	0,59
≥ 1,05	130,00 + 2600/(100 + A_N)	152,00	35,21	0,44	0,58

Zwischenwerte zu den Höchstwerten sind nach folgenden Gleichungen zu ermitteln:

Spalte 2 $Q_P'' = 50{,}94 + 75{,}29 \cdot A/V_e + 2600/(100 + A_N)$ in kWh/(m²a)

Spalte 3 $Q_P'' = 72{,}94 + 75{,}29 \cdot A/V_e$ in kWh/(m²a)

Spalte 4 $Q_P' = 9{,}9 + 24{,}10 \cdot A/V_e$ in kWh/(m³a)

Spalte 5 $H_T' = 0{,}3 + 0{,}15/(A/V_e)$ in W/(m²K)

Spalte 6 $H_T' = 0{,}35 + 0{,}24/(A/V_e)$ in W/(m²K)

Das „vereinfachte Verfahren“ der EnEV für Wohngebäude

Der Jahres-Primärenergiebedarf Q_P und der spezifische, auf die wärmeübertragende Umfassungsfläche bezogene Transmissionswärmeverlust H_T, aus denen sich die in der EnEV der Höhe nach begrenzten Werte $Q_P'' = Q_P'/A_N$ und $H_T' = H_T/A$ (nach Tafel 3.7 Spalten 2 und 5) ergeben, dürfen nach dem vereinfachten Verfahren in Anhang 1 Nr. 3 der EnEV bestimmt werden, wenn folgende Bedingungen gleichzeitig erfüllt sind:

- Der Fensterflächenanteil f (vgl. S. 3.12) darf 30 % nicht überschreiten.
- Der Einfluss der Wärmebrücken ist durch Anwendung der Planungsbeispiele in DIN 4108 Bbl. 2 : 2004-01 zu begrenzen, damit wird $\Delta U_{WB} = 0{,}05$ W/(m²K) als fester Wert in die Berechnung eingefügt (Tafel 3.8a Zeile 3).

Nach planerischer Entscheidung über Gebäudevolumen V_e (es ergibt sich auch A_N), Bauteilflächen A_i (es ergeben sich auch A und A/V_e) und Bauteilkonstruktionen (U_i und g_i) sind die Berechnungen nach Tafel 3.8a durchzuführen:

Tafel 3.8a Vereinfachtes Verfahren für Wohngebäude

Zeile	Zu ermittelnde Größen	Gleichung	Zu verwendende Randbedingung
	1	2	3
1	Jahres-Primärenergiebedarf Q_P	$Q_P = (Q_h + Q_w)\, e_p$	Warmwasser: $Q_w = 12{,}5\, A_N$ Anlagenaufwandszahl e_p nach DIN V 4701-10 : 2003-08, z. B. nach Tafeln 3.32 bis 3.33
	bezogen auf Gebäudenutzfläche A_N	$Q_P'' = Q_P/A_N$	Für Nachweis nach Tafel 3.7 Spalten 2 und 3
2	Jahres-Heizwärmebedarf Q_h	$Q_h = 66\,(H_T + H_V) - 0{,}95\,(Q_s + Q_i)$	
3	Spezifischer Transmissionswärmeverlust H_T	$H_T = \Sigma\,(F_{xi}\, U_i\, A_i) + 0{,}05\, A$ 1)	Temperatur-Korrekturfaktoren F_{xi} nach Tafel 3.8b
	bezogen auf die wärmeübertragende Umfassungsfläche	$H_T' = \dfrac{H_T}{A}$	Für Nachweis nach Tafel 3.7 Spalte 5
4	Spezifischer Lüftungswärmeverlust H_V	$H_V = 0{,}19\, V_e$ $H_V = 0{,}163\, V_e$	allgemein nur mit Luftdichtheitsprüfung und Nachweis $n_{50} \leq 3{,}0\ h^{-1}$
5	Solare Gewinne Q_S	$Q_S = \Sigma\,(I_s)_{j,HP}\, \Sigma\, 0{,}567\, g_i\, A_i$ 2)3)	(s. Tafel 3.8c)
6	Interne Gewinne Q_i	$Q_i = 22\, A_N$	$A_N = 0{,}32\, V_e$

1) Die Wärmedurchgangskoeffizienten der Bauteile U_i sind (fallweise nach europäischen Berechnungsnormen, insbesondere DIN EN ISO 6946) auf der Grundlage der nach den Landesbauordnungen bekannt gemachten energetischen Kennwerte für Bauprodukte zu ermitteln oder technischen Produkt-Spezifikationen (z. B. für Dachflächenfenster) zu entnehmen. Hierunter fallen insbesondere energetische Kennwerte aus europäischen technischen Zulassungen sowie die Regelungen nach der Bauregelliste A Teil 1 und auf Grund von Festlegungen in allgemeinen bauaufsichtlichen Zulassungen. Bei an das Erdreich grenzenden Bauteilen ist der äußere Wärmeübergangswiderstand gleich null zu setzen.

2) Der Gesamtenergiedurchlassgrad g_i (für senkrechte Einstrahlung) ist technischen Produkt-Spezifikationen zu entnehmen oder gemäß den nach Landesbauordnungen bekanntgemachten Kennwerten zu bestimmen. Besondere energiegewinnende Systeme, wie z. B. Wintergärten oder transparente Wärmedämmung, können im vereinfachten Verfahren keine Berücksichtigung finden.

3) Dachflächenfenster mit Neigungen ≥ 30° sind hinsichtlich der Orientierung wie senkrechte Fenster zu behandeln.

Tafel 3.8b Temperatur-Korrekturfaktoren F_{xi} zu Tafel 3.8a Zeile 3

Wärmestrom nach außen über Bauteil i	Temperatur-Korrekturfaktor F_{xi}
Außenwand, Fenster	1
Dach (als Systemgrenze)	1
Oberste Geschossdecke (Dachraum nicht ausgebaut)	0,8
Abseitenwand (Drempelwand)	0,8
Wände und Decken zu unbeheizten Räumen	0,5
Unterer Gebäudeabschluss: – Kellerdecke/-wände zu unbeheiztem Keller – Fußboden auf Erdreich – Flächen des beheizten Kellers gegen Erdreich	0,6 1)

1) Hinweis: Dieser Wert im vereinfachten Verfahren weicht von F_u in DIN V 4108-6 (Monatsbilanzverfahren) teilweise ab.

Tafel 3.8c Solare Einstrahlung $\Sigma(I_s)_{j,HP}$ zu Tafel 3.8a Zeile 5

Solare Einstrahlung:	
Orientierung	$\Sigma\,(I_S)_{j,HP}$
Südost bis Südwest	270 kWh/(m²a)
Nordwest bis Nordost	100 kWh/(m²a)
übrige Richtungen	155 kWh/(m²a)
Dachflächenfenster mit Neigungen < 30°	225 kWh/(m²a)

Die Fläche der Fenster A_i mit der Orientierung j (Süd, West, Ost, Nord und horizontal) ist nach den lichten Fassadenöffnungsmaßen zu ermitteln.

1.3.3 Anforderungen und Nachweise für zu errichtende Gebäude mit niedrigen Innentemperaturen

Solche Gebäude werden aufgrund ihres Verwendungszwecks mehr als vier Monate im Jahr beheizt, wobei die Innentemperaturen zwischen 12 °C und 19 °C liegen. Es ist (nur) nachzuweisen, dass der spezifische, auf die wärmeübertragende Umfassungsfläche bezogene Transmissionswärmeverlust H_T' die Höchstwerte nach Tafel 3.9 in Abhängigkeit vom Verhältnis A/V_e (V_e Volumen der beheizten Zone, ermittelt aus den Gebäudeaußenmaßen) nicht übersteigt. Es wird, anders als bei Gebäuden mit normalen Innentemperaturen, kein Nachweis des (Primär-)Energiebedarfs geführt. H_T' berechnet sich aus $H_T' = H_T/A$, wobei A die wärmeübertragende Umfassungsfläche der beheizten Zone ist.

H_T berechnet sich nach DIN V 4108-6 (auf der Basis von DIN EN 832/EN ISO 13 789), wenn nicht das genauere Verfahren verwendet wird, nach

$$H_T = \Sigma\,(F_{x,i}\,U_i\,A_i) + H_{WB}$$

Die Temperatur-Reduktionsfaktoren $F_{x,i}$ können DIN V 4108-6 : 2003-06 entnommen werden. Bei Verwendung der Werte aus Tafel 3.8b liegt man auf der sicheren Seite. H_{WB} ist ein pauschaler Ansatz zur Erfassung von Wärmebrücken.

$$H_{WB} = \Delta U_{WB}\,A$$

Ohne Nachweis ist $\Delta U_{WB} = 0,1$ W/(m²K); bei analoger Anwendung von DIN 4108 Bbl. 2 (s. Abschnitt 1.5.1) darf ΔU_{WB} halbiert werden.

Tafel 3.9 Höchstwerte für H_T' in Abhängigkeit von A/V_e

A/V_e in m^{-1}	≤ 0,20	0,30	0,40	0,50	0,60	0,70	0,80	0,90	≥ 1,00
Höchstwerte H_T' in W/(m²K)[1)]	1,03	0,86	0,78	0,73	0,70	0,67	0,66	0,64	0,63

[1)] Zwischenwerte sind nach folgender Gleichung zu ermitteln: $H_T' = 0{,}53 + 0{,}1 \cdot V_e/A$ in W/(m² · K)

1.3.4 Anforderungen an bestehende Gebäude und Anlagen

Die EnEV enthält Anforderungen für den Fall, dass bei bestehenden Gebäuden mit normalen und niedrigen Innentemperaturen bestimmte bauliche Änderungen an schon vorhandenen Außenbauteilen vorgenommen werden. Einzelheiten auf Seite 3.10 und Tafel 3.11. Zur Abgrenzung gegen reine Reparaturarbeiten gelten die Anforderungen nicht, falls die Änderungen weniger als 20 % der jeweiligen Bauteilflächen (bei Außenwänden und Fenstern 20 % der Bauteilflächen gleicher Orientierung/Himmelsrichtung) betreffen.

Hilfsweise darf auch nachgewiesen werden, dass das geänderte Gebäude insgesamt die Höchstwerte nach Tafel 3.7 bzw. 3.9 (also Höchstwerte bei Neubauten) um nicht mehr als 40 % überschreitet.

Die EnEV enthält auch Anforderungen für den Fall, dass das Gebäude um ein *beheiztes Volumen* von mehr als 30 m³ erweitert wird. Für diesen Teil sind die Anforderungen an zu errichtende Gebäude (fallweise also Tafel 3.7 bzw. 3.9) einzuhalten. Ist das zusätzliche beheizte Volumen nicht größer als V_e = 100 m³, dürfen die Vorschriften für Gebäude mit geringem Volumen nach § 7 EnEV angewendet werden, d. h., die Außenbauteile müssen allein Tafel 3.11 entsprechen.

Die EnEV enthält in § 9 Verpflichtungen zur *Nachrüstung* bei Anlagen und Gebäuden, die bis zum 31.12.2006 abgeschlossen sein muss. Betroffen sind bestimmte alte Heizkessel, zugängliche Wärmeverteilungs- und Warmwasserleitungen sowie nichtbegehbare, aber zugängliche oberste Geschossdecken beheizter Räume, die auf $U \leq 0{,}30$ W/(m²K) nachzudämmen sind.

Außenbauteile, ggf. Anlagen, dürfen nicht in der Weise verändert werden, dass die energetische Qualität des Gebäudes verschlechtert wird (§ 10 EnEV).

Auf die Möglichkeit von Befreiungen von Vorschriften nach der EnEV durch die nach Landesrecht zuständigen Behörden beim Vorliegen von Härtefällen wird hingewiesen (§ 17 EnEV).

Übersicht der baulichen Änderungen oder Maßnahmen an bestehenden Gebäuden

1. Außenwände

Soweit bei beheizten Räumen Außenwände ersetzt, erstmalig eingebaut oder in der Weise erneuert werden, dass

a) Bekleidungen in Form von Platten oder plattenartigen Bauteilen oder Verschalungen sowie Mauerwerksvorsatzschalen angebracht werden,

b) auf der Innenseite Bekleidungen oder Verschalungen aufgebracht werden,

c) Dämmschichten eingebaut werden,

d) bei einer bestehenden Wand mit einem Wärmedurchgangskoeffizienten größer 0,9 W/(m^2K) der Außenputz erneuert wird oder

e) neue Ausfachungen in Fachwerkwände eingesetzt werden,

sind die Höchstwerte der Wärmedurchgangskoeffizienten nach Tafel 3.11 Zeile 1 einzuhalten.

2. Fenster, Fenstertüren und Dachflächenfenster

Soweit bei beheizten Räumen außen liegende Fenster, Fenstertüren oder Dachflächenfenster in der Weise erneuert werden, dass

a) das gesamte Bauteil ersetzt oder erstmalig eingebaut wird,

b) zusätzliche Vor- oder Innenfenster eingebaut werden oder

c) die Verglasung ersetzt wird,

sind die Anforderungen nach Tafel 3.11 Zeile 2 einzuhalten. Satz 1 gilt nicht für Schaufenster und Türanlagen aus Glas. Bei Maßnahmen gemäß Buchstabe c gilt Satz 1 nicht, wenn der vorhandene Rahmen zur Aufnahme der vorgeschriebenen Verglasung ungeeignet ist. Werden bei Maßnahmen nach Satz 1 bestimmte Sonderverglasungen (Schall, Brand, Durchbruch) verwendet, sind abweichend von Satz 1 die Anforderungen nach Tafel 3.11 Zeile 3 einzuhalten.

3. Außentüren

Bei der Erneuerung von Außentüren dürfen nur Außentüren eingebaut werden, deren Türfläche einen Wärmedurchgangskoeffizienten von 2,9 W/(m^2K) nicht überschreitet. Nr. 2 Satz 2 bleibt unberührt.

4. Decken, Dächer und Dachschrägen

4.1 Steildächer

Soweit bei Steildächern, Decken unter nicht ausgebauten Dachräumen sowie Decken und Wände (einschließlich Dachschrägen), die beheizte Räume nach oben gegen die Außenluft abgrenzen, ersetzt, erstmalig eingebaut oder in der Weise erneuert werden, dass

a) die Dachhaut bzw. außenseitige Bekleidungen oder Verschalungen ersetzt oder neu aufgebaut werden,

b) innenseitige Bekleidungen oder Verschalungen aufgebracht oder erneuert werden,

c) Dämmschichten eingebaut werden,

d) zusätzliche Bekleidungen oder Dämmschichten an Wänden zum unbeheizten Dachraum eingebaut werden,

sind für die betroffenen Bauteile die Anforderungen nach Tafel 3.11 Zeile 4 a einzuhalten. Wird bei Maßnahmen nach Buchstabe a oder c der Wärmeschutz als Zwischensparrendämmung ausgeführt und ist die Dämmschichtdicke wegen einer innenseitigen Bekleidung und der Sparrenhöhe begrenzt, so gilt die Anforderung als erfüllt, wenn die nach den Regeln der Technik höchstmögliche Dämmschichtdicke eingebaut wird.

4.2 Flachdächer

Soweit bei beheizten Räumen Flachdächer ersetzt, erstmalig eingebaut oder in der Weise erneuert werden, dass

a) die Dachhaut bzw. außenseitige Bekleidungen oder Verschalungen ersetzt oder neu aufgebaut werden,

b) innenseitige Bekleidungen oder Verschalungen aufgebracht oder erneuert werden,

c) Dämmschichten eingebaut werden,

sind die Anforderungen nach Tafel 3.11 Zeile 4 b einzuhalten. Werden bei der Flachdacherneuerung Gefälledächer durch die keilförmige Anordnung einer Dämmschicht aufgebaut, so ist der Wärmedurchgangskoeffizient nach DIN EN ISO 6946 : 1996-11, Anhang C zu ermitteln. Der Bemessungswert des Wärmedurchgangswiderstands am tiefsten Punkt der neuen Dämmschicht muss den Mindestwärmeschutz nach Tafel 3.4 gewährleisten.

5. Wände und Decken gegen unbeheizte Räume und gegen Erdreich

Soweit bei beheizten Räumen Decken und Wände, die an unbeheizte Räume oder an Erdreich grenzen,

a) ersetzt, erstmalig eingebaut

oder in der Weise erneuert werden, dass

b) außenseitige Bekleidungen oder Verschalungen, Feuchtigkeitssperren oder Drainagen angebracht oder erneuert,

c) innenseitige Bekleidungen oder Verschalungen an Wände angebracht,

d) Fußbodenaufbauten auf der beheizten Seite aufgebaut oder erneuert,

e) Deckenbekleidungen auf der Kaltseite angebracht oder

f) Dämmschichten eingebaut werden,

sind die Anforderungen nach Tafel 3.11 Zeile 5 einzuhalten.

Tafel 3.11 Höchstwerte der Wärmedurchgangskoeffizienten bei erstmaligem Einbau, Ersatz und Erneuerung von Bauteilen

Zeile	Bauteil	Maßnahme nach Seite 3.10 oder 3.11	Gebäude mit normalen Innentemperaturen	Gebäude mit niedrigen Innentemperaturen
			maximaler Wärmedurchgangskoeffizient U_{max} [1] in W/(m²K)	
	1	2	3	4
1 a	Außenwände	allgemein	0,45	0,75
b		Nr. 1 a, c und d	0,35	0,75
2 a	Außen liegende Fenster, Fenstertüren	Nr. 2 a und b	1,7[2]	2,8[2]
b	Dachflächenfenster			
c	Verglasungen	Nr. 2 c	1,5[2]	keine Anforderung
	Vorhangfassaden	allgemein	1,9[3]	3,0[3]
3 a	Außen liegende Fenster, Fenstertüren, Dachflächenfenster mit Sonderverglasungen	Nr. 2 a und b	2,0[2]	2,8[2]
b	Sonderverglasungen	Nr. 2 c	1,6[2]	keine Anforderung
4 a	Decken, Dächer und Dachschrägen	Nr. 4.1	0,30	0,40
b	Dächer	Nr. 4.2	0,25	0,40
5 a	Decken und Wände	Nr. 5 b und e	0,40	keine Anforderung
b	gegen unbeheizte Räume oder Erdreich	Nr. 5 a, c, d und f	0,50	keine Anforderung

[1] Wärmedurchgangskoeffizient des Bauteils unter Berücksichtigung der neuen und der vorhandenen Bauteilschichten; für die Berechnung opaker Bauteile ist DIN EN ISO 6946 : 1996-11 zu verwenden.
[2] Der Bemessungswert des Wärmedurchgangskoeffizienten des Fensters bzw. der Verglasung ist technischen Produkt-Spezifikationen zu entnehmen oder gemäß den nach den Landesbauordnungen bekannt gemachten energetischen Kennwerten für Bauprodukte zu bestimmen. Hierunter fallen insbesondere energetische Kennwerte aus europäischen technischen Zulassungen sowie der Regelungen nach der Bauregelliste A Teil 1 und auf Grund von Festlegungen in allgemeinen bauaufsichtlichen Zulassungen.
[3] Wärmedurchgangskoeffizient der Vorhangfassade; er ist nach anerkannten Regeln der Technik zu ermitteln.

1.4 Anforderungen an den sommerlichen Wärmeschutz

1.4.1 Anforderungen der Energieeinsparverordnung, § 3 Absatz (4) EnEV

Die EnEV in der Fassung von 2004 fordert bei Gebäuden, deren (Brutto-)Fensterflächenanteil in der Fassade $f = A_W/(A_W + A_{AW}) > 0{,}3$, den Nachweis für die Begrenzung des Sonneneintragskennwertes S nach DIN 4108-2 : 2003-07, Abschnitt 8, also einen Nachweis $S \leq S_{zul}$. Dabei ist A_W die Fläche aller Fenster und A_{AW} die Fläche der Außenwände. (Bis 2004 galt das abweichende Nachweisverfahren in DIN 4108-2 : 2001-03.)

1.4.2 Nachweisverfahren in DIN 4108-2 : 2003-07

Auf einen raum- oder raumgruppenweisen Nachweis des sommerlichen Wärmeschutzes wird innerhalb der Norm nur verzichtet bei Räumen mit einem kleinen grundflächenbezogenen Fensterflächenanteil $f_{AG} = A_W/A_G$; f_{AG} fallweise $< 10\,\%$ bei üblichen Fenstern, $< 15\,\%$ bei reinen Nordfenstern, $< 7\,\%$ bei schrägen (0° bis 60° gegen die Horizontale).

Der Sonneneintragskennwert S hängt ab vom Gesamtenergiedurchlassgrad $g_{total} = g \cdot F_c$ aller Fensterflächen des Raumes, also von deren Gesamtenergiedurchlassgrad der Verglasung g und dem Abminderungsfaktor für Sonnenschutzvorrichtungen F_c, sowie dem Verhältnis von Fensterflächen A_W zur Grundfläche des Raumes A_G. Es gilt raumweise die Gleichung (a):

$$S = \sum (A_{Wj} \cdot g_{total,j})/A_G \qquad \text{(a)}$$

Der Sonneneintragskennwert S wird in dieser Normausgabe von DIN 4108-2 erstmalig auf die Grundfläche des Raumes und nicht mehr auf Außenwandflächen oder Hauptfassaden bezogen. A_W wird bestimmt aus den Rohbaumaßen zwischen den Anschlägen des Blendrahmens (bei Dachflächenfenstern sinngemäß), A_G aus den lichten Raummaßen (mit Ausnahme von Räumen, deren Tiefe größer ist als das Dreifache der Raumhöhe). g oder g_{total} werden bestimmt nach DIN EN 410, DIN EN 13 363-1 oder nach zugesicherten Herstellerangaben. Anhaltswerte in Tafel 3.13a; Abminderungsfaktor F_c siehe Tafel 3.12.

Tafel 3.12 Anhaltswerte für Abminderungsfaktoren F_c

	Sonnenschutzvorrichtung	F_c
1	Ohne Sonnenschutzvorrichtung	1,0
2	Innen liegend und zwischen den Scheiben liegend[1]	
2.1	– weiße oder reflektierende Oberfläche mit geringer Transparenz[2]	0,75
2.2	– helle Farben und geringe Transparenz[2]	0,80
2.3	– dunkle Farben und höhere Transparenz[2]	0,90
3	Außen liegend	
3.1	– Jalousien und Stoffe geringer Transparenz[2]	0,25
3.2	– Jalousien, Stoffe höherer Transparenz[2]	0,40
4	– Vordächer, Loggien[3]	0,50
5	– Markisen, allgemein[3]	0,50
6	– Rollläden, Fensterläden	0,3

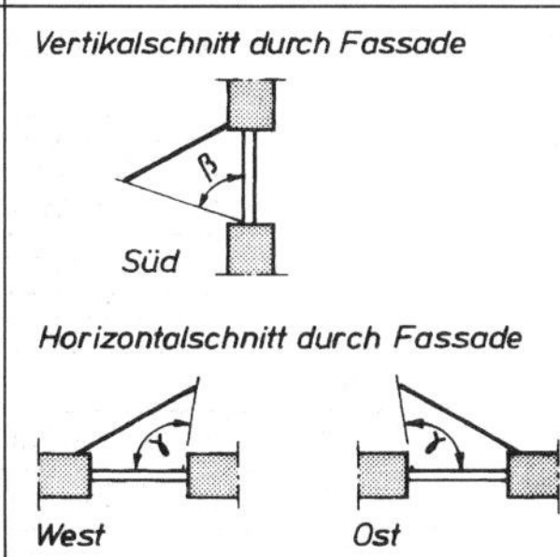

[1] Für innen und zwischen den Scheiben liegende Sonnenschutzvorrichtungen ist eine genauere Ermittlung zu empfehlen, da sich erheblich günstigere Werte ergeben können. Ohne Nachweis ist der ungünstigere Wert zu verwenden.

[2] Eine Transparenz der Sonnenschutzvorrichtung unter 10 % gilt als gering, unter 30 % als erhöht.

[3] Es ist sicherzustellen, dass keine direkte Besonnung des Fensters erfolgt. Dies ist der Fall, wenn bei Südorientierung (± 22,5°): $\beta \geq 50°$; bei Ost-West-Orientierung (± 22,5°): entweder $\beta \geq 85°$ oder $\gamma \geq 115°$; Südost/Südwest (± 22,5°): $\beta \geq 80°$.

Tafel 3.13a Anhaltswerte der Gesamtenergiedurchlassgrade für Verglasungen, wenn keine Einzelnachweise vorliegen (n. DIN 4108-6 : 2000-11)

Verglasung Rahmenanteil 30 %	Gesamtenergie-durchlassgrad g
Doppelverglasung	0,75
Wärmeschutzverglasung, doppelt verglast, Klarglas mit nur einer infrarot reflektierenden Schicht	0,50
Dreifachverglasung unbeschichtet	0,65
Dreifachverglasung mit zwei infrarot reflektierenden Schichten	0,40

Der zulässige Grenzwert S_{zul}, der von S nach Gleichung (a) nicht überschritten werden darf, wird unter Berücksichtigung von bis zu sechs Einflussgrößen in DIN 4108-2 als Summe von anteiligen Sonneneintragskennwerten S_x nach Gleichung (b) bestimmt.

$$S_{zul} = \Sigma\, S_x \qquad \text{(b)}$$

Die anteiligen Sonneneintragskennwerte sind aus Tafel 3.13b zu ermitteln: In Zeile 1 wird dabei die Sommer-Klimaregion nach den Merkmalen sommerkühl bis sommerheiß unterschieden, weil Menschen in sommerlichen Räumen sich an das vorherrschende Außenklima anpassen und unterschiedliche sommerliche Höchstwerte der Innentemperatur ertragen. In Zeile 2 wird die wirksame Wärmespeicherfähigkeit der den Raum umschließenden wärmeübertragenden Außenbauteile im Verhältnis f_{gew} zur Grundfläche berücksichtigt. In Zeile 3 wird der positive Einfluss wirksamer zusätzlicher Nachtlüftung erfasst. Die Zeilen 5 und 6 berücksichtigen Flächenanteile f_{neig} und f_{nord} geneigter und ständig verschatteter Fenster.

Tafel 3.13b Anteilige Sonneneintragskennwerte S_x zur Bestimmung von $S_{zul} = \Sigma\, S_x$

1	2	3	4
Zeile		**Gebäudelage bzw. Bauart, Fensterneigung und Orientierung**	Anteiliger Sonneneintragskennwert S_x
1		Sommer-Klimaregion[a)]:	
	1.1	Gebäude in Klimaregion A (sommerkühl)	0,04
	1.2	Gebäude in Klimaregion B (gemäßigt)	0,03
	1.3	Gebäude in Klimaregion C (sommerheiß)	0,015
2		Bauart[b)]:	
	2.1	leichte Bauart: ohne Nachweis von C_{wirk}/A_G	$0{,}06\, f_{gew}$ [c)]
	2.2	mittlere Bauart: $50\ \text{Wh/(K} \cdot \text{m}^2) \leq C_{wirk}/A_G \leq 130\ \text{Wh/(K} \cdot \text{m}^2)$	$0{,}10\, f_{gew}$ [c)]
	2.3	schwere Bauart: $C_{wirk}/A_G > 130\ \text{Wh/(K} \cdot \text{m}^2)$	$0{,}115\, f_{gew}$ [c)]
3		Erhöhte Nachlüftung[d)] während der zweiten Nachthälfte $n \geq 1{,}5\ \text{h}^{-1}$:	
	3.1	bei mittlerer[b)] und leichter[b)] Bauart	+ 0,02
	3.2	bei schwerer Bauart[b)]	+ 0,03
4		Sonnenschutzverglasung[e)] mit $g \leq 0{,}4$	+ 0,03
5		Fensterneigung: 0° ≤ Neigung ≤ 60° (gegenüber der Horizontalen)	$-0{,}12\, f_{neig}$ [f)]
6		Orientierung: Nord-, Nordost- und Nordwest-orientierte Fenster soweit die Neigung gegenüber der Horizontalen > 60° ist sowie Fenster, die dauernd vom Gebäude selbst verschattet sind.	$+0{,}10\, f_{nord}$ [g)]

(Fortsetzung Tafel 3.13 b, siehe nächste Seite)

Fortsetzung Tafel 3.13 b (Fußnoten und weitere Festlegungen)

a) Sommer-Klimaregionen in Deutschland wurden aus 15 Klimaregionen nach DIN V 4108-6 gebildet. Landkarte siehe DIN 4108-2, Bild 3.

b) Im Zweifelsfall kann nach DIN V 4108-6 die wirksame Wärmespeicherfähigkeit für den betrachteten Raum bzw. Raumbereich bestimmt werden, um die Bauart einzuordnen; dabei ist folgende Einstufung vorzunehmen:
- leichte Bauart liegt vor, wenn $C_{wirk}/A_G < 50$ Wh/(K · m²)
  mit C_{wirk} wirksame Wärmespeicherfähigkeit;
  A_G Nettogrundfläche;
- mittlere Bauart liegt vor, wenn 50 Wh/(K · m²) $\leq C_{wirk}/A_G \leq$ 130 Wh/(K · m²);
- schwere Bauart liegt vor, wenn $C_{wirk}/A_G >$ 130 Wh/(K · m²).

c) $f_{gew} = (A_W + 0{,}3 \cdot A_{AW} + 0{,}1 \cdot A_D)/A_G$
mit f_{gew} gewichtete Außenfläche bezogen auf die Nettogrundfläche; die Gewichtungsfaktoren berücksichtigen die Relation zwischen dem sommerlichen Wärmedurchgang üblicher Außenbauteile;
A_W Fensterfläche (einschließlich Dachfenster);
A_W Außenwandfläche (Außenmaße);
A_D wärmeübertragende Dach- oder Deckenfläche nach oben oder unten gegen Außenluft, Erdreich und unbeheizte Dach- und Kellerräume (Außenmaße);
A_G Nettogrundfläche (lichte Maße).

d) Bei Ein- und Zweifamilienhäusern kann in der Regel von einer erhöhten Nachtlüftung ausgegangen werden.

e) Als gleichwertige Maßnahme gilt eine Sonnenschutzvorrichtung, die die diffuse Strahlung permanent reduziert und deren $g_{total} < 0{,}4$ erreicht.

f) $f_{neig} = A_{W,neig}/A_G$
mit $A_{W,neig}$ geneigte Fensterfläche;
A_G Nettogrundfläche.

g) $f_{nord} = A_{W,nord}/A_{W,gesamt}$
mit $A_{W,nord}$ Nord-, Nordost- und Nordwest-orientierte Fensterfläche soweit die Neigung gegenüber der Horizontalen > 60° ist sowie Fensterflächen, die dauernd vom Gebäude selbst verschattet sind.
$A_{W,gesamt}$ gesamte Fensterfläche.

1.5 Daten für die wärme- und feuchtigkeitsschutztechnische Planung

1.5.1 Hinweise zur konstruktiven Vermeidung von Wärmebrücken

Beiblatt 2 zu DIN 4108 enthält Beispiele für die konstruktive Vermeidung von Wärmebrücken. Es werden ausschließlich Anschlussausbildungen dargestellt, bei denen der Temperaturfaktor f_{Rsi} den in DIN 4108-2 geforderten Grenzwert 0,7 einhält. Bei Beachtung der Beispiele darf innerhalb der EnEV ein günstiger Wärmebrückenzuschlag ΔU_{WB} angesetzt werden (vergl. S. 3.6 unten). Balkonplatten werden im Beiblatt 2 nur als wärmetechnisch getrennte Konstruktionen behandelt. Andere Ausführungen unterschreiten regelmäßig die Mindestanforderungen nach DIN 4108-2. Im Beiblatt 2 werden (hier nicht wiedergegebene) Ψ-Werte für die Beispiele genannt.

Die Anschlüsse von Fenstern (vgl. auch Abb. 3.16d) sind nicht geeignet, Tauwasser entlang den Fensterprofilen und Glasfalzen sicher zu verhindern. Hierzu bedarf es weitergehender Maßnahmen zur Senkung von U_f gegenüber den typischen Werten der bisherigen Rahmenmaterialgruppen. In den Abbildungen werden Wärmeleitfähigkeiten nach Tafel 3.14 unterstellt.

Tafel 3.14 Bildelemente, Baustoffe in Außenbauteilen und deren angenommene Wärmeleitfähigkeit λ in den Abbildungen der Seiten 3.15 und 3.16

Ziffer in nachfolgenden Abb.	1	2	3	4	5
Zeichnerische Abbildung					
λ in W/(mK)	0,040	< 0,21	0,21 < λ < 1,0	> 1,0	2,1

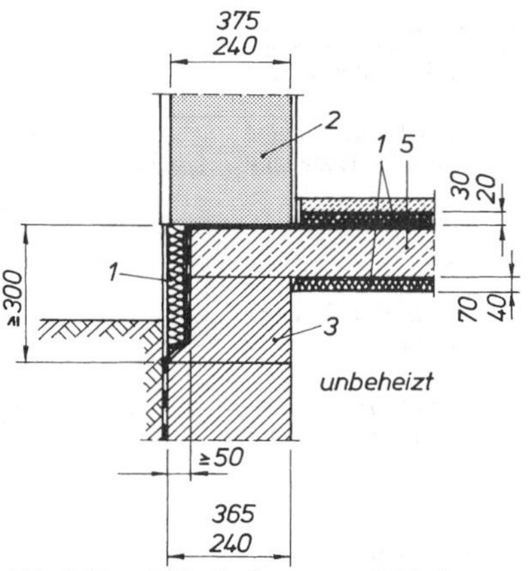

Abb. 3.15a Kellerdecke – monolithisches Mauerwerk

Hinweise: Bei beheiztem Keller entfällt die Zusatzdämmung der Decke zugunsten der Wand. Bei nichtmonolithischem Mauerwerk ist 100-mm-Dämmung in die EG-Wand zu übernehmen.

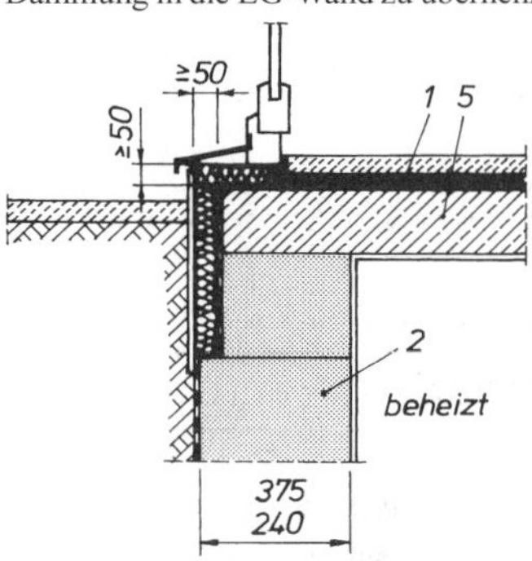

Abb. 3.15b Terrasse – Mauerwerk

Hinweis: Die Folie dient nicht nur der Bauwerksabdichtung, sondern auch der Luftdichtung.

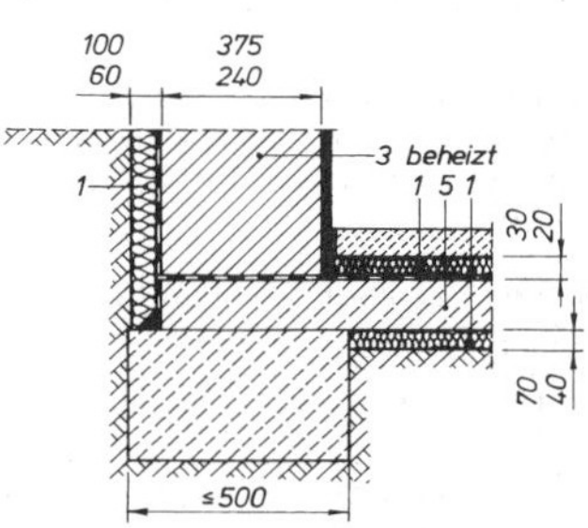

Abb. 3.15c Gründung eines beheizten Kellers – Perimeterdämmung

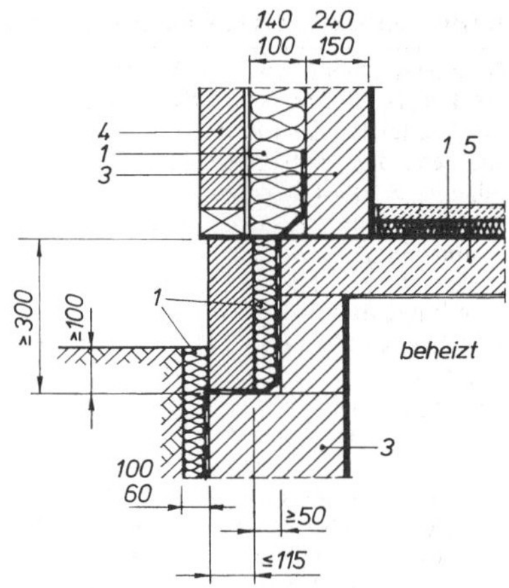

Abb. 3.15d Kellerdecke – kerngedämmtes Mauerwerk, beheizter Keller mit Perimeterdämmung

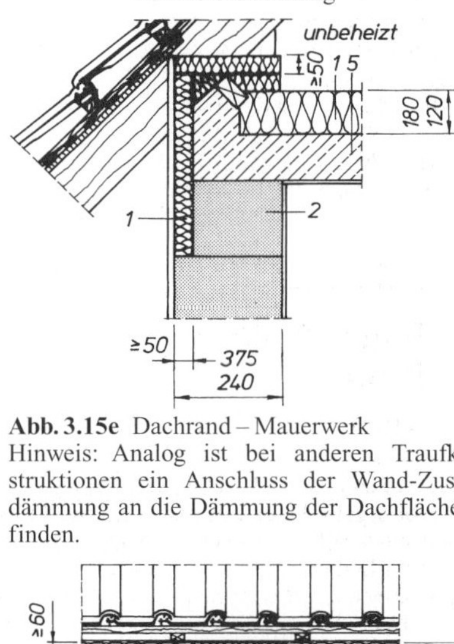

Abb. 3.15e Dachrand – Mauerwerk

Hinweis: Analog ist bei anderen Traufkonstruktionen ein Anschluss der Wand-Zusatzdämmung an die Dämmung der Dachfläche zu finden.

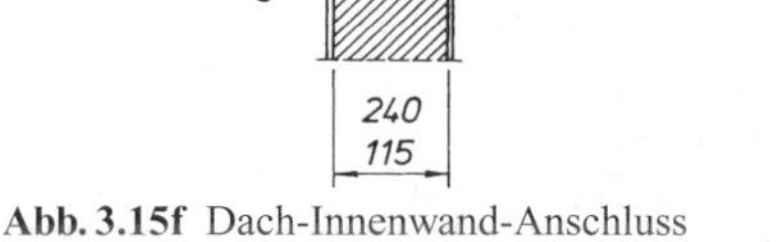

Abb. 3.15f Dach-Innenwand-Anschluss

Hinweis: Dichte Faserdämmstoffe aus Gründen des Schallschutzes.

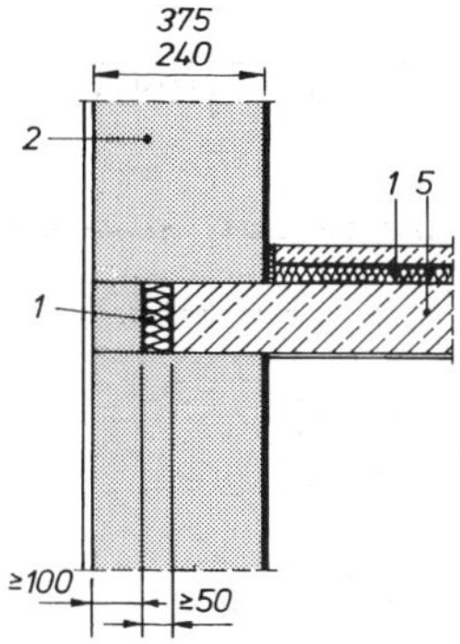

Abb. 3.16a Geschossdecke – monolithisches Mauerwerk

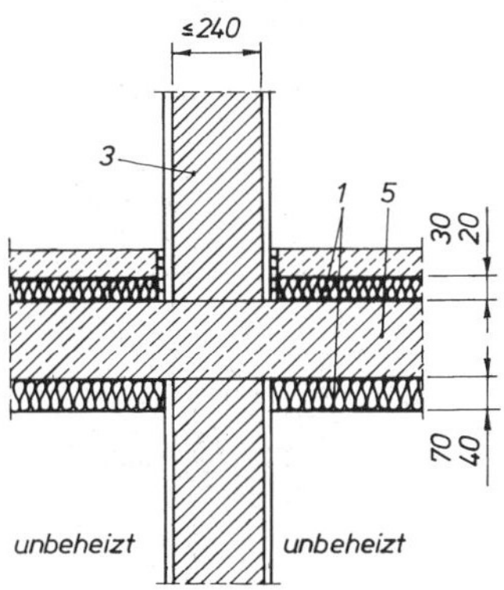

Abb. 3.16b Innenwand/Keller

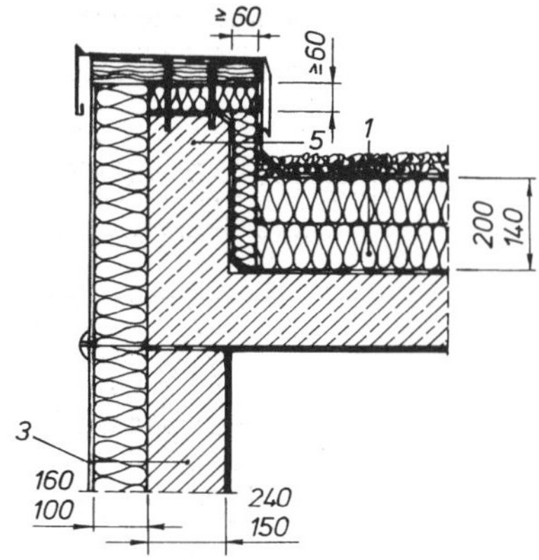

Abb. 3.16c Flachdachattika – außengedämmtes Mauerwerk

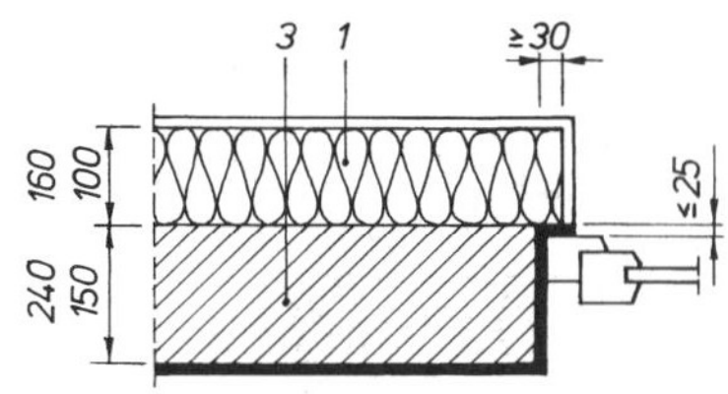

Abb. 3.16d Fensteranschlüsse – teilweise abgedeckte Rahmen

Hinweis: Sinngemäß gilt dies auch für Fensterstürze ohne Rollladenkästen und für Fensterbrüstungen.

Hinweis: Bei doppelten Maßangaben lies: „fallweise".

1.5.2 Hinweise zu Luftdichtheitsschichten (nach DIN 4108-7)

Die in DIN 4108-2 und EnEV (siehe Seite 3.5) geforderte Luftdichtheit wird mit den Planungs- und Ausführungsbeispielen in DIN 4108-7 erreicht. Danach ist das beheizte Gebäudevolumen (regelmäßig im Verlauf der wärmeübertragenden Umfassungsfläche) mit einer Luftdichtheitsschicht einzuschließen, die eine Luftströmung in Dickenrichtung durch die Bauteile verhindern soll. Es ist zu beachten, dass die Luftdichtheitsschicht und ihre Anschlüsse während und nach dem Einbau weder durch Witterungseinflüsse noch durch nachfolgende Arbeiten, wie Elektro- oder Rohrleitungsinstallationen, beschädigt werden.

Regelmäßige Bauteilflächen aus Beton, Holzwerkstoffplatten, Gipskartonbauplatten oder Faserzementplatten gelten als luftdicht, Mauerwerk benötigt in der Regel wenigstens eine einseitige Putzschicht aus Mörtel (kein „Trockenputz"), verlegte Trapezbleche gelten als nicht ausreichend luftdicht. Bahnen aus Kunststofffolien oder Pappen gelten als luftdicht.

Besondere Sorgfalt benötigen Fugen, Stöße oder Überlappungen, die in der Regel mit zusätzlichen Maßnahmen dauerhaft abzudichten sind. Um Durchdringungen zu reduzieren, sollten Installationsebenen für die Aufnahme von Kabeln und Rohren raumseitig vor der Luftdichtheitsschicht, z. B. mit einer zusätzlichen Konterlattung, vorgesehen werden (vgl. Abb. 3.17a).

Auf Seite 3.17 folgen Prinzipskizzen zur Herstellung von Luftdichtheitsschichten im Bereich Anschlüsse (nach DIN 4108-7 : 2001-08).

Tafel 3.17 Bildelemente in den Abbildungen der Seite 3.17

Dämmung	Holzlattung	Gipsplatte/Putz	Mauerwerk/Beton	Bahn	Klebeband

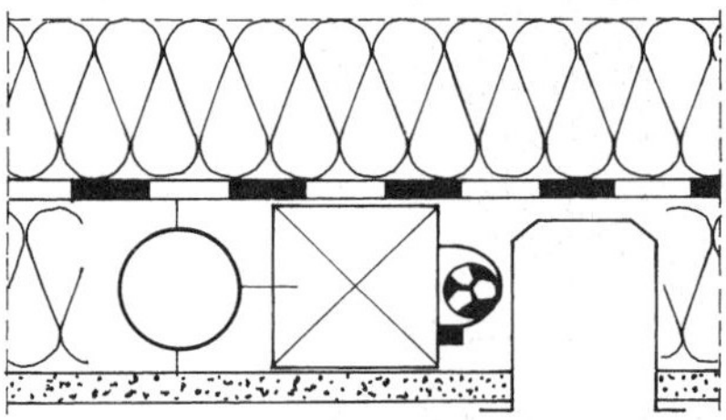

Abb. 3.17a Herstellung einer Installationszone mittels zusätzlicher Lattung

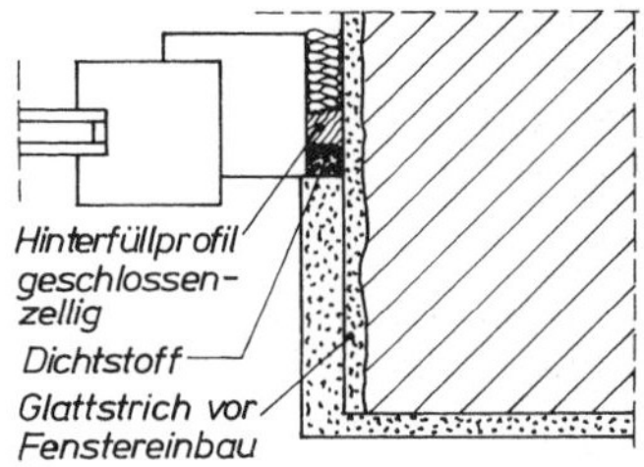

Abb. 3.17d Fensteranschluss nach Glattstrich

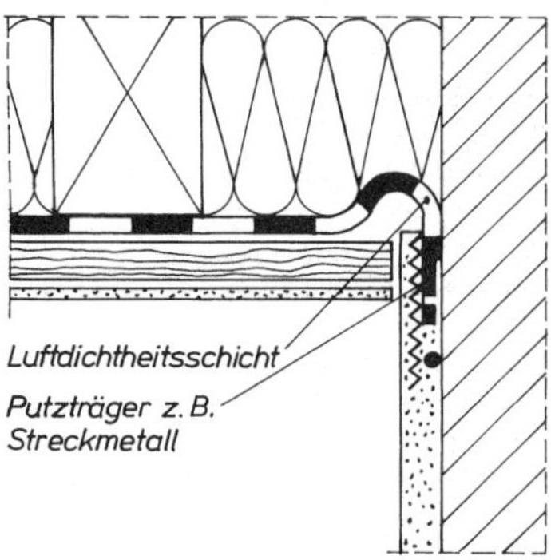

Abb. 3.17b Anschluss einer Bahn an eine Wand

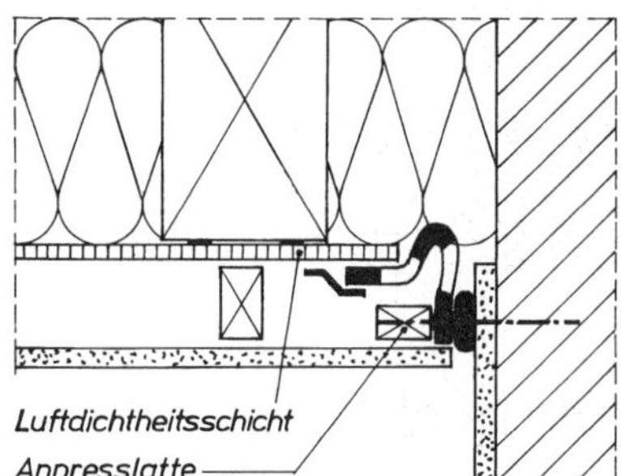

Abb. 3.17e Anschluss einer harten Bauplatte

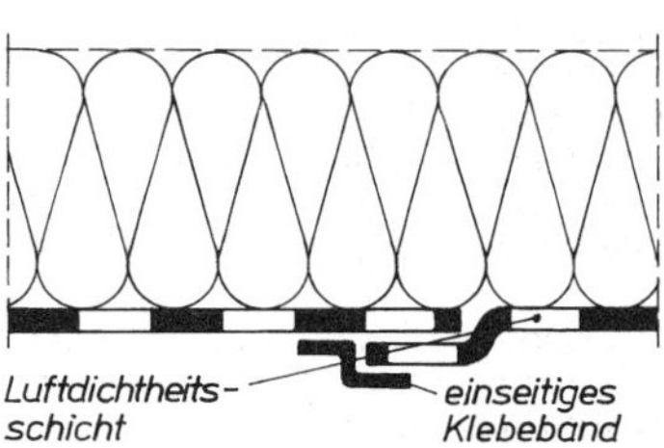

Abb. 3.17c Überlappung von Bahnen

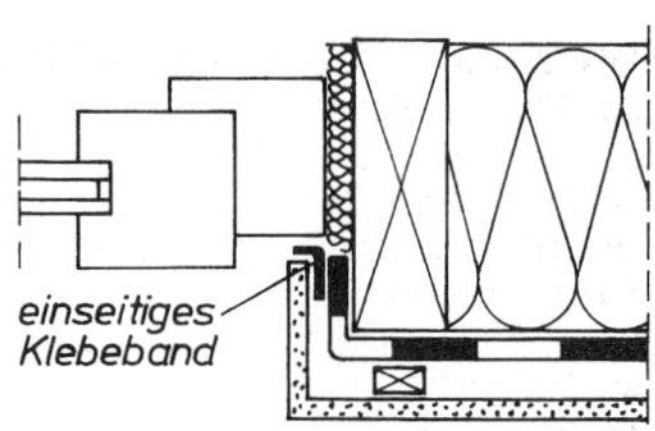

Abb. 3.17f Abdichtung Fenster im Holzbau (Dachflächenfenster sinngemäß)

1.5.3 Anerkannte Bemessungswerte von Baustoffen und Bauteilen

Für werkmäßig hergestellte Baustoffe/Bauprodukte nach aktuellen deutschen oder europäischen Normen werden Bemessungswerte fallweise in DIN V 4108-4 : 2004-07 oder DIN EN 12 524 : 2000-07 angegeben. Bauprodukte, die in der Vergangenheit nach nunmehr nicht mehr gültigen Spezifikationen hergestellt wurden, wie z. B. Dämmstoffe mit ihren „Wärmeleitfähigkeitsgruppen (WLG)“, sind nach den entsprechenden früheren Ausgaben von DIN 4108-4 zu beurteilen. Bemessungswerte für hier nicht genannte Baustoffe/Bauprodukte sind technischen Produkt-Spezifikationen zu entnehmen oder gemäß den nach den Landesbauordnungen bekannt gemachten energetischen Kennwerten für Bauprodukte zu bestimmen. Hierunter fallen insbesondere energetische Kennwerte aus europäischen Zulassungen sowie energetische Kennwerte der Regelungen nach der Bauregelliste A Teil 1 und aufgrund von Festlegungen in allgemeinen bauaufsichtlichen Zulassungen. Die Anwendung von Messwerten der Wärmeleitfähigkeit für wärmetechnische Berechnungen, wie z. B. $\lambda^{10,\mathrm{tr}}$, gilt als unzulässig, wenn diese nicht mit Zuschlagwerten Z nach anerkannten Regeln auf Bemessungswerte, z. B. $\lambda = \lambda^{10,\mathrm{tr}}\,(1 + Z)$, umgerechnet werden.

Tafel 3.18 Bemessungswerte der Wärmeleitfähigkeit und Richtwerte der Wasserdampf-Diffusionswiderstandszahl von Baustoffen nach DIN V 4108-4 und DIN EN 12 524

Zeile	Stoff	Rohdichte[a)b)] ϱ kg/m³	Bemessungswert der Wärmeleitfähigkeit λ W/(m · K)	Richtwert der Wasserdampf-Diffusionswiderstandszahl[c)] μ
1	**PUTZE, MÖRTEL UND ESTRICHE**			
1.1	**Putze**			
1.1.1	Putzmörtel aus Kalk, Kalkzement und hydraulischem Kalk	(1800)	1,0	15/35
1.1.2	Putzmörtel aus Kalkgips, Gips, Anhydrit und Kalkanhydrit	(1400)	0,70	10
1.1.3	Leichtputz	≤ 1300 ≤ 1000 ≤ 700	0,56 0,38 0,25	15/20
1.1.4	Gipsputz ohne Zuschlag	(1200)	0,51	10
1.1.5	Wärmedämmputz nach DIN 18 550-3 Wärmeleitfähigkeitsgruppe 060 070 080 090 100	(≥ 200)	0,060 0,070 0,080 0,090 0,100	5/20
1.1.6	Kunstharzputz	(1100)	0,70	50/200
1.2	**Mauermörtel**			
1.2.1	Zementmörtel	(2000)	1,6	15/35
1.2.2	Normalmörtel NM	(1800)	1,2	
1.2.3	Dünnbettmauermörtel DM	(1600)	1,0	
1.2.4	Leichtmörtel nach DIN 1053-1 LM 36	≤ 1000	0,36	
1.2.5	Leichtmörtel nach DIN 1053-1 LM 21	≤ 700	0,21	
1.3	**Asphalt** **Bitumen als Stoff** **als Membran/Bahn**	2100 1050 1100	0,70 0,17 0,23	50 000
1.4	**Estriche**			
1.4.1	Zement-Estrich	(2000)	1,4	15/35
1.4.2	Anhydrit-Estrich	(2100)	1,2	
1.4.3	Magnesia-Estrich	1400 2300	0,47 0,70	

Zeile	Stoff	ϱ [a)b)]	λ	μ [c)]
2	**BETON-BAUTEILE**			
2.1	**Beton nach DIN EN 206**			
	mittlere Rohdichte	1800	1,15	60/100
		2000	1,35	60/100
		2200	1,65	70/120
	hohe Rohdichte	2400	2,00	80/130
	armiert (mit 1 % Stahl)	2300	2,3	80/130
	armiert (mit 2 % Stahl)	2400	2,5	80/130
2.2	**Leichtbeton und Stahlleichtbeton** mit geschlossenem Gefüge nach DIN EN 206 und DIN 1045-1, hergestellt unter Verwendung von Zuschlägen mit porigem Gefüge nach DIN 4226-2 ohne Quarzsandzusatz[d)]	800	0,39	
		900	0,44	
		1000	0,49	
		1100	0,55	
		1200	0,62	
		1300	0,70	70/150
		1400	0,79	
		1500	0,89	
		1600	1,0	
		1800	1,3	
		2000	1,6	
2.3	**Dampfgehärteter Porenbeton** nach DIN 4223-1	300	0,10	
		350	0,11	
		400	0,13	
		450	0,15	
		500	0,16	
		550	0,18	
		600	0,19	5/10
		650	0,21	
		700	0,22	
		750	0,24	
		800	0,25	
		900	0,29	
		1000	0,31	
2.4	**Leichtbeton mit haufwerksporigem Gefüge**			
2.4.1	– mit nichtporigen Zuschlägen nach DIN 4226-1, z. B. Kies	1600	0,81	3/10
		1800	1,1	
		2000	1,4	5/10
2.4.2	– mit porigen Zuschlägen nach DIN 4226-2, ohne Quarzsandzusatz[d)]	600	0,22	
		700	0,26	
		800	0,28	
		1000	0,36	5/15
		1200	0,46	
		1400	0,57	
		1600	0,75	
2.4.2.1	– ausschließlich unter Verwendung von Naturbims	500	0,16	
		600	0,18	
		700	0,21	
		800	0,24	5/15
		900	0,28	
		1000	0,32	
		1200	0,41	
		1300	0,47	
2.4.2.2	– ausschließlich unter Verwendung von Blähton	500	0,16	
		600	0,19	
		700	0,23	
		800	0,27	5/15
		900	0,30	
		1000	0,35	
		1200	0,44	
		1400	0,55	
		1600	0,68	

Zeile	Stoff	ϱ [a)b)]	λ		μ [c)]
3	**BAUPLATTEN**				
3.1	**Porenbeton-Bauplatten und Porenbeton-Planbauplatten,** unbewehrt, nach DIN 4166				
3.1.1	Porenbeton-Bauplatten (Ppl) mit normaler Fugendicke und Mauermörtel nach DIN 1053-1, verlegt	400	0,20		5/10
		500	0,22		
		600	0,24		
		700	0,27		
		800	0,29		
3.1.2	Porenbeton-Planbauplatten (Pppl), dünnfugig verlegt	300	0,10		5/10
		350	0,11		
		400	0,13		
		450	0,15		
		500	0,16		
		550	0,18		
		600	0,19		
		650	0,21		
		700	0,22		
		750	0,24		
		800	0,25		
3.2	**Wandbauplatten aus Leichtbeton** nach DIN 18 162	800	0,29		5/10
		900	0,32		
		1000	0,37		
		1200	0,47		
		1400	0,58		
3.3	**Wandbauplatten aus Gips** nach DIN 18 163, auch mit Poren, Hohlräumen, Füllstoffen oder Zuschlägen	750	0,35		5/10
		900	0,41		
		1000	0,47		
		1200	0,58		
3.4	**Gipskartonplatten nach DIN 18 180**	900	0,25		8
4	**MAUERWERK EINSCHLIESSLICH MÖRTELFUGEN**				
4.1	**Mauerwerk aus Mauerziegeln** nach DIN V 105-1 bis DIN V 105-6				
			NM/DM [f)]		
4.1.1	Vollklinker, Hochlochklinker, Keramikklinker	1800	0,81		50/100
		2000	0,96		
		2200	1,2		
		2400	1,4		
4.1.2	Vollziegel, Hochlochziegel, Füllziegel	1200	0,50		5/10
		1400	0,58		
		1600	0,68		
		1800	0,81		
		2000	0,96		
		2200	1,2		
		2400	1,4		
			LM21/LM36 [f)]	NM/DM [f)]	
4.1.3	Hochlochziegel mit Lochung A und B nach DIN 105-2 bzw. LD-Ziegel nach DIN EN 771-1	550	0,27	0,32	5/10
		600	0,28	0,33	
		650	0,30	0,35	
		700	0,31	0,36	
		750	0,33	0,38	
		800	0,34	0,39	
		850	0,36	0,41	
		900	0,37	0,42	
		950	0,38	0,44	
		1000	0,40	0,45	
4.1.4	Hochlochziegel HLzW und Wärmedämmziegel WDz nach DIN 105-2, $h \geq 238$ mm	550	0,19	0,22	5/10
		650	0,20	0,23	
		700	0,21	0,24	
		750	0,22	0,25	
		850	0,23	0,26	
		900	0,24	0,27	
		1000	0,26	0,29	

Zeile	Stoff	ϱ [a)b)]	λ	μ [c)]
4.1.5	Plan-Wärmedämmziegel PWDz nach DIN 105-6, $h \geq 248$ mm	550	0,20	5/10
		650	0,21	
		700	0,22	
		750	0,23	
		850	0,24	
		900	0,25	
		950	0,26	
		1000	0,27	
4.2	**Mauerwerk aus Kalksandsteinen** nach DIN 106-1	1000	0,50	5/10
		1200	0,56	
		1400	0,70	
	und DIN 106-2 oder DIN EN 771-2	1600	0,79	15/25
		1800	0,99	
		2000	1,1	
		2200	1,3	
4.3	**Mauerwerk aus Hüttensteinen** nach DIN 398	1000	0,47	70/100
		1200	0,52	
		1400	0,58	
		1600	0,64	
		1800	0,70	
		2000	0,76	
4.4	**Mauerwerk aus Porenbeton-Plansteinen (PP)** nach DIN V 4165	350	0,11	5/10
		400	0,13	
		450	0,15	
		500	0,16	
		550	0,18	
		600	0,19	
		650	0,21	
		700	0,22	
		750	0,24	
		800	0,25	

Zeile	Stoff		ϱ [a)b)]	λ			μ [c)]
4.5	**Mauerwerk aus Betonsteinen**						
4.5.1	Hohlblöcke (Hbl) nach DIN V 18 151 Gruppe 1[e)]			LM21[f)]	LM36[f)]	NM[f)]	5/10
	Steinbreite in cm	Anzahl der Kammerreihen	500	0,22	0,23	0,26	
			600	0,24	0,25	0,29	
	17,5	≥ 2	700	0,28	0,29	0,32	
	24	≥ 3	800	0,31	0,32	0,35	
	30	≥ 4	900	0,34	0,36	0,39	
	36,5	≥ 5	1000			0,45	
	49	≥ 6	1200			0,53	
4.5.2	Hohlblöcke (Hbl) nach DIN V 18 151 und Hohlwandplatten nach DIN 18 148, Gruppe 2		450	0,22	0,23	0,28	5/10
			500	0,24	0,25	0,30	
			550	0,26	0,27	0,31	
	Steinbreite in cm	Anzahl der Kammerreihen	600	0,27	0,28	0,32	
			650	0,29	0,30	0,34	
	11,5	≤ 1	700	0,30	0,32	0,36	
	17,5	≤ 1	800	0,34	0,36	0,41	
	24	≤ 2	900	0,37	0,40	0,46	
	30	≤ 3	1000			0,52	
	36,5	≤ 4	1200			0,60	
	49	≤ 5	1400			0,72	
4.5.3	Vollblöcke (Vbl, S-W) nach DIN V 18 152		500	0,15	0,17	0,20	5/10
			600	0,17	0,19	0,22	
			700	0,19	0,21	0,25	
			800	0,21	0,23	0,27	
			900	0,25	0,26	0,30	

Zeile	Stoff	ϱ a)b)	λ			μ c)
4.5.4	Vollblöcke (Vbl) und Vbl-S	500	0,23	0,24	0,29	
	nach DIN V 18 152 aus	600	0,25	0,26	0,31	
	Leichtbeton mit anderen	650	0,26	0,27	0,32	
	leichten Zuschlägen als	700	0,27	0,28	0,33	
	Naturbims und Blähbeton	800	0,29	0,30	0,36	5/10
		900	0,32	0,32	0,39	
		1000	0,34	0,35	0,42	
		1200			0,49	
		1400			0,57	
		1600			0,69	
		1800			0,79	10/15
		2000			0,89	
4.5.5	Vollsteine (V) nach	500	0,22	0,23	0,32	
	DIN V 18 152	600	0,24	0,26	0,34	
		700	0,27	0,29	0,37	
		800	0,30	0,32	0,40	
		900	0,33	0,35	0,43	5/10
		1000	0,36	0,38	0,46	
		1200			0,54	
		1400			0,63	
		1600			0,74	
		1800			0,87	10/15
		2000			0,99	
4.5.6	Mauersteine nach	800			0,60	
	DIN 18 153 aus Beton	900			0,65	5/15
		1000			0,70	
		1200			0,80	
		1400			0,90	
		1600			1,1	
		1800			1,2	20/30
		2000			1,4	
		2200			1,7	
		2400			2,1	

Zeile	Stoff	ϱ a)b)	λ	μ c)
5	**WÄRMEDÄMMSTOFFE, siehe Tafel 3.25b**			
6	**HOLZ UND HOLZWERKSTOFFE**			
6.1	**Konstruktionsholz**	500	0,13	20/50
		700	0,18	50/200
6.2	**Holzwerkstoffe**			
6.2.1	Sperrholz	300	0,09	50/150
		500	0,13	70/200
		700	0,17	90/220
		1000	0,24	110/250
6.2.2	Zementgebundene Spanplatte	1200	0,23	30/50
6.2.3	Spanplatte	300	0,10	10/50
		600	0,14	15/50
		900	0,18	20/50
6.2.4	OSB-Platten	650	0,13	30/50
6.2.5	Holzfaserplatten einschließlich MDF	250	0,07	2/5
		400	0,10	5/10
		600	0,14	12/50
		800	0,18	20/50
7	**BELÄGE, ABDICHTUNGSSTOFFE UND ABDICHTUNGSBAHNEN**			
7.1	**Fußbodenbeläge**			
	Gummi	1200	0,17	10 000
	Kunststoff	1700	0,25	10 000
	Unterlagen, poröser Gummi oder Kunststoff	270	0,10	10 000
	Filzunterlage	120	0,05	15/20

Zeile	Stoff	ϱ[a)b)]	λ	μ[c)]
7.1	Wollunterlage Korkunterlage Korkfliesen Teppich/Teppichböden Linoleum	200 < 200 > 400 200 1200	0,06 0,05 0,065 0,06 0,17	15/20 10/20 20/40 5 800/1000
7.2	**Abdichtstoffe, Abdichtungsbahnen**	siehe DIN EN 12 524		
7.3	**Dachbahnen, Dachdichtungsbahnen**			
7.3.1	Bitumendachbahnen nach DIN 52 128	(1200)	0,17	10 000/80 000
7.3.2	Nackte Bitumenbahnen nach DIN 52 129	(1200)	0,17	2000/20 000
7.3.3	Glasvlies-Bitumendachbahnen nach DIN 52 143	–	–	20 000/60 000
7.3.4	Kunststoff-Dachbahnen nach DIN 16 729 (ECB)	–	–	50 000/75 000 (2,0 K) 70 000/90 000 (2,0)
7.3.5	Kunststoff-Dachbahnen nach DIN 16 730 (PVC-P)	–	–	10 000/30 000
7.3.6	Kunststoff-Dachbahnen nach DIN 16 731 (PIB)	–	–	400 000/ 1 750 000
7.4	**Folien**	siehe DIN EN 12 524		
7.4.1	PTFE-Folien Dicke $d \geq 0{,}05$ mm	–	–	10 000
7.4.2	PA-Folie Dicke $d \geq 0{,}05$ mm	–	–	50 000
7.4.3	PP-Folie Dicke $d \geq 0{,}05$ mm	–	–	1000
8	**SONSTIGE GEBRÄUCHLICHE STOFFE**[h)]			
8.1	**Lose Schüttungen,**[i)] **abgedeckt**			
8.1.1	– aus porigen Stoffen: Blähperlit Blähglimmer Korkschrot, expandiert Hüttenbims Blähton, Blähschiefer Bimskies Schaumlava	 (≤ 100) (≤ 100) (≤ 200) (≤ 600) (≤ 400) (≤ 1000) (≤ 1200) (≤ 1500)	 0,060 0,070 0,055 0,13 0,16 0,19 0,22 0,27	3
8.1.2	– aus Polystyrolschaumstoff-Partikeln	(15)	0,050	3
8.1.3	– aus Sand, Kies, Splitt (trocken)	(1800)	0,70	3
8.2	**Lehmbaustoffe**	500 600 700 800 900 1000 1200 1400 1600 1800 2000	0,14 0,17 0,21 0,25 0,30 0,35 0,47 0,59 0,73 0,91 1,1	5/10
8.3	**Böden, naturfeucht**	≤ 1800 ≤ 2200	1,5 2,0	50 50
8.4	**Keramik und Glas, Gestein** Naturglas, Floatglas kristalliner Naturstein Sediment-Naturstein poröses Gestein, Lava Naturbims Kunststein	 2500 2800 2600 1600 400 1750	 2,00 3,5 2,3 0,55 0,12 1,3	 g) 10 000 2/250 15/20 6/8 40/50

Zeile	Stoff	ϱ [a)b)]	λ	μ [c)]
8.5	**Metalle**			
	Aluminiumlegierungen	2800	160	g)
	Kupfer	8900	380	g)
	Stahl	7800	50	g)
	nichtrostender Stahl	7900	17	g)
	Blei	11 300	35	g)
	Zink	7200	110	g)
8.6	**massive Kunststoffe**	siehe DIN EN 12 524		

a) Die in Klammern angegebenen Rohdichtewerte dienen nur zur Ermittlung der flächenbezogenen Masse, z. B. für den Nachweis des sommerlichen Wärmeschutzes.
b) Die bei den Steinen genannten Rohdichten entsprechen den Rohdichteklassen der zitierten Stoffnormen.
c) Es ist jeweils der für die Baukonstruktion ungünstigere Wert einzusetzen. Bezüglich der Anwendung der μ-Werte siehe DIN 4108-3.
d) Bei Quarzsand erhöhen sich die Bemessungswerte der Wärmeleitfähigkeit um 20 %.
e) Die Bemessungswerte der Wärmeleitfähigkeit sind bei Hohlblöcken mit Quarzsandzusatz für 2 K Hbl um 20 % und für 3 K Hbl bis 6 K Hbl um 15 % zu erhöhen.
f) Bezeichnung der Mörtelarten nach DIN 1053-1 : 1996-11:
- NM Normalmörtel
- LM21 Leichtmörtel mit $\lambda = 0{,}21$ W/(mK)
- LM36 Leichtmörtel mit $\lambda = 0{,}36$ W/(mK)
- DM Dünnbettmörtel.

g) Praktisch dampfdicht; DIN EN 12 086 oder DIN EN ISO 12 572: $s_d \geq 1500$ m.
h) Diese Stoffe sind hinsichtlich ihrer wärmeschutztechnischen Eigenschaften nicht genormt. Die angegebenen Wärmeleitfähigkeitswerte stellen obere Grenzwerte dar.
i) Die Dichte wird bei losen Schüttungen als Schüttdichte angegeben.

Verwendung von Wärmedämmstoffen

Mit der Übernahme der europäischen Dämmstoffnormen DIN EN 13 162 bis DIN EN 13 171 ändern sich die Bezeichnungen der betroffenen werkmäßig hergestellten Bauprodukte. Zusätzlich wird durch DIN EN 13 172 das Verfahren der Konformitätsbewertung geregelt. Die europäischen Normen regeln nur Produkteigenschaften. In welchen Fällen diese Produkte in Deutschland eingebaut werden dürfen, regelt der Gesetzgeber über die Bauregelliste B, hier vor allem in der Anwendungsnorm DIN 4108-10, in der mit Kurzzeichen gekennzeichnete Anwendungsgebiete mit Anforderungen an Dämmstoffe verknüpft werden.

Tafel 3.24 Anwendungsgebiete von Wärmedämmungen nach DIN 4108-10

Anwendungsgebiet	Kurzzeichen	Anwendungsbeispiele
Decke, Dach	DAD	Außendämmung von Dach oder Decke, vor Bewitterung geschützt, Dämmung unter Deckungen
	DAA	Außendämmung von Dach oder Decke, vor Bewitterung geschützt, Dämmung unter Abdichtungen
	DUK	Außendämmung des Daches, der Bewitterung ausgesetzt (Umkehrdach)[1)]
	DZ	Zwischensparrendämmung, zweischaliges Dach, nicht begehbare, aber zugängliche oberste Geschossdecken
	DI	Innendämmung der Decke (unterseitig) oder des Daches, Dämmung unter den Sparren/Tragkonstruktion, abgehängte Decke usw.
	DEO	Innendämmung der Decke oder Bodenplatte (oberseitig) unter Estrich ohne Schallschutzanforderungen
	DES	Innendämmung der Decke oder Bodenplatte (oberseitig) unter Estrich mit Schallschutzanforderungen
Wand	WAB	Außendämmung der Wand hinter Bekleidung
	WAA	Außendämmung der Wand hinter Abdichtung
	WAP	Außendämmung der Wand unter Putz
	WZ	Dämmung von zweischaligen Wänden, Kerndämmung
	WH	Dämmung von Holzrahmen- und Holztafelbauweise
	WI	Innendämmung der Wand
	WTH	Dämmung zwischen Haustrennwänden mit Schallschutzanforderungen
	WTR	Dämmung von Raumtrennwänden
Perimeter	PW	Außenliegende Wärmedämmung von Wänden gegen Erdreich (außerhalb der Abdichtung)[1)]
	PB	Außenliegende Wärmedämmung unter der Bodenplatte gegen Erdreich (außerhalb der Abdichtung)[1)]

1) Beachte DIN 4108-2 : 2003-07, Abschnitt 5.3.3.

Tafel 3.25a Differenzierung von bestimmten Produkteigenschaften in den Anwendungsgebieten nach Tafel 3.24

Produkteigenschaft	Kurzzeichen	Beschreibung	Beispiele
Druckbelastbarkeit	dk dg dm dh ds dx	keine Belastbarkeit geringe mittlere hohe sehr hohe extrem hohe	Hohlraumdämmung, Zwischensparrendämmung Wohn- und Bürobereich unter Estrich nicht genutztes Dach mit Abdichtung genutzte Dachflächen, Terrassen Industrieböden, Parkdeck hoch belastete Industrieböden, Parkdeck
Wasseraufnahme	wk wf wd	keine Anforderung durch flüss. Wasser durch flüss. Wasser und/oder Diffusion	Innendämmung im Wohn- und Bürobereich Außendämmung von Außenwänden und Dächern Perimeterdämmung, Umkehrdach
Zugfestigkeit	zk zg zh	keine Anforderung geringe hohe	Hohlraumdämmung, Zwischensparrendämmung Außendämmung der Wand hinter Bekleidung Dämm. unter Putz, Dach mit verklebter Abdichtung
schalltechnische Eigenschaften	sk sh sm sg	keine Anforderung Trittschalldämmung: Zusammendrückbarkeit erhöht mittel gering	Anwendungen ohne schalltechn. Anforderungen Schwimmender Estrich, Haustrennwände
Verformung	tk tf tl	keine Anforderung Stabilität unter Feuchte u. Temperatur Last und Temperatur	Innendämmung Außendämmung unter Putz, Dach mit Abdichtung Dach mit Abdichtung

zu Zeile 5 in Tafel 3.18 und Tafel 3.25b:

Es gibt unterschiedliche Regelungen für nach harmonisierten europäischen Dämmstoffnormen oder deutschen Normen in Verkehr gebrachte Bauprodukte. Abweichend von (bisherigen) Regelungen werden für die in Tafel 3.25b genannten „europäischen" Dämmstoffe zunächst „λ_D-Werte" der Wärmeleitfähigkeit angegeben, aus denen die Bemessungswerte ermittelt werden. Dazu ist der Nennwert λ_D wegen der zu erwartenden Materialstreuung mit einem Sicherheitsbeiwert von 1,2 zu multiplizieren (Kategorie I), wenn das Produkt mit dem CE-Zeichen gekennzeichnet ist. Es gilt also: $\lambda = 1{,}2\ \lambda_D$. Die λ_D-Nennwerte können in Stufen von 0,01 W/(mK) zwischen produkttypischen Grenzen in Tafel 3.25b eingeschaltet werden, so dass auch Bemessungswerte in kleinen Stufen variieren. In den verbleibenden (wenigen) deutschen Produktnormen gelten noch die bisherigen Wärmeleitfähigkeitsgruppen mit Stufen von 005, die zugleich die Bemessungswerte für λ kennzeichnen, z. B. 045 bedeutet $\lambda = 0{,}045$ W/(mK). Einzelheiten s. DIN 4108-4, Tabelle 3.

Die Angaben für die Kategorie II sind für rechnerische Nachweise des Wärmeschutzes nicht zu verwenden. Für solche Werte bedarf es einer allgemeinen bauaufsichtlichen Zulassung, bei der alle Werte innerhalb eines Grenzwertkonzeptes ($\lambda < \lambda_{grenz}$) durch eine Fremdüberwachung der Herstellung gesichert sind.

Tafel 3.25b Bemessungswerte λ der Wärmeleitfähigkeit und Richtwerte der Wasserdampf-Diffusionswiderstandszahl von Dämmstoffen nach harmonisierten europäischen Normen DIN EN 13 162 bis DIN EN 13 171

Zeile	Stoff	**Kategorie I** Bemessungswert λ beim Nennwert λ_D $\lambda = 1{,}2\ \lambda_D$		**Kategorie II** Bemessungswert λ beim Grenzwert λ_{grenz} W/(mK)		Wasserdampf-Diffusionswiderstandszahl μ
		λ_D	$\lambda = 1{,}2\ \lambda_D$[1)]			
1	**Mineralwolle (MW)** **DIN EN 13 162**	0,030 0,031 . . 0,050	0,036 0,037 . . 0,060	0,0290 0,0299 . . 0,0480	0,030 0,031 . . 0,050	1

Zeile	Stoff	**Kategorie I** Bemessungswert λ beim Nennwert λ_D $\lambda = 1{,}2\ \lambda_D$		**Kategorie II** Bemessungswert λ beim Grenzwert λ_{grenz} W/(mK)		Wasserdampf-Diffusionswiderstandszahl μ
		λ_D	$\lambda = 1{,}2\ \lambda_D$ [1)]			
2	**Expandierter Polystyrolschaum (EPS) DIN EN 13 163**	0,030 0,031 . . 0,050	0,036 0,037 . . 0,060	0,0290 0,0299 . . 0,0480	0,030 0,031 . . 0,050	20/100
3	**Extrudierter Polystyrolschaum (XPS) DIN EN 13 164**	0,026 0,027 . . 0,040	0,031 0,032 . . 0,048	0,0252 0,0261 . . 0,0385	0,026 0,027 . . 0,040	80/250
4	**Polyurethan-Hartschaum (PUR) DIN EN 13 165**	0,020 0,021 . . 0,040	0,024 0,025 . . 0,048	0,0195 0,0204 . . 0,0428	0,020 0,021 . . 0,045	40/200
5	**Phenolharz-Hartschaum (PF) DIN EN 13 166**	0,020 0,021 . . 0,045	0,024 0,025 . . 0,054	0,0195 0,0204 . . 0,0428	0,020 0,021 . . 0,045	10/60
6	**Schaumglas (CE) DIN EN 13 167**	0,038 0,039 . . 0,055	0,046 0,047 . . 0,066	0,0366 0,0375 . . 0,0529	0,038 0,039 . . 0,055	dampfdicht
7	**Holzwolleleichtbauplatten DIN EN 13 168**					
7.1	Holzwolleplatten (WW)	0,060 0,061 . . 0,10	0,072 0,073 . . 0,12	0,0576 0,0585 . . 0,0957	0,060 0,061 . . 0,10	2/5
7.2	Holzwolle-Mehrschichtplatten nach DIN EN 13 168 (WW-C) mit Hartschaumschicht nach DIN EN 13 163/ Kern aus Mineralwolle DIN EN 13 162	0,030 0,031 . . 0,050	0,036 0,037 . . 0,060	0,0290 0,0299 . . 0,0480	0,030 0,031 . . 0,050	20/50 1
7.3	Holzwolledeckschicht(en) DIN EN 13 168	0,10 0,11 . . 0,14	0,12 0,13 . . 0,17	0,0957 0,1090 . . 0,1380	0,10 0,11 . . 0,14	2/5
8	**Blähperlit (EPB) DIN EN 13 169**	0,038 0,039 . . 0,050	0,046 0,047 . . 0,060	0,0366 0,0375 . . 0,0480	0,038 0,039 . . 0,050	5
9	**Expandierter Kork (ICB) DIN EN 13 170**	0,040 0,041 . . 0,055	0,049 0,050 . . 0,067	0,0385 0,0394 . . 0,0529	0,040 0,041 . . 0,055	5/10
10	**Holzfaserdämmstoff (WF) DIN EN 13 171**	0,032 0,033 . . 0,060	0,043 0,044 . . 0,079	0,0309 0,0319 . . 0,0575	0,032 0,033 . . 0,060	5

1) Außer für Zeilen 9 und 10, dort ein Zuschlag wegen des Feuchteeinflusses.

Wärmeübergangswiderstände

DIN 4108-4 verweist auf DIN EN ISO 6946. Für Regelfälle gelten die Werte nach Tafel 3.27a. Für abweichende Windgeschwindigkeiten, Temperaturen oder Emissionsgrade der Oberflächen siehe Anhang A der genannten Norm.

Tafel 3.27a Bemessungswerte der Wärmeübergangswiderstände in m^2K/W

	Richtung des Wärmestroms		
	aufwärts	horizontal[1)]	abwärts
R_{si}	0,10	0,13	0,17
R_{se}	0,04	0,04	0,04

[1)] Auch bis ± 30° geneigt.

Wärmedurchlasswiderstände von Luftschichten

DIN 4108-4 verweist auf DIN EN ISO 6946. Dort werden Luftschichten zwischen parallelen Grenzflächen mit einem hohen Emissionsgrad (≥ 0,8) behandelt, deren Dicke in Wärmestromrichtung klein gegen die übrigen Maße sind. Es werden ruhende, schwach und stark belüftete Luftschichten definiert. Eine ruhende Luftschicht ist von der Umgebung abgeschlossen oder besitzt nur kleine Öffnungen zur Außenumgebung. Kleine Öffnungen sind z. B. die Entwässerungs-/Dränageöffnungen beim zweischaligen Mauerwerk oder Öffnungen von maximal 500 mm^2 je m Länge bei vertikalen bzw. 500 mm^2 je m^2 Fläche bei horizontalen und bis 30° geneigten Bauteilflächen. Es gilt Tafel 3.27b.

Schwach belüftete vertikale (horizontale) Luftschichten besitzen Öffnungen von bis zu 1500 mm^2 je m Länge (1500 mm^2 je m^2 Fläche). Ihr Wärmedurchlasswiderstand beträgt die Hälfte der Werte nach Tafel 3.27b. Wärmedurchlasswiderstände von Schichten zwischen Luftschicht und Außenumgebung dürfen dabei nur bis zu einem Höchstwert von 0,15 m^2K/W angerechnet werden.

Stark belüftete Luftschichten über 1500 mm^2 je m bzw. je m^2 führen dazu, dass alle Bauteilschichten zwischen Luftschicht und Außenumgebung vernachlässigt werden. Anstelle der Luftschicht wird das Bauteil auch nach außen von einem Wärmeübergangswiderstand R_{si} nach Tafel 3.27a begrenzt.

Tafel 3.27b Bemessungswerte der Wärmedurchlasswiderstände in m^2K/W von ruhenden Luftschichten

Dicke der Luftschicht mm	Richtung des Wärmestromes		
	aufwärts	horizontal	abwärts
0	0,00	0,00	0,00
5	0,11	0,11	0,11
7	0,13	0,13	0,13
10	0,15	0,15	0,15
15	0,16	0,17	0,17
25	0,16	0,18	0,19
50	0,16	0,18	0,21
100	0,16	0,18	0,22
300	0,16	0,18	0,23

Zwischenwerte können linear interpoliert werden.

Tafel 3.27c Anhaltswerte der spezifischen Wärmekapazität *c* verschiedener Stoffe
sonst siehe DIN EN 12 524

Stoff	J/(kg K)
Anorganische Bau- und Dämmstoffe	1000
Holz und Holzwerkstoffe	2100
Pflanzliche Fasern, Textilfasern, Holzwolle-Leichtbauplatten	1500
Kork, lose Zellulosefasern	1600
Schaumkunststoffe, Kunststoffe	1400
Aluminium	800
Sonstige Metalle	400
Luft (ϱ = 1,25 kg/m^3)	1000
Wasser	4200

Wärmedurchgangskoeffizienten von Fenstern, Dachflächenfenstern und Fenstertüren

In zunehmendem Umfang werden Fenster als komplette Bauprodukte und nicht länger als Summe von Einzelkomponenten in Verkehr gebracht. Es ist dann Sache des Herstellers, die Werte auch für U_W (bezogen auf die Rohbauöffnung) nachzuweisen (bauaufsichtliche Zulassung, Übereinstimmungszeichen, Gütesicherung usw.) und dem Aufsteller von Wärmeschutznachweisen verbindlich zur Verfügung zu stellen.

Bis zur Normausgabe DIN V 4108-4 : 1998-10 wurden Fenster in Kenntnis der Rahmenmaterialgruppe und der Art der Verglasung unabhängig von der Fenstergröße beurteilt. Jetzt kann der Wärmedurchgangskoeffizient U_w (window) eines Fensters in der Rohbaufläche A_W berechnet werden in Kenntnis von U_f (frame) des Fensterprofils mit der Fläche A_f, der Verglasung U_g (glass) mit der Fläche A_g und des sich längs aller Glaskanten der Länge l_{fg} im Fenster erstreckenden Wertes für Ψ_{fg}, dem längenbezogenen Wärmedurchgangskoeffizienten Rahmen/Glas (Wärmebrückenverlustkoeffizient), nach der Gleichung

$$U_w = (A_g\, U_g + A_f\, U_f + l_{fg}\, \Psi_{fg})/(A_g + A_f) \qquad (1)$$

Damit wird U_w abhängig von der Fenstergröße und ggf. der Teilung durch Sprossen. Die so berechneten Werte für U_w liegen für Fenster üblicher Größe um durchschnittlich 0,2 W/(m²K) höher (schlechter) als bisher bekannte Werte aus DIN V 4108 : 1998-10.

DIN V 4108-4 : 2004-07 enthält tabellierte Werte für U_w eines Standardfensters der Größe $A_w = 1{,}23 \cdot 1{,}48 = 1{,}82\ m^2$, $A_g = 1{,}25\ m^2$, $A_f = 0{,}57\ m^2$ und $\Psi_{fg} = 0{,}07$ W/(mK) bei einer Falzlänge von 4,5 m, die auszugsweise in Tafel 3.28a wiedergegeben sind. Der Bemessungswert davon abweichender Fenster, in der Norm $U_{w,BW}$ genannt, darf durch Hinzufügen von Werten ΔU_w nach Tafel 3.28b bestimmt werden:

$$U_{w,BW} = U_w + \sum \Delta U_w \qquad (2)$$

Tafel 3.28a Nennwerte der Wärmedurchgangskoeffizienten U_w eines Standardfensters in Abhängigkeit von den Wärmedurchgangskoeffizienten der Verglasung und des Rahmens U_g und U_f

U_f W/(m²K)	0,8	1,0	1,2	1,4	1,8	2,2	2,6	3,0	3,4	3,8	7,0
U_g W/(m²K)	U_W in W/(m²K)										
5,7	4,2	4,3	4,3	4,4	4,5	4,6	4,8	4,9	5,0	5,1	6,1
3,0	2,4	2,5	2,6	2,6	2,7	2,9	3,0	3,1	3,3	3,4	4,2
2,4	2,1	2,1	2,2	2,2	2,4	2,5	2,7	2,8	2,9	3,0	3,8
2,0	1,8	1,8	1,9	2,0	2,1	2,2	2,4	2,5	2,6	2,7	3,6
1,8	1,6	1,7	1,8	1,8	1,9	2,1	2,2	2,4	2,5	2,6	3,4
1,6	1,5	1,6	1,6	1,7	1,8	1,9	2,1	2,2	2,3	2,5	3,3
1,4	1,4	1,4	1,5	1,5	1,7	1,8	2,0	2,1	2,2	2,3	3,1
1,2	1,2	1,3	1,3	1,4	1,5	1,7	1,8	1,9	2,1	2,2	3,0
1,0	1,1	1,1	1,2	1,3	1,4	1,5	1,7	1,8	1,9	2,0	2,9
0,8	0,9	1,0	1,1	1,1	1,3	1,4	1,5	1,7	1,8	1,9	2,7
0,6	0,8	0,9	0,9	1,0	1,1	1,2	1,4	1,5	1,6	1,8	2,6

Tafel 3.28b Korrekturwerte ΔU_w zur Berechnung der $U_{w,BW}$-Bemessungswerte nach Gleichung (2)

Grund der Korrektur	$\Delta U_{w,BW}$ W/(m²K)	Grundlage
wärmetechnisch verbesserter Randverbund[1]	–0,1	Randverbund erfüllt DIN 4108-4, Anhang C
zusätzliche Sprossen: aufgesetzte Sprossen einfaches Sprossenkreuz im Scheibenzwischenraum mehrfache Sprossenkreuze im Scheibenzwischenraum glasteilende Sprossen	 0 +0,1 +0,2 +0,3	Abweichungen in den Berechnungsannahmen und bei den Messungen

[1] Korrektur entfällt, wenn bereits bei Berechnung oder Messung berücksichtigt.

Tafel 3.29a Luftdichtheit in Abhängigkeit der Konstruktionsmerkmale von Fenstern und Fenstertüren nach DIN 4108-4 : 2004-07

Konstruktionsmerkmale	Klasse nach DIN EN 12 207
Holzfenster (auch Doppelfenster) mit Profilen nach DIN 68 121-1 ohne Dichtung	2
Alle Fensterkonstruktionen mit alterungsbeständiger, leicht auswechselbarer, weichfedernder Dichtung, in einer Ebene umlaufend angeordnet	3

Hinweis: Bezüglich eines ausreichenden Luftwechsels siehe DIN 4108-2. Der Luftwechsel allein über die Fugen reicht in der Regel nicht aus, um hygienisch einwandfreie Innenluftverhältnisse aufrechtzuerhalten. Es bedarf zusätzlicher Maßnahmen, z. B. in der Form eines „Stoßlüftens" über geöffnete Fensterflügel.

Tafel 3.29b Ausgleichsfeuchtegehalt von Baustoffen im Klima 23 °C/80 % relative Luftfeuchte nach DIN 4108-4 : 2004-07 und DIN EN 12524 : 2000-07

Zeile	Baustoffe	Feuchtegehalt[1)]	
		massebezogen u kg/kg	volumenbezogen $\psi^{2)}$ m^3/m^3
1	Ziegel		0,012
2	Kalksandsteine		0,024
3	Mauer- und Putzmörtel		0,06
4	Beton mit nichtporigen Zuschlägen, Kunststein		0,04
5.1	Leichtbeton mit haufwerkporigem Gefüge mit dichten Zuschlägen nach DIN 4226-1	0,03	
5.2	Leichtbeton mit haufwerkporigem Gefüge mit porigen Zuschlägen nach DIN 4226-2, Porenbeton	0,045	
5.3	Beton mit geschlossenem Gefüge mit porigen Zuschlägen	0,13	
6	Gips, Anhydrit	0,02	
7	Holz, Sperrholz, Spanplatten, Holzfaserplatten, organische/pflanzliche Platten, Matten und Faserdämmstoffe	0,15	
8	Holzwolle-Leichtbauplatten		0,05
9	Polystyrol-Hartschaum (EPS und XPS), PU-Schaum		0
10	Mineralwolle, auch lose, Schaumglas		0
11	Gussasphalt, Asphaltmastix		0
12	Korkdämmstoffe		0,011

1) Die genannten Werte werden im Allgemeinen nicht überschritten; sie sind auch Grundlage für die Festlegung der Bemessungswerte der Wämeleitfähigkeit nach Tafel 3.18.

2) Umrechnung $\psi = u\, \varrho/\varrho_{\text{Wasser}}$ mit der Rohdichte ϱ des Stoffes und der des Wassers $\varrho_{\text{Wasser}} = 1000\ kg/m^3$.

1.6 Bauen im Bestand; Wärmeschutzeigenschaften nicht mehr üblicher Bauarten

Im Zuge von Umnutzung, Modernisierung, Veränderungen der Eigentumsverhältnisse werden wärmetechnische Daten benötigt, die aus den aktuellen Normen nicht mehr vollständig ermittelt werden können. Im Folgenden gibt der Autor des Abschnitts Daten an, die nach seiner Meinung hinreichend auf der sicheren Seite liegen und daher beim Bauen im Bestand verwendet werden können. Werden bestehende Bauteile nicht übernommen, sondern baulich verändert, so ist der Wärmeschutz mindestens nach Maßgabe der EnEV, Einzelheiten siehe Tafel 3.11, zu verbessern. Werden bestehende Bauteile nachträglich mit Wärmedämmstoffen ergänzt, so ist auf die Belange der Tauwasserbildung im Bauteilquerschnitt zu achten (s. Seite 3.37 ff.); sind gleichzeitig Anforderungen zum Schallschutz einzuhalten, wird auf Seite 3.42 ff. verwiesen. Werden Bauteile unter Beibehaltung aller bestehenden Schichten mit weiteren (auch brennbaren) Schichten versehen, so verändert sich die Feuerwiderstandsklasse nicht negativ. Die Feuerwiderstandsdauer kann durch zusätzliche Schichten verlängert werden, der anhängende Zusatzbuchstabe (vgl. Seite 3.71 und 3.78) bleibt jedoch in der Regel unverändert. (Es ist damit also nicht möglich, ein Bauteil der Klasse F 30-B in ein Bauteil F 30-AB oder F 90-AB zu überführen.)

Tafel 3.30a Wärmeleitfähigkeit nicht mehr gebräuchlicher Baustoffe

Stoff	Wärmeleitfähigkeit λ W/(m · K)
Massivlehm und Lehmformlinge	0,80
Strohlehm	0,60
Leichtlehm	0,40
Lehmwickel mit Stroh auf Holzstaken	0,40
Lose Füllstoffe in Decken o. Ä. (lufttrocken)	
Sand	0,58
Steinkohlenschlacke	0,20
Ziegelsplitt	0,41
Rohrputze	0,47
Rabitz auf Drahtgewebe	0,58
Ziegelsplittbeton, Steinkohlenschlackenbeton	
Rohdichte 1200	0,47
Rohdichte 1400	0,58
Rohdichte 1600	0,76
Rohdichte 1800	0,93
Rohdichte 2000	1,05
Holzbeton, Steinholz	0,52

Tafel 3.30b Wärmedurchlasswiderstände *R* von „alten" Holzbalkendecken (ohne Fußboden gerechnet)

Deckenausbildung		Wärmedurchlasswiderstand R m^{2}K/W
a) b) 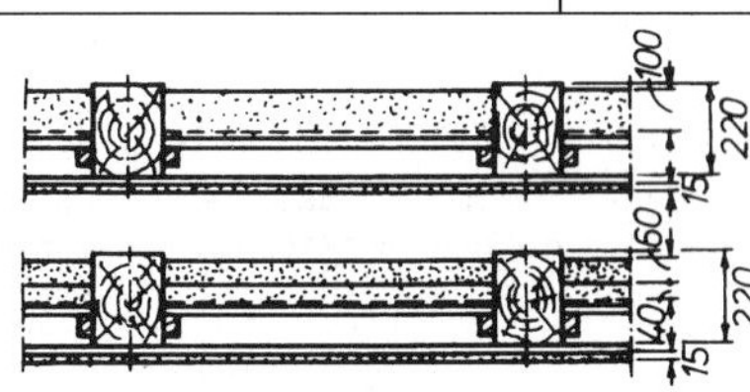		
Füllung:	Putzträger:	
a) mit Stakung, Lehmglattstrich und Lehmschüttung	Lattung/Rohrgewebe	0,43
	35-mm-Holzwolle-Leichtbauplatten	0,82
b) mit Stakung, Lehmglattstrich, Lehm- und Koksaschefüllung	Lattung/Rohrgewebe	0,69
	35-mm-Holzwolle-Leichtbauplatten	1,07

Tafel 3.30c Wärmedurchlasswiderstände *R* von gestelzten Decken

Decke (ohne Fußboden gerechnet) ohne bzw. mit untergehängter Drahtputz- oder gerohrter Decke (UD)		Wärmedurchlasswiderstand R ohne UD	Wärmedurchlasswiderstand R mit UD
a) Stahlbetonhohldielen b) Stahlsteindecke	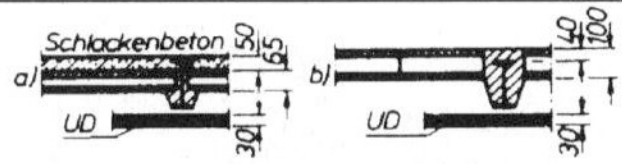	0,13	0,34
c) Stahlbetondecke	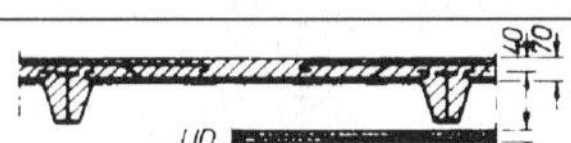	0,03	0,24

1.7 Heiz- und raumlufttechnische Anlagen in der EnEV

1.7.1 Anlagenaufwandszahl e_p zur Bestimmung des Primärenergiebedarfs Q_p

Die Anlagenaufwandszahl $e_p = Q_p/(Q_{TW} + Q_h)$ wird nach DIN V 4701-10 ermittelt und beschreibt das Verhältnis der von der gesamten Anlagentechnik aufgenommenen Primärenergie Q_P in Relation der von ihr abgegebenen Nutzwärme $Q_{TW} + Q_h$ für Trinkwassererwärmung und Raumheizung. Die Anlagentechnik besteht in der Regel aus einem Heizstrang, einem Trinkwasserstrang und ggf. aus einem Lüftungsanlagenstrang, die in der Summe Brennstoffe und elektrischen Strom benutzen. Als Nutzwärme für die Trinkwassererwärmung wird der Wert $q_{TW} = 12{,}5$ kWh/(m²a) (je m² Nutzfläche!) in der Norm bestimmt, Q_h dient der Deckung des Heizwärmebedarfs des Gebäudes nach DIN V 4108-6. (In diesem Sinne sind das Wärmeangebot der Anlage nach DIN V 4701-10 und der Wärmebedarf nach DIN V 4108-6 bzw. EnEV gleich.) e_p dient dem Vergleich unterschiedlicher, jeweils (nach Herstellern, Typen) konkreter Anlagen hinsichtlich ihres Primärenergieaufwands, wobei alle Funktionen (Heizen, Lüften, Trinkwassererwärmung) und alle Teilschritte der Wärmebereitstellung für das Gebäude aus der Primärenergie, z. B. Transport zum Gebäude, Umwandlung im Kessel, Verluste bei der Verteilung und Speicherung und auch der Aufwand an zusätzlicher Hilfsenergie (Strom) für Antriebe/Pumpen/Lüfter zusammengefasst werden. In der Norm stehen drei Verfahren zur Ermittlung von e_p zur Verfügung: Das Diagrammverfahren für bereits vorab in der Norm durchgerechnete Anlagenkonfigurationen (nachfolgend Auszüge aus Anlage C.5 der Norm) und das rechnerische Verfahren, dessen Eingangsdaten entweder mittels in Tabellen zu Verfügung stehender Standarddaten von Anlagenteilen oder unter Anwendung konkreter Produktunterlagen gewonnen werden. Daten vieler weiterer Anlagensysteme siehe DIN V 4701-10 Bbl. 1 : 2002-02. Für Anlagen im Bestand siehe DIN V 4701-12 : 2004-02.

Bei Anwendung der Tafeln 3.32a bis 3.33a ist zunächst Q_h nach (z. B. nach dem vereinfachten Verfahren) der EnEV zu bestimmen und auf $q_h = Q_h/A_N$ überzugehen. Sodann kann e_p bestimmt werden.

Man erhält Q_P nach der Gleichung $Q_P = e_p\,(q_h + 12{,}5)\,A_N$.

1.7.2 Endenergie Q_E für den Energiepass nach § 13 der EnEV

Die Summe der von den Anlagenteilen für Heizung und Trinkwassererwärmung nach DIN V 4701-10 benötigten Endenergie muss an der Grundstücksgrenze als Systemgrenze insbesondere in der Form von Brennstoffen und Strom, bereitgestellt werden. Im Energiepass ist anzugeben, welcher Anteil $Q_{WE,E}$ an Q_E auf die Wärmeerzeugung und welcher Anteil $Q_{HE,E}$ auf Hilfsenergie entfällt. Im Energiepass ist auf die normierten Berechnungsannahmen hinzuweisen. In den Tafeln 3.32a bis 3.33a ist $Q_E = q_E\,A_N$.

1.7.3 Primärenergiefaktoren f_p

In Kenntnis des im Gebäude verwendeten Energiemix der Energieträger (Brennstoffe, Strom) kann mit Hilfe der Primärenergiefaktoren $f_p = Q_P/Q_E$ in DIN 4701-10, hier Tafel 3.31, von der Endenergie auf den Primärenergiebedarf Q_P übergegangen werden. f_p spiegelt dabei zunächst die objektiven Verluste innerhalb der vorgelagerten Prozesskette bei Gewinnung, Umwandlung und Verteilung und enthält offensichtlich auch den politischen Willen der EnEV.

Tafel 3.31 Primärenergiefaktoren nach DIN V 4701-10

Energieträger		Primärenergiefaktor
Brennstoffe[1]	Heizöl EL	1,1
	Erdgas H	1,1
	Flüssiggas	1,1
	Steinkohle	1,1
	Braunkohle	1,2
Nah-/Fernwärme aus KWK[2)3)]	fossiler Brennstoff	0,7
	erneuerbarer Brennstoff	0,0
Nah/Fernwärme aus Heizwerken	fossiler Brennstoff	1,3
	erneuerbarer Brennstoff	0,1
Strom	Strom-Mix	3,0

1) Bezugsgröße: unterer Heizwert H_u.
2) Angaben sind typisch für durchschnittliche Nah-/Fernwärme.
3) Bei Nah-/Fernwärme können von den Vorgaben abweichende Werte von unabhängigen Sachverständigen ermittelt werden. Bei Nah-/Fernwärme ist zu berücksichtigen, dass bereits Endenergie am Gebäude zur Verfügung gestellt wird und damit die Primärenergiefaktoren mit den Brennstoffen nicht direkt vergleichbar sind.

Tafel 3.32a Brennwertkessel mit gebäudezentraler Trinkwassererwärmung

Heizung:	Übergabe:	Radiatoren mit Thermostatventil 1 K
	Verteilung:	max. Vorlauf-/Rücklauftemp. 55 °C/45 °C, horiz. Verteilung außerhalb der thermischen Hülle, vertikale Stränge innen liegend, geregelte Pumpe
	Erzeugung:	Brennwertkessel außerhalb der thermischen Hülle,
Wasser:	Speicherung:	indirekt beheizter Speicher außerhalb der thermischen Hülle
	Verteilung:	horizontale Verteilung außerhalb der thermischen Hülle, mit Zirkulation
	Erzeugung:	zentral, Brennwertkessel

A_N in m²	100	150	200	300	500	750	1000	1500	2500	5000	10 000
q_h in kWh/(m²a)	**Anlagenaufwandszahl e_P**										
40	2,11	1,86	1,74	1,61	1,50	1,45	1,42	1,39	1,36	1,34	1,33
50	1,96	1,75	1,64	1,53	1,44	1,40	1,37	1,35	1,33	1,31	1,29
60	1,85	1,67	1,57	1,48	1,40	1,36	1,34	1,32	1,30	1,28	1,27
70	1,76	1,60	1,52	1,44	1,37	1,33	1,31	1,29	1,28	1,26	1,25
80	1,70	1,55	1,48	1,41	1,34	1,31	1,29	1,27	1,26	1,24	1,23
90	1,64	1,51	1,45	1,38	1,32	1,29	1,27	1,26	1,25	1,23	1,22
	Gesamt-Endenergie $q_{WE,E}$ in kWh/(m²a) (ohne Hilfsenergie)										
40	89,02	84,78	76,14	71,68	67,98	66,03	65,02	64,13	63,35	62,58	62,05
50	99,54	95,27	86,55	82,03	78,27	76,29	75,25	74,34	73,53	72,72	72,16
60	110,06	105,75	96,95	92,39	88,57	86,55	85,49	84,55	83,70	82,86	82,27
40	120,58	116,24	107,36	102,74	98,87	96,81	95,73	94,75	93,88	93,00	92,38
80	131,10	126,73	117,76	113,09	109,16	107,07	105,96	104,96	104,06	103,15	102,49
90	141,63	137,22	128,17	123,44	119,46	117,33	116,20	115,17	114,23	113,29	112,60
	Hilfsenergie $q_{HE,E}$ in kWh/(m²a)										
alle	4,27	3,67	2,48	1,87	1,37	1,10	0,95	0,79	0,65	0,53	0,46

Tafel 3.32b Niedertemperatur-Kessel mit gebäudezentraler Trinkwassererwärmung

Heizung:	Übergabe:	Radiatoren mit Thermostatventil 1 K
	Verteilung:	max. Vorlauf-/Rücklauftemp. 70 °C/55 °C, horiz. Verteilung außerhalb der thermischen Hülle, vertikale Stränge innen liegend, geregelte Pumpe
	Erzeugung:	Niedertemperaturkessel außerhalb der thermischen Hülle
Wasser:	Speicherung:	indirekt beheizter Speicher außerhalb der thermischen Hülle
	Verteilung:	horizontale Verteilung außerhalb der thermischen Hülle, mit Zirkulation
	Erzeugung:	zentral, Niedertemperaturkessel

A_N in m²	100	150	200	300	500	750	1000	1500	2500	5000	10 000
q_h in kWh/(m²a)	**Anlagenaufwandszahl e_P**										
40	2,29	2,01	1,87	1,73	1,61	1,55	1,51	1,48	1,45	1,43	1,41
50	2,13	1,89	1,77	1,65	1,55	1,49	1,47	1,44	1,41	1,39	1,37
60	2,01	1,80	1,70	1,59	1,50	1,46	1,43	1,41	1,38	1,36	1,35
70	1,92	1,74	1,65	1,55	1,47	1,43	1,40	1,38	1,36	1,34	1,33
80	1,85	1,69	1,60	1,52	1,44	1,40	1,38	1,36	1,34	1,33	1,31
90	1,79	1,64	1,57	1,49	1,42	1,39	1,37	1,35	1,33	1,31	1,30
	Gesamt-Endenergie $q_{WE,E}$ in kWh/(m²a) (ohne HIlfsenergie)										
40	98,02	93,06	82,96	77,73	73,36	71,05	69,83	68,73	67,74	66,76	66,07
50	109,56	104,54	94,28	88,96	84,49	82,11	80,86	79,70	78,66	77,61	76,87
60	121,10	116,02	105,61	100,19	95,62	93,18	91,88	90,67	89,57	88,47	87,67
70	132,64	127,50	116,94	111,42	106,75	104,24	102,90	101,64	100,49	99,32	98,46
80	144,18	138,97	128,27	122,65	117,88	115,31	113,92	112,61	111,40	110,17	109,26
90	155,72	150,45	139,60	133,89	129,01	126,37	124,95	123,58	122,32	121,02	120,06
	Hilfsenergie $q_{HE,E}$ in kWh((m²a)										
alle	4,12	3,54	2,38	1,79	1,29	1,02	0,88	0,72	0,59	0,47	0,40

Tafel 3.33a Brennwertkessel und solar unterstützte Trinkwassererwärmung

Heizung:	Übergabe:	Radiatoren mit Thermostatventil 1 Kelvin
	Verteilung:	Aufstellung innerhalb der thermischen Hülle, Stränge innen liegend, 55/45 °C, geregelte Pumpe
	Erzeugung:	Brennwertkessel, Gas, Aufstellung innerhalb der thermischen Hülle
Wasser:	Speicherung:	indirekt beheizter Speicher, Aufstellung innerhalb der thermischen Hülle
	Verteilung:	gebäudezentral, ohne Zirkulation, horizontale Verteilung innerhalb der thermischen Hülle
	Erzeugung:	Brennwertkessei und Solaranlage

A_N in m^2	100	150	200	300	500	750	1000	1500	2500	3000
q_h in kWh/(m^2)	**Anlagenaufwandszahl e_p**									
40	1,21	1,16	1,14	1,12	1,08	1,08	1,08	1,08	1,08	1,08
50	1,19	1,15	1,14	1,12	1,09	1,09	1,09	1,09	1,09	1,09
60	1,18	1,15	1,13	1,12	1,09	1,09	1,09	1,09	1,09	1,09
70	1,17	1,14	1,13	1,12	1,09	1,09	1,09	1,09	1,09	1,09
80	1,17	1,14	1,13	1,12	1,09	1,09	1,09	1,09	1,09	1,09
90	1,16	1,14	1,13	1,12	1,10	1,10	1,10	1,10	1,10	1,10
	Gesamt-Endenergie $q_\mathrm{WE,E}$ in kWh/(m^{2}a) (ohne Hilfsenergie)									
40	47,76	48,02	48,65	49,05	48,20	48,79	49,14	49,44	49,81	50,00
50	57,89	58,15	58,77	59,17	58,31	58,89	59,24	59,53	59,90	60,10
60	68,02	68,27	68,89	69,28	68,42	68,99	69,34	69,63	69,98	70,20
70	78,15	78,40	79,01	79,40	78,53	79,10	79,44	79,72	80,07	80,20
80	88,28	88,53	89,13	89,51	88,64	89,20	89,54	89,82	90,16	90,30
90	98,41	98,66	99,25	99,63	98,74	99,31	99,64	99,91	100,25	100,40
	Hilfsenergie $q_\mathrm{HE,E}$ in kWh/(m^{2}a)									
alle	3,59	34,10	2,13	1,65	1,23	1,02	0,91	0,79	0,68	0,65

Tafel 3.33b Wärmepumpe mit gebäudezentraler Trinkwassererwärmung

Heizung:	Übergabe:	Flächenheizung mit Einzelraumregelung 2 K
	Speicherung:	Pufferspeicher außerhalb der thermischen Hülle,
	Verteilung:	max. Vorlauf-/Rücklauftemp, 35 °C/28 °C, horiz. Verteilung außerhalb der thermischen Hülle, vertikale Stränge innen liegend, geregelte Pumpe
	Erzeugung:	Sole/Wasser-Wärmepumpe außerhalb der thermischen Hülle
TWW:	Speicherung:	indirekt beheizter Speicher außerhalb der thermischen Hülle
	Verteilung:	horizontale Verteilung innerhalb der thermischen Hülle, keine Zirkulation
	Erzeugung:	zentral, Sole/Wasser-Wärmepumpe

A_N in m^2	100	120	150	170	200	250	300	350	400	450	500
q_h in kWh/(m^{2}a)	**Anlagenaufwandszahl e_p**										
40	1,32	1,26	1,20	1,17	1,13	1,10	1,07	1,05	1,04	1,03	1,02
50	1,22	1,17	1,12	1,09	1,06	1,03	1,01	1,00	0,98	0,97	0,97
60	1,15	1,10	1,06	1,04	1,01	0,98	0,97	0,95	0,94	0,94	0,93
70	1,09	1,05	1,01	0,99	0,97	0,95	0,93	0,92	0,91	0,91	0,90
80	1,05	1,01	0,98	0,96	0,94	0,92	0,91	0,90	0,89	0,88	0,88
90	1,01	0,98	0,95	0,93	0,92	0,90	0,89	0,88	0,87	0,86	0,86
	Gesamt-Energie $q_\mathrm{WE,E}$ in kWh/(m^{2}a) (ohne Hilfsenergie)										
40	17,30	16,82	16,34	16,11	15,84	15,53	15,32	15,17	15,05	14,96	14,88
50	19,60	19,12	18,64	18,41	18,14	17,83	17,62	17,47	17,35	17,26	17,18
60	21,90	21,42	20,94	20,71	20,44	20,13	19,92	19,77	19,65	19,56	19,48
70	24,20	23,72	23,24	23,01	22,74	22,43	22,22	22,07	21,95	21,86	21,78
80	26,50	26,02	25,54	25,31	25,04	24,73	24,52	24,37	24,25	24,16	24,08
90	28,80	28,32	27,84	27,61	27,34	27,03	26,82	26,67	26,55	26,46	26,38
	Hilfsenergie $q_\mathrm{HE,E}$ in kWh/(m^{2}a)										
alle	5,86	5,22	4,60	4,32	4,01	3,66	3,43	3,26	3,14	3,04	2,96

2 Klimabedingter Feuchtigkeitsschutz

2.1 Begriffe

Aufgrund klimatischer Prozesse finden Phasenumwandlungen zwischen Wasserdampf und Wasser bzw. Eis statt: Aus Wasserdampf entsteht Tauwasser/Eis (Abschnitt 2.2 und 2.3), und kapillar aufgenommenes Wasser, z. B. aus Schlagregen, trocknet unter Dampfbildung ab (Abschnitt 2.4), ohne dass es Sperrschichten oder Abdichtungen bedarf. Wasser/Eis muss außerhalb enger Grenzen an und in Bauteilen vermieden werden, weil es Ursache von Bauschäden oder hygienischen Problemen sein kann (z. B. Pilzbefall, Stockflecken).

Größe	Zeichen	Einheit	Bemerkungen
Schichtdicke	d	m	Einheit beachten!
Wasserdampfteildruck	p	Pa	z. B. Teildruck innen p_i
Sättigungsdruck des Wasserdampfes	p_s	Pa	Werte nach Tafel 3.36
absolute Luftfeuchtigkeit	c	g/m^3	
Wasserdampfsättigungsdichte	c_s	g/m^3	Grenzwert für c, Tafel 3.34
relative Luftfeuchtigkeit	ϕ	1	$\phi = c/c_s = p/p_s$, ggf. $\cdot$ 100 %
Taupunkttemperatur	θ_s	°C	Werte nach Tafel 3.35
Wasserdampf-Diffusionsstromdichte	g	$kg/(m^2h)$	
Wasserdampf-Diffusionsleitkoeffizient	δ	kg/(mhPa)	z. B. von Luft: $\delta_L = \mathbf{1/(1{,}5 \cdot 10^6)}$
Wasserdampf-Diffusions-durchlasswiderstand	Z	m^2h Pa/kg	$Z = d/\delta = 1{,}5 \cdot 10^6 \cdot \mu \cdot d$
Wasserdampf-Diffusionswiderstandszahl	μ	1	$\mu = \delta_L/\delta$ Richtwerte nach Tafel 3.18
diffusionsäquivalente Luftschichtdicke	s_d	m	$s_d = \mu \cdot d$
flächenbezogene Tauwassermasse	$m_{W,T}$	kg/m^2	(Seite 3.38)
flächenbezogene Verdunstungsmasse	$m_{W,V}$	kg/m^2	
Wasseraufnahmekoeffizient	w	$kg/(m^2h^{0,5})$	kapillares Saugen zeitlich nichtlinear

2.2 Tauwasserbildung

2.2.1 Allgemeines

Auch in Gegenwart von flüssigem oder festem Wasser kann Wasser**dampf** höchstens nur die Maximalwerte p_s für den Wasserdampfteildruck (Tafel 3.36) bzw. c_s für die absolute Luftfeuchtigkeit (Tafel 3.34) annehmen. Normalerweise besteht nur der durch die relative Luftfeuchtigkeit ϕ ausgedrückte Bruchteil $p = \phi \cdot p_s \cdot 100\,\%$ bzw. $c = \phi \cdot c_s \cdot 100\,\%$ davon.

Bei Erwärmung fällt bei gleicher absoluter Luftfeuchtigkeit c bzw. p die relative Luftfeuchtigkeit ϕ, weil c_s bzw. p_s als Bezugswert ansteigt. Bei Abkühlung steigt dagegen ϕ wegen der fallenden Sättigungswerte an und erreicht bei Abkühlung bis auf θ_s den Wert $\phi = 100\,\%$. Bei weiterer Abkühlung auf $\theta < \theta_s$ fällt der dann überschüssige Wasserdampf als Tauwasser oder Eis/Raureif aus.

Beispiel: Gegeben sei Luft von $\theta = 20$ °C und $\phi = 60\,\%$. Die Taupunkttemperatur wird in Tafel 3.35 abgelesen: θ_s **= 12 °C.** Den gleichen Wert erhält man auch mit Hilfe der Tafel 3.36: Der tatsächliche Dampfdruck bei 20 °C beträgt 60 % von 2340 Pa, also 1404 Pa. Dieser Wert ist Sättigungsdruck bei 12 °C. Unter 12 °C setzt Tauwasserbildung ein.

Der Wasserdampfgehalt beträgt in Anwendung von Tafel 3.34 $c = 0{,}6 \cdot 17{,}3 = 10{,}4$ g/m^3. Diese Luft wird beim Hindurchtreten durch eine Bauteilfuge auf schließlich $\theta = -5$ °C abgekühlt und kann dann noch maximal 3,2 g/m^3 an Dampf halten. Der Rest von 7,2 g fällt aus jedem Kubikmeter Luft als Wasser aus.

Tafel 3.34 Wasserdampfsättigungsdichte c_s in Luft der Temperatur θ

θ in °C	**–20**	–15	**–10**	–5	–2	–1	**0**	1	2	3	4	5	6	7	8	9
c_s in g/m^3	0,9	1,5	2,1	3,2	4,1	4,5	4,9	5,2	5,6	6,0	6,4	6,8	7,3	7,7	8,3	8,8
θ in °C	**10**	11	12	13	14	15	16	17	18	19	**20**	21	23	25	28	**30**
c_s in g/m^3	9,4	10,0	10,7	11,3	12,1	12,8	13,7	14,5	15,4	16,3	**17,3**	18,3	20,6	23,0	27,2	30,3

2.2.2 Tauwasser auf Bauteiloberflächen

2.2.2.1 Ermittlung notwendiger Oberflächentemperatur θ_{si}

Unterschreitet die Innenoberfläche eines Außenbauteils unter winterlichen Verhältnissen die Taupunkttemperatur der Innenraumluft, dann fällt aus der an diese Oberfläche grenzenden, dann gesättigten Luftschicht Tauwasser aus. Tauwasser kann nur **verhindert werden, solange** $\theta_{si} > \theta_s$ ist. θ_s wird wegen der Abhängigkeit von ϕ durch das Wohnverhalten beeinflusst, θ_{si} durch den Wärmeschutz (vgl. Abschn. 2.2.2.2) und die klimatischen Verhältnisse.

Bei saugfähigen Baustoffoberflächen setzt in den Poren bereits Kapillarkondensation ein, wenn die Luftfeuchtigkeit ϕ_{si} der Grenzschicht, bezogen auf die Oberflächentemperatur θ_{si}, noch nicht gesättigt ist (z. B. oberhalb von ϕ_{si} = 80 %). So werden Lebensbedingungen für Schimmelpilze bereits geschaffen, wenn noch kein frei sichtbares Tauwasser entsteht. Schimmelpilze werden damit nur sicher verhindert, wenn θ_s in der Beziehung $\theta_{si} > \theta_s$ unter der Annahme aus Tafel 3.35 ermittelt wird, dass die Luftfeuchtigkeit im Raum um den Faktor 1/0,8 = 1,25 größer ist als in Wirklichkeit.

Beispiel:	ϕ_i in %	p_i in Pa	ϕ_{si}	= 100 %	= 80 %
(vgl. Tafel 3.35, 3.36)	50	1170	Dann folgt, wenn Tau-	9,3	12,6
Gegeben sei Innenluft	60	1404	wasserbildung bei ϕ_{si}	12,0	15,4
mit θ_i = 20 °C und ϕ_{si}	65	1521	einsetzt, θ_{si} in °C ≥	13,2	16,7

Tafel 3.35 Taupunkttemperatur θ_s in Abhängigkeit von Temperatur θ und rel. Feuchtigkeit ϕ

Näherungsgleichung für θ und $\theta_s \geq 0$: $\theta_s = (\phi/100)^{0,1247}\,(109,8 + \theta) - 109,8$

θ	Taupunkttemperatur θ_s in °C bei einer relativen Luftfeuchte ϕ von													
°C	30 %	35 %	40 %	45 %	50 %	55 %	60 %	65 %	70 %	75 %	80 %	85 %	90 %	95 %
30	10,5	12,9	14,9	16,8	18,4	20,0	21,4	22,7	23,9	25,1	26,2	27,2	28,2	29,1
29	9,7	12,0	14,0	15,9	17,5	19,0	20,4	21,7	23,0	24,1	25,2	26,2	27,2	28,1
28	8,8	11,1	13,1	15,0	16,6	18,1	19,5	20,8	22,0	23,2	24,2	25,2	26,2	27,1
27	8,0	10,2	12,2	14,1	15,7	17,2	18,6	19,9	21,1	22,2	23,3	24,3	25,2	26,1
26	7,1	9,4	11,4	13,2	14,8	16,3	17,6	18,9	20,1	21,2	22,3	23,3	24,2	25,1
25	6,2	8,5	10,5	12,2	13,9	15,3	16,7	18,0	19,1	20,3	21,3	22,3	23,2	24,1
24	5,4	7,6	9,6	11,3	12,9	14,4	15,8	17,0	18,2	19,3	20,3	21,3	22,3	23,1
23	4,5	6,7	8,7	10,4	12,0	13,5	14,8	16,1	17,2	18,3	19,4	20,3	21,3	22,2
22	3,6	5,9	7,8	9,5	11,1	12,5	13,9	15,1	16,3	17,4	18,4	19,4	20,3	21,2
21	2,8	5,0	6,9	8,6	10,2	11,6	12,9	14,2	15,3	16,4	17,4	18,4	19,3	20,2
20	1,9	4,1	6,0	7,7	9,3	10,7	12,0	13,2	14,4	15,4	16,4	17,4	18,3	19,2
19	1,0	3,2	5,1	6,8	8,3	9,8	11,1	12,3	13,4	14,5	15,5	16,4	17,3	18,2
18	0,2	2,3	4,2	5,9	7,4	8,8	10,1	11,3	12,5	13,5	14,5	15,4	16,3	17,2
17	–0,6	1,4	3,3	5,0	6,5	7,9	9,2	10,4	11,5	12,5	13,5	14,5	15,3	16,2
16	–1,4	0,5	2,4	4,1	5,6	7,0	8,2	9,4	10,5	11,6	12,6	13,5	14,4	15,2
15	–2,2	–0,3	1,5	3,2	4,7	6,1	7,3	8,5	9,6	10,6	11,6	12,5	13,4	14,2
14	–2,9	–1,0	0,6	2,3	3,7	5,1	6,4	7,5	8,6	9,6	10,6	11,5	12,4	13,2
13	–3,7	–1,9	–0,1	1,3	2,8	4,2	5,5	6,6	7,7	8,7	9,6	10,5	11,4	12,2
12	–4,5	–2,6	–1,0	0,4	1,9	3,2	4,5	5,7	6,7	7,7	8,7	9,6	10,4	11,2
11	–5,2	–3,4	–1,8	–0,4	1,0	2,3	3,5	4,7	5,8	6,7	7,7	8,6	9,4	10,2
10	–6,0	–4,2	–2,6	–1,2	0,1	1,4	2,6	3,7	4,8	5,8	6,7	7,6	8,4	9,2

2.2.2.2 Ermittlung des notwendigen Mindestwärmeschutzes

Aus der Bedingung $\theta_{si} > \theta_s$ ergibt sich für ebene Bauteile als Anforderung an jeder Stelle:

$$U \leq \frac{\theta_i - \theta_s}{R_{si}\,(\theta_i - \theta_e)} \quad ; \qquad R \geq R_{si}\,\frac{(\theta_i - \theta_e)}{\theta_i - \theta_s} - (R_{si} + R_{se})$$

In DIN 4108-2, Abschnitt 6.2 genannte Berechnungsannahmen: R_{si} = 0,25 m²K/W, θ_i = 20 °C, ϕ_{si} = 80 % (siehe Abschnitt 2.2.2.1), R_{se} = 0,04 m²K/W, θ_e = –5 °C. Falls ϕ = 50 %, folgt daraus $U \leq$ 1,2 W/(m²K) und $R \geq$ 0,55 m²K/W. Falls „außen" ein Keller oder eine ähnliche unbeheizte Pufferzone oder Erdreich angrenzt, gilt R_{se} = 0,17 m²K/W, θ_e = 10 °C.

Die Bedingung $\theta_{si} > \theta_s$ ist auch an ungünstigen Stellen von Wärmebrücken zu erfüllen. Werte für θ_{si} können durch Berechnung nach DIN EN ISO 10 211-2 oder aus Wärmebrückenkatalogen ermittelt werden.

Tafel 3.36 Sättigungsdruck p_s des Wasserdampfes bei unterschiedlichen Temperaturen θ

Temperatur θ °C ganzzahlige Werte		Wasserdampfsättigungsdruck über Wasser bzw. Eis in Pa									
		Temperatur θ °C, 1. Dezimale									
		,0	,1	,2	,3	,4	,5	,6	,7	,8	,9
Näherungsgleichung $p_s = 288{,}68\,(1{,}098 + \theta/100)^{8{,}02}$	30	4244	4269	4294	4319	4344	4369	4394	4419	4445	4469
	29	4006	4030	4053	4077	4101	4124	4118	4172	4196	4219
	28	3781	3803	3826	3848	3871	3894	3916	3939	3961	3984
	27	3566	3588	3609	3631	3652	3674	3695	3717	3738	3759
	26	3362	3382	3403	3423	3443	3463	3484	3504	3525	3544
	25	3169	3188	3208	3227	3246	3266	3284	3304	3324	3343
	24	2985	3003	3021	3040	3059	3077	3095	3114	3132	3151
	23	2810	2827	2845	2863	2880	2897	2915	2932	2950	2968
	22	2645	2661	2678	2695	2711	2727	2744	2761	2777	2794
	21	2487	2504	2518	2535	2551	2566	2582	2598	2613	2629
	20	2340	2354	2369	2384	2399	2413	2428	2443	2457	2473
	19	2197	2212	2227	2241	2254	2268	2283	2297	2310	2324
	18	2065	2079	2091	2105	2119	2132	2145	2158	2172	2185
	17	1937	1950	1963	1976	1988	2001	2014	2027	2039	2052
	16	1818	1830	1841	1854	1866	1878	1889	1901	1914	1926
	15	1706	1717	1729	1739	1750	1762	1773	1784	1795	1806
	14	1599	1610	1621	1631	1642	1653	1663	1674	1684	1695
	13	1498	1508	1518	1528	1538	1548	1559	1569	1578	1588
	12	1403	1413	1422	1431	1441	1451	1460	1470	1479	1488
	11	1312	1321	1330	1340	1349	1358	1367	1375	1385	1394
	10	1228	1237	1245	1254	1262	1270	1279	1287	1296	1304
	9	1148	1156	1163	1171	1179	1187	1195	1203	1211	1218
	8	1073	1081	1088	1096	1103	1110	1117	1125	1133	1140
	7	1002	1008	1016	1023	1030	1038	1045	1052	1059	1066
	6	935	942	949	955	961	968	975	982	988	995
	5	872	878	884	890	896	902	907	913	919	925
	4	813	819	825	831	837	843	849	854	861	866
	3	759	765	770	776	781	787	793	798	803	808
	2	705	710	716	721	727	732	737	743	748	753
	1	657	662	667	672	677	682	687	691	696	700
	0	611	616	621	626	630	635	640	645	648	653
Näherungsgleichung $p_s = 4{,}689\,(1{,}486 + \theta/100)^{12{,}3}$	–0	611	605	600	595	592	587	582	577	572	567
	–1	562	557	552	547	543	538	534	531	527	522
	–2	517	514	509	505	501	496	492	489	484	480
	–3	476	472	468	464	461	456	452	448	444	440
	–4	437	433	430	426	423	419	415	412	408	405
	–5	401	398	395	391	388	385	382	379	375	372
	–6	368	365	362	359	356	353	350	347	343	340
	–7	337	336	333	330	327	324	321	318	315	312
	–8	310	306	304	301	298	296	294	291	288	286
	–9	284	281	279	276	274	272	269	267	264	262
	–10	260	258	255	253	251	249	246	244	242	239
	–11	237	235	233	231	229	228	226	224	221	219
	–12	217	215	213	211	209	208	206	204	202	200
	–13	198	197	195	193	191	190	188	186	184	182
	–14	181	180	178	177	175	173	172	170	168	167
	–15	165	164	162	161	159	158	157	155	153	152
	–16	150	149	148	146	145	144	142	141	139	138
	–17	137	136	135	133	132	131	129	128	127	126
	–18	125	124	123	122	121	120	118	117	116	115
	–19	114	113	112	111	110	109	107	106	105	104
	–20	103	102	101	100	99	98	97	96	95	94

2.3 Wasserdampfdiffusion in Bauteilen

2.3.1 Allgemeines

Wasserdampf kann wegen der Leitfähigkeit δ der Baustoffe (durch Diffusion) bei einem Wasserdampfteildruckgefälle ($p_2 - p_1$) auch Bauteilschichten durchdringen. Es stellt sich eine Wasserdampf-Diffusionsstromdichte g umgekehrt proportional dem Diffusionswiderstand Z nach der Beziehung

$$g = (p_2 - p_1) / Z = (p_2 - p_1)/(d/\delta) = (p_2 - p_1)/(1{,}5 \cdot 10^6 \mu \cdot d) \text{ in kg/(m}^2\text{h) ein.}$$

Relatives Maß – bis auf den Faktor $1{,}5 \cdot 10^6$ – für die sperrende Wirkung von Schichten gegen Wasserdampf ist die diffusionsäquivalente Luftschichtdicke $s_d = \mu \cdot d$ in m. Schichten werden nach ihrem s_d-Wert in DIN 4108-3 wie folgt unterschieden:

diffusionsoffene Schicht: $s_d \leq 0{,}5$ m; diffusionshemmende Schicht: $0{,}5 \text{ m} < s_d \leq 1500$ m; diffusionsdichte Schicht: $s_d > 1500$ m. Schichten mit s_d-Werten über 20 m oder gar 100 m heißen auch **Dampfsperren**.

Bei ungünstiger Überlagerung von (winterlicher) Temperaturverteilung und Dampfdruckverteilung im Bauteilquerschnitt kann der Wasserdampfteildruck den Sättigungsdruck bei der örtlichen Temperatur erreichen: Tauwasserausfall im Bauteilquerschnitt. Überschreitet die Tauwassermenge $m_{W,T}$ spezifische Grenzwerte oder ist $m_{W,T} > m_{W,V}$, muss mit Schäden gerechnet werden.

Die im Abschnitt 2.3.3 genannten Bauteile gelten als frei von schädlichem Tauwasser. Für dort nicht genannte Bauteile kann ein Nachweis nach DIN 4108-3 („Glaser-Verfahren") geführt werden.

2.3.2 Diffusionsberechnung nach DIN 4108-3 (Glaser-Verfahren)

2.3.2.1 Erkennen einer Tauwasserbildung im Querschnitt

Die Berechnung gehört nicht zu den regelmäßig im bauaufsichtlichen Verfahren anzuwendenden Nachweisen, gilt aber trotz grundsätzlicher Mängel in der rechnerischen Modellierung der Vorgänge (Vernachlässigung von Kapillarität als zusätzlichem Transportvorgang für Wasser und Hygroskopizität als Maß für Wasser, in dessen Nähe nicht $p = p_s$ angenommen werden kann) noch als anerkannt. Umgekehrt sind Bauteile, bei denen der Nachweis von Tauwasserfreiheit misslingt, nicht „automatisch" schadensgefährdet.

Wenn im Bauteilquerschnitt freies, „überhygroskopisches" Wasser vorhanden ist, gilt $p = p_s$. Bauteile trocknen aus, solange dieser Druck größer ist als der Wasserdampfdruck im Freien (Austrocknung nach Schlagregen, von Baufeuchtigkeit oder von im Winterhalbjahr durch Diffusion entstandenem Tauwasser im Bauteil).

Das Beurteilungsverfahren geht von den folgenden vereinfachenden Klimaannahmen aus:

Tauperiode:	**Verdunstungsperiode:**	
Außenklima:	a) Wandbauteile und Decken unter nicht ausgebauten Dachräumen:	b) Dächer über Aufenthaltsräumen:
-10 °C, $\phi = 80$ % ($p_a = 208$ Pa)		
Innenklima:	Außen- und Innenklima:	Außen- und Innenklima:
$+20$ °C, $\phi = 50$ % ($p_i = 1170$ Pa)	je 12 °C, $\phi = 70$ %	je 12 °C, $\phi = 70$ %, dabei Temperatur Dachoberfläche: 20 °C
Dauer t_T:		
1440 Stunden (60 Tage)	Tauwasserbereich: 12 °C, $\phi = 100$ %	Tauwasserbereich: berechnete Temperatur, $\phi = 100$ %
	Dauer t_v: 2160 Stunden (90 Tage)	Dauer t_v: 2160 Stunden (90 Tage)

Zum Nachweis von Tauwasserfreiheit werden folgende Schritte ausgeführt:

Schritt 1: Für den zu beurteilenden Bauteilquerschnitt werden die Temperaturverteilung θ, die dazugehörigen Sättigungsdrucke des Wasserdampfes p_s und die diffusionsäquivalenten Luftschichtdicken $s_d = \mu \cdot d$ bestimmt. Werden in Tafel 3.18 zwei Richtwerte für μ genannt, ist derjenige einzusetzen, der im Schritt 3 zum größten Wert für $m_{W,T}$ führt. Dies ist der Fall, wenn für die s_{di}-Schichten der kleinere μ-Wert verwendet wird, für alle übrigen der größere (Berechnungsformular s. Beispiel auf S. 3.40).

Schritt 2: Im Diffusionsdiagramm wird der Bauteilquerschnitt im Maßstab s_d dargestellt (Abszisse). Auf der Ordinate werden die rechnerischen Wasserdampfsättigungsdrücke p_s und die außen und innen vorhandenen Wasserdampfteildrücke p_e und p_i eingetragen. Die vorhandene Wasserdampfteildruckverteilung über den Bauteilquerschnitt bekommt man, indem die kürzeste Verbindungslinie zwischen den Teildrücken p_e und p_i konstruiert wird, wobei die Bedingung $p \leq p_s$ eingehalten werden muss.

Schritt 3: Bestimmung der Werte s_{di} und s_{de} der Warm- und Kaltseite mit den zugehörigen Werten p_{sw1} und p_{sw2} aus dem Diffusionsdiagramm. Im Fall 2 ist $p_{sw1} = p_{sw2}$. Die in der Befeuchtungsperiode der Dauer t_T insgesamt anfallende Tauwassermenge $m_{W,T}$ berechnet sich nach der Gleichung

$$m_{W,T} = \frac{t_T}{1{,}5 \cdot 10^6} \left(\frac{p_i - p_{sw1}}{s_{di}} - \frac{p_{sw2} - p_e}{s_{de}} \right) \text{ kg/m}^2$$

(Differenz der ein- und ausdiffundierenden Wasserdampfmengen)

Geometrisch können *bei Schritt 2* drei Fälle eintreten:

Fall 1: Der vorhandene Wasserdampfteildruck ist stets kleiner als p_s: keine Kondensation (Abb. 3.38a).

Fall 2: Die p-Linie berührt die Sättigungslinie p_s in einem Punkt. Es fällt Tauwasser in einer Ebene an, die durch den Berührungspunkt gegeben ist (Abb. 3.38b).

Fall 3: Die p-Linie lässt sich nur so konstruieren, dass die p_s-Linie in zwei Punkten berührt wird und zwischen diesen Punkten mit der p-Linie identisch ist. Es fällt Tauwasser in einem Bereich an (Abb. 3.38c).

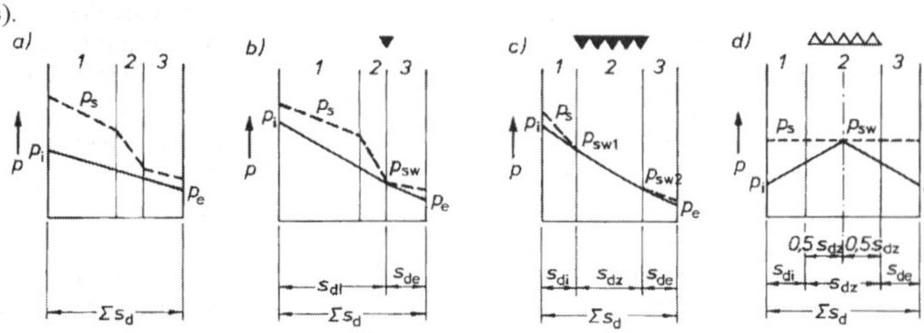

Abb. 3.38
Diffusionsdiagramme

Schritt 4: (Abb. 3.38d)

Bestimmung der Verdunstungsmenge $m_{W,V}$ analog zu Schritt 2 anhand von Diffusionsdiagrammen. Nach einem vorhergehenden Tauwasserausfall herrscht im Tauwasserbereich Sättigungsdruck. Die Verdunstung erfolgt nach innen und außen. Die Menge berechnet sich nach der Gleichung

$$m_{W,V} = \frac{t_V}{1{,}5 \cdot 10^6}\left(\frac{p_{sw} - p_i}{s_{di} + 0{,}5\,s_{dz}} + \frac{p_{sw} - p_e}{0{,}5\,s_{dz} + s_{de}}\right)\ \text{kg/m}^2$$

(bei Klimaannahmen für Verdunstungsperiode *a*) (s.o.) ist $p_{sw} = 1403$ Pa und $p_i = p_e = 982$ Pa):

(Summe der zu beiden Oberflächen hin diffundierenden Wasserdampfmengen. Beim Tauwasseranfall in einer Ebene ist $s_{dz} = 0$.)

2.3.2.2 Anforderungen

Es ist nachzuweisen, dass $m_{W,T} \leq$ zul $m_{W,T}$ und $m_{W,T} \leq m_{W,V}$. Für zul $m_{W,T}$ gilt:

Eine Tauwasserbildung in Bauteilen ist unschädlich, wenn durch Erhöhung des Feuchtegehaltes der Bau- und Dämmstoffe der Wärmeschutz und die Standsicherheit der Bauteile nicht gefährdet ist. Voraussetzungen:

a) Das während der Tauperiode im Innern des Bauteils anfallende Wasser muss während der Verdunstungsperiode wieder an die Umgebung abgegeben werden können, d. h. $m_{W,T} \leq m_{W,V}$.

b) Die Baustoffe, die mit dem Tauwasser in Berührung kommen, dürfen nicht geschädigt werden (z. B. durch Korrosion, Pilzbefall).

c) Bei Dach- und Wandkonstruktionen darf eine Tauwassermasse zul $m_{W,T}$ von insgesamt 1,0 kg/m² nicht überschritten werden. Dies gilt nicht für die Bedingungen nach d).

d) Tritt Tauwasser an Berührungsflächen von kapillar nicht wasseraufnahmefähigen Schichten auf, so darf eine flächenbezogene Tauwassermasse zul $m_{W,T}$ von 0,5 kg/m² nicht überschritten werden.

e) Neben der Einhaltung von c) ist bei Holz eine Erhöhung des massebezogenen Feuchtegehaltes u_m um mehr als 5 %, bei Holzwerkstoffen um mehr als 3 % unzulässig (Holzwolle-Leichtbau- und Mehrschicht-Leichtbauplatten aus Schaumkunststoffen und Holzwolle nach DIN 1101 sind hiervon ausgenommen.). Weitere Festlegungen, insbesondere zum Holzschutz, siehe Abschn. 6.4 von DIN 68 800-2 (1996).

Hinweis:

Tritt in der Berechnung nach Abschn. 2.3.2.1 in mehreren Ebenen Tauwasser auf, ist die Summe der flächenbezogenen Tauwassermassen $m_{W,T}$ für den Vergleich mit den vorgenannten Bedingungen a) bis e) maßgebend.

2.3.3 Bauteile, für die kein rechnerischer Nachweis des Tauwasserausfalls erforderlich ist (nach DIN 4108-3)

2.3.3.1 Außenwände

① Ein- und zweischaliges Mauerwerk nach DIN 1053-1 (auch mit Kerndämmung), Wände aus Normalbeton nach DIN 1045, Wände aus gefügedichtem Leichtbeton nach DIN 4219-1 und DIN 4219-2, Wände aus Porenbeton nach DIN 4223, Wände aus haufwerkporigem Leichtbeton nach DIN 4232, jeweils mit Innenputz und folgenden Außenschichten:

- Putz nach DIN 18 550-1 oder Verblendmauerwerk nach DIN 1053-1;
- angemörtelte oder angemauerte Bekleidungen nach DIN 18 515-1 und DIN 18 515-2, bei einem Fugenanteil von mindestens 5 %;
- hinterlüftete Außenwandbekleidung nach DIN 18 516-1 mit und ohne Wärmedämmung;
- Außendämmung nach DIN 1102 oder nach DIN 18 550-3 oder durch ein zugelassenes Wärmedämmverbundsystem.

② Wände, wie unter ①, aber mit Innendämmung und einem Wärmedurchlasswiderstand der Wärmedämmschicht von $R \leq 1{,}0$ m² K/W sowie einem Wert der wasserdampfdiffusionsäquivalenten Luftschichtdicke der Wärmedämmschicht mit Innenputz bzw. Innenbekleidung $s_d \geq 0{,}5$ m.

③ Wände in Holzbauart nach Abschn. 8.2 von DIN 68 800-2: 1996-05 mit vorgehängten Außenwandbekleidungen, zugelassenem Wärmedämmverbundsystem oder Mauerwerk-Vorsatzschalen, jeweils mit raumseitiger diffusionshemmender Schicht mit $s_d \geq 2$ m.

④ Holzfachwerkwände mit Luftdichtheitsschicht, in den Varianten:
- mit wärmedämmender Ausfachung (Sichtfachwerk);
- mit Innendämmung (über Fachwerk und Gefach) mit Wärmedurchlasswiderstand der Wärmedämmschicht $R \leq 1{,}0$ m² K/W und einer wasserdampfdiffusionsäquivalenten Luftschichtdicke (gegebenenfalls einschließlich Winddichtheitsschicht) mit Innenputz und Innenbekleidung $s_d \geq 1$ m;
- mit Außendämmung (über Fachwerk und Gefach) als Wärmedämmverbundsystem oder Wärmedämmputz, deren $s_d \leq 2$ m ist, oder mit hinterlüfteter Außenwandbekleidung.

2.3.3.2 Nichtbelüftete Dächer (keine belüftete Luftschicht unmittelbar über Wärmedämmschicht)

Der Wärmedurchlasswiderstand der Bauteilschichten unterhalb einer raumseitigen diffusionshemmenden Schicht darf höchstens 20 % des Gesamtdurchlasswiderstandes betragen.

① Nichtbelüftete Dächer mit belüfteter Dachdeckung (Dachziegel, -steine, Schiefer, Metallbleche) und Wärmedämmung zwischen, unter und/oder über den Sparren und zusätzlicher regensichernder Schicht (z. B. Unterdächer) mit wasserdampfdiffusionsäquivalenter Luftschichtdicke $s_{d,e}$: Benötigt wird diffusionshemmende Schicht raumseitig der Wärmeschicht mit $s_{d,i}$ nach Tabelle:

äquivalente Luftschichtdicke in m	
außen: $s_{d,e}$	innen: $s_{d,i}$
$\leq 0{,}1$	$\geq 1{,}0$
$\leq 0{,}3$	$\geq 2{,}0$
$> 0{,}3$	$\geq 6\ s_{d,e}$
beliebig	≥ 100

Hinweis: $s_{d,e}$ ($s_{d,i}$) ist die Summe der wasserdampfdiffusionsäquivalenten Luftschichtdicken aller Schichten, die sich außenseitig (innenseitig) der Wärmedämmschicht bis zur ersten mit Außenluft (Innenluft) belüfteten Luftschicht befinden.

Hinweis: Bei Werten $s_{d,e} > 2$ m kann Baufeuchte oder eingedrungene Feuchtigkeit nur schlecht ausdiffundieren (Holzschutz!).

② Nichtbelüftete Dächer mit Dachabdichtung oder nichtbelüfteter Dachdeckung mit diffusionshemmender Schicht unterhalb der Wärmedämmschicht mit $s_{d,i} \geq 100$ m. Ausnahmen: Dächer mit diffusionsdichten Dämmstoffen, z. B. Schaumglas auf starrer Unterlage; Dächer aus Porenbeton nach DIN 4223; Dächer mit Wärmedämmung oberhalb der Dachabdichtung (Umkehrdächer) mit dampfdurchlässiger Auflast (z. B. Grobkies), die keine zusätzliche diffusionshemmende Schicht benötigen.

2.3.3.3 Belüftete Dächer mit Dachneigung ≥ 5° (Für Neigung < 5° gilt Abschn. 2.3.3.2 ②.)

Der s_d-Wert der unterhalb der Belüftungsschicht angeordneten Bauteilschichten muss insgesamt mindestens 2 m betragen. Der Wärmedurchlasswiderstand der Bauteilschichten unterhalb einer ggf. zusätzlichen diffusionshemmenden Schicht (z. B. Luftdichtheitsschicht) darf höchstens 20 % des Gesamtdurchlasswiderstandes betragen. Bei Kehlen, auch an Dachgauben, sind Lüftungsöffnungen i. Allg. nicht möglich. Solche Dachkonstruktionen sind daher ohne Belüftung, z. B. nach Abschn. 2.3.3.2 ①, auszuführen.

Für die Belüftungsschicht *unmittelbar über der Wärmedämmschicht* und ihre Öffnungen zum Freien gilt:
- Die Höhe des freien Lüftungsquerschnittes innerhalb des Dachbereiches muss mindestens 2 cm betragen.
- Der freie Lüftungsquerschnitt an den Traufen bzw. an Traufe und Pultdachabschluss muss mind. 2 ‰ der zugehörigen geneigten Dachfläche betragen, mindestens jedoch 200 cm²/m, bei Satteldächern sind an First und Grat 0,5 ‰ erforderlich, mindestens jedoch 50 cm²/m.

2.4 Tauwasser und Luftdichtheit (Wasserdampfkonvektion)

Wände und Dächer müssen luftdicht sein, um eine Durchströmung und Mitführung von Raumluftfeuchte, die zu Tauwasserbildung in der Konstruktion führen kann, zu unterbinden. Auf die Luftdichtheit von Anschlüssen und Durchdringungen (z. B. Wand/Dach, Schornstein/Dach) sowie bei Installationen (z. B. Steckdosen) ist besonders zu achten. Auch Querströmungen in Belüftungsschichten innerhalb einer

Konstruktion zwischen unterschiedlich beheizten Räumen sind zu vermeiden, z. B. durch Abschottung. Sichtmauerwerk und Holzfachwerk sowie Mauerwerk nach DIN 1053-1 allein sind nicht luftdicht im Sinne dieser Anforderung; diese Wandbauarten müssen auf einer Seite eine Putzschicht nach DIN 18 550-2 haben oder es sind sonstige luftdichtende Maßnahmen zu treffen.

Luftdicht in diesem Sinne sind z. B. Betonbauteile nach DIN 1045-1 oder DIN 1045-4 oder Putze nach DIN 18 550-2 bzw. DIN 18 558. Bei anderen Konstruktionen muss gegebenenfalls, bei Holzbauteilen generell, eine Luftdichtheitsschicht nach DIN V 4108-7 angebracht werden, s. Abschnitt 1.5.2.

Zahlenbeispiel zur Berechnung des Tauwasserausfalls

Nachfolgend wird am Beispiel einer Außenwand die Untersuchung auf innere Tauwasserbildung und Verdunstung infolge von Wasserdampfdiffusion bei den Randbedingungen entsprechend DIN 4108-3 gezeigt.

Wandaufbau: Zusammenstellung der Rechengrößen für das Diffusionsdiagramm bei Tauwasserausfall

Schicht	d m	μ –	s_d m	λ W/(m K)	R_s; R m² K/W	θ °C	p_s Pa
						20,0	2340
Wärmeübergang innen	–	–	–	–	0,13		
						18,7	2158
Spanplatte V 20	0,019	50	0,95	0,13	0,15		
						17,2	1964
Polystyrol-Partikelschaum	0,10	20	2,00	0,04	2,50		
						−7,7	318
Spanplatte V 100	0,019	100	1,90	0,13	0,15		
						−9,2	279
Luftschicht – belüftet	0,03	–	–	–	–		
						–	–
Außenschale	0,02	–	–	–	–		
						–	–
Wärmeübergang außen	–	–	–	–	0,04		
						−10,0	260
		Σs_d =	4,85	R_T =	2,97		

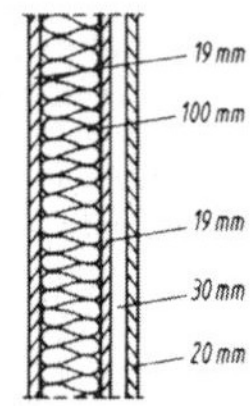

Randbedingungen

Periode	Raum-klima	Außen-klima
Tauperiode t_T = 1440 h		
Lufttemperatur	20 °C	−10 °C
Relative Luftfeuchte	50 %	80 %
Wasserdampfsättigungsdruck	2340 Pa	260 Pa
Wasserdampfteildruck	1170 Pa	208 Pa
Verdunstungsperiode T_v = 2160 h		
Lufttemperatur	12 °C	12 °C
Relative Luftfeuchte	70 %	70 %
Wasserdampfsättigungsdruck	1403 Pa	1403 Pa
Wasserdampfteildruck	982 Pa	982 Pa

Diffusionsdiagramme

a) Tauperiode

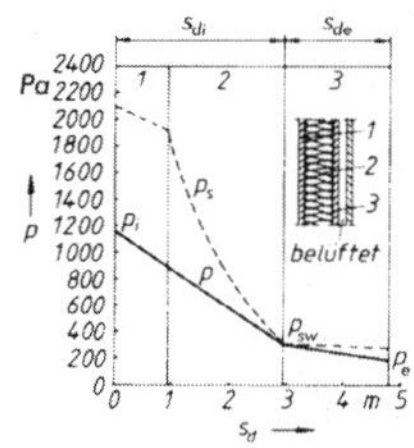

b) Verdunstungsperiode

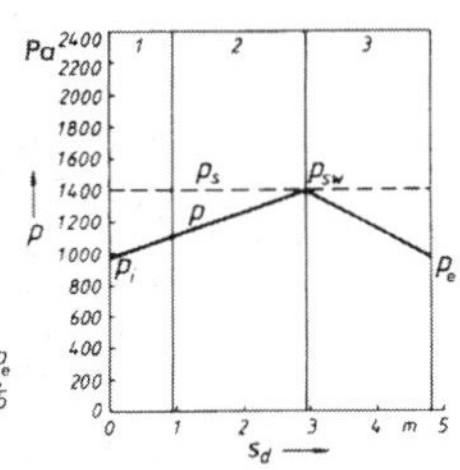

Tauwassermasse (s. S. 3.38):

p_i = 1170 Pa, p_{sw} = 318 Pa, p_e = 208 Pa

t_T = 1440 h

$$m_{W,T} = \frac{1440}{1{,}5} \cdot \left(\frac{1170 - 318}{2{,}95} - \frac{318 - 208}{1{,}90} \right) \cdot 10^{-6}$$

$m_{W,T}$ = 0,222 kg/m²

Ergebnis:

Zulässige Tauwassermasse nach DIN 4108-3 (Erhöhung des massebezogenen Feuchtegehalts der Spanplatte um nicht mehr als 3 %):

zul $m_{W,T} = 0{,}03 \cdot 0{,}019 \cdot 700 = 0{,}399$ kg/m² $> m_{W,T}$

Verdunstende Wassermasse (s. S. 3.38):

$p_i = p_e$ = 982 Pa, p_{sw} = 1403 Pa

t_v = 2160 h

$$m_{W,T} = \frac{2160}{1{,}5} \cdot \left(\frac{1403 - 982}{2{,}95} - \frac{1403 - 982}{1{,}90} \right) \cdot 10^{-6}$$

$m_{W,V}$ = 0,525 kg/m² $> m_{W,T}$

Ergebnis:

Die Tauwasserbildung ist im Sinne von DIN 4108-3 unschädlich, da

a) $m_{W,V}$ < zul $m_{W,T}$ und

b) $m_{W,V} > m_{W,T}$

2.5 Regensicherheit

Bauteile ohne Bauwerksabdichtung gelten in ihren Schutzschichten als regensicher, wenn Niederschlagsfeuchtigkeit in den Regenpausen so rasch abgegeben wird, dass Schäden nicht zu befürchten sind. Geeignet sind Baustoffschichten, deren Wasseraufnahmenkoeffizient w und deren diffusionsäquivalente Luftschichtdicke zur Austrocknung eingedrungenen Wassers einzeln oder kombiniert nicht zu groß sind.

Die Beanspruchung von Wänden durch Schlagregen wird durch die Beanspruchungsgruppen I bis III beschrieben, die abhängig sind von der jährlichen Niederschlagsmenge. Sie werden wie folgt definiert:

Beanspruchungsgruppe I (geringe Schlagregenbeanspruchung): i. Allg. Gebiete mit Jahresniederschlagshöhen unter 600 mm sowie besonders windgeschützte Lagen auch in Gebieten mit größerer Niederschlagshöhe

Beanspruchungsgruppe II (mittlere Schlagregenbeanspruchung): i. Allg. Gebiete mit Jahresniederschlagshöhen von 600 bis 800 mm sowie besonders windgeschützte Lagen auch in Gebieten mit größerer Niederschlagshöhe; Hochhäuser und Häuser in exponierter Lage in Gebieten, die aufgrund der regionalen Regen- und Windverhältnisse einer geringen Schlagregenbeanspruchung zuzuordnen wären.

Beanspruchungsgruppe III (starke Schlagregenbeanspruchung): i. Allg. Gebiete mit Jahresniederschlagshöhen über 800 mm, windreiche Gebieten auch mit geringerer Niederschlagshöhe (z. B. Küstengebiete, Mittel- und Hochgebirgslagen, Alpenvorland); Hochhäuser und Häuser in exponierter Lage in Gebieten, die aufgrund der regionalen Regen- und Windverhältnisse einer mittleren oder geringen Schlagregenbeanspruchung zuzuordnen wären.

Als regensicher gelten alle Steildächer und Flachdächer mit ordnungsgemäßen An- und Abschlüssen. Folgende Wandbauarten haben nach DIN 4108-3 ausreichenden Schlagregenschutz.

Tafel 3.41a Beispiele für die Zuordnung von Wandbauarten und Beanspruchungsgruppen

	Beanspruchungsgruppe I	Beanspruchungsgruppe II	Beanspruchungsgruppe III
1	Außenwände aus Mauerwerk, Wandbauplatten, Beton u. Ä. sowie aus Holzwolle-Leichtbauplatten und Mehrschicht-Leichtbauplatten, ausgeführt nach DIN 1102, bekleidet mit		
	Außenputz nach DIN 18 500-1 ohne besondere Anforderung	wasserhemmendem[1] Außenputz nach DIN 18 550-1	wasserabw.[2] Außenputz nach DIN 18 550-1 bis -4 oder Kunstharzputz nach DIN 18 558
2	Einschaliges Sichtmauerwerk nach DIN 1053-1 mit Innenputz und einer Wanddicke (incl. 20 mm Längsmörtelfuge) von		Verblendmauerwerk DIN 1053-1 mit Luftschicht und Wärme- oder Kerndämmung (mit Innenputz)
	31 cm	37,5 cm	
3	Wände mit im Dickbett oder Dünnbett außen angemörtelten Fliesen oder Platten nach DIN 18 515-1		
			mit wasserabweisendem[2] Ansetzmörtel
4	Wände mit gefügedichter Betonaußenschicht nach DIN 1045 sowie DIN 4219-1 und -2		
5	Wände mit hinterlüfteten Außenwandbekleidungen nach DIN 18 516-1, -3 und -5 (auch offene Fugen zwischen Bekleidungsplatten zulässig)		
6	Wände mit Wärmedämmputzsystem DIN 18 550-3 oder zugelassene Wärmedämmverbundsysteme		
7	Wände in Holzbauart mit Wetterschutz nach Abschn. 8.2 von DIN 68 800-2 (1996)		

[1] Putzschicht mit Wasseraufnahmekoeffiezient $0{,}5 < w < 2{,}0$ kg/(m²h^{0,5})

[2] Putzschicht mit $w \leq 0{,}5$ kg/(m^{2}h^{0,5}) und $s_d \leq 2{,}0$ m und $w \cdot s_d \leq 0{,}2$ kg/(mh^{0,5})

Tafel 3.41b Beispiele für die Zuordnung von Fugenabdichtungen und Beanspruchungsgruppen

	Fugen[2], Fugenverlauf	Beanspruchungsgruppe I	II	III	Definition der Schwellenhöhe h
1	vertikal	Fugenausbildung nach DIN 18 540, Fugen mit Fugendichtstoffen oder anderen konstruktiven Maßnahmen[1]			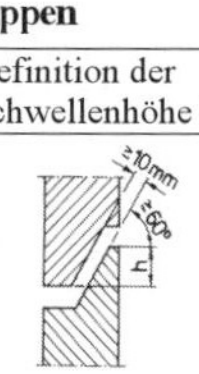
2	horizontal	Offene, schwellenförmige Fugen, Schwellenhöhe h			
		$h \geq 60$ mm	$h \geq 80$ mm	$h \geq 100$ mm	
		Fugen nach DIN 18 540 mit zusätzlichen konstruktiven Maßnahmen, z. B. mit Schwelle $h \geq 50$ mm			

[1] Fugen nach DIN 18 540 dürfen nicht bei Bauten in einem Bergsenkungsgebiet verwendet werden. Bei Setzungsfugen ist die Verformung bei der Bemessung der Fugenmaße zu berücksichtigen.

[2] Die Möglichkeit der Wartung von Fugen, einschließlich der Fugen von Anschlüssen, ist vorzusehen.

3 Schallschutz im Hochbau

3.1 Begriffe zum Luft- und Trittschallschutz

Im Kern werden die folgenden Begriffe und Einheiten verwendet, denen je nach Anwendungsfall weitere Indizes angefügt werden (Beispiele unter Bemerkungen).

	Größe	Zeichen	Einheit	Bemerkung
1	Schallpegel, Schalldruckpegel	L	dB	meist als Funktion der Frequenz gemessen, z. B. Sende- und Empfangsraumpegel L_S und L_E
2	bewerteter Schallpegel	L_A	dB(A)	„gehörrichtige“ Bewertung von L nach Bewertungskurve A
3	Mittelungspegel	L_{Am}	dB(A)	„gemittelter“ Pegel von zeitlich veränderlichen Pegeln
4	Beurteilungspegel	L_r	dB(A)	Mittelungspegel mit Zuschlägen zur Erfassung von Störwirkungen wie Impuls- und Tonhaltigkeit
5	Schalldämm-Maß	R	dB	Eigenschaft eines raumtrennenden Bauteils der Fläche S, im Wesentlichen $R = L_S - L_E$ (+ konst), frequenzabhängig
6	**bewertetes Schalldämm-Maß**	$\boldsymbol{R_w}$	dB	Einzahlwert von R, in der alle Frequenzen zwischen 100 Hz und 3150 Hz beurteilt werden
7		$\boldsymbol{R'_w}$	dB	Schallübertragung über flankierende Bauteile ist berücksichtigt ($R'_w \leq R_w$).
8	Luftschallschutzmaß	LSM	dB	veraltet: $R'_w = LSM + 52$ dB
9	Schallpegeldifferenz	D, D_w	dB	wird anstelle R, R_w verwendet, wenn kein Bezug auf raumtrennende Bauteilflächen S, sondern auf Räume mit definierten Nachhallzeiten T oder Absorptionsflächen A erfolgt (s. S. 3.66)
10	**bewerteter Normtrittschallpegel**	$\boldsymbol{L'_{n,w}}$	dB	Einzahlwert für den Normtrittschallpegel L'_n, ausgewertet zwischen 100 Hz und 3150 Hz
11	Trittschallschutzmaß	TSM	dB	veraltet: $L'_{n,w} = 63$ dB $- TSM$
12	bewertete Trittschallminderung	ΔL_w	dB	Einzahlwert zur Kennzeichnung des Fußbodens, früher VM genannt: $VM = \Delta L_w$
13	äquivalenter bewerteter Normtrittschallpegel	$L_{n,w,eq}$	dB	Einzahlwert für Massivdecke ohne Fußboden (Rohdecke): $L'_{n,w} = L_{n,w,eq} - \Delta L_w$

Bemerkungen zu:

2	Weitere Indizes zur Kennzeichnung der Zeitbewertung, z. B. fast, impulse, Maximalwert in Taktzeit.
4	Gegebenenfalls Sonderregelungen zur Beurteilung von Schallimmissionen.
5	Messbar nur im Labor, keine Schallübertragung über flankierende Bauteile oder Schallnebenwege.
6	Mit zusätzlichem Index P bzw. R werden **P**rüfergebnisse oder verallgemeinerungsfähige **R**echenwerte gekennzeichnet. $R_{w,R} < R_{w,P}$. Unterschied heißt Vorhaltemaß und beträgt im Regelfall 2 dB. R_w kennzeichnet abschließend die Luftschalldämmung eines raumtrennenden Bauteiles als näherungsweise gehörrichtige Bemessungsgröße bauakustischer Planung.
7	Mit zusätzlichem Index kann die Art der Nebenwege gekennzeichnet sein, insbesondere $R'_{w,R,300}$. Diese Rechenwerte gelten, falls die mittlere flächenbezogene Masse der flankierenden Bauteile 300 kg/m² beträgt, vergl. Beiblatt 1 zu DIN 4109.
9	Beispiele können Rollladenkästen in der Fassade oder Lüftungsschächte zwischen Bädern sein. Normschallpegeldifferenz $D_{n,w}$ bezieht sich auf einen „Normal-Empfangsraum“ mit äquivalenter Absorptionsfläche $A_0 = 10$ m².
10	Normtrittschallpegel bezieht sich auf einen „Normal-Empfangsraum“ mit äquivalenter Absorptionsfläche $A_0 = 10$ m². $L'_{n,w}$ kennzeichnet abschließend den Trittschallschutz einer Decke zum unmittelbar darunter liegenden Raum als Bemessungsgröße bauakustischer Planung. Man beachte: Die Luft- und Trittschallschutz kennzeichnenden Einzahlwerte „laufen“ in Richtung besseren Schallschutzes in unterschiedliche Richtungen: R'_w steigt, $L'_{n,w}$ fällt mit zunehmendem Schallschutz!
12	Zahlenwerte sind nicht anwendbar, wenn mehr als ein Fußboden übereinander liegt, z. B. Teppichboden auf schwimmendem Estrich. Für solche Fußbodensysteme müssen eigene ΔL_w ermittelt werden. Zahlenwerte für Böden auf Massivdecken gelten nicht auf Holzbalkendecken.

3.2 Anforderungen zum Mindestschallschutz

3.2.1 DIN 4109: 1989-11 als Technische Baubestimmung

Fremde Aufenthaltsräume in Wohnhäusern, Beherbergungsstätten, Krankenanstalten u. Ä. genießen wegen der generellen Unverletzlichkeitsansprüche einen bauaufsichtlich bestimmten Mindestschallschutz, der allgemein nicht unterschritten werden darf. Völlig unabhängig davon, ob ggf. aus Vertrag privatrechtlich ein höherer Schallschutz geschuldet sein kann, ergibt sich der **Mindestschallschutz** unmittelbar aus der bauaufsichtlich eingeführten DIN 4109 – Schallschutz im Hochbau. Die Einhaltung dieser Anforderungen muss im Zweifelsfall im fertigen Bauwerk vor Ort durch Messung, „Güteprüfung", nachgewiesen werden können. Bauakustische Planung muss daher über die Einzelbauteile hinaus den Baukörper als Ganzes berücksichtigen (Lage von zueinander fremden Räumen, flankierende Bauteile, Schallnebenwege über Schächte usw.).

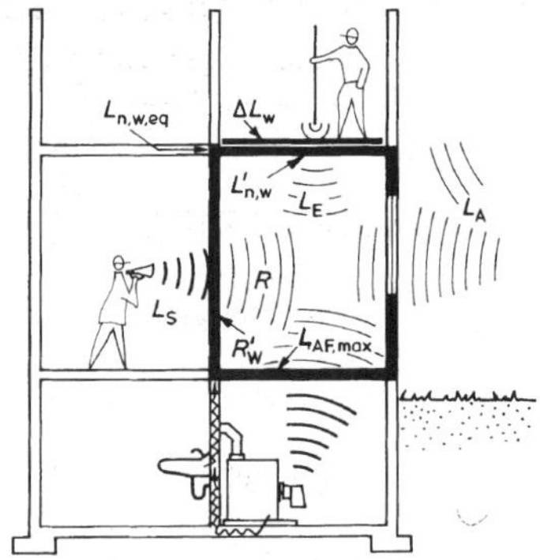

Verbindliche Schallschutzanforderungen beziehen sich auf Luftschalldämmung (R'_w) und Trittschallschutz ($L'_{n,w}$) nach Abschnitt 3.2.2, auf den Schutz gegen Geräusche aus haustechnischen Anlagen und im Haus befindlichen Betrieben, für die zulässige Maximalpegel nach Abschnitt 3.2.3 festgelegt sind, und auf den Schutz von Innenräumen gegen Außenlärm durch ein ausreichend resultierendes Schalldämm-Maß der Fassaden, ggf. Dachflächen nach Abschnitt 3.2.4.

Innerhalb des Mindestschallschutzes ist das bauaufsichtliche Nachweisverfahren bestimmt. Bauteile gelten ohne besonderen Nachweis als geeignet, wenn ihre Ausführung den Vorgaben in Beiblatt 1 zu DIN 4109 entspricht. Die Angaben im Abschnitt 3.4 sind diesem Beiblatt entnommen. Für andere Ausführungen muss mit den Bauvorlagen ein Zeugnis einer anerkannten/zertifizierten Prüfstelle über die Eignung vorgelegt werden. Siehe DIN 4109 Bbl. 3 und DIN 4109-11.

Der Mindestschallschutz nach DIN 4109 als Teil des öffentlichen Baurechts kann privatrechtlich ergänzt werden durch weitergehende Anforderungen. Vergleiche hierzu die Angaben auf Seite 3.49.

Da die verwendeten Größen R'_w und $L'_{n,w}$ bestimmte (z. B. tieffrequente) Störgeräusche nicht ausreichend gehörrichtig erfassen, können Anforderungen ggf. auch unter Berücksichtigung anderer Größen, wie den Spektrum-Anpassungswerten, vgl. DIN EN ISO 717-1 und -2, formuliert werden, bei denen andere „Bezugskurven" als die in Deutschland seit Jahrzehnten üblichen und zusätzliche Messfrequenzen zwischen 50 Hz und 5000 Hz benutzt werden können.

3.2.2 Anforderungen an die Luftschalldämmung und den Trittschallschutz

Tafel 3.43 Mindestwert erf R'_w eines erforderlichen bewerteten Schalldämm-Maßes und Höchstwert erf $L'_{n,w}$ für den zulässigen bewerteten Normtrittschallpegel zum Schutz gegen Schallübertragung aus einem fremden Wohn- oder Arbeitsbereich nach DIN 4109, Tabelle 3
Achtung: Nachweise lauten vorh $R'_w \geq$ erf R'_w, aber vorh $L'_{n,w} \leq$ erf $L'_{n,w}$!

		Anforderungen	
		erf R'_w	erf $L'_{n,w}$
1	**Geschosshäuser mit Wohnungen und Arbeitsräumen**		
1.1	**Decken**		
1.1.1	Decken unter allgemein nutzbaren Dachräumen, z. B. Trockenböden, Abstellräumen und ihren Zugängen	53	53
1.1.2	Wohnungstrenndecken (auch -treppen) und Decken zwischen fremden Arbeitsräumen bzw. vergleichbaren Nutzungseinheiten	54	53
1.1.3	Decken über Kellern, Hausfluren, Treppenräumen unter Aufenthaltsräumen	52	53

		Anforderungen	
		erf R'_{w}	erf $L'_{n,w}$
1	**Geschosshäuser mit Wohnungen und Arbeitsräumen**		
1.1.4	Decken über Durchfahrten, Einfahrten von Sammelgaragen und Ähnliches unter Aufenthaltsräumen	55	53
1.1.5	Decken unter/über Spiel- oder ähnlichen Gemeinschaftsräumen	55	46
1.1.6	Decken unter Terrassen und Loggien über Aufenthaltsräumen	–	53
1.1.7	Decken unter Laubengängen	–	53
1.1.8	Decken und Treppen innerhalb von Wohnungen, die sich über zwei Geschosse erstrecken	–	53
1.1.9	Decken unter Bad und WC ohne/mit Bodenentwässerung	54	53
1.1.10	Decken unter Hausfluren	–	53
1.2	**Treppenläufe und -podeste**	–	58
1.3	**Wände**		
1.3.1	Wohnungstrennwände und Wände zwischen fremden Arbeitsräumen	53	–
1.3.2	Treppenraumwände und Wände neben Hausfluren	52	–
1.3.3	Wände neben Durchfahrten, Einfahrten von Sammelgaragen u. Ä.	55	–
1.3.4	Wände von Spiel- oder ähnlichen Gemeinschaftsräumen	55	–
1.4	**Türen**		
1.4.1	Türen, die von Hausfluren oder Treppenräumen in Flure und Dielen von Wohnungen und Wohnheimen oder von Arbeitsräumen führen	27	–
1.4.2	Türen, die von Hausfluren oder Treppenräumen unmittelbar in Aufenthaltsräume – außer Flure und Dielen – von Wohnungen führen	37	–

Bemerkungen zu:

1.1.1	Bei Gebäuden mit ≤ 2 Wohnungen gilt: erf R'_{w} = 52 dB und erf $L'_{n,w}$ = 63 dB.
1.1.2	Bei Gebäuden mit ≤ 2 Wohnungen gilt: R'_{w} = 52 dB. Weichfedernde Bodenbeläge dürfen beim Nachweis nicht angerechnet werden. Ausnahme: Gebäude mit ≤ 2 Wohnungen (Voraussetzungen: weichfedernde Bodenbeläge z. B. nach Beiblatt zu DIN 4109, Tab. 18 oder Eignungsprüfung und Werksbescheinigung nach DIN 50 049).
1.1.3	Die Anforderung an die Trittschalldämmung gilt nur für die Trittschallübertragung in fremde Aufenthaltsräume, ganz gleich, ob sie in waagerechter, schräger oder senkrechter (nach oben) Richtung erfolgt. Weichfedernde Bodenbeläge dürfen beim Nachweis nicht angerechnet werden.
1.1.4	Wie 1.1.3.
1.1.5	Wegen der verstärkten Übertragung tiefer Frequenzen können zusätzliche Maßnahmen zur Körperschalldämmung erforderlich sein.
1.1.6	Wegen der Luftschalldämmung gegen Außenlärm siehe aber DIN 4109 Abschnitt 5 (Tafel 3.48a).
1.1.7	Die Anforderung an die Trittschalldämmung gilt nur für die Trittschallübertragung in fremde Aufenthaltsräume, ganz gleich, ob sie in waagerechter, schräger oder senkrechter (nach oben) Richtung erfolgt.
1.1.8	Weichfedernde Bodenbeläge dürfen beim Nachweis nicht angerechnet werden. Die Prüfung der Anforderungen an den bewerteten Normtrittschallpegel erfolgt bei einer gegebenenfalls vorhandenen Bodenentwässerung nicht in einem Umkreis von r = 60 cm. Bei Gebäuden mit ≤ 2 Wohnungen gilt: erf R'_{w} = 52 dB und erf $L'_{n,w}$ = 63 dB.
1.1.9	Wie 1.1.8.
1.1.10	Wie 1.1.3 und 1.1.4.
1.2	Keine Anforderungen an Treppenläufe in Gebäuden mit Aufzug und an Treppen in Gebäuden mit ≤ 2 Wohnungen.
1.3.1	Wohnungstrennwände sind Bauteile, die Wohnungen voneinander oder von fremden Arbeitsräumen trennen.
1.3.2	Für Wände mit Türen gilt: erf R'_{w} (Wand) = erf R_{w} (Tür) + 15 dB. Darin bedeutet erf R_{w} (Tür) die erforderliche Schalldämmung der Tür nach 1.4. Wandbreiten ≤ 30 cm bleiben dabei unberücksichtigt.
1.4.1	Bei Türen gilt erf R_{w} anstelle R'_{w}.
1.4.2	Wie 1.4.1.

		Anforderungen	
		erf R'_w	erf $L'_{n,w}$
2	**Einfamilien-Doppelhäuser und Einfamilien-Reihenhäuser**		
2.1	**Decken**		
2.1.1	Decken allgemein	–	48
2.1.2	Treppenläufe und -podeste und Decken unter Fluren	–	53
2.2	**Haustrennwände**	57	–
3	**Beherbergungsstätten**		
3.1	**Decken**		
3.1.1	Decken allgemein	54	53
3.1.2	Decken unter/über Schwimmbädern, Spiel- oder ähnlichen Gemeinschaftsräumen zum Schutz gegenüber Schlafräumen	55	46
3.1.3	Treppenläufe und -podeste	–	58
3.1.4	Decken unter Fluren	–	53
3.1.5	Decken unter Bad und WC ohne/mit Bodenentwässerung	54	53
3.2	**Wände zwischen Übernachtungsräumen und zwischen Fluren und Übernachtungsräumen**	47	–
3.3	**Türen zwischen Fluren und Übernachtungsräumen**	32	–
4	**Krankenanstalten, Sanatorien**		
4.1	**Decken**		
4.1.1	Decken allgemein	54	53
4.1.2	Decken unter/über Schwimmbädern, Spiel- oder ähnlichen Gemeinschaftsräumen	55	46
4.1.3	Treppenläufe und -podeste	–	58
4.1.4	Decken unter Fluren	–	53
4.1.5	Decken unter Bad und WC ohne/mit Bodenentwässerung	54	53
4.2	**Wände**		
4.2.1	Wände zwischen Krankenräumen, Fluren und Krankenräumen, Untersuchungs- bzw. Sprechzimmern, Fluren und Untersuchungs- bzw. Sprechzimmern, Krankenräumen und Arbeits- und Pflegeräumen	47	–
4.2.2	Wände zwischen Operations- bzw. Behandlungsräumen, Fluren und Operations- bzw. Behandlungsräumen	42	–
4.2.3	Wände zwischen Räumen der Intensivpflege, Fluren und Räumen der Intensivpflege	37	–

Bemerkungen zu:

2.1.1	Wie 1.1.7.
2.1.2	Bei einschaligen Haustrennwänden gilt: Wegen der möglichen Austauschbarkeit von weichfedernden Bodenbelägen nach Beiblatt 1 zu DIN 4109, Tabelle 18, die sowohl dem Verschleiß als auch den besonderen Wünschen der Bewohner unterliegen, dürfen diese bei dem Nachweis der Anforderungen an den Trittschallschutz nicht angerechnet werden.
3.1.2	Wie 1.1.5.
3.1.3	Keine Anforderungen an Treppenläufe in Gebäuden mit Aufzug. Die Anforderung gilt nicht für Decken, an die in DIN 4109 Tabelle 5, Zeile 1 Anforderungen an den Schallschutz gestellt werden (hier Tafel 3.47b).
3.1.4	Wie 1.1.7.
3.1.5	Die Anforderung an die Trittschalldämmung gilt nur für die Trittschallübertragung in fremde Aufenthaltsräume, ganz gleich, ob sie in waagerechter, schräger oder senkrechter (nach oben) Richtung erfolgt. Die Prüfung der Anforderungen an den bewerteten Normtrittschallpegel erfolgt bei einer gegebenenfalls vorhandenen Bodenentwässerung nicht in einem Umkreis von $r = 60$ cm.
3.3	Bei Türen gilt: erf R_w anstelle R'_w.
4.1.2	Wie 1.1.5.
4.1.3	Keine Anforderungen an Treppenläufe in Gebäuden mit Aufzug.
4.1.4	Wie 1.1.7.
4.1.5	Wie 3.1.5.

		Anforderungen	
		erf R'_w	erf $L'_{n,w}$
4.3	**Türen**		
4.3.1	Türen zwischen Untersuchungs- bzw. Sprechzimmern, Fluren und Untersuchungs- bzw. Sprechzimmern	37	–
4.3.2	Türen zwischen Fluren- und Krankenräumen, Operations- bzw. Behandlungsräumen, Fluren und Operations- bzw. Behandlungsräumen	32	–
5	**Schulen und vergleichbare Unterrichtsbauten**		
5.1	**Decken**		
5.1.1	Decken zwischen Unterrichtsräumen oder ähnlichen Räumen	55	53
5.1.2	Decken unter Fluren	–	53
5.1.3	Decken zwischen Unterrichtsräumen oder ähnlichen Räumen und „besonders lauten" Räumen (z. B. Sporthallen, Musikräume, Werkräume)	55	46
5.2	**Wände**		
5.2.1	Wände zwischen Unterrichtsräumen oder ähnlichen Räumen	47	–
5.2.2	Wände zwischen Unterrichtsräumen oder ähnlichen Räumen und Fluren	47	–
5.2.3	Wände zwischen Unterrichtsräumen oder ähnlichen Räumen und Treppenräumen	52	–
5.2.4	Wände zwischen Unterrichtsräumen oder ähnlichen Räumen und „besonders lauten" Räumen (z. B. Sporthallen, Musikräumen, Werkräumen)	55	–
5.3	**Türen zwischen Unterrichtsräumen oder ähnlichen Räumen und Fluren**	32	–
Bemerkungen zu:			
4.3	Bei Türen gilt: erf R_w anstelle R'_w.		
5.1.2	Wie 1.1.7.		
5.1.3	Wie 1.1.5.		
5.3	Bei Türen gilt: erf R_w anstelle R'_w.		

Besonderer Hinweis zur Anwendung der Tafel 3.43

Die Einhaltung der Anforderungen nach Tafel 3.43 (sinngemäß Tafel 3.47a und 3.48a) stellt sicher, dass der Schallschutz zwischen fremden Wohn- und Aufenthaltsräumen im Sinne des (öffentlichen) Bauordnungsrechts den „anerkannten Regeln der Technik" des § 3 BauO entspricht. Mit der Einhaltung wird also erreicht, dass die öffentliche Sicherheit und Ordnung nicht gefährdet werden (Gesundheitsschutz). Verschiedene, auch höchstrichterliche Entscheidungen haben jedoch ergeben, dass daraus nicht zwingend folgt, dass damit auch der gleichlautende Begriff (anerkannte Regel der Technik) im privaten Vertragsrecht erfüllt ist, der sich aus der Vertragslage mit ggf. bestimmten Schallschutzniveaus, den konkludenten Vereinbarungen, der gewählten baulichen Konstruktion und den allgemein anerkannten Regeln der Technik ergibt. Besitzt die geschuldete Konstruktion bei Ausführung in mittlerer Qualität und Güte schon einen besseren als den Mindestschallschutz, dann wird das höhere Niveau geschuldet. Gibt es bei gleichartigen Bauwerken übliche und anerkannte Bauweisen, so darf der Besteller deren Schallschutz erwarten (vgl. DEGA BR 0101 – August 2005).

Grundlage für privatrechtliche konkrete Festlegungen zu einem vereinbarten **erhöhten Schallschutz** kann insbesondere Beiblatt 2 zu DIN 4109 sein, welches auszugsweise im Abschnitt 3.3 auf Seite 3.49 wiedergegeben wird. Hilfreich kann auch VDI 4100 (09.94) – Schallschutz von Wohnungen; Kriterien für Planung und Beurteilung – sein. Diese VDI-Richtlinie definiert drei „Schallschutzstufen" SSt I bis SSt III. Dabei entspricht SSt I dem Mindestschallschutz nach DIN 4109, SSt II könnte herangezogen werden, wenn eine Wohnung auch in ihrer sonstigen Ausstattung üblichen Komfortansprüchen genügt, SSt III für Wohnungen, die in ihrer gesamten sonstigen Ausstattung gehobenen Komfortansprüchen genügen.

3.2.3 Anforderungen an den Schutz gegen Geräusche aus haustechnischen Anlagen und Betrieben

Tafel 3.47a Höchstwerte zulässiger Schalldruckpegel in schutzbedürftigen Räumen aus haustechnischen Anlagen und Gewerbebetrieben nach DIN 4109

Zeile	Geräuschquelle	Art der schutzbedürftigen Räume	
		Wohn- und Schlafräume	Unterrichts- und Arbeitsräume
		Kennzeichnender Schalldruckpegel dB(A)	
1	Wasserinstallationen (Wasserversorgungs- und Abwasseranlagen gemeinsam)	$\leq 30^{1)}$	$\leq 35^{1)}$
2	Sonstige haustechnische Anlagen	$\leq 30^{2)}$	$\leq 35^{2)}$
3	Betriebe tags 6 bis 22 Uhr	≤ 35	$\leq 35^{2)}$
4	Betriebe nachts 22 bis 6 Uhr	≤ 25	$\leq 35^{2)}$

1) Einzelne kurzzeitige Spitzen, die beim Betätigen der Armaturen und Geräte (Öffnen, Schließen, Umstellen, Unterbrechen u. a.) entstehen, sind zzt. nicht zu berücksichtigen. Die ursprüngliche Anforderung („35 dB(A)") wurde durch DIN 4109 Änderung A 1 verschärft.
2) Bei lüftungstechnischen Anlagen sind um 5 dB(A) höhere Werte zulässig, sofern es sich um Dauergeräusche ohne auffällige Einzeltöne handelt.

Der in schutzbedürftigen Räumen auftretende Schallpegel lässt sich häufig nicht genau berechnen, weil insbesondere die Körperschallanregung nur schwer erfassbar ist. Daher sind die Anforderungen nach Tafel 3.47b zusätzlich zu erfüllen. Anforderungen an die Wasserinstallationen gelten als erfüllt, wenn zur Grundrisssituation passende **Armaturen** an einschaligen Wänden von mindestens 220 kg/m^2 flächenbezogener Masse und **Abwasserleitungen** nicht frei liegend verlegt werden. Dämmungen bei Rohrschellen und Wanddurchführungen!

Tafel 3.47b Anforderungen an die Luft- und Trittschalldämmung von Bauteilen zwischen „besonders lauten" und „schutzbedürftigen" Räumen nach DIN 4109, Tabelle 5

	Art der „besonders lauten" Räume	erf R'_{w} dB	erf $L'_{n,w}$ dB[1)]
1	Räume mit „besonders lauten" haustechnischen Anlagen oder Anlageteilen. Schallpegel größer als 80 dB(A) (75 bis 80 dB(A))	62 (57)	43
2	Betriebsräume von Handwerks- und Gewerbebetrieben; Verkaufsstätten, Schallpegel größer als 80 dB(A) (75 bis 80 dB(A))	62 (57)	43
3	Küchen von Beherbergungsstätten, Krankenhäusern, Gaststätten usw.	55	43
4	Gasträume, nur bis 22 Uhr in Betrieb	55	43
5	Gasträume (max. Schallpegel $L_{AF} \leq 85$ dB(A)), auch nach 22 Uhr in Betrieb	62	33
6	Räume von Kegelbahnen Fußboden der Kegelbahn	67	33 13
7	Gasträume mit elektroakustischen Anlagen (max. Schallpegel $L_{AF} \leq 95$ dB(A))	72	28

1) Jeweils in Richtung der Lärmausbreitung gemessen. Die für Maschinen erforderliche Körperschalldämmung ist mit diesen Werten nicht erfasst; hierfür sind ggf. weitergehende Maßnahmen erforderlich.

3.2.4 Anforderungen an den Schutz gegen Außenlärm

3.2.4.1 Das Verfahren

Die erforderliche Luftschalldämmung wird in der Form des „resultierenden bewerteten Schalldämm-Maßes" der aus Teilflächen (Wand/Fenster) zusammengesetzten Außenbauteile vorgeschrieben. Wegen der Berechnung von $R'_{w,res}$ siehe Seite 3.60. Die Anforderungshöhe ergibt sich aus dem Standort des Gebäudes in seinem Lärmpegelbereich. Letzterer kann mit Hilfe der Angaben auf Seite 3.49 näherungsweise bestimmt werden. Tafel 3.48a wird für die Bauteile der **Fassade** um die Werte der Tafel 3.48b erhöht oder vermindert, bleibt dagegen für **Dach**flächen ohne Korrektur.

Tafel 3.48a Anforderungen an die Luftschalldämmung von Außenbauteilen (DIN 4109, Tabelle 8)

Zeile	Lärmpegelbereich	„Maßgeblicher Außenlärmpegel" dB(A)	Raumarten: Bettenräume in Krankenanstalten und Sanatorien	Wohnräume; Übernachtungsräume; Unterrichtsräume und Ähnliches	Büroräume[1)] und Ähnliches
			erf $R'_{w,res}$ des Außenbauteils in dB		
1	II	56 bis 60	35	**30**	30
2	III	61 bis 65	40	**35**	30
3	IV	66 bis 70	45	**40**	35
4	V	71 bis 75	50	**45**	40
5	VI	76 bis 80	2)	**50**	45
6	VII	> 80	2)	2)	50

1) An Außenbauteile von Räumen, bei denen der eindringende Außenlärm aufgrund der in den Räumen ausgeübten Tätigkeiten nur einen untergeordneten Beitrag zum Innenraumpegel leistet, werden keine Anforderungen gestellt.
2) Die Anforderungen sind hier aufgrund der örtlichen Gegebenheiten festzulegen.

Tafel 3.48b Korrekturwerte für das erforderliche resultierende Schalldämm-Maß nach Tafel 3.48a in Abhängigkeit vom Verhältnis $S_{(W+F)}/S_G$ (DIN 4109, Tabelle 9)

1	$S_{(W+F)}/S_G$	2,5	2,0	1,6	1,3	1,0	0,8	0,6	0,5	0,4
2	Korrektur	+5	+4	+3	+2	+1	0	–1	–2	–3

$S_{(W+F)}$ Gesamtfläche des Außenbauteils eines Aufenthaltsraumes in m^2
S_G Grundfläche eines Aufenthaltsraumes in m^2

3.2.4.2 Ermittlung des „maßgeblichen Außenlärmpegels" für Tafel 3.48a

Sofern keine besonderen Festlegungen, z. B. durch Bebauungspläne oder Lärmkarten, maßgebend sind, ist für **Straßenverkehrslärm** der Mittelungspegel L_{Am} nach dem Nomogramm in Tafel 3.49 zugrunde zu legen. Zu den Mittelungspegeln sind ggf. folgende Zuschläge zu addieren: + 3 dB(A), wenn der Immissionsort an einer Straße mit beidseitig geschlossener Bebauung liegt; + 2 dB(A), wenn die Straße eine Längsneigung von mehr als 5 % hat; + 2 dB(A), wenn der Immissionsort weniger als 100 m von der nächsten lichtsignalgeregelten Kreuzung oder Einmündung entfernt ist. In der Nähe von **Gewerbe- und Industrieanlagen** gilt der Tag-Immissionsrichtwert, der TA-Lärm für die jeweilige Gebietskategorie, und für den **Schienenverkehr** ist der Beurteilungspegel für den Tag nach DIN 18 005-1, erhöht um 3 dB(A), maßgeblich. Anderenfalls kann der maßgebliche Außenlärmpegel auch durch Messung nach DIN 45 642 bestimmt werden; Auswertung nach DIN 4109 Anhang B.

Für die von der maßgeblichen Lärmquelle abgewandten Gebäudeseiten darf der maßgebliche Außenlärmpegel ohne besonderen Nachweis gemindert werden, und zwar bei offener Bebauung um 5 dB(A) und bei geschlossener Bebauung bzw. bei Innenhöfen um 10 dB(A).

Tafel 3.49a Nomogramm zur Ermittlung des „maßgeblichen Außenlärmpegels“ für typische Straßenverkehrssituationen

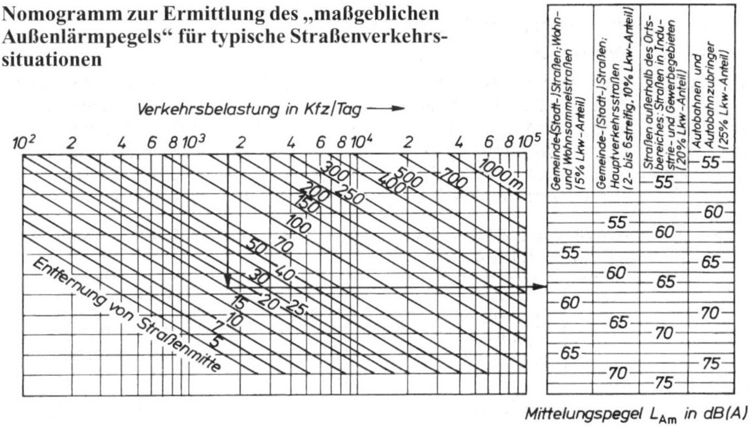

3.3 Anforderungen an einen weitergehenden oder erhöhten Schallschutz

Das Bauaufsichtsrecht verzichtet darauf, im *eigenen Wohn- und Arbeitsbereich* Anforderungen zum Mindestschallschutz festzulegen, obwohl er auch dort sehr zweckmäßig ist. Im Beiblatt 2 zu DIN 4109 finden sich Empfehlungen, die Grundlage privater vertraglicher Regelungen sein können. Im Einzelfall kann es zweckmäßig sein, einen höheren Schallschutz als den Mindestschallschutz gemäß Tafel 3.43 vorzusehen. Auch mit Blick auf die engen Grenzen der Machbarkeit enthält Beiblatt 2 zu DIN 4109 hierzu Vorschläge als sachverständigen Rat. Siehe auch Seite 3.46.

Tafel 3.49b Empfehlungen für normalen und erhöhten Schallschutz; Luft- und Trittschalldämmung von Bauteilen zum Schutz gegen Schallübertragung aus dem eigenen Wohn-/Arbeitsbereich

Zeile	Bauteile	Empfehlungen für normalen Schallschutz		Empfehlungen für erhöhten Schallschutz	
		erf R'_w	erf $L'_{n,w}$	erf R'_w	erf $L'_{n,w}$
	1 Wohngebäude				
1	Decken in Einfamilienhäusern, ausgenommen Kellerdecken	50	56	≥ 55	≤ 46
2	Treppen und Treppenpodeste in Einfamilienhäusern	–	–	–	≤ 53
3	Decken von Fluren in Einfamilienhäusern	–	56	–	≤ 46
4	Wände ohne Türen zwischen Räumen unterschiedlicher Nutzung, z. B. zwischen Wohn- und Kinderschlafzimmer	40	–	≥ 47	–
	2 Büro- und Verwaltungsgebäude				
5	Decken, auch von Fluren, Treppenraumwände	52	53	≥ 55	≤ 46
6	Wände von Räumen mit üblicher Bürotätigkeit	37	–	≥ 42	–
7	Wände von Räumen für konzentrierte geistige Tätigkeit oder zur Behandlung vertraulicher Angelegenheiten, z. B. zwischen Direktions- und Vorzimmer oder Flur	45	–	≥ 52	–
8	Türen in Wänden nach Zeile 6	27	–	≥ 32	–
9	Türen in Wänden nach Zeile 7	37	–	–	–

Bemerkungen zu:

1, 2, 3, 5	Weichfedernde Bodenbeläge dürfen beim Nachweis des Trittschallschutzes angerechnet werden.
2, 3	Der Vorschlag für die Trittschalldämmung gilt nur für die Übertragung in fremde Aufenthaltsräume, ganz gleich, ob sie in waagerechter, schräger oder senkrechter (nach oben) Richtung erfolgt.
6, 7, 8	Es ist darauf zu achten, dass diese Werte nicht durch Nebenwegübertragung über Flur und Türen verschlechtert werden.

Tafel 3.50 **Vorschläge für erhöhten Schallschutz; Luft- und Trittschalldämmung von Bauteilen zum Schutz gegen Schallübertragung aus einem fremden Wohn- oder Arbeitsbereich**

Zeile	Bauteile	erhöhter Schallschutz erf R'_{w}	erf $L'_{n,w}$
	1 Geschosshäuser mit Wohnungen und Arbeitsräumen, Beherbergungsstätten, Krankenanstalten, Sanatorien		
1	Decken, an die in Tafel 3.43 Anforderungen gestellt werden	≥ 55	≤ 46
2	Wohnungstrennwände und Wände zwischen fremden Arbeitsräumen, Treppenhauswände und Wände neben Hausfluren	≥ 55	–
3	Wände zwischen Übernachtungs- bzw. Krankenräumen und Wände zwischen Fluren und solchen Räumen	≥ 52	–
4	Türen, an die in Tafel 3.43 Anforderungen gestellt werden	≥ 37	–
	2 Einfamilien-Doppelhäuser und Einfamilien-Reihenhäuser		
5	Decken	–	≤ 38
6	Treppenläufe und -podeste und Decken unter Fluren	–	≤ 46
7	Haustrennwände	≥ 67	–
Bemerkungen zu 1, 5, 6 bzw. 5 und 6 siehe Tafel 3.49b sinngemäß.			

3.4 Nachweis des Schallschutzes

3.4.1 DIN 4109 Bbl. 1 und DIN EN 12 354

Die Anforderungen an den Schallschutz nach Abschnitt 3.2, ggf. Abschnitt 3.3, kennzeichnen die schalltechnische Leistungsfähigkeit trennender Bauteile im eingebauten Zustand, ausgedrückt durch die Bau-Schalldämm-Maße R'_{w} bzw. $L'_{n,w}$. Zum Nachweis stehen Bauteilkataloge, hier DIN 4109 Bbl. 1, zur Verfügung, die im Kern „Bauteile mit bauüblichen Nebenwegen" enthalten, ggf. mit Korrekturen für den Fall anderer Schallübertragungswege. (Nur für Skelettbauten ist schon jetzt ein modernerer Weg skizziert.)

Durch Vorgaben der europäischen Normen wird das Konzept der Bau-Schalldämm-Maße R'_{w}, und $L'_{n,w}$, bei denen eine Flankenübertragung über bauübliche Nebenwege automatisch in den Eignungsnachweis der Bauteile „hineinbemessen" wird, verlassen und ersetzt durch den Nachweis des Schallschutzes im Gebäude, wie er im Zusammenwirken aller Schallübertragungswege sich ergibt (vgl. auch Abschnitt 3.4.3.3). *Bauteile* werden hinsichtlich ihrer Leistungsfähigkeit nur noch durch R_{w} und $L_{n,w}$ gekennzeichnet, R'_{w} und $L'_{n,w}$ gibt es nur noch bei Gebäuden zur Kennzeichnung der Anforderungen oder zur Charakterisierung des vorhandenen Schallschutzes. Gezielt wird dabei neben den reinen Bauteilwerten die flankierende Übertragung in die Berechnung aufgenommen, was die Verfügbarkeit vor allem von Eingangsdaten für die Direktdämmung so wie die Stoßstellendämm-Maße k_{ij} notwendig macht. R'_{w} und $L'_{n,w}$ ergeben sich aus der „energetischen Addition" aller Dämm-Maße, ähnlich Abschnitt 3.4.3.3. Anstelle eines „Nachweises der Eignung der Bauteile" geht es nun eindeutig um den „Nachweis des Schallschutzes in Gebäuden". Es wird damit zugleich möglich, von der konstruktiven Seite her die flankierende Übertragung in die Planung aufzunehmen. Zugleich erfolgt damit aber auch eine eindeutige Trennung der Verantwortungsbereiche und ein eindeutiger planerischer Ansatz: Der Schallschutz im Gebäude wird zur Aufgabe einer Fachplanung.

Der neue Ansatz zwingt zu einer völligen Überarbeitung der DIN 4109 mit ihrem Beiblatt 1. Die Überarbeitung ist einschließlich der neu zu schaffenden Bauteilkataloge im vollen Gange. Jetzt ist dieser Ansatz bereits verfügbar in **DIN EN 12 354-1 bis -3** – Berechnung der akustischen Eigenschaften von Gebäuden aus Bauteileigenschaften – für den Luftschallschutz, den Trittschallschutz und die Luftschalldämmung gegen Außenlärm. Die Normen enthalten neben detaillierten Modellen mit frequenzabhängigen Berechnungen Vereinfachungen auf der Basis der Einzahlangaben. Es ist klar, dass diese Berechnungen nicht von Hand sondern mit Hilfe geeigneter Berechnungsprogramme durchgeführt werden.

Grundsätzlich ist die Beibehaltung des derzeitigen Schallschutzniveaus vorgesehen. Diskutiert wird jedoch als kennzeichnende Größen für die Schallschutzanforderungen nachhallzeitbezogene Größen ($D_{n,T,w}$ anstelle R'_{w} beim Luftschallschutz und $L'_{n,T,w}$ anstelle $L'_{n,w}$) zu verwenden.

Nachfolgend werden, dem jetzigen Stand entsprechend, zunächst Daten über **einschalige Bauteile in „bauüblichen Nebenwegen" nach DIN 4109 Bbl. 1** mitgeteilt.

3.4.1.1 Einschalige Bauteile, die aufgrund ihrer Masse bemessen werden

Im akustischen Sinne einschalig heißen Bauteile, die im Wesentlichen homogen aufgebaut sind. Dies sind Bauteile, die in Bauteilebene gleichmäßig sind, also z. B. überall gleich dick sind, und in Dickenrichtung aus einheitlichen oder wenigstens ähnlichen Baustoffen bestehen. Kleine Hohlräume, wie z. B. bei Porenbeton, Hochlochsteinen, stören nicht. Enthalten die Bauteile mehrere Schichten, so müssen diese einen flächigen Verbund aufweisen.

Das bewertete Schalldämm-Maß einschaliger Bauteile wird überwiegend durch dessen flächenbezogene Masse m' bestimmt. Diese berechnet sich nach $m' = \varrho \cdot d$, mit ϱ Rechenwert der Rohdichte in kg/m³ und d Dicke in m, gegebenenfalls mit Zuschlag für ein- oder beidseitigen Putz.

Voraussetzung für den in Tafel 3.51d angegebenen Zusammenhang zwischen Luftschalldämmung und flächenbezogener Masse einschaliger Wände sind ein geschlossenes Gefüge und ein fugendichter Aufbau. Ist diese Voraussetzung nicht erfüllt, sind die Wände zumindest einseitig durch einen vollflächig haftenden Putz bzw. durch eine entsprechende Beschichtung gegen unmittelbaren Schalldurchgang abzudichten. Punktweise geklebte Platten sind hierfür ungeeignet.

Tafel 3.51a Rechenwerte der Rohdichten ϱ einschaliger Wände aus Steinen und Platten

Rohdichteklasse		2,20	2,00	1,80	1,60	1,40	1,20	1,00	0,90	0,80	0,70	0,60	0,50	0,40
Wandrohdichte[1)2)] (kg/m³) mit	Normalmörtel	2080	1900	1720	1540	1360	1180	1000	910	820	730	640	550	460
	Leichtmörtel	1940	1770	1600	1420	1260	1090	950	860	770	680	590	500	410

[1)] Die angegebenen Werte sind für alle Formate der in DIN 1053-1 und DIN 4103-1 für die Herstellung von Wänden aufgeführten Steine bzw. Platten zu verwenden.
[2)] Dicke der Mörtelfugen von Wänden nach DIN 1053-1 bzw. DIN 4103-1. Bei Wänden aus dünnfugig zu verlegenden Plansteinen und -platten sind die Nennwerte der Rohdichteklassen abzumindern. Es gilt Tafel 3.51b.

Tafel 3.51b Rechenwerte der Rohdichten ϱ von Betonen und Platten

Normal- u. Stahlbeton	2300
Leicht- u. Porenbeton, Platten	Der Nennwert der Rohdichteklasse wird abgemindert bei $\varrho > 1000$ kg/m³ um 100 kg/m³ und $\varrho \leq 1000$ kg/m³ um 50 kg/m³

Tafel 3.51c Rechenwerte der flächenbezogenen Masse von Putz in kg/m²

Putzdicke	Kalkgips-, Gipsputz	Kalk, Kalkzement-, Zementputz
10	10	18
15	15	25
20	–	30

Tafel 3.51d Bewertetes Schalldämm-Maß $R'_{w,R}$ von einschaligen, biegesteifen Wänden und Decken (Rechenwerte) nach DIN 4109 Beiblatt 1

m' kg/m²	85	90	95	105	115	125	135	150	160	175	190	210	230	250	270
R'$_{w,R}$ [1)] dB	34	35	36	37	38	39	40	41	42	43	44	45	46	**47**	48
m' kg/m²	295	320	350	380	410	450	490	530	580	630	680	740	810	880	960
R'$_{w,R}$ [1)] dB	49	50	51	**52**	**53**	54	**55**	56	**57**	58[2)]	59[2)]	60[2)]	61[2)]	62[2)]	63[2)]

Näherung, zu runden auf ganze dB: $R'_{w,R} = 28 \lg m' - 20$

[1)] Gültig für flankierende biegesteife Bauteile mit einer mittleren flächenbezogenen Masse von ≈ 300 kg/m². Sonst gelten Korrekturwerte $K_{L,1}$ nach Seite 3.56.
[2)] Diese Werte gelten nur für die Ermittlung des Schalldämm-Maßes zweischaliger Wände aus biegesteifen Schalen nach Seite 3.53.

- Einfluss zusätzlich angebrachter Bau- und Dämmplatten

Werden z. B. aus Gründen des Wärmeschutzes an einschalige, biegesteife (s. S. 3.51) Wände Dämmplatten hoher dynamischer Steifigkeit (z. B. Holzwolle-Leichtbauplatten oder harte Schaumkunststoffplatten) vollflächig oder punktweise angesetzt oder anbetoniert, so verschlechtert sich die Schalldämmung, wenn die Dämmplatten durch Putz, Bauplatten (z. B. Gipskartonplatten) oder Fliesen abgedeckt werden. Es entsteht ein zweischaliges System mit ungünstiger Eigenfrequenz f_0. Die Angaben der Tafel 3.51d gelten nicht. Günstig sind Vorsatzschalen nach Seite 3.54.

3.4.1.2 Einschalige Wände ohne besonderen Nachweis

Tafel 3.52 Bewertetes Schalldämm-Maß $R'_{w,R}$ von einschaligem, in Normalmörtel gemauertem Mauerwerk (Ausführungsbeispiele, Rechenwerte)

Spalte	1	2	3	4	5	6	7
Zeile	Bewertetes Schalldämm-Maß $R'_{w,R}$ [1] dB	Rohdichteklasse der Steine und Wanddicke der Rohwand bei einschaligem Mauerwerk					
		Beiderseitiges Sichtmauerwerk		Beiderseitig je 10 mm Putz P IV (Gips- oder Kalkgipsputz) 20 kg/m²		Beiderseitig je 15 mm Putz P I, P II, P III (Kalk-, Kalkzement- oder Zementputz) 50 kg/m²	
		Stein-Rohdichteklasse	Wanddicke mm	Stein-Rohdichteklasse	Wanddicke mm	Stein-Rohdichteklasse	Wanddicke mm
1		0,6	175	0,5[2)]	175	0,4	115
2		0,9	115	0,7[2)]	115	0,6[3)]	100
3	37	1,2	100	0,8	100	0,7[3)]	80
4		1,4	80	1,2	80	0,8[3)]	70
5		1,6	70	1,4	70	–	–
6		0,5	240	0,5[2)]	240	0,5[2)]	175
7		0,8	175	0,7[3)]	175	0,7[3)]	115
8	40	1,2	115	1,0[3)]	115	1,2	80
9		1,8	80	1,6	80	1,4	70
10		2,2	70	1,8	70	–	–
11		0,7	240	0,6[3)]	240	0,5[2)]	240
12		0,9	175	0,8[3)]	175	0,6[3)]	175
13		1,4	115	1,2	115	1,0[4)]	115
14	42	2,0	80	1,6	100	1,2	100
15		–	–	1,8	80	1,4	80
16		–	–	2,0	70	1,6	70
17		0,9	240	0,8[3)]	240	0,6[2)]	240
18	45	1,2	175	1,2	175	0,9[3)]	175
19		2,0	115	1,8	115	1,4	115
20		2,2	100	2,0	100	1,8	100
21		0,8	300	0,8[3)]	300	0,6[2)]	300
22	47	1,0	240	1,0[3)]	240	0,8[3)]	240
23		1,6	175	1,4	175	1,2	175
24		2,0	115	2,2	115	1,8	115
25		0,8	490	0,7	490	0,6	490
26		1,0	365	1,0	365	0,9	365
27	52	1,4	300	1,2	300	1,2	300
28		1,6	240	1,6	240	1,4	240
29		–	–	2,2	175	2,0	175
30		0,8	490	0,8	490	0,7	490
31		1,2	365	1,2	365	1,2	365
32	53	1,4	300	1,4	300	1,2	300
33		1,8	240	1,8	240	1,6	240
34		–	–	–	–	2,2	175
35		1,0	490	0,9	490	0,9	490
36		1,4	365	1,4	365	1,2	365
37	55	1,8	300	1,6	300	1,6	300
38		2,2	240	2,0	240	2,0	240
39		1,2	490	1,2	490	1,2	490
40	57	1,6	365	1,6	365	1,6	365
41		2,0	300	2,0	300	1,8	300

1) Gültig für flankierende Bauteile mit einer mittleren flächenbezogenen Masse $m'_{L,Mittel}$ von etwa 300 kg/m².

2) Bei Schalen aus Porenbetonsteinen und -platten nach DIN 4165 und DIN 4166 sowie Leichtbetonsteinen mit Blähton als Zuschlag nach DIN 18 151 und DIN 18 152 kann die Stein-Rohdichteklasse um 0,1 niedriger sein.

3) Bei Schalen aus Porenbetonsteinen und -platten nach DIN 4165 und DIN 4166 sowie Leichtbetonsteinen mit Blähton als Zuschlag nach DIN 18 151 und DIN 18 152 kann die Stein-Rohdichteklasse um 0,2 niedriger sein.

4) Bei Schalen aus Porenbetonsteinen und -platten nach DIN 4165 und DIN 4166 sowie Leichtbetonsteinen mit Blähton als Zuschlag nach DIN 18 151 und DIN 18 152 kann die Stein-Rohdichteklasse um 0,3 niedriger sein.

3.4.2 Zweischalige Bauteile in „bauüblichen Nebenwegen“

Die beiden Schalen eines zweischaligen Bauteils können zusammen mit der federnden Zwischenschicht als Feder-Masse-System betrachtet werden. Ein solches System ist selbst schwingungsfähig und schwingt nach Erregung, z. B. durch Stoß, mit einer bestimmten Eigenfrequenz f_0, die nach Tafel 3.59a berechnet werden kann. f_0 sollte durch konstruktive Maßnahmen unter 100 Hz gehalten werden. Das bewertete Schalldämm-Maß kann nicht allein aus der flächenbezogenen Masse bestimmt werden. Weitere konstruktive Einzelheiten, z. B. Entkopplung beider Schalen an Rippen und am Rand, sind von Einfluss.

3.4.2.1 Zweischalige Wände aus zwei biegesteifen Schalen

Die flächenbezogene Masse der Einzelschale mit einem etwaigen Putz muss mindestens 150 kg/m² betragen. Dabei muss die Dicke der Trennfuge (Schalenabstand) mindestens 30 mm aufweisen. Lediglich bei einem Schalenabstand ≥ 50 mm darf das Gewicht der Einzelschale auf 100 kg/m² sinken. Details s. Abb. 3.53.

Der Fugenhohlraum ist mit dicht gestoßenen und vollflächig verlegten mineralischen Faserdämmplatten nach DIN 18 165-2, Typ T (Trittschalldämmplatten) auszufüllen. In Ortbetonbauweise sind mineralische Faserdämmplatten mit besonderer Eignung für die beim Betoniervorgang auftretenden Beanspruchungen vorzuziehen.

Ermittlung von $R'_{w,R}$

Für zweischalige Wände mit durchgehender Trennfuge kann das bewertete Schalldämm-Maß aus der Summe der flächenbezogenen Massen der Einzelschalen unter Berücksichtigung etwaiger Putze – wie bei einschaligen, biegesteifen Wänden – nach Tafel 3.51d ermittelt werden; dabei dürfen auf das so ermittelte Schalldämm-Maß $R'_{w,R}$ wegen der zweischaligen Ausführung **12 dB aufgeschlagen** werden (weniger im Raum über dem gemeinsamen Fundament).

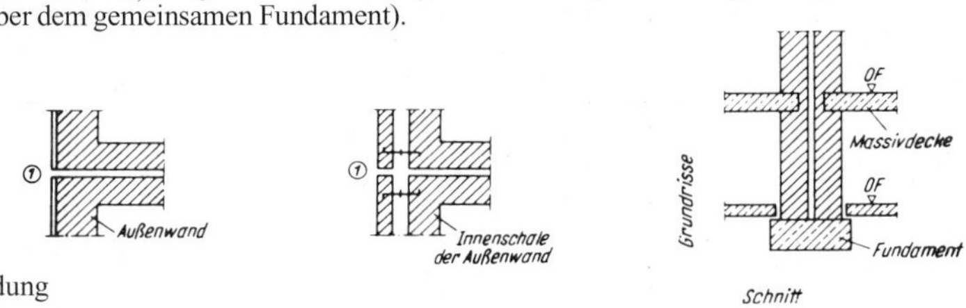

Abb. 3.53 Fugenbildung

Tafel 3.53 Beispiele für das bewertete Schalldämm-Maß $R'_{w,R}$ für zweischaliges, in Normalmörtel gemauertes Mauerwerk mit durchgehender Gebäudetrennfuge

Bewertetes Schall-dämm-Maß $R'_{w,R}$ in dB	Beiderseitiges Sichtmauerwerk		Beiderseitig je 10 mm Putz P IV (Gips- und Kalkgipsputz)		Beiderseitig je 15 mm Putz P I, P II, P III (Kalk-, Kalkzement-, Zementputz)	
	Stein-Rohdichte-klasse –	Mindest-dicke der Schalen in mm	Stein-Rohdichte-klasse –	Mindest-dicke der Schalen in mm	Stein-Rohdichte-klasse –	Mindest-dicke der Schalen in mm
57	0,6	2 × 240	0,6	2 × 240		
	0,9	2 × 175	0,8	2 × 175	0,7	2 × 175
	1,0	2 × 150	1,0	2 × 150	0,9	2 × 150
	1,4	2 × 115	1,4	2 × 115	1,2	2 × 115
62	0,6	2 × 240	0,6	2 × 240	0,5	2 × 240
	0,9	175 + 240	0,8	2 × 175	0,8	2 × 175
	0,9	2 × 175	1,0	2 × 150	0,9	2 × 150
	1,4	2 × 115	1,4	2 × 115	1,2	2 × 115
67	1,0	2 × 240	1,0	2 × 240	0,9	2 × 240
	1,2	175 + 240	1,2	175 + 240	1,2	175 + 240
	1,4	2 × 175	1,4	2 × 175	1,4	2 × 175
	1,8	115 + 175	1,8	115 + 175	1,6	115 + 175
	2,2	2 × 115	2,2	2 × 115	2,0	2 × 115

3.4.2.2 Zweischalige Wände aus einer biegesteifen Schale und biegeweicher Vorsatzschale

Die Luftschalldämmung einschaliger, biegesteifer Wände kann mit Vorsatzschalen nach Tafel 3.54b verbessert werden. Bei den Vorsatzschalen ist nach ihrer Wirksamkeit zwischen zwei Gruppen A und B zu unterscheiden. Das erreichbare bewertete Schalldämm-Maß $R'_{w,R}$ hängt von der flächenbezogenen Masse der biegesteifen Trennwand ab.

Die relative Wirksamkeit biegeweicher Vorsatzschalen nimmt mit zunehmendem Schallschutz der biegesteifen Trennwand ab, weil der Anteil der Schallübertragung über die durch Vorsatzschalen ungeschützten flankierenden Bauteile relativ zunimmt.

Tafel 3.54a Bewertetes Schalldämm-Maß $R'_{w,R}$ von einschaligen, biegesteifen Wänden mit einer biegeweichen Vorsatzschale nach Tafel 3.54b

flächenbezogene Masse der biegesteifen Wand kg/m²	100	150	200	250	275	300	350	400	450	500
$R'_{w,R}$ dB[1)2)]	49	49	50	52	53	54	55	56	57	58

[1)] Gültig für Gruppe B. Für Vorsatzschalen der Gruppe A sind die Werte um 1 dB abzumindern.
[2)] Gültig für flankierende Bauteile mit einer mittleren flächenbezogenen Masse $m'_{L,Mittel} \approx 300$ kg/m² (sonst s. S. 3.56).

Tafel 3.54b Eingruppierung von biegeweichen Vorsatzschalen vor einschaligen, biegesteifen Wänden nach ihrem schalltechnischen Verhalten

Bild	Gruppe	Wandausbildung	Beschreibung
1	A	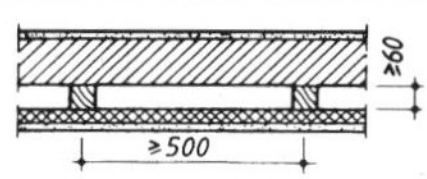	Vorsatzschale aus Holzwolle-Leichtbauplatten nach DIN 1101; Dicke ≥ 25 mm, verputzt, Holzstiele (Ständer) an schwerer Schale befestigt; Ausführung nach DIN 1102.
2	B	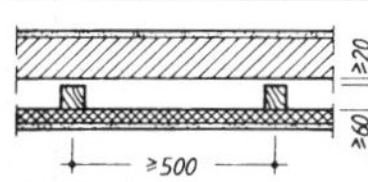	Ausführung wie Bild 1, jedoch Holzstiele (Ständer) mit Abstand ≥ 20 mm vor schwerer Schale frei stehend. Ausführung nach DIN 1102.
3	A	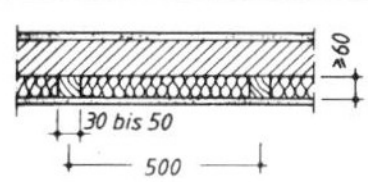	Vorsatzschale aus Gipskartonplatten nach DIN 18 180, Dicke 12,5 oder 15 mm, Ausführung nach DIN 18 181 oder aus Spanplatten nach DIN 68 763, Dicke 10 bis 16 mm; mit Hohlraumausfüllung[1)], Holzstiele (Ständer) an schwerer Schale befestigt[2)].
4	B	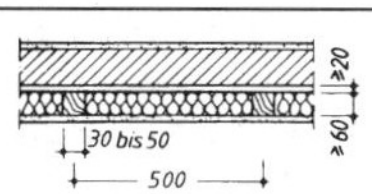	Ausführung wie Bild 3, jedoch Holzstiele (Ständer) mit Abstand ≥ 20 mm vor schwerer Schale frei stehend[2)].
5	B	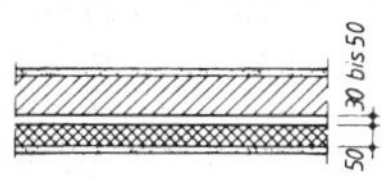	Vorsatzschale aus Holzwolle-Leichtbauplatten nach DIN 1101; Dicke 50 mm, verputzt, frei stehend mit Abstand von 30 bis 50 mm vor schwerer Schale, Ausführung nach DIN 1102.
6	B	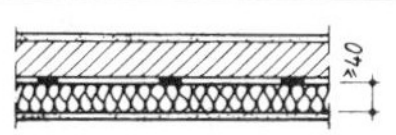	Vorsatzschale aus Gipskartonplatten nach DIN 18 180, Dicke 12,5 oder 15 mm, und Faserdämmplatten[3)], Ausführung nach DIN 18 181, streifen- oder punktförmig angesetzt.

[1)] Faserdämmstoffe, Strömungswiderstand $\Xi \geq 5$ kN · s/m⁴.
[2)] Zulässig auch Ständer aus Blech-C-Profilen nach DIN 18 182-1.
[3)] Faserdämmstoffe DIN 18 165-1, Anwendungstyp WV-s, $s' \leq 5$ MN/m³.

3.4.2.3 Zweischalige Wände aus zwei biegeweichen Schalen

Ausführungsbeispiele sind in Tafel 3.55a enthalten. Von entscheidender Bedeutung ist die Ausbildung der flankierenden Bauteile. Die Werte gelten bei mittleren flächenbezogenen Massen der flankierenden Bauteile von etwa 300 kg/m^2 (sonst s. S. 3.56).

Tafel 3.55a Bewertetes Schalldämm-Maß $R'_{w,R}$ von Wänden aus Gipskartonplatten (12,5 oder 15 mm dick) **oder Spanplatten** (13 oder 16 mm dick)

Zeile	Wandausbildung mit Stielen (Ständern) und ein- oder zweilagiger Bekleidung	Anzahl der Lagen je Seite	Schalenabstand s mm	Dämmstoffdicke[1)] s_D mm	$R'_{w,R}$ dB
1	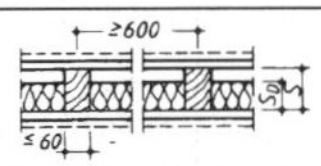	1	≥ 60	≥ 40	38
2		2			46
3	wie Zeile 1, jedoch Ständer aus Blech-C-Profilen nach DIN 18 182-1	1	≥ 50	≥ 40	45
5		2	≥ 100	≥ 80	50
6	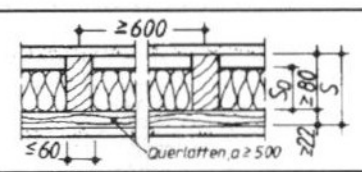	1	≥ 100	≥ 60	44
7	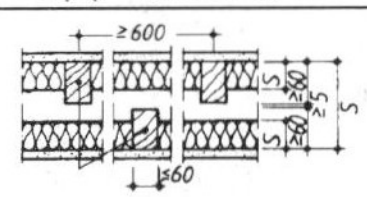 *auch als Blech-C-Profile ausführbar*	1	≥ 125	2 × ≥ 40	49
8	Wie Zeile 7, jedoch eine Dämmstoffschicht zwischen den Stiel-(Ständer-)Reihen	1	≥ 160	≥ 40	49
9		2	≥ 200	≥ 80 oder 2 × ≥ 40	50

1) Faserdämmstoffe, $\Xi \geq 5$ kN · s/m^4.

3.4.2.4 Decken

Die Angaben der Tafel 3.55b gelten für flankierende Bauteile mit $m'_{L,mittel} \approx 300$ kg/m^2. Bei der Ermittlung der flächenbezogenen Masse darf die Masse von unmittelbar aufgebrachten Estrichen und unterseitigem Putz angerechnet werden, nicht aber die von schwimmenden Fußböden oder Unterdecken. Rohdichten von Seite 3.51. Unterdecken sinngemäß wie Tafel 3.54b, Gruppe B.

Tafel 3.55b Bewertetes Schalldämm-Maß $R'_{w,R}$ von Massivdecken in dB

Zeile	flächenbezogene Masse der Decke kg/m^2	Massivdecke			
		Estrich und Gehbelag unmittelbar angebracht	mit schwimmendem Fußboden ($\Delta L_w \geq 25$ dB)	mit Unterdecke Gehbelag und Estrich unmittelbar angebracht	mit schwimmendem Fußboden und Unterdecke
1	500	55	59	59	62
2	450	54	58	58	61
3	400	53	57	57	60
4	350	51	56	56	59
5	300	49	55	55	58
6	250	47	53	53	56
7	200	44	51	51	54
8	150	41	49	49	52

3.4.3 Bauteile in anderen als „bauüblichen Nebenwegen“; Einfluss flankierender Bauteile auf die Luftschalldämmung

Die Luftschallübertragung innerhalb von Gebäuden kann in Simulationsberechnungen bestimmt werden. Hierzu z. B. die Verfahren in DIN EN 12 354-1 : 2000-12 Bauakustik – Berechnung der akustischen Eigenschaften von Gebäuden aus den Bauteileigenschaften – Teil 1: Luftschalldämmung zwischen Räumen.

3.4.3.1 Bewertungsverfahren für flankierende Bauteile mit anderer Masse als 300 kg/m²

Die Luftschalldämmung von Trennwänden und -decken hängt nicht nur von deren Ausbildung, sondern auch von der Ausführung der flankierenden Bauteile ab. Die Angaben der Seiten 3.51, 3.53 bis 3.55 setzen eine mittlere flächenbezogene Masse von ≈ 300 kg/m² und eine biegesteife Anbindung der flankierenden Bauteile an das trennende Bauteil (Ausnahme: Bauteile nach Tafel 3.55a sowie Holzbalkendecken) voraus.

Weicht die mittlere flächenbezogene Masse der flankierenden Bauteile von etwa 300 kg/m² ab, so ist zu den in den Tafeln genannten Schalldämm-Maßen ein Korrekturwert $K_{L,1}$ zu addieren. Er ist in Abhängigkeit von der mittleren flächenbezogenen Masse $m'_{L,Mittel}$ der flankierenden Bauteile aus der Tafel 3.56a zu entnehmen. Die mittlere flächenbezogene Masse muss je nach Art des **trennenden** Bauteils unterschiedlich berechnet werden (s. S. 3.57). Bei der Berechnung der flächenbezogenen Masse werden Öffnungen (Fenster, Türen) nicht berücksichtigt.

Für die aufgeführten Korrekturwerte wird vorausgesetzt, dass die flankierenden Bauteile zu beiden Seiten eines trennenden Bauteils in einer Ebene liegen und auf beiden Seiten von gleicher flächenbezogener Masse sind. Ist dies nicht der Fall, ist für die Berechnung anzunehmen, dass das jeweils leichtere flankierende Bauteil auch im Nachbarraum vorhanden ist.

Sind bei mehrschaligen trennenden Bauteilen auch ein oder mehrere flankierende Bauteile mehrschalig auf beiden Seiten des trennenden Bauteils (z. B. durch Vorsatzschalen oder schwimmenden Estrich, jeweils unterbrochen am trennenden Bauteil), so gilt der Korrekturwert $K_{L,1} + K_{L,2}$; $K_{L,1}$ ergibt sich aus Tafel 3.56a, $K_{L,2}$ aus Tafel 3.56b.

Tafel 3.56a Korrekturwerte $K_{L,1}$ in dB für das Schalldämm-Maß R'_w von Wänden und Decken als trennende Bauteile bei flankierenden Bauteilen mit der mittleren flächenbezogenen Masse $m'_{L,Mittel}$ in kg/m²

Art des trennenden Bauteils		$K_{L,1}$, falls $m'_{L,Mittel}$ [1]							
		450	400	350	**300**	250	200	150	100
Einschalige **biegesteife** Wand oder Decke (nach Tafeln 3.51d, 3.52, 3.55b, Spalte 1)			0	0	0	0	−1	−1	−1
Biegesteife Wände mit Vorsatzschalen oder Decken mit schwimmendem Estrich oder/und Unterdecke (nach Tafeln 3.54a, 3.55b)			+2	+1	0	−1	−2	−3	−4
Wände aus zwei **biegeweichen Schalen** (nach Tafel 3.55a) oder Holzbalkendecke, in Abhängigkeit von $R'_{w,R,300}$ ($R'_{w,R}$ bei $m'_{L,Mittel}$ = 300 kg/m²)	$R'_{w,R,300}$								
	50	+4	+3	+2	0	−2	−4	−7	
	49	+2	+2	+1	0	−2	−3	−6	
	47	+1	+1	+1	0	−2	−3	−6	
	45	+1	+1	+1	0	−1	−2	−5	
	43	0	0	0	0	−1	−2	−4	
	41	0	0	0	0	−1	−1	−3	

[1] Die Berechnung von $m'_{L,Mittel}$ erfolgt fallweise nach einer der beiden auf Seite 3.57 angegebenen Gleichungen.

Tafel 3.56b Korrekturwerte $K_{L,2}$ bei mehrschaligen trennenden Bauteilen

Anzahl der flankierenden, biegeweichen Bauteile oder flankierenden Bauteile mit biegeweicher Vorsatzschale	1	2	3
$K_{L,2}$ dB	+1	+3	+6

3.4.3.2 Berechnung der mittleren flächenbezogenen Masse flankierender Bauteile

Die mittlere flächenbezogene Masse $m'_{\mathrm{L,Mittel}}$ der flankierenden Bauteile wird je nach Art des **trennenden** Bauteils unterschiedlich berechnet. Ist es eine biegesteife Wand oder eine Massivdecke, jeweils mit steifer Anbindung an die flankierenden Bauteile, so gilt nach Tafel 3.57, Zeile 1 das arithmetische Mittel der z. B. $n = 4$ unverkleideten, flankierenden, massiven Bauteile der flächenbezogenen Massen $m'_{\mathrm{L,i}}$ (i = 1 bis n). Hat das trennende Bauteil keine biegesteife Anbindung an die flankierenden Bauteile, gilt Tafel 3.57, Zeile 2.

Tafel 3.57 Ermittlung der mittleren flächenbezogenen Masse $m'_{\mathrm{L,Mittel}}$ der flankierenden Bauteile

	Art des trennenden Bauteils	
1	Biegesteif, steife Anbindung an flankierende Bauteile	$m'_{\mathrm{L,Mittel}} = \frac{1}{n} \cdot \sum_{i=1}^{n} m'_{\mathrm{L,i}}$
2	Biegeweiche Wände, Holzbalkendecken, Bauteile ohne steife Anbindung	$m'_{\mathrm{L,Mittel}} = \left\{\frac{1}{n} \sum_{i=1}^{n} (m'_{\mathrm{L,i}})^{-2,5}\right\}^{-0,4}$
Die Summe i = 1 bis n ist über diejenigen Bauteile zu erstrecken, die in beiden Räumen vorhanden sind und unverkleidet an der Schall-Längsübertragung teilhaben. Sind solche Bauteile auf beiden Seiten des trennenden Bauteils unterschiedlich schwer (oder ggf. auch versetzt), dann ist die geringere der beiden Flächenmassen einzusetzen.		

3.4.3.3 Berechnungen nach anderen Methoden

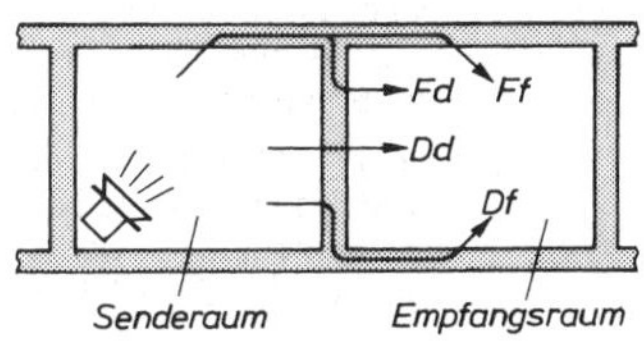

Abb. 3.57 Luftschallübertragung über trennende und flankierende Bauteile

Das Schema der Abschnitte 3.4.3.1 und 3.4.3.2 unterstellt, dass die flankierenden Bauteile Schall allein aufgrund ihrer Masse übertragen und dass die Art der Stoßstelle zwischen trennendem und flankierendem Bauteil nur die Art der Verzweigung auf die einzelnen Übertragungswege bestimmt. Allgemein kann man die Luftschalldämmung zwischen zwei Räumen auch bestimmen, wenn die Beiträge aller Einzelwege bekannt sind. Der Einzelweg Dd wird dabei durch R_{w} (nebenwegfrei) und die Wege Ff durch die Längs-schalldämm-Maße $R'_{\mathrm{L,w,i}}$ (i = 1 bis n) beschrieben. (Es heißt R'_{L} und nicht R_{L}, weil in die Übertragung über Ff auch die Größen der beiden Räumen zugewandten Flächen und die Länge der Stoßfuge zum trennenden Bauteil eingehen könnte.) Bei Räumen mit Höhen von ca. 2,5 bis 3 m und Raumtiefen von 4 bis 5 m kann $R'_{\mathrm{L,w,i}} = R_{\mathrm{L,w,i}}$ gesetzt werden, sodass auch die flankierenden Bauteile, wie schon die trennenden über R_{w}, einbauunabhängig tabelliert werden können.

Bei nichtsteifer Anbindung der trennenden Bauteile an die flankierenden findet keine Übertragung auf den Wegen Fd und Df statt. Dies gilt insbesondere bei Holzhäusern und Skelettbauten. Dann erfolgt die Luftschallübertragung nur auf den Wegen Dd und Ff, und das Schalldämm-Maß kann bestimmt werden nach der Gleichung

$$R'_{\mathrm{w,R}} = -10 \lg \left(10^{-R_{\mathrm{w,R}}/10} + \sum_{i=1}^{n} 10^{-R_{\mathrm{L,w,R,i}}/10}\right)$$

Bemessungswerte für R_{w} und $R_{\mathrm{L,w}}$ findet man in Beiblatt 1 zu DIN 4109, Abschnitte 5 bis 7.

Beispiel:

Trennwand: doppelschalige Wand aus Gipskartonplatten mit $R'_{\mathrm{w}} = 50$ dB

Flankierende Bauteile:	Außenwand	$m'_{\mathrm{L,1}} = 200$ kg/m²
	Innen-Längswand	$m'_{\mathrm{L,2}} = 350$ kg/m²
	obere Decke (160-mm-Stahlbetonplatte)	$m'_{\mathrm{L,3}} = 368$ kg/m²
	untere Decke	Schwimmender Estrich auf 160 mm Stahlbeton

Die untere Decke trägt wegen des schwimmenden Estrichs nicht zur Schallübertragung über flankierende Bauteile bei und ist deshalb bei der Bestimmung von $m'_{\mathrm{L,Mittel}}$ nicht zu berücksichtigen, daher hier $n = 3$.

$$m'_{\mathrm{L,Mittel}} = \left[\frac{1}{3}\ (200^{-2,5} + 350^{-2,5} + 368^{-2,5})\right]^{-0,4} = 266\ \mathrm{kg/m^2}$$

Für den Korrekturwert ergibt sich aus Tafel 3.56a: $K_{\mathrm{L,1}} = -2$ dB. Zusätzlich ist der Korrekturwert $K_{\mathrm{L,2}} = 1$ dB nach Tafel 3.56b zu berücksichtigen. Damit wird $\boldsymbol{R'_{\mathrm{w}}}$ **= (50 – 2 + 1) dB = 49 dB.**

3.4.4 Beispiele für Bauteile mit hohen Schalldämm-Maßen

Tafel 3.58 Ausführungsbeispiele für trennende und flankierende Bauteile neben bzw. übereinander liegender Räume mit hohen Anforderungen

Spalte	1	2	3	4
Zeile	Anforderung an R'_w dB	Lage der Räume	Trennende Bauteile (Wände, Decken)	Flankierende Bauteile beiderseits der trennenden Bauteile[1)]
1.1	55	nebeneinander liegend	Einschalige, biegesteife Wand, $m' \geq 490$ kg/m²	a) Einschalige, biegesteife Wände, $m' \geq 300$ kg/m² b) Massivdecke, $m' \geq 300$ kg/m²
1.2			Zweischalige Wand aus einer schweren, biegesteifen Schale, $m' \geq 350$ kg/m², mit biegeweicher Vorsatzschale auf einer Seite[2)]	
1.3		übereinander liegend	Massivdecke, $m' \geq 300$ kg/m² mit schwimmendem Estrich[3)]	Einschalige, biegesteife Wände, $m' \geq 300$ kg/m²
2.1	57	nebeneinander liegend	Einschalige, biegesteife Wand, $m' \geq 580$ kg/m²	a) einschalige, biegesteife Wände, $m' \geq 250$ kg/m² b) Massivdecke, $m' \geq 350$ kg/m²
2.2			Zweischalige Wand aus einer schweren, biegesteifen Schale, $m' \geq 450$ kg/m², mit biegeweicher Vorsatzschale auf einer Seite[2)]	
2.3		übereinander liegend	Massivdecke, $m' \geq 400$ kg/m², mit schwimmendem Estrich[3)]	Einschalige, biegesteife Wände, $m' \geq 300$ kg/m²
3.1	62	nebeneinander liegend	Zweischalige Wand mit durchgehender Gebäudetrennfuge[4)], flächenbezogene Masse jeder Schale $m' \geq 160$ kg/m²	keine Anforderungen
3.2			Dreischalige Wand aus einer schweren, biegesteifen Schale, mit $m' \geq 500$ kg/m², mit je einer biegeweichen Vorsatzschale auf beiden Seiten[2)]	a) Einschalige biegesteife Wände, $m' \geq 400$ kg/m² b) Massivdecke, $m' \geq 300$ kg/m²
3.3		übereinander liegend	Massivdecke, $m' \geq 500$ kg/m², mit schwimmendem Estrich[3)] und biegeweicher Decke[5)]	Einschalige, biegesteife Wände, $m' \geq 300$ kg/m²
4.1	67	nebeneinander liegend	Zweischalige Wand mit durchgehender Gebäudetrennfuge[4)], flächenbezogene Masse jeder Schale $m' \geq 250$ kg/m²	keine Anforderungen
4.2			Dreischalige Wand aus einer schweren, biegesteifen Schale, $m' \geq 700$ kg/m², mit je einer biegeweichen Vorsatzschale auf beiden Seiten[2)]	a) Einschalige, biegesteife Wände, $m' \geq 450$ kg/m² b) Massivdecke, $m' \geq 450$ kg/m²
4.3		übereinander liegend	Massivdecke, $m' \geq 700$ kg/m², mit schwimmendem Estrich[3)] und biegeweicher Decke[5)]	nach Zeile 4.2 a)
5.1	72	nebeneinander liegend	Zweischalige Wand mit durchgehender Gebäudetrennfuge[4)], flächenbezogene Masse jeder Schale $m' \geq 370$ kg/m²	keine Anforderungen
5.2		übereinander liegend	Bei übereinander liegenden Räumen können diese hohen Anforderungen ohne besondere Schallschutzmaßnahmen nicht erfüllt werden.	

1) Anstelle der angegebenen einschaligen, flankierenden Wände können auch biegesteife Wände mit $m' \geq 100$ kg/m² und biegeweicher Vorsatzschale, Gruppe B, nach Seite 3.54 verwendet werden.
2) Nach Seite 3.54.
3) Nach Tafel 3.62a.
4) Nach Abb. 3.53.
5) Unterdecke analog Tafel 3.54b, Bild 3.

3.4.5 Resonanz, Eigenfrequenz

Nahe der Eigenfrequenz f_0 **zweischaliger Bauteile** ist die Schalldämmung schlecht. Die Eigenfrequenz sollte daher stets außerhalb des akustisch bewerteten Frequenzbereiches zwischen 100 und 3200 Hz, insbesondere unter 100 Hz, liegen. Weit oberhalb f_0 ist die Schalldämmung zweischaliger Bauteile besser als einschaliger gleicher flächenbezogener Masse, unterhalb f_0 dämmen beide Bauteiltypen nahezu gleich.

Tafel 3.59a Eigenfrequenz f_0 zweischaliger Bauteile

Allgemein gilt: $f_0 = \frac{1000}{2\pi}\sqrt{s'\left(\frac{1}{m'_1}+\frac{1}{m'_2}\right)}$ Dies vereinfacht sich für folgende Sonderfälle	Doppelwand aus zwei gleich schweren biegeweichen Einzelschalen 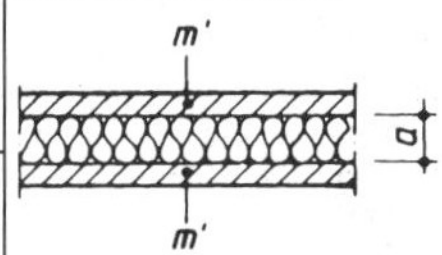	Biegeweiche Vorsatzschale vor schwerem Bauteil 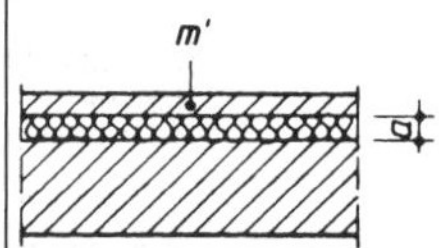
Ausfüllung des Zwischenraumes zweischaliger Bauteile		
Luftschicht mit weichfedernder, schallschluckender Einlage[1)], da für Luft: $s' \approx 0{,}14/a$ in m	$f_0 \approx \frac{85}{\sqrt{m' \cdot a}}$	$f_0 \approx \frac{60}{\sqrt{m' \cdot a}}$
Dämmschicht mit beiden Schalen vollflächig fest verbunden oder an diesen fest anliegend	$f_0 \approx 225\sqrt{\frac{s'}{m'}}$ [3)]	$f_0 \approx 160\sqrt{\frac{s'}{m'}}$ [2)]
Hierin bedeuten: f_0 Eigenfrequenz in Hz, m' flächenbezogene Masse der biegeweichen Schale in kg/m^2, a Schalenabstand in m, s' dynamische Steifigkeit der Dämmschicht in MN/m^3 (s. Tafel 3.59b)		

[1)] Einlage muss einen längsbezogenen Strömungswiderstand $\geq 5 \cdot kN \cdot s/m^4$ haben. Diese Bedingung kann z. B. von Faserdämmstoffen erfüllt werden.
Ausnahmen bilden Ausführungen mit außenseitig verputzten Holzwolle-Leichtbauplatten nach DIN 1101 (siehe z. B. Tafel 3.54b, Bilder 2 und 5). Hierbei kann auf eine schallschluckende Einlage verzichtet werden, weil diese Schalen zum Hohlraum hin offene Poren haben.

[2)] Diese Gleichung gilt auch für die Bestimmung der Eigenfrequenz schwimmender Estriche, obwohl diese im Allgemeinen nicht mehr zu den biegeweichen Schalen gehören.

[3)] Wegen der aus Stabilitätsgründen notwendigen hohen dynamischen Steifigkeit der Dämmschicht in der Regel bauakustisch ungünstig.

Tafel 3.59b Dynamische Steifigkeit s' von Dämm- und anderen Baustoffen

Trittschalldämmstoffe Typ T (DIN 18 164/18 165 Teile 2)	
Steifigkeitsgruppe (gem. Kennzeichnung)	s' MN/m^3
30	≤ 30
20	≤ 20
15	≤ 15
10	≤ 10
Luft (auch in porösen Dämmschichten)	
Schichtdicke in mm	s' MN/m^3
a	$140/a$
Umrechnung auf andere Schichtdicken: Alle in dieser Tafel 3.59b genannten Werte für s' können auf andere Dicken umgerechnet werden, weil das Produkt $s' \cdot a = E_{dyn}$ (dynamischer E-Modul) eine Konstante ist.	

Baustoff	Dicke mm[1)]	s' MN/m^3
Polystyrol-Hartschaum, Typ W, PS 15	10	120
	20	60
	40	30
	60	20
	100	12
Holzwolle-Leichtbauplatten (lose verlegt)	26	200
Weichfaserdämmplatten	13	150
Korkplatten (lose verlegt)	12	550
Schüttungen aus		
– Korkschrot	20	80
– Hanfschäben	10	130
– Blähglimmer	15	175
– Sand	25	400
– Sand	50	200

[1)] Dicke in eingebautem (belastetem) Zustand.

3.4.6 Koinzidenz, Spuranpassung, Grenzfrequenz

Oberhalb der Grenzfrequenz f_g verschlechtert sich relativ die Schalldämmung **einschaliger Bauteile.** Das Produkt aus Grenzfrequenz f_g und Schichtdicke d ist eine Materialkonstante, die Koinzidenzkonstante.

Die genannte Verschlechterung hat für f_g > 2000 Hz keine Bedeutung mehr. Bauteile mit f_g > 2000 Hz heißen **biegeweich,** die sonstigen **biegesteif.**

Tafel 3.60a Koinzidenzkonstante $f_g \cdot d$ verschiedener Baustoffe

Material	Koinzidenz-konstante $f_g \cdot d$ Hz · cm
Beton	1500 bis 1850
Magerbeton	2300
Leicht-/Porenbeton	3700 bis 4800
Zementestrich	1700
Asphaltestrich	2400 bis 4200
Straßenasphalt	3000 bis 3800
Gipsestrich	1550 bis 1600
Gipsplatten	2400 bis 3500
Gipskartonplatten	3500
Asbestzementplatten	1650 bis 2000
Ziegelmauerwerk	1600 bis 2700
Glas	1100 bis 1300
Holzspanplatten	2300 bis 3600
Sperrholz	1400 bis 3450
Fichtenholz	2000 bis 3200
Hartfaserplatten	2950 bis 3650
Acrylglas (Plexi)	2900
Polypropylen (PP)	3800
Polyvinylchlorid hart (PVC)	4350
Polyäthylen, hart (PE)	4700
Polyäthylen, weich	9550
Polystyrol (PS)	3760
Polystyrol, verstärkt mit Glasfaser	2680
Polyesterharz mit Glasfaser	2740
Aluminium	1200
Blei	4850
Kupfer	1700
Stahl	1230
Zink	4650

3.4.7 Überlagerung von Schallquellen

Mehrere Schallquellen mit Einzelwerten L_{Aj} werden zu einem Gesamtpegel $L_{A,\,res}$ zusammengefasst:

$$L_{A,res} = 10 \lg \sum_{j=1}^{n} (10^{0,1\,L_{Aj}})$$

3.4.8 Resultierende Luftschalldämmung

Für das resultierende Schalldämmaß $R_{w,\,res}$ eines aus Elementen verschiedener Schalldämmung bestehenden Bauteils (z. B. Wand mit Tür oder Fenster) gilt:

$$R_{w,res} = -10 \lg \left(\frac{1}{S_{ges}} \cdot \sum_{j=1}^{n} S_j \cdot 10^{-0,1 R_{wj}} \right)$$

S_1 bis S_n, S_{ges} Flächen der einzelnen Elemente des Bauteils, Gesamtfläche

$R_{w,1}$ bis $R_{w,n}$ bewertete Schalldämmmaße der einzelnen Elemente

Steht ausnahmsweise nur der Messwert der Norm-Schallpegeldifferenz $D_{n,w}$ an einem Prüfkörper der Fläche $S_{Prü}$ zur Verfügung (z. B. bei Rollladenkästen, Lüftungsöffnungen), dann ist dieser auf das bewertete Schalldämm-Maß R'_w umzurechnen nach

$$R'_w = D_{n,w,P} - 10 \lg (A_0/S_{Prü}) - 2 \text{ dB}$$

A_0 ist die Bezugsabsorptionsfläche von 10 m².

Bei Bauteilen mit nur zwei verschiedenen Einzeldämmwerten $R_{w,1} > R_{w,2}$ kann die Gesamtluftschalldämmung aus Tafel 3.60b bestimmt werden.

Ablesebeispiel für Tafel 3.60b:

Wand (S_1 = 20 m², $R'_{w,1}$ = 50 dB)
mit Tür (S_2 = 2 m², $R'_{w,2}$ = 35 dB):

$\frac{S_{ges}}{S_2} = 11$, $R'_{w,1} - R'_{w2} = 15$ dB

abgelesen: $R'_{w,1} - R'_{w,res} = 6$ dB,
daraus: $R'_{w,res} = 44$ dB

Tafel 3.60b Gesamtluftschalldämmung eines aus 2 Teilflächen bestd. Bauteils

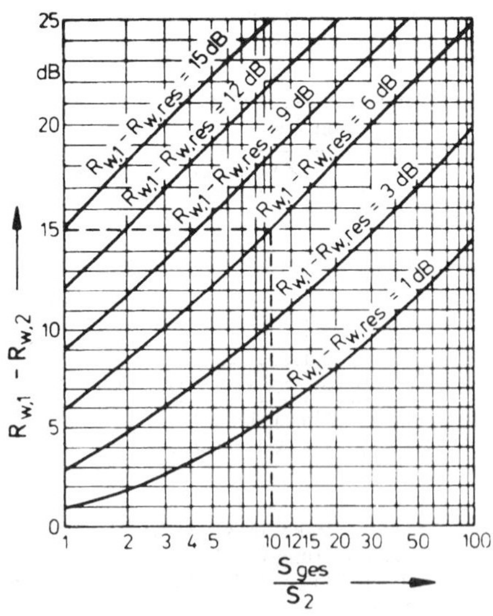

3.5 Daten für die Bemessung des Trittschallschutzes von Massivdecken und -treppen

Soweit der Trittschallschutz nicht durch die Angabe von $L'_{n,w,R}$ aus Ausführungsbeispielen, Eignungsprüfung I oder Messungen mit berücksichtigtem Vorhaltemaß bekannt ist, wird hilfsweise für die Rohdecke die Größe $L_{n,w,eq,R}$ nach Tafel 3.61a und für den Fußbodenaufbau die Größe $\Delta L_{w,R}$ nach Tafel 3.62a als Bemessungsgrößen eingeführt. Unterdecken werden als Teile der Rohdecke und Bodenbeläge werden als Teile des Fußbodens betrachtet, ohne dass es der Definition zusätzlicher weiterer Bemessungsgrößen bedarf. Liegt der zu schützende Raum nicht unmittelbar unter der durch das Normhammerwerk angeregten Decke, sondern schräg darunter, darüber oder weiter entfernt, kann durch die Größe K_T nach Tafel 3.61b eine weitere Abminderung vorgenommen werden.

Soweit ein Nachweis nach DIN 4109 geführt wird, ist sicherheitshalber ein Zuschlag von 2 dB anzubringen. Es gilt insgesamt die Beziehung:

vorh $L'_{n,w,R} = L_{n,w,eq,R} - \Delta L_{w,R} - K_T + 2\text{ dB} \leq \text{erf } L'_{n,w}$

Die Trittschallübertragung innerhalb von Gebäuden kann völlig unabhängig auch in Simulationsberechnungen bestimmt werden. Hierzu z. B. die Verfahren in DIN EN 12 354-2 : 2000-09 Bauakustik – Berechnung der akustischen Eigenschaften von Gebäuden aus den Bauteileigenschaften – Teil 2: Trittschalldämmung zwischen Räumen.

Tafel 3.61a Äquivalenter bewerteter Norm-Trittschallpegel $L_{n,w,eq,R}$ von Massivdecken ohne und mit biegeweicher Unterdecke

Massivdecke		Stahlbetonvollplatten aus Normalbeton, Leichtbeton, bewehrtem Gasbeton; Massivdecken mit Hohlräumen								
flächenbezogene Masse der Massivdecke in kg/m²		135	160	190	225	270	320	380	450	530
$L_{n,w,eq,R}$	ohne	86	85	84	82	79	77	74	71	69
	mit Unterdecke[1)]	75	74	74	73	73	72	71	69	67

[1)] Konstruktion sinngemäß Tafel 3.54b. Bei Verwendung von schwimmenden Estrichen mit mineralischen Bindemitteln sind alle Werte dieser Zeile um 2 dB zu erhöhen.

- Für die Berechnung der flächenbezogenen Masse m' gelten die Regeln der Tafeln 3.51a bis 3.51c. Hilfsweise kann bei Massivdecken mit Hohlräumen von den Rechenwerten nach DIN 1055-1 mit einem Abzug von 15 %, bei Estrichen 10 %, ausgegangen werden. Für unbewehrten (Auf-)Beton ist $\varrho = 2100\text{ kg/m}^3$ anzusetzen. Bei Rippendecken ohne Estrich und Unterdecke darf nur die Deckenplatte berücksichtigt werden.

Tafel 3.61b Korrekturwert K_T für verschiedene räumliche Zuordnungen von lautem zu schützendem Raum

	Zuordnung zu schützender Räume zum lauten Raum mit dem Hammerwerk
K_T in dB	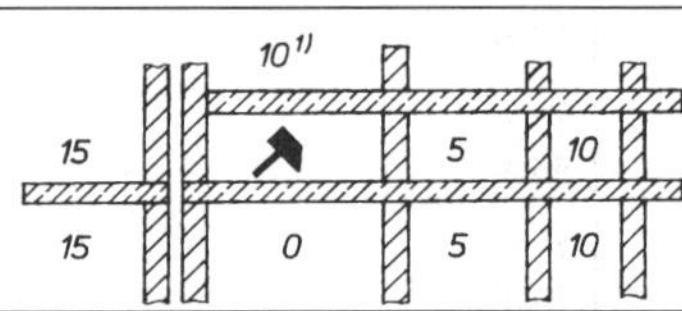

[1)] Im Skelettbau mit geringer aufwärts gerichteter Schallübertragung darf $K_T = 20$ dB angesetzt werden.

Hinweis: Für die Trittschallübertragung vom Fußboden im Kellerraum (Bodenplatte) in das Geschoss darüber kann kein K_T-Wert angegeben werden; vielmehr gilt: $L'_{n,w,R} = 63\text{ dB} - \Delta L_{w,R} - 15\text{ dB}$.

Beispiel

Eine 14 cm dicke Decke aus Normalbeton besitzt $L_{n,w,eq} = 77$ dB (Tafel 3.61a, da $m' = 320\text{ kg/m}^2$). Bei der Mindestanforderung von $L'_{n,w} = 53$ dB erhält man $\Delta L_w = 26$ dB. Dieser Wert wird von einem Estrich nach Tafel 3.62a, Zeile 1.2 gerade erreicht, wenn die dynamische Steifigkeit der Dämmschicht $s' \leq 30\text{ MN/m}^3$ ist.

Tafel 3.62a Bewertete Trittschallminderung $\Delta L_{w,R}$ von schwimmenden Estrichen und schwimmend verlegten Holzfußböden und Bodenbelägen auf Massivdecken

Zeile	Deckenauflagen; schwimmende Böden		$\Delta L_{w,R}$ mit hartem Gehbelag	$\Delta L_{w,R}$ mit Gehbelag[1] ($\Delta L_w \geq$ 20 dB)
1	Schwimmende Estriche			
1.1	Gussasphaltestriche nach DIN 18 560-2 mit einer flächenbezogenen Masse ≥ 45 kg/m² auf Dämmschichten aus Dämmstoffen nach DIN 18 164-2/18 165-2 mit einer dynamischen Steifigkeit s' von höchstens	50 MN/m³	20	20
		40 MN/m³	22	22
		30 MN/m³	24	24
		20 MN/m³	26	26
		15 MN/m³	27	29
		10 MN/m³	29	32
1.2	Estriche nach DIN 18 560-2 mit einer flächenbezogenen Masse ≥ 70 kg/m² auf Dämmschichten aus Dämmstoffen nach DIN 18 164/18 165-2 mit einer dynamischen Steifigkeit s' von höchstens	50 MN/m³	22	23
		40 MN/m³	24	25
		30 MN/m³	26	27
		20 MN/m³	28	30
		15 MN/m³	29	33
		10 MN/m³	30	34
2	Schwimmende Holzfußböden			
2.1	Unterböden nach DIN 68 771 aus Holzspanplatten auf Lagerhölzern mit Dämmstreifen-Unterlagen aus Dämmstoffen nach DIN 18 165-2 mit einer dynamischen Steifigkeit s' von höchstens 20 MN/m³ Dicke der mindestens 100 mm breiten Dämmstreifen im eingebauten Zustand mindestens 10 mm; zwischen den Lagerhölzern Faserdämmstoffe, Nenndicke ≥ 30 mm, mit $\Xi \geq 5$ kN · s/m⁴		24	
2.2	Unterböden nach DIN 68 771 aus mindestens 22 mm dicken Holzspanplatten nach DIN 68 763, vollflächig schwimmend verlegt auf Dämmstoffen nach DIN 18 165-2 mit einer dynamischen Steifigkeit s' von höchstens 10 MN/m³		25	
3	Deckenauflagen; weichfedernde Bodenbeläge[2], je nach Produkt		12 bis über 30	

[1] Wegen der möglichen Austauschbarkeit von weichfedernden Bodenbelägen nach Zeile 3, die sowohl dem Verschleiß als auch besonderen Wünschen der Bewohner unterliegen, dürfen diese bei dem Nachweis der Anforderungen nach DIN 4109 in der Regel nicht angerechnet werden.

[2] Die Bodenbeläge müssen durch Hinweis auf die jweilige Norm gekennzeichnet sein. Die maßgebliche bewertete Trittschallminderung ΔL_w muss auf dem Erzeugnis angegeben sein.

Tafel 3.62b Äquivalenter bewerteter Norm-Trittschallpegel $L_{n,w,eq}$ von Massivtreppen, bewerteter Norm-Trittschallpegel $L'_{w,w,R}$ von Massivtreppen ohne Deckenauflage

Massivtreppe und Treppenraumwand		$L_{n,w,eq}$	$L'_{n,w,R}$
Treppenpodest	mit einschaliger biegesteifer Treppenraumwand (flächenbezogene Masse 380 kg/m²) fest verbunden	66	70
Treppenlauf		61	65
Treppenlauf von der Treppenraumwand abgesetzt		58	58
Treppenpodest	an Treppenraumwand mit durchgehender Gebäudetrennfuge	≤ 53	≤ 50
Treppenlauf		≤ 46	≤ 43

3.6 Luftschalldämmung von Außenbauteilen

Für bauakustisch einschalige Wände und Dächer gilt Seite 3.51 mit dem Hinweis auf Seite 3.52 oben analog (ggf. Verschlechterung durch Wärmedämmverbundsystem oder Flachdachaufbauten um ca. 2 dB, wenn kein genauerer Nachweis geführt wird). Beim Flachdach darf dann auch das Gewicht der Kiesschüttung berücksichtigt werden. Für zweischaliges Mauerwerk mit Luftschicht nach DIN 1053 wird $R'_{w,R}$ aus der Summe der flächenbezogenen Massen der beiden Schalen nach Tafel 3.51d ermittelt und jener Wert um 5 dB erhöht. Für mehrschalige Dächer und Fenster gelten die folgenden Tafeln.

Die Schallübertragung von außen nach innen kann auch in Simulationsberechnungen bestimmt werden. Hierzu z. B. die Verfahren in DIN EN 12 354-3 : 2000-09 Bauakustik – Berechnung der aktustischen Eigenschaften von Gebäuden aus den Bauteileigenschaften – Teil 3: Luftschalldämmung gegen Außenlärm.

Tafel 3.63a Bewertetes Schalldämmmaß von flachen Dächern

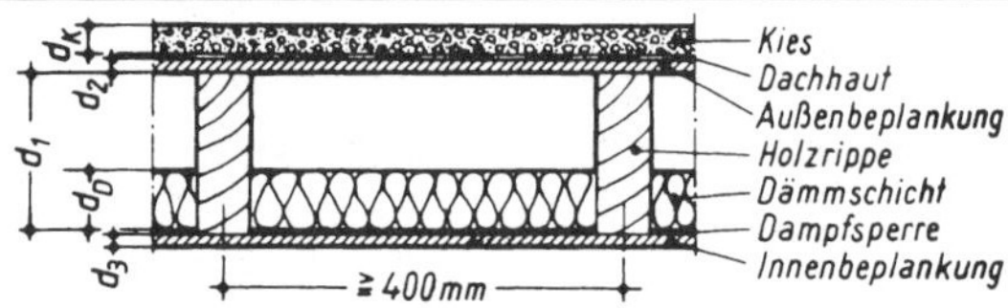

Beplankungen, z. B. aus:
- Holzwerkstoffen (Spanplatten nach DIN 68 763 oder DIN 68 764-1 und -2; Bau-Furnierplatten nach DIN 68 705-3 und -5; Nut-Feder-Holzschalung)
- Gipskartonplatten nach DIN 18 180

Zeile	$R'_{w,R}$	Anforderungen an die Ausführung
1	30	$d_1 \geq 160$ mm: $d_{2,3} \geq 12$ mm; $d_D \geq 40$ mm; ohne/mit Zwischenlattung an der Unterseite
2	35	Wie Zeile 1, jedoch mineralische Faserdämm-Matte oder -Platte; $\Xi \geq 5$ kN · s/m^4 und $d_D \geq 60$ mm
3	40	Wie Zeile 2, Kiesauflage mit $d_K \geq 30$ mm
4	45	Wie Zeile 3, jedoch Achsabstand der Rippen ≥ 600 mm und mechanische Verbindungsmittel zwischen Rippen und Beplankung
5	50	Wie Zeile 4, zusätzlich zweite Innenbeplankung aus Spanplatten, Gipskartonplatten, Bretterschalung, $m' \geq 8$ kg/m^2

Tafel 3.63b Bewertetes Schalldämmmaß von geneigten Dächern

<table>
<tr><td>1</td><td>35</td><td>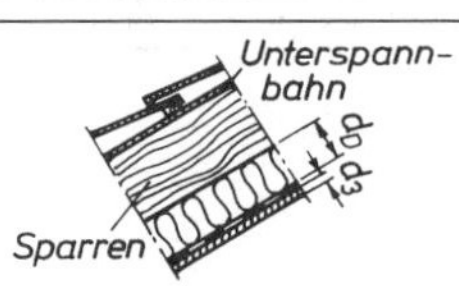
</td><td>Dacheindeckung mit Unterspannbahn; mineralische Faserdämm-Matte oder -Platte, mit längenbezogenem Strömungswiderstand $\Xi \geq 5 \cdot$ kN · s/m^4 und $d_D \geq 60$ mm; Holzwerkstoffplatten oder Gipskartonplatten mit $d_3 \geq 12$ mm; ohne/mit Zwischenlattung</td></tr>
<tr><td>2</td><td>40</td><td>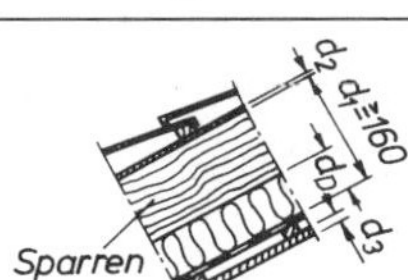
</td><td>Wie Zeile 1, jedoch Sparrenhöhe ≥ 160 mm. Bekleidung auf Zwischenlattung oder zusätzliche zweite Bekleidung mit $m' \geq 6$ kg/m^2</td></tr>
<tr><td>3</td><td>45</td><td>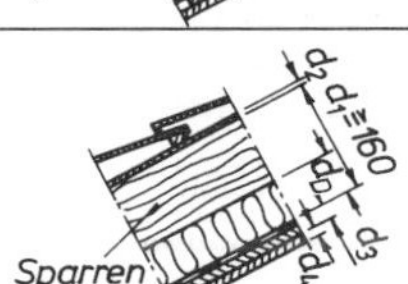
</td><td>Wie Zeile 2, jedoch mit Anforderungen an die Dichtheit der Dacheindeckung: z. B. Faserzementdachplatten auf Rauspund ≥ 20 mm, Tondachziegel nach DIN EN 1304 bzw. Betondachsteine nach DIN EN 490, nichtverfalzte Dachziegel bzw. Dachsteine in Mörtelbettung</td></tr>
</table>

Tafel 3.64 Ausführungsbeispiele für Dreh-, Kipp- und Drehkipp-Fenster(-Türen)

Zeile	Fensterart	$R_{w,R}$ dB	Scheiben-zwischen-raum mm	Gesamt-dicke 2 Scheiben mm	Einzel- plus Iso-Glas mm	Dichtungen
1	Einfach-fenster mit Mehrscheiben-Isolierglas	25	8	6		keine
2		30	12	6		Sämtliche Flügel müssen bei Holzfenstern mindestens Doppelfalze, bei Metall- und Kunststoff-Fenstern mindestens zwei wirksame Anschläge haben. Falzdichtungen müssen umlaufend, **ohne Unterbrechung,** angebracht sein; sie müssen weichfedernd, **dauerelastisch, alterungsbeständig** und **leicht auswechselbar** sein. Fenster nach Zeile 10 ff. benötigen 2 wirksame Dichtungen, um auch den Scheibenzwischenraum abzudichten.
3		32	12	8		
4		35	16	10		
5		37	14	20		
6		bis 39	Gläser mit $R_{w,P,Glas} = R_{w,R} + 2$ dB, (darüber: größere Zuschläge als 2 dB)			
7	Verbund- oder Kastenfenster mit 2 Einfach-scheiben oder 1 Einfach- und 1 Isolierglas-scheibe	35	40	8	6 + 4/12/4	
8		37	40	10	6 + 6/12/4	
9		37	100	8	4 + 4/12/4	
10		40	50	14	8 + 6/12/4	
11		40	100	8	6 + 4/12/4	
12		42	50	16	8 + 8/12/4	
13		42	100	10	8 + 4/12/4	
14		45	60	18	8 + 8/12/4	
15		45	100	12	8 + 6/12/4	
16	Über 45 dB können keine allgemein gültigen Angaben gemacht werden, Nachweis nur über Eignungsprüfung I nach DIN 4109.					

- **Rollladenkästen** erreichen bewertete Schalldämm-Maße $R_{w,R}$ von 35 dB, wenn Innenschürze, Verkleidung bzw. Rollkastendeckel aus Holzwerkstoffplatten (Dicke ≥ 10 mm) oder Putzträgerplatten plus 5 mm Putz oder mineralischen Platten mit $m' \geq 30$ kg/m² bestehen. Alle Fugen sind mit Dichtprofilen, -bändern oder Dichtstoffen zu schließen; für $R_{w,R} \geq 40$ dB ist an mind. einer Innenfläche schallabsorbierendes Material (20 mm Mineralfaserplatten o. Ä.) anzubringen.

3.7 Beispiel für das Zusammenwirken von unterschiedlichen Anforderungen

Im Bereich der Krone einer zweischaligen Haustrennwand entsteht eine Wärmebrücke, der entsprechend der Konstruktion auf Seite 3.15, Abb. 3.15f, begegnet werden muss. Die Dachfläche muss wegen der Anforderungen zum Schutz gegen Außenlärm ggf. nach Ausführungsbeispielen gemäß Tafel 3.63b ausgewählt werden. Über die Mauerkrone hinweg kommt es gleichzeitig zur Schall(längs)übertragung von einem Innenraum zum benachbarten. Abhilfe schafft ggf. eine Konstruktion, die *H. Schulze* in Bauphysik 13 (1991) Heft 5, Seite 182 näher beschreibt: Der Luftraum unter der Dacheindeckung muss mit Faserdämmstoffen in ganzer Wanddicke zur Bildung eines „Absorberschotts" in Anlehnung an Beiblatt 1 von DIN 4109 ausgestopft werden. Schulze ermittelt für dieses Schott den Wert $R_{L,w,R} \approx 64$ dB. Falls für die zweischalige Haustrennwand (vgl. Seite 3.53) $R_w = 67$ dB ermittelt werden würde, ergäbe sich nach Abschnitt 3.4.3.3 für die Schalldämmung von Haus zu Haus:

$$R'_{w,R} = -10 \lg (10^{-6,7} + 10^{-6,4}) = 62 \text{ dB}$$

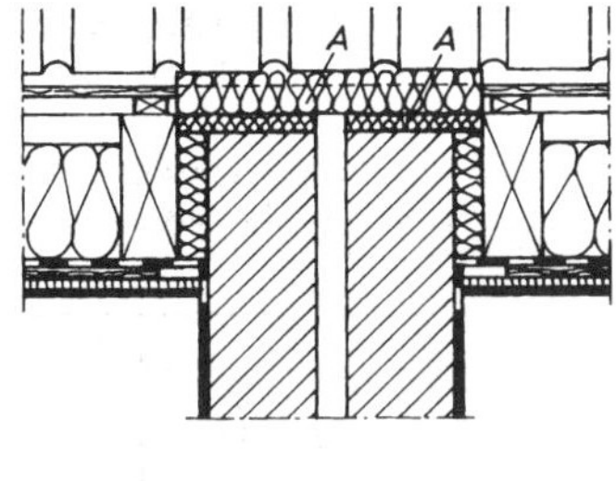

Abb. 3.64 Verringerung der Flankenübertragung durch Einbringen eines Absorberschotts A im Bereich der Krone einer zweischaligen Haustrennwand, wegen des Brandschutzes aus nichtbrennbaren Faserdämmstoffen

3.8 Bauen im Bestand; Verwendung alter Holzbalkendecken

Im Zuge von Umnutzung, Modernisierung, Veränderungen der Eigentumsverhältnisse ist teilweise auch der Schallschutz in alten Gebäuden zu überprüfen und zu verbessern. Die häufig angetroffenen „alten" Holzbalkendecken erfordern zusätzliche Überlegungen. Zunächst ist zu prüfen, ob die Holzbalkendecken überhaupt wegen des Brandschutzes noch genehmigungsfähig sind. Der Zusatzbuchstabe in der Feuerwiderstandsklasse lautet immer „-B", z. B. F 30-B. Eine nachträgliche Ertüchtigung durch Bekleidungen in die Klasse F 30-AB oder F 90-AB ist nicht möglich. Werden – wie bei höheren Gebäuden regelmäßig üblich – derartige Anforderungen gestellt, müssen Anträge auf Ausnahmen und Befreiungen genehmigt werden. Im Einzelfall können Holzbalkendecken mit Unterdecken, die als selbständiges nichttragendes Bauteil F 30/90-A klassifiziert sind, mit nichtbrennbaren schwimmenden Estrichen genehmigt werden. Im Allgemeinen ist die Holzbalkendecke zu ersetzen.

Im Folgenden werden einige schalltechnische Daten nach *Gösele* zusammengetragen.

Danach kann zunächst die **Trittschalldämmung** der Holzbalkendecke nach einer analog Seite 3.61 gebildeten Gleichung aus den Einzelelementen Holzbalkendecke gleich Rohdecke ($L_{n,w,eq,H}$), Fußbodenaufbau ($\Delta L_{w,H}$) und ggf. zusätzlichem weichfederndem Bodenbelag ($\Delta L_{w,H2}$) geschätzt werden:

vorh $L'_{n,w} = L_{n,w,eq,H} - \Delta L_{w,H} - \Delta L_{w,H2}$

Einige Rechenwerte für $L_{n,w,eq,H}$ und $\Delta L_{w,H}$ sind in Tafel 3.65a, 3.65b angegeben. Werden weichfedernde Bodenbeläge unmittelbar auf der Rohdecke verwendet, wird ein $\Delta L_{w,H}$ angesetzt; befindet sich der Bodenbelag auf einem Fußboden, z. B. nach Tafel 3.65b, dann wird ein $\Delta L_{w,H2}$ angesetzt. Beide Werte können Abb. 3.65a entnommen werden, wenn das Verhalten des Bodenbelages ($\Delta L_{w,R}$) auf einer **Massivdecke** (vgl. Tafel 3.62b) bekannt ist.

Aus der danach berechneten Trittschalldämmung kann mit Hilfe Abb. 3.65b auch die **Luftschalldämmung** bestimmt werden.

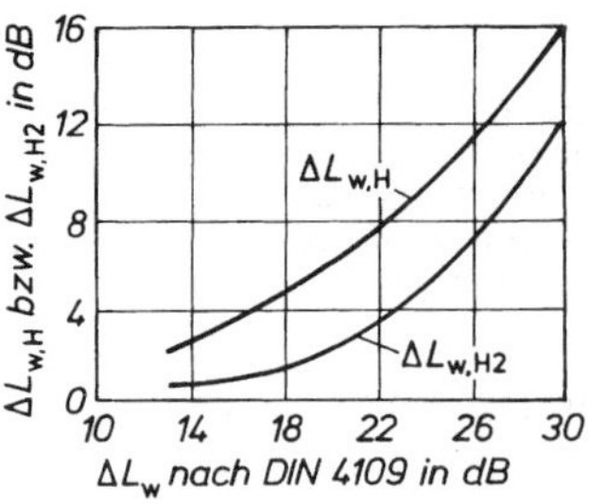

Abb. 3.65a Bewertete Trittschallminderung $\Delta L_{w,H}$ und $\Delta L_{w,H2}$ von Bodenbelägen in Abhängigkeit von ΔL_w, wie es für Massivdecken verwendet wird

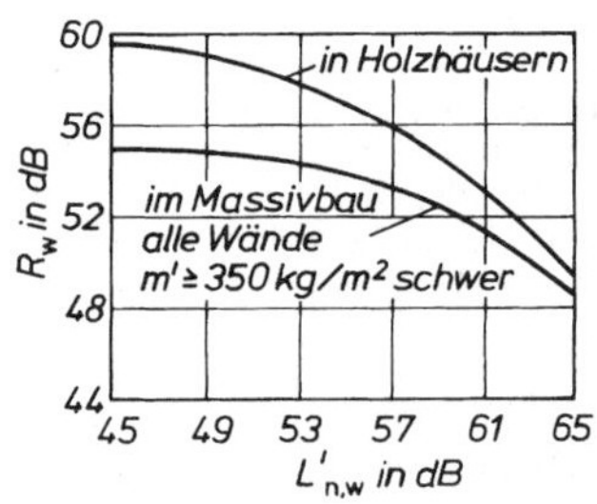

Abb. 3.65b Bewertetes Luftschalldämm-Maß von Holzbalkendecken in Abhängigkeit von $L'_{n,w}$, berechnet ohne weichfedernde Bodenbeläge

Tafel 3.65a Trittschallverhalten von Holzbalkendecken als Rohdecken

Holzbalkendecke		$L_{n,w,eq,H}$
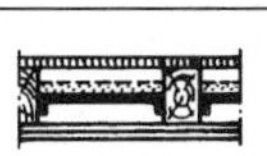	„alte" Holzbalkendecke	66
	Gipskarton- oder Spanplatte einlagig	62
abgehängt über Federschiene oder gesonderte Traghölzer; zweilagig		60

Tafel 3.65b Bewertete Trittschallminderung $\Delta L_{w,H}$ von Fußböden auf Holzrohdecken nach Tafel 3.65a

Fußboden		$\Delta L_{w,H}$
auf 30/25 mm Mineralfaserplatten schwimmend verlegte 22-mm-Holzspanplatte		9
50-mm-Zementestriche		16
Rohdecke mit Platten zusätzlich beschwert: m' der Platten	25 kg/m²	17
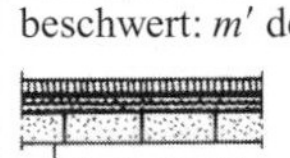	50 kg/m²	22
	75 kg/m²	26
	100 kg/m²	31

4 Schallausbreitung in Räumen, Raumakustik

4.1 Begriff, Formelzeichen und Einheiten

Größe	Zeichen	Einheit	Bemerkung
Volumen des Raumes	V	m^3	insbesondere zwischen 125 und 1000 m^3
Schallabsorptionsgrad	α	1	Messung im Hallraum nach DIN EN ISO 354
Oberflächen im Raum	S	m^2	hier: Flächen, die Schall absorbieren
äquiv. Absorptionsfläche	A	m^2	gedachte Fläche mit $\alpha = 1$
Hallradius	r_H	m	Grenze des Nahfeldes um Schallquelle
Nachhallzeit	T	s	Messung nach DIN EN ISO 3382
Schall-Leistungspegel	L_w	dB	z. B. nach DIN EN ISO 3741

Im Raum erzeugter Schall trifft in kurzen Zeitabständen auf die Raumbegrenzungsflächen und wird dort zu einem Bruchteil α (nichtreflektierte zu auftreffender Schallenergie) absorbiert (oder transmittiert); der Rest $(1 - \alpha)$ wird reflektiert und überlagert sich mit der von der Schallquelle nachströmenden Schall-Leistung zu einem Gesamtpegel L. Die gemeinsame Absorption aller Teilflächen S_i mit α_i und der nicht flächenhaften Gegenstände, wie Möbel und Personen, jeweils mit A_j, wird bestimmt durch

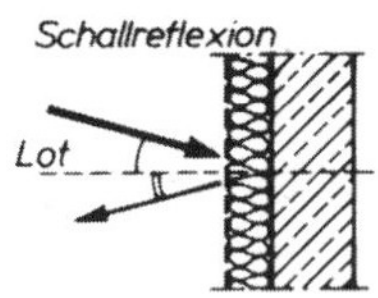

$$A = \sum \alpha_i S_i + \sum A_j \qquad \text{(äquivalente Absorptionsfläche)}$$

Lediglich in einer Nachbarschaft mit etwa dem Radius $r_H = 0{,}141 \sqrt{A}$ dominiert das direkte Schallfeld der Schallquelle, welches mit 6 dB bei Abstandsverdoppelung (3 dB, wenn die Schallquelle unmittelbar vor einer Wand steht) abnimmt. Sonst bildet sich ein statistisch gleichmäßig verteilter Schallpegel. Aus dem reflektierten Schall entsteht im Raum ein Nachhall, der nach dem Abstellen der Schallquelle gemessen werden kann: Die Nachhallzeit T ist die Zeit, innerhalb der der Schallpegel um 60 dB abnimmt. Zwischen A und T gilt die Beziehung

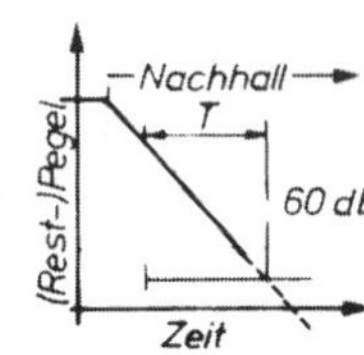

$$A = 0{,}163 \, V/T \qquad \textbf{(Gleichung von \textit{Sabine})}$$

Mit zunehmender Nachhallzeit wird es im Raum bei gleicher Schall-Leistung lauter. Zur Senkung von Lärm in Räumen mit Arbeitsplätzen ist daher die Anordnung von Absorptionsflächen wichtig, die allerdings erst außerhalb des Hallradius r_H um die Schallquelle wirksam werden. Durch Veränderung der äquivalenten Absorptionsflächen von A_1 auf $A_2 = A_1 + \Delta A$ ändert sich der Innenschallpegel um

$$\Delta L = L_2 - L_1 = -10 \lg (A_2/A_1) = -10 \lg (A_1 + \Delta A/A_1) \qquad \textbf{(Lärmminderung)}$$

Der Lautstärkegewinn ist wichtig für Vortragsräume oder Theater, die demnach nicht zu stark bedämpft werden sollen. Der sinnvolle Lautstärkegewinn durch Verringerung der Absorption wird begrenzt, weil durch überlange Nachhallzeiten die Silbenverständlichkeit verringert wird. Die Eignung eines Raumes für bestimmte Schalldarbietungen, wie die sprachliche Kommunikation oder musikalische Darbietung an den für die Nutzung des Raumes vorgesehenen Plätzen wird „Hörsamkeit" genannt.

Der im Raum (außerhalb von r_H) entstehende Schallpegel L (in dB) wird bestimmt durch die Schall-Leistung der Schallquelle L_w und die raumakustischen Gegebenheiten, wie A und T. Es gilt näherungsweise unter Verwendung der o. g. Einheiten

$$L = L_w + 14 - 10 \lg (V/T) = L_w + 6 - 10 \lg A$$

Die Gleichung kann auch für die Bestimmung des A-Schallpegels in dB(A) benutzt werden, wenn man A durch $A_{500\,Hz}$ und L_W durch L_{WA} ersetzt.

Da sich Einzelschallquellen energetisch addieren (vgl. Abschnitt 3.4.7), kann man mit der genannten Gleichung auch die Schall-Leistung von Lautsprechern für eine Beschallung oder umgekehrt aus dem Schallpegel L den Schall-Leistungspegel L_w abschätzen.

4.2 Hinweise auf raumakustische Bemessungswerte

4.2.1 Anforderungen an die Nachhallzeit und Zahlenwerte für Schallabsorptionsgrade

Bemessungswerte für Schallabsorptionsgrade α, die in jeweils typischer Weise von der Frequenz abhängen (Hochton-Absorber, Tiefenabsorber) findet man in der bauphysikalischen Literatur, auch bei der Physikalisch-Technischen Bundesanstalt unter www.ptb.de. Hier nur wenige Anhaltswerte.

Raumakustische Planungen gehen in zwei je nach Nutzung grundverschiedene Richtungen: Lärmminderung in Arbeitsräumen, z. B. im Sinne eines Arbeitsschutzes durch Absorption (Schalldämpfung), einerseits und Optimierung der Hörsamkeit von Räumen, die für Schalldarbietungen geeignet sind, andererseits. Bei letzterem Problem wird durch zweckmäßige geometrische Gestaltung des Raumes in Verbindung mit der Bildung geeigneter Nachhallzeiten durch Auswahl und Verteilung definiert schallschluckender Flächen eine ausreichende Sprach- oder Silbenverständlichkeit angestrebt (DIN 18 041 : 2004-05).

Tafel 3.67 a Schallabsorptionsgrade α einiger Raumbegrenzungsflächen

(α ist keine reine Stoffeigenschaft; α wird durch Systemeigenschaften, wie Schichtdicke, Abstand vor schallharter Wand, Porenverschluss durch Beschichtungen und Imprägnierungen usw., bestimmt.)

Raumbegrenzungsfläche	bei Frequenz in Hz					
	125	250	500	1000	2000	4000
Sichtmauerwerk, Fliesen, Naturstein	0,01	0,01	0,02	0,02	0,03	0,04
Tapete auf Kalkgipsputz	0,03	0,03	0,04	0,05	0,06	0,07
Porenbeton, unbehandelt und unlasiert	0,10	0,10	0,10	0,18	0,22	0,27
25 mm Spritzputz mit Vermiculitezusatz	0,05	0,10	0,20	0,55	0,60	0,55
8 mm Schaumstofftapete	0,03	0,10	0,25	0,50	0,70	0,90
Vorhänge gefaltet, 200 mm vor der Wand	0,09	0,55	1,00	0,89	0,93	0,92
20 mm Mineralfaserplatte, offenporig	0,02	0,15	0,50	0,85	1,00	0,95
50 mm Holzwolle-Leichtbauplatte	0,17	0,22	0,42	0,78	0,65	0,95
50 mm Mineralfaserplatte, offenporig	0,30	0,60	1,00	1,00	1,00	1,00
16 mm Akustikplatten in 200 mm Deckenabstand	0,40	0,45	0,60	0,65	0,85	0,85
gelochte Metallkassetten mit 20 mm Faserdämmstoff	0,30	0,70	0,70	0,90	0,95	0,95
PVC, Linoleum, Gummi auf Fußboden	0,01	0,01	0,02	0,02	0,03	0,03
Parkett, versiegelt und aufgeklebt	0,02	0,02	0,03	0,04	0,05	0,06
Teppiche mittlerer Dicke, liegend	0,05	0,08	0,20	0,30	0,35	0,40
mit Zuhörern, Orchester, Chören belegte Fläche	0,60	0,74	0,88	0,96	0,93	0,85
Fläche mit Bestuhlung (Polster mit Stoffbespannung)	0,49	0,66	0,80	0,88	0,82	0,70
Fläche mit Bestuhlung (Lederpolster) ohne Zuhörer	0,44	0,54	0,60	0,62	0,58	0,50

Tafel 3.67b Sollwerte der gemittelten Nachhallzeit T_{soll} für Versammlungsräume in Abhängigkeit von der Nutzungsart (DIN 18 041)

Die Werte gelten für den besetzten Zustand. Im unbesetzten Zustand sollte die Nachhallzeit T nicht mehr als 0,2 s über T_{soll} liegen. Wegen der anzustrebenden Toleranzen T/T_{soll} vgl. DIN 18 041, Bild 2 und 3. Übliche Sportstätten ohne Publikum sollten bei einzügiger Unterrichtsnutzung ein T_{soll} zwischen 1,7 s und 2,5 s, bei mehrzügigem Unterrichtsbetrieb zwischen 1,4 und 2,0 s aufweisen.

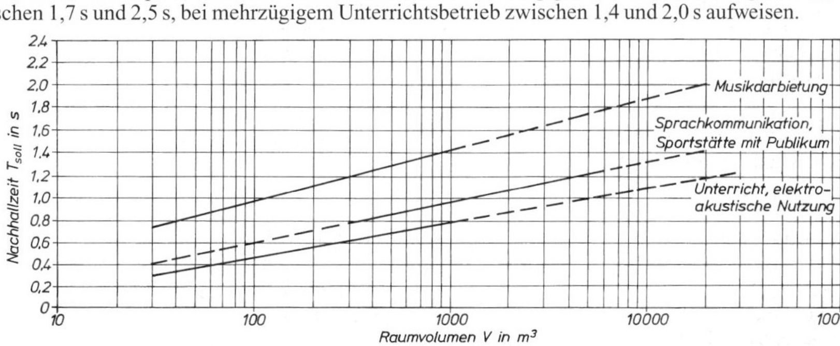

4.2.2 Vorschläge für die räumliche Verteilung der Absorptionsflächen im Raum

Das Volumen des Raumes sollte je Hörer bei Sprachdarbietung zwischen 3 und 8 m^3 und bei Musikdarbietung zwischen 5 und 12 m^3 liegen. In langen Räumen (> 15 m) wird bei Vorträgen die Hörsamkeit besonders für den vorderen und mittleren Zuhörerbereich durch Laufzeitunterschiede zwischen direktem und reflektiertem Schall beeinträchtigt, und zwar auch dann, wenn die Nachhallzeit klein ist. Das menschliche Ohr nimmt zwei Schallereignisse getrennt wahr bei Zeitdifferenzen von mehr als 0,05 s entsprechend einem Laufwegunterschied von etwa 17 m zwischen direktem und reflektiertem Schall. Diese Reflexion wird dann als störendes Echo empfunden, wenn nicht schon vorher energiereiche Reflexionen von anderen Flächen am Ohr eintreffen. Die Rückwand sollte daher schallschluckend verkleidet oder geneigt sein.

Wird ein Raum durch ein Paar zueinander paralleler Flächen begrenzt, die weder gegliedert noch schallschluckend ausgebildet sind, so können störende Flatterechos auftreten. Schrägstellung um mindestens 5° wird empfohlen. Auch weitere in Abb. 3.68 dargestellte Regeln beruhen auf den Gesetzen der geometrischen Raumakustik, für die die Reflexionsgesetze der Optik angenommen werden (Einfallswinkel gleich Reflexionswinkel).

In kleinen Unterrichtsräumen hat sich die Anordnung schallschluckender Streifen von 1 bis 1,5 m Breite an der Decke nach Art eines zum Pult offenen *U* bewährt.

Weitere Einzelheiten hierzu siehe DIN 18 041 – Hörsamkeit in kleinen bis mittelgroßen Räumen.

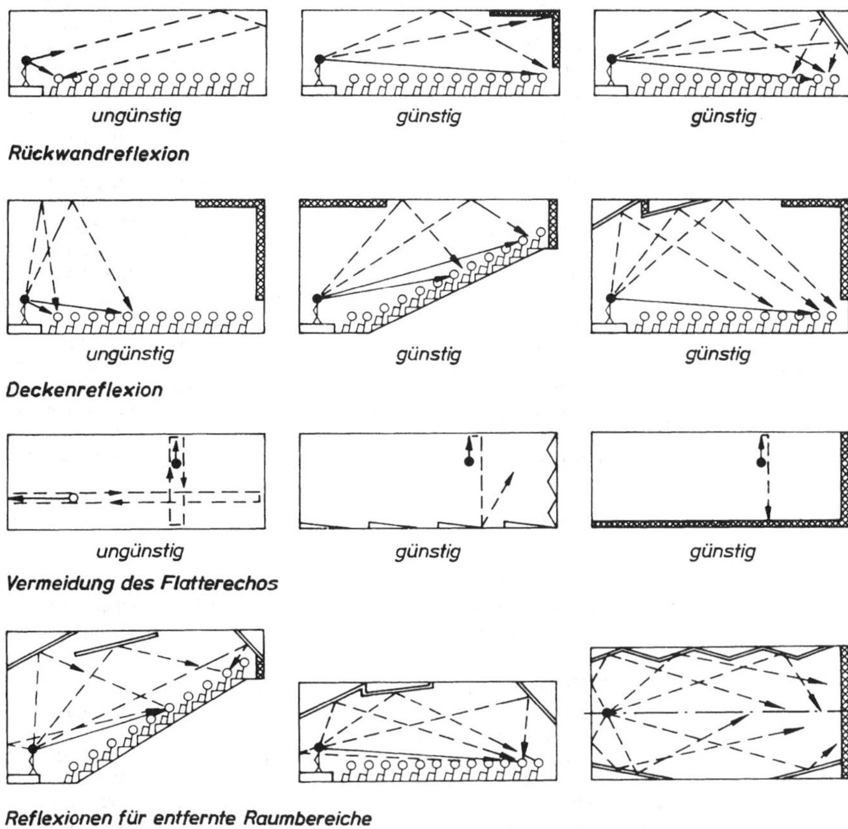

Abb. 3.68 Regeln für die Anordnung von Absorptionsflächen

5 Brandsicherheit in Gebäuden

5.1 Planerische Grundlagen

5.1.1 Zielvorgaben

Im Falle eines Brandes können Menschen und fremdes Eigentum gefährdet werden. Der Schutz beider ist ein zentrales Anliegen von Verfassungsrang und gehört zur „öffentlichen Sicherheit und Ordnung", konkretisiert innerhalb der Landesbauordnungen. Dem Ziel dienen baulich-planerische, baulich-konstruktive oder betriebliche oder organisatorische Vorkehrungen, die durch örtliche Feuerwehren ergänzt werden. Der Schutz von reinen Sachwerten tritt vergleichsweise in den Hintergrund und ist privatrechtlich/versicherungstechnisch zu organisieren.

5.1.2 Brandschutz als Personenschutz

Jede Nutzungseinheit mit Aufenthaltsräumen muss in jedem Geschoss über mindestens *zwei* voneinander unabhängige Rettungswege erreichbar sein. Der *erste* Rettungsweg ist immer baulich auszuführen. Er wird dadurch gesichert, dass die raumumschließenden Bauteile entlang dieses Weges baurechtlich festgelegte Feuerwiderstandsklassen (F 30 bei Fluren bis Bauart von Brandwänden bei Treppenraumwänden, dichtschließende Türen, Rauchschutztüren, Feuerschutzabschlüsse an Zugängen) aufweisen. Bei Nutzungseinheiten, die nicht zu ebener Erde liegen, besteht der erste Rettungsweg aus horizontalen und vertikalen Abschnitten, nämlich: Gänge im Raum, Wohnungsflure ohne Schutz (max. 25 m [z. B. Versammlungsstätten] bis 50 m [offene Großgaragen] lang, je nach Gebäudetyp), Ausgangstür zum notwendigen Flur, der dann in höchstens 25 bis 30 m lange Rauchabschnitte zu teilen ist, der notwendigen Treppe (im Regelfall in eigenem, durchgehendem, schützendem und zu entrauchendem Treppenraum, der an einer Außenwand liegt) mit dem Ausgang schließlich auf öffentliche Verkehrsflächen. In ausgedehnten Nutzungseinheiten, wie Verkaufsgeschossen, bedarf es ggf. zusätzlicher Treppenräume zur Einhaltung der Entfernungsgrenzwerte. Auf den eigenen Treppenraum kann nur für die innere Verbindung einer höchstens zweigeschossigen Nutzungseinheit (z. B. Maisonettewohnung im Dach) verzichtet werden, wenn in jedem Geschoss ein anderer Rettungsweg erreicht werden kann. Der *zweite* Rettungsweg kann eine mit Rettungsgeräten der Feuerwehr erreichbare (anleiterbare) Fensteröffnung (notwendiges Fenster, mindestens 0,90 m × 1,20 m, Unterkante nicht höher als 1,20 m über Fußboden) oder eine weitere notwendige Treppe sein (Regelfall für größere Nutzungseinheiten als Wohnungen, wie Beherbergungsstätten, Geschäftshäuser, Versammlungsstätten). Da tragbare Leitern nur bis etwa 7 m Fußbodenhöhe (8 m bis Fensterunterkante) einsetzbar sind, ergeben sich für Gebäude, die nicht „Gebäude geringer Höhe" sind, zusätzliche Auflagen für die Erreichbarkeit des Gebäudes mittels Hubrettungsgeräten/Drehleitern, wie befestigte und ausreichend große und tragfähige Zu- und Durchfahrten, um die je Geschoss notwendigen Fenster zu erreichen. Notwendige Fenster in Dachaufbauten dürfen mit ihrer Unterkante oder einem Austritt davor nicht mehr als 1,20 m von der Traufkante entfernt sein. Hieraus folgt auch, dass an Wohnwegen nur Gebäude geringer Höhe gebaut werden können und auch diese nur max. 50 m lang sein dürfen. Hochhäuser (Aufenthaltsräume auch noch höher als 22 m) können nicht mehr vollständig angeleitert werden; daher werden zwei unabhängige Treppenräume benötigt, die durch (mind.) einen Sicherheitstreppenraum ersetzt werden können.

5.1.3 Wirksame Löscharbeiten

5.1.3.1 Sofortmaßnahmen

Zur frühzeitigen Branderkennung werden Brandmeldeanlagen (DIN 14 675, DIN EN 54) erforderlich. Der sofortigen Brandbekämpfung als Selbsthilfemaßnahme dienen tragbare Feuerlöscher, wenn die Bedeutung des Personen-/Sachschutzes nicht weitergehende automatische Löscheinrichtungen erfordert.

5.1.3.2 Hilfen für die Feuerwehr am Grundstück

Gebäude können nur an befahrbaren öffentlichen Verkehrsflächen errichtet werden. Von dörflichen Gebieten abgesehen, besteht die Feuerwehr aus mindestens einer Löschgruppe (bei Berufsfeuerwehren mindestens einem Löschzug mit zwei Löschgruppen). Aufgrund der Mannschaftstärke kann eine Löschgruppe 3 C-Rohre oder zwei B-Rohre bedienen. Für Letztere ist eine Wasserversorgung, insbesondere aus der Trinkwasserversorgung, von mindestens 800 ℓ/min bei größeren Objekten bis 3200 ℓ/min aufzubauen bzw. vorzuhalten. Trockene und nasse Steigleitungen im Gebäude helfen die Wasserverteilung zu beschleunigen.

5.1.3.3 Brandabschnittsbildungen

Brände, die sich ungehindert auf große Flächen ausdehnen können, gelten als nicht mehr beherrschbar. Flächenbränden kann nur durch die Bildung von Brandabschnitten begegnet werden. Dies sind entweder ganze Gebäude, die voneinander durch Abstandsflächen getrennt, oder Gebäudeteile, die, aneinandergebaut, durch innere Trennwände bzw. Gebäudeabschlusswände von der Qualität von Brandwänden in Teilflächen aufgeteilt sind. Ausgedehnte Gebäude müssen im Regelfall in Abständen von 40 m unterteilt werden (Brandabschnittsfläche also maximal 40 m · 40 m = 1600 m^2).

Tafel 3.70a Brandabschnittsflächen (Nutzflächen) in m^2 als Ausnahme

Garagen offen geschlossen	Verkaufsstätten	Schulen allg. ebenerdig	Krankenhäuser
5000[1)] 2500[1)]	5000[1)2)3)]	3000[1)2)] 5000	2000[3)4)]

1) Doppelter Wert bei Sprinkleranlage.
2) Verteilt bis auf drei Geschosse.
3) Brandwandabstände 50 m.
4) In jedem Obergeschoss muss ein zweiter Brandabschnitt stufenlos erreicht werden können.

Größere Brandbekämpfungsabschnitte sind im Industriebau in Abhängigkeit von der brandschutztechnischen Infrastruktur oder aufgrund ingenieurmäßiger Bemessungsverfahren möglich (vgl. auch Industriebaurichtlinie).

5.1.4 Gebäude und Sonderbauten

Gebäude, die geeignet oder bestimmt sind, dem Schutz von Menschen, Tieren oder Sachen zu dienen, enthalten je nach Ausdehnung und Höhe unterschiedliche Brandgefahren. Je nach Landesbauordnung werden daher Gebäudeklassen mit schrittweise ansteigenden Brandschutzanforderungen unterschieden (z. B. bei Flächen bis 400 m^2, bis 1600 m^2, > 1600 m^2 oder in der Höhe des obersten Fußbodens bis 7 m, bis 13 m, bis 22 m oder höher). **Sonderbauten** sind Anlagen und Räume besonderer Art oder Nutzung für die besondere (Brandschutz-)Anforderungen gestellt oder Erleichterungen gestattet werden können. Sonderbauten sind insbesondere (nach Landesrecht unterschiedlich) **Hochhäuser** (Gebäude mit mehr als 22 m Höhe), **Verkaufsstätten** (Grundfläche der Verkaufsräume und Ladenstraßen > 800 m^2), **Versammlungsstätten** (Einzelräume für mehr als 100 Personen, oder insgesamt mehr als 200 Personen), Schank- und Speise**gaststätten** (> 40 Gastplätze), **Beherbergungsstätten** (> 12 Betten), **Krankenhäuser**/Heime zur Unterbringung und Pflege, **Schulen, Regallager** (Oberkante Lagerguthöhe > 7,50 m), **Garagen, Industriebauten.**

5.2 Baustoffe und Bauteile und deren Brandverhalten

5.2.1 Brandverhalten von Baustoffen

Zur Konkretisierung der bauaufsichtlichen Anforderungen nichtbrennbar, brennbar (schwerentflammbar, normalentflammbar) und zur Durchsetzung des Verbotes leichtentflammbarer Baustoffe wird das Brandverhalten von Baustoffen in einem Entstehungsfeuer nach Verfahren geprüft, die in DIN 4102-1 bzw. DIN EN 13 501-1 genannt sind. Je nach Prüfergebnissen und ggf. weiteren Voraussetzungen (z. B. in allgemeiner bauaufsichtlicher Zulassung) werden Baustoffe in Klassen eingeteilt. Dabei hat die europäische Klassifizierung A bis F mit separater Beurteilung der Rauchentwicklung, Kurzzeichen s (Smoke), oder des brennenden Abfallens oder Abtropfens, Kurzzeichen d (Droplets), eine größere Bandbreite als die nationale.

Tafel 3.70b Klassifizierung des Brandverhaltens von Baustoffen (ohne Bodenbeläge) zur Einhaltung deutscher Bauvorschriften

bauaufsichtliche Anforderungen	Klasse nach DIN 4102-1	Klasse nach DIN 13 501-1		
		allgemein mindestens	bei Zusatzanforderung	
			kein Rauch	brenn. Abfallen od. Abtropfen
nichtbrennbar	A 1	A 1	A1	A1
	A 2	A2-s1,d0	A2-s1,d0	A2-s1,d0
brennbar				
schwerentflammbar	B 1	C-s3,d2	C-s1,d2	C-s3,d0
normalentflammbar	B 2	D-s3,d2	–[1)]	D-s3,d0
		E-d2	–[1)]	E
leichtentflammbar	B 3	F	–	–

1) Rauchentwicklung ist kein nationales Kriterium.

5.2.2 Brandverhalten von Bauteilen

Von Bauteilen wird erwartet, dass sie auch im Falle eines vollentwickelten Brandes für ausreichend lange Zeit, gemäß ihrer Zweckbestimmung, funktionsfähig bleiben. Dies bedeutet, dass tragende und aussteifende Bauteile ihre Tragfähigkeit nicht verlieren und raumabschließende Bauteile den Brandraum so sicher abschließen, dass sie weder durch unplanmäßig entstehende Öffnungen noch durch Wärme- oder Strahlungsdurchgang oder Gasdurchtritt eine Brandweiterleitung zulassen. Die bauaufsichtlichen Anforderungen benennen nötige Sicherheitsniveaus zunächst unbestimmt, fallweise mit Begriffen, wie feuerbeständig, feuerhemmend (ggf. und aus nichtbrennbaren Baustoffen), rauchdicht, selbstschließend, oder sprechen von Brandwand und Vorkehrungen gegen Brandausbreitung. Diesem Ziel dienen Sonderbauteile, wie Feuerschutzabschlüsse, Rauchschutztüren usw.

Die Prüfung des Brandverhaltens von Bauteilen erfolgt an Prototypen praxisüblicher Größe und praxisgerechtem Einbau zunächst nach den Normen der Reihe DIN 4102 (Teil 2 ff.) und führt, ggf. in Verbindung durch weitere Nachweise oder in Verbindung mit einer allgemeinen bauausichtlichen Zulassung zu Klassifizierungen, gekennzeichnet durch Kurzzeichen. In den Prüfverfahren nach DIN 4102 werden regelmäßig alle für das jeweilige Bauteil wichtigen Versagensfälle modellartig geprüft und erst das gleichzeitige Bestehen aller Kriterien führt zur Klassifizierung:

Die Bezeichnungen enthalten einen **Buchstaben** für die Art des Bauteils (**F** für Wände, Decken, Stützen, Balken, Treppen) und eine **Zeitangabe** (30, 60, 90, 120, 180) als Mindestdauer in Minuten, für die das Bauteil den in DIN 4102 genormten Versuchsbränden widersteht (z. B. **F 90**). **Bauteile** der Klasse **F** erhalten Zusatzbuchstaben zur Beschreibung der Brennbarkeit der verwendeten Baustoffe (z. B. **F 90 – A). – A:** die das Brandverhalten bestimmenden Schichten sind alle nichtbrennbar, bei – **AB** sind wenigstens wesentliche Bestandteile nichtbrennbar. Hierzu gehören alle tragenden oder aussteifenden Teile und eine in Bauteilebene durchgehende Schicht, die bei der Brandprüfung nicht zerstört werden darf. – **B:** beliebige (auch brennbare) Baustoffe.
Folgende Buchstaben gelten für Sonderbauteile: **W** nichttragende Außenwände; **T** Türen, Tore; **G** Verglasungen, die beim Brand durchsichtig bleiben, wie Glaskeramik, Drahtglas; **L** Lüftungsleitungen; **K** Klappen im Zuge von Lüftungsleitungen; **R** Rohrleitungen; **I** Installationsschächte.
Sonderbauteile dienen dem Schutz von „Schwachstellen“ im Abschluss von Räumen, insbesondere Öffnungen. Sie gelten als „Vorkehrungen gegen die Übertragung von Feuer und Rauch“. Sonderbauteile sind zunächst die **Feuerschutzabschlüsse** (Feuerschutztüren, -tore, -klappen), die zur Funktionsfähigkeit gleichzeitig selbstschließend sein müssen, also Türschließer besitzen müssen. Genannt werden müssen aber auch G-Verglasungen (auch im Brand durchsichtig) und F-**Verglasungen** (nach Brandausbruch undurchsichtig), **Rohrabschottungen, Kabelschotts** und (Klappen in) **Lüftungsleitungen** zur Verhinderung der Brandweiterleitung entlang haustechnischer Anlagen und **Fahrschachttüren** zur Sicherung des Feuerüberschlagsweges über den Aufzugschacht. Die genannten Sonderbauteile sind einbaufertige, funktionsfähige komplette Bauteile (enthalten also z. B. Zargen, Rahmen, Dichtungen und Befestigungsmittel), sind in aller Regel zulassungspflichtig, kennzeichnungspflichtig und unterliegen der Güteüberwachung bei der Herstellung. Einzelheiten über das besonders wichtige Sonderbauteil **Brandwand** siehe Seite 3.80. Eine solche Bauart ist in höheren Gebäuden in der Regel auch für Treppenraumwände vorgeschrieben!

Für eine Übergangszeit werden zunehmend Bauteile neben DIN 4102 nach europäischen Normen der Reihe DIN EN 13 501 beurteilt. Im Gegensatz zu den DIN-Prüfungen werden dort bestimmte Merkmale, wie die Tragfähigkeit, der Durchtritt von Flammen oder heißen Gasen oder Wärmedämmung der Bauteilfläche getrennt beurteilt, so dass das Klassifizierungssystem viel breiter aufgefächert ist und bestimmte Kombinationen trotz erfolgter Klassifizierung nicht die bauaufsichtlichen Vorschriften abdecken. Geprüfte Merkmale werden durch Buchstaben wie R (Tragfähigkeit), E (Raumabschluss), I, I_1, I_2 (Wärmedämmung), W (Strahlung), M (Widerstand gegen Stoß), C (selbstschließend), S_m (Rauchdichtheit bis m °C), P (Funktionserhalt elektrischer Kabelanlagen) beschrieben. Zusätzlich kann die Beanspruchungsrichtung z. B. (i ← o), (in ← out) angegeben sein. Zur einheitlichen Darstellung der Klassifizierung eines Bauteils und seines direkten Anwendungsbereiches hat die DIN-EN-Norm den „Klassifizierungsbericht“ geschaffen. Der Umfang von Zeitangaben wird über den Rahmen der DIN-Normen (30, 60 usw. in Minuten) um Zwischenwerte, z. B. 45, ergänzt aber auch nach unten um die Klassen 10 und 20 erweitert, die in Deutschland zur Erfüllung von Brandschutzanforderungen nicht verwendet werden. Tafel 3.72 verknüpft bauaufsichtliche Anforderungen mit den Klassen nach DIN 4102 bzw. DIN EN 13 501.

Tafel 3.72 Klassifizierung des Brandverhaltens von Bauteilen zur Einhaltung deutscher Bauvorschriften, jeweils Mindestklasse

bauaufsichtliche Anforderungen	Bauteil	Klasse nach DIN 4102-x	Teil x	Klasse nach DIN EN 13 501-2
feuerbeständig	tragend ohne mit raumabschließender Funktion	F 90-AB	2	R 90[1] REI 90[1]
	nichttragend, inkl. Verglasungen[2] mit raumabschließender Funktion	F 90-AB		EI 90[1]
Brandwand	Brandwand	Brandwand	3	REI-M 90
feuerhemmend bzw. feuerhemmend und in den wesentlichen Teilen aus nichtbrennbaren Baustoffen	tragend ohne mit raumabschließender Funktion	F 30-B bzw. F 30-AB	2	R 30 bzw. R 30[1] REI 30 bzw. REI 30[1]
	nichttragend, inkl. Verglasungen[2] mit raumabschließender Funktion	F 30-B bzw. F 30-AB		EI 30 bzw. EI 30[1]
feuerhemmend	nichttragende Außenwand	W 30	3	E 30 (i → o) und EI 30 (i ← o)
feuerhemmend bzw. -beständig, selbstschließend und rauchdicht	Feuerschutzabschluss[2] (Tür, Tor, Klappe, Luke)	T 30 RS[3] bzw. T 90 RS[3]	5	EI_2 30-CS_{200} bzw. EI_2 90-CS_{200}
selbstschließend und rauchdicht	Rauchschutztür	[3]	–	CS_{200}
Vorkehrung gegen Brandausbreitung	Lüftungsleitungen[2] Brandschutzklappen[2]	L 30/L 90 K 30/K 90	6	siehe DIN EN 13 501-3
	Kabelabschottungen[2]	S 30/S 90	9	
	Abschottungen brennbarer Rohre[2]	R 30/R 90	11	
	Installationsschächte, -kanäle[2]	I 30/I 90	11	
harte Bedachung	Dach bei Beanspruchung von außen nach innen	harte Bedachung	7	siehe DIN EN 13 501-5

[1] Zusätzlich Nachweis der Baustoffklasse A nach Bauregelliste A Teil 1, Anlage 0.2.
[2] Allgemeine bauaufsichtliche Zulassung. [3] RS nach DIN 18 095-1.

5.2.3 Nachweis des Brandverhaltens

Das Brandverhalten von Baustoffen und Bauteilen, auch für „Sonstige Bauprodukte", (§ 20(1) BauO NRW/§ 17(1) MBO, letzter Satz), die von den allgemein anerkannten Regeln der Technik nicht abweichen, kann im bauaufsichtlichen Verfahren ohne zusätzlichen Nachweis nachgewiesen werden durch die **Ausführungsbeispiele** in DIN 4102-4 : 1994-03 und bei tragenden Bauteilen in Verbindung mit DIN 4102-4/A1 : 2004-11. Die Normen gelten insbesondere für eine Bemessung auf der Basis der Produktbemessungsnormen nach zulässigen Spannungen bzw. nach dem Traglastverfahren. Bei einer Bemessung auf der Basis von Teilsicherheitsbeiwerten sind in DIN 4102-22 : 2004-11 weitere Festlegungen zu beachten.

Dieser sehr umfangreichen Norm sind auch die nachfolgenden Beispiele des Abschnitts 5.4 entnommen.

5.3 Bauaufsichtliche Anforderungen

5.3.1 Normale Anforderungen der Landesbauordnungen

Anforderungen an die Bauausführung ergeben sich unmittelbar aus den Landesbauordnungen und den aufgrund der Bauordnungen jeweils erlassenen Sonderbauverordnungen und nicht – wie beim Mindest-Wärme- und Schallschutz – aus jeweils einer als Technische Baubestimmung eingeführten Norm.

Die zur Verhinderung der Brandausbreitung im Gebäude oder des Einsturzes von Gebäudeteilen wichtigen Anforderungen an den Feuerwiderstand von **Bauteilen** lassen sich „Sicherheitsniveaus" zuordnen, die entsprechend der Höhe und der Grundfläche des Gebäudes und der Gefährlichkeit der Nutzung schrittweise für die einzelnen Teile des Baus (Wände, Decken, Rettungswege, Öffnungen, Schächte) abgestuft werden. Als Beispiel der in den Bauordnungen der Bundesländer gestellten Anforderungen kann Tafel 3.73 gelten.

Tafel 3.73 Mindestanforderungen des baulichen Brandschutzes nach der BauO NW (2000)

	Gebäude / Bauteile	Frei stehende Wohngebäude mit nicht mehr als einer Wohnung[1]	Wohngebäude geringer Höhe mit nicht mehr als zwei Wohnungen	Gebäude geringer Höhe (kein Fußboden eines Aufenthaltsraumes über 7 m)	Andere Gebäude
1	Tragende und aussteifende Wände, Pfeiler und Stützen	keine	F 30–B	F 30–B	F 90–AB[5]
2	wie vor, jedoch in Kellergeschossen	keine	F 30–AB	F 90–AB	F 90–AB
3	Nichttragende Außenwände, nichttragende Teile von Außenwänden	keine	keine	keine	A oder F 30
4	Oberflächen von Außenwänden, Außenwandbekleidungen und Dämmstoffe in Außenwänden	B 2	B 2[2]	B 2[2]	B 1
5	Trennwände	–	F 30–B	F 30–B	F 90–AB
6	wie vor, jedoch in obersten Geschossen von Dachräumen	–	F 30–B	F 30–B	F 90–B
7	Gebäudeabschlusswände, Gebäudetrennwände	–	F 90–AB	Brandwand[3)4)]	Brandwand
8	tragende Teile von Treppen	keine	keine	A	F 90–A
9	Decken	keine	F 30	F 30	F 90–AB
10	Decken über Kellergeschossen	keine	F 30	F 90–AB	F 90–AB
11	Decken im Dachraum, über denen Aufenthaltsräume möglich sind	keine	F 30	F 30	F 90
12	Decken im Dachraum, über denen Aufenthaltsräume nicht möglich sind	keine	keine[6]	keine[6]	keine[6]

1) Gilt auch für andere frei stehende Gebäude ähnlicher Größe sowie für frei stehende landwirtschaftliche Betriebsgebäude.
2) Bei der Verwendung normalentflammbarer Baustoffe (B 2) muss durch geeignete Maßnahmen eine Brandausbreitung auf Nachbargebäude verhindert werden.
3) Auch F 90–AB zulässig, wenn diese wie Brandwände eingebaut werden (§ 33, Absatz 2 bis 6).
4) Bei Reihenhäusern auch Doppelwände F 30/F 90 zulässig.
5) In Geschossen im Dachraum, über denen Aufenthaltsräume möglich sind: F 90–B.
6) Werden Trennwände nach Zeile 5 nicht bis unter die Dachhaut geführt sondern nur bis unter die Rohdecke, so muss diese Decke einschließlich der sie tragenden Bauteile mindestens F 30 sein.

5.3.2 Gebäude besonderer Art oder Nutzung (Sonderbauten) (§ 54 BauO NRW/§ 51 MBO)

An Sonderbauten können im Einzelfall zur Verwirklichung der allgemeinen Anforderungen nach § 3(1) (Schutzziele) besondere Anforderungen gestellt werden. Erleichterungen können gestattet werden, soweit es der Einhaltung von Vorschriften wegen der besonderen Art oder Nutzung nicht bedarf. Die Anforderungen und Erleichterungen können sich insbesondere erstrecken auf

1. die Abstände von Nachbargrenzen, von anderen baulichen Anlagen auf dem Grundstück und von öffentlichen Verkehrsflächen sowie auf die Größe der auf Baugrundstücken freizuhaltenden Flächen,
2. die Anordnung der baulichen Anlagen auf dem Grundstück,
3. die Öffnungen nach öffentlichen Verkehrsflächen und nach angrenzenden Grundstücken,
4. die Bauart und Anordnung aller für die Standsicherheit, Verkehrssicherheit, den Brandschutz, den Wärme- und Schallschutz oder Gesundheitsschutz wesentlichen Bauteile,
5. Brandschutzeinrichtungen und Brandschutzvorkehrungen,
6. die Feuerungsanlagen und Heizräume,
7. die Anordnung und Herstellung der Aufzüge sowie die Treppen, Treppenräume, Flure, Ausgänge, sonstige Rettungswege und ihre Kennzeichnung,
8. die zulässige Zahl der Benutzerinnen und Benutzer, Anordnung und Zahl der zulässigen Sitzplätze und Stehplätze bei Versammlungsstätten, Gaststätten, Vergnügungsstätten, Tribünen und Fliegenden Bauten,
9. die Lüftung,
10. die Beleuchtung und Energieversorgung,
11. die Wasserversorgung,
12. die Aufbewahrung und Beseitigung von Abwasser und von Abfällen,
13. die Stellplätze und Garagen sowie die Abstellplätze für Fahrräder,
14. die Anlage der Zufahrten und Abfahrten,
15. die Anlage von Grünstreifen, Baumbepflanzungen und anderen Pflanzungen sowie die Begrünung von Aufschüttungen und Abgrabungen,
16. Löschwasser-Rückhalteanlagen,
17. die Qualifikation der Bauleiterin oder des Bauleiters und der Fachbauleiterinnen und der Fachbauleiter,
18. die Bestellung einer oder eines Brandschutzbeauftragten für den Betrieb eines Gebäudes,
19. die Pflicht, ein Brandschutzkonzept vorzulegen, und dessen Inhalt,
20. weitere Bescheinigungen, die nach Fertigstellung des Rohbaus oder nach abschließender Fertigstellung der baulichen Anlagen zu erbringen sind,
21. Nachweise über die Nutzbarkeit der Rettungswege im Brandfall,
22. Prüfungen und Prüfungen, die von Zeit zu Zeit zu wiederholen sind (wiederkehrende Prüfungen), sowie die Bescheinigungen, die hierfür zu erbringen sind,
23. den Betrieb und die Benutzung.

Der vorstehende Katalog ist für eine Reihe von Sonderbauten bereits weitgehend, durch Verordnungen, wie z. B. die Garagen- oder die Versammlungsstättenverordnung, oder durch als Technische Baubestimmungen nach § 3 bekannt gemachte Richtlinien, wie die Industriebaurichtlinie oder die Leitungs- bzw. Lüftungsanlagenrichtlinie oder die Löschwasserrückhaltungsrichtlinie, konkretisiert. Die Einhaltung der Vorschriften wird dann durch einen **Brandschutznachweis**, der nach Landesrecht vom Fachplaner aufgestellt und vom Prüfsachverständigen oder staatlich bzw. besonders anerkannten Sachverständigen geprüft wurde, nachgewiesen.

Immer größere Bedeutung erlangen **Brandschutzkonzepte**, in denen objektbezogen die Schutzziele im vorbeugenden Brandschutz aufgegriffen und in einem komplexen System aus baukonstruktiven, löschtechnischen, anlagentechnischen und organisatorischen Maßnahmen verwirklicht werden. Nur so lässt sich zusammen mit weiteren objektbezogenen Sicherheitsfragen eine effiziente und wirtschaftliche Gesamtlösung fnden.

Soweit die Schutzziele nicht allein mit baukonstruktiven Maßnahmen erreicht werden, bedarf es der Verpflichtung der Betreiber zur wiederkehrenden Überprüfung der technischen Anlagen und Einrichtungen (vgl. Technische Prüfverordnung TPrüfVO nach Landesrecht) sowie zur Aufstellung von Brandschutzordnungen und der Bestellung von anerkannten Brandschutzbeauftragten.

5.4 Bauteile für den Brandschutz

5.4.1 Brandverhalten von Stahlbauteilen

Wegen der hohen Stahlfestigkeit besitzen tragende Bauteile nur geringe Querschnitte. Aufgrund der hohen Wärmeleitfähigkeit erreichen diese im Brandfall rasch (< 30 min) „kritische Stahltemperaturen" crit *T*, also Temperaturen, bei denen die Streckgrenze des Stahls auf die im Bauteil jeweils vorhandene Stahlspannung absinkt. crit *T* beträgt für die in den baustatischen Regelwerken zulässigen Beanspruchungen etwa 500 °C. Um Klassifizierungen F 30 bis F 180 zu erreichen, ist im Allgemeinen die Anordnung einer Bekleidung erforderlich. Es kommen in Frage: Putze mit, in Sonderfällen ohne Putzträger, Platten mit Faserzusatz, z. B. Gipskarton- oder Faserzementplatten, Vermiculite usw. als Zuschlagstoffe mit organischen und mineralischen Bindemitteln, Unterdecken und andere Vorsatzschalen, dämmschichtbildende Brandschutzbeschichtungen (bis F 60). Herstellerverzeichnisse s. Stahlbau-Kalender.

Die erforderliche Leistungsfähigkeit der Bekleidung steigt mit zunehmendem U/A, d. h. mit dem Verhältnis von beflammtem Umfang U zu Stahlquerschnittsfläche A. Bei profilfolgender Bekleidung ist U die Anstrichfläche pro Meter Profillänge, bei kastenförmiger Bekleidung der entsprechende Anteil an $(2h + 2b)$ (h Höhe, b Breite).

Tafel 3.75 gibt Beispiele für die Dicken notwendiger Bekleidungen bei Stützen und Balken. Stahlbauteile können auch mit konstruktiv bewehrtem Beton (50 mm dick) oder Mauerwerk (im Verband) für F 90-A bekleidet werden (z. B. 50 mm Porenbeton, 71 mm Ziegel/Kalksandsteinen oder 80 mm Wandbauplatten aus Gips).

Unbekleideter Stahl kann für tragende/aussteifende Bauteile nur eingesetzt werden, wenn eine Feuerwiderstandsklasse nicht erforderlich ist. Dies setzt in der Regel ein besonderes Brandschutzkonzept oder im Industriebau eine Bemessung nach Industriebauverordnung voraus. Der Versuch lohnt bei Bauvorhaben mit nachweisbar geringem Brandgefahrenpotential für Menschen oder geringen Brandbelastungen aus der Nutzung.

Tafel 3.75 Stützen und Träger mit Bekleidung aus Putz oder Gipskartonplatten (nach DIN 4102-4)

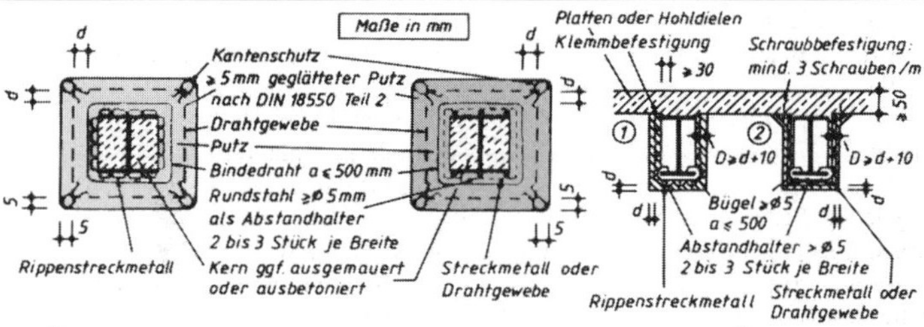

U/A	Mindestputzdicke d in mm über Putzträger gemäß Schemazeichnung bei Verwendung von Putz aus												Mindestbekleidungs-dicke d von Gipskartonplatten			
m^{-1}	Mörtelgruppe P II oder P IVc n. DIN 18 550-2				Mörtelgruppe P IVa oder P IVb n. DIN 18 550-2				Vermiculite- oder Perlitemörtel n. DIN 4102-4				Gipskartonbauplatten F (GFK) n. DIN 18 180			
	Stützen		Träger		Stützen		Träger		Stützen		Träger		Stützen		Träger	
	F30	F90	F30	F90	F30	F90	F30	F90	F30	F90	F30	F90	F30	F90	F30	F90
< 90	15	45	5	–	10	35	5	15	10	35	5	15	12,5	3×15	12,5	2×15
90 bis 119	15	45	5	–	10	35	5	15	10	35	5	15				
120 bis 179	15	45	5	–	10	45	5	15	10	35	5	15				
180 bis 300	15	45	5	–	10	45	5	25	10	45	5	25				

5.4.2 Brandverhalten von Stahlverbundkonstruktionen

Verbundbauteile bestehen aus Stahlbauprofilen und (bewehrtem) Beton, die in ihrer Tragfähigkeit planmäßig zusammenwirken und so die Vorteile des Stahlbetonbaus (preisgünstiger Werkstoff, Brandschutz vom Werkstoff gewährleistet) und des Stahlbaus (hohe plastische Verformbarkeit, hochentwickelte Verbindungstechnik und weitere) vereinigen. Prinzipielle Querschnittsformen sind in Abb. 3.76 dargestellt. Das Brandverhalten lässt sich gegenüber dem unbekleideter Stahlbauteile in Richtung Stahlbeton deutlich verschieben, indem z. B. Teile der Stahlquerschnitte durch Betonquerschnitte abgedeckt und damit „bekleidet“ und einer direkten Beflammung entzogen werden (abgestuft z. B. in der Reihenfolge der Abb. 3.76a bis d): Benötigen Verbundträger nach Abb. 3.76a eine Feuerwiderstandsklasse, so sind die Stahlbauprofile zu ummanteln oder durch Unterdecken zu schützen. Stützen, Balken und Platten nach Abb. 3.76b und c erreichen dagegen höhere Feuerwiderstandsdauern, wenn die bei Raumtemperatur zulässigen Lasten abgemindert werden. Günstig ist das in Abb. 3.76d erkennbare Prinzip.

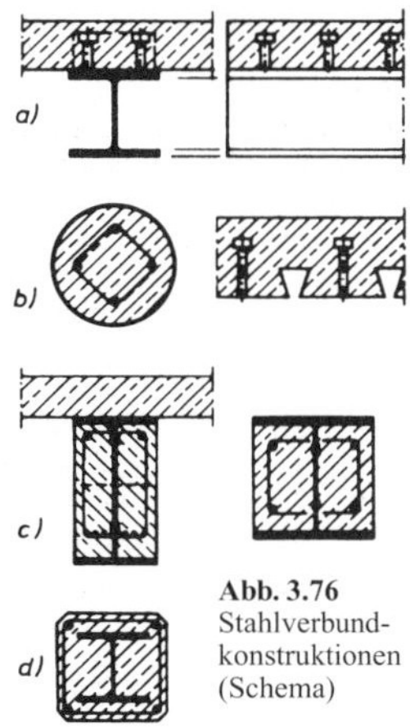

Abb. 3.76 Stahlverbundkonstruktionen (Schema)

Klassifizierte Verbundbauteile unter Verwendung handelsüblicher Walzprofile nach DIN EN 10 025 und von Schweißprofilen in Verbindung mit Normalbeton der Festigkeitsklasse C 20/25 nach DIN 1045 sind in DIN 4102-4 beschrieben. Vertiefte Details im „Verbundbau-Brandschutz-Handbuch“, Verlag W. Ernst & Sohn, Berlin. Hinweis auch auf Merkblatt 117 des Stahl-Informationszentrums, Düsseldorf.

5.4.3 Brandverhalten von Mauerwerk

Die hier verwendeten „massiven“ Baustoffe besitzen gegenüber Stahl eine um rund zwei Zehnerpotenzen kleinere Wärmeleitfähigkeit. Wegen der um etwa eine Zehnerpotenz geringeren Festigkeit sind Bauteile aus diesen Baustoffen von großem Querschnitt und besitzen eine große Masse. Bei einem Brand erwärmen sich tragende bzw. durchwärmen raumabschließende Bauteile viel langsamer als ungedämmte Stahlbauteile. Sie besitzen „schon von Hause“ eine Feuerwiderstandsfähigkeit, die durch Putz noch vergrößert wird.

Tafel 3.76 Mindestwerte von Wänden aus Mauerwerk und Wandbauplatten nach DIN 4102-4 (einseitige Brandbeanspruchung)
Die ( )-Werte gelten für Wände mit beidseitigem Putz.

Zeile	Konstruktionsmerkmale	Feuerwiderstandsklasse		
		F 30-A	F 60-A	F 90-A
1	Mindestdicke *d* in mm **nichttragender Wände** aus Mauersteinen und Wandbauplatten, je nach Art und Steinformaten (Einzelheiten s. DIN 4102-4, Tabelle 38)	60 bis 115 (50 bis 70)	75 bis 115 (50 bis 80)	80 bis 115 (80 bis 100)
2	Mindestdicke *d* in mm[1)] tragender Wände aus Porenbeton-Block- und Plansteinen nach DIN 4165 Leichtbeton Hohlblöcken DIN 18 151, Vollsteinen/ -Blöcken DIN V 18 152, Beton-Mauersteinen Mauerziegeln DIN V 105-1 (Voll- und Hochlochziegel) Mauerziegeln DIN V 105-2 (Leichthochlochziegel) Kalksandsteinen DIN V 106-1, 1 A 1 und 2	 115 (115) 175 (140) 115 (115) – (115) 115 (115)	 175 (150) 175 (140) 115 (115) – (115) 115 (115)	 240 (175) 175 (140) 175 (115) – (115) 115 (115)
3	Mindestdicke/-breite *d*/*b*[1)]von **tragenden Pfeilern** bzw. nicht raumabschließenden Wandteilen (Wand: 2 ungeteilte Steine und A ≥ 0,1 m²) aus Vollziegeln DIN V 105-1 aus Kalksandsteinen DIN V 106-1,1 A 1 und 2	175/490 oder 240/365 300/300 115/(365) 175/240 240/175	175/615 oder 240/490 300/365 115/990 175/240 240/175	175/730 oder 240/615 300/490 115/(990) 175/300 240/240

1) Geringere Dicken bei Ausnutzungsfaktoren < 1 zulässig. Einzelheiten s. DIN 4102-4.

5.4.4 Brandverhalten von Stahlbeton

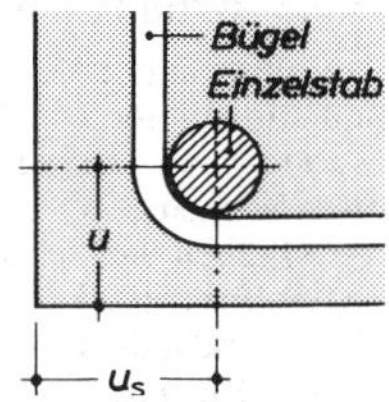

Abb. 3.77
Definition des Achsabstands der Bewehrung

Bei Einhaltung jeweils bestimmter Mindestabmessungen ist die Druckzone von Beton auch ohne zusätzliche Bekleidung jeweils ausreichend feuerwiderstandsfähig. Gefahren können jedoch von den Bewehrungsstählen im (Biege-)Zugbereich ausgehen. Sie werden vorzugsweise ausgeschaltet durch einen ausreichend bemessenen Achsabstand der Hauptbewehrung (s. Abb. 3.77). Fehlende Betonüberdeckung kann ggf. durch Putzbekleidungen ersetzt werden. Nach den Bemessungsnormen des Stahlbetonbaus ist eine Mindestüberdeckung unverzichtbar, sodass sich allgemein ein Achsabstand bei üblichen Stahldurchmessern ergibt, der für die Feuerwiderstandsklassen F 30-A und F 60-A ausreicht. Lediglich bei Balken kann sich wegen der zweidimensionalen Wirkung der Kanten ein größerer Achsabstand als 25 mm ergeben, der sonst erst bei Feuerwiderstandsklassen ≥ F 90-A benötigt wird.

Ausführliche Angaben, auch für Betone mit besonderen Zuschlagstoffen, findet man im Beton-Brandschutz-Handbuch von Kordina und Meyer-Ottens, Beton-Verlag, Düsseldorf.

Tafel 3.77a Mindestdicke und Mindestachsabstand der Bewehrung von Wänden aus Stahlbeton

	Konstruktionsmerkmale 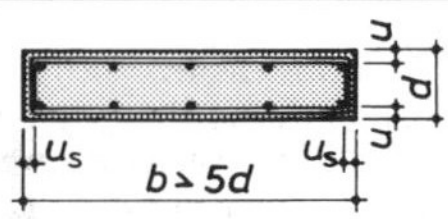	Feuerwiderstandsklasse F 30-A	 F 60-A	 F 90-A
1	**nichttragende Wände** bei einseitiger Beanspruchung Mindestwanddicke *d* in mm	80	90	100
2	**tragende Wände** bei ein- (mehrseitiger) Beanspruchung Mindestwanddicke in mm *u* in mm der Längsbewehrung	 120 (120) 10	 130 (140) 10[1]	 140 (170) 25[1]

[1] $u = u_s$ am Rand großer Öffnungen 25 mm (F 60-A) bzw. 35 mm (F 90-A).

Tafel 3.77b Mindestdicke und Mindestachsabstand der Bewehrung Stahlbetonplatten ohne Hohlräume

	Konstruktionsmerkmale 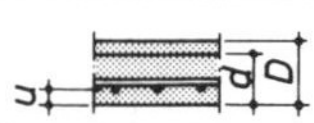	Feuerwiderstandsklasse F 30-A	 F 60-A	 F 90-A
1	**Mindestdicke,** Platten ohne (mit) Estrich			
	$D = d +$ Estrichdicke in mm	80	80	100
	min *d* bei schwimmendem Estrich (Dämmstoff Klasse A)	80	80	80
	Platten, punktförmig gestützt, mit (ohne) Stützenkopfverstärkung (unabhängig von Estrich)	150 (150)	150 (200)	150 (200)
2	**Mindestachsabstand** *u* in mm der Feldbewehrung			
	1-achsig gespannte Platten[1]	10	25	35
	1-achsig mit konstruktivem Querabtrag ($b/l \leq 1{,}0$)[1]	10	10	20
	2-achsig, dreiseitig gelagert mit $l_x/l_y > 1$	10	25	35
	mit $1{,}0 \geq l_x/l_y \geq 0{,}7$	10	20	30
	mit $l_x/l_y < 0{,}7$[1)2)]	10	15	25
	2-achsig, vierseitig gelagert mit $l_x/l_y \leq 1{,}5$[1)2)]	10	10	15

[1] Die Werte dieser Zeile gelten auch für durchlaufende oder eingespannte sowie punktförmig gestützte Stahlbetonplatten aus Normalbeton mit Stütz- bzw. Einspannbewehrung nach DIN 1045.
[2] Gilt unabhängig vom Seitenverhältnis.

5.4.5 Brandverhalten von Bauteilen aus Holz und Holzwerkstoffen

Soweit Holz ohne Bekleidung dem Brand ausgesetzt wird, verbleibt ein mit der Zeit abnehmender, durch Holzkohle geschützter tragfähiger Restquerschnitt. Die Feuerwiderstandsklasse ungeschützter tragender Holzbauteile wird somit durch den Ausgangsquerschnitt und die Spannungsausnutzung bestimmt. Durch Bekleidung, z. B. mit Gipskartonplatten (GKF), Sperrholz oder Spanplatten, kann die Entzündung des tragenden Holzes verzögert werden. Raumabschließende Holzbauteile (Wände oder Holzbalkendecken) erhalten eine Feuerwiderstandsklasse durch die Dicke und Qualität der Bekleidungen (auch aus Putz) und/oder (nichtbrennbare) Dämmstoffe, auch Holzwolle-Leichtbauplatten, im Bauteilquerschnitt. Holzbauteile können im Sinne von Tafel 3.72 nicht „feuerbeständig" sein, da sie immer den Zusatzbuchstaben „-B", z. B. F 90-B, tragen. Bei Verwendung anstelle „feuerbeständiger Bauteile" ist Genehmigung im Einzelfall erforderlich.

DIN 4102-4 enthält eine Fülle von Konstruktionsdetails für Fachwerkwände, Holztafelwände, Holzbalkendecken, Dächer, Balken, Stützen, Zugglieder und Verbindungsmittel. Weitere Informationen über die Arbeitsgemeinschaft Holz, Düsseldorf. Hier werden nur einige Angaben zur Darstellung einer Größenordnung wiedergegeben.

Tafel 3.78 Raumabschließende[1)] Wände aus Holztafeln, auch unter Verwendung von Gipskartonplatten nach DIN 4102-4

Zeile	**Konstruktionsmerkmale** Abkürzungen: MF = Mineralfaser-Platten oder -Matten	**Holzrippen** Mindestabmessungen	zul. Spannung	**Beplankung(en) und Bekleidung(en)** Mindestdicke von Holzwerkstoffplatten (Mindestrohdichte) ϱ = 600 kg/m³	Gipskarton-Bauplatten F (GKF)	**Dämmschicht** Mindest-Dicke von Mineralfaser-Platten oder -Matten	Rohdichte	Dicke von Holzwolle-Leichtbauplatten	Feuerwiderstandsklasse
		$b_1 \times d_1$	σ_D	d_2	d_3	D	ϱ	D	
		mm × mm	N/mm²	mm	mm	mm	kg/m³	mm	
1	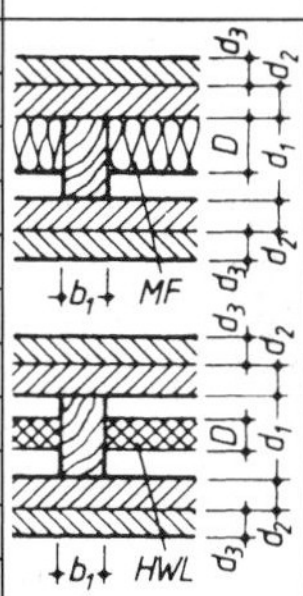	40 × 80[2)]	2,5	13[3)]		80	30		F 30-B
2			2,5	13[3)]		40	50		
3			1,25	8[3)]		60	100		
4			2,5	13[3)]				25	
5			2,5	0	12,5[7)]	60	30		
6			2,5	2 × 16[4)]		80	30		F 60-B
7			2,5	2 × 16[4)]		60	50		
8			1,25	19[5)]		80	100		
9			0,5	8	12,5[7)]	80	100		
10			0,5	2 × 19[6)]		100	100		F 90-B
11			0,5	2 × 19[6)]				75	

1) Wegen tragender, nicht raumabschließender Wände siehe DIN 4102-4, Tabelle 50.
2) Bei nichttragenden Wänden muss $b_1 \times d_1 \geq 40$ mm × 40 mm sein.
3) Einseitig ersetzbar durch GKF-Platten mit $d \geq 12{,}5$ mm oder GKB-Platten mit $d \geq 18$ mm oder $d \geq 2 \times 9{,}5$ mm.
4) Die jeweils raumseitige Lage darf durch Gipskarton-Bauplatten entsprechend Fußnote 3 ersetzt werden.
5) Einseitig ersetzbar durch GKF-Platten mit $d \geq 18$ mm.
6) Die jeweils raumseitige Lage darf durch Gipskarton-Bauplatten F mit $d \geq 18$ mm ersetzt werden.
7) Anstelle von 12,5 mm dicken GKF-Platten dürfen auch GKB-Platten mit $d \geq 18$ mm oder $d \geq 2 \times 9{,}5$ mm verwendet werden.

Hinweise: a) In allen raumabschließenden Wänden sind Dämmschichten aus Mineralfaser-Dämmstoffen, Baustoffklasse A 1 mit Schmelzpunkt ≥ 1000 °C, geprüft nach DIN 4102-17, oder Holzwolle-Leichtbauplatten notwendig. Sie sind gegen Herausfallen zu sichern.
b) Sehr ähnliche Konstruktionen sind möglich in der Form von Gipskartonplatten-Wänden mit Metallständern, deren Einzelheiten in DIN 18 181 und DIN 18 183 genormt sind. Hier können die Feuerwiderstandsklassen auch den Zusatzbuchstaben „-A" erhalten.

Tafel 3.79a Mindestbreite *b* unbekleideter Stützen und Balken der Klasse F 30-B aus Voll- und Brettschichtholz bei dreiseitiger und vierseitiger Brandbeanspruchung

Zeile	Brandbeanspruchung	statische Beanspruchung Druck $\frac{\sigma_{D\|}}{\text{zul }\sigma_K}$	statische Beanspruchung Biegung $\frac{\sigma_B^{1)}}{\text{zul }\sigma_B^*}$	Mindestbreite *b* in mm bei einem Seitenverhältnis *h*/*b* von 1, Brandbeanspruchung dreiseitig	2	4	6	1, vierseitig	2	4	6
				und einem Abstützungsabstand *s* bzw. einer Knicklänge s_k in m von 2,0 m/5,0 m							
1	**Brettschichtholz**	**1,0**	**0,0**	148/169	139/158	135/153	134/151	169/202	147/168	139/157	136/154
2		0,8	0,0	132/146	124/134	121/128	120/126	148/164	131/145	124/134	122/130
3			0,2	141/157	132/147	127/142	127/143	164/190	140/157	131/146	130/145
4		0,6	0,0	116/119	110/110	107/107	106/106	130/139	116/118	110/110	108/108
5			0,4	134/146	124/131	119/130	121/139	158/173	133/145	123/134	123/142
6		0,4	0,0	100/100	95/95	92/92	91/91	112/112	100/100	95/95	93/93
7			0,6	125/131	114/116	111/126	114/139	153/162	125/130	114/129	116/141
8		0,2	0,0	80/80	80/80	80/80	80/80	90/90	80/80	80/80	80/80
9			0,8	115/116	102/108	102/123	107/138	147/151	114/116	105/126	109/140
10		**0,0**	0,2	80/80	80/80	80/80	80/80	80/80	80/80	80/80	80/80
11			**1,0**	100/100	84/100	92/120	101/138	140/140	99/108	95/123	103/140
12	**Vollholz (Beispiele)**	**1,0**	**0,0**	163/203	151/190	–	–	187/229	161/202	–	–
13		0,6	0,4	148/171	135/154	–	–	177/204	146/169	–	–
14		0,4	0,6	139/153	125/137	–	–	172/190	138/152	–	–
15		**0,0**	**1,0**	114/114	96/114	–	–	160/160	113/123	–	–

1) zul $\sigma_B^* = 1{,}1\ k_B$ zul σ_B mit $1{,}1\ k_B \leq 1{,}0$.

Tafel 3.79b Ertüchtigung „alter Holzbalkendecken" auf F 30-B nach DIN 4102-4

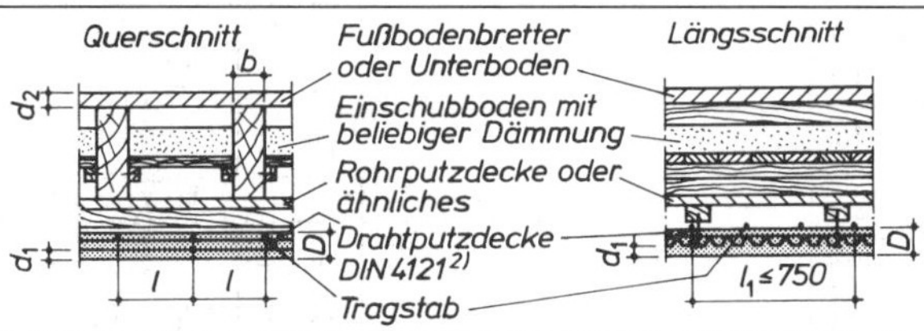

Zeile	Mindestbreite der Holzbalken	Mindestdicke der Fußbodenbretter oder des Unterbodens	Zulässige Spannweite des Putzträgers bei Drahtgewebe	Zulässige Spannweite des Putzträgers bei Rippenstreckmetall	Mindestputzdicke 1)
	b mm	d_2 mm	*l* mm	*l* mm	d_1 mm
1	120	28	500	1000	15
2	160	21	500	1000	15

1) Putz der Mörtelgruppe P II, P IVa, P IVb oder P IVc nach DIN 18 550-2. d_1 über Putzträger gemessen; die Gesamtputzdicke muss $D \geq d_1 + 10$ mm sein – das heißt, der Putz muss den Putzträger ≥ 10 mm durchdringen. Zwischen Rohrputz oder Ähnlichem und Drahtputz darf kein wesentlicher Zwischenraum sein (siehe Schemaskizze).

2) Anstelle der Drahtputzdecke dürfen auch Gipskarton-Feuerschutzplatten (GKF) nach DIN 18 180 mit einer Dicke von 25 mm oder 2 × 12,5 mm bei einer Spannweite von $l \leq 500$ mm verwendet werden.

5.4.6 Brandwände

Brandwände zur Bildung von Brandabschnitten als Gebäudetrennwände oder Gebäudeabschlusswände müssen einschließlich ihrer Stoßfestigkeit nach DIN 4102-3 so beschaffen sein, dass sie bei einem Brand ihre Standsicherheit nicht verlieren. Die Brandwand ist bei Gebäuden geringer Höhe durchgehend mindestens bis unmittelbar unter die Dachhaut zu führen. Bei sonstigen Gebäuden ist sie durchgehend entweder 0,3 m über Dach zu führen oder in Höhe der Dachhaut mit einer beidseitig 0,5 m auskragenden Stahlbetonplatte in F 90 abzuschließen. Bei Gebäuden mit weicher Bedachung ist die Brandwand 0,5 m über Dach zu führen. Müssen Gebäude oder Gebäudeteile, die über Ecke zusammenstoßen, durch eine Brandwand abgeschlossen oder unterteilt werden, so muss die Brandwand über die innere Ecke mindestens 3 m hinausragen. Dies gilt nicht, wenn die Gebäude oder Gebäudeteile in einem Winkel von mehr als 120° über Ecke zusammenstoßen. Stoßen Gebäude unterschiedlicher Höhe entlang einer Brandwand aneinander, so ist entweder die Wand des höheren Gebäudes bis zu deren Oberkante (fensterlos) als Brandwand auszubilden oder die Dachfläche des niedrigeren Gebäudes in einem 5 m breiten Streifen einschließlich der unterstützenden Bauteile und der Öffnungen in der Dachfläche in der Klasse F 90-A auszuführen.
Öffnungen in Brandwänden sind unzulässig. In inneren Brandwänden können sie gestattet werden, wenn sie mit selbstschließenden Abschlüssen der Klasse T 90 (auch „Schleusen“ mit zwei T 30 möglich) oder mit Verglasungen der Klasse F 90 gesichert werden.
Bauteile mit brennbaren Baustoffen dürfen Brandwände oder die genannte Stahlbetonplatte nicht überbrücken. Bauteile dürfen in Brandwänden nur so weit eingreifen, dass der verbleibende Wandquerschnitt die Feuerwiderstandsklasse F 90 behält; für Leitungen, Leitungsschlitze und Schornsteine gilt dies entsprechend. Leitungen dürfen durch Brandwände nur hindurchgeführt werden, wenn die Übertragung von Feuer und Rauch nicht zu befürchten ist oder Vorkehrungen hiergegen getroffen sind.

Tafel 3.80 Zulässige Schlankheit, Mindestwanddicke und Mindestachsabstand von ein- und zweischaligen Brandwänden nach DIN 4102-4 (Auszug)

Zeile	Schemaskizze für bewehrte Wände 	Zulässige Schlankheit h_s/d (h_s = lichte Geschosshöhe)	Mindestdicke d in mm, falls Brandwand		Mindestachsabstand u in mm
			einschalig	zweischalig	
1	**Wände aus Normalbeton** nach DIN 1045 bewehrt, tragend	25	140	2×120	25
	bewehrt, nichttragend	Bemessung nach DIN 1045	120	2×100	nach DIN 1045
	unbewehrt		200	2×180	
2	**Wände aus Leichtbeton** mit haufwerkporigem Gefüge nach DIN 4232 der Rohdichteklasse	Bemessung nach DIN 4232			
	≥ 1,4		250	2×200	–
	≥ 0,8		300	2×200	
3	**Wände aus bewehrtem Porenbeton** nichttragende Wandplatten der Festigkeitsklasse 4,4, Rohdichteklasse ≥ 0,6	nach allgemeiner bauaufsichtlicher Zulassung	175	2×175	20
	Festigkeitsklasse 3,3, Rohdichteklasse ≥ 0,6		200	2×200	30
	tragende, stehend angeordnete Wandtafeln der Festigkeitsklasse 4,4, Rohdichteklasse ≥ 0,7		200	2×200	20
4	**Wände aus Mauerwerk** nach DIN 1053-1 und -2 unter Verwendung von Normalmörtel der Mörtelgruppe II, II a oder III, III a	Bemessung nach DIN 1053-1 und -2 (Exzentrizität $e \leq d/3$)			
	Steine nach DIN V 105-1 Rohdichteklasse ≥ 1,4		240	2×175	–
	≥ 1,2		300	2×200	
	DIN 105-2 ≥ 0,8		365	2×240	
	Steine nach DIN V 106-1 Rohdichteklasse ≥ 1,4		240	2×175	
	≥ 0,9		300	2×200	
	0,8		300	2×240	
	Steine nach DIN V 4165, DIN V 18 151 bis DIN V 18 153, Rohdichteklasse ≥ 0,6		300	2×240	

4 Technische Gebäudeausrüstung

Prof. Dr.-Ing. Dirk Bohne

Inhaltsverzeichnis

1 Abwasser- und Wassertechnik

1.1 Abwasseranlagen

Auf bebauten Grundstücken fällt Niederschlagswasser und Schmutzwasser an. Schmutzwasser wird in senkrechten Leitungen einem i. d. R. unter dem Kellerfußboden befindlichen liegenden Rohrnetz und dann der öffentlichen Kanalisation zugeführt. Man unterscheidet Misch- und Trennverfahren.

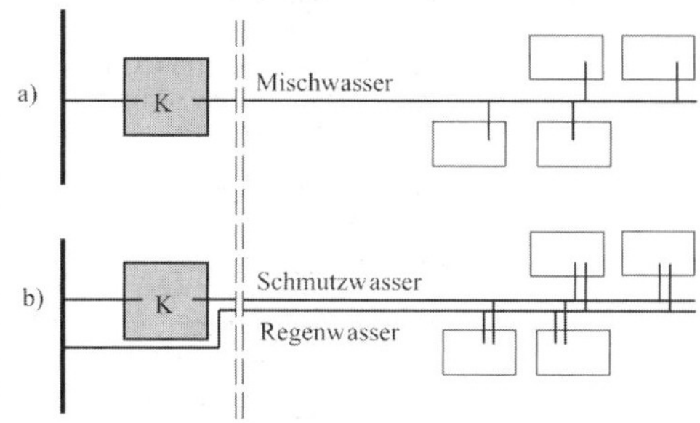

Abb. 4.2 Beim Mischsystem (a) werden Regen- und Schmutzwasser ungetrennt der kommunalen Kläranlage (K) zugeführt. Starke Niederschläge können bewirken, dass rückstauendes Wasser aus tief gelegenen, ungesicherten Schmutzwassereinläufen austritt.
Im Trennsystem (b) werden Regen- und Schmutzwasser getrennt abgeführt und auf diese Weise die Kläreinrichtungen entlastet. Rückstauendes Regenwasser kann innerhalb von Gebäuden keinen Schaden mehr anrichten.

Entwässerungsanlagen für Gebäude werden möglichst nach dem Schwerkraftprinzip erstellt. Es gilt die europäische Normenreihe DIN EN 12 056 für alle Entwässerungsanlagen, die unter Schwerkraft betrieben werden. Die Normreihe gilt ausschließlich für wohn-, geschäfts-, instituts- und industrielle Bauten innerhalb der Gebäude. Zusätzliche Bestimmungen für Deutschland sind in der DIN 1986-100 aufgeführt. Außerhalb des Gebäudes gelten außerdem die DIN EN 752 sowie weitere Bestimmungen.

Die **Genehmigungspflicht** für die Erstellung einer Grundstücksentwässerungsanlage, wie auch die Überwachung ihrer Erstellung, beschränkt sich in den meisten Bundesländern (z. B. in Nordrhein-Westfalen) auf den Anschluss an das kommunale Kanalnetz, soweit nur häusliche Abwässer anfallen.

Bei der Einleitung von Regenwasser in das Kanalsystem ist eine ggf. vorliegende **Einleitungsbegrenzung** zu beachten. Sofern diese vorliegt, können bei Überschreitung ein Regenrückhaltebauwerk oder andere Retentionsmaßnahmen erforderlich werden.

Die Leitungen eines Abwassernetzes werden wie folgt bezeichnet: **Fallleitung** ist die senkrechte Leitung im Gebäude, die Schmutz- oder Regenwasser in eine liegende Leitung führt und über Dach entlüftet wird. Die **Grundleitung** ist die unzugänglich im Erdreich oder in einer Bodenplatte liegende Leitung, die Abwasser aus Fallleitungen, Anschlussleitungen und Bodeneinläufen aufnimmt. **Lüftungsleitung** ist die Verlängerung von Fallleitung über Dach, um einen Druckkausgleich über die Freispiegelentwässerung herzustellen. **Sammelleitungen** entsprechen der Funktion der Grundleitung, liegen jedoch frei unter der Kellerdecke oder an Kellerwänden. **Anschlussleitungen** sind die Leitungen vom Geruchsverschluss des Entwässerungsgegenstandes bis zur weiterführenden Leitung. Der **Anschlusskanal** ist die Leitung vor der letzten Reinigungsöffnung auf dem Grundstück bis zum öffentlichen Abwasserkanal. Die verwendeten Symbole sind in DIN 1986-100 aufgeführt.

Anschlussleitungen und Fallleitungen müssen (WC- und Urinalanschlüsse sollten) aus heißwasserbeständigen Materialien (für eine maximale Wassertemperatur von +95 °C) bestehen (gusseiserne Rohre, Stahlrohre, Faserzementrohre, heißwasserbeständige Kunststoffrohre, sogenannte HT-Rohre (Hotwater-Tubes) aus PP, ABS, ASA, PE-HD (früher: PE-hart), PVC-C).

Regen- und Schmutzwasser müssen in getrennten Fallleitungen abgeführt werden. Am Fuße aller Fallstränge sind Reinigungsöffnungen vorzusehen. *Rohrleitungsmaterialien* sind *gusseiserne Rohre* (SML-Rohre) ohne Muffe gem. DIN 19 522, *Stahlabflussrohre* gem. DIN EN 1123 innen und außen feuerverzinkt, *Faserzementrohre* (FZ-Rohre) nach DIN EN 12 763-1 u. -2, *PP-Rohre* (aus Polypropylen) gem. DIN 19560, ABS- und ASA-Rohre (aus Acrylnitril-Butadien-Styrol bzw. Acrylnitril-Styrol-Acrylester) gem. DIN 19 561, PE-HD-Rohre (Polyethylenrohre hoher Dichte, bisher auch als Polyethylen-hart bezeichnet) gem. DIN 19 535-1, PVC-C-Rohre (aus chloriertem PVC-U.) gem. DIN 19 538. *Innenliegende Regenfallleitungen* sind durch Dämmmaßnahmen gegen Kondensatwasser zu sichern.

Geneigte Dächer mit äußerer Entwässerung erhalten **Dachrinnen** aus Kunststoff (PVC) gem. DIN EN 607 oder Metall (Zink- oder Kupferblech, seltener Aluminium bzw. nichtrostendes oder verzinktes Stahlblech) gem. DIN EN 612. **Außen angeordnete Regenfallleitungen**: Üblicherweise werden für Regenfallleitungen die gleichen Materialien wie für die Dachrinnen verwendet. Die strömungstechnisch ungünstigere rechteckige Querschnittsform wird seltener gewählt.

Lüftungsleitungen

Jede Fallleitung für Schmutzwasser ist ab der Einmündung der obersten Anschlussleitung als Lüftungsleitung ohne Querschnittsverengung bis über Dach zu führen. Lüftungsleitungen sind möglichst geradlinig und lotrecht zur Mündung zu führen. Grundleitungen in Gebäuden ohne Schmutzwasserfallleitungen (z. B. in eingeschossigen, nichtunterkellerten Gebäuden) sind an ihrem oberen Ende mit einer über Dach geführten Lüftung zu versehen. Der Anschluss eines Regenfallrohres in einem Mischsystem kann nicht als Lüftung gelten, da diese bei Regen unwirksam ist.

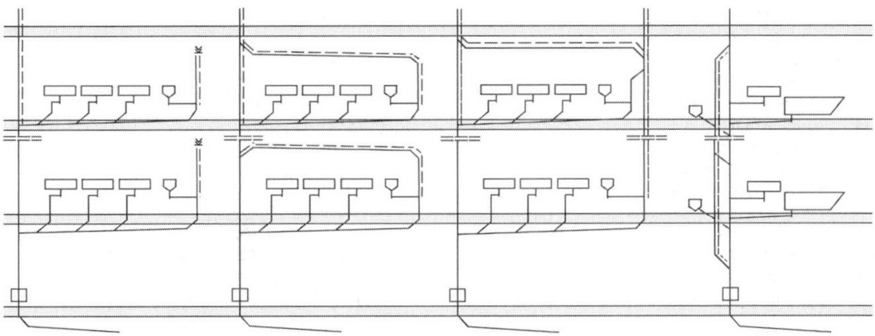

statt Umlüftung oder indirekter Nebenlüftung ist auch ein Belüftungsventil möglich — Umlüftung — indirekte Nebenlüftung — direkte Nebenlüftung

Abb 4.3 Varianten von Lüftungssystemen für Sonderfälle: Umlüftungen entlüften Sammelanschlussleitungen. Indirekte und direkte Nebenlüftungen sowie Sekundärlüftungen entlasten stark beanspruchte und lange Fallleitungen.

Grund- und Sammelleitungen

Ein Rohrnetz aus liegenden Leitungen übernimmt die aus Fallsträngen und Bodenabläufen zufließenden Abwässer und führt sie dem Anschlusskanal zu. Innerhalb des Gebäudes sind Sammelleitungen mit einem Füllungsgrad von $h/d_i = 0,5$ mit einem Mindestgefälle von 0,5 cm/m und einer Mindestfließgeschwindigkeit von 0,5 m/s zu bemessen. Nach Einleitung eines Volumenstromes aus einer Abwasserhebeanlage kann die Sammelleitung mit einem Füllungsgrad von $h/d_i = 0,7$ bemessen werden. Der Mindestquerschnitt beträgt DN 80. Sofern der Gesamtschmutzwasserabfluss > 2,0 l/s ist, kann die Bemessung nach der Tabelle für Sammelanschlussleitungen erfolgen (Mindestquerschnitt DN 50). Grundleitungen sind ebenso zu bemessen und mit einem Mindestquerschnitt von DN 80 auszulegen. Mischwasser außerhalb des Gebäudes ist mit einer Mindestfließgeschwindigkeit von 0,7 m/s und einer Höchstgeschwindigkeit von 2,5 m/s zu berücksichtigen. Nach der Einleitung eines Volumenstroms aus einer Abwasserhebeanlage kann die Grundleitung hinter einem Schacht mit offenem Durchfluss auch mit einem Füllungsgrad von $h/d_i = 1,0$ bemessen werden. Grundsätzlich können Grundleitungen bis zum nächstgelegenen Schacht außerhalb von Gebäuden mit der Mindestnennweite DN 80 ($d_i = 75$ mm) ausgeführt werden, wenn die hydraulischen Berechnungen dies zulassen. Unabhängig davon wird empfohlen, wegen der besseren Zugänglichkeit der Grundleitungen bei Inspektion und Reinigung die Nennweite DN 100 zu wählen.

Im Gegensatz zu Anschluss-, Fall- und Sammelleitungen werden für Grundleitungen keine heißwasserbeständigen Materialien gefordert. Sie müssen für eine Abwassertemperatur von +45 °C mit kurzzeitig höheren Spitzen geeignet sein.

Eingeführte **Rohrleitungsmaterialien für Grundleitungen im Erdreich**: Steinzeugrohre für Grundleitungen gibt es in mehreren Ausführungen: Steinzeugrohr CeraFix (früher Steinzeugrohr N) nach DIN

EN 295, Nennweiten: DN 100 bis DN 200 mit Steckmuffe L nach Verbindungssystem F. Steinzeugrohr CeraDyn (früher Steinzeugrohr V) nach DIN EN 295, Nennweiten: DN 200 bis DN 1400 mit Steckmuffe K nach Verbindungssystem C. Kunststoffrohre PVC-U (früher als PVC-hart bezeichnet) in orange-brauner Farbe gem. DIN EN 1401-1, Steckmuffenverbindung wie bei PVC-Fallleitungen; Faserzement-Kanalrohre (FZ-Rohre) nach DIN EN 12763-1 u. -2, Typ B, geeignet für Grund- und Sammelleitungen.

Planungshinweise zu Grundleitungen

Damit liegende Rohrleitungen leerlaufen können, sind sie in einem gleichmäßigen Gefälle zu verlegen, welches nicht steiler als 5 % bzw. 1 : 20 sein soll. Mit steilerem Gefälle verringert sich die Schwemmtiefe und damit die Schleppkraft des Wassers (Feststoffe werden vom Wasser überholt). Das hydraulisch günstigste Gefälle liegt bei 2 % bzw. 1 : 50 und sollte nach Möglichkeit durchgängig in Entwässerungssystemen Anwendung finden. Die DIN EN 12 056 erlaubt jedoch auch weitaus kleinere Gefälle, siehe Tafel 4.4. Muss ein Gefällewechsel in einem Leitungsstrang vorgenommen werden (z. B. von 1 : 50 auf 1 : 667, wie bei Übergang von DN 100 auf DN 125 zulässig), sollte dies möglichst an einer Reinigungsöffnung erfolgen. Mindestgefälle finden sich in Tafel 4.4.

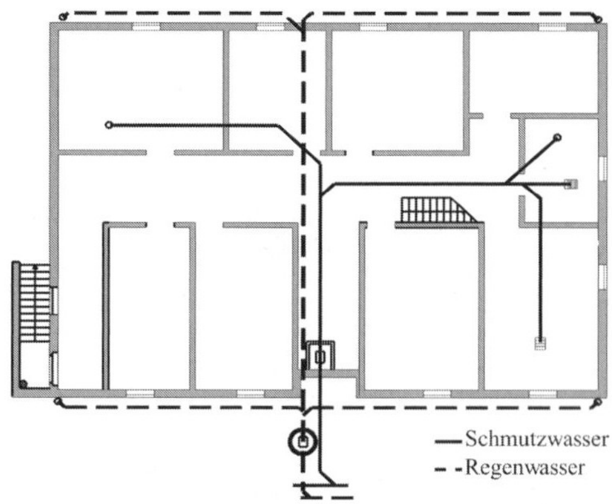

Abb. 4.4 Kellergeschoss eines Mehrfamilienhauses mit Grundleitungen im Trennsystem. Richtungsänderungen bzw. Abzweigungen jeweils unter 45°. Die Regenwassergrundleitungen liegen an den Kreuzungspunkten etwa 20 cm höher als die Grundleitungen für Schmutzwasser.

Tafel 4.4 Mindestgefälle für Freispiegelentwässerung

Leitungsbereich	Mindestgefälle	Hinweis auf Norm und Abschnitt
Unbelüftete Anschlussleitungen	1,0 %	DIN EN 12056-2, Tab. 5
Belüftete Anschlussleitungen	0,5 %	DIN 1986-100, Abschnitt 8.3.2.2 DIN EN 12056-2, Tab. 8
Grund- und Sammelleitungen a) für Schmutzwasser b) für Regenwasser (Füllungsgrad 0,7)	 0,5 % 0,5 %	 DIN 1986-100, Abschnitt 8.3.4 DIN 1986-100, Abschnitt 9.3.5.2
Grund- und Sammelleitungen DN 90 (Klosettbecken mit Spülwasservolumen 4,5 – 6 l)	1,5 %	DIN 1986-100, Tabelle A.2
Grundleitungen für Regenwasser außerhalb des Gebäudes (Füllungsgrad 0,7) bis DN 200 ab DN 250	 0,5 %*) 1 : DN*)	DIN 1986-100, Abschnitt 9.3.5.2

*) Fließgeschwindigkeit max. 2,5 m/s. Hinter einem Schacht mit offenem Durchfluss kann für die Vollfüllung ohne Überdruck bemessen werden.

Für größere Höhenunterschiede sind ggf. Absturzschächte mit Reinigungsmöglichkeit anzuordnen. Grundleitungen werden i. d. R. nach dem Ausheben der Fundament- und Rohrgräben noch vor dem Betonieren der Fundamente verlegt. Abwasser- und Lüftungsleitungen müssen bei bis zu 0,5 bar (5 m WS) dauernd dicht sein. Das Bauordnungsrecht der jeweiligen Länder sieht daher vor, dass alle Grundleitungen nach ihrer Verlegung einer Dichtheitsprüfung nach DIN EN 1610 zu unterziehen sind.

Reinigungsöffnungen

Am Fuße aller Fallleitungen für Schmutz- und Regenwasser sind Reinigungsöffnungen, etwa 30 bis 40 cm über dem Fußboden (Eimerhöhe), vorzusehen. Reinigungsöffnungen sind auch in **Grundleitungen**

vorzusehen. Mit Rücksicht auf die Länge bzw. Reichweite von Reinigungs- und Inspektionsgeräten schreibt DIN 1986-100 Reinigungsöffnungen in Abständen von max. 20 m vor. In Strecken ohne Richtungsänderung (betrifft insbesondere Anschlusskanäle) sind Abstände von max. 40 m bis DN 150 zugelassen. Bei Grundleitungen ≥ DN 200 in Schächten mit offenem Durchfluss kann der Abstand auf 60 m erhöht werden.

Um die in Grundleitungen eingebauten, mit rechteckigen Reinigungsöffnungen versehenen Reinigungsrohre zugänglich zu machen, werden sie in **Schächten** (Revisionsschächten) angeordnet.

Alle Leitungen der Gebäude- und Grundstücksentwässerungen münden in den **Anschlusskanal**. Dieser beginnt in aller Regel mit dem letzten Kontrollschacht auf dem Baugrundstück, dem Übergabeschacht (Hauskasten), und endet am öffentlichen Straßenkanal.

Bodenabläufe brauchen sich nicht direkt unterhalb der Zapfstelle zu befinden. Es reicht aus, wenn diesen das Wasser über einen wasserdichten Fußboden ohne Pfützenbildung zufließen kann.

Abläufe bestehen aus Gusseisen, Edelstahl, Messing, Beton bzw. Stahlbeton oder Kunststoff (PE, GFK, PP, ABS, ASA oder PVC). **Entwässerungsrinnen** nach DIN 19 580 aus Gusseisen, Beton, Stahlbeton, Kunstharz- oder Faserbeton werden in mehreren Beanspruchungsklassen hergestellt.

Flachdachabläufe. Flachdächer mit nach innen abgeführter Entwässerung müssen mindestens zwei Abläufe oder anstelle des zweiten Ablaufes einen Sicherheitsüberlauf erhalten. Die Anordnung von Fallleitungen, und damit auch die Anzahl der Fallleitungen, ist letztendlich von der Grundrisskonzeption abhängig.

Grundsätzlich ist Abwasser aus gewerblicher oder industrieller Herkunft so zu behandeln, dass es in das Schmutzwasserleitungsnetz eingeführt werden darf. Gegenfalls sind dafür entsprechende **Abscheider- oder Aufbereitungsanlagen** einzubauen. Dazu gehören z. B. **Abscheideranlagen für Fette, Abscheideranlagen für Leichtflüssigkeiten, Stärkeabscheider oder Emulsionsspaltanlagen**. Bei Mineralöl oder Leichtflüssigkeiten sind Abscheider nach DIN EN 858-1 und -2 (Ausgabe 2005-02) Abscheideranlagen für Leichtflüssigkeiten dimensioniert. Die Anlagen bestehen in der Regel aus Schlammfang, Abscheider und Probenahmeschacht.

Ein **Rückstau von Abwässern** tritt ein, wenn das Aufnahmevermögen des Entwässerungssystems überfordert bzw. blockiert ist. In Schmutzwasserleitungen tritt Rückstau i. Allg. nur als Folge von Verstopfung auf. Mischkanalisationen sind besonders gefährdet, da starke Regenfälle bewirken können, dass zeitweilig sowohl die öffentliche Kanalisation als auch die oberirdischen Vorfluter (Bäche, Flüsse) nicht mehr aufnahmefähig sind. Weitere Regen- und Schmutzwasserzuflüsse führen dann zu einem unbeeinflussbaren Ansteigen des Wasserspiegels im Abwasserleitungsnetz und zum Austritt von Abwässern aus tiefliegenden ungesicherten Abläufen. Ein gewisser Anteil der austretenden Abwässer eines Mischsystems besteht aus Schmutzwasser mit Fäkalienanteilen.

Einrichtungen zur Sicherung von Ablaufstellen fäkalienfreier Abwässer: Kellerablauf mit Rückstauverschluss gem. DIN EN 13 564-1 (nur in Ausnahmefällen). Ein Schmutzwassersammelbehälter mit Pumpe ermöglicht eine kontinuierliche Entsorgung auch bei Rückstau. Meist als Bodenablauf ausgebildet, mit Anschlussmöglichkeit für weitere Entwässerungsgegenstände. Die Abwässer werden über eine Rohrschleife gedrückt, die höher liegt als die Rückstauebene.

Einrichtungen zur **Sicherung von Ablaufstellen fäkalienhaltiger Abwässer**: Rückstauverschluss zum Einbau in Abwasserleitungen gem. DIN EN 13 564, die das Abwasser mit natürlichem Gefälle befördern (nur in Ausnahmefällen). **Fäkalienhebeanlagen** bieten mit ihrer über die Rückstauebene geführten Rohrschleife den sichersten Schutz gegenüber Rückstau, selbst bei Stromausfall oder defekter Anlage. Sie sind unumgänglich, wenn die Kanalisation so hoch liegt, dass ein Anschluss mit ausreichendem Gefälle nicht realisierbar ist.

Abwasserhebeanlagen bestehen aus Pumpenaggregaten mit davorgeschalteten Sammelbehältern sowie den dazugehörigen Leitungen und Armaturen. Sie werden eingesetzt, um unterhalb der Rückstauebene Abwasser sicher der öffentlichen Kanalisation zuzuführen. Hebeanlagen werden auch benötigt, wenn der Straßenkanal für den Anschluss einer Gebäudeentwässerung mittels Freiflussleitung zu hoch liegt. Abwasserhebeanlagen, bei denen der Abwasserzufluss nicht unterbrochen werden darf, sind als **Doppelhebeanlage** einzubauen.

Einleitung von Niederschlagswasser in den Untergrund: Versickerungsanlagen setzen eine ausreichende Durchlässigkeit der zur Verfügung stehenden Grundstücksfläche voraus, ausgedrückt im Durchlässigkeitsbeiwert (k_f-Wert). Eingeführte Methoden, Niederschlagswasser durch Versickerung dem Unter-

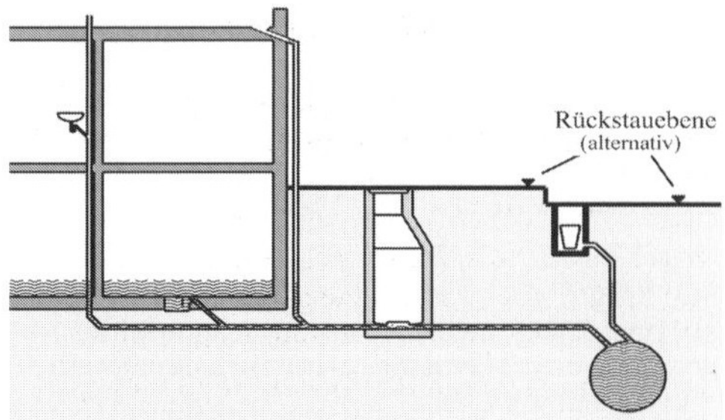

Abb. 4.6 Rückstau in den Abflussleitungen eines Mischsystems infolge Überlastung der Vorfluter nach einem Starkregen. An den tiefstgelegenen Abläufen tritt, sofern diese ungesichert sind, mit Schmutzwasser vermischtes Regenwasser aus.

grund zuzuführen, sind: Muldenversickerung (grabenartig oder auch in größeren Flächen); Sickerschacht (geeignet für kleinere Flächen mit abzuleitendem Niederschlagswasser z. B. von Einfamilienhäusern); Rigole (kiesgefüllter Graben mit perforiertem Rohrstrang in frostfreier Tiefe); Kombination von Muldenversickerung und Rohrrigole; Teich mit sickerfähigem Rand oberhalb.

Dimensionierung von Entwässerungsanlagen

Die Berechnung von Entwässerungsanlagen basiert auf angenommenen Belastungen der Leitungssysteme, die vom Nutzungstyp und von der Art der Entwässerung abhängig sind. Grundsätzlich wird zwischen Schmutz- und Regenwasser unterschieden. Weiterhin wird unterschieden, ob das anfallende Schmutz- und Regenwasser zu einem Mischsystem zusammengeführt wird oder nach Auflage der kommunalen Satzung getrennt abgeführt werden muss.

Bemessungen von Schmutzwasserleitungen

Der erwartete Schmutzwasserabfluss berechnet sich nach

$$Q_{\mathrm{WW}} = K \cdot \sqrt{\Sigma\,(DU)}$$

Dabei sind Q_{ww} der Schmutzwasserabfluss (l/s), K die Abflusskennzahl (dimensionslos) und DU die Anschlusswerte (Design Units) (dimensionslos).

Tafel 4.6a Typische Abflusskennzahlen *K* nach DIN 12 056

Gebäudeart	*K*
unregelmäßige Benutzung z. B. in Wohnhäusern, Pensionen, Büros	0,5
regelmäßige Benutzung z. B. in Krankenhäusern, Schulen, Restaurants, Hotels	0,7
häufige Benutzung z. B. in öffentlichen Toiletten und/oder Duschen	1,0
spezielle Benutzung z. B. Labor	1,2

Tafel 4.6b Anschlusswerte (*DU*) für verschiedene Entwässerungsgegenstände (DIN 1986-100)

Entwässerungsgegenstand	Anschlusswert *DU*	Einzelanschlussleitung
Waschbecken, Bidet	0,5	DN 40
Dusche ohne Stöpsel	0,6	DN 50
Dusche mit Stöpsel	0,8	DN 50
Einzelurinal mit Spülkasten	0,8	DN 50
Urinal mit Druckspüler	0,5	DN 50
Standurinal	0,2	DN 50
Urinal ohne Wasserspülung	0,1	DN 50
Badewanne	0,8	DN 50
Küchenspüle und Geschirrspüler*	0,8	DN 50
Geschirrspüler	0,8	DN 50
Waschmaschine bis 6 kg	0,8	DN 50
Waschmaschine bis 12 kg	1,5	DN 70
WC mit 4,0/4,5 l Spülkasten	1,8	DN 80 / DN 90
WC mit 6,0/7,5 l Spülkasten/Druckspüler	2,0	DN 80 – DN 100
WC mit 9,0 l Spülkasten/Druckspüler	2,5	DN 100
Bodenablauf DN 50	0,8	DN 50
Bodenablauf DN 70	1,5	DN 70
Bodenablauf DN 100	2,0	DN 100

* Mit gemeinsamem Geruchsverschluss.

Der gesamte Abwasserabfluss ergibt sich aus:

$$Q_{tot} = Q_{WW} + Q_c + Q_P$$

Q_{tot} Gesamtschmutzwasserabfluss in l/s
Q_{WW} Schmutzwasserabfluss in l/s
Q_c Dauerabfluss in l/s
Q_P Pumpenförderstrom in l/s

Wegen unterschiedlicher Entwässerungssysteme innerhalb Europas definiert die DIN EN 12 056-2 vier verschiedene Entwässerungssysteme. Die Systeme unterscheiden sich nach dem Füllungsgrad, der Anschlussleitung und der Aufteilung in ein oder zwei Leitungssystemen:

Tafel 4.7a Entwässerungssysteme (für Deutschland zulässig sind die Systeme I und IV)

System I	Einzelfallleitung, teilbefüllte Anschlussleitung, Befüllungsgrad 0,5
System II	Einzelfallleitung, Systemanschlussleitung, teilbefüllt, Befüllungsgrad 0,7
System III	Einzelfallleitung mit vollbefülltem Anschluss, Befüllungsgrad 1,0
System IV	Aufteilung in 2 Leitungssysteme (Grauwasser, Schmutzwasser)

Die ermittelte Dimension ist in der Einheit DN anzugeben.

Bemessung von Anschlussleitungen

Die Einzel- und Sammelanschlussleitungen werden nach den folgenden Tafeln bemessen.

Tafel 4.7b Bemessung von belüfteten Sammelanschlussleitungen (entspricht Tabelle 5 in DIN 1986-100)

$K = 0,5$	$K = 0,7$	$K = 1,0$	DN	d_i
ΣDU	ΣDU	ΣDU		mm
1,0	1,0	0,8	50	44
2,0	2,0	1,0	50/60	49/56
9,0	4,6	2,2	70*	68
13,0**	8,0**	4,0	80	75
13,0**	10,0**	5,0	90	79
16,0	12,0	6,4	100	96

* Keine Klosetts ** Maximal zwei Klosetts

Tafel 4.7c Bemessung von belüfteten Sammelanschlussleitungen (vereinfachte Bemessung anstelle der Berechnung nach den Regeln für Sammelleitungen, nach Prandtl-Colebrook)

$K = 0,5$	$K = 0,7$	$K = 1,0$	DN	d_i
ΣDU	ΣDU	ΣDU		mm
3,0	2,0	1,0	50	44
5,0	4,6	2,2	50/60	49/56
13,0	10,0	5,0	70*	68
16,0	13,0	9,0	80	75
20,0	16,0	11,0	90	79
25,0	20,0	14,0	100	96

* Keine Klosetts

Fallleitungen

Die Bemessung von Fallleitungen für Schmutzwasser unterscheidet sich nach dem Lüftungssystem (Tabelle 11 in DIN 12 056-2 für Fallleitungen mit Haupt- und Nebenlüftung), Tafel 4.7d.

Tafel 4.7d Zulässiger Schmutzwasserabfluss Q_{max} und Nennweite DN für Fallleitungen mit Nebenlüftung (entspricht Tabelle 12 in DIN EN 12 056-2)

Schmutzwasserfallleitung mit Hauptlüftung	Nebenlüftung	Q_{max} (l/s)	
DN	DN	Abzweige	Abzweige mit Innenradius
60	50	0,7	0,9
70	50	2,0	2,6
80*	50	2,6	3,4
90	50	3,5	4,6
100**	50	5,6	7,3
125	70	12,4***	10,0
150	80	14,1	18,3
200	100	21,0	27,3

* Mindestnennweite bei Anschluss von Klosetts an System II.
** Mindestnennweite bei Anschluss von Klosetts an System I, III, IV.
*** Bei diesem Wert dürfte es sich in DIN EN 12 045-2 um einen Fehler handeln. Empfehlung: Korrektur auf 8,4.

Grund- und Sammelleitungen

Innerhalb des Gebäudes sind Sammelleitungen mit einem Füllungsgrad von h/d_i = 0,5 unter Berücksichtigung des Mindestgefälles von 0,5 % auszulegen, nach dem Anschluss einer Abwasserhebeanlage auch mit einem Füllungsgrad von h/d_i = 0,7 zu bemessen.

Tafel 4.8a Zulässiger Schmutzwasserabfluss, Füllungsgrad 50 % (h/d_i = 0,5) (entspricht Tabelle B.1 in DIN EN 12 056)

Gefälle	DN 80		DN 90		DN 100		DN 125		DN 150		DN 200		DN 225		DN 250		DN 300	
i	Q_{max}	*n*	Q_{max}	*n*	Q_{max}	*n*	Q_{max}	*n*	Q_{max}	*N*	Q_{max}	*n*	Q_{max}	*n*	Q_{max}	*n*	Q_{max}	*n*
cm/m	l/s	m/s	l/s	m/s	l/s	m/s	l/s	m/s	l/s	m/s	l/s	m/s	l/s	m/s	l/s	m/s	l/s	m/s
0,50	-	-	-	-	1,8	0,5	2,8	0,5	5,4	0,6	10,0	0,8	15,9	0,8	18,9	0,9	34,1	1,0
1,00	1,3	0,6	1,5	0,6	2,5	0,7	4,1	0,8	7,7	0,9	14,2	1,1	22,5	1,2	26,9	1,2	48,3	1,4
1,50	1,5	0,7	1,8	0,7	3,1	0,8	5,0	1,0	9,4	1,1	17,4	1,3	27,6	1,5	32,9	1,5	59,2	1,8
2,00	1,8	0,8	2,1	0,8	3,5	1,0	5,7	1,1	10,9	1,3	20,1	1,5	31,9	1,7	38,1	1,8	68,4	2,0
2,50	2,0	0,9	2,4	1,0	4,0	1,1	6,4	1,2	12,2	1,5	22,5	1,7	35,7	1,9	42,6	2,0	76,6	2,3
3,00	2,2	1,0	2,6	1,1	4,4	1,2	7,1	1,4	13,3	1,6	24,7	1,9	39,2	2,1	46,7	2,2	83,9	2,5
3,50	2,4	1,1	2,9	1,1	4,7	1,3	7,6	1,5	14,4	1,7	26,6	2,0	42,3	2,2	50,4	2,3	90,7	2,7
4,00	2,6	1,2	3,1	1,2	5,0	1,4	8,2	1,6	15,4	1,8	28,5	2,1	45,2	2,4	53,9	2,5	96,9	2,9
4,50	2,8	1,2	3,2	1,3	5,3	1,5	8,7	1,7	16,3	2,0	30,2	2,3	48,0	2,5	57,2	2,7	102,8	3,1
5,00	1,2	2,9	3,4	1,4	5,6	1,6	9,1	1,8	17,2	2,1	31,9	2,4	50,6	2,7	60,3	2,8	108,4	3,2

Tafel 4.8b Zulässiger Schmutzwasserabfluss, Füllungsgrad 70 % (h/d_i = 0,7) (entspricht Tabelle B.2 in DIN EN 12 056)

Gefälle	DN 80		DN 90		DN 100		DN 125		DN 150		DN 200		DN 225		DN 250		DN 300	
i	Q_{max}	*n*	Q_{max}	*n*	Q_{max}	*n*	Q_{max}	*n*	Q_{max}	*n*	Q_{max}	*n*	Q_{max}	*n*	Q_{max}	*n*	Q_{max}	*n*
cm/m	l/s	m/s	l/s	m/s	l/s	m/s	l/s	m/s	l/s	m/s	l/s	m/s	l/s	m/s	l/s	m/s	l/s	m/s
0,50	1,5	0,5	-	-	2,9	0,5	4,8	0,6	9,0	0,7	16,7	0,8	26,5	0,9	31,6	1,0	56,8	1,1
1,00	2,2	0,7	2,5	0,6	4,2	0,8	6,8	0,9	12,8	1,0	23,7	1,2	37,6	1,3	44,9	1,4	80,6	1,6
1,50	2,6	0,8	3,0	0,8	5,1	1,0	8,3	1,1	15,7	1,3	29,1	1,5	46,2	1,6	55,0	1,7	98,8	2,0
2,00	3,1	0,9	3,5	0,9	5,9	1,1	9,6	1,2	18,2	1,5	33,6	1,7	53,3	1,9	63,3	2,0	114,2	2,3
2,50	3,4	1,0	4,0	1,1	6,7	1,2	10,8	1,4	20,33	1,6	37,6	1,9	59,7	2,1	71,7	2,2	127,7	2,6
3,00	3,8	1,1	4,3	1,2	7,3	1,3	11,8	1,5	22,3	1,8	41,2	2,1	65,4	2,3	77,9	2,4	140,0	2,8
3,50	4,1	1,2	4,7	1,3	7,9	1,5	12,8	1,6	24,1	1,9	44,5	2,2	70,6	2,5	84,2	2,6	151,2	3,0
4,00	4,4	1,3	5,0	1,3	8,4	1,6	13,7	1,8	25,8	2,1	47,6	2,4	75,5	2,7	90,0	2,8	161,7	3,2
4,50	4,6	1,4	5,3	1,4	8,9	1,7	14,5	1,9	27,3	2,2	50,5	2,5	80,1	2,8	95,5	3,0	171,5	3,4
5,00	4,9	1,5	5,6	1,5	9,4	1,7	15,3	2,0	28,8	2,3	53,3	2,7	84,5	3,0	100,7	3,1	180,8	3,6

Regenwasserableitung

Das auf Dachflächen anfallende Regenwasser wird über ein Leitungssystem abgeführt. Wichtigstes Ziel ist es, das Regenwasser von bebauten Flächen möglichst auf dem Grundstück dem Grundwasser über geeignete Versickerungssysteme wieder zuzuführen. Ist dies nicht möglich, wird das Regenwasser über Misch- oder Trennsystem abgeleitet. Bei der Einleitung in den Anschlusskanal ist ggf. eine Einleitungsbegrenzung zu beachten. Unter Umständen ist zur Einhaltung einer Einleitungsbegrenzung eine Regenrückhaltung in Form eines überdimensionierten Leitungsnetzes oder in Form eines Bauwerks herzustellen. Jede Dachfläche muss mind. einen Ablauf und einen Notüberlauf mit freiem Abfluss erhalten. Regenwasser, auch von kleinen Dachflächen, darf nicht in Schmutzwasserfallleitungen eingeleitet werden. Leitungsanlagen werden für ein mittleres Regenereignis bemessen. Da mit starken Regenereignissen zu rechnen ist, sind Überlastungen des Leitungsnetzes durch geeignete Maßnahmen (Notüberlaufe, Druckentlastung von Freispiegelleitungen) zur Vermeidung von Schäden zu begrenzen.

Der Regenwasserabfluss wird nach DIN EN 12 056-2 bzw. DIN 1986-100 gerechnet:

$$Q = r_{D(T)} \cdot C \cdot A \cdot \frac{1}{10\,000}$$

Hierin bedeuten:

$r_{D(T)}$ Berechnungsregenspende in l/s/ha, ermittelt auf statistischer Grundlage Fünfminutenregenspende, die einmal in 2 Jahren erwartet werden muss
C Abflussbeiwert
A im Grundriss projezierte Niederschlagsfläche in m^2

Tafel 4.9 Abflussbeiwerte *C* zur Ermittlung des Regenwasserabflusses (entspricht Tabelle 6 DIN 1986-100)

Nr.	Art der Flächen	Abflussbeiwert *C*
1	Wasserundurchlässige Flächen, z. B.	
	– Dachflächen, Betonflächen, Rampen, befestigte Flächen mit Fugendichtung, Schwarzdecken (Asphalt)	1,0
	– Pflaster mit Fugenverguss	1,0
	– Kiesdächer	0,5
	– begrünte Dächer*	
	▪ für Intensivbegrünungen	0,3
	▪ für Extensivbegrünungen ab 10 cm Aufbaudicke	0,3
	▪ für Extensivbegrünungen unter 10 cm Aufbaudicke	0,5
2	Teildurchlässige und schwach ableitende Flächen, z. B.	
	– Betonsteinpflaster in Sand oder Schlacke verlegt, Flächen mit Platten	0,7
	– Flächen mit Pflaster, mit Fugenanteil > 15 %, z. B. 10 cm x 10 cm u. kleiner	0,6
	– wassergebundene Flächen	0,5
	– Kinderspielplätze mit Teilbefestigungen	0,3
	– Kunststoff-Flächen, Kunststoffrasen	0,6
	– Tennenflächen	0,4
	– Rasenflächen	0,3
3	Wasserdurchlässige Flächen ohne oder mit unbedeutender Wasserableitung, z. B.	
	– Parkanlagen und Vegetationsflächen, Schotter- u. Schlackeboden, Rollkies, auch mit befestigten Teilflächen, wie	0,0
	▪ Gartenwege mit wassergebundener Decke	
	▪ Einfahrten und Einstellplätze mit Rasengittersteinen	
	* Nach Richtlinien für die Planung, Ausführung und Pflege von Dachbegrünungen.	

Die für die Bemessung maßgebende Regendauer ist mit $D = 5$ Min. zu berücksichtigen. Die Jährlichkeit wird durch die Aufgabenstellung festgelegt. Bei Niederschlagsflächen ohne geplante Regenrückhaltung muss sie mind. einmal in 2 Jahren ($T = 2$) betragen. Anhaltswerte sind in DIN 1986-100 für verschiedene Orte angegeben. Einen Auszug daraus zeigt Tafel 4.10.

Die Bemesungsregenspende wird von der örtlichen Entwässerungsbehörde festgelegt und beträgt in der Regel 300 l/(s ha), ggf. auch 400 l/(s ha).

Überlastungen bzw. Überflutungen sind durch geeignete Maßnahmen über den Einbau von Notüberläufen, Druckentlastung von Freispiegelleitungen usw. zu begrenzen. Die Abflussbeiwerte *C* zur Ermittlung des Regenwasserabflusses sind in der Tafel 4.9 aufgeführt (Tabelle 6 DIN 1986-100).

Freispiegelentwässerung

Fallleitungen müssen mind. in der Anschlussnennweite des zugehörigen Dachablaufs geführt werden. Der Füllungsgrad kann bis zu $F = 0{,}33$ betragen. Sammel- und Grundleitungen innerhalb des Gebäudes sind mit einem Füllungsgrad von 0,5 und einem Mindestgefälle von 0,5 cm/m zu bemessen, Tafel 4.11a. Außerhalb des Gebäudes ist die Maximalgeschwindigkeit von 2,5 m/s zu berücksichtigen. Der max. Füllungsgrad beträgt hier 0,7, Tafel 4.11b. Hinter einem Schacht mit offenem Durchfluss kann die Vollfüllung ohne Überdruck bemessen werden. Das Mindestgefälle beträgt 0,5 cm/m bis DN 200 und 1 : DN ab DN 250.

Tafel 4.10 Regenereignisse in Deutschland (Auszug aus Anhang DIN 1986-100)

Ort	$r_{5,2}$ l/(s ha)	$r_{15,2}$ l/(s ha)	$r_{5,30}$ l/(s ha)	$r_{15,30}$ l/(s ha)	$r_{5,100}$ l/(s ha)
Aachen	240	121	431	214	516
Aschaffenburg	293	143	539	267	649
Augsburg	285	138	499	243	595
Bamberg	301	145	514	268	608
Bielefeld	260	132	475	248	570
Bonn	266	132	505	248	611
Braunschweig	289	143	498	267	591
Chemnitz	340	162	552	288	646
Cottbus	260	129	477	232	574
Dortmund	277	134	441	226	513
Dresden	297	145	540	268	648
Düsseldorf	277	135	518	245	626
Erfurt	243	121	404	214	476
Essen	276	130	476	217	564
Frankfurt/Main	314	145	577	268	695
Gera	305	153	528	282	628
Hamburg	258	129	423	232	497
Hannover	275	124	538	230	655
Hildesheim	272	135	493	249	591
Karlsruhe	318	145	547	268	648
Köln	281	138	535	266	648
Leipzig	324	147	545	276	690
Lübeck	247	118	406	202	477
Magdeburg	277	129	517	232	624
Mainz	333	164	603	304	723
München	335	166	577	305	685
Münster	283	137	510	250	611
Osnabrück	300	149	572	288	656
Passau	328	158	575	287	686
Regensburg	303	146	569	283	686
Schwerin	280	141	456	251	535
Siegen	275	139	493	258	589
Stuttgart	349	169	663	325	802
Würzburg	293	140	511	266	608

Tafel 4.11a Abflussvermögen von Entwässerungsleitungen bei einem Füllungsgrad von $h/d_i = 0,5$ (entspricht Tabelle A.2 in DIN 1986-100); innerhalb des Gebäudes sind Sammel- und Grundleitungen für einen Füllungsgrad von $h/d_i = 0,7$ unter Berücksichtigung eines Mindestgefälles von $J = 0,5$ cm/m zu bemessen.

Gefälle	DN 70 $d_i = 68$ mm		DN 80 $d_i = 75$ mm		DN 90 $d_i = 79$ mm		DN 100 $d_i = 96$ mm		DN 125 $d_i = 113$ mm		DN 150 $d_i = 146$ mm		DN 200 $d_i = 184$ mm		DN 225 $d_i = 207$ mm		DN 250 $d_i = 230$ mm		DN 300 $d_i = 290$ mm	
J	Q	v	Q	v	Q	v	Q	v	Q	v	Q	v	Q	v	Q	v	Q	v	Q	v
cm/m	l/s	m/s	l/s	m/s	l/s	m/s	l/s	m/s	l/s	m/s	l/s	m/s	l/s	m/s	l/s	m/s	l/s	m/s	l/s	m/s
0,20													6,3	0,5	8,6	0,5	11,4	0,5	21,0	0,6
0,30											4,2	0,5	7,7	0,6	10,5	0,6	14,0	0,7	25,8	0,8
0,40									2,4	0,5	4,8	0,6	8,9	0,7	12,2	0,7	16,2	0,8	29,9	0,9
0,50							1,8	0,5	2,7	0,5	5,4	0,6	10,0	0,8	13,7	0,8	18,1	0,9	33,4	1,0
0,60					1,1	0,5	1,9	0,5	3,0	0,6	5,9	0,7	11,0	0,8	15,0	0,9	19,8	1,0	36,7	1,1
0,70	0,8	0,5	1,1	0,5	1,2	0,5	2,1	0,6	3,2	0,6	6,4	0,8	11,8	0,9	16,2	1,0	21,4	1,0	39,6	1,2
0,80	0,9	0,5	1,1	0,5	1,3	0,5	2,2	0,6	3,5	0,7	6,8	0,8	12,7	1,0	17,3	1,0	22,9	1,1	42,4	1,3
0,90	0,9	0,5	1,2	0,6	1,4	0,6	2,4	0,7	3,7	0,7	7,3	0,9	13,4	1,0	18,4	1,1	24,3	1,2	45,0	1,4
1,00	1,0	0,5	1,3	0,6	1,5	0,6	2,5	0,7	3,9	0,8	7,7	0,9	14,2	1,1	19,4	1,2	25,7	1,2	47,4	1,4
1,10	1,0	0,6	1,4	0,6	1,6	0,6	2,6	0,7	4,1	0,8	8,0	1,0	14,9	1,1	20,4	1,2	26,9	1,3	49,8	1,5
1,20	1,1	0,6	1,4	0,6	1,6	0,7	2,7	0,8	4,2	0,8	8,4	1,0	15,5	1,2	21,3	1,3	28,1	1,4	52,0	1,6
1,30	1,1	0,6	1,5	0,7	1,7	0,7	2,9	0,8	4,4	0,9	8,7	1,0	16,2	1,2	22,1	1,3	29,3	1,4	54,1	1,6
1,40	1,2	0,6	1,5	0,7	1,8	0,7	3,0	0,8	4,6	0,9	9,1	1,1	16,8	1,3	23,0	1,4	30,4	1,5	56,2	1,7
1,50	1,2	0,7	1,6	0,7	1,8	0,7	3,1	0,8	4,7	0,9	9,4	1,1	17,4	1,3	23,8	1,4	31,5	1,5	58,2	1,8
2,00	1,4	0,8	1,8	0,8	2,1	0,9	3,5	1,0	5,5	1,1	10,9	1,3	20,1	1,5	27,5	1,6	36,4	1,8	67,2	2,0
2,50	1,6	0,9	2,0	0,9	2,4	1,0	4,0	1,1	6,1	1,2	12,2	1,5	22,5	1,7	30,8	1,8	40,7	2,0	75,2	2,3
3,00	1,7	1,0	2,2	1,0	2,6	1,1	4,4	1,2	6,7	1,3	13,3	1,6	24,7	1,9	33,7	2,0	44,6	2,1	82,4	2,5
3,50	1,9	1,0	2,4	1,1	2,8	1,1	4,7	1,3	7,3	1,5	14,4	1,7	26,6	2,0	36,4	2,2	48,2	2,3		
4,00	2,0	1,1	2,6	1,2	3,0	1,2	5,0	1,4	7,8	1,6	15,4	1,8	28,5	2,1	39,0	2,3	51,5	2,5		
4,50	2,1	1,2	2,8	1,2	3,2	1,3	5,3	1,5	8,3	1,6	16,3	2,0	30,2	2,3	41,3	2,5				
5,00	2,2	1,2	2,9	1,3	3,3	1,4	5,6	1,6	8,7	1,7	17,2	2,1	31,9	2,4						

Tafel 4.11b Abflussvermögen von Entwässerungsleitungen bei einem Füllungsgrad von $h/d_i = 0,7$ (entspricht Tabelle A.3 in DIN 1986-100); bei der Bemessung von Grundleitungen außerhalb des Gebäudes ist eine Maximalgeschwindigkeit von 2,5 m/s zu berücksichtigen. Der zulässige Füllungsgrad beträgt hier $h/d_i = 0,7$. Hinter einem Schacht mit offenem Durchfluss kann für die Vollfüllung ohne Überdruck bemessen werden.

Gefälle	DN 70 $d_i = 68$ mm		DN 80 $d_i = 75$ mm		DN 90 $d_i = 79$ mm		DN 100 $d_i = 96$ mm		DN 125 $d_i = 113$ mm		DN 150 $d_i = 146$ mm		DN 200 $d_i = 184$ mm		DN 225 $d_i = 207$ mm		DN 250 $d_i = 230$ mm		DN 300 $d_i = 290$ mm	
J	Q	v	Q	v	Q	v	Q	v	Q	v	Q	v	Q	v	Q	v	Q	v	Q	v
cm/m	l/s	m/s	l/s	m/s	l/s	m/s	l/s	m/s	l/s	m/s	l/s	m/s	l/s	m/s	l/s	m/s	l/s	m/s	l/s	m/s
0,20											5,7	0,5	10,5	0,5	14,4	0,6	19,0	0,6	35,1	0,7
0,30									3,5	0,5	7,0	0,6	12,9	0,6	17,6	0,7	23,3	0,8	43,1	0,9
0,40							2,6	0,5	4,1	0,5	8,1	0,6	14,9	0,8	20,4	0,8	27,0	0,9	49,9	1,0
0,50			1,5	0,5	1,7	0,5	2,9	0,5	4,6	0,6	9,0	0,7	16,7	0,8	22,8	0,9	30,2	1.0	55,8	1,1
0,60	1,3	0,5	1,7	0,5	1,9	0,5	3,2	0,6	5,0	0,7	9,9	0,8	18,3	0,9	25,0	1,0	33,1	1,1	61,2	1,2
0,70	1,4	0,5	1,8	0,5	2,1	0,6	3,5	0,6	5,4	0,7	10,7	0,9	19,8	1,0	27,1	1,1	35,8	1,2	66,1	1,3
0,80	1,5	0,5	1,9	0,6	2,2	0,6	3,7	0,7	5,8	0,8	11,5	0,9	21,2	1,1	29,0	1,2	38,3	1,2	70,7	1,4
0,90	1,6	0,6	2,1	0,6	2,4	0,6	4,0	0,7	6,1	0,8	12,2	1,0	22,5	1,1	30,7	1,2	40,6	1,3	75,0	1,5
1,00	1,7	0,6	2,2	0,7	2,5	0,7	4,2	0,8	6,5	0,9	12,8	1,0	23,7	1,2	32,4	1,3	42,8	1,4	79,1	1,6
1,10	1,7	0,6	2,3	0,7	2,6	0,7	4,4	0,8	6,8	0,9	13,5	1,1	24,9	1,3	34,0	1,4	45,0	1,4	83,0	1,7
1,20	1,8	0,7	2,4	0,7	2,7	0,7	4,6	0,8	7,1	0,9	14,1	1,1	26,0	1,3	35,5	1,4	47,0	1,5	86,7	1,8
1,30	1,9	0,7	2,5	0,7	2,8	0,8	4,8	0,9	7,4	1,0	14,6	1,2	27,1	1,4	37,0	1,5	48,9	1,6	90,3	1,8
1,40	2,0	0,7	2,6	0,8	2,9	0,8	5,0	0,9	7,7	1,0	15,2	1,2	28,1	1,4	38,4	1,5	50,8	1,6	93,7	1,9
1,50	2,0	0,8	2,7	0,8	3,1	0,8	5,1	1,0	7,9	1,1	15,7	1,3	29,1	1,5	39,7	1,6	52,5	1,7	97,0	2,0
2,00	2,4	0,9	3,1	0,9	3,5	1,0	5,9	1,1	9,2	1,2	18,2	1,5	33,6	1,7	45,9	1,8	60,7	2,0	112,1	2,3
2,50	2,6	1,0	3,4	1,0	4,0	1,1	6,7	1,2	10,3	1,4	20,3	1,6	37,6	1,9	51,4	2,0	67,9	2,2	125,4	2,5
3,00	2,9	1,1	3,8	1,1	4,3	1,2	7,3	1,3	11,3	1,5	22,3	1,8	41,2	2,1	56,3	2,2	74,4	2,4		
3,50	3,1	1,2	4,1	1,2	4,7	1,3	7,9	1,5	12,2	1,6	24,1	1,9	44,5	2,2	60,9	2,4				
4,00	3,4	1,2	4,4	1,3	5,0	1,4	8,4	1,6	13,0	1,7	25,8	2,1	47,6	2,4						
4,50	3,6	1,3	4,6	1,4	5,3	1,5	8,9	1,7	13,8	1,8	27,3	2,2	50,5	2,5						
5,00	3,8	1,4	4,9	1,5	5,6	1,5	9,4	1,7	14,6	1,9	28,8	2,3								

Tafeln zur Planung und Bemessung der Anlagen zur Regenwasserableitung

(Quelle: Gebäude- und Energietechnik Deutschland, Fachinformation: Bemessung von vorgehängten und innenliegenden Rinnen, herausgegeben im August 2005 vom Zentralverband Sanitär Heizung Klima, St. Augustin)

Tafel 4.12a Abflussvermögen von halbrunden Rinnen (Gefälle $J = 0$) und daran anschließbare Niederschlagsflächen bei unterschiedlichen Regenspenden r in l/(s·ha) und $C = 1,0$

L	Nennmaß 250					Nennmaß 280				
	Q	anschließbare Dachfläche bei einer Regenspende *r* in l/(s·ha)				*Q*	anschließbare Dachfläche bei einer Regenspende *r* in l/(s·ha)			
		250	**300**	**350**	**400**		**250**	**300**	**350**	**400**
m	l/s	m^2	m^2	m^2	m^2	l/s	m^2	m^2	m^2	m^2
5,0	**1,07**	43	36	31	27	**1,65**	66	55	47	41
6,0	**1,05**	42	35	30	26	**1,62**	65	54	46	41
7,0	**1,03**	41	34	29	26	**1,59**	64	53	46	40
8,0	**1,01**	40	34	29	25	**1,57**	63	52	45	39
9,0	**0,99**	39	33	28	25	**1,54**	62	51	44	38
10,0	**0,97**	39	32	28	24	**1,51**	60	50	43	38
11,0	**0,95**	38	32	27	24	**1,49**	59	50	42	37
12,0	**0,93**	37	31	27	23	**1,46**	58	49	42	36
13,0	**0,91**	36	30	26	23	**1,44**	57	48	41	36
14,0	**0,89**	36	30	25	22	**1,41**	56	47	40	35
15,0	**0,88**	35	29	25	22	**1,39**	55	46	40	35
16,0	**0,86**	34	29	25	21	**1,36**	55	45	39	34
17,0	**0,84**	34	28	24	21	**1,34**	54	45	38	34
18,0	**0,83**	33	28	24	21	**1,32**	53	44	38	33
19,0	**0,81**	33	27	23	20	**1,30**	52	43	37	33
20,0	**0,80**	32	27	23	20	**1,28**	51	43	37	32

Tafel 4.12b Abflussvermögen/Regenwasserabfluss von senkrechten Regenwasserfallleitungen nach EN 12056-3 (2000), Tabelle 8h

Innendurchmesser der Regenwasser-fallleitung (mm)	Abflussvermögen *QRWP* (in l/s) *⁾		Innendurchmesser der Regenwasser-fallleitung (mm)	Abflussvermögen *QRWP* (in l/s) *⁾	
d_i	Füllungsgrad $f = 0,20$	Füllungsgrad $f = 0,33$	d_i	Füllungsgrad $f = 0,20$	Füllungsgrad $f = 0,33$
50	0,7	1,7	140	11,4	26,3
55	0,9	2,2	150	13,7	31,6
60	1,2	2,7	160	16,3	37,5
65	1,5	3,4	170	19,1	44,1
70	1,8	4,1	180	22,3	51,4
75	2,2	5,0	190	25,7	59,3
80	2,6	5,9	200	29,5	68,0
85	3,0	6,9	220	38,1	87,7
90	3,5	8,1	240	48,0	110,6
95	4,0	9,3	260	59,4	137,0
100	4,6	10,7	280	72,4	166,9
110	6,0	13,8	300	87,1	200,6
120	7,6	17,4	> 300	Wyly-Eaton-Gleichung*⁾	Wyly-Eaton-Gleichung*⁾
130	9,4	21,6			

*⁾ Die angegebenen Werte beruhen auf der Wyly-Eaton-Gleichung: $QRWP = 2,5 \cdot 10^{-4} \cdot k_b^{-0,167} \cdot d_i^{2,667} \cdot f^{1,667}$

mit *QRWP* Abflussvermögen/Regenwasserabfluss der Regenwasserfallleitung, in Litern je Sekunde (l/s)
k_b Rohrrauigkeit in Millimeter (angenommen 0,25 mm)
d_i Innendurchmesser des Regenwasserfallrohres in Millimeter (mm)
f Füllungsgrad, definiert als das Verhältnis des Querschnitts des Rohres, der mit Wasser gefüllt ist, zum Gesamtquerschnitt, dimensionslos.

ANMERKUNG 1: Das maximale Abflussvermögen in einem nicht kreisrunden Regenfallrohr kann als gleichwertig zum Abflussvermögen eines kreisrunden Regenfallrohres gleicher Querschnittsfläche angenommen werden.
ANMERKUNG 2: Wenn ein Regenfallrohr einen Verzug aufweist, mit einem Gefälle von nicht mehr als 10° zur Waagerechten (180 mm/m), kann der Verzug vernachlässigt werden.

Dachentwässerung mit Druckströmung

Für dieses System ist ein auf das Objekt bezogener hydraulischer Nachweis zu erbringen. Der für die Funktion erforderliche Anstau im Bereich des Ablaufs gilt nicht als Überflutung der Dachfläche, sofern die Festlegung für Abläufe nach DIN EN 1253 nicht überschritten wird. Dachflächen mit z. B. planmäßiger Überflutung sind bis zur Überflutungshöhe abzudichten und statisch zu bemessen. Für das Regenwasserdruckleitungssystem ist als verfügbare Höhe max. der Abstand zwischen Dachablauf und Rückstauebene einzusetzen. Bei der Einführung eines Druckleitungssystems in eine Freispiegelleitung ist die Umwandlung der hohen kinetischen Energie durch Reduzierung der Fließgeschwindigkeit auf < 2,5 m/s sicherzustellen. Ein Rechenverfahren ist in der VDI 3806 Dachentwässerung mit Druckströmung angegeben.

Mischwasser

Der Mischwasserabfluss Q_m setzt sich aus dem Schmutzwasserabfluss Q_{WW} und dem Regenwasserabfluss Q_r zusammen:

$$Q_m = Q_{WW} + Q_r$$

mit Q_m Mischwasserabfluss in l/s
Q_{WW} Schmutzwasserabfluss in l/s
Q_r Regenwasserabfluss in l/s

Die Leitungen werden nach Tafel 4.11b mit einem Füllungsgrad von $h/d_i = 0{,}7$ oder hinter einem Schacht mit offenem Durchfluss mit Vollfüllung ohne Überdruck (siehe Tab. A-4 DIN 1986-100) ausgelegt.

1.2 Wasseranlagen

Schutzmaßnahmen gegen Kalkablagerungen

Ablagerungen entstehen vornehmlich an Stellen größerer Wärmeentwicklung wie an den Heizflächen der Heizungskessel, Warmwasserbereiter.

Eine Enthärtung ist im Wohnbereich ab etwa 16 °dH (2,5 mmol/l) sinnvoll und bei mehr als 21 °dH (3,8 mmol/l) eine technische Notwendigkeit, um Kalkablagerungen und Energievergeudung zu vermeiden, sofern die Wassertemperatur in Leitungen und Geräten 60 °C überschreitet. Möglichkeiten: **Härtestabilisierung durch Phosphat-Dosierung** (Impfung); **Enthärtung durch Ionenaustausch**; **physikalische Wasserbehandlung.**

Der Einbau eines **Filters** ist gem. DIN 1988-2 bei metallischen Leitungen obligatorisch; bei Kunststoffleitungen wird eine Empfehlung ausgesprochen.

Kupfer, Stahl und Kunststoff sind die Basismaterialien für über 20 Systeme von Trinkwasser-Leitungsrohren. Die größten Unterschiede finden sich in den Rohr-Verbindungstechniken: Löten, Klemmen, Pressen, Schweißen, Schrauben.

Der Hausanschluss ab Versorgungsleitung unter der Straße bis hin zum Wasserzähler ist Sache des Wasserversorgungsunternehmens (WVU: Wasserwerk, kommunales Tiefbauamt o. a.). Jede Wohnung oder sonstige Nutzungseinheit sollte, wie z. B. in der BauO NW festgelegt, einen eigenen Wasserzähler erhalten.

Die Verteilung des Trinkwassers über ein Leitungsnetz im Anschluss an den Hausanschluss erfolgt durch den **Wasserdruck**, der in der Regel durch das Wasserversorgungsunternehmen zur Verfügung gestellt wird. Wenn der Druck zur Verteilung des Wassers im Leitungsnetz nicht ausreicht, muss eine Druckerhöhungsanlage (DEA) installiert werden. Dies gilt natürlich auch für den seltenen Fall einer Eigenversorgungsanlage (Brunnenanlage) oder bei der Speicherung von Regenwasser für Nichttrinkwasserzwecke (siehe unten).

Ruhedruck = Statischer Überdruck an einer bestimmten Stelle der Wasserverbrauchsanlage, wenn keine Wasserentnahme erfolgt; ist vom jeweiligen Netzdruck abhängig.

Fließdruck = Statischer Überdruck an einer Messstelle in der Wasserverbrauchsanlage während einer Wasserentnahme. Er ist niedriger als der Ruhedruck.

Erforderliche Fließdrücke:

- $\geq$ 0,5 bar Überdruck für alle Zapfventile,
- $\geq$ 1,0 bar Überdruck für elektrische Durchlauferhitzer ab 9/18 kW,
- $\geq$ 1,2 bar Überdruck für Druckspüler der Nennweite 20 (gängigstes Modell).

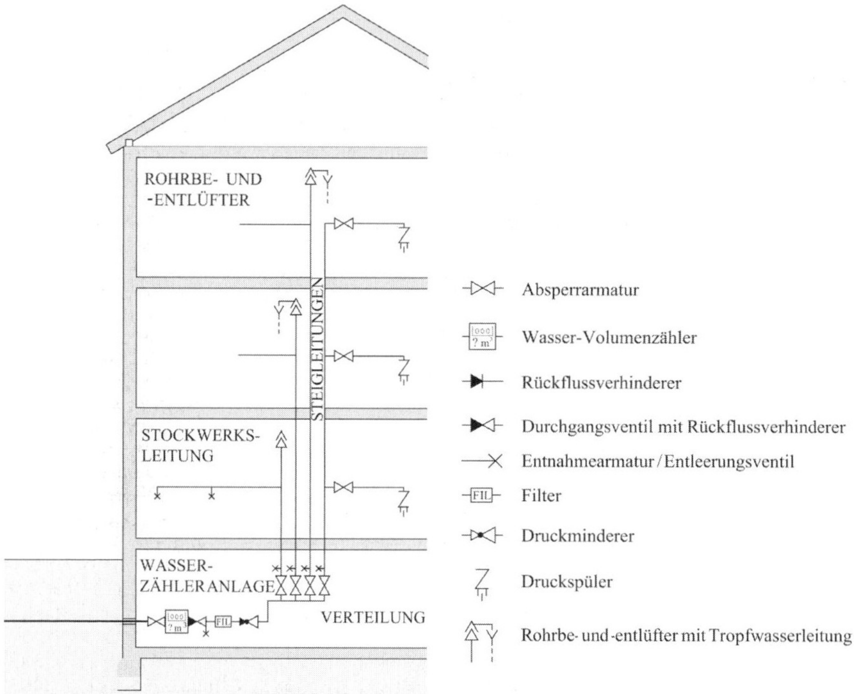

Abb. 4.14 Wasserleitungssystem im Gebäude. (Dargestellt unter Verwendung der Symbole gem. DIN 1988-1.)

Mit Rücksicht auf Druckschwankung im Netz sollte ein Fließdruck von mind. 1,5 bar angestrebt werden. Hohe Drücke verursachen starke Geräuschentwicklungen an Armaturen. Die Schallschutznorm DIN 4109 sieht 5 bar als Obergrenze vor. Ab 6 bar sprechen die Sicherheitsventile elektrischer Warmwasserbereiter an. Bei zu hohen Drücken können Druckminderventile in den Zuleitungen angeordnet werden. Sofern der Wasserdruck an höhergelegenen Entnahmestellen nicht dem erforderlichen Ruhedruck entspricht, werden Druckerhöhungsanlagen erforderlich.

Die Leitungsdimensionierung erfolgt durch eine einfache Überschlagsrechnung, die bis auf wenige Ausnahmen ausreicht. Damit kann der verfügbare Druck abhängig vom Druck an der Hauseinführung für das Leitungsnetz abgeschätzt werden.

Regenwasser- und Grauwassernutzungsanlagen: Das auf Dachflächen anfallende Niederschlagswasser wird vorgefiltert einem Behälter (Zisterne) zugeführt, die sich entweder im Keller oder neben dem Gebäude im Erdreich befindet. Bei Wasserentnahme an den Verbrauchsstellen (WC, Gartenzapfstelle, Waschmaschine) fördert eine Pumpe das gespeicherte Regenwasser in vom Trinkwassernetz getrennten Leitungen zu den Verbrauchsstellen.

Fällt mehr Regenwasser an als der Behälter fassen kann, wird das überschüssige Wasser per Überlauf der Kanalisation oder eine Sickeranlage zugeführt. Sinkt der Regenwasserspiegel im Behälter unter eine kritische Marke, wird Wasser aus dem Trinkwassernetz nachgespeist. Auffangflächen sind ausschließlich Dachflächen.

Zwischen **Nichttrinkwasser-Rohrnetzen und Trinkwasser-Rohrnetzen dürfen keine unmittelbaren Verbindungen** (weder fest noch lösbar) bestehen, um einen Übertritt von kontaminiertem Wasser in Trinkwasserleitungen mit Sicherheit auszuschließen. Die Trinkwassernorm DIN 1988 sieht vor, dass die frei über dem Einlauftrichter des Behälters endende Trinkwasser-Nachspeiseleitung einen Abstand von mindestens 2 × (DN Wasserleitung), aber mind. 20 mm einhalten muss.

Abwasserrecycling (Grauwassernutzung): DIN EN 12 056-2 unterscheidet bei Abwässern Grau- und Schwarzwasser. Ersteres enthält im Gegensatz zu Schwarzwasser keine menschlichen Exkremente. Grauwasser findet ausschließlich für die Toilettenspülung Verwendung. In Betracht kommen Abwässer aus der Körper- und Wäschereinigung.

Warmwasserversorgung

Mit Strom oder Gas betriebene Wassererwärmungsgeräte können sowohl zentral als auch dezentral eingesetzt werden, um Bedarfsstellen mit temperiertem Wasser zu versorgen.

Elektrisch betriebene WW-Bereiter können direkt an der Verbrauchstelle (dezentral) installiert werden. Infolge kurzer WW-Leitungen entstehen nur geringe Wasser- und Wärmeverluste.

Speicher haben wärmegedämmte, stets mit Wasser gefüllte Behälter, deren Wasser automatisch aufgeheizt wird.

Drucklose Speicher (sog. offene Speicher) können nur eine, druckfeste Speicher (sog. geschlossene Speicher) mehrere Entnahmestellen versorgen. Bei beiden Systemen wird der aufgeheizte Behälterinhalt durch zufließendes Kaltwasser aus dem Speicher herausgedrückt.

Durchlauferhitzer erwärmen das Wasser im Durchfluss bis auf etwa 65 °C. Längere Behälterverweilzeiten des temperierten Wassers und daraus resultierende Qualitätsminderungen (Ausscheiden von Luft und Kohlensäure, Beeinflussung durch Kesselsteinschlamm) werden vermieden.

Gas-Wasserheizer erwärmen hydraulisch gesteuert Wasser im Durchfluss.

Gas-Vorratswasserheizer mit druckfesten Behältern von ca. 80 bis 280 l Fassungsvermögen in Verbindung mit atmosphärischen Gasbrennern kommen ggf. bei größerem Warmwasserbedarf und kurzer Anbindung zu den Verbrauchsstellen in Betracht.

Solare Trinkwassererwärmung

Ein Hauptnutzungsbereich von thermischen Solaranlagen ist die Trinkwarmwasserversorgung im Wohnungsbau. Das Potential liegt in Deutschland bei 1300 bis 1900 h Sonnenscheindauer bei 900 bis 1200 kWh/m^{2}a Einstrahlung auf eine horizontale Fläche.

Thermische Solarkollektoren (**Flach-, Vakuumkollektoren**). Faustwert für die Kollektorfläche: 1,5 bis 2 m^2/Person bei Flachkollektoren. Vakuum-Röhrenkollektoren können etwa 30 % geringer dimensioniert werden.

Die Kollektorneigung ist von der jahreszeitlichen Nutzung abhängig. Anlagen zur Warmwasserbereitung (vorwiegende Nutzung) sollen in erster Linie die steile Einstrahlung während der Sommermonate nutzen und haben eine entsprechend flache Neigung. Dies gilt auch für Kollektoren zur Freibaderwärmung. Die empfohlene **Kollektorneigung von 20° bis 45°** kann mit üblichen Dachneigungen eingehalten werden.

Anlagen zur Raumheizung im Herbst und Frühjahr, evtl. auch im Winter, sollen die flacher einstrahlende Strahlung einfangen können. Für die WW-Bereitung im **Sommer** spielt die hierfür nicht optimale Neigung wegen der ausreichend zu dimensionierenden Fläche eine untergeordnete Rolle. **Empfohlene Kollektorneigung: 35° bis 60°**. Die aufgefangene Sonnenwärme wird einem **Speicher** zugeführt, der in der Lage sein sollte, kürzere Perioden unzureichender Energiezufuhr zu überbrücken. Das Speichervolumen kann mit 80 bis 140 l pro Person bzw. 60 bis 70 l/m^2 Kollektorfläche angenommen werden. Eine Nachheizung ist unumgänglich. Durchschnittliche Wärmebedarfsdeckung durch Kollektoren: 80 % in den Sommer-, 10 % in den Wintermonaten, im Jahresmittel etwa 50 %.

Sog. **Kombinationskessel** übernehmen neben der Wärmeerzeugung für eine zentrale Wärmeerzeugungsanlage auch die Bereitstellung für Warmwasser. Dies geschieht beinahe ausnahmslos mittels **WW-Speichern**, die entweder mit dem Wärrmeerzeuger baulich verbunden sind (darüber oder darunter angeordnet) oder neben diesem aufgestellt werden.

Neben einem Kessel angeordnete Speicher können größer dimensioniert werden als integrierte Kessel-Speicher-Einheiten. Je größer das Speichervolumen ist, umso niedriger kann die Wassertemperatur liegen (Mindesttemperatur zur Vermeidung von Legionellenbildung ist zu beachten.).

Speicherinhalt für Einfamilienhäuser: etwa 80 bis 200 l, für Zweifamilienhäuser: 200 bis 300 l. Rechenwerte für die Festlegung des Speichervolumens enthält DIN 4708-2.

Die Alternative zum Speichersystem sind Kessel mit Durchlauferhitzer aus kupfernen Rohrschlangen. Sie liefern leitungsfrisches und nicht abgestandenes Wasser bei höherer Dauerleistung gegenüber Speicherkesseln. Da jedoch bei diesem System für die Warmwasserbereitung eine wesentlich höhere Kesselleistung vorzuhalten ist (18 bis 30 kW) als für die Raumheizung erforderlich, resultiert daraus eine unwirtschaftliche Betriebsweise.

Bei größeren Anlagen (Krankenhäuser, Hotels) kann es zweckmäßig sein, für die Warmwasser-Erzeugung im Sommer einen gesonderten „Sommerkessel" vorzusehen.

Kombinations-Gaswasserheizer, sog. Kombithermen, übernehmen, wie bereits zuvor angeführt, sowohl die Warmwasserversorgung als auch die Wärmeversorgung für eine zentrale Warmwasserheizung bis zu einer Leistung von etwa 24 kW. In ihrer Funktionsweise entsprechen sie Kombinationskesseln mit Durchlauferhitzer, d. h., das zu entnehmende Warmwasser kann leitungsfrisch ohne Verweilzeit in einem Speicherbehälter gezapft werden.

Bei Bedarf größerer Warmwassermengen, etwa zur Versorgung von Küchenanlagen gastronomischer Betriebe oder von Reihenduschen in Sozialeinrichtungen der Industrie, kommt i. d. R. nur eine zentrale Versorgung über die Heizzentrale in Betracht.

Die Speichergröße richtet sich nach der Verbrauchsstruktur des Gebäudes bzw. der Nutzer. Mit statistischen Rechenverfahren werden geeignete Speichergrößen ermittelt, siehe DIN 4708.

Sind nur Kleinverbraucherstellen in Verwaltungsgebäuden, Schulen, Geschäftshäusern usw. zu versorgen, ist eine elektrisch betriebene Einzelversorgung der Verbrauchsstellen im Allgemeinen vorteilhafter, z. B. für:

- Handwaschbecken: ein druckl. Speicher von 5 l zum Händewaschen;
- Teeküchen: ein Kochendwassergerät zur Getränkebereitung sowie ein druckl. Speicher von 5 bis 10 l zur Geschirreinigung;
- Putzraum mit Ausgussbecken: ein druckl. Speicher von 10 bis 30 l, ggf. auch größer, für die Gebäudereinigung.

Rohrleitungen für die Warmwasserversorgung

Um die Wärmeverluste in Grenzen zu halten, sind Warmwasserleitungssysteme in ihrer Ausdehnung zu minimieren und Steigleitungen so anzuordnen, dass sich möglichst kurze Anbindungen zu den Verbrauchsstellen ergeben. Als Rohrleitungsmaterialien kommen vorwiegend Kupfer- oder verzinkte Stahlrohre in Betracht, zum Teil auch Kunststoffrohre.

Wärmedämmung von Warmwasserleitungen. Ab 5 m Leitungslänge muss die Wassertemperatur im Rohrnetz auf max. 60 °C begrenzt werden.

Zirkulationsleitungen (WW-Umlaufleitungen) ermöglichen das Zapfen warmen Wassers ohne längere Wartezeiten auch bei größerer Entfernung zwischen zentraler Warmwassererzeugung und Zapfstelle.

Zur Vermeidung von Legionellenbildung wird eine Betriebstemperatur von 60 °C empfohlen.

1.3 Feuerlöschanlagen

Löschwassereinrichtungen werden zum Teil behördlicherseits vorgeschrieben, im Übrigen durch erhebliche Prämienabschläge vonseiten der Versicherungen honoriert. Planungshinweise können den Richtlinien des Verbandes der Sachversicherer (VdS) entnommen werden.

Feuerlösch-Steigleitungen mit angeschlossenen Wandhydranten sind in den meisten Bundesländern für „notwendige Treppenräume" von Hochhäusern wie auch für eine Reihe von gewerblich genutzten Gebäuden obligatorisch. (Als Hochhäuser gelten Gebäude, bei denen der Fußboden mindestens eines Aufenthaltsraumes mehr als 22 m über der festgelegten Geländeoberfläche liegt.)

„Nasse" Feuerlösch-Steigleitungen stehen ständig unter Leitungsdruck und ermöglichen eine Brandbekämpfung bereits vor Eintreffen der Feuerwehr. Um den erforderlichen Wasserdruck von mind. 3 bar am höchstgelegenen Wandhydranten zu erreichen, müssen sie ggf. über eine Druckerhöhungsanlage betrieben werden, die ihrerseits an eine Notstromanlage anzuschließen ist. Für beide Einrichtungen sind im Kellergeschoss Räumlichkeiten planerisch freizuhalten. Ein Anschluss an häufig benutzte Entnahmestellen im obersten Geschoss sollte sicherstellen, dass das Wasser in den Steigesträngen nicht unvertretbar lange in den Leitungen verweilt und „fault".

„Trockene" Steigleitungen sind nicht mit dem Wassernetz verbunden und stehen der Feuerwehr zur Verfügung. Ein zeitaufwendiges Auslegen von Schläuchen entfällt. Im Brandfalle wird Löschwasser, meist von einem nahegelegenen Hydranten, mittels einer Feuerlöschpumpe der Feuerwehr in die Steigleitung eingespeist. Die hierfür erforderlichen Anschlusskupplungen werden in der Nähe der Gebäudezugänge angeordnet. Feuerwehrfahrzeuge müssen an diesen Bereich heranfahren können. Ein Hydrant muss für die Feuerwehr in nicht mehr als 80 m Entfernung zur Verfügung stehen. Gegebenenfalls ist er vom Bauherrn zu erstellen. Überflurhydranten sind Unterflurhydranten insofern überlegen, als sie nicht von parkenden Fahrzeugen verstellt werden können. Gegebenenfalls sind auch Löschwasserzisternen anzulegen.

Löschwassersteigleitungen **„nass/trocken"** werden erst unmittelbar vor der Brandbekämpfung mit Wasser gefüllt. Bei Betätigung eines Wandhydranten in den oberen Stockwerken bewirkt ein elektrisch gesteuerter Schaltmechanismus, dass die Steigleitung geflutet und nach der Wasserentnahme das Leitungssystem wieder entleert wird. Hierzu ist im unteren Bereich der Steigleitung ein Schaltschrank und ein Anschluss an das Entwässerungssystem des Gebäudes erforderlich. Bei Stromausfall werden die Leitungen automatisch mit Wasser gefüllt.

Wandhydranten „nass" und „nass/trocken" enthalten: Kupplung, schwenkbare Haspel mit Schlauch und Strahlrohr, eventuell auch Handfeuerlöscher und Feuermelder. Sie können in Selbsthilfe, z. B. vor Eintreffen der Feuerwehr, benutzt werden. Nischengröße für Wandhydranten: 70/80/25 bis 74/80/25 (in cm) gem. DIN 14 461-1 „Wandhydrant mit formstabilem Schlauch". Wandhydranten „trocken" enthalten i. d. R. nur einen Anschluss für die Feuerwehr und sind daher entsprechend kleiner: 32/42/14,5 oder 16 cm.

Sprinkleranlagen sind selbsttätige Feuerlöschanlagen. Sie erkennen, melden und löschen ein ausbrechendes Feuer, bevor es sich zu einem unkontrollierbaren Großbrand ausweiten kann.

Funktionsprinzip der Sprinkler: Sie werden nach einem bestimmten Raster in ein Rohrleitungsnetz integriert, das die geschützten Bereiche in Deckenhöhe überzieht und fest montiert ist.

Die Sprinkleranlage liegt wie ein Netz wassergefüllter Röhren über den zu schützenden Objekten. Flüssigkeitsgefüllte Glasfässchen oder Schmelzlote dienen als Auslöseelemente; die Auslösetemperaturen liegen jeweils rund 30 Grad über der höchstmöglichen, normalerweise für den zu schützenden Bereich zu erwartenden Temperatur. Zeitgleich mit der Auslösung erfolgt im Falle eine Falles ein akustischer Alarm und die Alarmierung der Feuerwehr oder einer entsprechend besetzten Stelle.

Bestandteile einer Sprinkleranlage

Eine Sprinkleranlage besteht aus einer oder mehreren Wasserversorgungen und einer oder mehreren **Sprinklergruppen**. Jede Gruppe besteht aus einer Alarmventilstation und einem Rohrnetz mit daran installierten Sprinklern. Die Sprinkler sind an vorgegebenen Stellen unter Dächern oder Decken und, wenn erforderlich, in Regalen, unter Zwischenböden sowie an anderen besonderen Stellen eingebaut. Die Sprinkler schützen, dem jeweiligen Risiko entsprechend, pro Sprinklerkopf 9 bis 21 m^2 Bodenfläche. Die mögliche zu schützende Boden- bzw. Wand- oder Deckenfläche hängt von der Brandgefahrenklasse ab.

Zur Bemessung der Sprinkleranlage muss die **Brandgefahrenklasse** vor Beginn der Planung festgelegt werden. Die von automatischen Sprinkleranlagen zu schützenden Gebäude und Bereiche werden als kleine **(LH), mittlere (OH) und hohe (HH)** Brandgefahr eingestuft. Diese Zuordnung hängt von der Nutzung sowie der Brandbelastung ab und ist der VdS CEA 4001 zu entnehmen. Ein typischer Büroraum würde der Klasse LH eingeordnet.

Je nach Anzahl der notwendigen Sprinkler und nach der Einstufung des zu schützenden Bereichs werden verschiedene **Wasserversorgungen** gefordert. Man unterscheidet

a) das öffentliche Wasserleitungsnetz
b) Vorratsbehälter
c) unerschöpfliche Wasserquellen (Als unerschöpflich gelten natürliche und künstliche Quellen wie Flüsse, Kanäle und Seen, die aufgrund ihres Volumens, des Klimas usw. stets eine ausreichende Kapazität besitzen.)
d) Druckluftwasserbehälter. Ein Druckluftwasserbehälter ist ein Behälter, der Wasser unter Luftdruck enthält. Der Luftdruck muss ausreichen, um das gesamte Wasser mit dem erforderlichen Wasserdruck abgegeben zu können. Der Druckluftwasserbehälter darf nur zur Löschwasserversorgung von Sprinkleranlagen eingesetzt werden.

Je nach Brandgefahrenklasse können **einfache, doppelte oder kombinierte Wasserversorgungen** erforderlich werden. **Einfache Wasserversorgungen** sind:

a) öffentliches Wasserleitungsnetz
b) öffentliches Wasserleitungsnetz mit einer oder mehreren Druckerhöhungspumpen
c) Druckluftwasserbehälter
d) Hochbehälter
e) Behälter mit einer oder mehreren Pumpen
f) unerschöpfliche Quelle mit einer oder mehreren Pumpen.

Die Wasserversorgungen werden in 4 Arten unterteilt:

- Die **Wasserversorgung Art 1** besteht aus nur einer erschöpflichen Wasserquelle.
- Die **Wasserversorgung Art 2** besteht aus nur einer unerschöpflichen Wasserquelle.
- Die **Wasserversorgung Art 3** besteht aus einer unerschöpflichen und einer erschöpflichen Wasserquelle.
- Die **Wasserversorgung Art 4** besteht aus 2 unerschöpflichen und einer erschöpflichen Wasserquelle.

2 Wärmeversorgungsanlagen

2.1 Heizlast

Grundlage für die Ermittlung des Wärmestroms (in Watt) ist DIN EN 12 831 „Heizungsanlagen in Gebäuden, Verfahren zur Berechnung der Heizlast" und Beiblatt 1 „Nationaler Anhang" für Deutschland.

Die Heizlast eines Gebäudes setzt sich zusammen aus

- der *Transmissionsheizlast* zum Ausgleich der Wärmeverluste, die beim Abfließen von Wärme über die Umschließungsflächen entstehen und
- der *Lüftungsheizlast* zum Ausgleich der Wärmeverluste aufgrund nach außen entweichender Raumluft bzw. eindringender aufzuheizender Außenluft,

Die momentane Heizleistung $\phi_{HL,i}$ für einzelne Räume (i) setzt sich aus den Transmissionsverlusten und den Lüftungswärmeverlusten zusammen (statische Berechnung). Für den Aufheizvorgang nach einer Temperaturabsenkung wird eine zusätzliche Leistung angesetzt:

$$\phi_{HL,i} = \phi_{T,i} + \phi_{V,i} + \phi_{RH,i}$$

Darin ist

$\phi_{T,i}$ Transmissionsverluste der einzelnen Bauteile (i)
$\phi_{V,i}$ Lüftungswärmeverluste durch einzelne Bauteile
$\phi_{RH,i}$ zusätzliche Aufheizleistung nach einer Temperaturabsenkung.

Die Schritte des Berechnungsverfahrens für einen beheizten Raum sind wie folgt (DIN 12 831):

- Bestimmung der Werte für die Norm-Außentemperatur und des Jahresmittels der Außenlufttemperatur;
- Festlegung der Räume (beheizt oder unbeheizt) und Festlegung der Werte für die Norm-Innentemperatur jedes beheizten Raumes;
- Festlegung der Abmessungen und der wärmetechnischen Eigenschaften aller Bauteile für jeden beheizten oder unbeheizten Raum;
- Berechnung des Koeffizienten für die Norm-Transmissionswärmeverluste und Multiplizieren mit der Norm-Temperaturdifferenz, um die Norm-Transmissionswärmeverluste zu erhalten;
- Berechnung des Koeffizienten für die Norm-Lüftungswärmeverluste und Multiplizieren mit der Norm-Temperaturdifferenz, um die Norm-Lüftungswärmeverluste zu erhalten;
- Addieren der Norm-Transmissionswärmeverluste und der Norm-Lüftungswärmeverluste;
- Berechnung der Norm-Heizlast des beheizten Raumes unter Berücksichtigung eines Korrekturfaktors für die Aufheizleistung;
- die Auslegungsheizleistung der beheizten Räume ergibt sich aus der Summe der Norm-Wärmeverluste und der Aufheizleistung.

Bei unzureichender Winddichtheit des Gebäudes können die Lüftungswärmeverluste deutlich höher ausfallen als die Transmissionswärmeverluste.

Maschinelle Lüftungseinrichtungen für z. B. innenliegende Bäder und Toiletten oder raumlufttechnische Anlagen sind gesondert zu berücksichtigen.

Wird eine raumlufttechnische Anlage (z. B. Klimaanlage) vorgesehen, wird hierdurch die Berücksichtigung des Lüftungswärmebedarfs nicht etwa überflüssig. Der Luftaustausch durch Winddruck an der Fassade und durch thermischen Auftrieb (Infiltration) findet auch bei Anwesenheit von Raumlufttechnischen Anlagen statt.

Für die Dimensionierung des Heizungssystems ist die Heizlast bei den tiefsten anzunehmenden Außentemperaturen ausschlaggebend. Die der Berechnung zugrunde zu legende Norm-Außentemperatur entspricht dem niedrigsten Zweitagesmittelwert des jeweiligen Ortes, der zehnmal in zwanzig Jahren erreicht oder unterschritten wurde. In DIN EN 12 831 Beiblatt 1 ist die Norm-Außentemperatur für alle Orte über 20 000 Einwohner tabellarisch aufgeführt. Sie bewegt sich zwischen –10 °C und –16 °C.

Als Norm-Innentemperatur wird die operative Temperatur eingesetzt. Die empfohlenen Innentemperaturen nach DIN EN 12 831 sind in Tafel 4.19 aufgeführt. Mit dem Bauherren können auch andere Temperaturen vereinbart werden.

Tafel 4.19 Empfohlene Innentemperaturen für Innenräume nach DIN EN 12 831 - Beibl. 1 Tab.2

lfd. Nr.	Raumart	Norm-Innentemperatur θ_{int} [°C]
1	Wohn- und Schlafräume	+ 20
2	Büroräume, Sitzungszimmer, Ausstellungsräume, Haupttreppenräume, Schalterhallen	+ 20
3	Hotelzimmer	+ 20
4	Verkaufsräume und Läden allgemein	+ 20
5	Unterrichtsräume allgemein	+ 20
6	Theater- und Konzerträume	+ 20
7	Bade-/Duschräume, Bäder, Umkleideräume, Untersuchungszimmer (generell jede Nutzung als unbekleideter Bereich)	+ 24
8	WC-Räume	+ 20
9	Beheizte Nebenräume (Flure, Treppenhäuser)	+ 15
10	Unbeheizte Nebenräume (Keller, Treppenhäuser, Abstellräume)	+ 10

Zur Auslegung des Wärmeaustauschers bzw. Wärmeerzeugers muss die Norm-Heizlast des Gebäudes berechnet werden. Das Berechnungsverfahren basiert auf den Resultaten der raumweisen Berechnung.

Die einzelnen Schritte bei der Berechnung der Heizlast für eine Gebäudeeinheit oder ein gesamtes Gebäude sind (gem. DIN EN 12381) folgende:

- Nummerierung der Norm-Transmissionswärmeverluste aller beheizten Räume, ohne den Wärmefluss zwischen den beheizten Räumen zu berücksichtigen, um die gesamten Auslegungstransmissionswärmeverluste für die Gebäudeeinheit oder das gesamte Gebäude zu erhalten;
- Summierung der Norm-Lüftungswärmeverluste aller beheizten Räume, ohne den Wärmefluss zwischen den beheizten Räumen zu berücksichtigen, um die gesamten Auslegungslüftungswärmeverluste für die Gebäudeeinheit oder das gesamte Gebäude zu erhalten;
- Addieren der Norm-Transmissionswärmeverluste aller beheizten Räume und der Norm-Lüftungswärmeverluste einer Gebäudeeinheit oder eines gesamten Gebäudes;
- Berechnung der Norm-Heizlast des Gebäudes unter Berücksichtigung eines Korrekturfaktors für die zusätzliche Aufheizleistung, um die gesamte Aufheizleistung für eine Gebäudeeinheit oder ein gesamtes Gebäude zu erhalten;
- die Norm-Heizlast für eine Gebäudeeinheit oder ein gesamtes Gebäude ergibt sich aus der Summe der gesamten Norm-Wärmeverluste und der gesamten Aufheizleistung:

$$\phi_{HL} = \Sigma\phi_{T,i} + \Sigma\phi_{V,i} + \Sigma\phi_{RH,i}$$

Darin sind die Summe der Transmissionswärmeverluste aller beheizten Räume, ohne Berücksichtigung des Wärmeflusses zwischen den Gebäudeeinheiten bzw. innerhalb des Gebäudes in Watt (W) addiert. Die Lüftungswärmeverluste aller beheizten Räume ohne Berücksichtigung des Wärmeflusses zwischen den Gebäudeeinheiten bzw. des Gebäudes impliziert einen Luftvolumenstrom für das gesamte Gebäude. Da die zonenweise Berechnung des Luftvolumenstromes immer auf dem ungünstigsten Fall beruht, ist eine Summierung der jeweiligen Zonenwerte nicht geeignet, weil dieser ungünstigste Fall nur in Teilen dieser Zonen gleichzeitig auftritt. Aus diesem Grund wird der Luftvolumenstrom für das gesamte Gebäude wie folgt berechnet:

ohne raumlufttechnische Anlagen (natürliche Belüftung):

$$\Sigma V_i = \max\{0{,}5 \cdot \Sigma V_{inf,i}; \Sigma V_{min,i}\}$$ (der größere Wert wird verwendet)

mit raumlufttechnischen Anlagen (mechanische Belüftung):

$$\Sigma V_i = 0{,}5 \cdot \Sigma V_{inf,i} + (1-\eta_v) \cdot \Sigma V_{SU,i} + \Sigma V_{mech,inf,i}$$

wobei η_v der Wirkungsgrad der Wärmerückgewinnungsanlage für die Abluft ist und $V_{SU,i}$ der durch Lüftungsanlagen zugeführte Volumenstrom. Ist keine Wärmerückgewinnungsanlage vorhanden, ist $\eta_v = 0$. Zur Auslegung des Wärmeerzeugers wird ein 24-Stunden-Mittelwert verwendet.

Wenn die Zuluft über ein verbundenes System beheizt wird, ist die Heizlast bei dem verbundenen System anzurechnen. Die benötigte Aufheizleistung ist von dem angenommenen Innentemperaturabfall während der Absenkzeit, der Speichermasse der Räume und der Wiederaufheizzeit abhängig. Es können erhebliche Wärmeleistungen von bis zu 137 W/m² (laut DIN EN 12831) auftreten. Die Bedingungen zur benötigten Wiederaufheizleistung müssen mit dem Bauherren abgestimmt werden.

Die erforderliche Heizleistung der Wärmeerzeuger kann größer sein als die Normheizlast (die nur den Transmissions- und den Lüftungswärmebedarf berücksichtigt), sofern der Kessel z. B. auch die Warmwasserbereitung übernimmt, ein Schwimmbad zu beheizen ist oder raumlufttechnische Anlagen mit Wärme versorgt werden müssen.

Zur Ermittlung der Wärmeerzeugerleistung ϕ_{SU} sind dann außer der Norm-Heizlast ggf. Zuschläge erforderlich: bei einem Durchfluss-Speicher-Warmwasserbereitungssystem der Anteil der Dauerlast, die Wärmeleistung für Luftheizregister bei Raumlufttechnischen Anlagen, wobei der Anteil der Rückwärme von Wärmerückgewinnungssystemen und ggf. andere notwendige Wärmeleistungen abgezogen werden müssen. Bei Gebäuden mit statischer Heizung und natürlicher Lüftung ist jedoch die Norm-Heizleistung der Wärmeerzeugerauslegung zugrunde zu legen.
Die vollständige Wärmebilanz lautet daher:

$$\phi_{SU} = \phi_{HL} + \phi_{DHW} + \phi_{AS}$$

Darin ist ϕ_{SU} die Wärmeerzeugerleistung, ϕ_{HL} die Heizlast, ϕ_{DHW} die ggf. notwendige Zusatzheizleistung für Warmwasserbereitung und ϕ_{AS} die Zusatzheizleistung für andere Systeme (z. B. Raumlufttechnische Anlagen, Prozesswärme u. a.).

Die Bemessung der notwendigen Heizleistung für Warmwasserbereitung kann nach DIN 4708-1 bis -3 „Zentrale Warmwassererwärmungsanlagen" erfolgen.

2.2 Wärmeerzeugungsanlagen

Wärmeversorgungsanlagen für Gebäude verwenden in der Regel als Wärmeträger Wasser, seltener Luft. Dampf als Wärmeträger wird nur noch für industrielle Zwecke verwendet. Die notwendige Temperatur des Heizmittels (Wasser, Luft, Dampf) hängt von den gewählten Heizmitteltemperaturen und den ausgewählten Raumheizflächen ab. Für das notwendige Temperaturniveau des Wärmeträgers ist eine Wärmeerzeugungsanlage notwendig.

Die Mehrzahl der bestehenden Wärmeerzeugungsanlagen verwendet als Primärenergieträger Erdgas oder Heizöl.

Meistens wird in Heizkesseln Heizöl oder Erdgas bei einer Verbrennungstemperatur um 1000 °C verbrannt und die Wärme über Wärmetauscher an das Wärmeträgermedium Wasser abgegeben. Weil die notwendigen Heizmitteltemperaturen in der Regel bis 70 °C ausreichend sind, liegt es nahe, im Sinne einer ganzheitlichen Planung auf die Verbrennung fossiler Energieträger zu verzichten.

Um Wärme aus Umweltenergie verwenden zu können, besteht die Möglichkeit, Erdwärme (oberflächennahe Geothermie) in Verbindung mit Wärmepumpenanlagen zu verwenden, die Erzeugung von Wärme und Strom zu koppeln (Kraft-Wärme-Kopplung) oder ggf. auf CO_2-neutrale Energieträger wie Holz zurückzugreifen. Auch können ggf. saisonale Wärmespeicher Energie aus der Umwelt (thermische Solarenergie) während der Sommermonate speichern und für die Heizperioden zur Verfügung stellen.

Heizöllagerung

Heizöl ist den wassergefährdenden Flüssigkeiten zuzurechnen. Anlagen zur Heizöllagerung bedürfen der bauaufsichtlichen Genehmigung. Bestimmungen über die Lagerung von Heizöl finden sich im Bauordnungsrecht der Länder.

Der Jahresbedarf B an Heizöl lässt sich nach folgender Formel ermitteln:

$$B = \frac{\phi_{HL} \cdot b_{vH}}{H_U}$$

Zu berücksichtigen sind:

- die Heizlast ϕ_{HL} des Gebäudes
- die je nach Gebäudeart anzunehmenden jährlichen Vollbenutzungsstunden b_{vH}
- der Energieinhalt H_U des Brennstoffes Heizöl EL.

Tafel 4.21 Vollbenutzungsstunden für Überschlagsrechnungen (Nur für Schätzung geeignet. Neben dem Wärmedämmstandard ist die Luftdichtheit und das Nutzungsverhalten von großem Einfluss).

	b_{vH}
Einfamilienhaus	1500 – 2100 h/a
Mehrfamilienhaus	1800 – 2100 h/a
Bürogebäude	1500 – 1900 h/a
Krankenhaus	1900 – 2500 h/a
Schule, einschichtiger Betrieb	1200 – 1400 h/a
Schule, mehrschichtiger Betrieb	1300 – 1500 h/a

2.2.1 Wärmeerzeuger für Gas oder Heizöl

Gas-Umlaufwasserheizer beanspruchen als Wärmeerzeuger einer Warmwasser-Heizung keinen besonderen Aufstellraum. Sie werden an Wänden, bevorzugt im Bad oder Flurbereich installiert. Geräteabmessungen: ca. 50/38/85 (in cm) mit geringfügigen Abweichungen. Die unterste Leistungsgrenze der in mehreren Leistungsstufen gebauten Umlaufwasserheizer liegt bei etwa 5 kW.

Gas-Durchlaufwasserheizer für die Warmwasserbereitung werden im Wohnungsbau vorzugsweise im Bad angeordnet. Sie versorgen meist alle Warmwasser-Zapfstellen einer Wohneinheit.

Heizkessel aus Gusseisen oder Stahl sind funktionell gleichwertig, die aus einzelnen Gliedern zusammengesetzten Gusskessel jedoch aufgrund ihrer höheren Korrosionsbeständigkeit besonders dauerhaft. Durch Anbau weiterer Glieder lassen sich Gusskessel leicht in ihrer Leistung verändern. Heizöl- und gasbefeuerte Anlagen höherer Leistung erhalten vorzugsweise Stahlkessel.

Standardheizkessel (Konstanttemperaturkessel) sind nur in Verbindung mit Regeleinrichtungen zur Anpassung der Heizmitteltemperaturen statthaft.

Niedertemperaturkessel (NT-Kessel) sind Heizkessel, die kontinuierlich mit Rücklauftemperaturen von 35 – 40 °C betrieben werden können, ohne Korrosionsschäden durch u. U. auftretende Kondensationen. Etwa 35 – 40 °C werden als Sockeltemperatur ständig aufrechterhalten. Die maximalen Vorlauftemperaturen liegen je nach Auslegung des Systems bei etwa 55 – 75 °C.

Brennwertkessel benötigen weniger Energie und erzeugen somit umweltfreundlich weniger CO_2 als NT-Kessel. Bei der Verbrennung von Kohlenwasserstoffen verbindet sich der Wasserstoff mit dem Luftsauerstoff zu Wasser bzw. unter Wärmeaufnahme zu Wasserdampf. Diese im gasförmigen Aggregatzustand gebundene Energie entweicht normalerweise durch die Abgasanlage (Schornstein). Gelingt es, den Wasserdampf durch Abkühlung unter den Taupunkt zur Kondensation zu bringen, kann die freigesetzte Latentwärme genutzt werden. Brennwertkessel (Kondensationsheizkessel) erzielen so (bei diesem Bezugswert) Wirkungsgrade von über 100 %, bezogen auf den (unteren) Heizwert HU. Die noch heißen Abgase werden in Nachschaltheizflächen (Abgaswärmetauscher) des Heizkessels aus Edelstahl durch das Rücklaufwasser bis zur Kondensatbildung abgekühlt. Dabei wird noch eine gewisse Menge sensibler (fühlbarer) Wärme (ca. 7 %) an den Rücklauf abgegeben. Hinzu kommt die Latentwärme, die bei der Kondensation von in den Abgasen enthaltenem Wasserdampf anfällt, wenn sie vom Rücklauf gekühlt werden (ca. 11 % bei Gasfeuerungen, 6 % bei Ölfeuerungen). Voraussetzung ist, dass die Rücklauftemperatur niedriger liegt als der Taupunkt des Wasserdampfs in den Abgasen (ca. 45 – 57 °C, abhängig vom CO_2-Gehalt im Abgas).

Holzkessel verwerten einen schwefelfreien Brennstoff. Anders als bei den fossilen Brennstoffen führt die Verbrennung von Holz zudem zu keinem Anstieg des CO_2-Gehaltes der Atmosphäre. Die bei der Verbrennung von Holz frei werdende CO_2-Menge wurde zuvor während des Wachstums aus der Atmosphäre aufgenommen. (Beim Verrotten von Holz entsteht ebenfalls CO_2.)

Als Stand der Technik gilt der Holzvergaserkessel.

Bei dem Scheitholzgebläsekessel wird in der Regel in Verbindung mit einem Pufferspeicher mit einem gebläseunterstützten Kessel Scheitholz verbrannt. Eine vielversprechende Entwicklung sind die Hackgut- bzw. **Pelletsfeuerungen.** Hier werden aus einem Lagerraum Hackgut oder Pellets mittels Förderschnecken oder einem Ansaugsystem in einen Zwischenbehälter gefördert und dann in die Brennkammer eingeführt. Durch kontinuierliche Brennstoffzulieferung ist ein gleich bleibend guter Wirkungsgrad gewährleistet und eine gute Leistungsanpassung möglich.

Hackgutheizungen sind vor allem dann entsprechend einzusetzen, wenn Hackgut in entsprechender Qualität termingerecht zu erhalten ist. Pelletsheizungen können auch bei kleiner Leistung eingesetzt werden. Pellets können in einem Pumpwagen angeliefert und in einen Vorratsraum gepumpt werden. Die benötigte Lagerfläche ist vergleichbar mit der bei einem Einsatz von Heizöl (Auflagen für Heizöllager wie Mindestabstände über Heizöllagertanks berücksichtigt). Vorteil ist vor allem der sehr homogene Brennstoff und die gute Regelbarkeit der Heizkessel.

2.2.2 Schornsteine, Abgasanlagen

Unter dem Oberbegriff „Abgasanlagen“ ist zu unterscheiden zwischen Schornsteinen und Abgasleitungen.

Klassifizierung von Abgasanlagen

- Temperaturklasse z. B. T400 (maximale Abgastemperatur)
  Die Temperaturklasse gibt an, bis zu welcher Abgastemperatur ein Bauprodukt einsetzbar ist: z. B. Temperaturklasse T80 = zulässige Abgastemperatur ≤ 80 °C.
- Druckklasse z. B. N2 (übliche Dichtheitsanforderung)
  Die Gasdichtheitsklasse N1 bis H2 kennzeichnet die zulässige Leckrate der Abgasleitung unter Prüfbedingungen und demnach
  - die zulässige Betriebsweise: Über- und/oder Unterdruck;
  - die zulässige Verwendung: im Gebäude und/oder im Freien.
- Rußbrandbeständigkeitsklasse z. B. G (bedeutet beständig)
- Kondensatbeständigkeiteitsklasse z. B. D (bedeutet für trockene Betriebsweise)
- Korrosionswiderstandsklasse z. B. 3 (für feste, flüssige und gasförmige Brennstoffe)
- Wärmedurchlasswiderstandsklasse z. B. TR65
- Feuerwiderstandsklasse z. B. L90
- Abstandsklasse z. B. C50 (Abstand in mm zu angrenzenden Bauteilen)

Tafel 4.22 Übersicht über die wichtigsten Abgasanlagen

	ABGASANLAGEN				
	Dreischalige gedämmte Schornsteine	Feuchtigkeits-unempfindliche Schornsteine	Abgasleitungen für NT-Kessel[1]	Abgasleitungen für Brennwert-kessel	LAS-Systeme (Luft-Abgas-Systeme)[6]
Feuerstätte	Standardkessel[2] Kachelofen Kaminofen Offener Kamin	NT-Kessel Brennwertkessel[3] Standardkessel[2] Kachelofen Kaminofen Offener Kamin	NT-Kessel	Brennwertkessel (i. d. R. wandhängend)	NT-Kessel, wandhängend (raumluftunab-hängige Gaswasserheizer mit Gebläse)
Brennstoffe	Öl, Gas Feste Brennstoffe[4]	Öl, Gas Feste Brennstoffe[4]	Öl, Gas	Gas (Öl)	Gas
Abgas-tempera-turen	bis ca. 400 °C	80 ° bis 200 °C bei[7] NT-Kesseln, ≤ 400 °C bei Feststoffkesseln	80° bis 200 °C[7]	≤ 80 °C	80° bis 200 °C[7]
Unter-/ Überdruck	Unterdruck (Zug)	Unterdruck (Zug)	Unterdruck (Zug)	Überdruck	Überdruck
Verhalten bei Konden-satanfall	Feuchtigkeits-empfindlich	Feuchtigkeitsun-empfindlich. Kondensat-ableitung[5]	Feuchtigkeitsun-empfindlich. Kondensat-ableitung[5]	Feuchtigkeitsun-empfindlich. Kondensat-ableitung[5]	Feuchtigkeitsun-empfindlich. Kondensat-ableitung[5]

[1] Teurer als feuchtigkeitsunempfindliche Schornsteine, aber leichter umzustellen bei späterem Austausch der Feuerstätte. Seltener in Neubauten installiert.
[2] Ab 1998 für öl- oder gasbefeuerte Kessel bis 400 kW nicht mehr zugelassen.
[3] Sofern (bei richtiger Schornsteinbemessung) das Gebläse der Brennwertfeuerung keinen Überdruck im Schornstein aufbaut.
[4] Beständig gegenüber Rußbrand (ca. 1000 °C).
[5] Im Regelfall.
[6] Auch konzentrische LA-Anlagen aus Stahlblechrohren (ab oberstem Geschoss) für Brennwertgeräte.
[7] 120 bis 160 °C werden bei NT-Kesseln selten überschritten.

Feuerstätten und Abgasanlagen müssen aufeinander abgestimmt sein (NT: Niedertemperaturkessel).

2.2.3 Wärmeerzeugung mit Wärmepumpen

Wärmepumpen-Heizungsanlagen

Ein linksläufiger Kreisprozess (Arbeitsprozess), bei dem Wärme von einem tieferen Temperaturniveau (Wärmequelle) durch Arbeitszufuhr auf ein höheres Temperaturniveau (Wärmesenke) gebracht wird, bezeichnet man als Wärmepumpe (WP). Die WP vereinigt die als Nutzarbeit zugeführte Energie mit der aus der Umgebung aufgenommenen Anergie.

Die möglichen Arbeitsprozesse werden unterschieden nach thermodynamischen-, thermoelektrischen- und thermomagnetischen Prozessen. Größte Bedeutung ist den thermodynamischen Prozessen beizumessen. Sie können u. a. durch die Vergleichsprozesse Carnot, Lorenz, Ericson, Stirling oder Joule verwirklicht werden. Die wichtigsten Arbeitsprozesse sind für Wärmepumpen der Kompressionskreislauf (Carnotvergleichsprozess) und der Sorptionskreislauf (Ab- oder Adsorption).

Tafel 4.23 Beispiele für die Benennung von Wärmepumpen und Wärmepumpenanlagen

Wärmequelle	Wärmeträger		Benennung	
	kalte Seite	warme Seite	der Wärmepumpe (WP)	der Wärmepumpenanlage (WPA)
Erdreich	Sole	Luft	Sole/Luft-WP	Erdreich/Luft-WPA
Erdreich	Sole	Wasser	Sole/Wasser-WP	Erdreich/Wasser-WPA
Sonne	Sole	Luft	Sole/Luft-WP	Solar/Luft-WPA
Sonne	Sole	Wasser	Sole/Wasser-WP	Solar/Wasser-WPA
Wasser	Wasser	Wasser	Wasser/Wasser-WP	Wasser/Wasser-WPA
Wasser	Wasser	Luft	Wasser/Luft-WP	Wasser/Luft-WPA
Luft	Luft	Wasser	Luft/Wasser-WP	Luft/Wasser-WPA
Luft	Luft	Luft	Luft/Luft-WP	Luft/Luft-WPA

An erster Stelle wird die Wärmequelle, an zweiter Stelle der Wärmeträger der warmen Seite genannt.

Wärmequelle Wasser

Grundwasser bietet die Möglichkeit der ganzjährigen Energieentnahme. Das annähernd gleichbleibende Temperaturniveau der Wärmequelle erlaubt einen monovalenten Wärmepumpenbetrieb mit annähernd konstanter Leistungszahl. Die Grundwassertemperatur schwankt jahreszeitlich beeinflusst um +8 bis +12 °C.

Oberflächenwasser (Bach-, Fluss- oder Seewasser) unterliegt hinsichtlich Temperatur und verfügbarer Menge stets starken, jahreszeitlich bedingten Schwankungen, so dass bei kleineren Gewässern meist nur eine bivalente Betriebsweise der angeschlossenen Wärmepumpe vertretbar ist.

Wärmequelle Erdreich

Der Einsatz von Erdkollektoren in Form eines unterhalb der Erdoberfläche verlegten, soledurchflossenen Rohrregisters setzt eine ausreichend große, nicht überbaute und nicht durch Gebäude verschattete Grundstücksfläche sowie eine geeignete Topographie voraus.

Dem Boden kann nur soviel Wärme entzogen werden, wie ihm im Verlauf des Jahres durch solare Einstrahlung zugeführt wird. Die infolgedessen begrenzte Regenerierfähigkeit des Bodens lässt einen Wärmeentzug von max. 10 – 35 W/m^2 zu. Ein höherer Wärmeentzug würde im Bereich der Kollektorrohre einen nicht mehr regenerierbaren Dauerfrost bewirken. Die angeführten Werte sind von der Beschaffenheit und Feuchtigkeit des Bodens abhängig.

Erdsonden (vertikal verlegte Erdreichwärmetauscher) bestehen aus Rohren, die bis zu etwa 100 m tief (bei manchen Verfahren auch bis zu 400 m) in die Erde abgesenkt werden. In den Sonden fließt Sole, die dem Erdreich Wärme entzieht. Da ab 5 m Tiefe keine witterungsbedingten Temperaturveränderungen mehr auftreten, ermöglicht diese technologische Variante der Erdentwärmung einen monovalenten Wärmepumpenbetrieb mit konstanter Leistungszahl (die bis zu 6 – 6,5 betragen kann).

Die erreichbaren Entzugsleistungen richten sich nach der Betriebsweise der Anlage (nur Heizung oder Heizen und Kühlen), nach der Betriebszeit und selbstverständlich nach der Qualität des Untergrundes. Bei schlechtem Untergrund können 20 W/m erzielt werden, bei Kies/Sand, wasserführend bis zu 65 W/m und bei Gneis 60 – 70 W/m. Die U-Rohr-Sonden haben einen Rohrdurchmesser von 25 – 32 mm, die Außenabstände einer U-Rohr-Sonde 50 – 70 mm. Die Sonden sind in Abständen von mind. 6 m zueinander einzubauen. Die Sondenrohre sollen in parallel geschalteten Kreisen zum Verteiler geführt werden.

Wärmequelle Energiepfähle

Die Ausführung der Gebäudegründung bietet mitunter eine kostengünstige Lösung der Nutzung oberflächennaher Geothermie. Z. B. können Gründungspfähle durch integrierte Rohrsysteme als Wärmetauscher verwendet werden (Kühlung als sog. Direktkühlung oder Heizung mittels Wärmepumpen). Auch andere erdreichberührende Bauteile z. B. Bodenplatten oder Schlitzwände lassen sich als Absorber einsetzen.

Wärmequelle Luft

Mit dem geringsten Investitionsaufwand ist bei Luft/Wasser-Wärmepumpen zu rechnen, als Kompaktanlage im Freien aufgestellt. Luft ist überall in ausreichendem Maße vorhanden. Nachteilig ist jedoch der antizyklische, also gegenläufige Temperaturverlauf der Wärmequelle Luft zur erforderlichen Heizmittel-Temperatur der Heizungsanlage, da Außenluft gerade dann niedrige Temperaturen aufweist, wenn der Wärmebedarf besonders groß ist.

2.2.4 Blockheizkraftwerke, Fernwärme, Nahwärmeversorgung

Block-Heizkraftwerke (BHKW) sind verbrauchernahe Zentralen mit einer oder mehreren Verbrennungskraftmaschinen (Motoren) und zugeordneten Generatoren zur Stromerzeugung. Die Abwärme (Kühlwasser und Abgase) der öl- oder gasbetriebenen Verbrennungsmotoren wird für die Gebäudeheizung herangezogen. Ausstattungen mit 3 – 6 Aggregaten (Modulen) sind der Regelfall. Ein Aggregat oder auch mehrere übernehmen die Grundlast. Weitere Einheiten werden je nach Heizlast automatisch hinzugeschaltet (Kaskadenschaltung).

In der Regel werden Anlagen mit Teilleistungen des BHKW und einem zusätzlichen Spitzenheizkessel gewählt; mit diesem Prinzip kann ein erheblicher Anteil der Jahresheizarbeit durch das BHKW trotz der geringeren Teilleistung erzielt werden; empfohlener Anteil von BHKW-Heizleistung an der Gesamtheizlast:

- Mehrfamilienhäuser 10 – 20 %
- Altersheime, Krankenhäuser, Kliniken, Hallenbäder 30 – 40 %
- Hotels 20 – 30 %
- Schulen mit Sporthallen, Gaststätten 10 – 15 %
- Verwaltungsgebäude 10 %
- Verwaltungsgebäude in Verbindung mit Kälte bis zu 40 %.

Die Auslegung von BHKW richtet sich also inbesondere nach der Heizlast. Bei sehr kleinen Leistungen für Einfamilienhäuser sind mittlerweile auch BHKW-Module ab 2 kW elektrischer Leistung auf dem Markt. Diese sog. Mikro-BHKW werden als 1-Zylinder-Otto-Kleinmotoren oder neuerdings als Sterling-Motor angeboten.

Fernwärmeleitungsnetze

Unter der Vielzahl von Fernwärmenetzvarianten sind zzt. auch noch Dampfnetze zu finden. Neuanlagen werden bevorzugt als Heißwassersysteme betrieben, überwiegend mit Temperaturen bis 140 °C, maximal 180 °C. Netzdrücke im Vorlauf: 5 – 17 bar.

Dreileiternetze führen neben Vor- und gemeinsamem Rücklauf eine weitere Versorgungsleitung für Gebrauchswarmwasser zu den Abnehmern. Bei Zweileiternetzen darf die Vorlauftemperatur 70 °C auch in den Sommermonaten nicht unterschreiten, wenn die Warmwasserbereitstellung ganzjährig gewährleistet sein soll. Auch die Wärmeabnahme für Heizzwecke ist dann ganzjährig möglich.

Wärmeübergabe in der Hausstation

In der Hausstation wird die vom Wärmeerzeuger gelieferte Wärme dem Verbraucher übergeben. Sie umfasst die Übergabestation, die oft Eigentum des Fernwärmeversorgungsunternehmens (FVU) ist, sowie die Hauszentrale des Fernwärmekunden. Eine Bodenentwässerung und eine Schwelle sollen andere Kellerräume beim Entleeren der Anlage vor Überschwemmung schützen. An Schlafräume sollten geräuscheemittierende Hausstationen nicht angrenzen.

Bei **indirekter Wärmeübergabe** wird ein Wärmetauscher eingeschaltet und damit das Fernwärmenetz mit seinen i. Allg. hohen Netzdrücken und -temperaturen vom Heizungsnetz des Verbrauchers getrennt.

Bei **direkter Wärmeübergabe** gelangt das Heizmedium des Wärmeerzeugers bis in die Heizkörper des Abnehmers, was i. Allg. Hochdruckarmaturen und -heizflächen bedingt. Eine Reduzierung der Heizwassertemperatur erfolgt mittels Rücklaufbeimischung.

Nahwärmekonzepte

Versorgt ein Heizkraftwerk eine begrenzte Anzahl von Gebäuden, spricht man von einer Nahwärmeversorgung. Dabei wird eine Zentrale errichtet, die über Fernleitung in der o. a. Weise die einzelnen

Gebäude mit Wärme versorgt. Eine bessere Ausnutzung durch längere Laufzeiten der einzelnen Aggregate ist dabei, z. B. für ein Blockheizkraftwerk, gegeben. Ebenso können Holzhackschnitzel-Heizkessel, Pelletsheizkessel oder auch Kombinationen mit solaren Langzeitspeichern verwendet werden. Insbesondere bei solaren Langzeitspeichern (unterirdischen Kies-Wasser-Speichern) ist mit zunehmender Größe die solare Deckungsrate deutlich günstiger. Ein sehr gut gedämmtes Gebäude mit minimalem Restwärmebedarf (Passivhaus) und dezentral erzeugter Restwärme erscheint gegenüber dem hohen Aufwand der Nahwärmeversorgung eine eher anzustrebende Variante für zukünftige Gebäude.

2.2.5 Wärmeverteilnetze

Die Warmwasserheizung (Warmwasser-Pumpenheizung) wird am häufigsten verwendet. Hierbei wird die im Heizkessel erzeugte Wärme mittels Wasser als Trägermedium in die wärmeabgebenden Heizflächen transportiert. Das abgekühlte Wasser gelangt in den Kessel zurück, wo es wieder erwärmt wird (Vor- und Rücklauf). Warmwasserheizungen haben eine maximale Vorlauftemperatur von 100 bis max. 105 °C. Die Anhebung des Siedepunktes über 100 °C hinaus lässt sich durch mäßigen Überdruck (bis etwa 2,5 bar) erreichen. Gewählt werden heute vorzugsweise Vorlauftemperaturen um 45 bis 70 °C, also im Niedertemperaturbereich. Heizungsanlagen mit Vorlauftemperaturen über 120 °C hinaus gelten als Heißwasserheizungen und werden vorzugsweise in der Fernwärmeversorgung eingesetzt.

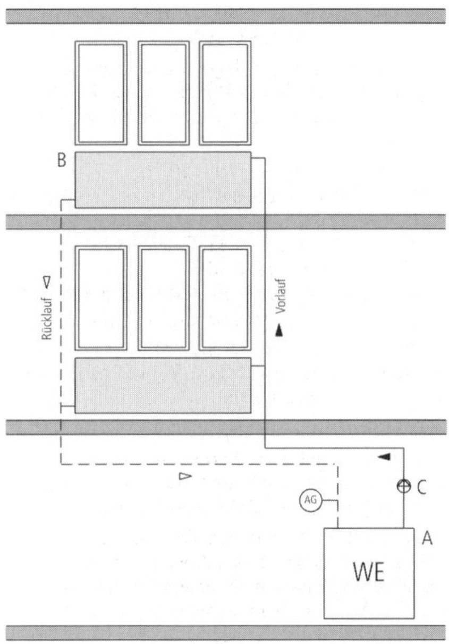

Abb. 4.25a Prinzip einer Warmwasserheizung (*Warmwasser-Pumpenheizung*): Wasser übernimmt die im Kessel (A) erzeugte Wärme und führt sie den wärmeabgebenden Heizflächen (B) zu. Eine Pumpe (C) bewirkt den ständigen Umlauf des Wassers. Temperaturbedingte Druckunterschiede im Leitungssystem gleicht ein Ausdehnungsgefäß (D) aus.

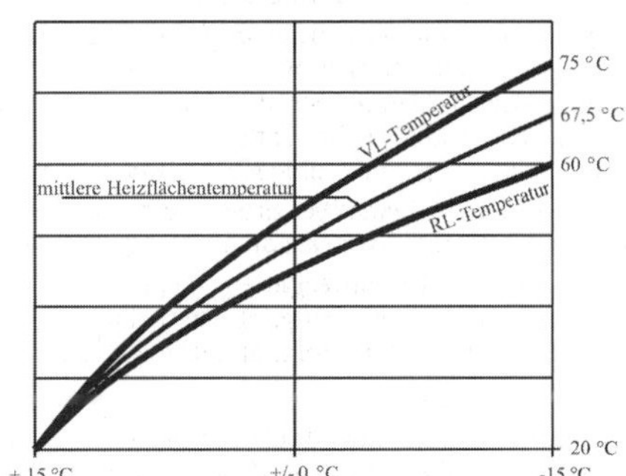

Abb. 4.25b Die Heizwassertemperatur (Vor- und Rücklauf) steigt bei sinkender Außentemperatur nicht linear, sondern verläuft in einer Kurve.
Grund: die Wärmeabgabe am Heizkörper erfolgt sowohl durch Strahlung als auch durch Konvektion. Bei Temperaturänderung verändern sich die Anteile von Strahlung und Konvektion. Mit abnehmender Heizwassertemperatur verringert sich die Spreizung.
Bei jeder Neuanlage ist die Heizkurve anlagenspezifisch einzustellen. An ihr orientiert sich das Regelsystem.

Umwälzpumpen sorgen für den Umtrieb des Heizungswassers.

Pumpenlose, sogenannte Schwerkraftheizungen, werden nur noch selten installiert, da sie verhältnismäßig träge reagieren. Der erforderliche Umtrieb einer Schwerkraftheizung resultiert aus dem Gewichtsunterschied zwischen erwärmtem und abgekühltem Wasser und setzt entsprechend große Rohrweiten voraus. Schwerkraftheizungen sind in der Übergangszeit schwierig zu regeln.

Die Temperaturdifferenz zwischen Vor- und Rücklauf wird als Spreizung bezeichnet. Kennzeichnend für die Auslegungstemperaturen einer Anlage ist die Spreizung bei höchster Leistung (bei den tiefsten anzunehmenden Außentemperaturen).

Heute ist die Niedertemperatur-Heizung Stand der Technik mit Auslegungstemperaturen, z. B. 70/55 °C oder 60/50 °C oder 55/45 °C.

Rohrleitungen für Warmwasser-Heizungen: Stahlrohre, Weichstahlrohre, Kupferrohre.

Wärmedämmung von Rohrleitungen erfolgt nach EnEV.

In Zentralheizungssystemen sind die gem. EnEV geforderten Dämmstoff-Mindestdicken vorzusehen, bezogen auf eine Wärmeleitfähigkeit von 0,035 W/(m^{2}K) (je nach Funktion ist die Wärmedämmung abhängig vom Rohrdurchmesser als Mindestwärmedämmung festgelegt).

Für die **Rohrleitungsführung** der Warmwasser-Heizung ergeben sich im Wohnungsbau folgende Möglichkeiten der Leitungsführung zwischen Wärmeerzeuger und Heizfläche:

- Heizkörper unter den Fenstern; untere Verteilung; Steigestränge und Anschlussleitungen in der Außenwand: das klassische System einer Warmwasserheizung. Unter Berücksichtigung von DIN 1053, DIN 4108 und DIN 4109 nur noch unter Schwierigkeiten realisierbar.
- Heizkörper unter den Fenstern; zentral angeordnete Steigestränge, z. B. im Treppenraum; Anschlussleitungen unterhalb eines schwimmenden Estrichs als Ein- oder Zweirohrsystem. Gut kombinierbar mit Wärmemengenzählern für jede Wohn- bzw. Mieteinheit von Mehrfamilienhäusern.
- Heizkörper unter den Fenstern; Steigestränge dezentral an Innenwänden; Anschlussleitungen innerhalb einer speziellen Fußleistenkonstruktion. Bisher nicht befriedigend gelöst: die Leitungsführung im Türbereich. Ein Absenken der Stränge in den Estrich wirft Schallschutzprobleme auf.
- Heizkörper unter den Fenstern; Wärmeerzeuger im gleichen Geschoss (Etagenheizung). Anschlussleitungen unterhalb des schwimmenden Estrichs als Ein- oder Zweirohrsystem. Die Strahlungsverluste des Wärmeerzeugers kommen der Wohnung zugute.
- Fußbodenheizung, Steigestränge zentral an einer Innenwand; Verteilung in den Stockwerken.

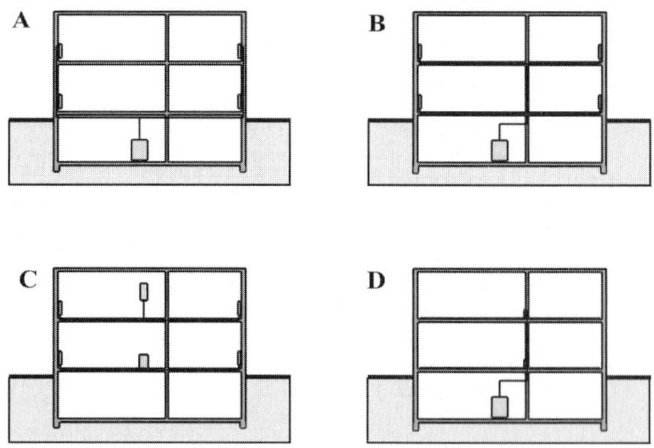

A Klassisches Zentralheizungssystem mit Steigeleitungen und Anschlussleitungen in den Außenwänden.
B Zentrale Steigestränge in Kombination mit horizontaler Anbindung der Heizkörper im Bereich des schwimmenden Estrichs.
C Etagenheizung, sonst wie B.
D Fußbodenheizung. In den Geschossen werden Unterverteilungen für die einzelnen Heizkreise installiert. Die Rohrführung erfolgt auf dem Dämmsystem.

Abb. 4.26 Varianten der Trassenführung von Heizungsvor- und -rücklauf im Wohnungsbau

In größeren Gebäuden (Verwaltungsbauten, Schulen usw.) ergibt sich, insbesondere bei Skelettbauten, die Notwendigkeit, die vertikalen Stränge zentral in einem Schacht durch die Geschosse zu führen und für die horizontale Anbindung der Heizflächen eine verdeckte Leitungsstraße vorzusehen.

Bei **Zweirohrsystemen** erhält jeder Heizkörper über Vorlaufleitungen erwärmtes Wasser mit annähernd gleicher Temperatur zugeführt. Abgekühltes Wasser verlässt die Heizkörper und gelangt in Rücklaufsträngen in die Heizzentrale zurück.

Vor- und Rücklauf werden im klassischen Zweirohrsystem nebeneinander liegend vertikal an die Heizkörper herangeführt, wobei sich die horizontale Verteilerebene i. Allg. unter der Decke des Kellergeschosses befindet (untere Verteilung). Obere Verteilungen im Dachbereich kommen nur noch in Sonderfällen in Betracht. Vor- und Rücklauf versorgen bei diesen Zweirohrsystemen in jedem Geschoss normalerweise 2 Heizkörper. Diese haben i. d. R. einen gleichseitigen Anschluss, d. h. beide Anschlüsse befinden sich auf ein- und derselben Heizkörperseite.

Bei **Einrohrsystemen** werden alle Heizkörper hintereinander an eine Ringleitung angeschlossen. Die Anordnung der Einrohrheizungen entspricht einer Reihenschaltung, die des Zweirohrsystems einer Parallelschaltung.

2.2.6 Raumheizflächen

Die Wärmeabgabe von Heizflächen an die Umgebung erfolgt entweder überwiegend durch Konvektion (Wärmeträger ist dabei strömende Luft.) oder überwiegend durch Strahlung. Grundsätzlich findet Wärmeübertragung immer parallel mit Wärmeleitung, Strahlung und Konvektion statt, wobei die Anteile je nach Umständen unterschiedlich groß sind. Bei der Wärmeübergabe von Heizflächen an einen Raum ist die Wärmeleitung vernachlässigbar.

Wärme überwiegend durch **Konvektion** geben ab:

- Warmluftheizgeräte
- Konvektoren
- Radiatoren und Plattenheizkörper (mit einem nicht unbeträchtlichen Strahlungsanteil)
- Elektrische Schwachlast-Speichergeräte mit dynamischer Entladung.

Wärme überwiegend durch **Strahlung** geben ab:

- Deckenstrahlungsheizungen
- Fußbodenheizungen
- Wandflächenstrahlungsheizungen.

Bei Strahlungsheizungen liegen die Wandtemperaturen höher und damit physiologisch günstiger als bei Konvektionsheizungen. Das Raumlufttemperaturprofil einer Strahlungsheizung kommt dem idealen Temperaturprofil recht nahe.

Konvektionsheizungen zeichnen sich durch geringe Anlagekosten und eine gute Anpassung an wechselnde Heizlasten (schnelles Aufheizen und rasches Ansprechen auf Regelvorgänge) aus. Auch sind nachträgliche Änderungen leichter vorzunehmen. Weniger günstig ist eine vermehrte, durch die verstärkte Luftbewegung verursachte Staubaufwirbelung.

Die **Anordnung von Heizflächen** im Raum soll so vorgenommen werden, dass die Behaglichkeitsbedingungen im Raum möglichst optimal sind. Das bedeutet:

- Eine nicht zu hohe Strahlungstemperaturasymetrie (Wärmeübertragungsverhältnisse vom Menschen an kalte und von warmen Raumbegrenzungsflächen)
- Erwärmung der durch Fensterfugen von außen oder Luftdurchlässe in den Raum mit Untertemperatur strömenden Luft
- Verhinderung von Temperaturschichtung durch falsche Anordnung
- Verhinderung ungünstiger Strömungsverhältnisse (wirbelförmigen Raumluftströmungen, die sich aufgrund der Raumluftströmungsverhältnisse bilden).

Der Wärmedurchgangskoeffizient von Fenstern ist bei heute üblicher Verglasung mit einem U-Wert von 1,0 W/m^2K zwar gegenüber der früheren Bauart deutlich geringer, stellt aber immer noch den größten Wärmeverlust einer Fassade dar.

Es bildet sich an der Oberfläche des Fensters auf der Innenseite eine sog. Kaltluftströmung. Diese Kaltluftströmung ist gegenüber früheren üblichen U-Werten von Fenstern zwar erheblich geringer, führt aber immer noch zu einer abfallenden Luftströmung.

Um diese zu kompensieren, werden Heizflächen (Heizkörper) möglichst unterhalb von Fensterflächen oder unmittelbar daneben aufgestellt.

Die maßgebliche Beurteilungsgröße für die Behaglichkeit im Raum ist die Strahlungstemperatur-Asymmetrie. Kritische Behaglichkeitsbedingungen treffen insbesondere bei Räumen mit hohem Fensterflächenanteil auf.

Hochgedämmte Gebäude, wie nach der neuen Energieeinsparverordnung mittlerweile üblich, sind insgesamt gegenüber früheren Gebäuden deutlich weniger kritisch bezüglich der Strahlungstemperatur-Asymmetrie. Deshalb sind bei hochgedämmten Gebäuden Flächenheizungen (Fußboden-,

Decken- oder Wandheizungen) problemlos einzusetzen. Eine ideale Kombination ist die gemeinsame Nutzung von Flächentemperierungen für **Heizen und Kühlen.** Die möglichen Leistungen unter Beachtung der Behaglichkeitsgrenzen liegen bei

- Deckensysteme für Kühlung bis 100 W/m²
- Deckensysteme für Heizung bis 40 W/m²
- Fußbodensystem für Kühlung bis 40 W/m²
- Fußbodensysteme für Heizung bis 100 W/m².

Plattenheizkörper (Flachheizkörper) haben mit 85 % inzwischen den mit Abstand größten Marktanteil unter den Raumheizkörpern. Sie bestehen aus glatten oder/und profilierten wasserdurchflossenen Stahlblech-Doppelplatten. Profilierte Modelle weisen eine geringfügig höhere Wärmeleistung pro Fläche auf. Die Vorderseite gibt die Wärme überwiegend in Form von Strahlung ab, die übrigen Flächen durch Konvektion (an vorbeiströmende Luft).

Röhrenheizkörper (Stahlrohrradiatoren) zählen wie die Guss- und Stahlradiatoren zu den Gliederheizkörpern.

Stahlradiatoren werden aus mehreren Gliedern zu einem Block verschweißt.

Gussradiatoren zeichnen sich durch hohe Korrosionsbeständigkeit aus.

Konvektoren bestehen aus dicht mit Blechlamellen besetzten Rohren. In schachtartigen Nischen eingebaut oder als eigenständiger Heizkörper, bewirkt die an den Lamellen erwärmte Luft eine Luftströmung (freie Konvektion).

Fußbodenheizungen der Warmwasser-Pumpenheizungen bestehen aus innerhalb bzw. unterhalb eines Estrichs angeordneten, von Heizwasser durchflossenen Röhrenregistern. Zur Rohdecke hin ist eine ausreichend dimensionierte Wärmedämmschicht vorzusehen. Die Oberflächentemperatur beträgt bei einer Außentemperatur von 0 °C etwa 22 bis 23 °C, bei tiefster Außentemperatur werden ca. 25 °C erreicht. Damit liegt die Oberflächentemperatur des Fußbodens nur um einige Kelvin höher als die Raumlufttemperatur. Beim Befühlen ist sie kaum als erhöhte Temperatur wahrnehmbar. Als äußerster Grenzwert in Daueraufenthaltsbereichen gelten 29 °C, um Fußbeschwerden (Schwellungen) vorzubeugen.

Deckenstrahlungsheizungen sind Flächenheizungen mit hohem Strahlungsanteil; niedrige Vorlauftemperaturen, niedrige Lufttemperaturen; zum Abschirmen von Fensterflächen werden ebenfalls zusätzliche Maßnahmen empfohlen. Unzuträglichkeiten infolge auf den Kopf einwirkender Wärmestrahlung sind bei Neubauten nicht mehr zu erwarten, da heute infolge des gestiegenen Wärmedämmstandards die Strahlungsintensität nur noch gering ausfällt (geringe Strahlungstemperatur-Asymmetrie). Temperaturschichtungen unter der Decke (Wärmestau), wie bei vorwiegend konvektiv wirkenden Heizsystemen anzutreffen (Radiatoren, Plattenheizkörper, elektr. Speichergeräte), werden vermieden. Allgemein durchgesetzt haben sich abgehängte Rohrregister in Verbindung mit Blechplatten als Abstrahlfläche und oberseitiger Dämmlage. Weitere Varianten: in Gipskassettenplatten eingebettete bzw. unterseitig zu putzende Abstrahlplatten aus Blech oder Kapillarrohrmatten (Rohrdurchmesser 3,4 mm), welche mit dem Putz unter eine Betondecke befestigt werden.

Deckenheizungen können ebenso für Kühlzwecke genutzt werden. Dies bietet sich, insbesondere für Gebäude mit der Notwendigkeit Kühllasten abzuführen, an. Die Konstruktionen sind baugleich mit Kühldecken.

In Beton von Massivdecken eingegossene Heizrohre (**Bauteilaktivierung, Thermoaktive Decken, Betonkernaktivierung**) sollten besonders zum Zwischenspeichern von Umweltenergie (oberflächennahe Geothermie) verwendet werden. Als Heizsystem ist die Bauteilaktivierung wegen der großen thermische Trägheit nur in Zusammenhang mit einem ganzheitlichen Temperierungssystem zu empfehlen. Mit Zusatzheizflächen (z. B. Deckensegel) kann eine zusätzliche Heizleistung für schnelle Lastwechsel installiert werden.

Wandheizungen werden als besonders angenehm empfunden. Ihre konstruktive Ausbildung entspricht im Prinzip der einer Fußbodenheizung. An die Stelle eines Estrichs tritt Wandputz oder eine Verkleidung aus Gipskartonplatten. Die geringe Verbreitung von Wandflächenheizungen ist darauf zurückzuführen, dass i. d. R. nicht genügend freie Wandflächen zur Verfügung stehen, weil Stellflächen benötigt werden. Ein Anbohren der Wände (Befestigungsmittel) ist problematisch. Außenwände mit Heizregistern müssen eine ausreichende Wärmedämmung aufweisen ($U < 0{,}35$ W/m²K). Bei Sanierungen denkmalgeschützter Gebäude werden Wandheizungen mittlerweile besonders gerne eingesetzt, weil ein Austrocknen von Bauteilen eher verhindert wird.

3 Raumlufttechnik

3.1 Kontrollierte Wohnungslüftung

Aus hygienischen und bauphysikalischen Gründen ist es erforderlich, mit Gerüchen, Wasserdampf, CO_2, ggf. auch Schadstoffen angereicherte Luft aus Aufenthaltsräumen abzuführen und durch unverbrauchte sauerstoffreiche Luft zu ersetzen. Zu unterscheiden sind Grundlüftung (bauphysikalisch erforderlich) und Bedarfslüftung (hygienisch erforderlich).

Grundlüftung: Ein mind. 0,5- bis 1,0-maliger Luftaustausch pro Stunde kann sicherstellen, dass bei normaler Raumnutzung keine Bauschäden entstehen. (Außenluftwechsel: mind. 0,5/h, max. 1,0/h).

Bedarfslüftung: Körperausdünstungen, Tabakrauch, Küchen- und Toilettengerüche, aber auch Ausdünstungen aus Möbeln, Teppichen, Baustoffen bewirken eine Luftverschlechterung, die eine Lufterneuerung erforderlich macht.

Aus hygienischen Gründen empfohlener Luftwechsel:

- 0,5- bis 1,0fach/h in Wohn-, Aufenthalts- und Schlafräumen,
- 4,0- bis 5,0fach/h in innenliegenden Sanitärräumen,
- 0,5- bis 25fach/h in Küchen (stoßweise Belastung).

Fugenlüftung: Mit einem ausreichenden natürlichen Luftwechsel über Fensterfugen kann in Neubauten nicht mehr gerechnet werden, da zur Verringerung der Lüftungswärmeverluste die Fugen zwischen Flügel- und Blendrahmen im Regelfall nahezu luftundurchlässig ausgebildet werden (Fugendurchlasskoeffizent a von 1,0 bzw. 2,0 $m^3/\,h\,m\,(daPa)^{2/3}$). In der Praxis werden noch geringere Werte erreicht: DIN 1946-5 geht bei Fenstern üblicher Konstruktion mit umlaufender Dichtung von einem a-Wert von < 0,3 $m^3/hm(daPa)^{2/3}$ aus. Eine gewisse Luftdurchlässigkeit weisen jedoch erfahrungsgemäß weiterhin Rollladenkästen, untere Anschläge von Außentüren und Blendrahmen-Wandanschlussfugen, besonders die Anschlussfugen im Bereich der Fensterbänke, auf.

Fensterlüftung: Fenster können bei Bedarf kurzfristig geöffnet (Stoßlüftung) oder über einen längeren Zeitraum hinweg geöffnet gehalten werden (Dauerlüftung). Die häufig mit gekipptem Lüftungsflügel, vorwiegend bei Schlafräumen und Toiletten, praktizierte Dauerlüftung ist während der Heizperiode mit unverhältnismäßig hohen Wärmeverlusten verbunden, zumal unterhalb der Fenster angeordnete thermostatische Heizkörperventile auf Kaltlufteinwirkung mit einer verstärkten Wärmezufuhr reagieren.

Mechanische Lüftung von Einfamilienhäusern

Die Bestrebungen zur Minimierung der Transmissionswärmeverluste hatten zur Folge, dass die Lüftungswärmeverluste einen erheblichen Anteil am Wärmeverlust eines Gebäudes haben.

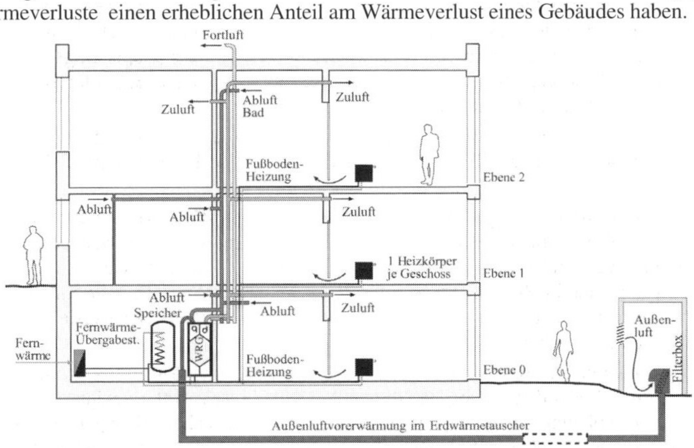

Abb. 4.29 Kontrollierte Wohnungslüftung am Beispiel eines Einfamilienwohnhauses. Der Erdwärmetauscher sorgt für Luftkühlung im Sommer. Durch die Luftansaugung über einen Erdwärmetauscher kann warme Außenluft von +30 auf +20 °C abgekühlt werden. Der Erdwärmetauscher dient im Winter zur Vorwärmung der Außenluft (−10 auf +2 °C). Nachheizer: Durch Nachheizen der Luft kann an milden Wintertagen ein gut gedämmtes Gebäude erwärmt werden.

Eine mechanische Lüftung ohne Wärmerückgewinnung soll bewirken, dass einerseits die Raumluft ausreichend erneuert wird, andererseits aber die mit der abziehenden Luft entweichenden Wärmeverluste in vertretbaren Grenzen bleiben.

Bei Mehrfamilienwohnhäusern können Einzelgeräte für jede Wohneinheit eingebaut oder in unterschiedlichen Varianten zentrale Anlagen vorgesehen werden. In Abb. 4.30 ist eine Lösung mit strangweisen zentralen Geräten dargestellt. Die unterschiedlichen Luftmengenanforderungen der Nutzer erfordern jedoch drehzahlgeregelte Ventilatoren und Volumenstromregler für jede Wohneinheit. Unter Umständen ist eine Konzeption mit dezentralen Geräten sinnvoller.

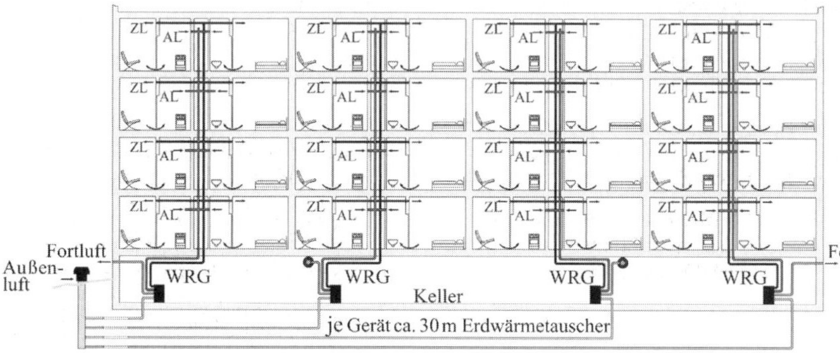

Abb. 4.30 Mehrfamilienhaus mit Wohnungslüftung. Jeder Lüftungsstrang wird über ein Zentralgerät mit Wärmerückgewinnung versorgt.

3.2 Raumlufttechnische Anlagen

3.2.1 Aufgabe der Raumlufttechnik

In Aufenthaltsbereichen von Menschen soll ein unserem Behaglichkeitsempfinden entsprechender Raumluftzustand herrschen. Folgende behaglichkeitsrelevanten Komponenten sind durch RLT-Anlagen zu beeinflussen:

- Reinheit der Luft/Geruchspegel,
- Raumlufttemperatur,
- Luftbewegung,
- Luftfeuchtigkeit.

Darüber hinaus auf unser Behaglichkeitsempfinden einwirkende Einflussgrößen:

- Temperatur der Umschließungsflächen,
- raumakustische Verhältnisse/Geräuschpegel,
- Beleuchtung/Belichtung,
- Dichte der Personenbelegung,
- visueller Raumeindruck: Proportionen, Farbgebung und Materialzusammenstellung.

Hauptaufgabe lüftungstechnischer Anlagen ist die Erneuerung der Raumluft, wobei die Luft stets auch gereinigt (gefiltert) wird. Hinzu kommen gegebenenfalls weitere Aufbereitungsstufen wie:

- Erwärmung oder Kühlung,
- Be- und Entfeuchtung der Luft.

Die Menge der einem Raum zuzuführenden Außenluft, die Außenluftrate bzw. der Außenluftstrom, hängt sowohl von der Anzahl im Raum anwesender Menschen als auch von der jeweiligen Raumfunktion ab. Zum Teil höher angesetzte Außenluftraten für gewerblich genutzte Räume enthalten die Arbeitsstättenrichtlinien (ASR 5):

Die Luftwechselzahl gibt an, wie oft pro Zeiteinheit das Raumluftvolumen erneuert wird. Der erforderliche Luftwechsel für Wohngebäude liegt im Bereich von 0,5/h bis 1,0/h, bei sog. Passivhäusern liegt er bei 0,3/h (Durchschnitt des gesamten Nettovolumen). Der hygienische Mindestluftwechsel für Wohngebäude wird im Allg. für Daueraufenthaltsräume mit einem 0,5-fachen stündlichen Raumluftwechsel als Mindestwert angenommen.

Für Bürogebäude ergeben sich bei einer durchschnittlichen Bürofläche pro Person von 10 m^2 und 2,80 m lichten Raumhöhe Luftwechselzahlen von 0,7 – 2,1:

- 0,7 (20 m^3/h je Person),
- 1,4 (40 m^3/h je Person),
- 2,1 (60 m^3/h je Person).

Der spezifische Luftraum kennzeichnet das Verhältnis von Raumvolumen zur Personenzahl. Ein kleiner spezifischer Luftraum erschwert die Erstellung zugfrei arbeitender RLT-Anlagen. In der Arbeitsstättenverordnung (ArbStättV § 23) ist ein Mindestluftraum für Arbeitsräume mit ständig anwesenden Arbeitnehmern festgesetzt. Demnach sind vorzusehen:

- 12 m^3/Person bei überwiegend sitzender Tätigkeit,
- 15 m^3/Person bei überwiegend nichtsitzender Tätigkeit,
- 18 m^3/Person bei schwerer körperlicher Arbeit.

Raumluftqualität

Die Qualität der Raumluft wird, abgesehen von nutzungsbedingten Verunreinigungen, bestimmt durch die Qualität der Zuluft; sie besteht aus Außenluft und ggf. Umluft.

Tafel 4.31a Klassifizierung der Raumluftqualität für den Aufenthaltsbereich in Räumen nach DIN EN 13779

Kategorie	Beschreibung
RAL 1	spezielle Raumluftqualität
RAL 2	hohe Raumluftqualität
RAL 3	mittlere Raumluftqualität
RAL 4	niedrige Raumluftqualität

Umluft kann die Oberfläche der Luftkanäle verunreinigen (z. B. durch Tabakrauch). Sie sollte nicht aus anderen Räumen stammen. In Aufenthaltsräumen ist der Umluftanteil so zu begrenzen, dass hygienische Höchstwerte (z. B. 0,10 ... 0,12 Vol.-% für die CO_2-Volumenkonzentration) nicht überschritten werden.

Der Anteil der Außenluft (Mindestaußenluftstrom) wird bestimmt durch das Maß der auftretenden Luftverunreinigungen. Diese können freigesetzt werden durch Menschen, Tiere, Pflanzen, Baumaterialien und Arbeitsprozesse. Sie bestehen aus unbelebten Stoffen und lebenden Organismen wie:

- Gase und Dämpfe (z. B. CO_2, SO_2, NO_2, O_3, Radon, Formaldehyd)
- Geruchsstoffe
- Aerosole (Fasern, Stäube, Pollen)
- Viren
- Bakterien und ihre Sporen (Legionellen)
- Pilze und Pilzsporen (z. B. Erreger der Aspergillose).

Als Indikator für personenbezogene Luftbelastung (Gerüche) wird i. Allg. der CO_2-Gehalt der Luft herangezogen, da die durch menschliche Ausdünstungen freigesetzten Gerüche in etwa proportional zur CO_2-Produktion durch Atmung sind. Da die Außenluft eine Vorbelastung an CO_2 mitführt, ist die Differenz zwischen der gewünschten maximalen CO_2-Konzentration im Raum und der in der Außenluft enthaltenen Konzentration für die Luftmengenbestimmung entscheidend.

Tafel 4.31b Raumklassifizierung nach Erhöhung der CO_2-Konzentration gegenüber der Außenluft nach DIN EN 13779

Kategorie	Erhöhung der CO_2-Konzentration gegenüber der Außenluft-CO_2-Konzentration, in ppm	
	Üblicher Bereich	Standardwert
RAL 1	≤ 400	350
RAL 2	400 – 600	500
RAL 3	600 – 1000	800
RAL 4	> 1000	1200

Arbeitsstätten unterliegen hinsichtlich der Luftverunreinigung besonderen Bestimmungen. Der MAK-Wert (Maximale Arbeitsplatz-Konzentration) gibt an, wie hoch die Raumluft mit bestimmten Schadstoffen, z. B. Asbeststaub, CO oder SO_2 angereichert sein darf, ohne für Personen bei achtständiger Arbeitszeit eine ernste Gefährdung zu bilden. Gegebenenfalls sind besondere Maßnahmen, wie Absauganlagen, zu treffen. In benachbarten Räumen dürfen MIK-Werte (Maximale Immissionskonzentration) nach VDI 2310 nicht überschritten werden.

Eine Methode, Luftqualitäten zu bewerten, beruht auf den Parametern Verunreinigungslast in olf und Luftqualität in dezipol.

Tafel 4.32a Klassifizierung der Raumluftqualität nach decipol gem. DIN EN 13779

Kategorie	Empfundene Luftqualität, in decipol	
	Üblicher Bereich	Standardwert
RAL 1	≤ 1,0	0,8
RAL 2	1,0 – 1,4	1,2
RAL 3	1,4 – 2,5	2,0
RAL 4	> 2,5	3,0

1 olf ist die Luftverunreinigung, die ein Mensch im Sitzen beim Lesen/Schreiben abgibt. Sie steigt bei schwerer körperlicher Arbeit bis zu 2,5 olf an. Raucher bewirken im Durchschnitt eine Verunreinigungslast von 6 olf (während des Rauchens 25 olf). 1 dezipol ist die Luftverunreinigung, die entsteht, wenn 10 l/s reine Luft mit 1 olf verunreinigt wird.

Tafel 4.32b Außenluftvolumenstrom je Person nach Raumklassifizierung und max. CO_2-Konzentration nach DIN EN 13 779

Kategorie	Einheit	Außenluftvolumenstrom je Person			
		Nichtraucher-Bereich		Raucher-Bereich	
		Üblicher Bereich	Standardwert	Üblicher Bereich	Standardwert
RAL 1	$m^3\,h^{-1}$ Person^{-1}	> 54	72	> 108	144
	$l\,s^{-1}$ Person^{-1}	> 15	20	> 30	40
RAL 2	$m^3\,h^{-1}$ Person^{-1}	36 – 54	45	72 – 108	90
	$l\,s^{-1}$ Person^{-1}	10 – 15	12,5	20 – 30	25
RAL 3	$m^3\,h^{-1}$ Person^{-1}	22 – 36	29	43 – 72	58
	$l\,s^{-1}$ Person^{-1}	6 – 10	8	12 – 20	16
RAL 4	$m^3\,h^{-1}$ Person^{-1}	< 22	18	< 43	36
	$l\,s^{-1}$ Person^{-1}	< 6	5	< 12	10

Raumtemperaturen

Die Raumtemperaturen passen sich den Raumfunktionen an. Wenn mit dem Bauherren nichts anderes vereinbart ist, gelten z. B. die Raumtemperaturen nach DIN EN 12 831 Beiblatt 1. Zu beachten ist, dass es sich um die operative Temperatur handelt, also dem arithmetischen Mittel der Innenlufttemperatur und der mittleren Strahlungstemperatur der Oberflächen des Raumes. Ausschlaggebend ist die empfundene Temperatur (**operative Raumtemperatur**). Niedrige Wandtemperaturen bedingen entsprechend höhere Raumlufttemperaturen:

$$\Theta_o = \frac{\Theta_a + \Theta_r}{2}$$

Darin ist Θ_a die Innenlufttemperatur und Θ_r die Strahlungstemperatur der Oberflächen im Raum. Operative Raumtemperaturen sind z. B.:

- Wohn- und Schlafräume 22 °C,
- Büroräume 20 °C,
- Bade- und Duschräume, Umkleideräume, Untersuchungszimmer 24 °C,
- Beheizte Nebenräume 15 °C,
- Verkaufsräume allgemein 20 °C,
- Lebensmittelverkauf 18 °C,
- Turnhallen 20 °C,
- Schwimmhallen 28 °C,
- Kirchen 15 °C,
- Theater, Museen 20 °C.

Die einzuhaltenden operativen Temperaturen für Nicht-Wohngebäude sind nach DIN EN 13 779 in der nachfolgenden Tabelle aufgeführt.

Tafel 4.33 Auslegungswerte für die operativen Temperaturen in Bürogebäuden nach DIN EN 13779

Bedingungen	Üblicher Bereich	Standardwert für die Auslegung
Winterbetrieb mit Heizung	θ = 19 °C bis 24 °C	θ = 21 °C[a]
Sommerbetrieb mit Kühlung	θ = 23 °C bis 26 °C	θ = 26 °C[b]

[a] Bei Auslegungsbedingungen im Winter. Mindesttemperatur am Tag.
[b] Bei Auslegungsbedingungen im Sommer. Höchsttemperatur am Tag.

Nach ASR 6/1.3 (gilt für Arbeitsräume) muss die Raumtemperatur mindestens betragen:

a bei überwiegend sitzender Tätigkeit + 19 °C
b bei überwiegend nicht sitzender Tätigkeit + 17 °C
c bei schwerer körperlicher Arbeit + 12 °C
d in Büroräumen + 20 °C
e in Verkaufsräumen + 19 °C

Für die Begrenzung der Raumtemperatur gilt nach ASR weiterhin, dass die Raumtemperatur in Arbeitsräumen +26 °C nicht überschreiten soll (Arbeitsräume mit Hitzearbeitsplätzen sind ausgenommen).

Luftdruckverhältnisse

Lüftungstechnische Anlagen werden mit Außenluftüberschuss (Unterdrucklüftung), mit Innenluftüberschuss (Überdrucklüftung) oder mit ausgeglichenen Drücken (Verbundlüftung) betrieben, s. Abb. 4.33.

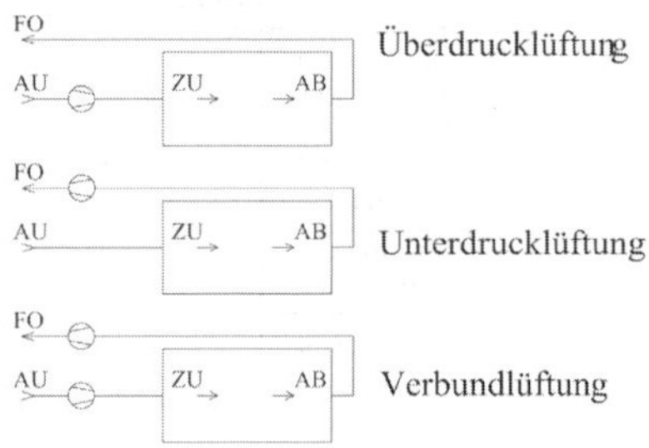

Abb. 4.33 Systembedingte Luftdruckverhältnisse belüfteter Räume. Unter- oder Überdruck kann auch bei Verbundluftsystemen durch unterschiedliche Drehzahl von Zu- und Abluftventilator bewirkt werden.

3.3 Aufbau von Raumlufttechnischen Anlagen

Eine raumlufttechnische Anlage besteht in der Regel aus einer Ansaugvorrichtung der Außenluft, dem zentralen Aufbereitungsgerät, einem Luftverteilnetz und Luftdurchlässen.

Je nachdem, welche Aufgaben eine raumlufttechnische Anlage erfüllen soll, unterteilt man sie in verschiedene Systeme. Auch unterscheidet man dahingehend, ob eine raumlufttechnische Anlage alleine mit Hilfe der transportierten und aufbereiteten Luft den gewünschten Zweck erfüllt oder ob Kombinationen, in der Regel mit wassergeführten Systemen, eingesetzt werden.

Die erste Unterscheidung raumlufttechnischer Anlagen ist die Unterscheidung in Anlagen

- mit Lüftungsfunktion oder
- ohne Lüftungsfunktion.

Anlagen mit Lüftungsfunktion müssen einen ausreichenden Anteil an Außenluft zur Verfügung stellen. Neben der Funktion des Lüftens können solche Anlagen selbstverständlich auch andere Funktionen (Heizen, Kühlen, Be-/Entfeuchten) übernehmen.

Anlagen ohne Lüftungsfunktion erfüllen die gleichen Bedingungen, tauschen jedoch keine verbrauchte Raumluft aus.

Eine weitere Unterteilung von raumlufttechnischen Anlagen erfolgt nach Art und Weise der Luftbehandlung. Dabei werden die sog. thermodynamischen Behandlungsfunktionen (H: Heizen; K: Kühlen; B: Befeuchten; E: Entfeuchten) zugrunde gelegt: eine Anlage, in der Luft nur transportiert und ggf. gefiltert wird, ist eine **Lüftungsanlage**. Sofern keine Außenluft eingesetzt würde, handelt es sich um eine reine Umluftanlage.

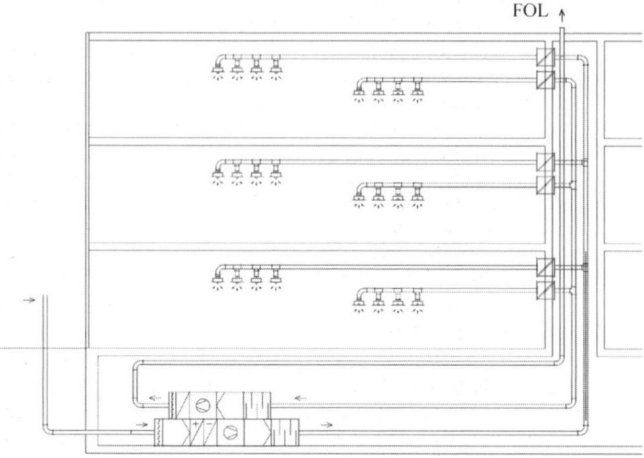

Abb. 4.34 Schematische Darstellung einer Raumlufttechnischen Anlage: Zu- und Abluftgerät in einer Zentrale; thermodynamische Behandlungsfunktion Heizen. Die Außenluft wird über eine kreislaufverbundene Wärmerückgewinnung vorerwärmt (FOL Fortluft).

Bei dem Einsatz einer thermodynamischen Behandlungsfunktion (Heizen, Kühlen, Be-/Entfeuchten) wird diese ebenfalls als **Lüftungsanlage** (mit Außenluft- oder Mischluftanteil) oder **Umluftanlage** bezeichnet.

Sofern **zwei thermodynamische Behandlungsfunktionen** eingesetzt werden (z. B. Heizen und Kühlen) handelt es sich um eine **Teilklimaanlage** (mit Außenluftanteil) oder eine **Umluftteilklimaanlage** (ohne Außenluftanteil).

Auch bei **drei thermodynamischen Behandlungsfunktionen** (H, K, B oder H, K, E, oder H, B, E oder K, B, E) handelt es sich um eine **Teilklimaanlage** (mit Außen- oder Mischluft) oder um eine **Umluftteilklimaanlage** (Umluft).

Erst bei **vier thermodynamischen Behandlungsfunktionen** (H, K, B, E) handelt es sich um eine **Klimaanlage** bzw. um **eine Umluftklimaanlage**.

In der Raumlufttechnik verwendet man die Begriffe

Außenluft	AUL
Umluft	UML
Zuluft	ZUL
Abluft	ABL
Mischluft	MIL
Fortluft	FOL

Zum Teil ist auch noch die kürzere Form mit AU, UM, ZU, AB und MI gebräuchlich. Die Darstellung von raumlufttechnischen Anlagen wird nach Symbolen gemäß DIN EN 12792 durchgeführt.

Raumlufttechnische Anlagen werden weiterhin eingeteilt in

- Nur-Luft-Anlagen
- Luftwasseranlagen
- Luftkältemittelanlagen.

3.4 Nur-Luft-Anlagen

Bei der Nur-Luft-Anlage werden die geforderten Raumparameter durch Aufbereiten der Luft, entsprechend den thermodynamischen Behandlungsfunktionen ohne Kombination mit anderen Kühlsystemen, durchgeführt.

Nur-Luft-Anlagen werden in Einkanal- und Zweikanalanlagen aufgeteilt.

Lüftungsanlagen, Teilklimaanlagen bewirken, dass eine bestimmte Raumluftmenge durch Außenluft ersetzt wird. Hierbei ist die Außenluft zu filtern und nötigenfalls soweit zu erwärmen, dass keine Zugerscheinungen auftreten. In der Regel wird zusätzlich ein stationäres Heizsystem (meist Heizkörper einer WW-Heizung) installiert, welches 50 – 100 % des Normwärmebedarfs übernimmt. Auch können die örtlichen Heizflächen in den nächtlichen Betriebspausen der Lüftungsanlage einer zu starken Raumauskühlung entgegenwirken.

Filter sind neben der Reinigung und Wartung der raumlufttechnischen Anlagen wesentlich für die Zuluftqualität. Filter werden nach Abscheidegrad eingeteilt. Die Klassen nach DIN EN 779 beginnen bei G1 bis G4 (Grobstaubfilter), den Feinstaubfiltern (F5 bis F9) und den Schwebstofffiltern (EU 10 bis EU 17). Zentralgeräte besitzen üblicherweise 2 Filterstufen auf der Zuluftseite. Ein Filter ist für die Vorfilterung und zum Schutz des Ventilators vorgesehen, der zweite mit einem höheren Abscheidegrad wird nach dem Ventilator eingesetzt. Ebenso wird zum Schutz der Anlage auf der Abluftseite ein Filter eingebaut. In Räumen mit besonderen Anforderungen (z. B. Operationsräume mit hohen Anforderungen an die Keimarmut) werden spezielle Filter wie Schwebstofffilter eingebaut. Meist werden diese Filter unmittelbar vor dem Luftauslass angeordnet (endständige Filter), um das Mitführen von Partikeln aus dem Luftkanal zu verhindern.

Ventilatoren sorgen in Verbindung mit einem Netz von Luftkanälen für die Verteilung der Zuluft und die Absaugung der Abluft.

Reiner Außenluftbetrieb ist zu unwirtschaftlich, deshalb wird ein Teil der Abluft dem System wieder zugeführt (Mischluftbetrieb) oder (heute die bevorzugte Lösung), es wird eine hochwirksame Wärmerückgewinnungsanlage bei gleichzeitig reinem Außenluftbetrieb eingesetzt. Bei Räumen, in denen unangenehme Gerüche, starke Luftverschmutzung, gesundheitsschädigende Dämpfe, Keime oder Viren auftreten (Toiletten, Küchenanlagen, Labors), wird die Abluft direkt als Fortluft ins Freie geführt und grundsätzlich reiner Außenluftbetrieb für die Zuluft gewählt.

Einkanal-ND-Klimaanlagen (ND = Niederdruck; Einkanal = Luftzuführung nicht getrennt nach Warm- und Kaltluft). Einkanal-Klimaanlagen entsprechen in ihrem Aufbau grundsätzlich den zuvor behandelten Lüftungsanlagen, mit dem Unterschied, dass die Luft sämtliche Aufbereitungsstufen (Erwärmen oder Kühlen, Be- oder Entfeuchten) durchläuft.

Die Luft von Niederdruckanlagen wird mit nur kleinen Drücken und Geschwindigkeiten (4 – 10 m/s) gefördert, was relativ große Kanalquerschnitte bedingt.

Den **Zonen-Klimaanlagen mit Mehrzonenzentrale** sind Mischgeräte nachgeschaltet, die jeweils für eine Raumzone die erforderlichen Luftzustände herstellen.

Einkanal-HD-Klimaanlagen (HD = Hochdruck) unterscheiden sich von Einkanal-ND-Anlagen nur darin, dass die Luft mit hoher Geschwindigkeit (10 – 25 m/s) und hohem Druck gefördert wird, woraus wesentlich kleinere Kanalquerschnitte resultieren. Die höheren Luftgeschwindigkeiten in den Kanälen führen jedoch zu höherem Energieverbrauch für den Lufttransport, weshalb diese Anlagenvariante äußerst selten gebaut wird.

Anlagen mit variablem Volumenstrom (VVS) können Energieaufwand und Betriebskosten von ND- und HD-Anlagen vermindern. Während bei den zuvor angeführten Systemen die Zuluftmenge konstant gehalten wird (KVS) bei variabler Temperatur, ist bei VVS-Anlagen die Temperatur konstant, im Heizungsfalle i. Allg. mit mind. +20 °C. Die Anpassung an unterschiedliche thermische Anforderungen erfolgt durch individuelle Luftmengenregulierung des Zu- und Abluftstromes, ggf. in Verbindung mit örtlichen Heizflächen.

HD-Induktionsklimaanlagen sind eine häufig für die Fensterzonen von Verwaltungsgebäuden verwendete Klimaanlagenvariante. Bei allen zuvor aufgeführten raumlufttechnischen Anlagevarianten wird Luft als Trägermedium für Kälte- und Wärmeenergie eingesetzt, was bedeutet, dass für den Transport von Kälte und Wärme eine größere (ca. 4–6fache) Luftmenge zu transportieren ist, als für den hygienisch bedingten Luftaustausch notwendig wäre. Dies hat entsprechend große Kanalquerschnitte zur Folge. Bei Induktionsklimaanlagen braucht nur die zur Lufterneuerung benötigte Außenluft aufbereitet und den Bedarfsstellen zugeführt werden.

Induktionsgeräte stellen eine Kombination von Luftauslass und örtlicher Heizfläche dar. Sie enthalten Wärmetauscher in Form von Rippenrohren, die je nach Bedarf mit Heizungs- oder Kühlwasser beschickt werden.

Gebläsekonvektoren (Fan-Coil-Anlagen) sind mit Induktionsgeräten vergleichbar. Der Unterschied ist der Luftantrieb. Beim Induktionsgerät wird Sekundär(-Raum)-Luft durch die Luftdüsen induziert, beim Gebläsekonvektor werden die Düsen durch ein Querstromgebläse ersetzt. Fan-Coils können im Zwei-, Drei- oder Vierleiterprinzip angeschlossen werden (Heiz- und Kühlmittel), je nach Zonierung des Gebäudes und Regelkonzept. Fan-Coil-Anlagen werden auch mit Quellluftauslässen angeboten.

3.5 Luftwasseranlagen

Luftwasseranlagen sind raumlufttechnische Anlagen, die in Verbindung mit wassergeführten Zusatzheiz- oder Kühleinrichtungen betrieben werden.

Eine Möglichkeit ist eine Einkanalanlage mit konstantem Volumenstrom, die mit zusätzlichen Raumkühl- oder Heizsystemen kombiniert wird. Ein zusätzliches wassergeführtes Heiz- oder Kühlsystem kann ein Kühldeckensystem sein, Kühlsegel, Bauteilaktivierung oder auch Kühlkonvektoren in unterschiedlichen Bauarten.

Ebenso sind sog. Induktionsklima-, Fan-Coil- oder Fassadenlüftungsanlagen möglich, die weiter unten erläutert werden.

Kühldecken

In Büroräumen ist die innere Kühllast, d. h. die von Personen, Geräten und von der Beleuchtung erzeugte abzuführende Wärme, im Regelfall größer als die Wärmeverluste über die Gebäudeaußenhaut. Der Heizfall tritt dann vornehmlich zu Zeiten der Nichtnutzung der Räume ein. Entstanden ist diese Sachlage durch die mittlerweile geringen Heizlasten durch gut gedämmte Gebäudehüllen und gestiegene innere Wärmelasten, vorwiegend durch EDV-Geräte, Beleuchtungsabwärme und Personen.

Zur Abführung dieser bei etwa 40 – 80 W/m² liegenden Kühllast sind bei konventioneller Klimatisierung hohe Luftwechselzahlen, voluminöse Kanäle und aufwendige Zentralgeräte erforderlich. An ihre Stelle treten zunehmend Kühldecken, ein System, das auch als stille Kühlung bezeichnet wird, da keine geräuschbildenden Anlagenteile wie Ventilatoren eingesetzt werden. Anstelle von Luft wird Wasser als Transportmedium verwendet. Der Luftaustausch beschränkt sich auf die hygienisch bedingte Luftwechselrate.

Kaltes Wasser durchfließt an der Decke angeordnete Rohre oder Kühlelemente. Je nach Anordnung und Ausbildung erfolgt eine Kühlung vorwiegend infolge Strahlungsaustausch oder Konvektion.

Geschlossene Kühldecken bestehen aus einer flächigen Anordnung von Rohrregistern unterhalb einer Decke. Der Raum wird überwiegend durch Wärmeabstrahlung zur kälteren Decke hin gekühlt (es gibt physikalisch gesehen keine Kältestrahlung). Zudem kühlt sich aufsteigende warme Luft an der Deckenfläche ab und sinkt allmählich wieder in die Aufenthaltszone. Spezifische Kühlleistung: 40 – 100 W/m².

Typische Systemvariante: Kapillarrohrmatten, bestehend aus eng nebeneinander liegenden dünnen (3,4 mm) Schläuchen. Verlegung über Deckenabhängungen (mit Dämmmatten abgedeckt) oder in Deckenputz eingebettet.

Werden Fenster geöffnet, bleibt die Kühlleistung teilweise erhalten, da diese zu etwa 50 % aus Strahlung wirksam wird.

Offene Kühldecken wirken überwiegend konvektiv. Raumluft gelangt bis an die Rückseite der mit Abstand untereinander abgehängten linearen Kühlelemente. Die Bauformen sind unterschiedlich. In kompakter Form entsprechen sie funktionell in etwa flachen kaltwasserdurchflossenen Konvektoren. Spezifische Kühlleistung: 40 – 150 W/m². Ab 100 W/m² können Zugerscheinungen auftreten.

Der Luftwechsel vollzieht sich nach dem Schwerkraftprinzip. Eine Ventilatorunterstützung sollte nach Möglichkeit nicht vorgesehen werden, da sie dem Prinzip der minimalen Luftbewegung widerspricht.

Abgependelte sog. Kühlsegel (als offenes oder geschlossenes System ausgebildet) können über eng begrenzten Raumzonen temperatursenkend wirken. Je nach Zuschnitt wirken sie als raumgestalterische Komponente.

Die Kühlleistung von Decken- oder Wandsystemen ist durch den Kondensationspunkt begrenzt. Dieser liegt je nach Lufttemperatur zwischen 15 bis 16 °C. Auch bei gleichzeitiger Nutzung des Flächen-Kühlsystems für Heizzwecke gilt zur Einhaltung der Behaglichkeit eine Grenze. Je nach Einsatz eines Fußboden- oder Deckensystems gilt als maximale Heiz- bzw. Kühlleistung:

Deckensysteme für Kühlung bis 100 W/m²
Deckensysteme für Heizung bis 40 W/m²
Fußbodensystem für Kühlung bis 40 W/m²
Fußbodensysteme für Heizung bis 100 W/m².

Größere spez. Kühlleistungen als bei Flächensystemen und meist kostengünstigere Lösungen ergeben sich bei Einsatz von Kühlkonvektoren.

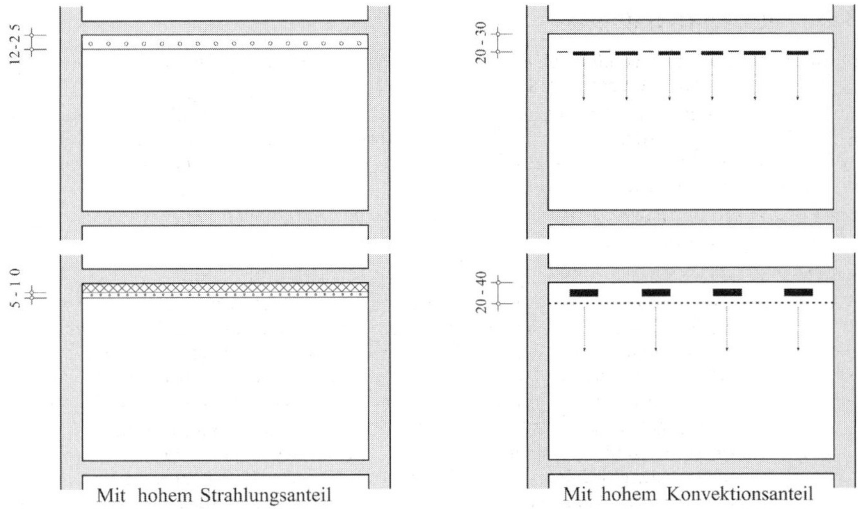

Abb. 4.37 Kühldecken bewirken eine statische Kühlung. Anstelle einer mechanischen Luftumwälzung findet ein Strahlungsaustausch zwischen kaltwasserdurchflossenen Deckenelementen und dem Raum statt. Der Luftaustausch kann auf das hygienisch notwendige Mindestmaß beschränkt bleiben. Links: Systeme geringer Bauhöhe, Metallkassettendecke und Kapillarrohrdecke. Rechts: Systeme in Kombination mit Deckenabhängungen, z. B. Akustikdecken. Eine nachträgliche Installation ist oft möglich.

Bauteilaktivierung

In Massivdecken eingebettete Rohrregister können zur thermischen Entladung tagsüber aufgeheizter Bauwerksmassen im Verwaltungsbau eingesetzt werden. Inzwischen werden Gebäude mit dieser Technologie sowohl gekühlt als auch beheizt.

Zu berücksichtigen ist, dass die Deckenunterseiten keine Bekleidungen oder Abhängungen aufweisen dürfen. Eine individuelle Temperaturregelung ist infolge des trägen Regelverhaltens der Deckenmassen nicht möglich. Daher sind stationäre, i. d. R. an der Fassade angeordnete Heizkörper empfehlenswert. Sie übernehmen auch die Überbrückung von Heizlastspitzen im Winter.

Mit diesem Prinzip lassen sich Kühlleistungen von bis zu 40 W/m^2 und Heizleistungen von bis 50 W/m^2 erzielen (Dauerleistung für 8 bis 10 Stunden). Die große Trägheit in dieser Konzeption macht eine Bauteilaktivierung besonders dann sinnvoll, wenn die Betondecken zur Zwischenlagerung von Umweltenergie verwendet werden.

Wie beim Heizfall ist auch im Kühlfall bei Flächenkühlsystemen die Lage im Raum für die max. mögliche Wärmeaufnahme entscheidend. Die möglichen spezifischen Kühlleistungen sind bei Deckensystemen dem Bodensystem überlegen.

3.6 Gebäudekühlung

Durch die auf Gebäude wirkenden äußeren und inneren Wärmeströme ist unter Umständen eine Kühlung erforderlich. Im Wesentlichen unterscheidet man zwischen **wassergeführten und luftgeführten Systemen**.

Kühlung und Rückkühlung

Bei wassergeführten Systemen wird gekühltes Wasser in einem geschlossenen Rohrsystem, z. B. zu Kühldecken, transportiert und erwärmt wieder zurück zur Kälteerzeugung geführt. Das dafür notwendige hydraulische Anlagensystem besteht aus einem Vorlauf mit Kaltwasser, einem Rücklauf, sicherheitstechnischen Einrichtungen sowie der Kälteerzeugung und den wärmeaufnehmenden Teilen, wie z. B. Deckenkühlsystem. Bei luftgeführten Systemen wird in einer zentralen raumlufttechnischen Anlage die thermodynamische Aufbereitungsstufe Kühlung ergänzt und die für den Raum aufbereitete Luft auf eine zur Kühlung geeignete Zulufttemperatur heruntergekühlt.

An ein zentrales Kaltwassernetz für die Kühlung können ebenso Ventilatorkonvektoren (VK) angeschlossen werden. Diese sind in die Brüstung integriert oder unter Decken installiert. Die Raumluft wird im Wärmetauscher des VK direkt gekühlt und dem Raum wieder zugeführt.

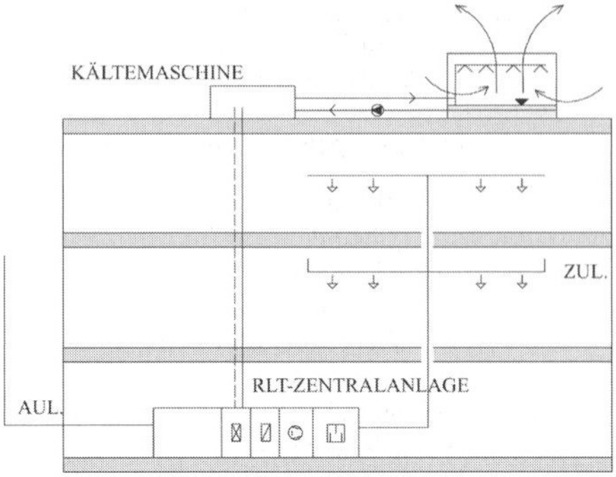

Abb. 4.38 Raumlufttechnische Anlage mit Kältemaschine. Mittels eines thermodynamischen Kreislaufs wird Wasser gekühlt und zu dem raumlufttechnischen Zentralgerät geführt. Dort wird die Zuluft gekühlt. Die Abwärme wird über einen Kühlturm an die Umgebung abgegen. Man unterscheidet Kühltürme im Nass- und Trockenbetrieb. Nasse Kühltürme geben Dampfschwaden ab und sind in dichtbebauten Gebieten u. U. nicht statthaft.

Sofern **Gebäudetemperierungsanlagen** eingesetzt werden, können höhere Temperaturen für den Kühlkreislauf verwendet werden (8 – 22 °C Kreislaufwasser).

Neben dem häufigsten thermodynamischen Kreislaufprozess, dem oben beschriebenen Kaltdampfkompressionskälteprozess, ist der **Absorbtionskälteprozess** von Bedeutung. Dieser Kreislaufprozess unterscheidet sich von dem Kompressionskälteprozess dadurch, dass nicht mechanisch mit einem Kompressor verdichtet wird, sondern dass der unterschiedliche Verdampfungsdruck von Lösungsmitteln verwendet wird. Die mit einem Kältemittel angereicherte Lösung wird hierbei durch eine Pumpe auf den höheren Verflüssigungsdruck gebracht und dann in dem Austreiber gefördert. Durch Wärmezufuhr wird das Kältemittel wieder ausgetrieben. Ein wesentlicher Unterschied ist neben dem unterschiedlichen Kreislaufprozess die Tatsache, dass durch eine Wärmequelle ein Absorbtionskälteprozess in Gang gehalten werden kann, d. h. das durch Abwärme, Fernwärme, Gasverbrennung oder durch andere Energiezufuhr ein Absorbtionskreislauf betrieben werden kann. Sofern Wärme in geeigneter Temperatur zur Verfügung steht oder durch einen entsprechenden Heizkreis in einer gesamten Wärmeversorgung für ein Gebäude bereitgestellt wird, ist der Primärenergieaufwand deutlich geringer gegenüber einem elektrisch betriebenen Kompressionskältekreislauf.

Kühlung mit Umgebungsenergie

Die Kühlung von Gebäuden über luft- oder wassergeführte Anlagen mit Kältemaschinen in zentraler oder dezentraler Form erfolgt überwiegend über die Energiequelle Strom. Dies bedeutet erhebliche Mengen an Primärenergie, schon allein durch die Stromerzeugung und durch Umwandlungsverluste in der Kältemaschine. Eine Alternative ist die Kühlung mit Grundwasser, Erdsonden, Erdkollektoren oder Energiepfählen. Dabei nutzt man das Potential gleichmäßig niedriger Erdreichtemperaturen ab einer Tiefe von 10 bis 20 m im Erdreich. Bedingung ist, dass Flächenkühlsysteme (z. B. Kühldecken) ermöglichen, mit den erreichbaren Temperaturen zu kühlen. Das Prinzip ist: Wärme wird in den Räumen i. d. R. über Flächenkühlsysteme (z. B. Kühldecken oder Bauteilaktivierung) bei Oberflächentemperaturen von ca. 17 °C aufgenommen. Das auf ca. 19 bis 23 °C erwärmte Wasser wird im Erdreich direkt (Grundwasser) oder indirekt (Erdsonden oder Erdkollektoren) auf 17 °C wieder abgekühlt. Es wird lediglich die Pumpenenergie für die Umwälzung benötigt (Verhältnis ca. 1:150!). Zu beachten ist die geringe Ergiebigkeit des Erdreichs, die nach Bodenqualität (Wärmeleitfähigkeit des Erdreichs und Wassergehalt) stark schwankt. Eine direkte Grundwassernutzung ist am günstigsten, allerdings genehmigungspflichtig und nicht häufig realisierbar (zu geringer Grundwasserleiter). In der VDI 4640 sind Planungshinweise und Empfehlungen für solche Anlagen angegeben

3.7 Wärmerückgewinnung

Ins Freie beförderte Fortluft enthält meist noch reichlich ungenutzte Wärme, die im Sinne eines rationellen Energieeinsatzes dem Lüftungs- bzw. Klimatisierungsprozess wieder zugeführt werden kann. Die einfachen und kostengünstigen Wärmetauschereinrichtungen sollten bei keiner Anlage fehlen.

Wärmerückgewinnungssysteme werden in rekuperative und regenerative Systeme unterschieden. Rekuperative Verfahren sind durch wärmedurchlässige Trennflächen gekennzeichnet, die Fort- und Außenluftstrom hermetisch voneinander trennen. Ein Stoffaustausch findet nicht statt.

In regenerativen Systemen kann neben der sensiblen (fühlbaren) Wärme auch latente Kondensationswärme aus der Fortluft gewonnen werden. Der latente Wärmeinhalt von Luft ist bei 50 % relativer Feuchte und 25 °C etwa gleich groß wie der sensible.

3.8 Brandschutzmaßnahmen

Brandschutzmaßnahmen sollen verhindern, dass über das Kanalsystem Feuer und Rauch in andere Brandabschnitte (Geschosse, Treppenräume) bzw. allgemein zugängliche Flure (Rettungswege) übertragen werden können.

Anforderungen an Lüftungsanlagen enthalten die weitgehend bundeseinheitlichen „Bauaufsichtlichen Richtlinien über die brandschutztechnischen Anforderungen an Lüftungsanlagen" der Bundesländer (RbAL).

Luftkanäle (Lüftungsleitungen) müssen je nach Anzahl der Vollgeschosse eine bestimmte Feuerwiderstandsfähigkeit aufweisen:

Wird ein klassifizierter Feuerwiderstand bei Lüftungsleitungen erforderlich und sind die Kanalwerkstoffe nicht ausreichend feuerwiderstandsfähig, kommen folgende Maßnahmen in Betracht (Abb. 4.39):

- feuerwiderstandsfähige Abschottung durch Unterdecken,
- Führung innerhalb von feuerwiderstandsfähigen Schächten oder Kanälen,
- Einbau von Brandschutzklappen.

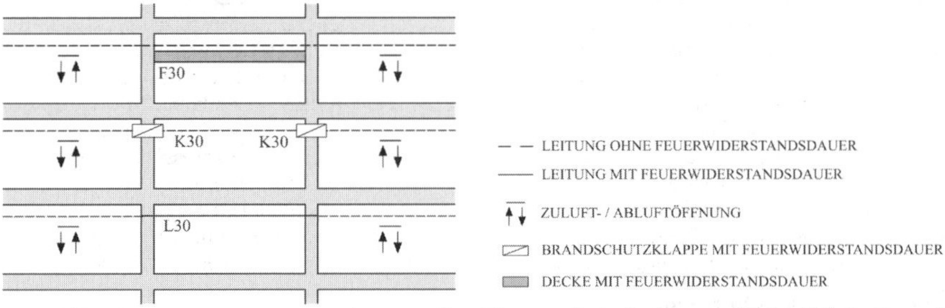

Abb. 4.39 Leitungsführung durch Wände notwendiger Flure, an die Anforderungen hinsichtlich der Feuerwiderstandsdauer gestellt werden (hier ohne Belüftung der Flure). Besondere Aufmerksamkeit sollte Lüftungsleitungen im Deckenbereich allgemein zugänglicher Flure, und damit in Rettungswegen, gewidmet werden. Die auf einem bundeseinheitlichen Musterentwurf der Fachkommission „Bauaufsicht" fußenden „Bauaufsichtlichen Richtlinien über brandschutztechnische Anforderungen an Lüftungsanlagen" der Bundesländer sehen in allgemein zugänglichen Fluren für Lüftungsleitungen die Widerstandsklasse L30 oder entsprechende Maßnahmen alternativ vor, z. B. Absperrvorrichtungen (Brandschutzklappen) der Feuerwiderstandsklasse K 30 (Brandschutzklappen benötigen im Regelfall einen elektrischen Anschluss und unterliegen einer ständigen Wartung), eine abgehängte Decke der Widerstandsklasse F30 bei Brandbeanspruchung von oben, L30 ummantelte Lüftungsleitungen bzw. die Ausbildung des Kanals in L30.

Brandschutzklappen (Feuerschutzklappen) schotten die Kanalquerschnitte bei Raucheinwirkung oder Überschreiten einer Grenztemperatur ab. Sie sind dort anzuordnen, wo Kanäle durch Wände und Decken hindurchführen, die Brandabschnitte trennen. (Auch Installationsschächte über mehr als 2 Vollgeschosse und Treppenräume gelten als Brandabschnitte.) Damit soll verhindert werden, dass sich im Katastrophenfall Rauch und Feuer zündschnurartig über die Luftkanäle ausbreiten.

Brandschutzklappen können entfallen, wenn die Lüftungsleitungen feuerwiderstandsfähig hergestellt werden (und selbstverständlich keine Luftaustrittsöffnungen aufweisen) oder in einem feuerwiderstandsfähigen Schacht/Kanal verlegt werden.

RLT-Zentralen werden gem. RbAL (Musterentwurf für bauaufsichtliche Richtlinien über die brandschutztechnischen Anforderungen an Lüftungsanlagen) bei Gebäuden ab 3 Vollgeschossen erforderlich, sofern die Lüftungsleitungen in mehrere Geschosse oder Brandabschnitte führen.

3.9 Raumströmung

Für den Nutzer eines Raumes ist die Art und Weise, wie aufbereitete Luft im Raum verteilt wird, entscheidend (Komfort). Je nachdem, in welcher Form die Luft in den Raum eingebracht wird, spricht man von unterschiedlichen Raumströmungsbildern. Die dabei eingesetzten Luftauslässe gehören somit zu den wichtigsten Bestandteilen jeder raumlufttechnischen Anlage. Die Luftauslässe müssen mit großer Sorgfalt ausgelegt und eingebaut werden. Ziel der Auslegung ist es, die notwendige Luftmenge ohne Zugerscheinung, ohne Kurzschlussströmung und mit möglichst geringer Geräuschbildung zu verteilen.

Man unterscheidet zwischen Zuluftdurchlass für die in den Raum eingebrachte Luft und Abluftdurchlass für die Öffnung, durch die Abluft aus einem Raum abgesaugt wird. Je nach Anordnung der Durchlässe unterscheidet man weiterhin zwischen Deckendurchlass und Wanddurchlass. Bei den Luftführungsarten unterscheidet man zwischen Verdrängungslüftung und Mischlüftung (Verdünnungslüftung).

Verdrängungslüftung basiert auf der Verdrängungs-(Kolben-)Strömung und ist aus der Reinraumtechnik bekannt. Zuluft tritt über laminare Durchlässe in den Raum ein und erreicht den Auslass über mehr oder weniger geradlinige Strömungspfade. Verdrängungslüftung kommt nur in Sonderfällen zur Anwendung z. B. in OP-Räumen und einigen industriellen Einrichtungen wie Laboratorien, Reinräumen, Farbspritzräumen. Hierbei wird die Zuluft über eine gesamte Wandfläche (oder auch Deckenfläche) gleichmäßig ein- und auf der gegenüberliegenden Seite abgeführt. Turbulenzen und damit Luftmischungen sollen somit vermieden werden. Angestrebt wird eine gleichmäßige und vollständige Lufterneuerung.

Quelllüftung entsteht, wenn Personen oder andere Wärmequellen die Verdrängungsströmung antreiben. Die Quelllüftung ist im Gegensatz zur Verdrängungslüftung eine Komfortlüftung mit niedrigen Luftgeschwindigkeiten. Wenn der induzierte Luftvolumenstrom groß ist im Vergleich zum Zuluftvolumenstrom, entsteht infolge Rückströmung eine der Mischlüftung ahnliche Strömung. Quellauslässe sollen die Zuluft mit geringem Turbulenzgrad in die Räume entlassen. Infolge der niedrigen Austrittsgeschwindigkeit sind sie relativ großflächig. Abluft wird stets im Deckenbereich abgeführt. Die Kühllast des Quellluftsystems ist begrenzt (z. B. 35 W/m^2 in Büroräumen). Bei großen Kühllasten können zusätzlich Kühldecken vorgesehen werden.

Mischlüftung (auch als Strahllüftung bezeichnet) ist die am meisten verbreitete Art der Raumströmung. Zuluft tritt über hochinduktive Durchlässe in den Raum ein und erreicht den Auslass über gekrümmte Strömungspfade. Die Kontrolle der Konzentration erfolgt über das Verdünnungsprinzip. Bei der Verdünnungslüftung bzw. Mischlüftung oder Strahllüftung wird Induktion angestrebt. Die Luft wird über Auslässe über Decken oder Wandanordnung gerade oder tangential aufgebracht, so dass sich mitgerissene Luftteilchen zu Strömungswalzen ausbilden.

Luftführung im Raum

Die 3 Arten der Luftführung im Raum, Mischluft-, Verdrängungsluft- und Quellluftsysteme, sind schematisch in Abb. 4.40 dargestellt.

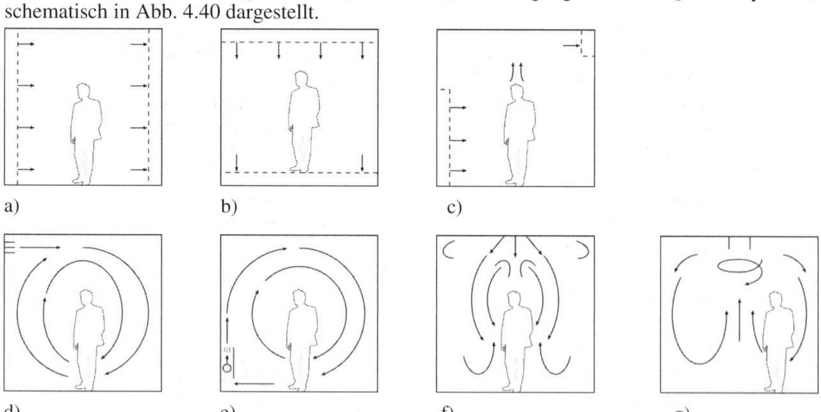

Abb. 4.40 Raumströmungsbilder für reine Verdrängungströmung (Kolbenströmung) vertikal (a) und horizontal (b); thermisch induzierte Strömung mit Personenwärme als „thermischen Antrieb" (c); Mischluftströmung mit tangentialen Strömungswalzen (d, e) und Mischluftströmung mit diffusen Strömungswalzen (f, g).

Luftdurchlässe für Zu- und Abluft sind die einzigen sichtbaren Teile einer RLT-Anlage im Raum. Nach Festlegung des Lüftungssystems sollten zwischen Anlagenplaner und Architekt die Inanspruchnahme von Raumbegrenzungsflächen (Wände, Deckenflächen, Galerien, Bodenflächen) abgestimmt werden:

- Platzierung in der Wandfläche
- Einbeziehung in eine Deckenstruktur (in Großräumen z. B. einem Theater)
- Ggf. Einplanung eines Doppelbodens
- Größe und Anzahl (korrelierend)
- Formatierung: linear oder gedrungen, senk- oder waagerecht orientiert bei flächigen Auslässen, Figuration von Düsenelementen u. a. m.

Die Luftauslässe sind so anzuordnen und auszulegen, dass Zugerscheinungen insbesondere bei Kühlbetrieb vermieden werden. Wandgitter mit verstellbaren Luftleitlamellen und Mengeneinstellklappen sind am weitesten verbreitet. Weitwurfdüsen kommen für saalartige Räume in Betracht. Decken-Luftverteiler (Anemostate) bewirken eine relativ massive Luftführung von oben nach unten. Fußbodenauslässe finden vorwiegend in Räumen Verwendung, die infolge elektronischer Ausstattung thermisch hoch belastet sind. Quellluftauslässe werden grundsätzlich in Bodennähe angeordnet.

3.10 Lüftungstechnische Einzelgeräte

Diese häufig als Klimageräte angebotenen Geräte sind richtiger als Teilklimageräte zu bezeichnen, da allen mindestens eine Luftaufbereitungsstufe fehlt; meist fehlt die automatisch gesteuerte Feuchteregelung. Einzelgeräte gibt es anschlussfertig in mehreren Größenordnungen. Aufwändige Kanalnetze entfallen.

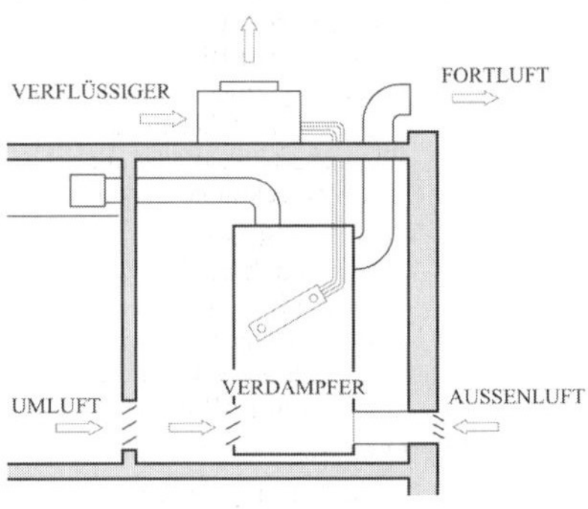

Abb. 4.41 In einem Nebenraum aufgestelltes Schrankgerät mit Kühlaggregat nach dem Split-System. Auf dem Dach befindet sich die luftgekühlte Verflüssigereinheit, im Schrankgerät die Verdampfereinheit. Schrankgeräte sind im Prinzip kleine RLT-Zentralen.

Fan-Coil-Anlagen (Ventilator-Wärmetauscher-Anlagen) erlauben eine verhältnismäßig gut zu regelnde Teilklimatisierung in einem Größenbereich, in dem HD-Induktionsanlagen noch nicht wirtschaftlich einzusetzen sind (bis zu etwa 30 Fenstergeräten).

Jede Truhe der Fan-Coil-Anlage kann unabhängig von den anderen Truhen in Betrieb gehen. Truhengeräte mit Wärmetauscher können bei beschränkten räumlichen Verhältnissen auch im Deckenbereich installiert werden. Bevorzugte Anwendungsbereiche: vornehmlich kleine Verwaltungsgebäude, Hotels.

Schrankgeräte kommen zur Lüftung und Teilklimatisierung größerer Räume (> 100 m^2) in Betracht und sind bis auf Schrankformat verkleinerte ND-Lüfterzentralen mit oder ohne Feuchteregulierung bzw. Kühlung.

3.11 Luft-Kältemittel-Anlagen

Sofern das Gerät nicht in dem zu versorgenden Raum aufgestellt wird, sind vom Aufstellungsraum (Nebenraum, Keller) ausgehend Luftkanäle zu installieren. Abgehängte Decken erleichtern die Kanalführung. Für größere Leistungen lassen sich mehrere Schrankgeräte parallel schalten. Meist finden für die Kühlung Split-Geräte Verwendung. Bei diesem System besteht das im Gebäudeinnern befindliche Geräteteil aus Filter, Ventilator und Verdampfer. Der Kompressor mit luftgekühltem Verflüssiger (Kondensator) wird außerhalb des Aufstellungsraumes untergebracht, was den dortigen Geräuschpegel entlastet. Beide Teile sind nur durch die Kältemittelleitungen und ein Stromkabel untereinander verbunden.

Bevorzugte Anwendungsbereiche: Zentralen elektronischer Anlagen, gastronomische Betriebe, Werkstätten.

Mittlerweile finden die sog. **Multi-Split-Anlagen** eine größere Verbreitung z. B. bei Bürogebäuden, Hotels. Mit der heute üblichen Invertertechnik lassen sich stufenlose Leistungsanpassungen der Split-Geräte realisieren. Das früher nachteilige Takten der Anlage entfällt. Zudem können die Geräte im Wärmepumpenbetrieb auch heizen. Insbesondere bei Sanierungen können daher die Multi-Split-Anlagen eine interessante Alternative zu Nur-Luft- oder Luft-Wasseranlagen sein. Bedenklich ist, dass der Primärenergieverbrauch mit Strom als Antriebsenergie immer höher ist als beispielsweise die Kühlung über oberflächennahe Geothermie (Grundwasser oder Erdreich).

3.12 Fassadenlüftungsgeräte

Fassadenlüftungsanlagen werden auch als dezentrale Lüftungsgeräte bezeichnet. Mit einer direkten lufttechnischen Anbindung werden die Geräte in der Nähe der Fassade angeordnet. Gegenüber den Ventilator-Konvektoren mit Umluftbetrieb wird der Außenluftstrom direkt aus der Fassade zum Gerät geführt. Dadurch entfallen sämtliche lufttechnischen Installationen im Gebäude. Für die **dezentrale** Lüftungstechnik spricht

- individuelleres Raumklima, bessere Akzeptanz
- einfache Anpassung an Raumnutzung, Raumgröße; Nachrüsten einfach; variable Luftströme
- bei Störungen nur einzelnes Gerät betroffen
- niedrigerer Energiebedarf; kurze Luftwege, kleinere Druckverluste; Lüftung bei Anwesenheit
- niedrigere Investitionskosten; weniger zentrale Technik und Räume; flexible Anpassung an Bedarf
- größerer architektonischer Freiraum; kleinere Geschosshöhen; weniger Schächte.

Fassadenlüftungsgeräte können in unterschiedlicher Form als Unterflur-Zuluftgerät, kombiniertes Zu- und Abluftgerät oder mit zentraler Abluftanlage konzipert werden.

Zu beachten ist unbedingt der Einfluss des Winddrucks auf den Volumenstrom. Auch die Temperaturgrenzschicht an der Fassade kann die Zulufttemperatur je nach Lage und Konzeption des Gebäudes beeinflussen.

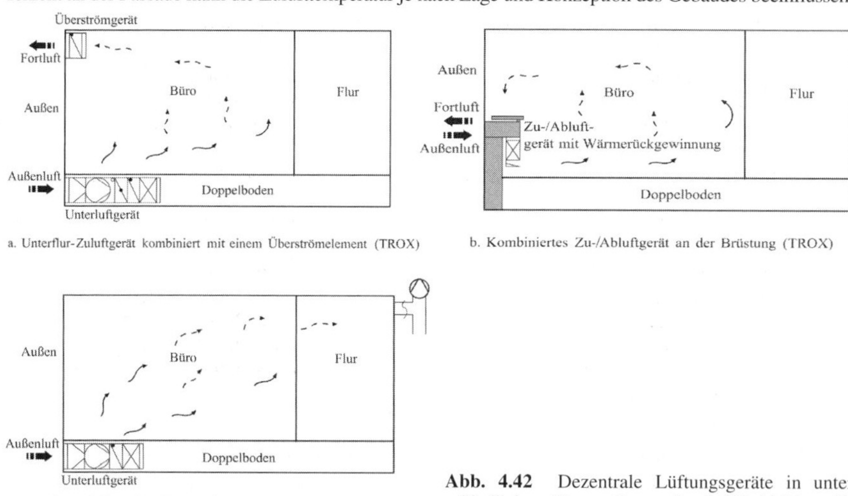

a. Unterflur-Zuluftgerät kombiniert mit einem Überströmelement (TROX)

b. Kombiniertes Zu-/Abluftgerät an der Brüstung (TROX)

c. Unterflur-Zuluftgerät kombiniert mit einer zentralen Abluftanlage (TROX)

Abb. 4.42 Dezentrale Lüftungsgeräte in unterschiedlichen Konzeptionen (nach Werkbildern Fa. TROX)

3.13 Berechnungen von Raumlufttechnischen Anlagen

Luftmenge

Die erforderliche Luftmenge richtet sich nach der geforderten bzw. gewünschten Luftqualität. In erster Näherung werden spezifische Volumenströme zugrunde gelegt.

Der erforderliche **Volumenstrom** q_{Vt} ist:

$$q_{\mathrm{Vt}} = V \cdot n \qquad \text{bzw.}$$
$$q_{\mathrm{Vt}} = A \cdot n$$

mit q_{Vt} Volumenstrom in m^3/h bzw. m^3/s
V Raumvolumen in m^3
A Fläche in m^2
n spezifischer Luftwechsel in m^{-3} bzw. m^{-2}

Bei flächenbezogenen Angaben ist statt dem Volumen V die Fläche A einzusetzen. Der aus einer Heiz- oder Kühllast resultierende Volumenstrom ergibt sich aus dem Wärmestrom:

$$\Phi_{\mathrm{V}} = n \cdot V \cdot \rho_{\mathrm{L}} \cdot c_{\mathrm{pL}} \cdot (\Theta_{\mathrm{i}} - \Theta_{\mathrm{o}})$$

mit ρ_{L} Dichte von Luft (1,2 kg/m^3 bei 20 °C)
c_{pL} Spezifische Wärmekapazität von Luft bei konst. Druck (1,0 kJ/kg K)
Θ_{i} Temperatur der Zuluft
Θ_{o} Temperatur der Außenluft bzw. Eintrittstemperatur

Die Zuluft ist im Lüftungsfall mit der Raumtemperatur gleichzusetzen. Wird mit Luft geheizt, ist die Zulufttemperatur für den Heizfall festzulegen und dann mit dem sich daraus ergebenden Volumenstrom zu vergleichen (ausreichende Lufterneuerung). Im Kühlfall bestimmt die Kühllast den erforderlichen Volumenstrom, der ebenfalls mit dem geforderten Außenluftanteil zu vergleichen ist. Wird eine Wärmerückgewinnung eingesetzt, ist der zurückgewonnene Anteil im Heizfall abzuziehen.

Die auf einen Raum wirkende **Kühllast** setzt sich zusammen aus der äußeren und inneren Kühllast. Die gesamte Bilanz beträgt:

$$\Phi_{\mathrm{A}} = \Phi_{\mathrm{W}} + \Phi_{\mathrm{T}} + \Phi_{\mathrm{S}} + \Phi_{\mathrm{FL}}$$

mit den Wärmeströmen durch Transmission durch die Wand (W) (die Außenwand wird durch Absorption erwärmt und es fließt Wärme von außen nach innen), Transmission durch die Glasscheibe (T) (auch hier entsteht ein Wärmefluss durch die erhöhte Scheibentemperatur), die Strahlung (S), die durch die Glasscheibe gelangt (ein Teil der Strahlung wird reflektiert, ein Teil absorbiert und der Rest emittiert) und schließlich gelangt noch ein Teil warmer Außen- oder Raumluft in den zu kühlenden Raum, die sog. Infiltration (FL).

Die solare Strahlung ist ein maßgeblicher Anteil und kann durch Glasarten und Sonnenschutz gemindert werden (selektiv beschichtete Gläser lassen weniger Solarstrahlung in den Raum; außen liegender Sonnenschutz kann bis zu 80 % des Wärmeeintrags durch solare Strahlung verhindern). Mittels metereologischer Daten wird die solare Strahlung, die auf die Bauteile wirkt, ermittelt. Die Strahlung setzt sich aus dem direkten Anteil und dem diffusen Anteil zusammen. Da für die Aufwärmung des Raumes zahlreiche Einflussparameter (Speicherwirksamkeit von Bauteilen, innere Lasten durch Personen, Beleuchtung und Maschinen) bestimmend sind, werden üblicherweise thermische Simulationsprogramme eingesetzt.

Die Kühllasten aus inneren Wärmequellen betragen 20 bis 150 W/m^2, die äußeren Kühllasten je nach Anteil von Glas an der Fassade, Gebäudeausrichtung, Glasart und Sonnenschutz zwischen 25 bis 200 W/m^2. Neben der Höhe der Kühllast ist die speicherwirksame Masse im Raum und die Gesamtkonzeption des Energiesystems von großem Einfluss. Mit Nachtauskühlungsstrategien oder z. B. Kühlung mit Umweltenergie kann u. U. eine höhere Kühllast kompensiert werden, ohne dass eine künstliche Kühlung erfolgen muss.

Zustandsänderung der Luft

Wenn Luft in raumlufttechnischen Geräten behandelt wird, verändert sich bei Erwärmung, Kühlung oder Feuchtebehandlung die Temperatur und die Feuchte. Diese Vorgänge werden im *h-x*-Diagramm nach *Mollier* quantitaiv beschrieben. (*h* Enthalpie, *x* Wassergehalt der Luft). In diesem Diagramm ist die Enthalpie und Temperatur (Energieinhalt) der Luft über dem Wassergehalt aufgetragen. Die Kurven beschreiben die Linien konstanter relativer Feuchtigkeit. Die unterste Linie entspricht 100 % Feuchtigkeit und wird als Sättigungslinie oder Taupunktlinie bezeichnet. Unterhalb dieser Linie fällt Wasser aus (Nebelgebiet). Die diagonal von links oben nach rechts unten verlaufenden Linien sind Linien konstanter Enthalpie, also bei Luftzustandsänderungen ohne Energiezu- oder -abfuhr. Bei Zustandsänderungen mit Enthalpieveränderung kann die benötigte Energiemenge aus dem Diagramm abgelesen werden.

Lufterwärmung in einem Wärmetauscher ist in Abb. 4.44a dargestellt. Die Enthalpie ändert sich, die Temperatur steigt aber der Wassergehalt bleibt unverändert. Jedoch verringert sich die relative

Feuchtigkeit. Die Luftkühlung ist in Abb. 4.44b dargestellt. Die Temperatur nimmt ab, der Sättigungspunkt ist schnell erreicht und Wasser fällt aus. Kondensat muss abgeführt werden. Bei gezielter Kühlung zur Entfeuchtung muss anschließend nacherwärmt werden (Abb. 4.45), was einen hohen Energieverbrauch verursacht.

a)

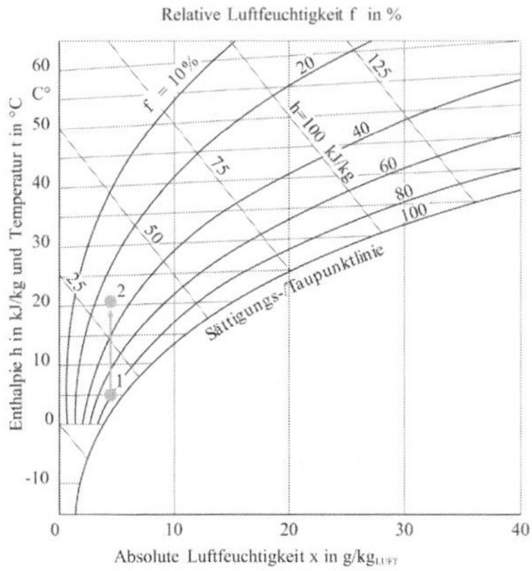

1: kalte Außenluft
2: Außenluft nach der Erwärmung durch die Heizung

b)

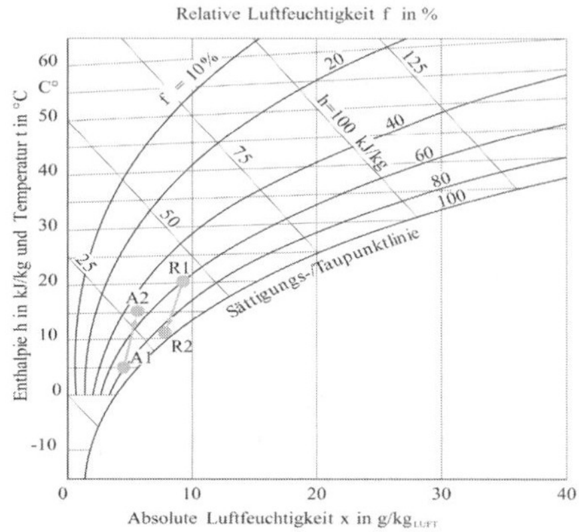

A1: kalte Außenluft
A2: Außenluft nach der Erwärmung durch die Wärmerückgewinnung
R1: Raumluft
R2: Raumluft nach der Wärmeabgabe

Abb. 4.44a Zustandsänderung von Luft im *h*-*x*-Diagramm
a) bei der Erwärmung
b) bei der rekuperativen Wärmerückgewinnung (Wärmeaustausch z. B. im Kreuzstromwärmetauscher)

a)

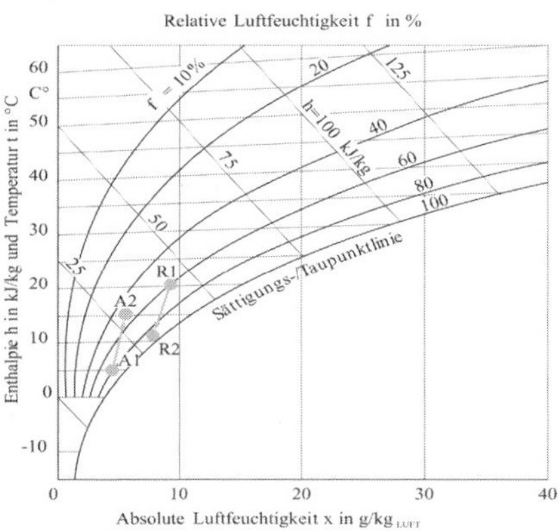

A1: kalte Außenluft
A2: Außenluft nach der Erwärmung durch die Wärmerückgewinnung
R1: Raumluft
R2: Raumluft nach der Wärmeabgabe

b)

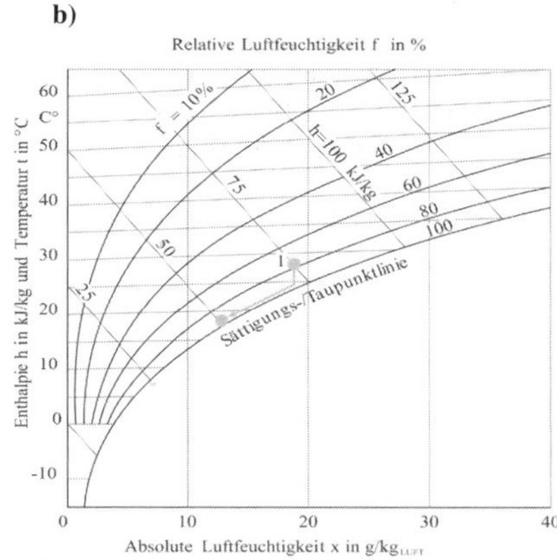

1: Raumluft
2: Raumluft nach der Kühlung bei gleichzeitiger Entfeuchtung beim Verlassen des Kühlgeräts

Abb. 4.44b Zustandsänderung von Luft im *h*-*x*-Diagramm
a) bei der regenerativen Wärmerückgewinnung (Veränderung der Feuchtigkeit möglich, z. B. Sorptionswärmeräder)
b) bei der Kühlung (wird die Sättigungslinie erreicht, erfolgt die weitere Kühlung entlang der Sättigungslinie und es fällt Kondensat aus)

a)

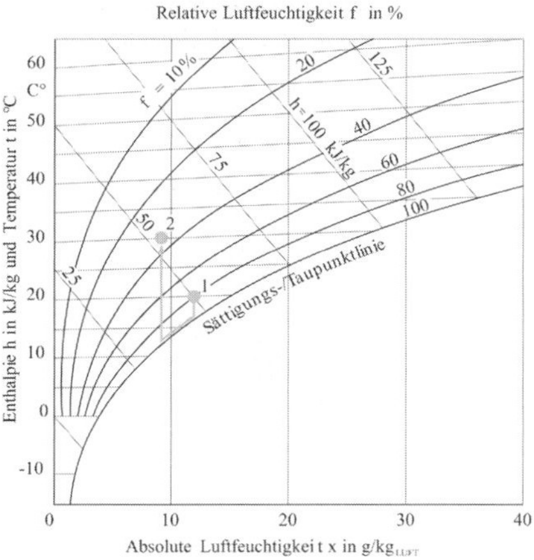

1: Raumluft (z. B. im Keller)
2: Raumluft nach der Entfeuchtung und anschließender Erwärmung bei Verlassen des Entfeuchtungsgerätes

b)

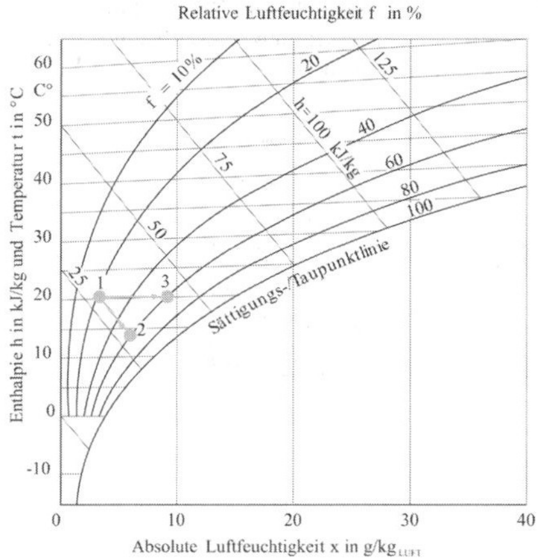

1: Raumluft
2: Raumluft nach der Befeuchtung mit Wasser
3: Raumluft nach der Befeuchtung mit Dampf

Abb. 4.45 Zustandsänderung von Luft im *h*-*x*-Diagramm
a) bei der Entfeuchtung durch Kühlung und anschließender Nacherwärmung auf den gewünschten Zustand
b) bei Befeuchtung mit Dampf (nahezu konstante Temperatur 1 – 3) und adiabat (durch Verdunstung 1 – 2)

Kanalquerschnitt

Den Querschnitt eines vertikalen Versorgungsschachtes kann der Bauplaner grob überschlägig aus dem Volumenstrom und der Auslegungsluftgeschwindigkeit ermitteln.

Luftgeschwindigkeit in Hauptkanälen:
- bei Niederdruck-Anlagen: 4 – 12 m/s
- bei Hochdruck-Anlagen: 12 – 25 m/s

Der Kanalquerschnitt A ergibt sich aus dem Volumenstrom q_{Vt} und der Luftgeschwindigkeit v:

$$A = \frac{q_{Vt}}{v}$$

4 Elektrotechnik – Starkstrom

4.1 Stromzuführung

Im Zuge einer internationalen Harmonisierung trat mit der Veröffentlichung der DIN IEC 38 für öffentliche Niederspannungsnetze der Bundesrepublik die Nennspannung 230/400 V an die Stelle der bisherigen 220/380 V. (Für Elektrogeräte ergaben sich hieraus keine Probleme. In der BRD lag der Spannungswert der Versorgungsnetze bereits vor 1987 bei etwa 230 V).

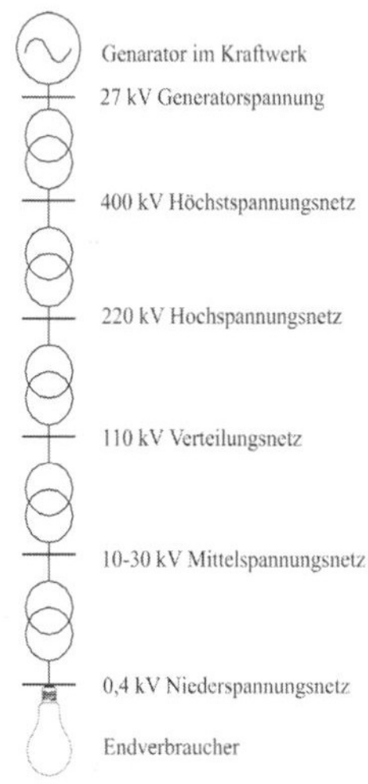

Abb. 4.46 Zur Verringerung der Verluste durch Erwärmung wird die Spannung der elektrischen Energie mehrfach auf den jeweils optimalen Wert transformiert.

Niederspannungsanschluss mit 230/400 V

Jedes Gebäude erhält einen Anschluss an das öffentliche Stromnetz, welches gewöhnlich als TN-C-Netz mit 4 Leitern ausgebildet ist, den 3 Phasen und einem Neutralleiter mit Schutzfunktion: L1, L2, L3 und PEN (früher R, S, T und MP).

Kurzbezeichnungen von Netzformen: Im Zuge einer internationalen Harmonisierung sind einige bisher gebräuchliche Begriffe, wie Nullung oder Schutzerdung, durch eine Buchstabenkombination ersetzt worden.

Tafel 4.46 Kennzeichnung von Leitern in Drehstromsystemen gem. DIN VDE 0470-1

Außenleiter	L1 L2 L3	(vorzugsweise)	im Netz
	R S T	(zulässig)	
	U V W	(allgemein)	
Neutralleiter	N	(auch als Mittelleiter bezeichnet)	
Schutzleiter	PE	(protection earth, früher SL)	
Neutralleiter mit Schutzfunktion	PEN	(geerdeter Leiter, der die Funktionen von Neutralleiter + Schutzleiter übernimmt)	

Die dem Verbraucher als 230/400 V zugeführte Energie kann verwendet werden (V/3) als:

- 230-V-Wechselstrom für Leuchten- und Steckdosenstromkreise mit 3 Leitern: einem Außenleiter, beispielsweise L1, dem Neutralleiter N und dem Schutzleiter PE.
- 400-V-Drehstrom mit 4 oder 5 Leitern je nach Art des angeschlossenen Geräts, z. B. Elektro-Herde mit den 3 Außenleitern + N + PE oder Durchlauferhitzer mit den 3 Außenleitern + PE.

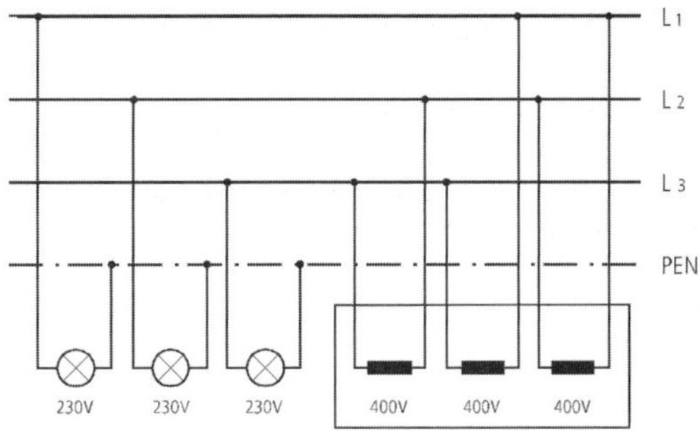

Abb. 4.47 In Deutschland besteht (mit einigen wenigen Ausnahmen) im Niederspannungsbereich zwischen jeder Phase und dem geerdeten PEN-Leiter eine Spannung von 230 V, zwischen 2 Phasen jeweils 400 V.

Anschluss geplanter Gebäude

Bereits im Vorplanungsstadium sollte der Architekt mit dem zuständigen EVU die Versorgungs- und Anschlussfragen klären (Art der Zuleitung, Trassenführung, Transformatorenstation) und sich zur Aufstellung seines Finanzierungsplanes die Anschlusskosten angeben lassen. Hierzu wird das EVU nähere Angaben und Unterlagen anfordern (wie z. B. Lageplan, Gebäudekonzeption, geplante elektrische Einrichtungen).

Freileitungsanschluss

Freileitungsnetze finden sich vorwiegend in ländlichen Gebieten.
Varianten der Gebäudeeinführung: Freileitungsanschluss über Dachständer.

- Ein Freileitungsanschluss über eine Hauswand ist aus ästhetischen Gründen meist unbefriedigend und nur bei untergeordneten Gebäuden vertretbar.
- Ein Freileitungsanschluss mit Erdkabel-Hauseinführung kommt dort in Betracht, wo Dachständer aus architektonischer Sicht unerwünscht sind, z. B. bei eingeschossigen Gebäuden mit Flachdach. Die entstehenden Mehrkosten sind dem EVU zu erstatten.

Erdkabel-Anschluss

Verkabelte Leitungen können im Ortsbild nicht störend wirken, sind dafür aber teurer als Freileitungen. Auch lassen sich infolge von Erdarbeiten entstehende Kabelbeschädigungen weniger leicht aufspüren als bei Freileitungen, zumal sich Störungen oft erst Wochen nach einer Beschädigung einstellen. (Etwa 30 cm über den Kabeln verlegte gelbe Trassenwarnbänder können bei späteren Erdarbeiten Baggerführer auf die Kabeltrasse aufmerksam machen.)

Ein Erdkabel wird vom EVU etwa 60 – 80 cm unter Terrain ins Gebäude eingeführt. Die TAB sehen vor, dass Art und Größe des Schutzrohres vom EVU festgelegt werden, dass der Anschlussnehmer für den Einbau zu sorgen hat und dass das EVU für einen wasserdichten Abschluss des Kabels im Schutzrohr sorgt. Leicht nach außen geneigte Schutzrohre erleichtern das allseitig saubere Schließen einer Gebäudeeinführung mit dauerelastischen Dichtstoffen. Auf sorgfältigen Anschluss an die vertikalen Sperrschichten von Kelleraußenwänden sollte die Bauleitung achten. Kernbohrungen erleichtern i. d. R. ein Durchfahren von Betonwänden.

4.2 Niederspannungsanlagen

Zähleranlagen bei Niederspannungseinspeisung

Für die Anbringung der Zählereinrichtungen sind leicht zugängliche Räume zu wählen, z. B. Haus-Anschlussräume, Treppenräume oder besondere Zählerräume. Unzulässig ist die Anordnung in Wohnräumen, Küchen, Toiletten, Bade- und Waschräumen (hygienische Gründe), innerhalb von Wohnungen in Mehrfamilienhäusern (ständige Zugänglichkeit nicht gewährleistet), über Treppenstufen (Unfallrisiko), in Speichern, Garagen (eingeschränkte Zugänglichkeit), in feuchten Räumen, Öllagern sowie an Stellen mit erhöhter Umgebungstemperatur oder an feuer- bzw. explosionsgefährdeten Stellen.

Der Stromverbrauch von Gemeinschaftsanlagen ist gem. DIN 18015-1 in Gebäuden mit mehr als 2 Wohnungen gesondert zu messen. Bei Mehrfamilienwohngebäuden ist mit dem EVU abzusprechen, ob zentrale oder dezentrale Zähleranlagen installiert werden sollen.

Dezentrale Zähleranlagen

Stromversorgungssysteme mit dezentral angeordneten Zählern eignen sich für kleine und mittlere Wohnhäuser (mit bis zu etwa 3 Geschossen).

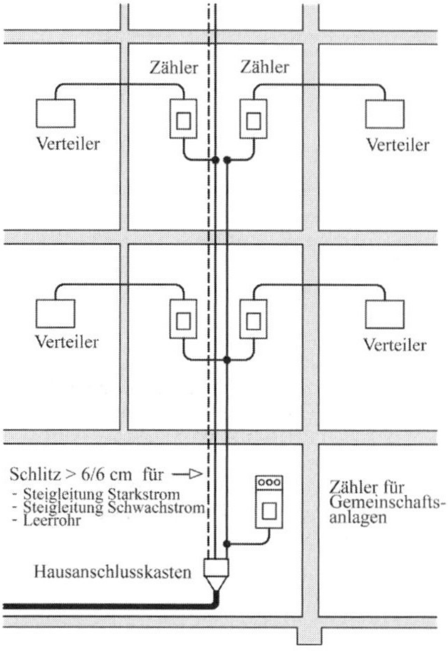

Abb. 4.48 Dezentrale Zähleranlage. Die Steigleitungen sowie ein Leerrohr *D* = 29 mm werden i. d. R. im Treppenraum verlegt. Das Leerrohr soll Nachrüstungen erleichtern und u. a. Steuerleitungen für Mehrtarifzähler aufnehmen können. Für die Zählerschränke und Verteiler in den Geschossen sind Nischen einzuplanen.

Zentrale Zähleranlage

Alle Zähler befinden sich bei dieser Variante in der Nähe des Hausanschlusskastens, i. d. R. in einem Haus-Anschlussraum. Von hier aus werden Hauptleitungen zu den einzelnen Wohnungsverteilungen geführt. Der vertikale Wandschlitz nimmt, wie bei dezentralen Zähleranlagen auch, ein Leerrohr ≥ 29 mm sowie Schwachstromleitungen auf.

Ab einer bestimmten Anzahl von Zählern (ab ca. 8 Wohnungen) fordert das Elektroversorgungsunternehmen meistens die Unterbringung der Zähler in einem Hausanschlussraum.

Zentrale Zählersysteme sind höher belastbar. Nischen in Treppenraumwandungen, aus denen die oben beschriebenen Probleme resultieren können, entfallen. Zentrale Zähleranlagen werden daher i. Allg. bevorzugt. Reichen bei größeren Bauvorhaben Wandschlitze zur Unterbringung der Leitungen nicht mehr aus, werden Kabelschächte erforderlich.

Stromnetze

Die Stromversorgung kleinerer Gebäude besteht aus Stromeinspeisung, Zähler und Verteiler je Wohnung oder Einheit. Bei größerern Gebäuden können unterschiedliche Konzepte der Planung zugrunde gelegt werden. Die **vertikale Stromversorgung** wird am häufigsten verwendet. Bei größeren Lasten, z. B. für Aufzüge, Klimatechnik in den Obergeschossen (Dachaufstellung von Kältetechnik o. Ä.) kann eine zweite Einspeisung im oberen Gebäudebereich erfolgen.

Eine einzige Steigleitung schränkt die Versorgungssicherheit ein. Deshalb können **Gruppenversorgung, Einzelversorgung oder Ringsteigleitungen** vorgesehen werden. Bei mehrern Aufteilungen wächst die Hauptverteilung und damit die Investition. Einzelversorgung wendet man

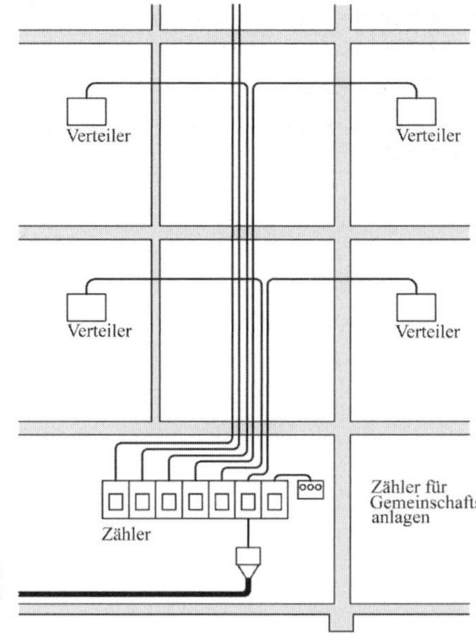

Abb. 4.49a Zentrale Zähleranlage im Bereich des Haus-Anschlusskastens. Die Anlage ist höher belastbar. Zählernischen entfallen.

z. B. bei Wohnungen mit zentralem Zählerplatz im Untergeschoss an. Für große Gebäude ist eine **Ringsteigleitung mit Kuppelschalter** wegen des optimalen Lastflusses mit geringen Verlusten eine gute Lösung.

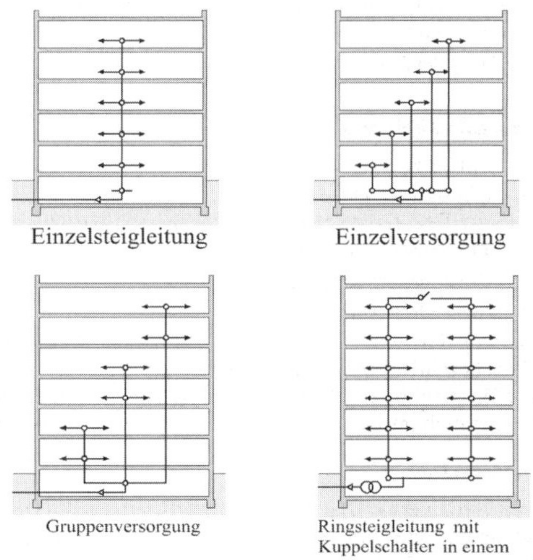

Abb. 4.49b Niederspannungsnetzformen in Gebäuden: Die Einzelsteigleitung ist bei geringen Ansprüchen an die Versorgungssicherheit eine preiswerte Lösung; Vorteil ist der Wegfall der Hauptverteilung; bei der Einzelversorgung wird die Schaltanlage im Untergeschoss umfangreich; diese Anordnung wird bei zentralen Zählern im Untergeschoss gewählt; für mehrstöckige Gebäude wird häufig eine Gruppenversorgung gewählt mit verbesserter Versorgungssicherheit; bei Großbauten bietet eine Ringsteigleitung mit Kuppelschalter große Versorgungssicherheit.

Stromkreisverteilungen sind den Zählern nachgeschaltet. Hier erfolgt die letzte Aufgliederung der Zuleitungen in einzelne Stromkreise.

Überstrom-Schutzeinrichtungen, in der Umgangssprache als Sicherung bezeichnet, haben zwei Funktionen:

- Sie sollen bei Kurzschluss, auch bei Körperschluss („elektrischer Schlag"), möglichst schnell den Stromdurchgang abschalten.
- Sie sollen bei Leitungsüberlastung ausschalten, um zu verhindern, dass der Leiter sich übermäßig erwärmen und auf diese Weise einen Brand auslösen kann.

Sicherungsstufen: 10, 13, **16, 20**, 25, (32), 35, 40, 50, **63**, 80, 100 (A Nennstrom).

Fehlerstromschutzschalter (Fl-Schutzschalter) sind für Wechselstrom ab 16 A, für Drehstrom ab 25 A verwendbar und schützen vor elektrischen Schlägen, da sie innerhalb von Sekundenbruchteilen die fehlerhaften Leitungsteile vom Netz trennen. Sie werden mit unterschiedlicher Fehlerstromempfindlichkeit hergestellt (0,03 A; 0,3 A; 0,5 A). Einen sicheren Schutz bei direkter Berührung spannungsführender Teile gewährleistet nur der 0,03 A-Fl-Schutzschalter. Er ist daher besonders zu empfehlen.

Einteilung von Stromkreisen

Im **Verteiler** wird die letzte Aufgliederung der Strombahnen in einzelne abgesicherte **Stromkreise** vorgenommen.

Die Stromkreise bestehen jeweils aus 1 bis 3 Außenleitern (Phasen) und den dazugehörigen Neutral- und Schutzleitern. Nur die Außenleiter sind abzusichern; in Neutral- und Schutzleitern dürfen keine Sicherungselemente eingebaut werden.

Mindestanzahl von Stromkreisen für Beleuchtung und Steckdosen einer Wohnung gem. DIN 18 015-2:

- 2 Stromkreise: bis 50 m^2 Wohnfläche
- 3 Stromkreise: 50 bis 75 m^2 Wohnfläche
- 4 Stromkreise: 75 bis 100 m^2 Wohnfläche
- 5 Stromkreise: 100 bis 125 m^2 Wohnfläche
- 6 Stromkreise: über 125 m^2 Wohnfläche

Leitungsmaterial

Als metallischer **Leiter** wird im Wohnungsbau ausschließlich Kupfer verwendet. Isolierte einzelne Leiter nennt man **Adern**, mehrere in einer Umhüllung zusammengefasste Adern **Leitung**; mit einem zusätzlichen Mantel versehen spricht man vom Kabel.

Rohrinstallation bestehend aus Isolierrohr und eingezogenen Kunststoffaderleitungen. Als Rohrmaterial kommt in Betracht:

- Flexibles Kunststoffisolierrohr, glatt oder gewellt für unterschiedliche Druckbeanspruchungen (im, unter, auf Putz, im Estrich, Stampfbeton, Fertigbeton).
- Flexibles gewelltes Stahlrohr und Stahlpanzerrohr, vornehmlich bei höherer Druckbeanspruchung verwendet (im Estrich, Stampf- oder Fertigbeton).

Vorteile der Rohrinstallation: Nachträgliche Verstärkungen oder Auswechslungen der Leitungen lassen sich verhältnismäßig einfach vornehmen.

Nachteile: Die Elektroplanung muss sehr früh erfolgen, damit die Isolierrohre in Stahlbetonteile (Decken) eingegossen werden können. Das waagerechte Fräsen von Wandschlitzen zur Unterputzverlegung der Rohre ist ohne statischen Nachweis für tragende und aussteifende Wände unter 24 cm Dicke sowie in Schornsteinwangen unzulässig (I/12,13) und damit für Installationen im Wohnungsbau i. Allg. ungeeignet.

Rohrinstallationen, in Bauteilen aus Fertigbeton einbetoniert, entsprechen dagegen dem Stand der Technik.

Stegleitungsinstallation, „Im-Putz-Installation"

Die bandartigen Stegleitungen NYIF bzw. NYIFY (mit äußerer Umhüllung aus Gummi bzw. PVC) kommen für alle trockenen Räume in Betracht, einschließlich der Bäder von Wohnungen und Hotels im Bereich 3.

Tafel 4.51 Buchstabenkurzzeichen von nationalen, nicht harmonisierten Typen (eine Auswahl), z. B.: NYM-J 5 × 2,5 kennzeichnet eine Mantelleitung mit PVC-isolierten Adern und äußerer PVC-Umhüllung, mit einer grüngelb gekennzeichneten Ader und 5 Adern je 2,5 mm² Nennquerschnitt

N =	Normenleitung nach VDE-Bestimmungen
Y =	Kunststoff (PVC)
A =	Aderleitung
M =	Mantelleitung
F =	Flachleitung bzw. Fassungsader bzw. feindrähtig
G =	Gummi
I =	Im-Putz
R =	Rohrdraht
U =	umhüllt
L =	leichte
Bei Leitungen mit grüngelb gekennzeichneter Ader folgt nach einem Bindestrich ein J, bei Leitungen ohne grüngelb gekennzeichnete Ader ein O. Danach werden Anzahl und Querschnitt der Adern angegeben.	

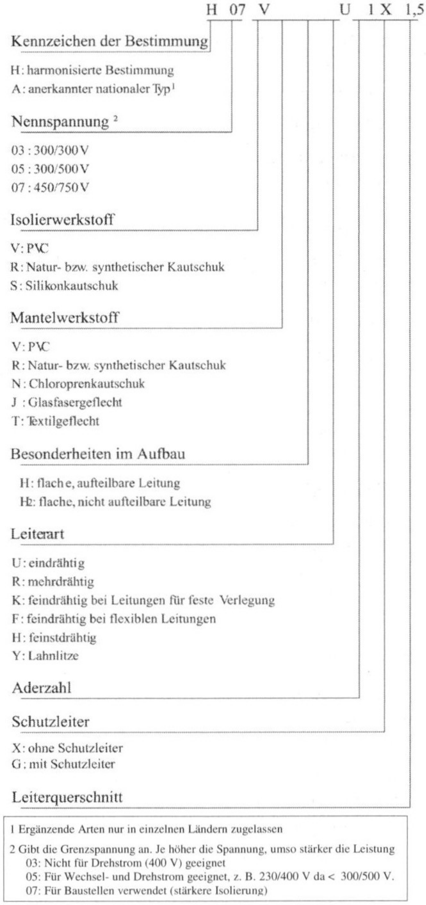

Abb. 4.51 Harmonisierte Typenkurzzeichen von Starkstromleitungen. Kennzeichnung einer eindrähtigen PVC-Aderleitung z. B. H07V-U1 × 1,5. Altes Typenkurzzeichen: NYA 1,5 mm².

Vorteile der Stegleitungsinstallation: die Ausschreibung der Elektroinstallation kann zu einem relativ späten Zeitpunkt erfolgen und die Anordnung von Schaltern, Lichtauslässen usw. gegebenenfalls gemeinsam mit den Bauherrn im Rohbau an Ort und Stelle festgelegt werden. Die Stegleitungsinstallation ist preislich günstiger als eine Rohrinstallation.

Nachteile: Nachträgliche Veränderungen sind nicht ohne größeren Aufwand (Stemm-, Putz- und Anstricharbeiten) möglich.

Mantelleitung NYM

Mantelleitungen sind Feuchtraumleitungen und werden als Ergänzung von Rohr- und Stegleitungsinstallationen eingesetzt wie auch für leistungsstarke Verbraucher in Verbindung mit Stegleitungsinstallationen.

Kunststoffkabel NYY

Gegenüber Mantelleitungen (NYM) haben Kunststoffkabel einen verstärkten Außenmantel, der durch entsprechende Kunststoffmischung und Zusätze von Ruß vor Witterungseinflüssen schützt. Sie werden vornehmlich im Erdreich (Außenleuchten), in Kabelkanälen und im Freien eingesetzt. NYY darf auch direkt in zu verdichtenden Beton eingebettet werden.

Leitungsführung und -verlegung

Auf Wänden sind Leitungen senkrecht und waagerecht zu führen, an Decken können sie auf kürzestem Wege zu den Deckenauslässen geführt werden. Für die Ausführung der Wandinstallation in Räumen mit verputzten Wänden gibt es zwei Möglichkeiten:

1. Rundumleitungen etwa 30 cm unterhalb der Decke mit senkrechten Stichleitungen zu darunter befindlichen Steckdosen, Leuchten, Schaltern und zu Auslässen an der Decke. Hierfür ist eine Vielzahl von Abzweigdosen erforderlich, deren Deckel sich i. Allg. auf den Wandflächen markieren.
2. Rundumleitungen etwa 30 cm oberhalb des Fußbodens in Steckdosenhöhe. Geräteverbindungsdosen (Geräte-Abzweigdosen) übernehmen zwei Funktionen: sie nehmen nicht nur die Steckdosen- oder Schaltereinsätze auf, sondern besitzen zudem noch Abzweigklemmen zum Anschluss abgehender Leitungen.

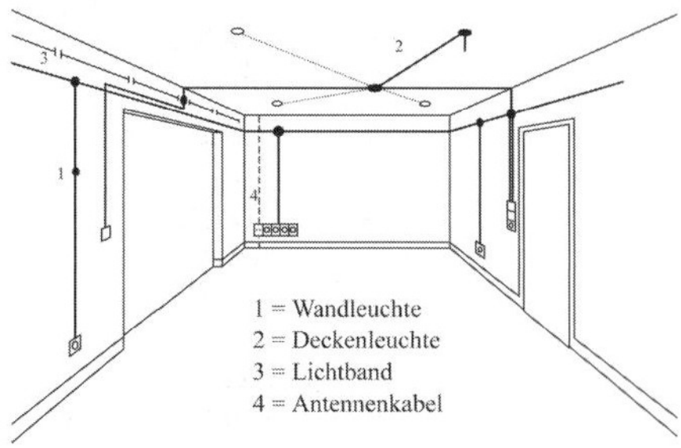

Abb. 4.52a Herkömmliches Verfahren mit Abzweigdosen. Eine Rundumleitung wird 30 cm unter der Decke verlegt. Die Verbindungen zu Steckdosen, Lichtauslässen usw. bedingen eine verhältnismäßig große Anzahl von Abzweigdosen, deren Deckel sich an der Wandoberfläche markieren. Gerätedosen für Schalter und Steckdosen befinden sich an den Leitungsenden.

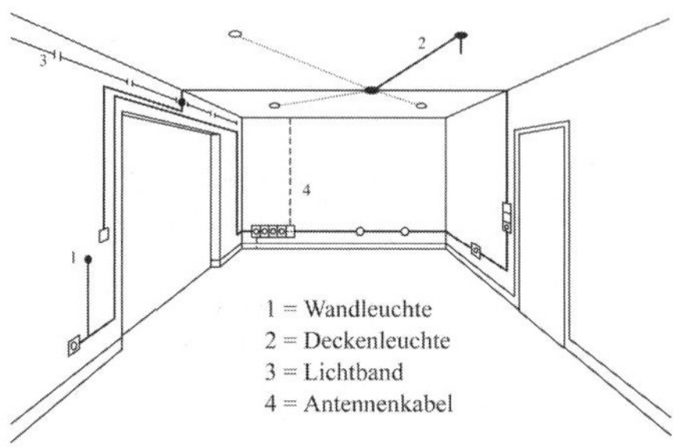

Abb. 4.52b Ringleitungen, 30 cm über dem Fußboden, mit eingeschleiften Leerdosen ermöglichen bei Veränderung der Möbelstellung eine flexible Anpassung der Installation durch einfaches Nachrüsten der Leerdosen. Türen und raumhohe Fensterelemente müssen umfahren werden. Es werden Dosen größerer Tiefe (Geräteverbindungsdosen) verwendet mit der Funktion sowohl einer Geräte- als auch einer Abzweigdose. Hinter dem Geräteeinsatz (Schalter oder Steckdose) befinden sich zusätzliche Klemmen für Leitungsanschlüsse.

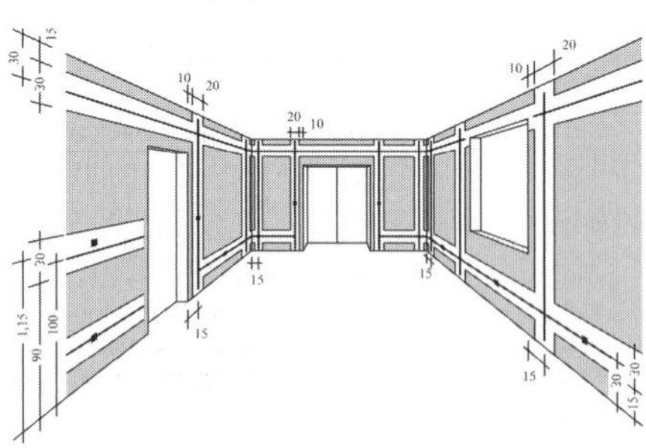

Abb. 4.52c Installationszonen für elektrische Installationen mit Vorzugsmaßen für die Leitungsführung gem. DIN 18 015-3. Nebenstehend Maßangaben für mittlere Installationszonen in Räumen mit Arbeitsflächen an Wänden, wie z. B. Küchen. Vorzugsmaße für waagerechte Leitungsführungen: 30 cm unterhalb der fertigen Deckenfläche bzw. 30 cm oberhalb der fertigen Fußbodenfläche. In einer Installationszone können mehrere Leitungen parallel laufend verlegt werden, beispielsweise für Geräte mit eigenem Stromkreis (Küche), dazu Schwachstromleitungen für z. B. Telefon-, Audio- oder Videoanlagen.

Abweichungen sind zulässig (also auch Schrägführungen):

- wenn die elektrischen Leitungen in Schutzrohren verlegt werden und eine Überdeckung von mindestens 6 cm sichergestellt ist (z. B. in Betonfertigteilen);

- wenn in Leichtbauweise die Leitungen in ausreichend großen Hohlräumen verlegt werden, so dass sie beim Anbohren der Wand ausweichen können oder durch konstruktive Maßnahmen geschützt sind.

An Deckenflächen kann für verdeckt zu führende Leitungen der kürzeste Weg gewählt werden. Sichtbar zu verlegende Leitungen, z. B. in Keller- und Dachräumen, ebenso wie auch sichtbar bleibende Nachinstallationen können selbstverständlich außerhalb der Installationszonen verlegt werden.

Vorzugshöhen für Schalter: 1,05 m über fertigem Fußboden bzw. 1,15 m oberhalb von Arbeitsflächen. In Wohnungen für Rollstuhlfahrer sollten gem. DIN 18 025-1 Schalter und häufig benutzte Steckdosen in 85 cm Höhe und damit in Griffhöhe eines Rollstuhlbenutzers liegen.

Leitungsverlegung in Leichtbauwänden

In Leichtbauwänden (Hohlwänden) aus vorwiegend brennbaren Baustoffen mit Rahmen- und Ständerkonstruktionen aus Holz oder Metall und Beplankungen aus Gipskarton-, Spanplatten o. ä. Abdeckmaterialien sind besondere Verbindungs- und Gerätedosen zu verwenden. Die oberflächenbündig einzubauenden Dosen müssen in der relativ dünnen Beplankung zugfest zu befestigen sein.

Leitungsverlegung in Fertigbetonbauteilen

Alle Leitungsauslässe (Schalter, Steckdosen, Brennstellen) müssen vor dem Betonieren festliegen, insbesondere bei Sichtbeton. Nachträgliche Korrekturen oder Installationen sind nur als Aufputzinstallation möglich. Es empfiehlt sich, vorsorglich einige Leerrohre und Leerdosen einbauen zu lassen, um ein späteres Nachrüsten auf Wand- und Deckenoberflächen zu vermeiden. Als **Leitungsmaterial** kommen in Frage:

- Mantelleitungen NYM in Schutzrohren. Vorwiegend werden flexible Wellrohre aus Kunststoff verwendet. Bilden Schutzrohre und Dosen ein geschlossenes System, kommt auch Aderleitung H07V-U in Betracht. Hierbei ersetzt das lückenlose Rohrsystem den Außenmantel eines Mantelleiters.
- Mantelleitung NYM ohne Rohr, sofern die Leitung wie bei Unterputzverlegung in Schlitzen eingebracht und anschließend mit Beton bedeckt wird. Direktes Einlegen von NYM in Beton, der mechanisch verdichtet wird, ist unzulässig.
- Kabel NYY, ohne zusätzliche Maßnahme.

Schalter und Steckdosen

Schalter werden in Türdrückerhöhe, 1,05 m über dem fertigen Fußboden, angeordnet. Im Dunkeln sind sie auch für Besucher leicht auffindbar, da man diese Höhe ohnehin „im Griff" hat. Werden sie niedriger angeordnet, bilden beschädigte Schalter leicht eine Gefahr für Kleinkinder.

Für Rollstuhlfahrer sollten Schalter und häufig benutzte Steckdosen gem. DIN 18 025-1 allerdings in 85 cm Höhe und damit in Griffhöhe eines Rollstuhlfahrers liegen, von Rauminnenecken mindestens 50 cm entfernt.

Schalterarten

- **Ausschalter**: jeweils ein Ausschalter schaltet eine oder mehrere Brennstellen.
- **Wechselschalter** (immer 2 zusammengehörige Schalter): von jedem der beiden Schalter aus kann die dazugehörige Brennstelle (es können auch mehrere sein) geschaltet werden. Verwendung: in Schlafzimmern oder in Räumen, die von zwei Seiten betreten und verlassen werden können.
- **Kreuzschalter**: immer in Verbindung mit 2 Wechselschaltern. Erweiterte Wechselschaltung. Von jedem der meist drei Schalter aus kann die dazugehörige Brennstelle (auch mehrere) geschaltet werden. Verwendung: in Räumen, die an mehreren Stellen betreten und verlassen werden. Wegen des erheblichen Leitungsaufwandes heute weitgehend abgelöst durch die
- **Stromstoßschaltung**: mit Hilfe eines Stromstoßrelais können beliebig viele Brennstellen von beliebig vielen Schaltern aus geschaltet werden. Das Relais wird im Stromkreisverteiler oder einer normalen Unterputzdose untergebracht. Gegenüber einer Wechsel- oder Kreuzschaltung werden weniger Leiter benötigt. Schalter für Stromstoßschaltungen: Fernschalter als Tastschalter, auch als Leuchttaster.
- **Serienschalter** bestehen aus 2 unter einer Abdeckung nebeneinander liegenden Ausschaltern, evtl. auch Wechselschaltern. Sie schalten zwei voneinander unabhängige Brennstellen (oder Brennstellengruppen) und werden vornehmlich bei Häufungen von Schaltern verwendet (ursprünglich Drehschalter zum stufenweisen Schalten einer mehrflammigen Beleuchtung.)
- **Dimmer** sind Helligkeitsregler, die meist auch die Funktion eines Ausschalters übernehmen.

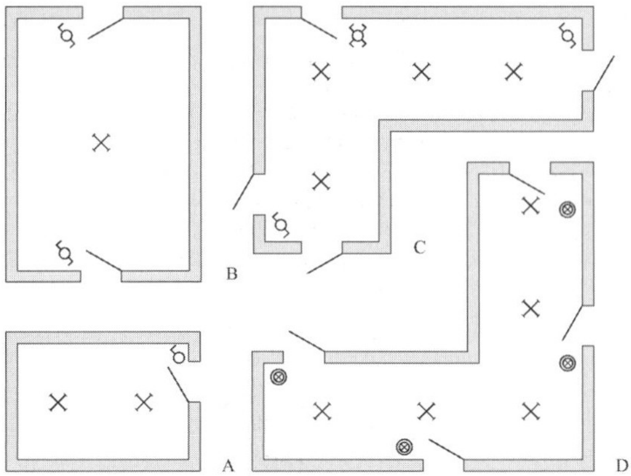

Abb. 4.54 Schaltervarianten
Ausschalter: Schaltungen nur von einer Stelle aus möglich (A).
Wechselschalter: Schaltung von 2 Stellen aus möglich (B).
Kreuzschalter: In Verbindung mit 2 Wechselschaltern sind Schaltungen von 3 Stellen aus möglich (C).
Tastschalter: Sie ermöglichen mit Hilfe eines Stromstoßrelais Schaltungen von beliebig vielen Stellen aus (D). Hier mit Orientierungslämpchen ausgestattet.

Tafel 4.54 Ausstattungswerte für Wohnungen gem. RAL-RG 678 (2004)

Ausstattungswert		**Mindestausstattung** 1		**Normalausstattung** 2		**Gehobene Ausstattung** 3	
		Steckdose	Lichtauslass	Steckdose	Lichtauslass	Steckdose	Lichtauslass
Schlaf- bzw. Wohnraum [1) 2)]	< 12 m²	3	1	6	2	8	3
	> 12 bis < 20 m²	4	1	8	2	10	3
	> 20 m²	5	2	11	3	13	4
Kochnische		3	2	7	2	8	2
Küche [2)]		5	2	10	3	12	3
Hausarbeitsraum		3	1	8	2	10	3
Bad		2	2	4	3	5	3
WC		1	1	2	1	2	2
Flur	< 3 m Länge	1	1	2	2	3	2
Diele	> 3 m Länge	1	2	3	2	4	2
Balkon, Loggia	< 3,0 m Breite	1	1	1	1	2	1
Terrasse	> 3,0 m Breite	1	1	2	2	3	2
Abstellraum		1	1	2	1	2	1
Zur Wohnung gehörender Keller- oder Bodenraum		1	1	2	1	2	1
Hobbyraum		3	1	6	2	8	2
Beleuchtungs- u. Steckdosenstromkreise [3)]		3/4/5/6/7		4/5/6/7/8		5/6/7/8/9	
Gerätestromkreise [4)]		7/6		9/8		12/11	
Stromkreisverteiler		2-reihig		3-reihig		4-reihig	
Anzahl der Telefonsteckdosen		1		3		5	
Anzahl der Antennensteckdosen [5)]		2-5		3-6		4-7	
Elektrischer Türöffner [6)] /Gegensprechanlage		1		1 [7)]		1 [7)]	
Telekommunikationsanlage [5)]		1-4		2-6		3-6	
Gefahrenmeldeanlage		–		–		1 [8)]	

[1)] Den Betten zugeordnete Steckdosen sind mindestens als Doppelsteckdosen vorzusehen (gelten als nur eine Steckdose). Neben Antennensteckdosen angeordnete Steckdosen sind mindestens als Dreifachsteckdosen vorzusehen (gelten als nur eine Steckdose).
[2)] In Räumen mit Essecke ist die Anzahl der Auslässe und Steckdosen um jeweils 1 zu erhöhen.
[3)] Abhängig von der Fläche: bis 50 m² / 75 m² / 125 m² / > 125 m²
[4)] Bei elektrischer WW-Versorgung / bei anderweitiger WW-Versorgung.
[5)] Abhängig von der Fläche: bis 50 m² / 75 m² / 125 m² / > 125 m²
[6)] Im Einfamilienhaus unter Berücksichtigung der örtlichen Erfordernisse.
[7)] Mit mehreren Wohnungssprechstellen.
[8)] Bei Ein- und Zweifamilienhäusern.

Schalterbetätigungsarten

Während Stromstoßschaltungen nur **über Tastschalter** (Taster) vorzunehmen sind (Schaltfläche federt nach Betätigung zurück), werden Ausschalter, Wechselschalter, Kreuzschalter und Serienschalter i. Allg. über **Wippschalter** (Wippen) betätigt (Schaltfläche ist abwechselnd oben oder unten zu drücken). **Drehschalter** zum Schalten von Beleuchtungsanlagen sind überholt.

Sensorschalter entsprechen äußerlich Großflächen-Wippschaltern und werden auch anstelle von Wippschaltern eingesetzt. Sie brauchen nur berührt zu werden und funktionieren ohne mechanisch bewegte Teile absolut geräuschlos. Sensorschalter sind austauschbar mit herkömmlichen Schaltern.

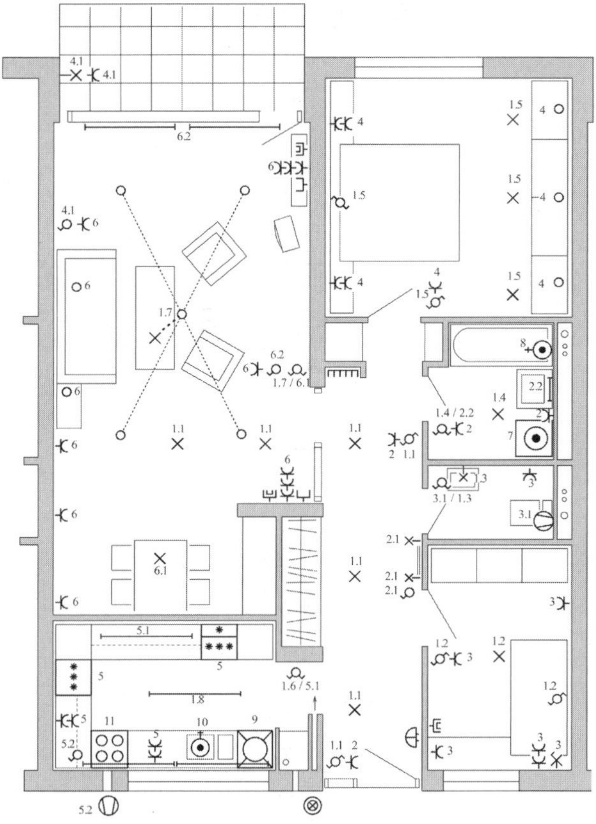

1 Allgemeinbeleuchtung aller Räume
2 Steckdosen und Wandleuchten Flur und Bad
3 Steckdosen und Wandleuchten Kinderzimmer, Steckdose und Lüfter WC
4 Steckdosen Elternschlafzimmer, Steckdose und Wandleuchte Loggia
5 Steckdosen, Arbeitsplatzbeleuchtung, Lüfter, Kühlschrank, Gefrierschrank Küche
6 Steckdosen, Essplatzbeleuchtung und Vorhangbeleuchtung, Wohnzimmer
7 Waschgerät
8 Warmwasser-Bereiter Bad
9 Geschirrspüler
10 Warmwasser-Bereiter Küche
11 Herd

Bezeichnungen:
1 = Stromkreis
1.6 = Stromkreis mit Zuordnungsziffer (von Schalter zu Leuchte/Gerät)

Abb. 4.55 Elektro-Installationsplan für eine Wohnung

Leitungsführung im Nichtwohnungsbau

Die Verteilung elektrischer Energie erfolgt in dieser Reihenfolge:

- Hauptverteiler
- ggf. Unterverteiler
- Stockwerksverteiler
- ggf. Verteiler für besondere Abnehmer
- Stromkreise für Beleuchtung, Steckdosen und Einzelverbraucher.

Hauptstromversorgungsleitungen verbinden, vertikal und horizontal geführt, den Hauptverteiler mit den nachgeschalteten Verteilern.

Vertikale Leitungsführung in Gebäuden

Wandschlitze reichen zur Unterbringung der Hauptleitungskabel ab einer bestimmten Gebäudegröße nicht mehr aus. Für den vertikalen Energietransport werden dann mehrere Kabel in besonderen Installationsschächten gemeinsam mit Schwachstromleitungen einschließlich Datenkabel, Busleitungen und Brandmeldekabel installiert. Die Schächte bilden eigene Brandabschnitte und sind einschließlich ihrer Revisionsöffnungen mindestens feuerbeständig auszubilden. In den Schächten ist für die Leitungen bzw. Kabel eine ausreichend breite Wandfläche vorzusehen.

Tafel 4.56 Richtwerte in cm für lichte Schachtbreiten bei einer angenommenen, zur Verfügung stehenden Mindesttiefe ab 10 – 15 cm, nach Seip „Elektrische Installationstechnik"

Geschosszahl	2	4	6	8	10	12
Große Bürobauten, Warenhäuser	30	60	90	120	150	180
Kranken-, Lehr- u. Unterrichtsanstalten	20	40	60	80	100	120

Horizontale Leitungsführung

Abgehängte Decken und aufgeständerte Fußböden erlauben es, Leitungen in der horizontalen Ebene verdeckt überall hinzuführen. Eine zu enge Anordung mehrerer Kabel auf den Kabelbahnen (Kabelträgern, Registerschienen) beeinträchtigt infolge stärkerer Erwärmung die elektrische Belastbarkeit und sollte nach Möglichkeit vermieden werden.

Gewählt wird im Regelfall eine dezentrale Verteilungsform mit mehreren Unterverteilungen in Flurwänden, Deckenabhängungen und aufgeständerten Böden. Hiervon ausgehend, wird mit kurzen Anbindungen jeweils eine kleine Anzahl von Verbrauchern (Beleuchtung, Steckdosen, Geräte) versorgt. Eine Dezentralisierung gestattet ein leichteres Anpassen der Elektroinstallation bei Änderung der räumlichen Konzeption. Jeder Verbraucher erhält eine eigene Zuleitung, die bei Änderungen in den Unterverteilungen umgeklemmt wird. Abzweigdosen entfallen. Weitere Vorteile gegenüber einer zentralen Verteilungsform ohne Unterverteiler: bei Störungen fällt jeweils nur ein kleiner Anlagenbereich aus; die Fehlersuche ist einfacher.

Unterflurkanal-Installation

Dieses System erlaubt große Raumtiefen (Büro-Großräume) bei gleichzeitiger Flexibilität der Möblierung. In bestimmtem Raster werden flache Blech- oder Kunststoffkanäle auf der Rohdecke montiert und in den Fußbodenaufbau miteinbezogen.

Rastermaße: zwischen 1,20 m x 1,20 m und 1,80 m x 1,80 m, je nach Möblierungskonzept. Dazu evtl. Netze für Sonderzwecke mit größerem Raster.

Unterflurkanäle liegen im Verbundestrich entweder:

- oberflächenbündig (Estrichstärke ab etwa 40 mm) oder
- mindestens 30–35 mm unter der Estrichoberfläche (Estrichstärke 55 – 100 mm).

4.3 Hoch- und Mittelspannungsanlagen

Elektrische Spanung mit mehr als 1000 Volt wird als **Hochspannung** bezeichnet. Da mit höherer Spannung und dem gleichen Strom mehr Leistung übertragen werden kann, findet die überregionale Verteilung von Strom mit möglichst hoher Spannung statt. Die Anforderungen an die Isolierung steigen jedoch mit zunehmender Spannung.

Während Wohnbauten überwiegend Niederspannung 230/400 V erhalten, erfolgt die Stromversorgung größerer Objekte vornehmlich mit 10–20 kV. (Im technischen Sprachgebrauch als Mittelspannung, umgangssprachlich als Hochspannung bezeichnet.)

Ob Nieder- oder Mittelspannungsversorgung in Betracht kommt, ist vom Energiebedarf des Bauobjekts abhängig und wird vom EVU entschieden.

Einspeisung mit hoher Spannung bedeutet, dass auf dem Baugrundstück oder im Gebäude Transformatoren und Schaltanlagen unterzubringen sind.

Transformatoren setzen die mit Mittelspannung zugeführte Energie auf die Verbraucherspannung herab, z. B. von 10 000 V auf 230/400 V. Etwa schrankgroße Schaltzellen schützen angeschlossene Leitungen vor Kurzschlüssen bzw. Überlastungen und ermöglichen Schalthandlungen im Mittelspannungsnetz unter Vermeidung von Lichtbögen.

Die Kosten für die Errichtung der Trafostation trägt der Abnehmer, evtl. auch die Kosten für eine Schalt- und Messanlage. Von einigen EVU können Transformatoren gemietet werden.

Je nach Objektgröße fällt die Elektrozentrale mit Trafokammer, Schaltanlage, gegebenenfalls mit Notstromerzeugung und Batterieraum unterschiedlich aus.

Mit Rücksicht auf die Transformatorengewichte und den Transport von Transformatoren und Schaltgeräten werden Umspannanlagen vorzugsweise ebenerdig errichtet und zwar so, dass Ausgänge und Treppen im Brandfalle durch Feuer oder Verqualmung nicht in ihrer Funktion beeinträchtigt werden.

Umspannanlagen sollten nach Möglichkeit gemeinsam mit Batterie- und Notstromanlagen in der Nähe der Räume mit hohem elektrischen Energiebedarf angeordnet werden. Dies können sein: RLT-Zentrale, EDV-Anlage, Fabrikationseinrichtungen u. Ä.

Bei räumlich großen Bauobjekten mit entsprechend hohem Energiebedarf empfiehlt sich eine Aufteilung in mehrere Trafostationen im Bereich der Verbrauchsschwerpunkte (Klimaanlagen, Aufzugsantriebsmaschinen usw.), da die Energieübertragung auf Niederspannungsebene 230/400 V mit größeren Verlusten verbunden ist als auf Hochspannungsebene.

Voraussetzung für die Aufstellung von Transformatoren in oberen Geschossen ist, dass die Isolier- und Kühlmittel keine Brandschutzmaßnahmen erforderlich machen.

- Ölgekühlte Transformatoren erfüllen diese Voraussetzung nicht. Ihre Verwendung bedingt besondere Feuerschutzmaßnahmen, wie z. B. Einrichtungen zum Ablöschen und Auffangen brennend auslaufenden Öls.
- Luftgekühlte Trockentransformatoren (Gießharztransformatoren) können u. a. in feuergefährdeten Betrieben, in oberen Stockwerken und in Wohngebäuden eingesetzt werden. Ihr Isoliermittel Gießharz ist schwer brennbar und selbstverlöschend. Es entwickelt im Brandfalle keine toxischen Gase. Preislich liegen Gießharztransformatoren wesentlich höher als Öltransformatoren. Infolge größerer Mindestwandabstände fallen die Trafokammern größer aus. Sie sind den Gegebenheiten entsprechend vom Fachingenieur festzulegen.
- Clophen-(Askarel-)Transformatoren dürfen ab 1990 nicht mehr verwendet werden, da aus dem flüssigen Isolier- und Kühlmittel PCB im Brandfalle mit Umgebungstemperaturen um 600 °C das hochgiftige PCDD (polychloriertes Dibenzo-Dioxin) entsteht.
- Für eine Aufstellung in den oberen Geschossen sind demnach nur Trockentransformatoren geeignet. Dabei sind folgende Punkte zu berücksichtigen:
  - Die Transportmöglichkeiten; Aufzüge sind i. Allg. für diese Lasten nicht ausgelegt, Treppen ungeeignet. Für den Vertikaltransport kommen Außenbefahranlagen der Fassadenreinigung in Verbindung mit behelfsmäßigen Auslegern in den anzufahrenden technischen Geschossen in Frage.
  - Vorkehrungen zur zwangsweisen Be- und Entlüftung über Kanalsysteme mittels Ventilatoren.
  - Die hohe Deckenbelastung durch Transformatoren.
  - Maßnahmen zur Abschirmung der Umspannungsgeräusche (Summen).
  - Die Einplanung einer Zugangsschleuse und eines 40–100 cm hohen Kabelbodens.

Öltransformatoren erhalten Ölauffangwannen, deren Volumen dem Inhalt der Isolierflüssigkeit des Trafos entspricht (1000 – 2000 l). Um die Flammen des brennend auslaufenden Öls zu ersticken, leitet man das auslaufende Öl über eine 20 cm dicke Kies- und Schotterschicht, die sich auf einem Rost über der Auffangwanne befindet.

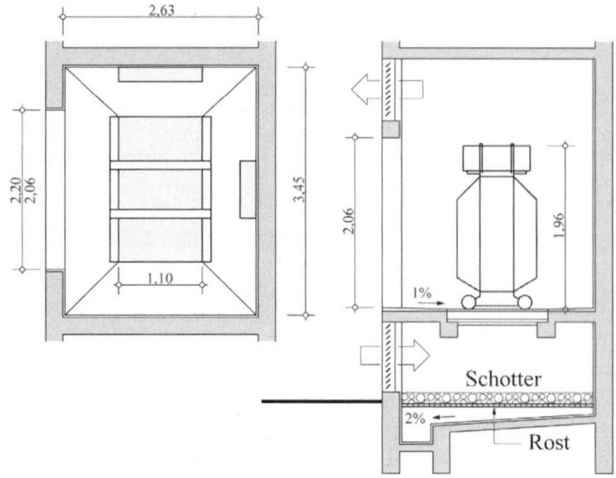

Abb. 4.58a Transformatorenkammer, hier für 630 kVA-Öltransformatoren bei Queraufstellung.
Vertikalschnitt mit Ölauffangwanne und flammenlöschender Schotterschicht. Endgültige Abmessungen wie auch der Abstand zwischen Zu- und Abluftöffnungen sind vom Elektro-Fachingenieur zu erfragen. Bei geringem Lüftungsbedarf können untere Lüftungsöffnungen auch in Türen angeordnet werden.

Tafel 4.58 Abmessungen von Trafokammern nach AGI-Arbeitsblatt J 11 für ölgekühlte Transformatoren. Die erforderliche Trafoleistung in kVA ist vom Elektro-Fachingenieur zu ermitteln und ist abhängig vom gebäudespezifischen Energiebedarf für Beleuchtung, Geräteausstattung u. a.

kVA	Länge	Breite	Türen Längs-aufstellung	Türen Quer-aufstellung	Höhe	Fahrrollen-mittenabstände	Gewicht
	m	m		m	m	m	t
630	3,45	2,63	1,23	2,20	2,06	0,67	2,5
800	3,60	2,85	1,45	2,30	2,40	0,67	3,0
1000	3,70	3,10	1,50	2,40	2,55	0,82	4,0
1250	3,90	3,15	1,55	2,40	2,70	0,82	4,3
1600	3,90	3,20	1,60	2,50	2,95	0,82	5,3

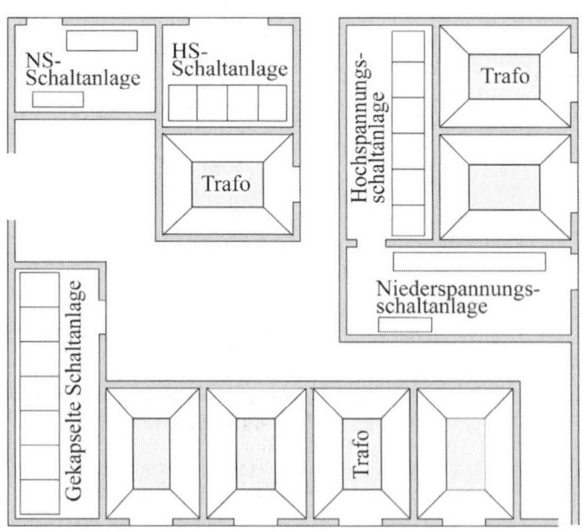

Abb. 4.58b Beispiele für eine räumliche Konzeption von Umspannungsanlagen mit ölgekühlten Transformatoren.
Oben: räumliche Trennung der Schaltanlagen für Hochspannung (Mittelspannung) und Niederspannung.
Unten: gekapselte Schalteinrichtung, platzsparend in nur einem Raum. Abmessungen (Schaltschränke, Bedienungsgänge) sind vom Elektroversorgungsunternehmen zu erfragen. Bei der Bemessung sollten spätere Erweiterungen berücksichtigt werden.

4.4 Eigenstromversorgungsanlagen

Notstromversorgungsanlagen

Notstromversorgungsanlagen liefern bei Netzausfall die elektrische Energie, die erforderlich ist, um eine Notbeleuchtung aller Verkehrswege aufrechtzuerhalten und den Kollaps wichtiger technischer Einrichtungen zu verhindern.

In Betracht kommende Ersatzstromquellen:

- **Batterieanlagen** als Zentralbatterie-System, Gruppen- oder Einzelbatteriesystem. Da Batterien Gleichstrom geringer Leistung abgeben, sind sie nicht für motorische Antriebe, wohl aber für Sicherheitsbeleuchtungen, Feuermeldeeinrichtungen, Diebstahlssicherungsanlagen und Telefonanlagen geeignet. Eine Umformung in Wechselstrom ist mittels Wechselrichter möglich, z. B. um Leuchtstofflampen betreiben zu können.
- **Dieselbetriebene Stromerzeugungsaggregate** für Netzersatz- oder Notstrombetrieb erzeugen Drehstrom 230/400 V größerer Leistung (etwa 20 bis 1500 kVA) und können die Versorgung motorisch betriebener Einrichtungen wie Wasserdruckerhöhungsanlagen, Feuerwehraufzüge oder die Ventilatorlüftung innenliegender Treppenräume gewährleisten.

Es sollte sichergestellt werden, dass im Falle eines Brandes die Kabel und Leitungen nicht durch Hitzeeinwirkung zerstört werden. (Alle Leitungsisolierungen bestehen aus Kunststoff, meist PVC, und sind daher brennbar). Andernfalls könnten Sicherheitseinrichtungen lahmgelegt werden wie

- Brandschutzklappen,
- Löschwasser-Druckerhöhungsanlagen,
- Lüftungsanlagen von Sicherheitstreppenräumen,
- Rauchabzugsanlagen,
- Feuerwehraufzüge einschließlich Lüftung von Fahrschacht und Triebwerksraum.

Die zum Betrieb dieser Sicherheitseinrichtungen erforderlichen Kabel und Leitungen sind getrennt von den übrigen Leitungen und wirksam geschützt vor Brandeinwirkung zu verlegen, z. B. in Kanälen aus Feuerschutzplatten.

Zentrale Notstrombatterien

Batterieanlagen erzeugen Gleichstrom, der erforderlichenfalls mit Hilfe von Wechselrichtern in Wechselstrom umgeformt wird. In Betracht kommen NiCd-Batterien (Nickel-Cadmium-Batterien) und Pb-Batterien (Bleibatterien). Übliche Nennspannungen: 12 V, 24 V, 40 V, 60 V, 110 V, 230 V. Die Kapazität einer Batterie wird in Amperestunden (Ah) angegeben. Eine Batterie der Kapazität von z. B. 60 Ah und dem Nennstrom von 6 A kann diesen Strom über 10 Stunden abgeben.

Diesel-Stromerzeugungsaggregate

(Notstromaggregate) übernehmen bei Netzausfall die Versorgung der Sicherheits- oder Ersatzbeleuchtung und/oder von motorischen Antrieben mit Wechsel- oder Drehstrom. Otto-Motoren dürfen, folgt man DIN VDE 0108-1, nicht verwendet werden.

Standard-Diesel-Stromerzeugungsaggregate (Notstromaggregate) bestehen aus:

- Dieselmotor und Generator; beide auf einem gemeinsamen Grundrahmen montiert;
- Druckluft-Anlasseinrichtung, Batterie;
- Brennstoffbehälter für 24-Std.-Nennlast;
- Schalldämpfeinrichtungen;
- Schaltschrank.

Tafel 4.59 Überschlägliche Raumabmessungen für ein Diesel-Stromerzeugungsaggregat, nach Seip „Elektrische Installationstechnik“

Aggregatleistung	20 – 60	100 – 200	250 – 550	650 – 1500	kVA
Raumgröße	5,0 / 4,0	6,0 / 4,5	7,5 / 5,0	10,5 / 5,0	m
Raumhöhe	3,0	3,5	4,0	4,0	m
Tür/Tor	1,5 / 2,0	1,5 / 2,0	2,2 / 2,0	2,2 / 2,0	m

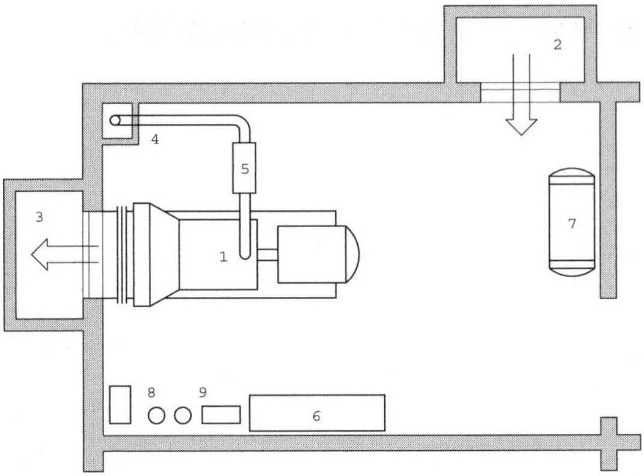

1 Dieselmotor und Generator auf gemeinsamem Grundrahmen
2 Luftzufuhr (Kühl- und Verbrennungsluft)
3 Fortluftabführung (Kühlluft)
4 Abgasrohr
5 Schalldämpfer
6 Schaltschrank zum selbsttätigen Umschalten bei Netzausfall
7 Treibstoffbehälter
8 Anlassdruckluft (Kompressor und Flaschen)
9 Batterie

Abb. 4.60 Diesel-Notstromaggregat im Bereich einer Gebäudeecke. Die Ecklage gestattet es, die Luftansaugöffnung und die Fortluftöffnung möglichst weit auseinander anzuordnen. Über die erforderliche Luftmenge bzw. Luftein- und -austrittsöffnungen geben die Aggregathersteller Auskunft. Abgasrohr (4) hier über Dach geführt. Alternative: Einleitung in eine Auspuff-Schallgrube eines Volumens von 1 m^3 je 50 kVA.

USV-Anlagen

Zwischen Netzausfall und Umschaltung auf das Notstromaggregat vergehen bei üblichen Anlagen etwa 15 Sekunden. Damit wegen der Anlaufzeit üblicher Notstromaggregate nicht Telefongespräche in Nebenstellenanlagen zusammenbrechen und die Sicherheitsbeleuchtung ohne Verzögerung einsetzen kann, übernehmen gegebenenfalls Batterieanlagen die Überbrückung der Anlaufzeit bzw. es werden unterbrechungslose Stromversorgungsanlagen (USV-Anlagen) eingesetzt.

Zu unterscheiden sind **dynamische und statische USV-Anlagen**. Dynamische (rotierende) USV-Anlagen sind mit dem motorbetriebenen Generator verbunden. Statische USV-Anlagen sind überbrückende Batteriegeräte.

Bei **Schnellbereitschaftsanlagen** wird ein schweres Schwungrad ständig von einem Elektromotor auf voller Drehzahl gehalten. Fällt der Strom aus, wird der Dieselmotor automatisch eingekuppelt und durch die kinetische Energie des Schwungrades auf Drehzahl gebracht („hochgerissen"). Der Strom fällt für 0,3 – 0,5 Sekunden aus.

Sofortbereitschaftsanlagen sind besonders aufwendig. Die Verbraucher sind an ein eigenes Stromnetz angeschlossen, das von einem Generator versorgt wird, der seine Antriebsenergie aus dem allgemeinen Netz bezieht.

5 A Tragwerksentwurf und Vorbemessung
5 B Baustoffe

Inhaltsverzeichnis

5A Tragwerksentwurf und Vorbemessung

Prof. Dipl.-Ing. Heinz Volz

1 Hinweise zum Tragwerksentwurf

1.1 Allgemeines

Der Planungsprozess eines Bauwerks durchläuft nacheinander verschiedene Phasen, in denen die jeweiligen Einflussparameter für die Konzeption eines Bauwerks zusammengestellt, analysiert und bewertet werden. Neben den Zielvorstellungen des Bauherrn sind die funktionellen Anforderungen aus der Nutzung, die Zwänge aus dem Grundstück, die Termin- und Kostenvorgaben mit den baurechtlichen Rahmenbedingungen und den technischen Möglichkeiten in Einklang zu bringen. Die Komplexität des Entwurfsprozesses erfordert für das Erreichen einer in sich schlüssigen Lösung ein systematisch-methodisches Vorgehen, das durch intuitive, kreative Beiträge entscheidend bereichert wird.

Für den **Tragwerksentwurf** wird folgendes Vorgehen empfohlen:

1. **Analyse** (Einspeichern der Daten)
   Systematisch-analytisches Erfassen der Einwirkungen und der Randbedingungen, z. B. anhand einer Checkliste zum Tragwerksentwurf (vgl. Abschn. 1.2)
2. **Kreativität** (möglich erscheinende Lösungen erdenken)
   Studium, Auswahl und Erzeugung einer Vielzahl von möglichen Varianten zum Tragwerk (z. B. anhand einer Übersicht unterschiedlicher Tragwerkstypen; vgl. Abschn. 1.3)
3. **Entscheidungen** (Abwägen der Vor- und Nachteile)
   Überprüfung der Kompatibilität mit den weiteren Anforderungen und der Vertiefung der Problemzonen (z. B. hochbeanspruchte Krafteinleitungsbereiche, komplizierte konstruktive Details), gründliche Bearbeitung der gewählten Lösung.

1.2 Checkliste zum Tragwerksentwurf

Vor dem Einstieg in die eigentliche Projektbearbeitung sollten die für das Tragwerk maßgeblichen Entwurfsparameter abgeklärt sein:

1.2.1 Nutzungsanforderungen

- Welche **Raumtiefen** und -höhen ergeben sich aus den Nutzungen? Welche Konsequenz hat dies für die Spannrichtungen/Stützenstellungen und für die Wahl des statischen Systems? Welches Lichtraumprofil ist einzuhalten? Kann es in den Randzonen eingeschränkt werden (→ Vouten möglich?)?
- Welche **Verkehrslasten** (Nutzlasten) fallen in den einzelnen Geschossen an?
- Sind spätere **Nutzungsänderungen** vorhersehbar und sollen diese schon jetzt bei der Lastaufstellung mit berücksichtigt werden?
- Auf welches Maß müssen aus den Nutzungsanforderungen **Verformungen** der Bauteile begrenzt werden (z. B. Maschinennutzung, Kranbahnverschiebungen, Durchbiegungen, Schwingungsempfindlichkeit, Wassersackbildung bei Flachdächern, Rissempfindlichkeit von nichttragenden Bauelementen)?
- Ist mit **Erschütterungen** (z. B. aus Verkehrseinrichtungen oder aus Erdbebenlasten) zu rechnen?
- Soll das **Dach ausgebaut** werden?
- Wird das **Dach begrünt**?
- Wie erfolgt die **Belichtung** (z. B. Shedkonstruktion)?
- Soll das Bauwerk in **Abschnitten** erstellt werden? Soll eine spätere Erweiterung eingeplant werden?
- Welche Konsequenzen ergeben sich aus der **Installationsführung** (horizontal und vertikal) für die Tragkonstruktion (z. B. Decke, Unterzüge, Stützen)?
- Welche bauphysikalischen Anforderungen müssen erfüllt werden (**Wärme-, Schall-** und **Brandschutz**)? Mit welchen Bau- und Tragsystemen lassen sich diese Anforderungen erfüllen?
- Welche Einschränkungen bzgl. der **Bauzeit** sind zu beachten (Fertigteilbau – Herstellung vor Ort)?
- Ergeben sich aus der Nutzung bzw. aus Außeneinwirkungen erhöhte Anforderungen an den **Korrosionsschutz**, an die **Dichtigkeit** und an die Wahl des Baustoffs der Tragkonstruktion?
- Welche **Lebensdauer** soll das Bauwerk haben? Lässt es sich kostengünstig und umweltschonend rückbauen, abreißen, recyceln?

1.2.2 Grundstück/Bauort

- Welche Vorgaben ergeben sich aus dem **Bauort**? Kommen z. B. bei beengter **Baulückenbebauung** wegen fehlender Lagermöglichkeit auch Fertigteillösungen (Montage vom Lieferfahrzeug) in Frage?
- Steht **Grenzbebauung** an? Wie tief ist das Nachbarbauwerk gegründet? Sollte eine Lastabtragung zur Grenze hin vermieden werden (z. B. Spannrichtung senkrecht zur Straßenfront), oder empfiehlt sich das Zurückziehen der vertikalen Tragelemente von der Grenze? Sind Unterfangungen erforderlich?
- Kann ein **Kran** gestellt werden? Stören z. B. Hochspannungsleitungen und Nachbargebäude den Bauablauf? Welche Konsequenzen ergeben sich daraus für das Bausystem?
- Ist die **Gesamtbauhöhe** begrenzt? Müssen deshalb die Konstruktionsdicken (z. B. Decken, Unterzüge) minimiert werden?

1.2.3 Baugrund

- Welcher **Baugrund** steht in dieser Gegend an? Welche Informationen lassen sich aus der geologischen Karte entnehmen?
- Sind bei Nachbargrundstücken **Bodenaufschlüsse** (Baugruben) einzusehen?
- Liegt ein **Baugrundgutachten** vor?
- Lässt sich aus dem **Bewuchs** oder aus dem **Flurnamen** etwas über die Bodenbeschaffenheit ableiten?
- Wurden **Baugrunduntersuchungen** am Bauplatz selbst oder bei Nachbargrundstücken durchgeführt (Schürfe, Sondierungen etc.)?
- War das Grundstück bereits einmal bebaut? Sind **Gebäudereste** noch **im Untergrund** vorhanden?
- Wurde der natürliche Geländeverlauf geändert? Befinden sich **Ablagerungen**, Deponien, Altlasten o. Ä. im Untergrund?
- Wie hoch steht das **Grund- bzw. Schichtwasser**? Ist mit **Hochwasser** zu rechnen?
- Wie tief sind die **Nachbarbauwerke** gegründet?
- Sind an Nachbarbauwerken **Rissbildungen** infolge von Baugrundbewegungen (Setzungsdifferenzen) aufgetreten (Beweissicherung vornehmen)?
- In welcher Tiefe stehen tragfähige Bodenschichten an? Ist eine **Tiefgründung** erforderlich?
- Welche **Bodenpressungen** können zugelassen werden?
- Welche **Konsequenzen** ergeben sich aus den vorgenannten Erkenntnissen **für die Gründung** und den **Keller** (Flach-, Tief-, Flächengründung, Streifen-, Einzelfundamente, Weiße Wanne)?

1.2.4 Konstruktion/Aussteifung/Fugen

- Wie wird das Gebäude ausgesteift **(Gesamtstabilität)**? Für welche Horizontalbelastungen ist das Bauwerk auszulegen (z. B. Wind, Erddruck, Erdbeben, Anpralllasten)?
- Sind **Fugen** erforderlich (Dehn-, Setz- und Scheinfugen oder Schwindgassen)? Durch Fugen getrennte Bauabschnitte müssen jeweils für sich allein auch für Horizontallasten standsicher sein.
- Können die Decken als **Scheiben** ausgebildet werden? Müssen horizontale Verbände in Deckenebene oder Ringbalken als **Scheibenersatz** angebracht werden?
- Wo werden **vertikale Aussteifungselemente** angeordnet? Ist deren Lage im Grundriss verträglich mit den Zwängen aus Verformungsbehinderung (z. B. Temperaturänderung, Schwinden)?
- Haben die vertikalen Aussteifungselemente genügend Auflast aus einem großen Lasteinzugsgebiet, um die Horizontallasten in den Baugrund ableiten zu können? (Möglichst **keine** Stützen **neben** Wandscheiben, sondern **in** Wandscheiben anordnen.)
- Weisen benachbarte Baukörper unterschiedliche Höhen oder unterschiedlich nachgiebigen Baugrund auf **(Setzfugen)**?

1.3 Anregungen zum praktischen Vorgehen beim Tragwerksentwurf

Um ein für den Entwurf geeignetes Tragwerk zu entwickeln, sollte man die Raumvorstellungen skizzieren (maßstäblich) und verschiedene statische Strukturen ausprobieren. Für die Überprüfung der Realisierbarkeit sollte die Größenordnung der Tragelemente und die Beanspruchungen in den kritischen Zonen rechnerisch überschlagen werden. Hilfreich für das Entwickeln von Tragwerksvarianten sind:

- Studium und Analyse gebauter Objekte als Anregung für Modifikationen zur Tragstruktur; Literaturstudium (siehe Kapitel 20)
- Zusammenarbeit mit erfahrenen Tragwerksplanern

- Anwendung von Vorbemessungshilfen
- Statisch-konstruktive Überlegungen:
  1. Formfindung
  2. Modellbildung (Statisches System)
  3. Lastabschätzung (vertikal und horizontal)
  4. Ermittlung der maximalen Schnittgrößen (*M*, *V*, *N*) an vereinfachten statischen Systemen (In dieser Phase des Entwurfsprozesses werden die Schnittgrößen in ungünstigster Kombination aus den charakteristischen Einwirkungsgrößen (1,0fache Lasten) ermittelt. Die Anforderungen aus der Sicherheit bzw. der Verbindungstechnik werden über die nachfolgend näher definierte „zulässige" Entwurfsspannung σ_E eingebracht.)
  5. Überschlägiges Dimensionieren der Tragelemente und ihrer Verbindungen an den Stellen der maximalen Beanspruchung (z.B. max *M*) und in den Krafteinleitungsbereichen (Auflagern, Knotenpunkte und schwierige konstruktive Details; siehe Ziff. 1.5)
  6. Gewährleistung der Gesamtstabilität (Standsicherheit gegen horizontale Lasten)
  7. Überlegungen zur Gebrauchstauglichkeit (Verformungen), Ausführbarkeit (Montage), Beständigkeit, Brandschutz und Kosten.

Arbeitstechniken

Beim Entwerfen von Geschossbauten haben sich für das praktische Vorgehen unter anderem folgende **Arbeitstechniken** bewährt:

- Werden mehrere Baubereiche mit unterschiedlichen Funktionen übereinander angeordnet, so sollte stets das System mit den stärksten Bindungen zuerst entworfen werden und die weiteren Funktionen sollten sich daran orientieren; z. B. bei Stapelung „Tiefgarage – Ladengeschoss – Wohnungen" sollten zuerst die Möglichkeiten der Verkehrsführung und Stützenstellung in der Tiefgarage abgeklärt werden und danach, darauf aufbauend, die Laden- bzw. Wohngeschosse entwickelt werden. Eine Umkehrung des Entwurfsprozesses erfordert meist die Zwischenschaltung eines aufwändigen Lastverteilungsrostes („Statikgeschoss``).
- Während des Entwurfsprozesses sollten die Tragstruktur und das Lastabtragungssystem des darunter liegenden Geschosses berücksichtigt werden (durch Übereinanderlegen der Transparentpläne oder Miterfassen der darunter liegenden Tragstruktur durch andersfarbige Darstellung; besonders empfehlenswert ist dies bei der Überprüfung alter Bausubstanz!).
- Verwendung von Rastern mit systematisierter Struktur. Hierbei gilt: Zur Erzielung einer **geringen Gesamtkonstruktionshöhe Decke/Unterzug** muss der *Unterzug* über die *kurze* und die *Decke* über die *lange* Spannweite gespannt werden. Die in statischer Hinsicht **wirtschaftlichste Deckenkonstruktion** erhält man, wenn die *Decke* über die *kurze* und der *Unterzug* über die *lange* Richtung gespannt werden.
- Entwicklung der Konstruktionsidee im Grundriss **und** im Schnitt.
- Vertikale Lasten sollten auf kürzestem und direktem Wege ohne Umleitungen über Biegeträger (Abfangungen) abgeleitet werden. Lasten „spazierenführen" ist teuer, vergleichbar mit der Installationsführung bei der Entwässerung.

Günstig:

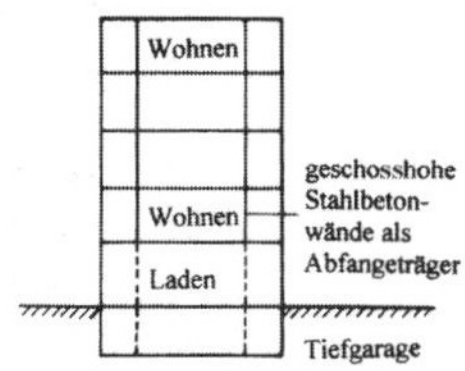

Ungünstig:

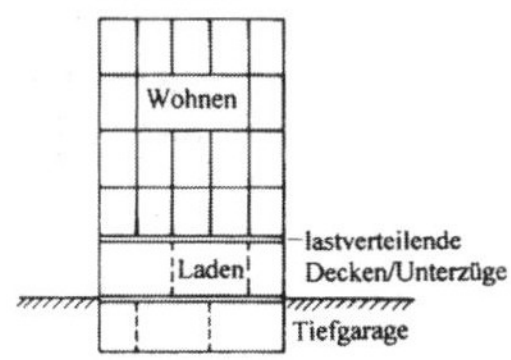

Grundriss

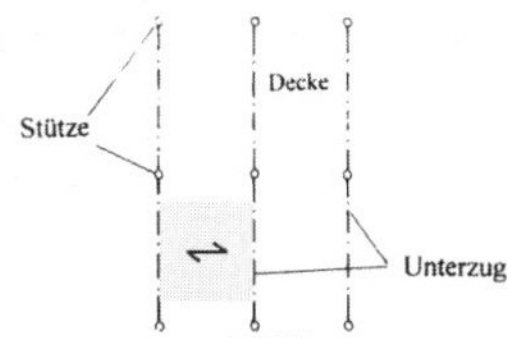

wirtschaftlich

Grundriss

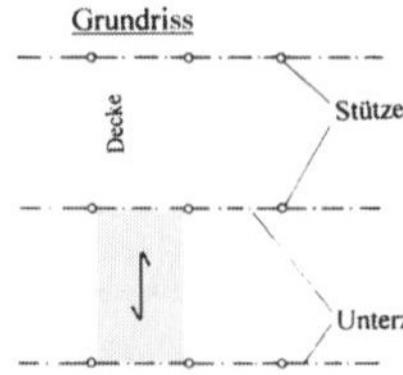

geringe Gesamtkonstruktionshöhe

Vorbemessung

Nachfolgend wird als Anregung für einige typische statische Systeme die zur Vorbemessung von Biegetragwerken (= horizontaler Transport der Lasten) anzunehmende Größe des „Hebelarms der inneren Kräfte z“ am Ort des maximalen Moments zusammengestellt:

$$M = D \cdot z = Z \cdot z \quad \rightarrow \quad Z = D = M / z$$

z ist der Abstand der Resultierenden aus Biegedruck und Biegezug:
kleiner Hebelarm → große Kräfte
großer Hebelarm → kleine Kräfte

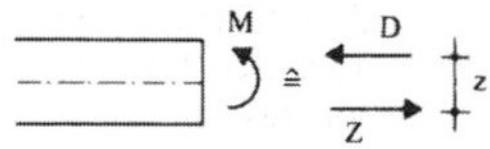

Mit der Kenntnis der im Allgemeinen ausnutzbaren Beanspruchbarkeiten der einzelnen Werkstoffe und der über die jeweiligen Verbindungsmittel übertragbaren Kräfte kann ein Tragwerk mit geringem Aufwand auf Ausführbarkeit hin überprüft und die Größe der Querschnitte und ihrer Verbindungen abgeschätzt werden.

Die zulässige Tragfähigkeit der Materialien kann bei zusammengesetzten Konstruktionen wegen der Schwächung im Bereich der Verbindungen im Allgemeinen nicht voll genutzt werden.

Somit ergibt sich näherungsweise:

Erforderliche Fläche der Zugzone $A_Z \approx Z / \sigma_E$

σ_E Entwurfsspannung (reduziert im Hinblick auf Verbindungstechnik)

Entwurfsspannung σ_E in kN/cm² (Gebrauchszustand)

Material	Verbindungstechnik	σ_E kN/cm²
Holz	z. B. Stabdübel	0,5
St 37 / S235	Schrauben/Schweißen	14
B 25 / C20/25 BSt 500	Übliche Bewehrungsstöße	0,8 28

Erforderliche Fläche der Druckzone $A_D \approx D / \sigma_{E,\lambda}$

$\sigma_{E,\lambda}$ Entwurfsspannung (reduziert im Hinblick auf Schlankheit und Verbindungstechnik); siehe auch Abschnitt 2.4, Vordimensionierung von Stützen in Abhängigkeit von Druckkraft und Knicklänge

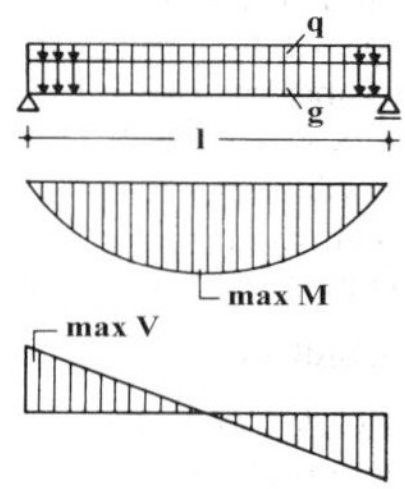

Stahlbetonbalken

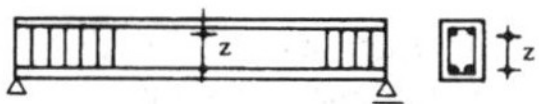

I-Stahlprofil

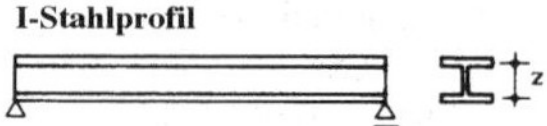

Stahlbeton-Fertigteilbinder

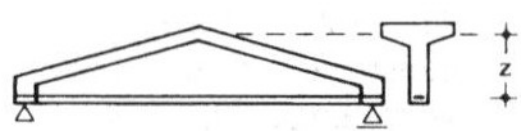

Parallelbinder (Fachwerk)

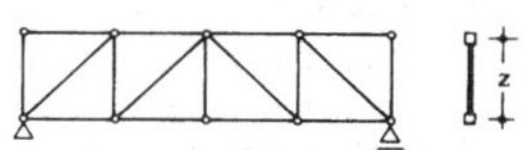

Seil

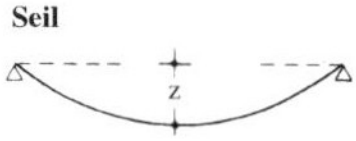

Unterspannter Träger

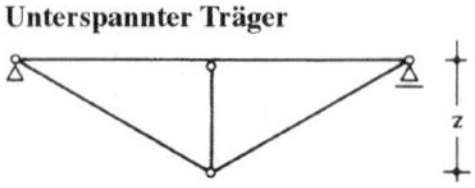

Fachwerk

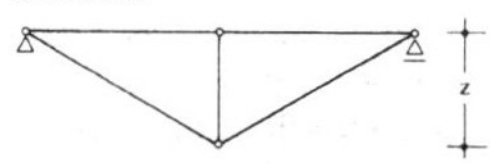

Bogenbinder (Gewölbe-/Rahmenwirkung)

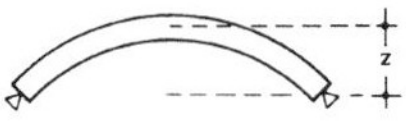

Unterspannter Träger

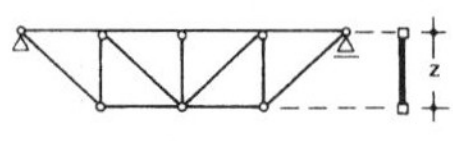

Pultbinder (Fachwerk)

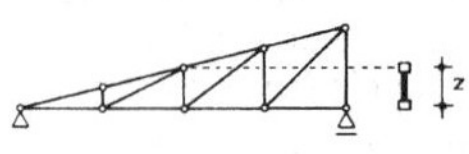

Bogenbinder (Balkenwirkung)

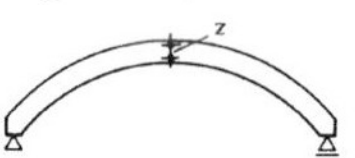

Unterspannter Träger

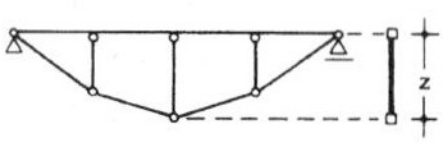

Dreiecksbinder (Fachwerk)

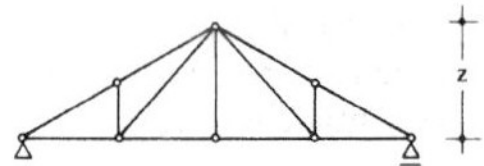

1.4 Optimierung der statischen Systeme

Anregungen, um bei gleichem Lastbild und gleicher Trägerlänge/Spannweite die Trägerhöhe zu minimieren (hier am Beispiel eines Einfeldträgers mit Gesamtlast *r*).

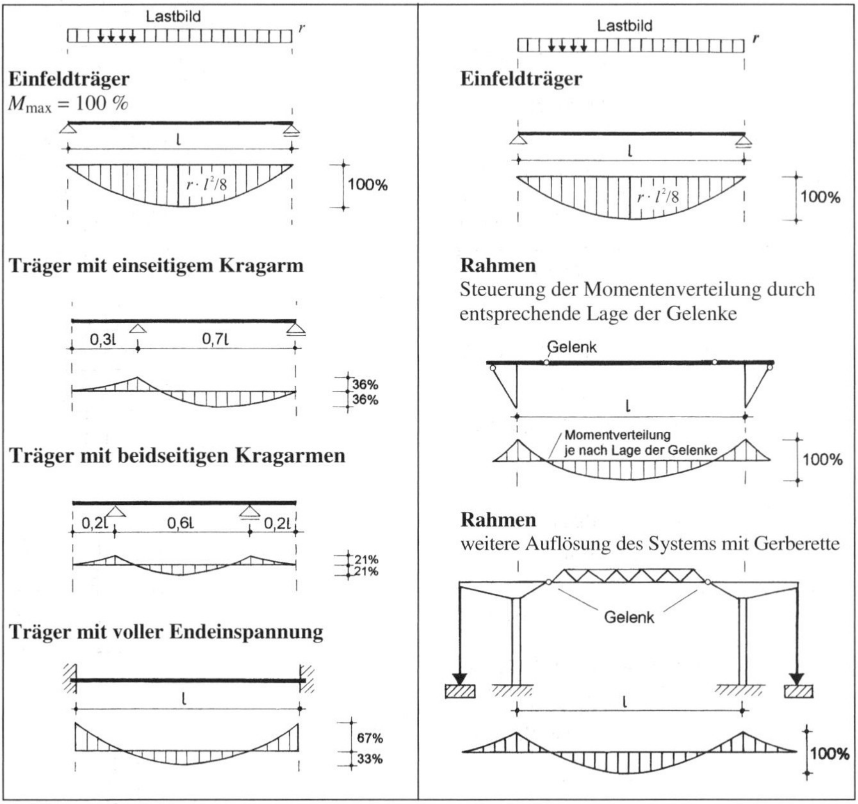

1.5 Verbindungen, Verankerungen, Verbindungsmittel

Holz mit Stahl, Holz mit Holz (vgl. Kap. 16)

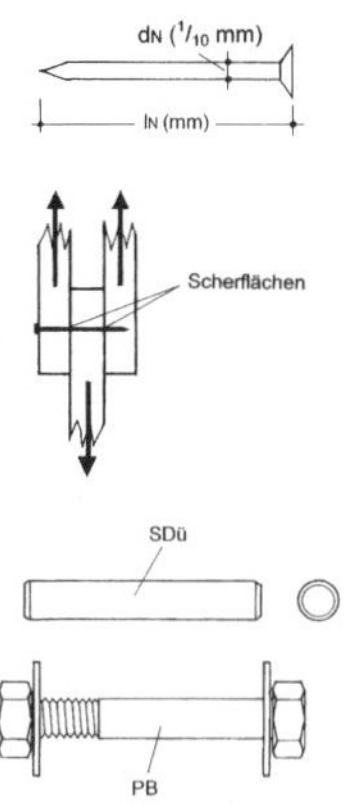

Nägel N

d_N (1/10 mm) · l_N (mm) von N 22 · 45 bis N 88 · 260
Platzbedarf in der Anschlussfläche pro Nagel ≈ 60 d_N^2
Tragfähigkeit pro Scherfläche F_N (kN) ≈ 3,5 d_N^2 (cm)
z. B. 1 N 46 · 130 ≈ 0,75 kN (≈ 1 Mannlast)

Stabdübel SDü bzw. Passbolzen PB

Vorteil:

- rel. große Kräfte übertragbar
- guter Brandschutz
- kein Wartungsaufwand.

Nachteil:

- Verbindungsart optisch schlecht ablesbar
- außen liegende Stahllaschen nur mit PB zulässig.

Konstruktionsempfehlung:

bei großen Kräften: mehrere innen liegende Stahllaschen und kleine SDü-Durchmesser verwenden

Vorgaben für den Entwurf:

Holzdicke $a_H \geq 5\ d_{SDü}$; optimal:
Summe der Seitenholzdicken $\geq$ 1,5 Mittelholzdicke,
mind. 4 Scherflächen,
erf. Anschlussfläche pro Stabdübel $A_{SDü} \approx 30\ d_{SDü}^2$

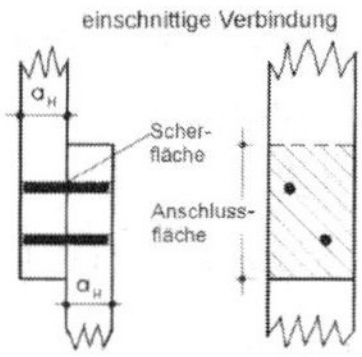

Übertragbare Kräfte:

$F_{SDü}$ (kN) $\approx 2{,}0\ d_{SDü}^2$ (cm) – einschnittig
$F_{SDü}$ (kN) $\approx 4{,}4\ d_{SDü}^2$ (cm) – zweischnittig
Bei Verbindungen mit Stahllaschen ist die Tragfähigkeit 25 % höher. Bei Abweichungen der Kraftrichtung von der Wuchsrichtung des Holzes: Abminderung der ursprgl. Tragfähigkeit $F_{SDü}$ zu $\bar{F}_{SDü}$
$\bar{F}_{SDü} = (1 - \alpha°/360°)\ F_{SDü}$
(Abminderungsfaktor bei $\alpha = 90$ um ca. 25 %)

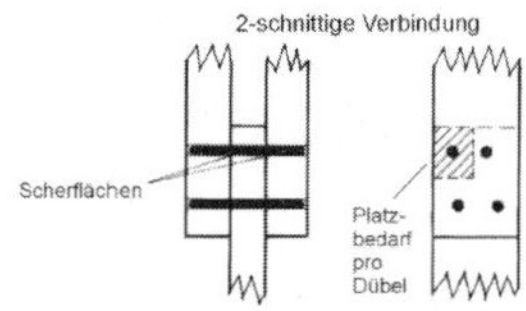

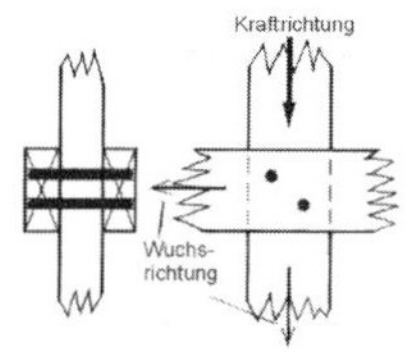

Einpressdübel Typ D (z. B. Geka)

Tragfähigkeit $\approx$ Anzahl Dorne x Dorntragfähigkeit
1 Dorn trägt $\approx$ 1 Mann = 0,75 kN
oder $\approx F_{Dü}$ (kN) $\approx Ø_{Dü}$ in cm/6

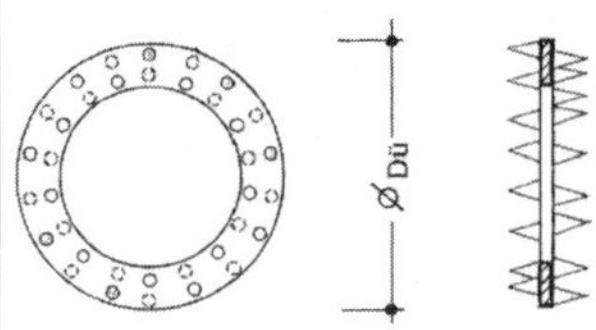

Stahlbau-Verbindungen, Stahl mit Stahl

Schrauben (Baustellen-Verbindung)

- M12 bis M36
- günstig für Verbindungen auf der Baustelle
- demontierbar
- Bemessungshilfen für Schraubverbindungen s. Kap. 18A Stahlbau
- günstig: Scher-Lochleibungsverbindung (SL)
- möglichst gleiche Schraubendurchmesser verwenden
- empf. Schraubendurchmesser = Blechdicke t_{B1} + 7 mm

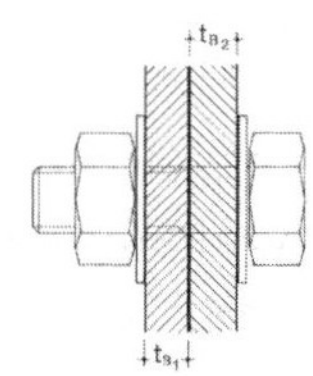

Schweißen (Werkstatt-Verbindung)

kostengünstig
mit Schweißverbindungen lässt sich jedes Stahlbauteil bis zur vollen Tragfähigkeit ausnutzen.

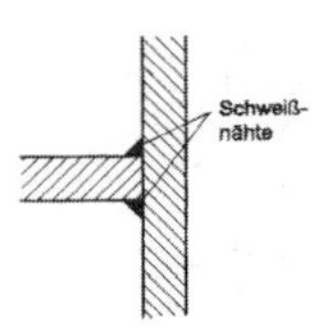

Verankerungen im Beton
(Schwerlastdübel/Spreizdübel)

Beton $\geq$ C20/25 (B 25)
Verankerung in Druck- und Zugzone des Betons möglich
Innengewindedurchmesser = $d_{D,i}$
Außengewindedurchmesser = $d_{D,a}$
zul Z (kN) = zul V_z zul $V \approx 4\ d_{D,a}^2$ (cm) $\approx 5\ d_{D,i}^2$ (cm)
Z Zugkraft, V_z Schrägzugkraft, V Querlast

Geometrische Randbedingungen/Dübelabstände
untereinander: $A = 45\ d_{D,a}$
vom Rand, bzw. von der Ecke: $E = R = 30\ d_{D,a}$
Mindestbohrlochtiefe $t = 8\ d_{D,a}$
Mindestbauteildicke $D \geq 20\ d_{D,a}$
Mindestbauteilbreite $B = 60\ d_{D,a}$

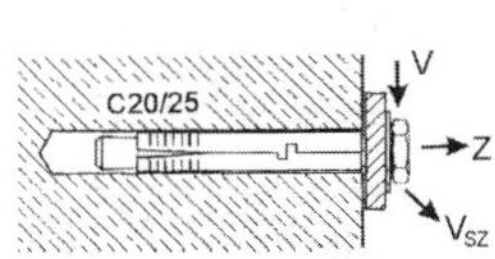

(vgl. auch Kap. 6A „Befestigungstechnik")

2 Vorbemessung

Überschlagswerte zur Vordimensionierung der tragenden Konstruktionen (Abschätzen der Bauteilabmessungen)

Hinweis:
Soweit nachfolgend eine lastabhängige Vordimensionierung erfolgt, gelten die jeweiligen charakteristischen Werte.

2.1 Dächer

2.1.1 Lastannahmen
(charakteristische Werte der Einwirkungen)

Dachtragelemente in der Regel für späteren Dachausbau auslegen. Die durchschnittliche Gesamtdachlast für überschlägige Lastenermittlung beträgt etwa:

2,0 kN/m² ($\alpha < 60°$) bis 2,5 kN/m² ($\alpha \geq 60°$)

Bei nicht ausgebauten Dächern jeweils ca. 0,5 kN/m² weniger.

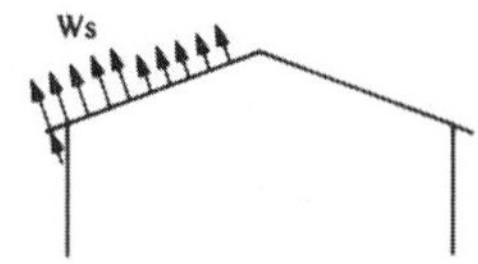

- **Zusatzlasten**
  bei Begrünung: extensiv: ca. 1,00 kN/m²
  intensiv: ca. 2 bis 5 kN/m²

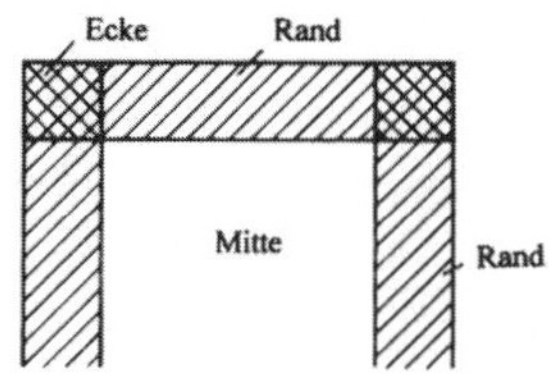

- **Sogsicherung**
  - ist bei flachen und leichten Dächern ($\alpha < 25°$) wichtig
  - insbesondere an den Rändern und Ecken
  - Verankerung in Decken und Wänden
  - Im Regelfall gilt:
    Für Gebäudehöhen **bis 8 m** über OKG:
    Staudruck q = 0,5 kN/m²
    (= ca. 100 km/h Windgeschwindigkeit)
    z. B. Sog im Eckbereich und $\alpha < 25°$:
    $w_s = c_p \cdot q = 3{,}2 \cdot 0{,}5 = 1{,}6$ kN/m²

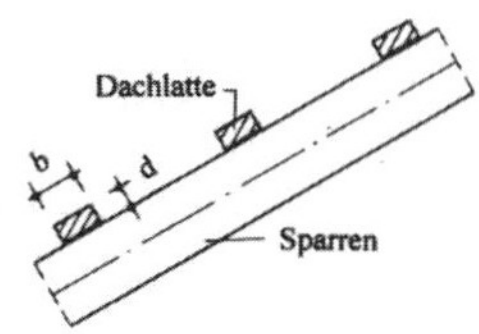

Für Gebäudehöhen über 8 m bis 20 m über OKG:
Staudruck q = 0,8 kN/m² (= ca. 130 km/h Windgeschwindigkeit)

2.1.2 Dachlatten

Mindestabmessungen

Sparrenabstand e (in cm)	d/b (in mm)
< 70	24/48
< 80	30/50
< 90	35/50
< 100	40/60

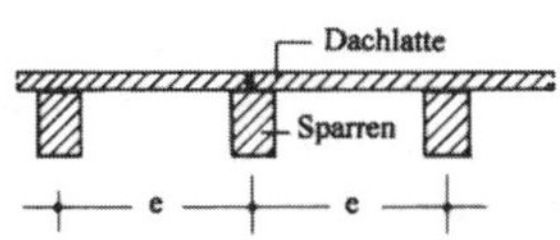

2.1.3 Windrispen (Abmessungen in mm)

- Holz 40/100 an Unterseite Sparren

oder

- Stahl (Windrispenband) 2/40 auf Oberseite Sparren mit Anschluss über Knagge zwischen den Sparren
- Endanschluss mit > 12 Sondernägeln 4 x 40
- Zwischenbefestigung 2 Nägel je Sparren
- Rispenband spannen!

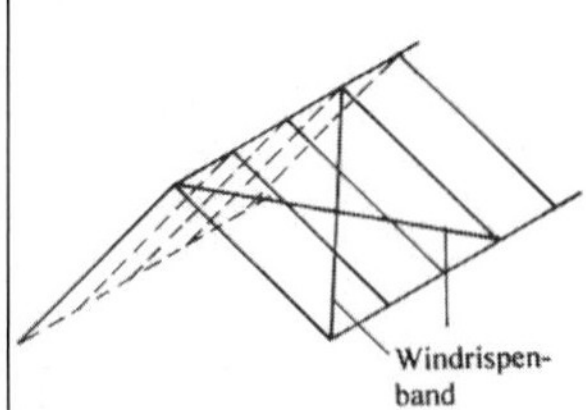

2.1.4 Sparrendach

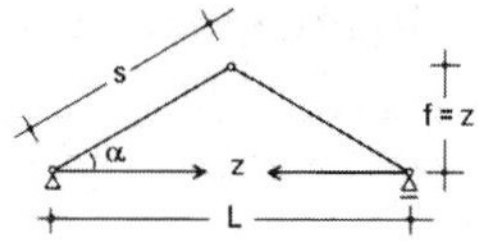

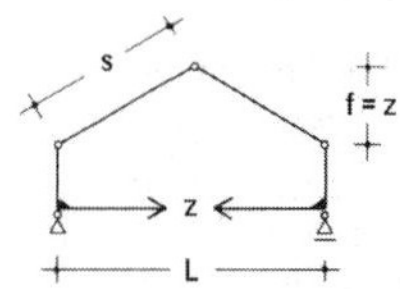

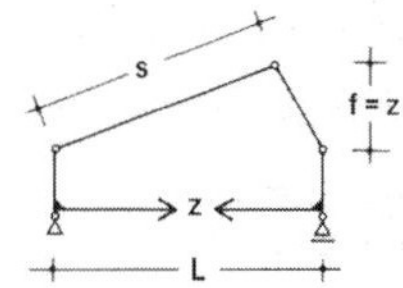

- **Anwendungsbereich**
  - Dachneigung > 20°
  - Hausbreite: bis $L < 10$ m mit Vollholz möglich
    bei $L > 10$ m Sonderkonstruktion, z. B. DSB (Empfehlung: KVH) *).
- **Statisch-konstruktive Hinweise**
  - keine großen Öffnungen im Dach und/oder Decke anordnen (wegen Dachschub/Zugband)
  - Decke muss Zugbandfunktion erfüllen
  - Drempel mit biegesteifer Verbindung zur Decke oder oben durch Ringbalken gehalten.
- **Sparren (alle Werte für Dächer mit Dachausbau)**

Sparrenhöhe $h \approx s / 24 + 2$ (cm) (s Sparrenlänge)
(Außerdem für h Dämmung zwischen den Sparren beachten!)
Sparrenbreite $b \approx e / 10 \geq 8$ cm (e Sparrenabstand)

Horizontalschub $$H = \frac{r \cdot L^2}{8 \cdot f} \approx \frac{r \cdot L}{4 \cdot \tan\alpha}$$
≈ 10 bis 15 kN/m Trauflänge

(r Gesamtlast aus Eigenlast, Ausbau, Schnee und Wind)

2.1.5 Kehlbalkendach

(Dachraum ausgebaut)

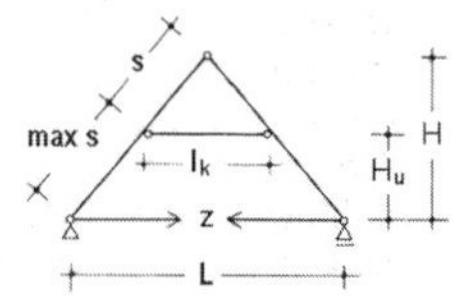

- **Anwendungsbereich**
  - Dachneigung > 20°
  - Hausbreite: bis $L < 14$ m mit Vollholz möglich
    bei $L > 14$ m Sonderelemente nötig

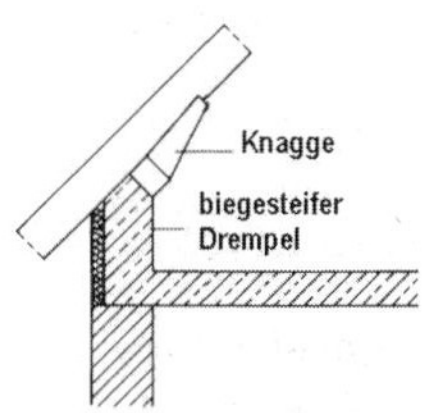

- **Statisch-konstruktive Hinweise**
  - keine großen Öffnungen in Dach und/oder Decke (wegen Dachschub/Zugband)
  - Decke muss Zugbandfunktion erfüllen
  - Drempel mit biegesteifer Verbindung zur Decke oder obere Halterung durch Ringbalken.
- **Empfehlung für Höhenlage der Kehlbalken**
  $H_u : H \approx 0{,}6$ bis 0,8
- **Sparren**

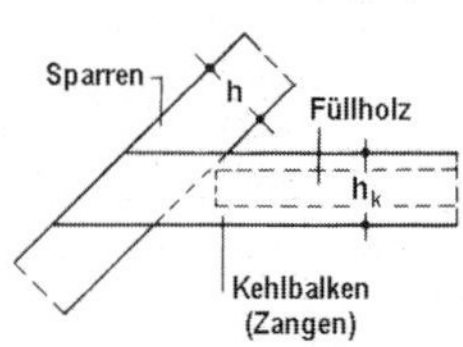

Sparrenhöhe $h \approx \max s / 24 + 4$ in cm
(max s = max. Sparrenlänge zwischen den Unterstützungen)

h sollte ggf. ausreichend hoch für die Dämmung zwischen den Sparren sein.

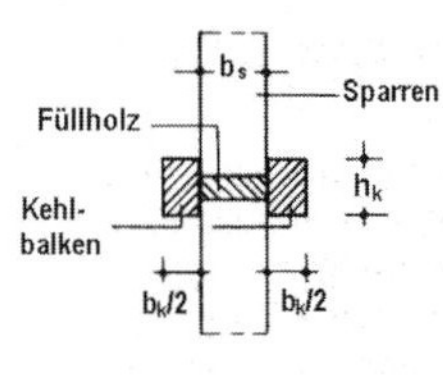

Sparrenbreite	$b \approx e/8 \geq 8$ cm	(e Sparrenabstand)
Kehlbalkenhöhe	$h_K \approx l_K/20$	(mit Spitzbodenlast)
Kehlbalkenbreite	$b_K \approx e/8$	(einteilig)
bzw.	$b_K \approx 2 \cdot e/8$	(zweiteilig, Zangen)

Sonderfall:

Bei **großen Öffnungen** im Dach oder in der Decke kann der Störbereich z. B. mit **beidseitigen** Pfetten ausgewechselt werden.

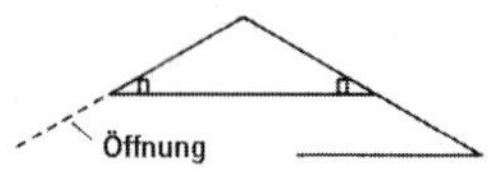

Hinweis: Keinen H-Schub aus V-Lasten am unteren Sparrenauflager einleiten (unteres Sparrenauflager wie Auflager beim Pfettendach ausbilden).

---

*) KVH = Konstruktionsvollholz.

2.1.6 Pfettendach

(Pultdach = Pfettendachhälfte)

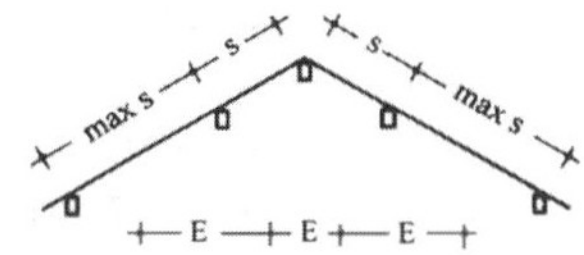

- **Anwendungsbereich**
  - bei geringer Dachneigung
  - bei großen Öffnungen im Dach und/oder in der darunter liegenden Decke
  - die Spannrichtung der darunter liegenden Decke ist beliebig
  - große Dachüberstände an Traufe und Giebel sind möglich.

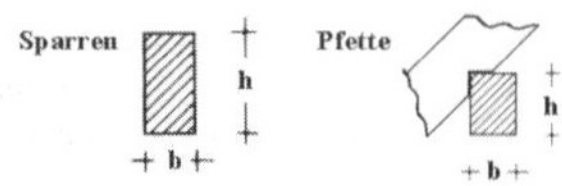

- **Sparren**

  Sparrenhöhe $h \approx \dfrac{\max s}{24}$

  Die Sparrenhöhe h sollte ggf. ausreichend hoch für die Dämmung **zwischen** den Sparren sein.

  Sparrenbreite $e \approx \dfrac{e}{10} \geq 8\,\text{cm}$ (e Sparrenabstand)

  $b : h = 1 : 2$ günstige Querschnittsform

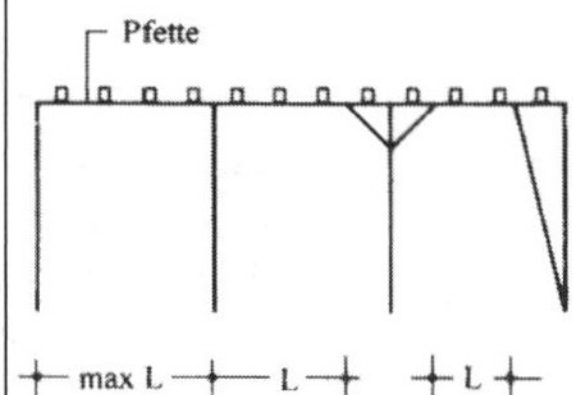

maßgebend = max L

- **Grat- oder Kehlsparren**

  $h \approx 1{,}5\ h_{\text{Normalsparren}}$

- **Pfetten**

  Last nur aus Dach

  Pfettenhöhe $h \approx \dfrac{L}{24} + \dfrac{E}{30 \text{ bis } 50}$

  Dachneigung $\alpha \approx 45°$: Betrag des Nenners 30
  $\alpha \approx 15°$: Betrag des Nenners 50

  Pfettenbreite $b \approx \dfrac{L}{40} + \dfrac{E}{50}$

  bzw. $b \approx 0{,}5\ h$ bis $0{,}7\ h$

  (L Spannweite, E Lasteinzugsbreite)

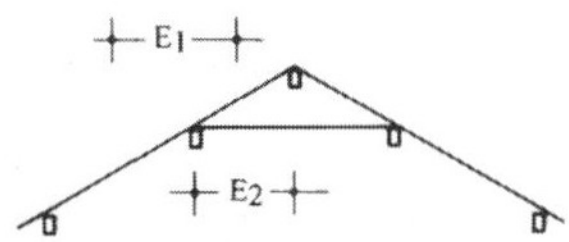

  Last aus Dach und ausgebautem Spitzboden

  Pfettenhöhe $h \approx \dfrac{L}{24} + \dfrac{E_1 + E_2}{30}$

  Pfettenbreite $b \approx \dfrac{L}{40} + \dfrac{E_1 + E_2}{50}$

Nicht abgestrebtes Pfettendach

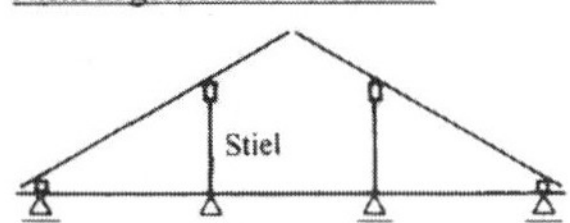

  Hinweis:

  - Nicht abgestrebtes Pfettendach = horizontale Festhaltung am Sparrenfuß: Mittelpfetten rechteckig, hochkant
  - Abgestrebtes Pfettendach = horizontale Festhaltung durch seitliche Halterung der Pfetten (seitlich abgestrebte Stiele): Mittelpfetten in etwa quadratisch.

Abgestrebtes Pfettendach

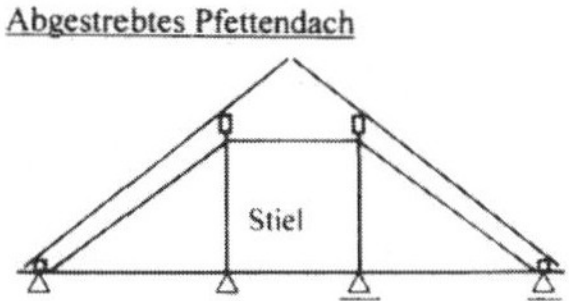

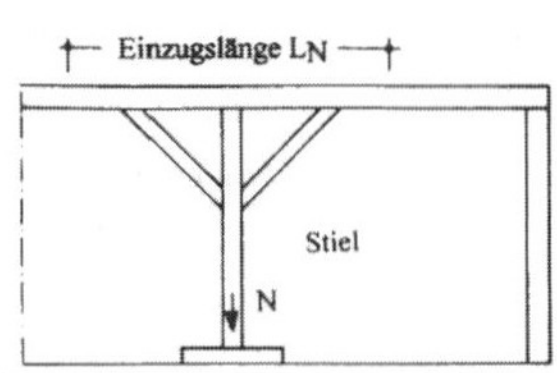

- **Stiele** (= Stützen unter den Pfetten)

  Stiellast N = Durchschnittslast x Einzugsfläche

  $N \approx (2{,}5 \text{ bis } 3{,}0\ \text{kN/m}^2) \cdot (E_1 + E_1) \cdot L_N\ (\text{m})$

  (L_N Mittelwert der an den Stiel angrenzenden Nachbarspannweiten der Pfette)

  Stielquerschnitt

  $a = \sqrt{6 \cdot N\ (\text{kN})}$ in cm

2.1.7 Sprengwerk/Hängewerk

- **Anwendungsbereich**
  - o Dachneigung ≥ 30 °
  - o bei freiem Dachraum.
- **Statisch-konstruktive Hinweise**
  - o wenn Lastabtragung vom Dach nur auf Außenwände möglich ist
  - o beim Fehlen von tragenden Innenwänden
  - o Binderabstand ca. 3,5 m bis 5 m; die Zwischenbereiche können Öffnungen und Störungen aufweisen.
- **Sparren und Pfetten**

  Dimensionierung wie Pfettendach (Abschn. 2.1.6).
- **Spannriegel und Bundstrebe**

  Dimensionierung als Druckstäbe nach Abschn. 2.4.3: Kräfteermittlung über Krafteck

S Bundstrebe	P Last aus Pfette
R Spannriegel	St Streckbalken

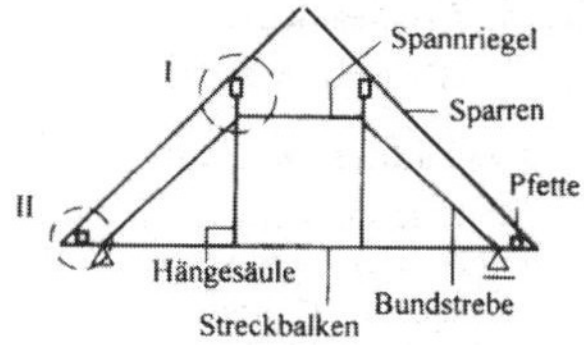

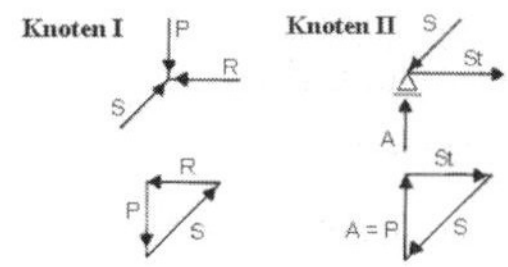

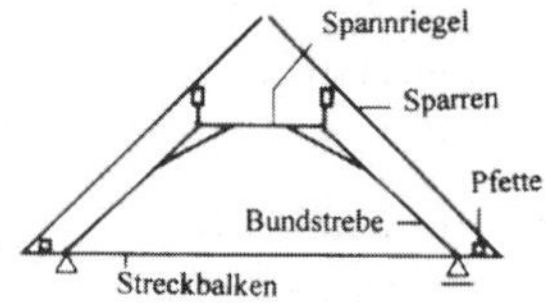

2.1.8 Flachdächer

- **Allgemein**
  - o Gesamtlasten (Eigenlast + Schnee + Wind)

leicht	mittel	schwer
1,5 kN/m²	2,5 kN/m²	4,0 kN/m²
(Kiespressdach)	(Kiesschüttung)	(extensiv begrünt)
  - o Sog an den Dachrändern und besonders an den Gebäudeecken beachten (flache Dächer $\alpha < 25$ ° und Dachüberstände sind besonders gefährdet)
  - o Gefälle beachten: mind. 3 % Dachneigung (Wassersackbildung).
- **Holzbalkenflachdach**

  Anwendungsbereich

  $l < 5$ m (Vollholz), Empfehlung: KVH

  $l > 5$ m (BSH)

  Balken (Vollholz oder BSH)

  Dachlast:

	leicht	mittel	schwer
$h =$	$l/24$	$l/20$	$l/16$

  (e Balkenabstand = 0,7 m bis 1,0 m bzw. $l/4$)

  $b > 0{,}5\,h$
- **Dreieck-Streben-Binder o. Ä.**

  $l = 5$ m bis 10 m $h < 75$ cm

  $h = l/20$ bis $l/15$

  Trägerabstand e = 0,80 m bis 1,25 m

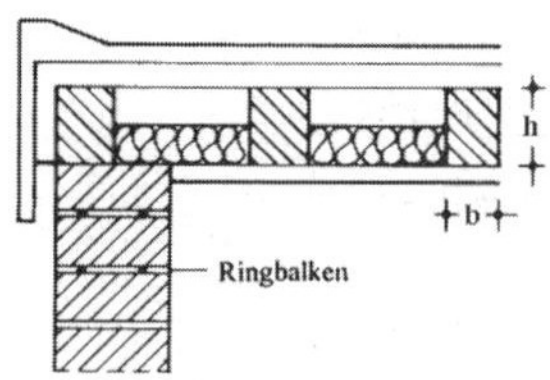

Dreieck-Streben-Binder

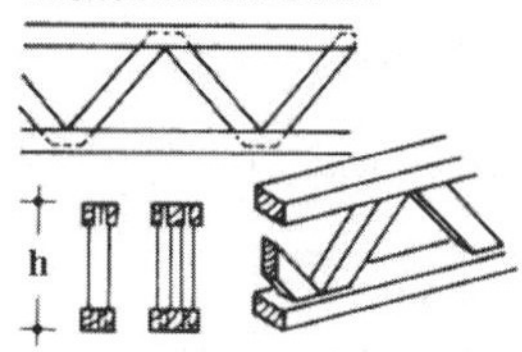

Trigonit

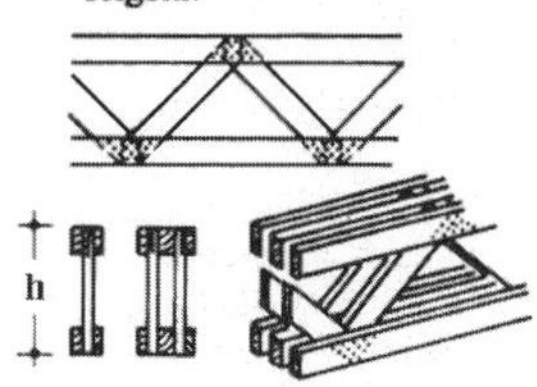

2.1.9 Weitgespannte Dachtragwerke

- **Holzkonstruktionen** (aus: „Informationsdienst Holz)

Bezeichnung	Statisches System	System-Skizze	Spannweite l m	Binderhöhe	Binderabstand	Dachneigung α
Fachwerkträger	Dreieckförmiger Binder	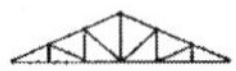	7,5 bis 30	$h \geqq \frac{l}{10}$	4 bis 10 m	12 bis 30°
			7,5 bis 20	$h_m \geqq \frac{l}{10}$	4 bis 10 m	12 bis 30°
	Trapezförmiger Binder	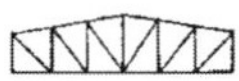	7,5 bis 30	$h \geqq \frac{l}{12}$	4 bis 10 m	3 bis 8°
			7,5 bis 30	$h_m \geqq \frac{l}{12}$	4 bis 10 m	3 bis 8°
	Parallelbinder	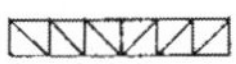	7,5 bis 60	$h \geqq \frac{l}{12} - \frac{l}{15}$	4 bis 10 m	–
			7,5 bis 60	$h \geqq \frac{l}{12} - \frac{l}{15}$	4 bis 10 m	–
			7,5 bis 60	$h \geqq \frac{l}{12} - \frac{l}{15}$	4 bis 10 m	–
Fachwerkrahmen	Dreigelenkrahmen	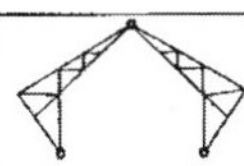	Kantholzrahmen 15 bis 30	$\frac{l}{12}$	Kantholzrahmen e=4 bis 6 m	20°
			Rahmen mit Stützen aus Brettschichtholz 25 bis 50		weitgespannte Rahmen e=6–10 m	–
	Dreigelenkrahmen, einhüftig		10 bis 20	$\frac{l}{12}$	e=4 bis 6 m	3 bis 8°
	Zweigelenkrahmen	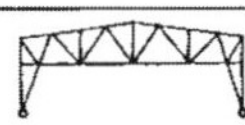	Kantholzrahmen 15 bis 40	$\frac{l}{12}$	Kantholzrahmen e=4 bis 6 m	3 bis 8°
		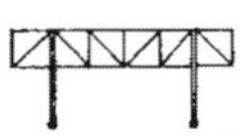	Rahmen mit Stäben aus Brettschichtholz 25 bis 60		weitgespannte Rahmen e=6–10 m	–
Brettschichtträger	Einfeldträger, parallel	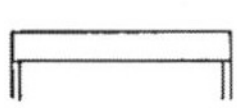	10 bis 35	$\frac{l}{17}$	5 bis 7,50 m	–
	Einfeldträger, satteldachförmig	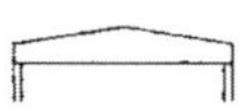	10 bis 35	$\frac{l}{16} / \frac{l}{30}$	5 bis 7,50 m	3 bis 8°
	Einfeldträger, geknicktes Satteldach	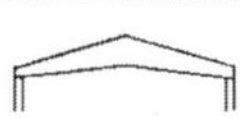	10 bis 35	$\frac{l}{16} / \frac{l}{30}$	5 bis 7,50 m	max 12°

- **Stahlkonstruktionen** (Beispiele)

Nr	Binderform	System	Binderspann-weite	Binderhöhe
1	parallelgurtig, eben	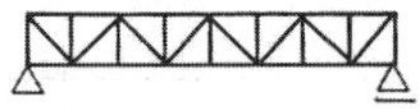	ca. 40 m	$\left(\frac{1}{8} \text{ bis } \frac{1}{10}\right) \cdot l$
2		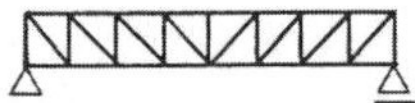	ca. 40 m	$\left(\frac{1}{8} \text{ bis } \frac{1}{12}\right) \cdot l$
3		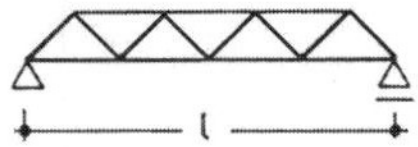	ca. 40 m	$\left(\frac{1}{8} \text{ bis } \frac{1}{12}\right) \cdot l$
4	Pultdach, geneigter Obergurt	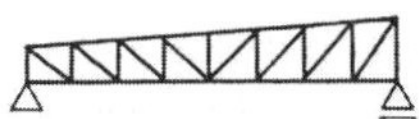	ca. 40 m	$\left(\frac{1}{8} \text{ bis } \frac{1}{12}\right) \cdot l$
5		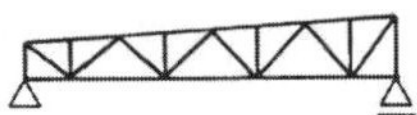	ca. 40 m	$\left(\frac{1}{8} \text{ bis } \frac{1}{12}\right) \cdot l$
6		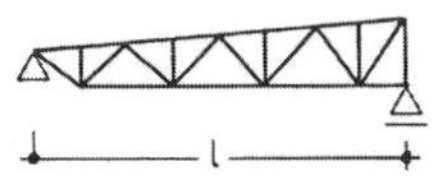	ca. 40 m	$\left(\frac{1}{8} \text{ bis } \frac{1}{12}\right) \cdot l$
7	Satteldach Dreieck-form	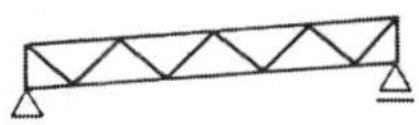	ca. 40 m	$\left(\frac{1}{8} \text{ bis } \frac{1}{12}\right) \cdot l$
8		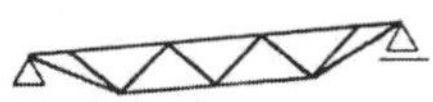	ca. 40 m	$\left(\frac{1}{8} \text{ bis } \frac{1}{12}\right) \cdot l$
9		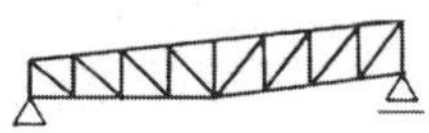	ca. 40 m	$\left(\frac{1}{8} \text{ bis } \frac{1}{12}\right) \cdot l$
10		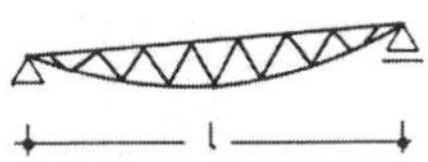	ca. 40 m	$\left(\frac{1}{10} \text{ bis } \frac{1}{14}\right) \cdot l$
11	Satteldach Dreieck-form	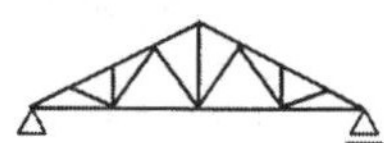	ca. 20 m	$\left(\frac{1}{6} \text{ bis } \frac{1}{9}\right) \cdot l$
12		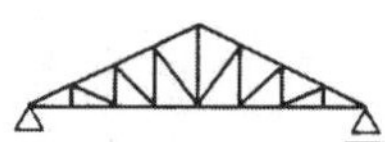	ca. 20 m	$\left(\frac{1}{6} \text{ bis } \frac{1}{9}\right) \cdot l$
13		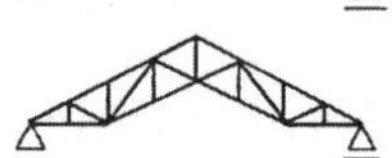	ca. 20 m	$\left(\frac{1}{6} \text{ bis } \frac{1}{9}\right) \cdot l$
14		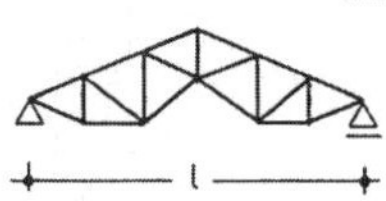	ca. 20 m	$\left(\frac{1}{6} \text{ bis } \frac{1}{9}\right) \cdot l$
15	Polonceau-binder	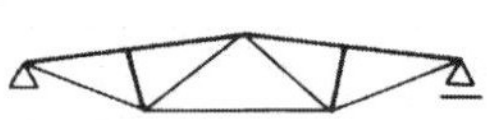	ca. 20 m	$\left(\frac{1}{6} \text{ bis } \frac{1}{9}\right) \cdot l$
16		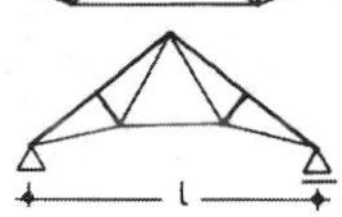	ca. 20 m	$\left(\frac{1}{6} \text{ bis } \frac{1}{9}\right) \cdot l$

Unterspannter Träger
(Träger mit „Luftstützen" = Spreizen)

geeignet für gleichmäßig verteilte Lasten (z. B. Dachträger und Glaskonstruktionen),

Obergurt = auch biegebeanspruchter Druckgurt, soll zur Stabilisierung leicht überhöht werden (Überhöhungswert ca. $l/200$).

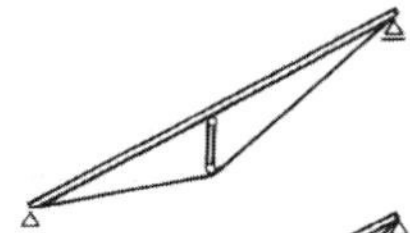

Geneigter Träger mit Vertikalspreize

l Spannweite des Gesamtträgers
l_{Sp} Spannweite zwischen den Spreizen

$$h \approx \frac{l}{12} \text{ bis } \frac{l}{6}$$

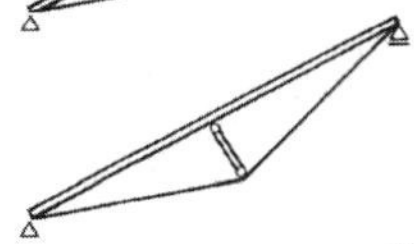

Geneigter Träger mit senkrechter Spreize

D_{Sp} Druckkraft in Spreize
$D_{Sp} \approx 1{,}1 \cdot r \cdot l_{Sp}$
(r = gleichmäßig verteilte Volllast)

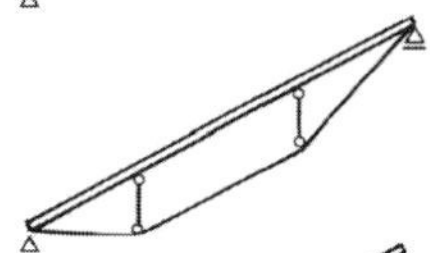

Im Balken:

Zweifachunterspreizung

$$|M| \leq r \cdot \frac{l_{Sp}^2}{9} \quad \text{(Feld/Stütze)}$$

$N \approx 3$ bis $6\ D_{Sp}$

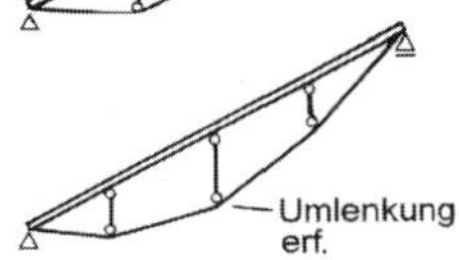

Dreifachunterspreizung

an jeder Spreize Umlenkung erforderlich („Knick" im Seil)

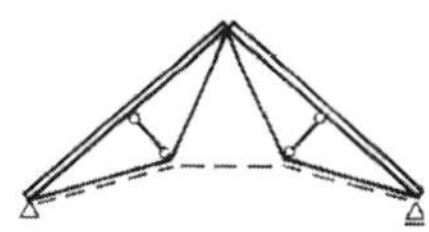

Polonceaubinder

≈ Sparrendach mit angehobenem Zugband und unterspannten Sparren

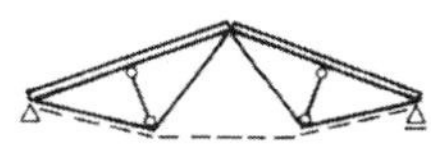

Flachgeneigter Polonceaubinder mit tiefliegendem Zugband

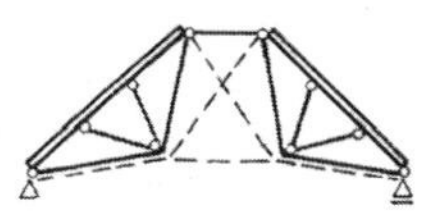

Polonceaubinder mit zweifach gestütztem Sparren als Viergelenkstabzug

- **Stahlbeton- und Spannbetonkonstruktionen** (Beispiele)

Satteldachbinder oder parallelgurtiger Träger; Ausführung als Stahlbetonbinder oder – bei größeren Spannweiten – als Spannbetonbinder. Bauhöhen etwa $l/12$ (Stahlbeton) bis $l/18$ (Spannbeton).

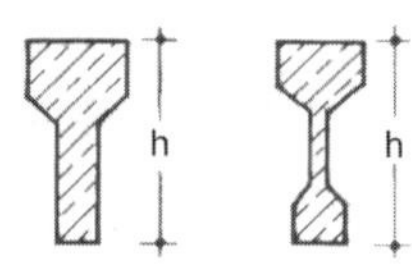

Querschnitt häufig mit verbreitertem Obergurt; bei großen Bewehrungsgraden auch Verstärkung des Untergurts (Zugzone) zur einwandfreien Unterbringung der Bewehrung

2.2 Geschossdecken

2.2.1 Allgemeines

- Werte gültig für Verkehrslast $q \leq 5$ kN/m²
- Wohnungsbau: $q = 1{,}5$ kN/m² (*mit* ausreichender Querverteilung der Lasten)
- Wohnungsbau: $q = 2{,}0$ kN/m² (*ohne* ausreichende Querverteilung, z. B. Holzbalkendecke)
- Berücksichtigung unbelasteter leichter Trennwände durch Zuschlag zur Verkehrslast:
  $\Delta q = 1{,}20$ kN/m² für Wandgewicht ≤ 150 kg/m²
- Deckengesamtlast 5 (Holz) bis 10 (Stahlbeton) kN/m².

Empfehlung: Immer Trennwandzuschlag berücksichtigen, damit Umnutzungen möglich sind.

2.2.2 Stahlbetonplattendecken (Vollbetondecken)

Maßgebend für die Wahl der Deckendicke ist die ideelle Stützweite $l_i = \alpha \cdot l$ (≈ Abstand der Momentennullpunkte)

Einfeldträger: $l_i = l$
Mehrfeldträger, Endfeld: $l_i = 0{,}8$ bis $0{,}9\,l$
Mittelfelder: $l_i = 0{,}6\,l$
Kragarm: $l_i = 2{,}4\,l$

- **einachsig gespannte Platten**
  Beton C20/25 (B25), BSt 500 M oder S
  - *Anwendungsbereich*
    $l_i < 6$ m (wirtschaftlich)
  - *Deckendicke* (Mindestanforderung!)
    $$h \approx \frac{l_i}{30} \text{ bzw. genauer: } h(\text{m}) \geq \frac{l_i(\text{m})}{35} + 0{,}03\,\text{m}$$
    Bei Decken mit leichten Trennwänden und bei $l_i > 4{,}30$ m
    $$h(\text{m}) \geq \frac{l_i^2\,(\text{m})}{150} + 0{,}03\,\text{m}$$
  - *Bewehrung für Verkehrslast $q = 2{,}75$ kN/m²*
    (Wohnungsbau, C20/25 (B25), BSt 500)
    Nachfolgende Werte sind nur gültig für Verkehrslast „Wohnungsbau" und Plattendicken in der Nähe der o. g. Entwurfswerte ($h \approx l_i/30$). Bei Abweichungen der Spannweiten benachbarter Felder > 30 % sollte l_i der jeweils großen Felder reichlich gewählt werden.

    ***Feld*bewehrung** (unten):
    $$a_s\ (\text{in cm}^2/\text{m}) = \frac{l_i^2\,(\text{m})}{4}$$
    ***Stütz*bewehrung** (oben):
    $$a_s\ (\text{in cm}^2/\text{m}) = \frac{l_m^2\,(\text{m})}{4}$$
    l_i ideelle Stützweite
    l_m jeweiliger Mittelwert der benachbarten Spannweiten für die betreffende Stützung:
    $$l_m = \frac{l_{\text{links}} + l_{\text{rechts}}}{2}$$
  - *Stahlbedarf* (einachsig gespannt)
    Einfeldsystem: g_{Stahl} (kg/m² Decke) ≈ $1{,}3\,a_s$ (cm²/m)
    Durchlaufsystem: g_{Stahl} (kg/m² Decke) ≈ $1{,}7\,a_s$ (cm²/m)
    a_s Bewehrungsquerschnitt im Feld in Haupttragrichtung

α - Werte:

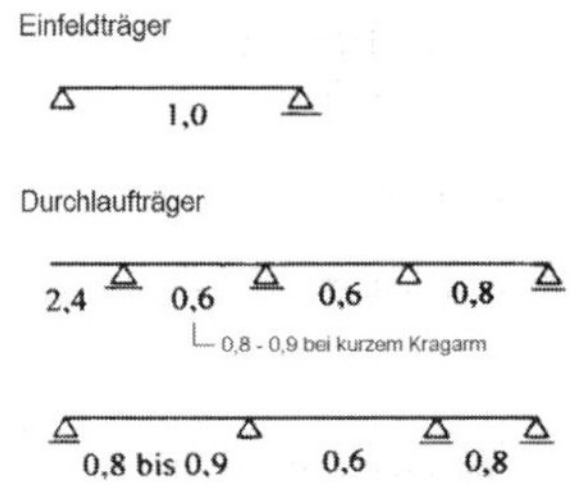

Ortbetondecke

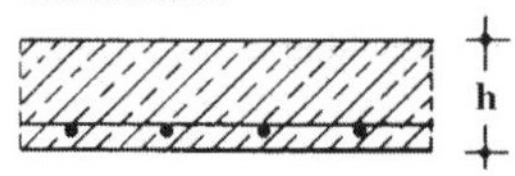

Beispiel Zweifeldträger:

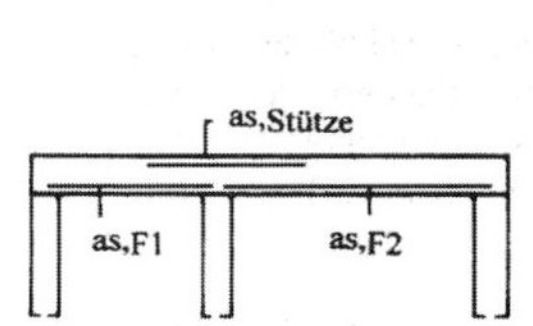

$$l_m = \frac{l_1 + l_2}{2}$$

$l_{i,1} \approx 0{,}8\,l_1$

$l_{i,2} \approx 0{,}9\,l_2$

- **zweiachsig gespannte Platten**
  - o *Anwendungsbereich*: $l \leq 7$ m

    wirtschaftlich für $e = l_{max}/\, l_{min} < 1{,}4$

    Nur bedingt zu empfehlen bei Halbfertigteilkonstruktionen (z. B. Elementdecke) wegen reduzierter statischer Höhe. Querbewehrung muss zudem einzeln eingefädelt werden!
  - o *Deckendicke*

    Maßgebend für die Dimensionierung ist die kleinere der beiden Spannweiten l_i. Bei durchlaufenden Deckenfeldern mit einheitlicher Dicke ist die maßgebende Spannweite die größte der jeweils kleineren Spannweiten.

    $$h\,(\text{m}) > \frac{l_i\,(\text{m})}{30} \quad \text{bzw.} \quad \frac{l_i^2\,(\text{m})}{150} + 0{,}03\,\text{m}\;^{*)}$$

    *) Maßgebend bei Decken mit leichten Trennwänden und $l_i > 4{,}30$ m.

    Zur Vermeidung von Rissen in den Mauerwerkswänden in den freien Ecken ist eine Abhebesicherung (Verankerung/Auflast/Randversteifung/Unter- bzw. Überzug) erforderlich, oder die Decke darf im Eckbereich nicht auflagern! (Kein Abheben, siehe Abbildungen, keine Wärmebrücke, geringere obere Drillbewehrung, aber größeres Feldmoment.)

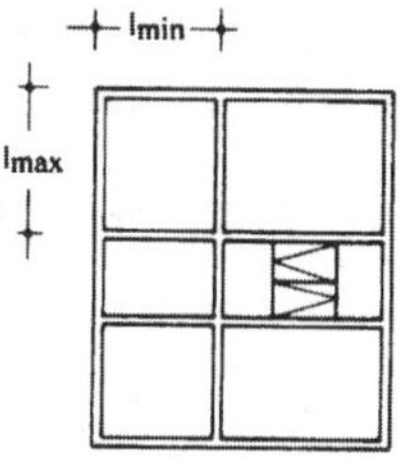

Schnitt in die Deckenebene

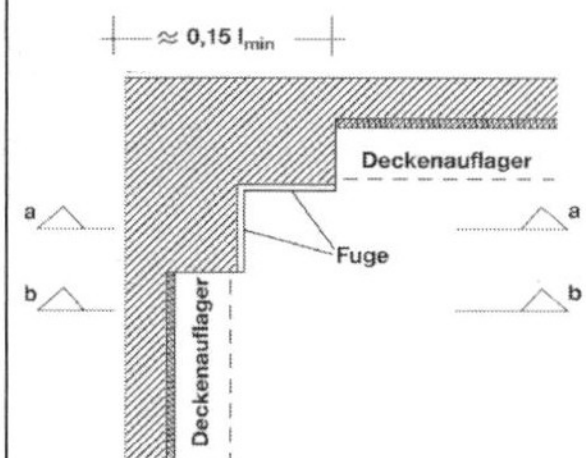

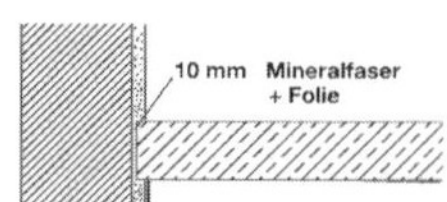

Schnitt a - a

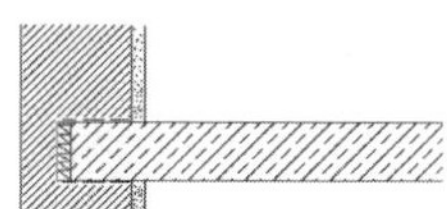

Schnitt b - b
Regelauflager

2.2.3 Stahlbeton-Rippendecken

- **Anwendungsbereich**
  - o 6 m < l < 12 m
  - o Verkehrslast ≤ 5 kN/m²
  - o lichter Rippenabstand $a_L \leq 70$ cm
  - o günstige Installationsführung zwischen den Rippen.
- **Dimensionierung**

  $h \geq 5$ cm bzw. $> a_L/10$

  $h_0 \approx l/15$ bis 20

  Nur einlagige Querbewehrung in der Druckplatte!

  Bei Decken mit leichten Trennwänden:

  $$h_0\,(\text{m}) > {}^{l_i^2}\!/_{150} + 0{,}035\,\text{m}$$

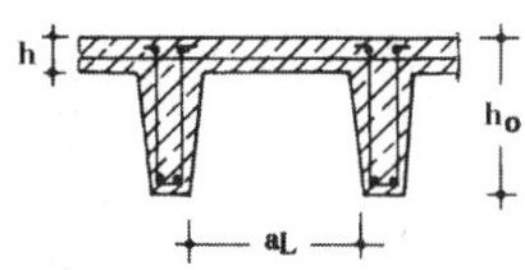

- **Voll- und Halbmassivstreifen**

Erforderlich bei durchlaufenden Systemen im Bereich der Innenstützungen (Aufnahme der Biegedruckkräfte)

Empfehlung:

Deckendurchbrüche möglichst im Bereich der Druckplatte neben den Rippen und nicht in Unterzugsachsen anbringen. Bei großen Spannweiten sind Querrippen erforderlich.

2.2.4 Plattenbalkendecken/π-Platten

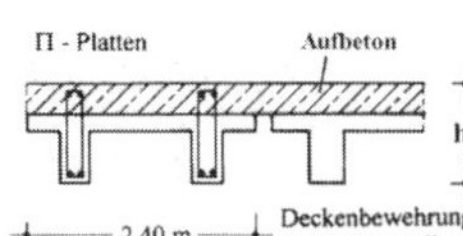

- **Anwendungsbereich**
  - o wie Rippendecken, jedoch
  - o Verkehrslast > 5 kN/m²
  - o lichter Rippenabstand > 70 cm ≈ $l_{Rippe}/4$
  - o Druckplatte mit oberer und unterer Querbewehrung
- **Dimensionierung**

  $h_0 \approx l/15$ bis $l/20$

Plattenbalkendecke

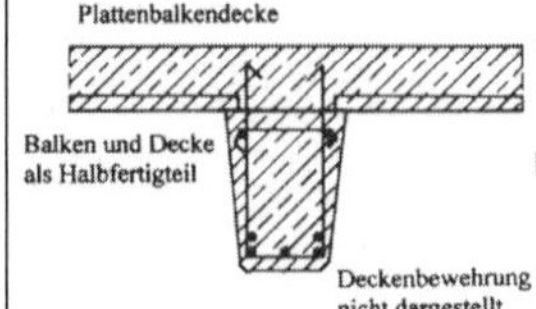

Empfehlung für π-Platten:

Aufbeton zur einfachen Erzielung einer Deckenscheibenwirkung und zum Ausgleich von eventuell vorhandenen Höhendifferenzen.

2.2.5 Kassettendecken/Trägerrost

- **Anwendungsbereich**

Statisch nur sinnvoll, wenn zweiachsige Lastabtragung möglich ist und annähernd quadratisches Raster vorliegt.

$$\varepsilon = \frac{l_y}{l_x} \begin{array}{l} < 1{,}1 \\ > 0{,}9 \end{array}$$

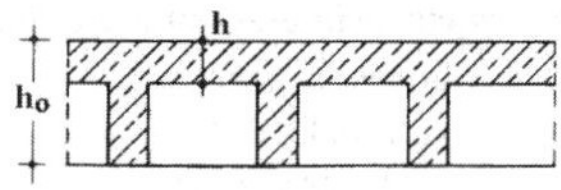

- **Dimensionierung**

Durchlaufwirkungen sind mit ideeller Ersatzstützweite l_i zu erfassen

- *Vollwandträger*

Stahlbeton $H = h_0 \approx \frac{l_i}{20}$

Holz $H \approx \frac{l_i}{20}$ (schwierige Verbindungen!)

Stahl $H \approx \frac{l_i}{30}$

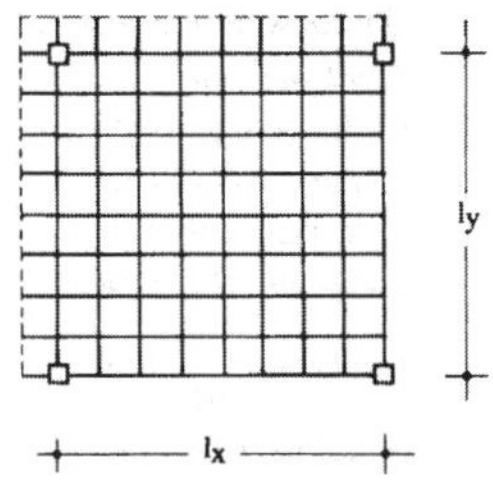

Decke mit Rechteck-Grundriss
umlaufend gestützt
(durch Wand oder Randträger)

(aus nebenstehender Rechteckdecke werden durch Mittel- bzw. Zwischenstützung zwei Quadratfelder)

- *Fachwerk* (große Stützweiten)

Stahlbeton: nicht gebräuchlich

Holz $H \approx \frac{l_i}{15}$

Stahl $H \approx \frac{l_i}{20}$

Vollwandträgerrost

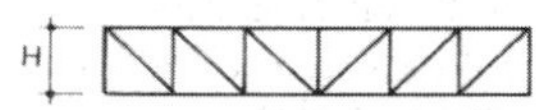

Fachwerk

- *Raumfachwerke* bei sehr großen Stützweiten (z. B. Mero/ Durchdringungen von Dreigurtbindern) dreilagige Struktur, bei räumlich gekrümmten Strukturen sind geringere Bauhöhen möglich.

Stahlbeton: als Raumfachwerk zu aufwendig

Holz $H \approx \frac{l_i}{20}$

Stahl $H \approx \frac{l_i}{15}$ bis $\frac{l_i}{20}$

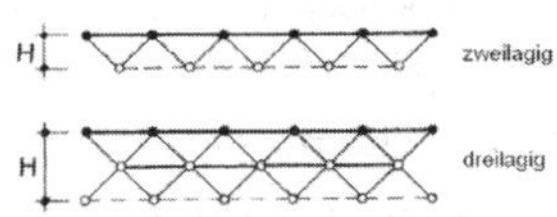

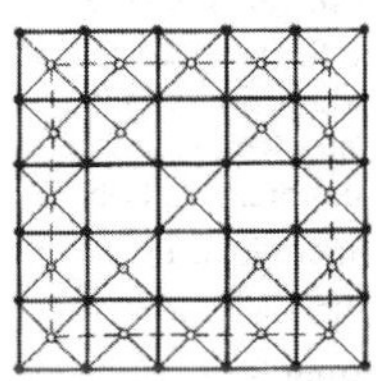

Beispiel für eine dreilagige Struktur

2.2.6 Flach- und Pilzdecken

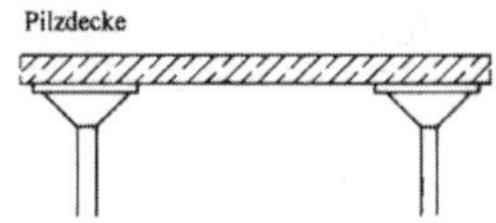

Unterzugslose, punktgestützte Stahlbetonplattendecke auf quadratischem, rechteckigem oder dreiecksförmigem Stützenraster:

Pilzdecke – mit Verstärkung im Stützenbereich („Pilzkopf“)
Flachdecke – ohne Verstärkung im Stützenbereich.

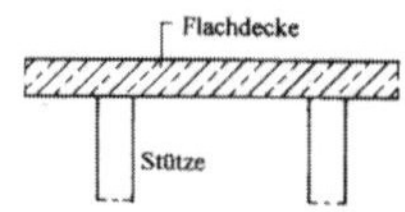

- **Anwendungsbereich**
  - o bei niedriger Gesamtkonstruktionshöhe
  - o freie Installationsführung möglich
  - o ausgedehnte Bereiche ohne Fugen ausführbar
  - o $0{,}67 < \varepsilon = \frac{l_y}{l_x} < 1{,}5$

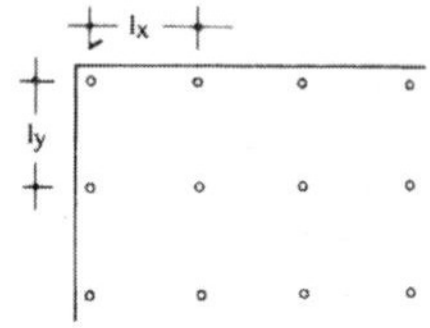

- **Dimensionierung**

  Flachdecke: $h_{Platte} \approx \frac{l}{25}$ bis $\frac{l}{20} > 15$ cm

  $h_{Stütze} \approx 1{,}1\ h_{Platte}$

  Pilzdecke: $h_{Platte} \approx 0{,}8\ h_{Platte,Fl}$ (Flachdecke)

Achtung:

- möglichst keine Deckendurchbrüche neben den Stützen
- große Öffnungen besser im Innenbereich und nicht in den Stützenfluchten
- Deckendurchbiegungen ca. 30 % größer als bei analogen Decken mit Unterzügen (Schalung überhöhen!).

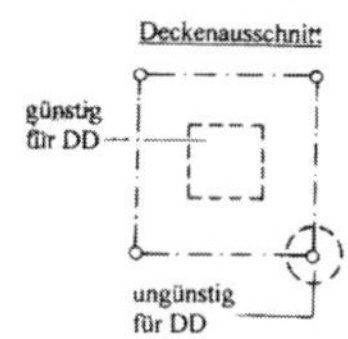

Bei **unregelmäßigem** Stützenraster bzw.

$$\frac{2}{3} > \varepsilon = \frac{l_y}{l_x} > 1{,}5$$

kann der maßgebliche Beanspruchungsbereich auch über die Ermittlung der Diagonalspannweiten abgeschätzt werden, d. h. man legt einen fiktiven, diagonalen Trägerrost von sich kreuzenden Deckenstreifen zwischen den Stützen an. Der maßgebliche, hauptsächlich tragende Deckenstreifen von den beiden sich kreuzenden Streifen ist der mit der kürzeren ideellen Ersatzstützweite l_i (siehe auch Abschnitt 2.2.2).

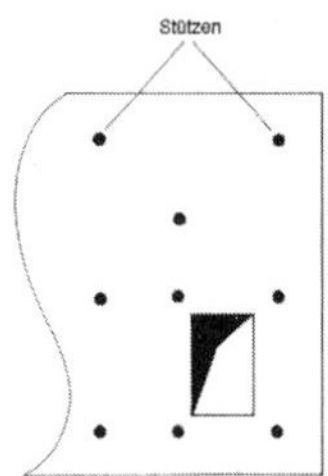

Die größte aller vorkommenden maßgeblichen ideellen Stützweiten $l_{i,max}$ ist dann ausschlaggebend für die Dimensionierung:

$$h_{Platte} \geq \frac{l_{i,max}}{25} \text{ bis } \frac{l_{i,max}}{30}$$

$$h_{Stütze} \approx 1{,}1\ h_{Platte}$$

2.2.7 Stahlträger-Verbunddecken

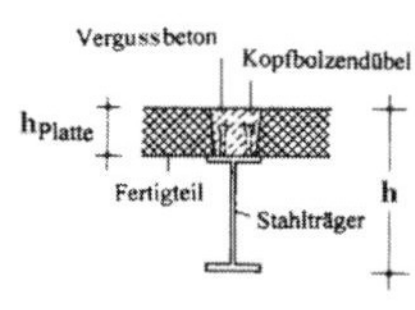

- **Anwendungsbereich**

  Verkehrslast ≥ 5 kN/m²

- **Dimensionierung**
  - Deckenraster = 1,20; 2,40; 3,60 m
  - Spannweite Deckenträger ≤ 3- bis 4faches Deckenraster ≤ 14,40 m
  - $h_{Platte} \approx \frac{\text{Deckenraster}}{30}$ (i. Allg. 12 bis 20 cm)
  - Gesamthöhe $h \approx \frac{l}{17}$ (bei St 37 / S 235).

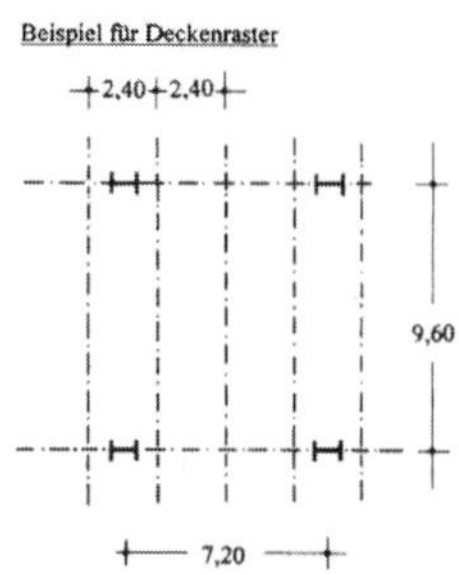

2.2.8 Holzbalkendecken

Eigenlast: g = ca. 2 kN/m²
Verkehrslast: q = 2 kN/m²

- **Balken**

  $h \approx l / 20$

  $b \approx (1/2 \text{ bis } 2/3)\, h \geq 10$ cm

  Balkenachsabstand $e \approx l/4$ (günstig $e \approx 65$ cm bis 100 cm).

- **Brandschutz**

  F 30-B mit Verkleidungen und Abdeckungen und/oder Überdimensionierung möglich.

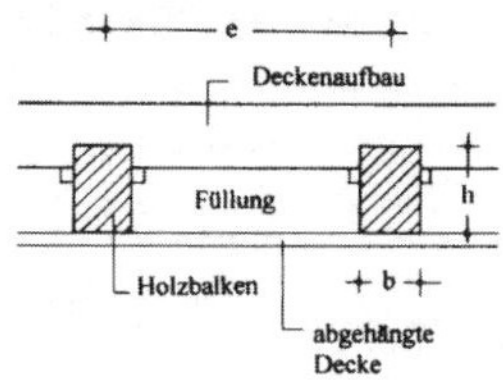

2.3 Unterzüge/Überzüge

2.3.1 Unterzüge aus Holz (unter Holzbalkendecken)

- **Vollholz** (VH u. KVH)

$$H_{\text{VH}} \approx \frac{L}{22} + \frac{E}{33}$$

$$B_{\text{VH}} \approx \frac{L}{40} + \frac{E}{50}$$

- **Brettschichtholz** (BSH)

  $H_{\text{BSH}} = 0{,}95\, H_{\text{VH}}$
  $B_{\text{BSH}} \leq 18$ cm

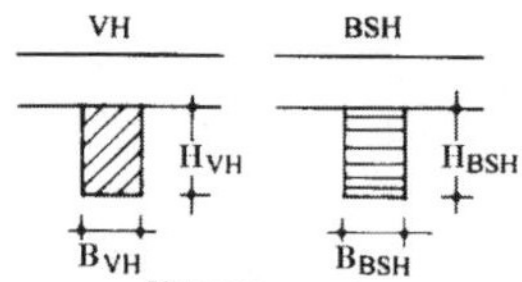

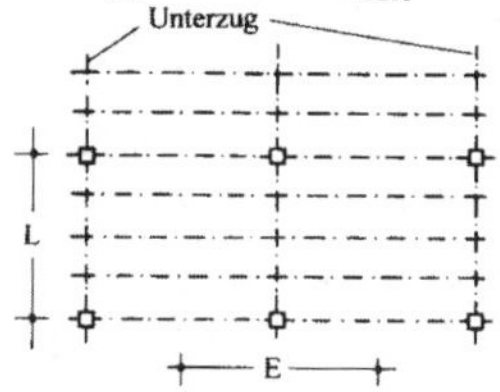

2.3.2 Stahlbetonunterzüge/-überzüge

- **Einfeldträger**

$$h_0 \approx \frac{l}{8} \text{ bis } \frac{l}{12}$$

  $b \geq 24$ cm

  A_s (cm²) $\approx$ (0,045 bis 0,08) · GL (kN)
  $a_{s,\text{Bü}}$ (cm²/m) $\approx$ (0,030 bis 0,09) · GL (kN)

  mit
  A_s Längsbewehrung in cm²
  $a_{s,\text{Bü}}$ Bügelquerschnitt je m Balkenlänge
  GL **gesamte** Trägerlast eines Feldes in kN

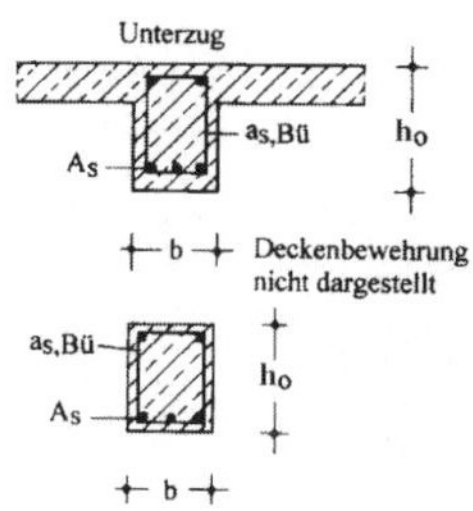

- **Durchlaufträger**

$$h_0 \approx \frac{l}{8} \text{ bis } \frac{l}{12}$$

  $A_{s,\text{Feld}}$ (cm²) $\approx$ (0,025 bis 0,05) · GL (kN)
  $A_{s,\text{Stütze}}$ (cm²) $\approx$ (0,040 bis 0,08) · GL (kN)

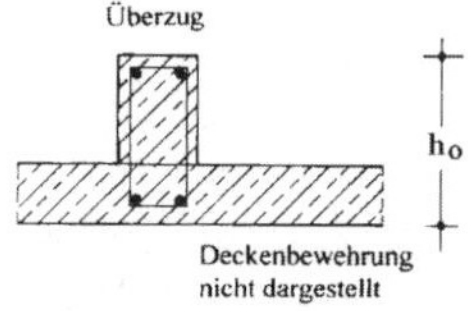

- **Wandartiger Träger**

  Bei Ausführung einer tragenden Wand in Stahlbeton ergibt sich die Möglichkeit zur Ausbildung eines leistungsfähigen geschosshohen Trägers.

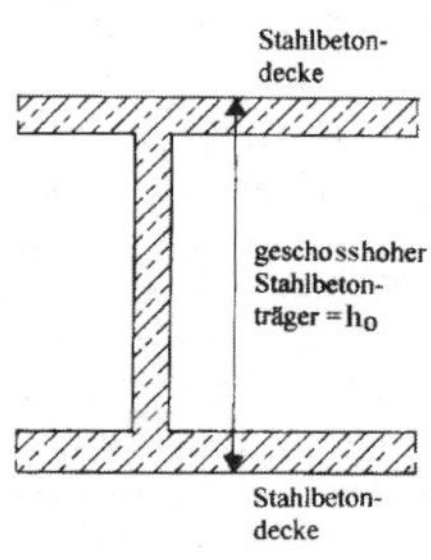

2.3.3 Deckengleicher Unterzug

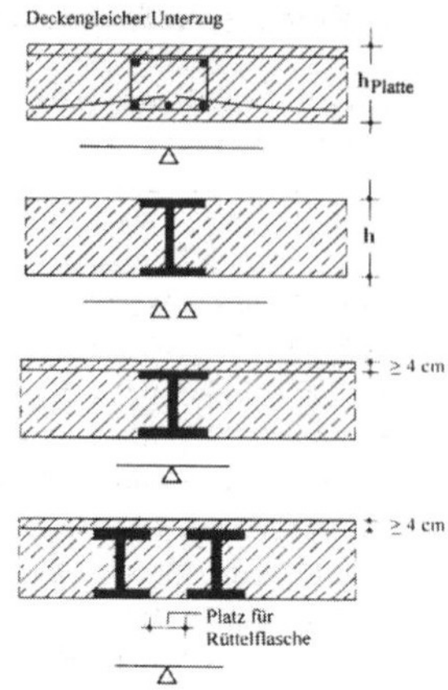

- **Stahlbetonblindbalken** (deckengleicher Unterzug)
  $L \leq 18 \cdot h_{Platte}$
  L Spannweite
- **Stahlträger:**

  HEA: $h \approx \dfrac{L+E}{35}$

  L Spannweite
  E Einzugsbreite

2.4 Stützen

Voraussetzung für die nachfolgenden Angaben:
Gesamtstabilität des Bauwerks ist durch Decken- und Wandscheiben gewährleistet. Stützen sind oben und unten gehalten.

2.4.1 Stahlbeton

$\rho = A_{Stahl}/A_{Beton}$

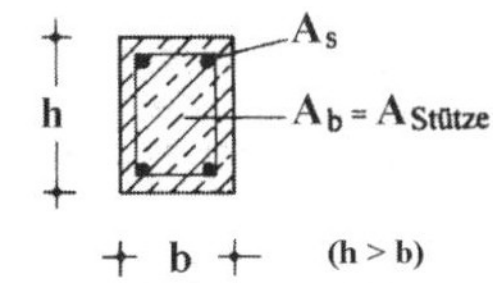

Für Stockwerkshöhe < 13b (b < h), Beton C20/25 und Bewehrungsprozentsatz $\rho \approx 1\,\%$ gilt:

$A_{Stütze}\,(cm^2) \approx N_{Stütze}\,(kN)$

bei Steigerung von $\rho = 1\,\%$ auf $\rho = 3\,\%$ gilt:

$A_{Stütze}\,(cm^2) \approx 0{,}7 \cdot N_{Stütze}\,(kN)$

bei Verwendung von C 30/37 statt C 20/25 gilt:

$A_{Stütze}\,(cm^2) \approx 0{,}77 \cdot N_{Stütze}\,(kN)$

bei $\rho \approx 3\,\%$ und Verwendung von C30/37 gilt:

$A_{Stütze}\,(cm^2) \approx 0{,}55 \cdot N_{Stütze}\,(kN)$

Für dicke, runde Stützen („umschnürte Säule") mit $s_K > 5 \cdot Ø_{Stütze}$ gilt:

$A_{Stütze}\,(cm^2) \approx 0{,}5 \cdot N_{Stütze}\,(kN)$

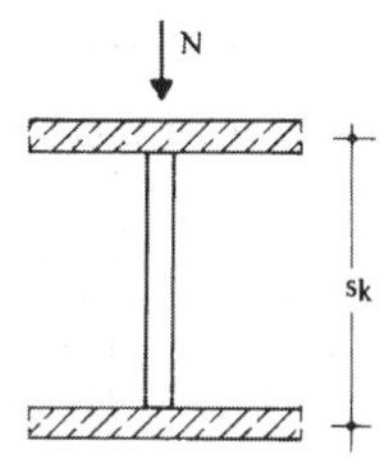

2.4.2 Stahl

IPBl	(HEA):	$h\,(mm) \approx \sqrt{22 \cdot N\,(kN) \cdot s_K\,(m)}$
IPB	(HEB):	$h\,(mm) \approx \sqrt{16 \cdot N\,(kN) \cdot s_K\,(m)}$
IPBv	(HEM):	$h\,(mm) \approx \sqrt{10 \cdot N\,(kN) \cdot s_K\,(m)}$

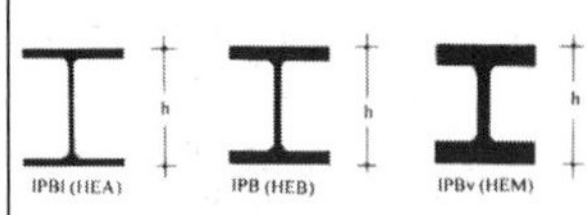

Näherung für beliebige Profile und übliche Geschosshöhen:

erf $A\,(cm^2) \approx 0{,}10 \cdot N\,(kN)$

h Profilhöhe
N Stützenlast
s_K Knicklänge

2.4.3 Holz

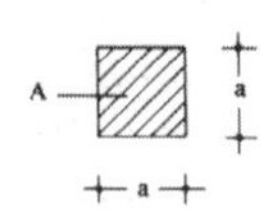

Für $s_K < 34\,d_{min}$ (z. B. Stütze 10/10, $s_K \leq 3{,}4$ m) und Krafteinleitung an den Stützenenden ⊥ zum Faserverlauf (z. B. Stütze/Schwelle oder Stütze/Unterzug):

erf $A\,(cm^2) \approx (5 \text{ bis } 6) \cdot N\,(kN)$
bzw. $a \approx 2{,}3 \cdot \sqrt{N\,(kN)}$

2.4.4 Planungshilfen für die Querschnitts- und Materialwahl von Geschossstützen

Tafel 5.21a Tragfähigkeit im Vergleich

Knicklänge s_k = 3,0 m										
Last in kN	Stahl						Verbund[2]	Stahlbeton		Holz[3]
	HEA St 37 S235	HEB St 37 S235	HEM St 37 S235	Rohr St 37 S235	□[1] St 37 S235	□[1] St 37 S235	Querschnitt HEM (b/h)	C20/25 ρ = 0,8 %	C30/37 ρ = 3 %	NH/ Gkl. II
100	100	100	100	101,6 × 3,6	80 × 4	70 × 7,1		20/20	20/20	16/16 (24/24)
200	140	120	100	152,4 × 4,5	80 × 10	80 × 10		20/20	20/20	20/20 (32/32)
300	160	140	100	193,7 × 5,6	100 × 5,6	100 × 6,3		20/20	20/20	22/22 (32/32)
500	200	160	120	244,5 × 6,3	120 × 11	110 × 10		24/24	20/20	
800	240	200	160	323,9 × 7,1	150 × 14,2	140 × 10		30/30	22/22	
1000	260	220	180	323,9 × 7,1	180 × 12,5	150 × 11	100 (22/22)	32/32	24/24	
1500	320	280	220	406,4 × 8,8	220 × 14,2	160 × 16	120 (24/24)	40/40	30/30	
2000	450	340	240		260 × 16	220 × 16	140 (26/26)	45/45	34/34	
3000	700	550	280			260 × 17,3	180 (30/30)	55/55	42/42	
5000	900						260 (40/40)	72/72	55/55	
8000							300 (45/45)	90/90	68/68	
10000							400 (45/55)	100/100	75/75	

[1] Quadratische MSH-Hohlprofile
[2] S355 und C45/55 (bzw. St 52 und B55)
[3] Klammerwerte: zulässige Pressungen senkrecht zur Faser (Schwelle)

Tafel 5.21b Tragfähigkeit im Vergleich

Knicklänge s_k = 4,2 m										
Last in kN	Stahl						Verbund[2]	Stahlbeton		Holz[3]
	HEA St 37 S235	HEB St 37 S235	HEM St 37 S235	Rohr St 37 S235	□[1] St 37 S235	□[1] St 37 S235	Querschnitt HEM (b/h)	C20/25 ρ = 0,8 %	C30/37 ρ = 3 %	NH/ Gkl. II
100	120	120	100	133,0 × 4,0	80 × 10	80 × 10				20/20 (32/32)
200	160	140	120	152,4 × 4,5	100 × 8,8	100 × 8,8				22/22 (32/32)
300	180	160	120	193,7 × 5,6	120 × 8,8	120 × 7,1				26/26 (32/32)
500	220	180	140	244,5 × 6,3	150 × 10	150 × 7,1		24/24		
800	260	220	180	323,9 × 7,1	160 × 14,2	160 × 10	100 (22/22)	30/30	22/22	
1000	280	240	200	406,4 × 8,8	180 × 14,2	160 × 14,2	120 (24/24)	32/32	24/24	
1500	360	300	240		220 × 16	200 × 14,2	140 (26/26)	40/40	30/30	
2000	500	360	240		260 × 17,5	220 × 16	160 (30/30)	45/45	34/34	
3000	800	650	300			260 × 17,3	200 (35/35)	55/55	42/42	
5000							260 (40/40)	72/72	55/55	
8000							320 (45/50)	90/90	68/68	
10000							500 (45/65)	100/100	75/75	

[1] Quadratische MSH-Hohlprofile
[2] S355 und C45/55 (bzw. St 52 und B55)
[3] Klammerwerte: zulässige Pressungen senkrecht zur Faser (Schwelle)

2.5 Fundamente

Für zulässige Bodenpressung zul $\sigma_B \approx 200\ \text{kN/m}^2$ bis $300\ \text{kN/m}^2$ sowie Erdauflast und Fundamenteigenlast ≈ 20 % der Stützenlast N_{St} gilt:

$$\text{erf } A_{Fu} \approx \frac{G_{Fu} + N_{St}}{\text{zul } \sigma_B}$$

N_{St} Stützenlast OK Fundament aus Summe aller Lasten × Stützeneinzugsflächen

G_{Fu} Fundamenteigenlast und Erdauflast

- **Quadratische Einzelfundamente**

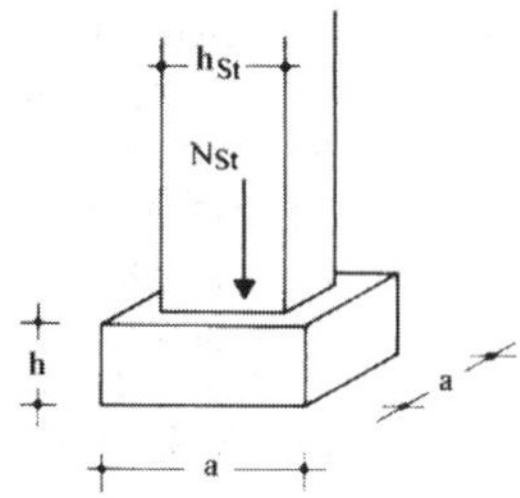

Seitenlänge $$a(\text{m}) = \sqrt{\frac{1{,}2 \cdot N_{St}(\text{kN})}{\text{zul } \sigma_B (\text{kN/m}^2)}}$$

Ausführung in C20/25 **unbewehrt**:

Fundamentdicke $$h(\text{m}) \approx \frac{a - h_{St}}{2}$$

Ausführung in Stahlbeton C20/25 **bewehrt**:

Fundamentdicke $$h(\text{m}) \approx \frac{a}{3} > 30\ \text{cm}$$

- **Streifenfundamente C20/25**

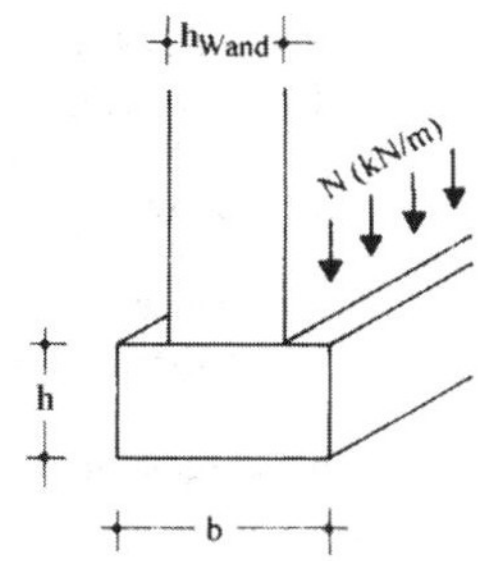

Fundamentbreite $$b \approx \frac{1{,}2 N(\text{kN/m})}{\text{zul } \sigma_B (\text{kN/m}^2)}$$

Fundamentdicke $$h \approx \frac{b_{Fu} - h_{Wand}}{2},$$

jedoch mindestens 30 bis 40 cm

- **Plattenfundamente**

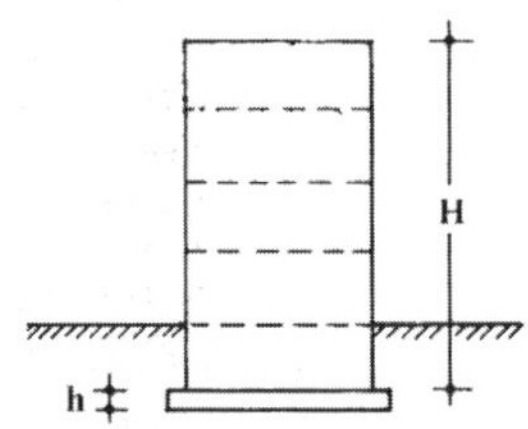

Durchgehende bewehrte Gründungsplatte unter dem gesamten Bauwerk:

- o zur Vermeidung von Schäden bei unterschiedlicher Baugrundsetzung
- o bei hohen Lasten (Hochhäuser)
- o bei drückendem Grundwasser, in Verbindung mit Wannenausbildung (steifer Kellerkasten)
- o aus wirtschaftlichen Gründen auch bei kleineren Bauwerken (das Ausschachten von Fundamentgräben entfällt).

Plattendicke $$h \approx \frac{\text{Gebäudehöhe } H}{30} \geq 25\ \text{cm}$$

Wannengründung:

bei Eintauchen des Kellers ins Grundwasser

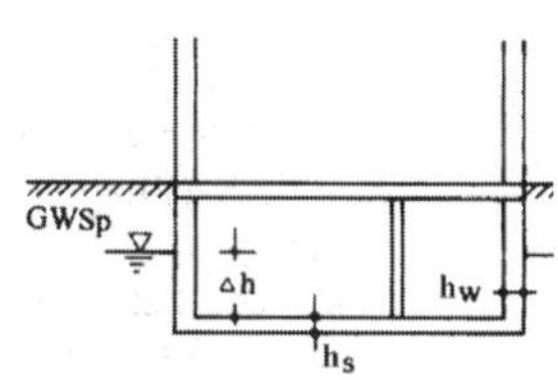

Sohlendicke $$h_s \approx \frac{2}{3} \cdot \Delta h \geq 30\ \text{cm}$$

Wanddicke $$h_w \geq 30\ \text{cm}$$

2.6 Vorbemessungsbeispiel: 2-geschossiges Wohnhaus mit Satteldach (nicht unterkellert)

Übersicht mit Positionen der untersuchten Bauteile s. nebenstehend.

Dachkonstruktion (Holzdach)

Pos. DK1 *Sparren* (s. Abschn. 2.1.6)

$h = \max s/24 = 490/24 \approx 22$ cm
$b = e/8 \geq 8$ cm; $e = 80$ cm; $b = 80/8 = 10$ cm

gew. $b/h = 10/22$

Pos. DK2 *Pfette* (s. Abschn. 2.1.6)

$h = L/24 + E/50 = 425/24 + 462/50 = 27$ cm
$b = L/40 + E/50 = 425/40 + 462/50 = 20$ cm

gew. $b/h = 20/28$

(wegen großer Länge Unterteilung der Pfette in 2 Teile nötig)

Pos. DK3 *Stiel* (bei Holzständerwand s. Abschn. 2.1.6 u. 2.4.3)

Stiellast $N = (2{,}5$ bis $3{,}0$ kN/m$^2) \times$ Einzugsfläche
$N = 2{,}5 \cdot 4{,}90 \cdot 4{,}25 = 52$ kN
Stielquerschnitt $A = (5$ bis $6) \times N$
$A = 5 \cdot 52 = 260$ cm^2
Seitenlänge des Querschnitts: $a = \sqrt{260} = 16$ cm

gew. 16/16 oder 14/18

Decke über Erdgeschoss

Stahlbetondecke

C20/25, BSt 500 (IV)

Wahl der Deckendicke:

$h \geq l_i/30$ (s. Abschn. 2.2.2)

Bei Wahl einer einheitlichen Deckendicke ist die größte der maßgebenden ideellen Spannweiten zugrunde zu legen.

Einfelddecke: $l_i = 1{,}0 \cdot 4{,}25 = 4{,}25$
Dreifelddecke: $l_i = 0{,}9 \cdot 4{,}25 < 4{,}25$
maßgebend: $l_i = 4{,}25$ m
$h = 425/30 = 17$ cm

gew. $h = 18$ cm

Pos. D1 *Einfelddecke*

a_s (cm^2/m) $= l_i^2$ (m)$/4 = 4{,}25^2/4 = 4{,}5$ cm^2/m

unten R 513 A (vorh $a_s = 5{,}13$ cm^2/m)

Pos. D2 *Dreifelddecke*

Feld 1 und Feld 3 (unten)

$l_i = 0{,}8 \cdot 4{,}25 = 3{,}8$ m (Endfelder)
$a_s = l_i^2/4 = 3{,}80^2/4 = 3{,}6$ cm^2/m

unten R 377 A (vorh $a_s = 3{,}77$ cm^2/m)

Feld 2 (unten)

$l_i = 0{,}6 \cdot 4{,}25 = 2{,}6$ m (Innenfeld)
$a_s = l_i^2/4 = 2{,}60^2/4 = 1{,}7$ cm^2/m

unten R 188 A (vorh $a_s = 1{,}88$ cm^2/m)

Schnitt

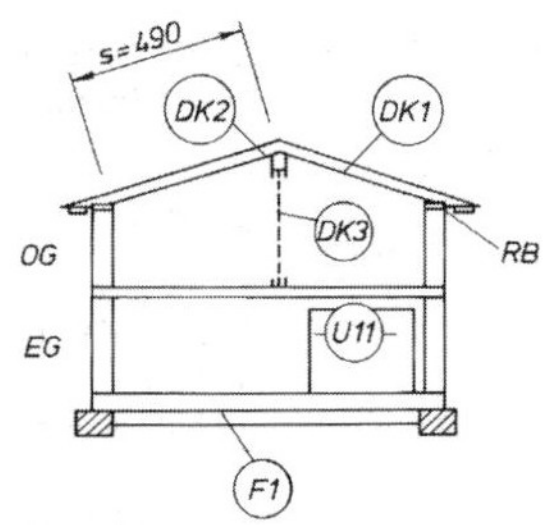

Dach

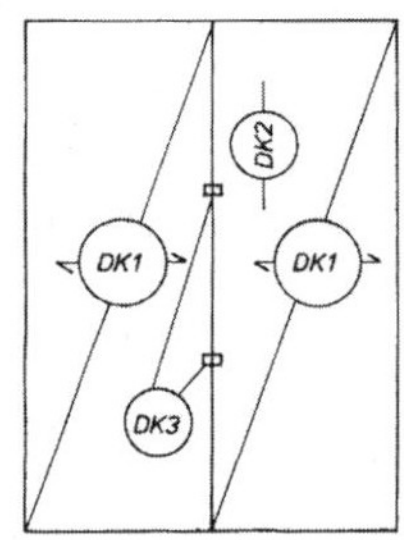

Obergeschoss

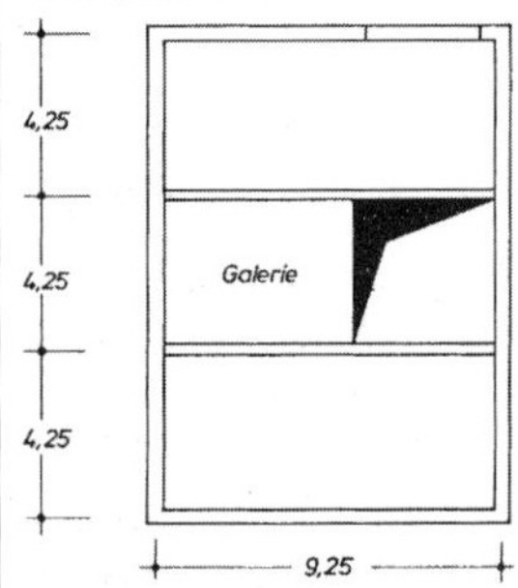

Erdgeschoss

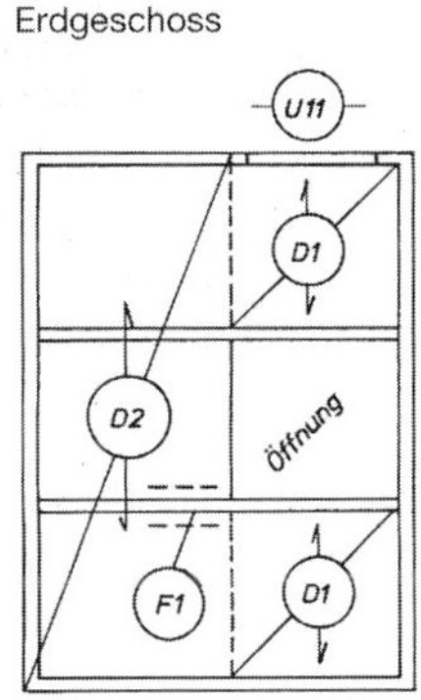

Stützungsbereiche (obere Lage)

$$a_s = \left(\frac{l_1 + l_2}{2}\right)^2 \cdot \frac{1}{4} = \left(\frac{4{,}25 + 4{,}25}{2}\right)^2 \cdot \frac{1}{4}$$
$$= 4{,}5\ \text{cm}^2/\text{m}$$

oben R 513 A (vorh $a_s = 5{,}13$ cm²/m)

Erdgeschoss

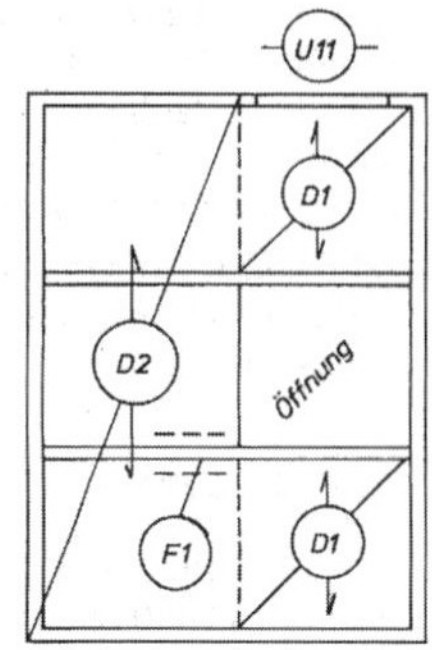

Alternativ: Holzbalkendecke

Pos. D1 *Einfeldbalken*
$l = 4{,}25$ m
$h = l/20 = 425/20 = 21$ cm
$b = h/2 = 10$ bis 12 cm
gew. $b/h = 10/22$ Balkenabstand $e = 80$ cm

Pos. D2 wie Pos. D1

Unterzüge

Pos. U1 *Stahlbetonunterzug* (s. Abschn. 2.3.2)
$l = 3{,}50 + 0{,}20 = 3{,}70$ m
$h = l/8$ bis $l/12$ bei $b \geq 24$ cm
$h = l/9 = 370/9 = 40$ cm
$b = 25$ cm

Belastung:

Trägergesamtbelastung G_L = Deckenlast × Einzugsbereich
G_L = ca. 10 (kN/m²) · (4,25/2) · 3,70 = 79 kN

Längsbewehrung:

A_s (cm²) = (0,045 bis 0,08) · G_L (kN) (hoher/niedriger Träger)
$A_s = 0{,}055 \cdot 79 = 4{,}4$ cm²
gew. z. B. 3 ⌀ 14^{IV} vorh $A_s = 4{,}6$ cm²

Bügel

$a_{sBü}$ (cm²/m) = (0,03 bis 0,09) · G_L
$a_{sBü} = 0{,}04 \cdot 79 = 3{,}2$ cm²/m
gew. z. B. ⌀ 6^{IV}/15 cm vorh $a_{s,Bü} = 3{,}8$ cm²/m

Fundamente

Pos. F1 Streifenfundament unter Mittelwand (s. Abschn. 2.5)
Fundamentbreite $b = 1{,}2 \cdot N$ (kN/m) /zul σ_B (kN/m);
zul $\sigma_B = 250$ kN/m² (Annahme)
Belastung N:

aus Dach 2,5 kN/m² · 4,25 m	= 10,6 kN/m
aus Decke über EG 10 kN/m² · 4,25 m	= 40,3 kN/m
aus Decken/Bodenplatte ca. 10kN/m²·2,0m	= 20,0 kN/m
Wände (2,5 + 2,75) kN/m² · 4,63 m	= 24,3 kN/m
	N = 95,2 kN/m

$b = 1{,}2 \cdot 95{,}2/250 = 0{,}46$ m

Mindestbreite $b = 0{,}50$ m
$h = (b_{Fu} - h_{Wand})/2 = (0{,}50 - 0{,}24)/2 = 0{,}13$ m
gew. $b/h = 50/50$

Schnitt

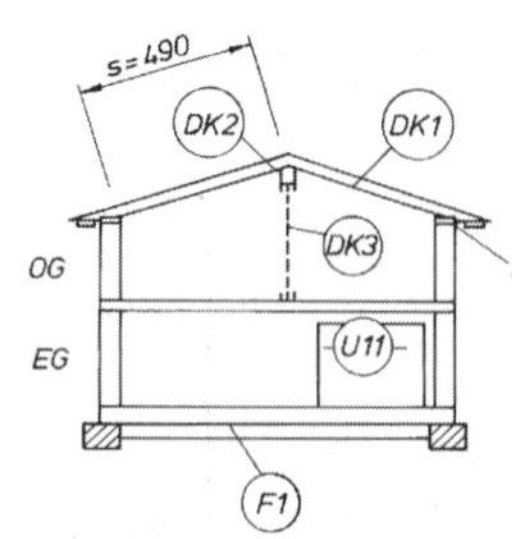

3 Hallentragwerke

Standardhallen in Holz- und Stahlbau sowie in Stahlbeton- und Spannbetonbauweise für Spannweiten (*l*) von ca. 12 m bis 30 m und übliche Standardlasten; erhöhte Schnee- und Windlasten sowie Sonderlasten (z. B. Anprall) erfordern größere Bauteilabmessungen. Weitere wichtige Entwurfskriterien:

Wirtschaftlichkeit, Unterhaltsaufwand, Dauerhaftigkeit, Fertigung, Transport und Montage sowie Brand- und Wärmeschutz und Recyclebarkeit

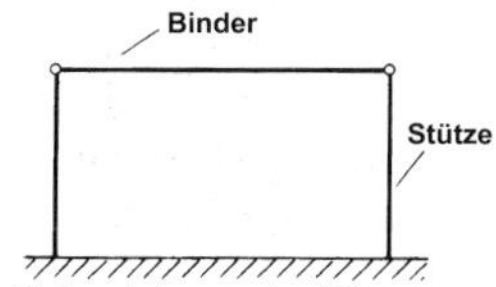

Binder auf eingespannten Stützen

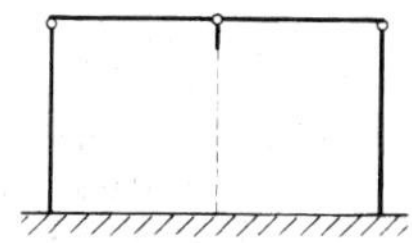
2-schiffige Halle mit mittigem Abfangeträger (Innenstützen im doppelten Binderabstand)

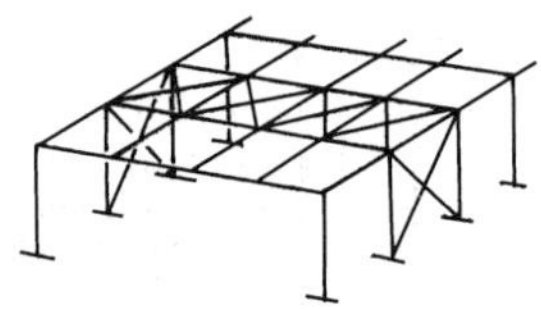

3.1 Aussteifung

Die Aussteifung erfolgt in Binderebene bzw. Querrichtung (Halle i. d. R. länger als breit) über in Fundamente eingespannte Stützen bzw. über Rahmentragwirkung in Binderebene (ermöglicht Erweiterbarkeit in Längsrichtung). In Längsrichtung werden bei Hallen in Stahl- und Holzbauweise i. Allg. Verbände bzw. Scheiben in Dach- und Wandebene angeordnet, bei Hallen aus Stahlbeton erfolgt die Stabilisierung aber auch über eingespannte Stützen.

3.2 Haupttragsystem

3.2.1 Rahmen

Übliche statische Systeme zur Hallen-Queraussteifung (Haupttragsystem) und Abmessungen von Vollwandbindern

- **Holz- und Stahlhallen**

System	Querschnittshöhe *h*		
	Holz	Stahl	
Eingespannter Rahmen	$\frac{l}{27}$	$\frac{l}{33}$	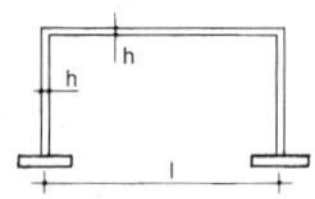
Zweigelenkrahmen	$\frac{l}{25}$	$\frac{l}{30}$	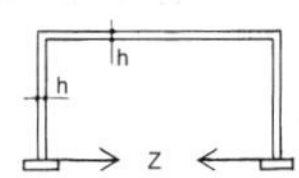
Zweigelenkrahmen mit Voute	$\frac{l}{20}$	$\frac{l}{27}$	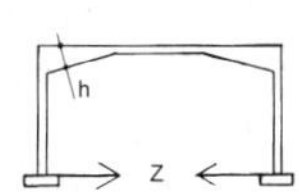
Dreigelenkrahmen mit Voute	$\frac{l}{10}$	$\frac{l}{12}$	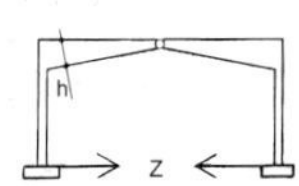
Fachwerkkonstruktion	Konstruktionshöhe ca. 2- bis 3-mal höher als bei Vollwandbindern		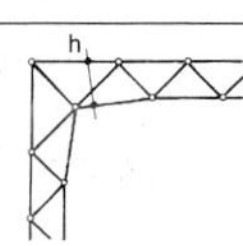

- **Stahlbeton/Spannbeton**

System	Binder-Querschnittshöhe h		
	Stahlbeton	Spannbeton	
Binder auf Kragstütze[1)]	$\frac{l}{13}$	$\frac{l}{17}$	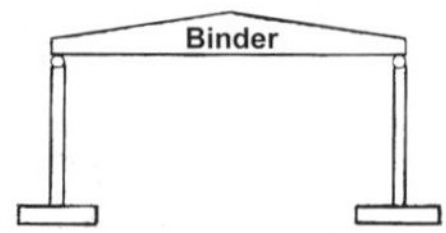
[1)] Kragstütze in Block- oder Köcherfundament bzw. FT-Stütze mit sog. „angeformtem“ Fundament			

3.2.2 Bogen

Voraussetzung: annähernd gleichmäßig verteilte Gleichlast und Aufnahme des Horizontalschubs gewährleistet

Bogenstich: $f \approx \frac{l}{6}$ bis $\frac{l}{10}$

Spannweite: für große Spannweite bis 100 m

System	Querschnittshöhe h und Bogenstich f		
	Holz	Stahl	
Eingespannter Bogen	nicht empfohlen	$h > \frac{l}{60}$ $f > \frac{l}{9}$	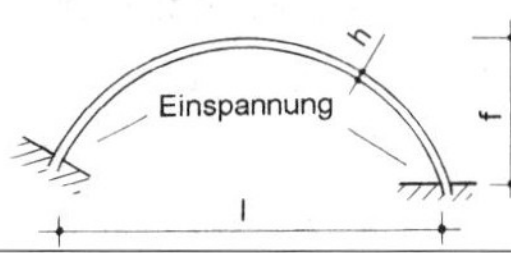
Zweigelenkbogen	$h > \frac{l}{40}$ $f > \frac{l}{8}$	$h > \frac{l}{50}$ $f > \frac{l}{8}$	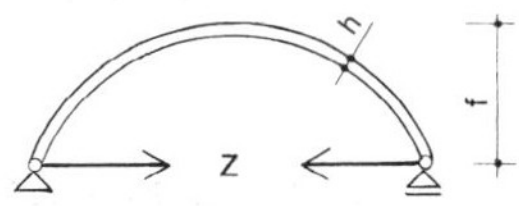
Dreigelenkbogen	$h > \frac{l}{30}$	$h > \frac{l}{40}$	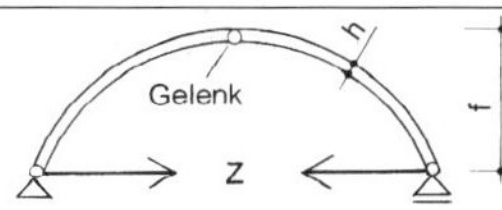

3.3 Dach

- **Dachaufbau**

  Lasten: leicht 1,5 kN/m^2,
  schwer 2,5 kN/m^2

- **Dacheindeckung**
  - Porenbetonplatten
    $h = l/30$ bis $l/25$
  - Trapezblech
    Einfeldträger: $h = l/45$
    Durchlaufträger: $h = l/55$

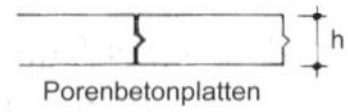

Porenbetonplatten

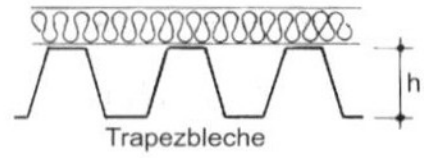

Trapezbleche

- **Dachpfetten**

  - Stahlbeton $b/h = 1:2$
    $h = l/25$

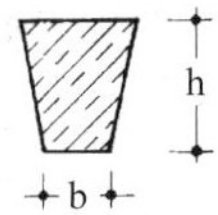

  - Holz $b/h = 1:2$
    Einfeldträger $h = l/20$
    Koppelpfetten $h = l/24$

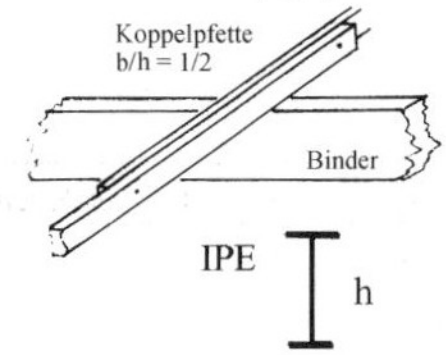

  - Stahl
    IPE-Profil

3.4 Dachbinder

Binderabstand kostengünstig bei ca. 5 m bzw. ¼ der Binderspannweite ($L/4$)

3.4.1 Vollwandbinder

- Betonfertigteile
  Stahlbeton $h = 0{,}075\ l$
  Spannbeton $h = 0{,}060\ l$
  (Spannbeton: empfehlenswert erst ab $l > 25$ m)

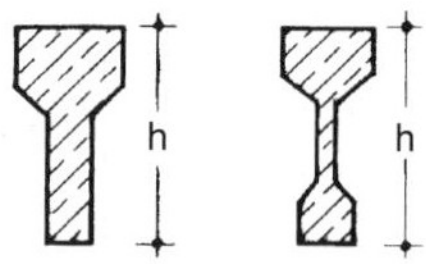

- Holzbinder BS $b < 20$ cm
  Parallelträger $h = l/20$
  Trapezträger $h = l/24$

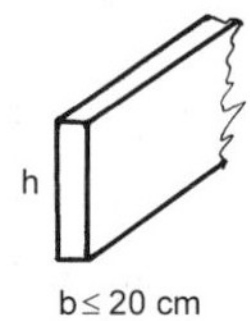

- Stahlbinder
  HEA $h = 0{,}05\ l$

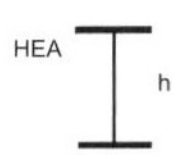

  HEA, Wabenträger $H = 0{,}07\ l$

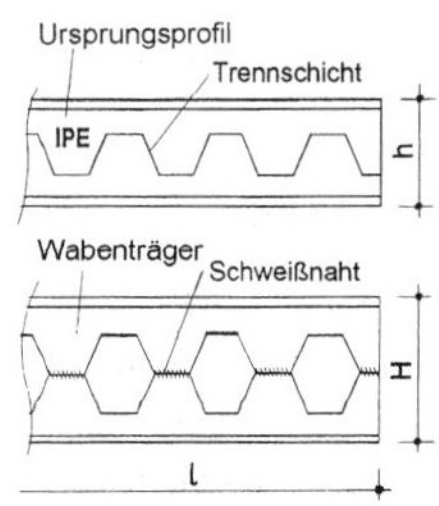

3.4.2 Fachwerkbinder/Dreigurtbinder

(s. a. Abschn. 2.1.9)

- Stahl, Hohlprofil $h = 0{,}06\ l$ bis $0{,}10\ l$
- Holz, Kantholz $h = 0{,}11\ l$

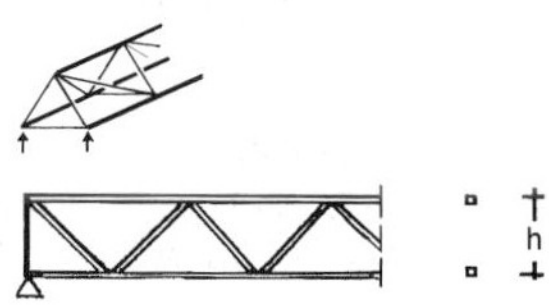

3.4.3 Unterspannte Träger aus Holz oder Stahl
(s. a. Abschn. 2.1.9)

- einfach unterspreizt $h = L/6$ bis $L/12$

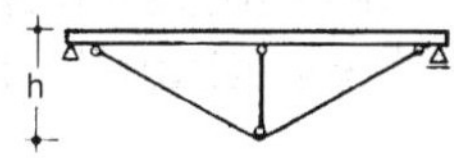

- zweifach unterspreizt $h = L/8$

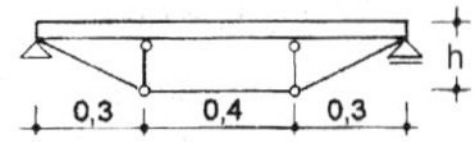

- dreifach unterspreizt $h = L/6$
  ohne Einhängeträger

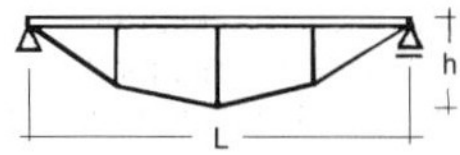

- dreifach unterspreizt $h = L/8$
  mit Einhängeträger

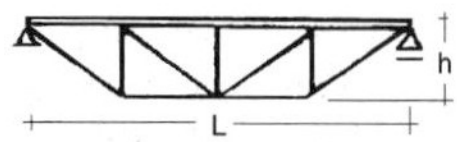

3.4.4 Bogenträger

- ohne Zugband $h = 0{,}06\ L$

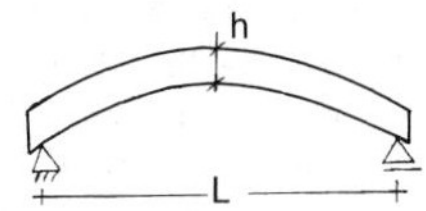

- mit Zugband $h = 0{,}03\ L$

für $f/L \geq 1/7$

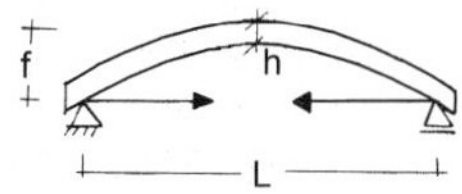

3.5 Hallenrandstützen
aus Beton

- ohne Kranbahn: $h = H/10$ für $H = 4$ m
  $h = H/16$ für $H = 10$ m
  mit H als Hallenhöhe
- mit Kranbahn: Zuschlag zur Dicke
  1 cm je 10 kN Nutzlast

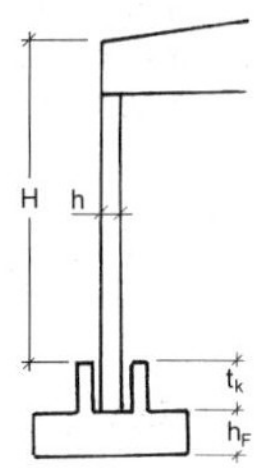

3.6 Gründungen/Stützmauern
3.6.1 Fundamente

Köcherfundamente

- Köchertiefe $t_k \leq 1{,}5$ bis $2{,}0$ x Stützendicke
- Fundamentköper $l_F : b_F = 2 : 1$
  frostfreie Gründung
  Fundamentlänge $l_F = 0{,}40$ x Hallenhöhe
  Fundamentdicke $h_F = 0{,}15$ x Hallenhöhe

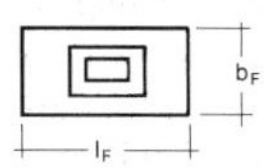

3.6.2 Winkelstützmauern

Bodenart / Abmessungen	bindig Lehm/Ton	rollig Sand/Kies
h	$0{,}08 \cdot H$	$0{,}07 \cdot H$
h_F	$0{,}10 \cdot H$	$0{,}10 \cdot H$
l_F	$0{,}50 \cdot H$	$0{,}40 \cdot H$

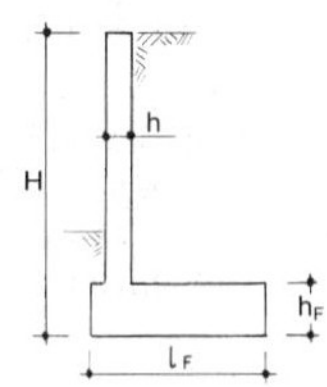

4 Gesamtstabilität Aussteifung/Abtragung horizontaler Lasten

4.1 Allgemeines

Gebäude müssen auch gegen Horizontallasten (z. B. Wind, seitlicher Erddruck, Erdbeben oder infolge von Lotabweichungen der vertikalen Tragelemente) standsicher sein.

Für die Sicherstellung der Gesamtstabilität einer Tragkonstruktion gibt es prinzipiell folgende Möglichkeiten, die auch miteinander kombiniert werden können:

a) Rahmenstabilisierung

Hierbei werden Rahmenkonstruktionen oder auch eingespannte Einzelstützen ohne zusätzliche Verbände und Scheiben ausgebildet; sie müssen alle einwirkenden Lasten aufnehmen und in den tragfähigen Baugrund weiterleiten können.

Diese Form der Stabilisierung kommt insbesondere bei ein- und zweigeschossigen Tragwerken (Industriehallen) vor. Als Tragsystem werden dann z. B. im Fertigteilbau eingespannte Stützen mit einem gelenkig aufgelagerten Riegel gewählt.

Die Rahmensysteme selbst bzw. die Stützen sind verschieblich und müssen entsprechend bemessen werden.

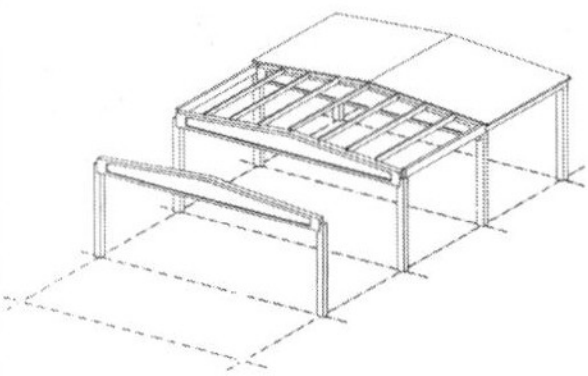

b) Stabilisierung mit Verbänden

Zur Aufnahme der Horizontallasten werden Verbände angeordnet; die Stützen selbst werden somit nicht mehr zur Abtragung von Horizontallasten z. B. aus Wind herangezogen.

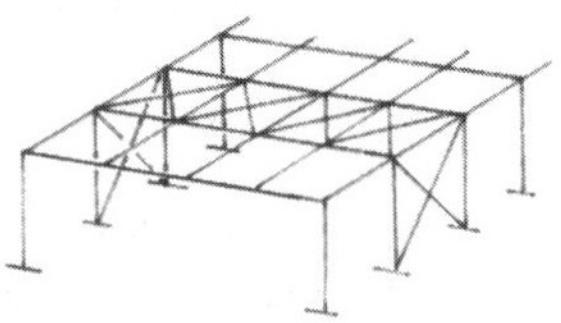

c) Scheibenstabilisierung

Durch eine ausreichende Anzahl von horizontalen und vertikalen Scheiben werden alle horizontalen Einwirkungen aufgenommen. Die Stützen im Gebäude werden nur noch zur vertikalen Lastabtragung herangezogen.

Eine Scheibenstabilisierung ist insbesondere bei mehrgeschossigen Wohn- und Bürogebäuden wirtschaftlich, da Decken als horizontale und Wände als vertikale Scheiben i. d. R. vorhanden sind.

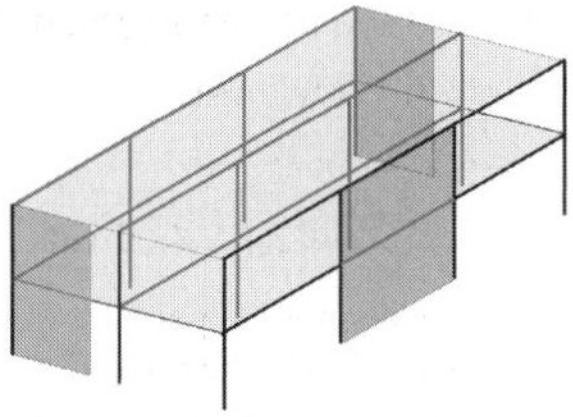

Wänden und Decken stützen sich gegenseitig ab und sind damit als Ganzes formstabil gegen jede beliebig gerichtete Horizontalbelastung (Schachtel- bzw. Zellenstruktur).

Jede tragende Teilbegrenzungsfläche des Raumes muss dabei imstande sein, sowohl die senkrecht auf sie entfallende Last aufzunehmen und an die angrenzenden Teilflächen weiterzuleiten (Plattentragwirkung) als auch die in der Mittelebene wirkende Last an die angrenzenden Elemente zu übertragen (Scheibenwirkung).

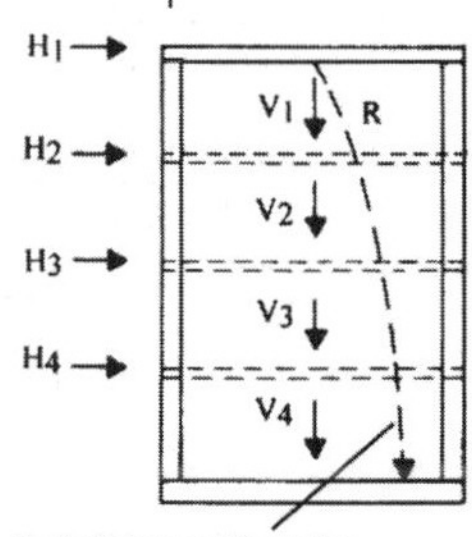

Verlauf der resultierenden Last R (aus V und R)

4.2 Ringbalken RB

Fehlt bei einer Decke die Scheibentragwirkung ganz oder teilweise (z. B. bei Holzbalkendecken oder Fertigteildecken) oder können wegen gleitender Lagerung die horizontalen Haltekräfte nicht übertragen werden, so muss die obere Halterung insbesondere der Außenwände durch einen Ringbalken erfolgen. (Von der eigentlich notwendigen Scheibe verbleibt nach dem „Ausschneiden" der Öffnung nur noch der „äußere Rand" → Ringbalken = Deckenscheibenersatz!)

Der Ringbalken wird auf Biegung beansprucht und leitet die senkrecht zu seiner Längsachse wirkende horizontale Last an quer dazu angeordnete Wände, die als Ringbalkenauflager wirken, weiter. Von diesen vertikalen Wandscheiben werden die Horizontalkräfte zusammen mit den Vertikallasten in den Baugrund weitergeleitet.

Die Spannweite der Ringbalken ist der Abstand der Querwände (u. U. sind Kragstützen als Querwandersatz möglich). Seine wirksame statische Höhe ergibt sich aus der horizontalen Breite des Balkens (Wanddicke).

Ringbalken müssen sowohl Winddruck- als auch Windsogkräfte aufnehmen können. Sie können aus bewehrtem Mauerwerk (bei Mauerwerkswänden), aus Stahlbeton, aus Holz oder aus Stahl ausgeführt werden. Dabei ist auf eine kraftschlüssige Verbindung mit der zu haltenden Wand und den Querwänden zu achten. Ringbalken aus Stahlbeton müssen beidseitig längsbewehrt und mit Bügeln (Schubbewehrung) versehen werden.

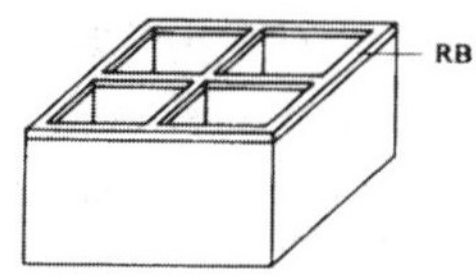

Ringbalken (Prinzipskizze)

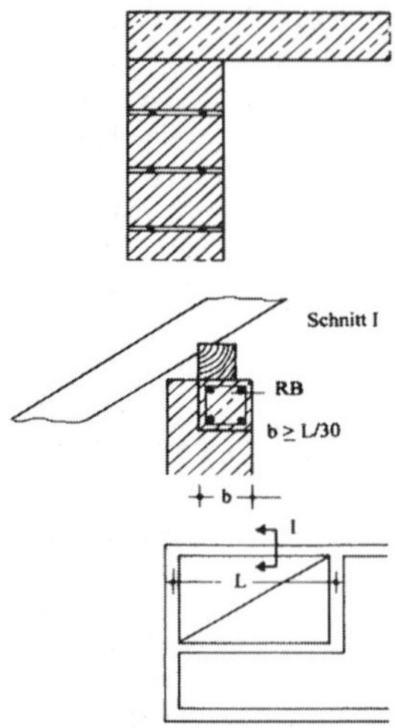

4.3 Ringanker RA

Im Unterschied zum Ringbalken nehmen Ringanker nur Zugkräfte auf. In besonders rissgefährdeten Wänden (DIN 1053-1, 8.2), insbesondere wenn diese

- viele oder große Öffnungen aufweisen und/oder
- eine besonders große Länge haben (≥ 18 m) und/oder
- diese durch mögliche Setzungsdifferenzen (Baugrundverhältnisse) gefährdet sind,

müssen Ringanker angeordnet werden. Diese müssen eine Zugkraft von mindestens 30 kN aufnehmen können.

Ausführungsmöglichkeiten:

- Rundstähle in Lagerfugen von Mauerwerk (z. B. 4 ∅ 6^{IV}, korrosionsgeschützt) oder mit Beton ummantelt (z. B. 2 ∅ 10^{IV})
- Holz
- Stahl.

Ringanker sind bei Mauerwerksbauten in jeder Deckenebene anzuordnen und umschließen das Bauwerk wie eine „Paketschnur".

Ringbalken können bei entsprechender Ausführung auch die Ringankerfunktion übernehmen.

Ringanker (Prinzipskizze)

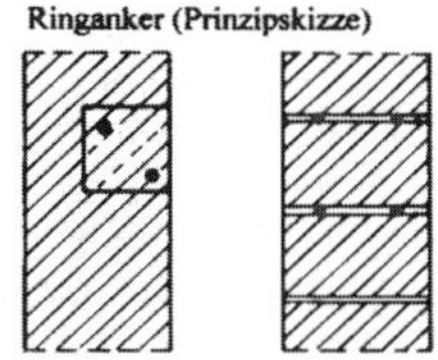

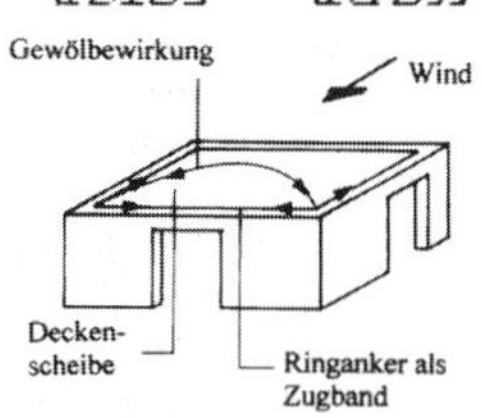

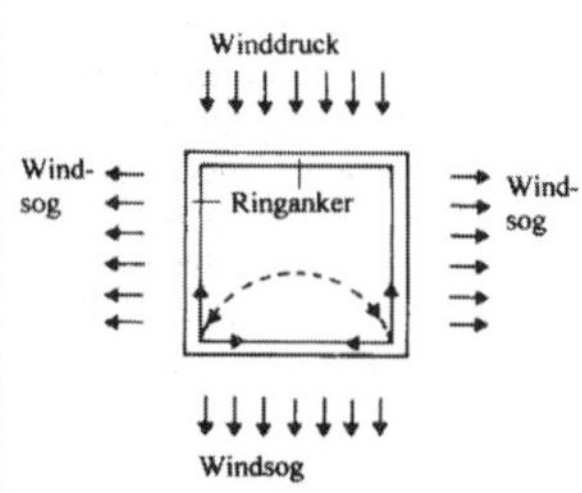

4.4 Aussteifungselemente

- **Vertikale Aussteifungselemente:**

Wandscheiben, Fachwerkscheiben (Verbände), Rahmen, eingespannte Stützen.

- **Horizontale Aussteifungselemente:**

Deckenscheiben, Fachwerkscheiben (Verbände), Ringbalken.

Die als Scheiben wirksamen Decken (Deckenscheiben) oder speziell angeordnete Scheiben (z. B. Fachwerkscheiben) sammeln die horizontalen Kräfte und leiten sie an vertikale Aussteifungselemente (Wände, Rahmen, Fachwerkscheiben, eingespannte Stützen) weiter.

Vertikale Scheiben wirken dabei als im Baugrund eingespannte Kragscheiben, sie dienen als horizontale Halterungen der Deckenscheiben.

Es müssen mindestens 4 Aussteifungselemente angeordnet werden:

- eine horizontale Scheibe (z. B. Deckenscheibe), deren Auflager durch die vertikalen Aussteifungselemente gebildet werden,

sowie

- drei vertikale Aussteifungselemente (leisten Widerstand gegen Verschiebungen in Richtung ihrer Mittelebene),

deren Achsen sich nicht in einem gemeinsamen Punkt schneiden dürfen (mindestens 3 Festhaltungen im Grundriss). Es kann aber auch ein möglichst zentral im Grundriss angeordneter Treppenhauskern als biegesteife Röhre die Aussteifung übernehmen. Zusätzliche Wandscheiben verbessern das Tragverhalten.

Folgendes ist zu beachten:

- Jedes Einzelbauwerk muss ausgesteift sein, z. B. auch Reihenmittelhäuser, aber auch die einzelnen, voneinander durch Dehnfugen getrennten Bauabschnitte eines Bauwerks.
- Die Aussteifung erfolgt geschossweise. Aussteifungselemente sollten übereinander stehen.
- Um rissefreie Konstruktionen zu erhalten, sollte die Lage der Wände zwängungsarme Verformungen infolge von Temperaturschwankungen und Schwinden ermöglichen: Keine steifen Elemente einander gegenüberliegend anordnen, gegebenenfalls „Schwindgassen" freilassen!

  Ständig wirkende vertikale Auflasten verbessern das Tragverhalten der Wandscheiben und verringern den Aufwand für die Gründung. Öffnungen in den Wänden sind begrenzt möglich.
- Aussteifungen über Rahmenwirkung (biegesteife Verbindungen Stütze/Riegel) oder durch eingespannte Stützen sind „weich" und können große Verformungen aufweisen. Gefahr der Rissbildung in angrenzenden, nichttragenden Bauteilen. Rahmenaussteifung sollte daher nur in Ausnahmefällen und höchstens bis zu ca. 4 Geschossen erfolgen. Dies gilt ebenfalls für eingespannte Stützen, wobei eingespannte Stahlbeton- und Stahlstützen z. B. bei Hallenbauten ≤ 10 m sein sollten. Von eingespannten Holzstützen wird abgeraten.

Sehr gut

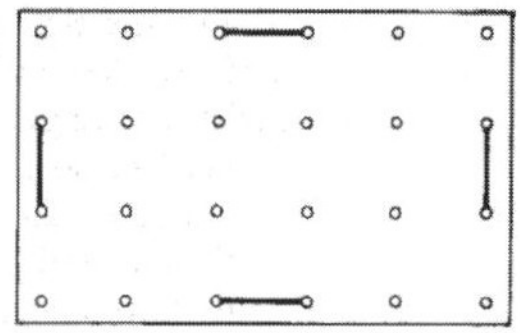

Gut

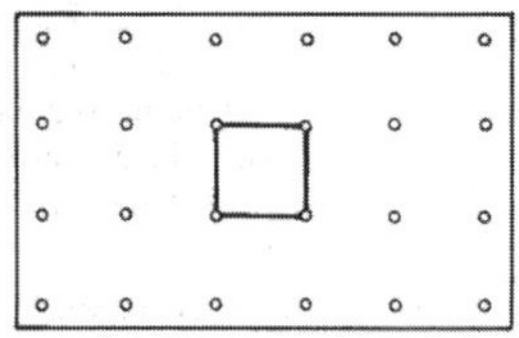

Möglich

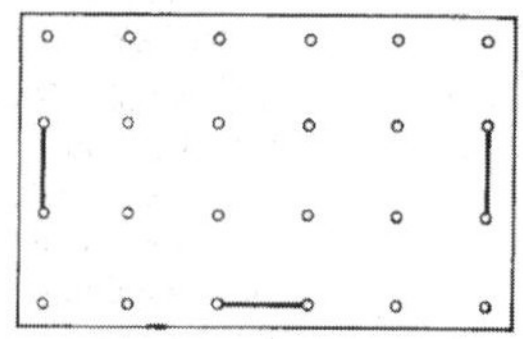

Möglich (schlecht)

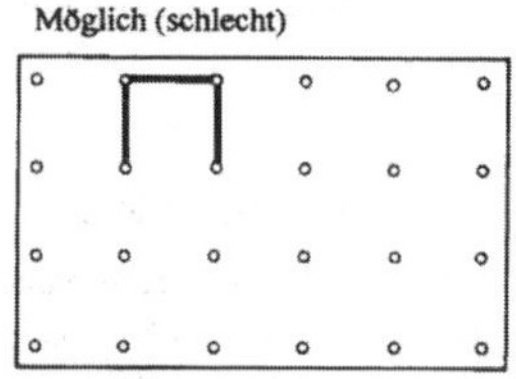

Nicht möglich

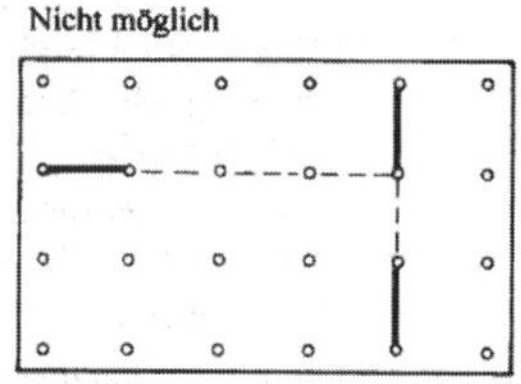

Gegenüberliegende steife Elemente

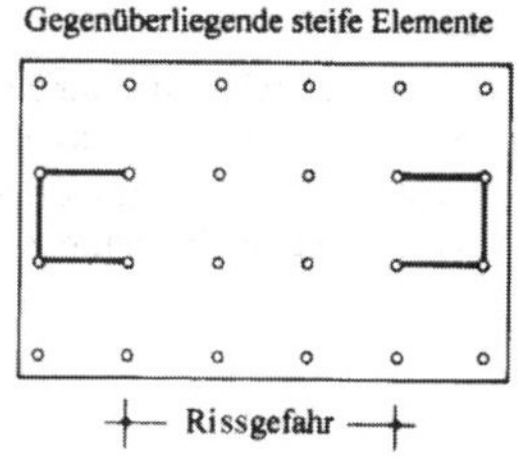

5 Fugen

5.1 Allgemeines

Fugen begrenzen die wirksame Länge der Bauelemente bei Längenänderungen. Sie schaffen Bewegungsmöglichkeit für Verformungen (z. B. durch unterschiedliche Bauteilsetzung, Temperaturänderung, Schwinden).

Fugen sind „geplante“ Risse, die sonst wegen der behinderten Verformbarkeit unkontrolliert entstehen würden. Ihre Lage und Anzahl sollte möglichst früh planerisch festgelegt werden.

5.2 Fugenarten

- **Dehnfugen** sind Raumfugen, die für Temperaturerhöhungen (Brandfall) horizontalen Bewegungsspielraum vorhalten, die aber auch Bewegungen infolge von Temperaturdifferenz (Wärmedämmung!) und Schwinden ermöglichen. Sie gehen durch das gesamte Gebäude und enden oberhalb der Gründung.

$$\text{Fugenbreite} \approx \frac{\text{wirksame Dehnlänge } l_w}{1200} \quad \text{bzw.} \quad \frac{l_w}{600}$$

(bei hoher Brandlast)

Dehnfuge als Trennfuge

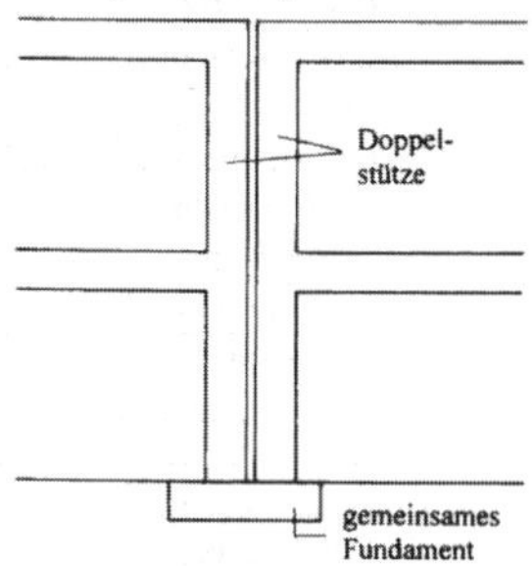

Dehnfuge als Gleitfuge

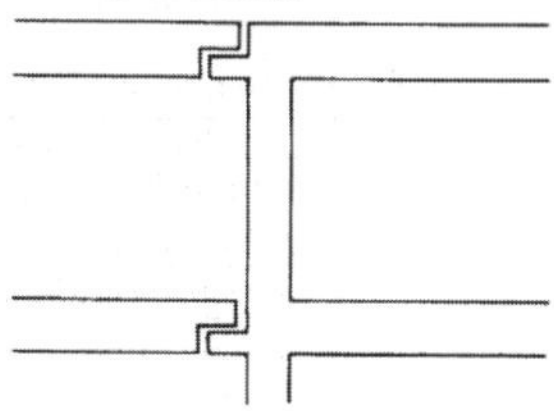

- **Setzfugen** ermöglichen zwängungsfrei unterschiedliche vertikale Bewegungen benachbarter Bauteile. Setzfugen trennen auch die Fundamente. Notwendig z. B. bei unterschiedlicher Belastung, bei hohen neben niedrigen Gebäuden!

  Setzfugen wegen unterschiedlichen Baugrunds lassen sich gegebenenfalls vermeiden durch:
  - o Bodenaustausch (Magerbeton oder Kies)
  - o Gründung unterhalb des nachgiebigen Bereichs
  - o Gründung auf Pfählen
  - o Anordnung eines steifen Kellerkastens.

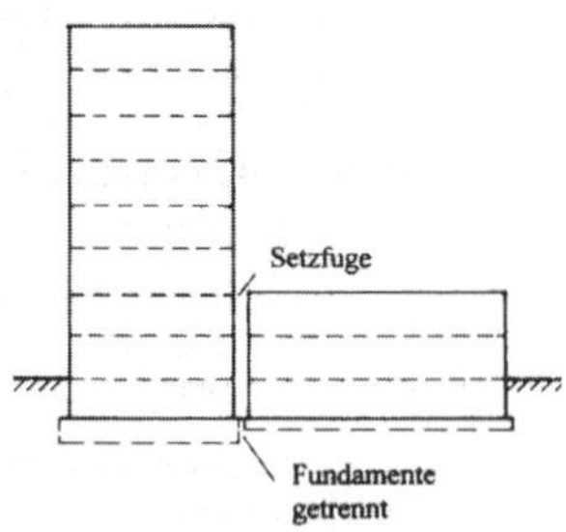

- **Scheinfugen** (z. B. durch Einlegen von Dreikantleisten) sind geplante Sollbruchstellen. Sie sind ohne Arbeitsunterbrechung herstellbar. Querschnittsschwächung ca. 25 % der Konstruktionsdicke erforderlich.
- Arbeitsfugen ergeben sich aus dem taktweisen Arbeitsfortschritt (möglichst ⊥ zur resultierenden Kraft anordnen).
- Schwindfugen (oder Schwindgassen) sind vorübergehend offen bleibende schmale Betoniergassen, die erst nach dem weitgehenden Abklingen des Schwindvorgangs geschlossen werden (aufwändig; lassen sich oft mit dem Arbeitsfortschritt nicht vereinbaren).

5.3 Dehnungsfugenabstände

Fugen sind aufwendig in der Herstellung und im Unterhalt; daher sollten nur so viel Fugen wie unbedingt nötig angeordnet werden. Allgemeingültige Regeln und Angaben über erforderliche Fugenabstände sind nicht möglich, da eine Vielfalt von Einflüssen eine Rolle spielt, wie z. B. Temperatur, Schwinden, Kriechen, Wärmedämmung, Alter und Nachbehandlung der Baustoffe. Nachfolgend werden in den Tafeln 5. 33 bis 5.34 (Auszug aus TGL*) 2903, Ausg. 04.83 – Bewegungsfugen in Bauwerken) für einige Konstruktionen grobe Anhaltswerte für Fugenabstände angegeben.

*) „Technische Güte- und Lieferbedingungen" der ehemaligen DDR.

Tafel 5.33 Gebäude mit Tragkonstruktion aus Beton oder Stahlbeton

Nr.	Konstruktion des Gebäudes		max. Abstand der Fugen in m bei	
			Ortbeton-bauweise	Montage-bauweise
1	SKELETTBAU			
1.1	**Stahlbeton, eingeschossig, gelenkig gekoppelt**			
1.1.1	ohne Witterungseinfluss auf die verbindenden Tragglieder Stützenkennwert[1)] bei Betrachtung des Gebäudes in			
	Längsrichtung	Querrichtung[2)]		
	$\alpha = 40$ bis 85	$\alpha = 90$ bis 130	36	48
	$\alpha = 86$ bis 140	$\alpha = 131$ bis 175	48	72
	$\alpha > 140$	$\alpha > 175$	72	96
1.1.2	mit Witterungseinfluss auf die verbindenden Tragglieder Stützenkennwert[1)] bei Betrachtung des Gebäudes in			
	Längsrichtung	Querrichtung[2)]		
	$\alpha = 40$ bis 85	$\alpha = 90$ bis 130	24	36
	$\alpha = 86$ bis 140	$\alpha = 131$ bis 175	36	48
	$\alpha > 140$	$\alpha > 175$	48	54
1.2	**Stahlbeton, mehrgeschossig**			
1.2.1	rahmenstabilisierte Konstruktion Stütze – Riegel in Richtung der betrachteten Fugenabstände			
	ohne Witterungseinfluss auf die verbindenden Tragglieder		36	48
	mit Witterungseinfluss auf die verbindenden Tragglieder		24	36
1.2.2	scheiben- oder kernstabilisierte bzw. rahmenstabilisierte Konstruktion Stütze – Riegel in Richtung der betrachteten Fugenabstände			
	ohne Witterungseinfluss auf die verbindenden Tragglieder		48	72
	mit Witterungseinfluss auf die verbindenden Tragglieder		36	48
2	WANDBAU			
2.3	**Ortbetonkonstruktion**			
	in Querwandbauweise, Montageaußenwand		48	–
	in Längswandbauweise, Ortbetonaußenwand		36	–

1) Stützenkennwert $\alpha = h^2/s$ mit h als Stützenhöhe in m und s als Stützendicke in m in Richtung des Dehnungsfugenabstands.
2) Richtung der Hauptbeanspruchung aus den äußeren Kräften, z. B. Wind, Kranseitenstoß.

Es kann durchaus wirtschaftlich sinnvoll sein, größere Fugenabstände zu wählen oder sogar **fugenlose Bauwerke** zu erstellen. Der bei derartig ausgeführten Bauwerken entstehende große Zwang bzw. dessen Auswirkung kann z. B. reduziert werden

- durch besondere Vorkehrungen bei der Herstellung (z. B. schwindarmer Zement, Nachbehandlung des Betons, Gleitfolien)
- durch ausreichende Wärmedämmung (Außendämmung ist im Hinblick auf die Rissgefahr sehr günstig, Innendämmung sehr ungünstig!)
- durch höheren Bewehrungsaufwand (bis etwa +30 %). Die entstehenden Rissbreiten im Beton werden dadurch auf ein unschädliches Maß reduziert.

Tafel 5.34a Gebäude aus Mauerwerk

Nr.	Konstruktion des Gebäudes	Abstand der Fugen in m höchstens
1	Mauerwerk aus gebrannten Voll- und Hochlochziegeln	72
2	Mauerwerk aus Kalksandsteinen	36
3	Mauerwerk aus Leichtbeton-Hohlblocksteinen	36
4	Mauerwerk aus Porenbeton	48
5	Mauerwerk aus Holzbeton	18
6	Mauerwerk aus natürlichen Steinen	24
7	Mauerwerk nach Nr. 1 bis 6 bei Auflagerung von Ortbetongeschossdecken	24

Für **Außenschalen** von zweischaligem Mauerwerk werden folgende Dehnfugenabstände empfohlen: bei Mauerwerk aus Ziegeln etwa 12 m und aus Kalksandstein ca. 7 m. Unabhängig davon sollten Dehnungsfugen immer an Gebäudeecken angeordnet werden; an welcher Seite der Ecke die Fuge angeordnet werden sollte, hängt von der Himmelsrichtung ab, siehe z. B. [15.2].

Tafel 5.34b Gebäude mit Tragkonstruktion aus Stahl

Nr.	Konstruktion des Gebäudes	Maximaler Abstand der Fugen (in m) in eingeschossigen Gebäuden	Maximaler Abstand der Fugen (in m) in mehrgeschossigen Gebäuden
1	Festpunkt in der Mitte eines Gebäudeabschnitts		
	ohne Witterungseinfluss auf die verbindenden Tragglieder	144	96
	mit Witterungseinfluss auf die verbindenden Tragglieder	120	72
2	Festpunkte an beiden Enden eines Gebäudeabschnitts oder Festpunkte neben den Fugen, nachgiebiger Anschluss der Koppelglieder in Richtung des betrachteten Fugenabstands, z. B. mit rohen, abscherbeanspruchten Schrauben		
	ohne Witterungseinfluss auf die verbindenden Tragglieder	120	72
	mit Witterungseinfluss auf die verbindenden Tragglieder	196	60
3	Festpunkte an beiden Enden eines Gebäudeabschnitts oder Festpunkte neben den Fugen, unnachgiebiger Anschluss der Koppelglieder in Richtung des betrachteten Fugenabstands, z. B. mit Schweiß-, Stirnplattenverbindungen, Passschrauben, gleitfesten Schraubverbindungen		
	ohne Witterungseinfluss auf die verbindenden Tragglieder	196	60
	mit Witterungseinfluss auf die verbindenden Tragglieder	172	48
4	keine Festpunkte, in Richtung des betrachteten Fugenabstands durchgehendes Rahmentragwerk oder Tragwerk mit in den Fundamenten eingespannten Stützen		
	ohne Witterungseinfluss auf die verbindenden Tragglieder	172	48
	mit Witterungseinfluss auf die verbindenden Tragglieder	160	36

5 B Baustoffe

Ass. Prof. Dipl.-Ing. Dr. techn. Heinrich Bruckner und Prof. Dr. techn. Dr.-Ing. habil. Ulrich Schneider

Im Folgenden wird ein kurzer Überblick über wichtige Baustoffe und deren Eigenschaften gegeben. Alle Werte beziehen sich auf Normtemperaturen. Für die Baustoffklassen wurden neue Prüfverfahren eingeführt. Bis die Baustoffe entsprechend geprüft und klassifiziert sind, ist, laut Expertenmeinung, mit einer Übergangszeit von ca. 10 Jahren zu rechnen. In den Tabellen wurden daher noch die Werte nach DIN 4102-1 beibehalten. λ-Werte sind der Literatur und den Normen entnommen. Bei einem angegebenen Bereich für die Dichte der Baustoffe sind die großen λ-Werte den größeren ρ-Werten zuzuordnen. Für die ökologische Bewertung wurde ein einfaches (+/0/–)-Schema gewählt (ökologisch günstig, Standard, ungünstig). Die Beurteilung erfolgt unter den Aspekten: Herstellung (Stoffrucksack, Primärenergieinhalt, Emissionen, nachwachsende Rohstoffe, nicht regenerierbare organische Stoffe), Verarbeitung (Transportwege, Arbeits- und Gesundheitsschutz, Baustellenabfälle), Nutzung (Emissionen, Instandhaltung, Lebensdauer); Verwertung (derzeitige Verwertung, Deponierbarkeit). Die Baustoffkennwerte, die mit x bezeichnet wurden, sind von geringer Bedeutung bzw. werden derzeit noch bearbeitet.

(*Hinweis*: Für eine Tragwerksbemessung im Konstruktiven Ingenieurbau sind selbstverständlich die in den relevanten Normen definierten Festigkeitswerte zu verwenden; vgl. Kap. 14 bis 18.)

1 Natursteine

1.1 Granit und Syenit gehören zur Familie der Tiefengesteine (Plutonite). Wichtigste Mineralbestandteile des Granits: Feldspat, Quarz, Glimmer. Syenite enthalten im Gegensatz zu Granit keinen bis sehr wenig Quarz ([5.36], [5.37], [5.57]).
Verwendung: Fassadenplatten, Bodenplatten, Säulen, Straßenpflaster.

1.2 und 1.3 Kalksteine, Dolomite, Marmor: Kalksteine sind Sedimentgesteine, die einen überwiegenden Kalkgehalt aufweisen (Richtwert: dichte Kalkgesteine ρ > 2600 kg/m^3, sonstige Kalksteine $\rho \leq$ 2600 kg/m^3). Dolomite sind Gesteine, die vorwiegend aus Dolomitmineralen bestehen. Marmor: Umprägungsgestein von Kalkstein bzw. Dolomit.
Solnhofer Platten: feinkörniger, sehr dichter, dünnschichtiger Plattenkalk ([5.36], [5.37]).
Verwendung: dichte Kalksteine: Fußböden, Wandplatten; sonstige Kalksteine: Kirchen, Prunkbauten.

1.4 Quarzitische Sandsteine: durch Ton, Kalk und Kieselsäure in Schichten verfestigte Sande mit einem Quarzanteil von mindestens 85 %, evtl. quarzitische Gesteinsbruchstücke.
Verwendung: Bruchsteine, Bahn- und Straßenschotter ([5.36], [5.57]).

1.5 Sonstige Sandsteine: durch Ton, Kalk und Kieselsäure in Schichten verfestigte Sande. Quarzanteil < 85 % ([5.36], [5.37]).
Verwendung: Baustein z. B. für Kirchen, Prunkgebäude, Denkmäler.

1.6 Tonschiefer: umgeprägtes Tongestein, nicht quellfähig (Schieferton im Gegensatz dazu ist kaum (nicht) umgeprägt und daher quellfähig) ([5.36], [5.37], [5.57]).
Verwendung: Dach- und Wandplatten.

1.7 Tuffstein: als Tuff werden vulkanische Auswurf- bzw. Lockerprodukte bezeichnet. Tuffgestein ist verfestigter vulkanischer Tuff. Sehr porig, verwitterungsgefährdet ([5.36]).
Verwendung: als Leichtbaustein, zur Wärmedämmung, früher auch bei Prunkgebäuden

1.8 Strohlehm: Lehm-Stroh-Gemisch mit einer Dichte zwischen 1200 und 1700 kg/m^3 ([5.34]).
Verwendung: Zwischenwände, Ausfachungen, Lehmstampfbau.

1.9 Massivlehm: Lehm ohne Beimengungen in Form organischer (Stroh, Hackschnitzel) oder anorganischer (Blähton) Zuschläge mit tragender Funktion ([5.34], [5.57]).
Verwendung: Lehmstampfbau.

1.10 Massivlehmsteine: vorgefertigte Lehmsteine aus Massivlehm (nicht gebrannt) ([5.34]).
Verwendung: Mauerwerksbau.

2 Keramische Baustoffe – Steine, Dachziegel, Platten und Fliesen

2.1 Vollziegel sind keramische Baustoffe (Irdengut, Grobkeramik) aus Ton bzw. Tonmergel (Ton = Anteile mit $d < 0{,}002$ mm), die bei Temperaturen zwischen 900 bis 1100 °C gebrannt werden. Vollziegel können einen Lochanteil in der Lagerfläche bis 15 % aufweisen ([5.39], [5.40]).

Verwendung: Mauerwerk, Bögen, Ausmauerungen, Pfeiler.

2.2 Lochziegel können als Hochlochziegel mit einem Lochanteil bis 50 % der Lagerfläche, als Leichthochlochziegel ($\rho \leq 1000$ kg/m^3) oder als Langlochziegel (Lochung parallel zur Lagerfuge; nichttragend) ausgebildet sein ([5.39], [5.40]).

Verwendung: Außen- und Zwischenwände.

2.3 Vormauerziegel: Vormauerziegel sind hochfest und daher frostbeständig, sie genügen speziellen Anforderungen bezüglich Sichtfläche und Farbe ([5.36], [5.40 [5.57]).

Verwendung: Sichtmauerwerk, Schornsteinköpfe.

2.4 Klinkerziegel: gelochte oder nicht gelochte, bis zur Sintergrenze (Grobkeramik, Sinterzeug) gebrannte Ziegel (1150 bis 1300 °C), d. h., sie sind schwer (Scherbenrohdichte ≥ 1900 kg/m^3), dicht, hart und frostbeständig; heller Klang beim Anschlagen ([5.36], [5.37], [5.39]).

Verwendung: Man unterscheidet Wasserbau-, Kanal-, Pflaster-, Fassaden-, Fußboden-, Tunnel- und säurefesten Klinker.

2.5 Dachziegel: Dachziegel sind hochfeste keramische Bauteile (spezielle Anforderungen an den Ton), die in natürlicher Brennfarbe, gefärbt, engobiert, glasiert oder gedämpft hergestellt werden. Man unterscheidet Strangdachziegel (ohne oder mit Seitenfalz; Biberschwanz, Hohlpfanne, Strangfalzziegel) und Pressdachziegel (ein oder mehrere Kopf-, Fuß- und Seitenfalze; Falzziegel, Flachdachpfanne, Mönch und Nonne). Besondere Anforderungen werden bezüglich Frostbeständigkeit, Wasserundurchlässigkeit, Oberflächenbeschaffenheit und Farbe, Form und Maßhaltigkeit und Flügeligkeit gestellt ([5.36], [5.37], [5.57]).

2.6 und 2.7 Spalt- und Klinkerplatten: hergestellt aus hochwertigen Tonen und mineralischen Zuschlägen (Grobkeramik) im Strangpressverfahren, die nach dem Brennen (1100 bis 1300 °C) gespalten werden (eine Form ergibt zwei Platten). Frostsicher, säurebeständig, bessere Stoß- und Bruchfestigkeit als Steingutfliesen. Höhere Toleranzen bei der Maßgenauigkeit aufgrund des Schwindens beim Trocknen und Brennen.

Bodenklinkerplatten werden trocken gepresst. Glasierte Fußbodenplatten werden entsprechend der Abriebfestigkeit der Glasuren in 4 Klassen eingeteilt ([5.37], [5.39], [5.40], [5.57]).

Verwendung: Treppen-, Fassadenplatten, Fenstersohlbank-, Rinnen- und, Beckenrandsteine.

Cottoplatten: unglasierte und ungesinterte rote (rotbraune) Ziegelplatten, die nach ausreichender Trocknungszeit (ca. 4 Wochen) gewachst werden. Meist nicht frostbeständig und mit höherer Wasseraufnahme (Brenntemperatur 1000 °C).

2.8 Wandfliesen innen: Steingut- oder Irdengutfliesen (Feinkeramik) werden vor allem aus Ton (Anteil ≥ 50 %), Kaolin (fehlt beim Irdengut), Quarz und Feldspat etc. hergestellt. Hohe Wasseraufnahme (daher Glasur) ([5.36], [5.37], [5.39], [5.40], [5.57]).

2.9 Bodenfliesen in Zementmörtel: Fliesen können mit Fliesenkleber (hydraulischer Dünnbettmörtel auf Zementbasis, Dispersionskleber, Reaktionsharzkleber) oder in Zementmörtel verlegt werden. Einmischungsfaktor (EF) = (Trockenmasse von Sand 0/4 + Zement)/Nassmörtel. Mischungsverhältnisse Zement : Sand, EF für: Vorputz: 1 : 3(3,5), 1,5; Spritzbewurf: 1 : 2,5(3), 1,5; Spaltwandplatten: 1 : 4(4,5), 1,4; Steinzeugfliesen: 1 : 3, 1,5; Steingut und Irdengut: 1: 5, 1,4 ([5.36], [5.37], [5.39], [5.40], [5.57]).

Verwendung: Mauerwerk oder raue Betonoberflächen, keramische Bodenplatten, Bodenfliesen.

Natursteine – Gestein, Lehm

NR.	KURZBEZEICHNUNG	DICHTE	DRUCK-FESTIGKEIT	BIEGE-FESTIG-KEIT	E-MODUL	LINEARE WÄRME-AUSDEHNUNG	BAUSTOFF-KLASSE
		ρ	σ_D	σ_{BZ}	E	α	
		kg/m³	N/mm²	N/mm²	N/mm²	10^{-6} K	
1.1	Granit/Syenit	2600–2800	160–240	10–20	40 000–80 000	5–11	A1
1.2	dichte Kalksteine, Dolomite, Marmor	2650–2850	80–180	6–15	60 000– 90 000	5–10	A1
1.3	sonstige Kalk-steine	2400–2500	20–90	5–8	40 000–70 000	4–12	A1
1.4	Quarzit. Sandstein	2600–2650	120–200	12–20	20 000–70 000	8–12	A1
1.5	Sonstige Sand-steine	2000–2650	30–180	3–15	5 000–30 000	8–12	A1
1.6	Tonschiefer	2600–3500	60–95	7–16	56 000–91 000	5	A1
1.7	Tuffstein	1300	5–25	1–4	30 000–80 000	6–10	A1
1.8	Strohlehm	850–1600	1,7–2,5	1,2–1,7	4350	5	A1
1.9	Massivlehm	1800–2200	2–5	x	4350	5	A1
1.10	Massivlehmsteine	1800–2200	2–4	x	4350	5	A1

Keramische Baustoffe – Steine, Dachziegel, Platten und Fliesen

NR.	KURZBEZEICHNUNG	DICHTE	DRUCK-FESTIGKEIT	BIEGE-FESTIGKEIT	E-MODUL	LINEARE WÄRME-AUSDEHNUNG	BAUSTOFF-KLASSE
		ρ	σ_D	σ_{BZ}	E	α	
		kg/m³	N/mm²	N/mm²	N/mm²	10^{-6} K	
2.1	Vollziegel	1500–1800	10–25	5–10	5000–20 000	5	A1
2.2	Lochziegel	600–1400	2,5–25	5–10	5000–20 000	5	A1
2.3	Vormauerziegel	1800	25–50	10–25	9 000	5	A1
2.4	Klinkerziegel	2000	60	10–30	20 000–70 000	5	A1
2.5	Dachziegel	1800	x	8–15	5000–20 000	4,5–5	A1
2.6	Spalt- und Klinkerplatten für den Fußboden	2000–2100	> 22	15	5000–30 000	9	A1
2.7	Wandspalt- und Klinkerplatten	2000	> 12	9	5000–30 000	9	A1
2.8	Wandfliesen, innen	1700–2000	> 12	12–15	5000–30 000	9	A1
2.9	Bodenfliesen in Zementmörtel	2300	> 27	27	5000 – 30 000	9	A1

WÄRMELEIT-FÄHIGKEIT	SPEZ. WÄRME-KAPAZITÄT	DAMPF-DIFFUSIONS-WIDERSTAND	WASSER-AUFNAHME	HERSTELLUNG/VER-ARBEITUNG	NUTZUNG	VERWERTUNG	NR.
λ	c	μ					
W/(m·K)	kJ/(kg·K)		MASSE-%				
3,5	0,91	50–200	0,2–0,5	0/0	0	+	1.1
3,5	0,91	50–200	0,2–0,6	0/0	0	+	1.2
2,1–2,3	0,88	50–200	0,2–10	0/0	0	+	1.3
2,1	0,88	20–50	0,2–0,6	0/0	0	+	1.4
2,1	0,88	20–50	0,2–9	0/0	0	+	1.5
3,5	0,9	25	0,5–0,7	0/0	0	+	1.6
0,8	0,88	4–10	6–15	0/0	0	+	1.7
0,25–0,81	1–1,1	2–5	x	+/0	0	+	1.8
0,85–0,93	1	5–10	x	+/0	0	+	1.9
0,91	1	5–10	x	+/0	0	+	1.10

WÄRME-LEITFÄHIG-KEIT	SPEZ. WÄRME-KAPAZITÄT	DAMPF-DIFFUSIONS-WIDERSTAND	WASSER-AUFNAHME	HERSTELLUNG/VER-ARBEITUNG	NUTZUNG	VERWERTUNG	NR.
λ	c	μ					
W/(m·K)	kJ/(kg·K)		MASSE-%				
0,46–0,83	0,92	5–10	18–22	0/0	0	0	2.1
0,13–0,50	0,92	2–10	15–22	0/0	0	0	2.2
0,96	0,92	50–100	x	0/0	0	0	2.3
0,8–1,16	0,88	50–400	9–10	0/0	0	0	2.4
0,46–0,69	0,90	100–400	14–18	0/0	0	0	2.5
1,05–1,11	0,88–0,90	120–410	3–10	0/0	0	0	2.6
0,96–1,05	0,9–0,92	35–300	3–10	0/0	0	0	2.7
0,87–1,04	0,90	150–300	3–10	–/0	0	–	2.8
1,28	0,9	150–300	3–10	0/0	0	–	2.9

3 Mörtel, Putze, Estriche

3.1 Anhydritestrich: Natürliches Anhydrit ($CaSO_4$) ist ein in der Natur vorkommender wasserfreier Gips, synthetisches Anhydrit fällt z. B. bei der Flusssäureherstellung an. Anhydritestriche werden aus Anhydritbindern und Sand im Mischungsverhältnis 1 : 2,5 (Raumteile) und evtl. Fließmitteln meist als Fließestrich hergestellt (Lufttemperatur bei der Herstellung ≥ 5 °C; Fugen sind bei weniger als < 1000 m² i. d. R. nicht erforderlich, außer bei Fußbodenheizungen). Nachbehandlung ist nicht erforderlich, begehbar nach 1 bis 2 Tagen, verlegereif nach ca. 10–14 Tagen ([5.37], [5.57], [5.58]).

Verwendung: Wohn- und Bürobauten.

3.2 Fließestrich: Fließestrich ist ein Werktrockenmörtel, der auf der Baustelle mit Wasser angerührt und zur Verlegestelle gepumpt wird (selbstverlaufend, eben). Dicke ca. 3,5 cm, begehbar nach 3 bis 24 Std., belastbar nach 8 bis 72 Std., verlegereif nach 8 bis 21 Tagen [5.37].

Verwendung: Wohn-, Bürobauten, Feuchtebereiche, Fußbodenheizungen.

3.3 Gipsestrichplatten: Trockenestrich aus meist 3 verklebten Gipskartonplatten (Nut und Feder), Abmessungen oft 200/60 [cm], d = 2,5 cm. Auch mit Feuchtigkeitsschutz bzw. aufgeklebten Polystyrolschaumplatten. Sofort begehbar ([5.37], [5.57], [5.58]).

Anwendung: Trockenausbau (auch für Fußbodenheizungen).

3.4 Gipsfaserestrichplatten: Analog den Gipsestrichplatten (siehe 3.3) aus Gips mit Faserbewehrung (Cellulosefasern); sofort begehbar ([5.37], [5.57]).

Anwendung: Trockenausbau.

3.5 Gussasphaltestrich: Estrich aus Bitumen und Zuschlag (einschließlich Füller): Fugenloser Einbau (bei jedem Wetter), Verarbeitungstemperatur 220 bis 250 °C, die Oberfläche wird vor dem Erkalten mit feinem Sand abgerieben (einlagig 2 bis 3 cm; zweilagig ≥ 4 cm). Nach 2 bis 3 Stunden begehbar ([5.37], [5.57]).

Verwendung: befahrbar, beheizte und unbeheizte Räume, im Freien, Kühlräume.

3.6 Lehmestrich wird mit nicht zu grobkörnigem und feuchtem Lehm (Trockenschwindung < 5 mm) und evtl. Faserstoffen (Strohhäcksel, Kuhhaare) schichtenweise in einer Stärke von 8 bis 20 cm hergestellt. Die nach dem Trocknen der jeweiligen Schicht auftretenden Risse werden wieder so lange zugestampft, bis keine Risse mehr auftreten.

Verwendung: landwirtschaftlich genutzte Gebäude, Ställe, Getränkekeller.

3.7 Magnesiaestrich: Estrich aus kaustisch (= ätzend) gebranntem Magnesia und einer wässrigen Lösung aus Magnesiumchlorid, anorganischen oder organischen Zuschlägen und evtl. Farbstoffen (ME5, ME7, ME10, ME20, ME30, ME40, ME50 – Nenndruckfestigkeit in N/mm²). Schwindet beim Erhärten (Fugen anordnen). Auf Betondecken Eindringen der Mörtelfeuchtigkeit in den Beton verhindern (Chloridkorrosion!), feuchteanfällig (Schutz durch Dampfsperre, Ölen) ([5.37], [5.57]).

Steinholz (Dicke 1,5 bis 2,5 cm); Mischungsverhältnis (Vol.) für Unterböden: Magnesia : Sägemehl (Füller) = 1 : 4, Mischungsverhältnis für Nutzschichten: Magnesia : Füllstoff = 1 : 2.

Anwendung: Innenbereich (z. B. Küchen), Laborräume.

3.8 Zementestrich: Estrich aus Zement, Zuschlag (bei $d \leq 4$ cm Korndurchmesser ≤ 8 mm, bei größeren Dicken bis 16 mm) und evtl. Zusätze. Mischungsverhältnis (Vol.): Sand (0/2) : Kiessand (2/8) : Zement = 2(2,5) : 2(2,5) : 1 ([5.37], [5.57]).

Verwendung: begehbare und befahrbare Estriche im Innen- und Außenbereich.

Terrazzo: Zementestrich mit weißem (farbigem) schleif- und polierfähigem Natursteinzuschlag. Fugen alle 5 bis 6 m, nicht unter 5 °C verarbeiten, begehbar nach ca. 3 Tagen [5.37].

3.9 und 3.10 Gipsputze (Maschinengipsputze) besteht aus Halbhydrat, Anhydrit II und Anhydrit III (Versteifungsbeginn ≥ 3 Min., Maschinenputz ≥ 25 Min.). Gips : Wasser = 1,5 : 1

Gipsmörtel mit Sand abgemagert: abgemagerter Gipsputz, mit relativ raschem Versteifungsbeginn. Mischungsverhältnis (Vol.) Wasser : Gips : Sand = 1 : 1,25 : 2,5(3,75), evtl. Kalkhydrat als Verzögerer (Wasser : Kalk = 10 : 1) ([5.37], [5.41], [5.57]).

Verwendung: Innenbereich (nicht in Feuchträumen).

3.11 Gips-Kalkputze müssen mit Luftkalk (Kalkhydrat = gelöschter Kalk) hergestellt werden. Mischungsverhältnis (Vol.) Gips : Kalk : Sand = 1 : 1 : 3 ([5.37], [5.41], [5.57]).

Verwendung: Innenbereich.

3.12 Kalkputze (Luftkalkmörtel) bestehen aus Luftkalken (Weißkalk, Dolomitkalk; Kalkhydrat = gelöschter Kalk), Sand und Wasser. Mischungsverhältnis (Vol.) Luftkalk : Sand = 1 : 3(3,5) ([5.37], [5.41], [5.57]).

Verwendung: Innenbereich.

3.13 Hydraulische und Hochhydraulische Kalkputze bestehen aus hydraulisch erhärtenden Kalken (Wasserkalk, Hydraulischer Kalk, Hochhydraulischer Kalk) und Sand, benötigen keine Zementzusätze und dürfen nicht mit Gips gemischt werden. Mischungsverhältnis (Vol.) Hydr. Kalk : Sand = 1 : 3 Verwendung auch als Trasskalkmörtel ([5.37], [5.41], [5.57]).

Verwendung: feuchtebeständig – Außen- und Innenbereich.

3.14 Kalk-Zementputz: Putze aus Zement, Kalk, Zuschlag und Wasser. Mischungsverhältnis (Vol.) Zement : Kalk : Zuschlag = 1 : 2(1,5) : 9 ([5.37], [5.41], [5.57]).

Verwendung: Innen- und Außenbereich.

3.15 Zementputz: Feste und kaum saugende Putze aus Zement, Zuschlag und Wasser. Mischungsverhältnis (Vol.) Zement : Zuschlag : Wasser = 1 : 3 : 0,5 ([5.37], [5.41], [5.57]).

Verwendung: Sockelbereich, Außenmauern.

3.16 Kunstharzputze sind Beschichtungen, bestehend aus Kunstharzen (organischen Verbindungen, z. B. Polymetacrylat, Polyvinylacetat) als Bindemittel und Sanden bzw. Füllstoffen ([5.37], [5.41], [5.57]).

Verwendung: Oberputz auf mineralischen Unterputzen oder Wärmedämmverbundsystemen.

3.17 Silikatputz: Silikatputze, aber auch Silikonharzputze sind ähnlich aufgebaut wie Kunstharzputze (siehe 3.16), unterscheiden sich jedoch hinsichtlich des Bindemittels ([5.37]).

Silikatputz = Bindemittel (Kaliwasserglas + Dispersionszusatz (z. B. Acrylate)) + Sand

Verwendung: auf silikatischen Untergründen (sandhaltige Putze) nicht auf Holz(werkstoffen) oder Kunststoffen.

3.18 Leichtputz: Werksmörtel mit einer Dichte von 600 bis 1300 kg/dm^3 (keine Wärmedämmputze!). Verwendung von mineralischen oder organischen Zuschlägen ([5.37]).

Anwendung: als Unterputz bei Außenwänden.

3.19 und 3.20 Wärmedämmputze ($\lambda \leq 0{,}2$ W/(m·K)): **Dämmputz mit exp. Zuschlägen** werden mit expandiertem Polystyrol, Blähperlite, Vermiculite oder auch Mischungen dieser Stoffe hergestellt. Die Putzdicke ist abhängig von der gewünschten Dämmwirkung (Unterputz 2 bis 10 cm, Oberputz 1cm) ([5.37], [5.41], [5.57]).

Verwendung: Unterputz für außen liegende Wärmedämmputzsysteme.

3.21 Dämmputz mit Perliten: Perliteputz, Vermiculiteputz (siehe 9.7 – 9.9)

Unterputz $d_{\min}$ = 1 cm; Oberputz $d \approx 0{,}5$ cm ([5.37], [5.41], [5.57]).

Verwendung: brandschutztechnisch wirksame Bekleidung von Bauteilen.

3.22 Sanierputze sind Werk-Trockenmörtel (meist Zementmörtel mit Luftporenbildner, Sand oder Füllstoffen) mit hoher Porosität (30 bis 45 Vol.-%), großer Wasserdampfdurchlässigkeit und geringer kapillarer Leitfähigkeit. Üblich sind 2- oder 3-lagige Systeme mit Schichtdicken ≥ 2,0 cm (Salzeinlagerung von ca. 4 bis 6 kg/m^2) ([5.37], [5.41], [5.57]).

Verwendung: Trockenlegung der Oberflächen von feuchtem Mauerwerk.

Mörtel, Putze, Estriche

NR.	KURZBEZEICHNUNG	DICHTE	DRUCK-FESTIG-KEIT	ZUG-FESTIG-KEIT	BIEGE-FESTIG-KEIT	E-MODUL	LINEARE WÄRME-AUSDEH-NUNG	BAUSTOFF-KLASSE
		ρ	σ_D	σ_Z	σ_{BZ}	E	α	
		kg/m³	N/mm²	N/mm²	N/mm²	N/mm²	10^{-6}K	
3.1	Anhydritestrich	2100–2200	18–50	0,3–0,5	3–7	17 000–18 000	20	A1
3.2	Fließestrich	1800–2000	28–40	0,3–0,5	5–8	17 000–18 000	20	A1
3.3	Gipsestrichplatten	1200	30–50	x	x	x	20	A1
3.4	Gipsfaserestrich-platten	1200	30–50	x	x	x	20	A1
3.5	Gussasphaltestrich	2000–2300	x	x	≥ 8	x	x	B1
3.6	Lehmestrich	1700–2000	3–4	x	x	4 350	5	A1
3.7	Magnesiaestrich	1400–2300	12–60	x	3–11	x	x	A1
3.8	Zementestrich	2000	18–80	x	3–9	x	10	A1
3.9	Gipsputz	1000–1200	3	0,3	≥ 1	5 000	12	A1
3.10	Gipsmörtel mit Sand abgemagert	1200–1400	3	x	≥ 1	x	12	A1
3.11	Gips-Kalkputz	1400–1600	2	x	≥ 1	x	8–12	A1
3.12	Luftkalkputz	1600–1800	1,5	0,1	1,3	5 000	5–12	A1
3.13	Hochhydraulischer Kalkputz	1600–1800	4–20	0,2	2,6–9	5 000–6 000	5–12	A1
3.14	Kalk-Zementputz	1800	2,5–4	0,3	0,8	6 000	12	A1
3.15	Zementputz	1800–2000	15	1,5	3–10	15 000	6–10	A1
3.16	Kunstharzputz	1100	5	1,0	x	5 000	15	A1–B1
3.17	Silikatputz	1750	5	0,3	x	7 000	12	A1
3.18	Leichtputz	1300	2,5–3	0,3	0,8	1800–6 000	3–15	A1
3.19	Wärmedämmputz	300–600	0,7	0,1	x	1 000	15	A2
3.20	Dämmputz mit exp. Zuschlägen	600–800	0,7	0,1	x	1 000	3–15	A1
3.21	Dämmputz mit Perliten	550	0,7	0,1	x	1000	3–15	A1
3.22	Sanierputz	< 1400	< 4	0,3	x	3 000	15	A1

WÄRME-LEITFÄH IGKEIT	SPEZ. WÄRME-KAPAZITÄT	DAMPF-DIFFUSIONS-WIDERSTAND	WASSER-AUFNAHME	HERSTELLUNG/ VER-ARBEITUNG	NUTZUNG	VERWERTUNG	NR.
λ	c	μ					
W/(m·K)	kJ/(kg·K)		MASSE-%				
0,7–1,2	0,84–1	20–30	x	0/0	0	0	3.1
1,38–1,87	0,85–1	20–30	x	0/0	0	0	3.2
0,25–0,47	0,85–1	5–10	x	0/0	0	0	3.3
0,27	0,85–1	9	x	0/0	0	0	3.4
0,70–0,90	1,05	2000–dampfd.	≤ 0,7	–/–	0	+	3.5
0,81–1,16	1	5–10	x	+/0	0	+	3.6
0,47–0,70	1,5	15	x	0/0	0	0	3.7
1,40	1,13	15–50	x	0/0	0	0	3.8
0,36–0,47	0,85	10	x	0/0	0	0	3.9
0,70	0,85	10	40	0/0	0	0	3.10
0,7–0,87	0,85–0,96	10–15	x	0/0	0	0	3.11
0,87	0,96	10–35	25	0/0	0	0	3.12
0,87	0,96	15–35	25	0/0	0	0	3.13
0,87– 0,9	0,96–1,13	15–35	x	0/0	0	0	3.14
1,40	1,13	15–35	15	0/0	0	0	3.15
0,7	x	50–200	x	–/0	0	-	3.16
0,7	0,84	40	x	0/0	0	0	3.17
0,3	x	15–20	x	0/0	0	0	3.18
0,15–0,25	x	5–20	x	0/0	0	–	3.19
0,19–0,28	0,90–0,92	5–20	x	0/0	0	0	3.20
0,15	0,90	5–20	x	0/0	0	0	3.21
x	x	10	x	0/0	0	0	3.22

4 Baustoffe mit mineralischen Bindemitteln – Normalbeton, Leichtbeton, Platten und Dachsteine

4.1 bis 4.5 Normalbeton besitzt eine Dichte von 2000 bis 2600 kg/m^3 und besteht aus Normalzuschlag (Kies, Sand), Zement, Wasser und evtl. Zusätzen (Zusatzmittel: Luftporenbildner, Verflüssiger etc. Zusatzstoffe: Gesteinsmehl, Trass etc.).

Die Herstellung erfolgt vor Ort (Ortbeton) oder im Werk (Lieferbeton). Zement ist ein hydraulisches Bindemittel, Beton erhärtet daher auch unter Wasser.

Erforderliche Angaben: Druckfestigkeit, Konsistenz, Korngröße (abhängig von der Dicke des Bauteils und der Bewehrungslage), besondere Eigenschaften (Wasserundurchlässigkeit, Sichtbeton etc.).

Mischungsverhältnis für 1 m^3 Normalbeton: knapp 2 t Zuschlag (die Hälfte Kies (≥ 4mm), ein Viertel Grobsand (1 bis 4 mm), ein Viertel Feinsand (0 bis 1 mm)), ca. 300 kg Zement, ca. 150 Liter Wasser. Volumenverhältnis Zement : Zuschlag : Wasser = 1 : 7 : 1,5(1,6).

Einflüsse auf die Betoneigenschaften: w/z-Wert, Zementleimanteil, Zement- und Zuschlagsqualität, Verarbeitung, Verarbeitungstemperatur, Verdichtung (Rütteln, Stampfen, etc.), Nachbehandlung (ausreichende Feuchtigkeit für den Erhärtungsvorgang, Schutz vor Kälte, zu großer Hitze etc., evtl. Nachbehandlungsmittel), Erhärtungsdauer ([5.42], [5.53]).

4.6 Stahlbeton: Verbundbaustoff aus Beton (i. d. R. Aufnahme der Druckspannungen) und Stahl in Form einer schlaffen Bewehrung (Aufnahme der Zugspannungen).

4.7 und 4.8 Blähtonbeton, haufwerksporig, setzt sich im Wesentlichen aus Zement, Wasser und Blähton als Zuschlag (kugeliger Leichtzuschlag mit einer Dichte von ρ = 600 bis 1600 kg/m^3, der durch Erhitzen (> 1000 °C) von illitreichen Tonarten entsteht) zusammen. Haufwerksporen sind Poren zwischen den Zuschlagskörnern, die z. B. entstehen, wenn nur eine Korngröße verwendet wird, d. h. keine stetige Sieblinie verwendet wird ([5.31], [5.43], [5.47]).

Verwendung: Hohlblocksteine, Schallschutzwände.

4.9 Blähtonbeton, gefügedicht: Gefügedichter Blähtonbeton besitzt im Gegensatz zu haufwerksporigem Blähtonbeton eine stetige Sieblinie für den Zuschlag ([5.31], [5.43], [5.47]).

Verwendung: Hohlblocksteine, Wand- und Deckenplatten, Estriche, konstruktiver Stahlleichtbeton.

4.10 Porenbeton (Gasbeton): Quarzsand, Zement, Kalk, Wasser werden durch ein Treibmittel (z. B. Aluminiumpulver) bei konstantem Druck und Temperatur im Autoklaven aufgebläht. Die Unterscheidung erfolgt nach der Druckfestigkeit.

Verarbeitung zu Planblöcken (Verkleben mit Dünnbettmörtel), Fassadenplatten, Deckenplatten (Bewehrung benötigt eine Ummantelung!)

Verwendung: Außenwände, Innenwände, Deckenelemente, Fassadenplatten (Industriebau).

Porenleichtbeton oder Schaumbeton: Mischung eines Feinmörtels mit einem gesondert hergestellten Schaum in Spezialmischern. Erhärtung an der Luft ([5.36], [5.42], [5.43], [5.44]).

Verwendung: Ausgleichsschichten (wärmedämmend) auf Decken und Flachdächern, Unterböden im Industriebau, Straßenbau.

4.11 Holzspanbeton: Beton (Zement, Zuschlag, Wasser), bei dem Holzspäne (mineralisiert) als Zuschlag verwendet werden [5.37].

Verwendung: z. B. als Hohlblockstein, Schalungssteine, Platten.

4.12 Hüttenbimsbeton setzt sich aus Zement, Wasser und Hüttenbims (mit Wasser schnell gekühlte und aufgeschäumte Hochofenschlacke mit einer Dichte von ρ = 900 bis 1400 kg/m^3) zusammen ([5.37]).

Anwendung: z. B. als wärmedämmender Leichtbeton, Stahlleichtbeton, Hohlblocksteine.

4.13 Kalksandstein ist ein Gemisch von Branntkalk, Quarzsand und Wasser, das geformt und unter Sättigungsdampfduck (16 bar) und höherer Temperatur (160 bis 220 °C) im Autoklaven hydratisiert wird. Die Farbe ist weiß, Voll- oder Lochsteine ([5.33], [5.36], [5.37], [5.43]).

Verwendung: Mauersteine, Vormauersteine, Verblendsteine.

4.14 und 4.15 Polystyrolbeton: gefügedichter Leichtbeton aus Zement, Zuschlag aus expandiertem Polystyrol, Feinsand oder Füller, Wasser und evtl. Zusatzmitteln ([5.37], [5.43]).

Verwendung: Steine bzw. geschosshohe Elemente im Wohnbau (als verlorene Schalung und Verfüllung mit Normalbeton), im Straßenbau als Tragschicht bei frostgefährdeten Böden.

4.16 Ziegelsplittbeton: wird aus Zement, Wasser und gebrochenem Ziegel als Zuschlag (Recyclingmaterial) hergestellt. Wichtig ist die Kornform des Ziegelsplitts (Verhältnis $l : d$) um ein entsprechendes Einmischen zu ermöglichen ([5.37], [5.57]).

Verwendung: Wände (Mauersteine).

4.17 Gipsbauplatten (Gipsdielen): Gipsplatten (Steine) aus Stuckgips, manchmal auch mit anorganischen Zuschlägen oder Füllstoffen, mit Dicken zwischen 6 und 12 cm. Auch mit Nut und Feder. Die Steine werden mit Fugengips im Verband versetzt und gespachtelt [5.37].

Verwendung: Trennwände (innen).

4.18 Gipsfaserplatten: Gipsplatten mit Cellulosefasern als Faserverstärkung. Als Ausbauplatte, Feuchtraumplatte, Brandschutzplatte, Vorsatzschale.

Verwendung: trockener Ausbau, Dachboden, Zwischenwände, Vorsatzschale.

4.19 Gipskartonplatten sind Platten mit einem Kern aus modifiziertem Stuckgips und einer Kartonummantelung. Als Ausbauplatte, Feuchtraumplatte, Brandschutzplatte.

Verwendung: trockener Innenausbau, Dachboden, Zwischenwände, Vorsatzschale.

4.20 Vermiculitebrandschutzplatten werden durch Verpressen von geblähtem Vermiculite mit anorganischen, nicht brennbaren Bindemitteln hergestellt.

Verwendung: Brandschutzbekleidungen für Stahl- und Holzbauten, Unterdecken.

4.21 Mineralfaserbrandschutzplatten: Verbundelemente aus magnesitgebundenen, vlies- und gitterbewehrten Deckschichten und nichtbrennbarer Steinwolle im Kern.

Verwendung: Wärmedämmung von der Decke zum Dachraum.

4.22 Betondachstein: im Strangpressverfahren hergestellte Dachsteine aus Beton (Mörtel, Pigmente), die durch Presswalzen verdichtet werden.

4.23 Dachplatten: Faserzementplatten mit Dolanit- (Polyacrylnitril) oder Kuralonfasern (Polyvinylalkohol), Zement und Wasser [5.37].

Verwendung: leichte Dachdeckungen als Wellenplatte, ebene Dachplatte, Fassadenplatte.

5 Farben und Spachtel

5.1 und 5.2 Silikatfarbe (Wasserglasfarbe, Mineralfarbe) besitzt als Bindemittel Kaliwasserglas in wässriger Lösung (alkalisch, keimtötend). Wasserglas bildet keinen Film, sondern bewirkt eine Verkieselung des Untergrundes. Dispersionssilikatfarben enthalten zusätzlich Kunststoffdispersionen und können daher streichfertig geliefert werden [5.60].

Verwendung: Außenanstriche.

5.3 Silikonharzfarbe: Silikone sind kettenförmige Makromoleküle, die durch fortlaufende Verbindung von Silizium- und Sauerstoffatomen gebildet werden und ölig, pastenartig, harzartig oder kautschukartig hergestellt werden [5.37].

Verwendung von Silikonharzen: Imprägniermittel, Schutzanstriche, Schichtstoffe.

5.4 Außendispersionen sind in der Regel Kunststoffdispersionsfarben (KD-Farben, auch Binderfarben), die in Wasser dispergierte Polymersiationsharze als Bindemittel enthalten.

Verwendung: im Innen- und Außenbereich für fast alle Untergründe.

5.5 Betonspachtel (polymermodifiziert), wird als Emulsions- oder Dispersionsspachtel aus Plastomeren, Füllstoffen und evtl. Zement hergestellt ([5.37], [5.59]).

Verwendung: Zum Ausgleichen von Unebenheiten, Verschließen von Rissen.

Baustoffe mit mineralischen Bindemitteln – Normalbeton, Leichtbeton, Platten und Dachsteine

NR.	KURZBEZEICHNUNG	DICHTE	DRUCK-FESTIGKEIT	BIEGE-FESTIGKEIT	E-MODUL	LINEARE WÄRME-AUSD.	BAUSTOFF-KLASSE
		ρ	σ_D	σ_{BZ}	E	α	
		kg/m³	N/mm²	N/mm²	N/mm²	10^{-6}K	
4.1	Normalbeton	2000–2600	5	2,6–3,2	x	10	A1
4.2	Normalbeton	2000–2600	15	5,0–7,0	26 000	10	A1
4.3	Normalbeton	2000–2600	25	6,9–10,2	30 000	10	A1
4.4	Normalbeton	2000–2600	35	8,4–12,9	34 000	10	A1
4.5	Normalbeton	2000–2600	55	11,1–17,9	39 000	10	A1
4.6	Stahlbeton	2400–2500	5–55	x	22 000–39 000	10	A1
4.7	Blähtonbeton, haufw.	600–1100	1,7–4	0,3–1,05	500–4000	10	A1
4.8	Blähtonbeton, haufw.	1100–1700	4–20	1,05–2,5	4000–16 000	10	A1
4.9	Blähtonbeton, dicht	1100–1800	14–28	x	9000–17 500	10	A1
4.10	Porenbeton	400–1400	2,5–10	0,5–2	1200–2500	8	A1
4.11	Holzspanbeton	600–800	2,0	x	1500	8	A2
4.12	Hüttenbimsbeton	900–1600	25	x	5000–10 000	8	A1
4.13	Kalksandstein	1000 –2200	4–60	x	3000	8	A1
4.14	Polystyrolbeton	400	1,0	0,5	800	12	B1
4.15	Polystyrolbeton	600–1000	2,2–6,0	0,7–1,5	1000–3000	12	A2
4.16	Ziegelsplittbeton	1600	25	x	x	x	A1
4.17	Gipsbauplatten	800–1200	10–35	3–7	17 000–18 000	x	A1
4.18	Gipsfaserplatten	1000	30–50	7,0	x	20	A2, B1
4.19	Gipskartonplatten	900	30 –50	x	x	20	A2, B1
4.20	Vermiculiteplatten	350–950	1–3	1,0–6,0	x	x	A1, A2
4.21	Mineralfaserplatten	430–900	x	3,4–7,6	x	x	A1
4.22	Betondachstein	2400	x	x	x	x	A1
4.23	Dachplatten	1700	x	6,0	15 500	10	A2

Farben und Spachtel

	KURZBEZEICHNUNG	DICKE	DICHTE	WÄRME-LEITFÄHIGKEIT	DAMPF-DIFFUSIONSWID.	HERSTELLUNG/ VERARB.	NUTZUNG
		d	ρ	λ	μ		
		m	kg/m³	W/(m·K)			
5.1	Silikatfarbe	0,00017	1400	0,700	850	–/0	0
5.2	Mineralfarbe	0,00010	1400	0,600	500	–/0	0
5.3	Silikonharzfarbe	0,00015	1400	0,600	260	–/0	0
5.4	Außendispersion	0,00020	1390	0,600	900	–/0	0
5.5	Betonspachtel	0,00500	1700	0,700	120	–/0	0

WÄRMELEIT-FÄHIGKEIT	SPEZ. WÄRME-KAPAZITÄT	DAMPF-DIFFUSIONS-WIDERSTAND	HERSTELLUNG/ VERARBEITUNG	NUTZUNG	WIEDER-VERWERTUNG	NR.
λ	c	μ				
W/(m·K)	kJ/(kg·K)					
1,51–2,10	1,1–1,13	50–150	0/0	0	+	4.1
2,03–2,10	1,1–1,13	50–150	0/0	0	+	4.2
2,03–2,10	1,1–1,13	50–150	0/0	0	+	4.3
2,03–2,10	1,1–1,13	50–150	0/0	0	+	4.4
2,03–2,10	1,1–1,13	50–150	0/0	0	+	4.5
2,10–2,30	1,1–1,13	35 –50	0/0	0	+	4.6
0,16–0,42	1,1–1,13	5–15	0/0	0	0	4.7
0,16–0,42	1,1–1,13	5–15	0/0	0	0	4.8
0,43–0,67	1,1–1,13	15	0/0	0	0	4.9
0,12–0,29	1,0	5–10	0/0	0	0	4.10
0,14–0,27	1,5	5–10	+/0	0	0	4.11
0,52–0,63	1,13	10	0/0	0	0	4.12
0,5–1,3	1,0	5–25	0/0	0	0	4.13
0,14	1,4	40	–/0	0	0	4.14
0,21–0,43	1,4	60–200	–/0	0	0	4.15
0,73–0,87	0,92	5–15	0/0	0	0	4.16
0,29–0,58	0,8	7–10	0/0	0	0	4.17
0,27	0,84	8	0/0	0	0	4.18
0,21	0,84–1,0	8	0/0	0	0	4.19
0,11–0,14	x	x	0/0	0	0	4.20
0,08–0,17	x	x	0/–	0	0	4.21
2,1	1,1–1,13	35	0/0	0	0	4.22
0,35	1,0	136	0/0	0	0	4.23

Richtwerte für Oberflächenbehandlungen

EIGENSCHAFTEN	IMPRÄGNIERUNG	LASUR	DECKANSTRICH
Bindemittel	gelöstes Polymer	Silikat	Dispersion
Typische Schichtdicke (μm)	≥ 0	ca. 50	ca. 150
Diffusionsäquivalente Luftschichtdicke in m für Wasserdampf (Kohlendioxid)	< 5 (< 0,5)	< 1 (< 0,1)	0,5–100 (0,1–0,5)
Wasseraufnahmekoeff. in kg/(m^2·h^{0,5})	0,1 bis 0,5	0,1 bis 3	0,05 bis 0,1

6 Holz und Holzbaustoffe

6.1 bis 6.5 Massivhölzer (Fichte, Kiefer, Lärche, Buche, Eiche): Holz besteht im Wesentlichen aus Cellulose (polymeres Kohlehydrat) und Hemicellulose als Gerüststoff (Cellulosebegleiter, wird leicht von Schädlingen angegriffen) und Lignin als Kittstoff (aromatische Verbindungen). Nebenbestandteile sind Wachse, Harze, Fette, Stärke, Mineralien etc. Die Vorteile von Holz sind die hohe Festigkeit in Bezug auf das Eigengewicht, die gute Bearbeitbarkeit und Verfügbarkeit. Nachteile sind die Brennbarkeit, geringe Dauerhaftigkeit bei Wechsel von feucht/trocken, Anfälligkeit gegen tierische und pflanzliche Holzschädlinge.

Holzschutz: Man unterscheidet beim baulichen Holzschutz zwischen konstruktivem (bauliche Maßnahmen wie Dachüberstände, Sockel und Mindesthöhe über dem Erdboden bei der Holzanwendung etc.) und chemischem Holzschutz, und andererseits zwischen vorbeugendem und bekämpfendem Holzschutz. Der Holzschutz richtet sich gegen den Angriff von tierischen (Holzwurm, Hausbock etc.) und pflanzlichen Holzschädlingen (Pilze wie z. B. Hausschwamm und Kellerschwamm) und Mikroorganismen.

Beim konstruktiven Holzschutz versucht man die Voraussetzungen für ein Einnisten der Holzschädlinge – pflanzliche Holzschädlinge benötigen eine entsprechende Temperatur und Feuchte als Lebensbedingung – auszuschließen [5.37].

Bei den chemischen Holzschutzmitteln unterscheidet man: Wasserlösliche (salzhaltige) Holzschutzmittel für trockenes und halbtrockenes Holz. Sie bestehen aus auswaschbaren und nicht auswaschbaren Salzen, z. B. aus Arsenaten (A), anorganischen Borverbindungen (B), Chromaten (C), Hydrogenfluoriden (HF), Siliconfluoriden (SF), Kupfersalzen (K). Lösungsmittelhaltige (ölige) Holzschutzmittel: bestehen aus einem Lösungsmittel, in dem die Wirkstoffe (Insektizide, Fungizide) gelöst sind. Als Lösemittel werden aromatische Kohlenwasserstoffe, chlorierte Kohlenwasserstoffe, Alkohole, Ketone, Ester und aliphatische Kohlenwasserstoffe verwendet. Teeröle (nur für trockenes Holz) bestehen aus einem Öl oder einem organischen Lösungsmittel und evtl. Wirksubstanzen (Carbolineum).

Die *Verwendung*sarten von Massivhölzern sind abhängig von der Holzart ([5.31], [5.43]).

Fichte: konstruktives Bauholz für Dachstühle, Träger, Stützen, Schalungen, Leisten, Bretter.

Kiefer: konstruktives Bauholz für Träger, Stützen, Wasserbau, Möbel.

Lärche: Wasserbau, Dachschindeln, Fußböden, Treppen.

Buche: Unterlagsplatten, Fußböden, Dübel, Möbelbau.

Eiche: Fußböden, Treppen, Türen, Möbelbau, Eisenbahnschwellen.

6.6 bis 6.8 Holzfaserplatten sind Holzwerkstoffe aus Holzfasern, die mit oder ohne Bindemittel unter Einwirkung von Druck und Temperatur hergestellt werden. Man unterscheidet nach der Dichte Hartfaserplatten (HFH, $\rho > 800$ kg/m^3), mittelharte Holzfaserplatten (HFM, $\rho = 350$ bis 800 kg/m^3) und mitteldichte Holzfaserplatten (MDF, $\rho = 250$ bis 450 kg/m^3)

Verwendung: mittragende Beplankung, Schalenkonstruktionen, Dachschalung ([5.31], [5.35]).

6.9 Holzwolleleichtbauplatte: Platten aus Holzwolle und mineralischem Bindemittel (Zement oder kaustisch gebranntes Magnesit) [5.38], [5.61].

Verwendung: Ausbau (Putzträger), Wärmedämmung, Mantelbeton.

6.10 bis 6.12 Holzspanplatten werden aus Holzspänen, die mit Leimen, Zement, Magnesit, Kunstharz oder Gips gebunden sind, hergestellt. Die Herstellung erfolgt als Flachpress-, Strangpressplatte in den Qualitäten V20 (Innenausbau, Möbelbau), gebunden mit Harnstoff-Formaldehydharz, V100 (Fußboden, Wand, Dach), gebunden mit Phenol-Fomaldehydharz, V100 iso, gebunden mit Isocyanat. Bezüglich der Formaldehydemissionen von leimgebundenen Platten unterscheidet man E1 (geringe), E2 und E3 (höhere Emissionen) Platten ([5.36]).

Verwendung: mittragende Beplankung, Fußbodenunterkonstruktionen, Dachschalung.

6.13 Sperrholz wird in **Furnierplatten (FU)** und **Tischlerplatten (TI)** unterteilt.

Furnierplatte: Sperrholzprodukt aus 2 parallelen Deckfurnieren und einer kreuzweise verleimten Mittellage [5.37].

Tischlerplatten oder Paneelplatten sind Platten mit einer dickeren Holzmittellage (Stäbchenmittellage (STAD), Holzleisten mit einer Breite bis 8 mm, verleimt; Stabmittellage (ST), Holzleisten mit einer Breite von 24 bis 28 mm, verleimt, oder Streifenmittellage (SR) mit einer Breite von 24 bis 28 mm, nicht verleimt) und beidseitig normal aufgeleimten Decklagen (2 bis 3 mm Furnieren; 3 bis 5 mm Spanplatten; 4 mm Hartfaserplatten).

Anwendung: Holztafelbauweise, Möbelbau.

6.14 Furnierschichtholz besteht aus Furnierschichten, die entweder eine parallele Faserrichtung aufweisen, oder es wird zwischen mehreren parallelen Furnieren eine festgelegte Zahl von Furnieren mit querlaufender Faserrichtung eingelegt.

Kerto-Furnierschichtholz besteht aus 3,2 mm dicken verleimten Schälfurnieren aus Nadelholz.

Kerto-Q: Furnierlagen vorwiegend parallel, geringe Anzahl von Furnierlagen quer dazu.

Kerto-S: ausschließlich faserparallele Furnierlagen.

Microllam: Furnierschichtholz mit parallelen, in Längsrichtung überlappenden Furnierschichten aus „Southern Yellow Pine".

6.15 OSB-Platten (oriented structural board oder strandboard) bestehen aus langen Spänen (längsorientiert oder überkreuz) mit querliegender Mittelschicht.

Parallam: Platten aus längsorientierten Spänen mit einer Spanlänge bis ca. 75 mm.

PSL (parallel strand lumber): aus 30 mm langen und 1 mm dicken Spänen (Qualität V100)

Verwendung: aussteifende Platten, Kanthölzer.

Intrallam: Stab- oder plattenförmige Konstruktionselemente aus Furnierstücken.

6.16 3- und 5-Schichtplatten bestehen aus 3 bzw. 5 Schichten quer zueinander verleimten Holzlagen. Es werden u.a. folgende Holzarten dazu verwendet: Fichte, Kiefer, Lärche, Douglasie, Zirbe. Die Plattenstärken liegen zwischen 12 mm und 55 mm.

7 Bauglas

7.1 Flachglas besteht im Wesentlichen aus Quarzsand, Soda, Dolomit, Kalk, Feldspat und Sulfat. Man unterscheidet Fensterglas und Spiegelglas (Herstellung vor allem im Floatverfahren), Gussglas (keine klare Durchsicht, z. B. Drahtgläser) und Antikglas (schlierig, blasig) ([5.37], [5.50], [5.51]).

Nach der Verwendung unterscheidet man Normalglas, Sicherheitsglas (Einscheibensicherheitsglas, Verbundsicherheitsglas, Drahtglas), Wärmeschutzglas (Verbundelement aus zwei oder mehr Scheiben mit umlaufender Dichtung, luft- oder gasgefüllt), Sonnenschutzglas (Absorptions- und Reflexionsglas durch Schichtsysteme aus Metalloxiden oder gefärbten Folien) und Schallschutzglas (hohes Scheibengewicht, unterschiedliche Dicke der Einzelscheiben, Schwergasfüllung des Scheibenzwischenraums).

7.2 Kieselglas (Quarzglas) besitzt einen hohen SiO_2-Anteil und damit eine hohe Schmelztemperatur (1700 °C), gute Temperaturwechselbeständigkeit und Chemikalienbeständigkeit, UV-durchlässig ([5.37], [5.51]).

Verwendung: Quarzlampen, Laborgläser.

7.3 Glaskeramik wird mit unterschiedlicher Zusammensetzung mit folgenden Eigenschaften hergestellt: geringe Wärmeausdehnung, hohe Temperatur- (Feuerwiderstandszeiten von 180 bis 240 Minuten) und Temperaturwechselbeständigkeit, hohe Abrieb- und Verschleißfestigkeit, hohe mechanische Festigkeit, gute Bearbeitbarkeit ([5.37], [5.51]).

Verwendung: Brandschutzgläser.

7.4 Bauhohlglas wird vor allem durch Pressen hergestellt, man versteht darunter kompaktes Glas für raumabschließende Funktion ([5.37], [5.51]).

Anwendung: Glassteine, Betonglas, Glasdachsteine.

Holz

NR.	KURZBEZEICHNUNG	DICHTE	DRUCK-FESTIGKEIT	ZUG-FESTIGKEIT	BIEGE-FESTIGKEIT	SCHUB-SPANNUNG	E-MODUL	LINEARE WÄRME-AUSD.
		ρ	σ_D	σ_Z	σ_{BZ}	τ	E	α
		kg/m³	N/mm²	N/mm²	N/mm²	N/mm²	N/mm²	10^{-6}K
6.1	Holz (Fichte)	470	40*)	80*)	68	7,5	10 000*)	34 (3–9)
6.2	Holz (Kiefer)	520	45*)	100*)	80	10	11 000*)	(3–9)
6.3	Holz (Lärche)	500	48*)	105*)	93	9	12 000*)	(3–9)
6.4	Holz (Eiche)	670	52*)	110*)	95	11,5	13 000*)	(3–9)
6.5	Holz (Buche)	670	60*)	135*)	120	10,0	14 000*)	(3–9)
6.6	Holzfaserplatte (hart)	800 –1100	4	4,0	2,2**)	0,12–0,17	2 000	x
6.7	Holzfaserplatte (mittelhart)	330–800	2	2	23	0,3	2200–3000	x
6.8	Holzfaserplatte (weich)	150–350	x	x	1,5–2	x	x	x
6.9	Holzwolleleichtbau-platte	310–570	> 1,5	x	> 1,2	x	x	x
6.10	Spanplatte	300–700	11–15	6–10	10–25	5–10	1 900–3000	x
6.11	Spanplatte gipsgeb.	1200	2	0,5	x	0,2	x	x
6.12	Spanplatte zementgeb.	1250–1450	3,5	1–8	≥ 9,0	2	x	10
6.13	Sperrholz (Birke)	430–800	3–8	3–8	12–20	0,4 –0,9	9000–16 000	x
6.14	Furnierschichtholz (Kerto)	510	3–8	0,05/0,2/2,5	x	0,6–2,2	x	x
6.15	OSB-Platte	580–650	2	2,5	x	0,4	5700	x
6.16	3- und 5-Schichtplatten	400–500	7–10	3,5–6	x	0,9	x	x

Werte bei Massivholz mit *) sind parallel zur Faser, alle anderen Werte quer zur Faser.
**) Festigkeiten in Plattenebene. Die Werte gelten für eine Holzfeuchte zwischen 15 und 20 %.

Bauglas

NR.	KURZBEZEICHNUNG	DICHTE	DRUCK-FESTIGKEIT	ZUG-FESTIGKEIT	BIEGE-FESTIGKEIT	E-MODUL	POISSON-ZAHL	LINEARE WÄRME-AUSDEH-NUNG
		ρ	σ_D	σ_Z	σ_{BZ}	E		α
		kg/m³	N/mm²	N/mm²	N/mm²	N/mm²		10^{-6}K
7.1	Flachglas	2500	700–900	25–90	30–45	73 000	0,23	9
7.2	Kieselglas	2200	1600–2000	70	x	67 000–71 000	x	0,5
7.3	Glaskeramik	2670–2750	240	x	40	60 000	x	10,4
7.4	Bauhohlglas	2500	700–900	25	> 30	73 000	0,23	8–9

BAUSTOFF-KLASSE	WÄRME-LEITFÄHIGKEIT	SPEZ. WÄRME-KAPAZITÄT	DAMPF-DIFFUSIONS-WIDERSTAND	HERSTELLUNG/ VERARBEITUNG	NUTZUNG	VERWERTUNG	NR.
	λ	c	μ				
	W/(m·K)	kJ/(kg·K)					
B2	0,13–0,14	2,5	40–50	+/0	0	+	6.1
B2	0,14	2,5		+/0	0	+	6.2
B2	0,14	2,5	40–50	+/0	0	+	6.3
B2	0,150	2,5	40–50	+/–	0	+	6.4
B2	0,170	2,5	40–50	+/–	0	+	6.5
B2	0,13–0,17	2,5	60–85	+/0	0	0	6.6
B2	0,17	2,5	60–85	+/0	0	0	6.7
B2/B3	0,045–0,056	2,5	5–10	+/0	0	0	6.8
B1	0,073–0,15	2,0–2,1	50–100	+/0	0	0	6.9
B2	0,081–0,13	2,5	50	+/0	0	0	6.10
B1	0,35	2,5	10–25	+/0	0	0	6.11
B1	0,2–0,35	2,0	20–50	+/0	0	0	6.12
B2	0,10–0,15	2,5	50–400	+/0	0	0	6.13
B2	0,15	2,5	60–80	+/0	0	0	6.14
B2	0,13–0,15	2,5	110–260	+/0	0	0	6.15
B2	0,15	2,5	50–400	+/0	0	0	6.16

BAUSTOFF-KLASSE	WÄRME-LEITFÄHIGKEIT	SPEZ. WÄRME-KAPAZITÄT	DAMPF-DIFFUSIONS-WIDERSTAND	HERSTELLUNG/ VERARBEITUNG	NUTZUNG	VERWERTUNG	NR.
	λ	c	μ				
	W/(m·K)	kJ/(kg·K)					
A1	0,8	0,8	dampfd.	–/0	0	0	7.1
A1	1,3	0,9–1,2	dampfd.	–/0	0	0	7.2
A1	0,93	0,9	dampfd.	–/0	0	0	7.3
A1	0,8–1,0	0,8–1,2	dampfd.	–/0	0	0	7.4

8 Baumetalle

Stähle für den Stahlbau

Baustahl: Stahl ist ein Eisenwerkstoff mit einem Kohlenstoffgehalt kleiner 2,06 %. Die Herstellung von Stahl erfolgt vom Erz durch Verhütten (Hochofen) zum Roheisen, durch Frischen (Bessemerverfahren, LD-Verfahren, Elektrostahlverfahren) zum Rohstahl und durch Desoxidieren (entfernen des Restsauerstoffs aus der Schmelze) zum Stahl.

Unlegierte Stähle enthalten neben Eisen und Kohlenstoff geringe, in ihren maximalen Mengen definierte weitere Stoffe (Si, Mn, Al, Ti, Cu, P, S, N). Legierte Stähle enthalten entsprechend größere Mengen der Legierungselemente.

Baustahl ist meist unlegierter (< 2 % Legierungsanteile) oder niedrig legierter Stahl (< 5 % Legierungsanteile), der sich aufgrund seiner Streckgrenze vornehmlich für Konstruktionen des Stahl- und Maschinenbaus eignet. Der Kohlenstoffgehalt liegt unterhalb 0,6 %. Man unterscheidet allgemeine Baustähle, Feinkornbaustähle, wetterfeste Baustähle und nichtrostende Baustähle.

Stähle für Schrauben, Muttern und Nieten weisen einen Kohlenstoffgehalt < 0,25 % auf, sie sind unlegiert, unlegiert und vergütet oder legiert und vergütet.

Stähle für Seildrähte werden aus Walzdrähten mit einem Kohlenstoffgehalt zwischen 0,35 und 0,9 % hergestellt ([5.31], [5.37], [5.45]).

8.1 Allgemeiner Baustahl sind Stähle, die im warmgeformten Zustand, nach dem Normalglühen oder nach einer Kaltumformung im Wesentlichen aufgrund ihrer Zugfestigkeit und Streckgrenze im Bauwesen eingesetzt werden.

Verwendung: Profile, Bleche.

8.2 Feinkornbaustahl sind voll beruhigte, unlegierte und schweißgeeignete Baustähle, bei denen durch Zugabe von Keimbildnern (Aluminium, Niobium, Vanadium und Titan) ein feinkörniges Gefüge entsteht. Sie besitzen eine höhere Streckgrenze und Zugfestigkeit als allgemeine Baustähle. Hochfeste Feinkornbaustähle haben einen Kohlenstoffgehalt ≤ 0,2 %.

Verwendung: Profile, Bleche.

8.3 Wetterfeste Baustähle und nichtrostende Baustähle entsprechen in ihren technologischen Eigenschaften den allgemeinen Baustählen, besitzen jedoch Legierungszusätze (Cu, Cr, Ni, V, P), die unter Witterungseinfluss eine dichte oxidische Deckschicht bilden. Sie weisen im Vergleich zu allgemeinen Baustählen bei gleicher Streckgrenze eine deutlich höhere Zugfestigkeit und Bruchdehnung auf ([5.37], [5.45]).

Verwendung: Bleche, Profile.

8.4 Stahlguss ist die Bezeichnung für jeden in eine Form gegossenen Stahl, der anschließend nicht mehr umgeformt wird (geringerer Kohlenstoffgehalt als Gusseisen).

Anwendung: Brückenlager, Maschinenteile, Schienenteile.

8.5 Hochfeste und schweißgeeignete Stähle sind Feinkornbaustähle mit einem Kohlenstoffgehalt ≤ 0,2 % mit einer erhöhten Streckgrenze [5.37].

Verwendung: Profile, Bleche, Breitflachstähle.

8.6 Hochlegierte Stähle werden für hochwertige Anforderungen verwendet, sie sind im Allgemeinen hochfest, schweißbar und teilweise sehr korrosionsbeständig. Sie sind aber im Allgemeinen nicht für Oberflächenvergütung oder Oberflächenhärtung geeignet [5.37].

Verwendung: nichtrostende Bauteile, Grubenausbauprofile, Bekleidungen.

Stähle für den Betonbau und Spannbetonbau

8.7 Betonstabstahl wird als legierter (P, S, N), schweißbarer, warmgewalzter (mit oder ohne anschließender Nachbehandlung aus der Walzhitze) oder kaltverformter Stahl (Verwinden oder Recken) mit gerippter Oberfläche hergestellt.

Bezeichnung: BSt Streckgrenze bzw. 0,2-%-Dehngrenze [5.37].

Bewehrungsdraht wird als legierter, schweißbarer, kaltverformter Stahl als Ring hergestellt und ausschließlich werksmäßig zu Bewehrung weiterverarbeitet.

Bezeichnung: BSt Streckgrenze bzw. 0,2-%-Dehngrenze G(latt) oder P(rofiliert) [5.37].

8.8 Betonstahlmatten werden aus legiertem, schweißbarem, kaltverformtem Stahl durch Widerstandspunktschweißungen an den Schnittpunkten der Bewehrungsstäbe hergestellt. Bezeichnung: BSt Streckgrenze bzw. 0,2-%-Dehngrenze Matte [5.37].

8.9 Spannstähle werden aus unlegierten Stählen (0,6 bis 0,9-% Kohlenstoff) oder aus niedrig legierten Stählen (0,4 bis 0,7 % Kohlenstoff, Si, Mn, Cr) hergestellt. Man unterscheidet warmgewalzte (rund, glatt bzw. mit Gewinde- oder Schrägrippen d = 26 bis 36 mm), vergütete (rund, glatt bzw. rund, gerippt, d = 5,2 bis 14 mm), kaltgezogene (rund, glatt oder rund profiliert, d = 4 bis 12,2) Spannstähle und Spanndrahtlitzen.

Bezeichnung: YSt Streckgrenze ($R_{0,2}$)/Nennwert der Zugfestigkeit (R_m) jeweils in N/mm^2.

Spanndrahtlitzen bestehen aus kaltgezogenen Einzeldrähten: rund, glatt d = 6,9 bis 18,3 mm (Einzeldrähte ca. d/3) ([5.37], [5.45]).

Nichteisenmetalle

8.10 Aluminium(-legierungen) für Bleche und Profile: Aluminium wird aus Bauxit in folgenden Verfahrensschritten hergestellt: Zerkleinern, in Drehrohröfen Entwässern und Reinigen, Aufmahlen und Aufschließen, Erhitzen und schmelzelektrolytisch Verarbeiten. Aluminium wird als Reinaluminium (98 bis 99,9 % Al) oder legiert (Mangan, Magnesium, Silizium, Zink, Kupfer) hergestellt. Aluminium bildet sehr schnell eine dünne, dichte und wasserunlösliche Oxidschicht, ist aber gegen Säuren und Basen empfindlich. Durch Eloxieren (anodische Oxidation) der Oberfläche kann Aluminium mit einer festhaftenden, bis 30 µm dicken, metallisch glänzenden Oxidschicht überzogen werden, dadurch wird es sehr korrosionsfest ([5.31], [5.37], [5.45]).

Verwendung: AlMn-Legierung: Dachdeckung, Wandverkleidungen; AlMg-Legierung: Fenster, Treppengeländer, Gitter; AlMgSi-Legierungen: Türprofile, Bauprofile.

8.11 Kupfer wird aus Kupfererzen (Kupferkies, Kupferglanz) durch Flotation (Schwimmverfahren), Rösten und Reduktion im Konverter als Rohkupfer (97 bis 99 % Cu) hergestellt. Es ist ziemlich weich, lässt sich löten und schmieden und ist korrosionsbeständig durch Bilden einer Schutzschicht (Patina) [5.37].

Legierungen werden mit Zink (Messing), Zinn, (Bronze), Nickel oder Aluminium hergestellt.

Verwendung: Dachdeckung, Dachrinnen.

8.12 Kupfer-Zink-Legierung (Messing) aus Kupfer und Zink (bis ca. 45 %). Gut Verformbar und korrosionsbeständig.

Verwendung: Beschläge, Armaturen.

8.13 Kupfer-Zinn-Legierung (Zinnbronze) Kupferlegierungen mit mehr als 60 % Kupfer werden als Bronze (hier Zinnbronze) bezeichnet (das Hauptlegierungselement darf nicht Zink sein). Sehr hart und korrosionsbeständig, gute Verschleißeigenschaften und gut kalt verformbar.

Verwendung: Gleitlager.

8.14 und 8.15 Zink wird aus Zinkblende und Zinkcarbonat gewonnen und besitzt eine große Wärmeausdehnung. Es wird als Walz- oder Gussbauteil verarbeitet. Zink überzieht sich an der Luft mit einer graublauen Patina, es ist in der elektrochemischen Spannungsreihe unedler als Kupfer [5.37].

Verwendung: Dacheindeckungen, Traufenblech, Mauer- und Gesimsabdeckungen.

Baumetalle

NR.	KURZBEZEICHNUNG	DICHTE	STRECKGRENZE	ZUGFESTIGKEIT	BRUCHDEHNUNG	E-MODUL	SCHUBMODUL	QUERDEHNZAHL
		ρ	β_s bzw. $\beta_{0,2}$	β_Z	δ_5	E	G	
		kg/m³	N/mm²	N/mm²	%	N/mm²	N/mm²	
8.1	Allgemeiner Baustahl	7850	185–360	310– 680	18–26	210 000	85 000	0,28
8.2	Feinkornbaustähle	7850	225–460	350–720	17–24	210 000	81 000	0,28
8.3	Wetterfeste Baustähle	7850	215–355	340–680	18–26	170 000	64 000	0,28
8.4	Stahlguss	7850	260	500–520	2–18	210 000	81 000	0,28
8.5	Hochfeste und schweißgeeignete Stähle	7850	430–690	530–940	16–17	210 000	x	0,28–0,29
8.6	Hochlegierte Stähle	7950	225–600	490–950	25–≥ 50	170 000	65 000	0,28–0,30
8.7	Betonstabstahl	7850	200–> 500	340–> 550	8–> 18	210 000	85 000	0,28
8.8	Betonstahlmatten	7850	500	550	8	210 000	85 000	0,28
8.9	Spannstahl	7850	835–1570	1030–1770	≤ 6	195 000 – 205 000	x	0,28–0,29
8.10	Aluminium(-legierungen) für Bleche und Profile	2660–2800	90–250	120–400	5–20	70 000	27 000	0,3
8.11	Kupfer	8900	40–80	200–360	2–45	100 000–130 000	48300	0,33
8.12	Kupfer-Zink-Legierungen (Messing)	8300–8500	180–270	440–490	18–20	75 000–104 000	40 000	0,37
8.13	Kupfer-Zinn-Legierungen (Zinnbronze)	8800–8900	140–150	260–280	5–10	80 000–106 000	43 000	0,35
8.14	Zink gewalzt	7100–7200	120–140	200	20	80 000–130 000	x	0,25
8.15	Zink gegossen	7100–7200	150–250	180–300	1–6	80 000–130 000	x	0,25

LINEARE WÄRME-AUSDEHNUNG	BAU-STOFF-KLASSE	WÄRME-LEITFÄHIG-KEIT	SPEZ. WÄRME-KAPAZITÄT	DAMPF-DIFFUSIONS-WIDER-STAND	HERSTELLUNG/ VER-ARBEITUNG	NUTZUNG	VERWERTUNG	NR.
α		λ	c	μ				
10^{-6}K		W/(m·K)	kJ/(kg·K)					
12	A1	40–60	0,46–0,48	dampfd.	–/0	0	+	8.1
12	A1	40–60	0,46–0,48	dampfd.	–/0	0	+	8.2
16	A1	40–60	0,46–0,48	dampfd.	–/0	0	+	8.3
12	A1	40–50	0,46–0,48	dampfd.	–/0	0	+	8.4
12	A1	40–60	0,46–0,48	dampfd.	–/0	0	+	8.5
13–16	A1	15–25	0,46–0,48	dampfd.	–/0	0	+	8.6
11	A1	40–50	0,46–0,48	dampfd.	–/0	0	+	8.7
11	A1	40–50	0,46–0,48	dampfd.	–/0	0	+	8.8
11	A1	40–50	0,46–0,48	dampfd.	–/0	0	+	8.9
23,4–23,7	A1	110–230	0,9–0,92	dampfd.	–/0	0	+	8.10
17	A1	305–385	0,38	dampfd.	–/0	0	+	8.11
17	A1	117	0,37	dampfd.	–/0	0	+	8.12
17–18	A1	71	x	dampfd.	–/0	0	+	8.13
22–29	A1	109	0,41	dampfd.	–/0	0	+	8.14
22–29	A1	109	0,41	dampfd.	–/0	0	+	8.15

9 Dämmstoffe

Mineralische Dämmstoffe

9.1 bis 9.4 Glaswolle und Steinwolle werden aus entsprechenden mineralischen Bestandteilen durch Erhitzen und Weiterverarbeiten zu Fäden und anschließendem Vernadeln zu Matten und Platten (evtl. mit Papier oder Alukaschierung) hergestellt ([5.43], [5.48], [5.49], [5.56]).

Verwendung: Innendämmung, Außendämmung, Trittschalldämmung.

9.5 Schlackenwolle wird aus zerfaserter Hochofenschlacke als Nebenprodukt der Stahlgewinnung hergestellt [5.37].

Verwendung: Innendämmung.

9.6 Schaumglas (Foamglas) wird aus Glaspulver und Kohlenstoff bei 1000 °C hergestellt, wobei der Kohlenstoff kleine Gasblasen bildet. Der Dämmstoff ist druckfest und feuchtebeständig ([5.31], [5.37], [5.43]).

Verwendung: befahr- und begehbare Außendämmung.

9.7 und 9.8 Perlite ist ein vulkanisches Gestein (Naturglas), das durch Erhitzen aufbläht und in dieser Form (Blähperlite) als Dämmstoff (Schüttungen) zum Einsatz kommt. Für die Verwendung im Feuchtebereich wird Blähperlite mit Silikonen oder Bitumen hydrophobiert ([5.37], [5.56], [5.62]).

Verwendung: Dämmschüttungen.

9.9 Vermiculite (Blähglimmer) wird durch Aufblähen spezieller Glimmer hergestellt. Vermiculite besitzen eher blättrige Struktur ([5.37], [5.56], [5.62]).

Verwendung: Schüttung.

9.10 Bimskies ist schaumig aufgeblähte vulkanische Lava und gilt als der älteste Zuschlag für Leichtbeton [5.37].

Verwendung: Leichtbetonzuschlag, Schüttung.

9.11 Blähton wird aus speziellen blähfähigen Tonen bzw. Schiefertonen im Drehrohrofen oder Schachtofen granuliert, gebläht und gebrannt (1150 °C) ([5.37], [5.56], [5.62]).

Verwendung: Leichtbetonzuschlag, Schüttung.

Natürliche organische Dämmstoffe

9.12 Flachsdämmstoffe werden aus den Fasern des Stängels von Flachs (Lein) gewonnen. Zur Anwendung kommen Flachsschäben (Stopfwolle) und Flachsdämmstoffmatten ([5.56], [5.62]).

Verwendung: Innendämmung.

9.13 und 9.14 Holzfaserdämmplatten werden aus aufbereitetem und zerfasertem Holz und evtl. Bindemittel (Bitumen, Natriumhydroxid, Paraffin oder Weißleim) hergestellt ([5.31], [5.43], [5.62]).

Verwendung: Unterdachplatten.

9.15 Holzwolleleichtbauplatten werden aus Holzwolle und kaustisch gebranntem Magnesit oder Zement hergestellt. Bei der Verwendung von Zement muss die Holzwolle vorher mineralisiert werden, um schädliche Einwirkungen des Holzes auf den Zementstein zu verhindern ([5.31], [5.37], [5.62]).

Verwendung: Mantelbeton, Putzträger, Ausbauplatten.

9.16 Hobelspäne bzw. Holzwolle zur Wärmedämmung stammen meist von Fichten oder Kiefern, die in der Holzindustrie anfallen. Die Brandbeständigkeit kann mit Hilfe einer Mischung aus Molke und Borax erhöht werden ([5.56], [5.62]).

Verwendung: Innendämmung, Hohlraumdämmung.

9.17 Kokosfaserdämmstoffe werden aus der faserigen Umhüllung der Kokosnuss hergestellt. Kokosfaserdämmstoffe sind als Stopfwolle, Dämmfilz, Rollfilz und als Trittschalldämmplatten am Markt ([5.56]).

Verwendung: Innendämmung.

9.18 und 9.19 Kork ist ein sekundäres Abschlussgewebe von Stämmen, das bei der Korkeiche vorkommt. Korkeichen werden zur Ernte zu einem Drittel geschält, wobei der Baum nach der Ernte von neuem Korkgewebe ausbildet. Kork kommt in Form von Korkschrot oder als Platten mit holzeigenen Stoffen oder mit Bindemittel (Bitumen) gebunden auf den Markt ([5.56], [5.62]).

Verwendung: Dach-, Fassadendämmung.

9.20 und 9.21 Schafwolldämmstoffe wird aus den Haaren der Schafe hergestellt und in Form von Stopfwolle, Matten oder Platten verarbeitet. Zum Schutz vor Schädlingen werden Schafwolldämmstoffe mit Mitin (Mottenschutzmittel), zum Brandschutz mit Borax behandelt ([5.56], [5.62]).

Verwendung: Innendämmung, Trittschalldämmung.

9.22 Schilfbauplatten werden aus den Stängeln der Schilfpflanze hergestellt, die mit (verzinktem) Draht zu Platten zusammengebunden werden ([5.56], [5.62]).

Verwendung: Außendämmung, Putzträger.

9.23 und 9.24 Cellulosedämmstoffe werden aus Holz oder aus Altpapier gewonnen und als Blaswolle oder Platten verwendet. Die Fasern sind meist mit Borax (Brandschutz) imprägniert ([5.37], [5.56]).

Verwendung: Innendämmung, nachträglicher Einbau (Einblasen) einer Wärmedämmung.

9.25 Baumwolledämmstoff wird aus den Fasern der Früchte der Baumwollpflanze gewonnen und als Stopfwolle, Blaswolle oder Platten auf den Markt gebracht ([5.56], [5.62]).

Verwendung: Innendämmung, Trittschalldämmung.

9.26 Strohschüttungen werden aus den getrockneten Halmen verschiedener Getreidesorten (Roggen- und Weizenstroh) hergestellt (auch Strohplatten) ([5.56], [5.62]).

Verwendung: Leichtlehmzuschlag.

9.27 Hanfdämmstoffe werden aus den Fasern der Stängel von Hanf gewonnen. Zur Anwendung kommen die Hanffasern (Stopfwolle)

Verwendung: Innendämmung.

Künstliche organische Dämmstoffe

9.28 Polystyrol, expandiert (EPS) wird aus Perlpolymerkugeln (2 bis 3 mm), in die ein Treibmittel einpolymerisiert wird, hergestellt. Polystyrolperlen werden mit Wasserdampf auf ca. 100 °C erweicht und blähen durch das Treibmittel auf das 30- bis 50fache Ausgangsvolumen auf. Findet dieser Prozess in einer geschlossenen Form statt, verschweißen die Kugeln zu einem Block, der anschließend weiterverarbeitet werden kann (siehe 11.8) ([5.31], [5.37], [5.54]).

Verwendung: nicht druckfeste Dämmplatten.

9.29 Polystyrol, extrudiert (XPS) wird in einem Extruder (Strangpresse) als unendlicher Schaumstoffstrang hergestellt. Es entsteht ein druckfester Dämmstoff mit einer geschlossenen Porenstruktur. Als Treibmittel werden FCKW oder teilhalogenierte Kohlenwasserstoffe eingesetzt, die emittieren können (siehe 11.9) ([5.31], [5.37], [5.54], [5.55]).

Verwendung: druckfeste Dämmplatten (Kelleraußenwände, Parkdecks, Terrassen).

Dämmstoffe

NR.	KURZBEZEICHNUNG	DICHTE	ZUSAMMEN-DRÜCKUNG UNTER LAST	DYNAMISCHE STEIFIGKEIT	BAUSTOFF-KLASSE
		ρ		s	
		kg/m³	%	MN/m³	
9.1	Glaswolle	60–180	25	x	A1
9.2	Glaswolle Trittschalldämmplatte	140–170	10	5–10	A1
9.3	Steinwolle	10–100	20	x	A1
9.4	Steinwolle Trittschalldämmplatte	10–100	10	5–10	A1
9.5	Schlackenwolle	130–180	20–25	x	A1
9.6	Schaumglas (Foamglas)	110–150	x	x	A1
9.7	Perlite, ungebunden	70–180	x	x	A1
9.8	Perlite, bitumengebunden	280	x	x	B1
9.9	Vermiculite	100–180	25	x	A1
9.10	Bimskies	1200	x	x	A1
9.11	Blähton (4–8)	300-700	x	x	A1
9.12	Flachs	16–30	x	x	B2
9.13	Holzfaserdämmplatte	150–300	x	> 40	B2
9.14	Holzweichfaserplatte; Unterdachplatten	250–370	x	x	B2
9.15	Holzwolleleichtbauplatte	310–570	x	100	B1
9.16	Hobelspäne	50–75	x	x	B2
9.17	Kokos	60–140	15–20	TSDPL 13–33	B3, B2
9.18	Kork	90–300	0 (25 Schrot)	10–30	B2
9.19	Kork, bitumengebunden	200–400	10	10–30	B2
9.20	Schafwolle	13–25	x	x	B2, B1
9.21	Schafwolle Trittschalldämmplatte	13–25	x	x	B1, B2
9.22	Schilfbauplatten	180–300	x	x	B2
9.23	Cellulose, lose	35–120	x	x	B2, B1
9.24	Cellulosedämmplatten	70–100	x	x	B2
9.25	Baumwolle	20	x	x	B2
9.26	Strohschüttung	150	x	x	B2
9.27	Hanf	30–130	x	16	B2
9.28	EPS	15–50	2–10	17–100	B1
9.29	XPS	25–65	< 2	x	B1

WÄRME-LEITFÄHIGKEIT	SPEZ. WÄRME-KAPAZITÄT	DAMPF-DIFFUSIONS-WIDERSTAND	HERSTELLUNG/ VERARBEITUNG	NUTZUNG	VERWERTUNG	NR.
λ	c	μ				
W/(m·K)	kJ/(kg·K)					
0,043–0,045	0,6	1	0/-	0	0	9.1
x	x	1	0/-	0	0	9.2
0,046	0,6	1	0/-	0	0	9.3
0,041	0,6	1	0/-	0	0	9.4
0,035–0,07	x	4	0/-	0	0	9.5
0,045–0,06	0,8	dampfd.	0/0	0	0	9.6
0,046–0,06	0,9–0,94	2–5	0/0	0	0	9.7
0,07	0,9	x	0/0	0	0	9.8
0,7	0,88	3–4	0/0	0	0	9.9
0,19	x	x	0/0	0	0	9.10
0,10–0,16	x	1–8	0/0	0	0	9.11
x	x	1–1,5	+/0	0	+	9.12
0,45–0,65	2,1–2,5	4–9	+/0	0	+	9.13
0,07	2,1–2,5	4–9	+/0	0	0	9.14
0,073–0,15	2,0–2,1	2–5	+/0	0	0	9.15
0,055	1,6	2	+/0	0	+	9.16
0,46–0,57	2,0–2,1	1–2	+/0	0	+	9.17
0,04–0,053	2,0	5–30	+/0	0	+	9.18
0,047–0,093	x	5–30	+/0	0	0	9.19
0,035–0,04	x	1,2	+/0	0	+	9.20
x	x	x	+/0	0	+	9.21
0,072	x	1–1,5	+/0	0	+	9.22
0,04–0,045	1,8–2,2	1–1,5	+/0	0	+	9.23
0,04	1,8–2,2	1–1,5	+/0	0	+	9.24
0,04	x	1–2	+/0	0	+	9.25
0,056–0,1	x	1–1,5	+/0	0	+	9.26
0,035–0,04	2,1	1	+/0	0	+	9.27
0,035–0,04	1,5	20–100	–/0	0	0	9.28
0,035–0,04	1,5	80–300	–/0	0	0	9.29

10 Dichtungsbahnen und bitumenhaltige Baustoffe

10.1 bis 10.3 Dachbelagbahnen: Dachbahnen werden aus PVC, Ethylencopolymerisat-Bitumen ECB oder Polyisobutylen PIB (siehe auch Abschnitt 11) in Dicken von 1 bis 2 mm (evtl. einseitig kaschiert) hergestellt. Sie werden mit Heißbitumen oder Lösemittelspezialkleber verklebt oder auch nur gelegt und mit Platten oder Kies abgedeckt ([5.37], [5.43]).

10.4 und 10.5 Bautenschutzfolien (PVC- und PE-Folien siehe auch Abschnitt 11) werden in Dicken zwischen 0,02 und 0,4 mm und Breiten bis 6 m hergestellt. PE-Folien sind empfindlich gegen UV-Strahlen, bleiben aber auch bei Frost flexibel ([5.37], [5.43]).

Dampfbremsen, Unterspannbahnen werden zur Verhinderung der Kondenswasserbildung verwendet. Unterspannbahnen werden zum Schutz des Dachraumes vor Flugschnee verwendet (faserverstärkte Kunststofffolien oder kunststofffaserverstärkte Bitumenbahnen) [5.37].

10.6 bis 10.9 Baupapiere und Pappen werden beschichtet oder getränkt, z. B. mit Wachs, Öl, Bitumen, Paraffin, Alu, oder gitterverstärkt hergestellt. Je nach Beschichtung sind unterschiedliche Anwendungen möglich.

Verwendung: Dampfbremse, Estrichpappe, Estrichlegerfolie, Trennlagen.

10.10 Bitumen ist ein halbfestes bis hartes Destillationsprodukt (Kohlenwasserstoffgemisch) des Erdöls, das bei ca. 150 bis 200 °C dünnflüssig wird und sehr gut als Bindemittel für mineralische Stoffe (Splitt, Sand), Metalle und organische Fasern verwendet werden kann.

Polymerbitumen ist ein Gemisch von Bitumen und Polymersystemen, die das elasto-viskose-Verhalten von Bitumen verändern. Elastomerbitumen besitzt eine verbesserte Kälteflexibilität, Plastomerbitumen eine erhöhte Wärmestandfestigkeit ([5.31], [5.43], [5.49]).

Anwendung: Straßenbau, Isolierungen.

10.11 Asphalt ist ein Gemisch (natürlich vorkommend oder künstlich hergestellt) aus Bitumen und Mineralstoffen (Splitt, Sand), evtl. Zusätzen und weiteren Zuschlägen ([5.31], [5.49]).

Anwendung: Straßenbau.

10.12 Gussasphaltestrich: Estrich aus Bitumen und Zuschlag (einschließlich Füller): GE10, GE15, GE40, GE100 (Stempeleindringtiefe in 0,1 mm). Fugenloser Einbau (bei jedem Wetter), Verarbeitungstemperatur 220 bis 250 °C, die Oberfläche wird vor dem Erkalten mit feinem Sand abgerieben (einlagig 2 bis 3 cm; zweilagig ≥ 4 cm). Nach 2 bis 3 Stunden begehbar.

Anwendung: Unterboden für Nutzbeläge oder als direkt begehbarer oder befahrbarer Fußbodenbelag, Industrieestrich.

10.13 Nackte Bitumenbahn mit einer Trägereinlage (Rohfilz-, Glasgewebe-, Metallbandeinlage, Jutegewebe, Chemiefaservliese) ohne Bestreuung mit mineralischen Stoffen ([5.36], [5.43], [5.52]).

10.14 Bitumendachbahn (Rohfilzeinlage, Bitumendachdichtungsbahnen, Glasvliesbitumendachbahnen): Bitumenbahn mit Besandung zur Verbesserung des Verwitterungsschutzes.

10.15 Bitumendichtungsbahnen (Rohfilz-, Glasgewebe-, Metallbandeinlage, Jutegewebe, Polyethylenterephthalat): besandete Bitumenbahn z. B. für horizontale Mauerwerksabdichtung zur Erhöhung der Reibung.

10.16 Bitumenschweißbahnen (Jute-, Glasgewebe, Glas-, Polyestervlies) sind Bitumenbahnen, die nur durch Erhitzen, ohne zusätzlichen Kleber mit der Unterlage verschweißt (verklebt) werden ([5.37], [5.52]).

Verwendung: vertikale Abdichtungen.

10.17 Polymer-Bitumendachdichtungsbahnen (Jute-, Glasgewebe, Polyestervlies): Bitumendachbahnen aus Polymerbitumen (siehe 10.10 und 10.14) ([5.37], [5.43], [5.52]).

10.18 Polymer-Bitumenschweißbahnen (Jute-, Glasgewebe, Polyestervlies): Bitumenschweißbahnen aus Polymerbitumen (siehe 10.10 und 10.16) ([5.37], [5.43], [5.52]).

Verwendung: vertikale und horizontale Abdichtungen.

Dichtungsbahnen

NR.	KURZBEZEICHNUNG	DICKE	DICHTE	WÄRME-LEIT-FÄHIG-KEIT	SPEZ. WÄRME-KAPAZI-TÄT	DAMPF-DIFFUSIONS-WIDERSTAND	HERST./ VER-ARBEITUNG	NUTZUNG
		d	*ρ*	*λ*	*c*	*μ*		
		m	kg/m³	W/(m·K)	kJ/(kg·K)			
10.1	Dachbahnen aus PVC	> 0,0012	1500	0,180	1,260	12500	–/0	0
10.2	Dachdichtungsbahn Ethylencopol. ECB	> 0,0020	1500	0,180	1,260	50 000–90 000	–/0	0
10.3	Dachdichtungsbahn Polyisobutylen PIB	> 0,0015	1400	0,180	1,260	260 000	–/0	0
10.4	PVC-Folien	> 0,0001	1200	0,16	1,47	20 000–50 000	–/0	0
10.5	PE-Folien	> 0,0001	960	0,35	2,0–2,5	> 10 000	–/0	0
10.6	Papier, dampfbremsend	0,003	590	0,17	1,6	2250	0/0	0
10.7	Papier, wasserabstoß.	0,003	720	0,17	1,5	400	0/0	0
10.8	Wachspapier	0,00020	1400	0,180	1,260	4000	0/0	0
10.9	Pappe bituminiert	0,00092	1200	0,180	1,260	108	–/0	0

Bitumenhaltige Baustoffe

NR.	KURZBEZEICHNUNG	DICHTE (FLÄCHEN-GEWICHT)	BAU-STOFF-KLASSE	WÄRME-LEIT-FÄHIG-KEIT	SPEZ. WÄRME-KAPAZITÄT	DAMPFDIF-FUSIONS-WIDER-STAND	HERST./ VERARB.	NUT-ZUNG	VER-WER-TUNG
		ρ		*λ*	*c*	*μ*			
		kg/m³ (g/m²)		W/(m·K)	kJ/(kg·K)				
10.10	Bitumen	1200–1400	B2	0,14 – 0,17	1,0–1,26	100 000	–/–	0	+
10.11	Asphalt	2000	B2	0,7	1,05	2000	–/–	0	0
10.12	Gussasphaltestrich	2100–2300	B2	0,7–0,9	1,05	2000	–/–	0	0
10.13	Nackte Bitumenbahn	1200 (333–500)	B2	0,17	1,0	2000–20 000	–/0	0	0
10.14	Bitumendachbahn	1200 (200–500)	B2	0,17	1,5	10 000–80 000	–/0	0	0
10.15	Bitumendichtungs-bahnen	(220–500)	B2	0,17	1,5	10 000–80 000	–/0	0	0
10.16	Bitumenschweiß-bahnen	(60–300)	B2	0,17	1,5	x	–/0	0	0
10.17	Polymer-Bitumendach-dichtungsbahnen	(200–300)	B2	0,17	1,5	x	–/0	0	0
10.18	Polymer-Bitumen-schweißbahnen	(200–300)	B2	0,17	1,5	x	–/0	0	0

11 Kunststoffe

Thermoplaste

11.1 und 11.2 Polyethylen (PE): Polyethylene sind strukturmäßig die einfachsten Kunststoffe und gehören zu den weichen und flexiblen Thermoplasten. Die Eigenschaften hängen im Wesentlichen vom Polymerisationsverfahren und im Weiteren von der Dichte ab. Die zwei Arten, Polyethylen hart und Polyethylen weich, unterscheiden sich neben der Dichte in der Festigkeit und den Temperatureigenschaften ([5.37], [5.54]).

Verwendung: Folien, Dach- und Dichtungsbahnen, Druckrohre für Trinkwasser und Abwasserentsorgung.

11.3 Polypropylen (PP): ein durch Polymerisation von Propylen (entsteht beim Cracken von Benzin) gewonnenes Thermoplast. Es besitzt höhere Festigkeiten und eine höhere Erweichungstemperatur als Polyethylen ([5.37], [5.54]).

Verwendung: Rohre (Warmwasser, Fußbodenheizung), im Bauwesen derzeit eher selten.

11.4 bis 11.6 Polyvinylchlorid (PVC) ist ein thermoplastischer Kunststoff und wird durch Polymerisation von Vinylchlorid in den Formen PVC-hart, PVC-weich und PVC-hochdruckgeschäumt hergestellt. PVC ist ohne Weichmacher schwer entflammbar, entwickelt aber beim Brand Chlorgase ([5.37], [5.47], [5.54], [5.55]).

Verwendung:

PVC-hart: Rohre, Fassadenelemente, Fensterrahmen, Lichtelemente, Rollladenprofile;

PVC-weich: Dach- und Dichtungsbahnen, Fugenbänder;

PVC-hochdruckgeschäumt: Dichtungsprofile, Sandwichplatten.

11.7 Polystyrol (PS) entsteht durch Polymerisation von Styrol, das aus Benzol und Ethylen hergestellt wird (Thermoplast). Es ist relativ hart, spröde, glasklar und besitzt einen Oberflächenglanz. Es kann mit Strangguss- (Extrudern) und Spritzgussmaschinen verarbeitet werden ([5.37], [5.54]).

Verwendung: Beschläge, Profile, Behälter, Dosen.

11.8 Polystyrol, expandiert (EPS) wird aus Perlpolymerkugeln (2 bis 3 mm), in die ein Treibmittel einpolymerisiert wird, hergestellt (Thermoplast). Polystyrolperlen werden mit Wasserdampf auf ca. 100 °C erweicht und blähen durch das Treibmittel auf das 30- bis 50fache Ausgangsvolumen auf. Findet dieser Prozess in einer geschlossenen Form statt, verschweißen die Kugeln zu einem Block, der anschließend weiterverarbeitet werden kann ([5.31], [5.37], [5.54]).

Verwendung: nicht druckfeste Dämmplatten.

11.9 Polystyrol, extrudiert (XPS) wird in einem Extruder (Strangpresse) als unendlicher Schaumstoffstrang hergestellt. Es entsteht eine druckfester Dämmstoff mit einer geschlossenen Porenstruktur. Als Treibmittel werden kaum mehr FCKW oder teilhalogenierte Kohlenwasserstoffe eingesetzt, die emittieren können ([5.31], [5.37], [5.54], [5.55]).

Verwendung: druckfeste Dämmplatten (Kelleraußenwände, Parkdecks, Terrassen).

11.10 und 11.11 Polyamide (PA) zählen zu den Thermoplasten und werden durch Polykondensation von Diaminen (basenartige organische Verbindungen, die zweimal die Aminogruppe NH_2 im Molekül enthalten) mit Dicarbonsäuren oder aus Aminosäuren hergestellt. Die Polyamide werden nach der Anzahl der Kohlenstoffatome ihrer Monomere bezeichnet (PA 6 Perlon, PA 66 Nylon, PA 11 Rilsan, PA 12 Vistamid) ([5.37], [5.54]).

Verwendung: Gewebe (Bekleidung, Teppiche), Folien, Platten, Profile, Dübel, Beschläge.

11.12 Polyethylenterephthalat (PET) wird durch Polykondensation aus Terephthalsäure und Ethylenglycol hergestellt und zu sehr reißfesten und temperaturbeständigen Folien verarbeitet (Thermoplast) ([5.37], [5.54], [5.55]).

Verwendung: Dichtungsbahnen, Textilfasern (Diolen, Trevira).

Duroplaste und Elastomere

11.13 Phenolformaldehydharz (PF) (Phenol + Formaldehyd = Phenolharz + Wasser) ist braun und besitzt eine relativ hohe Oberflächenhärte (Mohs 3), beständig gegen Alkohole, Benzin und Mineralöle, aber nicht gegen Säuren und Laugen ([5.37], [5.54]).

Verwendung:

ohne Füllstoffe: Beschläge;

mit Füllstoffen zu Schaltern, Steckdosen, Pressschichtholz, Holzfaserplatten, Holzspanplatten, Mineralwolleplatten.

Formaldehydharze werden durch Polykondensation mit Phenol oder Resorcin (Phenolformaldehydharz PF) oder mit Harnstoff oder Melamin zu Harnstoffharzen (Aminoplaste) hergestellt.

11.14 Phenolharz, blockgeschäumt ist ein spröder, offenzelliger Dämmstoff mit hoher Wasseraufnahme und sehr gutem Wärmedämm- und Brandverhalten ([5.37], [5.54]).

Verwendung: Wärmedämmplatten.

11.15 und 11.16 Harnstoffformaldehydharz (UF) oder Aminoplaste werden durch Polykondensation von Harnstoff (hergestellt aus Kohlendioxid und Amoniak) und Formaldehyd hergestellt. Harnstoffformaldehydharze sind farblos, beständig gegen Sonnenlicht, aber hitze- und feuchtigkeitsempfindlich ([5.31], [5.37], [5.54]).

Verwendung: Bindemittel für Holzwerkstoffe, Holzleime, Schaumstoffe, Lackharze.

Harnstoffharz, Ortschaum ist offenzellig und sehr gasdurchlässig und mechanisch nicht belastbar. Während der Erhärtung wird Formaldehyd frei.

Verwendung: Verfüllen von Hohlräumen.

11.17 Melaminformaldehydharz (MF) oder Aminoplaste werden durch Polykondensation von Melamin mit Formaldehyd gewonnen. Melaminformaldehydharz ist färbbar und sonnenlichtbeständig und unbedenklich bei der Berührung mit Lebensmitteln (Küchenarbeitsplatten) ([5.37], [5.54]).

Verwendung: Dekorationsplatten, Holzwerkstoffe, für Leime und Lackrohstoffe.

11.18 Epoxidharze werden aus Polyphenolen und Epichlorhydrin entweder als flüssige oder feste (mit Lösemittel) Materialien hergestellt. EP-Harze haften auf den meisten Materialien sehr gut und besitzen eine ziemlich große Härte und Abriebfestigkeit.

Verwendung: 2-Komponenten-Klebstoffe, Injektionsharz für Abdichtungen, Lack- und Gießharz ([5.37], [5.54]).

11.19 bis 11.21 Polyurethan: wird durch Polyaddition von Polyisocyanat und OH-Gruppen enthaltenden Molekülen synthetisiert. PUR-Schäume werden als gummiartiger Weichschaum oder als Hartschaum hergestellt ([5.37], [5.54], [5.55]).

Polyurethangießharze haften gut auf den meisten Untergründen, sind gut alterungsbeständig, beständig gegen Benzin, Öle, Fette und verdünnte Säuren und Laugen, aber unbeständig gegen konzentrierte Säuren und Laugen und werden evtl. durch heißes Wasser zerstört ([5.37], [5.54]).

Verwendung: Oberflächenschutzsysteme.

Polyurethanhartschaum wird in Formen oder als endloses Band verschäumt und als Platten, Bahnen oder Blöcke gefertigt (evtl. ein- oder zweiseitig beschichtet).

Verwendung: Kelleraußendämmung, Dächer.

Polyurethanortschaum wird auf der Baustelle mit einer Misch-Spritzpistole aufgespritzt (Haftung auf den meisten Untergründen sehr gut), wo es sofort aufschäumt und aushärtet.

Verwendung: Ausschäumen von Türzargen und Fensterrahmen.

Kunststoffe

NR.	KURZ-BEZEICHNUNG	DICHTE	REISS-DEHNUNG	E-MODUL (ZUG)	BAU-STOFF-KLASSE	WÄRME-LEIT-FÄHIG-KEIT	LINEARE WÄRME-AUSD.	SPEZ. WÄR-MEKAP.	DAMPF-DIFF.-WIDER-STAND	HERST./VER-ARBEI-TUNG	NUTZ.	VERW.
		ρ		E		λ	α	c	μ			
		kg/m³	%	N/mm²		W/(m·K)	10^{-6}K	kJ/(kg·K)				
11.1	Polyethylen, weich	910–960	300–1000	200–500	B2	0,32	200	2,01–2,51	x	–/0	0	0
11.2	Polyethylen, hart	940–960	100–1000	700–1400	B2	0,4	150–180	1,55–1,89	x	–/0	0	0
11.3	Poly-propylen	900–910	20–80	1100–1300	B1, B2	0,22	110–170	0,80–1,72	x	–/0	0	0
11.4	PVC hart	1380–1550	10–50	1000–3500	B1, B2	0,16	70–80	0,92–1,01	8000 - 20000	–/0	0	0
11.5	PVC weich	1160–1350	170–400	x	B2	0,15	150–210	1,47	8000 - 20000	–/0	0	–
11.6	PVC, hoch-druckgesch.	30–100	x	16–35	B1, B2	0,03–0,04	x	1,4	150–450	–/0	0	0
11.7	Polystyrol	1050	3–4	3200	B2	0,16	70	1,26–1,34	x	–/0	0	0
11.8	EPS	15–40	x	3–12	B2	0,03–0,037	x	1,4	20–70	–/0	0	0
11.9	XPS	28–60	x	> 15	B2	0,03–0,039	x	1,4	100–300	–/0	0	0
11.10	Polyamid 6	1130	200–300	1400	B2	0,29	70–120	1,67–2,09	x	–/0	0	0
11.11	Polyamid 11	1040	500	1000	B2	0,23	100–120	1,67–2,09	x	–/0	0	0
11.12	Polyethylen-terephtalat	1370	50–300	3100	B2	0,24	70	1,47	x	–/0	0	0
11.13	Phenolform-aldehydharz	1400	0,4–0,8	5600–12 000	B2	0,35	30–50	1,01–1,34	x	–/0	0	0
11.14	Phenolharz, blockgesch.	30–100	x	6–27	B2	0,02–0,03	x	1,4	30–300	–/0	0	0
11.15	UF- Harz	1500	0,5–1	7000–10 500	B2	0,40	40–50	1,47	x	–/0	0	0
11.16	Harnstoff-harz, Ortschaum	5–15	x	n. b.	B2	0,03	x	1,4	4–10	–/-	0	0
11.17	MF,-Harz	1500	0,6–0,9	4900–9100	B2	0,35	10–30	1,27–1,38	x	–/0	0	0
11.18	Epoxidharz	1900	4	21 500	B2	0,23	20	1,38	x	–/0	0	0
11.19	PU-Gießharz	1050	3–6	4000	B2	0,58	10–20	1,89	x	–/0	0	0
11.20	PU-Hartschaum	20–100	x	2–20	B2, B1	0,015–0,030	x	1,4	30–130	–/0	0	0
11.21	PU-Ortschaum	20–75	x	1	B2	0,02–0,04	x	1,4	30–100	–/-	0	0

6 A Befestigungstechnik
6 B Schutz und Instandsetzung von Betonbauwerken
6 C Schutz von Stahlbauten
6 D Schutz und Dauerhaftigkeit von Holzbauwerken

Inhaltsverzeichnis

6 A Befestigungstechnik

Prof. Dr.-Ing. Silvia Weber, Dr.-Ing. Thomas M. Sippel

Formelzeichen

Lateinische Buchstaben [1)]

$A^0_{c,N}$ Fläche des idealisierten Betonausbruchkörpers eines Einzeldübels mit großen Achs- und Randabständen auf der Bauteiloberfläche (vgl. Abb. 6.7)
$A^0_{c,V}$ w. v., mit großem Achsabstand zu anderen Dübeln bzw. zu weiteren Rändern auf der Bauteilseitenfläche (vgl. Abb. 6.11b).
$A_{c,N}$ vorhandene Fläche des idealisierten Betonausbruchkörpers eines Einzeldübels oder einer Dübelgruppe (Bsp. s. Abb. 6.8)
$A_{c,V}$ w. v., eines randnahen Einzeldübels oder einer randnahen Dübelgruppe auf der Seitenfläche des Bauteils (s. Abb. 6.11c)
c vorhandener Randabstand, bei Einwirkung mehrerer Bauteilränder ist der kleinste Randabstand einzusetzen
c_1 Randabstand in Lastrichtung
c_2 Randabstand senkrecht zur Lastrichtung; bei Befestigungen in schmalen Bauteilen gilt der kleinere der beiden Abstände
$c_{cr,N}$ charakteristischer Randabstand
d Durchmesser des Ankerbolzens oder des Gewindes
N_{Rd} zentrischer Zug
$N^0_{Rk,c}$ charakteristische Tragfähigkeit bei Betonversagen unter Zuglast ohne Einfluss von Rand- und Achsabständen
N_{Rk} charakteristische Zugtragfähigkeit
$N_{Rk,s}$ w. v., beim Stahlversagen unter Zuglast
$N_{Rk,c}$ w. v., beim Betonversagen unter Zuglast
$N_{Rk,sp}$ w. v., beim Spalten unter Zuglast
$N_{Rk,p}$ w. v., beim Heraus-/Durchziehen
N_{Sd} Bemessungswert der einwirkenden Zuglast des Einzeldübels
N^h_{Sd} w. v., für den höchstbeanspruchten Dübel
N^g_{Sd} w. v., aller zugbeanspr. Dübel der Gruppe
R_k charakt. Tragfähigkeit (5-%-Fraktile)
S Schnittgrößen (Zuglast oder Querlast)
$s_{cr,N}$ charakteristischer Achsabstand
V_{Rd} Querlast
V_{Rk} charakteristische Quertragfähigkeit
$V_{Rk,s}$ charakteristische Tragfähigkeit beim Stahlversagen unter Querlast
$V_{Rk,c}$ w. v., beim Betonkantenversagen unter Querlast
$V_{Rk,cp}$ w. v., beim Betonversagen zur lastabgewandten Seite
V_{Sd} Bemessungswert der einwirkenden Zuglast des Einzeldübels
V^h_{Sd} w. v., für den höchstbeanspruchten Dübel
V^g_{Sd} w. v., aller zugbeanspr. Dübel der Gruppe

Griechische Buchstaben

Teilsicherheitsbeiwerte

γ_F Teilsicherheitsbeiwert für die Last
γ_M Teilsicherheitsbeiwert für das Material
γ_{Ms} Teilsicherheitsbeiwert für Stahlversagen
γ_{Mc} Teilsicherheitsbeiwert für Betonversagen
γ_{MP} Teilsicherheitsbeiwert für Herausziehen
γ_{Msp} Teilsicherheitsbeiwert für Spalten

Faktoren

α_M Einspanngrad
$\psi_{\alpha,V}$ Lastrichtung bei Querlast
$\psi_{eci,N}$ Exzentrizität der Resultierenden der Dübelkräfte der Gruppe
$\psi_{h,sp}$ Einfluss der Bauteildicke h bei Zuglast
$\psi_{h,V}$ Bauteildicke bei Querlast
$\psi_{re,N}$ (negativer) Einfluss einer starken Bewehrung bei Zuglast
$\psi_{re,V}$ (negativer) Einfluss einer starken Bewehrung bei Querlast
$\psi_{s,N}$ Störung des rotationssymmetrischen Spannungszustandes durch einen oder mehrere Bauteilränder bei Zuglast
$\psi_{s,V}$ Störung des rotationssymmetrischen Spannungszustandes durch weitere Bauteilränder bei Querlast
$\psi_{ucr,N}$ Anwendungsfall (gerissener/ungerissener Beton) bei Zuglast
$\psi_{ucr,V}$ Anwendungsfall (gerissener/ungerissener Beton) bei Querlast

Fußzeiger

α Winkel zwischen V_{Sd} und der Richtung senkrecht zur freien Bauteilkante
ef wirksam
d Bemessungswert
h Bauteildicke
k charakteristische Werte
R Widerstand
re Bewehrung
s Stahl
sp Spalten
ucr ungerissen

Hochzeiger

h höchstbeanspruchter Einzeldübel
g Gruppe von Dübeln

[1)] Einwirkungen hier mit „S" gekennzeichnet (abweichend von DIN 1055-100 mit „E" als Kurzzeichen).

1 Einführung

Eine wesentliche Aufgabe des Bauens besteht darin, Bauteile miteinander zu verbinden. Die Vielzahl unterschiedlicher Befestigungselemente für nachträgliche Montage, die in den letzten Jahren bauaufsichtlich zugelassen wurden, stellen den Planer und Entwurfsverfasser vor die Entscheidung, für seinen speziellen Anwendungsfall ein geeignetes System zu finden. Hierfür benötigt er Angaben über die Leistungsfähigkeit der Dübel und muss zusätzlich eine Reihe von Randbedingungen kennen, die das Tragverhalten und damit die Auswahl des Dübelsystems beeinflussen. Als wesentliche Kenngrößen sind z. B. die Rand- und Achsabstände, die erforderlichen Bauteildicken sowie die Art und der Zustand des Ankergrundes zu nennen.

1.1 Wirkungsprinzipien

Dübel können die zu befestigende Last auf verschiedene Arten in den Ankergrund einleiten. Man unterscheidet die Wirkungsprinzipien Formschluss, Reibschluss und Stoffschluss.

Beim Formschluss werden die Lasten über mechanische Verzahnung zwischen Dübel und Ankergrund übertragen. Dies ist das Wirkungsprinzip von Hinterschnittdübeln, bei denen das Bohrloch mit Hilfe eines speziell auf den Dübel abgestimmten Bohrers in der Tiefe erweitert wird.

Das Wirkungsprinzip Reibschluss basiert auf der beim Setzen hervorgerufenen Spreizkraft, die eine Reibkraft zwischen Dübel und Bohrlochwand hervorruft. Die Spreizkraft kann auf zwei Arten erzeugt werden: drehmomentkontrolliert (kraftkontrolliert) oder wegkontrolliert. Spreiz- und Kunststoffdübel weisen dieses Wirkungsprinzip auf.

Beim Wirkungsprinzip Stoffschluss wird die Last über Verbund in den Ankergrund eingeleitet. Typische Vertreter sind die Verbundanker, bei denen der Verbund zwischen Ankerstange und Bohrlochwand durch Kunstharzmörtel erzeugt wird.

1.2 Versagen

Dübel können auf verschiedene Arten versagen. Dabei ist nach den unterschiedlichen, in der Praxis auftretenden Belastungsrichtungen (z. B. Zuglast, Querlast bzw. Kombination von Zug- und Querlast) zu unterscheiden.

1.2.1 Versagen unter Zuglast

Die Versagensarten unter Zuglast sind: Herausziehen des Dübels bzw. des Konusbolzens, Betonausbruch oder Betonkantenbruch, Spalten des Untergrundes und Versagen des Dübels infolge Stahlbruch, bei Verbunddübeln Versagen des Verbundes.

Herausziehen des Dübels tritt bei zu geringer Spreizkraft auf. Bei hohen Spreizkräften hingegen wird der Konusbolzen aus der im Ankergrund verbleibenden Spreizschale gezogen. Beim Betonausbruch erzeugt der Dübel einen kegelförmigen Betonausbruchkörper, der in Höhe des Spreizbereiches oder des Hinterschnitts beginnt. Werden benachbarte Dübel mit geringem Achsabstand durch eine gemeinsame Ankerplatte belastet, dann kann es zu einer Überschneidung der Ausbruchkegel und somit zu einem gemeinsamen Ausbruchkörper kommen. Werden Dübel mit geringem Randabstand gesetzt, tritt ein Betonkantenbruch auf.

Beim Spalten wird entweder das gesamte Bauteil gespalten oder es entstehen Spaltrisse zwischen benachbarten Dübeln bzw. von randnahen Dübeln zum freien Bauteilrand. Diese Bruchart tritt nur dann auf, wenn die Bauteilabmessungen zu gering sind und/oder die Achs- bzw. die Randabstände der Dübel zu klein gewählt werden.

Beim Stahlbruch versagt der Bolzen oder die Schraube des Dübels. Somit stellt die Stahlbruchlast die obere Grenze der erreichbaren Tragfähigkeit dar. Ähnliche Versagensarten wie bei Hinterschnittankern und Metallspreizdübeln können auch bei Reaktionsankern auftreten. Beim Herausziehen versagt der Verbund zwischen Bohrlochwand und Mörtel bzw. zwischen Gewindestange und Mörtel und beim Betonausbruch beginnt die Spitze des Ausbruchkegels in etwa bei der 0,3- bis 0,7-fachen Verbundlänge.

In anderen Ankergründen wie z. B. Vollziegeln, Kalksandvollsteinen, Hochlochziegeln oder Kalksandlochsteinen wird die maximale Traglast der Dübel in der Regel durch Versagen des Mauersteins begrenzt. In Vollziegeln oder in massiven Bereichen von Lochziegeln (z. B. in breiten Stegen) können Dübel auch durch Herausziehen bzw. Spalten versagen. Die obere Grenze der Traglast wird wiederum durch die Stahlbruchlast bestimmt.

1.2.2 Versagen unter Querlast

Werden Dübel mit großem Randabstand gesetzt, dann versagen sie unter Querlast in der Regel durch Stahlbruch. Werden Dübel mit geringem Randabstand gesetzt, dann kommt es zum Ausbrechen der Betonkante (Betonkantenbruch). Bei randnahen Dübeln mit geringem Achsabstand kann sich ein gemeinsamer Ausbruchkörper bilden und bei Anordnung von Dübeln in der Bauteilecke kann die gesamte Bauteilecke abplatzen. Kurze Dübel mit gleichzeitig großem Durchmesser bzw. Dübelgruppen mit geringem inneren Achsabstand können unter Querlast auch durch Betonausbruch zur lastabgewandten Seite versagen. Dübel in anderen Ankergründen wie z. B. Voll- oder Lochsteinen versagen entweder durch Stahlbruch oder aber durch Bruch des Mauersteins.

1.3 Befestigungen in Abhängigkeit vom Ankergrund

In Beton werden üblicherweise Stahldübel (Hinterschnittanker, Spreizdübel oder Verbunddübel) verwendet. Zudem können auch Kunststoffdübel eingesetzt werden. Derzeit sind nachträgliche Befestigungen auf Normalbeton (≤ C50/60), Porenbeton sowie Mauerwerk aus Voll- und Lochsteinen beschränkt. Für die Verwendung in Leichtbeton liegen bei verschiedenen Herstellern Gutachten und Empfehlungen vor. Außerdem besteht die Möglichkeit, die Tragfähigkeit von Dübeln durch Versuche auf der Baustelle zu ermitteln.

Bei Befestigungen im Mauerwerk sind die Herstellerangaben nur als grobe Orientierung anzusehen und ggf. sind Versuche auf der Baustelle durchzuführen. Zur Befestigung in Vollsteinen eignen sich Kunststoffdübel. Für Hochlochziegel und Kalksandlochsteine wurden spezielle Injektionssysteme bzw. Kunststoffdübel mit langem Spreizteil entwickelt. Für optimale Befestigungen in Vollsteine aus Leichtbeton oder Porenbeton sind Spezialdübel zu verwenden, während sich für Leichthochlochziegel oder Leichtbetonhohlblocksteine Kunststoffdübel mit langem Spreizbereich oder aber formschlüssig wirkende Injektionssysteme anbieten.

Für Plattenbauelemente (z. B. Gipskartonplatten, Gipsfaserplatten) eignen sich Hohlraumdübel.

2 Befestigungen

2.1 Verankerungstiefe, Festigkeit des Ankergrunds, Risse

Die Verankerungstiefe h_{ef} beeinflusst als wichtiger Parameter die Tragfähigkeit von Dübeln. Sie entspricht bei Hinterschnittdübeln bzw. Metallspreizdübeln dem Abstand von der Oberfläche des tragfähigen Ankergrundes bis zum Ende der Spreizschalen (Abb. 6.4(a)). Bei Verbunddübeln wird die Verankerungstiefe bis zum Ende der Gewindestange (Abb. 6.4(b)) und bei Kunststoffdübeln bis zum Ende des Kunststoffspreizteiles gemessen (Abb. 6.4(c)).

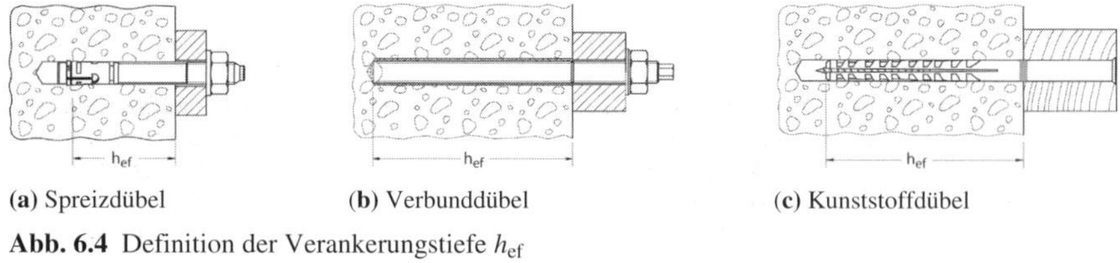

(**a**) Spreizdübel (**b**) Verbunddübel (**c**) Kunststoffdübel

Abb. 6.4 Definition der Verankerungstiefe h_{ef}

Sind der Hinterschnitt oder die Spreizkraft groß genug, um bei der geplanten Verankerungstiefe einen Betonausbruch zu erzwingen, steigt bei Hinterschnittdübeln im ungerissenen Beton die Betonausbruchlast proportional zu $(h_{ef})^{1,5}$ an und wird durch die Stahlbruchlast der Dübel begrenzt [6.1], [6.2].

Die Bruchlasten hängen sowohl unter Zugbeanspruchung als auch unter Querlast von der Betondruckfestigkeit ab. Dies ist erklärlich, da die Dübel in beiden Fällen die Betonzugfestigkeit ausnutzen, die sich ihrerseits über die Wurzel der Betondruckfestigkeit beschreiben lässt.

Stahlbetonbauteile werden unter Annahme einer gerissenen Zugzone bemessen. Die Erfahrung zeigt, dass die Rissbreiten bei überwiegender Beanspruchung unter ständiger Last die als zulässig angesehenen Werte von 0,3 bis 0,4 mm nicht überschreiten. Unter voller Gebrauchslast sind im Allgemeinen jedoch größere Rissbreiten zu erwarten. Treten Risse im Beton auf, dann besteht eine hohe Wahrscheinlichkeit, dass diese die Dübel treffen oder tangieren. Die Bruchlasten sind im gerissenen Beton niedriger als im ungerissenen. Ist ein Dübel nicht geeignet für Anwendungen in Rissen, verändert sich sein Verhalten im Riss signifikant. Falls nicht in jedem Einzelfall untersucht wird, in welchen Bereichen und unter welchen Lasten mit Rissen zu rechnen ist, wird empfohlen grundsätzlich Dübel zu verwenden, die für Anwendungen in gerissenem Beton geeignet sind.

2.2 Rand- und Achsabstand, Bauteildicke

Als Achsabstand s bzw. Randabstand c eines Dübels wird der Abstand der Dübelachse zum benachbarten Dübel bzw. zu einem freien Bauteilrand bezeichnet. Als Bauteildicke h bezeichnet man die Dicke des Ankergrundes (Abb. 6.5).

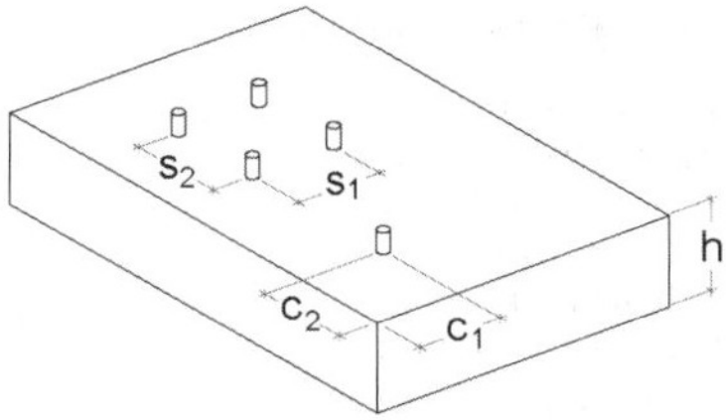

Abb. 6.5 Definition der Achsabstände (s_1, s_2), Randabstände (c_1, c_2) und der Bauteildicke h

Um mit einem Dübel die maximal mögliche Last übertragen zu können, sind bestimmte Achs- und Randabstände sowie Bauteildicken erforderlich. Um Abplatzungen, Rissbildungen bzw. Spalten des Ankergrundes zu vermeiden, sind Mindestwerte s_{min} und c_{min} einzuhalten. Die Mindestwerte sind für zugelassene Dübelsysteme in den jeweiligen Zulassungsbescheiden angegeben. Die zur Übertragung der maximal möglichen Last erforderlichen Werte $s_{cr,N}$, $c_{cr,N}$, $s_{cr,sp}$ und $c_{cr,sp}$ betragen für übliche Hinterschnitt- und Spreizdübel in der Regel $s_{cr,N} = 2 \cdot c_{cr,N} = 3 \cdot h_{ef}$.

Bei zu geringer Bauteildicke kann es entweder bei der Montage der Dübel oder unter Last zum Spalten des Bauteils kommen, wobei die maximal mögliche Betonausbruchlast nicht erreicht wird. Um dies zu verhindern, sollte bei Hinterschnittdübeln sowie bei drehmomentkontrolliert spreizenden Dübeln eine Mindestbauteildicke von etwa dem 2fachen der Verankerungstiefe eingehalten werden. Bei anderen Dübeltypen wie z. B. Einschlagankern, die bei der Montage deutlich höhere Spreizkräfte in den Beton einleiten, sollte eine größere Bauteildicke vorhanden sein. Die Mindestwerte sind für die einzelnen Dübel in den Zulassungsbescheiden angegeben.

3 Bemessung von Befestigungen nach dem CC-Verfahren

3.1 Grundlagen der Bemessung, Bemessungskonzept

Zurzeit ist das am häufigsten verwendete Bemessungsverfahren das in [6.1] und [6.2] beschriebene CC-Verfahren (Concrete Capacity Verfahren), das auch im Folgenden angewendet wird.

Das CC-Verfahren wird für Befestigungen mit Hinterschnittankern, drehmomentkontrolliert spreizenden Metallspreizdübeln und Reaktionsankern in Normalbeton empfohlen. Es kann für Einzeldübel und für Dübelgruppen mit 2, 3, 4 oder 6 Dübeln (randferne Verankerungen) bzw. für Einzeldübel und Dübelgruppen mit 2 und 4 Dübeln (randnahe Verankerungen) angewendet werden. Eine randnahe Verankerung liegt vor, wenn mindestens ein Randabstand kleiner als 10 h_{ef} (h_{ef} = Verankerungstiefe des Dübels) ist.

Zur Auswahl eines geeigneten Dübelsystems und der optimalen Dübelgröße müssen die angreifenden Einwirkungen bekannt sein. Sie werden charakterisiert durch Betrag, Größe, Richtung und Angriffspunkt. In Abb. 6.6 sind die möglichen Beanspruchungsarten auf einen Dübel dargestellt.

Als wichtigste Einflussgrößen auf die Tragfähigkeit von Dübelbefestigungen sind die Betonfestigkeit f_c, die Abstände zu benachbarten Dübeln und zu freien Bauteilrändern sowie der Zustand des Ankergrundes (ungerissen oder gerissen) zu nennen. Je nach Richtung der einwirkenden Last (Zug-

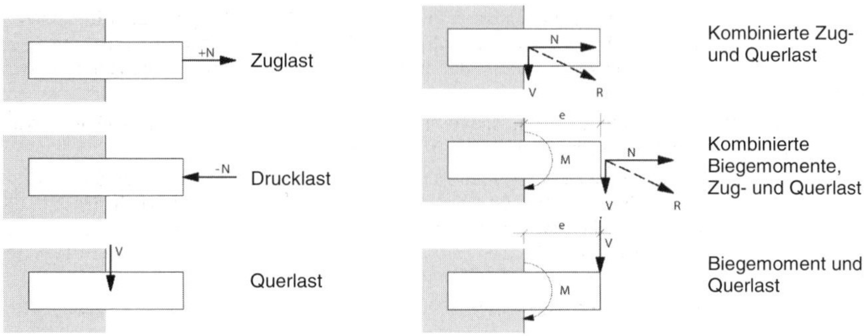

Abb. 6.6 Beanspruchungsarten

last, Querlast oder kombinierte Zug- und Querlast) wirken sich die genannten Parameter zudem noch unterschiedlich stark aus. Maßgebend für die Tragfähigkeit sind in der Regel nicht die einzelnen Einwirkungen, sondern deren Kombinationen. Im Sinne einer optimalen Ausnutzung der Dübel und damit einer wirtschaftlichen Bemessung ist es deshalb notwendig, bei der Bemessung der Befestigungen nach Lastrichtung und Bruchart zu unterscheiden.

Die Bemessung erfolgt für den Grenzzustand der Tragfähigkeit. Sie lässt sich vereinfacht durch die Gleichung (6.1) ausdrücken:

$$S_d \leq R_d \tag{6.1}$$

Darin ist S_d der Bemessungswert der Schnittgrößen (Einwirkung) und R_d der Bemessungswert der Tragfähigkeit (Widerstand). Ist die Einwirkung kleiner oder gleich dem Widerstand, dann ist die Befestigung ausreichend tragfähig. Die Bemessungswerte der Schnittgrößen und der Tragfähigkeit errechnen sich nach Gleichung (6.2) und (6.3) wie folgt:

$$S_d = \gamma_F \cdot S \tag{6.2}$$

$$R_d = R_k / \gamma_M \tag{6.3}$$

Bei Zugbeanspruchung ist S_d der Bemessungswert N_{Sd} der einwirkenden Dübelzuglast und bei Dübelquerbeanspruchung der Bemessungswert V_{Sd} der einwirkenden Dübelquerlast, die sich nach Gleichung (6.2) durch Multiplikation der Dübelzuglast (N) bzw. Dübelquerlast (V) mit dem Teilsicherheitsbeiwert γ_F für die Last errechnen. Liegt eine kombinierte Belastung vor (Schräglast), dann wird der Nachweis der Tragfähigkeit nach Gleichung (6.1), für beide Beanspruchungsrichtungen getrennt geführt. Zusätzlich ist die Interaktion nach Gleichung (12.2), (12.2a) oder (12.2b) nachzuweisen.

Die Bemessungswerte der Tragfähigkeit werden getrennt für zentrischen Zug (N_{Rd}) und Querlast (V_{Rd}) für die möglichen Brucharten ermittelt. Sie errechnen sich nach Gleichung (6.3) aus den charakteristischen Tragfähigkeiten (5-%-Fraktile) dividiert durch die Teilsicherheitsbeiwerte des Materials.

Die charakteristischen Tragfähigkeiten sind entweder in den jeweiligen Zulassungsbescheiden angegeben, oder sie können mit Hilfe der in den nachfolgenden Abschnitten angegebenen Gleichungen ermittelt werden. Im Einzelnen sind dies beim zentrischen Zug: die charakteristische Tragfähigkeit beim Stahlversagen ($N_{Rk,s}$), die charakteristische Tragfähigkeit beim Betonversagen ($N_{Rk,c}$), die charakteristische Tragfähigkeit beim Spalten ($N_{Rk,sp}$) sowie die charakteristische Tragfähigkeit beim Herausziehen/Durchziehen $N_{Rk,p}$. Bei Querlast sind das analog die charakteristische Tragfähigkeit beim Stahlversagen ($V_{Rk,s}$), die charakteristische Tragfähigkeit beim Betonkantenversagen ($V_{Rk,c}$) sowie die charakteristische Tragfähigkeit beim Betonversagen zur lastabgewandten Seite ($V_{Rk,cp}$).

Der Nachweis der örtlichen Einleitung der Dübellasten in den Ankergrund ist durch Gleichung (6.1) erbracht. Die Weiterleitung der verankerten Lasten im Bauteil muss gesondert nachgewiesen werden. So ist z. B. nachzuweisen, dass die in einem Balken verankerten Lasten von diesem über Biegung bis zu seinen Auflagern weitergeleitet werden können. Zur Gewährleistung der Bauteiltragfähigkeit sind zusätzliche Nachweise erforderlich. Sie sind im Bemessungsverfahren [6.4] ausführlich beschrieben.

Die Dübelzugkräfte werden aus den an der Ankerplatte angreifenden Zug- und Drucklasten sowie Biegemomenten nach der Elastizitätstheorie berechnet. Dabei werden die Annahmen getroffen, dass die Ankerplatte eben bleibt (d. h. sie muss ausreichend steif sein und vollflächig auf dem Beton bzw. auf einer Mörtelausgleichsschicht aufliegen), dass die Steifigkeit aller Dübel gleich ist und der Steifigkeit des Stahlquerschnitts entspricht und dass das Verhältnis des E-Moduls von Stahl zum E-Modul des Betons 7 beträgt.

Die Dübelquerkräfte werden unter der Annahme berechnet, dass sich alle Dübel an der Aufnahme der Querlast beteiligen (Ausnahmen siehe Abschnitte 3.3.1 bis 3.3.3).

In den neueren Vorschriften zur Bemessung von Stahlbetonbauteilen werden die globalen Sicherheitsbeiwerte in Teilsicherheitsbeiwerte aufgeteilt [6.3], [6.4]. Dieses Verfahren wird auch für die Bemessung von Dübeln eingeführt. Dadurch wird es möglich, dübelspezifische Kennwerte wie z. B. die Montagesicherheit zu berücksichtigen. Für die Last wird ein Teilsicherheitsbeiwert von $\gamma_F = 1{,}35$ für ständige Last und $\gamma_F = 1{,}5$ für veränderliche Lasten empfohlen.

Die Teilsicherheitsbeiwerte für die Materialfestigkeit γ_M hängen von der Bruchart ab.

3.2 Bemessung für Zuglast

3.2.1 Stahlversagen

Die charakteristische Tragfähigkeit $N_{Rk,s}$ bei Stahlversagen ist den jeweiligen Zulassungsbescheiden zu entnehmen. Greift bei Dübelgruppen die Zuglast exzentrisch an, dann ist der höchstbeanspruchte Dübel der Gruppe nachzuweisen.

3.2.2 Betonversagen

Die charakteristische Tragfähigkeit $N_{Rk,c}$ bei Betonversagen berechnet sich nach Gleichung (7.1) zu:

$$N_{Rk,c} = N^0_{Rk,c} \cdot \frac{A_{c,N}}{A^0_{c,N}} \cdot \psi_{s,N} \cdot \psi_{ec1,N} \cdot \psi_{ec2,N} \cdot \psi_{re,N} \cdot \psi_{ucr,N} \quad [\text{kN}] \tag{7.1}$$

mit:

$N^0_{Rk,c} = 7{,}2 \cdot \sqrt{f_{c,150}} \cdot h_{ef}^{1,5} / 1000 \; [\text{kN}]$, ($f_{c,150}$ Würfeldruckfestigkeit in N/mm²; h_{ef} in mm)

$$\psi_{s,N} = 0{,}7 + 0{,}3 \cdot c/c_{cr,N} \le 1 \tag{7.1a}$$

$$\psi_{eci,N} = \frac{1}{1 + 2 \cdot \frac{e_{i,N}}{s_{cr,N}}} \le 1 \quad (i = 1, 2) \tag{7.1b}$$

$$\psi_{re,N} = 0{,}5 + \frac{h_{ef}[mm]}{200} \le 1 \quad \text{für Anwendungen in Beton mit dichter Bewehrung} \tag{7.1c}$$

$= 1{,}0$ für Anwendungen in unbewehrtem Beton bzw. in Beton mit normaler Bewehrung

$\psi_{ucr,N} = 1{,}0$ Anwendungen in gerissenem Beton

$= 1{,}4$ Anwendungen in ungerissenem Beton

Normale Bewehrung liegt vor, wenn der Achsabstand s der Bewehrungsstäbe unabhängig vom Stabdurchmesser $s \ge 150$ mm bzw. bei Stabdurchmessern ≤ 10 mm $s \ge 100$ mm beträgt.

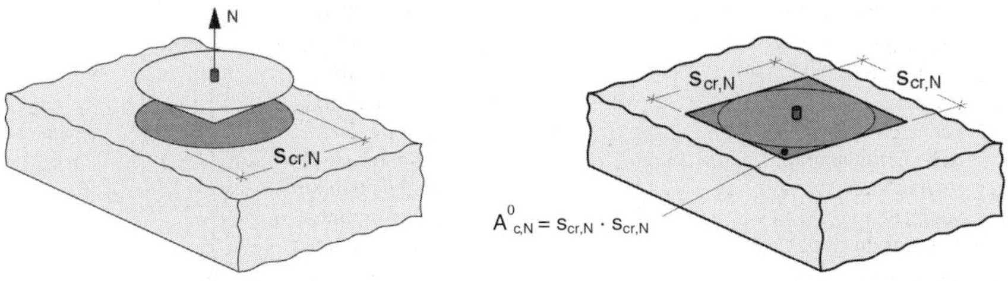

Abb. 6.7 Idealisierter Betonausbruchkörper und Fläche des idealisierten Ausbruchkörpers eines Einzeldübels mit großem Achs- und Randabstand unter Zuglast

Gleichung (7.1) ist nur auf die zugbeanspruchten Dübel einer Gruppe anzuwenden (vgl. Abb. 6.8). Weisen die zugbeanspruchten Dübel keine rechteckige Anordnung auf (z. B. infolge exzentrischer Lasteinleitung), dann kann die Gruppe gedanklich zu einer Rechteckform ergänzt werden.

Bei Befestigungen mit 3 oder mehr Rändern und einem Randabstand $c_{max} \leq c_{cr,N}$ (dabei ist c_{max} der größte Randabstand) führt die Berechnung nach Gleichung (7.1) zu auf der sicheren Seite liegenden Ergebnissen. Genauere und wirklichkeitsnahere Ergebnisse werden erzielt, wenn bei der Berechnung von $N^0_{Rk,c}$ die Verankerungstiefe h_{ef} durch den Wert nach Gleichung (8.1) ersetzt wird:

$$h'_{ef} = \frac{c_{max}}{c_{cr,N}} \cdot h_{ef} \qquad (8.1)$$

Außerdem sind bei der Ermittlung der Flächen $A^0_{c,N}$ und $A_{c,N}$ sowie in den Gleichungen (7.1a) und (7.1b) anstelle $s_{cr,N}$ bzw. $c_{cr,N}$ die Werte $s'_{cr,N} = 2 \cdot c_{max}$ bzw. $c'_{cr,N} = c_{max}$ einzusetzen.

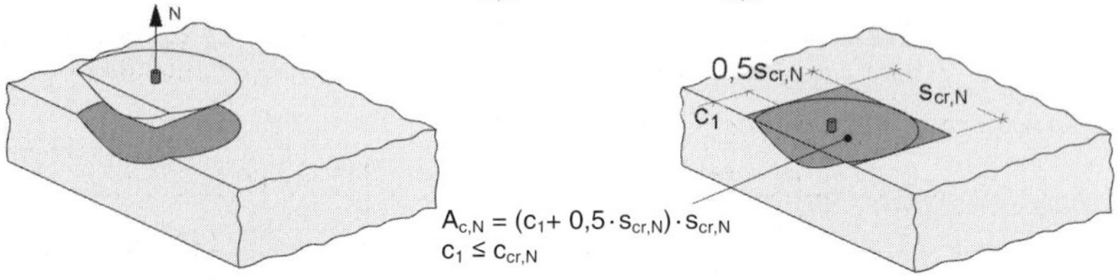

(**a**) Einzeldübel am Bauteilrand

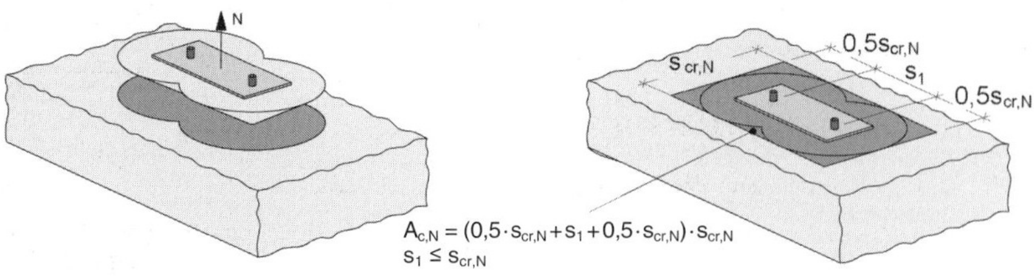

(**b**) Dübelgruppe mit 2 Dübeln mit großen Randabständen

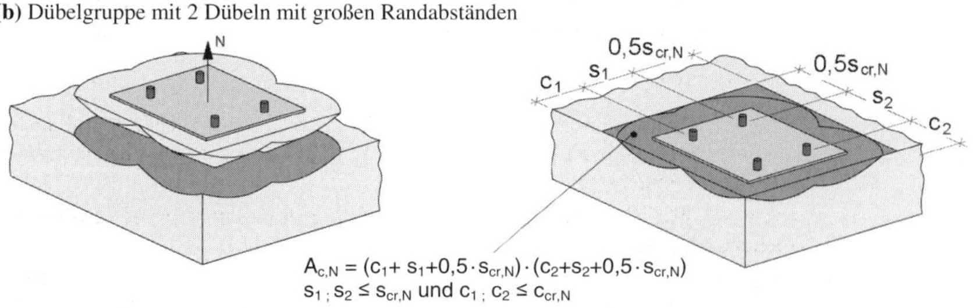

(**c**) Dübelgruppe mit 4 Dübeln in der Bauteilecke

Abb. 6.8 Beispiele für vorhandene Flächen der idealisierten Betonausbruchkörper bei verschiedenen Dübelanordnungen unter Zuglast

3.2.3 Spalten

Die Versagensart Spalten unter Zuglast muss nur berücksichtigt werden, wenn bei Einzeldübeln der Randabstand $c < 1{,}0 \cdot c_{cr,sp}$ oder bei einer Dübelgruppe der Randabstand $c < 1{,}5 \cdot c_{cr,sp}$ ist. Die charakteristische Tragfähigkeit $N_{Rk,sp}$ beim Spalten errechnet sich nach Gleichung (8.2) zu:

$$N_{Rk,sp} = N^0_{Rk,c} \cdot \frac{A_{c,N}}{A^0_{c,N}} \cdot \psi_{s,N} \cdot \psi_{ec1,N} \cdot \psi_{ec2,N} \cdot \psi_{re,N} \cdot \psi_{ucr,N} \cdot \psi_{h,sp} \qquad (8.2)$$

mit $N^0_{Rk,c}$, $A^0_{c,N}$, $A_{c,N}$, $\psi_{s,N}$, $\psi_{ec1,N}$, $\psi_{ec2,N}$, $\psi_{re,N}$, $\psi_{ucr,N}$ nach Gleichung (7.1), dabei sind anstelle der Werte $s_{cr,N}$ und $c_{cr,N}$ die Werte $s_{cr,sp}$ und $c_{cr,sp}$ zu setzen.

$$\psi_{h,sp} = \left(\frac{h}{2 \cdot h_{ef}}\right)^{2/3} \leq 1{,}5 \qquad (8.2a)$$

3.2.4 Herausziehen/Durchziehen

Die charakteristische Tragfähigkeit $N^0_{Rk,p}$ beim Herausziehen/Durchziehen ist den Zulassungsbescheiden zu entnehmen. Die charakteristische Tragfähigkeit $N_{Rk,p}$ errechnet sich durch Multiplikation des Wertes $N^0_{Rk,p}$ mit dem Faktor $\psi_{ucr,p} = 1{,}0$ für Anwendungen in gerissenen Beton oder für Anwendungen in ungerissenen Beton $\psi_{ucr,p} \geq 1{,}0$. Greift bei Dübelgruppen die Zuglast exzentrisch an, dann ist der höchstbeanspruchte Dübel der Gruppe nachzuweisen.

3.2.5 Zusammenstellung der erforderlichen Nachweise

Die erforderlichen Nachweise sind in der folgenden Tafel 6.9 zusammengestellt. Der Nachweis für Spalten ist nur dann zu führen, wenn die unter Abschn. 3.2.3 gegebenen Bedingungen erfüllt sind.

Tafel 6.9 Erforderliche Nachweise für Zuglasten

	Einzeldübel	Dübelgruppen
Stahlversagen	$N_{Sd} \leq N_{Rk,s}/\gamma_{Ms}$	$N^h_{Sd} \leq N_{Rk,s}/\gamma_{Ms}$
Betonausbruch	$N_{Sd} \leq N_{Rk,c}/\gamma_{Mc}$	$N^g_{Sd} \leq N_{Rk,c}/\gamma_{Mc}$
Spalten des Betons	$N_{Sd} \leq N_{Rk,sp}/\gamma_{Msp}$	$N^g_{Sd} \leq N_{Rk,sp}/\gamma_{Msp}$
Herausziehen/Durchziehen	$N_{Sd} \leq N_{Rk,p}/\gamma_{Mp}$	$N^h_{Sd} \leq N_{Rk,p}/\gamma_{Mp}$

3.3 Bemessung für Querlast

3.3.1 Stahlversagen ohne Biegebeanspruchung des Dübels

Die charakteristische Tragfähigkeit $V_{Rk,s}$ bei Stahlversagen ohne Biegebeanspruchung des Dübels ist den jeweiligen Zulassungsbescheiden zu entnehmen. Sie ist bei Dübelgruppen mit dem Faktor 0,8 abzumindern, wenn die Bruchdehnung des verwendeten Stahles < 8 % beträgt. Bei exzentrischer Belastung ist der höchstbeanspruchte Dübel der Gruppe nachzuweisen.

3.3.2 Stahlversagen mit Biegebeanspruchung des Dübels

Eine Biegebeanspruchung des Dübels ist zu berücksichtigen, wenn unter dem Anbauteil eine nichttragende Schicht oder eine Mörtelausgleichsschicht (> 3 mm) vorhanden ist oder wenn das maximale Durchgangsloch im anzuschließenden Bauteil nicht eingehalten ist.

Die charakteristische Tragfähigkeit $V_{Rk,s}$ bei Stahlversagen mit Biegebeanspruchung des Dübels errechnet sich nach Gleichung (9.1) zu:

$$V_{Rk,s} = \alpha_M \cdot M_{Rk,s}/l \qquad (9.1)$$

mit $\alpha_M = 1{,}0$ bei freier Drehbarkeit (siehe Abb. 6.9a) bzw. $\alpha_M = 2{,}0$ bei voller Einspannung (siehe Abb. 6.9b) und $M_{Rk,s} = M^0_{Rk,s} \cdot (1 - N_{Sd}/N_{Rd,s})$. $M^0_{Rk,s}$ ist in den jeweiligen Zulassungsbescheiden angegeben. N_{Sd} ist der Bemessungswert der einwirkenden Zuglast. $N_{Rd,s}$ wird ermittelt aus $N_{Rd,s} = N_{Rk,s}/\gamma_{Ms}$, wobei $N_{Rk,s}$ dem Zulassungsbescheid zu entnehmen ist. Der Hebelarm der Querlast berechnet sich aus $l = a_3 + e_1$ mit $a_3 = 0{,}5 \cdot d$. Bei Dübelgruppen ist in der Gleichung zur Berechnung von $M_{Rk,s}$ N_{Sd} durch N^h_{Sd} zu ersetzen.

Abb. 6.9 Einspanngrad des Dübels

3.3.3 Betonkantenbruch

Die charakteristische Tragfähigkeit $V_{Rk,c}$ beim Betonkantenbruch beträgt nach Gleichung (10.1):

$$V_{Rk,c} = V^0_{Rk,c} \cdot \frac{A_{c,V}}{A^0_{c,V}} \cdot \psi_{s,V} \cdot \psi_{h,V} \cdot \psi_{ec,V} \cdot \psi_{\alpha,V} \cdot \psi_{ucr,V} \qquad (10.1)$$

mit

$$V^0_{Rk,c} = 0{,}45 \cdot \sqrt{d_{nom}} \cdot (l_f / d_{nom})^{0,2} \cdot \sqrt{f_{c,150}} \cdot c_1^{1,5} \qquad (10.1a)$$

l_f wirksame Lasteinleitungslänge in mm
= h_{ef} bei Befestigungselementen mit konstanter Steifigkeit
= Länge der Distanzhülse im Beton bei Dübeln mit nicht konstanter Steifigkeit
d_{nom} Außendurchmesser des Dübels bzw. Schaftdurchmesser des Kopfbolzens in mm
c_1 Randabstand in mm (s. Abb. 6.10a)
$f_{c,150}$ Würfeldruckfestigkeit des Betons in N/mm²

$$\psi_{s,V} = 0{,}7 + 0{,}3 \cdot c_2/(1{,}5 \cdot c_1) \leq 1 \qquad (10.1b)$$

$$\psi_{h,V} = \left(\frac{1{,}5 \cdot c_1}{h}\right)^{1/3} \geq 1{,}0 \qquad (10.1c)$$

$$\psi_{ec,V} = \frac{1}{1 + 2 \cdot \frac{e_V}{3 \cdot c_1}} \leq 1$$

$\psi_{\alpha,V}$ = 1,0 (Bereich 1, $0° \leq \alpha_V \leq 55°$) (10.1d)
1,0/($\cos \alpha_V + 0{,}5 \cdot \sin \alpha_V$) (Bereich 2, $55° < \alpha_V \leq 90°$) (10.1e)
2,0 (Bereich 3, $90° < \alpha_V \leq 180°$) (10.1f)

$\psi_{ucr,V}$ = 1,0 (gerissener Beton, ohne Randbewehrung)
1,2 (gerissener Beton, gerade Randbewehrung ≥ ∅ 12 mm)
1,4 (gerissener Beton, gerade Randbewehrung ≥ ∅ 12 mm und Bügel im Abstand ≤ 10 cm bzw. geschweißte Bewehrungsmatte ≥ ∅ 8 mm, im Abstand ≤ 10 cm)
1,4 (ungerissener Beton)

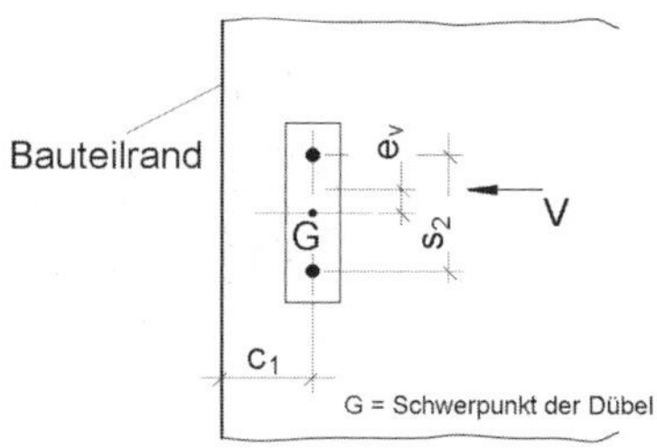

Abb. 6.10a Beispiel für eine Verankerung bei exzentrischer Querbeanspruchung

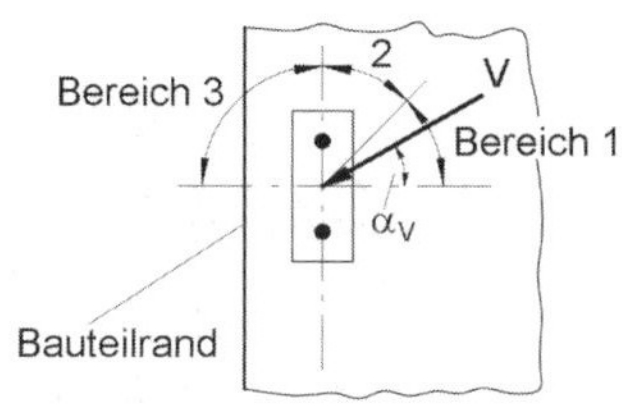

Abb. 6.10b Definition des Winkels α_V

Bei Zweiergruppen senkrecht zum Rand wird in Gleichung (10.1) der Randabstand c_1 des randnahen Dübels eingesetzt. Dasselbe gilt auch für die Ermittlung der Fläche $A_{c,V}$. Ebenso werden bei Vierergruppen nur die beiden randnahen Dübel in Ansatz gebracht (vgl. Abb. 6.11c(c)), d. h. es wird sowohl bei Zweiergruppen senkrecht zum Rand als auch bei Vierergruppen davon ausgegangen, dass die gesamte einwirkende Querlast allein von dem einen bzw. den beiden randnahen Dübeln aufgenommen wird. Diese Annahme ist sinnvoll, da zwischen Dübel und Ankerplatte üblicherweise ein Lochspiel vorhanden ist, was im ungünstigsten Fall zu einer Beanspruchung ausschließlich der randnahen Dübel führen kann (vgl. Abb. 6.11a).

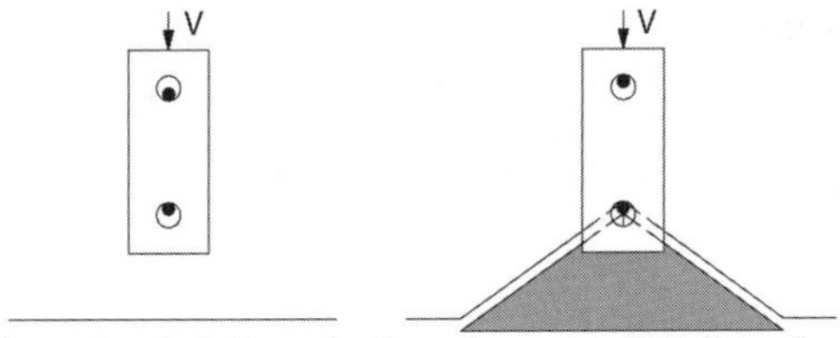

Abb. 6.11a Betonkantenbruch bei ungünstiger Lage der Dübel in Bezug auf die Löcher im Anbauteil (Anmerkung: die Löcher sind stark vergrößert dargestellt.)

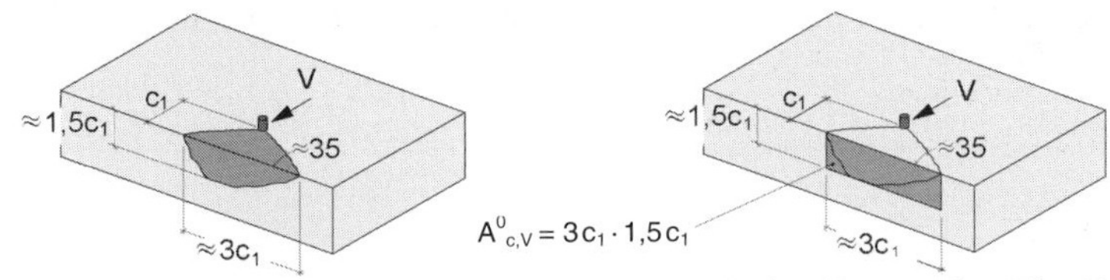

Abb. 6.11b Idealisierter Betonausbruchkörper und Fläche des Ausbruchkörpers eines Einzeldübels mit großem Achsabstand bzw. mit großem Randabstand zu weiteren Rändern auf der Bauteilseitenfläche unter Querlast

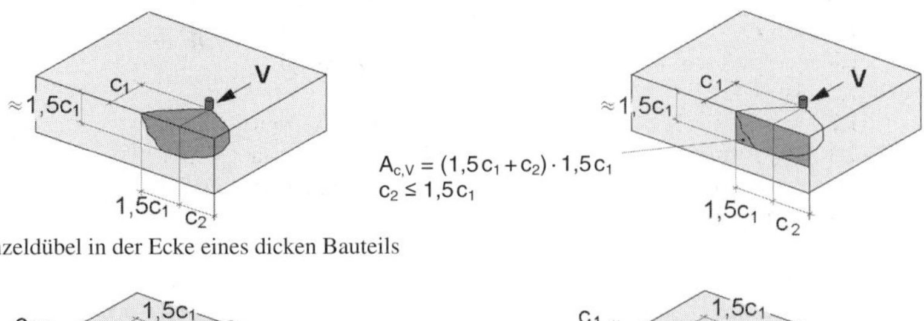

(**a**) Einzeldübel in der Ecke eines dicken Bauteils

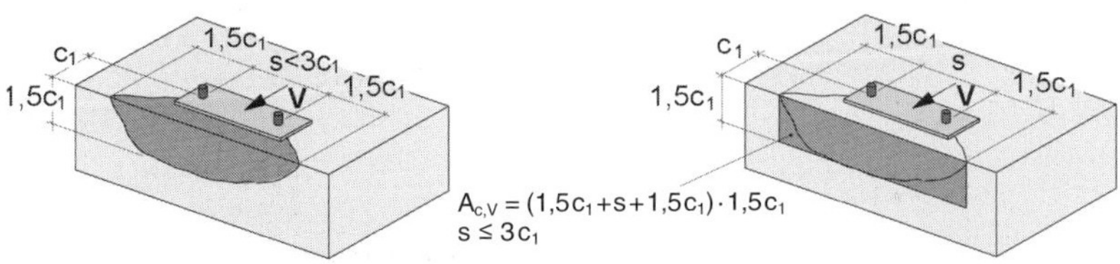

(**b**) Zweiergruppe am Rand eines dicken Bauteils

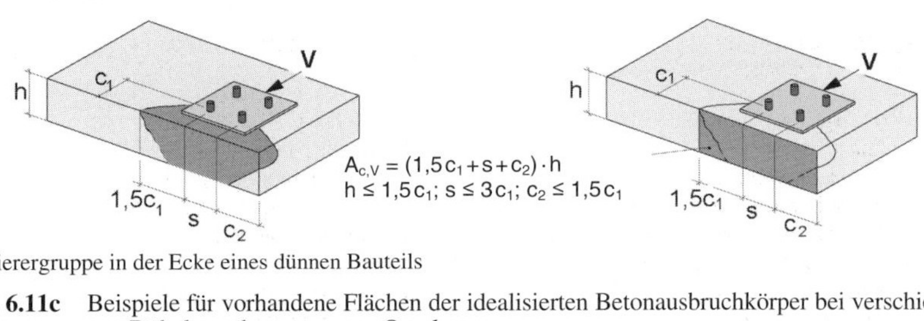

(**c**) Vierergruppe in der Ecke eines dünnen Bauteils

Abb. 6.11c Beispiele für vorhandene Flächen der idealisierten Betonausbruchkörper bei verschiedenen Dübelanordnungen unter Querlast

3.3.4 Betonversagen auf der lastabgewandten Seite (pryout-Versagen)

$$V_{\text{Rk,cp}} = k \cdot N_{\text{Rk,c}} \qquad (12.1)$$

mit $N_{\text{Rk,c}}$ nach Gleichung (7.1). Aus den jeweiligen Zulassungsbescheiden kann k entnommen werden (i. Allg. $k = 1{,}0$ für Dübel mit $h_{\text{ef}} < 60$ mm und $k = 2{,}0$ für Dübel mit $h_{\text{ef}} \geq 60$ mm).

3.3.5 Zusammenstellung der erforderlichen Nachweise

Die erforderlichen Nachweise sind in der folgenden Tafel 6.12 zusammengestellt.

Tafel 6.12 Erforderliche Nachweise für Querlasten

	Einzeldübel	Dübelgruppen
Stahlversagen	$V_{\text{Sd}} \leq V_{\text{Rk,s}}/\gamma_{\text{Ms}}$	$V_{\text{Sd}}^{\text{h}} \leq V_{\text{Rk,s}}/\gamma_{\text{Ms}}$
Betonkantenbruch	$V_{\text{Sd}} \leq V_{\text{Rk,c}}/\gamma_{\text{Mc}}$	$V_{\text{Sd}}^{\text{g}} \leq V_{\text{Rk,c}}/\gamma_{\text{Mc}}$
Betonausbruch auf der lastabgewandten Seite	$V_{\text{Sd}} \leq V_{\text{Rk,cp}}/\gamma_{\text{Mc}}$	$V_{\text{Sd}}^{\text{g}} \leq V_{\text{Rk,cp}}/\gamma_{\text{Mc}}$

3.4 Kombinierte Zug- und Querbelastung

Bei kombinierter Beanspruchung durch Zug- und Querlasten ist zusätzlich zu den Einzelnachweisen gemäß den vorausgegangenen Abschnitten eine der Interaktionsgleichungen (12.2), (12.2a) oder (12.2b) zu erfüllen (vgl. Abb. 6.12). Gleichung (12.2a) gilt nur dann, wenn sowohl unter Zuglast als auch unter Querlast Stahlversagen maßgebend ist. Die Gleichungen (12.2) und (12.2b) gelten für alle übrigen Versagensarten, wobei Gleichung (12.2) konservative Ergebnisse ergibt.

$$\left(\frac{N_{\text{Sd}}}{N_{\text{Rd}}}\right) + \left(\frac{V_{\text{Sd}}}{V_{\text{Rd}}}\right) \leq 1{,}2 \qquad (12.2)$$

$$\left(\frac{N_{\text{Sd}}}{N_{\text{Rd}}}\right)^2 + \left(\frac{V_{\text{Sd}}}{V_{\text{Rd}}}\right)^2 \leq 1{,}0 \qquad (12.2a)$$

$$\left(\frac{N_{\text{Sd}}}{N_{\text{Rd}}}\right)^{1{,}5} + \left(\frac{V_{\text{Sd}}}{V_{\text{Rd}}}\right)^{1{,}5} \leq 1{,}0 \qquad (12.2b)$$

Für die Quotienten $(N_{\text{Sd}}/N_{\text{Rd}})$ und $(V_{\text{Sd}}/V_{\text{Rd}})$ sind jeweils die größten Werte für die einzelnen Versagensarten einzusetzen.

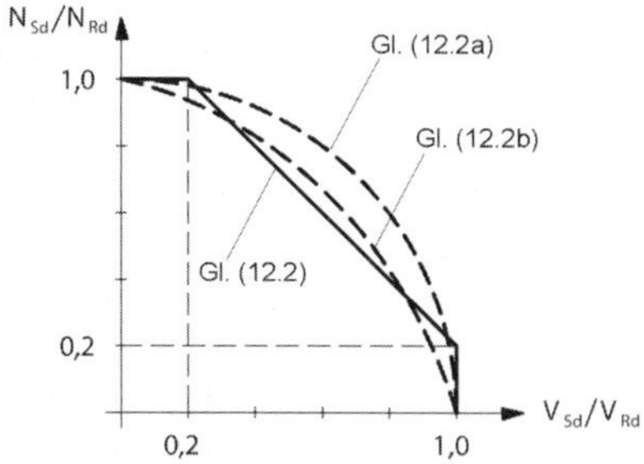

Abb. 6.12 Interaktionsdiagramm für kombinierte Zug- und Querbeanspruchung

3.5 Zusätzliche Nachweise zur Gewährleistung der Bauteiltragfähigkeit

Der Nachweis der örtlichen Krafteinleitung in den Beton ist durch das Bemessungsverfahren (CC-Verfahren) erbracht. Die Weiterleitung der Kräfte im Bauteil bis zu den Auflagern ist gesondert nachzuweisen. Details hierzu sind in der Bemessungsrichtlinie [6.4] zu finden.

4 Beispiel

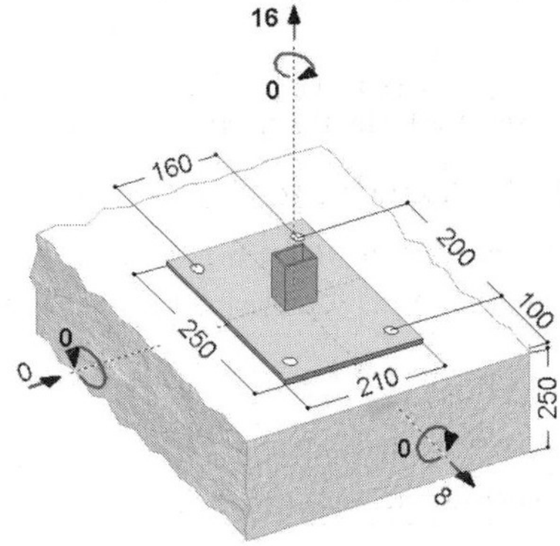

Vierergruppe am Bauteilrand unter kombinierter Zug- und Querlast

Hinterschnittdübel M12, h_{ef} = 80 mm, d_{nom} = 18 mm
Stahldehnung > 8 %

Betonfestigkeitsklasse C20/25
gerissener Beton, dicht bewehrt

Achsabstände s_1 = 20 cm, s_2 = 16 cm
Randabstand c_1 = 10 cm
Bauteildicke h = 25 cm
Bauteilrand bewehrt: ∅ 12 mm (gerade)

Belastung: N = 16 kN (Eigengewicht)
V = 8 kN (Eigengewicht)

Abmessungen der Stahlplatte 21 cm x 25 cm
$\gamma_F = 1{,}35$ (Eigengewicht)

a) Bemessung für Zuglast

$N_{Rk,s}$ = 67,4 kN (aus Zulassung)
$N^0_{Rk,c} = 7{,}2 \cdot 25^{0{,}5} \cdot 80^{1{,}5}/1000 = 25{,}8$ kN (nach Gleichung (7.1a))
$\psi_{ucr,N} = 1{,}0$
$s_{cr,N} = s_{cr,sp} = 3 \cdot h_{ef} = 24$ cm
$c_{cr,N} = c_{cr,sp} = 1{,}5 \cdot h_{ef} = 12$ cm
$\gamma_{Ms} = 1{,}5$; $\gamma_{Mc} = \gamma_{Mp} = \gamma_{Msp} = 1{,}5$ (aus Zulassung)

nach Gleichung (6.2): $N_{Sd} = 1{,}35 \cdot 16 = 21{,}6$ kN
$N^h_{Sd} = 1{,}35 \cdot 16/4 = 5{,}4$ kN

Stahlversagen Nachweis $5{,}4 \leq 67{,}4 / 1{,}5 = 44{,}9$ kN

Betonversagen nach Abb. 6.8: $A_{c,N} / A^0_{c,N} = (12 + 20 + 10) \cdot (12 + 16 + 12) / (9 \cdot 8{,}0^2) = 2{,}92$
Gl. (7.1a): $\psi_{s,N} = 0{,}7 + 0{,}3 \cdot 10/12 = 0{,}95$
Gl. (7.1b): $\psi_{ec1,N} = \psi_{ec2,N} = 1{,}0$ (keine Biegung)
gerissener Beton, dicht bewehrt:
Gl. (7.1c): $\psi_{re,N} = 0{,}5 + 80/200 = 0{,}9 < 1{,}0$
Gl. (7.1): $N_{Rk,c} = 25{,}8 \cdot 2{,}92 \cdot 0{,}95 \cdot 1{,}0 \cdot 1{,}0 \cdot 0{,}9 \cdot 1{,}0 = 64{,}2$ kN
Nachweis: $21{,}6 \leq 64{,}2 / 1{,}5 = 42{,}8$ kN

Spalten Gl. (8.2a): $\psi_{h,sp} = (250/(2 \cdot 80))^{2/3} = 1{,}35$
Gl. (8.2): $N_{Rk,sp} = 64{,}2 \cdot 1{,}35 = 87{,}0$ kN
Nachweis: $21{,}6 \leq 87{,}0 / 1{,}5 = 58{,}0$ kN

Heraus-/Durchziehen $N_{Rk,p} = 20{,}0$ kN (aus Zulassung)
Nachweis: $5{,}4 \leq 20/1{,}5 = 13{,}3$ kN

b) Bemessung für Querlast

$V_{Rk,s}$ = 33,8 kN (aus Zulassung)
k = 2,0 (aus Zulassung)
$\gamma_{Ms} = 1{,}25$; $\gamma_{Mc} = \gamma_{Mcp} = 1{,}5$

nach Gleichung (6.2): $V_{Sd} = 1{,}35 \cdot 8 = 10{,}8$ kN
$V^h_{Sd} = 1{,}35 \cdot 8/4 = 2{,}7$ kN

Stahlversagen Nachweis $10{,}8 \leq 33{,}8 / 1{,}25 = 27{,}0$ kN

Betonversagen Gl. (10.1a): $V^0_{Rk,c} = 12{,}9$ kN
Abb. 6.11b/
Abb. 6.11c $A_{c,V} / A^0_{cV} = (1{,}5 \cdot 10 + 16 + 1{,}5 \cdot 10) \cdot (1{,}5 \cdot 10)/(4{,}5 \cdot 10^2) = 1{,}53$
Gl. (10.1b): $\psi_{s,V} = 1{,}0$ (keine weiteren Bauteilränder vorhanden)
Gl. (10.1c): $\psi_{h,V} = (1{,}5 \cdot 10 / 25)^{1/3} = 0{,}84 \leq 1{,}0$

zentrische Querlast: $\psi_{ec,V}$ = 1,0
Last senkrecht zum Rand: $\psi_{\alpha,V}$ = 1,0
Beton gerissen und Rand bewehrt mit ⌀ 12 mm: $\psi_{ucr,V}$ = 1,2
Gl. (10.1): $V_{Rk,c} = 12{,}9 \cdot 1{,}53 \cdot 1{,}0 \cdot 1{,}0 \cdot 1{,}0 \cdot 1{,}0 \cdot 1{,}2 = 23{,}7$ kN
Nachweis $10{,}8 \leq 23{,}7 / 1{,}5 = 15{,}8$ kN

Betonversagen auf der lastabgewandten Seite

Gemäß Abschnitt 3.3.4 werden bei der Berechnung von $N_{Rk,c}$ alle Dübel der Gruppe berücksichtigt.
Damit ergibt sich $N_{Rk,c}$ zu:

Gl. (7.1): $N_{Rk,c} = 25{,}8 \cdot 2{,}92 \cdot 0{,}95 \cdot 1{,}0 \cdot 1{,}0 \cdot 0{,}9 \cdot 1{,}0 = 64{,}2$ kN
Gl. (12.1): $V_{Rk,cp} = 2{,}0 \cdot 64{,}2 = 128{,}4$ kN
Nachweis: $10{,}8 \leq 128{,}4/1{,}5 = 85{,}6$ kN

c) Kombinierte Zug- und Querbelastung

Gl. (12.2b): $(21{,}6 / 42{,}8)^{1,5} + (10{,}8 / 15{,}8)^{1,5} = 0{,}92 < 1{,}0$

5 Korrosion

Um eine Korrosion des Metallteils der Befestigungselemente zu vermeiden, werden oft um den Stahl günstige Schutzummantelungen aufgebracht oder ein Material ausgewählt, das die Entstehung von Korrosion verhindert.

Bei Verzinkungen verhindert die dichte und in der Regel intakte Ummantelung den Kontakt des korrosiven Mediums mit dem Stahl. Ausreichender Korrosionsschutz wird auch noch bei leichter Beschädigung des Mantels erreicht.

Durch galvanische Verzinkung besitzen Metalldübel in der Regel eine minimale Ummantelungsdicke von 5 µm und eine gelbe oder blaue Passivierung. Dies garantiert einen ausreichenden Transportschutz auch unter ungünstigen Bedingungen und einen Langzeitschutz für Innenanwendungen.

Die Feuerverzinkung ermöglicht Ummantelungsdicken von maximal 15 bis 20 µm und somit einen höheren Korrosionsschutz. Feuerverzinkte Metalldübel können für Außenanwendungen mit geringer Korrosionsgefahr verwendet werden und stellen eine günstige Alternative zu Produkten in rostfreiem Stahl dar.

Als langzeitkorrosionsbeständiges Material wird nicht rostender Stahl Anspruchsklasse 316 (A4) wie z. B. die Material-Nr. 1.4401, 1.4571 und 1.4404 verwendet. Diese Stähle bieten einen optimalen Korrosionsschutz gegen gewöhnliche Umwelteinflüsse und industrielle Atmosphären, sind aber nicht geeignet bei Kontakt mit Chloriden und Meereswasser. Für diese Fälle sowie für Metalldübel im Verkehrstunnel, bei Kraftwerken oder Wasserwerken bieten die Hersteller Produkte aus Stählen mit den Material-Nr. 1.4529 oder 1.4565 an.

6 Brandschutz

Während eines Feuerversuchs können bei Metallspreiz- und Hinterschnittdübeln drei verschiedene Versagensarten auftreten: Stahlversagen, Betonversagen oder Herausziehen/Durchziehen. Die Feuerwiderstandsdauer von Befestigungsmitteln kann in der Regel nur aufgrund von Versuchen beurteilt werden.

Hohe Feuertemperaturen verändern die mechanischen Eigenschaften von Stahl und Beton. Die Stahlfestigkeit nimmt bei hohen Temperaturen deutlich ab, dabei bietet Stahl mit einem niedrigen Kohlenstoffgehalt unter Feuerbelastung die höhere Sicherheit. Die bei einer bestimmten Feuerwiderstandsdauer ertragbare Stahlspannung wird außerdem von der Größe und Dicke des Anbauteils beeinflusst.

Die Betonausbruchlast wird durch eine Brandbeanspruchung reduziert. Bei Befestigungen mit geringerer Verankerungstiefe findet eine größere Reduktion der Betonausbruchlast statt als bei Befestigungen mit großer Verankerungstiefe.

Die Festigkeit von Kunstharzmörteln bei Temperaturen über 80 °C nimmt zwar stark ab und das Temperaturverhalten von Kunstharzmörteln ist produktabhängig, generell jedoch zeigen Verbundanker eine deutliche Verschlechterung der Tragfähigkeit im Brandfall.

6 B Schutz und Instandsetzung von Betonbauwerken

Prof. Dr.-Ing. Michael Raupach und Dr.-Ing. Jeanette Orlowsky

1 Regelwerke

Beim Schutz und bei der Instandsetzung von Betonbauteilen sind verschiedene Regelwerke zu beachten. Die Instandsetzungsarbeiten sind nach einem von einem sachkundigen Planer aufgestellten Instandsetzungsplan auszuführen. Der detaillierte Arbeitsplan muss von einer qualifizierten Führungskraft aufgestellt werden. Die Qualifikation wird durch den SIVV-Schein (Schützen, Instandsetzen, Verbinden, Verstärken) nachgewiesen. Kunststoffmodifizierte Spritzmörtel dürfen nur von Personen mit dem sogenannten Düsenführerschein (D-Schein) verarbeitet werden.

Alle Materialien müssen die Anforderungen der Richtlinie für Schutz und Instandsetzung von Betonbauteilen (Rili-SIB) des DAfStB [6.20], Teil 2, bzw. der Technischen Vertragsbedingungen der ZTV-ING [6.21] erfüllen.

Alle Stoffe, die im Bereich der Betoninstandsetzung angewendet werden dürfen, sind in der Bauregelliste enthalten [6.22]. Die genormten Stoffe wie Beton und Spritzbeton sind in der Bauregelliste A, Teil 1, die nicht genormten Stoffe in der Bauregelliste A, Teil 2, aufgeführt, soweit sie eingesetzt werden, wo die Standsicherheit des Bauwerkes betroffen ist. Stoffe von untergeordneter Bedeutung sind in Liste C enthalten.

Als Nachweis der grundsätzlichen Eignung eines Instandsetzungsproduktes bzw. -systems nach Bauregelliste A, Teil 2, dient ein allgemeines bauaufsichtliches Prüfzeugnis (abP). Grundlage dieses Zeugnisses ist die Grundprüfung des Produktes, die nur von einer dafür vom Deutschen Institut für Bautechnik anerkannten Stelle durchgeführt werden darf. Auch das abP wird von der Prüfstelle ausgestellt. Bestandteil eines abP sind u. a. die Ausführungsanweisungen des Herstellers, die bei Untergrundvorbehandlung, Anmischen, Verarbeitung, Ausführung und Nachbehandlung unbedingt zu beachten sind. Dort sind unter anderem auch Angaben zu den minimalen und maximalen Verarbeitungstemperaturen sowie Schichtdicken enthalten. Zurzeit sind alle kunststoffhaltigen Instandsetzungsprodukte in der Bauregelliste A, Teil 2, enthalten.

Angewendet werden dürfen Instandsetzungsprodukte bzw. -systeme grundsätzlich nur, wenn für sie ein Übereinstimmungszertifikat (ÜZ) vorliegt. Zur Kennzeichnung der ÜZ-Produkte ist auf ihrer Verpackung ein Übereinstimmungszeichen (Ü-Zeichen) angebracht.

2 Angriffe auf Stahlbeton

Mögliche Angriffe auf Stahlbetonbauteile sind im nachfolgenden Schema zusammengestellt.

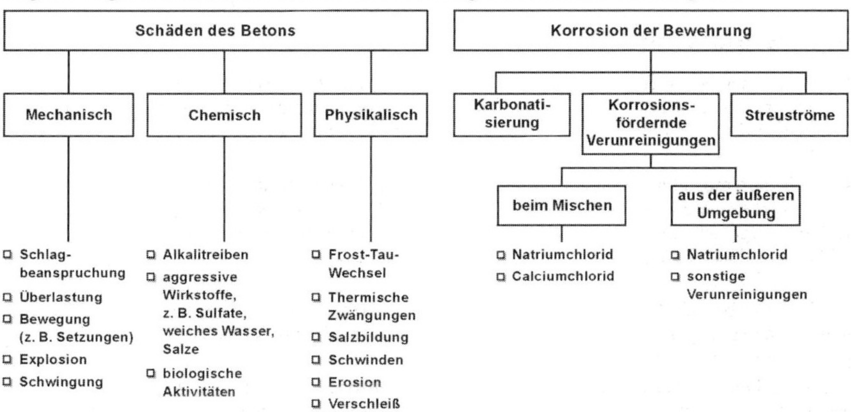

3 Bauwerksdiagnose

3.1 Erfassung des Ist-Zustandes

Tafel 6.16 Untersuchung des Ist-Zustandes eines Bauwerks (Beispiele nach [6.20])

	Kriterien zur Beschreibung des Ist-Zustandes	Untersuchungsmethoden, Hilfsmittel	Untersuchungsergebnisse und Bewertung
	1	2	3
1	**Umgebungs- und Nutzungsbedingungen**		
1.1	Mechanische Einwirkungen (z. B. Fahrzeuganprall, Überlastung)	Inaugenscheinnahme	Bewertung im Einzelfall
1.2	Physikalische und chemische Einwirkung (z. B. von Temperatur, Feuchte, Frost, Tausalzen, Gasen, Ölen, Fetten)	Messungen, Erkundungen	Angabe über Art und Umfang der Einwirkungen, Bewertung im Einzelfall
1.3	Einwirkungen aus Betrieb (Reinigung, Wartung)	Auswertung von Protokollen, z. B. der Streckenwartung	Häufigkeit und Art der Reinigung, Reinigungsmittel, Bewertung im Einzelfall
1.4	Zugänglichkeit	Örtliche Feststellungen	Bewertung im Einzelfall (Hinweis auf Zugänglichkeit und/oder Unzugänglichkeit, evtl. auf Geräte und Beleuchtung)
2	**Bauwerks- und Bauteileigenschaften**		
2.1	Brückenklasse, statisches System	Bauwerksbuch, Bauwerksakten	Bewertung im Einzelfall
2.2	Herstellungsbedingungen (z. B. Witterung, Besonderheiten)	Bautagebuch, Wetteramt, Bauwerksakten	Bewertung im Einzelfall
2.3	Optischer Eindruck (z. B. Abplatzungen, Risse, Rostfahnen, Ausblühungen, Verschmutzungen, Absandungen)	Inaugenscheinnahme, Rissaufnahme, z. B. mit Risslupe	Lokalisierung und Ausmaß, Bewertung im Einzelfall
2.4	Hohlstellen	Abklopfen, Impuls-Echo-Verfahren	Lokalisierung und Ausmaß, Bewertung im Einzelfall
2.5	Betondeckung	Induktivitätsmessungen, Anbohren	Bewertung durch Vergleich mit den Anforderungen
2.6	Verformung, Zwang, Pressungen	Messungen und Berechnungen	Bewertung im Einzelfall
2.7	Entwässerung, Abdichtung, Belag, Fugen	Inaugenscheinnahme, Abklopfen, ggf. Öffnen und/oder Messen	Bewertung nach dem Zustand und dem Grad der Funktionsfähigkeit
2.8	Fahrbahnübergänge, Einbauten	Inaugenscheinnahme	
2.9	Bewehrungskorrosion	Elektrochemische Potentialmessung	Lokalisierung von Bewehrungskorrosion in Stahlbetonbauwerken
3	**Baustoffeigenschaften**		
3.1	Druckfestigkeit	Zerstörungsfreie Prüfung („Schmidt-Hammer"), in begründeten Einzelfällen zerstörende Prüfung durch Entnahme von Bohrkernen; DIN 1048-2	Nennfestigkeit, Vergleich mit geforderten Werten
3.2	Oberflächenzugfestigkeit	Geregeltes Abreißprüfgerät a) Oberfläche b) ggf. tiefer liegende Schichten (Profilaufnahme); DAfStb-Heft 420	Vergleich mit geforderten Werten. Falls nicht ausreichend, Überprüfung des Festigkeits- und Verformungsverhaltens
3.3	Korrosion der Bewehrung	Augenscheinliche Betrachtung	Zur Bewertung sind sowohl die Absolutwerte als auch die gegenseitigen Abhängigkeiten der einzelnen Baustoffeigenschaften in ihrer Gesamtheit zu berücksichtigen. Grenzwerte einzelner Baustoffeigenschaften werden daher nicht angegeben.
3.4	Karbonatisierung	Phenolphthalein, Thymolphthalein. DAfStb-Heft 422	
3.5	Chloridbelastung	DAfStb-Heft 401	
3.6	Gesamtporosität, Kapillarität	z. B. nach DIN 52 103	
3.7	Wasseraufnahmekoeffizient	z. B. nach DIN 52 617	

3.2 Karbonatisierung

Bei der Karbonatisierung des Betons diffundiert das in der Luft enthaltene Kohlendioxid in den Zementstein und bildet mit Calciumhydroxid ($Ca(OH)_2$) sowie anderen calciumhaltigen Hydratationsprodukten Calciumcarbonat ($CaCO_3$). Dadurch kann der pH-Wert des Porenwassers bis unter 9 sinken und der Porenraum wird in Abhängigkeit vom Bindemittel verändert. Durch den reduzierten pH-Wert bedingt die Karbonatisierung eine Depassivierung der Bewehrung. Die Karbonatisierung ist mit Hilfe des Phenolphthalein-Tests oder durch Bestimmung des pH-Wertes des Betonporenwassers festzustellen. Dabei ist die Verteilung der Karbonatisierungstiefe über die Bauteiloberfläche zu ermitteln.

3.3 Kritischer Chloridgehalt

Der kritische, korrosionsauslösende Chloridgehalt im Beton hängt von einer Reihe von Einflussfaktoren ab und muss daher im jeweiligen Einzelfall bei Überschreitung der im Folgenden genannten Grenzwerte durch den sachkundigen Planer beurteilt werden. Hierbei sind außer dem Chloridgehalt auch die Umgebungsbedingungen zu berücksichtigen. Diese Beurteilung betrifft auch die Festlegung der abzutragenden Betonbereiche. Die nachfolgenden Angaben in den einzelnen Grundsatzlösungen sind deshalb nur als Richtwerte zu verstehen.

Wenn erhöhte Chloridgehalte nicht ausgeschlossen werden können, sind sie nach [6.20] im Bereich der Betondeckung der Bewehrung zunächst überschlägig zu prüfen. Werden hierbei Chloridgehalte über 0,2 % der Zementmasse oder über 0,03 % der Betonmasse festgestellt, so sind die Konzentrationsverteilungen über die Bauteildicke im Bereich der mit Chlorid beaufschlagten Bauteiloberflächen zu ermitteln.

Wenn nach [6.20] bei Stahlbetonbauteilen in der Betondeckungsschicht Chloridgehalte über 0,5 % Cl^-, bezogen auf die Zementmasse, und bei Spannbetonbauteilen Werte über 0,2 % Cl^- ermittelt werden, ist zur Beurteilung der erforderlichen Maßnahmen der sachkundige Planer einzuschalten. Dies gilt auch dann, wenn an der Betonoberfläche keine Anzeichen von Korrosion an der Bewehrung feststellbar sind. Bei unbekannter Betonzusammensetzung ist der Zementgehalt auf der sicheren Seite liegend abzuschätzen.

3.4 Klassifizierung der Betonfeuchte

Die Betonfeuchte wird nach [6.20] wie folgt eingeteilt:

trocken Eine ca. 2 cm tiefe, frisch hergestellte Bruchfläche darf (infolge Austrocknens) nicht augenscheinlich heller werden. Unter einer am Rand aufgeklebten PE-Folie (500 mm x 500 mm) darf über Nacht keine Dunkelfärbung des Betons und keine Kondensation von Feuchtigkeit auftreten.

feucht Die Oberfläche hat ein mattfeuchtes Aussehen, darf aber keinen glänzenden Wasserfilm aufweisen; das Porensystem des Betonuntergrundes darf nicht wassergesättigt sein, d. h. aufgebrachte Wassertropfen müssen eingesogen werden und nach kurzer Zeit muss die Oberfläche wieder matt erscheinen. Der Feuchtegehalt kann mit der CM-Methode bzw. durch Darren bei 105 °C genauer bestimmt und mit dem in den Angaben zur Ausführung angegebenen zulässigen Wert verglichen werden. Der zulässige Wassergehalt hängt u. a. vom Zementgehalt, Wasserzementwert und Porenvolumen ab. Ein fester Prozentsatz lässt sich nicht angeben. Für Bewertung und Zuordnung ist eine besondere Sachkenntnis erforderlich.

nass Das Porensystem des Betonuntergrundes ist wassergesättigt; die Betonoberfläche wirkt glänzend, weist jedoch keinen tropfbaren Wasserfilm auf.

4 Instandsetzungsprinzipien (nach Rili-SIB [6.20])

Nachfolgend sind die Instandsetzungsprinzipien nach Rili-SIB [6.20] wiedergegeben. In ähnlicher Weise finden sich Regelungen in EN 1504 (s. *Bautabellen für Ingenieure*).

4.1 Instandsetzungsprinzip R

Das Instandsetzungsprinzip R beruht auf der erneuten Bildung einer Passivschicht auf der Oberfläche der Stahlbewehrung (Repassivierung) durch Auftragen eines zementgebundenen Mörtels bzw. Betons, im Weiteren einheitlich als Mörtel bezeichnet, der zu einem erneut hohen pH-Wert an der Stahloberfläche führt. Die Bewehrung wird bei dieser Vorgehensweise nicht wie früher üblich beschichtet, da der pH-Wert des Mörtels sonst nicht einwirken kann.

Bei Grundsatzlösung R1-K wird der alkalische Mörtel sowohl für die örtliche Reprofilierung als auch für den großflächigen Auftrag auf die ursprüngliche Betonoberfläche oder großflächig abgetragene Bereiche verwendet, s. Abb. 6.18a. Der Instandsetzungsmörtel muss eine ausreichende Alkalität besitzen bzw. einen ausreichenden Karbonatisierungswiderstand haben. Seine Dicke muss so bemessen werden, dass sie größer ist als die Karbonatisierungstiefe am Ende der Lebensdauer des Bauteils. Dabei darf die günstige Wirkung von eventuell zusätzlich aufgebrachten Oberflächenschutzsystemen aus Sicherheitsgründen nicht in Rechnung gestellt werden.

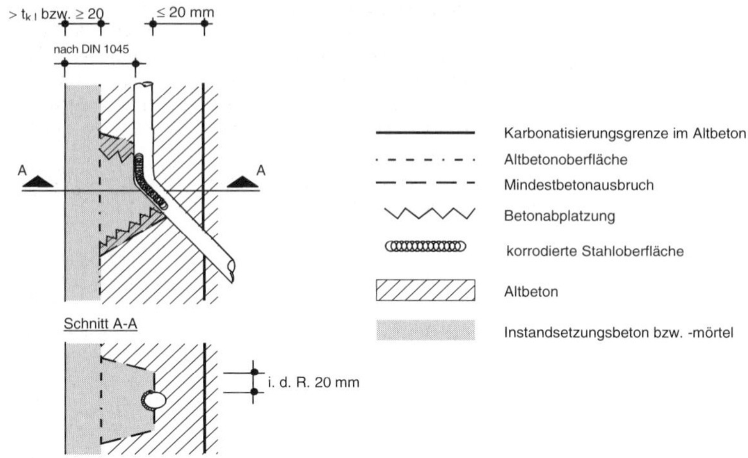

$t_{k,l}$ = maximale Karbonatisierungstiefe im Instandsetzungsmörtel am Ende der angestrebten Restnutzungsdauer

Abb. 6.18a Grundsatzlösung R1-K, schematische Darstellung nach [6.20]

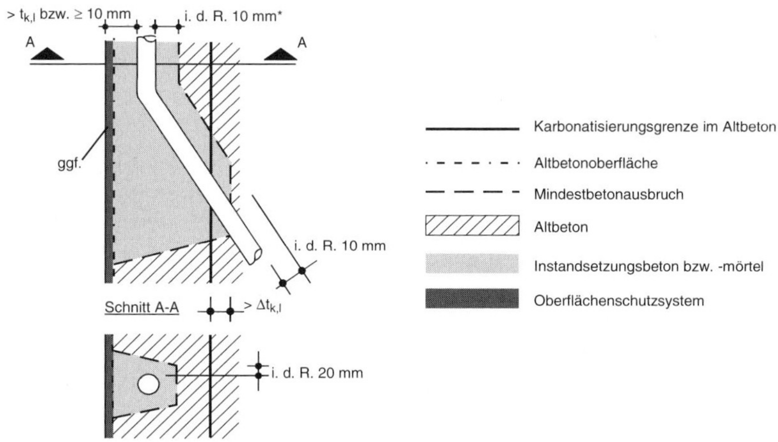

$t_{k,l}$ = maximale Karbonatisierungstiefe im Instandsetzungsmörtel
$\Delta t_{k,l}$ = maximale zusätzliche Karbonatisierungstiefe des Altbetons

* kann 0 sein, wenn Betondeckung nach der Instandsetzung ≥ 20 mm

Abb. 6.18b Grundsatzlösung R2-K nach [6.20]

Abgetragen werden muss lediglich lockerer Beton. Neben den Betonstählen ist soviel Altbeton zu entfernen, dass der Instandsetzungsmörtel hohlstellenfrei eingebracht werden kann. In seltenen Fällen, wenn die mittlere Karbonatisierungstiefe mehr als 20 mm hinter die äußerste Bewehrungslage vorgedrungen ist, ist der Altbeton bis zur Oberfläche der äußeren Bewehrungslage zu entfernen, um eine Realkalisierung zu ermöglichen. Die Stahloberfläche muss dann so behandelt werden, dass mindestens ein Oberflächenvorbereitungsgrad Sa 2 nach DIN EN ISO 12944-4 erreicht wird.

Bei Grundsatzlösung R2-K wird der alkalische Mörtel nur zur Ausbesserung örtlich begrenzter Bereiche verwendet, wenn dort zu große Karbonatisierungstiefen oder zu geringe Betondeckungen festgestellt wurden. In der Regel wird zur Verbesserung des Karbonatisierungswiderstandes des Bauteils dessen gesamte Oberfläche mit einem Oberflächenschutzsystem OS 2, OS 4 oder OS 5 beschichtet. Dabei muss die begrenzte Dauerhaftigkeit solcher Maßnahmen im Instandhaltungsplan berücksichtigt werden. Verzichtet werden kann auf ein Oberflächenschutzsystem nur, wenn nach der Instandsetzung auch außerhalb der örtlichen Reprofilierungsstellen ohne ein Oberflächenschutzsystem die Betondeckung am Ende der Nutzungsdauer größer als die Karbonatisierungstiefe ist. Unabhängig davon darf Verfahren R2 nur angewendet werden, wenn die Betondeckung nach der Instandsetzung mindestens 10 mm beträgt. Im anderen Fall muss Instandsetzungsprinzip C oder W angewendet werden.

In den Bereichen, in denen Stahlbewehrung im karbonatisierten Bereich liegt, wird der Altbeton 10 mm bzw. 15 mm bei Durchmessern ≥ 20 mm um den Stabstahl herum entfernt, um ein hohlstellenfreies Einbringen des Instandsetzungsmörtels zu ermöglichen.

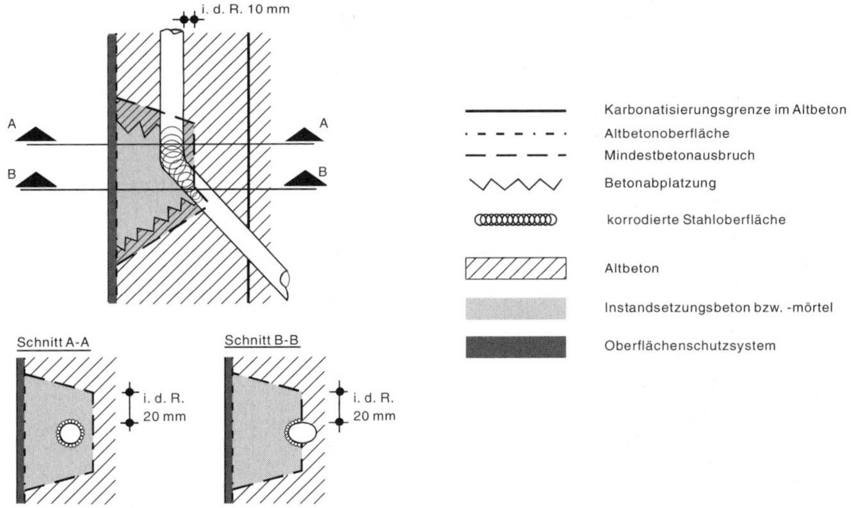

Abb. 6.19 Schematische Darstellung des Instandsetzungsprinzips W nach [6.20]

4.2 Instandsetzungsprinzip W

Das Prinzip beruht auf einer Absenkung des Wassergehaltes im Beton, die die elektrolytische Leitfähigkeit so stark reduziert, dass die Korrosionsgeschwindigkeit auf praktisch vernachlässigbare Werte gesenkt wird. Dies kann durch geeignete Oberflächenschutzsysteme (z. B. auf Basis von Kunststoffen oder durch Metallabdeckungen) erreicht werden, die das Eindringen von Wasser weitgehend verhindern können. Darüber hinaus muss auch verhindert werden, dass Wasserdampf von innen oder Bodenfeuchte in das Bauteil eindringt. Die Vorgehensweise bei der Instandsetzung ist in Abb. 6.19 schematisch dargestellt.

Neben lockeren Bereichen ist Altbeton nur von den korrodierten Abschnitten der Bewehrung zu entfernen. Ist die der Bauteiloberfläche abgewandte Umfangsfläche von Stählen betroffen, muss auch hinter dem Stabstahl Beton entfernt werden, um ein hohlstellenfreies Einbringen des Instandsetzungsmörtels zu ermöglichen. Da der Erfolg der Instandsetzungsmaßnahme von der Wirksamkeit des Oberflächenschutzsystems abhängt, dürfen nur OS-Systeme verwendet werden, die ein Wassereindringen verhindern.

4.3 Instandsetzungsprinzip C

Das Prinzip beruht auf der Verhinderung der anodischen Eisenauflösung durch eine geeignete Beschichtung der Stahloberfläche. Es wird angewendet, wenn die Anforderungen an die Grundsatzlösungen R1-K bzw. R2-K und W nicht erreicht werden können. Dies ist insbesondere der Fall, wenn die Betondeckung auch nach der Instandsetzung kleiner als 10 mm ist und z. B. aufsteigende Feuchtigkeit oder rückseitige Feuchteeinwirkungen vorliegen.

Im Normalfall muss der Altbeton rund um die Bewehrungsabschnitte abgetragen werden, die im karbonatisierten Bereich liegen, zzgl. eines Sicherheitszuschlags $\Delta t_{k,l}$, der den Karbonatisierungsfortschritt bis zum Ende der Nutzungszeit berücksichtigt, s. Abb. 6.20. Danach ist die freigelegte Stahloberfläche mittels

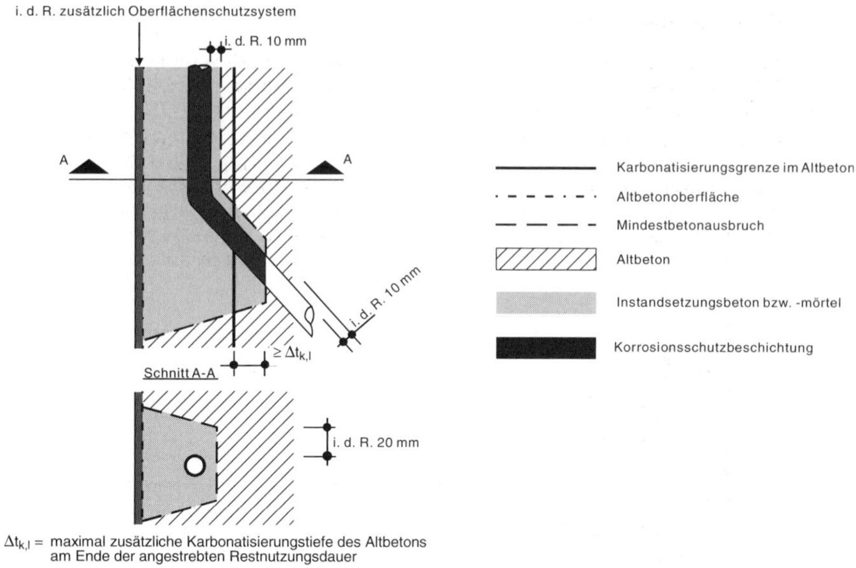

Abb. 6.20 Schematische Darstellung des Korrosionsschutzprinzips C nach [6.20]

Strahlen mit einem trockenen oder feuchten Strahlmittel so zu entrosten, dass der Oberflächenvorbereitungsgrad Sa 2½ nach DIN EN ISO 12 944-4 an jeder Stelle erreicht wird. Dies gilt auch für Kreuzungsbereiche von Betonstählen und die Rückseiten der Stahloberflächen. Auf die so vorbereiteten Stahloberflächen ist ein Korrosionsschutzsystem aufzubringen. Im Regelfall wird die gesamte Betonoberfläche zur Verbesserung seines Karbonatisierungswiderstandes zusätzlich mit einem Oberflächenschutzsystem beschichtet, wobei dessen günstige Wirkung berücksichtigt werden darf. Auf das Oberflächenschutzsystem darf nur verzichtet werden, wenn das Korrosionsproblem lediglich auf eine örtliche Unterschreitung der Betondeckung zurückzuführen war. Kann der karbonatisierte Altbeton nicht in dem oben beschriebenen Umfang entfernt werden, kann das Verfahren mit dem Verfahren W kombiniert werden.

4.4 Instandsetzungsprinzipien bei Bewehrungskorrosion infolge Chlorideinwirkung

Ist die Depassivierung der Stahloberfläche auf die Einwirkung von Chloriden zurückzuführen, muss sämtlicher Altbeton, dessen Chloridgehalt über dem dort maßgebenden korrosionsauslösenden Chloridgehalt liegt, im Bereich von Stahlbewehrung zzgl. eines Sicherheitszuschlags entfernt werden. Grundsätzlich muss sichergestellt werden, dass während der gesamten Restnutzungszeit der korrosionsauslösende Chloridgehalt auf der Stahloberfläche nicht mehr erreicht wird. Das heißt, es muss nachgewiesen werden, dass die maximal erreichbare Tiefe des korrosionsauslösenden Chloridgehaltes kleiner ist als die Betondeckung nach der Instandsetzung. Um dies sicher zu erreichen, wird in der Regel ein Oberflächenschutzsystem auf die Betonoberfläche aufgebracht, dessen günstige Wirkung berücksichtigt werden darf.

Liegt die Front des korrosionsauslösenden Chloridgehaltes in größeren Bereichen oder über das gesamte Bauteil hinter der Bewehrung, kann es – analog zur Grundsatzlösung R1-K – erforderlich sein, eine flächige Mörtel-Beschichtung aufzubringen. Diese Grundsatzlösung wird als R1-Cl bezeichnet und ist exemplarisch in Abb. 6.21a dargestellt. Liegt der korrosionsauslösenden Chloridgehalt dagegen nur örtlich hinter der Bewehrung oder kann z. B. aus statischen Gründen keine flächige Mörtel-Beschichtung aufgebracht werden, ist die Grundsatzlösung R2-Cl möglich. In diesem Fall muss die Betondeckung nach der Instandsetzung mindestens 10 mm groß sein und das zwingend aufzubringende Oberflächenschutzsystem muss das weitere bzw. erneute Eindringen von Chloriden verhindern.

4.5 Kathodischer Korrosionsschutz

Haupteinsatzgebiet des kathodischen Schutzes sind Stahlbetonbauteile, die bis zur ersten Bewehrungslage oder auch in tiefer liegenden Zonen korrosionsauslösende Chloridgehalte enthalten. Der Korrosionsschutz erfolgt i. d. R. durch fremdstrominduzierte Polarisierung mit inerten Anoden (Abb. 6.21b).

Die Wirksamkeit des kathodischen Schutzes ist an die Dauerhaftigkeit der Anoden während der Nutzungsdauer des Bauwerkes und die elektrolytische Leitfähigkeit des Betons gebunden. Die verwendeten Anodensysteme müssen über die Nutzungsdauer des Bauwerks den Stromübergang gewährleisten und eine hinreichende bautechnische Robustheit aufweisen. Außerdem dürfen sie sowohl nach dem Aufbringen des Instandsetzungsbetons als auch im Betrieb die Verbundwirkung zwischen Alt- und Neubeton nicht beeinträchtigen. In DIN EN 12696 ist der kathodische Korrosionsschutz geregelt.

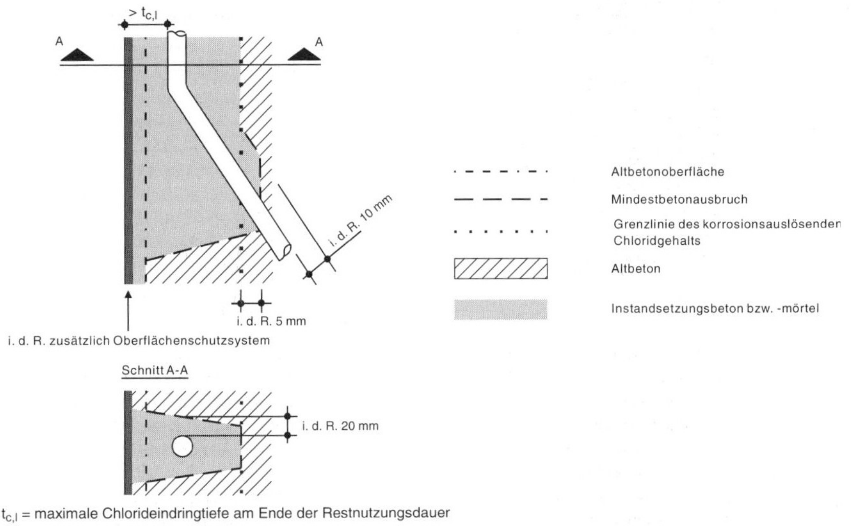

Abb. 6.21a Korrosionsschutzprinzip R1-Cl nach [6.20]

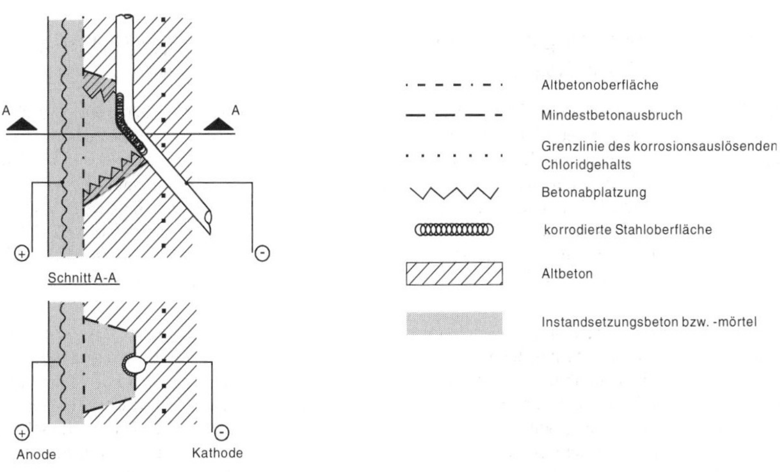

Abb. 6.21b Grundsatzlösung kathodischer Korrosionsschutz (Schema) nach [6.20]

5 Untergrundvorbehandlung

Tafel 6.22 Verfahren für die Vorbereitung des Betonuntergrundes (nach [6.20])

Verfahren		Anwendungszweck*					Anwendungsbereich	Anforderungen	Umfang der Nachbearbeitung
Art	Gerät, Material, Stoff	1	2	3	4	5			
1	2	3					4	5	6
Stemmen	Hammer Meißel – von Hand	x	x	x			örtlich, für kleinere Flächen a)	Beschädigungen des Betonstahls sind zu vermeiden; besondere Vorsicht bei Spanngliedern	Strahlen
	Meißel – Pressluft od. elektrisch			x a)					
	Nadelpistole	x	x		(x)g)				
Bürsten	rotierende Stahlbürste	x	x		(x)g)		Anwendungsbereich ist geräteabhängig		Säubern
Fräsen	Fräsmaschine	x	x i)	x i, k)			großflächige Abtragung auf waagerechten Oberflächen	Betonabtrag je Arbeitsgang ≤ 5 mm; höhengleiche Überlappung der Fräsbahnen ≤ 5 cm: Einsatz eines elektronischen Nivelliergerätes	Strahlen einschließlich unbehandelt verbliebener kleinerer Flächen
	großflächiger Abtrag mit definierter Tiefe								
Schleifen	Schleifgerät	x	x				örtlich, für kleinere Flächen		Säubern
Flammstrahlen	Geräte zur thermischen und mechanischen Behandlung b)	x	x				waagerechte und senkrechte Flächen	Gemäß DIN 32539, aber mit Geschwindigkeit ≥ 1,0 m/min und mechanischem Vortrieb	Säubern nach mechanischer Behandlung
Staubarmes Strahlen	Strahlen mit festen Strahlmitteln bei gleichzeitigem Absaugen; Kugelstrahlen	x	x	(x)c)	x		geräteabhängig, auf waagerechten und/oder senkrechten Flächen		
Strahlen	Druckluftstrahlen mit festen Strahlmitteln	x	x	(x)c)	x		waagerechte und senkrechte Flächen	Staubschutz erforderlich; Gefahrstoffverordnung beachten; Druckluft ölfrei! d)	Säubern
	Nebelstrahlen; Feuchtstrahlen mit festem Strahlmittel	x	x	(x)c)	(x)h)			Staubschutz kann entfallen; Druckluft ölfrei!d)	
	Hochdruckwasserstrahlen ≥ 60 N/mm²	x	x	(x)e)	(x)h)				
Säubern	Abblasen mit Druckluft					x	vorzugsweise auf nicht waagerechten Flächen a)	Druckluft ölfrei!d) Staubschutz erforderlich	
	Absaugen mit Industriesaugern					x	Regelverfahren auf großen waagerechten Flächen	Verwendete Sauger müssen Wasser und grobe Teile aufnehmen können.	
	Wasserstrahlen, Dampfstrahlen, Heißwasserstrahlen	(x)f)				x	Entfernen von atmosphärischen Verunreinigungen des Betonuntergrundes		

* **Anwendungszweck** (Spalte 3):

1 Entfernen der Reste von Beschichtungen und Nachbehandlungsfilmen sowie von oberflächigen Verunreinigungen
2 Entfernen von Zementschlämmen und minderfesten Schichten
3 Abtragen von schadhaftem Beton/Betonersatz sowie Freilegen der Bewehrung
4 Entfernen von Rostprodukten an freiliegender Bewehrung und anderen Metallteilen
5 Säubern des Betonuntergrundes von Wasser, Staub und losen Teilen.

a) Gefahr der tiefergehenden Zerstörung des Betons.
b) Die thermisch geschädigten Bereiche des Betons sind zu entfernen.
c) Grad des Betonabtrags ist abhängig vom Druck und von der Art und Menge des Strahlmittels.
d) Ölfrei: Die eingesetzten Baukompressoren müssen Ölausscheider mit einem nachgewiesenen Wirkungsgrad von ≤ 0,01 ppm Restölgehalt haben.
e) Grad des Betonabtrags ist druckabhängig.
f) Reste von Beschichtungen können nicht immer entfernt werden.
g) Nicht für zu beschichtende Bewehrungen und andere Metallteile.
h) Gegebenenfalls trocken nachstrahlen.
i) Der maximale Abtrag von ≤ 5 mm ist unbedingt einzuhalten, da bei größerem Abtrag eine tiefergehende Zerstörung des Betons wahrscheinlich ist.
k) Nicht zum Freilegen der Bewehrung.

Tafel 6.23a Vorbereitung der Bewehrung
(Bewehrungen nach DIN 1045 und DIN 488, Verfahren s. Tafel 6.22)

Instandsetzungsprinzip	Oberflächenvorbereitungsgrad
R	Sa 2
W	Sa 2
W mit Reaktionsharzbeschichtung	Sa 2½
C	Sa 2½
K	–

Tafel 6.23b Beschichtung des Stahls

Beschichtungsmaterial	Schichtdicke in µm	Anzahl der Schichten
Reaktionshärtende Systeme	> 300	1
Reaktionshärtende Systeme mit Besanden	> 200 + Sand und 2. Schicht	2
Kunststoffmodifizierte zementhaltige Systeme	> 1000	2

Tafel 6.23c Witterungsbedingungen (nach [6.20])

Exposition	zementgebundene Stoffe, auch mit Kunststoffzusatz	kunststoffgebundene Stoffe
relative Luftfeuchte	keine Forderung	Bauteiltemperatur muss mindestens 3 K über dem Taupunkt liegen.
Niederschlag	kein Regen	kein Regen oder Nebelnässen
Wind	Windstärke ≤ 3 Beaufort*), entsprechend ≤ ca. 5 m/s	Staub muss ferngehalten werden.
Sonne	Austrocknung durch Sonnenein-strahlung muss vermieden werden.	keine Anforderung
*) Blätter und dünne Zweige bewegen sich.		

Tafel 6.23d Mechanische Eigenschaften
(geforderte Oberflächenzugfestigkeiten des Betonuntergrundes; nach [6.20])

Schutz- bzw. Instandsetzungsmaßnahme: Örtliche Ausbesserung bzw. flächige Beschichtung	Mindestwerte der Oberflächenzugfestigkeit [N/mm²]	
	Mittelwert	kleinster Einzelwert
Mörtel und Beton	1,5	1,0
OS 2 (OS B)	0,8	0,5
OS 5 (ohne Feinspachtel) (OS D)	1,0	0,6
OS 4 (OS C), OS 5 (OS D), OS 9 (mit Feinspachtel) (OS E)	1,3	0,8
OS 11 (OS F), OS 13	1,5	1,0

Oberflächenbeschaffenheit

- Für örtliche Ausbesserungen bzw. flächige Beschichtungen muss der Betonuntergrund
  - frei sein von losen und mürben Teilen (z. B. auch von minderfesten Risskanten) und von sich leicht ablösenden arteigenen Schichten (z. B. Zementhaut) und darf nicht abmehlen oder absanden,
  - frei sein von etwa parallel zur Oberfläche oder schalenförmig im oberflächennahen Bereich verlaufenden Rissen und Ablösungen,
  - frei sein von Graten; in zu begründenden Fällen können sie belassen werden,
  - eine dem zu verwendenden Stoff angepasste Rauheit aufweisen,
  - frei sein von artfremden Stoffen (wie Gummiabrieb, Trennmittel, ungeeigneten Altbeschichtungen, Ausblühungen, Öl, Bewuchs u. Ä.).
- An der Oberfläche vorhandene, nicht im System geprüfte Instandsetzungsbetone und -mörtel müssen sachgerecht vorbereitet werden.
- Kiesnester und andere Hohlstellen sind sachgerecht auszuarbeiten und auszufüllen.
- Hinsichtlich senkrecht zur Oberfläche verlaufender Risse siehe Abschn. 6. Hinsichtlich der Betonfeuchte siehe Abschn. 3.4. Für Hydrophobierungen gelten die vom Hersteller bereitgestellten Angaben zur Ausführung.

6 Füllen von Rissen und Hohlräumen

6.1 Riss- und Hohlraumbeurteilung

Tafel 6.24a Feuchtezustand von Rissen und Hohlräumen (nach [6.20])

Zeile	Begriff	Merkmal
1	Trocken mit umgebungsbedingter Ausgleichsfeuchte	– Wasserzutritt nicht möglich – Beeinflussung des Riss-/Hohlraumbereiches durch Wasser nicht feststellbar bzw. seit ausreichend langer Zeit ausschließbar
2	Feucht	– Farbtonveränderung im Riss- oder Hohlraumbereich durch Wasser, jedoch kein Wasseraustritt – Anzeichen auf Wasseraustritt in der unmittelbar zurückliegenden Zeit (z. B. Aussinterungen, Kalkfahnen) – Riss oder Hohlraum erkennbar feucht oder matt-feucht (beurteilt an Trockenbohrkernen)
3	Drucklos, wasserführend	– Wasser in feinen Tröpfchen im Rissbereich erkennbar – Wasser perlt aus dem Riss
4	Unter Druck, wasserführend	– Zusammenhängender Wasserstrom tritt aus dem Riss aus

Tafel 6.24b Mögliche Rissursachen (nach [6.23])

Zeile	Risse nach ihrer Ursache		Erscheinungsform	Beschreibung
1a	Risse infolge der rheologischen Eigenschaften des Betons	Oberflächige Netzrisse	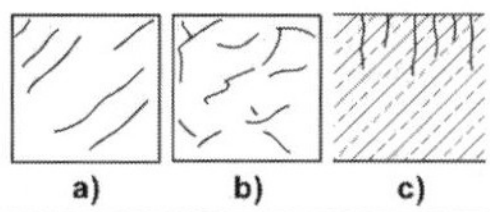	Treten vor allem an der Oberfläche von flächigen Bauteilen auf. Sie können der Bewehrung folgen, aber auch „wild" verlaufen. Die Risstiefe ist meist gering.
1b		Schwindrisse	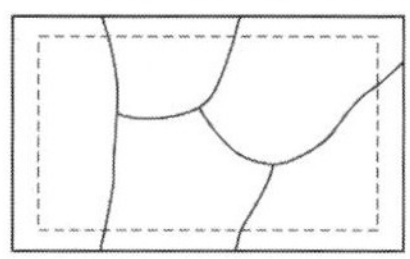	Durch die Volumenverminderung infolge Schwinden treten diese Risse dort auf, wo die Bewehrung nicht ausreichend ausgebildet ist. Die Risse gehen meist durch die ganze Bauteildicke und verlaufen „wild".
1c		Risse längs der Bewehrung	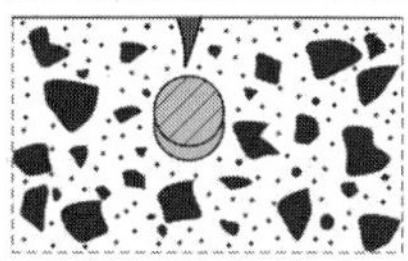	Verlaufen häufig oberhalb von obenliegenden Bewehrungsstäben an nicht geschalten Bauteilflächen. Je nach Ursache entstehen Fehlstellen unter der Bewehrung.
2a	Risse infolge von äußeren Kräften bzw. Zwang	Biegerisse	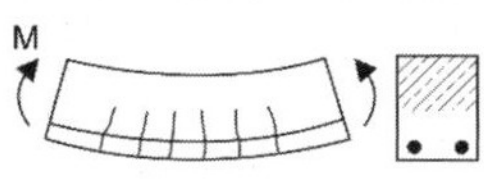	Verlaufen etwa senkrecht zur Biegezugbewehrung; beginnen am Zugrand und enden im Bereich der Nulllinie. Verlauf ist oft affin zum Biegemomentverlauf.
2b		Schubrisse	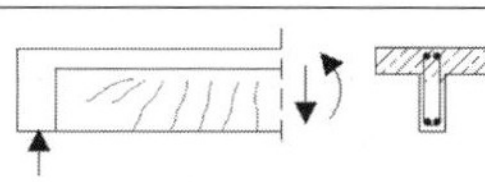	Bilden sich aus Biegerissen; verlaufen meist schräg zur Stabachse; treten im Bereich großer Querkräfte auf.
2c		Trennrisse	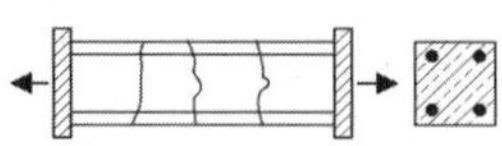	Verlaufen durch den gesamten Querschnitt; treten bei zentrischem Zug oder bei Zugbeanspruchung mit kleiner Ausmitte auf.
2d		Verbundrisse	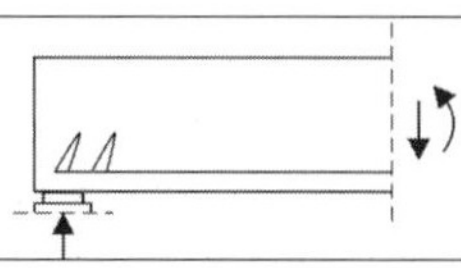	Verlaufen parallel zu den Bewehrungsstäben. Diese Risse treten vor allem im Verankerungsbereich der Bewehrung auf.

Tafel 6.25a Erfassung und Beurteilung von Riss-/Hohlraummerkmalen (nach [6.20])

	Merkmal		Erfassungs- und Untersuchungsmethode	Dokumentation
	1		2	3
1	Rissart		Inaugenscheinnahme, gegebenenfalls Bohrkernentnahme [1]	Unterscheidung nach oberflächennahen und Trennrissen
2	Rissverlauf		Inaugenscheinnahme	zeichnerische Darstellung, gegebenenfalls pauschale Angaben (z. B. Biegerisse in Abständen von ...., Netzrisse mit Maschenweite von ...)
3	Rissbreite		Linienstärkenmaßstab, Risslupe (Genauigkeit 0,05 mm)	Angaben mit Datum, gegebenenfalls Messort bei Rissbreitenänderungen nach Zeilen 4.1 und 4.2 auch mit Uhrzeit und Witterungsbedingungen, gegebenenfalls Bauteiltemperatur [3]
4.1	Rissbreiten-änderung	kurzzeitig	Wegänderungen, z. B. mit Wegaufnehmer	Höchständerung mit Datum, Uhrzeit und Witterungsbedingungen
4.2		täglich	Wegänderungen, z. B. mit Messuhr, Setzdehnungsmesser, Wegaufnehmer	Änderungen zwischen Morgen- und Abendmesswert mit einem Zeitabstand von ca. 12 Stunden, mit Datum, Witterungsbedingungen und Bauteiltemperatur
4.3		langzeitig	Kleben von (gegebenenfalls kalibrierten) Marken, Setzdehnungsmessung	Änderungen in großen Zeitabständen (u. U. mehrere Monate) mit Angabe des Datums und der Witterungsbedingungen, gegebenenfalls Bauteiltemperatur [3]
5	Hohlraumeigenschaften		Bohrkernentnahme, Endoskopie	Lage und Ausmaße des hohlraumreichen Gefüges, Durchgängigkeit
6	Zustand der Risse		Inaugenscheinnahme, gegebenenfalls Bohrkernentnahme [1, 2]	
7	Vorangegangene Maßnahmen		Bauwerksbuch, Erkundungen	Unterscheidung gemäß Definition, gegebenenfalls Abschätzung der Wahrscheinlichkeit wiederkehrender Rissursachen
8	Beurteilung der Rissursache oder Hohlraumursache		Inaugenscheinnahme, Erkundungen einschl. Herstellungsbedingungen, Wertung der Ergebnisse von Zeile 1 – 4, gegebenenfalls Berechnungen	Angaben über frühere Maßnahmen, z. B. Füllung der Risse

[1] Bohrkernentnahme nur in Ausnahmefällen und mit geringem Durchmesser (50 mm).
[2] Ermittlung des Feuchtegehaltes durch Inaugenscheinnahme oder mit Labormethoden.
[3] Angabe der Bauteiltemperatur ist notwendig, sofern die Witterungsbedingungen keine Rückschlüsse zulassen (z. B. Straßentunnel, Parkhäuser o. Ä.).

Tafel 6.25b Anwendungsbereiche der Rissfüllstoffe (nach [6.20])

		Feuchtezustand der Füllbereiche			
		trocken [1]	feucht	„drucklos" Wasserführend	„unter Druck" wasserführend [2]
	Anwendungsziel	**zulässige Maßnahmen**			
1	Schließen durch Tränkung	EP – T ZL – T ZS – T	ZL – T ZS – T		
2	Schließen und Abdichten durch Injektion	EP – I PUR – I ZL – I ZS – I	PUR – I ZL – I ZS – I	PUR – I ZL – I ZS – I	PUR – I ZL – I ZS – I
3	Begrenzt dehnfähiges Verbinden	PUR – I	PUR – I	PUR – I	PUR – I
4	Kraftschlüssiges Verbinden	EP – I ZL – I ZS – I	ZL – I ZS – I	ZL – I ZS – I	ZL – I ZS – I

[1] Flanken von Rissen und innere Oberflächen von Hohlräumen müssen ggf. gem. Angaben zur Ausführung vorgenässt werden.
[2] Zusammen mit Maßnahmen zur Druckminderung (z. B. Entlastungsbohrungen, Wasserhaltung) und rückseitigem Abdichten.

6.2 Verfahren zum Füllen von Rissen und Hohlräumen

Vor dem Füllen müssen die Risse von losen Feinstoffen befreit werden, z. B. mit einem geeigneten Staubsauger. Je nach Durchfeuchtung des Betons sind vor der Rissbehandlung die Rissufer zu trocknen. Hinsichtlich des Einbringens unterscheidet man zwischen Tränkung und Injektion.

Tränkung ist definiert als das Füllen von Rissen auf annähernd waagerechten Flächen von oben unter einem maximalen Druck von 0,1 bar. Der Tränkstoff dringt aufgrund der Schwerkraft und der Kapillarität in den Riss ein. Durch Tränkung können im Allgemeinen nur oberflächennahe Rissbereiche gefüllt werden. Epoxidharze sind aufgrund niedriger Oberflächenspannung für die Tränkung sehr schmaler Risse besonders geeignet.

Im Gegensatz zur Tränkung wird mit der Injektion die vollständige Füllung eines Risses angestrebt. Eingebracht wird der Füllstoff unter Druck mit Hilfe von Einfüllstutzen, sogenannten Packern. Gebräuchlich sind Bohrpacker und Klebepacker. Die Bohrpacker benötigen ein Bohrloch, das unter einem Winkel von 45° angelegt wird und den Riss kreuzen muss, s. Abb. 6.26. Bohrpacker werden für höhere Drücke verwendet und sind mit einem Rückschlagventil ausgerüstet. Klebepacker werden mittels einer Platte über dem Riss auf das Bauteil geklebt.

Nach dem Setzen der Packer wird der Riss vollständig verdämmt, wozu meist schnell abbindende Reaktionsharzmassen verwendet werden. Beim Injizieren an geneigten Bauteilen wird grundsätzlich von unten nach oben vorgegangen. Am obersten Punkt muss eine Entlüftungsöffnung vorhanden sein. Sobald der Füllstoff am nächst höheren Einfüllstutzen austritt, wird die Injektion dort fortgesetzt. Unabhängig vom Füllgut sollte innerhalb seiner Verarbeitbarkeitszeit eine Nachinjektion vorgenommen werden. Da mit niedrigerem Druck über längere Zeit ein höherer Rissfüllgrad erreicht werden kann als mit hohem Druck über kurze Zeit, haben sich sogenannte Ballon- und Federdruck-Packer bewährt. Bei unter Druck wasserführenden Rissen, die mit PUR abgedichtet werden sollen, kann eine Vorinjektion mit Polyurethanschaum, sogenanntem Sekundenschaum (SPUR), der einen feinzelligen Schaum mit großem Volumen bildet, zur Herabsetzung des Wasserzutritts vorgenommen werden. Das PUR soll unmittelbar nach dem SPUR über zusätzliche Bohrpacker injiziert werden.

Das kraftschlüssige Füllen eines Risses ist nur sinnvoll, wenn im Zuge der weiteren Nutzung des Bauteils die Betonzugfestigkeit in der Umgebung des Risses nicht überschritten wird. Die Beurteilung dieses Sachverhaltes ist Aufgabe des sachkundigen Planers.

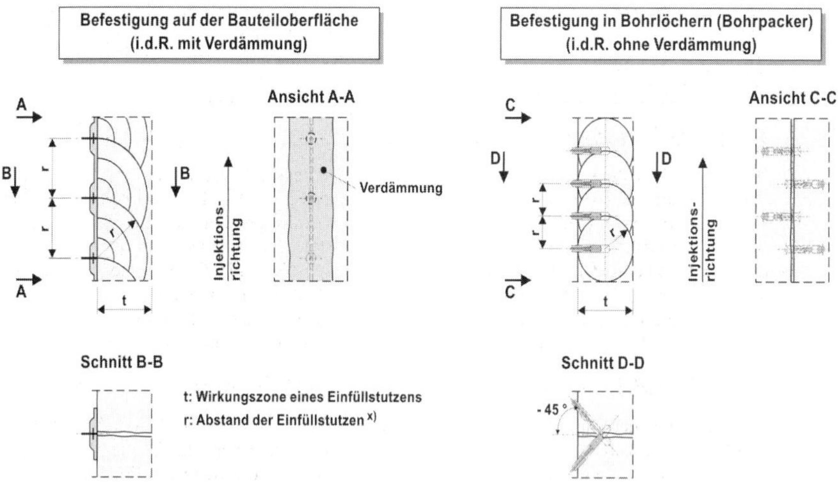

Anwendungsprinzip: wesentliche Bereiche der Rissufer müssen stets von den benachbarten Einfüllstutzen benetzbar sein

x) Der Abstand r darf in beiden Fällen nur unwesentlich überschritten werden. Unterschreitungen in einer Größenordnung von 10 bis 15 % sind unbedenklich.

Abb. 6.26 Anordnung von Klebe- und Bohrpacker

7 Einsatz von Instandsetzungsmörteln

7.1 Beanspruchbarkeitsklassen

Tafel 6.27 Beanspruchbarkeitsklassen

	Anwendungsbereich								
	Beanspruchbarkeitsklasse	Stofftyp	Stoffbezeichnung	Für Instandsetzungsprinzip R geeignet	dynamische Beanspruchung bei und nach Applikation zulässig	statische Mitwirkung zulässig	maximale Flächengröße	Lage der Auftragsfläche	Anwendungsbeispiele
	1	2	3	4	5	6	7	8	9
1	M 1	zement-gebunden	–	–	–	–	örtlich begrenzt	beliebig	Fassaden
2	M 2	zement-gebunden	PCC I	x	x	–	beliebig	waagerechte/ schwach geneigte Oberseiten	befahrbare Flächen unter Belägen auf Brücken und in Parkhäusern
			PCC II	x	x	–		beliebig	Brückenuntersichten, Stützwände, Widerlager, Fassaden
3	M 2	zement-gebunden	SPCC	x	x	–		Unterseiten, vertikale und stark geneigte Flächen	
4	M 2	reaktions-harzgebunden	PC II	–	x	–	örtlich begrenzt[1]	beliebig	
5			PC I	–	x	–		waagerechte/ schwach geneigte Oberseiten	befahrbare Flächen unter Belägen auf Brücken und in Parkhäusern
6	M 3	zement-gebunden	–	x	x	x	beliebig	beliebig	Stützen, Platten [2], Balken

[1] Im Verkehrsbereich < 1 m² zulässig.
[2] Im Hochbau auch direkt befahrbare Flächen.

7.2 Kunststoffmodifizierte Zementmörtel

Bei SPCC und PCC ist Zement das Hauptbindemittel. Der Kunststofffeststoffanteil liegt zwischen 0,5 und 5 % bezogen auf die Trockenmörtelmasse. Auf die Baustelle werden die Ausgangsstoffe für PCC entweder in 2 Komponenten (Werk-Trockenmörtel und Kunststoffdispersion) od. einkomponentig (1-K; nur Werk-Trockenmörtel) geliefert. Für SPCC werden meistens Dispersionspulver verwendet. SPCC unterscheiden sich von den PCC durch die Art der Verdichtung: während PCC von Hand verdichtet wird, erfolgt die Verdichtung beim SPCC durch die Spritzenergie. SPCC wird vor allem für eine großflächige Erhöhung der Betondeckung verwendet. Die Oberfläche wird oft spritzrau gelassen. Soll sie geglättet werden, wird der SPCC mindestens zweilagig aufgebracht und erst die zweite Lage abgerieben.

7.3 Mörtel und Beton ohne Kunststoffmodifizierung

Reiner Zementmörtel muss aus Zement hergestellt werden, der DIN EN 197-1 oder DIN 1164 entspricht oder bauaufsichtlich zugelassen ist und dessen Festigkeit mindestens der Klasse 32,5 entspricht. Der Zementgehalt muss mindestens 400 kg pro m³ verdichteten Mörtels betragen. Der Wasserzementwert darf 0,50 nicht überschreiten.

7.4 Reaktionsharzgebundene Mörtel und Betone (PC)

PC soll nur in Ausnahmefällen eingesetzt werden, z. B. wenn

- eine schnelle Aushärtung erforderlich ist,

- Nachbehandlungsmaßnahmen, die bei allen zementgebundenen Stoffen erforderlich sind, nicht durchführbar sind oder
- eine sehr geringe Schichtdicke erforderlich ist.

Als Bindemittel werden ausschließlich kalthärtende, lösemittelfreie und alkalibeständige Epoxidharzsysteme verwendet. PC erhärtet durch chemische Vernetzung von Harz und Härter. Da die Gefahr des Austrocknens nicht besteht, können PC in noch dünneren Schichten als PCC/SPCC aufgebracht werden. Risse sollten bei geeigneten und planmäßig hergestellten PC gar nicht auftreten. Die Haftfestigkeit von PC am Untergrund ist noch besser als bei PCC. Wenn der Untergrund nicht tragfähig ist und die Flächen größer sind, kann es durch den höheren Wärmedehnungskoeffizienten zu Schäden im Betonuntergrund kommen.

7.5 Betonersatzsysteme

Da im Zusammenhang mit Instandsetzungsmörteln und -betonen noch andere Komponenten verwendet werden, spricht man von Betonersatz-Systemen (BES). Komponenten von BES sind:

- Korrosionsschutz (zementgebunden oder epoxidharzgebunden); nur bei Instandsetzungsprinzip C und Verwendung von PC
- Haftbrücke (zementgebunden oder epoxidharzgebunden); nicht bei SPCC
- Feinspachtel; nur auf vertikalen Flächen in Verbindung mit einem Oberflächenschutzsystem

Freigelegte Bewehrung ist vor der Reprofilierung mit PC immer mit einem epoxidharzgebundenen Korrosionsschutzsystem zu beschichten, da PC nicht alkalisch ist und daher die Stahloberfläche nicht passiviert.

8 Oberflächenschutzsysteme

8.1 Oberflächenschutz nach Rili-SIB

Hinsichtlich ihrer Erscheinungsform werden drei Typen von Oberflächenschutzschichten unterschieden: Hydrophobierung, Imprägnierung und Beschichtung.

Hydrophobierungen bilden keinen sichtbaren Film auf der Beton- bzw. Mörteloberfläche und verändern diese optisch nur unwesentlich. Die Poren sind nicht gefüllt, sondern nur ausgekleidet. Ziel einer Hydrophobierung ist es, die Beton- bzw. Mörteloberfläche wasserabweisend auszurüsten. Als Bestandteil eines Oberflächenschutzsystems soll eine Hydrophobierung die langfristige Haftung einer Beschichtung am Untergrund verbessern.

Imprägnierungen dienen dazu, das Eindringen flüssiger oder gasförmiger Stoffe in den Beton weitgehend zu verhindern. Als Grundierung sollen sie die Festigkeit des Untergrundes oder die Haftung zur nächsten Schicht verbessern. Sie bestehen aus niedermolekularen Stoffen auf der Basis von Epoxidharz, Polyurethan oder Acrylat, enthalten mehr oder weniger Lösemittel und weder Pigmente noch Füllstoffe.

Beschichtungen dienen dazu, das Eindringen flüssiger und gasförmiger Stoffe in den Beton zu verhindern, den Beton vor mechanischen und chemischen Beanspruchungen zu schützen und Risse zu überbrücken. Sie bilden eine geschlossene, 0,1 bis 5 mm dicke Schicht auf der Betonoberfläche. Verwendet werden – je nach Aufgabe der Beschichtung – Reaktionsharze auf der Basis von Epoxid, Polyurethan und Acrylat, sowie mehr oder weniger gefüllte Polymerdispersionen und kunststoffmodifizierte Zementschlämmen. Der Begriff „gefüllt" bezeichnet in diesem Zusammenhang die Verwendung eines Zuschlags in der Dispersion, in der Regel Quarzsand. Oberflächenschutzsysteme sind aus einer oder mehreren Schichten der o. g. Typen aufgebaut. Hinsichtlich der Funktion werden folgende Arten von Oberflächenschutzschichten unterschieden: Grundierungen, Kratz- und Ausgleichsspachtelungen, hauptsächlich wirksame Oberflächenschutzschichten sowie Deckversiegelungen und Verschleißschichten.

Eine **Kratz- bzw. Ausgleichsspachtelung** soll

- die Rauheit der Betonoberfläche ausgleichen und
- Poren, Lunker und Kiesnester schließen,

damit die nachfolgenden Schichten in einer gleichmäßigen Schichtdicke aufgetragen werden können. Verwendet werden hierfür überwiegend kunststoffmodifizierte Zementmörtel, zum Teil auch Reaktionsharzmörtel mit einem Größtkorn bis 0,5 mm, in Ausnahmefällen bis 1 mm, die auch als Feinspachtel bezeichnet werden. Die Schichtdicke kann bis zu 3 mm betragen.

Eine **Grundierung** soll

- Poren verschließen und das Absaugen des Bindemittels nachfolgender Schichten verhindern,
- das Eindringen von Luft, Feuchtigkeit und beschichtungsschädlichen Stoffen (z. B. Alkalien) aus dem Untergrund in die nachfolgenden Schichten verhindern,
- den Untergrund im oberflächennahen Bereich verfestigen,
- den Verbund zu nachfolgenden Schichten herstellen (evtl. in Verbindung mit eingestreutem Korn).

Die **hauptsächlich wirksamen Oberflächenschutzschichten (hwO)** haben eine oder mehrere der folgenden Eigenschaften:

- Wasserdampfdurchlässigkeit
- Kohlenstoffdioxiddichtigkeit
- Rissüberbrückung
- Widerstandsfähigkeit gegenüber mechanischer Beanspruchung (Verschleißfestigkeit, Zwangsspannungen durch Temperaturwechsel).

Aus diesen Eigenschaften ergeben sich folgende 3 Typen von hwO:

- abdichtende Oberflächenschutzschichten
- rissüberbrückende Oberflächenschutzschichten
- Verschleißschichten.

Die rissüberbrückende Eigenschaft einer Beschichtung wird durch Elastifizierung bzw. ausreichende Dicke erreicht. Zusätzlich kann die Beschichtung mit textilen Einlagen bewehrt werden, z. B. mit Glasgewebe. Verschleißschichten werden i. d. R. zusätzlich aufgebracht, wenn die Oberfläche mechanisch oder chemisch beansprucht wird, z. B. wenn die Oberfläche befahrenen wird. Die Dichtungs- und Rissüberbrückungsfunktion wird dagegen häufiger von der darunter liegenden Schicht erfüllt.

Verschleißschichten werden aus einem Reaktionsharzmörtel in fließfähiger Konsistenz in einer Dicke bis zu 5 mm ausgeführt. Eine griffige Oberfläche wird durch Abstreuen mit trockenem Sand erreicht. Da die Härte des Korns den Verschleißwiderstand bestimmt, wird bei hoch beanspruchten Flächen statt Quarz oft Siliziumkarbid oder Korund verwendet. Nachteil der abgestreuten Flächen ist deren extreme Verschmutzungsneigung, insbesondere in Bereichen, die nicht beregnet werden. Verbessert werden kann die Reinigungsfähigkeit in überdachten Bereichen durch eine Deckversiegelung. Durch die aufgebrachte Menge kann die Griffigkeit in innerhalb eines breiten Spektrums beliebig eingestellt werden. Darüber hinaus wird das Abstreukorn durch die Deckversiegelung auch besser in die Beschichtung eingebunden.

Oberflächenschutzsysteme bestehen i. d. R. aus mehreren der o. g. Funktionsschichten, die je nach Anforderungsprofil unterschiedlich aufgebaut sind. In der Rili-SIB [6.20] werden 9 Oberflächenschutzsysteme (OS-Systeme) unterschieden, s. Tafel 6.32. Die dort genannten Bindemittel haben sich bisher bewährt. Andere Bindemittel sind aber zulässig, wenn die in der Rili-SIB, Teil 2, genannten Anforderungen an die OS-Systeme und deren Ausgangsstoffe erfüllt werden. Darüber hinaus müssen für zementgebundene Kratz- und Ausgleichsspachtel und OS 5b (OS DI) Zemente nach DIN EN 197-1 oder DIN 1164 sowie Zuschlag nach DIN 4226-1 verwendet werden. Verschleißschichten von OS-11-Systemen müssen geeignete Füllstoffe und anorganische Abstreumaterialien enthalten. OS 4 und OS 5 werden standardmäßig im Zusammenhang mit den Instandsetzungsprinzipien C und W verwendet.

OS 5b werden auch als elastische Dichtungsschlämmen bezeichnet. Da sie bei Freibewitterung zu starker Verschmutzung neigen, ist eine Deckversiegelung sinnvoll. Um Verschmutzungen der Oberfläche infolge Klebrigkeit vorzubeugen, hat sich die Ausführung von OS 5a mit UV-vernetzenden Acrylat-Dispersionen bewährt. Beim 2-schichtigen OS 11 (OS 11a) ist die unten liegende hwO elastisch eingestellt und für die Rissüberbrückung zuständig. Die oben liegende, meistens härter eingestellte hwO übernimmt die Funktion der Verschleißschicht. Das einschichtige OS 11b stellt eine Ausnahme dar, weil die elastische hwO gleichzeitig beide Funktionen übernimmt. Verwendet werden hierfür praktisch ausschließlich Polyurethan-Bindemittel.

Da das Funktionieren eines OS-Systems maßgebend von seiner Gesamtdicke bzw. der Dicke der hwO ist, müssen die in der Ausführungsanweisung enthaltenen Schichtdicken-Angaben beim Aufbringen eines OS-Systems unbedingt beachtet werden. Sie beziehen sich immer auf die getrocknete Schicht (Trockenschichtdicke).

Folgende Begriffe werden hinsichtlich der Schichtdicke unterschieden:

- Mindestschichtdicke d_{min}
- Sollschichtdicke d_s
- Schichtdickenzuschlag d_z
- Maximalschichtdicke d_{max}.

Mindest- und Maximalschichtdicke der hwO werden im Rahmen der Grundprüfung von der Prüfstelle ermittelt. Die Mindestschichtdicke ergibt sich als größter Wert der Schichtdicke, die erforderlich ist, um

- Spannungen bei Temperaturwechselbeanspruchung zu ertragen,
- die entsprechende Rissüberbrückungsprüfung zu bestehen und
- den geforderten CO_2-Diffusionswiderstand zu erreichen.

Darüber hinaus ist aber mindestens der in der Tafel 6.30 angegebene Wert für d_{min} anzusetzen.

Damit die in der Grundprüfung ermittelte Mindestschichtdicke in der Praxis auch sicher erreicht wird, ist in Abhängigkeit vom OS-System und der Untergrundrauheit (Rautiefe) ein Schichtdickenzuschlag d_z erforderlich, der ebenfalls der Tafel 6.30 zu entnehmen ist. Die Rautiefe wird mit dem Sandflächenverfahren bestimmt, s. Rili-SIB [6.20], Teil 3.

Tafel 6.30 Mindestschichtdicken und Schichtdickenzuschlag (abhängig von der Rautiefe; nach [6.20])

Oberflächenschutzsystem		Mindestschichtdicke d_{min} [µm]	Rautiefe R_t [mm]	Schichtdicken-zuschlag d_Z [µm]
1		2	3	4
OS 2 (OS B)		80	0,2	50
			0,5	70
OS 4 (OS C)		80	0,2	50
			0,5	70
OS 5a (OS DII)		300	0,2	70
			0,5	100
OS 5b (OS DI)		2 000	0,2	250
			0,5	400
			1,0	600
OS 9 (OS E)		1 000	0,2	250
			0,5	400
OS 11a (OS F a)	Verschleißschicht	3 000	0,2	300
	elastische Oberflächen-schutzschicht	1 500	0,5	600
			1,0	1 000
OS 11b (OS F b)		4 000	0,5	750
			1,0	1 200
OS 13		2 500*	0,5	750
			1,0	1 200
		* Gesamtschichtdicke	Zwischenwerte geradlinig interpolieren.	

Rautiefe

Die Rautiefe ist der absolute Wert der Rauheit einer Oberfläche in mm, im Regelfall bestimmt nach dem Sandflächenverfahren. Die Rautiefe R_t ist definiert als Höhe des gedachten, zylindrischen Körpers mit dem Kreisdurchmesser d und dem Sandvolumen V, der alle Spitzen des Untergrundes einschließt. Beispiele für verschiedene Rauheiten sind nachfolgend genannt:

- R_t = 0,2 mm:
  - glatter Betonuntergrund, grundiert und abgestreut mit Quarzsand 0,1 bis 0,3 mm;
  - glatt geschalter, nicht gestrahlter Beton;
  - Feinspachtel, der mit Kunststoff- oder Stahltraufel aufgezogen bzw. geglättet ist;
  - nicht abgestreute, elastische Oberflächenschutzschicht z. B. OS 11a (OS Fa).
- R_t = 0,5 mm:
  - gestrahlter Betonuntergrund, grundiert und abgestreut mit feuergetrocknetem Quarzsand der Körnung 0,2 bis 0,7 mm;
  - glatt geschalter bzw. abgeriebener Beton, der gesandstrahlt ist;
  - Feinspachtel, der an der Oberfläche abgerieben bzw. abgefilzt wurde.
- R_t = 1,0 mm:
  - gestrahlter Betonuntergrund, der grundiert und mit Quarzsand der Körnung 0,7 bis 1,2 mm abgestreut ist;
  - rauer, abgewitterter, gestrahlter Beton.
- R_t = 1,5 mm:
  - gestrahlter Betonuntergrund, der grundiert und mit Quarzsand der Körnung 1 bis 2 mm abgestreut ist;
  - Waschbeton.

Die Maximalschichtdicke ist die Schichtdicke, die maximal vorhanden sein darf, damit der zulässige H_2O-Diffusionswiderstand nicht überschritten wird.

Die in der Praxis aufzubringende Schichtdicke (Trockenschichtdicke) muss zwischen der Sollschichtdicke $d_s = d_{min} + d_z$ und der Maximalschichtdicke liegen.

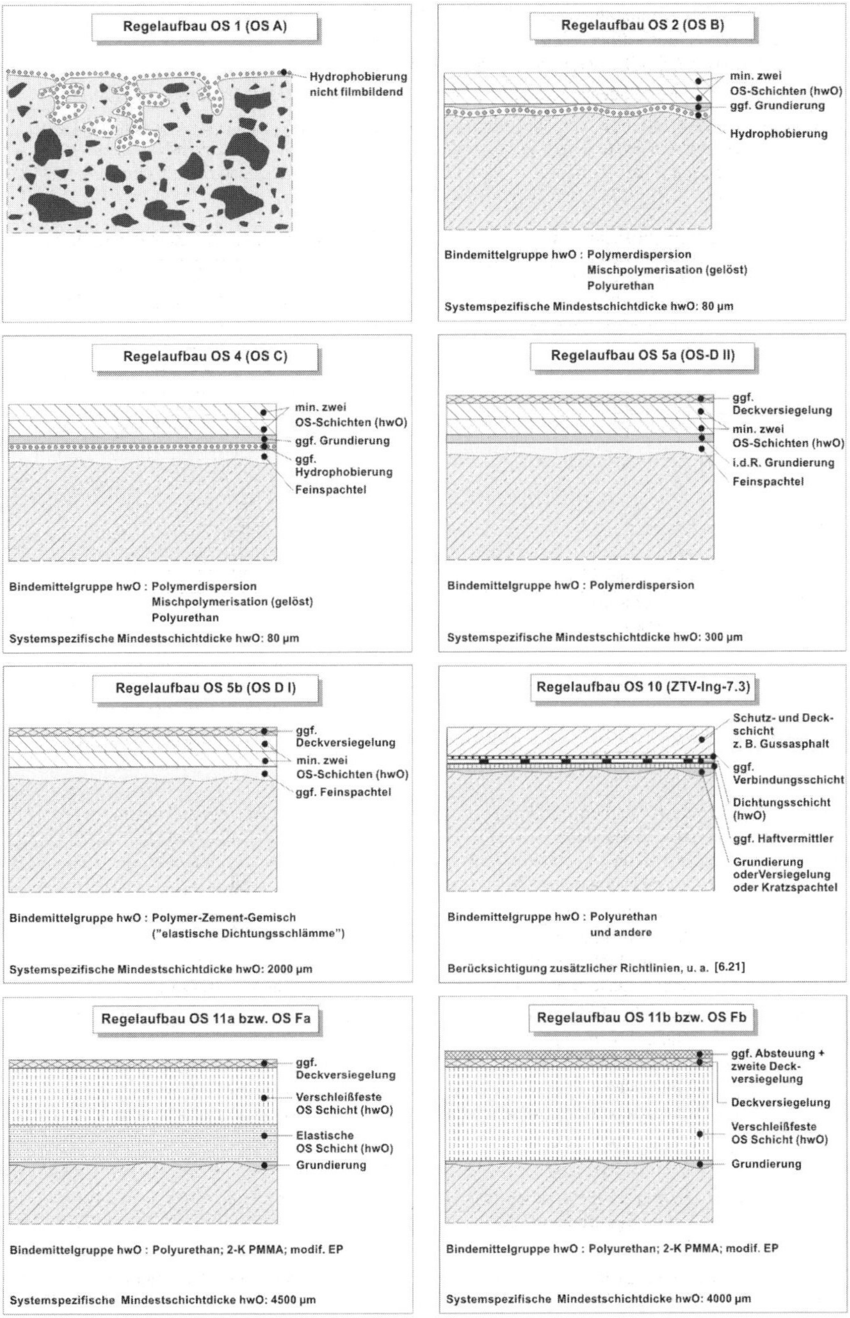

Abb. 6.31 Schematischer Aufbau ausgewählter Oberflächenschutzsysteme nach Rili-SIB [6.20]

Tafel 6.32 Oberflächenschutzsysteme [A] (nach [6.20])

Blatt 1

	System-bezeichnung	**OS 1 (OS A)**	**OS 2 (OS B)**	**OS 4 (OS C)**
	1	2	3	4
1	Kurzbe-schreibung	Hydrophobierung	Beschichtung für nicht begeh- und befahrbare Flächen (ohne Kratz- bzw. Ausgleichs-spachtelung)	Beschichtung mit erhöhter Dichtheit für nicht begeh- und befahrbare Flächen (mit Kratz- bzw. Ausgleichsspachtelung)
2	Anwendungs-bereiche	Bedingter Feuchteschutz bei vertikalen und geneigten freibe-witterten Betonbauteilen z. B. Brückenkappen, Stützwände. Nicht wirksam bei drückendem Wasser.	Vorbeugender Schutz von freibewitterten Betonbauteilen mit ausreichendem Wasserabfluss auch im Sprühbereich von Auftausalzen. Bedingt geeignet als Beschichtungssystem für Instandsetzungen nach Teil 1, Abschnitt 6 [6.20].	Freibewitterte Betonbauteile auch im Sprühbereich [2] von Auftausalzen. Regelmaßnahme bei Instandsetzungen nach den Korrosionsschutzprinzipien W und C, wenn der Untergrund rissfrei ist
3	Eigenschaften	**gefordert** - zeitlich begrenzte Reduzierung der kapillaren Wasseraufnahme - zeitlich begrenzte Verbesserung des Frost- und Frost-Tausalz-Widerstandes **nicht gefordert** - Reduzierung der Aufnahme von in Wasser gelösten Schadstoffen - größerer Karbonatisierungs-fortschritt im Vergleich zu nicht hydrophobiertem Beton im Freien - keine Veränderung der Wasserdampfdurchlässigkeit - keine Veränderung des optischen Erscheinungsbildes	**gefordert** – Reduzierung der Wasseraufnahme – Reduzierung des Eindringens beton- und stahlangreifender Stoffe – Reduzierung der Kohlendioxiddiffusion – begrenzte Wasserdampfdurchlässigkeit – Verbesserung des Frost- und Frost-Tausalz-Widerstandes **nicht gefordert** – optische Wirkung, farbliche Oberflächengestaltung möglich	
4	Bindemittel-gruppen der hauptsächlich wirksamen Oberflächen-schutzschicht	Silan Siloxan	Polymerdispersion Mischpolymerisat (gelöst) Polyurethan Silan / Siloxan: für Hydrophobierung	
5	Regelaufbau	Hydrophobierung	1. Hydrophobierung [5] 2. gegebenenfalls Grundierung 3. mindestens zwei Oberflächenschutz-schichten (hwO)	1. Kratz-/Ausgleichsspachtelung [6] 2. gegebenenfalls Hydrophobierung [5] 3. gegebenenfalls Grundierung 4. mindestens zwei Ober-flächenschutzschichten (hwO)
6	Schichtdicke der hauptsäch-lich wirksamen Oberflächen-schutzschicht	keine filmbildenden Formulierungen zulässig	(Die für die Bauausführung relevanten Schichtdicken sind den Angaben zur Ausführung zu entnehmen.)	
7	Rissüber-brückung	–	–	–

[A] Da sich die ursprüngliche Nomenklatur OS 1 bis OS 12 allgemein etabliert hat, wird trotz Wegfalls einzelner OS-Systeme die alte Nummerierung beibehalten.

[1] Siehe [6.20] Teil 4, Tabelle 5.2.
[2] Mit entsprechendem Nachweis auch im Spritzbereich.
[3] Mit entsprechendem Nachweis auch für Bauwerke mit Trennrissen.
[4] Bei nur gelegentlichem Begang (z. B. Dienststege) kein Nachweis der Verschleißfestigkeit erforderlich.
[5] Ggf. Wirksamkeitsnachweis gemäß [6.20] Teil 4, Abschnitt 5.5.9.
[6] Dispersionsspachtel u. Ä. erfordern u. U. eine gesondert zu vereinbarende Prüfung.
[7] Spritzauftrag mehrlagig auch in einem Arbeitsgang.
[8] Nur durch Abstreuen gefüllte Schicht ist nur bei gelegentlichem Begang zulässig.
[9] Abhängig von der Viskosität (mind. 20 M.-%).
[10] Systeme mit Deckversiegelung sind ohne Versiegelung komplett zu prüfen; Griffigkeit, Verschleiß und Rissüberbrückung sind zusätzlich mit Versiegelung zu prüfen.
[11] Außerhalb ZTV-BEL B-3 können systemkonforme Grundierungen eingesetzt werden.

Tafel 6.32 Oberflächenschutzsysteme [A] (Fortsetzung) Blatt 2

	System-bezeichnung	OS 5a (OS DII) OS 5b (OS DI)	OS 7 (TL/TP-BEL-EP)	OS 9 (OS E)
	1	5	6	7
1	Kurz-beschreibung	Beschichtung mit geringer Rissüberbrückungsfähigkeit [1] für nicht begeh- und befahrbare Flächen (mit Kratz- bzw. Ausgleichsspachtelung)	Beschichtung unter Dichtungsschichten für begeh- und befahrbare Flächen	Beschichtung mit erhöhter Rissüberbrückungsfähigkeit [1] für nicht begeh- und befahrbare Flächen (mit Kratz- bzw. Ausgleichsspachtelung.)
2	Anwendungs-bereiche	Freibewitterte Betonbauteile mit oberflächennahen Rissen [3] auch im Sprühbereich [2] von Auftausalzen.	Grundierungen, Versiegelungen, Kratzspachtelungen als Teil der Abdichtung von Brücken und ähnlichen Bauwerken	Freibewitterte Betonbauteile mit oberflächennahen Rissen und/oder Trennrissen auch im Sprüh- oder Spritzbereich von Auftausalzen.
3	Eigen-schaften	**gefordert** - Reduzierung der Wasseraufnahme - Reduzierung des Eindringens beton- und stahlangreifender Stoffe - starke Reduzierung der Kohlendioxiddiffusion - Rissüberbrückungsfähigkeit für oberflächennahe Risse - begrenzte Wasserdampfdurchlässigkeit - Verbesserung des Frost- und Frost-Tausalz-Widerstandes **nicht gefordert** - optische Wirkung, farbliche Oberflächengestaltung möglich	- Porenverschluss der Beton- bzw. Betonersatz-oberfläche - Rauigkeitsausgleich (Kratzspachtel) - Hitzebeständigkeit bis 250 °C (kurzzeitig)	**gefordert** - Verhinderung der Wasseraufnahme - Verhinderung des Eindringens beton- und stahlangreifender Stoffe - dauerhafte Rissüberbrückung vorhandener und neu entstehender oberflächennaher Risse und Trennrisse unter temperatur- und/oder lastabhängigen Bewegungen - Verbesserung des Frost- und Frost-Tausalz-Widerstandes **nicht gefordert** - Verhinderung der Kohlendioxiddiffusion - starke Reduzierung der Wasserdampfdiffusion
4	Bindemittel-gruppen der hauptsächlich wirksamen Oberflächen-schutzschicht	a) Polymerdispersion b) Polymer/Zement-Gemisch	Epoxidharz	Polyurethan, mod. Epoxidharze, Polymerdispersion, 2-K Polymethylmethacrylat
5	Regelaufbau	a) Polymerdispersion 1. Kratz-/Ausgleichsspachtelung 2. i. d. R. Grundierung 3. mindestens zwei Oberflächenschutzschichten (hwO) 4. gegebenenfalls Deckversiegelung b) Polymer/Zement-Gemisch 1. gegebenenfalls Kratz-/Ausgleichs-spachtelung [6] 2. mindestens zwei elastische Oberflächenschutzschichten (hwO) 3. gegebenenfalls Deckversiegelung	Grundierung oder Versiegelung oder Kratzspachtelung gem. TL-BEL-EP [6.26]	1. Kratz-/Ausgleichs-spachtelung [6] 2. i. d. R. Grundierung 3. mindestens zwei elastische Oberflächenschutz-schichten [7] (hwO) 4. gegebenenfalls Deckversiegelung
6	Schichtdicke der hauptsächlich wirksamen Oberflächen-schutzschicht	(Die für die Bauausführung relevanten Schichtdicken sind den Anweisungen zur Ausführung zu entnehmen.)		
7	Rissüber-brückung	Klasse I_T [1]	–	Klasse II $_{T+V}$ [1]

Fußnoten, siehe Blatt 1.

Tafel 6.32 Oberflächenschutzsysteme [A] (Fortsetzung)

Blatt 3

	System-bezeichnung	OS 10 (TL/TP-BEL-B3)	OS 11 (OS F)	OS 13
	1	8	9	10
1	Kurzbeschreibung	Beschichtung als Dichtungsschicht mit hoher Rissüberbrückung unter Schutz- und Deckschichten für begeh- und befahrbare Flächen	Beschichtung mit erhöhter dynamischer Rissüberbrückungsfähigkeit[1] für begeh- und befahrbare Flächen	Beschichtung mit nicht dynamischer Rissüberbrückungsfähigkeit für begeh- und befahrbare, mechanisch belastete Flächen
2	Anwendungsbereiche	Abdichtung von Betonbauteilen mit Trennrissen und planmäßiger mechanischer Beanspruchung, z. B. Brücke, Trog- und Tunnelsohlen u. ä. Bauwerken wie Parkdecks	Freibewitterte Betonbauteile mit oberflächennahen Rissen und/ oder Trennrissen und planmäßiger[4] mechanischer Beanspruchung auch im Sprüh- od. Spritzbereich von Auftausalzen z. B. Parkhaus-Freidecks und Brückenkappen.	Mechanisch und chemisch beanspruchte, überdachte Betonbauteile mit oberflächennahen Rissen auch im Einwirkungsbereich von Auftausalzen, z. B. geschlossene Parkgaragen und Tiefgaragen.
3	Eigenschaften	**gefordert** – Verhinderung der Wasseraufnahme – Verhinderung des Eindringens beton- und stahlangreifender Stoffe – dauerhafte Rissüberbrückung vorhandener und neu entstehender Trennrisse unter temperatur- und lastabhängigen Bewegungen – Hitzebeständigkeit bis 250 °C (kurzzeitig) – Übertragung von Schubkräften aus Verkehr über Gussasphaltschutzschicht	– Verbesserung des Frost-Tausalz-Widerstandes – Verbesserung der Griffigkeit – Verbesserung des Frost-Widerstandes **nicht gefordert** – Verhinderung der Kohlendioxiddiffusion – starke Reduzierung der Wasserdampfdiffusion	– Verbesserung der Chemikalienbeständigkeit – Verminderung des Verschleißes – Schlagverhalten (impact resistance) – zusätzlich, je nach Anforderung: Eignung bei rückseitiger Durchfeuchtung
4	Bindemittelgruppen der hauptsächlich wirksamen Oberflächenschutzschicht	Polyurethan und andere	Polyurethan mod. Epoxidharze 2-K Polymethylmethacrylat	modifizierte Epoxidharze Polyurethan 2-K Polymethylmethacrylat
5	Regelaufbau	1. Behandlung der Betonoberfläche nach OS 7 2. gegebenenfalls Haftvermittler 3. Dichtungsschicht (hwO) 4. gegebenenfalls Verbindungsschicht 5. Gussasphalt. In bestimmten Fällen ist auch eine verschleißfeste, vorgefüllte, ggf. abgestreute Deckschicht, ggf. mit Deckversiegelung möglich; diese Richtlinie enthält jedoch dafür keine Prüfvorschriften	a) 1. Grundierung 2. elastische Oberflächenschutzschicht (hwO) 3. verschleißfeste vorgefüllte[8, 9] Deckschicht, abgestreut (hwO) 4. gegebenenfalls Deckversiegelung[10] b) 1. Grundierung 2. verschleißfeste, vorgefüllte[8, 9] Oberflächenschutzschicht, abgestreut (hwO) 3. Deckversiegelung 4. ggf. Abstreuung und zweite Deckversiegelung	1. Grundierung 2. verschleißfeste gegebenen falls vorgefüllte Oberflächenschutzschicht, abgestreut 3. Deckversiegelung
6	Schichtdicke der hauptsächlich wirksamen Oberflächenschutzschicht	(Die für die Bauausführung relevanten Schichtdicken sind den Anweisungen zur Ausführung zu entnehmen.)		
7	Rissüberbrückung	Klasse IV_{T+V} (ZTV-BEL-B-3)	Klasse II_{T-V}	Klasse A1 (-10 °C)

Fußnoten, siehe Blatt 1.

8.2 Brückenabdichtungen

Die Ausführung von Brückenabdichtungen auf Beton erfolgt heute i. d. R. nach den zusätzlichen Technischen Vertragsbedingungen und Richtlinien für Ingenieurbauten (ZTV-ING [6.21]).

Bei Teilerneuerung ist die Funktionsfähigkeit der verbleibenden Schichten zu untersuchen. Die Erneuerung der Asphaltschichten einschließlich Dichtungsschicht setzt eine erneute Behandlung der Betonoberfläche voraus.

Weitere Einzelheiten vgl. *Bautabellen für Ingenieure.*

9 Verstärkung von Betonbauteilen

Das Verstärken von Massivbauteilen ist eine örtliche oder eine die Gesamtkonstruktion betreffende konstruktive Maßnahme, um die Tragfähigkeit, Gebrauchstauglichkeit oder Dauerhaftigkeit wiederherzustellen oder zu steigern. Tafel 6.35 gibt Verfahren zur Verstärkung von Betonbauteilen an.

Eine Verstärkungsmaßnahme erfordert einen statischen Nachweis des Gesamtbauteils bzw. -bauwerks. Dies gilt auch für den Brandsicherheitsnachweis. Bei einer Verstärkung mittels Kohlefaserlamellen darf die rechnerische Gesamttragfähigkeit des verstärkten Bauteils i. d. R. nicht größer sein als das Zweifache des unverstärkten Bauteiles (Verstärkungsgrad: rechnerisches Biegebruchmoment des verstärkten Bauteils dividiert durch rechnerisches Biegebruchmoment des unverstärkten Bauteils ≤ 2).

Tafel 6.35 Verfahren zur Verstärkung von Betonbauteilen

Ziel	Verfahren	Voraussetzung
1	2	3
Druckzonen-verstärkung	Betonersatz bzw. Betonergänzung	• Mindestschichtdicke: 30 mm • Oberflächenzugfestigkeit: MW ≥ 1,5 N/mm²
Zugzonen-verstärkung	Zusätzliche Bewehrung in Schlitze bzw. Spritzbeton	• Ausreichender Randabstand zur bestehenden Bewehrung (bei Schlitzen) • Ausreichende Betondeckung • Oberflächenzugfestigkeit: MW ≥ 1,5 N/mm² (bei Spritzbeton)
	Lamellen	• Oberflächenzugfestigkeit: MW ≥ 1,5 N/mm² • Betondeckung ≥ 10 mm • Ebene Klebefläche • Betonfestigkeitsklasse ≥ C12/15
	Externe Spannglieder	• Gewährleistung des Korrosionsschutzes • Gewährleistung der Krafteinleitung • Gewährleistung der Auswechselbarkeit

6 C Schutz von Stahlbauten

Prof. Dr.-Ing. Christof Hausser

1 Korrosion von Stahl

1.1 Chemische Grundlagen

Korrosion bezeichnet die chemische Reaktion eines Metalls mit seiner Umgebung, die zur Auflösung eines Bauteils bis hin zu seiner Zerstörung führen kann. Alle Metalle besitzen die Eigenschaft, dass sie in Anwesenheit einer ionenhaltigen, wässrigen Lösung, dem Elektrolyten, in Form von Ionen in geringem Umfang in Lösung gehen:

$$Me \rightarrow Me^{n+} + n \cdot e^-$$

Die Bereitschaft eines Metalls zu dieser Reaktion kann in der Normalspannungsreihe dargestellt werden, die das elektrische Potential dieser Reaktion im Verhältnis zu einer Wasserstoffelektrode angibt. Ein Metall geht umso leichter in Lösung, je niedriger sein elektrisches Potential ist. Unedle Metalle wie Aluminium (Al), Zink (Zn) und Eisen (Fe) sind mit ihrem negativen Potential stärker korrosionsgefährdet als edle Metalle wie Kupfer (Cu), Silber (Ag) oder Gold (Au).

Element	Al	Zn	Cr	Fe	Cd	Ni	Sn	Pb	H	Cu	Ag	Pt	Au
Potentialdifferenz	negativ, unedel ←								0	→ edel, positiv			

Eisen wird unter hohem Energieaufwand durch Reduktion des Eisenerzes im Hochofenprozess gewonnen. Es befindet sich in einem chemisch instabilen Zustand und strebt danach, durch Oxidation und Energieabgabe in einen stabilen Zustand zurückzukehren.

Im Stahlbau tritt überwiegend *elektrochemische Korrosion* an einem Korrosionselement auf, welches sich aus Kathode, Anode und einem ionenleitenden Elektrolyten zusammensetzt. Kathode und Anode können im Falle einer homogenen Mischelektrode gleichmäßig über das Bauteil verteilt sein, was zu gleichmäßiger Flächenkorrosion führt. Sind Kathode und Anode örtlich voneinander getrennt, wird von einer heterogenen Mischelektrode gesprochen und es entstehen örtliche Korrosionserscheinungen wie Loch- oder Spaltkorrosion.

Voraussetzungen für das Einsetzen einer Korrosionsreaktion sind elektrisch leitende Verbindungen zwischen Kathode und Anode sowohl im Metall als auch im Elektrolyt, sowie geringe Potentialunterschiede an der Metalloberfläche, die durch Ungleichheiten innerhalb des Metalls und des Elektrolyts stets gegeben sind.

Als Primärreaktion der elektrochemischen Korrosion gehen an der Anode Stahlionen in Lösung:

$$Fe \rightarrow Fe^{2+} + 2e^-$$

Der Stahl löst sich auf, und in das Material werden freie Elektronen abgegeben. Um eine kontinuierliche Reaktion zu ermöglichen, reagieren die Elektronen an der Kathode in neutral bis basischen Elektrolyten mit dem in Wasser gelösten Sauerstoff (Sauerstofftyp):

$$\tfrac{1}{2}O_2 + H_2O + 2e^- \rightarrow 2OH^-$$

Im Elektrolyt ziehen sich die Eisenionen Fe^{2+} und die Hydroxylionen OH^- aufgrund ihrer entgegengesetzten elektrischen Ladung an und bilden Eisen(II)-Hydroxid:

$$Fe^{2+} + 2OH^- \rightarrow Fe(OH)_2$$

Durch Sauerstoffzutritt wird in einer Sekundärreaktion Eisen(III)-Hydroxid gebildet, welches sich als Rost auf dem Bauteil ablagert:

$$2Fe(OH)_2 + \tfrac{1}{2}O_2 \rightarrow 2FeOOH + H_2O$$

In sauren Elektrolyten erfolgt die Kathodenreaktion dagegen nach dem Wasserstofftyp, bei der unter Bildung von Wasser Eisensalze entstehen.

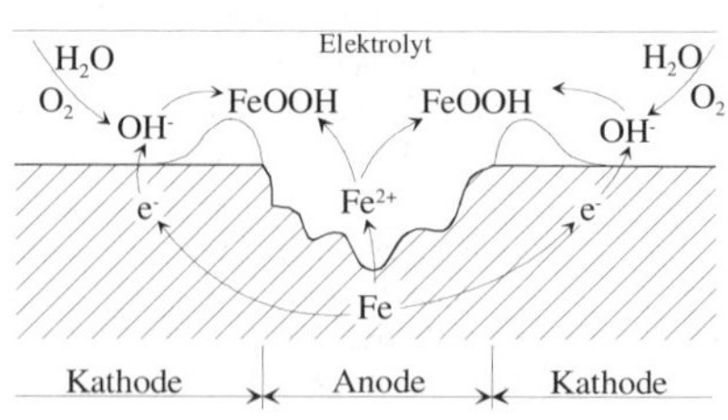

Abb. 6.36 Elektrochemische Korrosion

Neben der elektrochemischen Korrosion kann Stahl bei sehr hohen Temperaturen in einer rein *chemischen Korrosion* direkt mit Sauerstoff reagieren. Bei Schweißvorgängen z. B. verfärbt sich der Stahl und es bilden sich direkt Metalloxide, so genannter Zunder. *Physikalische Korrosionsvorgänge* treten z. B. bei Anwesenheit von Wasserstoff im Elektrolyten auf. Wasserstoff wird vom Stahl absorbiert, was zu einer Materialversprödung führt und bei Zugbeanspruchung eine Rissbildung auslösen kann.

1.2 Umgebungsbedingungen

Die Stärke und Schnelligkeit eines Korrosionsprozesses wird wesentlich von den Umgebungsbedingungen eines Bauteils beeinflusst. Hohe Luftfeuchtigkeit, langanhaltende Benetzung durch ein Elektrolyt, agressive Medien wie Luftschadstoffe oder Meersalz beschleunigen den Korrosionsvorgang. In DIN EN ISO 12 944-2 werden die Umgebungsbedingungen wie folgt definiert:

Tafel 6.37 Umgebungsbedigungen

Korrosivitäts-kategorie	Flächenabtrag pro Jahr		Typische Beispiele	
	Stahl [μm]	Zink [μm]	im Freien	in Gebäuden
C1 unbedeutend	≤ 1,3	≤ 0,1	-	geheizte Gebäude (Büros, Läden, Schulen, Hotels)
C2 Gering	1,3–24	0,1–0,7	trockenes, ländliches Klima	Ungeheizte Gebäude (Lager, Produktionsräume, Sporthallen)
C3 Mäßig	25–50	0,7–2,1	Stadt- und Industrieatmosphäre, Küsten mit geringer Salzbelastung	Produktionsräume mit hoher Luftfeuchtigkeit (Wäschereien, Brauereien, Molkereien)
C4 Stark	50–80	2,1–4,2	Industrielle Bereiche, Küsten mit mäßiger Salzbelastung	Chemieanlagen, Schwimmbäder
C5-I sehr stark (Industrie)	80–200	4,2–8,4	Industrieatmosphäre mit hoher Feuchtigkeit und Aggressivität	Gebäude mit nahezu ständiger Kondensation und starken Verunreinigungen
C5-M sehr stark (Meer)	80–200	4,2–8,4	Küsten- und Offshorebereiche mit hoher Salzbelastung	

1.3 Erscheinungsformen der Korrosion

Korrosion kann in sehr unterschiedlichen Erscheinungsformen auftreten. Ohne mechanische Beanspruchung werden die folgenden Formen unterschieden:

Flächenkorrosion: Anoden und Kathoden sind gleichmäßig über das Bauteil verteilt und führen zu einem gleichmäßigen Flächenabtrag, häufig auch in Form von Mulden.

Mulden- und Lochkorrosion: Anode und Kathode sind räumlich voneinander getrennt und führen zu einem punktuellen Materialabtrag zunächst in Muldenform, dann als Loch oder als unterhöhlende Vertiefung. Der Korrosionsfortschritt verläuft schnell und die Tragfähigkeit des Bauteils kann nach kurzer Zeit beeinträchtigt sein. Bei hochfesten Stählen kann Lochkorrosion durch hohe Kerbspannungen zu Spannungsrisskorrosion führen.

Spaltkorrosion: In Spalten mit einer Breite kleiner als 1 mm tritt örtlich verstärkte Korrosion auf. Der Korrosionsvorgang findet an nicht einsehbaren Stellen statt und wird durch länger einwirkende Feuchtigkeit beschleunigt. In den meisten Fällen sind die Spalte konstruktionsbedingt, z. B. an geschraubten Knotenpunkten.

Kontaktkorrosion: Werden Bauteile aus zwei verschiedenen Metallen elektrisch leitend miteinander verbunden, so entsteht ein elektrochemisches Kontaktelement, bei der das unedlere Metall die sich auflösende Anode bildet. Unterschiedliche Metalle sollten deswegen nur kombiniert werden, wenn das Vorhandensein eines geschlossenen Elektrolytfilms ausgeschlossen werden kann.

Unter mechanischer Beanspruchung treten u. a. die folgenden Korrosionsformen auf:

Spannungsrisskorrosion: Bei Anwesenheit von Zugspannungen und Korrosion kann sehr schnell und ohne Vorwarnung ein Bauteilversagen auftreten. Ausgehend von einer Störung wie z.B. einem Mikroriss oder einer punktuellen Lochkorrosion entstehen inter- oder transkristalline Risse im Stahl. Am Rissende vergrößert die Kerbwirkung die vorhandene Zugspannung und es setzt erneut Korrosion ein. Es treten kaum Korrosionsprodukte in Erscheinung, so dass die Spannungsrisskorrosion schwer erkennbar ist. Voraussetzung für das Auftreten dieser Korrosionsart ist ein kritisches System aus Werkstoff und Korrosionsmedium, s. [6.52].

Schwingungsrisskorrosion: Werden dynamisch beanspruchte Bauteile einem korrosiven Medium ausgesetzt, so sinkt die maximal aufnehmbare Lastspielzahl des Bauteils. Dabei nimmt die Intensität der Schwingungsrisskorrosion mit abnehmender Lastfrequenz zu. Als korrosives Medium reicht bereits Umgebungsluft aus, Wasser und insbesondere Meerwasser haben eine verstärkende Wirkung.

Reibkorrosion: An der Kontaktstelle zweier Bauteile, die aufeinander gedrückt und gegeneinander bewegt werden, treten zugleich mehrere Effekte auf. Die Oberflächen der Bauteile werden ständig elastisch und plastisch verformt, es entstehen kurzzeitig lokal hohe Temperaturen, und die das Metall umgebenden schützenden Oxidschichten werden ständig aufgebrochen. Die Kontaktstelle ist deshalb besonders korrosionsgefährdet, ausserdem wird die Dauerschwingfestigkeit des Bauteils durch Reibkorrosion stark reduziert.

2 Maßnahmen des Korrosionsschutzes

2.1 Übersicht

Mit den Maßnahmen des Korrosionsschutzes soll die zerstörende Wirkung der Korrosion vermindert oder verhindert werden. Dabei muss Korrosion nicht generell vermieden werden, solange sie nicht zu einer Schädigung des Bauteils führt. Bei der Planung eines wirtschaftlichen Korrosionsschutzes sind daher die Funktion des Bauteils und die zu erwartenden Umgebungsbedingungen von großer Bedeutung.

Grundsätzlich wird zwischen passiven und aktiven Schutzmaßnahmen unterschieden. Während passive Maßnahmen den Korrosionsvorgang durch Fernhalten von angreifenden Stoffen unterbinden, greifen aktive Maßnahmen direkt in den Korrosionsprozess ein.

Tafel 6.38 Übersicht der Korrosionsschutzmaßnahmen

Typ	Maßnahme	Beispiel
Passiver Korrosionsschutz	Organische Beschichtung	Anstrich
	Metallischer Überzug	Feuerverzinken
	Umhüllung / Überzug	Spannanker in Kunststoffrohr
	Öl, Fett, Wachs	Temporäre Schutzmaßnahme
Aktiver Korrosionsschutz	Umhüllung (Passivierung)	Bewehrungsstahl in Beton
	Kathodischer Schutz	Elektrochem. Schutz durch Opferanode
	Inhibitoren	Zusatzstoffe in Kühlkreisläufen
Aktiver Korrosionsschutz durch Planung	Werkstoffwahl	Nichtrostende Stähle
	Konstruktive Gestaltung	Vermeiden von Wasseransammlungen

2.2 Organische Beschichtung

Die Beschichtung eines Bauteils mit einer festhaftenden Schicht aus Kunststoff, z. B. durch Anstrich oder Spritzen führt zu einer Abschirmung des Stahls von seiner Umgebung. Um Korrosion dauerhaft zu vermeiden ist die Dichtheit der Beschichtung, ihre Stärke sowie die Vermeidung von Poren und Beschädigungen von entscheidender Bedeutung. Durch Zugabe von Pigmenten, wie z. B. Zinkstaub, kann die Auflösung des Stahls zusätzlich behindert werden (aktive Schutzkomponente).

Ein Beschichtungssystem besteht i.d.R. aus mindestens zwei Grund- und zwei Deckbeschichtungen. Ein Beschichtungsstoff setzt sich aus Bindemittel, Füllstoffen (z. B. Farbstoffe und Pigmente) sowie einem Lösemittel zusammen. Beschichtungen können sowohl im Werk, als auch auf der Baustelle aufgebracht werden. Beispiele für Beschichtungssysteme sind in DIN EN ISO 12 944-5 angegeben. Unter Berücksichtigung praktischer Belange werden in [6.57] die in Tafel 6.39 angegebenen Beschichtungen empfohlen.

Tafel 6.39 Beschichtungssysteme nach [6.57]

Werkstatt					Baustelle			System	Korrosivitätskategorie														
GB	NDFT [µm]	ZB/DB	NDFT [µm]	Anzahl	DB	NDFT [µm]	Anzahl	NDFT [µm]	C2			C3			C4			C5-I			C5-M		
									k	m	l	k	m	l	k	m	l	k	m	l	k	m	l
AK	100	–	–	1 – 2	AK	60	1	160	■	■	■	■	■										
EP	160	–	–	1 – 2	–	–	–	160	■	■	■	■	■										
AK	100	–	–	1 – 2	AK	100	1 – 2	200	▒	▒	▒	■	■	■	■								
EP-Zn	60	EP, PUR	100	2 – 3	–	–	–	160	▒	▒	▒	■	■	■	■								
EP	80	EP, PUR	120	2 – 3	–	–	–	200	▒	▒	▒	■	■	■	■								
EP-Zn	80	EP, PUR	100	2 – 3	PUR	60	1	240	▒	▒	▒	▒	▒	▒	■	■	■	■	■				
EP	160	EP, PUR	120	2 – 4	–	–	–	280	▒	▒	▒	▒	▒	▒	■	■	■	■	■	■	■	■	
EP-Zn	80	EP, PUR	160	2 – 3	PUR	80	1 – 2	320	▒	▒	▒	▒	▒	▒	■	■	■	■	■	■	■	■	■

GB = Grundbeschichtung; ZB = Zwischenbeschichtung; DB = Deckbeschichtung; NDFT = Sollschichtstärke
AK = Alkydharz; EP = Epoxidharz; PUR = Polyurethan; Zn = Zinkpigmente
k = kurz (2-5 Jahre); m = lang (3-15 Jahre); l = lang (über 15 Jahre)
■ = geeignet; ▒ = unwirtschaftlich; □ = ungeeignet

Vor Aufbringen einer Beschichtung muss i. d. R. die Stahloberfläche vorbereitet werden. DIN EN ISO 12 944-4 unterscheidet folgende Vorbereitungsgrade: Sa1 bis Sa3 für gestrahlte Oberflächen, St2 und St3 für manuelle bzw. maschinelle Entrostung, Fl für Flammstrahlen und Be für Beizen. Das Beschichtungssystem kann als Nassbeschichtung durch Streichen, Rollen oder Spritzen, als Bandbeschichtung (Coil Coating) oder als Pulverbeschichtung aufgebracht werden.

2.3 Metallische Überzüge

Der Überzug eines Stahlbauteils mit einer Metallschicht bewirkt zunächst einen passiven Korrosionsschutz durch Fernhalten des aggressiven Mediums. Wird die Metallschicht an einer Stelle beschädigt und der Stahl punktuell freigelegt, entsteht zwischen den beiden Metallen Kontaktkorrosion. Sofern der metallische Überzug aus einem unedleren Metall, z. B. Zink besteht, übernimmt der Überzug die Funktion der Anode und geht in Lösung, während das Bauteil aus Stahl aktiv geschützt bleibt.

In der Praxis haben Überzüge aus Zink die größte Bedeutung. Zum Aufbringen des Überzugs wird neben Spritzverzinken und galvanischen Verfahren vor allem das Schmelztauchverzinken (Feuerverzinken) eingesetzt. Zur Vorbereitung der Oberfläche muss dazu das Bauteil in mehreren Arbeitsgängen entfettet, gebeizt, gespült und mit einem Flussmittel versehen werden. Der Zinküberzug wird anschließend durch Eintauchen in flüssiges Zink bei ca. 450 °C aufgebracht.

Beim Eintauchen in das Zinkbad erfolgt eine chemische Reaktion zwischen Eisen und Zink. Es bildet sich eine Eisen-Zink-Legierungsschicht, überdeckt von einer reinen Zinkschicht in einer Stärke von insgesamt 50 – 150 µm. DIN EN ISO 1461 fordert bei Bauteilstärken von mehr als 6 mm eine minimale Zinkauflage von 85 µm. Dickere Zinkschichten führen zu einem besseren Korrosionsschutz, allerdings senken sie auch das Haftvermögen des Zinks an dem Bauteil. Die Stärke der Zinkschicht hängt neben der Tauchdauer und Temperatur des Tauchbades besonders vom Siliciumgehalt des Stahles ab.

Aufgrund der Abmessungen der Tauchbäder ist die Größe der Bauteile, die in einem Stück feuerverzinkt werden können, begrenzt. Die größten in Deutschland verfügbaren Zinkbäder haben eine Länge von maximal 16,5 m, eine Breite von 2,0 m und eine Tiefe von 3,2 m. Durch mehrfaches Eintauchen in das Zinkbad können auch übergroße Bauteile feuerverzinkt werden.

Durch die hohe Temperatur des Zinkbades sind die Bauteile während des Verzinkens hohen Beanspruchungen ausgesetzt. Bauteile mit hohen Eigenspannungen, die z. B. durch umfangreiche Schweißarbeiten entstanden sind, können sich stark verziehen, da sich die Spannungen durch die hohe Temperatur des Zinkbades abbauen. Bauteile, die in mehreren Schritten verzinkt werden, sollten möglichst zwängungsfrei konstruiert sein, damit sich die größten Temperaturdehnungen ohne große Zwangskräfte einstellen können. Hohlprofile müssen mit ausreichend vielen Öffnungen versehen sein, damit das Zink leicht in die Hohlräume ein- und wieder austreten kann. Werden Hohlräume vollständig verschlossen, besteht die Gefahr einer Explosion, da sich die eingeschlossene Luft und Feuchtigkeit bei der Erhitzung auf 450 °C schlagartig ausdehnt.

Sollen größere Bauteile mit einem Zinküberzug versehen werden, besteht die Möglichkeit des Spritzverzinkens (thermisches Spritzen). Damit können Bauteile auch nachträglich und lokal begrenzt mit einem Zinküberzug versehen werden.

2.4 Duplexsysteme

Duplexsysteme bestehen aus einer Kombination von metallischem Überzug und organischer Beschichtung. Bei überdurchschnittlich hoher Korrosionsbelastung kann durch Duplexsysteme ein verbesserter Schutz des Bauteils erreicht werden. Gleichzeitig besteht die Möglichkeit einer farblichen Gestaltung.

Duplexsysteme erreichen eine bis zu 2,5-fach längere Schutzdauer als die jeweiligen Einzelsysteme. Dieser Synergieeffekt beruht auf einem gegenseitigen Schutz von Zinküberzug und Beschichtung. Die Beschichtung schützt den Zinküberzug vor Einflüssen aus der Umgebung und verhindert den Abtrag des Zinks. Gleichzeitig bleibt das Bauteil bei Beschädigungen der Beschichtung gegen Korrosion geschützt, es kommt zu keiner Unterrostung und damit zum Abblättern der Beschichtung. Beispiele geeigneter Duplex-Beschichtungssysteme sind in DIN EN ISO 12 944-5 und [6.57] enthalten.

Tafel 6.40 Duplexsysteme nach [6.57]

Oberflächenvorbereitung		Werkstatt			Baustelle			System	Korrosivitätskategorie														
		GB/ZB	NDFT [µm]	Anzahl	DB	NDFT [µm]	Anzahl	NDFT [µm]	C2			C3			C4			C5-I			C5-M		
Reinigen	Sweepen								k	m	l	k	m	l	k	m	l	k	m	l	k	m	l
x		AY-Hydro	120	1 – 2	–	–	–	120	■	■	■	■	■	□	□	□	□	□	□	□	□	□	□
x		AY-Hydro	80	1	AY/PVC	80	1 – 2	160	▒	▒	▒	■	■	■	■	■	□	■	□	□	■	□	□
x		AY-Hydro	80	1	EP/PUR	80	1 – 2	160	▒	▒	▒	■	■	■	■	■	□	■	□	□	■	□	□
x		EP-Komb.	120	1 – 2	–	–	–	120	▒	▒	▒	■	■	■	■	■	□	■	□	□	■	□	□
x		EP-Komb.	80	1	EP/PUR	80	1 – 2	160	▒	▒	▒	■	■	■	■	■	■	■	□	□	■	■	□
	x	EP	80	1	EP/PUR	80	1 – 2	160	▒	▒	▒	■	■	■	■	■	■	■	□	□	■	■	□
x	o	EP-Komb.	160	2	EP/PUR	80	1 – 2	240	▒	▒	▒	■	■	■	■	■	■	■	■	□	■	■	■
	x	EP	160	2	EP/PUR	80	1 – 2	240	▒	▒	▒	■	■	■	■	■	■	■	■	□	■	■	■

GB = Grundbeschichtung; ZB = Zwischenbeschichtung; DB = Deckbeschichtung; NDFT = Sollschichtstärke
AY = Acrylharz; EP = Epoxidharz; PVC = Polyvinylchlorid; PUR = Polyurethan
k = kurz (2-5 Jahre); m = lang (3-15 Jahre); l = lang (über 15 Jahre)
■ = geeignet; ▒ = unwirtschaftlich; □ = ungeeignet

2.5 Kathodischer Schutz

Der kathodische Korrosionsschutz ist eine aktive Schutzmaßnahme, bei der die elektrochemische Korrosionsreaktion umgekehrt wird, d. h. das Stahlbauteil wird zur Kathode und bleibt dadurch vor Auflösung geschützt. Dazu muss das elektrische Potential im Elektrolyt aktiv verändert werden. Dies kann durch Verwendung einer unedleren galvanischen Opferanode (z. B. aus Zink) geschehen, die sich infolge des Korrosionsprozesses auflöst und die in regelmäßigen Abständen ausgetauscht werden muss. Alternativ kann eine inerte Hilfsanode zusammen mit einer externen Fremdstromquelle eingesetzt werden, um die Oberfläche des Stahlbauteils kathodisch zu polarisieren (vgl. Abb. 6.41a).

Der kathodische Korrosionsschutz wird vor allem bei Bauteilen im Erdreich oder im Wasser eingesetzt, bei der eine Kontrolle und Erneuerung des Korrosionsschutz unmöglich oder zu teuer wäre, wie z. B. Rohrleitungen, Behälter, Schleusen oder Bohrinseln. Um den Schutzstrombedarf zu reduzieren bzw. um die Opferanode zu schonen, sollte das Bauteil mit einer elektrisch isolierenden Beschichtung versehen werden. Damit beschränkt sich der kathodische Schutz nur auf den kleinen Bereich unvermeidbarer Beschädigungen und Poren.

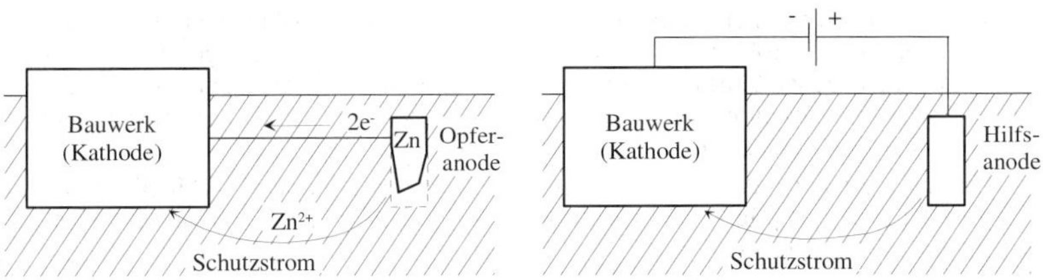

Abb. 6.41a Kathodischer Korrosionsschutz mit Opferanode bzw. Fremdstromquelle

2.6 Werkstoffwahl

Das Korrosionsverhalten von Stahl kann durch die Zugabe von Legierungsstoffen bei der Stahlherstellung so günstig beeinflusst werden, dass weitere Korrosionsschutzmaßnahmen nicht erforderlich werden.

Wetterfeste Stähle (Kurzbezeichnung WT) nach DIN EN 10 025 sind niedriglegierte Stähle mit geringen Zusätzen (< 0,5 %) von Kupfer, Chrom und Nickel. Bei diesen Stählen wird die atmosphärische Korrosion nicht verhindert, es bilden sich jedoch aus den Rostprodukten zusammenhängende Sperrschichten, die den Stahl bei normaler Bewitterung vor dem Zutritt aggressiver Medien schützen. So stellt sich bei wetterfesten Stählen ein deutlich geringerer Massenverlust durch Abrostung als bei unlegierten Stählen ein. Bei Industrieatmosphäre, hohem Salzgehalt oder langanhaltender Wasserbenetzung steigt die Abrostung wetterfester Stähle stark an, so dass sie in diesen Fällen ohne zusätzliche Schutzmaßnahmen, wie z. B. einer organischen Beschichtung, nicht verwendet werden sollten.

Nichtrostende Stähle nach DIN 17 440 sind hochlegierte Stähle mit einem Chromgehalt von mindestens 10,5 %. In sauerstoffhaltiger Atmosphäre bildet sich an der Oberfläche dieser Stähle eine sehr dünne Oxidschicht, die eine anodische Auflösung des Stahles verhindert. Diese Passivschicht bildet sich bei Beschädigungen sofort neu, so dass ein dauerhafter Korrosionsschutz des Bauteils gewähleistet ist. Allerdings besteht in saurer Umgebung eine Anfälligkeit nichtrostender Stähle gegenüber Loch- und Spannungsrisskorrosion. Deswegen ist vor allem bei der Verwendung in Schwimmbädern, Straßentunneln und Schornsteinen auf eine geeignete Werkstoffwahl zu achten, s. [6.52].

2.7 Konstruktive Gestaltung

Durch korrosionsschutzgerechtes Konstruieren können Ausmaß und Geschwindigkeit von Korrosionsvorgängen deutlich reduziert und damit die Lebensdauer eines Bauwerkes verlängert werden. In Anlehnung an DIN EN ISO 12 944-3 werden die folgenden Grundregeln genannt:

Bauliche Gestaltung: Am wirkungsvollsten lässt sich eine Stahlkonstruktion vor Korrosion schützen, wenn der Zutritt von aggressiven Medien und insbesondere von Feuchtigkeit verhindert wird. Deshalb sollte die tragende Stahlkonstruktion innerhalb eines Gebäudes, geschützt durch Dach und Fassade, angeordnet werden.

Zugänglichkeit: Zur Überwachung und Instandsetzung von Beschichtungen oder Überzügen sollten Bauteile so gestaltet sein, dass sie auch nachträglich zugänglich und erreichbar sind. Neben Hilfseinrichtungen wie Stege oder Arbeitsbühnen ist darauf zu achten, dass Mindestabstände zwischen den einzelnen Bauteilen und angrenzenden Flächen eingehalten werden (vgl. Abb. 6.41b und 6.42). Korrosionsgefährdete Bauteile, die nach der Montage unzugänglich sind, sollten so geschützt werden, dass der Korrosionsschutz während der gesamten Nutzungsdauer des Bauwerks gewähleistet bleibt.

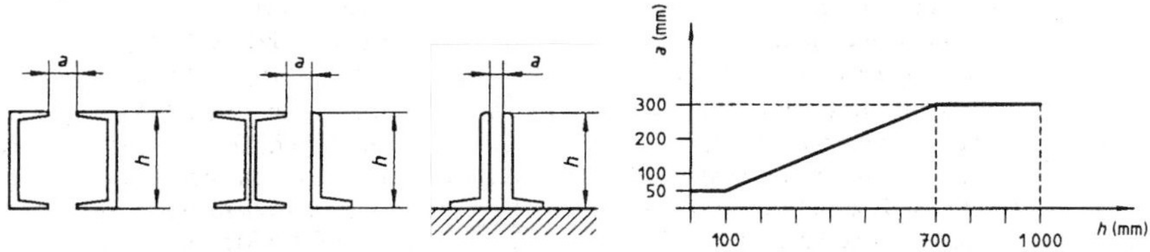

Abb. 6.41b Mindestabstände zwischen einzelnen Bauteilen

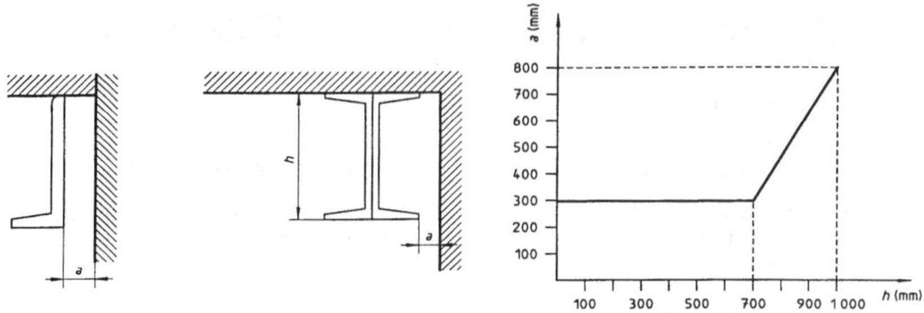

Abb. 6.42 Mindestabstände zwischen Bauteilen und angrenzenden Flächen

Wasseransammlungen und Ablagerungen: Stahlbauteile, die der Witterung ausgesetzt sind, sollten so gestaltet sein, dass sich keine Ansammlungen von Wasser und Ablagerungen bilden können. Dies kann durch abgeschrägte und geneigte Oberflächen geschehen, durch das Vermeiden von oben offenen Profilen, Taschen und Vertiefungen sowie durch das kontrollierte Ableiten von Wasser durch geeignete Entwässerungseinrichtungen.

Spalten: Spalten, Fugen und sich überlappende Verbindungen führen leicht zu Spaltkorrosion und sollten durch geeignete Gestaltung vermieden werden. Berührungsflächen können z. B. mit durchgehenden Schweißnähten vor Wasserzutritt geschützt werden. Übergangsstellen zwischen Beton und Stahl erfordern besondere Maßnahmen des Korrosionsschutzes.

Kanten: An scharfen Kanten haften Beschichtungen schlechter und sind leichter Beschädigungen ausgesetzt. Alle scharfen Kanten sollten deshalb abgerundet oder zumindest gebrochen werden.

Schweißstellen: Oberflächenfehler an Schweißnähten führen zu lokalen Schmutzablagerungen und zu geringen Dicken der Beschichtung und sind deshalb zu vermeiden.

Rippen und Aussteifungen: Um Spalte zu vermeiden, sind Rippen und Aussteifungen ringsum mit den angrenzenden Bauteilen zu verschweißen. Außerdem sind zur Vermeidung von Wasseransammlungen in den Ecken Aussparungen anzuordnen.

Unterschiedliche Metalle: Zur Vermeidung von Kontaktkorrosion sollten Stähle mit einem unterschiedlichen elektrochemischen Potential nicht miteinander verbunden werden. Kritisch ist vor allem die Kombination kleiner, unedler Bauteile mit großen, edleren Bauteilen. Dagegen kann eine Verbindung von kleinen, edlen Bauteilen, wie z. B. Schrauben aus nichtrostendem Stahl, mit weniger edlen Baustählen durchaus erfolgen. Ist eine Kombination verschiedener Metalle unvermeidbar, kann Kontaktkorrosion durch die elektrische Isolierung der beiden Bauteile voneinander vermieden werden.

Korrosionsschutzgerechte Gestaltung nach DIN EN ISO 12 944-3

schlecht ——————> besser ——————> gut

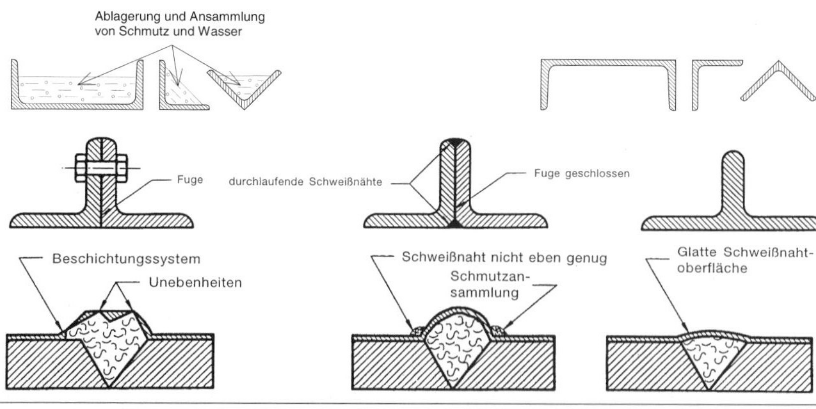

6 D Schutz und Dauerhaftigkeit von Holzbauwerken

Die Dauerhaftigkeit von Holzbauwerken wird gewährleistet

- vorrangig durch vorbeugende bauliche Maßnahmen (DIN 68 800-2)
- ggf. zusätzlich durch vorbeugenden chemischen Holzschutz (DIN 68 800-3).

Auf den vorbeugenden chemischen Holzschutz kann verzichtet werden, wenn eine Gefährdung der Holzteile durch Pilze und Insekten auf Dauer und ausreichend zuverlässig durch bauliche Maßnahmen ausgeschlossen ist.

Die wichtigsten Schadenseinflüsse sind

- biologische Einflüsse auf Holzbaustoffe (z. B. Pilz- oder Insektenbefall)
- chemische Einwirkungen auf metallische Baustoffe (z. B. Korrosion).

Als Vorkehrungen gegen Schadenseinflüsse kommen die Auswahl geeigneter Baustoffe mit natürlicher Dauerhaftigkeit, baulich-konstruktive Schutzmaßnahmen sowie Schutzmaßnahmen für die Baustoffe bzw. Baustoffoberfläche in Betracht.

Detaillierte Angaben zur Thematik „Dauerhaftigkeit von Holzbauwerken“ enthält Kap. 16.

7 A Landschaftsbau/Gehölzanwendung
7 B Verkehrswesen
7 C Wasserversorgung
7 D Kanalisation

Inhaltsverzeichnis

7 A Landschaftsbau/Gehölzanwendung

Prof. Dipl.-Ing. Rüdiger Wormuth

1 Allgemeines

Es werden zunächst als Grundlagen für Leistungsverzeichnisse nach DIN 18 320 – Landschaftsbauarbeiten (ATV VOB, Teil C) – Gütebestimmungen für Baumschulpflanzen dargestellt, wie sie von der Forschungsgesellschaft Landschaftsentwicklung – Landschaftsbau e.V, Bonn (FLL) entwickelt wurden. Grundlage der Ausführung von Pflanzungen ist DIN 18 916.
Die Gestalt, die Eigenschaften und die Eignung von Gehölzen werden sodann tabellarisch, nach Bäumen, Heckengehölzen und Klettergehölzen differenziert, zusammengestellt, um eine gute Vergleichbarkeit zu bieten und Planungsentscheidungen zu erleichtern.

2 Gütebestimmungen für Baumschulpflanzen [7.1]

2.1 Begriffe, Abkürzungen

2.1.1 Anzuchtformen

	Abkürzung		Abkürzung
(Jungpflanze	Jpf)	Halbstamm	ha
leichter Strauch	lStr	Hochstamm	H
verpflanzter Strauch	vStr	Alleebaum	Al
leichter Heister	lHei	Solitärgehölz	Sol
verpflanzter Heister	vHei	Heckenpflanze	He
Busch (Obst)	Bu	(Forstgehölz	F)
Stammbusch	Stbu		
Stamm von Sträuchern	Sta		

2.1.2 Anzuchtstand

jährig	j.	aus weitem Stand	w.
verpflanzt	v.	aus extraweitem Stand	ew.
... mal verpflanzt	xv.		

2.1.3 Wurzelbeschaffenheit

bewurzelt	bew.	mit Ballen	mB.
ohne Ballen	oB.	mit Drahtballen	mDb.
wurzelecht	we.	mit Topf	P (≤ 2,0 l)
wurzelverpackt	wvp.	mit Container	C (≥ 2,0 l)

2.1.4 Maßarten

hoch	h.	(cm)	Stammhöhe	Sth.
breit	br.	(cm)	Grundstämme	Gst.
Stammumfang	StU.	(cm)	Triebe	Tr.
Durchmesser	∅	(cm)	Kronenbreite	Krbr.

Beispiel einer Bezeichnung:

Winterlinde, Hochstamm, dreimal verpflanzt aus extraweitem Stand, Stammhöhe 300 cm, Stammumfang 14 – 16 cm, mit Drahtballen:
Tilia cordata H. 3xv. ew. Sth. 300 StU. 14–16 mDb.

2.2 Anforderungen an Laubgehölze (Kurzfassung)

Tafel 7.3 Anzuchtformen und Anforderungen (spez. Gütebestimmungen)

Anzucht-form (Abk.)	Beschreibung/allgemeine Anforderungen	spezielle Anforderungen
lStr vStr	Str. wachsen nicht baumartig und i.d.R. mehrtriebig. Sortierung n. Triebzahl und -höhe. Nach dem letzten Verpflanzen max. zwei Veg.-Per. Standzeit.	mind. 1 xv. mind. 2Tr.[1]
SolStr	Nach dem letzten Verpflanzen höchstens vier Veg.-Per. Standzeit.[1]	3 xv. als vStr ew. mB., mDb. oder C
lHei. vHei.	Hei. wachsen baumartig mit seitl. Beastung ohne Krone. Sortierung n. Höhe.	1 xv. nach dem Verpfl. max. zwei Veg.-Per. Standzeit
Stbu.	v. Hei. mit guter Zweiggarnierung Sortierung nach StU.	mind. StU. 12, Mindesthöhe 250; als Hei. v. ew. kultiviert u. nach dem letzten Verpfl. max. vier Veg.-Per. Standzeit. 3/4 xv. StU. 12–14/18–20
SolStbu.		als Stbu. ew. kultiviert u. danach nach max. 4 Veg.-Per. v. mDb. oder C. Stammgarnierung ausdrucksvoll.
mehrtriebige SolStbu.		mehrtriebig unterhalb 0,5 m, sonst wie SolStbu.[2]
H.	Bäume, gegliedert in Stamm und Krone. Max. vier Veg.-Per. Standzeit, n. dem letzten Verpfl. Sortierung n. StU.	2 xv. w. Sth. mind. 180[2] 3 xv. ew. Sth. mind. 200[1] Ballenpfl. mDb. oder C
SolH.		kultiviert wie H. 3 xv. ew., danach n. vier Veg.-Per. erneut zu verpfl. mDb. oder C. Für Al und besondere Kronenformen.[2]
He.	Wachsen baum- oder strauchartig. Durch Wuchsform und Schnittverträglichkeit f. Formhecken geeignet.	strauchartig wachsende He. siehe: 1Str., vStr. u. SolStr.[2]

[1] Ausnahmen siehe [7.1]. [2] Besondere Anforderungen siehe [7.1].

2.3 Anforderungen an Nadelgehölze (Kurzfassung)

- Nadelgehölze müssen art-, alters- und standortbedingt mind. alle zwei Jahre, spätestens alle drei Jahre verpflanzt worden sein. Lieferung mB., P oder C. Ausnahmen siehe [7.1].
- Bezweigung je nach Sorte und Wuchseigenschaft vom Boden an. Benadelung in sortentyp. Färbung.
- Starktriebige Nadelgehölze bis zum letzten Jahrestrieb voll bezweigt. Quirlabstände sowie Länge des letzten Jahres-Tr. in gutem Verhältnis zur Gesamtpflanze. Aufrecht wachsende Arten mit geradem Mittel-Tr.
- Sol. Nadelgehölze mind. alle 4 Jahre verpflanzt, ew. mB., ggf. mDb. oder C.

– He.-Pflanzen vom Boden an gut bezweigt und benadelt und ggf. durch regelm. Schnitt geformt.
– Sortierung nach Höhe und/oder Breite.

3 Gehölze: Gestalt, Eigenschaften, Eignung

3.1 Allgemeines

Jede Art hat ihre besondere Kronenform, die sich jedoch je nach Standort (Boden, Klima, Exposition), Anzuchtform, ob als frei stehendes oder als Gruppengehölz und je nach den bisher erfolgten Schnittmaßnahmen unterschiedlich ausbilden kann [7.2]. Die hier dargestellten Formen entstehen bei normaler Entwicklung am richtigen Standort in Einzelstellung. Auch die Baumgröße variiert bei unterschiedlichen Standortbedingungen. Es werden hier aus der großen Anzahl der von den Baumschulen angebotenen Arten und Sorten, bis auf einige Ausnahmen, die nur in Mitteleuropa heimische dargestellt. Die letzte Tabellenspalte (Anwendungsbereich) enthält in Fußnoten Empfehlungen der Gartenamtsleiterkonferenz. Sie gelten für Baumpflanzungen im öffentlichen Freiraum, insbesondere an Straßen.

Bäume, Kronenform

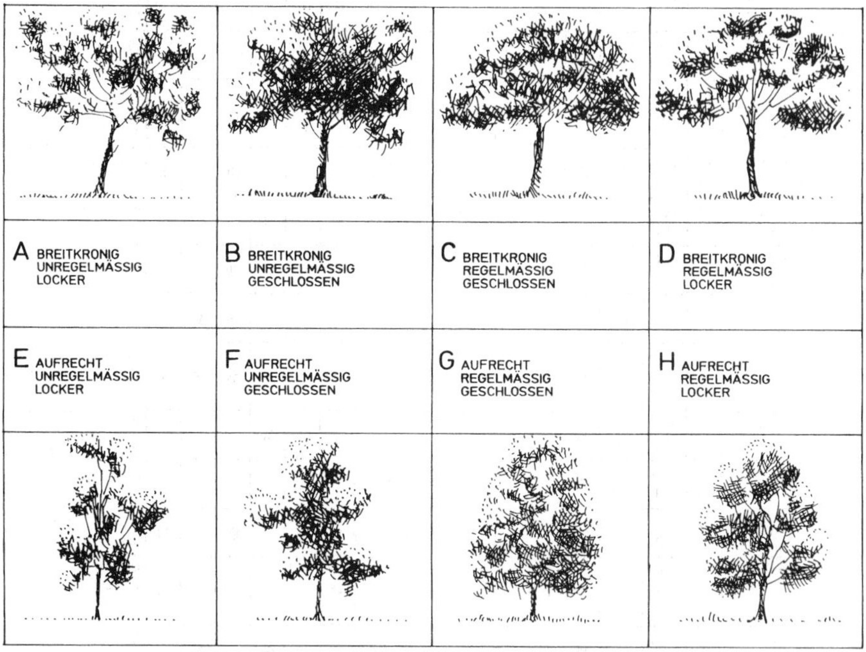

3.2 Bäume

Tafel 7.5 Bäume: Gestalt, Eigenschaften, Eignung

Name Botanischer und deutscher Name	Gestalt			Wurzelsystem			Bodenansprüche				Lichtansprüche						Anwendungsbereich
	Kronenform	Höhe in m	Breite in m	flach verwurzelt	tief verwurzelt	Pfahlwurzel	leicht	schwer	trocken	feucht	sonnig	halbschattig	schattig	Blüte	Fruchtschmuck	Herbstfärbung	
Acer campestre **Feldahorn**	D	15	15	●		●		●		●						●	Pioniergehölz
Acer platanoides **Spitzahorn**	G	20–30	20		●		●	●			●			●		●	Park- und Alleebaum [2][3]
Acer pseudoplatanus **Bergahorn**	G	25–40	25		●			●		●	●	●		●			Park- und Alleebaum[2]
Aesculus hippocastanum **Roßkastanie**	G	25–30	15–25	●	●			●		●	●	●		●			Park- und Alleebaum[2]
Alnus glutinosa **Roterle**	F	10–20	8–12		●			●	●	●	●						Parkbaum, Uferbefestigung
Alnus incana **Grauerle**	G F	6–10	4–8	●	●				○	●	●	●					Pioniergehölz
Betula pendula **Sandbirke**	H	18–25	7–12	●			●		●					●		●	Parkbaum, Alleebaum, Pioniergehölz
Betula pubescens **Moorbirke**	G H	10–20	8–12	●			●		●	●				●		●	Parkbaum
Carpinus betulus **Hainbuche**	G	10–20	7–12	●			●	●	●	●	●	●	●				Parkbaum Heckengehölz
Corylus colurna **Baumhasel**	G	18	12	●	●		○	●	○		●	●		●		●	Straßenbaum[1]
Crataegus carrieri **Apfeldorn**	B	7	7–10		●		●	●	●	●	●	●		●	●	○	Straßenbaum[1]
Crataegus monogyna **Weißdorn**	C G	6–10	3–4	●	●		●	●	●	●	●	●		●	●	●	Straßenbaum, Heckengehölz[1]
Fagus sylvatica **Rotbuche**	C G	25–30	25–30	●				●		●	●	●	●				Parkbaum (kalkliebend)
Fraxinus excelsior **Esche**	C G	25–40	20–35	●		●		●		●		●					Park- und Alleebaum[2]
Fraxinus ornus **Blumenesche**	D H	8–10	4–8	●			●	●	●	●	●	●		●		●	Kleiner Straßenbaum[1]
Gleditsia triacanthos **Gleditschie**	E	10–25	8–15		●		●	●	●	●	●					●	Park- und Alleebaum[2]
Ilex aquifolium **Stechpalme**	C G	3–6	3–5	●	●			●	●	●		●	●		●		Immergrünes Parkgehölz
Juglans regia **Walnuss**	G	15–20	10–15	●		●		●		●	●	●					Park- und Alleebaum
Malus floribunda **Wildapfel**	B	4–6	4–6	●				●		●	●			●	●	●	Kleinkroniger Zierbaum

● zutreffend ○ bedingt zutreffend

(Fortsetzung folgende Seiten. Fußnoten s. dort.)

Tafel 7.5 Bäume: Gestalt, Eigenschaften, Eignung (Fortsetzung)

Name	Gestalt			Wurzelsystem			Bodenansprüche				Lichtansprüche						Anwendungsbereich
Botanischer und deutscher Name	Kronenform	Höhe in m	Breite in m	flach verwurzelt	tief verwurzelt	Pfahlwurzel	leicht	schwer	trocken	feucht	sonnig	halbschattig	schattig	Blüte	Fruchtschmuck	Herbstfärbung	
Platanus acerifolia **Platane**	C G	20–30	15–25		●			●	●	●	●	●					Alleebaum,[1] schnittverträglich
Populus alba **Silberpappel**	D H	20–35	15–18	●	○			●		●	●	●					Wind- und Küstenschutz
Populus berolinensis **Berliner Lorbeerpappel**	G	18–25	10	●				●		●	●						Alleebaum
Populus canescens **Graupappel**	B	20–25	15–20		●		●	●	●	●	●	●					Park- und Alleebaum
Populus nigra **Schwarzpappel**	G	20–25	15–20	●			○	●	○	●	●	●					Parkbaum
Populus nigra „Italica" **Säulenpappel**	G	25–30	3–5	●				●		●	●					●	Alleebaum
Populus tremula **Zitterpappel**	F	10–20	7–10	●			●	●	●	●	●	●				●	Parkbaum
Prunus avium **Vogelkirsche**	C G	15–20	10–15	●				●		●	●	●		●		●	Alleebaum
Prunus padus **Traubenkirsche**	C	6–10	4–8	●			○	●		●	●	●		●			Park- und Pioniergehölz
Quercus coccinea **Scharlacheiche**	H	15–18	9–12	●			●	●	●	●	●					●	Park- und Straßenbaum
Quercus petraea **Traubeneiche**	C G	20–30	15–20	●		●	●	●	●		●	●				○	Park- und Straßenbaum[1]
Quercus robur **Stieleiche**	D H	25–35	15–20		●	●		●		●	●	●				●	Park- und Straßenbaum[1]
Quercus rubra **Amerikanische Roteiche**	G	20–25	12–18	●			●	●		●	●					●	Park- und Straßenbaum
Robinia pseudoacacia **Robinie, Scheinakazie**	A	20–25	12–18	●		●	●	●	●	●	●			●			Parkbaum[2] Pioniergehölz[3]
Salix alba **Silberweide**	H	15–20	10–15	●			○	●		●	●			●			Parkbaum (am Wasser)
Salix caprea **Salweide**	H	5–8	3–6	●			●	●	●	●	●	●		●			Pioniergehölz
Sorbus aria **Mehlbeere**	C	6–12	4–7		●			○	●		●	●		●			Kleiner Alleebaum, Pioniergehölz

● zutreffend ○ bedingt zutreffend

[1] Empfehlung für die Verwendung als Straßenbaum nach [7.7]. Als Beurteilungskriterien werden nach [7.7] u.a. angesetzt: Standortansprüche, Widerstandsfähigkeit gegen Umweltbelastungen und Krankheiten, Stand- und Verkehrssicherheit (Bruchgefahr/Fruchtfall usw.), Pflegeaufwand.

[2] „Bedingt geeignet" bzw. nur in bestimmten Sortennach [7.7] empfohlen.

[3] Es gibt kleinkronige Sorten mit guter Schnittverträglichkeit für besondere räumliche Wirkungen.

Tafel 7.5 Bäume: Gestalt, Eigenschaften, Eignung (Fortsetzung)

Name Botanischer und deutscher Name	Gestalt			Wurzelsystem			Bodenansprüche				Lichtansprüche						Anwendungsbereich
	Kronenform	Höhe in m	Breite in m	flach verwurzelt	tief verwurzelt	Pfahlwurzel	leicht	schwer	trocken	feucht	sonnig	halbschattig	schattig	Blüte	Fruchtschmuck	Herbstfärbung	
Sorbus aucuparia **Eberesche**	H	6–12	4–6	●			○	●	○	●	●	●		●	●	●	Park- und Alleebaum
Sorbus intermedia **Oxelbeere**	C G	10–12	5–7		●		●	●	●	●	●			●		●	Alleebaum,[2] Pioniergehölz
Sorbus torminalis **Elsbeere**	G	10–20	7–12		●			●	●					●	●	●	Park- und Alleebaum
Tilia cordata **Winterlinde**	C G	18–25	10–15		●	●	●	●		●	●	●		●		●	Park- und Alleebaum, schnittverträglich[3]
Tilia intermedia **Holländ. Linde**	G	25–30	18–20		●			●	○	●				●		●	Park- und Alleebaum[1]
Tilia intermedia „Pallida" **Kaiserlinde**	G	30–35	12–18	●	●			●	○	●	●			●		●	Park- und Straßenbaum[1]
Tilia platyphyllos **Sommerlinde**	G	30–35	18–25		●	●		●		●	●	●		●		●	Park- und Straßenbaum
Tilia tomentosa **Silberlinde**	G	25–30	15–20		●			●	●	●	●			●		●	Park- und Straßenbaum[1]
Ulmus carpinifolia **Feldulme, Rüster**	C G	20–35	18–25		●	●		●		●	●	●				●	Park- und Alleebaum
Ulmus glabra **Bergulme**	B	25–35	20		●	●		●		●	●	●				●	Park- und Alleebaum

● zutreffend ○ bedingt zutreffend

1) Empfehlung für die Verwendung als Straßenbaum nach [7.7]. Als Beurteilungskriterien werden nach [7.7] u.a. angesetzt: Standortansprüche, Widerstandsfähigkeit gegen Umweltbelastungen und Krankheiten, Stand- und Verkehrssicherheit (Bruchgefahr/Fruchtfall usw.), Pflegeaufwand.

2) „Bedingt geeignet" bzw. nur in bestimmten Sortennach [7.7] empfohlen.

3) Es gibt kleinkronige Sorten mit guter Schnittverträglichkeit für besondere räumliche Wirkungen.

3.3 Heckengehölze

Tafel 7.8 Heckengehölze: Eigenschaften, Eignung

Name Botanischer und deutscher Name	immergrün	sommergrün	Wuchshöhe in m	Wuchsgeschwindigkeit			Bodenansprüche				Lichtansprüche			formschnittgeeignet	Blüten	Fruchtschmuck	Blätter (Herbstfärbung)	Vogelnährgehölz	Bienennährgehölz
				schnell	mittel	langsam	leicht	trocken	schwer	feucht	sonnig	haltbschattig	schattig						
Acer campestre **Feldahorn**		●	9		●		●	●			●	●	○	○		●	●		●
Buxus sempervirens „Suffroticosa“ **Buchsbaum**	●		0,4			●		●	●	●	●	●	●	●					●
Buxus sempervirens –	●		1			●		●	●	●	●	●	●	●					●
Buxus sempervirens arborescens –	●		2			●		●	●	●	●	●	●	●					●
Carpinus betulus **Hainbuche (Weißbuche)**		●	9		●		●	●	●	●	●	●	●	●					
Crataegus laevigata **Zweigriffliger Weißdorn**		●	6		●			○	●	●	●	●		●	●	●	●	●	
Crataegus monogyna **Eingriffliger Weißdorn**		●	6		●			○	●	●	●	●		●	●	●	●	●	
Ilex aquifolium **Stechpalme**	●		6			●		○	●	●		●	●	○		●			
Ligustrum vulgare **Liguster**	○	●	4		●		●	●	●	●	●	●	●	●				●	
Philadelphus coronatus **Pfeifenstrauch**		●	4		●			○	●	●	●	●		○	●				
Rosa arvensis **Feldrose**		●	2		●			●	●	●	○	●			●	●		●	●
Rosa canina **Hundsrose**		●	3	●				●	●	●	●	○			●	●		●	●
Rosa glauca **Hechtrose**		●	3		●		○	●	●		●	●			●	●	●	●	●
Rosa rugosa **Apfelrose**		●	2	●			●	●	○		●				●	●	●	●	●
Syringa vulgaris **Flieder**		●	6			●	○	○	●	●	●	●		○	●				
Taxus baccata **Eibe**	●		9		●				●	●	●	●	●	●					
Thuja occidentalis **Lebensbaum**	●		10			●			●	●	●	●		●					
Viburnum lantana **Wolliger Schneeball**		●	4	●			●	●	●	○	●	○			●	●	●	●	
Viburnum opulus **Schneeball**		●	9	●					●	●	●	●			●	●	●	●	

● zutreffend ○ bedingt zutreffend

Die Auswahl beschränkt sich auf europäische Gehölze.

3.4 Klettergehölze

Tafel 7.9 Klettergehölze: Eigenschaften, Eignung

Name Botanischer und deutscher Name				Wuchs-geschwin-digkeit			Licht-ansprüche			Kletterart			Dekor			Anwendungsbereich
	immergrün	sommergrün	Wuchshöhe in m	schnell	mittel	langsam	sonnig	halbschattig	schattig	Selbstklimmer	Schlinger	Ranken	Blüten	Fruchtschmuck	Blätter	
Aristolochia durior **Pfeifenwinde**		●	10	●			○	●	●		●		○		●	Pergolenbegrünung, großblättrig
Campsis radicans **Trompetenwinde**		●	10	●			●			●	○		●			Pergolenbegrünung[1)2)]
Celastrus orbiculatus **Baumwürger**		●	12	●			●				●			●	●	Pergolenbegrünung, Herbstfärbung[4)]
Clematis vitalba **Wilde Waldrebe**		●	30	●			●	●			●		●	●		Pergolenbegrünung [1)2)3)]
Clematis montana „Rubens" **Anemonen-waldrebe**		●	8	●			●	●			○	●	●			Pergolenbegrünung[1)]
Hedera helix **Efeu**	●		30			●		●	●	●						Fassaden-begrünung[2)3)]
Hydrangea petiolaris **Kletterhortensie**		●	10–15		●		●	●	●	●	○		●			Pergolen- und Fassadenbegrünung
Lonicera caprifolium **Geißblatt**		●	6–8		●		●	●			●		●			Pergolenbegrünung[3)]
Parthenocissus quinquefolium **Wilder Wein**		●	15–20	●			●	●	●	●	○	●			●	Fassadenbegrünung,[2)] Herbstfärbung
Parthenocissus tricuspidata „Veitchii" **Wilder Wein**		●	15–20	●			●	●		●		●			●	Fassadenbegrünung,[2)] Herbstfärbung
Polygonum aubertii **Knöterich**		●	8–15	●			●	●	○		●		●			Pergolen- und Fassadenbegrünung
Wisteria sinensis **Blauregen**		●	6–10	●			●	●			●		●			Pergolenbegrünung[4)]

● zutreffend ○ bedingt zutreffend

[1)] Wurzelscheibe vor Sonne und Trockenheit schützen.
[2)] Ohne Hilfe kletternd.
[3)] Heimisch in Mitteleuropa.
[4)] Stark schlingend: Regenfallrohre sind gefährdet!

7 B Verkehrswesen

Prof. Dipl.-Ing. Günter Wolf

1 Entwurfselemente im Querschnitt

1.1 Regelquerschnitte anbaufreier Straßen (nach RAS-Q 96)

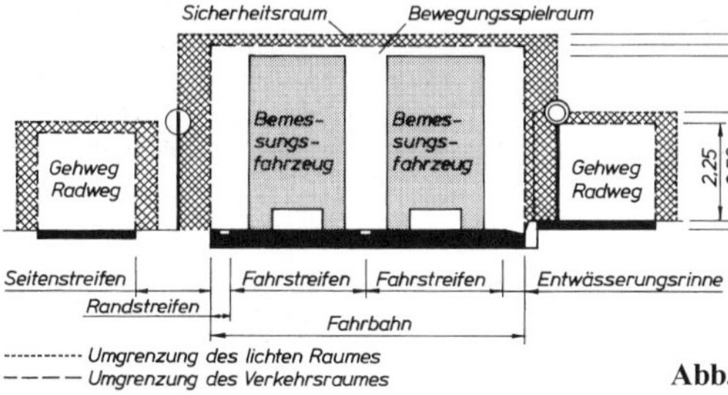

Abb. 7.10a Regelmaße des lichten Raumes

Ver-kehrs-teil-nehmer	Ausgangs-maß in der Breite m	Breite des seitlichen Bewegungs-spielraumes m	Breite des seitlichen Sicherheits-raumes für V_{zul} m	Ausgangs-maß in der Höhe m	Höhe des oberen Bewegungs-spielraumes m	Höhe des oberen Sicherheits-raumes m	Höhe des lichten Raumes m
Kfz	2,50	je nach RQ 0,25 bis 1,25	> 70 km/h: 1,25[1)] ≤ 70 km/h: 1,00[1)] ≤ 50 km/h: 0,75[1)]	4,00	0,25	0,25	4,50
Radfahrer	Radweg-Regelbr. 2,00[2)3)]		0,25[2)]	Verkehrsraum-Höhe 2,25		0,25	2,50
Fußgänger	Gehweg-Regelbr. 1,50[4)5)]		–[2)]	Verkehrsraum-Höhe 2,25		0,25	2,50

[1)] Neben Standstreifen, am Mittelstreifen und neben Hochborden können diese Breiten um 0,25 cm verringert werden.
[2)] Wenn die Verkehrsräume von Kraftfahrzeugen und Radfahrern oder Fußgängern unmittelbar aneinander grenzen, dann muss nur der seitliche Sicherheitsraum der Kfz berücksichtigt werden.
[3)] Die Mindestbreite von Radwegen beträgt 1,60 m.
[4)] Neben nicht angebauten Straßen gelten kombinierte Geh- und Radwege von 2,50 m Breite als Regellösung.
[5)] Die Breite der Geh- und Radwege kann in weiten Grenzen variieren, vgl. Abb. 7.11.

Die Regelquerschnitte der nicht angebauten Straßen werden nach ihrer Kronenbreite benannt.

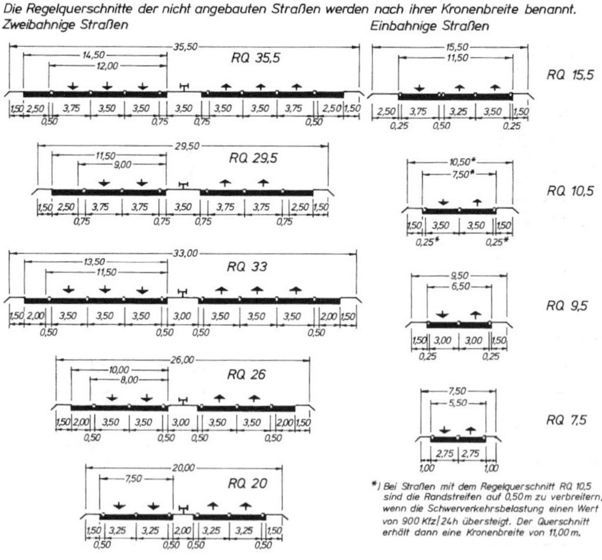

Abb. 7.10b Regelquerschnitte nach RAS-Q 1996

1.2 Querschnitte von Stadt- und Erschließungsstraßen (nach EAE 85/95 und EAHV 93)

1.2.1 Grundmaße für Verkehrsräume und lichte Räume

Nach den Empfehlungen für die Anlage von Hauptverkehrs- und Erschließungsstraßen sollen angebaute Straßen je nach Lage und Funktion sowohl der Ortsveränderung der Verkehrsteilnehmer (Fußgänger, Radfahrer, öffentlicher Personennahverkehr und Kraftfahrzeuge) und dem Anschluss der Anlieger an das Verkehrsnetz als auch dem Aufenthalt der Bewohner bzw. Besucher dienen. Abhängig vom Begegnungsfall der Verkehrsteilnehmer (z. B. Müllfahrzeuge, Busse usw.) und von der Geschwindigkeit ergibt sich aus den Grundmaßen und den Bewegungsspielräumen eine große Variationsbreite für die Dimensionierung und Aufteilung des Verkehrsraumes. Genaueres geht aus den EAE und den EAHV hervor. Nichtsdestoweniger sind Standardbreiten zu bevorzugen.

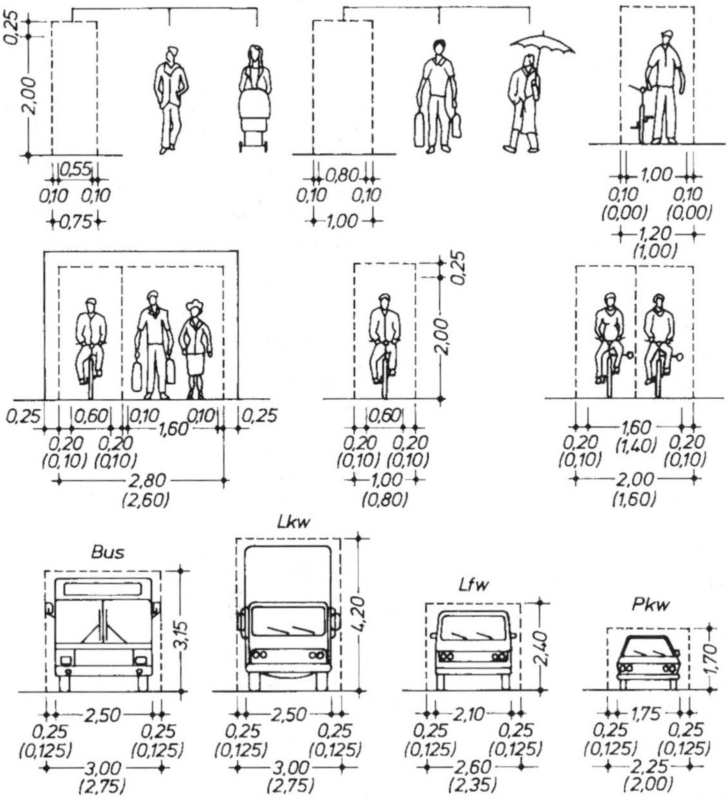

Abb. 7.11 Grundmaße der Verkehrsräume

Für innerörtliche Hauptverkehrsstraßen werden folgende Standardfahrstreifenbreiten empfohlen:

Linienbus- und Schwerlastverkehr	Flächenverfügbarkeit	
	wenig eingeschränkt	erheblich eingeschränkt
hoch	3,50 m	3,25 m
mittel	3,25 m	3,00 m
gering	3,00 m	2,75 m

1.2.2 Regelquerschnitte angebauter Straßen (nach EAE 85/95)

Tafel 7.12

Straßen-/ Wegetyp	maßgebende Funktion	Entwurfsprinzip	Begegnungsfall	Einsatzgrenzen: Verkehrsstärke (Spitzenstunde)	Einsatzgrenzen: angestrebte Geschwindigkeit (V_{85})	Querschnittskizze (Klammerwerte: Mindestmaße bei beengten Verhältnissen)
1	2	3	4	5	6	7
–	–	–	–	Kfz/h	km/h	
in Stadtkerngebieten						
HSS 3	V	2	Bus/Bus	≤ 1000	40	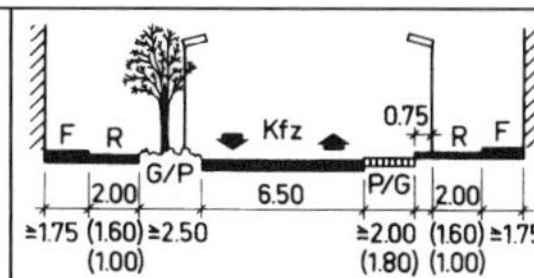
SS 2	E	2	Lkw/Lkw	≤ 800	30 … … 40	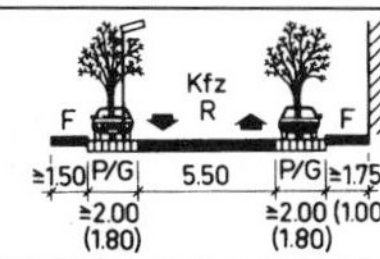
AS	E	2	Lkw/Lkw	≤ 400	≤ 30	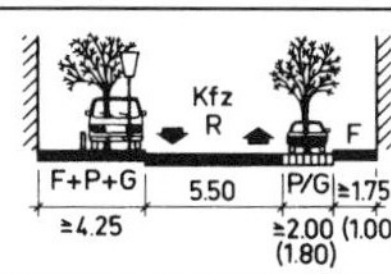
AS 3	E	1	Pkw/Pkw Lkw/R	≤ 200	≤ 20	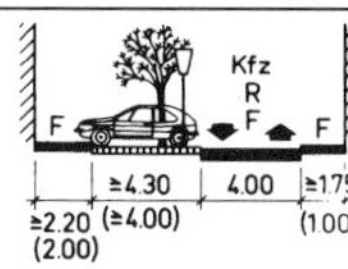
		1	Pkw/Pkw (Lkw/ Lkw)	≤ 150	≤ 20	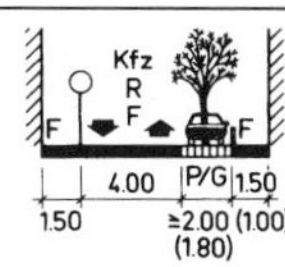

Erklärungen zu den Tafeln 7.12 bis 7.16:

HSS	Hauptsammelstraße	Kfz	Kraftfahrzeug
SS	Sammelstraße	R	Radfahrer
AS	Anliegerstraße	G	Grünstreifen
AW	Anliegerweg	P	Parkstreifen/Parkbucht
V	maßgebende Verbindungsfunktion	Entwurfsprinzipien:	
E	maßgebende Erschließungsfunktion	1	Mischungsprinzip
A	maßgebende Aufenthaltsfunktion	2	Trennungsprinzip mit Geschw.dämpfung
F	Fußgänger	3	Trennungprinzip ohne Geschw.dämpfung

Tafel 7.12 (Fortsetzung)

Straßen-/Wegetyp	maßgebende Funktion	Entwurfsprinzip	Begegnungsfall	Einsatzgrenzen: Verkehrsstärke (Spitzenstunde)	Einsatzgrenzen: angestrebte Geschwindigkeit (V_{85})	Querschnittsskizze (Klammerwerte: Mindestmaße bei beengten Verhältnissen)
1	2	3	4	5	6	7
–	–	–	–	Kfz/h	km/h	
in stadtkernnahen Altbaugebieten						
HSS 3	V	2	Bus/Bus	≤ 1000	40	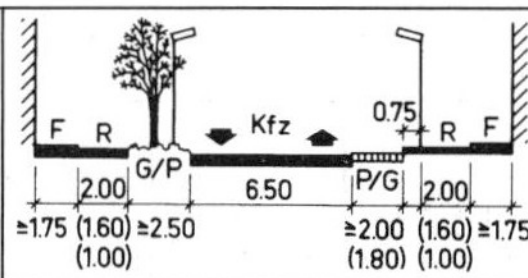
SS 2	E	2	Lkw/Lkw	≤ 800	30 … … 40	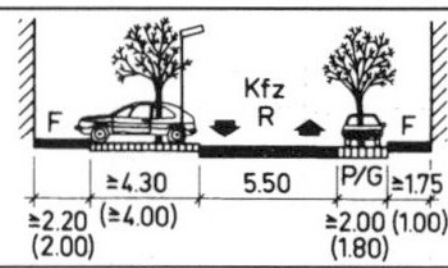
AS 2	E	2	Lkw/Pkw Lfw/Lfw	≤ 400	≤ 30	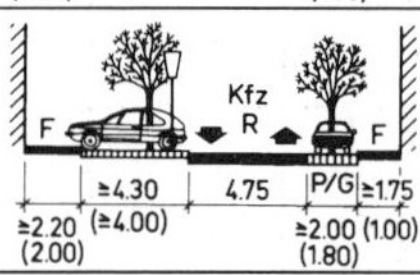
AS 3	E	1	Pkw/Pkw Lkw/R	≤ 200	≤ 20	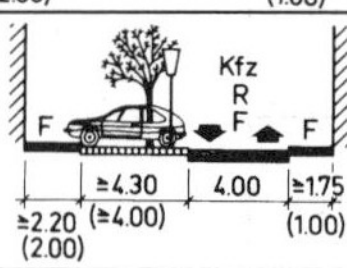
		1	Pkw/Pkw (Lkw/Lkw)	≤ 150	≤ 20	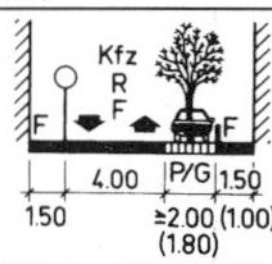
AS 4	A	1	Pkw/R (Lkw/Pkw) (Lfw/Lfw)	≤ 60	≤ 20	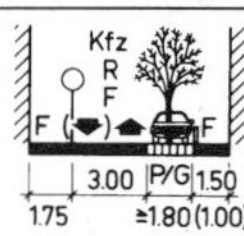
AW 1	A	1	Lkw/Pkw Lfw/Lfw		≤ 20	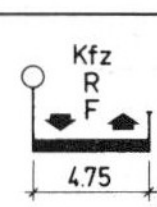
			Lkw Pkw/R		≤ 20	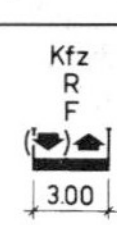

Tafel 7.14 Regelquerschnitte angebauter Straßen

Straßen-/Wegetyp	maßgebende Funktion	Entwurfsprinzip	Begegnungsfall	Einsatzgrenzen		Querschnittsskizze
				Verkehrsstärke (Spitzenstunde)	angestrebte Höchstgeschwindigkeit	(Klammerwerte: Mindestmaße bei beengten Verhältnissen)
–	–	–	–	Kfz/h	km/h	–
in Wohngebieten in Orts- oder Stadtrandlage						
HSS 1	V	3	Bus/Bus	≤ 1500	50	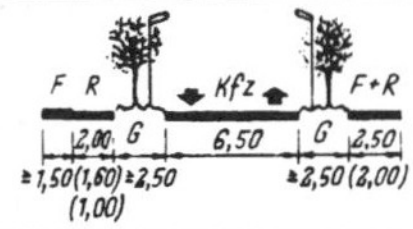
HSS 3	V	2	Bus/Bus	≤ 800	40	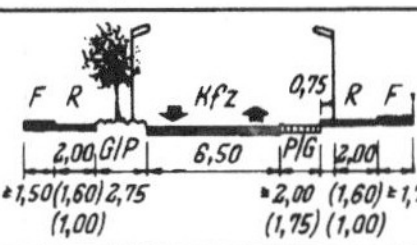
SS 2	E	2	Pkw/Pkw (Lkw/Lkw)	≤ 500	30 bis 40	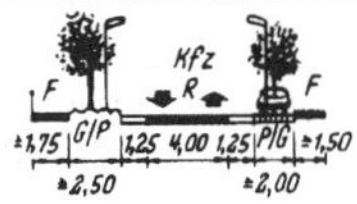
			Lkw/Lkw	≤ 500	30 bis 40	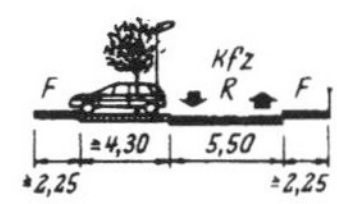
AS 2	E	2	Lkw/Pkw Lfw/Lfw	≤ 250	≤ 30	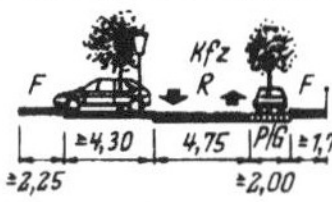
AS 3	E	1	Pkw/Pkw (Lkw/Lkw)	≤ 120	≤ 20	Neubau 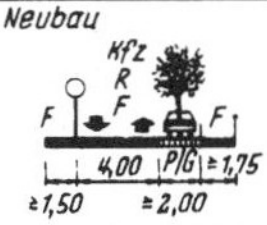
			Pkw/Pkw Lkw/R	≤ 150	≤ 20	Teilumbau 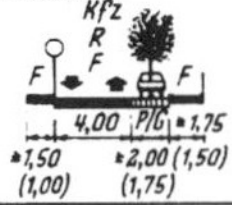
AS 4	A	1	Pkw/R (Lkw/Pkw) (Lfw/Lfw)	≤ 60	≤ 20	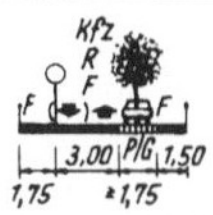

Tafel 7.14 (Fortsetzung)

Straßen-/Wegetyp	maßgebende Funktion	Entwurfsprinzip	Begegnungsfall	Einsatzgrenzen: Verkehrsstärke (Spitzenstunde)	Einsatzgrenzen: angestrebte Höchstgeschwindigkeit	Querschnittsskizze (Klammerwerte: Mindestmaße bei beengten Verhältnissen)
–	–	–	–	Kfz/h	km/h	
in Wohngebieten in Orts- oder Stadtrandlage (Fortsetzung)						
AW 1	V	1	Lkw/Pkw Lfw/Lfw		≤ 20	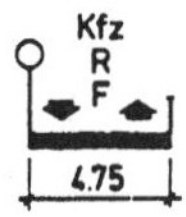
			Lkw Pkw/R		≤ 20	
in Industrie- und Gewerbegebieten						
HSS 1	V	3	Lz/Lz	≤ 1400	50	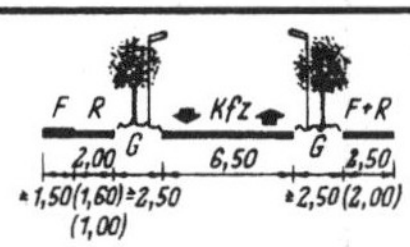
HSS 2[1]	V	3	Lz/Lz	≤ 1400	50	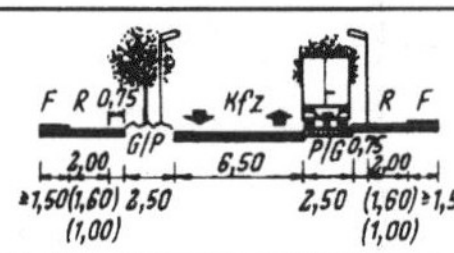
SS 1	E	3	Lz/Lz	≤ 1400	40 bis 50	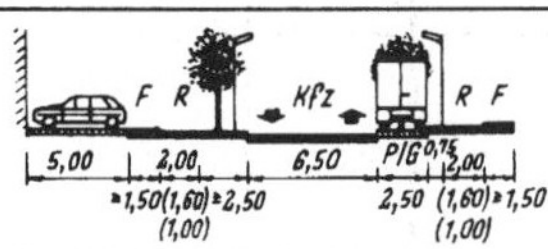
AS 1	E	3	Lz/Pkw Lfw/Lfw	≤ 500	40 bis 50	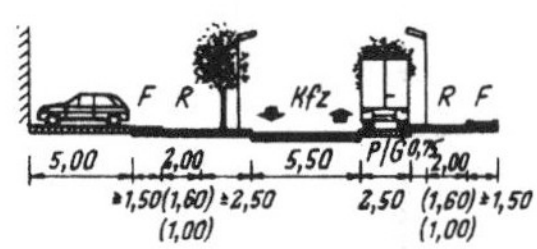
AS 2	E	2	Lkw/Lkw	≤ 500	30 bis 40	

[1] Straße auch zur Verbindung von Siedlungsbereichen.

Tafel 7.16

Straßen-/ Wegetyp	maßgebende Funktion	Entwurfsprinzip	Begegnungsfall	Einsatzgrenzen		Querschnittsskizze (Klammerwerte: Mindestmaße bei beengten Verhältnissen)
				Verkehrsstärke (Spitzenstunde)	angestrebte Geschwindigkeit (V_{85})	
1	2	3	4	5	6	7
–	–	–	–	Kfz/h	km/h	
in dörflichen Gebieten						
HSS 3	V	2	Lz/Lz	≤ 800	40	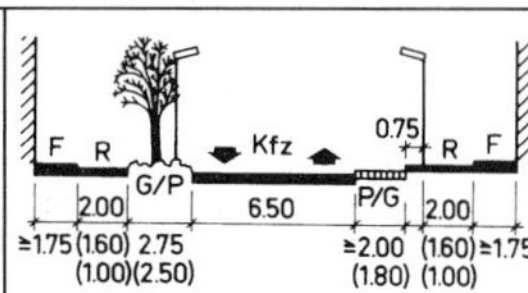
SS 2	E	2	Lkw/Lkw	≤ 500	≤ 30	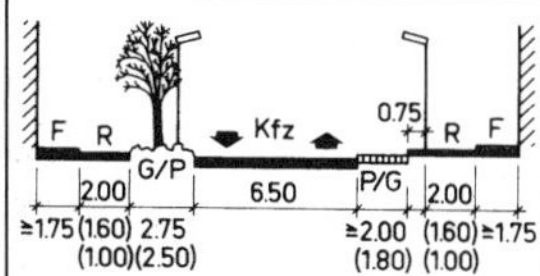
AS 3	A	1	Pkw/Pkw Lkw/R	≤ 150	≤ 20	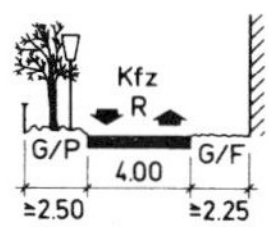
			Lz/Lz	≤ 150	≤ 20	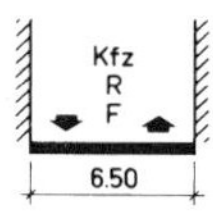
AW 1	A	1	Lkw/Pkw Lfw/Lfw	–	≤ 20	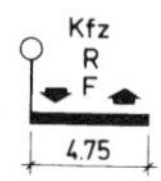
AW 2	A	1	Lkw Pkw/R	–	≤ 20	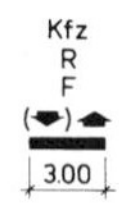

Tafel 7.16 (Fortsetzung)

Straßen-/ Wegetyp	maßgebende Funktion	Entwurfs-prinzip	Begeg-nungsfall	Einsatzgrenzen: Verkehrsstärke (Spitzenstunde)	Einsatzgrenzen: angestrebte Geschwindigkeit (V_{85})	Querschnittskizze (Klammerwerte: Mindestmaße bei beengten Verhältnissen)
1	2	3	4	5	6	7
–	–	–	–	Kfz/h	km/h	
in Freizeitwohngebieten						
AS 3	E	1	Pkw/Pkw (Lkw/ Lkw)	≤ 120[1]	≤ 30	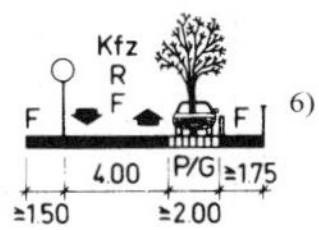 [6]
AS 4	A	1Pkw/R (Lkw/ Pkw) (Lfw/ Lfw)	≤ 60[2]	≤ 30		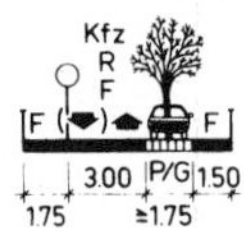
AW 1	A	1	Lkw/Pkw Lfw/Lfw	[3]	≤ 30	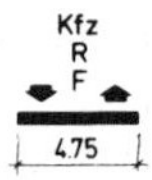
			Pkw	[4]	≤ 30	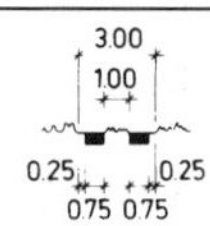
Fahr-gassen auf Camping-plätzen	A	1	Lkw/Lkw	[5]	≤ 30	
			Lkw Pkw/R	[5]	≤ 30	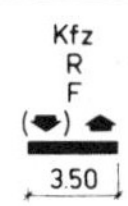

[1] bis 400 Wohnungen
[2] bis 200 Wohnungen
[3] bis 100 Wohnungen
[4] bis 10 Wohnungen
[5] bis 500 Standplätze
[6] Tiefe des Parkstreifens: s. Tafel S. 7.20. Bei Schräg- und Senkrechtaufstellung sind Rangiervorgänge beim Ein- und Ausparken erforderlich.

1.3 Querschnitte ländlicher Wege

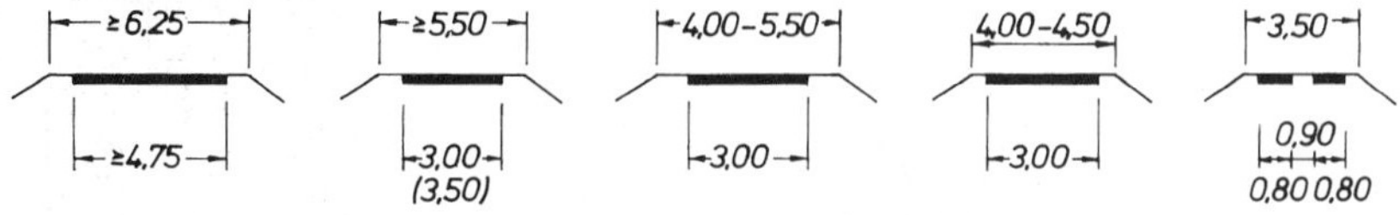

Zweistreifige Verbindungswege | Einstreifige Verbindungswege | Wirtschaftswege | Waldwege | Spurwege

2 Sonstige Verkehrsanlagen

2.1 Wendeanlagen, Versätze (nach EAE 85/95)

Am Ende von Stichstraßen müssen **Wendeanlagen** angeordnet werden. Sie sind auf die regelmäßig zu erwartenden Fahrzeuge zu dimensionieren:
Pkw benötigen einen äußeren Wendekreisradius von 6 m, kleine Busse und zweiachsige Müllfahrzeuge von 8 m. Größere Lkw und dreiachsige Müllfahrzeuge sollen durch Rangieren wenden können. Um das Zuparken der Wendeanlage zu verhindern, bietet sich die Kombination mit Parkständen oder Privatgaragen an. Hinter dem Bordstein sollte ein Streifen von 1,0 m Breite frei von Zäunen und dgl. ausgewiesen werden.

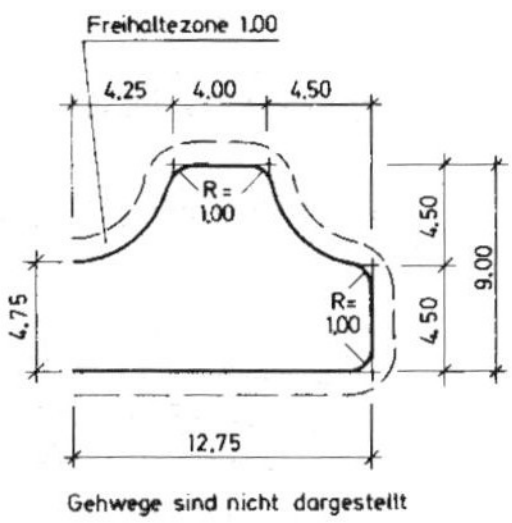

Wendehammer für Personenkraftwagen (Wendeanlagentyp 1)

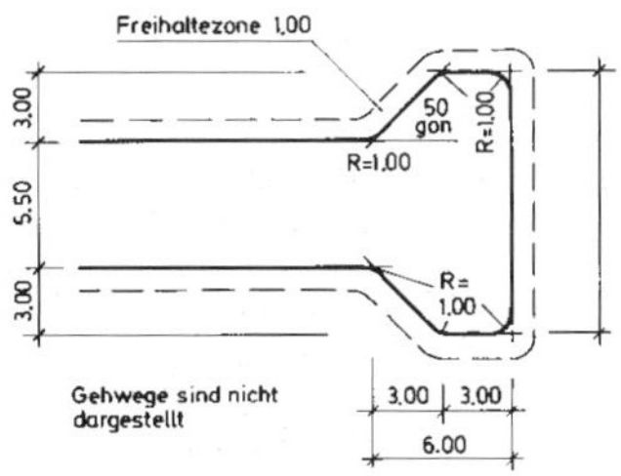

Wendehammer für Personenkraftwagen und Lastkraftwagen bis 8,00 m Länge (2-achsiges Müllfahrzeug, Feuerwehr, Lkw 16,0 t) (Wendeanlagentyp 2)

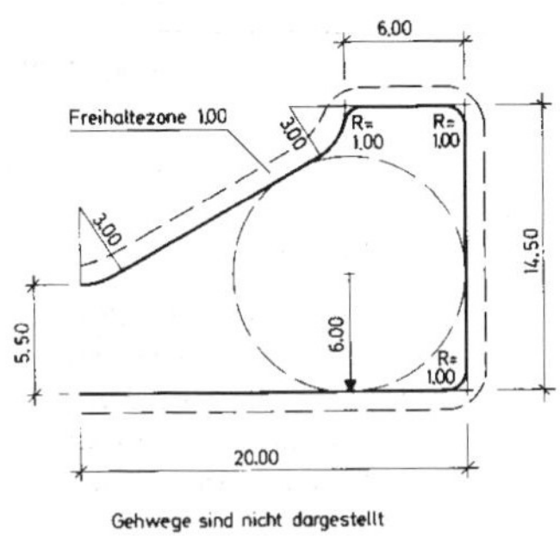

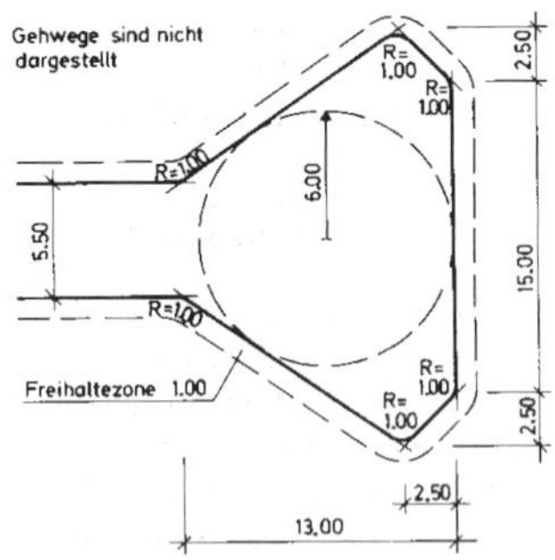

Wendehammer für Lastkraftwagen bis 10,00 m Länge (3-achsiges Müllfahrzeug, Lkw 22,0 t) mit Wendekreis für Personenkraftwagen (Wendeanlagentyp 3)

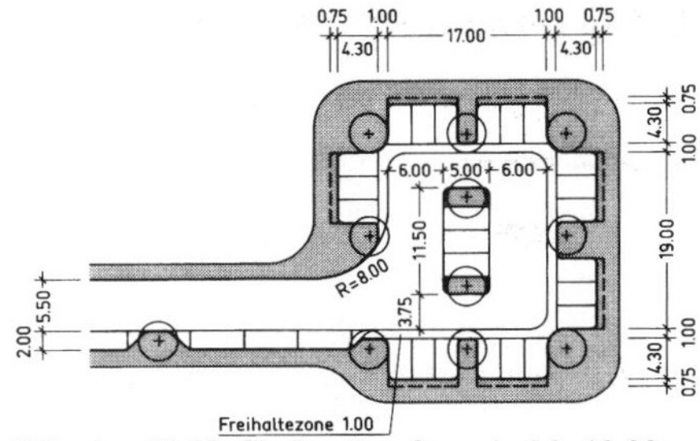

Wendeschleife für Lastkraftwagen bis 10,00 m Länge (3-achsiges Müllfahrzeug, Lkw 22,0 t) (Wendeanlagentyp 6)

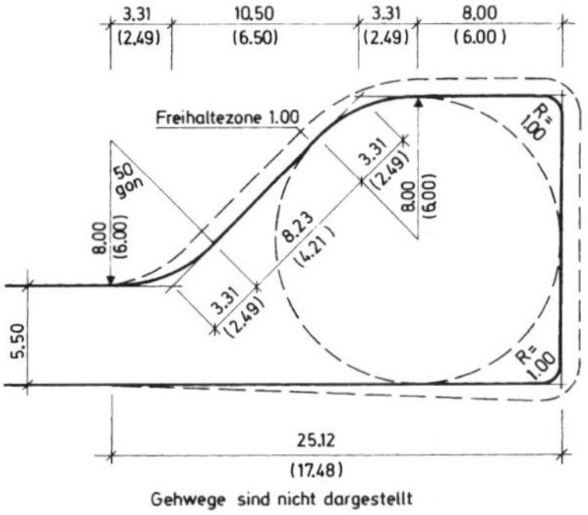

Wendekreis mit einem äußeren Wendekreisradius von 8,00 m (2-achsiges Müllfahrzeug) (Wendeanlagentyp 5) bzw. von 6,00 m (Lieferwagen) (Wendeanlagentyp 4)

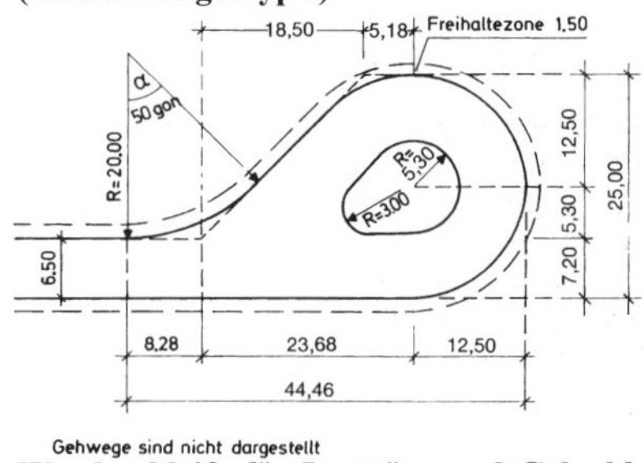

Wendeschleife für Lastzüge und Gelenkbusse (Wendeanlagentyp 7)

Versätze werden in Erschließungsstraßen angeordnet, um die räumliche Wirkung des Straßenbildes zu fördern und die Geschwindigkeit der Kraftfahrzeuge zu reduzieren.

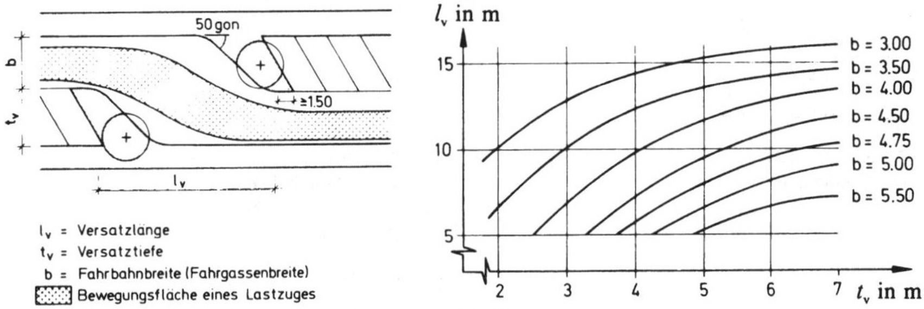

Abmessungen von fahrdynamisch wirksamen Versätzen

2.2 Anlagen des ruhenden Verkehrs (nach EAR 05)

Die aktuellen „Empfehlungen für Anlagen des ruhenden Verkehrs" (EAR 05) der FGSV enthalten umfangreiche Angaben über die Nachfrage nach Parkraum, den Entwurf, die bauliche Gestaltung, Austattung sowie Nutzung und Betrieb von Anlagen des ruhenden Verkehrs. Daneben sind die Vorschriften der Länderbauordnungen bzw. der Garagenverordnungen zu beachten, die von den folgenden Angaben u. U. geringfügig abweichen können. Bei den Aufstellarten unterscheidet man Längs-, Schräg- und Senkrechtaufstellung sowie Vorwärts- bzw. Rückwärtseinparken.

2.2.1 Pkw, Lkw und Busse

Bei **Längsaufstellung** sollen markierte Parkstände mindestens 5,70 m lang sein. Mit Rückwärtseinparken lassen sich 17 Pkw auf 100 m Länge unterbringen. Für die unmarkierte Längsaufstellung kann mit 5,20 m/Pkw gerechnet werden, entsprechend 19 Pkw/100 m. Pkw benötigen 2,00 m Breite, Lkw und Busse 3,00 m. Die Anordnung von Längsparkbuchten anstelle von Parkstreifen am Fahrbahnrand ist wegen der höheren Sicherheit für die überquerenden Fußgänger und der Bepflanzungsmöglichkeiten vorzuziehen.

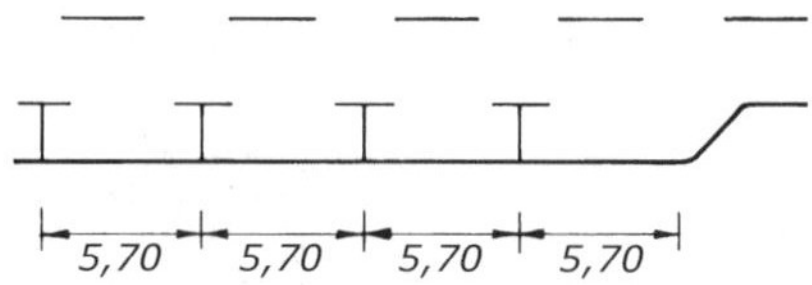

Schrägaufstellung mit $\alpha = 50$ gon bis 90 gon erlaubt störungsfreies Einparken und unterstützt eine eindeutige Verkehrsführung. Die Parkstandbreite B beträgt allgemein 2,50 m, für Lkw und Busse liegt sie bei 3,50 m. Die Zahl der unterzubringenden Parkstände hängt vom Winkel α ab, es ergeben sich rd. 36 Pkw/100 m.

Senkrechtaufstellung erfordert den geringsten Flächenbedarf, das Ein- und Ausparken erfolgt aber nicht so zügig. Die Parkstandbreiten entsprechen denen der Schrägaufstellung. Bei $B = 2,50$ m lassen sich 40 Pkw auf 100 m Länge unterbringen.

	Aufstellwinkel α (gon)	Tiefe ab Fahrgasenrand $t - ü$ (m)	Breite des Überhangstreifens $ü$ (m)	Breite des Parkstands b (m)	Straßenfrontlänge l beim Einparken vorwärts (m)	Straßenfrontlänge l beim Einparken rückwärts (m)	Fahrgassenbreite g beim Einparken vorwärts (m)	Fahrgassenbreite g beim Einparken rückwärts (m)
Längsaufstellung 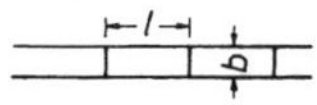	0			2,00	6,70[3)]	5,70 5,20[4)]	3,25	3,50
Schrägaufstellung 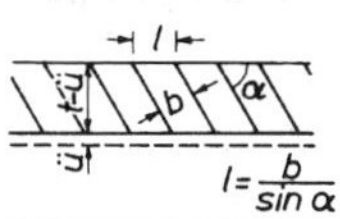	50	4,15	0,70	2,50	3,54		3,00	
	60	4,45	0,70	2,50	3,09		3,50	
	70	4,60	0,70	2,50	2,81		4,00	
	80	4,65	0,70	2,50	2,63		4,50	
$l = \frac{b}{\sin \alpha}$	90	4,55	0,70	2,50	2,53		5,25	
Senkrechtaufstellung 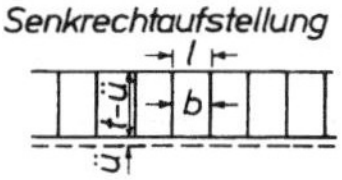	100	4,30	0,70	2,50[1) 2)]	2,50	2,50	6,00	4,50
Blockaufstellung 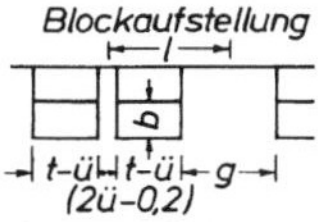	0	4,30	0,70	2,50[1)]	7,90	7,15	6,00	4,50

[1)] Randparkstände, die an einer Seite durch Bordsteine begrenzt sind, können auf $b = 2,25$ m reduziert werden.

[2)] Wenn eine Längsseite durch aufgehende Bauteile begrenzt wird, beträgt $b = 2,85$ m, und mit zwei Längsseiten wird $b = 2,90$ m.

[3)] Nur in Sonderfällen, z. B. um Behinderungen im Radverkehr beim Rückwärtseinparken zu vermeiden.

[4)] Durchschnittswerte ohne Markierung

An Sammel- und Anliegerstraßen mit benachbarten Parkständen kann die Fahrgassenbreite auf 5,50 m verringert werden, wenn Rangiermanöver auf der Fahrbahn in Kauf genommen werden. Die Mindestfahrgassenbreite für Einrichtungsverkehr ohne Ein- und Ausparken beträgt 3,00 m, für Zweirichtungsverkehr 4,50 m. Zwischen den Schräg- bzw. Senkrechtparkständen und dem angrenzenden Fahrstreifen kann ein Zwischenstreifen der Breite $z = g - f$ zur Erleichterung des Ladeverkehrs markiert werden, wobei f die Fahrstreifenbreite gem. Tabelle S. 7.11 bedeutet.

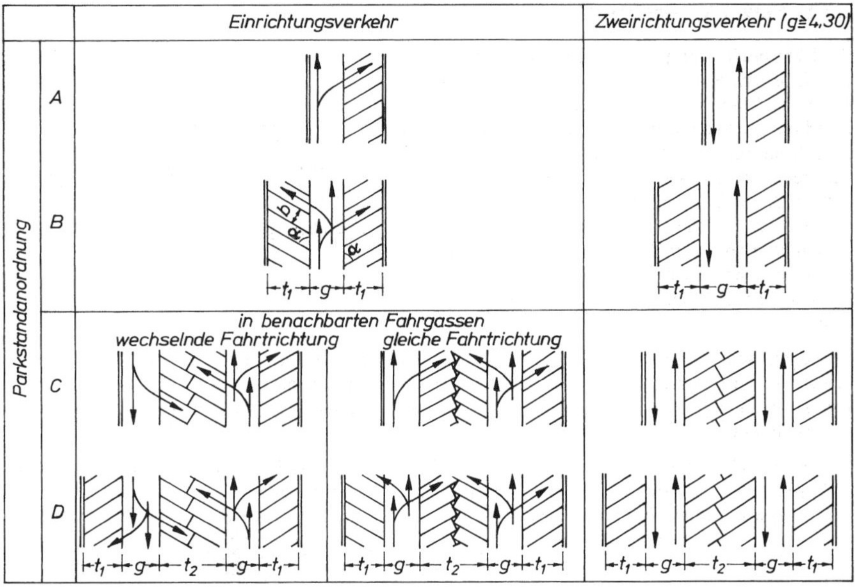

Abb. 7.21a Beispiele für die Einteilung von PKW-Parkflächen

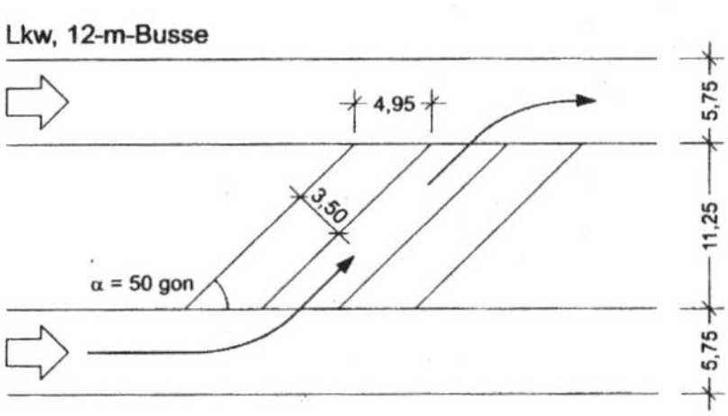

Abb. 7.21b Schrägaufstellung von Bussen, Lkw und Sattelzügen

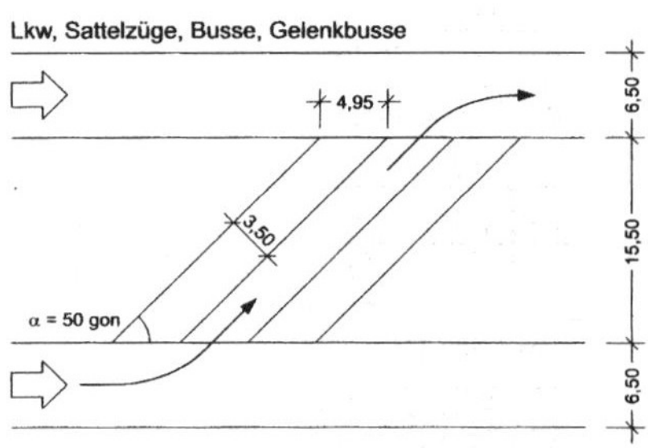

2.2.2 Fahrräder (nach ERA 95)

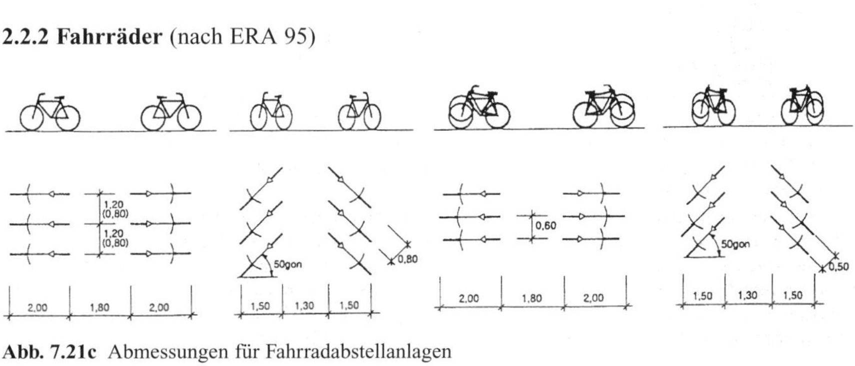

Abb. 7.21c Abmessungen für Fahrradabstellanlagen

2.2.3 Parkbauten

Umfassende Hinweise zur Planung und zum Entwurf von Parkbauten finden sich in den EAR 05. Nach der Verkehrsführung unterscheidet man zwischen Systemen mit Voll-, Halb-, Wendel- und Parkrampen. Die Wahl des Rampensystems und des Höhenversatzes zwischen den Parkgeschossen richtet sich stark nach dem Grundstückszuschnitt und den Geländeverhältnissen.

Gerade Rampen mit Richtungsverkehr sollten mindestens 2,75 m, mit Gegenverkehr mindestens 5,75 m breit sein. Bei gekrümmten Rampen und Bogenfahrten muss der Innenradius mindestens 5,0 m betragen. Die Fahrbahnbreite gekrümmter Rampen ist abhängig vom Innenradius R_i:

R_i (m)	5,0	6,0	7,0	8,0	9,0	10,0	12,0	14,0	16,0	18,0	20,0
f(m)	3,70	3,60	3,50	3,45	3,40	3,35	3,25	3,15	3,10	3,05	3,00

Die Rampenneigung soll 15 %, im Freien 10 % nicht überschreiten. Parkrampen, an denen direkt geparkt wird, sollen höchstens 6 % geneigt sein. Die Knickpunkte an den Übergängen in die Rampen sollen an Kuppen mit $H_k \geq 15$ m und an Wannen mit $H_w \geq 20$ m ausgerundet werden.

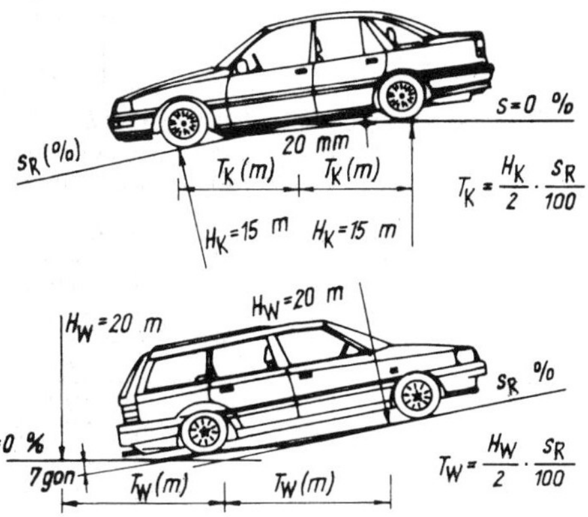

Abb. 7.22a Kuppen- und Wannenausrundungen

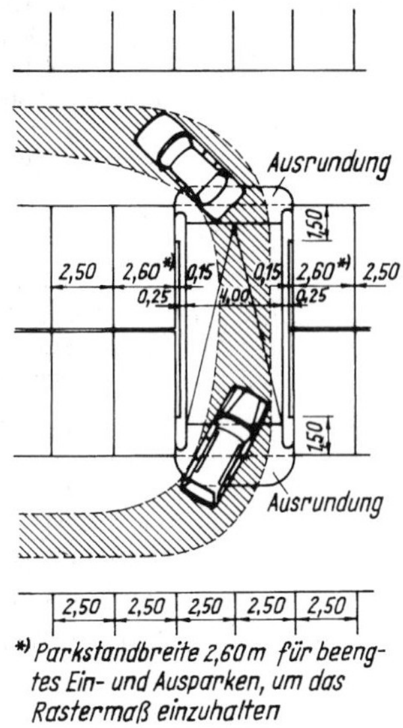

Abb. 7.22b Geometrie einer Halbrampe

2.3 Bushaltebuchten

Bushaltebuchten haben verschiedene Nachteile, so u. a. dass sich die Busse trotz Vorrecht wieder mühsam in den Verkehr einfädeln müssen. Es werden deswegen vermehrt Haltestellenkaps eingerichtet, wo die Parkbuchten unterbrochen werden und der Bord bis an den Fahrstreifen vorgezogen wird. Bushaltebuchten werden nur noch dort angelegt, wo beim Anhalten der Busse nicht akzeptable Behinderungen für den Individualverkehr entstehen würden, wie z. B. an Außerortsstraßen oder an nicht angebauten Hauptverkehrsstraßen. Um dem Bus ein paralleles Anfahren an den Bord zu ermöglichen, empfehlen die EAÖ (2003) folgende Abmessungen:

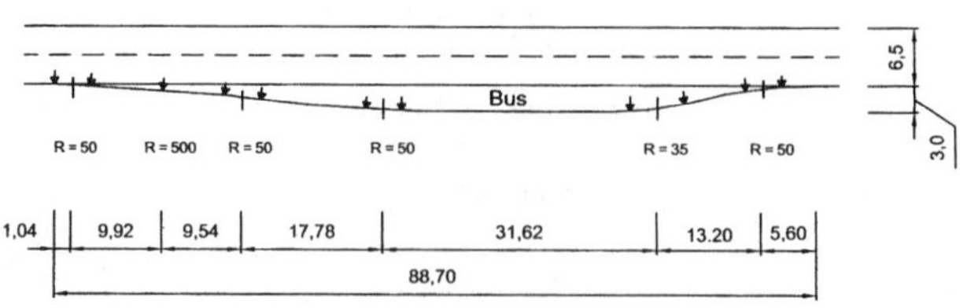

Abb. 7.22c Haltestellenbucht

3 Schichtenaufbau von Verkehrsflächen

3.1 Dicke des Oberbaues

Die Dimensionierung des Oberbaues von Verkehrsflächen, d. h. die Festlegung der Art und Dicken der Schichten zwischen der Oberkante und dem Erdplanum, erfolgt nach den Richtlinien für die Standardisierung des Oberbaues von Verkehrsflächen (RStO 01). Da i. d. R. eine Vielzahl von Einflussfaktoren u. a. der Verkehrsbelastung, der Untergrundverhältnisse, des herrschenden Groß- und Kleinklimas sowie der Grund- und Sickerwasserverhältnisse zu beachten sind, sollte stets ein erfahrener Fachmann beigezogen werden. Zur ungefähren Abschätzung des erforderlichen Schichtenaufbaues werden im Folgenden die wichtigsten Grundlagen und ein vereinfachtes Verfahren angegeben.

Nach der sog. 4.-Potenz-Regel beansprucht eine einzige 10-t-Achse den Oberbau so stark wie 10 000 1-t-Achsen. Aus diesem Grund werden bei der regelgerechten Dickenbemessung ausschließlich die Fahrzeugarten des Schwerverkehrs – Lastfahrzeuge mit mehr als 3,5 t zulässigem Gesamtgewicht und Busse mit mehr als 9 Sitzplätzen – berücksichtigt. Dabei wird die für die betreffende Straße prognostizierte Verkehrbelastung in sog. äquivalenten 10-t-Achsübergängen ausgedrückt, die den Querschnitt im Berechnungszeitraum – i. d. R. 30 Jahre – durchfahren. Abhängig von der Anzahl B der äquivalenten 10-t-Achsübergänge (Aü) erfolgt die Einteilung in die Bauklassen:

B in Mio. Aü	> 32	> 10 – 32	> 3 – 10	> 0,8 – 3	> 0,3 – 0,8	> 0,1 – 0,3	≤ 0,1
Bauklasse	SV	I	II	III	IV	V	VI

Die verschiedenen Methoden zur Ermittlung der bemessungsrelevanten Beanspruchung B sollen an dieser Stelle nicht wiedergegeben werden, zumal für Neubaugebiete regelmäßig noch keine künftige Verkehrsbelastung angegeben werden kann. Hier genügt folgende Zuordnung zu den Bauklassen:

Tafel 7.23a Bauklassen von städtischen Straßen (ohne Angaben von Verkehrsbelastungen)

Art der Verkehrsfläche		Bauklasse
Schnellverkehrsstraße, Industriesammelstraße		SV/I/II
Hauptverkehrsstraße, Industriestraße, Straße im Gewerbegebiet		II/III
Wohnsammelstraße, Fußgängerzone mit Ladeverkehr		III/IV
Anliegerstraße, befahrbarer Wohnweg, Fußgängerzone (ohne Busverkehr)		V/VI
Ständig genutzte Parkfläche	Schwerverkehr	III/IV
	PKW-Verkehr mit geringem Schwerverkehr	V
	Pkw-Verkehr	VI
Gelegentlich genutzte Parkfläche	Schwerverkehr	IV/V
	PKW-Verkehr mit geringem Schwerverkehr	V/VI
	Pkw-Verkehr	VI[1]
Busfahrstreifen, Busbuchten, Busbahnhöfe, Busparkplätze		II/III

[1] Es können auch Einfachbauweisen (z.B. Schotterrasen oder Deckschichten ohne Bindemittel) gewählt werden.

Ein weiterer Eingangswert für die Oberbaudimensionierung ist die Frostempfindlichkeit des anstehenden Untergrundes bzw. Unterbaues, d. h. des Bodens unter dem Planum. Sie wird nach Kap. 8, S. 8.15 beurteilt. Für gering, mittel und sehr frostempfindliche Böden der Klassen F2 und F3 ergibt sich daraus und aus der Bauklasse der Ausgangswert für die erforderliche Gesamtdicke des frostsicheren Oberhaues gemäß Tafel 7.23b:

Tafel 7.23b Ausgangswerte zur Bestimmung der Mindestdicke des frostsicheren Oberbaues

Zeile	Frostempfindlichkeitsklasse	Dicke in cm bei Bauklasse		
		SV/I/II	III/IV	V/VI
1	F2	55	50	40
2	F3	65	60	50

Auf frostunempfindlichen Böden der Klasse F1 ist keine derartige Mindestdicke anzusetzen, weil in diesem Fall der anstehende Unterbau/Untergrund die Funktion der Frostschutzschicht mit übernimmt.

Der Ausgangswert nach Tafel 7.23b muss noch um die Zu- und Abschläge *A* bis *D* für die vor Ort herrschenden Gegebenheiten korrigiert werden:

$$D_{ges} = Ausgangswert + A + B + C + D$$

Die folgenden Angaben für die Größen *A* bis *D* beschränken sich auf **geschlossene Ortslagen**; Weiteres ist den RStO 01 zu entnehmen.

a) Frosteinwirkungszone
   $A = 0$ cm für Zone I
   $A = +5$ cm für Zone II
   $A = +15$ cm für Zone III
   entsprechend nebenstehender Karte

b) Lage der Gradiente
   Für geschlossene Ortslagen etwa in Geländehöhe gilt: $B = 0$ cm

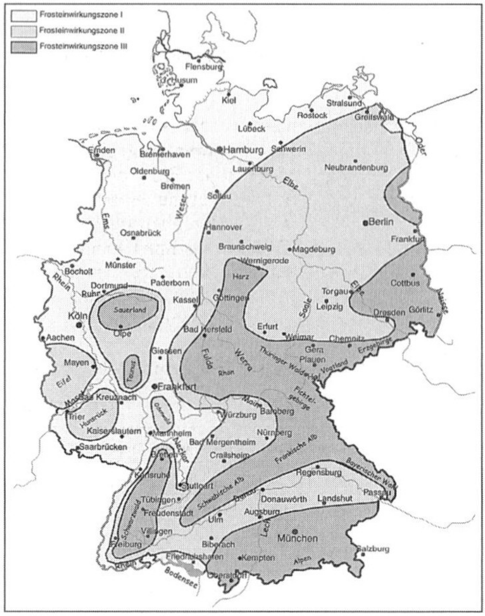

Abb. 7.24 Frosteinwirkungszonen

c) Wasserverhältnisse
   Hoher Grundwasserstand < 2 m unter Planum oder wasserdurchlässige Deckschicht: $C = +5$ cm; sonst ist $C = 0$ cm

d) Ausführung der Randbereiche der Straße in geschlossener Ortslage (z. B. Geh- und Radwege)
   Teilweise wasserdurchlässige Randbereiche; mit Entwässerungseinrichtungen: $D = -5$ cm
   Dichte Randbereiche; geschlossene seitl. Bebauung; Entwässerungseinrichtungen: $D = -10$ cm

3.2 Festlegung des Schichtenaufbaues

Der Schichtenaufbau einer Verkehrsfläche wird ebenfalls in Abhängigkeit von deren Bauklasse festgelegt. Hierfür enthalten die RStO 01 eine Anzahl von Regelbauweisen, von denen auszugsweise in Tafel 7.24 nur je eine in Asphalt- und eine in Pflasterbauweise wiedergegeben ist.

Tafel 7.24 Beispiele für den Schichtenaufbau in Asphalt- bzw. in Pflasterbauweise

(Dickenangaben in cm; ▼ E_{v2} - Mindestwerte in MN/m²)

Bauklasse	SV				I				II				III				IV				V				VI			
Dicke des frostsich. Oberbaues	55	65	75	85	55	65	75	85	55	65	75	85	45	55	65	75	45	55	65	75	35	45	55	65	35	45	55	65
Asphaltdeckschicht auf Asphalttrag- und Frostschutzschicht																												
Asphaltdeckschicht	4				4				4				4				4				4				10[6)]			
Asphaltbinderschicht	8				8				8				4															
Asphalttragschicht	22 (Σ 34)				18 (Σ 30)				14 (Σ 26)				14 (Σ 22)				14 (Σ 18)				10 (Σ 14)				(Σ 10)			
Frostschutzschicht	▼ 120 / ▼ 45				▼ 120 / ▼ 45				▼ 120 / ▼ 45				▼ 120 / ▼ 45				▼ 120 / ▼ 45				▼ 100 / ▼ 45				▼ 100 / ▼ 45			
Dicke der Frostschutzschicht	-	31[2)]	41	51	25[3)]	35	45	55	29[3)]	39	49	59	-	33[2)]	43	53	27[3)]	37	47	57	21[2)]	31	41	51	25	35	45	55
Pflasterdecke auf Schottertrag- und Frostschutzschicht																												
Pflasterdecke													10 / 3; ▼ 150				8 / 3; ▼ 150				8 / 3; ▼ 120				8 / 3; ▼ 120			
Schottertragschicht													25 (Σ 38); ▼ 120				20 (Σ 31); ▼ 120				15 (Σ 26); ▼ 100				15 (Σ 26); ▼ 100			
Frostschutzschicht													▼ 45				▼ 45				▼ 45				▼ 45			
Dicke der Frostschutzschicht													-	-	27[3)]	37	-	-	34[2)]	44	-	19[3)]	29	39	-	19[3)]	29	39

Fußnoten zu Tafel 7.24:
[2] Mit runden Gesteinskörnungen nur bei örtlicher Bewährung anwendbar.
[3] Nur mit gebrochenen Gesteinskörnungen und bei örtlicher Bewährung anwendbar.
[6] Tragdeckschicht.

Die Schichtstärken sind mit Ausnahme der Frostschutzschicht je nach Bauweise und Bauklasse durch die Dimensionierungstafeln vorgegeben. Der Ausgleich bis zur nach Abschn. 3.1 ermittelten Oberbaudicke D_{ges} erfolgt in der Frostschutzschicht, d. h. deren Dicke berechnet sich aus der Differenz zwischen D_{ges} und der Summe der anderen Oberbauschichten. In diesem Zusammenhang sind sehr dünne Frostschutzschichten allerdings zu vermeiden, weil sie den erforderlichen Verformungsmodul E_{v2} – in Tafel 7.24 jeweils links neben den Säulen angegeben – nicht gewährleisten. Die notwendigen Mindest-Schichtdicken sind den RStO 01 zu entnehmen. Bei der Bauweise „Pflasterdecke" bietet es sich nicht zuletzt aus einbautechnischen Gründen an, dünne Frostschutzschichten durch eine entsprechend dickere (und hochwertigere) Schottertragschicht zu ersetzen.

Tafel 7.25 Bauweisen für Rad- und Gehwege auf F2- und F3-Untergrund/Unterbau

(Dickenangaben in cm; ▼ E_{v2} - Mindestwerte in MN/m²)

Zeile	Bauweisen mit	Asphaltdecke			Betondecke			Pflasterdecke			Plattenbelag		
	Dicke des frostsich. Oberbaues	20	30	40	20	30	40	20	30	40	20	30	40
	Schicht aus frostunempfindlichem Material												
1	Decke Schicht aus frostunempfindlichem Material	▼45; 10[6] / 10			▼45; 12 / 12			▼45; 8[14] / 3 / 11			▼45; 8[14] / 3 / 11		
	Dicke der Schicht aus frostunempfindlichem Material	10	20	30	-	18	28	-	19	29	-	19	29
	Schotter- oder Kiestragschicht auf Schicht aus frostunempfindlichem Material												
2	Decke Schotter- oder Kiestragschicht Schicht aus frostunempfindlichem Material	▼80 ▼45; 8[6] / 15 / 23						▼80 ▼45; 8[14] / 3 / 15 / 26			▼80 ▼45; 8[14] / 3 / 15 / 26		
	Dicke der Schicht aus frostunempfindlichem Material	-	-	17				-	-	14	-	-	14
	Schotter- oder Kiestragschicht auf Planum												
3	Decke Schotter- oder Kiestragschicht	▼80 ▼45; 8[6] / 8						▼80 ▼45; 8[14] / 3 / 11			▼80 ▼45; 8[14] / 3 / 11		
	Dicke der Schotter- oder Kiestragschicht	-	22	32				-	19	29	-	19	29

[6] Tragdeckschicht.
[14] Auch geringere Dicke möglich.

Für Rad- und Gehwege auf Böden der Klassen F2 und F3 genügt i. Allg. eine Mindestdicke des frostsicheren Oberbaues von 30 cm, in geschlossener Ortslage von 20 cm. Ungünstige Wasserverhältnisse und klimatische Bedingungen sind zu berücksichtigen. Im Bereich von Überfahrten für Kraftfahrzeuge ist die Befestigung auf die Verkehrsbelastung abzustimmen.

Deckschichten ohne Bindemittel: s. „Richtlinien für den ländlichen Wegebau (RLW, 1999)".

4 Oberflächenentwässerung von Verkehrsflächen (nach RAS-Ew, Ausgabe 2005)

4.1 Planungsgrundsätze

Es ist zwischen der Ableitung des Niederschlagswassers – i. d. R. Regenwasser – und derjenigen des im Boden befindlichen Grund- bzw. Sickerwassers zu unterscheiden. Das auf die Straßenoberfläche gelangende Niederschlagswasser stellt stets eine Beeinträchtigung der Sicherheit des Verkehrs dar. Deswegen darf grundsätzlich kein Oberflächenwasser von außerhalb auf die Fahrbahn gelangen, z. B. von Böschungen und anderen Verkehrsflächen. Bei einer gründlichen Planung muss sich der Abflussweg von jeder Teilfläche bis zum Vorfluter verfolgen lassen, sofern das Wasser nicht vorher versickert. Da Oberflächenwasser der Straße stets mehr oder weniger stark verschmutzt ist, Wasser aber andererseits ein Schutzgut darstellt, kommt der Straßenentwässerung unter dem Aspekt des Umweltschutzes erhebliche Bedeutung zu. Deswegen sind neben den Wassergesetzen die Umwelt- und die Bodenschutzgesetze zu beachten. Nichtsdestoweniger ist auch nach neueren Erkenntnissen die Ableitung und Versickerung des Oberflächenwassers über die Bankette, Böschungen und Rasenmulden eine fachgerechte Methode der Straßenentwässerung. Aus Gründen der einfacheren Unterhaltung sind außerdem offene, oberirdische Entwässerungsanlagen den geschlossenen, unterirdischen vorzuziehen.

4.2 Ermittlung des Regenabflusses

Der für die Bemessung der Entwässerungsanlagen maßgebende Regenabfluss Q ist gemäß Kap. 7 C „Wasserentsorgung“, Abschn. 2.2 zu ermitteln.

4.3 Bemessung der Entwässerungseinrichtungen

- **Offene Gerinne allgemein**

Die Abflussleistung von offenen Gerinnen wird nach der Formel von Manning-Strickler beurteilt:

$$Q = A \cdot k_{St} \cdot r_{hy}^{2/3} \cdot I_E^{1/2}$$

mit

Q (l/s)	Durchfluss
A (m^2)	durchflossener Querschnitt
k_{St} (m$^{1/3}$/s)	Rauheitsbeiwert
r_{hy} (m)	hydraulischer Radius (= A/l_u)
I_E (m/m)	Energiegefälle (bei gleichförmigem Abfluss = Sohlgefälle)

- **Bord- und Spitzrinnen**

Für Bord- und Spitzrinnen vereinfacht sich die o. g. Formel zu

$$Q = k_{St} \cdot h^{8/3} \cdot \sqrt{I} \cdot \frac{0{,}315}{q}$$

mit

Q (l/s)	Durchfluss
k_{St} (m$^{1/3}$/s)	Rauheitsbeiwert
h (m)	Wassertiefe
I (m/m)	Rinnenlängsneigung
q (m/m)	Gerinnequerneigung

Der Rauheitsbeiwert k_{St} kann für saubere, glatte Betonplatten mit 60 m$^{1/3}$/s und für Bruchsteinpflaster mit 40 bis 50 m$^{1/3}$/s angenommen werden.

- **Mulden**

Vereinfachter Ansatz für Mulden:

$$Q = k_{St} \cdot h^{8/3} \cdot \sqrt{I} \cdot \frac{b}{2h}$$

mit

Q (l/s)	Durchfluss
k_{St} (m$^{1/3}$/s)	Rauheitsbeiwert
I (m/m)	Rinnenlängsneigung
b (m)	Muldenbreite
h (m)	Wassertiefe in Muldenmitte

- **Rohrleitungen**

Die Leistungsfähigkeit von Rohrleitungen ist nach Prandtl-Colebrook für Voll- bzw. Teilfüllung zu beurteilen (s. a. Kap. 7 C, Abschn. 5). Für die praktische Arbeit steht im Anhang zu den RAS-Ew, Ausg. 2005 darüber hinaus eine CD-ROM zur Verfügung.

- **Rückhaltebecken** (s. a. ATV-DVWK-A 117)

In einem vereinfachten Verfahren kann man aus dem Ergebnis der Ermittlung der Abflussmenge mit $n = 1$ eine „reduzierte Einzugsfläche" A_{red} berechnen.

$$A_{red} = \frac{Q}{r_{D,n}}$$ mit

A_{red} (ha) reduzierte Einzugsfläche
Q (l/s) Durchfluss für die Regendauer D und die Häufigkeit n
$r_{D,n}$ (l/s · ha) Regenspende für die Regendauer D und die Häufigkeit n

Die Größe A_{red} wird mit veränderten Regenspenden einer Häufigkeit $n \leq 0{,}5$ und verschiedenen (längeren) Dauerstufen des Niederschlags D multipliziert. Das Maximum dieser Proberechnungen ergibt das erforderliche Volumen des Rückhaltebeckens. Das Fassungsvermögen innerörtlicher Regenrückhaltebecken sollte noch um einen Risikofaktor $f_z = 1{,}1$ bis $1{,}2$ vergrößert werden. Das vereinfachte Verfahren gilt bis zu Einzugsgebieten von 200 ha Größe und führt zu keiner Unterdimensionierung.

- **Pumpwerke, Hebeanlagen**

Pumpwerke und Hebeanlagen etwa in Trogstrecken sind auf besonders intensive Niederschläge von 5 Minuten Dauer und 10- bis 20-jähriger Wiederkehr auszulegen. Berechnung nach DIN EN 752-6 bzw. ATV-DVWK-A 134 „Planung und Bau von Abwasserpumpanlagen".

- **Absetzbecken**

Absetzbecken ohne anschließende Versickeranlagen sollen eine Größe aufweisen von mindestens

$$A = 0{,}4 \cdot Q$$ mit

A (m²) erforderliche Oberfläche des Absetzbeckens
Q (l/s) Bemessungszufluss für $n = 1$

Zur Abscheidung von Schwimmstoffen und Leichtflüssigkeiten ist eine Tauchwand o. Ä. vorzusehen.

4.4 Elemente der Wasserableitung

4.4.1 Flächenhafte Entwässerung

Die Oberfläche von Verkehrsflächen (Fahrbahnen oder Parkplätze) soll zur Wasserableitung stets mindestens 2,5 % geneigt sein, Pflasterdecken mindestens 3,0 %. Die resultierende Schrägneigung p setzt sich vektoriell aus der Längsneigung s und der Querneigung q zusammen. Die Schrägneigung darf zur Gewährleistung des Wasserabflusses in den Bereichen der Querneigungswechsel nicht kleiner als 0,5 % sein, in Ausnahmefällen nicht kleiner als 0,2 %.

$$p = \sqrt{s^2 + q^2}$$

An Kreuzungen und Einmündungen ist der Oberflächenentwässerung besondere Beachtung zu schenken. Wasser aus den Nebenästen darf nicht über die Hauptfahrbahn abfließen. Bei rechtwinkligen Kreuzungen bzw. Einmündungen wird die Längsneigung der Hauptfahrbahn zur Querneigung der Nebenfahrbahn und umgekehrt. Um eine einwandfreie Entwässerung zu gewährleisten, empfiehlt sich die Erstellung eines Höhenschichtlinienplans, der dann als Deckenhöhenplan der Bauausführung zugrunde gelegt wird. Ähnliches gilt für große Flächen, wie etwa Parkplätze und Fußgängerzonen.

4.4.2 Linienförmige Entwässerungselemente

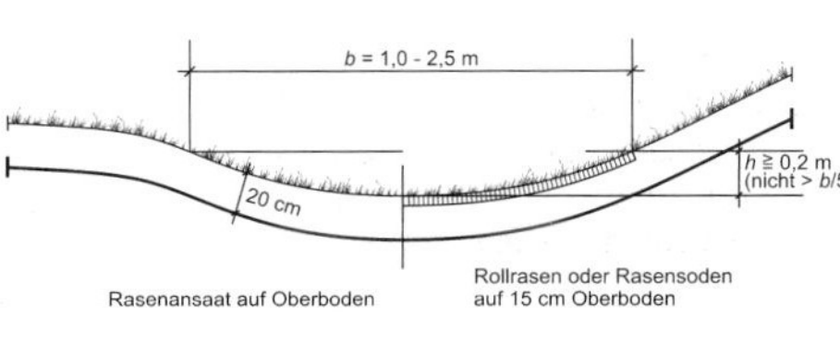

Die **Rasenmulde** stellt die Regelform der Längsentwässerung entlang der nicht angebauten Straßen dar. Rasenmulden sind nicht für ständige Wasserführung geeignet.
Breite $b = 1{,}0$ m bis 2,5 m; Tiefe 0,2 m bis $b/5$.

Abb. 7.27 Rasenmulde

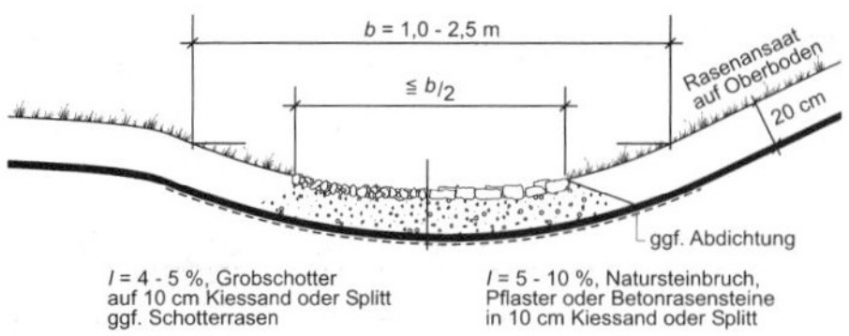

Die Sohle ist wie folgt auszubilden:

$I \leq 1\,\%$	Rasen, u. U. Sohlschalen
$1\,\% < I \leq 4\,\%$	Rasen
$4\,\% < I \leq 10\,\%$	raue Sohlbefestigung
$I > 10\,\%$	Raubettmulde (s. RAS-Ew)

Abb. 7.28a Mulde mit rauer Sohlbefestigung

Straßenrinnen liegen unmittelbar neben oder zwischen den Verkehrsflächen.

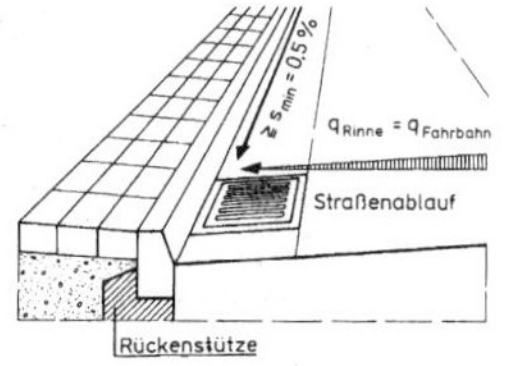

Abb. 7.28b Bordrinne aus Asphalt

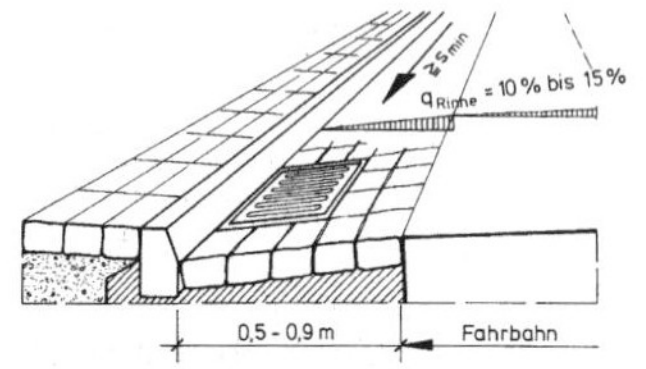

Abb. 7.28c Spitzrinne aus Betonteilen / Pflaster

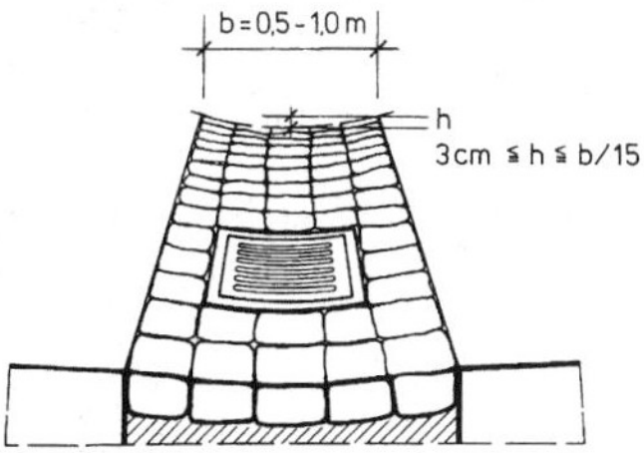

Abb. 7.28d Muldenrinne

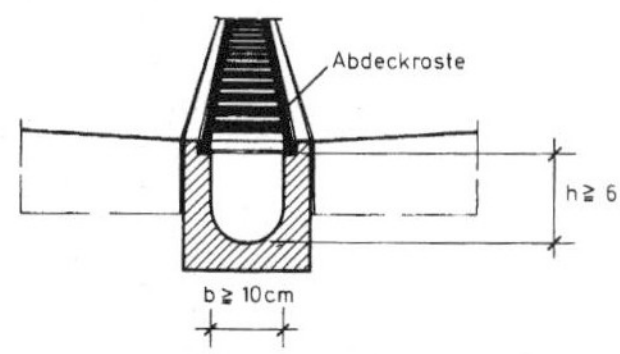

Abb. 7.28e Kastenrinne (Sohlgefälle angeformt)

4.4.3 Punktförmige Entwässerungselemente

Bei den **Straßenabläufen** wird zwischen Trocken- und Nassschlammsystemen unterschieden. Die meist verwendeten Pultaufsätze gibt es in quadratischer und rechteckiger Form (für schmale Rinnen). Ablaufunterteile für Trockenschlamm werden in normaler oder niedriger Bauform ausgeführt.

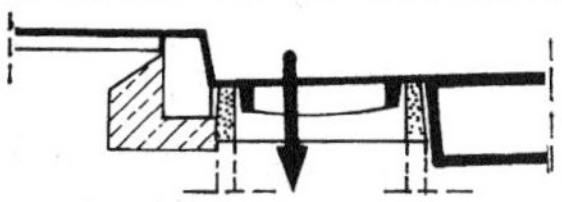

Abb. 7.28f Pultaufsatz

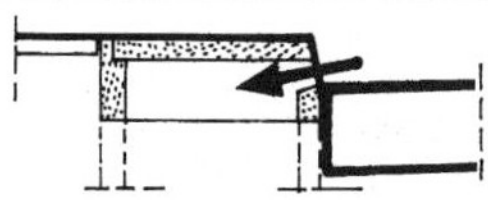

Abb. 7.28g Seiteneinlauf

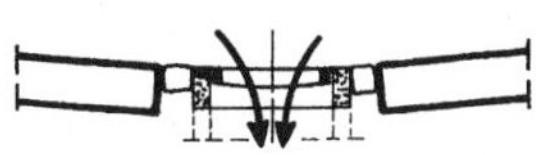

Abb. 7.28h Rinnenaufsatz

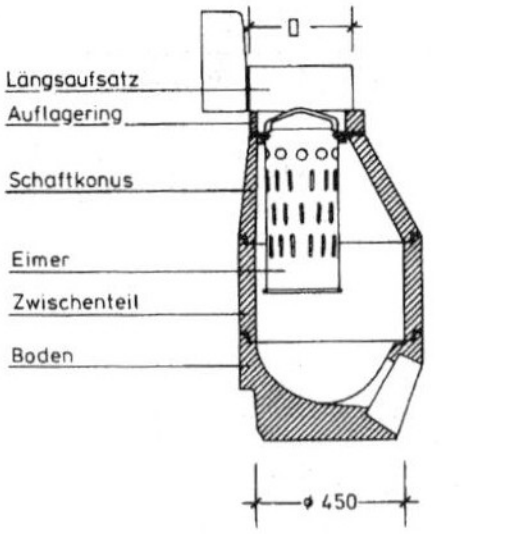

Abb. 7.28i Ablaufunterteil (Trockenschlamm, rechteckiger Aufsatz, normale Bauform)

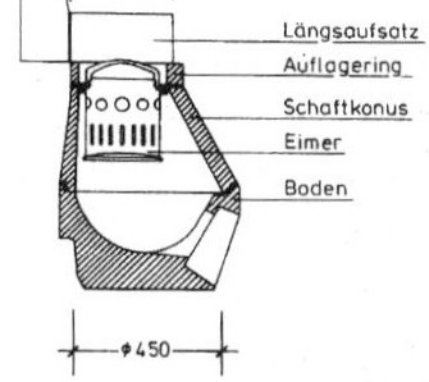

Abb. 7.28j Ablaufunterteil (Trockenschlamm, rechteckiger Aufsatz, niedrige Bauform)

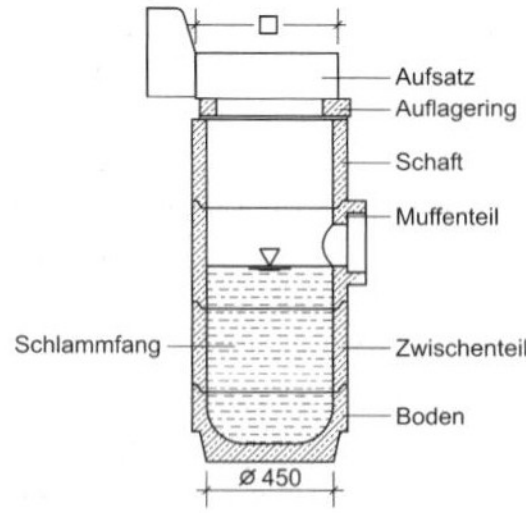

Abb. 7.28k Ablaufunterteil (Nassschlamm, quadratischer Aufsatz)

7 C Wasserversorgung

Prof. Dr.-Ing. Günther Riegler

1 Wasserbedarf

Wasserbedarf für häusliche Zwecke

	l/(E · d)
Baden, Duschen	20 bis 40
Wäsche waschen	15 bis 40
WC	20 bis 40
Körperpflege (ohne Baden)	10 bis 15
Wohnungsreinigung	5 bis 10
Geschirrspülen	4 bis 15
Trinken und Kochen	3 bis 6
Gesamtbedarf	77 bis 166

Haushaltsbedarf einschl. Kleingewerbe

Jahr	l/(E · d)	
1950	80	
1960	97	
1970	122	(99)*)
1980	141	(125)*)
1985	145	
1990	147	(144)*)
1995	132	(96)*)
2000	129	

*) neue Bundesländer

Wasserbedarf für öffentliche Einrichtungen

Verwendung	Bedarf in l
Krankenhäuser, je Tag und Bett	150 – 600
im Mittel	300 – 400
Schulen (außer Hochschulen), je Schüler + Lehrer pro Tag (i. M. 250 Schultage/Jahr)	1 – 20
im Mittel	8
mit Duschanlage, mit Schwimmbecken (erhöhter Bedarf bei externer Nutzung)	30 – 50
Hallenbäder	140 – 200
Verwaltungsgebäude und Bürohäuser, je Beschäftigung und Tag	20 – 50 (70)
im Mittel (Bei Garagen und Kfz-Waschplätzen erhöhter Bedarf)	40
Kasernen, je Mann und Tag (mit Kfz-Großwaschanlagen u. Ä. erhöhter Bedarf)	100 – 150
Schlachthöfe, je Stück Großvieh 2,5 Stck. Kleinvieh (Schweine, Schafe, Kälber, Ziegen) = 1 Stck. Großvieh	300 – 400

Richtwert für ländliche Orte: Wasserbedarf für öffentliche Einrichtungen $0{,}01 \cdot Q_d$ bis $0{,}02 \cdot Q_d$

Wasserbedarf für gewerbliche und industrielle Zwecke

Verwendung	Bedarf in l	Verwendung	Bedarf in l
Kaufhäuser, je Beschäftigten und Tag, ohne Restaurant, ohne Klimaanlage	25 – 50	Fleischer, je Beschäftigten und Tag	250 – 380
Bäcker, je kg Mehl und Tag	0,55 – 0,75	Friseure, je Kunde und Tag	20 – 52
Konditoreien, je Beschäftigter / Tag	180	Gaststätten, je Mahlzeit und Tag	15 – 20
		Hotels, je Bett und Tag	100 – 400
		Alten-, Pflegeheime je Bewohner / Tag	100 – 150
Autowäsche ohne Spülwasserrecycling: PKW 200 l, LKW 400 l bis 1000 l			
mit Spülwasserrecycling: PKW 80 l, LKW 80 l bis 200 l			

Von diesen Werten bestehen, je nach Lage des Einzelfalles, zum Teil erhebliche Abweichungen.

Wenn Produktmengen bezogene Angaben fehlen, kann in der Planung mit flächenbezogenen Wasserbedarfswerten q_m gerechnet werden:

Gewerbezonen	2 ... 6 [m³/(ha · h)]
Industriezonen „trocken"	4 ... 8 [m³/(ha · h)]
Industriezonen „mittel"	10 ... 20 [m³/(ha · h)]
Industriezonen „nass"	20 ... 40 [m³/(ha · h)]

$$q_m = \frac{Q_a}{n \cdot t \cdot A}$$

mit Q_a =Jahreswasserbedarf in m³/a
n Zahl der Arbeitstage in d/a
t mittlere Betriebszeit in h/d; A Fläche in ha

Richtwert für Gewerbegebiete: q_m = (2 bis 6) m³/(h ha) bei n = 310 d/a und t = 14 h/d

Löschwasserbedarf

Je nach baulicher Nutzung und der Gefahr der Brandausbreitung gilt nach DVGW W 405:

Bauliche Nutzung nach § 17 der Baunutzungsverordnung	(WS) (SW)	(WR), (WA), (WB) (MI), (MD)		Kerngebiete (MK) Gewerbegebiete (GE)		Industrie-gebiete (GI)
		(GE)				
Zahl der Vollgeschosse	≤ 2	≤ 3	> 3	1	> 1	–
Geschossflächenzahl (GFZ)	≤ 0,4	≤ 0,3–0,6	0,7–1,2	0,7–1,0	1,0–2,4	–
Baumassenzahl (BMZ)	–	–	–	–	–	≤ 9
Löschwasserbedarf je nach Gefahr der Brandausbreitung[1]:	m^3/h	m^3/h	m^3/h		m^3/h	
klein[2]	24	48	96		96	
mittel[3]	48	96	96		192	
groß[4]	96	96	192		192	

Erläuterungen: Kleinsiedlungsgebiet (WS); Wochenendhausgebiet (SW); Reines Wohngebiet (WR); allgem. Wohngebiet (WA); besonderes Wohngebiet (WB); Mischgebiet (MI); Dorfgebiet (MD)

[1] Begriff s. DIN V 14 011.

[2] Feuerbeständige oder feuerhemmende Umfassungen, harte Bedachungen s. DIN 4102.

[3] Umfassungen nicht feuerbeständig oder nicht feuerhemmend, harte Bedachungen oder Umfassungen feuerbeständig oder feuerhemmend, weiche Bedachung s. DIN 4102.

[4] Umfassungen nicht feuerbeständig oder nicht feuerhemmend; weiche Bedachungen, Umfassungen aus Holzfachwerk (ausgemauert). Stark behinderte Zugänglichkeit, Häufung von Feuerbrücken usw.

Bei kleinen ländlichen Orten ist i. d. R. $Q_{\text{Lösch}} = 48\ m^3/h$ anzusetzen. Löschwasser soll für eine Löschzeit von 2 h zur Verfügung stehen. Der Auslaufdruck am Hydranten zur Bereitstellung von Löschwasser soll 1,5 bar nicht unterschreiten.

Richtwert: Wasserbedarf für Feuerwehrübungen und Brandfall beträgt 0,2 % bis 0,5 % der Gesamtjahresförderung.

Ausrüstung der Feuerwehr: Tragkraftspritze TS 8 mit $Q_{\text{Lösch}} = 800$ l/min;

Löschfahrzeug LF 16 mit $Q_{\text{Lösch}} = 1600$ l/min und LF 24 mit $Q_{\text{Lösch}} = 2400$ l/min.

Für Gemeinden unter 3000 E ist folgende Regelung für die Löschwasserbereitstellung möglich:

Endstrang (Stichleitung): $Q_{\text{Lösch}} = 6{,}7$ l/s für DN ≤ 100; $Q_{\text{Lösch}} = 13{,}4$ l/s für DN > 100.

Ringleitung (2 Zuflüsse zum Hydranten): je Strang $Q_{\text{Lösch}} = 6{,}7$ l/s;

ansonsten: Hydrantenzufluss: $Q_{\text{Lösch}} = 13{,}4$ l/s.

Wasserverluste

Als Wasserverlust bezeichnet man die Differenz zwischen der gemessenen Wasserabgabe und dem gemessenen Wasserverbrauch. Reale Verluste Q_{VR} entstehen durch Rohrbrüche und Leckagen. Scheinbare Verluste Q_{VS} resultieren aus Fehlanzeigen der Messgeräte und unkontrollierten Entnahmen. Die Darstellung als Prozentangabe bezogen auf das Abgabevolumen (z. B. Neuanlagen bis 5 %, bestehende Anlagen bis 10 %) wird ersetzt durch den Leitungslängen spezifischen Wasserverlust q_V.

Für das gesamte Versorgungsgebiet gilt:

$$q_V = Q_V \,/\, (8760\, L_N) \text{ in } m^3/(h \cdot km)$$

Q_V Verlustvolumen in m^3/a aus Wassermengenbilanz

L_N Länge des Versorgungsnetzes in km ohne Hausanschlussleitungen

Richtwerte für spezifische reale Wasserverluste q_{VR} in $m^3/(h \cdot km)$ (W 392)

Wasserverlustbereich	Versorgungsstruktur		
	Bereich 1 (großstädtisch)	Bereich 2 (städtisch)	Bereich 3 (ländlich)
geringe Verluste	≤ 0,10	< 0,07	< 0,05
mittlere Verluste	0,10 – 0,20	0,07 – 0,15	0,05 – 0,10
hohe Verluste	> 0,20	> 0,15	> 0,10

Eigenverbrauch der Wasserwerke

Für Filterrückspülungen verbraucht das Wasserwerk ca. 1 %, für Rohrnetzspülungen ca. 1 % bis 1,5 % der Jahreswasserabgabe.

2 Bemessungsgrundlagen

Beachte die Wasserhaushaltsgleichung! Das nutzbare Wasserdargebot muss größer sein als der maximale Wasserbedarf. Wirklichkeitsnahe Ermittlung des zu erwartenden Wasserbedarfs!

Bezugszeit für die Bemessung:
Für die Bemessung von Anlagenteilen des Wasserversorgungssystems werden unterschiedliche Bezugszeiten t_B verwendet:

Anlagen vor der Speicherung:	t_B = 1 d;	Messarmaturen, Druckerhöhungsanlagen:	t_B = 5 min
Rohrnetz:	t_B = 1 h;	Hausanschlussleitungen:	t_B = 10 sec

- $Q_{d,m} = Q_a / 365$ mittlerer Tagesbedarf in m³/d = Bedarf im langjährigen Durchschnitt
- $Q_{d,max}$; $Q_{d,min}$ größter Tagesbedarf ; kleinster Tagesbedarf in m³/d
- $Q_{h,m} = Q_{d,m} / 24$ mittlerer stündlicher Bedarf im langjährigen Durchschnitt in m³/h
- $Q_{h,max;d,max}$ maximaler stündlicher Bedarf in langjähriger Zeitspanne in m³/h
- $Q_{h,max;d,m}$ maximaler stündlicher Bedarf am durchschnittlichen Bedarfstag in m³/h
- f_d, f_h Tagesspitzenfaktor (Index d); Stundenspitzenfaktor (Index h) (dim f = 1)
- st Stundenprozentwert in %

Bedarfsschwankungen sind im Wesentlichen abhängig von klimatischen Faktoren, der Größe des Versorgungsgebietes und gewerblichem/industriellem Einfluss; je kleiner das Versorgungsgebiet, desto größer der Spitzenfaktor:
größter Tagesbedarf $Q_{d,max} = f_d \cdot Q_{d,m}$ in m³/d
größter stündlicher Bedarf $Q_{h,max;d,max} = f_h \cdot Q_{d,m} / 24$ in m³/h

Richtwerte für Versorgungsgebiete (ab 20 000 E inkl. gewerblichem/industriellem Einfluss)

Siedlungsgebiete	f_d	f_h (Bezug Jahresmittel)	st_{max} (%) (gleicher Tag)
Kleine Landgemeinden < 5 000 E	2,2–2,5	ca. 5,3–6,2 (6,5)	9,5–12 (>15)
Größere Gemeinden ca. < 10 000	2,1–2,0 (2,5)	ca. 4,8–5,3 (5,8)	8,5–9,5 (> 14)
Kleinstädte < 20 000 E	2,0–2,1 (2,3)	ca. 4–4,8 (5,0)	8,0–9,0 (> 13)
Mittelstädte: ca. 20 000 – 100 000 E	1,8–2,0 (2,2)	ca. 3,1–4,0 (4,5)	6,5–8,0 (> 11)
Großstädte > 100 000 E	1,4–1,8 (2,0)	(1,3) 2,0–3,1 (3,6)	(5,0) 5,8–6,5 (> 9)

Der maximale Stundenprozentwert st_{max} beschreibt den Prozentsatz des maximalen Stundenverbrauchs innerhalb eines Tages bezogen auf den Wasserverbrauch an eben diesem Tag.
Zwischen dem st_{max}-Wert und den Spitzenfaktoren besteht folgender Zusammenhang für den Spitzenverbrauchstag: $f_h = f_d \cdot st_{max} \cdot 24$ (hierbei ist st_{max} als Dezimalzahl einzusetzen!)

Tagesganglinien des Wasserverbrauchs; Anhaltswerte für st-Werte (Q_h in % von Q_d)

Zeit	0–1	1–2	2–3	3–4	4–5	5–6	6–7	7–8	8–9	9–10	10–11	11–12
Dorf	0,5	0,5	0,5	0	0,1	6,4	**12,5**	8,5	3,5	3,0	3,0	4,5
Kleinstadt	2,0	1,5	1,0	0,5	0,5	1,5	3,5	4,0	3,5	3,5	4,5	7,0
Mittelstadt	1,5	1,5	1,5	1,5	2,0	3,0	5,0	5,5	6,0	5,5	6,0	**6,5**
Großstadt	2,6	2,4	2,2	2,1	2,2	4,2	5,3	**5,7**	5,6	5,4	5,3	5,3

Zeit	12–13	13–14	14–15	15–16	16–17	17–18	18–19	19–20	20–21	21–22	22–23	23–24
Dorf	11,0	10,0	1,0	1,5	1,5	2,0	3,0	5,5	9,0	8,5	3,0	1,0
Kleinstadt	**9,0**	8,0	8,0	5,0	3,5	3,5	6,0	8,0	6,0	4,5	3,0	2,5
Mittelstadt	5,0	5,5	5,5	6,0	5,5	6,0	5,5	4,5	4,0	3,0	2,0	2,0
Großstadt	5,2	5,1	4,0	4,5	4,4	4,8	5,0	5,2	4,4	3,5	2,9	2,7

Die **st_{max}**-Werte sind fett gedruckt hervorgehoben.

Spitzendurchflüsse für eine Bezugszeit von t_B = 5 min kann man bei 200 bis 5000 Einwohnern ermitteln mit: $Q_s = -51,36 + 10,19 \cdot \ln E$ mit E = versorgte Einwohnerzahl.

3 Wasserförderung

In der Regel werden Kreiselpumpen mit einer stabilen Pumpenkennlinie (kein Maximum) bevorzugt eingesetzt.
Der Betriebspunkt BP ist der Schnittpunkt der Pumpenkennlinie mit der Anlagenkennlinie H_A (= Rohrkennlinie inkl. aller Reibungsverluste H_v zuzüglich der geodätischen Förderhöhe H_{geo}).
Erhöhen der Pumpendrehzahl führt zu einer höheren Fördermenge durch Verschiebung des Betriebspunktes nach oben.

Der Betriebspunkt im Bereich des Wirkungsgradoptimums ist vorteilhaft.

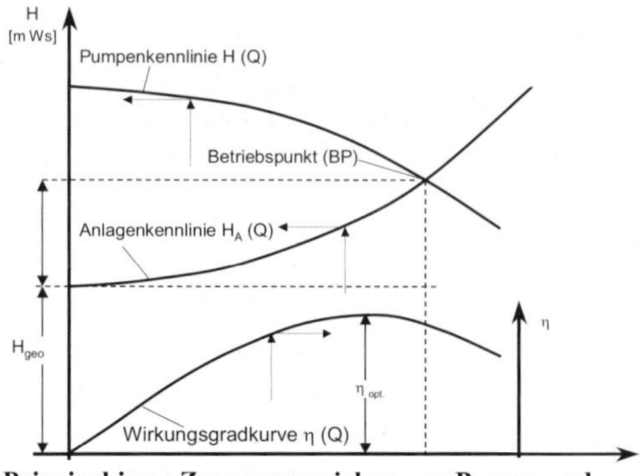

Prinzipskizze: Zusammenwirken von Pumpe und Anlage

Eine Reduzierung der Fördermenge durch absichtliche Erzeugung von höheren Verlusten, z. B. Schieber androsseln (gestrichelte Linie), ist unwirtschaftlich, da der Drosselverlust in die Förderhöhe der Pumpe eingeht und somit mehr Energie verbraucht wird: $H_P = H_{geo} + H_v$
Hintereinanderschalten von Pumpen erhöht den Förderdruck. Die mögliche Förderhöhe kann auch durch den Einsatz von mehrstufigen Kreiselpumpen nach Bedarf erhöht werden.
Parallelschalten von Pumpen erhöht den Durchfluss.

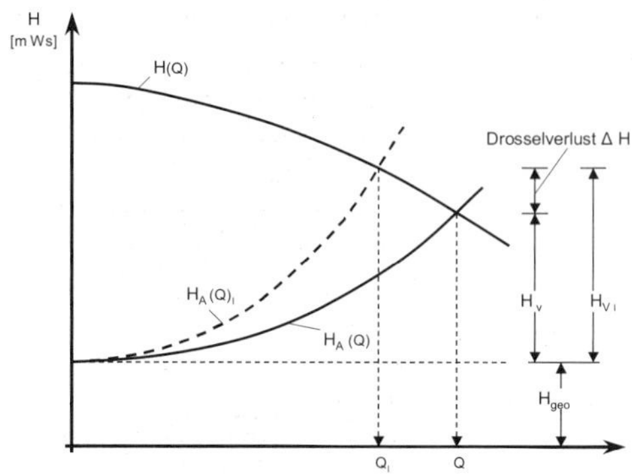

Kreiselpumpen bieten den Vorteil eines kontinuierlichen Förderstroms, die Saughöhe ist begrenzt auf $h = 7$ bis 7,5 m. Kreiselpumpen sind nicht selbstansaugend.
Leistungsermittlung für Pumpen siehe Bautabellen für Ingenieure, Kapitel 13A Wasserbau.

Leistungsberechnung:

$$P = \frac{Q \cdot h_{ges}}{102 \cdot \eta_{ges}}$$ in kW mit Q Förderstrom in l/s

h_{ges} Förderhöhe in m (= geodätische Höhe + Verlusthöhe für Saug- und Druckleitung)

h_{ges} Gesamtwirkungsgrad von Pumpe und Motor

Leistungsreserve für kleine Antriebsmotore: 10–20 %; bei großen Motoren: 5–10 %.
Elektromotore: Drehstrom ist übliche, Antrieb direkt durch Kupplung, durch Riemen oder Getriebe, übliche Lastdrehzahlen $n = 2900$/min bzw. 1450/min, Wirkungsgrad $\eta = 80$ % bis 95 %.
Richtwert: Energieverbrauch bei Kreiselpumpen für $V = 1$ m³ und $h_{ges} = 1$ m: $W_{el} = 5$ Wh

4 Wasserverteilung

Einzelheiten zur Rohrhydraulik siehe Bautabellen für Ingenieure Kapitel 13A Wasserbau. Bemessung der Rohrleitungen erfolgt nach *Prandtl/Colebrook* (ausführliche Tabellen in W 302).

Für Nachrechnung bestehender Netze vorhandene Rauheit i. d. R. durch Messung bestimmen.
Ermittlung des Durchflusses bei geschlossenen Siedlungsgebieten mit dem Metermengenwert m:

$m = \frac{Q_{h,max}}{\Sigma l}$ in l/(s · m) mit Σl = Gesamtlänge der Rohrleitungen im Versorgungsgebiet in m

Minimale Nennweite meist DN 100; in begründeten Fällen DN 80.

Bei üblichen Bemessungen: integrale Rauheiten k_i und Geschwindigkeiten v:	k_i in mm	v in m/s
Fern- und Zubringerleitungen mit gestreckter Leitungsführung aus Stahl- oder Gussrohren mit ZM- oder Bitumenauskleidung oder Spannbeton- oder Faserzementrohren	0,1	$\geq$ 2,0
Hauptleitungen wie vor, aber auch ohne Auskleidung in Verteilungsnetzen (ohne Ablagerungen)	0,4	1,0 bis 2,0
Neue Netze, Versorgungsleitungen	1,0	0,5 bis 0,8

Betriebsdrücke (W 403):

Druck wird in Pascal Pa (1 Pa = 1 N/m²) gemessen. In der Wasserversorgung ist auch die Verwendung der Einheit bar und m Wassersäule (Ws) gebräuchlich.

1 bar = 100 kPa = 10^5 Pa ≈ 10 m Ws

Maßgebende Grenzwerte in Versorgungsnetzen sind: Mindestfließdruck gemessen am Hausanschluss 2 bis 4 bar; empfohlener Ruhedruck im Schwerpunkt einer Druckzone 5 bar; Druckminderer in der Verbrauchsanlage 6 bar; i. d. R. höchster Ruhedruck 8 bar, zusätzlich etwa 2 bar Reserve für Druckstöße ergeben den Mindestplanungswert von 10 bar für Verteilungsnetze.

Zum Nachweis der Rohrnetzdrücke sind folgende *Betriebszustände* (*Bz*) zu berücksichtigen:

Bz 1: max. Förderung der Pumpwerke ohne Abnahme

Bz 2: $Q_{h,max;d,max}$ größter stündlicher Bedarf am Tag größten Verbrauchs ohne Löschwasser

Bz 3: $Q_{h,max;d,m}$ größter stündlicher Bedarf am Durchschnittstag $Q_{d,m}$ plus Löschwasser

Versorgungsdruck	neue Netze[1)]	bestehende Netze[2)]
für Gebäude mit EG	2,0 bar	2,0 bar
für Gebäude mit EG und 1 OG	2,5 bar	2,35 bar
für Gebäude mit EG und 2 OG	3,0 bar	2,70 bar
für Gebäude mit EG und 3 OG	3,5 bar	3,05 bar
für Gebäude mit EG und 4 OG	4,0 bar	3,40 bar

1) Die angegebenen Drücke – gemessen am Hausanschluss unmittelbar vor dem Wasserzähler – sollen nicht unterschritten werden. Bei normgerechter Bemessung und Ausführung der Wasserversorgungsanlagen ist dann an der hydraulischen ungünstigst gelegenen Wasserzapfstelle ein Mindestdruck von 1 bar verfügbar.

2) Für bestehende Versorgungsnetze und für neue Netzteile in direktem Zusammenhang mit bestehenden Netzen sollen die angegebenen Drücke – gemessen am Hausanschluss – mindestens angestrebt werden.

5 Wasserspeicherung

Für die Bemessung des Fassungsraumes ist $Q_{d,max}$ einschließlich eines Zuschlags für die Löschwasserreserve maßgebend. Bei kleinen Orten entspricht das Behältervolumen in m³ etwa dem maximalen Tagesverbrauch in m³/d. Bei großen Behältern wird oft nur grob abgeschätzt:

Richtwerte: bei $Q_{d,max}$ < 2000 m³/d: Nutzinhalt V in m³ ≈ $Q_{d,max}$ in m³/d

bei $Q_{d,max}$ < 4000 m³/d: Nutzinhalt V in m³ ≈ 0,8 – 1,0 · $Q_{d,max}$ in m³/d

bei $Q_{d,max}$ > 4000 m³/d: Nutzinhalt V in m³ ≈ 0,3 – 0,8 · $Q_{d,max}$ in m³/d

Eine Aufteilung in zwei Kammern ist bei größeren Behältern sinnvoll.

Bis zu einem Nutzinhalt von V = 2000 m³ ist der **Löschwasservorrat** mit 100–200 m³ bei Dorf- und Wohngebieten und 200–400 m³ bei Kern- und Gewerbegebieten nachzuweisen.

vertretbare Löschwasserreserven bei kleinen Versorgungsgebieten	Einwohner	LW-Speicherraum
Einzelgebäude, kleinen landwirtschaftlichen Anwesen	< 100 E	50 m³
Kleine ländliche Orte, bis 50 Anwesen	ca. 300 E	100 m³
Große ländliche Orte, offene Bauweise	ca. 3000 E	150 m³
Große ländliche Orte, geschlossene Bauweise	ca. 1000 E	200 m³
Kleinstädte mit gefährdetem Altstadtgebiet	> 3000 E	300–400 m³

Fortsetzung Wasserspeicherung: S. 7.37

Tafel für Wasserversorgungsfernleitungen

Integrale Rauheit $k_i = 0{,}1$ mm; DN = Nennweite; $J = h_v/l$

	DN 50		DN 65		DN 80		DN 100		DN 125		DN 150	
Q	v	J	v	J	v	J	v	J	v	J	v	J
l/s	m/s	m/km	m/s	m/km	m/s	m/km	m/s	m/km	m/s	m/km	m/s	m/km
1	0,51	7,900	0,30	2,171	0,20	0,790	0,13	0,269	0,08	0,092	0,06	0,039
1,5	0,76	16,752	0,45	4,544	0,30	1,638	0,19	0,553	0,12	0,188	0,08	0,079
2	1,02	28,749	0,60	7,726	0,40	2,766	0,25	0,927	0,16	0,314	0,11	0,130
3	1,53	62,101	0,90	16,474	0,60	5,838	0,38	1,938	0,24	0,650	0,17	0,269
4	2,04	107,883	1,21	28,374	0,80	9,982	0,51	3,289	0,33	1,096	0,23	0,450
5	2,55	166,068	1,51	43,408	0,99	15,189	0,64	4,974	0,41	1,649	0,28	0,675
6	3,06	236,645	1,81	61,568	1,19	21,452	0,76	6,992	0,49	2,307	0,34	0,941
7			2,11	82,850	1,39	28,769	0,89	9,340	0,57	3,070	0,40	1,248
8			2,41	107,251	1,59	37,137	1,02	12,016	0,65	3,936	0,45	1,595
9			2,71	134,769	1,79	46,554	1,15	15,020	0,73	4,905	0,51	1,983
10			3,01	165,403	1,99	57,021	1,27	18,350	0,81	5,977	0,57	2,411
15					2,98	125,066	1,91	39,893	1,22	12,865	0,85	5,148
20							2,55	69,566	1,63	22,291	1,13	8,869
30									2,44	48,723	1,70	19,242
40									3,26	85,244	2,26	33,509

	DN 200		DN 250		DN 300		DN 400		DN 500		DN 600	
Q	v	J	v	J	v	J	v	J	v	J	v	J
l/s	m/s	m/km	m/s	m/km	m/s	m/km	m/s	m/km	m/s	m/km	m/s	m/km
10	0,32	0,585	0,20	0,197	0,14	0,082	0,08	0,021				
15	0,48	1,233	0,31	0,412	0,21	0,169	0,12	0,043				
20	0,64	2,105	0,41	0,698	0,28	0,286	0,16	0,072	0,10	0,025		
30	0,95	4,509	0,61	1,482	0,42	0,602	0,24	0,149	0,15	0,051	0,11	0,021
40	1,27	7,787	0,81	2,543	0,57	1,027	0,32	0,250	0,20	0,085	0,14	0,036
50	1,59	11,933	1,02	3,876	0,71	1,559	0,40	0,377	0,25	0,127	0,18	0,052
60	1,91	16,945	1,22	5,481	0,85	2,198	0,48	0,529	0,31	0,177	0,21	0,074
70	2,23	22,821	1,43	7,358	0,99	2,941	0,56	0,703	0,36	0,235	0,25	0,096
80	2,55	29,561	1,63	9,504	1,13	3,790	0,64	0,902	0,41	0,301	0,28	0,124
90	2,86	37,164	1,83	11,921	1,27	4,744	0,72	1,126	0,46	0,374	0,32	0,154
100	3,18	45,630	2,04	14,607	1,41	5,802	0,80	1,372	0,51	0,454	0,35	0,186
150			3,06	32,080	2,12	12,658	1,19	2,958	0,76	0,969	0,53	0,393
200					2,83	22,117	1,59	5,130	1,02	1,671	0,71	0,674
300							2,39	11,219	1,53	3,622	1,06	1,449
400							3,18	19,633	2,04	6,304	1,41	2,510
500									2,55	9,714	1,77	3,852
600									3,06	13,850	2,12	5,479
700									3,57	18,714	2,48	7,386
800											2,83	9,576

	DN 700		DN 800		DN 900		DN 1000		DN 1100		DN 1200	
Q	v	J	v	J	v	J	v	J	v	J	v	J
l/s	m/s	m/km	m/s	m/km	m/s	m/km	m/s	m/km	m/s	m/km	m/s	m/km
80	0,21	0,059	0,16	0,031	0,13	0,018	0,10	0,012				
90	0,23	0,072	0,18	0,038	0,14	0,021	0,11	0,013				
100	0,26	0,088	0,20	0,046	0,16	0,026	0,13	0,017	0,11	0,010		
150	0,39	0,185	0,30	0,096	0,24	0,054	0,19	0,033	0,16	0,021	0,13	0,015
200	0,52	0,315	0,40	0,163	0,31	0,092	0,25	0,056	0,21	0,034	0,18	0,023
300	0,78	0,672	0,60	0,346	0,47	0,194	0,38	0,116	0,32	0,074	0,27	0,048
400	1,04	1,159	0,80	0,596	0,63	0,331	0,51	0,198	0,42	0,124	0,35	0,082
500	1,30	1,772	0,99	0,907	0,79	0,504	0,64	0,301	0,53	0,188	0,44	0,123
600	1,56	2,518	1,19	1,284	0,94	0,713	0,76	0,423	0,63	0,263	0,53	0,172
700	1,82	3,381	1,39	1,725	1,10	0,956	0,89	0,565	0,74	0,351	0,62	0,229
800	2,08	4,376	1,59	2,229	1,26	1,232	1,02	0,728	0,84	0,452	0,71	0,294
900	2,34	5,497	1,79	2,795	1,41	1,544	1,15	0,911	0,95	0,566	0,80	0,367
1000	2,60	6,745	1,99	3,427	1,57	1,890	1,27	1,113	1,05	0,690	0,88	0,447
1500	3,90	14,877	2,98	7,527	2,36	4,136	1,91	2,426	1,58	1,500	1,33	0,969
2000					3,14	7,238	2,55	4,236	2,10	2,612	1,77	1,684
3000							3,82	9,341	3,16	5,747	2,65	3,692

Tafel für Wasserversorgungshauptleitungen

Integrale Rauheit $k_i = 0{,}4$ mm; DN = Nennweite; $J = h_v/l$

Q	DN 50		DN 65		DN 80		DN 100		DN 125		DN 150	
	v	J	v	J	v	J	v	J	v	J	v	J
l/s	m/s	m/km	m/s	m/km	m/s	m/km	m/s	m/km	m/s	m/km	m/s	m/km
1	0,51	10,155	0,30	2,638	0,20	0,921	0,13	0,302	0,08	0,101	0,06	0,041
1,5	0,76	22,250	0,45	5,711	0,30	1,972	0,19	0,638	0,12	0,210	0,08	0,085
2	1,02	38,997	0,60	9,938	0,40	3,408	0,25	1,094	0,16	0,356	0,11	0,144
3	1,53	86,441	0,90	21,851	0,60	7,431	0,38	2,359	0,24	0,759	0,17	0,304
4	2,04	152,482	1,21	38,371	0,80	12,986	0,51	4,095	0,33	1,307	0,23	0,520
5	2,55	237,120	1,51	59,500	0,99	20,072	0,64	6,301	0,41	2,001	0,28	0,791
6	3,06	340,353	1,81	85,234	1,19	28,688	0,76	8,977	0,49	2,839	0,34	1,118
7			2,11	115,575	1,39	38,835	0,89	12,123	0,57	3,821	0,40	1,501
8			2,41	150,523	1,59	50,513	1,02	15,738	0,65	4,948	0,45	1,938
9			2,71	190,077	1,79	63,721	1,15	19,822	0,73	6,219	0,51	2,431
10			3,01	234,237	1,99	78,459	1,27	24,375	0,81	7,635	0,57	2,979
15					2,98	175,102	1,91	54,182	1,22	16,876	0,85	6,546
20							2,55	95,719	1,63	29,723	1,13	11,490
30									2,44	66,229	1,70	25,509
40									3,26	117,154	2,26	45,034

Q	DN 200		DN 250		DN 300		DN 400		DN 500		DN 600	
	v	J	v	J	v	J	v	J	v	J	v	J
l/s	m/s	m/km	m/s	m/km	m/s	m/km	m/s	m/km	m/s	m/km	m/s	m/km
10	0,32	0,686	0,20	0,223	0,14	0,090	0,08	0,023				
15	0,48	1,489	0,31	0,479	0,21	0,191	0,12	0,046				
20	0,64	2,595	0,41	0,828	0,28	0,329	0,16	0,079	0,10	0,026		
30	0,95	5,715	0,61	1,809	0,42	0,712	0,24	0,167	0,15	0,056	0,11	0,023
40	1,27	10,044	0,81	3,164	0,57	1,240	0,32	0,287	0,20	0,095	0,14	0,039
50	1,59	15,582	1,02	4,892	0,71	1,910	0,40	0,441	0,25	0,144	0,18	0,057
60	1,91	22,328	1,22	6,994	0,85	2,725	0,48	0,624	0,31	0,203	0,21	0,082
70	2,23	30,283	1,43	9,470	0,99	3,682	0,56	0,841	0,36	0,271	0,25	0,108
80	2,55	39,447	1,63	12,320	1,13	4,783	0,64	1,088	0,41	0,349	0,28	0,139
90	2,86	49,819	1,83	15,543	1,27	6,028	0,72	1,367	0,46	0,438	0,32	0,175
100	3,18	61,400	2,04	19,139	1,41	7,416	0,80	1,679	0,51	0,535	0,35	0,212
150			3,06	42,726	2,12	16,504	1,19	3,709	0,76	1,175	0,53	0,464
200					2,83	29,175	1,59	6,531	1,02	2,061	0,71	0,808
300							2,39	14,552	1,53	4,570	1,06	1,782
400							3,18	25,740	2,04	8,063	1,41	3,136
500									2,55	12,539	1,77	4,869
600									3,06	18,000	2,12	6,978
700									3,57	24,442	2,48	9,468
800											2,83	12,336

Q	DN 700		DN 800		DN 900		DN 1000		DN 1100		DN 1200	
	v	J	v	J	v	J	v	J	v	J	v	J
l/s	m/s	m/km	m/s	m/km	m/s	m/km	m/s	m/km	m/s	m/km	m/s	m/km
80	0,21	0,065	0,16	0,034	0,13	0,020	0,10	0,012				
90	0,23	0,080	0,18	0,043	0,14	0,023	0,11	0,015				
100	0,26	0,098	0,20	0,051	0,16	0,028	0,13	0,018	0,11	0,012		
150	0,39	0,212	0,30	0,108	0,24	0,061	0,19	0,036	0,16	0,023	0,13	0,015
200	0,52	0,369	0,40	0,188	0,31	0,103	0,25	0,062	0,21	0,038	0,18	0,025
300	0,78	0,808	0,60	0,408	0,47	0,225	0,38	0,132	0,32	0,082	0,27	0,054
400	1,04	1,417	0,80	0,713	0,63	0,392	0,51	0,229	0,42	0,142	0,35	0,092
500	1,30	2,195	0,99	1,103	0,79	0,604	0,64	0,353	0,53	0,217	0,44	0,141
600	1,56	3,141	1,19	1,578	0,94	0,862	0,76	0,503	0,63	0,309	0,53	0,199
700	1,82	4,259	1,39	2,136	1,10	1,165	0,89	0,677	0,74	0,416	0,62	0,268
800	2,08	5,542	1,59	2,777	1,26	1,513	1,02	0,880	0,84	0,540	0,71	0,346
900	2,34	6,998	1,79	3,505	1,41	1,907	1,15	1,108	0,95	0,681	0,80	0,436
1000	2,60	8,621	1,99	4,314	1,57	2,346	1,27	1,364	1,05	0,835	0,88	0,535
1500	3,90	19,277	2,98	9,630	2,36	5,228	1,91	3,030	1,58	1,852	1,33	1,183
2000					3,14	9,246	2,55	5,355	2,10	3,270	1,77	2,085
3000							3,82	11,971	3,16	7,300	2,65	4,650

Tafel für Wasserversorgungsverteilleitungen

Integrale Rauheit $k_i = 1{,}0$ mm; DN = Nennweite; $J = h_v/l$

	DN 50		DN 65		DN 80		DN 100		DN 125		DN 150	
Q l/s	*v* m/s	*J* m/km	*v* m/s	*J* m/km	*v* m/s	*J* m/km	*v* m/s	*J* m/km	*v* m/s	*J* m/km	*v* m/s	*J* m/km
1	0,51	13,355	0,30	3,341	0,20	1,129	0,13	0,357	0,08	0,115	0,06	0,046
1,5	0,76	29,677	0,45	7,371	0,30	2,472	0,19	0,773	0,12	0,245	0,08	0,097
2	1,02	52,423	0,60	12,969	0,40	4,331	0,25	1,346	0,16	0,424	0,11	0,167
3	1,53	117,183	0,90	28,872	0,60	9,595	0,38	2,962	0,24	0,924	0,17	0,360
4	2,04	207,636	1,21	51,048	0,80	16,922	0,51	5,203	0,33	1,615	0,23	0,626
5	2,55	323,781	1,51	79,498	0,99	26,311	0,64	8,071	0,41	2,496	0,28	0,964
6	3,06	465,617	1,81	114,221	1,19	37,763	0,76	11,564	0,49	3,568	0,34	1,374
7			2,11	155,218	1,39	51,277	0,89	15,683	0,57	4,830	0,40	1,858
8			2,41	202,489	1,59	66,854	1,02	20,428	0,65	6,282	0,45	2,411
9			2,71	256,033	1,79	84,492	1,15	25,799	0,73	7,926	0,51	3,038
10			3,01	315,850	1,99	104,193	1,27	31,795	0,81	9,759	0,57	3,737
15					2,98	233,634	1,91	71,164	1,22	21,783	0,85	8,315
20							2,55	126,177	1,63	38,567	1,13	14,697
30									2,44	86,417	1,70	32,877
40									3,26	153,308	2,26	58,269

	DN 200		DN 250		DN 300		DN 400		DN 500		DN 600	
Q l/s	*v* m/s	*J* m/km	*v* m/s	*J* m/km	*v* m/s	*J* m/km	*v* m/s	*J* m/km	*v* m/s	*J* m/km	*v* m/s	*J* m/km
10	0,32	0,831	0,20	0,262	0,14	0,103	0,08	0,025				
15	0,48	1,836	0,31	0,575	0,21	0,224	0,12	0,052				
20	0,64	3,233	0,41	1,007	0,28	0,391	0,16	0,090	0,10	0,030		
30	0,95	7,202	0,61	2,233	0,42	0,863	0,24	0,196	0,15	0,064	0,11	0,026
40	1,27	12,738	0,81	3,939	0,57	1,517	0,32	0,341	0,20	0,110	0,14	0,044
50	1,59	19,840	1,02	6,126	0,71	2,355	0,40	0,527	0,25	0,167	0,18	0,065
60	1,91	28,510	1,22	8,793	0,85	3,376	0,48	0,752	0,31	0,237	0,21	0,093
70	2,23	38,746	1,43	11,941	0,99	4,580	0,56	1,018	0,36	0,320	0,25	0,126
80	2,55	50,549	1,63	15,569	1,13	5,968	0,64	1,325	0,41	0,416	0,28	0,163
90	2,86	63,919	1,83	19,678	1,27	7,538	0,72	1,617	0,46	0,524	0,32	0,204
100	3,18	78,856	2,04	24,267	1,41	9,292	0,80	2,058	0,51	0,643	0,35	0,251
150			3,06	54,418	2,12	20,808	1,19	4,591	0,76	1,429	0,53	0,555
200					2,83	36,904	1,59	8,127	1,02	2,526	0,71	0,976
300							2,39	18,207	1,53	5,645	1,06	2,175
400							3,18	32,298	2,04	10,002	1,41	3,849
500									2,55	15,596	1,77	5,996
600									3,06	22,429	2,12	8,618
700									3,57	30,499	2,48	11,713
800											2,83	15,283

	DN 700		DN 800		DN 900		DN 1000		DN 1100		DN 1200	
Q l/s	*v* m/s	*J* m/km	*v* m/s	*J* m/km	*v* m/s	*J* m/km	*v* m/s	*J* m/km	*v* m/s	*J* m/km	*v* m/s	*J* m/km
80	0,21	0,074	0,16	0,038	0,13	0,021	0,10	0,013				
90	0,23	0,093	0,18	0,048	0,14	0,026	0,11	0,017				
100	0,26	0,115	0,20	0,057	0,16	0,033	0,13	0,020	0,11	0,012		
150	0,39	0,250	0,30	0,126	0,24	0,069	0,19	0,041	0,16	0,026	0,13	0,017
200	0,52	0,439	0,40	0,220	0,31	0,121	0,25	0,070	0,21	0,044	0,18	0,028
300	0,78	0,974	0,60	0,486	0,47	0,264	0,38	0,154	0,32	0,095	0,27	0,061
400	1,04	1,720	0,80	0,858	0,63	0,465	0,51	0,271	0,42	0,165	0,35	0,106
500	1,30	2,677	0,99	1,335	0,79	0,723	0,64	0,419	0,53	0,256	0,44	0,163
600	1,56	3,846	1,19	1,916	0,94	1,036	0,76	0,601	0,63	0,366	0,53	0,234
700	1,82	5,224	1,39	2,601	1,10	1,406	0,89	0,813	0,74	0,496	0,62	0,317
800	2,08	6,815	1,59	3,391	1,26	1,834	1,02	1,059	0,84	0,646	0,71	0,411
900	2,34	8,615	1,79	4,285	1,41	2,315	1,15	1,338	0,95	0,814	0,80	0,519
1000	2,60	10,626	1,99	5,283	1,57	2,855	1,27	1,648	1,05	1,004	0,88	0,638
1500	3,90	23,845	2,98	11,845	2,36	6,396	1,91	3,688	1,58	2,244	1,33	1,426
2000					3,14	11,344	2,55	6,540	2,10	3,975	1,77	2,524
3000							3,82	14,671	3,16	8,913	2,65	5,657

Übliche Formen für Erdbehälter:

Rechteckgrundriss für Behälter bis etwa 20 000 m³ (Länge zu Breite ≥ 2 : 1 bei kleineren Volumen, ≥ 3 : 1 bei größeren Volumen); kreisförmiger Grundriss für Behälter bis etwa 7000 m³; quadratischer Grundriss für Behälter bis etwa 300 m³ Nutzinhalt.

Die empfohlene Wassertiefe steigt mit dem Behältervolumen:

Empfohlene Wassertiefe *h* in m	etwa 3	etwa 4 bis 5	etwa 5 bis6	auch über 6
Behältervolumen *V* in m³	< 200	200 bis 500	> 500	> 10 000

Beispiel: Ermittlung des Speichervolumens

Gegeben: Tagesganglinie des Wasserverbrauchs
Förderzeit t = 10 h (8 bis 18Uhr)

Gesucht: Fluktuierendes Wasservolumen V_{fl} in m³ für Tagesausgleich

Zeit	0-1	1-2	2-3	3-4	4-5	5-6	6-7	7-8	8-9	9-10	10-11	11-12
V	2,0	1,6	1,5	1,5	1,6	2,2	3,1	4,0	5,1	6,0	5,9	5,9
ΣV	2,0	3,6	5,1	6,6	8,2	10,4	13,5	17,5	22,6	28,6	34,5	40,4
F	-	-	-	-	-	-	-	-	10	10	10	10
$F-V$	–2,0	–1,6	–1,5	–1,5	–1,6	–2,2	–3,1	–4,0	4,9	4,0	4,1	4,1
$\Sigma(F-V)$	-2,0	-3,6	-5,1	-6,6	-8,2	-10,4	-13,5	**-17,5**	-12,6	-8,6	-4,5	-0,4

Zeit	12-13	13-14	14-15	15-16	16-17	17-18	18-19	19-20	20-21	21-22	22-23	23-24
V	6,1	5,2	5,5	5,6	6,0	5,5	6,0	5,3	5,1	4,1	3,1	2,1
ΣV	46,5	51,7	57,2	62,8	68,8	74,3	80,3	85,6	90,7	94,8	97,9	100,0
F	10	10	10	10	10	10	-	-	-	-	-	-
$F-V$	3,9	4,8	4,5	4,4	4,0	4,5	–6,0	–5,3	–5,1	–4,1	–3,1	–2,1
$\Sigma(F-V)$	3,5	8,3	12,8	17,2	21,2	**25,7**	19,7	14,4	9,3	5,2	2,1	0

V Verbrauchsganglinie (stündlicher Verbrauch in % des Tagesverbrauchs);
F Förderung bzw. Zufluss (stündliche Förderung bzw. Zufluss in % des Tagesverbrauchs)
$F-V$ Stündlicher Fehlbetrag (negativ) bzw. Überschuss (positiv) in % des Tagesverbrauchs

Lösung: fluktuierendes Speichervolumen $V_{\text{fl}} = Q_{\text{d,max}} \cdot [\max \Sigma(F-V) + |\min \sum(F-V)|]$

$$V_{\text{fl}} = Q_{\text{d,max}} \cdot [25{,}7 + |-17{,}5|] = Q_{\text{d,max}} \cdot 43{,}2\ \%$$

6 Wasserversorgung von Gebäuden

Versorgungsanlagen für einzelne Wohngebäude werden berechnet für den Einwohner bezogenen mittleren Tagesbedarf von bis zu 150 l/(E · d).

Die Spitzenfaktoren betragen dabei f_{d} = 1,6 und f_{h} = 5,5.

Die Spitzendurchflüsse Q_{s} je Wohngebäude betragen unabhängig von der Ausstattung mit installierten Entnahmearmaturen bei bis zu 200 Einwohnern je Wohngebäude (E/WG):

für eine Bezugszeit von t_{B} = 10 s: $Q_{\text{s}} = 1{,}11 + 0{,}43 \cdot \ln(\text{E/WG})$ in l/s

für eine Bezugszeit von t_{B} = 5 s: $Q_{\text{s}} = 0{,}27 + 0{,}32 \cdot \ln(\text{E/WG})$ in l/s

oder bezogen auf die Wohneinheiten je Wohngebäude bei bis zu 80 WE/WG:

für eine Bezugszeit von t_{B} = 10 s: $Q_{\text{s}} = 1{,}50 + 0{,}43 \cdot \ln(\text{WE/WG})$ in l/s

für eine Bezugszeit von t_{B} = 5 s: $Q_{\text{s}} = 0{,}56 + 0{,}32 \cdot \ln(\text{WE/WG})$ in l/s

Die Hausinstallation wird nach DIN 1988 bemessen. Die Bemessungsgröße für die Rohrdurchmesser ist dabei der Spitzendurchfluss Q_{s}, der mit Hilfe des installierten Summendurchflusses festgelegt wird.

Bei Wohngebäuden bis zu ΣQ_{R} = 300 l/s wird Q_{s} ermittelt nach:

für eine Bezugszeit von t_{B} = 10 s: $Q_{\text{s}} = 1{,}19 + 0{,}46 \cdot \ln(\Sigma Q_{\text{R}})$ in l/s

für eine Bezugszeit von t_{B} = 5 s: $Q_{\text{s}} = 0{,}47 + 0{,}32 \cdot \ln(\Sigma Q_{\text{R}})$ in l/s

Stockwerksleitungen in Mehrfamilienhäusern sollten einzeln absperrbar sein.

Mindest-fließdruck bar	Art der Trinkwasser-Entnahmestelle		Berechnungsdurchfluss bei Entnahme von Mischwasser*) $\dot{V}_R$ kalt l/s	von Mischwasser*) $\dot{V}_R$ warm l/s	von nur kaltem o. erwärmten Trinkwasser $\dot{V}_R$ l/s
	Auslaufventil				
0,5	ohne Luftsprudler**)	DN 15	-	-	0,30
0,5		DN 20	-	-	0,50
0,5		DN 25	-	-	1,00
1,0	mit Luftsprudler	DN 10	-	-	0,15
1,0		DN 15	-	-	0,15
1,0	Brauseköpfe für Reinigungsbrausen	DN 15	0,10	0,10	0,20
1,2	Druckspüler nach DIN 3265-1	DN 15	-	-	0,70
1,2	Druckspüler nach DIN 3265-1	DN 20	-	-	1,00
0,4	Druckspüler nach DIN 3265-1	DN 25	-	-	1,00
1,0	Druckspüler für Urinalbecken	DN 15	-	-	0,30
1,0	Haushaltsgeschirrspülmaschine	DN 15	-	-	0,15
1,0	Haushaltswaschmaschine	DN 15	-	-	0,25
	Mischbatterie für				
1,0	Brausewannen	DN 15	0,15	0,15	-
1,0	Badewannen	DN 15	0,15	0,15	-
1,0	Küchenspülen	DN 15	0,07	0,07	-
1,0	Waschtische	DN 15	0,07	0,07	-
1,0	Sitzwaschbecken	DN 15	0,07	0,07	-
1,0	Mischbatterie	DN 20	0,30	0,30	-
0,5	Spülkasten nach DIN 19 542	DN 15	-	-	0,13
1,0	Elektro-Kochendwassergerät	DN 15	-	-	0,10***)

*) Den Berechnungsdurchflüssen für Mischwasserentnahme liegen für kaltes Wasser 15 °C und für erwärmtes Trinkwasser 60 °C zugrunde.

**) Bei Auslaufventilen ohne Luftsprudler und mit einer Schlauchverbindung wird der Druckverlust in der Schlauchleitung (bis 10 m Länge) und im angeschlossenen Apparat (z. B. Rasensprenger) pauschal über den Mindestfließdruck berücksichtigt. In diesem Fall erhöht sich der Mindestfließdruck um 1,0 auf 1,5 bar.

***) Bei voll geöffneter Drosselschraube.

Hinweis zur Schreibweise: In der DIN 1988 wird der Durchfluss Q mit $\dot{V}$ bezeichnet.

Ermittlung der Summendurchflüsse ΣQ_R ($\Sigma \dot{V}_R$):
Zur Berechnung der Summendurchflüsse werden die einzelnen Berechnungsdurchflüsse $\dot{V}_R$, beginnend an der vom Anschluss entferntesten Entnahmestelle, entgegen der Fließrichtung bis zur Betrachtungsstelle aufsummiert. Angaben zu den Berechnungsdurchflüssen findet man in DIN 1988 Tabelle 11 (siehe unten) oder in Herstellerangaben zu den Entnahmearmaturen.

Bezeichnung der Leitungen:
Anschlussleitung (AL):
von der Versorgungsleitung der öffentlichen Wasserversorgung bis zur Übergabestelle (Hauptabsperrarmatur), i. d. R. im Gebäude
Steigleitungen (SL):
von Geschoss zu Geschoss führende Leitung von der Stockwerks- oder Einzelleitungen abzweigen
Stockwerksleitungen (SWL):
von der Steigleitung innerhalb eines Stockwerks abzweigende Leitung

Verlegung der Leitungen:
Hausanschlussleitung: je nach Klima (0,80) 1,0–1,50 (1,80) m tief frostfrei verlegen. Die Anordnung ist rechtwinklig zur Straße, geradlinig und mit Steigung zum Gebäude hin. Eine Überbauung ist unzulässig. Bei horizontaler Annäherung an eine Abwasserleitung von ≤ 1,0 m darf

die Trinkwasserleitung nicht tiefer als diese liegen. Der Sicherheitsabstand von der Grundstücksentwässerung und anderen Leitungen ist 20 cm. Eine Absperreinrichtung soll möglichst nahe der Versorgungsleitung angebracht werden (Anbohrschelle mit Schlüsselstange und Straßenkappe). Hinter der wasser- und gasdichten Hauseinführung (Futterrohr) wird möglichst unmittelbar die Wasserzähleranlage mit Hauptabsperrventil und Rückflussverhinderer eingebaut; ggf. sind Druckminderer auf max. 6 bar nötig. Kann die Übergabestation nicht im unterkellerten Gebäude untergebracht werden, ist ein begehbarer (Öffnung 70 cm × 70 cm) frostsicherer Wasserzählerschacht L = 1,2 m, B = 1,0 m anzuordnen.

Verbrauchsleitungen im Gebäude möglichst geradlinig verlegen, mit Steigung zur Zapfstelle hin. An Tiefpunkten Entleerungsvorrichtungen vorsehen.

Anhaltswerte für Rohrnennweiten im Zuge einer ersten Vorplanung gibt *Pistohl* [7.40] an.

Art der Leitung	Mindestwert	überschlägige Annahme
Anschlussleitung	DN 25 (1´´)	DN 32 (5/4´´)
Steigleitungen	DN 20 (3/4´´)	
1 – 5 Zapfstellen		DN 20 (3/4´´)
5 – 10 Zapfstellen		DN 25 (1´´)
10 – 20 Zapfstellen		DN 32 (5/4´´)
20 – 40 Zapfstellen		DN 40 (11/2´´)
Stockwerksleitungen für	DN 15 (1/2´´)	
1 Abortspülkasten		DN 10 – DN 15
1 – 2 Waschtische		DN 15
1 Brause		DN 15
1 Badewanne		DN 20 – DN 25
1 Gartenleitung		DN 20 – DN 25
1 Abortdruckspüler		DN 25
Stockwerksleitungen für mehrere Zapfstellen:	Für den Rohrdurchmesser die nächstgrößere Nennweite als für die größte Einzelarmatur	

Der Spitzendurchfluss Q_S oder $\dot{V}_S$ wird nach DIN 1988 mit Hilfe der folgenden Grafik ermittelt, in welche man unter Beachtung aller Entnahmestellen mit dem Summendurchfluss hineingeht. Dabei ist nach den Gebäudetypen (A bis K)zu differenzieren.

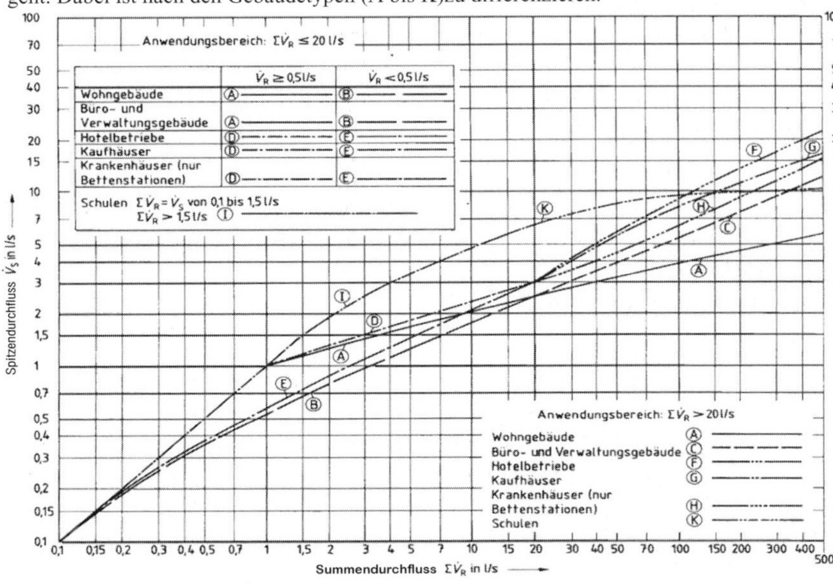

Sinnbilder für Trinkwasseranlagen:

Trinkwasserleitung ggf. mit Angabe der Nennweite links: kalt (hier DN 100); rechts: warm hier DN 50	TW 100 ; TWW 50
Trinkwasser-Zirkulationsleitung (DN 15)	TWZ 15
Lageangabe: links Absperrarmatur; rechts Entnahmearmatur	
Verbindung: links: lösbar; rechts unlösbar	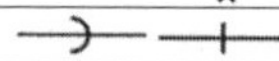
Schlauchverbindung	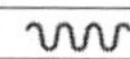
Übergang: links in der Nennweite DN 50 wird auf DN 40 reduziert; rechts Werkstoff von Stahl auf Kupfer	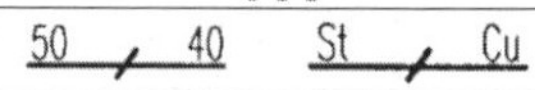
Leitungskreuz ohne Verbindung	
Abzweig: links einseitig; rechts beidseitig	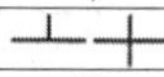
Steigleitung, dargestellt im Grundriss	
Darstellung der Richtung in Grundrissdarstellung: A: hindurchgehend B: beginnend und aufwärts/abwärts verlaufend C: von unten/oben kommend, endend	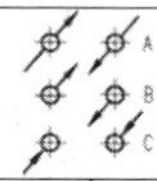
elektrische Trennung, Isolierstück	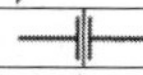
Wand- oder Deckendurchführung mit Schutzrohr	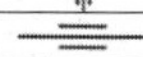
Wand- oder Deckendurchführung mit abgedichtetem Schutz-(Mantel)rohr	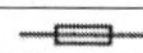
Absperrarmatur (allgemein)	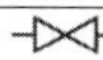
Absperrschieber	
Zwei-, Drei-, Vierwegeventil (mit Richtungshinweis)	
Durchgangshahn	
Anbohrschelle; links: seitlich; rechts: Ventilanbohrschelle von oben	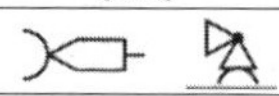
Druckminderer mit Eingangs- und Ausgangsdruck	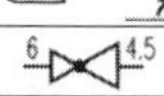
Entleerungsventil	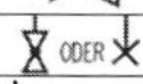
links: Wandbatterie, rechts Mischer jeweils mit Zusatzkennzeichnung	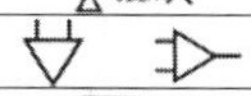
Spülkasten (hier Unterputzausführung UP)	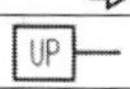
Brause (links Schlauchbrause)	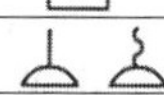
links: Rohrbe- und -entlüfter, Mitte: mit Tropfwasserableitung; rechts: Rohrbelüfter Durchflussform	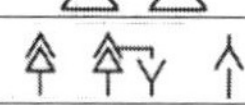
links: Rückflussverhinderer; rechts: Durchgangsventil mit Rückflussverhinderer (Fließrichtung jeweils von links nach rechts)	
freier Auslauf (Systemtrennung)	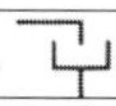
federbelastetes Sicherheitsventil	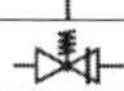
Darstellung eines allgemeinen Apparates links ohne rotierende Teile; rechts mit rotierenden Teilen; jeweils weitere Spezifizierung möglich	
links: Anzeigeinstrument; rechts Messeinrichtung	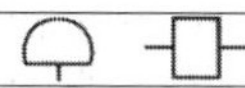
Darstellung einer Pumpe (alternativ)	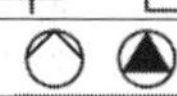
links: Wasser-Volumenzähler (WZ); rechts: Wassermengenzähler (WMZ)	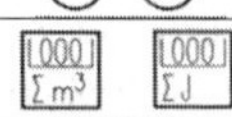
Druckerhöhungsanlage mit Angabe der Pumpenanzahl, Förderleistung und Ein- sowie Ausgangsdrücken	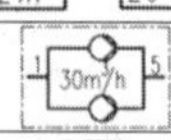
Wärmetauscher (allgemein)	
unmittelbar beheizter Trinkwassererwärmer; weitere Spezifikation durch Angabe der Energiequelle	

7 D Kanalisation

Prof. Dr.-Ing. Günther Riegler

1 Entwässerungsverfahren

Bis in die 1990er-Jahre wurde der anfallende Regenabfluss aus dem Bereich der Siedlungsfläche in die Kanalisation abgeleitet. Die Regenwasserbewirtschaftung sieht es heute als Zielvorgabe an, nur so viel Niederschlagswasser über die Kanalisation abzuleiten, wie aus wasserwirtschaftlicher Sicht erforderlich ist. Regenwasserversickerung und -nutzung ermöglichen geringere Zuflüsse in die Kanalisation.

Gegenüberstellung von Misch- und Trennverfahren

	Mischverfahren	Trennverfahren
Leitungsnetz	Nur 1 Kanal erforderlich. Meist größere Einbautiefe als beim Trennverfahren. Häufig geringere Kosten bei Sammelkanälen.	1 Kanal für Schmutzwasser, 1 Kanal für Regenwasser. Regenwasserkanal liegt über dem Schmutzwasserkanal, jedoch unter der Wasserversorgungsleitung.
Grundstücks-entwässerung	Nur 1 Grundleitung erforderlich, Gefahr durch Rückstau.	Je 1 Leitung für Schmutz- und Regenwasser, Rückstau nur im Regenwasserkanal.
Kanalbetrieb	Ablagerungen im Kanalnetz bei Trockenwetter, ggf. Spülungen erforderlich.	Ablagerungen besonders in den Anfangshaltungen der Schmutzwasserkanäle. Kanalbetrieb teurer.
Sonderbauwerke	Einbau von Regenüberläufen und/oder Regenüberlaufbecken zur Entlastung der Mischwasserkanäle. Pumpwerke werden baulich und betrieblich teurer.	Spülschächte in Schmutzwasserkanälen bei ungünstigen Gefälleverhältnissen. Gleichmäßige Beanspruchung der Schmutzwasserpumpen in Pumpwerken.
Klärwerk	Durch schwankende Zuflüsse (Mischwasser) ungleichmäßige Belastung in der Abwasserreinigung. Bei ausgebauter Regenwasserbehandlung wird mehr Schmutz in der Anlage zurückgehalten.	Betriebskosten sind ggf. geringer, da nur Schmutzwasser behandelt wird. Wird der Regenwasserabfluss nicht behandelt, werden die Gewässer dadurch höher belastet.
Gewässer	Tritt Regenüberlauf in Tätigkeit, gelangt ungereinigtes Abwasser (Mischwasser) in den Vorfluter (hygienische Gefahren). Bei Regenüberlaufbecken wird mechanisch behandeltes Mischwasser eingeleitet.	Regenwasser gelangt i. d. R. ungereinigt in den Vorfluter.
Bauaufsicht		Mehraufwand an Bauaufsicht erforderlich, um Fehlanschlüsse zu vermeiden.

Beide Verfahren können erfolgreich sein. Die Entscheidung für ein Verfahren muss die örtlichen Verhältnisse in ihrer Gesamtheit (wasserwirtschaftliche, hygienische und technische Gesichtspunkte) berücksichtigen [7.50]:

- Örtliche Gegebenheiten, Gelände- und Vorflutverhältnisse, Entwicklungstendenzen des Entwässerungsgebiets, vorhandene Kanalisationsanlagen, Vorfluterreinhaltung, Bau- und Betriebskosten für Kanalisation und Klärwerk.

Ist die Entscheidung für ein Verfahren nicht eindeutig, sollte das Mischverfahren bevorzugt werden. Das Mischverfahren eignet sich in kleinen, landwirtschaftlich geprägten Gemeinden und in Stadtkerngebieten bei dichter Bebauung, das Trennverfahren in reinen Wohngebieten, geschlossenen Industriegebieten und in schmalen Entwässerungsgebieten längs eines Wasserlaufes. Auch bei geringer Siedlungsdichte (z. B. ländlicher Raum) bietet sich das Trennverfahren an. Hierbei gilt: Versickerung des Regenwassers am Entstehungsort, soweit es die Bodenverhältnisse und der Verschmutzungsgrad zulassen. Ist Versickerung nicht möglich, ist das Regenwasser über offene Entwässerungseinrichtungen (Mulden, Gräben, Teiche) dem Gewässer zuführen. Verschmutztes Regenwasser ableiten oder ggf. am Entstehungsort behandeln.

Sonderverfahren: Regenwasser oder Teile davon werden unmittelbar verwertet oder versickert.

1. Trennung von Entwässerungszonen in: a) verschmutztes Regenwasser, b) nicht schädlich verunreinigtes Regenwasser (ATV A 138).
1.1. Modifiziertes Trennverfahren: Schmutzwasserableitung erfolgt im Schmutzwasserkanal; Regenwasser aus a) wird abgeleitet, Regenwasser aus b) wird zur Versickerung gebracht.
1.2. Modifiziertes Mischverfahren: Regenwasser aus b) wird versickert, Schmutzwasser und Regenwasser aus a) werden abgeleitet.
2. Druck- und Unterdruckentwässerung: Anwendung zur Ableitung von Schmutzwasser im Trennverfahren bei mit Freispiegelkanälen schwierig zu entwässernden Gebieten (A 116).

2 Abwasseranfall

2.1 Trockenwetterabfluss $Q_T = Q_S + Q_F = Q_H + Q_G + Q_I + Q_F$

2.1.1 Häusliches Schmutzwasser Q_H

Der Schmutzwasseranfall häuslicher Herkunft kann in etwa der Trinkwasserabnahme gleichgesetzt werden. Zu berücksichtigen sind Minderung (Verwendung des Trinkwassers in größerem Umfang für Bewässerung) und Mehrung (Ableitung von Wasser aus Privatbrunnen). Die Kanalleitungen sind nach dem maximalen stündlichen Abfluss zu bemessen.

Der Schmutzwasserlastwert w_S soll auch bei kleineren Orten nicht unter 150 l/(E · d) angenommen werden.

Schmutzwasser aus Gemeinschaftseinrichtungen

Beherbergungsstätten, Internate (je nach Ausstattung)	1 Bett	= 1 E bis 3 E
Camping- und Zeltplätze	2 Personen	= 1 E
Fabriken, Werkstätten ohne Küchenbetrieb	2 Betriebsangehörige	= 1 E
Bürohäuser	3 Betriebsangehörige	= 1 E
Gaststätten ohne Küchenbetrieb	3 Plätze	= 1 E
Gaststätten mit Küchenbetrieb und höchstens dreimaliger Ausnutzung eines Sitzplatzes in 24 Stunden; je weitere dreimalige Ausnutzung / 24 h	1 Platz	= 1 E + je 1 E
Gartenlokale ohne Küchenbetrieb	10 Plätze	= 1 E
Vereinshäuser ohne Küchenbetrieb	5 Benutzer	= 1 E
Sportplätze ohne Gaststätte und Vereinshaus	30 Besucherplätze	= 1 E
In Krankenanstalten mit weniger als 200 Betten können gelten:		
1 Krankenbett		= 2,5 E
1 Angehöriger des ständig anwesenden Personals		= 1 E
(nicht ständig anwesendes Personal bleibt unberücksichtigt)		

Die Bandbreite der Anhaltswerte umfasst örtliche und strukturelle Besonderheiten, normale tägliche, monatliche und jährliche Schwankungen. Genauer ist es, die Daten vor Ort zu verifizieren. Der stündliche Spitzenabfluss wird bezogen auf den mittleren Tagesabfluss $Q_{d,m}$ in m³/d. Mit Hilfe des Stundensatzes x ergibt sich dafür folgende Schreibweise: $Q_d/x = Q_x = x$-Stunden-Mittel in m³/h; z. B. $Q_d/10 = Q_{10}$ = 10-Stunden-Mittel des Abflusses.

Anhaltswerte für den Schmutzwasserlastwert und max. Stundenabfluss

Einwohnerzahl EZ E	Schmutzwasserlastwert w_S l/(E · d)	Stundensatz x h/d	max. Stundenabfluss $Q_{S,x}$ m³/h
< 10 000	um 150	etwa 8	Q_8
10 000 bis 20 000	etwa 150 (180)	etwa 10	Q_{10}
20 000 bis 50 000	150 bis 200 (220)	12–4	Q_{12} bis Q_{14}
50 000 bis 100 000	150 bis 220 (250)	etwa 14	Q_{14}
> 100 000	180 bis 250 (300)	14–16	Q_{14} bis Q_{16}

Spezifische Werte für den Schmutzwasseranfall werden unter Berücksichtigung der spezifischen Wasserbedarfswerte, vgl. S. 7.29, ermittelt.

Bei einheitlicher Bebauung kann der häusliche Schmutzwasserabfluss mit Hilfe der Schmutzwasserabflussspende ermittelt werden:

$$Q_H = q_H \cdot A_{E,k}$$

Q_H häuslicher Schmutzwasserabfluss in l/s
q_H häusliche Schmutzwasserabflussspende in l/(s · ha)
$A_{E,k}$ kanalisierte Einzugsfläche in ha

Nach (A 118) kann die Ermittlung von Q_H wie folgt empfohlen:

$$Q_H = (q'_H \cdot ED \cdot A_{E,k}) : 1000$$

q'_H einwohnerspezifischer häuslicher Schmutzwasserabfluss in l/(s · 1000 E)
ED Siedlungsdichte im Einzugsgebiet in E/ha

Richtwert: q'_H = 4-5 l/(s · 1000 E); höhere Werte sind zu hinterfragen.

Häufig verwendete spezifische Schmutzwasserabflussspenden sind q'_S = 0,005 l/(s · ha) für Kanalnetze und 0,004 l/(s · ha) für Abwasserreinigungsanlagen.

Richtwerte:

- Bei einem Schmutzwasserlastwert von 150 l/(E · d) und einem Stundensatz x von 8 Stunden pro Tag ergibt sich bei 1000 Einwohnern ein Schmutzwasserabfluss von etwa 5,2 l/s.
- Bei einer Siedlungsdichte von ED 22 E/ha und q'_H = 5,0 l/s Schmutzwasser auf 1000 Einwohner beträgt die Schmutzwasserabflussspende q_H = 1,0 l/(s · ha).
- Siedlungsdichte: ländliche Gebiete, lockere Bebauung: ED = 20 E/ha; Stadtzentren: ED bis zu 200 (300) E/ha.
- w_S = (80 bis 200) l/(E · d), entspricht zzt. dem mittl. Wasserverbrauch der Bevölkerung inkl. Kleingewerbe.

Beispiel:

Gegeben: Siedlungsdichte ED = 100 E/ha (Bruttowohndichte)
Schmutzwasserlastwert w_S = 150 l/(E · d)

Gesucht: Schmutzwasserabflussspende q_H für Q_{12}

Lösung:
$$q_H = \frac{100\ \text{E/ha} \cdot 150\ \text{l/(E·d)}}{12\ \text{h/d} \cdot 3600\ \text{s/h}} = 0{,}35\ \text{l/(s·ha)}$$

2.1.2 Gewerbliches und industrielles Schmutzwasser Q_G; Q_I

Der Wasserbedarf und somit Schmutzwasserabfall des Kleingewerbes ist relativ gering (etwa 2 bis 5 % der städtischen Wasserabnahme). Er kann im Normalfall zusammen mit dem häuslichen Schmutzwasseranfall erfasst werden. In besonderen Fällen: separat ausweisen.

Der Wasserbedarf der Industrie wird bestimmt durch die Produktionsverfahren. Mögliche stündliche tägliche und jahreszeitliche Schwankungen sind zu berücksichtigen. Oft ist der Wasserbedarf des Betriebes größer als die abgeleitete Schmutzwassermenge. Abweichungen sind möglich, wenn Rohstoffe mit hohem Wassergehalt zu trockenen Endprodukten verarbeitet werden (z. B. Nahrungsmittelindustrie, Früchteverarbeitung). Industrielles Schmutzwasser wird nicht in die Schmutzwasserabflussspende eingerechnet, sondern als Einzelabfluss in die Berechnung aufgenommen.

Ansätze für den Wasserbedarf und Abwasseranfall verschiedener Gewerbe- und Industriebetriebe sind immer am speziellen Fall abzugleichen.

Bei geplanten Gewerbe- und Industriegebieten können folgende Schmutzwasserabflussspenden empfohlen werden, wenn nichts genaueres bekannt ist:

Betriebe mit geringem Wasserverbrauch $q_{G,I}$ = 0,2–0,5 l/(s · ha),

Betriebe mit mittlerem bis hohem Wasserverbrauch $q_{G,I}$ = 0,5–1,0 l/(s · ha).

In den Zahlenangaben für $q_{G,I}$ ist Kühlwasser nicht enthalten.

Gewerblicher und industrieller Schmutzwasserabfluss: $Q_{G,I} = q_{G,I} \cdot A_{E,k}$ in l/s

2.1.3 Fremdwasser Q_F

Mit Fremdwasser bezeichnet man in der Kanalisation abfließendes Wasser, das weder durch häuslichen, gewerblichen, industriellen, landwirtschaftlichen oder sonstigen Gebrauch in seinen Eigenschaften verändert worden, ist noch bei Niederschlägen von bebauten oder befestigten Flächen gesammelt und gezielt eingeleitet wurde. Fremdwasser erfordert aufgrund seiner Qualität

keine Abwasserbehandlung, erschwert diese bzw. belastet aufgrund seiner Menge Abwasseranlagen unnötig und ist unter dem Aspekt des Gewässerschutzes unerwünscht. Es fällt z. B. als Drän-, Quell-, Bachwasser sowie als der Kanalisation zufließendes Oberflächenwasser (z. B. über Schachtabdeckungen, Fehleinleitungen) an. Der Fremdwasseranfall kann jahreszeitlich sehr unterschiedlich sein! Die Zulässigkeit der Einleitung von Drän-, Quell- und Bachwasser in Regenwasserkanäle ist im Einzelfall zu überprüfen.
Fremdwasser wird quantifiziert mit dem

Fremdwasseranteil $FWA = \dfrac{\text{Fremdwasserabfluss } Q_F}{\text{Trockenwetterabfluss } Q_T} \cdot 100\ \%$ und als

Fremdwasserzuschlag $FWZ = \dfrac{\text{Fremdwasserabfluss } Q_F}{\text{Schmutzwasserabfluss } Q_S} \cdot 100\ \%$

Bei unzureichenden Kenntnissen kann Q_F pauschal mit dem Fremdwasserzuschlag FWZ als Vielfaches des Schmutzwasserabflusses abgeschätzt werden: $Q_F = FWZ\,(Q_H + Q_G + Q_I)$; $FWZ = 0{,}1\text{-}1{,}0$ (in begründeten Fällen auch > 1,0). Der Fremdwasseranteil ist bei der Rohrdimensionierung von Regen- u. Mischwasserkanälen i. d. R. nicht bemessungsrelevant. Er ist aber von Bedeutung für die Bemessung von Schmutzwasserkanälen, Sonderbauwerken und entlasteten Hauptsammlern. Wenn weder Messungen vorliegen noch durchgeführt werden können, darf in Abhängigkeit von den Grundwasserverhältnissen und dem Kanalzustand in Misch- und Trennverfahren für Fremdwasser bezogen auf die undurchlässige Fläche mit $q_F \leq 0{,}15$ l/(s · ha) gerechnet werden: $Q_F = q_F \cdot A_{E,k}$. Bei der Bemessung der Klärwerke ist Fremdwasser gesondert anzusetzen.

Schmutzwasserkanäle im Trennverfahren sollten mit zusätzlichem Ansatz für eindringendes Regenwasser mit $q_{r,T} = 0{,}2\text{–}0{,}7$ l/(s · ha) bemessen werden.

2.2 Ermittlung des Regenabflusses

2.2.1 Regenabfluss Q_R

Regenabflüsse sind um ein Vielfaches größer als Schmutzwasserabflüsse. Bei Mischwasserkanälen hat der Schmutzwasserabfluss für die Bemessung der Leitungen nur eine Bedeutung bei der Berechnung der Teilfüllung bei Trockenwetter (Trockenwetterabfluss $Q_T = Q_S + Q_F$ in l/s). Feste atmosphärische Niederschläge (Hagel, Schnee) sind nicht bemessungsrelevant.

$$Q_R = \psi \cdot r_{D(n)} \cdot A_{E,k} = q_R \cdot A_{E,k}$$

Q_R	Regenabfluss in l/s	$r_{D(n)}$	Regenspende in l/(s · ha)
ψ	Abflussbeiwert (dim $\psi = 1$)	$q_R = \psi \cdot r_{D(n)}$	Regenabflussspende in l/(s · ha)
		$A_{E,k}$	kanalisierte Einzugsfläche in ha

2.2.2 Regenspende *r*

Für die Bestimmung der Regenspende dient die Regenstärke *i*.

$i = h_R / D$ in mm/min — h_R Regenhöhe in mm — D Regendauer in min

Aus der Regenstärke *i* kann die Regenspende *r* in l/(s · ha) abgeleitet werden:

$r = 166{,}67 \cdot i$ in l/(s · ha)

Die statistische Auswertung langjähriger Beobachtungen führt zur Aufstellung von Regenreihen. Sie geben für eine bestimmt Häufigkeit *n* den Zusammenhang zwischen der Regenspende *r* und der Regendauer bzw. Dauerstufe *D* an. Die Regenhäufigkeit ist $n = 1/T$, also der Kehrwert der Wiederkehrzeit *T*.

Die Regenhäufigkeit *n* gibt an, wie oft bei gegebener Regendauer eine Regenspende in einem Jahr erreicht oder überschritten wird. Man benennt mit

$n = 2\ a^{-1}$ einen Regen, der in einem Jahr zweimal ($T = 0{,}5$) und mit
$n = 0{,}5\ a^{-1}$ einen Regen, der in zwei Jahren einmal erreicht oder überschritten wird ($T = 2$).

Für eine Regenspende von 135 l/(s · ha) mit einer Dauerstufe von D = 10 Minuten und einer definierten Häufigkeit von $n = 0{,}5\ a^{-1}$ schreibt man: $r_{D(n)} = r_{10(0,5)}$ = 135 l/(s · ha).

Regenreihen für *n* = 1 (Daten aus KOSTRA [7.51])

	D in min	5	10	15	30	60	90	120
Nordwestdeutschland (Oldenburg)	*r* in l/(s · ha)	135	113	97	69	43	31	25
Nordost-/Mitteldeutschl. (Magdeburg)		157	124	103	68	40	30	24
Westdeutschland (Köln)		149	122	103	70	43	31	25
Sachsen (Dresden)		170	136	114	76	46	34	28
Südwestdeutschland (Karlsruhe)		192	143	114	71	40	31	25
Süddeutschland (München)		199	158	131	86	51	39	32

Richtwerte:

- Regenstärke i = 1 mm/min = Regenspende r = 166,67 l/(s · ha)
- Regenspende r = 100 l/(s · ha) = Regenstärke i = 0,6 mm/min
- Regenstunden 800 h/a bis 1000 h/a
- Regenhöhe h_N = 1 mm = 1 l/m² = 10 m³/ha

2.2.3 Zeitbeiwert

Nach *Reinhold* gilt für Deutschland folgende Beziehung zwischen Regenspende, Regendauer und Regenhäufigkeit und wird der dimensionslose Zeitbeiwert φ definiert:

$$r_{D(n)} = \varphi_{D(n)} \cdot r_{15(n=1)} \text{ in l/(s · ha) mit dem Zeitbeiwert } \varphi = \frac{38}{D+9}(n^{-0,25} - 0{,}369);\ dim\ \varphi = 1$$

Annähernd gilt: $\varphi = \dfrac{24}{n^{0,35}(D+9)}$; dim $\varphi = 1$ (genaue Werte siehe Tabelle auf Seite 7.46)

Während die realen Regenspenden $r_{D(n)}$ für konstante D und n örtlich veränderlich sind, ist der *Reinhold'sche* Zeitbeiwert φ eine gleichbleibende Funktion.

Die bisher mit dem Zeitbeiwert ermittelte Regenspende $r_{D(n)}$ kann nun auch aus den Daten des Deutschen Wetterdienstes (DWD) bzw. örtlichen Niederschlagsdaten und -auswertungen gewonnen werden. Mit dem Programm KOSTRA-DWD 2000 ist eine Zugänglichkeit zu ortsspezifischen Niederschlagshöhen und Regenspenden unterschiedlicher Dauerstufen D und Wiederkehrzeiten $T = 1/n$ gegeben.

Auszug aus KOSTRA-digital: Niederschlagsdaten für Frankfurt am Main

	T	0,5	1	2	5	10	20
	n	2	1	0,5	0,2	0,1	0,05
D	*r*	l/(s · ha)	l/(s · ha)	l/(s · ha)	l/(s · ha)	l/(s · ha)	l/(s · ha)
5	min	118,7	179,5	240,4	320,8	381,6	442,5
10	min	99,3	139,4	179,4	232,4	272,4	312,4
15	min	82,5	113,9	145,2	186,7	218,1	249,4
20	min	69,9	96,3	122,7	157,5	183,9	210,2
30	min	52,9	73,6	94,2	121,5	142,1	162,8
45	min	38,2	54,3	70,5	91,8	108,0	124.2
60	min	29,5	43,1	56,6	74,6	88,2	101,8
90	min	21,3	31,8	40,8	53,6	63,3	73,0
120	min	16,9	24,6	32,3	42,4	50,1	57,7
180	min	12,3	17,7	23,7	30,5	35,9	41,4
240	min	9,7	14,1	18,4	24,1	28,4	32,7

Beispiel: 1. Gegeben: $r_{15(n=1)}$ = 100 l/(s · ha) Gesucht: $r_{90(n=0,5)}$ = ?

Lösung: $r_{90(n=0,5)} = \varphi_{90(n=0,5)} \cdot r_{15(1)}$ = 0,318 · 100 l/(s · ha) = 31,8 l/(s · ha)

2. Gegeben: $r_{20(n=0,5)}$ = 95 l/(s · ha) Gesucht: $r_{20(n=2)}$ = ?

Lösung:

$$r_{15(1)} = \frac{r_{20(n=0,5)}}{\varphi_{20(n=0,5)}} = \frac{r_{20(n=2)}}{\varphi_{20(n=2)}}$$

$$r_{20(n=2)} = \frac{r_{20(n=0,5)} \cdot \varphi_{20(2)}}{\varphi_{20(n=0,5)}} = \frac{95 \cdot 0{,}62}{1{,}07}\ \text{l/(s·ha)} = 55{,}05\ \text{l/(s·ha)}$$

Zeitbeiwert φ nach Reinhold

Regendauer D in min	Häufigkeit n in a^{-1} ($n = 1/T$) $n = 0{,}1$	$n = 0{,}2$	$n = 0{,}3$	$n = 0{,}5$	$n = 1{,}0$	$n = 2{,}0$	$n = 3{,}0$
5	3,824	3,056	2,665	2,226	1,713	1,281	1,061
10	2,818	2,252	1,964	1,640	1,262	0,944	0,782
15	2,230	1,783	1,555	1,298	1,000	0,747	0,619
20	1,846	1,475	1,587	1,074	0,827	0,618	0,512
30	1,372	1,097	0,957	0,799	0,615	0,460	0,381
50	0,907	0,725	0,632	0,528	0,406	0,304	0,252
80	0,602	0,481	0,419	0,350	0,269	0,202	0,167
100	0,491	0,393	0,342	0,286	0,220	0,165	0,136
150	0,337	0,269	0,235	0,196	0,151	0,113	0,093

2.2.4 Bemessungsregenspende

Aus wirtschaftlichen Gründen werden Kanalleitungen nicht nach dem ungünstigsten zu erwartenden Regen bemessen, sondern für eine vertretbare Regenspende mit zugehöriger Regendauer und Regenhäufigkeit. Man bezeichnet diese festzulegende Regenspende als Bemessungsregenspende $r_{D(n)}$. Man nimmt dabei in Kauf, dass bei Überschreiten der Bemessungsregenspende Überlastungen (Wasserspiegel über Kanalscheitel) des Kanalnetzes auftreten. Es ist zu prüfen, inwieweit Überstau (Wasserspiegel bis zur Geländeoberkante GOK) oder gar Überflutungen (Wasseraustritt über Gelände) zu bewerten sind.

Maßgebende kürzeste Regendauer *D*

Neigungsgruppe NG	1		2	3	4	
mittlere Geländeneigung I_G in %	< 1		1 bis 4	> 4 bis 10	> 10	
befestigter Flächenanteil in %	≤ 50	> 50			≤ 50	> 50
Regendauer D in min	15	10	10	10	10	5

Regendauer D ist die Zeit, unterhalb derer definitionsgemäß mit fester Bemessungsregenspende gerechnet wird.

Die Bemessungsgröße Regenhäufigkeit n soll bei anspruchvollen Aufgaben ersetzt werden durch die Bemessungsgröße Überstauhäufigkeit $n_ü$ als Kriterium zur Bemessung von Kanalnetzen. Werden bei Kanalnetzen Wasserspiegellagen über dem Kanalscheitel zugelassen, so ändern sich die Sicherheiten gegen Überflutungen nicht unwesentlich. Wird statt der Regenhäufigkeit n die Überstauhäufigkeit $n_ü$ des Kanals ermittelt, so sind Langzeitsimulationen anzuwenden.

Empfohlene Bemessungshäufigkeit *n* für den Entwurf (DIN EN 752-4)

Ort	Bemessungs-regenhäufigkeit[1] n in a^{-1}	Überflutungs-häufigheit[2] $ü$ in a^{-1}
Ländliche Gebiete	1	0,10
Wohngebiete	0,5	0,05
Stadtzentren, Industrie-, oder Gewerbegebiete		
a) mit Überflutungsprüfung	0,5	0,033
b) ohne Überflutungsprüfung	0,2	-
Unterirdische Verkehrsanlagen, Unterführungen	0,1	0,02

[1] Gilt für Bemessung ohne Nachweisführung (Neuplanung), Anwendung von Fließzeitverfahren; beim Bemessungsregen dürfen keine Überlastungen auftreten.

[2] Anwendung bei Abflusssimulationsmodellen (größere Entwässerungssysteme). Anforderungen der zuständigen Stellen an die Überflutungshäufigkeit sind einzuhalten. Werden keine Überflutungshäufigkeiten vorgegeben, sollten die Werte der Tabelle angewendet werden.

Wird die örtlich zulässige Überstauhäufigkeit überschritten, ist eine hydraulische Sanierung des Kanalnetzes abzuwägen. Nach der europäischen Normung kann mit einem Überflutungsnachweis gerechnet werden. In Deutschland wird als Überflutung ein Zustand angesehen, bei dem ein Wasserstand auf der Geländeoberfläche auftritt. Schäden werden dann wahrscheinlich. Ein Überflutungsnachweis stellt eine verbesserte Überprüfung des Kanalnetzes dar. Hierfür sind Berechnungsprogramme unerlässlich.

Empfohlene Überstauhäufigkeit $n_ü$ bei Neuplanungen bzw. nach Sanierung (A 118)

(hier: Bezugsniveau Geländeoberkante)

Ort	$n_ü$ in a^{-1}	Ort	$n_ü$ in a^{-1}
Ländliche Gebiete	0,5	Stadtzentren, Industrie-/Gewerbegebiete	≤ 0,2
Wohngebiete	0,33	Unterirdische Verkehrsanlagen, Unterführungen	≤ 0,1

Bei Unterführungen ist zu beachten, dass bei Überstau über Gelände i. d. R. unmittelbar eine Überflutung einhergeht, sofern nicht besondere örtliche Sicherheitsmaßnahmen bestehen.

2.2.5 Abflussbeiwert

Der auf die Oberfläche fallende Regen kommt nur zum Teil zum Abfluss. Es gibt Abflussverluste durch Verdunstung, Versickerung, Auffüllen der Mulden, Benetzung der Oberfläche.
Die Regenabflussspende ist deshalb nur ein Teil der Regenspende.

$$q_R = \psi \cdot r_{D(n)} \text{ in l/(s} \cdot \text{ha)}$$

mit ψ = Abflussbeiwert ($0 \leq \psi \leq 1$)

In der Kanalisationstechnik wird mit festen Abflussbeiwerten gerechnet. Es werden unterschieden:

Spitzenabflussbeiwert: $$\psi_s = \frac{\text{max. Regenabflussspende in l/(s} \cdot \text{ha)}}{\text{zugehörige Regenspende in l/(s} \cdot \text{ha)}}; \quad \dim \psi_s = 1$$

Der Spitzenabflussbeiwert ψ_s ist i. d. R. maßgeblich für die Bemessung von Regenwasserkanälen und von Regenwasserpumpwerken.

Gesamtabflussbeiwert: $$\psi_m = \frac{\text{Regenabflusssumme } VQ_r \text{ in m}^3}{\text{Regensumme } VR \text{ in m}^3}; \quad \dim \psi_m = 1$$

Der Gesamtabflussbeiwert ψ_m ist von Bedeutung für die Bemessung von Stauräumen, Regenrückhaltebecken und Regenwasserpumpwerken mit Stauraum.

Spitzenabflussbeiwerte ψ_s

Art und Beschaffenheit der Auffangflächen	ψ_s
Metall- und Schieferdächer	0,95 bis 0,90
Gewöhnliche Dachziegel und Dachpappe	0,90 bis 0,90
Asphaltstraßen und Fußwege (dichte Oberfläche)	0,85 bis 0,90
Fugendichtes Pflaster aus Stein oder Holz	0,75 bis 0,90
Reihenpflaster ohne Fugenverguss	0,25 bis 0,60
Schotterstraßen wassergebunden und Kleinsteinpflaster	0,25 bis 0,60
Kieswege	0,15 bis 0,30
Unbefestigte Flächen, Bahnhöfe	0,10 bis 0,20
Park- und Gartenflächen	0,05 bis 0,10

Bei einem gleichmäßig versiegeltem Gebiet lässt sich ein mittlerer Spitzenabflusswert $\psi_{s,m}$ bestimmen.

$$\psi_{s,m} = \frac{\sum_1^n A_i \cdot \psi_{s,i}}{\sum_1^n A_i}$$

A_i Teilfläche, unterteilt nach Bebauung, Befestigung usw.

$\psi_{s,i}$ zur Teilfläche A_i gehöriger Abflussbeiwert

Bei größeren Ortschaften mit unterschiedlichen Quartieren müssen die $\psi_{s,m}$-Werte für jedes Quartier gesondert festgelegt werden.

Mit zunehmender Geländeneigung I_G wird ψ_s größer, sodass $0 \leq \min \psi_{s,m} \leq 0{,}4$ sein kann. In der Regel ist $\max \psi_{s,m} \leq 0{,}95$. Weitere Angaben über ψ_s findet man in ATV-A 118.

Beispiel: Ermittlung des mittleren Spitzenabflussbeiwertes $\psi_{s,m}$ für ein Teilgebiet.

Art der Teilfläche	$\psi_{s,i}$	A_i in ha	$A_i \cdot \psi_{s,i}$ in ha
Ziegeldächer	0,90	22,0	19,80
Straßen, Hofe (asphaltiert)	0,87	22,0	19,14
Kieswege	0,25	12,0	3,00
Grünflächen, Gärten	0,05	51,0	2,55
Summe		107,0	44,49
$\psi_{s,m} = 44{,}49 / 107{,}0 = 0{,}42$			

Empfohlene Spitzenabflussbeiwerte für Fließzeitverfahren (A 118)

Spitzenabflussbeiwerte ψ_s für $r_{15(n)}$ = 130 l/(s · ha) (I_G mittlere Geländeneigung)

Befestigte Fläche in %	0	10	20	30	40	50	60	70	80	90	100
$I_G < 10\ ^0/_{00}$	0,00	0,09	0,18	0,28	0,37	0,46	0,55	0,64	0,74	0,83	0,92
$10\ ^0/_{00} \le I_G \le 40\ ^0/_{00}$	0,15	0,23	0,31	0,39	0,47	0,55	0,63	0,71	0,79	0,87	0,95
$40\ ^0/_{00} < I_G \le 100\ ^0/_{00}$	0,20	0,28	0,35	0,42	0,50	0,58	0,65	0,72	0,80	0,88	0,95
$I_G > 100\ ^0/_{00}$	0,30	0,37	0,43	0,50	0,56	0,63	0,70	0,76	0,83	0,89	0,96

Spitzenabflussbeiwerte ψ_s für $r_{15(n)}$ = 100 l/(s · ha) (I_G mittlere Geländeneigung)

Befestigte Fläche in %	0	10	20	30	40	50	60	70	80	90	100
$I_G < 10\ ^0/_{00}$	0,00	0,09	0,18	0,28	0,37	0,46	0,55	0,64	0,74	0,83	0,92
$10\ ^0/_{00} \le I_G \le 40\ ^0/_{00}$	0,10	0,18	0,27	0,35	0,44	0,52	0,60	0,68	0,77	0,86	0,94
$40\ ^0/_{00} < I_G \le 100\ ^0/_{00}$	0,15	0,23	0,31	0,39	0,47	0,55	0,62	0,70	0,78	0,86	0,94
$I_G > 100\ ^0/_{00}$	0,20	0,28	0,35	0,42	0,50	0,58	0,65	0,72	0,80	0,88	0,95

In der ATV-A 118 sind Spitzenabflussbeiwerte auch für größere Regenspenden angegeben.

2.2.6 Maßgebliche Abflussgrößen

Trennsystem: Schmutzwasserkanal: $Q_{SK} = Q_T + Q_{R,Tr} = Q_S + Q_F + Q_{R,Tr}$ in l/s

Regenwasserkanal: $Q_{RK} = Q_R$ in l/s

Mischsystem: Mischwasserkanal: $Q_M = Q_T + Q_R$ in l/s

$Q_{R,Tr}$ unvermeidbarer Regenfluss im Schmutzwasserkanal im Trennsystem

Bemessungshilfen für die Dimensionierung von Kanälen findet man in den Abflusstabellen zur Bemessung von voll laufenden Kreisprofilen nach *Prandtl/Colebrook* in Abschnitt 5.

3 Niederschlagswasserversickerung (A 138)

Nicht schädlich verunreinigtes Niederschlagswasser kann durch Versickerung entsorgt werden, soweit es die örtlichen Verhältnisse zulassen. Vorteile: Entlastung der Kanalisation, Grundwasseranreicherung. Allgemeine Grundsätze zum Umgang mit Regenwasser zeigt das Merkblatt M 153 der ATV-DVWK auf.

Zentrale Versickerung: Abflüsse aus mehreren Grundstücken bzw. Einzugsgebieten werden zusammengefasst und einer gemeinsamen Versickerungsanlage zugeführt. Beispielsweise: Versickerungsbecken.

Dezentrale Versickerung: Versickerung erfolgt auf den Grundstücken, auf die der Niederschlag fällt. Man unterscheidet: Flächen-, Mulden-, Rohr-, Rigolen- und Schachtversickerung.

Unbedenklich ist die Versickerung des Niederschlagswassers aus Wohn- und vergleichbaren Gewerbegebieten. Schädlich verunreinigtes Niederschlagswasser erfordert ausreichende Vorreinigung vor Versickerung. Versickerung in besonderen Anlagen gilt als Einleitung in ein Gewässer und bedarf der wasserrechtlichen Erlaubnis. Sonderregelungen gelten in Wasserschutzgebieten (Trinkwasser- und Heilquellenschutz). Je flächenhafter die Versickerung erfolgt, desto besser ist die Reinigungswirkung, zu der besonders die belebte Bodenzone beiträgt. Günstige Randbedingungen zur Versickerung liegen vor bei Durchlässigkeitsbeiwerten $k_f = 10^{-3}$ m/s (Feinkies) bis $k_f = 10^{-6}$ m/s (schluffiger Sand).

Bemessungsgrundlagen:

Regenwasserzufluss $Q_{zu} = 10^{-7} \cdot r_{D(n)} \cdot A_u$ in m³/s

mit Regenspende $r_{D(n)}$ in l/(s · ha) und angeschlossener undurchlässiger Fläche A_u in m²

Versickerungsrate $Q_s = v_{f,u} \cdot A_s$ in m³/s mit $v_{f,u} = k_{f,u} \cdot I = 0{,}5\ k_f \cdot I$ in m/s

Man verwendet $k_{f,u} = k_f /2$ zur Berücksichtigung der Versickerung in der ungesättigten Bodenzone. Je nach Bestimmungsart des k_f-Wertes sind für die Berechnung von Versickerungsanlagen die angegebenen k_f-Werte mit dem Korrekturwert nach A 138 zu multiplizieren:

Bestimmungsmethode		Korrekturfaktor
Abschätzung nach Bodenansprache		1,0
Labormethoden	Sieblinienauswertung	0,2
	Permeameter (ungestörte Probe, vertikale Probenahme)	1,0
Feldmethoden		2

Sickerweg: hydraulisches Gefälle $I = (h_s + z) / (h_s + 0{,}5\ z)$ in m/m, mit h_s = Sohlabstand vom Grundwasser und z = Einstauhöhe in der Versickerungsanlage

Bei geringen Einstauhöhen z wird I meist 1 gesetzt.

Die Regenspenden $r_{D(n)}$ in l/(s · ha) sind für unterschiedlich lange Regendauerstufen dem KOSTRA-Datenwerk [7.51] zu entnehmen. Als Häufigkeit gilt bei dezentraler Versickerung und einfachen zentralen Anlagen $n = 0{,}2\ a^{-1}$. Die maßgebende Regendauer D führt zum größten erforderlichen Speichervolumen der Versickerungsanlage. Sie ist durch Probieren zu ermitteln.

Bei Versickerungsanlagen ohne Speichermöglichkeit (Flächenversickerung) ist $r_{D(n)} = r_{10(n)}$ zu verwenden; nur bei großen und flachen Flächen ist D = 15 min anzusetzen.

Flächenversickerung

Voraussetzung: Versickerungsfähigkeit des Bodens > zu erwartender Regenabfluss.

Anwendungsbereiche: Parkwege, Sportanlagen, unbedenkliche Hofflächen, ländliche Wege, Campingplätze. Für die Oberflächenbefestigung sind geeignet: Betongittersteine, wasserdurchlässige Pflasterung in Sandbettung und Kies- bzw. Schottertragschicht als Unterbau.

Erforderliche Versickerungsfläche $A_s = A_u /[(10^7 \cdot k_f)/(2\ r_{D(n)}) - 1]$ in m²,

wenn $k_f \geq 2 \cdot r_{D(n)} \cdot 10^{-7}$.

Für die gleichmäßige Überleitung von befestigten Flächen in unbefestigte Seitenräume z. B. Tiefbordrinnen anordnen.

Beispiel

Gegeben: $A_u = 500$ m²; $k_f = 10^{-4}$ m/s; $r_{15(1)} = 100$ l/(s · ha); $n = 0{,}2\ a^{-1}$; $D = 10$ min

Gesucht: Erforderliche Versickerungsfläche A_s in m²

Lösung: $r_{10(0,2)} = \varphi_{10(0,2)} \cdot r_{15(1)} = 2{,}252 \cdot 100$ l/(s · ha) = 225 l/(s · ha)

$A_s = 500/[(10^7 \cdot 10^{-4}) / (2 \cdot 225) - 1] = 409$ m²

Richtwerte:

- Eine Regenspende von r = 200 l/(s · ha) erfordert eine mittlere Durchlässigkeit der Oberfläche $k_f \geq 2 \cdot 10^{-5}$ m/s, wenn kein Aufstau erfolgen soll.
- Betongittersteine (durchbrochener Anteil i. d. R. 30 % bis 40 % der Fläche) erfordern Füllmaterial mit $k_f \geq 6 \cdot 10^{-5}$ m/s.
- Aufgeweitete Fugen in der Pflasterung erfordern Abstimmung zwischen Fugenfläche und Füllmaterial, sodass $k_f = 2 \cdot 10^{-5}$ m/s erreicht wird.

Muldenversickerung

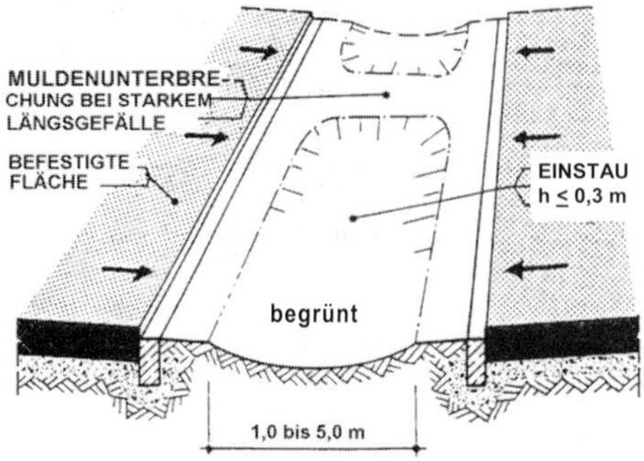

Fällt mehr Niederschlagswasser an, als in einer Flächenversickerung gleichzeitig versickern kann, so ist ein Speicherraum vorzusehen. Dieser wird in einer Mulde bereitgestellt. Die Mulde soll nach spätestens 24 h wieder leer sein.

Anwendungsbereiche: Seitenräume von Fuß- und Radwegen, Grundstücke mit wirtschaftlich ungenutzter Grünfläche sowie untergeordnete Wege und Plätze.

Mulden stellen Bodenvertiefungen dar mit einer Tiefe $h \leq 0{,}3$ m und einer Breite $b = 1{,}0$ bis 5,0 m.

Sohlebene und -linien der Mulden sollen horizontal liegend hergestellt werden.

Lange Mulden sind bei vorhandenem Geländegefälle durch Bodenschwellen zu unterbrechen.

Richtwert: Flächenbedarf 10 % (Mittel-/Feinsand) bis 20 % (schluffiger Sand bis Schluff) der angeschlossenen undurchlässigen Fläche.

Bemessung: Ermittlung des erforderlichen Muldenvolumens aus der Speicherinhaltsänderung (Zufluss – Versickerung)

$$V_s = (\Sigma Q_{zu} - \Sigma Q_s) \cdot D \cdot 60 \cdot f_z \cdot f_A = [(A_u + A_s) \cdot 10^{-7} \cdot r_{D(n)} - A_s \cdot k_f/2] \cdot D \cdot 60 f_z$$

mit V_s Speichervolumen in m³; A_s verfügbare Versickerungsfläche in m²
A_u angeschlossene undurchlässige Fläche in m²
k_f Durchlässigkeitsbeiwert der gesättigten Zone in m/s
$r_{D(n)}$ Regenspende in l/(s · ha); D Dauer des Bemessungsregens in min
f_z Zuschlagsfaktor (1,1–1,2) gem. ATV-DVWK-A117
f_A Bei dezentralen Anlagen ist der f_A-Wert wegen der kurzen Fließzeiten, bei zentralen Anlagen wegen der geringen flächenspezifischen Versickerungsraten hier 1,0.

Die Regenspende, die in Verbindung mit ihrer zugehörigen Regendauer D zum größten Speichervolumen führt, ist durch Probieren zu ermitteln.

Beispiel: unter Verwendung der KOSTRA-Regendaten für Frankfurt/Main (Seite 7.45)

Gegeben: $A_u = 300$ m²; $A_s = 37$ m²; $k_f = 10^{-5}$ m/s; $r_{180(0,2)} = 30{,}5$ l/(s · ha)

Gesucht: Speichervolumen V_s in m³; Nachweis: mittlere Einstauhöhe z_m ; Entleerungszeit

Lösung: $V_s = [(300 + 37) \cdot 10^{-7} \cdot 30{,}5 - 37 \cdot 10^{-5}/2] \cdot 180 \cdot 60 \cdot 1{,}2 = 11$ m³
bei $A_S = 37$ m² und $V_s = 11$ m ist die erf. Einstauhöhe im Mittel $z_m = 0{,}3$ m;
die Entleerungszeit ist dabei $t_e = 2 \cdot z_m / k_f = 2 \cdot 0{,}30 / 0{,}000\,01 = 16{,}7$ h < 24 h.
Andere Regen führen zu kleineren Speichervolumen.

Rigolen- und Rohrversickerung

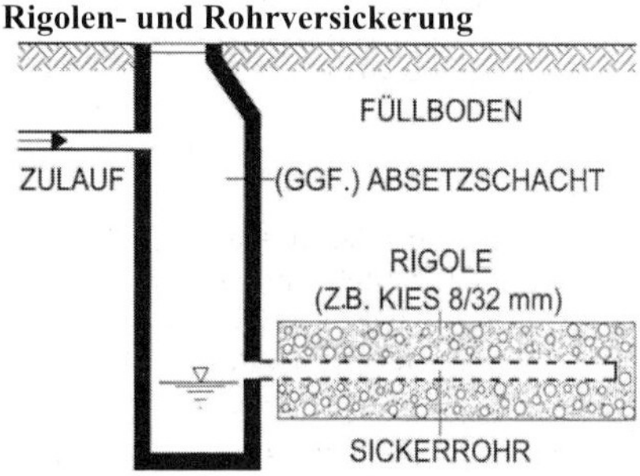

Rigole mit Sickerrohr nach DWA A 138

Bei der Rigolenversickerung wird das Niederschlagswasser in einen kiesgefüllten Graben (Rigole), bei der Rohrversickerung unterirdisch in einen in einer speicherfähigen Kiesbettung verlegten perforierten Rohrstrang geleitet, dort zwischengespeichert und in den Untergrund entsprechend der Bodenversickerungsfähigkeit abgegeben.

Anwendungsbereich: vor allem bei beengten Platzverhältnissen. Eine Kombination der Rigolen- mit Rohrversickerung und Versickerungsmulde ist möglich. Abstand zwischen Graben-

sohle (frostfreie Tiefe) und höchstem natürlichem Grundwasserstand ≥ 1 m. Rohrdurchmesser ≥ DN 300; nach Möglichkeit Vorschaltung einer geeigneten Absetzvorrichtung zum Schutz der (Rohr)-Rigole vor Verschlammung.
Die Filterstabilität gegenüber dem anstehenden Boden ist durch Kornabstufungen bzw. Geotextil sicherzustellen.
Abdeckungen von Kontrollschächten erhalten Lüftungsöffnungen oder Entlüftungshauben.
Bemessung: Man unterstellt die gleiche Betrachtung wie bei der Muldenversickerung. Es wird unterstellt, dass bei konstanter Versickerungsleistung der Wasserstand z in der Rigole keinen Einfluss auf das hydraulische Gefälle hat.
Die versickerungswirksame Breite ist $b_{R,w} = b_R + 2h/4$.
$Q_s = (b_R + 0{,}5\,h) \cdot L \cdot k_f/2$ in m³/s mit h = nutzbare Rigolenhöhe in m; L Rigolenlänge in m.
$V_s = Q_{zu} - Q_s = [A_u \cdot 10^{-7} \cdot r_{D(n)} - (b_R + 0{,}5\,h) \cdot L \cdot k_f/2] \cdot D \cdot 60 \cdot f_z$ in m³
Allgemein gilt: $V_s = b_R \cdot h \cdot L \cdot s$ in m³
Speicherkoeffizient s_R = bei Kiesfüllung z. B. 33 % (Porenziffer n_P); bei Rohrrigolen wird zusätzlich der Innenraum des Rohres berücksichtigt: $s_{RR} = s_R/(b_R \cdot h) \cdot [b_R \cdot h + \pi/4\,(d_i^2/s_R - d_a^2)]$
Innendurchmesser des Rohres d_i in m; Außendurchmesser d_a in m; n_p = (30 bis 40) %
Bei Vorgabe des Rigolenquerschnitts ist die erforderliche Länge

$$L = \frac{A_u \cdot 10^{-7} \cdot r_{D(n)}}{\frac{b_R \cdot h \cdot s_{RR}}{D \cdot 60 \cdot f_z} + (b_R + \frac{h}{2}) \cdot \frac{k_f}{2}} \quad \text{in m}$$

Die Regenspende r, die in Verbindung mit ihrer Dauer D zum größten Rigolenvolumen (max. Länge) führt, ist durch Probieren zu ermitteln. n ist bei dezentralen Anlagen 0,2 a⁻¹.

Beispiel: unter Verwendung der KOSTRA-Regendaten für Frankfurt/Main (Seite 7.45)
Gegeben: A_u = 3000 m²; $k_f = 5 \cdot 10^{-5}$ m/s; b = 1 m; h = 1,5 m; $r_{60(0,2)}$ = 74,6 l/(s · ha); n = 0,2 a⁻¹
Gesucht: Rigolenlänge L in m ohne Versickerungsrohr; Kiesrigole $n_P = s_R$ = 33 %
Lösung: Für Frankfurter Regen (s. S. 7.45) wird L maximal mit $r_{60(0,2)}$ = 74,6 l/(s · ha):

$$L = \frac{3000 \cdot 10^{-7} \cdot 74{,}6}{\frac{1{,}0 \cdot 1{,}5 \cdot 0{,}33}{60 \cdot 60 \cdot 1{,}2} + (1{,}0 + \frac{1{,}5}{2}) \cdot \frac{0{,}00005}{2}} = 141{,}3 \text{ m}$$

Andere Regenspenden r führen zu geringeren Speichervolumen und Rigolenlängen.
Kann diese Länge nicht untergebracht werden, so bietet es sich an, eine Rohrrigole auszuführen:
Gesucht: Rigolenlänge L in m mit perforiertem Rohr DN 800, Wandstärke d = 0,05 m in Kiespackung $n_P = s_R$ = 33 %
Lösung: $s_{RR} = s_R/(b_R \cdot h) \cdot [b_R \cdot h + \pi/4\,(d_i^2/s_R - d_a^2)]$
$= 0{,}33/(1{,}0 \cdot 1{,}5) \cdot [1{,}0 \cdot 1{,}5 + \pi/4\,(0{,}8^2/0{,}33 - 0{,}9^2)] = 53\ \%$
Für Frankfurter Regen (s. S. 7.45) wird L maximal mit $r_{60(0,2)}$ = 74,6 l/(s · ha):

$$L = \frac{3000 \cdot 10^{-7} \cdot 74{,}6}{\frac{1{,}0 \cdot 1{,}5 \cdot 0{,}53}{60 \cdot 60 \cdot 1{,}2} + (1{,}0 + \frac{1{,}5}{2}) \cdot \frac{0{,}00005}{2}} = 98{,}3; \text{ gewählt} \approx 99 \text{ m}$$

Mulden-Rigolenelement

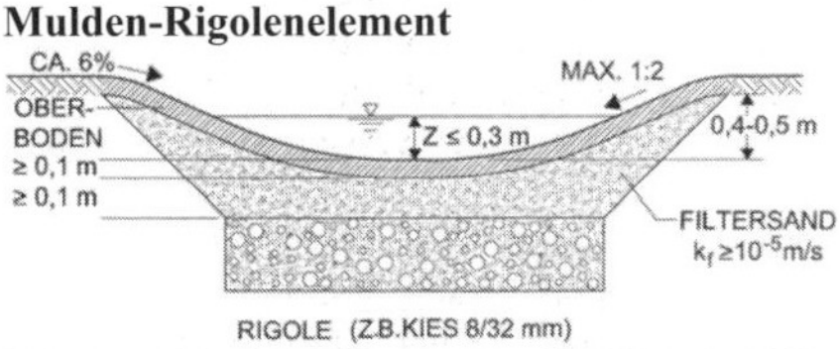

Mulden-Rigolen-Element nach DWA A 138

Die Rigole wird unter der Mulde angeordnet. Der Muldenboden besteht aus einer mindestens 10 cm mächtigen belebten Oberbodenschicht ($k_f \geq 10^{-5}$ m/s) mit der darunter liegenden Sandfilterschicht (d > 10 cm und $k_f \geq 1 \cdot 10^{-4}$). Zuerst wird die Mulde bemessen. Das Gesamtvolumen des Mulden-Rigolenspeichers berechnet sich ähnlich dem einer Rigole zuzüglich der

Abfluss liefernden Muldenoberfläche sowie dem gedrosselten Abfluss in die Rigole.
Bemessung: $V_{MR} = [(A_u + A_{s,M}) \cdot 10^{-7} \cdot r_{D(n)} - (b + h/2) \cdot L \cdot k_f/2 - Q_{dr}] \cdot D \cdot 60 \cdot f_z$ in m²
mit $A_{s,M}$ Muldenfläche und b, h Breite bzw. Höhe der Rigole.
Das Rigolenvolumen ist dann $V_R = V_{MR} - V_M$ mit V_M = Muldenspeichervolumen in m³.

Die Länge der Rigole ist dann: $$L = \frac{(A_u + A_{s,M}) \cdot 10^{-7} \cdot r_{D(n)} - Q_{dr} - \dfrac{V_M}{D \cdot 60 \cdot f_z}}{\dfrac{b_R \cdot h \cdot s_{RR}}{D \cdot 60 \cdot f_z} + \left(b_R + \dfrac{h}{2}\right) \cdot \dfrac{k_f}{2}} \text{ in m.}$$

Die Drosselabflussspende der Rigole Q_{dr} wird nur bei Rigolen mit Ableitungsmöglichkeit angesetzt. Die Rigolenlänge L wird für unterschiedliche Regendauerstufen und zugehörige Regenspenden berechnet, bis die maximale Länge gefunden wird.
Die Muldenabmessungen werden dann auf die Rigole abgestimmt. Länge Mulde = Länge Rigole; Nachweis Einstauhöhe z der Mulde $\leq$ 30 cm.

Schachtversickerung

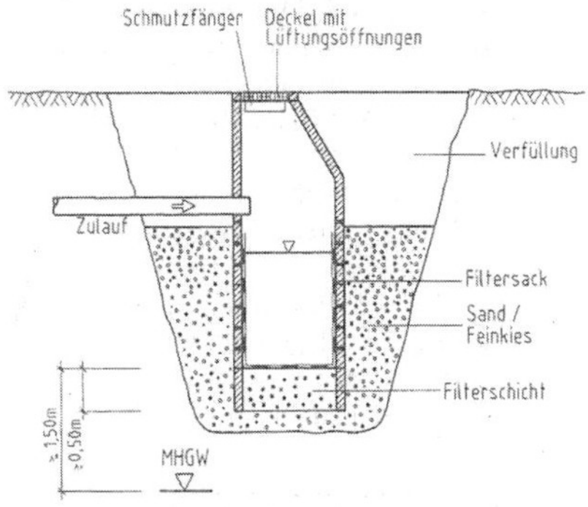

Sickerschacht TYP A (ATV-DVWK A 138)

Schächte bieten die Möglichkeit, auf kleinster Fläche Niederschlagswasser zu versickern. Die Versickerungsrate ist begrenzt durch die Abmessungen der Schachtringe und durch die Tiefenbeschränkung (Sohle des Stauraumes $\geq$ 1,5 m bis zum mittleren Hochwasserstand des Grundwassers). Es kommen vorwiegend Schachtdurchmesser über 1 m zur Anwendung. Im Stauraum ist ein Geotextil gegen Verstopfung der Filterkiesschicht außerhalb des Schachtes anzubringen. Im Sohlbereich des nach unten offenen Schachtes ist eine Sandfilterschicht einzubringen, die zur Reinigung ausgetauscht werden kann. Vorschalten eines Absetzschachtes verringert die Belastung des Versickerungsschachtes mit Feststoffen. Die Schächte können leicht kontrolliert und gesäubert werden.
Die wirksame Versickerungsfläche $A_s = \pi \, (d_a^2/4 + d_a \cdot z/2)$

mit d_a Schachtaußendurchmesser in m und z Einstauhöhe über Schachtsohle in m.

Die Bemessung erfolgt über die Speicheränderung (Zufluss – Versickerung):
$V_s = (A_u \cdot 10^{-7} \cdot r_{D(n)} - A_s \cdot k_f/2) \cdot D \cdot 60 \cdot f_z$ mit dem Speichervolumen $V_s = \pi \cdot d_i^2/4 \cdot z$

wird nach Umformung die Einstauhöhe $$z = \frac{A_u \cdot 10^{-7} \cdot r_{D(n)} - \dfrac{\pi \cdot d_a^2}{4} \cdot \dfrac{k_f}{2}}{\dfrac{d_i^2 \cdot \pi}{4 \cdot D \cdot 60 \cdot f_z} + \dfrac{d_a \cdot \pi \cdot k_f}{4}}$$

Diese eingebaute Filterschicht darf die berücksichtigte Versickerungsrate des Untergrundes nicht einschränken: erf. $k_{f,\text{Filterschicht}} > (d_a^2 + 2\, z \cdot d_a) \cdot k_{f,\text{Untergrund}} / d_i^2$.

Beispiel: Unter Verwendung der KOSTRA-Regendaten für Frankfurt/Main (Seite 7.45) ist gegeben: A_u = 150 m²; $k_f = 5 \cdot 10^{-4}$ m/s; d_i = 1,5 m; d_a = 1,8 m; $r_{15(0,2)}$ = 186,7 l/(s · ha)
Gesucht: Einstauhöhe im Schacht und erforderliches Schachtvolumen
Lösung: Für Frankfurter Regen (s. S. 7.45) wird L maximal mit $r_{10(0,2)}$ = 186,7 l/(s · ha):

$$z = \frac{150 \cdot 10^{-7} \cdot 186{,}7 - \dfrac{\pi \cdot 1{,}8^2}{4} \cdot \dfrac{0{,}0005}{2}}{\dfrac{1{,}5^2 \cdot \pi}{4 \cdot 15 \cdot 60 \cdot 1{,}2} + \dfrac{1{,}8 \cdot \pi \cdot 0{,}0005}{4}} = 0{,}92 \text{ m}$$

$V_s = \pi \cdot 1{,}5^2 \cdot 0{,}92 / 4 = 1{,}63\ m^3$

Zentrales Versickerungsbecken

Das erforderliche Speichervolumen berechnet sich vereinfacht zu:

$$V = (A_u \cdot 10^{-3} \cdot r_{D(n)} - Q_s) \cdot D \cdot 60\, f_z \text{ mit } Q_s = A_u \cdot q_s$$

f_z ist der Zuschlagsfaktor nach ATV A 117 mit Werten von 1,0 bis 1,2 (Bemessung von Regenrückhaltebecken; siehe Bautabellen für Ingenieure Kapitel 13 C).

Für q_s wird von folgenden Größenordnungen ausgegangen:

bei $k_f = 1 \cdot 10^{-4} \rightarrow q_s = 10$ l/(s · ha); bei $k_f = 1 \cdot 10^{-5} \rightarrow q_s = 2$ l/(s · ha)

Die Volumenformel ist für verschiedene Regendauerstufen anzuwenden, bis das maximal erforderliche Volumen gefunden ist.

4 Gebäudeentwässerung / Grundstücksentwässerung

Mit Veröffentlichung der Normenreihe DIN EN 12 056 (Januar 2001), der Einführung der DIN 1986-100 (März 2002) und der Zurückziehung der DIN 1986 Teile 1 und 2 (Juni 2001) gelten nun in Deutschland folgende Normen: DIN EN 12 056 Teile 1 bis 5, DIN 1986 Teile 3, 4, 30 und 100. Die DIN EN 12 056 gilt für Entwässerungsanlagen ausschließlich **innerhalb** von Gebäuden (auch Grundleitung unter Bodenplatte). Für Schwerkraftentwässerungsanlagen **außerhalb** von Gebäuden gelten die Normenreihen DIN EN 752 und DIN EN 1610. Darüber hinaus sind noch die ATV-Richtlinien zu beachten.

Schmutz- und Regenwasserleitungen dürfen nur außerhalb des Gebäudes zusammengeführt werden (Ausnahme nach DIN 1986-100 z. B. bei Grenzbebauung: hier Zusammenführung unmittelbar vor Gebäudegrenze möglich).

In Deutschland gilt nach DIN 1986-100 nur das System I der vier Entwässerungssystemtypen von Teil 2 der DIN EN 12 056; d. h., es sind nur Einzelfallleitungsanlagen mit teilbefüllten Anschlussleitungen und Füllungsgrad 0,5 zulässig. Bei Wasser sparenden Klosettbecken (4–6 Liter Spülwassermengen) sind nach DIN 1986-100 ergänzende Festlegungen zu berücksichtigen.

Begriffe

Schwarzwasser	fäkalienhaltiges Schmutzwasser	*Regenfallleitung RFL*	Fallleitung für Regenwasser
Grauwasser	fäkalienfreies Schmutzwasser	*Lüftungsleitung LL*	Leitung zur Begrenzung der Druckschwankungen in der Entwässerungsanlage
Einzelanschlussleitung EAL	Verbindung eines Entwässerungsgegenstandes mit der Sammelanschluss-, Fall- oder Grundleitung	*Grundleitung GL*	Entwässerungsleitung innerhalb eines Gebäudes oder in der Erde unter der Gründung, an die Fallleitungen oder Entwässerungsgegenstände angeschlossen sind
Sammelanschlussleitung SAL	Verbindet EAL mit der Fall- oder Grundleitung	*Anschlusskanal AK*	Kanal zwischen der öffentlicher Entwässerungsanlage und der ersten Reinigungsöffnung auf dem Grundstück
Fallleitung FL	senkrechte Schmutzwasserleitung, belüftet	*Revisionsschacht*	Reinigungsöffnung der Grundleitung innerhalb eines Schachtes

Die **Nennweiten (DN)** geben den ungefähren äußeren Durchmesser in mm an. Den Nennweiten sind Mindest-Innendurchmesser ($d_{i,min}$) zugeordnet, die bei der Berechnung maßgeblich sind:

Nennweiten (DN) mit entsprechendem Mindestinnendurchmesser ($d_{i,min}$)

Nennweite DN	Mindestinnendurchmesser $d_{i,min}$ in mm	Nennweite DN	Mindestinnendurchmesser $d_{i,min}$ in mm	Nennweite DN	Mindestinnendurchmesser $d_{i,min}$ in mm
30	26	70	68	150	146
40	34	80	75	200	184
50	44	90	79	225	207
56	49	100	96	250	230
60	56	125	113	300	290

Für die **Mindestgefälle** gelten heute für fast alle Leitungsbereiche reduzierte Werte. Dies führt zu einer Reduzierung der Fließgeschwindigkeit in Grund- und Sammelleitungen auf 0,5 m/s (Mindestwerte).

Mindestgefälle

Leitungsbereich	Mindestgefälle	Hinweis auf Norm und Abschnitt
Unbelüftete Anschlussleitungen	1 %	DIN EN 12056-2, Tabelle 5 DIN 1986-100, Abschnitt 8.3.2.2
Belüftete Anschlussleitungen	0,5 %	DIN EN 12056-2, Tabelle 8
Grund- und Sammelleitungen – für Schmutzwasser – für Regenwasser (Füllungsgrad 0,7)	 0,5 % 0,5 %	 DIN 1986-100, Abschnitte 8.3.4, 8.3.5 DIN 1986-100, Abschnitt 9.3.5.2
Grund- und Sammelleitungen DN 90 (Klosettbecken mit Spülvolumen 4,5–6,0 l)	1,5 %	DIN 1986-100, Tabelle A.2
Ergänzender Hinweis: Fließgeschwindigkeit in Grund- und Sammelleitungen für Schmutzwasser und Regenwasser mindestens 0,5 m/s.		

Lüftungssysteme:
Die *Hauptlüftung* HL ist die Verlängerung der Fallleitung über Dach. Bei starker Belastung der Fallleitung wird eine zusätzliche, parallel zur Fallleitung geführte Lüftungsleitung als *direkte Nebenlüftung* (DNL) empfohlen, bei sehr starker Beanspruchung die *indirekte Nebenlüftung* (IDNL) als Lüftungsleitung für ein oder mehrere Anschlussleitungen direkt über Dach oder bis an die Hauptlüftung im obersten Geschoss. Die *Umlüftung* UL wird an die Fallleitung angeschlossen. Als Ersatz für *Umlüftungen* oder eine *indirekte Nebenlüftung* können zum Abbau von Unterdruck im Leitungssystem auch *Lüftungsventile* AVV eingebaut werden. Zum Beispiel können in Ein- und Zweifamilienhäusern Belüftungsventile für Fallleitungen eingesetzt werden, wenn mindestens eine Fallleitung als Hauptlüftung über Dach geführt wird.

Unbelüftete **und** ***belüftete*** **Anschlussleitungen**
Bei Planung und Verlegung von Anschlussleitungen ist zu unterscheiden zwischen Einzel- und Sammelanschlussleitungen und zwischen belüfteten und unbelüfteten Einzel- oder Sammelanschlussleitungen.

Anwendungsgrenzen für **unbelüftete und belüftete Einzelanschlussleitungen EAL**

Anwendungsgrenzen	System I **unbelüftet**	System I **belüftet**
maximale Leitungslänge (*L*)	4,0 m	10,0 m
maximale Umlenkungen 90°	3 (ohne Anschlussbogen)	keine Begrenzung
max. Höhendifferenz (Δh) mit 45°oder mehr Neigung	1,0 m	3,0 m
Mindestgefälle	1 %	0,5 %

Kann ein Grenzwert (unabhängig von DN) für unbelüftete Leitungen nicht eingehalten werden, so ist Leitung zu belüften!

Anwendungsgrenzen für **unbelüftete Sammelanschlussleitungen (SAL)**:
Wenn die Einzelanschlussleitung EAL die maximal zulässige Länge von z. B. 4 m nicht überschreitet, darf die Länge der gemeinsamen Sammelanschlussleitung SAL insgesamt 6 m betragen. Innerhalb dieses Bereichs können einzelne Leitungsabschnitte eine variable Länge (maximal 4 m) aufweisen. Maximal 3 Umlenkungen 90°; max. Höhendifferenz Δh = 1,0 m; Mindestgefälle: 1 %. Kann einer dieser Grenzwerte nicht eingehalten werden, muss belüftet werden.

Bemessung von Einzelschlussleitungen (EAL)

Einzelanschlussleitung für Entwässerungsgegenstand:	***DU***	**DN**
Waschbecken, Bidet	0,5	40
Dusche ohne Stöpsel	0,6	50
Dusche mit Stöpsel	0,8	50
Einzelurinal mit Spülkasten	0,8	50
Urinal mit Druckspüler	0,5	50
Standurinal	0,2	50
Urinal ohne Wasserspülung	0,1	50
Badewanne	0,8	50

Fortsetzung: S. 7.56

Tabelle: Symbole für Abwasseranlagen bei der Gebäude- und Grundstücksentwässerung

Schmutzwasserleitung (mit Zusatz DS für Druckleitung)	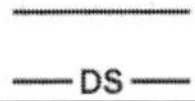
Regenwasserleitung (mit Zusatz DS für Druckleitung)	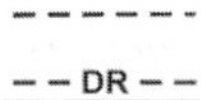
Mischwasserleitung	
Lüftungsleitung; links: Grundriss, rechts: geschnitten mit Richtungshinweis (z.B. beginnend, aufwärts)	
Fallleitung	
Richtungshinweise von links nach rechts: hindurchgehend; beginnend abwärts; von oben kommend endend; beginnend aufwärts	
Nennweitenänderung	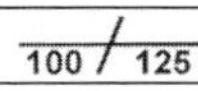
Reinigungsöffnung	
Belüftungsventil	
Ablauf oder Entwässerungsrinne ohne Geruchsverschluss links: Grundriss; rechts: Schnitt	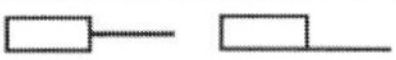
Ablauf oder Entwässerungsrinne mit Geruchsverschluss	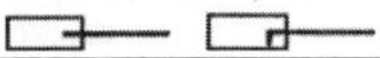
Rückstauverschluss: identisch in Grundriss und Schnitt links: für fäkalienfreies; rechts: für fäkalienhaltiges Abwasser	
Entwässerungspumpe für fäkalienfreies Abwasser links: Grundriss; rechts: Schnitt	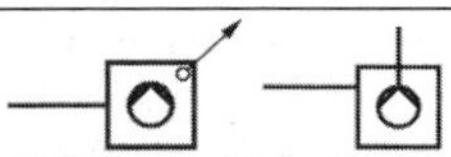
Fäkalienhebeanlage links: Grundriss; rechts: Schnitt	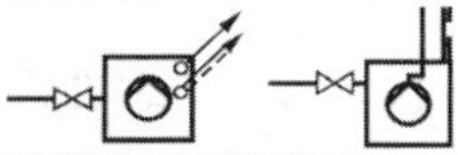
Schacht mit Durchfluss oben: Grundriss; unten: Schnitt links: offen; rechts: geschlossen	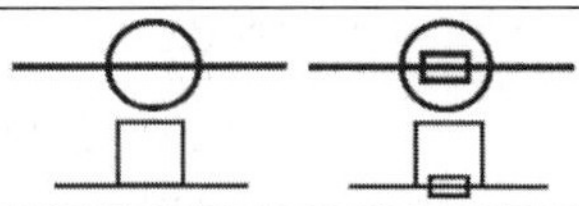
Badewanne links: Grundriss; rechts: Schnitt	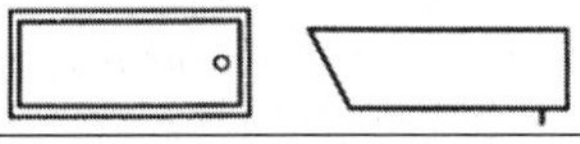
Dusche links: Grundriss; rechts: Schnitt	
Urinal links: Grundriss; rechts: Schnitt	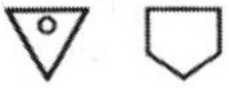
WC-Spülkasten links: Grundriss; rechts: Schnitt	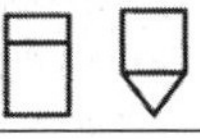
Doppelspüle links: Grundriss; rechts: Schnitt	
Geschirrspülmaschine	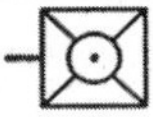
Waschmaschine	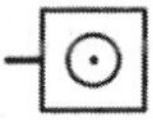

Bemessung von Einzelanschlussleitungen (EAL) – Fortsetzung von S. 7.54

Einzelanschlussleitung für Entwässerungsgegenstand:	***DU***	**DN**
Küchenspüle und Geschirrspüler (am gemeinsamen Geruchsverschluss); Geschirrspüler alleine	0,8	50
Waschmaschine bis 6 kg	0,8	50
Waschmaschine bis 12 kg	1,5	70
WC mit 4,0/4,5 l Spülkasten/Druckspüler	1,8	80/90
WC mit 6,0 l Spülkasten/Druckspüler	2,0	80–100
WC mit 7,5 l Spülkasten/Druckspüler	2,0	
WC mit 9,0 l Spülkasten/Druckspüler	2,5	100
Bodenablauf DN 50	0,8	50
Bodenablauf DN 70	1,5	70
Bodenablauf DN 100	2,0	100

Bemessung von Sammelanschlussleitungen (SAL)

DN	ΣDU_{max} bei $K = 0{,}5$		ΣDU_{max} bei $K = 0{,}7$		ΣDU_{max} bei $K = 1{,}0$	
	unbelüftet	belüftet	unbelüftet	belüftet	unbelüftet	belüftet
50	1,0	3,0	1,0	2,0	0,8	1,0
56/60	2,0	5,0	2,0	4,6	1,0	2,0
70*)	9,0	13,0	4,6	10,0	2,2	5,0
80	13,0**)	16,0	8,0**)	13,0	4,0	9,0
90	13,0**)	20,0	10,0**)	16,0	5,0	11,0
100	16,0	25,0	12,0	20,0	6,4	14,0

*) Keine Klosetts ; **) Maximal 2 Klosetts.

Im Zusammenhang mit den Bemessungsgrundlagen wurden neue Kurzzeichen eingeführt:
DU (Design Unit) = Anschlusswert; Q_{ww} (Quantity of waste water) = Schmutzwasserabfluss

Q_{tot} = Gesamtschmutzwasserabfluss = $Q_{ww} + Q_c + Q_p$

mit Q_c Dauerabfluss und Q_p Pumpenförderstrom

Der Schmutzwasserabfluss wird errechnet mit: $Q_{ww} = K \cdot \sqrt{\Sigma DU}$

hierbei ist *K* eine von der Gebäudeart und Entwässerungsanlage abhängige Abflusskonstante:

K in l/s	Gebäudeart, Entwässerungsanlage
0,5	unregelmäßige Benutzung, z. B. im Wohnungsbau, in Bürogebäuden, Pensionen
0,7	regelmäßige Benutzung, z. B. in Krankenhäusern, Restaurants, Schulen, Hotels
1,0	häufige Benutzung, z. B. in öffentlichen WCs, Reihenwasch- oder -duschanlagen
1,2	spezielle Nutzung, z. B. Laboranlagen

Sofern der ermittelte Schmutzwasserabfluss Q_{ww} kleiner ist als der größte Anschlusswert eines einzelnen Entwässerungsgegenstandes, ist grundsätzlich der entsprechende Anschlusswert des Entwässerungsgegenstandes zu verwenden.

Die vorgenannten Berechungsgrundlagen beziehen sich nur auf Grund-, Sammel- und Fallleitungen. Für Anschlussleitungen erfolgt die Bemessung mit den entsprechenden Tabellen.

Bemessung von Fallleitungen (FL) innerhalb von Gebäuden: Mit Abzweigen, deren Umlenkung dem Innenradius entspricht, können Fallleitungen höher beaufschlagt werden.
Die linken Werte gelten *ohne*, die rechten Werte *mit* Nebenlüftungsleitungen NL (DN).

Schmutzwasserfallleitung mit Hauptlüftung DN	Q_{max} in l/s Standardabzweige mit		Q_{max} in l/s Abzweige mit Innenradius	
	ohne NL	mit NL (DN)	ohne NL	mit NL (DN)
60	0,5	(DN 50) 0,7	0,7	(DN 50) 0,9
70	1,5	(DN 50) 2,0	2,0	(DN 50) 2,6
80*)	2,0	(DN 50) 2,6	2,6	(DN 50) 3,4
90	2,7	(DN 50) 3,5	3,5	(DN 50) 4,6
100**)	4,0	(DN 50) 5,6	5,2	(DN 50) 7,3

*) Mindestnennweite bei Klosetts mit Spülvolumen 4–6 l. **) Mindestnennweite bei Klosetts mit Spülvolumen > 6 l.

Bemessung von Fallleitungen (FL) innerhalb von Gebäuden – Fortsetzung

Schmutzwasserfallleitung mit Hauptlüftung DN	Q_{max} in l/s Standardabzweige mit		Q_{max} in l/s Abzweige mit Innenradius	
	ohne NL	mit NL (DN)	ohne NL	mit NL (DN)
125	5,8	(DN 70) 8,4	7,6	(DN 70) 10,0
150	9,5	(DN 80) 14,1	12,4	(DN 80) 18,3
200	16,0	(DN 100) 21,0	21,0	(DN 100) 27,3

Hydraulische Bemessung ($v \geq 0{,}5$ m/s) der liegenden Leitungen innerhalb von Gebäuden
Maximaler Gesamtschmutzwasserabfluss Q_{tot} in l/s für Grund- und Sammelleitungen ($h/d = 0{,}5$)

Gefälle	0,5 %	1,0 %	1,5 %	2,0 %	2,5 %	3,0 %	3,5 %	4,0 %	4,5 %	5,0 %
DN 80	-	1,3	1,6	1,8	2,0	2,2	2,4	2,6	2,8	2,9
DN 90	-	1,5	1,8	2,1	2,4	2,6	2,8	3,0	3,2	3,3
DN 100	1,8	2,5	3,1	3,5	4,0	4,4	4,7	5,0	5,3	5,6
DN 125	2,7	3,9	4,7	5,0	6,1	6,7	7,3	7,8	8,3	8,7
DN 150	5,4	7,7	9,4	10,9	12,2	13,3	14,4	15,4	16,3	17,2
DN 200	10,0	14,2	17,4	20,1	22,5	24,7	26,6	28,5	30,2	31,9
DN 225	13,7	19,4	23,8	27,5	30,8	33,7	36,4	39,0	41,3	-
DN 250	18,1	25,7	31,5	36,4	40,7	44,56	48,2	51,5	-	-
DN 300	33,4	47,4	58,2	67,2	75,2	82,4	-	-	-	-

Grundleitungen sollten aus Gründen besserer Zugänglichkeit (Inspektion, Sanierung) innerhalb von Gebäuden vermieden werden und stattdessen bei Gebäuden mit Keller als Sammelleitungen verlegt werden. Anschlussleitungen unter DN 100 können als Grundleitungen verlegt werden, wenn sie kurz und inspizierbar ausgeführt werden. Grundleitungen benötigen für Inspektionen und Reinigung eine Zugänglichkeit von DN 100.

Rückstauebene: Abwasser aus Ablaufstellen unterhalb der Rückstauebene (Gelände- bzw. Straßenoberkante) ist grundsätzlich über automatisch arbeitende Hebeanlagen rückstaufrei abzuleiten. Rückstauverschlüsse bei untergeordneter Nutzung, unter bestimmten Voraussetzungen.

Regenwasserableitung
Für die Bemessung von Regenwasserleitungen von Gebäuden wird auf Rechenansätze analog der Abschnitte 2.2.4 und 2.2.5 zurückgegriffen.
Für die Regenwasserableitung von Gebäuden wird eine Bemessungsregenspende von 5 Minuten Dauer (D) und einer Wiederkehrzeit (T) von 2 Jahren angesetzt: $r_{D=5,T=2}$. (Beachte den Unterschied: n = Häufigkeit; T = Wiederkehrzeit; $n = 1/T$; vgl. Abschnitt 2.2.2)
Werte für die örtlich unterschiedlich großen Regenspenden sind z. B. dem KOSTRA-Datenwerk [7.51] zu entnehmen.

Bei der Gebäudeentwässerung kommen folgende Abflussbeiwerte zum Ansatz:

Flächentyp	Abflussbeiwert
wasserundurchlässige Flächen	
Dachflächen, Betonflächen, Rampen, befestigte Flächen (auch Pflaster) mit Fugendichtung oder -verguss, Schwarzdecken (Asphalt)	1,0
Kiesdächer und extensiv begrünte Dachflächen unter 10 cm Aufbaudicke	0,5
intensiv begrünte Dachflächen oder extensiv begrünt ab 10 cm Aufbaudicke	0,3
teildurchlässige und schwach ableitende Flächen	
Betonpflaster in Sand oder Schlacke verlegt, Flächen mit Platten	0,7
Pflasterflächen mit Fugenanteil > 15 % (z. B. 10 cm × 10 cm und kleiner) sowie Kunststoffsportflächen mit Dränung	0,6
wassergebundene Flächen	0,5
Tennenflächen	0,4
Kinderspielplätze mit Teilbefestigung; Rasenflächen	0,3

Wasserundurchlässige Flächen ohne oder mit unbedeutender Wasserableitung wie Parkanlagen, Vegetationsflächen, Schotter und Schlackeboden, Rollkies (auch mit Teilbefestigung), Gartenwege, Einfahrten und Einstellplätze mit Rasengittersteinen bleiben bei der Regenwasserableitung außer Betracht.

Abflussleistung in l/s von gefällelosen vorgehängten Rinnen

Länge	Nennmaß halbrun-de Rinne	Nennmaß Kasten-profil	Nennmaß halbrun-de Rinne	Nennmaß Kasten-profil	Nennmaß halbrun-de Rinne	Nennmaß Kasten-profil	Nennmaß halbrun-de Rinne	Nennmaß Kasten-profil	Nennmaß halbrunde Rinne
in m	250	250	285	285	333	333	400	400	500
5	1,07	1,02	1,65	2,38	2,64	3,96	4,63	7,23	8,66
6	1,05	1,00	1,62	2,33	2,60	3,90	4,58	7,15	8,66
7	1,03	0,98	1,59	2,30	2,56	3,85	4,51	7,06	8,64
8	1,01	0,96	1,57	2,26	2,52	3,79	4,46	6,98	8,53
9	0,99	0,93	1,54	2,22	2,49	3,74	4,41	6,90	8,43
10	0,97	0,91	1,51	2,18	2,45	3,69	4,35	6,82	8,35
11	0,95	0,89	1,49	2,14	2,41	3,63	4,30	6,74	8,27
12	0,93	0,87	1,46	2,11	2,38	3,58	4,25	6,66	8,20
13	0,91	0,85	1,44	2,07	2,34	3,53	4,20	6,58	8,12
14	0,89	0,84	1,41	2,04	2,31	3,48	4,15	6,50	8,04
15	0,88	0,82	1,39	2,01	2,28	3,44	4,10	6,43	7,97
16	0,86	0,80	1,36	1,97	2,24	3,39	4,05	6,36	7,89
17	0,84	0,79	1,34	1,94	2,21	3,34	4,00	6,28	7,82
18	0,83	0,77	1,32	1,91	2,18	3,30	3,96	6,21	7,75
19	0,81	0,76	1,30	1,88	2,15	3,25	3,91	6,14	7,67
20	0,80	0,74	1,28	1,85	2,12	3,21	3,87	6,07	7,60

Bei Richtungsänderungen von mehr als 10° muss das für die gerade Rinne ermittelte Abflussvermögen auf 85 % reduziert werden. Rinnenwinkel nahe bei Fallleitungen sind zu vermeiden.

Innen liegende Regenrinnen: in EN 12 056-3 wird für innen liegende Dachrinnen der 2-jährige 5-Minuten-Regen als Bemessungsgrundlage gefordert. Zusätzlich ist ein Sicherheitsfaktor von $SF = 2{,}0$ anzuwenden (bei außergewöhnlichem Maß an Sicherheit ist $SF = 3$). Es ist ein Notüberlauf, bemessen auf den 100-jährigen 5-Minuten-Regen vorzusehen.

Reinigungsöffnungen, Schächte, Inspektionsöffnungen: Reinigungsöffnungen sind nahe der Grundstücksgrenze, jedoch nicht weiter als 15 m vom öffentlichen Abwasserkanal entfernt anzuordnen. Bei Richtungsänderungen in Grundleitungen > 30° (ausgenommen Axialversprung 2 mal 30°) sind Inspektionsöffnungen zwischen den Reinigungsöffnungen nahe der Richtungsänderung möglich. Bis DN 150 beträgt der zulässige Schachtabstand 40 m; ≥ DN 200 bis 60 m.

Regenfallleitungen

Bei der Bemessung von Fallleitungen bleiben Verziehungen mit $\alpha \geq 10°$ gegen die Horizontale bei der Ermittlung des Abflussvermögens unbeachtet. Bei einer Verziehung $\alpha < 10°$ muss ein hydraulischer Nachweis für einen Füllungsgrad von $h/d = 0{,}7$ geführt werden.

Werden Laubfangkörbe eingesetzt, so ist das ermittelte Abflussvermögen auf 50 % zu reduzieren.

Bemessung von runden Regenfallleitungen

Rinne Nennmaß	freier Abfluss über Rinneneinhangstutzen: Fallleitung mit Rinneneinhangstutzen d_i in mm	freier Abfluss über Rinneneinhangstutzen: Abflussvermögen Q in l/s	reduzierter Einlaufquerschnitt bei Rinneneinhangstutzen als Bewegungsausgleicher: Fallleitung mit Rinneneinhangstutzen d_i in mm	reduzierter Einlaufquerschnitt bei Rinneneinhangstutzen als Bewegungsausgleicher: Abflussvermögen Q in l/s
250			60	1,3
250	80	2,6	80	1,7
285			60	1,4
285			80	2,1
333	100	4,6	80	2,7
333			100	3,5
400	120	7,6	100	4,8
400			120	5,7
500			100	5,3
500			120	7,7
500			150	12,0

Regenwasser und Schmutzwasser müssen innerhalb von Gebäuden getrennt geführt werden. Eine Zusammenführung ist nur außerhalb des Gebäudes zulässig. Eine Ausnahme ist bei Grenzbebauung möglich, hier ist die Zusammenführung von Schmutz- und Regenwasserleitungen innerhalb des Gebäudes, jedoch unmittelbar an der Grenzbebauung zulässig.

Grundleitungen außerhalb von Gebäuden
Für Schmutz- und Mischwasser werden Grundleitungen außerhalb von Gebäuden auf einen zulässigen Füllungsgrad $h/d = 0{,}7$ bemessen. Die Fließgeschwindigkeit sei $0{,}7 < v < 2{,}5$ m/s.

Gefälle	DN 100		DN 125		DN 150		DN 200		DN 225		DN 250		DN 300	
	$d_{i,min}$ = 96 mm		$d_{i,min}$ =113 mm		$d_{i,min}$ = 146 mm		$d_{i,min}$ = 186 mm		$d_{i,min}$ = 207 mm		$d_{i,min}$ = 230 mm		$d_{i,min}$ = 290 mm	
I	Q_{max}	v	Q_{max}	v	Q_{max}	v	Q_{max}		Q_{max}	v	Q_{max}	v	Q_{max}	v
cm/m	l/s	m/s	l/s	m/s	l/s	m/s	l/s	m/s	l/s	m/s	l/s	m/s	l/s	m/s
0,5	2,9	0,5	4,8	0,6	9,0	0,7	16,7	0,8	26,5	0,9	31,6	1,0	56,8	1,1
1,0	4,2	0,8	6,8	0,9	12,8	1,0	23,7	1,2	37,6	1,3	44,9	1,4	80,6	1,6
1,5	5,1	1,0	8,3	1,1	15,7	1,3	29,1	1,5	46,2	1,6	55,0	1,7	98,8	2,0
2,0	5,9	1,1	9,6	1,2	18,2	1,5	33,6	1,7	53,3	1,9	63,6	2,0	114,2	2,3
2,5	6,7	1,2	10,8	1,4	20,3	1,6	37,6	1,9	59,7	2,1	71,1	2,2	127,7	2,6
3,0	7,3	1,3	11,8	1,5	22,3	1,8	41,2	2,1	65,4	2,3	77,9	2,4	140,0	2,8
3,5	7,9	1,5	12,8	1,6	24,1	1,9	44,5	2,2	70,6	2,5	84,2	2,6	151,2	3,0
4,0	8,4	1,6	13,7	1,8	25,8	2,1	47,6	2,4	75,5	2,7	90,0	2,8	161,7	3,2
4,5	8,9	1,7	14,5	1,9	27,3	2,2	50,5	2,5	80,1	2,8	95,5	3,0	171,5	3,4
5,0	9,4	1,7	15,3	2,0	28,8	2,3	53,3	2,7	84,5	3,0	100,7	3,1	180,8	3,6
Die eingezeichneten Grenzlinien beschreiben die zulässigen Minimal- und Maximalgeschwindigkeiten.														

Bei Leitungen bis DN 200 beträgt das Mindestgefälle 0,5 cm/m; ab DN 250 ist I_{min} = 1/DN.

Es ist immer möglich, den hydraulischen Nachweis mit Hilfe der Prandtl-Colebrook-Formel unter Verwendung der realen Innendurchmesser zu führen!

Beispiel:
Bemessung der Fall- und Grundleitungen eines 3-geschossigen Mietshauses mit 6 Wohnungen.
Gegeben: Entwässerung im Trennverfahren; Dachfläche A = 200 m², 22° Neigung→ ψ_s = 1,0
$r_{D=5;T=2}$ = 307 l/(s · ha) aus KOSTRA für Frankfurt/Main (vgl. S. 7.45)
betonierte Hoffläche A = 222 m²; restliches Grundstück wasserdurchlässig mit ψ_s = 0
6 Wohnungen mit ΣDU = 5 bei K = 0,5
im Kellergeschoss: 6 Waschmaschinen (bis 6 kg) (→ ΣDU = 6 · 0,8 = 4,8); 2 Spülbecken (→ ΣDU = 2 · 0,8 = 1,6); 1 Bodenablauf DN 100 (→ DU = 2,0). → ΣDU= 8,4
Lüftungssystem: Hauptlüftung
Gefälle: Schmutzwasserleitungen: I = 2 %; Regenwasserleitungen: I = 1 % und 2,5 %

Strecke	Leitungsart			A	ψ_s	Wohnungen		ΣDU	Q_r	Q_s	I_{So}	DN	Bem.
	FL	GL 1	GL 2	m²	-				l/s	l/s	%		
Regenfallleitungen													
R1	x			50	1				1,5			70	
R2	x			50	1				1,5			70	
R3	x			50	1				1,5			70	
R4	x			50	1								
Regenwassergrundleitungen													
R1			x	222					6,67		1	100	
R2			x						1,5		1	100	
R3			x						8,17		1	100	
R4			x						1,5		1	100	
R5			x						9,67		1	100	
R6			x						1,5		1	100	

Fortsetzung der Liste: S. 7.61

Leitungsplan zum Berechnungsbeispiel

Kellergeschoß

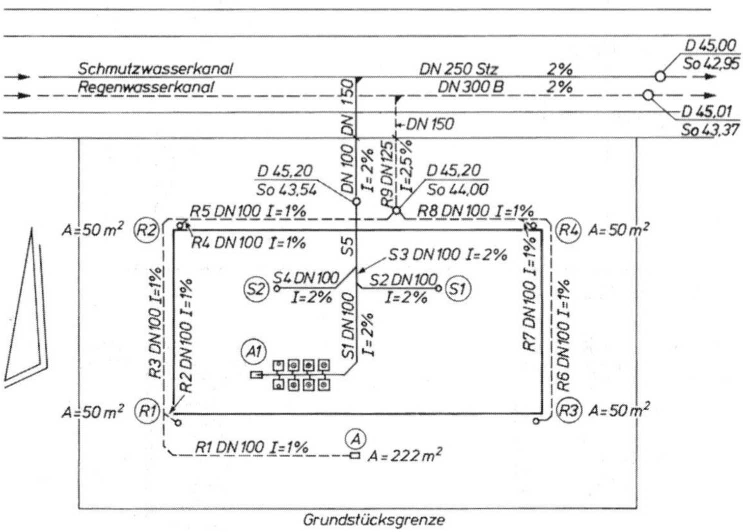

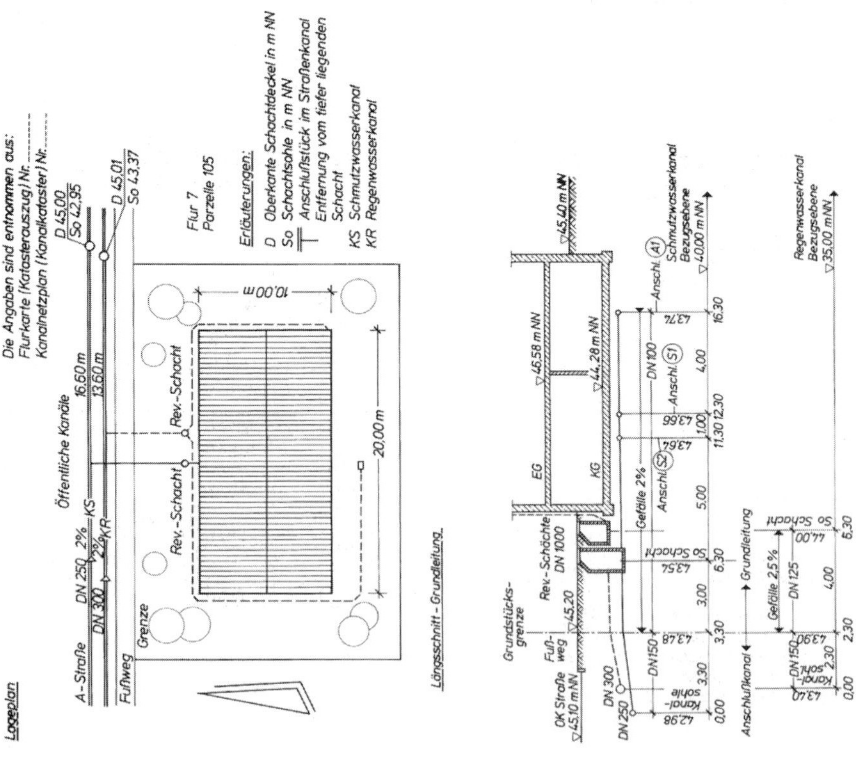

Fortsetzung der Liste von Seite 7.59:

R7			x						1,5		1	100	
R8			x						3,0		1	100	
R9			x						12,67		2,5	125	bis zur
Schmutzwasserfallleitungen													Grenze
S1	x					3		15		1,94		100	
S2	x					3		15		1,94		100	
Schmutzwassergrundleitungen													
S1		x						8,4		1,5	2	100	
S2		x						13,9		1,9	2	100	
S3		x						23,4		2,5	2	100	
S4		x						15		1,9	2	100	
S5		x	x					38,4		3,1	2	100	bis zur Grenze

Erd- und Obergeschosse

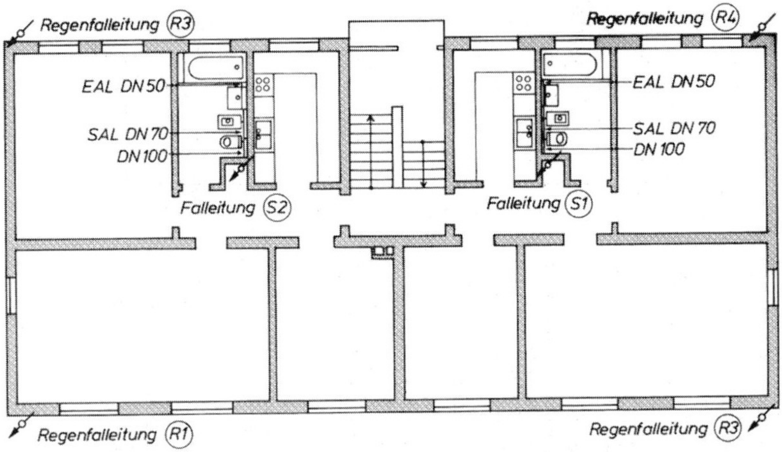

Längsschnitt
vom Straßenkanal durch die gesamte Anlage

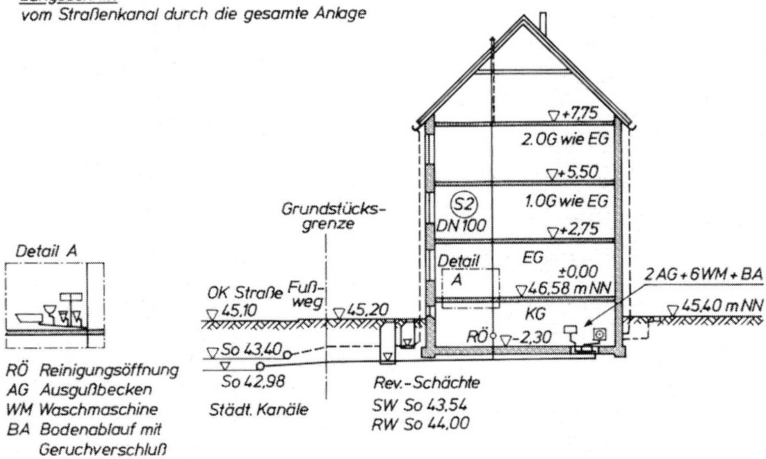

Bestandteile eines Entwässerungsgesuchs

Maßgeblich sind DIN EN 12 056 mit DIN 1986-100. (DIN 1986 Teile 3 und 4 sind nach wie vor gültig.) Folgendes ist nötig für die Genehmigung der Entwässerungsplanung:

Lageplan: M 1:1000; Maßstabsangabe, Himmelsrichtung, Lage und Katasterbezeichnung des Baugrundstücks und der Nachbargrundstücke; vorhandene und geplante bauliche Anlagen; Führung der Abwasserleitungen außerhalb des Gebäudes mit Angabe der Fließrichtung und der lichten Weite; Sohlenhöhe des weiterführenden (öffentlichen Kanals) an der Anschlussstelle; soweit nicht größer dargestellt: Sickeranlagen, Mulden, Rigolen, Kleinkläranlagen, Revisionsschächte, Abscheider usw.

Grundrisse: M 1:100; schematische Darstellung von Wänden und Durchbrüchen; schematische Darstellung aller Entwässerungsgegenstände; Angabe der Nennweiten und Werkstoffe der Leitungen; Beschriftung der Zeichnungselemente; alle Anschluss-, Sammel-, Fall-, Grund- und Lüftungsleitungen für Schwarz- (Fäkal-) und Grauwasser (fäkalienfreies Abwasser) (falls getrennt) sowie Regenwasser.

Grundriss Kellergeschoss: schematische Darstellung aller Entwässerungsgegenstände, Absperrschieber, Rückstauverschlüsse, Hebeanlagen, Kontrollschächte usw.; alle Leitungen (wie oben) bis zum Anschluss an den (öffentlichen) Kanal.

Grundriss Erdgeschoss: schematische Darstellung aller Entwässerungsgegenstände (des Gebäudes und der Außenanlagen).

Dachaufsicht: Lage der Dacheinläufe; Gefälle der Dachflächen (auch bei Flachdächern).

Strangschema und Abwicklung: M 1:100; schematische Darstellung von Wänden und Decken; alle Leitungen (wie oben); Darstellung der Leitungen als Abwicklung ihrer wahren Länge ausgehend von der entferntesten Fallleitung; schematische Darstellung aller Entwässerungsgegenstände, ... (wie oben); zeichnerische Darstellung des Gefälles aller liegenden Leitungen; Bemaßung von Grund- und Hauptsammelleitungen mit Höhen und Gefälleangaben; Angabe Kanalsohlentiefe üNN; Angabe von Abzweigen, Richtungsänderungen, Übergängen usw.

Dichtheitsprüfung von Anschlussleitungen:

Es existiert derzeit eine Vielzahl von technischen Regeln, Hinweisen und Prüfkriterien zur Dichtheitsprüfung, die nur z.T. auf einander abgestimmt sind.

Nach DIN EN 1610 werden neu gebaute Rohrleitungen, Schächte und Inspektionsöffnungen nach der Grabenverfüllung und dem Entfernen des Verbaus geprüft. Es kann Wasser oder Luft (Überdruck) als Prüfmedium verwendet werden.

Prüfdruck, Druckabfall und Prüfzeiten für die Luftprüfung (L) nach DIN EN 1610

Verfahren	p_0	Δp	Prüfzeit in min						
	mbar	mbar	DN 100	DN 200	DN 300	DN 400	DN 600	DN 800	DN 1000
LA	10	2,5	5	5	7 (5)	10 (7)	14 (11)	19 (14)	24 (18)
LB	50	10	4	4	6 (4)	7 (6)	11 (8)	15 (11)	19 (14
LC	100	15	3	3	4 (3)	5 (4)	8 (6)	11 (8)	14 (10)
LD	200	15	1,5	1,5	2 (1,5)	2,5 (2)	4 (3)	5 (4)	7 (5)
K_p-Wert ≤ 0,058 K_p = 12/DN (bzw. 16/DN)			0,058	0,058	0,04 (0,053)	0,03 (0,04)	0,02 (0,027)	0,015 (0,02)	0,012 (0,016)
Werte in Klammern für trockene Betonrohre. Für Schächte und Inspektionsöffnungen gilt $t_{Schacht} = 0{,}5 \cdot t_{Rohr}$									

Wasserdruckprüfung (W) nach DIN EN 1610

Prüfdruck	hydrostatischer Druck durch Schachtfüllung bis Oberkante Gelände: max. 500 mbar an der tiefsten, min. 100 mbar an der höchsten Stelle des Rohrscheitels
Vorfüllzeit	nicht vorgeschrieben, üblicherweise: 1 Stunde
Prüfzeit	30 min
zulässige Wasserzugabe	0,15 l/m² (Leitungen) 0,2 l/m² (Leitungen einschließlich Schächte) 0,4 l/m² (Schächte)

5 Abflusstabellen für Vollfüllung

Tabelle für volllaufende Kreisprofile nach Prandtl-Colebrook **k_b = 0,75 mm**

DN = Nennweite in mm; v = Geschwindigkeit in m/s; Q = Abfluss in l/s; I = Gefälle

Gefälle		DN 100		DN 150		DN 200		DN 250		DN 300	
‰	1 : ...	Q	v	Q	v	Q	v	Q	v	Q	v
100,00	1 / 10	18,6	2,37	54,8	3,10	117,5	3,74	211,9	4,32	343,0	4,85
50,00	1 / 20	13,1	1,67	38,7	2,19	82,9	2,64	149,7	3,05	242,2	3,43
40,00	1 / 25	11,7	1,50	34,6	1,96	74,1	2,36	133,8	2,73	216,6	3,06
30,00	1 / 33	10,2	1,29	29,9	1,69	64,1	2,04	115,8	2,36	187,4	2,65
20,00	1 / 50	8,3	1,05	24,4	1,38	52,3	1,66	94,4	1,92	152,9	2,16
16,66	1 / 60	7,5	0,96	22,2	1,26	47,7	1,52	86,1	1,75	139,4	1,97
13,00	1 / 77	6,7	0,85	19,6	1,11	42,1	1,34	76,0	1,55	123,1	1,74
10,00	1 / 100	5,8	0,74	17,2	0,97	36,9	1,17	66,6	1,36	107,8	1,53
9,00	1 / 111	5,5	0,70	16,3	0,92	34,9	1,11	63,1	1,29	102,2	1,45
8,00	1 / 125	5,2	0,66	15,3	0,87	32,9	1,05	59,5	1,21	96,3	1,36
7,00	1 / 143	4,9	0,62	14,3	0,81	30,8	0,98	55,6	1,13	90,0	1,27
6,00	1 / 167	4,5	0,57	13,2	0,75	28,5	0,91	51,4	1,05	83,3	1,18
5,00	1 / 200	4,1	0,52	12,1	0,68	25,9	0,83	46,9	0,96	76,0	1,07
4,00	1 / 250	3,6	0,46	10,8	0,61	23,2	0,74	41,9	0,85	67,8	0,96
3,00	1 / 333	3,1	0,40	9,3	0,53	20,0	0,64	36,2	0,74	58,6	0,83
2,50	1 / 400	2,9	0,36	8,5	0,48	18,2	0,58	33,0	0,67	53,5	0,76
2,00	1 / 500	2,6	0,32	7,6	0,43	16,3	0,52	29,4	0,60	47,7	0,68
1,50	1 / 667	2,2	0,28	6,5	0,37	14,0	0,45	25,4	0,52	41,2	0,58
1,25	1 / 800	2,0	0,25	5,9	0,34	12,8	0,41	23,1	0,47	37,5	0,53
1,00	1 / 1 000	1,8	0,23	5,3	0,30	11,4	0,36	20,6	0,42	33,5	0,47
0,75	1 / 1 333	1,5	0,19	4,6	0,26	9,8	0,31	17,8	0,36	28,9	0,41
0,50	1 / 2 000	1,2	0,16	3,7	0,21	8,0	0,25	14,4	0,29	23,4	0,33
0,40	1 / 2 500	1,1	0,14	3,3	0,19	7,1	0,23	12,9	0,26	20,9	0,30
0,30	1 / 3 333	0,9	0,12	2,8	0,16	6,1	0,19	11,1	0,23	18,0	0,25
0,20	1 / 5 000	0,8	0,10	2,3	0,13	4,9	0,16	8,9	0,18	14,6	0,21

Gefälle		DN 400		DN 500		DN 600		DN 700		DN 800	
‰	1 : ...	Q	v	Q	v	Q	v	Q	v	Q	v
100,00	1 / 10	732,2	5,83	1 317,1	6,71	2 126,6	7,52	3 187,2	8,28	4 523,8	9,00
50,00	1 / 20	517,2	4,12	930,5	4,74	1 502,6	5,31	2 252,1	5,85	3 196,8	6,36
40,00	1 / 25	462,4	3,68	832,0	4,24	1 343,5	4,75	2 013,8	5,23	2 858,6	5,69
30,00	1 / 33	400,2	3,19	720,2	3,67	1 163,0	4,11	1 743,3	4,53	2 474,7	4,92
20,00	1 / 50	326,5	2,60	587,5	2,99	948,9	3,36	1 422,4	3,70	2 019,3	4,02
16,66	1 / 60	297,8	2,37	536,0	2,73	865,7	3,06	1 297,8	3,37	1 842,4	3,67
13,00	1 / 77	262,9	2,09	473,2	2,41	764,3	2,70	1 145,8	2,98	1 626,7	3,24
10,00	1 / 100	230,4	1,83	414,7	2,11	669,8	2,37	1 004,3	2,61	1 425,8	2,84
9,00	1 / 111	218,5	1,74	393,2	2,00	635,3	2,25	952,5	2,47	1 352,3	2,69
8,00	1 / 125	205,9	1,64	370,6	1,89	598,7	2,12	897,7	2,33	1 274,6	2,54
7,00	1 / 143	192,5	1,53	346,5	1,76	559,8	1,98	839,4	2,18	1 191,8	2,37
6,00	1 / 167	178,1	1,42	320,6	1,63	518,0	1,83	776,7	2,02	1 102,9	2,19
5,00	1 / 200	162,4	1,29	292,4	1,49	472,5	1,67	708,6	1,84	1 006,2	2,00
4,00	1 / 250	145,1	1,15	261,3	1,33	422,3	1,49	633,3	1,65	899,3	1,79
3,00	1 / 333	125,4	1,00	225,9	1,15	365,2	1,29	547,7	1,42	777,9	1,55
2,50	1 / 400	114,4	0,91	206,0	1,05	333,0	1,18	499,6	1,30	709,6	1,41
2,00	1 / 500	102,1	0,81	184,0	0,94	297,5	1,05	446,3	1,16	634,0	1,26
1,50	1 / 667	88,2	0,70	159,0	0,81	257,2	0,91	385,9	1,00	548,2	1,09
1,25	1 / 800	80,4	0,64	145,0	0,74	234,5	0,83	351,8	0,91	499,9	0,99
1,00	1 / 1 000	71,8	0,57	129,4	0,66	209,3	0,74	314,2	0,82	446,4	0,89
0,75	1 / 1 333	62,0	0,49	111,8	0,57	180,8	0,64	271,4	0,71	385,8	0,77
0,50	1 / 2 000	50,3	0,40	90,8	0,46	147,0	0,52	220,8	0,57	313,9	0,62
0,40	1 / 2 500	44,9	0,36	81,0	0,41	131,2	0,46	197,0	0,51	280,1	0,56
0,30	1 / 3 333	38,7	0,31	69,9	0,36	113,2	0,40	170,0	0,44	241,8	0,48
0,20	1 / 5 000	31,3	0,25	56,7	0,29	91,8	0,32	138,0	0,36	196,4	0,39

6 Kleinkläranlagen

Nach DIN 4261 werden Anlagen bis zu 8 m^3/d (entspricht ca. 50 Einwohner) Kleinkläranlagen genannt. Als mechanische Behandlungsstufen gelten Ein- oder Mehrkammerabsetz- oder -ausfaul- und -speichergruben. Ausfaulgruben sind obligatorische Vorreinigungsstufen vor Reinigungsanlagen **ohne Abwasserbelüftung**. Auch Absetzteiche gelten als mechanische Behandlungsstufen.

Nach der mechanischen Behandlung erfolgt die biologische Behandlung in Untergrundverrieselungsanlagen (UV), Filtergräben (FG) oder -schächten (FS) bei Anschlussgrößen meist bis zu 16 Einwohnern. Selbstverständlich können auch konventionelle Verfahren angewendet werden, wie Abwasserteiche und Pflanzenbeete, Belebungs- oder Tropf- und Rotationstauchkörperanlagen.

- **Ausführungshinweise für Gruben gem. DIN 4261-1:**
  Einkammer-Absetzgruben zur Grobentschlammung ≥ 300 *l*/EW, jedoch > 2 m^3
  Mehrkammer-Absetzgruben: minimales Volumen: ≥ 500 *l*/EW, jedoch ≥ 2 m^3. Ausbildung als Zweikammergrube bis 4 m^3. Bei Ausbildung als Zweikammergrube: 1. Kammer = 2/3 des Volumens. Bei Drei- und Vierkammergruben: 1. Kammer = 1/2 des Volumens.
  Mehrkammerausfaulgruben minimale Volumen: ≤ 6 E: 1500 l/E; ≥ 6 m^3; 7-10 E: ≥ 9 m^3 und 750 l/E und 11-50 E: 500 l/E und 12 m^3. Ausbildung mindestens als Dreikammergrube. Bei Ausbildung als Drei- oder Vierkammergrube: 1. Kammer = 1/2 des Volumens.
  Zur Ausführung von Mehrkammergruben: Absturz in der Kammer mindestens 100 mm. Verbindung der Kammern so, dass kein Boden- oder Schwimmschlamm übertreten kann. Durchtrittsöffnung zwischen ≥ 80 cm^2 und < 350 cm^2, Oberkante mindestens 300 mm unter Wasserspiegel, Unterkante mindestens 0,5 t über der Sohle mit t Wassertiefe. Trennwände mindestens 200 mm über Wasserspiegel, Wassertiefe mindestens 1,20 m. Schutz des Ablaufs gegen Abfluss von Schwimmschlamm durch T-Stück oder Tauchwand.

Gesamtnutzvolumen der Grube in m^3	Wassertiefe t_{max} in m
2 bis 4	2
über 4 bis 10	2,5
über 10 bis 50	3
über 50	4,5

- **Untergrundverbringung über Sickergraben** (Übergangsregelung nach DIN EN 4261-1): Grabensohle ≥ 0,60 m über höchstem Grundwasserstand; Sickerstranglänge ≤ 10 m. Anrechenbare Wandfläche der Versickerungspackung 1 bis 1,5 m^2/EW bei Sand-Kies-Gemisch, Sand und schwach schluffigen Sanden, 2 bis 2,5 m^2 bei Schluffen (auch schwachtonig), Sand-Schluffgemischen und Stein-Lehmgemischen. Kiesschicht bei Körnung 2(4)–8 mm überdeckt Sickerrohr um mindestens 0,1 m; anrechenbare Wandhöhe = senkrechter Abstand zwischen Rohrsohle und Grabensohle. Versickerungsrohr ≥ DN 100 mit Austrittsöffnungen 1,4 mm im Gefälle von 1: 500 mit Lüftungsöffnungen; Durchlässigkeit des Bodens: $k_f > 5 \cdot 10^{-7}$ bis $5 \cdot 10^{-3}$ m/s. Eine intermittierende Beschickung über eine Verteilkammer ist vorteilhaft. Mindestabstand zu Trinkwasserbrunnen beachten.

- **Sickergruben:** bieten den Vorteil eines geringeren Flächenbedarfs. Die größere Bautiefe ist zu berücksichtigen; Durchlässigkeit im Bereich der sickerfähigen Schicht; Sickerlöcher ≥ 25 mm Öffnungsweite; lichte Schachtweite mindestens 1,0 m; Grube unten mit Kies 2/8 mm auffüllen und darüber gewaschener Sand 0,2/2 mm mindestens 0,5 m hoch, geschützt gegen Ausspülen (Prallplatte). Abstand Prallplatte Zulauf ≥ 0,2 m. Versickerungsflächenbedarf wie bei Sickergräben; anrechenbar ist die Höhe zwischen Sohle Sickergrube und Unterkante Prallplatte. Schachtsohle mindestens 1,0 m über höchstem Grundwasserspiegel.

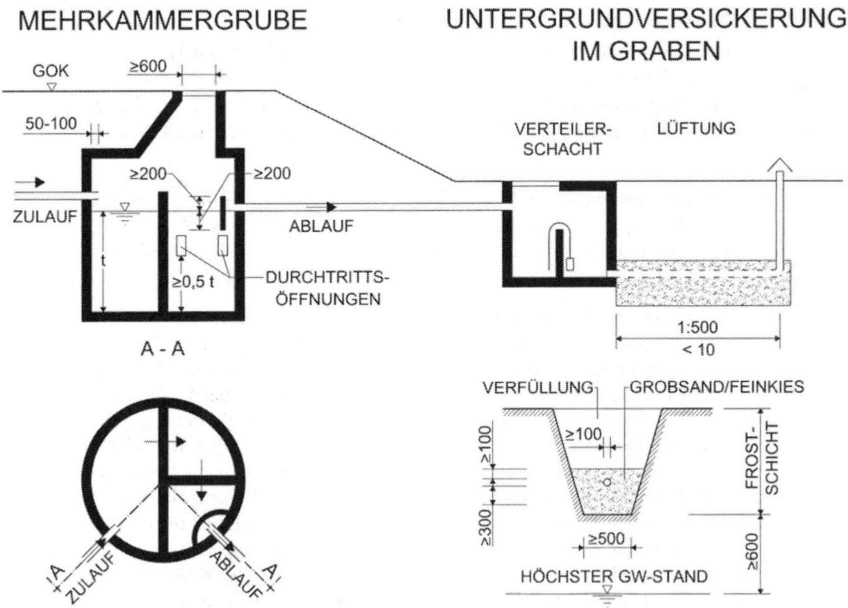

Dreikammergrube mit Untergrundverrieselung

- **Kleinkläranlagen mit Belüftung** erfordern eine Vorbehandlung. Diese kann sich bei nachfolgenden Belebungsbecken auf eine Grobstoffentfernung beschränken; vor Tropfkörper sind Mehrkammergruben oder Gleichwertiges zu schalten, um Verstopfungen zu vermeiden.

  Folgende Bemessungswerte nach DIN 4261-2 sind einzuhalten:

Belebungsanlagen				**Tropf- und Tauchkörperanlagen**			
Belebungsbecken	B_R	kg/(m³ · d)	≤ 0,2	Tropfkörper	B_R	kg/(m³ · d)	≤ 0,15 bis 0,25 bei gleichmäßigem Q_{24}
	B_{TS}	kg/(kg · d)	≤ 0,05		V_{min}	m³	2
	V_{min}	m³	1		h_{TK}	m	≥ 1,5 mit RV = 3 ≥ 2,5 mit RV = 1
	Freibord	m	≥ 0,3				
Nachklärbecken	t_{NK}	h	≥ 3,5	Nachklärbecken für Tropf- und Tauchkörperanlagen	t_{NK}	h	≥ 3,5
	q_A	m³/(m² · h)	≤ 0,3		q_A	m³/(m² · h)	≤ 0,4
	A_{NK}	m²	≥ 0,7		A_{NK}	m²	≥ 0,7
	h_{NK}	m	≥ 1,0		h_{NK}	m	≥ 1,0
				Tauchkörper	B_A	kg/(m² · d)	≤ 0,004 bis 0,008 bei gleichmäßigem Q_{24}
					A_{min}	m²	45

8 Geotechnik

Prof. Dr.-Ing. habil. Dietrich Franke
Prof. Dipl.-Ing. Rüdiger Wormuth (Abschn. 9)

1 Technisches Regelwerk

1.1 Allgemeines

Die übergeordnete Norm in Europa ist der Eurocode (EC), der einem neuen Sicherheitskonzept entspricht. Für die Aufgaben in der Geotechnik ist der EC 7 Teil 1 „Entwurf und Bemessung in der Geotechnik, Teil 1: Allgemeine Regeln" maßgebend. Außerdem ist der EC 1 zu beachten, der allgemeine Grundlagen enthält.
Zur Anwendung in der Bundesrepublik Deutschland wurde die DIN 1054 überarbeitet. Die Regelungen der neuen Fassung (01.05) berücksichtigen die Forderungen von EC 1 und EC 7. Für die der DIN 1054 nachgeordneten Berechnungsnormen DIN 4017, DIN 4019, DIN 4084 und DIN 4085 liegen ebenfalls neue Entwürfe vor. Diese bilden – z.T. bereits in aktualisierter Form – die Grundlage für dieses Kapitel, das damit dem neuesten Stand der Normung entspricht.
Für die bald erscheinenden endgültigen Normen sind kaum noch Änderungen gegenüber den folgenden Ausführungen zu erwarten. Das vorliegende Kapitel kann daher ohne weiteres als Grundlage der Lehre sowie für die Praxis zur Einarbeitung in die neue Normengeneration der Geotechnik verwendet werden. Baurechtlich ist gegenwärtig jedoch noch die alte Normengeneration, siehe Kapitel 11 der Bautabellen der 14. Auflage, gültig.
Alle für das hier behandelte Gebiet wichtigen Normen, Richtlinien und die Empfehlungen der *Deutschen Gesellschaft für Geotechnik* (DGGT) sind am Ende des Buches im Normen- und Literaturverzeichnis zusammengestellt.
Begriffe und Regelungen nach dem neuen Sicherheitskonzept sind im Abschnitt 1.2 dargestellt.

1.2 Allgemeine Regelungen für Sicherheitsnachweise

1.2.1 Grundlegende Anforderungen

Nach dem neuen Sicherheitskonzept ist nachzuweisen, dass die Grenzzustände der Tragfähigkeit (GZ 1) und der Gebrauchstauglichkeit (GZ 2) mit hinreichender Sicherheit ausgeschlossen sind.
Die Sicherheit ist rechnerisch nachgewiesen, wenn die Grenzzustandsbedingungen nicht verletzt sind. Dazu sind die jeweils ungünstigsten Mechanismen, Kombinationen und hydraulischen Bedingungen zu untersuchen. Bei der Aufstellung der Grenzzustandsbedingungen sind die Gleichgewichtsbedingungen einzuhalten. Wenn ein oberer und ein unterer charakteristischer Wert ausgewiesen ist, ist jeweils der ungünstigere in der Berechnung zu verwenden.
Zufällige Abweichungen von streuenden Einwirkungen, von Beanspruchungen infolge von Einwirkungen und von Widerständen sind durch Teilsicherheitsbeiwerte und sonstige Sicherheitsregelungen, z.B. Bemessungswasserstände, abzudecken, um das geforderte Sicherheitsniveau zu erreichen.
In einfachen Fällen, z.B. bei Flachgründungen sowie bei Böschungen und beim Verbau von Baugruben und Gräben nach DIN 4124, darf nach DIN 1054 auf Tabellenwerte zurückgegriffen werden. In schwierigen Fällen kann die Anwendung der Beobachtungsmethode sinnvoll sein.

1.2.2 Geotechnische Kategorien (GK)

Die Mindestanforderungen an Umfang und Qualität geotechnischer Untersuchungen, Berechnungen und Überwachungsmaßnahmen richten sich nach der Geotechnischen Kategorie, in die die Baumaßnahme nach DIN 4020 (10.90) entsprechend ihrer Schwierigkeit einzuordnen ist.
Kategorie 1:
Die Geotechnische Kategorie GK 1 umfasst einfache Baumaßnahmen mit geringer Schwierigkeit bei einfachen und übersichtlichen Baugrundverhältnissen.
Im Zweifelsfall sollte ein Sachverständiger für Geotechnik hinzugezogen werden.
Kategorie 2:
Die Geotechnische Kategorie GK 2 umfasst Baumaßnahmen mit normalem Schwierigkeitsgrad hinsichtlich Standsicherheit und Gebrauchstauglichkeit. Durch einen Sachverständigen für Geo-

technik ist ein geotechnischer Bericht nach DIN 4020 (10.90) auf der Grundlage von routinemäßigen Baugrunduntersuchungen im Feld und im Labor zu erstellen.

Kategorie 3:

Die Geotechnische Kategorie GK 3 umfasst Baumaßnahmen mit hohem Schwierigkeitsgrad, die nicht in die Kategorien GK 1 bzw. GK 2 eingeordnet werden können. Das Mitwirken eines Sachverständigen für Geotechnik ist in jedem Fall erforderlich.

Bauwerke oder Baumaßnahmen, bei denen die Beobachtungsmethode angewendet werden soll, sind, abgesehen von begründeten Ausnahmen, der Geotechnischen Kategorie GK 3 zuzuordnen.

Eine Baumaßnahme ist zu Beginn der Planung einer Geotechnischen Kategorie zuzuordnen. Diese Zuordnung ist zu ändern, wenn spätere Befunde das erfordern.

1.2.3 Grenzzustände (GZ)

Man unterscheidet Grenzzustände der Tragfähigkeit (GZ 1) und Grenzzustände der Nutzungsfähigkeit (GZ 2).

GZ 1:

GZ 1A ist der Grenzzustand der Lagesicherheit. Er betrifft die Sicherheit gegen Aufschwimmen und die Sicherheit gegen hydraulischen Grundbruch. Bei diesem Nachweis treten nur Einwirkungen, aber keine Widerstände auf.

GZ 1B betrifft das Versagen von Bauwerken und Bauteilen und dient der Bemessung. Dazu werden in der Grenzzustandsbedingungen die Bemessungswerte der Beanspruchungen den Bemessungswerten der Widerstände gegenübergestellt, unabhängig davon, ob der Grenzzustand im Bauwerk oder im Baugrund auftritt.

GZ 1C betrifft die Gesamtstandsicherheit von Bauwerk und Baugrund. Dazu werden die Grenzzustandsbedingungen mit Bemessungseinwirkungen, Bemessungswerten für die Scherfestigkeit im Boden und gegebenenfalls Bemessungswiderständen von mittragenden Bauteilen gegenübergestellt. Dieser Grenzzustand tritt immer im Baugrund, gegebenenfalls auch gleichzeitig in mittragenden Bauteilen auf.

Unter bestimmten Bedingungen dürfen die Nachweise auch geführt werden

- durch Wahl der Abmessungen auf Grund normativer Festlegung, z.B. nach DIN 4124,
- durch Verwendung aufnehmbarer Sohldrücke bei Flachgründungen,
- durch Anwendung der Beobachtungsmethode.

GZ 2:

Grenzzustände der Gebrauchstauglichkeit beziehen sich im Regelfall auf einzuhaltende Verformungen bzw. Verschiebungen. Im Einzelfall können auch weitere Kriterien maßgebend sein. Bei Nachweisen für die Grenzzustände der Gebrauchstauglichkeit sind Größe, Dauer und Häufigkeit der Einwirkungen zu berücksichtigen.

1.2.4 Beobachtungsmethode

Sie ist eine Kombination der üblichen geotechnischen Untersuchungen und Berechnungen mit der laufenden messtechnischen Kontrolle des Bauwerks während dessen Herstellung und gegebenenfalls auch während dessen Nutzung, wobei kritische Situationen durch vorgehaltene geeignete technische Maßnahmen beherrscht werden. Die durch gezielte Beobachtung ausgewählter Zustände gewinnbaren Erkenntnisse dienen der Überprüfung der bei den Berechnungen getroffenen Voraussetzungen und Annahmen und zeigen das Eintreten unzulässiger Zustände so rechtzeitig an, dass geeignete Gegenmaßnahmen getroffen werden können.

Die Beobachtungsmethode sollte angewendet werden, wenn die Voraussage des Baugrundverhaltens allein aufgrund von vorab durchgeführten Baugrunduntersuchungen und rechnerischen Nachweisen nicht mit ausreichender Zuverlässigkeit möglich ist.

Die Beobachtungsmethode schließt Maßnahmen ein, die vor Beginn und während der Bauausführung ergriffen werden. Sie kann zur Optimierung der Bemessung und des Bauablaufs genutzt werden.

Die Methode ist nicht anwendbar, wenn sich das Versagen nicht durch rechtzeitig erkennbare und messbare Anzeichen ankündigt.

1.2.5 Einwirkungen, Beanspruchungen und Widerstände

Einwirkungen werden unterschieden nach

- Gründungslasten
- Grundbauspezifische Lasten: Sind nach DIN 1054 Kräfte, die sich aus dem Zusammenwirken von Baugrund und Bauwerk ergeben. Dazu zählen Überlagerungsdruck infolge Eigenlast des Bodens, Erddruck, Druck von Stützflüssigkeit, Wasserdruck, Seitenreibungskräfte durch Baugrundverformungen und Sohlreibungskräfte.
- Dynamische Einwirkungen: Sie werden durch statische Ersatzlasten berücksichtigt.

Die Möglichkeit gleichzeitig auftretender Einwirkungen wird durch besondere **Einwirkungskombinationen** berücksichtigt.

Widerstände aus dem Zusammenwirken mit einem Bauwerk ergeben sich nach den Regeln der entsprechenden Bauartnormen.

Widerstände von Boden und Fels ergeben sich aus der Scherfestigkeit oder der Steifigkeit direkt oder aus den durch diese erzeugten Einflüssen, wie Grundbruchwiderstand, Sohlreibung, stützenden Erddruck, Eindring- bzw. Herausziehwiderstand.

Bezüglich des Sicherheitsanspruchs bei den Widerständen werden verschiedene **Sicherheitsklassen (SK)** unterschieden:

SK 1: Zustände während der Funktionszeit des Bauwerks
SK 2: Zustände, die während der Bauzeit, der Reparatur oder anderer Baumaßnahmen neben dem Bauwerk eintreten, z.B. Baugrubenkonstruktionen
SK 3: Zustände, die während der Funktionszeit des Bauwerks einmalig oder voraussichtlich nie eintreten.

Charakteristische Werte und Bemessungswerte

Charakteristische Werte sind aus sorgfältig durchgeführten Untersuchungen gewonnene, mögliche Streuungen berücksichtigende, vorsichtig festgelegte Mittelwerte.

Um mögliche Streuungen zu berücksichtigen, werden die charakteristischen Werte je nachdem, ob sie günstig oder ungünstig wirken, mit Hilfe besonderer Teilsicherheitsbeiwerte abgemindert oder erhöht. Die so veränderten Werte sind Bemessungswerte.

Lastfälle (LF)

LF 1: EK 1 in Verbindung mit dem Zustand der SK 1. Der LF 1 entspricht der „ständigen Bemessungssituation" nach DIN 1055.

LF 2: EK 2 in Verbindung mit dem Zustand der SK 1 oder EK 1 in Verbindung mit SK 2. Der LF 2 entspricht der „vorübergehenden Bemessungssituation" nach DIN 1055.

LF 3: EK 2 in Verbindung mit dem Zustand der SK 2 oder EK 2 in Verbindung mit SK 3. Der LF 3 entspricht der „außergewöhnlichen Bemessungssituation" nach DIN 1055.

1.2.6 Teilsicherheitsbeiwerte

Ansatz der Teilsicherheitsbeiwerte für Einwirkungen und Beanspruchungen

Teilsicherheitsbeiwerte siehe Tafel 8.5a.

Beim Nachweis der Auftriebssicherheit und der Sicherheit gegen hydraulischen Grundbruch (GZ 1A) sowie beim Nachweis der Gesamtstandsicherheit (GZ 1C) sind die charakteristischen Werte der Einwirkungen unmittelbar mit dem Teilsicherheitsbeiwert für Einwirkungen γ_F zu multiplizieren, um damit Bemessungswerte zu erhalten.

Beim Nachweis der bodenmechanisch bedingten Abmessungen und beim Nachweis der von der Materialfestigkeit abhängigen Abmessungen von Bauwerken und von Bauteilen (GZ 1B) sind die Einwirkungen stets mit ihren charakteristischen Werten in die Berechnung einzuführen. Erst bei der Aufstellung der Grenzzustandsbedingungen sind die mit charakteristischen Einwirkungen ermittelten charakteristischen Beanspruchungen in Form von Schnittgrößen oder Spannungen mit dem Teilsicherheitsbeiwert γ_F für Einwirkungen in Bemessungswerte der Beanspruchungen umzurechnen.

Ansatz der Teilsicherheitsbeiwerte für Widerstände

Teilsicherheitsbeiwerte siehe Tafel 8.5b.

Beim Nachweis der bodenmechanisch bedingten Abmessungen und beim Nachweis der von Materialfestigkeit abhängigen Abmessungen von Bauwerken und Bauteilen (GZ 1B) sind die mit charakteristischen Werten der Bodenkenngrößen ermittelten Bodenwiderstände mit dem Teilsicherheitsbeiwert für Widerstände in Bemessungswerte umzurechnen.

Tafel 8.5a Teilsicherheitsbeiwerte für Einwirkungen und Beanspruchungen

Einwirkungen bzw. Beanspruchungen	Formel-zeichen	Lastfall		
		LF 1	LF 2	LF 3
GZ 1A: Verlust der Lagesicherheit				
Günstige ständige Einwirkungen	$\gamma_{G,stb}$	0,90	0,90	0,95
Ungünstige ständige Einwirkungen	$\gamma_{G,dst}$	1,00	1,00	1,00
Strömungskraft bei günstigem Untergrund	γ_H	1,35	1,30	1,20
Strömungskraft bei ungünstigem Untergrund	γ_H	1,80	1,60	1,35
Ungünstige veränderliche Einwirkungen	$\gamma_{Q,dst}$	1,00	1,00	1,00
GZ 1B: Versagen von Bauwerk und Bauteilen				
Beanspruchungen aus ständigen Einwirkungen allgemein, einschließlich Wasserdruck	γ_G	1,35	1,20	1,00
Beanspruchungen aus ständigen Einwirkungen aus Erdruhedruck	γ_{E0g}	1,20	1,10	1,00
Beanspruchungen aus ungünstigen veränderlichen Einwirkungen	γ_Q	1,50	1,30	1,00
GZ 1C: Verlust der Gesamtstandsicherheit				
Ständige Einwirkungen	γ_G	1,00	1,00	1,00
Ungünstige veränderliche Einwirkungen	γ_Q	1,30	1,20	1,00
GZ 2: Gebrauchstauglichkeit				
Ständige und veränderl. Einwirkungen bzw. Beanspruchungen	γ_G, γ_Q	1,00		

Tafel 8.5b Teilsicherheitsbeiwerte für Widerstände

Widerstand	Formel-zeichen	Lastfall		
		LF 1	LF 2	LF 3
GZ 1B: Versagen von Bauwerken und Bauteilen				
Bodenwiderstände				
Passiver Erddruck (Erdwiderstand) und Grundbruchwiderstand	γ_{Ep}, γ_{Gr}	1,40	1,30	1,20
Gleitwiderstand	γ_{Gl}	1,10	1,10	1,10
Pfahlwiderstände				
aus Probebelastung, Druck	γ_{Pc}	1,20	1,20	1,20
aus Probebelastung, Zug	γ_{Pt}	1,30	1,30	1,30
Erfahrungswerte, Druck und Zug	γ_P	1,40	1,40	1,40
Verpressankerwiderstände				
Stahlzuglied	γ_M	1,15	1,15	1,15
Herausziehwiderstand des Verpresskörpers	γ_A	1,10	1,10	1,10
GZ 1C: Verlust der Gesamtstandsicherheit				
Scherfestigkeit				
Reibungsbeiwert tan φ' des dränierten Bodens und tan φ_u des undränierten Bodens	γ_φ	1,25	1,15	1,10
Kohäsion c' des dränierten Bodens und Scherfestigkeit c_u des undränierten Bodens	γ_c, γ_{cu}	1,25	1,15	1,10
Herausziehwiderstände				
Boden- bzw. Felsnägel, Ankerzugpfähle	γ_N, γ_Z	1,40	1,30	1,20
Verpresskörper von Verpressankern	γ_A	1,10	1,10	1,10
Flexible Bewehrungselemente	γ_B	1,40	1,30	1,20

2 Erkundung und Untersuchung des Bodens als Baugrund

2.1 Ziele geotechnischer Untersuchungen, erforderliche Unterlagen

Ziel ist es, das dem Bauherrn auferlegte Baugrundrisiko zu begrenzen und eine wirtschaftliche Gründung sicher zu stellen. Voraussetzung: Zusammenwirken zwischen Sachverständigem für Geotechnik und Objekt- bzw. Tragwerksplanern. Geotechnische Untersuchungen bereits ab Grundlagenermittlung erforderlich. Erforderliche Unterlagen:

- Lageplan mit Angaben zum geplanten Bauobjekt
- Grundrisse und Schnitte (Entwurfsplanung) mit NN-Höhen
- Annahmen über die zu erwartenden Einwirkungen (Lasten, dynamische Einwirkungen)
- geplante Konstruktion (insbesondere Nutzung der unter Geländeoberfläche befindlichen Räume)
- Angaben zu den Baugrundeigenschaften der durch die Baumaßnahme beanspruchten Schichten.

Es sind durch die geotechnischen Untersuchungen folgende Sachverhalte zu beurteilen:

- Eignung von Bauverfahren, Gründungsarten bzw. Stützkonstruktionen
- Verformungen durch Bauwerk und Baumaßnahme (räumliche Verteilung und zeitlicher Verlauf) sowie Möglichkeiten zur Sicherung des verträglichen Zusammenwirkens von Bauwerk und Baugrund (z.B. Wahl des statischen Systems, Gründungsart)
- Nachweis der Sicherheit gegen Grenzzustände (z.B. Grundbruch, Geländebruch, Aufschwimmen, Gleiten, Hangstabilität, Knicken von Pfählen)
- Einwirkungen des Baugrunds auf das Bauwerk (z.B. Erddruck, Seitendruck auf Pfähle) in Abhängigkeit von der konstruktiven Gestaltung
- Auswirkungen des Bauwerks auf die Umgebung einschließlich der während der Baudurchführung erforderlichen Maßnahmen (z.B. Grundwasserabsenkung, Ausbildung der Baugrube)
- eingetretene oder zu erwartende Kontaminationen (Art und Ausdehnung, Grundwasserströmung) und Wirkung von Maßnahmen zur Eingrenzung oder Beseitigung.

2.2 Geotechnischer Bericht

Inhaltliche Abgrenzung der Leistungen für Bodenmechanik, Erd- und Grundbau (§ 92 der HOAI):

- Baugrundbeurteilung und Gründungsberatung für Flächen- und Pfahlgründungen; Bereitstellung der Grundlagen für die Bemessung
- Planung, Überwachung und Auswertung der Erkundungsmaßnahmen
- Planung, Durchführung und Auswertung der Labor- und Feldversuche
- Beratung bei der Sicherung von Nachbarbauwerken
- Untersuchungen zur Berücksichtigung dynamischer Beanspruchungen
- Erdstatische Berechnungen bzw. Beratung des Tragwerksplaners
- Abnahme der Aushub- und Gründungssohle
- Beurteilung der Tragfähigkeit des Baugrunds im Hinblick auf Gründungsvarianten unter Beachtung der Anforderungen aus der geplanten Baumaßnahme.

Der geotechnische Bericht sollte mindestens Angaben zu folgenden Gliederungspunkten enthalten:

Abschnitt 1: Darstellung der Untersuchungsergebnisse (Aufgabenstellung, Kurzbeschreibung der Objektangaben, zugrunde liegende Unterlagen, vollständige Beschreibung Felderkundung, Art- und Durchführung der Labor- und Feldversuche, lückenlose Darstellung der Untersuchungsergebnisse).

Abschnitt 2: Bewertung der Untersuchungsergebnisse (kritische Bewertung der in Abschnitt 1 dargestellten Untersuchungsergebnisse in Bezug auf die geplanten baulichen Anlagen, gegebenenfalls begründete Vorschläge für ergänzende Untersuchungen).

Abschnitt 3: Folgerungen, Empfehlungen, Hinweise (Stellungnahme zur geotechnischen Kategorie des Bauwerks, Hinweise und Empfehlungen für die geotechnische Entwurfsbearbeitung der baulichen Anlage, z.B. Ausbildung der Baugrube, Wasserhaltung, Gründungsart).

2.3 Baugrunderkundung

2.3.1 Geotechnische Kategorien

Einordnung der bautechnischen Maßnahme nach Schwierigkeitsgrad der Konstruktion des Bauwerks, der Baugrundverhältnisse sowie der zwischen ihnen und der Umgebung bestehenden Wechselwirkungen.

Kategorie 1: einfache bauliche Anlagen, einfache und übersichtliche Baugrundverhältnisse.

Mindestanforderungen: Informationen über allgemeine Baugrundverhältnisse und örtliche Bauerfahrung, Erkundung der Boden- oder Gesteinsarten sowie ihre Schichtung, Abschätzung der Grundwasserverhältnisse, Besichtigung der ausgehobenen Baugrube.

Beispiele: Stützenlasten < 250 kN, Streifenlasten < 100 kN/m, Stützmauern oder Baugruben mit einer Höhe < 2 m, Gründungsplatten, die nach empirischen Regeln bemessen werden, Gräben oberhalb des Grundwasserspiegels bis 2 m Tiefe, waagerechtes bzw. schwach geneigtes Gelände, Baugrund tragfähig mit geringer Setzungsneigung, Grundwasser unter Aushubsohle, Bauwerk gegen örtliche Erdbebenbelastung unempfindlich, umgebende Bauwerke oder bauliche Anlagen werden nicht gefährdet.

Kategorie 2: umfasst Bauwerke und Baugrundverhältnisse mittleren Schwierigkeitsgrads. Zahlenmäßiger Nachweis der Sicherheit sowie ingenieurmäßige Bearbeitung mit geotechnischen Kenntnissen und Erfahrungen erforderlich.

Mindestanforderungen: Direkte Aufschlüsse, zu untersuchende Bodenkenngrößen sind durch Versuche zu bestimmen. Korrelationen dürfen hilfsweise mit herangezogen werden.

Kategorie 3: Bauwerke und Baugrundverhältnisse hohen Schwierigkeitsgrads. Zur Bearbeitung sind vertiefte geotechnische Kenntnisse und Erfahrungen erforderlich. Sicherheit ist zahlenmäßig nachzuweisen.

Voruntersuchung: Sichtung und Bewertung vorhandener Unterlagen, geologische Beurteilung, weitmaschiges Untersuchungsnetz, stichprobenartige Feststellungen von maßgebenden Baugrundkennzahlen.

Hauptuntersuchung: Sichtung vorhandener Unterlagen. Erkundung der Konstruktionsmerkmale und Gründungsverhältnisse der angrenzenden baulichen Anlagen. Geologische Beurteilung der Baugrundverhältnisse. Erkundung durch direkte und indirekte Aufschlüsse, Feldversuche, Probebelastungen, Pumpversuche, Dichtheitsprüfungen, Laboruntersuchungen. Beschränkungen des Untersuchungsaufwands sind zu begründen.

2.3.2 Umfang von Aufschlüssen (DIN 4020)

Abhängig von den maßgebenden Baugrundeigenschaften und Kenngrößen für die jeweilige Baumaßnahme, der Eignung des Bodens für eine beabsichtigte baustoffliche Verwendung sowie der Untersuchung der Grundwasserverhältnisse.

Untersuchungsaufwand richtet sich nach der Schwierigkeit der baulichen Anlage und des Baugrunds. Anordnung und Abstände der Aufschlüsse sind so zu wählen, dass ausreichende Informationen über Zusammensetzung und räumlichen Verlauf der Schichten und Trennflächen sowie der Grundwasserverhältnisse im Baugrund gewonnen werden.

Anordnung in Rastern oder Schnitten, bevorzugt an Eckpunkten des Grundrisses, bei Linienbauten an Geländesprüngen, Hängen auch außerhalb der Trasse; ohne Gefährdung des Bauwerkes, der Nachbarschaft oder der Wasserverhältnisse anordnen.

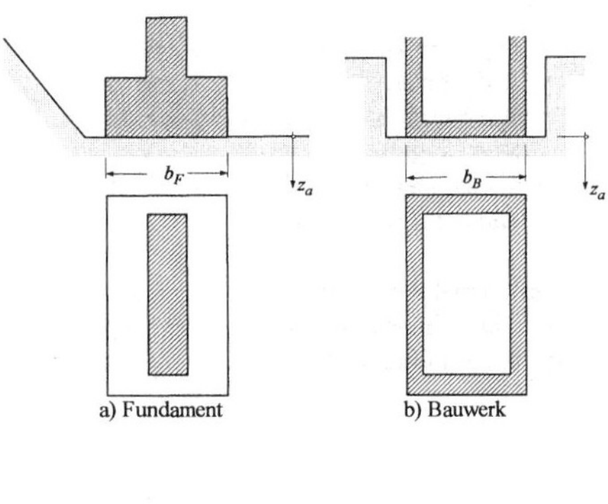

Abb. 8.7 Erkundungstiefen bei Hoch- und Ingenieurbauten

Rasterabstände Hoch- und Ingenieurbauten 20 bis 40 m; großflächige Bauwerke maximal 60 m; Linienbauwerke 50 bis 200 m; Sonderbauwerke 2 bis 4 Aufschlüsse je Fundament. Staumauern, Staudämme und Wehre 25 bis 75 m in charakteristischen Schnitten. Langgestreckte Schlitz- und Dichtwände 25 bis 50 m.
Aufschlusstiefe z_a muss alle Schichten, die durch das Bauwerk beansprucht werden, und die hydrologischen Verhältnisse erfassen. Bezugsebene für z_a ist Bauwerks- oder Bauteilunterkante, Aushub- oder Ausbruchsohle. Es gilt jeweils der größere Wert für z_a.
– Hochbauten und Ingenieurbauten (Abb. 8.7): $z_a \geq 3\,b_F$; $z_a \geq 6$ m
(b_F kleineres Fundamentmaß), Plattengründungen, Bauwerke mit mehreren Gründungskörpern, deren Einflüsse sich überlagern: $z_a \geq 1{,}5\,b_B$ (b_B als kleineres Bauwerksmaß)
– Erdbauwerke (Abb. 8.8a):
Dämme: $0{,}8\,h < z_a < 1{,}2\,h$; $z_a \geq z(\Delta\sigma_{Damm} \leq 0{,}2\sigma_{insitu})$; $z_a \geq 6$ m
Einschnitte: $z_a \geq 2$ m; $z_a \geq 0{,}4\,h$ (h Dammhöhe bzw. Einschnitttiefe)

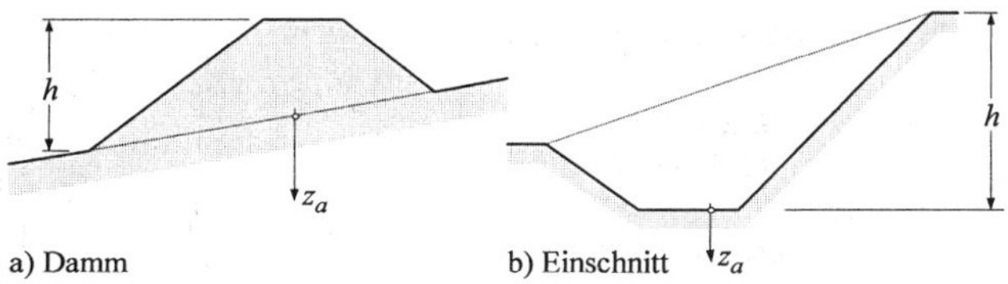

Abb. 8.8a Erkundungstiefen bei Erdbauwerken

– Linienbauwerke (Abb. 8.8b): Landverkehrswege: $z_a \geq 2$ m unter Aushubsohle;

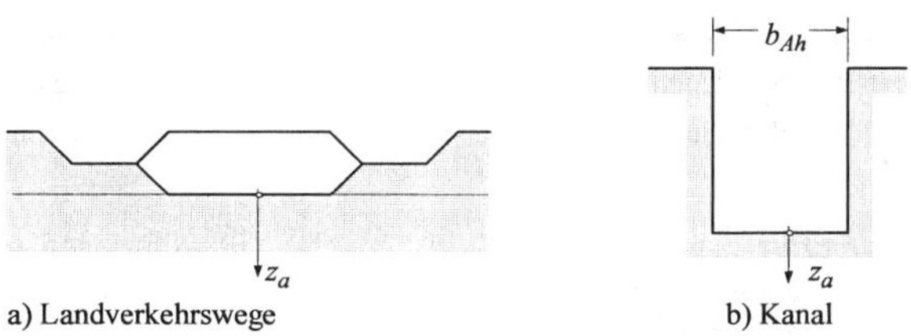

Abb. 8.8b Erkundungstiefen bei Linienbauwerken

Kanäle/Leitungsgräben: $z_a \geq 2$ m unter Aushubsohle; $z_a \geq 1{,}5\,b_{Ah}$ (b_{Ah} Aushubbreite)

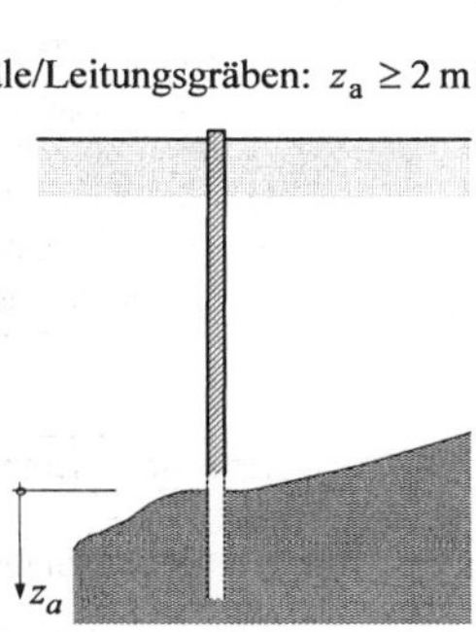

Abb. 8.8c Erkundungstiefen bei Dichtwänden

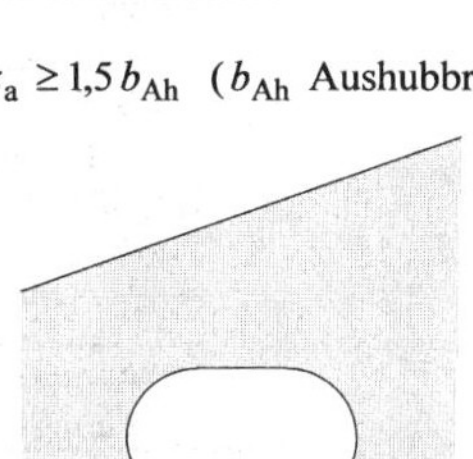

Abb. 8.8d Erkundungstiefen bei Hohlraumbauten

– Dichtungswände (Abb. 8.8c): $z_a \geq 2$ m unter Oberfläche des Grundwassernichtleiters
– Hohlraumbauwerke (Abb. 8.8d): $b_{Ab} < z_a < 2\,b_{Ab}$ (b_{Ab} Ausbruchtiefe)

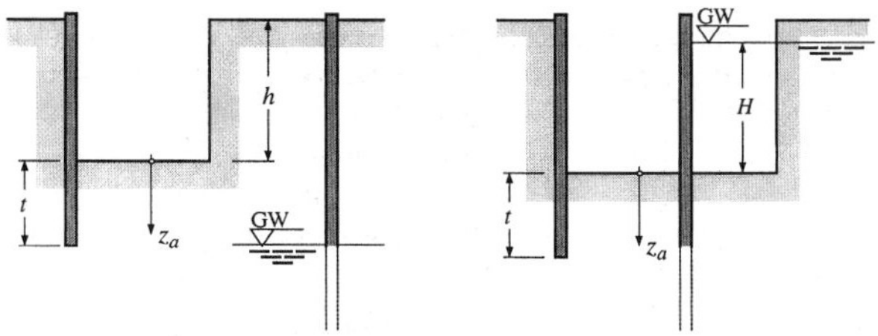

a) Grundwasserspiegel unterhalb der Baugrubensohle b) Grundwasserspiegel oberhalb der Baugrubensohle

Abb. 8.9a Erkundungstiefen bei Baugruben

– Baugruben (Abb. 8.9a):
 a) Grundwasserspiegel unter Baugrubensohle:
 $z_a \geq 0{,}4\,h$; $z_a \geq t + 2$ m (t Einbindetiefe der Umhüllung, h Baugrubentiefe)
 b) Grundwasserspiegel über der Baugrubensohle:
 $z_a \geq H + 2$ m; $z_a \geq t + 2$ m; wenn bis zu dieser Tiefe kein Grundwasserhemmer angetroffen wird, dann $z_a \geq t + 5$ m
 (H Höhe des Grundwasserspiegels über Baugrubensohle)
– Pfähle (Abb. 8.9b):
 $z_a \geq b_g$, $4\text{ m} \leq z_a \leq 10$ m, $z_a \geq 3\,D_F$
 (D_F Pfahlfußdurchmesser, b_g kleineres Maß eines Rechtecks in der Fußebene, das die Pfahlgruppe umschließt)

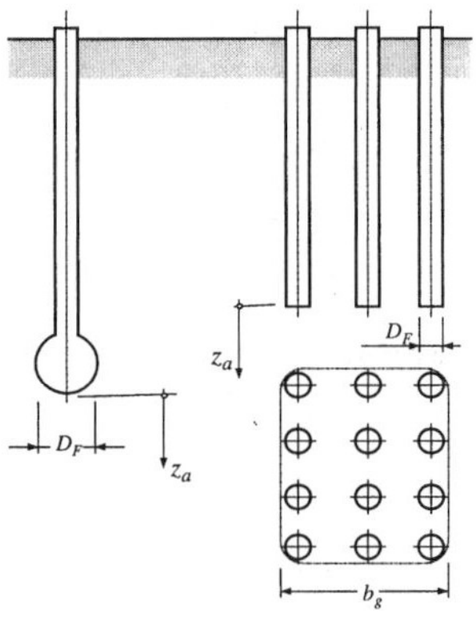

Abb. 8.9b Erkundungstiefen bei Pfahlgründungen

2.3.3 Aufschlussverfahren

Verfahren zur Erkundung des Baugrunds. Direkte und indirekte Erkundungsverfahren sind kombiniert einzusetzen. Das Erkundungsprogramm soll durch einen Sachverständigen für Geotechnik betreut werden.

Direkte Aufschlussverfahren: vorgegebene und einsehbare Aufschlüsse (Anschnitte, Flanken von Flussläufen usw.). Bohrungen (DIN 4021). Begehbare Stollen. Schurf (künstlich hergestellte Grube/Graben) – nach DIN 4124 – zur Einsichtnahme in den Baugrund und zur Entnahme von Proben.

Felduntersuchungen nach DIN 4094-1 bis -5 (indirekte Aufschlussverfahren):

a) Rammsondierungen DIN 4094-3: Einrammen einer Sonde mittels Fallgewicht (Fallmasse und Fallhöhe festgelegt). Messgröße ist Anzahl der für 10 cm Eindringung erforderlichen Schläge N_{10}.

Benennung	mittlere Untersuchungstiefe in m	nicht anwendbar bei
leichte Rammsonde	10	bindigen und dicht gelagerten nichtbindigen Böden
mittelschwere Rammsonde	15	dicht gelagerten Kiesen, festen bindigen Böden
Schwere Rammsonde	25	
überschwere Rammsonde	40	

b) Bohrlochrammsondierung (DIN 4094-2): Sonderfall der Rammsondierung. Sonde wird von der Bohrlochsohle ca. 45 cm eingerammt. Messgröße ist der Eindringwiderstand N_{30} (Schlagzahl für Eindringtiefe 30 cm).

c) Drucksondierungen (DIN 4094-1, cone-penetration-test): Eindrücken einer Sonde in den Untergrund mit gleich bleibender Geschwindigkeit. Sondenwiderstand ist die Summe von Spitzenwiderstand (q_c in MN/m^2) und Mantelreibung (f_s in MN/m^2).

d) Flügelscherversuch (DIN 4094-4): Ermittlung der undrainierten Kohäsion weicher Böden durch Abscheren eines zylindrischen Bodenkörpers mit einer Flügelsonde. Mittlere Drehgeschwindigkeit 0,1 °/s bis 0,5 °/s.

e) Bohrlochaufweitungsversuche (DIN 4094-5): Erzeugung des Radialdrucks mittels Gummimembran (Dilatometer: Messung der Aufweitung mittels Wegaufnehmer; Pressiometer: Messung über eingepresste Flüssigkeit) oder mittels starrer Stahlplatten (Seitendrucksonden).

f) Geophysikalische Verfahren: Anwendung nur in Verbindung mit direkten Aufschlussverfahren (Bohrungen, Schürfe) möglich. Geeignet zur Feststellung von Bereichen mit unterschiedlichen physikalischen Eigenschaften (Felsoberkante) oder der Voruntersuchung großer Flächen. Beispiele: Geoelektrik, Gravimetrie, Elektromagnetik, Seismik, Geothermik.

2.3.4 Güteklassen für Bodenproben (DIN 4021)

Für die Laborversuche sind bestimmte Güteklassen der Bodenproben erforderlich. Proben der Güteklasse 1 und 2 lassen sich bei nichtbindigen Böden nur mit Spezialverfahren (Frost) gewinnen.

Güteklasse	unverändert in [1)]	Im Wesentlichen feststellbar
1[2)]	Z, w, ρ, k E_S, τ_f	Feinschichtgrenzen, Kornzusammensetzung, ρ, w, w_l, w_p, I_C, max n, min n, ρ_S, organische Bestandteile, Wasserdurchlässigkeit, Steifemodul, Scherfestigkeit
2	Z, w, ρ, k	Feinschichtgrenzen, Kornzusammensetzung, ρ, w, w_l, w_p, I_C, max n, min n, ρ_S, organische Bestandteile, Wasserdurchlässigkeit
3	Z, w	Schichtgrenzen, Kornzusammensetzung, w, w_l, w_p, I_C, max n, min n, ρ_S, organische Bestandteile
4	Z	Schichtgrenzen, Kornzusammensetzung, w_l, w_p, max n, min n, ρ_S, organische Bestandteile
5		Schichtenfolge

[1)] Es bedeuten: Z Kornzusammensetzung, w Wassergehalt, ρ Dichte des feuchten Bodens, E_S Steifemodul, τ_f Scherfestigkeit, k Wasserdurchlässigkeit.
[2)] Bei Güteklasse 1 ist das Korngefüge unverändert.

2.4 Baugrunduntersuchung im Labor

2.4.1 Kennwerte der Phasenzusammensetzung

Erfassen die Volumen- oder Massenverhältnisse der im Boden enthaltenen festen, flüssigen und gasförmigen Bestandteile (Phasen).

Grundgrößen: Dichte $\rho = \frac{m}{V}$ (m Masse Gesamtprobe, V Volumen der Probe), DIN 18 125,

Wichte $\gamma = \rho \cdot g$ (g Erdbeschleunigung), Wichte unter Auftrieb $\gamma = \gamma_{Sat} - \gamma_w$ (γ_{Sat} Wichte bei Sättigung, γ_w Wichte von Wasser)

Wassergehalt $w = \frac{m_w}{m_s}$ (m_w Masse des Wassers, m_s Masse der Festsubstanz),

DIN 18 121, Trockendichte $\rho_d = \frac{\rho}{1+w}$, Korndichte $\rho_S = \frac{m_S}{V_S}$ (V_S Volumen der Festsubstanz), DIN 18 124

Abgeleitete Größen: Porenanteil $n = \frac{V_P}{V} = 1 - \frac{\rho_d}{\rho_s}$ (V_P Volumen des Porenraumes)

Porenzahl $e = \frac{V_P}{V_S} = \frac{\rho_s}{\rho_d} - 1$

Sättigungszahl $S_R = \frac{n_w}{n} = \frac{V_w}{V_P} = \frac{e_w}{e}$ (V_w wassergefülltes Porenvolumen)

2.4.2 Klassifizierungsversuche

Kennwerte zur Klassifizierung (DIN 18 196) und Benennung (DIN 4022) (siehe auch DIN ISO 14 689 „Bestimmung und Beschreibung von Fels“, DIN EN ISO 14 688-1 „Geotechnische Erkundung und Untersuchung, Benennung, Beschreibung und Klassifikation von Boden – Teil 1: Benennung und Beschreibung“). Auf Grundlage der Ergebnisse der Klassifizierungsversuche ist die Abschätzung der bodenmechanischen Eigenschaften möglich.

Korngrößenverteilung: Unterscheidung der Böden in nichtbindige (Feinkornanteil $d \leq 0{,}06$ mm kleiner 5 Masseprozent), gemischtkörnige (Feinkornanteil 5 bis 40 %) und bindige Böden.
Verfahren (DIN 18 123): Trockensiebung/Siebung (nichtbindige Böden), Nasssiebung (Feinkornanteil 5 bis 15 %), Sedimentation (Feinkornanteil > 15 %), kombinierte Analyse (Siebung und Sedimentation).

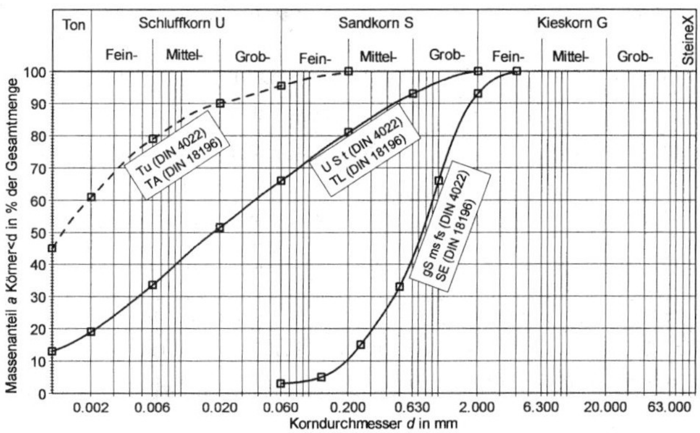

Kennwerte: Ungleichförmigkeitszahl $U = \frac{d_{60}}{d_{10}}$, Krümmungszahl $C_C = \frac{(d_{30})^2}{d_{10} \cdot d_{60}}$

(d_{10}, d_{30}, d_{60} Durchmesser der Körner bei 10, 30, 60 % Masseanteil)

Lockerste und dichteste Lagerung: Beurteilung der Lagerungsdichte nichtbindiger Böden

Verfahren (DIN 18 126):
Rütteltisch- oder Schlaggabelversuch für min *n*, Trichterversuch für max *n*

Kennwerte: max *n* Porenanteil bei lockerster Lagerung
min *n* Porenanteil bei dichtester Lagerung

Lagerungsdichte $D = \frac{\max n - n}{\max n - \min n}$

($0{,}0 \leq D \leq 0{,}15$ sehr locker, $0{,}15 < D \leq 0{,}3$ locker, $0{,}3 < D \leq 0{,}5$ mitteldicht, $0{,}5 < D \leq 0{,}75$ dicht)

bezogene Lagerungsdichte: $I_D = \dfrac{\max e - e}{\max e - \min e}$

$(0{,}0 \le I_D \le 0{,}33$ locker, $0{,}33 < I_D \le 0{,}66$ mitteldicht, $0{,}66 < I_D$ dicht)

Konsistenzgrenzen: Benennung und Klassifizierung bindiger Böden

Verfahren (DIN 18 122): Fließgrenze w_L, Ausrollgrenze w_P

Kennwerte: Plastizitätszahl $I_P = w_L - w_P$, Konsistenzzahl $I_C = \dfrac{w_L - w}{I_P}$

(w Wassergehalt), Beurteilung der Konsistenz des Bodens mit Konsistenzzahl I_C gemäß Tabelle oder nach DIN 4022-1.

Konsistenzzahl I_C	Zustandsform	qualitative Merkmale	undrainierte Kohäsion c_u in kN/m²
0,25-0,50	breiig	Faust lässt sich leicht eindrücken	10-15
0,50-0,75	weich	Daumen lässt sich leicht eindrücken Daumen lässt sich mit geringem Druck eindrücken	15-25 25-50
0,75-1,00	steif	Daumen lässt Spuren zurück, aber nur mit großem Druck eindrückbar	60-150
1,00-1,25	halbfest	Mit Fingernagel leicht zu kratzen	150-300
	fest (hart)	Mit Fingernagel kaum zu kratzen	>300

Organische Anteile: Können durch Bestimmung des Glühverlusts (DIN 18128) abgeschätzt werden. Wird für die bodenmechanische Beurteilung und Klassifizierung von Böden benötigt.

Proctorkennwerte (DIN 18 127): Es wird die bei vorgegebener Verdichtungsenergie maximal erreichbare Trockendichte in Abhängigkeit vom Wassergehalt ermittelt.

Kennwerte: Proctordichte ρ_{Pr}, Proctorwassergehalt w_{Pr}, Verdichtungsgrad D_{Pr}

$$D_{Pr} = \frac{\rho_d}{\rho_{Pr}} \cdot 100\,\%$$

Proctorkennwerte dienen der Kontrolle des Verdichtungserfolgs und der Festlegung von Verdichtungsanforderungen.

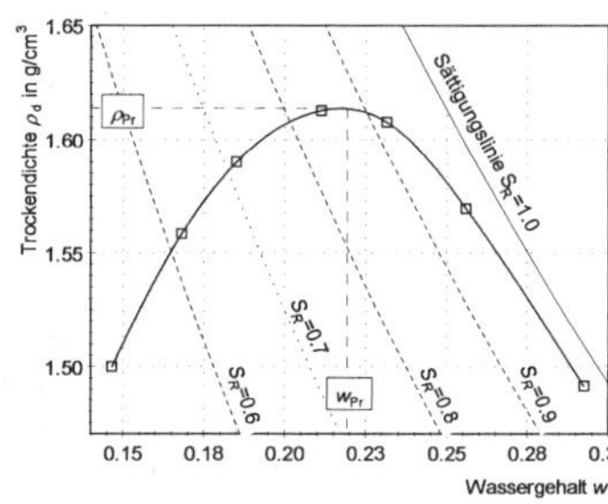

2.5 Benennung und Klassifizierung von Böden

2.5.1 Benennung und Beschreibung von Böden (DIN 4022)

Zuordnung eines Namens nach der stofflichen Zusammensetzung der Boden- oder Felsprobe

Siebanalyse (Labor)	FEINKORN (SCHLÄMMKORN)				GROBKORN (SIEBKORN)						STEINE	BLÖCKE
	TON(T)	SCHLUFF (U)			SAND (S)			KIES (G) (Gravel)			(X)	(Y)
		fein fU	mittel mU	grob gU	fein fS	mittel mS	grob gS	fein fG	mittel mG	grob gG	X	Y
Korndurchmesser d in mm	0,002	0,006	0,02	0,06	0,2	0,6	2,0	6,3	20,0	63,0	200,0	
Schätzung (in situ)	zwischen Finger reiben (analog Reibeversuch)				gerade noch sichtbar	Gries	Streichholzkopf	Erbse	Haselnuss	Hühnerei	Kopf	
	haftet am Finger seifig	im trockenen Zustand leicht entfernbar, mehlig, Körner noch fühlbar										

Benennung: Substantiv für Hauptanteil, ein oder mehrere Adjektive für Nebenanteile (z.B. Kies, sandig Gs; Feinsand, schluffig fSu)

Hauptanteil: nach Masseanteilen am stärksten vertretene Bodenart, die die bodenmechanischen Eigenschaften maßgeblich bestimmt.
Nebenanteile: Anteil, der die bestimmenden Eigenschaften des Bodens nicht prägt. Adjektive der Nebenanteile folgen dem Substantiv des Hauptanteils in der Reihenfolge ihrer Bedeutung.
Sind bei nichtbindigen Böden zwei Korngrößenbereiche mit etwa gleichen Masseanteilen (40 bis 60%) vertreten, sind die beiden Substantive durch „und" zu verbinden (z.B. Sand und Kies SG). Nach Anteil Feinkorn ($d \leq 0{,}06$ mm) Unterscheidung in gering schluffig oder tonig (u oder t, wenn Masseanteil 5 bis 15 %), stark schluffig oder tonig (u* oder t*, wenn Masseanteil über 15 bis 40%).

Versuche zur Abschätzung bei bindigen Böden

Knet-versuch	Schüttel-Versuch	Veränder-lichkeit unter Wasser	Trocken-Festigkeit	Schneide-versuch	Reibe-versuch	Benennung
Plastizität	Wasseraustritt	Zerfall		Aussehen		
leicht	schnell	schnell	gering	stumpf	weich, mehlig	U
mittel	langsam	langsam	mittel	glatt, matt		Tu, Ut
ausgeprägt	kein	kein	groß	speckig	seifig	T

Knetversuch: Es wird eine Kugel von etwa 1 cm Durchmesser hergestellt. Mit zunehmender Plastizität lässt sich die Kugel häufiger zerdrücken und neu formen.
Schüttelversuch: Eine breiige bis weiche Probe wird in der Hand geschüttelt. Die Geschwindigkeit des Wasseraustritts gibt Hinweise auf die Bodenart.
Veränderlichkeit unter Wasser: Kugel von ca. 0,5 cm Durchmesser wird in Wasser gelegt. Geschwindigkeit des Zerfalls bei Schluff sehr hoch, bei Ton i.Allg. kein Zerfall.
Trockenfestigkeit: Getrocknete Kugel (0,5 cm Durchmesser) wird zwischen den Fingern zerdrückt. Bei Tonen kann Probe nicht mit Fingerdruck zerstört werden, bei Schluff reicht geringer Druck.

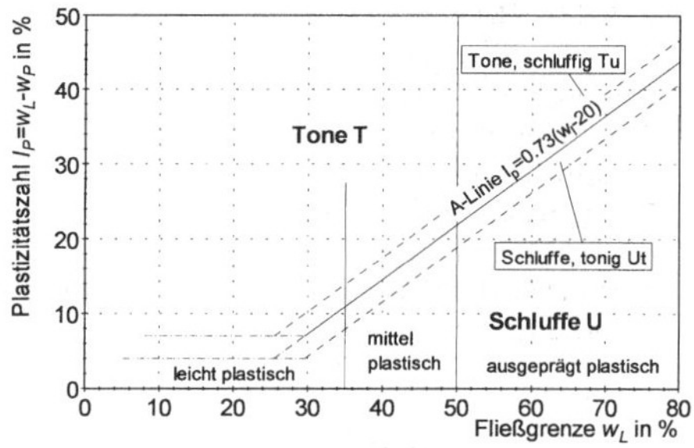

Abb. 8.13 Plastizitätsdiagramm zur Benennung bindiger Böden

Schneideversuch: Eine erdfeuchte Kugel wird mit einem Messer durchschnitten. Glänzendes Aussehen der Schnittfläche deutet auf Ton hin. Bei Schluff ist die Oberfläche stumpf.
Reibeversuch: Etwas Probenmaterial wird zwischen den Fingern gerieben. Tonige Böden fühlen sich seifig, Schluffe mehlig an.
Beschreibung: Erfassung der wichtigsten Zustandseigenschaften des Bodens, z.B. Konsistenz, Lagerungsdichte. Beschreibung gewährleistet Zuordnung zu einer Schicht.

2.5.2 Klassifizierung (DIN 18 196)

Zuordnung des Bodens in Gruppe mit annähernd gleichen bautechnischen Eigenschaften.
Nichtbindige Böden: mit Feinkornanteil ($d < 0{,}06$ mm) kleiner 5 %, Klassifizierung nach Korngrößenverteilung (siehe Tabelle) nach Ungleichförmigkeitszahl und Krümmungszahl.
Bindige Böden: Böden mit Feinkornanteil von mehr als 40 %, Klassifizierung nach Konsistenzgrenzen (siehe Abb. 8.14).

Bezeichnung	Ungleichförmigkeitszahl U	Krümmungszahl C_C
Eng gestuft	$U < 6$	Beliebig
Intermittierend gestuft	$U \geq 6$	$C_C < 1$ oder $C_C > 3$
Weit gestuft	$U \geq 6$	$1 \leq C_C \leq 3$

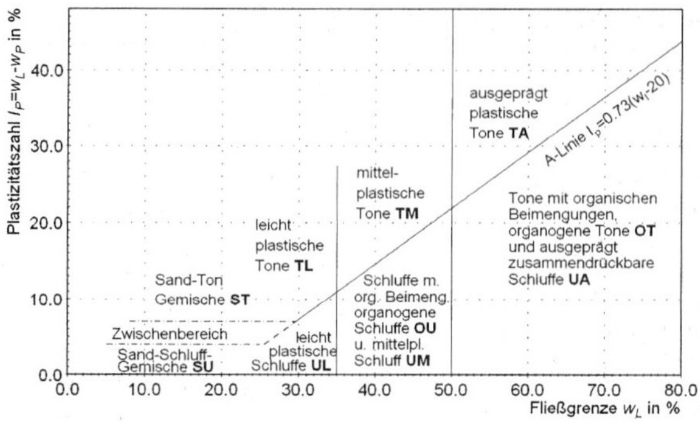

Abb. 8.14 Plastizitätsdiagramm zur Klassifizierung bindiger Böden

2.6 Erdbau

2.6.1 Einstufung von Boden und Fels

Boden- und Felsklassen

Nach Lösbarkeit Einteilung der Böden in Boden- und Felsklassen DIN 18 300. Die folgende Zuordnung zu Bodengruppen nach DIN 18 196 entspricht den Angaben der ZTVE-StB 95, wobei die Zuordnung nur dann zutreffend ist, wenn die Lösbarkeit den genannten Kriterien entspricht.

Klasse 1: **Oberboden** Oberste Bodenschicht, die neben anorganischen Stoffen auch Humus und Bodenlebewesen enthält (OH)

Klasse 2: **Fließende Bodenarten** Bodenarten flüssiger und breiiger Beschaffenheit ($I_C < 0{,}5$), die Wasser schwer abgeben (org. Böden: HN, HZ, F, feinkörnige, organogene Böden oder Böden mit organischen Beimengungen, die beim Lösen ausfließen: UL, UM, UA, TL, TM, TA, OU, OT, OH, OK, gemischtkörnige Böden breiiger bis flüssiger Konsistenz: $G\bar{U}$, $G\bar{T}$, $S\bar{U}$, $S\bar{T}$)

Klasse 3: **Leicht lösbare Bodenarten** Nichtbindige bis schwachbindige Sande, Kiese und Sand-Kies-Gemische mit bis zu 15 % Korngröße < 0,06 mm und höchstens 30 % Steinen[1] sowie organische Bodenarten mit geringem Wassergehalt (SW, SI, SE, GW, GI, GE, SU, ST, GU, GT, HN)

Klasse 4: **Mittelschwer lösbare Bodenarten** Gemische von Sand, Kies, Schluff und Ton mit mehr als 15 % Korngröße < 0,06 mm sowie leicht- bis mittelplastische bindige Bodenarten, die weich bis halbfest sind und maximal 30 % Steine bis 0,01 m^3 [1] enthalten (UL, UM, UA, TL, TM, $G\bar{U}$, $G\bar{T}$, $S\bar{U}$, $S\bar{T}$, OU, OH, OK)

Klasse 5: **Schwer lösbare Bodenarten** Bodenarten der Klassen 3 und 4 mit mehr als 30 % Steinen von über 63 mm Korngröße bis zu 0,01 m^3 Rauminhalt[1], nichtbindige und bindige Böden mit höchstens 30 % Steinen von über 0,01 bis 0,1 m^3 Rauminhalt[1], ausgeprägt plastische Böden bei weicher bis halbfester Konsistenz (TA, OT)

Klasse 6: **Leicht lösbarer Fels und vergleichbare Bodenarten** Fels, der nicht zu Klasse 7 gehört, Bodenarten fester Konsistenz der Klassen 4 und 5, nichtbindige und bindige Böden mit mehr als 30 % Steinen von über 0,01 bis 0,1 m^3 Rauminhalt[1]

Klasse 7: **Schwer lösbarer Fels** hoher Gefügefestigkeit, innerer, mineralisch gebundener Zusammenhalt, der wenig klüftig und verwittert ist; Steine von über 0,1 m^3 Rauminhalt

---

[1] 0,01 m^3 Rauminhalt entspricht einer Kugel von 0,3 m Durchmesser, 0,1 m^3 Rauminhalt einer Kugel von 0,6 m Durchmesser.

Frostempfindlichkeit von Böden: Einteilung der Böden nach Frostempfindlichkeit, insbesondere für Verkehrswegebau (ZTVE-StB 94).

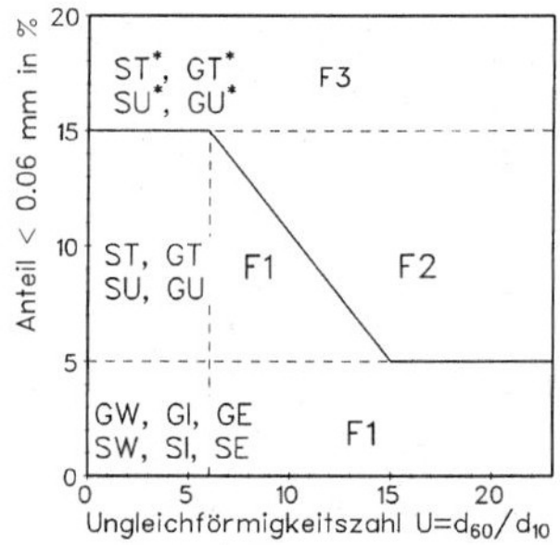

Abb. 8.15 Frostempfindlichkeitsklassen

2.6.2 Plattendruckversuch

Plattendruckversuch nach DIN 18 134 zur Ermittlung von Druck-Setzungs-Kurven des Bodens. Grundlage für die Bemessung von Straßen- und Flugplatzbefestigungen, im Erdbau zur Nachprüfung der Verdichtung eingesetzt (ZTVE-StB 94). Der Verformungsmodul E_V des Bodens wird aus der Neigung der Sekante zwischen den Punkten $0{,}3\,\sigma_{max}$ und $0{,}7\,\sigma_{max}$ der Druck-Setzungs-Linie bei Erst- (E_{V1}) und Wiederbelastung (E_{V2}) nach folgender Gleichung ermittelt: $E_V = 1{,}5\, r \frac{\Delta\sigma}{\Delta s}$

$\Delta\sigma = 0{,}4\,\sigma_{max}$ $\quad \Delta s = s\,(\sigma = 0{,}7\,\sigma_{max}) - s\,(\sigma = 0{,}3\,\sigma_{max})$ (*r* Radius der Platte)

2.6.3 Verdichtungskontrolle

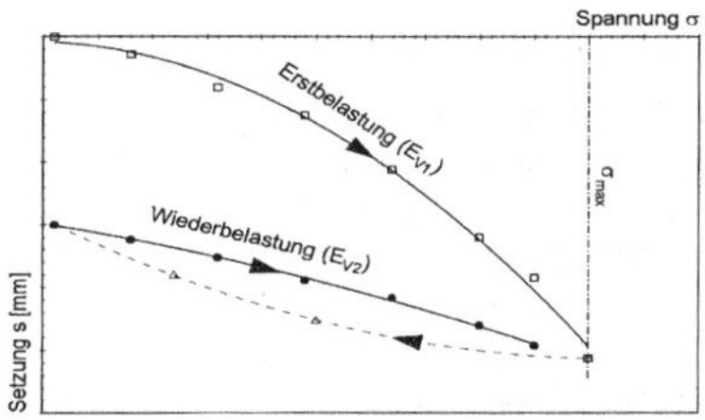

Verdichtungsgrad $D_{Pr} = \frac{\rho_d}{\rho_{Pr}} \cdot 100$ % (Trockendichte bezogen auf Proctordichte), Nachweis durch Bestimmung von Trockendichte und Luftporenanteil nach Verdichtung (TP BF-StB, DIN 18 125)

Indirekte Verfahren sind durch Kontrollmessungen zu kalibrieren. In folgender Tabelle sind die für den Verdichtungsnachweis geforderten Moduln nach ZTVE-StB 94 zusammengestellt.

Bodengruppen	Verdichtungsgrad D_{Pr} in %	Verformungsmodul E_{V2} in MN/m² *)	Verhältniswert E_{V2}/E_{V1} *)
GW, GI	≥ 100	≥ 100	≤ 2,3
	≥ 98	≥ 80	≤ 2,5
	≥ 97	≥ 70	≤ 2,6
GE, SE, SW, SI	≥ 100	≥ 80	≤ 2,3
	≥ 98	≥ 70	≤ 2,5
	≥ 97	≥ 60	≤ 2,6

*) Wenn der E_{V1}-Wert bereits 60 % des in der Tabelle angegebenen E_{V2}-Wertes erreicht, sind auch höhere Verhältniswerte E_{V1}/E_{V2} zulässig.

Klassifizierung mineralischer Böden nach DIN 18 196																
Merkmal	Korngrößenverteilung von der Gesamttrockenmasse $d < 63$ mm sind $d \le 0{,}06$ mm weniger als 40 %										gleich oder mehr als 40 %					
Hauptgruppe	Kieskorn, Sandkorn										Schluff, Ton					
Merkmal	Massenanteil des Korns ≤ 2 mm bis 60 %					über 60 %					Plastizitätsgrenzen I_P unterhalb A-Linie			I_P oberhalb A-Linie		
	Kies (G)					Sand (S)					Schluff (U)			Ton (T)		
Merkmal	Korngrößenverteilung von der Gesamtmasse sind ≤ 0,06 mm < 5 %			5 bis 15 %	über 15 < 40 %	< 5 %			5 bis 15 %	über 15 < 40 %	Plastizitätsgrenzen Fließgrenze w_l in %			Fließgrenze w_l in %		
Merkmal	$U < 6$ C_C beliebig	$U \ge 6$ $1 \le C_C$ $C_C \le 3$	$U \ge 6$ $C_C < 1$ $C_C > 3$			$U < 6$ C_C beliebig	$U \ge 6$ $1 \le C_C$ $C_C \le 3$	$U \ge 6$ $C_C < 1$ $C_C > 3$			< 35	≥ 35 ≤ 50	>50	< 35	≥ 35 ≤ 50	> 50
Klassifizierung	Kies eng gestuft	Kies weit gestuft	Kies intermittierend gestuft	Kies tonig oder schluffig	Kies stark tonig oder schluffig	Sand eng gestuft	Sand weit gestuft	Sand intermittierend gestuft	Sand tonig oder schluffig	Sand stark tonig oder schluffig	Schluff leicht plast.	Schluff mittel plast.	Schluff ausgeprägt plast.	Ton leicht plast.	Ton mittel plast.	Ton ausgeprägt plast.
Kurzzeichen	GE	GW	GI	GU GT[1)]	GU* GT*[2)]	SE	SW	SI	SU ST[1)]	SU* ST*[2)]	UL	UM	UA	TL	TM	TA

[1)] Die Zuordnung zu T oder U erfolgt an Hand der Zustandsgrenzen des Feinkorns. [2)] Anstelle U* bzw. T* kann auch $\overline{U}$ oder $\overline{T}$ geschrieben werden.

Organische und organogene Böden:

OU, OT	Schluffe/Tone mit organischen Beimengungen
OH	grob- bis gemischtkörnige Böden mit Beimengungen **h**umoser Art
OK	grob- bis gemischtkörnige Böden mit **k**alkigen, kieseligen Bildungen
HN	nicht bis mäßig zersetzte Torfe (**Hu**mus)
HZ	**z**ersetzte Torfe
F	Schlamm als Sammelbegriff für **F**aulschlamm, Mudde etc.
A	**A**uffüllung aus Fremdstoffen

2.7 Eigenschaften von Böden

Eigenschaften sind abhängig von Korngrößenverteilung, Phasenzusammensetzung, Struktur und Spannungszustand. Bestimmung der Berechnungskennwerte an Proben der Güteklasse 1. Es ist anzustreben, die Verhältnisse *in situ* (Spannungszustand) anzunähern. Kapillarspannungen nur berücksichtigen, wenn durch entsprechende Maßnahmen eine Durchfeuchtung oder Austrocknung des Bodens ausgeschlossen ist. Die Angaben der folgenden Abschnitte gelten für gesättigte Zustände.

2.7.1 Scherfestigkeit

Unterscheidung in **drainierte** (langsame Vorgänge, Boden kann entwässern, Nachweis mit wirksamen Spannungen und wirksamen Scherparametern) und **undrainierte** Zustände (schnelle Vorgänge, Boden kann nicht entwässern, Nachweis mit totalen Spannungen und undrainierten Scherparametern). Es wird die Mohr-Coulomb'sche Grenzbedingung verwendet.

Grenzbedingung für drainierte Zustände: wirksame Spannungen (Druck positiv)

$$\tau = \sigma'_N \cdot \tan\varphi' + c'$$

$\sigma'_N = \sigma_N - u$ wirksame Normalspannung in der Bruchzone, σ_N totale Normalspannung, u Porenwasserdruck, φ' wirksamer Reibungswinkel, c' wirksame Kohäsion

$$\frac{\sigma'_1 - \sigma'_3}{2} = \frac{\sigma'_1 + \sigma'_3}{2} \cdot \sin\varphi' + c' \cdot \cos\varphi', \sigma'_1 \geq \sigma'_2 \geq \sigma'_3$$ wirksame Hauptspannungen (Druck positiv)

Grenzbedingung für undrainierte Zustände: totale Spannungen (Druck positiv)

$$\tau = \sigma_N \cdot \tan\varphi_u + c_u \qquad \frac{\sigma_1 - \sigma_3}{2} = \frac{\sigma_1 + \sigma_3}{2} \cdot \sin\varphi_u + c_u \cdot \cos\varphi_u$$

φ_u undrainierter Reibungswinkel c_u undrainierte Kohäsion

Bindige Böden: bei erstbelasteten Böden (normalkonsolidiert) keine wirksame Kohäsion $c' = 0$ und Reibungswinkel der Gesamtscherfestigkeit $\varphi'_S \geq \varphi'$, bei vorbelasteten Böden wirksame Kohäsion $c' \geq 0$ und wirksamer Reibungswinkel φ', wirksame Kohäsion nach *Ohde:*

$$c' \approx (\tan\varphi'_S - \tan\varphi') \cdot \sigma'_{max}$$

(σ'_{max} maximale Vorbelastung), undrainierte Scherfestigkeit abhängig von Schergeschwindigkeit.

Nichtbindige Böden: Reibungswinkel φ' abhängig von der Porenzahl e, keine wirksame Kohäsion c', Kapillarkohäsion bei unvollständiger Sättigung.

Experimentelle Bestimmung (Routineversuche):

Versuchsart	Norm	Bemerkungen
Direkter Scherversuch	DIN 18 137-3	keine Ermittlung undrainierter Scherparameter möglich
Einaxialer Druckversuch	DIN 18 136	Druckfestigkeit $q_u \approx 2 \cdot c_u$
Triaxialversuch	DIN 18 137-2	Ermittlung der wirksamen und undrainierten Scherparameter
Flügelsondierung	DIN 4094-4	Labor- oder Feldflügelsondierungen, Bestimmung der undrainierten Kohäsion c_u

2.7.2 Zusammendrückbarkeit

Untersuchung der Zusammendrückbarkeit in Versuchen mit behinderter Seitendehnung (Ödometer, Kompressionsversuch). Annahme: Bauwerkssetzungen überwiegend durch vertikale Zusammendrückung, wenn Belastung ausreichend weit vom Grenzzustand (Grundbruchlast) entfernt; bindige Böden: große Setzungen über lange Zeiträume; nichtbindige Böden: kleine Setzungsbeträge, die sofort eintreten.

Ermittlung der Gesamtsetzung:

Steifemodul: $E_S = \frac{d\sigma'}{d\varepsilon} \approx \frac{\Delta\sigma'}{\Delta\varepsilon}$ (σ' wirksame Vertikalspannung; Dehnung $\varepsilon = -\ln\left(\frac{h_A - \Delta h}{h_A}\right)$;

Δh Setzung; h_A Ausgangshöhe)

Erfassung der Druckabhängigkeit des Steifemoduls nach *Ohde*: $E_S = \sigma_k \cdot v \cdot \left(\frac{\sigma'}{\sigma_k}\right)^w$

(σ_k Bezugsspannung, i. Allg. 1 bar = 100 kN/m² = 100 kPa)

Böden mit $\sigma' = \sigma'_{max}$ sind erstbelastet (normalkonsolidiert). Böden mit $\sigma' < \sigma'_{max}$ sind überkonsolidiert (vorbelastet). Steifemodul vorbelasteter Böden ist das 3- bis 7fache des Steifemoduls bei Erstbelastung und gleicher Vertikalspannung (Vorbelastungsspannung: größte Vertikalspannung).

2.7.3 Durchlässigkeit

Filtergesetz nach *Darcy:* $v = k \cdot i$

$v = \frac{Q}{A}$ Filtergeschwindigkeit; $Q = \frac{\Delta V_W}{\Delta t}$ Wasservolumen pro Zeit; A durchströmte Fläche $i = \frac{h}{l}$ hydraulisches Gefälle; h hydraulischer Druckhöhenunterschied; l durchströmte Länge

Experimentelle Bestimmung (DIN 18 130): Unterscheidung in Verfahren mit konstanter und fallender Druckhöhe. Bestimmung z.B. im Kompressions-Durchlässigkeits-Gerät, Triaxialgerät, Standrohrgerät, indirekte Ermittlung der Durchlässigkeit feinkörnig-bindiger Böden aus Zeit-Setzungs-Verhalten im Ödometer über Konsolidationsbeiwert c_v.

Ermittlung der horizontalen Durchlässigkeit im Feld durch Pumpversuch.

2.7.4 Bettungsmodul

Grundlage für verformungsabhängige Berechnungen (z.B. Bettungsmodulverfahren zur Berechnung von Fundamentplatten). Überschlägliche Ermittlung aus Setzungsberechnung nach DIN 4018. Der mittlere Bettungsmodul ergibt sich aus dem Quotienten Sohldruck/Setzung:

$k_{S,m} = \frac{\sigma_{0,m}}{s_m}$ ($\sigma_{0,m}$ mittlere Sohlpressung; s_m Setzung unter dem kennzeichnenden Punkt)

In erster Näherung kann der Bettungsmodul nach folgender Gleichung berechnet werden:

$k_s \approx \frac{E_S}{f \cdot b}$ (E_S Steifemodul des Baugrunds; b Fundamentbreite; f Formfaktor nach Abb. 8.18)

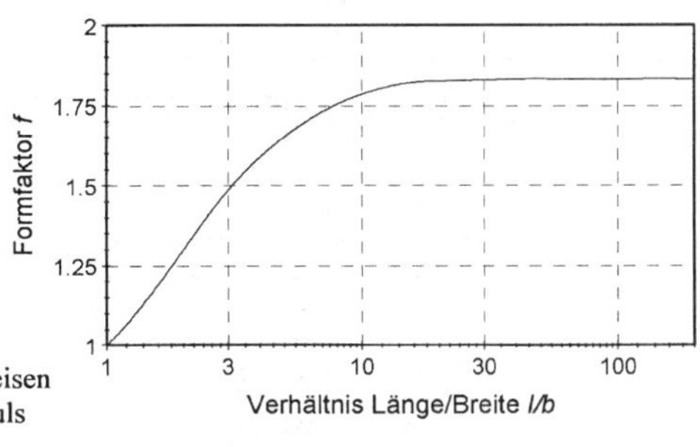

Abb. 8.18 Formfaktor f zur näherungsweisen Berechnung des Bettungsmoduls

2.8 Mittlere bodenmechanische Kennwerte

Bodenart	Wichte kN/m³		Bodengruppe	Korngrößenverteilung		Ungleichförmigk.	Reibungswinkel	Kohäsion	Durchlässigkeitsbeiwert	Proctorwerte		Kompressionskennwerte $\overline{E}_S = v\overline{\sigma}^w$ [1]	
	γ erdfeucht	γ' unter Auftrieb	nach DIN 18 196	≤ 0,06 mm %	≤ 2,0 mm %	U	φ' °	c' kN/m²	k m/s	Dichte ρ_{Pr} t/m³	Wassergehalt w_{Pr}	v	w
Kies, gleichkörnig	16,0	9,5	GE	<5	≤60	2	34	-	$2 \cdot 10^{-1}$	1,70	8	400	0,6
	19,0	10,5				5	42	-	$1 \cdot 10^{-2}$	1,90	5	900	0,4
Kies, sandig, wenig Feinkorn	21,0	11,5	GW, GI	<5	≤60	10	35	-	$1 \cdot 10^{-2}$	2,00	7	400	0,7
	23,0	13,5				100	45	-	$1 \cdot 10^{-6}$	2,25	4	1100	0,5
Kies, sandig, tonig, schluffig	21,0	11,5	GU, GT	8	≤60	30	35	7	$1 \cdot 10^{-5}$	2,10	7	400	0,7
Feinkorn sprengt nicht Korngerüst	24,0	14,5		15		300	43	0	$1 \cdot 10^{-8}$	2,35	4	1200	0,5
Kies-Sand-Feinkorngemisch	20,0	10,5		20	≤60	100	28	15	$1 \cdot 10^{-7}$	1,90	10	150	0,9
Sprengung des Korngerüstes	22,5	13,0	GU*, GT*	40		1000	35	5	$1 \cdot 10^{-11}$	2,20	5	300	0,7
Sand, gleichkörnig	16,0	9,5	SE	<5	100	1,2	32	-	$5 \cdot 10^{-3}$	1,60	15	150	0,6
	19,0	11,0				3	40	-	$2 \cdot 10^{-5}$	1,75	10	250	0,7
Sand, gut abgestuft	18,0	10,0	SW, SI	<5	>60	6	33	-	$5 \cdot 10^{-4}$	1,90	10	150	0,70
Sand, kiesig	21,0	12,0				15	41	-	$2 \cdot 10^{-5}$	2,15	6	300	0,55
Sand mit Feinkorn, keine Spren-	19,0	10,5	SU, ST	8	>60	10	32	7	$2 \cdot 10^{-5}$	2,00	11	100	0,80
gung des Korngerüstes	22,5	13,0		15		50	40	0	$5 \cdot 10^{-7}$	2,20	7	200	0,70
Sand mit Feinkorn	18,00	9,0		20	>60	30	25	25	$2 \cdot 10^{-6}$	1,70	19	40	0,90
Sprengung des Korngerüstes	21,5	11,0	SU*, ST*	40	>70	500	32	7	$1 \cdot 10^{-9}$	2,00	12	140	0,75
Schluff,	17,5	9,5	UL	>50	>80	5	28	10	$1 \cdot 10^{-5}$	1,60	22	25	0,95
gering plastisch	21,0	11,0				50	35	5	$1 \cdot 10^{-7}$	1,80	15	60	0,85
Schluff, mittel- und ausgeprägt	17,0	8,5	UM, UA	>80	100	5	25	20	$2 \cdot 10^{-6}$	1,55	24	25	1,0
plastisch	20,0	10,5				50	33	7	$1 \cdot 10^{-9}$	1,75	18	60	1,0
Ton,	19,0	9,5	TL	>80	100	6	28	35	$1 \cdot 10^{-7}$	1,65	20	20	1,00
gering plastisch	22,0	12,0				20	35	10	$2 \cdot 10^{-9}$	1,85	15	40	1,00
Ton,	18,0	8,5	TM	>90	100	5	25	45	$5 \cdot 10^{-8}$	1,55	23	10	1,00
mittelplastisch	21,0	11,0				40	30	15	$1 \cdot 10^{-10}$	1,75	17	25	1,00
Ton,	16,5	7,0	TA	100	100	5	17	60	$1 \cdot 10^{-9}$	1,45	27	6	1,00
ausgeprägt plastisch	20,0	10,0				40	27	20	$1 \cdot 10^{-11}$	1,65	20	20	1,00
Schluff oder Ton	15,5	5,5	OU, OT	>80	100	5	20	35	$1 \cdot 10^{-9}$	1,45	27	4	1,00
organisch	18,5	8,5				30	26	10	$2 \cdot 10^{-11}$	1,70	18	7	0,90
Torf	10,4	0,4	HN, HZ	-	-	-	24	15	$1 \cdot 10^{-5}$	-	-	3	1,00
	12,5	2,5					30	5	$1 \cdot 10^{-8}$			6	1,00

[1] $\overline{E}_S = E_S / 1\,\text{bar}$; $\overline{\sigma} = \sigma / 1\,\text{bar}$; der mittlere Steifemodul für Setzungsberechnungen kann wie folgt ermittelt werden: $\overline{E}_{Sm} = v(\overline{\sigma}_v \overline{\sigma}_0)^{w/2}$

3 Ansatz des Erddrucks in bautechnischen Berechnungen

3.1 Allgemeines zur Berechnung des Erddrucks

Der Ansatz des Erddrucks in bautechnischen Berechnungen erfolgt nach DIN 4085 unter Beachtung von DIN 1054.

Formelzeichen

Formelzeichen	Benennung	Einheit
b	Breite	m
c	Kohäsion	kN/m^2
e	Erddruck	kN/m^2
E	Erddruckkraft	kN oder kN/m
G	Eigenlast eines Bodenkörpers	kN oder kN/m
h	Höhe der Wand	m
l	Länge der Wand in der Draufsicht	m
K	Erddruckbeiwert	-
p	gleichmäßig verteilte Flächenlast	kN/m^2
p'	Streifenlast	kN/m^2
V	vertikale Punkt oder Linienlast	kN oder kN/m
H	horizontale Punkt oder Linienlast	kN oder kN/m
Q	Resultierende aus Normal- und Reibungskraft in der Gleitfläche	kN oder kN/m
s	Wandverschiebung	m
z	Tiefe unter der Schnittlinie der Geländeoberfläche mit der Wand	m
α	Wandneigungswinkel	°
β	Geländeneigungswinkel	°
δ	Erddruckneigungswinkel	°
γ	Wichte des Bodens	kN/m^3
φ	Reibungswinkel des Bodens	°
ϑ	Neigungswinkel der Gleitfläche	°

Indizes

Index	Benennung
a	aktiver Zustand
c	infolge Kohäsion
g	infolge Bodeneigenlast
h	Horizontalkomponente
0	Ruhezustand
p	passiver Zustand
v	Vertikalkomponente

Notwendige Unterlagen

Angaben über Geländeverlauf, das Bauwerk, auf das der Erddruck wirkt, benachbarte Oberflächen- und Fundamentlasten, Wasserstände und Strömungsverhältnisse, Baugrundeigenschaften.

Ermittlung des Erddrucks

Bei der Ermittlung des Erddrucks ist die Scherfestigkeit entsprechend dem Zustand des Bodens anzusetzen, im dränierten Zustand φ', c', im undränierten Zustand φ_u, c_u.

Bei der Berechnung des aktivenErdddrucks darf in der Regel von ebenen Gleitflächen ausgegangen werden. Der Berechnung des passiven Erddrucks müssen im Allgemeinen gekrümmte Gleitflächen zu Grunde gelegt werden. Maßgebend ist jeweils die Gleitfläche, für die die aktive Erddruckkraft am größten und die passive Erddruckkraft am kleinsten wird.

Größe und Verteilung des Erddrucks hängen entscheidend von den Relativbewegungen zwischen dem Boden und der betroffenen Wand ab.

Bei der Berechnung der Erddruckkraft aus Eigenlast des Bodens ist zunächst von einer geradlinigen Zunahme des Erddrucks mit der Tiefe auszugehen. Gegebenenfalls ist anschließend der Erddruck entsprechend der Art der Wandbewegung umzuverteilen. Siehe Tafel 8.24 und 8.28.

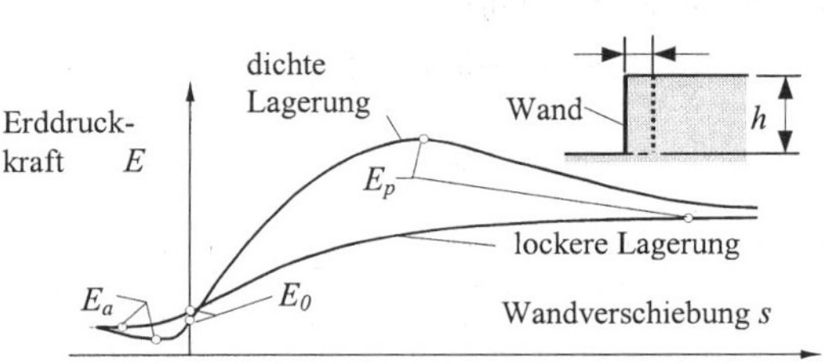

Bei biegsamen Wänden sind im bestimmten Umfang Umlagerungen des Erddrucks aus den nachgiebigeren Wandbereichen in weniger nachgiebige zu erwarten. Durch die Vorspannung von Ankern oder Steifen können ebenfalls Erddruckumlagerungen hervorgerufen werden.
Anhaltswerte für die zur Erzeugung des aktiven bzw. des passiven Erddrucks erforderlichen Relativbewegungen zwischen Wand und Boden und die Erddruckverteilung siehe Tafel 8.24 und 8.28. Die Horizontalkomponente des Erddrucks aus Eigenlast des Bodens erhält man allgemein zu:

$$e_{\text{xgh}}(z) = \gamma \cdot z \cdot K_{\text{xgh}}$$

Die Indizes in dieser Gleichung bedeuten
x Spannungszustand des Bodens (z.B. a aktiver Zustand, 0 Ruhezustand, p passiver Zustand)
g Einfluss, hier Eigenlast des Bodens
h Horizontalkomponente

Bei homogenem Boden, dreieckförmiger Erddruckverteilung und einer Wandhöhe h ist damit die Horizontalkomponente der Erddruckkraft aus Eigenlast des Bodens:

$$E_{\text{xgh}} = \frac{e_{\text{xgh}}(z=h) \cdot h}{2} = \frac{1}{2} \cdot \gamma \cdot h^2 \cdot K_{\text{xgh}}$$

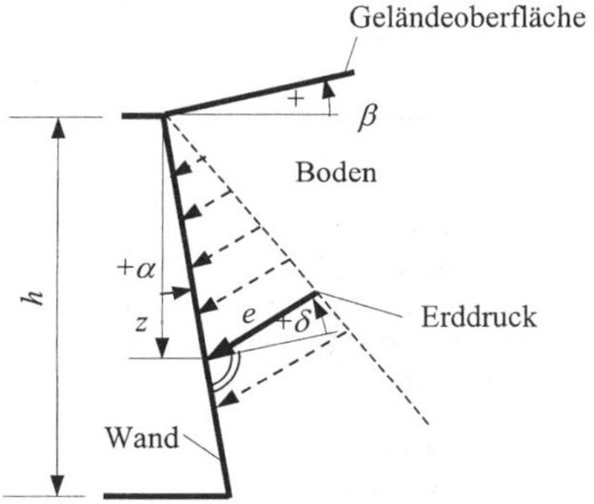

Die Vertikalkomponente ist

$$E_{\text{xgv}} = E_{\text{xgh}} \cdot \tan(\alpha + \delta)$$

und die Resultierende

$$E_{\text{xg}} = \frac{E_{\text{xgh}}}{\cos(\alpha + \delta)}$$

Die Vorzeichen der bei der Ermittlung des Erddrucks benutzten Winkel und Bezeichnungen sind im Bild angegeben.
Werden zur Berechnung des Erddrucks andere Berechnungsverfahren als die nachstehend angegebenen verwendet, wie zum Beispiel das Bettungsmodulverfahren oder die Finite-Element-Methode, muss sichergestellt werden, dass Verträglichkeit mit den Erkenntnissen der Erddrucktheorie besteht.

3.2 Neigungswinkel des Erddrucks

Der Neigungswinkel (δ) des Erddrucks bezüglich der Wandnormalen ergibt sich aus den Wechselwirkungen zwischen Boden und Bauwerk. Er hängt von folgenden Einflüssen ab:
a) Vom Spannungszustand im Boden, b) von den Relativbewegungen zwischen Boden und Bauwerk, c) von der Scherfestigkeit in der Kontaktfläche (Wandreibungswinkel), d) von der Fähigkeit der Wand, tangentiale Kräfte abzutragen. Für die Einflüsse a) und b) müssen durch Erfahrungen gestützte plausible Annahmen getroffen werden, siehe Tafeln 8.22a, 8.22b.

Tafel 8.22a Wandreibungswinkel

Beschaffenheit der Wandfläche	Wandreibungswinkel
verzahnt z.B.: Der Wandbeton wird so eingebracht, dass eine Verzahnung mit dem angrenzenden Boden entsteht.	φ'_k
rau z.B.: Unbehandelte Oberflächen von Stahl, Beton und Holz	$2\varphi'_k/3$
weniger rau z.B.: Wandabdeckungen aus verwitterungsfesten, plastisch nicht verformbaren Kunstoffplatten	$\varphi'_k/2$
glatt z.B.: Stark schmierige Hinterfüllung; Dichtungsschicht, die keine Schubkräfte übertragen kann	0

Tafel 8.22b Neigungswinkel des Erddrucks (δ), wenn die Beschaffenheit der Wand die Übertragung von Reibungskräften zulässt und die Wand konstruktiv in der Lage ist, wandparallele Kräfte abzutragen.

Zeile Nr.	Spannungszustand	Neigungswinkel des Erddrucks δ
1	aktiver Zustand	je nach Art der Wandbewegung $\varphi/2 \ldots 2\varphi/3$
2	Ruhedruckzustand	parallel zur Geländeoberfläche
3	teilweise mobilisierter passiver Zustand	Im Gebrauchszustand kann nur ein Teil des passiven Erddrucks als Reaktion des Baugrunds mobilisiert werden. Seine Richtung hängt weitgehend vom jeweiligen Beanspruchungszustand ab, wie die Beispiele zeigen. Die Möglichkeit des Gleichgewichts mit dem jeweils angenommenen Winkel δ_p ist in jedem Fall rechnerisch nachzuweisen. 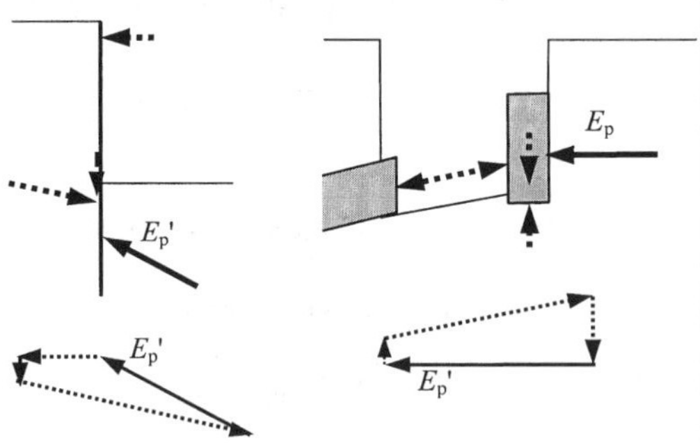

Die Einflüsse c) und d) liefern obere Begrenzungen, wobei der kleinere Wert maßgebend ist.

Ist eine Bauwerkswand durch ihre konstruktiven Eigenschaften in der Lage, tangentiale Kräfte abzutragen, so sind zur Sicherstellung dieser Wirksamkeit entsprechende Nachweise (z. B. $\Sigma V = 0$) zu führen.
Bei vorgespannten Ankern oder Steifen ist deren Einfluss auf die Neigung des Erddrucks zu berücksichtigen.
In der Regel ist $\delta_a \geq 0$ und $\delta_p \leq 0$.

3.3 Aktiver Erddruck

3.3.1 Allgemeines

Der Erddruckanteil aus Eigenlast des Bodens, der Erddruckanteil aus Kohäsion und der Erddruckanteil aus an der Geländeoberfläche gleichmäßig verteilten Lasten darf in der Regel mit Hilfe von Erddruckbeiwerten berechnet werden.
Der Erddruckanteil aus Linienlasten oder Streifenlasten darf auch mit Hilfe von Erddruckbeiwerten ermittelt werden, wenn durch diese Lasten der Gleitflächenwinkel aus Eigenlast des Bodens (ϑ_{ag}) nicht wesentlich verändert wird. Andernfalls ist ein grafisches Verfahren anzuwenden.
Die durch verschiedene Einflüsse erzeugten Anteile des Erddrucks dürfen überlagert werden.

3.3.2 Erddruckanteil aus Eigenlast des Bodens

Der Erddruck bei ebener Wand und ebener Geländeoberfläche ist $e_{agh}(z) = \gamma \cdot z \cdot K_{agh}$.

Die Komponenten der Erddruckkraft erhält man zu:

$$E_{agh} = \frac{e_{agh}(z=h) \cdot h}{2} = \frac{\gamma \cdot h^2 \cdot K_{agh}}{2} \quad \text{und} \quad E_{agv} = E_{agh} \cdot \tan(\alpha + \delta_a)$$

Der Erddruckbeiwert ist
$$K_{agh} = \frac{\cos^2(\varphi - \alpha)}{\cos^2\alpha \cdot \left(1 + \sqrt{\dfrac{\sin(\varphi + \delta_a) \cdot \sin(\varphi - \beta)}{\cos(\alpha - \beta) \cdot \cos(\alpha + \delta_a)}}\right)^2} \qquad (1)$$

Der Gleitflächenwinkel für den aktiven Erddruck aus Eigenlast des Bodens ist:

$$\vartheta_{ag} = \varphi + \arctan\left(\frac{\cos(\varphi - \alpha)}{\sin(\varphi - \alpha) + \left(\sqrt{\dfrac{\sin(\varphi + \delta_a) \cdot \cos(\alpha - \beta)}{\cos(\alpha - \beta) \cdot \cos(\alpha + \delta_a)}}\right)}\right) \qquad (2)$$

Im Sonderfall $\alpha = \beta = \delta_a = 0$ ist $K_{agh} = \dfrac{1 - \sin\varphi}{1 + \sin\varphi} = \tan^2\left(45° - \dfrac{\varphi}{2}\right)$ und $\vartheta_{ag} = 45° + \dfrac{\varphi}{2}$.

3.3.3 Erddruckanteil infolge einer gleichmäßig verteilten vertikalen Oberflächenlast p_v

Der Erddruckzuwachs infolge einer gleichmäßig verteilten vertikalen Oberflächenlast p_v ist

$$e_{aph} = p_v \cdot K_{aph} \quad \text{mit} \quad K_{aph} = \frac{\cos\alpha \cdot \cos\beta}{\cos(\alpha - \beta)} \cdot K_{agh}$$

Er ist bei homogenem Boden gleichmäßig über die Wandhöhe verteilt. Eine gleichmäßig verteilte Oberflächenlast, die von der Wand bis zum Austritt der Gleitfläche für ϑ_{ag} reicht, liefert den gleichen Erddruckzuwachs wie eine Belastung, die von der Wand bis ins Unendliche reicht.
Die Horizontalkomponente der Erddruckkraft bei homogenem Boden ist: $E_{aph} = p_v \cdot h \cdot K_{aph}$.

Tafel 8.24 Anhaltswerte für die zur Erzeugung des aktiven Erddrucks erforderliche Wandbewegungen (s_a) und die Verteilung des Erddrucks aus Bodeneigenlast (e_{agh}) für verschiedene Arten der Wandbewegung
(Die Angaben der Tabelle gelten etwa für $\alpha = \beta = 0$.)

Art der Wandbewegung	Erddruckkraft E_{ag}		
	bezogene Wandbewegungung s_a/h		vereinfachte Erddruckverteilung
	lockere Lagerung	dichte Lagerung	
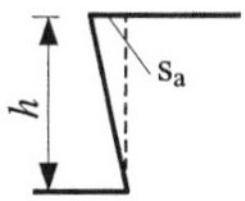 a) Drehung um den Wandfuß	0,004 bis 0,005	0,001 bis 0,002	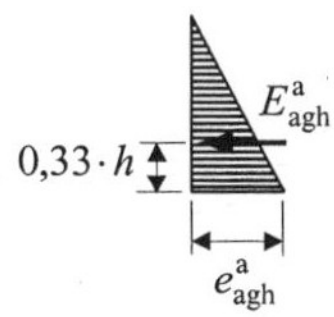
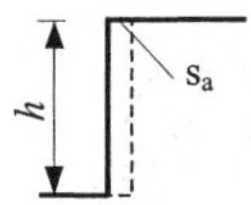 b) Parallele Bewegung	0,002	0,0005 bis 0,001	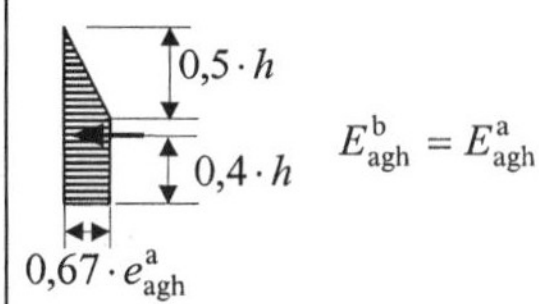
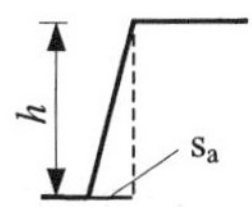 c) Drehung um den Wandkopf	0,008 bis 0,01	0,002 bis 0,005	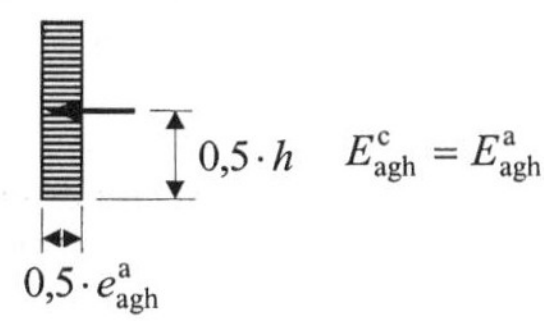
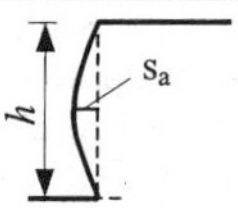 d) Durchbiegung	0,004 bis 0,005	0,001 bis 0,002	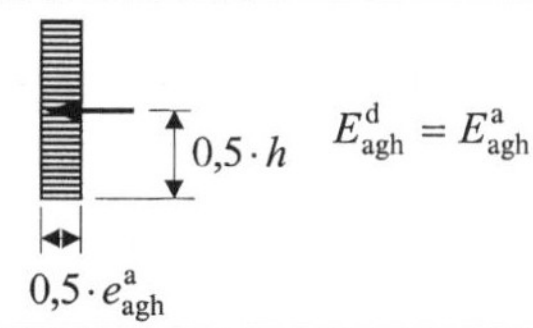

Näherungen beim Ansatz der Erddruckverteilung, wenn sich die Wand geringfügig um ihren Fuß verdrehen kann:

Erddruck bei gebrochener Wandfläche:

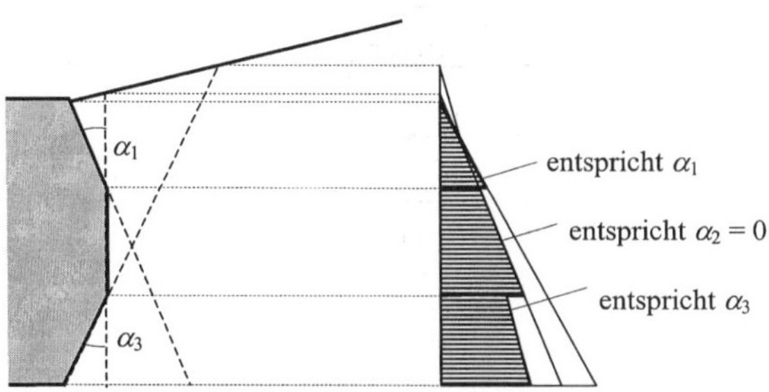

Erddruck bei nicht ebener Geländeoberfläche:

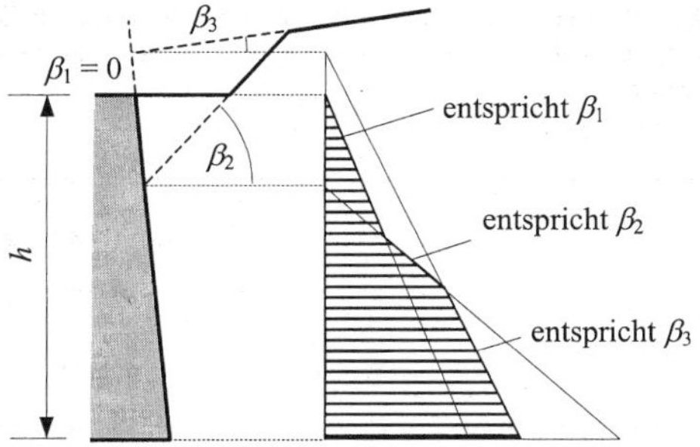

Erddruck bei oberflächenparalleler Schichtung des Bodens:

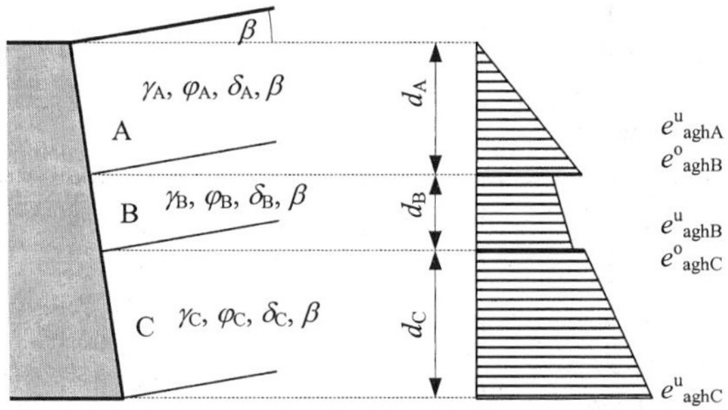

$$e^u_{aghA} = \gamma_A \cdot d_A \cdot K_{aghA}$$

$$e^o_{aghB} = \gamma_A \cdot d_A \cdot K_{aghB}$$

$$e^u_{aghB} = [\gamma_A \cdot d_A + \gamma_B \cdot d_B] \cdot K_{aghB}$$

$$e^o_{aghC} = [\gamma_A \cdot d_A + \gamma_B \cdot d_B] \cdot K_{aghC} \qquad e^u_{aghC} = [\gamma_A \cdot d_A + \gamma_B \cdot d_B + \gamma_C \cdot d_C] \cdot K_{aghC}$$

Wenn die Bedingungen die Anwendung dieser Näherungen für die Erddruckverteilung erfordern, die Wandbewegung aber bei homogenem Boden näherungsweise eine rechteckige Verteilung des aktiven Erddrucks zur Folge hätte, kann mit der im nebenstehenden Bild dargestellten Näherung gearbeitet werden. Dabei ist die Flächen-gleichheit der schraffierten Flächen durch proportionale Veränderung der umgelagerten Fläche sicherzustellen.

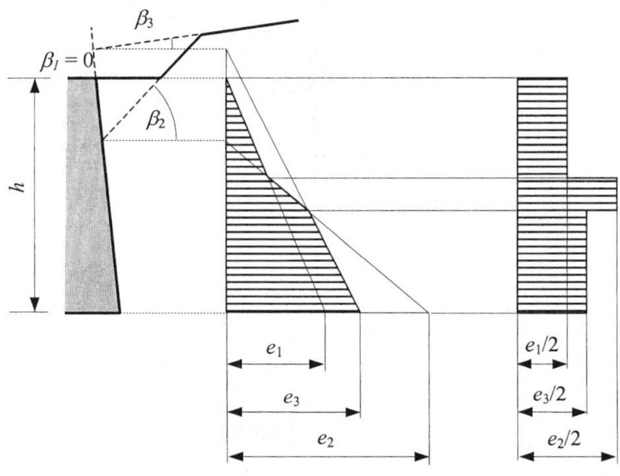

3.3.4 Erddruckanteil infolge Kohäsion

Der aktive Erddruck wird durch die Wirkung der Kohäsion verringert. Die Horizontalkomponente des Erddruckanteils infolge Kohäsion ist näherungsweise

$$e_{\text{ach}} = -c \cdot K_{\text{ach}} \quad \text{mit} \quad K_{\text{ach}} = \frac{2 \cdot \cos(\alpha - \beta) \cdot \cos\varphi \cdot \cos(\alpha + \delta_{\text{a}})}{[1 + \sin(\varphi + \alpha + \delta_{\text{a}} - \beta)] \cdot \cos\alpha} \qquad (1)$$

Der Erddruckanteil infolge Kohäsion ist gleichmäßig über die Wandhöhe verteilt. Bei Wandbewegungsarten, bei denen im oberen Wandbereich wegen des Einflusses der Kohäsion der Erddruck sehr kleine Werte annimmt, wird in der Regel der Mindesterddruck maßgebend.

$$E_{\text{ach}} = -c \cdot h \cdot K_{\text{ach}}$$

Gegebenenfalls ist der Erddruck infolge Kohäsion in eine sinnvolle Erddruckumlagerung einzubeziehen.

Mindesterddruck: Wird beim Ansatz des aktiven Erddrucks der Einfluss der Kohäsion berücksichtigt, werden in Oberflächennähe sehr kleine, u.U. auch negative Werte für den Erddruck berechnet. Um Unsicherheiten infolge örtlicher Schwachstellen des Bodens zu begegnen, darf bei der Berechnung von Stützbauwerken ein Mindestwert für den Erddruck nicht unterschritten werden.
Der anzusetzende Mindesterddruck entspricht dem Erddruck, der sich bei Annahme einer Scherfestigkeit entsprechend $\varphi = 40°$ und $c = 0$ infolge der Eigenlast des Bodens bei Beibehaltung der geometrischen Größen α und β sowie des Verhältnises $\delta_{\text{a}} / \varphi$ ergibt.

Der Beiwert für den Mindesterddruck ist $K^{*}_{\text{agh}} = K_{\text{agh}}(\varphi = 40°)$.

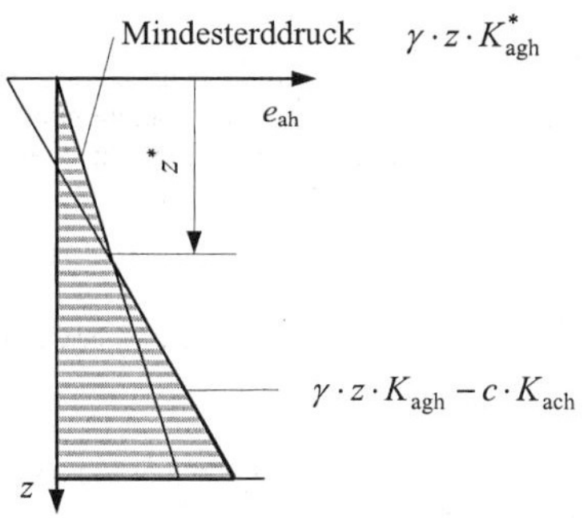

Alternativ darf auch die Erddruckkraft einer kohäsiven Schicht infolge Eigenlast und Kohäsion mit der Erddruckkraft, die sich mit K^{*}_{agh} ergibt, verglichen werden. Die größere von beiden ist anzusetzen. Dabei ist sicherzustellen, dass keine unbelasteten Wandbereiche auftreten.

$$z^{*} = \frac{c \cdot K_{\text{ach}}}{\gamma \cdot \left(K_{\text{agh}} - K^{*}_{\text{agh}}\right)}$$

Auch bei tiefer liegenden kohäsiven Schichten ist zu prüfen, ob der Mindesterddruck maßgebend wird.

3.4 Erdruhedruck

3.4.1 Erdruhedruck infolge der Eigenlast des Bodens

Horizontalkomponente des Erdruhedrucks: $e_{0\text{gh}} = z \cdot \gamma \cdot K_{0\text{gh}}$

und die Komponenten der Erdruhedruckkraft:

$$E_{0\text{gh}} = \frac{e_{0\text{gh}}(z = h) \cdot h}{2} = \frac{1}{2} \cdot \gamma \cdot h^2 \cdot K_{0\text{gh}} \qquad E_{0\text{gv}} = E_{0\text{gh}} \cdot \tan(\alpha + \delta_0)$$

Bei der Berechnung des Erdruhedrucks wird in der Regel davon ausgegangen, dass sich der Boden im Zustand der Erstbelastung befindet. Es kommt keine Kohäsion zum Ansatz.
Bei $\beta > 0$ muss $\delta_0 \leq \beta$ eingehalten werden, bei $\beta < 0$ ist immer $\delta_0 = 0$ zu setzen, siehe auch Tafel 8.22b.

$$K_{0\text{gh}} = K_1 \cdot f \cdot \frac{1 + \tan\alpha_1 \cdot \tan\beta}{1 + \tan\alpha_1 \cdot \tan\delta_0} \qquad \text{mit} \qquad K_1 = \frac{\sin\varphi - \sin^2\varphi}{\sin\varphi - \sin^2\beta} \cdot \cos^2\beta$$

$\tan\alpha_1 = \sqrt{\dfrac{1}{\dfrac{1}{K_1} + \tan^2\beta}}$ $\qquad f = 1 - |\tan\alpha \cdot \tan\beta|$

Im Sonderfall $\alpha = \beta = \delta_0 = 0$ ist $K_{\mathrm{ogh}} = K_{0\mathrm{g}} = 1 - \sin\varphi$.

Bei überkonsolidierten Böden können auch größere Werte für den Erddruck als nach diesen Formeln erhalten werden.

3.4.2 Anteil des Erdruhedrucks infolge einer gleichmäßig verteilten vertikalen Auflast

Der Erddruckzuwachs infolge einer gleichmäßig verteilten vertikalen, quasi unendlich breiten ($b \geq h \cdot \cot\varphi$) Flächenlast p_{v} ist

$$e_{0\mathrm{ph}} = p_{\mathrm{v}} \cdot K_{0\mathrm{ph}} \quad \text{mit} \quad K_{0\mathrm{ph}} = \frac{\cos\alpha \cdot \cos\beta}{\cos(\alpha - \beta)} \cdot K_{0\mathrm{gh}}$$

Er ist bei homogenem Boden gleichmäßig über die Wandhöhe verteilt. Die Komponenten der Erddruckkraft sind $E_{0\mathrm{ph}} = p_{\mathrm{v}} \cdot h \cdot K_{0\mathrm{ph}}$ und $E_{0\mathrm{pv}} = E_{0\mathrm{ph}} \cdot \tan(\alpha + \delta)$.

3.5 Passiver Erddruck

3.5.1 Allgemeines

Der passive Erddruck dient bei bautechnischen Berechnungen in der Regel als wichtigste Ausgangsgröße bei der Ermittlung der möglichen Stützwirkung des Bodens. Dabei muss die Abhängigkeit des stützenden Erddrucks von der möglichen und zulässigen Bewegung der betrachteten Wand beachtet werden.

3.5.2 Erddruckanteil aus Eigenlast des Bodens

Die Horizontalkomponente des passiven Erddrucks aus Eigenlast des homogenen Bodens erhält man zu:

$$e_{\mathrm{pgh}}(z) = z \cdot \gamma \cdot K_{\mathrm{pgh}} \qquad K_{\mathrm{pgh}} \text{ siehe Tafel 8.30b}$$

Die Komponenten der passiven Erddruckkraft bei einer zur Wandebene parallelen Bewegung der Wand (siehe Tafel 8.28, Bewegungsart b) ergeben sich entsprechend zu:

$$E^{\mathrm{b}}_{\mathrm{pgh}} = \frac{e_{\mathrm{pgh}}(h) \cdot h}{2} = \frac{\gamma \cdot h^2 \cdot K_{\mathrm{pgh}}}{2} \quad \text{und} \quad E^{\mathrm{b}}_{\mathrm{pgv}} = E^{\mathrm{b}}_{\mathrm{pgh}} \cdot \tan(\alpha + \delta_{\mathrm{p}})$$

Bei dieser Art der Wandbewegung ist der passive Erddruck bei homogenem Boden etwa dreieckförmig verteilt, siehe Tafel 8.28.

Im Sonderfall Fall $\alpha = \beta = \delta = 0$ ist die maßgebende Gleitfläche eine Ebene mit dem Neigungswinkel $\vartheta_{\mathrm{p}} = 45° - \frac{\varphi}{2}$. Der Erddruckbeiwert ist $K_{\mathrm{pgh}} = \dfrac{1 + \sin\varphi}{1 - \sin\varphi} = \tan^2\left(45° + \dfrac{\varphi}{2}\right)$.

Bei Abweichungen von diesem Sonderfall liefert die Berechnung des passiven Erddrucks mit ebenen Gleitflächen zu große Werte, deshalb müssen im Allgemeinen Erddruckbeiwerte benutzt werden, die auf gekrümmten oder entsprechend aus ebenen Abschnitten zusammengesetzten Gleitflächen basieren. Die Tafel 8.30b trägt dem Rechnung.

Wenn eine Kombination der Wandbewegung aus Fußpunktdrehung und Parallelverschiebung oder aus Kopfpunktdrehung und Parallelverschiebung vorliegt und die Wand sich um einen Betrag verschiebt, der bei Parallelverschiebung den passiven Erddruck erzeugt, darf davon ausgegangen werden, dass sich Größe und Verteilung der Erddruckkraft wie bei reiner Parallelverschiebung der Wand einstellen.

Tafel 8.28 Anhaltswerte für Wandbewegungen zur Erzeugung des passiven Grenzzustands und die Verteilung des passiven Erddrucks aus Bodeneigenlast für verschiedene Arten der Wandbewegung (Die Angaben der Tabelle Werte gelten etwa für α=0°, β=0°.)

Art der Wandbewegung	bezogene Wandbewegungen s_p/h in Abhängigkeit von der Lagerungsdichte D	vereinfachte Verteilung des passiven Erddrucks und Näherung für die Größe der Erddruckkraft
a) Drehung um den Wandfuß 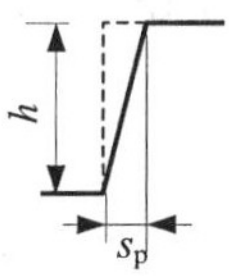	$s_p / h = -0{,}08 \cdot D + 0{,}12$ Die angegebene Gleichung liefert Mittelwerte. Die Streuung beträgt bei dieser Art der Wandbewegungen etwa ± 20 %. Innerhalb des Streubereiches nehmen die Werte mit der Wandhöhe leicht zu.	$\frac{1}{2} \cdot E^{b)}_{pgh} \le E^{a)}_{pgh} \le \frac{2}{3} \cdot E^{b)}_{pgh}$ 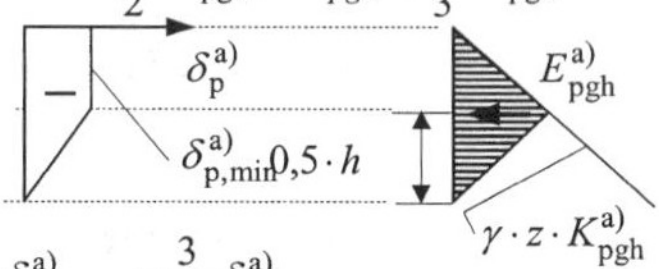 $\delta^{a)}_{p,mittel} = \frac{3}{4} \cdot \delta^{a)}_{p,min}$ $E^{a)}_{pgv} = E^{a)}_{pgh} \cdot \tan \delta^{a)}_{p.mittel}$
b) Parallele Bewegung 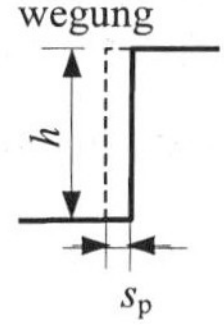		$E^{b}_{pgh} = \frac{1}{2} \cdot \gamma \cdot h^2 \cdot K_{pgh}$ 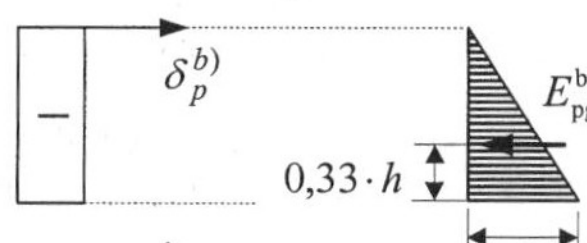 $e^{b}_{pgh} = \gamma \cdot h \cdot K_{pgh}$ $\delta^{b)}_{p,mittel} = \delta^{b)}_{p,min}$
c) Drehung um den Wandkopf 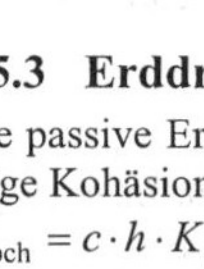	$s_p / h = -0{,}05 \cdot D + 0{,}09$ Die angegebene Gleichung liefert Mittelwerte. Die Streuung beträgt bei dieser Art der Wandbewegung etwa ± 20 %. Innerhalb des Streubereiches nehmen die Werte mit der Wandhöhe leicht zu.	$E^{c}_{pgh} \approx \frac{2}{3} \cdot E^{b}_{pgh}$ 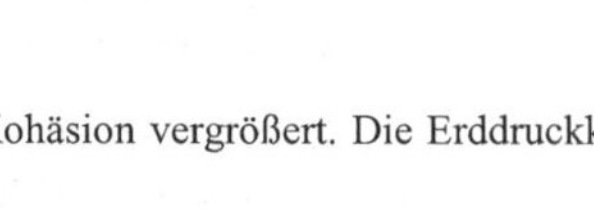 $\delta^{c)}_{p,mittel} = \delta^{c)}_{p,min}$

3.5.3 Erddruckanteil infolge Kohäsion

Die passive Erddruckkraft wird durch die Wirkung der Kohäsion vergrößert. Die Erddruckkraft infolge Kohäsion ist

$E_{pch} = c \cdot h \cdot K_{pch}$; mit K_{pch} siehe Tafel 8.30b.

Im Sonderfall $\alpha = \beta = \delta = 0$ ist $K_{pch} = 2 \cdot \sqrt{K_{pgh}}$.

3.5.4 Erddruckanteil infolge einer gleichmäßig verteilten vertikalen Oberflächenlast

Die Erddruckkraft infolge einer gleichmäßig verteilten vertikalen Oberflächenlast p_v ist

$E_{pph} = p_v \cdot h \cdot K_{pph}$; mit K_{pph} siehe Tafel 8.30b.

3.6 Zwischenwerte des Erddrucks

Als Zwischenwerte des Erddrucks werden alle Werte des Erddrucks verstanden, die nicht den Sonderfällen aktiver Erddruck, Erdruhedruck oder passiver Erddruck entsprechen. Sie stellen sich ein, wenn die zur Erzeugung der genannten Sonderfälle erforderlichen Bedingungen, nicht erfüllt sind. Diese Zwischenwerte lassen sich nicht mit den klassischen Methoden ermitteln. Sie können aber näherungsweise durch Interpolation zwischen den Sonderfällen aktiver Erddruck und Erdruhedruck bzw. Erdruhedruck und passiver Erddruck berechnet werden.

3.7 Ansatz des Erddrucks in bautechnischen Berechnungen

3.7.1 Allgemeines

In den meisten praktisch vorkommenden Fällen liegen nicht die Bedingungen vor, die zu einem der Sonderfälle wie aktiver Erddruck, passiver Erddruck oder Erdruhedruck führen. In allen Fragen der Bemessung von Konstruktionen und Konstruktionsteilen ist aber der im Gebrauchszustand tatsächlich zu erwartende Erddruck die maßgebende Größe. Wenn es die jeweils vorliegenden Bedingungen erfordern, ist deshalb ein Zwischenwert des Erddrucks, wie in Abschnitt 3.6 angegeben, in Ansatz zu bringen.

Bei der Wahl des Lastansatzes muss der für das Bauwerk oder das einzelne Bauteil jeweils ungünstigste mögliche Belastungszustand gewählt werden.

3.7.2 Belastender Erddruck

Die Größe des Erddrucks ist ursächlich von den im Boden eintretenden Verschiebungen durch Relativbewegungen zwischen der betreffenden Wand und dem angrenzenden Boden abhängig. Diese werden vorwiegend durch die Bewegungen der Wand, können aber auch durch von der Wand unabhängige Einflüsse wie Vorspannungen, Verdichtungen, Bodenbewegungen durch Hangbewegungen oder untertägigen Bergbau usw. hervorgerufen werden.

Im Normalfall gilt für den belastenden Erddruck: $E_a \leq E_{bel} \leq E_0$.

Vorschläge enthalten die Tafeln 8.31 und 8.32.

Aktiver Erddruck darf bei Stützbauwerken als Belastung angesetzt werden, die während ihrer Nutzungszeit gewisse Verformungen erleiden dürfen.

3.7.2.1 Aktiver Erddruck

Aktiver Erddruck darf bei Stützbauwerken als Belastung angesetzt werden, die während ihrer Nutzungszeit gewisse Verformungen erleiden dürfen.

3.7.2.2 Erhöhter aktiver Erddruck

Ein höherer Erddruck als der aktive Erddruck ist anzusetzen, wenn die zu erwartenden Bewegungen zwischen Boden und Wand nicht ausreichen, um den Grenzzustand des aktiven Erddrucks auszulösen oder um ihn während der gesamten Nutzungszeit des Bauwerks zu erhalten. Dies gilt besonders, wenn Bauwerke steifer als üblich ausgeführt werden oder wenn durch eine Vergrößerung der Fundamentfläche Verkantungen bewusst eingeschränkt werden.

Das trifft z.B. zu, wenn sich Wände zwar anfänglich unter dem Erddruck verformen, während ihrer Nutzungszeit später aber an weiteren Bewegungen durch konstruktive Maßnahmen gehindert werden.

Tafel 8.30a Beiwerte und Gleitflächenwinkel für den aktiver Erddruck bei $\alpha = \beta = 0$

φ°	K_{agh}				K_{ach}				$\vartheta_{a\gamma}$°			
	δ=0	δ=φ/3	δ=2φ/3	δ=φ	δ=0	δ=φ/3	δ=2φ/3	δ=φ	δ=0	δ=φ/3	δ=2φ/3	δ=φ
10	0,70	0,67	0,65	0,63	1,68	1,60	1,52	1,45	50,0	46,6	43,9	41,8
12,5	0,64	0,61	0,58	0,56	1,61	1,51	1,43	1,34	51,3	48,0	45,5	43,4
15	0,59	0,55	0,52	0,50	1,53	1,43	1,34	1,24	52,5	49,4	47,0	45,0
17,5	0,54	0,50	0,47	0,45	1,47	1,36	1,26	1,16	53,8	50,8	48,5	46,6
20	0,49	0,45	0,43	0,40	1,40	1,29	1,18	1,08	55,0	52,2	50,0	48,1
22,5	0,45	0,41	0,38	0,36	1,34	1,22	1,11	1,00	56,3	53,6	51,5	49,7
25	0,41	0,37	0,35	0,32	1,27	1,16	1,04	0,93	57,5	55,0	53,0	51,3
27,5	0,37	0,34	0,31	0,29	1,21	1,10	0,98	0,87	58,8	56,4	54,5	52,8
30	0,33	0,30	0,28	0,26	1,15	1,04	0,92	0,80	60,0	57,8	56,0	54,3
32,5	0,30	0,27	0,25	0,23	1,10	0,98	0,87	0,75	61,3	59,2	57,5	55,9
35	0,27	0,25	0,22	0,20	1,04	0,93	0,81	0,69	62,5	60,6	58,9	57,4
37,5	0,24	0,22	0,20	0,18	0,99	0,88	0,76	0,64	63,8	62,0	60,4	58,9
40	0,22	0,20	0,18	0,16	0,93	0,83	0,71	0,59	65,0	63,3	61,9	60,4

Tafel 8.30b Beiwerte für den passiven Erddruck bei $\alpha = \beta = 0$

φ°	K_{pgh}				K_{pch}				K_{pph}			
	δ_p° =				δ_p° =				δ_p° =			
	0	-φ/3	-2φ/3	-φ	0	-φ/3	-2φ/3	-φ	0	-φ/3	-2φ/3	-φ
10	1,42	1,47	1,52	1,57	2,38	2,47	2,54	2,60	1,42	1,47	1,51	1,55
12,5	1,55	1,64	1,72	1,80	2,49	2,63	2,74	2,83	1,55	1,64	1,71	1,76
15	1,70	1,84	1,96	2,08	2,61	2,80	2,97	3,10	1,70	1,83	1,94	2,02
17,5	1,86	2,06	2,25	2,42	2,73	3,01	3,24	3,42	1,86	2,05	2,21	2,33
20	2,04	2,33	2,61	2,85	2,86	3,23	3,55	3,79	2,04	2,31	2,53	2,71
22,5	2,24	2,64	3,03	3,38	2,99	3,49	3,91	4,23	2,24	2,61	2,93	3,16
25	2,46	3,01	3,56	4,05	3,14	3,78	4,33	4,74	2,46	2,97	3,40	3,72
27,5	2,72	3,46	4,20	4,89	3,30	4,12	4,82	5,33	2,72	3,39	3,97	4,39
30	3,00	3,98	5,00	5,95	3,46	4,94	5,39	6,03	3,00	3,89	4,67	5,22
32,5	3,32	4,62	6,00	7,30	3,65	4,93	6,05	6,85	3,32	4,49	5,52	6,24
35	3,69	5,39	7,26	9,03	3,84	5,43	6,83	7,81	3,69	5,21	6,56	7,50
37,5	4,11	6,33	8,86	11,26	4,06	6,00	7,75	8,94	4,11	6,08	7,86	9,06
40	4,60	7,48	10,89	14,17	4,29	6,66	8,84	10,26	4,60	7,14	9,48	11,01

3.7.2.3 Erdruhedruck

Erdruhedruck ist bei Bauwerken anzusetzen, die ohne nennenswerte Beeinflussung des In-situ-Spannungszustands in den Untergrund eingebracht werden und deren Verbindung mit benachbarten oder stützenden Bauteilen oder mit dem Untergrund so starr ist, dass eine Bewegung in Erddruckrichtung nicht auftreten kann.

3.7.2.4 Erddruck größer als der Erdruhedruck

In Ausnahmefällen muss von einem höheren Erddruck als dem Erdruhedruck ausgegangen werden. Das trifft zu, wenn der anstehende Boden eine Bewegung gegen das Bauwerk ausführt, z.B. Pressung infolge von Bergsenkungen oder, wenn sich eine Bauwerkswand infolge von Wärmeausdehnungen oder nach außen gerichtete Belastungen gegen das Erdreich bewegt.

3.7.3 Stützender Erddruck

Stützender Erddruck als Reaktionskraft des Bodens darf nur angesetzt werden, wenn die geometrischen Gegebenheiten und der Zustand des Bodens seine Ausbildung erlauben und wenn seine Wirksamkeit während der gesamten Nutzungszeit des Bauwerks gewährleistet ist.
Stützender Erddruck kann, wenn keine anderen Festlegungen bestehen, in Abhängigkeit von der möglichen und zulässigen Wandbewegung näherungsweise als teilweise mobilisierter passiver Erddruck berechnet werden.

Tafel 8.31 Erddruckansatz in Abhängigkeit von der Nachgiebigkeit der Stützkonstruktion bei Dauerbauwerken *)

Zeile	Nachgiebigkeit der Stützkonstruktion	Konstruktion (Beispiele)	Erddruckansatz
1	nachgiebig	Stützwände, die während ihrer gesamten Nutzungszeit geringe Verformungen in Richtung der Erddruckbelastung ausführen können und dürfen, z. B. Uferwände, auf Lockergestein gegründete Gewichtsmauern	aktiver Erddruck
2	wenig nachgiebig	Stützwände nach Zeile 1, bei denen während ihrer Nutzungszeit Verformungen in Richtung der Erddruckbelastung unerwünscht sind und die gegen den ungestörten Boden hergestellt worden sind	erhöhter aktiver Erddruck $E'_{ah} = 0{,}75 \cdot E_{ah} + 0{,}25 \cdot E_{0h}$
3	annähernd unnachgiebig	Stützwände, die auf Grund ihrer Konstruktion unter der Erddruckbelastung anfänglich geringfügig nachgeben, sich dann aber nicht mehr verformen können oder dürfen, z. B. Kellerwände und Stützwände, die in Bauwerke einbezogen sind und von diesen zusätzlich gestützt werden; Bemessung des stehenden Schenkels von Winkelstützwänden	erhöhter aktiver Erddruck im Normalfall: $E'_{ah} = 0{,}50 \cdot E_{ah} + 0{,}50 \cdot E_{0h}$ in Ausnahmefällen: $E'_{ah} = 0{,}25 \cdot E_{ah} + 0{,}75 \cdot E_{0h}$
4	unnachgiebig	Stützwände, die auf Grund ihrer Konstruktion weitgehend unnachgiebig sind, z.B. auf Festgestein gegründete Stützwände als ebene Systeme und auf Lockergestein gegründete Stützwände als räumliche Systeme	erhöhter aktiver Erddruck $E'_{ah} = 0{,}25 \cdot E_{ah} + 0{,}75 \cdot E_{0h}$ in Ausnahmefällen bis Erdruhedruck

*) Der Fall nach 3.7.2.4 wird durch die Tabelle nicht erfasst und erfordert gesonderte Untersuchungen.

Tafel 8.32 Erddruckansatz in Abhängigkeit von der Nachgiebigkeit der Stützung bei Baugrubenwänden oder anderen temporären Stützkonstruktionen

Zeile	Nachgiebigkeit der Stützung (Stützkonstruktion)	Konstruktion	Vorspannung auf die Stützkraft bei Endaushub bezogen*)	Erddruckansatz
1	nicht gestützt oder nachgiebig gestützt	Wand ohne obere Stützung (Steifen, Anker) oder mit nachgiebiger Stützung (z.B.: Anker nicht oder nur gering vorgespannt)	-	nicht umgelagerter aktiver Erddruck
2	wenig nachgiebig gestützt	Steifen kraftschlüssig verkeilt – bei Spundwänden – bei Trägerbohlwänden Verpressanker	 ≤ 30 % ≤ 60 % 80% bis 100%	umgelagerter aktiver Erddruck,
3	annähernd unnachgiebig gestützt	Steifen – bei mehrfach ausgesteiften Spundwänden, ausgesteiften Ortbetonwänden – bei mehrfach ausgesteiften Trägerbohlwänden Verpressanker	30 % 60 % 100 %	erhöhter aktiver Erddruck im Normalfall: $E'_{ah} = 0{,}5 \cdot E_{ah} + 0{,}5 \cdot E_{0h}$ in Ausnahmefällen: $E'_{ah} = 0{,}25 \cdot E_{ah} + 0{,}75 \cdot E_{0h}$
4	unnachgiebig	Wände, die für einen abgeminderten oder für den vollen Erdruhedruck bemessen worden und deren Stützungen entsprechend vorgespannt sind. Wenn Anker zusätzlich in einer unnachgiebigen Felsschicht verankert sind oder wesentlich länger sind, als rechnerisch erforderlich ist: Steifen Anker	 100 % 100 %	erhöhter aktiver Erddruck $E'_{ah} = 0{,}25 \cdot E_{ah} + 0{,}75 \cdot E_{0h}$ in Ausnahmefällen bis Erdruhedruck

*) In Anlehnung an EAB: EB 67, EB 8, EB 42, EB 22.

4 Flachgründungen [1)]

4.1 Einwirkungen und Beanspruchungen (GZ 1B und GZ 2)

Bemessungswerte der resultierenden Normal- und Tangentialkomponente $N_d; T_d$ in Höhe der Sohlfläche: $N_d = N_{G,k} \cdot \gamma_G + N_{Q,k} \cdot \gamma_Q$

$T_d = T_{G,k} \cdot \gamma_G + T_{Q,k} \cdot \gamma_Q$

N_G, T_G ständiger Anteil der charakteristischen Einwirkungen

N_Q, T_Q veränderlicher Anteil der charakteristischen Einwirkungen

γ Sicherheitsbeiwert nach Abschn. 1

Bei nicht achsparallelem Kraftangriff zu einer Symmetrieachse ergibt sich $T_d = \sqrt{T_{dx}^2 + T_{dy}^2}$.

4.2 Bodenwiderstände (GZ 1B und GZ 2)

Bei Berücksichtigung der Bodenreaktion vor dem Bauwerk darf der stützende Erddruck mit $E_{pd} = E_{p,k} / \gamma_{Ep}$ berücksichtigt werden ($E_{p,k}$ nach Abschn. 3).
Weiterhin ist beim Ansatz von E_p zu beachten:

- Der Ansatz von E_p muss unter Beachtung der Gleichgewichtsbedingungen am Bauwerk erfolgen. Es ist zu überprüfen, inwieweit der Baukörper überhaupt Verschiebungen und Verdrehungen erfahren darf, die zur Mobilisierung des stützenden Erddrucks erforderlich sind.
- Beim Ansatz von E_p ist im Lastfall LF1 die dauerhafte Wirkung dieser Kraft sicherzustellen.
- Bei Bauzuständen oder zeitlich begrenzten Aufgrabungen, die zu einem vorübergehenden Ausfall der Bodenreaktion führen, darf im GZ 1B beim Nachweis der Gleitsicherheit und Grundbruchsicherheit der Lastfall 2 zugrunde gelegt werden.

Beim Nachweis der Grundbruchsicherheit ist $E_{p,d}$ nicht als Widerstand, sondern als Einwirkung zu berücksichtigen (siehe Abschn. 4.4.1).

4.3 Vergleich des einwirkenden und aufnehmbaren Sohldrucks

In einfachen Regelfällen darf der Vergleich des einwirkenden und aufnehmbaren Sohldrucks als Ersatz für die Nachweise im GZ 1B und GZ 2 geführt werden. Eine ausreichende Sicherheit ist vorhanden, wenn der einwirkende charakteristische Sohldruck kleiner als der aufnehmbare Sohldruck ist: $\sigma_{vorh} \leq \sigma_{zul}$.

4.3.1 Größe und Verteilung des vorhandenen charakteristischen Sohldrucks σ_{vorh}

4.3.1.1 Allgemeines

Die Bemessung von Flachgründungen muss sicherstellen, dass

- das Fundament durch die Beanspruchungen im Gebrauchszustand nicht zerstört wird,
- die unter Gebrauchslast auftretenden Baugrundsetzungen sowie die sich daraus ergebenden Verschiebungen und Verdrehungen ein für den Bestand und die Funktionssicherheit des Bauwerks zulässiges Maß nicht überschreiten.

Grundlage dafür ist die Kenntnis der aus dem aufgehenden Bauwerk in die Gründung eingetragenen Lasten und der sich daraus ergebenden Reaktionskraft des Baugrunds, des Sohldrucks. Die sich aus der Bauwerk ergebenden Lasten für die Gründung werden in der statischen Berechnung ermittelt.

Vereinfachte Ermittlung der Sohldruckverteilung nach DIN 1054 [1)]:

- Beim Nachweis mit aufnehmbaren Sohlpressungen darf eine gleichmäßige Verteilung des Sohldrucks angenommen werden (siehe Abschnitt 4.3.1.2).
- Bei der Ermittlung der Schnittkräfte und der Setzungsberechnung darf von einer geradlinigen Verteilung des Sohldrucks ausgegangen werden (siehe Abschnitt 4.3.1.2).

[1)] Berechnung nach DIN 1054 (01.03).

Bei biegeweichen Gründungsplatten und -balken kann nach DIN 4018 oder EWB [8.18] vorgegangen werden (siehe Abschn. 4.3.1.3).

Abschätzung des Verformungsverhaltens von Gründungskörpern:
Die Bauwerkssteifigkeit ergibt sich aus der Steifigkeit der Gründung und des Überbaus. Vor allem Letztere ist schwer erfassbar, da dabei der zeitliche Ablauf der Lasteintragung und das Kriechen des Betons berücksichtigt werden müssen. Beide lassen sich nur abschätzen. Bei Stahlbetonbauteilen ist außerdem bedeutungsvoll, ob mit einer gerissenen Zugzone gerechnet werden muss.

Die Steifigkeit eines reinen Betonbalkens mit dem E-Modul E_b ist: $E_b \cdot I_b = \dfrac{E_b \cdot b \cdot d^3}{12}$

Dieser Wert wird wegen des Einflusses des Kriechens meist nur zur Hälfte angesetzt. Die Steifigkeit eines Hochhauses beschreibt das Ersatzflächenmoment I. Entsprechend dem Steinerschen Satz erhält man

$$I = \sum^{n} I_0 + \sum^{n'} A \cdot y^2$$

wobei n die Geschosszahl und n' die Anzahl der mitwirkenden Geschosse ($0 \leq n' \leq n$); bei Skelettbauten ist in der Regel $n' = 0$, nur sehr steife Kellergeschosse wirken mit.
Das **Steifigkeitsverhältnis** K_s bzw. die Systemsteifigkeit erhält man aus folgenden Gleichungen:

– Balken mit der Breite b, der Länge l und dem Flächenmoment I: $K_s = \dfrac{E_b \cdot I}{E_s \cdot l^3 \cdot b}$

– Plattenstreifen mit der Breite $b = 1$, der Länge l und der Dicke d: $K_s = \dfrac{E_b}{12 \cdot E_s} \cdot \left(\dfrac{d}{l}\right)^3$

Diese Gleichungen sind gültig unter der Voraussetzung, dass die Dicke der zusammendrückbaren Schicht mindestens die Hälfte der Länge der kürzeren Fundamentseite beträgt.
$K_s = 0$ entspricht einem schlaffen oder sehr biegeweichen, $K_s \to \infty$ einem starren Fundament. Die Grenze zwischen schlaffen und starren Fundamenten ist etwa $K_s = 0{,}1$. Systeme mit $K_s = 1$ sind schon als starr anzusehen. Bei der Berechnung ist zu unterscheiden, ob ein ebenes oder ein räumliches System vorliegt. Ebene Systeme bilden Hochbauten in Querwandbauweise. Sie verhalten sich in der Querrichtung nahezu starr.

4.3.1.2 Sohldruckermittlung bei Annahme einer gleichmäßigen oder geradlinigen Verteilung

In einfachen Fällen wird der Einfluss der Verformungseigenschaften von Bauwerk und Gründung ganz außer Acht gelassen und eine gleichmäßige oder geradlinige Sohldruckverteilung angenommen.
Der Sohldruck an den Rändern bzw. Eckpunkten von Fundamenten ist nach den Angaben in folgender Tabelle zu berechnen. Greift die resultierende Sohldruckkraft außerhalb der 1. Kernfläche an, kommt es in bestimmten Bereichen zum „Klaffen“ der Sohlfuge.
Die charakteristischen Sohlspannungen unter dem Fundament erhält man zu:

1. gleichmäßige Spannungsverteilung $\sigma = \dfrac{V}{A'}$ Bei ausmittigem Lastangriff wird die rechnerische Ersatzfläche $A' = a' \cdot b'$ (siehe Abschnitt 4.4.1) als wirksame Sohlfläche zugrunde gelegt.	1) 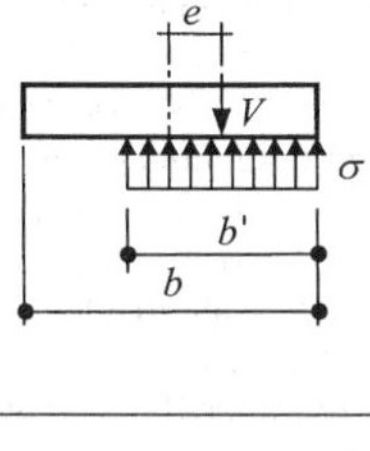

2. geradlinige Spannungsverteilung

- einachsige Ausmittigkeit $e_y = 0$ (bzw. $e_x = 0$):

a) $e_x \leq \frac{b_x}{6}$: $\sigma_{1,2} = \frac{V}{b_x \cdot b_y}\left(1 \pm \frac{6 \cdot e_x}{b_x}\right)$

b) $\frac{b_x}{6} < e_x \leq \frac{b_x}{3}$: $\sigma_{max} = \frac{2 \cdot V}{3 \cdot c \cdot b_y}$ $\sigma_{min} = 0!$

Im ebenen Fall (Streifenfundament) ist $b_y = 1$ zu setzen.

2a) $e_x \leq b_x/6$

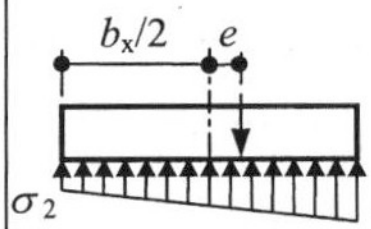

2b) $b_x/6 \leq e_x \leq b_x/3$

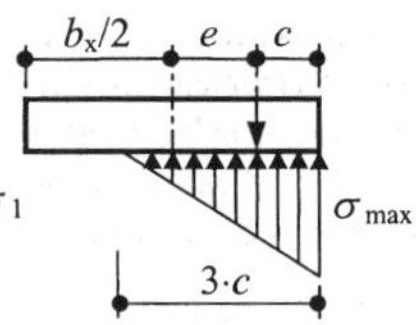

- zweiachsige Ausmittigkeit $e_y \neq 0$ und $e_x \neq 0$:

c) $\frac{e_x}{b_x} + \frac{e_y}{b_y} \leq \frac{1}{6}$:

$$\sigma(x,y) = \frac{V}{b_x \cdot b_y}\left(1 \pm \frac{12 \cdot e_x \cdot y}{b_x^2} \pm \frac{12 \cdot e_y \cdot x}{b_y^2}\right)$$

und für die vier Eckpunkte zu

$$\sigma = \frac{V}{b_x \cdot b_y}\left(1 \pm \frac{6 \cdot e_x}{b_x} \pm \frac{6 \cdot e_y}{b_y}\right)$$

d) $\frac{e_x}{b_x} + \frac{e_x}{b_y} > \frac{1}{6}$ und $\left(\frac{e_x}{b_x}\right)^2 + \left(\frac{e_y}{b_y}\right)^2 \leq \frac{1}{9}$:

$$\sigma_{max} = \frac{\mu \cdot V}{b_x \cdot b_y}$$ mit μ nach Seite 13.28

2d)

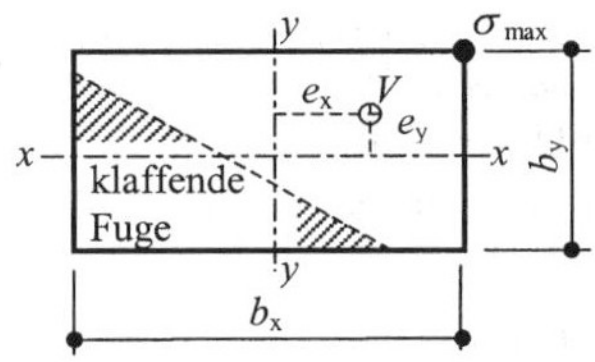

4.3.1.3 Ermittlung der Sohldruckverteilung mit verbesserten Annahmen

Für die Berechnung der Sohldruckverteilung stehen u.a. das **Bettungszahlverfahren** und das **Steifezahlverfahren** zur Verfügung. Als Mangel des Bettungszahlverfahrens ist anzusehen, dass bei diesem Modell die Spannungsausbreitung im Boden unberücksichtigt bleibt. Die Anwendung des Bettungszahlverfahrens und des Steifezahlverfahrens ist mit umfangreicher Rechenarbeit verbunden und bedingt die Nutzung entsprechender Rechenprogramme. Die Berechnungsergebnisse sind erheblich von den gewählten Eingangsgrößen, wie Steifezahlen, Bettungszahlen sowie den vorhandenen Steifigkeiten, abhängig und setzen diesbezügliche Erfahrung voraus. Die Nutzung dieser Verfahren sollte entsprechenden Fachleuten vorbehalten bleiben.

4.3.2 Aufnehmbarer Sohldruck für einfache Fälle

Voraussetzungen für die Anwendung der folgenden aufnehmbaren Sohldrücke σ_{zul}:

- Die Fundamentform muss einem Streifenfundament entsprechen.
- Die Geländeoberfläche und die Schichtgrenzen müssen annähernd waagerecht verlaufen.
- Der für den Nachweis zugrunde gelegte Baugrund darf bis in eine Tiefe $d = 2 \times$ Fundamentbreite, mindestens aber bis in 2 m Tiefe nicht an Tragfähigkeit verlieren.
- Der Baugrund darf nicht überwiegend dynamisch beansprucht werden. In bindigem Boden entsteht kein nennenswerter Porenwasserüberdruck.
- Für die Neigung der resultierenden charakteristischen Beanspruchung in der Sohlfläche muss $\tan \delta_E = H_k/V_k \leq 0{,}2$ gelten.
- Bei ausmittigem Lastangriff e der Resultierenden in der Sohlfläche darf nur die wirksame Fundamentbreite $b' = b - 2 \cdot e$ in Rechnung gestellt werden (siehe auch Abschn. 4.4.1).
- Das zu untersuchende Bauteil befindet sich nicht im Lastausbreitungsbereich benachbarter Bauwerke.

– Für die Ermittlung des aufnehmbaren Sohldrucks ist die kleinste vorhandene Einbindetiefe d maßgebend. Bei Einbindetiefen $d_{\text{vorh}} > 2$ m darf der aufnehmbare Sohldruck σ_{zul} um $(d_{\text{vorh}} - 2) \cdot \gamma_{\text{Boden}}$ erhöht werden (d_{vorh} ist in der Einheit m einzusetzen).

- **Aufnehmbarer Sohldruck σ_{zul} bei nichtbindigem Baugrund in Abhängigkeit der Einbindetiefe d und der wirksamen Fundamentbreite b':**

Die Anwendung der Tabellen setzt eine ausreichend dichte Lagerung mit folgenden Anforderungen voraus:

Bodenart nach DIN 18 196	Ungleich-förmigkeit	Lagerungs-dichte	Verdich-tungsgrad	Spitzenwiderstand Drucksonde
SE,GE,SU,GU,GT	$U \leq 3$	$D \geq 0{,}30$	$D_{\text{pr}} \geq 95$ %	$q_s \geq 7{,}5$ MN/m²
SE,GE,SU,GU,GT,GW,SI,SW	$U > 3$	$D \geq 0{,}45$	$D_{\text{pr}} \geq 98$ %	$q_s \geq 7{,}5$ MN/m²

σ_{zul} in Abhängigkeit von b' und d:

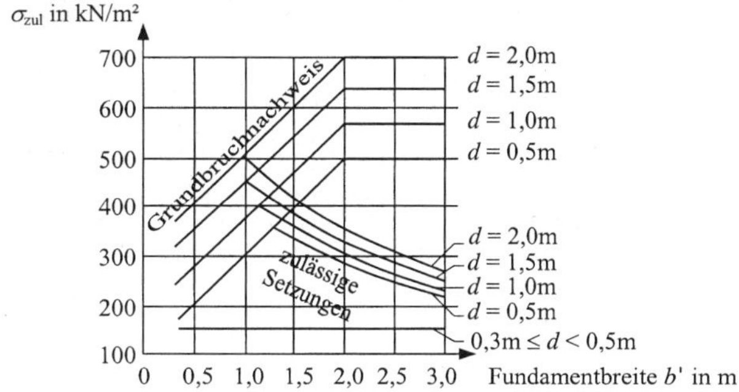

Bei mittiger Belastung ergeben sich bei Anwendung von σ_{zul} auf Grundlage der Grundbruchsicherheit bei 1,5 m breiten Fundamenten Setzungen in der Größenordnung von 2 cm. Die Setzungen nehmen mit der Fundamentbreite ungefähr proportional zu. Die Sohldrücke σ_{zul}, die auf Grundlage zulässiger Setzungen ermittelt wurden, ergeben bei einer Fundamentbreite von 1,5 m ungefähr eine Setzung von 1 cm und bei breiteren Fundamenten in der Regel eine maximale Setzung von 2 cm. Die i.d.R. geringeren aufnehmbaren Sohldrücke bei Beachtung der Setzungen sind dem Sohldrucknachweis zugrunde zu legen, wenn die Verformungen begrenzt werden sollen.

a) Verminderung des Sohldrucks σ_{zul} in Abhängigkeit der Lage des Grundwasserspiegels

Der Sohldruck muss verringert werden, wenn die Grundbruchsicherheit zugrunde gelegt wird und der Abstand u zwischen Gründungssohle und Grundwasserspiegel geringer als die wirksame Fundamentbreite b' ist.

Fall 1: Der Grundwasserspiegel befindet sich im Abstand $u \geq b'$ unter der Gründungssohle:

$$\sigma'_{\text{zul}} = \sigma_{\text{zul}}$$

Fall 2: Der Grundwasserspiegel befindet sich im Bereich zwischen $u < b'$ und der Gründungssohle ($u = 0$): $\sigma'_{\text{zul}} = \sigma_{\text{zul}} \, (1 - 0{,}4 \, (b' - u)/b') = 0{,}6 + 0{,}4 \cdot u/b'$

Fall 3: Der Grundwasserspiegel liegt in Höhe Gründungssohle bzw. darüber und es gilt $d > 0{,}8$ m bzw. $d > b'$: $\sigma'_{\text{zul}} = 0{,}6 \cdot \sigma_{\text{zul}}$

b) Erhöhung des Sohldrucks σ_{zul}

Die Erhöhung nach folgenden Kriterien darf erfolgen, wenn die wirksame Fundamentbreite $b' \geq 0{,}5$ m und die Einbindetiefe $d \geq 0{,}5$ m sind.

- Eine Erhöhung von bis zu 50 % für σ_{zul} ist möglich, wenn der Boden bis in eine Tiefe von 2 × Fundamentbreite eine dichte Lagerung aufweist, die bei Einhaltung folgender Vorraussetzungen vorliegt:

Bodenart nach DIN 18196	Ungleich-förmigkeit	Lagerungs-dichte	Verdich-tungsgrad	Spitzenwiderstand Drucksonde
SE,GE,SU,GU,GT	$U \leq 3$	$D \geq 0{,}50$	$D_{pr} \geq 98\ \%$	$q_s \geq 15$ MN/m²
SE,GE,SU,GU,GT,GW,SI	$U > 3$	$D \geq 0{,}65$	$D_{pr} \geq 100\ \%$	$q_s \geq 15$ MN/m²

– Bei Rechteckfundamenten mit dem Verhältnis Länge/ Breite $a'/b' < 2$ und Kreisfundamenten, die jeweils eine Einbindetiefe $d > 0{,}6 \cdot b'$ besitzen, dürfen die auf Grundlage der Grundbruchsicherheit ermittelten Werte um 20 % erhöht werden.

c) Abminderung von σ_{zul} bei nicht lotrechtem Angriff der Resultierenden in der Sohlfläche

Die sich auf die Grundbruchsicherheit beziehenden Sohldrücke und gegebenfalls nach Punkt a) oder b) korrigierten Werte sind bei nicht lotrechter Beanspruchung abzumindern.

Fall 1: Bei einem Seitenverhältnis $a'/b' > 2$ und Angriff der charakteristischen horizontalen Beanspruchung H_k parallel zur langen Fundamentseite $\sigma'_{zul} = (1 - H_k/V_k) \cdot \sigma_{zul}$

Fall 2: Falls Fall 1 nicht zutreffend, gilt $\sigma'_{zul} = (1 - H_k/V_k)^2 \cdot \sigma_{zul}$

Bei setzungsempfindlichen Bauwerken ist zu überprüfen, ob der abgeminderte Sohldruck σ'_{zul} auf Grundlage der Grundbruchsicherheit nicht kleiner als der aufnehmbare Sohldruck unter Beachtung der Setzungen wird. Der kleinere Wert für σ_{zul} ist dem Nachweis zugrunde zu legen.

● **Aufnehmbarer Sohldruck σ_{zul} in kN/m² bei bindigem Baugrund und einer wirksamen Fundamentbreite b' im Bereich von $0{,}5\ m \leq b' \leq 2{,}0\ m$ (bei $b' > 2$ m siehe Unterpunkt a))**

Die Ermittlung von σ_{zul} nach folgender Tabelle erfolgt für die jeweiligen Bodengruppen in Abhängigkeit der Konsistenz oder der einaxialen Druckfestigkeit nach DIN 18 136. Bei weichen Böden bzw. Unterschreitung der dreiaxialen Druckfestigkeit darf die folgende Tabelle für σ_{zul} nicht angewandt werden.

	Schluff UL	gemischtkörniger $S\overline{U}$, $S\overline{T}$, $G\overline{U}$, $G\overline{T}$			tonig schluffiger Boden UM, TL, TM			Ton TA		
Druckfestigkeit einaxial in kN/m²	≥120	120 - 300	300 - 700	>700	120 - 300	300 - 700	>700	120 - 300	300 - 700	>700
Konsistenz	steif	steif	halbfest	fest	steif	halbfest	fest	steif	halbfest	fest
$d = 0{,}5$ m	130	150	220	330	120	170	280	90	140	200
$d = 1{,}0$ m	180	180	280	380	140	210	320	110	180	240
$d = 1{,}5$ m	220	220	330	440	160	250	360	130	210	270
$d = 2{,}0$ m	250	250	370	500	180	280	400	150	230	300

Die Ermittlung von Zwischenwerten darf durch geradlinige Interpolation der Tabellenwerte erfolgen. Die Einhaltung der gegebenen Sohldrücke σ_{zul} führt bei mittig belasteten Fundamenten zu Setzungen in der Größenordnung zwischen 2 bis 4 cm.

a) Verringerung des Sohldrucks bei einer Fundamentbreite $b' > 2$ m

Bei Fundamentbreiten von $2\ m < b' \leq 5$ m gilt : $\sigma'_{zul} = \sigma_{zul(Grundwert\ Tabelle)} \cdot (1{,}2 - 0{,}1b')$ (b' ist in m einzusetzen).

b) Erhöhung des Sohldrucks

Bei Rechteckfundamenten mit dem Verhältnis Länge/Breite $a'/b' < 2$ und Kreisfundamenten dürfen die ermittelten Werte um 20 % erhöht werden.

4.4 Grundbruchsicherheit (GZ 1B)

Bei Bauwerken an einem Geländesprung oder einer Böschung kann anstelle des Grundbruchnachweises der Gelände- oder Böschungsbruchnachweis maßgebend sein. Anstelle des

Grundbruchnachweises darf für einfache Regelfälle auch der Nachweis mit aufnehmbaren Sohlpressungen nach Abschn. 4.3 erfolgen.

4.4.1 Grundbruchnachweis bei homogenem Boden unterhalb der Sohlfläche

Grundbruchfigur bei ausmittiger und lotrechter resultierender Beanspruchung R in der Sohlfläche:

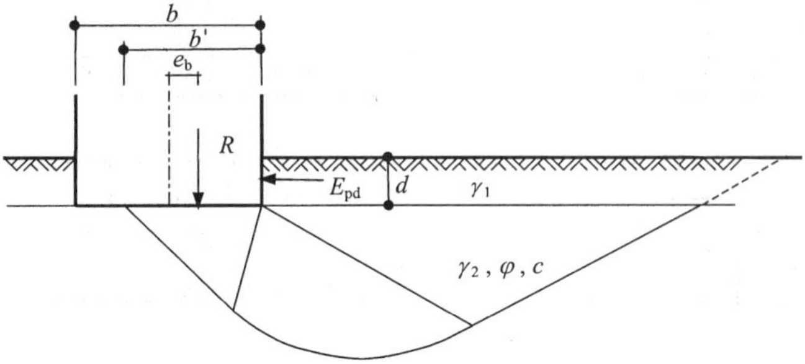

Grundbruchlast für lotrechte Belastung ohne Neigung der Sohl- und Geländeoberfläche

Die Berechnung des Grundbruchwiderstands nach folgenden Formeln darf für nichtbindige Böden mit $D > 0{,}2$ und $U \leq 3$, oder $D > 0{,}3$ und $U > 3$, sowie für bindige Böden mit $I_c > 0{,}5$ durchgeführt werden. Für Flachgründungen mit $d/b \leq 2$ (für $d/b > 2$ liegen die Ergebnisse auf der sicheren Seite, sofern mit $d/b = 2$ gerechnet wird) ergibt sich unter der Annahme einer gleichmäßigen Sohlspannungsverteilung:

a) die mittlere charakteristische Grundbruchspannung σ_g

$$\sigma_{g,k} = b' \cdot \gamma_{2,k} \cdot N_{b0} \cdot \nu_b \cdot i_b \cdot \lambda_b \cdot \xi_b + d \cdot \gamma_{1,k} \cdot N_{d0} \cdot \nu_d \cdot i_d \cdot \lambda_d \cdot \xi_d + c_k \cdot N_{c0} \cdot \nu_c \cdot i_c \cdot \lambda_c \cdot \xi_c$$

b) der charakteristische Grundbruchwiderstand $R_{n,k}$

$$R_{n,k} = A' \cdot \sigma_{g,k}$$

c) der Bemessungswert des Grundbruchwiderstands $R_{n,d}$ normal zur Sohlfläche

$R_{n,d} = R_{n,k} / \gamma_{Gr}$ mit γ_{Gr} nach Abschn. 1

d) Nachweis im GZ 1B

$N_d \leq R_{n,d}$ $\quad$ N_d siehe Abschn. 4.1

Bei bindigen Boden kann eventuell der Nachweis der Anfangsstandfestigkeit mit $\varphi_{u,k}$ und $c_{u,k}$ maßgebend sein. Für die ständigen und veränderlichen Einwirkungen ist der maßgebende Fall für den Nachweis durch Kombination zu untersuchen, insbesonders sind die Kombinationen ($N_{k(max)}$ und $T_{k(max)}$) und ($N_{k(min)}$ und $T_{k(max)}$) zu beachten.

Ermittlung der Parameter in der Grundbruchgleichung

- γ_1 Wichte des Bodens oberhalb der Gründungssohle in Ausweichrichtung
- γ_2 Wichte des Bodens innerhalb der Grundbruchfigur bis in Höhe Gründungssohle
- d Einbindetiefe unter Geländeoberfläche in Ausweichrichtung

- Rechnerische Ersatzfläche A' und rechnerische Sohlbreite b' bei rechteckförmigem Grundriss:

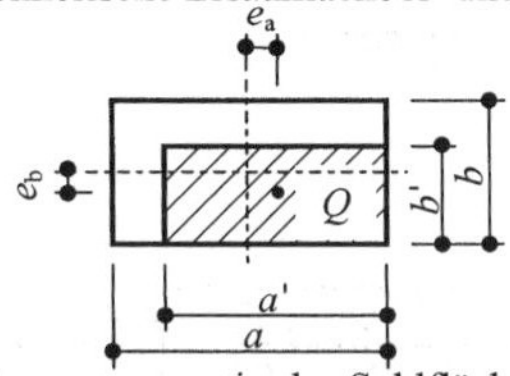

Prinzipielles Vorgehen:

Die rechnerische Ersatzfläche A' ist so zu bilden, dass die Beanspruchung Q_k im Schwerpunkt dieser Fläche angreift (für $e_a = e_b = 0$ gilt $a' = a$ und $b' = b$).

$a' = a - 2 \cdot e_a$ und $b' = b - 2 \cdot e_b$ Beachte: $b \leq a$ und $b' \leq a'$

$A' = a' \cdot b'$

Bei Aussparungen in der Sohlfläche, die nicht mehr als 20 % der Gesamtfläche betragen, darf die äußere umrissene Fläche zugrunde gelegt werden.

● Tragfähigkeitsbeiwerte N (N_{b0} nach *Meyerhof*, N_{d0} nach *Prandtl* und N_{c0} nach *Caquot*)

$N_{b0} = (N_{d0} - 1) \cdot \tan\varphi$; $N_{d0} = e^{\pi \cdot \tan\varphi} \cdot \tan^2(45° + \varphi/2)$; $N_{c0} = (N_{d0} - 1) / \tan\varphi$

φ in °	0	5	10	15	20	22,5	25	27,5	30	32,5	35	37,5	40	42,5
N_{b0}	0,0	0,0	0,3	0,8	2,0	3,0	4,5	7	10	15	23	34	53	83
N_{d0}	1,0	1,6	2,5	3,9	6,4	8,2	10,7	14	18	25	33	46	64	92
N_{c0}	5,1	6,5	8,3	11,0	14,8	17,4	20,7	25	30	37	46	58	75	99

● Formbeiwerte ν mit $b' \leq a'$

Grundrissform	ν_b	ν_d	$\nu_c\ (\varphi \neq 0)$	$\nu_c\ (\varphi = 0)$
Streifen	1,0	1,0	1,0	1,0
Rechteck	$1 - 0{,}3 \cdot b'/a'$	$1 + \sin\varphi \cdot b'/a'$	$(\nu_d \cdot N_{d0} - 1)/(N_{d0} - 1)$	$1 + 0{,}2 \cdot b'/a'$
Kreis	0,7	$1 + \sin\varphi$	$(\nu_d \cdot N_{d0} - 1)/(N_{d0} - 1)$	1,2

● Erddruckansatz :

Der stützende Erddruck infolge Bodenreaktion darf parallel zur Sohlfläche mit $E_{p,k(mob)} \leq 0{,}5 \cdot E_{p,k}$ wie eine charakteristische Einwirkung angesetzt werden, wobei $E_{p,k(mob)}$ immer kleiner als die Tangentialkomponente der anderen charakteristischen Einwirkungen T_k sein muss.

Ausweichrichtung beim Grundbruch

Bei Annahme homogenen Bodens und freier Beweglichkeit des Baukörpers ergibt sich in Abhängigkeit des Lastangriffs von Q:

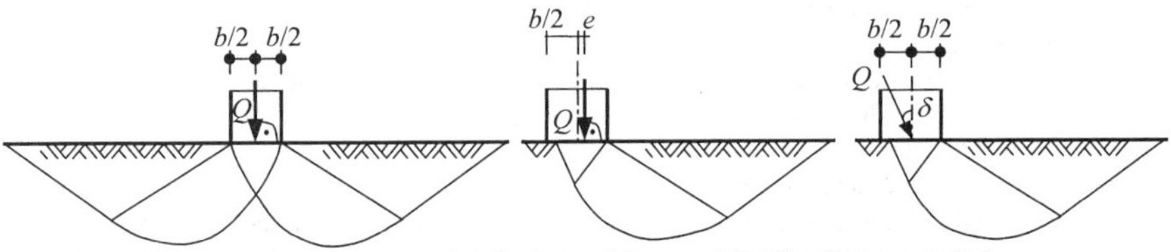

Bei mittiger lotrechter Lasteintragung ist ein Ausweichen nach beiden Seiten möglich.
Bei Bauteilen, die durch Abstützungen o.Ä. am seitlichen Ausweichen gehindert werden, wird ein lotrechtes Einsinken erzwungen. Die Berechnung hat dann wie für einen lotrecht mittig belasteten Gründungskörper zu erfolgen.

Abschätzung der Grundbruchfigur
bei lotrechter mittiger Beanspruchung eines Streifenfundaments sowie $\alpha = \beta = 0$ und $c = 0$:

$l = F_1 \cdot b$
$d_s = F_2 \cdot b$

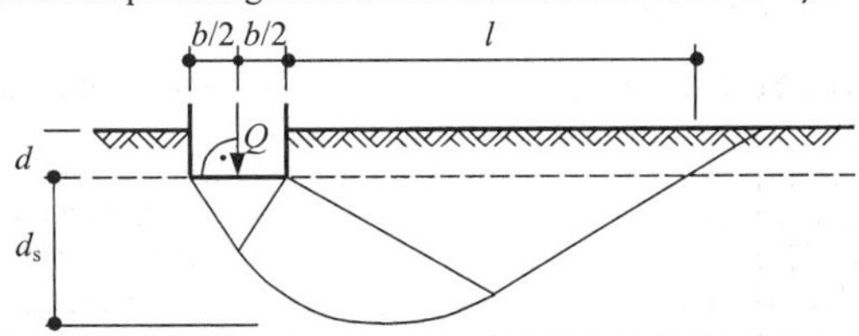

φ in °	0	5	10	15	20	22,5	25	27,5	30	32,5	35	37,5	40	42,5
F_1	1,0	1,3	1,6	2,0	2,5	2,9	3,3	3,7	4,3	5,0	5,8	6,8	8,0	9,6
F_2	0,7	0,8	0,9	1,0	1,2	1,2	1,4	1,5	1,6	1,7	1,9	2,1	2,4	2,6

Weicher bindiger Boden unterhalb der Deckschicht

Bei Vorhandensein eines gesättigten bindigen Bodens unter einer festeren Deckschicht mit einem Abstand $d_1 \leq 2b$ unterhalb der Gründungssohle ist ein zusätzlicher Grundbruchnachweis unter Berücksichtigung des Durchstanzens in Höhe der Ersatzfundamentfläche A'' zu erbringen.

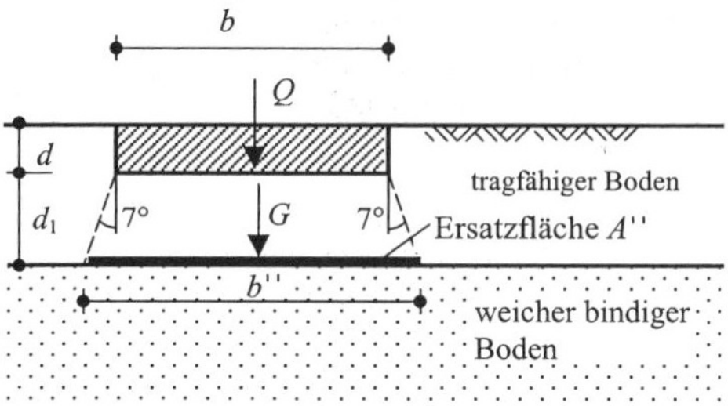

Zur Ermittlung der Ersatzfläche A'' an der Oberkante der weichen bindigen Schicht darf ein Lastausbreitungswinkel von 7° gegen die Lotrechte angenommen werden. Für den Grundbruchnachweis ist das Gewicht G der Deckschicht oberhalb der Ersatzfläche $A'' = a''\cdot b''$ als Einwirkung zu berücksichtigen. Die zugehörige Einbindetiefe ergibt sich zu $d'' = d + d_1$.

4.4.2 Grundbruchnachweis bei geschichtetem Boden unterhalb der Sohlfläche

Möglichkeiten:

a) unter Ansatz eines Ersatzbodens mit gemittelten Parametern φ , c und γ entsprechend den Anteilen (φ, c Gleitflächenanteile, γ Flächenanteil des Grundbruchkörpers) der jeweiligen Schicht an der Grundbruchfigur, wobei die Abweichung der Reibungswinkel der einzelnen Schicht vom arithmetischen Mittelwert nicht mehr als 5° betragen darf.

b) mittels besonderer Untersuchungen, z.B. Nutzung eines grafischen Verfahrens oder Auswertung von Probebelastungen.

4.5 Gleitsicherheit (GZ 1B)

Die Gefahr des Gleitens besteht entlang der Sohlfläche oder einer darunter befindlichen Schnittfläche im Baugrund (z.B. bei Fundamenten mit Sporn oder bei in Gleitrichtung ansteigender Sohlfläche) nach DIN 1054, falls der Bemessungswert der parallel zu dieser Fläche angreifenden Kräfte T_d in Verschiebungsrichtung größer als der Bemessungswert der widerstehenden Kräfte ($R_{t,d}$ und $E_{p,d}$) ist.

Nachweis: $T_d \leq R_{t,d} + E_{p,d}$

● Bestimmung des Bemessungswertes des Gleitwiderstandes $R_{t,d}$:

$R_{t,d}$ $R_{t,d} = R_{t,k} / \gamma_{Gl}$ mit γ_{Gl} nach Abschn. 1

a) Schnittebene in Höhe der Sohlfläche

– nichtbindiger oder konsolidierter bindiger Boden: $R_{t,k} = N_K \cdot \tan \delta_{s,k}$

– bindiger wassergesättigter Boden mit φ_u=0: $R_{t,k} = A \cdot c_{u,k}$

b) Schnittebene im Boden unterhalb der Sohlfläche $R_{t,k} = N_k \cdot \tan \varphi_k + A \cdot c_k$

N_k normal zur betrachteten Schnittebene gerichtete charakteristische Beanspruchung (siehe Abschn. 4.1) aus der ungünstigsten Kombination ständiger und veränderlicher Einwirkungen

φ_k, c_k, $c_{u,k}$ charakteristische Scherparameter

A für die Kraftübertragung maßgebende Sohlfläche

$\delta_{s,k}$ Erfahrungswerte für den Sohlreibungswinkel $\delta_{s,k}$: bei Sohlflächen aus Ortbeton und Fertigteilen im Mörtelbett $\delta_{s,k} = \varphi_k$ mit $\delta_{s,k} \leq 35°$ und bei Fertigteilen $\delta_{s,k} = 2\cdot\varphi_k/3$.

$E_{p,d}$ Bemessungswert des passiven Erddrucks $E_{p,d} = E_{p,k}/\gamma_{Ep}$ parallel zur Sohlfläche (siehe Abschn. 3). Bei ausreichend tiefer Einbindung des Fundaments in den Baugrund wird eine Verdrehung durch eine beidseitige Bodenreaktion verhindert, wobei $e_{p,k(mob)} \leq 0{,}5 \cdot e_{p,k}$ einzuhalten ist.

4.6 Kippen (GZ 1B)

Bei ausmittiger Beanspruchung ist der Nachweis ausreichender Kippsicherheit erfüllt, wenn Q_k aus den ständigen und veränderlichen Einwirkungen in den Lastfällen LF 1 und LF 2 höchstens ein Klaffen der Sohlfuge bis zum Schwerpunkt der Sohlfläche verursacht, das heißt, Q_k nicht außerhalb der 2. Kernfläche liegt. Im Lastfall LF 3 darf bei erfülltem Grundbruchnachweis der Nachweis gegen Kippen entfallen. Die maßgebende Lage von Q_k mit der größten Ausmittigkeit ergibt sich aus der ungünstigsten Kombination ständiger und veränderlicher Einwirkungen.

Für rechteckförmige Sohlflächen gilt:

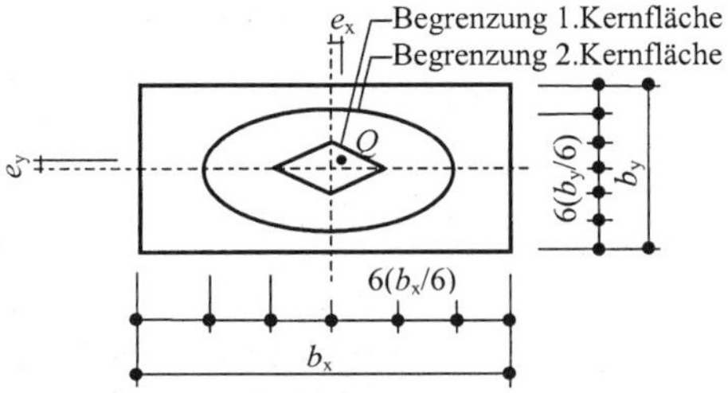

Nachweis, dass Q_k sich innerhalb der 1. Kernfläche befindet:

$$\frac{e_x}{b_x} + \frac{e_y}{b_y} \leq \frac{1}{6}$$

Nachweis, dass Q_k nicht außerhalb der 2. Kernfläche liegt:

$$\left(\frac{e_x}{b_x}\right)^2 + \left(\frac{e_y}{b_y}\right)^2 \leq \frac{1}{9}$$

Für kreisförmige Sohlflächen mit dem Radius r gilt:
1. Kernfläche bis $r_e = 0{,}25 \cdot r$ und 2. Kernfläche bis $r_e = 0{,}59 \cdot r$.

Für Baukörper, bei denen kleine Belastungsänderungen eine erhebliche Vergrößerung der Exzentrizität der resultierenden Kraft in der Sohlfläche nach sich ziehen, sind besondere Untersuchungen erforderlich.

4.7 Sicherheit gegen Aufschwimmen (GZ 1A)

Bei nicht verankerten Konstruktionen ist folgender Nachweis zu führen:

$$A_k \cdot \gamma_{G,dst} + Q_k \cdot \gamma_{Q,dst} \leq G_k \cdot \gamma_{G,stb} + F_{s,k} \cdot \gamma_{G,stb}$$

mit den charakteristischen Werten

A_k hydrostatische Auftriebskraft an der Unterseite der Gründung
Q_k ungünstige veränderliche Einwirkungen in vertikaler Richtung
G_k unterer Wert der günstigen ständigen Einwirkungen
$F_{s,k}$ eventuell zusätzlich einwirkende Scherkraft

Die Sicherheitsbeiwerte γ für den GZ 1A können dem Abschn. 1 entnommen werden.
Die Vertikalkomponente des aktiven Erddrucks kann als ständig günstige Einwirkung mit

$$F_{s,k} = E_{av,k} = 0{,}8 \cdot E_{ah,k} \cdot \tan \delta_a$$

berücksichtigt werden. Bei Dauerbauwerken muss bei Berücksichtigung von Scherkräften am vertikalen Bauwerksrand z.B. $E_{av,k}$ nachgewiesen werden, dass der Nachweis gegen Aufschwimmen auch ohne Berücksichtigung der Scherkräfte für den Lastfall LF 3 erfüllt ist.

4.8 Zulässige Ausmittigkeit der resultierenden charakteristischen Beanspruchung *R* (GZ 2)

Damit keine klaffende Fuge auftritt, sind die Fundamentabmessungen so zu wählen, dass Q_k aus den ständigen Einwirkungen in der Sohlfläche innerhalb der 1. Kernfläche liegt (siehe Abb. in Abschn. 4.6).

4.9 Verschiebungen in der Sohlfläche und Verdrehungen(GZ 2)

Der Nachweis unzuträglicher Verschiebungen in der Sohlfläche gilt unter folgenden beiden Bedingungen als erbracht:
wenn das Gleichgewicht der charakteristischen Kräfte parallel zur Sohle bei vollständiger Inanspruchnahme des Gleitwiderstandes eine Bodenreaktion erfordert, für die weniger als 30 % des charakteristischen passiven Erddrucks erforderlich ist (gilt nur bei mindestens steifen bindigen Boden oder nichtbindigen Boden mit mitteldichter Lagerung);
oder
Erfüllung des Gleitsicherheitsnachweises ohne Berücksichtigung des stützenden Erddrucks.
In allen anderen Fällen sind gesonderte Untersuchungen erforderlich.

Bei Einhaltung der zulässigen Ausmittigkeit nach Abschn. 4.8 kann angenommen werden, dass bei Einzel- und Streifengründungen keine unzulässigen Verdrehungen des Bauwerks auftreten.

4.10 Setzungen (GZ 2)

Definition: *Setzung* ist die lotrechte Verschiebung der Bodenteilchen infolge statischer Spannungszunahme in Richtung der Schwerkraft. (Für Senkungen, Sackungen und Erdfall sind andere Ursachen maßgebend. Deren Berechnung kann nicht nach Abschnitt 4.10.1 bis 4.10.3 erfolgen.)

4.10.1 Gesamtsetzung s

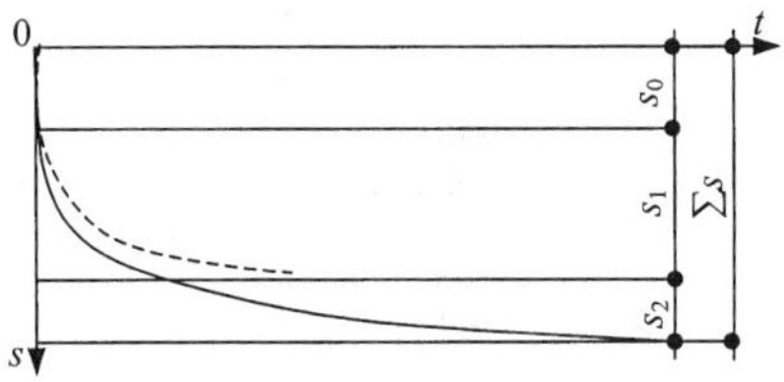

s_0 Sofortsetzung infolge Anfangsschubverformung und/oder Sofortverdichtung
s_1 Konsolidationssetzung (Primärsetzung) infolge Auspressen von Porenwasser und Porenluft
s_2 Kriechen (Sekundärsetzung) infolge plastischen Fließens bei bindigen Böden, wobei dieser Vorgang stark zeitabhängig ist $s_2 = f(t)$
t Zeit
Gesamtsetzung $\Sigma s = s_0 + s_1 + s_2$

4.10.2 Ermittlung der Gesamtsetzung Σs (Zeit $t \to \infty$) infolge lotrechter Belastung

4.10.2.1 Berechnungsmöglichkeiten

- mit Hilfe des Druck-Stauchung-Diagramms aus Laborversuchen oder mit Hilfe lotrechter Spannungen unter Ansatz eines mittleren Zusammendrückungsmoduls E_{sm} bzw. eines spannungsabhängigen Steifemoduls $E_s = f(\sigma)$ (indirekte Berechnung)
- mit Hilfe einer Setzungsformel (direkte Berechnung siehe Abschn. 4.10.2.3).

4.10.2.2 Vorgehen bei der Setzungsberechnung

Im Fall, dass die Setzungen bei der Bemessung des Tragwerks berücksichtigt werden, sind diese aufgrund
a) vorsichtiger geschätzter charakteristischer Mittelwerte
oder
b) als Bemessungswerte der kleinsten und größten zu erwartenden Setzungen zu ermitteln.
Die Berechnung ist abhängig vom Verformungsverhalten (starr/schlaff) des Gründungskörpers (siehe auch Abschnitt 4.2).

4.10.2.3 Berechnung mit Hilfe einer Setzungsformel

Bei gleichmäßig verteilter Belastung auf einer rechteckförmigen schlaffen Fundamentfläche $A = a \cdot b$ mit $a \geq b$ ergeben sich die Setzungen für die Grenztiefe $z = t_s$ (bei starren Fundamenten unter dem kennzeichnenden Punkt k.P.):

$s = \dfrac{\sigma_1 \cdot b \cdot f}{E_{sm}}$ mit $f = f_k$ für den kennzeichnenden Punkt (k.P.); $f = f_1$ für den Eckpunkt nach *Kany*.

z/b	$a/b = 1$		$a/b = 1{,}5$		$a/b = 2{,}0$		$a/b = 3{,}0$		$a/b = 4{,}0$		$a/b = 5{,}0$	
	f_1	f_k	f_1	f_k	f_1	f_k	f_1	f_k	f_1	f_k	f_1	f_k
0,75	0,18	0,42	0,18	0,46	0,18	0,48	0,18	0,51	0,18	0,52	0,18	0,53
1,00	0,23	0,49	0,23	0,54	0,23	0,57	0,24	0,61	0,24	0,63	0,24	0,64
1,25	0,27	0,54	0,28	0,60	0,28	0,64	0,28	0,69	0,28	0,71	0,28	0,73
1,50	0,30	0,58	0,32	0,65	0,32	0,70	0,33	0,75	0,33	0,79	0,33	0,81
1,75	0,33	0,61	0,35	0,69	0,36	0.74	0,37	0,81	0,37	0,85	0,37	0,87
2,00	0,35	0,64	0,38	0,73	0,39	0,78	0,40	0,85	0,40	0,90	0,40	0,93
2,25	0,37	0,66	0,40	0,76	0,42	0,82	0,43	0,89	0,43	0,94	0,44	0,98

4.10.3 Setzungen infolge Kriechens

- Das Kriechen wird i.d.R. bereits im mittleren Steifemodul E_{sm} mit berücksichtigt, sodass die Berechnung nach Abschnitt 4.10.2 erfolgen kann.
- Bei sehr weichen bindigen Böden können Kriechsetzungen noch nach Jahren auftreten.

4.10.4 Grenzwerte für Verformungen

Bei Ausbildung einer Setzungsmulde gilt nach *Skempton*:

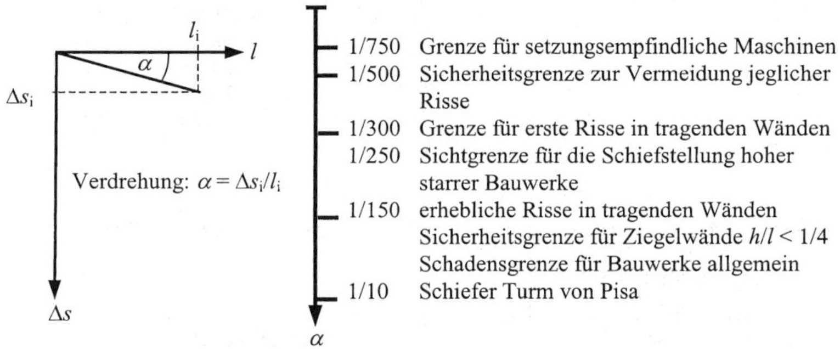

Die angegebenen Werte gelten für Muldenlagerung. Bei Sattellagerung ist die zulässige Setzung zu halbieren.

Die messtechnische Überprüfung (siehe DIN 4107) der rechnerischen Setzungsprognose ist während der Bauausführung besonders dann empfehlenswert, wenn die Differenz zwischen berechneter und zulässiger Setzung im Endzustand relativ gering ist oder erhebliche Schäden durch unzulässige Setzungen zu erwarten sind.

5 Pfahlgründungen

5.1 Pfahlarten

Pfähle übertragen die Belastung über die Pfahlmantelfläche und den Pfahlfuß in den Baugrund. Es wird in axial belastete Druck- oder Zugpfähle und in horizontal belastete Pfähle unterschieden. Für die Nachweise nach DIN 1054 wird unterteilt in Verdrängungspfähle (Verdichtung des umgebenden Bodens beim Einbau), Bohrpfähle und verpresste Mikropfähle.
Nach der Herstellungsart ist die Unterscheidung in Fertig- und Ortpfähle üblich.
Ortbetonpfähle werden durch Ausbetonieren des Bohrlochs hergestellt. Dieses ist durch Verrohrung oder Stützflüssigkeit frei zu halten. Man unterscheidet nach dem Arbeitsverfahren in Bohr-, Ortramm-, Pressrohr- und Rüttelpfähle.
Verbundpfähle sind eine Kombination aus Fertig- und Ortpfahl. Dabei wird die Kraftübertragung zum umgebenden Erdreich durch Verpressen mit Beton oder Zementmörtel erreicht.
Vorschriften:
Normen über die Ausführung spezieller geotechnischer Arbeiten (Spezialtiefbau)

DIN EN 1536 (06.99)	– Bohrpfähle
DIN EN 12 699 (05.01)	– Verdrängungspfähle
E DIN EN 14 199 (08.01)	– Pfähle mit kleinen Durchmessern (Minipfähle)
E DIN EN 12 794 (06.97)	– Vorgefertigte Gründungspfähle aus Beton

5.2 Einwirkungen und Beanspruchungen

Neben den Einwirkungen aus den Gründungslasten sind u.a. folgende grundbauspezifische Einwirkungen zu berücksichtigen:
Seitendruck
Biegebeanspruchung aus Seitendruck ist zu berücksichtigen bei Vertikalpfählen als Folge von horizontalen Bodenbewegungen und bei Schrägpfählen als Folge von Setzungen und Hebungen des Bodens. In weichen, bindigen Böden ist der Seitendruck mit den charakteristischen Bodenkenngrößen für folgende Fälle zu untersuchen, wobei der kleinere Wert maßgebend ist:

- resultierender Erddruck aus der Differenz der Erddrücke, die auf gegenüber liegende Flächen des im Boden eingebetteten Bauteils wirken,
- Fließdruck infolge Vorbeifließens des Bodens bei voll ausgeschöpfter Scherfestigkeit.

Negative Mantelreibung
Schubkräfte auf die Mantelflächen sind als ständige Einwirkungen anzusetzen, wenn sich der Boden relativ zum Pfahl überwiegend vertikal bewegt. Charakteristischer Wert der negativen Mantelreibung ($c_{u,k}$ undrainierte Kohäsion, σ_V effektive Vertikalspannung, φ'_k Reibungswinkel, K_0 Erdruhedruckbeiwert):

$$\tau_{n,k} = c_{u,k} \text{ für bindige Böden} \qquad \tau_{n,k} = \sigma'_V \cdot K_0 \cdot \tan \varphi'_k \text{ für nichtbindige Böden}$$

Die Bemessungswerte der Beanspruchungen, d.h. axial bzw. horizontal auf den Pfahl wirkende Kräfte, sind aus den charakteristischen Einwirkungen zu ermitteln und den Bemessungswerten der Widerstände gegenüberzustellen.

5.3 Pfahlwiderstände

Die nachfolgenden Angaben zur Ermittlung der Pfahlwiderstände gelten für Einzelpfähle. Bei Pfählen in Pfahlgruppen und bei Pfahl-Platten-Gründungen ist teilweise mit abweichendem Widerstands-Setzungs-Verhalten zu rechnen.

5.3.1 Axiale Pfahlwiderstände

Pfahlwiderstand R des in axialer Richtung belasteten Einzelpfahls ist Funktion der Pfahlkopfsetzung s, Anteile: Fußwiderstand $R_b(s)$ (nur bei Druckpfählen) und Mantelwiderstand $R_S(s)$. Die Widerstands-Setzungs(Hebungs)-Linie soll aufgrund statischer Probebelastungen oder von Erfahrungen mit vergleichbaren Verhältnissen ermittelt werden (DIN 1054). Liegen keine Erfahrungen mit vergleichbaren Verhältnissen vor und sind Probebelastungen nicht möglich, darf der charakteristische Pfahlwiderstand aus Erfahrungswerten bestimmt werden. Aus der Arbeitslinie des Einzelpfahls erhält man den Widerstand im GZ1 bei der Setzung s_1. Wird kein Grenzwert des Widerstands festgestellt, gilt: $s_1 = 0{,}1 \cdot D_b$ (D_b Pfahlfußdurchmesser).

5.3.1.1 Bohrpfähle, charakteristische axiale Pfahlwiderstände (Erfahrungswerte)

Zur Ermittlung des axialen Pfahlwiderstands $R_{1,k}(s)$ Widerstands-Setzungs-Linie nach folgendem Ansatz konstruieren: $R_{1,k}(s) = R_{b1,k}(s) + R_{S1,k}(s) = q_{b1,k} \cdot A_b + \sum q_{S1,k,i} \cdot A_{S,i}$

A_b	Pfahlfußfläche	$A_{S,i}$	Pfahlmantelfläche der Schicht i
$q_{b1,k}$	Pfahlspitzenwiderstand	$q_{s1,k,i}$	Pfahlmantelreibung in der Schicht i
$R_{1,k}(s)$	Pfahlwiderstand	$R_{b1,k}(s)$	Pfahlfußwiderstand (base)
$R_{S1,k}(s)$	Pfahlmantelwiderstand (shaft)		

$s_g = 0{,}1 \cdot D_S$ bzw. $s_g = 0{,}1 \cdot D_b$ Grenzsetzung $s_g = s_1$ D_S Pfahlschaftdurchmesser

$s_{sg} = 0{,}5 \cdot R_{S,k}(s) + 0{,}5 \leq 3{,}0$ cm $R_{S,k}$ in MN, bei Zug $s_{sg,zug} = 1{,}3 \cdot s_{sg}$

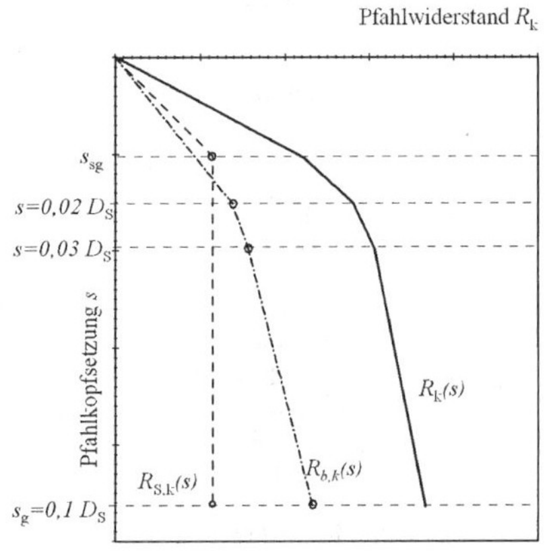

Anforderungen für Ansatz der Tabellenwerte:

- Einbindetiefe der Pfähle in den Baugrund: mindestens 5 m bzw. mit größer dem 5fachen Pfahlschaftdurchmesser D_S
- Einbindetiefe in die tragfähige Schicht $\geq 2{,}5$ m.

Voraussetzungen für Anwendung der Erfahrungswerte des Pfahlspitzenwiderstands:

- Mindestmächtigkeit der tragfähigen Schicht unterhalb Pfahlfuß: dreifacher Pfahlfußdurchmesser bzw. 1,5 m
- Für diesen Bereich ist $q_c \geq 10$ MN/m² bzw. $c_{u,k} \geq 0{,}10$ MN/m² nachzuweisen.

Andernfalls ist der Nachweis gegen Durchstanzen zu führen und es ist zu untersuchen, inwieweit der darunterliegende Boden das Setzungsverhalten beeinflusst.

Pfahlspitzenwiderstand $q_{b,k}$ in MN/m² nach DIN 1054 Tab. B.1, B.2 und B.5

s/D_s oder s/D_b [1]	Nichtbindiger Boden bei q_c [2] in MN/m²				bindiger Boden bei c_u [3] in MN/m²		Fels bei $q_{u,k}$ [4] MN/m²		
	10	15	20	25	0,1	0,2	0,5	5	20
0,02	0,70	1,05	1,40	1,75	0,35	0,90	1,5	5	10
0,03	0,90	1,35	1,80	2,25	0,45	1,10			
0,1 (=s_g)	2,00	3,00	3,50	4,00	0,80	1,50			

Zwischenwerte geradlinig interpolieren. Bohrpfähle mit Fußverbreiterung: Werte auf 75 % abmindern.

Bruchwert der Pfahlmantelreibung $q_{s,k}$ in MN/m² nach DIN 1054 Tab. B.3 bis B.5

Nichtbindiger Boden bei q_c [2] in MN/m²				bindiger Boden bei c_u [3] in MN/m²			Fels bei $q_{u,k}$ [4] MN/m²		
0	5	10	15	0,025	0,1	0,2	0,5	5	20
0,00	0,04	0,08	0,12	0,025	0,04	0,06	0,08	0,5	0,5

[1] Bezogene Pfahlkopfsetzung: s Pfahlkopfsetzung, D_s Pfahlschaftdurchmesser, D_b Pfahlfußdurchmesser.

[2] Spitzenwiderstand Drucksonde DIN 4094 (Spitzenquerschnittsfläche 10 cm²).

[3] Undrainierte Kohäsion des Bodens.

[4] Einaxiale Druckfestigkeit nach Empfehlungen des AK Versuchstechnik im Fels der DGGT.

Sind Verformungen der Pfahlgründung für das Gesamttragwerk von Bedeutung, ist unter Vorgabe charakteristischer aufnehmbarer Setzungen $s_{2,k}$ der Nachweis des GZ2 unter Benutzung der Pfahlwiderstands-Setzungs-Linien zu führen (siehe DIN 1054).
Es ist der Nachweis $E_{2,d} = E_{2,k} \leq R_{2,d} = R_{2,k}$ zu erbringen (siehe Abschnitt 1).

5.3.1.2 Gerammte Verdrängungspfähle, charakteristische axiale Pfahlwiderstände (Erfahrungswerte)

Erfahrungswerte für die Berechnung der axialen Tragfähigkeit von Verdrängungspfählen sind für den GZ 1B nur für nichtbindige Böden und Fertigteilpfähle aus Stahlbeton oder Spannbeton angegeben. Andernfalls ist der Nachweis für den Grenzzustand GZ 2 mit den entsprechenden Erfahrungswerten für Pfahlmantelreibung und Pfahlspitzenwiderstand zu führen.
Charakteristische Pfahlwiderstände für den Grenzzustand GZ 1B dürfen wie folgt ermittelt werden:

$$R_{1,k} = R_{b1,k} + R_{S1,k} = q_{b1,k} \cdot A_b + \sum q_{S1,k,i} \cdot A_{S,i}$$

Die Anwendung der Erfahrungswerte für den GZ 1B ist auf Fertigverdrängungspfähle aus Stahlbeton oder Spannbeton mit Durchmessern D_S = 0,2 bis 0,5 m beschränkt. Folgende Anforderungen an die Bodenschicht sind nachzuweisen:

- Der Baugrund besteht aus nichtbindigen Böden.
- Die Mächtigkeit der tragfähigen Schicht unterhalb der Pfahlfußfläche entspricht mindestens dem 3fachen des Pfahlfußdurchmessers und ist größer als 1,5 m.
- Der Spitzenwiderstand der Drucksonde ist in diesem Bereich $q_c \geq 7{,}5$ MN/m².

Charakteristischer Pfahlspitzenwiderstand $q_{b1,k}$ und charakteristische Pfahlmantelreibung $q_{s1,k}$ von Fertigteilpfählen aus Stahl- oder Spannbeton in nichtbindigem Boden für den Grenzzustand GZ1B nach Tabelle C.1 und C.2 der DIN 1054

Bruchwert der Pfahlmantelreibung $q_{s1,k}$ bei mittlerem Spitzenwiderstand der Drucksonde q_c in MN/m²				Pfahlspitzenwiderstand $q_{b1,k}$ bei mittlerem Spitzenwiderstand der Drucksonde q_c in MN/m²		
2,5	7,5	15	≥ 25	7,5	15	≥ 25
0,023	0,07	0,130	0,170	2,0	5,0	12,0
Zwischenwerte dürfen geradlinig interpoliert werden.						

Für gerammte Fertigteilverdrängungspfähle aus Stahl- oder Spannbeton kann ein gesonderter Nachweis der Pfahltragfähigkeit im GZ 2 entfallen. Die zu erwartenden Setzungen liegen i.d.R. unter 1,5 cm.
Für die Anwendung der Erfahrungswerte zum Nachweis des Grenzzustandes GZ 2 sind folgende Anforderungen an den Boden nachzuweisen:

- ausreichend tragfähiger nichtbindiger Boden, Spitzenwiderstand der Drucksonde von $q_c \geq 10$ MN/m²,
- annähernd halbfester bindiger Boden mit $I_C \approx 1{,}0$ bzw. $c_u \geq 150$ kN/m².

Die Pfahlwiderstände für den GZ2 dürfen um 25 % erhöht werden, wenn

- nichtbindiger Boden mit $q_c \geq 15$ MN/m²,
- halbfester bindiger Boden mit $I_C \geq 1{,}0$ bzw. $c_u \geq 200$ kN/m² ansteht.

Charakteristische Pfahlwiderstände $R_{2,k}$ in kN von gerammten Verdrängungspfählen für den Grenzzustand GZ2 nach Tabelle C.3 und C.4 DIN 1054

Einbindetiefe in den tragfähigen Boden	Holz Pfahlfußdurchmesser D_b in cm					Stahl- und Spannbeton Seitenlänge a_S in cm				
in m	15	20	25	30	35	20	25	30	35	40
3,0	100	150	200	300	400	200	250	350	450	550
4,0	150	200	300	400	500	250	350	450	600	700
5,0	-	300	400	500	600	-	400	550	700	850
6,0	-	-	-	-	-	-	-	650	800	1000

Charakteristische Pfahlwiderstände $R_{2,k}$ in kN von gerammten Verdrängungspfählen aus Stahl für den Grenzzustand GZ2 nach Tabelle C.5 in DIN 1054					
Einbindetiefe in den tragfähigen Boden in m	Stahlträgerprofile [1)] Breite oder Höhe in cm		Stahlrohr-[2)] und Stahlkastenprofile[3)] D bzw. a in cm		
	30	35	35 bzw. 30	40 bzw. 35	45 bzw. 40
3,0	-	-	350	450	550
4,0	-	-	450	600	700
5,0	450	550	550	700	850
6,0	550	650	650	800	1000
7,0	600	750	700	900	1100
8,0	700	850	800	1000	1200

Zwischenwerte geradlinig interpolieren.

[1)] Breite I-Träger mit Breite : Höhe ca. 1:1, z.B. HEB-Profile.

[2)] Werte für Pfähle mit geschlossener Spitze. Für offene Pfähle 90 % des Tabellenwerts ansetzen, wenn fester Bodenpfropfen innerhalb des Pfahls mit Sicherheit vorhanden.

[3)] D äußerer Durchmesser des Stahlrohrpfahls oder mittlerer Durchmesser eines zusammengesetzten, radialsymmetrischen Pfahls, a_S mittlere Seitenlänge von annähernd quadratischen oder flächeninhaltsgleichen rechteckigen Kastenpfählen.

5.3.1.3 Verpresste Mikropfähle (Erfahrungswerte)

Wenn keine Probebelastungen an verpressten Mikropfählen ($D_S \leq 0{,}3$ m) ausgeführt werden können, darf im Ausnahmefall der charakteristische, axiale Pfahlwiderstand im GZ 1B wie folgt berechnet werden: $R_{1,k} = \sum q_{S1,k,i} \cdot A_{S,i}$

$A_{S,i}$ Nennwert der Pfahlmantelfläche der Schicht i

$q_{s1,k,i}$ Pfahlmantelreibung in der Schicht i

Charakteristische Werte der Pfahlmantelreibung $q_{s1,k}$ bei verpressten Mikropfählen nach Tabelle D.1 der DIN 1054	
Bodenart	$q_{s1,k}$ in MN/m²
Mittel- und Grobkies[4)]	0,20
Sand und Kiessand[4)]	0,15
Bindiger Boden[5)]	0,10

[4)] Lagerungsdichte (DIN 18 126) $D \geq 0{,}4$ bzw. Spitzenwiderstand der Drucksonde $q_c \geq 10 \text{MN/m}^2$

[5)] Konsistenzzahl (DIN 18 122-1) $I_C \geq 1{,}0$ bzw.
Scherfestigkeit im undrainierten Zustand $c_u \geq 150$ kN/m².

5.3.2 Pfahlwiderstände quer zur Pfahlachse

Ermittlung des charakteristischen Querwiderstands eines Einzelpfahls, zahlenmäßig durch den Bettungsmodul k_S beschrieben, aufgrund von Probebelastungen oder Erfahrungen mit vergleichbaren Probebelastungen. Ansatz des Querwiderstands bei Pfählen mit Schaftdurchmesser $D_S \geq 0{,}3$ m bzw. Kantenlänge $a_S \geq 0{,}3$ m zulässig.

Für Ermittlung der Schnittgrößen gilt für die Bettungsmoduln der Schichten: $k_{S,k} = \dfrac{E_{S,k}}{D_S}$

$k_{S,k}$ Bettungsmodul (charakteristischer Wert), $E_{S,k}$ Steifemodul (charakteristischer Wert),
D_S Pfahldurchmesser, bei D_S>1,0 m ist D_S=1,0 m anzusetzen.

Anwendung dieser Beziehung für Horizontalverschiebungen ≤ 2,0 cm oder $0{,}03 \cdot D_S$ (kleinerer Wert maßgebend). Größe und Verteilung von $k_{S,k}$ längs des Pfahls aus Probebelastung, wenn keine Erfahrungen vorliegen und Verformungen der Pfahlgründung für Tragverhalten des Bauwerks von Bedeutung sind.

6 Stützkonstruktionen

6.1 Stützmauern

6.1.1 Allgemeines

Grundprinzipien für die Ausbildung der Entwässerung

- In die Hinterfüllung sollte so wenig Wasser wie möglich eindringen (u.a. anströmendes Schichtenwasser durch schräg zum Mauerfuß verlegte Drainagen bzw. Niederschlagswasser an der Geländeoberfläche sammeln und abführen)
- Stauendes Wasser an der Rückseite von Gewichts- und Winkelstützmauern ist durch sorgfältige Ausbildung der Drainage zu vermeiden, da dadurch eine zusätzliche Belastung der Mauer infolge Wasserdruck auftritt.

6.1.2 Gewichtsmauern

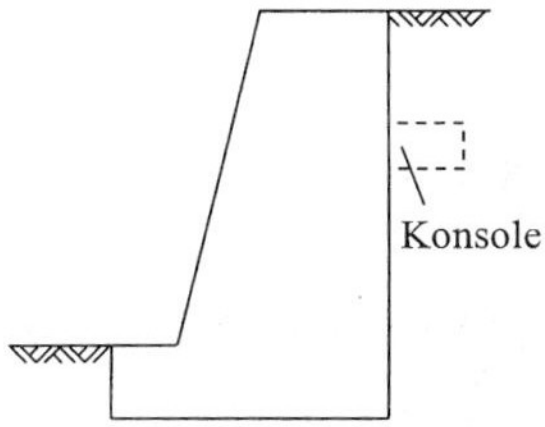

Belastung:

- Nichtverankerte Gewichtsmauern auf nachgiebigem Baugrund werden i.d.R. durch den aktiven Erddruck belastet (siehe Abschn. 3).
- Bei lagenweisem Einbau mit Verdichtung ist zusätzlich ein Verdichtungserddruck zu berücksichtigen.
- erdstatische Nachweise:
  Nachweis der Tragfähigkeit und Gebrauchstauglichkeit wie bei Flachgründungen nach Abschn. 4.

6.1.3 Winkelstützmauern

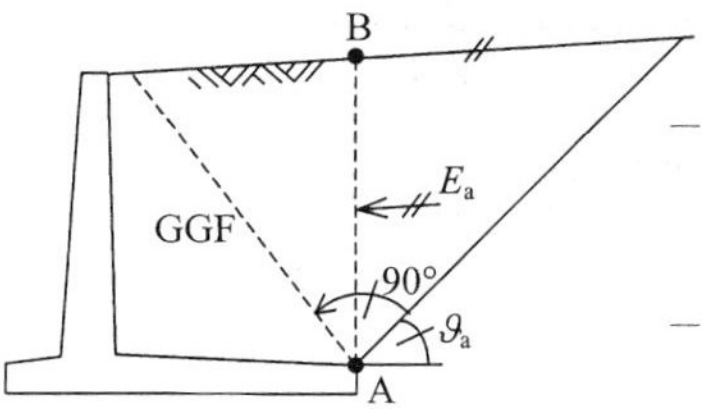

Belastung:

- Bei Winkelstützmauern sind nach DIN 4085 für den Standsicherheitsnachweis und die Bemessung der Mauer unterschiedliche Erddruckansätze maßgebend.
- Für den Nachweis der Standsicherheit kann bei Austritt der Gegengleitfläche GGF an der Geländeoberfläche ersatzweise der oberflächen-parallele Ansatz des aktiven Erddrucks E_a in der lotrechten Ebene AB erfolgen.
- erdstatische Nachweise:
  Nachweis der Tragfähigkeit und Gebrauchstauglichkeit wie bei Flachgründungen nach Abschn. 4.

6.1.4 Stützmauern nach dem Verbundprinzip

sind unter anderen:

- bewehrte Erde (i.d.R. flächenhafte Bewehrung mit Geotextilien)
- Bodenvernagelung
- Raumgitterstützwände (i.d.R. aus Stahlbetonfertigteilen)

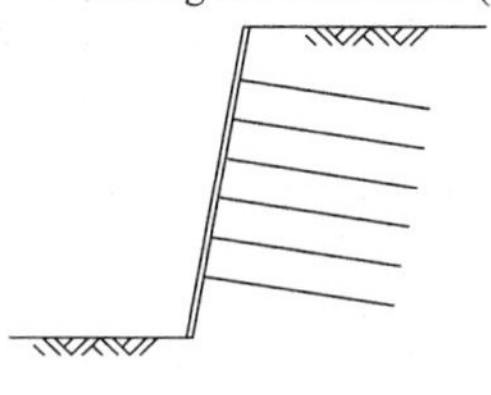

Bodenvernagelung

Nachweis der Tragfähigkeit:

- Nachweis der äußeren Standsicherheit wie bei Gewichtsmauern
- Nachweis der inneren Standsicherheit für den Verbundkörper durch Überprüfung möglicher Bruchmechanismen innerhalb des Verbundkörpers und Nachweis gegen Versagen von Bauteilen.

6.2 Stützwände

6.2.1 Übersicht zu den Nachweisen

Für Stützwände sind folgende Nachweise immer zu führen:
- Versagen des Erdwiderlagers bzw. Nachweis ausreichender Einbindetiefe (GZ 1B) nach Abschn. 6.2.2
- Versinken von Bauteilen (GZ 1B) nach Abschn. 6.2.3
- Versagen des Materials (GZ 1B) nach Abschn. 6.2.5.

Zusätzlich sind bei verankerten Stützwänden folgende Nachweise erforderlich:
- Aufbruch des Verankerungsbodens (GZ 1B) bei Ankerplatten und -wänden
- Versagen in der tiefen Gleitfuge (GZ 1B)
- Geländebruchsicherheit (GZ 1C) nach Abschn. 7 – dieser Nachweis ist nur erforderlich, wenn besondere Gegebenheiten, z.B. Vorhandensein eines Bodens mit geringer Tragfähigkeit unterhalb des Wandfußes, die Ausbildung eines Geländebruchs fördern.

Bei Vorhandensein von Grundwasser können eventuell folgende Nachweise erforderlich sein:
- Sicherheit gegen hydraulischen Grundbruch (GZ 1A)
- Auftriebssicherheit (GZ 1A) siehe auch Abschn. 4.7.

Zum Nachweis der Gebrauchstauglichkeit siehe Abschn. 6.2.4.

6.2.2 Nachweis gegen Versagen des Erdwiderlagers (GZ 1B)

6.2.2.1 Allgemeines

Stützwände können zur Einschränkung von Verformungen oberhalb des Einbindebereichs durch Steifen oder rückwärtige Verankerungen abgestützt werden. Die eingeschränkte Verformungsmöglichkeit der Wand bei Abstützungen muss beim Erddruckansatz berücksichtigt werden (siehe Abschn. 3). Hinsichtlich der Auflagerung am Wandfuß unterscheidet man zwischen den zwei Grenzfällen „freie Auflagerung" und „Einspannung". Die Annahme eines frei aufgelagerten Wandfußes ergibt die geringstmögliche Einbindetiefe t, die zur Gewährleistung der Standsicherheit notwendig ist. Eine angenommene Einspannung der Wand erfordert die Einbindetiefe t, bei deren Überschreitung sich das Tragverhalten der Wand hinsichtlich der Horizontalbelastung nicht mehr ändert. Die Annahme einer freien Auflagerung führt zu größeren Eigenverformungen der Stützwand.

Für den Tragfähigkeitsnachweis gegen Versagen des Erdwiderlagers bzw. Vorhandensein einer ausreichenden Einbindetiefe hat sich das Verfahren nach *Blum* bewährt. Zur Berechnung von Stützwänden im Gebrauchszustand z.B. der Ermittlung von Verformungen kommen andere Verfahren zum Einsatz, z.B. das Bettungszahlverfahren.

6.2.2.2 Nachweis ausreichender Einbindetiefe

$$\text{Nachweis: } H_d \leq E_{ph,d} \quad \text{mit } E_{ph,d} = \eta \cdot E_{ph,k} / \gamma_{Ep}$$

H_d Bemessungswert der Horizontalkomponente der Beanspruchung aus der Auflagerkraft
$E_{ph,d}$ Bemessungswert der Horizontalkomponente der stützenden Erddruckkraft
$E_{ph,k}$ charakteristischer Wert der Horizontalkomponente des stützenden Erddrucks (Abschn. 3)
γ_{Ep} Sicherheitsbeiwert nach Abschn. 1
η Anpassungsfaktor, der zur Begrenzung der Verformungen (z.B. bei weichen bindigen Böden) im Auflagerbereich mit $\eta < 1$ dienen kann

Der Nachweis gilt bei Anwendung des Blumschen Verfahrens als erfüllt ($H_d = E_{ph,d}$), wenn die erforderliche Sicherheit γ_{Ep} und der Anpassungsfaktors η beim Ansatz des stützenden Erddrucks berücksichtigt werden.

6.2.3 Nachweis gegen Versinken von Bauteilen (GZ 1B)

Es ist nachzuweisen, dass Bauteile nicht infolge zu großer wandparalleler Beanspruchung in den Boden versinken.

Nachweis: $V_d \le R_d$

V_d Bemessungswert der lotrechten Beanspruchungen am Wandfuß

R_d Bemessungswert des Widerstands in axialer Richtung der Wand

6.2.4 Nachweis der Gebrauchstauglichkeit

Aufgrund von Erfahrungen kann in der Regel für den Lastfall 1 auf einen gesonderten Nachweis der Gebrauchstauglichkeit verzichtet werden, wenn

- die geforderten Nachweise für den GZ 1B und GZ 1C erfüllt sind
- mindestens steife bindige bzw. mitteldicht gelagerte nichtbindige Böden anstehen
- keine Gefährdung benachbarter Bauwerke, Leitungen oder anderer baulicher Anlagen infolge zu großer Verschiebung der Stützwand vorliegt
- kein höherer Erddruck als der aktive Erddruck zum Ansatz kommt.

Falls erforderlich, ist der Nachweis der Gebrauchstauglichkeit mit den charakteristischen Werten der Einwirkungen zu führen. Bei ausgeprägter Wechselwirkung des Stützbauwerks mit dem Baugrund oder falls sehr große Verformungen zu erwarten sind, sollte ein Beobachtungsverfahren angewandt werden.

6.2.5 Bemessung des Wandquerschnitts

Die Sicherheit gegen Materialversagen des Stützbauwerks ist nachzuweisen.

Nachweis: $E_d \le R_{M,d}$

E_d der Bemessungswert der Beanspruchungen z.B. aus Auflagerkräften, Eigengewicht der Wand, Erd- und Wasserdruck als Schnittgröße bzw. Spannung im jeweils untersuchten Querschnittsbereich unter Berücksichtigung der Sicherheitsfaktoren nach Abschn. 1

$R_{M,d}$ Bauteilwiderstände unter Ansatz der Sicherheitsfaktoren der jeweiligen Bauartnormen

6.2.6 Spundwände und Kanaldielen

Zur Ausführung von Spundwandkonstruktionen (u.a. Lagerung, Einbringen, Schweißen, Abdichtung, Korrosionsschutz, Lärmschutz, Bauüberwachung) siehe DIN EN 12 063.

Profiltypen für Spundwände und Kanaldielen:

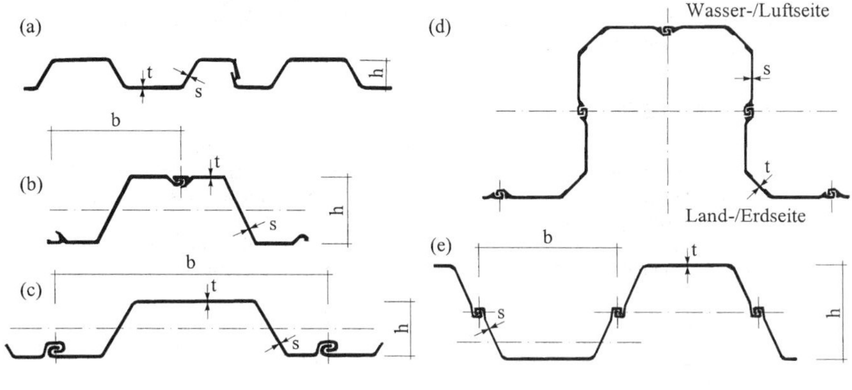

Hersteller der Profile:

KL, DWU, KD, PU, L, JSP, AZ, BZ : ARBED - Spundwände (Vertrieb durch KRUPP)

LARSSEN, HOESCH, HKD, HL: HOESCH - Spundwände (KRUPP HOESCH Stahl AG)

7 Standsicherheit von Böschungen und Geländesprüngen

7.1 Allgemeine Forderungen

Ein Böschung- bzw. Geländebruch tritt ein, wenn ein Erd- bzw. Felskörper an einer Böschung, einem Hang oder an einem Geländesprung, gegebenenfalls einschließlich des Stützbauwerks, infolge des Ausschöpfens des Scherwiderstands im Boden bzw. im Fels und eventuell vorhandener Bauwerke abrutscht.

Für den Nachweis der Standsicherheit sind folgende Unterlagen erforderlich:

- Angaben über die allgemeine Gestaltung und die Maße des Geländesprungs und eventueller Stützkonstruktionen, die maßgebenden Wasserstände und Grundwasserverhältnisse sowie die Art und Größe der Belastungen, die zur Berechnung für die verschiedenen Lastfälle notwendig sind.
- Für im Boden (Lockergestein) verlaufende Prüfgleitflächen sind erforderlich:
  - die Wichten der einzelnen Schichten
  - die Scherparameter der im Bereich der Gleitfläche anstehenden Bodenarten
  - Bei bindigen Böden sind die Scherparameter für den konsolidierten Zustand (Endstandsicherheit) und gegebenenfalls für den nichtkonsolidierten Zustand (Anfangsstandsicherheit) zu ermitteln. Hierzu gehören gegebenenfalls Angaben über den Porenwasserdruck in bindigen Böden, die unter Eigenlast und Belastung konsolidieren. Bei bindigen Böden ist unter Umständen (z.B. bei Rutsch- und Kriechhängen) auch die Restscherfestigkeit zu bestimmen.
- Für im Fels verlaufende Prüfgleitflächen sind erforderlich:
  - geologische Beschreibung des Gesteins
  - Beschreibung der Trennflächen (Einzelklüfte, Kluftscharen, Kluftabstand, Öffnungsweite, Kluftfüllung, Rauigkeit, Verzahnung u.a.)
  - räumliche Stellung der Trennflächen
  - Wichte des Gleitkörpers
  - Scherparameter sowie die Durchtrennungsgrade der maßgebenden Gleitflächen.
- Bei der Ermittlung der Standsicherheit von Rutsch- und Kriechhängen ist es erforderlich, den Verlauf der Gleitfläche bzw. die Begrenzung des Gleit- bzw. Kriechkörpers festzustellen; dafür kommen u.a. Feststellungen an der Geländeoberfläche, Aufschlüsse, Sondierungen, Inklinometer- und Extensometermessungen in Betracht.

Der Boden/Fels in einer Böschung muss gegen Erosion sowie Einwirkungen der Witterung gesichert sein. Freie Oberflächen von Böschungen sind rechtzeitig durch ingenieurbiologische (Begrünung u.a.) oder konstruktive Maßnahmen gegen Erosion durch Oberflächenwasser und Verlust der Kohäsion/Kapillarkohäsion zu schützen.

7.2 Berechnung der Standsicherheit

Allen Nachweisen der Standsicherheit gegen Geländebruch ist der Grenzzustand GZ 1C nach DIN 1054 (01.05) zugrunde zu legen. Die charakteristischen Werte der Scherfestigkeit sind dabei mit dem entsprechenden Teilsicherheitsbeiwert für Widerstände (siehe Abschnitt 1) in Bemessungswerte der Scherfestigkeit umzurechnen.

Bei der Berechnung der Standsicherheit nach E DIN 4084 (10.05) wird eine ausreichende Sicherheit gegen Versagen eingehalten, wenn die Bedingung für den Grenzzustand der Tragfähigkeit

$$E \leq R \quad \text{bzw.} \quad E_M \leq R_M$$

oder

$$\frac{E}{R} = \mu \leq 1 \quad \text{bzw.} \quad \frac{E_M}{R_M} = \mu \leq 1$$

erfüllt ist. (Alle Größen bezeichnen dabei Bemessungswerte.)

E Resultierende der Einwirkungen
R Resultierende der Widerstände
E_M Resultierendes Moment um den Gleitkreismittelpunkt aus Einwirkungen
R_M Resultierendes Moment um den Gleitkreismittelpunkt aus Widerständen

Zur Berechnung der Geländebruchsicherheit mit den nachfolgend aufgeführten verschiedenen Verfahren werden versuchsweise mehrere Gleitflächen (Prüfgleitflächen) durch den Boden gelegt und für jede einzelne die Standsicherheit gesondert ermittelt. Die Gleitfläche, der Gleitkörper bzw. der Bruchmechanismus, bei dem sich der größte Ausnutzungsgrad μ ergibt, ist der für den Nachweis maßgebende Mechanismus.

7.3 Hilfsmittel für die Festlegung der Böschungsneigung

a) Standsicherheit für den Sonderfall einer geraden, unbelasteten, nicht durchströmter Böschung mit dem Böschungswinkel β in nichtbindigen Böden:

$$\beta \leq \varphi \qquad \text{bzw.} \qquad \frac{\tan \beta}{\tan \varphi} = \mu \leq 1$$

Beispiel:

Gesucht: Zulässiger Böschungswinkel β für Lastfall 2 (LF 2)

Gegeben: Charakteristische Werte: $\varphi_k' = 35°$, $c_k' = 0$

Lösung: Teilsicherheitsbeiwert $\gamma_\varphi = 1{,}15$ (s. Abschnitt 1)
$\varphi = \varphi_d' = \arctan(\tan 35°/1{,}15) = 31{,}3° \approx 31° \Rightarrow \beta \leq 31°$

b) Standsicherheitsdiagramm für Regelböschungen nach *Gußmann*[1)]

Das dargestellte Standsicherheitsdiagramm beruht auf Berechnungen mit der Kinematischen-Elemente-Methode (KEM) mit 5 Elementen, deren Geometrie vollständig variiert wurde.

Voraussetzungen für die Anwendung:

- homogener Boden im Einflussbereich
- kein Wasser im Einflussbereich
- keine Auflasten auf der Geländeoberfläche.

Beispiel für die Anwendung des Standsicherheitsdiagramms:

Gesucht: Standsicherheit gegen Böschungsbruch für Lastfall 2 (LF 2)

Gegeben: Charakteristische Werte: $\varphi_k' = 25°$, $c_k' = 10$ kN/m², $\gamma_k = 20$ kN/m³
geplante Böschungshöhe: $H = 5{,}0$ m; geplante Böschungsneigung: $\beta = 60°$

Lösung: Einwirkungen: Teilsicherheitsbeiwert $\gamma_G = 1{,}00$ (s. Abschnitt 1)
$\gamma = \gamma_d = \gamma_k \cdot \gamma_G = 20 \text{ kN/m}^3 \cdot 1{,}00 = 20 \text{ kN/m}^3$

[1)] Grundbautaschenbuch, Teil 1.

Widerstände: Teilsicherheitsbeiwerte $\gamma_\varphi = 1{,}15$ und $\gamma_c = 1{,}15$ (s. Abschnitt 1)

$\varphi = \varphi'_d = \arctan(\tan 25°/1{,}15) = 22{,}1° \approx 22°$,

$c = c'_d = 10\ \text{kN/m}^2/1{,}15 = 8{,}7\ \text{kN/m}^2 \approx 8\ \text{kN/m}^2$

Mit $1/\lambda = \dfrac{c}{H \cdot \gamma \cdot \tan\varphi} = \dfrac{8}{5 \cdot 20 \cdot \tan 22°} = 0{,}198 \approx 0{,}20$ und $\beta = 60°$

ergibt sich aus dem Diagramm : $1/N = \dfrac{c}{H \cdot \gamma \cdot F} \approx 0{,}083$

Nachweis der Standsicherheit: $\mu = \dfrac{1}{F} = \dfrac{(1/N) \cdot H \cdot \gamma}{c} = \dfrac{0{,}083 \cdot 5 \cdot 20}{8} = 1{,}04 > 1{,}0$

⇒ **Nachweis nicht erfüllt!**

⇒ Zur Erfüllung des Nachweises sind die Böschungsneigung bzw. die Böschungshöhe entsprechend zu verringern oder weitergehende konstruktive Maßnahmen vorzusehen.

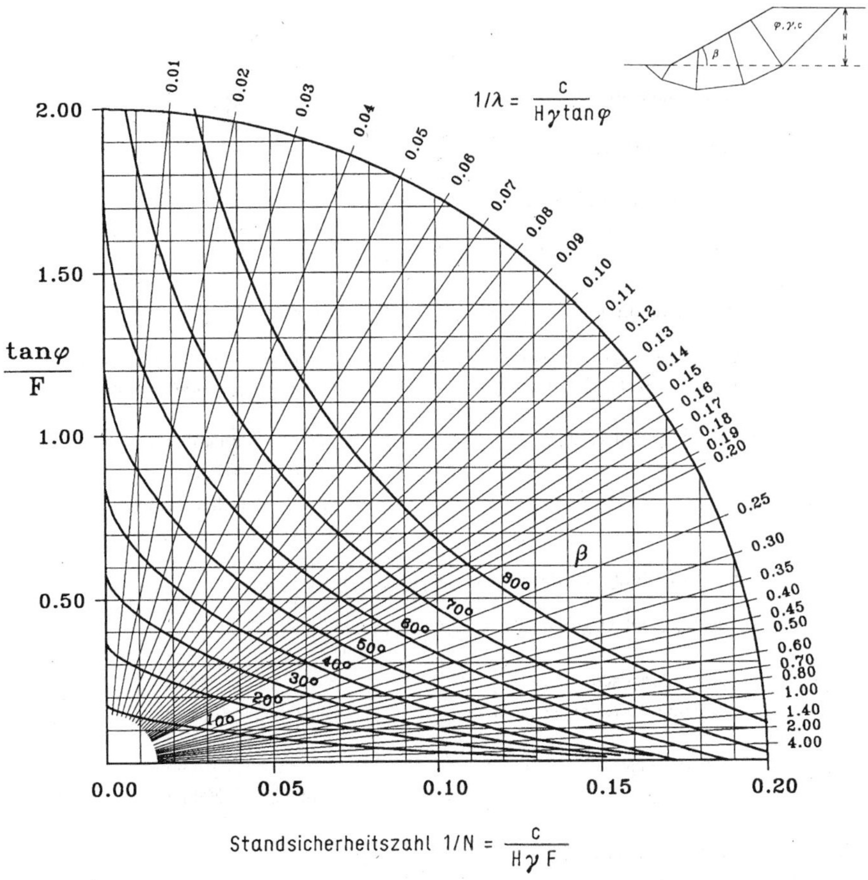

8 Baugrube, Verankerung und Wasserhaltung

8.1 Allgemeines

Die Größe der Baugrube ergibt sich im Wesentlichen aus der erforderlichen Gründungstiefe und dem angestrebten Bauwerksgrundriss, zuzüglich den erforderlichen Arbeitsraumbreiten und den Abmessungen des Baugrubenverbaus oder -böschung.

- Angaben zu den Ansätzen von Nutzlasten (Straßen- und Schienenverkehr, Baustellenverkehr und -betrieb), des Erddrucks, des Wasserdrucks und der Bemessung können den „Empfehlungen des Arbeitskreises Baugruben (EAB)" entnommen werden. Weiterhin ist DIN 4124 und ggf. die ZTV-ING bzw. die ZTV-W zu beachten.
- Für die Ermittlung der Baugrundverhältnisse und der notwendigen Bodenkennwerte ist der Abschnitt 2 zu beachten.
- Bei Bauwerken im Einflussbereich von Baugruben sind weiterhin DIN 4123 und DIN 1055 zu beachten.
- Bei verankerten Baugrubenwänden ist neben dem Nachweis der Standsicherheit in der tiefen Gleitfuge auch der Nachweis der Geländebruchsicherheit zu erbringen (EAB). Der Nachweis der Geländebruchsicherheit kann analog dem Nachweis der Böschungsbruchsicherheit (mit eingeschlossener Stützkonstruktion) nach E DIN 4084 bzw. Abschnitt 7 erfolgen.
- Bei Baugruben mit umströmtem Wandfuß (Wasserspiegeldifferenz zwischen außerhalb und innerhalb der Baugrube) ist neben dem Einfluss des Strömungsdrucks auf die Baugrubenkonstruktion auch der Nachweis gegen Aufbruch der Baugrubensohle (hydraulischer Grundbruch) zu führen (siehe EAB).
- Bei Baugruben mit einer Dichtungssohle (Injektionssohle bzw. Unterwasserbetonsohle) stellt sich ein hydrostatischer Wasserdruck ein. In diesem Fall ist der Nachweis der Auftriebssicherheit der Sohle und der Baugrubenkonstruktion zu führen (siehe EAB).

Arbeitsräume, die betreten werden, müssen in Baugruben mind. 0,50 m breit sein. Die für die Abrechnung im Einzelfall maßgebende Arbeitsraumbreite b_A ergibt sich aus der folgenden Abbildung. Werden Fundamente und Sohlplatten gegen Erde betoniert (linke Seite der Abb. Auf S. 8.54), so darf der Gründungskörper nicht in die Verlängerung der Böschungsfläche einschneiden. Für Leitungsgräben kann die erforderliche lichte Breite b den folgenden Tafeln entnommen werden.

Arbeitsraumbreiten für Baugruben nach DIN 4124

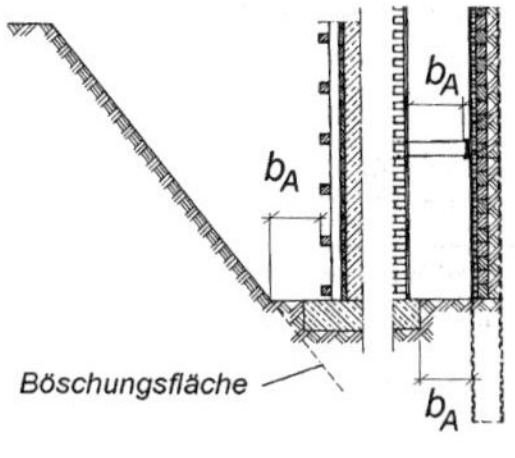

Lichte Breiten für Gräben mit betretbarem Arbeitsraum nach DIN 4124

Art des Grabens, Böschungswinkel	Äußerer Rohrschaftdurchmesser d in m	Lichte Grabenbreite b in m[1]
Böschungswinkel an der Sohle		
$\beta \leq 90°$	$d \leq 0{,}40$	$b = d + 0{,}40$
$\beta \leq 60°$	$d > 0{,}40$	$b = d + 0{,}40$
$\beta > 60°$	$d > 0{,}40$	$b = d + 0{,}70$
verbauter Graben	$d \leq 0{,}40$	$b = d + 0{,}40$[2]
	$0{,}40 < d \leq 0{,}80$	$b = d + 0{,}70$
	$0{,}80 < d \leq 1{,}40$	$b = d + 0{,}80$
	$d > 1{,}40$	$b = d + 1{,}00$
Mindestbreite bei Grabentiefe[3]		
$\leq 1{,}75$ m	für	$b = 0{,}70$
$\leq 4{,}00$ m	alle	$b = 0{,}80$
$> 4{,}00$ m	Durchmesser	$b = 1{,}00$

[1] Bei geböschten Gräben = Sohlbreite; bei waagerechtem Verbau = lichter Abstand der Bohlen bzw. der Brusthölzer, wenn $l_1 < 1{,}50$ m; bei senkrechtem Verbau = lichter Abstand der Bohlen bzw. der waagerechten Gurtungen, wenn deren Unterkante bei $d \geq 0{,}60$ m weniger als 1,75 m über der Grabensohle bzw. bei $d \geq 0{,}30$ m weniger als 0,50 m über OK Rohr liegt.

[2] Sind planmäßige Umsteifungen für das Herablassen von langen Rohren erforderlich, dann gilt $b = d + 0{,}70$.

[3] Gilt nur für Gräben mit senkrechten Wänden; bei Gräben nach Abb. 8.56 (a und c) genügt $b = 0{,}60$ m.

Tafel 8.55a Lichte Breiten für Gräben bis 1,25 m Tiefe ohne betretbaren Arbeitsraum nach DIN 4124

Regelverlegetiefe t in m	$t \leq 0{,}70$	$0{,}70 < t \leq 0{,}90$	$0{,}90 < t \leq 1{,}00$	$1{,}00 < t \leq 1{,}25$
Lichte Grabenbreite b in m	0,30	0,40	0,50	0,60

8.2 Nichtverbaute Baugruben und Gräben

Nichtverbaute Baugruben und Gräben mit einer Tiefe von mehr als 1,25 m (s. Tafel 8.55c und Abb. 8.56) müssen mit abgeböschten Wänden hergestellt werden. Die zulässige Böschungsneigung richtet sich nach den bodenmechanischen Eigenschaften des Bodens unter Berücksichtigung der Zeit, während der sie offen zu halten sind, und nach den äußeren Einflüssen, die auf die Böschung wirken. Die maximalen Böschungswinkel können für einfache Fälle ohne rechnerischen Nachweis nach folgender Tafel angenommen werden (DIN 4124):

Tafel 8.55b Maximale Böschungswinkel für einfache Fälle

lfd. Nr.	Bodenart	Böschungswinkel β in °
1	nichtbindiger Boden, weicher bindiger Boden	≤ 45
2	steifer oder halbfester bindiger Boden	≤ 60
3	Fels	≤ 80

Geringere Böschungswinkel sind vorzusehen, wenn besondere Einflüsse wie

- Störungen des Bodengefüges (Klüfte oder Verwerfungen)
- zur Einschnittsohle hin einfallende Schichtung oder Schieferung
- Grundwasserhaltung durch offene Wasserhaltung
- Zufluss von Schichtenwasser
- nicht entwässerte Fließsandböden
- starke Erschütterungen aus Verkehr, Rammarbeiten oder Sprengungen

vorliegen.

Die Sicherheit gegen Böschungsbruch ist rechnerisch nachzuweisen, wenn

- die Böschung mehr als 5m hoch ist oder die in Tafel 8.55b unter 1 und 2 genannten Böschungswinkel überschritten werden sollen, wobei mehr als 80° nicht zulässig sind
- einer der oben genannten besonderen Einflüsse vorliegt
- vorhandene Leitungen oder andere bauliche Anlagen gefährdet werden können
- unmittelbar neben dem Schutzstreifen von 0,60 m Breite Auflasten von mehr als 10 kN/m^2 zu erwarten sind.

Tafel 8.55c Nicht- und teilverbaute Gräben und Baugruben bis 1,75 m Tiefe

Grabentiefe h in m	
<1,25	**alle Bodenarten:** Lotrechte Abschachtung ist zulässig, sofern die Neigung der Geländeoberfläche bei nichtbindigen Böden < 1:10 ($\beta < 5{,}7°$) und bei bindigen Böden < 1:2 ($\beta < 26{,}5°$) ist.
1,25 bis 1,75	**bindiger Boden (ab steifer Konsistenz) und Fels:** Ausbildung nach Abb. 8.56 **nichtbindiger Boden:** Böschung oder kompletter Verbau
>1,75	**alle Bodenarten:** Böschung oder kompletter Verbau

Im Bereich benachbarter baulicher Anlagen sind die Forderungen der DIN 4123 zu beachten.

Bermen sind anzuordnen, falls dies zum Auffangen von abrutschenden Steinen, Felsbrocken und dergleichen oder für Wasserhaltungen erforderlich ist. Bermen, die zum Auffangen abrutschender Teile dienen, müssen mindestens 1,50 m breit sein und in Stufen von höchstens 3,00 m Höhe angeordnet werden. Eine gleichwertige oder bessere Sicherungsmaßnahme als mit Bermen kann z.B. eine Sicherung mit Folienabdeckung und verankerten Baustahlgewebematten darstellen, wenn auf den Bermen einsickerndes Oberflächenwasser Rutschungen auslösen kann.

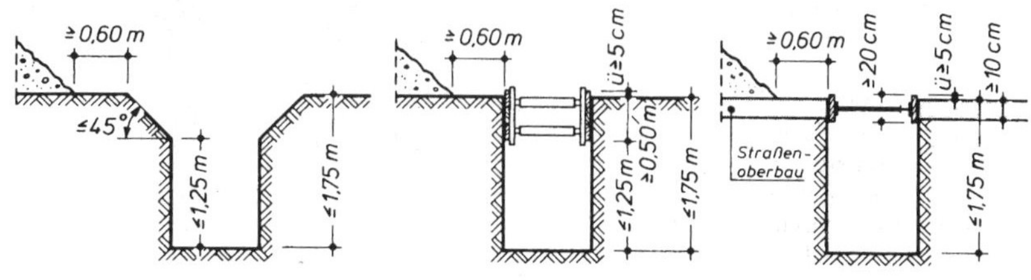

a) Graben mit abgeböschten Kanten b) Teilweise verbauter Graben c) Graben mit Saumbohlen

Abb. 8.56 Nicht- und teilverbaute Gräben und Baugruben bis 1,75 m Tiefe

8.3 Grabenverbau

8.3.1 Waagerechter und senkrechter Normverbau nach DIN 4124

Normverbau darf unter folgenden Voraussetzungen ohne besonderen Standsicherheitsnachweis verwendet werden:

- Geländeoberfläche verläuft annähernd waagerecht.
- nichtbindiger Boden oder ein bindiger Boden, steif oder halbfest
- Bauwerkslasten üben keinen Einfluss auf Größe und Verteilung des Erddrucks aus.
- Straßenfahrzeuge und Baugeräte halten einen ausreichend großen Abstand vom Verbau ein.

Tafel 8.56 Regelabstände *a* für Verkehrslasten nach DIN 4124

	Regelabstände *a* in m für Gruppe			
	I	II	III	IV
Böschungen ohne Nachweis	≥ 1,0	≥ 2,0	≥ 1,0	≥ 2,0
Waagerechter Normverbau	≥ 0,6	≥ 1,0	≥ 0,6	≥ 1,0
Senkrechter Normverbau	≥ 0,6	≥ 0,6	≥ 0,6	≥ 1,0

Gruppe I nach der StVZO allgemein zugelassene Straßenfahrzeuge
Gruppe II schwere Straßenfahrzeuge, z.B. Straßenroller, Schwertransportfahrzeuge
Gruppe III nach der StVZO zugelassene Baufahrzeuge sowie Bagger und Hebezeuge bis 12 t Gesamtgewicht während der Arbeit
Gruppe IV schwere Baufahrzeuge sowie Bagger und Hebezeuge von 12 bis 18 t Gesamtgewicht (bei geböschten Baugruben von mehr als 12 t Gesamtgewicht)
a lichter Abstand zwischen Aufstandsflächen und Böschungskante bzw. Hinterkante Baugrubenwand

Die Abstände können beim Normverbau verringert werden, wenn bestimmte Maßnahmen wie Doppelverbohlung, Stützweitenverringerung usw. nach Abschn. 6 und 7 der DIN 4124 vorgesehen werden.

8.3.2 Grabenverbaugeräte nach DIN 4124

Grabenverbaugeräte sind Einrichtungen zur Sicherung von Grabenwänden und bilden den fertigen Verbau eines Grabenteilstücks. Sie bestehen meist aus zwei großflächigen Wandelementen, die über Stützbauteile (Streben und Stützrahmen) verbunden sind. Es können mittig gestützte, randgestützte, rahmengestützte Grabenverbaugeräte, Gleitschienen-Grabenverbaugeräte und Dielenkammer-Geräte unterschieden werden. Nach DIN 4124 dürfen nur Grabenverbaugeräte nach DIN EN 13 331-1 verwendet werden, die von der Prüfstelle des Fachausschusses „Tiefbau“ der

Tiefbau-Berufsgenossenschaft geprüft wurden. Es sind weiterhin die Verwendungsanleitung des Herstellers und DIN EN 13 331-2 zu beachten.

Einbauverfahren:

Einstellverfahren: Die Verbauelemente werden nach Aushub des Bodens auf die erforderliche Tiefe in den Graben eingestellt. Voraussetzung: vorübergehend standfester Boden. (Dies ist ein Boden, der zwischen Beginn der Ausschachtung und Einbringen des Verbaues keine wesentlichen Nachbrüche aufweist.)

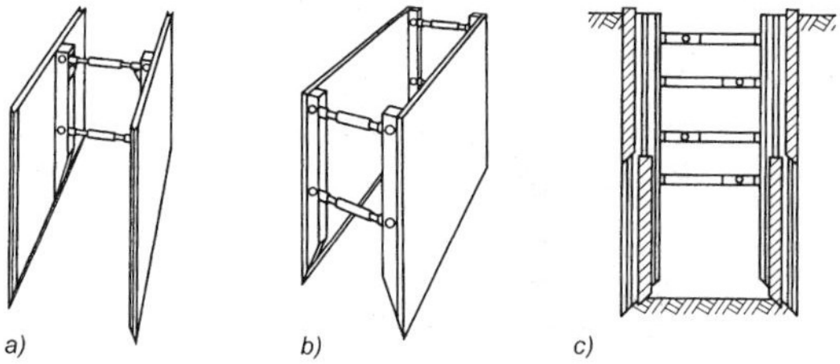

a) mittig gestützt b) randgestützt c) in Doppelgleitschienen geführt

Absenkverfahren: Es kann in allen Bodenarten angewendet werden, die nicht ausfließen. Der Graben wird zunächst auf eine Tiefe ausgehoben, bei der die Grabenwände noch vorübergehend stehen. Nach Einsetzen der auf die Grabenbreite montierten Verbaueinheit wird der Graben in Abschnitten von ≤ 0,50 m Tiefe ausgehoben. Sinkt hierbei die Verbaueinheit nicht durch ihr Eigengewicht nach, müssen die Platten nachgedrückt werden. Bei großen Grabentiefen werden die Verbaueinheiten durch Aufstocken zum Verbaufeld ergänzt und abschnittweise zur Grabensohle abgesenkt.

8.4 Schlitzwände und Bohrpfahlwände

8.4.1 Schlitzwände

Herstellung:

Der lamellenweise Aushub des Bodens unter Flüssigkeitsstützung erfolgt entweder mit Greifern (Seilgreifer mechanisch oder hydraulisch u.a.) oder mit Fräsen. Bei der Wandherstellung wird zwischen Zweiphasen-Verfahren (auch Ortbeton-Schlitzwand – bei Baugruben am häufigsten), Einphasen-Verfahren (vor allem bei Dichtungswänden) und kombinierten Verfahren (Einstellen von Betonfertigteilen oder Spundwandprofilen) unterschieden. Die üblichen Wanddicken liegen zwischen 0,4 bis 1,50 m. Dickere Wände bis 3,00 m können mit Fräsen ausgeführt werden. Die erreichbaren Tiefen liegen bei 100 bis 150 m.

Berechnung und Bemessung der erhärteten Wand:

Die Ermittlung der Einbindetiefe, Schnittgrößen und Stützkräfte und die erdstatischen Standsicherheitsnachweise erfolgen analog zu denen der Spundwand. Zu beachten ist, dass bei der Ermittlung des belastenden Erddrucks und des Erdwiderstands ein größerer Erddruckneigungswinkel als $|\delta| = \varphi/2$ nur aufgrund genauerer Nachweise angesetzt werden darf. Bei Sand- und Kiesböden ist $\delta = 0$ zu setzen, wenn damit zu rechnen ist, dass zwischen Beginn des Aushubs und Beginn des Betonierens mehr als 30 Stunden liegen.

Bei der konstruktiven Ausbildung und Bemessung sind DIN 1045 und DIN 4126 zu beachten, wobei keine höheren Festigkeitsklassen als C 20/25 anzusetzen sind. Die Konsistenz des verwendeten Betons kann wegen des besonderen Einbauverfahrens nach DIN 4126, Abschn. 6.2 von der DIN 1045 abweichen.

Stützflüssigkeit:

Die Stützflüssigkeit für den vertikalen Erdschlitz besteht beim Zweiphasen-Verfahren in der Regel aus Ton-(Bentonit-)Suspensionen. Die Forderungen an die Eigenschaften und die Prüfmethoden dieser Suspensionen sind in DIN 4126 und DIN 4127 festgelegt. Die Aufbereitung und ausreichende Bevorratung (ca. 2 bis 2,5fache des Schlitzvolumens), die Behandlung der gebrauchten Suspension und des Erdaushubs stellen besondere Anforderungen an die Baustelleneinrichtung. Anzustreben ist ferner eine weitest mögliche Trennung von Aushubmaterial und Suspension und die anschließende Wiederaufbereitung der gebrauchten Suspension in der geforderten Qualität. Der verbleibende, durch Suspension verunreinigte Bodenaushub und die verbrauchte Suspension müssen in der Regel auf eine Deponie verbracht werden.

Die Standsicherheitsnachweise für den flüssigkeitsgestützten Schlitz sind nach DIN 4126 zu führen. Für die Herstellung sind weiterhin DIN EN 1538 und DIN 18 313 zu beachten.

8.4.2 Bohrpfahlwände

Wandarten:

1. *Tangierende Bohrpfahlwand*

- bewehrte Pfähle, nebeneinander angeordnet
- lichter Pfahlabstand aus Herstellungsgründen ca. 2 – 10 cm
- Berechnung der notwendigen Einbindetiefe und Schnittgrößen und die erdstatischen Standsicherheitsnachweise analog zur Spundwand möglich
- nicht wasserdicht.

2. *Aufgelöste Bohrpfahlwand*

- bewehrte Pfähle, mit Abständen größer als der Durchmesser des Einzelpfahls angeordnet
- Zwischenräume im Aushubbereich werden mit dem Aushub fortschreitend gesichert (im Allgemeinen mit Spritzbeton – bewehrt und auf Biegung bemessen oder unbewehrt mit Gewölbeausbildung zum Boden).
- Berechnung der notwendigen Einbindetiefe und Schnittgrößen und die erdstatischen Standsicherheitsnachweise analog zur Trägerbohlwand möglich
- nicht wasserdicht.

3. *Überschnittene Bohrpfahlwand*

- Herstellung unbewehrter Primärpfähle (Pfähle 1, 3, 5 usw.)
- wenige Tage danach Bohren der Sekundärpfähle (bewehrte Pfähle 2, 4, 6 usw.), die in die Primärpfähle einschneiden (Herstellung einer durchgehenden Betonwand)
- Überschneidungsmaß ca. 10 – 20 % des Pfahldurchmessers (abhängig von Bohrtechnologie und Baugrundverhältnissen)
- Berechnung der notwendigen Einbindetiefe und Schnittgrößen und die erdstatischen Standsicherheitsnachweise analog zur Spundwand möglich
- wasserabdichtende Baugrube herstellbar.

Arten von Bohrpfahlwänden:

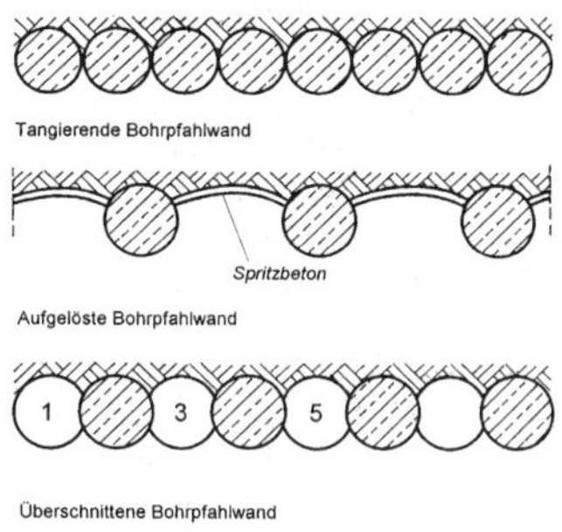

Für die Herstellung und Bemessung der verrohrt oder unverrohrt hergestellten Bohrpfähle (siehe auch Abschnitt 5) sind vor allem DIN 1054, DIN EN 1536 mit DIN Fachbericht 129, DIN 18 301 und DIN 1045 zu beachten.

Weitere Informationen zu Schlitz- und Bohrpfahlwänden (Bemessung, konstruktive Ausbildung u.a.) können neben den genannten Normen z.B. dem Grundbautaschenbuch Teil 3 und dem Betonkalender 1998 Teil 2 entnommen werden.

8.5 Injektionswände und Frostwände

8.5.1 Injektionswände

Injektionswände kommen im Zusammenhang mit Baugruben meist bei der Unterfangung von benachbarter Bebauung zum Einsatz. Durch die Injektion des Baugrundes soll ein Baukörper erzeugt werden, der wie eine Schwergewichtsmauer wirkt (bei Unterfangungshöhen von mehr als 2 – 3 m verankert).

Injektionsverfahren:

- „klassische" Injektionen oder Niederdruckinjektionen: Einpressen von Injektionsmitteln in die Porenräume oder Hohlräume des Bodens oder Fels zum Dichten oder Verfestigen des Bodens oder Fels; bei Planung, Ausführung und Prüfung von Injektionen ist die DIN 4093, DIN EN 12 715, DIN 18309 und ggf. das „Merkblatt für Einpressarbeiten mit Feinstbindemitteln in Lockergestein" (aus BAUTECHNIK 79 (2002), H. 8 und 9) zu beachten.
- *soil-fracturing*-Verfahren: planmäßiges Einpressen von Injektionsmaterial zur gezielten, örtlichen Aufsprengung des Bodens (im Prinzip nur zur Gründungssanierung/Baugrundverbesserung bei bindigen Böden eingesetzt, wo die klassischen Injektionsverfahren ausscheiden – nicht zur Gebäudeunterfangung); bei Planung, Ausführung und Prüfung von Injektionen ist DIN EN 12 715 zu beachten.
- Düsenstrahlverfahren, auch Hochdruckinjektion (HDI), Hochdruckbodenvermörtelung, jet-grouting oder soilcrete genannt: Die Bodenstruktur wird durch einen Düsenstrahl aufgeschnitten, und der Boden wird entweder mit dem Injektionsgut teilweise vermischt und ein Teil mit dem Spülmittelrücklauf gefördert (nichtbindige Böden) oder nahezu vollständig durch das Injektionsmittel ersetzt und durch den Spülmittelrücklauf gefördert (bindige Böden). Bei Planung, Ausführung und Prüfung von Düsenstrahlverfahren ist DIN EN 12 716 und DIN 18 321 zu beachten.

Injektionsmittel:

- Nach Ausgangsstoffen und Zusammensetzung werden Mörtel, Pasten, Suspensionen, Lösungen und Emulsionen unterschieden.
- Ausgangsstoffe können z.B. Zemente, Zement-Bentonitmischungen, Feinstbindemittel (Ultrafeinzemente) oder Chemikalien (Wasserglas, Silikate und Kunstharze) sein.

Die Wahl des Injektionsmittels und -verfahrens wird im Wesentlichen durch den Boden und seine Eigenschaften bestimmt. Erste Anhaltswerte zu den möglichen Anwendungsbereichen können der Abb. 8.59 entnommen werden.

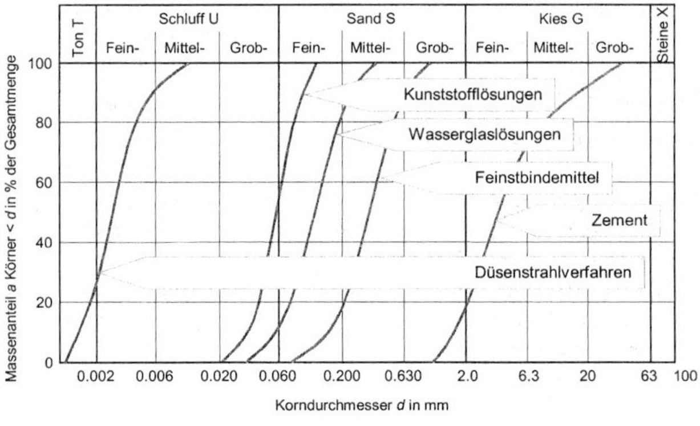

Abb. 8.59 Anwendungsbereiche der Injektionsverfahren und -mittel

Planung und Bemessung von Injektionswänden zur Bauwerksunterfangung:
Bei Planung von Injektionswänden für Bauwerksunterfangungen ist die DIN 4123 zu beachten. Die Bohrlochneigungen, Bohrlochabstände und Bohrlochfolge müssen vor Baubeginn in einem Injektionsplan festgelegt werden. Zur Überprüfung der geplanten Injektionsreichweite (Säulendurchmesser) und der geplanten Druckfestigkeit sind gegebenenfalls vor Baubeginn Probeinjektionen durchzuführen. Das Injektionsziel hinsichtlich Bereich, Qualität und Druckfestigkeit ist durch Kontrolle und Aufzeichnungen bei der Herstellung und durch Probenentnahme und -prüfung nach der Herstellung zu prüfen. Bei Unterfangungen mit Injektionen sind weiterhin eventuelle Bewegungen des zu unterfangenden Bauwerks ständig zu überwachen (Hebungen/Setzungen z.B. mit Nivellements oder Schlauchwaagen). Unter bestimmten Voraussetzungen können Injektionswände auch wasserdicht ausgebildet werden.

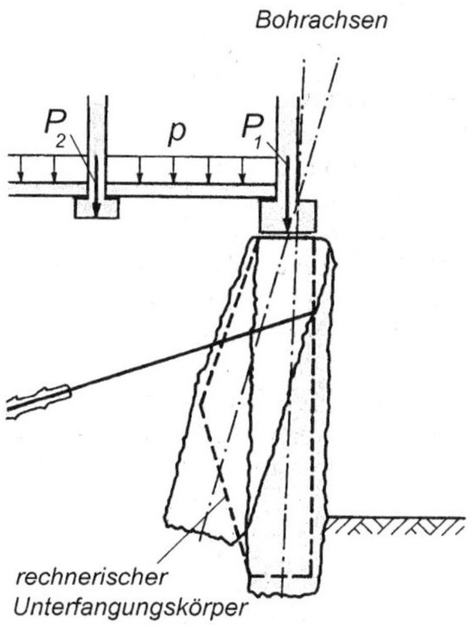

Abb. 8.60 Bauwerksunterfangung

Erforderliche Nachweise:
(analog zu Schwergewichtsmauern – Abschnitt 6)
- Kippen
- Gleiten
- Grundbruch/zulässige Sohlspannungen
- zulässige Spannungen im Injektionskörper
- Verankerungsnachweise
- eventuell Geländebruch.

Die erreichbaren Druckfestigkeiten der Injektionskörper sind von Bodeneigenschaften, Injektionsverfahren und Injektionsmittel abhängig.

Einaxiale Druckfestigkeiten (Anhaltswerte) bei:
- Niederdruckinjektionen mit
  - Chemikalien: bis 5 N/mm^2
  - Zementen: bis 10 N/mm^2
  - Feinstbindemitteln: bis 20 N/mm^2

- Düsenstrahl-Verfahren:
  - im Sand/Kies: 1 - 15 N/mm^2
  - im Schluff/Ton: 0,5 - 3 N/mm^2

Für weitere Hinweise zu geotechnischen Injektionen kann neben DIN 4093 z.B. auf das Grundbautaschenbuch Teil 2 und den Betonkalender 1998 Teil 2 zurückgegriffen werden.

8.5.2 Frostwände

Frostwände (i.Allg. wasserabdichtend ausführbar) können durch künstliches Einfrieren wasserhaltender Bodenschichten (Bodenvereisung) hergestellt werden. Mit dem Vereisungszustand ist nur so lange zu rechnen, solange die Gefriereinrichtung in Betrieb gehalten wird. Im Zuge der Eignungs- und Planungsuntersuchungen für eine Bodenvereisung sind neben der Bestimmung der notwendigen Bodenkennwerte für den ungefrorenen und gefrorenen Boden Untersuchungen zu den notwendigen Gefrierrohrabständen und zum geeigneten Kühlverfahren notwendig.

Nähere Informationen zur Bodenvereisung können z.B. dem Grundbautaschenbuch Teil 2 und dem Betonkalender 1998 Teil 2 entnommen werden.

8.6 Trägerbohlwände

Trägerbohlwände werden im Prinzip wie Spundwände berechnet. Da die Wände jedoch nur oberhalb der Baugrubensohle durchgängig ausgebildet sind, erfolgt zur Ermittlung der Einbindetiefe der Ansatz des belastenden Erddrucks für den ebenen Fall auch nur in diesem Bereich. Bei Erreichen des passiven Erddrucks kann sich bei ausreichend großem Abstand der Bohlträger unterhalb der Baugrubensohle ein räumlicher Bruchkörper ausbilden. Bei geringem Trägerabstand kommt es infolge der Überschneidung der Bruchkörper zur Reduzierung der Stützwirkung vor dem Bohlträger. Den Grenzwert stellt dann der passive Erddruck im ebenen Fall dar. Für den Standsicherheitsnachweis sind deshalb zum Vergleich zwei Nachweise erforderlich, von denen der ungünstigere maßgebend ist. Die Träger besitzen die Breite b_t und untereinander einen Abstand a_t.

8.7 Verankerungen und Absteifungen

8.7.1 Verankerungen

Baugrubenwände und Bauwerke (z.B. Gewichtsmauern) werden zur Begrenzung der Verformungen oft rückwärtig verankert. Verankerungen dienen u.a. auch zur Auftriebssicherung und zur Aufnahme von Einzelkräften, z.B. bei Abspannungen. Eine Verankerung mit Ankerplatten (z.B. Einsatz bei Uferwänden) erfolgt nur noch selten, da ein großer freier Arbeitsraum zur Einbringung der Verankerung hinter der Wand notwendig ist. Üblicherweise erfolgt bei Baugrubenwänden eine rückwärtige Verankerung mit Verpressankern, mitunter auch mit Verpressmantelpfählen. Es dürfen nur die Verpressanker zum Einsatz kommen, die bauaufsichtlich zugelassen sind. Für die sachgemäße Herstellung dieser Anker gilt DIN EN 1537.
Hinsichtlich der Einsatzdauer unterscheidet man bei Verpressankern Kurzzeitanker (Einsatzdauer kleiner als 2 Jahre) und Daueranker (länger als 2 Jahre im Einsatz). Verpressanker werden i.d.R. mit Vorspannung eingebaut (Auswirkungen auf den Erddruckansatz siehe Abschn. 3).

Verankerungsarten:

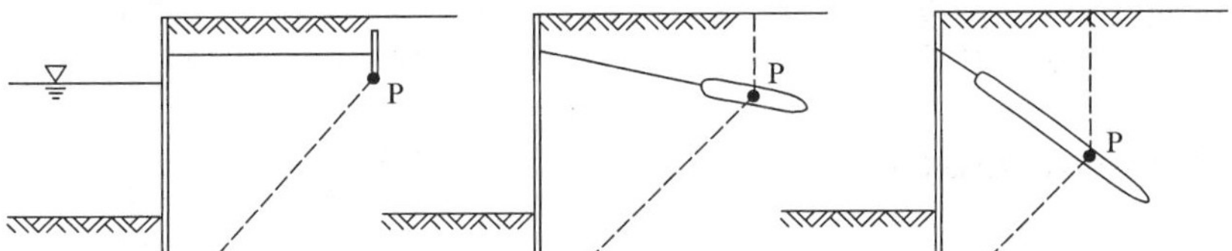

Ankerplatten Verpressanker Verpressmantelpfahl

Konstruktive Regeln für den Einsatz von Verpressankern

- Die freie Ankerlänge (nicht verpresster Teil) sollte mindestens 5 m betragen.
- Der Verpresskörper sollte möglichst nur innerhalb einer bindigen oder nichtbindigen Bodenschicht bzw. vollständig im Fels liegen.
- Der Verpresskörper sollte mindestens 4 m unter Geländeoberfläche liegen.
- Der Abstand der Verpresskörper untereinander sollte bei 15 m bis 20 m langen Ankern mindestens 1,5 m sein. Zu Bauwerken muss ein Mindestabstand von 3 m eingehalten werden.

8.7.2 Absteifungen

Steifen sind gegen Herabfallen zu sichern, z.B. durch horizontal angeordnete Gurte. Rundholzsteifen müssen mindestens einen Durchmesser von 10 cm besitzen und der Güteklasse II entsprechen. Die Steifen sind u.a. auf Ausknicken zu untersuchen.

8.8 Wasserhaltung

Die Wasserhaltung umfasst alle Maßnahmen zur Beherrschung des zuströmenden Wassers während des Betriebs der Baugrube. Es wird in offene und geschlossene Wasserhaltung unterschieden. Die Auswahl der Verfahren ist u.a. abhängig von den geohydrologischen Verhältnissen und der Geometrie der Baugrube.

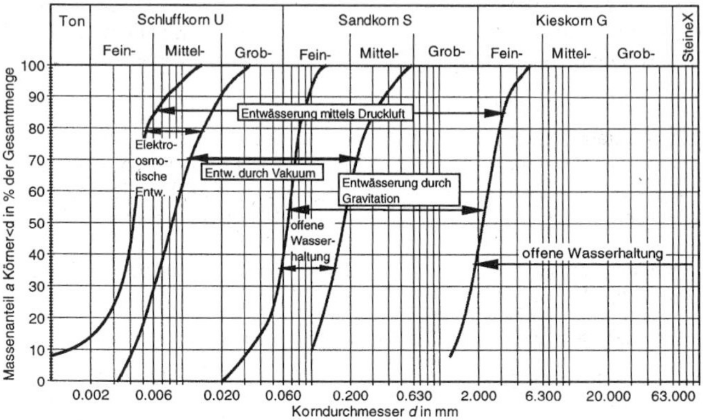

Abb. 8.62 Einsatzgrenzen der Grundwasserabsenkungsverfahren in Abhängigkeit der Bodenart

8.8.1 Offene Wasserhaltung

Die offene Wasserhaltung wird in standfesten Bodenarten (z.B. in Fels mit wasserführenden Spalten und Rissen, in bindigem Boden mit Durchlässigkeit von $k=10^{-9}$ bis 10^{-7} m/s) angewendet. In sandigen und kiesigen Böden kann die Anwendung nur für geringe Baugrubentiefen (3-4 m) erfolgen.

8.8.2 Geschlossene Wasserhaltung

Flachbrunnen werden an eine gemeinsame Saugleitung angeschlossen. Die Wasserförderung erfolgt durch Kreiselpumpen. Die praktische erreichbare Absenktiefe beträgt 3,5 bis 4,0 m ab Pumpenachse. Bei größeren Absenktiefen ist die Anordnung von mehrstaffeligen Anlagen erforderlich. Für die Gravitationsentwässerung werden im Allgemeinen Filterbrunnen mit einem Filterdurchmesser von d=150 mm verwendet, sodass der Bohrlochdurchmesser zwischen 300 – 400 mm beträgt. Die Einlaufhöhe am Filter muss mindestens 2 bis 3 m betragen. Der Mindestabstand benachbarter Brunnen liegt bei 3 – 4 m. Für die *Vakuumentwässerung* werden Nadelbrunnen verwendet. Diese haben einen Durchmesser von 50 mm, eine Einlaufhöhe von mindestens 0,5 m und einen Abstand von 1,25 m.

Aus ***Tiefbrunnen*** wird das Wasser mit eingehängten Tauschpumpen gefördert. Die Absenktiefe wird durch die Druckleistung der Pumpe begrenzt. Für Tiefbrunnen sind folgende Maße üblich: Filterdurchmesser 350 mm, Bohrlochdurchmesser 500 bis 800 mm, Einlaufhöhe 5 bis 8 m, Mindestabstand 5 bis 6 m.

Vakuumentwässerung

Anwendung: - Feinsande und Grobschluffe mit $k=10^{-4}$ bis 10^{-7} m/s

Anordnung: - Abstand der Brunnen 1 bis 1,25 m
- Filteroberkante muss mindestens 1 m unter Aushubsohle liegen
- Abstand der Filter zur Baugrubenwand mindestens 60 cm
- aller 50 m Vakuumanlage ist eine leistungsstarke Pumpe anzuordnen.

Elektroosmotische Verfahren

Anwendung: - schluffige, tonige und zum Teil organische Böden mit $k<10^{-8}$ m/s und d_{10} zwischen 0,002 und 0,015 mm

Anordnung: - kreisförmig, Elektrodenabstände zwischen 1 und 10 m
- Spannung zwischen 15 und 150 V.

9 Schutz von Bäumen, Pflanzenbeständen und Vegetationsflächen bei Baumaßnahmen (DIN 18 920)

Vegetationsschutz dient der Werterhaltung (Baumschutz) und der Sicherung der natürlichen Lebensgrundlagen. Er ist gleichzeitig auch Bodenschutz.

Die Anwendung der DIN 18 920 soll die durch bauliche Eingriffe entstehenden Schäden minimieren helfen. Die im Einzelnen vorzusehenden Schutzmaßnahmen sollten nur von fachlich qualifizierten Firmen des Garten- und Landschaftsbaus durchgeführt werden.

- **Schutz von Vegetationsflächen**

- Etwa 2,0 m hohe, standfeste Maschendrahtumzäunung, seitlicher Zaunabstand: 1,5 m
- Verbot der Bodenverunreinigung (Mineralöl, Säuren, Laugen, Farben, sonstige Chemikalien, bodenverfestigende Stoffe wie Zement, Zementmilch usw.) und Vernässung
- Verbot von Baustellenheizungen bis 5 m an den Kronentraufenbereich von Bäumen und Sträuchern
- Verbot von offenem Feuer bis 20 m Entfernung von der Kronentraufe von Bäumen und Sträuchern unter Berücksichtigung der Windrichtung.

- **Schutz der Wurzelscheiben von Bäumen** (siehe auch oben)

- Verbot von Bodenverdichtungen (z. B. durch Lagern von Baustoffen und Gerät und durch Befahren) und Vernässung
- Verbot von Überfüllungen[1)]
- Verbot von Bodenabtrag[1)]
- Einzäunung (Kronentraufe zzgl. 1,5 m) etwa 2,0 m hoch.

- **Besondere Baumschutzmaßnahmen**

- Bei Freistellung von Bäumen Schutz des Stamms gegen Sonneneinstrahlung und Rindenbrand
- Kurzfristige Aufgrabungen (z. B. Rohrgräben) in Handarbeit nur bis auf 2,5 m an den Stamm zulässig. Besondere Behandlung der berührten Wurzeln. In Sonderfällen Unterschreitung des o. a. Abstands.
- Bei langfristigen Aufgrabungen (Baugruben) Erstellung von **Wurzelvorhängen** nach Vorschrift eine Vegetationsperiode vor Baubeginn.
- Bei Leitungsverlegung möglichst **Unterfahrung** der Wurzelbereiche, Einbringung von Leerrohren.
- Stämme gegen Stoß durch **Abpolsterungen**, Kronen durch **Hochbinden** schützen. Keine Beschädigung von Ästen und Stamm (Verbot des Einschlagens von Nägeln, Bauklammern usw.). Frei stehende Mauern im Wurzelscheibenbereich nur auf Punktfundamenten mit einem Mindestabstand von 1,5 m voneinander.
- Bei unvermeidbaren Grundwasserabsenkungen ausreichendes Wässern der Bäume nach Erfordernis; ggf. zusätzliche Maßnahmen.
- Vermeidung der Drainagewirkung sandverfüllter Leitungsgräben.
- Unvermeidbare Baustellenüberfahrten mit mindestens 0,20 m dicker Schüttung aus **Filterkies** o. Ä. **abpuffern** und mit unverschiebbarer **Bohlenabdeckung** versehen.

Die Anwendung dieser allgemein anerkannten Regeln ist nur möglich, wenn vor Beginn der Baustelleneinrichtung die vorhandene Vegetation und die Schutzbereiche exakt aufgenommen und bei der Planung der Baustelleneinrichtung berücksichtigt wurden.

---

1) Diese Verbote können ggf. begründet und unter bestimmten Voraussetzungen sowie bei Berücksichtigung besonderer technischer Maßnahmen gelockert werden.

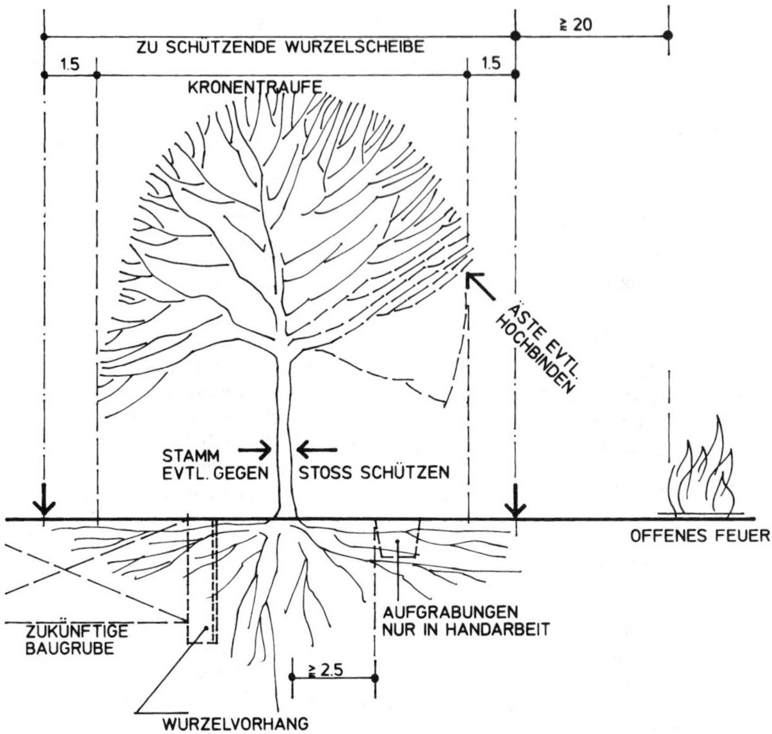

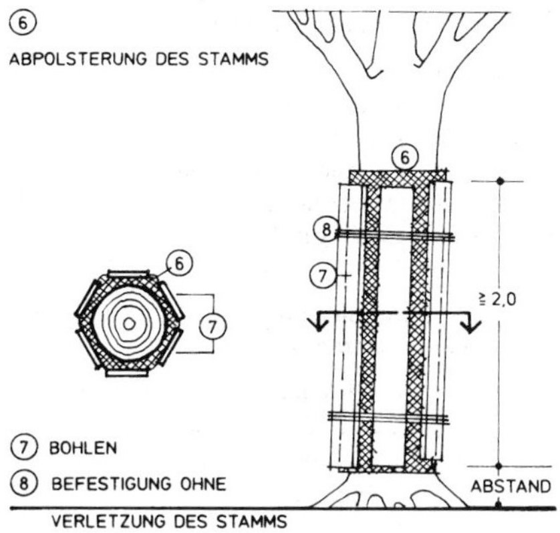

STOSS - SCHUTZ DES STAMMS

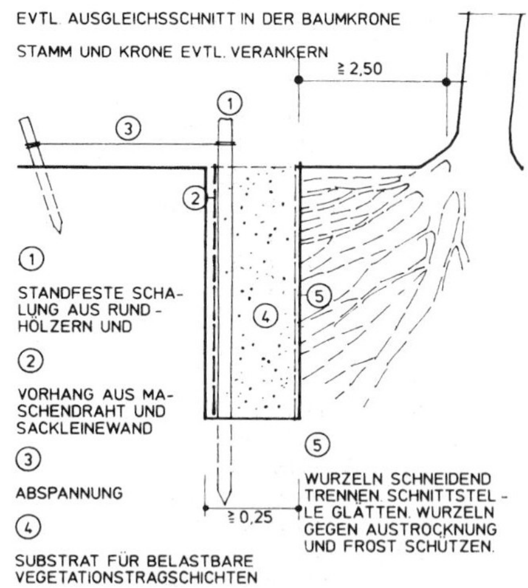

WURZELVORHANG

Übersichtsskizzen zur DIN 18 920 (Maße in m)

9 Baurecht

Inhaltsverzeichnis

9 A Öffentliches Bau- und Umweltrecht Nomenklatur wichtiger Begriffe

Prof. Dipl.-Ing. Rüdiger Wormuth

Kursiv gedruckte Begriffe im Text verweisen auf eigene Stichworterläuterungen.

Abfall Abfälle sind bewegliche Sachen, deren sich der Besitzer entledigen will oder deren Entsorgung zur Wahrung des Allgemeinwohls geboten ist. Abfallentstehung ist zu vermeiden. Abfälle sollen verwertet werden. Bei der Entsorgung von Abfällen dürfen die Gesundheit der Menschen sowie Flora, Fauna, Boden, Gewässer und Luft nicht beeinträchtigt werden. Die Belange des Naturschutzes, der Landschaftspflege und des Städtebaus sind zu wahren.

Abfallgesetz „Das Gesetz über die Vermeidung und Entsorgung von Abfällen" (AbfG) regelt als Rahmengesetz des Bundes den Umgang mit *Abfall*. Grundsätze: Abfälle sind zu vermeiden, nicht vermeidbare Abfälle zu verwerten und nicht verwertbare Reststoffe gefahrlos zu entsorgen.

Abnahmen 1. Bauvertragsrecht (privates Baurecht): Abnahme einer Bauleistung nach VOB, Teil B (DIN 1961) § 12 zur Feststellung von vertraglich vereinbartem Ausführungsumfang und vereinbarter Ausführungsqualität. 2. Bauordnungsrecht: Im Rahmen der behördlichen Bauüberwachung können Abnahmen bestimmter Bauteile oder Bauarbeiten, die Abnahme des Rohbaus und die Abnahme des gebrauchsfertigen Bauvorhabens (Schlussabnahme) verlangt werden. Rohbauabnahme und Schlussabnahme sind auch vom *Bauherrn* zu beantragen (Abb. 9.17).

Abstandflächen sind von oberirdischen baulichen Anlagen frei zu haltende Flächen vor den Außenwänden von Gebäuden (Bauordnungsrecht).

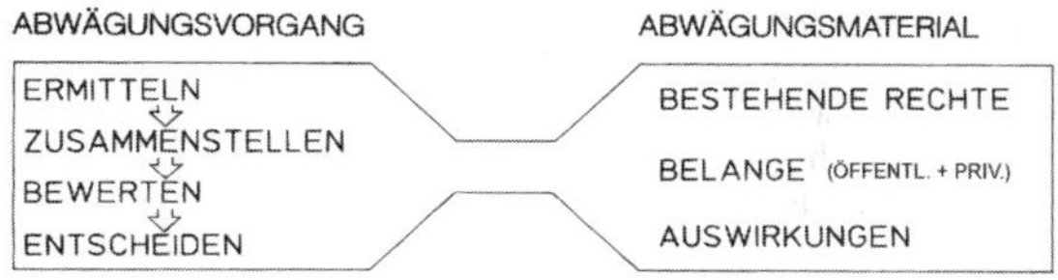

Abb. 9.2 Abwägung

Abwägungsgebot (Abb. 9.2) Im *Baugesetzbuch* [BauGB § 1 (7)] werden die Kommunen verpflichtet, bei der Aufstellung der *Bauleitpläne* öffentliche und private *Belange* gegeneinander und untereinander gerecht abzuwägen. Die öffentlichen Belange werden in § 1 (5 – 6) BauGB konkretisiert. Gegenstand der Abwägung bei der Aufstellung der Bauleitpläne sind auch die explizit in § 1a BauGB aufgeführten Umwelt schützenden Belange und die Pläne, in denen sie ausgeführt bzw. dargestellt werden. Die Abwägungsentscheidung im Gemeinderat ist eine politische Entscheidung. Sie besteht aus dem Vor- und Zurückstellen von Belangen. Prinzipiell unterliegt sie keiner rechtlichen Nachprüfung, denn sie ist Ausdruck der kommunalen Planungshoheit [Grundgesetz, Art. 28; BauGB § 2 (1)], es sei denn, der Abwägungsvorgang war fehlerhaft (BauGB § 214). Die Prüfung der Anregungen im Verlaufe des *Auslegungsverfahrens* [BauGB § 3 (2)] ist Bestandteil der Abwägung. Das Abwägungsgebot kann durch Abwägungsausfall, Abwägungsdefizit, Abwägungsfehleinschätzung und Abwägungsdisproportionalität verletzt werden.
Auch andere raumwirksame Planungen unterliegen Abwägungsgeboten.

Abwasser (Abb. 9.9) im Sinne des *Wasserrechts* ist durch Gebrauch in seinen Eigenschaften verändertes Wasser (Schmutzwasser) und das von bebauten und befestigten Flächen abfließende und gesammelte Niederschlagswasser.

Abwasserabgabengesetz (Abb. 9.18) Das „Gesetz über Abgaben für das Einleiten von Abwasser in Gewässer" (AbwAG) setzt als Bewertungsgrundlage für die Abwasserabgabe die Schädlichkeit des *Abwassers*. In der Abwasserverordnung (AbwV) sind Anforderungen an eingeleitetes Abwasser festgelegt.

Anhörungsverfahren (Abb. 9.8) 1. [Baugesetzbuch § 3 (1)] Vorgezogene Bürgerbeteiligung im Bauleitplanungsverfahren während der Vorentwurfsphase. Sie besteht i. d. R. aus der Unterrichtung der Bürger über die Ziele und Zwecke der Planung und alternative Vorentwürfe sowie einer öffentlichen Erörterung. Nicht erforderlich, wenn die Grundzüge der Planung nicht berührt werden (BauGB § 13) und in seiner Rechtswirkung eingeschränkt durch BauGB § 214.
2. (Verwaltungsverfahrensgesetz § 73) Im Rahmen eines *Planfeststellungsverfahrens* (Abb. 9.13) ist von der Anhörungsbehörde das Anhörungsverfahren durchzuführen. Gegenstand dieses Anhörungsverfahrens sind: Einholung von Stellungnahmen von Behörden, deren Aufgabenbereich durch das Vorhaben berührt wird; Auslegung der Planunterlagen; Entgegennahme von Einwendungen von Personen, deren Belange durch das Vorhaben berührt werden; Durchführung einer Erörterung.

Anlagen sind ortsfeste Einrichtungen wie Betriebsstätten und Lager. Dazu gehören auch Maschinen, Geräte, Fahrzeuge und sonstige ortsveränderliche technische Einrichtungen, die in einem räumlichen und betriebstechnischen Zusammenhang stehen und für das Entstehen von Umweltwirkungen von Bedeutung sein können.

Anlagen, bauliche siehe *Bauliche Anlagen*.

Anpassungsgebot [BauGB § 1 (4)] Die *Bauleitpläne* sind den Zielen der *Raumordnung* anzupassen.

Aufenthaltsräume An Aufenthaltsräume wird in den Landesbauordnungen eine Reihe von Mindestanforderungen gestellt, um Sicherheit und Gesundheit der dort lebenden oder arbeitenden Menschen zu gewährleisten. Diese Anforderungen betreffen u. a. die Raumgröße, Raumhöhe sowie Belichtung und Belüftung sowie die Lage zur Geländeoberfläche.

Ausgleichsmaßnahmen sind vom Verursacher eines *Eingriffs* auf den betroffenen Grundflächen zur Minderung von Beeinträchtigungen vorzunehmen (BauGB §§ 1a und 135a–c).

Auslegungsverfahren [BauGB § 3 (2)] Bürgerbeteiligung im Bauleitplanungsverfahren (Abb. 9.8). Im Gegensatz zum *Anhörungsverfahren* mit größerer Rechtswirksamkeit ausgestattet. Zu beteiligen sind die Bürger und die *Träger öffentlicher Belange*. Die Anregungen sind zu prüfen, und das Ergebnis ist mitzuteilen. Die im Auslegungsverfahren vorgebrachten und in der Planung nicht berücksichtigten Anregungen müssen der höheren Genehmigungsbehörde vorgelegt werden, wenn es sich um einen Flächennutzungsplan handelt oder um Bebauungspläne, die entweder ohne F-Plan oder zeitlich vor dem Wirksamwerden eines F-Plans aufgestellt wurden. Wird hingegen eine Änderung der Planung bewirkt, ist das Auslegungsverfahren anschließend zu wiederholen, es sei denn, die Änderungen waren geringfügig.

Ausnahme Ausnahmen im Sinne des *Bauordnungsrechts (Landesbauordnungen)* können im Rahmen des Baugenehmigungsverfahrens nach dem Ermessen der Genehmigungsbehörde erteilt werden. Voraussetzung ist die Vereinbarkeit mit den öffentlichen Belangen. Ausnahmen im Sinne des *Planungsrechts* können sich auf die Vorschriften der BauNVO oder die im BauGB enthaltenen Regelungen über Gebote (BauGB §§ 26 u. 175), *Veränderungssperre* (BauGB § 14) oder Erschließungsbeitragspflicht [BauGB § 135 (5)] beziehen. Der Rahmen für Ausnahmen ist dort eindeutig durch die Gesetze gesteckt [BauGB § 31 (1)].

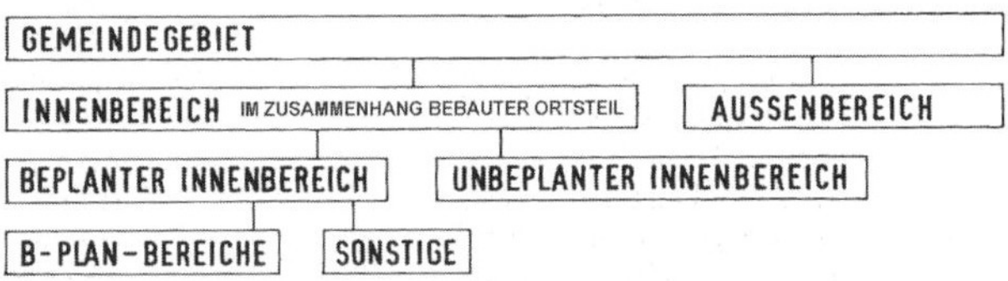

Abb. 9.3 Außenbereich, Innenbereich

Außenbereich (BauGB § 35) (Abb. 9.3) Außenbereich ist die Fläche eines Gemeindebezirks, die außerhalb des räumlichen Geltungsbereichs eines *Bebauungsplanes* (BauGB § 30) und außerhalb der im *Zusammenhang bebauten Ortsteile* (BauGB § 34) liegt. Der Außenbereich ist grundsätzlich von Bebauung freizuhalten mit Ausnahme der nach BauGB § 35 (1) privilegierten Vorhaben und einiger sonstiger Ausnahmen.

Bauantrag Antrag auf Genehmigung genehmigungspflichtiger Bauvorhaben. Er wird gestellt an die Gemeinde (*Landesbauordnungen*) (Abb. 9.17). Dem Bauantrag sind die *Bauvorlagen* beizufügen.

Bauflächen (§ 1 BauNVO) Flächen, dargestellt nach der allgemeinen Art ihrer Nutzung (Tafel 9.4).

Baugebiete (§ 1 BauNVO) Flächen, dargestellt nach der besonderen Art ihrer Nutzung (Tafel 9.4). In BauNVO §§ 2–11 werden Baugebiete hinsichtlich ihrer allgemeinen Zweckbestimmung, den allgemein zulässigen und den ausnahmsweise zulässigen Nutzungen beschrieben.

Baugenehmigungsfreiheit Keiner *Baugenehmigung* bedürfen i. d. R. Umnutzungen ohne planungsrechtliche Auswirkungen, Neuerrichtung und Veränderung *baulicher Anlagen* und Teilen davon ohne besondere Auswirkungen auf die öffentliche Sicherheit und Ordnung sowie kleine Wohngebäude. Einzelheiten regeln die *Landesbauordnungen*. Nach NBauO § 69a bedürfen kleine Wohngebäude keiner Baugenehmigung, wenn das Vorhaben im Geltungsbereich eines qualifizierten *B-Plans* mit einer Festsetzung für die *besondere Art* der baulichen Nutzung als Wohnbaugebiet (WS/WR/WA/WB) (siehe Tafel 9.4) liegt. Die Verantwortlichkeit der *Entwurfsverfasser* wird erweitert.

Baugenehmigungsverfahren siehe Abb. 9.17.

Baugesetzbuch (BauGB) Zusammenfassung von Bundesbaugesetz und Städtebauförderungsgesetz. Bekanntgemacht am 8.12.1986, Neufassung: 23.9.2004. Es enthält allgemeines Städtebaurecht

(Bauleitplanung, Regelung der baulichen und sonstigen Nutzung, Entschädigung, Bodenordnung, Enteignung und Erschließung) sowie besonderes Städtebaurecht (Städtebauliche Sanierung und Entwicklung, Erhaltungssatzung und städtebauliche Gebote u. a.).

Baugrenzen legen die äußere Begrenzung der überbaubaren Grundstücksfläche fest. Außerhalb sind keine Hauptgebäude zulässig (BauNVO § 23).

Bauherr Der Bauherr ist Veranlasser einer Baumaßnahme (*Landesbauordnungen*). Er ist verantwortlich dafür, dass die Baumaßnahme dem öffentlichen *Baurecht* entspricht. Er bestellt *Entwurfsverfasser, Bauleiter und Unternehmer*. Er kann deren Tätigkeit übernehmen, wenn er den Anforderungen, die an sie nach *Bauordnungsrecht* gestellt werden, genügt.

Bauleiter Die bauordnungsrechtliche Funktion des Bauleiters fällt mit der des *Entwurfsverfassers* zusammen, auch wenn beide Funktionen getrennt wahrgenommen werden. Der Bauleiter hat die Aufgabe der Objektüberwachung nach HOAI.

Tafel 9.4 Art der baulichen Nutzung

Flächennutzungsplan (F-Plan)		Bebauungsplan (ggf. auch F-Plan)		BauNVO
allgemeine		besondere		§ 1
Art der Nutzung				
Bauflächen		Baugebiete		
Wohnbauflächen	(W)	Kleinsiedlungsgebiete	(WS)	§ 2
		reine Wohngebiete	(WR)	§ 3
		allgemeine Wohngebiete	(WA)	§ 4
		besondere Wohngebiete	(WB)	§ 4a
gemischte Bauflächen	(M)	Dorfgebiete	(MD)	§ 5
		Mischgebiete	(MI)	§ 6
		Kerngebiete	(MK)	§ 7
gewerbliche Bauflächen	(G)	Gewerbegebiete	(GE)	§ 8
		Industriegebiete	(GI)	§ 9
Sonderbauflächen	(S)	Sondergebiete	(SO)	
		a) Sondergebiete, die der Erholung dienen		§ 10
		b) sonstige Sondergebiete		§ 11

Bauleitplan (Tafel 9.5; Abb. 9.5; Abb. 9.8)

Bauliche Anlagen sind mit dem Erdboden verbundene oder auf ihm ruhende und aus Bauprodukten hergestellte Anlagen (*Landesbauordnungen*).

Baulinie Rechtlich zwingende Vorschrift, eine bauliche Anlage mit einer Kante auf ihr zu errichten (BauNVO § 23).

Baumassenzahl (BMZ) (Tafel 9.11) = m^3 Baumasse (umbauter Raum, Bruttorauminhalt) je m^2 Grundstücksfläche (BauNVO § 21).

Baunutzungsverordnung (BauNVO) Sie enthält die planungsrechtlichen Grundlagen für die Darstellungen in den Flächennutzungsplänen und die Festsetzungen in Bebauungsplänen. Die Vorschriften sind an die Gemeinden als Träger der städtebaulichen Planung gerichtet und bindend für die Planung. Erstmals erlassen 1962. Neufassung 1990 auf Grund BauGB § 2 (5). Ziel der BauNVO ist eine geregelte Bebauung unter Beachtung der im BauGB § 1 (5–6) formulierten Planungsgrundsätze.

Die BauNVO regelt Art (Tafel 9.4) und *Maß der baulichen Nutzung* (Tafel 9.11), die *Bauweise* und die Überbaubarkeit der Grundstücksfläche.

Bauprodukte sind nach dem *Bauproduktengesetz*: Baustoffe, Bauteile und Anlagen, die hergestellt werden, um dauerhaft in *bauliche Anlagen* des Hoch- und Tiefbaus eingebaut zu werden, sowie aus Baustoffen vorgefertigte Anlagen, die hergestellt werden, um mit dem Erdboden verbunden zu werden, wie Fertighäuser und Fertiggaragen (Abb. 9.10). Die *Landesbauordnungen* und die *Musterbauordnung* unterscheiden gleichermaßen zwischen

- geregelten Bauprodukten (§ 20 Abs. 1 Satz 1 Nr. 1 MBO),
- nicht geregelten Bauprodukten (§ 20 Abs. 3 Satz 1 MBO),
- nach BauPG oder Vorschriften zur Umsetzung anderer EU-Richtlinien in Verkehr gebrachten Bauprodukten – mit *CE-Zeichen* (§ 20 Abs. 1 Satz 1 Nr. 2 MBO),
- sonstigen Bauprodukten (§ 20 Abs. 1 Satz 1 Nr. 2 MBO).

Tafel 9.5 Bauleitplanung – Begriffe, Rechtsnatur

BauGB Fundstelle	Bauleitplan		
§ 1 (2)	vorbereitender Bauleitplan	verbindlicher Bauleitplan	Bezeichnung
	Flächennutzungsplan	Bebauungsplan	
	F-Plan	B-Plan	
	1 : 5000 – 1 : 20000	1 : 500 – 1 : 1000	Maßstab
§§ 1 (3), 8 (1)	entwickeln	ordnen	Aufgabe
§ 1 (4)	Ziele der Raumordnung		für Bauleitplanung verbindl. Rahmenplanungen
§ 8 (2)		Flächennutzungsplan	
§§ 5 (1), 8 (1)	Darstellung der Bodennutzung nach den voraussehbaren Bedürfnissen der Gemeinde in den Grundzügen. Keine unmittelbare Rechtswirkung auf das einzelne Grundstück.	Rechtsverbindliche Festsetzungen für die städtebauliche Ordnung. B-Plan ist eine Rechtsnorm.	Rechtsnatur
§§ 7, 8 (2), 10	rahmengebend	Beschluss über B-Plan als Satzung	
§§ 6 (5), 12	F-Plan wird wirksam.	B-Plan wird rechtsverbindlich.	
§§ 5 (5), 9 (8)	Erläuterungsbericht	Begründung	schriftl. Teil

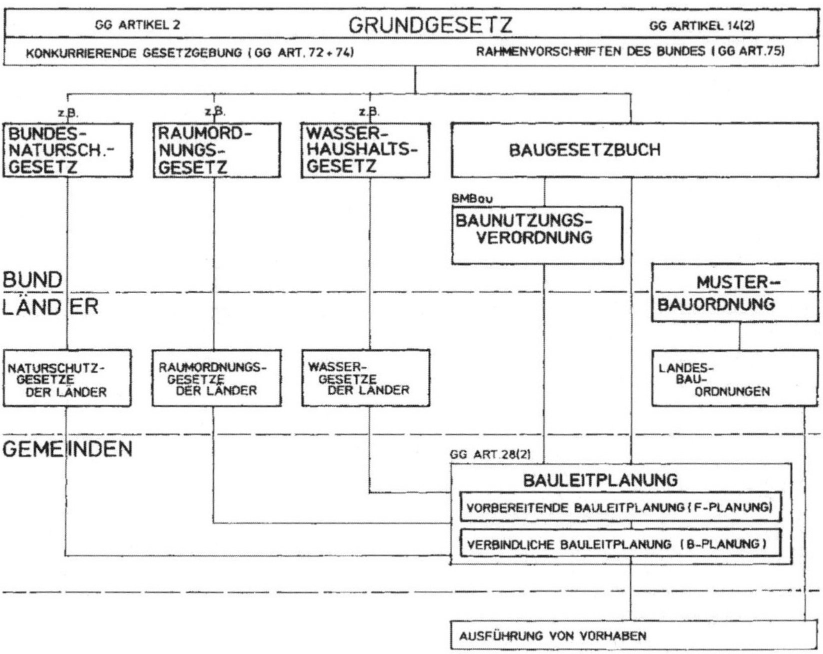

Abb. 9.5 Die Bauleitplanung in der Hierarchie der Gesetze der Bundesrepublik Deutschland

Aufgrund des § 20 Abs.1 Musterbauordnung (MBO) dürfen Bauprodukte in der Regel nur verwendet, d. h. in eine bauliche Anlage eingebaut werden, wenn sie

- bekannt gemachten *technischen Regeln* entsprechen oder nach dem BauPG und anderen EU-Recht umsetzenden Vorschriften in Verkehr gebracht und gehandelt werden dürfen und
- das Übereinstimmungszeichen (*Ü-Zeichen*: künftig das europäische *Konformitätszeichen CE*) tragen,
- vom *Deutschen Institut für Bautechnik* in einer Liste C bekannt gemachte Bauprodukte von untergeordneter baurechtlicher Bedeutung (§ 20 Abs. 3 Satz 2 MBO) sind.

Bauproduktengesetz (BauPG), erlassen erstmals am 10.8.1992 auf Grund der *Bauproduktenrichtlinie* der EU. Es regelt die Einführung von *Bauprodukten* und den freien Warenverkehr mit ihnen innerhalb der EU und enthält allgemeine Anforderungen an deren *Brauchbarkeit.*

Bauproduktenrichtlinie der EU ist Grundlage für das *Bauproduktengesetz*, sie dient der Sicherheit von Menschen, Haustieren und Gütern und im weitesten Sinne dem Allgemeinwohl, indem sie unter Berücksichtigung örtlicher Unterschiede geografischer, klimatischer und lebensgewohnheitlicher Art sowie der vorherrschenden Schutzniveaus nach Maßgabe allgemeiner Anforderungen die Harmonisierung von *Normen für Bauprodukte* auf europäischer Ebene bewirkt. Anhang I enthält Anforderungen an Bauwerke und *Bauprodukte* (Abb. 9.10).

Bauregelliste Im Einvernehmen mit der obersten Bauaufsichtsbehörde (NBauO § 24) vom *Deutschen Institut für Bautechnik* bekannt gemachte technische Regeln zur Erfüllung der an *bauliche Anlagen* zu stellenden Anforderungen (vgl. *Brauchbarkeit*) (Abb. 9.10). Es gibt Bauregelliste A, Bauregelliste B und Liste C. Einzelheiten s. Mitteilungen des DIBt, Sonderheft Nr. 18, 4. Mai 1998.

Baurecht, öffentliches 1. **Planungsrecht** (städtebauliches) ist nach Art. 74 des Grundgesetzes Gegenstand der konkurrierenden Gesetzgebung. Der Bund hat seine Gesetzgebungskompetenz mit *Baugesetzbuch* (BauGB), *Baunutzungsverordnung* (BauNVO) und *Planzeichenverordnung* (PlanzV) ausgeschöpft.

2. **Bauordnungsrecht** fällt in die Gesetzgebungskompetenz der Bundesländer. Die so genannte Dürkheimer Vereinbarung von 1955 zwischen den Bundesländern und dem Bund führte 1959 zur *Musterbauordnung*, die für alle *Landesbauordnungen* als Rahmen diente. Musterbauordnung und Landesbauordnungen werden laufend aktualisiert.

3. Zum **öffentlichen Baurecht** gehören Vorschriften auf Grund der oben genannten Gesetze und sonstigen Vorschriften des öffentlichen Rechts, die Anforderungen an *bauliche Anlagen* oder Baumaßnahmen stellen oder die Bebaubarkeit von Grundstücken regeln. Man rechnet auch Gesetze über Spielplätze und Denkmalschutzgesetze dazu.

Bauvoranfrage, Bauvorbescheid Für eine Baumaßnahme ist auf Antrag (Bauvoranfrage) über einzelne Fragen, über die im *Baugenehmigungsverfahren* zu entscheiden wäre und die selbstständig beurteilt werden können, durch Bauvorbescheid zu entscheiden (*Landesbauordnungen*) (Abb. 9.17).

Bauvorlagen Unterlagen, die zu einem *Bauantrag* gehören. Die Bauvorlagenverordnungen der Bundesländer enthalten Verordnungen über Art und Umfang der Bauvorlagen und der darin enthaltenen Darstellungen. In der Regel sind einem Bauantrag auf Vordruck folgende Unterlagen beizufügen: 1. der Lageplan, 2. die Bauzeichnungen, 3. die Baubeschreibung, 4. der Standsicherheitsnachweis und die anderen technischen Nachweise, 5. die Darstellung der Grundstücksentwässerung. Auch für *genehmigungsfreie Bauvorhaben* nach NBauO § 69 müssen Bauvorlagen erstellt werden. Sie werden nicht geprüft, sondern lediglich archiviert. Für ihre Richtigkeit und Vollständigkeit haftet der Entwurfsverfasser.

Bauvorschriften, örtliche werden in der Regel als *Satzung* erlassen. Inhaltlicher Geltungsumfang und verfahrensrechtliche Bedingungen sind in den *Landesbauordnungen* festgelegt. Örtliche Bauvorschriften können auch als *Festsetzung* in *Bebauungspläne* aufgenommen werden. In der Regel sollen gestalterische, städtebauliche und ökologische Absichten durch sie verwirklicht werden (z. B. NBauO § 56). BauO NW § 81 regelt darüber hinaus z. B. die Anlage von Kinderspielplätzen durch örtliche Bauvorschrift.

Bauweise 1. **Geschlossen**. Bebauung bis an die seitlichen Grundstücksgrenzen ist zwingend vorgeschrieben (BauNVO § 22).

2. **Offen.** Die Einhaltung von Grenzabständen bzw. eines *Bauwichs* ist zwingend vorgeschrieben (Ausnahme: *Landesbauordnungen*) (BauNVO § 22).

3. **Abweichende Bauweise.** Mit besonderer Begründung kann festgesetzt werden, inwieweit an die vorderen, rückwärtigen und seitlichen Grundstücksgrenzen herangebaut werden kann oder muss.

Bauwich siehe *Grenzabstände*.

Bebauungsplan siehe *Bauleitplan* (Tafel 9.5, Abb. 9.8).

Bebauungstiefe Sie legt auf Baugrundstücken die hintere *Baugrenze* oder *Baulinie* fest.

Befreiung (*Landesbauordnungen*) Von Vorschriften der *Landesbauordnungen* oder von Vorschriften, die im Zusammenhang mit einer Landesbauordnung erlassen wurden, können auf begründeten Antrag hin Befreiungen erteilt werden. Sie bedürfen der Zustimmung der oberen Bauaufsichtsbehörde (Abb. 9.17). Befreiungen im Planungsrecht regelt BauGB § 31 (2).

Belange, öffentliche Als öffentliche Belange gelten die in BauGB § 1(5) aufgeführten Planungsgrundsätze. Öffentliche und private Belange unterliegen nach BauGB § 1(6) dem *Abwägungsgebot*. Ein Abwägungsmangel kann nach BauGB §§ 214 (3) und 215 zur Nichtigkeit der Planung führen.

Bewilligung im Sinne des *Wasserrechts* ist die Gewährung einer Befugnis für eine bestimmte Benutzung eines *Gewässers* (WHG § 8). Gegen den Inhaber einer Bewilligung können bei Erfüllung der Bewilligungsauflagen keine Ansprüche geltend gemacht werden (WHG § 11).

Bodenschutz ist eine der wichtigsten Umweltschutzaufgaben der Gesellschaft. Im BauGB und der BauNVO ist er als öffentliche Aufgabe den Kommunen zugewiesen und hat mit Vorschriften über die Gestaltung von Freiflächen sowie einer Erweiterung der Möglichkeiten für *örtliche Bauvorschriften* auch Eingang in *Landesbauordnungen* gefunden (z. B. NBauO §§ 14 und 56).

Bodenschutzklausel [BauGB §1a (2)]: „Mit Grund und Boden soll sparsam und schonend umgegangen werden, dabei sind zur Verringerung der zusätzlichen Inanspruchnahme von Flächen für bauliche Nutzungen die Möglichkeiten der Entwicklung der Gemeinde insbesondere durch Wiedernutzbarmachung von Flächen, Nachverdichtung und andere Maßnahmen zur Innenentwicklung zu nutzen sowie Bodenversiegelungen auf das notwendige Maß zu begrenzen."

Brandabschnitt ist ein nach brandschutztechnischen Gesichtspunkten in sich abgeschlossener Teil eines Gebäudes. Besondere Anforderungen werden in den *Landesbauordnungen* an die Bauteile (z. B. Wände oder Decken) eines Brandabschnitts gestellt, die an andere Brandabschnitte oder Gebäude angrenzen oder ihnen benachbart sind. Grenzen zwei Brandabschnitte aneinander, so ist dort eine *Brandwand* erforderlich. Brandabschnitte dürfen in der Regel eine Längsausdehnung von höchstens 40 m haben (Grundfläche also 1600 m^2), es sei denn, die Nutzung erfordere eine Überschreitung dieses Maßes.

Brandwand Brandwände sollen die Übertragung von Feuer und Rauch auf andere Gebäude, Gebäudeteile und Bauteile verhindern. Sie müssen in der Regel ohne Unterbrechung und Öffnungen in der Feuerwiderstandsklasse F 90-A ausgeführt werden. Anforderungen werden in den *Landesbauordnungen* formuliert, Prüfungen nach DIN 4102-3.

Brauchbarkeit für ein *Bauprodukt* ist dann gegeben, wenn es nach dem *Bauproduktengesetz* folgende allgemeinen Anforderungen bei seiner Verwendung für *bauliche Anlagen* im Wesentlichen erfüllt: mechanische Festigkeit und Standsicherheit, Brandschutz, Hygiene, Gesundheit, Umweltschutz, Nutzungssicherheit, Schallschutz, Energieeinsparung und Wärmeschutz (siehe auch *Bauproduktenrichtlinie*, Anhang I) (Abb. 9.10).

Brauchbarkeitsnachweis *Bauprodukte*, die noch nicht allgemein gebräuchlich und bewährt sind, für deren Herstellung, Bemessung oder Güte insbesondere noch keine *Normen* existieren, bedürfen im Baugenehmigungsverfahren eines Brauchbarkeitsnachweises. Der europäische Weg eines besonderen Brauchbarkeitsnachweises ist der *Konformitätsnachweis* in Form der *europ. techn. Zulassung* oder der Erstprüfung, der nationale Weg der *Übereinstimmungsnachweis* in Form der *allg. bauaufsichtl. Zulassung*, des *allg. bauaufsichtl. Prüfzeugnisses* oder des Nachweises der Verwendbarkeit im Einzelfall (Abb. 9.10).

Bruttowohnbauland Die Summe aller Wohngrundstücksflächen (Nettowohnbauland) und die Summe aller Gemeinbedarfsflächen in einem bestimmten ausgewiesenen Wohnbaugebiet, wobei stets nur dasjenige Land für Gemeinschaftsanlagen einzubeziehen ist, das für die Lebensfunktionen der betrachteten städtebaulichen Einheit selbst nötig ist (je nach Größenordnung für Wohngruppe, Wohnquartier, Wohngemeinde, Stadtteil usw.).

Bruttowohndichte = Zahl der Einwohner je ha *Bruttowohnbauland* (E/ha).

Bundesimmissionsschutzgesetz (BImSchG) Es wurde im Jahre 1974 erlassen. Es bezweckt den Schutz von Menschen, Tieren, Pflanzen und Sachen vor schädlichen Umwelteinwirkungen und die Vorbeugung gegen das Entstehen schädlicher Umwelteinwirkungen.

Bundesnaturschutzgesetz (Abb. 9.5) Als Rahmenvorschrift 1976 auf Grund Art. 75 GG erlassen. In diesem Rahmen haben die Bundesländer Landesnaturschutzgesetze, Landschaftsgesetze u. Ä. erlassen. Es hat die Sicherung des Naturhaushalts und Schutz, Pflege und Entwicklung von Natur und Landschaft zum Ziel.

Bürgerbeteiligung (Abb. 9.8) wird nach BauGB § 3 für die *Bauleitplanung* geregelt. Sie ist zweistufig aufgebaut:

1. Vorgezogene Bürgerbeteiligung nach BauGB § 3 (1) oder *Anhörungsverfahren*.
2. *Auslegungsverfahren* nach BauGB § 3 (2) und (3).

Denkmalschutz fällt in die Gesetzgebungskompetenz der Bundesländer. Denkmalschutzgesetze dienen dem Schutz, der Pflege und der Erforschung von Kulturdenkmalen. Bei der Wahrnehmung dieser Aufgabe wirken Länder, Landkreise und Gemeinden, in der Denkmalpflege tätige Institutionen und die Eigentümer der Kulturdenkmale zusammen. Veränderungen an Kulturdenkmalen oder in deren Umgebung bedürfen der denkmalrechtlichen Genehmigung.

Deutsches Institut für Bautechnik (DIBt), Berlin. Die nach BauPG § 7 für die *europäische technische Zulassung* zuständige Stelle, die im Auftrage des Bundes auch in dem der *Bauproduktenrichtlinie* wirkenden Gremium aus den von den EU-Mitgliedstaaten bestimmten Zulassungsstellen mitarbeitet. Das DIBt ist auch zuständig für nationale *Zulassungen*. Es macht im Einvernehmen mit den obersten Baubehörden der Bundesländer *Bauregellisten* bekannt (z.B. nach NBauO § 24) (Abb. 9.10).

DIN-Normen werden im Deutschen Institut für Normung (DIN) erarbeitet (siehe: *Normen*).

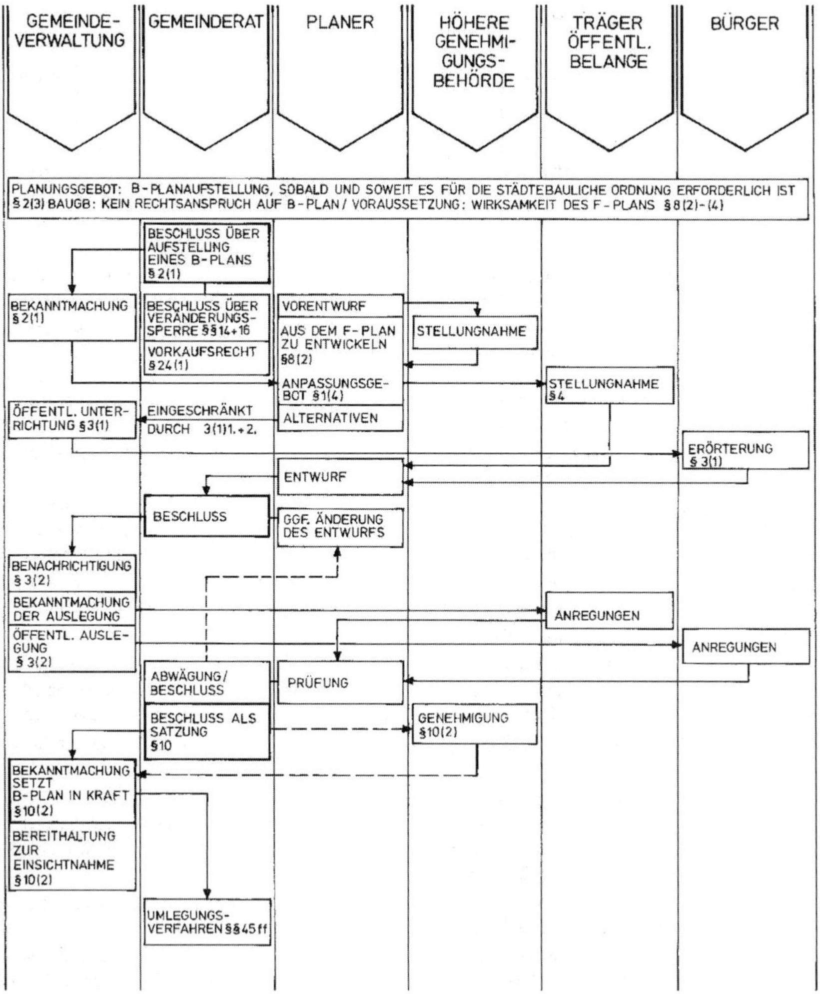

Abb. 9.8 Bebauungsplanverfahren – Regelverfahren
(Für die einzelnen Verfahrensschritte ist die Fundstelle im BauGB angegeben.)
(Das Flächennutzungsplanverfahren wird nach dem gleichen Schema abgewickelt.)

Eingriff im Sinne des *Naturschutzrechts* ist eine Veränderung der Gestalt oder Nutzung von Grundflächen, die die Leistungsfähigkeit des Naturhaushalts oder das Landschaftsbild erheblich beeinträchtigt. Es gelten folgende Grundsätze:

- Eingriffe sind zu vermeiden, mindestens aber
- zu minimieren. Ist dies nicht möglich, sind
- *Ausgleichsmaßnahmen* durchzuführen. Sind diese am Eingriffsort nicht möglich, sollen
- *Ersatzmaßnahmen* an anderer Stelle die zerstörten Funktionen ersetzen.

Ausgleichs- und Ersatzmaßnahmen sind auch Gegenstand der Darstellungen in F-Plänen und der Festsetzungen in B-Plänen, z. B. in Form Landschaftspflegerischer Fachbeiträge. BauGB § 1a enthält Regelungen über Eingriffe.

Einleitung im Sinne des *Wasserrechts* ist die Einbringung von Abwasser in ein *Gewässer* (Abb. 9.9).

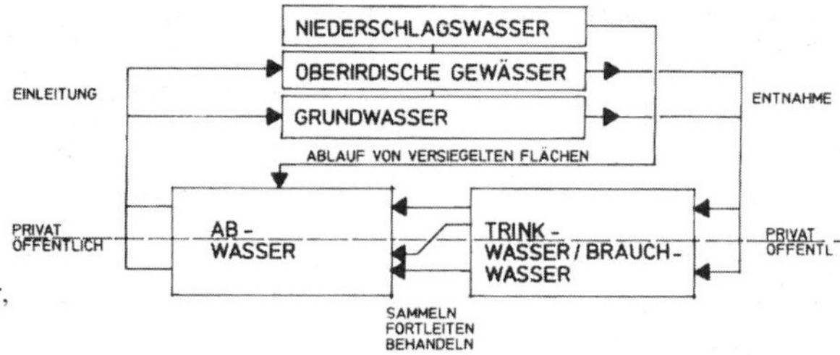

Abb. 9.9 Wasser, Gewässer, Begriffe

Entwicklungsmaßnahmen, städtebauliche Entwicklungsmaßnahmen nach BauGB § 165 sollen der Errichtung von Wohn- und Arbeitsstätten und von Gemeindebedarfs- und Folgeeinrichtungen dienen.

Entwurfsverfasser ist nach den *Landesbauordnungen* der Fachmann, der auf Grund seiner spezifischen Qualifikation bauvorlageberechtigt ist. Er ist dafür verantwortlich, dass der Entwurf dem *öffentlichen Baurecht* entspricht. In der Regel ist die Bauvorlageberechtigung an Personen gebunden, die die Berufsbezeichnung „Architekt" oder „Ingenieur" tragen. Die Berufsbezeichnung „Architekt" ist in den Bundesländern durch entsprechende Architektengesetze geschützt.

Erlaubnis im Sinne des *Wasserrechts* ist die Gewährung einer widerrufbaren Befugnis für eine bestimmte Benutzung eines *Gewässers* (WHG § 7).

Ersatzmaßnahme (*Naturschutzrecht*) Für nicht durch *Ausgleichsmaßnahmen* zu beseitigende Beeinträchtigungen infolge eines *Eingriffs* müssen an anderer Stelle des von dem Eingriff betroffenen Raumes dessen Funktionen und Werte (Naturhaushalt und Landschaftsbild) ähnlich wiederhergestellt werden.

Festsetzungen sind wesentlicher Inhalt des *Bebauungsplanes* (Tafel 9.5). Die Festsetzungselemente sind in BauGB § 9 dargestellt. Mindestfestsetzungen für einen Bebauungsplan nennt BauGB § 30.

Flächennutzungsplan siehe *Bauleitplan* (Tafel 9.5, Abb. 9.8).

Gebote Städtebauliche Gebote sind das Baugebot (BauGB § 176), das Modernisierungs- und Instandsetzungsgebot (BauGB § 177), das Pflanzgebot (BauGB § 178) und das Rückbau- und Entsiegelungsgebot (BauGB § 179). Geplante Gebote sind vorher mit den Betroffenen zu erörtern (BauGB § 175).

Gefährdungshaftung (WHG § 22 / StGB § 324) Der Verursacher einer Veränderung der Beschaffenheit eines Gewässers ist zum Schadensersatz verpflichtet.

Genehmigungsfreie Baumaßnahmen siehe *Baugenehmigungsfreiheit*.

Geschossfläche (Bruttogeschossfläche nach DIN 277) Sie wird nach den Außenmaßen der Gebäude in allen *Vollgeschossen* ermittelt. Balkone sowie bauliche Nebenanlagen und Garagen bleiben bei der Ermittlung unberücksichtigt (§ 20 BauNVO).

Geschossflächenzahl (GFZ) = Verhältnis der Bruttogeschossfläche zur Grundstücksgröße bzw. zum Nettowohnbauland (BauNVO § 20) (Tafel 9.11).

Gestaltung Gute Gestaltung baulicher Anlagen ist ein wesentliches Anliegen der *Landesbauordnungen*. Die Verunstaltungsklauseln (BauO NW § 12, NBauO § 53) können mit ihren unbestimmten Rechtsbegriffen allenfalls bauliche Verunstaltungen verhindern. Positiv wirksam sind örtliche *Bauvorschriften*.

Gewässer (Wasserrecht) Oberirdische Gewässer, das Meer, das Grundwasser. Gewässerbenutzung bedarf der behördlichen *Erlaubnis* oder *Bewilligung*.

Gewässerbenutzung Als Gewässerbenutzung gelten das Entnehmen von Wasser, Ableiten, Aufstauen, Absenken oder Umleiten von oberirdischen *Gewässern* und Grundwasser sowie das Einbringen und Einleiten von Stoffen auch in Küstengewässer und Einwirkungen, die schädliche Veränderungen der physikalischen, chemischen und biologischen Beschaffenheit des Wassers herbeiführen.

Grenzabstände (§ 7 NBauO) (vgl. Abstandflächen) sind Abstände, die Gebäude zu Baugrundstücksgrenzen und Gebäuden einhalten müssen.

Grünordnungsplan wird allgemein verstanden als begleitende Planung zur verbindlichen *Bauleitplanung*. Sie beschränkt sich in der Regel auf den *Innenbereich*. Rechtsgrundlagen und Rechtswirksamkeit sind in den Bundesländern verschieden.

Grundfläche, zulässige (überbaubare) (§ 19 BauNVO). Für ihre Ermittlung ist die im Bebauungsplan ausgewiesene *Grundflächenzahl* maßgebend. Es ist die Fläche, die innerhalb der überbaubaren *Grundflächenzahl* höchstens von baulichen Anlagen bedeckt werden darf (Tafel 9.11). Für die Ermittlung der Grundfläche ist die Fläche des *Baugrundstücks* maßgebend, die im Bauland und hinter der im *Bebauungsplan* festgesetzten Straßenbegrenzungslinie liegt.

Grundflächenzahl (GRZ) = m^2 Gebäudegrundfläche je m^2 Grundstücksfläche. Die GRZ gibt keine Hinweise auf die Lage der überbaubaren Fläche. Es kann auf Grund baurechtlicher Bestimmungen, die die überbaubare Grundstücksfläche festlegen (*Baulinie, Baugrenze, Bebauungstiefe, Bauwich*), sogar möglich sein, dass die zulässige GRZ nicht erreicht wird (BauNVO § 19).

Grundstücksfläche, überbaubare (§ 23 BauNVO). Sie wird durch Festsetzung von *Baulinien, Baugrenzen* oder *Bebauungstiefen* bestimmt.

Hochhaus Als Hochhäuser bezeichnet man im Allgemeinen Gebäude, bei denen der Fußboden mindestens eines *Aufenthaltsraumes* mehr als 22 m über Gelände liegt. An Hochhäuser werden insbesondere hinsichtlich des Brandschutzes in den *Landesbauordnungen* besondere Anforderungen gestellt.

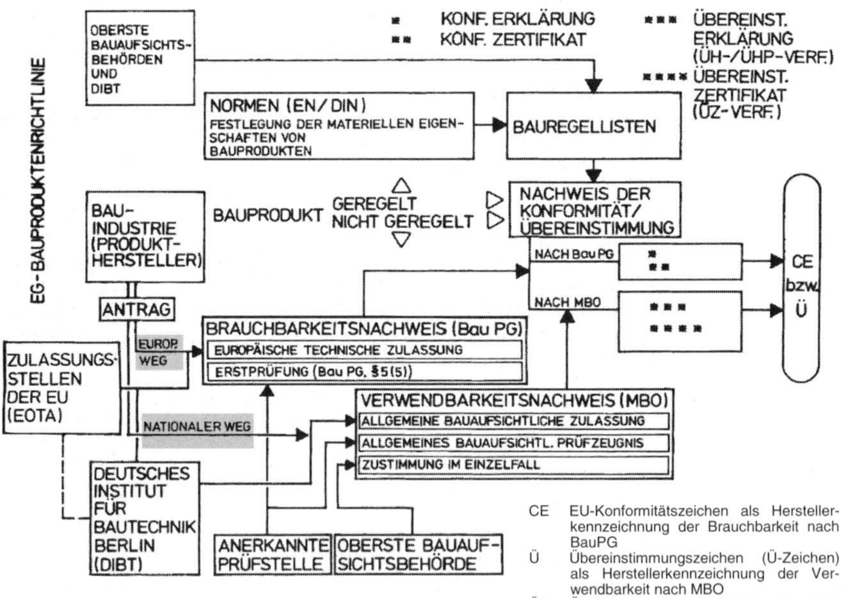

BauPG Bauproduktengesetz vom 10. August 1992
MBO Musterbauordnung (der Länder), Neufassung 2002
EOTA Europäische Organisation für Technische Zulassungen

CE EU-Konformitätszeichen als Herstellerkennzeichnung der Brauchbarkeit nach BauPG
Ü Übereinstimmungszeichen (Ü-Zeichen) als Herstellerkennzeichnung der Verwendbarkeit nach MBO
ÜH Übereinstimmungserklärung des Herstellers
ÜHP Übereinstimmungserklärung des Herstellers nach Erstprüfung durch eine Prüfstelle
ÜZ Übereinstimmungszertifikat einer Zertifizierungsstelle mit Fremdüberwachung durch eine Überwachungsstelle

Abb. 9.10 Bauprodukt und Brauchbarkeit/Verwendbarkeit

Im Zusammenhang bebauter Ortsteil (Innenbereich) (BauGB § 34) (Abb. 9.3) Vorhaben sind im Innenbereich auch zulässig, wenn das Grundstück nicht im Geltungsbereich eines qualifizierten *Bebauungsplanes* nach BauGB § 30 liegt. Die Zulässigkeit von Vorhaben im unbeplanten Innenbereich wird nach BauGB § 34 geregelt. Eine Gemeinde kann durch Satzung nach BauGB § 34 (4) den Innenbereich abgrenzen. Diese Innenbereichssatzung ist allerdings keine Rechtsgrundlage für die Abgrenzung des *Außenbereichs*.

Konformitätskennzeichen Nach *Bauproduktengesetz* Herstellerkennzeichnung der *Brauchbarkeit* eines *Bauprodukts* durch das EU-Konformitätszeichen CE.

Konformitätsnachweise sind Bestätigungen der Übereinstimmungen von *Bauprodukten* mit *harmonisierten* und *anerkannten Normen* oder *europäischen technischen Zulassungen*. Geregelt durch § 8 des *Bauproduktengesetzes*. Konformitätskennzeichnung erfolgt durch das CE-Zeichen (BauPG § 12).

Kulturlandschaft wird auch durch Gebäude geprägt (§ 35 (4) Nr. 4 BauGB). Das *Naturschutzrecht* fordert den Erhalt schützenswerter historischer Kulturlandschaften und der Umgebung von Kulturdenkmalen (z. B. § 2 Nr. 13 NNatSchG).

Landesbauordnung (Abb. 9.5) Landesbauordnungen sind Gesetze der Bundesländer. Sie sind weitgehend auf der Basis der *Musterbauordnung* vereinheitlicht. Unterschiede sind vor allem darin begründet, dass die Bundesländer ihre Bauordnungen zu verschiedenen Zeitpunkten auf dem jeweiligen Wissensstand erlassen oder geändert haben. Inhalt der Landesbauordnungen: Verordnungen über die Anordnung, Beschaffenheit und Benutzung von *baulichen Anlagen*. Die Verordnungen enthalten Anforderungen der Gefahrenabwehr (öffentliche Sicherheit und Ordnung) an gesunde Wohn- und Arbeitsverhältnisse und insbesondere zugunsten Behinderter, alter Menschen und zugunsten von Kindern und Personen mit Kleinkindern. Darüber hinaus ist gute Baugestaltung ein allgemeines Ziel der Landesbauordnungen. Aufgrund der Vorschriften der Landesbauordnungen ist eine Reihe weiterer Vorschriften erlassen worden, die mit der jeweiligen Landesbauordnung zusammen rechtswirksam sind.

Landschaftspflegerischer Begleitplan Aufgrund der gutachtlichen Stellungnahme der zuständigen Naturschutzbehörde vom Träger eines Vorhabens, das einen *Eingriff* darstellt und der *Planfeststellung* bedarf, zu erstellender Plan sowie Plan nach § 1a (3) BauGB mit Darstellung von *Ausgleichs-* und *Ersatzmaßnahmen*. Der LBP wird Bestandteil des planfestzustellenden Plans bzw. des *B-Plans*.

Landschaftsplanung ist im Allgemeinen dreistufig aufgebaut als Landschaftsprogramm auf Landesebene, als Landschaftsrahmenplanung für begrenzte Gebiete (Landkreise) und als Landschaftsplanung der Gemeinden. Landschaftsplanung beschränkt sich in der Regel auf den *Außenbereich*. Rechtsgrundlagen für Landschaftsplanung enthalten die Naturschutz- und Landschaftsgesetze der Bundesländer. Die Rechtswirksamkeit der Landschaftsplanung ist in den Bundesländern verschieden.

Maß der baulichen Nutzung (BauNVO § 17) (Tafel 9.11) wird dargestellt durch die Ausnutzungsziffern *Grundflächenzahl* und *Geschossflächenzahl* oder *Baumassenzahl*.

Musterbauordnung (Abb. 9.5) Musterentwurf zur Vereinheitlichung der dem Landesrecht unterliegenden *Landesbauordnungen*. Von einer eigens zur Erarbeitung eingesetzten Kommission 1959 verabschiedet und seitdem ständig aktualisiert, z. B. in Bezug auf das sich entwickelnde EU-Recht und das Umweltrecht. Neufassung 2002 durch die Bauministerkonferenz, insbesondere mit vereinheitlichenden Begriffen zur Verfahrensfreiheit und *Genehmigungsfreistellung*.

Tafel 9.11 Obergrenzen für die Bestimmung des Maßes der baulichen Nutzung

Baugebiet	Grundflächenzahl (GRZ)	Geschossflächenzahl (GFZ)	Baumassenzahl (BMZ)
Kleinsiedlungsgebiet (WS)	0,2	0,4	
Reines Wohngebiet (WR) Allgemeines Wohngebiet (WA) Ferienhausgebiet	0,4	1,2	
Besonderes Wohngebiet (WB)	0,6	1,6	
Dorfgebiet (MD) Mischgebiet (MI)	0,6	1,2	
Kerngebiet (MK)	1,0	3,0	
Gewerbegebiet (GE) Industriegebiet (GI) Sonstige Sondergebiete	0,8	2,4	10,0
Wochenendhausgebiete	0,2	0,2	

Nachweise Mit dem *Bauantrag* sind alle für die Beurteilung des Bauvorhabens erforderlichen Unterlagen (*Bauvorlagen*) einzureichen. Dazu gehören folgende Nachweise: Die statischen Berechnungen, in der Regel nach eingeführten Rechenverfahren (z. B. DIN 1053, DIN 1045) mit anerkannten Lastannahmen (DIN 1055), müssen die Standsicherheit der Anlage als Ganzes und seiner Teile nachweisen. Der Wärmeschutz wird im Regelfall rechnerisch unter Verwendung amtlich anerkannter Rechenwerte (z. B. für λ) nachgewiesen. Schallschutz und Brandschutz werden fallweise durch Verweise auf die in eingeführten *Normen* genannten Ausführungsbeispiele (z. B. DIN 4109-3, DIN 4102-10), durch Berechnung oder durch *Zulassungen/Prüfzeichen* oder durch *Prüfzeugnisse* nachgewiesen.

Natürliche Lebensgrundlagen Schutz der natürlichen Lebensgrundlagen ist in den Verfassungen einiger Bundesländer zum Staatsziel erhoben worden. Er ist Ziel des Naturschutzes und der Landschaftspflege im *BNatSchG* und den Naturschutzgesetzen der Bundesländer, Planungsgrundsatz im *BauGB* und ein Grundsatz in neu gefassten *Landesbauordnungen* (z. B. NBauO). Natürliche Lebensgrundlagen sind der Boden, das Wasser, die Luft und das Klima und mittelbar Flora und Fauna. Der Schutz der natürlichen Lebensgrundlagen dient der Leistungsfähigkeit des Naturhaushalts und der Nutzbarkeit der Naturgüter.

Naturschutzrecht Es wird im Wesentlichen durch das *Bundesnaturschutzgesetz* als Rahmengesetz und durch Landesnaturschutzgesetze geregelt.

Normen Ergebnis der von den interessierten Kreisen im Rahmen des Deutschen Instituts für Normung (DIN) durchgeführten Vereinheitlichungsbemühungen mit den Zielen Rationalisierung, Qualitätsverbesserung, Erhöhung der Sicherheit. Normen werden auf der Basis des Standes der Wissenschaft und Technik erarbeitet und beschreiben zum Zeitpunkt ihres Erscheinens den Stand der Technik und sollen sich zwanglos als *„anerkannte Regeln der Technik"* einführen. Eine Anwendungspflicht kann sich aus Rechts- oder Verwaltungsvorschriften, Verträgen oder aus anderen Rechtsgrundlagen ergeben. Bei Veränderungen des Standes der Technik werden Normen ggf. überarbeitet und als Neuausgaben herausgegeben oder zurückgezogen.

Der Teil der im Bauwesen wichtigen Normen, der z. B. Fragen der öffentlichen Sicherheit oder Ordnung (§ 3 BauO NW) berührt, wird auf Vorschlag der Bauminister-Konferenz (ARGEBAU) von den Bundesländern als „Liste der *Technischen Baubestimmungen*" eingeführt. Hieraus ergibt sich für diesen Teil Anwendungspflicht. Die Liste erscheint dort ein- bis zweimal jährlich. Sie wird in den Amtsblättern der Bundesländer abgedruckt.

Normen, anerkannte [BauPG § 2 (3)] In Mitgliedstaaten der EU geltende technische Regeln für *Bauprodukte*, deren *Brauchbarkeit* auf Grund eines nach der *Bauproduktenrichtlinie* durchgeführten Verfahrens anzunehmen ist.

Normen, harmonisierte [BauPG § 2 (2)] Nach Art.7 (1) der *Bauproduktenrichtlinie* von europäischen Normungsorganisationen erarbeitete technische Regeln zur Umsetzung in nationale Normen.

Planfeststellungsverfahren (VwVfG §§ 72 bis 78) wird angewendet bei Planungen auf den Gebieten des Verkehrs-, Wege- und Wasserrechts und der öffentlichen Versorgung. Planfeststellungsverfahren sind Verwaltungsverfahren mit Beteiligung der Planungsbetroffenen. Elemente des Verfahrens sind: Anordnung des Verfahrens durch Rechtsvorschrift; *Anhörungsverfahren*; Planfeststellungsbeschluss (Abb. 9.13). *Eingriffe*, die einer Planfeststellung bedürfen, müssen ausgeglichen werden. *Ausgleichs-* und *Ersatzmaßnahmen* müssen in einem *Landschaftspflegerischen Begleitplan* dargestellt werden.

Planungsgebot [BauGB § 1 (3)] Die Gemeinden sind verpflichtet, Konflikte mittels Bauleitplanung zu bewältigen.

Planzeichenverordnung (PlanzV) Verordnung über die Ausarbeitung der *Bauleitpläne* sowie über die Darstellung des Planinhalts.

Produkt ist jede bewegliche Sache sowie Elektrizität. Ausgenommen sind landwirtschaftliche Naturprodukte, die noch nicht verarbeitet sind.

Produkthaftungsgesetz (ProdHaftG) Es regelt die Haftung für Gefährdungen durch *Produkte*.

Prüfzeugnis, allgemeines bauaufsichtliches *Bauprodukte*, für die es keine besonderen Sicherheitsanforderungen gibt, bedürfen statt einer *allg. bauaufsichtl. Zulassung* nur eines allg. bauaufsichtl. Prüfzeugnisses. Es wird vom *Deutschen Institut für Bautechnik (DIBt)* im Einvernehmen mit der Obersten Landesbaubehörde in der *Bauregelliste* bekannt gemacht.

Raumordnung (Abb. 9.5) Die Raumordnung wird nach Art. 75 GG durch ein Rahmengesetz des Bundes geregelt (Raumordnungsgesetz) (BROG). In diesem Rahmen haben die Bundesländer Landesraumordnungsgesetze erlassen. Aufgaben und Ziele der Raumordnung werden durch die im GG dargestellten Grundrechte und politischen Ziele abgesteckt. Die allgemeine räumliche Struktur ist einer Entwicklung zuzuführen, die unter Berücksichtigung der natürlichen Gegebenheiten und wirtschaftlicher, sozialer und kultureller Erfordernisse der freien Entfaltung der Persönlichkeit in der Gemeinschaft dient. Die Raumordnung ist mehrstufig: Bundesraumordnung, Landesraumordnung, regionale Raumordnung.

Regeln der Technik, allgemein anerkannte siehe *Technische Baubestimmungen* und *Normen*. Nach allgemeinem Rechtsverständnis sind technische Baubestimmungen ein allerdings wesentlicher Teil der allgemein anerkannten Regeln der Technik in Verbindung mit bewährten Baukonstruktionen und -verfahren sowie anerkannter Fachliteratur.

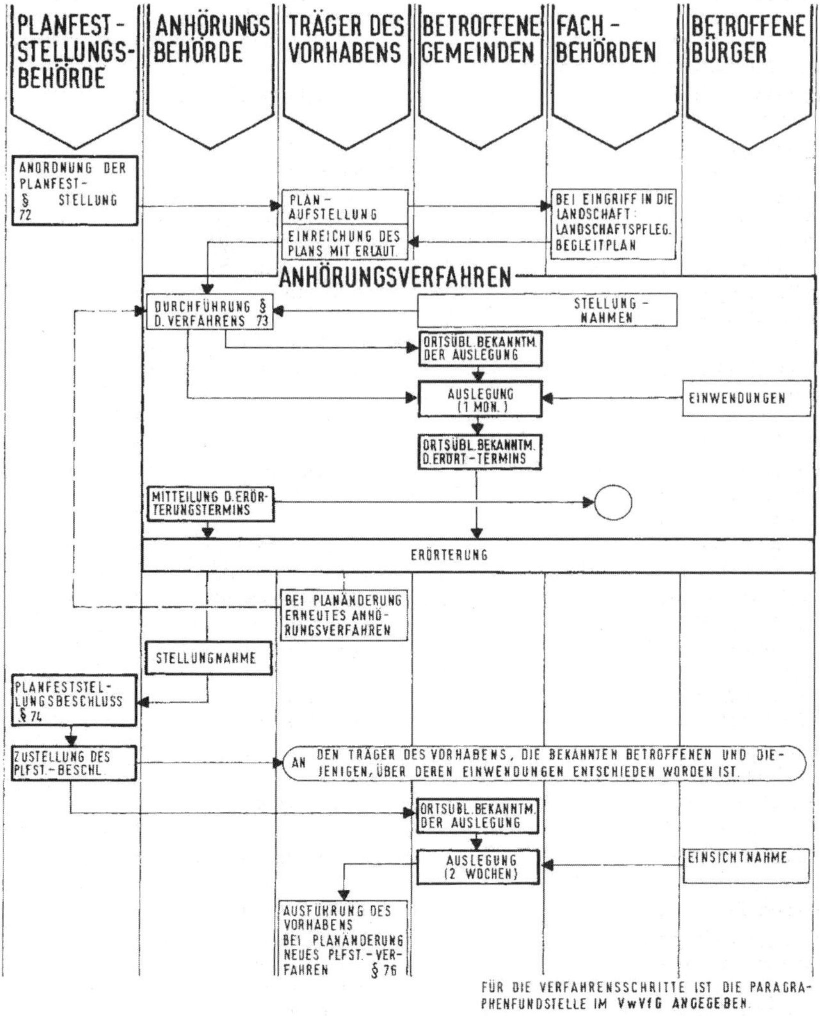

Abb. 9.13 Planfeststellungsverfahren

Sanierungsmaßnahmen, städtebauliche (BauGB §§ 136 bis 164b) Sie dienen der Verbesserung und Umgestaltung von Gebieten, in denen städtebauliche Missstände vorliegen. Sie dienen dem Wohl der Allgemeinheit. Städtebauliche Missstände liegen i. d. R. dann vor, wenn die allgemeinen Anforderungen an gesunde Wohn- und Arbeitsverhältnisse oder die Sicherheit der Wohn- und Arbeitsbevölkerung nicht gewährleistet und die städtebaulichen Funktionen des Gebietes mangelhaft sind. Verfahrensschritte: 1. vorbereitende Untersuchungen, 2. förmliche Festlegung des Sanierungsgebietes, 3. Bestimmung der Ziele und Zwecke der Sanierung, 4. städtebauliche Planung (z. B.: *B-Plan*), 5. Erörterung, 6. Sozialplan, 7. Baumaßnahmen, 8. Aufhebung der Sanierungssatzung nach erfolgter Maßnahme.

Satzung Ein von der kommunalen Legislative (Gemeinderat; Stadtrat) erlassenes Gesetz. Nach GG Art. 28 haben die Gemeinden das Recht, ihre Angelegenheiten in eigener Verantwortung zu regeln. Im Bereich des städtebaulichen Planungsrechts werden verbindliche *Bauleitpläne* (BauGB § 10) sowie die Abgrenzung des im *Zusammenhang bebauten Ortsteils* (BauGB § 34) als Satzung erlassen. Die Durchführung von *Ausgleichsmaßnahmen* ist durch Satzungen regelbar (BauGB § 135a–c). Im besonderen Städtebaurecht gibt es Sanierungssatzungen (BauGB § 142) und Erhaltungssatzungen (BauGB § 172). Grundlage von kommunalen Abwassersatzungen sind hingegen die Gesetze des *Wasserrechts*.

Schallschutz im Städtebau (Tafel 9.15) DIN 18 005-1 (Neufassung 07/2002, das Beiblatt 5/1987 blieb unverändert) enthält Berechnungsgrundlagen für die Ermittlung von Schallemissionen und das zugehörige Beiblatt Orientierungswerte für den Schallschutz. In der 16. Verkehrslärmschutzverordnung (Tafel 9.15) (16. BImSchV) werden Grenzwerte festgesetzt. Die Ermittlung von Verkehrslärmpegeln erfolgt unter Berücksichtigung lärmrelevanter Parameter.

Störungsabwehrklausel [BauNVO § 15 (1)] Bauliche Anlagen sind im Einzelfall unzulässig, wenn von ihnen Belästigungen oder Störungen ausgehen können, die nach der Eigenart des *Baugebiets*, in dem sie verwirklicht werden sollen, im Baugebiet selbst oder in dessen Umgebung unzumutbar sind. Sie sind auch unzulässig, wenn sie solchen Belästigungen oder Störungen ausgesetzt werden können.

Straftaten gegen die Umwelt werden nach dem Strafgesetzbuch (StGB) geahndet, und zwar Verunreinigung eines *Gewässers* (§ 324), Verunreinigung der Luft (§ 325), Umwelt gefährdende *Abfallbeseitigung* (§ 326), unerlaubtes Betreiben von *Anlagen* (§ 327), unerlaubter Umgang mit Kernbrennstoffen (§ 328), Gefährdung schutzbedürftiger Gebiete (§ 329), schwere Umweltgefährdung (§ 330).

Technische Baubestimmung Die oberste Baubehörde eines Bundeslandes kann technische Baubestimmungen erlassen, um die in den *Landesbauordnungen* beschriebenen öffentlichen *Belange* (z. B. öffentliche Sicherheit und Ordnung, insbesondere Leben oder Gesundheit) wahren zu helfen. Technische Baubestimmungen sind in der Regel zu beachten. Sie gelten im Sinne des *Bauordnungsrechts* als *allgemein anerkannte Regeln der Technik. Normen* und andere technische Regeln können durch bauaufsichtliche Einführung zur technischen Baubestimmung erhoben werden. Dies geschieht durch die *Liste der Technischen Baubestimmungen*, die i. d. R. jährlich von den einzelnen Ländern herausgegeben wird.

Träger öffentlicher Belange (Abb. 9.8) werden gemäß BauGB § 4 bei der Aufstellung der *Bauleitpläne* beteiligt. Es sind Stellen und Fachbehörden, die die in den Planungsgrundsätzen des Baugesetzbuches § 1 (5–6) formulierten *öffentlichen Belange* vertreten.

Übereinstimmungsnachweise (Abb. 9.10) sind der nationale Weg besonderer *Brauchbarkeitsnachweise*. Sie können als *allgem. bauaufsichtl. Zulassung*, als *allgem. bauaufsichtl. Prüfzeugnis* oder als Nachweis der Verwendbarkeit im Einzelfall geführt werden.

Überschwemmungsgebiete (WHG § 32) dienen dem schadlosen Abfluss von Hochwasser. Sie sind von Bebauung generell frei zu halten.

Umlegungsverfahren (Abb. 9.8) Die Umlegung von Grundstücken ist ein Rechtsinstrument der Bodenordnung zum Zwecke der Durchführung der verbindlichen Bauleitplanung (Tafel 9.5). Bei der Umlegung werden Grundstücke unter Berücksichtigung ihres Verkehrswertes ohne Wertgewinne oder -verluste ggf. mithilfe von Ausgleichszahlungen derart getauscht, dass eine Parzellierung entsteht, die die Realisierung der Planung ermöglicht. Umlegung ist auf freiwilliger Basis durch die betroffenen Eigentümer, jedoch auch nach BauGB §§ 45 bis 79 in eigener Verantwortung der Gemeinden durchführbar.

Tafel 9.15 Schallschutz im Städtebau
Schalltechnische Orientierungswerte für die städtebauliche Planung
Beiblatt 1 zu DIN 18 005-1 (5.87) (Auszug)

Baugebiet nach BauNVO §§ 2 bis 11 Öffentliche Grünflächen nach BauGB § 9 (1) 15	Höchstwert (dB)		
	tags	nachts	
		Industrie-, Gewerbe-, Freizeitlärm	sonstiger Lärm
Reine Wohngebiete, Wochenend- und Ferienhausgebiete	50	35	40
Allgemeine Wohngebiete, Kleinsiedlungsgebiete, Campingplatzgebiete	55	40	45
Besondere Wohngebiete	60	40	45
Dorf- und Mischgebiete	60	45	50
Kerngebiete, Gewerbegebiete	65	50	55
Sonstige Sondergebiete, soweit sie schutzbedürftig sind (z. B. Klinikgebiete) je nach Nutzungsart	45–65	35–65	
Friedhöfe, Kleingartenanlagen, Parkanlagen		55	
Industriegebiete	Emissionen nach DIN 18 005-1 (5.87) Immissionswerte werden nicht angegeben.		

16. Verordnung zur Durchführung des Bundesimmissionsschutzgesetzes (Verkehrslärmschutzverordnung – 16. BImSchV) (12. 6. 1990) (Auszug)

Baugebiet, Nutzungsart	Immissionsgrenzwert in dB(A)	
	tags	nachts
Krankenhäuser, Schulen, Kur- und Altenheime	57	47
Reine und Allgemeine Wohngebiete, Kleinsiedlungsgebiete	59	49
Misch-, Dorf-, Kerngebiete	64	54
Gewerbegebiete	69	59

Umweltbericht ist nach § 2a BauGB bei B-Plänen für UVP-pflichtige Vorhaben in allgemein verständlicher Form in die B-Plan-Begründung bereits bei der Aufstellung des Plans aufzunehmen, um bei der *Bürgerbeteiligung* und der Beteiligung der *Träger öffentlicher Belange* umwelterhebliche Auswirkungen beurteilen zu können.

Umwelthaftungsgesetz (UmweltHG) Das Gesetz regelt die Haftung für schädliche Umwelteinwirkungen durch *Anlagen.*

Umweltverträglichkeitsprüfung (UVP) Sie wird geregelt durch das Gesetz über die UVP (UVPG). Erlassen am 12.2.1990, i. d. F. vom 5.9.2001 (BGBl. I S. 2350), zuletzt geändert durch Art. 3 Europarechtsanpassungsgesetz Bau v. 24.6.2004 (BGBl. I S. 1359).

Die Umweltverträglichkeitsprüfung ist ein unselbstständiger Teil verwaltungsbehördlicher Verfahren, die der Entscheidung über die Zulässigkeit von Vorhaben dienen. Die UVP umfasst die Ermittlung, Beschreibung und Bewertung der Auswirkungen eines Vorhabens auf

1. Menschen, Tiere und Pflanzen,
2. Boden, Wasser, Luft, Klima und Landschaft,
3. Kulturgüter und sonstige Sachgüter sowie
4. die Wechselwirkungen zwischen den vorgenannten Schutzgütern.

Inhalt [§ 6 (3/4): Grundsatz der Erheblichkeit]

- **Beschreibung** des Vorhabens: Standort/Art und Umfang des Bedarfs an Grund und Boden/ Beschreibung der Anlagen-Verfahren
- **Alternative** Vorhabenkonzepte und deren Bewertung
- Beschreibung der **Emissionen** und **Reststoffe** (Art und Menge)
- Beschreibung der Maßnahmen zur **Vermeidung** von erheblichen **Umweltbeeinträchtigungen** und von **Ersatzmaßnahmen** nach NatSchG
- Beschreibung der erheblichen **Auswirkungen** des Vorhabens auf die Umwelt

Verfahren

- **Auslegung** der Unterlagen (in allgemein verständlicher Art) bei Beginn eines Verfahrens mit den übrigen Unterlagen (§ 6)
- **Einholung von Stellungnahmen** der durch das Vorhaben berührten Behörden (§ 7)
- **Öffentlichkeitsbeteiligung** (*Anhörung*) entsprechend den Vorschriften des VwVfG (§ 9)
- Zusammenfassende und umfassende Darstellung der Umweltauswirkungen (§ 11) mit Ergebnis der Stellungnahmen und der Beteiligung der Öffentlichkeit
- **Bewertung** der Umweltauswirkungen (§ 12)
- **Vorbescheid** bzw. **Teilzulassungen** (§ 13)
- **Zulassung** des Vorhabens (§ 14)

Rechtsnatur

Umweltverträglichkeitsprüfung ist unselbstständiger Teil verwaltungsbehördlicher Verfahren zur Entscheidung über die Zulässigkeit von Vorhaben:

– Bewilligung	
– Erlaubnis	(z. B. wasserrechtl. Art/LWG)
– Genehmigung	(z. B. Baugenehmigung/LBO)
– Planfeststellungsbeschluss	(n. VwVfG)
– B-Plan-Beschluss	
– F-Plan-Beschluss	(... wenn Grundl. f. Zul. v. Vorh.)

Unternehmer (*Landesbauordnungen*) Er führt die vom Bauherrn bestellten Arbeiten aus. Er ist dafür verantwortlich, dass seine Arbeiten dem *öffentlichen Baurecht* entsprechen.

Verantwortliche Personen Nach den *Landesbauordnungen* sind dies Personen, die für eine Baumaßnahme verantwortlich sind. Es sind dies: der *Bauherr*, der *Entwurfsverfasser*, der *Unternehmer* und sonstige Personen, die Gewalt über eine bauliche Anlage oder ein Grundstück ausüben.

Veränderungssperre Sie dient der Sicherung von Planungen in einem räumlich klar umgrenzten Bereich. Veränderungssperren können im Zusammenhang mit verbindlichen *Bauleitplanungen* (BauGB §§ 14 bis 18) beschlossen werden (Abb. 9.8). Nach Bundesfernstraßengesetz (FStrG) § 9a tritt im Zusammenhang mit einem *Planfeststellungsverfahren* eine Veränderungssperre automatisch in Kraft.

Vollgeschoss Der Begriff des Vollgeschosses hat Bedeutung bei der Ermittlung von Geschosszahlen und *Geschossflächenzahlen* (BauNVO §§ 18 und 20) und bei der Einstufung von Gebäuden hinsichtlich der Anforderungen des Brandschutzes und der Anforderungen an Treppen, Treppenräume und Aufzugsanlagen. Nach BauNVO § 17 (Tafel 9.11) wird das *Maß der baulichen Nutzung* unter anderem durch die zulässige Zahl der Vollgeschosse bestimmt. Die Definition für Vollgeschoss unterscheidet sich in den Bauordnungen der Bundesländer. Bestandteile der Definition sind die mittlere Mindestraumhöhe (lichte Raumhöhe) oder mittlere Mindestgeschosshöhe, das Größenverhältnis zu ggf. darunter liegenden Vollgeschossen und die Lage zur Geländeoberfläche.

Vorbescheid siehe *Bauvoranfrage*

Vorhaben sind nach BauGB § 29 die Errichtung, Änderung oder Nutzungsänderung von *baulichen Anlagen*, die nach Landesrecht (*Landesbauordnungen*) einer bauaufsichtlichen Genehmigung (Abb. 9.17) bedürfen oder der Bauaufsichtsbehörde angezeigt werden müssen.

Vorhaben- und Erschließungsplan ist ein auf ein konkretes Vorhaben bezogener Plan. Er wird Bestandteil eines vorhabenbezogenen *Bebauungsplans*, bei dem der Vorhabenträger, von dem i. d. R. die Initiative ausgeht, mit der Gemeinde kooperiert (BauGB § 12).

Vorkaufsrecht (Abb. 9.8) Nach BauGB §§ 24 bis 28 steht den Gemeinden ein gesetzliches Vorkaufsrecht auf Grundstücke zu, die im Geltungsbereich eines rechtskräftigen oder zukünftigen *Bebauungsplanes* liegen oder in ein Verfahren zur Bodenordnung einbezogen sind (z. B. *Umlegungsverfahren*).

Wasserbuch Im Wasserbuch sind *Erlaubnisse, Bewilligungen,* alte Wasserrechte, *Wasserschutzgebiete* und *Überschwemmungsgebiete* einzutragen. Wasserbücher werden von den unteren Wasserbehörden geführt.

Wasserhaushaltsgesetz (WHG) (Abb. 9.18) Das „Gesetz zur Ordnung des Wasserhaushalts" regelt die Bewirtschaftung und Nutzung der *Gewässer* als Bestandteile des Naturhaushalts.

Wasserrecht (Abb. 9.18) Es wird im Wesentlichen durch das *Wasserhaushaltsgesetz* (WHG) und das *Abwasserabgabengesetz* (AbwAG) als Rahmengesetze des Bundes, die Landeswassergesetze und kommunale *Satzungen* geregelt.

Wasserschutzgebiete (WHG § 19) dienen dem Schutz von *Gewässern* zum Zwecke der Wasserversorgung.

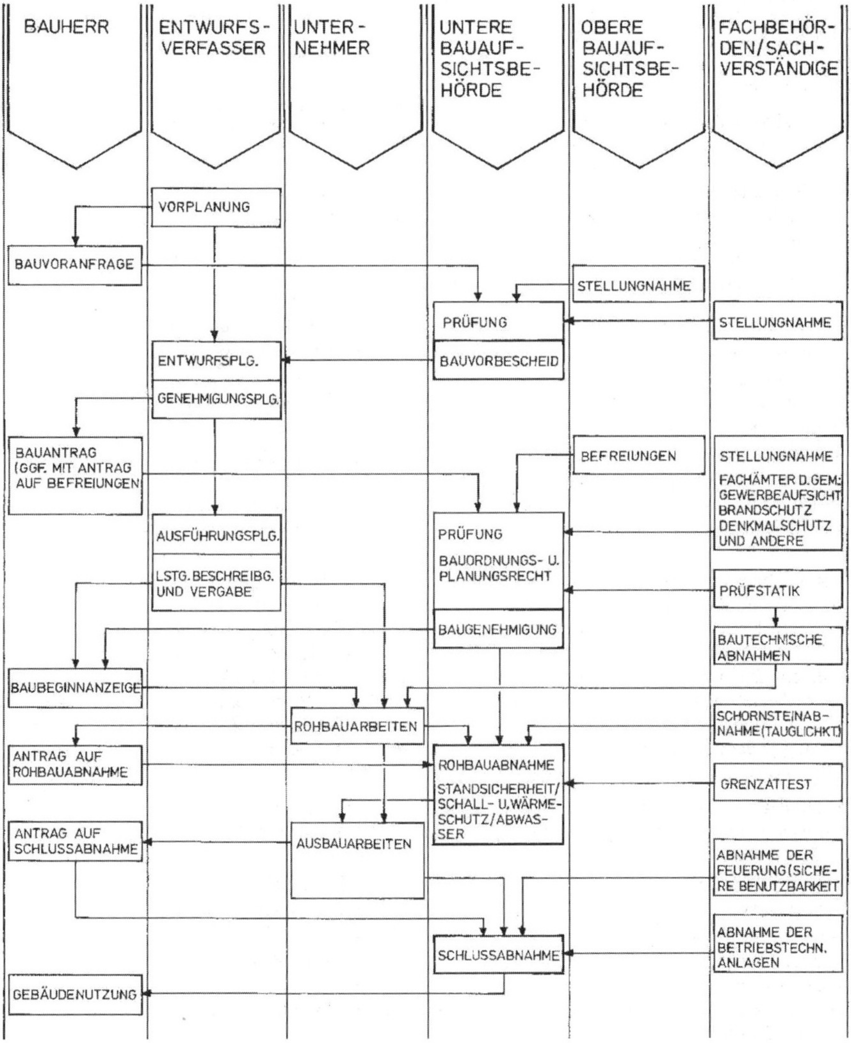

Abb. 9.17 Baugenehmigungsverfahren (bundeslandspezifische Abweichungen von diesem Schema sind möglich)

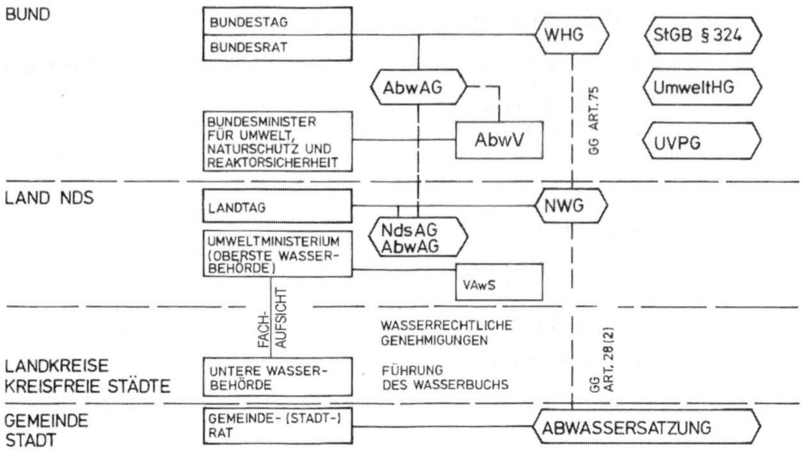

Abb. 9.18 Das Wasserrecht (Beispiel Niedersachsen)

(Abkürzungen: AbwAG = Abwasserabgabengesetz, AbwasserVwV = Abwasserverwaltungsverordnung, NdS AG AbwAG = Niedersächsisches Ausführungsgesetz zum Abwasserabgabengesetz, VAwS = Anlagenverordnung, WHG = Wasserhaushaltsgesetz, NWG = Niedersächsisches Wassergesetz)

Zulässigkeit von Vorhaben Diese regelt sich nach BauGB §§ 29–38. Danach gibt es drei Zulässigkeitsbereiche: Geltungsbereiche von *Bebauungsplänen* (Abb. 9.8), den unbeplanten *Innenbereich* (Abb. 9.3) (siehe auch: *Im Zusammenhang bebauter Ortsteil*) und den *Außenbereich* (Abb. 9.3). Vorhaben müssen darüber hinaus den Anforderungen der *Landesbauordnungen* entsprechen, wenn sie einer *Baugenehmigung* oder -anzeige bedürfen.

Zulassung, allgemeine bauaufsichtliche Zulassung ist ein *Brauchbarkeitsnachweis* für nicht geregelte Bauprodukte und wird vom *Deutschen Institut für Bautechnik* im Auftrag der obersten Bauaufsichtsbehörden der Länder erteilt. Die Gültigkeitsdauer soll 5 Jahre nicht überschreiten und kann verlängert werden. Sie ist zu widerrufen, wenn sich die neuen Baustoffe usw. nicht bewähren.

Das DIBt macht die von ihm erteilten allgemeinen bauaufsichtlichen Zulassungen nach Gegenstand und wesentlichem Inhalt bekannt (Abb. 9.10).

Zulassungen, europäische technische Nach dem *Bauproduktengesetz* dem Hersteller für *Bauprodukte* auf Antrag erteilte *Brauchbarkeitsnachweise*. In Deutschland für Zulassungen zuständige Stelle: *Deutsches Institut für Bautechnik*, Berlin (BauPG §§ 6 und 7) (Abb. 9.10).

Abkürzungen

AbfG	Abfallgesetz
AbwAG	Abwasserabgabengesetz
AbwV	Abwasserverordnung
BauGB	Baugesetzbuch
BauNVO	Baunutzungsverordnung
BauO NW	Bauordnung Nordrhein-Westfalen
BauPG	Bauproduktengesetz
BImSchG	Bundesimmissionsschutzgesetz
BNatSchG	Bundesnaturschutzgesetz
DIBt	Deutsches Institut für Bautechnik
FStrG	Bundesfernstraßengesetz
GFZ	Geschossflächenzahl
GOP	Grünordnungsplan
GG	Grundgesetz
GRZ	Grundflächenzahl
HOAI	Honorarordnung für Architekten und Ingenieure
LBO	Landesbauordnung
LPB	Landschaftspflegerischer Begleitplan
LWG	Landeswassergesetz
MBO	Musterbauordnung
NBauO	Niedersächsische Bauordnung
NNatSchG	Niedersächsisches Naturschutzgesetz
NWG	Niedersächsisches Wassergesetz
PlanzV	Planzeichenverordnung
ProdhaftG	Produkthaftungsgesetz
ROG	Raumordnungsgesetz
StGB	Strafgesetzbuch
VwVfG	Verwaltungsverfahrensgesetz
UmweltHG	Umwelthaftungsgesetz
UVP	Umweltverträglichkeitsprüfung
WHG	Wasserhaushaltsgesetz

9 B Werkvertrag und HOAI

Grundlagen und Vertragsgestaltung, Honorarmanagement und Vertragskündigung

Rechtsanwalt Dr. M.-Maximilian Lederer
(Partner in der Kanzlei Kapellmann und Partner, Düsseldorf;
Lehrbeauftragter für Bauvertrags- und Honorarmanagement an der Universität Leipzig)

1 Vertragsgestaltung und Honorarsicherung bei Architekten-/Ingenieurverträgen

1.1 Rechtsnatur von Architekten- und Ingenieurverträgen – Werk- oder Dienstvertrag?

Die Frage nach der Rechtsnatur von Architekten- und Ingenieurverträgen ist von erheblicher Bedeutung für Vergütungs- und Haftungsfragen.

In Betracht kommt die Einordnung als Werk- oder Dienstvertrag.

Bei Werkverträgen schuldet der Auftragnehmer einen Erfolg; bei Dienstverträgen schuldet er eine Tätigkeit/Bemühen, unabhängig von dem Eintritt eines bestimmten Erfolges.

Hiervon ausgehend ist selbstverständlich das Gewährleistungs- und Haftungsrecht völlig verschieden.

Bei Werkverträgen steht man im Rahmen der Gewährleistung verschuldensunabhängig für den Eintritt des Erfolges während der Gewährleistungsfristen (grundsätzlich 2 Jahre, bei Bau- und Planerverträgen für Bauwerke 5 Jahre) ein.

Bei Dienstverträgen fehlt es an einem vergleichbaren Gewährleistungsrecht, da kein Erfolg geschuldet ist.

Für die Haftung im Dienstvertragsrecht, soweit sie in Betracht kommt, gilt die regelmäßige Verjährungsfrist (gem. § 195 BGB n. F. 3 Jahre).

Völlig unterschiedlich sind weiter die Voraussetzungen, unter denen der Anspruch auf die vereinbarte Vergütung entsteht. Beim Werkvertragsrecht ist die Vergütung abhängig von der (mängelfreien) Erfüllung der vertraglich geschuldeten Leistung, beim Dienstvertragsrecht wird die Vergütung für die geleisteten Dienste (Tätigkeit) erbracht. Ebenfalls unterschiedlich geregelt sind Kündigung und Kündigungsfolgen.

Insoweit wird auf die Abb. 9.19 verwiesen.

	Werkvertrag	Dienstvertrag
• Erfolgshaftung	+	–
• Gewährleistung	Mängelbeseitigung ohne Verschulden	–
• Haftung/ Schadensersatz	fehlender Erfolgseintritt und Verschulden	unsorgfältige Erfüllung der übernommenen Tätigkeiten + Verschulden
• Verjährungsfrist	2 Jahre / 5 Jahre	3 Jahre
• Vergütung	abhängig von der Erbringung des geschuldeten Erfolges	Erbringen der vereinbarten (erfolgsunabhängigen) Tätigkeit
• Vertragsbeendigung	Kündigung bei Beibehaltung des Werklohnanspruchs, § 649 S. 2 BGB	Kündigung gemäß vertraglichen oder gesetzlichen Kündigungsfristen

Abb. 9.19 Rechtsnatur von Architekten-/Ingenieurverträgen

1.2 Die herrschende Meinung zur Einordnung von Architekten- und Ingenieurverträgen als Werk- oder Dienstvertrag

Die herrschende Meinung nimmt überwiegend an, dass es sich bei Architekten- und Ingenieurverträgen um Werkverträge handelt (ständige Rechtsprechung seit BGHZ 31, 224).

Maßgeblich getragen wird dieses Ergebnis von der Überlegung, dass der Architekt/Ingenieur die Bau-/Anlagenerrichtung planerisch bis zum Ende = Erfolg (Fertigstellung des Baues/der Anlage) begleitet.

Der Architekt/Ingenieur schuldet im Rahmen der ihm übertragenen Planungsaufgaben alle notwendigen planerischen Leistungen, damit der Bau/die Anlage mängelfrei errichtet wird.

Insoweit ist es nur folgerichtig und konsequent, dass die Leistung des Architekten/Ingenieurs seinem Kerngehalt nach erfolgsbezogen und nicht lediglich tätigkeitsbezogen qualifiziert wird.

Dabei ist die schlussendliche Errichtung des Baues/der Anlage nur der letzte von mehreren bereits vorher zu erzielenden Erfolgen, die der Architekt/Ingenieur (bei Vollbeauftragung) schuldet. Zur Errichtung des Bauvorhabens muss der Architekt/Ingenieur Teilerfolge erbringen, und zwar:

- Erstellung eines die Vorstellung des AG in architektonischer wie kostenmäßiger Hinsicht umsetzenden Entwurfes
- Einholung der notwendigen behördlichen Genehmigungen (Baugenehmigung etc.)
- Durchführung der für die Bauerrichtung notwendigen Vergaben/Beauftragungen von Werkunternehmern
- Überwachung der Bauerrichtung auf Übereinstimmung mit den planerischen Vorgaben und auf Mängelfreiheit
- Erstellung der Dokumentation.

Hiervon ausgehend wird in ständiger Rechtsprechung der Architekten- und Ingenieurvertrag werkvertraglich qualifiziert, wenn

- das volle Leistungsbild übertragen wird (Vollarchitektur, vgl. BGHZ 45, 372)
- der Architekt beginnend mit der Vorbereitung der Vergabe oder lediglich mit der Objektüberwachung beauftragt wird (BGHZ 62, 204 sowie BGH, BauR 1982, 79).

Lediglich dann, wenn der beauftragte Architekt/Ingenieur zu Planungsleistungen eines Dritten oder des Auftraggebers unterstützende Leistungen erbringt (z. B. im Rahmen des Entwurfs oder der Koordinierung), für die Herbeiführung des Erfolges also der Auftraggeber selber oder ein Dritter letztendlich verantwortlich ist, wird man einen Dienstvertrag annehmen können.

1.3 Die wesentlichen Konsequenzen der werkvertraglichen Einordnung von Architekten- und Ingenieurverträgen

Der Architekt/Ingenieur schuldet zu der vereinbarten Vergütung die Herbeiführung des nach dem Vertrag geschuldeten Erfolges.

In dieser Aussage stecken bereits die wesentlichen Elemente und damit Konsequenzen aus der werkvertraglichen Einordnung von Architekten- und Ingenieurverträgen:

- Die Herbeiführung des Werkerfolges ist für die Erfüllung des Vertrages entscheidend, nicht der dafür notwendige Aufwand. Der Aufwand für die Herbeiführung des Werkerfolges kann gering oder sehr hoch sein. In beiden Fällen bleibt das Honorar der Architekten/Ingenieure grundsätzlich unverändert. Eine Aufwandsbeschränkung findet in den Gebührentatbeständen der HOAI (§§ 15, 64, 73) nicht statt. Das ist der Grund, warum dem Architekten/Ingenieur, dem die Vollplanung übertragen worden ist, kein Vergütungsanspruch zusteht, wenn er keine genehmigungsfähige Planung in der Lage ist zu erstellen (vgl. OLG Düsseldorf, BauR 1997, 159 ff.) oder aber die Planung des Architekten/Ingenieurs den vom Auftraggeber verbindlich vorgegebenen Kostenrahmen nicht einhält (vgl. OLG Düsseldorf, IBR 1997, 509).
- Der geschuldete Werkerfolg wird durch den Vertrag definiert. Im Bauvertragsrecht sprechen wir insoweit von Bausoll; bei Planerverträgen würde es sich anbieten, vom **Planungssoll** zu sprechen.
- Das Planungssoll wird von den Parteien gemäß den vertraglichen Festlegungen definiert. Zu diesem Zweck muss der Vertrag zur Ermittlung des Planungssolls ausgelegt werden. Es gelten die allgemeinen Auslegungsgrundsätze, insbesondere das Totalitätsprinzip, d. h. der Grundsatz, wonach alle vertraglichen Unterlagen und Umstände, unter denen der Vertrag geschlossen wurde, zur Ermittlung und Auslegung des Vertrages heranzuziehen sind. Die HOAI ist dabei allenfalls nachrangig zu berücksichtigen, da sie als Preisrecht ausschließlich für die Honorierung von Planungs- und Ingenieurleistungen einschlägig ist.

Werkleistung/BGB	Honorar/HOAI
• Maßgeblich für die Feststellung, ob überhaupt Vergütung geschuldet.	• Maßgeblich für die Vereinbarung zur Höhe des Honorars (Mindest-Höchstsätze; Schriftform).
• Entstehung des Honoraranspruchs Maßgeblich allein die Erfüllung des Planungssolls.	• Aufwandsunabhängige Leistung, bis Planungssoll erreicht ist.
• Erbringung des Planungssolls in abnahmereifer Form (d. h. mängelfrei). Anerkannte Regeln der Technik stellen dabei nur den Mindeststandard der Vertragsgerechtigkeit des Planungssolls dar (BGH BauR 1995, 230).	• Lediglich subsidiäre Geltung der Leistungskataloge der HOAI zur Ermittlung der geschuldeten Leistung.
• Gemäß werkvertraglichen Grundsätzen verschuldensunabhängige Haftung zur Erzielung des Planungssolls.	• Fälligkeit des Honorars: Prüffähige Rechnung unter Beachtung vor allem von § 10 HOAI (DIN 276!).

Abb. 9.21 Folgen der werkvertraglichen Einordnung von Architekten- und Ingenieurverträgen

1.4 Elemente der Geschäftsbesorgung in Architekten- und Ingenieurverträgen

Neben der Herbeiführung des sich über das vertragliche Planungssoll definierenden Werkerfolges schuldet der Architekt/Ingenieur auch geschäftsbesorgende Tätigkeiten.

Hierzu gehören Aufklärungs- und Beratungspflichten, die abhängig von dem zu planenden Objekt und der Person des Auftraggebers (Projekterfahrenheit des Auftraggebers) sind. Soweit der Architekt/Ingenieur vertragsgemäß die Pflichten des AG gegenüber Dritten wahrnimmt, ist er Sachwalter der Interessen des Auftraggebers.

Zu den Sachwalterpflichten gehören:

- Beratung des AG zur Notwendigkeit der Einschaltung von Sonderfachleuten gemäß den objektspezifischen Notwendigkeiten: wichtig bei der Frage, ob Bodengutachter, Fassadenplaner, Bauakustiker, Schnittstellenkoordinatoren etc. beauftragt werden sollen. Wird mangels Empfehlung des Architekten/Ingenieurs ein objektiv notwendiger Sonderfachmann nicht eingeschaltet, haftet der Architekt/Ingenieur für Mängel in der Planung/Bauerrichtung, die durch Einschaltung des Sonderfachmanns vermieden worden wären, dem AG auf Schadensersatz.
- Beratung des AG über die Art der Bauvergabe (z. B. GU-Vergabe gegenüber Einzelvergabe) und Auswahl der Bauhandwerker
- Belehrung über Eigenschaften und Risiken neuer/alternativer Baustoffe oder Baukonstruktionsverfahren
- Beratung des AG im Bereich der Kostenverfolgung/-deckelung
- Berücksichtigung vertragsrechtlicher Interessen des AG bei Abfassung von Bauverträgen für den AG (z. B. bei den Verjährungsfristen)
- Beratung zur Erlangung öffentlicher Fördermittel
- Berücksichtigung von Nachbarrechtsverhältnissen
- Beratung und Durchsetzung der auftraggeberseitigen Interessen vor, bei und nach der Abnahme von Werkleistungen
- Maßnahmen und Beratung zur Verfolgung und Durchsetzung der Mängelbeseitigungsansprüche (z. B. bei drohendem Ablauf der Gewährleistungsfristen, Einschaltung eines Anwalts zur Einleitung verjährungsunterbrechender Maßnahmen).

1.5 Der Abschluss von Architekten- und Ingenieurverträgen

1.5.1 Formvorschriften, Kopplungsverbot

a) Form des Architektenvertrages

Der Architektenvertrag bedarf ebenso wie jeder gewöhnlicher Werkvertrag (s. o.) keiner bestimmten Form; d. h., er kann auch **mündlich** wirksam abgeschlossen werden.

Allerdings wird über § 4 HOAI für den Teil des Architektenvertrages, der die Vereinbarung des Honorars betrifft, eine bestimmte Form vorgeschrieben. § 4 HOAI lautet:

„Vereinbarung des Honorars

(1) Das Honorar richtet sich nach der schriftlichen Vereinbarung, die die Vertragsparteien bei Auftragserteilung im Rahmen der durch diese Verordnung festgesetzten Mindest- und Höchstsätze treffen.

...

(4) Sofern nicht bei Auftragserteilung etwas anderes schriftlich vereinbart worden ist, gelten die jeweiligen Mindestsätze als vereinbart."

Nach § 4 HOAI kann eine von den Mindestsätzen der HOAI abweichende Vereinbarung des Honorars folglich nur

- schriftlich und
- bei Auftragserteilung getroffen werden.

Um der Schriftform als Voraussetzung einer wirksamen, die Mindestsätze der HOAI überschreitenden Honorarvereinbarung zu genügen, ist es in jedem Fall (selbstverständlich) ausreichend,

wenn die Vertragsparteien die Vereinbarung über das Honorar eigenständig unterschreiben (OLG Köln, BauR 1986, 467).

Eine Vertragsurkunde mit beiden Unterschriften der Vertragsparteien ist dabei nicht notwendig. Es reicht aus, wenn jede Partei die für sie bestimmte Vertragsurkunde unterzeichnet.

Nicht ausreichend ist es, wenn eine Vertragspartei lediglich die Honorarvereinbarung schriftlich, sei es durch einseitige Auftragsbestätigung oder durch kaufmännisches Bestätigungsschreiben, „bestätigt" (BGH, BauR 1989, 222). Selbst wenn die eine Vertragspartei ein schriftliches Angebot macht und die andere Seite schriftlich bestätigt, soll dies nach Auffassung des BGH (BauR 1994, 131) nicht ausreichend sein, um der Schriftformvoraussetzung zu genügen (hiergegen zu Recht Locher/Koeble/Frik, Kommentar zur HOAI, 9. Aufl., Rz. 28 zu § 4).

Handlungsempfehlung:

Bei der strengen Auslegung des Schriftformerfordernisses einer Honorarvereinbarung gibt es nur eine richtige, weil sichere Vorgehensweise:

Die schriftlich zu fertigende Honorarvereinbarung muss von beiden Parteien auf derselben Urkunde gegengezeichnet werden.

Folge einer unwirksamen Honorarvereinbarung:

Ist dem Schriftformerfordernis nicht Genüge getan, so ist die Honorarvereinbarung unwirksam. Es gelten gemäß der Fiktion von **§ 4 Abs. 4 HOAI** die jeweiligen Mindestsätze als vereinbart. Der Vertrag bleibt im Übrigen in allen Punkten gültig.

b) Geltungsumfang des Schriftformerfordernisses

Das Schriftformerfordernis gilt für die Vereinbarung des Honorars u. a. hinsichtlich

- der Grundleistungen,
- der Besonderen Leistungen (es sei denn, sie werden isoliert vereinbart),
- Zusätzlicher Leistungen, die zu den Grundleistungen hinzutreten (strittig, vgl. Weyer, BauR 1995, 446, 448),
- eines erhöhten Umbauzuschlags nach § 24 HOAI,
- einer Nebenkostenpauschale nach § 7 Abs. 3 Satz 2 HOAI.

Grundsätzlich gilt das Schriftformerfordernis bei Honorarvereinbarungen aller Art, die eine Abweichung von den Mindestsätzen zum Inhalt haben, sei es durch

- Einordnung in eine falsche Honorarzone,
- die Vereinbarung zu niedriger oder zu hoher anrechenbarer Kosten,
- die Vereinbarung zu niedriger Prozentsätze aus den Leistungsbildern für die betreffenden Leistungsphasen (vgl. Landgericht Nürnberg, BauR 1993, 105),
- Zusammenfassen eigentlich getrennt abzurechnender Objekte oder Tätigkeiten (§ 20 I HOAI) etc.

Das Schriftformerfordernis erstreckt sich allerdings nur auf den Geltungs- bzw. Regelungsbereich der HOAI.

Der Regelungsbereich der HOAI wird bestimmt durch **§ 1 HOAI**, der auf die einzelnen Leistungsbilder sowie die gesonderten Bestimmungen der HOAI verweist, welche eine Regelung des Honorars vornehmen.

§ 1 HOAI hat folgenden Wortlaut:

„Anwendungsbereich

Die Bestimmungen dieser Verordnung gelten für die Berechnung der Entgelte für die Leistungen der Architekten und der Ingenieure (Auftragnehmer), soweit sie durch Leistungsbilder oder andere Bestimmungen dieser Verordnung erfasst werden."

Die HOAI und damit auch das Schriftformerfordernis gilt demgemäß nicht für alle diejenigen Teile der Vereinbarung in einem Architekten-/Ingenieurvertrag, der den Vergütungsteil für die beauftragten Leistungen entweder nicht betrifft oder aber die Vergütung für Leistungen regelt, die von den Leistungsbildern der HOAI nicht erfasst sind.

Zu Letzteren gehören beispielsweise

- die in Auftrag gegebene reine Beratungstätigkeit des Architekten,
- die Beauftragung mit Gutachten, die nicht unter § 33 HOAI fallen,
- die Erbringung von Leistungen nicht in der HOAI erfasster Fachingenieure, wie z. B. die Planung von Leitsystemen für den Verkehr in Einkaufsmärkten, Krankenhäusern, Kongresscentern etc. (vgl. Korbion/Mantscheff/Vygen, 6. Aufl., HOAI-Komm., § 1 Rz. 46),
- sowie die Planungsleistungen, mit denen Generalunter- bzw. -übernehmer beauftragt werden (vgl. BGH, ZfBR 1997, 250 ff.).

Das Schriftformerfordernis gilt weiter nicht für folgende Sachverhalte:

- Vereinbarung, wonach die Architektenleistung **kostenlos** oder auf Risiko des Auftragnehmers erbracht werden soll;
- Vereinbarungen, bei denen die Vergütungspflicht von einer **Bedingung** abhängig gemacht wird;
- Vereinbarung einer Kompensationsabrede zwischen Architekten mit dem Ziel, eine Kostenlosigkeit der wechselseitig zu erbringenden Leistungen zu regeln.

c) Ausnahmefälle, in denen der Architektenvertrag selbst (nicht nur die Honorarvereinbarung) einer bestimmten Form bedarf

Es gibt besondere gesetzliche Regelungen, die bei bestimmten Personen, die Vertragspartner von Architekten/Ingenieuren sein können, eine bestimmte Form für den Vertragsabschluss vorschreiben.

Als wichtigster Fall wäre hier der Vertragsschluss mit **Gemeinden** zu nennen. Diese bedürfen gemäß den Gemeindeordnungen der Länder durchweg immer der Schriftform sowie häufig der Unterzeichnung durch den Bürgermeister selber unter Beifügung seiner Amtsbezeichnung und des Dienstsiegels. Werden diese Formvorschriften nicht eingehalten, so sind die Verträge nach herrschender Meinung (BGH, BauR 1994, 363) unwirksam wegen Überschreitung der Vertretungsmacht durch den Vertragspartner.

d) Sonderfall Kopplungsverbot

Nach der allgemeinen Regelung im BGB (§ 134) können Verträge nicht nur unwirksam und damit nichtig sein, weil sie einer gesetzlichen Form nicht Genüge leisten, sondern auch dann, wenn sie gegen ein gesetzliches Verbot verstoßen.

Der wichtigste Fall des Verstoßes gegen ein gesetzliches Verbot im Bereich des Architekten-/Ingenieurrechts ist das sogenannte Kopplungsverbot, das sich in jüngster Zeit zunehmender Beliebtheit in der Rechtsprechung erfreut, obgleich es rechtspolitisch weitgehend als überholt gilt.

Das Kopplungsverbot ist im Gesetz zur Verbesserung des Mietrechts und zur Begrenzung des Mietanstiegs sowie zur Regelung von Ingenieur- und Architektenleistungen (MRVG) geregelt. Art. 10 § 3 MRVG lautet:

„Unverbindlichkeit der Kopplung von Grundstückskaufverträgen mit Ingenieur- und Architektenverträgen

Eine Vereinbarung, durch die der Erwerber eines Grundstücks sich im Zusammenhang mit dem Erwerb verpflichtet, bei der Planung oder Ausführung eines Bauobjektes oder dem Grundstück die Leistungen eines bestimmten Ingenieurs oder Architekten in Anspruch zu nehmen, ist unwirksam.

Die Wirksamkeit des auf den Erwerb des Grundstücks gerichteten Vertrages bleibt unberührt."

Dieses gesetzliche Verbot, das 1971 bereits eingeführt worden ist, geht auf einen Zeitgeist zurück, bei dem die Meinung vorherrschte, man müsse bei dem angeblich knappen Angebot an Baugrundstücken einer monopolartigen Stellung des Architekten oder Ingenieurs entgegenwirken.

Obgleich diese Zielsetzung des Gesetzes in heutiger Zeit wohl überholt sein dürfte, ist diesem gesetzlichen Verbot wegen seiner Rechtsfolgen, die im Falle des Verstoßes eintreten, immer noch große Beachtung zu schenken:

Ist ein Vertrag wegen Verstoßes gegen ein Kopplungsverbot unwirksam, so kann der Architekt/Ingenieur nicht das vertraglich vereinbarte Honorar verlangen, da dieses kraft Unwirksamkeit des Vertrages nicht wirksam vereinbart worden ist. Auch ein Rückgriff auf das Rechtsinstitut der Geschäftsführung ohne Auftrag oder der ungerechtfertigten Bereicherung ist nicht in jedem Fall möglich.

Kann beispielsweise der Erwerber für sich behaupten, er habe die Architektenleistungen nur beauftragt, um an das Grundstück zu kommen, so dürften die Rechtsgrundsätze der Geschäftsführung ohne Auftrag bereits nicht eingreifen.

Ein Rückgriff auf die Rechtsgrundsätze der ungerechtfertigten Bereicherung scheidet aus, wenn der Auftraggeber die Leistungen nicht verwertet hat (vgl. BGH, BauR 1994, 651).

Das Kopplungsverbot findet Anwendung, wenn

> der Erwerber eines Grundstücks (gleichgültig ist die Person des Erwerbers) sich zu einer Inanspruchnahme von Leistungen eines bestimmen Architekten verpflichtet.

Nach herrschender Meinung ist die Bindung an einen Architekten auch dann im Zusammenhang mit dem Erwerb des Grundstücks unzulässig, wenn der Architekt als Generalübernehmer oder als Bauträger auftritt (BGH, BauR 1991, 114).

Im Zusammenhang mit dem Erwerb des Grundstücks steht die Verpflichtung zur Inanspruchnahme von Architektenleistungen dann,

> wenn der Veräußerer den Verkauf des Grundstücks davon abhängig macht, dass der Erwerber einem bestimmten Architekten den Auftrag zusagt. Einen Verstoß gegen das Kopplungsverbot nimmt die herrschende Meinung bereits dann an, wenn ein Erwerber gegen den Veräußerer die Verpflichtung eingeht, einen bereits abgeschlossenen Architektenvertrag von diesem zu übernehmen (BGH, BauR 1993, 104). Grundsätzlich kommt es nicht darauf an, ob der Architekt das Grundstück selbst an der Hand hatte oder eine andere Person.
>
> Voraussetzung der Nichtigkeit ist auch nicht, dass der Grundstückserwerbsvertrag und der Architektenvertrag gleichzeitig abgeschlossen worden sind (BGH, BauR 1975, 139).

Lediglich dann, wenn der Erwerber das Grundstück ohne Verpflichtung, Leistungen eines bestimmten Architekten zu beauftragen oder zu übernehmen, erwerben kann, fehlt es an einer Kopplung. Letzten Endes kommt es darauf an, dass der Erwerber nach Erwerb des Grundstücks frei in der Wahl seines Architekten ist.

Deshalb ist es im Ergebnis unbedenklich, wenn sich in dem Grundstückskaufvertrag der Erwerber verpflichtet, einen bestimmten Betrag als Abstandszahlung für die bisherige Beauftragung des Architekten durch den Verkäufer zu leisten (BGH, BauR 1978, 230).

1.5.2 Die honorarrechtlichen Probleme im Zusammenhang mit dem Vertragsabschluss im Einzelnen

In der Praxis immer wieder bedeutsam ist die Frage, wann man vom Zustandekommen eines Architektenvertrages mit welchem Leistungsumfang ausgehen kann, wenn die Vertragsparteien nicht den oben skizzierten klaren Weg der gemeinsamen Unterzeichnung eines schriftlichen Architektenvertrages gegangen sind, aus dem sich sowohl der **beauftragte Leistungsumfang** (Planungssoll) als auch die **vereinbarte Vergütung** im Einzelnen ergibt.

Obige Fragestellung ist beispielsweise dann von großer Bedeutung, wenn es nach umfangreichen „Vorleistungen" zum Zwecke der Akquisition von Seiten des Architekten nicht zu dem gewünschten schriftlichen Vertragsabschluss gekommen ist.

a) Die Akquisitionsphase: Ab wann bekommt der Architekt/Ingenieur Vergütung in der „Startphase"?

Wann kann der Architekt für seine in der Akquisitionsphase erbrachten Vorplanungsleistungen eine Vergütung verlangen?

Folgender Beispielfall soll die Problematik erläutern:

Der potentielle AG bittet die Architekten um die Fertigung und Vorlage aussagekräftiger Vorentwurfszeichnungen und Unterlagen für ein Parkhaus, da er sich mit dem Gedanken trägt, auf einem bestimmten Grundstück ein Parkhaus mit mindestens 400 Einstellplätzen zu bauen. Hierbei soll auch in Betracht gezogen werden, das Parkhaus multifunktional, z. B. mit einem Kino, auszustatten. Die Architekten erbringen umfangreiche Tätigkeiten und legen einen fast baureifen Entwurf für ein Parkhaus mit Kino vor. Nach Erbringung dieser Leistungen entschließt sich der potentielle AG allerdings entgegen seinen früheren Absichten, in keinem Fall ein Kino in dem möglicherweise zu erstellenden Parkhaus zu berücksichtigen, sondern vielmehr anstelle des Kinos Büro- und Geschäftsräume. Die Architekten erbringen erneut umfangreiche Planungsleistungen, die diesem Wunsch gerecht werden. In einem dritten Anlauf bittet der potenzielle AG darum, einen weiteren aussagekräftigen Entwurf vorzulegen, der lediglich ein Parkhaus vorsieht ohne jede weitere Nutzungsmöglichkeit.

Aus nicht näher nachvollziehbaren Gründen entscheidet sich potentieller AG anschließend, keines der vorgestellten Varianten zu bauen. Vielmehr nimmt er von dem Bauvorhaben insgesamt Abstand.

Frage:

Stehen den Architekten für die von ihnen erbrachten Vorentwurfsleistungen Honoraransprüche zu? Wenn ja, in welcher Höhe?

Fallvariante:

Wie wäre der obige Fall zu entscheiden, wenn die Architekten nach der ersten geplanten Version (Parkhaus und Kino) dem potentiellen AG ein schriftliches Angebot über die nunmehr von ihm gewünschte Planungsvariante hätten zukommen lassen und dieser auf dieses Angebot nicht reagiert?

Regelmäßig, so auch in dem obigen Fall, ist es so, dass der Wunsch des AG, ein bestimmtes Objekt zu bauen, noch nicht endgültig in allen Einzelheiten feststeht, regelmäßig am Anfang noch unklar ist, wie das Objekt nun konkret aussehen soll, welche Nutzeranforderung es im Einzelnen erfüllen soll und mit welchem Architekten der Bauherr nun tatsächlich beabsichtigt, das Objekt zu realisieren.

In dieser Akquisitionsphase erbringt der Architekt mehr oder weniger umfangreiche Planungsleistungen, die bereits sehr kostspielig sein können, um den begehrten Auftrag für das Objekt zu erlangen.

Die Grenzziehung zwischen Auftrag und Akquisition lässt sich – dies vorweg – nicht allgemein verbindlich festlegen. Sie ist von vielen Einzelfragen abhängig und immer einzelfallbezogen zu beurteilen, weshalb es eine recht umfangreiche Jurisprudenz zu diesem Thema gibt.

Folgende aus der Falljurisprudenz sich ergebende Einzelaspekte lassen sich hervorheben:

- Bei einer lediglich vorbereitenden, in die **Grundlagenermittlung** einzuordnenden Tätigkeit des Architekten wird man das Zustandekommen eines entgeltlichen Planungsauftrages dann, wenn der Architekt nicht ausdrücklich auf die Entgeltlichkeit seiner Tätigkeit hingewiesen hat, zu verneinen haben (vgl. KG BauR 1988, 621).
- Erbringt der Architekt auf Wunsch des AG darüber hinausgehende Leistungen, die bereits der **Vorplanung** zuzurechnen sind, kommt es entscheidend auf den Umstand der von ihm erbrachten Leistungen an. Eine Grenzziehung ist nur schwer möglich. Der BGH (BauR 1987, 454) entschied seinerzeit einen Fall, in dem er eine entgeltliche Tätigkeit des Architekten bejahte, der bereits Bestandspläne, ein Aufmaß des Gebäudes, Vorplanungsleistungen, eine Baukostenermittlung und eine Wirtschaftlichkeitsberechnung erstellt hatte. Entscheidend kommt es darauf an, dass die Leistungen des Architekten nicht so geringfügig sind, dass der Bauherr ohne entsprechende Klarstellung von Seiten des Architekten davon ausgehen durfte, diese Leistungen seien unentgeltlich (vgl. auch OLG Hamm, NJW-RR 1986, 1280). Dabei wird man sagen können, dass der Schwellenwert zu einem entgeltlichen Auftrag bei Leistungen im Bereich der Vorplanung dann überschritten wird, wenn die Architekten auf Wunsch des Bauherrn eine Kostenschätzung nach DIN 276 erbringen (ebenso Locher/Koeble/Frik, 9. Aufl., Einl. 10f.).

  Hat der Architekt im vorgenannten Sinne umfangreiche Vorplanungsleistungen erbracht, so scheitert die Vergütungspflicht seitens des Bauherrn nicht daran, dass er sich nunmehr dazu entscheidet, das Bauvorhaben nicht durchzuführen (vgl. Locher/Koeble/Frik, a. a. O., Rn. 12).
- Sind bereits Leistungen aus der **Entwurfsplanung** erbracht worden, so gibt es nach herrschender Meinung mangels gegenteiliger vertraglicher Absprachen keine Zweifel mehr daran, dass in die-

sem Fall keine lediglich geringfügigen Leistungen vorliegen, weshalb von einer vergütungspflichtigen Tätigkeit des Architekten ausgegangen werden kann (OLG Hamm, BauR 1990, 636).

b) Der Umfang beauftragter Architekten-/Ingenieurleistungen

Mit obigen Ausführungen ist allerdings noch nicht die Frage beantwortet, mit welchem Leistungsumfang nun der Architekt beauftragt worden ist. Diese Frage ist von ganz erheblicher Bedeutung dann, wenn der AG sich nach Erbringung der Vorplanungs- bzw. Entwurfsplanungsleistungen dazu entschließt, das Objekt nicht zu realisieren. Sollte der Architekt mit der **Vollplanung** in diesen Fällen bereits beauftragt worden sein, so stände ihm in diesem Falle auch für die noch zu erbringenden Leistungsphasen das vereinbarte Entgelt abzgl. der von ihm ersparten Aufwendungen bzw. dessen, was er statt dessen erwirkt oder böswillig zu erwerben unterlässt, über § 649 Satz 2 BGB zu.

(⇒ Kündigung)

Es gilt folgender Grundsatz:

Eine wie auch immer geartete Vermutung für die Übertragung der Vollarchitektur existiert nicht.

Es kommt deshalb auch hier ganz entscheidend auf den konkreten Einzelfall an. Ausschlaggebend ist, ob der Architekt davon ausgehen durfte, der AG werde das Objekt (ausschließlich) mit ihm realisieren. Zweifel an der Realisierung, beispielsweise weil die Finanzierung nicht gesichert ist, sprechen bereits gegen einen Vollauftrag (vgl. OLG Düsseldorf, VersR 1973, 1150). Immer dann, wenn der AG verständliche Gründe dafür vortragen kann, dass er zunächst nur eine oder einzelne Leistungsphasen dem Architekten übertragen wollte, um dann zu entscheiden, ob er den Architekten mit weiteren Leistungsphasen nach § 15 HOAI beauftragt, steht dies einer Beauftragung mit der Vollarchitektur entgegen (vgl. BGH, BauR 1980, 84).

Legt man diese Jurisprudenz dem obigen Beispielfall zugrunde, so wird man eine Vergütungspflicht dann, wenn die Vorplanungsleistungen umfangreich und kostenintensiv waren, bejahen können. Dies erst recht, wenn, wie in der Fallvariante, die Architekten vor Erbringung der zweiten Planvariante ein schriftliches Angebot dem AG überreicht haben. Hiermit haben sie schlüssig zum Ausdruck gebracht, dass sie für ihre Planungsleistungen eine Vergütung beanspruchen.

Dabei ist im Ergebnis unerheblich, ob sich der AG nun zu diesem Angebot geäußert hat oder nicht. Im Hinblick auf den Umstand der Beauftragung wird man allerdings angesichts der Unsicherheit des AG, das Bauvorhaben zu realisieren, davon ausgehen müssen, dass lediglich eine Beauftragung bis einschließlich Leistungsphase 2 des § 15 HOAI erfolgt ist.

c) Darlegungs- und Beweislastbedingungen

Es gilt folgender Grundsatz:

Der Architekt/Ingenieur, der für seine Leistungen Vergütung beansprucht, hat alle Voraussetzungen für die Vergütungspflichtigkeit seiner Leistung darzulegen und zu beweisen.

Das heißt, er hat zu beweisen, dass „klar" war, dass seine Leistungen vom AG zu vergüten waren und nicht lediglich als „Morgengabe" im Rahmen der Akquisition verstanden werden durften.

Gleiches gilt auch für etwaige **Bedingungen**, die die Honorarpflicht für die Architektenleistungen betrifft.

Derartige Bedingungen können wirksam **mündlich** vereinbart werden. Folgender Beispielfall zur Erläuterung:

Der potentielle AG fordert die Architekten auf, für sein Bauvorhaben Leistungen bis zur Genehmigungsplanung zu erbringen. Für den Fall, dass sich ein Erwerber für das Objekt nach Vorlage der Baugenehmigung findet, soll das Objekt realisiert werden. Die Architekten erbringen die Planungsleistungen bis einschließlich Leistungsphase 4. Zur Realisierung des Bauvorhabens kommt es nicht, weil sich kein Erwerber findet. Die Architekten rechnen über ihre Leistungen ab. Der potentielle AG verweigert die Zahlung mit dem Hinweis darauf, zwischen ihm und den Architekten sei vereinbart worden, dass diese nur dann eine Vergütung für ihre Leistungen erhalten, wenn das Objekt auch realisiert würde.

Die Architekten bestreiten eine derartige Vereinbarung.

Erhalten die Architekten die in Rechnung gestellte Vergütung für ihre Planungsleistungen?

Die Frage ist zu bejahen dann, wenn den **Architekten** der Beweis gelingt, dass die von dem AG behauptete Bedingung für die Honorarzahlung **nicht** vereinbart worden ist.

Die Beweislast für das Fehlen der von dem AG behaupteten aufschiebenden Bedingung für den Vertragsschluss trifft nach herrschender Meinung den Auftragnehmer und nicht den Auftraggeber (vgl. BGH NJW 1985, 497; Locher/Koeble/Frik, 9. Aufl., Einl. 21).

Können die Architekten den Beweis nicht erbringen oder ist für das Gericht nach Beweisaufnahme nicht klar, ob die Behauptung des AG hinsichtlich der Vereinbarung einer aufschiebenden Bedingung zutreffend ist oder nicht (non liquet), so wird die Honorarklage der Architekten abgewiesen.

1.5.3 Die HOAI als verbindliches Preisrecht – Umfang und Grenzen möglicher Honorarvereinbarungen mit dem AG

a) Untergrenze anrechenbarer Kosten

§ 16 Abs. 2 HOAI bestimmt für **Architektenleistungen bei Gebäuden und raumbildenden Ausbauten**, dass bei anrechenbaren Kosten von unter 25 565 Euro ein Pauschalhonorar oder ein Zeithonorar nach § 16 HOAI berechnet werden darf, höchstens jedoch das in der HOAI für anrechenbare Kosten von 25 565 Euro festgesetzte Höchsthonorar. Es besteht also freie Vereinbarkeit des Honorars bis zu den Höchstsätzen, wobei allerdings eine schriftliche Honorarvereinbarung bei Auftragserteilung erforderlich ist (s. o.).

b) Obergrenze anrechenbarer Kosten

Wesentlich bedeutsamer ist die Vorschrift des **§ 16 Abs. 3 HOAI**, wonach das Honorar für **Gebäude und raumbildende Ausbauten**, deren anrechenbare Kosten über 25 564 594 Euro liegen, frei vereinbart werden kann. Bei entsprechend hohen anrechenbaren Baukosten besteht also keinerlei Honorarbindung an die Mindest- oder Höchstsätze der HOAI. Es handelt sich hierbei um eine insbesondere für mittlere und größere Projekte relevante Vorschrift, da die anrechenbaren Baukosten in solchen Fällen den Grenzbetrag häufig überschreiten.

Gebäude und raumbildende Ausbauten	§ 16 II + III: Anrechb. Kosten < 25 565 € oder > 25 564 594 €
Freianlagen	§ 17 I + II: Anrechb. Kosten < 20 452 € oder > 1 533 876 €
Ing.-Leistungen und Ingenieurbauwerke	§ 56 I + II: Anrechb. Kosten < 25 565 € oder > 25 564 594 €
Tragwerksplanung	§ 65 I + II: Anrechb. Kosten < 10 226 € oder > 15 338 756 €
Techn. Gebäudeausrüstung	§ 74 I + II: Anrechb. Kosten < 5113 € oder > 3 834 689 €

Abb. 9.27 Möglichkeiten freier Honorarvereinbarungen nach der HOAI, geordnet nach Architekten- und Ingenieurleistungen

Nicht ganz unbestritten ist die Frage, ob bei Überschreitung des Grenzbetrages ein Honorar vereinbart werden kann, welches unterhalb der Mindest-/Höchstsätze der HOAI für bis zu 25 564 594 € liegt. Die herrschende Meinung (vgl. Locher/Koeble/Frick, HOAI, Rn. 11 zu § 16; Jochem, HOAI, 4. Aufl., Rn. 3 zu § 16; Korbion/Mantscheff/Vygen, HOAI, 6. Aufl. Rn. 8 zu § 16) macht mit ihrem Grundsatz der freien Honorarvereinbarung in diesen Fällen Ernst und lässt eine solche Vereinbarung zu. Lediglich eine Mindermeinung (Löffelmann/Fleischmann, Architektenrecht, 4. Aufl., Rn. 1258) hält dies aus unterschiedlichen, im Einzelnen nicht überzeugenden Gründen für nicht zulässig.

Die HOAI kennt Unter- und Obergrenzen anrechenbarer Baukosten neben der Objektplanung entsprechend bei den Freianlagen, den Ingenieurleistungen für Ingenieurbauwerke, der Tragwerksplanung und der Technischen Gebäudeausrüstung. Auf Abb. 9.27 darf an dieser Stelle verwiesen werden.

c) Handlungsempfehlung

Bei der Vertragsgestaltung mit Architekten und Ingenieuren ist vorab stets zu prüfen, welche (voraussichtlichen) anrechenbaren Baukosten für die jeweilige Leistung erreicht werden, weil hiervon die freie Vereinbarkeit des jeweiligen Honorars entscheidend abhängt. Dabei gilt einheitlich: Ob das Honorar bei einem Architektenauftrag mit anrechenbaren Baukosten von z. B. 100 Mio. € mit einem bestimmten Prozentsatz der Baukosten vereinbart wird (z. B. Architektenhonorar für 100 % Leistung = pauschal 5 % der Netto-Bausumme), ob in Anlehnung an die Honorartabelle zu § 16 HOAI eine „fortgeschriebene Honorartabelle" vereinbart wird oder auf sonstige Weise das Honorar fixiert wird, bleibt vollständig dem Willen der Vertragsparteien überlassen. Oberhalb der festgeschriebenen Werte besteht eine freie Vereinbarkeit der Preise. Auch mündliche Absprachen sind hier wirksam, wenn auch natürlich nicht ratsam und völlig praxisfremd.

Wird bei anrechenbaren Baukosten von z. B. 100 Mio. € gar kein Honorar vereinbart, weil z. B. eine endgültige Einigung über verschiedene, wechselseitig vorgelegte Honorartabellen nicht zustande gekommen ist, so schuldet der Auftraggeber gemäß § 632 Abs. 2 BGB die „übliche Vergütung für solche Leistungen", die natürlich nur schwer zu ermitteln ist. Das Kammergericht (Dt. Arch. Bl. 1990, 754) hat in einem ähnlichen Fall jedenfalls die niedrigere der zwischen den Parteien diskutierten Tabellen als Mindestmaß der üblichen Vergütung als maßgeblich angesehen.

Die **Handlungsempfehlung** für das Vorgehen bei Vertragsschluss muss deshalb in allen Fällen lauten:

Die Honorarvereinbarung ist inhaltlich klar und **immer schriftlich** mit dem AG zu vereinbaren. Sie muss/sollte zur Vermeidung von Honorarnachteilen möglichst zu Projektanfang erfolgen.

d) Gebundene Honorarvereinbarung

Soweit die anrechenbaren Kosten weder unter- noch überschritten werden, erlauben die Bestimmungen der HOAI nur einen relativ begrenzten Spielraum bei der Vertragsgestaltung, wie Abb. 9.29 verdeutlicht.

aa) § 4 HOAI

Gemäß **§ 4 Abs. 2 HOAI** dürfen die in der HOAI festgesetzten **Mindestsätze** nur durch schriftliche Vereinbarung und nur in Ausnahmefällen unterschritten werden.

Ähnliches gilt gemäß **§ 4 Abs. 3 HOAI** für die **Höchstsätze** der HOAI, die nur bei außergewöhnlichen oder ungewöhnlich lange dauernden Leistungen durch schriftliche Vereinbarung überschritten werden dürfen. Solche Ausnahmefälle, die eine Unterschreitung der Mindestsätze oder eine Überschreitung der Höchstsätze rechtfertigen, werden in der Praxis nur äußerst selten anerkannt (vgl. Locher/Koeble/Frik, HOAI, 9. Aufl., § 4 Rz. 68, 73).

Wichtig:

Der jeweils maßgebliche Mindest- oder Höchstsatz wird **objektiv** nach den HOAI-Kriterien ermittelt und **nicht** nach der Parteivereinbarung. Um den **zulässigen Honorarrahmen (Mindest bzw. Höchstsatz) festzustellen, ist also eine HOAI-konforme Honorarermittlung** erforderlich, die ihrerseits den Umfang der erbrachten oder zu erbringenden Leistungen berücksichtigt, außerdem die maßgebenden anrechenbaren Baukosten sowie die einschlägige Honorarzone.

Beispielfall:

Für die Planungsleistungen zu einem anspruchsvollen Wohn- und Einkaufszentrum mit anrechenbaren Baukosten von 15 Mio. € vereinbart der Projektentwickler mit dem Objektplaner P eine Abrechnung nach Honorarzone II, Mindestsatz, anrechenbare Baukosten 10 Mio. €.

Mindestsatz unterschritten? Wenn ja, welche Rechtsfolgen?

Wie wäre der Fall zu beurteilen, wenn die Parteien 20 Mio. € anrechenbare Baukosten vereinbart hätten?

Bei diesem Beispiel liegt gleich eine doppelte Unterschreitung der zulässigen Mindestsätze gemäß § 4 Abs. 2 HOAI vor. Zum einen ist der Mindestsatz nach den realen anrechenbaren Baukosten gemäß § 10 Abs. 2 HOAI zu ermitteln und nicht nach fiktiven Baukosten. Zum anderen kommt es auf die tatsächliche Honorarzone gemäß § 11 HOAI und nicht auf die vereinbarte, tatsächlich aber zu niedrige Honorarzone an.

Die Honorarvereinbarung im Beispielsfall ist also **nichtig**, der Architekt kann für seine Planungsleistungen den Mindestsatz nach den tatsächlich anrechenbaren Baukosten (15 Mio. €) nach der Honorarzone III oder sogar IV verlangen. An diesem Ergebnis ändert sich auch dann nichts, wenn der Auftraggeber mit dem Objektplaner beispielsweise ein Pauschalhonorar vereinbart, ohne die zugrunde liegenden anrechenbaren Baukosten und die Honorarzone zu kennzeichnen. Auch in solchen Fällen ist, um die Wirksamkeit der Vereinbarung beurteilen zu können, eine HOAI-konforme Honorarermittlung vorzunehmen mit dem Ergebnis, dass die Pauschale als unzulässige Mindestsatzunterschreitung anzusehen ist, wenn das HOAI-konform ermittelte Honorar über der Pauschale liegt. Auch dann kann der Architekt regelmäßig die Differenz zwischen dem vereinbarten und dem Mindesthonorar gemäß HOAI **nachberechnen**.

Da Mindestsatzunterschreitungen in der Praxis, insbesondere bei gewerblichen Bauvorhaben, nicht selten vorkommen, muss sich der AG also über diese Unsicherheit im Klaren sein.

Eine andere Frage ist es, ob es dem Architekten/Ingenieur nach den Grundsätzen **von Treu und Glauben** im Einzelfall untersagt ist, sich auf die Mindestsatzunterschreitung zu berufen. Dies wird von der höchstrichterlichen Rechtsprechung dann angenommen, wenn sich der Architekt/Ingenieur mit

HOAI § 4 II	Mindestsatzunterschreitung nur im Ausnahmefall + in Schriftform
§ 4 III	Höchstüberschreitung nur bei außergewöhnlichen Leistungen und in Schriftform
§ 5 IV	Zusatzvergütung für Bes. Leistungen, wenn – Besondere Leistungen im Verhältnis zu Grundleistungen nicht unwesentlich **und** – Honorar schriftlich vereinbart (Zeitpunkt beliebig) wurde. Besondere Leistungen speziell geregelt in § 15 III, IV.
§ 5 IVa	Besondere Leistungen, die Kostensenkung ohne Standardsenkung herbeiführen können: Erfolgshonorar muss schriftlich vor Ausführung vereinbart werden: bis 20 % der Ersparnis.
§ 19	Vorplanung/Entwurfsplanung/Objektüberwachung als Einzelleistung: Vorplanung: erhöhtes Honorar bis 10 % (statt 7 %). Entwurfsplanung: erhöhtes Honorar bis 18 % (statt 11 %). **(Schriftform + „bei Auftrag")** Objektüberwachung: erhöhtes Honorar gestaffelt von 2,1 – 2,7 % der anrechenbaren Kosten.
§ 20	Mehrere Vor- oder Entwurfsplanungen: für umfassendste Planung: 100 % nach § 15; für jede weitere Planung: 50 % nach § 15. Keine Vereinbarung notwendig. Bei „Mehrfachplanung" ohne grundsätzlich verschiedene Anforderungen: Zusätzliche Vergütung als Wiederholung möglich, aber strittig, deshalb vertraglich regeln!
§ 21	Abschnittsweise Bauausführung in größeren Zeitabständen: Degressivität entfällt / keine Vereinbarung notwendig, aber sinnvoll!
§ 24	Umbau und Modernisierung: Wenn nichts vereinbart: 20 % Zuschlag; bei schriftlicher Vereinbarung (Zeitpunkt egal): 20 – 30 % Zuschlag nach Vereinbarung; bei überdurchschnittlichem Schwierigkeitsgrad schriftlich (Zeitpunkt egal): > 33 % Zuschlag möglich oder höhere Bewertung der Grundlage, in Lph. 1, 2 o. 8.
§ 27	Zuschlag für **Bauüberwachung** bei Instandhaltung und Instandsetzung: bis 50 % **(Schriftform „bei Auftrag" erforderlich)**.
§ 29	Für rationalisierungswirksame, zum ersten Mal erbrachte Besondere Leistungen: Erfolgshonorar gemäß schriftlicher Vereinbarung: beliebige %-Zahl der Ersparnis. **(Zeitpunkt für Schriftform egal.)**

Abb. 9.29 Möglichkeiten der Honorarvereinbarung, wenn die Grenzsätze anrechenbarer Kosten weder unter- noch überschritten werden

seinem günstigen Honorarangebot praktisch den Auftrag erschlichen hat und der AG auf die Wirksamkeit der Honorarvereinbarung vertraut und seine Vermögensdispositionen hierauf ausgerichtet hat (BGH, NJW 1997, 2329).

Ähnliches gilt für das Verbot der Höchstsatzüberschreitung gemäß § 4 Abs. 3 HOAI, auch wenn eine Höchstsatzüberschreitung in der Praxis, insbesondere im gewerblichen Baubereich, viel seltener vorkommt als die Mindestsatzunterschreitung. Liegt jedoch ausnahmsweise ein Fall der Höchstsatzüberschreitung vor, dann führt die Unwirksamkeit der Honorarvereinbarung allerdings lediglich dazu, dass der Architekt das HOAI-konform ermittelte höchstzulässige Honorar fordern kann.

Der Fall der zusätzlichen Höchstsatzüberschreitung bei **außergewöhnlichen Leistungen** dürfte praktisch kaum vorkommen, da er tendenziell in Richtung einzigartiger Leistung ausgelegt wird (vgl. zum Meinungsstand Locher/Koeble/Frik, HOAI, 9. Aufl., Rz. 100 zu § 4 HOAI).

Zu dem Ausnahmefall der Höchstsatzüberschreitung bei **ungewöhnlich lange dauernden Leistungen** gibt es schon eher den praktischen Bezug und damit einen konkreten Regelungsbedarf. Beide Parteien gehen bei Vertragsschluss in der Regel ausgesprochen oder unausgesprochen von einer Regelbauzeit aus. Wird diese überschritten, stellt sich die Frage der Anpassung des Honorars. Eine Honoraranpassung hat in diesen Fällen nur unter folgenden Voraussetzungen Aussicht auf Erfolg:

- Es muss vertraglich eine Regelbauzeit vereinbart worden sein.
- Es muss konkret geregelt sein, wie sich bei Überschreitung dieser Regelbauzeit das Honorar anpasst.

Werden diese Handlungsempfehlungen nicht beherzigt, so scheitert eine Honoraranpassung entweder daran, dass sich die Regelbauzeit nicht ermitteln lässt, oder aber eine für die Wirksamkeit der Honorarvereinbarung bei Überschreitung des Höchstsatzes notwendige Schriftformvereinbarung fehlt.

bb) § 5 HOAI

Eine in der Praxis weithin unbekannte bzw. vernachlässigte „Honorarfalle" enthält **§ 5 Abs. 4 HOAI**. Hiernach darf ein Honorar für Besondere Leistungen des Architekten oder Ingenieurs, die zu Grundleistungen hinzutreten, nur berechnet werden, wenn die Leistungen im Verhältnis zu den Grundleistungen einen nicht unwesentlichen Arbeits- und Zeitaufwand verursachen und das Honorar schriftlich vereinbart worden ist.

An Letzterem mangelt es regelmäßig. Eine typische Besondere Leistung im Rahmen der Vorplanungsphase stellt beispielsweise das Untersuchen von Lösungsmöglichkeiten nach grundsätzlich verschiedenen Anforderungen oder auch die Durchführung einer Bauvoranfrage dar. Beides sind typische Aufgabenstellungen im Rahmen der Projektentwicklung. In der bis zum 31.12.1990 gültigen Fassung verlangte § 5 Abs. 4 HOAI für die Wirksamkeit der Honorarvereinbarung sogar, dass diese vor Ausführung der Besonderen Leistungen schriftlich getroffen wurde. Dies hatte sich in der Praxis als kaum durchführbar erwiesen. Die seit dem 1.1.1991 gültige Fassung der HOAI verlangt nur noch, dass überhaupt eine schriftliche Honorarvereinbarung für die Besonderen Leistungen getroffen wurde. Dabei reicht die in vielen Architekten-Formularverträgen enthaltene Regelung, wonach Besondere Leistungen als Zeithonorar gemäß § 6 HOAI berechnet werden, nicht aus.

Es muss also zumindest im Einzelfall (entweder schon im Vertrag oder in einer gesonderten schriftlichen Vereinbarung) die Besondere Leistung umrissen und das Honorar hierfür spezifiziert werden, sei es als Pauschale, als Erhöhung der allgemeinen Prozentsätze oder als Zeithonorar. „Vergisst" der Architekt, hinsichtlich der Besonderen Leistungen eine schriftliche Vereinbarung mit seinem Auftraggeber zu treffen, so wird sich – insbesondere nach Abschluss der Arbeiten – regelmäßig ein zusätzlicher Honoraranspruch nicht mehr durchsetzen lassen.

Eine interessante neue Regelung wurde mit der Novelle der HOAI zum 1.1.1996 in **§ 5 Abs. 4 a** eingeführt. § 5 Abs. 4 a HOAI lautet:

> *„Für Besondere Leistungen, die unter Ausschöpfung der technisch-wirtschaftlichen Lösungsmöglichkeiten zu einer wesentlichen Kostensenkung ohne Verminderung des Standards führen, kann ein Erfolgshonorar zuvor schriftlich vereinbart werden, das bis zu 20 v. H. der vom Auftragnehmer durch seine Leistungen eingesparten Kosten betragen kann."*

Eine dahingehende Regelung sollte immer in Architekten-/Ingenieurverträgen erfolgen, wenngleich aus der Sicht des Bauherrn erhebliche Zweifel angebracht sind, ob durch eine derartige Vereinbarung tatsächlich eine Kostensenkung erreicht wird (zweifelnd insoweit zu Recht Grams, BauR 1996, S. 39, 42).

So „revolutionär", wie sich § 5 Abs. 4 a HOAI liest, ist dies allerdings nicht. Bereits **§ 29 HOAI** bestimmt, dass für rationalisierungswirksame Besondere Leistungen ein Erfolgshonorar vereinbart werden kann.

§ 29 HOAI lautet:

(1) *„Rationalisierungswirksame Besondere Leistungen sind zum ersten Mal erbrachte Leistungen, die durch herausragende technisch-wirtschaftliche Lösungen über den Rahmen einer wirtschaftlichen Planung oder über den allgemeinen Stand des Wissens wesentlich hinausgehen und dadurch zu einer Senkung der Bau- und Nutzungskosten des Objekts führen. Die vom Auftraggeber an das Objekt gestellten Anforderungen dürfen dabei nicht unterschritten werden.*

(2) *Honorare für rationalisierungswirksame Besondere Leistungen dürfen nur berechnet werden, wenn sie vorher schriftlich vereinbart worden sind. Sie können als Erfolgshonorar nach dem Verhältnis der geplanten oder vorgegebenen Ergebnisse zu den erreichten Ergebnissen oder als Zeithonorar nach § 6 vereinbart werden."*

Der Unterschied zu § 5 Abs. 4 a besteht schwerpunktmäßig darin, dass es sich bei den hier angesprochenen rationalisierungswirksamen Besonderen Leistungen um solche zum ersten Mal erbrachten Leistungen handeln muss; d. h., diese Leistungen müssen **objektiv neu** sein (vgl. hierzu Korbion/Mantscheff/Vygen, HOAI, 6. Aufl., Rz. 3 f. zu § 29 HOAI).

Ein vollständiger Ausschluss des § 21 HOAI ist nur insoweit zulässig, als damit keine Mindestsatzunterschreitung gemäß § 4 Abs. 2 HOAI eintritt.

cc) § 19 HOAI

§ 19 HOAI enthält eine Reihe nicht allzu häufig vorkommender Regelungen. Hiernach kann für die **Vorplanung** oder die **Entwurfsplanung** ein deutlich **höheres** Honorar vereinbart werden, wenn **nur** die Vorplanung **oder** die Entwurfsplanung Vertragsgegenstand ist. Erforderlich ist wiederum (vgl. § 4

Abs. 4 HOAI) eine **schriftliche Vereinbarung bei Auftragserteilung**. Abweichend von § 15 Abs. 2 Nr. 2 und 3 HOAI kann für die Vorplanung ein Honorar bis zu 10 % (anstatt 7 %) und für die Entwurfsplanung ein Honorar bis zu 18 % (anstatt 11 %) vereinbart werden.

Werden allerdings im Rahmen einer Projektentwicklung die Leistungsphasen 1 bis 3 beauftragt, ist § 19 HOAI jedoch nicht mehr anwendbar, d. h., es bleibt dann bei den Honoraransätzen des § 15 HOAI.

§ 19 Abs. 4 HOAI schließlich bestimmt, dass die isoliert übertragene Objektüberwachung ebenfalls abweichend von § 15 HOAI abgerechnet werden kann, und zwar mit 2,1 bis 2,7 %-Punkten der anrechenbaren Kosten je nach Honorarzone. Die isolierte Beauftragung der Objektüberwachung kommt beispielsweise infrage, wenn der Auftraggeber trotz schlüsselfertiger Beauftragung eine Objektüberwachung durch einen freiberuflichen Bauleiter durchführen lassen will.

dd) § 20 HOAI

§ 20 HOAI enthält für mehrere Vor- und Entwurfsplanungen eine insbesondere für die Projektentwicklung sehr bedeutsame Bestimmung:

> *„Werden für dasselbe Gebäude auf Veranlassung des Auftraggebers mehrere Vor- oder Entwurfsplanungen nach grundsätzlich verschiedenen Anforderungen gefertigt, so können für die umfassendste Vor- und Entwurfsplanung die vollen Vomhundertsätze dieser Leistungsphase nach § 15, außerdem für jede andere Vor- oder Entwurfsplanung die Hälfte dieser Vomhundertsätze berechnet werden. Satz 1 gilt entsprechend für Freianlagen und raumbildende Ausbauten."*

Naturgemäß kommt es gerade im Rahmen einer Projektentwicklung häufig vor, dass insbesondere der Vorentwurf, aber auch der Entwurf den geänderten Bedürfnissen des Investors, des Nutzers, den baurechtlichen Anforderungen usw. angepasst werden müssen. Für solche Fälle enthält **§ 20 HOAI zum Schutz des Auftraggebers** eine Anrechnungspflicht dergestalt, dass der Architekt nicht jeden Vorentwurf oder Entwurf vollständig abrechnen kann, sondern auf den zweiten, dritten Entwurf usw. einen Nachlass in Höhe von 50 % zu gewähren hat. Allerdings erfasst § 20 HOAI nur Vor- und Entwurfsplanungen, die auf Veranlassung des AG nach **grundsätzlich verschiedenen Anforderungen** gefertigt werden. Eine solche Alternative liegt vor, wenn wesentliche Abweichungen im Raum- oder Funktionsprogramm vorliegen oder wenn sich das Bauvolumen durch andere Anforderungen des AG in erheblichem Umfang vergrößert oder verkleinert.

Im Gegensatz dazu steht die **Planungsvariante**, die gestalterische, konstruktive, funktionale oder wirtschaftliche Änderungen gegenüber dem ersten Vorentwurf oder Entwurf aufweist, hingegen keine wesentlichen Änderungen des Volumens nach Rauminhalt oder Fläche, des Programms oder andere Grundstücksverhältnisse (Locher/Koeble/Frik, HOAI, 9. Aufl., § 15 Rz. 37, § 20 Rz. 24f.).

Wird also eine solche Planungsvariante erstellt, so erhält der Planer kein gesondertes Honorar. Handelte es sich um eine Planungsalternative im Sinne des § 20 HOAI, so erhält er für die umfassendste Planung das volle Honorar und für die zweite Planung 50 % der darauf entfallenden anrechenbaren Baukosten.

Beispielfall:

Im Düsseldorfer Hafengebiet soll ein Altbau um- und ausgebaut sowie mit einem daneben zu errichtenden Neubau kombiniert werden. In Abstimmung mit dem AG fertigt der Architekt einen Entwurf, der eine Aufstockung des Altbaus auf 4 Geschosse sowie einen damit verbundenen 5-geschossigen Neubau vorsieht. Dieser Entwurf findet nicht die Zustimmung des Planungsamtes. In Abstimmung mit dem Planungsamt veranlasst der AG den Architekten, für den Altbau ein 3-geschossiges und für den Neubau ein 4-geschossiges Gebäude mit Staffelgeschoss sowie geänderter Fassadengestaltung zu planen.

Hierbei handelt es sich um einen zweiten Planungsentwurf im Sinne des § 20 HOAI, der den Architekten auch ohne Ankündigung berechtigt, Honorar für den zweiten Entwurf zu fordern.

Übrigens ist kein Planer ohne gesonderte Vereinbarung verpflichtet, überhaupt einen zweiten oder dritten Vorentwurf bzw. Entwurf zu fertigen. Umgekehrt kann § 20 HOAI vertraglich nur insoweit ausgeschlossen oder eingeschränkt werden, als dadurch keine Mindestsatzunterschreitung eintritt, § 4 Abs. 2 HOAI.

§ 20 HOAI gilt sinngemäß für die Technische Gebäudeausrüstung (vgl. **§ 69 Abs. 7 HOAI**).

Bei der Tragwerksplanung ist § 20 HOAI **nicht** anwendbar (vgl. § 62 Abs. 3 HOAI). Die Regelung der Vergütung von Wiederholungen ist gesondert im § 66 HOAI geregelt.

ee) § 21 HOAI

§ 21 HOAI bestimmt, dass

> bei Ausführung eines Vorhabens (welches aus einem oder mehreren Gebäuden bestehen kann) „in größeren Zeitabständen" in gewissem Umfang eine höhere Honorarberechnung zulässig ist, die sich daraus ergibt, dass die Degressivität der Gebührenberechnung nach § 16 HOAI entfällt.

Beispielfall:

Der Rohbau wird erstellt, danach wird das Bauvorhaben für 10 Monate unterbrochen, weil die endgültige Nutzung noch nicht feststeht.

Wie kann der Architekt seine erbrachten Leistungen abrechnen?

Das Bauvorhaben wird 10 Monate später weiter betrieben.

Wie rechnet der Architekt seine nun noch zu erbringenden Leistungen ab?

Gemäß § 21 HOAI könnte der Architekt seine erbrachten bzw. später noch zu erbringenden Leistungen jeweils getrennt nach den für die betreffenden Leistungen zugrunde zu legenden anrechenbaren Kosten abrechnen. Er muss also nicht warten, bis das Gesamtbauvorhaben beendet ist und er dann seiner Honorarabrechnung die sich danach ergebenden anrechenbaren Kosten insgesamt zugrunde legen kann. Der Vorteil dieser Abrechnungsart, der in der Umgehung der Degressivität der Gebührenberechnung besteht, dürfte allerdings vor dem Hintergrund der Bereitstellungskosten für den Architekten nur „ein Tropfen auf den Stein" darstellen.

Deshalb ist es für den Architekten bei Vertragsschluss umso wichtiger, von der oben beschriebenen Möglichkeit des § 4 Abs. 2 HOAI Gebrauch zu machen und bei „ungewöhnlich lange dauernden Leistungen" ein die Höchstsätze übersteigendes Honorar zu vereinbaren.

§ 21 HOAI gilt kraft ausdrücklicher Verweisung in § 69 Abs. 7 HOAI für die Technische Gebäudeausrüstung sowie die Tragwerksplanung (§ 62 Abs. 3 HOAI).

ff) § 24 HOAI

Bauprojekte bestehen naturgemäß nicht nur aus Neubauten, sondern auch aus Umbauten und Modernisierungen. Für solche **Umbauten** und **Modernisierungen** hat **§ 24 HOAI** den Honoraranspruch des Architekten wesentlich verbessert. Während früher der sogenannte Umbauzuschlag nur bei einer schriftlichen Honorarvereinbarung verlangt werden konnte, bestimmt § 24 Abs. 1 HOAI seit dem 1.1.1991 nunmehr, dass ein Umbauzuschlag in Höhe von 20 % als Mindestbetrag auch dann verlangt werden kann, wenn keine andere (schriftliche) Vereinbarung getroffen worden ist. Der Umbau- und Modernisierungszuschlag selbst kann im Übrigen zwischen 20 und 33 % des anteiligen Honorars vereinbart werden, das sich auf den Umbau oder die Modernisierung bezieht. Auch hier muss die Vereinbarung schriftlich getroffen werden, sie kann aber (Ausnahme § 4 Abs. 4 HOAI) auch nach Vertragsabschluss noch wirksam erfolgen. Auch hier ist im Interesse der Rechtsklarheit darauf zu achten, schon bei Abschluss des Architektenvertrages eindeutige und verbindliche Absprachen über die Höhe eines etwaigen Umbauzuschlags zu treffen. Ein Ausschluss des § 24 Abs. 1 HOAI ist auch hier nur bis zu den Mindestsätzen des § 4 Abs. 2 HOAI zulässig.

2 Der neue Einheitsarchitektenvertrag für Gebäude – regelungsbedürftige Punkte in Architektenverträgen: Soll der Einheitsarchitektenvertrag in der Praxis verwendet werden oder ist es ratsam, Verträge individuell auszuhandeln?

2.1 Zur AGB-Gemäßheit des Einheitsarchitektenvertrages

Es hat 9 Jahre gedauert, bis das alte Architektenvertragsmuster aus dem Jahre 1985 von der Bundesarchitektenkammer durch die nun empfohlene Fassung aus dem Jahre 1994 ersetzt wurde.

Insgesamt ist die neue Fassung straffer gefasst und man hat auf die Beifügung allgemeiner Bedingungen verzichtet.

Der neue Einheitsarchitektenvertrag war noch nicht veröffentlicht, als er sich bereits einer harschen Kritik von Seiten der Literatur erfreuen durfte (vgl. Bartsch, BauR 1994, S. 314 ff.).

Da sich der Einheitsarchitektenvertrag aus vorformulierten, für eine Vielzahl von Anwendungsfällen gedachten Bestimmungen/Klauseln zusammensetzt, sind seine Regelungen Allgemeine Geschäftsbedingungen und unterliegen demzufolge der Überprüfung anhand des AGB-Gesetzes bzw. ab 2002 den an seine Stelle getretenen §§ 305 ff. BGB. Eine Überprüfung der Klauseln des Einheitsarchitektenvertrages anhand dieser „Messlatte" lässt Wirksamkeitsbedenken aufkommen, beispielsweise bei den nachfolgenden Regelungen:

- § 2.2 schränkt die Berichtspflicht des Architekten gegenüber dem Bauherrn mehrfach ein und könnte gemäß § 9 Abs. 2 Ziffer 2 AGBG bzw. § 307 Abs. 1 BGB n. F. unwirksam sein.
- § 4.9 bestimmt zur Fälligkeitsregelung von Abschlagszahlungen, dass der Architekt diese jederzeit fordern kann. Dies widerspricht § 8 Abs. 2 HOAI, wonach Abschlagszahlungen nur in angemessenen zeitlichen Abständen und nur für nachgewiesene Leistungen gefordert werden können.
- § 6.2 bestimmt, dass für die Dauer der Unterbrechung der Vertragsdurchführung eine angemessene Entschädigung seitens des Bauherrn zu zahlen ist. Da daneben § 21 HOAI unberührt bleiben soll, könnte es zu einer Doppelberechnung kommen, was zur Unwirksamkeit von § 6.2 führen würde.
- Die Haftungsbegrenzung des § 7.4 für die Fälle leichter Fahrlässigkeit, orientiert an der Deckungssumme der Haftpflichtversicherung, ist bedenklich und vermutlich unwirksam, weil in Höhe der von den Kammern zu § 8 empfohlenen Deckungssumme für sonstige Schäden (50 000,00 DM) eine nach der höchstrichterlichen Rechtsprechung geforderte Deckung üblicher Schadenshöhen wohl kaum gewährleistet ist. Außerdem erweckt diese Regelung den Anschein, als würde sich durch den Eintrag der konkreten Haftungssumme etwas an der Rechtsnatur dieser Regelung als AGB ändern (kritisch deshalb zu Recht Bartsch, BauR 1994, S. 314, 318).
- Die Regelung in § 7.5, wonach die Gewährleistungszeit schon mit der Teilabnahme der Leistungsphasen 1 bis 8 beginnen soll, auch wenn die Leistungsphase 9 mitbeauftragt worden ist, dürfte eine nicht zulässige Verkürzung der gesetzlichen Gewährleistungsfrist darstellen.
- Die Regelung in § 9 zur vorzeitigen Beendigung des Vertrags mit der bekannten 60/40-Regelung bei vom Architekten nicht zu vertretender Kündigung des Vertrages ist problematisch, aber wohl wirksam. Der Bundesgerichtshof hat in seinem Urteil, BauR 1996, 412, 414 mit seiner ständigen Rechtsprechung gebrochen, wonach es dem Architekten gestattet ist, seine ersparten Aufwendungen mit pauschal 40 % ohne weiteren Nachweis zu berechnen. Dieser Entscheidung lag ein mündlich abgeschlossener Architektenvertrag zugrunde. Die Entscheidungsgründe ließen vermuten, dass es nur eine Frage der Zeit sei, bis der Bundesgerichtshof bei Vorlage eines geeigneten Falls auch eine in Allgemeinen Geschäftsbedingungen vereinbarte entsprechende Regelung für nichtig erklären wird. In einer Nachfolgeentscheidung (BGH, BauR 1997, 156) hatte der Bundesgerichtshof zwar über eine 60/40-Regelung im AGB zu entscheiden und diese sogleich für nichtig erklärt. Die entscheidende AGB-Regelung war allerdings bereits deshalb für nichtig zu befinden, weil dem AG nicht die Möglichkeit des Nachweises geringerer ersparter Aufwendungen eingeräumt wurde.

  Bis heute fehlt eine höchstrichterliche Rechtsprechung dazu, ob in Allgemeinen Geschäftsbedingungen eine 60/40-Regelung, die zugleich den Nachweis geringerer ersparter Aufwendungen dem AG ermöglicht und dies in gleicher Weise für die Anrechnung von Vorteilen aus Ersatzaufträgen zulässt, wirksam ist.

  Für die Wirksamkeit spricht allerdings viel (vgl. von Rintelen, BauR 1998, 609).

Fazit:

Der Einheitsarchitektenvertrag ist im Großen und Ganzen mit derart vielen AGB-rechtlichen Problemen belastet, dass seine Anwendung guten Gewissens nicht empfohlen werden kann. Die Bundesarchitektenkammer hat sich wohl nicht zuletzt deshalb dazu entschlossen, den entsprechenden Antrag im kartellrechtlichen Genehmigungsverfahren auf Zulassung vor dem Bundeskartellamt zurückzuziehen.

2.2 Regelungsbedürftige Punkte in Architekten- und Ingenieurverträgen

Verwendet man gleichwohl den Einheitsarchitektenvertrag, muss man sich allerdings ungeachtet der oben skizzierten AGB-Problematik weiter über folgende inhaltliche Schwächen im Klaren sein, die eine entsprechende Ergänzung dringend erforderlich machen und im Übrigen für jede Vertragsgestaltung von grundsätzlicher Bedeutung sind und deshalb beachtet werden müssen:

a) Der Einheitsarchitektenvertrag beginnt in den §§ 1 und 2 mit der „kästchenweise" anzukreuzenden Unterscheidung, ob Gegenstand des Verfahrens im Sinne des § 3 HOAI ein Neubau, eine Erweiterung, ein Umbau, eine Modernisierung etc. vorliegt. Im Vordergrund steht damit also die honorarmäßige Zuordnung der Architektenleistung, ohne dass die konkrete Leistung, die nach dem Vertrag geschuldet sein soll, beschrieben worden wäre.

- Die zentrale Regelung eines jeden Vertrages ist allerdings die **geschuldete Leistung**. Das „Grundübel" der überwiegenden Vielzahl aller Architekten- und Ingenieurverträge liegt darin, dass die geschuldete Leistung nicht klar inhaltlich umrissen und zu den Leistungen der anderen Planungsbeteiligten wie auch den von Seiten des Auftraggebers zu erbringenden Leistungen abgegrenzt wird. Hierzu reicht es nicht aus, wenn in § 2 des Einheitsarchitektenvertrages unter der Überschrift „Aufgaben und Pflichten des Architekten" nur die 9 Leistungsphasen des § 15 HOAI in Bezug genommen werden, denn damit wird man der Rechtsnatur des Architektenvertrages als Werkvertrag nur äußerst unzureichend gerecht.

Der Architekt ist nicht lediglich verpflichtet, die beauftragten Leistungsphasen des § 15 Abs. 2 HOAI zu erbringen, sondern er hat an der Entstehung des Bauwerks (Erfolg) kraft der ihm übertragenen Planungsleistungen mitzuwirken. Er schuldet zwar nicht die Erstellung des Objekts als solches, aber die hierfür notwendigen planerischen Leistungen.

Da für die Erstellung eines Bauwerks eine Vielzahl von Planungsleistungen erforderlich sind, sollten die beauftragten Leistungen im Einzelnen aufgezählt werden, verbunden mit einer weitergehenden Regelung dahin, dass diese Aufzählung **abschließender Natur** ist und der Architekt nur dann darüber hinausgehende Leistungen zu erbringen hat, wenn hierfür die Parteien vorher ein neues, zusätzliches Honorar vereinbart haben.

- In diesem Zusammenhang ist weiter zu regeln, dass ohne die Vereinbarung eines neuen Honorars für bislang nicht beauftragte Leistungen dem Architekten ein **Leistungsverweigerungsrecht zusteht**.
- Hierher gehört weiter auch die Regelung, ob die Leistungen voll bereits jetzt oder **in Stufen** beauftragt werden;
- wenn in Stufen beauftragt wird, die Gewährleistung mit Erbringung der letzten Leistung aus der beauftragten Stufe beginnt, wenn nicht in einem absehbaren (kurzen) Zeitraum die nächstfolgende Stufe abgerufen wird und
- bei verspäteter Beauftragung einer Folgestufe eine angemessene Erhöhung des auf die Folgestufen vereinbarten Honorars zu vereinbaren ist oder aber sich der Architekt einseitig vom Vertrag lösen kann.
- Im Rahmen der Objektüberwachung ist der Architekt gut beraten, wenn er vertraglich konkret festlegt, wie viele Baustellenbegehungen er pro Woche/pro Monat schuldet, wie viele Personen die Objektüberwachung durchführen, was passiert, wenn die Objektüberwachung ungewöhnlich lange dauert (§ 4 Abs. 4 HOAI).

b) Im Rahmen der Vergütung sind alle notwendigen Vereinbarungen so zu treffen, dass sich für alle denkbaren zukünftigen Fälle das Honorar bereits anhand der getroffenen Vereinbarungen auch ermitteln lässt.

- Hierher gehört beispielsweise, dass man den Vergütungsmodus für die oben angesprochene verspätete Beauftragung mit Folgestufen und auch einen etwaigen Umbauzuschlag bereits jetzt abschließend regelt.
- Des Weiteren ist klar zu regeln, wie Besondere und Zusätzliche Leistungen zu vergüten sind.

Die Regelung im Einheitsarchitektenvertrag zu § 4.3 ist insoweit unglücklich, als offenbleibt, wie der Fall zu handhaben ist, dass der Architekt eine mögliche Vorausschätzung des Zeitbedarfs nicht durchführt. Kann er in diesen Fällen gleichwohl nach Stundenaufwand abrechnen?

Eine klare, eindeutige und auch gerichtlich durchsetzbare Regelung sehe ich nur darin, dass die Vergütung auf der Grundlage einer schriftlich abgeschlossenen Zusatzvereinbarung zu entrichten ist. Bis zum Abschluss dieser Vereinbarung steht dem Architekten dann vereinbarungsgemäß ein Leistungsverweigerungsrecht zu.

c) Anlässlich der Definition des geschuldeten „Planungssolls" ist weiter zu regeln, für welche Ergebnisse/Erfolge der Architekt **haftet**. Bekanntermaßen schuldet beispielsweise der Architekt die

Erteilung einer rechtswirksamen Baugenehmigung (vgl. BGH BB 1992, 951). Wissen beide Vertragsparteien allerdings bei Vertragsschluss bereits, dass die Erteilung der Baugenehmigung höchst zweifelhaft ist, und dient der Architektenvertrag dazu, die Genehmigungsfähigkeit des Bauvorhabens erst zu ermitteln, so ist die Regelung eines Haftungsausschlusses für eine rechtswirksame Baugenehmigung ebenso selbstverständlich wie unerlässlich.

d) Weiter unerlässlich ist eine Regelung im Architektenvertrag dahin, dass dieser nicht unter einer wie auch immer gearteten **Bedingung** steht. Dies aus den oben geschilderten Gründen der Beweislast einer von Seiten des Auftraggebers später behaupteten Bedingung. Ist allerdings im Vertragstext geregelt, dass die Erteilung des Architektenvertrages von keinen Bedingungen abhängig gemacht worden ist, so führt dies dazu, dass der Auftraggeber dann, wenn er sich anschließend gleichwohl auf eine Bedingung beruft, er diese auch zu beweisen hätte.

e) Ein weiterer regelungsbedürftiger Punkt betrifft die Sicherung der **Finanzierung** des Bauvorhabens. In den Vertragsverhandlungen mit dem Bauherrn muss diese Frage angesprochen und eine Regelung im Vertrag zugeführt werden, sei es dahin, dass beide Parteien festhalten, dass die Finanzierung des Bauvorhabens gesichert ist, oder aber dahin, wem welche Aufgaben hinsichtlich des Erhalts oder Beantragung der für die Finanzierung notwendigen Mittel zufällt und wie diese vergütet werden.

f) Ein immer wieder kritischer Punkt ist die **Bausummenüberschreitung**. Um spätere Bausummenüberschreitungsprozesse zu vermeiden, sollte im Vertrag klar geregelt werden, was geschieht, wenn die in Aussicht genommene Bausumme überschritten wird. Dabei muss klar und eindeutig herauskommen, dass der Architekt für die Einhaltung einer bestimmten Bausumme keinerlei wie auch immer geartete Garantie übernehmen kann, wohl aber ihn die Verpflichtung trifft, bei einer erkennbar werdenden Überschreitung der Bausumme den Bauherrn hierauf hinzuweisen.

Fazit:

Der Einheitsarchitektenvertrag bzw. andere von den Architekten/Ingenieuren verwendeten vorformulierten Verträge sollten um die obigen Regelungen unbedingt ergänzt bzw. präzisiert werden. Diese Ergänzung sollte auf einer eigenen Anlage zum Vertrag erfolgen. Diese Ergänzung sollte weiter mit dem Bauherrn konkret ausgehandelt und besprochen werden, um sich nicht des Einwandes Allgemeiner Geschäftsbedingungen ausgesetzt zu sehen.

Das Problem einer möglichen Nichtigkeit infolge des Eingriffs durch das AGB-Gesetz lässt sich bei der Mehrfachverwendung vorformulierter Verträge und/oder Vertragsbedingungen allerdings de facto nicht umgehen.

Es ist deshalb sowohl aus diesem Grunde als auch aus den obigen Erwägungen heraus nicht empfehlenswert, seine tägliche Praxis nur mit vorformulierten Vertragsbedingungen zu bewältigen.

Unentbehrlich ist indes eine Checkliste der regelungsbedürftigen Punkte. Insoweit mögen obige Ausführungen dem Praktiker eine Hilfestellung geben.

Im Sinne einer **Hilfestellung für die Praxis** möchte ich auch die nachfolgend abgedruckten Beispiele eines **Ingenieurvertrages Technische Gebäudeausrüstung** und eines **Generalplanervertrages** verstanden wissen.

Die abgedruckten Verträge erheben ausdrücklich **nicht** den Anspruch, einer AGB-rechtlichen Prüfung standzuhalten. Sie sind als **Beispiel** dafür zu sehen, wie Planerverträge abgeschlossen werden können, insbesondere wie ein Generalplanervertrag abgeschlossen werden kann. Entscheidend ist die Prüfung der jeweiligen einzelnen Regelungen auf ihre Notwendigkeit und Anpassung auf die besonderen Bedürfnisse und Spezialitäten des einzelnen Objektes. Auch ergänzende **auftragnehmerfreundliche** Regelungen zum Leistungsverweigerungsrecht und **Aufrechnungsverbot** mit Schadensersatzansprüchen gegen Honorarforderungen sind als weitere Regelungspunkte in den Verträgen zu bedenken. Was die Regelung der Vergütung für geänderte oder zusätzliche Leistungen anbelangt, so stellt die Formulierung hierzu in dem Ingenieurvertrag „Technische Gebäudeausrüstung" ein Vorschlag dar, der, was die in Ansatz zu bringenden Honorarprozentsätze betrifft, in jedem Einzelfall mit dem Vertragspartner auszuhandeln wäre. (Ist eine freie Honorarvereinbarung nicht zulässig, stellt sich noch das weitere Problem einer möglichen Mindestsatzunterschreitung gemäß § 5 Abs. 4 HOAI.) Letztlich sei nochmals der Hinweis gestattet, dass ein jeder Vertrag davon lebt, wie genau er die jeweiligen Erfordernisses des Einzelfalls richtig erfasst und im Vertrag umsetzt. Aus diesem Grunde sind die Anlagen zum Vertrag wie die **Leistungsbeschreibung**, das **Pflichtenheft** und auch das **Projekthandbuch** mit von ausschlaggebender Bedeutung.

2.3 Beispielhafte Architekten- und Ingenieurverträge aus der Praxis

2.3.1 *INGENIEURVERTRAG TECHNISCHE GEBÄUDEAUSRÜSTUNG*

zwischen der

.... – nachfolgend **Auftraggeber** genannt –

u n d

.... – nachfolgend **Auftragnehmer** genannt –

Inhaltsverzeichnis

Seite

1 Vorbemerkung

....

2 Gegenstand des Vertrages

Gegenstand des Vertrages sind Ingenieurleistungen nach näherer Maßgabe dieses Vertrages für das vorgenannte Bauvorhaben des Auftraggebers.

3 Vertragsgrundlagen

Soweit dieser Vertrag nichts Abweichendes regelt, sind Vertragsgrundlage in der nachstehenden Geltungsreihenfolge:

3.1 Die Leistungsbeschreibung für Leistungen des Auftragnehmers, **Anlage 1.**

3.2 Das Pflichtenheft mit den verbindlichen Projektzielen, **Anlage 2.**

3.3 Das Projekthandbuch, welches durch den Auftraggeber aufgestellt wird, mit der zum Zeitpunkt der Vertragsunterzeichnung gültigen Fassung. Ergänzende Fassungen werden automatisch Vertragsbestandteil, wenn der Auftragnehmer diesen nicht innerhalb einer Frist von 15 Werktagen nach Zugang schriftlich ausdrücklich widerspricht, **Anlage 3**.

3.4 Der Rahmenterminplan, **Anlage 4.**

3.5 Der Zahlungsplan, **Anlage 5.**

3.6 Muster Vertragserfüllungsbürgschaft, **Anlage 6.**

3.7 Muster Gewährleistungsbürgschaft, **Anlage 7.**

4 Leistungen des Auftragnehmers

4.1 Die vom Auftragnehmer – bei entsprechender Beauftragung gemäß Nr. 5 – zu erbringenden Leistungen ergeben sich aus der allgemeinen Leistungsbeschreibung gemäß Anlage 1.

Die dortige Aufzählung erhebt keinen Anspruch auf Vollständigkeit. Letztlich orientieren sich die von dem Auftragnehmer konkret geschuldeten Teile der beauftragten Leistungen nach der Erforderlichkeit zur Erreichung des Planungsziels. Dieses liegt bei allen Leistungsphasen in der Erstellung einer die

Vorstellung des Auftraggebers in ingenieurmäßiger wie kostenökonomischer Hinsicht optimal umsetzenden genehmigungsfähigen Planungsleistung.

Das geschuldete Planungsziel wird im Einzelnen wiedergegeben in dem Pflichtenheft, Anlage 2 zum Vertrag, welches die Projektziele verbindlich beschreibt. Insbesondere die Einhaltung der dort vorgegebenen Kostenobergrenze gehört zu den Hauptleistungen des Auftragnehmers.

Der Auftragnehmer ist verpflichtet, nach Abschluss jeder Leistungsphase dem Auftraggeber schriftlich und unaufgefordert mitzuteilen, ob zum Zeitpunkt des Datums seiner Mitteilung, die Planung die Einhaltung der Kostenobergrenze weiterhin sicherstellt. Sollte dies nicht der Fall sein, so teilt der Auftragnehmer dem Auftraggeber mit, welche Möglichkeiten im Rahmen der von ihm zu erbringenden Ingenieurleistung bestehen, um die Kostenobergrenze wieder einhalten zu können.

Diese Verpflichtung besteht neben der grundsätzlich bestehenden Pflicht des Auftragnehmers, den Auftraggeber jederzeit über ihn bekannt werdende kostensteigende Faktoren zu informieren, falls die Gefahr besteht, dass die Kostengrenze überschritten zu werden droht. Eine dahingehende Mitteilungspflicht obliegt dem Auftragnehmer auch für Umstände und Erkenntnisse, die ihm im Rahmen seiner vielmehr geschuldeten Leistungserbringung oder anlässlich dieser Leistungserbringung bei den Leistungen der übrigen Planungsbeteiligten zur Kenntnis gebracht werden. Er darf sich in solchen Fällen **nicht** darauf verlassen, die übrigen Planungsbeteiligten, deren Leistungen betroffen sind, würden ihrer Mitteilungspflicht gegenüber dem Auftraggeber schon nachkommen.

Dem Auftragnehmer ist bekannt, dass der Auftraggeber eine Nutzung des Gebäudes zu gewerblichen Zwecken wünscht, weshalb es ihm maßgeblich darauf ankommt, dass die Kostenobergrenze nicht überschritten werde, da andernfalls eine gewinnbringende Vermietung nicht mehr sichergestellt ist und der Auftraggeber in diesem Fall überhaupt von der Realisierung des Bauobjekts Abstand nehmen würde.

Die Einhaltung der Kostenobergrenze gehört zur Hauptleistung des Auftragnehmers ebenso wie die vorgeregelte Verpflichtung zur rechtzeitigen Hinweiserteilung, falls diese Kostenobergrenze überschritten zu werden droht.

Als übergreifendes Planungsziel ist weiter vereinbart:

Die vom Auftragnehmer nach diesem Vertrag auszuführenden Leistungen umfassen alle zur ordnungsgemäßen Vertragserfüllung und zur Herstellung des werkvertraglich geschuldeten Leistungserfolgs erforderlichen Leistungen und Tätigkeiten, auch wenn sie in der Leistungsbeschreibung nicht ausdrücklich beschrieben worden sind. Hierzu gehören insbesondere alle Leistungen, die zur Erstellung eines den Anforderungen und Vorgaben des Auftraggebers, insbesondere mit Hinblick auf die Einhaltung des vorgegebenen Kostenbudgets, entsprechenden Bauwerks; weiter alle Leistungen, die zur mangelfreien und termingerechten Erstellung des Bauwerks im Rahmen der Beauftragung gemäß Nr. 5 notwendig sind. Die in der Leistungsbeschreibung, Anlage 1, genannten Leistungen geben insoweit nur die zu erfüllenden Mindestanforderungen an die vertragsgemäße Leistungserbringung wieder.

4.2 Geänderte oder zusätzliche Leistungen

4.2.1 Leistungsphase 1: Grundlagenermittlung

In der Leistungsphase 1 „Grundlagenermittlung“ ist der Auftragnehmer verpflichtet, ohne besondere Vergütung auch geänderte oder zusätzliche Leistungen zu erbringen, auch nach grundsätzlich verschiedenen Anforderungen. Verlangt der Auftraggeber jedoch nach Billigung des vom Auftragnehmer fertiggestellten Konzeptes eine völlige Umgestaltung, sodass es nicht mehr dasselbe Gebäude/Planungskonzept ist, hat der Auftragnehmer Anspruch auf erneute Vergütung der Leistungsphase.

4.2.2 Leistungsphase 2: Vorplanung

In der Leistungsphase 2 „Vorplanung“ ist der Auftragnehmer auf Anordnung des Auftraggebers verpflichtet, ohne Vergütung geänderte oder zusätzliche Leistungen in gestalterischer, konstruktiver, funktionaler oder wirtschaftlicher Hinsicht zu erbringen, die nicht solche wesentlichen Änderungen des Volumens oder der Planungskonzepte zur Folge haben, dass die planerische Zielrichtung wesentlich verändert wird.

4.2.2.1 „Wesentlich“ im vorgenannten Sinne sind geänderte oder zusätzliche Leistungen nur dann, wenn eine Überarbeitung entsprechend einem Leistungsaufwand von 20 % oder mehr der vollständig erbrachten, unveränderten Leistungsphase erforderlich ist; auch sie muss der Auftragnehmer auf Anordnung des Auftraggebers erbringen.

Die zusätzliche Leistung bestimmt sich dann nach dem Umfang der geänderten oder zusätzlichen Leistung, und zwar mit folgender Maßgabe: Pro Prozent Überschreitung der Marge von 20 % (dieser Phase) erhält der Auftragnehmer je 1% des Honorars für die Phase (maximal beträgt das Honorar 40 % der Vergütung dieser Phase).

4.2.2.2 Sind die geänderten oder zusätzlichen Leistungen nicht nur wesentlich (im Sinne von 4.2.2.1), sondern beruhen sie auch auf grundsätzlich verschiedenen Anforderungen des Auftraggebers, so gilt § 20 HOAI.

4.2.2.3 Verlangt der Auftraggeber nach Fertigstellung der Vorplanung eine völlige Umgestaltung des gesamten Konzeptes, sodass es nicht mehr dasselbe Gebäude/Planungskonzept ist, so hat der Auftragnehmer Anspruch auf eine zusätzliche Honorierung der gesamten Leistungsphase.

4.2.3 Leistungsphase 3: Entwurfsplanung

4.2.3.1 In der Phase 3 „Entwurfsplanung" ist der Auftragnehmer auf Anordnung des Auftraggebers verpflichtet, ohne Vergütung geänderte oder zusätzliche Leistungen in gestalterischer, konstruktiver, funktionaler oder wirtschaftlicher Hinsicht zu erbringen, sofern sie nur noch geringfügige Änderungen des Volumens oder der Planungskonzepte zur Folge haben und sie die planerische Zielrichtung nur noch geringfügig verändern.

4.2.3.2 „Nicht geringfügig" im vorgenannten Sinne sind geänderte oder zusätzliche Leistungen dann, wenn eine Überarbeitung entsprechend einem Leistungsaufwand von 5 % oder mehr der vollständig erbrachten, unveränderten Leistungsphase erforderlich ist; auch sie muss der Auftragnehmer auf Anordnung des Auftraggebers erbringen.

Die zusätzliche Vergütung bestimmt sich dann nach dem Umfang der geänderten oder zusätzlichen Leistung, und zwar mit folgender Maßgabe: Pro Prozent Überschreitung der Marge von 5 % (dieser Phase) erhält der Auftragnehmer je 1 % des Honorars für die Phase. Maximal beträgt das Honorar 30 % der Vergütung dieser Phase.

4.2.3.3 Sind die geänderten oder zusätzlichen Leistungen nicht nur „mehr als geringfügig" (im Sinne von 4.2.3.2), sondern beruhen sie auch auf grundsätzlich verschiedenen Anforderungen des Auftraggebers, so gilt § 20 HOAI.

4.2.3.4 Verlangt der Auftraggeber nach Fertigstellung der Entwurfsplanung eine völlige Umgestaltung des gesamten Konzeptes, sodass es nicht mehr dasselbe Gebäude/Planungskonzept ist, so hat der Auftragnehmer Anspruch auf eine zusätzliche Honorierung der gesamten Leistungsphase.

4.2.4 Leistungsphase 4: Genehmigungsplanung

4.2.4.1 Geänderte oder zusätzliche Leistungen in der Phase 4 „Genehmigungsplanung" auf Anordnung des Auftraggebers muss der Auftragnehmer auch ohne gesonderte Vergütung erbringen.

4.2.4.2 Beruhen die geänderten oder zusätzlichen Leistungen (einschließlich eventueller Nachträge auf Nachtragsgenehmigungen) jedoch auf Umständen, die der Auftragnehmer nicht zu vertreten hat, so ist der Auftragnehmer dennoch auf Anordnung des Auftraggebers zu dieser Leistung verpflichtet. Er erhält dann zusätzliche Vergütung, wenn diese geänderte oder zusätzliche Leistung einen nicht unwesentlichen Arbeits- und Zeitaufwand verursacht. Das ist dann der Fall, wenn eine Überarbeitung entsprechend einem Leistungsaufwand von 15 % oder mehr der vollständig erbrachten, unveränderten Leistungsphase erforderlich ist.

Die zusätzliche Vergütung bestimmt sich dann nach dem Umfang der geänderten oder zusätzlichen Leistung, und zwar mit folgender Maßgabe: Pro Prozent Überschreitung der Marge von 15 % (dieser Phase) erhält der Auftragnehmer je 1% des Honorars für die Phase.

4.2.5 Leistungsphase 5: Ausführungsplanung

4.2.5.1 In der Phase 5 „Ausführungsplanung" ist der Auftragnehmer auf Anordnung des Auftraggebers verpflichtet, ohne Vergütung geänderte oder zusätzliche Leistungen in gestalterischer, konstruktiver, funktionaler oder wirtschaftlicher Hinsicht zu erbringen, sofern sie nur noch geringfügige Änderungen des Volumens oder der Planungskonzepte zur Folge haben und sie die planerische Zielrichtung nur noch geringfügig verändern.

4.2.5.2 „Nicht geringfügig" im vorgenannten Sinne sind geänderte oder zusätzliche Leistungen dann, wenn eine Überarbeitung entsprechend einem Leistungsaufwand von 5 % oder mehr der vollständig erbrachten, unveränderten Leistungsphase erforderlich ist; auch sie muss der Auftragnehmer auf Anforderung des Auftraggebers erbringen.

Die zusätzliche Vergütung bestimmt sich dann nach dem Umfang der geänderten oder zusätzlichen Leistung, und zwar mit folgender Maßgabe: Pro Prozent Überschreitung der Marge von 5 % (dieser Phase) erhält der Auftragnehmer je 1 % des Honorars für die Phase.

4.2.6 Leistungsphasen 6, 7, 8 und 9, Vorbereitung der Vergabe, Mitwirkung bei der Vergabe, Objektüberwachung, Objektbetreuung und Dokumentation

4.2.6.1 Geänderte oder zusätzliche Leistungen in den Phasen 6–9 auf Anordnung des Auftraggebers muss der Auftragnehmer in diesen Phasen ohne gesonderte Vergütung erbringen.

4.2.6.2 Ordnet der Auftraggeber jedoch in der Phase 6 „Vorbereitung der Vergabe" die Aufstellung alternativer Leistungsbeschreibungen für geschlossene Leistungsbereiche an, so ist der Auftragnehmer verpflichtet, diese Leistung zu erbringen und hat Anspruch auf Vergütung in Höhe von 50 % des Honorars der Leistungsphase, das anteilig auf die vorangegangene Leistungsbeschreibung des entsprechenden Leistungsbereiches entfällt.

4.2.7 In allen Fällen, in denen der Auftragnehmer nach Maßgabe der Regelung in 4.2.1 bis 4.2.6.2 zusätzliches Honorar erhält, ist **Anspruchsvoraussetzung**, dass der Auftragnehmer dem Auftraggeber vor Beginn der Arbeit mit geänderten oder zusätzlichen Leistungen **schriftlich** ankündigt, dass die Anordnung des Auftraggebers zusätzliches Honorar auslöst; weitere Voraussetzung ist, dass der Auftraggeber daraufhin die zusätzliche Honorierung dem Grunde nach schriftlich bestätigt. Verweigert der Auftraggeber trotz eigener Anordnung und trotz Ankündigung des Auftragnehmers das Anerkenntnis der Honorierung dem Grunde nach, ist der Auftragnehmer nicht verpflichtet, die geänderten oder zusätzlichen Leistungen auszuführen.

5 Beauftragung

5.1 Der Auftraggeber überträgt dem Auftragnehmer von den in der Anlage 1 genannten Leistungen in diesem Vertrag die Leistungsphase 1 „Grundlagenermittlung" und 2 „Vorplanung".

5.2 Die Beauftragung weiterer Leistungsphasen gemäß diesem Vertrag kann im Wege stufenweiser Beauftragung durch gesonderten **schriftlichen Abruf** des Auftraggebers erfolgen. Der Auftragnehmer hat den Auftraggeber rechtzeitig **schriftlich** auf die Erforderlichkeit der Beauftragung weiterer Leistungsstufen zur Vermeidung von Planungs- und Bauverzögerungen hinzuweisen.

5.3 Dem Auftragnehmer stehen keine Ansprüche auf Übertragung einzelner Leistungsphasen, über die in 5.1 beauftragten hinaus, zu. Er kann auch aus der stufenweisen Beauftragung oder Nichtbeauftragung keinerlei Rechte, gleich welcher Art, herleiten.

6 Kosten des Projektes

6.1 Kostenermittlung

Kostenschätzungen/-berechnungen sind gemäß DIN 276 (Fassung 04/81) gemäß Feststellungen im Projekthandbuch Teil . . . zu erstellen. Im Besonderen sind bei allen Kostenangaben (-schätzung, -berechnung, -anschlag, -feststellung) die kostenrelevanten Hauptbestandteile nach Menge und dazugehörigen Kosten zu untergliedern, welche die Auswirkungen von Änderungen der Ausstattungs- und Konstruktionsvorgaben nachvollziehen lassen, um im Dialog den wirtschaftlichen Kostenrahmen einhalten zu können.

Der Objektplaner hat hierbei die Verpflichtung, die Beiträge des Auftragnehmers in die Gesamtkostenschätzung bzw. -berechnung zu integrieren. Die vertraglichen Pflichten des Auftragnehmers bleiben davon unberührt.

6.2 Kostenrahmen/-obergrenze

Dem Auftragnehmer ist der Kostenrahmen, d. h. eine Kostenobergrenze gemäß Ziff. 4.1, als verbindliche Planungsgrundlage für die von ihm und den fachlich Beteiligten zu planenden Leistungen vorgegeben. Der Auftragnehmer ist verpflichtet, sich bei der Erbringung seiner Leistungen an den Rahmen dieser Gesamtkostenvorgabe bzw. an den Kostenrahmen für die von ihm zu planenden Gewerke zu halten. Hält der Auftragnehmer den vorgegebenen Gesamtkostenrahmen oder einzelne Teilkosten auch bei strikter Beachtung der gebotenen Wirtschaftlichkeitsplanung nicht für auskömmlich, so hat er dies unter Angabe von Gründen unverzüglich schriftlich dem Auftraggeber und dem Projektsteuerer mitzuteilen und Vorschläge zu unterbreiten, wie der Gesamtkostenrahmen bzw. seine Kostenvorgaben eingehalten werden können. Nach Prüfung durch die Projektsteuerung erfolgt in Abstimmung mit dem Auftraggeber die Herbeiführung einer Entscheidung.

7 Termine

7.1 Rahmenterminplan

Der Auftragnehmer hat seine Leistungen auf der Grundlage des vom Projektsteuerer vorgegebenen Rahmenterminplans (siehe Anlage 4) zu erbringen und fertigzustellen. Der Rahmenterminplan wird dem Auftragnehmer vor Vertragsabschluss übergeben. Der Auftragnehmer hat die ihm übertragenen Leistungen so rechtzeitig zu erbringen, dass Planung und Durchführung der Baumaßnahme nicht aufgehalten oder verzögert werden.

7.2 Verbindliche Termine

Der Rahmenterminplan wird in den einzelnen Leistungsphasen durch Detailablauftermine des Projektsteuerers zur Steuerung und Koordinierung aller Beteiligten ergänzt. Die darin enthaltenen Anfangs-, Zwischen- und Endtermine werden einvernehmlich zwischen Projektsteuerer und Auftragnehmer festgelegt und sind für den Auftragnehmer verbindlich.

Einigen die Parteien sich nicht, kann der Auftraggeber nach billigem Ermessen einseitig die verbindlichen Termine festlegen.

7.3 Unterrichtung über Terminlage

Der Auftraggeber ist verpflichtet, den Auftragnehmer über etwaige ihm bekannt werdende, drohende oder schon eingetretene Terminverschiebungen des Rahmenterminplanes schriftlich zu informieren.

Der Auftragnehmer hat den Auftraggeber und den Projektsteuerer von drohenden oder eintretenden Leistungsverzögerungen, die für den Leistungsbereich des Auftragnehmers relevant sind, unverzüglich und schriftlich zu unterrichten, unabhängig davon, ob und in welchem Umfang eine Leistungsverzögerung vorliegt und wie dieser Leistungsverzögerung gegengesteuert werden kann. Der Auftragnehmer hat hierzu Vorschläge zu unterbreiten.

Das Recht des Auftraggebers, unabhängig von einer solchen gemeinsamen Feststellung Anordnungen gleich welcher Art zu treffen, bleibt unberührt.

Um die dem Projektsteuerer obliegende Terminkontrolle zu ermöglichen, verpflichtet sich der Auftragnehmer, dass er regelmäßig (monatlich, jeweils in der ersten Woche des Monats) vom Projektsteuerer vorgegebene Terminkontrollberichtsformulare im Sinne des Soll-Ist-Vergleichs nebst Erläuterungen abliefert.

7.4 Folgen verspäteter Leistungserbringung des Auftragnehmers

7.4.1 Kommt der Auftragnehmer mit seiner Leistung bei verbindlichen Terminen gemäß 7.2 in Rückstand, erbringt er die ausstehende Leistung trotz Nachfristsetzung sodann nicht innerhalb von maximal 15 Werktagen und hat er die Verzögerung zu vertreten, so ist der Auftraggeber – unbeschadet aller sonstigen Rechte – berechtigt, die Leistung für den entsprechenden Bauabschnitt ganz oder teilweise aus wichtigem Grund zu kündigen; der Auftraggeber ist dann aber nach seinem Belieben auch berechtigt, eine ganze Leistungsphase oder alle in Auftrag gegebenen Leistungsphasen aus wichtigem Grund zu kündigen.

Die Kündigungsfolgen ergeben sich dann aus 14.3.

Schadensersatzansprüche des Auftraggebers bleiben unberührt.

7.4.2 Kommt der Auftragnehmer der Pflicht zur vollständigen Fertigstellung des Vorentwurfs oder der Pflicht zur vollständigen Fertigstellung des Entwurfs in den jeweiligen Endfristen gemäß 7.2 nicht fristgerecht nach, stellt er die entsprechende Leistung trotz Nachfristsetzung von maximal 15 Werktagen nicht fertig und hat er die Verzögerung zu vertreten, so verringert sich das Honorar des Auftragnehmers für die betroffene Leistungsphase 2 oder 3 um je 10 %.

Weitergehende Ansprüche des Auftraggebers – auch gemäß 7.4.1 – bleiben unberührt.

Auf Schadensersatzansprüche des Auftraggebers wegen Verzuges des Auftragnehmers sind die vorerwähnten Honorarkürzungen anzurechnen.

8 Vergütung

8.1 Pauschalhonorar

8.1.1 Für die einzelnen Leistungsphasen und für die etwaigen Besonderen Leistungen gemäß der Anlage 1 werden jeweils Pauschalhonorare wie folgt vereinbart:

....

Die Verwendung von CAD wird nicht gesondert honoriert.

Geänderte und zusätzliche Leistungen werden nur gemäß § 4.2 ff. vergütet:

Das Pauschalhonorar deckt die Leistungen des Auftragnehmers in der gemäß Rahmenterminplan, Anlage 4, festgesetzten Fertigstellungszeit plus 3 Monate gegenüber dem in dem Rahmenterminplan angegebenen Fertigstellungstermin für die Leistungen des Auftragnehmers. Erstreckt sich die Arbeit über diese Frist hinaus, so wird das Pauschalhonorar angepasst, und zwar wie folgt:

Das für die Leistungsphase 8 in Auftrag gegebene pauschalierte Honorarvolumen wird umgelegt auf die laut Terminplan festgestellte Bauzeit zzgl. einem Zuschlag von 3 Monaten. Daraus wird ein Monatsmittel errechnet. Dieses Monatsmittel wird ab dem 4. Monat als zusätzliches Honorar berechnet, jedoch gekürzt um 20 % pro Monat. Dauert die Überschreitung der Fertigstellungsfrist für die Leistung des Auftragnehmers mehr als 9 Monate, entfällt der Abzug von 20 % ab dem 10. Monat.

8.2 Zeithonorar

8.2.1 Werden außerhalb des Leistungsumfangs gemäß Nr. 3 Leistungen nach Zeitaufwand vergütet, gelten hierfür folgende Stundensätze:

– für den Inhaber/Geschäftsführer	€ ....
– für projektleitende Diplom-Ingenieure	€ ....
– für sachbearbeitende Ingenieure	€ ....
– für Techniker	€ ....
– für Zeichner und Schreibkräfte	€ ....
– für Hilfskräfte	€ ....

8.2.2 Abrechnungen für Leistungen nach Zeitaufwand bedürfen der vorherigen Anmeldung beim und der gesonderten Beauftragung durch den Auftraggeber; sie sind durch Stundenbelege nachzuweisen und monatlich abzurechnen.

8.3 Nebenkosten

8.3.1 Spätestens ab Beginn der Leistungsphase 8 ist ein Baustellenbüro mit Telefon- und Faxanschluss und durchgehend fachlich kompetenter Besetzung vor Ort vorzuhalten und zu besetzen.

Der Auftraggeber stellt dem Auftragnehmer auf der Baustelle ein Baubüro zur Verfügung und übernimmt die Kosten für die *Medien* mit Ausnahme der Anschluss- und Betriebskosten für die Telekommunikation.

8.3.2 Kosten für Reisen .... sowie alle übrigen nach § 7 HOAI erstattungsfähigen und sonstigen Nebenkosten sind im Honorar enthalten.

Ausgenommen hiervon sind die Kosten für Lichtpausen sowie Vervielfältigungen größer als DIN A3 ab der Leistungsphase 4. Diese werden gegen Einzelnachweis, der jeweils vom Auftragnehmer unter Angabe des Verwendungszwecks zu prüfen und freizugeben ist, direkt vom Auftraggeber der Lichtpausanstalt bezahlt. Die Lichtpausanstalt wird vom Auftraggeber festgelegt bzw. zwischen Auftraggeber und Auftragnehmer abgestimmt.

8.4 Umsatzsteuer

8.4.1 Das Honorar, etwaige Zeithonorare und die Nebenkosten verstehen sich als Nettobeträge zuzüglich MwSt. in der jeweils gesetzlich bestimmten Höhe. Mehrwertsteueränderungen während der Vertragslaufzeit sind entsprechend den gesetzlichen Bestimmungen zu berücksichtigen.

9 Zahlungen, Rechnungen, Sicherheiten

9.1.1 Abschlagszahlungen, Vertragserfüllungs- und Gewährleistungsbürgschaft

Der Auftragnehmer kann unter Rechnungstellung Abschlagszahlungen bei entsprechendem jeweiligem Stand seiner Leistungen gemäß Zahlungsplan, Anlage 5, verlangen.

Abschlagszahlungen werden bis zu 95 % des für die nachgewiesenen Leistungen zustehenden Honorars – vorbehaltlich der Anerkennung der Vertragserfüllung – gewährt. Die restlichen 5 % werden mit der Schlussrechnung bzw. Teilschlussrechnung vergütet, wenn der Auftragnehmer eine Gewährleistungsbürgschaft nach dem Muster gemäß Anlage 7 zum Vertrag an den Auftraggeber übergibt.

Dem Auftragnehmer steht es frei, die von seinen Abschlagsrechnungen einbehaltenen 5 % durch eine Vertragserfüllungsbürgschaft nach dem Muster gemäß Anlage 6 zu diesem Vertrag abzulösen. Bei Übergabe einer Vertragserfüllungsbürgschaft ist diese nach Fertigstellung und Abnahme der Leistungen des Auftragnehmers gegen eine Gewährleistungsbürgschaft in Höhe von 5 % der Nettoschlussrechnungssumme auszutauschen. Bis dahin sichert die Vertragserfüllungsbürgschaft auch die Ansprüche aus Gewährleistung. Die Gewährleistungsbürgschaft muss dem Muster, Anlage 7 zum Vertrag entsprechen.

Die Vertragserfüllungsbürgschaft dient als Sicherheit für die Erfüllung sämtlicher Verpflichtungen des Auftragnehmers aus diesem Vertrag, insbesondere für die vertragsgemäße Ausführung der Leistung einschließlich der Abrechnung, Gewährleistung für Mängel, Schadensersatz sowie für die Erstattung von Überzahlung einschließlich der Zinsen.

Die Gewährleistungsbürgschaft dient als Sicherheit für die Erfüllung der Ansprüche auf Gewährleistung einschließlich der bei der Abnahme vorbehaltenen Mängel, Schadensersatz sowie für die Erstattung von Überzahlung einschließlich der Zinsen.

Die Nebenkosten werden jeweils anteilig mit und entsprechend den Abschlagszahlungen ohne Abzug bezahlt. Die Mehrwertsteuer wird zusammen mit den Abschlagszahlungen und sonstigen Nebenkostenabrechnungen überwiesen.

9.1.2 Der Zahlungsplan ist entsprechend der stufen- und abschnittweisen Beauftragung und unter Zugrundelegung der fortgeschriebenen Rahmen- und Detailterminplanung und des Leistungsfortschrittes des Auftragnehmers gegebenenfalls anzupassen.

9.2 Rechnungen

Rechnungen sind nach ihrem Zweck als Abschlag-, Teilschluss- oder Schlussrechnung zu bezeichnen und durchlaufend zu nummerieren und müssen kumulierend aufeinander aufbauen.

Der Rechnungsbetrag ist in der Rechnung entsprechend der Honorargliederung des Vertrages bzw. den Vorgaben des Zahlungsplanes prüfbar darzustellen.

Abschlagsrechnungen sind innerhalb von 30 Arbeitstagen, Schlussrechnungen innerhalb von 50 Arbeitstagen nach Zugang beim Auftraggeber von diesem zu prüfen und zu zahlen.

9.3 Schlussrechnung(en)

9.3.1 Nach vertragsgemäßer Erbringung der Leistungsphasen 1 bis gegebenenfalls 8 kann das Honorar für diese Leistungsphasen abgerechnet werden
(1. Teilhonorar-Schlussrechnung).

Falls auch die Leistungsphase 9 übertragen ist, kann das Honorar für die Leistungsphase 9 nach vertragsgemäßer Erbringung dieser Leistung in Rechnung gestellt werden
(2. Honorarschlussrechnung).

9.4 Vergütung zusätzlicher Leistungen

Soweit der Auftragnehmer Anspruch auf Vergütung geänderter oder zusätzlicher Leistungen hat, wird der Ausgleich nach ordnungsgemäßer Erbringung der entsprechenden Leistungen, Übergabe einer sich hierauf beziehenden prüffähigen Rechnung und nach durchgeführter Rechnungsprüfung vorgenommen, es sei denn, in der gesonderten Vereinbarung über die zusätzliche Leistung wird hierüber etwas anderes bestimmt.

9.5 Berichtigung, Erstattung

Werden Fehler in der Abrechnung der Vergütung festgestellt, so ist diese Abrechnung zu berichtigen. Der Auftraggeber und der Auftragnehmer sind verpflichtet, die sich aus Überzahlungen ergebenden Beträge zu erstatten. Sie können sich nicht auf einen etwaigen Wegfall der Bereicherung (§ 818 Abs. 3 BGB) berufen.

10 Pflichten des Auftragnehmers

10.1 Allgemeine Pflichten

10.1.1 Regeln der Technik u.a.

Die Leistungen des Auftragnehmers müssen den anerkannten Regeln der Technik unter Berücksichtigung des neuesten Standes der Technik sowie den einschlägigen öffentlich-rechtlichen Bestimmungen und sonstigen einschlägigen technischen Bestimmungen und Richtlinien entsprechen.

10.1.2 Persönliche Leistungserbringung

Der Auftragnehmer hat die Leistungen persönlich bzw. im eigenen Unternehmen zu erbringen. Die Hinzuziehung von Sonderfachleuten und/oder Subunternehmern zur Erfüllung der Leistungen durch den Auftragnehmer bedarf der vorherigen schriftlichen Zustimmung des Auftraggebers.

10.1.3 Auskunftspflicht des Auftragnehmers

Der Auftragnehmer hat dem Auftraggeber auf Anforderung über seine Leistungen unverzüglich und ohne besondere Vergütung Auskunft zu erteilen, bis die Baumaßnahme abgeschlossen ist.

10.1.4 Wahrung der Auftraggeberinteressen

Als Sachwalter des Auftraggebers darf der Auftragnehmer keine Unternehmer oder Lieferanteninteressen vertreten.

10.1.5 Anordnung und Anregungen des Auftraggebers, Bedenken

Der Auftragnehmer hat seiner Planung die schriftlichen Anordnungen und Anregungen des Auftraggebers zugrunde zu legen und etwaige Bedenken hiergegen dem Auftraggeber unverzüglich schriftlich mitzuteilen; er hat seine Leistungen vor ihrer endgültigen Ausarbeitung mit dem Auftraggeber und den anderen fachlich Beteiligten abzustimmen.

Der Auftragnehmer hat sich rechtzeitig zu vergewissern, dass seiner Planung öffentlich-rechtliche Hindernisse und Bedenken nicht entgegenstehen.

Die Haftung des Auftragnehmers für die Richtigkeit und Vollständigkeit seiner Leistungen wird durch Anerkennung oder Zustimmung des Auftraggebers nicht eingeschränkt.

10.1.6 Wirtschaftlichkeit

Der Auftragnehmer hat seine Leistungen unter besonderer und stetiger Berücksichtigung des Erfordernisses der Wirtschaftlichkeit der zu errichtenden Bauwerke/Anlagen – sowohl in Bezug auf die Herstellung als auch auf den späteren Betrieb, soweit die Leistungen des Auftragnehmers betroffen sind – zu erbringen.

10.1.7 Projektbesprechungen

Der Auftragnehmer ist verpflichtet, an den von dem Projektsteuerer und dem Auftraggeber routinemäßig und gesondert festgesetzten Projektbesprechungen teilzunehmen.

10.1.8 Verantwortlicher Ansprechpartner

Für den Auftragnehmer werden als verantwortliche Ansprechpartner

Herr/Frau ....

Herr/Frau ....

genannt.

Der Ansprechpartner bzw. dessen Vertreter haben die Aufgabe, die Leistungen des Auftragnehmers fachlich zu leiten, intern zu koordinieren und den Informationsaustausch mit dem Auftraggeber und Projektsteuerer durchzuführen. Sie nehmen – einzeln oder gemeinsam – an allen Besprechungen des Auftragnehmers mit dem Auftraggeber, mit den fachlich Beteiligten und mit sonstigen Dritten teil, soweit diese Besprechungen den Aufgabenbereich des Auftragnehmers berühren (vgl. Ziff. 10.1.7). Sie vermitteln die dabei erhaltenen Informationen intern an die zuständigen Stellen oder sorgen dafür, dass diese mit ihnen zusammen an den jeweiligen Gesprächen teilnehmen.

Die verantwortlichen Ansprechpartner des Auftragnehmers werden nur mit schriftlicher Zustimmung des Auftraggebers oder auf dessen Wunsch abgelöst. Die Bestellung des Nachfolgers bedarf ebenfalls der schriftlichen Zustimmung des Auftraggebers. Die Zustimmung des Auftraggebers darf nicht ohne wichtigen Grund verweigert werden.

10.1.9 Unterzeichnung der Unterlagen

Der Auftragnehmer hat die von ihm gefertigten Unterlagen als Verfasser zu unterzeichnen.

10.1.10 Aufbewahrungspflicht

Der Auftragnehmer hat seine Unterlagen 5 Jahre nach Fertigstellung des Bauvorhabens, in jedem Fall bis zum Ablauf der Gewährleistungsfristen, aufzubewahren. Bevor er diese Unterlagen vernichtet, muss er sie dem Auftraggeber zur Abholung anbieten.

10.1.11 Öffentlichkeitsarbeit

Der Auftragnehmer unterstützt den Auftraggeber auf Verlangen bei seiner Öffentlichkeitsarbeit.

10.2 Sonstige Pflichten

10.2.1 Vertraulichkeitsschutz

Der Auftragnehmer hat über seine Leistungen und die ihm bei Vertragserfüllung bekannt gewordenen Vorgänge – soweit sie vertraulich sind – Dritten gegenüber Stillschweigen zu bewahren. Dies gilt auch nach Beendigung des Vertragsverhältnisses.

10.2.2 Der Auftragnehmer verpflichtet sich, zum Ende jeden zweiten Monats, erstmals zum Ende des zweiten Monats nach Beginn der Leistungsphase 3, unaufgefordert dem Auftraggeber den vollständigen neuesten Planungsstand in CAD auf geeigneten elektronischen Datenträgern zu übergeben. Unabhängig hiervon gelten die Regelungen nach Ziff. 10.2.12.

Erfolgt eine derartige Erfassung der Daten zum Ende eines Planungsabschnitts, kann der Auftraggeber bestimmen, dass die nächste Datenübergabe erst zum Ende des nächsten oder übernächsten Monats oder zu einem späteren Zeitpunkt zur Verfügung zu stellen ist. Trifft der Auftraggeber jedoch keine derartige Bestimmung, ist der Auftragnehmer weiterhin verpflichtet, jeweils den neuesten Planungsstand entsprechend den zuvor genannten Regelfristen und Modalitäten zu überreichen.

10.2.3 Koordination der Leistungen aller an der Planung Beteiligten

Der Auftragnehmer ist verpflichtet, im Rahmen seiner Leistungen an der dem Architekten übertragenen Koordination aller fachlich Beteiligten mitzuwirken, damit die zeitliche und fachlich-inhaltliche Abstimmung der Tätigkeiten aller fachlich Beteiligten vorgenommen werden und das Einordnen und Einarbeiten (Integrieren) aller Beiträge in die Gesamtplanung Leistungsphasen 1–5 bis zur Ausführungsreife durch den Architekten und während der Leistungsphasen 6–8 durch die Objektüberwachung erfolgen kann.

Der Auftragnehmer ist ferner verpflichtet, den anderen fachlich Beteiligten die notwendigen Angaben und Unterlagen so rechtzeitig zu liefern, dass diese ihre Leistungen ordnungsgemäß erbringen können.

Wenn während der Planung Meinungsverschiedenheiten zwischen dem Auftragnehmer und anderen fachlich Beteiligten auftreten, hat der Auftragnehmer unverzüglich über den Projektsteuerer schriftlich die Entscheidung des Auftraggebers herbeizuführen.

10.2.4 Abstimmung mit Genehmigungs- und Fachbehörden, Auflagen

Um sicherzustellen, dass der Verwirklichung seiner Planung keine Hindernisse entgegenstehen, wird der Auftragnehmer im erforderlichen Umfang fortlaufend Verbindung mit den zuständigen Genehmigungs- und Fachbehörden sowie den sonst in Betracht kommenden Behörden und Stellen halten und mit diesen die Planung abstimmen. Von bevorstehenden Verhandlungen mit diesen Behörden und Stellen wird er den Projektsteuerer und den Auftraggeber unverzüglich unterrichten, um ihnen Gelegenheit zu geben, hieran nach eigenem Ermessen teilzunehmen.

Der Auftragnehmer wird den Projektsteuerer und den Auftraggeber fortlaufend und unverzüglich über seine Gespräche mit diesen Behörden und Stellen im Jourfixe und durch Übermittlung von Besprechungsniederschriften informieren. Er wird dem Projektsteuerer und dem Auftraggeber den einschlägigen Schriftverkehr in Kopie zuleiten. Dies gilt auch dann, wenn Projektsteuerer und/oder Auftraggeber an den Gesprächen teilgenommen haben.

Von Genehmigungs- und Fachbehörden oder anderen zuständigen Stellen dem Auftraggeber gemachte Auflagen sind vom Auftragnehmer zu befolgen. Stehen solche Aufgaben im Widerspruch zu Festlegungen in den Vertragsunterlagen oder zu Anordnungen oder Anregungen des Auftraggebers oder berühren sie die Konzeption in einer nicht unwesentlichen Form, so wird der Auftragnehmer den Projektsteuerer und Auftraggeber hierüber und über mögliche Konsequenzen unverzüglich unterrichten und die Entscheidung des Auftraggebers über den Projektsteuerer einholen, bevor die betroffene Planung weiter bearbeitet wird. Die Entscheidung wird dem Auftragnehmer über den Projektsteuerer schriftlich mitgeteilt.

10.2.5 Abstimmung mit Projektsteuerer und Auftraggeber

Der Auftragnehmer hat bei seinen Leistungserbringungen Festlegungen der Projektleitung des Auftraggebers und des Projektsteuerers zu berücksichtigen und in die Ergebnisunterlagen einzuarbeiten und/oder diesen beizufügen. Von allen seiner Koordinationspflicht obliegenden Abstimmungsgesprächen und fachübergreifenden Festlegungen sind vom Auftragnehmer Niederschriften anzufertigen und dem Projektsteuerer sowie dem Auftraggeber, auch wenn diese daran teilgenommen oder mitgewirkt haben, zur Information und Dokumentation der Vorgänge spätestens *drei* Werktage nach dem jeweiligen Gespräch zu übergeben.

Weiterhin hat der Auftragnehmer etwaige Bedenken zu Festlegungen des Projektsteuerers und des Auftraggebers unverzüglich dem Auftraggeber über den Projektsteuerer schriftlich mitzuteilen. Er hat seine Leistungen vor ihrer endgültigen Ausarbeitung mit den anderen fachlich Beteiligten abzustimmen.

10.2.6 Strittige Themen

Bei technisch, gestalterisch oder wirtschaftlich strittigen Fragen unter den Planungsbeauftragten hat der Auftragnehmer entsprechende Entscheidungsunterlagen zu erarbeiten und vorzulegen, um dem Auftraggeber eine Entscheidung unter Einbeziehung aller relevanten Umstände und Daten zu ermöglichen.

10.2.7 Anforderung von Angaben

Angaben des Auftraggebers, fachlich Beteiligter oder sonstiger Stellen, die der Auftragnehmer zur Leistungserfüllung benötigt, hat der Auftragnehmer rechtzeitig anzufordern.

10.2.8 Besprechungsniederschriften

Der Auftragnehmer ist verpflichtet, über Besprechungen mit fachlich Beteiligten oder sonstigen Projektbeteiligten, außerhalb der Jour-fixe-Termine, Niederschriften in einem dem Besprechungsinhalt angemessenen Umfang anzufertigen und dem Auftraggeber und dem Projektsteuerer binnen 4 Werktagen zu übermitteln.

10.2.9 Konstruktions- und Ausstattungsalternativen

Der Auftragnehmer hat im Bedarfsfall (z. B. Bedenken ausführender Unternehmen oder Planungsbeteiligter, Hinweise/Anregungen des Projektsteuerers oder des Auftraggebers, Behördeneinwände) alternative Konstruktionsdetails und Ausstattungsmerkmale zu prüfen bzw. zu erarbeiten und aufzuzeigen, unter Beachtung des Ziels der Kostenoptimierung und Baurationalisierung. Hierbei sind gegebenenfalls andere an der Planung bzw. Ausführung Beteiligte einzubeziehen oder dem Auftraggeber die Hinzuziehung von (weiteren) Sonderfachleuten zu empfehlen.

10.2.10 Hinweis- und Prüfungspflicht des Auftragnehmers

Hat der Auftragnehmer im Zusammenhang mit der Erbringung seiner Leistungen gegen die Anwendung der im Vertrag oder den Anlagen aufgeführten Unterlagen oder der einzuhaltenden Bestimmungen und Richtlinien Bedenken oder stellt er Lücken, Überschneidungen und Widersprüche fest, wird der Auftragnehmer den Auftraggeber unverzüglich hierauf hinweisen. Der Auftraggeber wird in solchen Fällen schnellstmöglich eine verbindliche Entscheidung treffen.

Angaben und Festlegungen im Vertrag oder in den Anlagen aufgeführten Unterlagen sowie in etwa zukünftigen hinzutretenden Vertragsunterlagen entbinden den Auftragnehmer nicht von seiner Verpflichtung zur selbstständigen Prüfung und von seiner Verantwortung für die Richtigkeit und Vollständigkeit der von ihm geschuldeten Leistungen.

10.2.11 Projekthandbuch/Formblätter

Der Auftraggeber lässt zur organisatorischen Sicherung und Steuerung des Projektes durch den Projektsteuerer ein Projekthandbuch erstellen, in dem u. a. die wesentlichen Kriterien der Ablauforganisation festgelegt werden. Die einzelnen Teile des Handbuches werden dem Auftragnehmer rechtzeitig zur Verfügung gestellt und sind verbindlich zu beachten. Das Gleiche gilt für die vom Projektsteuerer vorgegebenen bzw. noch zu entwickelnden Formblätter.

10.2.12 Arbeitsunterlagen, -ergebnisse

Der Auftragnehmer ist verpflichtet, auf Verlangen des Auftraggebers oder Projektsteuerers unabhängig vom jeweiligen Stand der Bearbeitung Arbeitspausen/-kopien seiner Arbeitsunterlagen zu liefern.

Abzustimmende Pläne und Planungszwischenergebnisse zu Information des Projektsteuerers werden diesem in Form von Arbeitspausen …fach übergeben. Entsprechendes gilt auch für noch abzustimmende Konzepte von Berechnungen, Beschreibungen und Erläuterungen u. Ä.

Diese Unterlagen sind zusätzlich …fach dem Projektsteuerer zur Verteilung zuzuleiten.

Dabei ist darauf zu achten, dass jedes Exemplar mit Inhaltsverzeichnis versehen und als Dokumentation dieser Phase kenntlich gemacht ist.

Die vom Auftragnehmer erstellten und beschafften abschließenden Ergebnisunterlagen sind dem Auftraggeber …fach, davon einmal kopierfähig und mikrofilmgerecht sowie ab Leistungsphase 3 …fach auf geeigneten elektronischen Datenträgern, zu übergeben und gehen mit Übergabe in das Eigentum des Auftraggebers über. Zurückbehaltungsrechte an diesen Unterlagen sind – soweit gesetzlich zulässig – ausgeschlossen. Dies gilt auch, wenn das Vertragsverhältnis – gleichgültig aus welchem Grunde – vorzeitig endet. Ziff. 10.1.10 sowie 10.2.2 bleiben unberührt.

Arbeitsergebnisse in Form von Zeichnungen werden vom Auftraggeber kurzfristig für Zwecke der Zeichnungsverwaltung im Original überlassen.

Bei einer vorzeitigen Beendigung des Vertrages – gleichgültig aus welchem Grunde – hat der Auftragnehmer dem Auftraggeber seine zu diesem Zeitpunkt vorliegenden Arbeitsergebnisse und sonstigen Arbeitsunterlagen in ihrer letzten Fassung zu übergeben. Die Aufbewahrungspflicht nach Ziff. 10.1.10 bleibt unberührt, ebenso 10.2.2.

Bei zeichnerischen Unterlagen sind die Unterzeichner „Planverfasser“, bei den übrigen Unterlagen zeichnen sie als „Verfasser“.

Der Auftragnehmer kann sich bei der Unterzeichnung durch solche Mitarbeiter vertreten lassen, die er dem Auftraggeber zuvor schriftlich als hierzu ermächtigt benannt hat.

10.2.13 CAD-Einsatz

Hinsichtlich der Verpflichtung zum Einsatz von CAD (Computer Aided Design) ist auf Punkt 0.10 und 0.11 der Leistungsbeschreibung, Anlage 1, zu verweisen.

11 Zusammenarbeit zwischen Auftraggeber, Auftragnehmer und anderen fachlich Beteiligten

11.1 Projektsteuerung/Auftraggeber-Vertretung

Der Auftragnehmer nimmt zur Kenntnis, dass der Auftraggeber einen Projektsteuerer beauftragt hat.

Der Projektsteuerer vertritt die Belange des Auftraggebers unmittelbar und ist gegenüber dem Auftragnehmer terminlich und organisatorisch weisungsberechtigt. Direkte sonstige Anweisungen erhält der Auftragnehmer ausschließlich über den Auftraggeber und dort durch dessen Projektleitung. Die Mitwirkungspflichten des Auftragnehmers (vgl. Ziff. 10.2.3.) bleiben hiervon unberührt.

11.2 Berichts- und Unterrichtungspflicht

Der Auftragnehmer hat dem Projektsteuerer regelmäßig und auf Anfrage unverzüglich über den Inhalt und Ablauf seiner Leistungen und unverzüglich über alle den geplanten Inhalt und Ablauf dieser Leistungen berührenden Ereignisse zu berichten. Gleiches gilt für die Leistungen der anderen an der Planung und/oder Überwachung fachlich Beteiligten und über die mit diesen vereinbarten Termine/Fristen.

11.3 Inanspruchnahme fachlich Beteiligter

Der Auftragnehmer kann die Leistungen von fachlich Beteiligten im Rahmen der ihnen vom Auftraggeber erteilten Aufträge in erforderlichem Umfang unmittelbar abrufen.

Will der Auftragnehmer Leistungen fachlich Beteiligter außerhalb der diesen vom Auftraggeber erteilten Aufträge in Anspruch nehmen, so hat er die Kosten hierfür zu tragen, es sei denn, Auftraggeber und Auftragnehmer haben vorher schriftlich eine andere Regelung getroffen.

In jedem Fall der Inanspruchnahme von fachlich Beteiligten durch den Auftragnehmer wird dieser den Auftraggeber unterrichten.

11.4 Meinungsverschiedenheiten

Treten zwischen Auftragnehmer und fachlich Beteiligten und sonstigen Projektbeteiligten Meinungsverschiedenheiten wegen der Wirtschaftlichkeit der zu bearbeitenden Anlagen oder sonstige nicht beizulegende Meinungsverschiedenheiten auf, hat der Auftragnehmer über den Projektsteuerer unverzüglich die Entscheidung des Auftraggebers einzuholen. Bei Meinungsverschiedenheiten zwischen Projektsteuerer und Auftragnehmer entscheidet der Auftraggeber.

12 Wahrnehmung der Interessen des Auftraggebers durch den Auftragnehmer

12.1 Der Auftragnehmer ist zur Wahrnehmung der Rechte und Interessen des Auftraggebers im Rahmen der ihm übertragenen Leistungen berechtigt und verpflichtet. Er hat den Auftraggeber unverzüglich über Umstände zu unterrichten, aus denen sich Ansprüche gegen mit der Bauausführung beauftragte Unternehmen ergeben können. Die Geltendmachung derartiger Ansprüche obliegt dem Auftraggeber.

12.2 Der Auftragnehmer hat keine Vollmacht, finanzielle Verpflichtungen für den Auftraggeber einzugehen. Ebensowenig hat er Vollmacht für den Abschluss, die Änderung und Ergänzung von Verträgen sowie für die Vereinbarung neuer Preise.

12.3 Sämtliche Vergaben erfolgen durch den Auftraggeber.

13 Urheberrecht

13.1 Urheberrecht des Auftragnehmers

Dem Auftragnehmer bleibt ein Urheberrecht an den von ihm angefertigten Zeichnungen und an Bauwerken/Anlagen, die nach seinen Zeichnungen und Angaben ausgeführt werden.

Das Verwertungsrecht an den vom Auftragnehmer erstellten Plänen, Zeichnungen und sonstigen Unterlagen geht auf den Auftraggeber zur Erstellung des Bauvorhabens über.

13.2 Nutzungsrechte des Auftraggebers

Der Auftraggeber darf die vom Auftragnehmer aufgrund dieses Vertrages angefertigte Planung und sonstige Dokumentation uneingeschränkt für die Baumaßnahme nutzen, auch gegebenenfalls auf einem anderen Grundstück. Der Auftraggeber ist insbesondere berechtigt, die Planung zu bearbeiten und zu ändern sowie seine Rechte auf Dritte zu übertragen bzw. durch Dritte wahrnehmen zu lassen.

Nach Fertigstellung des Objekts ist der Auftraggeber auch befugt, das realisierte Gebäude ohne Einverständnis des Auftragnehmers zu ändern bzw. um- oder neu zu gestalten.

Dies gilt auch, falls im Rahmen der stufenweisen Beauftragung keine Weiterbeauftragung erfolgt, ebenso für den Fall einer vorzeitigen anteiligen oder gesamten Vertragsbeendigung, gleich aus welchem Grund.

Dem Auftragnehmer steht kein besonderes Entgelt für die Einräumung des Nutzungsrechtes zu.

13.3 Veröffentlichungsrecht

Der Auftraggeber hat das Recht zu Veröffentlichungen unter Namensangabe des Auftragnehmers. Der Auftragnehmer bedarf zur Veröffentlichung (mit Ausnahme von Veröffentlichungen in Architekturfachliteratur sowie zu wiederholter Verwendung oder Weiterentwicklung der Pläne und Unterlagen) der Einwilligung des Auftraggebers.

13.4 Aushändigung von Unterlagen

Die vom Auftragnehmer gefertigten und beschafften Unterlagen (Pläne, Zeichnungen, Dokumentationen etc.) sind dem Auftraggeber nach den Anforderungen des Auftraggebers auszuhändigen. Sie werden sein Eigentum. Ein Zurückbehaltungsrecht des Auftragnehmers ist ausgeschlossen. Die dem Auftragnehmer überlassenen Unterlagen sind dem Auftraggeber spätestens nach Erfüllung des Auftrages zurückzugeben.

13.5 Freistellung des Auftraggebers

Der Auftragnehmer ist verpflichtet, den Auftraggeber von Urheber-, Patent- und sonstigen Schutzrechten Dritter, die er bei seiner Planung verwendet oder die bei der Ausführung der Planung verwendet werden müssten und nicht anderweitig abgegolten sind, frei zu stellen, es sei denn, der Auftragnehmer hat zuvor das Einverständnis des Auftraggebers mit der Verwendung der Rechte unter Hinweis auf diese Bestimmung herbeigeführt.

14 Kündigung

14.1 Der Auftraggeber kann den Vertrag bzw. die unmittelbar mit dem Vertragsschluss oder durch gesonderten Abruf beauftragten (Teil-)Leistungen jederzeit ohne Grund wie auch aus wichtigem Grund kündigen oder teilkündigen.

Der Auftragnehmer kann nur aus wichtigem Grund kündigen, er hat kein Recht zu Teilkündigungen.

Die Kündigung muss schriftlich erfolgen.

14.2 Wird aus einem wichtigen Grund gekündigt, den der Auftraggeber zu vertreten hat, erhält der Auftragnehmer für die ausgeführten beauftragten Leistungen die vereinbarte Vergütung und für die nicht ausgeführten beauftragten Leistungen die vereinbarte Vergütung unter Abzug der ersparten Aufwendungen oder desjenigen, was er durch anderweitige Verwendung seiner Arbeitskraft erwirkt oder zu erwerben böswillig unterlässt; diese werden auf ...% der Vergütung für die noch nicht erbrachten Leistungen festgelegt. Beide Vertragsparteien haben die Möglichkeit nachzuweisen, dass die ersparten Aufwendungen bzw. der anderweitige Erwerb oder dessen böswilliges Unterlassen höher bzw. niedriger sind.

14.3 Hat der Auftragnehmer den Kündigungsgrund zu vertreten, so sind nur die bis dahin vertragsgemäß ausgeführten, in sich abgeschlossenen beauftragten Leistungen zu vergüten, sofern sie verwendbar sind. Ein Schadensersatzanspruch des Auftraggebers bleibt unberührt.

14.4 Die Ziff. 14.2 und 14.3 gelten für Teilkündigungen des Auftraggebers entsprechend.

15 Gewährleistung

15.1 Grundlage der Haftung

Die Gewährleistung richtet sich nach den gesetzlichen Vorschriften des Werkvertragsrechtes (§ 631 ff. BGB), soweit nachfolgend nichts anderes vereinbart ist.

15.2 Zustimmung des Auftraggebers

Die Haftung des Auftragnehmers für die Richtigkeit und Vollständigkeit seiner Leistungen wird durch Anerkennung oder Zustimmung des Auftraggebers nicht berührt.

15.3 Haftungsgründe

Der Auftragnehmer haftet insbesondere dafür, dass seine Leistungen zum Abnahmezeitpunkt den anerkannten Regeln der Technik, dem Grundsatz der Wirtschaftlichkeit, den öffentlich-rechtlichen und sonstigen einschlägigen Bestimmungen und Richtlinien in ihrer jeweils geltenden Fassung entsprechen.

Der Auftragnehmer sichert zu, dass die in seinem Verantwortungsbereich erstellten Kostenermittlungen mit vom Auftraggeber formulierten und ihm zugeleiteten Zielvorgaben in Einklang stehen.

15.4 Haftungsumfang

Tritt ein vom Auftragnehmer verursachter Schaden auf, ist der Auftraggeber berechtigt, Schadenersatz zu verlangen. Soweit dies mit dem Bauablauf vereinbart werden kann und der Schaden nicht einen Rückschluss auf die Unzuverlässigkeit des Auftragnehmers zulässt, wird sich der Auftraggeber bereit erklären, dem Auftragnehmer etwaige mit der Schadensbeseitigung verbundene Ingenieurleistungen zu übertragen. Ein zusätzliches Entgelt hierfür erhält der Auftragnehmer nicht.

Das Recht des Auftragnehmers auf Übertragung von Ingenieurleistungen im Zusammenhang mit der Schadensbeseitigung erlischt, wenn der Auftragnehmer sich nicht binnen einer Frist von zwei Wochen nach Eintritt des Schadens schriftlich zur Übernahme der im Zusammenhang mit der Schadensbeseitigung anfallenden Ingenieurleistungen ohne weiteres Entgelt anerbietet.

16 Verjährung der Ansprüche des Auftraggebers und des Auftragnehmers

16.1 Die Verjährung der Ansprüche des Auftraggebers im Zusammenhang mit der Ausführung aller Leistungen, ausgenommen der Phase 9, beginnt mit Abnahme der letzten nach dem Vertrag zu erbringenden Leistung des Auftragnehmers, ausgenommen der Phase 9; die Leistungen der Leistungsphase 9 werden gesondert abgenommen.

Die Verjährung für Ansprüche im Zusammenhang mit der Ausführung der Leistungsphase 9 beginnt mit Abnahme der letzten nach der Leistungsphase 9 zu erbringenden Leistung.

16.2 Die Verjährung für Honoraransprüche des Auftragnehmers beginnt am 1. Januar des Jahres, das auf die Abnahme der letzten nach dem Vertrag zu erbringenden Leistung des Auftragnehmers mit Ausnahme der Leistungsphase 9 folgt.

Die Verjährung für Honoraransprüche des Auftragnehmers bezüglich der in der Leistungsphase 9 erbrachten Leistungen beginnt mit dem 1. Januar des Jahres, das auf die Abnahme der Leistungen der Phase 9 folgt.

17 Haftpflichtversicherung

17.1 Zur Sicherung etwaiger Schadensersatzansprüche aus diesem Vertrag hat der Auftragnehmer unverzüglich nach Vertragsabschluss eine Berufs-/Betriebshaftpflichtversicherung nachzuweisen. Die Deckungssummen dieser Versicherung müssen je Schadensfall mindestens betragen:

a) für Personenschäden € ....

b) für sonstige Schäden € ....

Der Auftragnehmer wird seinen etwaigen Subauftragnehmern ebenfalls eine diesen Regelungen entsprechende Versicherungsdeckung abverlangen.

17.2 Versicherungsnachweis

Der Auftragnehmer hat den Versicherungsnachweis durch ein an den Auftraggeber gerichtetes Bestätigungsschreiben seines Versicherers nachzuweisen und den Auftraggeber während der Laufzeit dieses Vertrages unverzüglich unmittelbar zu unterrichten, wenn der Versicherungsschutz – gleichgültig aus welchem Grunde – nicht mehr oder nicht mehr in bestätigter Höhe besteht.

Unbeschadet hiervon ist der Auftragnehmer dem Auftraggeber zur unverzüglichen Anzeige verpflichtet, wenn und soweit Versicherungsschutz nicht mehr besteht.

17.3 Zahlungsverweigerungsrecht

Der Auftragnehmer hat vor dem Nachweis des Versicherungsschutzes keinen Anspruch auf Leistungen des Auftraggebers. Der Auftraggeber kann Zahlungen vom Nachweis des Fortbestandes des Versicherungsschutzes abhängig machen.

17.4 Abtretung von Erstattungsansprüchen

Der Auftragnehmer tritt hiermit seine Erstattungsansprüche gegen die Haftpflichtversicherung erfüllungshalber an den Auftraggeber ab, soweit dem Auftraggeber aufgrund einer rechtskräftigen Entscheidung eines Gerichtes, eines gerichtlichen Vergleichs oder einer außergerichtlichen Einigung, der die Versicherung zugestimmt hat, Ansprüche gegen den Auftragnehmer zustehen.

Diese Abtretung erfolgt vorbehaltlich einer etwa notwendigen Zustimmung der Versicherung.

Der Auftraggeber nimmt diese Abtretung an.

18 Schlussbestimmungen

18.1 Schriftform

Dieser Vertrag selbst sowie Änderungen und Ergänzungen dieses Vertrages bedürfen der Schriftform. Dies gilt auch für die Schriftformklausel selbst.

18.2 Gerichtsstand

Gerichtsstand ist ....

18.3 Übertragungsrechte des Auftraggebers

Der Auftraggeber ist berechtigt, seine Befugnisse nach diesem Vertrag bzw. den Vertrag insgesamt jederzeit ganz oder teilweise auf Dritte zu übertragen. Die Verpflichtung des Auftraggebers gegenüber dem Auftragnehmer zur Erfüllung aller nach diesem Vertrag vom Auftraggeber übernommenen Vertragspflichten wird hierdurch nicht berührt. Überträgt der Auftraggeber seine Befugnisse auf Dritte, so hat er sich deren Erklärungen und Handlungen so zurechnen zu lassen, als wären es seine eigenen Erklärungen und Handlungen.

18.4 **Abtretung von Honoraransprüchen**

Die Abtretung von Honoraransprüchen sowie sonstiger Ansprüche aus der Abwicklung des Vertragsverhältnisses seitens des Auftragnehmers ist nur mit Zustimmung des Auftraggebers wirksam.

Gemäß § 354 a HGB führt diese Regelung dazu, dass eine gleichwohl erfolgte Abtretung zwar zulässig ist, der Auftraggeber aber nach wie vor mit befreiender Wirkung an den bisherigen Gläubiger zahlen kann.

18.5 **Datenschutz**

Der Auftragnehmer nimmt billigend zur Kenntnis, dass der Auftraggeber das Speichern personenbezogener Daten des Auftragnehmers, dessen Subplaner sowie Mitarbeiter des Auftragnehmers und der Subplaner im Rahmen der Zweckbestimmung dieses Vertrages vornehmen wird (§ 23 BDSG). Er nimmt weiter billigend zur Kenntnis, dass der Auftraggeber sich das Recht der Datenübermittlung im Rahmen des § 24 BDSG vorbehält.

Zwischen Auftraggeber und Auftragnehmer besteht Einverständnis darüber, dass mit dieser Bestimmung den Anforderungen nach § 26 Abs. 1 BDSG Genüge getan ist. Der Auftragnehmer übernimmt es, seine Mitarbeiter und Subplaner entsprechend zu benachrichtigen und seinen Subplanern die Verpflichtung aufzuerlegen, ihre Mitarbeiter entsprechend zu informieren.

18.6 **Salvatorische Klausel**

Sollten Bestimmungen dieses Vertrags rechtsunwirksam sein oder werden, oder sollte sich in dem Vertrag eine Lücke herausstellen, so wird hierdurch die Gültigkeit der übrigen Bestimmungen des Vertrags nicht berührt. Die Vertragsparteien haben sich so zu verhalten, dass der angestrebte Zweck erreicht wird und alles unternommen wird, was erforderlich ist, um die Teilnichtigkeit zu beheben bzw. die Lücke zu füllen.

Anstelle der unwirksamen Bestimmung oder zur Ausfüllung der Lücke soll eine angemessene, rechtlich zulässige Regelung gelten, die dem am nächsten kommt, was die Vertragsparteien gewollt haben würden, wenn sie die Teilnichtigkeit oder Lücke bedacht hätten.

Ort, den .... Ort, den ....

Unterschrift Unterschrift

2.3.2 *GENERALPLANERVERTRAG*

Für das Bauvorhaben ....
wird zwischen
.... – nachstehend **Auftraggeber (AG)** genannt –
und
.... – nachstehend **Auftragnehmer (AN)** genannt –
folgender Vertrag geschlossen:

Inhaltsverzeichnis

Seite

1 **Vertragsgegenstand/Planungsziel**

Der AG beabsichtigt, das Gebäude in .... einer umfassenden Modernisierung zu unterziehen. Mit den Planungen und Projektvorbereitungen wird im Frühjahr ...... begonnen; die Realisierung des Projekts ist für die Jahre .... geplant.

Mit der Erbringung **aller für das Projekt erforderlichen Architekten- und Ingenieurleistungen** soll ein Generalplaner beauftragt werden, der eine für den Bauherrn **schnittstellenfreie, alle Fachbereiche übergreifende und integrierende Gesamtplanung** liefert.

Der AG erwartet eine praxisorientierte und ausführungstaugliche Planung, die der speziellen Umbauproblematik Rechnung trägt. Das vom Generalplaner zu erarbeitende, in sich schlüssige und umfassende Modernisierungs- und Umgestaltungskonzept sollte sich ohne grundsätzliche Veränderungen seitens eines Generalunternehmers in eine der Bedeutung des Objekts angemessene Gestaltungs- und Ausführungsqualität umsetzen lassen.

Der AG stellt außerdem die Forderung, die Planung so fabrikatsneutral und wettbewerbsfähig anzulegen, dass ein tatsächlicher preiswirksamer Ausführungswettbewerb unter mehreren Generalunternehmer-Kandidaten möglich wird.

2 Verantwortliche Vertreter

Als verantwortliche(r) Vertreter/-in, der/die uneingeschränkt zur Abgabe sowie Entgegennahme rechtsgeschäftlicher und sonstiger Erklärungen bevollmächtigt ist, werden benannt:

für den AG: ....

für den AN: ....

Für die Plan-Prüfung und Plan-Freigabe zur Ausführung ist verantwortlich:

Name: ....

3 Vertragsgrundlagen/Leistungen des Generalplaners

Dem Vertrag liegen zugrunde:

3.1

3.1.1 Kostenschätzung .... (Anlage 1)

3.1.2 Leistungsbeschreibung .... (Anlage 2)

3.1.3 Honorarermittlung .... (Anlage 3)

3.1.4 Terminplan .... (Anlage 4)

3.2 Die Leistungen des Generalplaners beziehen sich auf:

3.2.1 Architektenleistungen **Objektplanung für Gebäude** in Anlehnung an das Leistungsbild gemäß § 15 Abs. 2 HOAI:

Der genaue Umfang der geschuldeten Leistungen ergibt sich im Einzelnen aus der Leistungsbeschreibung, Anlage 2 zu diesem Vertrag.

3.2.2 **Ingenieurleistungen Tragwerksplanung,** in Anlehnung an das Leistungsbild gem. § 64 Abs. 1 HOAI:

Der genaue Umfang der geschuldeten Leistungen ergibt sich im Einzelnen aus der Leistungsbeschreibung, Anlage 2 zu diesem Vertrag.

3.2.3 **Ingenieurleistungen Technische Ausrüstung,** in Anlehnung an das Leistungsbild gemäß § 73 Abs. 3 HOAI für

1) **Heizung/Lüftung**:

Der genaue Umfang der geschuldeten Leistungen ergibt sich im Einzelnen aus der Leistungsbeschreibung, Anlage 2 zu diesem Vertrag.

2) **Sanitär-/Feuerlöschtechnik:**

Der genaue Umfang der geschuldeten Leistungen ergibt sich im Einzelnen aus der Leistungsbeschreibung, Anlage 2 zu diesem Vertrag.

3) **Elektrotechnik:**

Der genaue Umfang der geschuldeten Leistungen ergibt sich im Einzelnen aus der Leistungsbeschreibung, Anlage 2 zu diesem Vertrag.

3.2.4 **Ingenieurleistungen Brandschutz:**

Der genaue Umfang der geschuldeten Leistungen ergibt sich im Einzelnen aus der Leistungsbeschreibung, Anlage 2 zu diesem Vertrag.

3.2.5 **Ingenieurleistungen Thermische Bauphysik**, in Anlehnung an das Leistungsbild gem. § 78 Abs. 1 HOAI.

Der genaue Umfang der geschuldeten Leistungen ergibt sich im Einzelnen aus der Leistungsbeschreibung, Anlage 2 zu diesem Vertrag.

3.2.6 **Ingenieurleistung Bauakustik,** in Anlehnung an das Leistungsbild gemäß § 81 Abs. 1 HOAI.

Der genaue Umfang der geschuldeten Leistungen ergibt sich im Einzelnen aus der Leistungsbeschreibung, Anlage 2 zu diesem Vertrag.

3.2.7 **Ingenieurleistung Abdichtungstechnik, Gebäudesimulation und Prüfstatik:**

Der genaue Umfang der geschuldeten Leistungen ergibt sich im Einzelnen aus der Leistungsbeschreibung, Anlage 2 zu diesem Vertrag.

3.2.8 **Ingenieurleistung Raumakustik**, in Anlehnung an das Leistungsbild gemäß § 86 Abs. 1 HOAI.

Der genaue Umfang der geschuldeten Leistungen ergibt sich im Einzelnen aus der Leistungsbeschreibung, Anlage 2 zu diesem Vertrag.

3.2.9 **Ingenieurleistung Fassadenplanung:**

Der genaue Umfang der geschuldeten Leistungen ergibt sich im Einzelnen aus der Leistungsbeschreibung, Anlage 2 zu diesem Vertrag.

3.3 Die Leistungen werden in zwei Stufen beauftragt.

Die Leistungsphasen werden gemäß Anlage 2 zum Teil nicht mit dem vollen Leistungsbild beauftragt. Die prozentuale Bewertung der einzelnen Leistungsphasen zum Zweck der Honorarfindung ergibt sich aus der Honorarermittlung, Anlage 3 zu diesem Vertrag.

Die genaue Definition der Schnittstelle zwischen der Stufe 1 und der Stufe 2 ist im Einzelnen in der Leistungsbeschreibung, Anlage 2 zu diesem Vertrag, niedergelegt. Gleiches gilt für den Umfang der Leistungen.

Beauftragt wird mit diesem Vertrag zunächst lediglich für die Stufe 1. Es ist **beabsichtigt**, den AN auch mit der Stufe 2 im weiteren Verlauf der Projektrealisierung zu beauftragen, ohne dass der AN auf die Beauftragung der Stufe 2 einen Rechtsanspruch hätte. Wird der AN nicht mit der Stufe 2 beauftragt, so stehen ihm für diesen Teil der Leistungen weder Vergütungs- noch Schadensersatzansprüche zu. Der Abruf der Stufe 2 bedarf zu seiner Wirksamkeit der schriftlichen Beauftragung durch den AG.

4 Honorar

Für die sich aus Ziffer 3.3 ergebenden Architektur- und Ingenieurleistungen vereinbaren die Parteien nachfolgendes Honorar:

4.1 Grundlagen der Vergütung:

Es werden folgende Honorarzonen und Honorarsätze zugrunde gelegt bzw. vereinbart:

Architektenleistung Objektplanung:	Honorarzone:
	Honorarsatz:
	Umbauzuschlag:
Ingenieurleistung Tragwerksplanung:	Honorarzone:
	Honorarsatz:
	Umbauzuschlag:
Ingenieurleistung der Technischen Ausrüstung:	
1. Heizung/Lüftung:	Honorarzone:
	Honorarsatz:
2. Sanitär-/Feuerlöschtechnik:	Honorarzone:
	Honorarsatz:
3. Elektrotechnik:	Honorarzone:
	Honorarsatz:
4. Aufzugs-/Fördertechnik:	Honorarzone:
	Honorarsatz:
5. Küchentechnik:	Honorarzone:
	Honorarsatz:
Ingenieurleistungen brandschutztechnische Planungsleistungen:	
	pauschal (netto):
	inkl. 6 % Nebenkosten
	inkl. 6 % Generalplanerzuschlag
Ingenieurleistungen Bauphysik:	inkl. 6 % Nebenkosten
	inkl. 6 % Generalplanerzuschlag
1. Thermische Bauphysik:	pauschal (netto):
2. Bauakustik:	pauschal (netto):
3. Raumakustik:	pauschal (netto):
4. Bauphysik:	pauschal (netto):
Fassadenplanung:	pauschal (netto):
Vorhabenplanung:	pauschal (netto):

4.2 Eine genaue Berechnung der Vergütung ist als Anlage 3 zu diesem Vertrag beigefügt. Die Vergütung wird für die mit diesem Vertrag beauftragten Architekten- und Ingenieurleistungen der Stufe 1, getrennt von den in der Stufe 2 enthaltenen Architekten- und Ingenieurleistungen, ermittelt und vereinbart.

Stufe 1:

Zum Zweck der Honorarermittlung der in der **Stufe 1** beauftragten Architekten und Ingenieurleistungen vereinbaren die Parteien die sich aus der Kostenschätzung, Anlage 1 zu diesem Vertrag, ergebenden anrechenbaren Kosten. Die danach jeweils maßgebliche Honorarbezugssumme/anrechenbaren Kosten für die mit diesem Vertrag beauftragten Architekten- und Ingenieurleistungen sind übernommen und werden vereinbart, wie aus der Anlage 3 zu diesem Vertrag ersichtlich. Aus den einzelnen in der Anlage 3 aufgeführten Honoraren wird ein **Gesamtpauschalhonorar** einschließlich Nebenkosten, die mit ...... % auf das Honorar als vereinbart gelten, sowie ...... % Generalplanerzuschlag (ausgenommen dem Anteil Objektplanung Ziffer 3.3.1) von ...... € netto für die Stufe 1 gebildet, das **auch bei Veränderung der dieser Honorarvereinbarung zugrunde liegenden anrechenbaren Kosten** (siehe oben) **gleich bleibt**.

Stufe 2:

Das Honorar für die gesondert abzurufenden Architekten- und Ingenieurleistungen der Stufe 2 dieses Vertrages gilt in der Höhe als vereinbart, wie sich das Honorar anhand der noch zu erstellenden Kostenberechnung auf der Grundlage der unter Ziffer 4.1 vereinbarten Honorarzone und Honorarsätze (soweit keine Teilpauschalen für einzelne Leistungen gebildet wurden) konkret ermittelt.

Aus dem sich danach ergebenden Honorar einschließlich Nebenkosten, die mit ...... % auf das Honorar als vereinbart gelten, sowie ...... % Generalplanerzuschlag (ausgenommen dem Anteil Objektplanung Ziffer 3.3.1) wird wie für die Stufe 1 ein **Gesamtpauschalhonorar** gebildet, **das auch bei Veränderung der der Honorarvereinbarung für die Stufe 2 zugrunde gelegten anrechenbaren Kosten gemäß Kostenberechnung gleich bleibt.**

Soweit die Honorarvereinbarung bei nachträglicher Erhöhung der anrechenbaren Kosten ganz oder in Teilen zu einer Unterschreitung der Mindestsätze des verbindlichen Preisrechts der HOAI führt, kann der AN vom AG zusätzliches Honorar auf der Grundlage des Mindestsatzes i. V. m. der oben vereinbarten Honorarzone und mit den maßgeblichen anrechenbaren Kosten gem. § 10 HOAI fordern, ohne dass die Wirksamkeit der Vereinbarung des Pauschalhonorars im Übrigen für diejenigen Planungs- und Ingenieurleistungen berührt wird, bei denen es zu **keiner** Unterschreitung des Mindestsatzes infolge der Erhöhung der anrechenbaren Kosten gekommen ist.

Das Gleiche gilt sinngemäß für die Fälle, wo es infolge einer Verringerung der anrechenbaren Kosten zu einer Überschreitung des Höchstsatzes nach dem verbindlichen Preisrecht der HOAI kommt. In diesem Fall ist der AG lediglich verpflichtet, Honorar an den AN nur in einer Höhe zu entrichten, wie er dem Höchstsatz unter Zugrundelegung der maßgeblichen anrechenbaren Kosten entspräche, bzw. bei bereits erfolgter Zahlung zuviel gezahltes Honorar vom AN zurückzufordern.

4.3 Mit der vereinbarten Nebenkostenpauschale von .... % auf das Honorar (siehe oben Ziffer 4.2) sind alle anfallenden Nebenkosten abgegolten mit Ausnahme von:

- Massenpausen (Lichtpausen, die an die Baustelle bzw. zum Zweck der Ausschreibung an die Baustelle bzw. den AG gehen).
  Derartige Massenpausen sind von der Firma ...... in Auftrag zu geben. Die Kosten wird der Auftraggeber unmittelbar übernehmen.
- Fotoarbeiten,
- Modellarbeiten,
- Baustellenbüro, ausgenommen Telekommunikationskosten.

4.4 Die in Ziffer 4.2 vereinbarte Vergütung enthält nicht die gesetzliche Mehrwertsteuer. Sie wird mit dem jeweils geltenden gesetzlichen Mehrwertsteuersatz zusätzlich berechnet.

5 Termine/Haftung bei Verzug

Der AN wird seine Leistungen zu den Terminen erbringen, wie sie in dem beigefügten Terminplan (Anlage 4) festgelegt sind.

Die vereinbarten Termine sind **Vertragstermine**, die voraussetzen, dass keine größeren Planungsänderungen gemäß nachfolgender Ziffer 6 Abs. 2 verlangt werden. Im Falle der von dem AN zu vertretenden Nichteinhaltung der Termine haftet dieser nach Mahnung durch den AG für alle Schäden und Nachteile, die dem AG hieraus entstehen, insbesondere auch, wenn dieser durch die Verzögerung seinerseits die terminlichen Verpflichtungen gegenüber dem Nutzer nicht einhalten kann.

6 Planungsänderungen oder -ergänzungen/Haftung

Kleinere Änderungen, die in dem im Bauwesen üblichen Rahmen bleiben, sind im Honorar enthalten.

Werden vom AG größere Planungsänderungen oder -ergänzungen vorgenommen, die bedingen, dass der AN bereits erstellte Teile seiner Leistung erneut erbringen muss, oder Leistungen erfordert, die von dem Vertrag nicht erfasst werden, so ist dafür im Einzelfall **vor Ausführung** ein zusätzlicher, dem Änderungsumfang und dem in diesem Vertrag vereinbarten Honorar entsprechendes Honorar schriftlich anzumelden. Sollte nicht innerhalb von 2 Wochen nach Anmeldung eine schriftliche Einigung zwischen den Parteien zustande gekommen sein, so steht dem AN ein **Leistungsverweigerungsrecht** die Änderungsleistungen betreffend zu.

Der AG hat das Recht, sich durch Einsicht in die durch die Änderung überholten Unterlagen und den Umfang der Zusatzarbeit des AN Klarheit zu verschaffen.

Der AN ist verpflichtet, rechtzeitig vor Ausführung geänderter oder zusätzlicher Planungsleistungen, für die er beabsichtigt, ein zusätzliches Honorar geltend zu machen, dem AG **schriftlich** ein Angebot über diese Leistungen zu unterbreiten. Verletzt der AN diese Pflicht schuldhaft, ist er dem AG zum Ersatz eines hieraus resultierenden Schadens verpflichtet. Zusätzliches Honorar schuldet der AG nicht, wenn der AG bei rechtzeitiger Anmeldung der zusätzlichen Vergütung von der Durchführung der geänderten, ergänzten oder zusätzlichen Planungsleistung Abstand genommen hätte.

7 Versicherung

Zur Sicherung etwaiger Ansprüche aus dem Vertragsverhältnis mit dem AG hat der AN eine **Einzelobjektversicherung** abzuschließen, und zwar:

für Sach- und Vermögensschäden in Höhe von .... Mio. €
und für
Personenschäden in Höhe von .... Mio. €
je Schadensfall zweifach bzw. auf ...... Mio. € pro Jahr begrenzt.

Der AN hat das Bestehen einer Versicherung mit Abschluss des Vertrages nachzuweisen.

Bis zum Nachweis der Versicherung im Falle des Verlangens ist der AG berechtigt, Honorarzahlungen einzustellen.

8 Allgemeine und besondere Pflichten des AN

8.1 Die Leistungen müssen den allgemein anerkannten Regeln der Ingenieurtechnik und der Bautechnik entsprechen.

8.2 Der AN ist verpflichtet, das für das Baugebiet gültige Baurecht sowie alle einschlägigen Vorschriften und Normen zu beachten und anzuwenden. Die von dem AN anzufertigenden Unterlagen müssen den örtlichen Verhältnissen Rechnung tragen. Der AN ist verpflichtet, im Rahmen seiner beauftragten Planung auch die Grundsätze der **Wirtschaftlichkeit** sowohl bei den **Herstellungskosten** als auch bei den **Betriebskosten** zu berücksichtigen.

Der AG hat die Baukosten gemäß Erläuterungsbericht der Projektsteuerer gemäß Kostenschätzung (Anlage 1 zu diesem Vertrag) mit insgesamt .... Mio. € zzgl. MwSt. budgetiert.

Wird für den AN erkennbar, dass diese Kostenvorgabe nicht eingehalten werden kann, ist er **verpflichtet**, den AG hierauf unverzüglich **schriftlich** hinzuweisen und nach Feststellung der Veränderung des Kostenrahmens den AG über Grund und Umfang der Kostenänderung im Einzelnen zu informieren. Eine derartige Aufklärungspflicht obliegt dem AN insbesondere auch dann, wenn Sonder- oder Änderungswünsche des AG zu einer Verteuerung zu führen drohen. Der AN hat weiterhin unverzüglich Vorschläge zur Abwendung von Mehrkosten zu unterbreiten oder deren Unabwendbarkeit zu erläutern und die Entscheidung des AG abzuwarten.

8.3 Der AN führt seine Leistungen in enger Zusammenarbeit mit dem AG aus.

Der AN hat alle Pläne auf die Belange der Bauausführung abzustimmen und deswegen ständig Kontakt mit dem AG zu halten. Vor der endgültigen Anfertigung von Berechnungen oder Plänen muss er sich vergewissern, dass seine Vorstellungen (z. B. über Bau- und Montageabläufe) den Erfordernissen der Baustelle entsprechen.

Erforderlichenfalls muss er dem AG seine Vorstellungen durch Beschreibungen und Skizzen darlegen und mit diesem abstimmen. Die vom AN gelieferten Pläne und Anweisungen müssen übersichtlich und gut verständlich sein, damit sie ein störungsfreies Arbeiten am Bauwerk gestatten.

Die Pläne müssen einen ausdrücklichen Hinweis auf Prüfung und Freigabe enthalten. Werden Pläne geändert, erhalten diese erneut einen Prüf- und Freigabevermerk und sind mit einem Index zu versehen.

8.4 Der AN muss alle Unterlagen, die ihm vom AG zur Verfügung gestellt werden bzw. vom AG freigegeben worden sind, mit den Unterlagen der Ausschreibung für das Bauvorhaben vergleichen. Stellt er Abweichungen fest, so hat er den verantwortlichen Vertreter des AG unverzüglich zu unterrichten.

8.5 Anregungen oder Sicht- und Prüfvermerke des AG entbinden den AN nicht von der Haftung für die von ihm zu erbringenden Leistungen. Dies gilt auch für ausdrückliche Weisungen und Anordnungen des AG gegenüber dem AN, sofern Letzterer hiergegen nicht schriftlich Einspruch erhebt.

8.6 Der AN sorgt für die Voraussetzungen des termingemäßen Ablaufs aller Prüfungs- und Genehmigungsverfahren durch Dritte und deren Dokumentation.

8.7 Soweit der AN Teile der beauftragten Leistungen durch nachbeauftragte Planer erbringt, hat er dafür Sorge zu tragen, dass die Vergabe nur an besonders erfahrene und leistungsfähige Planer/Ingenieure erfolgt. Wünsche des AG zur Berücksichtigung bestimmter Planer/Ingenieure berücksichtigt der AN nach Möglichkeit unbeschadet der Erfüllungsgehilfenhaftung des AN (§ 278 BGB) für die von ihm beauftragten Nachplaner. Der AN hat dem AG die Nachplaner und -Ingenieure rechtzeitig vor deren Beauftragung schriftlich mitzuteilen. Der AG ist berechtigt, einzelne Nachplaner/-Ingenieure aus wichtigem Grunde abzulehnen.

8.8 Der AN hat dem AG auf Verlangen jederzeit über den Stand seiner Leistungen Auskunft zu erteilen.

8.9 Der AN räumt dem AG bzw. hiermit Bevollmächtigten des AG das Recht ein, jederzeit nach vorheriger Abstimmung im Büro des AN zu überprüfen, ob die laut diesem Vertrag bestellte Leistung erbracht wird. Der AG ist in diesem Rahmen berechtigt, zur Überprüfung im Büro des AN ein Audit durchzuführen.

8.10 Der AN führt Planlisten mit den Soll-Lieferdaten dieses Vertrages (Ziffer 5 des Vertrages) und den tatsächlichen Auslieferungsdaten. Desgleichen werden Daten von Planänderungen mit den Ausgangsdaten entsprechend indizierter Pläne in den Listen angegeben.

8.11 Der AN ist verpflichtet, bis zur endgültigen Erbringung sämtlicher nach diesem Vertrag beauftragter Leistungen die erforderliche Anzahl an Mitarbeitern bereitzustellen. Im Falle der Beauftragung mit der Stufe 2 obliegt dem AN diese Pflicht bis zum Ablauf der Gewährleistungspflichten der am Bau beteiligten Unternehmer.

8.12 Soweit es seine Aufgabe erfordert, ist der AN berechtigt und verpflichtet, die Rechte des AG zu wahren, insbesondere hat er den am Bau Beteiligten die notwendigen Weisungen zu erteilen. Finanzielle Verpflichtungen für den AG darf er nur eingehen, wenn Gefahr in Verzug und das Einverständnis des AG nicht rechtzeitig zu erlangen ist.

8.13 Der AN ist verpflichtet, die Planung und zeichnerische Darstellung aller Leistungsbereiche integriert über ein CAD-System zu erstellen. Der AN gewährleistet über die gesamte Planungszeit die Kompatibilität der CAD-Daten mit den vom AG verwendeten Auto-CAD-System.

8.14 Der AN hat den Brandschutzgutachter sowie die zuständige Denkmalschutzbehörde frühzeitig in die Planung einzubinden. Er nimmt an den Besprechungen mit der Baugenehmigungsbehörde teil und protokolliert jede einzelne Besprechung. Der AN hat vor jeder Terminvereinbarung mit dem Brandschutzgutachter, der Denkmalschutzbehörde oder der Baugenehmigungsbehörde dem AG so rechtzeitig Mitteilung zu machen, dass eine Teilnahme an dem Termin möglich ist.

9 Urheberrecht

9.1 Dem Auftraggeber steht das ausschließliche und uneingeschränkte Nutzungsrecht an den vom AN erstellten Plänen, Zeichnungen und sonstigen Unterlagen zur Erstellung des Bauvorhabens zu.

9.2 Der AG ist berechtigt, die von ihm erstellten Pläne, Zeichnungen und sonstigen Unterlagen zu bearbeiten und/oder zu ändern sowie sein Nutzungsrecht auf Dritte zu übertragen oder durch Dritte wahrnehmen zu lassen. Nach Fertigstellung des Bauvorhabens ist der AG auch befugt, das Gebäude zu ändern, um- oder neu zu gestalten. Vor Durchführung derartiger Maßnahmen wird der AG die Meinung des AN einholen.

9.3 Werden durch die Planung des AN Schutzrechte, insbesondere Patentrechte Dritter verletzt, so hat der AN auf eigene Kosten entweder eine Genehmigung des Lizenznehmers einzuholen oder aber seine Planung auf eigene Kosten so umzuplanen, dass Schutzrechte Dritter nicht verletzt werden. Von etwaigen Abwehr- und/oder Schadensersatzansprüchen Dritter aus Anlass der Verletzung ihrer Schutzrechte ist der AN verpflichtet, den AG freizustellen. Hat der AN die Verletzung der Schutzrechte Dritter zu vertreten, so schuldet er dem AG darüber hinaus den Ersatz etwaiger ihm entstandener Schäden.

10 Zahlungen

10.1 Die Leistungen des AN sind erst erfüllt, wenn er alle nach diesem Vertrag beauftragten Leistungen vollständig erbracht hat. Dies setzt, soweit es die geschuldeten Pläne und Berechnungen anbelangt, voraus, dass diese Planunterlagen, mit allen erforderlichen und endgültigen Genehmigungsvermerken versehen, dem AG übergeben wurden und Änderungen nicht mehr erforderlich sind. Bei nicht termingemäßer Lieferung der endgültigen Unterlagen kann der AG Vorabzüge verlangen, ohne dass hierfür eine besondere Vergütungspflicht besteht.

Der AN ist berechtigt, nach der Abnahme der nach dem Vertrag zu erbringenden Leistungen der Leistungsphasen 1 bis 8 im Falle der Beauftragung auch mit der Stufe 2 Teilschlussrechnung über die bis zur Objektüberwachung erbrachten Leistungen zu legen. Nach Erbringung der sich hieran noch anschließenden beauftragten Leistungen gilt die nachfolgende Regelung unter Ziffer 10.3.

10.2 Der AN kann unter Rechnungsstellung Abschlagszahlung entsprechend dem jeweiligen Stand seiner Leistungen in angemessenen Zeitabständen verlangen. Die Nebenkosten werden jeweils anteilig mit und entsprechend den Abschlagszahlungen bezahlt. Die Mehrwertsteuer wird zusammen mit den Abschlagszahlungen und sonstigen Nebenkostenabrechnungen überwiesen.

10.3 Nach restloser Fertigstellung der Arbeiten (vgl. Ziff. 10.1) reicht der AN eine Schlussrechnung beim AG ein.

10.4 Alle Rechnungen sind über den vom AG eingesetzten Projektsteuerer .... an den AG zu richten und müssen enthalten:

- fortlaufende Nummerierung
- Projektbezeichnung
- Auftragssumme
- bisherige Gesamtleistung
- erhaltene Abschlagszahlungen.

10.5 Rechnungen sind innerhalb von 21 Arbeitstagen nach Zugang bei dem vom AG eingesetzten Projektsteuerer zu zahlen.

11 Haftung/Verjährung/Abtretung von Erstattungsansprüchen

11.1 Bei nicht vertragsgemäßer Erfüllung oder der Nichteinhaltung der Vertragstermine stehen dem AG die Rechte des Bestellers nach den gesetzlichen Vorschriften des Werkvertragsrechts zu. Verletzt der AN schuldhaft seine ihm mit diesem Vertrag aufgegebenen Pflichten, insbesondere die in Ziffer 8.2 aufgeführten Grundsätze der Kostenkontrolle und Wirtschaftlichkeit und kommt es hierdurch zu Vermögensschäden/Mehrkosten bei der Bauerstellung, so ist der AN dem AG zum Schadensersatz verpflichtet, es sei denn, die Mehrkosten bei der Bauerstellung wären auch bei pflichtgemäßem Verhalten des AN nicht zu vermeiden gewesen.

11.2 Die Ansprüche des AG aus diesem Vertrag verjähren nach Ablauf von 5 Jahren.

Die Verjährung beginnt mit der Abnahme der nach dem Vertrag zu erbringenden Leistungen der Leistungsphasen 1 bis 8, und zwar einheitlich für diese Leistungen und hinsichtlich der Leistungen der Leistungsphase 9 mit der Abnahme dieser Restleistungen.

Für den Fall, dass es bei der Beauftragung lediglich mit der Stufe 1 des AN verbleibt, beginnt die Verjährung mit der Erbringung der letzten nach der Stufe 1 geschuldeten Leistung.

Für Schadensersatzansprüche wegen positiver Vertragsverletzung gelten die gesetzlichen Vorschriften über die Verjährung.

11.3 Schaltet der AN zur Erfüllung der nach diesem Vertrag ihm obliegenden Leistungen/Pflichten Dritte, z. B. Nachplaner, ein, so haftet er für deren Verschulden bei der Erfüllung/Leistungserbringung wie für eigenes Verschulden (§ 278 BGB), auch wenn er bei der Beauftragung des Dritten einem unverbindlichen Wunsch des AG gefolgt ist.

11.4 Der AN tritt hiermit seine Erstattungsansprüche gegen die Haftpflichtversicherung erfüllungshalber an den Auftraggeber ab, soweit dem Auftraggeber aufgrund einer rechtskräftigen Entscheidung eines Gerichts, eines gerichtlichen Vergleichs oder einer außergerichtlichen Einigung, der die Versicherung zugestimmt hat, Ansprüche gegen den AN zustehen.

Die Abtretung erfolgt vorbehaltlich einer etwa notwendigen Zustimmung der Versicherung.

Der AG nimmt diese Abtretung bereits jetzt an.

12 Abtretungsverbot

12.1 Die Abtretung der dem AN aus dem Architektenvertrag zustehenden Forderungen an Dritte ist ohne Zustimmung des AG nicht gestattet.

12.2 Soweit zu den Voraussetzungen von § 354a HGB eine gleichwohl ohne Zustimmung des AG erfolgte Abtretung wirksam ist, ist der Auftraggeber aber nach wie vor berechtigt, mit befreiender Wirkung an den bisherigen Gläubiger Zahlung leisten zu können.

13 Kündigung

13.1 Es gelten die werkvertraglichen Grundsätze zur Kündigung von Werkverträgen, soweit nachfolgend nichts anderes geregelt ist.

13.2 Wird der Vertrag aus einem Grund gekündigt, den der AG zu vertreten hat, erhält der AN für die beauftragten Leistungen die vereinbarte Vergütung. Er muss sich auf die Vergütung dasjenige anrechnen lassen, was er infolge der Aufhebung des Vertrages an Aufwendungen erspart oder durch anderweitige Verwendung seiner Arbeitskraft erwirbt oder zu erwerben böswillig unterlässt. Die ersparten Aufwendungen werden mit 40 % des Honorars für die vom AN zum Zeitpunkt der Kündigung noch nicht erbrachten beauftragten Leistungen vereinbart. Es steht dem AG wie dem AN frei nachzuweisen, dass die ersparten Aufwendungen höher bzw. niedriger als vereinbart sind. Gleiches gilt in Bezug auf die Berücksichtigung eines Abzugs wegen Erwerbs durch anderweitige Verwendung der Arbeitskraft des AN oder böswilliger Unterlassung anderweitigen Erwerbs.

13.3 Wird der Vertrag aus einem Grunde gekündigt, den der AN zu vertreten hat, so erhält der AN für alle bis zur Kündigung erbrachten, in sich abgeschlossenen und nachgewiesenen beauftragten Einzelleistungen die hierauf entfallende Vergütung, sofern die Leistungen von dem Auftraggeber weiter verwendet werden können. Schadensersatzansprüche des AG bleiben von dieser Regelung unberührt.

13.4 Wird der Vertrag vom AG aus einem Grunde gekündigt, den weder der AG noch der AN zu vertreten haben, so gilt die Regelung in Ziff. 13.2 entsprechend.

14 Gerichtsstand

Als Gerichtsstand wird, sofern eine solche Vereinbarung nach den gesetzlichen Vorschriften zulässig ist, ... vereinbart.

Ort, Datum, Unterschrift

3 Architekten-Wettbewerb: Ansprüche des Architekten bei Auslobung eines Wettbewerbs nach GRW 1995

3.1 Änderungen in der GRW 1995

Seit dem 11.1.1996 ist die GRW (Grundsätze und Richtlinien für Wettbewerbe auf den Gebieten der Raumplanung, des Städtebaus und des Bauwesens) 77 durch die GRW95 ersetzt worden. Die Novellierung der alten GRW 77 war veranlasst und zwingend notwendig zum Zweck der Umsetzung der Dienstleistungsrichtlinie 92/50/EWG, die im Wesentlichen Bekanntmachungen und Zulassungskriterien betrifft.

Im Zuge der hiernach notwendigen Angleichungen Europäisches Recht wurde die GRW auch gleich neu und übersichtlicher gegliedert, sodass jetzt beispielsweise die Konsequenzen aus dem Wettbewerb, die weitere Verarbeitung und Vergütung der weiteren Bearbeitung betreffend, des Urheberrechts und der Nutzung bei weiterer Beauftragung, in einem Abschnitt konzentriert geregelt (Abschnitt 7) sind.

Als weitere Neuerung bzw. Änderung ist Folgendes hervorzuheben:

- Unter Abschnitt 2.5 ist ein vereinfachtes Verfahren hinein genommen worden, welches eine Beschleunigung des Verfahrens bei überschaubaren Projekten oder Projektanforderungen verspricht.
- Unter Abschnitt 5.6.8 ist die Möglichkeit der Beauftragung von Teillösungen angekaufter Arbeiten in besonderen Fällen und unter besonderen Voraussetzungen, die zu begründen sind, geregelt.
- Die Berechnungstabelle der Wettbewerbssummen (Preise und Ankäufe) wurde um 10 % angehoben und die Art der Ermittlung präzisiert.

3.2 Geltungsbereich der GRW

Die GRW ist mit Wirkung zum 1.1.1996 in Kraft gesetzt und hat Gültigkeit für den Bund und alle ihm nachgeordneten Dienststellen; in Bezug auf die Vorgaben der Dienstleistungsrichtlinien für alle dort als öffentliche Auftraggeber definierten Auslober (hierzu gehören neben den juristischen Personen des öffentlichen Rechts auch juristische Personen des Privatrechts, sofern sie der staatlichen Kontrolle unterliegen und im Allgemeininteresse nicht gewerblich tätig werden, einschließlich der kommunalen Versorgungsunternehmen), unabhängig davon, ob sie durch die Anweisung des Bundes betroffen sind oder die GRW 95 in ihrem Geltungsbereich eingeführt haben.

3.3 Neueinführung kombinierter Wettbewerbe und Investorenwettbewerbe

Mit der neuen GRW 95 ist mit deren Anhang „Besondere Verfahren der kombinierten Wettbewerbe und der Investorenwettbewerbe“ (Kombination von Planungs-/Bauleistungen und Planungs-/Investorenleistungen) eine neue Regelung eingeführt worden. Gemäß den dortigen Regelungen können freiberufliche und gewerbliche Leistungen zusammen angeboten werden. Es wird sich zeigen, ob dieser neuen Form des Wettbewerbs die Zukunft gehört. Konkrete „Gefahren“ drohen diesem Wettbewerbsverfahren aus den Zwängen des Kopplungsverbots heraus sowie der nach der VOB/A grundsätzlich nicht möglichen Nachverhandlung im Bereich der Bauleistungen (vgl. Brunnert, DAB 3/96, S. 396, 399 sowie Weinbrenner/Jochem/Neusüß, Architektenwettbewerb, 2. Auflage, S. 256, 265).

3.4 Anspruch des Architekten auf Auftragserteilung und Folgen des Verstoßes hiergegen

Die eigentliche Kernregelung, deren sich der Architekt, der an einem Wettbewerb teilnimmt, bewusst sein sollte, ist nach wie vor folgende:

Wird ein Realisierungswettbewerb durchgeführt, so

„... hat der Auslober einem oder mehreren Preisträgern, bei Einladungswettbewerben in der Regel dem ersten Preisträger, unter Würdigung der Empfehlung des Preisgerichts die für die Umsetzung des Wettbewerbsentwurfs notwendigen weiteren Planungsleistungen zu übertragen,

- *sofern kein wichtiger Grund einer Beauftragung entgegensteht, insbesondere*
- *soweit und sobald die dem Wettbewerb zugrunde liegende Aufgabe realisiert werden soll,*
- *soweit mindestens einer der teilnahmeberechtigten Wettbewerbsteilnehmer, dessen Wettbewerbsarbeit mit einem Preis ausgezeichnet wurde, eine einwandfreie Ausführung der zu übertragenden Leistungen gewährleistet.*

Planungsleistungen werden in der Regel bis zur abgeschlossenen Ausführungsplanung beauftragt ...".

Aus dieser wörtlich übernommenen Regelung gemäß Abschnitt 7.1 Abs. 1 der GRW 95 ergibt sich also zum einen, wem der Auslober in der Regel den Planungsauftrag zu erteilen hat und bis zu welcher Leistungsphase dieser Planungsauftrag in der Regel reicht.

Ebenso wie die alte GRW 77 schreibt Abschnitt 7.1 Abs. 1 der GRW 95 vor, dass (nur) bei einem beschränkten Wettbewerb bzw. Einladungswettbewerb der erste Preisträger regelmäßig zu beauftragen ist. Dies findet seine Rechtfertigung darin, dass dem Auslober beim beschränkten Wettbewerb anders als beim offenen Wettbewerb seine potentiellen Vertragspartner, die er selber eingeladen hat, von Anfang an bekannt sind. Es ist deshalb gerechtfertigt, die Auftragschance bei einem beschränkten Wettbewerb stärker auf den ersten Preisträger zu begrenzen, während beim offenen Wettbewerb dem Auslober die Wahl unter den Preisträgern offenbleiben kann. Von der Verpflichtung zur Beauftragung des ersten Preisträgers ist der Auslober nur dann befreit, wenn ein wichtiger Grund vorliegt, der dem Auslober erst nach der Auslobung bekannt geworden oder aufgetreten ist und es dem Auslober unzumutbar erscheinen lässt, dem ersten Preisträger mit der weiteren Bearbeitung zu beauftragen (vgl. Weinbrenner/Jochem/Neusüß, Der Architektenwettbewerb, S. 142 ff.).

Verstößt der Auslober gegen diese Verpflichtung, indem er beispielsweise nicht einen der Preisträger mit der weiteren Bearbeitung beauftragt, sondern einen Dritten, so haben die Preisträger gemeinsam einen **Schadensersatzanspruch** gegen den Auslober. Der Schaden besteht in Höhe des Architektenhonorars für die Leistungen, deren weitere Beauftragung der Auslober versprochen hat, jedoch unter Abzug ersparter Eigenaufwendungen (BGH, BauR 1984, 196).

Der Schadensersatzanspruch steht in diesen Fällen allen Preisträgern gemeinsam zu, die zum Zweck der Verfolgung ihrer Rechte eine Zweckgemeinschaft in Form einer BGB-Gesellschaft gründen und die Schadensersatzzahlungen im Innenverhältnis untereinander gleichmäßig aufzuteilen haben.

Handelt es sich um einen Einladungswettbewerb (Abschnitt 2.4.3, GRW 95) und erteilt der Auslober nicht dem ersten Preisträger den Auftrag, ohne dass es hierfür rechtfertigende Gründe gäbe, so stände diesem der Schadensersatzanspruch alleine zu (vgl. Weinbrenner/Jochem/Neusüß, Der Architektenwettbewerb, S. 142).

4 Kündigung von Architekten- und Ingenieurverträgen

4.1 Wer kann wann kündigen?

Die Voraussetzung, unter denen Architekten- und Ingenieurverträge gekündigt werden können, sind differenziert zu betrachten. Je nachdem, wer kündigt (AG oder AN) und auf welcher Grundlage gekündigt wird (Gesetz oder Vertrag), ergeben sich unterschiedliche Folgen.

4.2 Kündigung durch den AG

Gemäß § 649 BGB kann im Werkvertragsrecht der AG jederzeit kündigen. Es bedarf für ihn keines wichtigen noch überhaupt eines Grundes.

Für die Kündigungsfolgen ist die Differenzierung zwischen freier Kündigung und Kündigung aus wichtigem Grunde allerdings von Bedeutung:

- Bei einer **freien Kündigung** schuldet der AG die volle vereinbarte Vergütung abzüglich der ersparten Aufwendungen und/oder dessen, was der AN für den entzogenen Auftrag erwirbt oder zu erwerben böswillig unterlässt.
- Bei einer Kündigung aus **wichtigem Grunde** erhält der AN für den Teil der beauftragten, aber nicht erbrachten Leistungen keinerlei Vergütung (vgl. BGH, WM 1990, 1765).

Der Bundesgerichtshof hatte in seinem Urteil vom 27.10.1998, IBR 1999, 20 zu entscheiden, was man konkret unter einem vom Auftraggeber „zu vertretenden Kündigungsgrund" zu verstehen hat.

In dem betreffenden Fall beauftragte eine Abfallentsorgungs-GmbH, deren Anteile zu 51 % bei dem Landkreis als Träger der Abfallentsorgung lagen, ein Planungsbüro mit der Standortsuche für eine Mülldeponie. Hierfür wurde ein Pauschalhonorar in deutlich sechsstelliger Höhe vereinbart. Einige Monate nach der Auftragserteilung entschied der Kreis, dass die Mülldeponie nicht gebaut werden solle. Daraufhin kündigte die GmbH den Vertrag aus wichtigem Grund. Sie war der Meinung, dass diese Kündigung von ihr nicht zu vertreten sei, sodass dem Planungsbüro eine Vergütung für die nicht erbrachten Leistungen nicht zustände. Das Planungsbüro klagte die Restvergütung abzüglich der ersparten Aufwendungen ein. Der Bundesgerichtshof gab der Klage dem Grunde nach statt. Zwar habe die Abfallentsorgungs-GmbH die Kündigung weder vorsätzlich noch fahrlässig verschuldet, der Begriff des Verschuldens sei jedoch für die Frage, wer den Kündigungsgrund zu vertreten habe, nicht brauchbar, da es für diese Frage auf Zumutbarkeitsüberlegungen ankomme. Mit der Antwort auf die Frage, wer was zu vertreten habe, wird die Entscheidung darüber getroffen, wem welches **Kündigungsrisiko** nach dem Vertrag obliegt. Grundsätzlich gilt insoweit, dass die Kündigungsfolgen derjenige tragen muss, dessen **Risikosphäre** die Kündigung zuzurechnen ist. Im entschiedenen Fall sah es der Bundesgerichtshof als nicht sachgerecht an, dem Planungsbüro auch solche Risiken aufzuerlegen, die dieses nicht beeinflussen konnte. Die mehrheitlich vom Landkreis beherrschte Auftraggeberin müsse sich das Handeln des Kreises als seiner Risikosphäre zugehörig zurechnen lassen.

Mit dieser Entscheidung des Bundesgerichtshofs hat demgemäß nunmehr die **Risikosphärentheorie** Eingang in das werkvertragliche Kündigungsrecht gefunden. Diese Entscheidung wird zukünftig von großer Bedeutung sein; denn sie hat die Vorentscheidung für weitere typische Problemfälle getroffen, z. B. für diejenigen Fallgestaltungen, in denen ein Generalplaner seinen Nachplanern kündigt, weil der Bauherr Abstand von der Realisierung des Bauvorhabens genommen hat.

4.3 Kündigung durch den AN

- Eine Kündigung des Architekten- oder Ingenieurvertrags durch den AN ist „frei" nach dem Gesetz **nicht** möglich.

Lediglich dann, wenn der AG seinen Mitwirkungsverpflichtungen zur Entstehung des Werks nicht nachkommt (z. B. Bereitstellungspflichten wie die zur Verfügungstellung des Grundstücks zur Bauwerksrealisierung), kann der AN dem AG eine Frist zur Nachholung der Handlung setzen und Kündigung des Vertrags im Falle des fruchtlosen Fristablaufs androhen; bei fruchtlosem Fristablauf gilt der Vertrag dann als aufgehoben (§ 643 Satz 2 BGB).

Dem AN steht in diesem Fall zum einen hinsichtlich der erbrachten Leistungen eine Teilvergütung zu (§ 645, Abs. 1, Satz 2 BGB) sowie zum andern das Recht, gemäß § 642 BGB eine angemessene Entschädigung zu verlangen. Mit dem Entschädigungsanspruch soll der AN einen Ausgleich dafür erhalten, dass er Arbeitskraft und Kapital bereitgehalten hat und gegebenenfalls seine zeitliche Disposition durchkreuzt worden ist.

- Daneben gibt es auch für den AN die Kündigung aus wichtigem, vom AG zu vertretendem Grund, etwa wenn der AG seine vertraglichen Verpflichtungen derart grob verletzt, dass dem AN ein Festhalten am Vertrag nicht mehr zumutbar ist.

4.4 Kündigungsfolgen

Die unterschiedlichen Kündigungsvoraussetzungen bei auftraggeber- und auftragnehmerseitiger Kündigung sowie die unterschiedlichen **Kündigungsfolgen** ergeben sich aus den Abb. 9.58a und 9.58b.

Der Bundesgerichtshof hat sich in mehreren Entscheidungen aus den vergangenen 10 Jahren recht umfangreich mit den Kündigungsfolgen auseinandersetzen können.

Die größte Aufmerksamkeit wurde dabei der Entscheidung des BGH vom 10.10.1996, BauR 1997, 156 zuteil. Ausgehend von der gesetzlichen Regelung, dass dem Auftragnehmer bei freier Kündigung des Werkvertrags durch den Auftraggeber der entgangene Gewinn abzüglich der ersparten Aufwendungen zusteht oder dessen, was der Auftragnehmer statt dessen erwirbt oder zu erwerben böswillig unterlässt, erklärte das Gericht, entgegen einer 25-jährigen anderslautenden Entscheidungspraxis, dass eine Pauschalierung der ersparten Aufwendung mit 40 % für die vom Auftragnehmer noch nicht erbrachten beauftragten Leistungen gegen das AGB-Gesetz bzw. die an seine Stelle ab 2002 getretenen §§ 305 ff. BGB n. F. verstößt und damit nichtig ist. In dem entschiedenen Fall kam der Bundesgerichtshof deshalb zur Nichtigkeit von Ziffer 8.3 der AVA zum Einheitsarchitektenvertrag in seiner

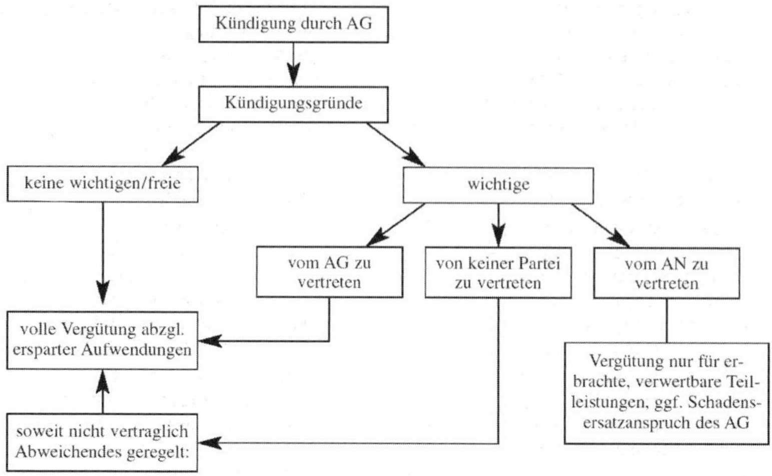

Abb. 9.58a Auftraggeberseitige Kündigung

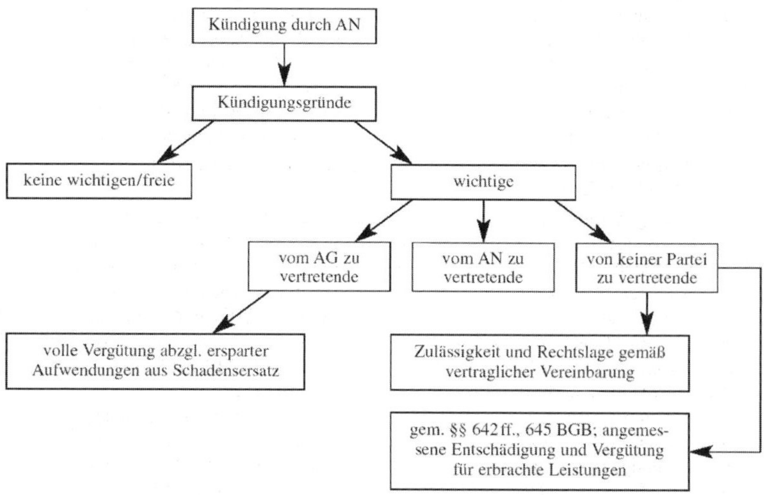

Abb. 9.58b Auftragnehmerseitige Kündigung

Altfassung. Die der Entscheidung zugrunde liegende Altfassung der AVA sah die Pauschalierung der ersparten Aufwendungen mit 40 % vor, **ohne die Möglichkeit** zu eröffnen, dass beide Parteien den Nachweis erbringen können, die ersparten Aufwendungen oder die Vergütung aus anderweitigem Erwerb seien höher oder niedriger als die vorgesehene Pauschale von 40 %. Diesen Bedenken Rechnung tragend müsste demgemäß eine Formulierung der Kündigungsfolgen, wie sie Ziff. 14.2 des oben abgedruckten Ingenieurvertrages „Technische Gebäudeausrüstung" vorsieht, AGB-konform und damit wirksam sein.

Wie sieht nun die Abrechnung eines gekündigten Architektenvertrags konkret aus?

Hierzu entschied der Bundesgerichtshof in BauR 1997, 305 allgemein verbindlich für alle Werkverträge:

Im Falle der Kündigung eines Werkvertrags sind der Vergütungsanteil für die erbrachten Leistungen und die noch nicht erbrachten beauftragten Leistungen getrennt darzulegen und voneinander in der Schlussrechnung abzugrenzen. Für den Architektenvertrag bedeutet dies, dass der Architekt bzw. Ingenieur bei noch nicht zu 100 % erbrachten Grundleistungen den Leistungsanteil für die erbrachten Leistungen darzulegen und in Höhe des so ermittelten Prozentanteils in die Schlussrechnung einzustellen hat. Die Darstellungsanforderung an die Differenz zwischen der vereinbarten Vergütung einerseits und den ersparten Aufwendungen und anderweitigem Erwerb andererseits bestimmen sich jeweils gemäß den Anforderungen des konkreten Einzelfalls. Die Darstellung muss so erfolgen, dass dem Auftraggeber eine sachgerechte Rechtswahrung möglich ist (BGH, BauR 1999, 642 ff.).

In der Praxis hat es sich bewährt, so vorzugehen, dass die Teilleistungen prozentual unter Heranziehung einer der bekannten Tabellen zur differenzierten Ermittlung der Teilleistungspunkte einzelner Grundleistungsphasen, z. B. der **Steinfort-Tabelle**, ermittelt werden. Man sollte sich allerdings insoweit keiner Illusion hingeben: Die in der Literatur veröffentlichten Tabellen sind Meinungen Einzelner, die allesamt dem Problem letztendlich hilflos gegenüberstehen, dass der Gesetzgeber es versäumt hat, die Einzelleistungen einer Grundleistungsphase zu bewerten.

Letzten Endes wird in einem Rechtsstreit ein Sachverständiger diese Frage für den jeweiligen Rechtsfall dann verbindlich zu beantworten haben. Aber auch dessen Ergebnis trägt schließlich den faden Beigeschmack, dass es mehr oder weniger willkürlich sein muss, weil der Gesetz- bzw. Verordnungsgeber seine „Hausaufgaben" nicht gemacht hat.

Geht der Architekt/Ingenieur bei der Abrechnung des gekündigten Vertrags wie oben dargestellt vor, so hat die Schlussrechnung zwei Teile, nämlich den 1. Teil über die Abrechnung der erbrachten Leistungen sowie den 2. Teil über die Abrechnung der beauftragten, aber noch nicht erbrachten Leistungen. Letzterer ist nach der immer noch geltenden Entscheidung des Bundesgerichtshofs aus 1986, NJW-RR 1986, 3026, ohne Mehrwertsteuer zu berechnen, da es an einem Austauschgeschäft insoweit fehle. Diese Entscheidung des Bundesgerichtshofes ist in den letzten Jahren in Kritik geraten (vgl. Kapellmann, Jahrbuch 1998, 35). Es empfiehlt sich deshalb, die Schlussrechnung mit dem **Vorbehalt** zu versehen, dass sich der Auftragnehmer vorbehält, die Mehrwertsteuer nachzuberechnen, wenn er hiermit von seinem zuständigen Finanzamt bestandskräftig veranlagt wird.

Was nun **konkret** ersparte Aufwendungen sind, dazu hat der Bundesgerichtshof in seiner Entscheidung vom 28.10.1999, NZBau 2000, 82 entschieden:

- Personalkosten gehören grundsätzlich nur dann zu den ersparten Aufwendungen, wenn sie infolge der Kündigung nicht mehr aufgewendet werden müssen. Der Architekt muss sich jedoch dasjenige anrechnen lassen, was er durch anderweitigen Einsatz des Personals erwirbt.
- Der Architekt muss sich grundsätzlich nicht solche Personalkosten anrechnen lassen, die dadurch entstehen, dass er eine rechtlich mögliche Kündigung des Personals nicht vorgenommen hat.
- Ersparte Kosten freier Mitarbeiter oder Subunternehmer muss der Architekt konkret vertragsbezogen ermitteln. Ein aus der Vergütung nach der HOAI berechneter durchschnittlicher Stundensatz ist keine tragfähige Grundlage für diese Berechnung.
- Der Architekt muss sich diejenigen sachlichen, projektbezogenen Aufwendungen als Ersparnis anrechnen lassen, die er infolge der Kündigung nicht hat und die mit der Vergütung abgegolten werden. Es genügt in der Regel, wenn er die Sachmittel zusammenfassend so beschreibt und bewertet, dass der Auftraggeber in der Lage ist, die Richtigkeit des dafür angesetzten Betrages beurteilen zu können.
- Anderweitigen Erwerb muss der Auftraggeber nachvollziehbar und ohne Widerspruch zu den Vertragsumständen angeben. Zur Offenlegung seiner Geschäftsstruktur ist er nicht von vornherein verpflichtet.

Als weitere wichtige Kündigungsfolge und gleichsam als typischer Fallstrick hervorzuheben, ist der Umstand, dass der Architekt/Ingenieur durch die Kündigung grundsätzlich nicht sein Nachbesserungsrecht bei behaupteter mangelhafter Planung und/oder Bausummenüberschreitung verliert. Dem Architekt/Ingenieur ist wie jedem Auftragnehmer eines Werkvertragsverhältnisses gemäß § 633 Abs. 2 BGB Gelegenheit zu geben, den Mangel beispielsweise durch Überarbeitung der Planung zu beseitigen. Fordert der Auftraggeber den Auftragnehmer hierzu vor Beseitigung des Mangels durch einen Drittplaner nicht auf und vereitelt er auf diese Weise das Nachbesserungsrecht des Auftragnehmers, steht ihm kein Ersatzanspruch für die durch die Mängelbeseitigung entstandenen Schäden zu (OLG Hamm, BauR 1995, 413 f.).

5 Honorarmanagement

Wie erhalte/sichere ich mir meine kraft Gesetzes oder Vertrages zustehenden Honoraransprüche?

Wie rechne ich meine Honoraransprüche richtig ab?

Die beiden Fragen stellen sich für Planer und Ingenieure gleichermaßen, egal ob sie Leistungen aus der Objektplanung, Tragwerksplanung, TGA erbringen oder sonstige Planungsaufgaben wahrnehmen.

Anhand der Objektplanung wird nachfolgend ein Honorarmanagement skizziert, das entsprechend für alle sonstigen Planer- und Ingenieurleistungen Anwendung finden kann.

Es orientiert sich an der in der nachfolgenden Abbildung dargestellten „Zeitlinie", in der sich die wesentlichen Schnittstellen aus vergütungsrechtlicher Sicht wiederfinden. Die Schnittstellen werden nachfolgend stichpunktartig besprochen.

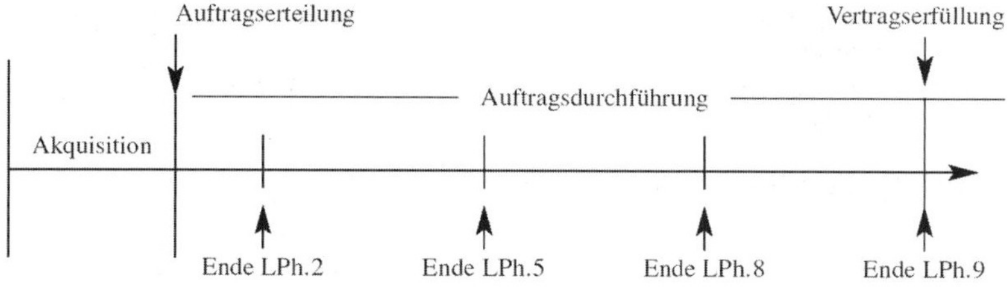

Abb. 9.60 Zeitlinie

5.1 Akquisition

- Grundsätzlich kein Vergütungsanspruch.
- Ausnahme: Für die Leistung bis zur Auftragserteilung wird ein Pauschalhonorar vertraglich vereinbart. Problematisch ist die Wirksamkeit einer derartigen Vereinbarung für die Fälle nicht freier Honorarvereinbarung, Stichwort: Unterschreitung der Mindestsätze. Das Honorar berechnet sich in diesen Fällen gemäß § 5 Abs. 3 HOAI. Bei Unterschreitung der Mindestsätze kann der Architekt grundsätzlich nachberechnen (aber **Standesverstoß** möglich).

5.2 Auftragserteilung

- Besondere Probleme ergeben sich in den Fällen der Unterschreitung der „Kappungsgrenze": In dem Maße, in dem der Auftrag bereits vor der schriftlichen Vereinbarung des Honorars mündlich erteilt wurde, ist eine die Mindestsätze überschreitende nachträgliche Honorarvereinbarung **unwirksam**. Deshalb ist auch keine wirksame Vereinbarung einer Nachberechnung der im Rahmen der „Akquisition" geleisteten Arbeiten auf der Basis des bei der Auftragserteilung vereinbarten mindestsatzüberschreitenden Honorarsatzes möglich.

Dass die Rechtsprechung mit diesem Grundsatz auch Ernst macht, beweist folgender Fall:

Fallbeispiel nach einem Urteil des OLG Düsseldorf vom 19.04.1996, IBR 1996, S. 342:

Zum Umbau eines Dachgeschosses (denkmalgeschütztes Haus) erarbeitete der Architekt einen Einheitsarchitektenvertrag mit folgendem Honorarangebot:

Honorarzone IV, Umbauzuschlag 33 %, Nebenkostenpauschale 7 %.

Nachdem sich der Auftraggeber zunächst damit (mündlich) einverstanden erklärt hatte, zögerte sich die Unterschriftsleistung unter den Architektenvertrag Monate hinaus. Es dauerte 3 Monate, bis der Auftraggeber den Architektenvertrag unterschrieb. In der Zwischenzeit war der Architekt sehr produktiv tätig, erarbeitete die Vorlage für die Baugenehmigung sowie die Abgeschlossenheitsbescheinigung.

Der Architekt rechnet seine Leistungen auf der Basis des dann doch noch unterschriebenen Einheitsarchitektenvertrages ab.

Hiergegen wendet sich der Auftraggeber gemäß vorgenannter Entscheidung des OLG Düsseldorf zu Recht.

Das OLG Düsseldorf entschied:

Angesichts des Umfangs der von dem Architekten bereits ausgeführten Arbeiten war klar, dass die Parteien sich schon lange vor Unterzeichnung des Architektenvertrags über die Beauftragung geeinigt hätten. Ein Umbauzuschlag sei demnach nur zu 20 % gerechtfertigt, eine Nebenkostenpauschale überhaupt nicht wirksam vereinbart worden.

Handlungsempfehlung:

- Vor Unterzeichnung der schriftlichen Honorarvereinbarung dürfen umfangreiche Planungsleistungen **nicht** erbracht werden.
- Leistungen dürfen allerdings bis zu Teilen der Leistungsphase 2 vor schriftlicher Auftragserteilung und Honorarvereinbarung erbracht werden. Auf diese Weise wird das Kostenrisiko durch eine Nichtbeauftragung in Grenzen gehalten.
- Vorteil auftragsloser Leistungserbringung in der Akqusitionsphase: Hier können die Parteien bei Auftragserteilung noch wirksam, beginnend mit der Leistungsphase 1, ein Honorar oberhalb der Mindestsätze vereinbaren.

Diesem Vorteil steht selbstverständlich der Nachteil gegenüber, dass kein Vergütungsanspruch bei fehlender Auftragserteilung besteht.

5.3 Auftragsdurchführung

(1) Schnittstelle: Ende der Leistungsphase 2

Die Beendigung der Leistungsphase 2 ist vergütungsrechtlich von erheblicher Bedeutung und muss aus diesem Grunde **dokumentiert** werden. Zu den Grundleistungen der Leistungsphase 2 gehört die Untersuchung **alternativer** Lösungsmöglichkeiten. Mit Beendigung der Leistungsphase 2 hat sich der AG auf das nun weiterzubearbeitende Planungskonzept festzulegen. Es gehört nicht zu den Grundleistungen der Leistungsphasen 3 und 4, auch die zuvor dargestellten alternativen Lösungsmöglichkeiten weiter durchzuplanen.

Vielmehr stellt eine weitergehende Durchplanung/Analyse/Optimierung der Alternativen eine Besondere Leistung der Leistungsphase 3 dar.

Handlungsempfehlung für das Honorarmanagement:

- Dokumentation des Planungskonzepts, für welches sich der AG entschieden hat, **vor** Beginn der Entwurfsplanung. Es wird schwierig sein, von dem Auftraggeber eine eindeutige Erklärung über den Abschluss einer Leistungsphase zu erlangen. Hierzu deshalb folgende Vorschläge:
- Soweit vertraglich durchsetzbar, sollte **im Vertrag** geregelt werden, dass die Architekten dem Auftraggeber die Beendigung einer jeweiligen Leistungsphase jeweils schriftlich anzeigen. Sofern der AG der Auffassung ist, dass noch nicht alle Leistungen aus der als beendet gemeldeten Leistungsphase erbracht sind, hat er dies den Architekten umgehend, spätestens innerhalb von 2 Wochen schriftlich mitzuteilen.
- Sofern eine solche vertragliche Vereinbarung nicht möglich ist, bietet sich folgende „Krücke" an: Der Architekt sollte dem Bauherrn nach Abschluss einer Leistungsphase eine Akontoforderung über die in dieser Leistungsphase erbrachten Leistungen zukommen lassen mit dem gleichzeitigen Hinweis in einem Anschreiben, dass die Leistungen aus der betreffenden Leistungsphase abgeschlossen sind. Erhebt der Bauherr hiergegen keine Einwendungen, so hat man bei einer späteren Auseinandersetzung zumindest gute Argumente auf seiner Seite, den Abschluss der jeweiligen Leistungsphase mit allen sich hieraus ergebenden Konsequenzen für die weitergehende Honorierung schlüssig darlegen zu können.
- **Optimierung von Planungsalternativen/Varianten** nur, wenn **vorher** eine **schriftliche** Honorarvereinbarung für diese Besondere Leistung getroffen wurde.

(2) Schnittstelle: Beginn der Leistungsphase 3 bis Ende Leistungsphase 5

Fortlautende Überprüfung der einzelnen Planungsschritte bei Dokumentation des Abschlusses einer jeden Leistungsphase im Hinblick auf angeordnete Wiederholungen vorangegangener Leistungsphase bzw. Teilen hieraus.

Handlungsempfehlung für das Honorarmanagement:

Keine Wiederholung bereits abgeschlossener Leistungsphasen oder Teilen hieraus, wenn nicht **vorher hierfür schriftlich** eine Honorarvereinbarung getroffen worden ist.

(3) Schnittstelle: Ende der Leistungsphase 8, Beginn der Leistungsphase 9

- Erstellung einer Teilschlussrechnung, soweit vertraglich vereinbart; ansonsten Teilrechnung gemäß § 8 Abs. 2 HOAI.
- Abschlagszahlungen gemäß § 8 Abs. 2 HOAI in regelmäßigen zeitlichen Abständen für die Erbringung der Leistungsphase 8, z. B. in Jahresabständen.
- Schlussrechnung nach Beendigung der Leistungsphase 9.

5.4 Sonderthema: Bindung des Architekten an die Schlussrechnung

Dieses in der Vergangenheit sehr folgenträchtige Thema ist zwar zwischenzeitlich durch die Entscheidung des Bundesgerichtshofes (BGH, BauR 1993, 263 und BGH BauR 1993, 239) entspannt worden. Der BGH hält danach an seiner alten Rechtsprechung zur Bindung des Architekten an seine Schlussrechnung nicht mehr in der alten Strenge fest. Die Bindungswirkung ist allerdings noch nicht vollständig aufgegeben worden. Sie ist lediglich abgemildert worden, und zwar dahingehend, dass der Architekt an seine Schlussrechnung zwar grundsätzlich gebunden ist, allerdings nur in dem Umfang, wie er damit beim AG Vertrauen auf die Richtigkeit der Abrechnung geschaffen hat. Der AG, der die Schlussrechnung angreift, beispielsweise indem er die mangelnde Prüffähigkeit rügt und auf die Schlussrechnung nicht zahlt, ist nicht schutzwürdig, da die Schlussrechnung ja gerade kein Vertrauen beim Auftraggeber in diesem Fall geweckt haben kann.

Da Anknüpfungspunkt für die Bindungswirkung das **Erwecken von Vertrauen** in die **Richtigkeit der Abrechnung auf Seiten des AG** ist, kann jedoch auch eine nicht prüffähige Schlussrechnung eine Bindungswirkung auslösen (herrschende Meinung, vgl. Locher/Koeble/Frik, Rn. 42 zu § 8 HOAI m. w. N.).

Folge der gelockerten Bindungswirkung:

Hat der Architekt Schlussrechnungen gelegt, die der AG anerkannt und auf die der AG Schlusszahlung geleistet hat, so ist grundsätzlich eine **Nachforderung** des Architekten beispielsweise wegen unwirksamer Unterschreitung der Mindestsätze **ausgeschlossen**.

Dies gilt dann nicht, wenn dem AG die Umstände für die nicht ordnungsgemäßen Abrechnungen, die zur Nachforderung seitens des Architekten führen, bekannt waren, beispielsweise indem er wusste, dass die Honorarvereinbarung wegen Unterschreitung der Mindestsätze nichtig ist.

5.5 Einwendungsverlust gegen die Prüfbarkeit der Honorarschlussrechnung

Jüngst wurde vom Bundesgerichtshof (BGH BauR 2004, 316) entschieden, dass dann, wenn der Auftraggeber nicht innerhalb einer Frist von 2 Monaten nach Zugang der Honorarschlussrechnung einwendet, dass die Rechnung nicht prüfbar sei, er mit einer späteren Einwendung gegen die Prüfbarkeit der Schlussrechnung ausgeschlossen ist. Das hat nach Auffassung des Bundesgerichtshofs weiter zur Folge, dass nach Ablauf dieser 2-Monatsfrist die Honorarforderung des Architekten auch bei objektiv mangelnder Prüffähigkeit fällig wird, wenn die mangelnde Prüffähigkeit nicht vorher zu Recht gerügt wurde. Da Voraussetzung für den Beginn der Verjährung einer Honorarforderung deren Fälligkeit ist, bedeutet dies in letzter Konsequenz schließlich, dass auch objektiv nicht prüffähige Rechnungen eines Architekten bei nicht rechtzeitiger Rüge deren mangelnder Prüffähigkeit zu verjähren beginnen können.

10 A Bauprozessmanagement – Baubetrieb
10 B Kostenplanung, Honorarordnung
10 C Integrales Facility Management

Inhaltsverzeichnis

10 A Bauprozessmanagement – Baubetrieb

Prof. Dr.-Ing. Josef Zimmermann

1 Bauprojekt – Investition

1.1 Allgemeine Grundlagen

1.1.1 Grundsätzliches

Der Baumarkt ist – im Gegensatz zu dem Markt für Konsumgüter – ein Markt für Investitionsgüter. Jeder Markt ist ein Treffpunkt für Anbieter und Nachfrager, der Baumarkt ist im Wesentlichen ein Nachfragemarkt. Die Nachfrager tätigen ihre Investition mit Ausrichtung auf den rentablen Betrieb des fertig gestellten Objektes. Daher sind die Anforderungen, die ein Investor an Planung und Ausführung an das ausführende Unternehmen stellt, einfach und schwierig zugleich:

- Kostensicherheit
- Terminsicherheit
- Qualität der Bauausführung.

Daneben spielen die Funktionalität des Objektes, niedrige Betriebskosten und eine gute Bonität und Leistungsfähigkeit des Anbieters eine wichtige Rolle für den Investor.

Um dieses fundamentale Ziel zu erreichen, sind die vielen Beteiligten an einem Investitionsprojekt mit ihren zahlreichen Schnittstellen optimal zu koordinieren, eine komplexe Managementaufgabe, die grundsätzlich dem Auftraggeber obliegt. Bei Generalunternehmer(GU)-Verträgen wird diese Aufgabe (z. B. Planungskoordination und Koordination der Nachunternehmer) zusammen mit den zugehörigen Risiken oft weitgehend an den GU übertragen.

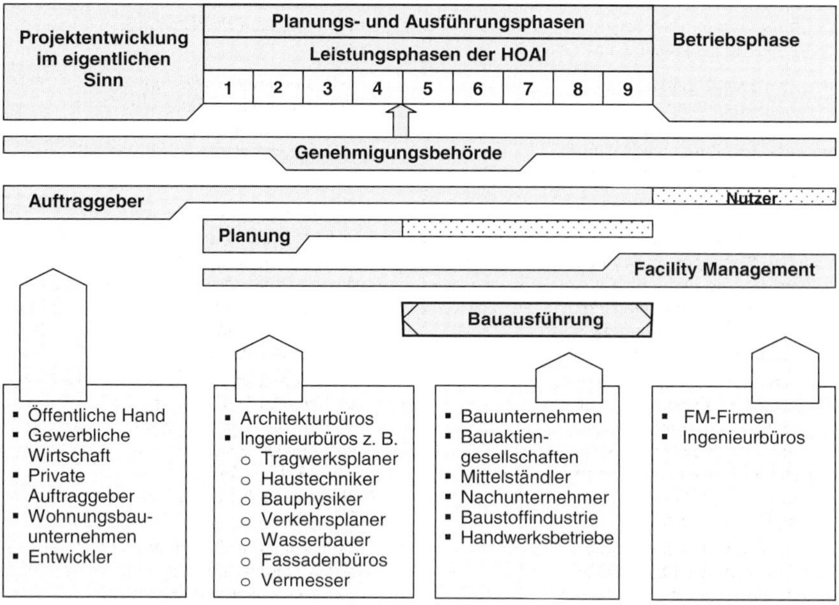

1.1.2 Unternehmensprozesse

Unternehmen der Bauindustrie, sei es als Generalunternehmer oder auch als Auftragnehmer einzelner Gewerke, müssen geeignet organisiert sein, um der vielschichtigen und komplexen Aufgabe des Managements einer effizienten Unikatsfertigung zu begegnen. Allgemein hat sich dafür das Modell der *Geschäftsprozesse* durchgesetzt:

Alle Prozesse innerhalb eines Unternehmens werden als Geschäftsprozesse bezeichnet. Sie haben unterschiedlichen Einfluss auf Kundennutzen und Unternehmenserfolg.

Die meisten Prozesse nehmen interne unterstützende Aufgaben wahr und bilden die Basis, aus der sich die übergreifenden Prozesse zusammensetzen.

Einige wenige Prozesse erzeugen direkte Leistungen für externe Kunden. Diese zentralen Prozesse eines Unternehmens der Bauwirtschaft werden als **„Unternehmensprozesse"** bezeichnet. Entsprechend ihrer exponierten Stellung erfordern sie besonderes Augenmerk hinsichtlich homogener Strategie, Zieldefinition, Kundenorientierung und Steuerung. In diesen Unternehmensprozessen findet die eigentliche Wertschöpfung statt, d. h. die unmittelbare Erstellung und Vermarktung von Produkten und Dienstleistungen für externe Kunden. Für ein Bauunternehmen sind fünf Unternehmensprozesse definiert: *Akquisition, Angebotsbearbeitung, Vertragsverhandlungen, Leistungserbringung* und *Gewährleistung*.

Die einzelnen Unternehmensprozesse sind dadurch gekennzeichnet, dass sie mit der Anforderung des externen Kunden beginnen und mit einem Ergebnis für den externen Kunden enden.

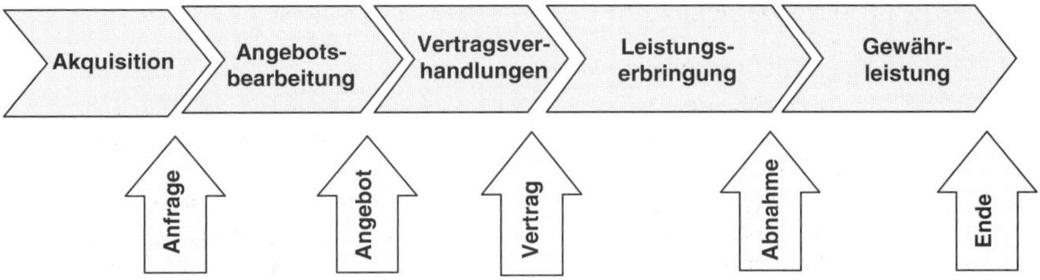

1.2 Projektphasen nach HOAI

Die Honorarordnung für Architekten und Ingenieure (HOAI) gliedert ein Projekt in einzelne Phasen (1 bis 9), die die Abwicklung des Projektes treffend beschreiben:

- (1) Grundlagenermittlung
- (2) Vorplanung
- (3) Entwurfsplanung
- (4) Genehmigungsplanung
- (5) Ausführungsplanung
- (6) Vorbereiten der Vergabe
- (7) Mitwirken bei der Vergabe
- (8) Objektüberwachung
- (9) Objektbetreuung, Dokumentation

Die Planungsleistungen beginnen mit der *Grundlagenermittlung*, in der erste Vorstellungen und die Voraussetzungen zur Lösung der Bauaufgabe durch Planung festgestellt werden. In der *Vorplanung* werden das Planungskonzept und erste zeichnerische Darstellungen angefertigt. Auf Grundlage dieser Phasen erfolgt die *Entwurfsplanung*, in der der Gesamtentwurf im Maßstab 1:500 bis 1:100 angefertigt wird. Die *Genehmigungsplanung* dient als Grundlage für die Einreichung des Bauantrages zur Erteilung der Baugenehmigung bzw. der Planfeststellung bei Infrastrukturprojekten. Die Genehmigung von Seiten der Behörden ist Voraussetzung für den Beginn der Ausführung.

In der Phase der *Ausführungsplanung*, in der z. B. Schal- und Bewehrungspläne angefertigt werden, beginnt normalerweise erst die Beteiligung eines oder mehrerer ausführender Unternehmen. Im Rahmen der *Vorbereitung der Vergabe* an einen Generalunternehmer oder in Einzelvergaben werden die zur Ausschreibung erforderlichen Leistungsverzeichnisse vom Ausschreibenden erstellt. Die Mitwirkung von Architekten und Ingenieuren betrifft die Aufgaben *Ausschreibung* und *Einholen von Angeboten*, *Erstellen eines Preisspiegels*, *Verhandlungen mit Bietern* bis hin zur *Mitwirkung bei der Auftragserteilung*, die durch den Bauherrn erfolgt.

Objektüberwachung bedeutet die Überwachung des Bauvorhabens unter Wahrnehmung der Interessen des Bauherrn. In der Phase *Objektbetreuung* und *Dokumentation* werden die Fragen Mängelfeststellung und Mängelbeseitigung, Verjährungsfristen und Gewährleistungsansprüche, Freigabe von Sicherheitsleistungen sowie die Zusammenstellung der Zeichnungen und Berechnungen abgewickelt.

Erfolgt die Ausführung eines Projektes durch einen Generalunternehmer (GU), so sind die Leistungen nach HOAI *Ausführungsplanung*, *Vorbereitung der Vergabe* und *Mitwirken bei der Vergabe* hinsichtlich seiner Nachunternehmer sowie *Objektüberwachung*, *Objektbetreuung und Dokumentation* im Auftrag des GU enthalten. Es ist jedoch auch möglich, dass ein Generalunternehmer je nach Vertragsmodell auch bereits in früheren Planungsphasen eingeschaltet wird.

2 Bauverdingung und Vergabe

2.1 Grundlagen

Das Bürgerliche Gesetzbuch BGB kennt kein „Architekten-/Ingenieurrecht"; dieser Rechtsbereich wird einem Vertragstypen des BGB zugeordnet. Es ist daher festzustellen, welche Leistungen im rechtlichen Sinne geschuldet werden. Nach dem Bürgerlichen Gesetzbuch (BGB) werden grundsätzlich die Vertragsarten *Werkvertrag* und *Dienstvertrag* unterschieden.

Bei einem **Werkvertrag nach BGB** wird grundsätzlich der Erfolg geschuldet. Die von einem Architekten oder Ingenieur zu erbringenden Leistungen stellen „Werkvertragliche Leistungen" dar, da sie einen geschuldeten Erfolg zum Gegenstand haben. Die Vornahme einer Tätigkeit alleine gilt nicht als Erfüllung des Vertrages. Architekten und Ingenieure haben eine dauerhaft genehmigungsfähige Planung oder eine ordnungsgemäße Bauüberwachung zu erbringen. Beides muss auf eine mangelfreie Verwirklichung des Bauwerks gerichtet sein. Sie schulden also das erfolgreiche Entstehen eines Bauwerkes, nicht das Bauwerk selbst. Dessen Errichtung ist Aufgabe des Bauunternehmens.

Im Unterschied dazu ist der **Dienstvertrag** nicht auf die Herbeiführung eines Erfolges ausgerichtet, es genügt die Vornahme der vertraglich definierten und geschuldeten Tätigkeit zur Erfüllung. Der Dienstnehmer verpflichtet sich beispielsweise, seine Arbeitskraft zur Verfügung zu stellen. Der Dienstvertrag beinhaltet eine Arbeitsleistung, nicht einen durch Arbeitsleistung erzielten Erfolg, z. B. ein Arbeitsvertrag.

Die **Vergabe- u. Vertragsordnung für Bauleistungen** (VOB) ist kein Gesetz, sondern eine Regelung auf der Basis des BGB, die für einen Vertrag vereinbart werden muss (für die öffentliche Hand allerdings verbindlich). Sie ist in 3 Teile gegliedert, die in unterschiedlichen Phasen eines Projektes zur Geltung kommen:

- VOB/A Allgemeine Bestimmungen für die Vergabe von Bauleistungen
- VOB/B Allgemeine Vertragsbedingungen für die Ausführung von Bauleistungen
- VOB/C Allgemeine Technische Vertragsbedingungen für Bauleistungen

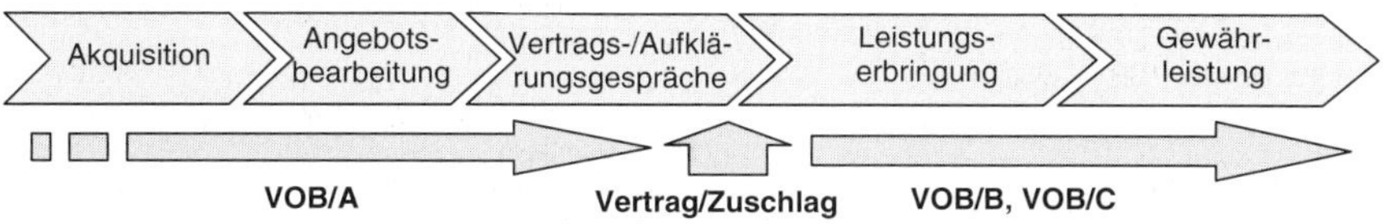

VOB/B und VOB/C sind entsprechend auch in der Phase der Angebotsbearbeitung zu berücksichtigen.

2.2 VOB/A

2.2.1 Übersicht der Inhalte der VOB/A

Vergabe einer Bauleistung	§ 1	Bauleistungen
	§ 2	Grundsätze der Vergabe
Auswahl des Vergabeverfahrens	§ 3	Arten der Vergabe
	§ 4	Einheitliche Vergabe, Vergabe nach Losen
	§ 5	Leistungs-, Stundenlohn-, Selbstkostenerstattungsvertrag
	§ 6	Angebotsverfahren
	§ 7	Mitwirkung von Sachverständigen
	§ 8	Teilnehmer am Wettbewerb
Erstellung der Vergabeunterlagen	§ 9	Beschreibung der Leistung
	§ 10	Vergabeunterlagen
	§§ 11–15	Vertragsregelungen
Durchführung des Vergabeverfahrens	§§ 16–20	Regelungen der Ausschreibung
	§§ 21–25	Form, Inhalt, Prüfung und Wertung der Angebote
Aufhebung/Zuschlag	§ 26	Aufhebung der Ausschreibung
	§ 27	Nicht berücksichtigte Bewerbungen und Angebote
	§§ 28–30	Zuschlag, Vertrag, Vergabe
	§ 31	Nachprüfungsstellen
	§ 32	Baukonzessionen
	§ 33	Melde-, Berichts- und Aufbewahrungspflichten

2.2.2 Standardleistungsbuch

Zur Ausschreibung nach VOB/A können die Leistungen beispielsweise nach einem einheitlichen Katalog, dem *Standardleistungsbuch*, beschrieben werden.

LB-Nr.	Standardleistungsbuch	Ausgabe	LB-Nr.	Standardleistungsbuch	Ausgabe
000	Baustelleneinrichtung	03/95	042	Gas- und Wasserinstallationsarbeiten, Leitungen und Armaturen	05/94
001	Gerüstarbeiten	11/90	043	Druckrohrleitungen für Gas, Wasser und Abwasser	03/96
002	Erdarbeiten	11/93	044	Abwasser-Installationsarbeiten. Leitungen, Abläufe	01/94
003	Landschaftsbauarbeiten	04/97	045	Gas-, Wasser- und Abwasserinstallationsarbeiten; Einrichtungsgegenstände, Sanitärausstattungen	05/94
004	Landschaftsbauarbeiten, Pflanzen	11/96	046	Gas-, Wasser- und Abwasserinstallationsarbeiten. Betriebseinrichtungen	11/93
005	Brunnenarbeiten und Aufschlussbohrungen	11/93	047	Dämmarbeiten an betriebstechnischen Anlagen. Wärme-, Kälte-, Brandschutz	03/98
006	Bohr-, Verbau-, Ramm- und Einpressarbeiten	04/96	048	Sanitärausstattung für den medizinischen Bereich	in Vorb.
007	Untertagebauarbeiten	in Vorb.	049	Feuerlöschanlagen, Feuerlöschgeräte	11/81
008	Wasserhaltungsarbeiten	11/93	050	Blitzschutz- und Erdungsanlagen	03/85
009	Entwässerungskanalarbeiten	03/95	051	Bauleistungen für Kabelanlagen	05/82
010	Dränarbeiten	05/95	052	Mittelspannungsanlagen	05/87
011	Abscheideanlagen, Kleinkläranlagen	11/96	053	Niederspannungsanlagen	04/85
012	Mauerarbeiten	10/92	055	Ersatzstromversorgungsanlagen	09/97
013	Beton- und Stahlbetonarbeiten	11/94	056	Batterien	in LB 055 und LB 059
014	Natursteinarbeiten, Betonwerksteinarbeiten	04/95	058	Leuchten und Lampen	03/91
016	Zimmerer- und Holzbauarbeiten	11/93	059	Notbeleuchtung	11/93
017	Stahlbauarbeiten	11/93	060	Elektro-akustische Anlagen; Sprechanlagen, Personenrufanlagen	10/92
018	Abdichtungsarbeiten	08/97	061	Fernmeldeleitungsanlagen	05/95
020	Dachdeckungsarbeiten	02/96	063	Meldeanlagen	10/89
021	Dachdichtungsarbeiten	08/94	069	Aufzüge	10/89
022	Klempnerarbeiten	07/97	071	Gebäudeautomation. Einrichtungen und Funktionen	08/98
023	Putz- und Stuckarbeiten	12/95	072	Gebäudeautomation. Schaltschränke, Feldgeräte, Verbindungen	11/96
024	Fliesen- und Plattenarbeiten	08/97	074	Raumlufttechnische Anlagen. Zentralgeräte und deren Bauelemente	05/94
025	Estricharbeiten	12/95	075	Raumlufttechnische Anlagen; Luftverteilungsgeräte und deren Bauelemente	05/98
027	Tischlerarbeiten	04/95	076	Raumlufttechnische Anlagen; Einzelgeräte	11/90
028	Parkettarbeiten, Holzpflasterarbeiten	10/91	077	Raumlufttechnische Anlagen; Schutzräume	02/81
029	Beschlagarbeiten	04/97	078	Raumlufttechnische Anlagen; Kälteanlagen	04/89
030	Rollladenarbeiten	11/94	080	Straßen, Wege, Plätze	05/98
031	Metallbauarbeiten, Schlosserarbeiten	04/97	081	Betonerhaltungsarbeiten	01/94
032	Verglasungsarbeiten	05/93	085	Rohrvortrieb	03/97
033	Baureinigungsarbeiten	08/97	098	Winterbau-Schutzmaßnahmen	02/99
034	Maler- und Lackierarbeiten	11/96	099	Allgemeine Standardbeschreibungen	11/96
035	Korrossionsschutzarbeiten an Stahl- und Aluminiumbaukonstruktionen	11/93	998	Testdiskette	
036	Bodenbelagsarbeiten	10/95	999	Testdiskette Volltext	
038	Tapezierarbeiten	03/92	482	Bauarbeiten an Bahnübergängen	1983
039	Trockenbauarbeiten	10/97	486	Bauarbeiten an Gleisen und Weichen	1996
040	Heizungs- und zentrale Brauchwassererwärmungsanlagen	02/95			

(Quelle: Beuth Versandkatalog, Berlin; Stand 1999)

2.3 VOB/B

2.3.1 Allgemeines

Die VOB/B enthält die beidseitigen Rechte und Pflichten der Vertragspartner nach Abschluss des Vertrages und regelt die Allgemeinen Geschäftsbedingungen in Bauverträgen. Diese weichen zum Teil von den Bestimmungen des BGB und des AGB-Rechts ab, um den spezifischen Anforderungen für die Erbringung von Bauleistungen gerecht zu werden. Gesetzliche Ausgangsbasis für die Regelungen VOB/B sind die Bestimmungen über den „Werkvertrag" in § 631 ff. BGB. Ist die VOB/B wirksam vereinbart, so gehen deren Bestimmungen dem § 631ff. BGB oder anderen einschlägigen gesetzlichen Regelungen des BGB vor.

Die VOB Teil B gliedert sich in folgende Paragraphen:

- § 1 Art und Umfang der Leistung
- § 2 Vergütung
- § 3 Ausführungsunterlagen
- § 4 Ausführung
- § 5 Ausführungsfristen
- § 6 Behinderung und Unterbrechung der Ausführung
- § 7 Verteilung der Gefahr
- § 8 Kündigung durch den Auftraggeber
- § 9 Kündigung durch den Auftragnehmer
- § 10 Haftung der Vertragsparteien
- § 11 Vertragsstrafe
- § 12 Abnahme
- § 13 Mängelansprüche
- § 14 Abrechnung
- § 15 Stundenlohnarbeiten
- § 16 Zahlung
- § 17 Sicherheitsleistung
- § 18 Streitigkeiten

In folgender Tabelle sind korrespondierende Paragraphen der VOB Teil A und B gegenübergestellt.

VOB/A ⟵	⟶ VOB/B
§ 1 Definition der Bauleistung	§ 1 Art und Umfang der Bauleistung
§ 5 Vertragsarten Leistungsvertrag, Stundenlohnvertrag, Selbstkostenerstattungsvertrag	§ 2 Vergütung Gilt für die Leistungen gemäß Vertrag und Leistungsbeschreibung
§ 9 Leistungsbeschreibung (Leistungsverzeichnis oder Leistungsprogramm)	§ 2 Vergütung Wenn die Leistungsbeschreibung nicht ausreichend ist, folgen u. U. zusätzliche Vergütungsansprüche.
§ 10 Vertragsbedingungen Zusätzliche + Besondere Vertragsbedingungen	§ 1 Nr. 2 Vertragsbedingungen Reihenfolge bei Widersprüchen
§ 11 Ausführungsfristen Umfang, Bauzeitenplan, Verzugsschaden	§ 5 Ausführungsfristen Durchsetzung der Einhaltung der Fristen
§ 15 Änderung der Vergütung Einzelheiten sind festzulegen.	§ 2 Nr. 3–10 Änderung der Vergütung Beschreibung der Preisanpassung

2.3.2 Leistung (§ 1)

Eine Besonderheit der VOB/B liegt darin, dass allgemeine vertragliche Grundsätze des BGB hier nicht übernommen sind. Normalerweise sind gegenseitige Willenserklärungen beider Vertragsparteien erforderlich, wenn nicht vereinbarte Leistungen ausgeführt werden sollen. Die VOB/B bildet hier eine Ausnahme.

„(1) Die auszuführende Leistung wird nach Art und Umfang durch den Vertrag bestimmt. Als Bestandteil des Vertrags gelten auch die Allgemeinen Technischen Vertragsbedingungen für Bauleistungen.

(2) Bei Widersprüchen im Vertrag gelten nacheinander:

a) die Leistungsbeschreibung,
b) die Besonderen Vertragsbedingungen,
c) etwaige Zusätzliche Vertragsbedingungen,
d) etwaige Zusätzliche Technische Vertragsbedingungen,
e) die Allgemeinen Technischen Vertragsbedingungen für Bauleistungen,
f) die Allgemeinen Vertragsbedingungen für die Ausführung von Bauleistungen.

(3) Änderungen des Bauentwurfs anzuordnen, bleibt dem Auftraggeber vorbehalten.

(4) Nicht vereinbarte Leistungen, die zur Ausführung der vertraglichen Leistung erforderlich werden, hat der Auftragnehmer auf Verlangen des Auftraggebers mit auszuführen, außer wenn sein Betrieb auf derartige Leistungen nicht eingerichtet ist. Andere Leistungen können dem Auftragnehmer nur mit seiner Zustimmung übertragen werden."

2.3.3 Vergütungsregelungen im Einheitspreisvertrag

Die Vergütung wird nach den vertraglichen Einheitspreisen und den tatsächlich ausgeführten Mengen berechnet, wenn keine andere Berechungsart (z. B. Pauschalsumme) vereinbart ist. Wichtigste Grundlage zur Feststellung der Vergütung ist der Vergleich der erbrachten Leistung mit dem vertraglich definierten Bausoll in Quantität und Qualität.

Beim Einheitspreisvertrag wird im Angebot ein Preis für jede Position des Leistungsverzeichnisses je Mengeneinheit festgelegt, der neben den direkten positionsbezogenen Kosten der Herstellung sämtliche Anteile der Projektgemeinkosten, der Allgemeinen Geschäftskosten und von Wagnis und Gewinn anteilig enthält. Die Unabhängigkeit dieser Kalkulation von der tatsächlich ausgeführten Menge ist nur für geringe Abweichungen von der kalkulierten Menge gegeben. Entsprechend ist zur Vermeidung einer Gemeinkostenunter- bzw. -überdeckung in der VOB/B § 2 Nr. 3 folgendes Vorgehen festgelegt:

Leistung		Vergütung nach § 2 Nr. 3
Mengenüberschreitung	mehr als 10 %	Auf Verlangen neuen Preis vereinbaren
Mengenabweichung	kleiner als 10 %	Preise nach LV
Mengenunterschreitung	mehr als 10 %	Auf Verlangen Erhöhung des Preises um die Kosten

Beispiel: Mengenunterschreitung von LV-Menge = 10 Stück auf Abrechnungsmenge 8 Stück bei einem Einheitspreis EP = 10 €/Stück (bei gleich bleibenden PGK)

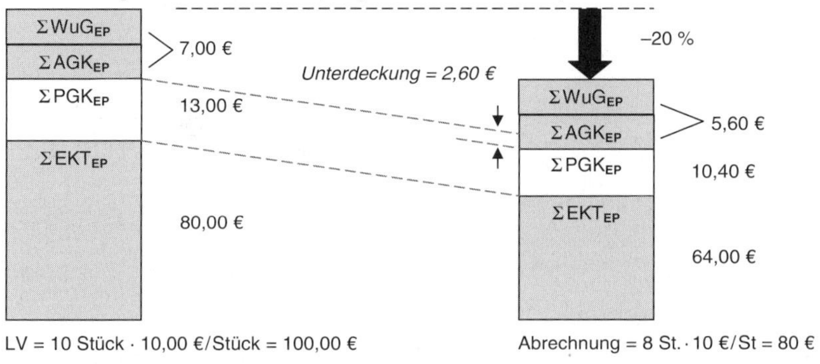

Der aus dieser Pos. mit 10 Stück zu erlösende Anteil der Projektgemeinkosten (PGK) beträgt 13 €. Bei Ausführung von 8 Stück reduziert sich der Betrag zur anteiligen Deckung der PGK auf 10,40 € (vgl. Abschn. 4). Damit ist das Verlangen auf Erhöhung des Preises quantifiziert.

Weitere Regelungen betreffen:

	Leistung	Vergütung
§ 2 Nr. 4	Übernahme von Leistungen durch den Auftraggeber	Vereinbarte Vergütung abzüglich ersparter Aufwendungen
§ 2 Nr. 5	Änderung des Bauentwurfes durch den Auftraggeber	Neuer Preis unter Berücksichtigung der Mehr- und Minderkosten
§ 2 Nr. 6	Im Vertrag nicht vorgesehene Leistungen	Neue Preisermittlung auf Basis der Preisermittlung für die vertragliche Leistung und den besonderen Kosten der zusätzlichen Leistung

2.3.4 Vergütungsregelung im Pauschalvertrag

In einem (Detail-)Pauschalvertrag wird die Leistung detailliert wie beim Einheitspreisvertrag beschrieben und durch eine vertraglich im Vergabegespräch festgelegte Pauschalsumme vergütet. Dann gilt:

- Die Mengenangabe im LV (sog. Vordersatz) spielt keine Rolle.
- Der Einheitspreis spielt keine Rolle.
- Das Mengenermittlungsrisiko liegt beim Auftragnehmer.

VOB/B § 2 Nr. 7 regelt das Vorgehen bei Änderungen der Leistung im Pauschalvertrag. Die Nummern 4, 5 und 6 bleiben dabei jedoch unberührt, d. h. bei Herausnahme von Leistungen, Änderungen des Entwurfes oder bei Forderungen von im Vertrag nicht vorgesehenen Leistungen ist eine Preisanpassung vorzunehmen.

2.4 VOB/C

2.4.1 Allgemeines

Die VOB/C „Allgemeine Technische Vertragsbedingungen für Bauleistungen (ATV)“ setzt sich aus einer Vielzahl von einzelnen ATV zusammen. Sie umfasst weitgehend alle Leistungen, die für die Erstellung eines Bauwerks erforderlich sind.

Eine ATV gliedert sich in folgende Abschnitte:

- Hinweise für das Aufstellen der Leistungsbeschreibung
- Geltungsbereich
- Stoffe, Bauteile
- Ausführung
- Nebenleistungen, Besondere Leistungen
- Abrechnung

Wenn die VOB/B Vertragsbestandteil ist, gelten auch die Vorschriften der VOB/C.

2.4.2 VOB/C: Übersicht

DIN 18299	Allg. Regelungen für Bauarbeiten jeder Art	DIN 18335	Stahlbauarbeiten
DIN 18300	Erdarbeiten	DIN 18336	Abdichtungsarbeiten
DIN 18301	Bohrarbeiten	DIN 18338	Dachdeckungs-/ Dachabdichtungsarbeiten
DIN 18302	Brunnenbauarbeiten	DIN 18339	Klempnerarbeiten
DIN 18303	Verbauarbeiten	DIN 18349	Betonerhaltungsarbeiten
DIN 18304	Ramm-, Rüttel- und Pressarbeiten	DIN 18350	Putz- und Stuckarbeiten
DIN 18305	Wasserhaltungsarbeiten	DIN 18351	Fassadenarbeiten
DIN 18306	Entwässerungskanalarbeiten	DIN 18352	Fliesen- und Plattenarbeiten
DIN 18307	Druckrohrleitungsarbeiten im Erdreich	DIN 18353	Estricharbeiten
DIN 18308	Dränarbeiten	DIN 18354	Gussasphaltarbeiten
DIN 18309	Einpressarbeiten	DIN 18355	Tischlerarbeiten
DIN 18310	Sicherungsarbeiten an Gewässern, Deichen und Küstendünen	DIN 18356	Parkettarbeiten
DIN 18311	Nassbaggerarbeiten	DIN 18357	Beschlagarbeiten
DIN 18312	Untertagebauarbeiten	DIN 18358	Rollladenarbeiten
DIN 18313	Schlitzwandarbeiten mit stützenden Flüssigkeiten	DIN 18360	Metallbauarbeiten
DIN 18314	Spritzbetonarbeiten	DIN 18361	Verglasungsarbeiten
DIN 18315	Verkehrswegebauarbeiten – Oberbauschichten ohne Bindemittel	DIN 18363	Maler- und Lackierarbeiten
DIN 18316	Verkehrswegebauarbeiten – Oberbauschichten mit hydraulischen Bindemitteln	DIN 18364	Korrosionsschutzarbeiten an Stahl- und Aluminiumbauten
DIN 18317	Verkehrswegebauarbeiten – Oberbauschichten aus Asphalt	DIN 18365	Bodenbelagsarbeiten
DIN 18318	Verkehrswegebauarbeiten – Pflasterdecken, Plattenbelage, Einfassungen	DIN 18366	Tapezierarbeiten
DIN 18319	Rohrvortriebsarbeiten	DIN 18367	Holzpflasterarbeiten
DIN 18320	Landschaftsbauarbeiten	DIN 18379	Raumlufttechnische Anlagen
DIN 18321	Düsenstrahlarbeiten	DIN 18380	Heizanlagen und zentrale Wassererwärmungsanlagen
DIN 18325	Gleisbauarbeiten	DIN 18381	Gas-, Wasser- und Entwässerungsanlagen innerhalb von Gebäuden
DIN 18330	Mauerarbeiten	DIN 18382	Nieder- und Mittelspannungsanlagen mit Nennspannungen bis 36 kV
DIN 18331	Beton- und Stahlbetonarbeiten	DIN 18384	Blitzschutzanlagen
DIN 18332	Naturwerksteinarbeiten	DIN 18385	Förderanlagen, Aufzugsanlagen, Fahrtreppen und Fahrsteige
DIN 18333	Betonwerksteinarbeiten	DIN 18386	Gebäudeautomation
DIN 18334	Zimmer- und Holzbauarbeiten	DIN 18421	Dämmarbeiten an technischen Anlagen
		DIN 18451	Gerüstarbeiten

2.4.3 Nebenleistungen und Besondere Leistungen

Hinsichtlich der vertraglich vereinbarten Leistungen unterscheidet die VOB/C jeweils *Nebenleistungen* und *Besondere Leistungen*. Nebenleistungen müssen nicht gesondert im Vertragstext erwähnt werden, sie gehören durch die VOB/C bereits zum Vertrag. Besondere Leistungen werden nur dann zum Vertragsinhalt, wenn sie in der Leistungsbeschreibung ausdrücklich aufgeführt sind. Nachfolgende Tabelle gibt verkürzt die prinzipielle Unterscheidung nach DIN 18 299 „Allgemeine Regelungen für Bauarbeiten jeder Art“ in Nebenleistungen und Besondere Leistungen wieder.

Nebenleistungen	Besondere Leistungen
Baustelleneinrichtung	Beaufsichtigen der Leistungen anderer Unternehmer
Vorhalten der Baustelleneinrichtung	Erfüllen von Aufgaben des Auftraggebers
Messungen für Ausführung und Abrechnung inkl. Geräte	Besondere Schutz- und Sicherheitsmaßnahmen bei Arbeiten in kontaminierten Bereichen, z. B. messtechnische Überwachung
Schutz- und Sicherheitsmaßnahmen	Besondere Schutzmaßnahmen gegen Witterungsschäden, Hochwasser und Grundwasser
Beleuchten, Beheizen und Reinigen von Aufenthalts- und Sanitärräumen	Besondere Prüfung von Stoffen und Bauteilen, die der Auftraggeber liefert
Liefern der Betriebsstoffe	Sichern von Leitungen, Kabeln, Dränen, Kanälen, Grenzsteinen, Bäumen, Pflanzen und dergleichen
Sichern gegen Niederschlagswasser	
Entsorgen von Abfall bis 1m³	

In den ATV für Einzelgewerke (DIN 18 300 ff.) wird jeweils in Abschnitt 4 Bezug auf diese Einteilung genommen und Gewerke spezifisch ergänzt.

Beispiel zur VOB/C

Abrechnung nach VOB/C, exemplarisch an DIN 18 331 – Betonarbeiten – dargestellt. Abgerechnet wird z. B. nach folgenden Einheiten:

Einheit	Beispiele
m^3	Fundamente, Widerlager, Brückenüberbauten, Pfeiler
m^2	Sauberkeitsschicht, Schalung, Wände, Decken, Bodenplatte
m	Stützen, Balken, Unterzüge, Betonpfähle
Stück	Aussparungen, Stützen, Fertigteile
t	Bewehrung

Ergänzend zu den Abrechnungsgrundlagen nach DIN 18 299 beziehen sich weitere Vorgaben in DIN 18 331 auf Beton und Stahlbeton: Bauteile werden grundsätzlich nach ihren Maßen abgerechnet. Bei Beton und Stahlbeton werden jedoch Volumina nicht abgezogen, die durch Verdrängung des Betons durch die Bewehrung oder durch einbetonierte Pfahlköpfe, Walzprofile und Spundwände entstehen; Aussparungen werden je nach Größe übermessen oder berücksichtigt. Damit gibt es eine Abweichung zwischen realer Menge und Abrechnungsmenge.

Beispiel: Stahlbetonwand mit Fenster- und Türöffnungen

Aus der Abrechnungsregel nach DIN 18 331, Abschnitt 5.1.2, dass bei Abrechnungen nach Raummaß Öffnungen kleiner $0{,}5\ m^3$ und bei Abrechnungen nach Flächenmaß Öffnungen kleiner $2{,}5\ m^2$ nicht abgezogen werden müssen, ergibt sich:

- Reales Betonvolumen:
  $5{,}40 \cdot 3{,}0 \cdot 0{,}20 = 3{,}240\ m^3$
  $-1{,}35 \cdot 1{,}35 \cdot 0{,}20 = -0{,}365\ m^3 < 0{,}5\ m^3$
  $-2{,}25 \cdot 1{,}35 \cdot 0{,}20 = -0{,}608\ m^3 > 0{,}5\ m^3$
  Gesamtmenge $= 2{,}267\ m^3$
- Abrechnungsmenge Beton:
  $3{,}240 - 0{,}608 = 2{,}632\ m^3$
- Zu schalende Wandoberfläche (einseitig):
  $5{,}40 \cdot 3{,}0 = 16{,}20\ m^2$
  $-1{,}35 \cdot 1{,}35 = -1{,}82\ m^2 < 2{,}5\ m^2$
  $-2{,}25 \cdot 1{,}35 = -3{,}04\ m^2 > 2{,}5\ m^2$
  Gesamtmenge $= 11{,}34\ m^2$,
  wegen Überschalens jedoch $16{,}20\ m^2$
- Abrechnungsmenge Wandschalung (einseitig):
  $16{,}20 - 3{,}04 = 13{,}16\ m^2$

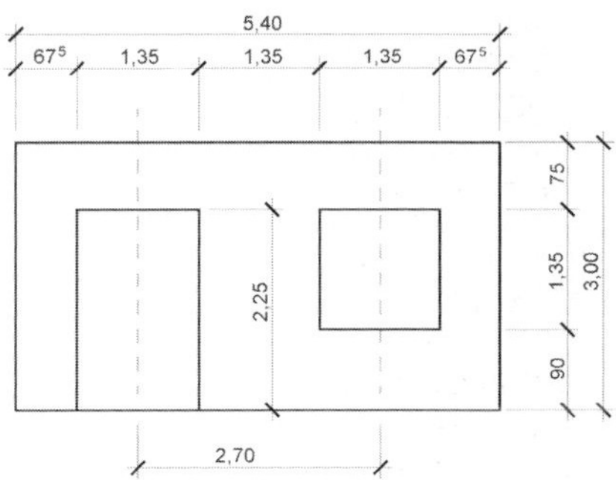

3 Bauverfahren

3.1 Schalungssysteme im Bauprozessmanagement

Die sinnvolle Koordinierung von Schalungen und Schalungssystemen in der Abwicklung eines Bauprojektes kann enorme Auswirkungen auf Kosten und Termine haben. Detaillierte Hinweise hierzu können den Bautabellen für Ingenieure (Kap. 1B, Abschn. 3) entnommen werden.

3.2 Bemessung von Schalung und Rüstung

3.2.1 Betondruck

Frischbetondruck führt zu Belastungen der Schalung und der Rüstung. Der maßgebliche Betondruck auf Schalung und Rüstung wird insbesondere beeinflusst durch

- Betonart (Zusatzmittel, Zementart, Temperatur, Konsistenz)
- Schalung (Belag, Steifigkeit, Grundfläche des Schüttquerschnitts)
- Schüttung (Rütteltiefe, Rüttelart, Steiggeschwindigkeit).

Die Tragfähigkeit von Rüstungen und Schalungen ist nach einschlägigen Normen nachzuweisen. Sie sind nach allgemeinen bauaufsichtlichen Zulassungen zu bemessen und nach bautechnischen Unterlagen zu errichten und entfernen. Insbesondere sind bei lotrechten Schalungen der Frischbetondruck (DIN 18218) und die zulässige Belastung der Schalungsanker (DIN 18216) zu berücksichtigen. Für Bemessung und Konstruktion von Traggerüsten gilt DIN 4421, für verstellbare Baustützen aus Stahl DIN EN 1065.

Vertikaler Betondruck

Beim Betonieren einer Decke als horizontales Bauteil ist der vertikale Betondruck auf Schalung und darunter liegender Rüstung als gleichmäßige Flächenlast zu betrachten. Maßgebend ist in der Regel die Gebrauchstauglichkeit (Beschränkung der Durchbiegung auf die ausgeschriebenen Toleranzen während und nach dem Betonieren). Die Ausschalfristen sind abhängig von der Festigkeitsentwicklung des Betons, also von Betongüte und Rezeptur. Ggf. werden nach dem Ausschalen Hilfsunterstützungen erforderlich.

Horizontaler Betondruck

Für die Bemessung von vertikalen Schalungssystemen, z. B. für Wände und Stützen, ist der Lastansatz des horizontalen Betondrucks zu ermitteln. Das aus dem Frischbetondruck resultierende Lastbild ist für die Bemessung der Schalung maßgebend und nach DIN 18218 wie folgt anzusetzen:

Da der Beton im oberen Bereich noch flüssig ist, stellt sich ein hydrostatischer Druckverlauf ein. Im darunter liegenden Bereich ist der Beton bereits erstarrt und liefert keinen weiteren Druckbeitrag.

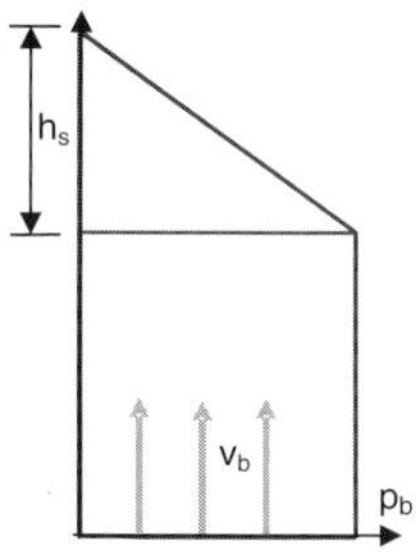

Die hydrostatische Druckhöhe h_s hängt von der Betoniergeschwindigkeit v_b und der Konsistenz K des Betons ab. Bei flüssiger Konsistenz ergibt sich eine größere hydrostatische Druckhöhe, bei steiferer Konsistenz ist sie entsprechend geringer.

$$p_B = 25\ [\text{kN/m}^3] \cdot h_s\ [\text{m}]$$

Der maximale Druckanstieg ist nach DIN 18218 bei Wänden auf 80 kN/m², bei Stützen 100 kN/m² begrenzt. Die Berechnung des Frischbetondrucks erfolgt in Abhängigkeit von der Konsistenz des Frischbetons:

- Konsistenz KF (Fließbeton): $p_b = 17 \cdot v_b + 17$
- Konsistenz KR (weich): $p_b = 14 \cdot v_b + 18$
- Konsistenz KP (plastisch): $p_b = 10 \cdot v_b + 19$
- Konsistenz KS (steif): $p_b = 5 \cdot v_b + 21$

3.2.2 Ausschalfristen

Gerüste und Schalungen können erst entfernt werden, wenn der Beton eine ausreichende Festigkeit erreicht hat, um

- die auf das Betonbauteil aufgebrachten Lasten aufnehmen zu können,
- ungewollte Verformungen aus elastischem und plastischem Verhalten des Betons gering zu halten,
- eine Beschädigung der Oberflächen und Kanten durch das Ausschalen zu vermeiden.

Dazu kann eine Erhärtungsprüfung oder eine Reifegradprüfung sinnvoll sein. Bei den ermittelten Ausschalfristen sind zusätzlich aufgebrachte Lasten, z. B. aus dem Arbeitsbetrieb, zu berücksichtigen. Die DIN 1045-3 (2001) gibt die Dauern für die Nachbehandlung an.

3.3 Geräte

Gerätekosten werden in der Baugeräteliste (BGL) zusammengefasst, die in 10-Jahres-Zyklen vom Bauverlag herausgegeben wird und alle relevanten Informationen zu den meisten Geräten enthält, die in Bauausführung und Baustelleneinrichtung vorkommen:

- Technische Daten
- Zeitbegriffe für Geräteeinsatz und Gerätebewertung
- Angabe des mittleren Neuwerts und des Erzeugerpreisindex
- Kalkulatorische Abschreibung und Verzinsung
- Reparatur und Reparaturkosten
- Zeiteinheiten für Berechnung von Gerätevorhaltung.

Im Wesentlichen dient die Baugeräteliste

- als Grundlage für die betriebliche Verrechnung von Gerätevorhaltekosten,
- als Grundlage für die Disposition und Organisation der Geräteverwaltungen des Bauunternehmens,
- zur Beurteilung von Geräte- und Maschinenkosten und
- als Hilfsmittel für die Bewertung von Versicherungsfällen.

Alle zeitbezogenen Kosten sind je Monat angegeben. Nach BGL beinhaltet ein Monat 30 Kalendertage bzw. 170 Betriebsstunden. Entsprechend sind Einzeltage mit 1/30 des Monatssatzes und Stunden mit 1/170 des Monatsatzes zu rechnen.

3.4 Baustelleneinrichtung

Mit dem Begriff „Baustelleneinrichtung“ wird die Gesamtheit aller auf einer Baustelle während der Bauzeit erforderlichen Maschinen, Geräte, Installationen, Verkehrs- und Lagerflächen sowie Unterkunfts-, Werkstatt-, Büro- und Lagerräume sowie deren Anordnung zueinander und zu dem zu errichtenden Bauwerk bezeichnet. Die Baustelleneinrichtung kann stark je nach Art und der Umfang der Bauaufgabe zusammen mit den lokalen räumlichen und zeitlichen Randbedingungen variieren. Linienbaustellen (Tunnel, Straßen, Kanäle) erfordern andere Einrichtungen als Objekte mit vertikaler Ausrichtung (Hochhäuser, Türme) oder flächenförmige Bauaufgaben (Produktionsanlagen, Hallen).

Die Planung der Baustelleneinrichtung erfordert

- die Klärung der örtlichen Randbedingungen des Projektes und des Umfeldes (z. B. Anbindung, Versorgung, Zugang, Beschränkungen),
- die Festlegung der geeigneten und notwendigen Einrichtungselemente (z. B. Krane, Container) aus dem unternehmenseigenen Bestand bzw. über Anmietung oder Neuanschaffung,
- die Planung des räumlichen Aufbaus der Baustelle unter Beachtung der eigentlichen Bauprozesse unter den vorliegenden Randbedingungen (Baustraßen, Lagerflächen, Kranandienung etc.)

Die Baustelleneinrichtung wird in einem *Baustelleneinrichtungsplan* entwickelt.

Die Baustelleneinrichtung wird in den Projektgemeinkosten erfasst, soweit sie nicht mit separaten Leistungspositionen wie beispielsweise „Einrichten“ und „Räumen“ meist jeweils pauschal und mit „Vorhalten“ nach Monaten ausgeschrieben ist.

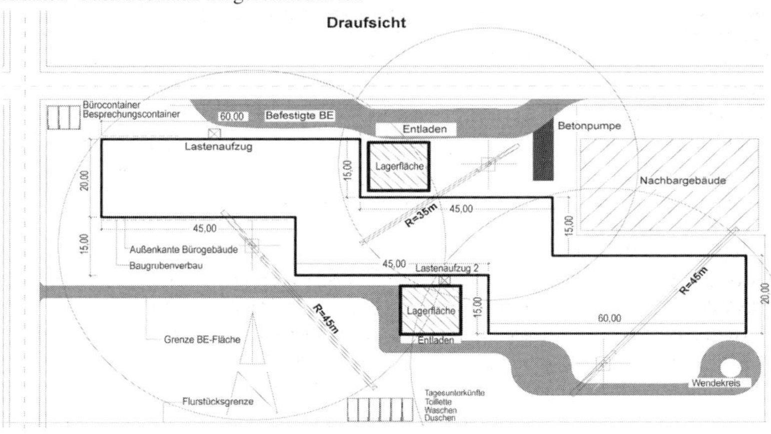

4 Kalkulation

4.1 Grundlagen

Eine Kalkulation ist die möglichst genaue Feststellung der Kosten eines Bauprojektes in Erfüllung der Vertragsleistung unter Ansatz der gewählten Bauverfahren, des Bauablaufes und der Ressourcen. Kosten, die den Leistungspositionen direkt zugeordnet werden können, werden „Einzelkosten der Teilleistungen (EKT)" genannt. Kosten, die für das Betreiben des Projektes an sich notwendig sind, werden „Projektgemeinkosten (PGK)" genannt. Zusätzlich sind übergreifende Ansätze für die „Allgemeinen Geschäftskosten (AGK)" und „Wagnis und Gewinn (WuG)" zu berücksichtigen.

Zunächst werden in der *Angebotskalkulation* auf der Grundlage der Leistungsbeschreibung der Ausschreibung die voraussichtlich zu erwartenden Kosten bestimmt. Sie dienen zur Ermittlung des Angebotspreises. Nach Auftragserteilung wird diese Angebotskalkulation als Werkzeug zur Projektsteuerung weiterentwickelt. Die nach Auftragserteilung folgende *Vertragskalkulation* ist die Basis, auf der der Auftrag nach Verhandlung erteilt wurde. Im Zuge der Projektabwicklung werden in der *Prognosekalkulation* zur Überwachung des Fortschritts und des Auftragszieles die kalkulierten Kosten schrittweise durch die realen Kosten ersetzt und die noch nicht realisierten Positionen in den Annahmen und Ansätzen an die aktuellsten Informationen angepasst. Nach Abnahme des Vorhabens erlaubt die fortgeschriebene Kalkulation (Abnahmekalkulation), die Erfahrungen aus dem Projekt für zukünftige Projekte in Form verbesserter Ansätze einfließen zu lassen. Nach Beendigung der Gewährleistungs- bzw. Mangelhaftungsphase werden mit der Schlusskalkulation die tatsächlichen Gewährleistungs- bzw. Mangelhaftungskosten erfasst.

Projektphase	Kalkulationsstufe	Kalkulationszweck
Angebotsbearbeitung	Angebotskalkulation	Kostenermittlung und Angebotspreis
Auftrag nach Vertragsverhandlung bzw. Zuschlag	Vertragskalkulation	Kosten- und leistungsmäßige Dokumentation des Bausolls und der Auftragssumme
Leistungserbringung	Prognosekalkulation - Budgetkalkulation - Prognosekalkulation 1-n - Abnahmekalkulation	Steuerung der Projektabwicklung, Kostendokumentation und Prognose
Gewährleistung	Prognosekalkulation - Prognosekalkulation 1-m - Schlusskalkulation	Steuerung der Projektabwicklung, Kostendokumentation und Prognose

Bei Ausschreibung mit Leistungsverzeichnis und Positionen führt ein erfolgreiches Angebot zum *Einheitspreisvertrag oder in Einzelfällen auch zum Detailpauschalvertrag*, bei funktionaler Leistungsbeschreibung zum *Globalpauschalvertrag*.

In einem **Einheitspreisvertrag** ist der Umfang der Leistung über ein positionsweises Leistungsverzeichnis detailliert vorgegeben. Der Einheitspreis, der alle Zuschläge und Gemeinkosten enthält, ist vertraglich fixiert. Die Mengenangaben und damit die tatsächlich auszuführenden Mengen bleiben variabel. Dadurch ist die Gesamtsumme der Vergütung ebenfalls nicht festgelegt. In der Bestimmung VOB/B § 2 Nr. 2 ist festgeschrieben, dass die Abrechnung der ausgeführten Leistung je Position nach den vertraglich vereinbarten Einheitspreisen und den ausgeführten Mengen erfolgt.

Bei einer **funktionalen Leistungsbeschreibung** ist vom Ausschreibenden üblicherweise kein Leistungsverzeichnis mit Positionen vorgegeben. Die Leistungsbeschreibung erfolgt über eine Beschreibung der Funktion des Bauwerks mit den späteren Nutzungsanforderungen. Da die Bauaufgabe nur funktional beschrieben ist, muss der Bieter auf Grundlage der verbalen Beschreibung sowie der mit der Ausschreibung versandten Planunterlagen selbst ein kalkulierbares Leistungsverzeichnis mit Positionen zur Angebotsbearbeitung anlegen. Auf der Grundlage dieser eigenen „Leistungsermittlung" hat er selbst die Mengen aus vorhandenen oder selbst erstellten Planunterlagen zu ermitteln. Die Mengenermittlung ist für jede Position dieses Leistungsverzeichnisses durchzuführen. Der Bieter trägt das *Leistungsermittlungsrisiko* und das *Mengenermittlungsrisiko*.

4.2 Kalkulation von Positionen

Die Aufgabe einer Kalkulation besteht im Wesentlichen darin, sämtliche Kosten, die bei der Ausführung der ausgeschriebenen Leistung entstehen werden, zutreffend zu bestimmen. Dazu sind alle Einflüsse auf die Kostenentwicklung zu berücksichtigen. Es werden im Allgemeinen vier Positionsarten unterschieden:

- *Grundpositionen* sind in jedem Fall Bestandteil des Auftrages
  Beispiel: Pos. 1.1.10: 1000 m^3 Bodenaushub Bodenklasse 3–5, Lösen und Laden

- *Zulagepositionen* ergänzen Grundpositionen, möglicherweise für Teilmengen
  Beispiel: Zulage zu Pos. 1.1.10: 200 m^3 Erschwernis für Bodenklasse 6,
- *Alternativpositionen* können Grund- oder auch Zulagepositionen ersetzen.
  Beispiel: Fertigteiltreppe alternativ zur Ausführung in Ortbeton.
- *Eventualpositionen* können gegebenenfalls beauftragt werden.
  Beispiel: Einrichten und Betreiben einer Wasserhaltung.

Die Kosten einer Position (direkte Kosten EKT) setzen sich aus den Kostenarten *Lohn (Stunden), Stoffe*, *Geräte*, *Schalung und Rüstung* und *Nachunternehmerleistungen (NU)* zusammen. Sie werden über eine Umlage mit weiteren Kosten wie folgt beaufschlagt:

Der Angebotspreis enthält neben der Summe der Positionskosten:

ΣEKT	Einzelkosten der Teilleistungen (Lohn, Stoff, Gerät, Schalung/Rüstung/NU)
+ΣPGK	*Projektgemeinkosten* (z. B. Geräte, Personal soweit nicht Positionen zugeordnet)
= HK	Herstellkosten
+ΣAGK	*Allgemeine Geschäftskosten* (z. B. Kosten der Hauptverwaltung, Niederlassung etc.)
+ΣWuG	*Wagnis und Gewinn*
= A_n	Angebotssumme netto

4.3 Kalkulation nach Kostenarten

Die Einzelkosten der Teilleistungen sind diejenigen Kosten, die einer Position des Leistungsverzeichnisses direkt zugewiesen werden können. Für die Kalkulation werden die Kosten in Kostenarten eingeteilt. Die Einzelkosten der Teilleistungen (EKT) enthalten:

- Lohnkosten
- Kosten der Baustoffe u. des Fertigungsmaterials (später im Bauwerk enthalten)
- Kosten des Rüst-, Schal- und Verbaumaterials (später nicht im Bauwerk enthalten)
- Gerätekosten, soweit nicht in PGK
- Kosten der Nachunternehmerleistungen
- Kosten der Planung, soweit nicht in PGK.

Die einzelnen Kostenansätze werden je einer der genannten Kostenarten zugeordnet. Die Differenzierung nach Kostenarten ermöglicht die Schaffung von Transparenz in Angebots- und Ausführungsphase. Während der Leistungserbringung ist sie Voraussetzung für Soll-Ist-Vergleiche der Kosten und damit unentbehrliches Hilfsmittel zur Projektsteuerung. Die Kostenarten bilden die Grundlage für die Bildung der Vergabegrenzwerte zu Ausschreibung und Vergabe von Leistungen an Nachunternehmer und Lieferanten sowie zur Steuerung der Eigenleistung.

4.4 Projektgemeinkosten

Neben den Einzelkosten der Teilleistungen (EKT) müssen weitere Kosten des Projektes, die nicht direkt einer Leistung im Projekt zugeordnet werden können, erfasst werden. Diese „Projektgemeinkosten" (PGK) entstehen durch Aufwand, der für das Betreiben des Projektes an sich notwendig ist, z. B. durch

- Personalkosten: Kosten des Projektteams als Personalkosten
- Kosten für das Errichten und Räumen der Baustelle
- Vorhaltekosten für Einrichtungen und Geräte, z. B. Kräne
- Betriebs- und Bedienungskosten
- Kleingerät und Werkzeuge
- Pachten und Mieten
- Kosten für Versicherungen, Lizenzen, Bürgschaften
- Finanzierungskosten.

Projektgemeinkosten können auch in separaten Leistungspositionen ausgeschrieben sein. Die Ermittlung erfolgt dann wie bei den Einzelkosten der Teilleistungen. Andernf. werden sie detailliert ermittelt und gemeinsam mit den Zuschlägen nach folgender Systematik auf die Leistungspositionen umgelegt, weil bei einem Einheitspreisvertrag nur die in den Positionen ausgeschriebenen Leistungen direkt vergütet werden.

4.5 Angebotssumme – Zuschläge

Zu den Herstellkosten eines Projektes sind als Zuschlag die *Allgemeinen Geschäftskosten* (AGK) und *Wagnis und Gewinn* (WuG) zu berechnen.

Die Allgemeinen Geschäftskosten eines Unternehmens, z. B. die Kosten der Hauptverwaltung und der Niederlassung, sind von den Projekten zu erwirtschaften. Dazu werden die gesamten AGK – soweit sie nicht im Zuge von projektbezogenen Dienstleistungen direkt auf Projekte verrechnet werden konnten – als Prozentsatz p_{AGK} [%] des geplanten Unternehmensumsatzes angegeben. Mit diesem Satz p_{AGK} [%], bezogen auf die Angebotsnettosumme A_n des vorliegenden Projektes, sind sie dann in der Kalkulation zu berücksichtigen.

Wagnis und Gewinn sind strategische Anteile p_{WuG} [%] des Zuschlags, die von der Geschäftsleitung umsatzbezogen festgelegt werden und sich in gleicher Weise in der Kalkulation niederschlagen.

Die Summe dieser Anteile wird als Zuschlag $p_Z = p_{AGK} + p_{WuG}$ [%] bezeichnet. Nachdem diese Angabe zunächst nur umsatzbezogen vorliegt, muss der Satz in einen direkten Aufschlag p'_Z [%] auf die Herstellkosten HK umgerechnet werden:

Σ EKT	Einzelkosten der Teilleistungen
+Σ PGK	Projektgemeinkosten
= **HK**	**Herstellkosten**
+Σ AGK	Allgemeine Geschäftskosten
+Σ WuG	Wagnis und Gewinn
= $\boldsymbol{A_n}$	**Angebotssumme netto**

Angebot Netto: $A_n = \mathrm{HK} + Z$

Zuschlag:
$$Z = A_n \cdot (p_{AGK} + p_{WuG}) = A_n \cdot p_z = (\mathrm{HK} + Z) \cdot p_z = \mathrm{HK} \cdot p_z + Z \cdot p_z$$
$$Z \cdot (1 - p_z) = \mathrm{HK} \cdot p_z$$
$$Z = \mathrm{HK} \cdot p_z / (1 - p_z) = \mathrm{HK} \cdot p'_z$$

Aufschlag: $p'_z = p_z \cdot 100\,\% / (100\,\% - p_z)$

Beispiel:

AGK:	$6\,\% = p_{AGK}$
WuG:	$1\,\% = p_{WuG}$
Zuschlag:	$7\,\% = p_Z$

HK = 10 Mio €

$Z = 10$ Mio € $\cdot\, [7\,\% \cdot 100\,\% / (100\,\% - 7\,\%)] = 10$ Mio € $\cdot\, 0{,}0753 = 0{,}753$ Mio €

Diese Vorgehensweise, den Angebotspreis direkt über die Herstellkosten durch die Umrechnung von p_z in p'_z zu ermitteln, nennt man *von „unten"* rechnen. Die Angabe der Zuschläge p_{AGK} und p_{WuG} mit der Bezugsgröße A_n erfolgt entsprechend *von „oben"*.

Bei einem Einheitspreisvertrag ermittelt sich der Erlös als Abrechnungssumme aller Positionen. Je Position ergibt sich der Abrechnungsbetrag aus dem Produkt aus abgerechneter Menge und dem jeweiligen Einheitspreis (Menge · EP). Projektgemeinkosten und Zuschläge sind dabei ebenfalls über die Einheitspreise zu erlösen. Dazu werden sie als „Umlage" auf die ermittelten EKT zugeschlagen. Die Umlage U setzt sich aus den Projektgemeinkosten PGK und den Zuschlägen Z zusammen. Die Einheitspreise erhält man, indem man für jede Position die Einzelkosten der Teilleistungen (EKT) mit dem Umlagebetrag beaufschlagt.

Angebotssumme netto: $A_n = \Sigma\mathrm{EKT} + \Sigma\mathrm{PGK} + Z = \Sigma\mathrm{EKT} + U \quad \text{mit } U = \Sigma\mathrm{PGK} + Z$

Aufschlag auf EKT: $u' = U / \Sigma\mathrm{EKT}$

Einheitspreis: $\mathrm{EP} = \mathrm{EKT}_{EP} \cdot (1 + u')$

Damit werden die Zuschläge AGK und WuG sowie die PGK anteilig auf die EKT umgelegt.

5 Ablaufplanung

5.1 Allgemeines

Die große Anzahl der Beteiligten an einem Investitionsprojekt hat eine noch größere Anzahl an Schnittstellen zur Folge. Eines der wesentlichen Werkzeuge zur Koordination der Schnittstellen und zur zielgerichteten Steuerung eines Projektes ist die Produktionsprozessplanung, d. h. die zeitliche, technische und kapazitive Planung aller Prozesse unter Beachtung ihrer vielfältigen Verflechtungen. Die Vorgaben dafür stammen aus der Produktionsplanung, aus den Terminvorgaben des Auftraggebers und aus den Vorgaben der Genehmigungsbehörden.

Die Produktionsprozessplanung stellt neben der Kalkulation den zweiten zentralen Grundbestandteil der Angebotsbearbeitung dar. Ihre Bedeutung geht jedoch über die Angebotsphase hinaus. Sie dient

- als wesentliches Werkzeug des Projektmanagements,
- als Basis für das Baustellencontrolling,
- als Grundlage für die Prognose des Baustellenergebnisses und
- als Grundlage für die Projektdokumentation für Störungen im Bauablauf.

In folgenden Normen sind die grundlegenden Begriffe der Produktionsprozessplanung definiert:

- DIN 69900 Projektwirtschaft; Netzplantechnik
  Teil 1 Begriffe, Teil 2 Darstellungstechnik
- DIN 69901 Projektwirtschaft; Projektmanagement; Begriffe
- DIN 69902 Projektwirtschaft; Einsatzmittel; Begriffe
- DIN 69903 Projektwirtschaft; Kosten und Leistung; Finanzmittel; Begriffe
- DIN 69905 Projektwirtschaft; Projektabwicklung – Begriffe

5.2 Begriffe und Definitionen

5.2.1 Definitionen

Produktionsprozessplanung

Die Produktionsprozessplanung beinhaltet Produktionsplanung, Terminplanung u. Ablaufplanung. Nachdem eine Übersicht über die Bauaufgabe vorliegt, werden diese in gegenseitiger Abstimmung entwickelt.

Produktionsplanung

Die Produktionsplanung beinhaltet das Festlegen des Verfahrens, die Geräteplanung und die Personalplanung. Dazu sind Leistungsdaten von Geräten, Schalung und Rüstung und Nachunternehmern einzuholen. Das Ergebnis der Produktionsplanung wird in einem Produktionsplan zusammengefasst. Eine detaillierte Produktionsplanung ist die Grundlage für die Ermittlung der Produktionsansätze und damit für die Kalkulation. Insbesondere kann eine Optimierung der Prozesse ebenfalls nur auf der Grundlage einer detaillierten Produktionsplanung stattfinden.

Terminplanung

Die Terminplanung bezieht sich auf die Planung der Ereignisse und Meilensteine in einem Projekt. Diese sind z. B. die Baugenehmigung, die Abnahmen durch die Genehmigungsbehörden oder die vertraglichen Vorgaben des Auftraggebers.

Ablaufplanung

Die Ablaufplanung ist die zeitliche Planung des Bauablaufs. Auf Basis der Projektstruktur werden Vorgänge angelegt und um Meilensteine und Ereignisse ergänzt. Zunächst werden die Vorgangsdauern berechnet, dann zwischen den Vorgängen die kausalen Anordnungsbeziehungen festgelegt, die sich aus technischen Gründen zwingend ergeben. Danach werden kapazitive Anordnungsbeziehungen angegeben, die sich aus einem sinnvollen Einsatz von Ressourcen ergeben. Nach Prüfung der Verfügbarkeiten und eventuellen Iterationen zur Optimierung des Ablaufes wird der Ablaufplan schließlich genehmigt.

5.2.2 Elemente der Produktionsprozessplanung

Vorgänge

Ein Vorgang beschreibt ein bestimmtes Geschehen, bei dem Anfang und Ende bzw. Dauer definiert sind. Vorgänge haben eine Dauer $D > 0$. Beispiele für Vorgänge sind die Herstellung der Deckenschalung mit der Dauer $D = 2$ d oder das Betonieren einer Decke mit der Dauer $D = 1$ d. Die Dauern der Vorgänge sind auf der Grundlage der Produktionsplanung über die Produktionsfunktion zu bestimmen.

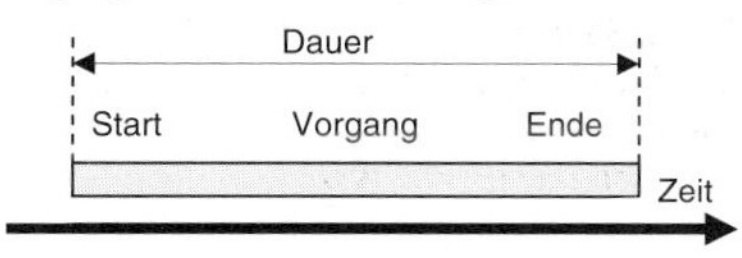

Ereignisse

Ein Ereignis beschreibt das Eintreten eines Zustandes und kann als ein Vorgang mit der Dauer $D = 0$ verstanden werden. Beispiele für Ereignisse sind der Vertragsabschluss, die Erteilung der Baugenehmigung oder die Bewehrungsabnahme.

Anordnungsbeziehungen

Anordnungsbeziehungen sind quantifizierbare Abhängigkeiten zwischen Ereignissen oder Vorgängen. Sie sind in DIN 69900 genormt. Es gibt folgende fünf Typen von Anordnungsbeziehungen:

Normalfolge NF: E(I)–A(J)

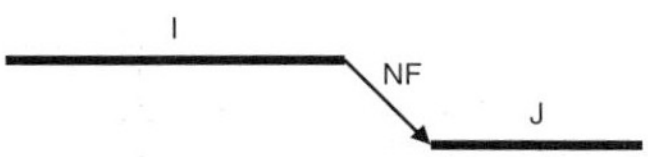

Die Normalfolge ist eine Anordnungsbeziehung vom Ende eines Vorgangs zum Anfang seines Nachfolgers.

Ein Beispiel für eine Normalfolge ist das Bewehren einer Stahlbetondecke mit daran anschließendem Betonieren.

Anfangsfolge AF: A(I)–A(J)

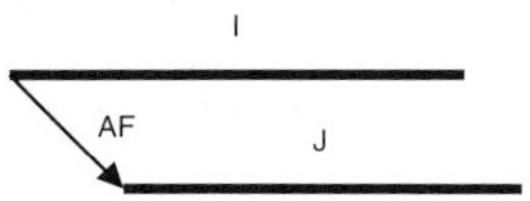

Anordnungsbeziehung vom Anfang eines Vorgangs zum Anfang seines Nachfolgers.

Ein Beispiel für eine Anfangsfolge ist die Anordnungsbeziehung zwischen Beginn der Baustelleneinrichtung und Beginn der Erdarbeiten.

Endfolge EF: E(I)–E(J)

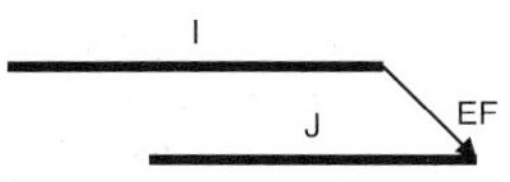

Die Endfolge ist eine Anordnungsbeziehung vom Ende eines Vorgangs zum Ende seines Nachfolgers.

Ein Beispiel für eine Endfolge ist die Anordnungsbeziehung zwischen Betoniervorgang und dem anschließenden Glätten des Betons.

Sprungfolge SP: A(I)–E(J)

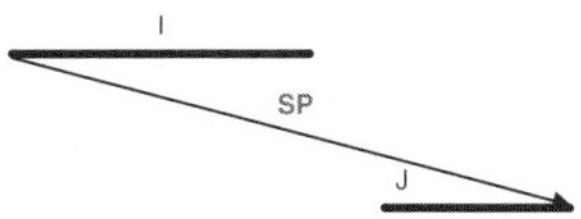

Anordnungsbeziehung vom Anfang eines Vorgangs zum Ende seines Nachfolgers.

Beispiel für eine Sprungfolge ist die Anordnungsbeziehung zwischen dem Beginn Einrichten einer Baustelle und dem Ende Räumen der Baustelleneinrichtung. Durch den Beginn Einrichten einer Baustelle und dem Ende Räumen der Baustelleneinrichtung ist die Projektdauer bestimmt.

Annäherung:

Die Annäherung ist eine Kombination aus Anfangsfolge und Endfolge zwischen zwei Vorgängen. Es sind jeweils der Beginn der zwei Vorgänge und das Ende der zwei Vorgänge durch eine Anordnungsbeziehung verbunden. Beispiel für eine Annäherung ist die Herstellung eines Kanals im Erdreich. Zuerst erfolgt der Grabenaushub mit anschließendem Einbringen des Sandbetts und Verlegen der Rohre. Abschließend wird der Graben wieder verfüllt. Zwischen allen Vorgängen ist jeweils ein räumlicher Mindestabstand einzuhalten, um sich gegenseitig nicht zu behindern.

5.3 Darstellungsformen

5.3.1 Netzplan

Die Darstellung als Netzplan betont die Zusammenhänge und Strukturen eines Projektes. Er dient in erster Linie der (manuellen) Berechnung der zeitlichen Lage von Vorgängen und Ereignissen und hat zur Anschauung verhältnismäßig wenig Bedeutung.

Allerdings stellt er die Grundlage für die Simulation von komplexen Systemen dar und spielt von daher in einer zukunftsorientierten Betrachtung eine gewisse Rolle und kann systematisch eine große Anzahl von Informationen beinhalten.

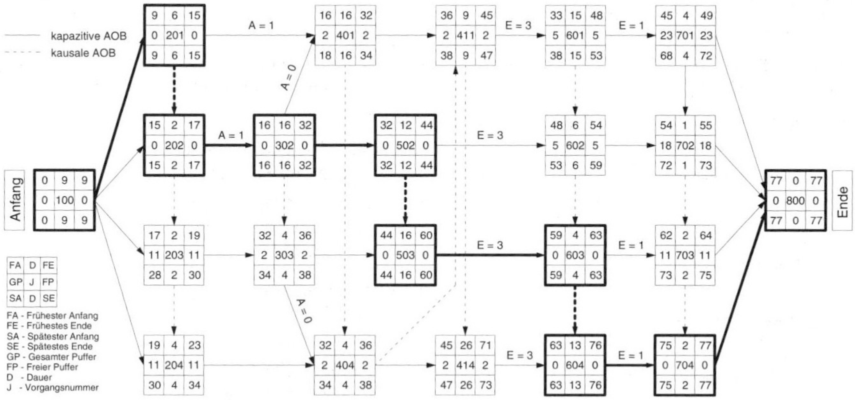

5.3.2 Balkenplan

Im Balkenplan sind die einzelnen Vorgänge in je einer Zeile als Balken dargestellt. Die Länge und horizontale Position der Balken stellen auf einer Zeitachse Dauer und Termin des Vorgangs dar. Anordnungsbeziehungen zwischen den Vorgängen werden als Pfeile zwischen Anfang und Ende der Balken angezeigt. Der Balkenplan oder auch das Gantt-Diagramm ist aufgrund seiner Übersichtlichkeit das meistgenutzte Darstellungswerkzeug in der Produktionsprozessplanung.

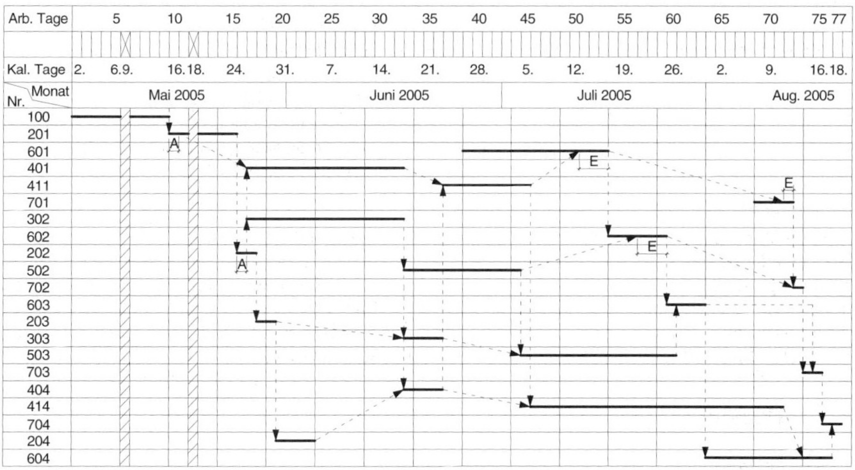

5.4 Analyse und Pflege von Ablaufplänen

5.4.1 Der „Kritische Weg", Puffer

Unter Beachtung aller Anordnungsbeziehungen ist die zeitliche Anordnung eines Vorgangs im Allgemeinen durch eine *Früheste Lage* und eine *Späteste Lage* begrenzt. Vorgänge, für die die früheste und die späteste Lage identisch sind, haben keinerlei Verschiebungsspielraum. Man nennt sie *Kritische Vorgänge*, ihre Gesamtheit den *Kritischen Weg*:

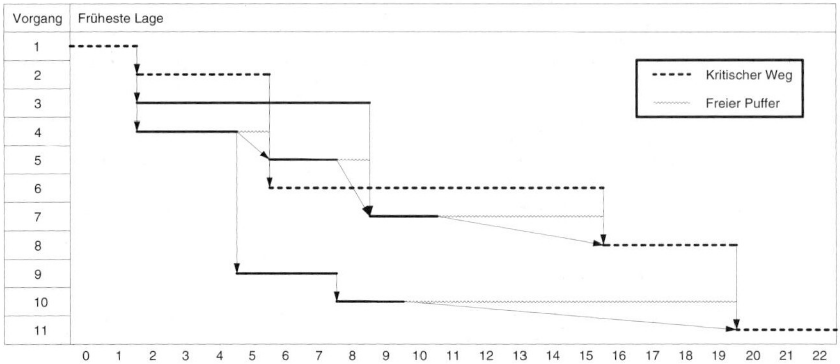

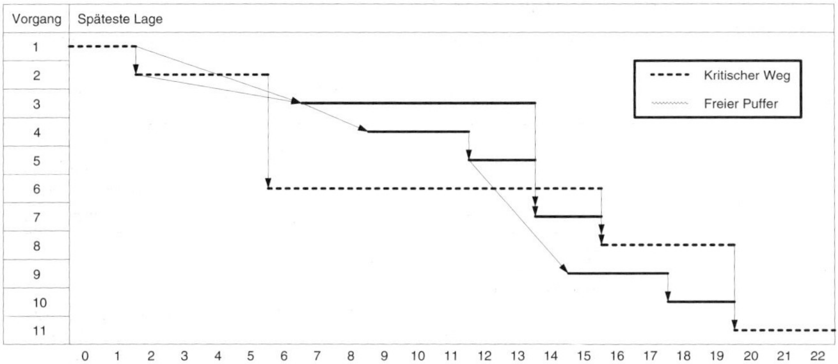

Einen Verschiebungsspielraum eines Vorgangs zwischen frühester und spätester Lage nennt man Puffer. Kann ein Vorgang verschoben werden, ohne dass ein anderer Vorgang mit verschoben wird, so spricht man von *Freiem Puffer*, andernfalls vom *Gesamtpuffer*. Verschiebungen von Vorgängen ohne Puffer (*Kritischer Weg*) bewirken eine Verschiebung des Projektendes.

5.4.2 Kopplung mit Ressourcen

Allen Darstellungen gemeinsam ist die Möglichkeit, den Einsatz von Ressourcen (Arbeitskräfte, Geräte, Material, Finanzmittel) im Zusammenhang mit den betroffenen Vorgängen anzuzeigen. Damit kann nicht nur der zeitliche Ablauf gesteuert und optimiert werden, sondern das gesamte Projekt hinsichtlich seiner vielen unterschiedlichen Parameter.

5.4.3 Optimierung

Prinzipielle oder auch kapazitive Anordnungsbeziehungen werden eingefügt, um den Produktionsprozess bezüglich des Ressourceneinsatzes zu optimieren. Dazu sind in der Regel mehrere Iterationsschritte notwendig. Ziel ist eine ausgeglichene Verteilung und Auslastung der Ressourcen über die Bauzeit.

5.4.4 Soll-Ist-Vergleich

Zur Kontrolle und Steuerung des Produktionsprozesses dient ein kontinuierlicher Vergleich des geplanten Ablaufes mit dem realen Ablauf. Entsprechend ist die Produktionsprozessplanung laufend zu aktualisieren. Die Ist-Termine sowie die Ist-Vorgangsdauern werden den Soll-Terminen und Soll-Vorgangsdauern gegenübergestellt und die Abweichung ermittelt und dokumentiert. Damit wird einerseits eine Prognose für den weiteren Verlauf des Produktionsprozesses bis zum Ende möglich, andererseits können auf dieser Grundlage Steuerungsmaßnahmen rechtzeitig eingeleitet und ihre Wirksamkeit zeitnah kontrolliert werden.

10 B Kostenplanung, Honorarordnung

Prof. Dipl.-Ing. Karlheinz Tripler

1 Kostenplanung

Bauliche **Investitionen** bedürfen der Untersuchung, welchen **finanziellen Aufwand** sie erfordern. In der DIN 276, Kosten im Hochbau (6.93), wird der Begriff **Kosten** auch mit „Aufwendungen für Güter, Leistungen und Abgaben einschließlich Umsatzsteuer" definiert.
Entscheidungen über Bauweise, Bauvolumen, Standard und Bauzeit sowie über die Frage, ob überhaupt gebaut werden soll, hängen wesentlich von Stand und Ergebnis der Kostenplanung ab. Für Architekten stellt sie einen Tätigkeitsbereich dar, der zunehmend von anderen Berufsgruppen (z.B. Projektmanagement, Generalübernehmer) ausgefüllt wird. Seit August 2005 liegt ein Entwurf für eine neue DIN 276 vor.

1.1 Kostenermittlungen

Die Arten der Kostenermittlungen, die zugehörigen Grundlagen, den Planungsstand, den Genauigkeitsgrad und die Folgen (Entscheidungen, Anrechenbarkeit auf das Honorar) zeigt Tafel 10.20.

1.2 Verfahren der Kostenermittlung

Die Anwendung von Verfahren bezieht sich schwerpunktmäßig auf die Kostengruppen (siehe Abschn. 1.7.1) 300, 400, 500 und 600, während für die Kostengruppen 100 und 200 die Kosten

Tafel 10.19 Gliederung der Verfahren der Kostenermittlung [10.30]

Verfahren	Eignung für die verschiedenen Ermittlungsarten: Kosten-schätzung	Kosten-berechnung	Kosten-anschlag	Vorwiegende bzw. ausschließliche Art der Ermittlung der Kostenkennwerte
Planungsorientierte Verfahren				
Verfahren mit einem Bezugswert				
Nutzungseinheiten	●			Mittelwertbildung [3]
Brutto-Rauminhalt	● [1]			Mittelwertbildung
Brutto-Grundfläche	●			Mittelwertbildung
Nutzfläche	●			Mittelwertbildung
Hauptnutzfläche	●			Mittelwertbildung
Wohnfläche	●			Mittelwertbildung
Verfahren mit mehreren Bezugswerten				
Grobelemente	○	● [2]		Mittelwertbildung
Unterelemente	○	○	●	Mittelwertbildung
Kostenelemente	○	○	●	Mittelwertbildung
Kostenflächenarten	●	●		Regression
Ausführungsorientierte Verfahren				
Verfahren mit				
Leistungsbereichen	○	●		Mittelwertbildung
Teilleistungen	○	○	●	Mittelw./Baupreis-kalkulation
Leitpositionen	○	●	●	Baupreiskalkulation

○ Grundleistungen gemäß Leistungsbild Objektplanung für Gebäude, Freianlagen und raumbildende Ausbauten (siehe Abschnitt 2.1.4).
● Besondere Leistungen gem. Leistungsbild Objektplanung für Gebäude, Freianlagen und raumbildende Ausbauten.

[1] [2] Gewähltes Verfahren siehe Abschnitte 1.7.3 und 1.7.4.
[3] Die Übertragung von Kostenkennwerten aus Einzelobjekten ist wegen mangelnder Vergleichbarkeit nur ausnahmsweise möglich.
Mittelwerte lassen sich aus den Daten einer Reihe von annähernd vergleichbaren Gebäuden bilden.

Tafel 10.20 Arten der Kostenermittlung

		1	2	3	4	5
	Art	DIN 276 (6.93)	Bestandteil der Grundleistungen nach HOAI § 15 [1]	Grundlagen (Voraussetzungen)	Anrechenbarkeit auf Honorar	max. Abweichung [4] in %
1	Kostenschätzung [2]	3.2.1	2. Vorplanung (Projekt- und Planungsvorbereitung)	versuchsweise zeichnerische Darstellungen, Strichskizzen, Berechnung der Mengen von Bezugseinheiten, z. B. Grundflächen und Rauminhalte nach DIN 227 Teil 1 und Teil 2, Angaben zum Baugrundstück	Grundlage für Honorar der Leistungsphasen 1–4 [1], soweit Kostenberechnung nicht vorliegt	+/– 10 – 15 in Bezug zu 2
2	Kostenberechnung [2]	3.2.2	3. Entwurfsplanung (System- und Integrationsplanung)	durchgearbeitete, vollständige Vorentwurfs- und/oder Entwurfszeichnungen, Berechnung der Mengen von Bezugseinheiten der Kostengruppen, Erläuterungen, z. B. Beschreibung der Einzelheiten, die aus den Zeichnungen nicht zu ersehen sind	Grundlage für Honorar der Leistungsphasen 1–4; für 5–7, soweit Kostenanschlag nicht vorliegt	+/– 5 – 10 in Bezug zu 3
3	Kostenanschlag [2]	3.2.3	7. Mitwirkung bei der Vergabe	endgültige, vollständige Ausführungs-, Detail- und Konstruktionszeichnungen, Berechnungen, z. B. für Standsicherheit, der Mengen von Bezugseinheiten der Kostengruppen, Erläuterungen zur Bauausführung, z. B. Leistungsbeschreibungen, Zusammenstellungen von Angeboten, Aufträgen und bereits entstandenen Kosten	Grundlage für Honorar der Leistungsphasen 5–7; für 8 und 9, soweit Kostenfeststellung nicht vorliegt	+/– 0 – 5 in Bezug zu 4
4	Kostenfeststellung [3]	3.2.4	8. Objektüberwachung (Bauüberwachung)	geprüfte Abrechnungsbelege, z. B. Schlussrechnungen, Nachweise der Eigenleistungen, Planungsunterlagen, z. B. Abrechnungszeichnungen, Erläuterungen	Grundlage für Honorar der Leistungsphasen 8 und 9	0
5	Kostenkontrolle	2.4	3., 7. und 8. (siehe oben)	Vergleich einer aktuellen mit einer früheren Kostenermittlung		
6	Kostensteuerung	2.5	§ 31, Projektsteuerung	Gezieltes Eingreifen in Kostenentwicklung bei Abweichungen nach Kostenkontrolle		

[1] Leistungsbild Objektplanung für Gebäude, Freianlagen und raumbildende Ausbauten (siehe Abschnitt 2.1.4).
[2] Ermittlungsarten als Prognosen (Soll) mit zunehmender Genauigkeit.
[3] Nachweis der entstandenen Kosten (Ist), Grundlage für Vergleiche und Dokumentationen.
[4] Die genannten Prozentzahlen für Kostenüber- und -unterschreitungen sind Stand der Wissenschaft und Lehre. Laut Rechtsprechung max. 30 % zwischen Schätzung und Feststellung.

durch Nachfrage beim Auftraggeber und bei Ämtern bzw. Energieversorgungsunternehmen einzuholen sind. Für Kostengruppe 700 sind Berechnungen mit Erfahrungswerten vorzunehmen, darüber hinaus ist zu recherchieren wie für 100 und 200.

1.3 Grundflächen und Rauminhalte, Bezugsgrößen

Im Mittelpunkt dieses Abschnittes steht DIN 277, Grundflächen und Rauminhalte von Bauwerken im Hochbau (02.05):

Teil 1 Begriffe, Ermittlungsgrundlagen

Teil 2 Gliederung der Netto-Grundfläche. (Nutzflächen, Technische Funktionsflächen und Verkehrsflächen)

Teil 3 Mengen und Bezugseinheiten (DIN 277 04.05)

1.3.1 Grundflächen und Rauminhalte

Sowohl Grundflächen als auch Rauminhalte sind getrennt nach folgenden **3 Bereichen** zu ermitteln:

a) überdeckt und allseitig in voller Höhe umschlossen

b) überdeckt, jedoch nicht allseitig in voller Höhe umschlossen (z. B. Loggia, Carport, Luftgeschoss, Laubengang, überdeckter Balkon)

c) nicht überdeckt (z. B. Dachgarten, nicht überdeckter Balkon).

Bei **Kostenermittlungen** wird fast ausnahmslos der **Bereich a** herangezogen. So spielen die Bezugseinheiten (Erläuterung folgender Fußzeiger siehe Tafel 10.22)

$\text{€}/\text{m}^2_{\text{BGFa}}$ und $\text{€}/\text{m}^3_{\text{BRIa}}$ sowie $\text{€}/\text{m}^2_{\text{NF}}$

die wichtigste Rolle bei **Kostenschätzungen** neben der Wohnfläche nach II. BV (11.03) (siehe Abschnitt 1.8.3), WoFIV (01.04) (siehe Abschnitt 1.8.3) und anderen Bezugsgrößen (siehe Abschnitt 1.3.2).

In Tafel 10.21 sind die verschiedenen Nutzungsarten der Hauptnutz-, Nebennutz-, Funktions- und Verkehrsflächen in Bezug zur Netto-Grundfläche und Nutzfläche dargestellt.

Abbildung 10.22 zeigt die Abhängigkeit der verschiedenen Grundflächen untereinander als hierarchisches System.

Tafel 10.21 Nutzungsarten und Gliederung der Netto-Grundfläche

Nr.	Nutzungsgruppen	Netto-Grundflächen
1	Wohnen und Aufenthalt	Nutzfläche (NF)
2	Büroarbeit	
3	Produktion, Hand- und Maschinenarbeit, Experimente	
4	Lagern, Verteilen und Verkaufen	
5	Bildung, Unterricht und Kultur	
6	Heilen und Pflegen	
7	Sonstige Nutzungen	
8	Technische Anlagen	Technische Funktionsfläche (TF)
9	Verkehrserschließung und -sicherung	Verkehrsfläche (VF)

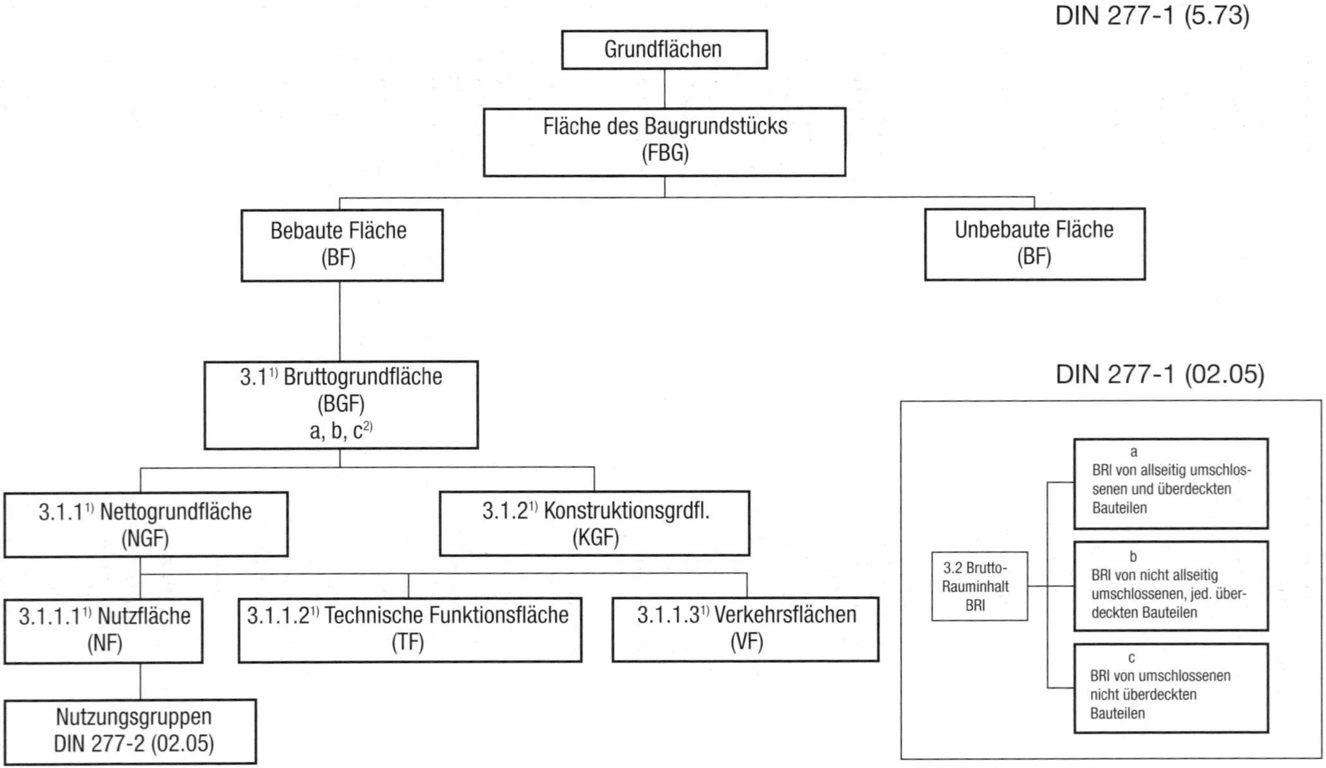

1) Gemäß DIN 277-1 (02.05), Abschn. 3 Begriffe.
2) Siehe Rauminhalte (Kasten rechts).

Abb. 10.22 Zuordnung der Begriffe

Tafel 10.23 Berechnung der Grundflächen und Rauminhalte

I	Brutto-Grundfläche (BGF)
	Für die Berechnung der Brutto-Grundfläche sind die äußeren Maße der Bauteile einschließlich Bekleidung, z. B. Putz, in Fußbodenhöhe anzusetzen. Konstruktive und gestalterische Vor- und Rücksprünge an den Außenflächen bleiben dabei unberücksichtigt. Brutto-Grundflächen des 2. Bereichs sind an den Stellen, an denen sie nicht umschlossen sind, bis zur senkrechten Projektion ihrer Überdeckungen zu rechnen. Brutto-Grundflächen von Bauteilen (Konstruktionsgrundflächen), die zwischen dem 1. und 2. Bereich liegen, sind zum 1. Bereich zu rechnen.
II	Netto-Grundfläche (NGF), Nutz- (NF), Funktions- (FF) und Verkehrsfläche (VF)
	Bei der Berechnung der Netto-Grundfläche sind die Grundflächen von Räumen oder Raumteilen unter Schrägen mit lichten Raumhöhen – von mind. 1,5 m – unter 1,5 m stets getrennt zu ermitteln. Für die Ermittlung der Netto-Grundflächen bzw. der Nutz-, Funktions- oder Verkehrsfläche im Einzelnen sind die lichten Maße der Räume in Fußbodenhöhe ohne Berücksichtigung von Fuß-, Sockelleisten oder Schrammborden anzusetzen. Für Netto-Grundflächen des 2. Bereichs gilt Abschnitt I, zweiter Absatz, sinngemäß. Die Grundflächen von Treppenräumen und Rampen sind als Projektion auf die darüberliegende Grundrissebene zu berechnen, soweit sie sich nicht mit anderen Grundflächen überschneiden. Grundflächen unter der jeweils ersten Treppe oder unter der ersten Rampe werden derjenigen Grundrissebene zugerechnet, auf der die Treppe oder Rampe beginnt. Sie werden ihrer Nutzung entsprechend zugeordnet. Die Grundflächen von Aufzugsschächten und von begehbaren Installationsschächten werden in jeder Grundrissebene, durch die sie führen, berechnet.
III	Brutto-Rauminhalt (BRI)
	Der Brutto-Rauminhalt ist aus den nach Abschnitt I berechneten Brutto-Grundflächen und den dazugehörigen Höhen zu errechnen. Als Höhen für die Ermittlung des Brutto-Rauminhaltes gelten die senkrechten Abstände zwischen den Oberflächen des Bodenbelags der jeweiligen Geschosshöhe bzw. bei Dächern die Oberfläche des Dachbelags. Bei Luftgeschossen gilt als Höhe der Abstand von der Oberfläche des Bodenbelags bis zur Unterfläche der darüber liegenden Deckenkonstruktion. Bei untersten Geschossen gilt als Höhe der Abstand von der Unterfläche der konstruktiven Bauwerkssohle bis zur Oberfläche des Bodenbelags des darüber liegenden Geschosses. Für die Höhen des 3. Bereichs sind die Oberkanten der diesem Bereich zugeordneten Bauteile, z. B. Brüstungen, Attiken, Geländer, maßgebend. Bei Bauwerken oder Bauwerksteilen, die von nicht senkrechten und/oder nicht waagerechten Flächen begrenzt werden, ist der Rauminhalt nach entsprechenden Formeln zu berechnen.

1.3.2 Andere Bezugsgrößen

Der Einsatz anderer, nicht genormter Bezugsgrößen entspricht auch den Anforderungen der DIN 276 im Rahmen der Kostenschätzung, ist aber wesentlich ungenauer als der Einsatz der Flächen und Rauminhalte nach DIN 277.

Beispiele für andere Bezugsgrößen:

€	je	(z. B.) Arbeitsplatz, Hotelbett, Krankenbett, Pflegeeinheit, Stellplatz, Studienplatz

1.4 Baukostendaten

Im Zusammenhang mit der Einführung der **EDV** im Bauwesen ist es mittlerweile relativ einfach geworden, abgerechnete Kosten von Hochbauten beliebig gegliedert (z. B. DIN 276, Standardleistungsbuch für das Bauwesen) aufzubereiten und zu dokumentieren. Die Verbreitung erfolgt in Buchform (auch als Loseblattsammlung) oder als Software. **Datenbanken** honorieren Abrechnungsunterlagen und stellen die Weitergabe bzw. Verbindung der aufbereiteten Daten gegen Bezahlung zur Verfügung.

Die wichtigsten und mehr oder weniger bekannten Anbieter von Baukostendaten sind:

1. **BKI, Baukosteninformationszentrum**
   Deutscher Architektenkammern GmbH
   Bahnhofstraße 1, D-70372 Stuttgart
   Telefon 07 11-95 48 54-0, Fax 07 11-95 48 54-54
   info@baukosten.de, www.baukosten.de [10.31]

2. **NHK 2000,** Ermittlung zeitgemäßer Normalherstellungskosten
   Bundesministerium für Raumordnung,
   Bauwesen und Städtebau www.bmvbs.de/dokumente/,-7628/Artikel/dokument.htm [10.32]

Tafel 10.24: NHK 2000: Auszug für die Bearbeitung des Beispiels

Einfamilien - Wohnhäuser, freistehend **Typ 1.21 - 1.23**

Normalherstellungskosten (ohne Baunebenkosten) entsprechend Kostengruppe 300 und 400 DIN 276/1993 einschließlich 16% Mehrwertsteuer, Preisstand 2000

NHK 2000
WERTR

Ausstattungsstandards, Baunebenkosten und Gesamtnutzungsdauer für diese Gebäudetypen siehe Tabelle "Ausstattungsstandards"

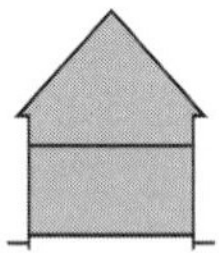

Typ 1.21 **Erdgeschoss, voll ausgebautes Dachgeschoss, nicht unterkellert**

Kosten der Brutto-Grundfläche in €/m², durchschnittliche Geschosshöhe 2,90 m							
Ausstattungs-standards	**vor 1925**	**1925 bis 1945**	**1946 bis 1959**	**1960 bis 1969**	**1970 bis 1984**	**1985 bis 1999**	**2000**
einfach	490 - 510	510 - 520	525 - 565	570 - 600	600 - 635	635 - 690	690
mittel	555 - 580	580 - 590	590 - 640	640 - 675	680 - 715	715 - 780	780
gehoben	665 - 690	695 - 710	710 - 765	770 - 810	815 - 860	865 - 935	940
stark gehoben	905 - 940	945 - 960	965 - 1040	1045 - 1105	1110 - 1165	1170 - 1270	1275

Für die Bearbeitung des Beispiels (Abschnitt 1.7.3) wurden für die Kostenschätzung die Normalherstellungskosten eingesetzt und für die Kostenberechnung die BKI Baukosten für Gebäude von 2004. Dazu die Tafeln 10.25 und Abb. 10.26.

Tafel 10.25 BKI Baukosten 2004 [10.31]; Ein- und Zweifamilienhäuser, mittlerer Standard Kostenkennwerte für die Kostengruppe der 1. und 2. Ebene DIN 276

KG	Kostengruppen der 1. Ebene	Einheit	von	€/Einheit	bis	von	% an 300+400	bis
100	Grundstück	m² FBG						
200	Herrichten und Erschließen	m² FBG	8	**14**	21	2,6	**6,2**	9,2
300	Bauwerk - Baukonstruktionen	m² BGF	461	**559**	616	81,8	**85,1**	88,3
400	Bauwerk - Technische Anlagen	m² BGF	71	**98**	125	11,7	**14,9**	18,2
	Bauwerk (300+400)	m² BGF	542	**657**	728		**100,0**	
500	Außenanlagen	m² AUF	19	**27**	38	7,4	**9,5**	12,6
600	Ausstattung und Kunstwerke	m² BGF	–	**–**	–	–	**–**	–
700	Baunebenkosten	m² BGF	51	**93**	121	10,2	**14,1**	19,0

KG	Kostengruppen der 2. Ebene	Einheit	von	€/Einheit	bis	von	% an 300	bis
310	Baugrube	m³ BGI	9	**19**	34	0,3	**0,7**	1,3
320	Gründung	m² GRF	127	**181**	285	11,9	**15,8**	21,3
330	Außenwände	m² AWF	180	**187**	203	26,9	**30,5**	32,9
340	Innenwände	m² IWF	129	**167**	186	13,5	**15,6**	19,3
350	Decken	m² DEF	154	**185**	216	0,0	**12,4**	19,2
360	Dächer	m² DAF	141	**180**	204	14,6	**23,3**	27,9
370	Baukonstruktive Einbauten	m² BGF	–	**–**	–	–	**–**	–
390	Sonstige Baukonstruktionen	m² BGF	8	**8**	9	1,4	**1,7**	2,2
							% an 400	
410	Abwasser, Wasser, Gas	m² BGF	24	**31**	45	19,5	**25,7**	29,9
420	Wärmeversorgungsanlagen	m² BGF	50	**70**	81	54,9	**58,5**	65,8
430	Lufttechnische Anlagen	m² BGF	–	**1**	–	–	**0,3**	–
440	Starkstromanlagen	m² BGF	14	**15**	15	10,6	**13,0**	17,4
450	Fernmeldeanlagen	m² BGF	1	**3**	5	0,9	**2,5**	3,3
460	Förderanlagen	m² BGF	–	**–**	–	–	**–**	–
470	Nutzungsspezifische Anlagen	m² BGF	–	**–**	–	–	**–**	–
480	Gebäudeautomation	m² BGF	–	**–**	–	–	**–**	–
490	Sonstige Technische Anlagen	m² BGF	–	**–**	–	–	**–**	–

Prozentualer Anteil der Kostengruppen der 2. Ebene an den Kosten des Bauwerks nach DIN 276		
310	Baugrube	0,5
320	Gründung	12,8
330	Außenwände	24,7
340	Innenwände	12,6
350	Decken	10,1
360	Dächer	18,8
370	Baukonstruktive Einbauten	
390	Sonstige Baukonstruktionen	1,4
410	Abwasser, Wasser, Gas	4,9
420	Wärmeversorgungsanlagen	11,0
430	Lufttechnische Anlagen	0,1
440	Starkstromanlagen	2,5
450	Fernmeldeanlagen	0,5
460	Förderanlagen	
470	Nutzungsspezifische Anlagen	
480	Gebäudeautomation	
490	Sonstige Technische Anlagen	

Kostenkennwerte für die Kosten des Bauwerks (Kostengruppen 300 + 400 nach DIN 276)

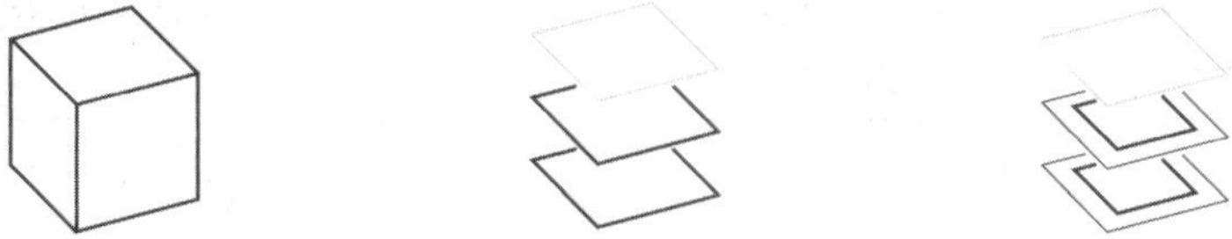

225 €/m³ BRI	**660 €/m² BGF**	**1.010 €/m² NF**
von 190 bis 250	von 540 bis 730	von 850 bis 1.120

Objektbeispiele

6100-123

6100-171

6100-333

Abb. 10.26 Basis für Tafel 10.25; Ein- und Zweifamilienhäuser einfacher Standard [10.31]

1.5 Baupreisindex und Regionaleinfluss

Der Einsatz von Baukostendaten nach Abschnitt 1.4 bedarf je nach deren Alter und Herkunft der **Korrektur**.

1.5.1 Baupreisindex

Das **Statistische Bundesamt** (www.destatis.de) gibt vierteljährlich **Verhältniszahlen** über die durchschnittliche Preisentwicklung von Wohngebäuden aller Art heraus. Baupreisindizes dienen sowohl den Kosten- (Aktualisierung von Daten) als auch den Wertermittlungen (Ermittlung der Herstellungskosten zurückliegender Baujahre). Für die Schätzung der Kosten künftig auszuführender Bauten gilt Folgendes: Der **zeitliche Abstand** zwischen dem **Stichtag der Kostenschätzung** und dem **Baubeginn** bzw. dem Zeitpunkt der **Vergabe** macht eine Prognose nötig, die Kenntnisse über die Situation des Baumarktes sowie künftiger Materialpreis- und Lohnsteigerungen voraussetzt. Tafel 10.27 zeigt die Baupreisentwicklung der Jahre 1982 – 2001. Schon 1913 wurde damit begonnen, Baukosten systematisch aufzubereiten. Die Wahl des Basisjahres (1913, 1914, 1938, 1958, 1962, 1970, 1976, 1980, 1985, 1991, 1995, 2000) ist grundsätzlich freigestellt, das zugehörige Ergebnis ist davon nur unwesentlich betroffen. Für die Umrechnung von Baukosten ist jedoch ein ggf. angegebenes Basisjahr (der Baukostendaten) einzusetzen.

Tafel 10.27 Preisindizes für den Neubau von Wohngebäuden insgesamt (verschiedene Basisjahre) einschließlich Umsatzsteuer (langfristige Übersicht) [10.33]

Jahr	Monat	1970[1]	1985[1]	1991[1]	1995[1]	2000[1]
1995	Februar	318,3	144,5	116,1	99,2	100,5
	Mai	321,5	146,0	117,3	100,2	101,5
	August	321,8	146,1	117,4	100,3	101,6
	November	321,5	146,0	117,3	100,2	101,5
1996	Februar	320,9	145,7	117,0	100,0	101,3
	Mai	320,5	145,5	116,9	99,9	101,2
	August	320,2	145,4	116,8	99,8	101,1
	November	319,3	144,9	116,5	99,5	100,8
1997	Februar	318,6	144,6	116,2	99,3	100,6
	Mai	318,0	144,4	116,0	99,1	100,4
	August	318,0	144,4	116,0	99,1	100,4
	November	316,7	143,8	115,5	98,7	100,0
1998	Februar	315,4	143,2	115,0	98,3	99,6
	Mai	317,7	144,2	115,9	99,0	100,3
	August	317,3	144,1	115,7	98,9	100,2
	November	316,4	143,6	115,4	98,6	99,9
1999	Februar	315,4	143,2	115,0	98,3	99,6
	Mai	315,4	143,2	115,0	98,3	99,6
	August	315,7	143,3	115,2	98,4	99,7
	November	315,7	143,3	115,2	98,4	99,7
2000	Februar	316,1	143,5	115,3	98,5	99,8
	Mai	316,7	143,8	115,5	98,7	100,0
	August	316,7	143,8	115,5	98,7	100,0
	November	316,7	143,8	115,5	98,7	100,1
2001	Februar	316,4	143,7	115,4	98,6	100,0
	Mai	316,4	143,6	115,4	98,6	100,0
	August	316,1	143,5	115,3	98,5	99,9
	November	315,4	143,2	115,0	98,3	99,7
2002	Februar	315,7	143,4	115,1	98,4	99,8
	Mai	316,0	143,5	115,2	98,5	99,9
	August	316,4	143,6	115,3	98.6	99,9
	November	315,7	143,4	115,1	98,4	99,8
2003	Februar	316,4	143,6	115,4	98,6	99,9
	Mai	316,1	143,5	115,3	98,5	99,9
	August	316,1	143,5	115,3	98,5	99,9
	November	316,1	143,5	115,3	98,5	99,9
2004	Februar	317,3	144,1	115,7	98,9	100,2
	Mai	320,8	145,7	117,0	100,0	101,3
	August	321,9	146,1	117,3	100,3	101,6
	November	322,2	146,3	117,5	100,4	101,7
2005	Februar	324,4	146,9	117,9	100,8	102,1
	Mai	323,1	146,7	117,8	100,7	102,0
	August	323,4	146,9	117,9	100,8	102,1
	November	324,1	147,1	118,2	101,0	102,3

[1] Basisjahr (=100)

1.5.2 Regionaler Einfluss von Baukostendaten

Bauen verursacht im Bundesgebiet je nach Standort unterschiedlich hohe Kosten. Die Übernahme von Baukostendaten „fremder Herkunft“ birgt grundsätzlich das Risiko der Ungenauigkeit in sich. Zwei beispielhafte Anbieter von Baukostendaten sind in Abschnitt 1.4 aufgezeigt.

In einigen dieser Datensammlungen wird der Anspruch erhoben, für das gesamte Bundesgebiet, mitunter auch einschließlich der neuen Bundesländer, geltende Durchschnittswerte ermittelt zu haben. Die Handhabung wird in den genannten Werken ausführlich erläutert. Einige unterscheiden die Kostenkennwerte (DIN 276) nach Mittelpreis und Preisspannen (Schmitz, Meisel, Gerlach) oder Min.-, Mittel-, Max.-Werten (Gebäudekosten, BKB) und berücksichtigen dabei Konjunktur, Region, Qualität und Quantität sowie Bauwerksgeometrie.

Der sog. Bundesdurchschnitt in den einzelnen Datenbanken ist nicht unbedingt vergleichbar. Die Herkunft der Kostendaten ist sehr unterschiedlich zusammengesetzt.

Tafel 10.28 Regionale Korrekturfaktoren [10.34]

Regionaleinfluss nach Bundesländern gegenüber Bundes-Mittelwert (= 1,00)[1]					
Baden-Württemberg	1,02	Hamburg	1,00	Rheinland-Pfalz	0,98
Bayern	1,05	Hessen	1,00	Saarland	0,98
Berlin	1,10	Mecklenburg-Vorpommern	1,00	Sachsen	1,05
Brandenburg	1,05	Niedersachsen	0,95	Sachsen-Anhalt	1,00
Bremen	0,95	Nordrhein-Westfalen	0,98	Schleswig-Holstein	0,95
				Thüringen	1,00

Einfluss Ortsgröße gegenüber Bundes-Mittelwert (= 1,00)[2], ausgenommen Berlin, Bremen, Hamburg	
Großstädte mit mehr als 500 000 bis 1 500 000 EW	1,05 bis 1,15
Städte mit mehr als 50 000 bis 500 000 EW	0,95 bis 1,05
Orte bis 50 000 EW	0,90 bis 0,97

[1] Die Länder-Querschnittswerte sind Mittelwerte aus Wohnbau, Kommunalbau und Gewerbebau (Wirtschaftsbau).
[2] Zwischenwerte interpolieren.
Quelle: NHK 2000, Ermittlung zeitgemäßer Normalherstellungskosten für die Belange der Verkehrswertermittlung, [10.32]

Die Anwendung von Baukostendaten aus der Literatur oder Software-Programmen erfolgt grundsätzlich aus drei Gründen:

1. mangels jeglicher Erfahrung, die erst aus einer Vielzahl von geplanten und ausgeführten Gebäudetypen entstanden sein muss (z. B. Absolventen)
2. bei Bearbeitung eines für das Büro völlig neuen Gebäudetyps
3. zum Vergleich mit einer aufgestellten Kostenermittlung.

Mangelnde Erfahrung lässt sich durch den Austausch mit befreundeten Architekten ausgleichen, die sich schon längere Zeit gerade für die Bauaufgabe spezialisiert haben, mit der man selber zum ersten Mal konfrontiert worden ist. Fachverbände, Innungen und Kammern sind eine weitere Quelle für einschlägige und relativ zuverlässige Kostendaten.

Trotzdem ist der kritische Einsatz von Daten aus der Literatur ein Gewinn für die Genauigkeit des Ergebnisses von Kostenermittlungen.

1.6 Beispielobjekt

Es handelt sich um ein Einfamilienhaus mit einem Nebengebäude als Garage und Geräteraum.
Architekten: Harms & Partner, Oldenburg

1.6.1 Darstellung

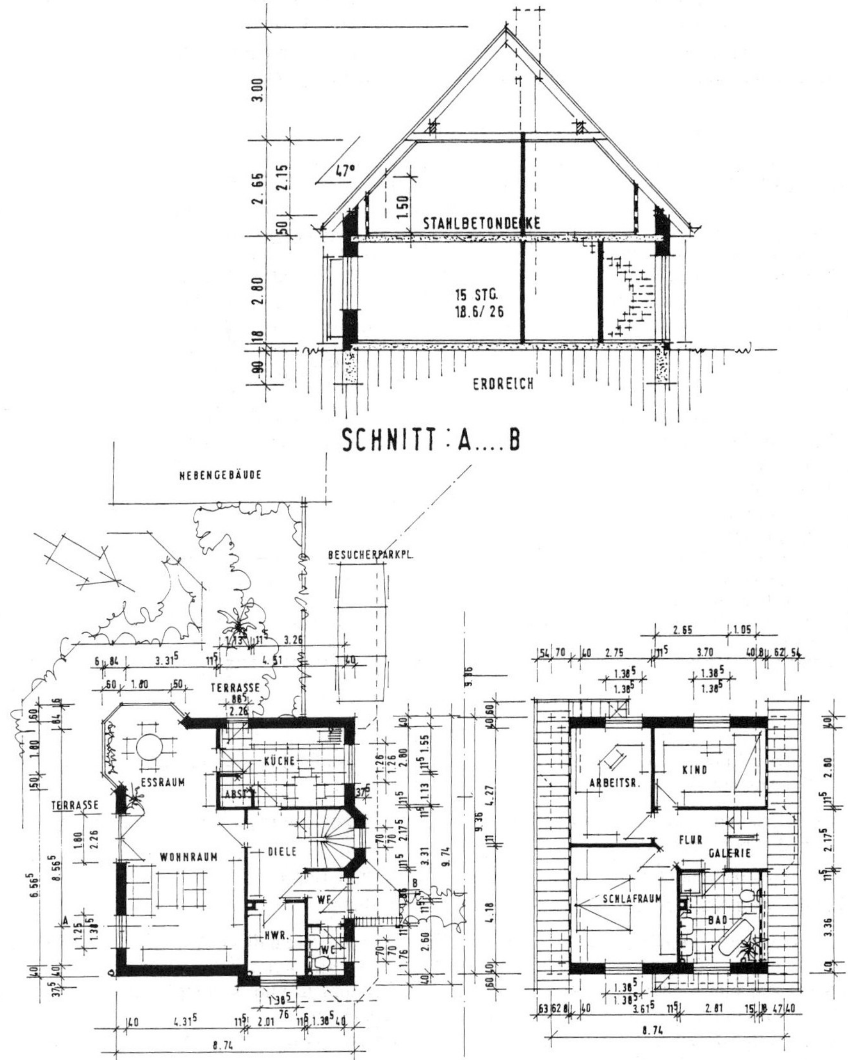

1.6.2 Baubeschreibung

Anmerkung: Die Baubeschreibung ist nach der Tabelle für Ausstattungsstandards (besser: Ausführungsstandards) der NHK 2000 für freistehende Einfamilien-Wohnhäuser angefertigt worden.

	Standard		
Bauteil	**einfach**	**mittel**	**gehoben**
Fassade			Verblendmauerwerk
Fenster		Kunststoff, Rolläden	
Dach		Betondachsteine, mittl. Wärmedämmstandard	
Sanitärausstattung		Bad mit Dusche und Wanne, Gäste-WC	
Innenwandbekl. der Nassräume		Fliesen bis in Türhöhe	
Bodenbeläge		Teppich, Fliesen, Linoleum	
Innentüren		Fertigtürelemente mit Echtholzfurnier	
Heizung		Zentralheizung mit Kessel und Radiatoren	Warmwasserbereitung zentral
Elektro-Installation		1–2 Lichtauslässe und 2–3 Steckdosen je Raum	
Standard		**mittel**	

Aus der Baubeschreibung muss die Qualität des Standards erkennbar werden. Bei Einsatz von Baukostendaten (Abschnitt 1.4) ist eine Entscheidung zwischen den Standards **Einfach** (sparsam, min. bzw. von), **Mittel** (normal, durchschnittlich) und **Gehoben** (komfortabel, max. bzw. bis) sowie **stark gehoben** (NHK 2000) zu treffen. Bei Kostenüberschreitungen dient die Baubeschreibung als Vergleichsmaßstab bei planerischen bzw. baulichen Veränderungen (Hinweispflicht des Architekten auf Mehrkosten).

1.7 Kostengliederung

1.7.1 Allgemeines

Ermittlungen von Kosten können nur zutreffend sein, wenn sie vollständig sind. Vergleiche lassen sich zwischen den Kosten verschiedener Gebäude nur anstellen, wenn die Kosten gleichermaßen **aufbereitet** worden sind. Der **Kostengliederung** (DIN 276 (4.81) und DIN 276 (6.93)) ist aus diesen Gründen große Beachtung zu schenken. In diesem Abschnitt ist die Gliederung der Norm von Juni 1993 abgedruckt. In der Praxis wird vielfach noch die Fassung (4.81) der DIN 276 verwendet. Merkmal der alten Norm ist ein Gliederungssystem mit bis zu vier Stellen, die durch Punkte voneinander getrennt sind. Bei Verwendung älterer Baukostendaten ist gemäß Tafel 10.30 vorzugehen. In diesem Zusammenhang ist noch auf die Abschnitte 1.3 (Grundflächen und Rauminhalte, Bezugsgrößen) und 1.8.4 (Berechnung des umbauten Raums) hinzuweisen.
Die HOAI 1996, Teil II, § 10 Grundlagen des Honorars, fordert die Gliederung der anrechenbaren Kosten gemäß DIN 276 (4.81).

Tafel 10.30 Gegenüberstellung der Kostengruppen (KG) DIN 276 (4.81/6.93)

DIN 276 (4.81)	DIN 276 (6.93)
KG 1	KG 100[1]
KG 2	KG 200[1]
KG 3.1 u. 3.5.1	KG 300
KG 3.2 – 3.4 u. 3.5.2 – 3.5.4	KG 400
KG 3.1 – 3.5	KG 300 + 400

[1] Nur unbedeutend verändert.

DIN 276 (4.81)	DIN 276 (6.93)
KG 4	KG 600
KG 5	KG 500
KG 6	ist entfallen
KG 7	KG 700

1.7.2 Kostengliederung

Das folgende Formular enthält die normgerechte Gliederung bis zur 3. Ebene (Stelle). Zur Anlage eigener Daten können **Erweiterungen vor** der ersten Stelle, z.B. durch Bauwerkscodierungen, und **nach** der dritten Stelle, z.B. durch Zahlen, die das Gewerk oder die Ordnungszahl nach StLB[1] kennzeichnen, genutzt werden.

1.7.3 Bearbeitung[2]

Die Bearbeitung des Beispiels erfolgt im Rahmen der Kostenschätzung und der Kostenberechnung. In der Norm wird die Gliederung der Gesamtkosten innerhalb der **Kostenschätzung** mindestens bis zur **1. Ebene** (Stelle) und innerhalb der **Kostenberechnung** mindestens bis zur **2. Ebene** gefordert. Es empfiehlt sich jedoch, in jeweils weitere Ebenen zu untergliedern, soweit die entsprechenden Beträge bekannt sind oder lediglich erfragt werden müssen. Ausnahmen sind die KG 300 und 400.

Tafel 10.31 **Beträge in €**

1	2	3	4	5	6
Kosten-gruppe	*Kostenschätzung* Kostenberechnung	Kostenanschlag	*Kosten-schätzung*	Kostenberechnung	
				Ansatz	Betrag
100	***Grundstück***		66 500		(71 155)
110	**Grundstückswert**		Ansatz: 500 m² FBG · 133 €/m²	s. KG 100, Spalte 4	66 500
120	**Grundstücks-nebenkosten**			7 % von 110	4 655
121		Vermessungsgebühren			
122		Gerichtsgebühren			
123		Notariatsgebühren			
124		Maklerprovisionen			
125		Grunderwerbsteuer			
126		Wertermittlungen, Untersuchungen			
127		Genehmigungsgebühren			
128		Bodenordnung, Grenzregulierung			
129		Sonstiges			
130	**Freimachen**			z.B. Gebühr für Verzichtserklärung der Stadt betr. Vorkaufsrecht	
131		Abfindungen			
132		Ablösen dinglicher Rechte			
139		Sonstiges			
200	***Herrichten und Erschließen***		10 000		(9 333)
210	**Herrichten**		Ansatz: 500 m² FBG · 20 €/m²	FBG · 5 €/m² FBG	2 500
211		Sicherungsmaßnahmen			
212		Abbruchmaßnahmen			
213		Altlastenbeseitigung			
214		Herrichten der Geländeoberfläche			
219		Sonstiges			
220	**Öffentliche Erschließung**			Aufstellung:	6 833
221		Abwasserentsorgung		2 000	
222		Wasserversorgung		1 750	
223		Gasversorgung		1 250	
224		Fernwärmeversorgung		entfällt	
225		Stromversorgung		1 750	
226		Telekommunikation		83	
227		Verkehrserschließung		in 110 enthalten	
229		Sonstiges		entfällt	
230	**Nichtöffentliche Erschließung**			Gliederung wie 220	./.
240	**Ausgleichsabgaben**			entfällt	./.

[1] Standardleistungsbuch für das Bauwesen.

[2] Erläuterungen und Quellen siehe Abschnitt 1.7.4.

Tafel 10.31 (Fortsetzung) **Beträge in €**

1	2	3	4	5	6
Kosten-gruppe	*Kostenschätzung* Kostenberechnung	Kostenanschlag	*Kosten-schätzung*	Kostenberechnung Ansatz	 Betrag
300	***Bauwerk – Baukonstruktionen***		127 571		(109 454)
310	**Baugrube**		Ansatz: 168,29 m^2 BGFa · 758,04 €/m^2 (300 + 400)	Das Gebäude ist nicht unterkellert, eine Baugrube entfällt.	./.
311		Baugrubenherstellung			
312		Baugr.umschließung			
313		Wasserhaltung			
319		Sonstiges			
320	**Gründung**			Basisfläche (GRF) = 86,44 m^2 · 174 €/m^2 (Kostenkennwert 4. Quartal 2005)	15 041
321		Baugrundverbesserung			
322		Flachgründungen			
323		Tiefgründungen			
324		Unterböden und Bodenplatten			
325		Bodenbeläge			
326		Bauwerksabdichtungen			
327		Dränagen			
329		Sonstiges			
330	**Außenwände**			Außenw.fl. (AWF) 169,66 m^2 · 180 €/m^2 (Kostenkennwert 4. Quartal 2005)	30 539
331		Tragende Außenwände			
332		Nichttr. Außenwände			
333		Außenstützen			
334		Außentüren u. -fenster			
335		Außenw.bekleidungen außen			
336		Außenw.bekleidungen innen			
337		Element. Außenwände			
338		Sonnenschutz			
339		Sonstiges			
340	**Innenwände**			Innenw.fl. (IWF) 131,78 m^2 · 160 €/m^2 (Kostenkennwert 4. Quartal 2005)	21 085
341		Tragende Innenwände			
342		Nichttr. Innenwände			
343		Innenstützen			
344		Innentüren u. -fenster			
345		Innenw.bekleidungen			
346		Element. Innenwände			
349		Sonstiges			
350	**Decken**			Deckenfläche (DEF) 86,44 m^2 · 178 €/m^2 (Kostenkennwert 4. Quartal 2005)	15 386
351		Deckenkonstruktionen			
352		Deckenbeläge			
353		Deckenbekleidungen			
359		Sonstiges			
360	**Dächer**			Dachfl. (DAF) 158,40 m^2 · 173 €/m^2 (Kostenkennwert 4. Quartal 2005)	27 403
361		Dachkonstruktionen			
362		Dachfenster, Dachöffnungen			
363		Dachbeläge			
364		Dachbekleidungen			
369		Sonstiges			
370	**Baukonstruktive Einbauten**			entfällt	./.
371		Allgemeine Einbauten			
372		Besondere Einbauten			
379		Sonstiges			
390	**Sonst. Maßnahmen**	(entfällt hier)		in 310-360 enthalten	

Tafel 10.31 (Fortsetzung) **Beträge in €**

1	2	3	4	5	6
Kosten-gruppe	*Kostenschätzung* Kostenberechnung	Kostenanschlag	*Kosten-schätzung*	Kostenberechnung	
				Ansatz	Betrag
400	***Bauwerk – Technische Anlagen***		in KG 300 enthalten		(18 185)
410	**Abwasser-, Wasser-, Gasanlagen**			BGFa 168,29 m² · 30 €/m² BGF (Kostenkennwert 4. Quartal 2005)	5 049
411		Abwasseranlagen			
412		Wasseranlagen			
413		Gasanlagen			
414		Feuerlöschanlagen			
419		Sonstiges			
420	**Wärmevers.anl.**			BGFa 168,29 m² · 67 €/m² BGF (Kostenkennwert 4. Quartal 2005)	11 275
421		Wärmeerzeugungsanl.			
422		Wärmeverteilnetze			
423		Raumheizflächen			
429		Sonstiges			
430	**Lufttechn. Anlagen**			entfällt	./.
431		Lüftungsanlagen			
432		Teilklimaanlagen			
433		Klimaanlagen			
434		Prozesslufttechn. Anl.			
435		Kälteanlagen			
439		Sonstiges			
440	**Starkstromanlagen**			BGFa 168,29 m² · 14 €/m² BGF (Kostenkennwert 4. Quartal 2005)	2356
441		Hoch-/Mittelspannung			
442		Eigenstromversorgung			
443		Niederspannungs-schaltanlagen			
444		Niederspannungs-installationsanlagen			
445		Beleuchtungsanlagen			
446		Blitzschutz/Erdung			
449		Sonstiges			
450	**Fernmelde- und info.techn. Anlagen**			BGFa 168,29 m² · 3 €/m² BGF (Kostenkennwert 4. Quartal 2005)	505
451		Telekomm.anlagen			
452		Such- u. Signalanlagen			
453		Zeitdienstanlagen			
454		Elektroakust. Anlagen			
455		Fernseh- und Antennenanlagen			
456		Gefahrenmelde- u. Alarmanlagen			
457		Übertragungsnetze			
459		Sonstiges			
460	**Förderanlagen**			entfällt	./.
461		Aufzugsanlagen			
462		Fahrtreppen/-steige			
463		Befahranlagen			
464		Transportanlagen			
465		Krananlagen			
469		Sonstiges			
470	**Nutzungsspez. Anl.**			entfällt	./.
471		Küchentechn. Anl.			
472		Wäscherei-Reinigungsanlagen			
473		Medienvers.anlagen			

Tafel 10.31 (Fortsetzung) **Beträge in €**

1	2	3	4	5	6
Kostengruppe	*Kostenschätzung* Kostenberechnung	Kostenanschlag	*Kostenschätzung*	Kostenberechnung	
				Ansatz	Betrag
474		Medizintechn. Anl.			
475		Labortechn. Anlagen			
476		Badetechn. Anlagen			
477		Kälteanlagen			
478		Entsorgungsanlagen			
479		Sonstiges			
480	**Gebäudeautomation**			entfällt	./.
481		Automationssysteme			
482		Leistungsteile			
483		Zentrale Einrichtungen			
489		Sonstiges			
490	**Sonst. Maßnahmen für Technische Anlagen**			entfällt	./.
491		Baustelleneinrichtung			
492		Gerüste			
493		Sicherungsmaßnahmen			
494		Abbruchmaßnahmen			
495		Instandsetzungen			
496		Recycl. Zwischendep. und Entsorgung			
497		Schlechtwetterbau			
498		Zusätzl. Maßnahmen			
499		Sonstiges			
500	***Außenanlagen***		14 385		(12 985)
510	**Geländeflächen**		Ansatz: UBF 411 m^2 · 35 €/m^2	UBF 206 m^2 · 10 €/m^2 UBF	2 060
511		Geländebearbeitung			
512		Vegetationstechnische Bodenbearbeitung			
513		Sicherungsbauweisen			
514		Pflanzen			
515		Rasen			
516		Begrünung unterbauter Flächen			
517		Wasserflächen			
519		Sonstiges			
520	**Befestigte Flächen**			UBF 205 m^2 · 35 €/m^2	7 175
521		Wege			
522		Straßen			
523		Plätze, Höfe			
524		Stellplätze			
525		Sportplatzflächen			
526		Spielplatzflächen			
527		Gleisanlagen			
529		Sonstiges			
530	**Baukonstruktionen in Außenanlagen**			pauschal für Pergola	1 750
531		Einfriedungen			
532		Schutzkonstruktionen			
533		Mauern, Wände			
534		Rampen, Treppen, Tribünen			
535		Überdachungen			
536		Brücken, Stege			
537		Kanal-, Schachtbauanlagen			
538		Wasserbaul. Anlagen			
539		Sonstiges			

Tafel 10.31 (Fortsetzung) **Beträge in €**

1	2	3	4	5	6
Kosten-gruppe	*Kostenschätzung* Kostenberechnung	Kostenanschlag	*Kosten-schätzung*	Kostenberechnung	
				Ansatz	Betrag
540	**Techn. Anlagen in Außenanlagen**			pauschal für Abwasser	2 000
541		Abwasseranlagen		(Anteile der Ver-	
542		Wasseranlagen		sorgungsleitungen	
543		Gasanlagen		sind in	
544		Wärmevers.anlagen		KG 220/230	
545		Lufttechn. Anlagen		enthalten.)	
546		Starkstromanlagen			
547		Fernmelde- und info.techn. Anlagen			
548		Nutzungsspez. Anl.			
549		Sonstiges			
550	**Einbauten in Außenanlagen**			entfällt	./.
551		Allgemeine Einbauten			
552		Besondere Einbauten			
559		Sonstiges			
590	**Sonst. Maßnahmen für Außenanlagen**			in 510–550 enthalten	./.
591		Baustelleneinrichtung			
592		Gerüste			
593		Sicherungsmaßnahmen			
594		Abbruchmaßnahmen			
595		Instandsetzungen			
596		Recycl. Zwischendep., Entsorgung			
597		Schlechtwetterbau			
598		Zusätzl. Maßnahmen			
599		Sonstiges			
600	***Ausstattung und Kunstwerke***		6 500	+ 15 %	(7 475)
610	**Ausstattung**		pauschal (nutzungs-spez. Er-fahrungs-wert)[1]		7 475
611		Allgem. Ausstattung			
612		Bes. Ausstattung			
619		Sonstiges			
620	**Kunstwerke**			entfällt	./.
621		Kunstobjekte			
622		Künstlerisch gestaltete Bauteile des Bauwerks			
623		Künstlerisch gestaltete Bauteile d. Außenanl.			
629		Sonstiges			
700	***Baunebenkosten***		20 411		(22 223)
710	**Bauherrenaufgaben**		Ansatz: 16 % von KG 300 + 400: (127 571)	entfällt	./.
711		Projektleitung			
712		Projektsteuerung			
713		Betriebs- und Organisationsberatung			
719		Sonstiges			
720	**Vorbereitung der Objektplanung**			entfällt	./.
721		Untersuchungen			
722		Wertermittlungen			
723		Städtebaul. Leistungen			

[1] Erläuterungen und Quellen siehe Abschnitt 1.7.4.

Tafel 10.31 (Fortsetzung) **Beträge in €**

1	2	3	4	5	6
Kosten- gruppe	*Kostenschätzung* Kostenberechnung	Kostenanschlag	*Kosten- schätzung*	Kostenberechnung	
				Ansatz	Betrag
724 725 729		Landschaftsplanerische Leistungen Wettbewerbe Sonstiges			
730 731 732 733 734 735 736 739	**Architekten- und Ingenieurleistungen**	 Gebäude Freianlagen Raumbildende Ausbauten Ingenieurbauwerke und Verkehrsanlagen Tragwerksplanung Techn. Ausrüstung Sonstiges		Architekten: 13 % von KG 300/400 ≈ 13 % v. 127 693 = 16 539 + Fachingenieure pauschal: 3 000 = 19 723	19 539
740 741 742 743 744 745 749	**Gutachten und Beratung**	 Thermische Bauphysik Schallschutz und Raumakustik Bodenmechanik, Erd- und Grundbau Vermessung Lichttechnik, Tageslichttechnik Sonstiges		Vermessung, Gebäudeeinmessung	750
750 751 752 759	**Kunst**	 Kunstwettbewerbe Honorare Sonstiges		entfällt	./.
760 761 762 769	**Finanzierung**	 Finanzierungskosten Zinsen vor Nutzungsbeginn Sonstiges		entfällt, da von persönlichen Verhältnissen des Auftraggebers abhängig	./.
770 771 772 773 774 779	**Allgemeine Baunebenkosten**	 Prüfungen, Genehmigungen, Abnahmen Bewirtschaftungskosten Bemusterungskosten Betriebskosten während der Bauzeit Sonstiges		[1]	2 500
790	**Sonstige Baunebenkosten**			entfällt	./.

[1] Erläuterungen und Quellen siehe Abschnitt 1.7.4.

		Gesamtkosten inkl. Mehrwertsteuer in €:			
		Kostenschätzung	**245 367**	Kostenberechnung	**251 680**
		Abweichungen gemäß Tafel 10.20, Spalte 5 (hier Überschreitung):			
			100 %		**103%**

1.7.4 Erläuterungen

100/200, Grundstück/Herrichten und Erschließen

Tafel 10.37 Quellen für grundstücksbezogene Kosten

100	Quelle	200	Quellen
110	Gutachterausschuss beim zuständigen Katasteramt (Kaufpreissammlung des Vorjahres)	221	Tiefbauamt
		222–225	Energieversorgungsunternehmen (EVU), Baukostenzuschüsse und
		226	Telekom

300/400, Bauwerk – Baukonstruktionen/Bauwerk – Technische Anlagen

Für die **Kostenschätzung** ist die Berechnung der Bruttogrundfläche nach DIN 277 (Abschnitt 1.3) erforderlich. Es empfiehlt sich, den Grundriss in einfache geometrische Formen zu zerlegen.

1. Schritt: Berechnung der Bruttogrundfläche (BGF):

	Berechnung m	Ergebnis m²
Bruttogrundfläche EG:	8,74 · 9,74	85,13
	– 4,43 · $0{,}37^{5}$	– 1,66
	+ 2,05 · 0,60	+ 1,23
	– 0,50 · 0,50 · 0,5	– $0{,}12^{5}$
	+ 2,35 · 0,60	+ 1,41
	– 0,60 · 0,60 · 0,5	– 0,18
	– 0,50 · 0,50 · 0,5	– $0{,}12^{5}$
	+ $0{,}37^{5}$ · $2{,}40^{5}$	+ 0,90
	– $0{,}37^{5}$ · 37^{5}	– 0,14
		86,44
Bruttogrundfläche DG:	8,74 · 9,365	81,85
Bruttogrundfläche gesamt:		168,29

Hierzu gehört die Darstellung 1.6.1 sowie Abschnitt 1.3.1.

2. Schritt:
Multiplikation des Ergebnisses der Volumenberechnung mit dem zugehörigen Kostenkennwert, der, falls nicht aktuell, mit dem Baupreisindex (Abschnitt 1.5.1) zeitlich und regional gemäß Abschnitt 1.5.2, Tafel 10.28, angepasst werden muss.
780 €/m² BGF für KG 300 + 400 (Der Kostenkennwert wurde Tafel 10.24 entnommen und zeitlich ($\frac{780 \cdot 102{,}3}{100}$) sowie regional (0,95 für Niedersachsen) angepasst.
Zur **Kostenberechnung** wurde für die Bearbeitung des Beispiels das Verfahren mit Grobelementen (Abschnitt 1.2, Tafel 10.19) durchgeführt [10.30]. Diese entsprechen den Kostengruppen der 2. Ebene in Tafel 10.25.

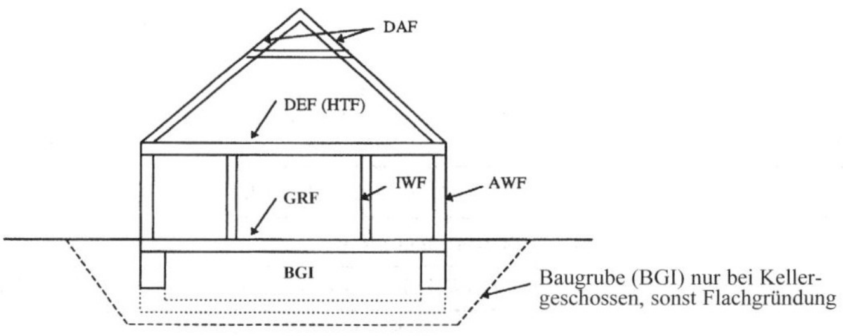

Abb. 10.37 Prinzip der Grobelemente von Gebäuden

1. Schritt: Mengenermittlung (m², m³)
Bei der Durchführung sind die Messvorschriften nach Tafel 10.38 einzuhalten.

Tafel 10.38 Messvorschriften und Anwendung

Abkürzung	Bezeichnung	Messvorschrift	Einheit	Beispiel (Abschnitt 1.6)
BGI (310)[1]	Baugrube	Gemessen wird der Rauminhalt des Aushubs einschl. der statthaften Arbeitsräume. Aushub für Fundamente, Grundleitungen, Ausgleichsschichten, Filterschichten usw. wird nicht berücksichtigt.	m^3	entfällt
BAF (320)[1]	Basisfläche	Grundfläche der untersten Grundrissebene. Die Fläche ergibt sich aus den äußeren Abmessungen in Bodenhöhe. Konstruktive Vor- und Rücksprünge bleiben unberücksichtigt. Abschnitt 3.3 DIN 277 (6.87) gilt sinngemäß.	m^2	8,74 · 9,74 – 4,43 · 0,37^5 + 2,05 · 0,60 – 0,50 · 0,50 · 0,5 + 2,35 · 0,60 – 0,60 · 0,60 · 0,5 – 0,50 · 0,50 · 0,5 + 0,37^5 · 2,40^5 – 0,37^5 · 37^5 = 86,44
AWF (330)[1]	Außenwandfläche	Abgewickelte Außenfläche der Außenwände. Gemessen wird vertikal ab Oberkante Fundament bis zur Auflagerung der Dachkonstruktion bzw. bis zur Oberkante der als Dachbrüstung geführten Außenwand. Öffnungen, wie z. B. Lichtschächte, werden übermessen.	m^2	8,74 · 3,58 + 0,60 · 3,58 + 8,74 · 4,05/2 + (0,84 + 1,80 + 0,78 + 5,84) · 2,90 + 5,84 · 0,68 + 8,74 · 4,052/2 + (7,04 + 0,78 + 1,80) · 3,58 + [9,74 + (2 · 0,095)] · 3,58 = 169,66
IWF (340)[1]	Innenwandfläche	Summe der Innenwandfläche aller Grundrissebenen. Gemessen wird bis zur Innenkante der Außenwand. Bei durchbindenden Wänden wird nur eine, ggf. die dickere, gemessen. Vertikal wird von Oberkante der darunterliegenden bis zur Unterkante der darüberliegenden Tragkonstruktion der Decke gemessen. Öffnungen, wie z. B. Türen und Innenfenster, werden übermessen.	m^2	EG: (2,915 + 4,51 + 0,70 + 0,80 + 0,70 + 5,65 + 2,01 + 3,735 + 1,385 + 1,385) · 2,80 + DG: (4,18 + 0,115 + 4,27 + 2,80 + 2,47 + 2,47) · 1,25 + (3,36 + 2,47) · 1,52 + (4,27 + 0,115 + 3,36 + 0,11 + 1,22 + 0,68 + 1,63 + 0,34) · 2,65 + 1,40 · 2,47 + 2,47 · 1,13/2 = 131,78
DEF (350)[1]	Deckenfläche (horizontale Trennfläche)	Summe der Grundflächen aller Grundrissebenen ohne Basisfläche und Dachfläche. Maßgebend sind die äußeren Abmessungen; konstruktiv gestalterische Vor- und Rücksprünge bleiben unberücksichtigt. Abschnitt 3.3 DIN 277 (6.87) gilt sinngemäß. Treppen, Öffnungen, Wände, Schächte usw. werden übermessen.	m^2	86,44
DAF (360)[1]	Dachfläche	Bei Flachdächern ergibt sich die Fläche aus den äußeren Abmessungen in Höhe der Dachkonstruktion. Bei geneigten Dächern wird die abgewickelte Fläche ermittelt. Öffnungen, wie z. B. Dachfenster, Schornsteine und sonstige Aufbauten, werden übermessen.	m^2	2 · 10,56 · 7,50 (gemessen) = 158,40

1) Kostengruppe nach DIN 276 (6.93).

2. Schritt: Verwendung geeigneter Kostenkennwerte
Für das Beispiel wurden die Baukostendaten des Standardwerks Gebäudekosten 2004 des Baukosteninformationszentrums Deutscher Architektenkammern [10.31] hinzugezogen. Die verwendeten Daten entsprechen den mittleren Kostenkennwerten der Tafel 10.25 in Abschnitt 1.4.

3. Schritt: Zeitliche und regionale Anpassung der Baukostendaten
Die Kostenkennwerte wurden zeitlich ($\frac{x \cdot 102{,}3}{101{,}2}$) gemäß Abschnitt 1.5.1 und regional (0,95 für Niedersachsen) gemäß Abschnitt 1.5.2 angepasst.

500 Außenanlagen

1. Schritt:
Die **unbebaute Fläche** (UBF) resultiert aus der **Differenz** zwischen der Fläche des Baugrundstücks (**FBG**) und der bebauten Fläche (**BF**).
Für das Beispiel: 500 m² FBG – 89 m² BF = 411 m² UBF (KG 510 : 206 m²
KG 520 : 205 m²)

2. Schritt:
Zur **Kostenschätzung** wurden 35 €/m² UBF angesetzt, die sich, je nach Standard, auf 20 €/m² UBF oder 60 €/m² UBF und mehr regulieren lassen. Die Eigenhilfe sollte jedoch hier, wie in allen anderen Kostengruppen, unberücksichtigt bleiben und ausschließlich Bestandteil eines Finanzierungsplanes sein.
Grundlage der **Kostenberechnung** sind ebenfalls Erfahrungswerte bzw. Nachfragen bei Unternehmen. Im letzten Fall ist die Umsatzsteuer stets hinzuzurechnen. Soweit Daten aus der Literatur verwendet werden, sind diese gemäß Abschnitt 1.5.1 zu aktualisieren.

600 Ausstattung und Kunstwerke

Während der Begriff **Ausstattung** gleichzusetzen ist mit **Einrichtung** im Sinne von Ersteinrichtung, ist die Kostenbeeinflussung von Kunstwerken lediglich bei öffentlichen Bauvorhaben und ggf. im Sinne des Mäzenatentums von Bedeutung. Die sowohl für die **Kostenschätzung** als auch die **Kostenberechnung** eingesetzten Beträge sind abhängig von den alten und neuen Wohn- und Ausstattungsbedingungen der Nutzer sowie von den regionalen Bedingungen bei Wohnungswechsel.
Für das Objektbeispiel wurden folgende Annahmen getroffen:

Ausstattung von Bad und Gäste-WC	500
Allgemeine Ausstattung u. Einbauküche	5 000
Erstausstattung/Leuchten	500
Gerät	500

700 Baunebenkosten

Innerhalb der **Kostenberechnung** werden für das gewählte Beispiel keine Kosten für Bauherrenaufgaben (710) und Vorbereitung (720) angesetzt, da diese üblicherweise bei Einfamilienhäusern nicht anfallen. Ausgaben für Kunst (750) fallen hauptsächlich bei öffentlichen Auftraggebern an. Folgende Ansätze werden für Allgemeine Baunebenkosten (770) ermittelt und betreffen hinsichtlich der Gliederung (3. Stelle) schon die Ebene des Kostenanschlags:

Genehmigungsgebühr inkl. Abnahme:		
5,11 € je 500 € Rohbaukosten		
Rohbaukosten	= 50 % von 300 + 400	
	= 64 320	
	· 5,11/500 = 657	
	+ Abnahmen	= 750
	Bewirtschaftungskosten des Auftraggebers	750
	sonstige Kosten (z. B. Baufeiern)	1 000

1.8 Zweite Berechnungsverordnung (Verordnung über wohnungswirtschaftliche Berechnungen – II. BV)

in der Fassung vom 12. Oktober 1990, zuletzt geändert am 25. November 2003

1.8.1 Veranlassung

Ein wesentlicher Bestandteil vieler Baufinanzierungen ist die **staatliche Bauförderung** durch die Bundesländer. Deren unterschiedliche Förderungsrichtlinien enthalten alle die Regelungen des **Wohnraumförderungsgesetz (WoFG)**, das am 1.01.2002 in Kraft getreten ist und das bis dahin geltende Zweite Wohnungsbaugesetz abgelöst hat. Die Förderung ist an die Einhaltung von Grenzen des Einkommens (Tafel 10.40b) und der Wohnfläche nach II. BV (Tafel 10.41) gebunden. Mittelherkunft und weitere Kriterien zur Förderung sind in Tafel 10.40a aufgezeigt. Die ehemals drei Förderwege des Zweiten Wohnungsbaugesetzes sind auf einen Förderweg reduziert worden.

Tafel 10.40a Kriterien und Mittel zur staatlichen Bauförderung

Kriterien	Mittel
Wirtschaftlichkeit	öffentliche Baudarlehen
monatliche und jährliche Belastung	Aufwendungszuschüsse
Wohnfläche, m^2 nach II. BV	Aufwendungsdarlehen
Jahreseinkommen	Familienzusatzdarlehen
ggf. Kaufpreis	

Tafel 10.40b Einkommensgrenzen

	Einkommensgrenzen [1) 2)]	
Haushaltsgröße	§ 9 Abs. 2 WoFG	ca. Bruttoeinkommen [3)]
1 Person	12 000,00 €	18 187 €
2 Personen	18 000,00 €	26 758 €
für jede weitere Person	+ 4 100,00 €	./.
für jedes Kind	+ 4 600,00 €	33 330 € [4)]

1) Die Einkommensgrenzen können unter bestimmten Voraussetzungen (z.B. junge Ehepaare, Schwerbehinderte) erhöht werden.

2) Maßgebend ist das in den 12 Monaten ab der Antragstellung zu erwartende Einkommen aller zum Haushalt gehörenden Familienmitglieder. Bei Einkünften aus nichtselbstständiger Tätigkeit werden gesetzliche und tarifliche Zulagen, steuerfreie Einnahmen, Unterhaltszahlungen und Werbungskosten abgezogen. Vom so ermittelten Einkommen sind noch einmal 10% abzuziehen, wenn Lohn- und Einkommensteuer zu entrichten sind.

3) Angestellte, Arbeiter.

4) Berechnet für ein Ehepaar mit einem Kind.

Nach dem WoFG ist die Förderung neben den Einkommensgrenzen von der Einhaltung folgender Wohnflächengrenzen nach Tafel 10.41 abhängig:

Tafel 10.41 Wohnflächengrenzen [1) 2)]

Einfamilienhaus	130 m²
Zweifamilienhaus [3)]	200 m²
Eigentumswohnung	120 m²

[1)] Die Wohnfläche ist nach der II. BV (siehe Abschn. 1.8.3) zu berechnen.
[2)] Die Überschreitung der genannten Höchstgrenzen ist möglich:
a) ab dem 5. und weiteren Familienmitgliedern 20 m² bzw. 24 m² je Familienmitglied
b) zur Berücksichtigung besonderer persönlicher oder beruflicher Bedürfnisse
c) durch die Bedingung wirtschaftlicher Grundrissgestaltung (z. B. Ausbau, Erweiterung, Baulücke).
[3)] Bei Familienheimen mit 2 Wohnungen darf keine der Wohnungen 130 m² überschreiten.

1.8.2 Berechnung der Gesamtkosten (§ 5 Gliederung der Gesamtkosten)

	DIN 276 (6.93)
I Kosten des Baugrundstücks (§ 6)	**100**
1 Wert	**110**

Als Wert des Baugrundstücks darf höchstens angesetzt werden,
1. wenn das Baugrundstück dem Bauherrn zur Förderung des Wohnungsbaues unter dem Verkehrswert überlassen worden ist, der Kaufpreis
2. wenn das Baugrundstück durch Enteignung zur Durchführung des Bauvorhabens vom Bauherrn erworben worden ist, die Entschädigung
3. in anderen Fällen der Verkehrswert [4) 5)] oder der Kaufpreis, es sei denn, dass er unangemessen hoch gewesen ist.
4. Bei Ausbau durch Umwandlung oder Umbau darf als Wert des Baugrundstücks höchstens der Verkehrswert vergleichbarer unbebauter Grundstücke für Wohngebäude in dem nach § 4 maßgebenden Zeitpunkt angesetzt werden. Der Wert des Baugrundstücks darf nicht angesetzt werden beim Ausbau durch Umbau einer Wohnung, deren Bau bereits mit öffentlichen Mitteln oder mit Wohnungsfürsorgemitteln gefördert worden ist.

2 Erwerbskosten	**120**

Erwerbskosten dürfen nur angesetzt werden, soweit sie tatsächlich entstehen oder mit ihrem Entstehen sicher gerechnet werden kann. Dazu gehören:

Vermessungskosten	121	Grunderwerbskosten	125
Gerichtskosten	122	Gebühren für Wertberechnungen und dafür nötige Bodenuntersuchungen	126
Notarkosten	123	Amtliche Genehmigungen	127
Maklerprovisionen	124	Kosten im Zusammenhang mit Verlegung, Zusammenlegung oder Grenzregulierung	128

[4)] Für den Begriff Verkehrswert gilt § 194 des Baugesetzbuchs. Im steuerbegünstigten Wohnungsbau dürfen neben dem Verkehrswert Kosten der Zwischenfinanzierung, Kapitalkosten und Steuerbelastungen des Baugrundstücks, die auf die Bauzeit fallen, nicht angesetzt werden.
[5)] Gemäß Wertermittlungsverordnung, zuletzt geändert am 18. 08. 1997 (WertV 98).

3 **Erschließungskosten**	**200**
Wird die Erschließung im Zusammenhang mit dem Bauvorhaben durchgeführt, so darf außer den Erschließungskosten nur der Wert des nicht erschlossenen Baugrundstücks nach Absatz 1 angesetzt werden. Ist die Erschließung bereits vorher ganz oder teilweise durchgeführt worden, so kann der Wert des ganz oder teilweise erschlossenen Baugrundstücks angesetzt werden, wenn ein Ansatz von Erschließungskosten insoweit unterbleibt. Dazu gehören:	
a) Abfindungen und Entschädigungen an Mieter, Pächter und sonstige Dritte zur Erlangung der freien Verfügbarkeit über das Grundstück,	130
b) Kosten für das Herrichten des Baugrundstücks, z. B. Abräumen, Abholzen, Roden, Bodenbewegung, Entrümpelung, Gesamtabbruch,	210
c) Kosten der öffentlichen Entwässerungs- und Versorgungsanlagen, die nicht Kosten der Gebäude oder der Außenanlagen sind, und Kosten öffentlicher Flächen für Straßen, Freiflächen und dgl., soweit diese Kosten vom Grundstückseigentümer aufgrund gesetzlicher Bestimmungen (z. B. Anliegerleistungen) oder vertraglicher Vereinbarungen (z. B. Unternehmerstraßen) zu tragen und vom Bauherrn zu übernehmen sind,	220
d) Kosten der nichtöffentlichen Entwässerungs- und Versorgungsanlagen, die nicht Kosten der Gebäude oder der Außenanlagen sind, und Kosten nichtöffentlicher Flächen für Straßen, Freiflächen und dgl., wie Privatstraßen, Abstellflächen für Kraftfahrzeuge, wenn es sich um Daueranlagen handelt, d. h. Anlagen, die auch nach etwaigem Abgang der Bauten im Rahmen der allgemeinen Ortsplanung bestehenbleiben müssen,	230
e) andere einmalige Abgaben, die vom Bauherrn nach gesetzlichen Bestimmungen verlangt werden (z. B. Bauabgaben, Ansiedlungsleistungen, Ausgleichsbeträge).	240
	DIN 276 (6.93)
II Baukosten (§ 7)	**300 – 700**
1. Baukosten dürfen nur angesetzt werden, soweit sie tatsächlich entstehen oder mit ihrem Entstehen sicher gerechnet werden kann und soweit sie bei gewissenhafter Abwägung aller Umstände, bei wirtschaftlicher Bauausführung und bei ordentlicher Geschäftsführung gerechtfertigt sind. 2. Bei Wiederaufbau und bei Ausbau durch Umwandlung oder Umbau eines Gebäudes gehört zu den Baukosten auch der Wert der verwendeten Gebäudeteile.	
1 **Kosten der Gebäude**	**300 u. 400**
Das sind Kosten (getrennt nach der Art der Gebäude oder Gebäudeteile) sämtlicher Bauleistungen, die für die Errichtung der Gebäude erforderlich sind. Zu den Kosten der Gebäude gehören auch: a) die Kosten aller eingebauten oder mit den Gebäuden fest verbundenen Sachen, z. B. Anlagen zur Beleuchtung, Erwärmung, Kühlung und Lüftung von Räumen und zur Versorgung mit Elektrizität, Gas, Kalt- und Warmwasser (bauliche Betriebseinrichtungen), bis zum Hausanschluss an die Außenanlagen, Öfen, Koch- und Waschherde, Bade- und Wascheinrichtungen, eingebaute Rundfunkanlagen, Gemeinschaftsantennen, Blitzschutzanlagen, Luftschutzanlagen, Luftschutzvorsorgeanlagen, bildnerischer und malerischer Schmuck an und in Gebäuden, eingebaute Möbel, b) die Kosten aller vom Bauherrn erstmals zu beschaffenden, nicht eingebauten oder nicht fest verbundenen Sachen an und in den Gebäuden, die zur Benutzung und zum Betrieb der baulichen Anlagen erforderlich sind oder zum Schutz der Gebäude dienen, z. B. Öfen, Koch- und Waschherde, Bade- und Wascheinrichtungen, soweit sie nicht unter den vorstehenden Absatz fallen, Aufsteckschlüssel für innere Leitungshähne und Ventile, Bedienungseinrichtungen für Sammelheizkessel (Schaufeln, Schürstangen usw.), Dachaussteige- und Schornsteinleitern, Feuerlöschanlagen (Schläuche, Stand- und Strahlrohre für eingebaute Feuerlöschanlagen), Schlüssel für Fenster- und Türverschlüsse usw. Zu den Kosten der Gebäude gehören auch die Kosten von Teilabbrüchen innerhalb der Gebäude.	

2 Kosten der Außenanlagen	500

Das sind die Kosten sämtlicher Bauleistungen, die für die Herstellung der Außenanlagen erforderlich sind:

a) die Kosten der Entwässerungs- und Versorgungsanlagen vom Hausanschluss ab bis an das öffentliche Netz oder an nichtöffentliche Anlagen, die Daueranlagen sind, außerdem alle anderen Entwässerungs- und Versorgungsanlagen außerhalb der Gebäude, Kleinkläranlagen, Sammelgruben, Brunnen, Zapfstellen usw.,
b) die Kosten für das Anlegen von Höfen, Wegen und Einfriedungen, nichtöffentlichen Spielplätzen usw.,
c) die Kosten der Gartenanlagen und Pflanzungen, die nicht zu den besonderen Betriebseinrichtungen gehören, der nicht mit einem Gebäude verbundenen Freitreppen, Stützmauern, fest eingebauten Flaggenmaste, Teppichklopfstangen, Wäschepfähle usw.,
d) die Kosten sonstiger Außenanlagen, z.B. Luftschutzaußenanlagen, Kosten für Teilabbrüche außerhalb der Gebäude, soweit sie nicht zu den Kosten für das Herrichten des Baugrundstücks gehören.

3 Baunebenkosten	700
3.1 Kosten der Architekten- und Ingenieurleistungen	**730**

1. Diese Leistungen umfassen Planung, Ausschreibungen, Bauleitung, Bauausführung und Bauabrechnung.
2. Auf die Ansätze für die Kosten der Architekten, Ingenieure und anderer Sonderfachleute, die Kosten der Verwaltungsleistungen bei Vorbereitung und Durchführung des Bauvorhabens und die damit zusammenhängenden Nebenkosten ist § 7 Abs. 1 anzuwenden.
3. Der Berechnung des Höchstbetrags für die Kosten der Architekten- und Ingenieurleistungen sind die Teile I bis III und VII bis XII der Honorarordnung für Architekten und Ingenieure vom 1. Januar 1996 zugrunde zu legen.

3.2 Kosten der dem Bauherrn obliegenden Verwaltungsleistungen bei Vorbereitung und Durchführung des Bauvorhabens	710

Der Berechnung des Höchstbetrags für die Kosten der Verwaltungsleistungen ist ein Vomhundertsatz der Baukosten ohne Baunebenkosten und, soweit der Bauherr die Erschließung auf eigene Rechnung durchführt, auch der Erschließungskosten zugrunde zu legen, und zwar bei Kosten in der Stufe

1.	bis	127 822,97 €	3,40 vom Hundert,
2.	bis	255 645,94 €	3,19 vom Hundert,
3.	bis	511 291,88 €	2,80 vom Hundert,
4.	bis	818 067,01 €	2,50 vom Hundert,
5.	bis	1 278 229,70 €	2,20 vom Hundert,
6.	bis	1 789 521,58 €	1,90 vom Hundert,
7.	bis	2 556 459,41 €	1,60 vom Hundert,
8.	bis	3 579 043,17 €	1,30 vom Hundert,
9.	über	3 579 043,17 €	1,00 vom Hundert.

Die Vomhundertsätze erhöhen sich

a) um 0,5 im Falle der Betreuung des Baues von Eigenheimen, Eigenheimsiedlungen und Eigentumswohnungen sowie im Falle des Baues von Kaufeigenheimen, Trägerkleinsiedlungen und Kaufeigentumswohnungen,
b) um 0,5, wenn besondere Maßnahmen zur Bodenordnung notwendig sind,
c) um 0,5, wenn die Vorbereitung oder Durchführung des Bauvorhabens mit sonstigen besonderen Verwaltungsschwierigkeiten verbunden ist,
d) um 1,5, wenn für den Bau eines Familienheims oder einer eigengenutzten Eigentumswohnung Selbsthilfe in Höhe von mehr als 10 vom Hundert der Baukosten geleistet wird.

3.3 Kosten der Behördenleistungen	770

Hierzu gehören die Kosten der Prüfungen und Genehmigungen der Behörden oder Beauftragten der Behörden.

3.4 Kosten der Beschaffung der Finanzierungsmittel	**760**
a) Kosten der Beschaffung der Finanzierungsmittel, z. B. Maklerprovisionen, Gerichts- und Notarkosten, einmalige Geldbeschaffungskosten (Hypothekendisagio, Kreditprovisionen und Spesen, Wertberechnungs- und Bearbeitungsgebühren; Bereitstellungskosten usw.), b) Kapitalkosten und Erbbauzinsen, die auf die Bauzeit entfallen, c) Kosten der Beschaffung und Verzinsung der Zwischenfinanzierungsmittel einschließlich der gestundeten Geldbeschaffungskosten (Disagiodarlehen), d) Steuerbelastungen des Baugrundstücks, die auf die Bauzeit entfallen, e) Kosten der Beschaffung von Darlehen und Zuschüssen zur Deckung von laufenden Aufwendungen, Fremdkapitalkosten, Annuitäten und Bewirtschaftungskosten.	
3.5 Sonstige Nebenkosten bei Vorbereitung und Durchführung des Bauvorhabens	**772-779**
z. B. die Kosten der Bauversicherungen während der Bauzeit, der Bauwache, der Baustoffprüfungen des Bauherrn, der Grundsteinlegungs- und Richtfeier.	
4 Kosten der Besonderen Betriebseinrichtungen	**400**
Das sind z. B. die Kosten für Personen- und Lastenaufzüge, Müllbeseitigungsanlagen, Hausfernsprecher, Uhrenanlagen usw.	
5 Kosten des Gerätes und sonstiger Wirtschaftsausstattungen	**600**
Das sind a) die Kosten für alle vom Bauherrn erstmals zu beschaffenden beweglichen Sachen, die nicht unter die Kosten der Gebäude oder der Außenanlagen fallen, z. B. Asche- und Müllkästen, abnehmbare Fahnen, Fenster- und Türbehänge, Feuerlösch- und Luftschutzgerät, Haus- und Stallgerät usw., b) die Kosten für Wirtschaftsausstattungen bei Kleinsiedlungen usw., z. B. Ackergerät, Dünger, Kleinvieh, Obstbäume, Saatgut.	
6 Eigenleistung als Sach- und Arbeitsleistung (§ 9)	
Der Wert der Sach- und Arbeitsleistungen des Bauherrn, vor allem der Wert der Selbsthilfe, darf bei den Gesamtkosten mit dem Betrag angesetzt werden, der für eine gleichwertige Unternehmerleistung angesetzt werden könnte. Der Wert der Architekten-, Ingenieur- und Verwaltungsleistungen des Bauherrn darf mit den nach § 8 Abs. 2 Satz 2 Nr. 1 und Abs. 3 bis 5 zulässigen Höchstbeträgen angesetzt werden. Erbringt der Bauherr die Leistungen nur zu einem Teil, so darf nur der den Leistungen entsprechende Teil der Höchstbeträge als Eigenleistungen angesetzt werden.	

1.8.3 Berechnung der Wohnfläche

Bis zum 31.12.2003 war die Wohnfläche für die Beantragung staatlicher Fördermittel und als Vertragsbestandteil von Mietverträgen auf der Grundlage **der §§ 42 bis 44 der Zweiten Berechnungsverordnung** (Verordnung über wohnungswirtschaftliche Berechnungen, II. BV) zu ermitteln. An die Stelle dieser Vorschriften ist seit 01.01.2004 die **Wohnflächenverordnung** (Verordnung zur Berechnung der Wohnfläche, über die Aufstellung von Betriebskosten und zur Änderung anderer Verordnungen vom 25. November 2003, WoFIV) getreten. In § 5 Übergangsvorschrift dieser Verordnung wird allerdings die Gültigkeit der Berechnungen, die bis zum 31.12.2003 aufgestellt wurden, so lange bestätigt, wie mögliche bauliche Änderungen danach eine Neuberechnung der Wohnfläche nicht erfordern. Die Wohnflächenverordnung gilt uneingeschränkt für alle Neubauten und Umbauten ab dem 01.01.2004 und steht im Mittelpunkt der weiteren Ausführungen.

§ 2 Zur Wohnfläche gehörende Grundflächen

1 Die Wohnfläche einer Wohnung umfasst die Grundflächen der Räume, die ausschließlich zu dieser Wohnung gehören. Die Wohnfläche eines Wohnheims umfasst die Grundflächen der Räume, die zur alleinigen und gemeinschaftlichen Nutzung durch die Bewohner bestimmt sind.

2 Zur Wohnfläche gehören auch die Grundflächen von
2.1 Wintergärten, Schwimmbädern und ähnlichen nach allen Seiten geschlossenen Räumen sowie
2.2 Balkonen, Loggien, Dachgärten und Terrasssen, wenn sie ausschließlich zu der Wohnung oder dem Wohnheim gehören.

3 Zur Wohnfläche gehören nicht die Grundfläche folgender Räume:
3.1 Zubehörräume, insbesondere:
- a) Kellerräume
- b) Abstellräume und Kellerersatzräume außerhalb der Wohnung
- c) Waschküchen
- d) Bodenräume
- e) Trockenräume
- f) Heizungsräume
- g) Garagen.

3.2 Räume, die nicht den an ihre Nutzung zu stellenden Anforderungen des Bauordnungsrechtes der Länder genügen, sowie
3.3 Geschäftsräume.

§ 3 Ermittlung der Grundfläche

1 Die Grundfläche ist **nach den lichten Maßen zwischen den Bauteilen** zu ermitteln; dabei ist von der Vorderkante der Bekleidung auszugehen. Bei fehlenden begrenzenden Bauteilen ist der bauliche Abschluss zu Grunde zu legen.

2 Bei der Ermittlung der Grundfläche sind namentlich einzubeziehen die Grundflächen von
2.1 Tür- und Fensterbekleidungen sowie Tür- und Fensterumrahmungen;
2.2 Fuß-, Sockel- und Schrammleisten;
2.3 fest eingebauten Gegenständen, wie z. B. Öfen, Heiz- und Klimageräten, Herden, Bade- oder Duschwannen;
2.4 freiliegenden Installationen;
2.5 Einbaumöbeln und
2.6 nicht ortsgebundenen versetzbaren Raumteilern.

3 Bei der Ermittlung der Grundflächen bleiben außer Betracht die Grundflächen von
3.1 Schornsteinen, Vormauerungen, Bekleidungen, freistehenden Pfeilern und Säulen, wenn sie eine Höhe von 1,50 Meter aufweisen und ihre Grundfläche mehr als 0,1 m^2 beträgt;
3.2 Treppen mit über drei Steigungen und deren Treppenabsätze;
3.3 Türnischen und
3.4 Fenster- und offenen Wandnischen, die nicht bis zum Fußboden herunterreichen oder bis zum Fußboden herunterreichen und 0,13 m oder weniger tief sind.

4 Die Grundfläche ist durch Ausmessung im fertig gestellten Wohnraum oder auf Grund einer Bauzeichnung zu ermitteln. Wird die Grundfläche auf Grund einer Bauzeichnung ermittelt, muss diese
4.1 für ein Genehmigungs-, Anzeige-, Genehmigungsfreistellungs- oder ähnliches Verfahren nach dem Bauordnungsrecht der Länder gefertigt oder, wenn ein bauordnungsrechtliches Verfahren nicht erforderlich ist, für ein solches geeignet sein und
4.2 die Ermittlung der lichten Maße zwischen den Bauteilen im Sinne des Absatzes 1 ermöglichen.

Ist die Grundfläche nach einer Bauzeichnung ermittelt worden und ist abweichend von dieser Bauzeichnung gebaut worden, ist die Grundfläche durch Ausmessung im fertig gestellten Wohnraum oder auf Grund einer berichtigten Bauzeichnung neu zu ermitteln.

§ 4 Anrechnung der Grundflächen

Die Grundflächen

1. von Räumen und Raumteilen mit einer lichten Höhe von mindestens 2,0 m sind vollständig
2. von Räumen und Raumteilen mit einer lichten Höhe von mindestens 1,0 m und weniger als 2,0 m sind zur Hälfte
3. von unbeheizbaren Wintergärten, Schwimmbädern und ähnlichen nach allen Seiten geschlossenen Räumen sind zur Hälfte und
4. von Balkonen, Loggien, Dachgärten und Terrassen sind in der Regel zu einem Viertel, höchstens jedoch zur Hälfte

anzurechnen.

Siehe hierzu auch die nachfolgenden Abb. und das Bsp. zur Gliederung der Wohnfläche auf nachfolgender Seite.

Abbildungen zu Abschn. 1.8.3: Berechnung der Wohnfläche

Abb. 1

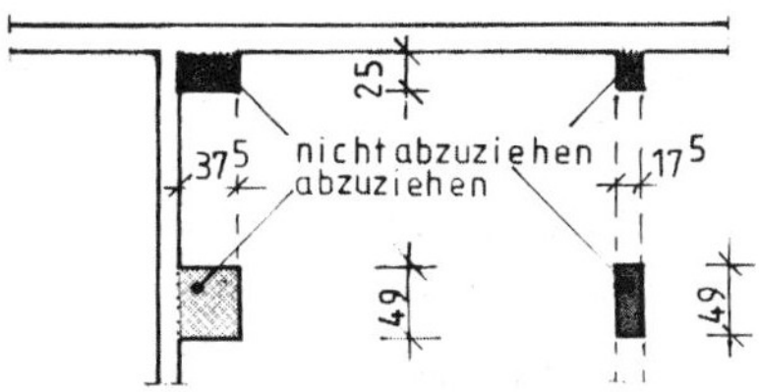

Abb. 2

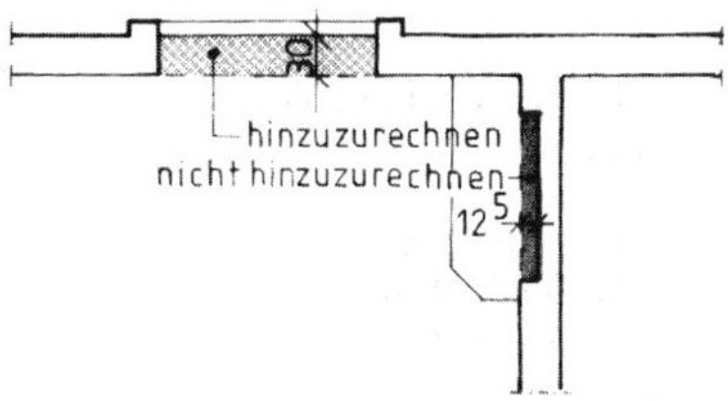

Abb. 3

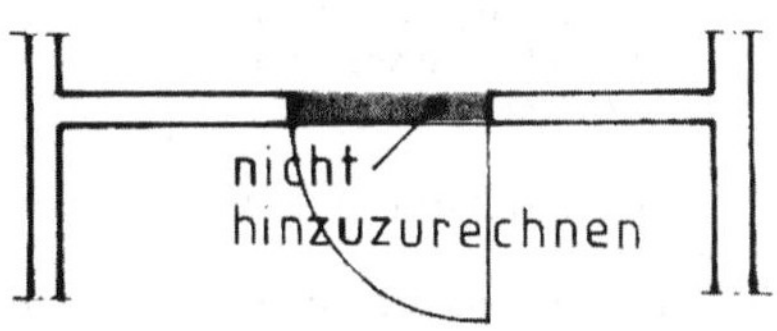

Abb. 4

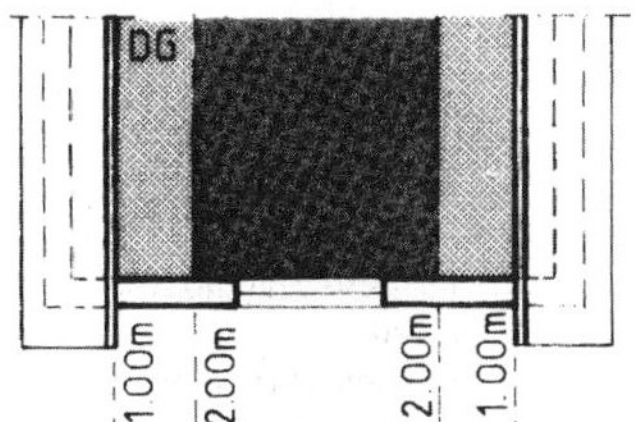

Grundriss mit Angabe der lichten Höhe

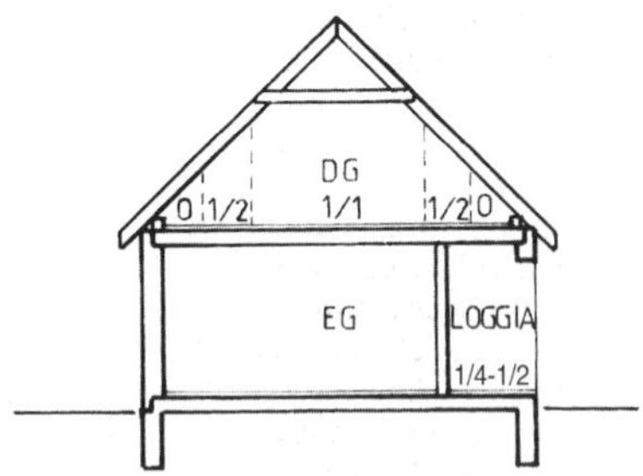

Schnitt mit Angabe der Anrechenbarkeit

Gliederung der Wohnflächenberechnung

1	2	3	4	5
Gliederung[1]	Ansatz und Abzüge, a × b	Grundfläche	Abzug[2] für Anrechenbarkeit (§ 4 WoFlV)	Wohnfläche
I Wohn- und Schlafräume				
II Küchen				
III Nebenräume				

[1] Diese Gliederung ist eine Empfehlung und hat die II. BV und die DIN 283-2 (3.51) Berechnung der Wohn- und Nutzflächen zur Grundlage. In der Wohnflächenverordnung ist sie nicht vorgeschrieben. Eine weitere Untergliederung, z. B. beim Bau von Mehrfamilienhäusern, sollte getrennt nach Geschossen und Wohnungen sowie durch die systematische Zuordnung von Raumnummern erfolgen.

[2] von Spalte 3 unter Verwendung der Faktoren 1,0; 0,5; 0,25 und 0,0.

1.8.4 Berechnung des umbauten Raumes

Bei Kostenschätzungen mit sog. **Bezugsgrößen** ist großer Wert auf die Unterscheidung zwischen
umbautem Raum nach DIN 277 (3.54), Kosten von Hochbauten und dem
Bruttorauminhalt nach DIN 277 (2.05), Kosten im Hochbau zu legen. Bei falscher Zuordnung der nötigen Baukostendaten (€/m^3 UBR und €/m^3 BRIa) können Fehler entstehen, die den Genauigkeitsrahmen der Kostenschätzung erheblich überschreiten.

Der umbaute Raum ist in m^3 anzugeben.

1.1 **Voll anzurechnen** ist der umbaute Raum eines Gebäudes, der umschlossen wird:
1.11 **seitlich** von den Außenflächen der Umfassungen (s. Abb. 1, S. 10.49)
1.12 **unten**
1.121 bei unterkellerten Gebäuden von den Oberflächen der untersten Geschossfußböden,
1.122 bei nichtunterkellerten Gebäuden von der Oberfläche des Geländes. Liegt der Fußboden des untersten Geschosses tiefer als das Gelände, gilt Abschnitt 1.121 (s. Abb. 2 und 3, S. 10.49), somit Oberfläche des Geschossfußbodens.
1.13 **oben**
1.131 bei nichtausgebautem Dachgeschoss von den Oberflächen der Fußböden über den obersten Vollgeschossen,
1.132 bei ausgebautem Dachgeschoss, bei Treppenhausköpfen und Fahrstuhlschächten von den Außenflächen der umschließenden Wände und Decken (bei Ausbau mit Leichtbauplatten sind die begrenzenden Außenflächen durch die Außen- oder Oberkante der Teile zu legen, welche diese Platten unmittelbar tragen),
1.133 bei Dachdecken, die gleichzeitig die Decke des obersten Vollgeschosses bilden, von den Oberflächen der Tragdecke oder Balkenlage,
1.134 bei Gebäuden oder Bauteilen ohne Geschossdecken von den Außenflächen des Daches, vgl. Abschnitt 1.35 (s. Abb. 4 und 5, S. 10.49).

1.2 **Mit einem Drittel anzurechnen** ist der umbaute Raum von nichtausgebauten Dachgeschossen, der umschlossen wird von den Flächen nach Abschnitt 1.131 oder 1.132 und den Außenflächen des Daches (s. Abb. 4 und 5, S. 10.49).

1.3 **Bei den Berechnungen nach Abschnitt 1.1 und 1.2 ist**
1.31 die Gebäudegrundfläche nach den Rohbaumaßen des Erdgeschosses zu berechnen,
1.32 bei wesentlich verschiedenen Geschossgrundflächen der umbaute Raum geschossweise zu berechnen,
1.33 **nicht abzuziehen** der umbaute Raum, der gebildet wird von:
1.331 äußeren Leibungen von Fenstern und Türen und äußeren Nischen in den Umfassungen,
1.332 Hauslauben (Loggien), d.h. an höchstens zwei Seitenflächen offenen, in übrigen umbauten Räumen,
1.34 **nicht hinzuzurechnen** der umbaute Raum, den folgende Bauteile bilden:
1.341 stehende Dachfenster und Dachaufbauten mit einer vorderen Ansichtsfläche bis zu je 2 m^2 (s. Abb. 6, S. 10.49) (Dachaufbauten mit größerer Aussichtsfläche siehe Abschnitt 1.42),
1.342 Balkonplatten und Vordächer bis zu 0,5 m Ausladung (weiter ausladende Balkonplatten und Vordächer siehe Abschnitt 1.44),
1.343 Dachüberstände, Gesimse, ein bis drei nichtunterkellerte, vorgelagerte Stufen, Wandpfeiler, Halbsäulen und Pilaster,
1.344 Gründungen gewöhnlicher Art, deren Unterfläche bei unterkellerten Bauten nicht tiefer als 0,5 m unter der Oberfläche des Kellergeschossfußbodens, bei nichtunterkellerten Bauten nicht tiefer als 1 m unter der Oberfläche des umgebenden Geländes liegt (Gründungen außergewöhnlicher Art und Tiefe siehe Abschnitt 1.48),
1.345 Kellerlichtschächte und Lichtgräben,
1.35 für Teile eines Baues, deren Innenraum ohne Zwischendecken bis zur Dachfläche durchgeht, der umbaute Raum getrennt zu berechnen, vgl. Abschnitt 1.134,
1.36 für zusammenhängende Teile eines Baues, die sich nach dem Zweck und deshalb in der Art des Ausbaues wesentlich von den übrigen Teilen unterscheiden, der umbaute Raum getrennt zu berechnen.

1.4 **Von der Berechnung des umbauten Raumes nicht erfasst werden folgende (besonders zu veranschlagende) Bauausführungen und Bauteile:**
1.41 geschlossene Anbauten, in leichter Bauart und mit geringwertigem Ausbau und offene Anbauten, wie Hallen, Überdachungen (mit oder ohne Stützen) von Lichthöfen, Unterfahrten auf Stützen, Veranden,
1.42 Dachaufbauten mit vorderen Ansichtsflächen von mehr als 2 m^2 und Dachreiter (s. Abb. 6, S. 10.49),
1.43 Brüstungen von Balkonen und begehbaren Dachflächen,
1.44 Balkonplatten und Vordächer mit mehr als 0,5 m Ausladung,
1.45 Freitreppen mit mehr als 3 Stufen und Terrassen (und ihre Brüstungen),
1.46 Füchse, Gründungen für Kessel und Maschinen,
1.47 frei stehende Schornsteine und der Teil von Hausschornsteinen, der mehr als 1 m über den Dachfirst hinausragt,
1.48 Gründungen außergewöhnlicher Art, wie Pfahlgründungen, und Gründungen außergewöhnlicher Tiefe, deren Unterfläche tiefer liegt, als im Abschnitt 1.344 angegeben,
1.49 wasserdruckhaltende Dichtungen.

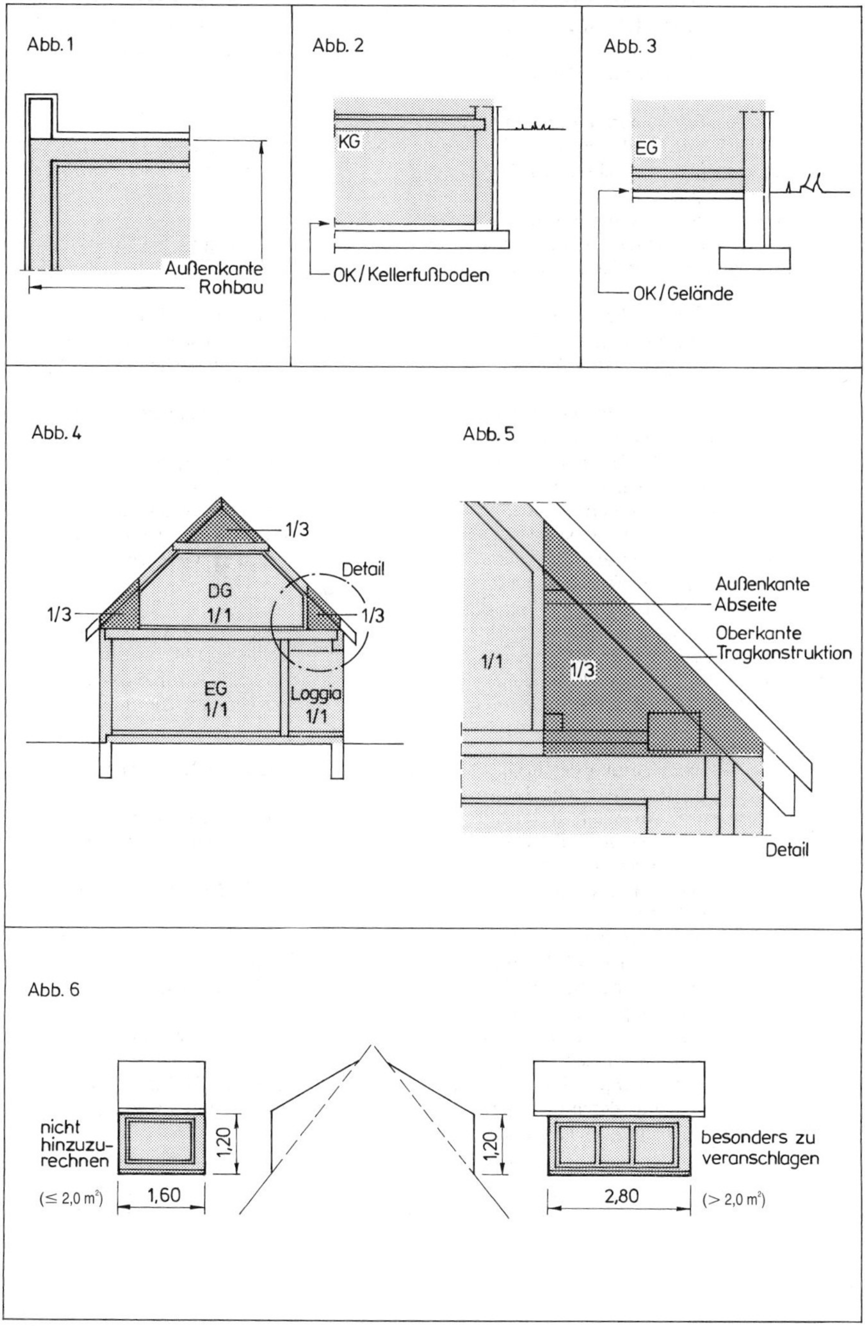

Abbildungen zu 1.8.4: Berechnung des umbauten Raumes

2 Honorarordnung

(Verordnung über die Honorare für Leistungen der Architekten und der Ingenieure, HOAI)

in der Fassung der 5. Änderungsverordnung vom 1. Januar 1996

2.1 Leistungen bei Gebäuden (HOAI Teil II)

2.1.1 Grundlagen des Honorars (§ 10)

2.1.2	anrechenbare Kosten (ohne Umsatzsteuer) des Objekts	1) 2)
2.1.3	Honorarzone des Objekts	§ 11 u. 12
2.1.4	Leistungsumfang/Grundleistungen	§ 15
2.1.5	Honorartafel	§ 16

1) Kostengliederung nach DIN 276 (4.81). Die Fassung 6.93 ist im Abschnitt 1.7 abgedruckt und bedarf noch der Einführung innerhalb der HOAI.

2) Als anrechenbare Kosten gelten für die Leistungsphasen (siehe Abschnitt 2.1.4) 1 bis 4 das Ergebnis der Kostenberechnung, ggf. der Kostenschätzung, und für die Leistungsphasen 5 bis 7 das Ergebnis des Kostenanschlags, ggf. der Kostenberechnung, und für die Leistungsphasen 8 und 9 das Ergebnis der Kostenfeststellung, ggf. des Kostenanschlags. Die verschiedenen Kostenermittlungsarten sind im Abschnitt 1.2 dargestellt, siehe auch [10.30], [10.31].

2.1.2 Anrechenbare Kosten für Grundleistungen bei Gebäuden

%	Bezeichnung	DIN 276 (4.81)
100	Baukonstruktionen und besondere Baukonstruktionen	3.1 u. 3.5.1
	Herrichten des Grundstückes; nichtöffentliche Erschließung 3)	1.4 u. 2.2
	Abwasser- und Versorgungsanlagen; Verkehrsanlagen 3)	5.3 u. 5.7
	Außenanlagen 3) (bis 7 500,00 €, sonst. 2.2)	5.1, 5.2, 5.6 u. 5.8
	Anlagen und Einrichtungen aller Art 3) (auch außerhalb DIN 276)	4.0 u. 5.4
	Geräte und Wirtschaftsgegenstände 3)	4.0 u. 5.4
	künstlerisch gestaltete Bauteile 3)	3.5.5 u. 5.4
	zusätzliche Maßnahmen (siehe auch § 32 HOAI, Winterbau 3)	6.0
	Telefon-Ortsvermittlungsstellen und nicht überwiegend der Ver- und Entsorgung dienende Maschinentechnik 3)	–
	Kunstwerke als wesentliche Bestandteile des Objektes	3.5.5 u. 5.5
	Installationen, zentrale Betriebstechnik und betriebliche Einbauten, soweit die zugehörigen Kosten 25 % der sonstigen anrechenbaren Kosten nicht überschreiten	3.2 bis 3.4 u. 3.5.2 bis 3.5.4
50	Installationen, zentrale Betriebstechnik und betriebliche Einbauten, deren Kosten 25 % der sonstigen anrechenbaren Kosten überschreiten	3.2 bis 3.4 u. 3.5.2 bis 3.5.4

3) Nur, soweit der Auftragnehmer dafür plant, die Ausführung oder den Einbau überwacht bzw. bei der Beschaffung mitwirkt.

2.1.3 Honorarzonen mit Objektbeispielen

I	Baracken und andere Behelfsbauten, Pausen-, Spiel-, Liege- und Wandelhallen, einfache landwirtschaftliche Gebäude, Tribünenbauten
II	einfache Wohnbauten mit gemeinschaftlichen Sanitär- und Kücheneinrichtungen, Garagen, Parkhäuser, Gewächshäuser, geschlossene eingeschossige Hallen, einfache Werkstätten
III	Wohnhäuser und Heime mit durchschnittlicher Ausstattung, Kinderhorte und -gärten, Jugendherbergen, Grundschulen, Versammlungsstätten, Altentagesstätten, Druckereien, durchschnittlich ausgestattete Bürogebäude, Läden, Einkaufszentren, Großmärkte, Messehallen, Gaststätten, Kantinen, Mensen, Feuerwachen, Rettungsstationen, Hilfskrankenhäuser, Turn- und Sportgebäude
IV	Wohnhäuser mit überdurchschnittlicher Ausstattung. Wohnbauten mit hohem Planungsaufwand, Zentralwerkstätten, Kraftwerksgebäude, Schulen (ohne Grundschulen) bis einschließlich Universitäten und Volkshochschulen, Labor- und Institutsgebäude für Lehre und Forschung, Bibliotheken, Archive, Großküchen, Hotels, Banken, Kaufhäuser, öffentliche und private Veranstaltungsgebäude, Parlaments- und Justizgebäude, Krankenhäuser der Versorgungsstufe I und II, Kirchen, Konzerthallen, Museen, Mehrzweckhallen, Hallenschwimmbäder, Großsportstätten
V	Krankenhäuser der Versorgungsstufe III, Gebäude der Schwermetallindustrie, Fernseh-, Rundfunk- und Theaterstudios, Konzert- und Theatergebäude, Bauten für experimentell wissenschaftliche Forschung

2.1.4 Leistungsumfang/Grundleistungen

§ 15 Leistungsbild Objektplanung für Gebäude (Neubauten, Neuanlagen, Erweiterungsbauten, Umbauten, Modernisierungen), Freianlagen und raumbildende Ausbauten	Bewertung der Grundleistungen in v. H. der Honorare		
	Gebäude (2.1)	Freianlagen (2.2)	raumbildende Ausbauten (2.3)
1. Grundlagenermittlung Ermitteln der Voraussetzungen zur Lösung der Bauaufgabe durch die Planung	3	3	3
2. Vorplanung (Projekt- und Planungsvorbereitung) Erarbeiten der wesentlichen Teile einer Lösung der Planungsaufgabe	7	10	7
3. Entwurfsplanung (System- und Integrationsplanung) Erarbeiten der endgültigen Lösung der Planungsaufgabe	11	15	14
4. Genehmigungsplanung Erarbeiten und Einreichen der Vorlagen für die erforderliche Genehmigung oder Zustimmungen	6	6	2
5. Ausführungsplanung Erarbeiten und Darstellen der ausführungsreifen Planungslösung	25	24	30
6. Vorbereitung der Vergabe Ermitteln der Mengen und Aufstellen von Leistungsverzeichnissen	10	7	7
7. Mitwirkung bei der Vergabe Ermitteln der Kosten und Mitwirkung bei der Auftragsvergabe	4	3	3
8. Objektüberwachung (Bauüberwachung) Überwachen der Ausführung des Objekts	31	29	31
9. Objektbetreuung und Dokumentation Überwachen der Beseitigung von Mängeln und Dokumentation des Gesamtergebnisses	3	3	3

2.1.5 Honorartafel Gebäude und raumbildende Ausbauten

Anrechenbare Kosten Euro	Zone I von Euro	Zone I bis Euro	Zone II von Euro	Zone II bis Euro	Zone III von Euro	Zone III bis Euro	Zone IV von Euro	Zone IV bis Euro	Zone V von Euro	Zone V bis Euro
25 565	1 984	2 413	2 413	2 991	2 991	3 855	3 855	4 433	4 433	4 862
30 000	2 325	2 826	2 826	3 497	3 497	4 498	4 498	5 159	5 169	5 670
35 000	2 719	3 299	3 299	4 075	4 075	5 236	5 236	6 012	6 012	6 593
40 000	3 101	3 762	3 762	4 647	4 647	5 968	5 968	6 853	6 853	7 513
45 000	3 494	4 234	4 234	5 221	5 221	6 702	6 702	7 689	7 689	8 429
50 000	3 881	4 697	4 697	5 780	5 780	7 413	7 413	8 496	8 496	9 312
100 000	7 755	9 278	9 278	11 311	11 311	14 360	14 360	16 393	16 393	17 916
150 000	11 635	13 753	13 753	16 578	16 578	20 818	20 818	23 644	23 644	25 761
200 000	15 510	18 115	18 115	21 586	21 586	26 792	26 792	30 263	30 263	32 868
250 000	19 385	22 384	22 384	26 380	26 380	32 373	32 373	36 369	36 369	39 368
300 000	22 848	25 983	25 983	30 650	30 650	37 643	37 643	42 309	42 309	45 808
350 000	25 060	29 131	29 131	34 561	34 561	42 700	42 700	48 131	48 131	52 201
400 000	27 272	31 922	31 922	38 127	38 127	47 432	47 432	53 637	53 637	58 287
450 000	29 144	34 382	34 382	41 362	41 362	51 840	51 840	58 820	58 820	64 059
500 000	30 671	36 488	36 488	44 243	44 243	55 876	55 876	63 631	63 631	69 447
1 000 000	55 293	65 535	65 535	79 193	79 193	99 682	99 682	113 340	113 340	123 582
1 500 000	80 167	94 804	94 804	114 317	114 317	143 592	143 592	163 105	163 105	177 742
2 000 000	105 005	124 033	124 033	149 401	149 401	187 455	187 455	212 823	212 823	231 851
2 500 000	129 845	153 271	153 271	184 503	184 503	231 352	231 352	262 584	262 584	286 006
3 000 000	155 660	182 183	182 183	217 541	217 541	270 581	270 581	305 940	305 940	332 462
3 500 000	181 605	211 053	211 053	250 321	250 321	309 221	309 221	348 488	348 488	377 937
4 000 000	207 550	239 927	239 927	283 101	283 101	347 856	347 856	391 030	391 030	423 407
4 500 000	233 491	268 798	268 798	315 877	315 877	386 495	386 495	433 574	433 574	468 881
5 000 000	259 435	297 672	297 672	348 656	348 656	425 135	425 135	476 119	476 119	514 356
10 000 000	518 870	589 823	589 823	684 426	684 426	826 334	826 334	920 937	920 937	991 890
15 000 000	778 305	877 041	877 041	1 008 690	1 008 690	1 206 165	1 206 165	1 337 814	1 337 814	1 436 550
20 000 000	1 037 740	1 159 131	1 159 131	1 320 989	1 320 989	1 563 771	1 563 771	1 725 629	1 725 629	1 847 020
25 000 000	1 297 175	1 442 062	1 442 062	1 635 242	1 635 242	1 925 012	1 925 012	2 118 192	2 118 192	2 263 075
25 564 594	1 326 470	1 474 024	1 474 024	1 670 759	1 670 759	1 965 861	1 965 861	2 162 596	2 162 596	2 310 145

Anmerkungen: Neben dem Mindest- (von) und dem Höchstsatz (bis) können weitere Honorarsätze vereinbart werden. Üblich ist die Verwendung von 1/4-Satz, 1/2-Satz und 3/4-Satz. Die Überschreitung des Mindestsatzes bedarf der Schriftform (Empfehlung: Arch.-Vertrag).

2.1.6 Berechnungsbeispiel für Gebäude (Schlussrechnung)[1]

Das Beispiel gilt auch für Freianlagen und raumbildende Ausbauten. **Beträge: €**

anrechenbare Kosten	Kosten-berechnung	Kosten-anschlag	Kosten-feststellung	Honorar	
				Zone III, Mindestsatz	Betrag
3.1	166 000	179 000	191 000	bei 200 000 anrechenbaren Kosten	21 586
1.4 und 2.2	7 000	8 000	8 000	bei 250 000 anrechenbaren Kosten	26 380
Zwischen-summe[2]	**173 000**	**187 000**	**199 000**	bei 217 625 anrechenbaren Kosten[3]	23 276
3.2 bis 3.4	46 000	49 000	51 000	davon 27 % (Leistungsphase 1-4)	**6 285**
– 25 %[2]	**43 250**	**46 750**	**49 750**	bei 234 875 anrechenbaren Kosten[3]	24 930
übersteigender Betrag	2 750	2 250	1 250	davon 39 % (Leistungsphase 5-7)	**9 723**
				bei 249 375 anrechenbaren Kosten[3]	26 320
				davon 31 % (Leistungsphase 8)[4]	**8 159**
				Honorar, netto	**24 167**
davon 50 %	**1 375**	**1 125**	**625**	Umsatzsteuer (§ 9) 16 %	**3 867**
Gesamt	**217 625**	**234 875**	**249 375**	Honorar, brutto[5]	**28 034**

[1] Abschlagszahlungen sind davon abzuziehen.
[2] Sonstige (Abschnitt 2.1.2) anrechenbare Kosten.
[3] Ermittelt durch lineare Interpolation (§ 5 a).
[4] Die Leistungsphase 9, Objektbetreuung und Dokumentation, ist in diesem Beispiel nicht enthalten. Es empfiehlt sich dafür ein gesonderter Architektenvertrag, da sonst eine Honorarschlussrechnung erst nach Ablauf der Gewährleistungsfristen für die Leistungen der ausführenden Firmen (z. B. 2 oder 5 Jahre) gestellt werden kann.
[5] Nebenkosten (§ 7) für Post- und Fernmeldegebühren, Vervielfältigungen (Lichtpausen, Kopien, Druck), Foto und Film, Baustellenbüro, Fahrtkosten und andere Entschädigungen können pauschal mit Abschlags- bzw. Schlussrechnung abgerechnet werden. Die Vereinbarung einer Nebenkostenpauschale (üblich: 5–7 %) bedarf gemäß HOAI der schriftlichen Vereinbarung. Soweit nach Einzelnachweisen abgerechnet wird, empfiehlt sich eine gesonderte Rechnung.

Anmerkungen:

Das Berechnungsbeispiel sowie der Abschnitt 2.1.4 enthalten ausschließlich Grundleistungen und keinerlei Besondere Leistungen. Das Honorar für diese Leistungen ist gesondert zu vereinbaren und richtet sich nach dem Verhältnis des Arbeits- und Zeitaufwandes zu den Grundleistungen. Besondere Leistungen können auch mit dem Zeithonorar (Abschn. 2.4) abgerechnet werden.

Mögliche Zuschläge zum Honorar:
bei Umbau und Modernisierung von Gebäuden (§ 24): 20 – 33 %
bei Instandhaltung und Instandsetzung (§ 27): bis 50 % für die Leistungsphase 8

2.2 Leistungen bei Freianlagen (HOAI Teil II)

2.2.1 Grundlagen des Honorars (§ 10)

2.2.2	anrechenbare Kosten (ohne Umsatzsteuer) des Objekts	1) 2)
2.2.3	Honorarzone des Objekts	§§ 13 u. 14
2.2.4	Leistungsumfang/Grundleistungen	§ 15 siehe 2.1.4
2.2.5	Honorartafel	§ 17

1) Kostengliederung nach DIN 276 (4.81). Die Fassung (6.93) ist im Abschnitt 1.7 abgedruckt und bedarf noch der Einführung innerhalb der HOAI.

2) Als anrechenbare Kosten gelten für die Leistungsphasen (siehe Abschnitt 2.1.4) 1 bis 4 das Ergebnis der Kostenberechnung, ggf. der Kostenschätzung, und für die Leistungsphasen 4 bis 7 das Ergebnis des Kostenanschlags, ggf. der Kostenberechnung, und für die Leistungsphase 8 und 9 das Ergebnis der Kostenfeststellung, ggf. des Kostenanschlags. Die verschiedenen Kostenermittlungsarten sind im Abschnitt 1.2 dargestellt, siehe auch [10.30], [10.31].

2.2.2 Anrechenbare Kosten für Grundleistungen bei Freianlagen

Bezeichnung	DIN 276 § 10
Planerisch gestaltete Freiflächen und Freiräume sowie entsprechend gestaltete Anlagen in Verbindung mit Bauwerken oder in Bauwerken *insbesondere:* Einzelgewässer mit überwiegend ökologischen und landschaftsgestalterischen Elementen; Teiche ohne Dämme; flächenhafter Erdbau zur Geländegestaltung; einfache Durchlässe und Uferbefestigungen 3)4); Lärmschutzwälle 3); Stützbauwerke und Geländeabstützungen ohne Verkehrsbelastung 4); Stege und Brücken 4); Wege ohne Eignung für den regelmäßigen Fahrverkehr mit einfachen Entwässerungsverhältnissen sowie andere Wege und befestigte Flächen 3)4)	(5) 1 + 2, (5) 7 + 8

3) Als Mittel zur Geländegestaltung.

4) Soweit Leistungen der Tragwerkplanung nicht erforderlich sind.

2.2.3 Honorarzonen mit Objektbeispielen

I	Geländegestaltung mit Einsaaten in der freien Landschaft; Windschutzpflanzungen; Spielwiesen, Ski- und Rodelhänge ohne technische Einrichtungen
II	Freiflächen mit einfachem Ausbau bei kleineren Siedlungen, bei Einzelbauwerken und bei landwirtschaftlichen Aussiedlungen; Ballspielplätze; Ski- und Rodelhänge; einfache Sportplätze; Geländegestaltungen und Pflanzungen für Deponien
III	Freiflächen bei privaten und öffentlichen Bauwerken; Begleitgrün and Verkehrsanlagen; Flächen für den Arten- und Biotopschutz; Ehrenfriedhöfe, Ehrenmale; Kombinationsspielfelder; Camping-, Zelt- und Badeplätze; Kleingartenanlagen
IV	innerörtliche Grünzüge; Oberflächengestaltungen und Pflanzungen für Fußgängerbereiche; extensive Dachbegrünungen; Spielplätze, Sportstadien, Freibäder, Golfplätze; Friedhöfe, Parkanlagen
V	Hausgärten und Gartenhöfe für hohe Repräsentationsansprüche, Terrassen- und Dachgärten, intensive Dachbegrünungen; historischen Parkanlagen; botanische und zoologische Gärten; Gartenausstellungen

2.2.4 Leistungsumfang/Grundleistungen entsprechend Abschn. 2.1.4

2.2.5 Honorartafel Freianlagen

Anrechen-bare Kosten Euro	Zone I von	Zone I bis	Zone II von	Zone II bis	Zone III von	Zone III bis	Zone IV von	Zone IV bis	Zone V von	Zone V bis
	Euro		Euro		Euro		Euro		Euro	
20 452	2 378	2 914	2 914	3 625	3 625	4 694	4 694	5 404	5 404	5 941
25 000	2 896	3 547	3 547	4 412	4 412	5 708	5 708	6 573	6 573	7 224
30 000	3 453	4 228	4 228	5 259	5 259	6 805	6 805	7 836	7 836	8 607
35 000	4 008	4 904	4 904	6 100	6 100	7 887	7 887	9 083	9 083	9 979
40 000	4 559	5 575	5 575	6 931	6 931	8 959	8 959	10 316	10 316	11 332
45 000	5 100	6 237	6 237	7 749	7 749	10 017	10 017	11 529	11 529	12 665
50 000	5 636	6 889	6 889	8 556	8 556	11 056	11 056	12 723	12 723	13 975
100 000	10 664	12 978	12 978	16 059	16 059	20 687	20 687	23 768	23 768	26 082
150 000	15 082	18 275	18 275	22 532	22 532	28 918	28 918	33 174	33 174	36 367
200 000	18 922	22 808	22 808	27 983	27 983	35 754	35 754	40 929	40 929	44 815
250 000	22 149	26 542	26 542	32 398	32 398	41 189	41 189	47 045	47 045	51 438
300 000	26 410	31 337	31 337	37 903	37 903	47 758	47 758	54 323	54 323	59 250
350 000	30 815	36 187	36 187	43 350	43 350	54 095	54 095	61 258	61 258	66 630
400 000	35 215	40 933	40 933	48 555	48 555	59 991	59 991	67 612	67 612	73 330
450 000	39 619	45 565	45 565	53 490	53 490	65 377	65 377	73 303	73 303	79 248
500 000	44 016	50 083	50 083	58 172	58 172	70 309	70 309	78 398	78 398	84 465
1 000 000	88 035	97 296	97 296	109 643	109 643	128 165	128 165	140 512	140 512	149 773
1 500 000	132 050	145 172	145 172	162 670	162 670	188 919	188 919	206 416	206 416	219 538
1 533 876	135 032	148 418	148 418	166 267	166 267	193 043	193 043	210 893	210 893	224 278

2.3 Leistungen bei raumbildenden Ausbauten (HOAI Teil II)

2.3.1 Grundlagen des Honorars (§ 10)

2.3.2	anrechenbare Kosten (ohne Umsatzsteuer) des Objekts	[1] [2]
2.3.3	Honorarzone des Objekts	§§ 14a u. b
2.3.4	Leistungsumfang/Grundleistungen	§ 15 siehe 2.1.4
2.3.5	Honorartafel	§ 16 siehe 2.1.5

[1] Kostengliederung nach DIN 276 (4.81). Die Fassung (6.93) ist im Abschnitt 1.7 abgedruckt und bedarf noch der Einführung innerhalb der HOAI.

[2] Als anrechenbare Kosten gelten für die Leistungsphasen (siehe Abschnitt 2.1.4) 1 bis 4 das Ergebnis der Kostenberechnung, ggf. der Kostenschätzung, und für die Leistungsphasen 5 bis 7 das Ergebnis des Kostenanschlags, ggf. der Kostenberechnung, und für die Leistungsphasen 8 und 9 das Ergebnis der Kostenfeststellung, ggf. des Kostenanschlags. Die verschiedenen Kostenermittlungsarten sind im Abschnitt 1.2 dargestellt, siehe auch [10.30], [10.31].

2.3.2 Anrechenbare Kosten für Grundleistungen bei raumbildenden Ausbauten

Die anrechenbaren Kosten entsprechen den Angaben über Gebäude in Abschnitt 2.1.2. An die Stelle der Kosten für Baukonstruktionen und besondere Baukonstruktionen tritt: Innere Gestaltung oder Erstellung von Innenräumen ohne wesentliche Eingriffe in Bestand oder Konstruktion.

2.3.3 Honorarzonen mit Objektbeispielen

I	Innere Verkehrsflächen; offene Pausen-, Spiel- und Liegehallen; einfachste Innenräume für vorübergehende Nutzung
II	einfache Wohn-, Aufenthalts- und Büroräume, Werkstätten; Verkaufslager, Nebenräume in Sportanlagen, einfache Verkaufskioske
III	Aufenthalts-, Büro-, Freizeit-, Gaststätten-, Gruppen-, Wohn-, Sozial-, Versammlungs- und Verkaufsräume, Kantinen; Hotel-, Kranken-, Klassenzimmer und Bäder (durchschnittliche Ausstattung oder durchschnittliche technische Einrichtung)
IV	Behandlungs-, Verkaufs-, Arbeits-, Bibliotheks-, Sitzungs-, Gesellschafts-, Gaststätten-, Vortragsräume; Hörsäle, Ausstellungen, Messestände, Fachgeschäfte, Empfangs- und Schalterhallen, Parlaments- und Gerichtssäle, Mehrzweckhallen
V	Konzert- und Theatersäle; Studioräume

2.3.4 Leistungsumfang/Grundleistungen entsprechend Abschn. 2.1.4

2.3.5 Honorartafel entsprechend Abschn. 2.1.5

2.3.6 Berechnungsbeispiel entsprechend Abschn. 2.1.6

2.4 Zeithonorar (§ 6)/Gebäude, Freianlagen, raumbildende Ausbauten und Leistungen bei der Tragwerksplanung (Abschn. 2.5)

Zeithonorar kann für alle Leistungen nach HOAI berechnet werden. Der Zeitbedarf ist vorauszuschätzen und kann Grundlage eines Fest- oder Höchstbetrages werden. Soweit dies nicht möglich ist, muss der Zeitbedarf nachgewiesen werden. Das Honorar für Grundleistungen bei der Objektplanung und bei raumbildenden Ausbauten (bzw. Freianlagen), deren anrechenbare Kosten 25 565 € (bzw. 20 452 €) unterschreiten, kann als Pauschal- oder Zeithonorar berechnet werden. Der Mindestsatz des Honorars wird durch die folgenden Stundensätze bzw. die Mindestsätze des Honorars nach § 16 (bzw. § 17) bei 25 565 € (bzw. 20 452 €) anrechenbaren Kosten festgelegt. Als Obergrenze gelten die entsprechenden Höchstsätze.
Das Honorar für Grundleistungen bei Tragwerksplanung, deren anrechenbare Kosten 10 226 € unterschreiten, kann als Pauschalhonorar oder als Zeithonorar berechnet werden. Der Mindestsatz des Honorars wird durch die folgenden Stundensätze bzw. die Mindestsätze des Honorars nach § 65 (Honorartafel Abschnitt 2.5.5) bei 10 226 € anrechenbaren Kosten festgelegt. Als Obergrenze gelten die entsprechenden Höchstsätze.
Die Vereinbarung eines Pauschalhonorares stellt eine große Sicherheit für den Bauherrn dar, während die Auftragnehmer (Architekten und Ingenieure) möglicherweise ein kalkulatorisches Risiko (Wagnis und Gewinn) eingehen.

2.4.1	Auftragnehmer	38 – 82 €
2.4.2	Mitarbeiter für technische oder wirtschaftliche Aufgaben	36 – 59 €
2.4.3	Technische Zeichner und sonstige Mitarbeiter	31 – 43 €

2.5 Leistungen bei der Tragwerksplanung (HOAI Teil VIII)

2.5.1 Grundlagen des Honorars (§ 62)

2.5.2	anrechenbare Kosten (ohne Umsatzsteuer) des Objekts	[1] [2]
2.5.3	Honorarzone des Objekts	§ 63
2.5.4	Leistungsumfang/Grundleistungen	§ 64
2.5.5	Honorartafel	§ 65

[1] Kostengliederung (DIN 276, Ausgabe (4.81) und Ausg. (6.93) wird im Abschnitt 1.7 dieses Kapitels behandelt. DIN 276, Ausgabe (6.93), bedarf noch der Einführung innerhalb der HOAI.

[2] Als anrechenbare Kosten gelten für die Leistungsphasen (siehe Abschnitt 2.5.4) 1 bis 3 das Ergebnis der Kostenberechnung, ggf. der Kostenschätzung, und für die Leistungsphasen 4 bis 6 das Ergebnis der Kostenfeststellung, ggf. des Kostenanschlags. Die verschiedenen Kostenermittlungsarten sind im Abschnitt 1.2 dargestellt.

Literatur: Im Werner Verlag sind zur HOAI (Verordnung über die Honorare für Leistungen der Architekten und Ingenieure) folgende Titel erschienen:

Locher, Horst: HOAI, Textausgabe in Euro-Werten, 2002, mit Berechnungsbeispielen von W. Seifert
Seifert, Werner: HOAI, Honorartabellenbuch in Euro-Werten, 2002
Locher, Horst/Koeble, Wolfgang/Frik, Werner: Kommentar zur HOAI, 9. Aufl. 2006
Wingsch, Dittmar: Leistungsbeschreibungen und Leistungsbewertungen zur HOAI für praxisgerechte Architekten- und Ingenieurverträge, 2002

2.5.2 Anrechenbare Kosten für Leistungen bei der Tragwerksplanung

a	Gebäude[3] und zugehörige bauliche Anlagen	%
3.1 u. 3.5.1	Baukonstruktionen und besondere Baukonstruktionen[4]	**55**
3.2 u. 3.5.2	Installationen und besondere Installationen[4]	**20**

b	Ingenieurbauwerke (Leistungen inkl. Baustelleneinrichtung)	**100**

1. Erdarbeiten
2. Mauerarbeiten
3. Beton- und Stahlbetonarbeiten
4. Naturwerksteinarbeiten
5. Betonwerksteinarbeiten
6. Zimmer- und Holzbauarbeiten
7. Stahlbauarbeiten
8. Tragwerke und Tragwerksteile aus sonstigen Stoffen
9. Abdichtungsarbeiten
10. Dachdeckungs- und Dachabdichtungsarbeiten
11. Klempnerarbeiten
12. Metallbau- und Schlosserarbeiten für tragende Konstruktionen
13. Bohrarbeiten
14. Verbauarbeiten für Baugruben
15. Rammarbeiten
16. Wasserhaltungsarbeiten

[3] Es kann vereinbart werden, dass bei einem hohen Anteil an Kosten der Gründung und der Tragkonstruktionen (DIN 276, 3.1.1 und 3.1.2) sowie bei Umbauten die anrechenbaren Kosten nach den Leistungen 1. bis 12. der Kosten bei Ingenieurbauwerken (b) ermittelt werden.

[4] Soweit hier die Kosten der Technischen Anlagen (KG 400, DIN 276 (6.93)) angerechnet werden, sind diese um die Kosten der Zentralen Betriebstechnik und der Betrieblichen Einbauten zu reduzieren.

2.5.3 Honorarzonen mit Objektbeispielen

I	Tragwerke mit sehr geringem Schwierigkeitsgrad; einfache statisch bestimmte ebene Tragwerke aus Holz, Stahl, Stein oder unbewehrtem Beton mit ruhenden Lasten, ohne Nachweis horizontaler Aussteifung
II	Tragwerke mit geringem Schwierigkeitsgrad; statisch bestimmte ebene Tragwerke mit vorwiegend ruhenden Lasten; Deckenkonstruktionen mit vorwiegend ruhenden Flächenlasten; Mauerwerksbauten ohne Nachweis horizontaler Aussteifung; Flachgründungen und Stützwände einfacher Art
III	Tragwerke mit durchschnittlichem Schwierigkeitsgrad; schwierige statisch bestimmte und unbestimmte ebene Tragwerke; einfache Verbundkonstruktionen des Hochbaus; Tragwerke für Gebäude mit Abfangung der tragenden bzw. aussteifenden Wände; ausgesteifte Skelettbauten; einfache Rahmentragwerke; einfache Traggerüste für Ingenieurbauwerke
IV	Tragwerke mit überdurchschnittlichem Schwierigkeitsgrad; vielfach statisch unbestimmte Systeme; statisch bestimmte räumliche Fachwerke; Tragwerke für schwierige Rahmen- und Skelettbauten; Verbundkonstruktionen; schwierige statisch unbestimmte Flachgründungen; besondere Gründungsverfahren; schwierige Gerüste für Ingenieurbauwerke; Mauerwerk nach Eignungsprüfung
V	Tragwerke mit sehr hohem Schwierigkeitsgrad; schwierige Tragwerke in neuen Bauarten; räumliche Stabwerke und statisch unbestimmte räumliche Fachwerke; Verbundträger mit Vorspannung; Flächentragwerke mit Anwendung der Elastizitätstheorie; schwierige Rahmentragwerke mit Vorspannkonstruktionen und Stabilitätsuntersuchungen

2.5.4 Leistungsumfang/Grundleistungen

§ 64 Leistungsbild Tragwerksplanung	Gebäude und zugehörige bauliche Anlagen	Ingenieurbauwerke	% des Honorars für Grundleistungen
1. Grundlagenermittlung Klären der Aufgabenstellung	**x**		**3**
2. Vorplanung (Projekt- und Planungsvorbereitung) Erarbeiten des statisch-konstruktiven Konzepts des Tragwerks	**x**	**x**	**10**
3. Entwurfsplanung (System- und Integrationsplanung) Erarbeitung der Tragwerkslösung mit überschlägiger statischer Berechnung	**x**	**x**	**12**
4. Genehmigungsplanung Anfertigen und Zusammenstellen der statischen Berechnung mit Positionsplänen für die Prüfung	**x**	**x**	**30**
5. Ausführungsplanung[1] Anfertigen der Tragwerksausführungszeichnungen	**x**	**x**	**42**
6. Vorbereitung der Vergabe Beitrag zur Mengenermittlung und zum Leistungsverzeichnis	**x**	**x**	**3**
7. Mitwirkung bei der Vergabe			(Bes. Leistung)
8. Objektüberwachung			"
9. Objektbetreuung			"

[1] Die Ausführungsplanung wird in folgenden Fällen mit 26 % bewertet: Verzicht auf Schalpläne im Stahlbetonbau; Verzicht auf Prüfung der Stahlbau-Werkpläne durch den Ingenieur; Tragwerk aus Holz ist in Honorarzone I oder II eingeordnet.

2.5.5 Honorartafel Tragwerksplanung[1)]

Anrechenbare Kosten Euro	Zone I von Euro	Zone I bis Euro	Zone II von Euro	Zone II bis Euro	Zone III von Euro	Zone III bis Euro	Zone IV von Euro	Zone IV bis Euro	Zone V von Euro	Zone V bis Euro
10 226	1 017	1 186	1 186	1 600	1 600	2 096	2 096	2 516	2 516	2 679
15 000	1 399	1 621	1 621	2 168	2 168	2 827	2 827	3 375	3 375	3 596
20 000	1 771	2 043	2 043	2 726	2 726	3 540	3 540	4 224	4 224	4 495
25 000	2 123	2 445	2 445	3 249	3 249	4 214	4 214	5 019	5 019	5 340
30 000	2 469	2 836	2 836	3 756	3 756	4 862	4 862	5 782	5 782	6 149
35 000	2 805	3 217	3 217	4 248	4 248	5 481	5 481	6 512	6 512	6 924
40 000	3 123	3 580	3 580	4 717	4 717	6 088	6 088	7 224	7 224	7 681
45 000	3 447	3 945	3 945	5 186	5 186	6 676	6 676	7 918	7 918	8 416
50 000	3 756	4 294	4 294	5 636	5 636	7 245	7 245	8 588	8 588	9 126
75 000	5 238	5 961	5 961	7 770	7 770	9 941	9 941	11 750	11 750	12 474
100 000	6 629	7 524	7 524	9 761	9 761	12 450	12 450	14 686	14 686	15 581
150 000	9 242	10 448	10 448	13 463	13 463	17 086	17 086	20 101	20 101	21 308
200 000	11 702	13 195	13 195	16 920	16 920	21 394	21 394	25 119	25 119	26 612
250 000	14 047	15 807	15 807	20 201	20 201	25 470	25 470	29 863	29 863	31 623
300 000	16 320	18 332	18 332	23 355	23 355	29 378	29 378	34 401	34 401	36 413
350 000	18 516	20 769	20 769	26 391	26 391	33 143	33 143	38 770	38 770	41 018
400 000	20 663	23 143	23 143	29 348	29 348	36 791	36 791	42 997	42 997	45 476
450 000	22 762	25 467	25 467	32 227	32 227	40 343	40 343	47 103	47 103	49 808
500 000	24 816	27 738	27 738	35 044	35 044	43 811	43 811	51 113	51 113	54 035
750 000	34 583	38 513	38 513	48 334	48 334	60 125	60 125	69 945	69 945	73 876
1 000 000	43 787	48 639	48 639	60 760	60 760	75 304	75 304	87 430	87 430	92 276
1 500 000	61 058	67 572	67 572	83 852	83 852	103 394	103 394	119 675	119 675	126 188
2 000 000	77 308	85 342	85 342	105 417	105 417	129 515	129 515	149 595	149 595	157 624
2 500 000	92 842	102 291	102 291	125 904	125 904	154 244	154 244	177 858	177 858	187 306
3 000 000	107 824	118 607	118 607	145 562	145 562	177 909	177 909	204 865	204 865	215 647
3 500 000	122 355	134 415	134 415	164 557	164 557	200 732	200 732	230 878	230 878	242 934
4 000 000	136 522	149 806	149 806	183 007	183 007	222 857	222 857	256 059	256 059	269 342
4 500 000	150 366	164 832	164 832	200 987	200 987	244 381	244 381	280 540	280 540	295 002
5 000 000	163 936	179 545	179 545	218 567	218 567	265 393	265 393	304 417	304 417	320 025
7 500 000	228 489	249 391	249 391	301 642	301 642	364 343	364 343	416 594	416 594	437 496
10 000 000	289 333	315 049	315 049	379 337	379 337	456 484	456 484	520 772	520 772	546 488
15 000 000	403 375	437 772	437 772	523 761	523 761	626 947	626 947	712 936	712 936	747 333
15 338 756	411 079	446 061	446 061	533 513	533 513	638 455	638 455	725 907	725 907	760 889

[1)] Neben dem Mindest- (von) und dem Höchstsatz (bis) können weitere Honorarsätze vereinbart werden. Üblich ist die Verwendung von 1/4-Satz, 1/2-Satz und 3/4-Satz. Die Überschreitung des Mindestsatzes bedarf der Schriftform (Empfehlung: Ingenieurvertrag).

2.5.6 Berechnungsbeispiel zur Tragwerksplanung für Gebäude (Schlussrechnung) [1)]

Anrechenbare Kosten nach DIN 276	Kosten-berechnung €	Kosten-feststellung €
3.1	164 000	176 000
davon 55 %	**90 200**	**96 800**
3.2	46 000	47 000
davon 20 %	**9 200**	**9 400**
Gesamt	**99 400**	**106 200**

Zeithonorar (§ 6) siehe Abschnitt 2.4

Honorar in €	
Zone III, Mindestsatz	Betrag
bei 75 000 anrechenbaren Kosten	7 770
bei 100 000 anrechenbaren Kosten	9 761
bei 150 000 anrechenbaren Kosten	13 463
bei 99 400 anrechenbaren Kosten[2)]	9 713
(Leistungsphase 1–3)	**2 428**
bei 106 200 anrechenbaren Kosten[2)]	10 220
davon 75 % (Leistungsphase 4–6)	**7 665**
Honorar, netto	**10 093**
Umsatzsteuer (§ 9) 16 %	**1 615**
Honarar, brutto[3)]	**11 708**

[1)] Abschlagzahlungen sind davon abzuziehen.
[2)] Ermittelt durch lineare Interpolation (§ 5 a).
[3)] Nebenkosten (§ 7) für Post- und Fernmeldegebühren, Vervielfältigungen (Lichtpausen, Kopien, Druck), Foto und Film, Baustellenbüro, Fahrtkosten und andere Entschädigungen können pauschal mit Abschlags- bzw. Schlussrechnung abgerechnet werden. Die Vereinbarung einer Nebenkostenpauschale (üblich 5–7 %) bedarf gemäß HOAI der schriftlichen Vereinbarung. Soweit nach Einzelnachweis abgerechnet wird, empfiehlt sich eine gesonderte Rechnung.

Anmerkungen:
Das Berechnungsbeispiel sowie der Abschnitt 2.5.4 enthalten ausschließlich Grundleistungen und keinerlei Besondere Leistungen. Das Honorar für diese Leistungen ist gesondert zu vereinbaren und richtet sich nach dem Verhältnis des Arbeits- und Zeitaufwands zu den Grundleistungen. Besondere Leistungen können auch mit dem Zeithonorar (§ 6) abgerechnet werden.

Mögliche Zuschläge zum Honorar:
Bei Umbauten (Umgestaltung eines vorhandenen Objektes mit wesentlichen Eingriffen in Konstruktion oder Bestand) ist bei Gebäuden und Ingenieurbauwerken mit durchschnittlichem Schwierigkeitsgrad eine Erhöhung des Honorars um 20 bis 50 % möglich. Die Erhöhung um mehr als 20 % bedarf der Schriftform.

2.6 Anmerkungen zur HOAI

Die wichtigste Grundlage zur Honorarberechnung ist der Betrag der anrechenbaren Kosten. Diese Abhängigkeit von der Höhe der Bauwerkskosten ist besonders bei den gewerblichen und öffentlichen Auftraggebern sehr umstritten. Auch private Auftraggeber versuchen häufig, ein Pauschalhonorar und bzw. oder die Unterschreitung der Mindestsätze zu vereinbaren. Diese Vereinbarungen erfolgen vielfach mündlich. Eine fehlende Schriftform (Architekten- oder Ingenieurvertrag oder schriftliche Honorarvereinbarung) führt dazu, dass gemäß § 4 Abs. 4 lediglich das Mindesthonorar in Rechnung gestellt werden kann. Soweit innerhalb der Auftragsakquisition (Kundenwerbung) bereits Grundleistungen, z. B. skizzenhafte Darstellungen, erbracht worden sind, ist auch bei einem später abgeschlossenen schriftlichen Architekten- oder Ingenieurvertrag mit einem höheren Honorarsatz lediglich der Mindestsatz im Streitfall vor Gericht zu erzielen. Seit ca. 4 Jahren wird an einer Novellierung der HOAI gearbeitet.

10 C Integrales Facility Management[1]

Prof. Dr.-Ing. Hans Kahlen, Architekt

1 Einführung

Die positiven Wirkungen des Struktur- und Wertewandels in der Bauwirtschaft sollten einerseits zur Erweiterung der Leistungsangebote der Bauwirtschaft und andererseits, besonders durch die Nutzerorientierung und durch eine gezielte Marktbearbeitung, zur Steigerung der Nachfrage nach Bauleistungen genutzt werden. Die modernen Informations- und Kommunikationstechniken beeinflussen sowohl die Berufsbilder Baubeteiligter, die Inhalte architektonischer und bauspezifischer Studiengänge an den Universitäten und Hochschulen als auch die Bauforschung.

1.1 Informationsgesellschaft und Facility Management

Kapital und Arbeit formten die Industriegesellschaft durch wissenschaftlich-technischen Fortschritt. Beide Faktoren werden zunehmend durch einen dritten ergänzt: „Bildung und Wissen". Wissen wird immer mehr zu einem bedeutenden Machtfaktor in der menschlichen Gesellschaft. Nicht nur in Wissenschaft und Forschung sind riesige Informationsmengen zu verarbeiten, sondern auch in der Wirtschaft, der Industrie und im Bauwesen („Bautabellen für Architekten" [10.51]).

1.1.1 Neues Denken

Charakteristisch für den Übergang von der Industrie- zur Informationsgesellschaft ist neues Denken, wobei „neues" die Aspekte Nachhaltigkeit, Ganzheitlichkeit und Integration umfasst.

Nachhaltigkeit[2], ein Begriff, der „im übertragenen Sinne bedeutet . . . dass die gegenwärtige Generation zur Deckung ihres Bedarfes sich in der Verwendung natürlicher Ressourcen so beschränkt, dass sie zukünftigen Generationen die Lebensmöglichkeiten nicht verbaut". [10.52]. Die Kommunen sind beauftragt, im Rahmen einer Lokalen Agenda 21 zu einer Reihe von kommunalen Handlungsfeldern – darunter auch: „Flächeninanspruchnahme und Zuordnung der Nutzung", „Bauen und Wohnen", „Bodenschutz und Altlasten", „kommunale Informationssysteme" – eine „detaillierte Bestandsaufnahme" und die „Festlegung von Zielen und Handlungsmöglichkeiten" vorzunehmen.

Ganzheitlichkeit erfordert eine ganzheitliche Denkmethodik. „Unsere ungelösten Probleme von heute sind (sozusagen) die Restposten unseres Problemlösens von gestern – nur dass dieser Rest immer größer wird, je mehr wir versuchen, ihn mit einem Denken von gestern zu beseitigen." [10.53]. Hans Ulrich und Gilbert J. B. Probst haben ein umfassendes Theoriegebäude mit allgemeinen Prinzipien des Führens und Organisierens komplexer Systeme entwickelt, das sich auf sieben Bausteine stützt: das Ganze und seine Teile, die Vernetztheit, das System und seine Umwelt, die Komplexität, die Ordnung, die Lenkung und die Entwicklung.

Integration charakterisiert das Bestreben, Systeme und Prozesse zu einem möglichst effektiveren Gesamtsystem bzw. Gesamtprozess zusammenzufassen. Sie wird häufig mit Begriffskombinationen wie „Integriertes Management", „Computerintegration", **„Computerintegrierte Fertigung" (CIM)**, **„Computerintegriertes Bauen (CIB** [10.54])**"** umschrieben. Dabei bezieht sich „Integration" sowohl auf die Tätigkeiten (die Leistungserstellung) als auch auf die dafür benötigten Informationen einschließlich der zugehörigen Informationsverarbeitungsprozesse. Ein wesentliches Ziel des Einsatzes von computerintegrierten Systemen ist die Erhöhung der operativen Leistungsfähigkeit komplexer komplizierter Systeme[3]. Das Rationalisierungspotenzial von CIM-Systemen resultiert aus der Informations- (Daten-) und Tätigkeitsintegration am Arbeitsplatz, im Arbeitsbereich, in der gesamten Wertschöpfungskette von Unternehmen. Die Datenbasis (z. B. ein Datenbanksystem) versorgt alle computergestützten Systeme (CA-Systeme) mit den erforderlichen Informationen. Ein komplexes CIM-System kann in folgende miteinander wechselwirkende computergestützte Teilsysteme (CA-Systeme)

---

1 Ausführliche Darstellung in [10.50]

2 Siehe auch: Konferenz der Vereinten Nationen über Umwelt und Entwicklung (UNCED) in Rio de Janeiro, „Lokale Agenda 21" im Jahre 1992

3 Komplexe komplizierte Systeme sind meist gesteuerte Systeme, die aus miteinander zusammenhängenden Untersystemen bestehen, die zur Gewährleistung ihrer Arbeitsfähigkeit zu einer Gesamtheit vereinigt sind. Die Begriffe „komplex" und „kompliziert" drücken die Menge (Anzahl) und die Vielfalt (Verschiedenartigkeit) der Teilsysteme/-elemente sowie die Relationen zwischen diesen und der Umgebung aus.

gegliedert werden: Computer Aided Design (CAD), Computer Aided Planning (CAP), Produktionsplanungs- und Steuerungssystem (PPS), Computer Aided Manufacturing (CAM), Computer Aided Quality Assurance (CAQ) und Computer Aided Logistics (CAL).

1.1.2 Facility Management

In den USA, dem Ursprungsland des Facility Management, wurde Ende der 70er/Anfang der 80er Jahre Facility Management vorwiegend auf die Nutzungsphase der Bauwerke/Gebäude bezogen. Es fasste gestalterische, planerische, technische und betriebswirtschaftliche Funktionen und Aufgabenbereiche zu einem dynamischen Gebäude-, Anlagen- und Instandhaltungsmanagement zusammen. Im Jahre 1988 definierte die **International Facility Management Association (IFMA)** Facility Management als einen integrativen Managementprozess: „The practice if coordinating the physical workplace with the people and work of the organisation, integrates the principles of business administration, architecture and the behavioral engineering sciences."[4]

Seit Ende der 80er Jahre wird auch in Deutschland zum Facility Management geforscht und veröffentlicht. Beispiele dafür sind Arbeiten
- aus dem Jahre 1988 von Gerhard Palisek (Objektmanagement);
- aus dem Jahre 1989 von Walther Moslener (Management der Sachressourcen), von Hans Kahlen (umfassendes Facility Management über den Lebenszyklus von Bauwerken), von Heinrich Harden (integrative Planung von Gebäuden über den gesamten Lebenszyklus), von Martin Ott (Management der Sachressourcen insbesondere unter energetischem Aspekt), von Dieter W. Henzler/Uwe W. Heidbreder (Objektmanagement [10.55]);
- aus dem Jahre 1991 von Werner Schwarz (Computerintegriertes Bauen und Facility Management, siehe [10.54]), und von Peter Zerahn (Sozio-ökonomische Aspekte von Immobilien und ihre Bedeutung für ein umfassendes Facility Management)[5];
- aus dem Jahre 1995 von Daniel Frutig/Dietrich Reiblich (Facility Management, Erfolgsfaktoren der Immobilien- und Anlagenbewirtschaftung [10.56]);
- aus dem Jahre 1996 von Hans-Peter Braun/Peter Haller/Eberhard Oesterle (Facility Management, Erfolg in der Immobilienbewirtschaftung, wobei sich ihre Untersuchungen im Wesentlichen auf die Nutzungsphase von Gebäuden beziehen [10.57]);
- aus dem Jahre 1998 von Jens Nävy („Facility Management ist ein strategisches Konzept zur Bewirtschaftung, Verwaltung und Organisation aller Sachressourcen innerhalb eines Unternehmens" [10.58]), von Peter Barrett (Facility Management ist die Optimierung der Gebäude- und Anlagenverwaltung [10.59]), von Amir Ghahremani (unter „Integraler Infrastrukturplanung" wird Facility Management und Prozessmanagement in Unternehmensinfrastrukturen verstanden [10.60]), von Torsten Henzelmann u. a. (Facility Management wird als neues Geschäftsfeld für die Versorgungswirtschaft betrachtet [10.61]), von Hans-Dieter Lochmann und Rainer Köllgen (Facility Management als strategisches Immobilienmanagement [10.62]) und von Peter Zechel u. a. (Beschreibung des Facility Management mittels Beispielen aus der Praxis [10.63]).

Die **GEFMA**[6] definierte im Entwurf der Richtlinie GEFMA 100 (Dezember 1996) „Facility Management als einen Begriff, der im Gegensatz zu ‚Gebäudemanagement' die früheren Lebenszyklusphasen Konzeption, Planung und Erstellung sowie die komplette strategische Ebene über alle Phasen hinweg einschließt".[7]

---

[4] United States Library of Congress, Washington, DC: 1988

[5] Peter Zerahn, Sozio-ökonomische Aspekte von Immobilien und ihre Relevanz für ein umfassendes Facility Management, Linz: Johannes Kepler Universität, 1991

[6] **GEFMA German Facility Management Association**, Deutscher Verband für Facility Management e. V., Geschäftsstelle in Bonn. Seit 1996 existiert die deutsche Landesgruppe der International Facility Management Association (IFMA Deutschland) mit Sitz in München (Zeitschrift Der Facility Manager, März/April 1996). Das EURO Institut für Immobilienmanagement, Hansaring 80, 50670 Köln, wurde im Oktober 1996 gegründet. Die GEFMA kooperiert mit verschiedenen nationalen Facility Management-Verbänden, z. B. IFMA (International Facility Management Association, Housten/Texas), JFMA (Japanese Facility Management Association, Tokyo), Nopa (New Office Promotion Association, Tokyo), EURO-FM (european facility management network, Maarssen/NL), NEFMA (Niederländische Facility Management Association, Sint Maarten), AFM (Association of Facility Managers, London)

[7] Ulrich Glauche: „Richtlinienwerk der GEFMA e. V. über Facility Management. GEFMA 100: Begriff, Struktur, Inhalte", Zeitschrift Der Facility Manager, Juli/August 1997, S. 41

Es kann eingeschätzt werden, dass in den meisten Veröffentlichungen Facility Management
- nur auf den Betrieb/die Nutzung von Bauwerken bezogen wird (Gebäudemanagement),
- auf bekannte Gebiete (z. B. der Anlagenwirtschaft) angewendet („neues Etikett“ für bekannte Inhalte) und deshalb keine neue Qualität erreicht wird,
- nur das Management (d. h. nur die disponiblen Leistungserstellungsprozesse bei der Herstellung der Bauwerke) erfasst wird und nicht auch die durchführenden Leistungserstellungsprozesse im Herstellungsprozess von Bauwerken (Ausnahme siehe [10.50]).

1.2 Forschung zum Integralen Facility Management

1.2.1 Forschungsschwerpunkte

In der **ATKIN-Studie** [10.64], einer Analyse des Bauwesens im europäischen Raum, werden unter anderem folgende Schwerpunkte für die Bauforschung genannt:
- „allgemein verständliche und auf die Anforderungen der Benutzer und Eigentümer zugeschnittene Meßkriterien für die Gebäudeleistung“ sind auszuarbeiten; „hierzu könnten Meßkriterien wie Betriebskosten, Wartungszyklus und Wiederverkaufswert gehören.“
- „Umweltfragen wie Landgewinnung, Wiederverwendung von Baustoffen, Stilllegungen . . . machen neue Technologien erforderlich . . . “
- Zur Kostensenkung „müssen Normteile, -systeme entwickelt werden“.
- Verbesserung der „Leistung, Anpassungsfähigkeit und Flexibilität von Gebäuden“ („intelligente Gebäude mit aktiver externer Gebäudehülle und intelligentem Umfeld“);
- Senkung der Instandhaltungskosten durch bauspezifische Diagnose-, Ausbesserungsverfahren,
- „Anwendung der Informationstechnologien im Bauwesen. CAD, Datenaustausch, flexible Fertigung und Simulationssysteme“ für die Planer zur Verbesserung der „Produktivität und Qualität“ . . . sowie Planen, Herstellen, Bauen und Warten zu einem einzigen Vorgang zusammenzufassen.

1.2.2 Vier-Schritt-Modellkonzeption

1. Schritt: Strukturierung des Gesamtsystems Unternehmen:
Eine Wirtschaftsorganisation (z. B. ein Unternehmen, ein virtuelles Unternehmen, eine Behörde, ein Institut, eine Bildungseinrichtung) wird in das gemanagte (geleitete, gesteuerte) System, das Managementsystem, und in das (beide verbindende) Informationssystem aufgeteilt. Die Begründung dafür lässt sich sowohl aus der Betriebswirtschaftslehre als auch aus der Theorie der Steuerung großer Systeme herleiten. In der Theorie der Steuerung großer Systeme wird ein Unternehmen auch als automatisiertes System[8] betrachtet (Abb. 10.63).

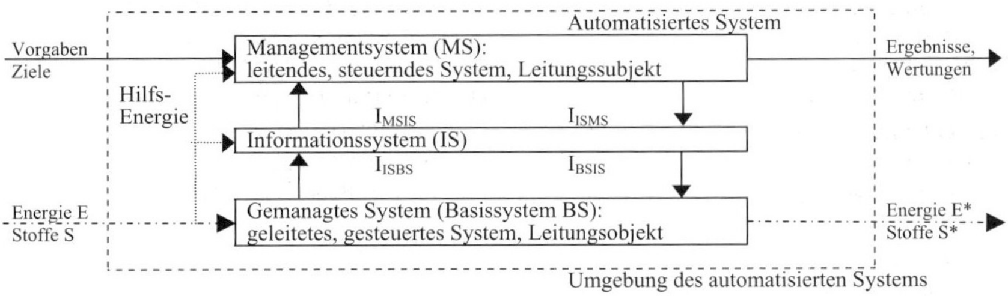

MS	Managementsystem	BS	Basissystem
IS	Informationssystem	E, E^*	Energieformen
S, S^*	Stoffe, Materialien	I_{MSIS}/I_{ISMS}	Informationsfluss zwischen MS und IS
I_{ISBS}/I_{BSIS}	Informationsfluss zwischen BS und IS	——▶	Informationsaustausch
········▶	Hilfsenergie für das IS	-·-·-▶	Stoff- und Energieflüsse

Abb. 10.63 Verflechtung der Systeme BS, MS und IS in Unternehmen

[8] Der Begriff „automatisiert“ bedeutet, dass nur Teile der Informationsverarbeitungsprozesse von Computern „automatisch“ abgearbeitet werden können; der Rest wird vom Menschen, der im System als „Element“ einbezogen wird, übernommen. Automatisierte Systeme sind Mensch-Maschine-Systeme (hier: Mensch-Computer-Systeme oder allgemeiner: Mensch-Informationstechnik-Systeme).

2. Schritt: Strukturierung des **Ganzheitlichen Bauens (GB),** des **Integralen Facility Management (IFM),** des **Informationssystems (IS)** und des **Integralen Computergestützten Bauens (ICAB[9])**: Die drei Teilsysteme GB, IFM, IS und das Gesamtsystem ICAB werden in gleicher Weise in zwölf Untersysteme (Phasen) gegliedert. Ausgehend von den Lebenszyklusphasen Initiierung, Planung, Realisierung, Betrieb (Betreiben, Nutzung), Stilllegung/Abriss werden die Phasen Planung und Realisierung entsprechend der 9 Leistungsphasen der Objektplanung für Gebäude, Freianlagen und raumbildende Ausbauten (§ 15 der **HOAI** [10.65], siehe Abb. 10.64), mit modifizierten bzw. erweiterten Inhalten, unterteilt (siehe Abschnitt 2.2.2). Dafür gibt es mehrere Gründe:

Teile der HOAI →

Leistungsphasen ↓

	Teile: II, VII, VIII, IX (9 Phasen)	Teil: XIII (6 Phasen)	Teile: V[10], VI[11], X[12], XI[13] (5 Phasen)	Teil: VI[14] (4 Phasen)	Teil: XII (3 Phasen)
1.	Grundlagen-ermittlung	Grundlagen-ermittlung	Klären der Aufgabenstellung, Ermitteln des Leistungsumfangs		Klären der Aufgabenstellung
2.	Vorplanung	Geodätisches Festpunktfeld	Ermitteln der Planungsvorgaben	Ermitteln der Planungsgrundlagen	Auswerten und Darstellen der Baugrunderkundungen
3.	Entwurfsplanung	Vermessungstechnische Lage- und Höhenpläne	Vorentwurf	vorläufige Planfassung (Vorentwurf)	Vorschlag für die Gründung
4.	Genehmigungsplanung	Absteckungsunterlagen	Entwurf	Entwurf	
5.	Ausführungsplanung	Absteckung für den Entwurf	Planfassung für Anzeige/Genehmigung		
6.	Vorbereitung der Vergabe	Geländeschnitte			
7.	Mitwirkung bei der Vergabe				
8.	Objektüberwachung				
9.	Objektbetreuung und Dokumentation				

Teile I/IV/XIV	Allgemeine Vorschriften/Gutachten und Wertermittlungen/Schluss- u. Überleitungs-Vorschriften	Teil IX	Leistungen bei der technischen Ausrüstung
Teil II	Leistungen an Gebäuden, Freianlagen und raumbildenden Ausbauten	Teil X	Leistungen bei der thermischen Bauphysik
Teil III	Zusätzliche Leistungen	Teil XI	Leistungen für den Schallschutz und Raumakustik
Teil V	Städtebauliche Leistungen		
Teil VI	Landschaftsplanerische Leistungen	Teil XII	Leistungen für Bodenmechanik; Erd- und Grundbau
Teile VII/VIIa	Leistungen bei Ingenieurbauwerken und Verkehrsanlagen/Verkehrsplanerische Leistungen	Teil XIII	Vermessungstechnische Leistungen
Teil VIII	Leistungen bei der Tragwerksplanung		

Die Teile I, IV, XIV haben keine detaillierten Leistungsphasen; Teil III enthält die Projektsteuerung (§ 31) neben Entwicklung und Herstellung von Fertigteilen, rationalisierungswirksamen Leistungen und Winterbau.

Abb. 10.64 Leistungsphasen der Teile I bis XIV der HOAI [10.65]

---

9 ICAB ist die Abkürzung für „Integral Computer Aided Building"; im Text wird die deutsche Begriffskombination „Integrales Computergestütztes Bauen" verwendet.

10 Leistungsbild Bebauungsplan; im Leistungsbild Flächennutzungsplan wird die Phase 5 als genehmigungsfähige Planfassung" bezeichnet.

11 Dem Leistungsbild Grünordnungsplan liegen Abweichungen in der Bezeichnung der Phasen 3 „Vorläufige Planfassung (Vorentwurf)", 4 „Endgültige Planfassung (Entwurf)" und 5 „Genehmigungsfähige Planfassung" vor.

12 Leistungen für den Wärmeschutz beinhalten: 1. Erarbeiten des Planungskonzeptes, 2. Erarbeiten des Entwurfs, 3. Aufstellen des prüffähigen Nachweises, 4. Abstimmen des geplanten Wärmeschutzes mit der Ausführungsplanung und der Vergabe, 5. Mitwirkung bei der Ausführungsüberwachung.

13 Leistungen in der Bauakustik und in der Raumakustik umfassen jeweils 5 Phasen, wobei die 3. bis 5. fast gleiche Bezeichnungen haben: 3. Mitwirken bei der Ausführungsplanung, 4. Mitwirken bei der Vorbereitung der Vergabe und bei der Vergabe, 5. Mitwirken bei der Überwachung schalltechnisch/raumakustisch wichtiger Ausführungsarbeiten. In der Raumakustik lauten die Bezeichnungen für 1. Erarbeiten des Planungskonzepts, Festlegen der Schallschutzanforderungen, 2. Erarbeiten des Entwurfs einschließlich Aufstellung der Nachweise des Schallschutzes; in der Raumakustik für 1. Erarbeiten des raumakustischen Planungskonzepts, Festlegen der raumakustischen Anforderungen, 2. Erarbeiten des raumakustischen Entwurfs.

14 Die Phasen gelten für das Leistungsbild Landschaftsplan; für den Landschaftsrahmenplan sind die Grundleistungen zu erbringen: 1. Landschaftsanalyse, 2. Landschaftsdiagnose, 3. Entwurf, 4. Endgültige Planfassung.

- Die 9 Leistungsstufen der Objektplanung werden auch für die Beschreibung der Leistungen in den Teilen VII „Leistungen bei Ingenieurbauwerken und Verkehrsanlagen", VIII „Leistungen bei der Tragwerksplanung" und IX „Leistungen bei der technischen Ausrüstung" verwendet; in den verbleibenden Teilen der HOAI werden keine bzw. 3, 4, 5 oder 6 Leistungsphasen, die sich hinsichtlich ihrer zeitlichen Folge und ihres grundsätzlichen Inhaltes teilweise auf die jeweiligen Phasen der Objektplanung zurückführen lassen, angegeben.
- Mit dieser zeitlichen Strukturierung der Teilsysteme GB, IFM, IS und ICAB ist eine sinnvolle Einbeziehung der HOAI in die Vier-Schritt-Modellkonzeption, verbunden mit einer zukunftsorientierten Weiterentwicklung der HOAI, möglich geworden. Damit können die Leistungen der Objektplanung (Teil II) und der Teile VII, VIII, IX (die restlichen Teile mit entsprechend reduzierter Anzahl der Phasen) einer weiterentwickelten HOAI in 12 Phasen mit je 4 Leistungsbereichen: GB, IFM, IS und ICAB, beschrieben werden.

„Die HOAI dokumentiert den Stand der Planung der 70er Jahre. [1]"[15]. Für die Weiterentwicklung der HOAI gibt es neben den oben genannten – die teilweise bzw. Nichterfassung der Lebenszyklusphasen Initiierung, Realisierung, Betrieb, Stilllegung und Abriss und damit des Ganzheitlichen Bauens, der Leistungen des Integralen Facility Management und der zugehörigen Informationsverarbeitung, die Überwindung unterschiedlicher Bezeichnungen der Leistungsphasen in einigen Teilen der HOAI, trotz gleicher Inhalte – weitere Gründe, wie die Entwicklung und Beachtung „neue Wettbewerbs- und Bauorganisationsformen, neue Planungsmethoden und -techniken, differenziertere Vertragsgestaltungs- und Rechtssprechungsbedürfnisse."[16]

3. Schritt: Einbeziehung des **Marktaspekts:**
Die Angebots- und Nachfragebeziehungen der Märkte der **Facilities**[17] – Facilities sind Bauwerke (Grundstück, „bauliche Anlagen", Gebäudetechnik) wie Gebäude, sonstige Bauwerke, Anlagen, Freianlagen und raumbildende Ausbauten im Sinne des § 3, Teil I der HOAI [10.65] – der Leistungen des Integralen Facility Management, der Informationssysteme (mit Hard- und Software) und des ICAB werden modelliert. Die Beziehungen zwischen den Anbietern und den Nachfragern sind inhaltlich neu zu gestalten. Die Marktbeziehungen erfordern sowohl beim Anbieter als auch beim Nachfrager die gleiche Systemstruktur, wenn sich eine effektive, für beide Seiten gleichermaßen vorteilhafte Zusammenarbeit entwickeln soll. Der Kommunikation und damit dem gezielten Informationsaustausch über die Datenautobahnen kommt dabei eine besondere Bedeutung zu. Der „Kampf um Marktanteile" im Facility Management hat bereits begonnen [10.66].

4. Schritt: Allgemeines Verfahren zur **Problembearbeitung und Problemlösung:**
Der allgemeine Problembearbeitungs- und Problemlösungsprozess zur gleichartigen Beschreibung von disponiblen und durchführenden Tätigkeitsprozessen (Arbeitsprozessen, die von Arbeitssystemen getragen werden) der Baubeteiligten wird in den verschiedenen (mittels der neun Leistungsphasen der Objektplanung gemäß § 15 der HOAI feiner strukturierten) Lebenszyklusphasen eingesetzt. Die Begriffe „Problem" und „Aufgabe" werden wie folgt definiert: Ein Problem wird als ein durch Ziele strategisch gesteuerter Gesamtprozess des Konzipierens und Realisierens von disponiblen und/oder durchführenden Tätigkeitsprozessen definiert. Es wird durch folgende Eigenschaften charakterisiert: der Anfangs-(Ausgangs-)zustand und der Zielzustand. Der Zielzustand kann aus dem Anfangszustand prinzipiell erzeugt werden. Die Erreichung des Zielzustandes ist mit der Lösung des Problems identisch; die Überführung (Transformation, „Spielregeln") des Anfangszustands in den Zielzustand gelingt nicht oder nicht unmittelbar. Eine Aufgabe ist demnach der Grenzfall eines Problems, bei dem Anfangszustand, Zielzustand und die Transformationen für die Überführung des Anfangs- in den Zielzustand bekannt sind. Es ist für die modellmäßige Beschreibung eines Problems/einer Aufgabe gleichgültig, ob disponible und durchführende Tätigkeitsprozesse zum System des Ganzheitlichen Bauens oder des Integralen Facility Management oder der Informationsverarbeitung gehören.

---

[15] Udo Blecken: „Planungsvertragsdefizite in der Bauwirtschaft. Anforderungen an die Leistungsbeschreibung im Vergleich zum vorliegenden Leistungsbild § 15 der HOAI", Zeitschrift DBZ, H. 12, 1997, S. 103 – 108; [1]: Pfarr, K.-H.: Handbuch der kostenbewußten Bauplanung, Wuppertal, 1976

[16] Ebenda, S. 103

[17] Facilities ist die Mehrzahl von Facility.

Die **Vier-Schritt-Modellkonzeption** hat folgende Eigenschaften:
Sie ermöglicht eine gleichartige und schrittweise Gestaltung des Gesamtsystems ICAB und der Teilsysteme GB, IFM und IS und ihrer Phasen.

- Die einzelnen Teilsysteme und ihre Phasen können schrittweise erarbeitet und anschließend ohne besondere Schwierigkeiten zum Gesamtsystem zusammengefasst werden.
- Wissen und Erfahrungen über CIM- und computergestützte Systeme aus anderen Industriezweigen können an den Wertschöpfungsprozess des Bauens angepasst und auf diesen übertragen werden.
- Die Anwendung der Modellkonzeption führt zu offenen Systemen, die ständig den sich wandelnden Bedürfnissen der Anbieter und der Nachfrager angepasst werden können.
- Die Modellkonzeption kann nur unter Ausnutzung der Möglichkeiten der modernen Informations-, Kommunikations-, Multimedia- und Datennetztechniken effektiv realisiert werden.

1.2.3 Integrales Computergestütztes Bauen (ICAB)

Integrales Computergestütztes Bauen (ICAB) als Gesamtsystem wird von den drei Teilsystemen Ganzheitliches Bauen (GB), Integrales Facility Management (IFM) und Informationsverarbeitung (IS) gebildet. Das ICAB ist von grundsätzlicher Bedeutung für das Verständnis des Integralen Facility Management des Ganzheitlichen Bauens.

Die Phasen (des Teilsystems GB) GB00 Akquisition/Marktbearbeitung, GB10 Betrieb/Nutzung und GB11 Stilllegung/Abriss sind inhaltlich explizit im § 15 der HOAI nicht enthalten, da die Objektplanung mit der Übergabe des Bauwerks an den Bauherren, abgesehen von den eventuellen Garantieleistungen nach der Bauwerksübergabe, endet. Die interne Strukturierung des Integralen Computergestützten Bauens in Teilsysteme, ihre Verflechtung untereinander und mit den Leistungsphasen nach § 15 HOAI und mit dem **Lebenszyklus** der Facilities ist in der Abb. 10.66 dargestellt.

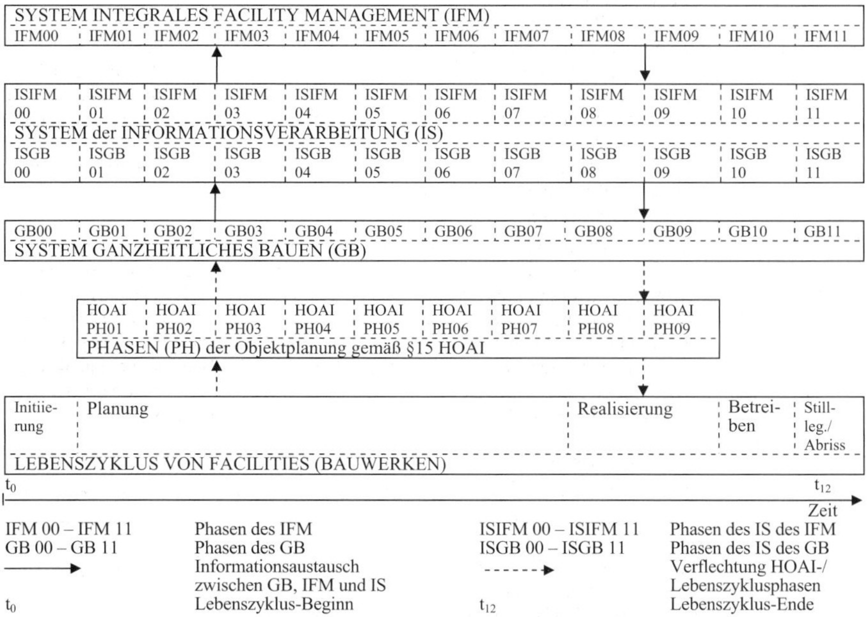

Abb. 10.66 Verflechtung der Systeme IFM, GB und IS (ISIFM, ISGB)

2 Ganzheitliches Bauen

Ganzheitliches Bauen (GB) umfasst im betriebswirtschaftlichen Sinne alle durchführenden Leistungserstellungsprozesse im gesamten Lebenszyklus der Facilities (Bauwerke als Produkte des Wertschöpfungsprozesses des Ganzheitlichen Bauens), die Facilities selbst und die Tätigkeiten der Baubeteiligten unter Beachtung wissenschaftlicher, technischer, wirtschaftlicher und sozialer Aspekte.

2.1 Aspekte des Ganzheitlichen Bauens

2.1.1 Marktwirtschaft und Kundenorientierung

Eine wachsende Anzahl von Kunden (Nachfragende nach Bauleistungen) wünscht zur Befriedigung ihres Raum- und/oder Flächenbedarfs geeignete Systemlösungen und nicht nur „isolierte" Bauwerke und/oder Flächen. Dieser Wunsch ist der Ausgangspunkt für den Start des ganzheitlichen Bauprozesses: Initiierung, Planung und Realisierung (Objektplanung gemäß § 15 der HOAI), Betrieb/ Nutzung, Stilllegung und Abriss von Bauwerken. Nach der Fertigstellung erfolgt die Übergabe an den Auftraggeber/Nutzer, der das langlebige Produkt Bauwerk so nutzen möchte wie ein Autobesitzer sein Auto, d. h., bei Bedarf steht eine „Vertragswerkstatt" – „virtuelles" Architekturbüro, das möglichst schon die Leistungen der Initiierung, Planung und die Überwachung der Realisierung ausgeführt hat oder ein von diesem autorisiertes anderes Architekturbüro – zur Verfügung, die das Bauwerk überwacht, wartet, repariert, an veränderte Nutzungen anpasst (umwidmet), modernisiert, erweitert und bei Bedarf auch Leistungen in den Phasen der Stilllegung und des Abrisses übernimmt.

Die Entwicklung des Bauwesens führt im Prozess des Ganzheitlichen Bauens beim Erzeugnis Bauwerk und bei den Baubeteiligten zu grundsätzlichen und tief greifenden Veränderungen:
- der Tätigkeitsprozesse der Baubeteiligten während der Lebenszyklusphasen und damit im Gesamtprozess des Bauwerkslebenszyklus;
- der Berufsbilder der Baubeteiligten, insbesondere der Architekten;
- der Inhalte der Berufsbildung (Aus- und Fortbildung) aller Baubeteiligten;
- der Bauwerke durch den schrittweisen Wandel vom „gewöhnlichen" zum „intelligenten", „lebenden" Bauwerk, das hoch automatisiert, extrem flexibel, zweckentsprechend aus programmierbaren Bausteinsystemen gestaltet ist und sich durch optimalen Energie- und Wasserverbrauch sowie optimale Nutzungskosten auszeichnet;
- der Wissensgebiete und ihre Darstellung durch geeignete Informationssysteme für das Ganzheitliche Bauen und das Integrale Facility Management sowie
- der Schwerpunktbildung in der Bauforschung.

Gelingt es der Bauwirtschaft, die teilweise vorhandene Unzufriedenheit der Bauherren/Auftraggeber („Kunden") weiter abzubauen, die Qualität ihrer Leistungen und das Preis-/Leistungsverhältnis zu verbessern, die vereinbarten Termine einzuhalten und das Management bei der Planung, auf den Baustellen und während der Nutzung von Bauwerken bis hin zur Stilllegung/zum Abriss (Integrales Facility Management) wesentlich effektiver zu gestalten sowie die Baukosten über den gesamten Bauwerkslebenszyklus spürbar zu senken, so wird mit Sicherheit mehr Bauleistung nachgefragt werden. In verschiedenen Wirtschaftszweigen, z. B. Autoindustrie, Flugzeugbau und Computerindustrie, die normativen Kosten pro Werteinheit sinken, während sie im Bauwesen steigen.[18]

2.1.2 Gesamtsystem und Phasen des Teilsystems GB

Das Gesamtsystem Ganzheitliches Bauen wurde in Abb. 10.66 dargestellt. Aus ihr geht hervor, dass die Leistungsphasen der Objektplanung gemäß § 15 HOAI nicht den gesamten Bauwerkslebenszyklus abdecken, während das Ganzheitliche Bauen den Bauwerkslebenszyklus vollständig erfasst, d. h. mit den Phasen Initiierung, Betrieb und Stilllegung/Abriss. Deshalb sollte die Architektentätigkeit um folgende planerische Leistungsbereiche erweitert werden:
- GB00: Initiierung (einschließlich Akquisition und Marktbearbeitung usw.),
- GB10: Betrieb des Bauwerks/Bauwerksnutzung und
- GB11: Stilllegung/Abriss (Recycling, Beseitigung von Altlasten, umweltgerechte Entsorgung von Bauschutt usw.).

---

[18] B. C. Paulson jun.: „Computer-aided project planning and management", in: Pahl & Werner (editors), Computing in Civil and Building Engineering, Rotterdam: Balkema, 1995, S. 31 – 38

Der **Markt** des **Ganzheitlichen Bauens,** dargestellt als Beziehungen zwischen Nachfragern und Anbietern von Leistungen des Ganzheitlichen Bauens, wird in der Abb. 10.68 wiedergegeben. Die Beziehungen können auf die Gesamt- bzw. Teilleistungen des Ganzheitlichen Bauens oder des Informationssystems (ISGB) beschränkt oder auch auf beide Gebiete gleichzeitig ausgedehnt werden. Die **Multimedia-Kommunikations-Zentren (MTZ)** des Nachfragers (N) und des Anbieters (A) übernehmen den wechselseitigen Informationsaustausch über das Datennetz (die Datenautobahn).

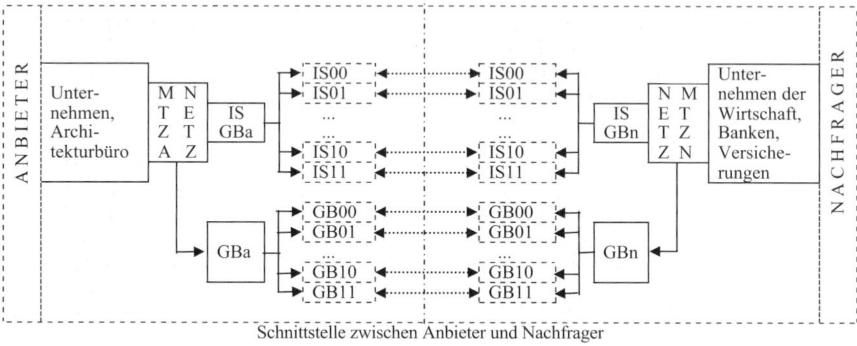

MTZA/MTZN	Multimedia-Telekommunikations-Zentrum Anbieter (A)/Nachfrager (N)
GBa/GBn	Ganzheitliches Bauen des Anbieters (a)/des Nachfragers (n), Phasen GB00 bis GB11
ISGBa/ISGBn	Informationssystem des Anbieters (ISGBa)/des Nachfragers (ISGBn), Phasen ISGB00 bis ISGB11 (abgekürzt IS00 bis IS11) für die GB-Phasen GB00 bis GB11
NETZ	Kommunikationsnetz (INTERNET, INTRANET, ISDN)

Abb. 10.68 Verflechtungen der Märkte zwischen Anbietern von/Nachfragern nach Leistungen des GB und/oder des ISGB

2.2 Leistungserstellungsprozesse der Baubeteiligten

Bauen ist immer ein gesellschaftlicher, volkswirtschaftlicher (und deshalb marktwirtschaftlicher) und betriebswirtschaftlicher Prozess. Besonderes Augenmerk ist auf den betriebswirtschaftlichen Prozess der Leistungserstellung zu richten, d. h. auf:

- die Kombination der Produktionsfaktoren Arbeit, Werkstoffe Betriebsmittel und
- die Optimierung ihrer Wechselwirkungen durch das Management, wobei die Hauptfunktionen Planung, Organisation und Kontrolle besonders zu entwickeln sind, wegen ihres Prozesscharakters.

Es ist zweckmäßig, den allgemeinen Leistungserstellungsprozess (Arbeitsprozess) in zwei in enger Wechselwirkung stehende Teilprozesse zu gliedern, die durch die Verschiedenartigkeit der ausführenden Produktionsfaktoren betriebswirtschaftlich begründet sind:

- Prozesse der stofflichen Leistungserstellung zur Stoff- und Energiewandlung (Fließprozesse) bzw. zur Stoffverformung (Fertigungs-, Stückgutprozesse, z. B. die Bauausführungsprozesse;
- Prozesse der Leistungserstellung zur Informationsverarbeitung.

Im stofflichen Leistungserstellungsprozess wird die Stoff- und Energiewandlung in Fließgut-, Stoffverformungs- und Stückgutprozessen vollzogen. Die zu bearbeitenden Werkstoffe sind Stoffe und Energieformen. Im Leistungserstellungsprozess zur Informationsverarbeitung werden Arbeitsmittel sowohl technischer Art (Informations-, Kommunikationstechnik) als auch Software, Orgware, Ablauf- und Handlungspläne eingesetzt. Die „Werkstoffe“ sind Informationen.

2.2.1 Baubeteiligte und der „Strukturierte Nutzer“

Bauen ist eine komplexe komplizierte Tätigkeit, die von einer Vielzahl zielorientiert und kooperativ im Bauwerkslebenszyklus zusammenarbeitenden Partnern ausgeführt wird. „Bauen sei keine Affekthandlung des einzelnen, sondern kollektive Handlung."[19] Neben den Architekten, Bau-, Fachingenieuren und den Projektmanagern (bei Großprojekten) sind Berater/Gutachter für Spezialgebiete u. a. beteiligt. Alle Baubeteiligten benutzen spezifische Verfahren, Methoden und Werkzeuge in ihren fachlichen Tätigkeiten, in deren Verlauf Teilergebnisse entstehen, die zu einem möglichst optimalen Gesamtergebnis zusammengefasst werden. Zu den genannten Fachdisziplinen kommen weitere moderne und zukunftsorientierte hinzu: Architektur und Architekturtheorie, Architekturinformatik, einschließlich CAD-Systeme, Computeranimation, Computersimulation, Datenbank- und Visualisierungssysteme, Kybernetik und allgemeine Systemtheorie, Automatisierungs-, Steuerungs- und Gebäudeleittechnik, Kommunikations-, Multimedia- und Netzwerktechnik (ISDN, INTERNET, INTRANET), Volkswirtschafts-, Betriebswirtschafts- und Managementlehre, Sozialwissenschaften, Ökologie, Umweltwissenschaften, Marktanalyse und Marktbearbeitung zum Ganzheitlichen Bauen, zu den Facilities, zum Integralen Facility Management und zu den erforderlichen Informationssystemen.

Der Begriff **„Strukturierter Nutzer"** eines Bauwerks (Abb. 10.70, rechte Seite) beinhaltet eine Erweiterung des Nutzerbegriffes in folgender Hinsicht: Er geht über die direkte Gebäudenutzung durch die Eigentümer oder Mieter hinaus, indem er die „indirekte Gebäudenutzung" durch die in der Umgebung angesiedelten bzw. die im Bauwerk tätigen Menschen berücksichtigt. Der „Strukturierte Nutzer" für unternehmerisch genutzte Bauwerke umfasst die Öffentlichkeit, die Gesamtbelegschaft des Unternehmens, Mitarbeiter in den Bereichen, spezialisierte Mitarbeitergruppen, die einzelnen Mitarbeiter am „räumlichen" (lokalen) Arbeitsplatz. Analoges gilt für andere Nutzungszwecke gemäß DIN 277[20].

2.2.2 Bauwerkslebenszyklus und die „Strukturierte Zeit"

Neben den drei Koordinaten des Ortes, die den Raum (den „Strukturierten Ort"), das Bauwerk grundsätzlich definieren, wird die Zeit als vierte Koordinate für die Beschreibung des ganzheitlichen Bauprozesses genutzt. Im Verlaufe des Ganzheitlichen Bauens entsteht das Bauwerk als Folge von zunächst virtuellen und später realen Zuständen. Durch die Phasen des Bauwerkslebenszyklus Initiierung, Planung, Realisierung, Betrieb, Stilllegung und Abriss und die weitere Unterteilung der Phasen Planung und Realisierung durch die Leistungsphasen der Objektplanung (§ 15 der HOAI) erhält die Zeit eine Struktur (die **„Strukturierte" Zeit**):

t_0	Zeitpunkt des Beginns des Bauwerkslebenszyklus	
$t_1 - t_0$	Initiierung	GB00
$t_2 - t_1$	Planung (Grundlagenermittlung)	HOAI-PH01 GB01
$t_3 - t_2$	Planung (Vorplanung)	HOAI-PH02 GB02
$t_4 - t_3$	Planung (Entwurfsplanung)	HOAI-PH03 GB03
$t_5 - t_4$	Planung (Genehmigungsplanung)	HOAI-PH04 GB04
$t_6 - t_5$	Planung (Ausführungsplanung)	HOAI-PH05 GB05
$t_7 - t_6$	Planung (Vorbereitung der Vergabe)	HOAI-PH06 GB06
$t_8 - t_7$	Planung (Mitwirkung bei der Vergabe)	HOAI-PH07 GB07
$t_9 - t_8$	Realisierung (Objektüberwachung)	HOAI-PH08 GB08
$t_{10} - t_9$	Realisierung (Objektbetreuung/Dokumentation)	HOAI-PH09 GB09
$t_{11} - t_{10}$	Betrieb (Nutzung)	GB10
$t_{12} - t_{11}$	Stilllegung/Abriss	GB11
t_{12}	Zeitpunkt des Endes des Bauwerkslebenszyklus	

Durch eine gemeinsame Betrachtung von Raum und Zeit wird die Architektur verbessert. Sie bekommt „eine mediale Bedeutung ... wenn der dreidimensionale Raum mit einer vierten Dimension, der Zeit, angereichert wird".[21] Dieses Zitat stammt aus der Veröffentlichung „Panta rhei"[22] der seit

[19] Hannes Meyer: „Mein Hinauswurf aus dem Bauhaus: Offener Brief an den Herrn Oberbürgermeister Hesse, Dessau", in: Bauen und Gesellschaft: Schriften – Briefe – Projekte. Dresden: VEB Verlag der Kunst, 1980, S. 68

[20] Deutsches Institut für Normung e. V. (Hrsg.), DIN 277 Flächen und Rauminhalte von Hochbauten, Teil II

[21] ag4 Gesellschaft für Mediatektur, Köln: „Panta rhei", in: Zeitschrift leonardo-online, H. 4, 1997, S. 86 – 91

[22] „panta rhei" (griech.) bedeutet: „alles fließt (dem griechischen Philosophen Heraklit zu geschriebener Ausspruch, der bedeuten soll, daß die Welt auf ewigem Werden und Vergehen beruhe)", (Gerhard Wahrig, Deutsches Wörterbuch, Gütersloh/München: Bertelsmann Lexikon Verlag, 1986/1991, S. 967)

1991 existierenden Gesellschaft für **Mediatektur** (ag4 in Köln[23]), eine Arbeitsgemeinschaft für „vierdimensionales" Bauen, die sich „als Bindeglied zwischen Architekturbüro und Medienagentur" versteht. **„Mediatektur** sucht Antworten auf die Frage, wie sich die Kommunikationsgesellschaft im öffentlichen Raum artikuliert. Sie vereint die statische Architektur mit prozessualen Medien und ergänzt die Bauten um den Faktor Zeit. Es entstehen kommunikative Strukturen, in denen die Architektur zum Medium und die Medien zum Baumaterial (der Architektur) werden." Die ag4 entwickelt auftragsgemäß „entweder die Gesamtkonzeption oder Teilbereiche von Architektur, Design, Medienrealisierung oder Baubetreuung". Die Auftragsprojekte werden begriffen „als Medium zum Auftraggeber – das Gebäude selbst wird zum Kommunikationsmedium." Christoph Kronhagel nennt aus der Baugeschichte als Beispiele für „ganz phantastische Mediatektur" die „Sixtinische Kapelle oder eine gotische Kathedrale. Da gab es eine hohe Kultur, die mit allen Mitteln ihrer Zeit kommunikative Gesamtkunstwerke erstellte."[24]

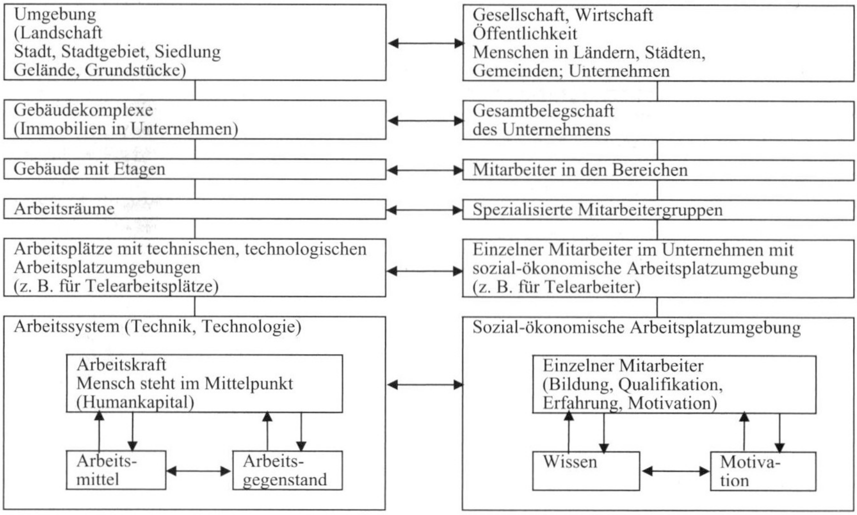

Abb. 10.70 „Strukturierter Ort" und „Strukturierter Nutzer"

Der **Lebenszyklus** beschreibt das Werden und Vergehen von Menschen geschaffener künstlicher Systeme (Bauwerke), die sie zur Befriedigung ihrer Bedürfnisse und somit auch zur Herstellung bzw. zum Gebrauch von Sachgütern benötigen. Untersuchungen zum Lebenszyklus von Produkten sind dann besonders interessant, wenn sie zur Kategorie langlebiger (dauerhafter) Güter gehören. Ihre herausragende Eigenschaft unter wirtschaftswissenschaftlichem Aspekt ist die Teilbarkeit ihres Nutzungspotenzials während der Lebensdauer. Bauwerke, Immobilien schlechthin, sind solche dauerhaften Güter, bei denen Lebenszyklus übergreifende Untersuchungen zu weiteren wirtschaftlichen Effekten führen. Ein idealtypischer Systemlebenszyklus, der von Klaus Wübbenhorst [10.67] vorgeschlagen wurde, umfasst die Phasen Initiierung, Planung, Realisierung, Betrieb und Stilllegung. Diese Phaseneinteilung wurde um die Phase Abriss ergänzt und als Grundlage für den Bauwerkslebenszyklus übernommen.

---

[23] „Die ag4 ist eine Gruppe von Architekten, Designern und Mediengestaltern, die architektonische und mediale Mittel miteinander verknüpft, um ‚die sinnliche Orientierung' in der Gesellschaft zu verbessern." (ag4 Gesellschaft für Mediatektur, a. a. O., S. 86)

[24] Zitate wurden aus ag4 Gesellschaft für Mediatektur, a. a. O., S. 86, 89 entnommen.

2.2.3 Bauwerk und der „Strukturierte Ort“

Auch bei den Bauwerken sind tief greifende qualitative und quantitative Veränderungen, besonders bei der Gebäude-/Haustechnik, zu beobachten. In Fabrikgebäuden, Werkhallen kommen zur Gebäude- und Haustechnik noch produktionstechnische Ausrüstungen, Arbeitsmittel u. a. hinzu. Infolge des wissenschaftlich-technischen Fortschritts, insbesondere auf den Gebieten der Informations- und Kommunikationstechnik, wird sich der Anteil der Gebäude-, Haus-, Produktionstechnik im technischen System „Bauwerk“ wesentlich erhöhen. Untersuchungen des Finnischen Staatlichen Forschungszentrums (VTT) belegen[25], dass sich die Kostenanteile verschiedener Gebäudeteilsysteme: Oberflächen, Trennwände, Türen, technische Systeme (Haus-, Gebäudetechnik), Skelett, Außenwände, Dach, Fundamente, Fenster an den Gebäudegesamtkosten im Verlaufe von etwa 30 Jahren stark verändert haben. Im Jahre 1991 wurde eingeschätzt, dass sich z. B. der Kostenanteil der technischen Systeme von 20 % (im Jahre 1965) auf 50 % (im Jahre 1995) erhöhen wird, während sich der Kostenanteil für Skelett, Außenwände, Dach, Fundamente im gleichen Zeitraum von 70 % auf 30 % verringern wird.

Das **Bauwerk** wird als technisches System betrachtet, das sich aus Grundstück, baulicher Anlage, Gebäude-/Haustechnik und den technischen Ausrüstungen für die Nutzungsprozesse entsprechend der Nutzungsart zusammensetzt:

- Grundstücke (nicht bebaute) sind sowohl in horizontaler Richtung (Grundstücksfläche) als auch in vertikaler Richtung (Raum über und unter der Grundstücksfläche) abgegrenzte Teile der Erdoberfläche. Für die Bebauung der Grundstücke sind umfangreiche Kenntnisse über ihre Umgebung und deren Infrastruktur (Straßenanschluss, Energie-, Wasserversorgung bzw. Wasserentsorgung sowie über die Kommunikationssysteme) erforderlich.
- Bauliche Anlagen sind das „Gebaute“, beispielsweise bei Brücken, Brunnen, Wasserbecken, Kanäle, Wohn-, Bürogebäuden, Fabrikgebäuden zur Herstellung von Erzeugnissen.
- Gebäudetechnik/Haustechnik gewährleistet z. B. in den Gebäuden die Gebäudedienste wie Klimatisieren, Beleuchten, Feuerschutz, Kontrollieren und Sichern und Kommunizieren.
- Technische Ausrüstungen/Einrichtungen in den Bauwerken für die Nutzungsprozesse entsprechend der Nutzart (nach DIN 277[26]).

Der **„Strukturierte Ort“** drückt die Ganzheitlichkeit in Bezug auf das Erzeugnis Bauwerk aus. Er führt sowohl zu einer „äußeren“ Erweiterung des Bauortes (Baugrundstück oder bebautes Grundstück) durch Einbeziehung seiner Umgebung als auch zu einer „inneren“ Erweiterung durch eine Modularisierung des Bauwerks bis zum einzelnen Arbeitsplatz. Zu ihm gehören: Landschaft, Stadt, Stadtgebiet, Siedlung, Umgebung (Gelände, Grundstücke, Immobilien) des Unternehmens, Gebäudekomplexe, Gebäude mit Etagen, Arbeitsräume bis hin zu den einzelnen Arbeitsplätzen mit räumlicher Arbeitsplatzumgebung (siehe Abb. 10.70, linke Seite).

Die Zweckmäßigkeit des **„Strukturierten Ortes“** und des **„Strukturierten Nutzers“** liegt darin, dass Teillösungen auf den jeweiligen Betrachtungsebenen Arbeitsplatz (mit Arbeitsplatzumgebung), Arbeitsräume, Gebäude (mit Etagen), Gebäudekomplexe, Unternehmensgelände, Umgebung des Unternehmens in Kombination mit der entsprechenden Nutzerkategorie des „Strukturierten Nutzers“ (einzelne Arbeitskraft, Gruppe von Arbeitskräften bis hin zur Öffentlichkeit), schrittweise modellmäßig erarbeitet werden können.

3 Management des Ganzheitlichen Bauens

„Integrales Facility Management (IFM)“ ist das Managen (disponierende Leistungserstellungsprozesse) der durchzuführenden Leistungserstellungsprozesse des Ganzheitlichen Bauens (über den gesamten Lebenszyklus der Facilities); d. h. das Managen dieser Prozesse in den Phasen Initiierung, Planung, Realisierung, Betrieb/Nutzung, Stilllegung und Abriss der Facilities und das Managen der in diesen tätigen Arbeitskräfte der Baubeteiligten. Damit werden nicht nur wie üblich rationale und

[25] Pekka Leppänen, Bauen in Finnland, Vortrag, Internationaler Kongress Industrielles Bauen (IKIB), Technische Hochschule Leipzig, 18. – 21. Juni 1991 in Leipzig

[26] Deutsches Institut für Normung e. V. (Hrsg.), a. a. O.

funktionelle Dimensionen, sondern auch soziale, mentale Dimensionen (Unternehmenskultur, Firmengeist, Corporate Identity) berücksichtigt. Es geht dabei unter anderem um „Produktivität durch gute Räume und gebaute Arbeitsplatzumgebungen". Integrales Facility Management ist somit das Managen des Ganzheitlichen Bauens unter Berücksichtigung der Märkte des Ganzheitlichen Bauens, einschließlich der Facilities, des Integralen Facility Management und der Informationssysteme.

3.1 Management der Bauwerke

Es gibt eine Reihe von Gründen, weshalb die Verantwortlichen in öffentlichen Einrichtungen, in den Kommunen, in den Unternehmen, in den Bildungseinrichtungen usw. ihre Aufmerksamkeit verstärkt auf das Managen der Immobilien richten:

- unwirtschaftliche Nutzung des Bestandes an Gebäuden, Bauwerken und baulichen Anlagen sowie des Flächenbestandes durch unvorteilhafte Raum- und Flächenaufteilung und ungenügende Flexibilität der Bauwerksstrukturen,
- schlechte Verwaltung der Immobilienbestände, unvollständige Bestandsführung,
- rapid abfallendes Neubauvolumen bei stark steigendem Bauen im Bestand,
- Einfluss der quantitativ und qualitativ neuartigen Möglichkeiten der Informations-, Kommunikations-, Multimedia- und Netzwerktechnik und daraus resultierende Veränderungen für den Bauprozess und die Bauwerke („intelligente" Bauwerke mit Telearbeitsplätzen und Anschluss an Datenautobahnen mit einer fast „ortsunabhängig" und zeitunabhängig Informationsbeschaffung),
- welt-, europa-, landesweite Bestimmungen zur Umwelt, Ökologie, Gesetze, Vorschriften zum Bauen von Wohnungen, Gewerbeeinrichtungen, Fabrikanlagen,
- tief greifende Veränderungen in der Unternehmenskultur durch wachsende Bedeutung des subjektiven Faktors, der Motivation und anderer Faktoren,
- Veränderungen im Kapitalbereich wie Zinspolitik, Abschreibungssätze, Mieten, Preise pro qm Wohn-, Büroraum,
- Managen leerstehender Wohn-, Büro- und Gewerbeflächen („Leerstandsmanagement"),
- Notwendigkeit der Optimierung der Arbeitsplatzkosten, motivierende Gestaltung der Arbeitsplatzumgebung, damit Produktivität auch durch „gute Räume" entstehen kann.

Zur Unterstützung der betroffenen Unternehmen wird eine neue Dienstleistung angeboten: „Business Transformation Services".[27] Ihr Ziel ist es, Prozesse zu rationalisieren, Lagerbestände und Gemeinkosten (auch solche, die aus dem Immobilienbestand entstehen) usw., zu senken.

Eine moderne Entwicklungsrichtung des Managements ist das Reengineering im Management [10.68]. Es zielt darauf ab, den Managern Leitlinien an die Hand zu geben, damit sie in der neuen Arbeitswelt ihre Aufgaben in Führung, Inspiration, Organisation, Einsatzplanung, Erfolgskontrolle und Anerkennung erfüllen können. Das Reengineering im Management der Unternehmen und im Prozessmanagement [10.69] ist genauso wichtig wie das Reengineering in den Wertschöpfungsprozessen. Jedoch ist auch dieses Managementkonzept nur dann effektiv wirksam, wenn die Manager und die Mitarbeiter im Unternehmen ihre Einstellungen zum Unternehmen und zur Selbstverantwortung bei Ausführung ihrer Tätigkeiten gründlich überdenken. Ihre Motivation [10.70] ist letztlich entscheidend für den Erfolg des Unternehmens.

3.1.1 Managementbereiche im Unternehmen und Gebäudemanagement

Das Managen (Leiten, Steuern) der Leistungsprozesse, die sich aus der Wechselwirkung der durchführenden Produktionsfaktoren Arbeit, Sachmittel und den zu verarbeitenden Stoffen und Materialien ergeben, lässt sich zweckmäßigerweise strukturieren (Abb. 10.73) in: Management des Personals, der Stoffe/Materialien und der Sachmittel (Arbeitsmittel, Betriebsmittel: Mobilien, Immobilien/Facilities und Produktionsausrüstungen). Nur die Immobilien sind Gegenstand des Integralen Facility Management. Das Gebäudemanagement bezieht sich nur auf die Nutzungsphase und ist Facility Management (i. e. S.), während Facility Management (i. w. S.) sich auf den gesamten Lebenszyklus bezieht und als Integrales Facility Management bezeichnet wird.

---

[27] Debis Systemhaus GmbH: „Management des Wandels", Zeitschrift Facility Management, H. 2/1996, S. 68

Das **Gebäudemanagement** erfasst:
- i. e. S. „lediglich die Optimierung der Bewirtschaftung von Gebäuden mit Schwerpunkt im technischen Bereich";
- i. w. S. „eine umfassende unternehmerische Aktivität, die Gebäude, Systeme und technische Hilfsmittel eines Arbeitsplatzes auf den Menschen und die betrieblichen Bedürfnisse einstellt, um die Unterschiede aus dem Zusammenspiel sämtlicher Ressourcen zu optimieren. (...) In diesem Zusammenhang gilt es, die Erkenntnisse der Betriebswirtschaft, der Architektur sowie der Ingenieur- und Verhaltenswissenschaft zu berücksichtigen"[28].

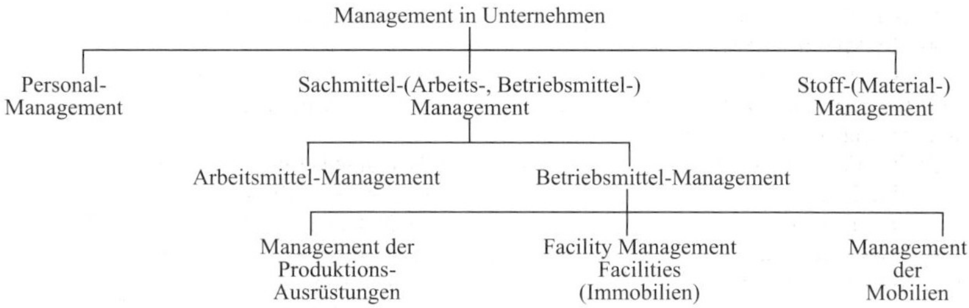

Abb. 10.73 Managementstruktur in Unternehmen

Gebäudemanagement wird häufig auch in die Teilbereiche technisches, kaufmännisches und infrastrukturelles Gebäudemanagement unterteilt und beinhaltet Aufgaben wie Betreiben, Ver- und Entsorgen von Wasser und anderen Energieträgern, Sicherheits-, Reinigungs-, Hausmeisterdienste sowie Kosten-, Mietabrechnung und Objektbuchhaltung, gegebenenfalls auch noch soziale Betreuungsleistungen. Unter Gebäudemanagement werden nicht nur das Management von Leistungen, sondern auch die Leistungen selbst verstanden; es wird eine Vermischung von durchführenden und dispositiven Leistungserstellungsprozessen vorgenommen. Werner Lorenz sieht Facility Management als eine Unternehmensfunktion, „die sich auf den kompletten Lebenszyklus eines Gebäudes oder einer Liegenschaft bezieht. Gebäudemanagement hingegen ist die Projektion des Konzeptes Facility Management auf die operative Ebene während der Nutzungsphase (...) und somit die Realisierung eines Teils des Facility Management."[29].

3.1.2 Entwicklungstendenzen des Facility Management

In den nächsten Jahren wird sich auch in Europa Facility Management zu einem wachstumsträchtigen, umsatzstarken Markt entwickeln. Facility Management wird zum heißen Thema der Neunzigerjahre für die Planung und Betriebsbewirtschaftung der Unternehmen (Dieter W. Henzler, Objektmanagement Institut, Tagerwilen, Aszigau). Klaus Dieter Gronwald (Geschäftsführer der Schweizer Advanced Graphics Systems AG in Bern) schätzte im Jahre 1990 ein, dass „Facility Management in 3 – 4 Jahren rund 15 % des CAD/CAM-Marktes ausmachen"[30] wird. Etwa 50 000 zum Teil neu zu schaffende Arbeitsplätze in bundesdeutschen Unternehmen werden sich mit derartigen Aufgabenstellungen beschäftigen. Die Produktionszyklen werden immer kürzer, sodass sich die Fertigung immer häufiger und rascher umstellen muss (Hans Peter Wiendahl, Institut für Fabrikplanung, Universität Hannover). Dabei werden die Tätigkeiten der Architekten, der Gebäudetechniker und der Fertigplaner für eine erfolgreiche wirtschaftliche Entwicklung der Unternehmen immer wichtiger.

[28] Hans Kahlen, „Das Grundanliegen des Gebäudemanagement", Vortrag zum Intensivseminar „Gebäudemanagement" der ebs IMMOBILIENAKADEMIE GmbH Berlin, 19.-23. Juni 1995, Niederhausen bei Frankfurt am Main

[29] Werner Lorenz: „Externe Dienstleister sind oft günstiger – Gebäudemanagementkosten im Griff", Handelsblatt, 25.10.1994

[30] Klaus Dieter Gronwald: „Facility Management entwickelt sich zum umsatzstarken neuen Markt", in: Blick durch die Wirtschaft, Frankfurt/Main: FAZ., 10.10.1990

Trotz CAD- und Computereinsatz „werden immer noch aus längst überholten Plänen und aus den verschiedensten Abteilungen mühsam und zeitraubend“[31] Informationen über Produktionsstrukturen (Gebäude, Maschinen, Versorgungssysteme u. a.) zusammengesucht. Einmal mit CAD- und CAE-Systemen ermittelte Informationen über Architektur, Gebäudestatik und -konstruktion, Gebäudeausrüstung sollten so strukturiert gespeichert werden, dass sie auch für die Lebenszyklusphasen Betrieb, Stilllegung und Abriss genutzt werden können. Zum erreichten Stand bei der Anwendung der Computertechnik in Facility Managementkonzepten wird auf die entsprechende Fachliteratur verwiesen: CAD-unterstütztes Facility Management, Computer Aided Facility Management[32] und Computer Integrated Facilities[33]. Die für die 90er-Jahre prognostizierten Entwicklungstendenzen des Facility Management setzen sich auch unter den Bedingungen der zunehmenden Globalisierung und Internationalisierung der Wirtschaft bis heute fort.

3.2 Theoretisches Konzept des Integralen Facility Management

Integrales Facility Management wird aus der Sicht des Architekten als „Management des Ganzheitlichen Bauens“ betrachtet und umfasst das Managen:

- des koordinierten Zusammenwirkens der Baubeteiligten einschließlich des „Strukturierten Nutzers“ über
- den gesamten Bauwerkslebenszyklus (über die „Strukturierte Zeit“), sowohl in seiner Gesamtheit als auch in den einzelnen Phasen, besonders in den Phasen der Initiierung, der Bauwerksnutzung, der Stilllegung und des Abrisses;
- der von Phase zu Phase des Bauwerkslebenszyklus stattfindenden Zustandsänderungen des „Strukturierten Ortes“, besonders der Teilsysteme „intelligente“ „lebende“ Bauwerke sowie der Arbeitsplätze;
- der für das Integrale Facility Management und das Ganzheitliche Bauen erforderlichen durchgehenden Informationsverarbeitungssysteme (Managementinformationssysteme).

Ein wichtiges Anliegen des Integralen Facility Management ist die Freisetzung ökonomischer und auch emotionaler Effektivitätspotenziale, damit der subjektive Faktor Motivation für die Wirtschaftlichkeit des Ganzheitlichen Bauens voll wirksam werden kann. „Facility Management beschreibt im eigentümlichen Sinne nicht nur den Zustand von Gebäuden und Anlagen oder die Leistungsfähigkeit von Diensten rund um das Kerngeschäft, Facility Management beschreibt auch die ‚Befindlichkeit‘ von Menschen.“[34]. Zur Einbeziehung des Faktors Motivation sind sowohl die objektiven Leistungsbedingungen als auch die subjektiven Quellen einer höheren Leistungsbereitschaft der Baubeteiligten während des gesamten Bauwerkslebenszyklus von der Initiierung/ Planung bis zum Abriss zu berücksichtigen.

3.2.1 Thesen zum Integralen Facility Management

Die „Philosophie“ des Integralen Facility Management wird durch folgende Thesen beschrieben:

(1) Ausgehend von der Definition des Integrales Facility Management (i. w. S.) werden das Initiierungsmanagement, das Projektmanagement (Bauprojektmanagement), das Betriebs-/ Nutzungsmanagement (Facility Management i. e. S./Gebäudemanagement) und das Stilllegungs-/ Abrissmanagement zu einem einheitlichen Lebenszyklus übergreifenden Managementprozess erfasst (Abb. 10.75). Der Begriff „Integral“ beinhaltet drei grundlegende Aspekte:

- **Nutzeraspekt**, der durch den **„Strukturierten Nutzer“** (Öffentlichkeit, Land, Stadt, Gemeinde, Gesamtbelegschaft eines Unternehmens, Mitarbeiter in Bereichen, Mitarbeitergruppen, einzelner Mitarbeiter) wiedergegeben wird; er ist der Wichtigste aller Baubeteiligten; denn für ihn wird das Bauwerk gebaut. Der Nutzer „bewegt“ sich gewissermaßen während der Lebenszyklusphasen eines Bauwerks in einem diskontinuierlichen Raum-Zeit-System (im System des „Strukturierten Ortes“ und der „Strukturierten Zeit“), das in den Anfangsphasen virtuell und später während des Bauens schrittweise real wird bzw. nach der Bauwerksübergabe real ist.

---

[31] Ebenda

[32] Klaus Dieter Gronwald: „Facility Management hat viele Facetten“, CAD-CAM Report Nr. 2, 1990, S. 50 – 57

[33] Markus Breithaupt: „CIF Computer Integrated Facilities Management“, in: Tagungsband 5. Workshop des Modellversuchs CAD-Ausbildung im Bauwesen, Baukosten, 27./28.6.1991 in Frankfurt am Main, S. 66 – 79

[34] Peter Zechel: „Der Mensch im Mittelpunkt“, Zeitschrift Der Facility Manager, H. 9/10, 1997, S. 3

– **Zeitaspekt („Strukturierte Zeit")**, in dem der gesamte Bauwerkslebenszyklus mit den Phasen Initiierung, Planung, Realisierung, Betrieb/Nutzung und Stilllegung/Abriss betrachtet wird, wobei die Phasen Planung und Realisierung durch die 9 Leistungsphasen des § 15 der Objektplanung der HOAI feiner strukturiert wurden;
– **Raumaspekt („Strukturierter Ort")**, der die Bauwerke aller Nutzungsarten mittels digitaler 3D-Bauwerks- und Geländemodelle auf verschiedenen Betrachtungsebenen (z. B. aus der Sicht eines produzierenden Unternehmens: Landschaft, Umgebung eines Unternehmens, Gebäudekomplexe, Gebäude mit Etagen, Arbeitsräume, einzelne Arbeitsplätze mit Arbeitsplatzumgebungen) definiert, analysiert, abbildet und gestaltet.

(2) Der **Auftraggeber** bzw. der künftige **Nutzer** eines Bauwerks sollte als Kunde angesehen werden, wie in anderen Industriezweigen üblich. Der Kunde (Nachfragender nach einer Bauleistung) wünscht meistens nicht nur ein Produkt, das Bauwerk, sondern auch eine auf seine vielfältigen Raumbedürfnisse zugeschnittene Systemlösung. So gesehen ist Integrales Facility Management **„Customeroriented Management"**, das auf die Kundenbedürfnisse und -wünsche in allen Bauwerkslebenszyklusphasen eingeht, kundenfreundlich und vertrauensbildend ist; das Preis-/ Leistungsverhältnis verbessert; die Qualität und Umweltverträglichkeit des Bauwerks erhöht und langfristig sichert; Marktwirksamkeit und die Durchsetzung der Marktprinzipien auch im Bauwesen unterstützt.

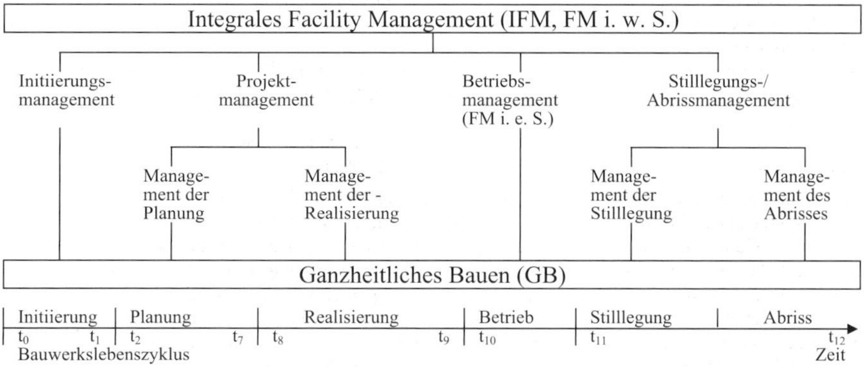

$t_0, t_1, \ldots, t_{12}$	„Strukturierte Zeit": die Zeitabschnitte t_1 bis t_7 beschreiben die erweiterten Leistungsphasen 1 bis 7 der Planung und die Zeitabschnitte t_8 bis t_9 die Leistungsphasen 8 und 9 in der Realisierung der Objektplanung gemäß § 15 HOAI; der Zeitanschnitt t_{11} bis t_{10} beschreibt die Phase Betrieb/ Nutzung, der Zeitabschnitt t_{12} bis t_{11} die Phase Stilllegung/Abriss und t_{12} das Ende der Existenz des Bauwerks. Das IFM (FM i. w .S.) umfasst und koordiniert das Initiierungsmanagement, Projektmanagement (Planungs-/Realisierungsmanagement), Betriebs-/Nutzungsmanagement (FM i. e. S. oder Gebäudemanagement) und das Stilllegungs-/Abrissmanagement
i. e. S./i. w. S.	im engeren Sinne/im weiteren Sinne

Abb. 10.75 Integrales Facility Management – Management des Ganzheitlichen Bauens

(3) Aus der **Nutzerorientierung** ergeben sich komplexe und komplizierte Aufgaben zur nutzergerechten möglichst optimalen Gestaltung der Bauwerksfunktionen, die bereits in den Phasen Initiierung/Planung modellmäßig gelöst werden müssen. Dies betrifft:
– die disponierenden und ausführenden Leistungserstellungsprozesse, die in den Arbeitssystemen des künftigen Nutzers ablaufen, einschließlich
– der Nutzeranforderungen hinsichtlich bautechnischer Flexibilität, statischem, klimatischem, akustischem, schwingungstechnischem Verhalten des Bauwerks, Qualität und Beachtung sozioökonomischer Aspekte sowie der Möglichkeiten zur Beeinflussung der Motivation der im Bauwerk tätigen Arbeitskräfte,
– die wichtigsten, während des Bauwerksbetriebs/der Bauwerksnutzung „denkbaren" Modifikationen der Bauwerksfunktionen als Folge veränderter Leistungserstellungsprozesse des Nutzers,
– die Prozesse in der Stilllegungs- und Abrissphase.

(4) Für das **Managen** des Ganzheitlichen Bauens wird grundsätzlich von der Verknüpfung des gemanagten (geleiteten) und des Managementsystems mittels Informationssystem ausgegangen (siehe Abb. 10.63). Auf diese Weise lässt sich die Wechselwirkung zwischen dem System des Ganzheitlichen Bauens, in dem die durchführenden Leistungserstellungsprozesse der Baubeteiligten ablaufen, mit den Prozessen des Integralen Facility Management darstellen. Der Integrale Facility Management-Prozess wird auf der Basis des allgemeinen Problembearbeitungs- und Problemlösungsprozesses unter Berücksichtigung menschlichen Problemlösungsverhaltens modellmäßig beschrieben.
Durch Managen (Leiten, Steuern) ist das Verhalten eines Systems so zu beeinflussen, dass ein definiertes Ziel (z. B. geringster Kostenaufwand bei Umwidmungen) mit möglichst geringem Aufwand erreicht wird. Ziele werden von den jeweiligen Fachwissenschaften (hier vom Ganzheitlichen Bauen), in deren Zuständigkeit das zu managende System bzw. der managende Prozess fällt, festgelegt. Der prinzipielle Ablauf eines Facility Managementprozesses wird modelliert auf der Basis des ergatischen Steuerungsprozesses (ergatische Systeme sind Mensch-Maschine-Systeme, die Träger von Steuerungsprozessen sind), der vom allgemeinen Problembearbeitungs- und Problemlösungsprozess abgeleitet und als Operationsfolge für ein Me-It-System konzipiert wurde. Für ein spezielles Managementsystem ist im Verlaufe des Systementwurfes die allgemeine Handlungs-/Operationsfolge entsprechend des vom jeweiligen Unternehmen gewünschten Systemverhaltens zu konkretisieren. Die Operations-/Handlungsfolge des Integralen Facility Managementprozesses stellt ein Rahmenkonzept für die Gestaltung der Managementfunktionen Planen und Kontrolle dar, wobei das Planen als Einheit von Objekt-, Ausführungs- (Projekt-, Vorhabens-) und Nutzungsplanung und die Kontrolle als Soll-Ist-Vergleich betrachtet werden. Die Soll-Werte werden aus der Planung und die Ist-Werte aus der Ist-Erfassung bezüglich der Zustände des Bauwerks (geometrische Abmessungen, Qualität u. a.) sowie der Vorhabens-(Projekt-)werte (Kosten, Material, Leistung, Termine) ermittelt.

Die **Organisation** des Management, speziell des Facility Managementprozesses, ist auch für ein modernes Architekturbüro eine schwierige Aufgabe, die effektiv gelöst werden muss, um dem wachsenden Konkurrenzdruck auf den nationalen und internationalen Märkten standzuhalten. Karl E. Weick stellte fest, dass die Tätigkeit des Organisierens „definiert ist als durch Konsens gültig gemachte Grammatik für die Reduktion von Mehrdeutigkeit mittels bewusst ineinander greifender Handlungen. Organisieren heißt, fortlaufende unabhängige Handlungen zu vernünftigen Folgen zusammenzufügen, so dass vernünftige Ergebnisse erzielt werden."[35] Die zusammenfassende Beschreibung der organisatorischen Lösung wird als **Orgware** bezeichnet. Sie ist neben der Software und Hardware eine wichtige Komponente für die praktische Durchsetzung der computergestützten/-integrierten Systeme. Sie beinhaltet die fixierte Organisation (Aufbau- und Ablauforganisation) eines Managementsystems.

3.2.2 Markt des Integralen Facility Management

Die Beschreibung des Integralen Facility Managementkonzeptes umfasst sowohl das Gesamtsystem als auch die Phasen (Teilsysteme) IFM00 – IFM11 des Integralen Facility Management (siehe Abb. 10.66). Der Markt der Leistungen des Integralen Facility Management entwickelt sich sehr schnell und beinhaltet ein außerordentliches Effizienzpotenzial, das durch geeignete Maßnahmen erschlossen werden muss. Hierbei sind sicher auch einige der bekannten Schwierigkeiten zu überwinden, die z. T. daraus resultieren, dass
- die Führungsqualitäten und -fähigkeiten der Manager hinsichtlich der erforderlichen Ganzheitlichkeit im Denken nicht ausreichen;
- die eingeleiteten Maßnahmen sich meistens nur auf kurzfristig und nicht auf langfristig wirksame Nutzenspotenziale orientieren;
- die Manager und Mitarbeiter für diese komplexen Aufgaben nicht über ausreichende Kenntnisse, Fertigkeiten und Erfahrungen verfügen und z. T. nicht ausreichend motiviert sind.

Interaktionen zwischen **Anbieter und Nachfrager** finden an der Schnittstelle zwischen beiden statt (Abb. 10.77). Je nach Umfang der nachgefragten Integralen Facility Managementleistung wird das Angebot gemeinsam mit dem Nachfrager erarbeitet. Integrales Facility Management wird somit wunschgemäß als Systemleistung angeboten, die jederzeit an die unterschiedlichen Bedingungen der verschiedenen Nachfrager angepasst werden kann. Die Zusammenarbeit des Anbieters und des Nachfragers ist wahlweise auf den folgenden Gebieten möglich:

[35] Karl E. Weick, Der Prozeß des Organisierens, Frankfurt am Main: Suhrkamp, 1985, S. 11

- dem Integralen Facility Management, also Managementleistungen je nach Komplexität der zu managenden Sachleistungen,
- der Informationsverarbeitung, der Kommunikation, der Multimediatechnik und der Netzwerke für das Integrale Facility Management,
- Kombinationen aus den beiden genannten Gebieten Integrales Facility Management und Informationssystem.

Auch für die innovativen Leistungen des Integralen Facility Management gilt der allgemeine Grundsatz, zur richtigen Zeit mit dem passenden Produkt/der innovativen Systemleistung am richtigen Ort/Markt zu sein. Marktanalyse, aktive Marktbearbeitung und eine ständige Anpassung an die Gegebenheiten des Marktes sind für ein erfolgreiches Integrales Facility Management genauso wichtig wie für andere Wirtschaftsbereiche. Das gewünschte Ergebnis der **Marktbeobachtung** sind Informationen insbesondere über

- den Facility-Markt (Volumen, zu erwartendes Wachstum, Sättigungs- und Stabilitätsverhalten, über Anzahl und Leistungen der Konkurrenten, unterteilt nach Neubau von Facilities und Modifikationen gebauter Facilities bezogen auf bestimmte Bundesländer, Regionen, Städte (eventuell auch im europäischen Rahmen unterteilt nach West- und Osteuropa);
- die Preisentwicklung auf den Gebieten des Bauens und der Facility Managementleistungen;
- die Entwicklungen der Qualitätsstandards, der Bestimmungen/Gesetze des Umweltschutzes, der Ökologie und andere gesellschaftliche Anforderungen (Freizeitverhalten, Arbeitswelt) und über
- die Struktur und Zusammensetzung der Kunden, ihre gegenwärtigen und künftigen Bedürfnisse.

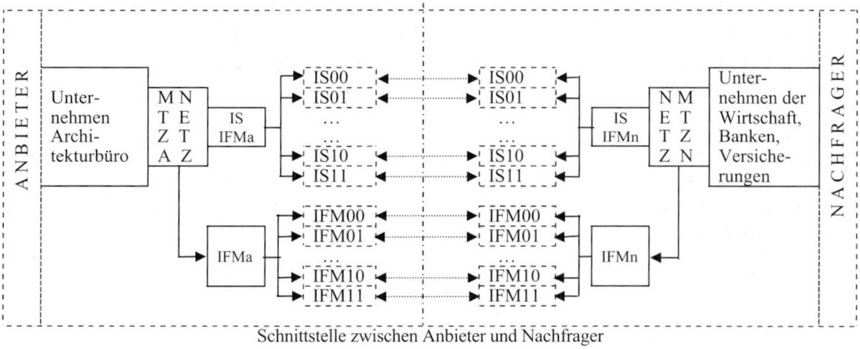

MTZA/MTZN	Multimedia-Telekommunikations-Zentrum Anbieter (A)/Nachfrager (N)
IFMa/IFMn	Integrales Facility Management des Anbieters (a)/des Nachfragers (n)
ISIFMa/ISIFMn	Informationssystem des Anbieters (ISIFMa)/des Nachfragers (ISIFMn), Phasen ISIFM00 bis ISIFM11 (abgekürzt IS00 bis IS11) für die IFM-Phasen IFM00 bis IFM11
NETZ	Kommunikationsnetz (INTERNET, INTRANET, ISDN)

Abb. 10.77 Verflechtungen zwischen den Märkten der **Anbieter** von/der **Nachfrager** nach Leistungen des IFM und/oder des Informationssystems des IFM

Unternehmen, die wegen veränderter Marktbedingungen Absatzschwierigkeiten für ihre bisher produzierten Erzeugnisse bzw. Dienstleistungen haben und als Folge der Herstellung weiterentwickelter bzw. neuer Produkte die Produktionslinien, den Vertrieb, die Logistik und das Marketing anpassen müssen, sollten auch die Auswirkungen auf ihren Gebäudebestand, überhaupt auf den gesamten Immobilienbestand, untersuchen und bewerten, damit die Immobilien für die dadurch entstandene wirtschaftliche Situation optimiert werden können. Hierbei sollte der Architekt, der diese Gebäude gebaut hat, entsprechende Beratungs- sowie Entwurfs- und Planungsleistungen anbieten. Künftig könnten derartige Architektenleistungen bereits bei der Auftragsvergabe durch den Bauherren an den Architekten im Architektenvertrag zusätzlich mit vereinbart werden. Ein Architekt, der den unternehmensweiten Gebäudebestand nicht oder nur zum Teil gebaut hat, kann selbstverständlich diese Leistungen auch erbringen, aber meistens mit wesentlich höherem Kostenaufwand.

Der **Anbieter** (unter Gesamtverantwortung des Architekten) gewährleistet mithilfe seines modernen Multimedia-Telekommunikations-Zentrum (MTZA) die kontinuierliche Erfassung und Pflege aller Informationen (des gesamten Wissens in qualitativer und quantitativer Form) über die Bauwerke und den unternehmensweiten Bauwerksbestand; dabei kann der Anbieter bei Bedarf mit dem Multimedia-Telekommunikations-Zentrum (MTZN) des Nachfragers (z. B. eines Wirtschaftsunternehmens) über das Datennetz auf direktem Wege erforderliche Informationen für die Facility Management-Entscheidungen fast „echtzeitnah" und „ortsunabhängig" austauschen. Ökonomische Verluste durch verzögerte Entscheidungen auf den Gebieten des Integralen Facility Management können so reduziert, in vielen Fällen sogar vollständig verhindert werden.

4 Informationssysteme des Integralen Computergestützten Bauens

Informationssysteme (IS) enthalten die erforderlichen Informationen für die Systeme des Ganzheitlichen Bauens und des Integralen Facility Management. Sie verbinden beide Systeme durch wechselseitigen Informationsaustausch.

4.1 Computerunterstützung des Bauens

Die Bemühungen, die elektronische Datenverarbeitung im Bauwesen umfassend einzusetzen, reichen bis an den Anfang der 70er-Jahre zurück. Über den etwa bis 1978 erreichten Stand ist auf dem internationalen Symposium „Elektronische Datenverarbeitung in der Architektur", das im Mai 1978 in Berlin stattfand, von verschiedenen auf diesem Gebiet tätigen Wissenschaftlern berichtet worden [10.71]. Auch in den Jahren 1970 und 1971 in Hannover durchgeführten Veranstaltungen „ging es um die Frage, ob und wie von der Elektronischen Datenverarbeitung eine Hilfe für das Entwerfen des Architekten erwartet werden kann." [10.71].

In den 70er- und 80er-Jahren beschäftigte sich Heinz Schwarz mit der „Daten- und Informationsverarbeitung in Planung und Steuerung von Bauprojekten" [10.72]. Im Mittelpunkt der Forschungsarbeiten stand die Lösung organisatorischer Probleme der Informationsübermittlung und der Verständigung unter den Partnern. Das Überwachen und Steuern der „Projekt-Informationsflüsse" wurde infolge der zunehmenden Komplexität der Bauprojekte zu einer schwierigen, viel Sachverstand erfordernden Aufgabenstellung für Architekten und Bauingenieure.

Die im Jahre 1993 gegründete Bundesvereinigung Bausoftwarehäuser e.V. (BVBS) – ihre Mitglieder kommen aus den Bereichen der Architektur, der Bauunternehmen und dem Bauhandwerk – sieht im Einsatz der Datenverarbeitung einen zentralen Schwerpunkt zur Rationalisierung im Bauwesen. Auch sie stellt fest, dass die meisten Softwaresysteme im Bauwesen „Insellösungen" sind und wegen fehlender Datenstandards für einen umfassenden Informationsaustausch zwischen den Baubeteiligten nur wenig geeignet sind. Deshalb hat sich die BVBS die Aufgabe gestellt, „den ganzheitlichen Lösungsansatz für die Integration und den Kommunikationsverbund zu kreieren und umzusetzen. Das Zusammenwirken und Zusammenarbeiten der Baustofflieferanten, Baugerätehersteller, Planer, ausführende Firmen am Bau ist angesagt und muss stattfinden."[36].

Im Zusammenhang mit der Modellierung des Ganzheitlichen Bauens, der Darstellung von Bauwerken und der Beschreibung der Integralen Facility Managementprozesse sind für den Architekten Erkenntnisse u. a. auf folgenden Gebieten erforderlich:
- Anwendung der objektorientierten Modellierung und Computer Grafik
- CIM-Strategie im Bauwesen (Computerintegriertes Bauen) und
- Online für Architekten und Planer.

4.1.1 Objektorientierte Modellierung, Computer Grafik

Für die Modellierung komplexer Systeme sind **objektorientierte** Konzepte, wie objektorientierte Modellierung (OOM), objektorientierte Programmierung (OOP), objektorientierte Analyse (OOA) und

[36] Udo Blecken: „Ganzheitlicher EDV-Ansatz durch BVBS", Zeitschrift Bauinformatik, H. 3, 1995, S. 86

objektorientiertes Design (OOD) gut geeignet. In diesen Konzepten werden Objekte (Gegenstände, Sachverhalte, Systeme, Erzeugnisse, Vorgehensweisen) als geordnete Zusammenstellung von Informationen (Daten) definiert. Sie haben bestimmte Eigenschaften (Attribute) und ein definiertes Verhalten (Funktionalität der Objekte). Manipulationsanweisungen (Methoden) in Form von kleinen Programmen (prozeduraler Aspekt), Regeln (regelbasierter Aspekt) und von Relationen zu anderen Objekten (kognitiver Aspekt) definieren die Funktionalität. Daten, Methoden und Relationen werden „eingekapselt" (information hiding), sodass nur das Objekt selbst sein „inneres Modell" kennt. Zur Aktivierung wird dem Objekt eine Nachricht zugeschickt und nach Aktivierung der Methoden und Manipulieren der Objektdaten wird das Ergebnis als Antwort des Objektes ausgegeben. Mehrere Objekte werden in ein Beziehungsgeflecht (Taxonomie) eingeordnet und in Klassen, die unterschiedlich strukturiert sein können, zusammengefasst. Taxonomien haben den Vorteil, dass Informationen nur einmal vereinbart werden müssen und untergeordnete Objekte „erben" diese Informationen. Polymorphismus besagt, dass verschiedenartige Objekte auf gleichartige Operationen in gleicher Weise reagieren. Als dynamische Bindung wird das Zusammenführen von Daten und Methoden zum spätesten Zeitpunkt bezeichnet.

Die enorme Bedeutung der **Computer Grafik** für die Tätigkeit des Architekten wird wohl kaum von jemandem bezweifelt: Die visuelle 2- bzw. 3-dimensionale Darstellung von Arbeitsergebnissen des Architekten in Form von Zeichnungen, Schemen, Übersichts- und Ablaufplänen, Schnitten, Perspektiven, Schatten, Schattierungen, Oberflächenstrukturen, Farbgebung, transparenten Oberflächen, Spiegel- und Beleuchtungseffekten mit künstlichem und natürlichem Licht nach Jahreszeiten, Tagesstunden in Abhängigkeit vom Sonnenstand ist ohne die Verwendung moderner Informationstechnik kaum effektiv realisierbar. Hinzu kommen die Möglichkeiten, mittels Computeranimation und -simulation Bildsequenzen bereits in einer Entwicklungsphase, in der das Gebäude lediglich als virtuelles Modell existiert, zu erzeugen, wie sie beispielsweise beim Durchwandern des Gebäudes nach seiner Fertigstellung entstehen würden. Das Experimentieren (Gedankenexperiment) mit verschiedenen Varianten eines Gebäudeentwurfes und photo-realistischer Darstellung der Experimentierergebnisse wird effektiv möglich. Daraus leiten sich beträchtliche Wettbewerbsvorteile für Architekturbüros ab, die die vielseitigen Möglichkeiten der Computer Grafik nutzen. Der Begriff Computer Grafik wird hier im Sinne von Bernd Willim [10.73] verwendet. Er benutzt „Computer Grafik" als Oberbegriff und unterscheidet zunächst nach Anwendungsgebieten Stand- und Laufbilder. Die Erzeugung, Bearbeitung und Verarbeitung von Standbildern belegt er mit dem Begriff „Computer-Grafik" (oder auch „Computergrafik") und ordnet die Präsentations-, die Fernseh-/Videosysteme, Grafik (Paint-) und die CAD-Systeme diesem Begriff unter, während er dem Begriff Laufbilder die 2D- und 3D-Computeranimation und -simulation unterordnet.

Die **„Computer-Grafik"** beschäftigt sich mit Verfahren zur Visualisierung und zum Abbilden der Umwelt im Standbildbereich. Die dafür benutzten Grafikprogramme sind die bekannten CAD-Systeme (AutoCAD, UNICAD, ARRIS, caddy u. a.), die eine 2-, 2,5- und 3-dimensionale digitale Bildverarbeitung auf der Grundlage der Digitalisierungstechnik (elektronische Aufrasterung einer Bildvorlage in einzelne Bildpunkte, die im Computer digitalisiert gespeichert werden) ermöglichen. Für den Architekten ist neben der bildlichen Darstellung von Grundrissen, Ansichten, Schnitten u. a. die 3D-Computer-Grafik besonders interessant, weil mit ihr Lichtbrechungen und Spiegelungen speziell mit dem Ray-tracing-Verfahren (Lichtstrahlrückverfolgungs-Verfahren) berechnet und dargestellt werden können. Dabei ist es möglich, optische Wirkungen von Räumen und Oberflächen von Wänden zu simulieren und damit für den Betrachter anschaulicher zu machen.

Die **Präsentationsgrafik**[37] in der Architektur unterstützt die Vermittlung von architektonischen Ausdrucksformen, Sachverhalten und Inhalten eines Gebäudeentwurfs und damit den Entscheidungsprozess beim Auftraggeber. Die Präsentationsgrafik wird häufig genutzt für:
- die fotorealistische Integration der vom Computer erzeugten Bilder eines geplanten Bauwerks in gescannte Fotos der bebauten/unbebauten Umgebung und
- das Mixen computererzeugter Bildsequenzen mit Videoaufnahmen der realen Umgebung.

Mit der **Computeranimation** können Informationen (z. B. über ein geplantes Bauwerk) durch bewegte Bilder vermittelt werden. Mit ihrer Hilfe können „künstliche Welten oder gar virtuelle Realitäten"

---

[37] Eine orientalische Weisheit besagt: „Ich höre und vergesse, ich sehe und behalte; ich tue und begreife.", zitiert nach [10.67]

geschaffen werden. Ein Verfahren, das es dem Architekten ermöglicht, seinem Auftragegeber z. B. einen „virtuellen Spaziergang“ durch ein, als Produktmodell beschriebenes Bauwerk in Form von Bildsequenzen fotorealistisch darstellen und mit ihm darüber interaktiv zu diskutieren. Missverständnisse zwischen Auftraggeber und Auftragnehmer können auf diese Weise in einem frühen Stadium der Planungsarbeit vermieden bzw. schneller und effektiver ausgeräumt werden.

4.1.2 „Online“ für Architekten, CIM im Bauwesen

„Wer nicht online ist, ist offline und damit out.“[38] **„Internet** – Chancen für die Architekten?“ Das Internet ist eine echte Chance für die Architekten, wenn sie dieses neue Werkzeug der digitalen Kommunikation in Kombination mit den anderen Informations-, Kommunikations- und Multimediatechniken nutzen, die Architektur nicht auf das mit diesen Mitteln Erfassbare reduzieren und diese Werkzeuge nicht zum Selbstzweck verkommen lassen. Das menschliche Maß, seine Empfindungen, seine Gefühle und Wahrnehmungen müssen stets die Oberhand behalten. Der Begriff „Online“ beinhaltet den Datenaustausch und die Kommunikation im digitalen Netz. Besonders in der Planungsphase eines Bauwerks ist der ständige, schnelle, zuverlässige und bedarfsorientierte Datenaustausch, der direkte Zugriff auf zentrale Datenbanken und digitales Kommunizieren der Baubeteiligten untereinander nicht nur wünschenswert, sondern dringend erforderlich.

Die digitale Kommunikation erlaubt es, sofort online verbundene Teams zu bilden, die im interaktiven Dialog an planerischen Leistungen arbeiten. Per Videokonferenz können die gemeinsam zu lösenden Probleme der Bauprojektplanung und -abwicklung mit den räumlich auseinander liegenden Unternehmen an Hand gleichzeitig auf ihren Bildschirmen sichtbarer Zeichnungen, Modelle, Ansichten, Schnitte, Bildsequenzen und Videos diskutiert werden, um so schneller und sicher zu den erforderlichen Entscheidungen zu kommen. Die Dialogpartner können jeweils über ihre gleichartig gestaltete grafische Benutzeroberfläche des Bildschirmfensters Arbeiten für ein gemeinsames Projekt parallel ausführen. Eine weitere Anwendungsmöglichkeit der „Online-Arbeit“ beschreibt das folgende Zitat: „Die Baubesprechung findet im Netz statt.“[39], so könnte der bauleitende Architekt die auf einer Baustelle tätigen Partner zur Besprechung einladen.

BauNetz[40] der BauInfoGruppe (Bertelsmann Fachinformation), der Online-Dienst für Architekten und Planer, verfügt über ein eigenes, schnelles und leistungsfähiges Netzwerk und bietet seinen Nutzern spezifische Fachinformationen, E-Mail und den Internet-Zugang. Die Informationsangebote im BauNetz sind:

- Wettbewerbsauslobungen (Überblick über die aktuelle Auftragssituation, Wettbewerbsunterlagen per E-Mail bestellen, „Werkschau“: Architekturkritik, Baudokumentation, Kurzcharakteristik wichtiger Neubauten);
- Normen und Bauvorschriften („Planungshilfen“: Produktinformationen, Vorschriften, Baukosten);
- Service- und Kommunikationsangebot („Stellenmarkt“, „Design-Shop“ mit Bestellmöglichkeiten, „Mediathek“: Fachmedien für Architekten und Planer, weiterhin geplant sind Updates zu CAD-Software, Rezensionen von Neuveröffentlichungen, Literaturdatenbank mit Zeitschriftenverzeichnis sowie Buchbestellungen per E-Mail, Rubrik „Organisationen“: Forum für Berufsverbände, Forschung, Lehre und Politik, „Forum“: Insider-Wissen durch interaktive Kommunikation austauschen und benutzen der „Pinwand“ zum Fragen stellen und beantworten, auch als Informationsquelle für Bauunternehmer bei der Auswahl von Architekturbüros) und
- Branchen-News (regionale und überregionale Informationen, Termin- und Veranstaltungskalender, aktuelle Informationen über Hersteller von Bauprodukten, Rubrik „Kultur“: Museen, Galerien, Exkursionstips) über ein „private network“ mit hohen Übertragungsraten.

„Internet für Facility Manager“ ist der Titel des Buches von Detlef Kröger und Eberhard H. Rossig aus dem Jahre 1998. Neben der „Einführung in das Internet“ und der Darstellung „Allgemeine Suchdienste“ werden **Internetmöglichkeiten für Facility Manager**“ beschrieben [10.74].

---

38 Gerhard Bremmer, Präsident der Architektenkammer Hessen, Beginn der Eröffnungsfeier der ACS ‘96 in Frankfurt/Main, 1996

39 Ralf Steck: „Der Architekt in Surfers Paradise“, Zeitschrift AEC-Report, 4/1995, S. 3

40 Roselien Huisman: „BauNetz – Online-Dienst für Architekten“, Computer Spezial 1/1997, S. 8 – 10, Bertelsmann Fachzeitschriften-Supplement

4.2 Informationssysteme des Ganzheitlichen Bauens und des Integralen Facility Management

4.2.1 Lebenszyklus übergreifendes Informationssystem

Die Untersuchungen zum **Computerintegrierten Bauen** (siehe [10.54]) haben ergeben, dass es zweckmäßig ist – neben den Informationskomplexen der Lebenszyklusphasen – den gesamten Lebenszyklus betreffende **Informationskomplexe (IK)** zu bilden:

- IK KO: Informationskomplex „Kosten“,
- IK GE: Informationskomplex „Geometrie“,
- IK ICAB: Informationskomplex „Integrales Computergestütztes Bauen“.
- IK GV: Informationskomplex „Behörde“ (gesetzliche Bestimmungen, z. B.: Raumordnungsgesetz, Wasserhaushaltsgesetz, Baunutzungsverordnung, Landesbauordnungen, DIN und andere Vorschriften).

Den Phasen des Bauwerkslebenszyklus und damit dem Ganzheitlichen Bauen (GB) und dem Integralen Facility Management (IFM) werden, wie bereits angedeutet, weitere Informationskomplexe (IK) zugeordnet:

- IK 00: Informationskomplex Initiierung, GB00, IFM00;
- IK 01 bis IK 07: Informationskomplexe Planung, GB01 – GB07, IFM01 – IFM07;
- IK 08 bis IK 09: Informationskomplexe Realisierung, GB08 – GB09, IFM08 – IFM09;
- IK 10: Informationskomplex Betrieb, Nutzung, GB10, IFM10 und
- IK 11: Informationskomplex Stilllegung/Abriss, GB11, IFM11.

Es ist sowohl aus theoretischer als auch aus praktischer Sicht vorteilhaft, dieses Informationssystem (IS) in zwei Teilsysteme zu trennen (Abb. 10.81): das eine beinhaltet die Informationsbasis (ISGB) für die Leistungserstellungsprozesse des Ganzheitlichen Bauens (z. B. für den Bauwerksentwurf mit CAD und den statischen Berechnungen) und das andere (ISIFM) die Informationsbasis für die Integralen Facility Managementprozesse (z. B. für das Managen des Bauwerksentwurfes und Managen der statischen Berechnungen).

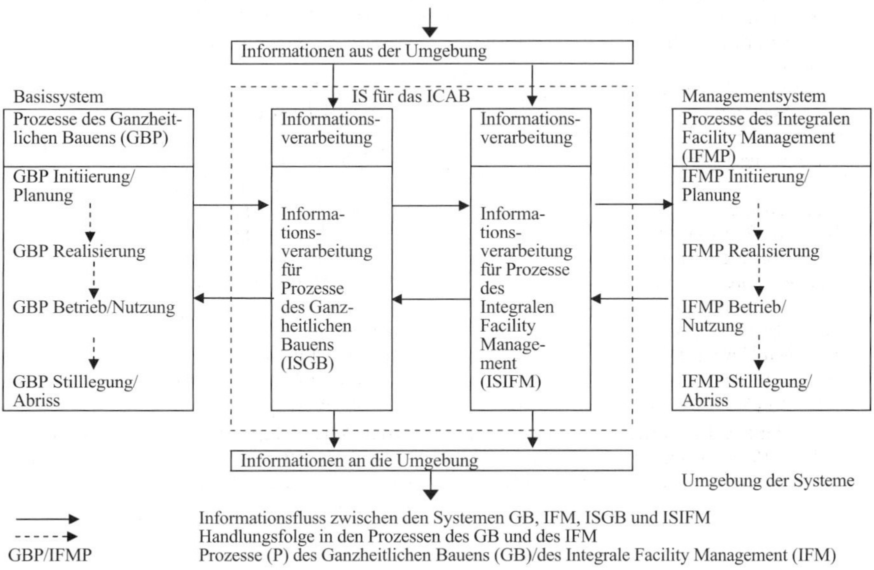

Abb. 10.81 Informationssysteme (IS) für die Prozesse des GB, IFM und des ICAB

Das Informationssystem für das Integrale Facility Management (ISIFM) wird untergliedert in die Untersysteme ISIFM00 bis ISIFM11. Soll beispielsweise das Untersystem ISIFM00 entworfen werden, so wird zunächst das „Gesamtsystem ICAB00“, bestehend aus (GB00 + ISGB00) + (IFM00 + ISIFM00), konzipiert; danach werden die Teilsysteme GB00, IFM00 und die jeweils dazugehörigen Informationsteilsysteme ISGB00 und ISIFM00 gestaltet sowie auf die Erfüllung ihrer Teilfunktionen geprüft; anschließend werden die modellierten und geprüften Teilsysteme zum „Gesamtsystem“ kombiniert und die Gesamtfunktion geprüft und eventuell korrigiert. In gleicher Weise wird bei den anderen Untersystemen ISIFM01 bis ISIFM11 vorgegangen. Das „Gesamtsystem 00“ wird, wie aus dem Matrixmodell (Abb. 10.82) ersichtlich, als ICAB00 bezeichnet. Analoges gilt für die anderen „Gesamtsysteme“. Das Matrixmodell stellt die gesamte Modellstruktur für das Integrale Computergestützte Bauen (ICAB) dar.

Bauwerks-lebenszyklus	Tätigkeitsbereiche (-komplexe) HOAI	GB	IFM	Informationsteilsysteme (Phasen)	ICAB-Phasen Teilsysteme
Initiierung	--	GB00	IFM00	ISGB00 & ISIFM00	ICAB00
	HOAI-PH01	GB01	IFM01	ISGB01 & ISIFM01	ICAB01
	HOAI-PH02	GB02	IFM02	ISGB02 & ISIFM02	ICAB02
	HOAI-PH03	GB03	IFM03	ISGB03 & ISIFM03	ICAB03
Planung	HOAI-PH04	GB04	IFM04	ISGB04 & ISIFM04	ICAB04
	HOAI-PH05	GB05	IFM05	ISGB05 & ISIFM05	ICAB05
	HOAI-PH06	GB06	IFM06	ISGB06 & ISIFM06	ICAB06
	HOAI-PH07	GB07	IFM07	ISGB07 & ISIFM07	ICAB07
Realisie-rung	HOAI-PH08	GB08	IFM08	ISGB08 & ISIFM08	ICAB08
	HOAI-PH09	GB09	IFM09	ISGB09 & ISIFM09	ICAB09
Nutzung	--	GB10	IFM10	ISGB10 & ISIFM10	ICAB10
Still./Abriss	--	GB11	IFM11	ISGB11 & ISIFM11	ICAB11

IFM00 – IFM11	Phasen des Integralen Facility Management
ISIFM00 – ISIFM11	Phasen des Informationssystems IS zum IFM
ISGB00 – ISGB11	Phasen des Informationssystems IS zum GB
GB00 – GB11	Phasen des Ganzheitlichen Bauens
HOAI-PH	Leistungsphasen der Objektplanung gemäß § 15 der HOAI
ICAB00 – ICAB11	Phasen des Integralen Computergestützten Bauens (ICAB)

Abb. 10.82 Verflechtungen des Bauwerkslebenszyklus mit dem ICAB (GB, IFM, ISGB, ISIFM)

4.2.2 Informationssysteme für die Bauwerke und das Integrale Facility Management

In Analogie zu den Abschnitten 2 (GB) und 3 (IFM) gilt die gleiche Grundstruktur für die Informationssysteme. Dies ist eine wichtige Voraussetzung für die effektive Kommunikation zwischen Anbietern und Nachfragern auf den Märkten der Informationssysteme ISGB und ISIFM. Das Grobmodell des **Informationsaustausches** ist in Abb. 10.83a enthalten.

5 Konsequenzen und Ausblicke

5.1 Ansätze für die praktische Nutzung

Die Märkte des Ganzheitlichen Bauens, der Facilities, des Facility Management und der Informationssysteme als Beziehungen zwischen den Anbietern (alle Baubeteiligten unter „Führung“ der Architekten) und den Nachfragern sind möglichst gleichartig zu modellieren. Anbieter und Nachfrager „passen“ an der Schnittstelle (Abb. 10.83b) wie die Kontakte einer Steckverbindung zusammen und können auf den folgenden Gebieten zusammenarbeiten:

- dem Ganzheitlichen Bauen, entweder eingeschränkt auf die HOAI-Leistungen (GB01 bis GB09) oder im Sinne des Ganzheitlichen Bauens (GB00 – GB11), d. h. zusätzlich mit Leistungen für die Phasen Initiierung, Betrieb, Stilllegung und Abriss;
- dem Integralen Facility Management (IFM00 – IFM11);
- der Informationsverarbeitung für das Ganzheitliche Bauen (ISGB00 – ISGB11) und/oder für das Integrale Facility Management (ISIFM00 – ISIFM11).
- dem Integralen Computergestützten Bauen als Kombination aus den drei genannten Gebieten.

Das Management des Facility-Marktes aus der Sicht des Anbieters muss auf die Erreichung der Marktführerschaft [10.75] orientiert werden. Dafür ist auch ein exakt analysierter und damit definierter Markt (Nachfragepotenzial) Voraussetzung. Aus der „Nutzerorientierung“ abgeleitete Nutzenstrate-

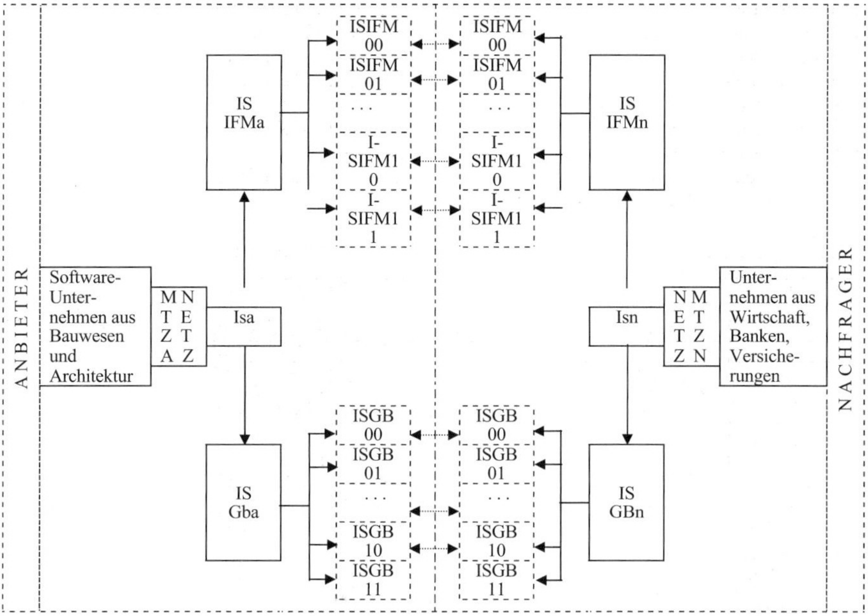

Schnittstelle zwischen Anbieter und Nachfrager für den **Informationsaustausch**

MTZA/MTZN Multimedia-Telekommunikations-Zentrum Anbieter (A)/Nachfrager (N)
ISa/ISn Informationssystem des Anbieters (a)/des Nachfragers (n)
ISGBa/ISGBn Informationssystem GB des Anbieters/Nachfragers mit den Phasen ISGB00 bis ISGB11
ISIFMa/ISIFMn Informationssystem IFM des Anbieters/Nachfragers mit den Phasen ISIFM00 bis ISIFM11
NETZ Kommunikationsnetz (INTERNET, INTRANET, ISDN)

Abb. 10.83a Märkte für Leistungen der Informationsverarbeitung im ISGB und/oder ISIFM

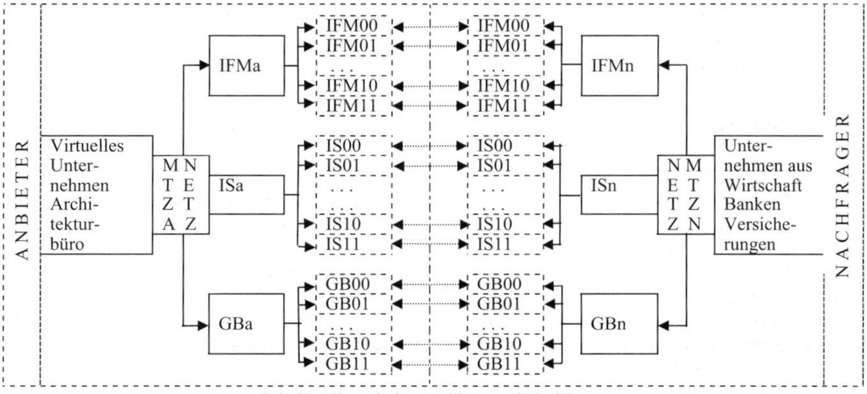

Schnittstelle zwischen Anbieter und Nachfrager

MTZA/MTZN Multimedia-Telekommunikations-Zentrum Anbieter (A)/Nachfrager (N)
GBa/GBn Ganzheitliches Bauen des Anbieters (a)/des Nachfragers (n), Phasen GB00 bis GB11
ISa/ISn Informationssystem des Anbieters/des Nachfragers mit den Phasen IS00 bis IS11, die sich aus den Phasen ISGB (ISGB00 bis ISGB11) und ISIFM (ISIFM00 bis ISIFM11) jeweils für Anbieter und Nachfrager zusammensetzen.
IFMa/IFMn Integrales Facility Management des Anbieters/des Nachfragers, Phasen IFM00 bis IFM11
NETZ Kommunikationsnetz (INTERNET, INTRANET, ISDN)

Abb. 10.83b Verflechtung der Märkte des GB, IFM und der IS zwischen Anbietern und Nachfragern

gien sind durchzusetzen, wie geringste (besser: optimale) Lebenszykluskosten, innovative Bauwerke („intelligente“, flexible, „lebende“), die sich kostenoptimal betreiben lassen. Entscheidend für eine Marktführerschaft ist einerseits der Kundennutzen während der Betriebs-/Nutzungsphase und andererseits, falls das Ende der wirtschaftlich vertretbaren Nutzungsdauer erreicht wird, die kostenoptimale Stilllegung/der Abriss des Bauwerks.

Für die Fachkommunikation zwischen Anbieter und Nachfrager wird eine umfangreiche Menge von Fachbegriffen benötigt, die vom Architekten als Anbieter erklärend verwendet werden sollte. Dabei ist zu berücksichtigen, dass der Nachfrager meistens nicht über das erforderliche Wissen auf Gebieten verfügt wie Baugeschichte (alte Baukunst als Teil der Kultur), über zeitgenössisches Bauen (der Laie trennt subjektiv beides) und Architektur (Allgemeinbildung reicht nicht aus). Architektonische Aspekte (die Beschränkung auf das Wesentliche, die klare Formensprache, die Authentizität im Materialeinsatz) werden vom Laien nicht wahrgenommen, „weil es sich um Fachkonzepte der Architektur handelt, die vermittelt und erlernt werden müssen“.[41]

Das **„virtuelle“ Architekturbüro** ist Anbieter kompletter Leistungen des Integralen Computergestützten Bauens. Dies bedeutet, dass ein Nachfrager auf Wunsch diese Leistungen komplett oder auch nur Teilleistungen, z. B. nur GB01 bis GB04 oder FM10 mit ISIFM10 oder ISIFM00 bis I-SIFM11, nachfragen bzw. erhalten kann. Der Anbieter der komplexen Leistungen des Integralen Facility Management und von ausgewählten „Sachleistungen“ aus den Bereichen des Ganzheitlichen Bauens, z. B. der „klassischen“ Leistungen der Objektplanung gemäß § 15 der HOAI, ist ein „virtuelles“ Architekturbüro, dessen Organisation (Aufbau-, Ablauforganisation, INTERNET/ INTRANET-Basis) mit der Organisation der Nachfrager grundsätzlich übereinstimmen sollte, damit eine effektive Kommunikation (Informationsaustausch) nach dem „Steckverbinder-Prinzip“ realisiert werden kann. Je nach Aufgabenstellung des Nachfragers sind die erforderlichen „Kontakte auf der Steckleiste“ bzw. auf dem „Stecker“ zu belegen. Wird vom theoretischen Konzept eines „virtuellen“ Architekturbüros ausgegangen, sind entsprechend des Leistungsangebots drei **Kategorien von Architekturbüros** zu unterscheiden (Abb. 10.84):

Kategorien der Architekturbüros	Art des Bauens	Bemerkungen zur Art des Bauens		
„Klassisches“ Architekturbüro	Bauen nach HOAI	Objektplanung nach den Leistungsphasen 01 – 09 (§ 15 der HOAI)		
Modernes zukunfts- orientiertes Architekturbüro	Ganzheitliches Bauen (Ausarbeitung von Systemlösungen)	GB00 ↓ HOAI-Phasen (angepasst) →	Objektplanungsphasen (modifiziert) GB01 – GB09 →	GB10 GB11
Modernes zukunftsorientier-tes „virtuelles“ Architekturbüro	Ganzheitliches Bauen (Ausarbeitung von Systemlösungen)	GB00 ↓ HOAI-Phasen (angepasst) →	Objektplanungsphasen (modifiziert) GB01 – GB09 →	GB10 GB11
	Integrales Facility Management	IFM00 →	Facility Managementphasen (neu) IFM01 – IFM09 →	IFM10 IFM11
	Informationssysteme (IS) ISGB und ISIFM	IS00 →	Informationssystemphasen (neu) IS01 – IS09 →	IS10 IS11

IFM00 – IFM11	Phasen des Integralen Facility Managementsystems
IS	Informationssystem mit den Phasen IS00 – IS11
ISIFM00 – ISIFM11	Phasen des Informationssystems (IS) zum Integralen Facility Management (IFM)
ISGB00 – ISGB11	Phasen des Informationssystems (IS) zum Ganzheitlichen Bauen (GB)
GB00 – GB11	Phasen des Ganzheitlichen Bauens
——→	Informationsaustausch zwischen GB, IFM, IS und den Phasen der HOAI (§ 15)

Abb. 10.84 Kategorien von Architekturbüros

[41] Rainer Bromme, Rambow, Riklef: „Man sieht nur, was man weiß...“, Zeitschrift Der Architekt 8/95, S. 451 – 453

- das „klassische“ Architekturbüro,
- das moderne zukunftsorientierte Architekturbüro, das den Nachfragern Systemlösungen im Sinne des Ganzheitlichen Bauens anbietet und
- das moderne zukunftsorientierte „virtuelle Architekturbüro“ (Abb. 10.85).

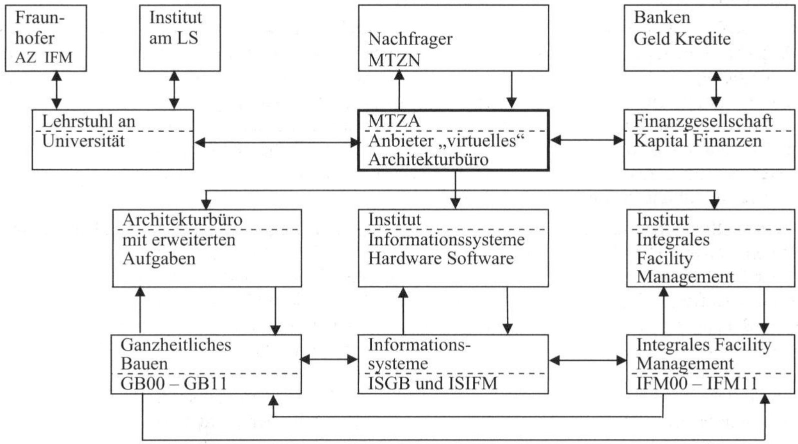

MTZN/MTZA	Multimedia-Telekommunikations-Zentrum Nachfrager (N)/Anbieter (A)
LS/AZ	Lehrstuhl/Anwendungszentrum
IFM	Integrales Facility Management mit den Phasen IFM00 – IFM11
ISIFM00 – ISIFM11	Phasen des Informationssystems für das IFM
ISGB00 – ISGB11	Phasen des Informationssystems für das GB
GB00 – GB11	Phasen des Ganzheitlichen Bauens

Abb. 10.85 Theoretisches Modell eines **„virtuellen“ Architekturbüros**

Schon immer waren die Aufgaben des Architekten: das Entwerfen von Gebäuden unter Berücksichtigung der natürlichen und gebauten Umwelt, des Nutzens und der Kosten als Gesamtheit, der Elemente und der Teile der Gebäude, das Beschreiben der auf dem Entwurf basierenden Leistungen einschließlich ihrer Überwachung während des komplexen Bauprozesses. Diese kurze Beschreibung der Tätigkeit der Architekten umfasst die Bauwerkslebenszyklusphasen von der Planung bis zur Übergabe (Phasen 1 bis 9 der Objektplanung gemäß § 15 der HOAI) des projektgerecht erstellten Bauwerks an den Bauherrn/Nutzer. Eine sehr eng gefasste, von zahlreichen Architekten noch vertretene, aber nicht mehr „zeitgemäße“ Auffassung ist die Reduzierung der Architektentätigkeit auf die künstlerisch-gestalterische Tätigkeit. Ein derartiger Standpunkt leistet einem bereits heute zu beobachtenden Trend Vorschub, dass andere Berufsgruppen – besonders einige spezielle Konkurrenzberufe [10.76] des Architekten wie beispielsweise in Deutschland und Frankreich die Bauingenieure, in Irland und Luxemburg die Ingenieure und in der Schweiz und in Österreich die Baumeister – die dadurch freigewordenen Tätigkeitsfelder belegen werden.

Ein allgemeiner Trend ist die „Generalisierung des Bauens“[42]; so lautete auch das Thema des 3. berufspolitischen Tages der BDB NRW, auf dem Architekten, Ingenieure und Unternehmer über die Zukunft ihrer Berufsstände nachdachten. Sie kamen zu folgenden Ergebnissen:
- Die „Generalisierung“ führt zu „einem engeren Zusammenschluss der Baubeteiligten, z. B. in Form einer Aktiengesellschaft von mehreren Architekten und Ingenieuren“;
- Das Internet kann sowohl positive als auch negative Auswirkungen auf dem Planungsmarkt haben; Beispiele dafür sind: Die Entwurfsarbeit kann unabhängig vom Arbeitsort gestaltet werden, was sicherlich vorteilhaft ist, während die zu erwartende Auslagerung von „Entwurfsleistungen in Nied-

[42] BDB-Landesverband Nordrhein-Westfalen, 3. Berufspolitischer Tag: „Generalisierung des Bauens: Ein Thema, das die Kollegen bewegt“, 3.8.1997, in: DBZ, H. 11, 1997

riglohnländer", das „Herunterladen von Entwürfen durch Bauherren" Nachteile mit sich bringen kann.

- Bei der Entwicklung des Nachwuchses sollte das breit gefächerte Studium beibehalten, „aber um Vertiefungsangebote ergänzt werden".

Aus den Ergebnissen der bisherigen Forschung leitet sich das in der Abb. 10.85 dargestellte allgemeine theoretische Modell für ein „virtuelles" Architekturbüro ab. Die gesamthafte Verantwortung eines „virtuellen" Architekturbüros für das Integrale Computergestützte Bauen hat auch Konsequenzen für das Berufsbild Architekt und die Ausbildung der Architekten.

Eine Lehrveranstaltung Integrales Facility Management ist für den Studiengang Architektur dringend erforderlich geworden. Sie sollte im Vertiefungsstudium (8./9. Semester) eingeordnet und inhaltlich unter anderem von folgenden Komplexen geprägt werden:

- Grundlagen des integrierten und anderer moderner Methoden des Managements;
- Projektsteuerung (HOAI, § 31);
- Projekt-(Bauprojekt-)management;
- Integrales Facility Management als Management des Ganzheitlichen Bauens.

5.2 Ausblicke

Die „Fabriken der Zukunft" werden „virtuelle Unternehmen" sein, die aus einem Netzwerk von Unternehmen bestehen und in der Lage sind, den Kunden ganzheitliche Lösungen (Systemlösungen) einschließlich weitreichender Serviceleistungen anzubieten. Nach einer Aussage des ehemaligen Vorsitzenden des Bundesvorstandes der Industrie, Hans-Olaf Henkel „wird es mehr und mehr virtuelle Firmen geben, deren Abteilungen nicht mehr durch Gänge, Flure und Fahrstühle verbunden sind, sondern durch den Information Highway"[43]. Die aus Amerika kommende Gesellschaftsform setzt sich in Europa (z. B.: Partnerschaftsgesellschaftsgesetz für Freiberufler in Deutschland) immer mehr durch. „Auf Grund der Komplexität des Themas Facility Management, welches die Firma Facet mit der Erstellung von Betreiberkonzepten anbietet, eignet sich diese Gesellschaftsform besonders gut."[44]

In allen Phasen des Lebenszyklus von Bauwerken ist mehr Wert („Mehrwert") mit weniger Kosten zu schaffen, damit die Wettbewerbsfähigkeit erhalten bzw. ständig verbessert werden kann. Den Kunden muss ein einzigartiger Mehrwert, neben Qualität und Liefertreue, durch Ausschöpfen der Potenziale der Hochtechnologien (Informations-, Kommunikations-, Mikrosystemtechnik, Sensorik, Aktorik, neuartige Werkstoffe), bereitgestellt werden. „Derartige Mehrwerte oder Mehrwertdienste reichen von intelligenten Produktionssystemen mit Eigenschaften wie Teleoperation, Teleservice oder Telediagnose über intelligente Werkzeuge und umfassen darüber hinaus die Integration der Subsysteme zu einem intelligenten Gesamtsystem."[45] Mehrwertdienste und Mehrwertleistungen aus den Leistungsbereichen des Facility Management werden den Bauherren von einigen Architekturbüros bereits angeboten; dazu gehören auch Beratungs- und Managementleistungen für das Betreiben, den Service usw. während der Nutzungsphase von Bauwerken.

Beratungs- und Managementleistungen während der Initiierungs- sowie der Stilllegungs- und Abrissphase sollten neben den zusätzlichen Leistungen in der Betriebsphase ebenfalls übernommen werden. Solche Leistungen und die neuen Anforderungen, die sich aus der theoretischen Konzeption des Integralen Computergestützten Bauens ableiten, gehen weit über die bekannten Leistungsbilder der Honorarordnung für Architekten und Ingenieure (HOAI) hinaus. Eine Anpassung der HOAI an die modernen, hier in Kurzfassung dargelegten Entwicklungstendenzen des Bauwesens, ist unumgänglich geworden.

---

[43] Zitiert nach: O. V.: „Virtual Corporation", Zeitschrift Facility Management, H. 2, 1996, S. 10
[44] Ebenda
[45] Axel Kuhn, Gerhard Bandow: „Schlüsselfaktor Mehrwert", Zeitschrift INTEC, H. 4, 1997, S. 40 – 41

11 A Mathematik
11 B Bauinformatik

Inhaltsverzeichnis

11 A Mathematik

Prof. Dr.-Ing. Rolf Gelhaus

1 Tafeln

Mit der Tabellenkalkulation Excel berechnen sich Zahlenwerte der folgenden Tabellen gemäß:

$x_{KL}(l)$	= SUMME (*l*; –POTENZ(*l*; 5)/40; POTENZ(*l*; 9)/3456; –POTENZ(*l*; 13)/599040)
$y_{KL}(l)$	= SUMME (POTENZ(*l*; 3)/6; –POTENZ(*l*; 7)/336; POTENZ(*l*; 11)/42240; –POTENZ(*l*; 15)/9676800)
e^x	= EXP (*x*)
sinh x	= SINHYP (*x*)
cosh x	= COSHYP (*x*)
ln x	= LN (*x*)
$\phi(z)$	= NORMVERT (*f*; 0; 1; WAHR)
$t_{f;0,975}$	= TINV (0,05; *f*)
$\chi^2_{f;0,05}$	= CHIINV (0,95; *f*)
$\chi^2_{f;0,95}$	= CHIINV (0,05; *f*)
$F_{f;f;0,95}$	= FINV (0,05; *f*; *f*)
$F(x)=\sum_{k=0}^{x}\binom{n}{k}\cdot p^k\cdot(1-p)^{n-k}$	= BINOMVERT (*x*; *n*; *p*; WAHR)
$F(x,\mu)=e^{-\mu}\cdot\sum_{k=0}^{x}\frac{\mu^k}{k!}$	= POISSON (*x*; *μ*; WAHR)

Einheitsklothoide (Reihenentwicklung S. 11.26, 11.30, Struktogramm S. 19.11, Programm S. 11.30)

l	x_{KL}	y_{KL}	l	x_{KL}	y_{KL}	l	x_{KL}	y_{KL}	l	x_{KL}	y_{KL}
0,01	0,01000	0,00000	0,41	0,40971	0,01148	0,81	0,80133	0,08789	1,21	1,14675	0,28415
0,02	0,02000	0,00000	0,42	0,41967	0,01234	0,82	0,81078	0,09116	1,22	1,15414	0,29088
0,03	0,03000	0,00000	0,43	0,42963	0,01324	0,83	0,82021	0,09449	1,23	1,16146	0,29770
0,04	0,04000	0,00001	0,44	0,43959	0,01419	0,84	0,82960	0,09791	1,24	1,16869	0,30460
0,05	0,05000	0,00002	0,45	0,44954	0,01518	0,85	0,83897	0,10140	1,25	1,17583	0,31160
0,06	0,06000	0,00004	0,46	0,45949	0,01621	0,86	0,84831	0,10498	1,26	1,18289	0,31869
0,07	0,07000	0,00006	0,47	0,46943	0,01729	0,87	0,85762	0,10863	1,27	1,18985	0,32586
0,08	0,08000	0,00009	0,48	0,47936	0,01841	0,88	0,86690	0,11237	1,28	1,19673	0,33312
0,09	0,09000	0,00012	0,49	0,48929	0,01959	0,89	0,87614	0,11618	1,29	1,20351	0,34047
0,10	0,10000	0,00017	0,50	0,49922	0,02081	0,90	0,88535	0,12008	1,30	1,21020	0,34791
0,11	0,11000	0,00022	0,51	0,50914	0,02208	0,91	0,89452	0,12407	1,31	1,21678	0,35543
0,12	0,12000	0,00029	0,52	0,51905	0,02340	0,92	0,90366	0,12813	1,32	1,22327	0,36304
0,13	0,13000	0,00037	0,53	0,52896	0,02478	0,93	0,91276	0,13228	1,33	1,22966	0,37074
0,14	0,14000	0,00046	0,54	0,53885	0,02620	0,94	0,92182	0,13651	1,34	1,23595	0,37851
0,15	0,15000	0,00056	0,55	0,54874	0,02768	0,95	0,93084	0,14083	1,35	1,24213	0,38637
0,16	0,16000	0,00068	0,56	0,55862	0,02922	0,96	0,93982	0,14523	1,36	1,24820	0,39432
0,17	0,17000	0,00082	0,57	0,56850	0,03081	0,97	0,94875	0,14972	1,37	1,25417	0,40234
0,18	0,18000	0,00097	0,58	0,57836	0,03245	0,98	0,95764	0,15430	1,38	1,26002	0,41045
0,19	0,18999	0,00114	0,59	0,58822	0,03416	0,99	0,96649	0,15896	1,39	1,26576	0,41864
0,20	0,19999	0,00133	0,60	0,59806	0,03592	1,00	0,97529	0,16371	1,40	1,27139	0,42690
0,21	0,20999	0,00154	0,61	0,60789	0,03774	1,01	0,98404	0,16855	1,41	1,27690	0,43525
0,22	0,21999	0,00177	0,62	0,61771	0,03962	1,02	0,99274	0,17348	1,42	1,28230	0,44367
0,23	0,22998	0,00203	0,63	0,62752	0,04156	1,03	1,00139	0,17849	1,43	1,28757	0,45216
0,24	0,23998	0,00230	0,64	0,63732	0,04356	1,04	1,00999	0,18360	1,44	1,29272	0,46073
0,25	0,24998	0,00260	0,65	0,64711	0,04563	1,05	1,01854	0,18879	1,45	1,29775	0,46938
0,26	0,25997	0,00293	0,66	0,65688	0,04775	1,06	1,02703	0,19407	1,46	1,30265	0,47810
0,27	0,26996	0,00328	0,67	0,66663	0,04995	1,07	1,03546	0,19944	1,47	1,30742	0,48688
0,28	0,27996	0,00366	0,68	0,67637	0,05221	1,08	1,04384	0,20491	1,48	1,31207	0,49574
0,29	0,28995	0,00406	0,69	0,68610	0,05453	1,09	1,05216	0,21046	1,49	1,31658	0,50466
0,30	0,29994	0,00450	0,70	0,69581	0,05692	1,10	1,06041	0,21610	1,50	1,32096	0,51365
0,31	0,30993	0,00496	0,71	0,70550	0,05938	1,11	1,06861	0,22183	1,51	1,32520	0,52271
0,32	0,31992	0,00546	0,72	0,71518	0,06191	1,12	1,07674	0,22766	1,52	1,32931	0,53182
0,33	0,32990	0,00599	0,73	0,72483	0,06451	1,13	1,08480	0,23357	1,53	1,33328	0,54100
0,34	0,33989	0,00655	0,74	0,73447	0,06718	1,14	1,09280	0,23958	1,54	1,33711	0,55024
0,35	0,34987	0,00714	0,75	0,74409	0,06992	1,15	1,10072	0,24567	1,55	1,34079	0,55954
0,36	0,35985	0,00777	0,76	0,75369	0,07273	1,16	1,10858	0,25186	1,56	1,34433	0,56889
0,37	0,36983	0,00844	0,77	0,76326	0,07561	1,17	1,11636	0,25814	1,57	1,34772	0,57830
0,38	0,37980	0,00914	0,78	0,77281	0,07857	1,18	1,12408	0,26450	1,58	1,35097	0,58776
0,39	0,38977	0,00988	0,79	0,78234	0,08160	1,19	1,13171	0,27096	1,59	1,35406	0,59727
0,40	0,39974	0,01066	0,80	0,79185	0,08471	1,20	1,13927	0,27751	1,60	1,35700	0,60682

Hyperbelfunktionen

$$\sinh x = \frac{e^x - e^{-x}}{2} \; ; \quad \cosh x = \frac{e^x + e^{-x}}{2} \; ; \quad \tanh x = \frac{\sinh x}{\cosh x}$$

$$\operatorname{arsinh} x = \ln\left(x + \sqrt{x^2+1}\right) \; ; \quad \operatorname{arcosh} x = \ln\left(x + \sqrt{x^2-1}\right)$$

$$\operatorname{artanh} x = \frac{1}{2} \cdot \ln \frac{1+x}{1-x} \quad \text{für } |x| < 1 \; ; \quad \cosh^2 x - \sinh^2 x = 1$$

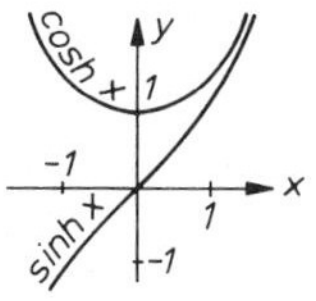

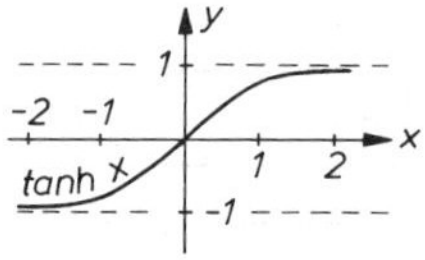

Statistische Verteilungen

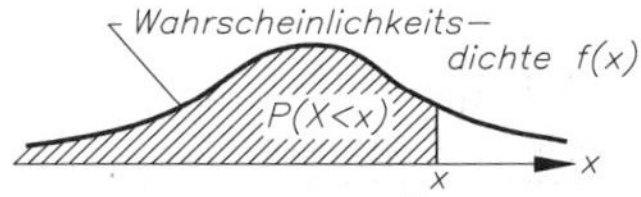

$$\text{Verteilungsfunktion } F(x) = \int_{-\infty}^{x} f(x)\,dx$$

$F(x)$ ist die Wahrscheinlichkeit dafür, dass die entsprechend verteilte Zufallsvariable X Werte annimmt, die nicht größer als x sind.

p-Fraktil einer Verteilung ist ein Wert, den die Zufallsvariable X mit der vorgegebenen Wahrscheinlichkeit p nicht überschreitet.

Exponential-, Hyperbel-, Logarithmusfunktionen

x	e^x	$\sinh x$	$\cosh x$	x	$\ln x$
0,0	1,000	0,000	1,000	1,0	0,000
0,1	1,105	0,100	1,005	1,1	0,095
0,2	1,221	0,201	1,020	1,2	0,182
0,3	1,350	0,305	1,045	1,3	0,262
0,4	1,492	0,411	1,081	1,4	0,336
0,5	1,649	0,521	1,128	1,5	0,405
0,6	1,822	0,637	1,185	1,6	0,470
0,7	2,014	0,759	1,255	1,7	0,531
0,8	2,226	0,888	1,337	1,8	0,588
0,9	2,460	1,027	1,433	1,9	0,642
1,0	2,718	1,175	1,543	2,0	0,693
1,1	3,004	1,336	1,669	2,1	0,742
1,2	3,320	1,509	1,811	2,2	0,788
1,3	3,669	1,698	1,971	2,3	0,833
1,4	4,055	1,904	2,151	2,4	0,875
1,5	4,482	2,129	2,352	2,5	0,916
1,6	4,953	2,376	2,577	2,6	0,956
1,7	5,474	2,646	2,828	2,7	0,993
1,8	6,050	2,942	3,107	2,8	1,030
1,9	6,686	3,268	3,418	2,9	1,065
2,0	7,389	3,627	3,762	3,0	1,099
2,1	8,166	4,022	4,144	3,1	1,131
2,2	9,025	4,457	4,568	3,2	1,163
2,3	9,974	4,937	5,037	3,3	1,194
2,4	11,023	5,466	5,557	3,4	1,224
2,5	12,182	6,050	6,132	3,5	1,253
2,6	13,464	6,695	6,769	3,6	1,281
2,7	14,880	7,406	7,473	3,7	1,308
2,8	16,445	8,192	8,253	3,8	1,335
2,9	18,174	9,060	9,115	3,9	1,361
3,0	20,086	10,018	10,068	4,0	1,386
3,1	22,198	11,076	11,122	4,1	1,411
3,2	24,533	12,246	12,287	4,2	1,435
3,3	27,113	13,538	13,575	4,3	1,459
3,4	29,964	14,965	14,999	4,4	1,482
3,5	33,115	16,543	16,573	4,5	1,504
3,6	36,598	18,285	18,313	4,6	1,526
3,7	40,447	20,211	20,236	4,7	1,548
3,8	44,701	22,339	22,362	4,8	1,569
3,9	49,402	24,691	24,711	4,9	1,589
4,0	54,598	27,290	27,308	5,0	1,608

Normalverteilung

z	$\Phi(z)$ *)
0,0	0,500
0,1	0,540
0,2	0,579
0,3	0,618
0,4	0,655
0,5	0,691
0,6	0,726
0,7	0,758
0,8	0,788
0,9	0,816
1,0	0,841
1,1	0,864
1,2	0,885
1,3	0,903
1,4	0,919
1,5	0,933
1,6	0,945
1,7	0,955
1,8	0,964
1,9	0,971
2,0	0,977
2,1	0,982
2,2	0,986
2,3	0,989
2,4	0,992
2,5	0,994
2,6	0,995
2,7	0,997
2,8	0,997
2,9	0,998
3,0	0,999
3,1	1,000
3,2	1,000
3,3	1,000

$$z = \frac{x - \mu}{\sigma}$$

*) $\Phi(z) = \int_{-\infty}^{z} f(z)\,dz = \frac{1}{\sqrt{2\pi}} \int_{-\infty}^{z} e^{-z^2/2}\,dz$

$\Phi(-z) = 1 - \Phi(z)$

Fraktile der Verteilung

Freiheitsgrad	t-	χ^2-	χ^2-	F-
f	$t_{f;0,975}$	$\chi^2_{f;0,05}$	$\chi^2_{f;0,95}$	$F_{f;f;0,95}$
1	12,71	0,00	3,84	161,5
2	4,30	0,10	5,99	19,0
3	3,18	0,35	7,81	9,28
4	2,78	0,71	9,49	6,39
5	2,57	1,15	11,1	5,05
6	2,45	1,64	12,6	4,28
7	2,37	2,17	14,1	3,79
8	2,31	2,73	15,5	3,44
9	2,26	3,33	16,9	3,18
10	2,23	3,94	18,3	2,98
11	2,20	4,57	19,7	2,82
12	2,18	5,23	21,0	2,69
13	2,16	5,89	22,4	2,57
14	2,15	6,57	23,7	2,48
15	2,13	7,26	25,0	2,40
16	2,12	7,96	26,3	2,33
17	2,11	8,67	27,6	2,27
18	2,10	9,39	28,9	2,22
19	2,09	10,12	30,1	2,17
20	2,09	10,85	31,4	2,12
21	2,08	11,6	32,7	2,09
22	2,07	12,3	33,9	2,05
23	2,07	13,1	35,2	2,01
24	2,06	13,8	36,4	1,98
25	2,06	14,6	37,7	1,95
26	2,06	15,4	38,9	1,93
27	2,05	16,2	40,1	1,90
28	2,05	16,9	41,3	1,88
29	2,05	17,7	42,6	1,86
30	2,04	18,5	43,8	1,84
40	2,02	26,5	55,8	1,69
50	2,01	37,8	67,5	1,60
100	1,98	77,9	124,3	1,39
∞	1,96	∞	∞	1,00

Binomialverteilung

$$F(x)=\sum_{k=0}^{x}\binom{n}{k}\cdot p^{k}\cdot(1-p)^{n-k}$$

Mittelwert $\mu=n\cdot p$; Varianz $\sigma^2=n\cdot p\cdot(1-p)$

n	x \ p	0,1	0,2	0,3	0,4	0,5
1	0	0,900	0,800	0,700	0,600	0,500
	1	1,000	1,000	1,000	1,000	1,000
2	0	0,810	0,640	0,490	0,360	0,250
	1	0,990	0,960	0,910	0,840	0,750
	2	1,000	1,000	1,000	1,000	1,000
3	0	0,729	0,512	0,343	0,216	0,125
	1	0,972	0,896	0,784	0,648	0,500
	2	0,999	0,992	0,973	0,936	0,875
	3	1,000	1,000	1,000	1,000	1,000
4	0	0,656	0,410	0,240	0,130	0,062
	1	0,948	0,819	0,652	0,475	0,312
	2	0,996	0,973	0,916	0,821	0,688
	3	1,000	0,998	0,992	0,974	0,938
	4		1,000	1,000	1,000	1,000
5	0	0,590	0,328	0,168	0,078	0,031
	1	0,918	0,737	0,528	0,337	0,188
	2	0,991	0,942	0,837	0,683	0,500
	3	1,000	0,993	0,969	0,913	0,812
	4		1,000	0,998	0,990	0,969
	5			1,000	1,000	1,000
6	0	0,531	0,252	0,118	0,047	0,016
	1	0,886	0,655	0,420	0,233	0,109
	2	0,984	0,901	0,744	0,544	0,344
	3	0,999	0,983	0,930	0,821	0,656
	4	1,000	0,988	0,989	0,959	0,891
	5		1,000	0,999	0,996	0,984
	6			1,000	1,000	1,000
7	0	0,478	0,210	0,082	0,028	0,008
	1	0,850	0,577	0,329	0,159	0,062
	2	0,974	0,852	0,647	0,420	0,227
	3	0,997	0,967	0,874	0,710	0,500
	4	1,000	0,995	0,971	0,904	0,773
	5		1,000	0,996	0,981	0,938
	6			1,000	0,998	0,992
	7				1,000	1,000
8	0	0,430	0,168	0,058	0,017	0,004
	1	0,813	0,503	0,255	0,106	0,035
	2	0,962	0,797	0,552	0,315	0,144
	3	0,995	0,944	0,806	0,594	0,363
	4	1,000	0,990	0,942	0,826	0,637
	5		0,999	0,989	0,950	0,856
	6		1,000	0,999	0,992	0,965
	7			1,000	0,999	0,996
	8				1,000	1,000

Poissonverteilung

$$F(x,\mu)=e^{-\mu}\cdot\sum_{k=0}^{x}\frac{\mu^{k}}{k!}$$

Mittelwert μ ; Varianz $\sigma^2=\mu$

x \ μ	0,1	0,2	0,3	0,4	0,5
0	0,905	0,819	0,741	0,670	0,607
1	0,995	0,982	0,963	0,938	0,910
2	1,000	0,999	0,996	0,992	0,986
3		1,000	1,000	0,999	0,998
4				1,000	1,000

x \ μ	0,6	0,7	0,8	0,9	1,0
0	0,549	0,497	0,449	0,407	0,368
1	0,878	0,844	0,809	0,772	0,736
2	0,977	0,966	0,953	0,937	0,920
3	0,997	0,994	0,991	0,987	0,981
4	1,000	0,999	0,999	0,998	0,996
5		1,000	1,000	1,000	0,999
6				1,000	1,000

x \ μ	1,1	1,2	1,3	1,4	1,5
0	0,333	0,301	0,273	0,247	0,223
1	0,669	0,663	0,627	0,592	0,558
2	0,900	0,879	0,857	0,833	0,809
3	0,974	0,966	0,957	0,946	0,934
4	0,995	0,992	0,989	0,986	0,981
5	0,999	0,998	0,998	0,997	0,996
6	1,000	1,000	1,000	0,999	0,999
7				1,000	1,000

x \ μ	2,0	3,0	4,0	5,0	6,0
0	0,135	0,050	0,018	0,007	0,002
1	0,406	0,199	0,092	0,040	0,017
2	0,677	0,423	0,238	0,125	0,062
3	0,857	0,647	0,433	0,265	0,151
4	0,947	0,815	0,629	0,440	0,285
5	0,983	0,916	0,785	0,616	0,446
6	0,995	0,966	0,889	0,762	0,606
7	0,999	0,988	0,949	0,867	0,744
8	1,000	0,996	0,979	0,932	0,847
9		0,999	0,992	0,968	0,916
10		1,000	0,997	0,986	0,957
11			0,999	0,995	0,980
12			1,000	0,998	0,991
13				0,999	0,996
14				1,000	0,999
15					0,999

Für Varianzen $\sigma^2>9$ können Binomial- und Poissonverteilung genügend genau durch die Normalverteilung mit der Transformation $z=(x+0{,}5+\mu)/\sigma$ ersetzt werden.

Beispiel: Vor einer Bahnschranke, die maximal 4 min geschlossen bleibt, können bis zur nächsten zurück liegenden Kreuzung höchstens 10 Fahrzeuge halten.
Wie wahrscheinlich ist ein Stau bis in den Kreuzungsbereich bei einer Verkehrsstärke von 75 Fz./h?
Lösung: Mit $\mu=75\cdot4/60=5$ Fz./4 min und $x=10$ Fz./4 min entnimmt man der Tafel der Poissonverteilung eine Wahrscheinlichkeit von 0,986 dafür, dass nicht mehr als 10 Fz. in 4 min ankommen, also ist die gesuchte Stauwahrscheinlichkeit 0,014.

Gegenbeispiel: Für vorstehendes Beispiel ist mit $z=(10+0{,}5-5)/\sqrt{5}=2{,}46$ und somit $\phi(2{,}46)=0{,}993$ noch keine brauchbare Näherung des genauen Wertes 0,986 erreicht.

2 Arithmetik

2.1 Potenzen

$a^{\mathrm{n}} = \underbrace{a \cdot a \cdot ... \cdot a}_{\text{n-mal}} = c$ (a Basis, n Exponent, c Potenzwert)

$a^0 = 1$ *für* $a \neq 0$ $a^{\mathrm{n}} \cdot b^{\mathrm{n}} = (ab)^{\mathrm{n}}$	$a^{\mathrm{m}} \cdot a^{\mathrm{n}} = a^{\mathrm{m+n}}$ $(a^{\mathrm{m}})^{\mathrm{n}} = a^{\mathrm{m \cdot n}}$	$a^{\mathrm{m}} / a^{\mathrm{n}} = a^{\mathrm{m-n}}$ $a^2 - b^2 = (a+b) \cdot (a-b)$
$(a \pm b)^2 = a^2 \pm 2ab + b^2$	$(a \pm b)^3 = a^3 \pm 3a^2 b + 3ab^2 \pm b^3$	
$(a \pm b)^{\mathrm{n}} = a^{\mathrm{n}} \pm \binom{n}{1} a^{\mathrm{n}-1} b^1 + \binom{n}{2} a^{\mathrm{n}-2} b^2 \pm \binom{n}{3} a^{\mathrm{n}-3} b^3 + ... + (\pm 1)^{\mathrm{n}-1} \binom{n}{n-1} a^1 b^{\mathrm{n}-1} + (\pm 1)^{\mathrm{n}} \cdot b^{\mathrm{n}}$		

$\binom{n}{1} = n;\ \binom{n}{2} = \frac{n \cdot (n-1)}{1 \cdot 2};\ \binom{n}{3} = \frac{n \cdot (n-1) \cdot (n-2)}{1 \cdot 2 \cdot 3};\ ...$ für jedes reelle n (gelesen: n über eins usw.)

$\binom{n}{k} = \frac{n!}{k!(n-k)!}$ für natürliches n und k; $n! = 1 \cdot 2 \cdot ... \cdot (n-1) \cdot n$; $0! = 1$

2.2 Wurzeln

$\sqrt[\mathrm{n}]{a} = c$ (a Radikand, n Wurzelexponent, c Wurzel)

$\sqrt[\mathrm{n}]{a} = a^{\frac{1}{\mathrm{n}}}$	$\sqrt[\mathrm{n}]{a^{\mathrm{n}}} = a$	$\sqrt[\mathrm{n}]{a^{\mathrm{m \cdot n}}} = a^{\mathrm{m}}$	$\sqrt[\mathrm{n}]{a \cdot b} = \sqrt[\mathrm{n}]{a} \cdot \sqrt[\mathrm{n}]{b}$	$\sqrt[\mathrm{n}]{\frac{a}{b}} = \frac{\sqrt[\mathrm{n}]{a}}{\sqrt[\mathrm{n}]{b}}$
$\sqrt[\mathrm{n}]{\frac{1}{a}} = \frac{1}{\sqrt[\mathrm{n}]{a}} = a^{-\frac{1}{\mathrm{n}}}$	$\sqrt[\mathrm{n}]{a^{\mathrm{m}}} = a^{\frac{\mathrm{m}}{\mathrm{n}}}$	$\sqrt[\mathrm{n}]{\sqrt[\mathrm{m}]{a}} = \sqrt[\mathrm{n \cdot m}]{a} = \sqrt[\mathrm{m}]{\sqrt[\mathrm{n}]{a}}$		
$\sqrt[\mathrm{m}]{a} \cdot \sqrt[\mathrm{n}]{a} = a^{\frac{1}{\mathrm{m}}} \cdot a^{\frac{1}{\mathrm{n}}} = a^{(\frac{1}{\mathrm{m}} + \frac{1}{\mathrm{n}})} = a^{\frac{\mathrm{n+m}}{\mathrm{m \cdot n}}} = \sqrt[\mathrm{m \cdot n}]{a^{\mathrm{n+m}}}$				
$i = \sqrt{-1}$	$i^2 = -1$	$i^3 = -i$	$i^4 = 1$	

2.3 Logarithmen

$\log_{\mathrm{b}} a = c$ (b Basis, a Numerus, c Logarithmus)

$\log_{\mathrm{b}} a = c \Leftrightarrow b^{\mathrm{c}} = a$	$\log_{\mathrm{b}} 0 = -\infty$ (wegen $\lim\limits_{c \to -\infty} b^{\mathrm{c}} = 0$)	
$\log_{\mathrm{b}} (c \cdot d) = \log_{\mathrm{b}} c + \log_{\mathrm{b}} d$ $\log_{\mathrm{b}} (\frac{c}{d}) = \log_{\mathrm{b}} c - \log_{\mathrm{b}} d$	$\log_{\mathrm{b}} a^{\mathrm{n}} = n \cdot \log_{\mathrm{b}} a$ $\log_{\mathrm{b}} \sqrt[\mathrm{n}]{a} = \frac{1}{n} \cdot \log_{\mathrm{b}} a$	$\log_{\mathrm{b}} 1 = 0$ (wegen $b^0 = 1$) $\log_{\mathrm{b}} b = 1$ (wegen $b^1 = b$)

Natürliche Logarithmen: $\log_{\mathrm{e}} a = \ln a$ mit $\mathrm{e} = \lim\limits_{n \to \infty} \left(1 + \frac{1}{n}\right)^{\mathrm{n}} = 2{,}718281828...$

Dekadische Logarithmen: $\log_{10} a = \lg a$

Umrechnung von einem Logarithmensystem in ein anderes:

$\log_{\mathrm{b}} a = \frac{1}{\log_{\mathrm{c}} b} \cdot \log_{\mathrm{c}} a = \log_{\mathrm{b}} c \cdot \log_{\mathrm{c}} a$ speziell: $\lg a = \frac{1}{\ln 10} \cdot \ln a = \lg \mathrm{e} \cdot \ln a$

$\frac{1}{\ln 10} = \lg \mathrm{e} = M_{10} = 0{,}4342944819...$ heißt Modul der dekadischen Logarithmen.

2.4 Reihen

Arithmetische Reihe: $a + (a+d) + (a+2d) + ... + [a + (n-1)d] = \frac{n}{2}[2a + (n-1) \cdot d]$

Geometrische Reihe: $a + a \cdot q + a \cdot q^2 + ... + a \cdot q^{\mathrm{n}-1} = a \cdot \frac{q^{\mathrm{n}} - 1}{q - 1}$

Unendliche geometrische Reihe: $a + a \cdot q + a \cdot q^2 + ... = \frac{a}{1-q}$ für $|q| < 1$

Spezielle Reihen:

$\sum_{i=1}^{n} i = \frac{1}{2} n (n+1)$	$\sum_{i=1}^{n} i^2 = \frac{1}{3} n (n+1)(n+\frac{1}{2})$
$\sum_{i=1}^{n} (2i-1) = n^2$	$\sum_{i=1}^{n} 2i = n(n-1)$
$\sum_{i=1}^{n} i^3 = \frac{n^2}{4} (n+1)^2$	$\sum_{i=1}^{n} i^4 = \frac{1}{30} n (n+1)(2n+1)(3n^2+3n-1)$

2.5 Zinseszins

K_0 Grundbetrag K_n Endbetrag n Anzahl der Zinsabschnitte p_a Zinssatz pro Jahr p_m Zinssatz pro Monat ($p_m = p_a / 12$) q = 1 + p/100 Zinsfaktor R Rate	$K_n = K_0 \cdot q^n$	$q = \sqrt[n]{K_n / K_0}$	$n = \frac{\ln K_n - \ln K_0}{\ln q}$
	Ratenzahlungen: $K_n = R \cdot (q^n - 1)/(q-1)$ (nachschüssig) $K_n = R \cdot q\,(q^n - 1)/(q-1)$ (vorschüssig)		
	Tilgungsrate eines Darlehens K_0 $R_n = K_0 \cdot q^n (q-1)/(q^n - 1)$ (nachschüssigeZahlung)		

Beispiel: Ein Darlehen von 15.000 € soll in 4 Jahren (48 Monaten) in monatlichen Raten zurückgezahlt werden. Für einen Zinssatz von p_a = 6 % pro Jahr ist der monatliche Zinssatz p_m = 6 %/12 = 0,5 % und somit der Zinsfaktor q = 1,005. Als monatliche Tilgungsrate ergibt sich: $R_{48} = 15.000\,€ \cdot 1{,}005^{48} \cdot 0{,}005/(1{,}005^{48} - 1) = 352{,}28\,€$

2.6 Quadratische Gleichung

$$Ax^2 + Bx + C = 0; \quad x_{1/2} = \frac{1}{2A}\left[-B \pm \sqrt{B^2 - 4AC}\,\right]$$

$$x^2 + px + q = 0; \quad x_{1/2} = \frac{1}{2}\left[-p \pm \sqrt{p^2 - 4q}\,\right] = -\frac{p}{2} \pm \sqrt{\left(\frac{p}{2}\right)^2 - q}$$

Beispiel: $2 \cdot x^2 + 6 \cdot x + 2 = 0 \;\Leftrightarrow\; x^2 + 3 \cdot x + 1 = 0$

$$x_1 = \frac{1}{2}\left(-3 + \sqrt{5}\right) \approx -0{,}382 \;;\; x_2 = \frac{1}{2}\left(-3 - \sqrt{5}\right) \approx -2{,}618$$

2.7 Kubische Gleichung

$$A \cdot x^3 + B \cdot x^2 + C \cdot x + D = 0 \;\Leftrightarrow\; x^3 + a \cdot x^2 + b \cdot x + c = 0 \text{ mit } a = \frac{B}{A}; b = \frac{C}{A}; c = \frac{D}{A}$$

Lösung: $p = \frac{3b - a^2}{3}$; $q = c + \frac{2a^3}{27} - \frac{a \cdot b}{3}$

$$D = \left(\frac{p}{3}\right)^3 + \left(\frac{q}{2}\right)^2 \text{ (Diskriminante)}$$

$$u = \sqrt[3]{-\frac{q}{2} + \sqrt{D}} \;;\; v = \sqrt[3]{-\frac{q}{2} - \sqrt{D}}$$

$$x_1 = -\frac{a}{3} + u + v$$

$$x_{2,3} = -\frac{a}{3} - \frac{u+v}{2} \pm \sqrt{3} \cdot \frac{u-v}{2} \cdot i \;;\; (i \text{ imaginäre Einheit})$$

Diskriminante:

$D > 0$: Eine reelle und zwei konjugiert komplexe Lösungen.

$D = 0$: Drei reelle Lösungen, davon zwei zusammenfallend.

$D < 0$: Drei verschiedene reelle Lösungen.

Beispiel: $2 \cdot x^3 - 8 \cdot x^2 + 4 \cdot x - 6 = 0 \;\Leftrightarrow\; 1 \cdot x^3 - 4 \cdot x^2 + 2 \cdot x - 3 = 0$

$p \approx -3{,}333$; $q \approx -5{,}074$; $D \approx 5{,}065$

$u \approx 1{,}685$; $v \approx 0{,}659$

$x_1 \approx 3{,}678$; $x_{2,3} \approx 0{,}161 \pm 0{,}889i$

2.8 Determinanten

Die Determinante $D = \det(a_{ik})$ eines quadratischen, n-reihigen Schemas reeller Zahlen ist eine reelle Zahl, die auf bestimmte Weise der Gesamtheit der n^2 Einzelzahlen zugeordnet ist.

$$D = \det(a_{ik}) = \begin{vmatrix} a_{11} & a_{12} & \cdots & a_{1n} \\ a_{21} & a_{22} & \cdots & a_{2n} \\ \vdots & \vdots & \ddots & \vdots \\ a_{n1} & a_{n2} & \cdots & a_{nn} \end{vmatrix}$$

Die Indizes geben die Position im Zahlenschema an: Der erste Index bezeichnet die Zeile, der zweite die Spalte der betreffenden Zahl.

Für einreihige Determinanten, die nur aus einer einzigen Zahl bestehen, ist die Determinante diese Zahl selber. Für zwei- und mehrreihige Determinanten kann man die Berechnung der n-reihigen rekursiv auf die Summe von n Determinanten mit $n - 1$ Reihen zurückführen. Dazu verwendet man den Begriff der Unterdeterminante.

Jedem Element a_{ik} einer n-reihigen Determinante wird diejenige $(n - 1)$-reihige **Unterdeterminante** zugeordnet, die durch Streichen der Zeile und Spalte entsteht, in denen dieses Element liegt. Außerdem ordnet man jedem Element das durch $(-1)^{i+k}$ bestimmte Vorzeichen zu. Damit lautet die **Rekursionsvorschrift**:

$$D = a_{11} \cdot \begin{vmatrix} a_{22} & \cdots & a_{2n} \\ \vdots & \ddots & \vdots \\ a_{n2} & \cdots & a_{nn} \end{vmatrix} - a_{12} \cdot \begin{vmatrix} a_{21} & a_{23} & \cdots & a_{2n} \\ \vdots & \vdots & \ddots & \vdots \\ a_{n1} & a_{n3} & \cdots & a_{nn} \end{vmatrix} + \ldots + (-1)^{1+n} \cdot a_{1n} \cdot \begin{vmatrix} a_{21} & \cdots & a_{2,n-1} \\ \vdots & \ddots & \vdots \\ a_{n1} & \cdots & a_{n,n-1} \end{vmatrix}$$

Für zweireihige Determinanten erhält man nach der Rekursionsvorschrift:

$$D = \begin{vmatrix} a_{11} & a_{12} \\ a_{21} & a_{22} \end{vmatrix} = a_{11} \cdot |a_{22}| - a_{12} \cdot |a_{21}| = a_{11} \cdot a_{22} - a_{12} \cdot a_{21}$$

Für dreireihige Determinanten ist:

$$D = \begin{vmatrix} a_{11} & a_{12} & a_{13} \\ a_{21} & a_{22} & a_{23} \\ a_{31} & a_{32} & a_{33} \end{vmatrix} = a_{11} \cdot \begin{vmatrix} a_{22} & a_{23} \\ a_{32} & a_{33} \end{vmatrix} - a_{12} \cdot \begin{vmatrix} a_{21} & a_{23} \\ a_{31} & a_{33} \end{vmatrix} + a_{13} \cdot \begin{vmatrix} a_{21} & a_{22} \\ a_{31} & a_{32} \end{vmatrix}$$

$$= a_{11} \cdot a_{22} \cdot a_{33} - a_{11} \cdot a_{23} \cdot a_{32} - a_{12} \cdot a_{21} \cdot a_{33} + a_{12} \cdot a_{23} \cdot a_{31} + a_{13} \cdot a_{21} \cdot a_{32} - a_{13} \cdot a_{22} \cdot a_{31}$$

Rechenregeln

- Spiegeln an der Hauptdiagonalen (Vertauschen von Zeile i mit Spalte i, $i = 1, 2 \ldots n$) ändert den Wert der Determinante nicht: $\det(a_{ik}) = \det(a_{ki})$.
- Beim Vertauschen von zwei Reihen (Zeilen oder Spalten) wechselt das Vorzeichen der Determinante.
- Bei der Addition des k-fachen einer Reihe zu einer anderen Reihe bleibt der Wert der Determinante erhalten.
- Bei der Multiplikation aller Elemente einer Reihe mit dem gleichen Faktor k entsteht eine Determinante mit k-fachem Wert.
- Ist eine Reihe proportional zu einer anderen Reihe (entsprechende Elemente der einen Reihe also das k-fache der Elemente der anderen Reihe), so hat die Determinante den Wert null.
- Das Prinzip der Entwicklung einer n-reihigen Determinante in n Unterdeterminanten, wie es in der Rekursionsformel nach den Elementen der ersten Zeile vorgenommen ist, gilt allgemein für die Entwicklung nach den Elementen einer beliebigen Reihe. (Man wähle eine Reihe mit möglichst vielen Nullen, um Rechenarbeit zu sparen.)

Beispiel:

Die letzte Zeile enthält die meisten Nullen, daher entwickelt man nach den Elementen der letzten Zeile:

$$\det(a_{ik}) = \begin{vmatrix} 6 & 2 & 0 \\ 4 & 7 & 3 \\ 0 & 0 & 5 \end{vmatrix} = 0 \cdot \begin{vmatrix} 2 & 0 \\ 7 & 3 \end{vmatrix} - 0 \cdot \begin{vmatrix} 6 & 0 \\ 4 & 3 \end{vmatrix} + 5 \cdot \begin{vmatrix} 6 & 2 \\ 4 & 7 \end{vmatrix} = 5 \cdot 6 \cdot 7 - 5 \cdot 2 \cdot 4 = 170$$

(in Excel z. B.: „=MDET(A1:C3)")

2.9 Lineare Gleichungssysteme

Aus den gegebenen Koeffizienten a_{ik} und den rechten Seiten b_i sollen die Lösungen x_k $(i, k = 1, 2 \ldots n)$ berechnet werden.

$$\begin{aligned} a_{11} \cdot x_1 + a_{12} \cdot x_2 + \ldots + a_{1n} \cdot x_n &= b_1 \\ a_{21} \cdot x_1 + a_{22} \cdot x_2 + \ldots + a_{2n} \cdot x_n &= b_2 \\ \ldots\ldots\ldots\ldots\ldots\ldots\ldots\ldots\ldots \\ a_{n1} \cdot x_1 + a_{n2} \cdot x_2 + \ldots + a_{nn} \cdot x_n &= b_n \end{aligned}$$

In Matrizenschreibweise:

$$\begin{bmatrix} a_{11} & a_{12} & \cdots & a_{1n} \\ a_{21} & a_{22} & \cdots & a_{2n} \\ \vdots & \vdots & \ddots & \vdots \\ a_{n1} & a_{n2} & \cdots & a_{nn} \end{bmatrix} \cdot \begin{bmatrix} x_1 \\ x_2 \\ \vdots \\ x_n \end{bmatrix} = \begin{bmatrix} b_1 \\ b_2 \\ \vdots \\ b_n \end{bmatrix}$$

kurz: $\boldsymbol{A} \cdot \boldsymbol{x} = \boldsymbol{b}$

Ist die Koeffizientendeterminante $D = \det(a_{ik}) \neq 0$, kann man das Gleichungssystem eindeutig lösen.

2.9.1 Cramersche Regel

Für $k = 1, 2 \ldots n$ bilde man die Determinanten D_k, indem man die k-te Spalte der Koeffizientenmatrix ersetzt durch die Spalte mit den rechten Seiten b_i und aus diesem Koeffizientenschema den Wert der Determinante errechnet. Damit ergeben sich die Lösungen:

$$\boxed{x_k = \frac{D_k}{D}}, \quad k = 1, 2 \ldots n$$

Beispiel:

$$\begin{bmatrix} -0{,}371 & -0{,}196 & 0{,}437 \\ -0{,}557 & 0{,}588 & 0{,}218 \\ -0{,}743 & -0{,}784 & -0{,}873 \end{bmatrix} \cdot \begin{bmatrix} x_1 \\ x_2 \\ x_3 \end{bmatrix} = \begin{bmatrix} -1 \\ -1 \\ 4 \end{bmatrix}; \Rightarrow D = \begin{vmatrix} -0{,}371 & -0{,}196 & 0{,}437 \\ -0{,}557 & 0{,}588 & 0{,}218 \\ -0{,}743 & -0{,}784 & -0{,}873 \end{vmatrix} = 0{,}636$$

$$D_1 = \begin{vmatrix} -1 & -0{,}196 & 0{,}437 \\ -1 & 0{,}588 & 0{,}218 \\ 4 & -0{,}784 & -0{,}873 \end{vmatrix} = -0{,}343 \; ; \quad D_2 = \begin{vmatrix} -0{,}371 & -1 & 0{,}437 \\ -0{,}557 & -1 & 0{,}218 \\ -0{,}743 & 4 & -0{,}873 \end{vmatrix} = -0{,}650$$

$$D_3 = \begin{vmatrix} -0{,}371 & -0{,}196 & -1 \\ -0{,}557 & 0{,}588 & -1 \\ -0{,}743 & -0{,}784 & 4 \end{vmatrix} = -2{,}038 \; ; \quad \Rightarrow \begin{aligned} x_1 &= -0{,}343/0{,}636 = -0{,}539 \\ x_2 &= -0{,}650/0{,}636 = -1{,}022 \\ x_3 &= -2{,}038/0{,}636 = -3{,}20 \end{aligned}$$

2.9.2 Gaußscher Algorithmus

Das ursprüngliche Gleichungssystem wird äquivalent in ein **gestaffeltes Gleichungssystem** umgeformt, bei dem jede folgende Gleichung eine Unbekannte weniger enthält. Die letzte Gleichung enthält schließlich nur noch die Unbekannte x_n.

$$\begin{bmatrix} a_{11} & a_{12} & a_{13} & \cdots & a_{1n} \\ a_{21} & a_{22} & a_{23} & \cdots & a_{2n} \\ a_{31} & a_{32} & a_{33} & \cdots & a_{3n} \\ \vdots & \vdots & \vdots & \ddots & \vdots \\ a_{n1} & a_{n2} & a_{n3} & \cdots & a_{nn} \end{bmatrix} \cdot \begin{bmatrix} x_1 \\ x_2 \\ x_3 \\ \vdots \\ x_n \end{bmatrix} = \begin{bmatrix} b_1 \\ b_2 \\ b_3 \\ \vdots \\ b_n \end{bmatrix} \Leftrightarrow \begin{bmatrix} a'_{11} & a'_{12} & a'_{13} & \cdots & a'_{1n} \\ 0 & a'_{22} & a'_{23} & \cdots & a'_{2n} \\ 0 & 0 & a'_{33} & \cdots & a'_{3n} \\ \vdots & \vdots & \vdots & \ddots & \vdots \\ 0 & 0 & 0 & \cdots & a'_{nn} \end{bmatrix} \cdot \begin{bmatrix} x_1 \\ x_2 \\ x_3 \\ \vdots \\ x_n \end{bmatrix} = \begin{bmatrix} b'_1 \\ b'_2 \\ b'_3 \\ \vdots \\ b'_n \end{bmatrix}$$

Reduktion zur Elimination von x_1 aus den Gleichungen 2 bis n:

- Gleichung 1 bleibt unverändert und dient als Eliminationszeile.
- Gleichung i ($i = 2, 3 \ldots n$) wird umgeformt, indem die Eliminationszeile mit a_{i1}/a_{11} multipliziert und dann von Zeile i subtrahiert wird. Dadurch werden die Elemente $a'_{i1} = 0$.

In gleicher Weise behandelt man das System der $n - 1$ Gleichungen 2 bis n mit den Unbekannten x_2 bis x_n. Nach $n - 1$ gleichartigen Reduktionsschritten ist das gestaffelte Gleichungssystem errechnet. Die Berechnung der gesuchten Unbekannten erfolgt rückwärts von der letzten Gleichung aus:

$$x_n = b'_n / a'_{nn} \; ; \quad x_{n-1} = \left[b'_{n-1} - a'_{n-1,n} \cdot x_n\right] / a'_{n-1,n-1} \quad \ldots$$

$$x_1 = \left[b'_1 - a'_{1n} \cdot x_n - a'_{1,n-1} \cdot x_{n-1} - \ldots - a'_{12} \cdot x_2\right] / a'_{11}$$

Beispiel:

		Σ	Probe
→ $-(-0{,}557)/(-0{,}371)\cdot$**Zeile 1**: → $-(-0{,}734)/(-0{,}371)\cdot$**Zeile 1**:	$\begin{bmatrix} -0{,}371 & -0{,}196 & 0{,}437 \\ -0{,}557 & 0{,}588 & 0{,}218 \\ -0{,}743 & -0{,}784 & -0{,}873 \end{bmatrix} \cdot \begin{bmatrix} x_1 \\ x_2 \\ x_3 \end{bmatrix} = \begin{bmatrix} -1{,}000 \\ -1{,}000 \\ 4{,}000 \end{bmatrix}$	−1,130 −0,751 1,600	−1,130 −0,751 1,600
1. Reduktion: → $-(-0{,}391)/(0{,}882)\cdot$**Zeile 2**:	$\begin{bmatrix} -0{,}371 & -0{,}196 & 0{,}437 \\ 0 & 0{,}882 & -0{,}438 \\ 0 & -0{,}391 & -1{,}748 \end{bmatrix} \cdot \begin{bmatrix} x_1 \\ x_2 \\ x_3 \end{bmatrix} = \begin{bmatrix} -1{,}000 \\ 0{,}501 \\ 6{,}003 \end{bmatrix}$	−1,130 0,946 3,863	−1,130 0,945 3,864
2. Reduktion:	$\begin{bmatrix} -0{,}371 & -0{,}196 & 0{,}437 \\ 0 & 0{,}882 & -0{,}438 \\ 0 & 0 & -1{,}942 \end{bmatrix} \cdot \begin{bmatrix} x_1 \\ x_2 \\ x_3 \end{bmatrix} = \begin{bmatrix} -1{,}000 \\ 0{,}501 \\ 6{,}225 \end{bmatrix}$	−1,130 0,946 4,282	−1,130 0,945 4,283

Rückwärtsauflösung:

$x_3 = [6{,}225]/(-1{,}942) \quad = -3{,}205$

$x_2 = [0{,}501 - (-0{,}438) \cdot (-3{,}205)]/(0{,}882) \quad = -1{,}024$

$x_1 = [-1{,}000 - (0{,}437) \cdot (-3{,}205) - (-0{,}196) \cdot (-1{,}024)]/(-0{,}371) \quad = -0{,}539$

Zur Schlussprobe setzt man die errechneten Lösungen in die ursprünglichen Gleichungen ein und vergleicht mit den gegebenen rechten Seiten.

2.9.3 Symmetrische Gleichungssysteme

Bei symmetrischen Gleichungssystemen sind die Koeffizienten a_{ik} spiegelsymmetrisch zu den Koeffizienten a_{ii} der Hauptdiagonalen (d. h. $a_{ik} = a_{ki}$). Sie treten bei praktischen Problemen häufig auf. Man kann hierbei rund die Hälfte an Schreib- und Rechenarbeit (bei Computerrechnung Speicherplatz und Rechenzeit) sparen, da die Koeffizienten unterhalb der Hauptdiagonalen nicht berücksichtigt werden müssen. (Eine geschickte Rechenanordnung dazu heißt „verketteter Algorithmus"). Im Folgenden werden die Koeffizienten a_{ik} oberhalb und einschließlich der Hauptdiagonalen spaltenweise in linearer (Zeilenvektor-) Form angeordnet:

$$\boldsymbol{A} = \begin{bmatrix} a_{11} & a_{12} & a_{22} & a_{13} & a_{23} & a_{33} & a_{14} & \ldots & a_{nn} \end{bmatrix}$$

Es gilt also die Indexzuordnung: $i,k \rightarrow i + k(k-1)/2$

Dann beschreiben folgende Struktogramme den verketteten Algorithmus für symmetrische Gleichungssysteme:

Reduktion auf Dreiecksform:

- für $i := 2$ bis n wiederhole:
  - für $k := i$ bis n wiederhole:
    - $s := a_{i+k(k-1)/2}$
    - für $l := 1$ bis $i-1$ wiederhole:
      - $s := s - a_{l+i(i-1)/2} \cdot a_{l+k(k-1)/2} / a_{l+l(l-1)/2}$
    - $a_{i+k(k-1)/2} := s$
  - $s := b_i$
  - für $l := 1$ bis $i-1$ wiederhole:
    - $s := s - a_{l+i(i-1)/2} \cdot r_l / a_{l+l(l-1)/2}$
  - $b_i := s$

Rückwärtsauflösung:

- $x_n := b_n / a_{n+n(n-1)/2}$
- für $i := n-1$ bis 1 wiederhole:
  - $s := b_i$
  - für $k := i+1$ bis n wiederhole:
    - $s := s - a_{i+k(k-1)/2} \cdot x_k$
  - $x_i := s / a_{i+i(i-1)/2}$

Beispiel:

Voll ausgeschriebenes symmetrisches Gleichungssystem:

$$\begin{bmatrix} 16 & 3 & 2 & -1 \\ 3 & 21 & 4 & 2 \\ 2 & 4 & 19 & 3 \\ -1 & 2 & 3 & 17 \end{bmatrix} \cdot \begin{bmatrix} x_1 \\ x_2 \\ x_3 \\ x_4 \end{bmatrix} = \begin{bmatrix} 3 \\ 4 \\ 5 \\ 6 \end{bmatrix}$$

Nur die relevante obere Dreiecksform:

$$\begin{bmatrix} 16 & 3 & 2 & -1 \\ & 21 & 4 & 2 \\ & & 19 & 3 \\ & & & 17 \end{bmatrix} \cdot \begin{bmatrix} x_1 \\ x_2 \\ x_3 \\ x_4 \end{bmatrix} = \begin{bmatrix} 3 \\ 4 \\ 5 \\ 6 \end{bmatrix} ; \quad \Rightarrow$$

Reduktion auf Dreiecksform:

$$\begin{bmatrix} 16{,}00 & 3{,}00 & 2{,}00 & -1{,}00 \\ & 20{,}44 & 3{,}63 & 2{,}19 \\ & & 18{,}11 & 2{,}74 \\ & & & 16{,}29 \end{bmatrix} \cdot \begin{bmatrix} x_1 \\ x_2 \\ x_3 \\ x_4 \end{bmatrix} = \begin{bmatrix} 3{,}00 \\ 3{,}44 \\ 4{,}01 \\ 5{,}21 \end{bmatrix}$$

Die Rechenschritte für die Reduktion auf Dreiecksform lauten:

$$\begin{aligned} a_{22} &= 21 - 3 \cdot (\ 3)/16 = 20{,}44 \\ a_{23} &= 4 - 3 \cdot (\ 2)/16 = 3{,}63 \\ a_{24} &= 2 - 3 \cdot (-1)/16 = 2{,}19 \\ b_2 &= 4 - 3 \cdot (\ 3)/16 = 3{,}44 \end{aligned}$$

$$\begin{aligned} a_{33} &= 19 - 2 \cdot (\ 2)/16 - 3{,}63 \cdot 3{,}63/20{,}44 = 18{,}11 \\ a_{34} &= 3 - 2 \cdot (-1)/16 - 3{,}63 \cdot 2{,}19/20{,}44 = 2{,}74 \\ b_3 &= 5 - 2 \cdot (\ 3)/16 - 3{,}63 \cdot 3{,}44/20{,}44 = 4{,}01 \end{aligned}$$

$$\begin{aligned} a_{44} &= 17 - (-1{,}00) \cdot (-1{,}00)/16{,}00 - 2{,}19 \cdot 2{,}19/20{,}44 - 2{,}74 \cdot 2{,}74/18{,}11 = 16{,}29 \\ b_4 &= 6 - (-1{,}00) \cdot (\ 3{,}00)/16{,}00 - 2{,}19 \cdot 3{,}44/20{,}44 - 2{,}74 \cdot 4{,}01/18{,}11 = 5{,}21 \end{aligned}$$

Rückwärtsauflösung:

$$\begin{aligned} x_4 &= (5{,}21)/16{,}29 = 0{,}320 \\ x_3 &= (4{,}01 - 2{,}74 \cdot 0{,}320)/18{,}11 = 0{,}173 \\ x_2 &= (3{,}44 - 2{,}19 \cdot 0{,}320 - 3{,}63 \cdot 0{,}173)/20{,}44 = 0{,}103 \\ x_1 &= (3{,}00 + 1{,}00 \cdot 0{,}320 - 2{,}00 \cdot 0{,}173 - 3{,}000 \cdot 0{,}103)/16{,}00 = 0{,}167 \end{aligned}$$

2.10 Matrizen

Eine m,n-Matrix $\boldsymbol{A}$ ist ein rechteckig angeordnetes System von $m \cdot n$ Zahlen a_{ik} mit m Zeilen und n Spalten, wobei die Zahlen a_{ik} Elemente der Matrix genannt werden:

$$\boldsymbol{A} = (a_{ik}) = \begin{bmatrix} a_{11} & a_{12} & \cdots & a_{1n} \\ a_{21} & a_{22} & \cdots & a_{2n} \\ \vdots & \vdots & \ddots & \vdots \\ a_{m1} & a_{m2} & \cdots & a_{mn} \end{bmatrix}$$

- Zwei Matrizen $\boldsymbol{A}$ und $\boldsymbol{B}$ haben den **gleichen Typ**, wenn sie gleiche Anzahlen von Zeilen und Spalten besitzen.
- Zwei Matrizen $\boldsymbol{A}$ und $\boldsymbol{B}$ vom gleichen Typ heißen **gleich**, wenn alle Zahlen a_{ik} gleich den entsprechenden Zahlen b_{ik} sind: $\boldsymbol{A} = \boldsymbol{B} \Leftrightarrow a_{ik} = b_{ik}$ für alle i, k.
- Die **transponierte** n,m-Matrix $\boldsymbol{A}^{\mathrm{T}}$ entsteht aus der gegebenen m,n-Matrix $\boldsymbol{A}$ durch Vertauschen von Zeile i mit Spalte i für alle $i = 1, 2 \ldots m$.

- **Quadratisch** heißt eine Matrix, wenn die Anzahl m ihrer Zeilen gleich der Anzahl n der Spalten ist.
- Eine quadratische Matrix D heißt **Diagonalmatrix**, wenn bis auf die Elemente a_{ii} auf der Hauptdiagonalen alle übrigen Elemente gleich null sind ($a_{ik} = 0$ für alle $i \neq k$).
- Eine Diagonalmatrix E heißt **Einheitsmatrix**, wenn alle $e_{ii} = 1$ sind.
- Eine einzeilige Matrix heißt **Zeilenvektor**.
- Eine einspaltige Matrix heißt **Spaltenvektor**.
- Eine quadratische Matrix heißt **symmetrisch**, wenn $\boldsymbol{A}^{\mathrm{T}} = \boldsymbol{A}$ ist.
- Eine quadratische Matrix heißt **obere Dreiecksmatrix**, wenn unterhalb der Hauptdiagonalen nur Nullen stehen.

2.10.1 Verknüpfungen zwischen Matrizen

Die praktische Durchführung von Matrizenoperationen wird durch geeignete Taschenrechner, durch Tabellenkalkulationsprogramme wie Excel oder durch Mathematikprogramme wie MathCad erleichtert.

Addition/Subtraktion von Matrizen gleichen Typs

$\boldsymbol{C} = \boldsymbol{A} \pm \boldsymbol{B}$ mit $c_{ik} = a_{ik} \pm b_{ik}$ für alle i, k

Multiplikation mit einem Faktor *f*

Alle $m \cdot n$ Elemente werden mit f multipliziert: $f \cdot \boldsymbol{A} = (f \cdot a_{ik})$ für alle i, k

Multiplikation zweier Matrizen

Achtung: Nur möglich, wenn die Spaltenzahl der ersten Matrix gleich der Zeilenzahl der zweiten Matrix ist! Wenn $\boldsymbol{A}$ eine m,n-Matrix und $\boldsymbol{B}$ eine n,l-Matrix ist, dann ist $\boldsymbol{C}$ eine m,l-Matrix:

$$\boldsymbol{C} = \boldsymbol{A} \cdot \boldsymbol{B} \quad \text{mit} \quad c_{ik} = \sum_{j=1}^{n} a_{ij} \cdot b_{jk} \quad \text{für alle } i = 1, 2 \ldots m; \quad k = 1, 2 \ldots l$$

Beispiel:

$$\begin{bmatrix} 1 & 2 \\ 3 & 4 \\ 5 & 6 \end{bmatrix} \cdot \begin{bmatrix} 7 & 8 & 9 \\ 10 & 11 & 12 \end{bmatrix} = \begin{bmatrix} 1 \cdot 7 + 2 \cdot 10 & 1 \cdot 8 + 2 \cdot 11 & 1 \cdot 9 + 2 \cdot 12 \\ 3 \cdot 7 + 4 \cdot 10 & 3 \cdot 8 + 4 \cdot 11 & 3 \cdot 9 + 4 \cdot 12 \\ 5 \cdot 7 + 6 \cdot 10 & 5 \cdot 8 + 6 \cdot 11 & 5 \cdot 9 + 6 \cdot 12 \end{bmatrix} = \begin{bmatrix} 27 & 30 & 33 \\ 61 & 68 & 75 \\ 95 & 106 & 117 \end{bmatrix}$$

(In Excel z. B. „{=MMULT(A1:B3;D1:F2)}“, wenn A in A1 bis B3 und B in D1 bis F2 gespeichert sind.)

Bei Rechnung von Hand schreibt man die zweite Matrix so viel höher als die erste, dass man die Produktsummen in den Schnittpunkt der jeweiligen Zeile der ersten und der jeweiligen Spalte der zweiten Matrix schreiben kann (Schema von *Falk* zur Matrizenmultiplikation):

Struktogramm:

```
für i := 1 bis m wiederhole:
    für k := i bis l wiederhole:
        c_ik = 0
        für j := 1 bis n wiederhole:
            c_ik = c_ik + a_ij · b_jk
```

„mal“

$$\begin{array}{c|c} & \begin{bmatrix} 7 & 8 & 9 \\ 10 & 11 & 12 \end{bmatrix} \\ \hline \begin{bmatrix} 1 & 2 \\ 3 & 4 \\ 5 & 6 \end{bmatrix} & \begin{bmatrix} 1 \cdot 7 + 2 \cdot 10 & 1 \cdot 8 + 2 \cdot 11 & 1 \cdot 9 + 2 \cdot 12 \\ 3 \cdot 7 + 4 \cdot 10 & 3 \cdot 8 + 4 \cdot 11 & 3 \cdot 9 + 4 \cdot 12 \\ 5 \cdot 7 + 6 \cdot 10 & 5 \cdot 8 + 6 \cdot 11 & 5 \cdot 9 + 6 \cdot 12 \end{bmatrix} \end{array}$$

Kehrmatrix A^{-1}

Die Kehrmatrix $\boldsymbol{A}^{-1}$ einer quadratischen n,n-Matrix $\boldsymbol{A}$ ist diejenige n,n-Matrix, die bei Multiplikation mit $\boldsymbol{A}$ die Einheitsmatrix $\boldsymbol{E}$ ergibt: $\boldsymbol{A} \cdot \boldsymbol{A}^{-1} = \boldsymbol{E}$ (1)

Die Kehrmatrix zu $\boldsymbol{A}$ existiert und ist eindeutig, wenn die Determinante $\det(a_{ik}) \neq 0$ ist.

Die Kehrmatrix für $\boldsymbol{A} = \begin{bmatrix} a_{11} & a_{12} \\ a_{21} & a_{22} \end{bmatrix}$ lautet explizit: $\boldsymbol{A}^{-1} = \dfrac{1}{\det(a_{ik})} \cdot \begin{bmatrix} a_{22} & -a_{12} \\ -a_{21} & a_{11} \end{bmatrix}$

Für dreireihige Matrizen folgen aus der Definitionsgleichung (1)

$\begin{bmatrix} a_{11} & a_{12} & a_{13} \\ a_{21} & a_{22} & a_{23} \\ a_{31} & a_{32} & a_{33} \end{bmatrix} \cdot \begin{bmatrix} x_{11} & x_{12} & x_{13} \\ x_{21} & x_{22} & x_{23} \\ x_{31} & x_{32} & x_{33} \end{bmatrix} = \begin{bmatrix} 1 & 0 & 0 \\ 0 & 1 & 0 \\ 0 & 0 & 1 \end{bmatrix}$ die drei zu lösenden Gleichungssysteme:

$$\boldsymbol{A} \cdot \begin{bmatrix} x_{11} \\ x_{21} \\ x_{31} \end{bmatrix} = \begin{bmatrix} 1 \\ 0 \\ 0 \end{bmatrix}; \quad \boldsymbol{A} \cdot \begin{bmatrix} x_{12} \\ x_{22} \\ x_{32} \end{bmatrix} = \begin{bmatrix} 0 \\ 1 \\ 0 \end{bmatrix}; \quad \boldsymbol{A} \cdot \begin{bmatrix} x_{13} \\ x_{23} \\ x_{33} \end{bmatrix} = \begin{bmatrix} 0 \\ 0 \\ 1 \end{bmatrix}$$

Beispiel:

$$\boldsymbol{A} = \begin{bmatrix} 2{,}40 & 0{,}67 & 0{,}00 \\ 0{,}67 & 3{,}33 & 1{,}00 \\ 0{,}00 & 1{,}00 & 3{,}47 \end{bmatrix} \quad \Rightarrow \quad \begin{bmatrix} 2{,}40 & 0{,}67 & 0{,}00 \\ 0{,}67 & 3{,}33 & 1{,}00 \\ 0{,}00 & 1{,}00 & 3{,}47 \end{bmatrix} \cdot \begin{bmatrix} x_{11} \\ x_{21} \\ x_{31} \end{bmatrix} = \begin{bmatrix} 1 \\ 0 \\ 0 \end{bmatrix} \quad \Rightarrow \quad \begin{bmatrix} x_{11} \\ x_{21} \\ x_{31} \end{bmatrix} = \begin{bmatrix} 0{,}444 \\ -0{,}098 \\ 0{,}028 \end{bmatrix}$$

$$\begin{bmatrix} 2,40 & 0,67 & 0,00 \\ 0,67 & 3,33 & 1,00 \\ 0,00 & 1,00 & 3,47 \end{bmatrix} \cdot \begin{bmatrix} x_{12} \\ x_{22} \\ x_{32} \end{bmatrix} = \begin{bmatrix} 0 \\ 1 \\ 0 \end{bmatrix} \quad \Rightarrow \quad \begin{bmatrix} x_{12} \\ x_{22} \\ x_{32} \end{bmatrix} = \begin{bmatrix} 0,098 \\ 0,350 \\ -0,101 \end{bmatrix}$$

$$\begin{bmatrix} 2,40 & 0,67 & 0,00 \\ 0,67 & 3,33 & 1,00 \\ 0,00 & 1,00 & 3,47 \end{bmatrix} \cdot \begin{bmatrix} x_{13} \\ x_{23} \\ x_{33} \end{bmatrix} = \begin{bmatrix} 0 \\ 0 \\ 1 \end{bmatrix} \quad \Rightarrow \quad \begin{bmatrix} x_{13} \\ x_{23} \\ x_{33} \end{bmatrix} = \begin{bmatrix} 0,028 \\ -0,101 \\ 0,317 \end{bmatrix}$$

Zusammenfügen der x_{ik} liefert die Kehrmatrix: $\boldsymbol{A}^{-1} = \begin{bmatrix} 0,444 & -0,098 & 0,028 \\ -0,098 & 0,350 & -0,101 \\ 0,028 & -0,101 & 0,317 \end{bmatrix}$

(In Excel z. B.: „{=MINV(A1:C3)}", wenn die Matrix in A1 bis C3 gespeichert ist.)

Für Computerrechnung (s. auch die Matrizenoperationen in Tabellenkalkulations-Programmen wie z. B. Excel) besser geeignet ist das Austauschverfahren von *Stiefel*, bei dem die ursprüngliche Matrix auf ihren Speicherplätzen im Laufe der Rechnung durch die Kehrmatrix überschrieben wird:

Struktogramm zum Austauschverfahren:

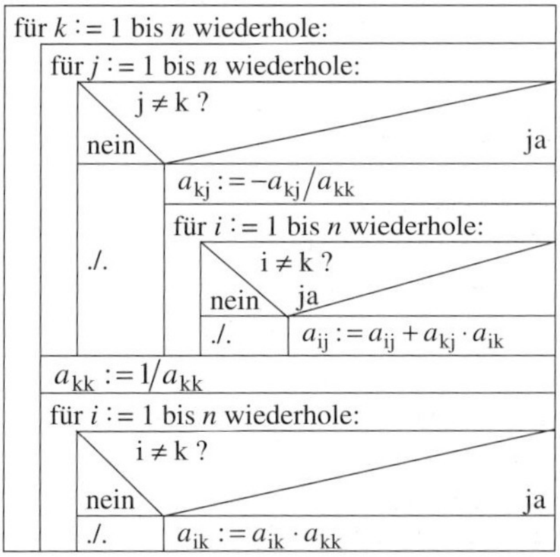

Rechenregeln:

$(\boldsymbol{A} \cdot \boldsymbol{B}) \cdot \boldsymbol{C} = \boldsymbol{A} \cdot (\boldsymbol{B} \cdot \boldsymbol{C})$
$(\boldsymbol{A} + \boldsymbol{B}) \cdot \boldsymbol{C} = \boldsymbol{A} \cdot \boldsymbol{C} + \boldsymbol{B} \cdot \boldsymbol{C}$
$\boldsymbol{A} \cdot (\boldsymbol{B} + \boldsymbol{C}) = \boldsymbol{A} \cdot \boldsymbol{B} + \boldsymbol{A} \cdot \boldsymbol{C}$
$(\boldsymbol{A} \cdot \boldsymbol{B})^{\mathrm{T}} = \boldsymbol{B}^{\mathrm{T}} \cdot \boldsymbol{A}^{\mathrm{T}}$
i. Allg. ist $\boldsymbol{A} \cdot \boldsymbol{B} \neq \boldsymbol{B} \cdot \boldsymbol{A}$
$\boldsymbol{A} \cdot \boldsymbol{A}^{-1} = \boldsymbol{A}^{-1} \cdot \boldsymbol{A} = \boldsymbol{E}$
$\boldsymbol{A} \cdot \boldsymbol{E} = \boldsymbol{E} \cdot \boldsymbol{A} = \boldsymbol{A}$
$(\boldsymbol{A}^{\mathrm{T}})^{-1} = (\boldsymbol{A}^{-1})^{\mathrm{T}}$
$\det(\boldsymbol{A} \cdot \boldsymbol{B}) = \det(\boldsymbol{A}) \cdot \det(\boldsymbol{B})$ für quadratische Matrizen)

2.10.2 Lösung von linearen Gleichungssystemen

Unter Beachtung der Regeln über die Matrizenmultiplikation und die Gleichheit zwischen Matrizen gleichen Typs erkennt man, dass lineare Gleichungssysteme sich als Matrizengleichungen schreiben und lösen lassen:

$$\boxed{\boldsymbol{A} \cdot \boldsymbol{x} = \boldsymbol{b}} \qquad (1)$$

Dabei ist $\boldsymbol{A}$ die Koeffizientenmatrix, $\boldsymbol{b}$ der Spaltenvektor der rechten Seiten und $\boldsymbol{x}$ der Spaltenvektor der gesuchten Lösungen. Durch Multiplikation der Gleichung (1) von links mit der Kehrmatrix $\boldsymbol{A}^{-1}$ und Umformung der linken Seite nach den Regeln der Matrizenrechnung findet man die Lösung:

$$\left.\begin{aligned} \boldsymbol{A}^{-1} \cdot (\boldsymbol{A} \cdot \boldsymbol{x}) &= \boldsymbol{A}^{-1} \cdot \boldsymbol{b} \\ (\boldsymbol{A}^{-1} \cdot \boldsymbol{A}) \cdot \boldsymbol{x} &= \boldsymbol{A}^{-1} \cdot \boldsymbol{b} \\ \boldsymbol{E} \cdot \boldsymbol{x} &= \boldsymbol{A}^{-1} \cdot \boldsymbol{b} \end{aligned}\right\} \Rightarrow \quad \boxed{\boldsymbol{x} = \boldsymbol{A}^{-1} \cdot \boldsymbol{b}} \qquad (2)$$

Beispiel: Stützmomente eines Vierfeldträgers mit den Feldweiten l_1 = 3,2 m, l_2 = 4,0 m, l_3 = 6,0 m und l_4 = 4,4 m bei EI = const infolge feldweiser Belastung mit g = 5 kN/m führt nach dem Kraftgrößenverfahren für jeden Lastfall auf ein Gleichungssystem der Form:

$$\begin{bmatrix} 2,40 & 0,67 & 0,00 \\ 0,67 & 3,33 & 1,00 \\ 0,00 & 1,00 & 3,47 \end{bmatrix} \cdot \begin{bmatrix} x_1 \\ x_2 \\ x_3 \end{bmatrix} = \begin{bmatrix} b_1 \\ b_2 \\ b_3 \end{bmatrix}; \text{ mit } b_1 = \begin{bmatrix} -6,83 \\ 0,00 \\ 0,00 \end{bmatrix} \text{ für } g \text{ auf Feld 1, } b_2 = \begin{bmatrix} -13,33 \\ -13,33 \\ 0,00 \end{bmatrix} \text{ für } g \text{ auf Feld 2,}$$

$$b_3 = \begin{bmatrix} 0,00 \\ -45,00 \\ -45,00 \end{bmatrix} \text{ für } g \text{ auf Feld 3 und } b_4 = \begin{bmatrix} 0,00 \\ 0,00 \\ -17,75 \end{bmatrix} \text{ für } g \text{ auf Feld 4.}$$

Mit der Kehrmatrix dieses Gleichungssystems (s. Vorseite) liefern die Matrizenmultiplikationen $\boldsymbol{x}_i = \boldsymbol{A}^{-1} \cdot \boldsymbol{b}_i$ mit $i = 1, \ldots, 4$ die Lösungen:

$$x_1 = \begin{bmatrix} -3,03 \\ 0,67 \\ -0,19 \end{bmatrix}; \quad x_2 = \begin{bmatrix} -4,61 \\ -3,37 \\ 0,97 \end{bmatrix}; \quad x_3 = \begin{bmatrix} 3,13 \\ -11,22 \\ -9,73 \end{bmatrix}; \quad x_4 = \begin{bmatrix} -0,50 \\ 1,79 \\ -5,63 \end{bmatrix} \text{ in kN/m}$$

(In Excel z. B.: „{=MMULT(MINV(A9:C11);E9:H11)}", wenn die Koeffizientenmatrix in A9 bis C11 und die Matrix der rechten Seiten in E9 bis H11 gespeichert sind.)

3 Geometrie

3.1 Flächenberechnung

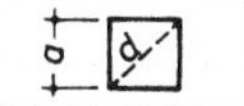	Quadrat $A = a^2 \qquad d = a\sqrt{2}$
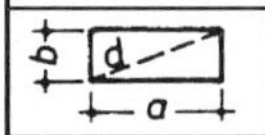	Rechteck $A = a \cdot b \qquad d = \sqrt{a^2 + b^2}$
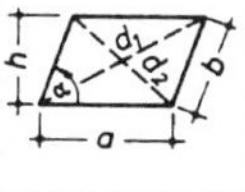	Parallelogramm $A = a \cdot h = a \cdot b \cdot \sin\alpha$ $d_1 = \sqrt{(a + h \cdot \cot\alpha)^2 + h^2}$ $d_2 = \sqrt{(a - h \cdot \cot\alpha)^2 + h^2}$
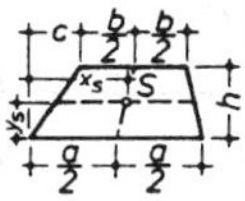	Trapez $\quad A = h \cdot (a+b)/2$ $x_S = \frac{1}{3}\left[a + b + c - b \cdot \frac{a-c}{a+b}\right]$ $y_S = \frac{h}{3} \cdot \frac{a + 2b}{a+b}$
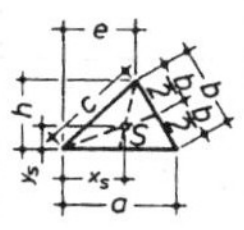	Dreieck $\quad A = a \cdot h/2$ $s = (a+b+c)/2$ $A = \sqrt{s(s-a)(s-b)(s-c)}$ $x_S = (a+e)/3$ $y_S = h/3$
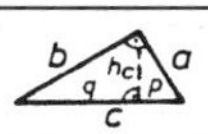	Rechtwinkliges Dreieck [1] $A = a \cdot b/2 = c \cdot h_c/2$
	Gleichseitiges Dreieck $A = 0{,}25 \cdot a^2 \cdot \sqrt{3}$ $h = 0{,}5 \cdot a \cdot \sqrt{3} \quad ; \quad U = 3 \cdot a$
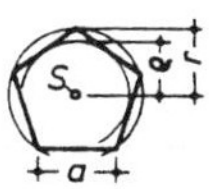	Regelmäßiges Fünfeck $A = 0{,}625 \cdot r^2 \cdot \sqrt{10 + 2 \cdot \sqrt{5}}$ $a = 0{,}500 \cdot r \cdot \sqrt{10 - 2 \cdot \sqrt{5}}$ $\rho = 0{,}250 \cdot r \cdot \sqrt{6 + 2 \cdot \sqrt{5}}$
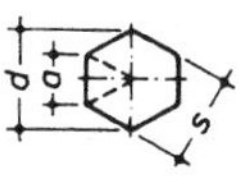	Regelmäßiges Sechseck $A = 1{,}5 \cdot a^2 \cdot \sqrt{3}$ $d = 2 \cdot a = 2 \cdot s/\sqrt{3}$ $s = 0{,}5 \cdot d \cdot \sqrt{3}$
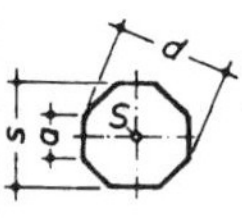	Regelmäßiges Achteck $A = 2 \cdot a \cdot s = 2 \cdot s \cdot \sqrt{d^2 - s^2}$ $a = s \cdot \tan 22{,}5°$ $s = d \cdot \cos 22{,}5°$ $d = s/\cos 22{,}5°$
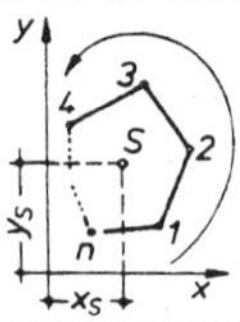	n-Eck (Punkt „n + 1" = „1") $H_i = x_i \cdot y_{i+1} - x_{i+1} \cdot y_i$ $A = \sum H_i/2$ $s_x = \sum H_i(y_i + y_{i+1})/6$ $s_y = \sum H_i(x_i + x_{i+1})/6$ $(i = 1, 2 \ldots n)$ $x_S = s_y/A; \; y_S = s_x/A$

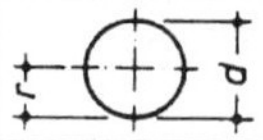	Kreis $A = \pi \cdot d^2/4 \quad = \quad \pi \cdot r^2$ $U = \pi \cdot d \quad = 2 \cdot \pi \cdot r$
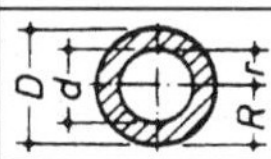	Kreisring $A = \pi \cdot (D^2 - d^2)/4$
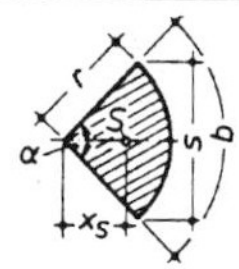	Kreisausschnitt $b = \pi \cdot r \cdot \alpha°/180°$ $s = 2 \cdot r \cdot \sin(\alpha/2)$ $A = b \cdot r/2$ $x_S = (2 \cdot r \cdot s)/(3 \cdot b)$ $= (r^2 \cdot s)/(3 \cdot a)$
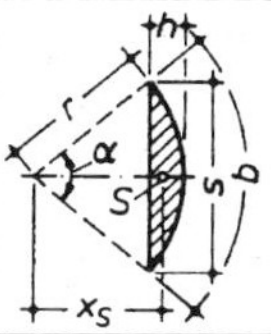	Kreisabschnitt $b = \pi \cdot r \cdot \alpha°/180°$ $s = 2\, r \sin\frac{\alpha}{2} \approx \sqrt{b^2 - \frac{16}{3}h^2}$ $h = 0{,}5\, s \tan\frac{\alpha}{4} = 2\, r \sin^2\frac{\alpha}{4}$ $A = 0{,}5\, r^2 \cdot (\pi \cdot \alpha°/180° - \sin\alpha)$ $x_S = s^3/(12 \cdot A)$
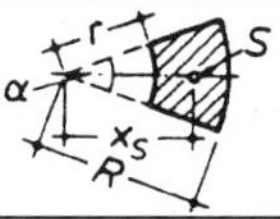	Kreisringstück $A = \pi \cdot \alpha° \cdot (R^2 - r^2)/360°$ $x_S = \frac{240}{\pi} \cdot \frac{R^3 - r^3}{R^2 - r^2} \cdot \frac{\sin(\alpha/2)}{\alpha°}$
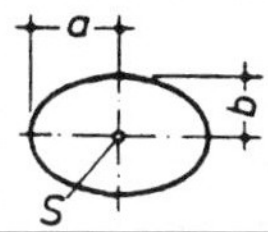	Ellipse $\quad A = \pi \cdot a \cdot b$ $\lambda = (a-b)/(a+b)$ $U = \pi \cdot (a+b) \cdot \left[1 + \frac{1}{4}\lambda^2 + \frac{1}{64}\lambda^4 + \frac{1}{256}\lambda^6 + \frac{25}{16384}\lambda^8 + \ldots\right]$
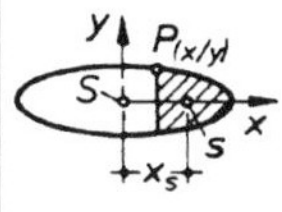	Ellipsenabschnitt $y = \frac{b}{a}\sqrt{a^2 - x^2}$ $A = a \cdot b \cdot \arccos\frac{x}{a} - x \cdot y$ $x_S = \frac{2 \cdot a^2 \cdot y^3}{3 \cdot b^2 \cdot A}$
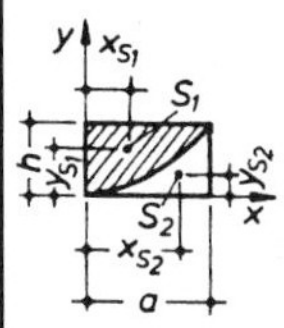	Parabel $\quad y = h \cdot (x/a)^2$ $A_1 = 2 \cdot a \cdot h/3 \; ; \; A_2 = a \cdot h/3$ $x_{S_1} = 3 \cdot a/8 \; ; \; x_{S_2} = 3 \cdot a/4$ $y_{S_1} = 3 \cdot h/5 \; ; \; y_{S_2} = 3 \cdot h/10$ Bogenlänge: mit $H = 2 \cdot h/a$ $b = 0{,}5 \cdot \left[\sqrt{a^2 + 4\,h^2} + a \cdot \ln\left(H + \sqrt{H^2 + 1}\right)/H\right]$
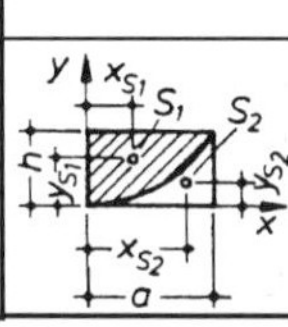	kubische Parabel $\quad y = h \cdot (x/a)^3$ $A_1 = 3 \cdot a \cdot h/4 \; ; \; A_2 = a \cdot h/4$ $x_{S_1} = 2 \cdot a/5 \; ; \; x_{S_2} = 4 \cdot a/5$ $y_{S_1} = 4 \cdot h/7 \; ; \; y_{S_2} = 2 \cdot h/7$

[1] Pythagoras: $a^2 + b^2 = c^2$ Euklid: $a^2 = c \cdot p$ Höhensatz: $h_c^2 = p \cdot q$

3.2 Volumenberechnung

Es bedeuten: V Volumen; O Oberfläche; M Mantelfläche; G Grundfläche; D Deckfläche; $A(h)$ Querschnittsfläche in der Höhe h; h Höhe und u Umfang; s Mantellinie; r, R Radius; a, b, c Seiten

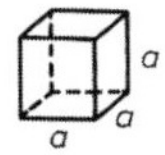	Würfel $V = a^3$	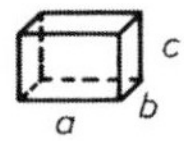	Quader $V = a\,b\,c$
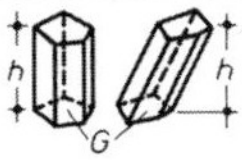	Prisma $V = G\,h$	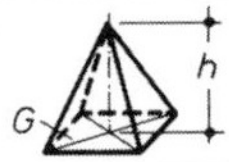	Pyramide $V = \frac{1}{3} G\,h$
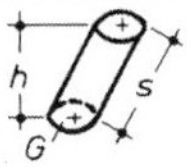	Zylinder $V = G\,h;\quad M = u\,s$	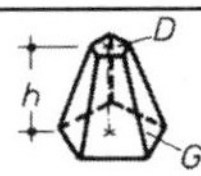	Pyramidenstumpf $V = \frac{1}{3}(G + \sqrt{G\,D} + D)\,h$
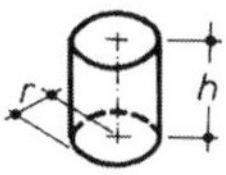	gerader Kreiszylinder $V = \pi\, r^2 h;\quad M = 2\pi\, r\, s$	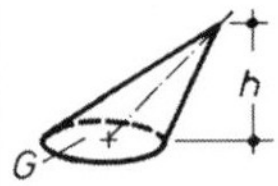	Kegel $V = \frac{1}{3} G\,h$
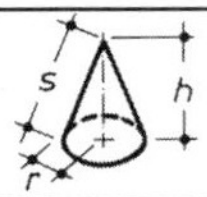	gerader Kreiskegel $V = \frac{1}{3}\pi\, r^2 h;\quad M = \pi\, r\, s$	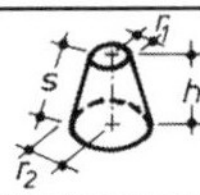	Kreiskegelstumpf $V = \frac{1}{3}\pi(r_1^2 + r_1\, r_2 + r_2^2)\,h$

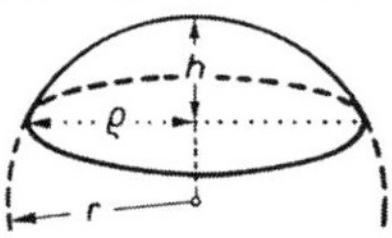	Kugel	$V = \frac{4}{3}\pi\, r^3;\quad O = 4\pi\, r^2$
	Kugelabschnitt	$V = \frac{1}{3}\pi\, h^2(3\,r - h)$ $M = 2\pi\, r\, h;\quad O = \pi\, h\,(4\,r - h)$ $\rho = \sqrt{h\,(2\,r - h)}$
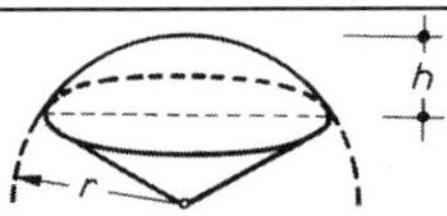	Kugelausschnitt	$V = \frac{2}{3}\pi\, r^2 h$ $O = \pi\, r\left(2\,h + \sqrt{h\,(2\,r - h)}\right)$
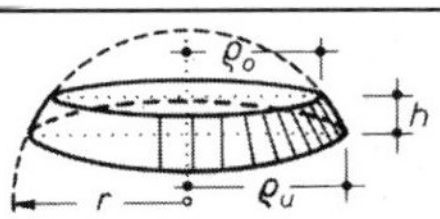	Kugelschicht	$V = \frac{1}{6}\pi\, h\left(3\rho_u^2 + 3\rho_o^2 + h^2\right)$ $M = 2\pi\, r\, h$
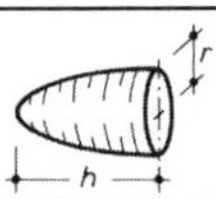	Rotationsparaboloid	$V = \frac{1}{2}\pi\, r^2 h$
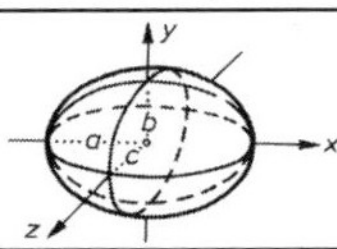	Ellipsoid	$V = \frac{4}{3}\pi\, a\, b\, c$ (a, b, c *Halbachsen*)
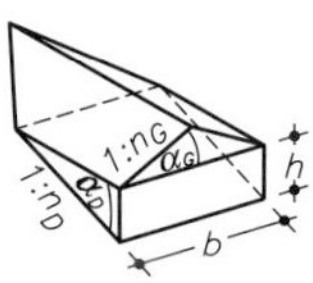	Dachgaube	$V = \frac{n_D}{2}\cdot b\cdot h^2 + \frac{b^2 n_D}{4\cdot n_G}\left(h + \frac{b}{6\cdot n_G}\right)$ mit $n_D = \cot\alpha_D$; $n_G = \cot\alpha_G$
	Beispiel:	$b = 1{,}10$ m ; $h = 1{,}20$ m ; $1 : n_G = 1 : 1{,}5$; $1 : n_D = 1 : 1{,}8$ $V = 0{,}5\cdot 1{,}8\cdot 1{,}10\cdot 1{,}20^2 + \frac{1{,}10^2\cdot 1{,}8}{4\cdot 1{,}5}\left(1{,}20 + \frac{1{,}10}{6\cdot 1{,}5}\right) \approx 1{,}906\ \text{m}^3$

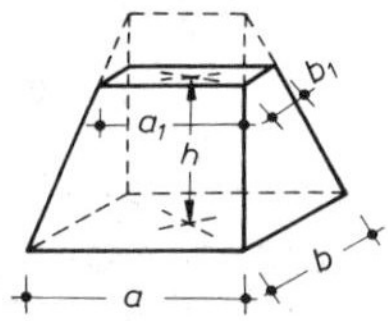

Obelisk

$$V = \frac{1}{6} h \left[(2a + a_1) b + (2a_1 + a) b_1 \right]$$

$$G = a\,b \;;\quad D = a_1\,b_1$$

Keil: $b_1 = 0 \;\Rightarrow\; V = \frac{1}{6} h \left[(2a + a_1) b \right]$

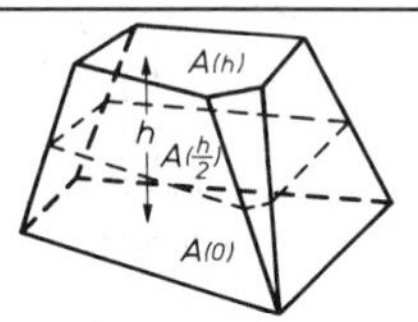

Prismatoid

$$V = \frac{1}{6} h \left[A(0) + 4\,A(\frac{h}{2}) + A(h) \right]$$

($A(\frac{h}{2})$ z. B. ist die Querschnittsfläche in der Höhe $\frac{h}{2}$.)

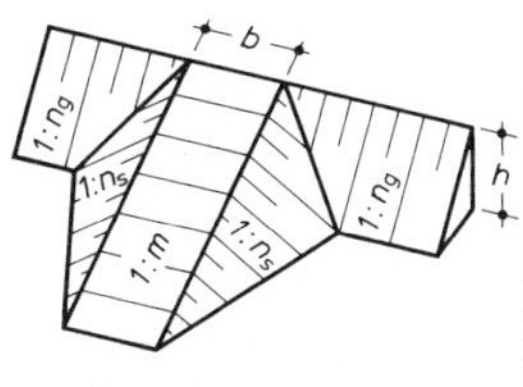

Rampe $V = \frac{1}{6} h^2 (m - n_g) \left[3b + 2\,n_s\,h \frac{m - n_g}{m} \right]$

(b Rampenbreite, $1:m$ Rampensteigung
$1:n_s$ Steigung der Rampenseitenböschung
$1:n_g$ Steigung der Gegenböschung; falls senkrecht: $n_g = 0$)

Beispiel: $b = 2{,}00$ m ; $h = 1{,}20$ m ; $1:m = 1:10$; $1:n_s = 1:1{,}5$; $1:n_g = 1:2$

$$V = \frac{1}{6} \cdot 1{,}20^2 (10 - 2) \left[3 \cdot 2{,}00 + 2 \cdot 1{,}5 \cdot 1{,}20 \cdot \frac{10 - 2}{10} \right] = 17{,}0496\ \text{m}^3$$

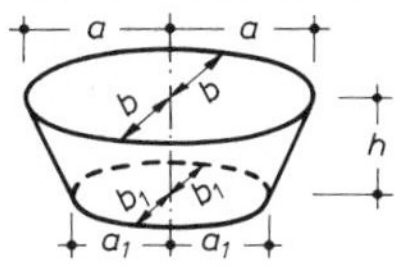

Elliptischer Kübel

$$V = \frac{1}{6} \pi\,h \left[(2a + a_1) b + (2a_1 + a) b_1 \right]$$

$$G = \pi\,a_1\,b_1 \;;\quad D = \pi\,a\,b$$

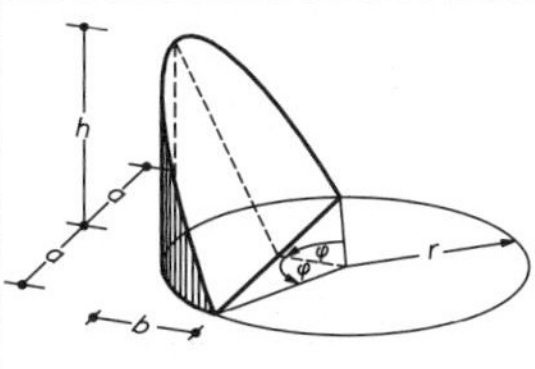

Zylinderabschnitt (Zylinderhuf)

$$\widehat{\varphi} = \varphi^\circ \cdot \pi / 180^\circ \;;\quad a = r \cdot \sin\varphi \;;\quad b = r - r \cdot \cos\varphi$$

$$V = \frac{h}{3b} \left[a\,(3r^2 - a^2) + 3r^2 (b - r) \cdot \widehat{\varphi} \right]$$

$$M = \frac{2\,r \cdot h}{b} \left[(b - r) \cdot \widehat{\varphi} + a \right]$$

speziell für $a = b = r$: $V = \frac{2}{3} r^2 h$; $M = 2\,r \cdot h$

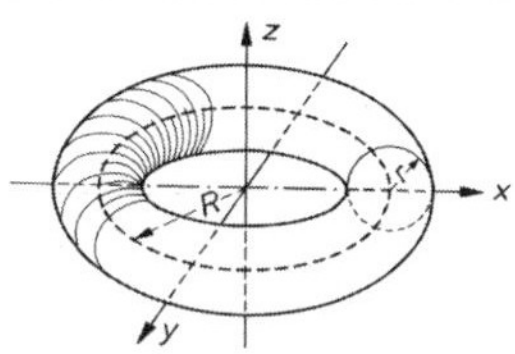

Torus (Kreisring)

$$V = 2\,\pi^2 r^2 R$$

$$O = 4\,\pi^2 r\,R$$

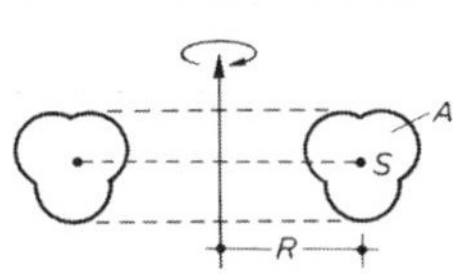

*Guldin*sche Regel

Das Volumen eines Rotationskörpers ist gleich dem Produkt aus dem Maß der erzeugenden Fläche und der Weglänge ihres Schwerpunktes.

$$V = 2\,\pi \cdot R \cdot A$$

3.3 Trigonometrie

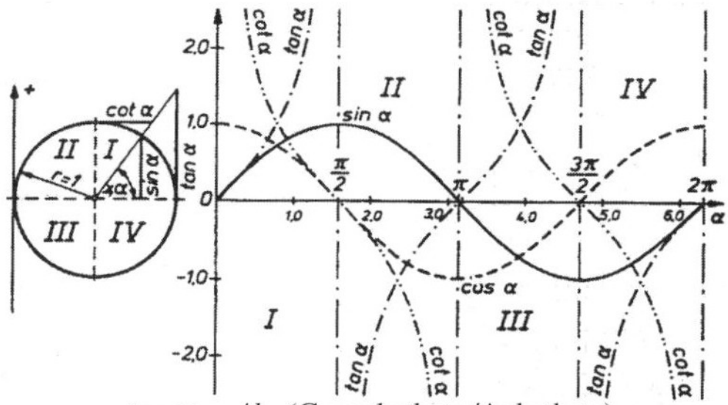

3.3.1 Grundbeziehungen

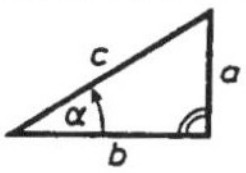

$\sin\alpha = a/c$ (Gegenkathete / Hypotenuse)

$\cos\alpha = b/c$ (Ankathete / Hypotenuse)

$\tan\alpha = a/b$ (Gegenkathete /Ankathete)

$\cot\alpha = b/a$ (Ankathete /Gegenkathete)

Hauptwerte der Umkehrfunktionen:

$\alpha = \arcsin(a/c)$, $(-\frac{\pi}{2} \le \alpha \le \frac{\pi}{2})$; $\alpha = \arccos(b/c)$, $(0 \le \alpha \le \pi)$

$\alpha = \arctan(a/b)$, $(-\frac{\pi}{2} \le \alpha \le \frac{\pi}{2})$; $\alpha = \operatorname{arccot}(b/a)$, $(0 \le \alpha \le \pi)$

$\tan\alpha = \frac{\sin\alpha}{\cos\alpha} = \frac{1}{\cot\alpha}$; $\cot\alpha = \frac{\cos\alpha}{\sin\alpha} = \frac{1}{\tan\alpha}$; $\sin^2\alpha + \cos^2\alpha = 1$

$\sin\alpha =$	$\sin\alpha$	$\pm\sqrt{1-\cos^2\alpha}$	$\pm\frac{\tan\alpha}{\sqrt{1+\tan^2\alpha}}$	$\pm\frac{1}{\sqrt{1+\cot^2\alpha}}$
$\cos\alpha =$	$\pm\sqrt{1-\sin^2\alpha}$	$\cos\alpha$	$\pm\frac{1}{\sqrt{1+\tan^2\alpha}}$	$\pm\frac{\cot\alpha}{\sqrt{1+\cot^2\alpha}}$
$\tan\alpha =$	$\pm\frac{\sin\alpha}{\sqrt{1-\sin^2\alpha}}$	$\pm\frac{\sqrt{1-\cos^2\alpha}}{\cos\alpha}$	$\tan\alpha$	$\frac{1}{\cot\alpha}$
$\cot\alpha =$	$\pm\frac{\sqrt{1-\sin^2\alpha}}{\sin\alpha}$	$\pm\frac{\cos\alpha}{\sqrt{1-\cos^2\alpha}}$	$\frac{1}{\tan\alpha}$	$\cot\alpha$

$\sin(\alpha\pm\beta) = \sin\alpha\cos\beta \pm \cos\alpha\sin\beta$

$\tan(a\pm\beta) = \frac{\tan\alpha \pm \tan\beta}{1 \mp \tan\alpha\tan\beta}$

$\sin(\alpha+\beta)\sin(\alpha-\beta) = \cos^2\beta - \cos^2\alpha$

$\cos(\alpha\pm\beta) = \cos\alpha\cos\beta \mp \sin\alpha\sin\beta$

$\cot(a\pm\beta) = \frac{\cot\alpha\cot\beta \mp 1}{\cot\beta \pm \cot\alpha}$

$\cos(\alpha+\beta)\cos(\alpha-\beta) = \cos^2\beta - \sin^2\alpha$

$\sin 2\alpha = 2\sin\alpha\,\cos\alpha$

$\cos 2\alpha = \cos^2\alpha - \sin^2\alpha$
$= 1 - 2\sin^2\alpha$
$= 2\cos^2\alpha - 1$

$\sin\alpha = 2\sin\frac{\alpha}{2}\cos\frac{\alpha}{2}$

$\cos\alpha = \cos^2\frac{\alpha}{2} - \sin^2\frac{\alpha}{2}$
$= 1 - 2\sin^2\frac{\alpha}{2} = 2\cos^2\frac{\alpha}{2} - 1$

$\tan 2\alpha = \frac{2\tan\alpha}{1-\tan^2\alpha} = \frac{2}{\cot\alpha - \tan\alpha}$

$\cot 2\alpha = \frac{\cot^2\alpha - 1}{2\cot\alpha} = \frac{\cot\alpha - \tan\alpha}{2}$

$\tan\alpha = \frac{2\tan\frac{\alpha}{2}}{1-\tan^2\frac{\alpha}{2}} = \frac{2}{\cot\frac{\alpha}{2} - \tan\frac{\alpha}{2}}$

$\cot\alpha = \frac{\cot^2\frac{\alpha}{2} - 1}{2\cot\frac{\alpha}{2}} = \frac{\cot\frac{\alpha}{2} - \tan\frac{\alpha}{2}}{2}$

$\sin\alpha = \sqrt{\frac{1-\cos 2\alpha}{2}}$

$\cos\alpha = \sqrt{\frac{1+\cos 2\alpha}{2}}$

$\sin\frac{\alpha}{2} = \sqrt{\frac{1-\cos\alpha}{2}}$

$\cos\frac{\alpha}{2} = \sqrt{\frac{1+\cos\alpha}{2}}$

$\tan\alpha = \sqrt{\dfrac{1-\cos 2\alpha}{1+\cos 2\alpha}} = \dfrac{\sin 2\alpha}{1+\cos 2\alpha}$	$\tan\frac{\alpha}{2} = \sqrt{\dfrac{1-\cos\alpha}{1+\cos\alpha}} = \dfrac{\sin\alpha}{1+\cos\alpha}$
$\sin 3\alpha = 3\sin\alpha - 4\sin^3\alpha$ $\sin 4\alpha = 8\sin\alpha\cos^3\alpha - 4\sin\alpha\cos\alpha$ $\sin 5\alpha = 16\sin\alpha\cos^4\alpha - 12\sin\alpha\cos^2\alpha + \sin\alpha$	$\cos 3\alpha = 4\cos^3\alpha - 3\cos\alpha$ $\cos 4\alpha = 8\cos^4\alpha - 8\cos^2\alpha + 1$ $\cos 5\alpha = 16\cos^5\alpha - 20\cos^3\alpha + 5\cos\alpha$
$\sin\alpha + \sin\beta = 2\sin\frac{\alpha+\beta}{2}\cos\frac{\alpha-\beta}{2}$ $\sin\alpha - \sin\beta = 2\cos\frac{\alpha+\beta}{2}\sin\frac{\alpha-\beta}{2}$	$\cos\alpha + \cos\beta = 2\cos\frac{\alpha+\beta}{2}\cos\frac{\alpha-\beta}{2}$ $\cos\alpha - \cos\beta = -2\sin\frac{\alpha+\beta}{2}\sin\frac{\alpha-\beta}{2}$
$\cos\alpha + \sin\alpha = \sqrt{2}\sin(45^\circ+\alpha) = \sqrt{2}\cos(45^\circ-\alpha)$ $\cos\alpha - \sin\alpha = \sqrt{2}\cos(45^\circ+\alpha) = \sqrt{2}\sin(45^\circ-\alpha)$	
$\sin^2\alpha = \dfrac{1-\cos 2\alpha}{2}$ $\sin^3\alpha = \dfrac{3\sin\alpha - \sin 3\alpha}{4}$ $\sin^4\alpha = \dfrac{\cos 4\alpha - 4\cos 2\alpha + 3}{8}$	$\cos^2\alpha = \dfrac{1+\cos 2\alpha}{2}$ $\cos^3\alpha = \dfrac{3\cos\alpha + \cos 3\alpha}{4}$ $\cos^4\alpha = \dfrac{\cos 4\alpha + 4\cos 2\alpha + 3}{8}$

3.3.2 Schiefwinkliges Dreieck

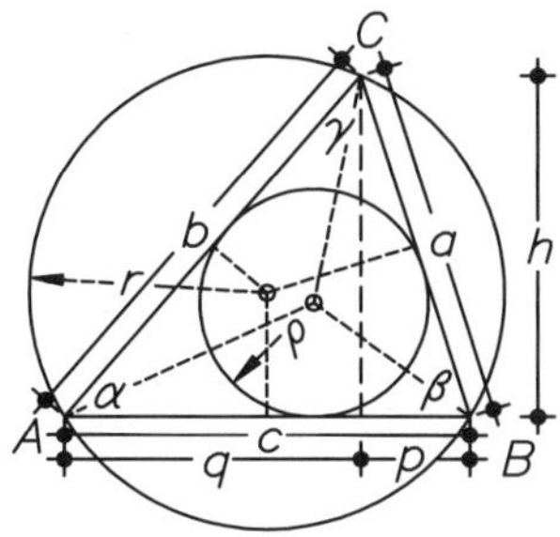

Höhe und Höhenfußpunkt:

$$p = \frac{a^2 - b^2 + c^2}{2c} \quad ; \quad q = \frac{-a^2 + b^2 + c^2}{2c}$$

$$h = \sqrt{a^2 - p^2} = \sqrt{b^2 - q^2}$$

Sinussatz:

$$a : b : c = \sin\alpha : \sin\beta : \sin\gamma$$

$$\frac{a}{\sin\alpha} = \frac{b}{\sin\beta} = \frac{c}{\sin\gamma} = 2r$$

Cosinussatz:

$$a^2 = b^2 + c^2 - 2bc\cos\alpha$$
$$b^2 = a^2 + c^2 - 2ac\cos\beta$$
$$c^2 = a^2 + b^2 - 2ab\cos\gamma$$

$$\cos\alpha = \frac{b^2 + c^2 - a^2}{2bc} \quad ; \quad \cos\beta = \frac{a^2 + c^2 - b^2}{2ac} \quad ; \quad \cos\gamma = \frac{a^2 + b^2 - c^2}{2ab}$$

Tangenssatz:

$$\frac{a+b}{a-b} = \frac{\tan\frac{\alpha+\beta}{2}}{\tan\frac{\alpha-\beta}{2}} \quad ; \quad \frac{b+c}{b-c} = \frac{\tan\frac{\beta+\gamma}{2}}{\tan\frac{\beta-\gamma}{2}} \quad ; \quad \frac{a+c}{a-c} = \frac{\tan\frac{\alpha+\gamma}{2}}{\tan\frac{\alpha-\gamma}{2}}$$

Radius des Umkreises:

$$r = \frac{a}{2\sin\alpha} = \frac{b}{2\sin\beta} = \frac{c}{2\sin\gamma}$$

Radius des Inkreises:

$$\varrho = (s-a)\tan\frac{\alpha}{2} = (s-b)\tan\frac{\beta}{2} = (s-c)\tan\frac{\gamma}{2}$$

wobei $s = (a+b+c)/2$

Heronische Formel: (Dreiecksfläche)

$$A = \sqrt{s(s-a)(s-b)(s-c)}$$

$$A = \tfrac{1}{2}ab\sin\gamma = \tfrac{1}{2}ac\sin\beta = \tfrac{1}{2}bc\sin\alpha$$

4 Ebene analytische Geometrie

4.1 Koordinatensysteme

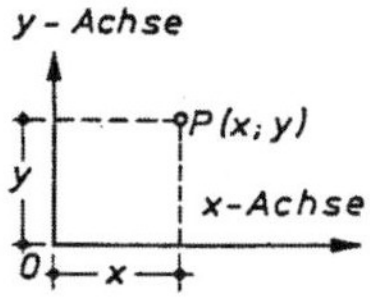

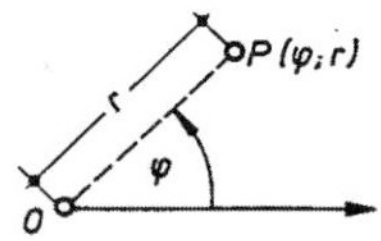

Rechtwinklige Koordinaten:
(x heißt Abszisse, y heißt Ordinate, O heißt Koordinatenursprung)

Polarkoordinaten:
(φ heißt Polarwinkel, r heißt Radiusvektor, O heißt Pol)

Transformation rechtwinkliger Koordinaten in Polarkoordinaten und umgekehrt:

$r = \sqrt{x^2 + y^2}$; $\quad \varphi = \arctan(y/x) \quad$ bzw. $\quad x = r \cdot \cos\varphi$; $\quad y = r \cdot \sin\varphi$

Parallelverschiebung und Drehung eines rechtwinkligen Koordinatensystems:

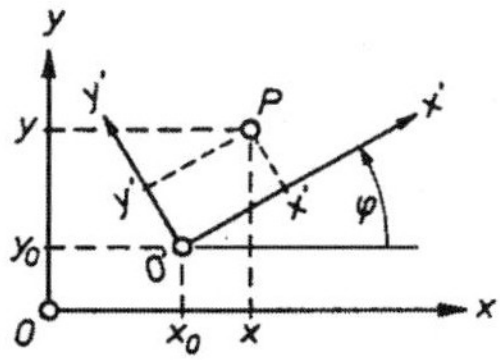

$$x' = \cos\varphi \cdot (x - x_0) + \sin\varphi \cdot (y - y_0)$$
$$y' = -\sin\varphi \cdot (x - x_0) + \cos\varphi \cdot (y - y_0)$$

In Matrizenschreibweise:

$$\begin{bmatrix} x' \\ y' \end{bmatrix} = \begin{bmatrix} \cos\varphi & \sin\varphi \\ -\sin\varphi & \cos\varphi \end{bmatrix} \cdot \begin{bmatrix} x - x_0 \\ y - y_0 \end{bmatrix}$$

Rücktransformation:

$$x = \cos\varphi \cdot x' - \sin\varphi \cdot y' + x_0$$
$$y = \sin\varphi \cdot x' + \cos\varphi \cdot y' + y_0$$

In Matrizenschreibweise:

$$\begin{bmatrix} x \\ y \end{bmatrix} = \begin{bmatrix} \cos\varphi & -\sin\varphi \\ \sin\varphi & \cos\varphi \end{bmatrix} \cdot \begin{bmatrix} x' \\ y' \end{bmatrix} + \begin{bmatrix} x_0 \\ y_0 \end{bmatrix}$$

4.2 Punkte – Strecken – Flächen

Gegeben: $P_1(x_1; y_1)$, $\quad P_2(x_2; y_2)$, $\quad P_3(x_3; y_3)$

Entfernung e zweier Punkte P_1 und P_2: $\quad e = \sqrt{(x_2 - x_1)^2 + (y_2 - y_1)^2}$

Teilpunkt $T(x_T; y_T)$ einer Strecke $\overline{P_1 P_2}$ im Verhältnis $\lambda = \overline{P_1 T} / \overline{T P_2}$:

$$x_T = (x_1 + \lambda \cdot x_2)/(1 + \lambda); \qquad y_T = (y_1 + \lambda \cdot y_2)/(1 + \lambda)$$

Mittelpunkt $(x_M; y_M)$ einer Strecke $\overline{P_1 P_2}$: $\quad x_M = (x_1 + x_2)/2$; $\quad y_M = (y_1 + y_2)/2$

Schwerpunkt $(x_S; y_S)$ eines Dreiecks: $\quad x_S = \dfrac{x_1 + x_2 + x_3}{3}$; $\quad y_S = \dfrac{y_1 + y_2 + y_3}{3}$

Steigung der Strecke $\overline{P_1 P_2}$: $\quad m = \tan\alpha = \dfrac{y_2 - y_1}{x_2 - x_1} \quad$ (α heißt Steigungswinkel)

Fläche eines Dreiecks: $\quad A = \dfrac{1}{2} \cdot \begin{vmatrix} x_1 & y_1 & 1 \\ x_2 & y_2 & 1 \\ x_3 & y_3 & 1 \end{vmatrix} = \dfrac{1}{2} \cdot [x_1(y_2 - y_3) + x_2(y_3 - y_1) + x_3(y_1 - y_2)]$

Drei Punkte liegen auf einer Geraden, wenn sie ein Dreieck mit dem Flächeninhalt null bilden.

4.3 Gerade

Allgemeine Form: $\quad A\,x + B\,y + C = 0$

Normalform: $\quad y = m\,x + b \quad$ ($m = \tan\alpha$ Steigung, b Abschnitt auf der y-Achse)

Achsenabschnittsform: $\frac{x}{a}+\frac{y}{b}=1$ $\begin{pmatrix} a & \text{Abschnitt auf der } x\text{-Achse,} \\ b & \text{Abschnitt auf der } y\text{-Achse} \end{pmatrix}$

Punkt-Steigungsform: $\frac{y-y_1}{x-x_1}=m=\tan\alpha$

Zwei-Punkte-Form: $\frac{y-y_1}{x-x_1}=\frac{y_2-y_1}{x_2-x_1}$

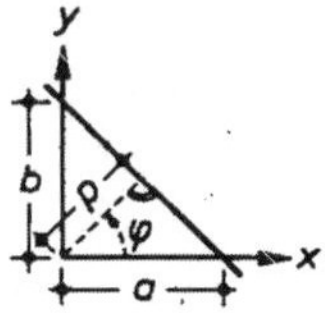

***Hesse*sche Normalform**: $x\cdot\cos\varphi+y\cdot\sin\varphi-p=0$

Umwandlung der allgemeinen Form in die *hesse*sche Normalform:

$$\frac{A\,x+B\,y+C}{-\operatorname{sgn}C\cdot\sqrt{A^2+B^2}}=0 \quad \text{mit} \quad \operatorname{sgn}C=\begin{cases}+1 & \text{für } C>0\\ 0 & \text{für } C=0\\ -1 & \text{für } C<0\end{cases}$$

Abstand d des Punktes $P_1(x_1;\,y_1)$ von der Geraden:

$$d=x_1\cdot\cos\varphi+y_1\cdot\sin\varphi-p=\frac{A\,x_1+B\,y_1+C}{-\operatorname{sgn}C\cdot\sqrt{A^2+B^2}}$$

Schnittpunkt $S(x_S;\,y_S)$ zweier Geraden:

$$\left.\begin{array}{l} y=m_1\,x+b_1\\ y=m_2\,x+b_2\end{array}\right\} \Rightarrow \quad x_S=\frac{b_1-b_2}{m_2-m_1}; \quad y_S=\frac{b_1\,m_2-b_2\,m_1}{m_2-m_1}$$

$$\left.\begin{array}{l} A_1\,x+B_1\,y+C_1=0\\ A_2\,x+B_2\,y+C_2=0\end{array}\right\} \Rightarrow \quad x_S=\frac{B_1\,C_2-B_2\,C_1}{A_1\,B_2-A_2\,B_1}; \quad y_S=\frac{C_1\,A_2-C_2\,A_1}{A_1\,B_2-A_2\,B_1}$$

Winkel φ zwischen zwei Geraden:

$$\left.\begin{array}{l} y=m_1\,x+b_1\\ y=m_2\,x+b_2\end{array}\right\} \Rightarrow \quad \tan\varphi=\frac{m_2-m_1}{1+m_1\cdot m_2}; \quad m_1\cdot m_2=-1 \quad \Rightarrow \quad \varphi=90°$$

4.4 Kegelschnitte

4.4.1 Kreis

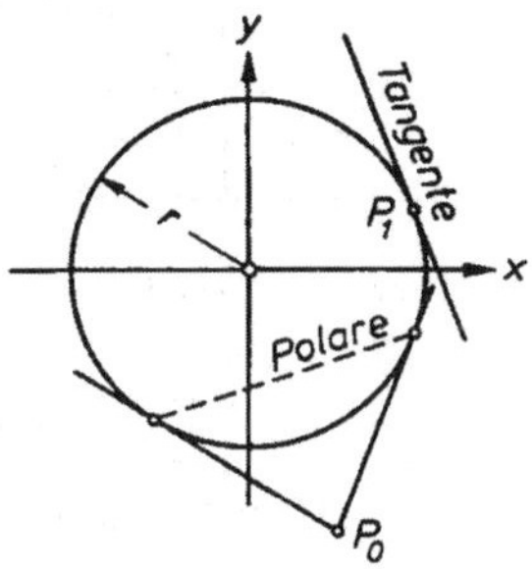

Allgemeine Kreisgleichung: $(x-x_M)^2+(y-y_M)^2=r^2$

Mittelpunktsgleichung: $x^2+y^2=r^2$

Scheitelgleichung: $y^2=2\,r\,x-x^2$

Tangente an $x^2+y^2=r^2$ in $P_1(x_1;\,y_1)$: $x\cdot x_1+y\cdot y_1=r^2$

Polare von $P_0(x_0;\,y_0)$ an $x^2+y^2=r^2$: $x\cdot x_0+y\cdot y_0=r^2$

4.4.2 Ellipse

Allgemeine Gleichung (achsenparallel): $\frac{(x-x_M)^2}{a^2}+\frac{(y-y_M)^2}{b^2}=1$

Mittelpunktsgleichung: $\frac{x^2}{a^2}+\frac{y^2}{b^2}=1$

Scheitelgleichung: $y^2=2\,p\,x-\frac{p}{a}x^2$

mit $2p=2b^2/a$

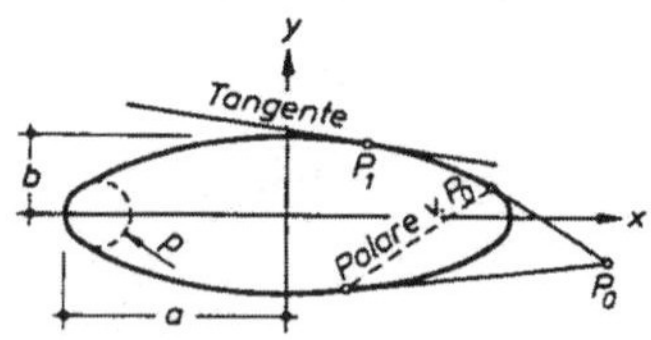

Tangente an $\frac{x^2}{a^2}+\frac{y^2}{b^2}=1$ in $P_1(x_1;\,y_1)$: $\frac{x\cdot x_1}{a^2}+\frac{y\cdot y_1}{b^2}=1$

Polare von $P_0(x_0;\,y_0)$ an $\frac{x^2}{a^2}+\frac{y^2}{b^2}=1$: $\frac{x\cdot x_0}{a^2}+\frac{y\cdot y_0}{b^2}=1$

4.4.3 Hyperbel

Allgemeine Gleichung (achsenparallel): $\frac{(x-x_M)^2}{a^2} - \frac{(y-y_M)^2}{b^2} = 1$

Mittelpunktsgleichung: $\frac{x^2}{a^2} - \frac{y^2}{b^2} = 1$

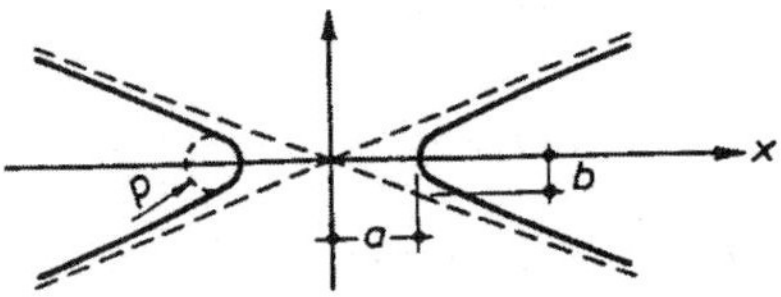

Scheitelgleichung: $y^2 = 2\,p\,x + \frac{p}{a}x^2$

mit $2p = 2b^2/a$

Tangente an $\frac{x^2}{a^2} - \frac{y^2}{b^2} = 1$ in $P_1(x_1; y_1)$: $\frac{x \cdot x_1}{a^2} - \frac{y \cdot y_1}{b^2} = 1$

Polare von $P_0(x_0; y_0)$ an $\frac{x^2}{a^2} - \frac{y^2}{b^2} = 1$: $\frac{x \cdot x_0}{a^2} - \frac{y \cdot y_0}{b^2} = 1$

4.4.4 Parabel

Allgemeine Gleichung (achsenparallel): $(y-y_S)^2 = 2p\,(x-x_S)$ (1)

$(x-x_S)^2 = 2p\,(y-y_S)$ (2)

Scheitelgleichung: $y^2 = 2\,p\,x$ bzw. $x^2 = 2\,p\,y$

Tangente an $y^2 = 2\,p\,x$ in $P_1(x_1; y_1)$: $y \cdot y_1 = p\,(x+x_1)$

Polare von $P_0(x_0; y_0)$ an $y^2 = 2\,p\,x$: $y \cdot y_0 = p\,(x+x_0)$

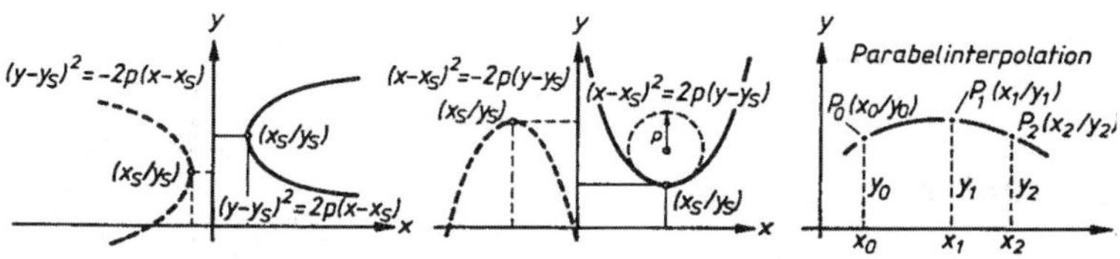

Rechnerische Interpolation einer Parabel mit der Gleichung $y = a_2\,x^2 + a_1\,x + a_0$ durch die drei Punkte P_0, P_1 und P_2:

$$a_2 = \frac{(y_2-y_0)(x_1-x_0)-(y_1-y_0)(x_2-x_0)}{(x_2^2-x_0^2)(x_1-x_0)-(x_1^2-x_0^2)(x_2-x_0)}$$

$$a_1 = -(x_1+x_0)\,a_2 + (y_1-y_0)/(x_1-x_0)$$

$$a_0 = y_0 - a_2\,x_0^2 - a_1\,x_0$$

Speziell für $x_0 = 0$; $x_1 = h$; $x_2 = 2\,h$:

$$a_2 = (y_2 - 2\,y_1 + y_0)/(2\,h^2)$$

$$a_1 = -(3\,y_0 - 4y_1 + y_2)/(2\,h)$$

$$a_0 = y_0$$

Mit $p = 1/(2\,a_2)$; $x_S = -a_1\,p$; $y_S = a_0 - a_2\,x_S^2$ ist dann auch Gleichung (2) bestimmt.

Sind ganz speziell der Ursprung $P_0\,(0;0)$ und der Scheitel $S(x_S; y_S)$ gegeben, so ergibt sich die Gleichung: $y = -(y_S/x_S^2)\,x^2 + 2\,(y_S/x_S)\,x$

Zeichnerische Interpolation durch einhüllende Tangenten

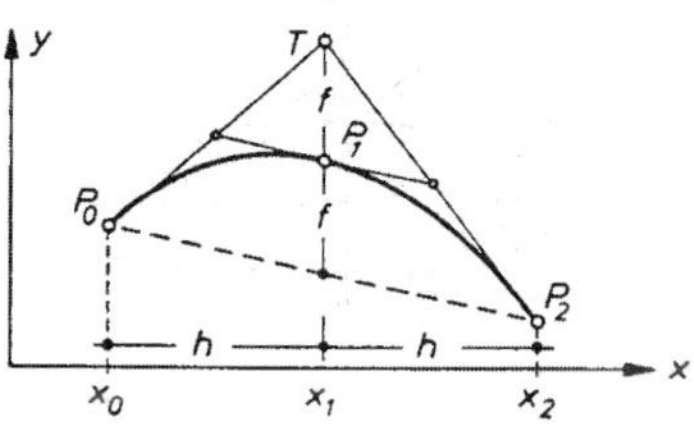

Für den Sonderfall $x_1 = x_0 + h$, $x_2 = x_1 + h$ zeichnet man die Sehne $\overline{P_0P_2}$ ein, verdoppelt die Pfeilhöhe f über P_1 hinaus und findet so den Tangentenschnittpunkt T. Die Tangente in P_1 ist parallel zu $\overline{P_0P_2}$. Weitere Tangenten können konstruiert werden durch Teilung der Strecken $\overline{T\,P_0}$ und $\overline{T\,P_2}$ in n gleiche Teile und sinngemäßes geradliniges Verbinden der Teilpunkte.

5 Vektoralgebra

5.1 Grundlagen

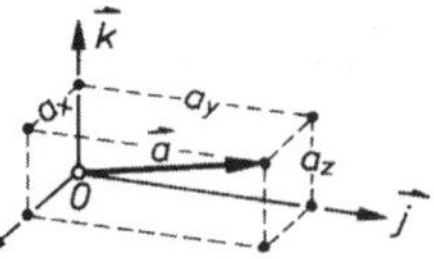

Nach Festlegung eines Ursprungs O und der Basisvektoren $\vec{i}$, $\vec{j}$, $\vec{k}$ genügt zur Bezeichnung von Vektoren die Angabe der Koordinatentripel bezüglich der gewählten Basis.

$\vec{a} = a_x \vec{i} + a_y \vec{j} + a_z \vec{k}$ kurz $\vec{a} = (a_x; a_y; a_z)$

$\vec{b} = b_x \vec{i} + b_y \vec{j} + b_z \vec{k}$ kurz $\vec{b} = (b_x; b_y; b_z)$

$\vec{c} = c_x \vec{i} + c_y \vec{j} + c_z \vec{k}$ kurz $\vec{c} = (c_x; c_y; c_z)$

Falls nicht anders angegeben, werden folgende Vektoren in den **Beispielen** benutzt:
$\vec{a} = (1; 2; 3)$; $\vec{b} = (3; 2; 5)$; $\vec{c} = (2; 3; 1)$

Vektoraddition / -subtraktion:

$\vec{a} \pm \vec{b} = (a_x \pm b_x)\vec{i} + (a_y \pm b_y)\vec{j} + (a_z \pm b_z)\vec{k}$ kurz: $\vec{a} \pm \vec{b} = (a_x \pm b_x; a_y \pm b_y; a_z \pm b_z)$

Beispiel: $\vec{a} + \vec{b} = (4; 4; 8)$; $\vec{a} - \vec{b} = (-2; 0; -2)$

Gesetze: $\vec{a} + (\vec{b} + \vec{c}) = (\vec{a} + \vec{b}) + \vec{c}$; $\vec{a} + \vec{b} = \vec{b} + \vec{a}$

mit dem Nullvektor $\vec{0} = (0; 0; 0)$ gilt $\vec{a} + \vec{0} = \vec{0} + \vec{a} = \vec{a}$ und $\vec{a} - \vec{a} = \vec{0}$

S-Multiplikation mit Skalaren:

$\lambda\vec{a} = \lambda a_x \vec{i} + \lambda a_y \vec{j} + \lambda a_z \vec{k}$ kurz: $\lambda\vec{a} = (\lambda a_x; \lambda a_y; \lambda a_z)$

z. B. $3\vec{a} = (3; 6; 9)$

Gesetze: $(\lambda + \mu)\vec{a} = \lambda\vec{a} + \mu\vec{a}$; $\lambda(\vec{a} + \vec{b}) = \lambda\vec{a} + \lambda\vec{b}$

$(\lambda\mu)\vec{a} = \lambda(\mu\vec{a})$; $1\vec{a} = \vec{a}$

Skalarprodukt:

$\vec{a} \cdot \vec{b} = a_x b_x + a_y b_y + a_z b_z = |\vec{a}| \cdot |\vec{b}| \cdot \cos(\sphericalangle \vec{a}, \vec{b})$

z. B. $\vec{a} \cdot \vec{b} = 1 \cdot 3 + 2 \cdot 2 + 3 \cdot 5 = 22$

Gesetze: $(\vec{a} + \vec{b}) \cdot \vec{c} = \vec{a} \cdot \vec{c} + \vec{b} \cdot \vec{c}$; $\vec{a} \cdot \vec{b} = \vec{b} \cdot \vec{a}$; $(\lambda\vec{a}) \cdot \vec{b} = \lambda(\vec{a} \cdot \vec{b})$

für $\vec{a} \neq \vec{0}$ gilt $\vec{a} \cdot \vec{a} > 0$; $|\vec{a} + \vec{b}| \leq |\vec{a}| + |\vec{b}|$

Betrag: $|\vec{a}| = \sqrt{\vec{a} \cdot \vec{a}} = \sqrt{a_x^2 + a_y^2 + a_z^2}$

z. B. $|\vec{a}| = \sqrt{1^2 + 2^2 + 3^2} = \sqrt{14}$

Einsvektor: $\vec{a}^0 = \vec{a} / |\vec{a}|$; $|\vec{a}^0| = 1$

z. B. $\vec{a}^0 = \left(\frac{1}{\sqrt{14}}; \frac{2}{\sqrt{14}}; \frac{3}{\sqrt{14}}\right)$

Winkel: $\sphericalangle \vec{a}, \vec{b} = \arccos \frac{\vec{a} \cdot \vec{b}}{|\vec{a}| \cdot |\vec{b}|}$; $\left(\vec{a} \perp \vec{b}\right) \Leftrightarrow \left(\vec{a} \cdot \vec{b} = 0\right)$

Beispiel: $\sphericalangle \vec{a}, \vec{b} = \arccos \frac{22}{\sqrt{14} \cdot \sqrt{38}} \approx 17{,}5°$

Vektorprodukt:

$$\vec{a} \times \vec{b} = (a_y b_z - b_y a_z)\vec{i} + (a_z b_x - a_x b_z)\vec{j} + (a_x b_y - a_y b_x)\vec{k} = \begin{vmatrix} \vec{i} & \vec{j} & \vec{k} \\ a_x & a_y & a_z \\ b_x & b_y & b_z \end{vmatrix}$$

Ein Vektor, der senkrecht auf dem von $\vec{a}$ und $\vec{b}$ aufgespannten Parallelogramm steht, wobei $\vec{a}, \vec{b}$ und $\vec{a} \times \vec{b}$ ein Rechtssystem bilden und der Betrag von $\vec{a} \times \vec{b}$ gleich der Maßzahl des Flächeninhalts des Parallelogramm ist: $|\vec{a} \times \vec{b}| = |\vec{a}| \cdot |\vec{b}| \cdot \sin(\sphericalangle \vec{a}, \vec{b})$.

Beispiel: $\vec{a} \times \vec{b} = 4\vec{i} + 4\vec{j} - 4\vec{k}$

Gesetze: $\vec{a} \times \vec{b} = -\vec{b} \times \vec{a}$; $\vec{a} \times (\vec{b} + \vec{c}) = \vec{a} \times \vec{b} + \vec{a} \times \vec{c}$; $\lambda\vec{a} \times \vec{b} = \lambda(\vec{a} \times \vec{b}) = \vec{a} \times \lambda\vec{b}$

Spatprodukt:

(Volumen des von $\vec{a}, \vec{b}$, und $\vec{c}$ aufgespannten Spats)

$$(\vec{a}, \vec{b}, \vec{c}) = \vec{a} \cdot (\vec{b} \times \vec{c}) = (\vec{a} \times \vec{b}) \cdot \vec{c} = \begin{vmatrix} a_x & a_y & a_z \\ b_x & b_y & b_z \\ c_x & c_y & c_z \end{vmatrix}$$

Beispiel: $(\vec{a}, \vec{b}, \vec{c}) = 16$

5.2 Anwendungen aus der Geometrie

Ortsvektoren: von einem festen Punkt O ausgehend $\vec{p}_1 = \overrightarrow{OP_1}$, $\vec{a} = \overrightarrow{OA}$ usw.

Geraden: Punkt-Richtungsform: $\overrightarrow{OP} = \overrightarrow{OP_1} + \lambda \vec{a}$; kurz: $\vec{p} = \vec{p}_1 + \lambda \vec{a}$

Zwei-Punkte-Form: $\overrightarrow{OP} = \overrightarrow{OP_1} + \lambda(\overrightarrow{OP_2} - \overrightarrow{OP_1})$; kurz: $\vec{p} = \vec{p}_1 + \lambda(\vec{p}_2 - \vec{p}_1)$

Fußpunkt des Lots auf eine Gerade:

Gerade g: $\vec{p} = \vec{p}_1 + \lambda \vec{a}$; Punkt B mit $\vec{b} = \overrightarrow{OB}$

Fußpunkt F mit $\overrightarrow{OF} = \vec{p}_1 + \dfrac{\vec{a} \cdot (\vec{b} - \vec{p}_1)}{\vec{a} \cdot \vec{a}} \cdot \vec{a}$

Beispiel:
$\vec{a} = (2; 1; 1)$
$\vec{b} = (5; 0; 0)$
$\vec{p}_1 = (1; 1; 1)$
ergibt: $\overrightarrow{OF} = (3; 2; 2)$
$d = \sqrt{12}$

Abstand eines Punkts von der Geraden:

$d = |\vec{b} - \overrightarrow{OF}|$

Abstand zweier Geraden: g_1: $\vec{p} = \vec{p}_1 + \lambda \vec{a}$
g_2: $\vec{q} = \vec{p}_2 + \mu \vec{b}$

$$d = \frac{|(\vec{p}_2 - \vec{p}_1) \cdot (\vec{a} \times \vec{b})|}{|\vec{a} \times \vec{b}|} = \frac{|(\vec{p}_2 - \vec{p}_1, \vec{a}, \vec{b})|}{|\vec{a} \times \vec{b}|}$$

Beispiel:
$\vec{a} = (1; 3; -2)$
$\vec{b} = (-2; 1; 3)$
$\vec{p}_1 = (3; -2; 4)$
$\vec{p}_2 = (-4; 2; -3)$

$d = |-122/\sqrt{171}|$
$\overrightarrow{OP} = \left(\frac{764}{171}; \frac{411}{171}; \frac{182}{171}\right)$
$\overrightarrow{OQ} = \left(-\frac{578}{171}; \frac{289}{171}; -\frac{672}{171}\right)$

Punkte P und Q minimalen Abstands:

$$\overrightarrow{OP} = \vec{p}_1 + \frac{(\vec{p}_2 - \vec{p}_1, \vec{b}, \vec{a} \times \vec{b})}{(\vec{a} \times \vec{b})^2} \cdot \vec{a} \qquad \overrightarrow{OQ} = \vec{p}_2 + \frac{(\vec{p}_2 - \vec{p}_1, \vec{a}, \vec{a} \times \vec{b})}{(\vec{a} \times \vec{b})^2} \cdot \vec{b}$$

Ebenen:

Parameterform: $\vec{x} = \vec{p}_1 + \lambda \vec{a} + \mu \vec{b}$

Normalenform: $(\vec{x} - \vec{p}_1) \cdot \vec{n} = 0$ mit $\vec{n} = \vec{a} \times \vec{b}$

*Hesse*sche-Normalenform: $(\vec{x} - \vec{p}_1) \cdot \vec{n}^0 = 0$ mit $\vec{n}^0 = \vec{n}/|\vec{n}|$

Fußpunkt des Lots auf eine Ebene:

Für P mit $\overrightarrow{OP} = \vec{p}$ ergibt sich der Fußpunkt F mit $\overrightarrow{OF} = \vec{p} - \dfrac{(\vec{p} - \vec{p}_1) \cdot \vec{n}}{\vec{n} \cdot \vec{n}} \cdot \vec{n}$

Abstand eines Punkts P mit $\overrightarrow{OP} = \vec{p}$ von der Ebene: $d = \dfrac{|(\vec{p} - \vec{p}_1) \cdot \vec{n}|}{|\vec{n}|}$

Schnittpunkt von Gerade g und Ebene E:

g: $\vec{x} = \vec{p}_1 + \lambda \vec{a}$

Schnittpunkt S mit $\overrightarrow{OS} = \vec{p}_1 + \dfrac{(\vec{p}_2 - \vec{p}_1, \vec{b}, \vec{c})}{(\vec{a}, \vec{b}, \vec{c})} \cdot \vec{a}$

E: $\vec{x} = \vec{p}_2 + \mu \vec{b} + \nu \vec{c}$

Schnittwinkel zweier Ebenen: $\varphi = \arccos \dfrac{\vec{n}_1 \cdot \vec{n}_2}{|\vec{n}_1| \cdot |\vec{n}_2|}$

5.3 Anwendungen aus der Statik

Resultierende aus n Kräften: $\vec{F}_{\text{res}} = \sum_{i=1}^{n} \vec{F}_i$

Beispiel: $\vec{F}_1 = (2; 3; 4)$ kN , $\vec{F}_2 = (-4; 1; 2)$ kN , $\vec{F}_3 = (3; -2; -3)$ kN

Resultierende Kraft: $\vec{F}_{\text{res}} = (1; 2; 3)$ kN

Komponentenzerlegung:

Gegeben: Eine Kraft $\vec{F}$ und ein Richtungsvektor $\vec{a}$

Gesucht: Zwei Kräfte $\vec{F}_{\parallel}$ und $\vec{F}_{\perp}$ parallel bzw. senkrecht zur Richtung $\vec{a}$

Lösung: Mit dem Einsvektor $\vec{a}^0 = \vec{a}/|\vec{a}|$ wird $|\vec{F}| = \vec{F} \cdot \vec{a}^0$ und damit $\vec{F}_{\parallel} = |\vec{F}_{\parallel}| \cdot \vec{a}^0$,

also $\vec{F}_{\parallel} = \dfrac{\vec{F} \cdot \vec{a}}{\vec{a} \cdot \vec{a}} \cdot \vec{a}$ und $\vec{F}_{\perp} = \vec{F} - \vec{F}_{\parallel}$

Beispiel: $\vec{F} = (3;2;4)$ kN, $\vec{a} = (1;1;1)$ kN, liefert $\vec{F}_{\parallel} = \dfrac{3\cdot 1 + 2\cdot 1 + 4\cdot 1}{1\cdot 1 + 1\cdot 1 + 1\cdot 1}\cdot(1;1;1)$ kN,

also $\vec{F}_{\parallel} = (3;3;3)$ kN, und schließlich $\vec{F}_{\perp} = (0;-1;1)$ kN

Stabkräfte eines Dreibeins unter Einzellast:

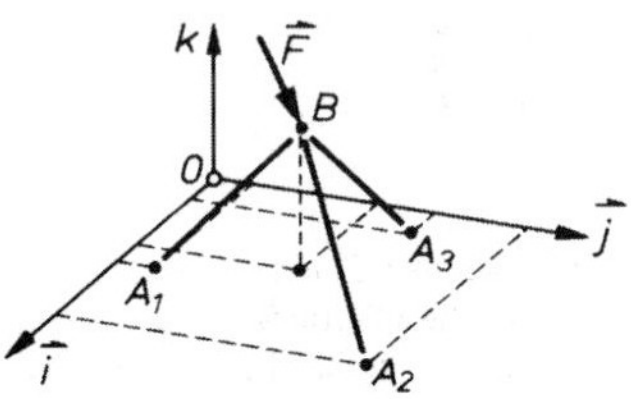

Gegeben: In B angreifende Einzellast $\vec{F}$ sowie die Koordinaten der Punkte $B\,(x_b;\,y_b;\,z_b)$,

$A_1\,(x_1;\,y_1;\,z_1)$, $A_2\,(x_2;\,y_2;\,z_2)$, $A_3\,(x_3;\,y_3;\,z_3)$

Gesucht: Stabkräfte $\vec{F_1}$, $\vec{F_2}$ und $\vec{F_3}$ in den Stäben

$\vec{s}_1 = \overrightarrow{BA_1} = (x_1 - x_b;\, y_1 - y_b;\, z_1 - z_b)$

$\vec{s}_2 = \overrightarrow{BA_2} = (x_2 - x_b;\, y_2 - y_b;\, z_2 - z_b)$

$\vec{s}_3 = \overrightarrow{BA_3} = (x_3 - x_b;\, y_3 - y_b;\, z_3 - z_b)$

Lösung: Mit den Stab-Einsvektoren lautet die Gleichgewichtsbedingung für den Knoten B: $F_1\cdot\vec{e}_1 + F_2\cdot\vec{e}_2 + F_3\cdot\vec{e}_3 + \vec{F} = \vec{0}$. Ausgeschrieben lauten die drei linearen Gleichungen mit den gesuchten Kräften F_1, F_2 und F_3:

$$e_{1_x}\cdot F_1 + e_{2_x}\cdot F_2 + e_{3_x}\cdot F_3 + F_x = 0$$
$$e_{1_y}\cdot F_1 + e_{2_y}\cdot F_2 + e_{3_y}\cdot F_3 + F_y = 0$$
$$e_{1_z}\cdot F_1 + e_{2_z}\cdot F_2 + e_{3_z}\cdot F_3 + F_z = 0$$

Die Lösung ergibt sich z. B. nach Abschnitt 2.9.
Mit Hilfe des Spatprodukts dreier Vektoren lässt sich die Lösung auch direkt angeben:

$$F_1 = -\frac{(\vec{F}, \vec{e}_2, \vec{e}_3)}{(\vec{e}_1, \vec{e}_2, \vec{e}_3)};\quad F_2 = -\frac{(\vec{e}_1, \vec{F}, \vec{e}_3)}{(\vec{e}_1, \vec{e}_2, \vec{e}_3)};\quad F_3 = -\frac{(\vec{e}_1, \vec{e}_2, \vec{F})}{(\vec{e}_1, \vec{e}_2, \vec{e}_3)}$$

Beispiel: $\vec{F_1} = (1;1;-4)$ kN, $B = (3;4;4)$, $A_1 = (1;1;0)$, $A_2 = (2;7;0)$, $A_3 = (5;5;0)$

Mit den Stab-Einsvektoren $\vec{e}_1 = (-0{,}371;-0{,}557;-0{,}743)$, $\vec{e}_2 = (-0{,}196;0{,}588;-0{,}784)$

und $\vec{e}_3 = (0{,}437;0{,}218;-0{,}873)$ lauten die Gleichungen:

$$-0{,}371\cdot F_1 - 0{,}196\cdot F_2 + 0{,}437\cdot F_3 + 1 = 0$$
$$-0{,}557\cdot F_1 + 0{,}588\cdot F_2 + 0{,}218\cdot F_3 + 1 = 0$$
$$-0{,}743\cdot F_1 - 0{,}784\cdot F_2 - 0{,}873\cdot F_3 - 4 = 0$$

Dieses Gleichungssystem hat die Lösungen: $F_1 = -0{,}539$ kN, $F_2 = -1{,}023$ kN, $F_3 = -3{,}205$ kN

6 Wahrscheinlichkeit und Statistik

6.1 Wahrscheinlichkeit

Grundeigenschaften:

Die Wahrscheinlichkeit $P(A)$ eines zufälligen Ereignisses A ist eine reelle Zahl zwischen null und eins:

$$0 \le P(A) \le 1$$

Die Wahrscheinlichkeit für das sichere Ereignis S ist eins: $P(S) = 1$

Die Wahrscheinlichkeit dafür, dass ein Zufallsereignis A oder ein Zufallsereignis B eintritt, wenn beide Ereignisse niemals gleichzeitig eintreten können, ist $P(A \text{ oder } B) = P(A) + P(B)$

Beispiel: Beim Würfeln gibt es die sechs einander ausschließenden Ereignisse, 1, 2, 3, 4, 5 oder 6 Augen zu erhalten. Alle haben die gleiche Wahrscheinlichkeit $P("1") = P("2") = \cdots = P("6") = 1/6$. Die Wahrscheinlichkeit dafür, eine "1" oder "2" zu würfeln, ist $P("1") + P("2") = 1/6 + 1/6 = 1/3$.

6.2 Zufallsvariable

Eine Funktion, die zufälligen Ereignissen in geeigneter Weise reelle Zahlen x zuordnet, wobei diese reellen Zahlen x mit gewissen Wahrscheinlichkeiten $f(x)$ auftreten, heißt Zufallsvariable. Eine Zufallsvariable wird durch Angabe dieser **Wahrscheinlichkeitsfunktion** f eindeutig beschrieben.

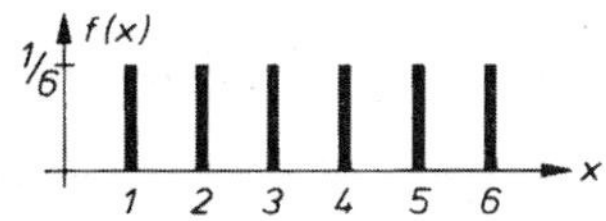

Beispiel 1: Beim Würfeln ordnet man zweckmäßig dem Ereignis ⚀ die reelle Zahl 1, dem Ereignis ⚃ die reelle Zahl 4 zu usw. Die Wahrscheinlichkeitsfunktion, die das Würfeln beschreibt, ist offenbar durch den rechts stehenden Funktionsgraphen beschrieben:

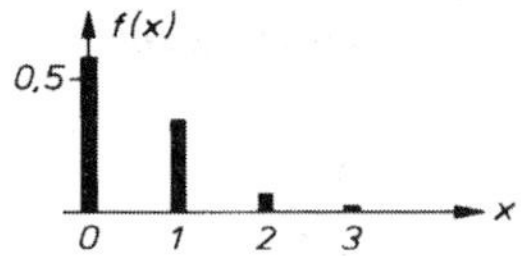

Beispiel 2: Die Frage nach der Wahrscheinlichkeit, bei dreimaligem Würfeln keine, eine oder drei Sechsen zu bekommen, führt auf die **Binomialverteilung**. Für $n=3,\ p=\frac{1}{6}$ ist dafür die Wahrscheinlichkeitsfunktion $f(x)=\binom{n}{x}\cdot p^x\cdot(1-p)^{n-x}$ mit dem rechts stehenden Funktionsgraphen:
Mit einer Wahrscheinlichkeit von $f(x)=0{,}579$ erzielt man bei drei Würfen keine „6“, also mit einer Wahrscheinlichkeit von 0,421 mindestens eine „6“.

Wenn die Wahrscheinlichkeitsfunktion einer Zufallsvariablen keine diskreten Funktionswerte besitzt, sondern stetig verläuft (z. B. die Normalverteilung), so wird sie **Wahrscheinlichkeitsdichte** genannt. Für praktische Fragestellungen sind meist die Summen der diskreten Wahrscheinlichkeitswerte $F(x)=\sum f(t_i)$ für $t_i \le x$ bzw. bei stetigen Verteilungen die Integrale $F(x)=\int_{-\infty}^{x} f(t)\,\mathrm{d}t$ geeigneter.

Sie werden **Verteilungsfunktionen** der Zufallsvariablen genannt. Sie geben die Wahrscheinlichkeit dafür an, dass die Zufallsvariable X Werte annimmt, die nicht größer als x sind: $F(x)=P(X\le x)$.

Auf S. 11.3/11.4 sind wichtige Verteilungsfunktionen tabuliert.

6.3 Statistik

Stichprobe: $\{x_1, x_2, \cdots, x_n\}$ **Mittelwert:** $\bar{x}=\frac{1}{n}\sum_{i=1}^{n} x_i$ (1)

Umfang der Stichprobe: n

Standardabweichung: $$s=\sqrt{\frac{1}{n-1}\sum_{i=1}^{n}(x_i-\bar{x})^2}=\sqrt{\frac{1}{n-1}\left[\sum_{i=1}^{n}x_i^2-\frac{1}{n}\left(\sum_{i=1}^{n}x_i\right)^2\right]} \qquad (2)$$

Das Quadrat s^2 der Standardabweichung heißt **Varianz** der Stichprobe.

Vertrauensintervall für den Erwartungswert μ der Messgröße X:

$$\bar{x}-s\cdot t_{f;0,975}/\sqrt{n} \ \le\ \mu \ \le\ \bar{x}+s\cdot t_{f;0,975}/\sqrt{n} \qquad (3)$$

Mit 95 % Wahrscheinlichkeit liegt der unbekannte Erwartungswert der Messgröße im Vertrauensintervall, d. h.: $P(\bar{x}-s\cdot t_{f;0,975}/\sqrt{n} \le \mu \le \bar{x}+s\cdot t_{f;0,975}/\sqrt{n})=0{,}95$

Der für die Stichprobe errechnete Mittelwert $\bar{x}$ ist ein Schätzwert für den Erwartungswert μ. Dessen Freiheitsgrad $f=n-1$ beschreibt die Redundanz der Messanordnung. Mit diesem f schlägt man in der Tafel der ***t*-Verteilung** (s. S. 11.3) den Wert $t_{f;0,975}$ nach und berechnet die Halbbreite $s\cdot t_{f;0,975}/\sqrt{n}$ des Vertrauensintervalls.

Beispiel:

i	1	2	3	4	5	6	7	8	9	10
x_i	5,63	5,74	5,58	5,69	5,70	5,61	5,71	5,59	5,62	5,60

Gl.(1) $\Rightarrow \bar{x}=5{,}647$
Gl.(2) $\Rightarrow s=0{,}057$

Mit $f=10-1=9$ findet man (S. 11.3) $t_{f;0,975}=2{,}26$ und berechnet $0{,}057\cdot 2{,}26/\sqrt{10}=0{,}041$. Damit lautet das 95%-Vertrauensintervall $(5{,}647-0{,}041 \le \mu \le 5{,}647+0{,}041)$
$\Leftrightarrow \quad (5{,}606 \le \mu \le 5{,}688)$.

90%-Vertrauensintervall für den Erwartungswert σ **der Standardabweichung** der Messgröße X:

$$s\sqrt{f/\chi^2_{f;0,95}} \ \le\ \sigma \ \le\ s\sqrt{f/\chi^2_{f;0,05}} \qquad (4)$$

mit $P\left(s\sqrt{f/\chi^2_{f;0,95}} \le \sigma \le s\sqrt{f/\chi^2_{f;0,05}}\right)=0{,}90$

Fortsetzung des **Beispiels**:

Für $f=9$ findet man in der Tafel S. 11.3 $\chi^2_{f;0,95}=16{,}9$ und $\chi^2_{f;0,05}=3{,}33$ und berechnet $0{,}057\sqrt{9/16{,}9}=0{,}042$ bzw. $0{,}057\sqrt{9/3{,}33}=0{,}094$. Das 90%-Vertrauensintervall für σ ist also $(0{,}042\le\sigma\le 0{,}094)$. Es ist nicht symmetrisch zum Schätzwert s und bei einem Freiheitsgrad $f=9$ sehr breit. Um σ durch s genauer schätzen zu können, benötigt man Stichproben mit 30 bis 40 Messwerten.

Varianz-Fortpflanzungsgesetz

Ist $y = f(X_1, X_2, \cdots X_r)$ eine Funktion von r normal-verteilten Größen $X_1, X_1, \cdots, X_r$ mit den Standardabweichungen $s_1, s_2, \cdots, s_r$, dann ist die Varianz von y:

$$s_y^2 = \sum_{i=1}^{r} \left(\frac{\partial f}{\partial X_i} \right)^2 \cdot s_i^2$$

Regressionsgerade und Korrelationskoeffizient

Eine zweidimensionale Stichprobe liegt vor, wenn für zwei Zufallsgrößen X und Y Paare $(x_1 ; y_i)$ von Messwerten ermittelt worden sind. Man kann die Messungspaare als Punkte in einem x,y-Koordinatensystem auftragen und nach einem linearen Zusammenhang zwischen X und Y fragen. Gesucht ist also die Gleichung einer Geraden (der Regressionsgeraden), die sich der aufgetragenen Punktwolke möglichst gut anpasst: $y = a + b \cdot x$

Zur Lösung berechnet man für die Stichprobe die Summen $\sum x_i$, $\sum y_i$, $\sum x_i^2$, $\sum y_i^2$ und $\sum x_i \cdot y_i$, mit deren Hilfe die Varianzen bzw. die Kovarianz bestimmt werden:

Varianz von X: $s_X^2 = \left[\sum x_i^2 - (\sum x_i)^2 / n \right] / (n-1)$

Varianz von Y: $s_Y^2 = \left[\sum y_i^2 - (\sum y_i)^2 / n \right] / (n-1)$

Kovarianz: $s_{XY} = \left[\sum x_i \cdot y_i - (\sum x_i) \cdot (\sum y_i) / n \right] / (n-1)$

Mit den Mittelwerten $\overline{x} = \sum x_i / n$ und $\overline{y} = \sum y_i / n$ folgen die Koeffizienten der Geradengleichung:

Regressionskoeffizient: $b = s_{XY} / s_X^2$

y-Achsabschnitt: $a = \overline{y} - b \cdot \overline{x}$

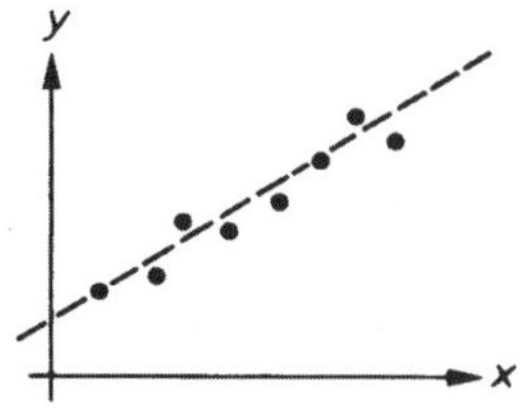

Ein Maß für den Grad des linearen Zusammenhangs ist der **Korrelationskoeffizient**

$$r_{XY} = s_{XY} / \sqrt{(s_X^2 \cdot s_Y^2)}$$

Er ist eine Zahl zwischen –1 und +1, wobei +1 für exakte Linearität steht.

Beispiel:

Quellverkehr in Abhängigkeit von der Anzahl der gemeldeten Pkw. X ist die Zahl der gemeldeten Pkw pro 1000 Einwohner. Y ist der Quellverkehr in Fahrzeugen pro 16 h und 1000 Einwohner.

i	1	2	3	4	5	6	7	8	9	10
$7x_i$	0,3	0,4	1,1	0,8	0,7	1,6	1,1	1,3	1,7	1,4
y_i	1,1	2,4	3,5	4,1	2,3	3,6	4,6	3,5	3,8	3,0

$\sum x_i = 10{,}4$ $\quad \sum y_i = 31{,}9$ $\quad \sum x_i^2 = 12{,}90$

$\sum y_i^2 = 111{,}13$ $\quad \sum x_i\, y_i = 36{,}06$ $\quad n = 10$

$\overline{x} = 1{,}04$ $\quad \overline{y} = 3{,}19$

$s_X^2 = \left[12{,}90 - 10{,}4^2 / 10 \right] / 9 = 0{,}232$; $\quad s_Y^2 = \left[111{,}13 - 31{,}9^2 / 10 \right] / 9 = 1{,}040$

$s_{XY} = [36{,}06 - 10{,}4 \cdot 31{,}9 / 10] / 9 = 0{,}320$; $\quad b = 0{,}320 / 0{,}232 = 1{,}38$; $\quad a = 3{,}19 - 1{,}38 \cdot 1{,}04 = 1{,}75$

$r_{XY} = 0{,}320 / \sqrt{0{,}232 \cdot 1{,}040} = 0{,}65$; $\quad \boxed{y = 1{,}75 + 1{,}38 \cdot x}$

7 Differentialrechnung

7.1 Definitionen

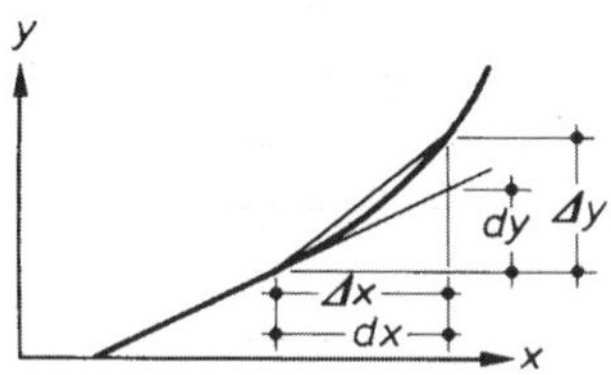

Differenzenquotient: $\Delta y / \Delta x$ (Steigung der Sekante)

Differentialquotient: $\mathrm{d}y / \mathrm{d}x$ (Steigung der Tangente)

$$y' = \mathrm{d}y / \mathrm{d}x = f'(x) = \lim_{\Delta x \to 0} (\Delta y / \Delta x)$$

Differential: $\mathrm{d}y = f'(x) \cdot \mathrm{d}x$

Partieller Differentialquotient von $z = f(x, y)$:

$$\frac{\partial z}{\partial x} = z_x = f_x := \lim_{\Delta x \to 0} \frac{f(x + \Delta x, y) - f(x, y)}{\Delta x} \qquad \frac{\partial z}{\partial y} = z_y = f_y := \lim_{\Delta y \to 0} \frac{f(x, y + \Delta y) - f(x, y)}{\Delta y}$$

7.2 Ableitungsregeln

$y = C$ (Konstante)	$y' = 0$
$y = C \cdot u(x)$	$y' = C \cdot u'(x)$
$y = u_1(x) + u_2(x)$	$y' = u_1'(x) + u_2'(x)$
$y = u(x) \cdot v(x)$ (**Produktregel**)	$y' = u'(x) \cdot v(x) + u(x) \cdot v'(x)$
$y = u(x)/v(x)$ (**Quotientenregel**)	$y' = [u'(x) \cdot v(x) - u(x) \cdot v'(x)]/v^2(x)$
$y = f(g(h(x)))$ (**Kettenregel**) mit $y = f(u),\ u = g(v),\ v = h(x)$	$y' = \frac{df(u)}{du} \cdot \frac{dg(v)}{dv} \cdot \frac{dh(x)}{dx}$
$y = f^{-1}(x)$ mit $x = f(y)$	$y' = \frac{df^{-1}(x)}{dx} = \frac{1}{\frac{df(y)}{dy}}$
$y = u(x)^{v(x)}$ durch Logarithmieren folgt: $\ln y = v(x) \cdot \ln u(x)$	$\frac{1}{y} \cdot \frac{dy}{dx} = v'(x) \cdot \ln u(x) + v(x) \cdot \frac{u'(x)}{u(x)} \Rightarrow$ $\frac{dy}{dx} = y \cdot \left[v'(x) \cdot \ln u(x) + v(x) \cdot \frac{u'(x)}{u(x)} \right]$

Beispiele:

(1) $y = f\{g[h(x)]\} = \sin^7(3x+5)$; $y = f\{u\} = u^7$; $u = g[v] = \sin v$; $v = h(x) = 3x+5$

$$\frac{df\{u\}}{du} = 7u^6 \;;\; \frac{dg[v]}{dv} = \cos v \;;\; \frac{dh(x)}{dx} = 3$$

$$y' = 7u^6 \cdot \cos v \cdot 3 = 21 \cdot \sin^6(3x+5) \cdot \cos(3x+5)$$

(2) $y = u(x)^{v(x)} = x^x$; $\ln y = x \cdot \ln x$

$$\frac{d \ln y}{dx} = \frac{1}{y} \cdot \frac{dy}{dx} = \ln x + 1$$

$$y' = \frac{dy}{dx} = y(\ln x + 1) = x^x(\ln x + 1)$$

7.3 Ableitungen der elementaren Funktionen

$y = f(x)$	$y' = f'(x)$	$y = f(x)$	$y' = f'(x)$
C	0	$\sqrt[n]{x}$	$1/(n \cdot \sqrt[n]{x^{n-1}})$
x	1	e^x	e^x
x^n	$n \cdot x^{n-1}$	a^x	$a^x \cdot \ln a$
$\frac{1}{x}$	$-\frac{1}{x^2}$	$\ln x$	$\frac{1}{x}$
$\frac{1}{x^n}$	$-\frac{n}{x^{n+1}}$	$\lg x$	$\frac{1}{x} \cdot \lg e = \frac{1}{x \cdot \ln 10}$
$\sqrt{x}$	$(1/(2\sqrt{x})$	$\log_a x$	$(\log_a e)/x = 1/(x \cdot \ln a)$
$\arcsin x$	$1/\sqrt{1-x^2}$	$\sinh x$	$\cosh x$
$\arccos x$	$-1/\sqrt{1-x^2}$	$\cosh x$	$\sinh x$
$\arctan x$	$1/(1+x^2)$	$\tanh x$	$1/\cosh^2 x$
$\text{arccot}\, x$	$-1/(1+x^2)$	$\coth x$	$-1/\sinh^2 x$
$\sin x$	$\cos x$	$\text{arsinh}\, x$	$1/\sqrt{1+x^2}$
$\cos x$	$-\sin x$	$\text{arcosh}\, x$	$1/\sqrt{x^2-1}$
$\tan x$	$1/\cos^2 x$	$\text{artanh}\, x$	$1/(1-x^2)$
$\cot x$	$-1/\sin^2 x$	$\text{arcoth}\, x$	$-1/(x^2-1)$

7.4 Taylorreihen

$$f(x_0+h) = f(x_0) + \frac{f'(x_0)}{1!}h + \frac{f''(x_0)}{2!}h^2 + \ldots + \frac{f^{(n)}(x_0)}{n!}h^n + \ldots$$

$\sin x$	$= x - x^3/3! + x^5/5! - x^7/7! + - \ldots$	$\lvert x \rvert < \infty$
$\cos x$	$= 1 - x^2/2! + x^4/4! - x^6/6! + - \ldots$	$\lvert x \rvert < \infty$
$\tan x$	$= x + x^3/3 + 2x^5/15 + 17x^7/315 + \ldots$	$\lvert x \rvert < \pi/2$
$\arcsin x$	$= x + x^3/(2\cdot 3) + (1\cdot 3\cdot x^5)/(2\cdot 4\cdot 5) + (1\cdot 3\cdot 5\cdot x^7)/(2\cdot 4\cdot 6\cdot 7) + \ldots$	$\lvert x \rvert < 1$
$\arccos x$	$= \pi/2 - \arcsin x$	$\lvert x \rvert < 1$
$\arctan x$	$= x - x^3/3 + x^5/5 - 7x^7/7 + - \ldots$	$\lvert x \rvert < 1$
e^x	$= 1 + x/1! + x^2/2! + x^3/3! + x^4/4! + \ldots$	$\lvert x \rvert < \infty$
$\ln x$	$= 2\left[\frac{x-1}{x+1} + \frac{1}{3}\left(\frac{x-1}{x+1}\right)^3 + \frac{1}{5}\left(\frac{x-1}{x+1}\right)^5 + \ldots\right]$	$x > 0$

Binomische Reihe:

$$(1 \pm x)^a = 1 \pm \binom{a}{1}x + \binom{a}{2}x^2 \pm \binom{a}{3}x^3 + \ldots \qquad a \in \mathbb{R};\ \lvert x \rvert < 1$$

Normal-Verteilung:

$$F(x) = 0{,}5 + \left[x - x^3/(3\cdot 2\cdot 1!) + x^5/(5\cdot 4\cdot 2!) - x^7/(7\cdot 8\cdot 3!) + x^9/(9\cdot 16\cdot 4!) \mp \ldots\right]/\sqrt{2\pi}$$

Poisson-Verteilung:

$$F(x,\mu) = e^{-\mu}\left[1 + \mu + \mu^2/2! + \mu^3/3! + \mu^4/4! + \mu^5/5! + \ldots + \mu^x/x!\right]$$

Einheitsklothoide:

$$x_{KL} = \sum_{n=0}^{\infty} \frac{(-1)^n l^{4n+1}}{(2n)!\,(4n+1)2^{2n}} = l - \frac{l^5}{40} + \frac{l^9}{3456} - \frac{l^{13}}{599\,040} + \frac{l^{17}}{175\,472\,640} \mp \ldots \qquad \lvert l \rvert < \infty$$

$$y_{KL} = \sum_{n=0}^{\infty} \frac{(-1)^n l^{4n+3}}{(2n+1)!\,(4n+3)2^{(2n+1)}} = \frac{l^3}{6} - \frac{l^7}{336} + \frac{l^{11}}{42\,240} - \frac{l^{15}}{9\,676\,800} + \frac{l^{19}}{3\,530\,096\,640} \mp \ldots \qquad \lvert l \rvert < \infty$$

7.5 Extrema und Wendepunkte

$y = f(x)$ hat

ein Maximum bei	$x = x_M$,	wenn $f'(x_M) = 0$	und $f''(x_M) < 0$
ein Minimum bei	$x = x_m$,	wenn $f'(x_m) = 0$	und $f''(x_m) > 0$
einen Wendepunkt bei	$x = x_W$,	wenn $f''(x_W) = 0$	und $f'''(x_W) \neq 0$

Beispiel:

$y = 0{,}25x^3 - 0{,}5x^2 - 1{,}25x + 1{,}5$; $y' = 0{,}75x^2 - x - 1{,}25$; $y'' = 1{,}5x - 1$; $y''' = 1{,}5$

$y'(x_E) = 0 \Rightarrow$	$x_{E_1} = 2{,}120$ $y_{E_1} = -1{,}015$ $y''(x_{E_1}) > 0$ Minimum!	$x_{E_2} = -0{,}786$ $y_{E_2} = 2{,}052$ $y''(x_{E_2}) < 0$ Maximum!
$y''(x_W) = 0 \Rightarrow$	$x_W = \frac{2}{3}$ Wendepunkt!	

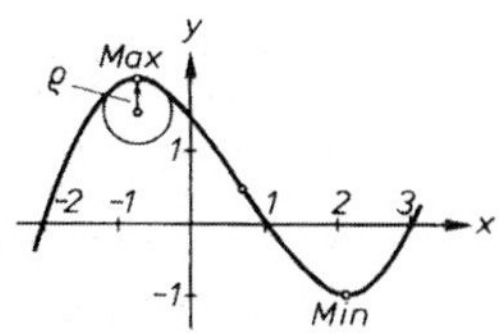

Krümmungsradius: $\varrho = \sqrt{(1 + y'^2)^3}/y''$ | **Beispiel:** $\varrho(x_{E_2}) = -0{,}459$

7.6 Nullstellenbestimmung

Newtonsches Iterationsverfahren

In der Nähe der Nullstelle wird die Funktion durch ihre **Tangente** ersetzt. Der Schnittpunkt dieser Tangente mit der x-Achse ist in der Regel ein besserer Näherungswert für die Nullstelle. Man wiederholt mit dem jeweils besten Näherungswert das Verfahren, bis die gewünschte Genauigkeit erreicht ist.

$$\boxed{x_{i+1} = x_i - \frac{f(x_i)}{f'(x_i)}} \qquad i = 0,\ 1,\ 2 \cdots$$

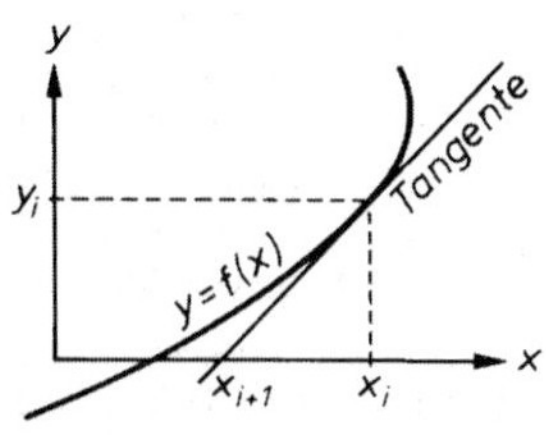

11 B Bauinformatik

Prof. Dr.-Ing. Rolf Gelhaus

1 Prozedurale Programmierung

Die *prozedurale Programmierung* verwendet das ablauforientierte Sprachkonzept, bei dem das zu erstellende Programm eine Folge von Anweisungen enthält, die zeitlich nacheinander ausgeführt werden. Zentraler Begriff ist die *Prozedur*, die das gesamte Programm oder die Lösung eines Teilproblems darstellt. Prozeduren können in anderen Prozeduren durch Aufruf als eine komplexe Anweisung ausgeführt werden. Prozeduren können sogar sich selbst aufrufen. Dadurch wird die Programmierung rekursiver Algorithmen möglich. Eine spezielle Form von Prozeduren sind Funktionen, die in mathematischen Ausdrücken, wie die mathematischen Funktionen Sinus (sin), Kosinus (cos) usw., benutzt werden können.

1.1 Allgemeines

Die Technik zum Erstellen von Programm-Systemen heißt *Software-Entwicklung*. Sie gliedert sich in verschiedene Phasen. Zur Erleichterung der Handhabung dieser Phasen werden alle sinnvollen Rechnerprogramme, wie Textverarbeitungssysteme, Netzwerke, Datenbanken, Editoren, Testumgebungen usw., eingesetzt.

Problemanalyse: Das praktische Umfeld, in dem das geplante Programmsystem arbeiten soll, wird vollständig und eindeutig erfasst. Die geforderten Leistungen des Programms, die Eingabe- und Ergebnisdaten, werden in Diskussion der beteiligten Fachleute festgelegt und umgangssprachlich in einem Pflichtenheft fixiert. Irgendeine Spezialisierung auf bestimmte Rechner, Programmiersprachen oder Lösungsalgorithmen wird noch vermieden.

Entwurf: Das Gesamtprogramm wird in überschaubare Einheiten (Prozeduren) mit wohl definierten Teilaufgaben zerlegt. Die Datenstrukturen, insbesondere die Datenschnittstellen (d. h. die Ein- und Ausgabedaten jeder Prozedur), werden zwischen den Bausteinen festgelegt (Datenflussplan). Ein verbreitetes Konzept ist die *hierarchische Modularisierung*, bei der jeder Modul seine Aufgaben an einfachere (verfeinerte) Unterprozeduren delegiert. Bei der *Top-Down*-Methode beginnt man ganz oben und legt in jedem Entwurfsschritt fest, was die Untermoduln leisten sollen. Die schrittweise Verfeinerung endet „unten" bei der konkreten Formulierung in einer Programmiersprache. Die *Bottom-Up*-Methode beginnt „unten" bei einem vorhandenen Computersystem mit einer konkreten Programmierumgebung. In jedem Entwurfsschritt werden die Funktionen der jeweils oberen Entwurfsebene zu komfortableren Funktionen zusammengesetzt. Bei der prozeduralen Programmierung wird die Top-Down-Methode der Bottom-Up-Methode vorgezogen. In der Praxis wird häufig zwischen beiden Methoden gewechselt (Jo-Jo-Methode).

Implementierung: Die Quelltexte der gewählten Programmiersprache werden eingegeben, Syntaxfehler (Verstöße gegen die Konstruktionsregeln der Programmiersprache) durch Probeübersetzungen festgestellt und beseitigt. Routine-Algorithmen (z. B. Matrizenoperationen, Lösungen von Gleichungssystemen, Sortierverfahren, Datenbankzugriffe) werden aus Bausteinbibliotheken hinzugefügt. Ein lauffähiges Programm wird durch einen Bindevorgang der Teilmoduln erzeugt.

Funktionsüberprüfung: Unter praxisähnlichen Bedingungen wird durch Eingabe von vielfältigen Testdaten, bei denen die Ergebnisse bereits bekannt sind, das einwandfreie Funktionieren des Programmsystems überprüft. Jeder Modul wird sowohl für sich als auch im Zusammenwirken mit den anderen Moduln überprüft. Festgestellte Fehler werden korrigiert. Leider kann dabei jedoch nicht das korrekte Programmverhalten für alle denkbaren Eingaben der Praxis festgestellt werden.

Installation, Abnahme: Anschließend erfolgt die Installation des Programmsystems beim Kunden auf dessen Rechnersystem. Im Abnahmetest überprüft der Auftraggeber, ob das Programm die vertraglichen Vereinbarungen auf der Grundlage des Pflichtenheftes erfüllt.

Wartung: In der Regel enthält das Programm noch Fehler, die sich erst im laufenden Betrieb herausstellen und im Rahmen der Wartung korrigiert werden. Auch schnellere Algorithmen und neue Benutzerfunktionen können im Rahmen der Wartung hinzugefügt werden.

Für den Programmablauf in einem Modul (einer Prozedur) sind drei einfache Programmkonstrukte erforderlich: die *Folge*, die *Wiederholung* und die *Auswahl* von Verarbeitungsteilen. **Struktogramme** nach *Nassi-Shneiderman* (DIN 66 261) sind beschriftete grafische Symbole und dienen zur Darstellung des Programmablaufs von Programmkonstrukten gemäß DIN 66 262. Das Grundsymbol ist ein Rechteck. Die oberste Linie eines jeden Rechtecks bedeutet den Beginn der Verarbeitung, die unterste Linie das Ende der Verarbeitung. Im Rechteck selbst wird die Verarbeitungsart (was geschehen soll) beschrieben. Die drei wesentlichen Konstrukte werden in den Abschnitten 1.2 bis 1.4 mit Beispielen erläutert.

Als Beispiel für Programmiersprachen dient *Visual Basic*, das z. B. auf Windows-Rechnern verbreitet ist und in der Variante „Visual Basic für Anwendungen" (VBA) als Makrosprache in Office Programmen wie die Textverarbeitung Word und die Tabellenkalkulation Excel eingebaut ist. Die Programmiersprache C ist in allen Betriebssystemen zu finden.

1.2 Folge von Verarbeitungsteilen

Eine Folge von Verarbeitungsteilen wird durch untereinander liegende Rechtecke mit gemeinsamer Trennlinie dargestellt.

Beispiel: Berechnung der Fläche aus den Seiten eines Dreiecks nach der heronischen Formel

Struktogramm

Eingabe von a, b und c
$s = \frac{a+b+c}{2}$
$D = \sqrt{s(s-a)(s-b)(s-c)}$
Ausgabe von D

Visual Basic-Quelle

```
Sub main()
  Dim a,b,c,s,D As Double
  a=InputBox("a=?")
  b=InputBox("b=?")
  c=InputBox("c=?")
  s = (0+a+b+c)/2
  D = sqr(s*(s-a)*(s-b)*(s-c))
  MsgBox("D= " & Format(D,"0.00")
End Sub
```

C-Quelle

```
#include         <math.h>
#include         <stdio.h>
void main()
{float a,b,c,s,D;
  scanf ("%f %f %f",a,b,c);
  s = (a+b+c)/2;
  D = sqrt(s*(s-a)*(s-b)*(s-c));
  printf ("%7.2", D);
}
```

1.3 Wiederholung von Verarbeitungsteilen

Die Wiederholung von Verarbeitungsteilen besteht aus einem Verarbeitungsteil und einem Steuerungsteil, der mit Hilfe einer Bedingung angibt, wie oft der Verarbeitungsteil wiederholt werden soll. Man unterscheidet Wiederholungen mit vorausgehender Bedingungsprüfung und Wiederholungen mit nachfolgender Bedingungsprüfung. Das zugehörige Struktogramm ist ein Rechteck, das den Verarbeitungsteil als kleineres Rechteck eingerückt enthält, wobei die steuernde Bedingung als Beschriftung im Rahmen des größeren Rechtecks dort erscheint, wo die Bedingungsprüfung erfolgen soll.

Beispiel 1: Funktionswerte der Momentenlinie eines Trägers unter dreiecksförmiger Belastung

Eingabewerte: Anzahl n der Teilpunkte (z. B. $n = 10$),
der Extremwert q_1 der Lastfunktion,
die Trägerlänge l

Struktogramm

Eingabe von q_1, l und n	
für $i := 0$ bis n wiederhole:	
	$x = \frac{i}{n}$
	$M = \frac{q_1 l^2}{6}\left(x - x^3\right)$
	Ausgabe von x, M

Visual Basic-Quelle

```
Sub main()
  Dim i,n As Integer
  Dim l,x,q1,M As Double
  q1 = InputBox("q1=?")
  l = InputBox("l=?")
  n = InputBox("n=?")
  For i = 0 To n
    x = i / n
    M = q1*l^2*(x-x^3)/6
    MsgBox(Format(x,"0.00")
       & Format(M,"  0.00"))
  Next i
End Sub
```

C-Quelle

```
#include        <math.h>
#include        <stdio.h>
void main()
{int i,n; float l,q1,x,M;
  scanf ("%f %f %i",&q1,&l,&n);
  for (i=0; i <=n; ++i)
   {x = (float) i / n;
    M = q1*l*l*(x-x*x*x)/6;
    printf ("%7.2f %7.4f\n",x,M);
   }
}
```

Beispiel 2:

Für die Berechnung der Reibungsverluste in Rohren wird der Widerstandsbeiwert λ benötigt, dessen Berechnung bei turbulenter Strömung im Übergangsbereich von der Reynolds-Zahl *Re* und der relativen Rauigkeit $Ra = k/d$ in Form einer iterativen Beziehung abhängt, bei der auf beiden Seiten des Gleichheitszeichens λ auftritt:

$$\frac{1}{\sqrt{\lambda}} = -2 \cdot \lg\left(2{,}51 \cdot \frac{1}{\sqrt{\lambda} \cdot Re} + \frac{Ra}{3{,}71}\right)$$

Die Lösung findet man durch Iteration. Ausgehend von einem Anfangswert für $1/\sqrt{\lambda}$ (Variablenname *WGa*, „Wurzel-Größe alt"), z. B. *WGa* = 0 auf der rechten Seite des Gleichheitszeichens, wird nach obiger Formel *WGn* („Wurzel-Größe neu") ein verbesserter Wert für $1/\sqrt{\lambda}$ berechnet. Mit diesem verbesserten Wert wird der Vorgang wiederholt, wodurch ein noch besserer Näherungswert berechnet wird. Die Folge der Iterationen wird beendet, wenn sich *WGn* und *WGa* betragsmäßig nur noch geringfügig unterscheiden (hier z. B. um 1‰ von *WGn*). Für die Zahlenwerte des Testbeispiels $Re = 3{,}67 \cdot 10^{6}$ und $Ra = 10^{-4}$ liefern die Programme $\lambda = 0{,}0125$.

Struktogramm

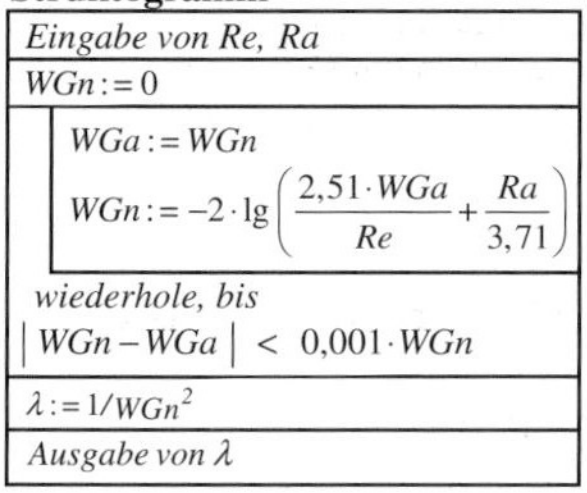

Visual Basic-Quelle

```
Sub main()
  Dim Re,Ra,WGn,WGa,
      lambda As Single
  Re=InputBox("Re=?"
  Ra=InputBox("Ra=?"
  WGn = 0
  Do
   WGa = WGn
   WGn = -2*
        Log(2.51*WGa/Re+
             Ra/3.71)/Log(10)
  Loop Until Abs(WGn-WGa) <
             0.001*WGn
  lambda =  1/(WGn^2)
  MsgBox("lambda= " &
      Format(lambda,"0.0000"))
End Sub
```

C-Quelle

```
#include     <math.h>
#include     <stdio.h>
void main()
{float Re,Ra,WGn,WGa,lambda;
 scanf ("%f %f", &Re,&Ra);
 WGn = 0;
 do{WGa = WGn;
   WGn = -2*
      log10(2.51*WGa/Re+
                Ra/3.71);
 }
 while(fabs(WGn-WGa)>
            0.001*WGn);
 lambda =  1/(WGn*WGn);
 printf ("%7.4f\n",lambda);
}
```

1.4 Auswahl von Verarbeitungsteilen

Die Auswahl ist ein Programmkonstrukt, das es gestattet, in Abhängigkeit von einer Auswahlbedingung einen Programmteil zur Verarbeitung auszuwählen. Man unterscheidet drei Varianten der Auswahl.

- **Bedingte Verarbeitung**

Dieses Programmkonstrukt besteht aus einem Verarbeitungsteil und einem Steuerungsteil mit einer Bedingung. Wenn die Bedingung zutrifft, wird der Verarbeitungsteil ausgeführt, andernfalls wird er nicht ausgeführt.

Beispiel: Wenn σ größer als das zulässige σ ist, soll der Text „σ zu groß!" auf dem Bildschirm ausgegeben werden.

Struktogramm

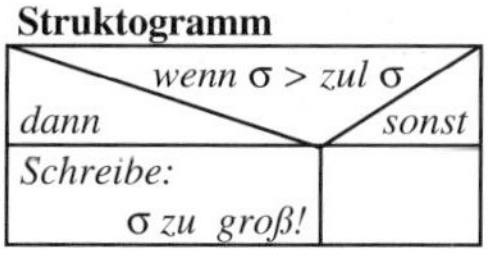

Visual Basic-Quelle

```
...
If Sigma > zulSigma Then
  MsgBox("Sigma zu groß!");
...
```

C-Quelle

```
...
if (Sigma > zulSigma)
  printf("Sigma zu groß!\n");
...
```

- **Einfache Auswahl (Einfache Alternative)**

Dieses Programmkonstrukt besteht aus zwei Verarbeitungsteilen und einem Steuerungsteil mit zwei komplementären Bedingungen. Der Steuerungsteil gibt mit diesen beiden Bedingungen an, welcher der beiden Verarbeitungsteile ausgeführt wird.

Beispiel: Die größere der beiden Zahlen *a* und *b* soll der Variablen *maxi* zugewiesen werden.

Struktogramm

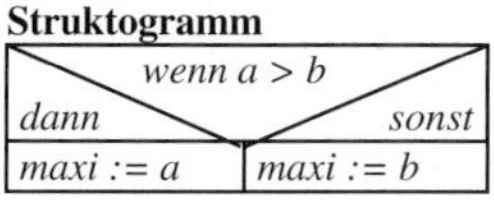

Visual Basic-Quelle

```
...
  If a > b Then
    maxi = a
  Else
    maxi = b
  End If
...
```

C-Quelle

```
...
if (a > b)
   maxi = a; else maxi = b;
...
```

- **Mehrfache Auswahl (Mehrfache Alternative)**

Dieses Programmkonstrukt besteht aus mindestens drei Verarbeitungsteilen und einem Steuerungsteil mit der gleichen Anzahl einander ausschließender Bedingungen, von denen immer genau eine erfüllt ist. Der Steuerungsteil gibt mit diesen Bedingungen an, welcher der Verarbeitungsteile ausgeführt wird.

Beispiel: Je nach der Nummer *nr* (1 ... 13) des zu berechnenden Lastfalls sollen die Formeln für die Belastungsglieder *L* (Variablenname BL) ausgewählt werden.

Struktogramm

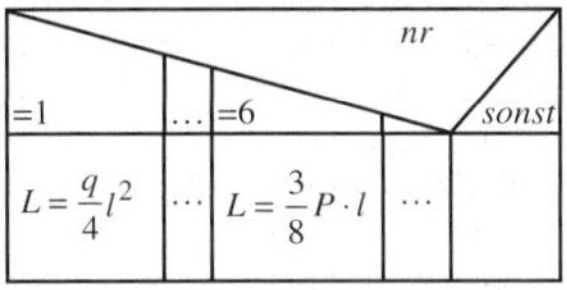

Visual Basic-Quelle

```
...
Select Case nr
 Case Is=1
  BL = q*l^2/4
 Case Is=2
  ...
 Case Is=6
  BL = 3*P*l/8
  ...
End Select
...
```

C-Quelle

```
...
switch (nr)
{case  1 : BL = q*l*l/4; break;
 case  2 : ...         ; break;
 ...
 case  6 : BL = 3*P*l/8; break;
 ...
}
 ...
```

1.5 Prozedurbeispiel

Berechnung von Klothoidenpunkten durch Reihenentwicklung

Eine Tabelle der Einheitsklothoide (s. S. 11.2) soll durch Programmierung der Reihenentwicklung (s. S. 11.23) nach dem Struktogramm auf Seite 19.11 erstellt werden. Die *Parameter* A und GL sind in beiden Programmen *Wertparameter* zum Transport von Werten in den Modul hinein. Die Parameter X und Y exportieren die errechneten Klothoidenkoordinaten aus dem Modul (*Referenzparameter*).

Visual Basic-Quelle

```
Sub Klotoidenpunkt
     (ByVal A, ByVal GL As Double,
      ByRef X, ByRef Y As Double)
  Dim j, k As Integer:
  Dim b, L, sx, sy As Double
  L = GL / A
  j = 0: b = L: sx = b: sy = 0: k = -1
  Do
    j = j + 2: k = -k
    b = b * L ^ 2 * (j - 1) / j / (j + 1)
    If k < 0 Then
      b = -b: sx = sx + b
    Else
      sy = sy + b
    End If
  Loop Until Abs(b) < 0.00000005
  X = A * sx: Y = A * sy
End Sub ' Klotoidenpunkt
Sub main() 'Klotoidentafel
  Dim i, n As Integer:
  Dim A, L, X, Y As Double
  A = 1#: L = 0: n = 5
  For i = 0 To n
    Call Klotoidenpunkt(A, L, X, Y)
    MsgBox (Format(L, "0.00") & Format
        (X,"0.00000") & Format(Y,"0.00000"))
    L = L + 1# / n
 Next i
End Sub 'Klotoidentafel
```

C-Quelle

```
#include      <stdio.h>
#include      <math.h>
void Klotoidenpunkt (double A, double GL,
                     double *X, double *Y)
{  int j,k; double l, b, sx, sy;
   l = GL/A;
   j = 0; b  = l; sx = b; sy = 0; k = -1;
   do
   {  j = j + 2; k = -k;
      b = b *l*l*(j-1)/j/(j+1);
      if (k<0) { b = -b; sx = sx + b; }
        else   { sy = sy + b; }
   } while (fabs(b) >= 0.5e-7);
   *X =A * sx; *Y = A * sy;
}    /* Ende von Klotoidenpunkt */

void main()
{ int i, n; double A,L,X,Y;
  A = 1.0; L = 0.0; n=100;
  for (i=0; i<= 100; ++i)
  { Klotoidenpunkt (A, L, &X, &Y);
    printf ("%3i %10.5f %10.5f\n",i,X,Y);
    L = L + 1.0/n;
  }
}
```

2 Objektorientierte Programmierung

Als Weiterentwicklung der *prozeduralen Programmierung* hat sich die *objektorientierte Programmierung* (OOP) mit geeigneten Programmiersprachen (z. B. Smalltalk, C++, C#, Java) verbreitet. Zentraler Begriff ist das vom Programmierer definierte *Objekt*, das einen Namen trägt. Es lehnt sich an die Wirklichkeit an und wird durch *Eigenschaften* (*Attribute*) und *Methoden* (*Operationen*) charakterisiert. Objekte sind gleichberechtigte, aktiv handelnde Einheiten. Beim Aufruf dient ein Punkt als Trennzeichen zwischen Objektnamen und Eigenschaftsnamen bzw. Methodennamen. Objekte können *Nachrichten* (Botschaften) austauschen. Das können Aufträge zum Ausführen von Methoden sein. Für das Auftrag gebende Objekt bleibt unsichtbar, wie die Methode ihre Aufgabe erfüllt. Nachrichten können auch Aufträge zum Ändern oder Abfragen von Eigenschaften bedeuten.

Beispiel 1: Ein Objekt der Wirklichkeit z. B. „Bagger" besitzt Eigenschaften wie „Hersteller", „Leistungsklasse", „Gewicht" und kann Methoden ausführen wie „Vorwärtsfahren", „Steuerrad links einschlagen", „Schaufel heben".

Beispiel 2: Ein Objekt in Excel z. B. ein Zellbereich Range("A1:C5") besitzt Eigenschaften wie

Borders.LineStyle, die man abfragen kann durch:	Range("A1:C5").Borders.LineStyle
oder festlegen kann durch:	Range("A1:C5").Borders.LineStyle = xlContinuous
und Methoden wie Clear (Löschen), die man ausführen kann:	Range("A1:C5").Clear .

Objekte gleichen Verhaltens können zu einer *Klasse* zusammengefasst werden. Dabei handelt es sich um ein Schema zur Beschreibung der Objekte. Zu jeder Klasse können beliebig viele Objekte

(*Instanzen*) durch *Konstruktoren* erzeugt werden. Am Ende der Aufgabe können sie durch *Destruktoren* wieder vernichtet werden, um Speicherplatz frei zu geben. Wichtig zum Vermeiden versehentlicher Programmierfehler ist die *Kapselung*, bei der definiert wird, wer auf die Eigenschaften und Methoden eines Objektes zugreifen darf (*public* für alle, die das Objekt benutzen wollen = Schnittstelle zum Objekt), *private* nur innerhalb des Objektes selbst). Damit wird das separate Testen einer Objektklasse erleichtert. Das Prinzip der *Vererbung* ermöglicht es, auf rationelle Weise speziellere Objekte zu schaffen, die Methoden und Eigenschaften von bereits definierten Klassen von Objekten übernehmen (Elternklasse → Kindklasse). Für wichtige Standardaufgaben stehen Klassenbibliotheken (z. B. für Bildschirmfensterverwaltung, Matrizenrechnung) zur Verfügung. Sie können ohne Programmieraufwand für neue Programme verwendet werden. Objekt orientierte Softwareentwicklung ist die Anwendung von Objekt orientierten Methoden für die Analyse, das Design und die Implementierung von Softwaresystemen. Beim Design unterscheidet man die Komponenten *Mensch-Maschine-Kommunikation*, *Problembereich*, *Aufgabenverwaltung* und *Datenverwaltung*.

3 Tabellenkalkulation

Zu den Standardprogrammen eines PC-Arbeitsplatzes zählen z. B. die Textbearbeitung, die Tabellenkalkulation und Datenbankanwendungen. Im Folgenden ein kurzer Einblick in eine Tabellenkalkulation am Beispiel des verbreiteten Microsoft-Excel.

3.1 Einführende Beispiele zu Excel

Eine Tabellenkalkulation enthält in einem oder mehreren Arbeitsblättern so genannte Zellen in Zeilen und Spalten. In jede Zelle kann man Texte, Zahlen und Rechenausdrücke eingeben. Tabellarische Rechenarbeiten sind ein typisches Anwendungsgebiet von Tabellenkalkulationen. In den Rechenausdrücken kann man Ergebnisse in anderen Zellen durch relative oder absolute Zellverweise in neue Formeln einbeziehen. Eingebaute Standardfunktionen können über „Einfügen→Funktion→Alle“ für Berechnungen benutzt werden. Beispiele zu einigen Funktionen sind auf S. 11.2 zu finden. Mit dem Makrorecorder können häufig wiederkehrende Aufgaben (Aktionen an Tabellen) in der Interpreter-Programmiersprache **V**isual **B**asic für **A**nwendungen (VBA) über „Extras→ Makro→ Aufzeichnen“ aufgezeichnet werden. Mit VBA lassen sich auch eigene Funktionen und richtige Programme entwickeln.

In Excel gibt es zwei Bezeichnungsweisen für die Zellen. In der einen werden die Spalten mit Buchstaben A, B, … und die Zeilen mit ganzen Zahlen 1, 2, … bezeichnet. Eine Zelle hat dann in dieser Notation z.B. den Namen C5. In der zweiten Notation (Zeile-Spalte-Notation) hat dieselbe Zelle die Bezeichnung Z5S3 (Zeile 5, Spalte 3). Beide Bezeichnungen gelten als relative Zellbezüge, die beim Kopieren von Formeln von Excel automatisch sinngemäß verändert werden.

Beispiel 1:

Kapitel 19 A, Abschnitt 4.6 Helmerttransformation

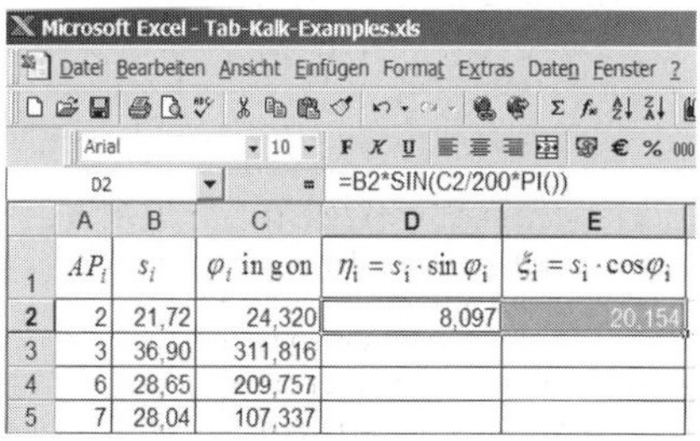

	A	B	C	D	E
1	AP_i	s_i	φ_i in gon	$\eta_i = s_i \cdot \sin\varphi_i$	$\xi_i = s_i \cdot \cos\varphi_i$
2	2	21,72	24,320	8,097	20,154
3	3	36,90	311,816		
4	6	28,65	209,757		
5	7	28,04	107,337		

In Zeile 1 sind über „Einfügen → Objekt → Formel Editor“ die Formeln für die Spaltenüberschriften eingetragen. In den Zeilen 2 bis 5 sind in Spalte A die Punktnummern, in Spalte B die Polarentfernungen in Meter und in Spalte C die Polarwinkel in Gon eingetragen. Bei den in Excel eingebauten Funktionen sin und cos muss das Argument in Radiant (Bogenmaß) angegeben werden. Daher wird die Umrechnung von Gon in Radiant in die Formel mit eingegeben. Der gemessene Gonwert wird durch 200 gon geteilt und dann mit π – eingebaute Konstante PI() – multipliziert. Alle Formeln in Excel-Zellen beginnen mit einem Gleichheitszeichen. In die Zelle D2 wird also die Formel „=B2*SIN(C2/200*PI())“ (ohne die Anführungszeichen) und in E2 die Formel „=B2*COS(C2/200*PI())“ eingetragen. Es erscheinen sofort die errechneten Koordinaten 8,097 und 20,154 (die Formatierung auf drei Nachkommastellen besorgt man über „Format → Zellen → Zahl“). Um die eingegebenen Rechenformeln für alle weiteren Punkte anzuwenden, markiert man mit der Maus die beiden Zellen D2 und D3 durch „Ziehen mit der linken Maustaste“, bewegt dann ohne Tastendruck die Maus auf das kleine schwarze Quadrat an der rechten unteren Ecke des markierten Bereichs. Der Mauszeiger verwandelt sich in ein +-Zeichen. Nun drückt man die linke Maustaste und bewegt bei gedrückter Taste die Maus so weit nach unten, dass alle gemessenen Punkte erfasst werden (also bis in Zeile 5). Nach Loslassen der Taste erscheinen die Rechenergebnisse. Die Formeln sind korrekt angepasst worden, sodass z. B. in E5 die Formel „=B5*COS(C5/200*PI())“ eingetragen wurde.

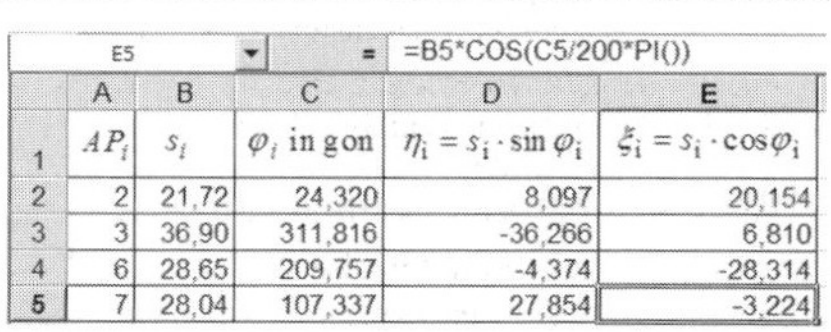

	A	B	C	D	E
1	AP_i	s_i	φ_i in gon	$\eta_i = s_i \cdot \sin\varphi_i$	$\xi_i = s_i \cdot \cos\varphi_i$
2	2	21,72	24,320	8,097	20,154
3	3	36,90	311,816	-36,266	6,810
4	6	28,65	209,757	-4,374	-28,314
5	7	28,04	107,337	27,854	-3,224

Beispiel 2: Kapitel 19 A, Abschnitt 4.6 Helmerttransformation

Wenn die vier Transformationsparameter bereits berechnet sind, kann die eigentliche Transformation für alle Neupunkte durchgeführt werden. Um beim Kopieren der Formeln die Zellbezüge auf die Parameter nicht fälschlicherweise von Excel verändern zu lassen, müssen sie absolut (fest) angegeben werden. Das geschieht durch Vorsetzen eines $-Zeichen vor den Spaltenbuchstaben bzw. die Zeilennummer. In Zelle F2 trägt man daher „=$F$7+$E$7*E2+$D$7*D2“ und in Zelle G2 „=$G$7+$D$7*E2-$E$7*D2“ ein, wenn die Transformationsparameter zuvor z. B. in den Zellen D7 bis G7 berechnet wurden (hier nicht gezeigt). Beim „Herunterkopieren“ der Formeln bleiben die absoluten Zellbezüge unverändert (z. B. in Zelle G5 steht dann: „=$G$7+$D$7*E5-$E$7*D5“). Alternativ können absolute Zellbezüge hergestellt werden, indem für ausgewählte Zellen über „Einfügen → Namen → Festlegen“ prägnante Namen vergeben werden, die direkt in den Formeln benutzt werden.

= =$G$7+$D$7*E5-$E$7*D5

C	D	E	F	G
in gon	$\eta_i = s_i \cdot \sin\varphi_i$	$\xi_i = s_i \cdot \cos\varphi_i$	$y_i^t = y_0 + o \cdot \xi_i + a \cdot \eta_i$	$x_i^t = x_0 + a \cdot \xi_i - o \cdot \eta_i$
24,320	8,097	20,154	104,395	485,777
311,816	-36,266	6,810	58,286	481,239
209,757	-4,374	-28,314	82,807	440,620
107,337	27,854	-3,224	119,272	459,024
	0,981304	0,192902	92,561	467,561

3.2 Matrizen in Excel

Normale Formeln beziehen sich auf eine einzige Zelle. Sie werden in der Eingabezeile durch die ENTER-Taste (Eingabetaste) abgeschlossen und damit in diese Zelle eingetragen. Matrizen sind rechteckige Anordnungen von Zellen. Formeln, die Matrizen enthalten oder liefern, werden durch die Tastenkombination „Strg + ⇑ + ENTER“ abgeschlossen. Formeln mit Matrizen erscheinen im Eingabefeld in geschweifte Klammern eingeschlossen. Diese dürfen aber nicht durch die gleich aussehenden Sonderzeichen eingegeben werden, sondern stets durch die dreifache Tastenkombination „Strg + ⇑ + ENTER“.

Beispiel: Kapitel 11 A, Abschnitt 2.10 Matrizen, Lösung linearer Gleichungssysteme.

Lösung der Matrizengleichung $\boldsymbol{A} \cdot \boldsymbol{x} = \boldsymbol{b}$ mittels der Kehrmatrix $\boldsymbol{x} = \boldsymbol{A}^{-1} \cdot \boldsymbol{b}$.

Man trägt zunächst die gegebenen Zahlenwerte der Matrix $\boldsymbol{A}$ in die Zellen B1 bis D3 sowie die rechte Seite des Gleichungssystems $\boldsymbol{b}_1$ in die Zellen I1 bis I3. Dann markiert man mit der Maus die Zellen E5 bis G7, in denen die Kehrmatrix $\boldsymbol{A}^{-1}$ gebildet werden soll. Man gibt die Formel „=MINV(B1:D3)“ in das Eingabefeld ein (MINV = Matrix Inverse) und schließt den Ausdruck durch „Strg + ⇑ + ENTER“ ab. Daraufhin werden von Excel die geschweiften Klammern erzeugt und die Zahlenwerte der Kehrmatrix im Bereich E5:G7 angezeigt. Die Lösung des Gleichungssystems erfolgt durch Markieren des Zielbereichs I5:I7, Eingeben des Ausdrucks „=MMULT(E5:G7;I1:I3)“ in das Eingabefeld (MMULT = Matrizen Multiplikation) und Abschluss der Eingabe durch „Strg + ⇑ + ENTER“.

G7 = {=MINV(B1:D3)}

	A	B	C	D	E	F	G	H	I
1		2,40	0,67	0,00					-6,83
2	A =	0,67	3,33	1,00				b_1 =	0,00
3		0,00	1,00	3,47					0,00
4									
5					0,444	-0,098	0,028		-3,032
6				A^{-1} =	-0,098	0,350	-0,101	$x_1 = A^{-1}b_1$ =	0,668
7					0,028	-0,101	0,317		-0,192
8									

3.3 Iterationen in Excel

Für die Bearbeitung einfacher Iterationsverfahren verwendet man die *Zielwertsuche*.

Beispiel: Kapitel 11 A, Abschnitt 2.7, Kubische Gleichung.

Man trage in die Zelle A1 den Anfangswert von x für die Iterationen (hier 3,5) ein und in die Zelle A2 den Formelausdruck:

A2 = =A1^3-4*A1^2+2*A1-3

	A	B	C	D	E
1	3,5		veränderbare Zelle $A$1 (Anfangswert 3,5)		
2	-2,125000		Zielzelle $A$2 (Anfangswert -2,125)		
3					
4					

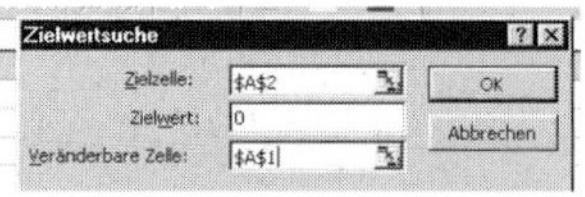

„=A1^3–4*A1^2+2*A1–3“ (also $y = x^3 - 4x^2 + 2x - 3$). Über „Extras → Zielwertsuche“ gelangt man in das Eingabemenü, in dem man die Zielzelle ($A$2), den Zielwert (0) und die veränderbare Zelle ($A$1) angibt. Betätigung des OK-Schalters löst die Iterationen aus, deren Anzahl und die erreichbare Genauigkeit über „Extras→Optionen→ Berechnen“ gesteuert werden können (z. B. maximale Änderung 0,000001 statt der voreingestellten 0,001).

A2 = =A1^3-4*A1^2+2*A1-3

	A	B	C	D	E
1	3,67799349		veränderbare Zelle $A$1 (Anfangswert 3,5)		
2	0,000000		Zielzelle $A$2 (Anfangswert -2,125)		

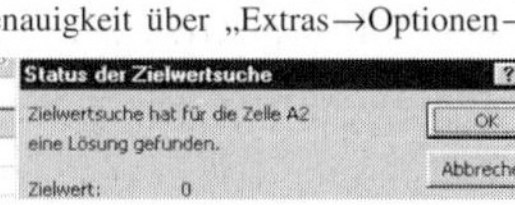

Komplexere Optimierungsverfahren lassen sich mit dem *Solver* lösen. Dazu muss das Add-In „solver.xla“ installiert werden. Er verwendet je nach gewählten Optionen numerische Iterationsverfahren nach der Newton- oder Gradientenmethode. Für eine Zielzelle wünscht man sich Max, Min oder einen festen Zahlenwert. Als veränderbare Zellen kann man auch mehr als eine Zelle benennen. Nebenbedingungen können formuliert werden.

12 Einwirkungen auf Tragwerke

Einführung

Für das Bauen mit Beton, Holz, Mauerwerk, Stahl usw. sind in den letzten Jahren die Bemessungs- und Konstruktionsnormen auf das Sicherheitskonzept mit Teilsicherheitsbeiwerten der DIN 1055-100 umgestellt worden. Die Lastannahmen mussten daher überarbeitet und angepasst werden. Abgesehen von DIN 1055-2 (zzt. Entwurf) sind zwischenzeitlich alle Teile von DIN 1055 als Weißdruck erschienen.

Die Normen der Reihe DIN 1055 wurden auf der Grundlage entsprechender europäischer Vornormen der Reihe ENV 1991 „Grundlagen der Tragwerksplanung und Einwirkungen auf Tragwerke" fast vollständig überarbeitet. In dieser Normenreihe sind das für die Bemessung und Konstruktion von Tragwerken maßgebende Sicherheitskonzept und die Einwirkungen festgelegt. Den gegenwärtigen Stand gibt untenstehende Tafel wieder.

DIN 1055-100 und DIN 1055-1 sind seit 2002 bauaufsichtlich eingeführt. Weitere Teile von DIN 1055 (Teil 3, Teil 4, Teil 5, Teil 6 und Teil 9) werden in die nächste Musterliste der Technischen Baubestimmungen 2006 aufgenommen und sollen ab 1. Januar 2007 **ohne Übergangsfrist** bauaufsichtlich eingeführt werden. Auf entsprechende Erlasse der Bundesländer ist regional zu achten (in Baden-Württemberg wird z. B. eine Einführung noch im Laufe des Jahres 2006 erwogen).

Zu beachten ist, dass zu DIN 1055-3 noch eine Neuausgabe (03.2006) und zu DIN 1055-4 eine Berichtigung (03.2006) erschienen sind.

Die Teile 7 und 8 sollen bauaufsichtlich nicht eingeführt werden. DIN 1055-10 soll im Jahre 2008 mit Ergänzungen für Einwirkungen auf Kranbahnen aus Stahlbeton und Spannbeton neu herausgegeben werden.

Bei den Einwirkungen aus Wind und Schnee ergeben sich regional zum Teil deutlich höhere Lasten als bisher. Diese ggf. größeren Einwirkungen sollten schon jetzt der Tragwerksplanung zugrunde gelegt werden, da sie dem „neuen Stand der Technik" entsprechen. Auf ggf. vorhandene reduzierte Einwirkungen in den neuen Normen kann allerdings ohne Abstimmung mit dem Bauherrn und der Genehmigungsbehörde nicht zurückgegriffen werden. Weitere Hinweise und Erläuterungen vgl. z. B. www.betonverein.de.

Die Fachwelt sollte sich in jedem Fall schon jetzt intensiv mit den neuesten Entwicklungen auf diesem Gebiet befassen und auseinander setzen.

Die Normenstruktur ist nachfolgend dargestellt.

DIN 1055: Einwirkungen auf Tragwerke

Teil 100:
Grundlagen der Tragwerksplanung, Sicherheitskonzept und Bemessungsregeln
(03.2001)

Teil 1:	**Teil 2:**	**Teil 3:**	**Teil 4:**	**Teil 5:**	**Teil 6:**	**Teil 7:**	**Teil 8:**	**Teil 9:**	**Teil 10:**
Wichte und Flächenlasten von Baustoffen, Bauteilen und Lagerstoffen	Bodenkenngrößen	Eigen- und Nutzlasten für Hochbauten	Windlasten	Schnee- und Eislasten	Einwirkungen auf Silos und Flüssigkeitsbehälter	Temperatureinwirkungen	Einwirkungen während der Bauausführung	Außergewöhnliche Einwirkungen	Einwirkungen infolge Krane und Maschinen
06.2002	E:06.2002	03.2006	03.2005 (mit Ber.1 03.2006)	07.2005	03.2005	03.2005	01.2003	08.2003	07.2004

Für bestimmte Bauwerke (z.B. Brücken) oder besondere Einwirkungen (z. B. Erdbeben, s. DIN 4149) sind zusätzliche Festlegungen zu berücksichtigen. Für den **Brückenbau** gilt DIN-Fachbericht 101 „Einwirkungen auf Brücken". Der DIN-Fachbericht 101 ist seit 2003 für den Brückenbau verbindlich.

I Grundlagen der Tragwerksplanung, Sicherheitskonzept und Bemessungsregeln (nach DIN 1055-100, Ausg. März 2001)

Prof. Dr.-Ing. Alfons Goris

1 Grundlagen

Grundsätzliches Ziel bei Planung, Konstruktion und Ausführung von Bauwerken ist die Sicherstellung einer angemessenen Zuverlässigkeit gegen Versagen und die Gewährleistung des vorgegebenen Nutzungszwecks für die vorgesehene Dauer unter Berücksichtigung von wirtschaftlichen Gesichtspunkten (s.[12.2]). Das Sicherheits- und Bemessungskonzept beruht auf dem Nachweis, dass diese Anforderungen erfüllt und sog. Grenzzustände nicht überschritten werden. Man unterscheidet Grenzzustände der *Tragfähigkeit*, Grenzzustände der *Gebrauchstauglichkeit* und Anforderungen an die *Dauerhaftigkeit*.

Die folgende Ausführungen gelten für die Tragwerksplanung von Hoch- und Ingenieurbauwerken (inkl. der Gründung). Sie gelten auch für die Tragwerksplanung im Bauzustand und für Tragwerke mit befristeter Standzeit sowie für die Planung von Verstärkungs-, Instandsetzungs- oder Umbaumaßnahmen.

Begriffe

Prinzip	Eine Angabe und Festlegung, von der keine Abweichung zulässig ist.
Anwendungsregel	Allgemein anerkannte Regel, die dem Prinzip folgt und dessen Anforderungen erfüllt. Alternativen sind auf der Basis der Prinzipien zulässig.
Grenzzustand	Ein Zustand, bei dem ein Tragwerk die Entwurfsanforderungen gerade noch erfüllt; man unterscheidet Grenzzustände der Tragfähigkeit und der Gebrauchstauglichkeit.
Einwirkung E	Auf ein Tragwerk einwirkende Kräfte, Lasten etc. als direkte Einwirkung, eingeprägte Verformungen (Temperatur, Setzung) als indirekte Einwirkung.
Widerstand R	Durch Materialeigenschaften (Beton, Betonstahl, Spannstahl) und geometrische Größen sich ergebende aufnehmbare Beanspruchungen.
Tragwerk	Miteinander verbundene tragende und aussteifende Bauteile.
Tragsystem	Summe der tragenden Bauteile und ihr Zusammenwirken.
Tragwerksmodell	Idealisierung des Tragsystems für Schnittgrößenermittlung und Bemessung.

2 Charakteristische Werte und Bemessungswerte

2.1 Einwirkungen

Einwirkungen sind als Lastbilder aus Einwirkungsnormen, bauartspezifischen Bemessungsnormen oder gleichwertigen Unterlagen zu entnehmen. Umwelteinflüsse, die die Dauerhaftigkeit beeinflussen können, sind durch geeignete Modelle zu erfassen (z. B. durch die Definition von Umweltklassen mit entsprechenden Anforderungen).

Für die Nachweisführung maßgebende Einwirkungswerte:

- *Charakteristische Werte* (F_k), die i. Allg. in Lastnormen festgelegt werden, und zwar als
  - ständige Einwirkung, i.d.R. als ein einzelner Wert (G_k), ggf. jedoch auch als oberer ($G_{k,sup}$) und unterer ($G_{k,inf}$) Grenzwert
  - veränderliche Einwirkung (Q_k), als oberer/unterer Wert oder als festgelegter Sollwert
  - außergewöhnliche Einwirkung (A_k), i. Allg. als festgelegter (deterministischer) Wert.
- *Repräsentative Werte von veränderlichen Einwirkungen* (Q_{rep}) ergeben sich unter Berücksichtigung von Kombinationsbeiwerten ψ_i; es werden unterschieden
  - charakteristischer Wert (Q_k)
  - Kombinationswert ($\psi_0 \cdot Q_k$)
  - Häufiger Wert ($\psi_1 \cdot Q_k$)
  - Quasi-ständiger Wert ($\psi_2 \cdot Q_k$).
- *Bemessungswerte* der Einwirkung (F_d) ergeben sich aus
  - $F_d = \gamma_F \cdot F_k$ bzw.
  - $Q_d = \gamma_F \cdot Q_{rep}$

  mit γ_F als Teilsicherheitsbeiwert für die betrachtete Einwirkung; der Beiwert γ_F kann mit einem oberen ($\gamma_{F,sup}$) und einem unteren Wert ($\gamma_{F,inf}$) angegeben werden.

2.2 Baustoffeigenschaften

Eigenschaften von Baustoffen, Bauprodukten oder Baugrund werden durch charakteristische Werte X_k beschrieben, die i. Allg. einem festgelegten Quantilwert der statistischen Verteilung entsprechen (bei Festigkeitsgrößen ist der untere charakt. Wert i. d. R. das 5 %-Quantil). Für den Bemessungswert gilt

$$X_d = X_k/\gamma_M \qquad \text{oder} \qquad X_d = \eta \cdot X_k/\gamma_M$$

mit γ_M als Teilsicherheitsbeiwert für die Baustoff- oder Produkteigenschaft nach der bauartspezifischen Bemessungsnorm. In einigen Fällen wird der charakteristsiche Wert X_k zusätzlich mit einem Umrechnungsfaktor η zur Berücksichtigung der Lastdauer, von Maßstabseffekten u. a. m. multipliziert.

2.3 Geometrische Größen

Geometrische Größen werden durch charakteristische Werte und im Fall von Imperfektionen unmittelbar durch ihre Bemessungswerte dargestellt. Die charakteristischen Werte entsprechen üblicherweise den bei der Tragwerksplanung festgelegten Maßen. Der Bemessungwert wird i. Allg. durch den Nennwert

$$a_d = a_{nom}$$

wiedergegeben, ggf. aber auch durch $a_d = a_{nom} + \Delta a$ mit Δa als ungünstige Abweichung.

3 Grenzzustände der Tragfähigkeit (GZT)

3.1 Lagesicherheit

Es ist nachzuweisen, dass die Bemessungswerte der destabilisierenden Einwirkungen $E_{d,dst}$ die Bemessungswerte der stabilisierenden Einwirkungen $E_{d,stb}$ nicht überschreiten (DIN 1055-100, 9.2):

$$\mathbf{E_{d,dst} \le E_{d,stb}} \qquad \textit{oder} \qquad E_{d,dst} - E_{d,stb} \le R_d \tag{4.1}$$

mit R_d als Bemessungswert des Tragwiderstands (z. B. einer Verankerung).

3.2 Grenzzustände der Tragfähigkeit infolge Tragwerksversagen

Wenn das Versagen des Tragwerks durch Bruch, übermäßige Verformungen oder durch Materialermüdung betrachtet wird, muss nachgewiesen werden, dass

$$\mathbf{E_d \le R_d} \tag{4.2}$$

mit E_d als Bemessungswert der Beanspruchung und R_d als Bemessungswert des Tragwiderstands.

Bemessungswert der Beanspruchung E_d

Der Bemessungswert der Beanspruchung wird nach DIN 1055-100, Abschn. 9.4 bestimmt:

Grundkombination
$$\mathbf{E_d = E\,[\sum_{j\ge 1}\gamma_{G,j}\cdot G_{k,j} \oplus \gamma_P\cdot P_k \oplus \gamma_{Q,1}\cdot Q_{k,1} \oplus \sum_{i>1}\gamma_{Q,i}\cdot\psi_{0,i}\cdot Q_{k,i}\,]} \tag{4.3a}$$

Außergew. Situation
$$E_{dA} = E\,[\sum_{j\ge 1}\gamma_{GA,j}\cdot G_{k,j} \oplus \gamma_{PA}\cdot P_k \oplus A_d \oplus \psi_{1,1}\cdot Q_{k,1} \oplus \sum_{i>1}\psi_{2,i}\cdot Q_{k,i}\,] \tag{4.3b}$$

Erdbeben
$$E_{dAE} = E\,[\sum_{j\ge 1} G_{k,j} \oplus P_k \oplus \gamma_1\cdot A_{Ed} \oplus \sum_{i\ge 1}\psi_{2,i}\cdot Q_{k,i}\,] \tag{4.3c}$$

$\gamma_{G,j}$; γ_P	Teilsicherheitsbeiwert für ständige Einwirkungen und für die Vorspannung (s. Tafel 12.5a)
$\gamma_{GA,j}$; γ_{PA}	wie vor, in der außergewöhnlichen Kombination (s. Tafel 12.5a)
γ_{Q1}; γ_{Qi}	Teilsicherheitsbeiwert für die erste, für weitere veränderliche Einwirkungen (s. Tafel 12.5a)
γ_1	Wichtungsfaktor für Einwirkungen aus Erdbeben (s. DIN 4149-1)
$G_{k,j}$; P_k	charakteristische Werte der ständigen Einwirkungen, der Vorspannung
$Q_{k,1}$; $Q_{k,i}$	charakteristische Werte der ersten und der weiteren unabhängigen veränderlichen Einwirkung
A_d	Bemessungswert einer außergewöhnlichen Einwirkung (z. B. Anpralllast; Explosion)
A_{Ed}	Bemessungswert der Einwirkung infolge von Erdbeben
ψ_0, ψ_1, ψ_2	Kombinationsbeiwerte für seltene, häufige und quasi-ständige Einwirkungen (s. Tafel 12.5b)
$\oplus$	„in Kombination mit“

Die *maßgebende* Leiteinwirkung $E_{Qk,1}$ der unabhängigen veränderlichen Einwirkungen kann bei linear-elastischer Schnittgrößenermittlung bestimmt werden aus dem Extremwert von

- Grundkombination extr. $[\gamma_{Q,i} \cdot (1 - \psi_{0,i}) \cdot E_{Qk,i}]$ (4.4a)
- Außergew. Kombination extr. $[(\psi_{1,i} - \psi_{2,i}) \cdot E_{Qk,i}]$ (4.4b)

Bemessungswerte des Tragwiderstands R_d

Die Bemessungswerte des Tragwiderstands R_d werden in den bauartspezifischen Normen festgelegt. Er ist als Funktion der Baustoffeigenschaften und der geometrischen Größen zu bestimmen (s.o.).

Tafel 12.5a Teilsicherheitsbeiwerte γ_F für Einwirkungen (DIN 1055-100, Tab. A.3)

Nachweis	Einwirkung		Symbol	Bemessungssituation P/T[1]	A[1]
Verlust der Lagesicherheit des Tragwerks	Ständige Einwirkungen: Eigenlast des Tragwerks und von Ausbauten; ständige Einwirkungen, vom Baugrund herrührend; Grundwasser und frei anstehendes Wasser	ungünstig günstig	$\gamma_{G,sup}$ $\gamma_{G,inf}$	1,10 0,90	1,00 0,95
	Bei kleinen Schwankungen der ständigen Einwirkung (z. B. Nachweis der Auftriebssicherheit)	ungünstig günstig	$\gamma_{G,sup}$ $\gamma_{G,inf}$	1,05 0,95	1,00 0,95
	Veränderliche Einwirkungen	ungünstig	γ_Q	1,50	1,00
	Außergewöhnliche Einwirkungen	ungünstig	γ_A	-	1,00
Versagen des Tragwerks od. der Gründung, durch Bruch, überm. Verformung	Unabhängige ständige Einwirkungen (siehe oben)	ungünstig günstig	$\gamma_{G,sup}$ $\gamma_{G,inf}$	1,35 1,00	1,00 1,00
	Unabhängige veränderliche Einwirkungen	ungünstig	$\gamma_{G,sup}$	1,50	1,00
	Außergewöhnliche Einwirkungen	ungünstig	γ_A	-	1,00
Baugrundversagen durch Böschungs- od. Geländebruch	Unabhängige ständige Einwirkungen (s. o.)		γ_G	1,00	1,00
	Unabhängige veränderliche Einwirkungen	ungünstig	$\gamma_{G,sup}$	1,30	1,00
	Außergewöhnliche Einwirkungen	ungünstig	γ_A	-	1,00

[1] P: Ständige Situation; Lastfall 1 nach DIN 1054-100 T: Vorübergehende Situation; Lastfall 2 nach DIN 1054-100 A: Außergewöhnliche Situation; Lastfall 3 nach DIN 1054-100

Tafel 12.5b Kombinationsbeiwerte ψ für Hochbauten (DIN 1055-100, Tab. A.2)

Einwirkung			Kombinationsbeiwerte ψ_0	ψ_1	ψ_2
Nutzlast,	Kategorie A, B:	Wohn-, Aufenthalts-, Büroräume	0,7	0,5	0,3
	Kategorie C, D:	Versammlungsräume; Verkaufsräume	0,7	0,7	0,6
	Kategorie E:	Lagerräume	1,0	0,9	0,8
Verkehrslast,	Kategorie F:	Fahrzeuggewicht $F \leq 30$ kN	0,7	0,7	0,6
	Kategorie G:	Fahrzeuggewicht 30 kN $\leq F \leq$ 160 kN	0,7	0,5	0,3
	Kategorie H:	Dächer	0	0	0
Windlasten			0,6	0,5	0
Schneelasten		Orte bis zu NN +1000	0,5	0,2	0
		Orte über NN +1000	0,7	0,5	0,2
Temperatureinwirkungen		(nicht für Brand!)	0,6	0,5	0
Baugrundsetzungen			1,0	1,0	1,0
Sonstige veränderliche Einwirkungen			0,8	0,7	0,5

Beispiel

Einfeldträger mit Kragarm und Belastung $g_{k1} = 10{,}0$ kN/m² (Eigenlasten), $q_{k1} = 7{,}5$ kN/m² (Nutzlast in Büroräumen) und $Q_{k2} = 5{,}0$ kN/m (Schneelast; Lage bis NN +1000).

Nachweis der Lagesicherheit

Maßgebende Lastfallkombination mit Q_{k2} als Leiteinwirkung (s.u.)

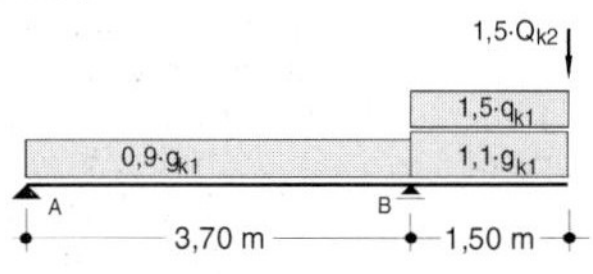

- $\gamma_{G,sup} \cdot g_{k1} \oplus \gamma_Q \cdot Q_{k2} \oplus \gamma_Q \cdot \psi_0 \cdot q_{k1}$
- $\gamma_{G,inf} \cdot g_{k1}$

$A_{d,dst} = 1{,}1 \cdot 10{,}0 \cdot 1{,}5^2 / (2 \cdot 3{,}7)$
$+ 1{,}5 \cdot 5{,}0 \cdot 1{,}5/3{,}7 + 1{,}5 \cdot (0{,}7 \cdot 7{,}5) \cdot 1{,}5^2/(2 \cdot 3{,}7) = 8{,}8$ kN/m

$A_{d,stb} = 0{,}9 \cdot 10{,}0 \cdot 3{,}70 / 2 = 16{,}7$ kN/m

$A_{d,dst} = 8{,}8$ kN/m $< A_{d,stb} = 16{,}7$ kN/m $\Rightarrow$ Nachweis erfüllt

Versagen an der Stütze B auf Biegung (Einwirkung)

Maßgebende Lastfallkombination mit Q_{k2} als Leiteinwirkung*)

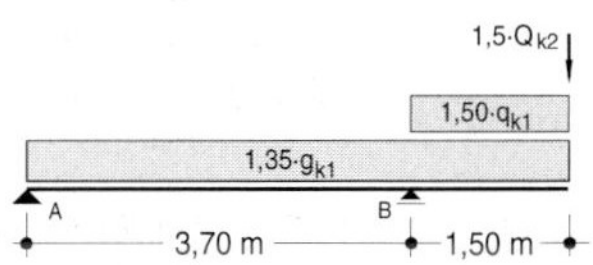

- $\gamma_{G,sup} \cdot g_{k1} \oplus \gamma_Q \cdot Q_{k2} \oplus \gamma_Q \cdot \psi_0 \cdot q_{k1}$

$M_{Ed,B} = 1{,}35 \cdot 10{,}0 \cdot 1{,}5^2 / 2$
$+ 1{,}50 \cdot 5{,}0 \cdot 1{,}5 + 1{,}5 \cdot (0{,}7 \cdot 7{,}5) \cdot 1{,}5^2 / 2 = 35{,}3$ kNm/m

*) $(1 - \psi_{0,i}) \cdot M_{Qk2} = (1 - 0{,}5) \cdot 5{,}0 \cdot 1{,}5 = 3{,}75 > (1 - \psi_{0,i}) \cdot M_{qk1} = (1 - 0{,}7) \cdot 7{,}5 \cdot 1{,}5^2/2 = 2{,}53$ (vgl. Gl. (4.4a))

4 Grenzzustände der Gebrauchstauglichkeit

Die Beanspruchung E_d darf den Nennwert des Gebrauchstauglichkeitskriteriums C_d nicht überschreiten:

$$\boxed{E_d \leq C_d} \qquad (6.1)$$

Kombinationsregeln für Einwirkungen E_d (in symbolischer Form):

seltene Kombination $E_{d,rare} = E\left[\sum_{j\geq 1} G_{k,j} \oplus P_k \oplus Q_{k,1} \oplus \sum_{i>1} \psi_{0,i} \cdot Q_{k,i}\right]$ (6.2a)

häufige Kombination $E_{d,frequ} = E\left[\sum_{j\geq 1} G_{k,j} \oplus P_k \oplus \psi_{1,1} \cdot Q_{k,1} \oplus \sum_{i>1} \psi_{2,i} \cdot Q_{k,i}\right]$ (6.2b)

quasi-ständige Kombination $E_{d,perm} = E\left[\sum_{j\geq 1} G_{k,j} \oplus P_k \oplus \sum_{i\geq 1} \psi_{2,i} \cdot Q_{k,i}\right]$ (6.2c)

nicht-häufige Kombination[1] $E_{d,non\text{-}fr} = E\left[\sum_{j\geq 1} G_{k,j} \oplus P_k \oplus \psi'_{1,1} \cdot Q_{k,1} \oplus \sum_{i>1} \psi_{1,i} \cdot Q_{k,i}\right]$ (6.2d)

Die maßgebende Leiteinwirkung $E_{Qk,1}$ der unabhängigen veränderlichen Einwirkungen kann bei linear-elastischer Schnittgrößenermittlung bestimmt werden aus dem Extremwert von

- seltene Kombination extr. $[(1 - \psi_{0,i}) \cdot E_{Qk,i}]$ (6.3a)
- häufige Kombination extr. $[(\psi_{1,i} - \psi_{2,i}) \cdot E_{Qk,i}]$ (6.3b)

Bemessungswert des Gebrauchstauglichkeitskriteriums C_d

Entsprechende Grenzwerte sind in den bauartspezifischen Normen festgelegt (z. B. eine Verformung).

Beispiel (Fortsetzung von S. 12.5)

Biegemoment an Stütze B, z. B. in der häufigen Kombination

Maßgebende Lastfallkombination mit q_{k1} als Leiteinwirkung[2]

- $g_{k1} \oplus \psi_{1,1} \cdot q_{k1} \oplus \psi_{2,2} \cdot Q_{k2}$

$M_{frequ,B} = 10{,}0 \cdot 1{,}5^2/2 + (0{,}5 \cdot 7{,}5) \cdot 1{,}5^2/2 + (0{,}0 \cdot 5{,}0) \cdot 1{,}5$
$= 15{,}47$ kNm/m

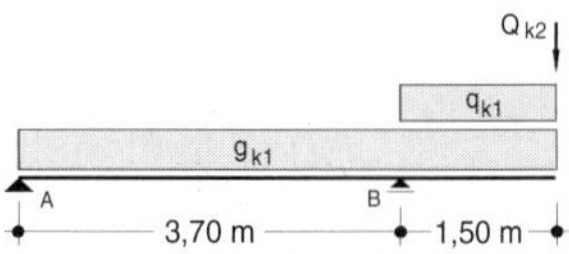

5 Vereinfachte Kombinationsregeln

Bei linear-elastischer Schnittgrößenermittlung darf für Hochbauten eine vereinfachte Kombinationsregel angewendet werden.

Grenzzustand der Tragfähigkeit

Grundkombination $\mathbf{E_d = \gamma_G \cdot E_{Gk} + 1{,}50 \cdot E_{Q,unf} + E_{Pk}}$ (6.4a)

Außergew. Kombination $\mathbf{E_{dA} = E_{Ad} + E_{d,perm}}$ (6.4b)

γ_G Sicherheitsbeiwert für die ständige Einwirkung mit $\gamma_{G,sup} = 1{,}35$ und $\gamma_{G,inf} = 1{,}00$

$E_{Q,unf}$ Kombination der ungünstigen veränderlichen charakteristischen Werte; sie wird ermittelt aus
$E_{Q,unf} = E_{Qk,1} + \psi_{0,Q} \cdot \sum_{i>1(unf)} E_{Qk,i}$ mit $E_{Qk,1}$ als vorherrschende veränderliche Einwirkung
$\psi_{0,Q}$ als bauwerksbezogener Größtwert

Beispiel (vgl. S. 12.5)

Biegemoment an Stütze B im Grenzzustand der Tragfähigkeit

Maßgebende Lastfallkombination mit Q_{k2} als Leiteinwirkung

- $\gamma_{G,sup} \cdot g_{k1} \oplus 1{,}50 \cdot (Q_{k,2} \oplus \psi_0 \cdot q_{k1})$

$M_{Ed,B} = 1{,}35 \cdot 10{,}0 \cdot 1{,}5^2/2$
$+ 1{,}50 \cdot (5{,}0 \cdot 1{,}5 + (0{,}7 \cdot 7{,}5) \cdot 1{,}5^2/2) = 35{,}3$ kN/m

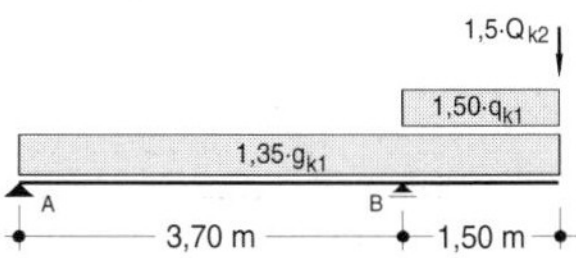

Grenzzustand der Gebrauchstauglichkeit

Für den üblichen Hochbau darf vereinfachend Gl. (6.2a) bis (6.2c) ersetzt werden:

seltene Kombination $E_{d,rare} = E_{Gk} + E_{Pk} + E_{Q,unf}$ (6.5a)

häufige Kombination $E_{d,frequ} = E_{Gk} + E_{Pk} + \psi_{1,Q} \cdot E_{Q,unf}$ (6.5b)

quasi-ständige Kombination $E_{d,perm} = E_{Gk} + E_{Pk} + \sum \psi_{2,i} \cdot E_{Qk,i}$ (6.5c)

Erläuterungen der Formelzeichen s. Hinweise zu Gl. (6.4).

---

[1] Nicht-häufige Kombination für den Brückenbau gemäß DIN FB 101

[2] $(\psi_{1,i} - \psi_{2,i}) \cdot M_{qk1} = (0{,}5 - 0{,}3) \cdot 7{,}5 \cdot 1{,}5^2/2 = 1{,}69 > (\psi_{1,i} - \psi_{2,i}) \cdot M_{Qk2} = (0{,}2 - 0) \cdot 5{,}0 \cdot 1{,}5 = 1{,}50$ (s. Gl. (6.3b))

II Eigenlasten von Baustoffen, Bauteilen und Lagerstoffen

(nach DIN 1055-1, Ausg. Juni 2002)

Prof. Dipl.-Ing. Klaus-Jürgen Schneider

In den folgenden Tabellen werden die charakteristischen Werte von Wichten und Flächenlasten angegeben.

1 Beton

Normalbeton	Wichte[a] in kN/m^3	24
Stahlbeton	Wichte[a] in kN/m^3	25
Schwerbeton	Wichte[a] in kN/m^3	> 28

Leichtbeton											
Rohdichteklasse	0,5	0,6	0,7	0,8	0,9	1,0	1,2	1,4	1,6	1,8	2,0
Wichte[a] in kN/m^3	5,0	6,0	7,0	8,0	9,0	10,0	12,0	14,0	16,0	18,0	20,0

Stahlleichtbeton								
Rohdichteklasse	0,8	0,9	1,0	1,2	1,4	1,6	1,8	2,0
Wichte[a] in kN/m^3	9,0	10,0	11,0	13,0	15,0	17,0	19,0	21,0

[a] Bei Frischbeton sind die Werte um 1 kN/m^3 zu erhöhen.

2 Mauerwerk und Putz

2.1 Mauerwerk

Mauerwerk aus künstlichen Steinen (einschließlich Fugenmörtel und übliche Feuchte)

<table>
<tr><td>Steinrohdichte in g/cm³</td><td>0,4</td><td>0,5</td><td>0,6</td><td>0,7</td><td>0,8</td><td>0,9</td><td>1,0</td><td>1,2</td><td>1,4</td><td>1,6</td><td>1,8</td><td>2,0</td><td>2,2</td><td>2,4</td></tr>
<tr><td>Wichte in kN/m³ bei Normalmörtel</td><td>6</td><td>7</td><td>8</td><td>9</td><td>10</td><td>11</td><td>12</td><td>14</td><td>16</td><td rowspan="2">16</td><td rowspan="2">18</td><td rowspan="2">20</td><td rowspan="2">22</td><td rowspan="2">24</td></tr>
<tr><td>Wichte in kN/m³ bei Leicht- und Dünnbettmörtel</td><td>5</td><td>6</td><td>7</td><td>8</td><td>9</td><td>10</td><td>11</td><td>13</td><td>15</td></tr>
</table>

Bei Zwischenwerten der Steinrohdichten dürfen die Rechenwerte geradlinig interpoliert werden.

Mauerwerk aus natürlichen Steinen

	Wichte in kN/m^3
Amphibolit	30
Basalt	29
Diabas	29
Diorit	29
Dolomit	28
Gabbro	29
Gneis	30
Granit	28
Granulit	30
Grauwacke	27
Kalkstein (dicht)	28
Konglomerate	26
Marmor	28

	Wichte in kN/m^3
Melaphyr	30
Muschelkalk	28
Nagelfluh	27
Porphyr	28
Quarzit	27
Rhyolit	26
Sandstein	27
Serpentin	27
Schiefer	28
Syenit	28
Trachyt	26
Travertin	26
Tuffstein	20

Bauplatten und Planbauplatten aus **unbewehrtem Porenbeton** nach DIN 4166

Rohdichteklasse	0,35	0,40	0,45	0,50	0,55	0,60	0,65	0,70	0,80
Wichte[b] in kN/m^3	4,5	5,0	5,5	6,0	6,5	7,0	7,5	8,0	9,0

Dach-, Wand- und Deckenplatten aus **bewehrtem Porenbeton** nach DIN 4223

Rohdichteklasse	0,40	0,45	0,50	0,55	0,60	0,65	0,70	0,80
Wichte[b] in N/m^3	5,2	5,7	6,2	6,7	7,2	7,8	8,4	9,5

[b] Die Werte schließen den Fugenmörtel und die übliche Feuchte ein. Bei Verwendung von Leicht- und Dünnbettmörtel dürfen die charakteristischen Werte um 0,5 kN/m^3 vermindert werden.

Gips-Wandbauplatten nach DIN EN 12859 **und Gipskartonplatten** nach DIN 18180

Gegenstand	Rohdichteklasse	Flächenlast je cm Dicke in kN/m²
Porengips-Wandbauplatten	0,7	0,07
Gips-Wandbauplatten	0,9	0,09
Gipskartonplatten	–	0,09

2.2 Mörtel und Putze (Mörtel und Putze ohne und mit Putzträgern)

Gegenstand	Flächenlast in kN/m²
Drahtputz (Rabitzdecken und Verkleidungen), 30 mm Mörteldicke aus	
▪ Gipsmörtel	0,50
▪ Kalk-, Gipskalk- oder Gipssandmörtel	0,60
▪ Zementmörtel	0,80
Gipskalkputz	
▪ auf Putzträgern (z. B. Ziegeldrahtgewebe, Streckmetall) bei 30 mm Mörteldicke	0,50
▪ auf Holzwolleleichtbauplatten mit 15 mm Dicke u. Mörtel mit 20 mm Dicke	0,35
▪ auf Holzwolleleichtbauplatten mit 25 mm Dicke u. Mörtel mit 20 mm Dicke	0,45
▪ Gipsputz, Dicke 15 mm	0,18
▪ Kalk-, Kalkgips- und Gipssandmörtel, Dicke 20 mm	0,35
▪ Kalkzementmörtel, Dicke 20 mm	0,40
▪ Leichtputz nach DIN 18550-4, Dicke 20 mm	0,30
▪ Putz aus Putz- und Mauerbinder nach DIN 4211, Dicke 20 mm	0,40
▪ Rohrdeckenputz (Gips), Dicke 20 mm	0,30
Wärmedämmputzsystem (WDPS) – Dämmputz	
▪ Dicke 20 mm	0,24
▪ Dicke 60 mm	0,32
▪ Dicke 100 mm	0,40
Wärmedämmbekleidung aus Kalkzementputz mit einer Dicke von 20 mm und Holzwolleleichtbauplatten	
▪ Plattendicke 15 mm	0,49
▪ Plattendicke 50 mm	0,60
▪ Plattendicke 100 mm	0,80
Wärmedämmverbundsystem (WDVS) aus 15 mm dickem bewehrtem Oberputz und Schaumkunststoff nach DIN V 18164-1 und DIN 18164-2 oder Faserdämmstoff nach DIN V 18165-1 und DIN 18165-2	0,30
Zementmörtel, Dicke 20 mm	0,42

3 Metalle

Baustoff	Wichte in kN/m³
Aluminium	27
Aluminiumlegierungen	28
Blei	114
Gusseisen	72,5
Kupfer	89
Kupfer-Zink-Legierung	85

Baustoff	Wichte in kN/m³
Kupfer-Zinn-Legierung	85
Magnesium	18,5
Nickel	89
Stahl	78,5
Zink (gewalzt)	72
Zinn (gewalzt)	74

4 Holz und Holzwerkstoffe[a]

Holz	Wichte in kN/m³
Nadelholz	5
Laubholz	
▪ D 30 bis D 40	7
▪ D 60	9
▪ D 70	11

[a] Die Wichte von Holz bezieht sich auf einen halbtrockenen Zustand. Zuschläge für kleine Stahlteile, Hartholzteile und Anstriche sind enthalten.

Holzwerkstoffe	Wichte in kN/m³
Spanplatten nach DIN 68763	6
Baufurniersperrholz	
▪ nach DIN 68705-3	6
▪ nach DIN 68705-5	8
Holzfaserplatten	
▪ Typ HFM (DIN 68754-1)	7
▪ Typ HFH (DIN 68754-1)	10

5 Dachdeckungen

Die Flächenlasten gelten für 1 m^2 Dachfläche ohne Sparren, Pfetten und Dachbinder.

Deckungen aus Dachziegeln, Dachsteinen und Glasdeckstoffen

Gegenstand	Flächenlast[1)] in kN/m^2
Dachsteine aus Beton mit mehrfacher Fußverrippung u. hochliegendem Längsfalz	
▪ bis 10 Stück/m^2	0,50
▪ über 10 Stück/m^2	0,55
Dachsteine aus Beton mit mehrfacher Fußverrippung u. tief liegendem Längsfalz	
▪ bis 10 Stück/m^2	0,60
▪ über 10 Stück/m^2	0,65
Biberschwanzziegel 155 mm x 375 mm und 180 mm x 380 mm und ebene Dachsteine aus Beton im Biberformat	
▪ Spließdach (einschließlich Schindeln)	0,60
▪ Doppeldach und Kronendach	0,75
Falzziegel, Reformpfannen, Falzpfannen, Flachdachpfannen	0,55
Glasdeckstoffe	bei gleicher Dachdeckungsart wie in Zeilen 1 bis 6
Großformatige Pfannen bis 10 Stück/m^2	0,50
Kleinformatige Biberschwanzziegel u. Sonderformate (Kirchen-, Turmbiber usw.)	0,95
Krempziegel, Hohlpfannen	0,45
Krempziegel, Hohlpfannen in Pappdocken verlegt	0,55
Mönch- und Nonnenziegel (mit Vermörtelung)	0,90
Strangfalzziegel	0,60

1) Die Flächenlasten gelten, soweit nicht anders angegeben, ohne Vermörtelung, aber einschließlich der Lattung. Bei einer Vermörtelung sind 0,1 kN/m^2 zuzuschlagen.

Schieferdeckung

Gegenstand	Flächenlast in kN/m^2
Altdeutsche Schieferdeckung und Schablonendeckung auf 24 mm Schalung, einschließlich Vordeckung und Schalung	
▪ in Einfachdeckung	0,50
▪ in Doppeldeckung	0,60
▪ Schablonendeckung auf Lattung, einschließlich Lattung	0,45

Metalldeckungen

Gegenstand	Flächenlast in kN/m^2
Aluminiumblechdach (Aluminium 0,7 mm dick, einschließlich 24 mm Schalung)	0,25
Aluminiumblechdach aus Well-, Trapez- und Klemmrippenprofilen	0,05
Doppelstehfalzdach aus Titanzink oder Kupfer, 0,7 mm dick, einschließlich Vordeckung und 24 mm Schalung	0,35
Stahlpfannendach (verzinkte Pfannenbleche)	
▪ einschließlich Lattung	0,15
▪ einschließlich Vordeckung und 24 mm Schalung	0,30
Stahlblechdach aus Trapezprofilen	–[1)]
Wellblechdach (verzinkte Stahlbleche, einschließlich Befestigungsmaterial)	0,25

1) Nach Angabe des Herstellers.

Faserzement-Dachplatten nach DIN EN 494

Gegenstand	Flächenlast in kN/m^2
Deutsche Deckung auf 24 mm Schalung, einschl. Vordeckung und Schalung	0,40
Doppeldeckung auf Lattung, einschließlich Lattung	0,38[1)]
Waagerechte Deckung auf Lattung, einschließlich Lattung	0,25[1)]
[1)] Bei Verlegung auf Schalung sind 0,1 kN/m^2 zu addieren.	

Faserzement-Wellplatten nach DIN EN 494

Gegenstand	Flächenlast in kN/m^2
Faserzement-Kurzwellplatten	0,24[1)]
Faserzement-Wellplatten	0,20[1)]
[1)] Ohne Pfetten; jedoch einschließlich Befestigungsmaterial.	

Sonstige Deckungen

Gegenstand	Flächenlast in kN/m^2
Deckung mit Kunststoffwellplatten (Profilformen nach DIN EN 494), ohne Pfetten, einschließlich Befestigungsmaterial	
▪ aus faserverstärkten Polyesterharzen (Rohdichte 1,4 g/cm^3), Plattendicke 1 mm	0,03
▪ wie vor, jedoch mit Deckkappen	0,06
▪ aus glasartigem Kunststoff (Rohdichte 1,2 g/cm^3), Plattendicke 3 mm	0,08
PVC-beschichtetes Polyestergewebe, ohne Tragwerk	
▪ Typ I (Reißfestigkeit 3,0 kN/5 cm Breite)	0,0075
▪ Typ II (Reißfestigkeit 4,7 kN/5 cm Breite)	0,0085
▪ Typ III (Reißfestigkeit 6,0 kN/5 cm Breite)	0,01
Rohr- oder Strohdach, einschließlich Lattung	0,70
Schindeldach, einschließlich Lattung	0,25
Sprossenlose Verglasung	
▪ Profilbauglas, einschalig	0,27
▪ Profilbauglas, zweischalig	0,54
Zeltleinwand, ohne Tragwerk	0,03

Dach-/Bauwerksabdichtungen mit Bitumen-, Kunststoff- und Elastomerbahnen

Gegenstand	Flächenlast in kN/m^2
Bahnen im Lieferzustand	
Bitumen- u. Polymerbitumen-Dachdichtungsbahn nach DIN 52130 u. DIN 52132	0,04
Bitumen- u. Polymerbitumen-Schweißbahn nach DIN 52131 und DIN 52133	0,07
Bitumen-Dichtungsbahn mit Metallbandeinlage nach DIN 18190-4	0,03
Nackte Bitumenbahn nach DIN 52129	0,01
Glasvlies-Bitumen-Dachbahn nach DIN 52143	0,03
Kunststoffbahnen, 1,5 mm Dicke	0,02
Bahnen in verlegtem Zustand	
Bitumen- und Polymerbitumen-Dachdichtungsbahn nach DIN 52130 und DIN 52132, einschließlich Klebemasse bzw. Bitumen- und Polymerbitumen-Schweißbahn nach DIN 52131 und DIN 52133, je Lage	0,07
Bitumen-Dichtungsbahn nach DIN 18190-4, einschl. Klebemasse, je Lage	0,06
Nackte Bitumenbahn nach DIN 52129, einschließlich Klebemasse, je Lage	0,04
Glasvlies-Bitumen-Dachbahn nach DIN 52143, einschl. Klebemasse, je Lage	0,05
Dampfsperre, einschließlich Klebemasse bzw. Schweißbahn, je Lage	0,07
Ausgleichsschicht, lose verlegt	0,03
Dachabdichtungen u. Bauwerksabdichtungen aus Kunststoffbahnen, lose verlegt, je Lage	0,02
Schwerer Oberflächenschutz auf Dachabdichtungen	
Kiesschüttung, Dicke 5 cm	1,0

6 Fußboden- und Wandbeläge

Gegenstand	Flächenlast je cm Dicke in kN/m²
Asphaltbeton	0,24
Asphaltmastix	0,18
Gussasphalt	0,23
Betonwerksteinplatten, Terrazzo, kunstharzgebundene Werksteinplatten	0,24
Estrich	
▪ Calciumsulfatestrich (Anhydritestrich, Natur-, Kunst- und REA[1])-Gipsestrich)	0,22
▪ Gipsestrich	0,20
▪ Gussasphaltestrich	0,23
▪ Industrieestrich	0,24
▪ Kunstharzestrich	0,22
▪ Magnesiaestrich nach DIN 272 mit begehbarer Nutzschicht bei ein- oder mehrschichtiger Ausführung	0,22
▪ Unterschicht bei mehrschichtiger Ausführung	0,12
▪ Zementestrich	0,22
Glasscheiben	0,25
Gummi	0,15
Keramische Wandfliesen (Steingut einschließlich Verlegemörtel)	0,19
Keramische Bodenfliesen (Steinzeug und Spaltplatten, einschließlich Verlegemörtel)	0,22
Kunststoff-Fußbodenbelag	0,15
Linoleum	0,13
Natursteinplatten (einschließlich Verlegemörtel)	0,30
Teppichboden	0,03
1) Rauchgasentschwefelungsanlagen	

7 Sperr-, Dämm- und Füllstoffe

Lose Stoffe

Gegenstand	Flächenlast je cm Dicke in kN/m²
Bimskies, geschüttet	0,07
Blähglimmer, geschüttet	0,02
Blähperlit	0,01
Blähschiefer und Blähton, geschüttet	0,15
Faserdämmstoffe nach DIN V 18 165-1 und DIN 18 165-2 (z. B. Glas-, Schlacken-, Steinfaser)	0,01
Faserstoffe, bituminiert, als Schüttung	0,02
Gummischnitzel	0,03
Hanfscheben, bituminiert	0,02
Hochofenschaumschlacke (Hüttenbims), Steinkohlenschlacke, Koksasche	0,14
Hochofenschlackensand	0,10
Kieselgur	0,03
Korkschrot, geschüttet	0,02
Magnesia, gebrannt	0,10
Schaumkunststoffe	0,01

Platten, Matten und Bahnen

Gegenstand		Flächenlast je cm Dicke in kN/m²
Asphaltplatten		0,22
Holzwolle-Leichtbauplatten nach DIN 1 101	– Plattendicke ≤ 100 mm	0,06
	– Plattendicke > 100 mm	0,04
Kieselgurplatten		0,03
Korkschrotplatten aus imprägn. Kork nach DIN 18 161-1, bituminiert		0,02
Mehrschicht-Leichtbauplatten nach DIN 1102, unabhängig von der Dicke	– Zweischichtplatten	0,05
	– Dreischichtplatten	0,09
Korkschrotplatten aus Backkork nach DIN 18 161-1		0,01
Perliteplatten		0,02
Polyurethan-Ortschaum nach DIN 18 159-1		0,01
Schaumglas (Rohdichte 0,07 g/cm³) in Dicken von 4 cm bis 6 cm mit Pappekaschierung und Verklebung		0,02
Schaumkunststoffplatten nach DIN V 18 164-1 und DIN 18 164-2		0,004

8 Lagerstoffe – Wichten und Böschungswinkel

8.1 Baustoffe als Lagerstoffe

Baustoffe als Lagerstoffe

Gegenstand		Wichte in kN/m³	Böschungswinkel[1)]
Bentonit	– lose	8,0	40°
	– gerüttelt	11,0	–
Blähton, Blähschiefer		15,0[2)]	30°
Braunkohlenfilterasche		15,0	20°
Flugasche		10,0	25°
Gips, gemahlen		15,0	25°
Glas, in Tafeln		25,0	–
Drahtglas		26,0	–
Acrylglas		12,0	–
Hochofenstückschlacke (Körnungen und Mineralstoffgemische)		17,0	40°
Hochofenschlacke, granuliert (Hüttensand)		13,0	30°
Hüttenbims, Naturbims		9,0	35°
Kalk, gebrannt	– in Stücken	13,0	45°
	– gemahlen	13,0	25°
	– gelöscht	6,0	25°
Kalksteinmehl		16,0	27°
Kesselasche		13,0	30°
Koksasche		7,5	25°
Kies und Sand, trocken oder erdfeucht; bei nasser Schüttung (nicht unter Wasser) Erhöhung um 2 kN/m³		18,0	35°
Kunststoffe; Polyethylen, Polystyrol als Granulat		6,5	30°
Polyvinylchlorid als Pulver		6,0	40°
Polyesterharze		12,0	–
Leimharze		13,0	–
Magnesit (kaustisch gebrannte Magnesia), gemahlen		12,0	25°
Stahlwerkschlacke (Körnungen u. Mineralstoffgemische)		22,0	40°
Schaumlava, gebrochen, erdfeucht		10,0	35°
Trass, gemahlen, lose geschüttet		15,0	25°
Zement, gemahlen, lose geschüttet		16,0	28°
Zementklinker		18,0	26°
Ziegelsand, Ziegelsplitt und Ziegelschotter, erdfeucht		15,0	35°

1) Die Böschungswinkel gelten für lose Schüttung. Für Lagerung in Silos s. DIN 1055-6.
2) Höchstwert, der in der Regel unterschritten wird.

8.2 Gewerbliche und industrielle Lagerstoffe

Gewerbliche und industrielle Lagerstoffe

Gegenstand		Wichte in kN/m³	Böschungswinkel
Aktenregale und -schränke, gefüllt		6,0	–
Akten und Bücher, geschichtet		8,5	–
Bitumen		14,0	–
Eis, in Stücken		9,0	–
Eisenerz	– Raseneisenerz	14,0	40°
	– Brasilerz	39,0	40°
Fasern, Zellulose, in Ballen gepresst		12,0	0°
Faulschlamm	– bis 30 % Volumenanteil an Wasser	12,5	20°
	– über 50 % Volumenanteil an Wasser	11,0	0°
Fischmehl		8,0	45°
Holzspäne, lose geschüttet		2,0	45°
Holzmehl	– in Säcken, trocken	3,0	–
	– lose, trocken	2,5	45°
	– lose, nass	5,0	45°
Holzwolle	– lose	1,5	45°
	– gepresst	4,5	–
Karbid in Stücken		9,0	30°
Kleider und Stoffe, gebündelt oder in Ballen		11,0	–
Kork, gepresst		3,0	–
Leder, Häute und Felle, geschichtet oder in Ballen		10,0	–
Linoleum nach DIN EN 548, in Rollen		13,0	–
Papier	– geschichtet	11,0	–
	– in Rollen	15,0	–
Porzellan oder Steingut, gestapelt		11,0	–
PVC-Beläge nach DIN EN 649, in Rollen		15,0	–
Soda	– geglüht	25,0	45°
	– kristallin	15,0	40°
Steinsalz	– gebrochen	22,0	45°
	– gemahlen	12,0	40°
Wolle, Baumwolle, gepresst, luftgetrocknet		13,0	–

Flüssigkeiten

Gegenstand		Wichte in kN/m³
Alkohol und Ether		8,0
Anilin		10,0
Benzin		8,0
Benzol		9,0
Bier		10,0
Erdöl, Dieselöl, Heizöl		10,0
Faulschlamm mit über 50 % Volumenanteil an Wasser (siehe auch Tabelle oben)		11,0
Glycerin		12,5
Milch		10,0
Öle, pflanzliche und tierische		10,0
Petroleum		8,0
Salpetersäure, 91 % Massenanteil		15,0
Salzsäure, 40 % Massenanteil		12,0
Schwefelsäure	– 30 % Massenanteil	14,0
	– rauchend	19,0
Wasser		10,0
Wein		10,0

Brennstoffe

Gegenstand	Wichte in kN/m³	Böschungswinkel
Braunkohle		
▪ trocken	8,0	35°
▪ erdfeucht	10,0	40°
Braunkohlenbriketts		
▪ geschüttet	8,0	40°
▪ gestapelt	10,0	–
Braunkohlenstaub	5,5	40°
Braunkohlenfeinkoks	4,5	42°
Braunkohlenfeinstkoks	5,5	36°
Braunkohlenkoksstaub	5,5	40°
Brennholz	4,0	45°
Holzkohle		
▪ lufterfüllt	4,0	–
▪ luftfrei	15,0	–
Steinkohle		
▪ Koks, je nach Sorte	4,2 bis 5,8	35° bis 45°
▪ Steinkohle als Rohkohle, grubenfeucht	10,0	35°
▪ Steinkohle als Staubkohle	6,0	45°
▪ Eierbriketts und alle anderen Arten Steinkohle	8,5	35°
▪ Mittelgut im Zechenbetrieb	12,5	35°
▪ Waschberge im Zechenbetrieb	14,0	35°
Torf; Schwarztorf, getrocknet		
▪ fest gepackt	5,0	–
▪ lose geschüttet	3,0	45°

Landwirtschaftliche Schütt- und Stapelgüter

Gegenstand	Wichte in kN/m³	Böschungswinkel
Anwelksilage	5,5	0°
Feuchtsilage (Maiskörner)	16,0	0°
Flachs, gestapelt oder in Ballen gepresst	3,0	–
Grünfutter, lose gelagert	4,0	–
Halmfuttersilage, nass	11,0	0°
Heu		
▪ lang und lose oder in niederdruckgepressten Ballen oder lang gehäckselt (über 11,5 cm)	0,9	–
▪ wie vor, jedoch drahtgebunden	1,7	–
▪ lang in hochdruckgepressten Ballen oder kurz gehäckselt	1,4	–
Hopfen		
▪ in Säcken	1,7	–
▪ in zylindrischen Hopfenbüchsen	4,7	–
▪ gepresst oder in Tuch eingenäht	2,9	–
Kartoffeln, Futter-, Mohr- und Zuckerrüben (lose geschüttet)	7,6	30°
Kartoffelsilage	10,0	0°
Körner		
▪ Braugerste	8,0	30°
▪ Hafer, Weizen, Roggen, Gerste	9,0	30°
▪ Hanfsamen	5,0	30°
▪ Hülsenfrüchte	8,5	25°
▪ Mais	8,0	28°
▪ Ölfrüchte, Lieschgras bespelzt	6,5	25°
▪ Reis	8,0	33°
▪ Zuckerrüben- und Grassamen	3,0	30°

Landwirtschaftliche Schütt- und Stapelgüter (Fortsetzung)

Gegenstand	Wichte in kN/m³	Böschungswinkel
Kraftfutter		
▪ Getreide- und Malzschrot	4,0	45°
▪ Grünfutterbriketts Durchmesser 50 mm bis 80 mm	4,5	50°
▪ Grünfuttercops Durchmesser 15 mm bis 30 mm	6,0	45°
▪ Grünmehlpellets Durchmesser 4 mm bis 8 mm	7,5	45°
▪ Grünmehl- und Kartoffelflocken	1,5	45°
▪ Kleie und Troblako	3,0	45°
▪ Ölkuchen	10,0	–
▪ Ölschrot und Kraftfuttergemische	5,5	45°
Malz	5,5	20°
Sojabohnen	8,0	23°
Spreu	1,0	–
Stroh		
▪ lang und lose oder in Mähdrescherballen	0,7	–
▪ in Niederdruckballen oder kurz gehäckselt (bis 5 cm)	0,8	–
▪ in Hochdruckballen, garngebunden	1,1	–
▪ in Hochdruckballen, drahtgebunden	2,7	–
Tabak, gebündelt oder in Ballen	5,0	–
Torf, lufttrocken		
▪ geschüttet	1,0	–
▪ eingerüttelt	1,5	–
▪ gepresst, in Ballen	3,0	–
Zuckerrüben		
▪ Nassschnitzel	10,0	0°
▪ Trockenschnitzel	3,0	45°

Düngemittel

Gegenstand	Wichte in kN/m³	Böschungswinkel
Gülle, Jauche, Schwemmmist	10,0	0°
Harnstoffe	8,0	24°
Kalimagnesia	13,0	20°
Kalisulfat	16,0	28°
Kaliumchlorid	12,0	28°
N-Einzeldünger	11,0	25°
NK-Dünger	10,0	28°
NP-Dünger	11,5	25°
NPK-Düngemittel	12,0	25°
P-Dünger (ohne Thomasphosphat)	14,0	25°
PK-Dünger	13,0	25°
Stapelmist	10,0	45°
Thomasphosphat	22,0	25°

III Nutzlasten für Hochbauten

(nach DIN 1055-3, Ausg. März 2006)

Prof. Dipl.-Ing. Klaus-Jürgen Schneider

1 Lotrechte Nutzlasten für Decken, Treppen und Balkone

Tafel 12.16 Lotrechte Nutzlasten für Decken, Treppen und Balkone (charakteristische Werte)

Kategorie		Nutzung	Beispiele	q_k kN/m²	Q_k kN
A	A1	Spitzböden	Für Wohnzwecke nicht geeigneter, aber zugänglicher Dachraum bis 1,80 m lichter Höhe.	1,0	1,0
	A2	Wohn- und Aufenthaltsräume	Räume mit ausreichender Querverteilung der Lasten. Räume und Flure in Wohngebäuden, Bettenräume in Krankenhäusern, Hotelzimmer einschl. zugehöriger Küchen und Bäder.	1,5	–
	A3		wie A2, aber ohne ausreichende Querverteilung der Lasten.	2,0[c)]	1,0
B	B1	Büroflächen, Arbeitsflächen, Flure	Flure in Bürogebäuden, Büroflächen, Arztpraxen, Stationsräume, Aufenthaltsräume einschl. der Flure, Kleinviehställe.	2,0	2,0
	B2		Flure in Krankenhäusern, Hotels, Altenheimen, Internaten usw.; Küchen u. Behandlungsräume einschl. Operationsräume ohne schweres Gerät.	3,0	3,0
	B3		wie B2, jedoch mit schwerem Gerät	5,0	4,0
C	C1	Räume, Versammlungsräume und Flächen, die der Ansammlung von Personen dienen können (mit Ausnahme von unter A, B, D und E festgelegten Kategorien)	Flächen mit Tischen; z. B. Schulräume, Cafés, Restaurants, Speisesäle, Lesesäle, Empfangsräume.	3,0	4,0
	C2		Flächen mit fester Bestuhlung; z. B. Flächen in Kirchen, Theatern oder Kinos, Kongresssäle, Hörsäle, Versammlungsräume, Wartesäle.	4,0	4,0
	C3		Frei begehbare Flächen; z. B. Museumsflächen, Ausstellungsflächen usw. und Eingangsbereiche in öffentlichen Gebäuden und Hotels, nicht befahrbare Hofkellerdecken.	5,0	4,0
	C4		Sport- und Spielflächen; z. B. Tanzsäle, Sporthallen, Gymnastik- und Kraftsporträume, Bühnen.	5,0	7,0
	C5		Flächen für große Menschenansammlungen; z. B. in Gebäuden wie Konzertsäle, Terrassen und Eingangsbereiche sowie Tribünen mit fester Bestuhlung.	5,0	4,0
D	D1	Verkaufsräume	Flächen von Verkaufsräumen bis 50 m² Grundfläche in Wohn-, Büro- und vergleichbaren Gebäuden.	2,0	2,0
	D2		Flächen in Einzelhandelsgeschäften und Warenhäusern.	5,0	4,0
	D3		Fläche wie D2, jedoch mit erhöhten Einzellasten infolge hoher Lagerregale.	5,0	7,0

Tafel 12.16 (Fortsetzung)

Kategorie		Nutzung	Beispiele	q_k kN/m²	Q_k kN
E	E1	Fabriken und Werkstätten, Ställe, Lagerräume und Zugänge, Flächen mit erheblichen Menschenansammlungen	Flächen in Fabriken[a] und Werkstätten[a] mit leichtem Betrieb und Flächen in Großviehställen.	5,0	4,0
	E2		Lagerflächen, einschließlich Bibliotheken.	6,0[b]	7,0
	E3		Flächen in Fabriken[a] und Werkstätten[a] mit mittlerem oder schwerem Betrieb, Flächen mit regelmäßiger Nutzung durch erhebliche Menschenansammlungen, Tribünen ohne feste Bestuhlung	7,5[b]	10,0
T[d]	T1	Treppen und Treppenpodeste	Treppen und Treppenpodeste der Kategorie A und B1 ohne nennenswerten Publikumsverkehr.	3,0	2,0
	T2		Treppen und Treppenpodeste der Kategorie B1 mit erheblichem Publikumsverkehr, B2 bis E sowie alle Treppen, die als Fluchtweg dienen.	5,0	2,0
	T3		Zugänge und Treppen von Tribünen ohne feste Sitzplätze, die als Fluchtweg dienen.	7,5	3,0
Z[d]		Zugänge, Balkone und Ähnliches	Dachterrassen, Laubengänge, Loggien usw., Balkone, Ausstiegspodeste.	4,0	2,0

[a] Nutzlasten in Fabriken und Werkstätten gelten als vorwiegend ruhend. Im Einzelfall sind sich häufig wiederholende Lasten je nach Gegebenheit als nicht vorwiegend ruhende Lasten nach Abschn. 5 einzuordnen.

[b] Bei diesen Werten handelt es sich um Mindestwerte. In Fällen, in denen höhere Lasten vorherrschen, sind die höheren Lasten anzusetzen.

[c] Für die Weiterleitung der Lasten in Räumen mit Decken ohne ausreichende Querverteilung auf stützende Bauteile darf der angegebene Wert um 0,5 kN/m² abgemindert werden.

[d] Hinsichtlich der Einwirkungskombinationen nach DIN 1055-100 sind die Einwirkungen der Nutzungskategorie des jeweiligen Gebäudes oder Gebäudeteiles zuzuordnen.

- Lasten in diesem Abschnitt gelten als vorwiegend ruhende Lasten. Tragwerke, die durch Menschen zu Schwingungen angeregt werden können, sind gegen die auftretenden Resonanzeffekte auszulegen.
- In Gebäuden und baulichen Anlagen, die in Kategorie E1 bis E3 eingeordnet werden, ist in jedem Raum die nach Tafel 12.16 angenommene Nutzlast anzugeben.
- Falls der Nachweis der örtlichen Mindesttragfähigkeit erforderlich ist (z. B. bei Bauteilen ohne ausreichende Querverteilung der Lasten), so ist er mit den charakteristischen Werten für die Einzellast Q_k nach Tafel 12.16 ohne Überlagerung mit der Flächenlast q_k zu führen. Die Aufstandsfläche für Q_k umfasst ein Quadrat mit einer Seitenlänge von 5 cm.
- Wenn konzentrierte Lasten aus Lagerregalen, Hubeinrichtungen, Tresoren usw. zu erwarten sind, muss die Einzellast für diesen Fall gesondert ermittelt und zusammen mit den gleichmäßig verteilten Nutzlasten beim Tragsicherheitsnachweis berücksichtigt werden.
- Für die Lastweiterleitung auf sekundäre Tragglieder (Unterzüge, Stützen, Wände, Gründungen usw.) dürfen die Nutzlasten nach der folgenden Gleichung abgemindert werden:

  $q'_k = \alpha_A \cdot q_k$

  mit q'_k abgeminderte Nutzlast
  q_k Nutzlast nach T. 12.16 (Trennwandzuschlag - Abschn. 2 - darf zusätzl. abgemindert werden)
  α_A Abminderungsbeiwert nach Tafel 12.17; dabei ist
  A Einzugsfläche des sekundären Traggliedes in m²
- Bei Decken, die von Personenfahrzeugen oder von Gabelstaplern befahren werden, ist an den Einfahrten der Räume die zulässige Gesamtlast nach Tafel 12.19b bzw. Tafel 12.20 anzugeben. Zusätzlich gilt für Kategorie G auch Abschn. 5, 1. und 2. Zeile.
- An den Zufahrten von Decken, die von schwereren Fahrzeugen (z.B. solche nach 5.3) befahren werden, ist die zul. Gesamtlast des Fahrzeugs der entsprechenden Brückenklasse nach DIN 1072 anzugeben.

Tafel 12.17 Abminderungsbeiwert α_A

Kategorien A, B, Z	Kategorien C bis E1
$\alpha_A = 0{,}5 + 10/A \leq 1{,}0$	$\alpha_A = 0{,}7 + 10/A \leq 1{,}0$

Bei mehrfeldrigen statischen Systemen ist die Einzugsfläche für jedes Feld getrennt zu bestimmen. Näherungsweise darf der ungünstigste Abminderungsfaktor für alle Felder angesetzt werden (Abb. 12.18).

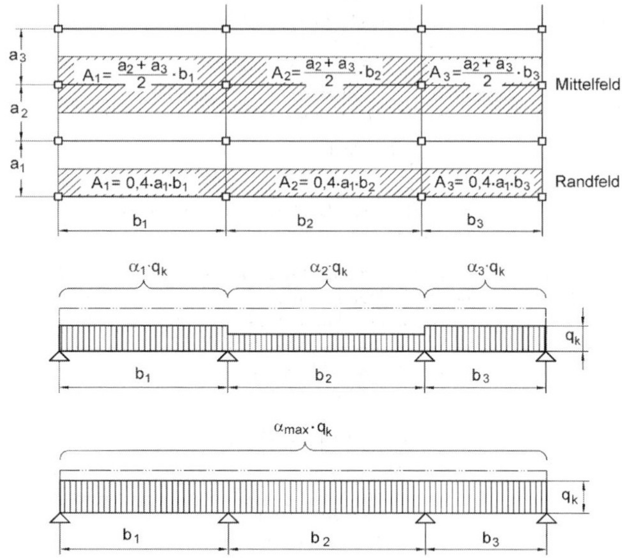

Abb. 12.18
Einzugsflächen und Belastungen für sekundäre Tragglieder

Werden für die Bemessung der vertikalen Tragglieder Nutzlasten aus mehreren Stockwerken maßgebend, dürfen diese für die Kategorien A bis E, T und Z mit einem Faktor α_n abgemindert werden. Wird jedoch bei der Lastkombination der charakteristische Wert der Nutzlast mit einem Kombinationsbeiwert ψ abgemindert, darf der Abminderungsbeiwert α_n nicht angesetzt werden. Weiterhin gilt, dass die Faktoren α_A und α_n nicht gleichzeitig angesetzt werden dürfen, es darf dann der günstigere der beiden Werte verwendet werden. In mehrgeschossigen Gebäuden ist die Nutzlast aller Geschosse bei der Ermittlung der Einwirkungskombination insgesamt als eine unabhängige veränderliche Einwirkung aufzufassen.

Tafel 12.18a Abminderungsbeiwert α_n

Kategorien A bis D, Z	Kategorien E, T
$\alpha_n = 0{,}7 + 0{,}6/n$	$\alpha_n = 1{,}0$
n Anzahl der Geschosse oberhalb des belasteten Bauteils (> 2)	

Für die Weiterleitung der Nutzlasten von Parkhäusern und Flächen mit Fahrzeugen auf Hauptträger, Stützen, Fundamente u. Ä. ist es ausreichend, q_k = 2,0 kN/m² in den Kategorien F1 und F2 und q_k = 3,5 kN/m² in der Kategorie F3 anzusetzen.

2 Lasten aus leichten Trennwänden

Die Lasten leichter unbelasteter Trennwände (Wandlast ≤ 5 kN/m Wandlänge) dürfen vereinfacht als gleichmäßig verteilter Zuschlag zur Nutzlast berücksichtigt werden. Davon ausgenommen sind Wände mit einer Last von mehr als 3 kN/m Wandlänge, die parallel zu den Balken von Decken ohne ausreichende Querverteilung stehen, sowie bewegliche Trennwände.

Tafel 12.18b Trennwandzuschlag

Trennwandzuschlag für Wände (einschließlich Putz) mit einer Last von	≤ 3 kN/m Wandlänge	0,8 kN/m²
	> 3 kN/m Wandlänge ≤ 5 kN/m Wandlänge	1,2 kN/m²
Bei Nutzlasten von ≥ 5 kN/m² kann der Zuschlag entfallen.		

3 Gleichmäßig verteilte Nutzlasten und Einzellasten für Dächer

Die Lasten nach Abschn. 3 gelten als vorwiegend ruhend.

Falls der Nachweis der örtlichen Mindesttragfähigkeit erforderlich ist, so ist er mit den charakteristischen Werten für die Einzellast Q_k nach Tafel 12.19a zu führen. Die Aufstandsfläche für Q_k umfasst ein Quadrat mit einer Seitenlänge von 5 cm.

Für die Begehungsstege, die Teil eines Fluchtweges sind, ist eine Nutzlast von 3 kN/m² anzusetzen. Befahrbare Dächer oder Dächer für Sonderbetrieb sind in Abschn. 4 und 5 geregelt.

Tafel 12.19a Nutzlasten für Dächer

Kategorie	Nutzung	Q_k in kN
H	Nicht begehbare Dächer, außer für übliche Erhaltungsmaßnahmen, Reparaturen	1,0

Eine Überlagerung der Einwirkungen nach Tafel 12.19a mit den Schneelasten ist nicht erforderlich.
Bei Dachlatten sind zwei Einzellasten von je 0,5 kN in den äußeren Viertelpunkten der Stützweite anzunehmen. Für hölzerne Dachlatten mit Querschnittsabmessungen, die sich erfahrungsgemäß bewährt haben, ist bei Sparrenabständen bis etwa 1 m kein Nachweis erforderlich.
Leichte Sprossen dürfen mit einer Einzellast von 0,5 kN in ungünstigster Stellung berechnet werden, wenn die Dächer nur mit Hilfe von Bohlen und Leitern begehbar sind.

4 Gleichmäßig verteilte Nutzlasten für Parkhäuser und Flächen mit Fahrzeugverkehr

Die in Tafel 12.19b angegebenen charakteristischen Werte der Nutzlasten für Parkhäuser und Flächen mit Fahrzeugverkehr dürfen als vorwiegend ruhende Lasten betrachtet werden. Beim Nachweis der örtlichen Mindesttragfähigkeit mit den charakteristischen Werten für die Einzellasten Q_k ist eine Überlagerung mit der Flächenlast q_k nicht erforderlich.
Zufahrten zu Flächen, die für die Kategorie F bemessen wurden, müssen durch entsprechende Vorrichtungen so abgegrenzt werden, dass die Durchfahrt von schweren Fahrzeugen verhindert wird.

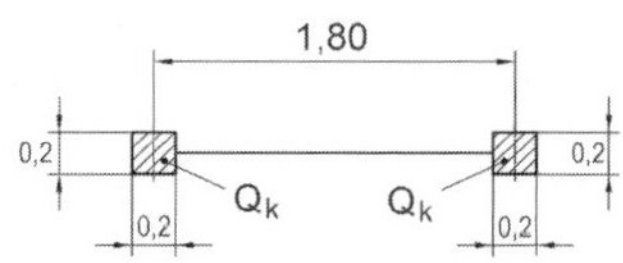

Abb. 12.19 Aufstandsfläche für Q_k

Tafel 12.19b Lotrechte Nutzlasten für Parkhäuser und Flächen mit Fahrzeugverkehr

Kategorie		Nutzung	A m²	q_k kN/m²		$2 \cdot Q_k$ kN
F	F1	Verkehrs- und Parkflächen für leichte Fahrzeuge (Gesamtlast ≤ 25 kN)	≤ 20	3,5	oder	20
	F2		≤ 50	2,5		20[1)]
	F3		> 50	2,0		20[1)]
	F4	Zufahrtsrampen	≤ 20	5,0		20
	F5		> 20	3,5		20[1)]

[1)] In den Kategorien F2, F3 und F5 können die Achslast ($2 \cdot Q_k = 20$ kN) oder die Radlasten ($Q_k = 10$ kN) für den Nachweis örtlicher Beanspruchungen (z. B. Querkraft am Auflager oder Durchstanzen unter einer Radlast) maßgebend werden.

5 Gleichmäßig verteilte Nutzlasten und Einzellasten bei nicht vorwiegend ruhenden Einwirkungen

- Die gleichmäßig verteilten Nutzlasten q_k nach Abschn. 5.2 u. 5.4 sind ohne Schwingbeiwert anzusetzen.
- Die Einzellasten Q_k nach Abschn. 5.2 u. 5.4 sind mit den Schwingbeiwerten ϕ zu vervielfachen.

5.1 Schwingbeiwerte

- Der Schwingbeiwert beträgt $\phi = 1{,}4$, sofern kein genauerer Nachweis geführt wird.
  Für überschüttete Bauwerke ist $\phi = 1{,}4 - 0{,}1 \cdot h_{ü} \geq 1{,}0$ (mit $h_{ü}$ als Überschüttungshöhe in m).
- Der Schwingbeiwert ϕ für Flächen nach Abschn. 5.3 ist in DIN 1072 enthalten.

5.2 Flächen für Betrieb mit Gegengewichtsstaplern

Decken in Werkstätten, Fabriken, Lagerräumen und unter Höfen, auf denen Gegengewichtsstapler eingesetzt werden, sind je nach den Betriebsverhältnissen für einen Gegengewichtsstapler in ungünstigster Stellung mit den in Betracht kommenden Einzellasten Q_k nach Tafel 12.20 (Geometrie nach Abb. 12.20) und ringsherum für eine gleichmäßig verteilte Nutzlast q_k nach Tafel 12.20 zu bemessen.

Tafel 12.20 Lotr. Nutzlasten aus Betrieb mit Gegengewichtsstaplern (zulässige Gesamtlast > 25 kN)

Kategorie		Zulässige Gesamtlast[1] in kN	Nenntragfähigkeit in kN	Nutzlast	
				$2 \cdot Q_k$ in kN	q_k in kN/m²
G	G1	31	10	26	12,5
	G2	46	15	40	15,0
	G3	69	25	63	17,5
	G4	100	40	90	20,0
	G5	150	60	140	20,0
	G6[2]	190	80	170	20,0

[1] Summe aus Nenntragfähigkeit und Eigenlast.
[2] Abweichend von DIN 1055-100 ist der Bereich der Kategorie G auf eine zulässige Gesamtlast von 190 kN erweitert.

Maße *a*, *b* und *l* für Gegengewichtsstapler (s. Abb. 12.20)

Kategorie	*a* in m	*b* in m	*l* in m
G1	0,85	1,00	2,60
G2	0,95	1,10	3,00
G3	1,00	1,20	3,30
G4	1,20	1,40	4,00
G5	1,50	1,90	4,60
G6	1,80	2,30	5,10

- Die Gleichlast q_k ist außerdem in ungünstiger Zusammenwirkung – feldweise veränderlich – anzusetzen, sofern die Nutzung als Lagerfläche nicht ungünstiger ist.
- Muss damit gerechnet werden, dass Decken sowohl von Gegengewichtsstaplern als auch von Fahrzeugen der Kategorie F oder von Fahrzeugen nach Abschn. 5.3 befahren werden, so ist die ungünstiger wirkende Nutzlast anzusetzen.

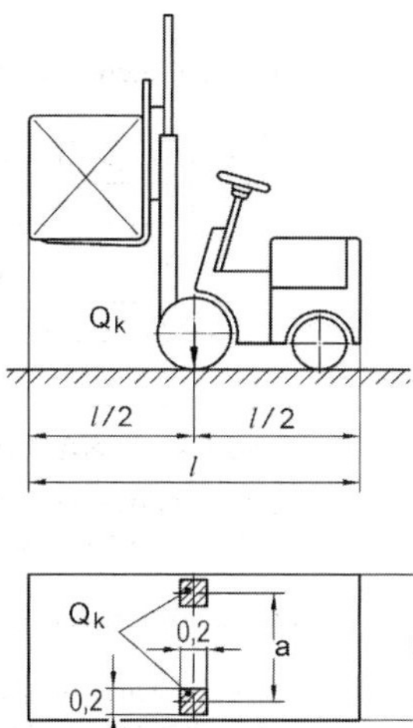

Abb. 12.20 Gegengewichtsstapler

5.3 Flächen für Fahrzeugverkehr auf Hofkellerdecken und planmäßig befahrene Deckenflächen

- Hofkellerdecken und andere Decken, die planmäßig von Fahrzeugen befahren werden, sind für die Lasten der Brückenklasse 6/6 bis 30/30 nach DIN 1072 zu berechnen.
- Hofkellerdecken, die nur im Brandfall von Feuerwehrfahrzeugen befahren werden, sind für die Brückenklasse 16/16 nach DIN 1072, Tabelle 2 zu berechnen. Dabei ist jedoch nur ein Einzelfahrzeug in ungünstigster Stellung anzusetzen; auf den umliegenden Flächen ist die gleichmäßig verteilte Last der Hauptspur in Rechnung zu stellen. Der nach DIN 1072 geforderte Nachweis für eine einzelne Achslast von 110 kN darf entfallen. Die Nutzlast darf als vorwiegend ruhend eingestuft werden.

5.4 Flächen für Hubschrauberlandeplätze

- Für Hubschrauberlandeplätze auf Decken sind entsprechend den zulässigen Abfluggewichten der Hubschrauber die Regelbelastungen der Tafel 12.21a zu entnehmen.
- Außerdem sind die Bauteile auch für eine gleichmäßig verteilte Nutzlast von 5 kN/m² mit Volllast der einzelnen Felder in ungünstigster Zusammenwirkung – feldweise veränderlich – zu berechnen. Der ungünstigste Wert ist maßgebend.

Tafel 12.21a Hubschrauber-Regellasten

Kategorie		Zulässiges Abfluggewicht in t	Hubschrauber-Regellast Q_k in kN	Seitenlängen einer quadratischen Aufstandsfläche in cm
K[1)]	K1	3	30	20
	K2	6	60	30
	K3	12	120	30

[1)] Die Einwirkungen sind wie diejenigen der Kategorie G zu kombinieren.

6 Horizontale Nutzlasten

6.1 Horizontale Nutzlasten infolge von Personen auf Brüstungen, Geländer und anderen Konstruktionen, die als Absperrung dienen

- Die charakteristischen Werte gleichmäßig verteilter Nutzlasten, die in der Höhe des Handlaufs, aber nicht höher als 1,2 m wirken, sind in Tafel 12.21b enthalten.
- Die horizontalen Nutzlasten nach Tafel 12.21b sind in Absturzrichtung in voller Höhe und in der Gegenrichtung mit 50 % (mindestens jedoch mit 0,5 kN/m) anzusetzen.
- Wind- und horizontale Nutzlasten brauchen nicht überlagert zu werden.

Tafel 12.21b Horizontale Nutzlasten q_k infolge von Personen auf Brüstungen, Geländern und anderen Konstruktionen, die als Absperrung dienen

Belastete Fläche nach Kategorie	Horizontale Nutzlast q_k in kN/m
A, B1 ohne nennenswerten Publikumsverkehr, H, F[1)], T1, Z[2)]	0,5
B1 mit nennenswertem Publikumsverkehr, B2, B3, C1 bis C4, D, E1 und E2, Z[2)], G[1)], K, T2	1,0
C5, E3, T3	2,0

[1)] Anprall wird durch konstruktive Maßnahmen ausgeschlossen.
[2)] Kategorien T und Z entsprechend der Einstufung in die Gebäudekategorie.

6.2 Horizontallasten zur Erzielung einer ausreichenden Längs- und Quersteifigkeit

Neben der vorgeschriebenen Windlast und etwaigen anderen waagerecht wirkenden Lasten sind zum Erzielen einer ausreichenden Längs- und Quersteifigkeit folgende beliebig gerichtete Horizontallasten zu berücksichtigen:

- Für Tribünenbauten und ähnliche Sitz- und Steheinrichtungen ist eine in Fußbodenhöhe angreifende Horizontallast von $^1/_{20}$ der lotrechten Nutzlast anzusetzen.
- Bei Gerüsten ist eine in Schalungshöhe angreifende Horizontallast von $^1/_{100}$ aller lotr. Lasten anzusetzen.
- Zur Sicherung gegen Umkippen von Einbauten, die innerhalb von geschlossenen Bauwerken stehen und keiner Windbeanspruchung unterliegen, ist eine Horizontallast von $^1/_{100}$ der Gesamtlast in Höhe des Schwerpunktes anzusetzen.

6.3 Horizontallasten für Hubschrauberlandeplätze auf Dachdecken

- In der Ebene der Start- und Landefläche und des umgebenden Sicherheitsstreifens ist eine horizontale Nutzlast q_k nach Tafel 12.21b an der für den untersuchten Querschnitt eines Bauteils jeweils ungünstigsten Stelle anzunehmen.
- Für den mindestens 0,25 m hohen Überrollschutz ist am oberen Rand eine Horizontallast von 10 kN anzunehmen.

7 Anpralllasten

Für die Anpralllasten gilt DIN 1055-9.

IV Windlasten (nach DIN 1055-4, Ausg. März 2005 und Ber. 1, Ausg. März 2006)

Prof. Dr.-Ing. Peter Schmidt

1 Allgemeines

Die in der Norm angegebenen Regeln und Verfahren zur Ermittlung der Windlasten gelten für Hoch- und Ingenieurbauwerke bis 300 m Höhe einschließlich deren einzelnen Bauteile und Anbauten. Die Norm enthält Berechnungsverfahren für Schornsteine und andere vertikale Kragsysteme und behandelt die Windlasten für vorübergehende Zustände. Bei der Ermittlung der Windlasten für die Windsogsicherung von kleinformatigen, überlappend verlegten Bauteilen (z. B. Dachziegel, Dachsteine) können abweichende Regelungen zu beachten sein. Die neue Windlastnorm gilt nicht für Brücken, abgespannte Maste und für Bauwerke mit besonderen Zuverlässigkeitsanforderungen (Bauwerke der Kerntechnik).

Die wesentliche Änderung gegenüber der bisherigen Windlastnorm von 1986 besteht darin, dass bei der Berechnung der Windlasten der Einfluss der geografischen Lage eines Bauwerkes sowie die Bodenrauigkeit zu berücksichtigen sind. Das Gebiet der BRD ist in vier Windzonen aufgeteilt, in denen jeweils unterschiedliche Windgeschwindigkeiten und Geschwindigkeitsdrücke gelten. Weiterhin sind verschiedene Geländekategorien zur Berücksichtigung der Bodenrauigkeit zu unterscheiden. Dadurch ergeben sich z. B. für Bauwerke direkt an der Küste größere Windlasten als für vergleichbare Bauwerke im Binnenland.

2 Klassifizierung der Einwirkungen, Bemessungssituationen

Windlasten werden als veränderliche, freie und unabhängige Einwirkungen nach DIN 1055-100 betrachtet. Die angegebenen Geschwindigkeitsdrücke sind charakteristische Größen mit einer jährlichen Überschreitungswahrscheinlichkeit von 0,02, d. h. die Wiederkehrperiode beträgt statistisch gesehen 50 Jahre. Windlasten sind für jeden belasteten Bereich zu ermitteln. Zu den belasteten Bereichen gehören das gesamte Bauwerk und Teile des Bauwerks, d. h. Bauteile, Fassadenelemente und deren Befestigungsteile. Die Folgen anderer Einwirkungen (z. B. Schnee, Verkehr, Eisansatz) sind zu berücksichtigen, wenn sie sich auf die Bezugsfläche oder die aerodynamischen Beiwerte ungünstig auswirken. Für Bauwerke, die durch massive Wände und Decken erfahrungsgemäß ausreichend ausgesteift sind, braucht die Windbeanspruchung der Gesamtkonstruktion nicht nachgewiesen zu werden.

3 Erfassung der Einwirkungen

3.1 Allgemeines

Windlasten werden in Form von Winddrücken und Windkräften erfasst. Die Berechnung der Windlast erfolgt unabhängig von der Himmelsrichtung mit dem vollen Rechenwert des Geschwindigkeitsdruckes. Winddrücke wirken auf die Außenflächen von Baukörpern (Außendruck) und sind bei Durchlässigkeit der äußeren Hülle auch auf die Innenflächen anzusetzen (Innendruck). Der Winddruck wirkt senkrecht zur betrachteten Oberfläche und wird bei Druckbeanspruchung als *positiver Druck*, bei Sogbeanspruchung als *negativer Druck* bezeichnet. Bei ausreichend steifen, nicht schwingungsanfälligen Tragwerken wird die Windbeanspruchung durch eine statische Ersatzlast erfasst. Bei schwingungsanfälligen Konstruktionen wird die Beanspruchung infolge böenerregter Schwingungen durch eine um den Böenreaktionsfaktor vergrößerte statische Ersatzlast berücksichtigt. Nachfolgend werden nur Regeln und Verfahren für die Ermittlung der Windlast von *nicht schwingungsanfälligen* Bauwerken behandelt, für schwingungsanfällige Konstruktionen wird auf die Norm verwiesen.

3.2 Beurteilung der Schwingungsanfälligkeit von Bauwerken

Als nicht schwingungsanfällig gelten Bauwerke, wenn die Verformungen unter Windeinwirkungen durch Böenresonanz um nicht mehr als 10 % vergrößert werden. Für genauere Angaben wird auf die Norm verwiesen. Ohne weiteren Nachweis zählen zu den nicht schwingungsanfälligen Konstruktionen übliche Wohn-, Büro- und Industriegebäude mit einer Höhe bis zu 25 m sowie Bauwerke, die in Form und Konstruktion ähnlich sind.

4 Windzonen, Windgeschwindigkeit, Geschwindigkeitsdruck

4.1 Allgemeines

Der Geschwindigkeitsdruck q ist abhängig von der Windgeschwindigkeit und der Dichte der Luft ρ. Es gilt:

$$q = \frac{\rho}{2} \cdot v^2 = \frac{v^2}{1600}$$

q Geschwindigkeitsdruck in kN/m²
v Windgeschwindigkeit in m/s
ρ Dichte der Luft in kg/m³
(ρ = 1,25 kg/m³ bei 1013 hPa Luftdruck und T = 10 °C in Meereshöhe)

In Tafel 12.23a sind für die vier Windzonen Mittelwerte der Windgeschwindigkeiten v_{ref} und die zugehörigen Geschwindigkeitsdrücke q_{ref} angegeben. Die Werte gelten in einer Höhe von 10 m im ebenen, offenen Gelände für eine Mittelung über einen Zeitraum von 10 Minuten bei einer jährlichen Überschreitungswahrscheinlichkeit von 0,02 (Wiederkehrperiode 50 Jahre).

Tafel 12.23a Windzonenkarte mit den zugehörigen Windgeschwindigkeiten v_{ref} und Geschwindigkeitsdrücken q_{ref} nach DIN 1055-4, Anhang A

Windzonenkarte

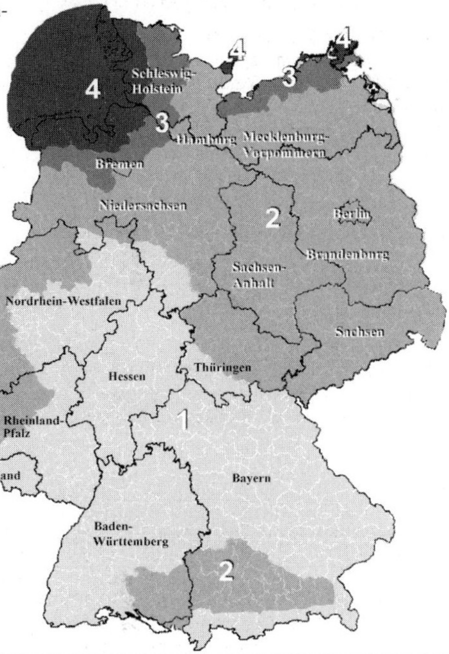

Windzone	v_{ref} in m/s	q_{ref} in kN/m²
1	22,5	0,32
2	25,0	0,39
3	27,5	0,47
4	30,0	0,56

Mittelwerte in 10 m Höhe im ebenen, offenen Gelände für einen Zeitraum von 10 Minuten bei einer jährlichen Überschreitungswahrscheinlichkeit von 0,02.

Tafel 12.23b Geländekategorien nach DIN 1055-4, Anhang B

Geländekategorie I

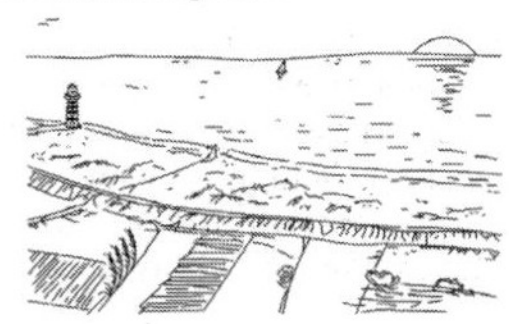

Geländekategorie II

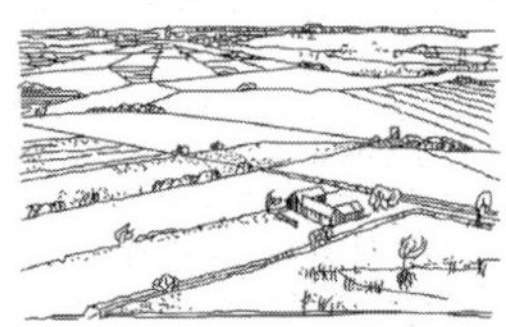

Geländekategorie III

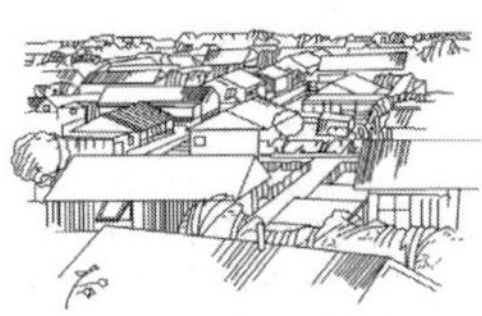

Geländekategorie IV

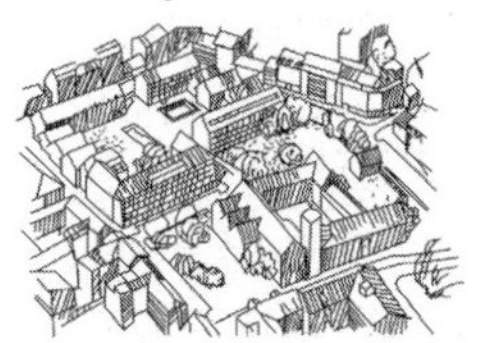

Für die Berechnung der Windlasten wird der Böengeschwindigkeitsdruck benötigt. Dieser ergibt sich für den Regelfall nach Abschnitt 4.3 (Tafel 12.24b). Für Bauwerke bis 25 m Höhe darf der Böengeschwindigkeitsdruck nach Abschnitt 4.2 (Tafel 12.24a) bestimmt werden.

Die Profile der mittleren Windgeschwindigkeit sowie des Böengeschwindigkeitsdruckes sind abhängig von der Bodenrauigkeit und der Topografie. Es werden vier Geländekategorien sowie zwei Mischprofile unterschieden (Tafel 12.23b):

- **Geländekategorie I:** Offene See; Seen mit mindestens 5 km freier Fläche in Windrichtung; glattes flaches Land ohne Hindernisse.
- **Geländekategorie II:** Gelände mit Hecken, einzelnen Gehöften, Häusern oder Bäumen, z. B. landwirtschaftliches Gebiet.

- **Geländekategorie III:** Vorstädte, Industrie- und Gewerbegebiete; Wälder.
- **Geländekategorie IV:** Stadtgebiete, bei denen mindestens 15 % der Fläche mit Gebäuden bebebaut sind, deren mittlere Höhe 15 m überschreitet.
- **Mischprofil Küste:** Übergangsbereich zwischen Geländekategorie I und II.
- **Mischprofil Binnenland:** Übergangsbereich zwischen Geländekategorie II und III.

Vereinfachend kann in küstennahen Gebieten sowie auf den Inseln der Nord- und Ostsee die Geländekategorie I, im Binnenland die Geländekategorie II zu Grunde gelegt werden.

Die Geschwindigkeitsdrücke gelten für ebenes Gelände. Bei exponierten Lagen des Bauwerkstandortes kann eine Erhöhung des Geschwindigkeitsdruckes erforderlich sein (DIN 1055-4, Anhang B); bei Standorten über 800 m NN ist der Wert um 10 % je 100 Höhenmeter zu erhöhen (Faktor = $0{,}2 + H_s/1000$, Meereshöhe H_s in m; DIN 1055-4, Anhang A). Für Kamm- und Gipfellagen der Mittelgebirge sowie für Bauwerksstandorte, die über $H_s = 1100$ m liegen, sind besondere Überlegungen erforderlich.

4.2 Vereinfachte Böengeschwindigkeitsdrücke für Bauwerke bis 25 m Höhe

Bei Bauwerken bis 25 m Höhe darf der Böengeschwindigkeitsdruck vereinfachend nach Tafel 12.24a konstant über die gesamte Bauwerkshöhe angesetzt werden. Für höhere Bauwerke sowie für Bauwerke auf den Inseln der Nordsee mit mehr als 10 m Höhe ist der Böengeschwindigkeitsdruck nach Abschnitt 4.3 zu berechnen.

Tafel 12.24a Vereinfachte Böengeschwindigkeitsdrücke für Bauwerke bis 25 m Höhe

Windzone		Geschwindigkeitsdruck q in kN/m² bei einer Gebäudehöhe h in den Grenzen von		
		$h \leq 10$ m	$10\text{ m} < h \leq 18$ m	$18\text{ m} < h \leq 25$ m
1	Binnenland	0,50	0,65	0,75
2	Binnenland	0,65	0,80	0,90
	Küste[1)] und Inseln der Ostsee	0,85	1,00	1,10
3	Binnenland	0,80	0,95	1,10
	Küste[1)] und Inseln der Ostsee	1,05	1,20	1,30
4	Binnenland	0,95	1,15	1,30
	Küste[1)] der Nord- und Ostsee und Inseln der Ostsee	1,25	1,40	1,55
	Inseln der Nordsee [2)]	1,40	–	–

1) Zur Küste zählt ein 5 km breiter Streifen, der entlang der Küste verläuft und landeinwärts gerichtet ist.
2) Auf den Inseln der Nordsee ist der Böengeschwindigkeitsdruck für Bauwerke über 10 m Höhe nach Abschnitt 4.3 zu bestimmen.

4.3 Höhenabhängiger Böengeschwindigkeitsdruck im Regelfall

Für Bauwerke mit einer Höhe über 25 m über Grund ist bei der Berechnung des Böengeschwindigkeitsdruckes zusätzlich zur geografischen Lage (Windzonen) auch der Einfluss der Bodenrauigkeit zu berücksichtigen. I. d. R. werden drei Profile des Böengeschwindigkeitsdruckes unterschieden (Tafel 12.24b).

Tafel 12.24b Böengeschwindigkeitsdruck für Bauwerke über 25 m Höhe sowie im Regelfall

Binnenland (Mischprofil der Geländekategorien II und III)		Küstennahe Gebiete sowie Inseln der Ostsee (Mischprofil der Geländekategorien I und II)	
$q(z) = 1{,}5 \cdot q_{\text{ref}}$	für $z \leq 7$ m	$q(z) = 1{,}8 \cdot q_{\text{ref}}$	für $z \leq 4$ m
$q(z) = 1{,}7 \cdot q_{\text{ref}} \cdot \left(\frac{z}{10}\right)^{0{,}37}$	für $7\text{ m} < z \leq 50$ m	$q(z) = 2{,}3 \cdot q_{\text{ref}} \cdot \left(\frac{z}{10}\right)^{0{,}27}$	für $4\text{ m} < z \leq 50$ m
$q(z) = 2{,}1 \cdot q_{\text{ref}} \cdot \left(\frac{z}{10}\right)^{0{,}24}$	für $50\text{ m} < z \leq 300$ m	$q(z) = 2{,}6 \cdot q_{\text{ref}} \cdot \left(\frac{z}{10}\right)^{0{,}19}$	für $50\text{ m} < z \leq 300$ m
Inseln der Nordsee (Geländekategorie I)		q_{ref}	Mittlerer Geschwindigkeitsdruck in Abhängigkeit von der Windzone nach Tafel 12.23a
$q(z) = 1{,}1$ kN/m²	für $z \leq 2$ m		
$q(z) = 2{,}6 \cdot q_{\text{ref}} \cdot \left(\frac{z}{10}\right)^{0{,}19}$	für $2\text{ m} < z \leq 300$ m	z	Höhe über Grund bzw. Bezugshöhe z_e oder z_i nach Abschnitt 6 in m

5 Winddruck bei nicht schwingungsanfälligen Konstruktionen

Der Winddruck auf Außenflächen (Außendruck) bzw. auf Innenflächen (Innendruck) eines Bauwerks berechnet sich nach Tafel 12.25a.

Tafel 12.25a Außen- und Innendruck

Außendruck w_e in kN/m²	Innendruck w_i in kN/m²
$w_e = c_{pe} \cdot q(z_e)$	$w_i = c_{pi} \cdot q(z_i)$
c_{pe} Aerodynamischer Beiwert für den Außendruck nach Abschnitt 6 z_e Bezugshöhe nach Abschnitt 6	c_{pi} Aerodynamischer Beiwert für den Innendruck nach Abschnitt 6 z_i Bezugshöhe nach Abschnitt 6
q Geschwindigkeitsdruck für die Bezugshöhe z_e bzw. z_i in kN/m² nach Abschnitt 4.2 (Bauwerke bis 25 m) oder Abschnitt 4.3 (Regelfall, Bauwerke über 25 m)	

Der Innendruck ist abhängig von der Größe und Lage der Öffnungen in der Außenhaut und wirkt auf alle Raumabschlüsse eines Innenraums gleichzeitig und mit gleichem Vorzeichen. Die Belastung inf. Winddrucks ergibt sich als Resultierende von Außen- und Innendruck; Innendruck darf jedoch entlastend nicht angesetzt werden. Beispiele für die Überlagerung von Außen- u. Innendruck sind in Abb. 12.25 dargestellt.

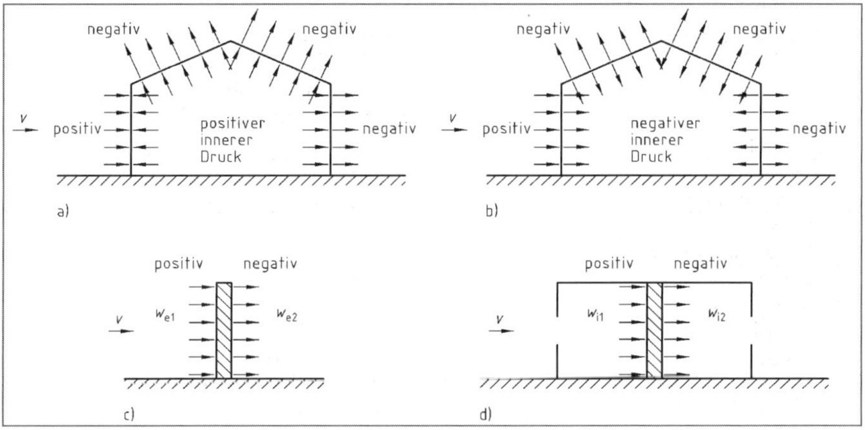

Abb. 12.25 Beispiele für die Überlagerung von Außen- und Innendruck

6 Aerodynamische Beiwerte

6.1 Allgemeines

Die Außendruckbeiwerte c_{pe} sind abhängig von der Lasteinzugsfläche A (Tafel 12.25b). Nachfolgend werden die Außendruckbeiwerte für Lasteinzugsflächen von $A \leq 1$ m² ($c_{pe,1}$) und $A > 10$ m² ($c_{pe,10}$) angegeben.

Tafel 12.25b Zusammenhang zwischen Lasteinzugsfläche und Außendruckbeiwert c_{pe}

Lasteinzugsfläche A	Außendruckbeiwert c_{pe}	Bemerkung
$A \leq 1$ m²	$c_{pe} = c_{pe,1}$	Verwendung nur für die Berechnung der Ankerkräfte und den Nachweis der Verankerungen
1 m² $< A \leq 10$ m²	$c_{pe} = c_{pe,1} + (c_{pe,10} - c_{pe,1}) \cdot \lg A$	
$A > 10$ m²	$c_{pe} = c_{pe,10}$	

Die Außendruckbeiwerte für Lasteinzugsflächen ≤ 10 m² sind nur für die Berechnung der Ankerkräfte von Bauteilen, die unmittelbar durch Wind belastet werden sowie für den Nachweis der Verankerungen einschließlich deren Unterkonstruktion zu verwenden. Die Außendruckbeiwerte gelten nicht für hinterlüftete Wand- und Dachflächen. Bei Dachüberständen ist für den Außendruckbeiwert auf der Unterseite der Wert der anschließenden Wandfläche und für den Außendruckbeiwert auf der Oberseite der Wert der anschließenden Dachfläche anzusetzen.

6.2 Vertikale Wände von Gebäuden mit rechteckigem Grundriss

Für vertikale Wände von Baukörpern mit rechteckigem Grundriss wird der Außendruck in Abhängigkeit vom Verhältnis der Baukörperhöhe h zu -breite b nach Abb. 12.26a angesetzt. Außendruckbeiwerte für vertikale Wände nach Tafel 12.26.

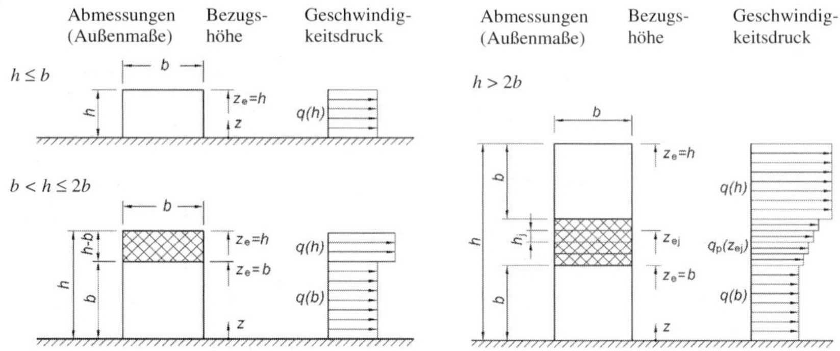

Abb. 12.26a Geschwindigkeitsdruck, Bezugshöhe z_e für vertikale Wände in Abhängigkeit von Baukörperhöhe h und -breite b

Tafel 12.26 Außendruckbeiwerte für vertikale Wände von Gebäuden mit rechteckigem Grundriss (Einteilung der Wandflächen nach Abb. 12.26b)

Bereich	A		B		C		D		E	
h/d	$c_{pe,10}$	$c_{pe,1}$	$c_{pe,10}$	$c_{pe,1}$	$c_{pe,10}$	$c_{pe,1}$	$c_{pe,10}$	$c_{pe,1}$	$c_{pe,10}$	$c_{pe,1}$
≥ 5	–1,4	–1,7	–0,8	–1,1	–0,5	–0,7	+0,8	+1,0	–0,5	–0,7
1	–1,2	–1,4	–0,8	–1,1	–0,5		+0,8	+1,0	–0,5	
≤ 0,25	–1,2	–1,4	–0,8	–1,1	–0,5		+0,7	+1,0	–0,3	–0,5

Für einzeln im offenen Gelände stehende Gebäude können im Sogbereich auch größere Sogkräfte auftreten. Zwischenwerte dürfen linear interpoliert werden. Für Gebäude mit $h/d > 5$ ist die Gesamtwindlast anhand der Kraftbeiwerte aus DIN 1055-4:2005-03, Abschnitte 12.4 bis 12.6 und 12.7.1 zu ermitteln.

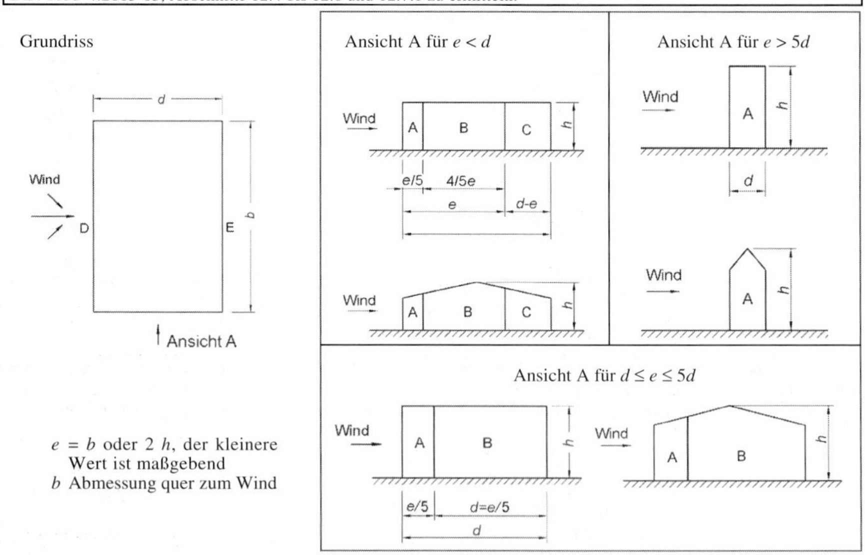

Abb. 12.26b Einteilung der Wandflächen bei vertikalen Wänden

6.3 Flachdächer

Flachdächer im Sinne der Norm sind Dächer mit einer Dachneigung von weniger als 5°. Außendruckbeiwerte nach Tafel 12.27, Einteilung der Dachflächen nach Abb. 12.27. Für sehr flache Baukörper mit $h/d < 0{,}1$ darf der Bereich F entfallen.

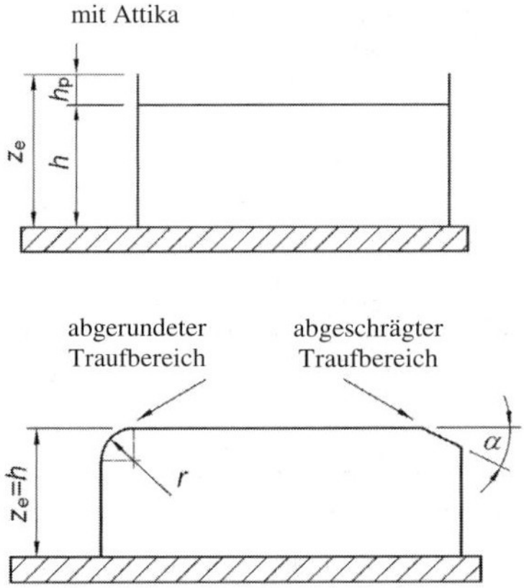

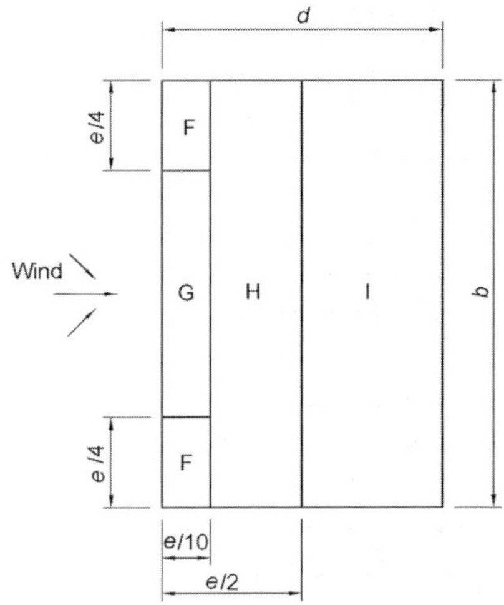

$e = b$ oder $2\,h$, der kleinere Wert ist maßgebend
b Abmessung quer zum Wind

Abb. 12.27 Einteilung der Dachflächen bei Flachdächern

Tafel 12.27 Außendruckbeiwerte für Flachdächer

		Bereich							
		F		G		H		I	
		$c_{pe,10}$	$c_{pe,1}$	$c_{pe,10}$	$c_{pe,1}$	$c_{pe,10}$	$c_{pe,1}$	$c_{pe,10}$	$c_{pe,1}$
Scharfkantiger Traufbereich		−1,8	−2,5	−1,2	−2,0	−0,7	1,2	+0,2 −0,6	
mit Attika	$h_p/h = 0{,}025$	−1,6	−2,2	−1,1	−1,8	−0,7	−1,2	+0,2 −0,6	
	$h_p/h = 0{,}05$	−1,4	−2,0	−0,9	−1,6	−0,7	−1,2	+0,2 −0,6	
	$h_p/h = 0{,}10$	−1,2	−1,8	−0,8	−1,4	−0,7	−1,2	+0,2 −0,6	
Abgerundeter Traufbereich	$r/h = 0{,}05$	−1,0	−1,5	−1,2	−1,8	−0,4		±0,2	
	$r/h = 0{,}10$	−0,7	−1,2	−0,8	−1,4	−0,3		±0,2	
	$r/h = 0{,}20$	−0,5	−0,8	−0,5	−0,8	−0,3		±0,2	
Abgeschrägter Traufbereich	$\alpha = 30°$	−1,0	−1,5	−1,0	−1,5	−0,3		±0,2	
	$\alpha = 45°$	−1,2	−1,8	−1,3	−1,9	−0,4		±0,2	
	$\alpha = 60°$	−1,3	−1,9	−1,3	−1,9	−0,5		±0,2	

Bei Flachdächern mit Attika oder abgerundetem Traufbereich darf für Zwischenwerte h_p/h und r/h linear interpoliert werden.

Bei Flachdächern mit mansarddachartigem Traufbereich darf für Zwischenwerte von α zwischen $\alpha = 30°$, 45° und 60° linear interpoliert werden. Für $\alpha > 60°$ darf zwischen den Werten für $\alpha = 60°$ und den Werten für Flachdächer mit rechtwinkligem Traufbereich interpoliert werden.

Im Bereich I, für den positive und negative Werte angegeben werden, müssen beide Werte berücksichtigt werden.

Für die Schräge des mansarddachartigen Traufbereichs selbst werden die Außendruckbeiwerte in Abschnitt 6.5 „Außendruckbeiwerte für Sattel- und Trogdächer" Anströmrichtung $\theta = 0°$, Bereiche F und G, in Abhängigkeit von dem Neigungswinkel des mansarddachartigen Traufenbereichs angegeben.

Für den abgerundeten Traufbereich selbst werden die Außendruckbeiwerte entlang der Krümmung durch lineare Interpolation entlang der Kurve zwischen dem Wert an der vertikalen Wand und auf dem Dach ermittelt.

6.4 Pultdächer

Bei Pultdächern sind drei Anströmrichtungen zu untersuchen ($\theta = 0°$: Anströmung auf niedrige Traufe; $\theta = 180°$: Anströmung auf hohe Traufe; $\theta = 90°$: Anströmung parallel zu hoher und niedriger Traufe). Außendruckbeiwerte nach Tafel 12.28, Einteilung der Dachflächen wie nachfolgend dargestellt.

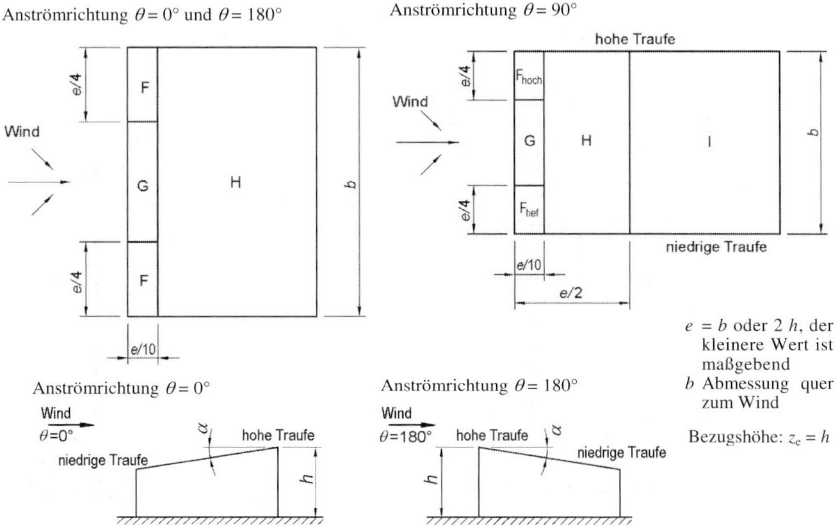

Abb. 12.28 Einteilung der Dachflächen bei Pultdächern

Tafel 12.28 Außendruckbeiwerte für Pultdächer

Neigungswinkel α [1]	Anströmrichtung $\theta = 0°$ [2]						Anströmrichtung $\theta = 180°$					
	Bereich F		Bereich G		Bereich H		Bereich F		Bereich G		Bereich H	
	$c_{pe,10}$	$c_{pe,1}$	$c_{pe,10}$	$c_{pe,1}$	$c_{pe,10}$	$c_{pe,1}$	$c_{pe,10}$	$c_{pe,1}$	$c_{pe,10}$	$c_{pe,1}$	$c_{pe,10}$	$c_{pe,1}$
5°	–1,7	–2,5	–1,2	–2,0	–0,6 +0,2	–1,2	–2,3	–2,5	–1,3	–2,0	–0,8	–1,2
10°	–1,3	–2,2	–1,0	–1,7	–0,4 +0,2	–0,7	–2,4	–2,6	–1,3	–2,0	–0,8	–1,2
15°	–0,9	–2,0	–0,8	–1,5	–0,3		–2,5	–2,8	–1,3	–2,0	–0,8	–1,2
	+0,2		+0,2		+0,2							
30°	–0,5	–1,5	–0,5	–1,5	-0,2		–1,1	–2,3	–0,8	–1,5	–0,8	
	+0,7		+0,7		+0,4							
45°	+0,7		+0,7		+0,6		–0,6	–1,3	–0,5		–0,7	
60°	+0,7		+0,7		+0,7		–0,5	–1,0	–0,5		–0,5	
75°	+0,8		+0,8		+0,8		–0,5	–1,0	–0,5		–0,5	

Anströmrichtung $\theta = 90°$

Neigungswinkel α [1]	Bereich F_{hoch}		Bereich F_{tief}		Bereich G		Bereich H		Bereich I	
	$c_{pe,10}$	$c_{pe,1}$	$c_{pe,10}$	$c_{pe,1}$	$c_{pe,10}$	$c_{pe,1}$	$c_{pe,10}$	$c_{pe,1}$	$c_{pe,10}$	$c_{pe,1}$
5°	–2,1	–2,6	–2,1	–2,4	–1,8	–2,0	–0,6	–1,2	–0,6/+0,2	
10°	–2,2	–2,7	–1,8	–2,4	–1,8	–2,2	–0,7	–1,2	–0,6/+0,2	
15°	–2,4	–2,9	–1,6	–2,4	–1,9	–2,5	-0,8	–1,2	–0,7	–1,2
30°	–2,1	–2,9	–1,3	–2,0	–1,5	–2,0	–1,0	–1,3	–0,8	–1,2
45°	–1,5	–2,4	–1,3	–2,0	–1,4	–2,0	–1,0	–1,3	–0,9	–1,2
60°	–1,2	–2,0	–1,2	–2,0	–1,2	–2,0	–1,0	–1,3	–0,7	–1,2
75°	–1,2	–2,0	–1,2	–2,0	–1,2	–2,0	–1,0	–1,3	–0,5	

[1] Zwischenwerte dürfen linear interpoliert werden.

[2] Bei Anströmrichtung $\theta = 0°$ und bei Neigungswinkeln $15° \leq \alpha \leq 30°$ ändert sich der Druck schnell zwischen positiven und negativen Werten. Für diesen Bereich wird daher sowohl der positive als auch der negative Außendruckbeiwert angegeben.

6.5 Sattel- und Trogdächer

Außendruckbeiwerte nach Tafel 12.29, Einteilung der Dachflächen nach Abb. 12.29.

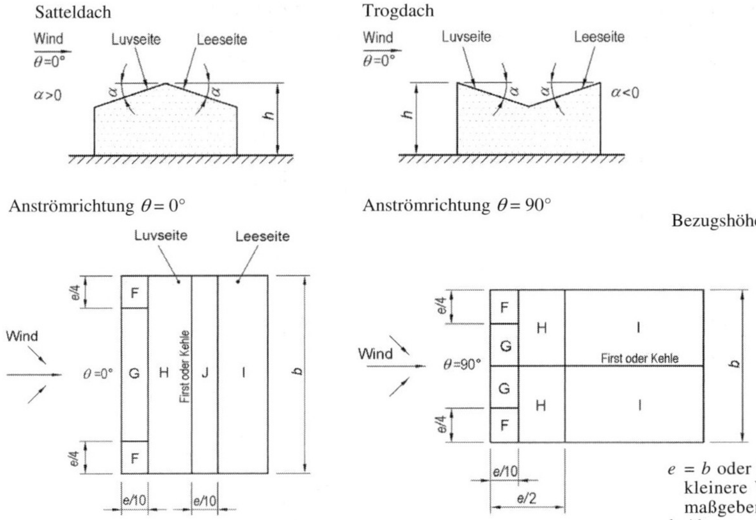

Bezugshöhe: $z_e = h$

e = *b* oder 2 *h*, der kleinere Wert ist maßgebend
b Abmessung quer zum Wind

Abb. 12.29 Einteilung der Dachflächen bei Sattel- und Trogdächern

Tafel 12.29 Außendruckbeiwerte für Sattel- und Trogdächer

Neigungswinkel α [1)]	Anströmrichtung $\theta = 0°$ [2)]; Bereich									
	F		G		H		I		J	
	$c_{pe,10}$	$c_{pe,1}$	$c_{pe,10}$	$c_{pe,1}$	$c_{pe,10}$	$c_{pe,1}$	$c_{pe,10}$	$c_{pe,1}$	$c_{pe,10}$	$c_{pe,1}$
–45°	–0,6		–0,6		–0,8		–0,7		–1,0	–1,5
–30°	–1,1	–2,0	–0,8	–1,5	–0,8		–0,6		–0,8	–1,4
–15°	–2,5	–2,8	–1,3	–2,0	–0,9	–1,2	–0,5		–0,7	–1,2
–5°	–2,3	–2,5	–1,2	–2,0	–0,8	–1,2	–0,6/+0,2		–0,6/+0,2	
5°	–1,7	–2,5	–1,2	–2,0	–0,6	–1,2	–0,6/+0,2		–0,6/+0,2	
10°	–1,3	–2,2	–1,0	–1,7	–0,4		–0,5/+0,2		–0,8/+0,2	
15°	–0,9	–2,0	–0,8	–1,5	–0,3		–0,4		–1,0	–1,5
	+0,2		+0,2		+0,2					
30°	–0,5	–1,5	–0,5	–1,5	–0,2		–0,4		–0,5	
	+0,7		+0,7		+0,4					
45°	+0,7		+0,7		+0,6		–0,4		–0,5	
60°	+0,7		+0,7		+0,7		–0,4		–0,5	
75°	+0,8		+0,8		+0,8		–0,4		–0,5	

Neigungswinkel α [1)]	Anströmrichtung $\theta = 90°$; Bereich							
	F		G		H		I	
	$c_{pe,10}$	$c_{pe,1}$	$c_{pe,10}$	$c_{pe,1}$	$c_{pe,10}$	$c_{pe,1}$	$c_{pe,10}$	$c_{pe,1}$
–45°	–1,4	–2,0	–1,2	–2,0	–1,0	–1,3	–0,9	–1,2
–30°	–1,5	–2,1	–1,2	–2,0	–1,0	–1,3	–0,9	–1,2
–15°	–1,9	–2,5	–1,2	–2,0	–0,8	–1,2	–0,8	–1,2
–5°	–1,8	–2,5	–1,2	–2,0	–0,7	–1,2	–0,6	–1,2
5°	–1,6	–2,2	–1,3	–2,0	–0,7	–1,2	–0,6/+0,2	
10°	–1,4	–2,1	–1,3	–2,0	–0,6	–1,2	–0,6/+0,2	
15°	–1,3	–2,0	–1,3	–2,0	–0,6	–1,2	–0,5	
30°	–1,1	–1,5	–1,4	–2,0	–0,8	–1,2	–0,5	
45°	–1,1	–1,5	–1,4	–2,0	–0,9	–1,2	–0,5	
60°, 75°	–1,1	–1,5	–1,2	–2,0	–0,8	–1,0	–0,5	

[1)] Zwischenwerte dürfen linear interpoliert werden, sofern nicht das Vorzeichen wechselt.

[2)] Bei Anströmrichtung $\theta = 0°$ und bei Neigungswinkeln $15° \leq \alpha \leq 30°$ ändert sich der Druck schnell zwischen positiven und negativen Werten. Für diesen Bereich wird daher sowohl der positive als auch der negative Außendruckbeiwert angegeben.

6.6 Außendruckbeiwerte für Walmdächer

Außendruckbeiwerte nach Tafel 12.30, Einteilung der Dachflächen nach Abb. 12.30. Für Dachneigungen zwischen den angegebenen Werten darf linear interpoliert werden, sofern das Vorzeichen nicht wechselt.

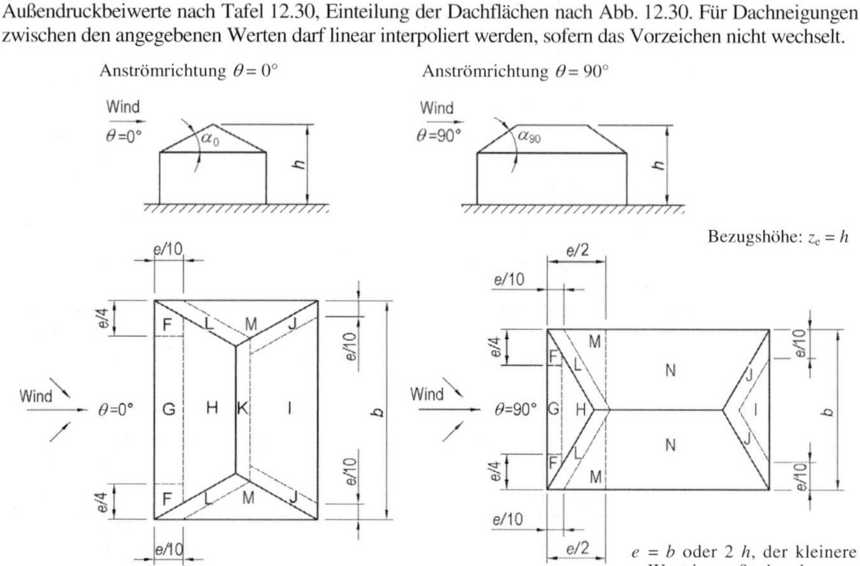

Bezugshöhe: $z_e = h$

e = b oder 2 h, der kleinere Wert ist maßgebend
b Abmessung quer zum Wind

Abb. 12.30 Einteilung der Dachflächen bei Walmdächern

Tafel 12.30 Außendruckbeiwerte für Walmdächer

Neigungswinkel α_0 für $\theta=0°$, α_{90} für $\theta=90°$	Anströmrichtung $\theta=0°$ und $\theta=90°$																	
	Bereich																	
	F		G		H		I		J		K		L		M		N	
	$c_{pe,10}$	$c_{pe,1}$	$c_{pe,10}$	$c_{pe,1}$	$c_{pe,10}$	$c_{pe,1}$	$c_{pe,10}$	$c_{pe,1}$	$c_{pe,10}$	$c_{pe,1}$	$c_{pe,10}$	$c_{pe,1}$	$c_{pe,10}$	$c_{pe,1}$	$c_{pe,10}$	$c_{pe,1}$	$c_{pe,10}$	$c_{pe,1}$
+5°	–1,7	–2,5	–1,2	–2,0	–0,6	–1,2	–0,3		–0,6		–0,6		–1,2	–2,0	–0,6	–1,2	–0,4	
+15°	–0,9	–2,0	–0,8	–1,5	–0,3		–0,5		–1,0	–1,5	–1,2	–2,0	–1,4	–2,0	–0,6	–1,2	–0,3	
	+0,2		+0,2		+0,2													
+30°	–0,5	–1,5	–0,5	–1,5	–0,2		–0,4		–0,7	–1,2	–0,5		–1,4	–2,0	–0,8	–1,2	–0,2	
	+0,5		+0,7		+0,4													
+45°	+0,7		+0,7		+0,6		–0,3		–0,6		–0,3		–1,3	–2,0	–0,8	–1,2	–0,2	
+60°	+0,7		+0,7		+0,7		–0,3		–0,6		–0,3		–1,2	–2,0	–0,4		–0,2	
+75°	+0,8		+0,8		+0,8		–0,3		–0,6		–0,3		–1,2	–2,0	–0,4		–0,2	

6.7 Innendruck bei geschlossenen Baukörpern mit durchlässigen Wänden

Wände gelten als durchlässig, wenn bis zu 30 % der Wandfläche offen sind. Sind mehr als 30 % der Wandfläche offen, gilt die Wand im Sinne der Norm als offene Wand (Abschnitt 6.9). Fenster, Türen und Tore sind als geschlossen anzusehen, wenn sie nicht bei einem Sturm betriebsbedingt geöffnet werden müssen (z. B. Ausfahrtstore bei Gebäuden für Rettungsdienste).

Der Innendruck bei geschlossenen Baukörpern mit durchlässigen Wänden ist in der Regel nur dann bei Gebäuden mit nicht unterteiltem Grundriss (z. B. Hallen) zu berücksichtigen, wenn er ungünstig wirkt. Dabei ist der Innendruck auf alle Raumabschlüsse gleichzeitig und mit gleichem Vorzeichen anzusetzen. Überlagerung von Außen- und Innendruck nach Abschnitt 5.

Bei üblichen Büro- und Wohngebäuden ist der Innendruck in der Regel nicht nachzuweisen. Bei einem Öffnungsanteil der Außenwände unter 1% und annähernd gleichmäßiger Verteilung der Öffnungen ist der Nachweis des Innendruckes ebenfalls nicht erforderlich.

Für Gebäude mit überwiegender Unterteilung durch leichte Trennwände wird der Nachweis des Innendruckes empfohlen.

Der Innendruckbeiwert c_{pi} für Räume, die vollständig von Außenwänden umschlossen und nicht durch Innenwände unterteilt sind, wird in Abhängigkeit vom Flächenparameter μ nach Abb. 12.31 bestimmt. Es gilt:

$$\mu = \frac{A_l}{A}$$

A_l Gesamtfläche der Öffnungen in den leeseitigen und windparallelen Wandflächen

A Gesamtfläche der Öffnungen aller Wände

Für Flächenparameter $0{,}47 \le \mu \le 0{,}78$ ergeben sich sowohl negative (Sog) als auch positive (Druck) Innendruckbeiwerte. Hier ist der ungünstigere Wert anzusetzen.

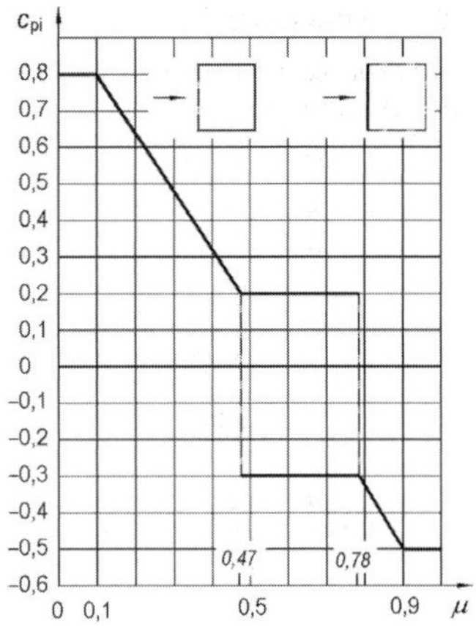

Abb. 12.31 Beiwerte c_{pi} bei durchlässigen Wänden

6.8 Freistehende Dächer

Dächer, an die sich keine durchgehenden Wände anschließen, werden als freistehend bezeichnet (z. B. Tankstellendächer, Bahnsteigüberdachungen). Druck- und Sogbeiwerte sind in Tafel 12.31 angegeben.

Tafel 12.31 Druckbeiwerte für freistehende Dächer

Grundriss [a] 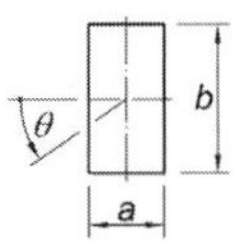	Abmessungen: $a \le b \le 5a$ $0{,}5 \le h/a \le 1$ Querschnittshöhe der Dachscheibe: $\le 0{,}03\,a$	Nachweis der Dachhaut: Für einen umlaufenden 1 m breiten Streifen ist eine erhöhte Soglast mit einem Beiwert für den resultierenden Druck von $c_{pe,res} = -2{,}5$ anzusetzen.
Form und Lage des freistehenden Daches	Druckbeiwert c_p	
Typ 1 – Trogdach (Ansicht) [b] 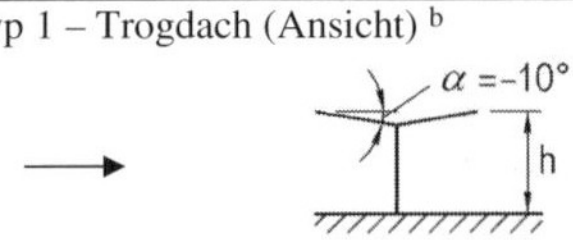	$\theta = 0°$ 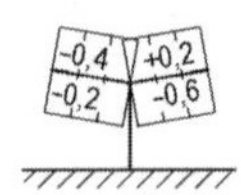	
mit Versperrung 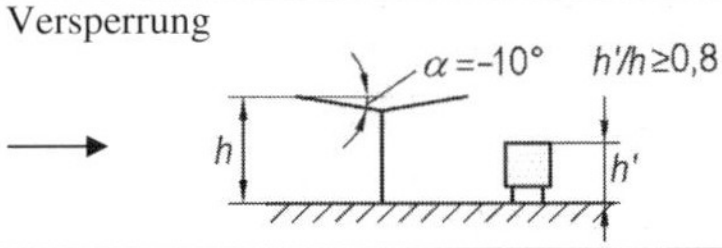	$\theta = 0°$ 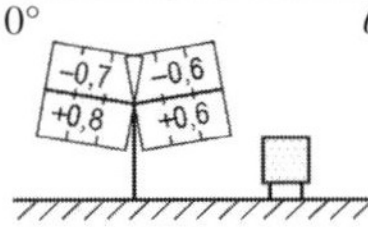 $\theta = 180°$ 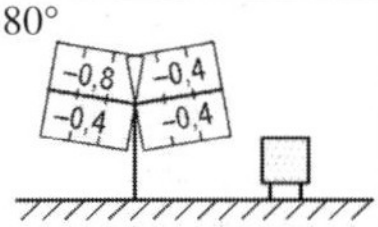	
Typ 2 – Satteldach (Ansicht) [b] 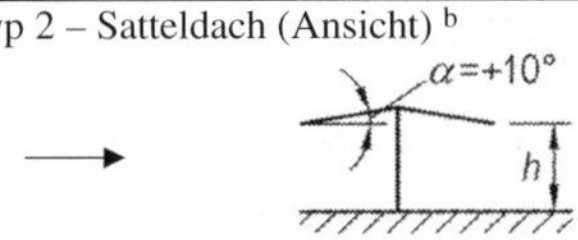	$\theta = 0°$ 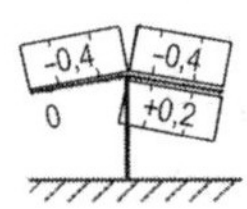	
mit Versperrung: c_p entsprechend Typ 1		
Typ 3 – Pultdach (Ansicht) [b] 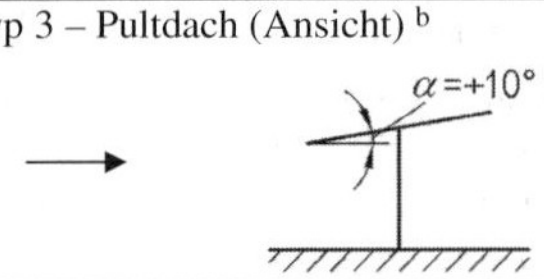	$\theta = 0°$ 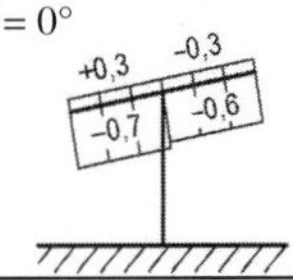 $\theta = 180°$ 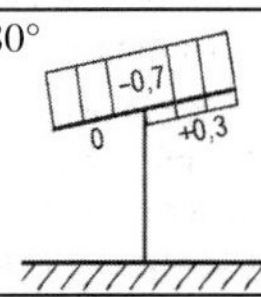	
mit Versperrung: c_p entsprechend Typ 1		

[a] Bei Anströmung längs des Daches können die zum Dach tangentialen Windkräfte von Bedeutung sein.
[b] Für Neigungen $-10° \le \alpha \le +10°$ darf zwischen den Werten linear interpoliert werden; in den Beiwerten ist eine mögliche Versperrung der durchströmten Fläche unterhalb des Daches bis zu 15 % berücksichtigt.

6.9 Seitlich offene Baukörper

Wände, bei denen mehr als 30 % der Fläche offen sind, gelten als offen. Fenster, Türen und Tore sind als geschlossen anzusehen, wenn sie nicht betriebsbedingt bei Sturm geöffnet werden müssen (z. B. Ausfahrtstore von Gebäuden für Rettungsdienste). Druckbeiwerte für die innen liegenden Flächen seitlich offener Baukörper sind in Tafel 12.32 angegeben. Für die außen liegenden Flächen gelten die Druckbeiwerte geschlossener Baukörper (Abschnitte 6.2 bis 6.6), sofern in Tafel 12.32 nichts anderes angegeben ist.

Tafel 12.32 Druckbeiwerte seitlich offener Baukörper

Eine Seite offen	Zwei aneinandergrenzende Seiten offen
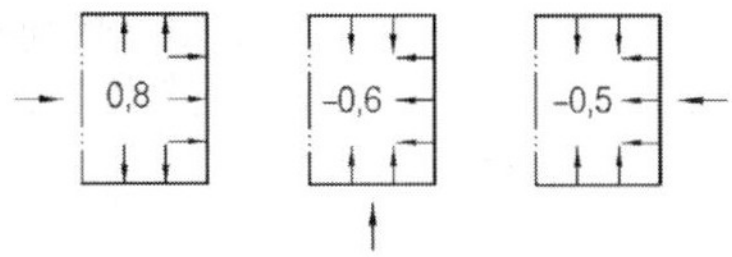	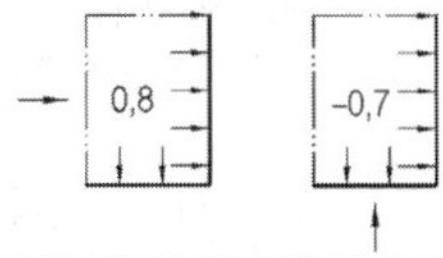
Drei Seiten offen	**Zwei gegenüberliegende Seiten offen**
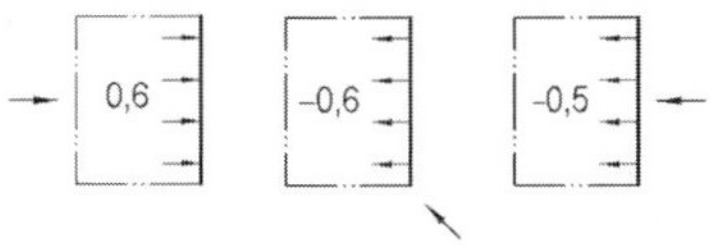	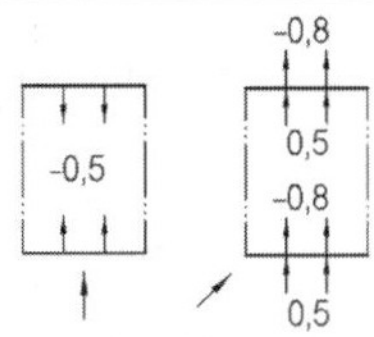
Bezugshöhe z_i = Bezugshöhe z_e für den Außendruck der Wandfläche, in der sich die Öffnung befindet.	

6.10 Durchlässige Außenwandbekleidungen

Bei durchlässigen (hinterlüfteten) Außenwandbekleidungen ist der Innendruck im Hinterlüftungsraum zu berücksichtigen. Der resultierende Winddruck auf die Außenwandbekleidung, der sich aus dem Innendruck im Hinterlüftungsraum und dem Außendruck ergibt, darf mit einem Druckbeiwert von $c_{p,net} = \pm\, 0{,}5$ berechnet werden. Dabei gelten folgende Randbedingungen:

- An den vertikalen Gebäudekanten befindet sich eine dauerhaft wirksame, vertikale Luftsperre.
- Lichtes Maß der Luftschicht im Hinterlüftungsraum ≤ 100 mm.
- Für die Durchlässigkeit der Außenwandbekleidung gilt:

$$\frac{A_1}{A} \geq 0{,}75\,\%$$

A_1 Fläche der Öffnungen
A Fläche der Außenwandbekleidung

7 Windkräfte bei nicht schwingungsanfälligen Konstruktionen

7.1 Windkräfte

Die auf ein Bauwerk einwirkende Gesamtwindkraft F_w berechnet sich mit folgender Gleichung:

$$F_w = c_f \cdot q(z_e) \cdot A_{ref}$$

c_f Aerodynamischer Kraftbeiwert nach Abschn. 7.2
q Geschwindigkeitsdruck in kN/m² nach Abschn. 4.2 bzw. 4.3 für die Bezugshöhe z_e
A_{ref} Bezugsfläche für den Kraftbeiwert nach Abschn. 7.2

Die Gesamtwindkraft ist mit einer Ausmitte e anzusetzen:

$$e = \frac{b}{10} \quad \text{bzw.} \quad e = \frac{d}{10}$$

b Breite des Baukörpers
d Tiefe des Baukörpers

7.2 Aerodynamische Kraftbeiwerte für ausgewählte Bauteile

Kraftbeiwerte für Bauteile mit rechteckigem Querschnitt

Der Kraftbeiwert c_f von Bauteilen mit rechteckigem Querschnitt ergibt sich bei Anströmung quer zur betrachteten Querschnittsseite mit folgender Gleichung:

$c_f = c_{f,0} \cdot \psi_r \cdot \psi_\lambda$

- $c_{f,0}$ Grundkraftbeiwert nach Tafel 12.33a
- ψ_r Abminderungsfaktor für quadratische Querschnitte mit abgerundeten Ecken nach Tafel 12.33b
- ψ_λ Abminderungsfaktor zur Berücksichtigung der Schlankheit nach Tafel 12.33c

Tafel 12.33a Grundkraftbeiwerte $c_{f,0}$ von scharfkantigen Rechteckquerschnitten

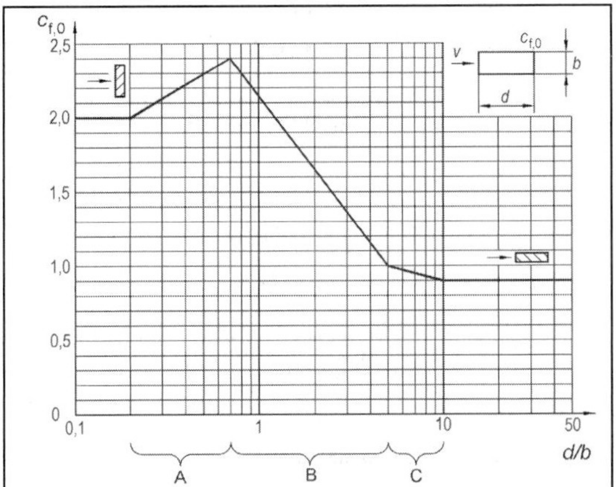

Kurvendefinitionen siehe rechts

Tafel 12.33b Abminderungsfaktor ψ_r

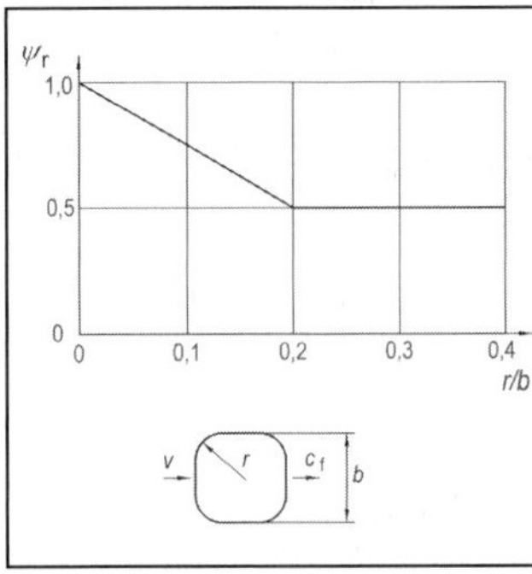

Kurvendefinition in Tafel 12.33a:

A: $c_{f,0} = 0{,}3193 \cdot \ln(d/b) + 2{,}5139$

B: $c_{f,0} = -0{,}7121 \cdot \ln(d/b) + 2{,}1460$

C: $c_{f,0} = -0{,}1443 \cdot \ln(d/b) + 1{,}2322$

Tafel 12.33c Abminderungsfaktor ψ_λ zur Berücksichtigung der Schlankheit

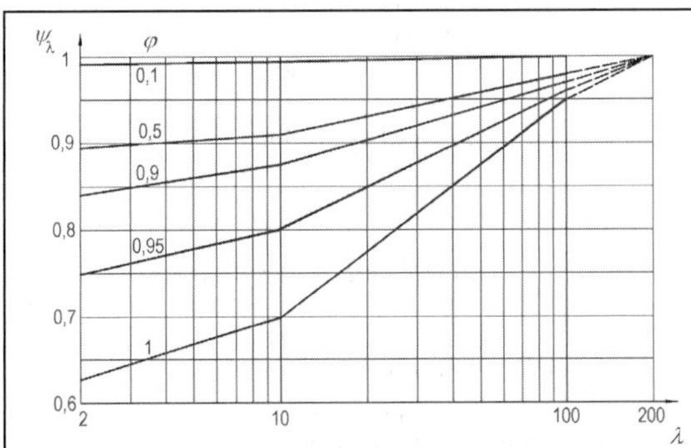

Für $l > b$ gilt:
$\lambda = l/b$ oder $\lambda = 2$,
der größere Wert ist maßgebend

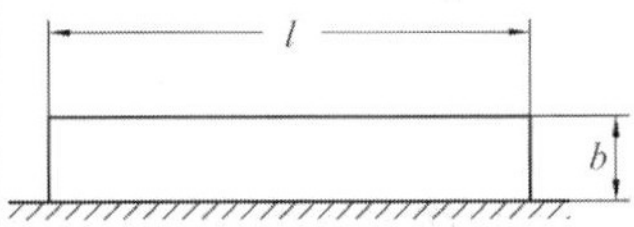

Anströmung senkrecht zur Blattebene

Schlankheiten λ für weitere Bauteile siehe DIN 1055-4, 12.13.

Die Bezugsfläche A_{ref} bei Bauteilen mit rechteckigem Querschnitt ergibt sich zu:

$A_{ref} = l \cdot b$

- l Länge des betrachteten Abschnittes
- b Breite bzw. Höhe des Abschnittes

(Tafel 12.33c)

Die Bezugshöhe z_e für Bauteile mit rechteckigem Querschnitt ergibt sich als Summe aus der Höhe der Unterkante des betrachteten Abschnittes und dem 0,6fachen der Abschnittshöhe.

Beispiel: Ermittlung des Winddruckes für ein Einfamilienhaus mit Satteldach

Bauwerksstandort: Windzone 1, Binnenland
Bauwerkshöhe: $h = 7{,}7$ m; Dachneigung: $\alpha = 40°$
Der Baukörper ist allseitig geschlossen, d. h. es ist kein Innendruck anzusetzen.

Böengeschwindigkeitsdruck q

Der Böengeschwindigkeitsdruck kann vereinfachend nach Tafel 12.24a bestimmt werden, da die Bauwerkshöhe h kleiner als 25 m ist (h = 7,7 m < 25 m).
q = 0,50 kN/m² konstant über die gesamte Bauwerkshöhe

Außendruckbeiwerte c_{pe} u. Winddruck w_e für das Dach

Das Dach ist nach Abb. 12.29 in die Bereiche F, G, H, I und J einzuteilen.

Abmessung e:
$e = b = 12$ m oder $e = 2 \cdot h = 2 \cdot 7{,}7 = 15{,}4$ m;
der kleinere Wert ist maßgebend; hier: e = 12 m

Die Außendruckbeiwerte ergeben sich nach Tafel 12.29. Die Ermittlung der Winddrücke $w_e = c_{pe} \cdot q$ erfolgt tabellarisch. Nachfolgend wird der Winddruck nur für die Anströmrichtung $\theta = 0°$ (Wind quer zum First) untersucht. Für eine vollständige Betrachtung müsste auch die Anströmrichtung $\theta = 90°$ (Wind parallel zum First) untersucht werden.

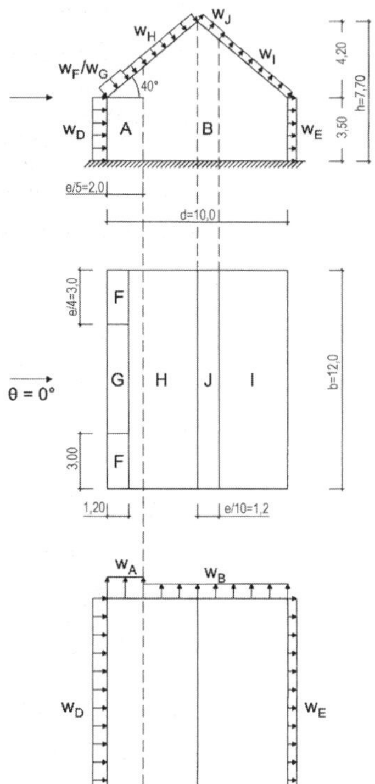

Bereich	Außendruckbeiwert		Winddruck (kN/m²)	
	$c_{pe,10}$	$c_{pe,1}$	$w_{e,10}$	$w_{e,1}$
F	+0,7	+0,7	+0,35	+0,35
G	+0,7	+0,7	+0,35	+0,35
H	+0,53 [1)]	+0,53 [1)]	+0,27	+0,27
I	–0,4	–0,4	–0,20	–0,20
J	–0,5	–0,5	–0,25	–0,25

[1)] Interpolierter Wert für $\alpha = 40°$: $c_{pe,(40°)} = \frac{0{,}6-0{,}4}{15} \cdot 10 + 0{,}4 = 0{,}53$

Hinweis:

Für Lasteinzugsflächen A < 10 m² ergeben sich erhöhte Druckbeiwerte, die nur für die Berechnung von Ankerkräften bzw. den Nachweis von Verankerungen benötigt werden. Die Sparren haben eine kleinere Lasteinzugsfläche als 10 m² (hier: A = (5,0 / cos40°) · 0,75 = 4,9 m²; angenommener Sparrenabstand e = 0,75 m). Bei einer Dachneigung von $\alpha = 40°$ ergeben sich jedoch keine höheren Druckbeiwerte ($c_{pe,10} = c_{pe,1}$).

Außendruckbeiwerte u. Winddruck für die Wände:

Einteilung der Wände in horizontale Streifen nach Abb. 12.26a:
h = 7,7 m < b = 12 m (ein horizontaler Streifen mit konstantem Geschwindigkeitsdruck)
Einteilung in Bereiche nach Abb. 12.26b:

Windparallele Wände: d = 10 m < e = 12 m < $5d$ = 50 m; d. h. Einteilung in Bereiche A und B
Wand auf Luvseite: Bereich D;
Wand auf Leeseite: Bereich E

Bereich	Außendruckbeiwert		Winddruck (kN/m²)	
	$c_{pe,10}$	$c_{pe,1}$	$w_{e,10}$	$w_{e,1}$
A	–1,2	–1,4	–0,60	–0,70
B	–0,8	–1,1	–0,40	–0,55
D	+0,8	+1,0	+0,40	+0,50
E	–0,5	–0,5	–0,25	–0,25

Außendruckbeiwerte (Tafel 12.26) und Winddruck ($w_e = c_{pe} \cdot q$) siehe Tabelle.
h/d = 7,7/10 = 0,77

Vereinfachend werden die Außendruckbeiwerte für h/d = 1 (sichere Seite) angesetzt

V Schnee- und Eislasten (nach DIN 1055-5, Ausg. Juli 2005)

Prof. Dr.-Ing. Peter Schmidt

1 Allgemeines

Die Norm gilt für Bauwerksstandorte bis 1500 m über NN. Für höher gelegene Orte sind für jeden Einzelfall Rechenwerte von der zuständigen Behörde festzulegen. Die angegebenen Lasten gelten nur für natürliche Schneelastverteilungen. Lastverteilungen infolge künstlicher Anhäufungen (z.B. durch Abräumen oder Umverteilen) werden nicht berücksichtigt. Die angegebenen Schnee- und Eislasten sind charakteristische Werte und gelten als unabhängige veränderliche Einwirkungen. Es ist zu beachten, dass lastmindernde Einflüsse infolge Wärmedurchgangs durch die Dachhaut nicht berücksichtigt werden.

2 Schneelast auf dem Boden

Der charakteristische Wert der Schneelast s_k auf dem Boden ist abhängig von der Schneelastzone und der Geländehöhe über dem Meeresniveau (Tafel 12.35). Es werden fünf Schneelastzonen (Zone 1, 1a, 2, 2a und 3) unterschieden, wobei die Intensität der Schneelasten von Zone 1 bis 3 zunimmt. In jeder Zone ist ein Mindestwert der Schneelast (Sockelbetrag) anzusetzen. Die charakt. Werte der Schneelasten in den Zonen 1a und 2a ergeben sich durch Erhöhung der jeweiligen Werte der Zonen 1 und 2 um 25 %.

Tafel 12.35 Charakteristische Werte der Schneelast auf dem Boden

Schneelastzonenkarte

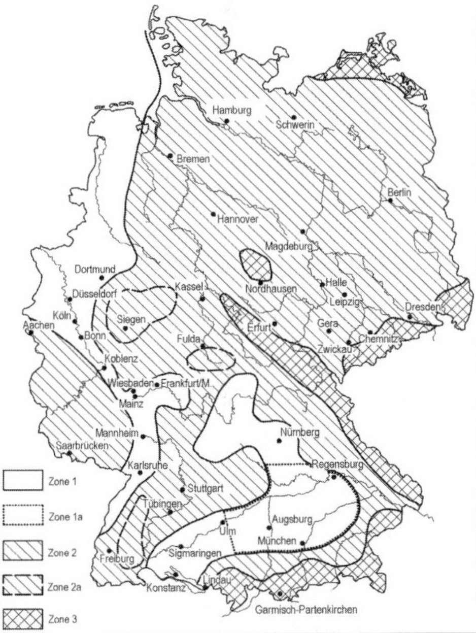

Zone	Charakteristischer Wert der Schneelast auf dem Boden in kN/m²
1	$s_k = 0{,}19 + 0{,}91 \cdot \left(\frac{A+140}{760}\right)^2 \geq 0{,}65$
1a	$s_k = 1{,}25 \cdot \left[0{,}19 + 0{,}91 \cdot \left(\frac{A+140}{760}\right)^2\right] \geq 0{,}81$
2	$s_k = 0{,}25 + 1{,}91 \cdot \left(\frac{A+140}{760}\right)^2 \geq 0{,}85$
2a	$s_k = 1{,}25 \cdot \left[0{,}25 + 1{,}91 \cdot \left(\frac{A+140}{760}\right)^2\right] \geq 1{,}06$
3[1)]	$s_k = 0{,}31 + 2{,}91 \cdot \left(\frac{A+140}{760}\right)^2 \geq 1{,}10$
A Geländehöhe über dem Meeresniveau in m	

1) In Zone 3 können für bestimmte Lagen (z. B. Oberharz, Hochlagen des Fichtelgebirges, Reit im Winkl, Obernach/Walchensee) höhere Werte als nach der oben angegebenen Gleichung maßgebend sein. Angaben über die Schneelast in diesen Regionen sind bei den zuständigen Stellen einzuholen.

3 Schneelast auf Dächern

3.1 Allgemeines

Die Schneelast s_i auf dem Dach ist abhängig von der Dachform und der charakteristischen Schneelast s_k auf dem Boden. Sie wirkt lotrecht und bezieht sich auf die horizontale Projektion der Dachfläche. Es gilt:

$s_i = \mu_i \cdot s_k$

- μ_i Formbeiwert der Schneelast in Abhängigkeit von der Dachform und Dachneigung α (Tafeln 12.36a bzw. 12.37b)
- s_k Charakt. Wert der Schneelast auf dem Boden in kN/m² (Tafel 12.35)

3.2 Flache und geneigte Dächer

3.2.1 Formbeiwerte

Die Formbeiwerte μ_i sind abhängig von Dachform sowie Dachneigung α und ergeben sich nach Tafel 12.36a. Sie gelten für ausreichend gedämmte Bauteile ($U < 1$ W/(m²K)) mit üblicher Dacheindeckung und dürfen näherungsweise auch für Glaskonstruktionen angewendet werden.

Tafel 12.36a Formbeiwerte für flache und geneigte Dächer

Formbeiwert	Dachneigung α		
	$0° \leq \alpha \leq 30°$	$30° < \alpha \leq 60°$	$\alpha > 60°$
μ_1	0,8	$0{,}8 \cdot (60° - \alpha)/30°$	0
μ_2	$0{,}8 + 0{,}8 \cdot \alpha/30°$	1,6	1,6
Die Formbeiwerte gelten, wenn der Schnee ungehindert vom Dach abrutschen kann. Wird das Abrutschen behindert (z. B. durch Schneefanggitter, Brüstungen o. Ä.) ist der Formbeiwert mindestens mit $\mu = 0{,}8$ anzusetzen.			

3.2.2 Flach- und Pultdächer sowie Satteldächer

Bei Flach- und Pultdächern gilt eine gleichmäßig verteilte Schneelast (Tafel 12.36b). Für Satteldächer sind drei Lastbilder zu untersuchen, das ungünstigste ist maßgebend (Tafel 12.36b). Ohne Windeinfluss stellt sich die Verteilung (a) ein, mit Verwehungs- und Abtaueinflüssen (b) und (c), die nur bei Tragwerken maßgebend sind, die bei ungleich verteilten Lasten empfindlich reagieren (z. B. Sparren- und Kehlbalkendächer).

Tafel 12.36b Lastbilder für Flach- und Pultdächer sowie Satteldächer

Flach- und Pultdächer	Satteldächer
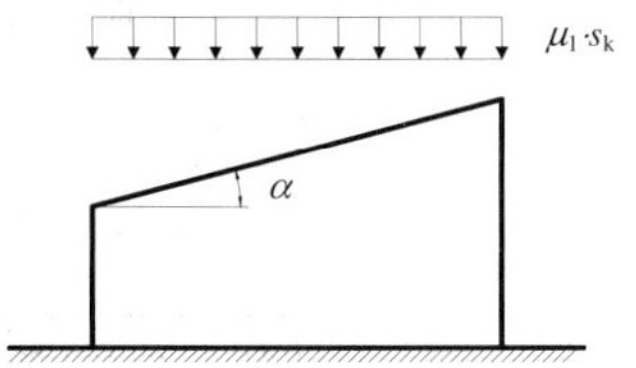	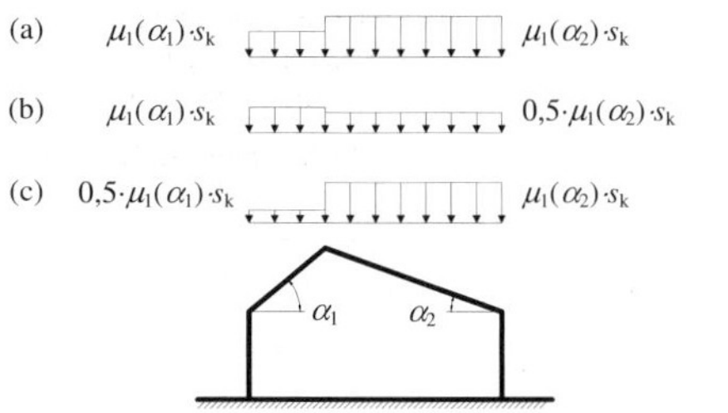
Formbeiwerte μ_1 nach Tafel 12.36a	

3.2.3 Aneinandergereihte Satteldächer

Aneinandergereihte Satteldächer sind für Schneeverteilungen ohne Windeinfluss (Tafel 12.36c, Lastbild (a)) und für Schneeverteilungen mit Verwehungseinfluss (Tafel 12.36c, Lastbild (b)), zu untersuchen.

Tafel 12.36c Lastbilder für aneinandergereihte Satteldächer

Lastbild	
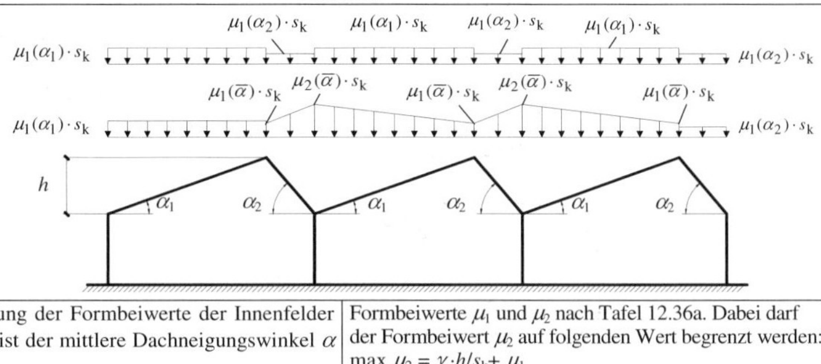	
Für die Berechnung der Formbeiwerte der Innenfelder $\mu_1(\overline{\alpha})$ und $\mu_2(\overline{\alpha})$ ist der mittlere Dachneigungswinkel α anzusetzen: $\overline{\alpha} = 0{,}5 \cdot (\alpha_1 + \alpha_2)$ mit α_1, α_2 Dachneigungswinkel	Formbeiwerte μ_1 und μ_2 nach Tafel 12.36a. Dabei darf der Formbeiwert μ_2 auf folgenden Wert begrenzt werden: max $\mu_2 = \gamma \cdot h/s_k + \mu_1$ γ Wichte des Schnees ($\gamma = 2$ kN/m³) h Höhenlage des Firstes über der Traufe in m s_k charakteristische Schneelast in kN/m²

3.2.4 Sheddächer (aneinandergereihte Pultdächer)

Bei Sheddächern (aneinandergereihte Pultdächer) sind zwei Schneelastverteilungen zu untersuchen (Tafel 12.37a, Lastbilder (a) und (b)).

Tafel 12.37a Lastbilder für Sheddächer (aneinandergereihte Pultdächer)

Lastbild
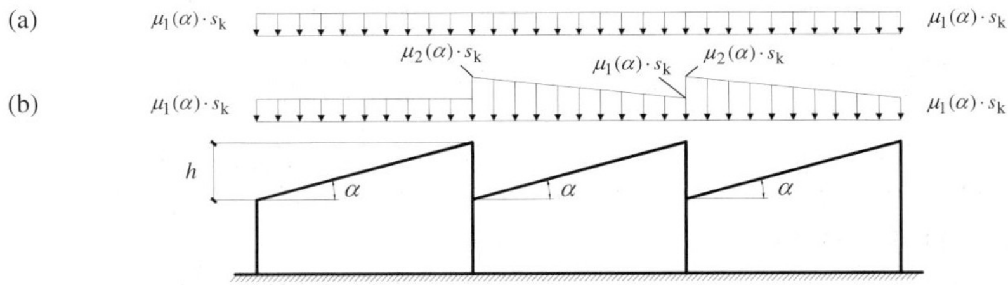
Formbeiwerte μ_1 und μ_2 nach Tafel 12.36a

3.3 Tonnendächer

Tonnendächer sind für die in Tafel 12.37c dargestellte gleichmäßig verteilte Schneelast (a) und die unsymmetrische Schneelast (b) zu untersuchen. Tonnendächer im Sinne der Norm sind alle zylindrischen Formen mit beliebig konvexer Krümmung. Weiterhin ist die Neigung der Tangente am Anschluss zu den vertikalen Bauteilen beliebig. Die Formbeiwerte für Tonnendächer μ_3 sind abhängig vom Verhältnis Stichhöhe des Tonnendaches h zur Breite b (Tafel 12.37b).

Tafel 12.37b Formbeiwerte für Tonnendächer

Verhältnis h/b		Formbeiwert μ_3	
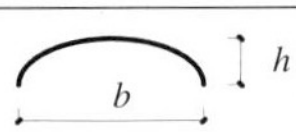	$< 0{,}18$	$0{,}2 + 10 \cdot \frac{h}{b}$	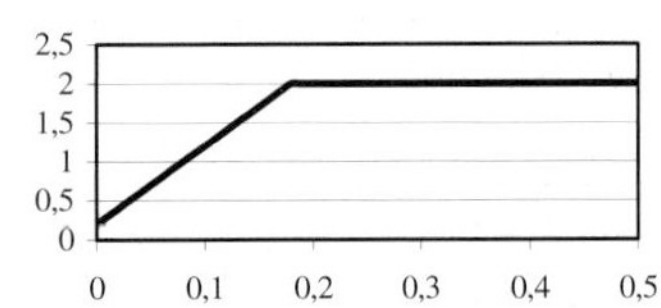
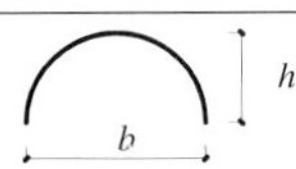	$\geq 0{,}18$	2,0	
Die Formbeiwerte gelten unter der Voraussetzung, dass der Schnee ungehindert vom Tonnendach abrutschen kann.			

Tafel 12.37c Lastbilder für Tonnendächer

Lastbild	Erläuterung
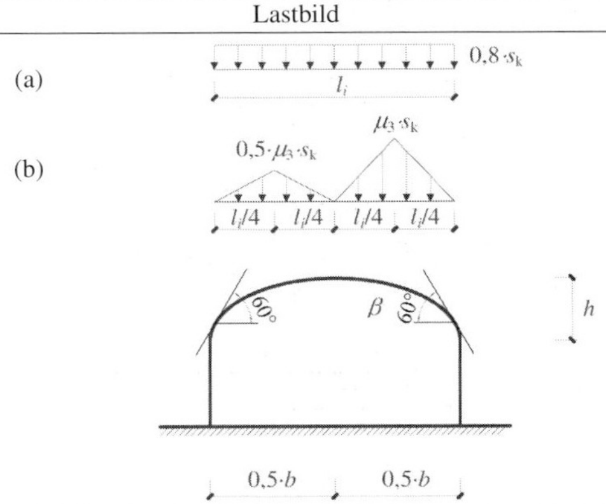	h Stichhöhe des Tonnendaches b Breite l_i Sehnenlänge zwischen den Punkten mit einer Tangentenneigung von $\beta = \pm 60°$
Formbeiwert μ_3 nach Tafel 12.37b	

3.4 Höhensprünge an Dächern

Auf Dächern unterhalb eines Höhensprunges kann es durch Anwehen oder Abrutschen des Schnees vom höher gelegenen Dach zu einer Anhäufung von Schnee kommen. Dieser Lastfall ist auf dem tiefer liegenden Dach bei einem Höhensprung von mehr als 0,5 m nach Tafel 12.38a zu berücksichtigen. Ggf. sind zusätzlich Stoßlasten aus den abrutschenden Schneemassen zu berücksichtigen.

Tafel 12.38a Lastbild und Formbeiwerte der Schneelast an Höhensprüngen

Lastbild:

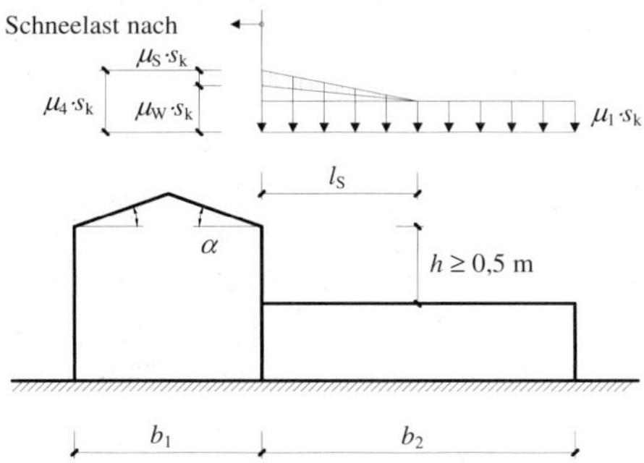

Länge des Verwehungskeils l_S:

$$l_S = 2 \cdot h \begin{cases} \geq 5 \text{ m} \\ \leq 15 \text{ m} \end{cases}$$

Ist die Länge des unten liegenden Daches b_2 kürzer als die Länge des Verwehungskeils l_S, dann sind die Lastordinaten am Dachrand abzuschneiden

Formbeiwerte:

$\mu_1 = 0{,}8$ (Annahme: das tiefer liegende Dach ist flach)

$$\mu_4 = \mu_W + \mu_S \begin{cases} \geq 0{,}8 \\ \leq 4{,}0 \end{cases}$$

μ_S Formbeiwert der abrutschenden Schneelast:

$\alpha \leq 15°$: $\mu_S = 0$

$\alpha > 15°$: μ_S ergibt sich aus einer Zusatzlast, die dreieckförmig auf die Länge l_S zu verteilen ist. Als Zusatzlast werden 50 % der resultierenden Schneelast auf der anschließenden Dachseite des höher liegenden Daches angesetzt.

μ_W Formbeiwert der Schneelast aus Verwehung:

$$\mu_W = \frac{b_1 + b_2}{2h} \leq \frac{\gamma \cdot h}{s_k} - \mu_S$$

In den Gleichungen und in der Abbildung sind:

γ Wichte des Schnees ($\gamma = 2$ kN/m^3)
h Höhe des Dachsprunges in m
s_k charakteristischer Wert der Schneelast auf dem Boden in kN/m^2 nach Tafel 12.35

3.5 Verwehungen an Wänden und Aufbauten

Im Bereich von Wänden und Aufbauten kann es durch Verwehung zu Schneeanhäufungen kommen. Diese sind als zusätzliche Schneelast zu berücksichtigen, wenn die Ansichtsfläche der Wände und Aufbauten größer gleich 1 m^2 ist oder ihre Höhe 0,5 m übersteigt. Die Schneelast infolge Verwehung ist als dreiecksförmige Belastung mit der Länge l_S anzusetzen. Lastbild und Formbeiwerte siehe Tafel 12.38b.

Tafel 12.38b Lastbild und Formbeiwerte der Schneelast an Wänden und Aufbauten

Lastbild

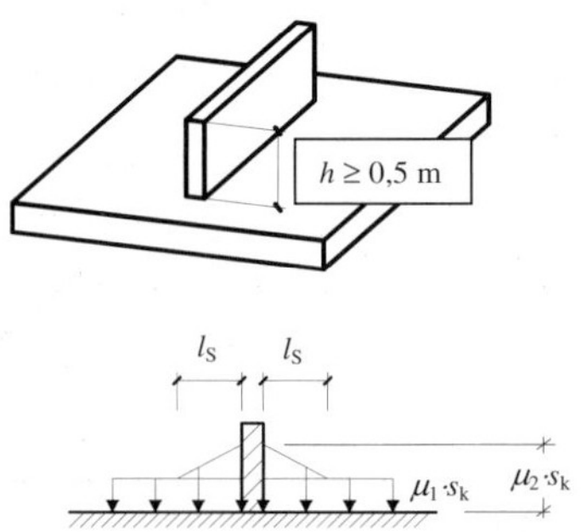

Formbeiwerte

$\mu_1 = 0{,}8$

$$\mu_2 = \frac{\gamma \cdot h}{s_k} \begin{cases} \geq 0{,}8 \\ \leq 2{,}0 \end{cases}$$

γ Wichte des Schnees ($\gamma = 2$ kN/m^3)
h Höhe des Aufbaus in m
s_k charakteristischer Wert der Schneelast auf dem Boden in kN/m^2 nach Tafel 12.35

Länge der Verwehungskeile:

$$l_S = 2 \cdot h \begin{cases} \geq 5 \text{ m} \\ \leq 15 \text{ m} \end{cases}$$

4 Sonderfälle

4.1 Schneeüberhang an der Traufe

Auskragende Teile eines Daches (Dachüberstand) werden durch Schneeüberhang zusätzlich belastet. Diese Belastung ist zusätzlich zur Schneelast an der Traufe als Linienlast anzusetzen und ergibt sich nach Tafel 12.39a.

Tafel 12.39a Lastbild für den Schneeüberhang an der Traufe

Lastbild	Schneelast des Überhangs in kN/m
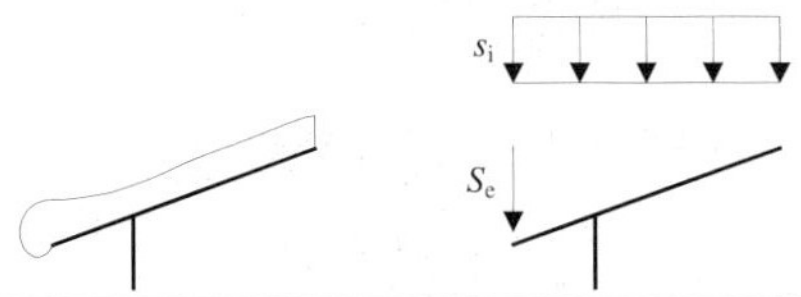	$S_e = \frac{s_i^2}{\gamma}$ s_i Schneelast für das Dach in kN/m² nach Abschnitt 3 γ Wichte des Schnees (γ = 3 kN/m³)

4.2 Schneelasten auf Schneefanggitter und Aufbauten von Dachflächen

Schneefanggitter, die abrutschende Schneemassen anstauen, sind für eine Linienlast F_S zu berechnen (Tafel 12.39b). Dabei wird die Reibung zwischen Schnee und Dachfläche vernachlässigt.

Tafel 12.39b Schneelast auf Schneefanggitter

Lastbild	Schneelast auf Schneefanggitter in kN/m
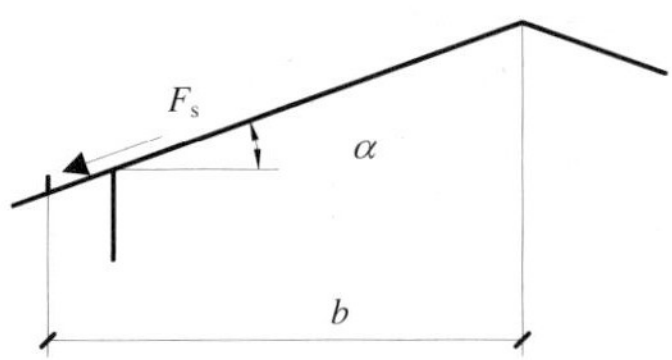	$F_S = \mu_i \cdot s_k \cdot b \cdot \sin \alpha$ μ_i der größte Formbeiwert der Schneelast nach Abschn. 3.2.1 für die betrachtete Dachfläche s_k charakteristischer Wert der Schneelast auf dem Boden in kN/m² nach Tafel 12.35 b Grundrissentfernung zwischen Gitter bzw. Dachaufbau und First oder einem höher liegenden Hindernis in m α Dachneigungswinkel

5 Eislast

Die Vereisung von Bauteilen ist abhängig von verschiedenen Einflüssen wie Lufttemperatur, Luftfeuchtigkeit, Wind, Geländeform und Höhe über NN. Die Berechnung des Eisansatzes erfolgt in Abhängigkeit von der Vereisungsklasse (G: gefrierender Regen; R: Raueis) und der geografischen Lage (Eiszonen). Für genauere Angaben wird auf die Norm verwiesen.

Beispiel: Schneelast für ein Satteldach

Bauwerksstandort: Siegen; Höhe = 350 m ü. d. Meer;
Dachneigung: $\alpha = 40°$

Schneelast auf dem Boden: Schneelastzone 2a (Tafel 12.35)

$$s_k = 1{,}25 \cdot \left[0{,}25 + 1{,}91 \cdot \left(\frac{350 + 140}{760}\right)^2\right] = 1{,}30 > 1{,}06 \text{ kN/m}^2$$

Schneelast auf dem Dach:

Formbeiwert μ_1 nach Tafel 12.36a:

$\mu_1 = 0{,}8 \cdot (60° - \alpha) / 30° = 0{,}8 \cdot (60° - 40°) / 30° = 0{,}533$

Schneelast auf dem Dach nach Abschnitt 3.1:

$s_1 = \mu_1 \cdot s_k = 0{,}533 \cdot 1{,}30 = 0{,}70$ kN/m²

Schneelastverteilung nach Tafel 12.36b.

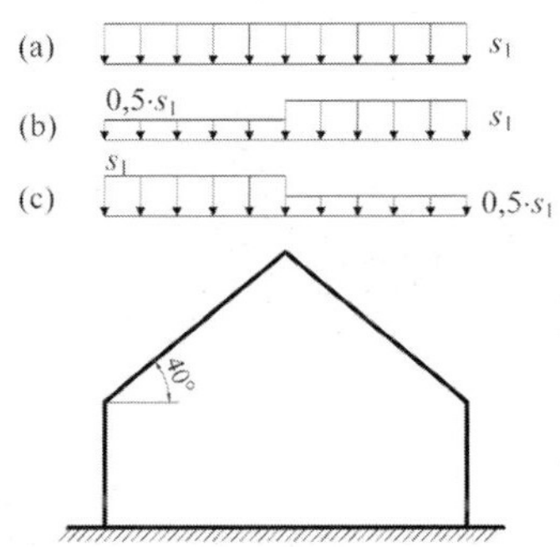

Hinweis: Die Schneelastverteilungen (b) und (c) sind nur bei Tragwerken anzusetzen, die gegenüber ungleichen Lasten empfindlich reagieren (z. B. Sparren- und Kehlbalkendächer).

VI Lastannahmen für lotrechte Schalungen nach DIN 18218 (9.80)

Lotrechte Schalungen werden neben Wind und Arbeitsbetrieb vor allem durch Frischbetondruck belastet. Größe und Verlauf können den Abb. 12.40a und 12.40b entnommen werden. An weiteren Einflüssen müssen nach DIN 18218 berücksichtigt werden:

Die Rütteltiefe. Wird bei Verwendung von Innenrüttlern mit Rütteltiefen $h_r > h_s$ gearbeitet, so ist bis zur Tiefe h_r mit dem hydrostatischen Druck zu rechnen, das heißt, der maximale Frischbetondruck ergibt sich dann zu $p_b = 25 \cdot h_r$. Das Gleiche gilt für Außenrüttler, die auf einen Bereich $h_r > h_s$ wirken.

Die Frischbetontemperatur. Beträgt sie beim Einbringen des Betons weniger als +15°C oder kann diese Temperatur (z. B. infolge niedriger Außentemperatur) nicht bis zum Ende der Erstarrungszeit beibehalten werden, so müssen p_b und h_s je 1 °C, um den die Frischbetontemperatur unter +15 °C sinkt, um 3 % erhöht werden. Kann bis zum Erstarrungsende eine höhere Frischbetontemperatur als +15 °C beibehalten werden, so darf der Schalungsdruck entsprechend ermäßigt werden, insgesamt jedoch höchstens um 30 % (entsprechend +25 °C).

Die Frischbetonrohdichte. Bei Verwendung von Schwerbeton muss p_b je 1 kN/m³, um den die Rohdichte über 25 kN/m³ liegt, um 4 % erhöht werden. Bei Leichtbeton darf um die gleichen Werte ermäßigt werden. h_s bleibt unverändert.

Die Verwendung von *Erstarrungsverzögerern* führt je nach Betonkonsistenz und Zeitraum der Erstarrungsverzögerung bis zu den doppelten Schalungsdrücken (s. im Einzelnen Tab. 1 der Norm).

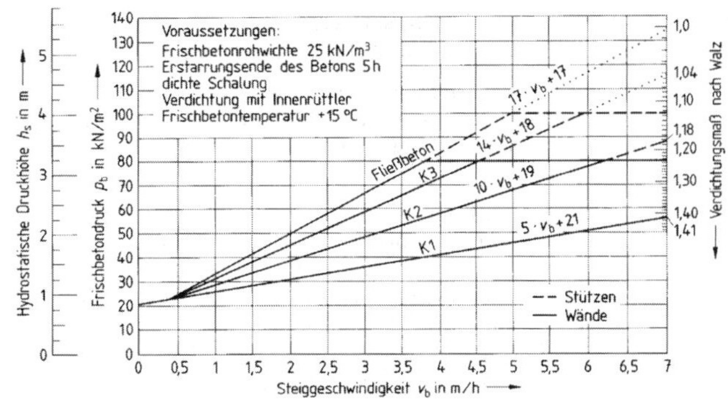

Abb. 12.40a Bestimmung des Frischbetondrucks und der hydrostatischen Druckhöhe

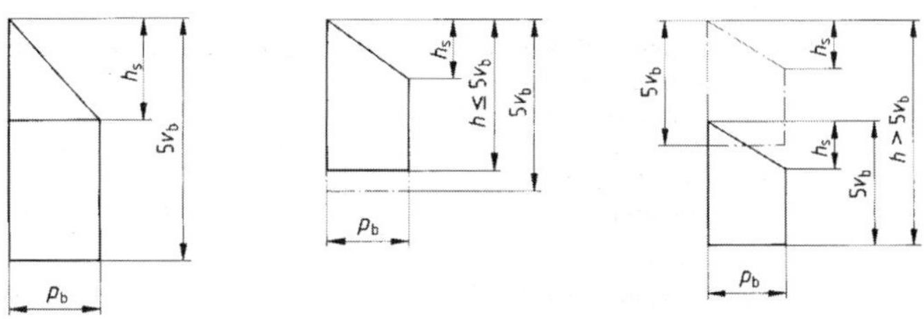

Abb. 12.40b Verteilung des Frischbetondrucks (a) und Ansatz bei unterschiedlichen Höhen der belasteten Schalung (ein Teil der Belastung entfällt (b) oder die Belastung tritt als Wanderlast auf (c))

Anmerkung: Die Konsistenzbereiche K 1, K 2, K 3 und Fließbeton nach DIN 1045, Ausgabe 1978, entsprechen etwa den folgenden Bereichen nach DIN 1045-2, Ausgabe 2001 (s. S. 14.10):

Konsistenz	nach DIN 1045 (12.78)	nach DIN 1045-2 (7.01)	
steif	K 1	C 1	F 1
plastisch	K 2	C 2	F 2
weich	K 3	C 3	F 3
fließfähig	Fließbeton	–	F 4 / F 5

VII Verkehrslasten, Schneelasten und Eislasten, Windlasten

Prof. Dipl.-Ing. Klaus-Jürgen Schneider

Anmerkung: Nachfolgend sind die Lastannahmen nach den „alten" Normen zusammengestellt. Bezüglich des derzeitigen Standes der bauaufsichtlichen Einführung der neuen Normen wird auf die Erläuterungen auf S. 12.2 verwiesen.

VIIa Verkehrslasten nach DIN 1055-3 (6.71)

1 Allgemeines

● **Ständige Last** ist die Summe der unveränderlichen Lasten (z.B. Eigenlasten der tragenden Bauteile, Auffüllungen, Putz, Fußbodenbeläge).

● **Verkehrslast** ist die veränderliche oder bewegliche Belastung des Bauteils (z.B. Personen, Einrichtungsstücke, unbelastete leichte Trennwände, Lagerstoffe, Maschinen, Fahrzeuge, Kranlasten, Wind, Schnee).

● **Vorwiegend ruhende Lasten** sind die Verkehrslasten nach Abschnitt 2 (u. a.) mit Ausnahme der im Folgenden angegebenen Lasten.

● **Nicht vorwiegend ruhende Lasten** sind stoßende und sich häufig wiederholende Lasten, die Massenkräfte nicht ausgewuchteter Maschinen, die Verkehrslasten auf Kranbahnen, auf Hofkellern, auf von Gabelstaplern befahrenen Decken und auf Dachdecken, die als Hubschrauberlandeplätze dienen.

● **Bekanntgabe der zulässigen Verkehrslast** hat in Werkstätten, Fabriken, Lagerräumen und dgl. zu erfolgen. Anzugeben ist die angenommene Verkehrslast nach 2.1 und bei Gebrauch von Gabelstaplern zusätzlich an den Raumeinfahrten das zulässige Gesamtgewicht gem. DIN 1055-3. An den Zufahrten von Decken, die von Personenkraftfahrzeugen oder ähnlichen Kraftfahrzeugen befahren werden, ist das zulässige Gesamtgewicht von 2,5 t anzugeben, wenn diese Decken nach Abschnitt 2.1 Zeile 7b berechnet wurden. An den Zufahrten von Decken, die von schweren Kraftfahrzeugen befahren werden, ist das zulässige Gesamtgewicht des Kraftfahrzeugs, für das die Decke berechnet wurde, anzugeben.

● **Berücksichtigung unbelasteter leichter Trennwände** kann durch einen gleichmäßig verteilten Zuschlag zur Verkehrslast erfolgen. Ausgenommen sind Wände mit einem Gewicht ≥ 100 kg/m^2 Wandfläche, die parallel zu den Balken von Decken ohne ausreichende Querverteilung stehen.
Zuschlag $\Delta p = 0{,}75$ kN/m^2 bei Wänden einschl. Putz mit $g \leq 100$ kg/m^2 und $\Delta p = 1{,}25$ kN/m^2 bei Wänden einschl. Putz mit $g \leq 150$ kg/m^2.
Bei Verkehrslasten von $p \geq 5$ kN/m^2 ist ein gleichmäßig verteilter Zuschlag zu p nicht nötig.

● **Berücksichtigung besonderer Lasten**
Die Angaben in Abschnitt 2.1 Zeile 1 bis 7a gelten für Belastung durch Personen, Möbel, Geräte, unbeträchtliche Warenmengen und dgl.
Kommen in einzelnen Räumen etwa besondere Belastungen durch Akten, Bücher, Warenvorräte, leichte Maschinen, Panzerschränke, Tresore usw. vor, so ist ein genauer Nachweis für diese Belastungen nicht erforderlich, wenn zu den für diese Räume angenommenen Verkehrslasten ein Zuschlag von 3 kN/m^2 eingeführt wird.
Anmerkung: Ein zusätzlicher Nachweis für den Einbau elektrischer Speicherheizgeräte, Tresore oder Ähnliches auf Decken in Gebäuden, die nach Abschnitt 2.1 mit der gleichmäßig verteilten Verkehrslast von 1,5 kN/m^2 bzw. 2 kN/m^2 berechnet sind, ist nicht erforderlich, wenn

a) das Gerät die Decke mit höchstens 3 kN belastet;
b) das Gerät die Decke mit höchstens 5 kN belastet, wenn dieses an einem statisch in Rechnung gestellten Auflager der Decke rechtwinklig zu ihrer Spannrichtung stehen soll.

In anderen Fällen ist ein Nachweis erforderlich.

2 Lotrechte Verkehrslasten

2.1 Gleichmäßig verteilte lotrechte Verkehrslasten p in kN/m²

	Dächer, waagerecht oder bis 1 : 20 geneigt	p
1	bei zeitweiligem Aufenthalt von Personen [1)]	2
2	zugängliche Dächer von Terrassenhäusern, Dachgärten, wenn hierfür nicht höhere Lasten in Frage kommen	3,5
3	Hubschrauberlandeplätze (Einzellasten s. DIN 1055-3)	5
	Decken	p
4a	Spitzböden, die auf Grund ihrer Querschnittsabmessungen nur bedingt begehbar sind (Höhe von OK Spitzboden bis OK First ≤ 2 m [*)] bzw. ≤ 1,8 m [**)])	1
4b	Fertigteildecken mit geringerer Tragfähigkeit während des Einbauzustandes, die mit Transportgefäßen für Beton bis zu 100 l Fassungsvermögen befahren werden	1
5a	Wohnräume mit ausreichender Ouerverteilung der Lasten, z. B. nach DIN 1045	
5b	Fertigteildecken mit geringerer Tragfähigkeit während des Einbauzustandes, die mit Transportgefäßen für Beton bis zu 150 l Fassungsvermögen befahren werden	1,5
6a	Wohnräume ohne ausreichende Querverteilung der Lasten [2)], z. B. nach DIN 1045, und Holzbalkendecken Bei Weiterleitung dieser Verkehrslast auf stützende Bauteile darf diese Verkehrslast um 0,5 kN/m² vermindert werden	
6b	Büroräume; Verkaufsräume bis 50 m² Grundfläche in Wohngebäuden; Flure und Dachbodenräume in Wohn- und Bürogebäuden; Krankenzimmer und Aufenthaltsräume in Krankenhäusern; Kleinviehstallungen	2
6c	Fertigteildecken mit geringerer Tragfähigkeit während des Einbauzustandes, die mit Transportgefäßen für Beton bis zu 200 l Fassungsvermögen befahren werden	
7a	Balkone und Laubengänge über 10 m² Grundfl.; Haushaltungskeller; Hörsäle; Klassenzimmer; Behandlungsräume, Küchen und Flure in Krankenhäusern	3,5

*) Siehe Mitteilungen Inst. f. Bautechnik 1972, Nr. 4. **) Siehe [12.3].

1) Bei dieser Verkehrslast brauchen im Regelfall Winddruck und Schneelast nicht berücksichtigt zu werden; der Windsog ist jedoch nachzuweisen.

2) Für den Zustand beim Einbau ist eine Einzellast von 1 kN in ungünstigster Stellung in Rechnung zu stellen, wenn nicht die Verkehrslast von 2 kN/m² ungünstiger ist. Die Verteilungsbreite der Einzellast ist gleich der Plattenbreite anzunehmen. Bei einer Verteilungsbreite von mindestens 0,5 m ist der Nachweis für die Einzellast nur bei Stützweiten bis 2 m erforderlich.

Anmerkung zu Abschnitt 2.1: Die für Treppen angegebenen Verkehrslasten genügen für die Bemessung der einzelnen Stufen nur, wenn die konstruktive Gestaltung der Treppe eine hinreichende Lastverteilung gewährleistet (z. B. durch Verbindung der einzelnen Treppenstufen durch Setzstufen oder durch Auflagern der Stufen auf einer von Podest zu Podest in die Treppenhauswände eingespannten Platte u. Ä.).
Ist dies nicht der Fall, so ist bei Treppenstufen nach S. 12.43, Zeile 11 eine Einzellast von 1,5 kN und bei Treppenstufen nach S. 12.43, Zeile 12 eine solche von 2 kN in ungünstigster Laststellung anzunehmen.
Bei auskragenden Stufen ist außerdem nachzuweisen, dass ihre in der Rechnung vorausgesetzte volle Einspannung in den Treppenhauswänden oder der Wange auch wirklich aufgenommen werden kann. An Stellen, wo z. B. unter Treppenfenstern die zur notwendigen Einspannung erforderliche Auflast des Treppenhausmauerwerks fehlt, muss durch geeignete konstruktive Maßnahmen (z. B. Randträger) die erforderliche Einspannung der Kragtreppe gesichert werden. Bei Treppen, bei denen mit besonders großen Einzellasten zu rechnen ist (z. B. Fabrikgebäuden, Warenhäusern o. Ä.), sind Stufen ohne hinreichende Lastverteilung unzulässig.
Ergänzungen gemäß [12.3]: Abschn. 2.1, Zeile 11: „und Bürogebäuden ohne nennenswerten Publikumsverkehr". Abschn. 2.1, Zeile 12: „und Bürogebäuden mit hohem Publikumsverkehr".

2.1 Gleichmäßig verteilte lotrechte Verkehrslasten *p* in kN/m² (Forts.)

7b	Garagen und Parkhäuser, die von Personenkraftwagen oder ähnlichen Kraftfahrzeugen bis zu einem zulässigen Gesamtgewicht von 2,5 t befahren werden, für Stützweiten $l \geq l_0$ mit $l_0 = 3$ m bei Platten und $l_0 = 5$ m bei Balken. Für Stützweiten $l < l_0$ ist die nebenstehende Verkehrslast mit dem Faktor l_0/l zu multiplizieren, wobei dieser Vergrößerungsfaktor nicht größer als 1,43 anzusetzen ist; dieser Faktor braucht nicht für die Weiterleitung der Verkehrslast auf Stützen oder Wände berücksichtigt zu werden.	3,5
8a	Balkone, Laubengänge und offene, gegen Innenräume abgeschlossene Hauslauben bis 10 m² Grundfläche; Keller besonderer Art, z. B. Kohlenkeller	5
8b	Versammlungsräume in öffentlichen Gebäuden, z. B. Kirchen, Theater- und Lichtspielsäle, Tanzsäle; Turnhallen; Tribünen mit festen Sitzplätzen; Flure zu Hörsälen und Klassenzimmern; Ausstellungs- und Verkaufsräume, Geschäfts- und Warenhäuser, Büchereien, Archive; Aktenräume, soweit nicht die Ermittlung nach DIN 1055-1 höhere Werte ergibt; Gastwirtschaften, Großküchen, Schlächtereien, Bäckereien; Fabriken und Werkstätten mit leichtem Betrieb; nicht befahrbare Hofkellerdecken, Vorplätze; Großviehstallungen	
8c	Zufahrten und Rampen in Garagen und Parkhäusern, die von Personenkraftwagen oder ähnlichen Kraftfahrzeugen bis zu einem zulässigen Gesamtgewicht von 2,5 t befahren werden; für die Weiterleitung dieser Verkehrslast auf Stützen oder Wände ist sie auf 3,5 kN/m² abzumindern	
9	Tribünen ohne feste Sitzplätze; Werkstätten und Fabriken sowie Lagerräume, wenn nicht höhere Belastungen nach Zeile 10 in Frage kommen	7,5
10	Werkstätten und Fabriken sowie Lagerräume mit schwerem Betrieb, z. B. durch Gabelstapler. Die Verkehrslast ist in jedem Einzelfall zu bestimmen. Kommen hierfür gleichmäßig verteilte Verkehrslasten in Betracht, so empfiehlt es sich, nebenstehende Stufung zu wählen. Dient diese Verkehrslast im Wesentlichen als Ersatzlast für schwere Einzellasten (z. B. schwere Maschinen), so darf sie mit Zustimmung der Bauaufsichtsbehörde für Hauptträger und Stützen stufenweise abgemindert werden, wenn die Ersatzlast, die sich für die gesamte Lastfläche des Bauteils errechnet, wesentlich größer ist als die Last, die tatsächlich – auch beim Ein- und Ausbau der Maschinen – auf der Fläche wirkt.	10 12,5 15 20 25 30
	Treppen, einschl. Treppenabsätze und Zugänge	*p*
11	in Wohngebäuden	3,5
12	in öffentlichen Gebäuden nach Zeile 7b, 8b, 9, 10[3)]	5

3) Für Tribünentreppen $p = 7{,}5$ kN/m².

2.2 Lotrechte Einzelverkehrslasten für Dächer

2.2.1 Einzelne Tragglieder

Einzelne Tragglieder (z. B. Sparren, Pfetten, Fachwerkstäbe), die unmittelbar von der Dachhaut belastet werden, sind mittig mit $F = 1$ kN (Personenlast) zu belasten, wenn die auf das Tragteil entfallende Schnee- und Windlast kleiner als 2 kN ist.

2.2.2 Dachhaut

Für eine begehbare Dachhaut gilt ebenfalls 2.2.1. Verteilungsbreite: 2 Platten, jedoch höchstens 1,0 m. Stahlbetonhohldielen siehe DIN 4028. Beim Verlegen dürfen diese Bauteile nur auf Laufbohlen betreten werden.

2.2.3 Dachlatten

Belastung: Zwei Einzellasten von je 0,5 kN in den äußeren Viertelpunkten. Kein Nachweis erforderlich (vgl. Mitt. Inst. f. Bautechnik, Heft 3/75, S. 79) bei Dachlatten 40/60 mm mit einem Sparrenabstand $a < 1{,}0$ m, 30/50 mm bei $a < 0{,}8$ m, 24/48 mm bei $a < 0{,}7$ m.

VIIb Schneelast und Eislast nach DIN 1055-5 (6.75)

1 Gleichmäßig verteilte Schneelast

Die Schneelast je m² **Grundrissprojektion** der Dachfläche beträgt:

$$\bar{s} = k_s \cdot s_0$$

s_0 = Regelschneelast (siehe Tafel 12.44a) $k_s = 1 - \dfrac{\alpha - 30°}{40°}$ (siehe Tafel 12.44b)

Tafel 12.44a Regelschneelast s_0 in kN/m² [1)]

Geländehöhe des Bauwerk-standortes über NN in m	Schneelastzone nach Abb. auf S. 12.45			
	I	II	III	IV
≤ 200	0,75	0,75	0,75	1,00
300	0,75	0,75	0,75	1,15
400	0,75	0,75	1,00	1,55
500	0,75	0,90	1,25	2,10
600	0,85	1,15	1,60	2,60
700	1,05	1,50	2,00	3,25
800	1,25	1,85	2,55	3,90
900	*1,50*	2,30	3,10	4,65
1000	*1,80*	*2,80*	3,80	5,50
1100			*4,50*	
1200			*5,20*	
1300			*5,90*	
1400			*6,60*	
1500			*7,30*	

Bei Zwischenwerten der Geländehöhen können die Werte für s_0 geradlinig interpoliert werden. Liegt der Bauwerksstandort auf der Grenzlinie zweier Schneelastzonen, so kann für s_0 das arithmetische Mittel genommen werden, anderenfalls ist der höhere Wert maßgebend.

Tafel 12.44b Abminderungswerte k_s in Abhängigkeit von der Dachneigung α [*)]

α	0°	1°	2°	3°	4°	5°	6°	7°	8°	9°
30°	1,00	0,97	0,95	0,92	0,90	0,87	0,85	0,82	0,80	0,77
40°	0,75	0,72	0,70	0,67	0,65	0,62	0,60	0,57	0,55	0,52
50°	0,50	0,47	0,45	0,42	0,40	0,37	0,35	0,32	0,30	0,27
60°	0,25	0,22	0,20	0,17	0,15	0,12	0,10	0,07	0,05	0,02

*) Für $\alpha \leq 30°$ ist $k_s = 1$, für $\alpha \geq 70°$ ist $k_s = 0$.

2 Einseitig verminderte Schneelast

Die Möglichkeit einer einseitigen Schneebelastung ist zu berücksichtigen. In diesem Fall kann einseitig $s/2$ angesetzt werden.[2)]

3 Schneeanhäufungen

in Form von Schneeverwehungen oder Schneesackbildungen sind zusätzlich zu berücksichtigen. Bei Schneelastumlagerungen (z. B. bei Sheddächern) kann davon ausgegangen werden, dass die Summe der auf das Dach entfallenden gleichmäßig verteilten Schneelasten nach Abschnitt 1 gleich bleibt. Bei außergewöhnlichen Dachformen können Versuche erforderlich werden.

1) Kursive Zahlen gemäß [12.3].

2) Eine Kombination von $w + \dfrac{s/2}{2} = w + \dfrac{s}{4}$ in Anlehnung an Abschnitt 5 ist nicht möglich.

Schneelastzonen (Bundesrepublik Deutschland) nach DIN 1055-5 A1 (4.94)

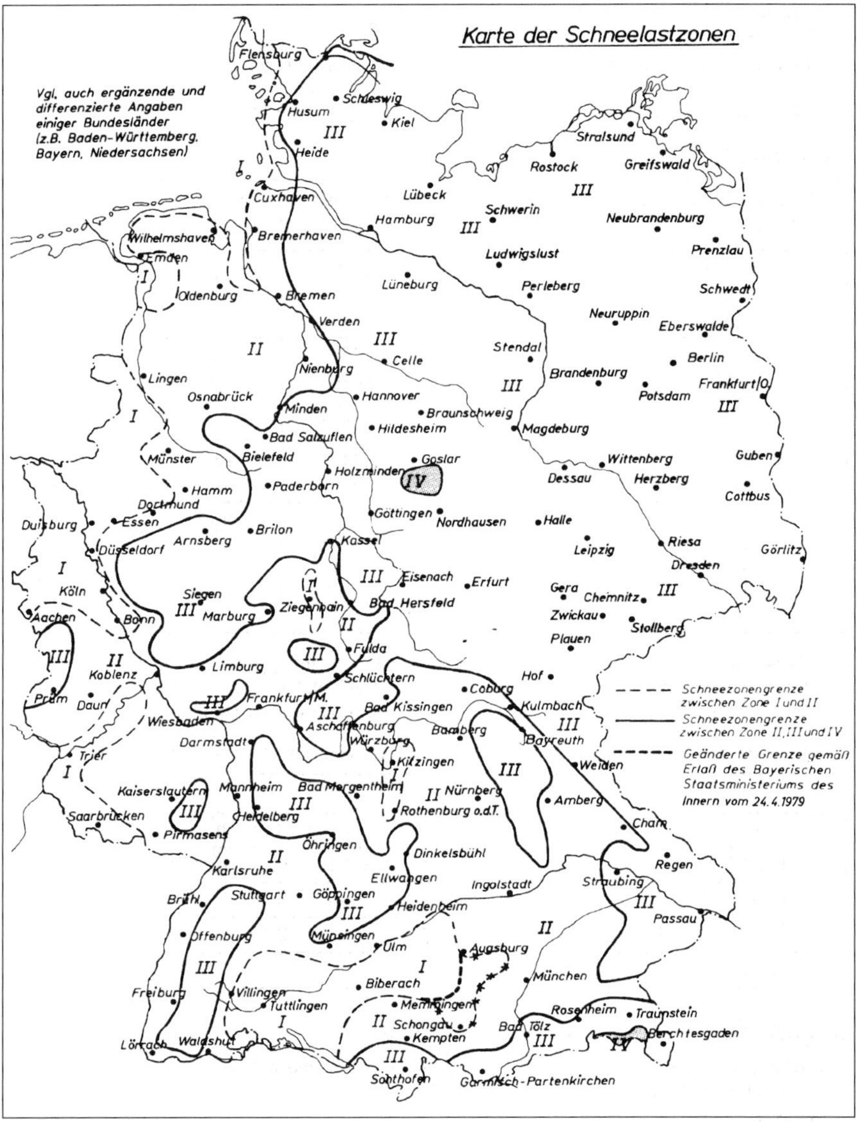

4 Sonderregelungen

Verminderung der Schneelast z. B. bei Bauten für vorübergehende Zwecke, bei Gewächshäusern usw. siehe DIN 1055-5, 3.4.

5 Gleichzeitige Berücksichtigung von Schneelast und Windlast

Bei Dachneigungen bis 45° genügt es, die gleichzeitige Einwirkung der Schneelast s und der Windlast w (nach DIN 1055-4) durch folgende Lastkombinationen zu berücksichtigen:

$s + \frac{w}{2}$ bzw. $w + \frac{s}{2}$ Hierbei gelten Schnee und Wind als Hauptlasten.

Der ungünstigste Wert der Lastkombinationen ist maßgebend. Bei Dächern über 45° Neigung ist nur eine gleichzeitige Berücksichtigung von Schnee und Wind erforderlich, wenn Schneeansammlungen, z. B. beim Zusammenstoßen von mehreren Dachflächen, möglich sind.

6 Eislast

In welchem Maße eine Vereisung (Eisregen oder Raueis) zu berücksichtigen ist, muss bereits bei der Planung vom Bauherrn im Einvernehmen mit der zuständigen Bauaufsichtsbehörde festgelegt werden.
Muss ein Eisansatz berücksichtigt werden und liegen keine genaueren Werte vor, so darf in nicht besonders gefährdeten Lagen bis 400 m über NN vereinfachend ein allseitiger Eisansatz von 3 cm Dicke für alle der Witterung ausgesetzten Konstruktionsteile angenommen werden (Eisrohwichte: 7 kN/m^3). Die Windlast auf die durch den Eisansatz vergrößerte Fläche des Bauteils ist mit 75 % des Staudrucks anzusetzen.

VIIc Windlasten bei nicht schwingungsanfälligen Bauwerken

nach DIN 1055-4 (8.86)

1 Kriterien für nicht schwingungsanfällige Bauwerke

Folgende Bauwerke sind nicht schwingungsanfällig im Sinne dieser Norm:

- Übliche Wohn-, Büro- und Industriegebäude sowie nach Konstruktion und Form ähnliche Gebäude mit einer Höhe bis zu 40 m.
- Als Kragträger wirkende Bauwerke, die sich im nicht schwingungsanfälligen Bereich der folgenden Abb. befinden.
- Krantragwerke (abgesehen von besonders gelagerten Ausnahmefällen), wenn die Krane sich im Zustand „außer Betrieb“ befinden.

Konstruktionsart	δ
Stahlkonstruktionen	
geschraubt (SL-Verbindung)	0,05
geschraubt (GV- oder GVP-Verbindung)	0,03
geschweißt	0,02
Zuschlag für dämpfende Einbauten, z. B. Ausmauerung	0,02
Zuschlag für offene geschraubte Gitterkonstruktionen	0,02
Beton- u. Stahlbetonkonstruktionen	
Zustand I (auch Spannbeton)	0,04
Zustand II*)	0,10
Zuschlag für dämpfende Einbauten, z. B. Ausmauerungen	0,02
Mauerwerkskonstruktionen	0,12
Holzkonstruktionen	0,15

*) Nur für Konstruktionen, die sich im Gebrauchszustand überwiegend im Zustand II befinden.

Hinweis: Angaben über die Ermittlung der Eigenfrequenz siehe z. B. Betonkalender 1978 Teil II, S. 779.

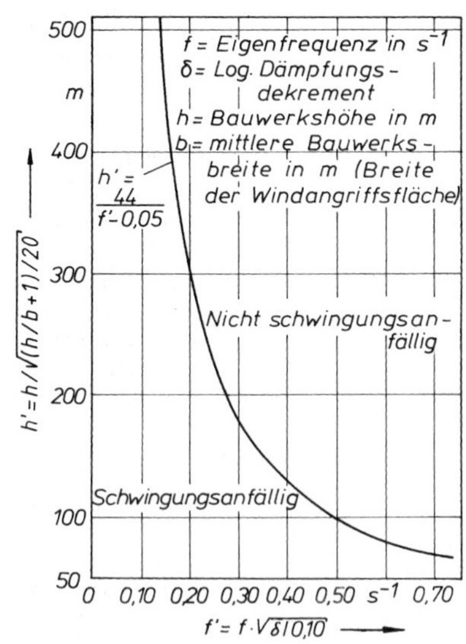

2 Standsicherheitsnachweis infolge Windwirkung

Die Windlast ist in der Regel in Richtung der Bauwerks-Hauptachsen anzusetzen. In Sonderfällen kann Berechnung „über Eck“ erforderlich werden.[1)]
Auf einen Nachweis der Windbeanspruchung der *Gesamtkonstruktion* kann verzichtet werden, wenn das Bauwerk durch Wand- und Deckenscheiben ausreichend ausgesteift ist.
Steht bei Bauwerken oder Bauteilen eine ausreichende Kipp- und Gleitsicherheit nicht eindeutig fest, so ist dieser Nachweis für eine 1,5fache Sicherheit zu erbringen. Neben den Windlasten sind dabei auch alle anderen horizontalen Lasten anzusetzen. Günstig wirkende Wind- und Verkehrslasten dürfen dabei nicht berücksichtigt werden.

3 Abhebenachweis

Der Nachweis gegen Abheben ist bei Berücksichtigung der Windsogspitzen

(siehe S. 12.53) wie folgt zu führen: $\frac{F_{\text{Trag}}}{1,3} \geq 1,1 \cdot S_{\text{Sog}} - \frac{S_{\text{GDach}}}{1,1}$

F_{Trag} größte vom Verbindungsmittel aufnehmbare Kraft[2)]
S_{Sog} Auflagerkraftanteil aus Wind unter Berücksichtigung der Windsogspitzen
S_{GDach} Auflageranteil aus der Eigenlast des trockenen Daches

Hierbei ist der untere Rechenwert nach DIN 1055-1 einzusetzen. Falls ein solcher nicht angegeben ist, darf mit dem 0,8fachen Rechenwert gerechnet werden.

4 Gleichzeitige Berücksichtigung von Wind- und Schneelast

Siehe Seite 12.45.

5 Rechenwerte

5.1 Windrichtung

Die Windlast ist in jeder Richtung mit ihrem Maximalwert wirkend anzunehmen. Die Windrichtung kann im Allgemeinen waagerecht angenommen werden.

5.2 Resultierende Windlast, Winddruck

Resultierende Windlast am Gesamtbauwerk: $W = c_f \cdot q \cdot A$	Winddruck je Flächeneinheit der Bauwerksfläche: $w = c_p \cdot q$
c_f, c_p aerodynamische Beiwerte (s. S. 12.48 ff.), A Bezugsfläche, q Staudruck (s. unten)	

Die Windlast eines Bauwerks ist von dessen Form abhängig. Sie setzt sich aus Druck-, Sog- und Reibungswirkungen zusammen.

Die im Folgenden angegebenen Druck- und Sogbeiwerte sind Mittelwerte über die gekennzeichneten Bereiche. Daher sind die Werte für Druck beim Nachweis einzelner Tragglieder (z. B. Sparren, Pfetten, Wandstiele, Fassadenelemente) um 25 % zu erhöhen. Als einzelne Tragglieder gelten solche Bauteile, deren Einzugsfläche < 15 % von derjenigen Fläche ist, über die der Beiwert gemittelt wurde.[3)] Berücksichtigung erhöhter Sogspitzen siehe S. 12.53.

5.3 Staudruck q

Er wird aus $q = v^2/1600$ in kN/m² errechnet (v in m/s) und ist der folgenden Tafel zu entnehmen.

---

1) Die Entscheidung, in welchen Fällen eine Untersuchung „über Eck“ erforderlich ist, muss dem sachkundigen Ingenieur überlassen bleiben. Regeln in knapper Form lassen sich hierüber nicht aufstellen.

2) Zum Beispiel bei Stahl: Spannungen an der Fließgrenze; bei Holz: $F_{\text{Trag}} = 1,8 \cdot \text{zul}\ F$ (Lastfall H).

3) In Zweifelsfällen sollte wie bisher der Druckmittelwert um 25 % erhöht werden.

Ist ein Bauwerk auf einer das umliegende Gelände steil und hoch überragenden Erhebung dem Windangriff besonders stark ausgesetzt, so ist mindestens $q = 1{,}1$ kN/m² anzusetzen.

Infolge Föhn- oder Düseneffekten können höhere Windgeschwindigkeiten auftreten.

Tafel 12.48 Staudruck q (nach DIN 1055-4, Tabelle 1)

Höhe über Gelände	m	0 bis 8	> 8 bis 20	> 20 bis 100	> 100
Windgeschwindigkeit	m/s	28,3	35,8	42,0	45,6
Staudruck q	kN/m²	0,5	0,8	1,1	1,3

6 Aerodynamische Beiwerte

Die im Folgenden angegebenen Beiwerte für Kräfte und Oberflächendrücke beruhen auf Auswertungen von Windkanalversuchen an Einzelkörpern bei geringer Turbulenz und praktisch stationärer homogener Anströmung über den Kanalquerschnitt. Der Einfluss der üblichen architektonischen Flächenstrukturierung prismatischer Baukörper gilt für die Beiwertangaben als erfasst[1].

Bei Flächen, die parallel zu ihrer Ebene angeströmt werden, können Reibungskräfte $W_{fr} = c_{fr} \cdot q \cdot A$ auftreten, die i. Allg. vernachlässigbar sind. Lediglich in Sonderfällen, wie z. B. bei über- und unterströmten frei stehenden Platten (z. B. frei stehende Dächer), kann die Berücksichtigung dieser Windwirkung erforderlich werden.

Kraftbeiwerte können aus Druckbeiwerten ermittelt werden, wenn die Reibungskräfte vernachlässigbar sind. Die folgenden Beiwertangaben gelten für geometrisch einfache Körperformen. Aus den angegebenen Formen zusammengesetzter Körper oder Gruppierungen einzelner Körper können sich gegenseitige Beeinflussungen ergeben, die häufig eine Vergrößerung der Kraft- und Druckbeiwerte zur Folge haben. Der Gesamtwiderstand liegt in der Regel höher als die Summe der Teilwiderstände. In wichtigen Fällen sollten die Beiwerte durch Modellversuche ermittelt werden. In Zweifelsfällen sollte der „Arbeitskreis Aerodynamische Beiwerte" des Instituts für Bautechnik, Berlin, eingeschaltet werden.

6.1 Kraftbeiwerte c_f

6.1.1 Von ebenen Flächen begrenzte Baukörper, ab Geländeoberfläche allseitig geschlossen

a Länge (x-Richtung)
b Breite (y-Richtung)
h Höhe (z-Richtung)

	β	A	c_{fx}	c_{fy}
$h/b \leq 5$	0°	$b \cdot h$	1,3	0
$h/a \leq 5$	90°	$a \cdot h$	0	1,3
$a/b = 1$ $h/b \leq 5$	45°	$a \cdot h$	0,8	0,8

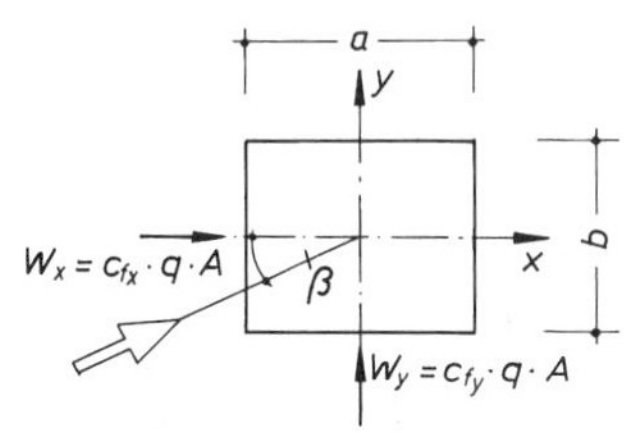

Hinweis: Zur Berücksichtigung einer möglichen Exzentrizität der Lastangriffe zur z-Achse ist eine Ausmitte $e_x = 0{,}1\,a$ bzw. $e_y = 0{,}1\,b$ der Windlastresultierenden zu untersuchen.

Bei von der Rechteckform abweichenden Grundrissen darf näherungsweise das umschriebene Rechteck zugrunde gelegt werden, wenn kein genauerer Wert vorliegt; es dürfen auch die Werte für Stäbe nach 6.1.3 (bzw. nach Abschnitt 6.2.4 der Norm) sinngemäß verwendet werden.

[1] „Übliche Flächenstrukturierung": z. B. Fassaden mit Fensternischen, Pfeilervorsprüngen, Gesimsbändern, einzelnen Erkervorsprüngen. „Nicht übliche Flächenstrukturierung": z. B. Fassaden mit Laubengängen oder waagerecht durchlaufenden Balkons in jedem Geschoss.

6.1.2 Sonderfall: Wohngebäude bis zu zwei Vollgeschossen

Bei Wohngebäuden bis zu zwei Vollgeschossen mit normalen Geschosshöhen (Traufhöhe < 8 m, Gebäudebreite < 13 m, Gebäudelänge < 25 m) und bei Gebäuden mit vergleichbaren Abmessungen dürfen für den Nachweis der Standsicherheit (Nachweis der vertikalen Windscheiben) die Kraftbeiwerte c_f des Dachkörpers mit einem Dachneigungswinkel α wie folgt ermittelt werden:

Rechteckiger Grundriss: $c_f = 1{,}3 \cdot \sin\alpha$	Quadratischer Grundriss: $c_f = 0{,}8 \cdot \sin\alpha$

Bei von der Rechteckform abweichenden Grundrissen siehe 6.1.1.

Beispiel

Staudruck: $q = 0{,}5\ \text{kN/m}^2$
Wand: $c_f = 1{,}3$
Dach: $c_f = 1{,}3 \cdot 0{,}57 = 0{,}74$

$W = \sum c_f \cdot q \cdot A$
$W_1 = 1{,}3 \cdot 0{,}5 \cdot 12 \cdot 3{,}5 = 27{,}3\ \text{kN}$
$W_2 = 0{,}74 \cdot 0{,}5 \cdot 12 \cdot 3{,}15 = 14{,}0\ \text{kN}$
$W = W_1 + W_2 = 27{,}3 + 14 = 41{,}3\ \text{kN}$

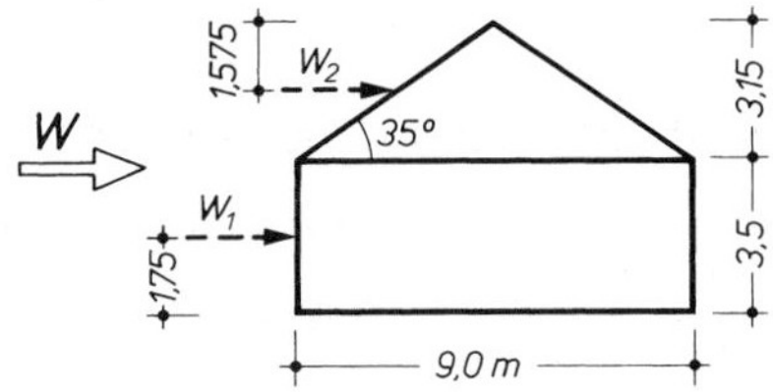

Gebäudelänge: 12 m
$\sin\alpha = \sin 35° = 0{,}57$

6.1.3 Einzelne Stäbe und Scheiben Auswahl[1]

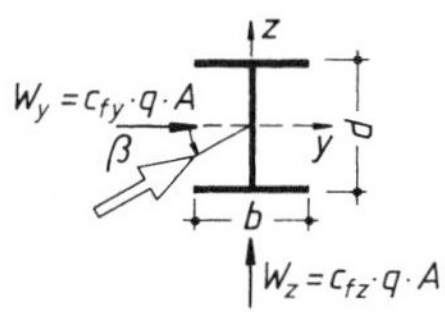

Kraftbeiwert

$$c_f = c_{f0} \cdot \psi$$

c_{f0} Grundbeiwert nach Tafel 12.49
ψ Abminderungsfaktor für Völligkeitsgrad $\varphi = 1$ (Tafel 12.50a)

Tafel 12.49 Grundbeiwerte c_{f0} (A Bezugsfläche)

Baukörper	gültig für	β(°)	A	$c_{f0,y}$	$c_{f0,z}$
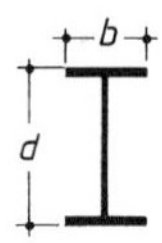	$b/d = 0{,}5$	0 ±45 ±90	$d \cdot l$	2,0 1,8 0	0 ±0,6 0,8
	$b/d = 0{,}66$	0 ±45 ±90	$d \cdot l$	1,85 1,7 0	0 ±1,0 1,2
	$b/d = 1$	0 ±45 ±90	$d \cdot l$	1,7 1,5 0	0 ±1,5 1,7

Tafel 12.49 (Fortsetzung)

Baukörper	gültig für	β(°)	A	$c_{f0,y}$	$c_{f0,z}$
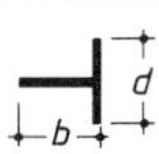	$b/d = 1$	0 ±45 ±90	$d \cdot l$	1,65 2,2 1,3	0 ±1,0 2,1
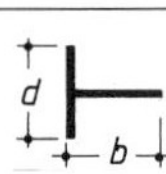	$b/d = 1$	0 ±45 ±90	$d \cdot l$	2,0 1,15 −1,3	0 ±0,8 2,1
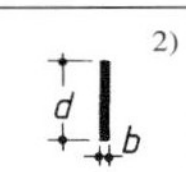 2)	$b/d \le 0{,}1$	0 ±45 90	$d \cdot l$	2,0 1,3 0	0 ±0,13 0,1

Baukörper	gültig für	β(°)	A	c_{f0}
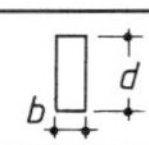	$b/d = 0{,}5$	0	$d \cdot l$	2,1
	$b/d = 1$	0	$d \cdot l$	1,9
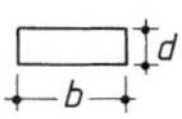	$b/d = 2$ $b/d = 3$ $b/d = 4$	0	$d \cdot l$	1,5 1,3 1,0
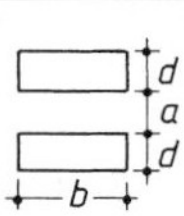	$b/d = 2$ und $a/d = 0{,}5$ $a/d = 1$ $a/d = 2$	0	$2d \cdot l$	1,6 1,5 1,4

[1] Stäbe mit anderen Querschnittsformen sowie zylindrische und ähnliche Baukörper mit Kreisquerschnitt und kugelförmige Baukörper siehe Norm, Abschnitte 6.2.2 bis 6.2.5.
[2] Gilt auch für Scheiben (Tafeln).

Tafel 12.50a Abminderungsfaktor ψ
in Abhängigkeit von der Streckung λ und dem Völligkeitsgrad φ

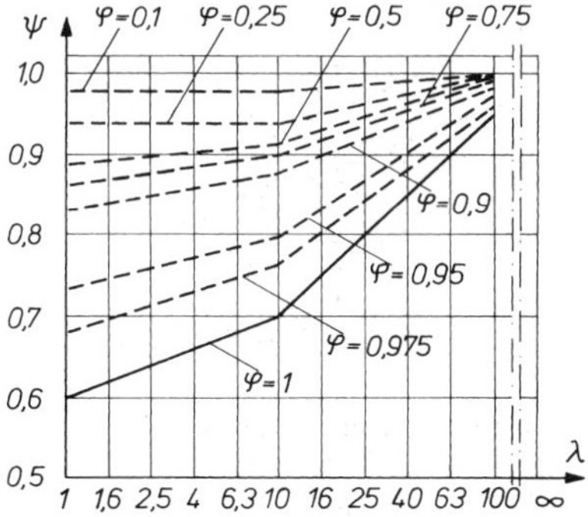

Beispiel (zu 6.1.3):
Frei stehende Wand

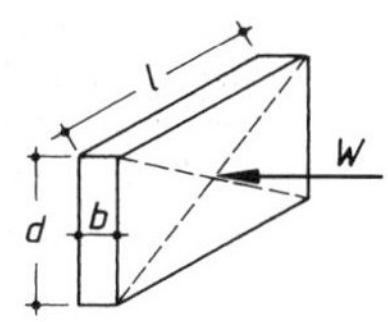

$b = 36{,}5$ cm
$l = 8{,}24$ m
$d = 2{,}00$ m

$W = c_f \cdot q \cdot A$
$A = 8{,}24 \cdot 2{,}0 = 16{,}48\ \text{m}^2$

$q = 0{,}5\ \text{kN/m}^2$ (Tafel 12.48)
$b/d = 36{,}5/200 = 0{,}183 \rightarrow c_{f0} = 2{,}1$ (Tafel 12.49)
$\lambda = 824/200 = 4{,}12$ (Tafel 12.50b)

Aus Tafel 12.50a für $\alpha = 1 \rightarrow \psi = 0{,}67$

$c_f = c_{f0} \cdot \psi = 2{,}1 \cdot 0{,}67 = 1{,}4$
$W = 1{,}4 \cdot 0{,}5 \cdot 16{,}48 = 11{,}5$ kN

1) Für Kreiszylinder:

$0{,}7\,\frac{l}{d} \le 70$ für $l \ge 50$ m

$\frac{l}{d} \le 70$ für $l \ge 15$ m

Tafel 12.50b Effektive Streckung λ
in Abhängigkeit von der Lage des Baukörpers (Anströmung senkrecht zur Zeichenebene)

	Lage des Baukörpers	λ
1	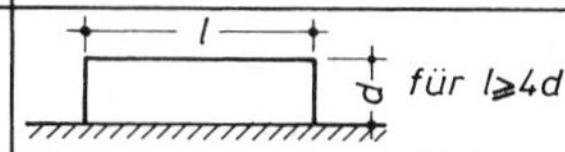	$\frac{l}{d}$
2	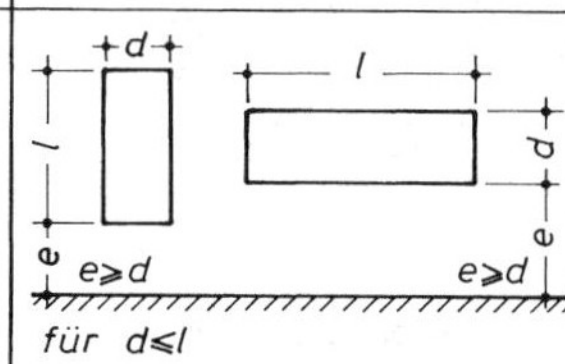	$l \ge 50$ m: $1{,}4\frac{l}{d} \le 70$
3	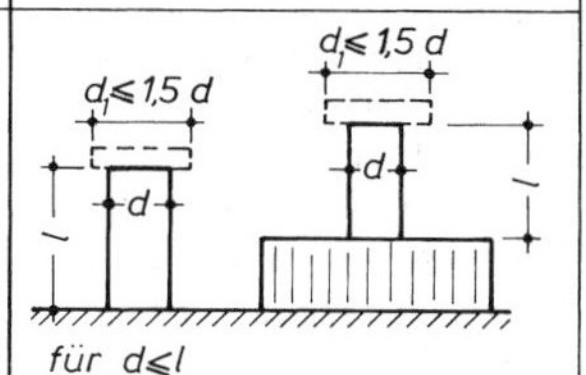	$l \le 15$ m: $2\frac{l}{d} \le 70$
4	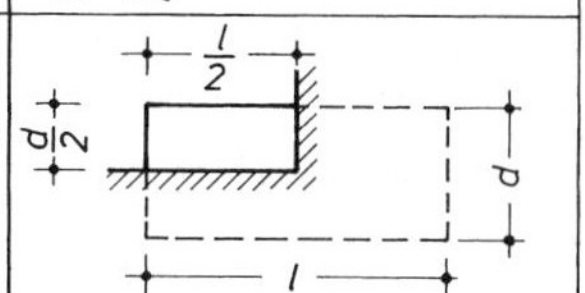	1) *)
5	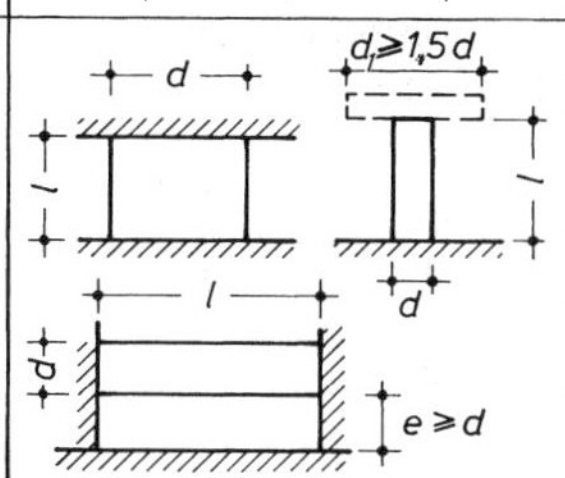	$l \ge 50$ m: $0{,}7\frac{l}{d} \ge 70$; $l \le 15$ m: $\frac{l}{d} \ge 70$ *)

6.1.4 Ebene Fachwerke und räumliche Fachwerke aus kantigen Stäben

(Fachwerkquerschnitt quadratisch oder gleichseitiges Dreieck)

$$c_f = c_{f0} \cdot \psi$$

c_{f0} aus Tafel 12.51a und Tafel 12.51b
ψ aus Tafel 12.50a

$\varphi = A/A_u$
A Gesamtfläche der Stäbe und Knotenbleche der bzw. einer Fachwerkswand (Ansicht normal zur Wandebene)
$A_u = d \cdot l$ (Umrissfläche)

Querschnitte:

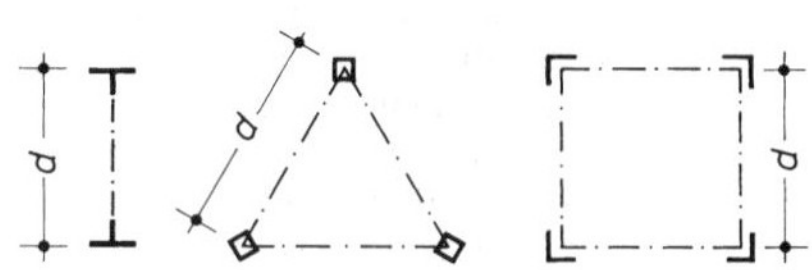

*) Zwischenwerte linear interpolieren.

Tafel 12.51a Grundbeiwert c_{f0} für ebene Fachwerkswände

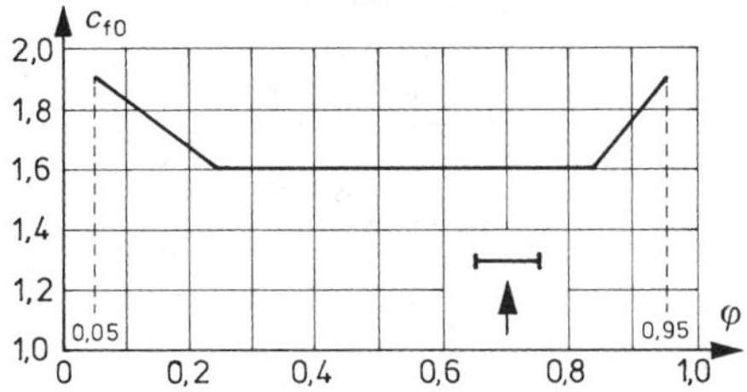

Tafel 12.51b Grundbeiwert c_{f0} für räumliche Fachwerke

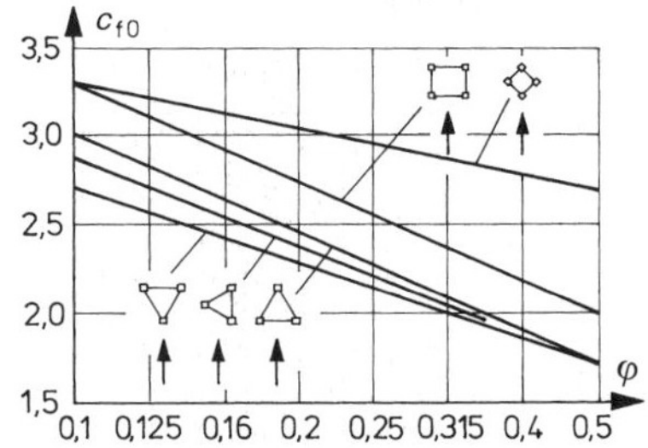

Hinweis: Bei Fachwerken mit Knotenblechen ist die auf die Knotenbleche wirkende Windlast zusätzlich zu berücksichtigen. Sie darf dabei mit der Gesamtknotenfläche und einem Kraftbeiwert $c_f = 1{,}6$ ermittelt werden. Der Berechnung des Grundkraftbeiwertes c_{f0} ist bei Fachwerken mit Knotenblechen der Völligkeitsgrad aus der Gesamtfläche der Rohre und Knotenbleche einer Fachwerkswand zugrunde zu legen.

Die auf übliche Einbauten wie Leitern, Laufstege, Leitungen und Anbauten wirkende Windlast wird, solange die Bezugsfläche der Ein- bzw. Anbauten nicht größer als 25 % der Bezugsfläche des Fachwerks ist, getrennt mit dem jeweiligen Kraftbeiwert unter Beachtung der Streckung berechnet und mit 80 % bei der Ermittlung der Gesamtwindlast berücksichtigt.

Ist durch Einbauten eine erhebliche Veränderung bei der Umströmung des Fachwerks zu erwarten, sind gesonderte Windkanalversuche erforderlich.

Sonstige Fachwerke sowie Flaggen siehe Norm.

6.1.5 Hintereinander liegende Baukörper

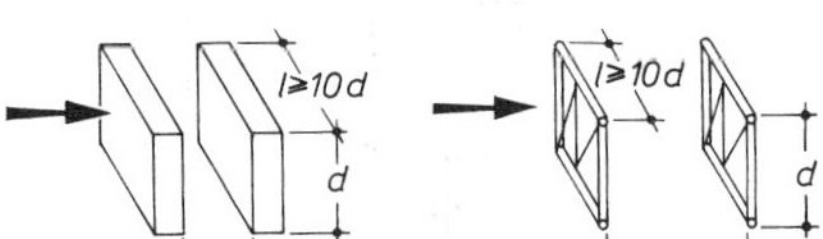

Für die Gesamtwindlast gilt:

bei zwei Körpern: $W_{ges} = (1 + \eta)\, W_1$

bei n Körpern: $W_{ges} = [1 + \eta + (n-2)\,\eta^2]\, W_1$

W_1 Windlast des Einzelbaukörpers

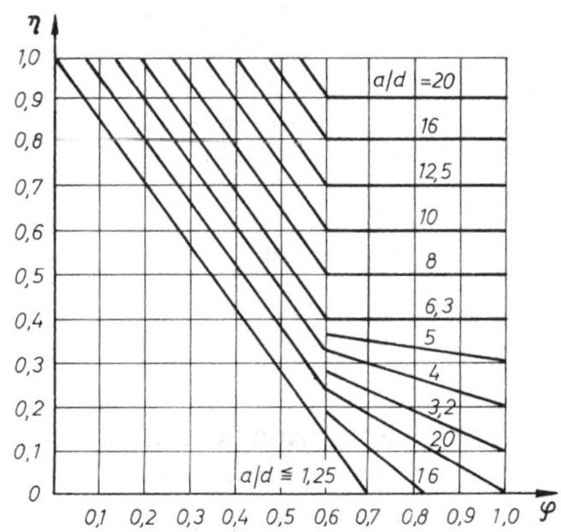

Ermittlung von φ siehe oben
(bei vollwandigen Baukörpern: $\varphi = 1$)

Dieser Abschnitt gilt auch für eine Schräganströmung bis 5° und darf auch bei annähernd gleichen Einzelbaukörpern angewandt werden, wenn bei der Ermittlung von W_{ges} für W_1 die Windlast des größten Einzelbaukörpers zugrunde gelegt wird. Bei unterschiedlichen Abständen der Einzelbaukörper darf näherungsweise der Größtabstand der Körper als einheitlicher Abstand zugrunde gelegt werden. Es wird vorausgesetzt, dass die Einzelbaukörper an den Enden gehalten sind und im Übrigen frei umströmt werden. Näherungsweise darf auch die Windlast auf hintereinander liegende Baukörper, die auf dem Boden stehen oder sich unter einer geschlossenen Decke befinden, nach diesem Abschnitt ermittelt werden.

6.2 Druckbeiwerte c_p

6.2.1 Allseitig geschlossene prismatische Baukörper mit Sattel-, Pult- oder Flachdach

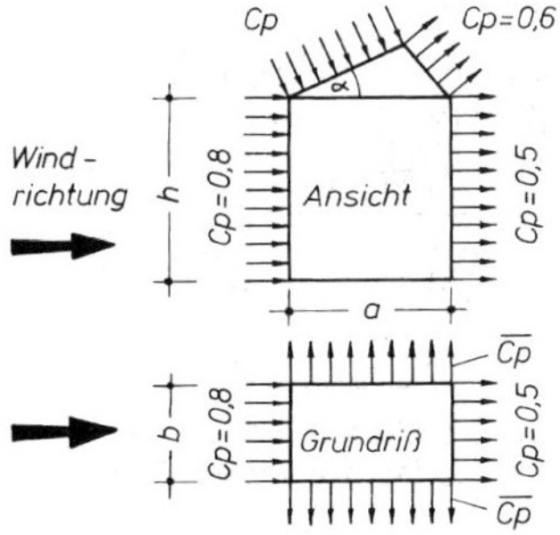

c_p-Werte für geneigte Flächen [1)]

α	<25°	25°	30°	35°	40°	45°	≥50°
c_p	−0,6	0,3	0,4	0,5	0,6	0,7	0,8
		bzw. −0,6 [2)]					

Für $\alpha < 25°$ gilt alternativ: $c_p = 1{,}3 \cdot \sin\alpha - 0{,}6$

Hinweis: Haben die Sogkräfte im Dachbereich auf die Bemessung eines Bauteils „entlastende" Wirkung, so ist anzusetzen: $w_s = 0{,}5 \cdot 0{,}6 \cdot q$ (vgl. Mitteilungen Inst. für Bautechnik 5/1998).

$\bar{c}_p$-Werte für windparallele Außenwände:

0,7 für $h/a \geq 0{,}5$ 0,5 für $h/a \leq 0{,}25$

Zwischenwerte dürfen linear interpoliert werden

Beispiel (Wind von links)

$w = c_p \cdot q$
$q = 0{,}5$ kN/m² (Tafel 12.48)
$w_1 = 0{,}8 \cdot 0{,}5 = 0{,}4$ kN/m²
$w_2 = 0{,}5 \cdot 0{,}5 = 0{,}25$ kN/m²
$w_3 = 0{,}4 \cdot 0{,}5 = 0{,}20$ kN/m²
bzw. $= -0{,}6 \cdot 0{,}5 = -0{,}30$ kN/m²
$w_4 = 0{,}6 \cdot 0{,}5 = 0{,}30$ kN/m²
$h/a = 3{,}6/9 = 0{,}4$
$\rightarrow \bar{c}_p = 0{,}7$ bzw. 0,62 bei Interpolation
$w_5 = 0{,}7 \cdot 0{,}5 = 0{,}35$ kN/m²

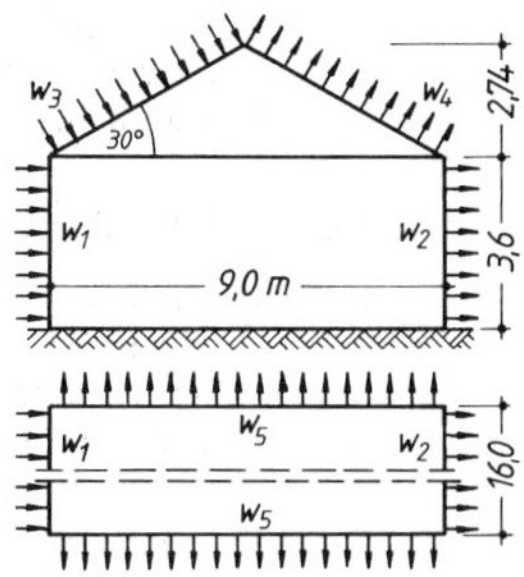

Hinweis:
Baukörper, die an einer oder mehreren Seiten ganz offen sind oder geöffnet werden können oder die an einer oder mehreren Seiten durch eine oder mehrere Öffnungen mindestens zu 1/3 offen sind oder geöffnet werden können, gelten nicht als geschlossene Baukörper.

6.2.2 Seitlich offene prismatische Baukörper (c_p-Werte nach 6.2.1)

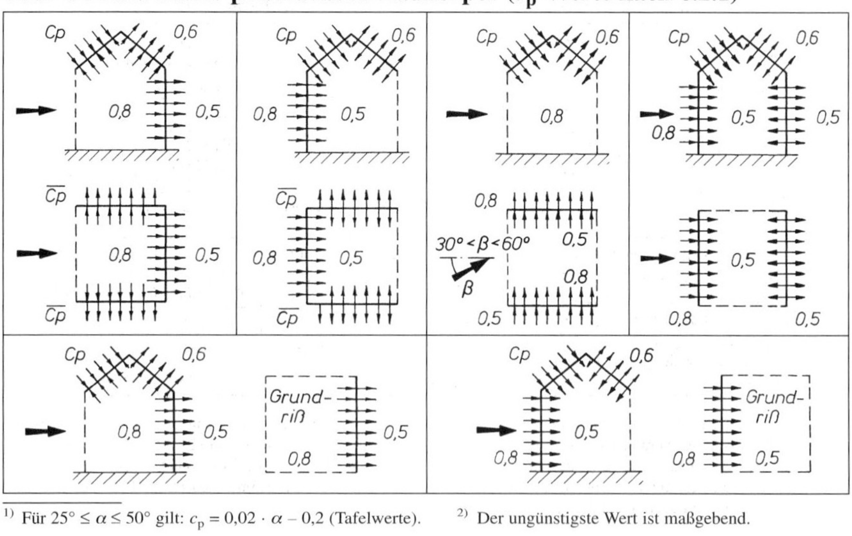

[1)] Für $25° \leq \alpha \leq 50°$ gilt: $c_p = 0{,}02 \cdot \alpha - 0{,}2$ (Tafelwerte). [2)] Der ungünstigste Wert ist maßgebend.

6.2.3 Frei stehende Dächer

Abmessungsverhältnisse: $a \leq b \leq 5a$; $0{,}5 \leq h/a \leq 1{,}0$
(Grundriss wie 6.1.1) Querschnittshöhe der Dachscheibe $\leq 0{,}03a$

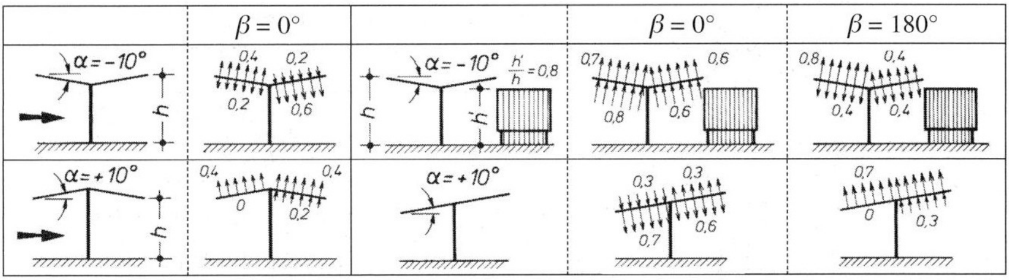

Hinweise: Bei Anströmung in Richtung der Längsachse des Daches können die zum Dach tangentialen Windkräfte von Bedeutung sein. In Teilbereichen auf das Dach wirkende Sogspitzen können nach Abschnitt 6.3.1 abgeschätzt werden.
Für Dachneigungen $-10° < \alpha < +10°$ darf zwischen den Druckbeiwerten für $\alpha = -10°$ und $\alpha = +10°$ linear interpoliert werden; in den Beiwerten ist eine mögliche Versperrung der durchströmten Fläche unterhalb des Daches bis zu 15 % berücksichtigt.

6.3 Sogspitzen in Teilbereichen [1)]

Bei unmittelbar durch Wind beanspruchten Einzelbauteilen (z. B. Wand- und Dachtafeln) treten an den Schnittkanten von Wand- und Dachflächen Sogspitzen auf, die durch erhöhte Beiwerte nach Abschnitt 6.3.1 Berücksichtigung finden.
Bei Flachdächern ($\alpha \approx 5°$) ohne Attika dürfen die Sogspitzen für die angegebenen Teilbereiche statt nach Abschnitt 6.3.1 mit den genaueren Werten nach Abschnitt 6.3.2 gerechnet werden (Attiken können die Sogspitzen verringern). In Mittenbereichen (d. h. in Bereichen außerhalb der angegebenen Rand- und Eckbereiche) von Dächern mit Neigungswinkeln $\alpha < 25°$ können bei Baukörpern mit $h/a > 0{,}4$ die auf die Dachhaut und etwaige Aufbauten auf der Dachfläche wirkenden örtlichen Sogspitzen Beiwerte von $c_p = 0{,}8$ haben.

6.3.1 Erhöhte Sogbeiwerte

Wandbereich ($\beta = 0°$)[2)]	Dachbereich ($\beta \approx 45°$)*)

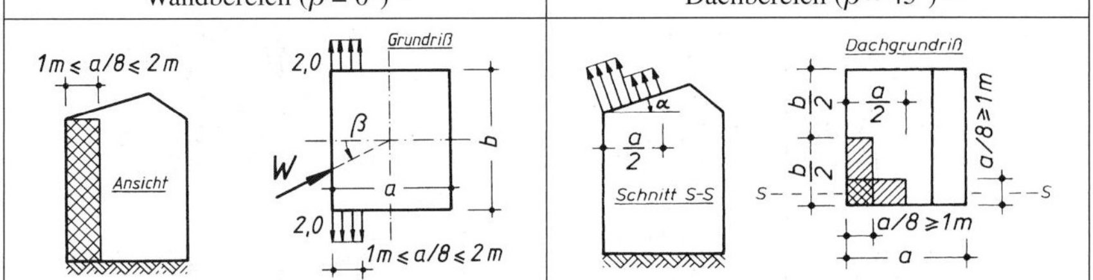

*) Bei Wohn- und Bürogebäuden sowie bei geschlossenen Hallen mit $a \leq 30$ m darf die Breite des Randbereichs auf 2 m begrenzt werden. Bei Dächern mit Überstand sind die Abmessungen des Dachgrundrisses zugrunde zu legen. Der Druck von unten auf den Dachüberstand ist sinngemäß nach Abschnitt 6.2.2 zu ermitteln.

Dachneigungswinkel α	Sogbeiwerte c_p Eckbereich	Sogbeiwerte c_p Randbereich
$0° < \alpha \leq 25°$	3,2	1,8
$25° < \alpha \leq 35°$	1,8	1,1
$>35°$	keine „Sogspitzen“	

1) Die erhöhten Soglasten brauchen in der Regel nur für den Standsicherheitsnachweis unmittelbar vom Wind getroffener Einzelbauteile (Verankerung gegen Abheben) angesetzt zu werden. Bei sehr „empfindlichen“ (leichten) Systemen muss der Einfluss der Sogspitzen jedoch auch in Bezug auf die gesamte Tragkonstruktion (Wechselstäbe) einschl. Fundamente untersucht werden (vgl. z. B. Mitteilungen Inst. für Bautechnik, 3/1973 u. 3/1975).

2) In diesem Wert sind auch dynamische Windwirkungen berücksichtigt.

Beispiel: Windsogbelastung eines Gespärres im Eckbereich eines Daches (Gebäudehöhe < 8 m; $q=0{,}5$)

$w_1 = 1{,}8 \cdot 0{,}5 = 0{,}90$ kN/m² (s. 6.3.1)
$w_2 = 1{,}1 \cdot 0{,}5 = 0{,}55$ kN/m² (s. 6.3.1)
$w_3 = 0{,}6 \cdot 0{,}5 = 0{,}30$ kN/m² (s. 6.2.1)
$w_4 = 0{,}8 \cdot 0{,}5 = 0{,}40$ kN/m² (s. 6.2.2)
$w_5 = 0{,}5 \cdot 0{,}5 = 0{,}25$ kN/m² (s. 6.2.2)

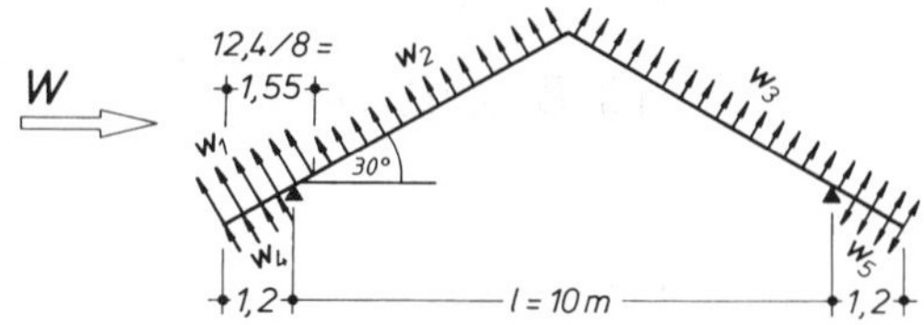

6.3.2 Genauere Werte für Flachdächer

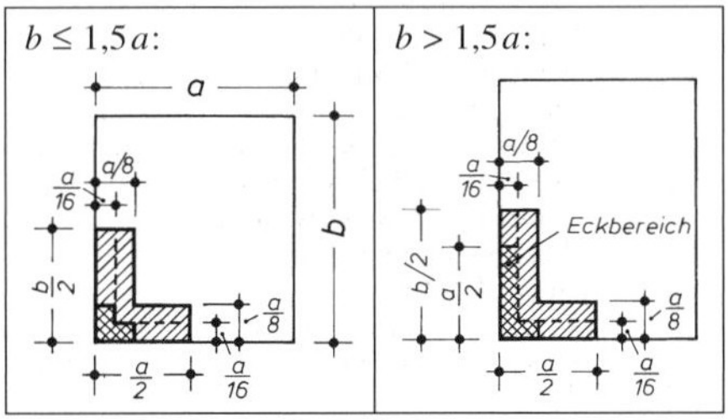

$\frac{b}{a}$	$\frac{h}{a}$	Sogbeiwerte c_p	
		Eckbereich	Randbereich
≤ 1,5	≤ 0,4 > 0,4	2,0 2,8	1,0 1,5
> 1,5	≤ 0,4 > 0,4	2,5 3,0	1,0 1,7

h Gebäudehöhe

6.3.3 Konstruktive Maßnahmen[1)]

Auf den stat. Nachweis der höheren Soglasten kann bei Wohn- und ihnen in Form und Konstruktion ähnlichen Gebäuden verzichtet werden, wenn die Gebäudehöhe ≤ 20 m ist, die Schmalseiten ≤ 12 m und die Dachüberstände ≤ 40 cm sind und folgende konstruktive Maßnahmen getroffen werden:

a) *Befestigung der Dachflächen:* Schalbretter sind mit mindestens 2 Drahtnägeln nach DIN 1151 oder mit gleichwertigen Verbindungsmitteln (z. B. Schraubnägeln) an jedem Sparren, Binder oder Stiel zu befestigen. In Hirnholz eingeschlagene Nägel dürfen auf Herausziehen nicht in Rechnung gestellt werden. Dachschalungen aus Holzspan- oder Furnierplatten sind mit mindestens 6 Drahtnägeln je m² Dachfläche oder gleichwertigen Verbindungsmitteln zu befestigen. Im Rand- bzw. Eckbereich von Flachdächern nach Abschnitt 6.3.1, Abb. rechts, sind mindestens 12 bzw. 18 Drahtnägel oder gleichwertige Verbindungsmittel anzuordnen. Für andere Dacheindeckungen (z. B. Asbestzementplatten und Verblechungen) sind gleichwertige Verbindungsmittel anzuordnen.

b) *Befestigung der Teile von hölzernen Dachkonstruktionen:* Bei hölzernen Dachkonstruktionen sind sämtliche Teile wie Sparren, Pfetten, Pfosten, Kopfbänder, Schwellen untereinander ausreichend zugfest zu verbinden, besonders an den Dachrändern und -ecken bzw. bei Dachüberständen. Mindestens jeder dritte Sparren ist an seinen Auflagerpunkten – außer der allgemeinen Befestigung durch Sparrennägel – zusätzlich durch Laschen, Zangen, Bolzen bzw. Sonderbauteile (z. B. Stahlblechformteile, die durch Nagelung befestigt werden) mit den Pfetten zu verbinden.

c) *Verankerung der Dachkonstruktionen:* Die Dachkonstruktionen sind durch Stahlanker mit einem Nettoquerschnitt von mindestens 1,2 cm² (Flachstahlanker mindestens 4 mm dick, Rundstahlanker mindestens 14 mm ∅) im Eckbereich in Abständen ≤ 1 m und im Randbereich ≤ 2 m mit der Unterkonstruktion zu verbinden. Die durch die Verankerung erfassten Bauteile müssen je Anker mindestens 450 kg wiegen. Bei Verankerung in Mauerwerk müssen die Anker in entsprechender Tiefe liegende waagerechte Bewehrungsstäbe oder Splinte umfassen. Bei Verankerung in Stahlbetonbauteilen sind die Anker möglichst vor dem Betonieren mit ausreichenden Haftlängen nach DIN 1045 einzubauen; werden sie nachträglich eingesetzt, so müssen sie genügend tief liegende waagerechte Bewehrungsstäbe umfassen (z. B. bei Platten mindestens 10 cm, sonst mindestens 15 cm tief). Verankerungen durch Bolzen, die mit Bolzensetzwerkzeugen in Massivbauteile eingeschossen werden, sind unzulässig.

[1)] Aus „Ergänzende Bestimmungen zu DIN 1055-4, Fassung März 1969". Diese Hinweise sind in der neuen DIN 1055-4 nicht mehr enthalten, da hier konstruktive Fragen und keine Windlast-Annahmen dargestellt werden. Es handelt sich jedoch um anerkannte Regeln der Bautechnik, sodass auch einer zukünftigen Anwendung dieser konstruktiven Maßnahmen nichts im Wege stehen dürfte.

13 A Baustatik
13 B Aufbau statischer Berechnungen

Inhaltsverzeichnis

Wichtige Bezeichnungen im Kap. 13 A

Schnittgrößen	M, N, V	Moment, Längskraft, Querkraft
	M_T	Torsionsmoment
Einwirkungen	q, F, M	Streckenlast, Einzellast, Lastmoment
	g, q	Eigenlast, Nutzlast
	r	$= (g + q)$ Volllast

13 A Baustatik

Prof. Dipl.-Ing. Klaus-Jürgen Schneider

1 Formeln für Schnitt- und Verschiebungsgrößen

1.1 Horizontale Einzelstäbe ($\alpha = a/l,\ \beta = b/l$)

	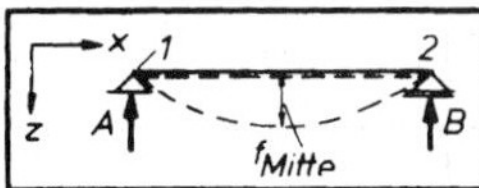	Auflagerkräfte A	Auflagerkräfte B	max M [an der Stelle x]	$EI\,f_{\text{Mitte}}$ 1)
1	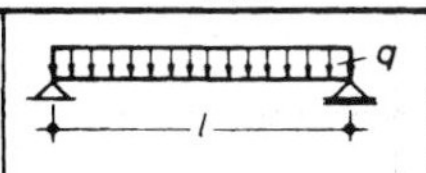	$\frac{ql}{2}$	$\frac{ql}{2}$	$\frac{ql^2}{8}$ $[x = l/2]$	$\frac{5}{384}\,ql^4$
2	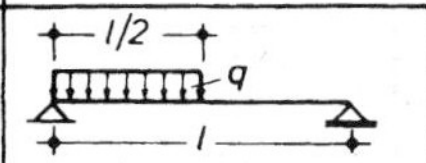	$\frac{3}{8}\,ql$	$\frac{1}{8}\,ql$	$\frac{9}{128}\,ql^2$ $[x = 3/8\,l]$	$\frac{5}{768}\,ql^4$
3	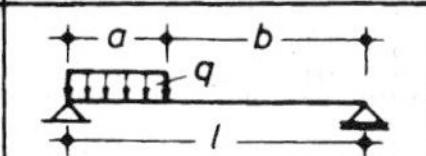	$\frac{qa}{l}\left(l - \frac{a}{2}\right)$	$\frac{qa^2}{2l}$	$\frac{A^2}{2q}$ $[x = A/q]$	$\frac{1}{48}\,qa^2l^2(1{,}5 - \alpha^2)$
4	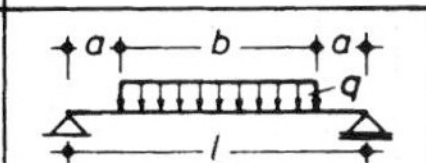	$\frac{1}{2}\,qb$	$\frac{1}{2}\,qb$	$\frac{qb}{8}\,(2l - b)$ $[x = l/2]$	$\frac{1}{384}\,ql^4(5 - 24\alpha^2 + 16\alpha^4)$
5	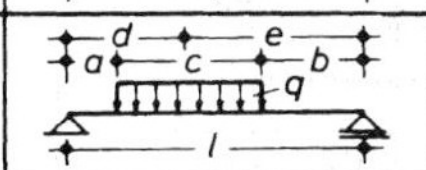	$\frac{qc\,(2b+c)}{2l}$	$\frac{qc\,(2a+c)}{2l}$	$\frac{A^2}{2q} + A \cdot a$ $[x = a + A/q]$	$\frac{1}{384}\,ql^4(5 - 12\alpha^2 + 8\alpha^4 - 12\beta^2 + 8\beta^4)$
6	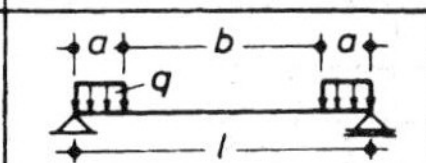	qa	qa	$\frac{1}{2}\,qa^2$ $[a \leqslant x \leqslant a + b]$	$\frac{q}{24}\,a^2l^2(1{,}5 - \alpha^2)$
7	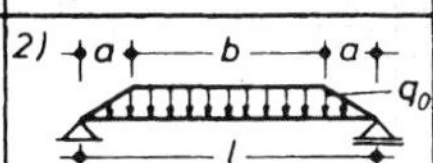	$\frac{q_0}{2}\,(l - a)$	$\frac{q_0}{2}\,(l - a)$	$\frac{q_0}{24}\,(3l^2 - 4a^2)$ $[x = l/2]$	$\frac{1}{1920}\,q_0l^4(25 - 40\alpha^2 + 16\alpha^4)$
8	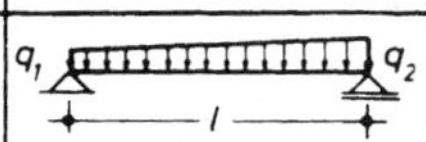	$(2q_1 + q_2)\,\frac{l}{6}$	$(q_1 + 2q_2)\,\frac{l}{6}$	$\approx 0{,}064\,(q_1 + q_2)l^2$ $[x \approx 0{,}55l]$	$\frac{5}{768}\,(q_1 + q_2)l^4$
9	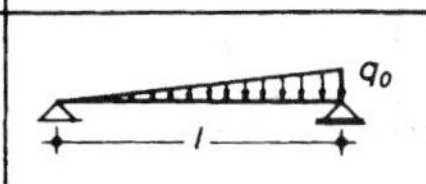	$\frac{1}{6}\,q_0l$	$\frac{1}{3}\,q_0l$	$\frac{1}{9\sqrt{3}}\,q_0l^2$ $\left[x = \frac{1}{\sqrt{3}}\,l\right]$	$\frac{5}{768}\,q_0l^4$
10	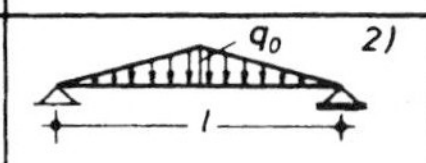	$\frac{1}{4}\,q_0l$	$\frac{1}{4}\,q_0l$	$\frac{1}{12}\,q_0l^2$ $[x = l/2]$	$\frac{1}{120}\,q_0l^4$
11	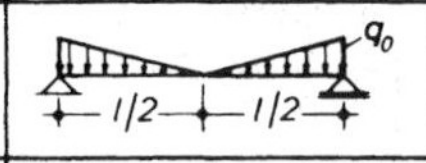	$\frac{1}{4}\,q_0l$	$\frac{1}{4}\,q_0l$	$\frac{1}{24}\,q_0l^2$ $[x = l/2]$	$\frac{3}{640}\,q_0l^4$
12	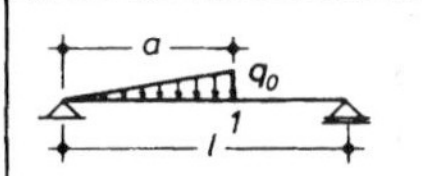	$\frac{q_0a}{6}\,(3 - 2\alpha)$	$\frac{q_0a^2}{3l}$	$\frac{q_0a^2}{3}\sqrt{\left(1 - \frac{2}{3}\,\alpha\right)^3}$ $\left[x = a\sqrt{1 - \frac{2}{3}\,\alpha}\right]$	$EIf_1 = \frac{q_0a^3}{45}\,(1 - \alpha)(5l - 4a)$
13	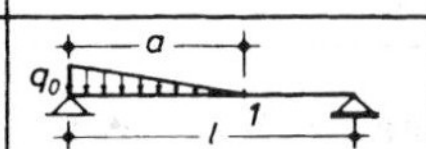	$\frac{q_0a}{6}\,(3 - \alpha)$	$\frac{q_0a^2}{6l}$	$\frac{q_0a^2}{6l}\left(l - a + \frac{2}{3}\,a\sqrt{\frac{\alpha}{3}}\right)$	$EIf_1 = \frac{q_0a^3}{360}\,(1 - \alpha)(20l - 13a)$

		Auflagerkräfte A	B	max M [an der Stelle x]	$EI\,f_{\text{Mitte}}$ [1]
	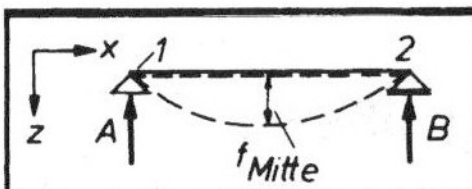				
14	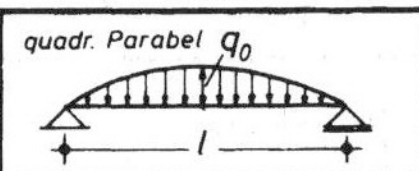	$\frac{q_0 l}{3}$	$\frac{q_0 l}{3}$	$\frac{5}{48}\,q_0 l^2$ $[x = l/2]$	$\frac{61\,q_0 l^4}{5760}$
15	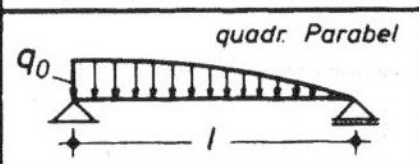	$\frac{q_0 l}{2{,}4}$	$\frac{q_0 l}{4}$	$\frac{1}{11{,}15}\,q_0 l^2$ $[x = 0{,}446 l]$	$\frac{11\,q_0 l^4}{1200}$
16	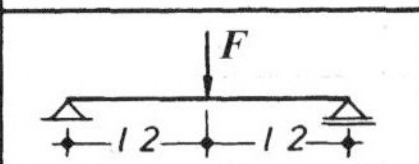	$\frac{F}{2}$	$\frac{F}{2}$	$\frac{Fl}{4}$ $[x = l/2]$	$\frac{1}{48}\,F l^3$
17	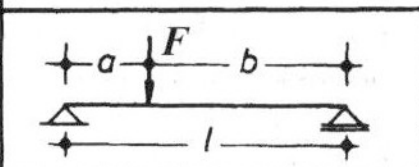	$\frac{Fb}{l}$	$\frac{Fa}{l}$	$\frac{Fab}{l}$ $[x = a]$	$\frac{1}{48}\,F l^3(3\alpha - 4\alpha^3)$ für $a \leqslant b$
18	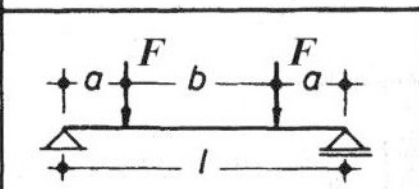	F	F	Fa $[a \leqslant x \leqslant a + b]$	$\frac{1}{24}\,F l^3(3\alpha - 4\alpha^3)$
19	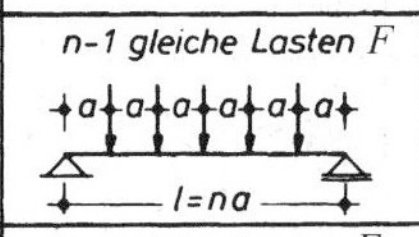	$\frac{F(n-1)}{2}$	$\frac{F(n-1)}{2}$	Fl/r	max Ml^2/s

19						
n	2	3	4	5	6	7
r	4	3	2	1,66	1,33	1,16
s	12	9,39	10,11	9,25	9,81	9,56

20	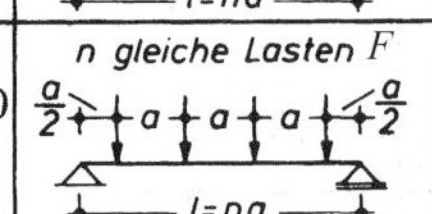	$\frac{Fn}{2}$	$\frac{Fn}{2}$	Fl/r	max Ml^2/s

20						
n	2	3	4	5	6	7
r	4	2,4	2	1,54	1,33	1,12
s	8,73	10,19	9,37	9,82	9,49	9,72

21	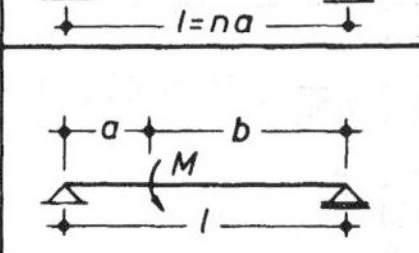	$\frac{M}{l}$	$-\frac{M}{l}$	$a \geqslant l/2$: $\frac{Ma}{l}$ $a \leqslant l/2$: $-\frac{Mb}{l}$	
22		$\frac{M_2 - M_1}{l}$	$\frac{M_1 - M_2}{l}$		$\frac{1}{16}\,l^2(M_1 + M_2)$
23	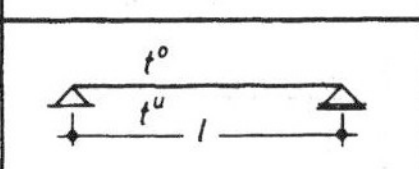	0	0	0	$\frac{l^2}{8} \cdot \frac{t^u - t^o}{h}\,\alpha_t\,EI$
24	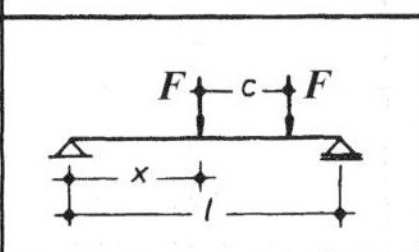	$\max M = \frac{Fl}{8}\left(2 - \frac{c}{l}\right)^2$ für $x = \frac{l}{2} - \frac{c}{4}$ wenn $\frac{c}{l} > 0{,}586$, ist $\max M = \frac{Fl}{4}$			h Querschnittshöhe α_t Temperaturdehnzahl
25	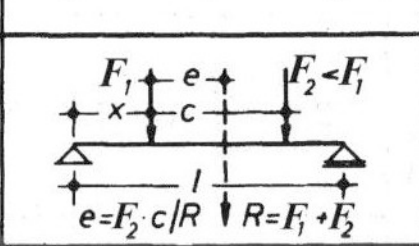	$\max M = R\,\frac{(l-e)^2}{4l}$ für $x = \frac{l-e}{2}$ wenn $c \geqslant \frac{l}{2}$, kann $F_1\,\frac{l}{4}$ maßgebend sein			

[1] Bei symmetrischen Belastungen ist $f_{\text{Mitte}} = f_{\max}$, bei unsymmetrischen Belastungen ist $f_{\text{Mitte}} \approx f_{\max}$.
Hinweis: Die Formeln für die Durchbiegung f_1 gelten nur für EI = const.

Einfeldträger mit Kragarm (die Formeln für f gelten nur bei EI = const)

	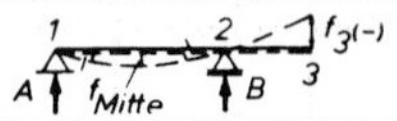	Auflagerkräfte A	B	max M_{Feld}	M_2	$EI\,f_{\text{Mitte}}$	$EI\,f_3$
1	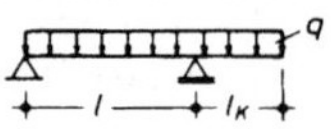	$\frac{q}{2}\left(l-\frac{l_K^2}{l}\right)$	$\frac{q}{2}\left(l+\frac{l_K^2}{l}+2l_K\right)$	$\frac{A^2}{2q}$	$-\frac{ql_K^2}{2}$	$\frac{ql^2}{32}\left(\frac{5}{12}l^2-l_K^2\right)$	$\frac{ql_K}{24}(3l_K^3+4ll_K^2-l^3)$
2	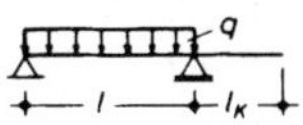	$\frac{ql}{2}$	$\frac{ql}{2}$	$\frac{ql^2}{8}$	0	$\frac{5}{384}\,ql^4$	$-\frac{1}{24}\,ql^3l_K$
3	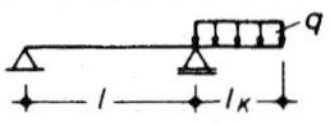	$-\frac{ql_K^2}{2l}$	$ql_K\left(1+\frac{l_K}{2l}\right)$		$-\frac{ql_K^2}{2}$	$-\frac{1}{32}\,ql^2\,l_K^2$	$\frac{ql_K^3}{24}\,(4l+3l_K)$
4	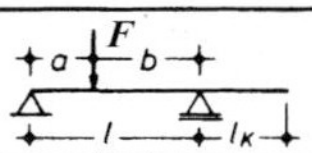	$\frac{Fb}{l}$	$\frac{Fa}{l}$	$\frac{Fab}{l}$	0	$\frac{Fl^3}{48}\,(3\alpha-4\alpha^3)$	$-\frac{Fabl_K}{6l}\,(l+a)$
5	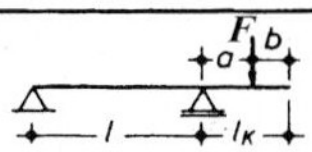	$-\frac{Fa}{l}$	$\frac{F(a+l)}{l}$		$-Fa$	$-\frac{1}{16}\,(Fl^2\,a)$	$\frac{1}{6}Fa(2ll_K+3l_Ka-a^2)$

Eingespannte Kragträger (die Formeln für f und α gelten nur bei EI = const)

	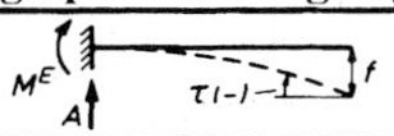	A	M^E	$EI\,f$	$EI\,\tau$
1	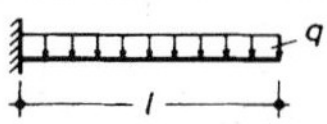	ql	$-\frac{ql^2}{2}$	$\frac{ql^4}{8}$	$-\frac{ql^3}{6}$
2	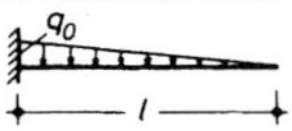	$\frac{q_0l}{2}$	$-\frac{q_0l^2}{6}$	$\frac{q_0l^4}{30}$	$-\frac{q_0l^3}{24}$
3	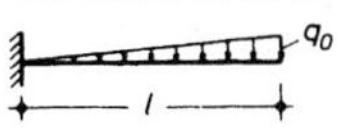	$\frac{q_0l}{2}$	$-\frac{q_0l^2}{3}$	$\frac{11q_0l^4}{120}$	$-\frac{q_0l^3}{8}$
4		F	$-Fl$	$\frac{Fl^3}{3}$	$-\frac{Fl^2}{2}$
5		0	M	$-\frac{Ml^2}{2}$	Ml

Eingespannte Einfeldträger (EI = const); vgl. auch S. 13.19

1	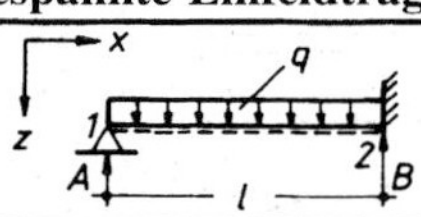	$A=\frac{3}{8}\,ql$ $B=\frac{5}{8}\,ql$	$M_2=-ql^2/8$ max $M_{\text{Feld}}=9\,ql^2/128$ bei $x=0{,}375\,l$	max $f=\frac{2}{369}\cdot\frac{ql^4}{EI}$ bei $x=0{,}4215\,l$
2	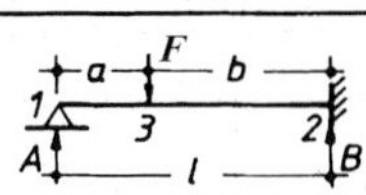	$A=\frac{Fb^2}{2l^3}\,(a+2l)$ $B=F-A$	$M_2=-\frac{Fab}{2\,l}\left(1+\frac{a}{l}\right)$ $M_3=\frac{Fab^2}{2\,l^3}\,(3a+2b)$	$f_3=\frac{Fa^2b^3}{12\,EI\,l^2}\left(3+\frac{a}{l}\right)$
3	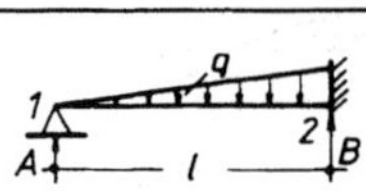	$A=\frac{1}{10}\,ql$ $B=\frac{2}{5}\,ql$	$M_2=-ql^2/15$ max $M_{\text{Feld}}=ql^2/33{,}54$ bei $x=0{,}447\,l$	max $f=\frac{ql^4}{419{,}3\,EI}$ bei $x=0{,}447\,l$

Einfeldträger Fortsetzung

4	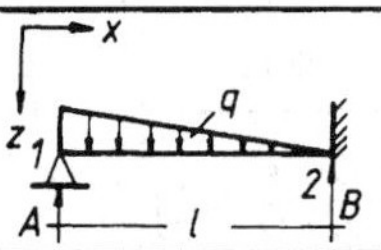	$A = \frac{11}{40}\,ql$ $B = \frac{9}{40}\,ql$	$\max M_{\text{Feld}} = \frac{ql^2}{23{,}6}$ bei $x = 0{,}329\,l$	$\max f = \frac{ql^4}{328{,}1\,EI}$ bei $x = 0{,}402\,l$
5	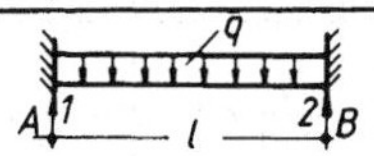	$A = B = \frac{ql}{2}$	$\max M_{\text{Feld}} = \frac{ql^2}{24}$	$\max f = \frac{1}{384} \cdot \frac{ql^4}{EI}$
6	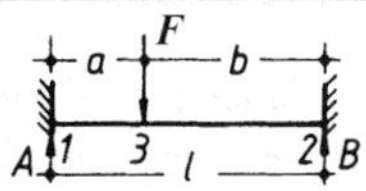	$A = \frac{Fb^2}{l^3}\,(l+2a)$ $B = F - A$	$M_3 = 2F\,\frac{a^2b^2}{l^3}$	$f_3 = \frac{Fa^3b^3}{3\,EI\,l^3}$
7	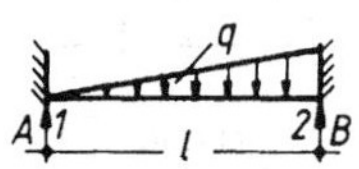	$A = \frac{3}{20}\,ql$ $B = \frac{7}{20}\,ql$	$\max M_{\text{Feld}} = \frac{ql^2}{46{,}6}$ bei $x = 0{,}548\,l$	$\max f = \frac{ql^4}{764\,EI}$ bei $x = 0{,}525\,l$
8	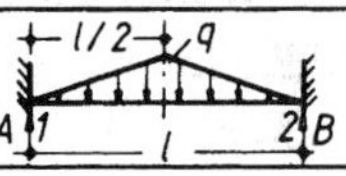	$A = B = \frac{ql}{4}$	$\max M_{\text{Feld}} = \frac{ql^2}{32}$	$\max f = \frac{7\,ql^4}{3840\,EI}$
9	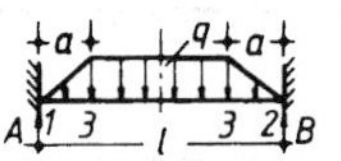	$A = B = \frac{q}{2}\,(l-a)$	$\max M_{\text{Feld}} =$ $\frac{ql^2}{24} \cdot (1-2\,\alpha^3)$	$\max f = \frac{ql^4}{1920\,EI}$ $(5 - 20\,\alpha^3 + 17\,\alpha^4)$

Längsbeanspruchung

N-Verlauf, Normalkraft N als Zug positiv

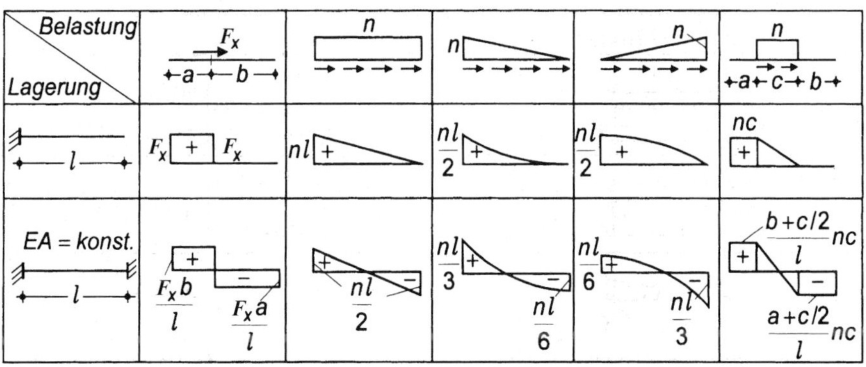

1.2 Geneigte Einfeldträger (z. B. Dachsparren)

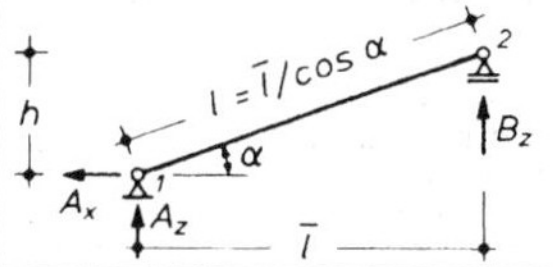	Bezeichnungen: g Eigenlast, bezogen auf die Dachfläche $\bar{g}$ Eigenlast, bezogen auf die Grundfläche s Schneelast, bezogen auf die Dachfläche $\bar{s}$ Schneelast, bezogen auf die Grundfläche w Windlast senkrecht zur Dachfläche	Umrechnung: $\bar{g} = g/\cos\alpha$ $\bar{s} = s/\cos\alpha$
Lastfall Eigenlast 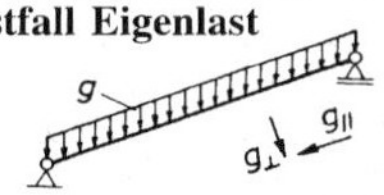	$g_{\perp} = g \cdot \cos\alpha$ $g_{II} = g \cdot \sin\alpha$ max $M = \bar{g}\,\bar{l}^2/8 = g \cdot \cos\alpha \cdot l^2/8$ $A_z = B_z = g\,l/2 = \bar{g}\,\bar{l}/2;\ A_x = 0$ $N_1 = -A_z \cdot \sin\alpha;\ N_2 = B_z \cdot \sin\alpha$ $V_1 = A_z \cdot \cos\alpha;\ V_2 = -B_z \cdot \cos\alpha$	
Lastfall Schnee	Alle statischen Größen aus „Lastfall Eigenlast" sind mit dem Faktor $n = s/g = \bar{s}/\bar{g}$ zu multiplizieren.	
Lastfall Wind 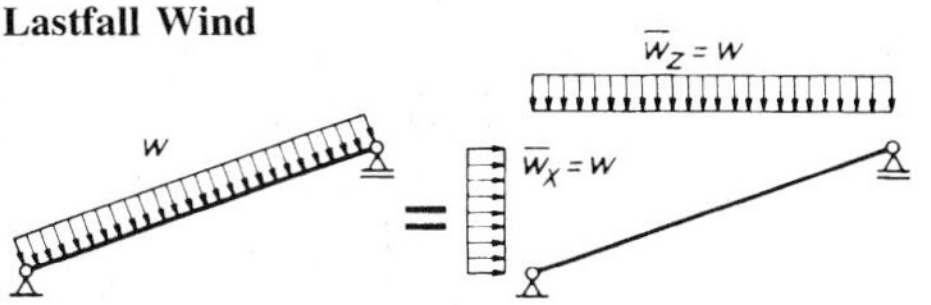	max $M = w\,l^2/8 = w\,\bar{l}^2/8 + w\,h^2/8$ $A_x = w\,h = w\,\bar{l} \cdot \tan\alpha$ $A_z = w\,\bar{l}/2 - w\,h^2/2\bar{l}$ $B_z = w \cdot \bar{l} - A_z = w \cdot \bar{l}/2 + w\,h^2/2\bar{l}$ $N_1 = -A_z \cdot \sin\alpha + A_x \cdot \cos\alpha$ $N_2 = B_z \cdot \sin\alpha$ $V_1 = A_z \cdot \cos\alpha + A_x \cdot \sin\alpha$ $V_2 = -B_z \cdot \cos\alpha$	

1.3 Gelenkträger (Gerberträger)[1] mit Streckenlast q

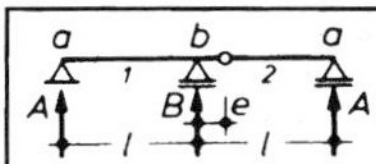	$e = 0{,}1716\,l$	$A = 0{,}414\,ql$ $B = 1{,}172\,ql$	$M_1 = 0{,}0858\,ql^2$ $M_2 = 0{,}0858\,ql^2$ $M_b = -0{,}0858\,ql^2$	$f_1 = \dfrac{ql^4}{130\,EI}$
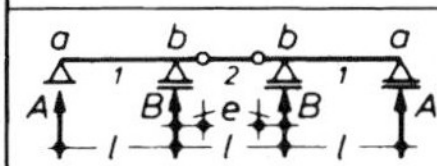	$e = 0{,}22\,l$	$A = 0{,}414\,ql$ $B = 1{,}086\,ql$	$M_1 = 0{,}0858\,ql^2$ $M_2 = 0{,}0392\,ql^2$ $M_b = -0{,}0858\,ql^2$	$f_1 = \dfrac{ql^4}{130\,EI}$
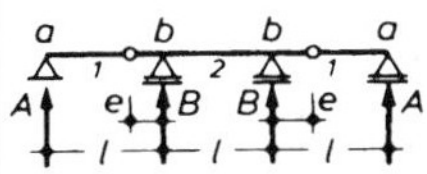	$e = 0{,}125\,l$	$A = 0{,}438\,ql$ $B = 1{,}063\,ql$	$M_1 = 0{,}0957\,ql^2$ $M_2 = 0{,}0625\,ql^2$ $M_b = -0{,}0625\,ql^2$	$f_1 = \dfrac{ql^4}{130\,EI}$
	$e = 0{,}1716\,l$	$A = 0{,}414\,ql$ $B = 1{,}086\,ql$	$M_1 = 0{,}0858\,ql^2$ $M_2 = 0{,}0392\,ql^2$ $M_b = -0{,}0858\,ql^2$	$f_1 = \dfrac{ql^4}{130\,EI}$
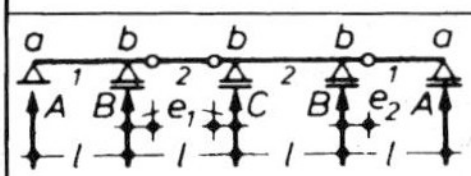	$e_1 = 0{,}1465\,l$ $e_2 = 0{,}1250\,l$	$A = 0{,}438\,ql$ $B = 1{,}063\,ql$ $C = 1{,}000\,ql$	$M_1 = 0{,}0957\,ql^2$ $M_2 = 0{,}0625\,ql^2$ $M_b = -0{,}0625\,ql^2$	$f_1 = \dfrac{ql^4}{110\,EI}$

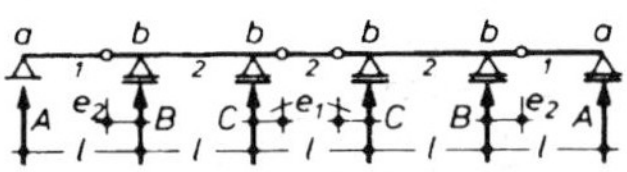

$e_1 = 0{,}1465\,l$
$e_2 = 0{,}1250\,l$

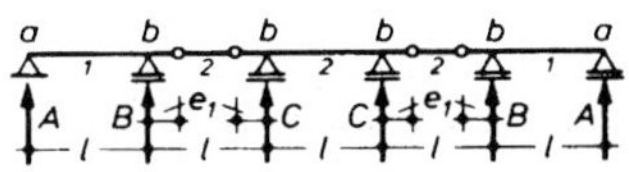

$A = 0{,}438\,ql;\ B = 1{,}063\,ql;\ C = ql;\ M_1 = 0{,}0957\,ql^2;\ M_2 = -M_b = 0{,}0625\,ql^2;\ EI\,f_1 = 0{,}0091\,ql^4$

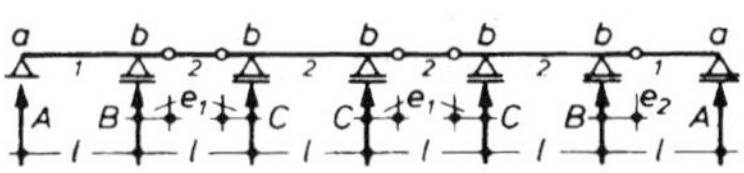

mehr als 5, gerade Felderzahl

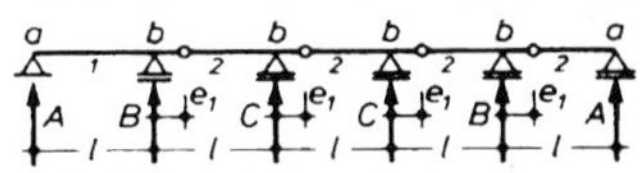

beliebige Felderzahl

---

[1] Die Formeln für die Durchbiegung f_1 gelten nur für EI = const.

1.4 Durchlaufträger[1)]

1.4.1 Durchlaufträger mit gleichen Stützweiten und Gleichlast (EI = const)[2)]

Größtwerte der Biegemomente, Auflager- und Querkräfte

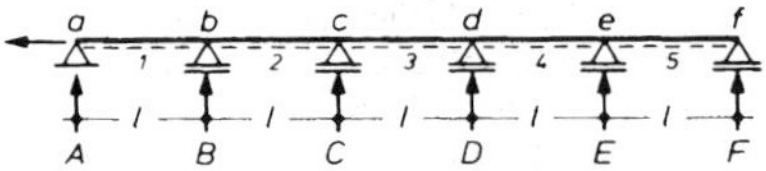

g = const
q = const
$r = g + q$

Momente = Tafelwert · $r\,l^2$
Kräfte = Tafelwert · $r\,l$

Felder	Kraft-größen	$q : r$ 0,0 nur g	0,1	0,2	0,3	0,4	0,5	0,6	0,7	0,8	0,9	1,0
2	M_1	0,070	0,073	0,075	0,078	0,080	0,083	0,085	0,088	0,090	0,093	0,096
	M_b	-0,125	-0,125	-0,125	-0,125	-0,125	-0,125	-0,125	-0,125	-0,125	-0,125	-0,125
	A	0,375	0,382	0,388	0,394	0,400	0,407	0,413	0,418	0,426	0,431	0,437
	B	1,250	1,250	1,250	1,250	1,250	1,250	1,250	1,250	1,250	1,250	1,250
	V_{bl}	-0,625	-0,625	-0,625	-0,625	-0,625	-0,625	-0,625	-0,625	-0,625	-0,625	-0,625
3	M_1	0,080	0,082	0,084	0,086	0,088	0,090	0,092	0,095	0,097	0,099	0,101
	M_2	0,025	0,030	0,035	0,040	0,045	0,050	0,055	0,060	0,065	0,070	0,075
	M_b	-0,100	-0,102	-0,103	-0,105	-0,107	-0,108	-0,110	-0,112	-0,113	-0,115	-0,117
	A	0,400	0,405	0,410	0,415	0,420	0,426	0,429	0,435	0,441	0,444	0,450
	B	1,099	1,110	1,117	1,132	1,141	1,151	1,159	1,172	1,181	1,188	1,202
	V_{bl}	-0,599	-0,602	-0,602	-0,606	-0,606	-0,610	-0,610	-0,613	-0,613	-0,613	-0,617
	V_{br}	0,500	0,508	0,515	0,526	0,535	0,541	0,549	0,559	0,568	0,575	0,585
4	M_1	0,077	0,079	0,081	0,084	0,086	0,088	0,090	0,093	0,095	0,097	0,100
	M_2	0,036	0,041	0,045	0,050	0,054	0,058	0,063	0,067	0,072	0,076	0,081
	M_b	-0,107	-0,108	-0,110	-0,111	-0,113	-0,114	-0,115	-0,117	-0,118	-0,119	-0,121
	M_c	-0,071	-0,075	-0,079	-0,082	-0,086	-0,089	-0,093	-0,096	-0,100	-0,104	-0,107
	A	0,392	0,398	0,403	0,408	0,415	0,420	0,426	0,431	0,435	0,441	0,446
	B	1,141	1,153	1,159	1,166	1,175	1,181	1,188	1,198	1,205	1,216	1,223
	C	0,930	0,948	0,970	0,996	1,016	1,036	1,058	1,082	1,098	1,124	1,142
	V_{bl}	-0,606	-0,610	-0,610	-0,613	-0,613	-0,613	-0,613	-0,617	-0,617	-0,621	-0,621
	V_{br}	0,535	0,544	0,549	0,556	0,562	0,568	0,575	0,581	0,588	0,595	0,602
	V_{cl}	-0,465	-0,474	-0,485	-0,498	-0,508	-0,518	-0,529	-0,541	-0,549	-0,562	-0,571
5	M_1	0,078	0,080	0,082	0,084	0,086	0,089	0,091	0,093	0,095	0,098	0,100
	M_2	0,033	0,038	0,042	0,047	0,052	0,056	0,061	0,065	0,070	0,075	0,079
	M_3	0,046	0,050	0,054	0,058	0,062	0,066	0,070	0,074	0,078	0,082	0,086
	M_b	-0,105	-0,107	-0,108	-0,110	-0,111	-0,112	-0,114	-0,115	-0,117	-0,118	-0,120
	M_c	-0,079	-0,082	-0,085	-0,089	-0,092	-0,095	-0,098	-0,102	-0,105	-0,108	-0,111
	A	0,395	0,400	0,405	0,410	0,415	0,422	0,426	0,431	0,437	0,442	0,447
	B	1,132	1,141	1,151	1,156	1,166	1,175	1,181	1,191	1,202	1,209	1,220
	C	0,974	0,993	1,013	1,031	1,053	1,072	1,091	1,111	1,127	1,146	1,170
	V_{bl}	-0,606	-0,606	-0,610	-0,610	-0,610	-0,613	-0,613	-0,613	-0,617	-0,617	-0,621
	V_{br}	0,526	0,535	0,541	0,546	0,556	0,562	0,568	0,578	0,585	0,592	0,599
	V_{cl}	-0,474	-0,483	-0,495	-0,505	-0,515	-0,526	-0,535	-0,546	-0,556	-0,565	-0,578
	V_{cr}	0,500	0,510	0,518	0,526	0,538	0,546	0,556	0,565	0,571	0,581	0,592

Beispiel:

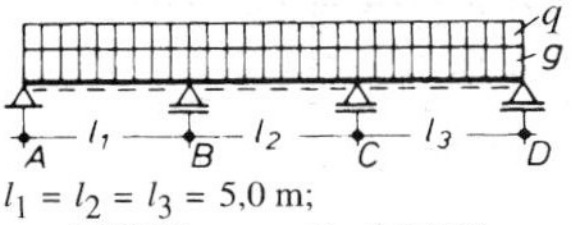

$l_1 = l_2 = l_3 = 5{,}0$ m;
$g = 6{,}0$ kN/m; $q = 1{,}5$ kN/m
$r = 7{,}5$ kN/m; $q\,/\,r = 0{,}2$

max M_1 = max M_3 = $0{,}084 \cdot 7{,}5 \cdot 5{,}0^2 = 15{,}8$ kNm
max M_2 = $0{,}035 \cdot 7{,}5 \cdot 5{,}0^2 = 6{,}6$ kNm
min M_b = min M_c = $-0{,}103 \cdot 7{,}5 \cdot 5{,}0^2 = -19{,}3$ kNm
max A = max D = $0{,}410 \cdot 7{,}5 \cdot 5{,}0 = 15{,}4$ kN
max B = max C = $1{,}117 \cdot 7{,}5 \cdot 5{,}0 = 41{,}9$ kN
min V_{bl} = −max V_{cr} = $-0{,}602 \cdot 7{,}5 \cdot 5{,}0 = -22{,}6$ kN
max V_{br} = −min V_{cl} = $0{,}515 \cdot 7{,}5 \cdot 5{,}0 = 19{,}3$ kN

1) Ungünstigste Laststellungen siehe S. 13.13.
2) Fußnote wie auf S. 13.8 – Ähnliche Tafeln für beliebige Stützweiten siehe *Brandt:* „Tabellen für durchlaufende Träger", Bauverlag.

1.4.2 Durchlaufträger mit gleichen Stützweiten über 2 bis 5 Felder[1)]

Belastung 1	Belastung 2	Belastung 3	Belastung 4	Belastung 5	Belastung 6

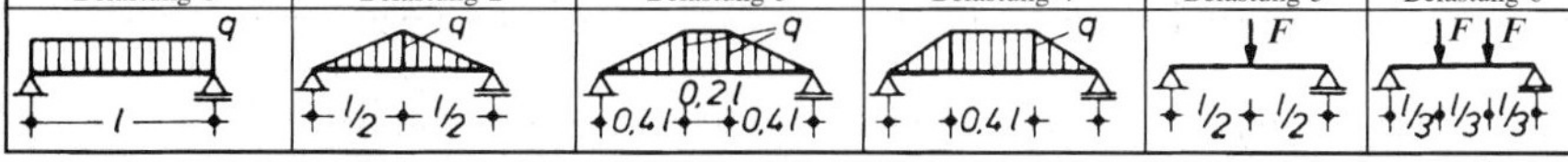

Momente	= Tafelwert · ql^2
bzw.	= Tafelwert · Fl

Kräfte	= Tafelwert · ql
bzw.	= Tafelwert · F

Die Feldmomente M_1, M_2 usw. sind die Größtwerte der Feldmomente in den Feldern 1, 2 usw.

Lastfall	Kraftgrößen	Belastung 1	Belastung 2	Belastung 3	Belastung 4	Belastung 5	Belastung 6
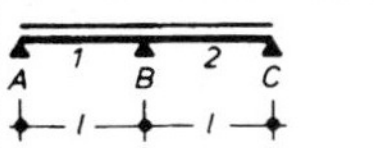	M_1	0,070	0,048	0,056	0,062	0,156	0,222
	M_b	- 0,125	- 0,078	- 0,093	- 0,106	- 0,188	- 0,333
	A	0,375	0,172	0,207	0,244	0,313	0,667
	B	1,250	0,656	0,786	0,911	1,375	2,667
	V_{bl}	- 0,625	- 0,328	- 0,393	- 0,456	- 0,688	- 1,333
	M_1	0,096	0,065	0,076	0,085	0,203	0,278
	M_b	- 0,063	- 0,039	- 0,047	- 0,053	- 0,094	- 0,167
	A	0,438	0,211	0,253	0,297	0,406	0,833
	C	- 0,063	- 0,039	- 0,047	- 0,053	- 0,094	- 0,167
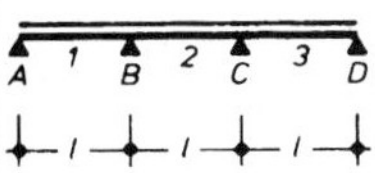	M_1	0,080	0,054	0,064	0,071	0,175	0,244
	M_2	0,025	0,021	0,024	0,025	0,100	0,067
	M_b	- 0,100	- 0,063	- 0,074	- 0,085	- 0,150	- 0,267
	A	0,400	0,188	0,226	0,265	0,350	0,733
	B	1,100	0,563	0,674	0,785	1,150	2,267
	V_{bl}	- 0,600	- 0,313	- 0,374	- 0,435	- 0,650	- 1,267
	V_{br}	0,500	0,250	0,300	0,350	0,500	1,000
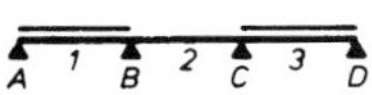	M_1	0,101	0,068	0,080	0,090	0,213	0,289
	M_2	- 0,050	- 0,032	- 0,037	- 0,043	- 0,075	- 0,133
	M_b	- 0,050	- 0,032	- 0,037	- 0,043	- 0,075	- 0,133
	A	0,450	0,219	0,263	0,307	0,425	0,867
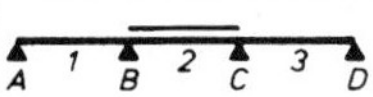	M_2	0,075	0,052	0,061	0,067	0,175	0,200
	M_b	- 0,050	- 0,032	- 0,037	- 0,043	- 0,075	- 0,133
	A	- 0,050	- 0,032	- 0,037	- 0,043	- 0,075	- 0,133
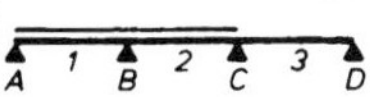	M_b	- 0,117	- 0,073	- 0,087	- 0,099	- 0,175	- 0,311
	M_c	- 0,033	- 0,021	- 0,025	- 0,029	- 0,050	- 0,089
	B	1,200	0,626	0,749	0,871	1,300	2,533
	V_{bl}	- 0,617	- 0,323	- 0,387	- 0,449	- 0,675	- 1,311
	V_{br}	0,583	0,303	0,362	0,421	0,625	1,222
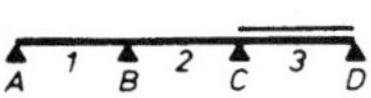	M_b	0,017	0,011	0,013	0,015	0,025	0,044
	M_c	- 0,067	- 0,042	- 0,050	- 0,057	- 0,100	- 0,178
	V_{bl}	0,017	0,011	0,013	0,015	0,025	0,044
	V_{br}	- 0,083	- 0,053	- 0,062	- 0,071	- 0,125	- 0,222
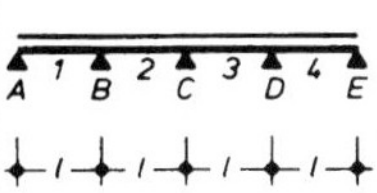	M_1	0,077	0,052	0,062	0,069	0,170	0,238
	M_2	0,036	0,028	0,032	0,034	0,116	0,111
	M_b	- 0,107	- 0,067	- 0,080	- 0,091	- 0,161	- 0,286
	M_c	- 0,071	- 0,045	- 0,053	- 0,060	- 0,107	- 0,190
	A	0,393	0,183	0,220	0,259	0,339	0,714
	B	1,143	0,590	0,707	0,822	1,214	2,381
	C	0,929	0,455	0,546	0,638	0,892	1,810
	V_{bl}	- 0,607	- 0,317	- 0,380	- 0,441	- 0,661	- 1,286
	V_{br}	0,536	0,273	0,327	0,381	0,554	1,095
	V_{cl}	- 0,464	- 0,228	- 0,273	- 0,319	- 0,446	- 0,905
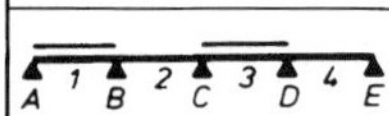	M_1	0,100	0,067	0,079	0,088	0,210	0,286
	M_b	- 0,054	- 0,034	- 0,040	- 0,046	- 0,080	- 0,143
	M_c	- 0,036	- 0,023	- 0,027	- 0,031	- 0,054	- 0,095
	A	0,446	0,217	0,260	0,298	0,420	0,857
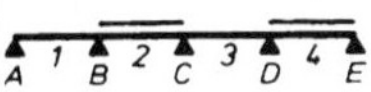	M_2	0,080	0,056	0,065	0,071	0,183	0,222
	M_b	- 0,054	- 0,034	- 0,040	- 0,046	- 0,080	- 0,143
	M_c	- 0,036	- 0,023	- 0,027	- 0,031	- 0,054	- 0,095
	A	- 0,054	- 0,034	- 0,040	- 0,046	- 0,080	- 0,143

1) Die folgende Tafel kann auch näherungsweise bei ungleichen Stützweiten verwendet werden, wenn min l > 0,8 max l ist. Die Kraftgrößen an den Innenstützen (Stützmomente, Auflager- und Querkräfte) sind dann mit den Mittelwerten der jeweils benachbarten Stützweiten zu ermitteln.

Lastfall	Kraftgrößen	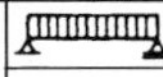 Belastung 1	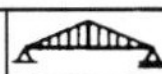 Belastung 2	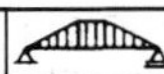 Belastung 3	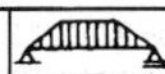 Belastung 4	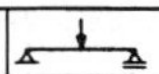 Belastung 5	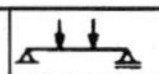 Belastung 6
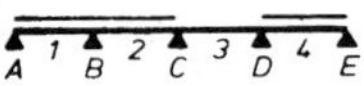	M_b	- 0,121	- 0,076	- 0,090	- 0,102	- 0,181	- 0,321
	M_c	- 0,018	- 0,012	- 0,013	- 0,015	- 0,027	- 0,048
	M_d	- 0,058	- 0,036	- 0,043	- 0,049	- 0,087	- 0,155
	B	1,223	0,640	0,767	0,889	1,335	2,595
	V_{bl}	- 0,621	- 0,326	- 0,390	- 0,452	- 0,681	- 1,321
	V_{br}	0,603	0,314	0,377	0,437	0,654	1,274
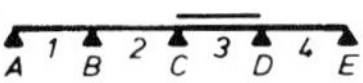	M_b	0,013	0,009	0,010	0,011	0,020	0,036
	M_c	- 0,054	- 0,033	- 0,040	- 0,045	- 0,080	- 0,143
	M_d	- 0,049	- 0,031	- 0,037	- 0,042	- 0,074	- 0,131
	B	- 0,080	- 0,050	- 0,060	- 0,067	- 0,121	- 0,214
	V_{bl}	0,013	0,009	0,010	0,011	0,020	0,036
	V_{br}	- 0,067	- 0,042	- 0,050	- 0,056	- 0,100	- 0,178
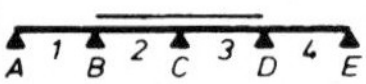	M_b	- 0,036	- 0,023	- 0,027	- 0,031	- 0,054	- 0,095
	M_c	- 0,107	- 0,067	- 0,080	- 0,091	- 0,161	- 0,286
	C	1,143	0,589	0,706	0,820	1,214	2,381
	V_{cl}	- 0,571	- 0,295	- 0,353	- 0,410	- 0,607	- 1,191
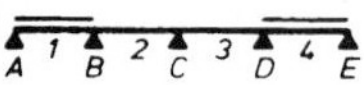	M_b	- 0,071	- 0,045	- 0,053	- 0,060	- 0,107	- 0,190
	M_c	0,036	0,023	0,027	0,031	0,054	0,095
	C	- 0,214	- 0,134	- 0,160	- 0,182	- 0,321	- 0,571
	V_{cl}	0,107	0,067	0,080	0,091	0,161	0,286
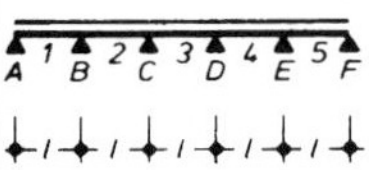	M_1	0,078	0,053	0,062	0,069	0,171	0,240
	M_2	0,033	0,026	0,030	0,032	0,112	0,099
	M_3	0,046	0,034	0,040	0,043	0,132	0,123
	M_b	- 0,105	- 0,066	- 0,078	- 0,089	- 0,158	- 0,281
	M_c	- 0,079	- 0,050	- 0,059	- 0,067	- 0,118	- 0,211
	A	0,395	0,185	0,222	0,261	0,342	0,719
	B	1,132	0,582	0,697	0,811	1,197	2,351
	C	0,974	0,484	0,581	0,678	0,960	1,930
	V_{bl}	- 0,605	- 0,316	- 0,378	- 0,439	- 0,658	- 1,281
	V_{br}	0,526	0,266	0,319	0,372	0,540	1,070
	V_{cl}	- 0,474	- 0,234	- 0,281	- 0,328	- 0,460	- 0,930
	V_{cr}	0,500	0,250	0,300	0,350	0,500	1,000
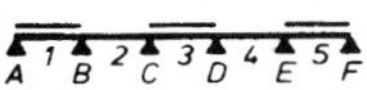	M_1	0,100	0,068	0,079	0,088	0,211	0,287
	M_3	0,086	0,059	0,070	0,076	0,191	0,228
	M_b	- 0,053	- 0,033	- 0,040	- 0,045	- 0,079	- 0,140
	M_c	- 0,039	- 0,025	- 0,030	- 0,034	- 0,059	- 0,105
	A	0,447	0,217	0,260	0,305	0,421	0,860
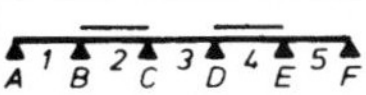	M_2	0,079	0,055	0,064	0,071	0,181	0,205
	M_3	–	- 0,025	- 0,030	- 0,034	- 0,059	- 0,105
	M_b	- 0,053	- 0,033	- 0,040	- 0,045	- 0,079	- 0,140
	M_c	- 0,039	- 0,025	- 0,030	- 0,034	- 0,059	- 0,105
	A	- 0,053	- 0,033	- 0,040	- 0,045	- 0,079	- 0,140
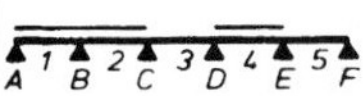	M_b	- 0,120	- 0,075	- 0,089	- 0,101	- 0,179	- 0,319
	M_c	- 0,022	- 0,014	- 0,016	- 0,019	- 0,032	- 0,057
	M_d	- 0,044	- 0,028	- 0,033	- 0,037	- 0,066	- 0,118
	M_e	- 0,051	- 0,032	- 0,038	- 0,043	- 0,077	- 0,137
	B	1,218	0,636	0,761	0,883	1,327	2,581
	V_{bl}	- 0,620	- 0,325	- 0,389	- 0,451	- 0,679	- 1,319
	V_{br}	0,598	0,311	0,373	0,432	0,647	1,262
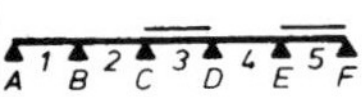	M_b	0,014	0,009	0,011	0,012	0,022	0,038
	M_c	- 0,057	- 0,036	- 0,043	- 0,048	- 0,086	- 0,153
	M_d	- 0,035	- 0,022	- 0,026	- 0,030	- 0,052	- 0,093
	M_e	- 0,054	- 0,034	- 0,040	- 0,046	- 0,081	- 0,144
	B	- 0,086	- 0,054	- 0,065	- 0,072	- 0,129	- 0,230
	V_{bl}	0,014	0,009	0,011	0,012	0,022	0,038
	V_{br}	- 0,072	- 0,045	- 0,053	- 0,060	- 0,108	- 0,191
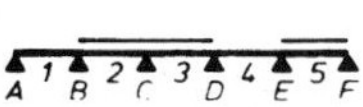	M_b	- 0,035	- 0,022	- 0,026	- 0,029	- 0,052	- 0,093
	M_c	- 0,111	- 0,070	- 0,083	- 0,094	- 0,167	- 0,297
	M_d	- 0,020	- 0,013	- 0,015	- 0,017	- 0,031	- 0,054
	M_e	- 0,057	- 0,036	- 0,043	- 0,048	- 0,086	- 0,153
	C	1,167	0,605	0,725	0,841	1,251	2,447
	V_{cl}	- 0,576	- 0,298	- 0,357	- 0,414	- 0,615	- 1,204
	V_{cr}	0,591	0,307	0,368	0,427	0,636	1,242
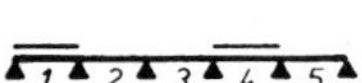	M_b	- 0,071	- 0,044	- 0,052	- 0,060	- 0,106	- 0,188
	M_c	0,032	0,020	0,024	0,027	0,048	0,086
	M_d	- 0,059	- 0,037	- 0,044	- 0,050	- 0,088	- 0,156
	M_e	- 0,048	- 0,030	- 0,035	- 0,041	- 0,072	- 0,128
	C	- 0,194	- 0,121	- 0,144	- 0,163	- 0,291	- 0,517
	V_{cl}	0,103	0,064	0,076	0,086	0,154	0,274
	V_{cr}	- 0,091	- 0,057	- 0,068	- 0,077	- 0,136	- 0,242

Hinweis: Für mehr als 5 Felder siehe *Zellerer:* Durchlaufträger.

1.4.3 Zweifeldträger mit Gleichstreckenlast (EI = const)

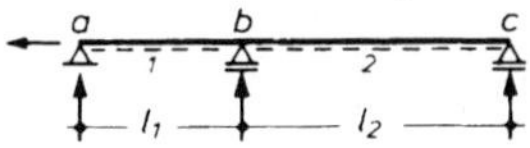

l_1 ist immer die *kleinere* Stützweite.

Momente = Tafelwert · $q \cdot l_1^2$
Kräfte = Tafelwert · $q \cdot l_1$

Für $l_1 \neq l_2$ gilt:

$$M_b = \frac{q_1\, l_1^3 + q_2\, l_2^3\, j}{8\,(l_1 + l_2\, j)}\,;\; j = \frac{l_1}{l_2}$$

	Last q auf beiden Feldern							Last q_1 auf Feld 1				
$l_1 : l_2$	M_b	M_1	M_2	A	V_{bl}	V_{br}	C	M_b	M_1	A	V_{bl}	V_{br}
1:1,0	-0,125	0,070	0,070	0,375	-0,625	0,625	0,375	-0,063	0,096	0,438	-0,563	0,063
1,1	-0,139	0,065	0,090	0,361	-0,639	0,676	0,424	-0,060	0,097	0,441	-0,560	0,054
1,2	-0,155	0,060	0,111	0,345	-0,655	0,729	0,471	-0,057	0,098	0,443	-0,557	0,047
1,3	-0,174	0,053	0,133	0,326	-0,674	0,784	0,516	-0,054	0,099	0,446	-0,554	0,042
1,4	-0,195	0,047	0,157	0,305	-0,695	0,839	0,561	-0,052	0,100	0,448	-0,552	0,037
1:1,5	-0,219	0,040	0,183	0,281	-0,719	0,896	0,604	-0,050	0,101	0,450	-0,550	0,033
1,6	-0,245	0,033	0,209	0,255	-0,745	0,953	0,646	-0,048	0,102	0,452	-0,548	0,030
1,7	-0,274	0,026	0,237	0,226	-0,774	1,011	0,689	-0,046	0,103	0,454	-0,546	0,027
1,8	-0,305	0,019	0,267	0,195	-0,805	1,069	0,731	-0,045	0,104	0,455	-0,545	0,025
1,9	-0,339	0,013	0,298	0,161	-0,839	1,128	0,772	-0,043	0,104	0,457	-0,543	0,023
1:2,0	-0,375	0,008	0,330	0,125	-0,875	1,188	0,813	-0,042	0,105	0,458	-0,542	0,021
2,1	-0,414	0,004	0,364	0,086	-0,914	1,247	0,853	-0,040	0,106	0,460	-0,540	0,019
2,2	-0,455	0,001	0,399	0,045	-0,955	1,307	0,893	-0,039	0,106	0,461	-0,539	0,018
2,3	-0,499	0,000	0,435	0,001	-0,999	1,367	0,933	-0,038	0,107	0,462	-0,538	0,017
2,4	-0,545	negat.	0,473	-0,045	-1,045	1,427	0,973	-0,037	0,107	0,463	-0,537	0,015
1:2,5	-0,594	negat.	0,513	-0,094	-1,094	1,488	1,013	-0,036	0,108	0,464	-0,536	0,014

M_1 und M_2 sind die größten Feldmomente in dem jeweiligen Feld. $B = |V_{bl}| + |V_{br}|$

	Last q_2 auf Feld 2				
$l_1 : l_2$	M_b	M_2	V_{bl}	V_{br}	C
1:1,0	-0,063	0,096	-0,063	0,563	0,438
1,1	-0,079	0,114	-0,079	0,622	0,478
1,2	-0,098	0,134	-0,098	0,682	0,518
1,3	-0,119	0,156	-0,119	0,742	0,558
1,4	-0,143	0,179	-0,143	0,802	0,598
1:1,5	-0,169	0,203	-0,169	0,863	0,638
1,6	-0,197	0,229	-0,197	0,923	0,677
1,7	-0,228	0,257	-0,228	0,984	0,716
1,8	-0,260	0,285	-0,260	1,045	0,755
1,9	-0,296	0,316	-0,296	1,106	0,794
1:2,0	-0,333	0,347	-0,333	1,167	0,833
2,1	-0,373	0,380	-0,373	1,228	0,872
2,2	-0,416	0,415	-0,416	1,289	0,911
2,3	-0,461	0,451	-0,461	1,350	0,950
2,4	-0,508	0,488	-0,508	1,412	0,988
1:2,5	-0,558	0,527	-0,558	1,473	1,027

Beispiel 1

l_1 = 4,1 m l_2 = 5,3 m $l_1 : l_2 \approx 1 : 1,3$
g = 5,8 kN/m q = 3,5 kN/m

① max M_1 = 0,053 · 5,8 · 4,1² + 0,099 · 3,5 · 4,1² = 11,0 kNm

max A = (0,326 · 5,8 + 0,446 · 3,5) · 4,1 = 14,2 kN

M_b = (– 0,174 · 5,8 – 0,054 · 3,5) · 4,1² = – 20,1 kNm

② max M_2 = 0,133 · 5,8 · 4,1² + 0,156 · 3,5 · 4,1² = 22,2 kNm

max C = (0,516 · 5,8 + 0,558 · 3,5) · 4,1 = 20,3 kN

M_b = (– 0,174 · 5,8 – 0,119 · 3,5) · 4,1² = – 24,0 kNm

③ min M_b = – 0,174 · 9,3 · 4,1² = – 27,2 kNm

min V_{bl} = – 0,674 · 9,3 · 4,1 = – 25,7 kN

max V_{br} = 0,784 · 9,3 · 4,1 = 30,0 kN

max B = 25,7 + 30,0 = 55,7 kN

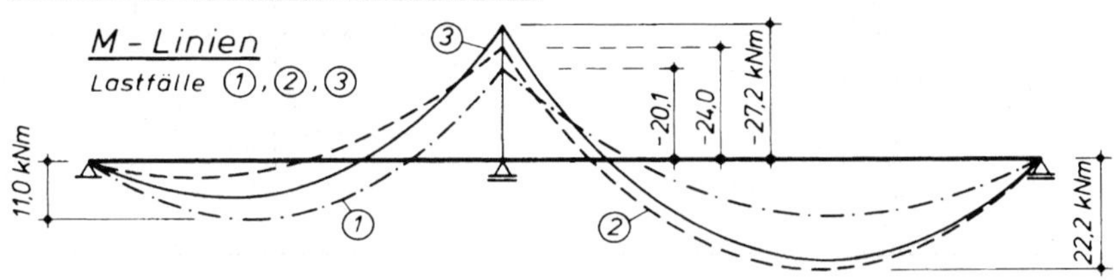

1.4.4 Zweifeldträger mit Randmomenten

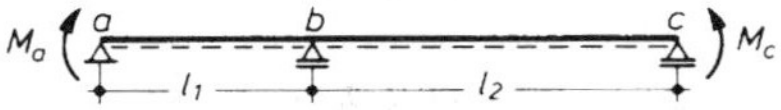

$$M_b = -\frac{\gamma M_a + M_c}{2 + 2\gamma}\ ; \ \gamma = \frac{l_1}{l_2}\cdot\frac{I_2}{I_1}$$

Beispiel 2

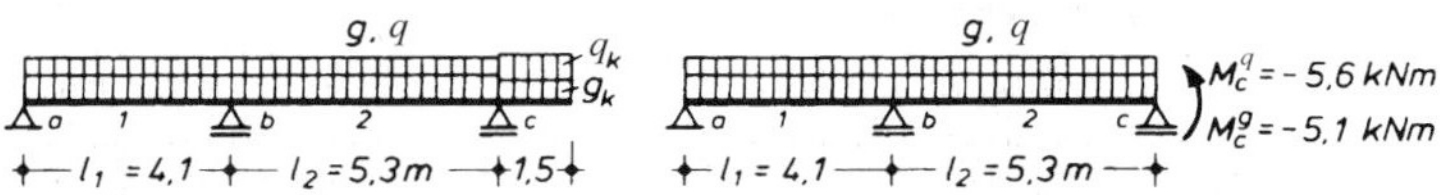

Abmessungen und Belastung der Felder wie Beispiel 1:
Kragarm: g_k = 4,5 kN/m q_k = 5,0 kN/m

g = 5,8 kN/m
q = 3,5 kN/m
r = 9,3 kN/m

M_c infolge g_k: $M_c^g = -4{,}5\cdot1{,}5^2/2 = -5{,}1$ kNm
M_c infolge q_k: $M_c^q = -5{,}0\cdot1{,}5^2/2 = -5{,}6$ kNm min $M_c = -10{,}7$ kNm

Aus obiger Formel: M_b infolge M_c^g: 5,1/3,54 = 1,4 kNm
M_b infolge M_c^q: 5,6/3,54 = 1,6 kNm

Tabellarische Zusammenstellung der Stützmomente in kNm:

Lastfall	M_b	M_c
1	− 20,1 + 3,0 = − 17,1	− 10,7
2	− 24,0 + 1,4 = − 22,6	− 5,1
3	− 27,2 + 1,4 = − 25,8	− 5,1
4	− 24,0 + 3,0 = − 21,0	− 10,7

Lastfall 1
max $A = r_1\cdot l_1/2 + M_b/l_1 = 14{,}9$ kN
max $M_1 = A^2/2\,r_1 = 14{,}9^2/2\cdot 9{,}3 = 11{,}9$ kNm

Lastfall 2
$V_{br} = r_2\cdot l_2/2 + (M_c - M_b)/l_2 = 28{,}0$ kN
max $M_2 = V_{br}^2/2\ r_2 + M_b = 19{,}6$ kNm

Lastfall 3
min M_b = − 25,8 kNm
min $V_{bl} = -r_1\cdot l_1/2 + M_b/l_1 = -25{,}4$ kN
max $V_{br} = r_2\cdot l_2/2 + (M_c - M_b)/l_2 = 28{,}6$ kN
max $B = -\min V_{bl} + \max V_{br} = 25{,}4 + 28{,}6 = 54{,}0$ kN

Lastfall 4
min $V_{cl} = -r_2\cdot l_2/2 + (M_c - M_b)/l_2 = -22{,}7$ kN
max $V_{cr} = r_k\cdot l_k = 14{,}3$ kN
max $C = -\min V_{cl} + \max V_{cr} = 22{,}7 + 14{,}3 = 37{,}0$ kN

1.4.5 Durchlaufträger mit gleichen Stützweiten und Randmomenten

	M_b	M_c	M_d	M_e
M_l b M_r	$-0{,}250\,M_l - 0{,}250\,M_r$	–	–	–
M_l b c M_r	$-0{,}267\,M_l + 0{,}067\,M_r$	$0{,}067\,M_l - 0{,}267\,M_r$	–	–
M_l b c d M_r	$-0{,}268\,M_l - 0{,}018\,M_r$	$0{,}071\,M_l + 0{,}071\,M_r$	$-0{,}018\,M_l - 0{,}268\,M_r$	–
M_l b c d e M_r	$-0{,}268\,M_l - 0{,}005\,M_r$	$0{,}072\,M_l - 0{,}019\,M_r$	$-0{,}019\,M_l + 0{,}072\,M_r$	$0{,}005\,M_l - 0{,}268\,M_r$

1.4.6 Dreifeldträger mit beliebigen Stützweiten

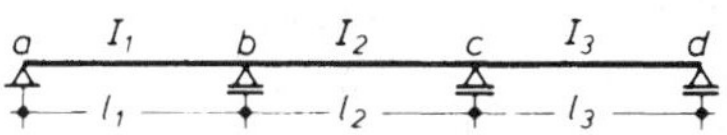

$K = 4\,(l_1' + l_2')\cdot(l_2' + l_3') - l_2'^2$
$l_i' = l_i\cdot I_c/I_i$; für I = const → $l_i' = l_i$
R, L siehe S. 13.18

Belastetes Feld	Gleichlast q		Beliebige Belastung	
	M_b	M_c	M_b	M_c
	$-\frac{q_1\cdot l_1^2\cdot l_1'}{2K}(l_2' + l_3')$	$+\frac{q_1\cdot l_1^2}{4K}l_1'\cdot l_2'$	$-\frac{R_1\cdot 2l_1'(l_2' + l_3')}{K}$	$+\frac{R_1\cdot l_1'\cdot l_2'}{K}$
	$-\frac{q_2\cdot l_2^2\cdot l_2'}{4K}(l_2' + 2\,l_3')$	$-\frac{q_2\cdot l_2^2\cdot l_2'}{4K}(l_2' + 2l_1')$	$-\frac{L_2\cdot 2l_2'(l_2' + l_3') - R_2\cdot l_2'^2}{K}$	$-\frac{R_2\cdot 2l_2'(l_1' + l_2') - L_2\cdot l_2'^2}{K}$
	$+\frac{q_3\cdot l_3^2}{4K}l_3'\cdot l_2'$	$-\frac{q_3\cdot l_3^2\cdot l_3'}{2K}(l_1' + l_2')$	$+\frac{L_3\cdot l_3'\cdot l_2'}{K}$	$-\frac{L_3\cdot 2l_3'(l_1' + l_2')}{K}$

1.4.7 Statische Größen für Durchlaufträger

● Dreifeldträger mit Gleichstreckenlast

Es werden die entsprechenden Formeln für einen Dreifeldträger angegeben. Für Durchlaufträger über vier und mehr Felder können diese Formeln ebenfalls sinngemäß angewendet werden. Die Stützmomente werden als bekannt vorausgesetzt.

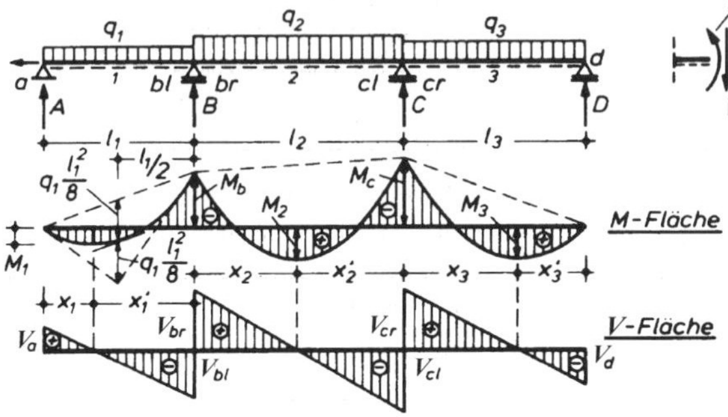

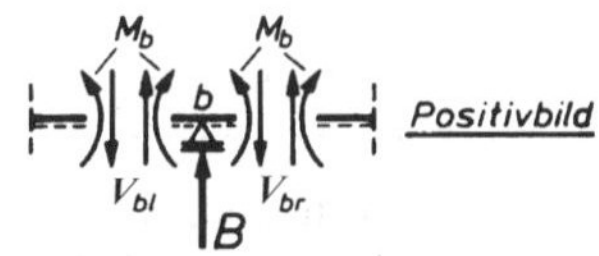

$A = V_a = q_1 \cdot l_1/2 + M_b/l_1$		$V_{bl} = -\,q_1 \cdot l_1/2 + M_b/l_1$
$x_1 = A/q_1$		$x_1 = -\,V_{bl}/q_1$
$M_1 = A^2/2q_1 = A \cdot x_1/2$	bzw.	$M_1 = V_{bl}^2/2q_1 + M_b = -\,V_{bl} \cdot x_1'/2 + M_b$
$V_{br} = q_2 \cdot l_2/2 + (M_c - M_b)/l_2$		$V_{cl} = -\,q_2 \cdot l_2/2 + (M_c - M_b)/l_2$
$x_2 = V_{br}/q_2$		$x_2' = -\,V_{cl}/q_2$
$M_2 = V_{br}^2/2q_2 + M_b$	bzw.	$M_2 = V_{cl}^2/2q_2 + M_c$
$V_{cr} = q_3 \cdot l_3/2 - M_c/l_3$		$D = -\,V_d = q_3 \cdot l_3/2 + M_c/l_3$
$x_3 = V_{cr}/q_3$		$x_3' = D/q_3$
$M_3 = V_{cr}^2/2q_3 + M_c$	bzw.	$M_3 = D^2/2q_3$

● Beispiel: Berechnungsablauf für einen Dreifeldträger mit ständiger Last *g* und Verkehrslast *q*

$l_1 = 4{,}25$ m $\quad l_2 = 4{,}95$ m $\quad l_3 = 3{,}80$ m $\quad I = \text{const}$
$g_1 = g_2 = g_3 = 5{,}4$ kN/m; $\quad q_1 = q_2 = q_3 = 2{,}75$ kN/m; $\quad q/g = 0{,}509$

In der folgenden tabellarischen Zusammenstellung werden zunächst in den Zeilen 1 bis 3 die infolge feldweiser Belastung mit g vorab berechneten Stützmomente M_b und M_c (z. B. mit den Formeln auf S. 13.11) eingetragen. Durch Multiplikation dieser Werte mit dem Faktor q/g ergeben sich die entsprechenden Stützmomente infolge q. In den Zeilen 4 bis 8 sind die Stützmomente für verschiedene Lastkombinationen (vgl. S. 13.13 unten) zusammengestellt.
Die maximalen Feldmomente und Querkräfte werden mit Hilfe der obigen Formeln ermittelt.

	Lastfall	M_b [kNm]		M_c [kNm]	
		g	q	g	q
1		-6,1	-3,1	1,7	0,9
2		-6,9	-3,5	-7,4	-3,8
3		1,2	0,6	-4,6	-2,3
4		-11,8		-10,3	
5		-14,3		-11,7	
6		-15,3		-14,1	
7		-18,4		-13,2	
8		-14,7		-16,4	

Lastfall Zeile 5
max $A = 8{,}15 \cdot 4{,}25/2 - 14{,}3/4{,}25 = 13{,}9$ kN
max $M_1 = 13{,}9^2/(2 \cdot 8{,}15) = 11{,}9$ kNm
max $D = 8{,}15 \cdot 3{,}80/2 - 11{,}7/3{,}8 = 12{,}4$ kN
max $M_3 = 12{,}4^2/(2 \cdot 8{,}15) = 9{,}4$ kNm

Lastfall Zeile 6
$V_{br} = 8{,}15 \cdot 4{,}95/2 + (-14{,}1 + 15{,}3)/4{,}95 = 20{,}4$ kN
max $M_2 = 20{,}4^2/(2 \cdot 8{,}15) - 15{,}3 = 10{,}2$ kNm

Lastfall Zeile 7
min $V_{bl} = -\,8{,}15 \cdot 4{,}25/2 - 18{,}4/4{,}25 = -\,21{,}6$ kN
max $V_{br} = 8{,}15 \cdot 4{,}95/2 + (-13{,}2 + 18{,}4)/4{,}95 = 21{,}3$ kN
usw.

● **Auflagerkräfte für Durchlaufträger**

Endauflager	Mittelauflager
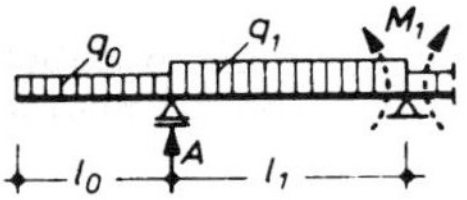 $A = q_0 \cdot l_0 + \frac{q_1 \cdot l_1}{2} + \frac{q_0 \cdot l_0^2}{2\, l_1} + \frac{M_1}{l_1}$	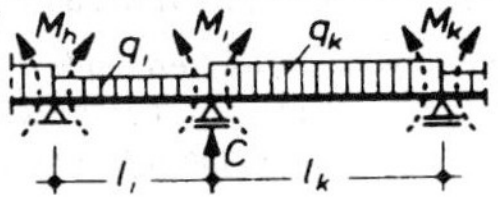 $C = \frac{q_1 \cdot l_1}{2} + \frac{q_k \cdot l_k}{2} + \frac{M_h - M_1}{l_1} + \frac{M_k - M_1}{l_k}$

● **Gerader Stababschnitt: Querkräfte, maximale Feldmomente**

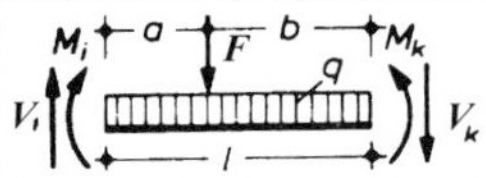	$V_i = ql/2 + Fb/l + (M_k - M_i)/l$ $V_k = -\,ql/2 - Fa/l + (M_k - M_i)/l$
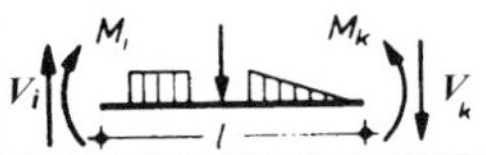	$V_i = V_i^* + (M_k - M_i)/l$ [1] $V_k = V_k^* + (M_k - M_i)/l$ [1]
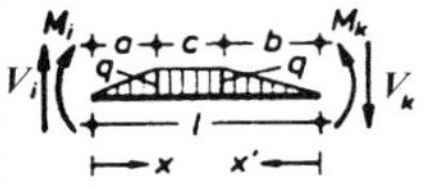	$V_i = \frac{q}{6l}\,(a^2 + 3ab + 3ac + 6bc + 2b^2 + 3c^2) + (M_k - M_i)/l$ $V_k = V_i - q \cdot (a + b)/2 - q \cdot c$

wenn $x_n = \sqrt{\frac{2a\, V_i}{q}} \leq a$ [2], dann $\max M_{\text{Feld}} = q\,\frac{x_n^3}{3a} + M_i$

wenn $x'_n = \sqrt{\frac{2b\, V_k}{q}} \leq b$ [2], dann $\max M_{\text{Feld}} = q\,\frac{x'^3_n}{3b} + M_k$

wenn $x_n = \frac{V_i}{q} + \frac{a}{2} \left\} \begin{array}{l} > a \\ \leq (a + c), \end{array}\right.$ dann $\max M_{\text{Feld}} = \frac{q}{2}\left(x_n^2 - \frac{a^2}{3}\right) + M_i$

Sonderfall: Bei Dreieckslast ist $c = 0$ zu setzen.

[1] V_i^* und V_k^* sind die Querkräfte an den Stellen *i* und *k* eines Trägers auf zwei Stützen infolge der gegebenen Last ohne Berücksichtigung der Momente M_i und M_k.
[2] Wird x_n bzw. x'_n negativ, so tritt in dem Stababschnitt *i, k* kein Querkraft-Nulldurchgang auf.

1.4.8 Ungünstigste Laststellungen (Beispiel: 5 Feldträger)[1]

Maximale Auflager- und Schnittgrößen	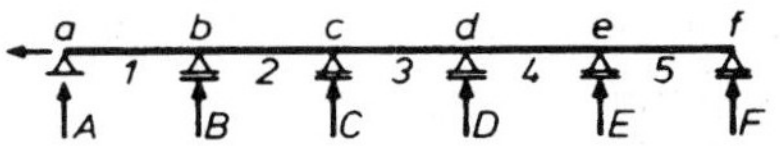	- - - - - - - - Verkehrslast
M_b V_{bl} V_{br} B	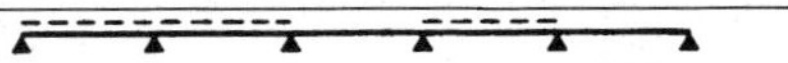	[1] Diese Tafel ist auch für Durchlaufträger mit geringerer Feldzahl zu verwenden, indem die entsprechenden hinteren Felder abgedeckt werden.
M_c V_{cl} V_{cr} C		
M_d V_{dl} V_{dr} D		
M_e V_{el} V_{er} E		
M_1 M_3 M_5 A, F		
M_2 M_4		

1.4.9 Ermittlung von Momenten-Nullpunkten

Durchlaufträger mit Gleichstreckenlast

Endfelder:

$$a_1 = l_1 - \frac{2A}{q_1} = -\frac{2M_b}{q_1 \cdot l_1}$$

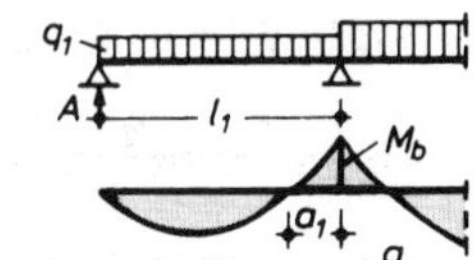

Mittelfelder:

$$x_{1,2} = \frac{V_i}{q} \pm \sqrt{\frac{2M_F}{q}}$$

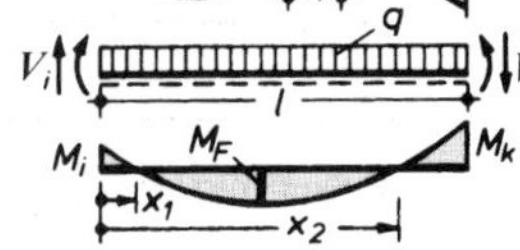

$$M_F = \frac{V_i^2}{2q} + M_i; \qquad V_i = \frac{M_k - M_i}{l} + \frac{q \cdot l}{2} \qquad (M,\ V,\ A \text{ mit Vorzeichen setzen})$$

Zeichnerisch[1)]

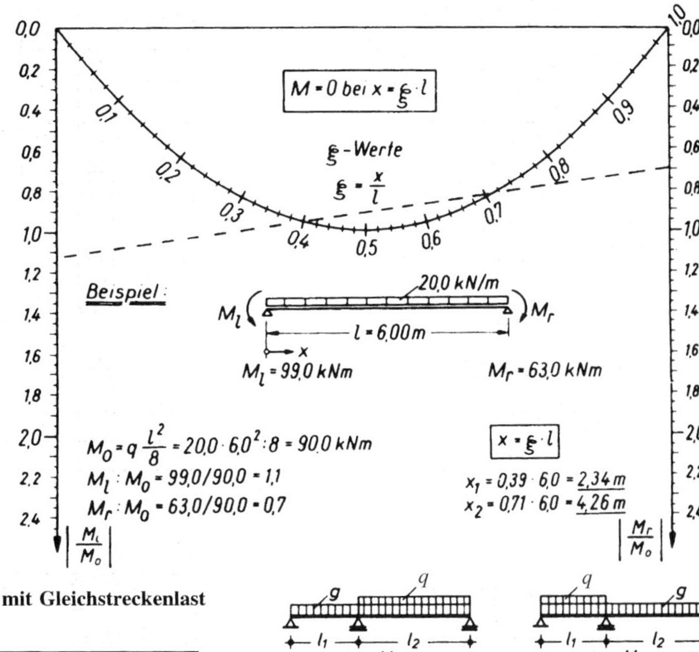

[1)] Entnommen aus *Wommelsdorff*, WIT 15

Zweifeldträger mit Gleichstreckenlast
(EI = const)

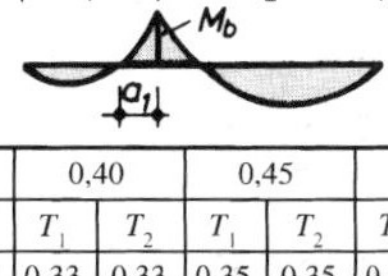

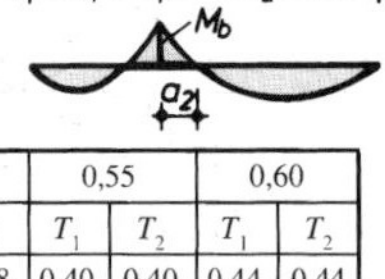

$a_1 = T_1 \cdot l_1$	$a_2 = T_2 \cdot l_2$

$q:r$ / $l_1 : l_2$	0 (nur g)		0,25		0,30		0,35		0,40		0,45		0,50		0,55		0,60	
	T_1	T_2	T_1	T_2	T_1	T_2	T_1	T_2	T_1	T_2	T_1	T_2	T_1	T_2	T_1	T_2	T_1	T_2
1 : 1,0	0,25	0,25	0,29	0,29	0,30	0,30	0,32	0,32	0,33	0,33	0,35	0,35	0,38	0,38	0,40	0,40	0,44	0,44
1,1	0,28	0,23	0,33	0,26	0,35	0,27	0,36	0,28	0,38	0,29	0,41	0,31	0,44	0,33	0,47	0,35	0,52	0,38
1,2	0,31	0,22	0,38	0,24	0,39	0,25	0,42	0,26	0,44	0,27	0,47	0,28	0,51	0,29	0,55	0,31	0,60	0,33
1,3	0,35	0,21	0,43	0,23	0,45	0,23	0,48	0,24	0,51	0,25	0,54	0,26	0,59	0,27	0,64	0,28	0,71	0,30
1,4	0,39	0,20	0,49	0,22	0,51	0,22	0,54	0,23	0,58	0,23	0,62	0,24	0,68	0,25	0,74	0,26	0,82	0,28
1 : 1,5	0,44	0,19	0,55	0,21	0,58	0,21	0,62	0,22	0,66	0,22	0,71	0,23	0,78	0,24	0,85	0,25	0,94	0,26
1,6	0,49	0,19	0,62	0,20	0,66	0,21	0,70	0,21	0,75	0,22	0,81	0,22	0,88	0,23	0,97	0,24	1,00	0,25
1,7	0,55	0,19	0,70	0,20	0,74	0,20	0,79	0,21	0,85	0,21	0,92	0,22	1,00	0,22	1,00	0,23	1,00	0,24
1,8	0,61	0,19	0,78	0,20	0,83	0,20	0,89	0,20	0,96	0,21	1,00	0,21	1,00	0,22	1,00	0,22	1,00	0,23
1,9	0,68	0,19	0,87	0,20	0,93	0,20	1,00	0,20	1,00	0,20	1,00	0,21	1,00	0,21	1,00	0,22	1,00	0,22
1 : 2,0	0,75	0,19	0,97	0,19	1,00	0,20	1,00	0,20	1,00	0,20	1,00	0,20	1,00	0,21	1,00	0,21	1,00	0,22
2,1	0,83	0,19	1,00	0,19	1,00	0,20	1,00	0,20	1,00	0,20	1,00	0,20	1,00	0,21	1,00	0,21	1,00	0,22
2,2	0,91	0,19	1,00	0,19	1,00	0,19	1,00	0,20	1,00	0,20	1,00	0,20	1,00	0,20	1,00	0,21	1,00	0,21
2,3	1,00	0,19	1,00	0,19	1,00	0,19	1,00	0,20	1,00	0,20	1,00	0,20	1,00	0,20	1,00	0,21	1,00	0,21

1.4.10 Einflußlinien für Zweifeldträger mit gleichen Stützweiten[1)]

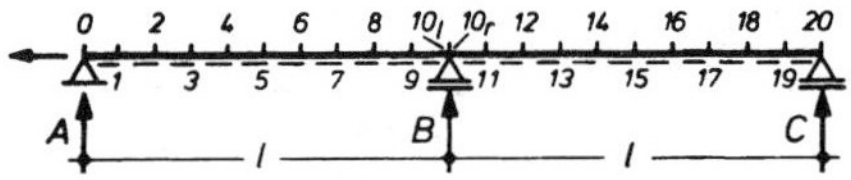

Die Einflußlinien (EL) der Biegemomente im Feld 2 verlaufen spiegelbildlich zu den entsprechenden EL in Feld 1 (z. B. EL $M_{16} \triangleq$ EL M_4).

Einzellast F im Punkt ... ergibt die Biegemomente M = Tafelwert $\cdot F \cdot l \cdot 10^{-1}$ in den Punkten; V = Tafelwert $\cdot F \cdot 10^{-1}$

	1	2	3	4	5	6	7	8	9	10	V_0	V_{10l}	V_{10r}
0	0	0	0	0	0	0	0	0	0	0	10	0	0
1	0,88	0,75	0,63	0,50	0,38	0,25	0,13	0,00	-0,12	-0,25	8,75	-1,25	0,25
2	0,75	1,50	1,26	1,01	0,76	0,51	0,26	0,02	-0,23	-0,48	7,52	-2,48	0,48
3	0,63	1,26	1,90	1,53	1,16	0,79	0,42	0,05	-0,31	-0,68	6,32	-3,68	0,68
4	0,52	1,03	1,55	2,06	1,58	1,10	0,61	0,13	-0,36	-0,84	5,16	-4,84	0,84
5	0,41	0,81	1,22	1,63	2,03	1,44	0,84	0,25	-0,34	-0,94	4,06	-5,94	0,94
6	0,30	0,61	0,91	1,22	1,52	1,82	1,13	0,43	-0,26	-0,96	3,04	-6,96	0,96
7	0,21	0,42	0,63	0,84	1,05	1,26	1,48	0,69	-0,10	-0,89	2,11	-7,89	0,89
8	0,13	0,26	0,38	0,51	0,64	0,77	0,90	1,02	0,15	-0,72	1,28	-8,72	0,72
9	0,06	0,11	0,17	0,23	0,29	0,34	0,40	0,46	0,52	-0,43	0,57	-9,43	0,43
10_l	0	0	0	0	0	0	0	0	0	0	0	-10	0
10_r												0	10
11	-0,04	-0,09	-0,13	-0,17	-0,21	-0,26	-0,30	-0,34	-0,39	-0,43	-0,43	-0,43	9,43
12	-0,07	-0,14	-0,22	-0,29	-0,36	-0,43	-0,50	-0,58	-0,65	-0,72	-0,72	-0,72	8,72
13	-0,09	-0,18	-0,27	-0,36	-0,45	-0,54	-0,63	-0,71	-0,80	-0,89	-0,89	-0,89	7,89
14	-0,10	-0,19	-0,29	-0,38	-0,48	-0,58	-0,67	-0,77	-0,86	-0,96	-0,96	-0,96	6,96
15	-0,09	-0,19	-0,28	-0,38	-0,47	-0,56	-0,66	-0,75	-0,84	-0,94	-0,94	-0,94	5,94
16	-0,08	-0,17	-0,25	-0,34	-0,42	-0,50	-0,59	-0,67	-0,76	-0,84	-0,84	-0,84	4,84
17	-0,07	-0,14	-0,21	-0,27	-0,34	-0,41	-0,48	-0,55	-0,61	-0,68	-0,68	-0,68	3,68
18	-0,05	-0,10	-0,14	-0,19	-0,24	-0,29	-0,34	-0,38	-0,43	-0,48	-0,48	-0,48	2,48
19	-0,03	-0,05	-0,07	-0,10	-0,12	-0,15	-0,17	-0,20	-0,22	-0,25	-0,25	-0,25	1,25
20	0	0	0	0	0	0	0	0	0	0	0	0	0

Hinweis: EL für „A“ = EL für „V_0“; EL „B“ = EL „V_{10r}“ - EL „V_{10l}“

Beispiele

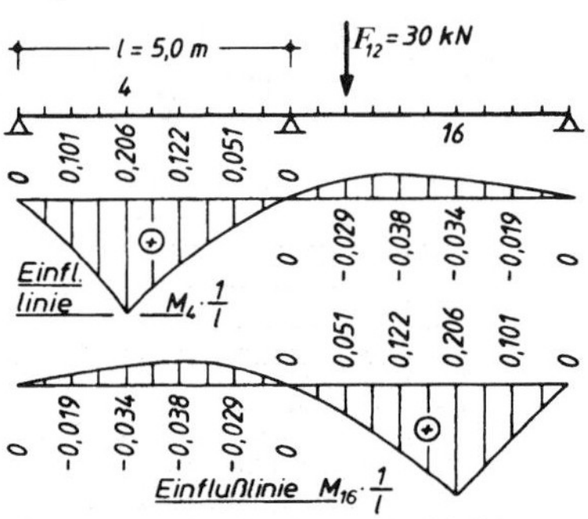

Biegemomente in den Pkt. 4 und 16 infolge
F = 30 kN im Pkt. 12
$M_4 = -0{,}29 \cdot 30 \cdot 5{,}0 \cdot 10^{-1} = -4{,}35$ kNm
$M_{16} = 0{,}51 \cdot 30 \cdot 5{,}0 \cdot 10^{-1} = 7{,}65$ kNm

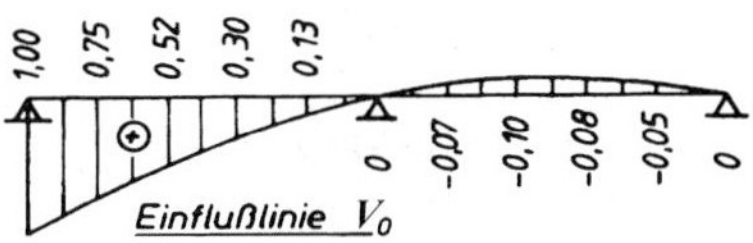

Die EL V_4 ergibt sich aus der EL V_0 durch Addition von (–1) bis zur Stelle 4, dann weiter wie EL V_0.

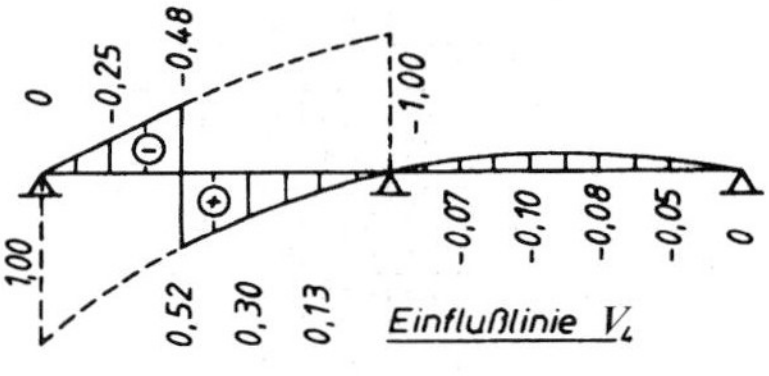

[1)] Weitere Tafeln für Einflußlinien siehe *Zellerer:* „Durchlaufträger/Einflußlinien und Momentenlinien“. Die Tafelwerte gelten für EI = const.

1.5 Rahmenformeln, Belastungsglieder, Starreinspannmomente

Zweigelenkrahmen[1]

	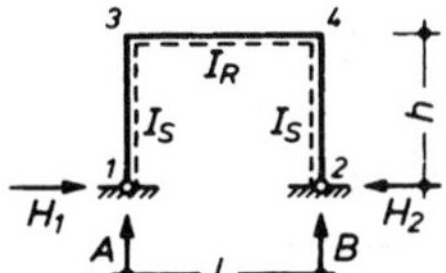	Abkürzung: $k = \frac{I_R}{I_S} \cdot \frac{h}{l}$ ------- M-Linie Bei unbelastetem Stiel: $M_3 = -H_1 \cdot h; \quad M_4 = -H_2 \cdot h$
1	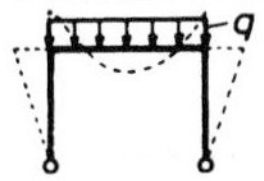	$A = B = \frac{ql}{2}; \quad H_1 = H_2 = \frac{ql^2}{4h(2k+3)}$
2	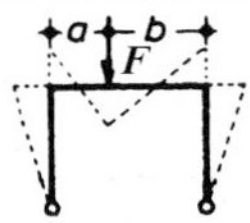	$A = Fb/l$; $B = Fa/l$; $\quad H_1 = H_2 = \frac{3}{2} \cdot \frac{F a b}{hl(2k+3)}$
3	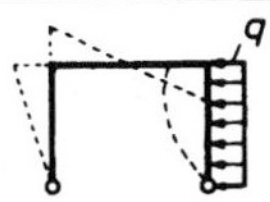	$A = -B = q h^2/2l; \quad M_4 = -H_2 \cdot h - q h^2/2$ $H_1 = \frac{qh}{8} \cdot \frac{5k+6}{2k+3}; \quad H_2 = H_1 - qh$
4	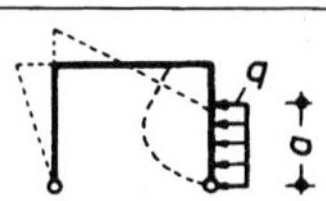	$A = -B = q \cdot a^2/2l; \quad M_3 = -\frac{q a^2}{4}\left[\frac{(2-\alpha^2)k}{2(2k+3)} + 1\right]$ $H_1 = -M_3/h; \quad H_2 = -(qa - H_1); \quad \alpha = a/h$
5	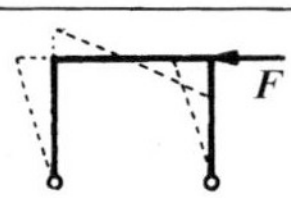	$A = -B = Fh/l; \quad H_1 = -H_2 = F/2$
6	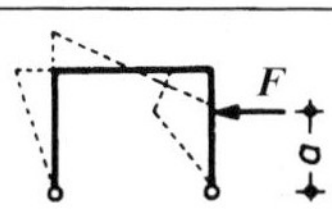	$A = -B = Fa/l; \quad M_4 = -H_2 \cdot h - F(h-a)$ $H_1 = \frac{3Fak}{2h(2k+3)}\left(1 - \frac{a^2}{3h^2} + \frac{1}{k}\right); \quad H_2 = H_1 - F$
7	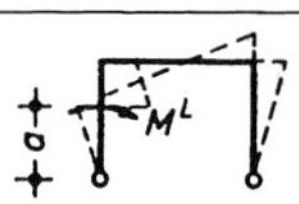	$A = -B = -M^L/l; \quad M_3 = M^L - H_1 \cdot h$ $H_1 = H_2 = \frac{3M^L}{2h}\left(1 - \frac{a^2}{h^2} + \frac{1}{k}\right)\frac{k}{2k+3}$
8	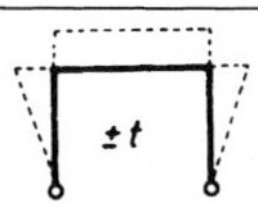	gleichmäßige Erwärmung t $A = B = 0; \quad H_1 = H_2 = \alpha_t \cdot t \frac{EI_R}{h^2} \cdot \frac{3}{2k+3}$
9	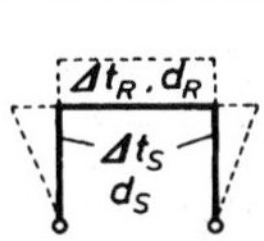	ungleichmäßige Erwärmung $\Delta t = t_i - t_a$ $A = B = 0$ $H_1 = H_2 = \alpha_t\left(\frac{\Delta t_S}{d_S} h + \frac{\Delta t_R}{d_R} l\right)\frac{EI_R}{hl} \cdot \frac{3}{2k+3}$

[1] Weitere Rahmenformeln siehe *Kleinlogel/Haselbach:* Rahmenformeln.

Eingespannter Rahmen

	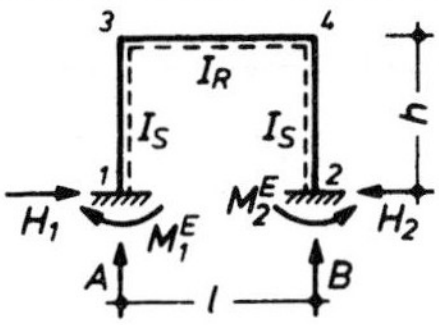	Abkürzung: $k = \frac{I_R}{I_S} \cdot \frac{h}{l}$ ------- M-Linie Bei unbelastetem Stiel: $M_3 = M_1^E - H_1 \cdot h\,; \quad M_4 = M_2^E - H_2 \cdot h$
1	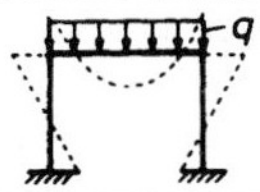	$A = \frac{q\,l}{2}$ $H_1 = H_2 = H = \frac{q\,l^2}{4\,h\,(k+2)}\,; \quad M_1^E = M_2^E = \frac{H\,h}{3}$
2	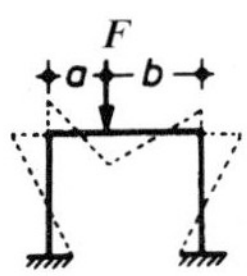	$A = \frac{F\,b}{l}\left[1 + \frac{a\,(b-a)}{l^2\,(6\,k+1)}\right]; \quad B = F - A$ $H_1 = H_2 = \frac{3\,F\,a\,b}{2\,hl\,(k+2)}\,; \quad M_1^E = \frac{F\,a\,b}{2\,l^2} \cdot \frac{5\,kl - l + 2\,a\,(k+2)}{(k+2)\,(6\,k+1)}$ $M_2^E = \frac{F\,a\,b}{2\,l^2} \cdot \frac{7\,kl + 3\,l - 2\,a\,(k+2)}{(k+2)\,(6\,k+1)}$
3	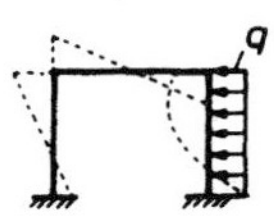	$A = -B = \frac{q\,h^2}{l} \cdot \frac{k}{6\,k+1}\,; \quad H_1 = \frac{q\,h}{8} \cdot \frac{2\,k+3}{k+2}\,; \quad H_2 = H_1 - q\,h$ $M_1^E = \frac{q\,h^2}{24}\left(\frac{5\,k+9}{k+2} - \frac{12\,k}{6\,k+1}\right)$ $M_2^E = -\frac{q\,h^2}{24}\left(12 - \frac{5\,k+9}{k+2} - \frac{12\,k}{6\,k+1}\right); \; M_4 = M_2^E - H_2 \cdot h - \frac{q\,h^2}{2}$
4	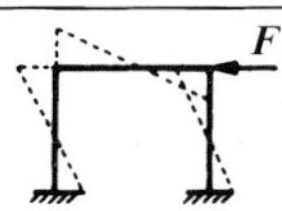	$A = -B = \frac{Fh}{l} \cdot \frac{3\,k}{6\,k+1}\,; \quad H_1 = -H_2 = \frac{F}{2}$ $M_1^E = -M_2^E = \frac{Fh}{2} \cdot \frac{3\,k+1}{6\,k+1}$
5	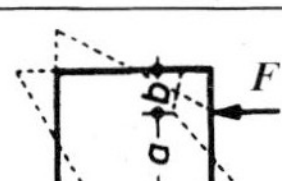 $\alpha = \frac{a}{h}\,; \; \beta = \frac{b}{h}$	$R_1 = \frac{Fab}{h} \cdot \frac{1 + \beta + \beta k}{2\,(k+2)}\,; \quad R_2 = \frac{Fab}{h} \cdot \frac{\alpha k}{2\,(k+2)}\,; \; R_3 = \frac{3\,F a \alpha k}{2\,(6\,k+1)}$ $A = -B = \frac{2\,R_3}{l}\,; \quad H_1 = \frac{Fa}{2\,h} - \frac{R_1 - R_2}{h}\,; \quad H_2 = -\,(F - H_1)$ $M_1^E = -R_1 + (Fa/2 - R_3)\,; \quad M_2^E = -R_1 - (Fa/2 - R_3)$
6	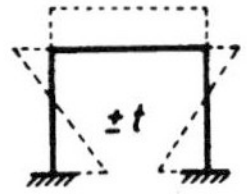	gleichmäßige Erwärmung t $\qquad M_1^E = M_2^E = H \cdot \frac{h\,(k+1)}{2\,k+1}$ $A = B = 0\,; \quad H_1 = H_2 = H = 3\,\alpha_t \cdot t\,\frac{EI_R}{h^2} \cdot \frac{2\,k+1}{k\,(k+2)}$
7	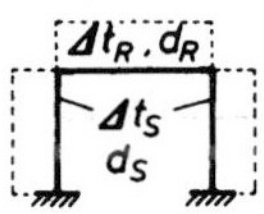	$A = B = 0\,; \quad H_1 = H_2 = \alpha_t\,\frac{EI_R}{h\,l}\left(\frac{\Delta t_R}{d_R}\,kl - \frac{\Delta t_S}{d_S}\,h\right)\frac{3}{k\,(k+2)}$ $M_1^E = M_2^E = \alpha_t\,\frac{EI_R}{l}\left[\frac{\Delta t_R}{d_R}\,kl - \frac{\Delta t_S}{d_S}\,h\,(k+3)\right]\frac{1}{k\,(k+2)}$

Belastungsglieder $\alpha = a/l;\ \beta = b/l;\ \gamma = c/l$			$\tau_1 = -L \cdot l / 6\,EI$ $\tau_2 = R \cdot l / 6\,EI$
Nr.	Belastungsfall	***L***	***R***
1	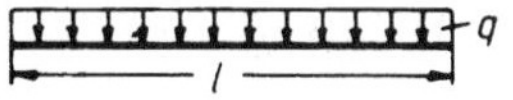	$ql^2/4$	$ql^2/4$
2	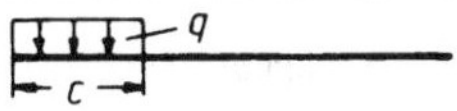	$qc^2\,(1-0{,}5\,\gamma)^2$	$qc^2\,(0{,}5-0{,}25\,\gamma^2)$
3	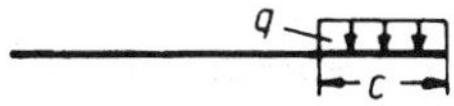	$qc^2\,(0{,}5-0{,}25\,\gamma^2)$	$qc^2\,(1-0{,}5\,\gamma)^2$
4	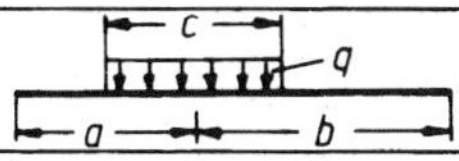	$qbc\,(1-\beta^2-\frac{1}{4}\,\gamma^2)$	$qac\,(1-\alpha^2-\frac{1}{4}\cdot\gamma^2)$
5	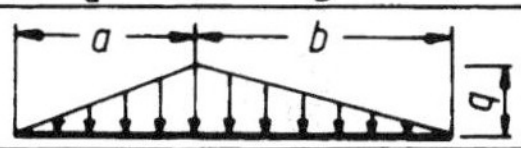	$\frac{ql^2}{60}\,(1+\beta)\,(7-3\,\beta^2)$	$\frac{ql^2}{60}\,(1+\alpha)\,(7-3\,\alpha^2)$
6	$a = b = l/2$	$5\,ql^2/32$	$5\,ql^2/32$
7	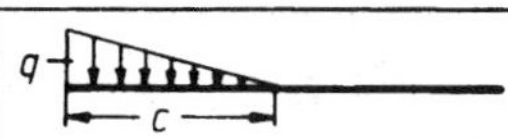	$\frac{qc^2}{3}\,(1-0{,}75\,\gamma+0{,}15\,\gamma^2)$	$\frac{qc^2}{6}\,(1-0{,}3\,\gamma^2)$
8	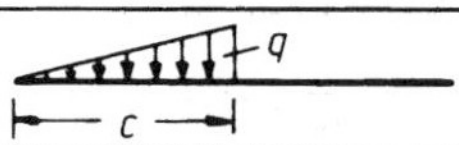	$\frac{qc^2}{3}\,(2-2{,}25\,\gamma+0{,}6\,\gamma^2)$	$\frac{qc^2}{3}\,(1-0{,}6\,\gamma^2)$
9	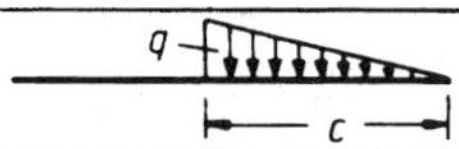	$\frac{qc^2}{3}\,(1-0{,}6\,\gamma^2)$	$\frac{qc^2}{3}\,(2-2{,}25\,\gamma+0{,}6\,\gamma^2)$
10	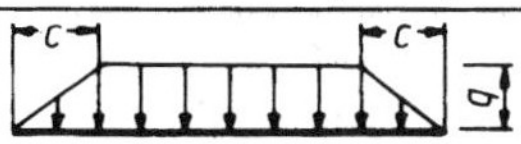	$\frac{ql^2}{4}\,(1-2\,\gamma^2+\gamma^3)$	$\frac{ql^2}{4}\,(1-2\,\gamma^2+\gamma^3)$
11	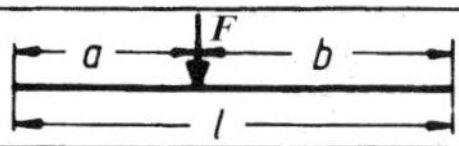	$\frac{Fab}{l}\,(1+\beta)$	$\frac{Fab}{l}\,(1+\alpha)$
12	$a = b = l/2$	$3Fl/8$	$3Fl/8$
13	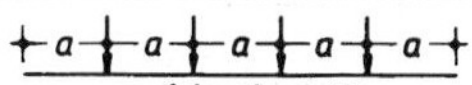	$\frac{Fl}{4}\cdot\frac{n^2-1}{n}$	$\frac{Fl}{4}\cdot\frac{n^2-1}{n}$
14	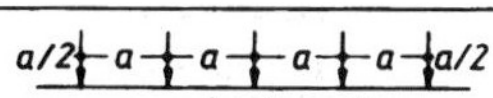	$\frac{Fl}{8}\cdot\frac{2\,n^2+1}{n}$	$\frac{Fl}{8}\cdot\frac{2\,n^2+1}{n}$
15	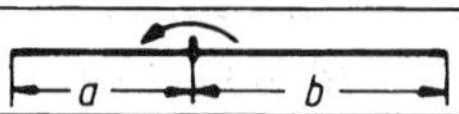	$M^L\,(1-3\,\beta^2)$	$-M^L\,(1-3\,\alpha^2)$
16	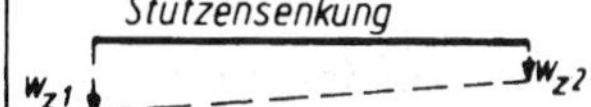	$-\frac{6\,EI}{l^2}\,(w_{z1}-w_{z2})$	$\frac{6\,EI}{l^2}\,(w_{z1}-w_{z2})$
17		$3\,EI\,\alpha_t\,(t_u-t_o)/h$ α_t = Wärmedehnzahl	$3\,EI\,\alpha_t\,(t_u-t_o)/h$ h = Querschnittshöhe

*) 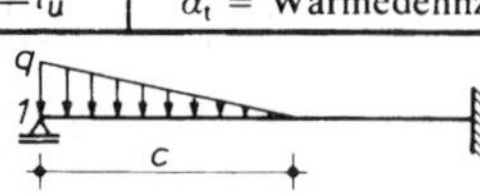 $M_2 = -qc^2\,(1-0{,}3\gamma^2)/12$

Starreinspann-momente	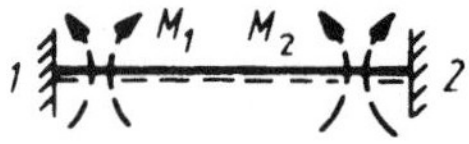	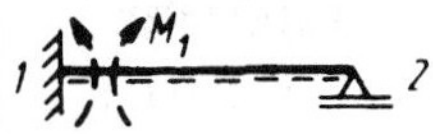	
M_1	M_2	M_1	Nr.
$-ql^2/12$	$-ql^2/12$	$-ql^2/8$	1
$-qc^2(0{,}5-0{,}667\gamma+0{,}25\gamma^2)$	$-qc^2\gamma(0{,}333-0{,}25\gamma)$	$-0{,}125\,qc^2(2-\gamma)^2$	2
$-qc^2\gamma(0{,}333-0{,}25\gamma)$	$-qc^2(0{,}5-0{,}667\gamma+0{,}25\gamma^2)$	$-qc^2(0{,}25-0{,}125\gamma^2)$	3
$-qc[a\beta^2+\frac{\gamma^2}{12}(l-3b)]$	$-qc[b\alpha^2+\frac{\gamma^2}{12}(l-3a)]$	$-\frac{qbc}{2}(1-\beta^2-0{,}25\gamma^2)$	4
$-\frac{ql^2}{30}(1+\beta+\beta^2-1{,}5\beta^3)$	$-\frac{ql^2}{30}(1+\alpha+\alpha^2-1{,}5\alpha^3)$	$-\frac{ql^2}{120}(1+\beta)(7-3\beta^2)$	5
$-5ql^2/96$	$-5ql^2/96$	$-5ql^2/64$	6
$-\frac{qc^2}{6}(1-\gamma+0{,}3\gamma^2)$	$-\frac{qc^2}{12}\gamma(1-0{,}6\gamma)$	$-\frac{qc^2}{6}(1-0{,}75\gamma+0{,}15\gamma^2)$	7
$-\frac{qc^2}{3}(1-1{,}5\gamma+0{,}6\gamma^2)$	$-\frac{qc^2}{4}\gamma(1-0{,}8\gamma)$	$-\frac{qc^2}{6}(2-2{,}25\gamma+0{,}6\gamma^2)$	8
$-\frac{qc^2}{4}\gamma(1-0{,}8\gamma)$	$-\frac{qc^2}{3}(1-1{,}5\gamma+0{,}6\gamma^2)$	$-\frac{qc^2}{6}(1-0{,}6\gamma^2)$ *)	9
$-\frac{ql^2}{12}(1-2\gamma^2+\gamma^3)$	$-\frac{ql^2}{12}(1-2\gamma^2+\gamma^3)$	$-\frac{ql^2}{8}(1-2\gamma^2+\gamma^3)$	10
$-F\cdot a\cdot\beta^2$	$-F\cdot b\cdot\alpha^2$	$-\frac{Fab}{2l}(1+\beta)$	11
$-Fl/8$	$-Fl/8$	$-3Fl/16$	12
$-\frac{Fl}{12}\cdot\frac{n^2-1}{n}$	$-\frac{Fl}{12}\cdot\frac{n^2-1}{n}$	$-\frac{Fl}{8}\cdot\frac{n^2-1}{n}$	13
$-\frac{Fl}{24}\cdot\frac{2n^2+1}{n}$	$-\frac{Fl}{24}\cdot\frac{2n^2+1}{n}$	$-\frac{Fl}{16}\cdot\frac{2n^2+1}{n}$	14
$-M^L\beta(3\alpha-1)$	$M^L\alpha(3\beta-1)$	$-M^L(0{,}5-1{,}5\beta^2)$ **)	15
$\frac{6EI}{l^2}(w_{z1}-w_{z2})$	$-\frac{6EI}{l^2}(w_{z1}-w_{z2})$	$\frac{3EI}{l^2}(w_{z1}-w_{z2})$	16
$-EI\alpha_t(t_u-t_o)/h$	$-EI\alpha_t(t_u-t_o)/h$	$-1{,}5\,EI\alpha_t(t_u-t_o)/h$	17

**) 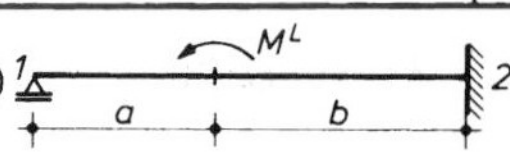

$M_2 = M^L(0{,}5-1{,}5\alpha^2)$

1.6 Kehlbalkendach – Formeln

$$\tan\alpha = \frac{2h}{l} \qquad k = n \cdot m$$

$$n = \frac{h_u}{h}$$

$$m = \frac{h_o}{h} = 1 - n$$

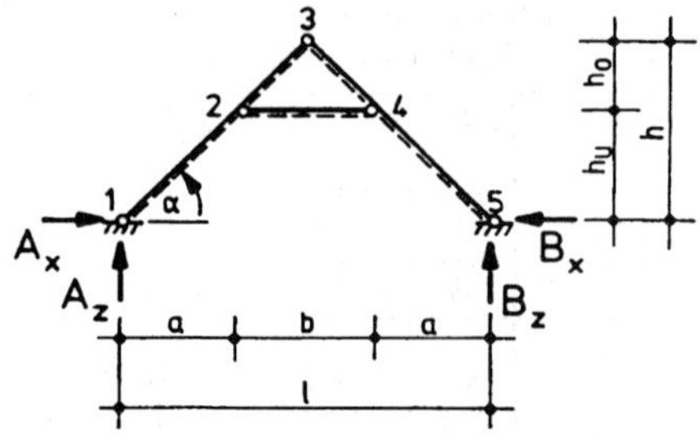

	$A_z = B_z$	$A_x = B_x$	N_{24}	$M_2 = M_4$
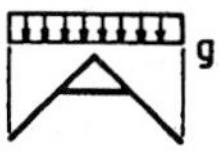	$\frac{g \cdot l}{2}$	$\frac{1 + 4n + k}{16\,n \tan\alpha}\, g \cdot l$	$-\frac{1 + k}{16\,k \tan\alpha}\, g \cdot l$	$\frac{3k - 1}{32}\, g \cdot l^2$
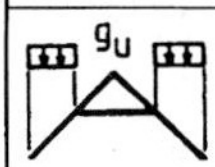	$\frac{n}{2}\, g_u \cdot l$	$\frac{n(n + 4)}{16 \tan\alpha}\, g_u \cdot l$	$-\frac{n\,(3m + 1)}{16\,m \tan\alpha}\, g_u \cdot l$	$-\frac{n^3}{32}\, g_u \cdot l^2$
	$g_k \cdot \frac{b}{2} = \frac{m}{2}\, g_k \cdot l$	$\frac{g_k \cdot b}{2 \tan\alpha} = \frac{m}{2 \tan\alpha}\, g_k \cdot l$	$-\frac{g_k \cdot b}{2 \tan\alpha} = -\frac{m}{2 \tan\alpha}\, g_k \cdot l$	0

	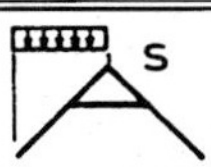			
A_z	$\frac{3}{8}\, s \cdot l$	$\frac{b + a}{l}\, F = \left(m + \frac{n}{2}\right) F$	$\frac{3 - \tan^2\alpha}{8}\, w \cdot l$	$\frac{1 + \tan^2\alpha}{8}\, w \cdot l$
B_z	$\frac{1}{8}\, s \cdot l$	$\frac{a}{l}\, F = \frac{n}{2}\, F$	$\frac{1 + \tan^2\alpha}{8}\, w \cdot l$	$\frac{3 - \tan^2\alpha}{8}\, w \cdot l$
A_x	$\frac{1 + 4n + k}{32\,n \tan\alpha}\, s \cdot l$	$\frac{F}{2 \tan\alpha}$	$\frac{k_1}{16}\, w \cdot l$	$\frac{k_2}{16}\, w \cdot l$
B_x	$\frac{1 + 4n + k}{32\,n \tan\alpha}\, s \cdot l$	$\frac{F}{2 \tan\alpha}$	$\frac{k_2}{16}\, w \cdot l$	$\frac{k_1}{16}\, w \cdot l$
N_{24}	$-\frac{1 + k}{32\,k \tan\alpha}\, s \cdot l$	$-\frac{F}{2 \tan\alpha}$	$-\frac{1 + k}{32\,k} \cdot \frac{1 + \tan^2\alpha}{\tan\alpha}\, w \cdot l$	$-\frac{1 + k}{32\,k} \cdot \frac{1 + \tan^2\alpha}{\tan\alpha}\, w \cdot l$
M_2	$\frac{7k - 1}{64}\, s \cdot l^2$	$\frac{k \cdot l}{4}\, F$	$\frac{k_3}{64}\, w \cdot l^2$	$-\frac{k_4}{64}\, w \cdot l^2$
M_4	$-\frac{1 + k}{64}\, s \cdot l^2$	$-\frac{k \cdot l}{4}\, F$	$-\frac{k_4}{64}\, w \cdot l^2$	$\frac{k_3}{64}\, w \cdot l^2$

$$k_1 = \frac{2}{\tan\alpha} - 6 \tan\alpha + \frac{1 + k}{2\,n} \cdot \frac{1 + \tan^2\alpha}{\tan\alpha} \qquad k_2 = \frac{1 + \tan^2\alpha}{\tan\alpha} \cdot \left(2 + \frac{1 + k}{2\,n}\right)$$

$$k_3 = (1 + \tan^2\alpha)\,(7\,k - 1) \qquad k_4 = (1 + \tan^2\alpha)\,(1 + k)$$

1.7 Durchbiegungen - Baupraktische Formeln

1.7.1 Einfeldträger, Kragträger

(der obere Wert gilt für Stahl, E = 210 000 N/mm²)
*(der untere Wert gilt für Holz, $E_{0,\text{mean}}$ = 10 000 N/mm²)**)*

Belastungsfall	a für zul $f = \frac{l}{200}$	a für zul $f = \frac{l}{300}$	c	n	Belastungsfall	a für zul $f = \frac{l}{200}$	a für zul $f = \frac{l}{300}$	c	n
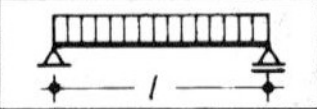	9,91 *208*	14,9 *313*	101 *4,80*	4,96 *104*	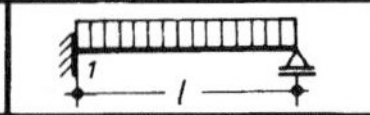	4,12 ***86,5***	6,19 *130*	243 *11,6*	2,06 *43,3*
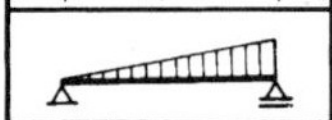	9,71 *204*	14,6 *306*	103 *4,89*	4,84 *102*	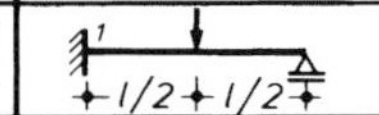	4,73 *99,4*	7,10 *149*	211 *10,1*	2,37 *49,7*
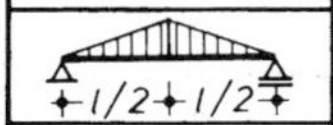	9,52 *200*	14,3 *300*	105 *5,00*	4,76 *100*	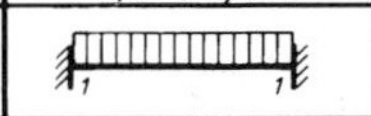	2,98 *62,5*	4,47 *93,8*	336 *16,0*	1,49 *31,3*
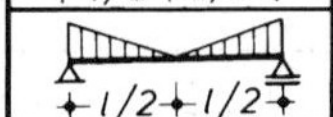	10,7 *225*	16,1 *338*	93,2 *4,44*	5,36 *113*	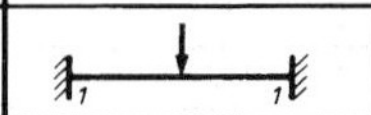	3,97 *83,3*	5,95 *125*	252 *12,0*	1,98 *41,7*
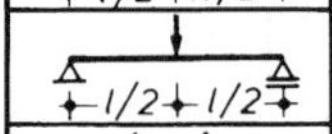	7,95 *167*	11,9 *250*	126 *6,00*	3,97 *83,3*	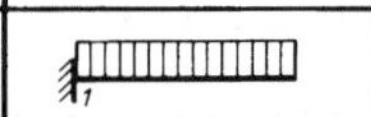	23,8 *500*	35,7 *750*	42 *2,0*	11,9 *250*
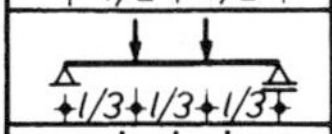	10,1 *213*	15,2 *320*	98,7 *4,70*	5,07 *107*	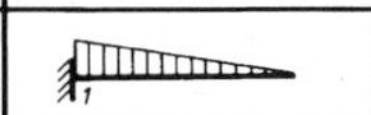	19,1 *400*	28,6 *600*	52,2 *2,5*	9,52 *200*
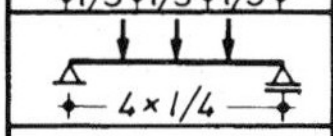	9,43 *198*	14,1 *297*	106 *5,05*	4,71 *98,9*	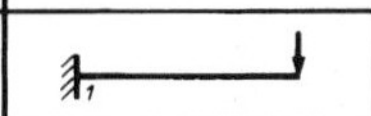	31,8 *667*	47,6 *1000*	31,5 *1,5*	15,9 *333*
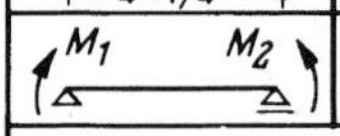	5,95* *125**	8,93* *188**	168* *8,00**	2,98* *62,5**	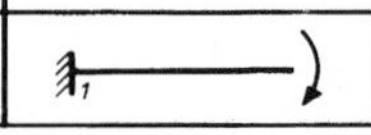	47,6 *1000*	71,4 *1500*	21 *1*	23,8 *500*

Hinweis: Wirken M_1 und M_2 gleichzeitig, so ist in den folgenden Formeln max M durch $(M_1 + M_2)$ zu ersetzen.

erf I [cm⁴] = a · max M [kNm] · l [m]	erf I [cm⁴] = a · max M [kNm] · l [m]
max f [cm] = n · max M [kNm] · l^2 [m]/I [cm⁴]	max f [cm] = n · M_1 [kNm] · l^2 [m]/I [cm⁴]

Für symmetrische Querschnitte (symmetrisch zur Biegeachse) gilt:

$$\max f\ [\text{cm}] = \frac{l^2\,[\text{m}^2] \cdot \max\sigma\,[\text{N/mm}^2]}{h\,[\text{cm}] \cdot c} \qquad \max f\ [\text{cm}] = \frac{l^2\,[\text{m}^2] \cdot \sigma_1\,[\text{N/mm}^2]}{h\,[\text{cm}] \cdot c}$$

1.7.2 Einfeldträger mit Kragarm

Kragarm

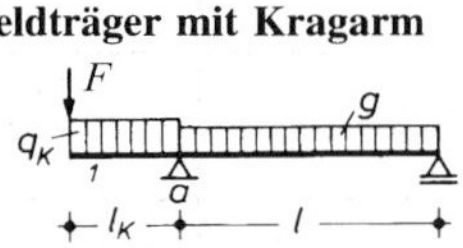

$$\max f_1 = T_1 \cdot l_K\,[l_K\,(M_a - M_{0K}) + l\,(M_a - M_{0F})]/I$$

$$\text{erf}\ I = T_2 \cdot [l_K\,(M_a - M_{0K}) + l\,(M_a - M_{0F})]$$

$$M_{0K} = q_K\,l_K^2/8;\ M_a = F\,l_K + q_K l_K^2/2;\ M_{0F} = g l^2/8$$

Feld

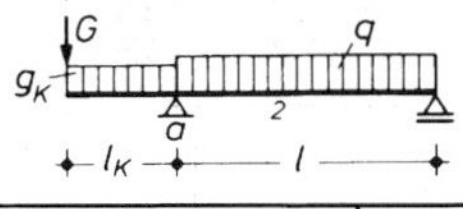

$$\max f_2 \approx f_{\text{Mitte}} = T_3 \cdot l^2\,(M_{0F} - 0{,}6\,M_a)/I$$

$$\text{erf}\ I \approx T_4 \cdot l\,(M_{0F} - 0{,}6\,M_a)$$

l in m
M in kNm
I in cm⁴
f in cm

Stahl				Nadelholz**)				
	l_K/200		l/300		l_K/150		l/200	l/300
T_1	T_2	T_3	T_4	T_1	T_2	T_3	T_4	T_4
15,9	31,8	4,96	14,9	333	500	104	208	313

$M_{0F} = q l^2/8$

$M_a = G l_K + g_K l_K^2/2$

*) Diese Werte gelten für f_{Mitte}.

**) Bei Holz mit anderen $E_{0,\text{mean}}$ Werten sind die ermittelten Ergebnisse durch $E_{0,\text{mean}} \cdot 10^{-4}$ zu dividieren.

1.7.3 Durchlaufträger mit gleichen Stützweiten und Gleichstreckenlast

System, Lastfall	max. Durchbiegung max f =			erf I =		
	allgemein	Stahl	Nadelholz*)	Stahl	Nadelholz*)	
				$l/300$	$l/200$	$l/300$
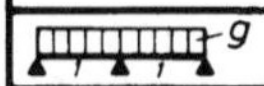	0,0054 g	0,257 g	5,4 g	0,771 g	10,8 g	16,2 g
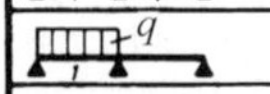	0,0092 q	0,438 q	9,2 q	1,314 q	18,4 q	27,6 q
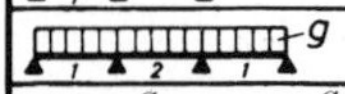	0,0068 g	0,324 g	6,8 g	0,971 g	13,6 g	20,4 g
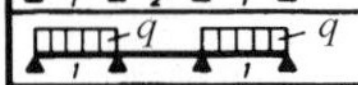	0,0099 q	0,471 q	9,9 q	1,414 q	19,8 q	29,7 q
	0,0068 q	0,321 q	6,8 q	0,964 q	13,5 q	20,3 q
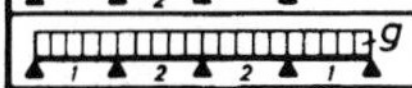	0,0065 g	0,310 g	6,5 g	0,929 g	13,0 g	19,5 g
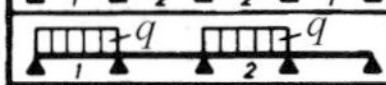	0,0097 q	0,462 q	9,7 q	1,386 q	19,4 q	29,1 q
	$\cdot l^4/EI$	$\cdot l^4/I$	$\cdot l^4/I$	$\cdot l^3$	$\cdot l^3$	$\cdot l^3$
	f in cm; g, q in kN/m; l in m; I in cm^4					

*) Für $E_{0,\text{mean}} = 10\,000$ N/mm^2; siehe auch Fußnote auf S. 13.21.

1.7.4 Durchlaufträger mit beliebigen Stützweiten

Beispiel:

Zweifeld-Deckenbalken aus Holz mit $l_1 = 3{,}60$ m und $l_2 = 4{,}20$ m
$g = 1{,}3$ kN/m; $q = 1{,}6$ kN/m; max $M_2 = 4{,}38$ kNm; zugeh. $M_b = -4{,}42$ kNm
$b/d = 8/20$ cm; NH II; $I_v = 5333$ cm^4
Es wird die Durchbiegung in Feld 2 ermittelt, und zwar mit Hilfe der Tafel auf S. 13.21 oben.
Überlagerung: Einfeldträger mit Gleichstreckenlast und Einfeldträger mit Randmoment $M = -4{,}42$ kNM.
max $M = (1{,}3 + 1{,}6) \cdot 4{,}20^2/8 = 6{,}39$ kNm.
max $f_2 = 104 \cdot 6{,}39 \cdot 4{,}20^2/5333 + 62{,}5 \cdot (-4{,}42) \cdot 4{,}20^2/5333 = 1{,}3$ cm
Man kann max f_2 auch mit der Formel auf S. 13.21 unten ermitteln, indem man für das Kragmoment M den Wert für das Stützmoment $M_b = -4{,}42$ kNm einsetzt.

1.8 Reibungsbeiwerte

1. Grenzwerte für den Gleitsicherheitsnachweis bei Traggerüsten[1)]

Holz/Holz (Reibfläche parallel oder quer zur Faser) 0,4–1,0	Holz/Stahl 0,5–1,2
	Holz/Beton (Mörtelbett) 0,8–1,0
	Stahl/Stahl 0,2–0,8
Holz/Holz (mindestens eine Reibfläche zur Faser [Hirnholz]) 0,6–1,0	Beton/Beton 0,5–1,0
	Beton/Stahl 0,2–0,4

2. Näherungswerte *(Zusammenstellung aus älterer Literatur)*

Beton auf Sand und Kies 0,6–0,35	Hirnholz auf Langholz, in Faserrichtung des Langholzes 0,43
Beton auf Lehm und Ton 0,35–0,25	Stahl auf Stein und Kies 0,45
Beton auf Stahl 0,45–0,30	Stahl auf Sand 0,48
Mauerwerk (rauh) auf Sand/Kies 0,60	Stahl auf Stahl, wenig fettig 0,13
Mauerwerk (glatt) auf Sand/Kies 0,30	Stahl auf Stahl, trocken 0,15
Mauerwerk (rauh) auf nassem Ton 0,30	Stahl auf Gußeisen 0,33
Mauerwerk (glatt) auf nassem Ton 0,20	Gummi auf Stahl, trocken/naß 0,35/0,15
Mauerwerk auf Beton 0,76	Faserpreßstoff auf Stahl, trocken 0,25–0,35
Holz auf Metall 0,60	PVC auf Stahl, trocken/naß 0,40/0,25
Holz auf Stein 0,60	Polyurethan auf Stahl, trocken/naß 0,45/0,35
Holz auf Holz 0,50	Keramik auf Stahl, trocken/naß ... 0,45/0,35

1) Ergebnisse eines Forschungsauftrags, durchgeführt vom Lehrstuhl für Ingenieurholzbau und Baukonstruktion der Universität Karlsruhe, abgeschlossen 1977.

2 Festigkeitslehre

2.1 Querschnittswerte

2.1.1 Allgemeine Formeln für Querschnittswerte

- **Schwerpunkt von zusammengesetzten Flächen**

(**Einzelflächen** siehe Kapitel 11, S. 11.12)

$$\bar{y}_S = \frac{\sum A_i \cdot \bar{y}_i}{\sum A_i}; \quad \bar{z}_S = \frac{\sum A_i \cdot \bar{z}_i}{\sum A_i}$$

Beispiel 1 (Abb. 13.23)

$$\bar{y}_S = \frac{A_1 \cdot \bar{y}_1 + A_2 \cdot \bar{y}_2}{A_1 + A_2}; \quad \bar{z}_S = \frac{A_1 \cdot \bar{z}_1 + A_2 \cdot \bar{z}_2}{A_1 + A_2}$$

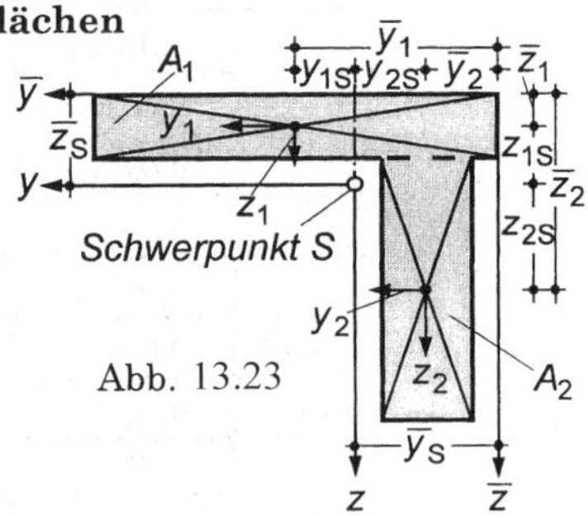

Abb. 13.23

- **Flächenmomente 1. Grades**

(bezogen auf die y-Achse bzw. z-Achse)

$S_y = \int z \cdot dA; \quad S_z = \int y \cdot dA$

Beispiel 2: Ermittlung von S_y der Teilfläche A_1 (Abb. 13.23): $S_y = A_1 \cdot z_{1S}$

Es ist auch möglich, S auf beliebige andere Achsen zu beziehen.

Beispiel 3: Ermittlung des Flächenmoments 1. Grades der Gesamtfläche $A_1 + A_2$ (Abb. 13.23), bezogen auf die $\bar{y}$-Achse: $S_{\bar{y}} = A_1 \cdot \bar{z}_1 + A_2 \cdot \bar{z}_2$

Hinweis: Aus Vergleich der Ergebnisse der Beispiele 1 und 3 ist ersichtlich, daß man bei zusammengesetzten Querschnitten die Schwerpunktabstände von den Bezugsachsen $\bar{y}$ und $\bar{z}$ auch wie folgt angeben kann:

$\bar{y}_S = S_{\bar{z}} / \sum A_i$ und $\bar{z}_S = S_{\bar{y}} / \sum A_i$

- **Flächenmomente 2. Grades** $I_y = \int z^2 dA; \quad I_z = \int y^2 dA$ (vgl. Tafel S. 13.24)
- **Flächenzentrifugalmoment** $I_{yz} = \int yz \, dA$ (vgl. Tafel S. 13.24)
- **Polares Flächenmoment** $I_p = \int r^2 dA = \int (y^2 + z^2) dA = I_y + I_z$
- **Trägheitsradius** $i_y = \sqrt{\frac{I_y}{A}}; \quad i_z = \sqrt{\frac{I_z}{A}}$ Rechteck: $i_y = 0{,}289\, d; \quad i_z = 0{,}289\, b$
- **Sätze von Steiner** (vgl. Abb. 13.23)

$I_y = \sum (I_{yi} + A_i \cdot z_{iS}^2); \quad I_z = \sum (I_{zi} + A_i \cdot y_{iS}^2)$

$I_{yz} = \sum (I_{yzi} + A_i \cdot y_{iS} \cdot z_{iS})$

Beispiel 4 (Abb. 13.23)

$I_y = I_{y1} + A_1 \cdot z_{1S}^2 + I_{y2} + A_2 \cdot z_{2S}^2$

$I_z = I_{z1} + A_1 \cdot y_{1S}^2 + I_{z2} + A_2 \cdot y_{2S}^2$

Es bedeuten:

z.B. I_{y1} = Flächenmoment 2. Grades der Teilfläche 1, bezogen auf die Achse y_1

I_{y2} = Flächenmoment 2. Grades der Teilfläche 2, bezogen auf die Achse y_2

- **Hauptachsen**

1. $\tan 2\alpha = 2I_{yz}/(I_z - I_y)$
2. $\perp$ aufeinander
3. Gehen durch Schwerpunkt
4. Flächenzentrifugalmoment = 0

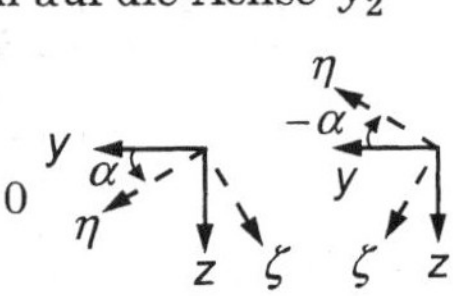

- **Hauptflächenmomente**

$I_\eta = I_y \cos^2\alpha + I_z \sin^2\alpha - I_{yz} \sin 2\alpha = 0{,}5(I_y + I_z) + 0{,}5(I_y - I_z)\cos 2\alpha - I_{yz} \sin 2\alpha$

$I_\zeta = I_y \sin^2\alpha + I_z \cos^2\alpha + I_{yz} \sin 2\alpha = 0{,}5\,(I_y + I_z) - 0{,}5\,(I_y - I_z)\cos 2\alpha + I_{yz} \sin 2\alpha$

$I_\eta + I_\zeta = I_y + I_z; \quad -45° < \alpha < 45°$

2.1.2 Tafel Querschnittswerte

	Querschnitt	A	I_y	I_z	W_y	W_z
1	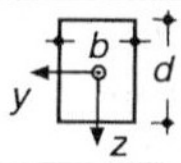	bd	$\frac{bd^3}{12}$	$\frac{db^3}{12}$	$\frac{bd^2}{6}$	$\frac{db^2}{6}$
2	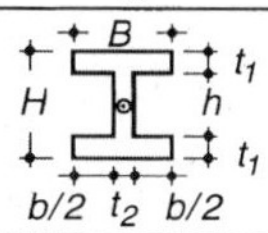	$BH - bh$	$\frac{BH^3 - bh^3}{12}$	$\frac{ht_2^3 + 2t_1B^3}{12}$	$\frac{2I_y}{H}$	$\frac{2I_z}{B}$
3	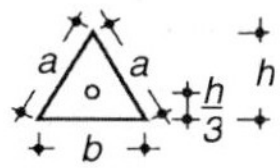	$\frac{bh}{2}$	$\frac{bh^3}{36}$	$\frac{hb^3}{48}$	$W_o = \frac{bh^2}{24}$ $W_u = \frac{bh^2}{12}$	$\frac{hb^2}{24}$
4	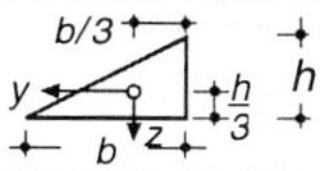	$\frac{bh}{2}$	$\frac{bh^3}{36}$	$\frac{hb^3}{36}$	–	–
5	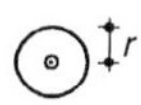	πr^2	$\frac{\pi}{4} r^4$		$\frac{\pi}{4} r^3$	
6	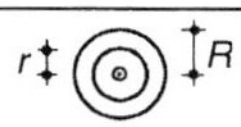	$\pi(R^2 - r^2)$	$\frac{\pi}{4}(R^4 - r^4)$		$\frac{I_y}{R}$	
7	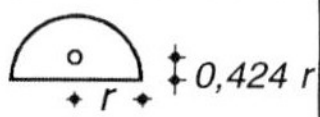	$\frac{\pi}{2} r^2$	$0{,}110 r^4$	$\frac{\pi}{8} r^4$	$W_o = 0{,}191 r^3$ $W_u = 0{,}259 r^3$	$\frac{\pi}{8} r^3$
8	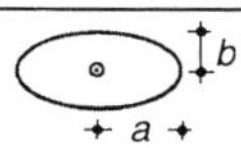	πab	$\frac{\pi}{4} ab^3$	$\frac{\pi}{4} ba^3$	$\frac{\pi}{4} ab^2$	$\frac{\pi}{4} ba^2$
9	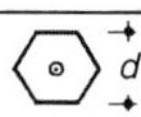	$0{,}866 d^2$	$0{,}0601\, d^4$		$0{,}120 d^3$	$0{,}104 d^3$
10	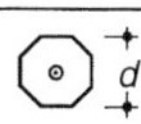	$0{,}828 d^2$	$0{,}0547 d^4$		$0{,}109 d^3$	
11	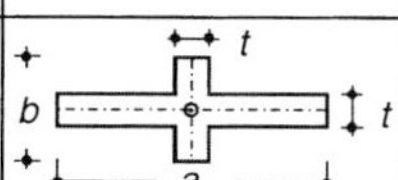	$(a+b-t)t$	$\frac{(a-t)t^3 + tb^3}{12}$	$\frac{(b-t)t^3 + ta^3}{12}$	$\frac{2I_y}{b}$	$\frac{2I_z}{a}$
12	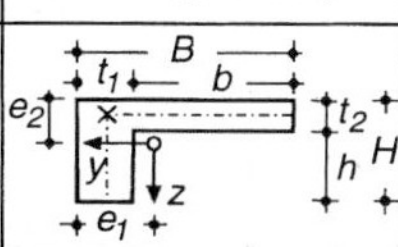	$t_1H + bt_2$	$\frac{t_1H^3 + bt_2^3}{3} - Ae_2^2$	$\frac{ht_1^3 + t_2B^3}{3} - Ae_1^2$	–	–
13	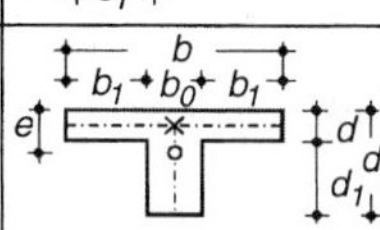	$db + d_1b_0$	$\frac{2b_1d^3 + b_0 d_0^3}{3} - Ae^2$	$\frac{db^3 + d_1b_0^3}{12}$	$W_o = \frac{I_y}{e}$ $W_u = \frac{I_y}{d_0 - e}$	$\frac{2I_z}{b}$
14	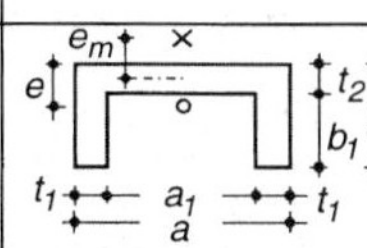	$ba - b_1a_1$	$\frac{a_1t_2^3 + 2t_1b^3}{3} - Ae^2$	$\frac{ba^3 - b_1a_1^3}{12}$	$W_o = \frac{I_y}{e}$ $W_u = \frac{I_y}{b - e}$	$\frac{2I_z}{a}$

∘ Schwerpunkt × Schubmittelpunkt ⊚ Schwerpunkt und Schubmittelpunkt

	I_{yz}	I_T	W_T	Anmerkungen
1	0	$\alpha d b^3$ $(b \le d)$	$\beta d b^2$ $(b \le d)$	zu Zeile 1: siehe Tabelle unten
2	0	$\dfrac{2Bt_1^3 + ht_2^3}{3}$	$\min W_T = \dfrac{I_T}{\max t}$	
3	0	für $a = b$: $\dfrac{h^4}{26{,}0}$	für $a = b$: $\dfrac{h^3}{13{,}0}$	
4	$\dfrac{b^2h^2}{72}$	–	–	**Vorzeichen von I_{yz}:** 
5	0	$\dfrac{\pi}{2} r^4$	$\dfrac{\pi}{2} r^3$	
6	0	$\dfrac{\pi}{2}(R^4 - r^4)$	$\dfrac{I_T}{R}$	
7	0	–	–	
8	0	$\pi \dfrac{a^3b^3}{a^2 + b^2}$	$\dfrac{\pi}{2} a b^2$	
9	0	$0{,}115 d^4$	$0{,}188 d^3$	
10	0	$0{,}108 d^4$	$0{,}184 d^3$	
11	0	$\dfrac{a + b - 0{,}15t}{3} t^3$	$\dfrac{I_T}{t}$	
12	$\dfrac{BHbht_1t_2}{4A}$	$\dfrac{(B+b)t_2^3 + (H+h)t_1^3}{6}$	$\min W_T = \dfrac{I_T}{\max t}$	$e_1 = \dfrac{ht_1^2 + t_2 B^2}{2A}$, $e_2 = \dfrac{t_1 H^2 + bt_2^2}{2A}$ **Vorzeichen von I_{yz}:** 
13	0	$\dfrac{\left(b - \dfrac{b_0}{2}\right) d^3 + \left(d_1 + \dfrac{d}{2}\right) b_0^3}{3}$	$\min W_T = \dfrac{I_T}{\max t}$	$e = \dfrac{2b_1d^2 + b_0d_0^2}{2A}$
14	0	$\dfrac{(a + a_1)t_2^3 + (b + b_1)t_1^3}{6}$	$\min W_T = \dfrac{I_T}{\max t}$	$e = \dfrac{a_1t_2^2 + 2t_1b^2}{2A}$; $e_m = \dfrac{1{,}5(b+b_1)}{6 + \dfrac{(a+a_1)t_2}{(b+b_1)t_1}}$

zu Zeile 1:

d/b	α	β
1,00	0,140	0,208
1,25	0,171	0,221
1,50	0,196	0,231
2,00	0,229	0,246
3,00	0,263	0,267
4,00	0,281	0,282
6,00	0,299	
10,00	0,313	
∞	0,333	

Graue Unterlegung: Gültig nur für dünnwandige Querschnitte

2.2 Spannungen infolge *M*, *N* und *V*

2.2.1 Normal- und Schubspannungen

Die Bezugsachsen für die Anwendung der Formeln müssen Hauptachsen sein.

● **Einfach- und doppeltsymmetrische Querschnitte**

Die Hauptachsen sind identisch mit den Schwerpunktachsen y und z.

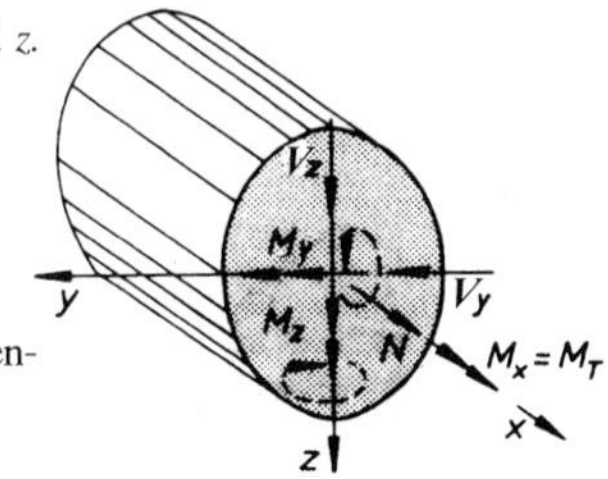

$$\sigma_x = \frac{N}{A} + \frac{M_y}{I_y} z - \frac{M_z}{I_z} y \qquad \tau_{xz} = \frac{V_z \cdot S_y}{I_y \cdot b}$$

Bedeutung der Fußzeiger bei τ: $\tau_{xz} = \tau_{zx}$

1. Fußzeiger: Orientierung der Bezugsfläche (Richtung der Flächennormalen)
2. Fußzeiger: Richtung der Schubspannung τ

● **Unsymmetrische Querschnitte**

Die Hauptachsen gehen durch den Schwerpunkt und sind gegenüber den Schwerpunktachsen y und z um den Winkel α gedreht (vgl. S. 13.23).

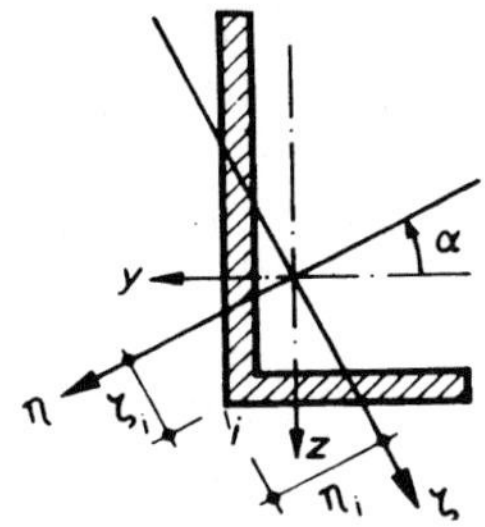

Normalspannungen: $$\sigma_x = \frac{N}{A} + \frac{M_\eta}{I_\eta} \cdot \zeta - \frac{M_\zeta}{I_\zeta} \cdot \eta \qquad (1)$$

Koordinaten eines Punktes i im Hauptachsensystem η, ζ:

$$\eta_i = y_i \cdot \cos\alpha + z_i \cdot \sin\alpha \qquad \zeta_i = -\,y_i \cdot \sin\alpha + z_i \cdot \cos\alpha \qquad (2)$$

Momentenvektoren M_η und M_ζ:

$$M_\eta = M_y \cdot \cos\alpha + M_z \cdot \sin\alpha \qquad M_\zeta = -\,M_y \cdot \sin\alpha + M_z \cdot \cos\alpha \qquad (3)$$

Gleichung der Spannungsnullinie und Winkel β zwischen η-Achse

und Nullinie: $$\zeta = \frac{M_\zeta \cdot I_\eta}{M_\eta \cdot I_\zeta}\,\eta - \frac{N \cdot I_\eta}{M_\eta \cdot A}\;;\; \tan\beta = \frac{M_\zeta \cdot I_\eta}{M_\eta \cdot I_\zeta} \qquad (4)$$

Schubspannungen: siehe [13.4]

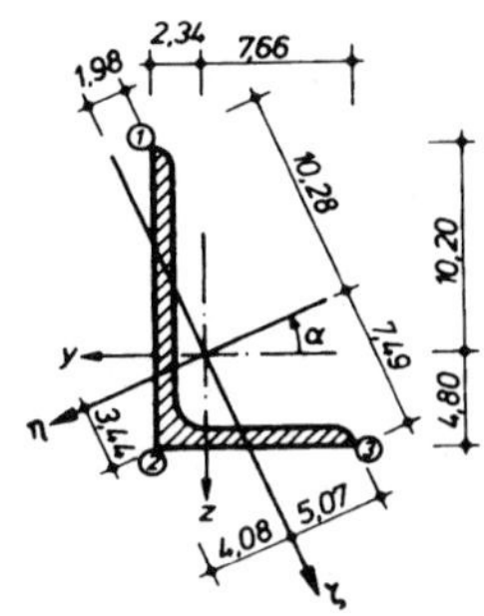

Beispiel:

Geg.: L 150 × 100 × 10; $N = 0$; $M_y = 375$ kNcm; $M_z = -200$ kNcm[1)]

Aus Tafeln Kapitel 18: $\alpha = 23{,}85°$; $I_\eta = 637$ cm^4; $I_\zeta = 112$ cm^4

Ges.: Spannungen in den Eckpunkten des Winkels

Aus Gl. (2):
$\eta_1 = 2{,}34 \cdot \cos 23{,}85° - 10{,}2 \cdot \sin 23{,}85° = -1{,}98$ cm
$\zeta_1 = -2{,}34 \cdot \sin 23{,}85° - 10{,}2 \cdot \cos 23{,}85° = -10{,}28$ cm
$\eta_2 = 2{,}34 \cdot \cos 23{,}85° + 4{,}8 \cdot \sin 23{,}85° = 4{,}08$ cm
$\zeta_2 = -2{,}34 \cdot \sin 23{,}85° + 4{,}8 \cdot \cos 23{,}85° = 3{,}44$ cm
$\eta_3 = -7{,}66 \cdot \cos 23{,}85° + 4{,}8 \cdot \sin 23{,}85° = -5{,}07$ cm
$\zeta_3 = 7{,}66 \cdot \sin 23{,}85° + 4{,}8 \cdot \cos 23{,}85° = 7{,}49$ cm

Aus Gl. (3):
$M_\eta = 375 \cdot \cos 23{,}85° - 200 \cdot \sin 23{,}85° = 262{,}1$ kNcm
$M_\zeta = -375 \cdot \sin 23{,}85° - 200 \cdot \cos 23{,}85° = -334{,}6$ kNcm

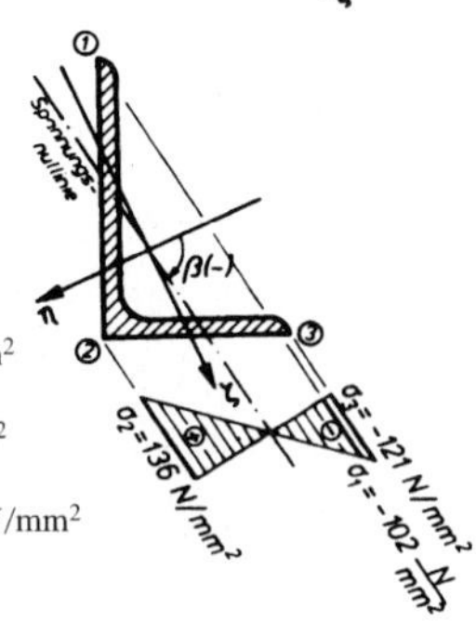

Aus Gl. (1):
$$\sigma_1 = \frac{262{,}1}{637}(-10{,}28) - \frac{-334{,}6}{112}(-1{,}98) = -10{,}2 = -102 \text{ N/mm}^2$$
$$\sigma_2 = \frac{262{,}1}{637}\,3{,}44 - \frac{-334{,}6}{112}\,4{,}08 = 13{,}6 \text{ kN/cm}^2 = 136 \text{ N/mm}^2$$
$$\sigma_3 = \frac{262{,}1}{637}\,7{,}49 - \frac{-334{,}6}{112}(-5{,}07) = -12{,}1 \text{ kN/cm}^2 = -121 \text{ N/mm}^2$$

Aus Gl. (4): $\tan\beta = (-334{,}6/262{,}1) \cdot (637/112) = -7{,}26$; $\beta = -82{,}2°$

---

1) Ein Nachweis auf Torsion kann entfallen ($M_T = 0$), wenn eine der folgenden Voraussetzungen erfüllt ist:
a) Die Lasten gehen durch den Schubmittelpunkt (s. Tafel 13.24/13.25).
b) Eine Verdrehung der Querschnitte wird durch konstruktive Maßnahmen verhindert.

Ermittlung der Spannungen ohne Bestimmung der Hauptachsen [13.5]

$$\sigma_i = \frac{M_y \cdot I_z + M_z \cdot I_{yz}}{I^*} z_i - \frac{M_z \cdot I_y + M_y \cdot I_{yz}}{I^*} y_i \qquad \tan \gamma = \frac{M_z \cdot I_y + M_y \cdot I_{yz}}{M_y \cdot I_z + M_z \cdot I_{yz}}$$

$$I_{yz} = \pm \sqrt{I_y \cdot I_z - I_\eta \cdot I_\zeta}; \qquad I^* = I_y \cdot I_z - I_{yz}^2 = I_\eta \cdot I_\zeta$$

Beispiel (wie auf S. 13.26). Geg.: L 150 × 100 × 10

$M_y = 375$ kNcm; $M_z = -200$ kNcm; $I_y = 552$ cm^4; $I_z = 198$ cm^4; $I_\eta = 637$ cm^4; $I_\zeta = 112$ cm^4

$I_{yz} = -\sqrt{552 \cdot 198 - 637 \cdot 112} = -194{,}8$ cm^4; $\quad I^* = 637 \cdot 112 = 71\,344$ cm^4

$$\sigma_i = \frac{375 \cdot 198 + 200 \cdot 194{,}8}{71\,344} z_i - \frac{-200 \cdot 552 + 375 \cdot (-194{,}8)}{71\,344} y_i; \quad \sigma_i = 1{,}587\, z_i + 2{,}571\, y_i$$

$\sigma_1 = -1{,}587 \cdot 10{,}2 + 2{,}571 \cdot 2{,}34 = -10{,}2$ kN/cm^2; $\quad \sigma_2 = 1{,}587 \cdot 4{,}8 + 2{,}571 \cdot 2{,}34 = 13{,}6$ kN/cm^2

$\sigma_3 = 1{,}587 \cdot 4{,}8 - 2{,}571 \cdot 7{,}66 = -12{,}1$ kN/cm^2; $\tan \gamma = -1{,}62$; $\quad \gamma = -58{,}32°$

Damit ergibt sich der Winkel β (vgl. S. 13.26 unten) zu $\beta = -58{,}32 - 23{,}85 = -82{,}17°$

2.2.2 Randspannungen bei rechteckigen Querschnitten

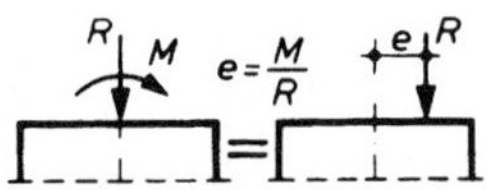

(Zugspannungen können nicht aufgenommen werden)

- **Kantenpressungen bei einachsiger Ausmittigkeit**

	Belastungs- und Spannungsschema	Lage der resultierenden Kraft	Randspannungen
1	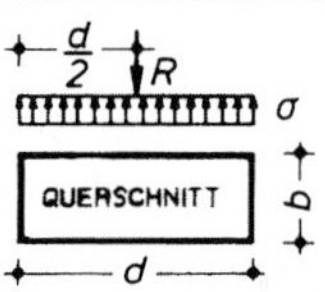	$e = 0$ (R in der Mitte)	$\sigma = \frac{R}{bd}$
2	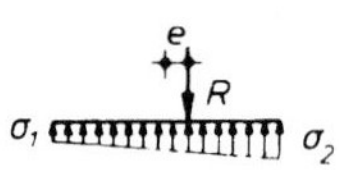	$e < \frac{d}{6}$ (R innerhalb des Kerns)	$\sigma_1 = \frac{R}{bd}\left(1 - \frac{6e}{d}\right)$ $\sigma_2 = \frac{R}{bd}\left(1 + \frac{6e}{d}\right)$
3	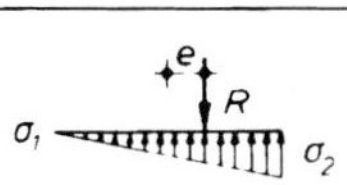	$e = \frac{d}{6}$ (R auf dem Kernrand)	$\sigma_1 = 0$ $\sigma_2 = \frac{2R}{bd}$
4	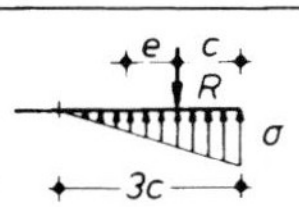	$\frac{d}{6} < e < \frac{d}{3}$ (R außerhalb des Kerns)	$\sigma = \frac{2R}{3cb}$ $c = d/2 - e$
5	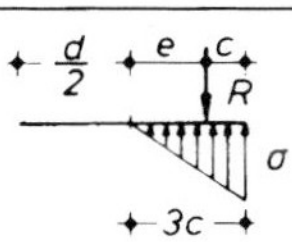	$e = \frac{d}{3}$	$\sigma = \frac{4R}{bd}$

- **Max. Eckpressung bei zweiachsiger Ausmittigkeit $\max\sigma = \mu R/(bd)$**

Tafel: μ-Werte

e_z/b ↑																	
0,32	3,70	3,93	4,17	4,43	4,70	4,99											
0,30	3,33	3,54	3,75	3,98	4,23	4,49	4,78	5,09	5,43								
0,28	3,03	3,22	3,41	3,62	3,84	4,08	4,35	4,63	4,94	5,28	5,66						
0,26	2,78	2,95	3,13	3,32	3,52	3,74	3,98	4,24	4,53	4,84	5,19	5,57					
0,24	2,56	2,72	2,88	3,06	3,25	3,46	3,68	3,92	4,18	4,47	4,79	5,15	5,55				
0,22	2,38	2,53	2,68	2,84	3,02	3,20	3,41	3,64	3,88	4,15	4,44	4,77	5,51	5,57			
0,20	2,22	2,36	2,50	2,66	2,82	2,99	3,18	3,39	3,62	3,86	4,14	4,44	4,79	5,19	5,66		
0,18	2,08	2,21	2,35	2,49	2,64	2,80	2,98	3,17	3,38	3,61	3,86	4,15	4,47	4,84	5,28		
0,16	1,96	2,08	2,21	2,34	2,48	2,63	2,80	2,97	3,17	3,38	3,62	3,88	4,18	4,53	4,94	5,43	
0,14	1,84	1,96	2,08	2,21	2,34	2,48	2,63	2,79	2,97	3,17	3,39	3,64	3,92	4,24	4,63	5,09	
0,12	1,72	1,84	1,96	2,08	2,21	2,34	2,48	2,63	2,80	2,98	3,18	3,41	3,68	3,98	4,35	4,78	
0,10	1,60	1,72	1,84	1,96	2,08	2,20	2,34	2,48	2,63	2,80	2,99	3,20	3,46	3,74	4,08	4,49	4,99
0,08	1,48	1,60	1,72	1,84	1,96	2,08	2,21	2,34	2,48	2,64	2,82	3,02	3,25	3,52	3,84	4,23	4,70
0,06	1,36	1,48	1,60	1,72	1,84	1,96	2,08	2,21	2,34	2,49	2,66	2,84	3,06	3,32	3,62	3,98	4,43
0,04	1,24	1,36	1,48	1,60	1,72	1,84	1,96	2,08	2,21	2,35	2,50	2,68	2,88	3,13	3,41	3,75	4,17
0,02	1,12	1,24	1,36	1,48	1,60	1,72	1,84	1,96	2,08	2,21	2,36	2,53	2,72	2,95	3,22	3,54	3,93
0,00	1,00	1,12	1,24	1,36	1,48	1,60	1,72	1,84	1,96	2,08	2,22	2,38	2,56	2,78	3,03	3,33	3,70
	0,00	0,02	0,04	0,06	0,08	0,10	0,12	0,14	0,16	0,18	0,20	0,22	0,24	0,26	0,28	0,30	0,32
	e_y/d →																

Erläuterungen zur Tafel: Aus dem Angriffspunkt A (Abb.) der resultierenden Längskraft R ergeben sich die Ausmittigkeiten e_y und e_z. Nach Errechnung der Werte e_y/d und e_z/b entnimmt man aus der Tafel den zugehörigen Wert μ. Die max. Eckspannung ist $\sigma = \mu R/(bd)$.

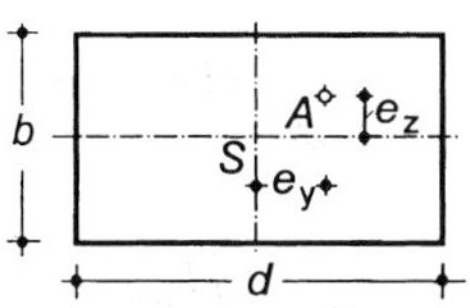

Liegt die resultierende Kraft R im Kern, so ergeben sich μ-Werte unterhalb der Staffellinie. Die μ-Werte oberhalb der Staffellinie ergeben sich bei klaffender Fuge. Bei den Tafelwerten wird die Bedingung eingehalten, daß sich mindestens die Hälfte der Fläche bd an der Druckübertragung beteiligt, d.h., daß im Grenzfall die Nullinie durch den Schwerpunkt S geht.

Beispiel: geg.: $R = 45$ kN; $d = 49$ cm; $b = 36{,}5$ cm; $e_y = 10$ cm; $e_z = 8$ cm.

$e_y/d = 0{,}20$; $e_z/b = 0{,}22$ → $\mu = 4{,}44$; $\max\sigma = 4{,}44 \cdot 45/(49 \cdot 36{,}5) = 0{,}11$ kN/cm²

2.2.3 Kern

Liegt der Lastangriffspunkt der resultierenden Längskraft im Kern des Querschnitts, so treten nur Spannungen *eines* Vorzeichens auf. *Kernweiten*:

einfachsymmetrischer Querschnitt		Rechteck	Kreis
$k_{y1} = \dfrac{I_z}{y_2} \cdot \dfrac{1}{A}$; $k_{y2} = \dfrac{I_z}{y_1} \cdot \dfrac{1}{A}$ $k_z = \dfrac{I_y}{z} \cdot \dfrac{1}{A}$	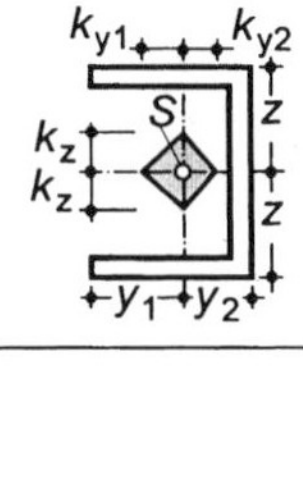	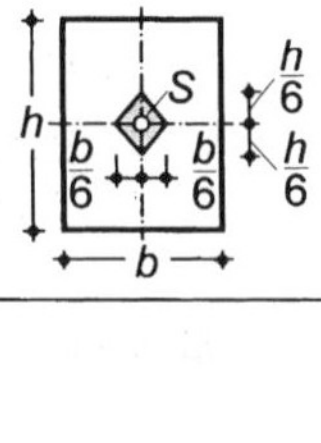	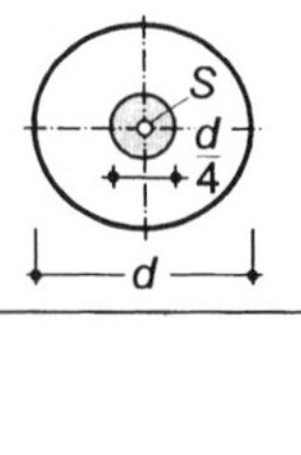

2.2.4 Hauptspannungen

Sie ergeben bei $\varphi = \varphi_0$

$$\tan 2\varphi_0 = \frac{2\tau_{xz}}{\sigma_z - \sigma_x}; \quad \text{dann ist } \tau = 0$$

und $$\sigma_{1,2} = \frac{\sigma_z + \sigma_x}{2} \pm \frac{1}{2}\sqrt{(\sigma_x - \sigma_z)^2 + 4\tau_{xz}^2}$$

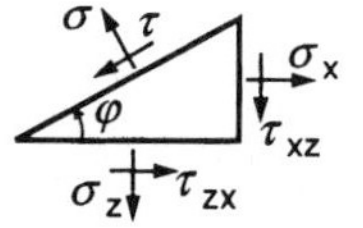

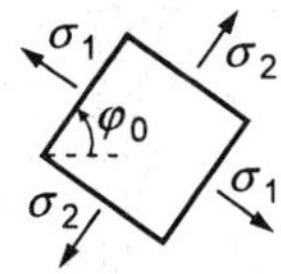

2.3 Torsion

Torsionsmomente treten z.B. auf, wenn der Schubmittelpunkt des Querschnitts nicht in der Lastebene liegt. Schubmittelpunkt: Der Punkt des Querschnitts, für den das Moment aus den Schubspannungen infolge Querkraft gleich Null ist (vgl. Tafel 13.24). Man unterscheidet *reine Torsion* (nach St. Venant), bei der nur Schubspannungen auftreten, und *Wölbkrafttorsion* (z.B. bei offenen, dünnwandigen Querschnitten), bei der neben den Schubspannungen auch Querschnittsverwölbungen und Wölbnormalspannungen auftreten.

2.3.1 Torsion nach St. Venant

- **Torsion bei dünnwandigen Hohlquerschnitten**

Erste Bredtsche Formeln

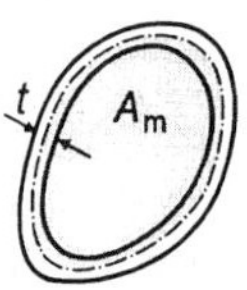

$$\tau = \frac{M_T}{2A_m t} \quad (1) \qquad \max\tau = \frac{M_T}{2A_m \min t} \quad (2)$$

M_T Torsionsmoment

A_m Fläche, die von der Mittellinie der Wandung eingeschlossen ist

t Dicke des Querschnitts an der betrachteten Stelle

Zweite Bredtsche Formeln

$$\vartheta' = \frac{M_T}{G4A_m^2}\int_s \frac{1}{t}\mathrm{d}s \quad (3)$$

ϑ' Verdrillung
G Schubmodul

$$\vartheta' = \frac{M_T}{GI_T} \quad (4) \qquad \text{mit } I_T = 4A_m^2 \Big/ \left(\int_s \frac{1}{t}\mathrm{d}s\right) \quad (5)$$

In vielen Fällen ist für Umfangsabschnitte s_i die Wanddicke t_i eines Hohlprofils konstant. Gl. (5) kann dann wie folgt geschrieben werden:

$$I_T = 4A_m^2 \Big/ \left(\sum_i s_i/t_i\right) \quad (6)$$

Zahlenbeispiel aus [13.3]

Für den Stab ab (s. Abb.) ermittle man M_T, τ, ϑ' (St 37 mit $G = 8100$ kN/cm²).

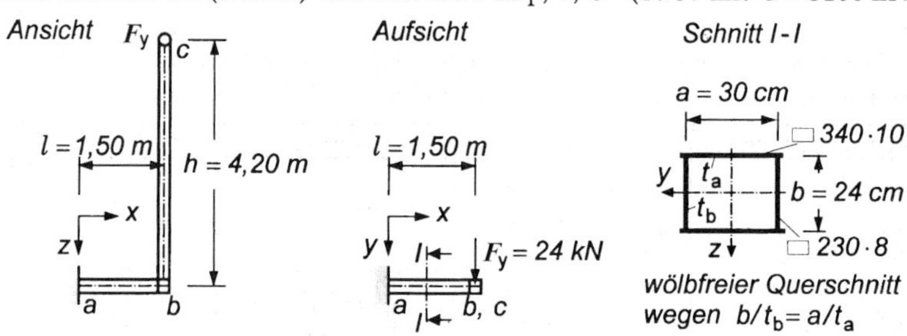

$M_T = F_y h = 24 \cdot 4{,}20 = 100{,}8$ kNm; $A_m = ab = 30 \cdot 24 = 720$ cm²

Gl. (6): $I_T = \dfrac{4 \cdot 720^2}{2\,[(30/1) + (24/0{,}8)]} = 17\,280\ \text{cm}^4$

Die Torsionsschubspannungen werden nach Gl. (1) errechnet.

▭ 230 · 8: $\tau = 10\,080/(2 \cdot 0{,}8 \cdot 720) = 8{,}75\ \text{kN/cm}^2$

▭ 340 · 10: $\tau = 10\,080/(2 \cdot 1{,}0 \cdot 720) = 7{,}00\ \text{kN/cm}^2$

Gl. (4): $\vartheta' = 10\,080/(8100 \cdot 17\,280) = 7{,}202 \cdot 10^{-5}\ \text{cm}^{-1}$

● **Torsion bei dünnwandigen offenen Querschnitten**

Für aus Rechtecken zusammengesetzte Querschnitte gilt:

$$\tau = \frac{M_T t}{I_T}\ ; \qquad I_T = \frac{1}{3}\sum_{i=1}^{n} t_i^3 h_i$$

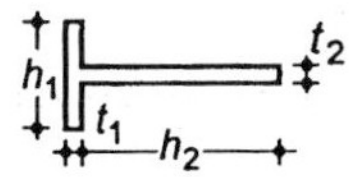

Profil	∟	⊏	⊤	I
η	0,99	1,12	1,12	1,30

Bei *Walzprofilen ist* I_T wegen der Ausrundungen mit einem Korrekturfaktor η zu multiplizieren.

● **Torsion bei dickwandigen Querschnitten**

$\tau = M_T/W_T$; W_T Torsionswiderstandsmoment (Tafel S. 13.25)

2.3.2 St. Venant- und Wölbkrafttorsion (gemischte Torsion)

Neben der St. Venant-Torsion (primäre Torsion) tritt zusätzlich Wölbkrafttorsion (sekundäre Torsion) auf, wenn

1. nach der Theorie von St. Venant die Querschnitte nicht eben bleiben und
2. die dann auftretenden Verwölbungen behindert sind.

Querschnitte, die bei der St. Venant-Torsion eben bleiben, werden als wölbfrei bezeichnet. Solche wölbfreien Querschnitte sind z. B. ∟- und ⊥-Querschnitte, Kreis- und Kreisringquerschnitte, quadratische Hohlquerschnitte mit konstanter Wanddicke und doppeltsymmetrische Rechteckhohlquerschnitte, für die das Verhältnis b/t (Breite/Dicke) für Stege und Gurte gleich ist.

Im allgemeinen gelten dünnwandige (einzellige) Hohlquerschnitte als wölbarm und können näherungsweise nach Abschnitt 2.3.1 (d. h. unter Vernachlässigung der Wölbkrafttorsion) berechnet werden.

3 Knicken (EI = const)

Kritische Last (Knicklast)

$$F_K = \frac{\pi^2 \cdot EI}{s_K^2} \qquad (\textit{Euler}\text{-Formel})$$

Euler-Fälle

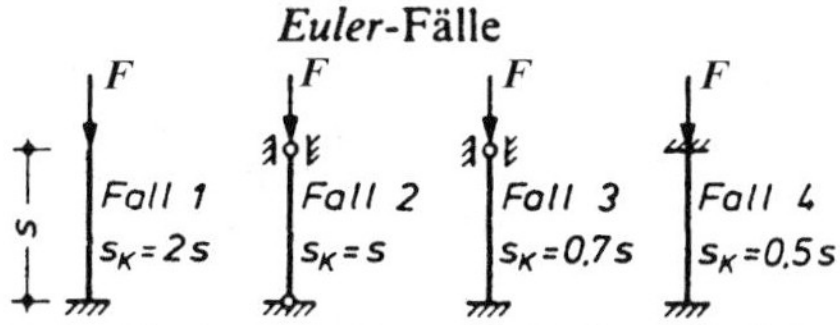

Voraussetzungen für die Euler-Formel: Gültigkeit des Hookeschen Gesetzes, ideal gerade Stabachse, ideal mittiger Lastangriff, homogener und isotroper Werkstoff.

Baupraxis:

● Obige Voraussetzungen sind meistens nicht erfüllt.

● Lagerungsarten und Belastung weichen häufig von den vier Euler-Fällen ab.

Dimitrov gibt daher in [13.6] außer den vier Grundknickfällen nach Euler (s. oben) zehn weitere Knickfälle an.

Baupraktische Nachweise: Siehe Abschnitte Beton- und Stahlbetonbau, Holzbau, Mauerwerksbau und Stahlbau.

4 Fachwerke

4.1 Ritterschnitt

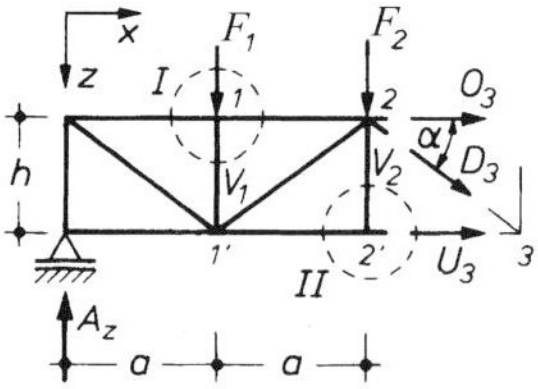

$\Sigma M_2 = 0$: $U_3 = (A_z \cdot 2a - F_1 \cdot a) / h = M_2/h$
$\Sigma M_3 = 0$: $O_3 = -(A_z \cdot 3a - F_1 \cdot 2a - F_2 \cdot a) / h = -M_3/h$
$\Sigma F_z = 0$: $D_3 = (A_z - F_1 - F_2) / \sin \alpha$
$\Sigma F_z = 0$ am Schnitt I : $V_1 = -F_1$
$\Sigma F_z = 0$ am Schnitt II: $V_2 = 0$

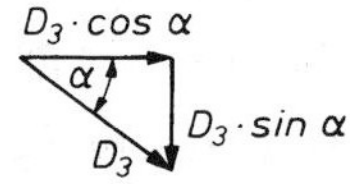

4.2 Cremonaplan mit Feldbezeichnungen

1) Umfahrungssinn festlegen (z. B. im Uhrzeigersinn). **2)** Bezeichnung der Felder mit *a, b, c*... (*Feld:* Jeweils zwischen 2 äußeren Kräften und jedes von Stäben gebildete Dreieck). Jede äußere Kraft und jeder Stab (Stabkraft) liegen zwischen 2 Feldern. **3)** Kraftеck der äußeren Kräfte zeichnen. Der Anfangspunkt jeder Kraft erhält die Bezeichnung des unter Beachtung des festgelegten Umfahrungssinnes vorhergehenden Feldes, der Endpunkt die des nachfolgenden Feldes (z. B. die Kraft F_1 „geht von *c* nach *d*"). **4)** Zeichnen der einzelnen Knotenkraftecke, beginnend bei einem Knoten mit 2 unbekannten Stabkräften (z. B. Knoten 0 des folgenden Beispiels).

Beispiel

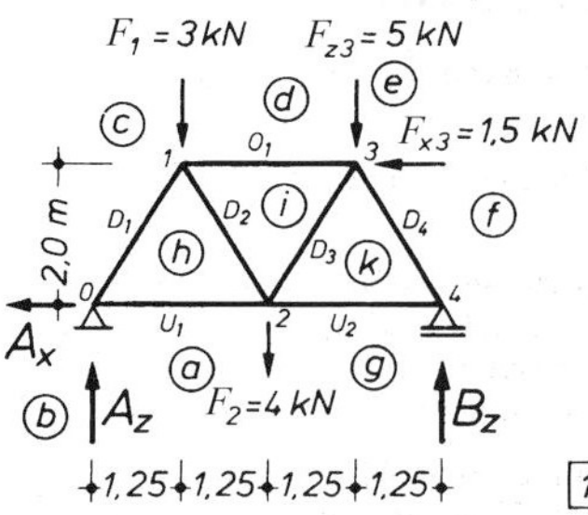

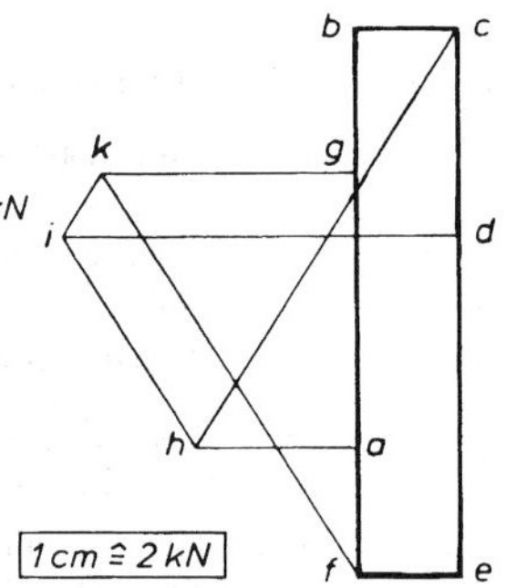

Vorab ermittelt:
$A_x = -1{,}5$ kN
$A_z = 6{,}1$ kN
$B_z = 5{,}9$ kN

Aus dem Cremonaplan:
$D_1 = -7{,}2$ kN
$D_2 = 3{,}7$ kN
$D_3 = 1{,}1$ kN
$D_4 = -7{,}0$ kN
$O_1 = -5{,}7$ kN
$U_1 = 2{,}3$ kN
$U_2 = 3{,}7$ kN

Konstruktionshinweise (die unterstrichenen Kräfte sind jeweils bekannt):

Knoten 0: Krafteck aus $\underline{A_z}$ (*a, b*) ; $\underline{A_x}$ (*b, c*) ; D_1 (*c, h*) ; U_1 (*h, a*)

Knoten 1: Krafteck aus: $\underline{D_1}$ (*h, c*) ; $\underline{F_1}$ (*c, d*) ; O_1 (*d, i*) ; D_2 (*i, h*)

Knoten 2: Krafteck aus $\underline{F_2}$ (*g, a*) ; $\underline{U_1}$ (*a, h*) ; $\underline{D_2}$ (*h, i*) ; D_3 (*i, k*) ; U_2 (*k, g*)

Knoten 3: Krafteck aus $\underline{D_3}$ (*k, i*) ; $\underline{O_1}$ (*i, d*) ; $\underline{F_{z3}}$ (*d, e*) ; $\underline{F_{x3}}$ (*e, f*) : D_4 (*f, k*)

Ermittlung der Pfeilspitzen: Knoten im festgelegten Umfahrungssinn umfahren. Z. B. liegt D_1 am Knoten 0 zwischen den Feldern *c* und *h*. Im Cremonaplan „von *c* nach *h* gehen" und diesen Richtungssinn als Pfeil in D_1 am Knoten 0 des Fachwerks eintragen.

4.3 Durchbiegungen

Da bei Lastangriff in den Knotenpunkten *k* in den Fachwerkstäben nur stabweise konstante Längskräfte (Stabkräfte) auftreten (*M* und *V* sind in der Regel vernachlässigbar klein), lautet das Prinzip der virtuellen Kräfte (vgl. S. 4.40, BT für Ingenieure) zur Ermittlung von Durchbiegungen w_k:

$$w_k = \sum_{i=1}^{n} \frac{S_i \, \overline{S}_i}{EA_i} \, s_i + \sum_{i=1}^{n} \overline{S}_i \, \alpha_T \, T_i \, s_i$$

Hinweis: Insbesondere bei Holz-Fachwerken ist bei der Ermittlung von *w* die Nachgiebigkeit der Verbindungen zu berücksichtigen. Vgl. Literatur [16.9], Teil 2.

w_k Duchbiegung eines Knotenpunktes *k*
S_i Stabkräfte des Fachwerks infolge des gegebenen Belastungszustandes
$\overline{S}_i$ Stabkräfte infolge der virtuellen Last $\overline{F}_{zk} = 1$
s_i Stablängen; α_T Temperaturdehnzahl; T_i Temperaturänderung

5 Dreimomentengleichung

Mit der Dreimomentengleichung können Stabzüge mit *unverschieblichen* Knoten, insbesondere aber *Durchlaufträger*, berechnet werden. Die Dreimomentengleichung wird aus dem allgemeinen Kraftgrößenverfahren erhalten, indem die Knotenmomente als statisch Unbestimmte gewählt und die Gleichungen mit $6EI_c$ multipliziert werden (vgl. BT für Ingenieure S. 4.47).

Dreimomentengleichung für Knoten m:

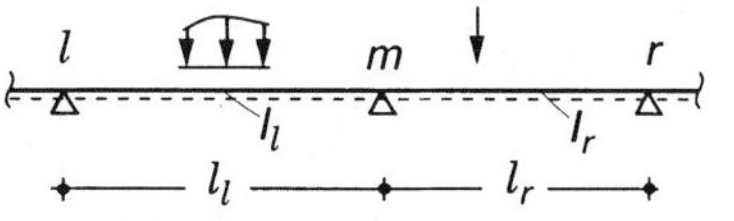

$$\boxed{l'_l M_l + 2\,(l'_l + l'_r)\,M_m + l'_r M_r = -l'_l R_l - l'_r L_r}$$

mit $l'_l = l_l I_c / I_l$, $l'_r = l_r I_c / I_r$

I_c beliebig wählbares Bezugsflächenmoment

Sonderfall: alle Felder haben gleiches I: $I_c = I$, $l'_l = l_l$, $l'_r = l_r$

R_l, L_r Belastungsglieder am rechten Ende des Stabes links von m bzw. am linken Ende des Stabes rechts von m nach Tabelle S. 13.18.

Beispiel: Durchlaufträger mit 2 unbekannten Momenten (M_b und M_c)

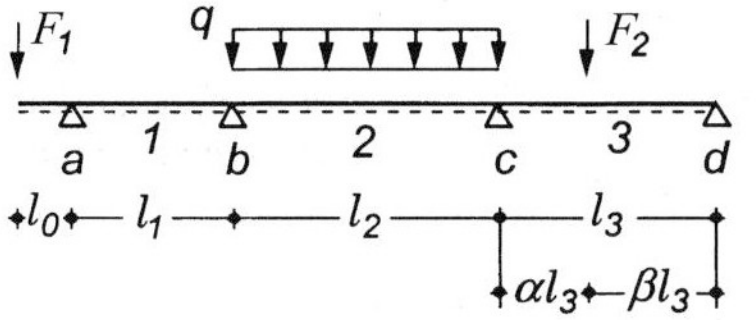

$M_a = -F_1 l_0$

gewählt: $I_c = I_1$

$l'_1 = l_1$, $l'_2 = l_2 I_1 / I_2$, $l'_3 = l_3 I_1 / I_3$

$R_1 = 0$, $L_2 = R_2 = q l_2^2 / 4$

$L_3 = (1 + \beta)\,\alpha\beta F_2 l_3$

Knoten b: $l_1 M_a + 2(l_1 + l'_2) M_b + l'_2 M_c = -l'_2 L_2$ ($l_1 M_a$ auf rechte Seite stellen)

Knoten c: $l'_2 M_b + 2\,(l'_2 + l'_3)\,M_c = -l'_2 R_2 - l'_3 L_3$

Zahlenwerte für Beispiel:

geg: $l_0 = 1\,\text{m}$, $l_1 = 3\,\text{m}$, $l_2 = 5\,\text{m}$, $l_3 = 4\,\text{m}$, $\alpha = 0{,}4$, $\beta = 0{,}6$

$I_1 = 1500\,\text{cm}^4$, $I_2 = I_3 = 2500\,\text{cm}^4$, $F_1 = 3\,\text{kN}$, $F_2 = 5\,\text{kN}$, $q = 2\,\text{kN/m}$

$M_a = -3\,\text{kNm}$, $l'_2 = 3\,\text{m}$, $l'_3 = 2{,}4\,\text{m}$

$L_2 = R_2 = 12{,}5\,\text{kNm}$, $L_3 = 7{,}68\,\text{kNm}$

$M_b = -1{,}16\,\text{kNm}$, $M_c = -4{,}86\,\text{kNm}$

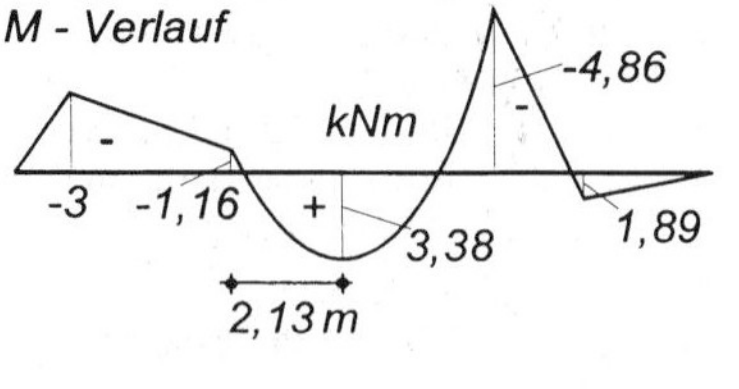

13 B Aufbau statischer Berechnungen

Prof. Dr. rer. nat. Erich Cziesielski

1 Übersicht

Die Einbindung des Tragwerksplaners beim Baugenehmigungsverfahren ist in Abb. 9.17 dargestellt. Ein bautechnischer Nachweis muss folgende Teile enthalten:

- Titelseite
- Inhaltsverzeichnis
- Baubeschreibung
- Standsicherheitsnachweis
- Nachweis des Brandschutzes
- Nachweis des Schallschutzes
- Wärmeschutznachweis
- Schlussseite
- Positionspläne
- Anhang
- Konstruktionszeichnungen.

2 Statische Berechnung

2.1 Titelseite

Auf der Titelseite sind anzugeben [13.20]:

- Bauvorhaben, Bauherr, Bauort
- Name und Anschrift des Aufstellers der statischen Berechnung
- Architekt mit Anschrift
- Koordinator für die statischen Unterlagen (soweit die statische Berechnung von mehreren Aufstellern angefertigt wird, hat der Koordinator die inhaltliche und formale Abstimmung der einzelnen Berechnungsteile herbeizuführen und zu vertreten)
- Umfang der statischen Unterlagen (kapitelweise angeben)
- Freiraum für den Prüfstempel (ca. 10 cm breit, 8 cm hoch).

2.2 Inhaltsverzeichnis

Ein detailliertes Inhaltsverzeichnis ist bei größeren Bauvorhaben unerlässlich. Das Inhaltsverzeichnis orientiert sich im Wesentlichen an der statischen Berechnung; es sollen auch die Positionspläne und der Inhalt des Anhangs aufgeführt werden.

2.3 Baubeschreibung

Die Baubeschreibung soll Angaben enthalten, die der Berechnung bzw. den Zeichnungen nicht ohne weiteres entnommen werden können, die aber das Bauwerk im Einzelnen beschreiben und erläutern. Inhalt der Baubeschreibung soll sein:

a Angaben zum Standort des Bauvorhaben
- Umgebungssituation (z. B. Schließung einer Baulücke o. Ä.)
- NN-Höhenlage
- Schneelastzone
- geografische Sonderlage (z. B. Gebäude auf Bergkuppe, Schlagregenbeanspruchungsgruppe)
- Erdbebenzone

b Angaben zur Nutzung des Bauwerks und zu besonderen Erfordernissen
- Nutzung (z. B. Wohn- oder Verwaltungsbau o. Ä.)
- Erfordernisse in Bezug auf
  - betriebsbedingte Nutzung (z. B. Schwingungsanfälligkeit, Maßgenauigkeit – z. B. Ebenheit von Decken o. Ä.)
  - Umwelteinflüsse (erforderliche Betondeckung, Holz- bzw. Korrosionsschutz)
  - besondere Anforderungen hinsichtlich des Brandschutzes (Sprinkleranlagen o. Ä.)
  - Schutzmaßnahmen gegen Anprall (Radabweiser o. Ä.), Strahlung (Röntgenstrahlung im Krankenhausbau)
  - Wasserdichtigkeit aufgrund der Nutzung (Aktenlager, Elektroinstallationen o. Ä.)
  - Rissbreitenbeschränkung aufgrund der Nutzung bzw. der Umwelteinflüsse
  - Verformungsbeschränkungen (z. B. Regallager o. Ä.)

c Abmessungen des Gebäudes
- Länge, Breite, Höhe, Abtreppungen

d Erläuterung der statischen Grundkonzeption
- Hauptsystem zur Abtragung der Vertikallasten
- Angaben zur räumlichen Stabilität des Gebäudes (Aussteifung durch Wand- und Deckenscheiben, eingespannte Stützen, Verbände in der Deckenebene o. Ä.)

e Angaben zur Anordnung von Dehnungsfugen
(maximaler Abstand der Dehnungsfugen $a \leq 30$ m aufgrund der bei einem Brand auftretenden Verformungen) [13.22]

f Fertigteilkonstruktionen
Angaben zu Fertigteilkonstruktionen hinsichtlich Transport und Montagezustände sowie besonderer Sicherungsvorkehrungen

g Umbauten
Für Umbauten müssen die statischen Unterlagen den Zustand vor und nach den geplanten Baumaßnahmen klar in Plänen und textlichen Erläuterungen enthalten.

h Verwendete Materialien
Kurzgefasste Auflistung der zur Ausführung vorgesehenen Baustoffe mit Güteklassen und Rohdichten

i Befähigkeitserfordernisse
Angaben zu den Befähigkeitserfordernissen, z. B. in Bezug auf Beton B II, Leimen, Befähigkeitsnachweisgruppe beim Schweißen

j Baugrundverhältnisse
- Baugrundverhältnisse unter Berücksichtigung des Baugrundgutachtens
- Gründungsmaßnahmen (Flach- bzw. Pfahlgründungen)
- Angaben zur Aggressivität des Grundwassers nach DIN 4030 im Hinblick auf die Dauerhaftigkeit von im Grundwasser sich befindenden Betonbauteilen bzw. im Hinblick auf zu ergreifende Schutzmaßnahmen.

2.4 Verwendete Unterlagen/Literatur

Die der Berechnung zugrunde gelegten Normen sind vollständig auch unter Angabe der zugehörigen Ausgabedaten (wichtig für Nachberechnungen im Zuge späterer Umbauten) anzugeben, z. B.:

„DIN 1053-1 (1996-11): Mauerwerk – Teil 1 Berechnung und Ausführung"

Die verwendete Literatur ist vollständig anzugeben, z. B. in folgender Form:

„Grasser, E./Thielen, G.: Hilfsmittel zur Berechnung der Schnittgrößen und Formänderungen von Stahlbetontragwerken. In: Schriftenreihe des Deutschen Ausschusses für Stahlbeton (DAfStb), Heft 240. Berlin/München/Düsseldorf: Ernst & Sohn 1978"

oder – nach ausführlicher Nennung im Literaturverzeichnis – im Text in Kurzform als

„DAfStb-Heft240".

2.5 Standsicherheitsnachweis

Die statische Berechnung muss vollständig und leicht prüfbar erstellt werden; sie sollte daher zu jeder Position enthalten:

a. System
b. Einwirkungen
c. Schnittgrößenverlauf für alle Grund- und Bemessungslastfälle
d. Verformungen für alle Grundlastfälle.

Nach [13.20] gilt:

In der statischen Berechnung sind sämtliche tragenden Bauteile in allen Bau-, Montage- und Endzuständen und unter Beachtung der Wechselwirkung zwischen Bauwerk und Baugrund im notwendigen Umfang zu erfassen. Die Vollständigkeit der statischen Berechnung erfordert auch ggf. Standsicherheitsnachweise für Baubehelfe (z. B. den Baugrubenverbau). Die Standsicherheit für Baubehelfe kann in einem gesonderten Abschnitt (oder völlig unabhängig) behandelt werden.

Grundsätzlich ist der Nachweis der Standsicherheit und der Gebrauchsfähigkeit unter Beachtung der jeweils gültigen Vorschriften zu führen.

Jede Berechnung muss ein in sich geschlossenes Ganzes bilden: Das heißt, aus anderen Berechnungen dürfen ohne Herleitung nur Werte übernommen werden, wenn die neue Berechnung eine schon vorhandene ergänzt. Der Inhalt der Berechnungen soll sich auf die Ausführung der maßgebenden Nachweise beschränken, also ohne Vorentwurfsermittlungen, Optimierungen, Alternativen o. Ä.

Rechen- und Bemessungsverfahren, die nicht allgemein bekannt und geläufig sind, sind – soweit in verbreitetem Schrifttum veröffentlicht und zugänglich – mit Angabe der herangezogenen Literatur zu belegen. Darüber hinausgehende Ansätze sind in vollständiger Entwicklung zu bringen bzw. einfach fotokopiert beizufügen.

Die Dokumentation der EDV-Berechnungen sollte dem Anhang zugeordnet werden. Es sind die aus den EDV-Nachweisen zu übertragenden relevanten Werte deutlich kenntlich zu machen (mindestens mit Hinweisen zu versehen und zu unterstreichen; vgl. insbesondere [13.23].

2.6 Schlussseite

Auf der Schlussseite hat der Beratende Ingenieur als verantwortlicher Aufsteller der statischen Berechnung mit Name, Anschrift und Datum zu unterschreiben. Gegebenenfalls ist auch der Name des zuständigen Sachbearbeiters anzugeben.

2.7 Positionspläne

Jeder statischen Berechnung sind Positionspläne beizufügen.

Positionspläne können auch gleichzeitig Konstruktionszeichnungen sein (z. B. Schalpläne o. Ä.). Auf den Positionsplänen müssen folgende Angaben enthalten sein:

- Achsen und Reihen
- Angabe der statischen Positionen, wobei z. B. für Decken der Buchstabe D gewählt werden kann (z. B. D 3.04 = Decke im 3. Obergeschoss, Position 4). Die Nummerierung kann aber auch zu einer erweiterten Kennzeichnung dienen, wenn bestimmte Gebäude innerhalb einer großen Bebauung oder einzelne Bauabschnitte gekennzeichnet werden sollen (z. B. D.A. 304 oder D.I. 304).
- Zur weiteren Kennzeichnung der einzelnen Positionen können auch folgende Bezeichnungen gewählt werden: U für Unterzüge, W für tragende Wände, St für Stützen, Fu für Fundamente.
  Die Angaben der statischen Positionen auf den Positionsplänen müssen mit denen der statischen Berechnung übereinstimmen.
- Es ist für jedes Geschoss ein Positionsplan vorzulegen.
- Angaben zu den aussteifenden Bauteilen (z. B. Anordnung von Ringankern, Ringbalken, Scheiben, Verbänden u. Ä.)
- maßstäbliche Angaben bezüglich besonderer Lasten (z. B. Dachpfosten auf Decke, Maschinenfundamente u. Ä.)
- Anordnung der Dehnungsfugen.

2.8 Anhang

Im Anhang sind folgende Unterlagen der statischen Berechnung je einfach beizufügen:

- gültige Baueingabepläne, die dem Bauantrag zugrunde liegen. Diese Pläne müssen die Unterschriften des Entwurfsverfassers und des Bauherrn tragen.
- Bodengutachten
- Allgemeine bauaufsichtliche Zulassungen der verwendeten Baustoffe, Bauteile, Bauarten u. Ä.
- Typenprüfungen
- verwendete (nicht allgemein zugängliche) Literatur
- Zustimmung im Einzelfall der obersten Bauaufsichtsbehörde zu Abweichungen gegenüber den allgemein anerkannten Regeln der Technik
- Nachweise der Befähigtkeitseignung (Schweißen, Leimen u. Ä.)
- Nachweis der Güteüberwachung für nicht auf der Baustelle hergestellte (überprüfbare) Bauteile (z. B. für Fertigteile, Holzhäuser in Tafelbauart u. Ä.)
- Dokumentation der EDV-Berechnungen.

2.9 Konstruktionszeichnungen

Die Konstruktionszeichnungen sind die maßgeblichen Grundlagen für die Ausführung eines jeden Bauwerks. Sie sind unverzichtbarer Bestandteil einer jeden statischen Berechnung.

2.10 Nachträge

Anlass zu Nachträgen können sein:

- Ergänzungen: wenn keine vollständigen Nachweise eingereicht wurden
- Änderungen: wenn sich Bauplanung oder konstruktive Absichten gewandelt haben
- Berichtigungen: wenn Mängel oder Fehler in der statischen Berechnung auszuräumen sind.

Nachträge können aus auszutauschenden oder aus zusätzlichen Unterlagen (Seiten bzw. Zeichnungen) bestehen.

14 A Beton nach DIN EN 206-1/DIN 1045-2
14 B Betonstahl
14 C Stahlbetonbau nach DIN 1045-1

Inhaltsverzeichnis

Zum Einstieg

Prof. Dr.-Ing. Alfons Goris

I Bemessungskonzept nach DIN 1045-1

Die Bemessung der tragenden Konstruktion eines Bauwerks muss sicherstellen, dass ein Tragwerk

- mit angemessener Zuverlässigkeit den Einwirkungen während der Nutzung standhält,
- mit annehmbarer Wahrscheinlichkeit die geforderte Gebrauchstauglichkeit behält,
- eine angemessene Dauerhaftigkeit aufweist.

Diese grundlegenden Forderungen werden durch Nachweise in *Grenzzuständen* erfüllt; damit werden Zustände beschrieben, bei denen ein Tragwerk die Entwurfsanforderungen gerade noch erfüllt. Zu unterscheiden sind Grenzzustände der Tragfähigkeit, der Gebrauchstauglichkeit und der Dauerhaftigkeit.

Grenzzustände der Tragfähigkeit (s. Kap. C, Abschn. 2.1.2)

Der Bemessungswert einer Beanspruchung E_d darf den einer Beanspruchbarkeit R_d nicht überschreiten:

$$\mathbf{E_d \leq R_d} \qquad E_d = f(\gamma_F \cdot E_k) \qquad R_d = f(X_k/\gamma_M)$$

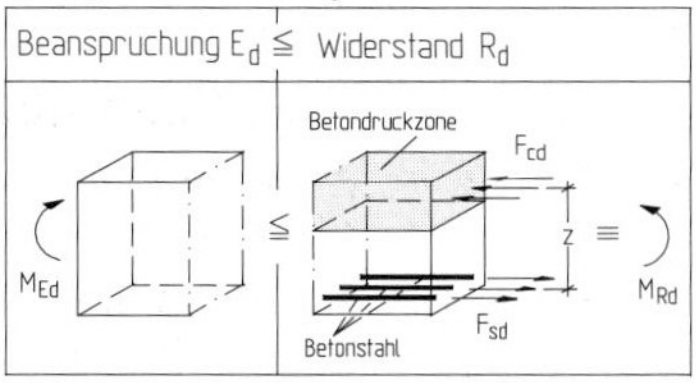

Die Beanspruchung E_d erhält man durch Multiplikation von charakteristischen Werten F_k (Lasten, Schnittgrößen ...) mit lastartabhängigen Teilsicherheitsbeiwerten γ_F. Die Tragfähigkeit R_d ergibt sich durch Verminderung der charakteristischen Baustofffestigkeiten X_k um materialabhängige Teilsicherheitsbeiwerte γ_M.

Grenzzustände der Gebrauchstauglichkeit (s. Kap. C, Abschn. 2.1.3)

Unter einer festgelegten Einwirkungskombination (charakteristische Werte der Eigenlasten G_k und einem Anteil der veränderlichen Last $\psi_i \cdot Q_k$) ist nachzuweisen, dass der Nennwert einer Bauteileigenschaft (zulässige Durchbiegung, Rissbreite u. a.) nicht überschritten wird.

Dauerhaftigkeit (s. Kap. C, Abschn. 2.1.4)

Eine ausreichende Dauerhaftigkeit wird in Abhängigkeit von den Umweltbedingungen durch geeignete Baustoffe (s. Kap. A) und eine entsprechende bauliche Durchbildung (Betondeckung etc.) nachgewiesen.

Erläuterung der Grenzzustände an Beispielen

	Grenzzustände	Beispiele
①	Grenzzustände der Tragfähigkeit – Biegung und Längskraft – Querkraft, Torsion, Durchstanzen – Verformungsbeeinflusste Grenzzustände der Tragfähigkeit (Knicken)	 (Biegebruch/Schubbruch bei zu schwacher Bewehrung und/oder zu gering dimensioniertem Betonquerschnitt)
②	Grenzzustände der Gebrauchstauglichkeit – Spannungsbegrenzung – Begrenzung der Rissbreiten – Begrenzung der Verformungen	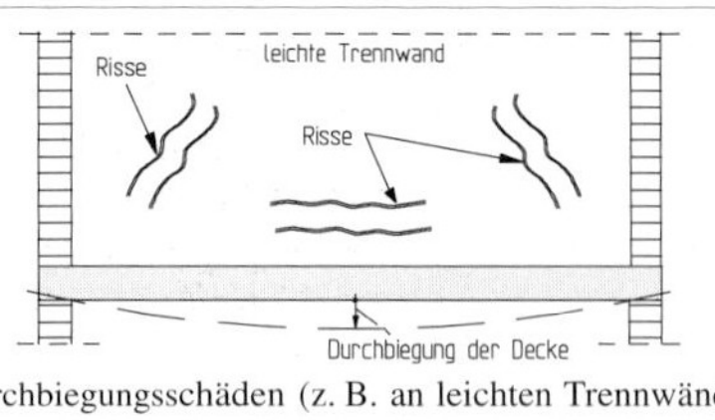 Durchbiegungsschäden (z. B. an leichten Trennwänden)
③	Dauerhaftigkeit, z. B. – Betonzusammensetzung – Betonverarbeitung – Betondeckung der Bewehrung	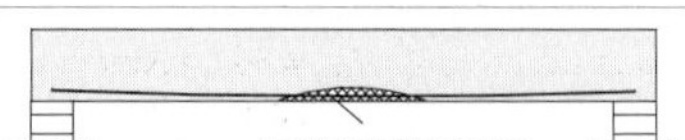 Korrosion der Bewehrung, Betonabplatzungen

II Bemessungsbeispiel

1 Tragwerksbeschreibung

Die dargestellte Decke mit Unterzug einer Warenhauserweiterung ist zu bemessen, es liegt die Expositionsklasse XC 1 vor (s. Kap. C, 4.1). Im Rahmen des Beispiels werden die Nachweise für eine Biege- und Querkraftbeanspruchung in den Grenzzuständen der Tragfähigkeit und Gebrauchstauglichkeit gezeigt; Nachweise zur Dauerhaftigkeit und zur Bewehrungsführung sind zusätzlich zu führen und hier nicht dargestellt.

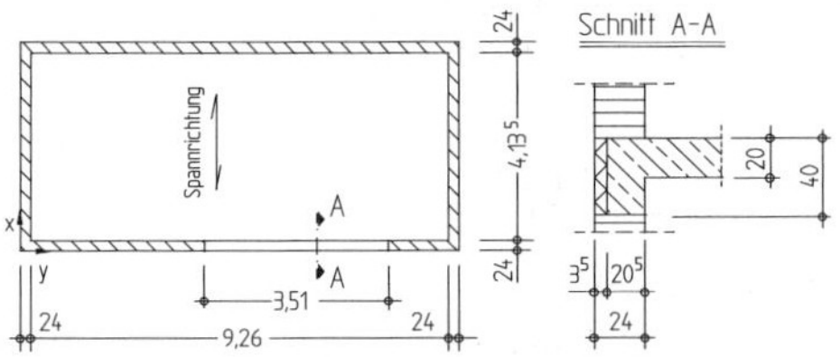

Baustoffe: Beton: C20/25
Betonstahl: BSt 500

Belastung: Eigenlast g_{k1}
Zusatzeigenlast $g_{k2} = 1{,}25\ \text{kN/m}^2$
Nutzlast $q_k = 5{,}00\ \text{kN/m}^2$

2 Bemessung und Konstruktion der Platte (Decke)

2.1 Tragwerksidealisierung

(vgl. Kap. C, 3.4 und 5.1.1.1)

Die Platte kann wegen überwiegender Lastabtragung in einer Richtung als einachsig, in Richtung der kürzeren Stützweite gespannt, gerechnet werden. Als Ersatzsystem wird dabei ein *Plattenstreifen mit einer Breite von einem Meter* angenommen. Die Stützweite wird ermittelt als Abstand der Auflagerschwerpunkte:

$l_x = 4{,}135 + 2 \cdot (0{,}205/3) \approx 4{,}25\ \text{m}$

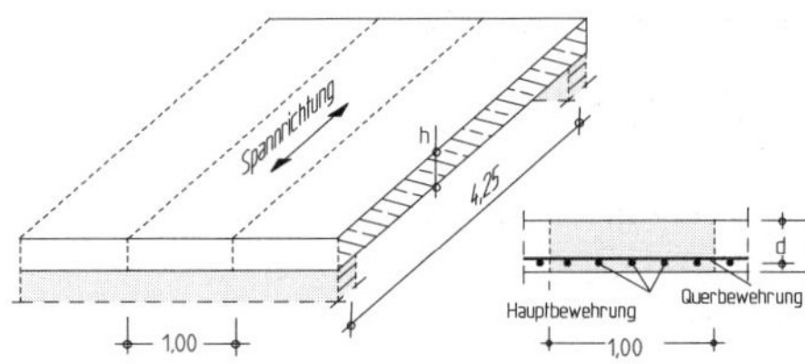

Belastung

Konstruktionseigenlast:	$0{,}20 \cdot 25{,}0 = 5{,}00\ \text{kN/m}^2$		$g_{k1} = 5{,}00\ \text{kN/m}^2$
Zusatzeigenlast (Estrich, Belag, Putz ...):			$g_{k2} = 1{,}25\ \text{kN/m}^2$
		Σ ständige Lasten:	$g_k = 6{,}25\ \text{kN/m}^2$
Nutzlast in Warenhäusern (DIN 1055-3):		Σ veränderliche Lasten:	$q_k = 5{,}00\ \text{kN/m}^2$

2.2 Tragfähigkeitsnachweise für die Platte (s. Kap. C, Abschn. 5.1.2)

Schnittgrößen

Bemessungslast: $r_d = (\gamma_G \cdot g_k + \gamma_Q \cdot q_k)$
$= 1{,}35 \cdot 6{,}25 + 1{,}50 \cdot 5{,}00$
$= 15{,}93\ \text{kN/m}^2$

Biegemoment: $M_{Ed} = 0{,}125 \cdot r_d \cdot l_x^2$
$= 0{,}125 \cdot 15{,}93 \cdot 4{,}25^2$
$= 36{,}0\ \text{kNm/m}$

Querkraft: $V_{Ed} = 0{,}5 \cdot r_d \cdot l_x = 0{,}5 \cdot 15{,}93 \cdot 4{,}25$
$= 33{,}85\ \text{kN/m}$

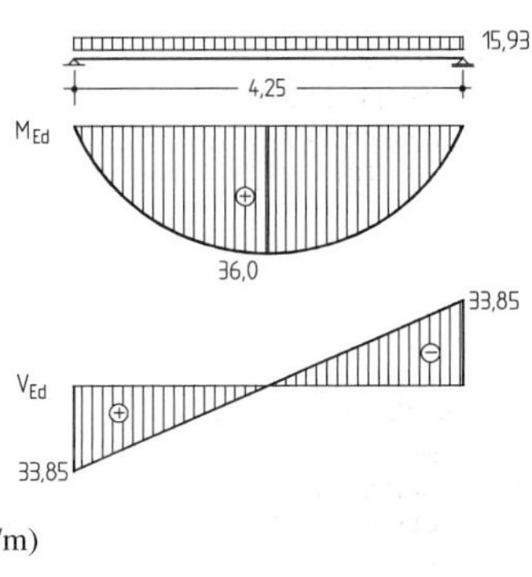

Biegebemessung

Nutzhöhe $d = 17\ \text{cm}$
Bemessungsmoment $M_{Ed} = 36{,}0\ \text{kNm/m}$
Bewehrung $a_s = 5{,}21\ \text{cm}^2/\text{m}$
(s. Tafel 14.55b; vgl. a. [14.53])

gew.: R 513 A ($= 5{,}13\ \text{cm}^2/\text{m} \approx 5{,}21\ \text{cm}^2/\text{m}$)

Bemessung für Querkraft

Ohne Schubbewehrung aufnehmbare Querkraft (s. Kap. C, Abschn. 5.1.2.2 und 5.1.5):

a_s = 5,21 cm²/m (d. h. Bewehrung nicht gestaffelt)
d = 17 cm; C20/25 | $V_{Rd,ct}$ = 61,9 kN/m (Tafel 14.56b)

$V_{Rd,ct} > V_{Ed}$ = 33,85 kN/m → keine Schubbewehrung erforderlich!

2.3 Nachweise im Grenzzustand der Gebrauchstauglichkeit

(s. Kap. C, Abschn. 5.1.3)

Für Platten bis 20 cm Dicke der Expositionsklasse XC 1 ohne nennenswerte Zwangsbeanspruchung ist i.d.R. nur ein Nachweis zur Verformungsbegrenzung erforderlich. Der Nachweis wird mit Tafel 14.56c geführt.

Einfeldsystem mit l = 4,25 m → $d_{erf} \approx$ 12 cm ≤ d_{vorh} = 17 cm

Die Biegeschlankheit (und damit die Verformungen) sind ausreichend begrenzt.

2.4 Bewehrungsführung und Bewehrungszeichnung

Auf Nachweise zur Bewehrungsführung wird verzichtet, Bewehrung entsprechend nachfolgender Skizze.

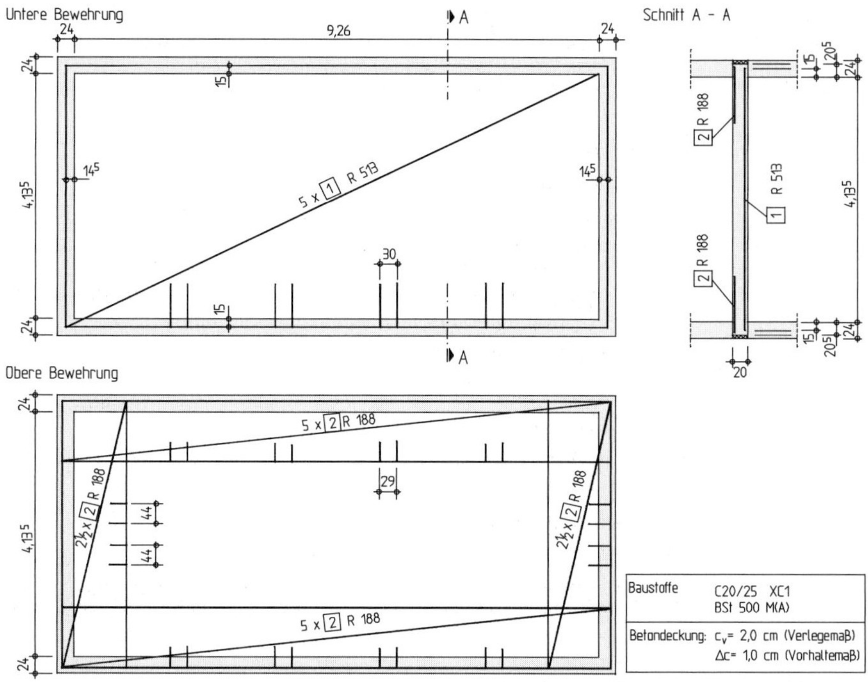

3 Unterzug

3.1 Tragwerksidealisierung

(vgl. Kap. C, Abschn. 3.4)

Stützweite

Als Stützweite wird die um 5 % vergrößerte lichte Weite angenommen.

$l = 1{,}05 \cdot 3{,}51 \approx 3{,}70$ m

Belastung

aus Decke (s. S. 14.3):	$0{,}5 \cdot 15{,}93 \cdot 4{,}25$	=	33,85 kN/m
Konstruktionseigenlast:	$1{,}35 \cdot 0{,}205 \cdot 0{,}20 \cdot 25{,}0$	=	1,38 kN/m
	$\Sigma\,(g_d + q_d)$	=	35,23 kN/m

3.2 Grenzzustand der Tragfähigkeit

3.2.1 Biegebemessung
(s. Kap. C, Abschn. 5.2.2.1)

Biegemoment $M_{Ed} = 0{,}125 \cdot (g_d + q_d) \cdot l^2 = 0{,}125 \cdot 35{,}23 \cdot 3{,}70^2 = 60{,}3$ kNm

Mittragende Breite: $b_{eff} = b_w + 0{,}2 \cdot l_0 = 0{,}205 + 0{,}2 \cdot 3{,}70 \approx 0{,}95$ m (s. Abschn. 3.4.2)

Bemessung

Nutzhöhe: $d \approx 40{,}0 - 5{,}0 = 35$ cm

Bemessungsmoment $M_{Ed} = M_{Eds} = 60{,}3$ kNm (wegen $N_{Ed} = 0$)

Eingangswert: $k_d = \dfrac{d\,[\text{cm}]}{\sqrt{M_{Eds}\,[\text{kNm}]/b\,[\text{m}]}} = \dfrac{35}{\sqrt{60{,}3/0{,}95}} = 4{,}39$ (vgl. Tafel 2a, S. 14.79)

Ablesung: $k_s = 2{,}38$ ($\xi = 0{,}08 \rightarrow x = 0{,}08 \cdot 35 \approx 3$ cm $< h_f = 20$ cm)

Bewehrung: $\text{erf}\,A_s = k_s \cdot \dfrac{M_{Eds}[\text{kNm}]}{d\,[\text{cm}]} + \dfrac{N_{Ed}\,[\text{kN}]}{43{,}5} = 2{,}38 \cdot \dfrac{60{,}3}{35{,}0} = 4{,}10\ \text{cm}^2$

gew.: 4 ⌀ 12 (= 4,52 cm^2) (Stabstahl)

3.2.2 Schubbemessung
(s. Kap. C, Abschn. 5.2.2.2)

Querkraft: $V_{Ed} = 0{,}5 \cdot (g_d + q_d) \cdot l = 0{,}5 \cdot 35{,}23 \cdot 3{,}70 = 65{,}2$ kN

Nachweise (näherungsweise und auf der sicheren Seite in der theoretischen Auflagerlinie)

Betondruckstrebe: $V_{Rd,max} = \alpha_c \cdot f_{cd} \cdot b_w \cdot z\,/\,(\tan\theta + \cot\theta)$

$\cot\theta = 1{,}2;\ \alpha_c \cdot f_{cd} = 8{,}50\ \text{MN/m}^2$ (s. S. 14.59 f.)

$V_{Rd,max} = 8{,}50 \cdot 0{,}205 \cdot (0{,}9 \cdot 0{,}35)/(0{,}83 + 1{,}20) = 0{,}270\ \text{MN} = 270\ \text{kN}$

$V_{Ed} < V_{Rd,max} \rightarrow$ Druckstrebentragfähigkeit erfüllt

Schubbewehrung: $a_{sw} = V_{Ed}\,/\,(\cot\theta \cdot f_{ywd} \cdot z)$

$\cot\theta = 1{,}2$ (s. o.)

$a_{sw} = 0{,}0652\,/\,(1{,}2 \cdot 435 \cdot 0{,}9 \cdot 0{,}35) = 3{,}97 \cdot 10^{-4} = 3{,}97\ \text{cm}^2/\text{m}$

gew.: ⌀ 6 – 14 (= 4,04 cm^2/m)

Anschluss Druckgurt: Im Rahmen des Beispiels ohne Nachweis (s. hierzu S. 14.61).

3.3 Nachweise im Grenzzustand der Gebrauchstauglichkeit
(s. Kap. C, Abschn. 5.2.3)

Auf entsprechende Nachweise wird im vorliegenden Falle verzichtet. Bei Balken ist jedoch häufig ein Nachweis zur Begrenzung der Rissbreite, bei schlanken Konstruktionen ggf. auch ein Nachweis der Durchbiegung erforderlich.

3.4 Bewehrungsführung; Bewehrungszeichnung

Auf Nachweise zur Bewehrungsführung wird verzichtet, Bewehrung entsprechend nebenstehender Skizze.

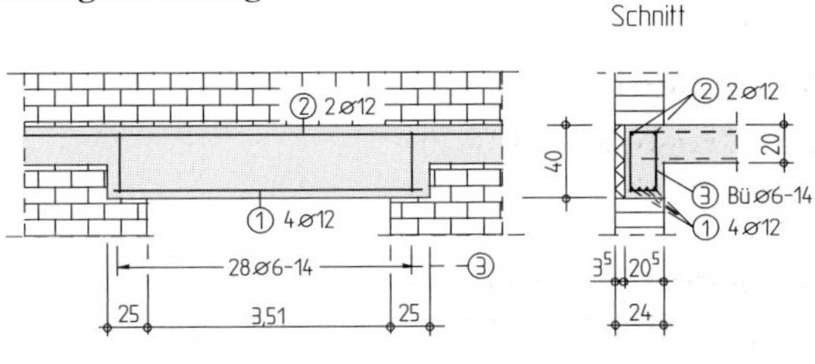

14 A Beton nach DIN EN 206-1/DIN 1045-2

Prof. Dr.-Ing. Robert Weber

0 Zuordnungen des Betons nach DIN 1045 (1988) zu den neuen Normen

DIN 1045 (1988) wird ersetzt durch das neue Normenwerk für den Betonbau: DIN 1045, Teile 1 bis 4 (2001), DIN EN 206-1 (2001) und DIN 1055-100 (2001). Diese Normen sind bauaufsichtlich eingeführt. Nachfolgende Übersichten zeigen eine Zuordnung der Betone nach DIN 1045 (1988) zu Betonen nach DIN EN 206-1 (2001) mit DIN 1045-2 (2001).

Die Festigkeitsklassen nach DIN 1045 (1988), der DAfStb-Richtlinie „Hochfester Beton" und der Leichtbetonnorm DIN 4219-1 (1979) werden den Festigkeitsklassen, die Betone mit besonderen Eigenschaften den Expositionsklassen der neuen Betonnormen zugeordnet.

Zuordnung der „Festigkeitsklassen"

- DIN 1045 (1988) – DIN EN 206-1/DIN 1045-2

DIN 1045 (1988)	B 5	B 10	B 15	B 25	B 35	B 45	B 55
DIN EN 206-1/DIN 1045-2	C8/10	C8/10	C12/15	C20/25	C30/37	C35/45	C45/55

- DAfStb-Richtlinie – DIN EN 206-1/DIN 1045-2

DAfStb-Richtlinie „Hochfester Beton"	B 65	B 75	B 85	B 95	B 105	B 115
DIN EN 206-1/DIN 1045-2	C55/67	C60/75	C70/85	C80/95	C90/105	C100/115

- DIN 4219-1 (1979) – DIN EN 206-1/DIN 1045-2

DIN 4219-1 (1979)	LB 8	LB 10	LB 15	LB 25	LB 35	LB 45	LB 55
DIN EN 206-1/DIN 1045-2	LC8/9	LC12/13	LC16/18	LC25/28	LC35/38	LC45/50	LC50/55

Zuordnung „Besondere Eigenschaften – Expositionsklassen"

	DIN 1045 (1988) und DAfStb-Richtlinien	DIN EN 206-1 / DIN 1045-2
DIN 1045 (88), Abschnitt ...	Beschreibung / Besondere Eigenschaft	Expositionsklasse(n) / Anwendungsregeln DIN 1045-2
6.5.5.1	Unbewehrter Beton	X0
6.5.1 / 6.5.5.1	Innenbauteil	XC1
6.5.1 / 6.5.5.1	Außenbauteil	XC4/XF1
6.5.7.2	Wasserundurchlässiger Beton	DIN 1045-2, Abschnitt 5.5.3
6.5.7.3	Beton mit hohem Frostwiderstand	XC4/XF1
6.5.7.4	Beton mit hohem Frost- und Tausalzwiderstand	XF4
6.5.7.4	Beton mit hohem Frost- und Tausalzwiderstand, sehr starker Frost-Tausalzangriff	XF4
6.5.7.5	Beton mit hohem Widerstand gegen schwachen chemischen Angriff	XA1
6.5.7.5	Beton mit hohem Widerstand gegen starken chemischen Angriff	XA2
6.5.7.5	Beton mit hohem Widerstand gegen sehr starken chemischen Angriff	XA2
6.5.7.6	Beton mit hohem Verschleißwiderstand	XM1
6.5.7.7	Beton für hohe Gebrauchstemperaturen bis 250 °C	DIN 1045-2, Abschnitt 5.3.6
6.5.7.8	Beton für Unterwasserschüttung (Unterwasserbeton)	DIN 1045-2, Abschnitt 5.3.4
DAfStb-Richtlinie	Hochfester Beton	DIN EN 206-1, Abschn. 3.1.10
DAfStb-Richtlinie	Fließbeton	DIN 1045-2, Abschnitt 3.1.51

1 Ausgangsstoffe

1.1 Zement

Als geeignet gelten Zemente nach DIN EN 197-1. Für Zemente mit den besonderen Eigenschaften HS (hoher Sulfatwiderstand), NA (niedriger wirksamer Alkaligehalt), FE (frühes Erstarren), SE (schnelles Erstarren) und HO (erhöhter Anteil an organischen Bestandteilen) gilt DIN 1164. Zemente mit niedriger Hydratationswärme (LH) sind in DIN EN 197, die mit sehr niedriger Hydratationswärme (VLH) in DIN EN 14216 genormt.

Arten und Zusammensetzung der Zemente nach DIN EN 197-1

Zementart			Hauptbestandteile außer Portlandzementklinker	
Hauptart	Benennung	Kurzzeichen	Art	Anteil in M.-%
CEM I	Portlandzement	CEM I	–	0
CEM II	Portlandhüttenzement	CEM II/A-S	Hüttensand (S)	6…20
		CEM II/B-S		21…35
	Portlandsilikastaubzement	CEM II/A-D	Silikastaub (D)	6…10
	Portlandpuzzolanzement	CEM II/A-P	natürliches Puzzolan (P)	6…20
		CEM II/B-P		21…35
		CEM II/A-Q	künstliches Puzzolan (Q)	6…20
		CEM II/B-Q		21…35
	Portlandflugaschezement	CEM II/A-V	kieselsäurereiche Flugasche (V)	6…20
		CEM II/B-V		21…35
		CEM II/A-W	kalkreiche Flugasche (W)	6…20
		CEM II/B-W		21…35
	Portlandschieferzement	CEM II/A-T	gebrannter Schiefer (T)	6…20
		CEM II/B-T		21…35
	Portlandkalksteinzement	CEM II/A-L	Kalkstein (L)	6…20
		CEM II/B-L		21…35
		CEM II/A-LL	Kalkstein (LL)	6…20
		CEM II/B-LL		21…35
	Portlandkompositzement	CEM II/A-M	alle Hauptbestandteile möglich (S, D, P, Q, V, W, T, L, LL)	6…20
		CEM II/B-M		21…35
CEM III	Hochofenzement	CEM III/A	Hüttensand (S)	36…65
		CEM III/B		66…80
		CEM III/C		81…95
CEM IV	Puzzolanzement	CEM IV/A	Puzzolane (D, P, Q, V, W)	11…35
		CEM IV/B		36…55
CEM V	Kompositzement	CEM V/A	Hüttensand (S) und Puzzolane (P, Q, V)	18…30
		CEM V/B		31…50

Festigkeitsklassen nach DIN EN 197-1 und DIN EN 14216

Festigkeitsklasse	Druckfestigkeit in N/mm²			
	Anfangsfestigkeit		Normfestigkeit	
	2 Tage	7 Tage	28 Tage	
22,5	–	–	> 22,5	≤ 42,5
32,5 L	–	≥ 12	≥ 32,5	≤ 52,5
32,5 N	–	≥ 16		
32,5 R	≥ 10	–		
42,5 L	–	≥ 16	≥ 42,5	≤ 62,5
42,5 N	≥ 10	–		
42,5 R	≥ 20	–		
52,5 L	≥ 10	–	≥ 52,5	–
52,5 N	≥ 20	–		
52,5 R	≥ 30	–		

1.2 Gesteinskörnungen

Gesteinskörnungen und Gesteinsmehle für Normal- und Schwerbeton müssen den Anforderungen der DIN EN 12620 genügen. Anforderungen an Gesteinskörnungen mit Trockenrohdichten unter 2000 kg/m³ sind in DIN EN 13055-1 festgelegt. Beide europäischen Normen ersetzen die Teile 1 und 2 der bisherigen DIN 4226. Für rezyklierte Gesteinskörnungen gilt Teil 100 von DIN 4226.

Die Verwendung der Gesteinskörnungen für Normal- und Schwerbeton nach DIN EN 206-1 in Verbindung mit DIN 1045-2 ist in der Vornorm DIN V 20000-103 geregelt. Für die Anwendung von leichten Gesteinskörnungen ist DIN V 20000-104 gültig. In den beiden Anwendungsnormen wird auf Prüfverfahren verwiesen, die europäisch nicht genormt sind. Diese Prüfverfahren sind in DIN V 18004 beschrieben.

Enthält die Gesteinskörnung alkaliempfindliche Bestandteile und ist der Beton Feuchtezufuhr ausgesetzt, sind Vorsichtsmaßnahmen entsprechend DAfStb-Richtlinie „Vorbeugende Maßnahmen gegen schädigende Alkalireaktion im Beton" zu ergreifen. Für die Herstellung von hochfestem Beton sind hinsichtlich Alkalireaktion unbedenkliche Gesteinskörnungen zu verwenden.

Der Frostwiderstand wird durch Einfrieren der Gesteinskörnung unter Wasser geprüft und das Ergebnis in Kategorien F eingestuft (z. B. Kategorie F_2 bedeutet Masseverlust ≤ 2 %). Bei Einwirkung von Frost und Tausalz wird mit dem Kristallisationsverfahren (Magnesiumsulfat-Verfahren) geprüft und in Kategorien MS eingestuft (z. B. Kategorie MS_{25} bedeutet Masseverlust ≤ 25 %). Der Frost- sowie der Frost-Tausalz-Widerstand von Gesteinskörnungen können auch mit einer Prüfung eines Betons bestimmter Zusammensetzung nachgewiesen werden.

Die Kornzusammensetzung der Gesteinskörnungen wird durch Sieblinien und ggf. durch Kennwerte der Kornverteilung (Körnungsziffer K, D-Summe) gekennzeichnet.

Bezeichnung der Gesteinskörnungen nach DIN EN 12620

Gesteinskörnung mit Kleinstkorn in mm	Gesteinskörnung mit Größtkorn in mm	Bezeichnung
0	0,063 [1]	Füller (Gesteinsmehl)
0	≤ 4	feine Gesteinskörnung (Sand, Brechsand, Edelbrechsand)
≥ 2	≥ 4	grobe Gesteinskörnung (Kies, Splitt, Edelsplitt)

[1] Überwiegend $\leq$ 0,063 mm

Sieblinienbereiche

- **für Korngemische 0/16 nach DIN 1045-2**

① grobkörnig
② Ausfallkörnung
③ grob- bis mittelkörnig
④ mittel- bis feinkörnig
⑤ feinkörnig

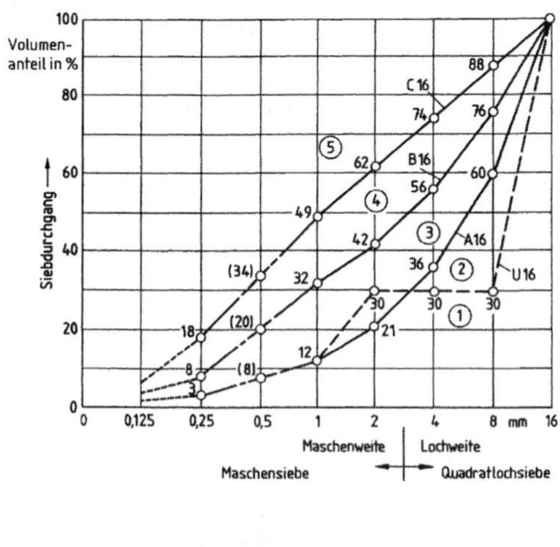

◆ **für Korngemische 0/32 nach DIN 1045-2**

① grobkörnig
② Ausfallkörnung
③ grob- bis mittelkörnig
④ mittel- bis feinkörnig
⑤ feinkörnig

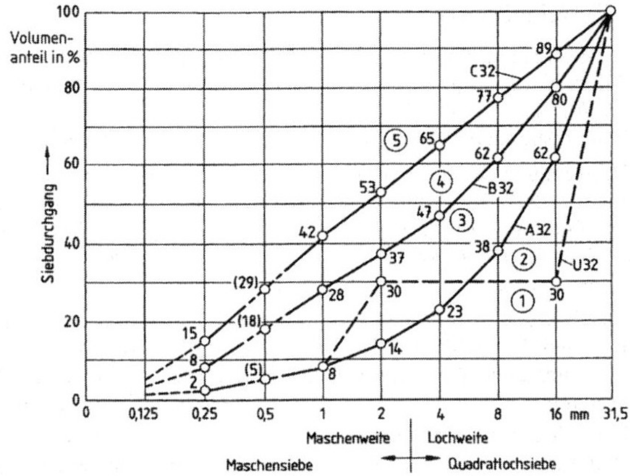

Richtwerte für den Wasseranspruch in Liter je m³ Frischbeton in Abhängigkeit von der Sieblinie und der Konsistenz

Körnungsziffer *K*	Sieblinie	Konsistenz steif	plastisch	weich
5,48	A 32	130	150	170
4,60	A 16	140	160	180
4,20	B 32	150	170	190
3,66	B 16	160	180	200
3,30	C 32	170	190	210
2,75	C 16	190	210	230

1.3 Zugabewasser

Trinkwasser sowie i. Allg. das in der Natur vorkommende Wasser ist als Zugabewasser geeignet, soweit es nicht Bestandteile enthält, die das Erhärten, andere Eigenschaften des Betons oder den Korrosionsschutz der Bewehrung ungünstig beeinflussen. Für die Wiederverwendung von Restwasser aus dem Frischbetonrecycling bei Betonen bis C50/60 oder LC50/55 ist DIN EN 1008 zu beachten. Für die Herstellung von hochfestem Beton darf Restwasser nicht verwendet werden.

1.4 Betonzusatzmittel

Betonzusatzmittel sind flüssige oder pulverförmige Mittel, die dem Beton zugesetzt werden, um durch chemische und/oder physikalische Wirkung Eigenschaften des Frisch- oder Festbetons zu ändern, z. B. Verarbeitbarkeit oder Luftgehalt. Für die Herstellung, Prüfung und Überwachung von Zusatzmitteln gilt DIN EN 934, Teile 2, 4 und 6. Nationale Festlegungen sind in DIN V 18998 sowie in DIN V 20000, Teil 100 und 101 getroffen.

Bezeichnung der Wirkungsgruppen (Typbezeichnung) und ihre Farbkennzeichen nach DIN EN 934

Typbezeichnung	Kurzzeichen	Farbkennzeichen
Betonverflüssiger	BV	gelb
Fließmittel	FM	grau
Luftporenbildner	LP	blau
Dichtungsmittel	DM	braun
Verzögerer	VZ	rot
Beschleuniger	BE	grün
Einpresshilfen für Einpressmörtel bei Spannbeton	EH	weiß
Stabilisierer	ST	violett
Chromatreduzierer[1)]	CR	rosa
Recyclinghilfe für Waschwasser[1)]	RH	schwarz

[1)] Da diese Zusatzmittel nicht unter die europäische Norm fallen, verbleiben sie weiterhin im Zulassungsverfahren mit Fremdüberwachung und Zertifizierung.

1.5 Betonzusatzstoffe

Betonzusatzstoffe sind fein aufgeteilte Stoffe, die dem Beton zugegeben werden, um bestimmte Eigenschaften des Frisch- oder Festbetons zu beeinflussen, z. B. Verarbeitbarkeit, Dichtigkeit.

Es werden zwei Arten von anorganischen Betonzusatzstoffen unterschieden:

Typ I: nahezu inaktive (inerte) Betonzusatzstoffe
(Gesteinsmehl, Pigment)

Typ II: puzzolanische oder latenthydraulische Betonzusatzstoffe
(Flugasche, Silikastaub)

Ihre allgemeine Eignung gilt als nachgewiesen, wenn sie der entsprechenden Norm nachkommen:

Gesteinsmehl: DIN EN 12 620
Pigment: DIN EN 12 878
Flugasche: DIN EN 450
Trass: DIN 51 043
Silikastaub: allgemeine bauaufsichtliche Zulassung

2 Eigenschaften des Frischbetons und Nachweisverfahren

2.1 Konsistenz

Entsprechend dem Prüfverfahren (Ausbreit-, Verdichtungs-, Slump- und Vebéprüfung) werden vier Konsistenzklassen unterschieden, die nicht unmittelbar vergleichbar sind. Für die in Deutschland meist gebräuchlichen Konsistenzmessverfahren Ausbreitungsversuch und Verdichtungsversuch sind die Betone der einzelnen Konsistenzklassen beschrieben.

Konsistenzklassen, bestimmt mit der Ausbreitprüfung nach DIN EN 12 350-5

Klasse	Ausbreitmaß *d* (Durchmesser) in mm	Konsistenzbeschreibung
F1[1)]	≤ 340	steif
F2	350 bis 410	plastisch
F3	420 bis 480	weich
F4	490 bis 550	sehr weich
F5	560 bis 620	fließfähig
F6[2)]	≥ 630	sehr fließfähig

1) Bei steifen Betonen empfiehlt sich die Verdichtungsprüfung.
2) Bei Ausbreitmaßen >700 mm ist die DAfStb-Richtlinie „Selbstverdichtender Beton" zu beachten.

Konsistenzklassen, bestimmt mit der Verdichtungsprüfung nach DIN EN 12 350-4

Klasse	Verdichtungsmaß *c*	Konsistenzbeschreibung
C0	≥1,46	sehr steif
C1	1,45 bis 1,26	steif
C2	1,25 bis 1,11	plastisch
C3[1)]	1,10 bis 1,04	weich

1) Bei weichen Betonen empfiehlt sich die Ausbreitprüfung.

2.2 Mehlkorngehalt

Der Mehlkorngehalt setzt sich zusammen aus dem Zement, dem in der Gesteinskörnung enthaltenen Kornanteil bis 0,125 mm und dem möglicherweise zugegebenen Betonzusatzstoff.

Höchstzulässiger Mehlkorngehalt, abhängig von Betonfestigkeitsklasse und Expositionsklasse, für Beton mit einem Größtkorn des Korngemisches von 16 mm bis 63 mm[1]

Betonfestigkeitsklasse Normal- und Schwerbeton	Betonfestigkeitsklasse Leichtbeton	Expositionsklasse	Gehalt an Zement in kg/m^3	höchstzulässiger Gehalt an Mehlkorn in kg/m^3
bis C50/60	bis LC50/55	XF, XM[2]	≤ 300[3]	400[4]
			≥ 350[3]	450[4]
ab C55/67	ab LC55/60	alle	≤ 400[5]	500[6]
			450[5]	550[6]
			≥ 500[5]	600[6]

[1] Bei Größtkorn 8 mm kann der Mehlkorngehalt 50 kg/m^3 höher sein.
[2] Bei allen anderen Expositionsklassen Mehlkorngehalt ≤ 550 kg/m^3.
[3] Bei Zementgehalten zwischen 300 kg/m^3 und 350 kg/m^3 ist der Mehlkorngehalt geradlinig zu interpolieren.
[4] Die Werte dürfen insgesamt um max. 50 kg/m^3 erhöht werden, wenn
– ein puzzolanischer Zusatzstoff verwendet wird, um dessen Gehalt,
– der Zementgehalt 350 kg/m^3 übersteigt, um den über 350 kg/m^3 hinausgehenden Zementgehalt.
[5] Bei Zementgehalten zwischen 400 kg/m^3 und 500 kg/m^3 ist der Mehlkorngehalt geradlinig zu interpolieren.
[6] Die Werte dürfen um max. 50 kg/m^3 erhöht werden, wenn ein puzzolanischer Zusatzstoff verwendet wird.

2.3 Luftgehalt

Der Luftgehalt von Normal- und Schwerbeton ist nach DIN EN 12 350-7, der von Leichtbeton nach ASTM C173 zu ermitteln.

2.4 Frischbetontemperatur

Die Frischbetontemperatur darf i. Allg. +30 °C nicht überschreiten und +5 °C nicht unterschreiten.

2.5 Frischbetonrohdichte

Die Frischbetonrohdichte kann nach DIN EN 12 350-6 ermittelt werden.

3 Eigenschaften des Festbetons

3.1 Dauerhaftigkeit

Damit Beton dauerhaft ist, muss er widerstandsfähig gegenüber den Umgebungsbedingungen sein. Darunter sind diejenigen chemischen und physikalischen Einwirkungen zu verstehen, denen der Beton und die Bewehrung ausgesetzt sind, die bei der statischen Berechnung des Bauwerks nicht als Lasten in Ansatz gebracht werden. Die Einwirkungen der Umgebungsbedingungen werden in Expositionsklassen eingeteilt, die sowohl Grundlage für die Anforderungen an die Ausgangsstoffe und die Zusammensetzung des Betons als auch an die Mindestmaße der Betondeckung (s. Kap. 14 C, Abschn. 4.1.2) sind.

Die Expositionsklasse ist in der Leistungsbeschreibung anzugeben.

Expositionsklassen, allgemeine Übersicht

Klassenbezeichnung	Korrosionsbedingungen
X0	unbewehrter Beton ohne Korrosions- und Angriffsrisiko
XC	Bewehrungskorrosion, verursacht durch Karbonatisierung
XD	Bewehrungskorrosion, verursacht durch Chloride (ausgenommen Meerwasser)
XS	Bewehrungskorrosion, verursacht durch Chloride aus Meerwasser
XF	Frostangriff ohne und mit Taumittel
XA	Betonkorrosion, verursacht durch chemischen Angriff
XM	Betonkorrosion, verursacht durch Verschleißbeanspruchung

Expositionsklasse „Kein Korrosions- oder Angriffsrisiko"

Klassenbezeichnung	Umgebung	Beispiele für die Zuordnung
X0	alle Umgebungsbedingungen außer XF, XA und XM	– unbewehrte Fundamente ohne Frost – unbewehrte Innenbauteile

Expositionsklassen bei Bewehrungskorrosion, verursacht durch Karbonatisierung

Klassenbezeichnung	Umgebung	Beispiele für die Zuordnung
XC1	trocken oder ständig nass	– Bauteile in Innenräumen mit üblicher Luftfeuchte – Bauteile ständig in Wasser
XC2	nass, selten trocken	– Teile von Wasserbehältern – Gründungsbauteile
XC3	mäßige Feuchte	– Bauteile, zu denen die Außenluft häufig oder ständig Zugang hat, aber vor Regen geschützt
XC4	wechselnd nass und trocken	– Außenbauteile mit direkter Beregnung

Expositionsklassen bei Bewehrungskorrosion, verursacht durch Chloride

	Klassenbezeichnung	Umgebung	Beispiele für die Zuordnung
ausgenommen Chloride aus Meerwasser	XD1	mäßige Feuchte	– Einzelgaragen – Bauteile im Sprühnebelbereich von Verkehrsflächen
	XD2	nass, selten trocken	– Solebäder – Bauteile, die chloridhaltigen Industrieabwässern ausgesetzt sind
	XD3	wechselnd nass und trocken	– Teile von Brücken mit häufiger Spritzwasserbeanspruchung – Fahrbahndecken – direkt befahrene Parkdecks
Chloride aus Meerwasser	XS1	salzhaltige Luft ohne Meerwasserkontakt	– Außenbauteile in Küstennähe
	XS2	unter Wasser	– Teile von Meerwasserbauwerken
	XS3	Tidebereich; Spritzwasser- und Sprühnebelbereiche	– Teile von Meerwasserbauwerken

Expositionsklassen bei Frostangriff ohne und mit Taumittel

Klassenbezeichnung	Umgebung	Beispiele für die Zuordnung
XF1	mäßige Wassersättigung, ohne Taumittel	– Außenbauteile
XF2	mäßige Wassersättigung, mit Taumittel	– Bauteile im Sprühnebel- und Spritzwasserbereich taumittelbehandelter Verkehrsflächen, soweit nicht XF4 – Bauteile im Sprühnebelbereich von Meerwasser
XF3	hohe Wassersättigung, ohne Taumittel	– offene Wasserbehälter – Bauteile in der Wasserwechselzone von Süßwasser
XF4	hohe Wassersättigung, mit Taumittel	– Verkehrsflächen – überwiegend horizontale Bauteile im Spritzwasserbereich von taumittelbehandelten Verkehrsflächen – Räumerlaufbahnen von Kläranlagen – Meerwasserbauteile in der Wasserwechselzone

Expositionsklassen bei Betonkorrosion, verursacht durch chemischen Angriff

Klassenbezeichnung	Umgebung	Beispiele für die Zuordnung
XA1	chemisch schwach angreifend	– Bauteile in Kläranlagen – Güllebehälter
XA2	chemisch mäßig angreifend	– Bauteile in betonangreifenden Böden – Bauteile, die mit Meerwasser in Berührung kommen
XA3	chemisch stark angreifend	– Industrieabwasseranlagen – Gärfuttersilos – Kühltürme mit Rauchgasableitung

Expositionsklassen bei Betonkorrosion, verursacht durch Verschleißbeanspruchung

Klassenbezeichnung	Umgebung	Beispiele für die Zuordnung
XM1	mäßige Beanspruchung	– Industrieböden mit Beanspruchung durch luftbereifte Fahrzeuge
XM2	starke Beanspruchung	– Industrieböden mit Beanspruchung durch luft- oder vollgummibereifte Gabelstapler
XM3	sehr starke Beanspruchung	– Oberflächen, die häufig mit Kettenfahrzeugen befahren werden – Industrieböden mit Beanspruchung durch elastomer- oder stahlrollenbereifte Gabelstapler – Wasserbauwerke in geschiebebelasteten Gewässern (z. B. Tosbecken)

Grenzwerte zur Beurteilung des Angriffsgrads von Wässern und Böden[1]

Vorkommen	chemisches Merkmal		Expositionsklasse		
			XA1 schwach	XA2 mäßig	XA3 stark
Wässer	pH-Wert		≤ 6,5 … ≥ 5,5	< 5,5 … ≥ 4,5	< 4,5 … ≥ 4,0
	kalklösende Kohlensäure (CO_2)	mg/l	≥ 15 … ≤ 40	> 40 … ≤ 100	> 100 bis zur Sättigung
	Ammonium (NH_4^+)[2]	mg/l	≥ 15 … ≤ 30	> 30 … ≤ 60	> 60 … ≤ 100
	Magnesium (Mg^{2+})	mg/l	≥ 300 … ≤ 1000	> 1000 … ≤ 3000	> 3000 bis zur Sättigung
	Sulfat (SO_4^{2-})	mg/l	≥ 200 … ≤ 600	> 600 … ≤ 3000	> 3000 … ≤ 6000
Böden	Säuregrad nach Baumann-Gully	ml/kg	> 200	in der Praxis nicht anzutreffen	
	Sulfat (SO_4^{2-})	mg/kg	≥ 2000 … ≤ 3000	> 3000 … ≤ 12000	> 12000 … ≤ 24000

[1] Für die Beurteilung ist der höchste Angriffsgrad maßgebend, auch wenn er nur von einem der Werte erreicht wird. Liegen zwei oder mehrere Werte in derselben Klasse, davon mindestens einer im oberen Viertel (bei pH im unteren Viertel), ist die Umgebung der nächsthöheren Stufe zuzuordnen.

[2] Gülle kann, unabhängig vom NH_4^+-Gehalt, in die Expositionsklasse XA1 eingeordnet werden.

3.2 Druckfestigkeit

Wenn nicht anders vereinbart, wird die Druckfestigkeit an Probewürfeln mit 150 mm Kantenlänge $f_{c,dry,cube}$ ermittelt, die nach DIN EN 12 390-2 einen Tag in ihrer Form verbleiben, sechs Tage wassergelagert und anschließend bis zum Prüftermin luftgelagert werden (bisherige Lagerung nach DIN 1048-5). Die Druckfestigkeit an Probewürfeln mit 150 mm Kantenlänge $f_{c,cube}$, die entsprechend dem Referenzverfahren nach DIN EN 12 390-2 bis zum Prüftermin wassergelagert werden, kann aus der Druckfestigkeit $f_{c,dry,cube}$ berechnet werden:

- Normalbeton bis einschließlich C50/60 $f_{c,cube} = 0{,}92 \cdot f_{c,dry,cube}$
- Hochfester Normalbeton ab C55/67 $f_{c,cube} = 0{,}95 \cdot f_{c,dry,cube}$

Diese Beziehung gilt nur für die Umrechnung von Würfeldruckfestigkeiten; sie berücksichtigt ausschließlich die unterschiedlichen Lagerungsbedingungen.

Zur Klassifizierung der Druckfestigkeit wird die charakteristische Festigkeit (Festigkeitswert, den erwartungsgemäß 5 % der Grundgesamtheit aller möglichen Festigkeitsmessungen der Menge des betrachteten Betons unterschreiten) verwendet, und zwar von Zylindern (∅ 150 mm, h = 300 mm) nach 28 Tagen $f_{ck,cyl}$ oder die charakteristische Festigkeit von 150-mm-Würfeln nach 28 Tagen $f_{ck,cube}$. Für besondere Anwendungen kann es notwendig oder zweckmäßig sein, die Druckfestigkeit zu einem früheren oder späteren Zeitpunkt als 28 Tage oder nach Lagerung unter bes. Bedingungen, z. B. Wärmebehandlung, zu bestimmen.

Die Einteilung in Druckfestigkeitsklassen wird getrennt für Normal- und Schwerbeton bzw. für Leichtbeton vorgenommen. Normal- und Schwerbetone mit einer Festigkeitsklasse über C50/60 sowie Leichtbetone mit einer Festigkeitsklasse über LC50/55 sind hochfeste Betone. Für Beton der Festigkeitsklassen C90/105 und C100/115 sowie für hochfesten Leichtbeton der Festigkeitsklassen LC70/77 und LC80/88 ist eine allgemeine bauaufsichtliche Zulassung oder eine Zustimmung im Einzelfall erforderlich.

Druckfestigkeitsklassen für Normal- und Schwerbeton

Druckfestigkeitsklasse	$f_{ck,cyl}$ in N/mm²	$f_{ck,cube}$ in N/mm²
C8/10	8	10
C12/15	12	15
C16/20	16	20
C20/25	20	25
C25/30	25	30
C30/37	30	37
C35/45	35	45
C40/50	40	50
C45/55	45	55
C50/60	50	60
C55/67	55	67
C60/75	60	75
C70/85	70	85
C80/95	80	95
C90/105	90	105
C100/115	100	115

Druckfestigkeitsklassen für Leichtbeton

Druckfestigkeitsklasse	$f_{ck,cyl}$ in N/mm²	$f_{ck,cube}$ in N/mm²
LC8/9	8	9
LC12/13	12	13
LC16/18	16	18
LC20/22	20	22
LC25/28	25	28
LC30/33	30	33
LC35/38	35	38
LC40/44	40	44
LC45/50	45	50
LC50/55	50	55
LC55/60	55	60
LC60/66	60	66
LC70/77	70	77
LC80/88	80	88

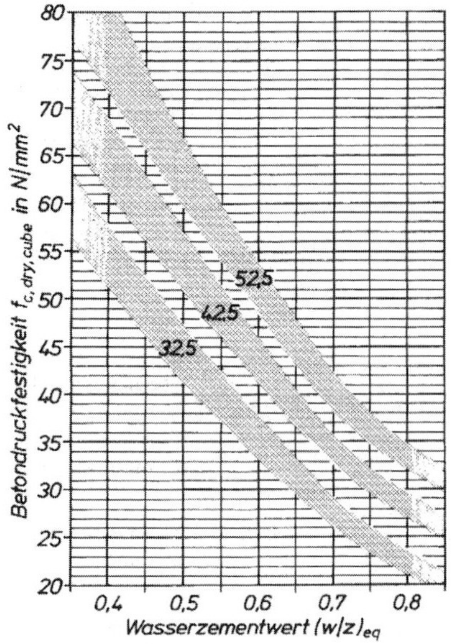

Abhängigkeit der Würfeldruckfestigkeit $f_{c,dry,cube}$ des Betons von der Festigkeitsklasse des Zements und vom Wasserzementwert

3.3 Trockenrohdichte

Die Trockenrohdichte ist nach DIN EN 12 390-7 zu bestimmen.

Klassifizierung von Beton nach der Trockenrohdichte

	Leichtbeton						Normalbeton	Schwerbeton
Rohdichteklasse	D 1,0	D 1,2	D 1,4	D 1,6	D 1,8	D 2,0		
Trockenrohdichte in kg/m³	≥ 800 und ≤ 1000	> 1000 und ≤ 1200	> 1200 und ≤ 1400	> 1400 und ≤ 1600	> 1600 und ≤ 1800	> 1800 und ≤ 2000	2000 bis ≤ 2600	> 2600

4 Anforderungen an die Zusammensetzung des Betons

4.1 Allgemeine Anforderungen

4.1.1 Zugabe von Betonzusatzmitteln

Grenzwerte für die Zugabemenge in ml (g) je kg Zement + anrechenbarer Zusatzstoff

		Beton bis C50/60	hochfester Beton
Mindest-Zugabemenge		2	2
Höchst-Zugabemenge bei Einsatz	eines Zusatzmittels	50	70
	mehrerer Zusatzmittel	60	80

Flüssige Betonzusatzmittel sind dem Wassergehalt bei der Bestimmung des Wasserzementwerts dann zuzurechnen, wenn ihre gesamte Zugabemenge ≥ 3 l/m³ beträgt.

4.1.2 Zugabe von Betonzusatzstoffen

		Flugasche f	Silikastaub s
Anrechenbarkeitswert k		0,4	1,0
Höchstmenge in kg/m³		0,33 z	0,11 z
Mindestzementgehalt in kg/m³ bei Anrechnung des Zusatzstoffs bei Expositionsklasse	XC3	240[1)]	240[2)]
	XC4, XS, XD, XA, XM, XF1, XF3[3)]	270[1)]	270[2)]

1) Die Anrechnung ist nur bei Verwendung von Portlandzement, Portlandsilikastaubzement, Portlandhüttenzement, Portlandschieferzement, Portlandkalksteinzement, Portlandpuzzolanzement, Portlandflugaschezement, Portlandkompositzement und Hochofenzement mit ≤ 70 M.-% Hüttensand möglich.
2) Zusätzlich zu Fußnote 1) ist die Anrechnung möglich bei Verwendung von Hochofenzement bis zu 80 M.-% Hüttensand.
3) Für XF2 und XF4 ist keine Anrechnung möglich.

Für alle Expositionsklassen – mit Ausnahme XF2 und XF4 – darf anstelle des höchstzulässigen Wasserzementwerts w/z bei Verwendung von Flugasche und/oder Silikastaub gerechnet werden, mit

$$\frac{w}{z + 0{,}4 f + 1{,}0\, s}$$

4.2 Anforderungen an die Betonzusammensetzung in Abhängigkeit von den Expositionsklassen

Die bei den verschiedenen Expositionsklassen verwendbaren Zementarten sind in einer Tafel auf Seite 14.17 aufgeführt.

An die unbewehrten Betone der Expositionsklasse X0 (kein Korrosions- oder Angriffsrisiko) werden keine Anforderungen an ihre Zusammensetzung gestellt. Sie müssen mindestens die Festigkeitsklasse C8/10 erzielen.

Anforderungen an die Zusammensetzung von Beton nach Eigenschaften zum Schutz vor Bewehrungskorrosion infolge Karbonatisierung (Expositionsklassen XC)

Expositionsklasse	XC1	XC2	XC3	XC4
Umgebungsbedingung	trocken oder ständig nass	nass, selten trocken	mäßige Feuchte	wechselnd nass und trocken
höchstzulässiger w/z-Wert	0,75		0,65	0,60
Mindestzementgehalt in kg/m³ [1)]	240		260	280
Mindestfestigkeitsklasse	C16/20		C20/25	C25/30

1) Bei einem Größtkorn der Gesteinskörnung von 63 mm darf der Zementgehalt um 30 kg/m³ reduziert werden.

Anforderungen an die Zusammensetzung von Beton nach Eigenschaften zum Schutz vor Bewehrungskorrosion durch Chloride (Expositionsklassen XD und XS)

Expositionsklasse	XD1	XD2	XD3	XS1	XS2	XS3
Umgebungsbedingung	andere Chloride als aus Meerwasser			Chloride aus Meerwasser		
	mäßig feucht	nass, selten trocken	wechselnd nass/ trocken	salzhaltige Luft	unter Meerwasser	Bereiche von Tide, Spritzwasser, Sprühnebel
höchstzulässiger w/z-Wert	0,55	0,50	0,45	0,55	0,50	0,45
Mindestzementgehalt in kg/m^3 1)	300	320	320	300	320	320
Mindestfestigkeitsklasse 3)	C30/37	C35/45 2)	C35/45	C30/37	C35/45 2)	C35/45

1) Bei einem Größtkorn der Gesteinskörnung von 63 mm darf der Zementgehalt um 30 kg/m^3 reduziert werden.
2) Bei langsam und sehr langsam erhärtenden Betonen eine Festigkeitsklasse niedriger.
3) Bei Verwendung von Luftporenbeton, z. B. aufgrund gleichzeitiger Anforderungen aus der Expositionsklasse XF, eine Festigkeitsklasse niedriger.

Anforderungen an die Zusammensetzung eines Betons nach Eigenschaften mit Widerstand gegen Frost ohne und mit Taumittel (Expositionsklassen XF)

Expositionsklasse		XF1	XF2 1)		XF3		XF4 1)
Wassersättigung		mäßig	mäßig		hoch		hoch
Taumittel		ohne	mit		ohne		mit
höchstzulässiger w/z-Wert		0,60	0,55	0,50	0,55	0,50	0,50
Mindestzementgehalt in kg/m^3 2)		280	300	320	300	320	320
Mindestfestigkeitsklasse		C25/30	C25/30	C35/45 3)	C25/30	C35/45 3)	C30/37
mittl. Luftgehalt in Vol.-% 4), 5) bei Größtkorn der Gesteinskörnung in mm	8	–	$\geq$ 5,5	–	$\geq$ 5,5	–	$\geq$ 5,5
	16	–	$\geq$ 4,5	–	$\geq$ 4,5	–	$\geq$ 4,5
	32	–	$\geq$ 4,0	–	$\geq$ 4,0	–	$\geq$ 4,0
	63	–	$\geq$ 3,5	–	$\geq$ 3,5	–	$\geq$ 3,5
Widerstand der Gesteinskörnung gegen Frost bzw. Frost und Taumittel		F_4 6)	MS_{25} 7)		F_2 6)		MS_{18} 7)

1) Zusatzstoffe des Typs II dürfen zugegeben, aber nicht auf den Zementgehalt oder den w/z-Wert angerechnet werden.
2) Bei einem Größtkorn der Gesteinskörnung von 63 mm darf der Zementgehalt um 30 kg/m^3 reduziert werden.
3) Bei langsam und sehr langsam erhärtenden Betonen eine Festigkeitsklasse niedriger.
4) Einzelwerte dürfen die Anforderungen um höchstens 0,5 Vol.-% unterschreiten. Für sehr weichen Beton sowie beim Einsatz von Fließmittel ist der Luftgehalt um 1 Vol.-% zu erhöhen.
5) Erdfeuchter Beton (z. B. Pflastersteine) mit $w/z < 0,40$ darf ohne LP hergestellt werden.
6) Kategorie des Frostwiderstands nach DIN EN 12620 (s. Abschnitt 1.2).
7) Kategorie der Magnesiumsulfat-Widerstandsfähigkeit nach DIN EN 12620 (s. Abschnitt 1.2).

Anforderungen an die Zusammensetzung von Beton nach Eigenschaften mit Widerstand gegen Verschleißbeanspruchung (Expositionsklassen XM)

Expositionsklasse	XM1	XM2 1)	XM2	XM3 2)
Beanspruchung	mäßig	stark	stark	sehr stark
höchstzulässiger w/z-Wert	0,55	0,55	0,45	0,45
Mindestzementgehalt 3) in kg/m^3	300	300	320	320
Mindestfestigkeitsklasse 4)	C30/37	C30/37	C35/45	C35/45
Anforderungen an die Gesteinskörnung	Die Körner sollten eine mäßig raue Oberfläche und eine gedrungene Gestalt haben; das Gemisch sollte möglichst grobkörnig sein.			

1) Oberflächenbehandlung erforderlich, z. B. Vakuumbehandlung und Glätten der Oberfläche.
2) Hartstoffe nach DIN 1100 erforderlich.
3) Für alle Festigkeitsklassen $\leq$ C50/60: $z \leq 360$ kg/m^3.
4) Bei Verwendung von Luftporenbeton, z. B. aufgrund gleichzeitiger Anforderungen aus der Expositionsklasse XF, eine Festigkeitsklasse niedriger.

Anforderungen an die Zusammensetzung von Beton nach Eigenschaften mit Widerstand gegen chemischen Angriff (Expositionsklassen XA)

Expositionsklasse	XA1	XA2	XA3[1)]
Angriffsgrad	schwach	mäßig	stark
höchstzulässiger *w/z*-Wert	0,60	0,50	0,45
Mindestzementgehalt in kg/m³	280	320	320
Mindestfestigkeitsklasse	C25/30	C35/45[2)]	C35/45[2)]

[1)] Schutz des Betons z. B. durch Schutzschichten oder dauerhafte Bekleidungen oder Gutachten für Sonderlösung erforderlich.
[2)] Bei Verwendung von Luftporenbeton, z. B. aufgrund gleichzeitiger Anforderungen aus der Expositionsklasse XF, eine Festigkeitsklasse niedriger.

Anwendung der Zemente nach DIN EN 197-1, DIN 1164-10, DIN 1164-12 und von FE-Zementen sowie CEM I-SE und CEM II-SE nach DIN 1164-11 (s. S. 14.7) in Abhängigkeit von den Expositionsklassen

Expositionsklasse			X0 XC2	XC1	XC3 XC4 XD1 XD3 XS1 XS3 XM1 XM2 XM3	XD2 XS2 XA1 XA2[1)] XA3[1)]	XF1	XF2 XF4[2)]	XF3
CEM I			■	■	■	■	■	■	■
CEM II /	A/B	S	■	■	■	■	■	■	■
	A	D	■	■	■	■	■	■	■
	A/B	P/Q	■	■	■	■	■		■
	A	V	■	■	■	■	■		■
	B	V	■	■	■	■	■		
	A	W	■	■					
	B	W	■						
	A/B	T	■	■	■	■	■	■	■
	A	LL	■	■	■	■	■	■	■
	B	LL	■	■					
	A	L	■	■	■	■			
	B	L	■	■					
	A	M	■	■					
	B	M	■						
CEM III /	A		■	■	■	■	■	■	■
	B		■	■	■	■	■	■	■
	C		■			■			
CEM IV			■						
CEM V			■						

■ = gültiger Anwendungsbereich   □ = für die Expositionsklasse nicht anwendbar

[1)] Bei Sulfatangriff (ausgenommen bei Meerwasser) HS-Zement; bei $SO_4^{2-} \leq 1500$ mg/l darf anstelle von HS-Zement eine Mischung von Zement + Flugasche verwendet werden.
[2)] Bei Verwendung von CEM III A Festigkeitsklasse ≥ 42,5 oder Festigkeitsklasse ≥ 32,5R mit Hüttensandanteil ≤ 50 M.-%. CEM III B darf nur verwendet werden (dabei kann auf LP verzichtet werden), bei
- Meerwasserbauteile: $w/z \leq 0{,}45$; $z \geq 340$ kg/m³; ≥ C35/45,
- Räumerlaufbahnen: $w/z \leq 0{,}35$; $z \geq 360$ kg/m³; ≥ C40/50.

4.3 Anforderungen an die Zusammensetzung von Standardbeton

Standardbeton = Normalbeton der Festigkeitsklassen C8/10, C12/15 und C16/20 ohne Betonzusatzmittel und -zusatzstoffe und nur für die Expositionsklassen X0, XC1 und XC2.

Mindestzementgehalt für Standardbeton
Zement: Festigkeitsklasse 32,5 / Gesteinskörnung: Größtkorn 32 mm

Festigkeitsklasse des Betons	Mindestzementgehalt in kg/m³ [1]) für Konsistenzbeschreibung		
	steif	plastisch	weich
C8/10	210	230	260
C12/15	270	300	330
C16/20	290	320	360

1) Der Zementgehalt muss vergrößert werden um:
- 10 % bei einem Größtkorn der Gesteinskörnung von 16 mm,
- 20 % bei einem Größtkorn der Gesteinskörnung von 8 mm.

Der Zementgehalt darf verringert werden um:
- max. 10 % bei Zement der Festigkeitsklasse 42,5,
- max. 10 % bei einem Größtkorn der Gesteinskörnung von 63 mm.

4.4 Anforderungen an die Zusammensetzung von Beton mit hohem Wassereindringwiderstand

- bei Bauteildicken > 0,40 m: w/z-Wert $\leq 0{,}70$,
- bei Bauteildicken $\leq 0{,}40$ m: w/z-Wert $\leq 0{,}60$; $z \geq 280$ kg/m³ (bei Anrechnung von Zusatzstoffen ≥ 270 kg/m³); Mindestdruckfestigkeitsklasse C25/30.

Bei Beanspruchung des Bauteils durch Druckwasser nach DAfStb-Richtlinie „Wasserundurchlässige Bauteile aus Beton" $w/z \leq 0{,}55$.

4.5 Anforderungen an die Zusammensetzung von Unterwasserbeton für tragende Bauteile

- w/z-Wert: $\leq 0{,}60$; bei weitergehenden Beanspruchungen kleinerer w/z-Wert,
- Zementgehalt bei Größtkorn der Gesteinskörnung 32 mm: ≥ 350 kg/m³,
- bei Einsatz von Flugasche: $z + f \geq 350$ kg/m³; Anrechenbarkeitswert $k = 0{,}7$; folglich bei Anrechnung auf den w/z-Wert: $w/(z+0{,}7f) \leq 0{,}60$; dabei $f \leq 0{,}33\,z$.

5 Festlegung des Betons

Der Beton kann in der Ausschreibung festgelegt werden als
- Beton nach Eigenschaften,
- Beton nach Zusammensetzung,
- Standardbeton.

5.1 Beton nach Eigenschaften

Beim Beton nach Eigenschaften entwirft der Betonhersteller die Zusammensetzung der Mischung und ist dafür verantwortlich, dass die geforderten Eigenschaften und zusätzlichen Anforderungen erfüllt werden.

- Grundlegende Anforderungen:
  Bezug auf DIN EN 206-1 und DIN 1045-2 / Druckfestigkeitsklasse (ggf. von 28 Tagen abweichender Zeitpunkt der Prüfung) / Expositionsklasse(n) / Größtkorn der Gesteinskörnung / Art der Verwendung des Betons / Konsistenzklasse / bei Leichtbeton oder Schwerbeton Rohdichteklasse oder Zielwert der Rohdichte.
- Zusätzliche Anforderungen:
  besondere Zementeigenschaften (z. B. LH) / Arten oder Klassen von Gesteinskörnungen (z. B. Frostwiderstand) / Luftgehalt / besondere Anforderungen an die Frischbetontemperatur / Festigkeitsentwicklung / Wärmeentwicklung während der Hydratation / Verarbeitbarkeitsdauer / Wassereindringwiderstand / Abriebwiderstand / Spaltzugfestigkeit / besondere technische Anforderungen.

5.2 Beton nach Zusammensetzung

Beim Beton nach Zusammensetzung werden die zu verwendenden Ausgangsstoffe und deren Zusammensetzung dem Hersteller vorgegeben. Während der Verfasser der Festlegung verantwortlich dafür ist, dass die Anforderungen der Norm berücksichtigt sind und dass mit den vorgegebenen Ausgangsstoffen und der festgelegten Betonzusammensetzung die vorgesehenen Frisch- und Festbetoneigenschaften erreicht werden, ist durch den Hersteller lediglich die Einhaltung der festgelegten Zusammensetzung nachzuweisen.

- Grundlegende Anforderungen:

  Bezug auf DIN EN 206-1 und DIN 1045-2 / Zementart, Festigkeitsklasse des Zements, Zementgehalt / *w/z*-Wert oder Konsistenzklasse bzw. Zielwert / Art der Gesteinskörnung, Größtkorn, bei Leicht- und Schwerbeton Rohdichte der Gesteinskörnung / Art, Menge und Herkunft von Zusatzmittel und Zusatzstoff.
- Zusätzliche Anforderungen:

  Herkunft der Betonausgangsstoffe / besondere Anforderungen an die Gesteinskörnung / besondere Anforderungen an die Frischbetontemperatur / besondere technische Anforderungen.

5.3 Standardbeton

Beim Standardbeton (Normalbeton der Festigkeitsklassen C8/10, C12/15 oder C16/20 ohne Zusätze sowie nur für die Expositionsklassen X0, XC1 und XC2) ist der Hersteller dafür verantwortlich, dass die Normvorgaben für den Zementgehalt berücksichtigt sind.

- Grundlegende Anforderungen:

  Druckfestigkeitsklasse / Expositionsklasse / Konsistenzbezeichnung / Größtkorn der Gesteinskörnung / Festigkeitsentwicklung (falls erforderlich).

6 Herstellung des Betons

Für Betonmengen > 1 m³ sind alle Ausgangsstoffe mit einer Genauigkeit von ± 3 % der in der Mischanweisung vorgegebenen Menge zu dosieren. Zement, Gesteinskörnung und pulverförmige Zusatzstoffe müssen nach Masse dosiert werden; andere Verfahren sind zulässig, falls die geforderte Dosiergenauigkeit erreicht wird. Zugabewasser, Zusatzmittel, flüssige Zusatzstoffe und leichte Gesteinskörnung dürfen nach Masse oder Volumen dosiert werden.

Das Mischen der Ausgangsstoffe muss in einem Mischer erfolgen und so lange dauern, bis die Mischung gleichförmig erscheint. Zusatzmittel sind während des Hauptmischgangs zuzugeben. Wenn Fließmittel nach dem Hauptmischgang zugesetzt werden, muss der Beton nochmals gemischt werden. In einem Fahrmischer darf die Mischdauer nach Zugabe eines Zusatzmittels nicht weniger als 1 min/m³ und nicht kürzer als 5 min sein. Nach Verlassen des Mischers darf die Zusammensetzung des Betons nicht mehr verändert werden.

7 Nachbehandlung und Schutz des Betons

Um die vom Beton erwarteten Eigenschaften – insbesondere im Oberflächenbereich – zu erhalten, ist eine sorgfältige Nachbehandlung und ein Schutz über einen angemessenen Zeitraum erforderlich. Bevorzugte Maßnahmen sind: Belassen in der Schalung / Abdecken der Betonoberfläche mit dampfdichten Folien / Auflegen von wasserspeichernden Abdeckungen unter ständigem Feuchthalten bei gleichzeitigem Verdunstungsschutz / kontinuierliches Besprühen mit Wasser bzw. Fluten / Aufsprühen eines Nachbehandlungsmittels mit nachgewiesener Eignung.

Nachbehandlungsdauer

- Bei den Expositionsklassen X0 (unbewehrte Bauteile) und XC1 (Innenbauteile) ist der Beton mindestens einen halben Tag nachzubehandeln, wenn Verarbeitbarkeitszeit < 5 h und Temperatur der Betonoberfläche ≥ 5 °C; anderenfalls ist die Nachbehandlungsdauer angemessen zu verlängern.

- Bei der Expositionsklasse XM (Verschleißbeanspruchung) ist der Beton so lange nachzubehandeln, bis die Festigkeit des oberflächennahen Bereichs 70 % der charakteristischen Festigkeit erreicht hat. Ohne besonderen Nachweis sind die Werte der nachfolgenden Tafel zu verdoppeln.
- Bei allen übrigen Expositionsklassen ist der Beton so lange nachzubehandeln, bis die Festigkeit im oberflächennahen Bereich 50 % der charakteristischen Festigkeit erreicht hat. Ohne besonderen Nachweis sind die Werte der nachfolgenden Tafel zu berücksichtigen. Die Nachbehandlungsdauer ist angemessen zu verlängern bei Verarbeitbarkeitszeit > 5 h.

Mindestdauer der Nachbehandlung in Tagen für alle Expositionsklassen außer X0, XC1 und XM nach DIN 1045-3

Oberflächentemperatur[1)] in °C	Festigkeitsentwicklung des Betons $\beta_{cm\,2}/\beta_{cm\,28}$[2)]			
	schnell ≥ 0,50	mittel ≥ 0,30 ... < 0,50	langsam ≥ 0,15 ... < 0,30	sehr langsam < 0,15
≥ 25	1	2	2	3
< 25 … ≥ 15	1	2	4	5
< 15 … ≥ 10	2	4	7	10
< 10 … ≥ 5[3)]	3	6	10	15

1) Anstelle der Oberflächentemperatur des Betons darf die Lufttemperatur angesetzt werden.
2) Verhältnis mittlere Druckfestigkeit nach 2 Tagen zur mittleren Druckfestigkeit nach 28 Tagen, ermittelt entweder bei der Erstprüfung oder aus bekanntem Verhältnis von Betonen vergleichbarer Zusammensetzung.
3) Bei Temperaturen < 5 °C Nachbehandlungsdauer um die Zeit verlängern, während der die Temperatur unter 5 °C lag.

8 Produktionskontrolle beim Betonhersteller

Von allen Herstellern von Frischbeton muss eine Produktionskontrolle durchgeführt werden, die alle Maßnahmen umfassen muss, die für die Erzielung der Konformität des Betons mit den festgelegten Anforderungen erforderlich sind (Eigenüberwachung). Hierzu zählen u. a. Baustoffauswahl / Betonentwurf / Überwachung und Prüfung der Ausgangsstoffe, der Vorrichtungen für die Lagerung, der Wäge- und Messeinrichtungen, des Mischers und der Steuerungsgeräte sowie der Betoneigenschaften. Das System der Produktionskontrolle muss mindestens alle zwei Jahre überprüft werden, um die Eignung und die Wirksamkeit des Systems sicherzustellen. Alle maßgebenden Daten müssen aufgezeichnet und mindestens fünf Jahre aufbewahrt werden.

Die mit der werkseigenen Produktionskontrolle beauftragte Stelle muss von einem in Betontechnik und Betonherstellung erfahrenen Fachmann (z. B. Betoningenieur) geleitet werden.

Die Produktionskontrolle des Herstellers ist für alle Betone – ausgenommen Standardbetone – durch eine anerkannte Überwachungsstelle nachzuweisen und zu überwachen (Fremdüberwachung) und dann durch eine Zertifizierungsstelle zu zertifizieren.

Vor Verwendung einer neuen Zusammensetzung eines Betons nach Eigenschaften muss i. Allg. eine Erstprüfung (Eignungsprüfung) durchgeführt werden, um nachzuweisen, dass die festgelegten Eigenschaften mit einem angemessenen Vorhaltemaß erfüllt werden. Für Standardbeton sowie bei Beton nach Zusammensetzung ist keine Erstprüfung erforderlich.

Art und Mindesthäufigkeit der Prüfungen

- an den Ausgangsstoffen siehe DIN EN 206-1 Tabelle 22,
- an der Ausstattung siehe DIN EN 206-1 Tabelle 23,
- an Beton nach Eigenschaften siehe Tafel S. 14.21.

Überwachung von Beton nach Eigenschaften im Rahmen der Produktionskontrolle

Prüfgegenstand	Überwachung/Prüfung	Mindesthäufigkeit
Mischungsentwurf Beton nach Eigenschaften	Erstprüfung (Eignungsprüfung)	vor Verwendung einer neuen Zusammensetzung
Wassergehalt der feinen Gesteinskörnung	kontinuierliches Messsystem, Darrversuch oder Gleichwertiges	wenn nicht kontinuierlich, dann täglich; abhängig von örtlichen Bedingungen und Wetterbedingungen
Wassergehalt der groben Gesteinskörnung	Darrversuch oder Gleichwertiges	abhängig von örtlichen Bedingungen und Wetterbedingungen
Wassergehalt des Frischbetons	Menge des Zugabewassers[1]	jede Mischung oder Ladung
Chloridgehalt des Betons	Erstbestimmung durch Berechnung	bei Erstprüfung sowie bei Anstieg des Chloridgehalts der Ausgangsstoffe
Konsistenz	Augenscheinprüfung	jede Mischung oder Ladung
	Konsistenzprüfung	– bei Herstellung der Probekörper für Druckfestigkeitsprüfung – bei Prüfung des Luftgehalts – im Zweifelsfall nach Augenscheinprüfung
Rohdichte des Frischbetons	Rohdichteprüfung	täglich
Zementgehalt	Zugabemenge[1]	jede Mischung
Gehalt an Zusatzstoffen	Zugabemenge[1]	jede Mischung
Gehalt an Zusatzmittel	Zugabemenge oder -volumen[1]	jede Lieferung
Wasserzementwert	durch Berechnung oder durch Prüfung	täglich, wenn festgelegt
Luftgehalt des Frischbetons, wenn festgelegt	Prüfung nach DIN EN 12 350-7 für Normal- und Schwerbeton, nach ASTM C173 für Leichtbeton	für Betone mit LP bei erster Mischerfüllung oder Ladung jeder Tagesproduktion, bis sich die Werte stabilisiert haben
Temperatur des Frischbetons	Temperaturmessung	– im Zweifelsfall – wenn Temperatur festgelegt, in regelmäßigen Abständen je nach Situation – wenn Temperatur nahe am Grenzwert, jede Mischung oder Ladung
Trockenrohdichte von Leicht- und Schwerbeton	Rohdichteprüfung	wenn die Rohdichte festgelegt ist, so häufig wie Druckfestigkeitsprüfung
Druckfestigkeit	Prüfung an in Formen hergestellten Probekörpern	so häufig, wie für die Beurteilung der Konformität erforderlich (s. S. 14.22)

[1] Wird kein Aufzeichnungsgerät verwendet und sind die Toleranzen für die Mischung oder Ladung überschritten, ist die Menge in der Mischung in den Aufzeichnungen über die Herstellung anzugeben.

9 Konformitätskontrolle beim Betonhersteller und Konformitätskriterien

Die Konformitätskontrolle umfasst Handlungen und Entscheidungen, die durchgeführt und getroffen werden müssen, um die Übereinstimmung des Betons mit den Festlegungen nachzuprüfen. Die Konformitätskontrollen sind unterschiedlich für Beton nach Zusammensetzung und Standardbeton sowie für Beton nach Eigenschaften.

9.1 Beton nach Zusammensetzung und Standardbeton

Beim Beton nach Zusammensetzung hat der Hersteller lediglich nachzuweisen, dass die Mengen der Ausgangsstoffe innerhalb der vorgeschriebenen Dosiergenauigkeit entsprechend der Festlegung abgemessen worden sind. Der Wasserzementwert darf den festgelegten Wert um nicht mehr als 0,02 überschreiten.

Beim Standardbeton muss nachgewiesen werden, dass die Anforderungen der Norm eingehalten werden.

9.2 Beton nach Eigenschaften

Der Hersteller kann die Konformitätskontrolle entweder an einzelnen Betonzusammensetzungen oder bei Normal- und Schwerbeton bis einschließlich der Festigkeitsklasse C50/60 oder bei Leichtbeton bis zur Festigkeitsklasse LC55/60 an Betonfamilien durchführen. Bei einer Betonfamilie handelt es sich um eine Gruppe von Betonzusammensetzungen, für die ein verlässlicher Zusammenhang zwischen den maßgebenden Eigenschaften besteht und dokumentiert ist. Voraussetzungen für eine Betonfamilie sind:
- Betone mit einem begrenzten Bereich von Festigkeitsklassen,
- Zement einer Art, Festigkeitsklasse und eines Ursprungs,
- nachweisbar ähnliche Gesteinskörnung und Zusatzstoffe des Typs I,
- Betone sowohl mit als auch ohne wasserreduzierende/verflüssigende Zusatzmittel,
- Betone ohne Einschränkung hinsichtlich der Konsistenzklassen.

Separate Betonfamilien sind zu bilden für
- Betone mit Zusatzstoffen des Typs II (Flugasche, Silikastaub),
- Betone mit Zusatzmitteln, die Auswirkungen auf die Druckfestigkeit haben, wie hochwirksame wasserreduzierende/verflüssigende Zusatzmittel, Beschleuniger, Verzögerer oder Luftporenbildner.

Wenn die Konformitätskontrolle auf eine Betonfamilie angewendet wird, ist als Referenzbeton entweder der am häufigsten hergestellte Beton oder ein Beton aus dem Mittelfeld der Betonfamilie auszuwählen. Um Ergebnisse aus Druckfestigkeitsprüfungen jeder einzelnen Betonprüfung auf den Referenzbeton übertragen zu können, werden Zusammenhänge zwischen jeder einzelnen Betonzusammensetzung und dem Referenzbeton aufgestellt.

Mindesthäufigkeit der Probenahme zur Beurteilung der Konformität[1)]

Herstellung	erste 50 m³ der Produktion	nach den ersten 50 m³ der Produktion[2)]		
		Normalbeton ≤ C50/60 Schwerbeton	hochfester Beton ≥ C55/67	Leichtbeton
Ersthersteliung (≤35 Ergebnisse)	3 Proben	1 je 200 m³ oder 2 je Produktionswoche	1 je 100 m³ oder 1 je Produktionstag	1 je 100 m³ oder 1 je Produktionstag
stetige Herstellung (>35 Ergebnisse)		1 je 400 m³ oder 1 je Produktionswoche	1 je 200 m³ oder 1 je Produktionstag	1 je 200 m³ oder 1 je Produktionstag

1) Diejenige Häufigkeit ist maßgebend, die die größte Probenanzahl ergibt.
2) Verteilung der Probenahme über die Herstellung und nicht mehr als eine Probe für 25 m³.

9.2.1 Konformität der Betondruckfestigkeit

Die Konformität der Betondruckfestigkeit ist an Probekörpern im Alter von 28 Tagen nachzuweisen. In Abhängigkeit von Ersthersteliung oder stetiger Herstellung sowie davon, ob hochfester Beton vorliegt, sind zwei Kriterien zu erfüllen:
- Kriterium 1: Mittelwert von n aufeinander folgenden Prüfergebnissen f_{cm}
- Kriterium 2: Einzelergebnis f_{ci}

Wenn die Konformität auf der Grundlage einer Betonfamilie nachgewiesen wird, ist zusätzlich ein Kriterium 3 zu berücksichtigen.

Konformitätskriterien 1 und 2 für Ergebnisse der Druckfestigkeitsprüfung

Herstellung	Anzahl n der Ergebnisse	Kriterium 1 Mittelwert von n Ergebnissen f_{cm} in N/mm²		Kriterium 2 Einzelwert f_{ci} in N/mm²	
		≤ C50/60	≥ C55/67	≤ C50/60	≥ C55/67
Ersthersteliung	3	$\geq f_{ck} + 4$	$\geq f_{ck} + 5$	$\geq f_{ck} - 4$	$\geq f_{ck} - 5$
stetige Herstellung	15	$\geq f_{ck} + 1{,}48\,\sigma$ $\sigma \geq 3$ N/mm²	$\geq f_{ck} + 1{,}48\,\sigma$ $\sigma \geq 5$ N/mm²	$\geq f_{ck} - 4$	$\geq 0{,}9\,f_{ck}$

Bestätigungskriterium für einen Beton aus einer Betonfamilie

Anzahl „n" der Prüfergebnisse für die Druckfestigkeit eines einzelnen Betons	Kriterium 3 Mittelwert f_{cm} von „n" Ergebnissen für einen einzelnen Beton der Betonfamilie in N/mm²
2	$\geq f_{ck} - 1{,}0$
3	$\geq f_{ck} + 1{,}0$
4	$\geq f_{ck} + 2{,}0$
5	$\geq f_{ck} + 2{,}5$
6 bis 14	$\geq f_{ck} + 3{,}0$
≥ 15	$\geq f_{ck} + 1{,}48 \cdot \sigma$

9.2.2 Konformitätskriterien für Ergebnisse der Konsistenzprüfung

Prüfverfahren	Grenzabweichung einzelner Prüfergebnisse Untergrenze	 Obergrenze
Ausbreitmaß	– 20 mm	+ 30 mm
	– 30 mm[1]	+ 40 mm[1]
Verdichtungsmaß	– 0,03	+ 0,05
	– 0,05[1]	+ 0,07[1]

[1] Nur anwendbar bei Proben, die zu Beginn des Entladens eines Fahrmischers entnommen worden sind.

9.2.3 Konformitätskriterien für Rohdichte, *w/z*-Wert, Zement- und Luftgehalt

Eigenschaft		Grenzabweichung einzelner Prüfergebnisse Untergrenze	 Obergrenze
Trockenrohdichte	von Schwerbeton	– 30 kg/m³	keine Beschränkung[1]
	von Leichtbeton	– 30 kg/m³	+ 30 kg/m³
Wasserzementwert		keine Beschränkung[1]	+ 0,02
Zementgehalt		– 10 kg/m³	keine Beschränkung[1]
Luftgehalt von LP-Beton		– 0,5 % Absolutwert	+ 1% Absolutwert

[1] Falls keine Grenze festgelegt ist.

10 Überwachungsprüfungen durch das Bauunternehmen

Für die Überprüfung der maßgebenden Frisch- und Festbetoneigenschaften wird der Beton in drei Überwachungsklassen eingeteilt; bei mehreren Kriterien ist die höhere Überwachungsklasse maßgebend. Bei Beton der Überwachungsklassen 2 und 3 muss das Bauunternehmen über eine ständige Betonprüfstelle verfügen, die von einem in der Betontechnik erfahrenen Fachmann geleitet wird. Zudem müssen die Ergebnisse der Überwachung durch eine dafür anerkannte Überwachungsstelle überprüft werden (Fremdüberwachung).

Überwachungsklassen für Beton nach DIN 1045-3

Überwachungsklasse	1	2	3
Festigkeitsklasse für Normal- und Schwerbeton	≤ C25/30[1]	≥ C30/37 und ≤ C50/60	≥ C55/67
Festigkeitsklasse für Leichtbeton der Rohdichteklassen D 1,0 … D 1,4	nicht anwendbar	≤ LC25/28	≥ LC30/33
D 1,6 … D 2,0	≤ LC25/28	LC30/33 und LC35/38	≥ LC40/44
Expositionsklasse	X0, XC, XF1	XS, XD, XA, XM[2], ≥ XF2	–
besondere Eigenschaften		Beton für wasserundurchlässige Baukörper / Unterwasserbeton / Beton für hohe Gebrauchstemperaturen ≤ 250 °C / Strahlenschutzbeton / Beton für besondere Anwendungsfälle (z. B. Verzögerter Beton, Beton beim Umgang mit wassergefährdenden Stoffen)	

[1] Spannbeton der Festigkeitsklasse C25/30 ist in Überwachungsklasse 2 einzuordnen.
[2] Gilt nicht für übliche Industrieböden.

10.1 Art und Häufigkeit der Prüfungen

Die Proben müssen zufällig ausgewählt und nach DIN EN 12350-1 entnommen werden.

Umfang und Häufigkeit der Prüfungen an Beton nach Eigenschaften auf der Baustelle bei Verwendung von Transportbeton nach DIN 1045-3

Prüfgegenstand	Prüfung	Häufigkeit für Überwachungsklasse 1	2	3
Lieferschein	Augenscheinprüfung	jedes Lieferfahrzeug		
Konsistenz	Augenscheinprüfung	Stichprobe	jedes Lieferfahrzeug	
	Konsistenzprüfung	– in Zweifelsfällen	– beim ersten Einbringen jeder Betonzusammensetzung – bei Herstellung von Probekörpern für die Festigkeitsprüfung – in Zweifelsfällen	
Frischbetonrohdichte von Leicht- und Schwerbeton	Rohdichteprüfung	– bei Herstellung von Probekörpern für die Festigkeitsprüfung – in Zweifelsfällen		
Gleichmäßigkeit des Betons	Augenscheinprüfung	Stichprobe	jedes Lieferfahrzeug	
Luftgehalt von Luftporenbeton	Prüfung nach DIN EN 12350-7 für Normal- und Schwerbeton, nach ASTM C173 für Leichtbeton	–	– zu Beginn jedes Betonierabschnitts – in Zweifelsfällen	
Druckfestigkeit	Prüfung an in Formen hergestellten Probekörpern	– in Zweifelsfällen	3 Proben – je 300 m^3 [1)] oder – je 3 Betoniertage[1)]	3 Proben – je 50 m^3 [1)] oder – je Betoniertag[1)]

[1)] Die Forderung, die die größte Anzahl von Probekörpern ergibt, ist maßgebend.

10.2 Beurteilung der Ergebnisse der Druckfestigkeitsprüfung

Annahmekriterien für Ergebnisse von Druckfestigkeitsprüfungen von Beton nach Eigenschaften bei Verwendung von Transportbeton nach DIN 1045-3

Anzahl n der Einzelwerte	Kriterium 1 Mittelwert von n Einzelwerten f_{cm} in N/mm^2	Kriterium 2 Einzelwert f_{ci} in N/mm^2 Überwachungsklasse 1 und 2	3
3 bis 4	$\geq f_{ck} + 1$	$\geq f_{ck} - 4$	$\geq 0{,}9\, f_{ck}$
5 bis 6	$\geq f_{ck} + 2$		
7 bis 34	$\geq f_{ck} + (1{,}65 - \frac{2{,}58}{\sqrt{n}}) \cdot \sigma$ [1)]		
≥ 35	$\geq f_{ck} + (1{,}65 - \frac{2{,}58}{\sqrt{n}}) \cdot \sigma$ [2)]		

[1)] Schätzwert der Standardabweichung der Grundgesamtheit $\sigma = 4$ N/mm^2.

[2)] Schätzwert der Standardabweichung der Grundgesamtheit bei Überwachungsklasse 1 und 2 $\sigma \geq 3$ N/mm^2, bei Beton der Überwachungsklasse 3 $\sigma \geq 5$ N/mm^2.

14 B Betonstahl

Prof. Dr.-Ing. Alfons Goris

Betonstahl kann unterschieden werden nach

- Verarbeitungsform: Betonstabstahl (S), Betonstahlmatten (M), Bewehrungsdraht
- Duktilität: normalduktil (Kennbuchstabe A) oder hochduktil (Kennbuchstabe B)
- Oberflächengestaltung: Betonstabstahl und Betonstahlmatte: gerippt
  Bewehrungsdraht: glatt oder profiliert (nicht allgemein für eine Anwendung nach DIN 1045-1, nur für Sonderzwecke)
- Herstellverfahren: warmgewalzt (ohne oder mit Nachbehandlung), kaltverformt.

1 Betonstabstahl

Betonstabstahl wird entweder als gerader Stab oder als Betonstahl vom Ring zum Richten geliefert. Für *gerade Einzelstäbe* können folgende Anwendungen genannt werden

- Durchmesser: 6, 8, 10, 12, 14, 16, 20, 25, 28 mm für BSt 500 S nach DIN 488
  32, 40 mm für BSt 500 S nach Zulassung
- Lieferlängen: 12 m bis 15 m.

Betonstahl vom Ring wird bis zu einem Stabdurchmesser $d_s \leq 14$ mm geliefert. Der Betonstahl wird vor dem Einbau gerichtet (Richtanlage). Der Biegebetrieb muss die Eignung für das Weiterverarbeiten (Richten) nachweisen.

2 Geschweißte Betonstahlmatten

Geschweißte Betonstahlmatten sind werkmäßig vorgefertigte Bewehrungen aus sich kreuzenden Stäben, die an den Kreuzungsstellen durch Widerstandspunktschweißung scherfest miteinander verbunden sind. Betonstahlmatten werden als Lagermatten und Nichtlagermatten angeboten.

Lagermatten werden nach einem festen Programm hergestellt; die Matten sind 2,15 m breit und haben eine Länge von 5,0 m bzw. 6,0 m und Bewehrungsquerschnitte zwischen 1,88 cm²/m und 5,13 cm²/m.

Die Matten werden durch Kurzzeichen charakterisiert. Die Kennzeichnung gibt an

- Art der Lagermatte:
  R-Matte, die bei einachsiger Lastabtragung eingesetzt werden. Die Haupttragrichtung verläuft in Richtung der längeren Richtung, in Querrichtung sind ≥ 20 % der Längsrichtung vorhanden;
  Q-Matte, die in Längs- und Querrichtung näherungsweise den gleichen Querschnitt aufweisen und eingesetzt werden, wenn die Beanspruchung in beiden Richtungen etwa gleich groß ist;
- Stahlquerschnitt in mm²/m: Nach dem Kurzzeichen „R“ bzw. „Q“ erfolgt die Angabe des Bewehrungsquerschnitts der Längsrichtung in mm²/m;
- Duktilitätsklasse: Die Duktilität wird durch einen nachgestellten Buchstaben gekennzeichnet.

Beispiel: „Q513 A“ bezeichnet eine Matte, die in Längsrichtung einen Stahlquerschnitt von 5,13 cm²/m und in Querrichtung 5,03 cm²/m (d. h. ungefähr 5,13 cm²/m) aufweist sowie normalduktil ist.

Das vollständige Lagermattenprogramm ist auf S. 14.86 wiedergegeben.

Bei **Nichtlagermatten** kann der Mattenaufbau weitgehend frei gewählt und die Bewehrung der jeweiligen Aufgabe angepasst werden. *Listenmatten* sind Matten, deren Stababstände, Stabdurchmesser und Mattenabmessungen vom Besteller festgelegt werden. Für den Mattenaufbau sind jedoch bestimmte Vorgaben zu beachten

- Abmessungen: Mattenlänge von 3,00 m bis 12,00 m; Mattenbreite von 1,85 m bis 3,00 m
- Längsstäbe: Einzel- oder Doppelstäbe, max. zwei unterschiedliche Durchmesser, Längsstäbe sind staffelbar (Feldspareffekt)
- Querstäbe: Einzelstäbe (keine Doppelstäbe möglich) keine unterschiedlichen Durchmesser, Querstäbe nicht staffelbar
- Überstände: minimale Mattenüberstände 25 mm, maximale Mattenüberstände 100 *d*.

Die Beschreibung von Matten erfolgt in einer nach Längs- und Querrichtung achsengetrennten Schreibweise. Die wählbaren Längs- und Querstabdurchmesser sowie Abstände sind in Tafel 14.26 angegeben.

Seit Kurzem sind außerdem sog. *Vorratsmatten* auf dem Markt, die die Eigenschaften von Lagermatten und Listenmatten miteinander verknüpfen.

Mattenbeschreibung

	Mattenaufbau	Umriss	Überstände	Feldspareffekt
Längsrichtung	$a_L \cdot d_{s1} / d_{s2} - n_{links} / n_{rechts}$	L	$ü_1 / ü_2$	A_k L_k
Querrichtung	$a_Q \cdot d_{s3}$	B	$ü_3 / ü_4$	

Erläuterungen

- a_L Abstand der Längsstäbe in mm
- a_Q Abstand der Querstäbe in mm
- d_{s1} Längsstabdurchmesser, Innenbereich
- d_{s2} Längsstabdurchmesser, Randbereich
- d_{s3} Querstabdurchmesser
- d Doppelstäbe
- n_{links} Anzahl Längsrandstäbe links
- n_{rechts} Anzahl Längsrandstäbe rechts
- L Mattenlänge in m
- B Mattenbreite in m
- $ü_1$ Überstand am Mattenanfang in mm
- $ü_2$ Überstand am Mattenende in mm
- $ü_3$ Überstand am linken Mattenrand in mm
- $ü_4$ Überstand am rechten Mattenrand in mm
- A_k Abstand der kurzen Stäbe (vom Anfang)
- L_k Länge der kurzen Stäbe in mm

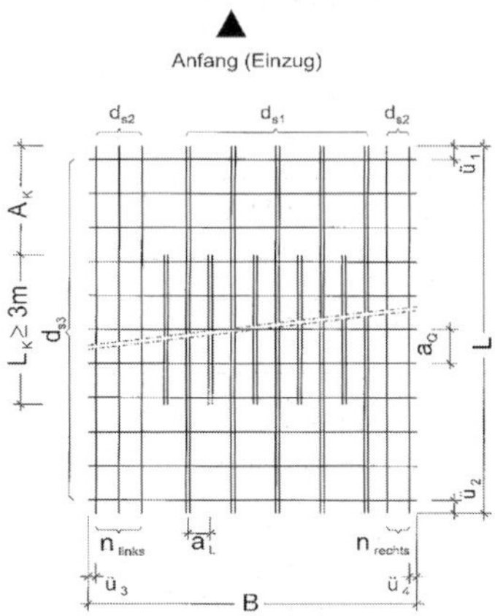

Beispiel

Mattenbeschreibung:

150 · 7,0d / 7,0 – 4 / 4	6,00	125 / 125
100 · 8,0	2,15	25 / 25

(Mattenbeschreibung der Q 513; s. S. 14.86)

Tafel 14.26 Durchmesserkombinationen und Querschnitte von Listenmatten

Längsstabdurchmesser	↓ Querschnitt der Längsstäbe $a_{s,längs}$ ↓													Verschweißbarkeit			
	vorrangig verwendete Querschnitte grau unterlegt													Einfachlängsstäbe	verschweißbar mit Einfachquerstäben	Doppellängsstäbe	verschweißbar mit Einfachquerstäben
	Längsstababstand in mm																
	50 100d*	- 150d*	100 200d*	-	150	-	200	-	250	-	300	-	-				
mm	cm²/m													⌀ (mm)	⌀ (mm)	⌀ (mm)	⌀ (mm)
6,0	5,65	3,77	2,82	2,26	1,88	1,62	1,41	1,26	1,13	1,03	0,94	0,87	0,81	6,0	6 - 8	6,0d	6 - 8
7,0	7,70	5,13	3,85	3,08	2,57	2,20	1,92	1,71	1,54	1,40	1,28	1,18	1,10	7,0	6 - 10	7,0d	6 - 10
8,0	10,1	6,70	5,03	4,02	3,35	2,87	2,51	2,23	2,01	1,83	1,67	1,55	1,44	8,0	6 - 11	8,0d	7 - 11
9,0	12,7	8,48	6,36	5,09	4,24	3,63	3,18	2,83	2,54	2,31	2,12	1,96	1,82	9,0	7 - 12	9,0d	8 - 12
10,0	15,7	10,5	7,85	6,28	5,24	4,49	3,92	3,49	3,14	2,85	2,61	2,42	2,24	10,0	7 - 12	10,0d	8 - 12
11,0	19,0	12,7	9,50	7,60	6,34	5,43	4,74	4,22	3,80	3,45	3,16	2,92	2,71	11,0	8 - 12	11,0d	9 - 12
12,0	22,6	15,1	11,3	9,04	7,54	6,46	5,66	5,02	4,52	4,11	3,76	3,48	3,23	12,0	9 - 12	12,0d	10 - 12
mm	cm²/m																
Querstabdurchmesser	50	75	100	125	150	175	200	225	250	275	300	325	350				
	Querstababstand in mm																
	vorrangig verwendete Querschnitte grau unterlegt																
	↑ Querschnitt der Querstäbe $a_{s,quer}$ ↑																

* Doppelstäbe nur als Längsstäbe.

3 Eigenschaften und zulässige Schweißverfahren

Die Festlegungen und konstruktiven Regelungen von DIN 1045-1 beziehen sich auf schweißgeeignete, gerippte Betonstähle mit einer charakteristischen Streckgrenze von f_{yk} = 500 N/mm² und den weiteren in den Tafeln 14.27a und 14.27b angegebenen Eigenschaften.

Tafel 14.27a Eigenschaften von Betonstählen (DIN 1045-1, Tab. 11)

Benennung		BSt 500 S(A)	BSt 500 S(B)	BSt 500 M(A)	BSt 500 M(B)	Art der Anforderung / Quantilwert p in %
Erzeugnisform		Betonstabstahl		Betonstahlmatte		
Duktilität		normal	hoch	normal	hoch	
Streckgrenze f_{yk} in N/mm²		500				5
Verhältnis $(f_t / f_y)_k$		≥ 1,05		≥ 1,08		min. 10
Verhältnis f_y / f_{yk}		–		≤ 1,3		max. 10
Stahldehnung unter Höchstlast ε_{uk} in ‰		25		50		10
Kennwert für die Ermüdungsfestigkeit $N = 2 \cdot 10^6$ in N/mm² (mit einer oberen Spannung von nicht mehr als $0{,}6 f_y$)[a]		190	100	190	100	10
Bezogene Rippenfläche f_R für Nenndurchmesser d_s (in mm)	5,0 – 6,0	0,039				10
	6,5 – 8,5	0,045				
	9,0 – 10,5	0,052				
	11 – 40	0,056				
Unterschreitung des Nennquerschnitts		4				max. 5
Biegerollendurchmesser beim Rückbiegeversuch für Nenndurchmesser d_s (mm)	6 bis 12	5 d_s				min. 1
	14 bis 16	6 d_s				
	20 bis 25	8 d_s				
	28 bis 40	10 d_s				

[a] Falls im Versuch höhere Werte nachgewiesen werden, dürfen die Bemessungswerte aus DIN 1045-1, Tab. 16 (Parameter der Wöhlerlinie) abgeleitet werden.

Tafel 14.27b Zulässige Schweißverfahren bei Betonstählen

Belastungsart	Schweißverfahren mit Kurzzeichen und Ordnungsnummer nach DIN EN ISO 4063			Zugstäbe[a]	Druckstäbe[a]
Vorwiegend ruhend	Abbrennstumpfschweißen	(RA)	24	Stumpfstoß	
	Lichtbogenhandschweißen Metall-Lichtbogenschweißen	(E) (MF)	111 114	Stumpfstoß mit d_s ≥ 20 mm, Laschenstoß, Überlappungsstoß, Kreuzungsstoß[c], Verbindungen mit anderen Stahlteilen	
	Metall-Aktivgasschweißen[b]	(MAG)	135	Laschenstoß, Überlappungsstoß, Kreuzungsstoß[c], Verbindung mit anderen Stahlteilen	
			136	–	Stumpfstoß mit d_s ≥ 20 mm
	Reinschweißen	(FR)	42	Stumpfstoß, Verbindung mit anderen Stahlteilen	
	Widerstandspunktschweißen (mit Einpunktschweißmaschine)	(RP)	21	Überlappungsstoß[d] Kreuzungsstoß[b)d)]	
Nicht vorwiegend ruhend	Abbrennstumpfschweißen	(RA)	24	Stumpfstoß	
	Lichtbogenhandschweißen	(E)	111	–	Stumpfstoß mit d_s ≥ 16 mm
	Metall-Aktivgasschweißen	(MAG)	135 136	–	Stumpfstoß mit d_s ≥ 20 mm

[a] Es dürfen gleiche Durchmesser sowie benachbarte Stabdurchmesser verbunden werden.
[b] Zulässiges Verhältnis der Stabnenndurchmesser sich kreuzender Stäbe ≥ 0,57.
[c] Für tragende Verbindungen d_s ≤ 16 mm.
[d] Für tragende Verbindungen d_s ≤ 28 mm.

14 C Stahlbetonbau nach DIN 1045-1

Prof. Dr.-Ing. Alfons Goris

1 Formelzeichen, Begriffe, Geltungsbereich

1.1 Formelzeichen

(Auswahl; bezüglich weiterer Erläuterungen wird auf die folgenden Abschnitte verwiesen.)

Lateinische Großbuchstaben

A	Fläche	(area)
E	Elastizitätsmodul	(modulus of elasticity)
E	Einwirkung, Schnittgröße	(internal forces and moments)
G	ständige Einwirkung	(permanent action)
I	Flächenmoment 2. Grades	(second moment of area)
M	Biegemoment	(bending moment)
N	Längskraft	(axial force)
P	Vorspannkraft	(prestressing force)
Q	Verkehrslast	(variable action)
R	Widerstand, Tragfähigkeit	(resistance)
T	Torsionsmoment	(torsional moment)
V	Querkraft	(shear force)

Lateinische Kleinbuchstaben

b	Breite	(width)
c	Betondeckung	(concrete cover)
d	Nutzhöhe	(effective depth)
f	Festigkeit eines Materials	(strength of a material)
g	verteilte ständige Last	(distributed permanent load)
h	Querschnittshöhe	(overall depth)
i	Trägheitsradius	(radius of gyration)
l	Stützweite	(span)
q	verteilte veränderliche Last	(distributed variable load)
t	Dicke	(thickness)
w	Rissbreite	(crack width)
x	Druckzonenhöhe	(neutral axis depth)
z	Hebelarm der inneren Kräfte	(lever arm of internal force)

Griechische Kleinbuchstaben

γ	Teilsicherheitsbeiwert	(partial safety factor)
ε	Dehnung	(strain)
λ	Schlankheitsgrad	(slenderness ratio)
μ	bezogenes Biegemoment	(reduced bending moment)
ν	bezogene Längskraft	(reduced axial force)
ν	Querdehnzahl	(Poisson's ratio)
ρ	geometrischer Bewehrungsgrad	(geometrical reinforcement ratio)
σ	Längsspannung	(axial stress)
τ	Schubspannung	(shear stress)
ω	mechanischer Bewehrungsgrad	(mechanical reinforcement ratio)

Fußzeiger

c	Beton	(concrete)
c	Druck	(compression)
d	Bemessungswert	(design value)
dir	unmittelbar	(direct)
eff	wirksam	(effective)
g, G	ständig	(permanent)
f	Flansch, Gurt	(flange)
ind	mittelbar	(indirect)
inf	unterer, niedriger	(inferior)
k	charakt. Wert	(characteristic value)
m, M	Baustoff	(material)
p	Vorspannung Spannstahl	(prestressing force, prestressing steel)
q, Q	Verkehrslast	(variable action)
s	Betonstahl	(reinforcing steel)
sup	oberer, höherer	(superior)
t	Zug	(tension)
v	Querkraft	(shear)
y	Streckgrenze	(yield)

Zusammengesetzte Formelzeichen

G_k	charakteristischer Wert einer ständigen Last
Q_k	charakteristischer Wert einer Verkehrslast
M_{Ed}	einwirkendes Bemessungsmoment
M_{Eds}	einwirkendes, auf die Zugbewehrung „versetztes" Bemessungsmoment
N_{Ed}	einwirkende Bemessungslängskraft
V_{Ed}	einwirkende Bemessungsquerkraft
V_{Rd}	aufnehmbare Querkraft
f_{ck}	charakt. Wert der Betondruckfestigkeit
f_{cd}	Bemessungswert der Betondruckfestigkeit
f_{ct}	Zugfestigkeit des Betons
f_{yk}	charakt. Wert der Stahlstreckgrenze
f_{yd}	Bemessungswert der Stahlstreckgrenze
μ_{Ed}	bezogenes Bemessungsmoment
μ_{Eds}	auf die Biegezugbewehrung „versetztes", bezogenes Bemessungsmoment
ν_{Ed}	bezogene Bemessungslängskraft

1.2 Begriffe

Prinzip Eine Angabe und Festlegung, von der keine Abweichung zulässig ist. (Prinzipien sind in DIN 1045-1 durch gerade Schreibweise gekennzeichnet.)

Anwendungsregel Allgemein anerkannte Regel, die dem Prinzip folgt und dessen Anforderungen erfüllt. Alternativen sind auf der Basis der Prinzipien zulässig (in DIN 1045-1 durch kursive Schreibweise gekennzeichnet).

Grenzzustand Ein Zustand, bei dem ein Tragwerk die Entwurfsanforderungen gerade noch erfüllt; es werden Grenzzustände der Tragfähigkeit, der Gebrauchstauglichkeit und der Dauerhaftigkeit unterschieden.

Einwirkung *E* Auf ein Tragwerk einwirkende Kräfte, Lasten etc. als direkte Einwirkung, eingeprägte Verformungen (Temperatur, Setzung) als indirekte Einwirkung. Einteilung in
- ständige Einwirkung (G): z. B. Eigenlast der Konstruktion
- veränderliche Einwirkung (Q): z. B. Nutzlast, Wind, Schnee, Temperatur
- außergewöhnliche Einwirkungen (A): z. B. Explosion, Anprall von Fahrzeugen
- vorübergehende Einwirkungen: z. B. Bauzustände, Montagelasten.

Charakteristische Werte der Einwirkungen (F_k) werden i. Allg. in Lastnormen festgelegt:
- ständige Einwirkung i. Allg. als ein einzelner Wert (G_k), ggf. jedoch auch als oberer ($G_{k,sup}$) und unterer ($G_{k,inf}$) Grenzwert
- veränderliche Einwirkung (Q_k) als oberer / unterer Wert oder als festgelegter Sollwert
- außergewöhnliche Einwirkung (A_k) i. d. R. als festgelegter (deterministischer) Wert.

Kombinationen von veränderlichen Einwirkungen ergeben sich unter Berücksichtigung von Kombinationsbeiwerten ψ_i (s. Abschn. 2.1.2 und 2.1.3)

Bemessungswerte der Einwirkung (F_d) ergeben sich aus $F_d = \gamma_F \cdot F_k$ mit γ_F als Teilsicherheitsbeiwert für die betrachtete Einwirkung; der Beiwert γ_F kann mit einem oberen ($\gamma_{F,sup}$) und einem unteren Wert ($\gamma_{F,inf}$) angegeben werden (s. Abschn. 2.1.2).

Widerstand *R* Durch Materialeigenschaften (Beton, Betonstahl, Spannstahl) und geometrische Größen sich ergebende aufnehmbare Beanspruchungen

Charakteristische Werte der Baustoffe (X_k) werden in Baustoff- und Bemessungsnormen als Quantile einer statistischen Verteilung festgelegt, ggf. mit oberen und unteren Werten.

Bemessungswert einer Baustoffeigenschaft ergibt sich aus $X_d = X_k/\gamma_M$ mit γ_M als Teilsicherheitsbeiwert für die Baustoffeigenschaften (Beiwerte γ_M s. Abschn. 2.1.2).

Üblicher Hochbau Hochbau, der für vorwiegend ruhende, gleichmäßig verteilte Nutzlasten bis 5,0 kN/m², ggf. für Einzellasten bis 7,0 kN und für Personenkraftwagen bemessen ist, wobei aus Einzellasten kein größerer Nutzlastanteil als 5,0 kN/m² entstehen darf.

1.3 Geltungsbereich

DIN 1045-1 gilt für die Bemessung und Konstruktion von Tragwerken des Hoch- und Ingenieurbaus aus unbewehrtem Beton, Stahlbeton und Spannbeton mit Normal- und Leichtzuschlägen:
- C12/15 bis C100/115[1)] (Normalbeton)
- LC12/13 bis LC60/66 (Leichtbeton).

***In diesem Beitrag werden jedoch nur die Bemessung und Konstruktion von Tragwerken aus unbewehrtem Beton und Stahlbeton mit Normalbeton C12/15 bis C50/60 behandelt.* Die Bemessungs- und Konstruktionsgrundsätze nach DIN 1045-1 werden nachfolgend dahingehend vereinfacht und sind für Hochfesten Beton, für Leichtbeton und Spannbeton nicht immer direkt anwendbar.**

DIN 1045-1 behandelt ausschließlich Anforderungen an die Tragfähigheit, die Gebrauchstauglichkeit und die Dauerhaftigkeit von Tragwerken.

Die Norm behandelt nicht
- bauphysikalische Anforderungen (Wärme- und Schallschutz)
- Bemessung im Brandfall
- Bauteile aus Beton mit haufwerksporigem Gefüge und Porenbeton
- Bauteile aus Schwerzuschlägen oder mit mittragendem Baustahl
- besondere Bauformen (z. B. Schächte im Bergbau).

Für die Bemessung von bestimmten Bauteilen (z. B. Brücken, Dämme, Druckbehälter, Flüssigkeitsbehälter, Offshore-Plattformen) sind i. d. R. zusätzliche Anforderungen zu berücksichtigen.

1) Normalbeton der Festigkeitsklassen C55/67 bis C100/115 wird als Hochfester Beton bezeichnet. Die Anwendung von C90/105 und C100/115 bedarf weiterer, auf den Verwendungszweck abgestimmter Nachweise.

2 Bemessungsgrundlagen

2.1 Nachweisform und Sicherheitsbeiwerte [1)]

2.1.1 Bemessungskonzept und Bemessungssituation

Das *Bemessungskonzept* beruht auf dem Nachweis, dass sog. *Grenzzustände* nicht überschritten werden. Man unterscheidet Grenzzustände der Tragfähigkeit (Bruch, Verlust des Gleichgewichts, Ermüdung), der Gebrauchstauglichkeit (unzulässige Verformungen, Schwingungen, Rissbreiten) und der Dauerhaftigkeit.

Es werden drei *Bemessungssituationen* unterschieden:

– ständige Bemessungssituation (normale Nutzungsbedingungen des Tragwerks) } Grund-
– vorübergehende Bemessungssituation (z. B. Bauzustand, Instandsetzungsarbeiten) } kombination
– außergewöhnliche Bemessungssituation (z. B. Anprall, Erschütterungen).

2.1.2 Grenzzustände der Tragfähigkeit

Nachweis der Lagesicherheit

Es ist nachzuweisen, dass der Bemessungswert der destabilisierenden Einwirkungen $E_{d,dst}$ den Bemessungswert der stabilisierenden Einwirkungen $E_{d,stb}$ nicht überschreiten (s. Bsp. 1, S. 14.35):

$$\boxed{E_{d,dst} \leq E_{d,stb}} \qquad \textit{oder: } E_{d,dst} - E_{d,stb} \leq R_d, \tag{30.1}$$

falls Lagesicherheit durch Verankerung bewirkt wird; zusätzlich ist dann Gl. (30.2) nachzuweisen.

Ermüdung

Ermüdung wird im Rahmen dieses Beitrags nicht behandelt (s. hierzu DIN 1045-1, 10.8).

Grenzzustand der Tragfähigkeit infolge von Bruch oder übermäßiger Verformung

Der Bemessungswert der Beanspruchung E_d darf den Bemessungswert des Widerstands R_d nicht überschreiten.

$$\boxed{E_d \leq R_d} \tag{30.2}$$

Bemessungswert der Beanspruchungen E_d (ohne Vorspannung; in symbolischer Form)

Grundkombination $$E_d = E\left[\sum_{j\geq 1} \gamma_{G,j} \cdot G_{k,j} \oplus \gamma_{Q,1} \cdot Q_{k,1} \oplus \sum_{i>1} \gamma_{Q,i} \cdot \psi_{0,i} \cdot Q_{k,i}\right] \tag{30.3a}$$

Außergew. Situation: $$E_{d,A} = E\left[\sum_{j\geq 1} \gamma_{GA,j} \cdot G_{k,j} \oplus A_d \oplus \psi_{1,1} \cdot Q_{k,1} \oplus \sum_{i>1} \psi_{2,i} \cdot Q_{k,i}\right] \tag{30.3b}$$

$\gamma_{G,j}$ Teilsicherheitsbeiwerte für ständige Einwirkungen (s. S. 14.31)
$\gamma_{Q,1}$; $\gamma_{Q,i}$ Teilsicherheitsbeiwerte für eine und weitere veränderliche Einwirkungen (s. S. 14.31)
$\gamma_{GA,j}$ Beiwerte der ständigen Einwirkung in der außergewöhnlichen Kombination (i. Allg.: 1,0)
$G_{k,j}$; $Q_{k,1}$; $Q_{k,i}$ charakteristische Werte der ständigen Einwirkungen, einer und weiterer veränderlicher E.
A_d Bemessungswert einer außergewöhnlichen Einwirkung (z. B. Anpralllast)
ψ_0, ψ_1, ψ_2 Kombinationsbeiwerte (s. S. 14.31)
$\oplus$ „in Kombination mit"

Vereinfachte Kombination

Im Hochbau darf bei linear-elastischer Schnittgrößenermittlung statt Gl. (30.3a) gesetzt werden:

Grundkombination $$E_d = \gamma_G \cdot E_{Gk} + 1{,}50 \cdot E_{Q,unf} \tag{30.4}$$

$E_{Q,unf}$ Kombination der ungünstigen veränderlichen charakteristischen Werte; sie wird ermittelt aus $E_{Q,unf} = E_{Qk,1} + \psi_{0,Q} \cdot \sum_{i>1} E_{Qk,i}$ (mit $E_{Qk,1}$ als vorherrschende veränderliche Einwirkung)

Bemessungswert des Widerstands (der Tragfähigkeit) R_d (in symbolischer Form ohne Vorspannung)

$$R_d = R\left[\alpha \cdot f_{ck}/\gamma_c;\ f_{yk}/\gamma_s;\ f_{tk,cal}/\gamma_s\right] \tag{30.5}$$

f_{ck}; f_{yk} charakteristische Werte der Beton-, Betonstahlfestigkeit
γ_c; γ_s Teilsicherheitsbeiwerte für Beton und Betonstahl (s. S. 14.31)
α Abminderungsbeiwert zur Berücksichtigung von Langzeiteinflüssen (i. Allg. $\alpha = 0{,}85$; s. S. 14.33)

Duktiles Bauteilverhalten

Ein Versagen ohne Vorankündigung bei Erstrissbildung muss verhindert werden. Für Stahlbetonbauteile ist diese Forderung erfüllt, wenn eine Mindestbewehrung eingelegt wird (s. S. 14.55, 14.64), für unbewehrte Bauteile ist die maßgebende Lastausmitte auf $e_d/h \leq 0{,}4$ zu begrenzen (s. S. 14.70).

---

1) Für DIN 1045-1 gilt das in DIN 1055-100 festgelegte Sicherheitskonzept; in DIN 1045-1 sind nur einige zusätzliche bauartspezifische Festlegungen getroffen.

Tafel 14.31a Teilsicherheitsbeiwerte γ_F für Einwirkungen im Grenzzustand der Tragfähigkeit (DIN 1055-100, Tab. A.3 und DIN 1045-1, Abschn. 5.3.3)

	ständige Einwirkung (G_k) γ_G [1) 3)]	veränderliche Einwirkung (Q_k) γ_Q [2) 3)]
günstige Auswirkung	1,00	0
ungünstige Auswirkung	1,35	1,50

1) Sind günstige und ungünstige Anteile einer ständigen Einwirkung als eigenständige Anteile zu betrachten (z. B. beim Nachweis der Lagesicherheit), ist den ungünstigen $\gamma_{G,sup} = 1,1$ zuzuordnen, den günstigen jedoch $\gamma_{G,inf} = 0,9$ (s. a. Abschn. 3.1.2).
2) Für Zwang darf bei linearer Schnittgrößenermittlung nach Zustand I und mit dem mittleren E-Modul E_{cm} $\gamma_Q = 1,0$ gesetzt werden.
3) Bei Fertigteilen dürfen für Bauzuständen für Biegung und Längskraft die Teilsicherheitsbeiwerte für die ständige Einwirkung auf $\gamma_G = 1,15$ und für die veränderliche Einwirkung auf $\gamma_Q = 1,15$ herabgesetzt werden.

Tafel 14.31b Kombinationsbeiwerte ψ für Hochbauten (DIN 1055-100, Tab. A.2; vgl. auch S. 12.5)

Einwirkung		Kombinationsbeiwerte ψ_0	ψ_1	ψ_2
Nutzlast: Kategorie A, B:	Wohn-, Aufenthalts-, Büroräume	0,7	0,5	0,3
Kategorie C, D:	Versammlungsräume; Verkaufsräume	0,7	0,7	0,6
Kategorie E:	Lagerräume	1,0	0,9	0,8
Windlasten		0,6	0,5	0
Schneelasten	Orte bis zu NN +1000	0,5	0,2	0
	Orte über NN +1000	0,7	0,5	0,2
Temperatureinwirkungen	(nicht für Brand!)	0,6	0,5	0
Baugrundsetzungen		1,0	1,0	1,0
Sonstige veränderliche Einwirkungen		0,8	0,7	0,5

Tafel 14.31c Teilsicherheitsbeiwert γ_M für Baustoffeigenschaften (DIN 1045-1, Tab. 2)

Kombination	Beton (γ_c) unbewehrtes Bauteil	Beton (γ_c) Stahlbetonbauteil	Betonstahl (γ_s)
Grundkombination	1,80	1,50 [4)]	1,15
Außergewöhnliche Kombination	1,55	1,30 [4)]	1,00

4) Bei Fertigteilen darf der Teilsicherheitsbeiwert bei werksmäßiger Herstellung und ständiger Überwachung auf $\gamma_c = 1,35$ gesetzt werden.

Beispiel (wird unter Abschn. 2.1.3 „Grenzzustände der Gebrauchstauglichkeit" fortgesetzt)

gegeben: Stütze mit Eigenlast (G_k), Schnee (S_k; Ortslage bis zu NN + 1000) und Wind (W_k)

gesucht: Bemessungswert der Schnittgrößen an der Einspannstelle für den Grenzzustand der Tragfähigkeit (ohne Einflüsse aus ungewollter Ausmitte und Theorie II. Ordnung)

Mit der Kombinationsregel in Gl. (30.3a) und den Kombinationsfaktoren $\psi_{0,W} = 0,6$ und $\psi_{0,S} = 0,5$ ergeben sich für N_{Ed} und M_{Ed} im Grenzzustand der Tragfähigkeit (Längsdruckkräfte absolut):

Komb. 1 $E_d = E(\gamma_G \cdot G_k \oplus \gamma_Q \cdot S_k \oplus \gamma_Q \cdot \psi_0 \cdot W_k)$
$N_{Ed} = 1,35 \cdot 200 + 1,50 \cdot 100 + 1,50 \cdot 0,6 \cdot 0 = 420,0$ kN
$M_{Ed} = 1,35 \cdot 200 \cdot 0,10 + 1,50 \cdot 100 \cdot 0,10 + 1,50 \cdot 0,6 \cdot 5 \cdot 5,0 = 64,5$ kNm

Komb. 2 $E_d = E(\gamma_G \cdot G_k \oplus \gamma_Q \cdot W_k \oplus \gamma_Q \cdot \psi_0 \cdot S_k)$
$N_{Ed} = 1,35 \cdot 200 + 1,50 \cdot 0 + 1,50 \cdot 0,5 \cdot 100 = 345,0$ kN
$M_{Ed} = 1,35 \cdot 200 \cdot 0,10 + 1,5 \cdot 5 \cdot 5,00 + 1,5 \cdot 0,5 \cdot 100 \cdot 0,10 = 72,0$ kNm

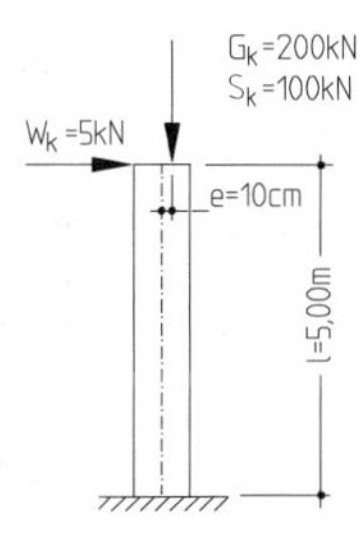

Bei günstiger Wirkung von geringfügig exzentrischen Druckkräften (hier ggf. für G_k und S_k) ist zusätzlich zu untersuchen:

Komb. 3 $E_d = E(\gamma_{G,inf} \cdot G_k \oplus \gamma_Q \cdot W_k \oplus \gamma_{Q,inf} \cdot \psi_0 \cdot S_k)$
$N_{Ed} = 1,00 \cdot 200 + 1,50 \cdot 0 + 0 \cdot 0,5 \cdot 100 = 200,0$ kN
$M_{Ed} = 1,00 \cdot 200 \cdot 0,10 + 1,5 \cdot 5 \cdot 5,00 + 0 \cdot 0,5 \cdot 100 \cdot 0,10 = 57,5$ kNm

2.1.3 Grenzzustände der Gebrauchstauglichkeit

Der Bemessungswert der Beanspruchung E_d (s. nachfolgende Gleichungen (32.2a) bis (32.2c)) darf den Nennwert des Gebrauchstauglichkeitskriteriums C_d nicht überschreiten (s. DIN 1055-100):

$$\boxed{E_d \leq C_d} \qquad (32.1)$$

Kombinationsregeln für Einwirkungen E_d (ohne Vorspannung; in symbolischer Form):

seltene Kombination $$E_{d,rare} = E\,(\sum_{j\geq 1} G_{k,j} \oplus Q_{k,1} \oplus \sum_{i>1} \psi_{0,i} \cdot Q_{k,i}) \qquad (32.2a)$$

häufige Kombination $$E_{d,frequ} = E\,(\sum_{j\geq 1} G_{k,j} \oplus \psi_{1,1} \cdot Q_{k,1} \oplus \sum_{i>1} \psi_{2,i} \cdot Q_{k,i}) \qquad (32.2b)$$

quasi-ständige Kombination $$E_{d,perm} = E\,(\sum_{j\geq 1} G_{k,j} \oplus \sum_{i\geq 1} \psi_{2,i} \cdot Q_{k,i}) \qquad (32.2c)$$

(Erläuterungen der Formelzeichen s. Hinweise zu Gl. (30.3))

Bei linear-elastischer Ermittlung der Schnittgrößen dürfen vereinfachend Gl. (32.2a) bis (32.2c) ersetzt werden:

seltene Kombination $$E_{d,rare} = E_{Gk} + E_{Q,unf} \qquad (32.3a)$$

häufige Kombination $$E_{d,frequ} = E_{Gk} + \psi_{1,Q} \cdot E_{Q,unf} \qquad (32.3b)$$

quasi-ständige Kombination $$E_{d,perm} = E_{Gk} + \sum_{i\geq 1} \psi_{2,i} \cdot E_{Qk,i} \qquad (32.3c)$$

mit $\psi_{1,Q}$ als bauwerksbezogener Größtwert; weitere Erläuterungen s. Hinweise zu Gl. (30.3) und (30.4).

Bemessungswert des Gebrauchstauglichkeitskriteriums C_d

Als Gebrauchstauglichkeitskriterien sind in DIN 1045-1 beispielsweise zulässige Spannungen, zulässige Rissbreiten und Verformungen definiert (s. hierzu Abschn. 5).

Beispiel

Stütze mit Belastungen aus Eigenlast (G_k), Schnee (S_k) und Wind (W_k) wie im Beispiel S. 14.31 dargestellt. Gesucht sind die Schnittgrößen M und N im Grenzzustand der Gebrauchstauglichkeit für die seltene, häufige und quasi-ständige Kombination an der Einspannstelle (die Längsdruckkräfte werden nachfolgend mit absoluten Werten dargestellt).

Mit den Gln. (32.2a), (32.2b) und (32.2c) und den Kombinationsbeiwerten nach Tafel 14.31b erhält man

seltene Kombination (Index rare)

Lf. 1: $E_{d,rare} = E\,(G_k \oplus S_k \oplus \psi_0 \cdot W_k)$; mit $\psi_{0,W} = 0{,}6 \rightarrow$
$N_{rare} = 200 + 100 + 0{,}6 \cdot 0 = 300$ kN | $M_{rare} = 200 \cdot 0{,}10 + 100 \cdot 0{,}10 + 0{,}6 \cdot 5 \cdot 5{,}0 = 45$ kNm

Lf. 2: $E_{d,rare} = E\,(G_k \oplus W_k \oplus \psi_0 \cdot S_k)$; mit $\psi_{0,S} = 0{,}5 \rightarrow$
$N_{rare} = 200 + 0 + 0{,}5 \cdot 100 = 250$ kN | $M_{rare} = 200 \cdot 0{,}10 + 5 \cdot 5{,}0 + 0{,}5 \cdot 100 \cdot 0{,}10 = 50$ kNm

Lf. 3: $E_{d,rare} = E\,(G_k \oplus W_k)$
$N_{rare} = 200 + 0 = 200$ kN | $M_{rare} = 200 \cdot 0{,}10 + 5 \cdot 5{,}0 = 45$ kNm

häufige Kombination (Index frequ)

Lf. 1: $E_{d,frequ} = E\,(G_k \oplus \psi_1 \cdot S_k \oplus \psi_2 \cdot W_k)$; mit $\psi_{1,S} = 0{,}2$ und $\psi_{2,W} = 0 \rightarrow$
$N_{frequ} = 200 + 0{,}2 \cdot 100 + 0 = 220$ kN | $M_{frequ} = 200 \cdot 0{,}10 + 0{,}2 \cdot 100 \cdot 0{,}10 + 0 = 22$ kNm

Lf. 2: $E_{d,frequ} = E\,(G_k \oplus \psi_1 \cdot W_k \oplus \psi_2 \cdot Q_k)$; mit $\psi_{1,W} = 0{,}5$ und $\psi_{2,S} = 0 \rightarrow$
$N_{frequ} = 200 + 0 + 0 \cdot 100 = 200$ kN | $M_{frequ} = 200 \cdot 0{,}10 + 0{,}5 \cdot 5{,}0 \cdot 5{,}0 + 0 \approx 33$ kNm

quasi-ständige Kombination (Index perm)

Lf. 1: $E_{d,perm} = E\,(G_k \oplus \psi_2 \cdot S_k \oplus \psi_2 \cdot W_k)$; mit $\psi_{2,S} = 0$ und $\psi_{2,W} = 0 \rightarrow$
$N_{perm} = 200$ kN | $M_{perm} = 200 \cdot 0{,}10 = 20$ kNm

2.1.4 Dauerhaftigkeit

Die Forderung einer angemessenen Dauerhaftigkeit eines Tragwerks gilt als sichergestellt, wenn folgende Regeln nach DIN 1045-1 eingehalten werden:

- eine Mindestbetonfestigkeit je nach Expositionsklasse (s. Abschn. 4.1.1)
- eine Mindestbetondeckung c_{min} und ein Vorhaltemaß Δc (s. Abschn. 4.1.2)
- die konstruktiven Regeln (s. Abschn. 5)
- die Grenzzustände der Tragfähigkeit und der Gebrauchstauglichkeit (s. Abschn. 5)
- Zusammensetzung und Eigenschaften des Betons nach DIN EN 206-1 und DIN 1045-2
- Bauausführung nach DIN 1045-3.

2.2 Ausgangswerte für die Bemessung

2.2.1 Beton

DIN 1045-1 gilt für Beton nach DIN EN 206-1 und DIN 1045-2, d. h. für Beton mit geschlossenem Gefüge, der aus festgelegten Betonzuschlägen hergestellt und so zusammengesetzt und verdichtet wird, dass er außer künstlich erzeugten Luftporen keinen nennenswerten Anteil an eingeschlossener Luft enthält.

2.2.1.1 Betonfestigkeitsklassen und mechanische Eigenschaften (Spannungen u. E-Moduln in N/mm²)

Druckfestigkeit charakt. Wert f_{ck}
Mittelwert $f_{cm} = f_{ck} + 8$
Zugfestigkeit Mittelwert $f_{ctm} = 0{,}30 \cdot f_{ck}^{2/3}$ unterer Fraktilwert $f_{ctk;\,0,05} = 0{,}7 \cdot f_{ctm}$
oberer Fraktilwert $f_{ctk;\,0,95} = 1{,}3 \cdot f_{ctm}$
E-Modul Mittelwert[1] $E_{c0m} = 9500 \cdot (f_{ck} + 8)^{1/3}$ (Tangentenmodul)
$E_{cm} = \alpha_i \cdot E_{c0m}$ mit $\alpha_i = 0{,}8 + 0{,}2 \cdot (f_{cm}/88) \leq 1$ (Sekantenmodul)

Festigkeitsklasse		C12/15	C16/20	C20/25	C25/30	C30/37	C35/45	C40/50	C45/55	C50/60
Druck-festigkeit	f_{ck}	12	16	20	25	30	35	40	45	50
	f_{cm}	20	24	28	33	38	43	48	53	58
Zug-festig-keit	f_{ctm}	1,6	1,9	2,2	2,6	2,9	3,2	3,5	3,8	4,1
	$f_{ctk;\,0,05}$	1,1	1,3	1,5	1,8	2,0	2,2	2,5	2,7	2,9
	$f_{ctk;\,0,95}$	2,0	2,5	2,9	3,3	3,8	4,2	4,6	4,9	5,3
E-Modul	E_{c0m}	25 800	27 400	28 800	30 500	31 900	33 300	34 500	35 700	36 800
	E_{cm}	21 800	23 400	24 900	26 700	28 300	29 900	31 400	32 800	34 300

Spannungs-Dehnungs-Linien

Für die Schnittgrößenermittlung: s. *Bautabellen für Ingenieure.*

Für die Querschnittsbemessung

- Parabel-Rechteck-Diagramm (P-R-Diagramm)
  Gleichung der Parabel für die *Bemessungs*werte der Betondruckspannungen (ε_c ist mit Vorzeichen einzusetzen)
  $$\sigma_c = 1000 \cdot (\varepsilon_c + 250 \cdot \varepsilon_c^2) \cdot f_{cd}$$
  $f_{cd} = \alpha \cdot f_{ck} / \gamma_c$ [2]
  $\alpha = 0{,}85$ (für Normalbeton)

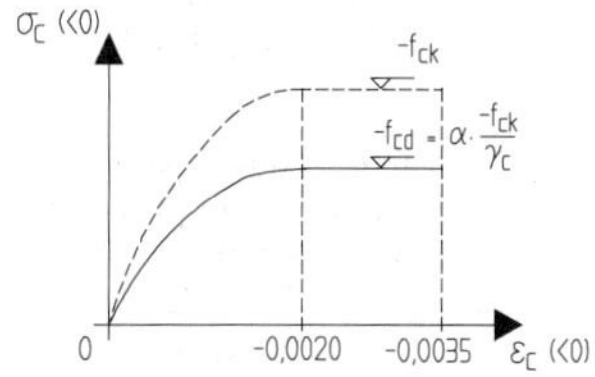

- rechteckiger Spannungsblock
  Andere Idealisierungen sind zulässig, wenn sie dem P-R-Diagramm gleichwertig sind (z. B. rechteckiger Spannungsblock, falls die Nulllinie im Querschnitt liegt). Wenn die Querschnittsbreite zum gedrückten Rand abnimmt, ist f_{cd} zusätzlich mit dem Faktor 0,9 abzumindern.

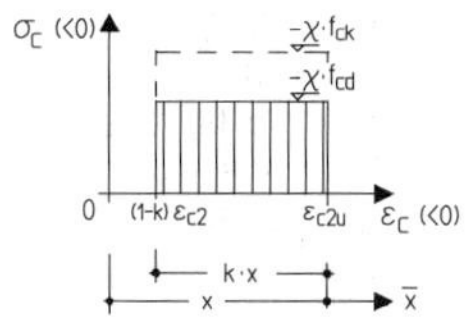

$\chi = 0{,}95$
$k = 0{,}80$

2.2.1.2 Kriechen und Schwinden; Querdehn- und Wärmedehnzahl

Mit *Kriechen* wird die zeitabhängige Zunahme der Verformungen unter andauernden Spannungen bezeichnet, mit *Schwinden* die Verkürzung des unbelasteten Betons während der Austrocknung.

Endkriechzahl φ_∞ Die Kriechzahl hängt u. a. vom Betonalter bei Belastungsbeginn, den Umgebungsbedingungen, der Bauteildicke und der Betonzusammensetzung ab; die Kriechzahl liegt etwa zwischen 2,0 (Belastungsbeginn nach 28 Tagen, Außenbauteil) und 5,0 (Belastungsbeginn nach 7 Tagen; Innenbauteil), kann aber Werte bis über 7,0 (sehr früher Belastungsbeginn) erreichen. Genauere Werte s. *Bautabellen für Ingenieure.*

Endschwindmaß $\varepsilon_{cs,\infty}$ Das Schwindmaß hängt u. a. von der Umgebung, der Bauteildicke und der Betonzusammensetzung ab; das Schwindmaß liegt etwa zwischen $-40 \cdot 10^{-5}$ (Außenbauteil) und $-70 \cdot 10^{-5}$ (Innenbauteil); genauere Werte s. *Bautabellen für Ingenieure.*

Querdehnzahl Die Querdehnzahl darf im Allgemeinen gleich 0 gesetzt werden.

Wärmedehnzahl Wenn die Wärmedehnung nur von geringer Bedeutung ist, darf die Wärmedehnzahl gleich $10 \cdot 10^{-6}\,K^{-1}$ gesetzt werden.

---

[1] Mittlerer E-Modul für Beton im Alter von 28 Tagen mit quarzitischen Zuschlägen (je nach Gesteinskörnung liegt der tatsächliche E-Modul um bis zu 20 % höher oder bis zu 30 % niedriger; s. DAfStb-H. 525).

[2] Auf die unterschiedliche Definition von f_{cd} in DIN 1045-1 (s. o.) und EC 2 wird hingewiesen!

2.2.2 Betonstahl

Allgemeines

Die nachfolgenden Festlegungen gelten für Betonstabstahl, für Betonstahl vom Ring nach dem Richten und für Betonstahlmatten (im Bereich von –60 °C bis +200 °C). Betonstahl ist nach Stahlsorte, Duktilitätsklasse, Maßen, Oberflächeneigenschaften und Schweißbarkeit eingeteilt. Betonstahlsorten und ihre Eigenschaften werden in der Reihe der DIN 488 oder in bauaufsichtlichen Zulassungsbescheiden beschrieben.

Schweißgeeignete Betonstähle und Einordnung in Duktilitätsklassen

Die Oberflächengestaltung, Nennstreckgrenze f_{yk} und die Duktilitätsklassen können nachfolgender Tafel entnommen werden. Weitere Eigenschaften (Schweißverfahren etc.) können DIN 1045-1, Abschn. 9.2.2 entnommen werden.

Kurzzeichen	Lieferform	Oberfläche	Nennstreckgrenze f_{yk} N/mm²	Duktilität[1]
1	2	3	4	6
BSt 500 S(A)	Stab	gerippt	500	normal
BSt 500 S(B)	Stab	gerippt	500	hoch
BSt 500 M(A)	Matte	gerippt	500	normal
BSt 500 M(B)	Matte	gerippt	500	hoch

[1] Für Betonstähle nach bauaufsichtlichen Zulassungsbescheiden sind die Duktilitätsmerkmale in der Zulassung geregelt (andernfalls gelten sie als normalduktil).

Duktilitätsklassen

Betonstähle müssen eine angemessene Dehnfähigkeit (Duktilität) aufweisen. Das darf angenommen werden, wenn folgende Duktilitätsanforderungen erfüllt sind:

- normale Duktilität (Kurzzeichen A): $\varepsilon_{uk} \geq 25$ ‰; $(f_t/f_y)_k \geq 1{,}05$
- hohe Duktilität (Kurzzeichen B): $\varepsilon_{uk} \geq 50$ ‰; $(f_t/f_y)_k \geq 1{,}08$ und $f_y/f_{yk} \leq 1{,}30$

Hierin ist ε_{uk} der charakteristische Wert der Dehnung bei Höchstlast, f_t bezeichnet die Zugfestigkeit und f_y die tatsächliche Streckgrenze.

Spannungs-Dehnungs-Linie

Für die *Querschnittsbemessung* – Spannungs-Dehnungs-Linie für die Schnittgrößenermittlung s. DIN 1045-1 – sind zwei unterschiedliche Annahmen zugelassen:

- *Linie I:* Die Stahlspannung wird auf den Wert f_{yk} bzw. $f_{yd} = f_{yk}/\gamma_s$ begrenzt.
- *Linie II:* Der Anstieg der Stahlspannung von der Streckgrenze f_{yk} bzw. f_{yk}/γ_s zum Rechenwert der Zugfestigkeit $f_{tk,cal}$ bzw. $f_{tk,cal}/\gamma_s$ wird berücksichtigt; der Rechenwert der Zugfestigkeit (charkt. Wert) ist mit $f_{tk,cal} = 525$ N/mm² festgelegt.

Die Stahldehnung ε_s ist für die Querschnittsbemessung auf $\varepsilon_{su} \leq 25$ ‰ zu begrenzen.

Physikalische Eigenschaften

Es dürfen folgende physikalischen Werte angenommen werden:

- Elastizitätsmodul: $E_s = 200\,000$ N/mm²
- Wärmedehnzahl: $\alpha_T = 10 \cdot 10^{-6}$ K^{-1}

Spannungs-Dehnungs-Linie (für die Querschnittsbemessung)

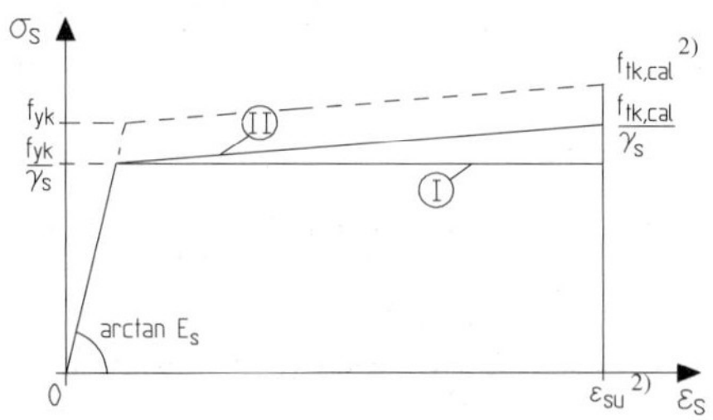

[2] Für die Querschnittsbemessung gilt:
$f_{tk} = f_{tk,cal} = 525$ N/mm²
$\varepsilon_{uk} = \varepsilon_{su} = 25$ ‰

3 Schnittgrößenermittlung

3.1 Allgemeine Grundlagen

3.1.1 Grundsätzliches

Querschnitte von Tragwerken oder Tragwerksteilen müssen für die ungünstigsten Beanspruchungen im Grenzzustand der Tragfähigkeit und der Gebrauchstauglichkeit bemessen werden. Die ungünstigsten Beanspruchungen eines Querschnitts sind von der Größe und der Verteilung der Einwirkungen abhängig. Zur Ermittlung der *maßgebenden Einwirkungskombination* ist eine ausreichende Anzahl von Lastfällen – Kombinationen von Einwirkungsgrößen und ihre Verteilungsmöglichkeiten – zu untersuchen.

Bei der Schnittgrößenermittlung werden sowohl Idealisierungen der Geometrie als auch des Tragverhaltens vorgenommen.

Idealisierung der Geometrie	*Idealisierung des Trag- und Materialverhaltens*
stabförmige Bauteile	elastisches Verhalten
ebene Flächentragwerke	elastisches Verhalten mit begrenzter Umlagerung
Schalen	plastisches Verhalten und Anwendung von Stabwerkmodellen
dreidimensionale Tragwerke (seltener)	nichtlineares Verhalten

Zusätzliche Untersuchungen können in Bereichen nichtlinearer Verzerrungen erforderlich sein, z. B. an Auflagern, Lasteinleitungsbereichen, bei sprunghaften Querschnittsänderungen.

3.1.2 Einwirkungsgrößen (Lastgrößen)

Die Größen der Einwirkungen werden im Allgemeinen durch ihre Bemessungswerte als die mit den Teilsicherheits- und / oder Kombinationsbeiwerten vervielfachten charakteristischen Werte dargestellt. Im Grenzzustand der Tragfähigkeit gelten die Kombinationsregeln nach Abschn. 2.1.2, Gl. (30.3), im Grenzzustand der Gebrauchstauglichkeit nach Abschn. 2.1.3, Gl. (32.2). Die für eine Bemessung „ungünstigen" Einwirkungen sind hierbei mit ihrem oberen, die „günstig wirkenden" mit ihrem unteren Bemessungswert zu berücksichtigen.

Für die *ständige Einwirkung* muss im Regelfall der obere oder untere Grenzwert im gesamten Tragwerk berücksichtigt werden (s. Beispiel 2). Bei einer linear-elastischen Berechnung braucht für nicht vorgespannte Durchlaufträger und -platten der untere Grenzwert einer ständigen Einwirkung („Bemessungssituationen mit günstigen ständigen Einwirkungen") nicht berücksichtigt zu werden, wenn die Konstruktionsregeln für die Mindestbewehrung eingehalten sind. Sind jedoch die Ergebnisse eines Nachweises im hohen Maß anfällig gegen Schwankungen in der Größe einer ständigen Einwirkung, müssen die günstigen und ungünstigen Anteile der Einwirkung als eigenständige Einwirkung betrachtet werden (z. B. beim Nachweis der Lagesicherheit nach DIN 1055-100; s. Beispiel 1).

Veränderliche Einwirkungen (Verkehrslasten) werden mit dem oberen Bemessungswert berücksichtigt, wenn sie ungünstig wirken; bei günstiger Wirkung bleiben sie unberücksichtigt, da der untere Bemessungswert mit dem Teilsicherheitsbeiwert $\gamma_Q = 0$ zu ermitteln ist.

Beispiel 1 (Sonderfall: Eigenlasten jeweils als eigenständige Einwirkung)

Für den dargestellten Einfeldträger mit Kragarm ist die Lagesicherheit am Auflager A nachzuweisen. Bedingung nach Gl. (30.1) für die Auflagerkraft A:

$$A_{\mathrm{d,dst}} \leq A_{\mathrm{d,stb}}$$

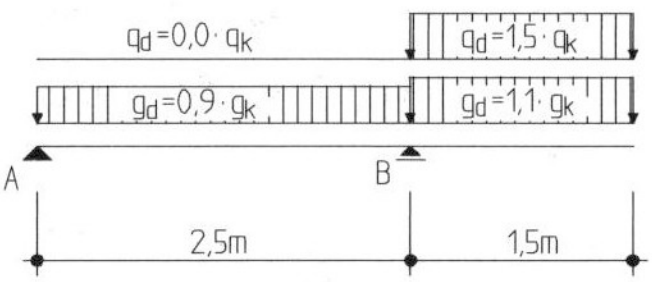

Mit den charakteristischen Werten $g_k = 6{,}8$ kN/m und $q_k = 7{,}5$ kN/m für die Einwirkungen erhält man

$$A_{\mathrm{d,dst}} = 1{,}1 \cdot 6{,}8 \cdot \frac{1{,}5^2}{2 \cdot 2{,}5} + 1{,}5 \cdot 7{,}5 \cdot \frac{1{,}5^2}{2 \cdot 2{,}5} = 8{,}43 \text{ kN}$$

$$A_{\mathrm{d,stb}} = 0{,}9 \cdot 6{,}8 \cdot \frac{2{,}5}{2} = 7{,}65 \text{ kN}$$

Nachweis: $A_{\mathrm{d,dst}} = 8{,}43 \text{ kN} > A_{\mathrm{d,stb}} = 7{,}65 \text{ kN}$ $\Rightarrow$ Nachweis *nicht* erfüllt; zusätzliche Maßnahmen (z. B. Verankerung) erforderlich.

[Zum Vergleich (nachstehender Rechnungsgang ist jedoch nicht zulässig):

Mit $g_d = \gamma_G \cdot g_k = \text{const} = 1{,}00 \cdot 6{,}8$ kN/m ergäbe sich $A_{\mathrm{d,dst}} = 8{,}12$ kN und $A_{\mathrm{d,stb}} = 8{,}50$ kN, womit der Nachweis erfüllt wäre; Ähnliches gilt für $g_d = \text{const} = 1{,}35 \cdot 6{,}8$ kN/m.]

Beispiel 2 (Regelfall: Eigenlasten konstant im gesamten Tragwerk)

Für den dargestellten Zweifeldträger ist die maßgebende Belastungsanordnung für das maximale Bemessungs*feldmoment* im Grenzzustand der Tragfähigkeit gesucht. Als Belastung seien vorhanden:

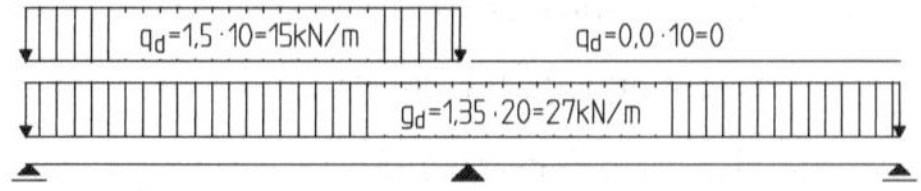

ständige Einwirkung g_k = 20 kN/m
veränderliche Einwirkung q_k = 10 kN/m

Es ergibt sich die im Bild dargestellte Belastungsanordnung mit den jeweils angegebenen Bemessungswerten der Einwirkungen. Eine feldweise ungünstige Anordnung der Eigenlast als eigenständige Einwirkung – wie im Beispiel 1 – ist nicht erforderlich.

3.1.3 Belastungsanordnung

Einwirkungen sind grundsätzlich in ungünstiger Verteilung anzuordnen. Gegebenenfalls muss eine solche Verteilung mit Hilfe von Einflusslinien ermittelt werden. Jedoch dürfen auch vereinfachende Belastungsanordnungen verwendet werden, sofern sie das Tragverhalten sinnvoll interpretieren.

Die maßgebenden Querkräfte dürfen bei Tragwerken des üblichen Hochbaus für Vollbelastung aller Felder ermittelt werden, wenn das Stützweitenverhältnis benachbarter Felder im Bereich $0{,}5 < l_1 / l_2 < 2{,}0$ liegt. Weitere Hinweise und zulässige Vereinfachungen für die Ermittlung der Stützkräfte s. Abschn. 3.5.2.

3.1.4 Längs- und Querkraftverformung; Auswirkung nach Theorie II. Ordnung

Bei der Schnittgrößenermittlung von Bauteilen des üblichen Hochbaus dürfen die Einflüsse aus *Längskraft- und Querkraftverformung* vernachlässigt werden, sofern der Einfluss weniger als 10 % beträgt. Auswirkungen nach *Theorie II. Ordnung* dürfen vernachlässigt werden, wenn sie die Tragfähigkeit um weniger als 10 % verringern (DIN 1045-1, 7.1).

3.2 Imperfektionen

Die Auswirkung von Imperfektionen ist im Grenzzustand der Tragfähigkeit zu berücksichtigen. Als Ersatzimperfektion gilt eine Schiefstellung des Tragwerks um den Winkel α_{a1}:

$$\alpha_{a1} = 1/(100 \cdot \sqrt{l}\,) \leq 1/200 \qquad (36.1)$$

mit l als Gesamthöhe h_{ges} des Tragwerks in Metern (α_{a1} im Bogenmaß). Beim Zusammenwirken von n lotrechten lastabtragenden Baugliedern darf α_{a1} mit dem Faktor

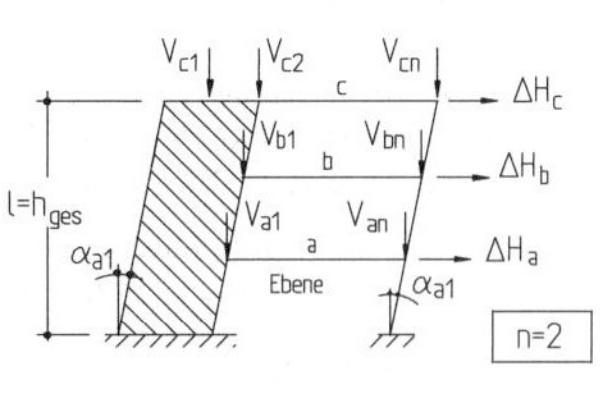

$$\alpha_n = \sqrt{(1 + 1/n)/2} \qquad (36.2)$$

abgemindert werden; als lastabtragend gelten lotrechte Bauteile dann, wenn sie mindestens 70 % einer mittleren Bemessungslängskraft der nebeneinander liegenden lotrechten Bauteile im betrachteten Geschoss aufnehmen.

Die Schiefstellung des Tragwerkes um den Winkel α_{a1} darf alternativ durch die Wirkung äquivalenter Horizontalkräfte ΔH_j ersetzt werden (s. nebenstehende Abbildungen; es sind jeweils die Schiefstellung und die *ersatzweise* anzusetzenden Horizontalkräfte in einem Bild dargestellt).

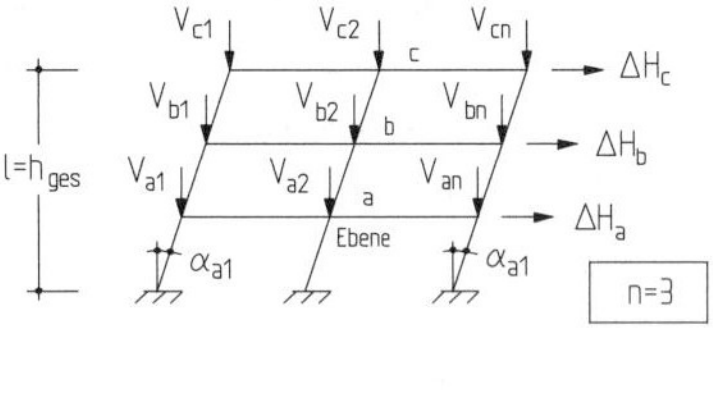

$$\Delta H_j = \sum_{i=1}^{n} V_{ji} \cdot \alpha_{a1} \qquad (36.3)$$

Die horizontal aussteifenden Bauteile bzw. die Bauteile, die die Stabilisierungskräfte von den auszusteifenden zu den aussteifenden Bauteilen übertragen, sind für die Stabilisierungskräfte zu bemessen. Als Ersatzhorizontalkraft H_{fd} darf hierfür angenommen werden (s. Abb.)

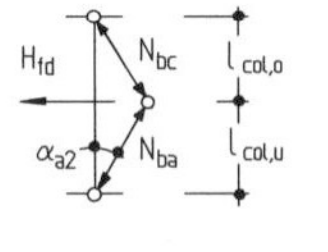

$$H_{fd} = (N_{bc} + N_{ba}) \cdot \alpha_{a2} \qquad (36.4)$$

mit $\alpha_{a2} = 0{,}008/\sqrt{2 \cdot k}$; dabei ist k die Anzahl der auszusteifenden Bauteile im betrachteten Geschoss (Winkel α_{a2} im Bogenmaß).

Weitere Hinweise, Erläuterungen und Beispiele s. *Bautabellen für Ingenieure, Kap. 5 C.*

3.3 Räumliche Steifigkeit und Stabilität

Rechnerischer Nachweis der Gesamtstabilität und Lastaufteilung horizontaler Lasten auf die aussteifenden Bauteile s. *Bautabellen für Ingenieure, Kap. 5 C.*

3.4 Tragwerksidealisierung

3.4.1 Definition, Vereinfachungen

Tragelemente und Bauteile werden nach ihrer Eigenschaft und Funktion unterteilt und gelten als

– *Balken, Platte* bei	$l / h \geq 2$	l, l_{min}	Stützweite, kürzere Stützweite
– *Scheibe, wandartiger Träger* bei	$l / h < 2$	h	Bauhöhe
– *Platte* bei	$b / h \geq 4$	b	Querschnittsbreite
– *Balken* bei	$b / h < 4$	h	Bauhöhe
– *Stützen*	$b / h \leq 4$	b, h	Querschnittsseiten ($b \geq h$)
– *Wände*	$b / h > 4$		

- *Einachsig gespannte Platten* dürfen bei gleichmäßig verteilten Lasten unterstellt werden und
  - bei zwei freien ungelagerten, gegenüber liegenden und parallelen Rändern *oder*
  - bei einem Verhältnis der größeren Stützweite zur kleineren $l_{max} / l_{min} \geq 2$.
- *Rippen- und Kassettendecken* dürfen bei einer linear-elastischen Schnittgrößenermittlung als Vollplatten betrachtet werden, falls die nebenstehenden Bedingungen erfüllt sind.

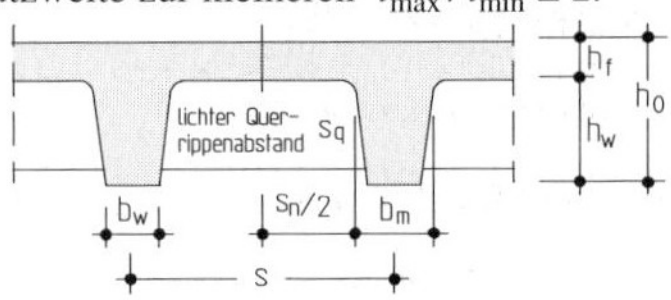

$s \leq 150$ cm
$h_f \begin{cases} \geq s_n/10 \\ \geq 5 \text{ cm} \end{cases}$
$h_w \leq 4 \cdot b_m$
$s_q \leq 10 \cdot h_0$

3.4.2 Mitwirkende Plattenbreite

Die mitwirkende Breite b_{eff} darf für *Biegebeanspruchung* infolge annähernd gleichmäßig verteilter Einwirkungen für die Nachweise in den Grenzzuständen der Tragfähigkeit und Gebrauchstauglichkeit nach DIN 1045-1, 7.3.1 (s. jedoch auch [14.19]) angenommen werden zu:

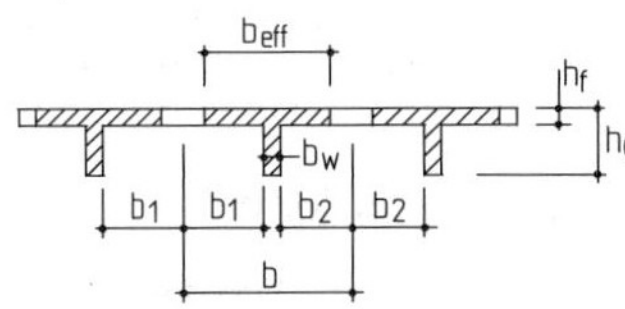

$$b_{eff} = b_w + \Sigma b_{eff,i} \leq b$$

$$\text{mit } b_{eff,i} = 0{,}2 \cdot b_i + 0{,}1 \cdot l_0 \leq 0{,}2 \cdot l_0$$
$$\leq b_i$$

Der Abstand der Momentennullpunkte l_0 darf bei etwa gleichen Steifigkeitsverhältnissen wie nebenstehend dargestellt abgeschätzt werden.

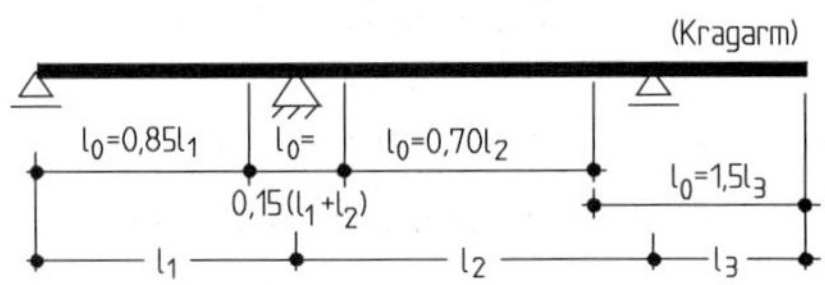

Bei durchlaufenden Plattenbalken unter überwiegender Gleichlast ist es für die Schnittgrößenermittlung im Allg. ausreichend, die mitwirkende Breite konstant über die Feldlänge anzusetzen [14.35].

3.4.3 Stützweite

Die Stützweite wird wie folgt berechnet (DIN 1045-1, 7.3.1 und EC 2):

$$l_{eff} = l_n + a_1 + a_2$$

a) nicht durchlaufende Bauteile

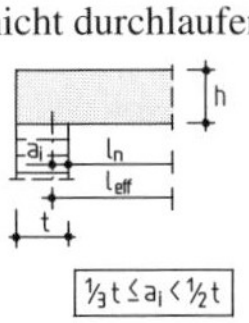

$\frac{1}{3}t \leq a_i < \frac{1}{2}t$

b) durchlaufende Bauteile

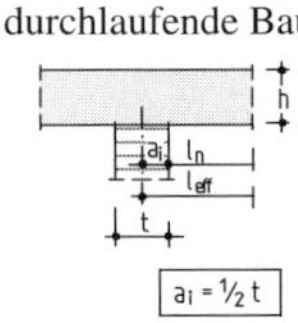

$a_i = \frac{1}{2}t$

c) Auflager mit voller Einspannung

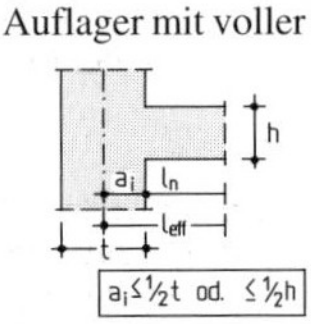

$a_i \leq \frac{1}{2}t$ od. $\leq \frac{1}{2}h$

d) freie Kragträger

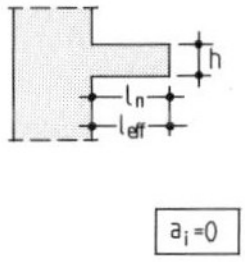

$a_i = 0$

e) Kragarm eines Durchlaufträgers

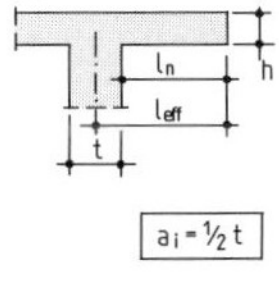

$a_i = \frac{1}{2}t$

f) Anordnung eines Lagers

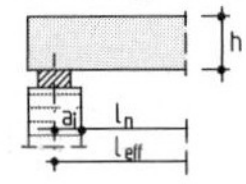

3.5 Berechnungsverfahren

3.5.1 Verfahren zur Schnittgrößenermittlung

Für die Schnittgrößenermittlung sind folgende Verfahren zulässig im Grenzzustand der

Gebrauchstauglichkeit – linear-elastische Verfahren

(Eine Rissbildung muss berücksichtigt werden bei deutlich ungünstigem Einfluss, sie darf berücksichtigt werden bei günstigem Einfluss unter Berücksichtigung der Verträglichkeit.)

Tragfähigkeit
- linear-elastische Schnittgrößenermittlung ohne Umlagerung
- linear-elastische Schnittgrößenermittlung mit begrenzter Umlagerung
- plastische Schnittgrößenermittlung
- nichtlineare Schnittgrößenermittlung.

3.5.2 Vereinfachungen

Bei nicht vorgespannten Durchlaufträgern und -platten des üblichen Hochbaus brauchen Bemessungssituationen mit günstigen ständigen Einwirkungen ($\gamma_G = 1{,}0$) nicht berücksichtigt zu werden (Ausnahme: Nachweis der Lagesicherheit), wenn die konstruktiven Regeln für die Mindestbewehrung eingehalten werden.

Durchlaufende Platten und Balken werden i. Allg. unter der Annahme frei drehbarer Lagerung berechnet.

Stützkräfte von einachsig gespannten Platten, Rippendecken und (Platten-)Balken dürfen ohne Berücksichtigung einer Durchlaufwirkung ermittelt werden; sie muss jedoch bei der ersten Innenstütze stets, bei den übrigen Innenstützen dann berücksichtigt werden, wenn die Spannweiten der angrenzenden Felder außerhalb des Bereichs $0{,}5 < l_1 / l_2 < 2{,}0$ liegt.

Querkräfte dürfen bei Tragwerken des üblichen Hochbaus für eine Vollbelastung aller Felder ermittelt werden, wenn das Stützweitenverhältnis benachbarter Felder bei annähernd gleicher Steifigkeit zwischen $0{,}5 < l_1 / l_2 < 2{,}0$ liegt.

Die *Querdehnzahl* ν darf gleich 0 gesetzt werden.

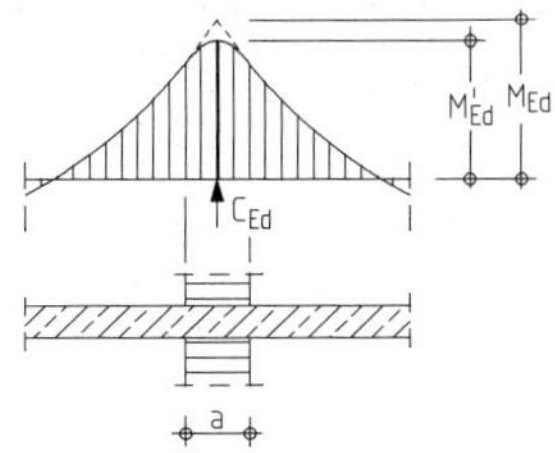

Bei *frei drehbarer Lagerung* darf das Stützmoment über die Breite der Unterstützung ausgerundet werden; das Bemessungsmoment ergibt sich zu

$$|M'_{Ed}| = |M_{Ed}| - |C_{Ed}| \cdot a/8$$

C_{Ed} Bemessungswert der Auflagerreaktion
a Auflagerbreite

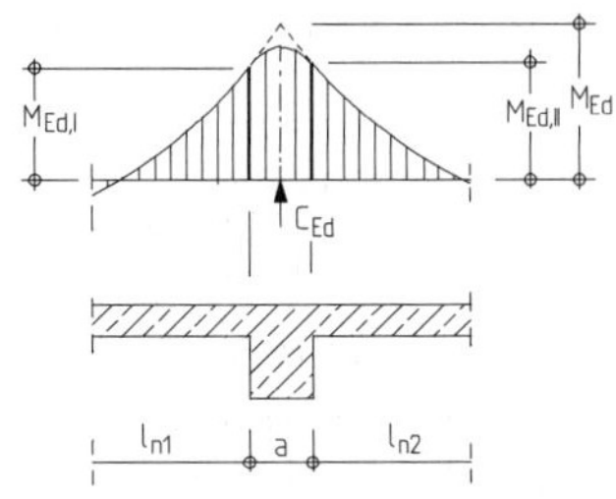

Bei *monolithischem Anschluss* einer Platte oder eines Balkens darf nach DIN 1045-1, 7.3.2 als Bemessungsmoment das am Rand der Unterstützung zugrunde gelegt werden[1]), Mindestmomente sind jedoch zu beachten (s. u.). Als Bemessungsmoment erhält man

$$|M_I| = |M_{Ed}| - |V_{Ed,li}| \cdot a/2$$
$$|M_{II}| = |M_{Ed}| - |V_{Ed,re}| \cdot a/2$$

$V_{Ed,li}$ Bemessungsquerkraft links von der Unterstützung
$V_{Ed,re}$ Bemessungsquerkraft rechts von der Unterstützung

Zur Berücksichtigung von Idealisierungen und unbeabsichtigten Abweichungen ist als *Mindestbemessungsmoment* $\min|M_{Ed}|$ am Auflagerrand mindestens 65 % des Moments bei Annahme einer vollen Randeinspannung zu berücksichtigen. Für eine gleichmäßig verteilte Belastung erhält man

$\min|M_{Ed}| \approx (1/12) \cdot F_d \cdot l_n^2$ an der ersten Innenstütze im Randfeld (einseitige Einspannung)
$\min|M_{Ed}| \approx (1/18) \cdot F_d \cdot l_n^2$ an den übrigen Innenstützen in Innenfeldern (beidseitige Einspannung)

mit F_d als gleichmäßig verteilter Bemessungslast und l_n als lichter Weite zwischen den Auflagern.

[1]) In [14.49] wird ausgeführt, dass eine Bemessung für das Mittenmoment unter Berücksichtigung einer Momentenausrundung und Nutzhöhenvergrößerung unter 1:3 im Bereich der Unterstützung in vielen Fällen als nicht ausreichend anzusehen ist. Lediglich bei sehr kleinen Schlankheiten (etwa ab $l/d \le 10$) kann das Mittenmoment maßgebend werden. Weitere Hinweise s. [14.49].

3.5.3 Lineare Berechnung ohne oder mit begrenzter Umlagerung

Die linear-elastisch ermittelten Momente dürfen unter Einhaltung der Gleichgewichtsbedingungen (Mindestmomente nach Abschn. 3.5.2 sind zu beachten!) umgelagert werden. Eine Umlagerung darf nicht vorgenommen werden, falls das Rotationsvermögen nicht mit Sicherheit vorausgesetzt werden kann (z. B. bei verschieblichen Rahmen, in den Ecken von vorgespannten Rahmen, bei großer Zwangsbeanspruchung).

Für Durchlaufträger (in Querrichtung kontinuierlich gestützte Platten, Balken, Riegel in unverschieblichen Rahmen und andere überwiegend auf Biegung beanspruchte Bauteile) mit einem Stützweitenverhältnis der benachbarten Felder $0{,}5 < l_1 / l_2 < 2{,}0$ darf der Umlagerungsfaktor δ (= $M_{\text{mit Uml.}} / M_{\text{ohne Uml.}}$) betragen:

– Betonfestigkeitsklassen	$C \leq C50/60$:	$\delta \geq 0{,}64 + 0{,}80 \cdot x_d/d$	(39.1)
– Duktilität des Stahls	hochduktil:	$\delta \geq 0{,}70$	(39.2a)
	normalduktil:	$\delta \geq 0{,}85$	(39.2b)

mit x_d / d als Verhältnis der Druckzonenhöhe x zur Nutzhöhe d *nach* Umlagerung. Für die Eckknoten unverschieblicher Rahmen ist die Umlagerung auf $\delta = 0{,}9$ zu begrenzen.

Eine Umlagerung ist damit für Beton bis C50/60 nicht zulässig (d. h. $\delta = 1$), wenn das Verhältnis x_d/d den Wert 0,45 erreicht. Dieser Wert ist generell einzuhalten, wenn keine geeigneten konstruktiven Maßnahmen (z. B. enge Verbügelung, s. DIN 1045-1, 13.1.1(5)) getroffen werden.

Die Einhaltung der Bedingungen nach Gln. (39.1) und (39.2) erfordert im Regelfall eine Iteration, da der Faktor δ mit der bezogenen Druckzonenhöhe x_d/d nach Umlagerung zu ermitteln ist. In nebenstehendem Diagramm ist diese Iteration bereits durchgeführt, sodass mit dem auf die Bewehrung bezogenen Moment M_{Eds} *vor* Umlagerung der zulässige Anwendungsbereich von δ direkt abgelesen werden kann. Für den Beton wurde das Parabel-Rechteck-Diagramm der Querschnittsbemessung (s. Abschn. 2.2.1) berücksichtigt.

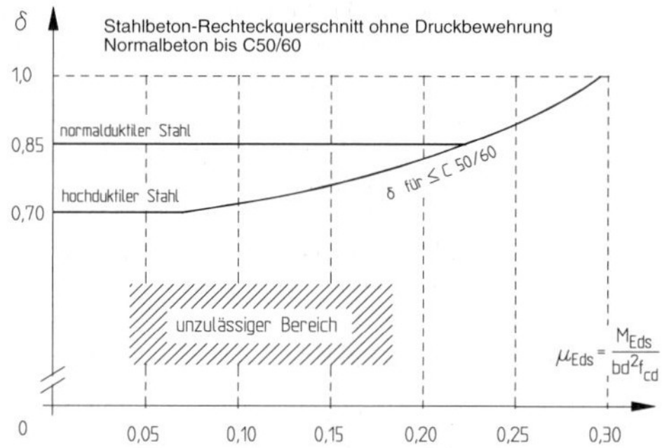

Beispiel

Für einen Zweifeldträger mit den Querschnittsabmessungen $b/h/d$ = 30/70/65 cm soll das Stützmoment unter Ausnutzung der maximal zulässigen Umlagerung bestimmt werden.

Bemessungslasten: $g_d = \gamma_G \cdot g_k = 1{,}35 \cdot 20 = 27$ kN/m
$q_d = \gamma_Q \cdot q_k = 1{,}50 \cdot 36 = 54$ kN/m

Baustoffe: Beton C 30/37; Stahl BSt 500 S(B) (hochduktil)

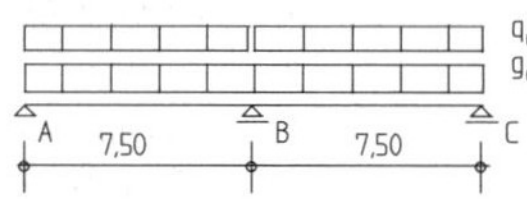

lineare Berechnung

$M_{Ed,b} = -0{,}125 \cdot (27 + 54) \cdot 7{,}50^2$
$= -570$ kNm (q_d im Feld 1 u. 2)

$\max M_{Ed,1} \approx (0{,}070 \cdot 27 + 0{,}096 \cdot 54) \cdot 7{,}50^2$
$=$ **398** kNm (q_d im Feld 1)

$\text{zug } M_{Ed,b} = -(0{,}125 \cdot 27 + 0{,}063 \cdot 54) \cdot 7{,}50^2$
$= -381$ kNm (q_d im Feld 1)

lineare Berechnung mit begrenzter Umlagerung

$\mu_{Eds} = 0{,}570 / [0{,}30 \cdot 0{,}65^2 \cdot (0{,}85 \cdot 30/1{,}5)] = 0{,}265$

$\Rightarrow$ zul $\delta = 0{,}92$ („Beton" wird maßgebend)

$M_{Ed,b;\ \delta=0{,}92} = 0{,}92 \cdot (-570) =$ **– 524** kNm < -381 kNm

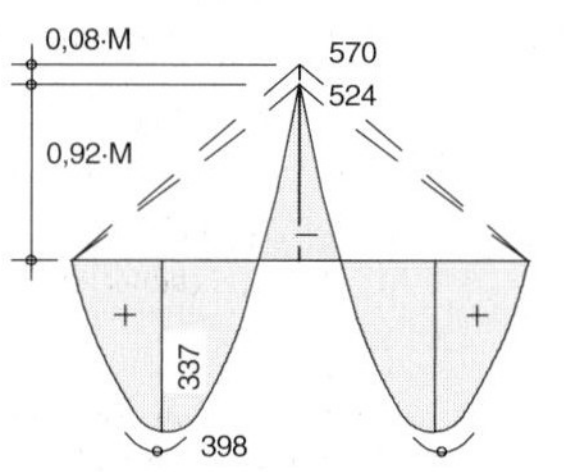

Das Stützmoment $|M_{Ed}| = 524$ kNm nach Umlagerung in der Lastfallkombination „Volllast" (g_d und q_d in beiden Feldern) ist noch größer als das zugehörige Stützmoment $|M_{Ed}| = 381$ kNm in der Lastfallkombination „einseitige Verkehrslast" (g_d in beiden Feldern, q_d nur im Feld 1). Für die Bemessung an der Stütze bleibt daher der Lastfall „Volllast" maßgebend, ebenso gilt für das maximale Feldmoment unverändert max M_{Ed} = 398 kNm.

Kontrollen: Faktor δ mit Gl. (39.1): $\mu_{Eds} = 0{,}524 / (0{,}3 \cdot 0{,}65^2 \cdot (0{,}85 \cdot 30 / 1{,}5)) = 0{,}243$
$\Rightarrow x / d = 0{,}35$ (Tafel 1, S. 14.78);
$\Rightarrow$ zul $\delta = 0{,}64 + 0{,}80 \cdot 0{,}35 = 0{,}92$

4 Konstruktionsgrundlagen

4.1 Expositionsklassen, Betondeckung, Stababstände

4.1.1 Expositionsklassen und Mindestbetonfestigkeit

Die *Umgebungsbedingungen* eines Bauteils sind durch chemische und physikalische Einflüsse gekennzeichnet, denen ein Tragwerk ausgesetzt ist. Bei den Umgebungsbedingungen wird unterschieden nach

- Bewehrungskorrosion (s. Tafel 14.41, Zeilen 2-4)
- Betonangriff (s. Tafel 14.41, Zeilen 5-7).

Für beide Angriffsrisiken ist die Expositionsklasse zu bestimmen. Jeder Expositionsklasse ist eine Mindestbetonfestigkeitsklasse zugeordnet, die jeweils höhere ist maßgebend.

4.1.2 Mindestmaße $c_{\min}$ und Nennmaße c_{nom} der Betondeckung

Mindestmaß c_{min} Betondeckung, die an keiner Stelle unterschritten werden darf; es wird bestimmt aus
- Korrosionsschutz der Bewehrung
- Sicherung des Verbundes
- Brandschutz (s. hierzu gesonderte Festlegungen in den Brandschutzbestimmungen).

Nennmaß c_{nom} Verlegemaß unter Berücksichtigung von Maßabweichungen (s.u.)

Auch für eine rechnerisch nicht berücksichtigte Bewehrung ist die erforderliche Betondeckung einzuhalten.

Mindestmaße $c_{\min}$ der Betondeckung (DIN 1045-1, Abschn. 6.3)

	Expositionsklasse nach Tafel 14.41									
	karbonatisierungsinduzierte Korrosion				chloridinduzierte Korrosion			chloridinduzierte Korrosion aus Meerwasser		
	XC 1	XC 2	XC 3	XC 4	XD 1	XD 2	XD 3[4)]	XS 1	XS 2	XS 3
Verbundbedingung	$c \geq d_s$ bzw. d_{sv} [5)]				$c \geq d_s$ bzw. d_{sv} [5)]			$c \geq d_s$ bzw. d_{sv} [5)]		
Korrosionsschutz [1) 2) 3)]	10	20		25	40			40		

1) Die Mindestbetondeckung darf für Bauteile, deren Festigkeitsklasse um 2 Klassen höher liegt als nach Tafel 14.41 erforderlich, um 5 mm vermindert werden (gilt nicht für Umweltklasse XC 1).
2) Zusätzlich sind 5 mm für die Umweltklasse XM 1, 10 mm für XM 2 und 15 mm für XM 3 vorzusehen (Verschleiß).
3) Wird Ortbeton kraftschlüssig mit einem Fertigteil verbunden, darf die Mindestbetondeckung an den der Fuge zugewandten Rändern auf 5 mm im Fertigteil und auf 10 mm im Ortbeton verringert werden; die Maße zur Sicherstellung des Verbundes müssen jedoch eingehalten werden, sofern die Bewehrung im Bauzustand berücksichtigt wird.
4) Im Einzelfall können besondere Maßnahmen zum Korrosionsschutz der Bewehrung nötig werden.
5) $d_{sv} = d_s \cdot \sqrt{n}$; Vergleichsdurchmesser bei Doppelstäben und Stabbündeln mit n als Anzahl der Stäbe.

Nennmaß der Betondeckung c_{nom}

Zur Berücksichtigung von unplanmäßigen Maßabweichungen ist $c_{\min}$ um ein Vorhaltemaß Δc zu vergrößern. Das Nennmaß c_{nom} ist der statischen Berechnung zugrunde zu legen; es ergibt sich zu:

$$c_{\text{nom}} = c_{\min} + \Delta c$$

Vorhaltemaß Δc im Allgemeinen $\Delta c = 15$ mm
für Umweltklasse XC 1 $\Delta c = 10$ mm
falls Verbundsicherung maßg. $\Delta c = 10$ mm (vgl. [14.35])

Eine *Vergrößerung des Vorhaltemaßes* Δc ist erforderlich, wenn der Beton gegen unebene Flächen geschüttet wird. Die Erhöhung erfolgt um das Differenzmaß der Unebenheit, mindestens jedoch um 20 mm, bei Schüttung gegen Erdreich um 50 mm. Bei Oberflächen mit architektonischer Gestaltung (strukturierte Oberflächen, Waschbeton u. Ä.) ist ebenfalls eine angemessene erhöhte Betondeckung erforderlich.

Eine *Verminderung des Vorhaltemaßes* Δc ist nur bei Qualitätskontrolle gemäß DBV-Merkblättern „Betondeckung und Bewehrung" und „Abstandhalter" zulässig.

Auf der Konstruktionszeichnung ist das für die Abstandhalter maßgebende Verlegemaß c_v anzugeben[1)] (i. Allg. für die Stäbe, die der Betonoberfläche am nächsten liegen). Gemäß Abb. gilt als Verlegemaß c_v

$$c_v \geq c_{\text{nom, bü}} \quad \text{bzw.} \quad \geq c_{\text{nom,l}} - d_{\text{sbü}}$$

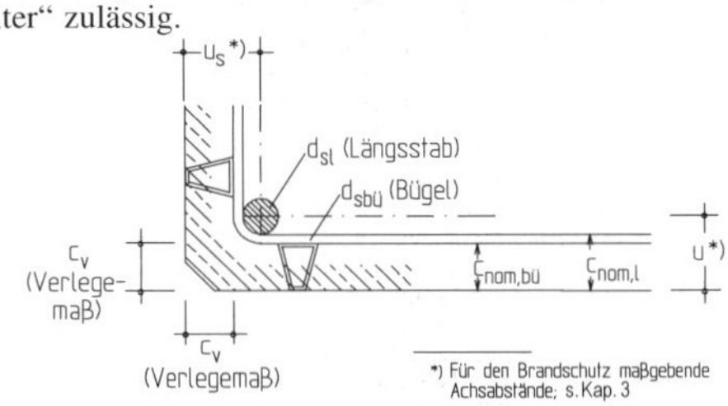

1) Zusätzlich ist das Vorhaltemaß Δc anzugeben (DIN 1045-1, 4.2.1).

Tafel 14.41 Expositionsklassen

		Klasse	Beschreibung der Umgebung	Beispiele für Umgebungsbedingungen (weitere Beispiele und Erläuterungen s. DIN 1045-1, 6.2)	Mindest-festigkeits-klasse
1	Kein Korrosions- oder Angriffsrisiko	X 0	Beton o. Bewehrung: alle Umgebungsbed. außer XF, XA, XM	Bauteil ohne Bewehrung in nicht betonangreifender Umgebung, z. B. unbewehrte Fundamente ohne Frost, unbewehrte Innenbauteile	C12/15 LC12/13
2	Bewehrungskorrosion, ausgelöst durch Karbonatisierung[1]	XC 1	Trocken oder ständig nass	Bauteile in Innenräumen mit normaler Luftfeuchte; Bauteile, die sich ständig unter Wasser befinden	C16/20 LC16/18
		XC 2	Nass, selten trocken	Teile von Wasserbehältern; Gründungsbauteile	C16/20 LC16/18
		XC 3	Mäßige Feuchte	Bauteil, zu dem die Außenluft häufig oder ständig Zugang hat, z. B. offene Hallen, Innenräume mit hoher Luftfeuchte, Viehställe	C20/25 LC20/22
		XC 4	Wechselnd nass und trocken	Außenbauteile mit direkter Beregnung; Bauteile in Wasserwechselzonen	C25/30 LC25/28
3	Bewehrungskorrosion, ausgelöst durch Chloride	XD 1	Mäßige Feuchte	Bauteile im Sprühnebelbereich von Verkehrsflächen; Einzelgaragen	C30/37[3] LC30/33
		XD 2	Nass, selten trocken	Solebecken; Bauteile, die chloridhaltigen Industriewässern ausgesetzt sind	C35/45[3] [8] LC35/38
		XD 3	Wechselnd nass und trocken	Bauteile mit häufiger Spritzwasserbeanspruchung; Fahrbahndecken; direkt befahrene Parkdecks[2]	C35/45[3] LC35/38
4	Bewehrungskorrosion, ausgelöst durch Chloride aus Meerwasser	XS 1	Salzhaltige Luft (ohne Meerwasserkontakt)	Außenbauteile in Küstennähe	C30/37[3] LC30/33
		XS 2	Unter Wasser	Bauteile in Hafenanlagen, die ständig unter Wasser liegen	C35/45[3] [8] LC35/38
		XS 3	Tidebereiche, Spritzwasser- und Sprühnebelbereiche	Kaimauern in Hafenanlagen	C35/45[3] LC35/38
5	Betonangriff durch Frost mit und ohne Taumittel	XF 1	Mäßige Wassersättigung ohne Taumittel	Außenbauteile	C25/30 LC25/28
		XF 2	Mäßige Wassersättigung mit Taumittel oder Meerwasser	Bauteile im Sprühnebel- oder Spritzwasserbereich tausalzbehandelter Verkehrsflächen (s. a. XF 4), Bauteile im Sprühnebelbereich von Meerwasser	C35/45[5] [8] LC25/28
		XF 3	Hohe Wassersättigung ohne Taumittel	offene Wasserbehälter; Bauteile in der Wasserwechselzone von Süßwasser	C35/45[5] [8] LC25/28
		XF 4	Hohe Wassersättigung mit Taumittel oder Meerwasser	tausalzbehandelte Bauteile; überwiegend horiz. Bauteile im Spritzwasserbereich von tausalzbehandelten Verkehrsflächen, direkt befahrene Parkdecks[2]; Bauteile in der Wechselwasserzone von Meerwasser; Räumerlaufbahnen von Kläranlagen	C40/50[6] LC30/33
6	Betonangriff durch chemischen Angriff der Umgebung[4]	XA 1	Chemisch schwach angreifende Umgeb.	Behälter von Kläranlagen; Güllebehälter	C25/30 LC25/28
		XA 2	Chemisch mäßig angreifende Umgebung	Bauteile, die mit Meerwasser in Berührung kommen oder in betonangreifenden Böden	C35/45[3] [8] LC35/38
		XA 3	Chemisch stark angreifende Umgebung	Industrieabwasseranlagen mit chemisch angreifenden Abwässern, Gärfuttersilos, ggf. Kühltürme u.a.	C35/45[3] LC35/38
7	Betonangriff durch Verschleißbeanspruchung	XM 1	Mäßige Verschleißbeanspruchung	Bauteile mit Beanspruchung durch luftbereifte Fahrzeuge	C30/37[3] LC30/33
		XM 2	Schwere Verschleißbeanspruchung	Bauteile mit Beanspruchung durch luft- oder vollgummibereiften Gabelstaplerverkehr	C35/45[3] [7] LC30/33
		XM 3	Extreme Verschleißbeanspruchung	Beanspruchung durch elastomer- od. stahlrollenbereifte Gabelstapler u. Kettenfahrzeuge; Tosbecken	C35/45[3] LC35/38

[1] Feuchteangabe für den Zustand innerhalb der Betondeckung der Bewehrung, die i. Allg. gleich den Umgebungsbedingungen ist; dies braucht jedoch nicht der Fall zu sein, wenn sich zwischen dem Beton und seiner Umgebung eine Sperrschicht befindet.
[2] Ausführung nur mit zusätzlichen Maßnahmen (z. B. rissüberbrückende Beschichtung).
[3] Bei Verwendung von Luftporenbeton , z.B. wegen gleichzeitiger Anforderungen aus XF, eine Betonfestigkeitsklasse niedriger.
[4] Grenzwerte für die Expositionsklassen bei chemischem Angriff siehe DIN EN 206-1 und DIN 1045-2.
[5] Bei Verwendung von Luftporenbeton (mit Mindestluftgehalt unmittelbar vor dem Betoneinbau nach DIN 1045-2) gilt C25/30.
[6] Bei Räumerlaufbahnen ohne Luftporen. Bei Verwendung von Luftporenbeton oder erdfeuchtem Beton ($w/z \leq 0{,}40$) gilt C30/37.
[7] Bei C30/37 Oberflächenbehandlung des Betons nach DIN 1045-2 erforderlich, z.B. Vakuumieren und Flügelglätten.
[8] Bei langsam und sehr langsam erhärtenden Betonen eine Festigkeitsklasse im Alter von 28 Tagen niedriger (s. DIN 1045-1).

4.1.3 Stababstände

Gegenseitiger lichter Stababstand s_n*) paralleler Einzelstäbe (DIN 1045-1, 12.2):

Betonstahl	allgemein	$s_n \geq \begin{cases} d_s \\ 20\ \text{mm} \end{cases}$
	Größtkorndurchmesser $d_g > 16$ mm	$s_n \geq d_g + 5$ mm

*) Stäbe von Doppelstäben bei Betonstahlmatten und von Stabbündeln dürfen sich berühren. Für übergreifende Stäbe s. Abschn. 4.2.4.

4.2 Betonstahl

4.2.1 Krümmungen

Mindestwerte der Biegerollendurchmesser d_{br}; allgemein

Betonstahl	Haken, Winkelhaken, Schlaufen		Schrägstäbe und andere gebogene Stäbe		
	Stabdurchmesser		Mindestmaße der Betondeckung c_{min} rechtwinklig zur Krümmungsebene		
	$d_s < 20$ mm	$d_s \geq 20$ mm	> 100 mm > 7 d_s	> 50 mm > 3 d_s	≤ 50 mm oder ≤ 3 d_s
Rippenstäbe BSt 500	4,0 d_s	7,0 d_s	10 d_s	15 d_s	20 d_s

Mindestwerte der Biegerollendurchmesser d_{br}; geschweißte Bewehrung und Betonstahlmatten

- Abstand zwischen Krümmungsbeginn und Schweißstelle ≥ 4 d_s ⇒ d_{br} nach Tabelle
- Abstand zwischen Krümmungsbeginn und Schweißstelle < 4 d_s oder Schweißung innerhalb des Biegebereichs ⇒ $d_{br} \geq 20\ d_s$

Bei nicht vorwiegend ruhender Belastung ist zusätzlich DIN 1045-1, 12.3.1 zu beachten.

Das *Hin- und Zurückbiegen* von Betonstählen stellt für den Betonstahl und den umgebenden Beton eine zusätzliche Beanspruchung dar; hierfür gelten die besonderen Bedingungen nach DIN 1045-1, 12.3.2.

4.2.2 Verbund und Bemessungswert der Verbundspannungen

Verbundbedingungen

Gute Verbundbedingungen gelten für Stäbe
- mit Neigungen 45° ≤ α ≤ 90°
- mit Neigungen 0° ≤ α ≤ 45°, die
  - in Bauteilen mit h ≤ 300 mm
  - in Bauteilen mit h > 300 mm *entweder* ≤ 300 mm von Unterkante *oder* ≥ 300 mm von Oberkante

  eingebaut sind,
- in liegend gefertigten stabförmigen Bauteilen mit h ≤ 500 mm, die mit Außenrüttlern verdichtet werden.

Mäßige Verbundbedingungen gelten für alle übrigen Stäbe und generell für Stäbe in Bauteilen, die im Gleitbauverfahren hergestellt werden.

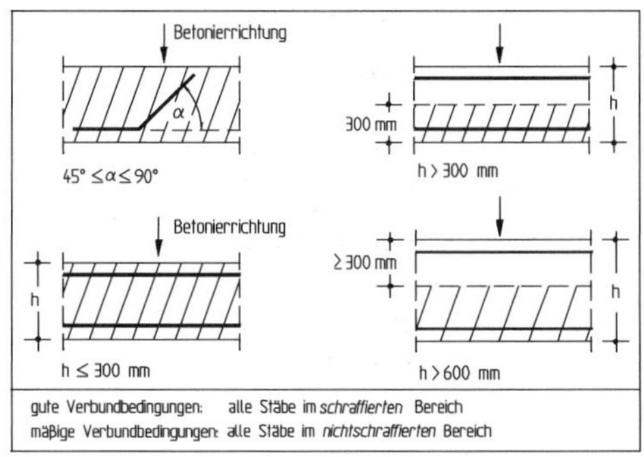

Bemessungswert der Verbundspannung f_{bd} in N/mm² (Rippenstähle)

Verbund	Oberfläche des Betonstahls	charakteristische Werte der Betonfestigkeit f_{ck}								
		12	16	20	25	30	35	40	45	50
guter Verbund	gerippt; d_s ≤ 32mm	1,6	2,0	2,3	2,7	3,0	3,4	3,7	4,0	4,3
mäßiger Verbund		70 % der Werte des guten Verbunds								

Hinweis: Unter den in DIN 1045-1, 12.5 genannten Voraussetzungen dürfen die f_{bd}-Werte um bis zu 50 % erhöht werden; weitere Einzelheiten s. dort.

[1] Nachfolgend werden nur Einzelstäbe mit d_s ≤ 32 mm sowie Einzel- bzw. Doppelstäbe von Betonstahlmatten behandelt.

4.2.3 Verankerungen

Verankerungsarten

	1	2[1]	3
	Art und Ausbildung der Verankerung	Beiwert α_a[3)] Zug-stäbe	Druck-stäbe
1	a) Gerade Stabenden 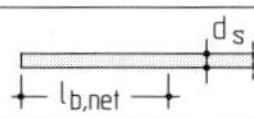	1,0	1,0
2	b) Haken c) Winkelhaken d) Schlaufe 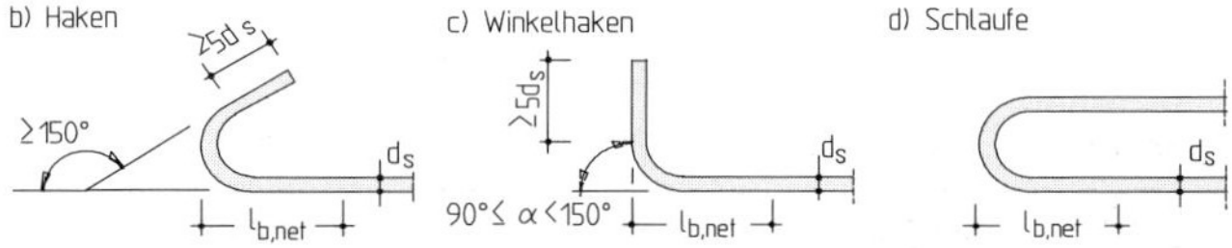	0,7[2)] (1,0)	– (nicht zulässig)
3	e) Gerade Stabenden mit mindestens einem angeschweißten Stab innerhalb von $l_{b,net}$ 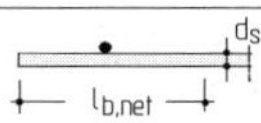	0,7	0,7
4	f) Haken g) Winkelhaken h) Schlaufe mit jeweils mindestens einem angeschweißten Stab innerhalb von $l_{b,net}$ vor dem Krümmungsbeginn 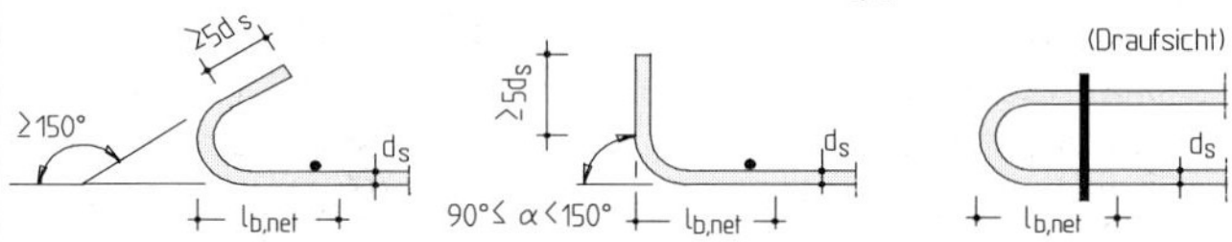	0,5 (0,7)	– (nicht zulässig)
5	i) Gerade Stabenden mit mindestens zwei angeschweißten Stäben innerhalb von $l_{b,net}$ (nur zulässig bei Einzelstäben mit $d_s \leq 16$ mm bzw. bei Doppelstäben mit $d_s \leq 12$ mm) 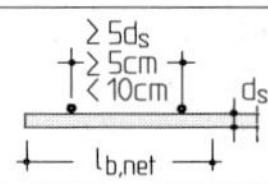	0,5	0,5

1) Die in Spalte 2 in Klammern angegebenen Werte gelten, wenn im Krümmungsbereich rechtwinklig zur Krümmungsebene die Betondeckung weniger als 3 d_s beträgt bzw. wenn kein Querdruck oder keine enge Verbügelung vorhanden ist.

2) Bei Schlaufenverankerung mit $d_{br} \geq 15\ d_s$ darf α_a auf 0,5 reduziert werden.

3) Für angeschweißte Querstäbe mit $d_{s,q}/d_{s,l} \geq 0{,}7$ sind die Verbindungen als tragend auszuführen.

Grundmaß der Verankerungslänge l_b

$$l_b = (d_s / 4) \cdot (f_{yd} / f_{bd}) \tag{43.1}$$

f_{bd} Bemessungswert der Verbundspannung (s. Tafel S. 14.42)

f_{yd} Bemessungswert der Stahlspannung; falls erhöhte Betonstahlspannungen $\sigma_{sd} = \sigma_{su}/\gamma_s > f_{yd}$ ausgenutzt werden (s. Linie II der σ-ε-Linie auf S. 14.34), ist f_{yd} durch σ_{sd} zu ersetzen

d_s Stabdurchmesser (bei Doppelstäben $d_{sV} = d_s \cdot \sqrt{2}$)

Verankerungslänge:

Die erforderliche Verankerungslänge $l_{b,net}$ wird aus dem Grundmaß l_b hergeleitet:

$$l_{b,net} = \alpha_a \cdot (A_{s,erf} / A_{s,vorh}) \cdot l_b \geq l_{b,min} \tag{43.2}$$

α_a Beiwert zur Berücksichtigung der Wirksamkeit der Verankerung; s. Tafel oben.

$A_{s,erf}$; $A_{s,vorh}$ erforderliche bzw. vorhandene Querschnittsfläche der Bewehrung

l_b Grundmaß der Verankerungslänge nach Gl. (43.1)

$l_{b,min}$ Mindestmaß der Verankerungslänge; es gilt:
- für Verankerungen von Zugstäben $l_{b,min} = 0{,}3 \cdot \alpha_a \cdot l_b \geq 10 \cdot d_s$
- für Verankerungen von Druckstäben $l_{b,min} = 0{,}6 \cdot l_b \geq 10 \cdot d_s$

Querbewehrung im Verankerungsbereich:

Im Verankerungsbereich ist eine Querbewehrung anzuordnen. Die Forderung gilt als erfüllt, wenn

- konstr. Maßnahmen oder günstige Einflüsse (z. B. Querdruck) ein Spalten des Betons verhindern,
- die erforderliche Bügelbewehrung (Balken, Stützen) oder Querbewehrung (Platte, Wand) gemäß Abschn. 5 eingelegt wird.

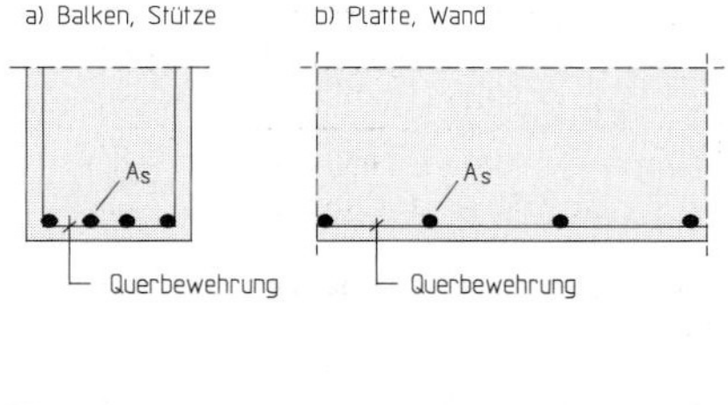

4.2.4 Übergreifungsstöße von Stäben oder Drähten

Anordnung der Übergreifungsstöße

- Stöße sollten versetzt und im Bereich mit geringer Beanspruchung angeordnet werden.
- Stöße sollten parallel zur Bauteilaußenfläche und im Querschnitt symmetrisch ausgebildet werden.
- Für die Ausbildung der Stöße gelten die Ausführungen über die Verankerungsarten (s. vorher).
- Für die lichten Stababstände und den Längsversatz sind die Werte gemäß Abb. [1] einzuhalten.

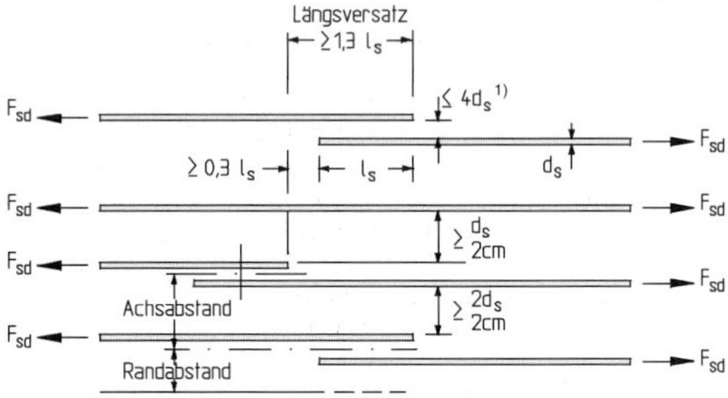

1) Für einen lichten Abstand größer als $4d_s$ muss die Übergreifungslänge um den Betrag erhöht werden, um den der Abstand von $4\,d_s$ überschritten wird; außerdem ist eine Querbewehrung anzuordnen, die für die Zugkraft jedes gestoßenen Stabes zu bemessen und wie unten dargestellt zu verteilen ist.

Übergreifungslänge

Die erforderliche Übergreifungslänge l_s ergibt sich aus:

$$l_s = \alpha_1 \cdot l_{b,net} \geq l_{s,min} \qquad (44)$$

$l_{b,net}$ Verankerungslänge nach Gl. (43.2); s. vorher

$l_{s,min}$ Mindestmaß der Übergreifungslänge; es ist

$$l_{s,min} \geq 0{,}3 \cdot \alpha_a \cdot \alpha_1 \cdot l_b \geq \begin{cases} 15 \cdot d_s \\ 200\text{ mm} \end{cases}$$

α_a nach Abschn. 4.2.3, jedoch ohne Berücksichtigung von angeschweißten Querstäben

α_1 Beiwert für die Wirksamkeit von Bewehrungsstößen nach Tafel:

Stoßanteil			≤ 30 %	> 30 %
Zugstöße	$d_s < 16$ mm	$s \geq 10\,d_s$; $s_0 \geq 5\,d_s$	1,0	1,0
		$s < 10\,d_s$; $s_0 < 5\,d_s$	1,2	1,4
	$d_s \geq 16$ mm	$s \geq 10\,d_s$; $s_0 \geq 5\,d_s$	1,0	1,4
		$s < 10\,d_s$; $s_0 < 5\,d_s$	1,4	2,0
Druckstöße			1,0	

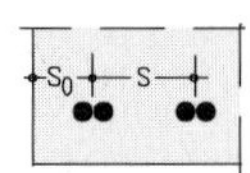

Abstände s und s_0

Querbewehrung

Im Bereich von Übergreifungsstößen ist eine Querbewehrung vorzusehen. Für Stäbe mit $d_s < 16$ mm bei Beton ≤ C55/67 oder für einen Stoßanteil ≤ 20 % genügt eine konstruktive Querbewehrung. In diesen Fällen darf bei Platten und Wänden die Querbewehrung innen angeordnet werden (DAfSb-H. 525).

Für andere Fälle gilt bei vorwiegend biegebeanspruchten Bauteilen (s. a. Abb. oben) :

- Achsabstand $s > 10\,d_s$: Querbewehrung: $\Sigma A_{st} \geq A_s$;
- Achsabstand $s \leq 10\,d_s$: Querbewehrung: $\Sigma A_{st} \geq A_s$; Form: Bügel

(A_s Fläche eines gestoßenen Stabs)

Die Querbewehrung ist zwischen Längsbewehrung und Betonoberfläche („außen") anzuordnen und bei einem Achsabstand $s \leq 10\,d_s$ bügelartig*) auszubilden. Werden bei mehrlagiger Bewehrung mehr als 50 % des Querschnitts der einzelnen Lage in einem Schnitt gestoßen, sind die Übergreifungsstöße generell durch Bügel zu umschließen, die für die Kraft aller gestoßenen Stäbe zu bemessen sind.

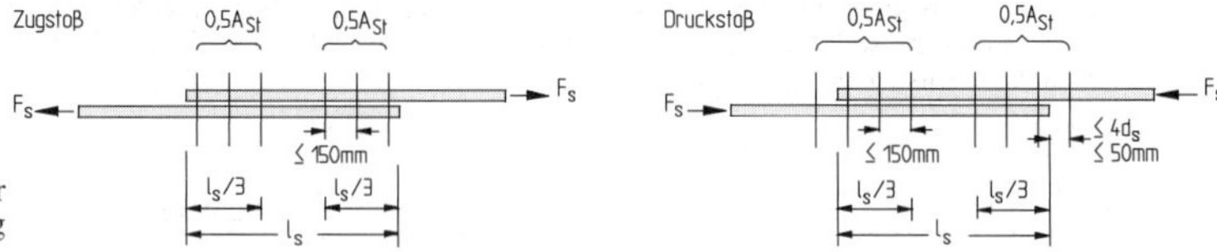

Verteilung der Querbewehrung

*) Auf eine bügelartige Ausbildung darf nach [14.35] verzichtet werden, falls
- der Abstand der Stoßmitten benachbarter Stöße mit geraden Stabenden in Längsrichtung etwa $0{,}5\,l_s$ beträgt;
- bei *flächenartigen Bauteilen* die Übergreifungslänge um 30 % erhöht wird (andernfalls ist eine bügelartige Ausbildung für $s \leq 7\,d_s$ erforderlich).

4.2.5 Übergreifungsstöße von Betonstahlmatten aus Rippenstäben

Hauptbewehrung

Ausbildung und Anordnung

– Die Festlegungen in DIN 1045-1 für Betonstahlmatten beziehen sich nur auf den häufigen Fall des Übergreifungsstoßes in zwei Ebenen („Zwei-Ebenen-Stoß").

Zwei-Ebenen-Stoß
(zu stoßende Stäbe liegen übereinander)

Ein-Ebenen-Stoß
(zu stoßende Stäbe liegen nebeneinander)

– Die Stöße sollten nicht in hochbeanspruchten Bereichen liegen. Wenn diese Anforderung bei Betonstahlmatten mit $a_s \geq 6$ cm²/m nicht einzuhalten ist, ist der Nachweis zur Begrenzung der Rissbreite – soweit relevant – mit einer um 25 % erhöhten Stahlspannung zu führen.

– Der zulässige Stoßanteil in einem Schnitt beträgt
  100 % bei Matten mit einem Bewehrungsquerschnitt $a_s \leq 12$ cm²/m
  60 % bei Matten mit $a_s > 12$ cm² /m; der Stoß ist nur in der inneren Lage mehrlagiger Bewehrung zulässig.
  Stöße von mehreren Bewehrungslagen sind stets um $1{,}3 \cdot l_s$ (s. u.) in Längsrichtung zu versetzen.

– Eine zusätzliche Querbewehrung ist im Übergreifungsbereich nicht erforderlich.

Übergreifungslänge:

$$l_s = \alpha_2 \cdot (a_{s,erf} \,/\, a_{s,vorh}) \cdot l_b \geq l_{s,min} \qquad (45)$$

α_2 Beiwert für die Übergreifungslänge von Betonstahlmatten

$$\alpha_2 = 0{,}4 + (a_{s,vorh} / 8) \begin{cases} \geq 1{,}0 \\ \leq 2{,}0 \end{cases} \qquad (a_{s,vorh} \text{ in cm}^2/\text{m})$$

$a_{s,erf}$; $a_{s,vorh}$ erforderliche bzw. vorhandene Querschnittsfläche der Bewehrung
l_b Grundmaß der Verankerungslänge nach Gl. (43.1)
$l_{s,min}$ Mindestmaß der Übergreifungslänge; es ist

$$l_{s,min} = 0{,}3 \cdot \alpha_2 \cdot l_b \geq \begin{cases} 200 \text{ mm} \\ s_q \end{cases} \qquad (s_q \text{ Abstand der angeschweißten Querstäbe})$$

Querbewehrung

Die gesamte Querbewehrung darf in einem Schnitt gestoßen werden.

Übergreifungslänge:

Erforderliche Übergreifungslängen der Querbewehrung nach nebenstehender Tafel (DIN 1045-1, 12.8.4). Mindestens zwei Querstäbe (eine Masche bzw. zwei sich abstützende Querstäbe der Längsbewehrung mit einem Abstand $\geq 5\,d_s$ bzw. 5 cm) müssen innerhalb der Übergreifungslänge vorhanden sein.

Stabdurchmesser der Querbewehrung d_s in mm	Übergreifungslänge l_s
$d_s \leq 6{,}0$	$\geq s_l$ und ≥ 150 mm
$6{,}0 < d_s \leq 8{,}5$	$\geq s_l$ und ≥ 250 mm
$8{,}5 < d_s \leq 12$	$\geq s_l$ und ≥ 350 mm
$12 < d_s$	$\geq s_l$ und ≥ 500 mm
s_l = Abstand der Längsstäbe	

4.2.6 Verankerungen von Bügeln (DIN 1045-1, 12.7)

Bügel werden mit Haken, Winkelhaken oder angeschweißten Querstäben verankert (innerhalb eines Hakens oder Winkelhakens sollte ein Querstab vorgesehen werden). Die möglichen Verankerungselemente bzw. -arten sind nebenstehend dargestellt.

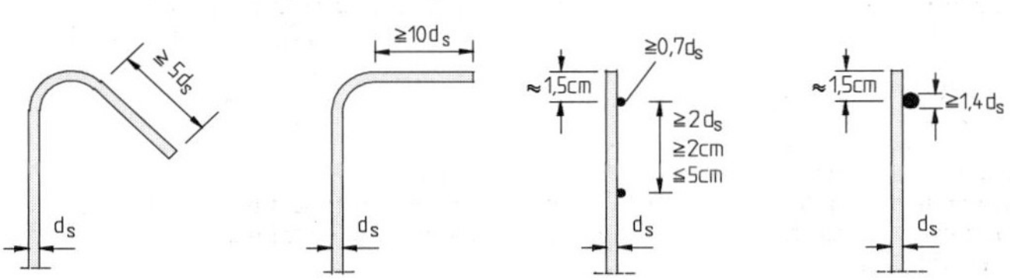

(Zur Ausbildung von Bügeln in Platten, Balken und Stützen s. a. Abschnitt 5.)

5 Bemessung und Konstruktion der Bauteile

5.1 Platten

5.1.1 Schnittgrößenermittlung

5.1.1.1 Grundsätzliches

Platten sind flächenartige Bauteile, die senkrecht zu ihrer Mittelfläche beansprucht sind, Scheiben und wandartige Träger werden dagegen in Richtung ihrer Mittelfläche beansprucht; s. nebenstehende Abbildung. (Weitere Unterscheidung zwischen Balken und Scheiben s. Abschn. 3.4.1.)

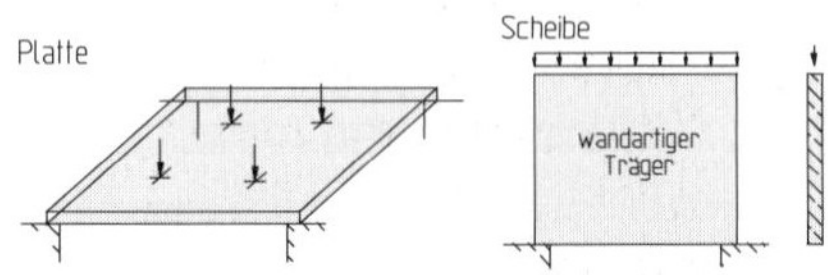

Platten tragen ihre Lasten in der Regel in zwei Richtungen ab. Wenn jedoch bei Rechteckplatten zwei freie ungelagerte, gegenüber liegende Ränder vorhanden sind oder wenn das Verhältnis der größeren zur kleineren Stützweite ≥ 2 ist, dürfen Platten unter gleichmäßig verteilten Lasten als einachsig gespannte Platten berechnet werden. Alle anderen Platten werden im Allgemeinen zweiachsig gespannt berechnet.

Einachsig gespannte Platte

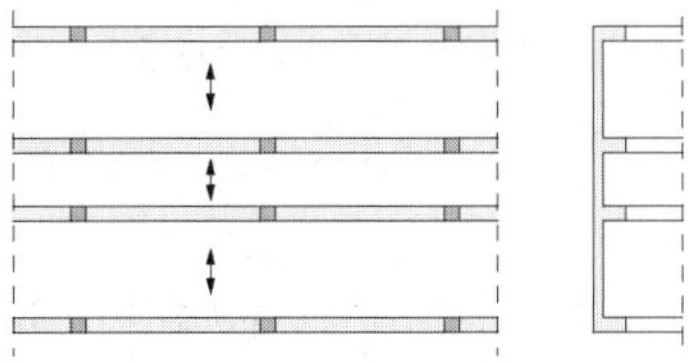

Zweiachsig gespannte Platte

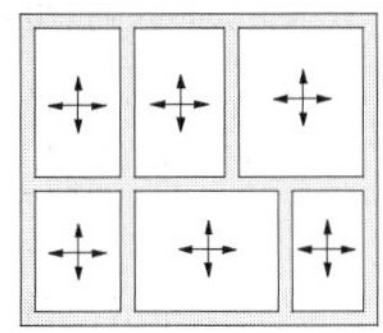

Besonderheiten bei vorgefertigten Deckensystemen

Für die Bemessung vorgefertigter Deckensysteme sind – soweit relevant – die Zulassung des Instituts für Bautechnik, ggf. die Festlegungen von CEN-Produktnormen, zu beachten. Außerdem gilt:

a) Die *Querverbindung* zwischen den Fertigteilen wird z. B. durch ausbetonierte bzw. ausgegossene Fugen, Schweiß- oder Bolzenverbindung, bewehrten Aufbeton gesichert. Die Querverteilung von Punkt- und Linienlasten darf durch Berechnung oder durch Versuche nachgewiesen werden.

b) Die *Scheibenwirkung* vorgefertigter Decken zur Übertragung von horizontalen Kräften (z. B. aus Schiefstellungen und Windeinwirkungen) darf angenommen werden, wenn die Decke im Endzustand eine zusammenhängende ebene Fläche bildet, die Einzelteile der Decke in Fugen druckfest verbunden sind und wenn in Scheibenebene wirkende Lasten durch Bogen- oder Fachwerkwirkung mit bewehrten Randgliedern (Ringankern) und Zugankern aufgenommen werden können. Für die auftretenden Zugkräfte ist eine Bewehrung anzuordnen, die in den Fugen zwischen den Fertigteilen oder ggf. in der Ortbetonergänzung verlegt und in den Randgliedern verankert oder kraftschlüssig gestoßen wird.

c) Fertigteile mit einer ≥50 mm dicken und *statisch mitwirkenden Ortbetonergänzung* dürfen als Verbundbauteile bemessen werden, wenn die Aufnahme des zwischen Ortbeton und Fertigteil wirkenden Schubes gewährleistet ist. Die Querbewehrung darf vollständig im Fertigteil oder im Ortbeton liegen.

   Bei zweiachsig gespannten Platten darf nur die Querbewehrung (senkr. zur Fuge) angerechnet werden, die durchläuft oder kraftschlüssig gestoßen ist; für letztere muss der Stabdurchmesser $d_s \leq 14$ mm, der Bewehrungsquerschnitt $a_s \leq 10$ cm²/m und die Bemessungsquerkraft $V_{Ed} \leq 0{,}3 \cdot V_{Rd,max}$ sein. Der Stoß ist durch Bewehrung (z. B. Bügel für die Kraft aller gestoßenen Stäbe) im Abstand höchstens der 2-fachen Deckendicke zu sichern. Bzgl. der Drilltragfähigkeit wird auf DIN 1045-1, 13.4.3 verwiesen.

   Bei Endauflagern ohne Wandauflasten ist eine Verbundsicherungsbewehrung von mindestens 6 cm²/m entlang der Auflagerlinie auf einer Breite von 0,75 m anzuordnen.

d) Decken aus Rippen und Zwischenbauteilen ohne Aufbeton dürfen dann als Vollplatte betrachtet werden, wenn Querrippen im Abstand s_T entsprechend nachfolgender Tabelle angeordnet werden.

Gebäudeart	$s_L \leq l_{eff}/8$	$s_L > l_{eff}/8$
Wohngebäude	-	$s_T \leq 12\,h_0$
andere Gebäude	$s_T \leq 10\,h_0$	$s_T \leq 8\,h_0$

s_L Achsabstand der Längsrippen
l_{eff} Stützweite
h_0 Gesamthöhe der Rippendecke

5.1.1.2 Einachsig gespannte Platten

Für einachsig gespannte Platten unter Gleichflächenlast gelten die Regelungen für Balken bzw. Rahmen (Abschn. 3.5 und 5.2). Für die Tragwirkung einachsig gespannter Platten unter Punkt-, Linien- und Rechtecklasten s. *Bautabellen für Ingenieure*.

5.1.1.3 Schnittgrößenermittlung bei zweiachsig gespannten Platten

Für die Berechnung von zweiachsig gespannten Platten ohne oder mit begrenzter Umlagerung gelten die Grundsätze nach Abschn. 3.5. Ein einfaches Verfahren, das auf der linear-elastischen Theorie beruht, ist das nachfolgende Verfahren von *Pieper/Martens* [14.16].

Vierseitig gestützte Platten – Berechnung nach *Pieper/Martens*

Bedingungen für die Anwendung: $q \leq 2 \cdot (g+q)/3$; $q \leq 2 \cdot g$

- **Feldmomente** (Sonderfälle s. S. 14.48)

Fall 1: Platten mit voller Drilltragfähigkeit

$m_{fx} = (g+q) \cdot l_x^2 / f_x$	$m_{fy} = (g+q) \cdot l_x^2 / f_y$

Fall 2: Platten ohne volle Drilltragfähigkeit

$m_{fx} = (g+q) \cdot l_x^2 / f_x^0$	$m_{fy} = (g+q) \cdot l_x^2 / f_y^0$

- **Stützmomente**

$m_{s0,x} = -(g+q) \cdot l_x^2 / s_x$	$m_{s0,y} = -(g+q) \cdot l_x^2 / s_y$

Bei unterschiedlichen Einspannmomenten von zusammenstoßenden Plattenrändern werden die Momente m_{s0} wie folgt gemittelt (Kragmomente u. Einspannmomente in sehr steifen Bauteilen sind *nicht* zu mitteln):

Stützweitenverhältnis $l_1 : l_2 < 5 : 1 \rightarrow m_s \geq \begin{cases} |0{,}5 \cdot (m_{s0,1} + m_{s0,2})| \\ 0{,}75 \cdot \max(|m_{s0,1}|; |m_{s0,2}|) \end{cases}$

Stützweitenverhältnis $l_1 : l_2 > 5 : 1 \rightarrow m_s \geq \max(|m_{s0,1}|; |m_{s0,2}|)$

Die so gemittelten Stützmomente gelten unmittelbar als Bemessungswerte (s. DAfStb-H.240, [14.13]).

Stützungs-art	Bei-wert	Stützweitenverhältnis l_y / l_x bzw. l_y' / l_x' (l_x bzw. $l_x' = l_{min}$)											
		1,0	1,1	1,2	1,3	1,4	1,5	1,6	1,7	1,8	1,9	2,0	→ ∞
1	f_x	27,2	22,4	19,1	16,8	15,0	13,7	12,7	11,9	11,3	10,8	10,4	8,0
	f_y	27,2	27,9	29,1	30,9	32,8	34,7	36,1	37,3	38,5	39,4	40,3	*
	f_x^0	20,0	16,6	14,5	13,0	11,9	11,1	10,6	10,2	9,8	9,5	9,3	8,0
	f_y^0	20,0	20,7	22,1	24,0	26,2	28,3	30,2	31,9	33,4	34,7	35,9	*
2.1	f_x	32,8	26,3	22,0	18,9	16,7	15,0	13,7	12,8	12,0	11,4	10,9	8,0
	f_y	29,1	29,2	29,8	30,6	31,8	33,5	34,8	36,1	37,3	38,4	39,5	*
	s_y	11,9	10,9	10,1	9,6	9,2	8,9	8,7	8,5	8,4	8,3	8,2	8,0
	f_x^0	26,4	21,4	18,2	15,9	14,3	13,0	12,1	11,5	10,9	10,4	10,1	8,0
	f_y^0	22,4	22,8	23,9	25,1	26,7	28,6	30,4	32,0	33,4	34,8	36,2	*
2.2	f_x	29,1	24,6	21,5	19,2	17,5	16,2	15,2	14,4	13,8	13,3	12,9	10,2
	f_y	32,8	34,5	36,8	38,8	40,9	42,7	44,1	45,3	46,5	47,2	47,9	*
	s_x	11,9	10,9	10,2	9,7	9,3	9,0	8,8	8,6	8,4	8,3	8,3	8,0
	f_x^0	22,4	19,2	17,2	15,7	14,7	13,9	13,2	12,7	12,3	12,0	11,8	10,2
	f_y^0	26,4	28,1	30,3	32,7	35,1	37,3	39,1	40,7	42,2	43,3	44,8	*
3.1	f_x	38,0	30,2	24,8	21,1	18,4	16,4	14,8	13,6	12,7	12,0	11,4	8,0
	f_y	30,6	30,2	30,3	31,0	32,2	33,8	35,9	38,3	41,1	44,9	46,3	*
	s_y	14,3	12,7	11,5	10,7	10,0	9,5	9,2	8,9	8,7	8,5	8,4	8,0
3.2	f_x	30,6	26,3	23,2	20,9	19,2	17,9	16,9	16,1	15,4	14,9	14,5	12,0
	f_y	38,0	39,5	41,4	43,5	45,6	47,6	49,1	50,3	51,3	52,1	52,9	*
	s_x	14,3	13,5	13,0	12,6	12,3	12,2	12,0	12,0	12,0	12,0	12,0	12,0
4	f_x	33,2	27,3	23,3	20,6	18,5	16,9	15,8	14,9	14,2	13,6	13,1	10,2
	f_y	33,2	34,1	35,5	37,7	39,9	41,9	43,5	44,9	46,2	47,2	48,3	*
	s_x	14,3	12,7	11,5	10,7	10,0	9,6	9,2	8,9	8,7	8,5	8,4	8,0
	s_y	14,3	13,6	13,1	12,8	12,6	12,4	12,3	12,2	12,2	12,2	12,2	11,2
	f_x^0	26,7	22,1	19,2	17,2	15,7	14,6	13,8	13,2	12,7	12,3	12,0	10,2
	f_y^0	26,7	27,6	29,2	31,4	33,8	36,2	38,1	39,8	41,4	42,8	44,2	*
5.1	f_x	33,6	28,2	24,4	21,8	19,8	18,3	17,2	16,3	15,6	15,0	14,6	12,0
	f_y	37,3	38,7	40,4	42,7	45,1	47,5	49,5	51,4	53,3	55,1	58,9	*
	s_x	16,2	14,8	13,9	13,2	12,7	12,5	12,3	12,2	12,1	12,0	12,0	12,0
	s_y	18,3	17,7	17,5	17,5	17,5	17,5	17,5	17,5	17,5	17,5	17,5	17,5
5.2	f_x	37,3	30,3	25,3	22,0	19,5	17,7	16,4	15,4	14,6	13,9	13,4	10,2
	f_y	33,6	34,1	35,1	37,3	39,8	43,1	46,6	52,3	55,5	60,5	66,1	*
	s_x	18,3	15,4	13,5	12,2	11,2	10,6	10,1	9,7	9,4	9,0	8,9	8,0
	s_y	16,2	14,8	13,9	13,3	13,0	12,7	12,6	12,5	12,4	12,3	12,3	11,2
6	f_x	36,8	30,2	25,7	22,7	20,4	18,7	17,5	16,5	15,7	15,1	14,7	12,0
	f_y	36,8	38,1	40,4	43,5	47,1	50,6	52,8	54,5	56,1	57,3	58,3	*
	s_x	19,4	17,1	15,5	14,5	13,7	13,2	12,8	12,5	12,3	12,1	12,0	12,0
	s_y	19,4	18,4	17,9	17,6	17,5	17,5	17,5	17,5	17,5	17,5	17,5	17,5
Den Tafelwerten liegt für die Feldmomente eine 50 %ige, für die Stützmomente eine volle Einspannung zugrunde.													

- **Sonderfälle**

  Wenn in Ausnahmefällen *auf zwei kleine Felder ein großes Feld* folgt (s. Abb.), sind weitere Betrachtungen erforderlich (s. *Bautabellen für Ingenieure*).

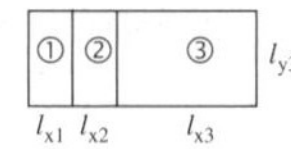

Kragarme können als einspannend angesetzt werden, wenn das Kragmoment aus Eigenlast größer ist als das halbe Volleinspannmoment des Feldes bei Belastung durch (g+q). Bei angrenzenden anderen einspannenden Systemen, z. B. bei *dreiseitig gelagerten Platten*, ist sinngemäß ebenso zu verfahren.

Beispiel – Momentenberechnung nach *Pieper/Martens*

Es empfiehlt sich eine Rechnung mit
- globalen Koordinaten (x / y) für das gesamte Plattensystem
- lokalen Koordinaten (x'/ y') für das einzelne Plattenfeld.

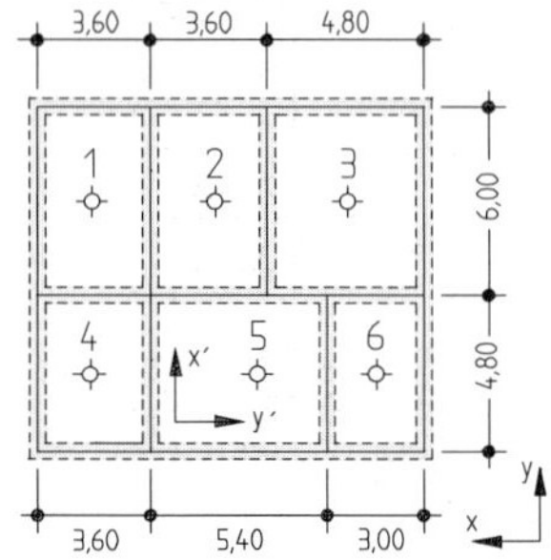

Baustoffe: Beton C25/30; Betonstahl BSt 500 M

Belastung: g_k = 6,00 kN/m² (Konstruktionshöhe h = 18 cm, Ausbaulast 1,5 kN/m²)
q_k = 2,75 kN/m² (inkl. Trennwandzuschlag)
→ $(g_d+q_d) = 1{,}35 \cdot 6{,}00 + 1{,}5 \cdot 2{,}75 = 12{,}23$ kN/m²

Tafel 14.48a Momente (in kNm/m)

Platten-Nr.	Stützung	l_x / l'_y	l_y / l'_x	$\varepsilon = l_y / l_x$ / $\varepsilon' = l'_y / l'_x$	f_x	f_y	s_x	s_y	Feldmomente m_{fx}	Feldmomente m_{fy}	Stützmomente m_{s0x}	Stützmomente m_{s0y}
1	4	3,60 / –	6,00 / –	1,67 / –	15,2	44,4	9,0	12,2	10,43	3,57	−17,61	−12,99
2	5.1	3,60 / –	6,00 / –	1,67 / –	16,6	50,8	12,2	17,5	9,55	3,12	−12,99	−9,06
3	4	4,80 / –	6,00 / –	1,25 / –	22,0	36,6	11,1	13,0	12,81	7,70	−25,39	−21,68
4	4	3,60 / –	4,80 / –	1,33 / –	19,9	38,4	10,5	12,7	7,96	4,13	−15,10	−12,48
5	5.2	– / 5,40	– / 4,80	– / 1,13	34,4	29,0	14,6	14,9	8,19	9,71	−19,30	−18,91
6	4	3,00 / –	4,80 / –	1,60 / –	15,8	43,5	9,2	12,3	6,97	2,53	−11,96	−8,95

In der Tabelle sind mit der Plattennummer, der Stützungsart nach S. 14.47 und den beiden Spannweiten die Felder eindeutig beschrieben. Ob für das einzelne Feld das Verhältnis $\varepsilon = l_y / l_x$ oder $\varepsilon' = l'_y / l'_x$ zu bilden ist, hängt von der Lage der eingespannten Ränder im Koordinatensystem ab. Die Beiwerte f und s werden in der Berechnungstabelle unmittelbar auf globale Koordinaten bezogen.

Tafel 14.48b Stützmomente (in kNm/m)

Rand i - k / m	x-Richtung 1 - 2	2 - 3	4 - 5	5 - 6	y-Richtung 1 - 4	2 - 5	3 - 5	3 - 6
m_{s0}[1)] = m_{ik}	−17,61	−12,99	−15,10	−19,30	−12,99	−9,06	−21,68	−21,68
m_{s0}[1)] = m_{ki}	−12,99	−25,39	−19,30	−11,96	−12,48	−18,91	−18,91	−8,95
$0{,}5 \cdot (m_{ik} + m_{ki})$	−15,30	−19,19	−17,20	−15,63	Bemessung für Volleinspannmomente wegen durchgehender Mittellängswand			
$0{,}75 \cdot \min m_{s0}$	−13,21	−19,04	−14,48	−14,48				
$\min m_{sik}$	−15,30	−19,19	−17,20	−15,63	−12,99	−18,91	−21,68	−21,68

1) Aus Tafel 14.48a.

Die Ränder werden durch die beiden benachbarten Felder bezeichnet. Das Stützmoment min m_{sik} wird aus dem Mittelwert $0{,}5 \cdot (m_{ik} + m_{ki})$ bzw. dem Mindestwert $0{,}75 \cdot \min m_{s0}$ gebildet, soweit nicht ingenieurgemäße korrigierende Überlegungen für die Bemessung nach dem Volleinspannmoment sprechen. Über der ganzen Mittellängswand werden die hier auftretenden Volleinspannmomente der Bemessung zugrunde gelegt. Die Drillmomente in den Ecken sind konstruktiv nach Abschn. 5.1.4 abzudecken.

Bemessung

Die Bemessung kann z. B. mit Tafel 14.55 erfolgen. Für die untere Bewehrung sind die Feldmomente nach Tafel 14.48a maßgebend, für die obere Bewehrung die Stützmomente nach 14.48b (letzte Zeile).

- **Vereinfachte Momentengrenzlinien für Einfeldplatten nach *Czerny*** [14.17] (für $l_y / l_x = 1{,}5$)
  (a_{sx} wird aus m_x und a_{sy} aus m_y berechnet.)

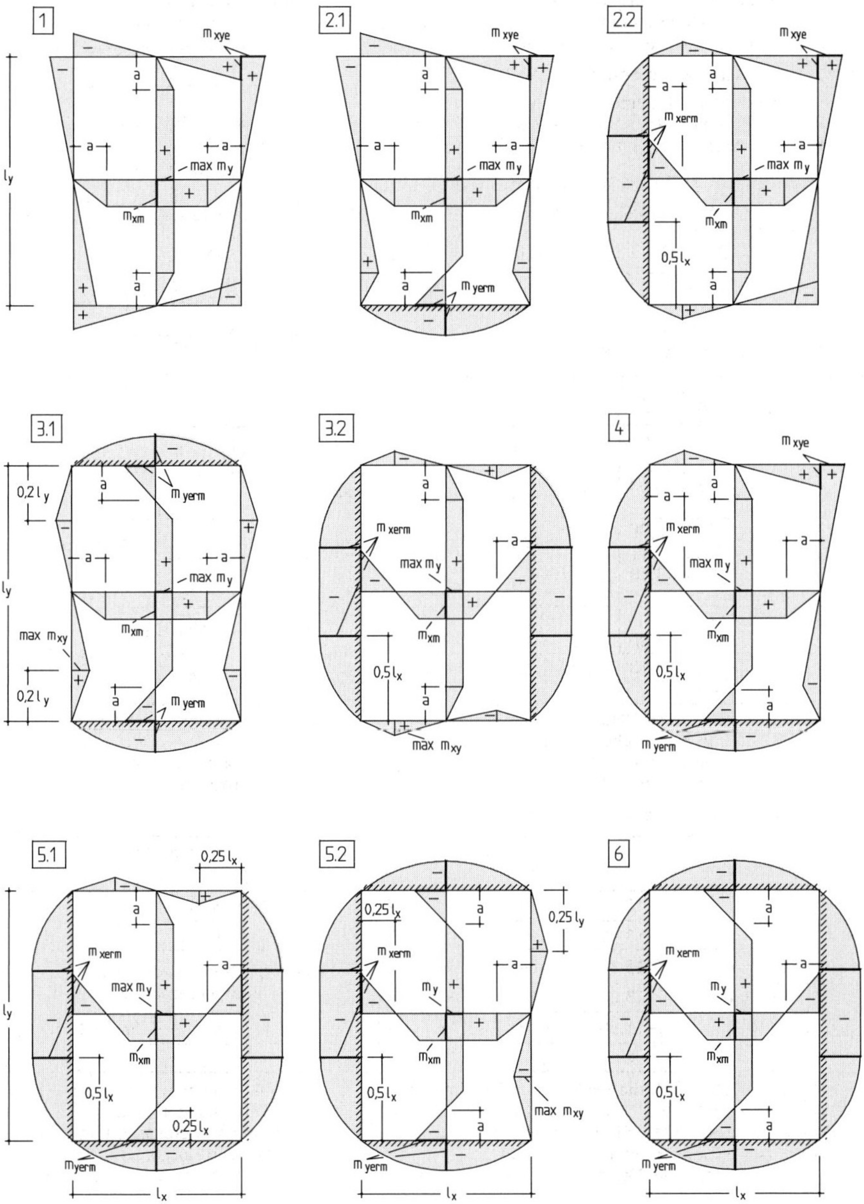

$l_y \geq l_x \qquad a = 0{,}2 \cdot l_x$

● Auflager- und Eckkräfte vierseitig gelagerter Platten

Ersatzlastbilder zur Berechnung der Randunterzüge bei Gleichflächenlast F_d

Für Balken (Unterzüge) als Auflager von zweiachsig gespannten, gleichmäßig belasteten Platten werden die Lastbilder näherungsweise berechnet aus der Zerlegung der Grundrissfläche der Platte in Trapeze und Dreiecke [14.13]. Für den Zerlegungswinkel gilt in Ecken mit zwei Rändern gleichartiger Stützung 45°, in Ecken mit einem eingespannten und einem frei drehbar gelagerten Rand 60° zum eingespannten Rand hin. Bei Platten mit teilweiser Einspannung darf der Zerlegungswinkel zwischen 45° und 60° angenommen werden.

Aus der Zerlegung der Last F_d unter 45° und 60° ergeben sich die dargestellten Ersatzlastbilder. Werden die Eckabhebekräfte R (Berechnung s. unten) in den Plattenecken nicht gesondert erfasst, wird empfohlen, eine *rechteckförmige* Ersatzlast mit dem angegebenen Maximalwert als Lastordinate anzusetzen [14.13].

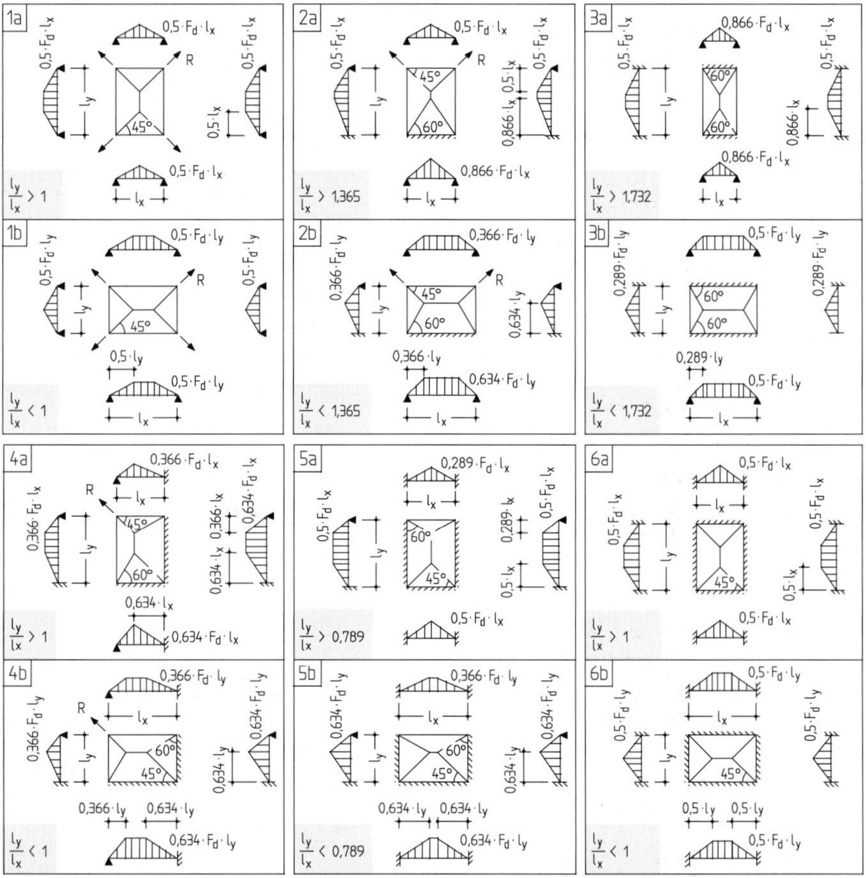

κ-Werte zur Berechnung der Eckabhebekräfte vierseitig gelagerter Platten bei Gleichflächenlast F_d

$$R = F_d \cdot l_x^2 / \kappa$$

Stützung \ $\varepsilon = l_y / l_x$	1,00	1,10	1,20	1,30	1,40	1,50	1,60	1,70	1,80	1,90	2,00
1	10,8	9,85	9,20	8,75	8,40	8,15	7,95	7,80	7,70	7,65	7,55
2.1	13,1	11,6	10,5	9,70	9,10	8,70	8,40	8,10	7,90	7,80	7,70
2.2	13,1	12,4	12,0	11,7	11,5	11,4	11,3	11,2	11,2	11,2	11,2
4	13,9	13,0	12,4	12,0	11,7	11,5	11,4	11,3	11,2	11,2	11,2

5.1.2 Tragfähigkeitsnachweise für Platten

5.1.2.1 Biegung (mit Längskraft)

Für die Biegetragfähigkeit von Platten gelten die Annahmen und Voraussetzungen nach Abschn. 5.2.2.1. Für Querschnitte mit rechteckiger Druckzone (bei Vollplatten Druckzonenbreite 1,0 m/m) sind Bemessungshilfen vorhanden ([14.10], [14.54]; s. S. 14.77 ff). Zur direkten Bemessung von Platten können auch die Tafeln 14.55 (aus [14.54]) benutzt werden. Die genannten Annahmen und Voraussetzungen sind zu beachten.

Auf die erforderliche Mindestbewehrung (s. Abschn. 5.1.4 und 5.2.4) wird hingewiesen.

Beispiel (wird unter Abschn. 5.1.2.2 „Querkraft" fortgesetzt)

Einachsig gespannte Platte mit g_k= 6,5 kN/m² und q_k= 5,0 kN/m²; gesucht: Biegebemessung in Feldmitte.

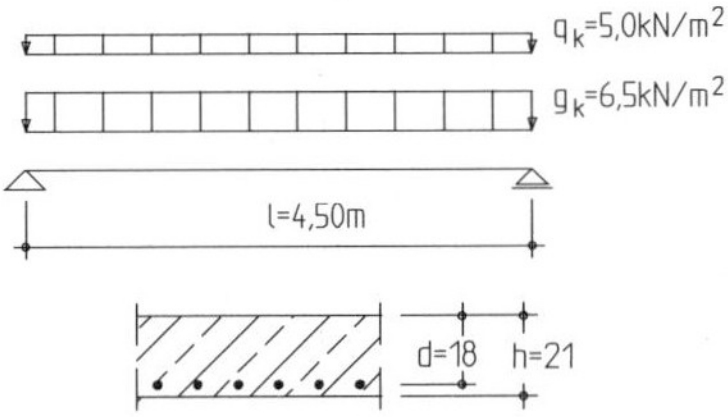

Baustoffe:

C20/25 $\Rightarrow$ $f_{cd} = \alpha \cdot f_{ck} / \gamma_c$
$= 0{,}85 \cdot 20/1{,}5 = 11{,}3$ MN/m²

BSt 500 $\Rightarrow$ $f_{yd} = f_{yk} / \gamma_s$
$= 500 / 1{,}15 = 435$ MN/m²

Bemessungsmoment:

$$M_{Ed} = 0{,}125 \cdot (\gamma_G \cdot g_k + \gamma_Q \cdot q_k) \cdot l^2$$
$$= 0{,}125 \cdot (1{,}35 \cdot 6{,}50 + 1{,}50 \cdot 5{,}00) \cdot 4{,}5^2$$
$$= 41{,}2 \text{ kNm/m}$$

Bemessung:

$M_{Eds} = M_{Ed} = 41{,}2$ kNm/m (wegen $N_{Ed} = 0$)

$k_d = d / \sqrt{(M_{Eds} / b)} = 18 / \sqrt{(41{,}2 / 1{,}0)} = 2{,}80 \quad \Rightarrow \quad k_s = 2{,}45$ (s. S. 14.79, Tafel 2a)

$a_s = k_s \cdot M_{Eds} / d + N_{Ed} / 43{,}5 = 2{,}45 \cdot 41{,}2 / 18 + 0 = 5{,}61$ cm²/ m

Alternativ ist auch eine direkte Bemessung mit Tafel 14.55b möglich:

$M_{Ed} = 41{,}2$ kNm/m
$d = 18$ cm (bzw. $h = 18 + 3 = 21$ cm) $\rightarrow a_s = 5{,}64$ cm²/m (interpoliert)

5.1.2.2 Querkraft

Platten ohne Schubbewehrung

Auf Schubbewehrung darf i. Allg. nur bei Platten verzichtet werden[1]; dabei darf die einwirkende Querkraft V_{Ed} die Bemessungswiderstände $V_{Rd,ct}$ und $V_{Rd,max}$ nicht überschreiten.

Bemessungswiderstand $V_{Rd,ct}$

$$V_{Rd,ct} = [0{,}10 \cdot \kappa \cdot (100 \cdot \rho_l \cdot f_{ck})^{1/3} - 0{,}12 \cdot \sigma_{cd}] \cdot b_w \cdot d \qquad (51)$$

κ $= 1 + \sqrt{200/d} \leq 2$ mit der Nutzhöhe d in mm

b_w kleinste Querschnittsbreite innerhalb der Zugzone in mm

σ_{cd} $\sigma_{cd} = N_{Ed} / A_c$ mit N_{Ed} als Längskraft infolge Last oder Vorspannung (Druck negativ!) in N/mm²

ρ_l Längsbewehrungsgrad $\rho_l = A_{sl} / (b_w \cdot d) \leq 0{,}02$; A_{sl} muss mit d über den betrachteten Querschnitt hinausgeführt und dort verankert sein (s. Skizze).

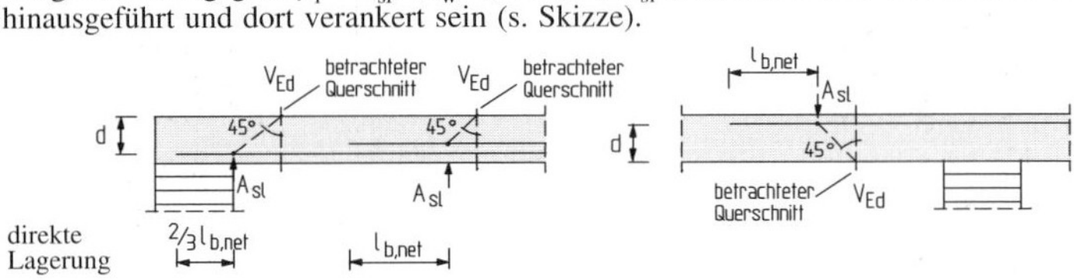

Bemessungswiderstand $V_{Rd,max}$

Der Nachweis der Druckstrebentragfähigkeit ist bei Stahlbetonplatten häufig entbehrlich; es wird auf Abschn. 5.2.2.2 verwiesen.

Platten mit Schubbewehrung

Platten sollten i.d.R. so ausgebildet werden, dass keine Schubbewehrung erforderlich ist ($V_{Ed} \leq V_{Rd,ct}$). Bei einer ggf. erforderlichen Schubbewehrung wird auf Abschn. 5.2.2.2 verwiesen.

---

[1] Für Platten mit $5 \geq b/h \geq 4$ ist eine Mindestschubbewehrung zu beachten, auch wenn rechnerisch keine Schubbewehrung erforderlich ist (s. S. 14.54), Platten mit $b/h < 4$ sind wie Balken zu behandeln (S. 14.65 f).

Beispiel (wird unter Abschn. 5.1.3.2 „Begrenzung der Verformungen“ fortgesetzt)

Eine einfeldrige, einachsig gespannte Platte ist wie dargestellt bewehrt (vgl. auch Abschn. 5.1.2.1); gesucht ist der Nachweis der Tragfähigkeit für Querkraft.

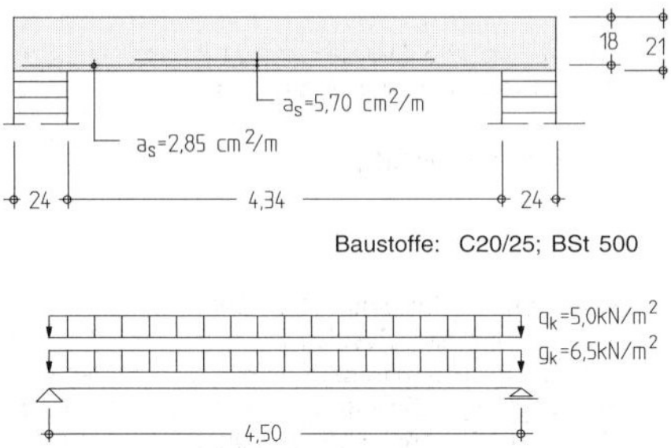

Bemessungsquerkraft:

$V_{d,li} = (1{,}35 \cdot 6{,}5 + 1{,}5 \cdot 5{,}0) \cdot 4{,}5 / 2 = 36{,}6$ kN/m

$V_{Ed} = 36{,}6 - (0{,}08 + 0{,}18) \cdot 16{,}3 = 32{,}4$ kN/m

↑ Bemessungslast

Bemessung:

$V_{Rd,ct} = 0{,}10 \cdot \kappa \cdot (100 \cdot \rho_l \cdot f_{ck})^{1/3} \cdot b_w \cdot d \quad (\sigma_{cd} = 0)$

$\kappa = 2$ (für $d \leq 200$ mm)

$\rho_l = 2{,}85 / (100 \cdot 18) = 0{,}0016$

$V_{Rd,ct} = 0{,}10 \cdot 2 \cdot (0{,}16 \cdot 20)^{1/3} \cdot 1{,}0 \cdot 0{,}18$
$= 0{,}0531$ MN/m $= 53{,}1$ kN/m $> V_{Ed}$

(bei direkter Lagerung Nachweis im Anstand d vom Auflagerrand; vgl. [14.35])

$V_{Rd,max}$: Nachweis bei Platten ohne Längsdruck im Allg. entbehrlich.

5.1.3 Gebrauchstauglichkeit

5.1.3.1 Allgemeines

Im Gebrauchszustand sind Rissbreiten, Verformungen und ggf. Spannungen zu begrenzen. Nachfolgend wird jedoch nur der Nachweis der Verformungsbegrenzung dargestellt.

Bei überwiegend auf Biegung beanspruchten Platten der Expositionsklasse XC 1 mit Gesamtdicken bis zu 20 cm ohne wesentliche Zwangbeanspruchung ist i. d. R. ein Nachweis zur Rissbreitenbegrenzung nicht erforderlich. Für alle anderen Fälle wird auf Abschn. 5.2.3.2 verwiesen.

5.1.3.2 Begrenzung der Verformungen

Die Verformungen eines Tragwerkes müssen so begrenzt werden, dass sie die ordnungsgemäße Funktion und das Erscheinungsbild nicht beeinträchtigen. Zu unterscheiden ist zwischen

- Durchhang f — vertikale Bauteilverformung, bezogen auf die Verbindungslinie der Unterstützungspunkte,
- Durchbiegung w — vertikale Bauteilverformung, bezogen auf die Systemlinie des Bauteils, bei Schalungsüberhöhung also bezogen auf eine überhöhte Lage.

In DIN 1045-1 werden in Abhängigkeit von der Stützweite l (für Kragarme mit $l = 2{,}5 \cdot l_k$) für den Durchhang f bzw. für die Durchbiegung w folgende Grenzen genannt:

- $f \leq l/250$ — zur Gewährleistung eines angemessenen Erscheinungsbildes für den Bauteildurchhang
- $w \leq l/500$ — zur Vermeidung von Schäden an angrenzenden Bauteilen (leichte Trennwände, Verkleidungen, Verglasungen); es gilt die Durchbiegung w, die nach dem Einbau dieser Bauteile auftritt.

Der Nachweis dieser Grenzwerte kann über eine Begrenzung der Biegeschlankheit (s. nachfolgend) erfolgen. Es wird jedoch darauf hingewiesen, dass nach Auffassung verschiedener Autoren mit diesen vereinfachten Nachweisen die zuvor genannten Grenzen häufig nicht eingehalten werden.

Der vereinfachte Nachweis gilt für Stahlbeton-Deckenplatten des üblichen Hochbaus, die mit ausreichender Überhöhung der Schalung hergestellt werden. Hierfür sind folgende Biegeschlankheiten einzuhalten:

$$l_i/d \leq \begin{cases} 35 & \text{allgemein} \\ 150/l_i & \text{für Bauteile mit erhöhten Anforderungen (z. B. zur Vermeidung von Schäden an angrenzenden Bauteilen)} \end{cases}$$

Hierin ist $l_i = \alpha \cdot l$ die Ersatzstützweite mit α nach nebenstehender Tafel. Bei vierseitig gestützten Platten ist die kleinere Stützweite maßgebend, bei dreiseitig gestützten Platten die Stützweite parallel zum freien Rand (ggf. auch die Kraglänge → Nachweis als Kragarm); für Flachdecken gelten die Werte auf der Basis der größeren Stützweite.

Statisches System	$\alpha = l_i / l$
l	1,00
l; Endfeld, min l ≥ 0,8 max l	0,80[1)]
l; Innenfelder, min l ≥ 0,8 max l	0,60[1)]
l_k; ($l = l_k$)	2,40

[1)] Für punktförmig gestützte Platten (Flachdecken) bis C25/30 gilt 0,9 (Endfeld) bzw. 0,7 (Innenfeld).

Bei durchlaufenden Tragwerken dürfen die α-Beiwerte nur verwendet werden, falls für das Stützweitenverhältnis min $l \geq 0{,}8 \cdot$ max l gilt. Bei Kragarmen muss annähernd eine starre Einspannung gegeben sein. Für andere Fälle wird auf [14.13] verwiesen.

Beispiel

Einfeldplatte mit leichten Trennwänden (erhöhten Anforderungen an die Durchbiegung) bei einer Stützweite l = 4,50 m und einer Nutzhöhe d = 18 cm (Fortsetzung des Beispiels von Abschn. 5.1.2.1 u. 5.1.2.2)

$$l_i / d = 4{,}50 / 0{,}18 = 25 < \begin{cases} 35 \\ 150/l_i = 150/4{,}50 = 33 \end{cases} \rightarrow \text{Nachweis erfüllt}$$

„Verbesserter" Nachweis der Biegeschlankheit

Mit dem vereinfachten Nachweis nach DIN 1045-1 (s.vorher) können die genannten Grenzen ($f \leq l/250$ bzw. $w \leq l/500$) rechnerisch häufig nicht nachgewiesen werden. Gemäß DAfStb-H. 525 werden damit dennoch weitgehend schadensfreie Ergebnisse wegen günstiger Einflussparamter wie Überfestigkeiten, konstruktive Randeinspannungen, zweiachsige Lastabtragungen, geringe Belastung u.a. erzielt. Insbesondere wenn diese Einflüsse nicht vorliegen (s. DAfStb-H. 525), sind zusätzliche Überlegungen erforderlich.

In [14.23] wurden erweiterte Tafeln für den Nachweis der Biegeschlankheit *rechnerisch* bestimmt, die nachfolgend wiedergegeben sind und ggf. zusätzlich beachtet werden sollten.

Bei hohen Anforderungen an die Verformungsbegrenzung sollte jedoch in jedem Falle eine rechnerische Kontrolle der Verformungen erfolgen.

Nachweis für Platten (nicht für Flachdecken)

Voraussetzung: $q \leq 5{,}0$ kN/m²; Kriechzahl $\varphi \leq 2{,}50$ (vgl. auch [14.23])

$$d \geq \frac{l_i}{\lambda_i} \cdot k_c \quad \text{mit} \quad l_i = \eta_1 \cdot l_{eff} \text{ und } l_{eff} = l_{min} = L_y \text{ sowie } \eta_1 \text{ gemäß Tafel 14.53a}$$

λ_i nach Tafel 14.53b

$k_c = (f_{ck0} / f_{ck})^{1/6}$ und $f_{ck0} = 20$ N/mm²

Tafel 14.53a η_1-Beiwerte

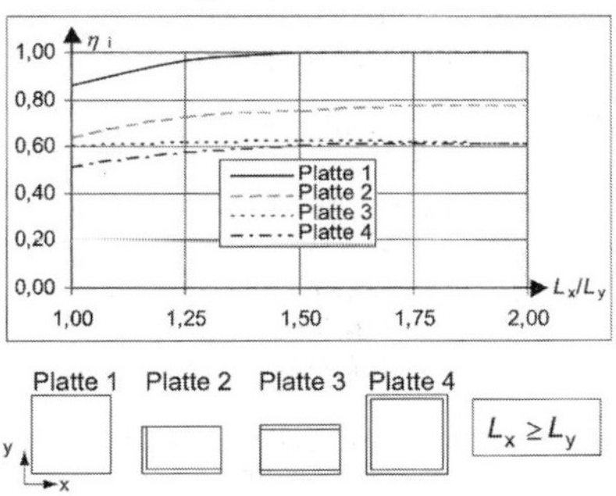

Tafel 14.53b λ_i-Werte

zul. Verformung	l_i	λ_i
$l/250$	≤ 4,0 m	29
	6,0 m	26
	8,0 m	23
	10,0 m	21
	12,0 m	19
$l/500$	≤ 4,0 m	23
	6,0 m	19
	8,0 m	16
	10,0 m	14
	12,0 m	13

Beispiel

Einfeldplatte mit leichten Trennwänden (erhöhte Anforderungen an die Durchbiegung) bei einer Stützweite l = 4,50 m und einer Nutzhöhe d = 18 cm (s. Beispiel oben); Beton C20/25

$l_i = l = 4{,}50$ m

$l_i / d = 4{,}50 / 0{,}18 = 25 > \lambda_i / k_c = 22 / 1 = 22 \rightarrow$

„Verbesserter" Nachweis nicht erfüllt; Überschreitung jedoch unbedenklich, falls der Einbau der Trennwände erst nach dem Ausschalen der Deckenkonstruktion erfolgt (die unmittelbar beim Ausschalen auftretenden Verformungen brauchen dann für den Nachweis $w \leq l/500$ nicht berücksichtigt zu werden).

Nachweis für Flachdecken

Für Flachdecken erfolgt der Nachweis wie bei Platten, jedoch mit $l_i = \alpha_1 \cdot l_{eff}$; dabei ist $\alpha_1 = 0{,}85$ und $l_{eff} = L_{max}$, d. h., der Nachweis erfolgt – anders als bei umfanggelagerten Platten – auf der Basis der größeren Stützweite.

Weitere und ergänzende Hinweise s. DAfStb-H. 525 (s. a. *Bautabellen für Ingenieure*).

5.1.4 Konstruktive Durchbildung

Die nachfolgenden Festlegungen beziehen sich auf einachsig und zweiachsig gespannte Ortbeton-Vollplatten mit einer Breite $b \geq 4\ h$ (s. Abschn. 3.4.1).

Mindestabmessung

Die Mindestdicke von Vollplatten beträgt i. Allg. 70 mm, für Platten mit aufgebogener Querkraftbewehrung 160 mm, bei Platten mit Bügeln 200 mm.

Biegezugbewehrung

Für die **Mindestbiegezugbewehrung** und für die **Höchstbewehrung** gilt Abschn. 5.2.4. Außerdem gilt:

Hauptbewehrung Für die Ausbildung der Hauptbewehrung (Mindest- und Höchstbewehrungsgrade; Verankerungslängen usw.) gilt Abschnitt 5.2.4, soweit nachfolgend nichts anderes festgelegt ist; als Versatzmaß a_l gilt für Platten ohne Schubbewehrung: $a_l = d$.

Querbewehrung Bei Platten ist eine Querbewehrung mit einem Querschnitt von mindestens 20 % der Hauptbewehrung vorzusehen; bei Betonstahlmatten muss $d_s \geq 5$ mm sein.

Stababstände Für die Hauptbewehrung $s_l = 150$ mm für $h \leq 150$ mm, $s_l = 250$ mm für $h \geq 250$ mm | Zwischenwerte interpolieren

Für die Querbewehrung $s_q \leq 250$ mm

Auflagerbewehrung Es sind mindestens 50 % der maximalen Feldbewehrung über das Auflager zu führen und zu verankern.

Konstruktive Einspannbewehrung Eine teilweise, rechnerisch nicht berücksichtigte Endeinspannung sollte mindestens für 25 % des max. Feldmoments bemessen werden; Bewehrung auf der 0,25fachen Feldlänge (vom Auflageranschnitt) anordnen.

Randbewehrung Am freien ungestützten Rand ist eine Bewehrung anzuordnen (s. Abb.). Bei Fundamenten und innen liegenden Bauteilen des üblichen Hochbaus darf hierauf verzichtet werden.

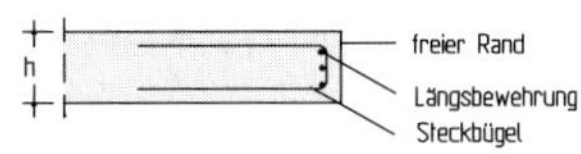

Drillbewehrung (DIN 1045-1, 13.3.2)

Bei drillsteifen Platten ist für die Bemessung der Eckbewehrung das Drillmoment zu berücksichtigen, in anderen Fällen sollte sie konstruktiv angeordnet werden.

Als Drillbewehrung sollte bei vierseitig gelagerten Platten unter Berücksichtigung der vorhandenen Bewehrung angeordnet werden

- Ecken mit zwei frei aufliegenden Rändern: a_{sx} in beiden Richtungen oben und unten
- Ecken mit einem frei aufliegenden und einem eingespannten Rand: $0{,}5\,a_{sx}$ rechtwinklig zum freien Rand

mit $a_{sx} = \max\ a_{s,\text{Feld}}$.

Bei anderen Platten, z. B. bei dreiseitig gelagerten Platten, ist ein rechnerischer Nachweis der Drillbewehrung erforderlich.

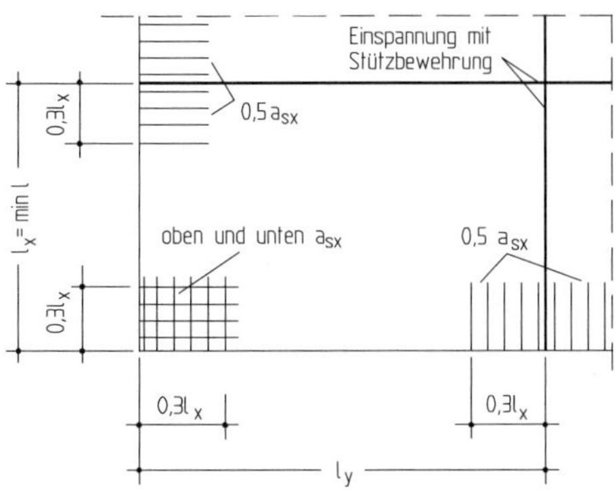

(Darstellung für eine parallel zu den Seiten verlaufende Netzbewehrung)

Querkraftbewehrung

Für die bauliche Durchbildung schubbewehrter Platten gilt Abschn. 5.2.4 mit nachfolgenden Ergänzungen.

- Bei Platten mit $b/h > 5$ darf auf Schubbewehrung verzichtet werden, falls rechnerisch keine Schubbewehrung erforderlich ist.
- Bauteile mit $b/h < 4$ sind als Balken nach Abschn. 5.2.4 zu betrachten.
- Bei Platten mit $5 \geq b/h \geq 4$ und ohne rechnerisch erforderliche Schubbewehrung gilt als Mindestschubbewehrungsgrad der 0,0fache bis 1,0fache Wert nach Tafel 14.66a (Zwischenwerte interpolieren).
- Bei Platten mit $5 \geq b/h \geq 4$ und mit rechnerisch erforderlicher Schubbewehrung ist der 0,6fache bis 1,0fache Wert nach Tafel 5.71a maßgebend.
- Schubbewehrung darf bei $V_{Ed} \leq (1/3) \cdot V_{Rd,max}$ vollständig aus Schrägstäben oder Schubzulagen bestehen, andernfalls gilt Abschn. 5.2.4.
- Für den größten Längs- und Querabstand der Bügel gilt Tafel 14.66b (ohne Berücksichtigung der Absolutwerte in mm).
- Der größte Längsabstand von Aufbiegungen beträgt $s_{max} \leq h$.

5.1.5 Bemessungshilfen für Platten

(weitere Tafeln und Werte s. [14.54])

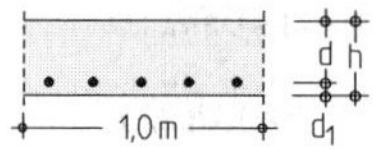

Voraussetzungen für die Tafel 14.55a und 14.55b:
Für die Mindestbewehrung (grau unterlegter Bereich) wurde unterstellt, dass der Randabstand der Bewehrung d_1 = 3 cm und der Hebelarm z nach Rissbildung ≈ 0,9 · d beträgt.

Tafel 14.55a Bemessung für Biegung von Platten ohne Druckbewehrung — **BSt 500; C12/15**

M_{Ed} kNm/m ↓	erf a_s in cm²/m für *d* in cm: 10	12	14	16	18	20	22	24	26
≤6	1,45	1,19	1,22	1,34	1,46	1,57	1,68	1,80	1,92
8	1,97	1,60	1,36	1,34	1,46	1,57	1,68	1,80	1,92
10	2,51	2,03	1,71	1,49	1,46	1,57	1,68	1,80	1,92
12	3,07	2,47	2,07	1,79	1,58	1,57	1,68	1,80	1,92
14	3,66	2,92	2,44	2,10	1,85	1,66	1,68	1,80	1,92
16	4,28	3,38	2,81	2,42	2,13	1,90	1,72	1,80	1,92
18	4,94	3,86	3,20	2,74	2,41	2,15	1,94	1,80	1,92
20	5,65	4,35	3,59	3,07	2,69	2,40	2,16	1,97	1,92
22	6,41	4,86	3,99	3,40	2,97	2,65	2,39	2,18	2,00
24	7,24	5,40	4,40	3,74	3,26	2,90	2,61	2,38	2,19
26		5,95	4,82	4,08	3,55	3,15	2,84	2,59	2,38
28		6,54	5,25	4,43	3,85	3,41	3,07	2,79	2,56
30		7,15	5,69	4,78	4,15	3,67	3,30	3,00	2,75
32		7,80	6,14	5,14	4,45	3,93	3,53	3,21	2,94
34		8,49	6,61	5,51	4,76	4,20	3,77	3,42	3,13
36		9,24	7,10	5,89	5,07	4,47	4,00	3,63	3,33
38			7,60	6,27	5,38	4,74	4,24	3,84	3,52
40			8,12	6,66	5,71	5,01	4,48	4,06	3,71
42			8,66	7,06	6,03	5,29	4,72	4,28	3,91
44			9,23	7,47	6,36	5,57	4,97	4,49	4,11
46			9,82	7,89	6,70	5,85	5,22	4,71	4,30
48			10,4	8,32	7,04	6,14	5,46	4,93	4,50
50				8,77	7,38	6,43	5,72	5,16	4,70

M_{Ed} kNm/m ↓	erf a_s in cm²/m für *d* in cm: 16	18	20	22	24	26	28
55	9,93	8,28	7,17	6,35	5,72	5,21	4,76
60	11,2	9,22	7,93	7,01	6,29	5,72	5,25
65		10,2	8,73	7,68	6,88	6,24	5,72
70		11,3	9,55	8,36	7,47	6,77	6,20
75		12,4	10,4	9,07	8,08	7,31	6,69
80		13,6	11,3	9,80	8,70	7,86	7,18
85			12,2	10,5	9,34	8,41	7,67
90			13,2	11,3	9,99	8,98	8,18
95			14,3	12,1	10,7	9,56	8,69
100			15,4	13,0	11,4	10,2	9,21
110				14,7	12,8	11,4	10,3
120				16,7	14,3	12,6	11,4
130					15,9	14,0	12,5
140					17,7	15,4	13,7
150						16,9	14,9
160						18,5	16,2
170						20,2	17,6
180							19,0
190							20,6
200							

Unterhalb der gestrichelten Linie ist die Druckzonenhöhe *x/d* > 0,45 (s. S. 14.39).

Tafel 14.55b Bemessung für Biegung von Platten ohne Druckbewehrung — **BSt 500; C20/25**

M_{Ed} kNm/m ↓	erf a_s in cm²/m für *d* in cm: 10	12	14	16	18	20	22	24	26
≤6	1,42	1,53	1,68	1,84	2,01	2,16	2,31	2,48	2,64
8	1,91	1,58	1,68	1,84	2,01	2,16	2,31	2,48	2,64
10	2,42	1,98	1,69	1,84	2,01	2,16	2,31	2,48	2,64
12	2,93	2,40	2,03	1,84	2,01	2,16	2,31	2,48	2,64
14	3,46	2,81	2,38	2,07	2,01	2,16	2,31	2,48	2,64
16	3,99	3,24	2,74	2,37	2,10	2,16	2,31	2,48	2,64
18	4,55	3,67	3,09	2,68	2,37	2,16	2,31	2,48	2,64
20	5,12	4,11	3,45	2,99	2,64	2,36	2,31	2,48	2,64
22	5,70	4,56	3,82	3,30	2,91	2,60	2,36	2,48	2,64
24	6,30	5,01	4,19	3,61	3,18	2,85	2,58	2,48	2,64
26	6,93	5,48	4,56	3,93	3,46	3,09	2,80	2,55	2,64
28	7,57	5,95	4,94	4,25	3,73	3,33	3,02	2,75	2,64
30	8,24	6,43	5,33	4,57	4,01	3,58	3,24	2,95	2,72
32	8,93	6,92	5,72	4,90	4,29	3,83	3,46	3,16	2,90
34	9,66	7,42	6,11	5,22	4,57	4,08	3,68	3,36	3,09
36	10,4	7,93	6,51	5,56	4,86	4,33	3,90	3,56	3,27
38	11,2	8,46	6,92	5,89	5,15	4,58	4,13	3,76	3,46
40	12,1	9,00	7,33	6,23	5,43	4,83	4,36	3,97	3,65
42	13,0	9,55	7,74	6,57	5,73	5,09	4,58	4,17	3,83
44		10,1	8,17	6,91	6,02	5,34	4,81	4,38	4,02
46		10,7	8,60	7,26	6,31	5,60	5,04	4,59	4,21
48		11,3	9,04	7,61	6,61	5,86	5,27	4,79	4,40
50		11,9	9,48	7,97	6,91	6,12	5,50	5,00	4,59

M_{Ed} kNm/m ↓	erf a_s in cm²/m für *d* in cm: 14	16	18	20	22	24	26	28
55	10,6	8,88	7,67	6,78	6,08	5,52	5,06	4,68
60	11,8	9,81	8,45	7,45	6,67	6,05	5,54	5,12
65	13,1	10,8	9,24	8,13	7,27	6,59	6,03	5,56
70	14,4	11,8	10,1	8,82	7,87	7,13	6,51	6,01
75	15,9	12,8	10,9	9,52	8,46	7,67	7,01	6,46
80	17,4	13,9	11,7	10,2	9,11	8,22	7,50	6,91
85		15,0	12,6	11,0	9,74	8,78	8,01	7,36
90		16,2	13,5	11,7	10,4	9,34	8,51	7,82
95		17,4	14,4	12,5	11,0	9,91	9,02	8,29
100		18,7	15,4	13,2	11,7	10,5	9,54	8,75
110			17,4	14,8	13,0	11,7	10,6	9,70
120			19,5	16,5	14,4	12,9	11,6	10,7
130			21,8	18,2	15,8	14,1	12,7	11,6
140				20,1	17,3	15,4	13,8	12,6
150				22,0	18,9	16,7	15,0	13,6
160				24,1	20,5	18,0	16,1	14,7
170					22,2	19,4	17,3	15,7
180					24,0	20,8	18,5	16,8
190					25,9	22,3	19,8	17,9
200					27,9	23,8	21,1	19,0
220						27,1	23,7	21,3
240						30,8	26,6	23,7
260							29,7	26,2

(s. Anmerkungen in Tafel 14.55a)

Tafel 14.56a Bemessung für Querkraft (ohne Schubbewehrung aufnehmbare Querkraft $V_{Rd,ct}$ in kN/m)

BSt 500; C12/15

$a_{sl,vorh}$ cm²/m ↓	$V_{Rd,ct}$ [kN/m] für eine Nutzhöhe d [cm] 10	12	14	16	18	20	22	24	26	28
2,0	26,8	30,2	33,5	36,6	39,6	42,5	44,2	45,9	47,5	49,1
4,0	33,7	38,1	42,2	46,2	49,9	53,6	55,7	57,8	59,9	61,8
6,0	38,6	43,6	48,3	52,8	57,1	61,3	63,8	66,2	68,5	70,8
8,0	42,5	48,0	53,2	58,1	62,9	67,5	70,2	72,9	75,4	77,9
10,0		51,7	57,3	62,6	67,8	72,7	75,7	78,5	81,3	83,9
12,0			60,9	66,6	72,0	77,2	80,4	83,4	86,3	89,2
14,0					75,8	81,3	84,6	87,8	90,9	93,9
16,0						85,0	88,5	91,8	95,0	98,2
18,0							92,0	95,5	98,8	102,1
20,0									102,4	105,7
22,0									105,7	109,1

Tafel 14.56b Bemessung für Querkraft (ohne Schubbewehrung aufnehmbare Querkraft $V_{Rd,ct}$ in kN/m)

BSt 500; C20/25

$a_{sl,vorh}$ cm²/m ↓	$V_{Rd,ct}$ [kN/m] für eine Nutzhöhe d [cm] 10	12	14	16	18	20	22	24	26	28
2,0	31,7	35,9	39,7	43,4	47,0	50,4	52,5	54,4	56,3	58,2
4,0	40,0	45,2	50,1	54,7	59,2	63,5	66,1	68,6	71,0	73,3
6,0	45,8	51,7	57,3	62,6	67,8	72,7	75,7	78,5	81,3	83,9
8,0	50,4	56,9	63,1	68,9	74,6	80,0	83,3	86,4	89,4	92,4
10,0	54,3	61,3	67,9	74,3	80,3	86,2	89,7	93,1	96,3	99,5
12,0	57,7	65,1	72,2	78,9	85,4	91,6	95,3	98,9	102,4	105,7
14,0	60,7	68,6	76,0	83,1	89,9	96,4	100,3	104,1	107,8	111,3
16,0		71,7	79,5	86,9	94,0	100,8	104,9	108,9	112,7	116,4
18,0			82,6	90,3	97,7	104,8	109,1	113,2	117,2	121,0
20,0			85,6	93,6	101,2	108,6	113,0	117,3	121,4	125,4
22,0					104,5	112,1	116,7	121,1	125,3	129,4
24,0						115,4	120,1	124,6	129,0	133,2
26,0							123,3	128,0	132,5	136,8
28,0							126,4	131,2	135,8	140,2
30,0								134,2	138,9	143,5
32,0								137,2	142,0	146,6

Tafel 14.56c Erforderliche Nutzhöhe *d* für die Begrenzung der Biegeschlankeit

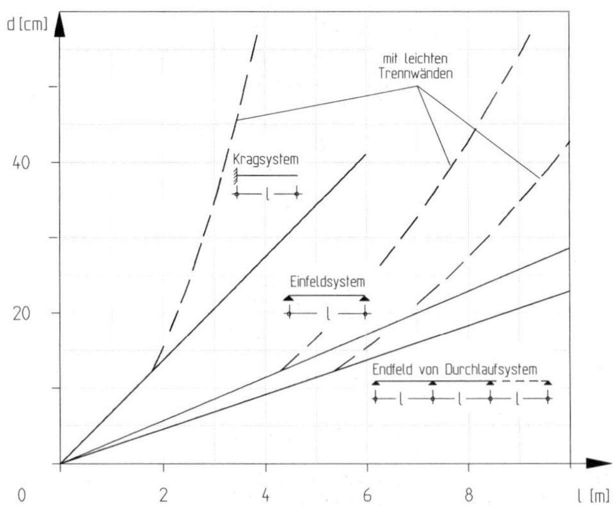

Voraussetzung für die Anwendung von Tafel 14.56c s. S. 14.52 (vgl. jedoch auch den „verbesserten“ Nachweis auf S. 14.53)

5.2 Balken, Plattenbalken

5.2.1 Schnittgrößen

Für die Kombination der Einwirkungen gilt Abschn. 3.1.2 bis 3.1.4. Die Tragwerksidealisierung und die Berechnungsverfahren sind in Abschn. 3.4 und 3.5 dargestellt; weitere Hinweise siehe dort.

5.2.2 Tragfähigkeit

5.2.2.1 Biegung und Längskraft

Allgemeine Grundlagen

Annahmen und Voraussetzungen (s. auch Bautabellen für Ingenieure)

Für die Bestimmung der Grenztragfähigkeit von Querschnitten gelten folgende Annahmen:

- Ebenbleiben der Querschnitte (d. h. geradlinige Dehnungsverteilung)
- vollkommener Verbund (Dehnungen der Bewehrung und des Betons sind in einer Faser gleich)
- Die Zugfestigkeit des Betons darf im Grenzzustand der Tragfähigkeit nicht berücksichtigt werden.
- Für die (Druck-)Spannungen des Betons gilt die σ-ε-Linie der Querschnittsbemessung nach Abschn. 2.2.1, für die Spannungen im Betonstahl die nach Abschn. 2.2.2.
- Die Dehnungen im Beton sind bei einer dreieckförmigen Verteilung auf −3,5 ‰ zu begrenzen, bei zentrischem Druck (rechteckige Verteilung) auf −2,0 ‰, zwischen diesen Grenzen darf interpoliert werden (Ausnahmen s. *Bautabellen für Ingenieure*).
- Für Betonstahl gilt eine Dehnungsbegrenzung auf $\varepsilon_s \leq 25$ ‰.

Versagen ohne Vorankündigung, duktiles Bauteilverhalten

Ein Querschnittsversagen ohne Vorankündigung bei Erstrissbildung muss vermieden werden. Hierfür ist eine Mindestbewehrung nach Abschn. 5.2.4 anzuordnen.

Schnittgrößen in der Schwerachse und „versetzte" Schnittgrößen

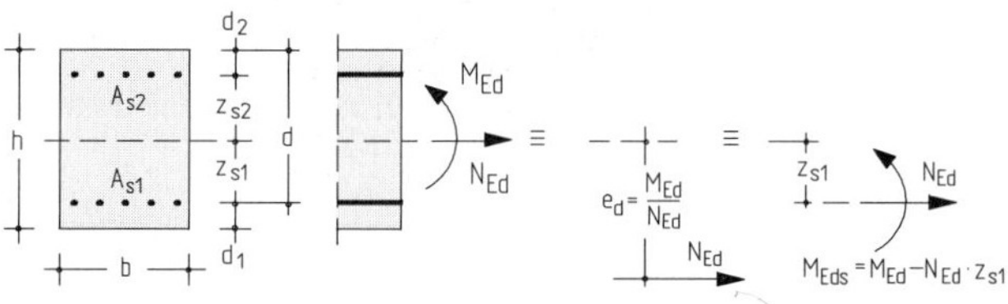

Für die Bemessung müssen häufig die auf die Schwerachse bezogenen Schnittgrößen in ausgewählte, „versetzte" Schnittgrößen (i. Allg. auf die Zugbewehrung) umgewandelt werden.

Bemessung für mittigen Zug oder Zugkraft mit kleiner Ausmitte

Die Kraft greift innerhalb der Bewehrungslagen an (d. h. $e_d = M_{Ed}/N_{Ed} \leq z_{s1}$). Sie muss ausschließlich durch Bewehrung aufgenommen werden. Unter der Annahme, dass in beiden Bewehrungslagen die Streckgrenze erreicht wird, erhält man

$$A_{s1} = \frac{N_{Ed}}{f_{yd}} \cdot \frac{z_{s2} + e_d}{z_{s1} + z_{s2}} \qquad (57.1a)$$

$$A_{s2} = \frac{N_{Ed}}{f_{yd}} \cdot \frac{z_{s1} - e_d}{z_{s1} + z_{s2}} \qquad (57.1b)$$

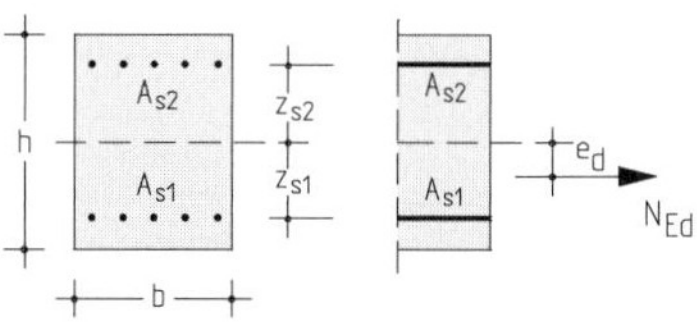

Beispiel 1

Zugstab mit Bemessungsschnittgrößen infolge von Biegung und Längskraft nach Abb., BSt 500

$$f_{yd} = f_{yk}/\gamma_s = 500/1{,}15 = 435 \text{ MN/m}^2$$

$$e_d = M_{Ed}/N_{Ed} = 40/800 = 0{,}05 \text{ m} < 0{,}20 \text{ m}$$

$$A_{s1} = \frac{0{,}800}{435} \cdot \frac{0{,}20 + 0{,}05}{0{,}20 + 0{,}20} \cdot 10^4 = 11{,}5 \text{ cm}^2$$

$$A_{s2} = \frac{0{,}800}{435} \cdot \frac{0{,}20 - 0{,}05}{0{,}20 + 0{,}20} \cdot 10^4 = 6{,}9 \text{ cm}^2$$

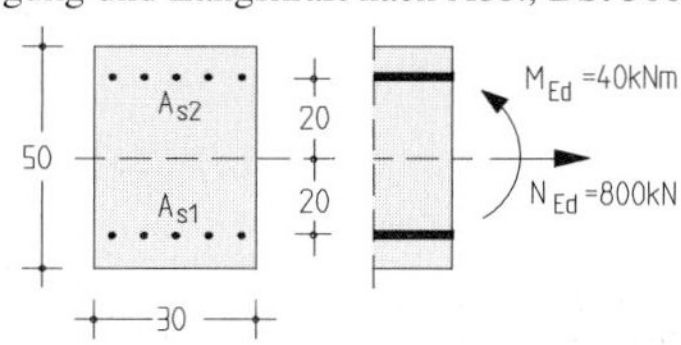

(Hinweis: Bei Zuggliedern ist stets ein Nachweis zur Begrenzung der Rissbreite zu führen; hierfür ist es häufig erforderlich, $\sigma_s \leq f_{yd}$ zu wählen.)

Biegung (mit Längskraft)

Beispiel 2 (wird unter Abschn. 5.2.2.2 „Querkraft" fortgesetzt)

Ein einfeldriger Plattenbalken ist für die größte Biegebeanspruchung in Feldmitte zu bemessen. Es seien die angegebenen charakteristischen Lasten vorhanden.

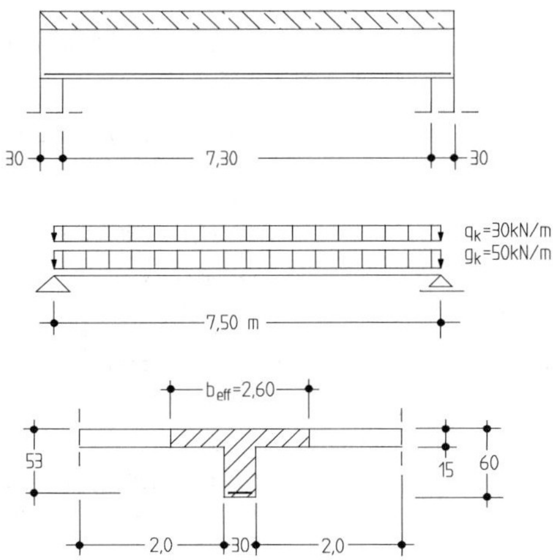

Baustoffe:

C30/37 $f_{ck} = 30$ MN/m²
$f_{cd} = \alpha \cdot f_{ck} / \gamma_c$
$= 0{,}85 \cdot 30/1{,}5 = 17$ MN/m²

BSt 500 $f_{yk} = 500$ MN/m²
$f_{yd} = f_{yk} / \gamma_s = 500/1{,}15 = 435$ MN/m²

Bemessungsmoment:

max $M_{Ed} = 0{,}125 \cdot (1{,}35 \cdot 50 + 1{,}50 \cdot 30) \cdot 7{,}5^2$
$= 791$ kNm

mitwirkende Plattenbreite:
(s. S. 14.37, Abschn. 3.4.2)

$b_{eff} = b_w + 2 \cdot (0{,}2 \cdot b_i + l_0 /10)$
$= 0{,}30 + 2 \cdot (0{,}2 \cdot 2{,}0 + 7{,}50 /10) = 2{,}60$ m

Bemessung:

$M_{Eds} = M_{Ed} = 791$ kNm
$\mu_{Eds} = M_{Eds} / (b_{eff} \cdot d^2 \cdot f_{cd})$
$= 0{,}791 / (2{,}60 \cdot 0{,}53^2 \cdot 17{,}0) = 0{,}064$
$\rightarrow \xi = 0{,}09$ (s. Abschn. 6, Tafel 1)
$x = \xi \cdot d = 0{,}09 \cdot 53 \approx 5$ cm < 15 cm
d. h., Druckzone innerhalb der rechteckigen Platte, Bemessung als Rechteckquerschnitt
$\Rightarrow \omega = 0{,}0664$ (s. Abschn. 6, Tafel 1)
$A_s = \omega \cdot b_{eff} \cdot d / (f_{yd} / f_{cd})$
$= 0{,}0664 \cdot 260 \cdot 53 / (435/17{,}0) = 35{,}8$ cm²

Beispiel 3

Für den dargestellten Trapezquerschnitt ist im Grenzzustand der Tragfähigkeit die erforderliche Bewehrung zu bestimmen. In der Betondruckzone wird näherungsweise eine rechteckförmige Spannungsverteilung entsprechend Abschn. 2.2.1 (S. 14.33) angenommen.

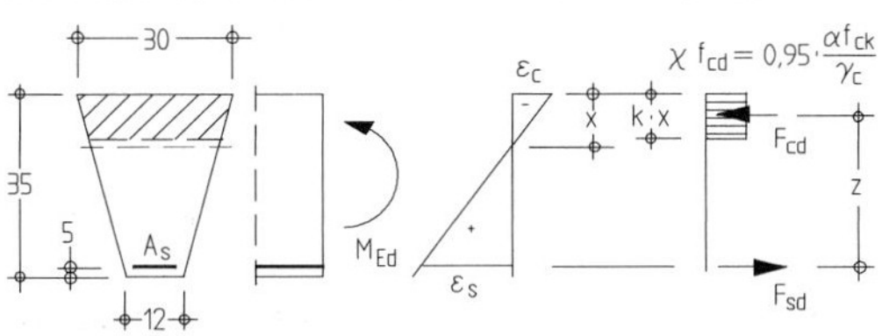

Baustoffe:

C20/25: $\chi \cdot f_{cd} = 0{,}95 \cdot (0{,}85 \cdot 20 / 1{,}5)$
$= 10{,}8$ MN/m²

(Eine weitere Abminderung mit dem Faktor 0,9 entfällt, da die Querschnittsbreite zum Druckrand hin zunimmt.)

BSt 500: $f_{yd} = 435$ MN/m²

Bemessung:

Dehnungsverteilung: $\varepsilon_c / \varepsilon_s = -3{,}5/5{,}7$ in ‰ (Annahme; s. unten)
$\Rightarrow x = d \cdot |\varepsilon_c| / (|\varepsilon_c| + \varepsilon_s) = 0{,}30 \cdot 3{,}5 / (3{,}5 + 5{,}7) = 0{,}114$ m

Betondruckkraft: $F_{cd} = A_{cc,red} \cdot (\chi \cdot f_{cd})$
$A_{cc,red} = 0{,}5 \cdot (b_o + b_{k \cdot x}) \cdot (k \cdot x) = 0{,}5 \cdot (0{,}30 + 0{,}253) \cdot 0{,}8 \cdot 0{,}114 = 0{,}0252$ m²
$F_{cd} = 0{,}0252 \cdot 10{,}8 = 0{,}272$ MN

Hebelarm z: $z = d - a = 0{,}30 - 0{,}044 = 0{,}256$ m (a Schwerpunktabstand der trapezförmigen reduzierten Druckzone vom oberen Rand)

Identitätsbedingung: $M_{Ed} \equiv F_{cd} \cdot z$
$0{,}070 \equiv 0{,}272 \cdot 0{,}256 = 0{,}070$ MNm $\Rightarrow$ Dehnungsverteilung richtig geschätzt

Stahlzugkraft: $F_{sd} = F_{cd} = 0{,}272$ MN (Gleichgewicht im Querschnitt bei reiner Biegung)

Bewehrung: $\varepsilon_s = 5{,}7$ ‰ $\Rightarrow \sigma_{sd} = f_{yd} = 435$ MN/m²
$A_s = F_{sd} / f_{yd} = 0{,}272/435 = 6{,}3 \cdot 10^{-4}$ m² $= 6{,}3$ cm²

5.2.2.2 Querkraft

Nachweisform

Es ist nachzuweisen, dass der Bemessungswert der einwirkenden Querkraft V_{Ed} den Bemessungswert des Widerstandes V_{Rd} nicht überschreitet.

$$\boxed{V_{Ed} \leq V_{Rd}} \tag{59.1}$$

Bemessungswert V_{Ed} der einwirkenden Querkraft

Der Druckstrebennachweis ist für die ungünstigste Querkraft V_{Ed} im Tragwerk zu führen. Für die Ermittlung der Schubbewehrung gilt als Querkraft V_{Ed} im Auflagerbereich bei gleichmäßig verteilter Belastung
- unmittelbare (direkte) Stützung ⇒ V_{Ed} im Abstand $1{,}0 \cdot d$ vom Auflagerrand
- mittelbare (indirekte) Stützung ⇒ V_{Ed} am Auflagerrand.

(Bei Bauteilen mit veränderlicher Bauhöhe sind ggf. zusätzlich die Querkraftkomponenten der geneigten Gurtkräfte F_{cd} und F_{sd} zu berücksichtigen; s. *Bautabellen für Ingenieure*)

Bemessungswert der aufnehmbaren Querkraft V_{Rd}

Der Bemessungswert der aufnehmbaren Querkraft V_{Rd} bei Bauteilen mit Schubbewehrung wird durch einen der beiden nachfolgend genannten Werte bestimmt:
- $V_{Rd,max}$ Bemessungswert der Querkraft, die ohne Versagen des Balkenstegs („Betondruckstrebe") aufnehmbar ist
- $V_{Rd,sy}$ Bemessungswert der aufnehmbaren Querkraft eines Bauteils mit Schubbewehrung (d. h. Querkraft, die ohne Versagen der „Zugstrebe" aufgenommen werden kann).

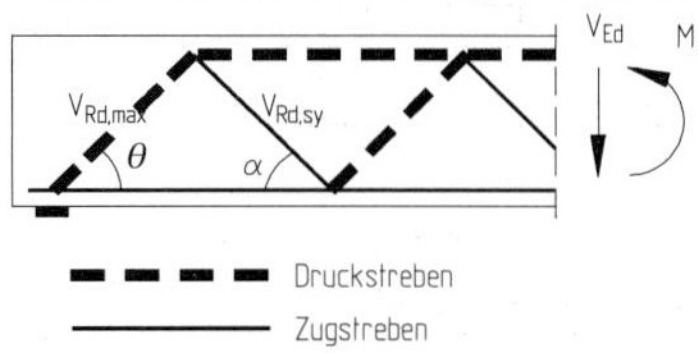

Das dargestellte, stark vereinfachte Fachwerkmodell erläutert das Tragverhalten eines Stahlbetonträgers. Druck- und Zuggurt sind durch Fachwerkstäbe verbunden, wobei die Druckstrebenkraft $V_{Rd,max}$ vom Beton und die Zugstrebenkraft $V_{Rd,sy}$ von der Schubbewehrung aufgenommen wird.

Bemessung von Bauteilen mit Querkraftbewehrung

In Balken, Plattenbalken und einachsig gespannten Platten mit $b/h < 5$ muss eine Mindestschubbewehrung angeordnet werden, auch wenn rechnerisch keine Schubbewehrung erforderlich ist. Wenn die Querkraft V_{Ed} den Widerstand $V_{Rd,ct}$ (s. Abschn. 5.1.2.2) überschreitet, ist die Schubbewehrung zu bemessen, so dass:

$V_{Ed} \leq V_{Rd,max}$ (Nachweis der „Druckstrebe")
$V_{Ed} \leq V_{Rd,sy}$ (Nachweis der „Zugstrebe")

Bemessungswiderstand $V_{Rd,max}$

$$\boxed{V_{Rd,max} = \alpha_c \cdot f_{cd} \cdot b_w \cdot z \cdot \frac{(\cot\theta + \cot\alpha)}{(1 + \cot^2\theta)}} \tag{59.2}$$

mit $f_{cd} = \alpha \cdot f_{ck} / \gamma_c$
$\alpha_c = 0{,}75$ (Wirksamkeitsfaktor)
b_w kleinste Stegbreite
z Hebelarm der inneren Kräfte; näherungsweise $z \approx 0{,}9 \cdot d \leq d - 2 \cdot c_{nom}$ (mit c_{nom} als Betondeckung der Längsbewehrung in der Druckzone)
θ Neigungswinkel der Druckstrebe (s. u.)
α Winkel zwischen Schubbewehrung und Bauteilachse (für senkrechte Bügel vereinfacht sich die Gleichung mit $\cot\alpha = 0$ entsprechend; s. S. 14.60)

Bemessungswiderstand $V_{Rd,sy}$

$$\boxed{V_{Rd,sy} = a_{sw} \cdot f_{yd} \cdot z \cdot (\cot\theta + \cot\alpha) \cdot \sin\alpha} \tag{59.3}$$

mit f_{yd} Bemessungswert der Stahlfestigkeit der Schubbewehrung
$a_{sw} = A_{sw} / s_w$ (Querschnitt der Schubbewehrung je Längeneinheit)
θ Neigungswinkel der Druckstrebe; hierfür gilt

näherungsweise $\cot\theta = 1{,}2$ bei „reiner" Biegung sowie Biegung mit Längsdruck
$\cot\theta = 1{,}0$ bei Biegung mit Längszug

genauer $\cot\theta \leq (1{,}2 - 1{,}4 \cdot \sigma_{cd} / f_{cd}) \,/\, (1 - V_{Rd,c} / V_{Ed}) \; {\geq 0{,}58^{*)} \atop \leq 3{,}00}$

mit $V_{Rd,c} = [0{,}24 \cdot f_{ck}^{1/3} \cdot (1 + 1{,}2 \cdot (\sigma_{cd} / f_{cd}))] \cdot b_w \cdot z$
$\sigma_{cd} = N_{Ed} / A_c$ (σ_{cd} als Druck negativ)

---

*) Nach [14.21] sollte $\cot\theta < 1$ nur in Ausnahmefällen verwendet werden, bei Längszug ist $\cot\theta \geq 1$ einzuhalten.

Sonderfall: Bauteile mit lotrechter Schubbewehrung ($\alpha = 90°$) und ohne Längskraft ($\sigma_{cd} = 0$)

Bei lotrechter Schubbewehrung ($\alpha = 90°$) vereinfachen sich vorstehende Gleichungen. Außerdem ist häufig (Durchlaufträger) die Längskraft $N_{Ed} = 0$ (d. h. $\sigma_{cd} = 0$). Hierfür lauten Gln. (59.2) und (59.3):

Bemessungswiderstand $V_{Rd,max}$

$$V_{Rd,max} = \alpha_c \cdot f_{cd} \cdot b_w \cdot z \,/\, (\tan\theta + \cot\theta) \qquad (60.1)$$

Schubbewehrung a_{sw}

$$a_{sw} = V_{Ed} \,/\, (\cot\theta \cdot f_{yd} \cdot z) \qquad (60.2)$$

Neigungswinkel θ: *näherungsweise*: $\cot\theta = 1{,}2$

genauer: $\cot\theta \leq 1{,}2 \,/\, (1 - 0{,}24 \cdot f_{ck}^{1/3} \cdot b_w \cdot z \,/\, V_{Ed})$ $\geq 0{,}58$*) $\leq 3{,}00$

Werte $\alpha_c \cdot f_{cd}$ *und* $0{,}24 \cdot f_{ck}^{1/3}$

Betonfestigkeitsklasse C	12/15	16/20	20/25	25/30	30/37	35/45	40/50	45/55	50/60
$\alpha_c \cdot f_{cd}$ in MN/m²	5,10	6,80	8,50	10,6	12,8	14,9	17,0	19,1	21,2
$0{,}24 \cdot f_{ck}^{1/3}$ in MN/m²	0,55	0,60	0,65	0,70	0,75	0,79	0,82	0,85	0,88

Beispiel (wird auf S. 14.61 „Anschluss Druckgurt" fortgesetzt)

Für den dargestellten Stahlbetonträger ist die Querkrafttragfähigkeit bei lotrechter Schubbewehrung nachzuweisen. Es wird das Standardverfahren und das Verfahren mit variabler Druckstrebenneigung gezeigt.

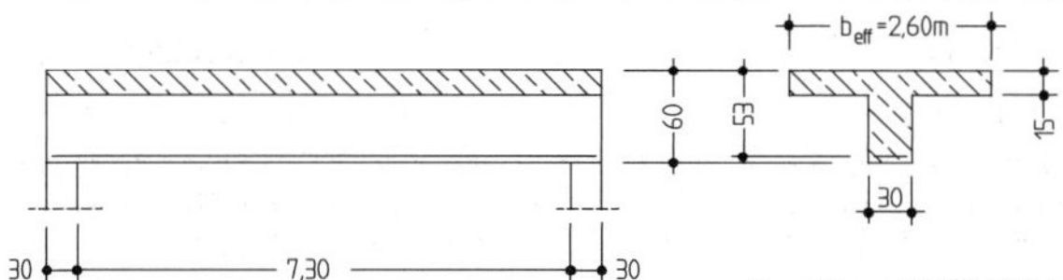

Baustoffe: C30/37; BSt 500

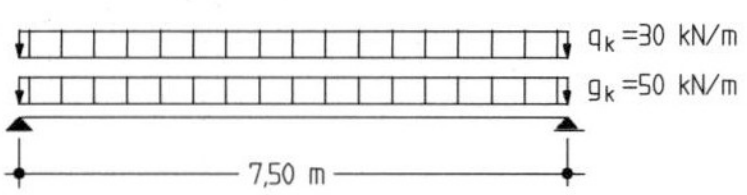

Bemessungsquerkraft:

$V_{Ed} = (1{,}35 \cdot 50 + 1{,}50 \cdot 30) \cdot 7{,}50/2 = 422$ kN

$V_{Ed,w} = 422 - (0{,}10 + 0{,}53) \cdot 112{,}5 = 351$ kN

↑ Bemessungslast

Bemessungswiderstand $V_{Rd,max}$

$V_{Rd,max} = \alpha_c \cdot f_{cd} \cdot b_w \cdot z \,/\, (\tan\theta + \cot\theta)$

$z \approx 0{,}9 \cdot d$

$\cot\theta = 1{,}2$ (näherungsweise; s. o.)

$\alpha_c \cdot f_{cd} = 12{,}8$ MN/m² (s. Tafel oben)

$V_{Rd,max} = 12{,}8 \cdot 0{,}30 \cdot 0{,}9 \cdot 0{,}53 \,/\, (0{,}83 + 1{,}20) = 0{,}901 \text{ MN} > V_{Ed} = 0{,}422$ MN

Schubbewehrung a_{sw}

$a_{sw} = V_{Ed,w} \,/\, (\cot\theta \cdot f_{yd} \cdot z)$

$\cot\theta = 1{,}20$ (s. o.; die genauere Lösung ergibt $\cot\theta = 1{,}73$ mit entsprechend geringerer Querkraftbewehrung, aber auch geringerer Tragfähigkeit $V_{Rd,max}$.)

$a_{sw} = 0{,}351/(1{,}20 \cdot 435 \cdot 0{,}9 \cdot 0{,}53) = 14{,}1 \cdot 10^{-4}$ m²/m $= 14{,}1$ cm²/m

Auflagernahe Einzellasten

Für Einzellasten im Abstand $x \leq 2{,}5 \cdot d$ vom Auflagerrand darf bei *direkter* Lagerung die Querkraftbewehrung für einen mit dem Beiwert $\beta = x \,/\, (2{,}5 \cdot d)$ reduzierten Querkraftanteil der Einzellast ermittelt werden. Beim Nachweis von $V_{Rd,max}$ darf diese Abminderung jedoch nicht vorgenommen werden.

Eine Bemessung sollte mit Stabwerkmodellen erfolgen (die „direkte" Anwendung der zuvor gezeigten Gleichungen ist problematisch). Weitere Hinweise s. [14.55].

Schubkraftübertragung in Fugen

Die Übertragung von Schubkräften in den Fugen zwischen nebeneinander liegenden Fertigteilen oder zwischen Ortbeton und einem vorgefertigten Bauteil sowie zwischen nacheinander betonierten Ortbetonabschnitten wird maßgeblich durch die Rauigkeit und Oberflächenbeschaffenheit der Fuge bestimmt. Die aufnehmbare Schubkraft in Fugen von Verbundbauteilen ist im Allgemeinen nachzuweisen.

*) S. Fußnote S. 14.59.

Anschluss von Druck- und Zuggurten

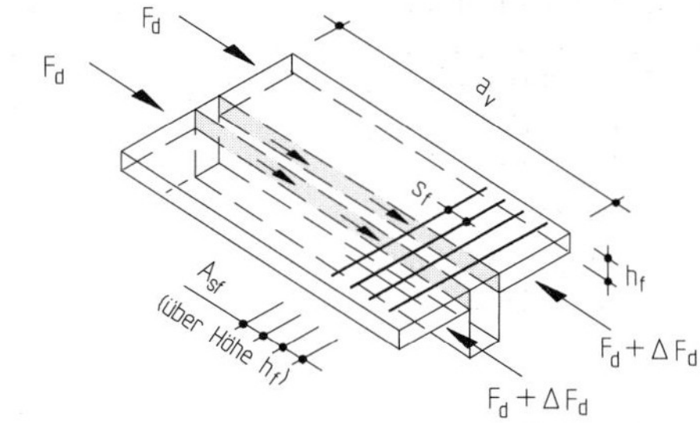

Die Schubkraft V_{Ed} darf die Tragfähigkeiten $V_{Rd,max}$ und $V_{Rd,sy}$ nicht überschreiten.

$$V_{Ed} \le V_{Rd,max} \qquad (61.1a)$$
$$V_{Ed} \le V_{Rd,sy} \qquad (61.1b)$$

Schubkraft V_{Ed}

Die einwirkende Längsschubkraft beträgt

$$V_{Ed} = \Delta F_d \qquad (61.2)$$

ΔF_d Längskraftdifferenz in einem einseitigen Gurtabschnitt auf der Länge a_v

a_v Abschnittslänge, in der die Längsschubkraft konstant angenommen werden darf, höchstens jedoch der halbe Abstand zwischen Momentennullpunkt und Momentenhöchstwert (bei nennenswerten Einzellasten sollte die jeweilige Abschnittslänge nicht über die Querkraftsprünge hinausgehen)

Tragfähigkeit $V_{Rd,max}$ und $V_{Rd,sy}$

Üblicherweise wird die Anschlussbewehrung $a_{sf} = A_{sf} / s_f$ senkrecht zur Fuge verlegt; hierfür gilt

$$V_{Rd,max} = \alpha_c \cdot f_{cd} \cdot h_f \cdot a_v \,/\, (\tan\theta + \cot\theta) \qquad (61.3)$$
$$a_{sw} = V_{Ed} / (\cot\theta \cdot f_{yd} \cdot a_v) \qquad (61.4)$$

Der Neigungswinkel ϑ darf in Zuggurten zu $\cot\theta = 1$ und in Druckgurten zu $\cot\theta = 1{,}2$ gesetzt werden.

Kombinierte Beanspruchung durch Schub und Querbiegung:

Bei einer Beanspruchung durch Schub und Querbiegung ist der größere erforderliche Stahlquerschnitt aus den beiden Beanspruchungsarten anzuordnen (DIN 1045-1, 10.3.5). Die Biegedruck- und Biegezugzone sind dabei mit je der Hälfte der erforderlichen Anschlussbewehrung getrennt zu betrachten.

Beispiel

Nachweis für den Anschluss eines Druckgurts (Querbiegung ist zusätzlich nachzuweisen). Fortsetzung des Beispiels von S. 14.60.

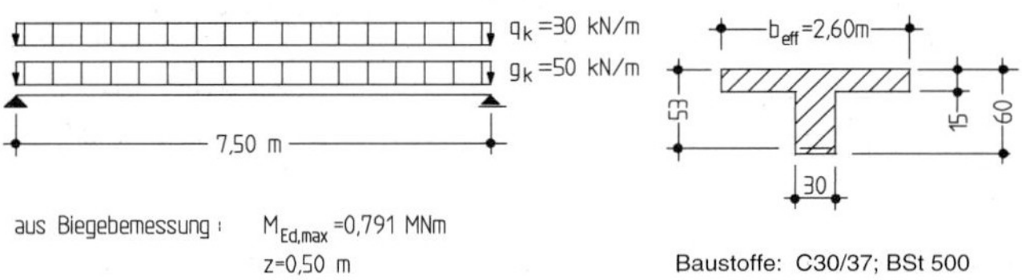

$V_{Ed} = \Delta F_d \qquad \Delta F_d \approx F_{cd} \cdot A_{ca} / A_{cc} \approx F_{cd} \cdot b_a / b_f = 1{,}186 \cdot 1{,}15 \,/\, 2{,}60 = 0{,}525$ MN

$F_{cd} = M_{Ed} / z = 0{,}593 / 0{,}50 = 1{,}186$ MN (bei $x = a_v = 1{,}88$ m; s. u.)

$b_a = (2{,}60 - 0{,}30) / 2 = 1{,}15$ m

$V_{Rd,max} = \alpha_c \cdot f_{cd} \cdot h_f \cdot a_v \,/\, (\tan\theta + \cot\theta) = 12{,}8 \cdot 0{,}15 \cdot 1{,}88 \,/\, (0{,}83 + 1{,}2) = 1{,}775 \text{ MN} > \Delta F_d$

$a_v = 1{,}88$ m halber Abstand zwischen $M = 0$ und $M = M_{max}$

$a_{sw} = V_{Ed} / (\cot\theta \cdot f_{yd} \cdot a_v) = 0{,}525 / (1{,}20 \cdot 435 \cdot 1{,}88) = 5{,}35 \cdot 10^{-4}\ \text{m}^2/\text{m} = 5{,}35\ \text{cm}^2/\text{m}$

Vorh. Bewehrung (aus Querbiegung) darf angerechnet werden, Mindestschubbewehrung ist zu überprüfen.

5.2.2.3 Torsion

Ein rechnerischer Nachweis der Torsionsbeanspruchung ist i. Allg. nur erforderlich, wenn das statische Gleichgewicht von der Torsionstragfähigkeit abhängt („Gleichgewichtstorsion"). Wenn Torsion aus Verträglichkeitsbedingungen auftritt („Verträglichkeitstorsion"), ist ein rechnerischer Nachweis im Grenzzustand der Tragfähigkeit nicht erforderlich; es ist jedoch eine konstruktive Torsionsbewehrung anzuordnen.

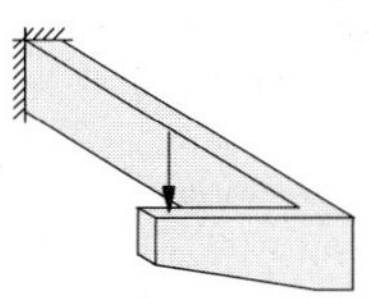

Gleichgewichtstorsion
(ohne Torsion kein Gleichgewicht möglich)

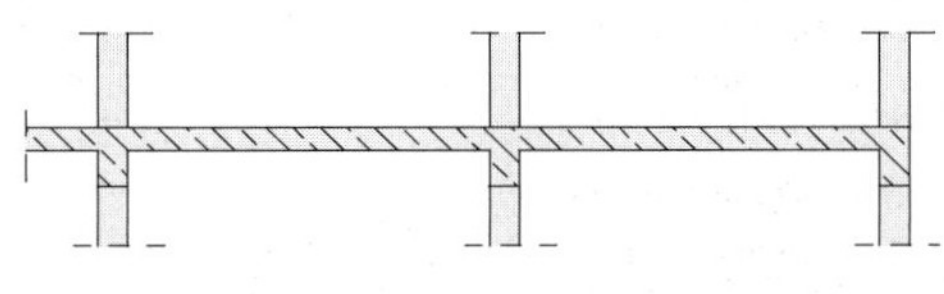

Verträglichkeitstorsion beim Randbalken
(durch unbeabsichtigte Einspannung der Decke)

Nachweis: s. *Bautabellen für Ingenieure.*

5.2.3 Gebrauchstauglichkeitsnachweise

5.2.3.1 Begrenzung der Spannungen

Für das nutzungsgerechte Verhalten und eine ausreichende Dauerhaftigkeit eines Bauwerks müssen übermäßige Schädigungen des Betongefüges sowie nichtelastische Verformungen des Betonstahls (und Spannstahls) durch Einhaltung von zulässigen Spannungen vermieden werden.

Auf einen Spannungsnachweis darf jedoch in bestimmten Fällen verzichtet werden (für andere Fälle: s. *Bautabellen für Ingenieure*), und zwar für nicht vorgespannte Tragwerke des üblichen Hochbaus, falls

- die Schnittgrößen nach der Elastizitätstheorie ermittelt und im Grenzzustand der Tragfähigkeit um nicht mehr als 15 % umgelagert werden
- die bauliche Durchbildung nach DIN 1045-1, 13 (s. Abschn. 5.1.4, 5.2.4 etc.) durchgeführt wird und insbesondere die dort genannte Mindestbewehrung eingehalten ist.

5.2.3.2 Begrenzung der Rissbreiten

Grundsätzliches

Für Stahlbetonbauteile werden entsprechend den Anforderungen an die Dauerhaftigkeit und nach dem Erscheinungsbild zwei Anforderungsklassen unterschieden, die den Expositionsklassen für Bewehrungskorrosion (s. Abschn. 4.1.1, Tafel 14.41) zugeordnet sind:

- Anforderungsklasse E: Expositionsklassen XC 2 bis XC 4, XD 1 bis XD 3, XS 1 bis XS 3
- Anforderungsklasse F: Expositionsklasse XC 1

Die rechnerische Rissbreite w_k ist unter der quasi-ständigen Einwirkungskombination zu begrenzen auf

- für die Anforderungsklasse E: $w_k = 0{,}3$ mm
- für die Anforderungsklasse F: $w_k = 0{,}4$ mm

In besonderen Fällen kann eine weitergehende Beschränkung der Rissbreiten erforderlich sein (z. B. Wasserundurchlässigkeit). Bei Bauteilen der Expositionsklasse XD 3 sind weitere Maßnahmen erforderlich.

Mindestbewehrung

Zur Aufnahme von Zwangeinwirkungen und Eigenspannungen ist eine Mindestbewehrung anzuordnen, die für die Schnittgrößenkombination zu bemessen ist, die zur Erstrissbildung führt.

Bei Stahlbetonbauteilen wird der erforderliche Mindestquerschnitt aus Gl. (62) bestimmt:

$$A_s = k_c \cdot k \cdot f_{ct,eff} \cdot A_{ct} / \sigma_s \qquad (62)$$

A_{ct} Betonquerschnitt in der Zugzone unmittelbar vor der Rissbildung

σ_s zulässige Spannung in der Bewehrung unmittelbar nach der Rissbildung in Abhängigkeit vom Grenzdurchmesser d_s^* (s. S. 14.63)

$f_{ct,eff}$ wirksame Zugfestigkeit des Betons beim Auftreten der Risse; für $f_{ct,eff}$ gilt die mittlere Zugfestigkeit f_{ctm} (s. Abschn. 2.2.1.1). Die Zugfestigkeit kann für den Zeitpunkt bestimmt werden, an dem Risse zu erwarten sind. Wenn der maßgebende Zwang z. B. aus dem Abfließen der Hydratationswärme entsteht, kann dies nach den ersten 3 bis 5 Tagen der Fall sein. Hierfür darf die Betonzugfestigkeit $f_{ct,eff}$ zu 50 % der mittleren Zugfestigkeit nach 28 Tagen gesetzt werden. Wenn diese Annahme getroffen wird, ist sie in den Ausführungsunterlagen und auf den Ausführungsplänen zu vermerken.*) Wenn die Rissbildung nicht mit Sicherheit innerhalb der ersten 28 Tagen festgelegt werden kann, wird die Zugfestigkeit für die entsprechende Betonfestigkeitsklasse bestimmt; es ist dann mindestens eine Zugfestigkeit von 3 N/mm² anzunehemen.

k_c Faktor zur Berücksichtigung der Spannungsverteilung innerhalb der Zugzone vor der Erstrissbildung sowie der Änderung des inneren Hebelarms beim Übergang in den Zustand II; hierfür gilt:
- reiner Zug: $k_c = 1{,}0$
- reine Biegung: $k_c = 0{,}4$
- allgemeiner Fall: s. *Bautabellen für Ingenieure*

k Faktor zur Berücksichtigung einer nichtlinearen Spannungsverteilung
- $k = 1{,}0$ bei Zugspannungen infolge außerhalb des Bauteils hervorgerufenen Zwangs („äußerer" Zwang), z. B. infolge von Setzungen
- $k = 0{,}8$ bei Zug infolge inneren Zwangs für Rechtecke mit $h \leq 30$ cm
- $k = 0{,}5$ bei Zug infolge inneren Zwangs für Rechtecke mit $h \geq 80$ cm

(Zwischenwerte interpolieren)

Die Mindestbewehrung kann vermindert werden, wenn die Zwangsschnittgröße die Rissschnittgröße nicht erreicht oder Zwangsschnittgrößen nicht auftreten können. Die Mindestbewehrung muss dann für die nachgewiesene Zwangsschnittgröße angeordnet werden.

Weitere Hinweise und Berechnungsbeispiel s. *Bautabellen für Ingenieure*.

---

*) Textvorschlag nach [14.35]: „Bei der Begrenzung der Rissbreite für dieses Bauteil wurde ein Beton angenommen, dessen Betonzugfestigkeit $f_{ct,eff}$ nach 5 Tagen höchstens 50 % der max. Zugfestigkeit f_{ctm} erreicht (max $f_{ct,eff,5d} = 0{,}5 \cdot f_{ctm,28d}$). Dies ist bei der Festlegung des Betons und der Bauausführung zu berücksichtigen."

Rissbreitenbegrenzung durch Einhaltung von Konstruktionsregeln

Die Rissbreiten von Stahlbetonbauteilen werden auf zulässige Werte begrenzt, wenn bei Zwangsbeanspruchung die Grenzdurchmesser nach Gl. (63.1) und bei Lastbeanspruchung entweder die Grenzdurchmesser nach Gl. (63.2a) *oder* die Stababstände nach Gl. (63.2b) eingehalten sind:

– Zwangsbeanspruchung $$d_s = d_s^* \cdot \frac{k_c \cdot k \cdot h_t}{4 \cdot (h-d)} \cdot \frac{f_{ct,eff}}{f_{ct0}} \geq d_s^* \cdot \frac{f_{ct,eff}}{f_{ct0}} \qquad (63.1)$$

– Lastbeanspruchung $$d_s = d_s^* \cdot \frac{\sigma_s \cdot A_s}{4 \cdot (h-d) \cdot b \cdot f_{ct0}} \geq d_s^* \cdot \frac{f_{ct,eff}}{f_{ct0}} \qquad (63.2a)$$

oder $$s_l \leq \lim s_l \qquad (63.2b)$$

mit dem Grenzdurchmesser d_s^* nach Tafel 14.63a, der Bauteildicke h, der Nutzhöhe d und der Zugzonenhöhe h_t vor Rissbildung; bei Zugfestigkeiten $f_{ct,eff} < f_{ct0} = 3{,}0$ N/mm², auf die die Werte nach Tafel 14.63a bezogen sind, muss der Grenzdurchmesser außerdem im Verhältnis $f_{ct,eff}/f_{ct0}$ herabgesetzt werden (eine Erhöhung sollte nur bei einem genaueren Nachweis vorgenommen werden).

Für die Ermittlung der *Stahlspannung* σ_s gilt als maßgebende Lastkombination

- für überwiegende Lastbeanspruchung → die quasi-ständige Lastfallkombination (s. Abschn. 2.1.3)
- bei überwiegendem Zwang → die in Gl. (62) gewählte Stahlspannung.

Tafel 14.63a Grenzdurchmesser d_s^* in mm für Betonrippenstähle

Stahlspannung σ_s in N/mm²		160	200	240	280	320	360	400	450
$w_k = 0{,}3$ mm	d_s^* in mm	42	27	19	14	11	8	7	5
$w_k = 0{,}4$ mm	d_s^* in mm	56	36	25	18	14	11	9	7

Tafel 14.63b Höchstwerte der Stababstände lim s_l in mm für Betonrippenstähle

Stahlspannung σ_s in N/mm²		160	200	240	280	320	360
$w_k = 0{,}3$ mm	lim s_l in mm	300	250	200	150	100	50
$w_k = 0{,}4$ mm	lim s_l in mm	300	300	250	200	150	100

Bei unterschiedlichen Durchmessern darf ein mittlerer Durchmesser $d_{sm} = (\Sigma d_{s,i}^2)/(\Sigma d_{s,i})$ angesetzt werden. Bei Stabbündeln muss der Vergleichsdurchmesser $d_{sV} = d_s \cdot \sqrt{n}$ (n Anzahl der Einzelstäbe), bei Betonstahlmatten mit Doppelstäben darf jedoch der Durchmesser des Einzelstabes nachgewiesen werden.

Die Begrenzung der Schubrissbreite darf als sichergestellt angenommen werden, wenn die Konstruktionsregeln nach DIN 1045-1, 13.2.3 (s. Abschn. 5.2.4) eingehalten werden.

Beispiel

Für den dargestellten Plattenbalken (vgl. S. 14.58) soll der Nachweis zur Rissbreitenbegrenzung geführt werden. Es sei unterstellt, dass es sich um ein Bauteil im Freien (Umweltklasse XC 4) handelt; die Verkehrslast sei eine „Sonstige Einwirkung".

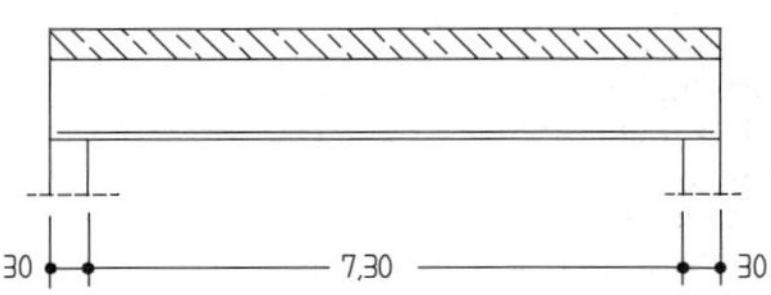

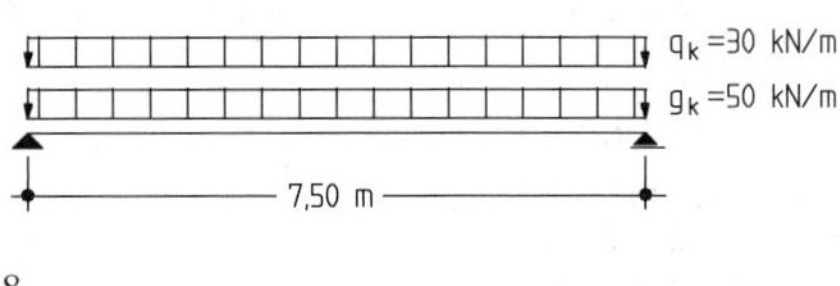

Quasi-ständiger Lastanteil ($\psi_2 = 0{,}5$)

$$M_{q\text{-}s} = 1{,}0 \cdot M_{g,k} + 0{,}5 \cdot M_{q,k}$$
$$= (1{,}0 \cdot 50 + 0{,}5 \cdot 30) \cdot 7{,}50^2 / 8$$
$$= 457 \text{ kNm/m}$$

Stahlspannung

$$\sigma_s = M_{q\text{-}s} / (z \cdot A_s)$$
$$z \approx 0{,}9 \cdot d = 0{,}9 \cdot 0{,}53 = 0{,}48 \text{ m}$$
$$A_s = 35{,}8 \text{ cm}^2 \qquad \text{(vgl. S. 14.58)}$$
$$\sigma_s = 0{,}457 / (0{,}48 \cdot 0{,}00358) = 266 \text{ MN/m}^2$$

Nachweis

$$d_s = d_s^* \cdot \frac{\sigma_s \cdot A_s}{4 \cdot (h-d) \cdot b \cdot f_{ct0}} \geq d_s^* \cdot \frac{f_{ct,eff}}{f_{ct0}}$$
$$d_s^* = 16 \text{ mm}$$
$$\frac{\sigma_s \cdot A_s}{4 \cdot (h-d) \cdot b \cdot f_{ct0}} = \frac{266 \cdot 0{,}00358}{4 \cdot (0{,}60 - 0{,}53) \cdot 0{,}30 \cdot 3{,}00} = 3{,}8$$
$$d_s = 16 \cdot 3{,}8 = 61 \text{ mm}$$

Im vorliegenden Falle liegt somit im Wirkungsbereich der Zugbewehrung für den Stabdurchmesser keine baupraktische Begrenzung vor.

5.2.4 Konstruktion und Bewehrung

5.2.4.1 Längsbewehrung

Mindest- und Höchstbewehrung

Mindestbewehrung — Ein Versagen ohne Vorankündigung muss verhindert werden. Zur Sicherstellung eines duktilen Bauteilverhaltens ist daher bei überwiegend auf Biegung beanspruchten Bauteilen eine Mindestbewehrung erforderlich, die für das Rissmoment mit dem Mittelwert der Betonzugfestigkeit f_{ctm} und einer Stahlspannung $\sigma_s = f_{yk}$ zu berechnen ist. Die Mindestbewehrung ist gleichmäßig über die Breite und anteilmäßig über die Höhe der Zugzone zu verteilen. Im Feld muss die Mindestbewehrung zwischen den Auflagern durchlaufen, über Innenauflagern ist die obere Mindestbewehrung in beiden anschließenden Feldern über eine Länge von mindestens einem Viertel der Stützweite einzulegen.

Höchstbewehrung — Die Querschnittsfläche der Bewehrung darf auch im Bereich von Übergreifungsstößen den Wert $0{,}08 \cdot A_c$ nicht überschreiten.

Konstruktive Einspannbewehrung

Zur Aufnahme einer rechnerisch nicht berücksichtigten Einspannung ist eine geeignete Bewehrung anzuordnen. Die Querschnitte der Endauflager sind für ein Stützmoment zu bemessen, das mindestens 25 % des benachbarten Feldmoments entspricht. Die Bewehrung muss, vom Auflageranschnitt gemessen, mind. über $0{,}25 \cdot l$ des Endfeldes eingelegt werden.

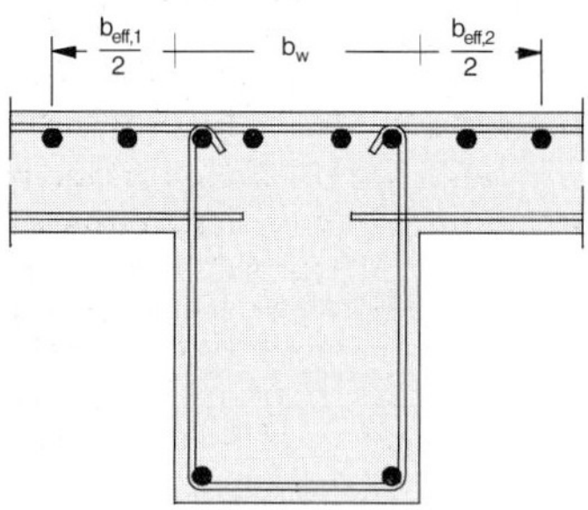

Ausgelagerte Bewehrung

Die Zugbewehrung darf bei Plattenbalken- und bei Hohlkastenquerschnitten in der Platte neben dem Steg höchstens auf einer Breite entsprechend der halben mitwirkenden Breite $b_{eff,i}$ des jeweils anschließenden Gurtes (s. Abschn. 3.4.2) angeordnet werden [14.35].

Zugkraftdeckung

Die Zugkraftlinie der Längsbewehrung erhält man durch Verschiebung der F_{sd}-Linie um das Versatzmaß a_l in Richtung der Bauteilachse; F_{sd} ist die Zugkraft in der Längsbewehrung, die sich aus der Querschnittsbemessung aus $F_{sd} = M_{Eds}/z + N_{Ed}$ ergibt. Beispiele zur Zugkraftdeckung sind in [14.55] enthalten.

Versatzmaß:

$$a_l = z \cdot (\cot\theta - \cot\alpha) / 2 \geq 0 \text{ }^{1)}$$

θ Neigung der Betondruckstrebe nach Abschn. 5.2.2.2
z Hebelarm der inneren Kräfte (im Allgemeinen $z \approx 0{,}9 \cdot d$)
α Neigung der Schubbewehrung (bez. auf die Längsachse)

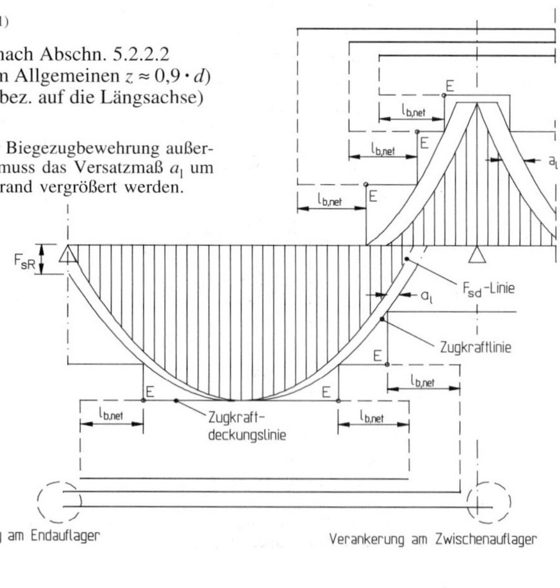

[1)] Wird bei Plattenbalken ein Teil der Biegezugbewehrung außerhalb des Steges angeordnet (s. o.), muss das Versatzmaß a_l um den Abstand x der Stäbe vom Stegrand vergrößert werden.

Verankerung am Endauflager

- Am frei drehbaren oder schwach eingespannten Endauflager muss eine Bewehrung zur Aufnahme der Randzugkraft
  $F_{sR} = V_{Ed} \cdot (a_l / z) + N_{Ed} \geq V_{Ed} / 2$
  ausreichend verankert sein.
- Über dem Endauflager sind mindestens 25 % der Feldbewehrung durchzuführen.
- Erforderliche Verankerungslängen (s. Abb.):
  direkte Auflagerung $l_{b,dir} = 2/3 \cdot l_{b,net} \geq 6\,d_s$
  indirekte Auflagerung $l_{b,ind} = 1{,}0 \cdot l_{b,net} \geq 10\,d_s$
  Die Verankerung beginnt an der *Innen*kante des Auflagers. Die Bewehrung ist jedoch in allen Fällen mindestens über die rechnerische Auflagerlinie zu führen.

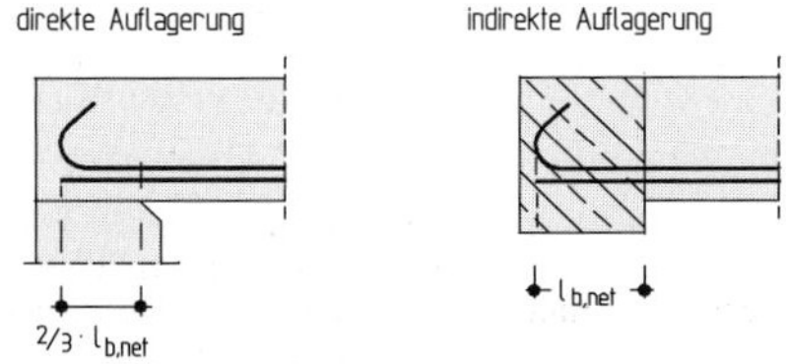

Verankerung am Zwischenauflager

- Es sind mindestens 25 % der Feldbewehrung über das Auflager zu führen (s. o.). Die erforderliche Bewehrung ist mindestens mit $6 d_s$ bis hinter den Auflagerrand zu führen. Zur Aufnahme positiver Momente infolge außergewöhnlicher Beanspruchungen (Auflagersetzungen, Explosion u.a.) wird empfohlen, die Bewehrung durchlaufend auszuführen (ggf. kraftschlüssig zu stoßen).

Verankerungen außerhalb von Auflagern

- Verankerungslänge der Biegezugbewehrung
  ab dem rechnerischen Endpunkt E: $l \geq l_{b,net}$
  In DAfStb-H. 525 wird auf die erforderliche Verlängerung der gestaffelten Bewehrung bei Ausnutzung von Stahlspannungen $\sigma_{su} > f_{yd}$ und bei Umlagerungen hingewiesen (s. a. DAfStb-H. 484).
- Verankerungslängen von Schrägstäben zur Aufnahme von Schubkräften (nach EC 2!)
  im Zugbereich: $l \geq 1{,}3 \cdot l_{b,net}$; im Druckbereich: $l \geq 0{,}7 \cdot l_{b,net}$

5.2.4.2 Schubbewehrung

Ausbildung der Schubbewehrung

Die Neigung der Schubbewehrung zur Bauteilachse sollte zwischen 45° und 90° liegen. Die Schubbewehrung kann aus einer Kombination folgender Bewehrungen bestehen (s. a. Abb. unten):

- Bügel, die die Längszugbewehrung und die Druckzone umfassen
- Schrägstäbe
- Schubzulagen als Körbe, Leitern usw., die die Längsbewehrung nicht umfassen, aber ausreichend im Zug- und Druckbereich verankert sind.

Mindestens 50 % der aufzunehmenden Querkraft müssen durch Bügel abgedeckt sein.

Bei Plattenbalken darf die für die Querkrafttragfähigkeit erforderliche Bügelbewehrung im Bereich der Platte mittels durchlaufender Querstäbe geschlossen werden, wenn der Bemessungswert der Querkraft V_{Ed} höchsten 2/3 der maximalen Querkrafttragfähigkeit $V_{Rd,max}$ beträgt.

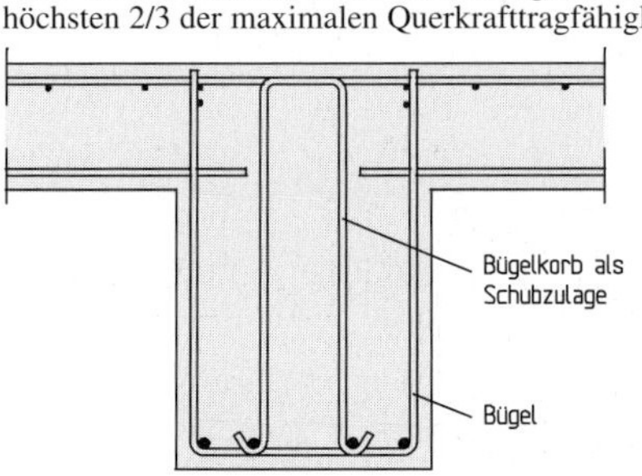

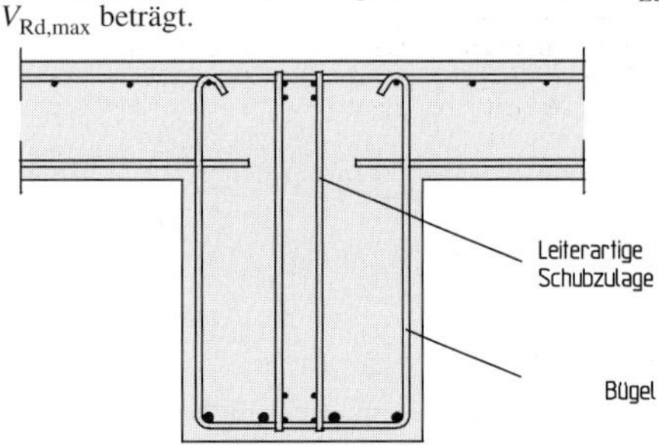

Bei feingliedrigen Bauteilen (z. B. I-, T- oder Hohlquerschnitten mit Stegbreiten $b_w \leq 80$ mm) dürfen einschnittige Querkraftzulagen auch allein als Querkraftbewehrung verwendet werden, wenn die Druckzone und die Biegezugbewehrung gesondert durch Bügel umschlossen sind.

Die Querkaftbewehrung ist längs der Bauteilachse so zu verteilen, dass an jeder Stelle die Bemessungsquerkraft abgedeckt ist (Schubkraftdeckung).

Mindestschubbewehrung und Abstände der Schubbewehrung

Für balkenartige Tragwerke ist eine Mindestschubbewehrung vorgeschrieben; es gilt:

$$A_{sw}/s \geq \rho_{w,min} \cdot (b_w \cdot \sin\alpha)$$

A_{sw}/s Querschnitt der Schubbewehrung je Längeneinheit
$\rho_{w,min}$ Mindestschubbewehrungsgrad nach Tafel 14.66a
b_w maßgebende Stegbreite
α Neigungswinkel der Schubbewehrung

Tafel 14.66a Mindestschubbewehrungsgrad $\rho_{w,min}$

Betonfestigkeitsklasse C	12/15	16/20	20/25	25/30	30/37	35/45	40/50	45/55	50/60
ρ_w(‰)	0,51	0,61	0,70	0,83	0,93	1,02	1,12	1,21	1,31

Für die Höchstabstände der Schubbewehrung sind die Werte nach Tafel 14.66b einzuhalten.

Tafel 14.66b Höchstabstände der Schubbewehrung

Schubbeanspruchung[1)]	Bügelabstände s_{max} Längsabstände	Bügelabstände s_{max} Querabstände	Schrägstäbe längs*)
$0 \leq V_{Ed}/V_{Rd,max} \leq 0{,}30$	$0{,}7\,h \leq 30$ cm	$1{,}0\,h \leq 80$ cm	$s_{max} \leq 0{,}5\,h(1+\cot\alpha)$
$0{,}30 < V_{Ed}/V_{Rd,max} \leq 0{,}60$	$0{,}5\,h \leq 30$ cm	$1{,}0\,h \leq 60$ cm	
$0{,}60 < V_{Ed}/V_{Rd,max} \leq 1{,}00$	$0{,}25\,h \leq 20$ cm	$1{,}0\,h \leq 60$ cm	*) quer s. Bügel

1) $V_{Rd,max}$ darf hierfür näherungsweise mit $\theta = 40°$ bestimmt werden.

Bei Einhaltung der zuvor genannten Regelungen kann die Begrenzung der Schubrissbildung als sichergestellt angesehen werden.

5.2.4.3 Torsionsbewehrung

Ausbildung Für die Torsionsbewehrung ist ein rechtwinkliges Bewehrungsnetz aus Bügeln und Längsstäben zu verwenden. Die Torsionsbügel sind zu schließen und durch Übergreifung zu verankern; sie sollten einen Neigungswinkel von 90° mit der Achse des Bauteils bilden.

Mindestbewehrung Es gelten die im Abschnitt 5.2.4.2 angegebenen Mindestbewehrungsgrade.

Bügelabstände Sie sollten das Maß $u_k/8$ nicht überschreiten (u_k Umfang des Kernquerschnitts); die Abstände nach Abschn. 5.2.4.2 sind zusätzlich zu beachten.

Abstände der Längsbewehrung Sie sollten keinen größeren Abstand als 35 cm haben, wobei in jeder Querschnittsecke mindestens ein Stab angeordnet werden sollte.

5.2.4.4 Hautbewehrung

- Bei Anordnung von Stabbündeln oder Stäben mit d_s bzw. $d_{sV} > 32$ mm (und ggf. aus Brandschutzgründen) sollte eine Hautbewehrung angeordnet werden.
- Die Hautbewehrung sollte aus Betonstahlmatten oder Rippenstäben mit $d_s \leq 10$ mm bestehen und außerhalb der Bügel angeordnet werden, Abstände in Längs- und Querrichtung ≤ 15 cm (s. Abb.).
- Es gilt die Mindestbetondeckung nach Abschnitt 4.1.2.
- Die Querschnittsfläche der Hautbewehrung $A_{s,surf}$ sollte betragen (s. Abb.):

  $A_{s,surf} \geq 0{,}02 \cdot A_{ct,ext}$

  mit $A_{ct,ext}$ als Querschnittsfläche der Zugzone außerhalb der Bügel.
- Die Längsstäbe der Hautbewehrung dürfen als Biegezugbewehrung und die Querstäbe als Schubbewehrung angerechnet werden (entsprechende bauliche Durchbildung vorausgesetzt).

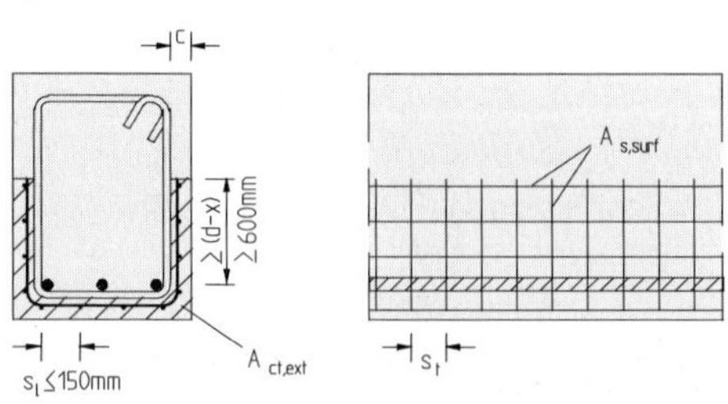

5.3 Stützen

5.3.1 Schnittgrößenermittlung

5.3.1.1 Einführung

Bei Stützen ist i. Allg. ein Nachweis am verformten System (Theorie II. Ordnung) erforderlich. Hierauf darf jedoch verzichtet werden, wenn der Einfluss der Verformung gering (Auswirkungen ≤ 10 %) ist. Zur Nachweisführung wird unterschieden nach unverschieblichen und verschieblichen Bauteilen. Als unverschieblich gelten Bauteile, die durch lotrechte Bauteile wie z. B. Scheiben, Wände, Kerne ausgesteift sind (zur rechn. Beurteilung s. *Bautabellen für Ingenieure*) oder die nur wenig schlank sind.

Die *Schlankheit* eines Druckglieds ergibt sich zu

$\lambda = l_0 / i$ $\quad i = \sqrt{I/A}$ Flächenträgheitsradius

$l_0 = \beta \cdot l_{col}$ Ersatzlänge (auch „Knick"-Länge)

mit β als Verhältnis der Ersatzlänge l_0 zur Stützenlänge l_{col} (Beiwert β s. folgende Tafel).

	unverschieblich				verschieblich		
System (oben)	gelenkig	gelenkig	starr eingesp.	elast. eingesp.	frei	starr eingesp.	elast. eingesp.
System	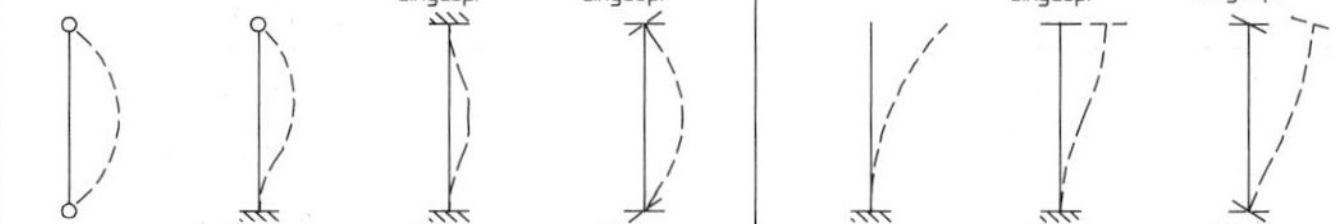						
System (unten)	gelenkig	starr eingesp.	starr eingesp.	elast. eingesp.		starr eingesp.	elast. eingesp.
β (theoretisch)	1,0	0,7	0,5	0,5 bis 1,0	2,0	1,0	1,0 bis ∞
β (realistisch)	1,0	0,76	0,59	0,59 bis 1,0	2,2	1,2	1,2 bis ∞

Die „realistischen" Beiwerte β berücksichtigen eine begrenzte, häufig vorhandene Nachgiebigkeit der Einspannung. Für eine genauere Ermittlung wird auf die *Bautabellen für Ingenieure,* Kap. 5 verwiesen.

5.3.1.2 Vereinfachtes Verfahren für Einzeldruckglieder

Einzeldruckglieder können einzeln stehende Stützen (z. B. Kragstützen), schlanke, aussteifende Bauteile, die als Einzeldruckglieder betrachtet werden, sowie gelenkig oder biegesteif angeschlossene Stützen in einem unverschieblichen Tragwerk sein (s. DIN 1045-1, 8.6.2 und Bild 8.3).

Abgrenzung zwischen schlanken und gedrungenen Druckgliedern

Auf eine Untersuchung am verformten System darf verzichtet werden (kein Nachweis der Knicksicherheit), falls eine der nachfolgenden Bedingungen erfüllt ist:

$\lambda \leq 25$ (67.1a)

$\lambda \leq \dfrac{16}{\sqrt{\nu_{Ed}}}$ (67.1b) mit $\nu_{Ed} = \dfrac{N_{Ed}}{A_c \cdot f_{cd}}$

Für elastisch eingespannte Stützen in unverschieblichen Tragwerken ohne Querlasten zwischen den Stützenenden gilt außerdem

$\lambda \leq 25 \cdot (2 - e_{01}/e_{02})$ [1)] (67.1c) mit $|e_{01}| \leq |e_{02}|$; die Stützenenden sind jedoch mindestens zu bemessen für $N_{Rd} = N_{Ed}$ und $M_{Rd} \geq N_{Ed} \cdot h/20$.

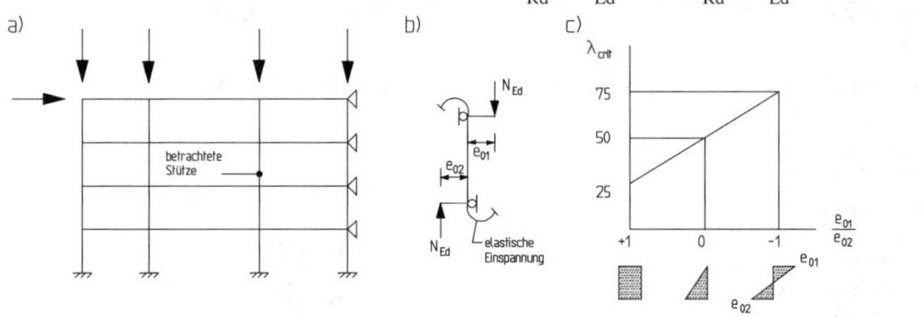

statisches Gesamtsystem — idealisierte Stütze — Grenzschlankheit λ (s. Gl. 67.1c)

1) Für den Sonderfall der beidseitig gelenkig gelagerten Stütze gilt $\lambda \leq 25$, auch wenn dies nur zur Rechenvereinfachung angenommen wird.

Modellstützenverfahren

Die Modellstütze ist eine Kragstütze unter der Wirkung von Längskräften und Momenten, wobei am Stützenfuß das maximale Moment auftritt. Es ist anwendbar bei

- rechteck- oder kreisförmigen und konstanten Querschnitten (Beton und Bewehrung konstant)
- planmäßigen Lastausmitten $e_0 \geq 0{,}1 \cdot h$ (für $e_0 < 0{,}1 \cdot h$ sichere Seite).

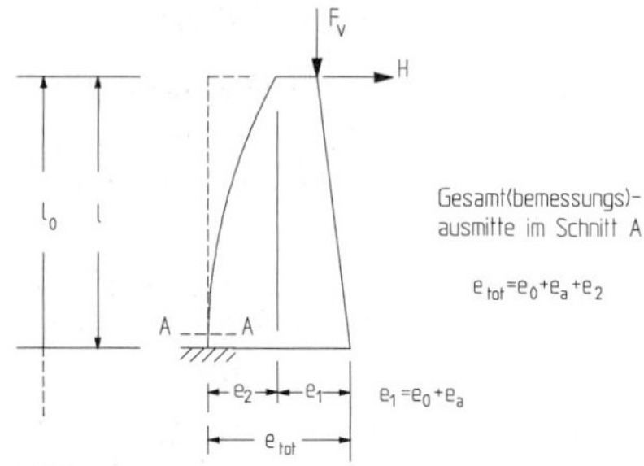

Die zu berücksichtigende Gesamtausmitte im kritischen Querschnitt am Fuß (Schnitt A-A) beträgt

$$\boxed{e_{tot} = e_0 + e_a + e_2} \quad (68.1)$$

Lastausmitte e_0 Ausmitte nach Theorie I. Ordnung; es gilt

allgemein: $\Rightarrow e_0 = M_{Ed}/N_{Ed}$ (68.2a)

für unverschieblich gehaltene Stützen ohne Querlasten:

bei $e_{01} = e_{02}$ (s. Abb., Fall a) $\Rightarrow e_0 = e_{01} = e_{02}$ (68.2b)

bei $|e_{01}| \leq |e_{02}|$ (s. Abb., Fall b u. c) $\Rightarrow e_0 = 0{,}6 \cdot e_{02} + 0{,}4 \cdot e_{01} \geq 0{,}4 \cdot e_{02}$ (68.2c)

(e_{01}, e_{02} mit Vorzeichen)

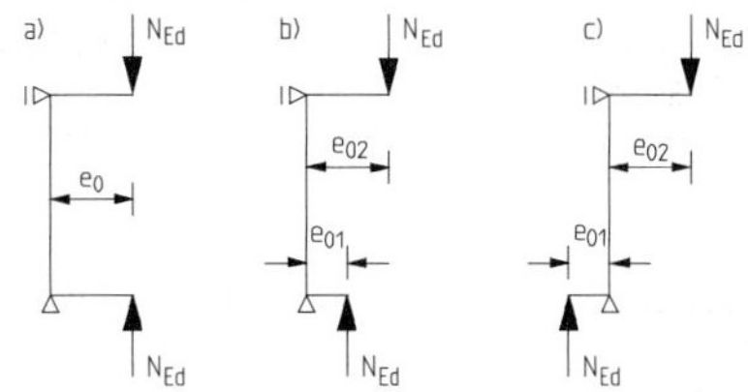

Imperfektionen e_a zusätzliche Lastausmitte $\Rightarrow e_a = \alpha_{a1} \cdot l_0 / 2$ (68.3)

mit $\alpha_{a1} = 1 / (100 \cdot \sqrt{l}\,) \leq 1/200$, wobei $l = l_{col}$ ist (in m); s. DIN 1045-1, 8.6.4

Lastausmitte e_2 Ausmitte nach Theorie II. Ordnung $\Rightarrow e_2 = K_1 \cdot 0{,}1 \cdot l_0^2 \cdot (1/r)$ (68.4)

mit $K_1 = (\lambda / 10) - 2{,}5$ für $25 \leq \lambda \leq 35$

$K_1 = 1$ für $\lambda > 35$

$1/r$ Krümmung; näherungsweise gilt (s. a. *Bautabellen für Ingenieure*):

$1/r \leq 2 \cdot \varepsilon_{yd} / (0{,}9 \cdot d)$ mit $\varepsilon_{yd} = f_{yd} / E_s$; für Betonstahl BSt 500 mit $\varepsilon_{yd} = 0{,}0022$:

$1/r \approx 1 / (200 \cdot d)$

Bei verschieblichen Tragwerken sind auch die anschließenden einspannenden Bauteile (Fundamente, Rahmenriegel) für die Zusatzbeanspruchung zu bemessen.

Für Stützen in unverschieblichen Tragwerken oder in verschieblichen Tragwerken mit einer Schlankheit $\lambda < 50$ und gleichzeitig $e_0 / h > 2$ kann eine *Kriechausmitte* i. d. R. vernachlässigt werden.

Beispiel Unverschieblich gehaltene Stütze mit Bemessungsschnittgrößen nach Theorie I. Ordnung; die Stütze soll nur in der dargestellten Ebene ausweichen können.

Schlankheit $l_0 = \beta \cdot l_{col} \approx 0{,}7 \cdot 7{,}0 = 4{,}90$ m [1)]

eff $\lambda = l_0 / i = 490 / (0{,}289 \cdot 24) = 71$

lim $\lambda = 25 \cdot (2 - 20/(-40)) = 63 < 71 \Rightarrow$ KSNW

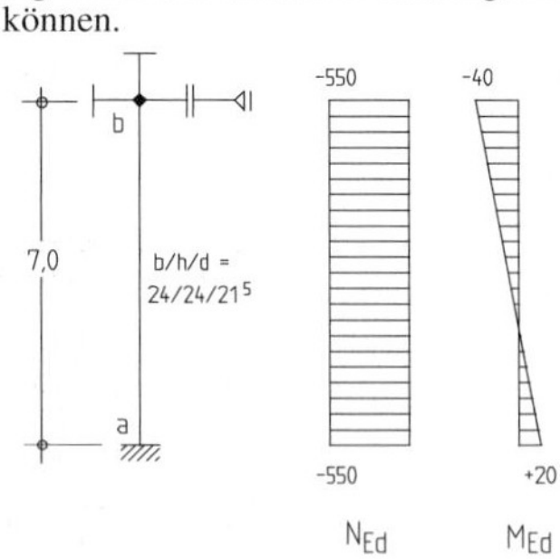

Gesamtausmitte

$e_{tot} = e_0 + e_a + e_2$

$e_0 = (-0{,}60 \cdot 40 + 0{,}40 \cdot 20) / (-550) = 0{,}029$ m

$\geq (-0{,}4 \cdot 40) / (-550) = 0{,}029$ m

$e_a = 1 / (100 \cdot \sqrt{7{,}00}) \cdot (4{,}90/2) = 0{,}009$ m

$e_2 \leq 1 \cdot 0{,}1 \cdot 4{,}90^2 / (200 \cdot 0{,}215) = 0{,}056$ m

$e_{tot} = 0{,}029 + 0{,}009 + 0{,}056 = 0{,}094$ m

Bemessungsschnittgrößen:

im kritischen Schnitt: $N_{Ed} = -550$ kN; $M_{Ed} = 0{,}094 \cdot 550 = 52$ kNm

am Stützenkopf u. -fuß: „Regel"-Bemessungsschnittgrößen (ohne Th. II. O.); hier nicht maßgebend.

1) β wird näherungsweise zu 0,7 geschätzt (s. hierzu S. 14.67).

5.3.2 Bemessung von Stützen

5.3.2.1 Zentrisch belastete Stahlbetonquerschnitte (ohne „Knick"gefahr)

Die Tragfähigkeit ergibt sich aus der Addition der Traganteile des Betons und Betonstahls; bei *zentrischem* Druck darf $|\varepsilon_{c2}| = |\varepsilon_{c1}| = 2{,}2$ ‰ betragen (s. DIN 1045-1, 10.2), die Stahlspannung ist dann $\sigma_{sd} = f_{yd}$.

Beispiel

Querschnitt, mittig auf Druck beansprucht; es ist die im Grenzzustand der Tragfähigkeit aufnehmbare Bemessungskraft N_{Rd} gesucht.

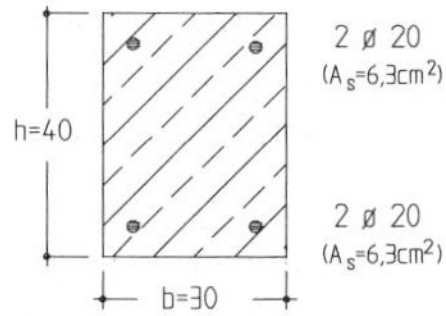

Baustoffe: C20/25; BSt 500

$|N_{Rd}| = |F_{cd}| + |F_{sd}| = b \cdot h \cdot (\alpha \cdot f_{ck}/\gamma_c) + (A_{s1} + A_{s2}) \cdot \sigma_{sd}$
$= 0{,}30 \cdot 0{,}40 \cdot (0{,}85 \cdot 20 / 1{,}5) + 2 \cdot 6{,}3 \cdot 10^{-4} \cdot 435$
$= 1{,}360 + 0{,}548 = 1{,}908$ MN (*Bemessungs*druckkraft!)

Alternativ ist auch die Ermittlung der Tragfähigkeit mit Tafeln für mittig belastete Stahlbetonquerschnitte nach Abschn. 5.3.4 (s. S. 14.72) möglich.

5.3.2.2 Exzentrisch belastete Stahlbetonstützen

Die Bemessung für Längsdruck mit kleiner Ausmitte erfolgt häufig – insbesondere im Zusammenhang mit Stabilitätsnachweisen – mit Interaktionsdiagrammen für symmetrische Bewehrung. Der Anwendungsbereich dieser Diagramme geht allerdings über den Bereich „Längsdruckkraft mit kleiner Ausmitte" hinaus und erstreckt sich vom zentrischen Zug bis zum zentrischen Druck (s. S. 14.81, Tafel 3).

Beispiel 1

Die dargestellte Stütze wird durch eine zentrische Druckkraft aus Eigenlasten und durch eine horizontal gerichtete veränderliche Einwirkung beansprucht. Gesucht ist die Bemessung am Stützenfuß, wobei die Stütze nur in der dargestellten Ebene ausweichen kann.

Baustoffe C20/25; BSt 500
Belastungen $G_{k,v} = 900$ kN; $Q_{k,h} = 100$ kN

Bemessungsschnittgrößen

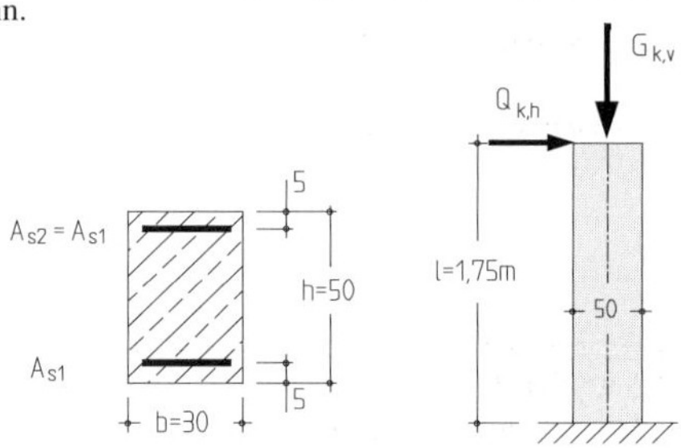

Wegen $\lambda = 2 \cdot 1{,}75 \,/\, (0{,}289 \cdot 0{,}50) = 24 < 25$ kann auf eine Untersuchung am verformten System verzichtet werden; d. h., es gelten die „Regel"bemessungsschnittgrößen.

$N_{Ed} = \gamma_G \cdot G_{k,v} = \mathbf{1{,}35}^{*)} \cdot (-900) = -1215$ kN
$M_{Ed} = \gamma_Q \cdot Q_{k,h} \cdot l = 1{,}50 \cdot 100 \cdot 1{,}75 = 263$ kNm

Bemessung

$d_1/h = d_2/h = 5/50 = 0{,}10$; BSt 500 $\Rightarrow$ Tafel 3 (S. 14.81)
$\nu_{Ed} = N_{Ed} / (b \cdot h \cdot f_{cd}) = -1{,}215 / (0{,}30 \cdot 0{,}50 \cdot 11{,}3) = -0{,}715$
$\mu_{Ed} = M_{Ed} / (b \cdot h^2 \cdot f_{cd}) = 0{,}263 / (0{,}30 \cdot 0{,}50^2 \cdot 11{,}3) = 0{,}310$
$\Rightarrow \omega_{tot} = 0{,}65$

$A_{s,tot} = \omega_{tot} \cdot b \cdot h / (f_{yd} / f_{cd}) = 0{,}65 \cdot 0{,}30 \cdot 0{,}50 / (435/11{,}3) = 25{,}4 \cdot 10^{-4}\ \text{m}^2 = 25{,}4\ \text{cm}^2$
$A_{s1} = A_{s2} = 12{,}7\ \text{cm}^2$

Beipiel 2

Die im Beispiel 1 berechnete Stütze wird für eine geänderte Belastung aus Eigenlast bemessen. Im Übrigen gelten die zuvor gemachten Angaben.

Belastung $G_{k,v} = 400$ kN; $Q_{k,h} = 100$ kN

Bemessungsschnittgrößen $N_{Ed} = \gamma_G \cdot G_{k,v} = \mathbf{1{,}00}^{*)} \cdot (-400) = -400$ kN
$M_{Ed} = \gamma_Q \cdot Q_{k,h} \cdot l = 1{,}50 \cdot 100 \cdot 1{,}75 = 263$ kNm

Bemessung $\nu_{Ed} = N_{Ed} / (b \cdot h \cdot f_{cd}) = -0{,}400 / (0{,}30 \cdot 0{,}50 \cdot 11{,}3) = -0{,}235$
$\mu_{Ed} = M_{Ed} / (b \cdot h^2 \cdot f_{cd}) = 0{,}263 / (0{,}30 \cdot 0{,}50^2 \cdot 11{,}3) = 0{,}310$
$\Rightarrow \omega_{tot} = 0{,}55$

$A_{s,tot} = \omega_{tot} \cdot b \cdot h / (f_{yd} / f_{cd}) = 0{,}55 \cdot 0{,}30 \cdot 0{,}50 / (435/11{,}3) \cdot 10^4 = 21{,}4\ \text{cm}^2$
$A_{s1} = A_{s2} = 10{,}7\ \text{cm}^2$

---

*) Im Beispiel 2 wirkt im Gegensatz zum Beispiel 1 die Eigenlast günstig und darf daher nur mit $\gamma_{G,inf} = 1{,}0$ multipliziert werden (vgl. Abschn. 2.1.2, S. 14.30 f.).

5.3.2.3 Unbewehrte Betonstützen

Für stabförmige unbewehrte Bauteile mit Rechteckquerschnitt ist die Ausmitte der Längskraft in der maßgebenden Einwirkungskombination des Grenzzustands der Tragfähigkeit auf $e_d/h < 0{,}4$ zu begrenzen; es gilt $e_d = e_{tot}$, d. h., eine ungewollte Ausmitte, Kriechausmitte usw. ist ggf. zusätzlich zur planmäßigen Ausmitte e_0 zu berücksichtigen [14.35]. Der Teilsicherheitsbeiwert für Beton beträgt i. Allg. $\gamma_c = 1{,}8$ (s. S. 14.31). Es darf rechnerisch keine höhere Betonfestigkeitsklasse als C35/45 ausgenutzt werden.

Es ist nachzuweisen, dass die äußeren Lasten und/oder Zwängungen vom Querschnitt aufgenommen werden können. Unsicherheiten bezüglich der Lage der Spannungsresultierenden sind zu berücksichtigen; Öffnungen, Schlitze, Aussparungen usw. müssen bei großem Einfluss erfasst werden.

Allgemeine Nachweisbedingung:

$$\boxed{N_{Ed} \leq N_{Rd}}$$

Bemessungswert der aufnehmbaren Längsdruckkraft

Unabhängig vom tatsächlichen Schlankheitsgrad λ sind Druckglieder aus unbewehrtem Beton stets als schlanke Bauteile zu betrachten. Für Druckglieder mit $l_0/h \leq 2{,}5$ (bzw. $\lambda \leq 8{,}6$) darf jedoch die Zusatzausmitte nach Theorie II. Ordnung vernachlässigt werden. Die Schlankheit von Ortbetonstützen darf den Wert $\lambda = 85$ nicht überschreiten. Die Ausmitten infolge Kriechens e_φ können im Allgemeinen vernachlässigt werden.

Die aufnehmbare Längskraft N_{Rd} von rechteckigen Stützen (oder Wänden) in unverschieblich ausgesteiften Tragwerken mit einachsiger Lastausmitte kann ermittelt werden aus

$$\boxed{N_{Rd} = -b \cdot h \cdot f_{cd} \cdot \Phi}$$

mit $\Phi = 1{,}14 \cdot (1-2 \cdot e_{tot}/h) - 0{,}020 \cdot l_0/h$ (Traglastfunktion; s. unten stehendes Diagramm)

$0 \leq \Phi \leq 1-2 \cdot e_{tot}/h$

$e_{tot} = e_0 + e_a$ — e_0 planmäßige Lastausmitte; $e_a = l_0/400$, ungewollte Ausmitte

Traglastfunktion Φ (für Rechteckquerschnitte)

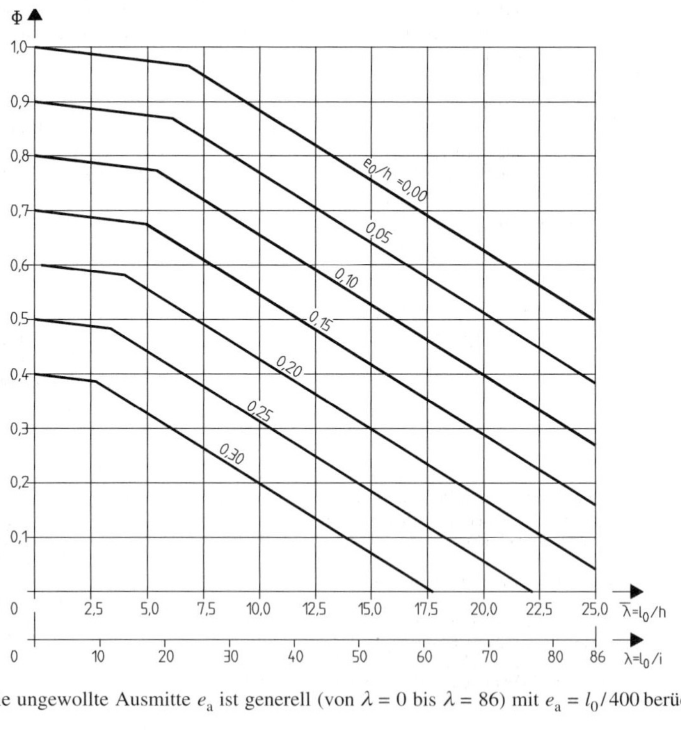

Hinweis: Die ungewollte Ausmitte e_a ist generell (von $\lambda = 0$ bis $\lambda = 86$) mit $e_a = l_0/400$ berücksichtigt.

Beispiel

Zweiseitig gehaltene Stütze mit b/h = 30/40 cm und exzentrischer Belastung aus Eigenlast $N_{Gk} = -300$ kN und Verkehrslast $N_{Qk} = -150$ kN. Die Stütze soll nur in der dargestellten Ebene ausweichen können.

Baustoffe: Beton C20/25

Einwirkende Schnittgrößen nach Theorie I. Ordnung

$N_{Ed} = -1{,}35 \cdot 0{,}300 - 1{,}50 \cdot 0{,}150 = -0{,}630$ MN
$M_{Ed} = 0{,}630 \cdot 0{,}067 = 0{,}042$ MNm

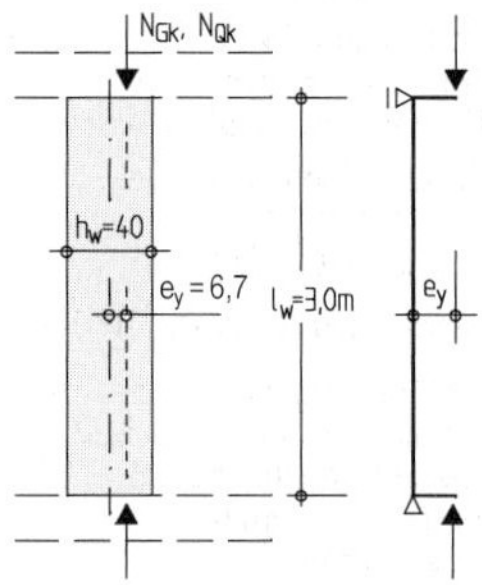

Schlankheit

$\lambda_{eff} = l_0 / i = \beta \cdot l_w / i = 1{,}0 \cdot 3{,}00 / (0{,}289 \cdot 0{,}40) = 26 < \lambda_{lim} = 85$
Wegen $\lambda_{eff} > 8{,}5$ sind Ausmitten nach Th. II. O. zu berücksichtigen.

Aufnehmbare Längsdruckkraft $N_{Rd,\lambda}$

$N_{Rd,\lambda} = -b \cdot h \cdot f_{cd} \cdot \Phi$
$\Phi \approx 0{,}56$ (s. S. 14.70 für $\lambda = 26$ bzw. $l_0/h = 7{,}5$ und $e_0/h = 0{,}167$)
$N_{Rd,\lambda} = -0{,}30 \cdot 0{,}40 \cdot (0{,}85 \cdot 20/1{,}8) \cdot 0{,}56 = -0{,}634$ MN

Nachweis der Tragfähigkeit

$|N_{Ed}| = 630 \text{ kN} < |N_{Rd,\lambda}| = 634 \text{kN}$
→ Die Tragfähigkeit ist ohne Bewehrung gegeben.

(Zusätzlich ist die bezogene Lastausmitte e_d/h nachzuweisen; s. vorher.)

5.3.3 Konstruktive Durchbildung

Geltungsbereich	Verhältnis der größeren zur kleineren Querschnittsseite	$b/h < 4$	
Mindestabmessung	stehend hergestellte Ortbetonstützen	$h_{min} = 20$ cm	
	liegend hergestellte Fertigteilstützen	$h_{min} = 12$ cm	
Längsbewehrung	Mindestdurchmesser	$d_{s,l} \geq 12$ mm	
	Mindestbewehrung	$A_{s,min} \geq 0{,}15 \cdot \|N_{Ed}\| / f_{yd}$	
	Höchstbewehrung	$A_{s,max} \leq 0{,}09 \cdot A_c$	(auch im Bereich von Stößen)
	(A_c Fläche des Betonquerschnitts; N_{Ed} Bemessungslängsdruckkraft)		
	Mindestanzahl	polygonaler Querschnitt:	1 Stab je Ecke
		Kreisquerschnitt:	6 Stäbe
	Höchstabstand	$s_l \leq 30$ cm	
		(bei $b \leq 40$ cm – mit $h \leq b$ – genügt 1 Stab je Ecke)	
Bügelbewehrung	Durch Bügel können max. 5 Stäbe in oder in der Nähe der Ecke gegen Ausknicken gesichert werden; für weitere Stäbe sind Zusatzbügel erforderlich.		

Durchmesser $d_{sbü} \geq \begin{cases} 6 \text{ mm (Stabstahl)} \\ 5 \text{ mm (Matte)} \\ d_{sl}/4 \end{cases}$

Bügelabstand[1] $s_{bü} \leq \begin{cases} 12\, d_{sl} \\ \min h \\ 30 \text{ cm} \end{cases}$

Für $d_{sV} > 28$ mm s. DIN 1045-1, 13.5.3.

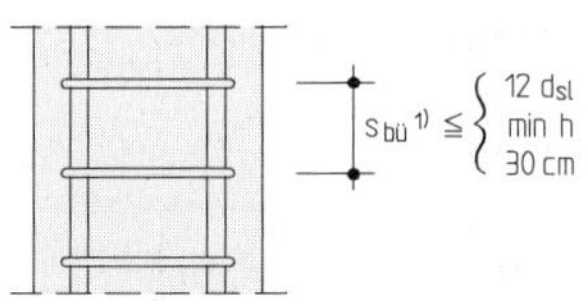

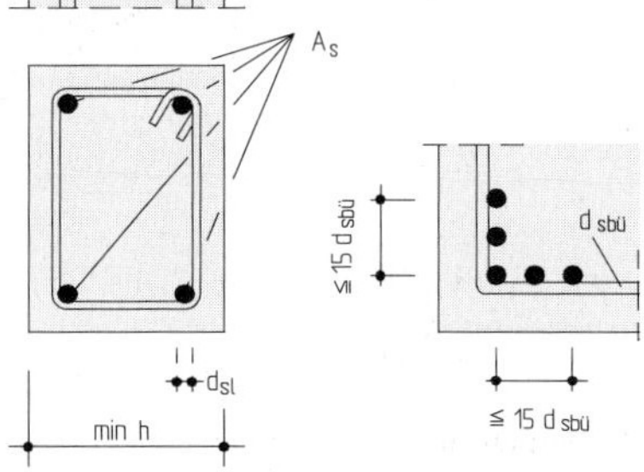

[1] Der Bügelabstand sollte mit 0,6 multipliziert werden:
- im Bereich unmittelbar unter und über Platten oder Balken auf einer Höhe gleich der größeren Stützenabmessung
- bei Übergreifungsstößen der Längsbewehrung mit $d_{sl} > 14$ mm
(zusätzlich ist Abschn. 4.2.4 zu beachten).

Bei Richtungsänderung der Längsbewehrung (z. B. Änderung der Stützenabmessung) sollte der Abstand der Querbewehrung unter Berücksichtigung der Umlenkkräfte ermittelt werden.

5.3.4 Bemessungshilfen

Tragfähigkeit N_{Rd} in MN bei mittigem Druck (für Rechteck- und Kreisquerschnitte; ohne „Knick"einfluss)

Betonanteil F_{cd} (in MN)

- Reckteckquerschnitt **C12/15**

h \ b	20	25	30	40	50	60	70	80
20	0,272	0,340	0,408	0,544	0,680	0,816	0,952	1,088
25		0,425	0,510	0,680	0,850	1,020	1,190	1,360
30			0,612	0,816	1,020	1,224	1,428	1,632
40				1,088	1,360	1,632	1,904	2,176
50					1,700	2,040	2,380	2,720
60						2,448	2,856	3,264
70							3,332	3,808
80								4,352

- Kreisquerschnitt **C12/15**

D	20	25	30	40	50	60	70	80
	0,214	0,334	0,481	0,855	1,335	1,923	2,617	3,418

Stahlanteil F_{sd} (in MN)

- Stabstahl **BSt 500**

n \ d	12	14	16	20	25	28
4	0,197	0,268	0,350	0,546	0,854	1,071
6	0,295	0,402	0,525	0,820	1,281	1,606
8	0,393	0,535	0,699	1,093	1,707	2,142
10	0,492	0,669	0,874	1,366	2,134	2,677
12	0,590	0,803	1,049	1,639	2,561	3,213
14	0,688	0,937	1,224	1,912	2,988	3,748
16	0,787	1,071	1,399	2,185	3,415	4,283
18	0,885	1,205	1,574	2,459	3,842	4,819
20	0,983	1,339	1,748	2,732	4,268	5,354

Abminderungsfaktor κ
(für den Stahlanteil F_{sd})

Beton	κ
C 12/15	0,984
C 20/25	0,974
C 30/37	0,961

Betonanteil F_{cd} (in MN)

- Reckteckquerschnitt **C20/25**

h \ b	20	25	30	40	50	60	70	80
20	0,453	0,567	0,680	0,907	1,133	1,360	1,587	1,813
25		0,708	0,850	1,133	1,417	1,700	1,983	2,267
30			1,020	1,360	1,700	2,040	2,380	2,720
40				1,813	2,267	2,720	3,173	3,627
50					2,833	3,400	3,967	4,533
60						4,080	4,760	5,440
70							5,553	6,347
80								7,253

- Kreisquerschnitt **C20/25**

D	20	25	30	40	50	60	70	80
	0,356	0,556	0,801	1,424	2,225	3,204	4,362	5,697

h, b Abmessungen des Querschnitts (in cm)
D Durchmesser des Querschnitts (in cm)
n Stabanzahl
d Stabdurchmesser (in mm)

Gesamttragfähigkeit

$$|N_{Rd}| = F_{cd} + \kappa \cdot F_{sd}$$
$$\approx F_{cd} + F_{sd}$$

Betonanteil F_{cd} (in MN)

- Reckteckquerschnitt **C30/37**

h \ b	20	25	30	40	50	60	70	80
20	0,680	0,850	1,020	1,360	1,700	2,040	2,380	2,720
25		1,063	1,275	1,700	2,125	2,550	2,975	3,400
30			1,530	2,040	2,550	3,060	3,570	4,080
40				2,720	3,400	4,080	4,760	5,440
50					4,250	5,100	5,950	6,800
60						6,120	7,140	8,160
70							8,330	9,520
80								10,88

- Kreisquerschnitt **C30/37**

D	20	25	30	40	50	60	70	80
	0,534	0,835	1,202	2,136	3,338	4,807	6,542	8,545

Beispiel
(vgl. Abschn. 5.3.2.1, S. 14.69)

Stütze 30/40 cm, Beton C20/25, bewehrt mit Stäben 4 ∅ 20, BSt 500

gesucht:

Tragfähigkeit bei Beanspruchung unter einer zentrischen Druckkraft

Lösung:

$N_{Rd} = F_{cd} + \kappa \cdot F_{sd}$
$= 1{,}360 + 0{,}974 \cdot 0{,}546 = 1{,}892$ MN

bzw.

$N_{Rd} \approx 1{,}360 + 0{,}546 = 1{,}906$ MN

5.4 Fundamente

5.4.1 Bewehrte Einzelfundamente

In Fundamentplatten verlaufen die Hauptmomente in Stützennähe radial und tangential. Anstelle dieser Hauptmomente darf man jedoch näherungsweise die Momente M_x und M_y parallel zu den Kanten der Fundamentplatte berücksichtigen [14.13]. Das größte *Gesamt*biegemoment je Richtung einer Fundamentplatte mit rechteckigem Grundriss, die durch eine mittig und lotrecht angreifende Stützenlast beansprucht wird, beträgt unter der Annahme gleichmäßig verteilter Bodenpressungen (die nachfolgenden Gleichungen sind für die x-Richtung aufgestellt, für die y-Richtung gelten sie analog):

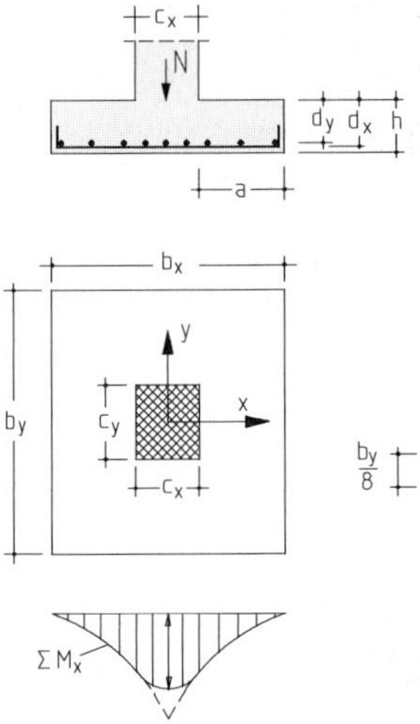

Verteilung von ΣM_x
(Anteil am Gesamtmoment in %)

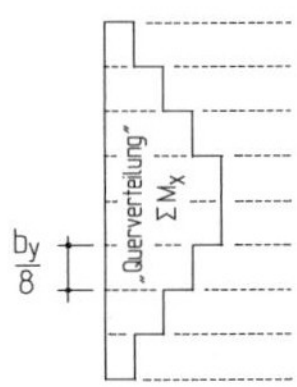

c_y/b_y = 0,1	0,2	0,3
7	8	9
10	10	11
14	14	14
19	18	16
19	18	16
14	14	14
10	10	11
7	8	9

$$\Sigma M_x = N \cdot \frac{b_x}{8}$$

Unter Berücksichtigung einer gegebenenfalls zulässigen Momentenausrundung (s. Abschn. 3.5.2; s. a. [14.27], [14.28]) erhält man als

Ausgerundetes Moment

$$\Sigma M_x' = N \cdot \frac{b_x}{8} \cdot \left(1 - \frac{c_x}{b_x}\right)$$

*Anschnitts*moment

$$\Sigma M_{x,I} = N \cdot \frac{b_x}{8} \cdot \left(1 - \frac{c_x}{b_x}\right)^2$$

Die Verteilung der Plattenmomente rechtwinklig zur betrachteten Richtung darf nach nebenstehender Tabelle erfolgen. Bei gedrungenen Fundamenten (bei $c_y/b_y > 0{,}3$, $h/a > 1{,}0$) darf das Gesamtmoment gleichmäßig über die Breite verteilt werden.

Wird durch die Stütze gleichzeitig ein Biegemoment eingeleitet bzw. ist die Stütze exzentrisch angeordnet, ist das Plattenmoment aus der trapez- oder dreieckförmig verteilten Bodenpressung zu berechnen.

Für Fundamentplatten sind die konstruktiven Anforderungen von Platten zu beachten (s. Abschn. 5.1). Die Biegebewehrung sollte wegen der hohen Verbundspannungen ohne Abstufung bis zum Rand geführt und dort z. B. mit Haken verankert werden, die Betondeckung sollte reichlich gewählt werden; ggf. ist ein Nachweis der Verbundspannungen erforderlich. Bei Einzelfundamenten ist i. d. R. zusätzlich ein Nachweis der Sicherheit gegen Durchstanzen zu führen.

Durchstanzen

Durchstanzen resultiert aus konzentrierten Lasten oder Auflagerreaktionen, die auf einer relativ kleinen Fläche (i. Allg. Fläche einer Stütze bzw. Lasteinleitungsfläche einer Einzellast) wirken. Der Nachweis der aufnehmbaren Querkraft muss längs eines festgelegten Rundschnitts erfolgen.

Für das Durchstanzen von Fundamenten[1)] gelten die Grundsätze des Tragfähigkeitsnachweises für Querkraft mit zusätzlichen Ergänzungen. Die einwirkende Querkraft v_{Ed} wird längs eines kritischen Rundschnitts ermittelt, der sich unter Annahme einer Neigung des Durchstanzkegels von $\beta = 33{,}7°$ ergibt (s. Abb. unten). Die Querkraft v_{Ed} darf den Widerstand v_{Rd} nicht überschreiten, der differenziert nach Fundamenten ohne Schub- bzw. Durchstanzbewehrung und mit Durchstanzbewehrung formuliert ist. Bei Fundamenten wird die Plattendicke häufig so gewählt, dass rechnerisch keine Durchstanzbewehrung erforderlich ist.

Bezüglich des rechnerischen Nachweises wird auf die *Bautabellen für Ingenieure,* Kap. 5 verwiesen.

Bemessungsmodell für den Nachweis der Sicherheit gegen Durchstanzen im Grenzzustand der Tragfähigkeit.

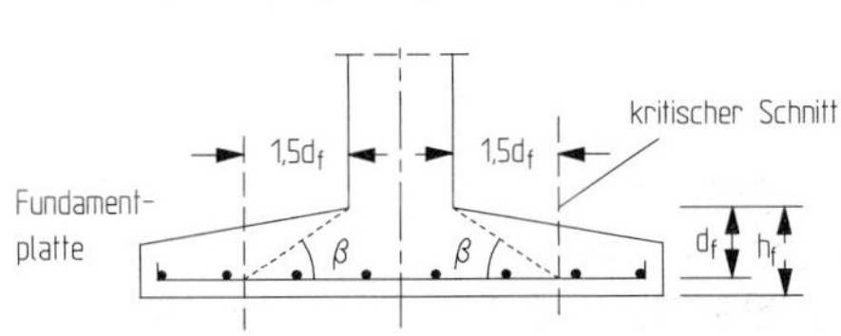

---

1) Analog für punktförmig gestützte Platten (Flachdecken); s. hierzu *Bautabellen für Ingenieure.*

5.4.2 Unbewehrte Fundamente

Unbewehrte Fundamente werden in DIN 1045-1 nicht behandelt; die nachfolgenden Regelungen stammen aus DIN EN 1992, Ausg. 10.05.

Danach dürfen annähernd zentrisch belastete streifenförmige und flache Einzelfundamente dann unbewehrt ausgeführt werden, wenn das Verhältnis h_F/a folgende Bedingung erfüllt (s. Diagramm unten):

$$0{,}85 \cdot \frac{h_F}{a} \geq \sqrt{\frac{3 \cdot \sigma_{gd}}{f_{ctd}}} \qquad (74)$$

mit σ_{gd} Bemessungswert der Bodenpressungen
f_{ctd} Bemessungswert der Betonzugfestigkeit ($f_{ctd} = f_{ctk;0,05}/\gamma_c$; s. S. 14.31 und 14.33)

Es wird eine Begrenzung auf $h_F/a \geq 1$ empfohlen.

Ohne weiteren Nachweis dürfen Streifenfundamente mit $h_F/a \geq 2$ stets unbewehrt ausgeführt werden.

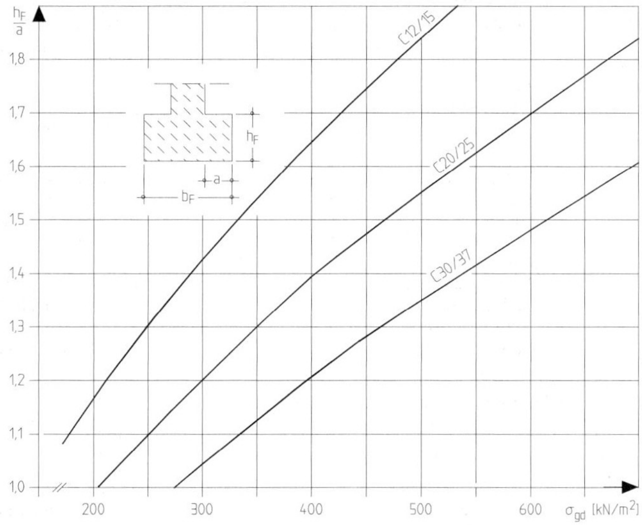

Zulässige Fundamentschlankheit h_F/a
(zusätzlich wird die Grenze $h_F/a \geq 1$ eingehalten)

Beispiel

Streifenfundament mit Belastung aus Eigenlasten N_{Gk} und Verkehrslasten N_{Qk}. Zur Erfüllung der bodenmechanischen Nachweise wurde eine Fundamentbreite $b_F = 0{,}90$ m festgelegt. Gesucht ist die Fundamenthöhe h_F.

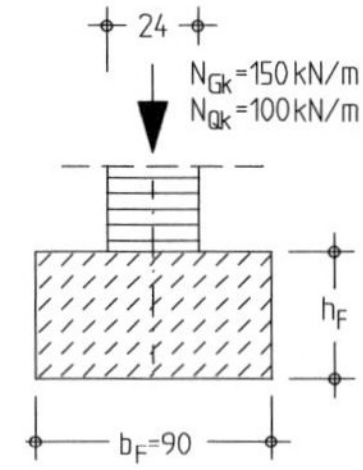

Baustoffe: Beton C12/15

Bodenpressungen: $\sigma_{gd} = N_{Ed}/b_F = (1{,}35 \cdot 150 + 1{,}50 \cdot 100)/0{,}90 = 392$ kN/m²

→ $(h_F/a)_{erf} \geq 1{,}63$*) (aus Diagramm für $\sigma_{gd} = 392$ kN/m² und C12/15)
$h_{F,erf} \geq 1{,}63 \cdot a = 1{,}63 \cdot (0{,}90 - 0{,}24)/2 = 0{,}54$ m
gew.: $h_{F,gew} = 0{,}55$ m (Für eine frostfreie Gründung sind ggf. größere Fundamentdicken erforderlich.)

*) Berechnung nach Gl. (74) (zur Kontrolle):

$$0{,}85 \cdot \frac{h_F}{a} \geq \sqrt{\frac{3 \cdot \sigma_{gd}}{f_{ctd}}}$$

$$= \sqrt{\frac{3 \cdot 0{,}392}{0{,}611}} \Big/ 0{,}85 = 1{,}63$$

$\sigma_{gd} = 0{,}392$ MN/m²
$f_{ctd} = 1{,}1 / 1{,}8 = 0{,}611$ MN/m²
($f_{ctk;0,05} = 1{,}1$ MN/m², $\gamma_c = 1{,}8$; s. S. 14.31 und 14.33)

Das Ergebnis ist identisch mit dem oben genannten Ablesewert.

5.5 Wände, Scheiben, Konsolen

5.5.1 Wände

5.5.1.1 Stahlbetonwände

Bei Wänden ist die waagerechte Länge größer als die 4fache Dicke, andernfalls s. Stützen.

Mindestabmessungen Es gilt Tafel 14.75 (s.u.).

Lotrechte Bewehrung Mindestbewehrung i. Allg: $A_{s,min} \geq 0{,}0015 \cdot A_c$

bei $|N_{Ed}| \geq 0{,}3 f_{cd} \cdot A_c$ u. bei schlanken[1] Wänden: $A_{s,min} \geq 0{,}0030 \cdot A_c$

Die Hälfte dieser Bewehrung sollte an jeder Außenseiten liegen.

Höchstbewehrung $A_{s,max} \leq 0{,}04 \cdot A_c$

Stababstand $s \leq \begin{cases} 2\,h & (h \text{ Wanddicke}) \\ 300 \text{ mm} \end{cases}$

Der Bewehrungsgehalt sollte an beiden Wandaußenseiten im Allgemeinen gleich groß sein.

Waagerechte Bewehrung Mindestbewehrung i. Allg.: 20 % der lotr. Bewehrung

bei $|N_{Ed}| \geq 0{,}3 f_{cd} \cdot A_c$ u. bei schlanken[1] Wänden: 50 % der lotr. Bewehrung

Stababstand $s \leq 350$ mm

Stabdurchmesser ≥ 1/4 des Durchmessers der Längsbewehrung

Anordnung außen (zwischen der lotrechten Bewehrung und der Wandoberfläche)

S-Haken, Steckbügel, Bügelbewehrung Wenn die Querschnittsfläche der lastabtragenden lotrechten Bewehrung $0{,}02 \cdot A_c$ übersteigt, sollte sie nach Abschn. 5.3.3 verbügelt werden. Andernfalls gilt:

– Außen liegende Bewehrung ist durch 4 S-Haken je m² zu sichern (alternativ bei dicken Wänden durch Steckbügel, die mindestens mit $0{,}5 \cdot l_b$ im Inneren der Wand zu verankern sind).
– Bei Tragstäben $d_s \leq 16$ mm und bei einer Betondeckung $\geq 2d_s$ sind keine Maßnahmen erforderlich (in diesem Fall und stets bei Betonstahlmatten dürfen die druckbeanspruchten Stäbe außen liegen).

An freien Rändern von Wänden mit $A_s \geq 0{,}003 \cdot A_c$ sind die Eckstäbe durch Steckbügel zu sichern.

Tafel 14.75 Mindestwanddicke für tragende Wände

Betonfestigkeitsklasse	Herstellung	Mindestwanddicke (in cm) für Wände aus unbewehrtem Beton: Decken über Wände nicht durchlaufend	unbewehrtem Beton: Decken über Wände durchlaufend	Stahlbeton: Decken über Wände nicht durchlaufend	Stahlbeton: Decken über Wände durchlaufend
< C 12/15	Ortbeton	20	14	-	-
≥ C 16/20	Ortbeton	14	12	12	10
	Fertigteil	12	10	10	8

5.5.1.2 Unbewehrte Wände

Die Gesamtdicke von Ortbetonwänden muss mindestens 10 cm betragen (s. auch Tafel 14.75). Aussparungen, Schlitze, Durchbrüche und Hohlräume sind i. Allg. zu berücksichtigen. Ausgenommen hiervon sind lediglich lotrechte Schlitze mit einer Tiefe bis zu 30 mm, wenn die Tiefe höchstens 1/6 der Wanddicke, die Breite höchstens gleich der Wanddicke und der gegenseitige Abstand mindestens 2 m beträgt; die Wand muss dann außerdem mindestens 12 cm dick sein.

5.5.2 Scheiben (wandartige Träger)

Die Bewehrung, die den Zugstäben eines Fachwerkmodells zugeordnet ist, sollte vollständig außerhalb der Knotenpunkte durch Aufbiegungen, durch U-Bügel oder durch Ankerkörper verankert werden, wenn zwischen Knotenpunkt und Trägerende eine ausreichende Verankerungslänge $l_{b,net}$ nicht vorhanden ist.

Für die *Mindestdicken* gelten die Regelungen für Wände (s. Tafel 14.75). Als *Mindestbewehrung* ist an beiden Außenflächen ein rechtwinkliges Bewehrungsnetz vorzusehen, das je Außenfläche und Richtung den Wert $a_s = 1{,}5$ cm²/m bzw. 0,075 % des Betonquerschnitts A_c nicht unterschreiten darf. Die Maschenweite des Bewehrungsnetzes darf maximal gleich der doppelten Wanddicke und höchstens 30 cm sein.

[1] Hierfür gilt die Definition nach Abschn. 5.3.1.2.

5.5.3 Konsolen

Konsolen sind kurze wandartige Träger mit einem Verhältnis $a_c \leq h_c$ (bei $a_c > h_c$ liegt ein Kragbalken vor). Konsolen sind für die einwirkenden Vertikallasten F_c zu bemessen und sollten zusätzlich außerdem eine Horizontallast von mindestens $H_c = 0{,}2F_c$ aufnehmen können. Die Schnittgrößenermittlung erfolgt in der Regel mit Stabwerkmodellen.

Die Zugbewehrung A_s sollte ab der Innenkante der Lagerplatte mit der Verankerungslänge $l_{b,net}$ verankert werden; die Verankerung erfolgt im Allgemeinen mit Schlaufen. Wenn die Verankerungslänge nicht untergebracht werden kann, kommen Ankerkörper in Frage.

(Weitere Hinweise s. *Bautabellen für Ingenieure*; s. a. Bemessungsbeispiel in [14.55].)

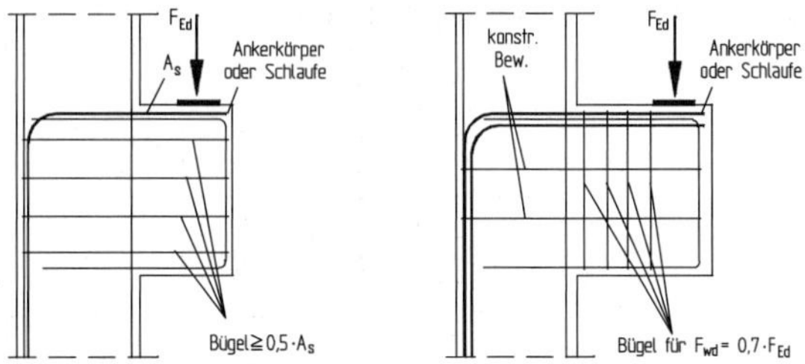

5.5.4 Ausgeklinkte Trägerenden

Das Tragverhalten wird i. Allg. an Stabwerkmodellen nachgewiesen, die jeweils die Gleichgewichtsbedingung erfüllen (Hinweise zur Berechnung s. *Bautabellen für Ingenieure*). Zur Erfüllung von Verträglichkeiten sind nachfolgende Hinweise zur Bewehrungsführung zu beachten.

Im Modell a) wird das ausgeklinkte Ende wie bei Konsolen mit horizontalem Zugband bemessen. Das Zugband wird aus liegenden Schlaufen ausgeführt und ist wirksam im Auflagerbereich zu verankern. Zur anderen Seite hin sollte es weit in den Träger geführt werden. Im ungeschwächten Balkensteg ist eine vertikale Rückhängebewehrung mindestens für die Größe der Auflagerkraft zu bemessen, die vorzugsweise aus geschlossenen Bügeln (ggf. mit einer leichten Schrägstellung zur Ausklinkung hin) besteht. Die unten endende Biegezugbewehrung muss mit $l_{b,net}$ (indirekte Auflagerung) verankert werden, was häufig nur durch Zulage von liegenden Schlaufen möglich ist (s. Abb. rechts).

a)

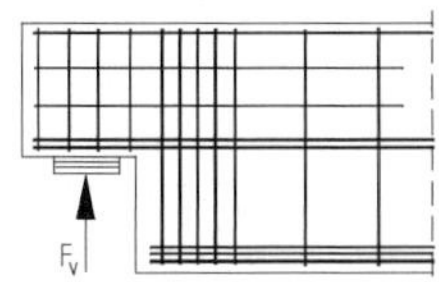

Eine alternative Bewehrungsführung ist im Modell b) dargestellt. Hierbei wird ein Teil der Auflagerkraft F_v einer schrägen Bewehrung (schlaufenförmig geführt) zugewiesen. Der Restanteil wird dann wie oben im Modell a) dargestellt aufgenommen. Eine Bewehrungsführung ausschließlich mit Schrägaufbiegungen ist jedoch nicht zulässig.

b)

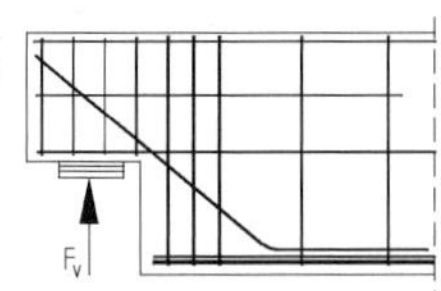

5.6 Andere Bauteile und besondere Bestimmungen

Umlenkkräfte

In Bereichen mit großen Richtungsänderungen der inneren Kräfte müssen die zugehörigen Umlenkkräfte durch eine Zusatzbewehrung aufgenommen werden.

Rahmenecken

In Rahmenecken bzw. Bauteilen mit stark geknickter Leibung sollte der Beton sorgfältig verdichtet werden; die Festigkeitsklasse des Betons sollte mindestens C25/30 betragen (vgl. DAfStb-H. 525), die Bewehrung sollte aus Rippenstählen bestehen. Bei Rahmenecken über ca. 70 cm Bauhöhe sollte zur Begrenzung der Rissbreite eine Zusatzbewehrung an den Seitenflächen angeordnet werden. Für die Bewehrungsführung ist zu unterscheiden, ob die Ecke durch ein positives oder negatives Moment beansprucht wird.

(Ausführliche Hinweise zur Bewehrungsführung s. *Bautabellen für Ingenieure*)

Anschluss von Nebenträgern

Im Kreuzungsbereich von Haupt- und Nebenträgern muss eine Aufhängebewehrung für die volle aufzunehmende Auflagerkraft des Nebenträgers vorgesehen werden. Die Aufhängebewehrung sollte vorzugsweise aus Bügeln bestehen, die die Hauptbewehrung des unterstützenden Bauteils (Hauptträger) umfassen.

Weitere Hinweise s. *Bautabellen für Ingenieure.*

6 Bemessungstafeln

Den Tafeln 1 bis 3 liegt für den Beton das Parabel-Rechteck-Diagramm der Querschnittsbemessung zugrunde (s. Abschn. 2.2.1).

In den Bemessungstafeln werden entweder die auf die Schwerachse bezogenen Schnittgrößen N_{Ed} und M_{Ed} oder die auf die Zugbewehrung A_{s1} bezogenen Schnittgrößen M_{Eds} und N_{Ed} benötigt. Der Zusammenhang zwischen diesen Größen ist der nachfolgenden Darstellung zu entnehmen.

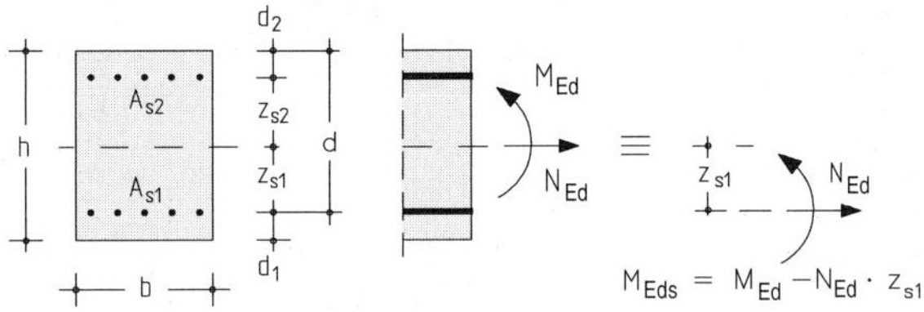

Tafel 1

In Tafel 1 (aus [14.54]) wird als Eingangswert das auf die Biegezugbewehrung bezogene Moment benötigt:

$$\mu_{Eds} = M_{Eds} / (b \cdot d^2 \cdot f_{cd}) \quad \text{mit } M_{Eds} = M_{Ed} - N_{Ed} \cdot z_{s1}$$

Die Ermittlung der Biegezugbewehrung erfolgt mit den in der Tafel angegebenen Gleichungen, wobei für Betonstahl wahlweise der horizontale Ast der σ-ε-Linie (Ablesewert σ_{sd}) oder der ansteigende Ast (Ablesewert σ_{sd}*) gemäß Abschn. 2.2.2 berücksichtigt werden kann. Die bezogene Druckzonenhöhe $\xi = x/d$ darf zur Sicherstellung einer ausreichenden Rotationsfähigkeit, sofern keine anderen Maßnahmen getroffen werden, folgende Werte nicht überschreiten (s. Abschn. 3.5.3):

$\xi_{lim} = 0{,}25$ oder $\mu_{Eds,lim} = 0{,}181$ bei Anwendung der Plastizitätstheorie bei Platten
$\xi_{lim} = 0{,}45$ oder $\mu_{Eds,lim} = 0{,}296$ für Beton der Festigkeitsklasse C12/15 bis C50/60

Aus wirtschaftlichen Gründen – Ausnutzung der Streckgrenze der Bewehrung – gilt für den Betonstahl BSt 500 als Grenze (die konstruktiven Maßnahmen nach DIN 1045-1, 13.1.1(5) sind dann zu beachten)

$\xi_{lim} = 0{,}617$ oder $\mu_{Eds,lim} = 0{,}371$

Falls die angegebenen Grenzwerte überschritten werden, ist Druckbewehrung anzuordnen (Tafeln mit Druckbewehrung s. nachfolgend).

Tafeln 2a und 2b

Das k_d-Verfahren – vergleichbar mit dem in DAfStb-H. 220 [14.30] für eine Bemessung auf der Grundlage von DIN 1045 bekannten k_h-Verfahren – kann alternativ zu der Tafel 1 zur Querschnittsbemessung angewendet werden. Der k_d-Wert ist dimensionsgebunden und mit den angegebenen Dimensionen als Eingangswert zu verwenden:

$$k_d = \frac{d\,[\text{cm}]}{\sqrt{M_{Eds}\,[\text{kNm}] / b\,[\text{m}]}} \quad \text{mit } M_{Eds} = M_{Ed} - N_{Ed} \cdot z_{s1}$$

Für die bezogenen Druckzonenhöhen ξ gelten dieselben Grenzen wie in Tafel 1.

Für Querschnitte ohne Druckbewehrung erfolgt die Ermittlung der Bewehrung mit Hilfe von Tafel 2a; falls Druckbewehrung erforderlich wird, ist Tafel 2b maßgebend (Tafeln 2a und 2b nach [14.54]). Die Ermittlung der Bewehrung erfolgt mit den in den Tafeln angegebenen – dimensionsgebundenen (!) – Gleichungen. Für die Tafeln 2 wurde generell der horizontale Ast der σ-ε-Linie des Betonstahls angesetzt.

Eine ggf. erforderliche Druckbewehrung darf nicht größer in Rechnung gestellt werden als die Zugbewehrung [14.35].

Tafel 3

Die Tafel 3 (aus [14.54]) als Bemessungsdiagramm von Rechteckquerschnitten mit symmetrischer Bewehrung („Interaktionsdiagramme") hat als Eingangswerte die auf die Schwerachse des Querschnitts bezogenen Momente und Längskräfte

$$\mu_{Ed} = M_{Ed} / (b \cdot h^2 \cdot f_{cd}) \quad \text{und} \quad \nu_{Ed} = N_{Ed} / (b \cdot h \cdot f_{cd})$$

Die Ermittlung der Bewehrung erfolgt mit den im Diagramm angegebenen Gleichungen. Die abgedruckte Tafel gilt für einen Betonstahl BSt 500, für ein Verhältnis $d_1 / h = 0{,}10$ und für den ansteigenden Ast der σ-ε-Linie des Betonstahls.

Weitere Tafeln s. Bautabellen für Ingenieure; s. a. insbesondere [14.54] mit zusätzlichen und weiteren Bemessungstafeln und -diagrammen.

Tafel 1

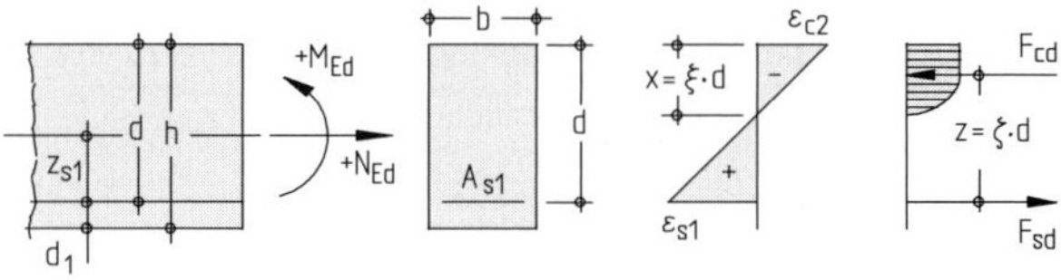

$$\mu_{\text{Eds}} = \frac{M_{\text{Eds}}}{b \cdot d^2 \cdot f_{\text{cd}}}$$ mit $M_{\text{Eds}} = M_{\text{Ed}} - N_{\text{Ed}} \cdot z_{\text{s1}}$, $f_{\text{cd}} = \alpha \cdot f_{\text{ck}}/\gamma_{\text{c}}$ (i. Allg. gilt $\alpha = 0{,}85$)

μ_{Eds}	ω	$\xi = \frac{x}{d}$	$\zeta = \frac{z}{d}$	ε_{c2} in ‰	ε_{s1} in ‰	σ_{sd}[1)] in MPa BSt 500	σ_{sd}*[2)] in MPa BSt 500
0,01	0,0101	0,030	0,990	–0,77	25,00	435	457
0,02	0,0203	0,044	0,985	–1,15	25,00	435	457
0,03	0,0306	0,055	0,980	–1,46	25,00	435	457
0,04	0,0410	0,066	0,976	–1,76	25,00	435	457
0,05	0,0515	0,076	0,971	–2,06	25,00	435	457
0,06	0,0621	0,086	0,967	–2,37	25,00	435	457
0,07	0,0728	0,097	0,962	–2,68	25,00	435	457
0,08	0,0836	0,107	0,956	–3,01	25,00	435	457
0,09	0,0946	0,118	0,951	–3,35	25,00	435	457
0,10	0,1057	0,131	0,946	–3,50	23,29	435	455
0,11	0,1170	0,145	0,940	–3,50	20,71	435	452
0,12	0,1285	0,159	0,934	–3,50	18,55	435	450
0,13	0,1401	0,173	0,928	–3,50	16,73	435	449
0,14	0,1518	0,188	0,922	–3,50	15,16	435	447
0,15	0,1638	0,202	0,916	–3,50	13,80	435	446
0,16	0,1759	0,217	0,910	–3,50	12,61	435	445
0,17	0,1882	0,232	0,903	–3,50	11,56	435	444
0,18	0,2007	0,248	0,897	–3,50	10,62	435	443
0,19	0,2134	0,264	0,890	–3,50	9,78	435	442
0,20	0,2263	0,280	0,884	–3,50	9,02	435	441
0,21	0,2395	0,296	0,877	–3,50	8,33	435	441
0,22	0,2528	0,312	0,870	–3,50	7,71	435	440
0,23	0,2665	0,329	0,863	–3,50	7,13	435	440
0,24	0,2804	0,346	0,856	–3,50	6,60	435	439
0,25	0,2946	0,364	0,849	–3,50	6,12	435	439
0,26	0,3091	0,382	0,841	–3,50	5,67	435	438
0,27	0,3239	0,400	0,834	–3,50	5,25	435	438
0,28	0,3391	0,419	0,826	–3,50	4,86	435	437
0,29	0,3546	0,438	0,818	–3,50	4,49	435	437
0,30	0,3706	0,458	0,810	–3,50	4,15	435	437
0,31	0,3869	0,478	0,801	–3,50	3,82	435	436
0,32	0,4038	0,499	0,793	–3,50	3,52	435	436
0,33	0,4211	0,520	0,784	–3,50	3,23	435	436
0,34	0,4391	0,542	0,774	–3,50	2,95	435	436
0,35	0,4576	0,565	0,765	–3,50	2,69	435	435
0,36	0,4768	0,589	0,755	–3,50	2,44	435	435
0,37	0,4968	0,614	0,745	–3,50	2,20	435	435
0,38	0,5177	0,640	0,734	–3,50	1,97	395	395
0,39	0,5396	0,667	0,723	–3,50	1,75	350	350
0,40	0,5627	0,695	0,711	–3,50	1,54	307	307

unwirtschaftlicher Bereich (Zeilen 0,38 bis 0,40)

1) Begrenzung der Stahlspannung auf $f_{\text{yd}} = f_{\text{yk}} / \gamma_{\text{s}}$ (horizontaler Ast der σ-ε-Linie).
2) Begrenzung der Stahlspannung auf $f_{\text{td,cal}} = f_{\text{tk,cal}} / \gamma_{\text{s}}$ (geneigter Ast der σ-ε-Linie).

$$A_{\text{s1}} = \frac{1}{\sigma_{\text{sd}}} (\omega \cdot b \cdot d \cdot f_{\text{cd}} + N_{\text{Ed}})$$

Bemessungstafeln mit dimensionslosen Beiwerten für den Rechteckquerschnitt ohne Druckbewehrung für Biegung mit Längskraft (Betonstahl BSt 500 und $\gamma_{\text{s}} = 1{,}15$; Normalbeton $\leq$ C50/60)

Tafel 2a

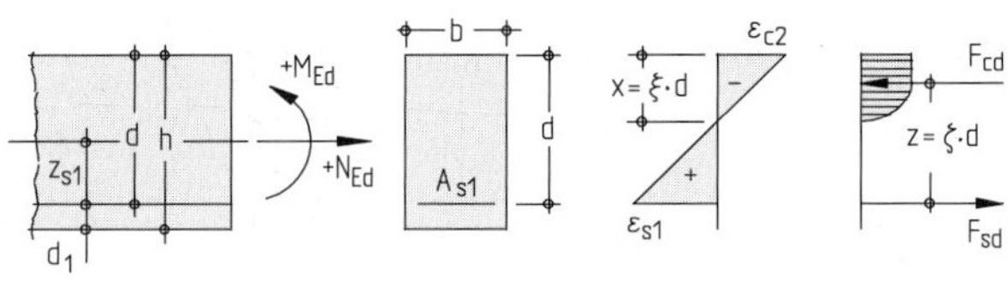

$$k_d = \frac{d\ [\text{cm}]}{\sqrt{M_{Eds}\ [\text{kNm}] / b\ [\text{m}]}} \qquad \text{mit } M_{Eds} = M_{Ed} - N_{Ed} \cdot z_{s1}$$

k_d für Betonfestigkeitsklasse C									k_s	ξ	ζ	ε_{c2} ‰	ε_{s1} ‰
12/15	16/20	20/25	25/30	30/37	35/45	40/50	45/55	50/60					
14,37	12,44	11,13	9,95	9,09	8,41	7,87	7,42	7,04	2,32	0,025	0,991	−0,64	25,00
7,90	6,84	6,12	5,47	5,00	4,63	4,33	4,08	3,87	2,34	0,048	0,983	−1,26	25,00
5,87	5,08	4,55	4,07	3,71	3,44	3,22	3,03	2,88	2,36	0,069	0,975	−1,84	25,00
4,94	4,27	3,82	3,42	3,12	2,89	2,70	2,55	2,42	2,38	0,087	0,966	−2,38	25,00
4,38	3,80	3,40	3,04	2,77	2,57	2,40	2,26	2,15	2,40	0,104	0,958	−2,89	25,00
4,00	3,47	3,10	2,78	2,53	2,35	2,20	2,07	1,96	2,42	0,120	0,950	−3,40	25,00
3,63	3,14	2,81	2,51	2,29	2,12	1,99	1,87	1,78	2,45	0,147	0,939	−3,50	20,29
3,35	2,90	2,60	2,32	2,12	1,96	1,84	1,73	1,64	2,48	0,174	0,927	−3,50	16,56
3,14	2,72	2,43	2,18	1,99	1,84	1,72	1,62	1,54	2,51	0,201	0,916	−3,50	13,90
2,97	2,57	2,30	2,06	1,88	1,74	1,63	1,53	1,46	2,54	0,227	0,906	−3,50	11,91
2,85	2,47	2,21	1,97	1,80	1,67	1,56	1,47	1,40	2,57	0,250	0,896	−3,50	10,52
2,72	2,36	2,11	1,89	1,72	1,59	1,49	1,41	1,33	2,60	0,277	0,885	−3,50	9,12
2,62	2,27	2,03	1,82	1,66	1,54	1,44	1,36	1,29	2,63	0,302	0,875	−3,50	8,10
2,54	2,20	1,97	1,76	1,61	1,49	1,39	1,31	1,24	2,66	0,325	0,865	−3,50	7,26
2,47	2,14	1,91	1,71	1,56	1,44	1,35	1,27	1,21	2,69	0,350	0,854	−3,50	6,50
2,41	2,08	1,86	1,67	1,52	1,41	1,32	1,24	1,18	2,72	0,371	0,846	−3,50	5,93
2,35	2,03	1,82	1,63	1,49	1,38	1,29	1,21	1,15	2,75	0,393	0,836	−3,50	5,40
2,28	1,98	1,77	1,58	1,44	1,34	1,25	1,18	1,12	2,79	0,422	0,824	−3,50	4,79
2,23	1,93	1,73	1,54	1,41	1,30	1,22	1,15	1,09	2,83	0,450	0,813	−3,50	4,27
2,18	1,89	1,69	1,51	1,38	1,28	1,19	1,13	1,07	2,87	0,477	0,801	−3,50	3,83
2,14	1,85	1,65	1,48	1,35	1,25	1,17	1,10	1,05	2,91	0,504	0,790	−3,50	3,44
2,10	1,82	1,62	1,45	1,33	1,23	1,15	1,08	1,03	2,95	0,530	0,780	−3,50	3,11
2,06	1,79	1,60	1,43	1,30	1,21	1,13	1,07	1,01	2,99	0,555	0,769	−3,50	2,81
2,03	1,75	1,57	1,40	1,28	1,19	1,11	1,05	0,99	3,04	0,585	0,757	−3,50	2,48
1,99	1,72	1,54	1,38	1,26	1,17	1,09	1,03	0,98	3,09	0,617	0,743	−3,50	2,17

$$A_s\ [\text{cm}^2] = \boldsymbol{k_s} \cdot \frac{M_{Eds}\ [\text{kNm}]}{d\ [\text{cm}]} + \frac{N_{Ed}\ [\text{kN}]}{43{,}5}$$

Dimensionsgebundene Bemessungstafel (k_d-Verfahren) für den Rechteckquerschnitt ohne Druckbewehrung für Biegung mit Längskraft (Betonstahl BSt 500 und $\gamma_s = 1{,}15$; Normalbeton ≤ C50/60)

Tafel 2b

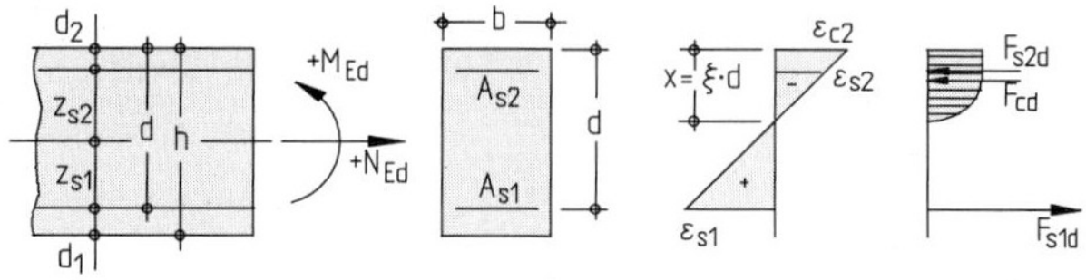

$$k_d = \frac{d\ [\text{cm}]}{\sqrt{M_{Eds}\ [\text{kNm}]\,/\,b\ [\text{m}]}} \qquad \text{mit } M_{Eds} = M_{Ed} - N_{Ed} \cdot z_{s1}$$

Beiwerte k_{s1} und k_{s2}

$\xi = 0{,}45$										$\xi = 0{,}617$										$\xi = \begin{cases}0{,}450\\0{,}617\end{cases}$
k_d für f_{ck}									k_{s1}	k_d für f_{ck}									k_{s1}	k_{s2}
12	16	20	25	30	35	40	45	50		12	16	20	25	30	35	40	45	50		
2,23	1,93	1,73	1,54	1,41	1,30	1,22	1,15	1,09	2,83	1,99	1,72	1,54	1,38	1,26	1,17	1,09	1,03	0,98	3,09	0
2,18	1,89	1,69	1,51	1,38	1,28	1,19	1,13	1,07	2,82	1,95	1,69	1,51	1,35	1,23	1,14	1,07	1,01	0,96	3,07	0,10
2,14	1,85	1,65	1,48	1,35	1,25	1,17	1,10	1,05	2,80	1,91	1,65	1,48	1,32	1,21	1,12	1,05	0,99	0,93	3,04	0,20
2,09	1,81	1,62	1,45	1,32	1,22	1,14	1,07	1,02	2,79	1,87	1,62	1,45	1,29	1,18	1,09	1,02	0,96	0,91	3,02	0,30
2,04	1,77	1,58	1,41	1,29	1,19	1,11	1,05	1,00	2,77	1,82	1,58	1,41	1,26	1,15	1,07	1,00	0,94	0,89	2,99	0,40
1,99	1,72	1,54	1,38	1,26	1,17	1,09	1,03	0,98	2,76	1,78	1,54	1,38	1,23	1,12	1,04	0,97	0,92	0,87	2,97	0,50
1,94	1,68	1,50	1,34	1,23	1,14	1,07	1,01	0,96	2,74	1,73	1,50	1,34	1,20	1,10	1,01	0,95	0,89	0,85	2,94	0,60
1,89	1,63	1,46	1,31	1,19	1,10	1,03	0,97	0,92	2,73	1,69	1,46	1,31	1,17	1,07	0,99	0,92	0,87	0,83	2,92	0,70
1,83	1,59	1,42	1,27	1,16	1,07	1,00	0,94	0,89	2,71	1,64	1,42	1,27	1,13	1,04	0,96	0,90	0,85	0,80	2,89	0,80
1,78	1,54	1,38	1,23	1,12	1,04	0,97	0,92	0,87	2,70	1,59	1,37	1,23	1,10	1,00	0,93	0,87	0,82	0,78	2,87	0,90
1,72	1,49	1,33	1,19	1,09	1,01	0,95	0,89	0,85	2,69	1,54	1,33	1,19	1,06	0,97	0,90	0,84	0,79	0,75	2,84	1,00
1,66	1,44	1,29	1,15	1,05	0,97	0,91	0,86	0,81	2,67	1,48	1,28	1,15	1,03	0,94	0,87	0,81	0,77	0,73	2,82	1,10
1,60	1,38	1,24	1,11	1,01	0,94	0,88	0,83	0,79	2,66	1,43	1,24	1,11	0,99	0,90	0,84	0,78	0,74	0,70	2,79	1,20
1,53	1,33	1,19	1,06	0,97	0,90	0,84	0,79	0,75	2,64	1,37	1,19	1,06	0,95	0,87	0,80	0,75	0,71	0,67	2,77	1,30
1,47	1,27	1,14	1,02	0,93	0,86	0,80	0,76	0,72	2,63	1,31	1,14	1,02	0,91	0,83	0,77	0,72	0,68	0,64	2,74	1,40

Beiwerte ρ_1 und ρ_2

d_2/d	$\xi = 0{,}45$					$\xi = 0{,}617$				
	ρ_1 für k_{s1} =				ρ_2	ρ_1 für k_{s1} =				ρ_2
	2,83	2,74	2,68	2,63		3,09	2,97	2,85	2,74	
≤0,07	1,00	1,00	1,00	1,00	1,00	1,00	1,00	1,00	1,00	1,00
0,08	1,00	1,00	1,00	1,01	1,01	1,00	1,00	1,00	1,01	1,01
0,10	1,00	1,01	1,01	1,02	1,03	1,00	1,01	1,01	1,02	1,03
0,12	1,00	1,01	1,02	1,03	1,06	1,00	1,01	1,02	1,03	1,06
0,14	1,00	1,02	1,03	1,04	1,08	1,00	1,01	1,03	1,04	1,08
0,16	1,00	1,02	1,04	1,06	1,11	1,00	1,02	1,04	1,06	1,11
0,18	1,00	1,03	1,05	1,07	1,17	1,00	1,02	1,05	1,07	1,13
0,20	1,00	1,04	1,06	1,09	1,30	1,00	1,03	1,06	1,08	1,16
0,22	1,00	1,04	1,07	1,10	1,45	1,00	1,03	1,07	1,10	1,19
0,24	1,00	1,05	1,09	1,12	1,63	1,00	1,04	1,08	1,12	1,24

$$\mathbf{A_{s1}\ [cm^2] = \rho_1 \cdot k_{s1} \cdot \frac{M_{Eds}\ [kNm]}{d\ [cm]} + \frac{N_{Ed}\ [kN]}{43{,}5}}$$

$$\mathbf{A_{s2}\ [cm^2] = \rho_2 \cdot k_{s2} \cdot \frac{M_{Eds}\ [kNm]}{d\ [cm]}}$$

Dimensionsgebundene Bemessungstafel (k_d-Verfahren) für den Rechteckquerschnitt mit Druckbewehrung für Biegung mit Längskraft (Betonstahl BSt 500 und γ_s = 1,15; Normalbeton ≤ C50/60)

Tafel 3

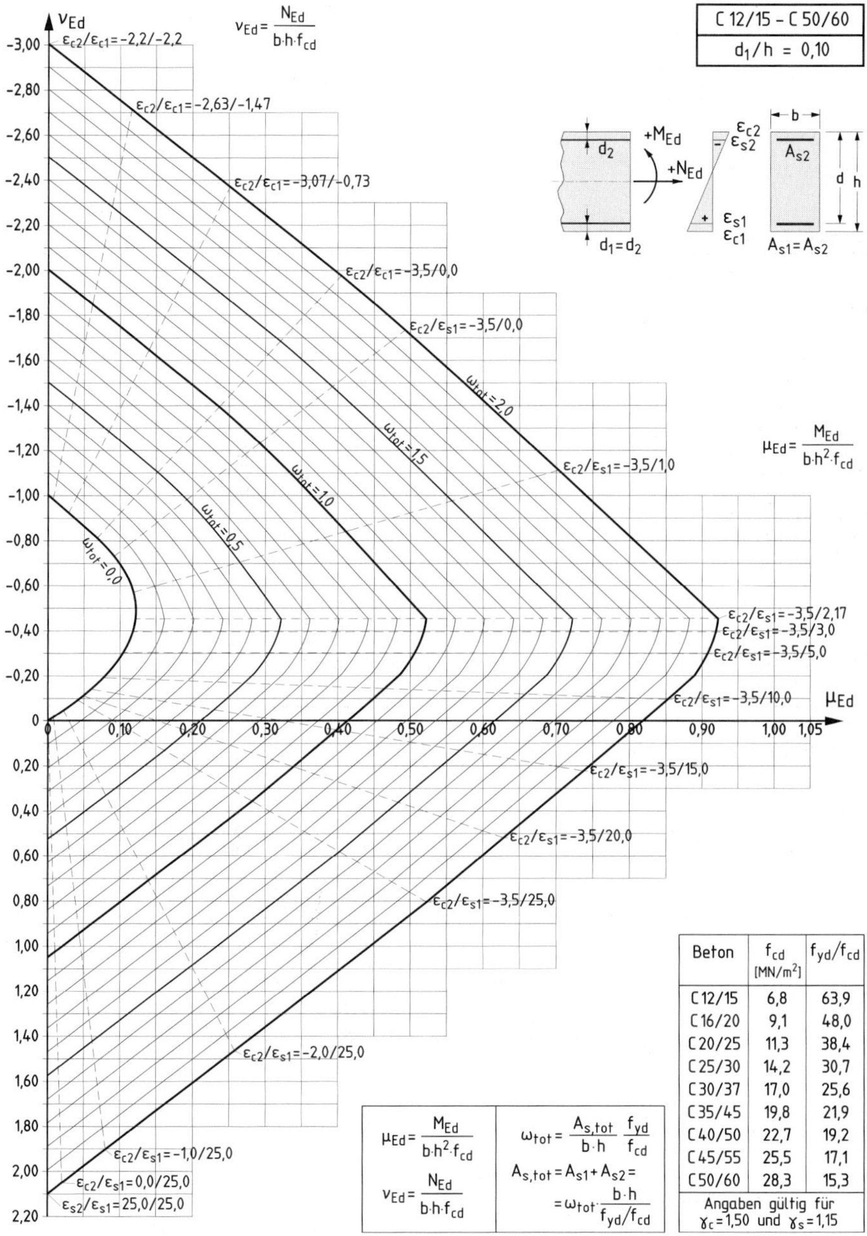

$\mu_{Ed} = \frac{M_{Ed}}{b \cdot h^2 \cdot f_{cd}}$ $\nu_{Ed} = \frac{N_{Ed}}{b \cdot h \cdot f_{cd}}$	$\omega_{tot} = \frac{A_{s,tot}}{b \cdot h} \cdot \frac{f_{yd}}{f_{cd}}$ $A_{s,tot} = A_{s1} + A_{s2} = \omega_{tot} \cdot \frac{b \cdot h}{f_{yd}/f_{cd}}$

Beton	f_{cd} [MN/m²]	f_{yd}/f_{cd}
C12/15	6,8	63,9
C16/20	9,1	48,0
C20/25	11,3	38,4
C25/30	14,2	30,7
C30/37	17,0	25,6
C35/45	19,8	21,9
C40/50	22,7	19,2
C45/55	25,5	17,1
C50/60	28,3	15,3
Angaben gültig für $\gamma_c = 1{,}50$ und $\gamma_s = 1{,}15$		

Interaktionsdiagramm für den Rechteckquerschnitt mit Bewehrungsanordnung nach obiger Skizze (BSt 500 mit $\gamma_s = 1{,}15$; Beton ≤ C50/60); $d_1/h = 0{,}10$ (aus [14.54])

7 Bewehrungszeichnungen; Konstruktionstafeln

(s. a. Kapitel 19 B „Bauzeichnungen“)

7.1 Bewehrungszeichnungen

7.1.1 Darstellung von Stabstahlbewehrung

- **Stahlbetonbalken**

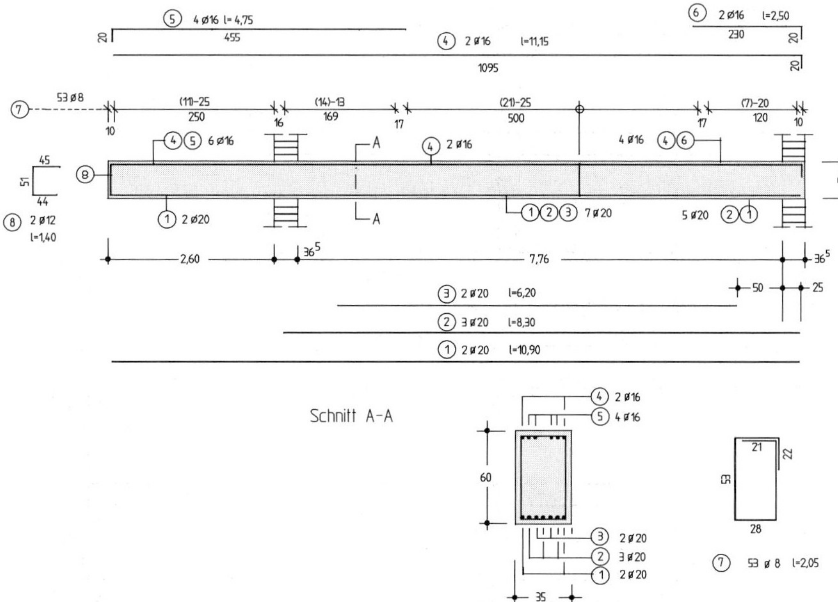

- **Stahlbetonplatten**

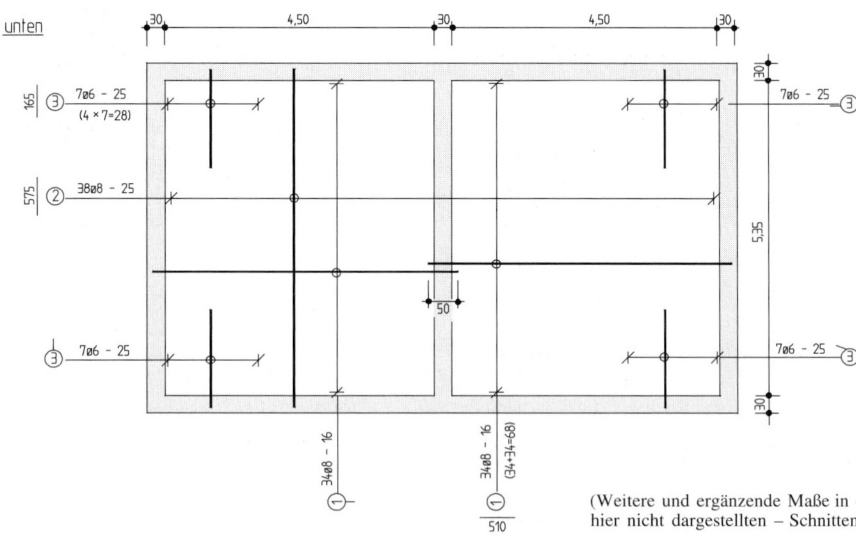

(Weitere und ergänzende Maße in – hier nicht dargestellten – Schnitten)

7.1.2 Darstellung von Mattenbewehrung

- **Darstellung einzelner Matten**

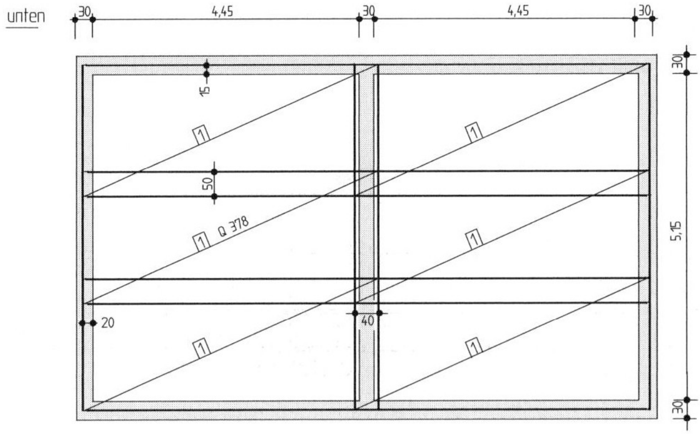

- **Zusammengefasste Darstellung von gleichen Einzelmatten**

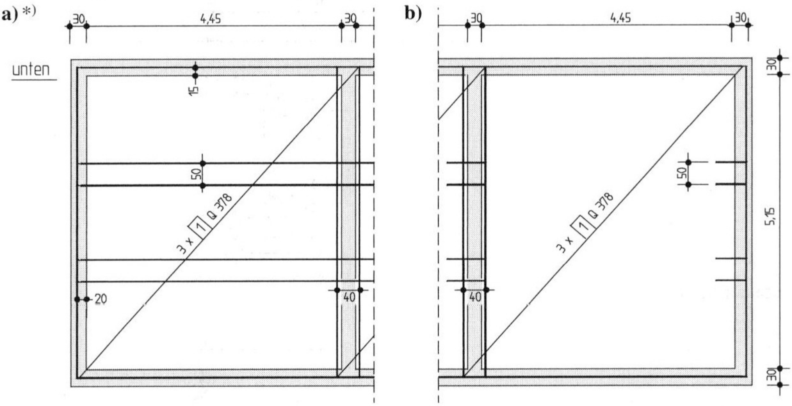

- **Achsenbezogene Darstellung**

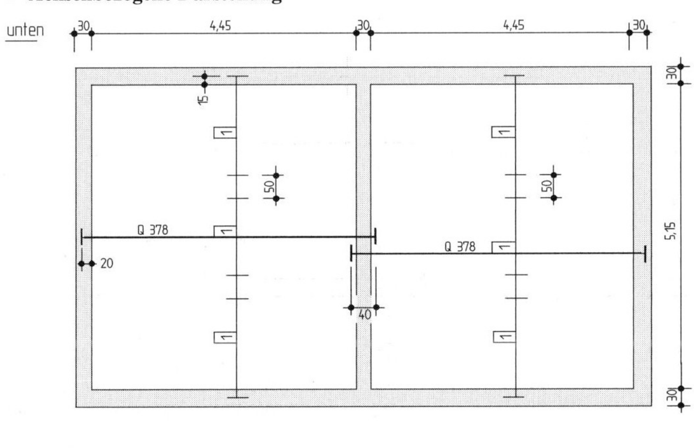

*) Die Darstellungsart a) ist nicht genormt.

7.2 Konstruktionstafeln

7.2.1 Betonstabstahl BSt 500 S

Abmessungen und Gewichte

Nenndurchmesser d_s in mm	6	8	10	12	14	16	20	25	28	32	36	40
Nennquerschnitt A_s in cm²	0,283	0,503	0,785	1,13	1,54	2,01	3,14	4,91	6,16	8,04	10,18	12,57
Nenngewicht G in kg/m	0,222	0,395	0,617	0,888	1,21	1,58	2,47	3,85	4,83	6,31	7,99	9,87

Querschnitte von Flächenbewehrungen a_s in cm²/m

Stababstand s in cm	Durchmesser d_s in mm									Stäbe pro m
	6	8	10	12	14	16	20	25	28	
5,0	5,65	10,05	15,71	22,62	30,79	40,21	62,83	98,17		20,00
5,5	5,14	9,14	14,28	20,56	27,99	36,56	57,12	89,25		18,18
6,0	4,71	8,38	13,09	18,85	25,66	33,51	52,36	81,81	102,63	16,67
6,5	4,35	7,73	12,08	17,40	23,68	30,93	48,33	75,52	94,73	15,38
7,0	4,04	7,18	11,22	16,16	21,99	28,72	44,88	70,12	87,96	14,29
7,5	3,77	6,70	10,47	15,08	20,53	26,81	41,89	65,45	82,10	13,33
8,0	3,53	6,28	9,82	14,14	19,24	25,13	39,27	61,36	76,97	12,50
8,5	3,33	5,91	9,24	13,31	18,11	23,65	36,96	57,75	72,44	11,76
9,0	3,14	5,59	8,73	12,57	17,10	22,34	34,91	54,54	68,42	11,11
9,5	2,98	5,29	8,27	11,90	16,20	21,16	33,07	51,67	64,82	10,53
10,0	2,83	5,03	7,85	11,31	15,39	20,11	31,42	49,09	61,58	10,00
10,5	2,69	4,79	7,48	10,77	14,66	19,15	29,92	46,75	58,64	9,52
11,0	2,57	4,57	7,14	10,28	13,99	18,28	28,56	44,62	55,98	9,09
11,5	2,46	4,37	6,83	9,83	13,39	17,48	27,32	42,68	53,54	8,70
12,0	2,36	4,19	6,54	9,42	12,83	16,76	26,18	40,91	51,31	8,33
12,5	2,26	4,02	6,28	9,05	12,32	16,08	25,13	39,27	49,26	8,00
13,0	2,17	3,87	6,04	8,70	11,84	15,47	24,17	37,76	47,37	7,69
13,5	2,09	3,72	5,82	8,38	11,40	14,89	23,27	36,36	45,61	7,41
14,0	2,02	3,59	5,61	8,08	11,00	14,36	22,44	35,06	43,98	7,14
14,5	1,95	3,47	5,42	7,80	10,62	13,87	21,67	33,85	42,47	6,90
15,0	1,88	3,35	5,24	7,54	10,26	13,40	20,94	32,72	41,05	6,67
16,0	1,77	3,14	4,91	7,07	9,62	12,57	19,63	30,68	38,48	6,25
17,0	1,66	2,96	4,62	6,65	9,06	11,83	18,48	28,87	36,22	5,88
18,0	1,57	2,79	4,36	6,28	8,55	11,17	17,45	27,27	34,21	5,56
19,0	1,49	2,65	4,13	5,95	8,10	10,58	16,53	25,84	32,41	5,26
20,0	1,41	2,51	3,93	5,65	7,70	10,05	15,71	24,54	30,79	5,00
21,0	1,35	2,39	3,74	5,39	7,33	9,57	14,96	23,37	29,32	4,76
22,0	1,29	2,28	3,57	5,14	7,00	9,14	14,28	22,31	27,99	4,55
23,0	1,23	2,19	3,41	4,92	6,69	8,74	13,66	21,34	26,77	4,35
24,0	1,18	2,09	3,27	4,71	6,41	8,38	13,09	20,45	25,66	4,17
25,0	1,13	2,01	3,14	4,52	6,16	8,04	12,57	19,63	24,63	4,00

Querschnitte von Balkenbewehrungen A_s in cm²

Stabdurchmesser d_s in mm	Anzahl der Stäbe									
	1	2	3	4	5	6	7	8	9	10
6	0,28	0,57	0,85	1,13	1,41	1,70	1,98	2,26	2,54	2,83
8	0,50	1,01	1,51	2,01	2,51	3,02	3,52	4,02	4,52	5,03
10	0,79	1,57	2,36	3,14	3,93	4,71	5,50	6,28	7,07	7,85
12	1,13	2,26	3,39	4,52	5,65	6,79	7,92	9,05	10,18	11,31
14	1,54	3,08	4,62	6,16	7,70	9,24	10,78	12,32	13,85	15,39
16	2,01	4,02	6,03	8,04	10,05	12,06	14,07	16,09	18,10	20,11
20	3,14	6,28	9,42	12,57	15,71	18,85	21,99	25,13	28,27	31,42
25	4,91	9,82	14,73	19,64	24,54	29,45	34,36	39,27	44,18	49,09
28	6,16	12,32	18,47	24,63	30,79	36,95	43,10	49,26	55,42	61,58

Größte Anzahl von Stäben in einer Lage bei Balken

Nachfolgende Werte gelten für ein Nennmaß der Betondeckung $c_{nom} = 2{,}5$ cm (bezogen auf den Bügel) ohne Berücksichtigung von Rüttellücken. Bei den Werten in ( ) werden die geforderten Abstände geringfügig unterschritten.

Balkenbreite b in cm	Durchmesser d_s in mm: 10	12	14	16	20	25	28
10	1	1	1	1	1	1	–
15	3	3	3	(3)	2	2	1
20	5	4	4	4	3	3	2
25	6	6	6	5	5	4	3
30	8	(8)	7	7	6	5	4
35	10	9	(9)	8	7	6	5
40	11	11	10	9	8	7	6
45	13	12	(12)	11	10	8	7
50	15	14	13	12	11	9	(8)
55	16	15	14	14	12	10	8
60	18	17	16	15	13	11	9
Bügeldurchmesser $d_{sbü}$	$d_{sbü} \leq 8$ mm				≤ 10 mm	≤ 12 mm	≤ 16 mm

Verbundbedingungen (s. auch S. 14.42)

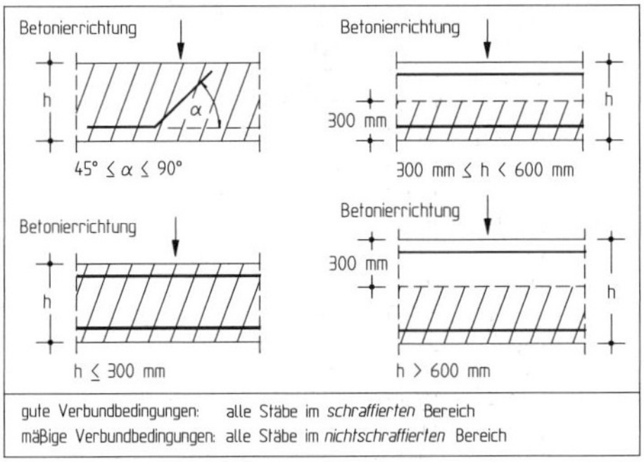

Verbundspannungen f_{bd} in N/mm²

(für Rippenstäbe mit $d_s \leq 32$ mm; s. S. 14.42)

Beton-festigkeits-klasse	Verbundspannung f_{bd} in N/mm² guter Verbund	mäßiger Verbund
C12/15	1,6	1,1
C16/20	2,0	1,4
C20/25	2,3	1,6
C25/30	2,7	1,9
C30/37	3,0	2,1
C35/45	3,4	2,4
C40/50	3,7	2,6
C45/55	4,0	2,8
C50/60	4,3	3,0

Grundmaß der Verankerungslänge l_b in cm

Beton-festigkeits-klasse	Verbund-bedingung	Stabdurchmesser d_s in mm: 6	8	10	12	14	16	20	25	28
C12/15	gut	40	53	66	79	92	105	132	165	184
	mäßig	56	75	94	113	132	150	188	235	263
C16/20	gut	33	43	54	65	76	87	109	136	152
	mäßig	47	62	78	93	109	124	155	194	217
C20/25	gut	28	37	47	56	66	75	94	117	131
	mäßig	40	54	67	80	94	107	134	167	187
C25/30	gut	24	32	40	48	57	65	81	101	113
	mäßig	35	46	58	69	81	92	115	144	161
C30/37	gut	21	29	36	43	50	57	71	89	100
	mäßig	31	41	51	61	71	82	102	128	143
C35/45	gut	19	26	32	39	45	52	64	81	90
	mäßig	28	37	46	55	64	74	92	115	129
C40/50	gut	18	24	30	35	41	47	59	74	83
	mäßig	25	34	42	51	59	67	84	105	118
C45/55	gut	16	22	27	33	38	44	55	68	76
	mäßig	23	31	39	47	55	62	78	97	109
C50/60	gut	15	20	25	31	36	41	51	64	71
	mäßig	22	29	36	44	51	58	73	91	102

7.2.2 Betonstahlmatten BSt 500 M (A)

Lagermatten Lieferprogramm

Länge / Breite	Randeinsparung (Längsrichtung)	Matten-bezeichnung	Mattenaufbau in Längsrichtung / Querrichtung: Stab-abstände	Stabdurchmesser: Innen-bereich	Stabdurchmesser: Rand-bereich	Anzahl der Längsrandstäbe: links	Anzahl der Längsrandstäbe: rechts	Quer-schnitte längs / quer	Gewicht je Matte	Gewicht je m²
m			mm	mm	mm	links	rechts	cm²/m	kg	kg
5,00 / 2,15	ohne	**Q188 A**	150 150	6,0 6,0				1,88 1,88	32,4	3,01
		Q257 A	150 150	7,0 7,0				2,57 2,57	44,1	4,10
		Q335 A	150 150	8,0 8,0				3,35 3,35	57,7	5,37
6,00 / 2,15	mit	**Q377 A**	150 100	6,0 d 7,0	6,0	4	4	3,77 3,85	67,6	5,24
		Q513 A	150 100	7,0 d 8,0	7,0	4	4	5,13 5,03	90,0	6,98
5,00 / 2,15	ohne	**R188 A**	150 250	6,0 6,0				1,88 1,13	26,2	2,44
		R257 A	150 250	7,0 6,0				2,57 1,13	32,2	3,00
		R335 A	150 250	8,0 6,0				3,35 1,13	39,2	3,65
6,00 / 2,15	mit	**R377 A**	150 250	6,0 d 6,0	6,0	2	2	3,77 1,13	46,1	3,57
		R513 A	150 250	7,0 d 6,0	7,0	2	2	5,13 1,13	58,6	4,54

Der Gewichtsermittlung der Lagermatten liegen folgende Überstände zugrunde:

Q188 A – Q335 A: Überstände längs: 100/100 mm Überstände quer: 25/25 mm
Q377 A – Q513 A: Überstände längs: 100/100 mm Überstände quer: 25/25 mm
R188 A – R335 A: Überstände längs: 125/125 mm Überstände quer: 25/25 mm
R377 A – R513 A: Überstände längs: 125/125 mm Überstände quer: 25/25 mm

„d": Doppelstab in Längsrichtung

Randausbildung der Lagermatten:

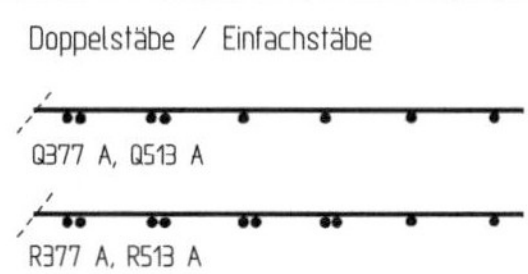

15 Mauerwerksbau (DIN 1053)

Prof. Dipl.-Ing. Klaus-Jürgen Schneider

Inhaltsverzeichnis

1 Maßordnung im Hochbau nach DIN 4172 (7.55)

Baunormzahlen

Reihen vorzugsweise für								
den Rohbau				Einzelmaße	den Ausbau			
a	b	c	d	e	f	g	h	i
25	$\frac{25}{2}$	$\frac{25}{3}$	$\frac{25}{4}$	$\frac{25}{10} = \frac{5}{2}$	5	2 × 5	4 × 5	5 × 5
				2,5				
			$6^1/_4$	5	5			
		$8^1/_3$		10	10	10		
	$12^1/_2$		$12^1/_2$	12,5				
		$16^2/_3$		15	15			
			$18^3/_4$	17,5				
				20	20	20	20	
				22,5				
25	25	25	25	25	25			25
				27,5				
		$31^1/_4$	30	30	30			
	$33^1/_3$		35	35				
	$37^1/_2$		$37^1/_2$	37,5				
		$41^2/_3$		40	40	40	40	
			$43^3/_4$	42,5				
				45	45			
				47,5				
50	50	50	50	50	50	50		50

Baunormzahlen sind Zahlen für Baurichtmaße und die daraus abgeleiteten Einzel-, Rohbau- und Ausbaumaße.

Baurichtmaße sind die theoretischen Grundlagen für die Baumaße der Praxis. Sie sind Maße von Bauteilen einschl. ihrer Fugen.

Nennmaße sind Maße, die die Bauten haben sollen. Sie werden in der Regel in die Bauzeichnungen eingetragen. Bei Bauarten ohne Fugen sind die Nennmaße gleich den Baurichtmaßen. Bauarten mit Fugen vgl. unten.

Kleinmaße sind Maße von 2,5 cm und darunter. Sie sind nach DIN 323 wie folgt zu wählen:

2,5; 2; 1,6; 1,25; 1 cm;
8; 6,3; 5; 4; 3,2; 2,5; 2;
1,6; 1,25; 1 mm.

Fugen und Verband

Bauteile (Mauersteine, Bauplatten usw.) sind so zu bemessen, dass ihre Baurichtmaße im Verband Baunormzahlen sind.

2 Vermaßung von Mauerwerk

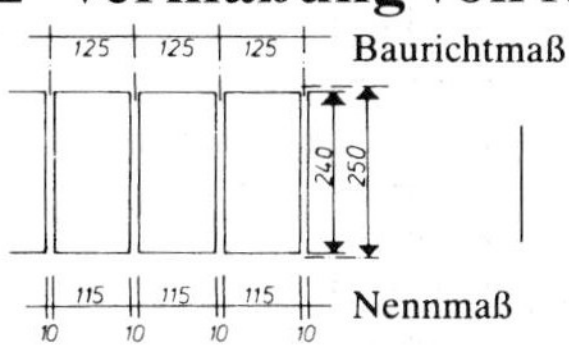

	Baurichtmaß	Nennmaß
A	$x \cdot 12{,}5$	$x \cdot 12{,}5 - 1$
Ö	$x \cdot 12{,}5$	$x \cdot 12{,}5 + 1$
V	$x \cdot 12{,}5$	$x \cdot 12{,}5$

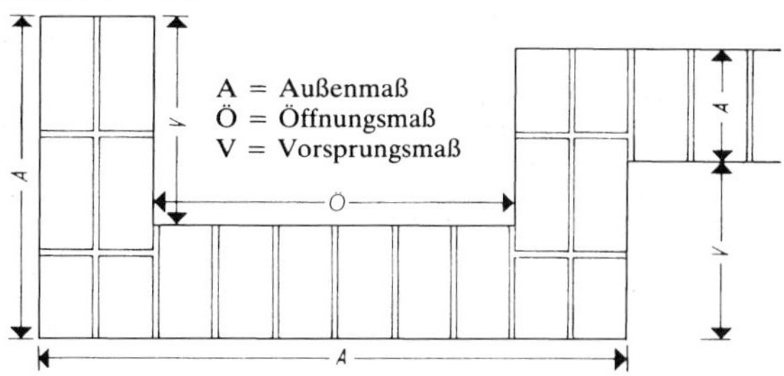

Kopf-zahl	Längenmaße in m			Schich-ten	Höhenmaße in m bei Ziegeldicken in mm					
	A	*Ö*	*V*		52	71	113	155	175	238
1	0,115	0,135	0,125	1	0,0625	0,0833	0,125	0,1666	0,1875	0,250
2	0,240	0,260	0,250	2	0,1250	0,1667	0,250	0,3334	0,3750	0,500
3	0,365	0,385	0,375	3	0,1875	0,2500	0,375	0,5000	0,5625	0,750
4	0,490	0,510	0,500	4	0,2500	0,3333	0,500	0,6666	0,7500	1,000
5	0,615	0,635	0,625	5	0,3125	0,4167	0,625	0,8334	0,9375	1,250
6	0,740	0,760	0,750	6	0,3750	0,5000	0,750	1,0000	1,1250	1,500
7	0,865	0,885	0,875	7	0,4375	0,5833	0,875	1,1666	1,3125	1,750
8	0,990	1,010	1,000	8	0,5000	0,6667	1,000	1,3334	1,5000	2,000
9	1,115	1,135	1,125	9	0,5625	0,7500	1,125	1,5000	1,6875	2,250
10	1,240	1,260	1,250	10	0,6250	0,8333	1,250	1,6666	1,8750	2,500
11	1,365	1,385	1,375	11	0,6875	0,9167	1,375	1,8334	2,0625	2,750
12	1,490	1,510	1,500	12	0,7500	1,0000	1,500	2,0000	2,2500	3,000
13	1,615	1,635	1,625	13	0,8125	1,0833	1,625	2,1666	2,4375	3,250
14	1,740	1,760	1,750	14	0,8750	1,1667	1,750	2,3334	2,6250	3,500
15	1,865	1,885	1,875	15	0,9375	1,2500	1,875	2,5000	2,8125	3,750

3 Rohdichteklassen und Festigkeitsklassen gängiger genormter Mauersteine

Darüber hinaus werden weitere genormte Steine hergestellt.

Bezeichnung	Roh-dichtekl.	Festigkeitsklassen							G_M *) kN/m³
		2	4	6	8	12	20	28	
Mauerziegel DIN V 105-100 bzw. DIN EN 771-1 und DIN V 20 000-401 Mz Vollziegel (1,6–2,0 kg/dm³) HLz Hochlochziegel (0,6–1,4 kg/dm³) KMz Vollklinker (2,0–2,2 kg/dm³) KHLz Hochlochklinker (1,6–1,8 kg/dm³) VHLz Hochlochziegel, frostbeständig (1,0–1,4 kg/dm³) VMz Vollziegel, frostbeständig (1,6–1,8 kg/dm³)	0,6		•	•	•				7
	0,65		•	•	•				7,5
	0,7		•	•	•	•			9
	0,75		•	•	•	•			9,5
	0,8		•	•	•	•			10
	0,9			•	•	•			11
	1,0				•	•	•		12
	1,2				•	•	•		14
	1,4					•	•	•	15
	1,6					•	•	•	17
	1,8					•	•	•	18
	2,0					•	•	•	20
Kalksandsteine DIN V 106 bzw. DIN EN 771-2 und DIN V 20 000-402 KS Vollsteine (1,6–2,0 kg/dm³) KS L Lochsteine (1,2–1,6 kg/dm³) KS-R Blocksteine (1,6–2,0 kg/dm³) KS L-R Hohlblocksteine (1,2–1,6 kg) KS Vm Vormauersteine (1,8–2,0 kg/dm³) KS Vb Verblender (1,8–2,0 kg/dm³)	1,2				•	•			14
	1,4				•	•	•		16
	1,6				•	•	•	•	16
	1,8					•	•	•	18
	2,0					•	•	•	20
	2,2					•	•	•	22
Porenbetonsteine DIN V 4165-100 bzw. DIN EN 771-4 und DIN V 20 000-404 PP Porenbeton-Plansteine PPE Porenbeton-Planelemente	0,35	•							4,5
	0,4	•							5
	0,5	•							6
	0,55		•						6,5
	0,6		•						7
	0,65			•					7,5
	0,7			•					8
	0,8				•				9
Leichtbeton und Beton Hbl Leichtbeton-Hohlblocksteine DIN V 18 151-100 (0,45–1,6 kg/dm³) Vbl, V Vollblöcke und Vollsteine aus Leichtbeton DIN V 18 152-100 (0,45–2,0 kg/dm³) Hbn Mauersteine aus Beton DIN V 18 153-100 (0,8–2,4 kg/dm³) Es können auch DIN EN 771-3 und DIN V 20 000-403 verwendet werden	0,45	•							6,5
	0,5	•							7
	0,6	•							8
	0,7	•	•						9
	0,8	•	•	•					10
	0,9	•	•	•	•				11
	1,0	•	•	•					12
	1,2	•	•	•	•				14
	1,4		•	•	•				16
	1,6			•	•	•			16
	1,8			•	•	•			18
	2,0					•	•		20
	2,2					•	•		22
	2,4					•	•		24

Hinweis: Neben den genormten Mauersteinen gibt es weitere Steine auf Grund von Zulassungen des Deutschen Instituts für Normung.

*) GM Eigenlast des Mauerwerks bei Verwendung von Normalmörtel.

4 Baustoffbedarf

Bedarf an Mauersteinen und Mörtel[1)]

Steinformat und	**Wanddicke**	je m² Wand Steine	je m² Wand Mörtel	je m³ Mauerwerk Steine	je m³ Mauerwerk Mörtel
a) Steine mit glatten, vermörtelten Stoßflächen					
DF	(240 × **115** × 52)	66	35	570	300
NF	(240 × **115** × 71)	50	30	430	260
	(115 × **240** × 71)	100	70	415	290
2 DF	(240 × **115** × 113)	33	20	285	175
	(115 × **240** × 113)	66	55	275	230
3 DF	(240 × **175** × 113)	33	30	188	175
	(175 × **240** × 113)	44	50	183	210
2+3 DF	**300**	je 33	je 65	je 110	je 215
5 DF	(300 × **240** × 113)	26	40	110	170
	(240 × **300** × 113)	33	55	110	185
6 DF	(365 × **240** × 113)	22	40	92	170
	(240 × **365** × 113)	33	65	90	180
10 DF	(300 × **240** × 238)	13,5	25	55	105
	(240 × **300** × 238)	16,5	33	55	110
12 DF	(365 × **240** × 238)	11	23	46	95
	(240 × **365** × 238)	16,5	38	45	105
b) Steine mit Nut und Feder, unvermörtelte Stoßfugen[2)]					
6 DF	(373 × **115** × 238)	11	8	96	70
8 DF	(498 × **115** × 238)	8,3	8	72	70
7,5 DF	(308 × **175** × 238)	13,5	12	77	70
9 DF	(373 × **175** × 238)	11	12	63	70
12 DF	(498 × **175** × 238)	8,3	12	48	70
10 DF	(308 × **240** × 238)	13,5	17	55	70
12 DF	(373 × **240** × 238)	11	17	46	70
16 DF	(498 × **240** × 238)	8,3	17	35	70
10 DF	(248 × **300** × 238)	16,5	22	55	70
12 DF	(308 × **300** × 238)	13,5	22	45	70
20 DF	(498 × **300** × 238)	8,3	22	28	70
12 DF	(248 × **365** × 238)	16,5	26	45	70
24 DF	(498 × **365** × 238)	8,3	26	23	70
14 DF	(248 × **425** × 238)	16,5	30	39	70
16 DF	(248 × **490** × 238)	16,5	35	33	70
Ausfugen von Sichtmauerwerk			10		

1) Bedarf an Normal- oder Leichtmörtel in Liter für Lochsteine; für Vollsteine (Mz, KS, V, Vbl, PB) kann ein um etwa 15 % geringerer Bedarf angenommen werden. Für gelochte Plansteine werden etwa 20 kg Dünnbettmörtel je m³ Mauerwerk benötigt. Bei der Bestellung von Planziegeln wird der benötigte Dünnbetonmörtel systemabhängig vom Ziegellieferanten mitgeliefert.

2) Bei Mauerblöcken mit glatten, vermörtelten Stoßflächen oder mit Mörteltaschen ist der Mörtelbedarf je m³ Mauerwerk um etwa 20 Liter (bei Blocklängen von 490 mm) bis 40 Liter (bei Blocklängen von 240 mm) höher.

5 Mauerwerk nach DIN 1053-1 (11.96)

5.1 Baustoffe

5.1.1 Mauersteine

Es dürfen Mauersteine nach DIN V 105-100, DIN V 106, DIN V 4165-100, DIN V 18151-100, DIN V 1852-100, DIN V 1853-100 bzw. nach der Normenreihe DIN EN 771-1 bis -4, in Verbindung mit DIN V 20 000-401 bis -404 verwendet werden.

5.1.2 Mörtel

Es dürfen Mörtel verwendet werden, die den Bedingungen des Anhangs A der DIN 1053-1 entsprechen. Für die Anwendung der verschiedenen Mörtelarten gelten folgende Einschränkungen:

- **Normalmörtel, Mörtelgruppe I**
  - Nicht zulässig für Gewölbe und Kellermauerwerk[*].
  - Nicht zulässig bei mehr als zwei Vollgeschossen und bei Wanddicken kleiner als 240 mm, dabei ist als Wanddicke bei zweischaligen Außenwänden die Dicke der Innenschale maßgebend.
  - Nicht zulässig für Vermauern der Außenschale bei zweischaligem Außenmauerwerk.
- **Normalmörtel, Mörtelgruppe II und IIa**
  - Keine Einschränkung.
- **Normalmörtel, Mörtelgruppe III und IIIa**
  - Nicht zulässig für Vermauern der Außenschale bei zweischaligem Außenmauerwerk. Abweichend davon darf MG III zum nachträglichen Verfugen und für diejenigen Bereiche von Außenschalen verwendet werden, die als bewehrtes Mauerwerk nach DIN 1053-3 ausgeführt werden.
- **Leichtmörtel**
  - Nicht zulässig für Gewölbe und der Witterung ausgesetztes Sichtmauerwerk.
- **Dünnbettmörtel**
  - Nicht zulässig für Gewölbe und für Mauersteine mit Maßabweichungen der Höhe von mehr als 1,0 mm (Anforderungen an Plansteine).

Normalmörtel, der nach der folgenden Tafel zusammengesetzt ist, bedarf keiner Eignungsprüfung.

Tafel 15.5 Mörtelzusammensetzung, Mischungsverhältnisse für Normalmörtel in Raumteilen

Mörtel-gruppe	Luftkalk		Hydraulischer Kalk	Hydraulischer Kalk (HL 5) Putz- und Mauerbinder (MC 5)	Zement	Sand[1] aus natürlichem Gestein
	Kalkteig	Kalkhydrat	HL 2			
I	1	–	–	–	–	4
	–	1	–	–	–	3
	–	–	1	–	–	3
	–	–	–	1	–	4,5
II	1,5	–	–	–	1	8
	–	2	–	–	1	8
	–	–	2	–	1	8
	–	–	–	1	–	3
IIa	–	1	–	–	1	6
	–	–	–	2	1	8
III	–	–	–	–	1	4
IIIa[2]	–	–	–	–	1	4

[1] Die Werte des Sandanteils beziehen sich auf den lagerfeuchten Zustand.
[2] Die größere Festigkeit soll vorzugsweise durch Auswahl geeigneter Sande erreicht werden.

[*] Anwendung erlaubt bei Instandsetzung von Natursteinmauerwerk in MG I.

5.1.3 Rezeptmauerwerk (RM)

Mauerwerk aus Stein/Mörtel-Kombinationen gemäß Tafel 15.15

5.1.4 Mauerwerk nach Eignungsprüfung (EM)

Mauerwerk, dessen Grundwerte der zulässigen Druckspannungen σ_0 aufgrund von Eignungsprüfungen nach DIN 1053-2 und nach Tafel 15.16 bestimmt werden

5.2 Standsicherheit

5.2.1 Räumliche Steifigkeit

Auf einen Nachweis der räumlichen Steifigkeit kann verzichtet werden, wenn folgende Bedingungen erfüllt sind:

- Die Decken sind als steife Scheiben ausgebildet, oder es sind statt dessen statisch nachgewiesene Ringbalken vorhanden.
- In Längs- und Querrichtung des Bauwerks ist eine offensichtlich ausreichende Anzahl von aussteifenden Wänden vorhanden.

Diese müssen ohne größere Schwächungen und Versprünge bis auf die Fundamente gehen.

DIN 1053-1 enthält keine Hinweise darüber, was unter „offensichtlich ausreichend" zu verstehen ist. Es wird daher empfohlen, die bewährte Konstruktionsregel der *alten* DIN 1053 (Norm ist zurückgezogen) sinngemäß anzuwenden, dass bei Mauerwerksbauten bis zu 6 Geschossen auf einen Windnachweis verzichtet werden kann, wenn die Bedingungen der folgenden Tabelle in etwa erfüllt sind:

Dicken und Abstände aussteifender Wände (Tab. 3, DIN 1053 **alt**)

<table>
<tr><th rowspan="2">Zeile</th><th rowspan="2">Dicke der auszusteifenden belasteten Wand in cm</th><th rowspan="2">Geschosshöhe in m</th><th colspan="3">Aussteifende Wand</th></tr>
<tr><th>im 1. bis 4. Vollgeschoss von oben</th><th>im 5. u. 6. Vollgeschoss von oben</th><th>Mittenabstand in m</th></tr>
<tr><td>1</td><td>≥ 11,5 < 17,5</td><td rowspan="2">≤ 3,25</td><td rowspan="4">≥ 11,5 cm</td><td rowspan="4">≥ 17,5 cm</td><td>≤ 4,50</td></tr>
<tr><td>2</td><td>≥ 17,5 < 24</td><td>≤ 6,00</td></tr>
<tr><td>3</td><td>≥ 24 < 30</td><td>≤ 3,50</td><td rowspan="2">≤ 8,00</td></tr>
<tr><td>4</td><td>≥ 30</td><td>≤ 5,00</td></tr>
</table>

Ist bei einem Bauwerk nicht von vornherein erkennbar, dass die räumliche Steifigkeit durch genügend vertikale und horizontale Scheiben gewährleistet ist, so muss ein Nachweis gemäß Kapitel 5C, Abschn. 3.3, BT für Ingenieure, geführt werden.

5.2.2 Standsicherheit einzelner Wände

Der Nachweis kann nach dem *vereinfachten* Berechnungsverfahren (Abschn. 5.5) oder nach dem *genaueren Berechnungsverfahren* (siehe BT für Ingenieure, Abschn. 5.6) durchgeführt werden.

Es wird zwischen ein-, zwei-, drei- und vierseitig gehaltenen Wänden unterschieden. Einseitig gehaltene (frei stehende) Wände sollten nach dem *genaueren Verfahren* nachgewiesen werden.

5.3 Wandkonstruktionen

5.3.1 Tragende Wände und Pfeiler (Begriff)

Wände und Pfeiler gelten als tragend, wenn sie
- vertikale Lasten (z. B. aus Decken, Dachstielen) und/oder
- horizontale Lasten (z. B. aus Wind) aufnehmen und/oder
- zur Knickaussteifung von tragenden Wänden dienen.

5.3.2 Mindestabmessungen von tragenden Wänden und Pfeilern

Die Mindestdicke von tragenden Innen- und Außenwänden beträgt $d = 11{,}5$ cm, sofern aus statischen oder bauphysikalischen Gründen nicht größere Dicken erforderlich sind.

Mindestabmessungen von tragenden Pfeilern: 11,5 cm × 36,5 cm bzw. 17,5 cm × 24 cm.

5.3.3 Zweischalige Außenwände

Nach dem Wandaufbau wird unterschieden nach zweischaligen Außenwänden
- mit Luftschicht
- mit Luftschicht und Wärmedämmung
- mit Kerndämmung
- mit Putzschicht.

Maximaler Abstand der Außen- und Innenschale: 15 cm. Bei größerem Abstand ist die Verankerung durch andere Verankerungsarten gemäß DIN 1053-1, 8.4.3.1, Aufzählung e, 4. Absatz, nachzuweisen.

Mindestdicke der Luftschicht: 6 cm. Sie darf bis zu 4 cm vermindert werden, wenn der Fugenmörtel mindestens an einer Hohlraumseite abgestrichen wird.

Bei der Bemessung ist als Wanddicke nur die Dicke der tragenden Innenschale anzusetzen.

In Außenschalen dürfen glasierte Steine oder Steine mit Oberflächenbeschichtungen nur verwendet werden, wenn deren Frostwiderstandsfähigkeit unter erhöhter Beanspruchung geprüft wurde (Mauerziegel nach DIN 55 252-1, Kalksandsteine nach DIN 106-2).

● **Mindestdicken**
- Tragende Innenschalen: $d = 11{,}5$ cm (vgl. jedoch Abschnitt 5.5.1)
- Außenschalen: $d = 9$ cm (dünnere Außenschalen sind Bekleidungen nach DIN 18 515)

● **Mindestlänge**

Die Mindestlänge von gemauerten Pfeilern in der Außenschale beträgt 24 cm.

● **Verankerung der Außenschalen**

Die Mauerwerksschalen sind durch Drahtanker aus nichtrostendem Stahl nach DIN 17 440, Werkstoff-Nr. 1.4401 oder 1.4571, zu verbinden. Anzahl der Drahtanker siehe Tafel 15.8; Form und Maße siehe Abb. Der vertikale Abstand der Drahtanker soll höchstens 500 mm, der horizontale Abstand höchstens 750 mm betragen.

An allen freien Rändern (von Öffnungen, an Gebäudeecken, entlang von Dehnungsfugen und an den oberen Enden der Außenschalen) sind zusätzlich zur folgenden Tafel 15.8 drei Drahtanker je m Randlänge anzuordnen.

Werden die Drahtanker (s. Abb.) in Leichtmörtel eingebettet, so ist dafür LM 36 erforderlich. Drahtanker in Leichtmörtel LM 21 bedürfen einer anderen Verankerungsart.

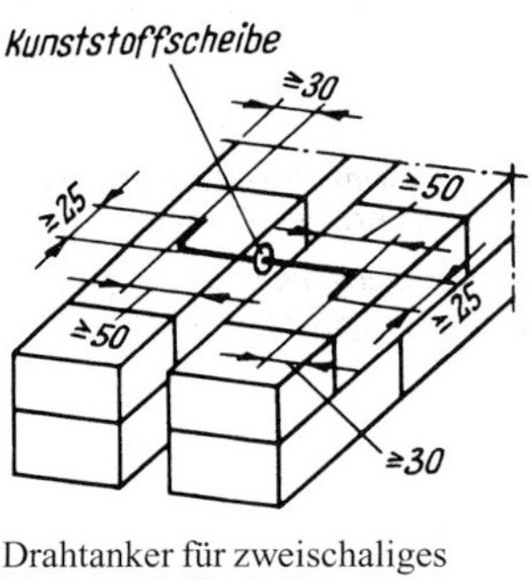

Drahtanker für zweischaliges Mauerwerk für Außenwände

Maße in cm

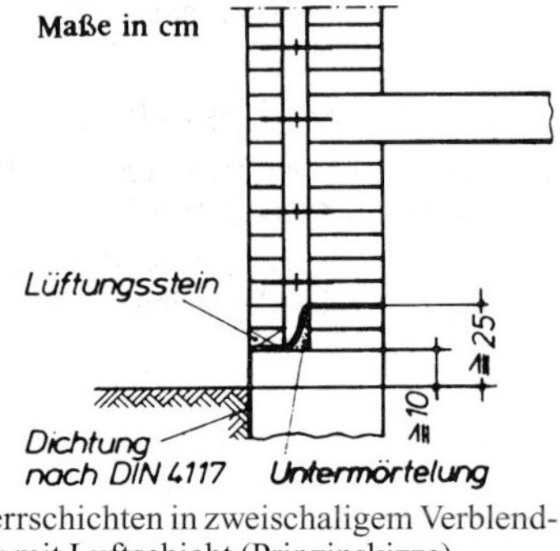

Untere Sperrschichten in zweischaligem Verblendmauerwerk mit Luftschicht (Prinzipskizze)

Tafel 15.8 Mindestanzahl und Durchmesser von Drahtankern je m² Wandfläche

	Drahtanker Mindestanzahl	Drahtanker Durchmesser
mindestens, sofern nicht folgende Zeilen maßgebend	5	3
Wandbereich höher als 12 m über Gelände oder Abstand der Mauerwerksschalen über 7 bis 12 cm	5	4
Abstand der Mauerwerksschalen über 12 bis 15 cm	7 oder 5	4 5
Bei zweischaligen Außenwänden mit Putzschicht genügt grundsätzlich eine Drahtankerdicke von 3 mm.		

● **Auflagerung und Abfangung der Außenschalen**

- Die Außenschalen sollen über ihre ganze Länge und vollflächig aufgelagert sein. Sie dürfen bis zu 25 mm über ihr Auflager vorstehen.
- Außenschalen von 11,5 cm Dicke sollen in Höhenabständen von etwa 12 m abgefangen werden. Ist die 11,5 cm dicke Außenschale nicht höher als zwei Geschosse oder wird sie alle zwei Geschosse abgefangen, dann darf sie bis zu einem Drittel ihrer Dicke über ihr Auflager vorstehen. Für die Ausführung der Fugen der Sichtflächen von Verblendschalen siehe DIN 1053-1, 8.4.2.2 oder [15.2].
- Außenschalen von weniger als 11,5 cm Dicke dürfen nicht höher als 20 m über Gelände geführt werden und sind in Höhenabständen von etwa 6 m abzufangen. Bei Gebäuden bis zwei Vollgeschossen darf ein Giebeldreieck bis 4 m Höhe ohne zusätzliche Abfangung ausgeführt werden. Diese Außenschalen dürfen maximal 15 mm über ihr Auflager vorstehen. Die Fugen der Sichtflächen von diesen Verblendschalen sollen in Glattstrich ausgeführt werden.

5.3.4 Kellerwände

Auf einen rechnerischen Erddruck-Nachweis kann verzichtet werden, wenn folgende Bedingungen erfüllt sind:

a) lichte Wandhöhe $h_s \leq 2{,}60$ m und Wanddicke $d \geq 240$ mm.

b) Die Kellerdecke wirkt als Scheibe, die die aus dem Erddruck entstehenden Kräfte aufnimmt.

c) Im Einflussbereich Erddruck/Kellerwand beträgt die Verkehrslast auf der Geländeoberfläche ≤ 5 kN/m².

d) Die Geländeoberfläche steigt nicht an, und Anschütthöhe $h_e \leq$ lichter Wandhöhe h_s.

e) Die Auflast N_o der Kellerwand unterhalb der Kellerdecke liegt innerhalb folgender Grenzen:

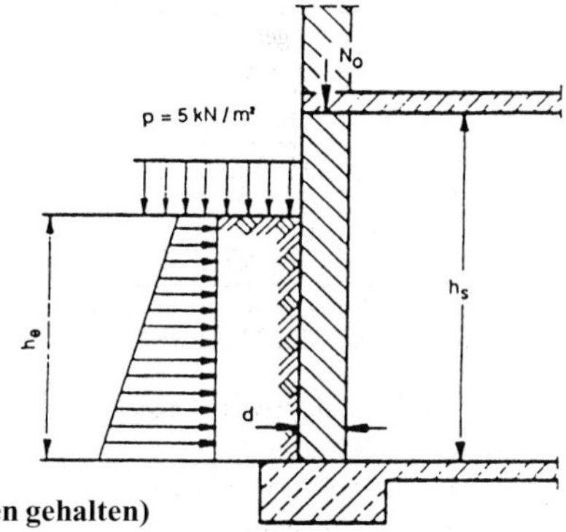

● **Kellerwand ohne Querwände (nur oben und unten gehalten)**

zul $N_o > N_o >$ min N_o mit zul $N_o = 0{,}45 \cdot d \cdot \sigma_o$

σ_o siehe Tafel 15.15
min N_o siehe Tafel 15.9a

● **Kellerwand mit Querwänden**

Ist die durch Erddruck belastete Kellerwand durch Querwände oder statisch nachgewiesene Bauteile im Abstand b ausgesteift, so gelten für N_o folgende Mindestwerte:

$b \leq h_s$	$N_o \geq 1/2$ min N_o
$b \geq 2\,h_s$	$N_o \geq$ min N_o

Zwischenwerte dürfen geradlinig interpoliert werden.

Tafel 15.9a min N_o für Kellerwände ohne rechnerischen Nachweis

Wanddicke d *mm*	min N_o in kN/m bei einer Anschütthöhe h_e 1,0 m	1,5 m	2,0 m	2,5 m
240	6	20	45	75
300	3	15	30	50
365	0	10	25	40
490	0	5	15	30

Zwischenwerte sind geradlinig zu interpolieren.

Eine modifizierte (genauere) Darstellung befindet sich in DIN 1053-1, 8.1.2.3 bzw. [15.2].

Die Gln. auf der Seite zuvor setzen rechnerisch klaffende Fugen voraus.

5.3.5 Nichttragende Wände (Begriff)

Wände, die überwiegend nur durch ihre Eigenlast belastet sind und nicht zur Knickaussteifung tragender Wände dienen, werden als nichttragende Wände bezeichnet. Sie müssen jedoch in der Lage sein, rechtwinklig auf die Wand wirkende Lasten (z. B. aus Wind) auf tragende Bauteile (z. B. Wand- oder Deckenscheiben) abzutragen.

5.3.6 Nichttragende Außenwände

Nichttragende Außenwände können ohne statischen Nachweis ausgeführt werden, wenn sie vierseitig gehalten sind (z. B. durch Verzahnung, Versatz oder Anker), den Bedingungen der Tafel 15.9b genügen und mindestens Mörtelgruppe IIa oder Dünnbettmörtel bzw. Leichtmörtel LM 36 verwendet wird.

Werden Steine der Festigkeitsklassen 20 verwendet und ist $\varepsilon = h/l \geq 2$ (h = Höhe und l = Breite der Ausfachungsfläche), so dürfen die entsprechenden Tafelwerte verdoppelt werden.

Tafel 15.9b Zulässige Größtwerte der Ausfachungsfläche von nichttragenden Außenwänden ohne rechnerischen Nachweis

Wanddicke in cm	Zulässiger Größtwert[1)] der Ausfachungsfläche in m² bei einer Höhe über Gelände von: bis 8,0 m, ε						8 bis 20 m, ε						20 bis 100 m, ε					
	= 1,0	= 1,2	= 1,4	= 1,6	= 1,8	≥2,0	= 1,0	= 1,2	= 1,4	= 1,6	= 1,8	≥2,0	= 1,0	= 1,2	= 1,4	= 1,6	= 1,8	≥2,0
11,5[2)]	12,0	11,2	10,4	9,6	8,8	8,0	8,0	7,4	6,8	6,2	5,6	5,0	6,0	5,6	5,2	4,8	4,4	4,0
17,5	20,0	18,8	17,6	16,4	15,2	14,0	13,0	12,2	11,4	10,6	9,8	9,0	9,0	8,8	8,6	8,4	8,2	8,0
24	36,0	33,8	31,6	29,4	27,2	25,0	23,0	21,6	20,2	18,8	17,4	16,0	16,0	15,2	14,4	13,6	12,8	12,0
≥30	50,0	46,6	43,2	39,8	36,4	33,0	35,0	32,6	30,2	27,8	25,4	23,0	25,0	23,4	21,8	20,2	18,6	17,0

1) Zwischenwerte dürfen geradlinig eingeschaltet werden. ε ist das Verhältnis der größeren zur kleineren Seite der Ausfachungsfläche.
2) Bei Verwendung von Steinen der Festigkeitsklassen ≥ 12 dürfen die Werte dieser Zeile um 33 % vergrößert werden.

5.3.7 Nichttragende innere Trennwände

Für nichttragende innere Trennwände, die nicht rechtwinklig zur Wandfläche durch Wind beansprucht werden, ist DIN 4103-1 (7.84) maßgebend.

Abhängig vom Einbauort werden nach DIN 4103-1 zwei unterschiedliche Einbaubereiche unterschieden.

Einbaubereich I:

Bereiche mit geringer Menschenansammlung, wie sie z. B. in Wohnungen, Hotel-, Büro- und Krankenräumen sowie ähnlich genutzten Räumen einschließlich der Flure vorausgesetzt werden können.

Einbaubereich II:

Bereiche mit großen Menschenansammlungen, wie sie z. B. in größeren Versammlungs- und Schulräumen, Hörsälen, Ausstellungs- und Verkaufsräumen und ähnlich genutzten Räumen vorausgesetzt werden müssen.

Aufgrund neuer Forschungsergebnisse hat die Deutsche Gesellschaft für Mauerwerksbau ein Merkblatt über „Nichttragende innere Trennwände aus künstlichen Steinen und Wandbauplatten" herausgegeben. Die folgenden Ausführungen basieren auf diesem Merkblatt. Bei Einhaltung der in den folgenden Tafeln angegebenen Grenzabmessungen ist kein statischer Nachweis erforderlich.

Tafel 15.10a Grenzabmessungen für vierseitig[1] gehaltene Wände ohne Auflast[2)3)]

d cm	max. Wandlänge in m (Tabellenwerte) im Einbaubereich I (oberer Wert)/ Einbaubereich II (unterer Wert) bei einer Wandhöhe in m					
	2,5	3,0	3,5	4,0	4,5	≤ 6,0
5,0	3,0	3,5	4,0	–	–	–
	1,5	2,0	2,5	–	–	–
6,0	4,0	4,5	5,0	5,5	–	–
	2,5	3,0	3,5	–	–	–
7,0	5,0	5,5	6,0	6,5	7,0	–
	3,0	3,5	4,0	4,5	5,0	–
9,0	6,0	6,5	7,0	7,5	8,0	–
	3,5	4,0	4,5	5,0	5,5	–
10,0	7,0	7,5	8,0	8,5	9,0	–
	5,0	5,5	6,0	6,5	7,0	–
11,5	10,0	10,0	10,0	10,0	10,0	–
	6,0	6,5	7,0	7,5	8,0	–
17,5	12,0	12,0	12,0	12,0	12,0	12,0
	12,0	12,0	12,0	12,0	12,0	12,0
24,0	12,0	12,0	12,0	12,0	12,0	12,0
	12,0	12,0	12,0	12,0	12,0	12,0

Tafel 15.10b Grenzabmessungen für vierseitig[1] gehaltene Wände mit Auflast[3)4)]

d cm	max. Wandlänge in m (Tabellenwerte) im Einbaubereich I (oberer Wert)/ Einbaubereich II (unterer Wert) bei einer Wandhöhe in m					
	2,5	3,0	3,5	4,0	4,5	≤ 6,0
5,0	5,5	6,0	6,5	–	–	–
	2,5	3,0	3,5	–	–	–
6,0	6,0	6,5	7,0	–	–	–
	4,0	4,5	5,0	–	–	–
7,0	8,0	8,5	9,0	9,5	–	–
	5,5	6,0	6,5	7,0	7,5	–
9,0	12,0	12,0	12,0	12,0	12,0	–
	7,0	7,5	8,0	8,5	9,0	–
10,0	12,0	12,0	12,0	12,0	12,0	–
	8,0	8,5	9,0	9,5	10,0	–
11,5	12,0	12,0	12,0	12,0	12,0	–
	12,0	12,0	12,0	12,0	12,0	–
17,5	12,0	12,0	12,0	12,0	12,0	12,0
	12,0	12,0	12,0	12,0	12,0	12,0
24,0	12,0	12,0	12,0	12,0	12,0	12,0
	12,0	12,0	12,0	12,0	12,0	12,0

Hinweis: Die Stoßfugen sind zu vermörteln. Ausnahmen s. Merkblatt DGfM, Abschnitt 8.

Tafel 15.10c Grenzabmessungen für dreiseitig gehaltene Wände (der obere Rand ist frei) ohne Auflast[3)5)]

d cm	max. Wandlänge in m (Tabellenwerte) im Einbaubereich I (oberer Wert)/Einbaubereich II (unterer Wert) bei einer Wandhöhe in m							
	2,0	2,25	2,50	3,0	3,50	4,0	4,50	≤ 6,0
5,0	3,0	3,5	4,0	5,0	6,0	–	–	–
	1,5	2,0	2,5	–	–	–	–	–
6,0	5,0	5,5	6,0	7,0	8,0	9,0	–	–
	2,5	2,5	3,0	3,5	4,0	–	–	–
7,0	7,0	7,5	8,0	9,0	10,0	10,0	10,0	–
	3,5	3,5	4,0	4,5	5,0	6,0	7,0	–
9,0	8,0	8,5	9,0	10,0	10,0	12,0	12,0	–
	4,0	4,0	5,0	6,0	7,0	8,0	9,0	–
10,0	8,0	9,0	10,0	12,0	12,0	12,0	12,0	–
	5,0	5,0	6,0	7,0	8,0	9,0	10,0	–
11,5	8,0	9,0	10,0	12,0	12,0	12,0	12,0	–
	6,0	6,0	7,0	8,0	9,0	10,0	10,0	–
17,5	12,0	12,0	12,0	12,0	12,0	12,0	12,0	12,0
	8,0	9,0	10,0	12,0	12,0	12,0	12,0	12,0
24,0	12,0	12,0	12,0	12,0	12,0	12,0	12,0	12,0
	8,0	9,0	10,0	12,0	12,0	12,0	12,0	12,0

Hinweis: Stoßfugen sind zu vermörteln.

[1] Bei dreiseitiger Halterung (ein freier, vertikaler Rand) sind die max. Wandlängen zu halbieren.

[2] Für Porenbeton gelten die angegebenen Werte bei Verwendung von Normalmörtel der MG III oder Dünnbettmörtel. Bei Wanddicken < 17,5 cm und Verwendung der MG II oder IIa sind die Werte für die max. Wandlängen zu halbieren.

[3] Für Kalksandsteine gelten die angegebenen Werte bei Verwendung von Normalmörtel der Mörtelgruppe III (trockene Kalksandsteine sind vorzunässen) oder Dünnbettmörtel bei Wanddicken < 11,5 cm. Bei Wanddicken ≥ 11,5 ist Normalmörtel mindestens der Mörtelgruppe IIa oder Dünnbettmörtel zu verwenden (trockene Kalksandsteine sind vorzunässen).

[4] Für Porenbeton gelten die angegebenen Werte bei Verwendung von Normalmörtel der MG III oder Dünnbettmörtel. Bei Wanddicken ≥ 11,5 cm ist auch Normalmörtel min. der MG II zulässig. Werden Wanddicken ≤ 10 cm mit Normalmörtel der MG II und IIa ausgeführt, so sind die Werte für die max. Wandlängen zu halbieren.

[5] (Siehe nächste Seite.)

5.4 Weitere Konstruktionen und Konstruktionsdetails

5.4.1 Ringbalken

Ringbalken sind in der Wandebene liegende horizontale Balken, die Biegemomente infolge von **rechtwinklig** zur Wandebene wirkenden Lasten (z. B. Wind) aufnehmen können. Ringbalken können auch Ringankerfunktionen übernehmen, wenn sie als „geschlossener Ring" um das ganze Gebäude herumgeführt werden.

Ausführungsmöglichkeiten: bewehrtes Mauerwerk, Stahlbeton, Stahl, Holz.

5.4.2 Ringanker

In alle Außenwände und in die Querwände, die als lotrechte Scheiben der Abtragung waagerechter Lasten (z. B. Wind) dienen, sind durchlaufende Ringanker zu legen:

- bei Bauten, die insgesamt mehr als 2 Vollgeschosse haben oder länger als 18 m sind,
- bei Wänden mit vielen oder besonders großen Öffnungen, besonders dann, wenn die Summe der Öffnungsbreiten 60 % der Wandlänge oder bei Fensterbreiten von mehr als 2/3 der Geschosshöhe 40 % der Wandlänge übersteigt,
- wenn die Baugrundverhältnisse es erfordern.

Die Ringanker sind in jeder Deckenlage oder unmittelbar darunter anzubringen. Sie können mit Massivdecken oder Fensterstürzen aus Stahlbeton vereinigt werden.

In Gebäuden, in denen die Ringanker nicht durchgehend ausgebildet werden können, ist die Ringankerwirkung auf andere Weise sicherzustellen.

Ringanker aus Stahlbeton sind mit mindestens zwei durchlaufenden Rundstäben zu bewehren, die unter Gebrauchslast eine Zugkraft von mindestens 30 kN aufnehmen können (z. B. 2 ∅ 10, BSt III bzw. BSt 500). Auf die Ringanker dürfen dazu parallel liegende durchlaufende Bewehrungen mit vollem Querschnitt angerechnet werden, wenn sie in Decken oder in Fensterstürzen im Abstand von höchstens 50 cm von der Mittelebene der Wand bzw. der Decke liegen. Ringanker können auch aus bewehrtem Mauerwerk, Stahl oder Holz ausgeführt werden.

5.4.3 Anschluss der Wände an Decken und Dachstuhl

Umfassungswände müssen an die Decken durch Zuganker oder über Haftung und Reibung angeschlossen werden.

- Zuganker müssen in belasteten Wandbereichen (nicht in Brüstungen) angeordnet werden. Bei fehlender Auflast sind zusätzlich Ringanker anzuordnen. Abstand der Zuganker (bei Holzbalkendecken mit Splinten): 2 m bis 3 m. Bei parallel spannenden Decken müssen die Anker mindestens einen 1 m breiten Deckenstreifen erfassen (bei Holzbalkendecken mindestens 3 Balken). Balken, die mit Außenwänden verankert und über der Innenwand gestoßen sind, müssen untereinander zugfest verbunden sein. Giebelwände sind durch Querwände auszusteifen oder mit dem Dachstuhl kraftschlüssig zu verbinden.
- Haftung und Reibung dürfen bei Massivdecken angesetzt werden, wenn die Decke mindestens 10 cm aufliegt.

5.4.4 Gewölbe, Bogen, gewölbte Kappen

Gewölbe und *Bogen* sollen möglichst nach der Stützlinie für ständige Last geformt werden. Gewölbe und Bogen mit günstigem Stichverhältnis ($f/l > 1/10$), voller Hintermauerung oder reichlicher Überschüttungshöhe und mit überwiegend ständiger Last sowie Gewölbe und Bogen mit kleineren Stützweiten dürfen nach dem Stützlinienverfahren berechnet werden.

Für gewölbte Kappen zwischen Trägern, die durch vorwiegend ruhende Belastung nach DIN 1055-3 belastet sind, ist i. Allg. kein statischer Nachweis erforderlich, da die vorhandene Kappendicke erfahrungsgemäß ausreicht.

Fußnote zu S. 15.10

[5] Für Porenbeton gelten die angegebenen Werte bei Verwendung von Normalmörtel der Mörtelgruppe III oder Dünnbettmörtel. Bei Verwendung der Mörtelgruppen II und IIa sind die Werte wie folgt abzumindern:
a) bei 5, 6 und 7 cm dicken Wänden auf 40 %
b) bei 9 und 10 cm dicken Wänden auf 50 %
c) bei 11,5 cm dicken Wänden im Einbaubereich II auf 50 % (keine Abminderung im Einbaubereich I). Die Reduzierung der Wandlängen ist nicht erforderlich bei Verwendung von Dünnbettmörteln oder Mörteln der Gruppe III. Bei Verwendung der Mörtelgruppe III sind die Steine vorzunässen.

Für die Konstruktion von gewölbten Kappen sind die folgenden Punkte zu beachten:

- Die Mindestdicke der Kappen beträgt 11,5 cm. Die Kappen sind im Verband zu mauern (Kuff oder Schwalbenschwanz; vgl. z. B. [15.2]).
- Die Stichhöhe *f* muss mindestens 1/10 der Kappenstützweite betragen.
- Die auftretenden Horizontalschübe müssen über die Endfelder einwandfrei auf die seitlichen Wandscheiben (parallel zur Spannrichtung der Kappen) übertragen werden. Hierzu sind in den Endfeldern zwischen den Stahlträgern Zuganker anzuordnen, und zwar mindestens in den Drittelpunkten und an den Trägerenden. Die „Endscheiben mit Zugankern" müssen mindestens so breit sein wie 1/3 ihrer Länge (vgl. Abb.). Es kann also bei schmalen Endfeldern u. U. erforderlich sein, die Zuganker über mehrere Felder zu führen.

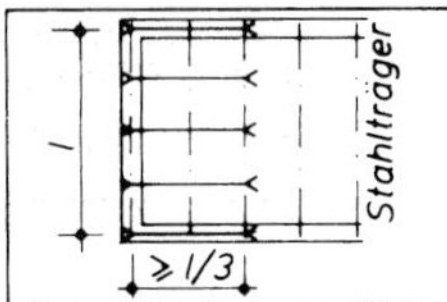

Zuganker bei gewölbten Kappen mind. in den Drittelpunkten und an Trägerenden

- Die Endfelder als Ganzes müssen seitliche Auflager erhalten, die in der Lage sind, den Horizontalschub der Mittelfelder auch dann aufzunehmen, wenn die Endfelder unbelastet sind. Die Auflager dürfen durch Vormauerung, dauernde Auflast, Verankerung oder andere geeignete Maßnahmen gesichert werden.
- Bei Kellerdecken in Wohngebäuden und Decken in einfachen Stallgebäuden mit einer Kappenstützweite bis zu 1,30 m gilt die Aufnahme des Horizontalschubes unter folgenden Voraussetzungen als gewährleistet: Es müssen mindestens 2 m lange und 24 cm dicke Querwände (ohne Öffnungen) im Abstand $\leq$ 6 m vorhanden sein. Die Wände müssen mit der Endauflagerwand (meistens Außenwand) im Verband hochgemauert oder – bei Loch- bzw. stehender Verzahnung – kraftschlüssig verbunden werden.

5.5 Vereinfachtes Berechnungsverfahren

5.5.1 Anwendungsgrenzen

Das vereinfachte Berechnungsverfahren nach DIN 1053-1 darf nur angewendet werden, wenn folgende Anwendungsgrenzen eingehalten werden:

- Gebäudehöhe $<$ 20 m über Gelände (bei geneigten Dächern darf die Mitte zwischen First- und Traufhöhe zugrunde gelegt werden)
- Verkehrslast $p \leq 5{,}0$ kN/m²
- Deckenstützweiten $l \leq 6{,}0$ m[1]
  (bei zweiachsig gespannten Decken gilt für l die kürzere Seite)
- **Innenwände**
  Wanddicke 11,5 cm $\leq d <$ 24 cm: lichte Geschosshöhe $h_s \leq 2{,}75$ m
  Wanddicke $\geq$ 24 cm: h_s ohne Einschränkung
- **Einschalige Außenwände**
  Wanddicke 17,5 cm[2] $\leq d <$ 24 cm: lichte Geschosshöhe $h_s \leq 2{,}75$ m
  Wanddicke $d \geq$ 24 cm: lichte Geschosshöhe $h_s \leq 12\,d$
- **Zweischalige Außenwände und Haustrennwände**
  Tragschale 11,5 cm $\leq d <$ 24 cm: $h_s \leq 2{,}75$ m
  Tragschale $d \geq$ 24 cm: $h_s \leq 12\,d$

  Zusätzliche Bedingungen, wenn d = 11,5 cm:
  a) Maximal 2 Vollgeschosse zuzüglich ausgebautem Dachgeschoss
  b) Verkehrslast einschließlich Zuschlag für unbelastete Trennwände $p \leq 3$ kN/m²[3]
  c) Abstand der aussteifenden Querwände $e \leq 4{,}50$ m bzw. Randabstand $\leq 2{,}0$ m
- Als horizontale Last darf nur Wind oder Erddruck angreifen.
- Es dürfen keine Lasten mit größeren planmäßigen Exzentrizitäten eingeleitet werden.

---

1) Es dürfen auch Stützweiten $l > 6$ m vorhanden sein, wenn die Deckenauflagerkraft durch Zentrierung mittig eingeleitet wird (Verringerung des Einflusses des Deckendrehwinkels).

2) Bei eingeschossigen Garagen und vergleichbaren Bauwerken, die nicht zum dauernden Aufenthalt von Menschen dienen, ist auch d = 11,5 cm zulässig.

3) Auch wenn in der Norm $p \leq 3$ kN/m² festgelegt ist, ist die Anordnung von Balkonen mit $p = 3{,}5$ kN/m² vertretbar, da durch Balkone die Exzentrizität der Endauflagerkraft verringert wird.

5.5.2 Lastannahmen

Bei Hoch- und Ingenieurbauten gilt DIN 1055, soweit bei Ingenieurbauten keine Sondervorschriften (z. B. DIN 4131 für Kranlasten) maßgebend sind.

Bei Sturz- und Abfangeträgern brauchen nur die Lasten gemäß Abb. 15.13 angesetzt zu werden.

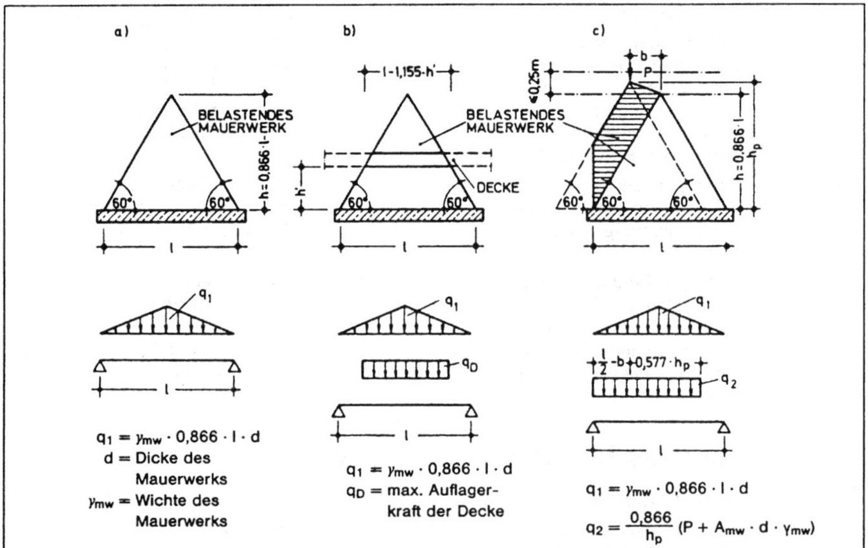

Abb. 15.13 Gewölbewirkung bei Mauerwerksöffnungen

Für Einzellasten, die innerhalb oder in der Nähe des Belastungsdreiecks liegen, darf eine Lastverteilung von 60° angenommen werden. Liegen Einzellasten außerhalb des Belastungsdreiecks, so brauchen sie nur berücksichtigt zu werden, wenn sie noch innerhalb der Stützweite des Trägers und unterhalb einer Waagerechten angreifen, die 25 cm über der Dreiecksspitze liegt. Solchen Einzellasten ist das Gewicht des waagerecht schraffierten Mauerwerks zuzuschlagen.

Man beachte: Die verminderten Belastungsannahmen nach Abb. 15.13 a) bis c) sind nur zulässig, wenn sich oberhalb und neben dem Träger und der Belastungsfläche ein Gewölbe ausbilden (keine störenden Öffnungen!) und der Gewölbeschub aufgenommen werden kann.

Angaben über erforderliche Abmessungen des ungestörten Mauerwerks neben und über der Öffnung findet man in der Vorschrift 158 (Ausgabe 1985) der Staatl. Bauaufsicht (ehemalige DDR); siehe nebenstehende Abb. und Tabelle.

h/l	n
0,85	0,4
1,2	0,5
1,6	0,6
2,0	0,7
2,5	0,8
3,0	0,9
3,6	1,0

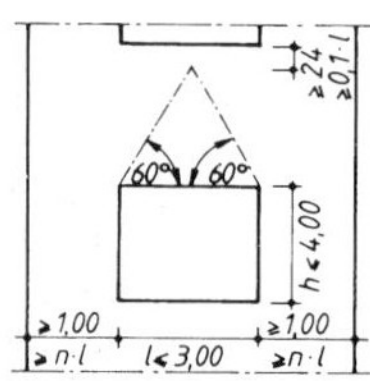

5.5.3 Wind rechtwinklig zur Wandebene

Ein Nachweis für Windlasten rechtwinklig zur Wand ist in der Regel nicht erforderlich. Voraussetzung ist jedoch, dass die Wände durch Deckenscheiben oder statisch nachgewiesene Ringbalken oben und unten einwandfrei gehalten sind.

5.5.4 Zwängungen

Bei Baustoffen mit unterschiedlichem Verformungsverhalten und starren Verbindungen kann es infolge von Temperatur, Schwinden und Kriechen zu Zwängungen und somit zu Schäden im Mauerwerk kommen. Verformungskennwerte für Normalmörtel siehe DIN 1053-1 oder [15.2]. Zur Vermeidung von Schäden sind konstruktive Maßnahmen zu ergreifen (z. B. ausreichende Wärmedämmung, geeignete Baustoffwahl, zwängungsfreie Anschlüsse, Fugen; vgl. auch [15.7]).

5.5.5 Knicklängen

a) Zweiseitig gehaltene Wände

- Allgemein: $h_K = h_s$

- Bei Einspannung der Wand in flächig[1] aufgelagerten Massivdecken: $h_K = \beta \cdot h_s$

Für β gilt:

β	Wanddicke d in mm
0,75	≤ 175
0,90	$175 < d \leq 250$
1,00	> 250

[1] Als flächig aufgelagerte Massivdecken gelten auch Stahlbetonbalken- und Stahlbetonrippendecken mit Zwischenbauteilen nach DIN 1045, bei denen die Auflagerung durch Randbalken erfolgt.

- Abminderung der Knicklänge nur zulässig, wenn
  - als horizontale Last nur Wind vorhanden ist,
  - folgende Mindestauflagertiefen gegeben sind:

Wanddicke d in mm	Auflagertiefe a in mm
$= 240$	≥ 175
< 240	$= d$

b) Drei- und vierseitig gehaltene Wände

- **Für die Knicklänge gilt:** $h_K = \beta \cdot h_s$

- wenn $h_s \leq 3{,}50$ m, β nach Tafel 15.14a
- wenn $b > 30\,d$ bzw. $b' > 15\,d$, Wände wie zweiseitig gehalten berechnen
- ein Faktor β größer als bei zweiseitiger Halterung braucht nicht angesetzt zu werden.

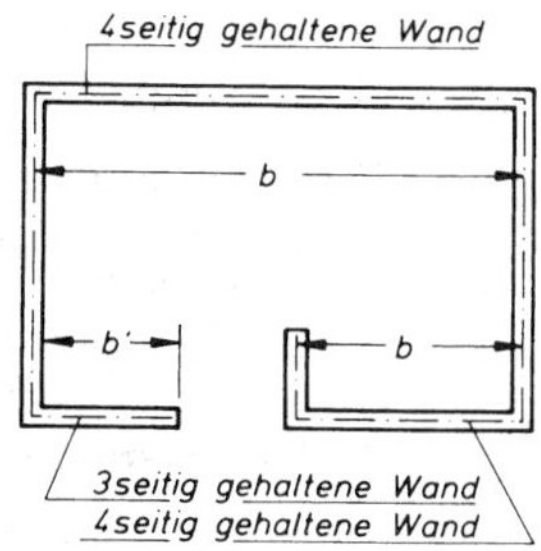

- **Schwächung der Wände durch Schlitze oder Nischen**
  a) vertikal in Höhe des mittleren Drittels:
     d = Restwanddicke oder freien Rand annehmen
  b) unabhängig von der Lage eines vertikalen Schlitzes oder einer Nische Wandöffnung annehmen, wenn Restwanddicke $d <$ halbe Wanddicke oder < 115 mm ist

- **Öffnungen in Wänden**
  Bei Wänden, deren Öffnungen
  - in ihrer lichten Höhe $> 1/4$ der Geschosshöhe oder
  - in ihrer lichten Breite $> 1/4$ der Wandbreite oder
  - in ihrer Gesamtfläche $> 1/10$ der Wandfläche sind, gelten die Wandteile
    - zwischen der Wandöffnung und der aussteifenden Wand als dreiseitig
    - zwischen den Wandöffnungen als zweiseitig gehalten.

Tafel 15.14a β**-Werte für drei- und vierseitig gehaltene Wände**

b' in m	0,65	0,75	0,85	0,95	1,05	1,15	1,25	1,40	1,60	1,85	2,20	2,80
β	0,35	0,40	0,45	0,50	0,55	0,60	0,65	0,70	0,75	0,80	0,85	0,90
b in m	2,00	2,25	2,50	2,80	3,10	3,40	3,80	4,30	4,80	5,60	6,60	8,40

Tafel 15.14b Grenzwerte für b' **und** b **in m**

Wanddicke in cm	11,5	17,5	24	30
max $b' = 15\,d$	1,75	2,60	3,60	–
max $b = 30\,d$	3,45	5,25	7,20	9,00

5.5.6 Halterungen zur Knickaussteifung

Als unverschiebliche Halterungen von belasteten Wänden dürfen Deckenscheiben und aussteifende Querwände oder andere ausreichend steife Bauteile angesehen werden.

Ist die aussteifende Wand durch Öffnungen unterbrochen, so muss die Bedingung der nebenstehenden Abbildung erfüllt sein. Bei Fenstern gilt die jeweilige lichte Höhe als h_1 und h_2.

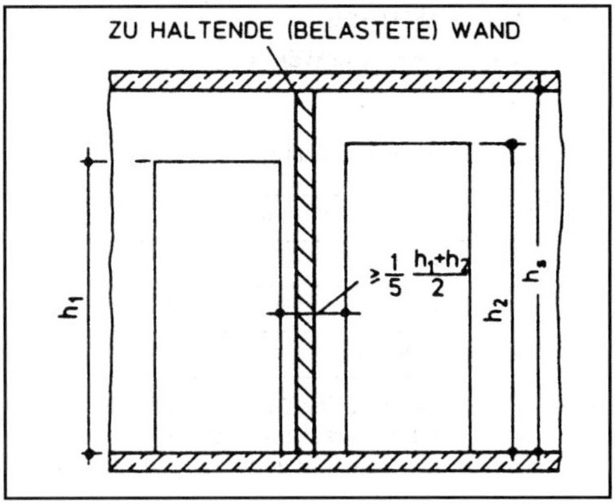

Abb. 15.15 Mindestlänge einer knickaussteifenden Wand bei Öffnungen

5.5.7 Mitwirkende Breite b_m

b_m = 1/4 der über dem betrachteten Schnitt liegenden Höhe des zusammengesetzten Querschnitts, jedoch nicht größer als die vorhandene Querschnittsbreite.

5.5.8 Bemessung nach dem vereinfachten Verfahren

5.5.8.1 Zentrische und exzentrische Druckbeanspruchung

Der Spannungsnachweis ist unter Ausschluss von Zugspannungen zu führen (klaffende Fugen maximal bis zum Schwerpunkt des Querschnitts zulässig).

$$\text{zul}\ \sigma = k \cdot \sigma_0$$

σ_0 Grundwert der zulässigen Spannungen
k Abminderungsfaktor

Tafel 15.15 Grundwerte der zulässigen Druckspannungen in MN/m²

Steinfestigkeitsklasse	Normalmörtel mit Mörtelgruppe					Dünnbettmörtel[2)]	Leichtmörtel	
	I	II	IIa	III	IIIa		LM 21	LM 36
2	0,3	0,5	0,5[1)]	–	–	0,6	0,5[3)]	0,5[3)4)]
4	0,4	0,7	0,8	0,9	–	1,1	0,7[5)]	0,8[6)]
6	0,5	0,9	1,0	1,2	–	1,5	0,7	0,9
8	0,6	1,0	1,2	1,4	–	2,0	0,8	1,0
12	0,8	1,2	1,6	1,8	1,9	2,2	0,9	1,1
20	1,0	1,6	1,9	2,4	3,0	3,2	0,9	1,1
28	–	1,8	2,3	3,0	3,5	3,7	0,9	1,1
36	–	–	–	3,5	4,0	–	–	–
48	–	–	–	4,0	4,5	–	–	–
60	–	–	–	4,5	5,0	–	–	–

1) $\sigma_0 = 0{,}6$ MN/m² bei Außenwänden mit Dicken ≥ 300 mm. Diese Erhöhung gilt jedoch nicht für den Nachweis der Auflagerpressung nach Abschnitt 5.5.8.4.
2) Verwendung nur bei Porenbeton-Plansteinen nach DIN 4165 und bei Kalksand-Plansteinen. Die Werte gelten für Vollsteine. Für Kalksand-Lochsteine und Kalksand-Hohlblocksteine nach DIN 106-1 gelten die entsprechenden Werte bei Mörtelgruppe III bis Steinfestigkeitsklasse 20.
3) Für Mauerwerk mit Mauerziegeln nach DIN 105-1 bis -4 gilt $\sigma_0 = 0{,}4$ MN/m².
4) $\sigma_0 = 0{,}6$ MN/m² bei Außenwänden mit Dicken ≥ 300 mm. Diese Erhöhung gilt jedoch nicht für den Nachweis der Auflagerpressung.
5) Für Kalksandsteine nach DIN 106-1 der Rohdichteklasse $\geq 0{,}9$ und für Mauerziegel nach DIN 105-1 bis -4 gilt $\sigma_0 = 0{,}5$ MN/m².
6) Für Mauerwerk mit den in Fußnote 5 genannten Mauersteinen gilt $\sigma_0 = 0{,}7$ MN/m².

Tafel 15.16 Grundwerte der zulässigen Druckspannungen σ_0 für Mauerwerk nach Eignungsprüfung

Nennfestigkeit β_M [1)] in MN/m²	1,0 bis 9,0	11,0 und 13,0	16,0 bis 25,0
σ_0 in MN/m² [2)]	0,35 β_M	0,32 β_M	0,30 β_M

[1)] β_M nach DIN 1053-2. [2)] Abrunden auf 0,01 MN/m².

Ermittlung der Abminderungsfaktoren k_i

- Wände als Zwischenauflager: $k = k_1 \cdot k_2$
- Wände als einseitiges Endauflager: $k = k_1 \cdot k_2$ oder $k = k_1 \cdot k_3$
  Der kleinere Wert ist maßgebend.

a) k_1 für Pfeiler/Wände

Ein Pfeiler im Sinne der Norm liegt vor, wenn $A < 1000\,\text{cm}^2$ ist. Pfeiler mit einer Fläche $A < 400\,\text{cm}^2$ (Nettofläche) sind unzulässig.

1. Wände sowie *Pfeiler*, die aus einem oder mehreren ungetrennten Steinen bestehen oder aus getrennten Steinen mit einem Lochanteil von < 35 %: $k_1 = 1{,}0$
2. Alle anderen *Pfeiler*: $k_1 = 0{,}8$

b) k_2 für Knicken

$h_K/d \leq 10$	$k_2 = 1{,}0$
$10 < h_K/d \leq 25$	$k_2 = \dfrac{25 - h_K/d}{15}$

h_K Knicklänge

c) k_3 für Deckendrehwinkel (Endauflager)

Geschossdecken

$l \leq 4{,}20$ m	$k_3 = 1{,}0$
$l > 4{,}20$ m	$k_3 = 1{,}7 - l/6$

Bei zweiachsig gespannten Decken: l kürzere Stützweite

Dachdecken (oberstes Geschoss)

Für alle l: $k_3 = 0{,}5$

Bei mittiger Auflagerkrafteinleitung (z. B. Zentrierung): $k_3 = 1$

Zahlenbeispiel 1

Gegeben:

Innenwand: $d = 11{,}5$ cm
lichte Geschosshöhe: $h_S = 2{,}75$ m
Belastung UK Wand: $R = 49{,}6$ kN
Stahlbetondecke

Knicklänge: $h_K = \beta \cdot h_s = 0{,}75 \cdot 2{,}75 = 2{,}06$ m

a) $k_1 = 1$ (Wand)

b) k_2

$h_K/d = 206/11{,}5 = 17{,}9 > 10$

$$k_2 = \frac{25 - h_K/d}{15} = \frac{25 - 17{,}9}{15} = 0{,}47$$

Ermittlung des Abminderungsfaktors *k*

$k = k_1 \cdot k_2 = 1 \cdot 0{,}47 = 0{,}47$

[*)] Getrennte Steine mit Lochanteil > 35 % (vgl. unter a).

Zahlenbeispiel 2

Gegeben:

Außenwandpfeiler: $b/d = 49/17{,}5$ cm[*)]
lichte Geschosshöhe: $h_s = 2{,}75$ m
Stützweite Decke: $l = 4{,}80$ m
Belastung UK Pfeiler: $R = 68$ kN
Stahlbetondecke

Knicklänge: $h_K = \beta \cdot h_S = 0{,}75 \cdot 2{,}75 = 2{,}06$ m

a) $k_1 = 0{,}8$ (Pfeiler, vgl. Fußnote[*)])

b) k_2

$h_K/d = 206/17{,}5 = 11{,}8$

$$k_2 = \frac{25 - h_K/d}{15} = \frac{25 - 11{,}8}{15} = 0{,}88$$

c) $k_3 = 1{,}7 - l/6 = 1{,}7 - 4{,}8/6 = 0{,}9$

Ermittlung des Abminderungsfaktors *k*

$k = k_1 \cdot k_2 = 0{,}8 \cdot 0{,}88 = 0{,}70$

bzw.

$k = k_1 \cdot k_3 = 0{,}8 \cdot 0{,}9 = 0{,}72$

Spannungsnachweis

$$\sigma = \frac{49{,}6}{100 \cdot 11{,}5} = 0{,}043 \text{ kN/cm}^2 = 0{,}43 \text{ MN/m}^2$$

gew. HLz 12/II

$\sigma_0 = 1{,}2 \text{ MN/m}^2$

$\text{zul } \sigma = k \cdot \sigma_0 = 0{,}47 \cdot 1{,}2 = 0{,}56 \text{ MN/m}^2 > 0{,}43$

Spannungsnachweis

$$\sigma = \frac{68}{49 \cdot 17{,}5} = 0{,}079 \text{ kN/cm}^2 = 0{,}79 \text{ MN/m}^2$$

gew. KSL 12/II

$\sigma_0 = 1{,}2 \text{ MN/m}^2$

$\text{zul } \sigma = k \cdot \sigma_0 = 0{,}70 \cdot 1{,}2 = 0{,}84 \text{ MN/m}^2 > 0{,}79$

5.5.8.2 Zusätzlicher Nachweis bei Scheibenbeanspruchung

Sind Wandscheiben infolge Windbeanspruchung rechnerisch nachzuweisen, so ist bei klaffender Fuge neben dem Spannungsnachweis ein Nachweis der Randdehnung $\varepsilon_R \leq 10^{-4}$ zu führen. Der Elastizitätsmodul für Mauerwerk darf zu $E = 3000\ \sigma_0$ angenommen werden.

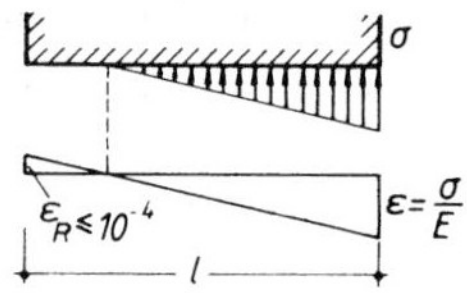

5.5.8.3 Zusätzlicher Nachweis bei dünnen, schmalen Wänden

Bei zweiseitig gehaltenen Wänden mit $d < 17$ cm und mit Schlankheiten $h_K/d > 12$ und Wandbreiten $< 2{,}0$ m ist der Einfluss einer ungewollten horizontalen Einzellast $H = 0{,}5$ kN in halber Geschosshöhe zu berücksichtigen. H darf über die Wandbreite gleichmäßig verteilt werden. zul σ darf hierbei um 33 % erhöht werden.

Dieser Nachweis darf entfallen, wenn Gl. (1) in Abschn. 5.6.9.4 (s. Bautabellen für Ingenieure, Kapitel 7A) erfüllt ist.

5.5.8.4 Teilflächenpressung

- **Belastung in Richtung der Wandebene**

Gleichmäßig verteilte Auflagerpressung mit zul $\sigma = 1{,}3\ \sigma_0$. Zusätzlich Nachweis in Wandmitte (Lastverteilung unter 60°) erforderlich.

- **Belastung rechtwinklig zur Wandebene**

Ebenfalls gilt zul $\sigma = 1{,}3\ \sigma_0$. Bei $F \geq 3$ kN ist zusätzlich ein Schubnachweis in den Lagerfugen der belasteten Steine nach Abschn. 5.5.8.6 zu führen.

Bei Loch- und Kammersteinen muss die Last mindestens über zwei Stege eingeleitet werden (Unterlagsplatten).

5.5.8.5 Biegezug

Nur zulässig parallel zur Lagerfuge in Wandrichtung.

$$\text{zul } \sigma_Z = 0{,}4\ \sigma_{0HS} + 0{,}12\ \sigma_D \leq \max \sigma_Z$$

zul σ_Z	zulässige Biegezugspannung parallel zur Lagerfuge
σ_D	zugehörige Druckspannung rechtwinklig zur Lagerfuge
σ_{0HS}	und max σ_Z siehe nachfolgende Tafeln

Tafel 15.17a σ_{0HS}

Mörtelgruppe	I	II	IIa	III	IIIa	LM 21	LM 36	DM
σ_{0HS} in MN/m²	0,01	0,04	0,09	0,11	0,13	0,09	0,09	0,11
Bei unvermörtelten Stoßfugen (weniger als die halbe Wanddicke ist vermörtelt) sind die σ_{0HS}-Werte zu halbieren. DM = Dünnbettmörtel								

Tafel 15.17b max σ_Z

Steinfestigkeitsklasse	2	4	6	8	12	20	≥ 28
max σ_Z in MN/m²	0,01	0,02	0,04	0,05	0,10	0,15	0,20

5.5.8.6 Schubbeanspruchung

● **Scheibenschub**

Ein Schubnachweis ist in der Regel nicht erforderlich, wenn ausreichende räumliche Steifigkeit des Bauwerks gegeben ist.
Anderenfalls gilt für Rechteckquerschnitte (andere Querschnittsformen sind nach dem *genaueren Verfahren* nachzuweisen):

$$\tau = c\, Q/A \leq \text{zul}\, \tau$$ mit $$\text{zul}\, \tau = \sigma_{0HS} + 0{,}20\, \sigma_{Dm} \leq \max \tau$$

c Formbeiwert

$\frac{H}{L} \geq 2 \rightarrow c = 1{,}5$

$\frac{H}{L} \leq 1 \rightarrow c = 1{,}0$

(H Höhe der Mauerwerksscheibe)
(L Länge der Mauerwerksscheibe)
Zwischenwerte für c sind linear zu interpolieren.

A überdrückte Querschnittsfläche
σ_{0HS} aus Tafel 15.17a
σ_{Dm} mittlere zugehörige Druckspannung rechtwinklig zur Lagerfuge im ungerissenen Querschnitt A
$\max \tau = n \cdot \beta_{NSt}$
$n = 0{,}010$ bei Hohlblocksteinen
$n = 0{,}012$ bei Hochlochsteinen und Steinen mit Grifföffnungen oder -löchern
$n = 0{,}014$ bei Vollsteinen ohne Grifföffnungen oder -löcher
β_{NSt} Steindruckfestigkeit

● **Plattenschub**

$$\text{zul}\, \tau = \sigma_{0HS} + 0{,}30\, \sigma_D$$

A überdrückte Querschnittsfläche
σ_{0HS} aus Tafel 15.17a
σ_D Druckspannung rechtwinklig zur Lagerfuge

Nachweis für einen Rechteckquerschnitt:

$$\tau = \frac{1{,}5\, Q}{A} \leq \text{zul}\, \tau$$

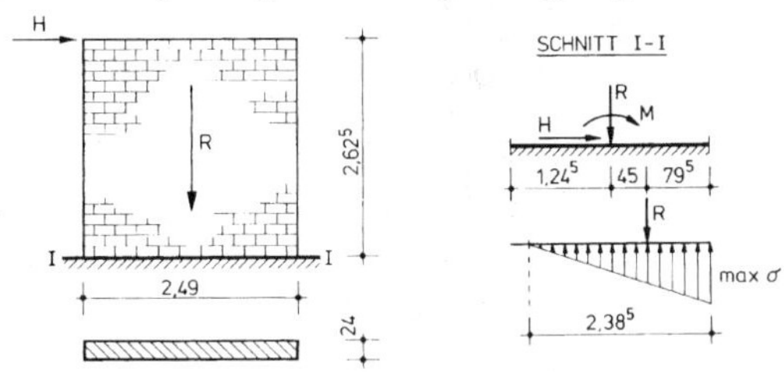

Zahlenbeispiel

Gegeben:

Wandscheibe mit Rechteckquerschnitt
Vertikale Belastung $R = 350$ kN
Horizontale Last $H = 60$ kN
Nachweis der *Randdehnung* siehe 5.5.8.2

Biegespannung (vgl. Tafel S. 13.27)

Der Nachweis wird in der unteren Fuge I–I geführt.

$M = H \cdot 2{,}625 = 60 \cdot 2{,}625 = 157{,}5$ kNm
$e = M/R = 157{,}5/350 = 0{,}45$ m $< d/3 = 2{,}49/3 = 0{,}83$ m
$c = d/2 - e = 2{,}49/2 - 0{,}45 = 0{,}795$ m
$3c = 2{,}385$ m
$\max \sigma = 2 \cdot 350/(238{,}5 \cdot 24) = 0{,}122\ \text{kN/cm}^2 = 1{,}22\ \text{MN/m}^2$

Schubspannung

$c \approx 1$
$\tau \approx Q/A = 60/238{,}5 \cdot 24 = 0{,}01\ \text{kN/cm}^2 = 0{,}1\ \text{MN/m}^2$

Zulässige Schubspannung

gew. KS 12/II (Vollsteine)
$\sigma_{0HS} = 0{,}04\ \text{MN/m}^2$
$\sigma_{Dm} = 1{,}22/2 = 0{,}61\ \text{MN/m}^2$
$\max \tau = n \cdot \beta_{NSt} = 0{,}014 \cdot 12 = 0{,}17\ \text{MN/m}^2$
$\text{zul}\, \tau = 0{,}04 + 0{,}20 \cdot 0{,}61 = 0{,}16\ \text{MN/m}^2$

Schubnachweis

$\tau = 0{,}10\ \text{MN/m}^2 < 0{,}16\ \text{MN/m}^2 = \text{zul}\, \tau$

5.6 Verband

Es muss im Verband gemauert werden, d.h., die Stoß- und Längsfugen übereinander liegender Schichten müssen versetzt sein. Erforderliches Überbindemaß *ü* siehe Abb. 15.19a.

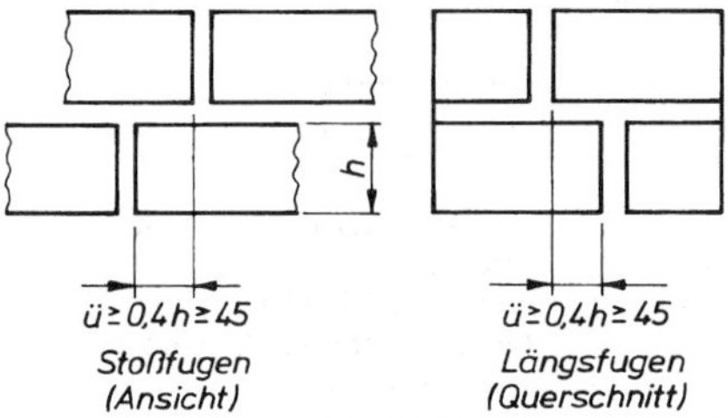

Abb. 15.19a

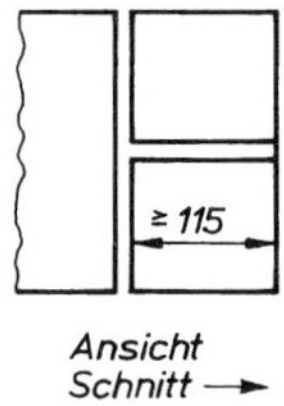

Abb. 15.19b

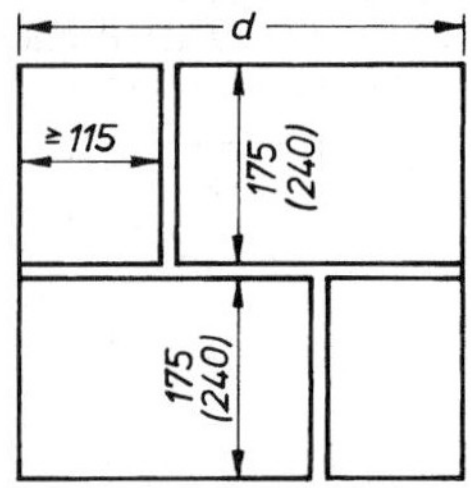

Abb. 15.19c

Steine einer Schicht sollen die gleiche Höhe haben. Ausnahmsweise ist an Wandenden und unter Stürzen eine zusätzliche Lagerfuge pro Schicht als Höhenausgleich auf eine Länge von mindestens 115 mm möglich (Abb. 15.19b). Steine und Mörtel müssen mindestens die Festigkeit des übrigen Mauerwerks aufweisen.

In Schichten mit Längsfugen darf die Steinhöhe nicht größer als die Steinbreite sein. Eine Abweichung von dieser Regel ist bei 175 mm und 240 mm hohen Steinen möglich, wenn die Aufstandsbreite mindestens 115 mm beträgt (Abb. 15.19c).

5.7 Verformungskennwerte und Elastizitätsmoduln

Mauersteinart	Endwert der Feuchtedehnung (Schwinden, chemisches Quellen)[1]		Endkriechzahl		Wärmedehnungskoeffizient		Elastizitätsmodul	
	$\varepsilon_{f\infty}$[1]		φ_∞[2]		α_T		E[3]	
	Rechenwert	Wertebereich	Rechenwert	Wertebereich	Rechenwert	Wertebereich	Rechenwert	Wertebereich
	mm/m				10^{-6}/K		MN/m²	
1	2	3	4	5	6	7	8	9
Mauerziegel	0	+0,3 bis −0,2	1,0	0,5 bis 1,5	6	5 bis 7	$3500 \cdot \sigma_0$	3000 bis $4000 \cdot \sigma_0$
Kalksandsteine[4]	−0,2	−0,1 bis −0,3	1,5	1,0 bis 2,0	8	7 bis 9	$3000 \cdot \sigma_0$	2500 bis $4000 \cdot \sigma_0$
Leichtbetonsteine	−0,4	−0,2 bis −0,5	2,0	1,5 bis 2,5	10[5]	8 bis 12	$5000 \cdot \sigma_0$	4000 bis $5000 \cdot \sigma_0$
Betonsteine	−0,2	−0,1 bis −0,3	1,0	–	10	8 bis 12	$7500 . \sigma_0$	6500 bis $8500 \cdot \sigma_0$
Porenbetonsteine	−0,2	+0,1 bis −0,3	1,5	1,0 bis 2,5	8	7 bis 9	$2500 \cdot \sigma_0$	2000 bis $3000 \cdot \sigma_0$

[1] Verkürzung (Schwinden): Vorzeichen minus; Verlängerung (chemisches Quellen): Vorzeichen plus.
[2] $\varphi_\infty = \varepsilon_{k\infty}/\varepsilon_{el}$; $\varepsilon_{k\infty}$ Endkriechdehnung; $\varepsilon_{el} = \sigma/E$.
[3] E Sekantenmodul aus Gesamtdehnung bei etwa ⅓ der Mauerwerksdruckfestigkeit.
[4] Gilt auch für Hüttensteine.
[5] Für Leichtbeton mit überwiegend Blähton als Zuschlag.

6 Mauerwerk nach DIN 1053-2 (Hinweis zur Neuausgabe 11.96)

Das bisher in dieser Norm enthaltene genauere Berechnungsverfahren ist jetzt in DIN 1053-1 enthalten. DIN 1053-2 ist eine reine Baustoffnorm und dient zur Festlegung von Mauerwerksfestigkeitsklassen durch Eignungsprüfung. Näheres siehe z. B. [15.2].

7 Mauerwerksbemessung nach DIN 1053-100

7.1 Allgemeines

Als Ergänzung zur Standardnorm für den Mauerwerksbau DIN 1053-1 ist im August 2004 DIN 1053-100 als „Weißdruck" (endgültige Norm) erschienen. DIN 1053-100 enthält die Bemessung von Mauerwerk nach dem neuen Sicherheitskonzept mit Teilsicherheitsbeiwerten. Im Januar 2006 ist eine Änderung A1 (DIN 1053-100/A1) herausgekommen. Mit Ausgabedatum August 2006 wird eine „neue" DIN 1053-100 herauskommen. Diese „neue" Norm basiert auf dem Inhalt von DIN 1053-100 (08.2004), in den die Änderungen aus DIN 1053-100/A1 eingearbeitet sind.

7.2 Bemessung nach dem vereinfachten Verfahren

Die Anwendungsgrenzen für das Vereinfachte Verfahren sind in Abschn. 5.5.1 dargestellt.

7.2.1 Nachweis nach dem neuen Sicherheitskonzept

Es ist folgender Nachweis zu führen:

$$N_{Ed} \leq N_{Rd}$$

N_{Ed} Bemessungswert der einwirkenden Normalkraft

N_{Rd} Bemessungswert der aufnehmbaren Normalkraft

7.2.2 Bemessungswert der einwirkenden Normalkraft N_{Ed}

$$N_{Ed} = 1{,}35\, N_{Gk} + 1{,}50\, N_{Qk}$$

N_{Gk} Charakteristischer Wert der einwirkenden Normalkraft infolge von Eigenlast

N_{Qk} Charakteristischer Wert der einwirkenden Normalkraft infolge von Nutzlast

1,35 und 1,50 sind Sicherheitsbeiwerte.

Vereinfachung beim Sonderfall:

Bei Hochbauten mit Decken aus Stahlbeton und charakteristischen Nutzlasten von maximal 2,5 kN/m^2 darf vereinfachend angesetzt werden:

$$N_{Ed} = 1{,}4\, (N_{Gk} + N_{Qk})$$

N_{Gk} und N_{Qk} siehe oben.

Hinweis:

Bei größeren Biegemomenten (z. B. bei Windscheiben) ist auch ein Nachweis für max M + min N zu führen. Hierbei gilt:

min $N_{Ed} = 1{,}0\, N_{Gk}$

7.2.3 Bemessungswert der aufnehmbaren Normalkraft N_{Rd}

$$N_{Rd} = A \cdot f_d \cdot \Phi$$

A Querschnittsfläche (abzüglich eventueller Schlitze und Aussparungen)
$A < 400$ cm^2 ist unzulässig.

$f_d = 0{,}85 f_k / \gamma_M$ Bemessungswert der Druckfestigkeit des Mauerwerks

f_k Charakteristische Druckfestigkeit des Mauerwerks nach den Tafeln 15.21 a und b

γ_M Teilsicherheitsbeiwert nach Tafel 15.22

Φ Abminderungsfaktor zur Berücksichtigung des Knickens und von Lastexzentrizitäten (vgl. Abschn. 7.2.4)

Tafel 15.21a Charakteristische Werte f_k der Druckfestigkeit von Mauerwerk mit Normalmörtel

Steinfestigkeitsklasse	Mörtelgruppe				
	I N/mm²	II N/mm²	IIa N/mm²	III N/mm²	IIIa N/mm²
2	0,9	1,5	1,5 [1)]	–	–
4	1,2	2,2	2,5	2,8	–
6	1,5	2,8	3,1	3,7	–
8	1,8	3,1	3,7	4,4	–
12	2,5	3,7	5,0	5,6	6,0
20	3,1	5,0	6,0	7,5	9,4
28	–	5,6	7,2	9,4	11,0
36	–	–	–	11,0	12,5
48	–	–	–	12,5 [2)]	14,0 [2)]
60	–	–	–	14,0 [2)]	15,5 [2)]

1) $f_k = 1{,}8$ N/mm² bei Außenwänden mit Dicken ≥ 300 mm. Diese Erhöhung gilt jedoch nicht für den Nachweis der Auflagerpressung nach Abschn. 7.2.8.
2) Die Werte $f_k \geq 11{,}0$ N/mm² enthalten einen zusätzlichen Sicherheitsbeiwert zwischen 1,0 und 1,17 wegen Gefahr von Sprödbruch.

Tafel 15.21b Charakteristische Werte f_k der Druckfestigkeit von Mauerwerk mit Dünnbett- und Leichtmörtel

Steinfestigkeitsklasse	Dünnbettmörtel [1)]	Leichtmörtel	
	N/mm²	LM 21 N/mm²	LM 36 N/mm²
2	1,8	1,5 (1,2) [2)]	1,5 (1,2) [2)] (1,8) [3)]
4	3,4	2,2 (1,5) [4)]	2,5 (2,2) [5)]
6	4,7	2,2	2,8
8	6,2	2,5	3,1
12	6,9	2,8	3,4
20	10,0	2,8	3,4
28	11,6	2,8	3,4

1) Anwendung nur bei Porenbeton-Plansteinen nach DIN V 4165-100 bzw. DIN EN 771-4 und DIN V 20 000-404 und bei Kalksand-Plansteinen. Die Werte gelten für Vollsteine. Für Kalksand-Lochsteine und Kalksand-Hohlblocksteine nach DIN V 106 bzw. DIN EN 771-2 und DIN V 20 000-402 gelten die entsprechenden Werte der Tabelle 5 bei Mörtelgruppe III bis Steinfestigkeitsklasse 20.
2) Für Mauerwerk mit Mauerziegeln nach DIN V 105-100 bzw. DIN EN 771-1 und DIN V 20 000-401 gilt $f_k = 1{,}2$ N/mm².
3) $f_k = 1{,}8$ N/mm² bei Außenwänden mit Dicken ≥ 300 mm. Diese Erhöhung gilt jedoch nicht für den Fall der Fußnote 2) und nicht für den Nachweis der Auflagerpressung nach Abschn. 7.2.8.
4) Für Kalksandsteine nach DIN V 106 bzw. DIN EN 771-2 und DIN V 20 000-402 der Rohdichteklasse ≥ 0,9 und Mauerziegel nach DIN V 105-100 bzw. DIN EN 771-1 und DIN 20 000-401 gilt $f_k = 1{,}5$ N/mm².
5) Für Mauerwerk mit den in Fußnote 4) genannten Mauersteinen gilt $f_k = 2{,}2$ N/mm².

Tafel 15.22 Teilsicherheitsbeiwerte γ_M für Baustoffeigenschaften

Konstruktionsarten	γ_M	
	Normale Einwirkungen	Außergewöhnliche Einwirkungen
Mauerwerk	$1{,}5 \cdot k_0$	$1{,}3 \cdot k_0$
Verbund-, Zug- und Druckwiderstand von Wandankern und Bändern	2,5	2,5

In der Tafel bedeuten:

$k_0 = 1$ bei Wänden und Pfeilern ($1000 > A \geq 400\ \text{cm}^2$), wenn letztere aus ungeteilten Steinen oder aus geteilten Steinen mit einem Lochanteil < 35 % bestehen

$k_0 = 1{,}25$ bei allen anderen Pfeilern.

7.2.4 Abminderungsfaktoren Φ

7.2.4.1 Abminderungsfaktor Φ_2 bei Knickgefahr von geschosshohen Wänden

$$\Phi = \Phi_2 = 0{,}85 - 0{,}0011 \cdot (h_k/d)^2$$

h_k Knicklänge nach Abschnitt 5.5.5 d Dicke des Querschnitts

Schlankheiten $h_k/d > 25$ sind unzulässig.

7.2.4.2 Abminderungsfaktor Φ_3 bei geschosshohen Wänden („Deckendrehwinkel")

Φ_3 berücksichtigt die exzentrische Beanspruchung von Wänden infolge „Deckendrehwinkel". Es sind die folgenden Abminderungsfaktoren einzusetzen:

Bei Endauflagern von Außen- und Innenwänden und folgenden Stützweiten:

$l \leq 4{,}20\ \text{m} \rightarrow$ $\Phi = \Phi_3 = 0{,}9$

$4{,}20 < l \leq 6\ \text{m} \rightarrow$ $\Phi = \Phi_3 = 1{,}6 - l/6 \leq 0{,}9$ für $f_k \geq 1{,}8\ \text{N/mm}^2$

$\Phi = \Phi_3 = 1{,}6 - l/5 \leq 0{,}9$ für $f_k < 1{,}8\ \text{N/mm}^2$

Sonderfall: Decken über dem obersten Geschoss, insbesondere Dachdecken

Für alle $l \rightarrow \Phi = \Phi_3 = 0{,}33$

Wird der Einfluss „Deckendrehwinkel" durch konstruktive Maßnahmen verhindert (z. B. Zentrierleisten), so darf unabhängig von der Deckenstützweite

$\Phi = \Phi_3 = 1{,}0$ gesetzt werden.

7.2.4.3 Abminderungsfaktor Φ_1 bei vorwiegender Biegebeanspruchung

Bei vorwiegender Biegebeanspruchung, z. B. bei Windscheiben, ist

$$\Phi = \Phi_1 = 1 - 2\,e/b$$

$e = M_{Ed}/N_{Ed}$ die Exzentrizität der Last, zum Lastfall max M + min N

$M_{Ed} = \gamma_F \cdot M_{Ek}$ der Bemessungswert des Biegemoments; bei Windscheiben gilt $M_{Ed} = 1{,}5 \cdot H_{Wk} \cdot h_W$; eventuell vorhandene Exzentrizitäten der Normalkraft sind zusätzlich zu berücksichtigen.

H_{Wk} der charakteristische Wert der resultierenden Windlast bezogen auf den nachzuweisenden Querschnitt

h_W der Hebelarm von H_{Wk} auf den nachzuweisenden Querschnitt

N_{Ed} der Bemessungswert der Normalkraft im nachzuweisenden Querschnitt nach Abschnitt 7.2.2

Bei Exzentrizitäten bzw. $e > b/6$ sind rechnerisch klaffende Fugen vorausgesetzt. Bei Windscheiben ist zusätzlich nachzuweisen, dass die rechnerische Randdehnung aus der Scheibenbeanspruchung auf der Seite der Klaffung $\varepsilon_R = \varepsilon_D \cdot a/c$ unter charakteristischen Lasten den Wert $\varepsilon_{Rk} = 10^{-4}$ nicht überschreitet (siehe Abb.). Der Elastizitätsmodul für Mauerwerk darf hierfür zu $E = 1000 f_k$ angenommen werden.

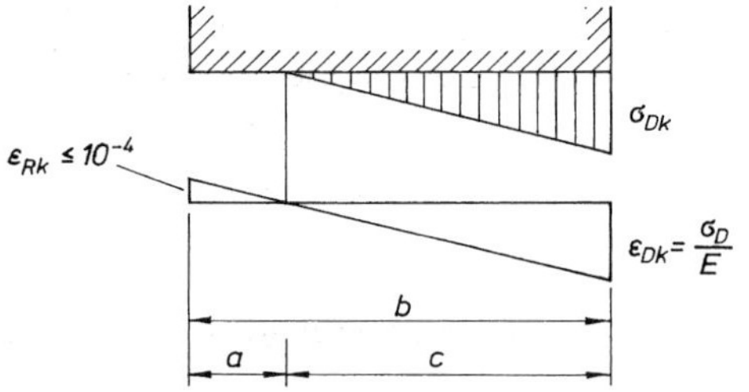

Legende

h Länge der Windscheibe

σ_{Dk} Kantenpressung auf Basis eines linear-elastischen Stoffgesetzes

ε_{Dk} rechnerische Randstauchung

ε_{Rk} rechnerische Randdehnung

7.2.5 Knicklängen

Für die Ermittlung der Knicklängen gilt Abschn. 5.5.5, entsprechend DIN 1053-1, 6.7.2.

7.2.6 Zusätzlicher Nachweis bei schmalen und dünnen Wänden

Bei zweiseitig gehaltenen Wänden mit Wanddicken $d < 175$ mm und mit Schlankheiten $h_k/d > 12$ und mit Wandbreiten $< 2{,}0$ m ist der Einfluss einer ungewollten horizontalen Einzellast $H = 0{,}5$ kN, die als außergewöhnliche Einwirkung A_d in halber Geschosshöhe angreift, nachzuweisen. Sie darf als Linienlast über die Wandbreite gleichmäßig verteilt werden. Der Nachweis ist nach DIN 1053-100 Anhang A, Gleichung (A.3) zu führen. Er darf entfallen, wenn die folgende Gleichung erfüllt ist:

$$h_k/d \leq 20 - 1000 \cdot H/(A \cdot f_k)$$

A Wandquerschnitt $b \cdot d$

7.2.7 Knicksicherheitsnachweis bei größeren Exzentrizitäten

Der Faktor Φ_2 nach 7.2.4.1 berücksichtigt die ungewollte Ausmitte und die Verformung nach Theorie II. Ordnung. Dabei ist vorausgesetzt, dass in halber Geschosshöhe nur Biegemomente aus Knotenmomenten und aus Windlasten auftreten. Greifen größere horizontale Lasten an oder werden vertikale Lasten mit größerer planmäßiger Exzentrizität eingeleitet, so ist der Knicksicherheitsnachweis nach dem „Genaueren Berechnungsverfahren" zu führen. Ein Versatz der Wandachsen infolge einer Änderung der Wanddicken gilt dann nicht als größere Exzentrizität, wenn der Querschnitt der dickeren tragenden Wand den Querschnitt der dünneren tragenden Wand umschreibt.

7.2.8 Teilflächenpressung

Bei mittiger oder ausmittiger Belastung einer Mauerwerkskonstruktion durch eine Einzellast F_d (z. B. durch eine Stütze) darf im Bereich der Teilfläche A_1 folgende Pressung auftreten:

$$\boxed{\sigma_{1d} = F_d/A_1 \leq \alpha \cdot 0{,}85 \cdot f_k/\gamma_M}$$

$\alpha = 1$ im Allgemeinen

$\alpha = 1{,}3$, wenn folgende Voraussetzungen erfüllt sind:

- Teilfläche $A_1 \leq 2\,d^2$
- $e < d/6$ sowie $a_1 > 3 l_1$

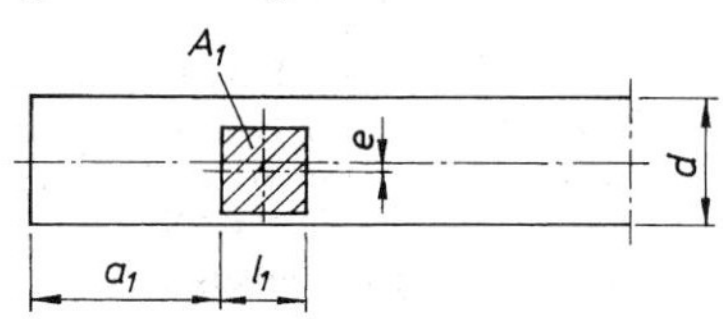

Teilflächenpressung rechtwinklig zur Wandebene

Für diesen Fall beträgt die zulässige Teilflächenpressung:

$$\sigma_{1d} = 1{,}3 \cdot 0{,}85 \cdot f_k / \gamma_M$$

Bei horizontalen Lasten $F_d \geq 4{,}0$ kN muss zusätzlich ein Schubspannungsnachweis für die Lagerfugen der belasteten Steine geführt werden. Bei Loch- und Kammersteinen ist z. B. durch Unterlagsplatten sicherzustellen, dass die Druckkraft auf mindestens zwei Stege übertragen wird.

7.2.9 Zug- und Biegezug

Zug- und Biegezugspannungen rechtwinklig zu Lagerfugen dürfen in tragendem Mauerwerk nicht in Rechnung gestellt werden.

Nachweis für Zugbeanspruchung parallel zu Lagerfugen:

$$n_{Ed} \leq n_{Rd} = d \cdot f_{x2} / \gamma_M$$

Nachweis für Biegezugbeanspruchung parallel zu Lagerfugen:

$$m_{Ed} \leq m_{Rd} = d^2 \cdot f_{x2} / (6\gamma_M)$$

n_{Ed} bzw. m_{Ed} Bemessungswert der wirkenden Zugkraft bzw. des Biegemoments (je Längeneinheit)

n_{Rd} bzw. m_{Rd} Bemessungswert der aufnehmbaren Zugkraft bzw. des Biegemoments

γ_M Teilsicherheitsbeiwert nach Tafel 15.22

$f_{x2} = 0{,}4 f_{vk0} + 0{,}24\, \sigma_{Dd} \leq \max f_{x2}$

σ_{Dd} Bemessungswert der zugehörigen Druckspannung rechtwinklig zur Lagerfuge. In der Regel ist der geringste Wert einzusetzen.

Tafel 15.24 a Abgeminderte Haftscherfestigkeit f_{vk0} in N/mm²

Mörtelart, Mörtelgruppe	NM I	NM II	NM II a LM 21 LM 36	NM III DM	NM IIIa
f_{vk0} [1]	0,02	0,08	0,18	0,22	0,26

[1] Für Mauerwerk mit unvermörtelten Stoßfugen sind die Werte f_{vk0} zu halbieren. Als vermörtelt in diesem Sinn gilt eine Stoßfuge, bei der etwa die halbe Wanddicke oder mehr vermörtelt ist.

Tafel 15.24 b Höchstwerte der Zugfestigkeit max f_{x2} parallel zur Lagerfuge in N/mm²

Steinfestigkeits-klasse	2	4	6	8	12	20	≥ 28
max f_{x2}	0,02	0,04	0,08	0,10	0,20	0,30	0,40

7.2.10 Schubbeanspruchung

Im Grenzzustand der Tragfähigkeit ist nachzuweisen:

$$V_{Ed} \leq V_{Rd}$$

Für Rechteckquerschnitte ist

$V_{Rd} = \alpha_s \cdot f_{vd} \cdot d/c$

Dabei ist:

V_{Ed} Bemessungswert der Querkraft

V_{Rd} Bemessungswert des Bauteilwiderstands bei Querkraftbeanspruchung

α_s Schubtragfähigkeitsbeiwert. Für Wandscheiben mit Windbeanspruchung, und ggf. Erddruckbeanspruchung gilt $\alpha_s = 1{,}125\ l$ bzw. $\alpha_s = 1{,}333\ l_c$, wobei der kleinere der beiden Werte maßgebend ist. In allen anderen Fällen gilt $\alpha_s = l$ bzw. $\alpha_s = l_c$.

$f_{vd} = f_{vk}/\gamma_M$ Bemessungswert der Schubfestigkeit mit f_{vk} siehe unten

γ_M Teilsicherheitsbeiwert nach Tafel 15.22

d Dicke der nachzuweisenden Wand, bei Plattenschub: überdrückte Breite d_c

l Länge der nachzuweisenden Wand

l_c Überdrückte Länge des Querschnitts; $l_c = 1{,}5 \cdot (l - 2 \cdot e) \leq l$

c Faktor zur Berücksichtigung der Verteilung der Schubspannungen über den Querschnitt. Für hohe Wände $h_w/l \geq 2$ gilt $c = 1{,}5$; für Wände mit $h_w/l \leq 1$ gilt $c = 1{,}0$; dazwischen darf linear interpoliert werden. h_w bedeutet die Gesamthöhe, l die Länge der Wand. Bei Plattenschub gilt stets $c = 1{,}5$.

Scheibenschub:

$f_{vk} = f_{vk0} + 0{,}4 \cdot \sigma_{Db} \leq \max f_{vk}$

Plattenschub:

$f_{vk} = f_{vk0} + 0{,}6 \cdot \sigma_{Dd}$

Dabei ist:

f_{vk0} abgeminderte Haftscherfestigkeit nach Tafel 15.24a

σ_{Dd} Bemessungswert der zugehörigen Druckspannung im untersuchten Lastfall an der Stelle der maximalen Schubspannung. Für Rechteckquerschnitte gilt $\sigma_{Dd} = N_{Ed}/A$, dabei ist A der überdrückte Querschnitt. Im Regelfall ist die minimale Einwirkung $N_{Ed} = 1{,}0\ N_G$ maßgebend.

$\max f_{vk}$ Höchstwert der Schubfestigkeit nach Tafel 15.25, abhängig vom Rissverhalten

Tafel 15.25 Höchstwerte der Schubfestigkeit max f_{vk} im vereinfachten Nachweisverfahren

Steinart	max f_{vk}
Hohlblocksteine	$0{,}012 \cdot f_{bk}$
Hochlochsteine und Steine mit Grifflöchern oder mit Grifföffnungen	$0{,}016 \cdot f_{bk}$
Vollsteine ohne Grifflöcher und ohne Grifföffnungen	$0{,}020 \cdot f_{bk}$

7.2.11 Zahlenbeispiele

Zahlenbeispiel 1

Gegeben:

Innenwand $d = 11{,}5$ cm

Lichte Geschosshöhe $h_s = 2{,}75$ m

Belastung UK Wand $R_k = 49{,}6$ kN/m

(Nutzlast der Stahlbetondecke $q_k = 2{,}25$ kN/m^2)

Knicklänge $h_k = 0{,}75\ h_s = 0{,}75 \cdot 2{,}75 = 2{,}06$ m

$N_{Ed} = 1{,}4 \cdot (N_{Gk} + N_{Qk})$

$N_{Ed} = 1{,}4 \cdot 49{,}6 = 69{,}4$ kN/m

$N_{Rd} = A \cdot f_d \cdot \Phi = A \cdot (0{,}85 \cdot f_k / \gamma_M) \cdot \Phi$

$\gamma_M = 1{,}5 \cdot k_0 \qquad k_0 = 1$ (Wand)

$\gamma_M = 1{,}5$

Da keine „vorwiegende Biegebeanspruchung“ vorliegt, spielt Φ_1 keine Rolle.

$\Phi_2 = 0{,}85 - 0{,}0011 \cdot (h_k/d)^2$
$= 0{,}85 - 0{,}0011 \cdot (2{,}06/0{,}115)^2 = 0{,}50$

$\Phi_3 = 1$ (Innenwand, kein „Deckendrehwinkel“)

gew. 6/II → $f_k = 2{,}8\ N/mm^2 = 0{,}28\ kN/cm^2$
$\Phi = \Phi_2 = 0{,}5$
(Der kleinste Φ-Wert ist maßgebend.)
$N_{Rd} = 11{,}5 \cdot 100 \cdot (0{,}85 \cdot 0{,}28/1{,}5) \cdot 0{,}5$
$N_{Rd} = 91{,}2\ kN/m$

Nachweis:
$N_{Ed} = 69{,}4\ kN/m < N_{Rd} = 91{,}2\ kN/m$

Zahlenbeispiel 2

Gegeben:
Außenwandpfeiler $b/d = 49/17{,}5$ (getrennte Steine mit Lochanteil > 35 %)
Lichte Geschosshöhe $h_s = 2{,}75\ m$
Stützweite der Stahlbetondecke $l = 4{,}80\ m$
Nutzlast der Stahlbetondecke $q_k = 2{,}25\ kN/m^2$
Belastung UK Pfeiler $R_k = 68\ kN$
Knicklänge $h_k = 0{,}75 \cdot 2{,}75 = 2{,}06\ m$
$N_{Ed} = 1{,}4\ (N_{Gk} + N_{Qk})$
$= 1{,}4 \cdot 68 = 95{,}2\ kN$
$N_{Rd} = A \cdot f_d \cdot \Phi = A \cdot (0{,}85 \cdot f_k / \gamma_M) \cdot \Phi$
$\gamma_M = 1{,}5 \cdot k_0 \qquad k_0 = 1{,}25$
$\gamma_M = 1{,}5 \cdot 1{,}25 = 1{,}875$
Da keine „vorwiegende Biegebeanspruchung" vorliegt, spielt Φ_1 keine Rolle.
$\Phi_2 = 0{,}85 - 0{,}011 \cdot (h_k/d)^2$
$= 0{,}85 - 0{,}0011 \cdot (2{,}06/0{,}175)^2 = 0{,}70$
$\Phi_3 = 1{,}6 - l/6 = 1{,}6 - 4{,}8/6 = 0{,}80$
Maßgebend: $\Phi = \Phi_2 = 0{,}70$
gew. 12/II → $f_k = 0{,}37\ kN/cm^2$
$N_{Rd} = 49 \cdot 17{,}5 \cdot (0{,}85 \cdot 0{,}37/1{,}875) \cdot 0{,}70$
$= 100{,}7\ kN$

Nachweis:
$N_{Ed} = 95{,}2\ kN < N_{Rd} = 100{,}7\ kN$

16 A Holzbau nach DIN 1052:2004
16 B Holzbau nach DIN 1052:1988

Prof. Dr.-Ing. Günter Steck

Verweise auf Abschnitte, Seiten und Tafeln des Kapitels Holzbau in den Bautabellen für Ingenieure, 17. Auflage, haben den Vorsatz BTI.

16 A Holzbau nach DIN 1052:2004

I Formelzeichen und Abkürzungen

Hauptzeiger

A	Fläche	K	Verschiebungsmodul
E	Elastizitätsmodul	M	Biegemoment
F	Einzelkraft	N	Normalkraft, Längskraft
G	Schubmodul	V	Querkraft
I	Flächenmoment 2. Grades	W	Widerstandsmoment

Hauptzeiger (Fortsetzung)

a	Abstand	i	Trägheitsradius
b	Breite	r	Radius
d	Durchmesser	s	Abstand
f	Festigkeit (eines Baustoffes)	t	Dicke, Einbindetiefe
h	Höhe	u, v, w	Komponenten der Verschiebung
α	Winkel; Verhältnis		eines Punktes in x-, y-, z-Richtung
β	Winkel; Verhältnis	ρ	Rohdichte
γ	Teilsicherheitsbeiwert	σ	Normalspannung; Längsspannung
γ_G	für ständige Einwirkungen	τ	Schubspannung
γ_M	für Baustoffeigenschaften	ψ	Beiwert
γ_Q	für veränderliche Einwirkungen	ψ_0	für Kombinationswerte
λ	Schlankheitsgrad	ψ_2	für quasi-ständige Werte

Fußzeiger

ap	First (apex)	mean	Mittelwert (mean value)
b	Bolzen	R	Rollschub (rolling shear)
c	Druck (compression)	req	erforderlich (required)
c	Dübel (connector)	ser	Gebrauchstauglichkeit
crit	kritisch		(serviceability)
d	Bemessungswert (design value)	t	Zug (tension)
def	Verformung (deformation)	v	Scher-, Schub- (shear)
ef	wirksam (effective)	α	Winkel zwischen Kraft- (oder
fin	End- (final)		Spannungs-) und Faserrichtung
inst	Anfangs- (instantaneous)	0 ; 90	entsprechende Richtungen im
in	innerer		Bezug zur Faserrichtung
k	charakteristisch	05	5%-Quantil eines charakteristischen
m	Biegung (moment)		Wertes

Abkürzungen

BAZ	Bauaufsichtliche Zulassung	LH	Laubholz
BASH	Balkenschichtholz	LK	Lastfallkombination
Bo	Bolzen	LS	Laubholz-Sortierklasse
BSH	Brettschichtholz, BS-Holz	M	maschinell sortiert
BSPH	Brettsperrholz	ML	Durchbiegungsgrenzwert
c	kombiniert	Na	Nagel
C	Coniferous Tree (Nadelbaum)	NH	Nadelholz
D	Deciduous Tree (Laubbaum)	NKL	Nutzungsklasse
DIBt	Deutsches Institut für Bautechnik	PB	Passbolzen
Dü	Dübel besonderer Bauart	S	Sortierklasse, Stahl
FSH	Furnierschichtholz	SDü	Stabdübel
GL	Glulam (glued laminated timber)	SoNa	Sondernagel
h	homogen	SPH	Sperrholz
HW	Holzwerkstoff	Sr	Holzschraube
KI	Kiefer	TS	trocken sortiert
KLED	Klasse der Lasteinwirkungsdauer	vb	vorgebohrt
KVH	Konstruktionsvollholz	VH	Vollholz
Lf	Lastfall	VM	Verbindungsmittel

II Berechnungsbeispiele

Grenzzustände in den Berechnungsbeispielen

Holzbalkendecke

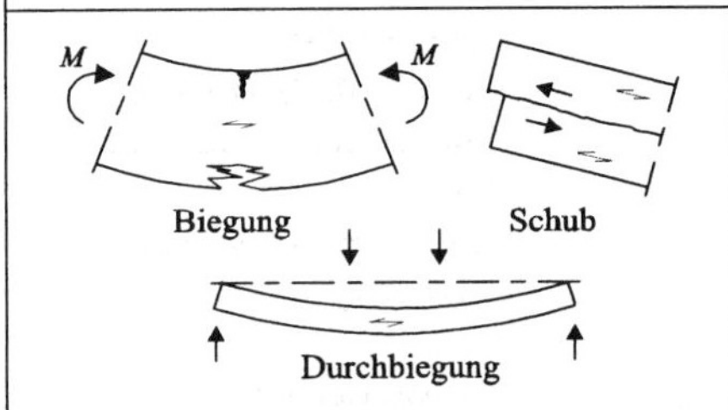

Pfosten

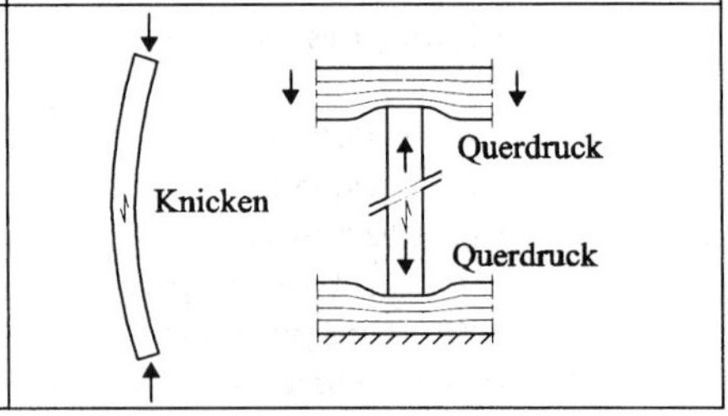

Sichtbare Holzbalkendecke in einem Wohnhaus

Material: Konstruktionsvollholz (KVH-Si) aus VH C 24

Nutzungsklasse: 1

Balkenabstand: gewählt $e = 0{,}6$ m

Alle Deckenbalken sind in horizontaler Richtung seitlich gehalten.

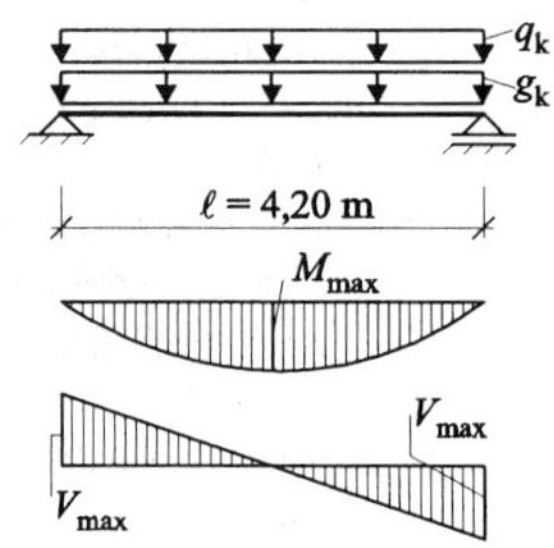

Charakteristische Einwirkungen

Ständige Lasten

Dielenboden $t = 58$ mm	$0{,}058 \cdot 5{,}0$	$= 0{,}290$ kN/m²
Lagerhölzer + Mineralfasermatte		$= 0{,}020$ kN/m²
Betonsteine $d = 60$ mm	$6{,}0 \cdot 0{,}24$	$= 1{,}440$ kN/m²
Baufilz o. Ä.		$= 0{,}050$ kN/m²
Schalung $t = 40$ mm	$0{,}04 \cdot 5{,}0$	$= 0{,}200$ kN/m²
Eigenlast Balken	$0{,}10 \cdot 0{,}24 \cdot 5{,}0/0{,}6$	$= 0{,}200$ kN/m²
	g_k	$= 2{,}20$ kN/m²
Nutzlast	q_k	$= 2{,}00$ kN/m²

Schnittgrößen pro Balken für die Gebrauchstauglichkeitsnachweise

Lf g $\quad M_{g,k} = \dfrac{g_k \cdot \ell^2}{8} \cdot e = \dfrac{2{,}2 \cdot 4{,}2^2}{8} \cdot 0{,}6 = 2{,}91 \text{ kNm}$

Lf q $\quad M_{q,k} = 2{,}91 \cdot 2{,}0 / 2{,}2 = 2{,}65 \text{ kNm}$

LK g + $\psi_2 \cdot$q $\quad M_{max} = 2{,}91 + 0{,}3 \cdot 2{,}65 = 3{,}71 \text{ kNm}$

Schnittgrößen pro Balken für die Tragfähigkeitsnachweise

Lf g $\quad M_{max} = M_{g,d} = \gamma_G \cdot M_{g,k} = 1{,}35 \cdot 2{,}91 = 3{,}93 \text{ kNm} \qquad k_{mod} = 0{,}6$

Lf q $\quad M_{max} = M_{q,d} = \gamma_Q \cdot M_{q,k} = 1{,}5 \cdot 2{,}65 = 3{,}97 \text{ kNm} \qquad k_{mod} = 0{,}8$

LK g + q $\quad M_{max} = M_{r,d} = 3{,}93 + 3{,}97 = 7{,}9 \text{ kNm} \qquad k_{mod} = 0{,}8$

$$V_{max} = V_{r,d} = (1{,}35 \cdot 2{,}2 + 1{,}5 \cdot 2{,}0) \cdot 2{,}1 \cdot 0{,}6 = 7{,}52 \text{ kN}$$

Mit k_{mod} wird der Einfluss von Lastdauer und Feuchte auf die Festigkeiten des Holzbalkens erfasst.

LK g + q ist maßgebend, da 7,9/0,8 = 9,87 > 3,93 /0,6 = 6,5

Vorbemessung

Nach Kapitel 3A (Vorbemessung): $h \approx \ell/20 = 210$ mm

Nach Tafel 16.22a: 7,9 kNm < 9,8 kNm für Querschnitt 100/200 VH C 24

Nach Abschnitt 6.3: $I_{req}(6\text{ mm}) = 174 \cdot 3,71 \cdot 4,2^2 \cdot \frac{10^8}{11\,000} = 103,5 \cdot 10^6\text{ mm}^4$

mit $E_{0,mean}$ aus Tafel 16.10e: $E_{0,mean} = 11\,000\text{ N/mm}^2$

Gewählt: **100/240 mm KVH-Si aus VH C 24 $e = 0,6$ m**

Aus Abschnitt 14 Querschnitte: $A = 24 \cdot 10^3\text{ mm}^2$; $W_y = 960 \cdot 10^3\text{ mm}^3$; $I_y = 115,2 \cdot 10^6\text{ mm}^4$

Tragfähigkeitsnachweise

Biegerandspannung an der Stelle des maximalen Momentes: $\sigma_{m,d} = \frac{7,9 \cdot 10^6}{960 \cdot 10^3} = 8,23\text{ N/mm}^2$

Schubspannung an der Stelle der maximalen Querkraft: $\tau_d = 1,5 \cdot \frac{7,52 \cdot 10^3}{24 \cdot 10^3} = 0,47\text{ N/mm}^2$

Nachweise Biegung: $\sigma_{m,d} / f_{m,d} = 8,23/14,8 = 0,56 < 1$

Schub: $\tau_d / f_{v,d} = 0,47/1,23 = 0,38 < 1$

Gebrauchstauglichkeitsnachweise (siehe Seite 16.18)

Anfangsdurchbiegung Lf g

$$w_{G,inst} = n \cdot M_{g,k} \cdot \ell^2 \cdot \frac{1}{I_y} \cdot \frac{10^4}{E_{0,mean}} \cdot 10 = 104 \cdot 2,91 \cdot 4,2^2 \cdot \frac{1}{11520} \cdot \frac{10^4}{1,1 \cdot 10^4} \cdot 10 = 4,2\text{ mm}$$

Anfangsdurchbiegung Lf q $w_{Q,inst} = 4,2 \cdot \frac{2,65}{2,91} = 3,8\text{ mm}$

Seltene Bemessungssituation

$w_{Q,inst} = 3,8\text{ mm} = \ell/1100 < \ell/300$

$w_{fin} - w_{G,inst} = 0,6 \cdot 4,2 + 3,8 \cdot (1 + 0,3 \cdot 0,6) = 7,0\text{ mm} = \ell/600 < \ell/200$

Quasi-ständige Bemessungssituation

$w_{fin} - w_0 = 4,2 \cdot (1 + 0,6) + 0,3 \cdot 3,8 \cdot (1 + 0,6) - 0 = 8,5\text{ mm} = \ell/494 < \ell/200$

Schwingungsnachweis

$w_{G,inst} + \psi_2 \cdot w_{Q,inst} = 4,2 + 0,3 \cdot 3,8 = 5,3\text{ mm} < 6,0\text{ mm}$

Pfosten in einem Pfettendach

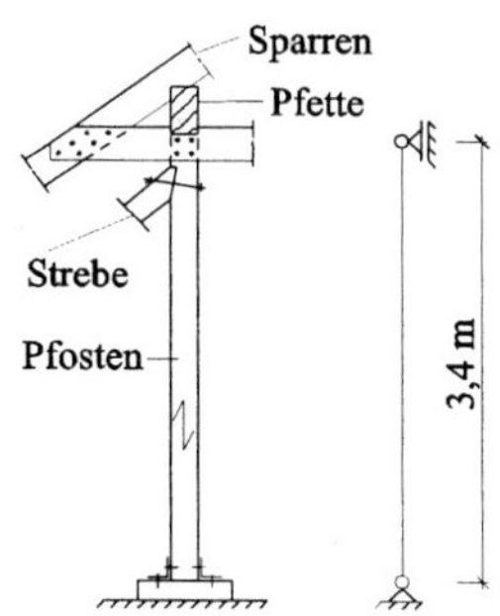

Bauort > 1000 m ü. NN

Material: Pfette, Pfosten und Schwelle aus VH C 24

NKL 1

KLED mittel (Standardfall)

Pfostenlast $F_{c,d}$ = 50,4 kN aus LK g + s

Knicklängen $\ell_{ef,y} = \ell_{ef,z} = \ell = 3,4$ m

Vorbemessung

Abschätzung nach Seite 16.5: 120/120 mm

Wegen Querdruck **gewählt: 140/140 mm VH C 24**

$A = 19\,600\text{ mm}^2$; $i = 40,4$ mm

Knicknachweis

Schlankheitsgrade $\lambda_y = \lambda_z = \ell_{ef} / i = 3400/40,4 = 84$

Knickbeiwert (siehe BTI-Seite 9.61) $k_c = 0,409$

Bemessungswerte der Druckfestigkeit

|| zur Faser: $f_{c,0,d} = 12,9\text{ N/mm}^2$ und ⊥ zur Faser: $f_{c,90,d} = 1,54\text{ N/mm}^2$

Vorhandene Spannung $\sigma_{c,0,d} = F_{c,d} / A = 50,4 \cdot 10^3 / 19600 = 2,57\text{ N/mm}^2$

Nachweis Knicken $\frac{\sigma_{c,0,d}}{k_c \cdot f_{c,0,d}} = \frac{2,57}{0,409 \cdot 12,9} = 0,49 < 1$

$A_{ef} = 140 \cdot (140 + 2 \cdot 30) = 28\,000 \text{ mm}^2$ nach Seite 16.36

$\sigma_{c,90,d} = 50,4 \cdot 10^3 / 28\,000 = 1,80 \text{ N/mm}^2$ $k_{c,90} = 1,25$ (Schwellendruck maßgebend)

Querdrucknachweis $\frac{\sigma_{c,90,d}}{k_{c,90} \cdot f_{c,90,d}} = \frac{1,80}{1,25 \cdot 1,54} = 0,94 < 1$

III Bemessungshilfen

Tragfähigkeit einteiliger Stützen im Standardfall

Quadratholz aus NH C 24

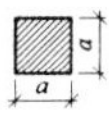

Trägheitsradius $i = 0,289\,a$ $N_{d,max} = A \cdot k_c \cdot f_{c,0,d}$

a	A	$N_{d,max}$ in kN bei einer wirksamen Knicklänge ℓ_{ef} in m von										
mm	mm^2	2,00	2,50	3,00	3,50	4,00	4,50	5,00	5,50	6,00	6,50	7,00
100	10 000	72,0	50,4	36,4	27,4	21,3	17,0	13,9	11,5	9,7	8,3	7,2
120	14 400	130	97,6	72,5	55,2	43,2	34,6	28,3	23,6	20,0	17,1	14,8
140	19 600	202	164	127	98,7	78,0	62,9	51,6	43,1	36,6	31,4	27,2
160	25 600	284	247	202	161	129	105	86,5	72,5	61,5	52,9	45,9
180	32 400	375	340	293	243	199	163	136	114	97,1	83,6	72,7
200	40 000	476	444	399	343	288	240	201	170	146	126	109
220	48 400	587	557	514	459	397	337	286	244	209	181	158
240	57 600	709	679	639	586	522	454	391	336	290	252	221
260	67 600	841	812	773	723	660	588	515	448	390	340	299

Für vom Standardfall abweichende KLED oder NKL sind die Werte mit k^* (Tafel 16.8b) zu multiplizieren.

Rundholz aus NH C 24

(Randzone ungeschwächt, nur von Bast und Rinde befreit)

Trägheitsradius $i = d/4$ $N_{d,max} = 1,2 \cdot A \cdot k_c \cdot f_{c,0,d}$

d	A	$N_{d,max}$ in kN bei einer wirksamen Knicklänge ℓ_{ef} in m von										
mm	mm^2	2,00	2,50	3,00	3,50	4,00	4,50	5,00	5,50	6,00	6,50	7,00
100	7854	54,2	36,7	26,2	19,6	15,2	12,1	9,88	8,20	6,92	5,92	5,12
120	11 309	103	72,8	52,9	39,8	31,0	24,8	20,2	16,8	14,2	12,2	10,5
140	15 393	169	127	94,5	72,0	56,3	45,2	37,0	30,8	26,1	22,3	19,4
160	20 106	247	199	154	119	94,0	75,8	62,2	52,0	44,0	37,8	32,7
180	25 446	335	287	232	184	147	119	98,1	82,1	69,7	59,9	52,0
200	31 415	431	386	327	267	217	177	147	123	105	90,3	78,5
220	38 012	536	494	436	369	305	253	211	178	152	131	114
240	45 238	651	612	556	486	412	346	291	247	212	183	159
260	53 091	776	738	685	616	537	459	390	333	286	248	217
280	61 573	911	873	823	757	676	589	508	437	378	329	288
300	70 684	1055	1018	970	907	827	736	644	560	487	426	374

Für vom Standardfall abweichende KLED oder NKL sind die Werte mit k^* (Tafel 16.8b) zu multiplizieren.

Verschiebungsmoduln K_{ser}

Rechenwerte (Mittelwerte) für die Verschiebungsmoduln K_{ser} in N/mm pro Scherfuge stiftförmiger Verbindungsmittel und pro Dübel besonderer Bauart

Verbindungsmittel	Verbindung Holz-Holz, Holz-Holzwerkstoff, Stahl-Holz
Stabdübel, Passbolzen, Bolzen[1)], Nägel und Holzschrauben in vorgebohrten Löchern	$\frac{\rho_k^{1,5}}{20} \cdot d$
Nägel und Holzschrauben in nicht vorgebohrten Löchern	$\frac{\rho_k^{1,5}}{25} \cdot d^{0,8}$
Ringdübel Typ A1 und Scheibendübel Typ B1 (Appel)	$0,6 \cdot d_c \cdot \rho_k$
Scheibendübel mit Zähnen Typ C1, C2 (Bulldog)	$0,3 \cdot d_c \cdot \rho_k$
Scheibendübel mit Dornen Typ C10, C11 (Geka)	$0,45 \cdot d_c \cdot \rho_k$

[1)] Bei mit Übermaß gebohrten Löchern im Holz ist bei Bolzen mit einem zusätzlichen Schlupf von 1 mm zu rechnen. Daher ist zu den mit Hilfe des Verschiebungsmoduls ermittelten rechnerischen Verschiebungen jeweils ein Anteil von 1 mm hinzuzurechnen.

ρ_k charakteristische Rohdichte der miteinander verbundenen Teile in kg/m³,

ρ_k $= \sqrt{\rho_{k,1} \cdot \rho_{k,2}}$ bei unterschiedlichen Werten $\rho_{k,1}$ und $\rho_{k,2}$ der charakteristischen Rohdichte der beiden miteinander verbundenen Teile

ρ_k $= \rho_{k,Holz}$ bei Stahl-Holz-Verbindungen und bei Holzwerkstoff-Holz-Verbindungen

d Stiftdurchmesser in mm

1 Berechnungsgrundlagen

1.1 Einwirkungen

Der DIN 1052:2004 liegt für die Grundlagen der Bemessung DIN 1055-100 zugrunde. Für die Nachweise der Tragfähigkeit werden aus den charakteristischen Einwirkungen (Index k) durch Multiplikation mit den Teilsicherheitsbeiwerten für Einwirkungen nach BTI-Tafel 9.4a die Bemessungswerte der Einwirkungen (Index d) ermittelt.

Hinsichtlich Kombinationsregeln für Tragfähigkeits- und Gebrauchstauglichkeitsnachweise, Teilsicherheitsbeiwerte γ für Einwirkungen im Grenzzustand der Tragfähigkeit und hinsichtlich der Beiwerte ψ_0 und ψ_2 wird auf BTI-Abschnitt 2 verwiesen.

1.2 Widerstände

Für die Nachweise der Tragfähigkeit von Bauteilen werden aus den charakteristischen Festigkeitskennwerten (Index k) durch Multiplikation mit dem Modifikationsbeiwert k_{mod} nach Tafel 16.7b und Division durch den Teilsicherheitsbeiwert für Holz und HW nach Tafel 16.7a die Bemessungswerte der Festigkeit (Index d) ermittelt.

Allgemein berechnet sich der Bemessungswert X_d einer Festigkeit zu

$$X_d = \frac{k_{mod} \cdot f_k}{\gamma_M}$$

Die charakteristischen Festigkeitskennwerte sind der DIN 1052:2004 oder BAZ zu entnehmen. Der Modifikationsbeiwert k_{mod} erfasst die Abhängigkeit der Festigkeiten der Holzbaustoffe von der Belastungsdauer und der Holzfeuchte. In BTI-Tafel 9.6a sind die Einwirkungen in fünf Klassen eingeteilt. Bei Kontaktverbindungen ist das beschriebene Vorgehen ebenfalls anwendbar, da sich die Tragfähigkeit über die Druckfestigkeiten der miteinander verbundenen Baustoffe berechnen lässt. Grundsätzlich gilt, dass der Einfluss von Holzfeuchte und Lastdauer auf das Tragverhalten mit k_{mod} berücksichtigt wird und die Streuung der Materialeigenschaften, die Modellunsicherheiten und die angestrebten Sicherheitsabstände auf der Widerstandsseite mit dem Teilsicherheitsbeiwert γ_M in die Tragfähigkeitsberechnung eingehen.

Nutzungsklassen

In die **Nutzungsklasse 1** sind alle Bauteile einzustufen, die in einer dauerhaften, geschlossenen Hülle gegenüber dem Außenklima geschützt sind. Die mittlere Holzfeuchte von NH liegt bei ca. 12 %.

In die **Nutzungsklasse 2** sind in erster Linie alle Bauteile einzustufen, die sich in offenen, aber überdeckten Bauwerken befinden, die nicht der unmittelbaren Bewitterung (Regen) ausgesetzt sind. Die mittlere Holzfeuchte von NH liegt bei ca. 20 %.

In die **Nutzungsklasse 3** müssen alle Bauteile eingestuft werden, bei denen die Bedingungen für die NKL 1 oder 2 nicht erfüllt sind.

Tafel 16.7a Teilsicherheitsbeiwerte γ_M für Baustoffeigenschaften in ständigen und vorübergehenden Bemessungssituationen

Holz und HW	Stahl in Verbindungen	
	Auf Biegung beanspruchte stiftförmige VM	Auf Zug oder Scheren beanspruchte Teile beim Nachweis gegen die Streckgrenze im Nettoquerschnitt
1,3	1,1	1,25

Tafel 16.7b Rechenwerte für die Modifikationsbeiwerte k_{mod}

Baustoff und Klasse der Lasteinwirkungsdauer	Nutzungsklasse 1	2	3	Baustoff und Klasse der Lasteinwirkungsdauer	Nutzungsklasse 1	2
Vollholz, Brettschichtholz, Balkenschichtholz, Furnierschichtholz, Brettsperrholz, Sperrholz				OSB-Platten (Typen OSB/2[1)], OSB/3 und OSB/4 DIN EN 300)		
ständig	0,60	0,60	0,50	ständig	0,40	0,30
lang	0,70	0,70	0,55	lang	0,50	0,40
mittel	0,80	0,80	0,65	mittel	0,70	0,55
kurz	0,90	0,90	0,70	kurz	0,90	0,70
sehr kurz	1,10	1,10	0,90	sehr kurz	1,10	0,90

1) Nur in NKL 1.

1.3 Grenzzustände

Statische Nachweise für ein Bauwerk und seine Bauteile müssen sicherstellen, dass während der Nutzungsdauer mit ausreichender Zuverlässigkeit die Tragfähigkeit und die Gebrauchstauglichkeit gewährleistet bleiben. Dies wird für die Tragfähigkeiten erreicht, indem die Widerstände der gewählten Bauteile mit bekannten Querschnitts- und Materialeigenschaften in den möglichen Grenzzuständen mindestens so groß sind wie die Beanspruchungen infolge der Einwirkungen. Beim Nachweis der Gebrauchstauglichkeit wird rechnerisch überprüft, ob ein vorgegebener Grenzwert, z. B. der Durchbiegung, eingehalten wird.

Eine zutreffende Abbildung des Trag- und Verformungsverhaltens des Tragwerks mit den Grenzzuständen setzt voraus, dass die Anforderungen an die Dauerhaftigkeit des Tragwerks (siehe Abschn. 4) erfüllt sind.

Grenzzustand der Tragfähigkeit

Grenzzustände der Tragfähigkeit sind Zustände, deren Überschreiten rechnerisch zu Einsturz oder ähnlichen Arten des Tragwerksversagens führt. Sie werden in den Abschnitten 7 bis 12 behandelt. Außergewöhnliche Bemessungssituationen wie Anprall und Erdbeben werden nachfolgend nicht berücksichtigt.

Der Grenzzustand der Tragfähigkeit $E_d \leq R_d$ wird meistens als Ausnutzungsgrad $\eta = E_d/R_d \leq 1$ formuliert.

Grenzzustand der Gebrauchstauglichkeit

Für die Nachweise der Gebrauchstauglichkeit sind die Verformungen infolge der **charakteristischen** Einwirkungen mit empfohlenen Grenzwerten zu vergleichen. Dabei werden die seltene und die quasiständige Bemessungssituation unterschieden. Für Wohnhausdecken darf der Schwingungsnachweis durch einen Durchbiegungsnachweis ersetzt werden. Die Gebrauchstauglichkeitsnachweise werden in Abschnitt 6 behandelt.

1.4 Standardfall

Standardfall für Bauteile

Für die Baustoffe in Tafel 16.8a wird als Standardfall die NKL 1 und die KLED „mittel" definiert. In Abschnitt 3 sind die Bemessungswerte im Standardfall angegeben.

Tafel 16.8a Standardfall für Bauteile

Baustoff	NKL	KLED	γ_M	k_{mod}	k_{mod}/γ_M
VH, BSH, BASH, FSH, BSPH, SPH	1 / 2	mittel	1,3	0,8	0,615
OSB-Platten	1			0,7	0,538

Standardfall für Stiftverbindungen

Für die in Stiftverbindungen vorkommenden Baustoffe wird ebenfalls als Standardfall der Modifikationsbeiwert k_{mod} für die NKL 1 und die KLED „mittel" definiert (siehe Tafel 16.8a). Außerdem schließt der Standardfall die vereinfachte Berechnung nach Abschnitt 8 mit ein und somit den Teilsicherheitsbeiwert $\gamma_M = 1{,}1$. Der Standardfall setzt VH C 24 voraus. Das Stiftmaterial ist in den Tafelüberschriften angegeben.

Standardfall für Dübelverbindungen

Der Standardfall für die Bemessungswerte der Dübeltragfähigkeit $R_{c,\alpha,d}$ beinhaltet:

$k_{mod} = 0{,}8$; $\gamma_M = 1{,}3$; VH C 24 bzw. $\rho_k = 350$ kg/m^3

Mindestabstände der Dübel und Maße der Scheiben gemäß den Tafeln in BTI-Abschnitt 9.

Seitenholzdicke $t_1 \geq 3 \cdot h_e$ Mittelholzdicke $t_2 \geq 5 \cdot h_e$

Definition des Standardfalls für die Bolzentragfähigkeit siehe Stiftverbindungen.

Standardfall für Klebverbindungen

Siehe Standardfall für Bauteile.

1.5 Allgemeiner Fall

Weicht der Grenzzustand vom Standardfall ab, ist der Bemessungswert der Festigkeit des Standardfalls mit k^* (= aktueller Wert k_{mod} dividiert durch k_{mod} des Standardfalls) zu multiplizieren. Der Ausnutzungsgrad lautet $\eta = \dfrac{\sigma_d}{k^* \cdot f_d} \leq 1$ mit dem Bemessungswert der Festigkeit f_d im Standardfall.

Tafel 16.8b Beiwert k^*

KLED	VH, BSH, BASH, FSH, BSPH, SPH		OSB-Platten (OSB/2[1)], OSB/3, OSB/4)	
	NKL 1 oder 2	NKL 3	NKL 1	NKL 2
ständig	0,6/0,8 = 0,750	0,5/0,8 = 0,625	0,4/0,7 = 0,571	0,3/0,7 = 0,429
lang	0,7/0,8 = 0,875	0,55/0,8 = 0,688	0,5/0,7 = 0,714	0,4/0,7 = 0,571
mittel	1	0,65/0,8 = 0,813	1	0,55/0,70 = 0,786
kurz	0,9/0,8 = 1,125	0,7/0,8 = 0,875	0,9/0,7 = 1,286	0,7/0,7 = 1
sehr kurz	1,1/0,8 = 1,375	0,9/0,8 = 1,125	1,1/0,7 = 1,571	0,9/0,7 = 1,286

[1)] Nur NKL 1.

2 Schnittgrößen

2.1 Allgemeines

Allgemeine Voraussetzungen, Vereinfachungen und Annahmen sind:

- Linear-elastisches Baustoffverhalten und lineare Last-Verschiebungsbeziehungen der Verbindungen
- Schnittgrößenermittlung mit den Steifigkeitskennwerten $E = \frac{E_{\text{mean}}}{\gamma_M}$; $G = \frac{G_{\text{mean}}}{\gamma_M}$; $K = \frac{2 \cdot K_{\text{ser}}/3}{\gamma_M}$
- Vereinfachte Berechnung von Druckstäben und Biegestäben nach dem Ersatzstabverfahren (Verwendung von Knick- bzw. Kippbeiwerten)
- Anwendung der Theorie II. Ordnung oder des Ersatzstabverfahrens bei auf Druck beanspruchten Systemen, wenn die Normalkräfte eine Vergrößerung der Schnittgrößen erzeugen.

2.2 Stabtragwerke

- Systemlinien des statischen Systems sollten mit den Stabachsen übereinstimmen.
- Stäbe werden direkt oder indirekt verbunden. Indirekte Verbindungen werden durch Verbindungselemente, wie z. B. Knotenplatten oder Laschen, hergestellt. Der Schwerpunkt des Anschlussbildes einer direkten Verbindung Stab mit Stab oder des Anschlusses Stab an Verbindungselement einer indirekten Verbindung wird als Anschlusspunkt bezeichnet.

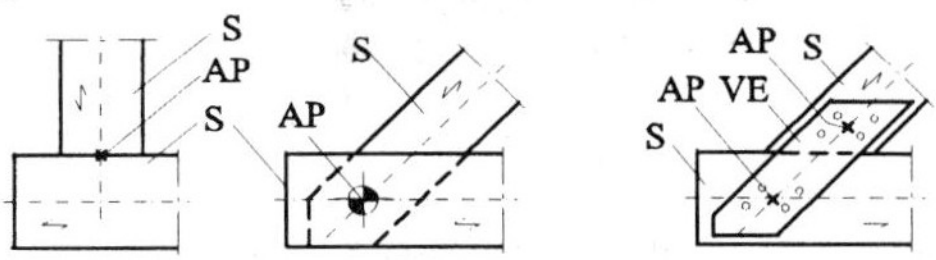

AP Anschlusspunkt
S Stab
VE Verbindungselement

Direkte Verbindung   Indirekte Verbindung

- In Kontaktanschlüssen ist anzunehmen, dass die Kraft rechtwinklig zur Kontaktfläche wirkt. Kontaktanschlüsse sind in ihrer gegenseitigen Lage zu sichern.
- Aus Dreiecken zusammengesetzte Bauteile dürfen vereinfacht als Fachwerksystem berechnet werden, wenn
  - ein Teil der Auflagerfläche unterhalb des Auflagerknotenpunktes liegt,
  - die Fachwerkträgerhöhe H in Feldmitte mehr als $0{,}15 \cdot \ell$ beträgt mit ℓ als Stützweite,
  - $H >$ siebenfache maximale Gurthöhe $h_{\text{f,max}}$,
  - der kleinste Winkel einer Verbindung zwischen Ober- und Untergurt $\geq 15°$ beträgt.

Bei Nichterfüllung der vier Punkte ist die vereinfachte Berechnung trotzdem zulässig, wenn die Biegesteifigkeit durchlaufender Stäbe und die Verschiebungen in den Verbindungen im statischen Modell berücksichtigt werden.

3 Baustoffe

3.1 Holz

3.1.1 Vollholz (VH)

Bezeichnung

Schnittholz < Breite in mm > / < Höhe in mm > < Holzart > < Festigkeitsklasse >
z. B. 120/200 VH C 24

Rundholz ∅ < mittlerer Durchmesser in mm > < Holzart > < Festigkeitsklasse >
z. B. ∅ 260 mm VH C 30

Bei der Bezeichnung des Vollholzes wird auf die Angabe der Sortierklasse bei Sortierung nach DIN 4074-1 oder -5 verzichtet und direkt die Festigkeitsklasse angegeben. Bezüglich der Zuordnung der Sortierklasse zur Festigkeitsklasse siehe Tafel 16.10b.

Tafel 16.10a Ausgleichsfeuchten von Holzbaustoffen in %

NKL	1	2	3
Holzfeuchte	5 bis 15 %	10 bis 20 %	12 bis 24 %

Tafel 16.10b Zuordnung von Nadelholz/Laubholz und Sortierklassen zu Festigkeitsklassen für trocken sortiertes Holz (TS)

Nadelholz			Laubholz		
Holzart	Sortierklasse nach DIN 4074-1 bzw. Güteklasse nach DIN 4074-2	Festigkeitsklasse	Holzart	Sortierklasse nach DIN 4074-5	Festigkeitsklasse
Fichte, Tanne,	S 7/C 16M bzw. III	C 16	Eiche, Teak, Keruing	LS 10	D 30
Kiefer, Lärche,	S 10/C 24M bzw. II	C 24	Buche	LS 10	D 35
Douglasie,	S 13/C 30M bzw. I	C 30	Buche	LS 13	D 40
Southern Pine, Western	C 35M	C 35	Afzelia, Merbau, Angelique	LS 10	D 40
Hemlock,	C 40M	C 40	Azobé (Bongossi)	LS 10	D 60
Yellow Cedar			Ipe	LS 10	D 60[1)]

Vorwiegend hochkant biegebeanspruchte Bretter und Bohlen sind wie Kantholz zu sortieren und mit K zu kennzeichnen, z. B. S 10K.

1) Rohdichte mindestens 1000 kg/m³.

Tafel 16.10c Rechenwerte der Schwind- und Quellmaße ⊥ zur Faser in %/% Holzfeuchteänderung

NH[1)], Eiche, Afzelia	Buche	Teak, Yellow Cedar	Azobé (Bongossi), Ipe
0,24	0,3	0,2	0,36

Werte gelten bei unbehindertem Quellen und Schwinden für Holzfeuchten unterhalb des Fasersättigungsbereiches von ca. 30 %. Bei behinderter Quellung dürfen die Tabellenwerte halbiert werden.

Schwinden oder Quellen parallel zur Faser (≈ 0,01 %/%) bleibt normalerweise unberücksichtigt.

1) Ausgenommen Yellow Cedar.

Tafel 16.10d Rechenwerte für die charakteristischen Rohdichtekennwerte in kg/m³

	Festigkeitsklasse für NH				Festigkeitsklasse für LH			
	C 24	C 30	C 35	C 40	D 30	D 35	D 40	D 60
Rohdichte ρ_k	350	380	400	420	530	560	590	700

Tafel 16.10e Rechenwerte für die charakteristischen Steifigkeitskennwerte in N/mm²

Modul	Festigkeitsklasse für NH				Festigkeitsklasse für LH			
	C 24	C 30	C 35	C 40	D 30	D 35	D 40	D 60
$E_{0,mean}$	11 000	12 000	13 000	14 000	10 000	10 000	11 000	17 000
$E_{90,mean}$	370	400	430	470	640	690	750	1 130
G_{mean}	690	750	810	880	600	650	700	1 060

Für die charakteristischen Steifigkeitskennwerte $E_{0,05}$, $E_{90,05}$ und G_{05} gelten die Rechenwerte bei

NH: $E_{0,05} = 2/3 \cdot E_{0,mean}$ $E_{90,05} = 2/3 \cdot E_{90,mean}$ $G_{05} = 2/3 \cdot G_{mean}$

LH: $E_{0,05} = 5/6 \cdot E_{0,mean}$ $E_{90,05} = 5/6 \cdot E_{90,mean}$ $G_{05} = 5/6 \cdot G_{mean}$

Bei nur von Rinde und Bast befreitem **Nadelrundholz** darf in den Bereichen ohne Schwächung der Randzone ein um 20 % erhöhter Wert von $E_{0,mean}$ in Rechnung gestellt werden.

Schubmodul bei Rollschubbeanspruchung: $G_{R,mean} = 0,1 \cdot G_{mean}$

Tafel 16.11 Bemessungswerte der Festigkeiten in N/mm² im Standardfall

Beanspruchungsart		Festigkeitsklasse für NH				Festigkeitsklasse für LH			
		C 24	C 30	C 35	C 40	D 30	D 35	D 40	D 60
Biegung	$f_{m,d}$	14,8	18,5	21,5	24,6	18,5	21,5	24,6	36,9
Zug parallel	$f_{t,0,d}$	8,62	11,1	12,9	14,8	11,1	12,9	14,8	22,2
Zug rechtwinklig	$f_{t,90,d}$	0,246	0,246	0,246	0,246	0,308	0,308	0,308	0,308
Druck parallel	$f_{c,0,d}$	12,9	14,2	15,4	16,0	14,2	15,4	16,0	19,7
Druck rechtwinklig	$f_{c,90,d}$	1,54	1,66	1,72	1,78	4,92	5,17	5,42	6,46
Schub und Torsion	$f_{v,d}$	1,23	1,23	1,23	1,23	1,85	2,09	2,34	3,26
Rollschub	$f_{R,d}$	0,615							
Bei nur von Rinde und Bast befreitem **Nadelrundholz** darf in den Bereichen ohne Schwächung der Randzone ein um 20 % erhöhter Wert von $f_{m,d}$, $f_{t,0,d}$ und $f_{c,0,d}$ in Rechnung gestellt werden.									

Bemessungswerte der Druckfestigkeiten $f_{c,\alpha,d}$ in N/mm² im Standardfall siehe BTI-Tafel 9.10.

3.1.2 Konstruktionsvollholz (KVH)

Bezeichnung < Breite > / < Höhe > KVH-Si für KVH im sichtbaren Bereich
< Breite > / < Höhe > KVH-NSi für KVH im nicht sichtbaren Bereich

Holzsortierung

Erfüllung aller Anforderungen nach DIN 4074-1 für die Sortierklasse S 10 und zusätzlich:

- Querschnittstoleranz ± 1 mm
- allseitig gehobelt
- Einschnitt herzgetrennt oder herzfrei
- weitere erhöhte Anforderungen gegenüber DIN 4074-1 siehe [16.1].

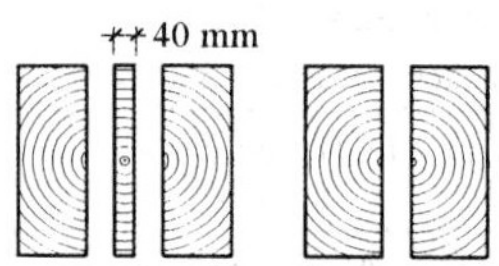

Holzfeuchte KVH wird künstlich getrocknet auf die Holzfeuchte von 15 % ± 3 %.

Rechenwerte für die charakteristischen Steifigkeitskennwerte und **Bemessungswerte** der Festigkeiten sowie Schwind- und Quellmaße: wie für VH aus NH der Festigkeitsklasse C 24.

3.1.3 Balkenschichtholz (BASH)

Nach bauaufsichtlicher Zulassung Z-9.1-440 besteht BASH aus zwei (Duo-Balken) oder drei (Trio-Balken) verklebten Bohlen oder Kanthölzern aus NH mindestens der Sortierklasse S 10.

Holzfeuchte: ≤ 15 %

Verwendung in NKL 1 und 2.

Lieferlängen bis 18 m.

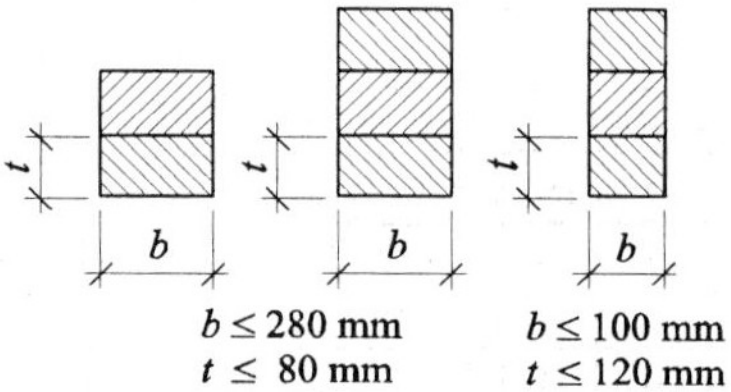

3.1.4 Brettschichtholz (BSH)

Homogenes BS-Holz (Abkürzung: h): gleiche Festigkeitsklasse aller Lamellen

Kombiniertes BS-Holz (Abkürzung: c): Festigkeitsklasse der inneren und äußeren Lamellen unterschiedlich

Bezeichnung < Breite > / < Höhe > < Festigkeitsklasse > z. B. 160/600 GL 24h

Holzfeuchte ≤ 15 %

Oberflächenqualitäten

Industrie-Qualität für BSH ohne Anforderungen an die Oberflächenqualität. Die Oberflächen der Bauteile sind egalisiert.

Sicht-Qualität für Bauteile und Konstruktionen aller Art. Die Oberflächen der Bauteile sind gehobelt. Ausfalläste über 20 mm Durchmesser werden werkseitig ersetzt. Fest verwachsene Äste sowie farbliche Differenzen durch Bläue und Rotstreifigkeit auf bis zu 10 % der sichtbaren Oberfläche sind zulässig.

Auslese-Qualität für Bauteile mit besonders hohen gestalterischen Ansprüchen. Die Oberflächen sind gehobelt und frei von Bläue und Rotstreifigkeit. Fest verwachsene Äste und werkseitig ersetzte Ausfalläste sind zulässig.

Tafel 16.12a Rechenwerte für die charakteristischen Rohdichtekennwerte ρ_k in kg/m³

	Festigkeitsklasse							
	GL 24h	GL 24c	GL 28h	GL 28c	GL 32h	GL 32c	GL 36h	GL 36c
ρ_k	380	350	410	380	430	410	450	430

Tafel 16.12b Rechenwerte für die charakteristischen Steifigkeitskennwerte in N/mm²

Modul	Festigkeitsklasse							
	GL 24h	GL 24c	GL 28h	GL 28c	GL 32h	GL 32c	GL 36h	GL 36c
$E_{0,mean}$	11 600	11 600	12 600	12 600	13 700	13 700	14 700	14 700
$E_{90,mean}$	390	320	420	390	460	420	490	460
G_{mean}	720	590	780	720	850	780	910	850

Für die charakteristischen Steifigkeitskennwerte $E_{0,05}$, $E_{90,05}$ und G_{05} gelten die Rechenwerte:

$E_{0,05} = 5/6 \cdot E_{0,mean}$ $\quad E_{90,05} = 5/6 \cdot E_{90,mean}$ $\quad G_{05} = 5/6 \cdot G_{mean}$

Der Schubmodul bei Rollschubbeanspruchung darf mit $0,1 \cdot G_{mean}$ angenommen werden.

Tafel 16.12c Bemessungswerte der Festigkeiten in N/mm² im Standardfall

Beanspruchung[1)]	Festigkeitsklasse							
	GL 24h	GL 24c	GL 28h	GL 28c	GL 32h	GL 32c	GL 36h	GL 36c
$f_{m,d}$	14,8	14,8	17,2	17,2	19,7	19,7	22,2	22,2
$f_{t,0,d}$	10,2	8,62	12,0	10,2	13,8	12,0	16,0	13,8
$f_{t,90,d}$	0,308							
$f_{c,0,d}$	14,8	12,9	16,3	14,8	17,8	16,3	19,1	17,8
$f_{c,90,d}$	1,66	1,48	1,85	1,66	2,03	1,85	2,22	2,09
$f_{v,d}$	1,54							
$f_{R,d}$	0,615							

Bei Flachkant-Biegebeanspruchung der Lamellen von BSH-Trägern mit $h \leq 600$ mm darf $f_{m,d}$ mit dem Beiwert $k_h = (600/h)^{0,14} \leq 1,1$ multipliziert werden.

Bei Hochkant-Biegebeanspruchung der Lamellen von homogenem BSH aus mindestens vier nebeneinander liegenden Lamellen darf $f_{m,d}$ mit dem Systembeiwert $k_\ell = 1,2$ multipliziert werden.

1) Art der Beanspruchung siehe Tafel für VH.

3.2 Holzwerkstoffe

In DIN 1052:2004 werden Bemessungsregeln für die Holzwerkstoffe FSH, BSPH, SPH, OSB, kunstharz- und zementgebundene Spanplatten, Faserplatten und Gipskartonplatten angegeben. Bei HW-Platten ist zwischen Plattenbeanspruchung und Scheibenbeanspruchung zu unterscheiden.

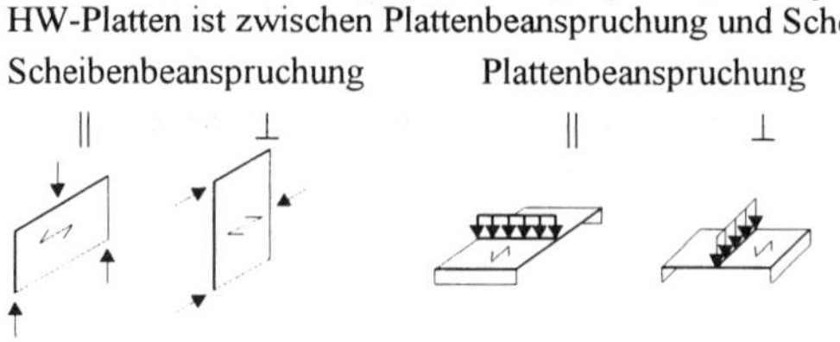

|| parallel zur Faser- bzw. Spanrichtung in der Deckschicht

⊥ rechtwinklig zur Faser- bzw. Spanrichtung in der Deckschicht

3.2.1 Brettsperrholz (BSPH)

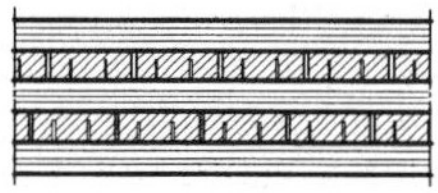

BSPH ist in bauaufsichtlichen Zulassungen geregelt. Die Bauteile erfüllen gleichzeitig tragende und raumabschließende Funktionen und bestehen aus mindestens drei rechtwinklig miteinander verklebten Brettlagen aus NH. BSPH muss symmetrisch zur Mittellage aufgebaut sein. Bezüglich des Plattenaufbaus und der Maße sind zu unterscheiden:

- Massivholz-Bauteile aus kreuzweise verklebten Brettlagen, z. B. Merk-Dickholz MDH mit den Maßen Breite × Länge bis zu 4,8 m × 30 m, Dicke bis zu 300 mm;
- Drei- und Fünfschichtplatten mit Plattendicken bis 80 mm; Beispiele siehe [16.2].

3.2.2 Furnierschichtholz (FSH)

Furnierblätter aus NH mit Faserrichtung parallel zur Plattenlängsrichtung werden zu Furnierschichtholz (Laminated Veneer Lumber (LVL)) miteinander verklebt. Nur bei FSH Kerto-Q verlaufen ca. 20 % der Furniere quer zur Plattenlängsrichtung, weshalb es auch für Flächentragwerke geeignet ist. FSH ist wie BSH zu verwenden, sofern in der BAZ keine abweichenden Festlegungen enthalten sind.

Bezeichnung:

< Produkt >, < Zulassungs-Nr. >, < FSH-Art >, < Dicke in mm >, < Länge / Breite in mm >

z. B.: FSH Kerto, Z-9.1-100, Kerto S, 63 mm, 8000/400 mm

3.2.3 Sperrholz (SPH)

Die Eigenschaften von Sperrholz zur Verwendung im Bauwesen sind in DIN EN 13 986 bzw. DIN EN 636 festgelegt oder in einer BAZ geregelt. Es werden die technischen Klassen trocken, feucht und außen und außerdem die Biegefestigkeitsklassen F und Biege-E-Modul-Klassen E unterschieden. SPH muss symmetrisch zur Mittelebene aus Furnieren aufgebaut sein, wobei die Faserrichtung benachbarter Furnierlagen rechtwinklig zueinander verlaufen. Eine Furnierlage darf aus mehreren Furnieren bestehen.

Bezeichnung:

< Sperrholz >, < Technische Klasse >, < DIN EN 636 bzw. Zulassungs-Nr. >, < Biegefestigkeitsklasse / Biege-E-Modul-Klasse >, < Dicke in mm >, < Länge / Breite in mm >

z. B.: Sperrholz, außen, DIN EN 636, F 40/40, E 60/40, 30 mm, 2200/1830 mm

Rechenwerte für die charakteristischen Steifigkeitskennwerte für Sperrholz siehe BTI-Tafel 9.12 bzw. 9.13b.

Bemessungswerte der Festigkeiten für Sperrholz im Standardfall siehe BTI-Tafel 9.13a bzw. 9.13c.

3.2.4 OSB-Platten

OSB-Platten (oriented strand boards) bestehen aus „strands“, das sind etwa 75 mm lange, ca. 35 mm breite und 0,6 mm dicke Holzspäne. Die Holzspäne sind in den Deckschichten in Plattenlängsrichtung orientiert und in der Mittelschicht meistens quer zur Plattenlängsrichtung ausgerichtet. Es werden vier Plattentypen unterschieden, von denen drei für tragende Zwecke verwendet werden dürfen:

- Plattentyp OSB/2 zur Verwendung im Trockenbereich (NKL 1)
- Plattentyp OSB/3 zur Verwendung im Trocken- und Feuchtbereich (NKL 1 und 2)
- Plattentyp OSB/4 zur Verwendung im Trocken- und Feuchtbereich (NKL 1 und 2).

Die Mindestdicken betragen 8 mm für tragende Platten und 6 mm für aussteifende Platten.

Rechenwerte für die charakteristischen Steifigkeitskennwerte für OSB-Platten siehe BTI-Tafel 9.14a.

Bemessungswerte der Festigkeiten für OSB-Platten im Standardfall siehe BTI-Tafel 9.14b und 9.14c.

3.2.5 Sonstige genormte Holzwerkstoffplatten

Tafel 16.14 Sonstige genormte Holzwerkstoffplatten

Holzwerkstoff	Dicke in mm	Technische Klasse	Verwendung in NKL	Produktnorm
Kunstharzgebundene Spanplatten	6 bis 50	P4, P6 P5, P7	1 1 und 2	DIN EN 312
Zementgebundene Spanplatten	8 bis 30	–	1 bis 3	DIN EN 634-1 und -2
Faserplatten	4 bis 16	MBH.LA2 HB.HLA2	1 1 und 2	DIN EN 622-2
Gipskartonplatten [1)]	12,5 bis 18	GKB, GKF GKBI (GKB imprägniert) GKFI (GKF imprägniert)	1 1 und 2 1 und 2	DIN 18 180

[1)] Unterscheidung in Plattentypen statt in technische Klassen:
GKB: Gipskarton-Bauplatte; GKF: Gipskarton-Feuerschutzplatte.

4 Dauerhaftigkeit

4.1 Allgemeines

Anforderungen an die Dauerhaftigkeit

Die dauerhafte Funktionstüchtigkeit, d. h. die Dauerhaftigkeit einer Holzkonstruktion ist vorrangig durch vorbeugende bauliche Maßnahmen (siehe DIN 68 800-2) und erforderlichenfalls zusätzlich durch vorbeugenden chemischen Holzschutz (siehe DIN 68 800-3) sicherzustellen. Auf den vorbeugenden chemischen Holzschutz kann verzichtet werden, wenn eine Gefährdung der Holzteile durch Pilze und Insekten auf Dauer und ausreichend zuverlässig durch bauliche Maßnahmen ausgeschlossen ist. Als Nutzungsdauer können nach DIN ENV 1991-1-1 bei Gebäuden 50 Jahre angesetzt werden.

Die Forderung nach einem angemessen dauerhaften Tragwerk gilt als erfüllt, wenn es während der vorgesehenen Lebensdauer seine Tragfähigkeit und Gebrauchstauglichkeit ohne wesentlichen Verlust der Nutzungseigenschaften und mit einem vertretbaren Instandhaltungsaufwand behält. Dazu sind schon im Entwurfsstadium die Umweltbedingungen des Bauwerks zu klären, um ihre Bedeutung im Hinblick auf die Dauerhaftigkeit beurteilen und ausreichende Vorkehrungen zum Schutz der Baustoffe treffen zu können.

Die wichtigsten Schadeinflüsse sind biologische Einwirkungen (z. B. Pilz- oder Insektenbefall) auf die Holzbaustoffe und chemische Einwirkungen (z. B. Korrosion) auf die metallischen Baustoffe. Als Vorkehrungen kommen die Auswahl geeigneter Baustoffe mit natürlicher Dauerhaftigkeit, baulich-konstruktive Schutzmaßnahmen sowie Schutzmaßnahmen für die Baustoffe bzw. Baustoffoberflächen in Betracht.

Holz und Holzwerkstoffe

Sofern nicht Hölzer mit einer ausreichenden natürlichen Dauerhaftigkeit verwendet werden, sollten zur Sicherstellung der Dauerhaftigkeit – insbesondere in der NKL 3 – vorrangig die Möglichkeiten des vorbeugenden baulich-konstruktiven Holzschutzes beachtet werden. Zur Verminderung von Schwindrissen und Maßänderungen sind in der NKL 1 und 2 die Hölzer mit mittleren Einbaufeuchten von höchstens 20 % einzubauen. Ist die Holzfeuchte zum Zeitpunkt des vorgesehenen Einbaus wesentlich höher als die in der vorgesehenen NKL zu erwartende Ausgleichsfeuchte im Gebrauchszustand, so darf dieses Holz nur dann verwendet werden, wenn es nachtrocknen kann und die Bauteile selbst sowie die angrenzenden Bauteile gegenüber den hierbei auftretenden Schwindverformungen nicht empfindlich sind.

Bei Transport im Regen und auch bei kurzzeitiger Lagerung im Freien sind Holz und HW durch eine Abdeckung vor Feuchtigkeit und intensiver Sonnenbestrahlung zu schützen. Holz und HW sind möglichst mit der Ausgleichsfeuchte nach Tafel 16.10a einzubauen. Vereinfacht dürfen diese Ausgleichsfeuchten auch für Sperrholz und Spanplatten zugrunde gelegt werden. Bei Faserplatten liegen die Werte um etwa 3 % niedriger.

Metallische Bauteile und Verbindungsmittel

Maßnahmen gegen Korrosion wie Metallüberzüge und/oder Beschichtungen oder die Verwendung geeigneter nicht rostender Stähle dienen dazu, die Dauerhaftigkeit sicherzustellen. Beispiele dafür sind in Tabelle 2 der DIN 1052:2004 enthalten. Für Stahlbauteile mit Dicken über 5 mm gelten die Regeln des Stahlbaus.

4.2 Gefährdungsklassen (GK)

Nach DIN 68 800-3 werden Holzbauteile entsprechend der Art der Gefährdung in die Gefährdungsklassen (GK) 0 bis 4 eingestuft. In GK 1 bis GK 4 ist chemischer Holzschutz nicht zwingend erforderlich, wenn Hölzer eingesetzt werden, die für die jeweilige Gefährdungsklasse ausreichend dauerhaft sind (siehe Tafel 16.16a).

Tafel 16.15a Holzbauteile, nicht beansprucht durch Niederschläge, Spritzwasser o. Ä.

Gefährdungsklasse	Beanspruchung	Anwendungsbereiche	Erforderliche Prüfprädikate der Holzschutzmittel[1)]
0	Innen verbautes Holz, ständig trocken	Wie Gefährdungsklasse 1 unter Berücksichtigung von [2)]	–
1[3)]	Innen verbautes Holz, ständig trocken	Innenbauteile bei einer mittleren rel. Luftfeuchte bis 70 % und gleichartig beanspruchte Bauteile	Iv
2	Holz, das weder dem Erdkontakt noch direkt der Witterung oder Auswaschung ausgesetzt ist, vorübergehende Befeuchtung ist möglich.	Innenbauteile bei einer mittleren rel. Luftfeuchte über 70 % und gleichartig beanspruchte Bauteile. Innenbauteile in Nassbereichen, Holzteile Wasser abweisend abgedeckt. Außenbauteile ohne unmittelbare Wetterbeanspruchung.	Iv P

1) Siehe Tafel 16.16b.

2) Chemische Holzschutzmaßnahmen im Bereich der Gefährdungsklasse 1 sind nicht erforderlich, wenn Farbkernhölzer verwendet werden, die einen Splintholzanteil unter 10 % aufweisen oder Holz in Räumen mit üblichem Wohnklima oder vergleichbaren Räumen verbaut ist und a) gegen Insektenbefall allseitig durch eine geschlossene Bekleidung abgedeckt ist oder b) Holz zum Raum hin so offen angeordnet ist, dass es kontrollierbar bleibt.

3) Holzfeuchte ≤ 20 % sichergestellt.

Tafel 16.15b Holzbauteile, beansprucht durch Niederschläge, Spritzwasser o. Ä.

Gefährdungsklasse	Beanspruchung	Anwendungsbereiche	Erforderliche Prüfprädikate der Holzschutzmittel[1)]
3	Holz der Witterung oder Kondensation ausgesetzt, aber nicht in Erdkontakt	Außenbauteile mit Wetterbeanspruchung ohne ständigen Erd- oder Wasserkontakt. Innenbauteile in Nassräumen	Iv P W
4	Holz in dauerndem Erdkontakt oder ständiger Befeuchtung ausgesetzt[2)]	Holzteile mit ständigem Erd- oder Süßwasserkontakt,[2)] auch bei Ummantelung	Iv P W E

1) Siehe Tafel 16.16b.

2) Besondere Bedingungen gelten für Kühltürme sowie für Holz im Meerwasser.

4.3 Baulicher Holzschutz

Der Entwurf und die konstruktive Durchbildung eines Bauwerks sollen sicherstellen, dass Holzbauteile nicht hohen Feuchtigkeiten ausgesetzt werden, die zu dauerhaften Holzfeuchten von mehr als 20 % führen und damit eine Holzzerstörung durch Pilze ermöglichen. Konkret bedeutet das

- Hirnholzflächen abdecken
- Bodenabstand von ca. 300 mm
- Belüftung des Holzes
- Dachüberstände ausführen
- Abtropfkanten ausbilden
- Schnelle Wasserabführung

Eine sehr gute bauliche Maßnahme stellt die Verwendung von Holzarten mit für die bestehende GK ausreichend hoher natürlicher Dauerhaftigkeit (Resistenz) dar (siehe Tafel 16.16a).

Das Kernholz der nach DIN 1052 verwendbaren Holzarten ist nach DIN 68 364 in Resistenzklassen und nach DIN EN 350-2 in Dauerhaftigkeitsklassen eingeteilt. Das Splintholz aller Holzarten ist den Klassen 4 und 5 zuzuordnen.

Tafel 16.16a Einsatz des Kernholzes von Holzarten mit ausreichend hoher Resistenz (Dauerhaftigkeit), statt der Verwendung von Holzschutzmitteln

Gefährdungsklasse	1	2	3	4
Resistenzklasse	3–4	3	2	1
Dauerhaftigkeitsklasse	3–4	3–4	2	1, 2 (Azobé)
Holzarten wie z. B.	Kiefer	Douglasie, Lärche	Eiche	Afzelia, Teak, Azobé

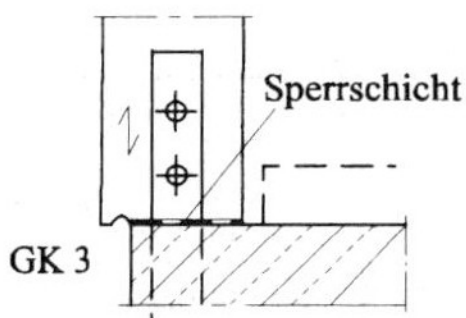

Schutz der Bauteile gegen aufsteigende Feuchte durch Sperrschichten

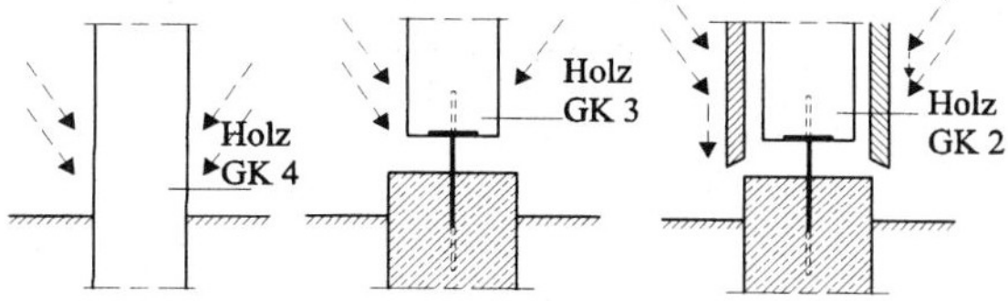

Stützen im Freien (aus [16.3])

Weitere Beispiele können z. B. [16.3] bis [16.5] entnommen werden.

4.4 Chemischer Holzschutz

Ergibt sich die Notwendigkeit des chemischen Holzschutzes, kommen wasserlösliche oder ölige Holzschutzmittel und Präparate für besondere Anwendungsgebiete zum Einsatz. Es sind nur Mittel zu verwenden, die vom Deutschen Institut für Bautechnik (DIBt) eine BAZ sowie die ihren Eigenschaften entsprechenden amtlichen Prüfprädikate erhalten haben (Tafel 16.16b). Diese Präparate sind im vom DIBt jährlich veröffentlichten Holzschutzmittelverzeichnis [16.6] zusammengestellt.

Für andere als in Tafeln 16.15a und 16.15b angeführte Anwendungsbereiche und im Falle von Abweichungen von den Tafeln ist ein besonderer Verwendbarkeitsnachweis zu führen (siehe [16.7]).

Tafel 16.16b Prüfprädikate für Holzschutzmittel

Prüfprädikat	Wirksamkeit	Für GK
Iv	gegen Insekten vorbeugend wirksam	1 bis 4
P	gegen Pilze vorbeugend wirksam	2 bis 4
W	auch für Holz, das der Witterung ausgesetzt ist, jedoch nicht im ständigen Erdkontakt und nicht im ständigen Kontakt mit Wasser	3 und 4
E	auch für Holz, das extremer Beanspruchung ausgesetzt ist (im ständigen Erdkontakt und/oder im ständigen Kontakt mit Wasser sowie bei Schmutzablagerungen in Rissen und Fugen)	4

5 Brandschutz

5.1 Allgemeines

Baustoffe werden hinsichtlich ihres Brandverhaltens nach DIN 4102-1 in die Baustoffklassen A und B eingeteilt. Die Klasse A umfasst die nichtbrennbaren Baustoffe. Die brennbaren Baustoffe der Klasse B werden weiter unterteilt in

B1 schwerentflammbar

B2 normalentflammbar

B3 leichtentflammbar.

Holz und Holzwerkstoffe sind im Allgemeinen der Klasse B2 zuzuordnen.

Bauteile werden im Brandfall danach beurteilt, wie lange sie dem Feuer Widerstand leisten, d. h. wie lange ihre tragende bzw. raumabschließende Funktion im Brandfall erhalten bleibt. Die entscheidende brandschutztechnische Eigenschaft von Bauteilen ist die Feuerwiderstandsdauer. Entsprechend der Feuerwiderstandsdauer wird das Bauteil einer Feuerwiderstandsklasse nach Tafel 16.17 zugeordnet. Durch geeignete Querschnittsformen oder Bekleidungen kann die Feuerwiderstandsdauer erhöht werden. Mit wachsendem Verhältnis Volumen/Oberfläche steigt der Widerstand gegen Feuer und liegt bei BSH höher als bei VH (Schwindrisse vergrößern die Oberfläche).

Anforderungen an die Feuerwiderstandsdauer in Abhängigkeit von Gebäudegröße, Geschosszahl und Nutzung sind den Landesbauordnungen zu entnehmen und bei Sonderfällen möglichst frühzeitig mit den zuständigen Behörden zu klären.

Tafel 16.17 Beispiele für Feuerwiderstandsklassen von Holzbauteilen

Feuerwiderstandsklasse	Feuerwiderstandsdauer in min	Bauaufsichtlicher Begriff
F30-B	≥ 30	feuerhemmend
F60-B	≥ 60	hochfeuerhemmend
F90-B	≥ 90	feuerbeständig

Werden Holz und Holzwerkstoffe einem Vollbrand ausgesetzt, zeigen sie im Vergleich zu anderen Baustoffen ein sehr günstiges Verhalten, obwohl sie brennbar sind. Die Holzoberfläche entzündet sich und der Abbrand entwickelt sich von außen nach innen, wobei sich eine Holzkohleschicht bildet. Die Wärmeleitfähigkeit dieser Holzkohleschicht ist im Vergleich zu der des unveränderten Holzes deutlich geringer und verzögert den Abbrand des Restquerschnitts. Holzbauteile verlieren ihre Tragfähigkeit erst dann, wenn die Restquerschnittsfläche so klein geworden ist, dass die Spannungen infolge der wirkenden Schnittgrößen die Festigkeit des Holzes bei der momentanen Temperatur im Restquerschnitt erreichen.

DIN 1052 gilt nur für die Bemessung von Bauwerken bei normaler Temperatur (so genannte „kalte" Bemessung). Im Brandfall ist der Nachweis auf der Grundlage der DIN 4102-4 in Verbindung mit DIN 4102-22 zu führen (so genannte „heiße" Bemessung). Hinsichtlich der Holzbauteile enthält DIN 4102-22 Anpassungen für

- Feuerwiderstandsklassen von Wänden in Holztafelbauart
- Wände F30-B aus Vollholzbalken
- Feuerwiderstandsklassen von Decken in Holztafelbauart
- Feuerwiderstandsklassen von Holzbalkendecken
- Feuerwiderstandsklassen von Dächern aus Holz und Holzwerkstoffen
- Feuerwiderstandsklassen von Holzbauteilen
- Feuerwiderstandsklassen von Verbindungen nach DIN 1052, Abschnitte 12, 13, 15.

5.2 Feuerwiderstand unbekleideter Holzbauteile

Für die Berechnungsverfahren des Feuerwiderstandes unbekleideter Holzbauteile gilt:

- Unterscheidung in 3- und 4-seitige Brandbeanspruchung
- Rechteckquerschnitt aus Holz mit der Festigkeitsklasse von mindestens C 24, D 30 oder GL 24c
- Kein Querzugspannungsnachweis für F30-B erforderlich, wenn $b \geq 160$ mm und $h/b \geq 3$

- Berechnung wahlweise mit dem vereinfachten Verfahren mit ideellen Restquerschnitten oder mit dem genaueren Verfahren mit reduzierter Festigkeit und Steifigkeit.

Vereinfachtes Verfahren der Bemessung mit ideellen Restquerschnitten

Es wird angenommen, dass Festigkeits- und Steifigkeitseigenschaften durch den Brand nicht beeinflusst werden.

Ideeller Restquerschnitt

Der Verlust an Festigkeit und Steifigkeit unter Brandbeanspruchung wird durch Erhöhung der Abbrandtiefe um $d_0 = 7$ mm berücksichtigt:

$d_{ef} = \beta_n \cdot t_f + d_0$ mit

d_{ef} ideelle Abbrandtiefe

β_n Abbrandrate in mm/min nach Tafel 16.18

t_f geforderte Feuerwiderstandsdauer in min

Den ideellen Restquerschnitt erhält man, wenn der Ausgangsquerschnitt um d_{ef} reduziert wird (siehe Bild).

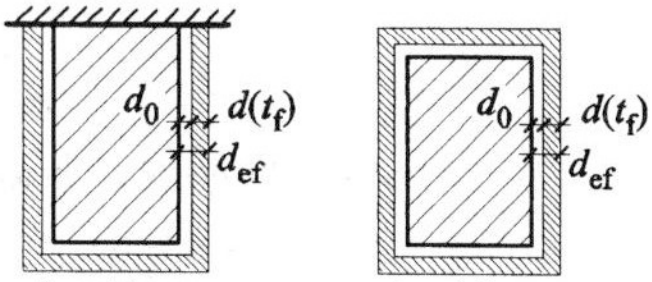

3-seitiger 4-seitiger
Abbrand

Tafel 16.18 Abbrandraten β_n

Baustoff	β_n in mm/min	Baustoff	β_n in mm/min
Vollholz aus NH mit $\rho_k \geq 290$ kg/m³ und einer Mindestabmessung von 35 mm sowie Buche	0,8	OSB, Span- u. Faserplatten	0,9
BSH aus NH mit $\rho_k \geq 290$ kg/m³	0,7	BSPH	0,9
Vollholz aus LH mit $290 \leq \rho_k < 450$ kg/m³	0,7	SPH	1,0
Vollholz aus LH mit $\rho_k \geq 450$ kg/m³ und Eiche	0,5	FSH	0,7

Genaueres Verfahren der Bemessung mit reduzierter Festigkeit und Steifigkeit

Die Tragfähigkeit des Restquerschnitts wird unter Berücksichtigung der Abnahme der Festigkeiten und Steifigkeiten infolge Temperaturerhöhung ermittelt.

5.3 Feuerwiderstand von Verbindungen

Hinsichtlich Verbindungen in Holzkonstruktionen enthält DIN 4102-22 Anpassungen der Regelungen in DIN 4102-4 für

- Allgemeine Regeln und Holzmaße
- Stabdübel- und Passbolzenverbindungen
- Nagelverbindungen
- Nicht allgemein regelbare Verbindungen.
- Verbindungen mit Dübeln besonderer Bauart
- Bolzenverbindungen
- Versätze

6 Gebrauchstauglichkeit

6.1 Verformungen

6.1.1 Biege- und Schubverformungen

Anfangsdurchbiegung w_{inst} ist die elastische Verformung infolge charakteristischer Biegemomente und gegebenenfalls charakteristischer Querkräfte.

Biegeträger mit konstanter Höhe

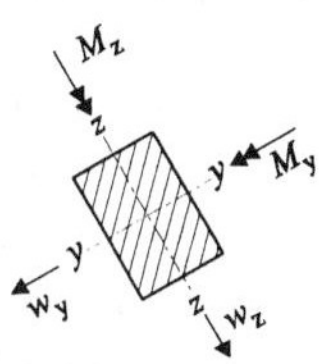

Einachsige Biegung $$w_{inst} = n \cdot M_{max} \cdot \ell^2 \cdot \frac{10^4}{E_{0,mean} \cdot I}$$

Zweiachsige Biegung $$w_{y,inst} = n \cdot M_{z,max} \cdot \ell_z^2 \cdot \frac{10^4}{E_{0,mean} \cdot I_z}$$

$$w_{z,inst} = n \cdot M_{y,max} \cdot \ell_y^2 \cdot \frac{10^4}{E_{0,mean} \cdot I_y} \quad \text{mit } E_{0,mean} \text{ in N/mm}^2$$

$$w_{m,inst} = \sqrt{w_{y,inst}^2 + w_{z,inst}^2}$$

n-Werte und Einheiten von M_{max}, ℓ, I siehe Kap. 13, Seite 13.21.

Schubverformung $w_{v,inst} = \dfrac{M_{max}}{G_{mean} \cdot A_v}$ mit G_{mean} mittlerer Schubmodul

A_v = Stegfläche bei Stegträgern
= $A/1{,}2$ bei Trägern mit Rechteckquerschnitt

Gesamte Anfangsverformung $w_{inst} = w_{m,inst} + w_{v,inst}$

6.1.2 Kriechverformungen

Endverformung: $w_{fin} = w_{inst} + w_{kriech} = w_{inst} + k_{def} \cdot w_{inst} = w_{inst} \cdot (1 + k_{def})$

Die Endverformung eines Tragwerks, das aus Bauteilen mit unterschiedlichen Kriecheigenschaften besteht, sollte mit abgeänderten Steifigkeitsmoduln berechnet werden, die bestimmt werden, indem der Steifigkeitsmodul für jedes Bauteil durch den entsprechenden Wert von $(1 + k_{def})$ geteilt wird. Für Verbindungen mit mechanischen VM ist k_{def} der zu verbindenden Bauteile zu verwenden. Bei Verbindungen mit unterschiedlichem k_{def} darf das arithmetische Mittel der k_{def}-Werte verwendet werden. Bei Stahlblech-Holz-Verbindungen ist k_{def} des Holzes einzusetzen.

Tafel 16.19 Verformungsbeiwerte k_{def}

Baustoff	Nutzungsklasse		
	1	2	3
VH[1], BSH, FSH[2], BASH, BSPH	0,60	0,80	2,00
FSH[3], SPH	0,80	1,00	2,50
OSB-Platten	1,50	2,25	–

[1] k_{def}-Werte für VH, dessen Feuchte beim Einbau im Fasersättigungsbereich oder darüber liegt und nach dem Einbau austrocknen kann, sind um 1,0 zu erhöhen.
[2] Mit allen Furnieren faserparallel.
[3] Mit Querfurnieren.

6.2 Durchbiegungsnachweise

Die nach Abschnitt 6.1 berechneten Durchbiegungen sind mit empfohlenen Grenzwerten zu vergleichen. Gegebenenfalls können auch andere Grenzwerte vereinbart werden.

Anfangsdurchbiegung w_{inst} ist die elastische Biegeverformung.
Schubverformungen sind gegebenenfalls zusätzlich zu berücksichtigen.

Enddurchbiegung $w_{fin} = w_{inst} \cdot (1 + k_{def})$ mit k_{def} nach Tafel 16.19

Nachweis für die seltene Bemessungssituation

zur Vermeidung von Schäden an nicht tragenden Bauteilen oder Einbauten

Nachweis für die quasi-ständige Bemessungssituation

zur Sicherstellung der allgemeinen Benutzbarkeit und des gewünschten Erscheinungsbildes

6.3 Schwingungsnachweis

Bei Decken unter Wohnräumen: $w_{G,inst} + \psi_2 \cdot w_{Q,inst} \le 6$ mm

Für Einfeldträger mit Gleichstreckenlast ist der obige vereinfachte Schwingungsnachweis erfüllt, wenn das Flächenmoment 2. Grades größer ist als

$$I_{req} = 174 \cdot M \cdot \ell^2 \cdot \frac{10^8}{E_{0,mean}} \text{ in mm}^4 \quad \text{mit } M \text{ in kNm, } \ell \text{ in m; } E_{0,mean} \text{ in N/mm}^2$$

Mehrfeldträger dürfen als Einfeldträger mit $\ell = \ell_{max}$ gerechnet werden. Die elastische Einspannung in Nachbarfelder darf berücksichtigt werden.

Eine Darstellung genauerer Schwingungsnachweise ist in [16.9] enthalten.

7 Tragfähigkeit

7.1 Zugstäbe

7.1.1 Mittige Zugkraft und symmetrische Krafteinleitung

Tafel 16.20 Faustformeln für andere Baustoffe mit $\Delta A = 0{,}2 \cdot A$ im Standardfall*)

Baustoff	$N_{max,d}$ in N mit A in mm^2	A_{req} in mm^2 mit N_d in N	nach Norm bzw. BAZ
NH C 24	$6{,}9 \cdot A$	$0{,}145 \cdot N_d$	DIN 1052
NH C 30	$8{,}8 \cdot A$	$0{,}113 \cdot N_d$	
LH D 30	$8{,}8 \cdot A$	$0{,}113 \cdot N_d$	
LH D 40	$11{,}8 \cdot A$	$0{,}085 \cdot N_d$	
BSH GL 24h	$8{,}1 \cdot A$	$0{,}123 \cdot N_d$	
BSH GL 32h	$11{,}1 \cdot A$	$0{,}090 \cdot N_d$	
SPH DIN EN 636, F25/10 ‖ zur Faser	$8{,}8 \cdot A$	$0{,}113 \cdot N_d$	
FSH Kerto S ‖ zur Faser und $h \leq 900$ mm	$18{,}7 \cdot A$	$0{,}053 \cdot N_d$	Z-9.1-100

*) Für NKL 3 oder andere KLED sind $N_{max,d}$ mit k^* (siehe Tafel 16.8b) zu multiplizieren und A_{req} durch k^* zu dividieren.

Spannungsnachweis: $\frac{N_d / A_n}{f_{t,0,d}} \leq 1$ mit $f_{t,0,d}$ nach Abschnitt 3

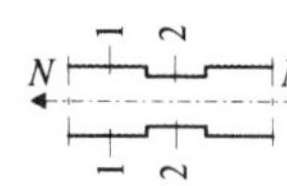

Querschnittsfläche A (Schnitt 1-1)
Nettoquerschnittsfläche $A_n = A - \Delta A$ (Schnitt 2-2)

7.1.2 Mittige Zugkraft und einseitige Krafteinleitung

Faustformeln im Standardfall*) für NH C 24 für $\Delta A = 0{,}2 \cdot A$ bei Zugverbindungen mit Sr, Bo, PB und Nä in nicht vorgebohrten Nagellöchern

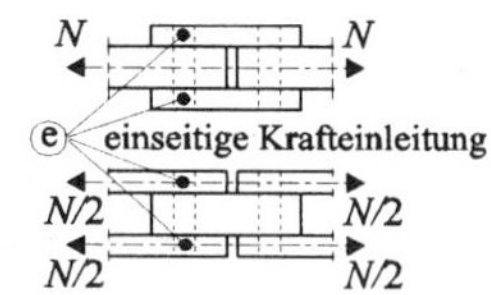

$N_{e,d} \approx 0{,}67 \cdot N_{max,d}$
mit $N_{max,d}$ bei symmetrischer Krafteinleitung
$A_{e,req} \approx 1{,}5 \cdot A_{req}$
mit A_{req} bei symmetrischer Krafteinleitung

Spannungsnachweis: $\frac{N_d / A_n}{0{,}67 \cdot f_{t,0,d}} \leq 1$ mit $f_{t,0,d}$ nach Abschnitt 3

Faustformeln im Standardfall*) für NH C 24 für $\Delta A = 0{,}2 \cdot A$ bei Zugverbindungen ohne Maßnahmen zur Verhinderung der Verkrümmung

$N_{e,d} \approx 0{,}4 \cdot N_{max,d}$ mit $N_{max,d}$ bei symmetrischer Krafteinleitung
$A_{e,req} \approx 2{,}5 \cdot A_{req}$ mit A_{req} bei symmetrischer Krafteinleitung

Spannungsnachweis: $\frac{N_d / A_n}{0{,}4 \cdot f_{t,0,d}} \leq 1$ mit $f_{t,0,d}$ nach Abschnitt 3

7.1.3 Ausmittige Zugkraft

Siehe Abschnitt 7.3.3, Biegung und Zug.

*) Siehe Fußnote Tafel 16.20.

7.2 Druckstäbe

7.2.1 Mittige Druckkraft

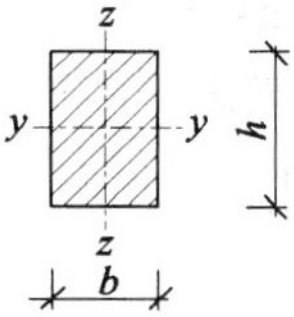

N_d Bemessungswert der mittigen Druckkraft
A Querschnittsfläche
ℓ Stablänge
ℓ_{ef} Ersatzstablänge = $\beta \cdot \ell$
β Knicklängenbeiwert

Tafel 16.21 Faustformeln für NH C 24 im Standardfall[1)]

Rechteckquerschnitt b/h			Kreisquerschnitt[2)] $\varnothing\, d$		
$\ell_{ef,y}/h$ bzw. $\ell_{ef,z}/b$	$N_{max,d}$ in N mit A in mm²	A_{req} in mm² mit N_d in N	ℓ_{ef}/d	$N_{max,d}$ in N mit d in mm	d_{req} in mm mit N_d in N
10	$11{,}9 \cdot A$	$0{,}084 \cdot N_d$	10	$10{,}8 \cdot d^2$	$0{,}31 \cdot \sqrt{N_d}$
20	$7{,}2 \cdot A$	$0{,}138 \cdot N_d$	20	$5{,}4 \cdot d^2$	$0{,}43 \cdot \sqrt{N_d}$
30	$3{,}7 \cdot A$	$0{,}279 \cdot N_d$	25	$3{,}7 \cdot d^2$	$0{,}52 \cdot \sqrt{N_d}$
40	$2{,}1 \cdot A$	$0{,}468 \cdot N_d$	30	$2{,}6 \cdot d^2$	$0{,}62 \cdot \sqrt{N_d}$
50	$1{,}4 \cdot A$	$0{,}718 \cdot N_d$	40	$1{,}5 \cdot d^2$	$0{,}81 \cdot \sqrt{N_d}$

1) Für NKL 3 oder andere KLED sind $N_{max,d}$ mit k^* (siehe Tafel 16.8b) zu multiplizieren und A_{req} durch k^* bzw. d_{req} durch $\sqrt{k^*}$ zu dividieren.
2) Randzone ungeschwächt, nur von Bast und Rinde befreit.

Knicknachweis: $$\frac{N_d / A}{k_c \cdot f_{c,0,d}} \le 1$$

mit
A Querschnittsfläche
$f_{c,0,d}$ des Baustoffs nach Abschnitt 3
k_c Knickbeiwert des Baustoffs siehe BTI-Seite 9.61

Der Knickbeiwert k_c berechnet sich zu

$$k_c = \min\left\{\frac{1}{k + \sqrt{k^2 - \lambda_{rel,c}^2}}\,;\,1\right\}$$ mit

$$k = 0{,}5 \cdot \left[1 + \beta_c \cdot \left(\lambda_{rel,c} - 0{,}3\right) + \lambda_{rel,c}^2\right]$$ und $$\lambda_{rel,c} = \sqrt{\frac{f_{c,0,k}}{\sigma_{c,crit}}} = \frac{\lambda}{\pi} \cdot \sqrt{\frac{f_{c,0,k}}{E_{0,05}}}$$

$\beta_c = 0{,}2$ für VH und BASH — $\beta_c = 0{,}1$ für BSH und HW
$\lambda = \ell_{ef}/i$ Schlankheitsgrad — i Trägheitsradius

7.2.2 Ausmittige Druckkraft

Siehe Abschnitt 7.3.4, Biegung und Druck ohne Kipp- und Knickgefahr ($k_m = k_c = 1$). Andernfalls muss erfüllt sein:

$$\frac{\sigma_{c,0,d}}{k_{c,y} \cdot f_{c,0,d}} + \frac{\sigma_{m,y,d}}{k_m \cdot f_{m,y,d}} + k_{red} \cdot \frac{\sigma_{m,z,d}}{f_{m,z,d}} \le 1$$ und $$\frac{\sigma_{c,0,d}}{k_{c,z} \cdot f_{c,0,d}} + k_{red} \cdot \frac{\sigma_{m,y,d}}{k_m \cdot f_{m,y,d}} + \frac{\sigma_{m,z,d}}{f_{m,z,d}} \le 1$$

7.2.3 Ersatzstablängen

Knicklängenbeiwerte β zu Berechnung der Ersatzstablänge $\ell_{ef} = \beta \cdot \ell$ können dem Anhang E.2, Knicklängenbeiwerte, zur DIN 1052:2004 entnommen werden.

Ersatzstablängen sind z. B. auch in [16.8] enthalten.

7.3 Gerade Biegestäbe mit Rechteckquerschnitt

7.3.1 Einachsige Biegung

Biegestäbe mit Rechteckquerschnitt aus VH C 24

Tafel 16.22a Tragfähigkeitsnachweise im Standardfall*)

Rechteckquerschnitt b/h mm/mm	Kippnachweis ist erfüllt, wenn der Abstand der seitlichen Abstützungen $\ell_{ef} \leq$	Biegespannungsnachweis*) ist erfüllt, wenn $M_d \leq$	Schubspannungsnachweis*) ist erfüllt, wenn $V_d \leq$
60/240	2,0 m	8,5 kNm	11,8 kN
80/160	5,4 m	5,0 kNm	10,5 kN
80/240	3,6 m	11,3 kNm	15,7 kN
100/200	6,8 m	9,8 kNm	16,4 kN
120/240	8,1 m	17,0 kNm	23,6 kN

*) Für NKL 3 oder andere KLED sind M_d und V_d durch k^* (siehe Tafel 16.8b) zu dividieren.

Tafel 16.22b Durchbiegungsnachweis des Einfeldträgers mit Stützweite ℓ und Gleichstreckenlast und für $\psi_2 \leq 0{,}3$ in der seltenen und quasi-ständigen Bemessungssituation in den NKL 1/2

b/h mm/mm	Nachweise sind erfüllt, wenn $(M_{G,k} + M_{Q,k}) \cdot \ell \leq$ ML (ohne Schubverformung)							
	$M_{G,k} / M_{Q,k}$							
	10	7,5	5	2,5	1	0,75	0,5	0,25
	ML in kNm^2							
60/240	22	22	23	25	31	34	33	30
80/160	8,6	8,7	9,1	10	12	13	13	12
80/240	29	29	31	34	42	45	45	41
100/200	21	21	22	24	30	33	32	29
120/240	43	44	46	51	62	68	67	61

Tafel 16.22c Durchbiegungsnachweis des Einfeldträgers mit Stützweite ℓ und Gleichstreckenlast und für $\psi_2 \leq 0{,}8$ in der seltenen und quasi-ständigen Bemessungssituation in den NKL 1/2

b/h mm/mm	Nachweise sind erfüllt, wenn $(M_{G,k} + M_{Q,k}) \cdot \ell \leq$ ML (ohne Schubverformung)							
	$M_{G,k} / M_{Q,k}$							
	10	7,5	5	2,5	1	0,75	0,5	0,25
	ML in kNm^2							
60/240	21	21	21	22	23	23	23	24
80/160	8,2	8,2	8,3	8,5	8,9	9,0	9,2	10
80/240	28	28	28	29	30	31	31	32
100/200	20	20	20	21	22	22	23	23
120/240	41	42	42	43	45	46	47	48

Nachweise für Biegestäbe

Biegung und Kippen

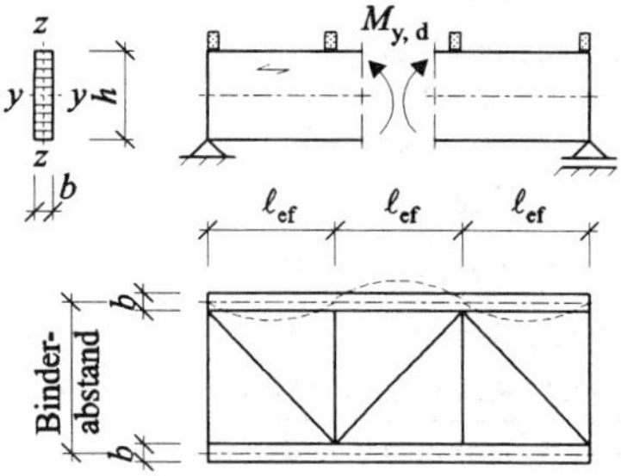

$$\frac{\sigma_{m,d}}{k_m \cdot f_{m,d}} = \frac{M_d / W_n}{k_m \cdot f_{m,d}} \le 1$$

mit

M_d	Bemessungswert des maximalen Biegemoments im Stab
W_n	Nettowiderstandsmoment an der Stelle des Moments M_d
$f_{m,d}$	Bemessungswert der Biegefestigkeit
k_m	Kippbeiwert, s. BTI-Seite 9.62
k_m	$= 1{,}0$, wenn $\ell_{ef} \le 140\, b^2 / h$
ℓ_{ef}	Ersatzstablänge für das Kippen (s. Bild)

Die wirksame Kipplänge (Ersatzstablänge) ℓ_{ef} ist nach Anhang E.3 der DIN 1052 (siehe auch Anhang A8 in [16.11]) zu berechnen.

Für den Einfeldträger mit

- Stützweite ℓ
- konstantem Moment
- beliebigem Querschnitt und Material

berechnet sich die wirksame Kipplänge zu $\ell_{ef} = 1{,}0 \cdot \ell$.

Diese Kipplänge darf auf der sicheren Seite liegend auch für die Trägerbreiche zwischen den seitlichen Abstützungen bei Gleichstreckenlast und annähernd konstantem Moment verwendet werden. In diesen Fällen ist ℓ der Abstand zwischen den seitlichen Abstützungen.

Schubspannungsnachweis

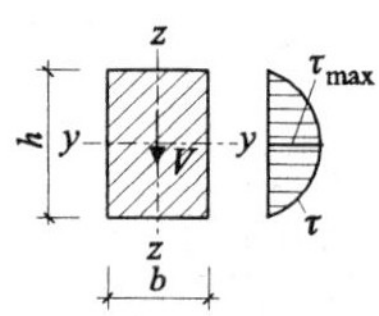

$$\frac{\tau_{max,d}}{f_{v,d}} = \frac{1{,}5 \cdot V_d / A}{f_{v,d}} \le 1$$

mit

V_d	Bemessungswert der Querkraft im Stab
$f_{v,d}$	Bemessungswert der Schubfestigkeit des Baustoffs
A	Querschnittsfläche an der Stelle V_d

7.3.2 Zweiachsige Biegung

Biegung und Kippen

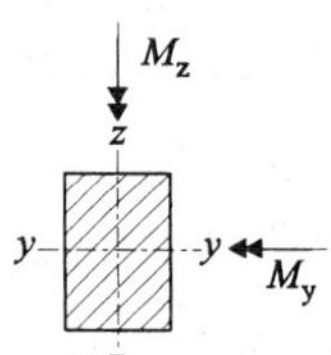

$M_{y,d}$	Biegemoment um die y-Achse
$M_{z,d}$	Biegemoment um die z-Achse
$W_{y,n}$	Netto-Widerstandsmoment um die y-Achse
$W_{z,n}$	Netto-Widerstandsmoment um die z-Achse
k_m	Kippbeiwert für □-Querschnitte, siehe BTI-Seite 9.62
$\sigma_{m,y,d}$	$= M_{y,d} / W_{y,n}$
$\sigma_{m,z,d}$	$= M_{z,d} / W_{z,n}$

Rechteckquerschnitte aus VH mit $h/b \le 4$

$$\frac{\sigma_{m,y,d} / k_m + 0{,}7 \cdot \sigma_{m,z,d}}{f_{m,d}} \le 1 \quad \text{und} \quad \frac{0{,}7 \cdot \sigma_{m,y,d} / k_m + \sigma_{m,z,d}}{f_{m,d}} \le 1$$

Rechteckquerschnitte aus homogenem BSH

$$\frac{\sigma_{m,y,d} / k_m + k_{red} \cdot \sigma_{m,z,d} / k_\ell}{f_{m,d}} \leq 1 \quad \text{und} \quad \frac{k_{red} \cdot \sigma_{m,y,d} / k_m + \sigma_{m,z,d} / k_\ell}{f_{m,d}} \leq 1$$

Rechteckquerschnitte aus kombiniertem BSH, FSH, BASH, SPH, BSPH

$$\frac{\sigma_{m,y,d}}{k_m \cdot f_{m,y,d}} + \frac{k_{red} \cdot \sigma_{m,z,d}}{f_{m,z,d}} \leq 1 \quad \text{und} \quad \frac{k_{red} \cdot \sigma_{m,y,d}}{k_m \cdot f_{m,y,d}} + \frac{\sigma_{m,z,d}}{f_{m,z,d}} \leq 1$$

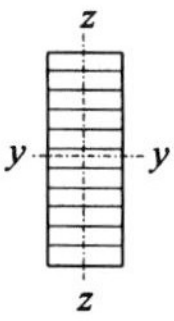

Beispiel: BSH
mit 11 Lamellen

mit

$k_{red} = 0{,}7$ für Rechteckquerschnitte mit $h/b \leq 4$

$k_{red} = 1{,}0$ für $h/b > 4$ und sonstige Querschnitte

$k_\ell = 1{,}2$ für ≥ 4 Lamellen

$k_\ell = 1{,}0$ für < 4 Lamellen

k_m Kippbeiwert

7.3.3 Biegung und Zug

Ausnutzungsgrad für Biegung + Zug = Summe der einzelnen Ausnutzungsgrade
Bezeichnungen siehe Abschnitte 7.1 und 7.3.2.

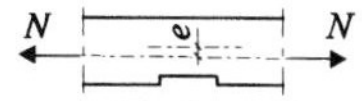

exzentrischer Zug mit $M_y = N \cdot e$

7.3.4 Biegung und Druck

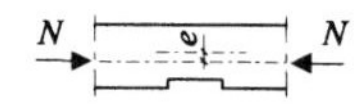

Ausnutzungsgrad für Biegung + Druck = Summe der einzelnen Ausnutzungsgrade

Für Biegung und Druck ohne Knick- und Kippgefahr ($k_c = k_m = 1$) lauten die Grenzzustandsbedingungen:

$$\left(\frac{\sigma_{c,0,d}}{f_{c,0,d}}\right)^2 + \frac{\sigma_{m,y,d}}{f_{m,y,d}} + \frac{k_{red} \cdot \sigma_{m,z,d}}{f_{m,z,d}} \leq 1 \quad \text{und} \quad \left(\frac{\sigma_{c,0,d}}{f_{c,0,d}}\right)^2 + \frac{k_{red} \cdot \sigma_{m,y,d}}{f_{m,y,d}} + \frac{\sigma_{m,z,d}}{f_{m,z,d}} \leq 1$$

k_ℓ darf gegebenenfalls berücksichtigt werden.

7.4 Brettschichtholzträger

Die Berechnung der Pultdachträger, Satteldachträger und der gekrümmten Träger aus BSH ist in den Abschnitten 7.4 bis 7.7 des BTI-Kapitels 9, Holzbau, ausführlich dargestellt.

Es werden folgende Trägerarten unterschieden (siehe nachfolgende Bilder):

- Pultdachträger
- gekrümmte Träger
- Satteldachträger mit geradem unteren Rand
- Satteldachträger mit gekrümmtem unteren Rand.

Verstärkungen der querzugbeanspruchten Bereiche siehe Abschnitt 12 und BTI-Abschnitt 12.3.3.

Wenn die Ausnutzung der Querzugbeanspruchung im Träger 60 % übersteigt, ist eine konstruktive Verstärkung im querzugbeanspruchten Bereich zur Aufnahme zusätzlicher klimatisch bedingter Querzugspannungen erforderlich.

Bauteile mit querzugbeanspruchten Bereichen in NKL 3 sind immer zu verstärken. Es sollte zunächst durch konstruktive Schutzmaßnahmen versucht werden, dass das Bauteil nicht in NKL 3 eingestuft werden muss. Bei vollständiger Aufnahme der Zugkräfte rechtwinklig zur Faserrichtung des Holzes wird das Holz rechnerisch nicht mehr auf Querzug beansprucht. Dann kann der Nachweis der Querzugbeanspruchung im Holz entfallen.

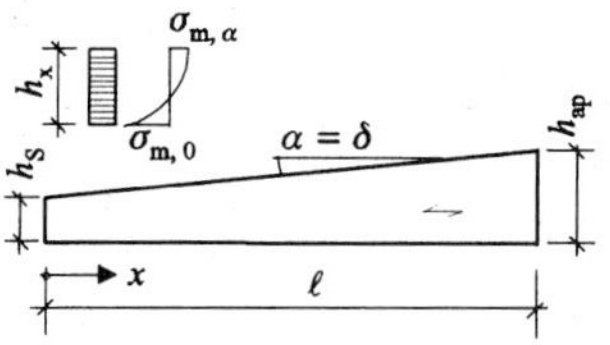

Pultdachträger

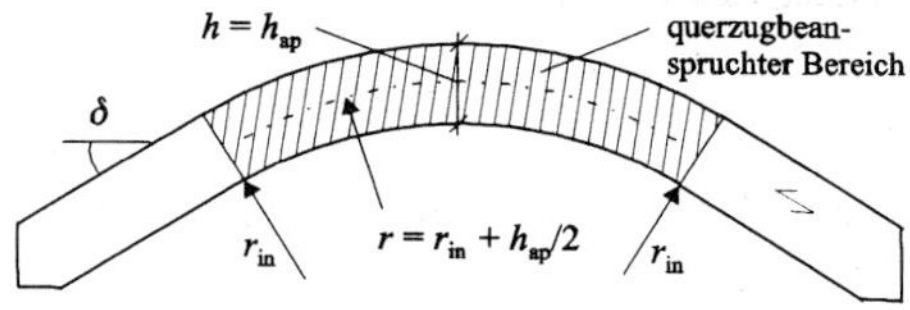

Gekrümmter Träger

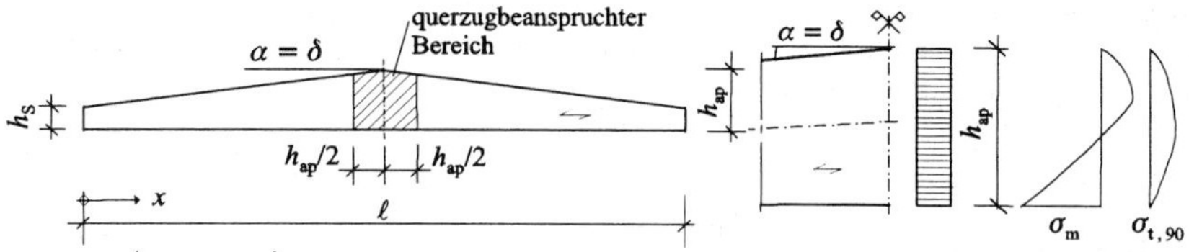

Satteldachträger mit geradem unteren Rand

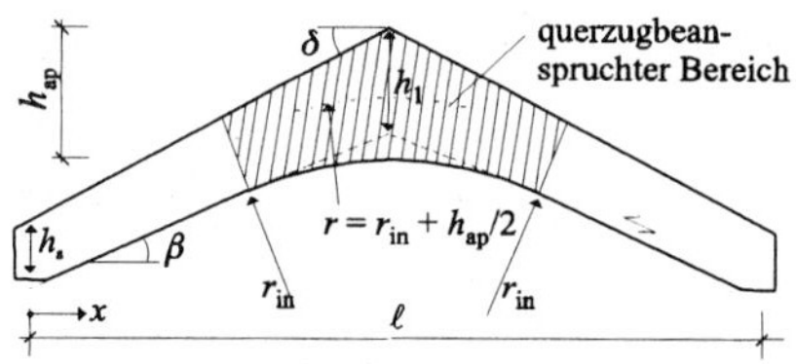

Satteldachträger mit gekrümmtem unteren Rand

7.5 Verbundbauteile

Es wird unterschieden in

- geklebte Verbundbauteile
    - o Stegträger mit Plattensteg
    - o Hohlkastenträger mit Plattensteg
    - o Tafelelemente (siehe Abschnitt 7.6)
- Verbundbauteile aus nachgiebig miteinander verbundenen Querschnittsteilen
    - o Holz-Beton-Verbundbauteile
    - o Stegträger mit Plattensteg
    - o Hohlkastenträger mit Plattensteg
    - o Tafelelemente (siehe Abschnitt 7.6).

Bezüglich der Beulnachweise für Stegträger mit Plattensteg und der wirksamen Beplankungsbreiten von Tafelelementen wird auf DIN 1052:2004 und [16.9] verwiesen.

Die Berechnung der Biegesteifigkeit und der Spannungen erfolgt nach dem aus DIN 1052-1:1988 und Eurocode 5 bekannten γ-Verfahren. Für geklebte Verbundbauteile ist das Verfahren sinngemäß anzuwenden mit $\gamma_1 = \gamma_2 = \gamma_3 = 1$.

In Anhang A6 von [16.11] ist das Verfahren, angepasst an die Bezeichnungen der DIN 1052:2004, wiedergegeben.

7.6 Tafeln

7.6.1 Allgemeines

Die nachfolgend beschriebenen Tafeln sind flächige Bauteile, die auch in ihrer Ebene wirkende Lasten aufnehmen und weiterleiten können und somit baustatisch eine Scheibentragwirkung aufweisen. Diese Scheibentragwirkung wird in Wänden, Decken und Dächern genutzt, um horizontale Einwirkungen, wie z. B. Windlasten, aufzunehmen und in die Fundamente abzuleiten. Das untere Bild zeigt schematisch den Einsatz von Decken- und Wandtafeln als Scheiben in einem eingeschossigen Haus in Tafelbauart.

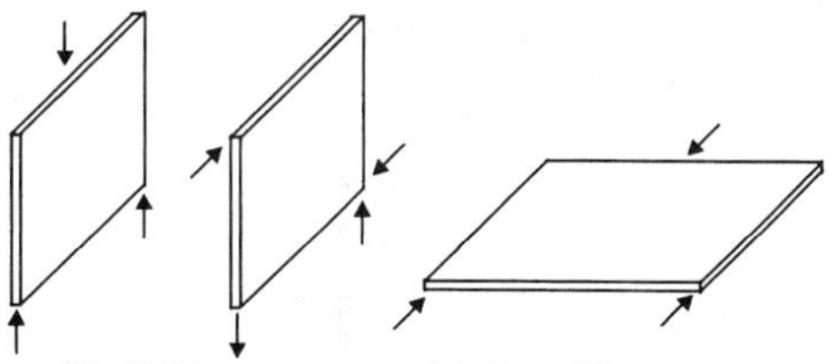

Wand- und Deckentafeln als Scheiben

Weiterführende Literatur findet sich z. B. in [16.13], [16.14].

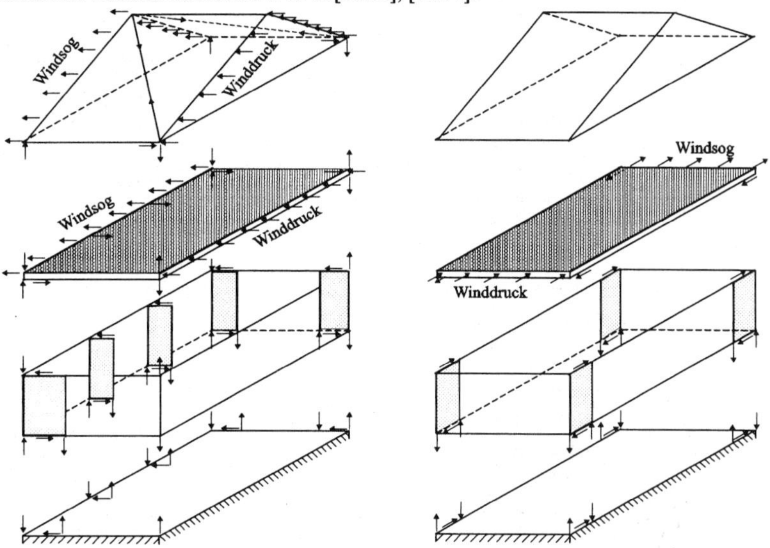

Wind auf Giebel Wind auf Traufseite

Wand- und Deckentafeln zur Aufnahme und Weiterleitung von Windlasten

Tafeln

Tafeln bestehen aus einem Verbund von Rippen und ein- oder beidseitiger ebener Beplankung aus Holzwerkstoffplatten. Der Verbund erfolgt durch mechanische Verbindungsmittel oder durch Klebung.

Tafelelemente

Werden Tafeln aus einzelnen Tafelelementen zusammengesetzt, dann sind diese Tafelelemente so zu verbinden, dass der Schubfluss der angrenzenden Beplankungsränder von Element zu Element übertragen werden kann.

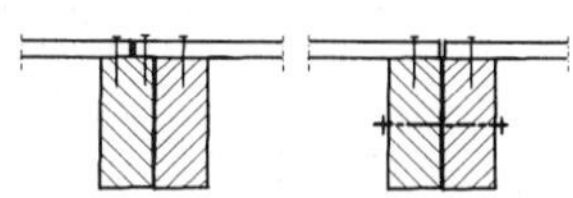
Übertragung des Schubflusses bei Tafeln aus mehreren Elementen

Rippen

Die Tafeln müssen an allen Rändern durch Randrippen begrenzt sein. Parallel zu einem Rand verlaufen im Abstand a_r die Innenrippen. Die druck- oder biegebeanspruchten Rippen gelten als ausreichend gegen Kippen und Knicken in Tafelebene gesichert, wenn sie mit einer beidseitigen aussteifenden Beplankung kontinuierlich (siehe Verbindung) verbunden sind.

Platten der Beplankung

a)
b)
c)

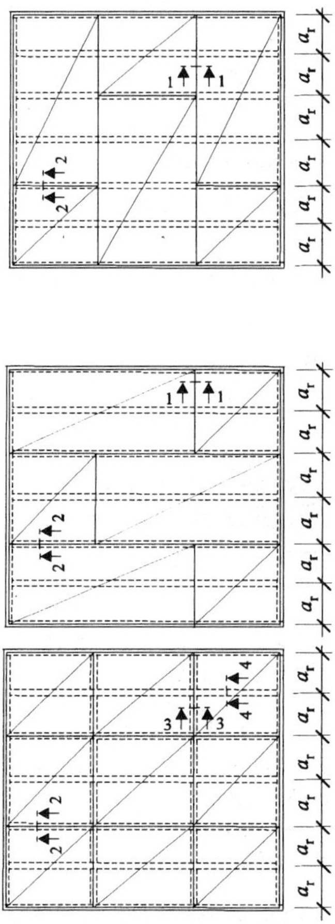

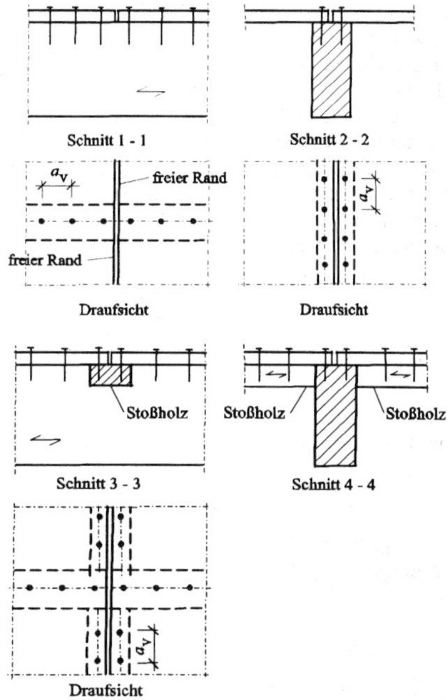

Anordnung der Platten:

a) In Reihen quer zu den Innenrippen. Die Plattenstöße der einen Richtung immer auf den Rippen (Schnitt 2-2), die Plattenränder in der anderen Richtung sind frei (Schnitt 1-1).

b) In Reihen parallel zu den Innenrippen.

c) Mit nicht versetzten Plattenstößen, nur zulässig bei durch Stoßhölzer schubsteif verbundenen Platten (Schnitt 3-3).

Verbund Beplankung/Rippe

Der Verbund von Beplankung und Rippe wird durch den bereichsweise für jede Rippe konstant angenommenen Schubfluss $s_{v,0}$ in N/mm in Rippenlängsrichtung und gegebenenfalls durch die rechtwinklig zur Rippenlängsrichtung wirkende kontinuierliche Beanspruchung $s_{v,90}$ in N/mm beansprucht. Der Abstand a_v der Verbindungsmittel ist an allen Plattenrändern auf den Rippen und auf den Stoßhölzern konstant.

Verbindung

Eine kontinuierliche Verbindung von Beplankung und Rippen darf angenommen werden, wenn der Abstand der Verbindungsmittel entlang den Plattenrändern bei Nägeln und Klammern höchstens 150 mm, bei Schrauben höchstens 200 mm beträgt. In anderen Bereichen darf der Abstand höchstens 300 mm betragen.

Öffnungen

Einzelne Öffnungen in der Beplankung dürfen bei der Berechnung der Beanspruchungen vernachlässigt werden, wenn sie kleiner als 200 mm×200 mm sind. Bei mehreren Öffnungen muss hierbei die Summe der Längen kleiner als 10 % der Tafellänge und die Summe der Höhen kleiner als 10 % der Tafelhöhe sein. Die Auswirkungen größerer Öffnungen sind nachzuweisen.

7.6.2 Dach- und Deckentafeln

Geometrie und Lagerung

Dach- und Deckentafeln sind rechteckige Tafeln mit einer Länge ℓ und einer Höhe h, die in ihrer Ebene an ihrem oberen und unteren Rand durch eine Gleichstreckenlast in Richtung der Tafelhöhe beansprucht werden.

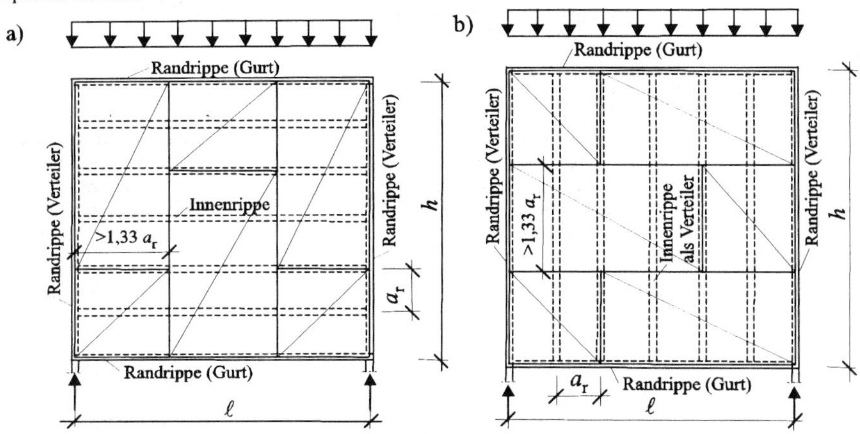

Deckentafeln mit freien Plattenrändern: a) Lasteinleitung über den Gurt, b) Lasteinleitung über Innenrippen (Verteiler)

Freie Plattenränder

Freie Plattenränder sind quer zu den Innenrippen zulässig. Hierbei sind folgende Bedingungen einzuhalten:

- die Platten sind um mindestens einen Rippenabstand a_r versetzt angeordnet,
- die Seitenlänge der Platten in Rippenrichtung beträgt mindestens $1{,}33 \cdot a_r$,
- die Platten sind auch an die Rippen, auf denen die Platten nicht gestoßen sind, mit Verbindungsmitteln im Abstand a_v angeschlossen,
- die Stützweite ℓ der Tafel beträgt weniger als 12,5 m oder es sind höchstens drei Plattenreihen vorhanden,
- die Tafelhöhe h in Lastrichtung beträgt mindestens $\ell/4$,
- der Bemessungswert der Einwirkungen ist nicht größer als 5,0 kN/m.

7.6.3 Wandtafeln

Eine Wandtafel ist eine rechteckige Tafel der Länge ℓ und der Höhe h mit in regelmäßigen Abständen angeordneten lotrechten Rippen und einer horizontalen Kopf- und Fußrippe. Die Tafel wird in ihrer Ebene über die Kopfrippe horizontal durch eine Kraft und vertikal durch eine Gleichlast oder Druckkräfte beansprucht. Die seitlichen Randrippen sind druck- und bei geringer Auflast direkt zugfest mit der Unterkonstruktion verbunden. Die Fußrippe ist horizontal und vertikal gelagert. Die ein- oder beidseitige Beplankung besteht aus über die volle Tafelhöhe durchgehenden Platten, die auf vertikalen Rippen gestoßen sein können. Die Mindestbreite der Platten beträgt $h/4$. Die Beplankung darf horizontal einmal gestoßen sein, wenn die Plattenränder schubsteif verbunden sind.

Bei der Scheibenbeanspruchung der Wandtafel unterscheidet man

- horizontale Beanspruchung
- vertikale Beanspruchung
- kombinierte Beanspruchung.

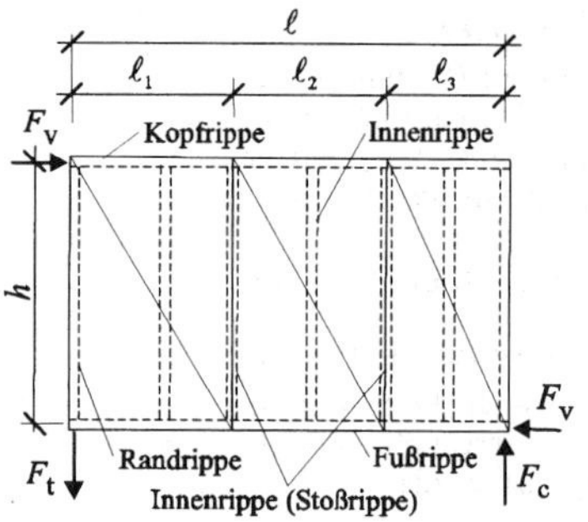

8 Stiftverbindungen

8.1 Allgemeines

Die Tragfähigkeit auf Abscheren von Verbindungen mit stiftförmigen metallischen Verbindungsmitteln wie Stabdübel, Passbolzen, Bolzen, Gewindestangen, Nägel, Holzschrauben und Klammern hängt von der Geometrie der Verbindung, dem Fließmoment des Stiftes und der Lochleibungsfestigkeit des Holzes ab. Die Berechnung der Tragfähigkeit setzt für den Stift und die verbundenen Bauteile ein ideal plastisches Material voraus. In [16.10] wird empfohlen, spröde Versagensformen zu vermeiden, z. B. durch

- Verwenden von schlanken Stiften mit einem Verhältnis von Einbindetiefe zu Stiftdurchmesser von 6 bis 8,
- Verwenden von Stiften aus Stahl niedriger Festigkeitsklassen,
- Verstärken des Holzes im Anschlussbereich rechtwinklig zur Faserrichtung durch außen oder innen liegende Verstärkungen,
- Vermeiden von vielen in Kraft- und Faserrichtung hintereinander liegenden Verbindungsmitteln,
- Erhöhen der Abstände der Verbindungsmittel in Faserrichtung.

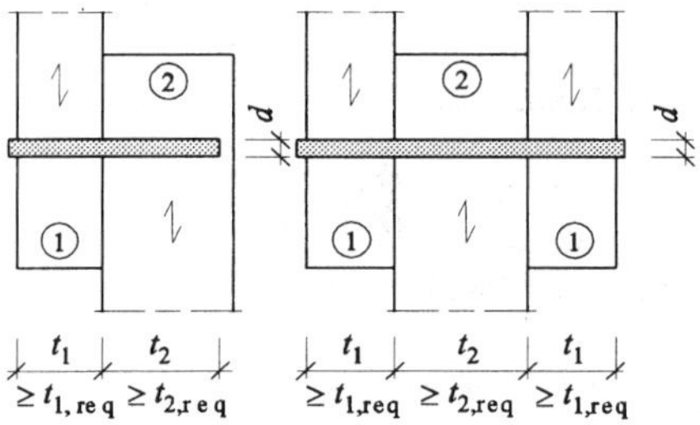

einschnittige zweischnittige
Holz-Holz-Verbindung

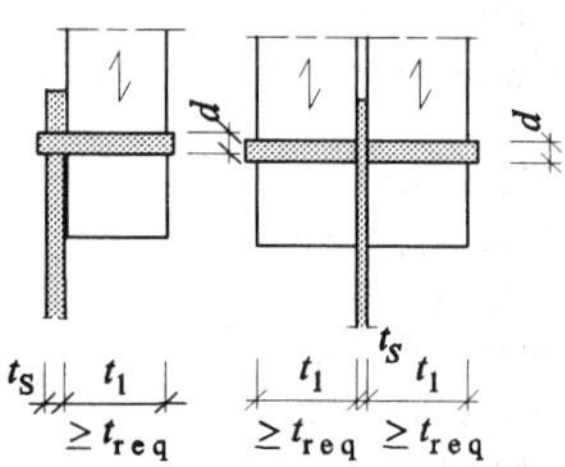

einschnittige zweischnittige
Stahlblech-Holz-Verbindung

Abstände stiftförmiger Verbindungsmittel (SDü, PB, Bo, Nä, Sr)

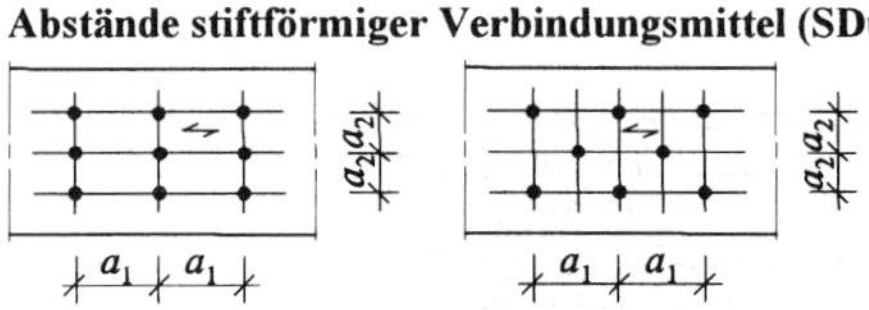

Abstände der VM untereinander in Faserrichtung (a_1) und rechtwinklig zur Faserrichtung (a_2)

Beanspruchtes Hirnholz | Unbeanspruchtes Hirnholz | Beanspruchter Rand | Unbeanspruchter Rand

Hirnholzabstände ($a_{1,t}$; $a_{1,c}$) | Randabstände ($a_{2,t}$; $a_{2,c}$)

Der **Standardfall** der Tragfähigkeit auf Abscheren bei Stiftverbindungen ist gegeben bei:

- $k_{mod} = 0{,}8$
- $\gamma_M = 1{,}1$
- VH mindestens der Festigkeitsklasse C 24

Für vom Standardfall abweichende NKL und KLED ist R_d der nachfolgenden Tafeln mit k^* (Tafel 16.8b) zu multiplizieren. Zur weiteren Vereinfachung der Berechnung der Tragfähigkeiten in den Abschnitten 8.2 bis 8.5 werden die Mindestholzdicken bzw. Mindesteinbindetiefen nach [16.10] verwendet.

8.2 Stabdübelverbindungen

Allgemeines und Ausführungsregeln

Vorzugsmaße der SDü-∅ d: 6, 8, 10, 12, 16, 20, 24 mm

Bohrloch-∅ im Holz $= d$ Bohrloch-∅ im Stahl $\leq d + 1$ mm

In einer tragenden Verbindung sollen mindestens zwei SDü und mindestens vier Scherfugen vorhanden sein. Bei Verbindungen mit nur einem SDü ist mit $0{,}5 \cdot R_d$ zu rechnen.

Standardfall für Holz-Holz-Verbindungen

Für ein- bzw. zweischnittig beanspruchte Stabdübel der Stahlsorte S 235 mit $d \geq 10$ mm und Bauteilen aus NH mindestens der Festigkeitsklasse C 24 gelten vereinfacht folgende Mindesteinbindetiefen in die Seiten- und Mittelhölzer, abhängig vom Winkel α zwischen Kraft- und Faserrichtung:

Seitenholz: $t_{1,req} = (5{,}0 + \alpha/50) \cdot d$

Mittelholz: $t_{2,req} = (4{,}2 + \alpha/50) \cdot d$

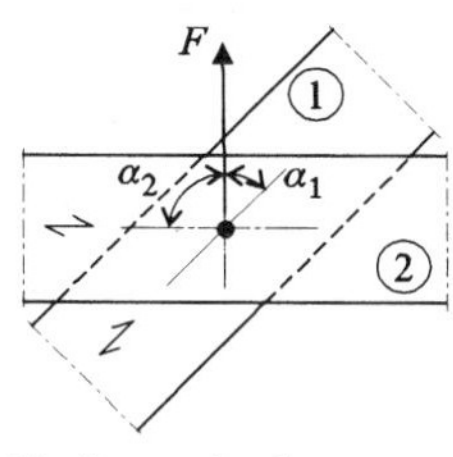

Wird ein Teil der Stabdübel in der Verbindung durch PB ersetzt, dürfen die Werte für SDü auch für diese PB angenommen werden. Für die Bemessungswerte der Tragfähigkeit R_d in nachfolgender Tafel werden die angegebenen Mindesteinbindetiefen vorausgesetzt. α_1 bzw. α_2 sind die Winkel zwischen Kraft- und Faserrichtung für die Bauteile 1 bzw. 2. Mit den Winkeln zwischen Kraft- und Faserrichtung $\alpha_1 \leq 90°$ und $\alpha_2 \leq 90°$ berechnet man $\alpha_{ges} = \alpha_1 + \alpha_2$.

Tafel 16.30 R_d von SDü S 235 pro Scherfuge in kN bei Holz-Holz-Verbindungen im Standardfall

α_{ges}	d in mm						α_{ges}	d in mm				
	10	12	16	20	24			10	12	16	20	24
0°	3,43	4,71	7,72	11,3	15,2		105°	2,99	4,08	6,59	9,48	12,7
15°	3,40	4,66	7,64	11,1	15,1		120°	2,92	3,98	6,42	9,23	12,3
30°	3,33	4,56	7,45	10,8	14,6		135°	2,87	3,91	6,29	9,03	12,0
45°	3,23	4,42	7,20	10,4	14,0		150°	2,83	3,85	6,20	8,88	11,8
60°	3,15	4,30	6,98	10,1	13,5		165°	2,81	3,82	6,14	8,79	11,7
75°	3,09	4,21	6,83	9,86	13,2		180°	2,80	3,80	6,12	8,76	11,6
90°	3,07	4,18	6,78	9,78	13,1							

Für vom Standardfall abweichende Fälle ist R_d mit k^* (siehe Tafel 16.8b) zu multiplizieren.

Für $t < t_{req}$ muss der Bemessungswert der Tragfähigkeit ermittelt werden, indem die Werte R_d dieser Tafel mit t/t_{req} multipliziert werden.

Standardfall für Stahlblech-Holz-Verbindungen mit Innenblechen

Für Stabdübel mit $d \geq 10$ mm und Seitenhölzern aus NH mindestens der Festigkeitsklasse C 24 betragen vereinfacht die Mindesteinbindetiefen $t_{req} = (5{,}7 + \alpha/50) \cdot d$.

Tafel 16.31a R_d von Stabdübeln S 235 pro Scherfuge in kN bei Stahlblech-Holz-Verbindungen (Innenblech) im Standardfall

α	d in mm				
	10	12	16	20	24
0°	4,85	6,65	10,9	15,9	21,5
15°	4,77	6,54	10,7	15,6	21,0
30°	4,57	6,25	10,2	14,8	19,8
45°	4,34	5,92	9,59	13,8	18,5
60°	4,13	5,63	9,09	13,0	17,4
75°	4,00	5,44	8,76	12,6	16,7
90°	3,96	5,38	8,65	12,4	16,5

Für vom Standardfall abweichende Fälle ist R_d mit k^* (siehe Tafel 16.8b) zu multiplizieren.

Für $t < t_{req}$ muss der Bemessungswert der Tragfähigkeit ermittelt werden, indem die Werte R_d dieser Tafel mit t/t_{req} multipliziert werden.

8.3 (Pass-)Bolzenverbindungen

Allgemeines und Ausführungsregeln

Bolzen (Bo) sind alle Schraubenbolzen und Bolzen ähnlicher Bauart.

Bohrloch-∅ $\leq d + 1$ mm

Passbolzen (PB) können wie SDü eingesetzt werden; sind bei Außenblechen immer zu verwenden.

Scheiben nach DIN EN ISO 7094 (siehe BTI-Tafel 9.38c)

Bolzenverbindungen sind nicht geeignet in Dauerbauten, bei denen es auf Steifigkeit und Formbeständigkeit ankommt.

Standardfall für Holz-Holz-Verbindungen

Für Bolzen der Festigkeitsklasse 4.6 mit $d \geq 10$ mm und NH mindestens der Festigkeitsklasse C 24 betragen die Mindesteinbindetiefen für die Seiten- und Mittelhölzer:

Seitenholz: $t_{1,req} = (5{,}3 + \alpha/50) \cdot d$ Mittelholz: $t_{2,req} = (4{,}4 + \alpha/50) \cdot d$

Für die angegebenen Mindesteinbindetiefen und A_{ef} nach BTI-Tafel 9.38c sind in nachfolgender Tafel die Bemessungswerte der Tragfähigkeit R_d eines Bolzens pro Scherfuge angegeben.

Tafel 16.31b R_d von Bo 4.6 pro Scherfuge in kN bei Holz-Holz-Verbindungen im Standardfall

α_{ges}	d in mm					α_{ges}	d in mm				
	10	12	16	20	24		10	12	16	20	24
0°	4,08	5,67	9,35	13,8	18,8	105°	3,61	5,00	8,16	11,9	16,1
15°	4,05	5,62	9,27	13,7	18,6	120°	3,54	4,90	7,99	11,7	15,7
30°	3,97	5,51	9,06	13,3	18,1	135°	3,49	4,82	7,85	11,5	15,4
45°	3,87	5,37	8,81	12,9	17,6	150°	3,45	4,76	7,75	11,3	15,2
60°	3,78	5,24	8,57	12,6	17,0	165°	3,42	4,73	7,69	11,2	15,1
75°	3,72	5,15	8,42	12,3	16,7	180°	3,41	4,72	7,66	11,2	15,0
90°	3,69	5,12	8,36	12,2	16,6						

Für vom Standardfall abweichende Fälle ist R_d mit k^* (siehe Tafel 16.8b) zu multiplizieren.

Für $t < t_{req}$ muss der Bemessungswert der Tragfähigkeit ermittelt werden, indem die Werte R_d dieser Tafel mit t/t_{req} multipliziert werden.

Standardfall Stahlblech-Holz-Verbindungen mit Innenblechen oder dicken ($t_S \geq d$) Außenblechen

Die Mindesteinbindetiefen betragen:

$t_{1,req} = (6{,}3 + \alpha/70) \cdot d$

Tafel 16.32 R_d von Bolzen 4.6 pro Scherfuge in kN bei Stahlblech-Holz-Verbindungen mit Innenblechen oder mit dicken Außenblechen im Standardfall

α	d in mm				
	10	12	16	20	24
0°	5,57	7,72	12,7	18,7	25,5
15°	5,49	7,60	12,5	18,4	24,9
30°	5,28	7,30	12,0	17,5	23,7
45°	5,03	6,94	11,3	16,5	22,3
60°	4,82	6,64	10,8	15,7	21,1
75°	4,68	6,44	10,5	15,2	20,4
90°	4,63	6,38	10,3	15,0	20,1

Für vom Standardfall abweichende Fälle ist R_d mit k^* (siehe Tafel 16.8b) zu multiplizieren.

Für $t < t_{req}$ muss der Bemessungswert der Tragfähigkeit ermittelt werden, indem die Werte R_d dieser Tafel mit t/t_{req} multipliziert werden.

Für den Standardfall Stahlblech-Holz-Verbindungen mit dünnen Außenblechen ($t_S \leq d/2$) siehe BTI-Tafel 9.40.

8.4 Nagelverbindungen

Allgemeines und Ausführungsregeln

Die Regelungen in diesem Abschnitt gelten für Nägel nach DIN EN 10230-1.

Schaftquerschnitt:	rund
Schaftform:	glatt, geraut, angerollt, gerillt
Kopfform:	runder Flachkopf, flacher Senkkopf mit oder ohne Einsenkung
Kopf-∅ d_k	$\geq 1{,}8\,d$

Auf Abscheren beanspruchte Verbindungen müssen aus mindestens zwei Nägeln bestehen.

Bei Einbindelängen $< 4\,d$ gilt für die der Nagelspitze nächstliegende Scherfuge: $R_d = 0$.

Standardfall für Holz-Holz-Nagelverbindungen

Bemessungswert der Tragfähigkeit R_d glattschaftiger Nägel mit rundem Querschnitt mit Einbindetiefen von mindestens $9 \cdot d$ (siehe [16.10])

nicht vorgebohrt: $R_d = 74 \cdot d^{1,65}$ in N pro Scherfuge

vorgebohrt: $R_d = 74 \cdot d^{1,78}$ in N pro Scherfuge

Für vom Standardfall abweichende Fälle ist R_d mit k^* (siehe Tafel 16.8b) zu multiplizieren.

Standardfall für Stahlblech-Holz-Nagelverbindungen

Der Bemessungswert der Tragfähigkeit R_d eines Nagels pro Scherfuge beträgt für glattschaftige runde Nägel und Einbindetiefen von mindestens $9 \cdot d$ nach [16.10]:

Innenbleche oder dicke Außenbleche		Dünne Außenbleche	
nicht vorgebohrt:	$R_d = 105 \cdot d^{1,65}$ in N	nicht vorgebohrt:	$R_d = 74 \cdot d^{1,65}$ in N
vorgebohrt:	$R_d = 105 \cdot d^{1,78}$ in N	vorgebohrt:	$R_d = 74 \cdot d^{1,78}$ in N

8.5 Holzschraubenverbindungen

Allgemeines und Ausführungsregeln

Holzschraubenverbindung

in vorgebohrten Hölzern und bei $d > 8$ mm: R_d nach den Regeln für SDü

in nicht vorgebohrten Hölzern sowie vorgebohrten Hölzern bei $d \leq 8$ mm: R_d nach den Regeln für Nä

Tragende Holzschraubenverbindungen müssen aus mindestens zwei Schrauben bestehen. Dies gilt nicht für die Befestigung von Schalungen, Latten (Trag- und Konterlatten) und Windrispen, auch nicht für die Befestigung von Sparren, Pfetten und dergleichen auf Bindern und Rähmen sowie von Querriegeln an Rahmenhölzern, wenn das gesamte Bauteil mit mindestens zwei Holzschrauben angeschlossen ist.

Verbindungsmittel Holzschraube

Genormte Holzschrauben	*Selbstbohrende Holzschrauben nach BAZ:*
nach DIN 571, DIN 96, DIN 97, DIN 7996 oder DIN 7997 jeweils mit Gewinde nach DIN 7998	Nennlänge ℓ_s bis zu 600 mm
Nenn-∅ d = Außen-∅ des Schraubengewindes	d bis zu 12 mm
$d_{min} = 4$ mm Kern-∅ $\approx 0{,}7d$	Teilgewinde und Vollgewinde
Gewindelänge $\ell_{ef} \geq 0{,}6\ \ell_s$	

Berechnung derTragfähigkeit auf Abscheren siehe BTI-Seite 9.45.

8.6 Tragfähigkeit auf Herausziehen

Nägel

In Schaftrichtung beanspruchte Nägel werden entsprechend ihrem Widerstand gegen Herausziehen in die Tragfähigkeitsklassen 1, 2 oder 3 und entsprechend ihrem Widerstand gegen Kopfdurchziehen in die Tragfähigkeitsklassen A, B oder C eingeteilt. Berechnung der Tragfähigkeit siehe BTI-Abschnitt 8.6.

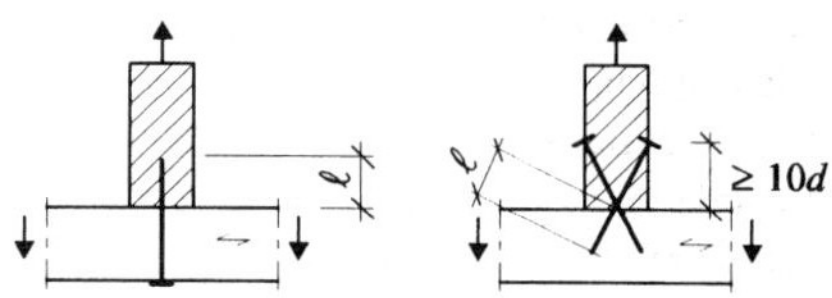

Holzschrauben

Holzschrauben werden entsprechend ihrem Widerstand gegen Herausziehen aus Nadelholz bei Beanspruchung in Schaftrichtung in die Tragfähigkeitsklassen 1, 2 oder 3 und entsprechend ihrem Widerstand gegen Kopfdurchziehen in die Tragfähigkeitsklassen A, B oder C eingeteilt. Berechnung der Tragfähigkeit siehe BTI-Abschnitt 8.6

9 Dübelverbindungen

Dübel besonderer Bauart sind zulässig für Verbindungen von VH, BSH, BASH und FSH ohne Querlagen. Für Verbindungen von LH dürfen nur Einlassdübel vom Typ A1 und B1 verwendet werden. Für Stahl-Holz-Verbindungen sind nur einseitige Dübel anwendbar. Alle Dübel müssen durch nachziehbare Bolzen aus Stahl mit Scheiben unter Kopf und Mutter gesichert werden. Ein Nachziehen kann unterbleiben, wenn die Holzfeuchte beim Einbau nicht mehr als fünf Prozentpunkte über der zu erwartenden mittleren Ausgleichsfeuchte liegt.

Tafel 16.33 Verbindungseinheiten

Fall	Verbindung von	Eine Verbindungseinheit besteht aus
1	Holz mit Holz	1 Dübel (Typ A1, C1, C3, C5 oder C10) + 1 Bo
2	Holz mit Holz	2 Dübeln (Typ C2/C2, C4/C4, oder C11/C11) + 1 Bo
3	Holz mit Stahl	1 Dübel (Typ B1, C2, C4 oder C11) + 1 Bo

Tafel 16.34 Dübel besonderer Bauart

Dübeltyp und Dübelform (⌀ 40 bis ⌀ 55; ⌀ 56 bis ⌀ 70; ⌀ 71 bis ⌀ 85; ⌀ 86 bis ⌀ 100; > 100)		Außendurchmesser bzw. Seitenlänge d_c mm	Dicke t mm	Einlass-/Einpresstiefe h_e mm	Durchmesser Mittelloch d_1 mm	Dübelfehlfläche ΔA mm²	Bolzendurchmesser min d_b mm	Bolzendurchmesser max d_b mm	Bemessungswert der Tragfähigkeit $R_{c,\alpha,d}$ im Standardfall α [1)] 0° kN	45° kN	90° kN
		65	5	15		980	12	24	11,3	9,55	8,27
		80	6	15		1200	12	24	15,4	13,0	11,2
		95	6	15		1430	12	24	19,9	16,7	14,3
A1	Ringdübel	126	6	15		1890	12	24	30,5	25,1	21,4
		128	8	15		2880	12	24	31,2	25,7	21,8
		160	10	22,5		3600	16	24	43,6	35,4	29,9
		190	10	22,5		4280	16	24	56,4	45,3	37,9
		65	5	15	13	980			11,3	9,55	8,27
		80	6	15	13	1200			15,4	13,0	11,2
B1	Scheibendübel	95	6	15	13	1430	d_1-1	d_1	19,9	16,7	14,3
		128	8	22,5	13	2880			31,2	25,7	21,8
		160	10	22,5	16,5	3600			43,6	35,4	29,9
		190	10	22,5	16,5	4280			56,4	45,3	37,9
		50	1,00	6,0		170		16	3,92		
		62	1,20	7,4		300		20	5,41		
	zweiseitige	75	1,25	9,1		420		24	7,19		
C1	Scheibendübel	95	1,35	11,3		670	10	30	10,3		
	mit Zähnen	117	1,50	14,3		1000		30	14,0		
		140	1,65	14,7		1240		30	18,3		
		165	1,80	15,6		1490		30	23,5		
		50	1,00	5,6		170			3,92		
	einseitige	62	1,20	7,5		300			5,41		
C2	Scheibendübel	75	1,25	9,2	2)	420	d_1-1	d_1	7,19		
	mit Zähnen	95	1,35	11,4		670			10,3		
		117	1,50	14,5		1000			14,0		
		50	3			460			5,44		
	zweiseitige	65	3			590			8,06		
C10	Scheibendübel	80	3	12		750	10	30	11,0		
	mit Dornen	95	3			900			14,2		
		115	3			1040			19,0		
		50	3		12,5	540			5,44		
	einseitige	65	3		16,5	710			8,06		
C11	Scheibendübel	80	3	12	20,5	870	d_1-1	d_1	11,0		
	mit Dornen	95	3		24,5	1070			14,2		
		115	3		24,5	1240			19,0		

1) Zwischenwerte dürfen linear interpoliert werden. 2) Siehe BTI-Tafel 9.48d.

Tafel 16.35 Gebräuchliche Dübel besonderer Bauart nach DIN EN 912

Einbau des Dübels	Dübel	Bezeichnung	Typ	Bisherige Bezeichnungen Typ	
eingelassen	zweiseitig	Ringdübel	A1	A	Appel
	einseitig	Scheibendübel	B1		
eingepresst	zweiseitig	Scheibendübel mit Zähnen	C1	C	Bulldog
	einseitig		C2		
Dornen eingepresst, Scheibe eventuell eingelassen	zweiseitig	Scheibendübel mit Dornen	C10	D	Geka
	einseitig		C11		

Der Bemessungswert der Tragfähigkeit für eine **Verbindungseinheit** berechnet sich zu:

$$R_{\mathrm{j},\alpha,\mathrm{d}} = \frac{R_{\mathrm{c},0,\mathrm{d}}}{(1{,}3 + 0{,}001 \cdot d_{\mathrm{c}}) \cdot \sin^2\alpha + \cos^2\alpha}$$ für Dübeltyp A1/B1

mit d_{c} in mm

$R_{\mathrm{j},\alpha,\mathrm{d}} = R_{\mathrm{c,d}} + R_{\mathrm{b},\alpha,\mathrm{d}}$ für Dübeltyp C1/C2/C10/C11

mit $R_{\mathrm{b},\alpha,\mathrm{d}}$ Bemessungswert der Tragfähigkeit des Bolzens (siehe Abschnitt Bolzenverbindung)

Abweichungen vom Standardfall

In DIN 1052:2004 sind Abweichungen von den Voraussetzungen des Standardfalls in der Weise geregelt, dass günstig wirkende Abweichungen höhere Bemessungswerte $R_{\mathrm{c},0,\mathrm{d}}$ bzw. $R_{\mathrm{c,d}}$ erlauben und durch ungünstig wirkende Abweichungen die Bemessungswerte abgemindert werden müssen. So darf z. B. für $\rho_{\mathrm{k}} > 350$ kg/m³ der Bemessungswert der Dübeltragfähigkeit für den Standardfall mit $\rho_{\mathrm{k}}/350 \leq 1{,}75$ multipliziert werden.

Beispiel: Zugstoß eines Zugstabes 100/120 mm VH C 24 mit zwei Laschen 80/120 VH C 24

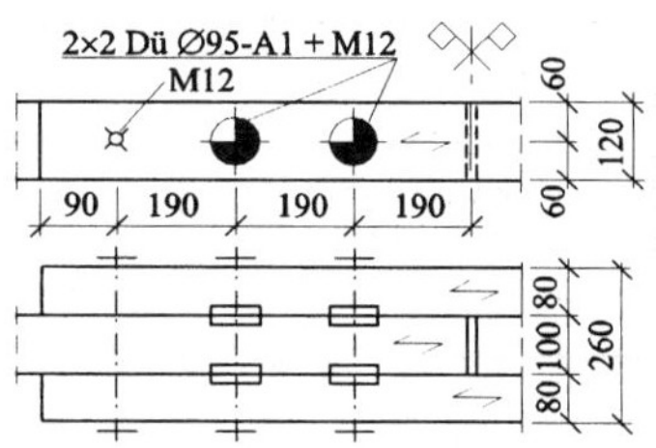

Zugkraft $F_{\mathrm{t,d}} = 75{,}0$ kN

KLED mittel NKL 2

VM: Ringdübel Ø 95 – Typ A1

$R_{\mathrm{c},0,\mathrm{d}} = 19{,}9$ kN nach Tafel 16.34

Erforderliche Dübelanzahl $n_{\mathrm{req}} = 75{,}0/19{,}9 = 3{,}8$

Gewählt: 4 Dü Ø 95 – A1 + 3 M12 + 6 Scheiben 58/6

Dübelabstände nach BTI-Tafel 9.49b:

$a_1 = a_{1,\mathrm{t}} = 2 \cdot 95 = 190$ mm gewählt: 190 mm

$a_{2,\mathrm{c(t)}} = 0{,}6 \cdot 95 = 57$ mm gewählt: 60 mm

Der zusätzliche Bolzen reduziert die Verkrümmung der Laschen infolge einseitiger Lasteinleitung (siehe Abschnitt 7.1.2). Ohne zusätzlichen Bolzen wäre die maximal mögliche Zugkraft

$$N_{\mathrm{e,d}} \cong 0{,}4 \cdot 6{,}9 \cdot 2 \cdot 80 \cdot 120 \cdot 10^{-3} = 53 \text{ kN}$$

10 Kontaktverbindungen

10.1 Auflager- und Schwellendruck

In [16.12] werden die Hintergründe der nachfolgenden Bemessungsregeln erläutert. Für die praktische Anwendung sind vor allem Auflager- und Schwellendruck zu unterscheiden, siehe Bild. In beiden Fällen darf der Einhängeeffekt in Faserrichtung berücksichtigt werden. Dies erfolgt durch die rechnerische

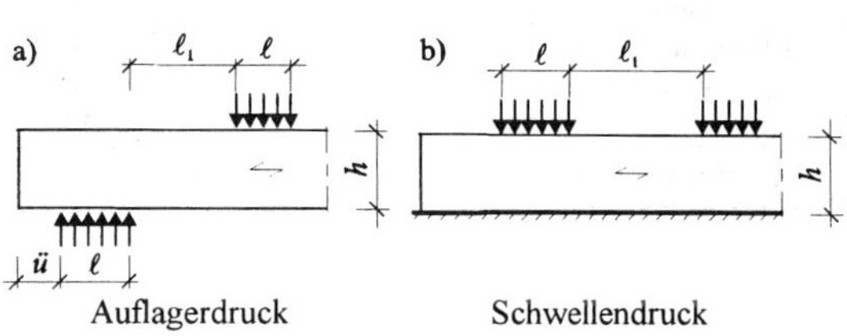

Verlängerung der Kontaktlänge um jeweils 30 mm und ergibt somit die wirksame Querdruckfläche

$A_{ef} = b \cdot (\ell + 2 \cdot 30\ \text{mm}) \leq 3 \cdot \ell \cdot b$ für $ü \geq 30$ mm

$A_{ef} = b \cdot (\ell + 30\ \text{mm} + ü) \leq 3 \cdot \ell \cdot b$ für $ü < 30$ mm mit b Breite der Querdruckfläche

Die Querdruckspannung berechnet sich damit zu $\sigma_{c,90,d} = F_{c,90,d} / A_{ef}$

Meistens sind wegen der geringen Steifigkeit des Holzes rechtwinklig zur Faserrichtung die Verformungen für die Begrenzung der übertragbaren Kraft maßgebend. Vereinfacht wird aber der Nachweis der Eindrückungen als Tragfähigkeitsnachweis geführt, indem mit dem Querdruckbeiwert $k_{c,90}$ der Bemessungswert der Querdruckfestigkeit, der den Teilsicherheitsbeiwert $\gamma_M = 1{,}3$ enthält, angepasst wird.

Der Querdrucknachweis lautet somit $\dfrac{\sigma_{c,90,d}}{k_{c,90} \cdot f_{c,90,d}} \leq 1$ mit $k_{c,90}$ nach Tafel 16.36a.

Tafel 16.36a Querdruckbeiwert $k_{c,90}$

Baustoff	$\ell_1 < 2 \cdot h$	$\ell_1 \geq 2 \cdot h$ Auflagerdruck $\ell \leq 400$ mm	$\ell_1 \geq 2 \cdot h$ Schwellendruck	
VH aus NH		1,5	1,25	*) Für $\ell > 400$ mm darf man mit $\ell = 400$ mm und $k_{c,90} = 1{,}75$ rechnen.
VH aus LH	1,0	1,0	1,0	ℓ_1 ist der lichte Abstand zwischen den Querdruckflächen infolge Einzellasten.
BSH aus NH		1,75*)	1,5	

10.2 Versätze

Tafel 16.36b Bemessungswert der Tragfähigkeit R_d des Versatzes in N mit Holzbreite b und Versatztiefe t_V in mm im Standardfall

Stirnversatz (S)	Brustversatz (B)	Fersenversatz (F)
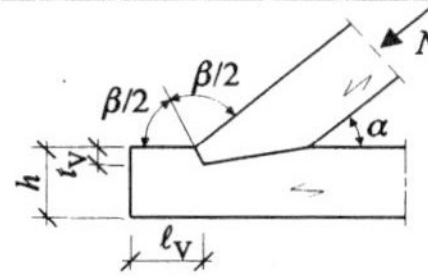	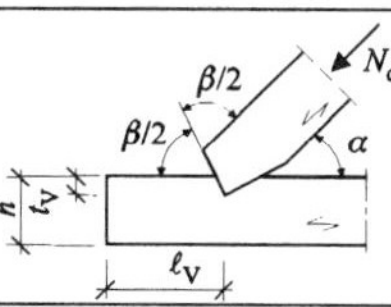	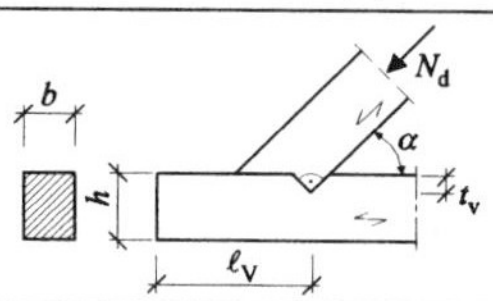
$R_{S,d} = k_{SB} \cdot b \cdot t_V$	$R_{B,d} = k_{SB} \cdot b \cdot t_V$	$R_{F,d} = k_F \cdot b \cdot t_V$

Tafel 16.36c Beiwerte k_{SB} für Stirn- und Brustversatz und k_F für Fersenversatz in N/mm²

α	k_{SB} für C 24	k_{SB} für C 30	k_{SB} für D 30	k_F für C 24	k_F für C 30	k_F für D 30
15°	10,98	11,66	13,1	8,18	8,4	10,9
20°	10,04	10,52	12,5	6,99	7,15	9,88
25°	9,19	9,54	11,9	6,20	6,32	9,18
30°	8,47	8,73	11,3	5,71	5,82	8,80
35°	7,90	8,10	10,9	5,43	5,54	8,73
40°	7,44	7,60	10,5	5,32	5,46	8,95
45°	7,10	7,24	10,3	5,38	5,54	9,50
50°	6,85	6,97	10,1	5,59	5,80	10,4
55°	6,68	6,80	10,1	5,99	6,25	11,9
60°	6,59	6,72	10,2	6,64	6,98	14,2
65°	6,57	6,70	10,4	7,65	8,09	17,7

Für vom Standardfall abweichende NKL oder KLED ist R_d nach Tafel 16.36b mit k^* nach Tafel 16.8b zu multiplizieren.

Nachweis

Stirnversatz: $\frac{N_d}{R_{S,d}} \leq 1$	**Brustversatz:** $\frac{N_d}{R_{B,d}} \leq 1$	**Fersenversatz:** $\frac{N_d}{R_{F,d}} \leq 1$

Konstruktive Regeln für die Versatztiefe

Strebenneigungswinkel α	$\leq 50°$	$50° < \alpha < 60°$	$\geq 60°$	Bei zweiseitigem Versatz-einschnitt: $t_V \leq h/6$
Versatztiefe t_V	$\leq h/4$	$\leq h \cdot \left(\frac{2}{3} - \frac{\alpha°}{120°}\right)$	$\leq h/6$	

Vorholzlänge

Für den Nachweis rechnerisch ansetzbare Vorholzlänge: $\ell_V \leq 8 \cdot t_V$

Auszuführende Mindest-Vorholzlänge: 200 mm

Für NH im Standardfall: $\ell_V \geq 813 \cdot N_d \cdot \cos\alpha / b$ in mm

Für LH D 30 im Standardfall: $\ell_V \geq 542 \cdot N_d \cdot \cos\alpha / b$ in mm

mit

N_d Strebenkraft in kN,

b Breite der Versatzfläche in mm

Für vom Standardfall abweichende NKL oder KLED sind die Vorholzlängen des Standardfalles durch den Beiwert k^* nach Tafel 16.8b zu dividieren.

Lagesicherung ist erforderlich.

Beispiel:

$N_d = 50{,}0$ kN

KLED kurz $\rightarrow k^* = 1{,}125$

NKL 2

Material: VH C 24

$k^* \cdot k_{SB} = 1{,}125 \cdot 7{,}10 = 7{,}99$ nach Tafel 16.36c

$R_{S,d} = 7{,}99 \cdot 140 \cdot 45 \cdot 10^{-3} = 50{,}3 \text{ kN} > 50{,}0 \text{ kN}$

$$\ell_V = 250 \text{ mm} \geq \frac{813 \cdot 50{,}0 \cdot \cos 45°}{1{,}125 \cdot 140} = 183 \text{ mm}$$

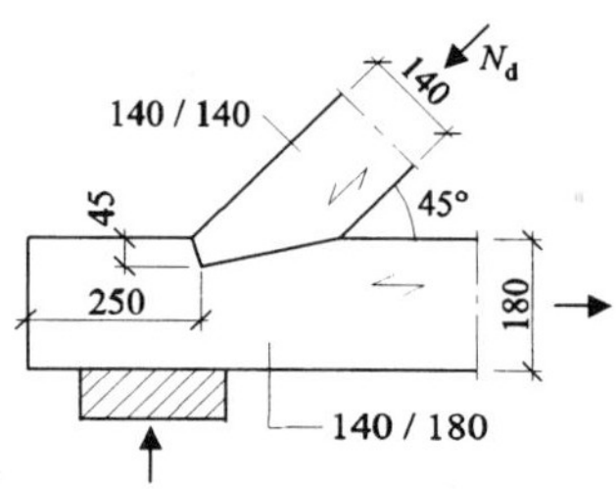

11 Klebverbindungen

11.1 Nachweis der Eignung zum Kleben

Der Hersteller geklebter Verbindungen muss im Besitz des jeweils erforderlichen Nachweises der Eignung zum Kleben von tragenden Holzbauteilen sein. Die Bescheinigungen für diesen Nachweis sind nach Qualifikation und möglichen Zusatzqualifikationen des Betriebes in die Bescheinigungen A, B und C unterteilt, die im Anhang A zur DIN 1052:2004 aufgelistet sind. Die Qualifikationen sind im Einzelnen:

- Herstellung von BSH
- Geklebte Verbundbauteile aus BSH
- Aufgeklebte Verstärkungen
- Schäftungsverbindungen
- Keilzinkungen in Lamellen für BSH
- Eingeklebte Stahlstangen
- Geklebte Holztafeln für Holzhäuser in Tafelbauart
- Flächenklebungen für Balkenschichtholz
- Universal-Keilzinkenverbindungen in BSH und BASH
- Bauprodukte und Bauarten mit BAZ
- Keilzinkungen in einteiligen Querschnitten aus VH mit Dicken über 45 mm.

11.2 Eingeklebte Stahlstäbe

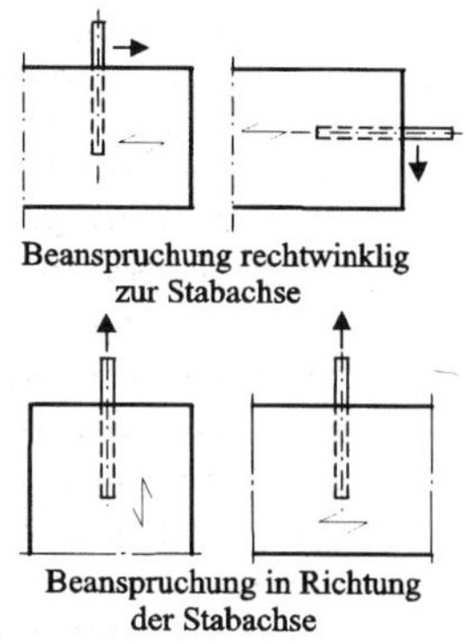

Allgemeines

Stahlstäbe dürfen in VH, BSH, BASH und FSH eingeklebt werden.

Stahlstäbe:

- Gewindestangen (Gewindebolzen mit metrischem Gewinde nach DIN 976-1)
- Betonrippenstähle nach DIN 488-1

Nenn-∅ d von 6 mm bis 30 mm.

Zur Berechnung der Tragfähigkeit eingeklebter Stahlstäbe siehe BTI-Abschnitt 11.2.

11.3 Universal-Keilzinkenverbindungen

Universal-Keilzinkenverbindungen von BSH müssen die Anforderungen nach DIN EN 387 erfüllen.

Die Verwendung ist in den Nutzungsklassen 1 und 2 zulässig.

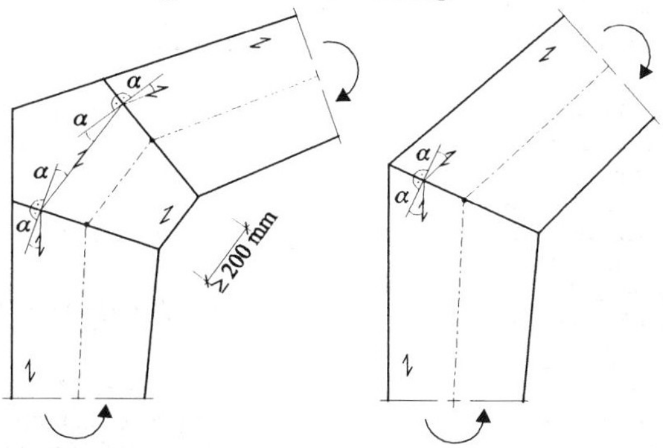

11.4 Verbundbauteile aus BS-Holz

Die Einsatzmöglichkeiten von Verbundbauteilen aus Brettschichtholz liegen bisher im Brückenbau, wobei eine direkte Bewitterung des blockverklebten Brettschichtholzes zu vermeiden ist. Die bisherigen Erfahrungen gewährleisten nur für die Nutzungsklassen 1 und 2 eine Dauerhaftigkeit der Blockfugen und die Vermeidung von unverträglicher Rissbildung infolge Eigenspannungen aus ungleichmäßiger Holzfeuchteverteilung.

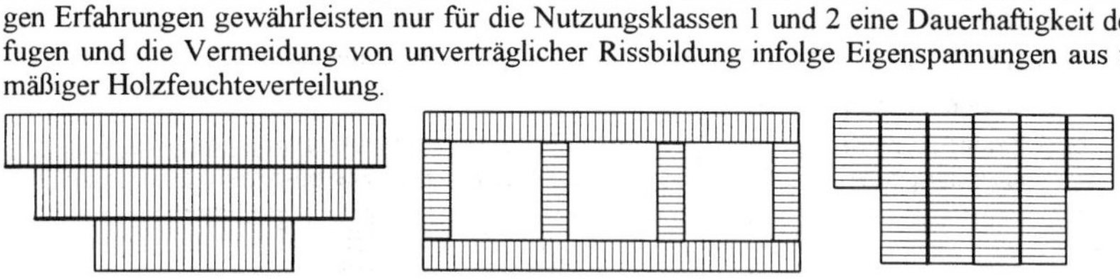

Beispiele für Verbundbauteile aus BSH

12 Verstärkungen

Allgemeine Regeln zur Berechnung und Ausführung von Verstärkungen des Holzes bei Beanspruchung auf Zug rechtwinklig zur Faserrichtung:

- Die Zugfestigkeit des Holzes rechtwinklig zur Faserrichtung wird bei der Ermittlung der Beanspruchungen der Verstärkungen nicht berücksichtigt.
- Stahlstäbe als innen liegende Verstärkungen sind:
  - eingeklebte Gewindebolzen nach DIN 976-1,
  - eingeklebte Betonrippenstähle nach DIN 488-1,
  - Holzschrauben mit einem Gewinde über die gesamte Schaftlänge.
- Außen liegende Verstärkungen sind:
  - aufgeklebtes Sperrholz,
  - aufgeklebtes Furnierschichtholz,
  - aufgeklebte Bretter,
  - eingepresste Nagelplatten.
- Querschnittsschwächung durch innen liegende Verstärkungen ist in zugbeanspruchten Querschnittsteilen zu berücksichtigen.
- Verstärkte Bauteile sind auch in NKL 3 zulässig.

Gekrümmte Träger und Satteldachträger aus Brettschichtholz

Die bisherigen konstruktiven Regeln für die Ausführung der Verstärkungen von Ausklinkungen und Durchbrüchen sind in DIN 1052:2004 durch Tragfähigkeitsnachweise und die Einsatzmöglichkeiten von eingeklebten Stahlstäben und von Vollgewindeschrauben ergänzt worden. Auch für die Verstärkung von Queranschlüssen stehen Bemessungsregeln zur Verfügung.

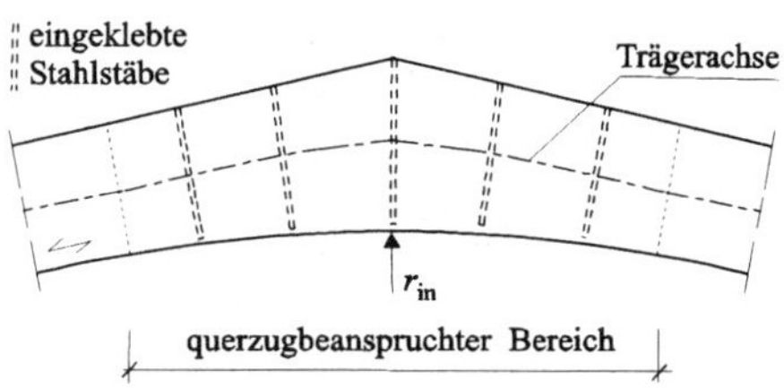

Gekrümmte Träger und Satteldachträger aus BSH sind mit einer konstruktiven Verstärkung zur Aufnahme klimatisch bedingter Querzugspannungen herzustellen, wenn die rechnerischen Querzugspannungen aus äußerer Belastung 60 % des Bemessungswertes der Festigkeit überschreiten. Detaillierte Berechnungsregeln sind im BTI-Abschnitt 12.3 enthalten.

13 Aussteifungen

Aussteifungen dienen der

- Aufnahme und Weiterleitung horizontaler Einwirkungen auf die Tragkonstruktion
- Stabilisierung knick- oder kippgefährdeter Bauteile.

Bei Holzkonstruktionen mit ihren geringen Eigenlasten im Verhältnis zu den aufnehmbaren veränderlichen Einwirkungen kommt den Aussteifungskonstruktionen eine besondere Bedeutung zu.

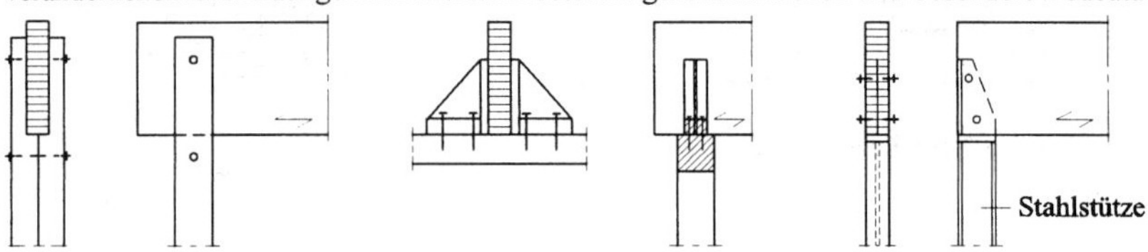

Gabellagerungen für Hallenbinder

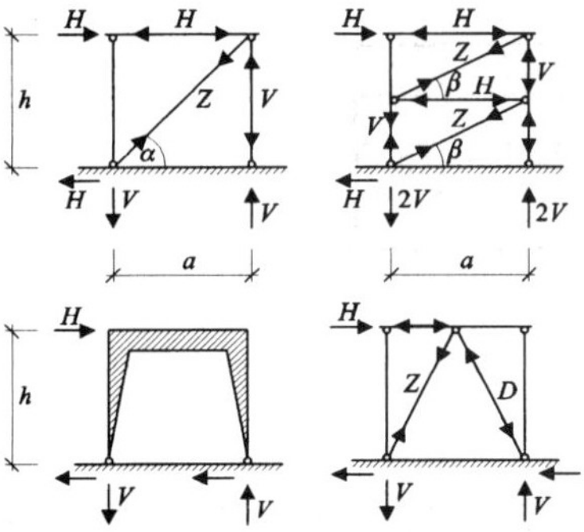

Wandaussteifungen

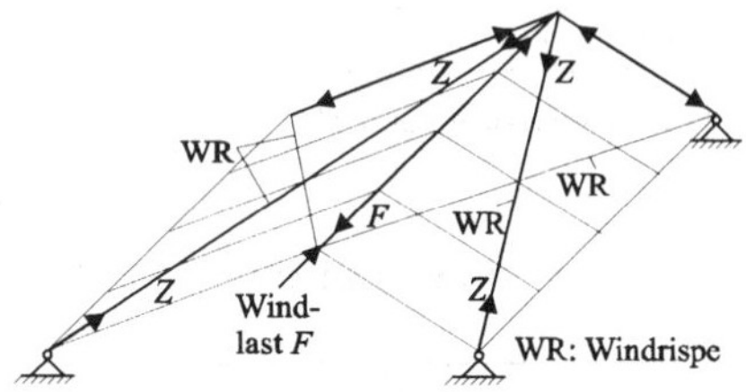

Aussteifung von Hausdächern

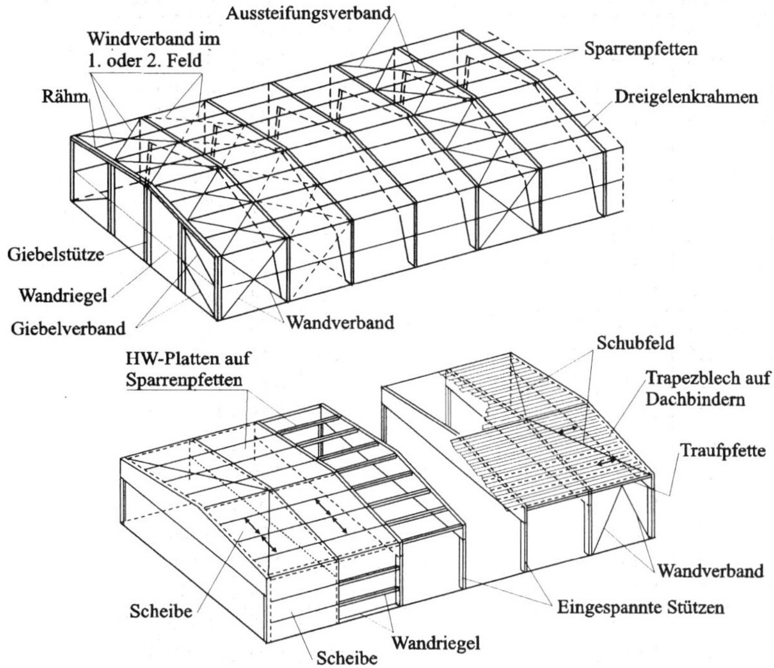

Aussteifung von Hallenkonstruktionen

14 Querschnitte

Dachlatten aus NH nach DIN 4070-1 (g mit 5,0 kN/m^3)

d/b mm/mm	A mm^2	g kN/m	W_y mm^3	I_y mm^4	W_z mm^3	I_z mm^4	i_y mm	i_z mm
24/48	1150	0,0058	9220	221 000	4610	55 300	13,9	6,94
30/50	1500	0,0075	12 500	313 000	7500	113 000	14,5	8,67
40/60	2400	0,0120	24 000	720 000	16 000	320 000	17,3	11,6

Ungehobelte Bretter und Bohlen aus NH nach DIN 4071-1

Brettdicke *d*	mm	16	18	22	24	28	38
Bohlendicke *d*	mm	44	48	50	63	70	75
Breite[1)] *b* (Auswahl)	mm	80..(20)..140, 150, 160..(20)..300					

[1)] Parallel besäumt.

Rechteckquerschnitte aus BSH

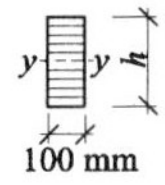

b = **100 mm** (Zahlenwerte gerundet.)

h mm	A 10^2 mm^2	g_k kN/m	W_y 10^3 mm^3	I_y 10^4 mm^4	i_y mm	h mm	A 10^2 mm^2	g_k kN/m	W_y 10^3 mm^3	I_y 10^4 mm^4	i_y mm
300	300	0,15	1 500	22 500	86,7	900	900	0,45	13 500	607 500	260
320	320	0,16	1 710	27 300	92,4	920	920	0,46	14 110	648 900	266
340	340	0,17	1 930	32 800	98,1	940	940	0,47	14 730	692 200	271
360	360	0,18	2 160	38 900	104	960	960	0,48	15 360	737 300	277
380	380	0,19	2 410	45 700	110	980	980	0,49	16 010	784 300	283
400	400	0,20	2 670	53 300	116	1000	1000	0,50	16 670	833 300	289
420	420	0,21	2 940	61 700	121	1020	1020	0,51	17 340	884 300	294
440	440	0,22	3 230	71 000	127	1040	1040	0,52	18 030	937 400	300
460	460	0,23	3 530	81 100	133	1060	1060	0,53	18 730	992 500	306
480	480	0,24	3 840	92 200	139	1080	1080	0,54	19 440	1 050 000	312
500	500	0,25	4 170	104 200	144	1100	1100	0,55	20 170	1 109 000	318
520	520	0,26	4 510	117 200	150	1120	1120	0,56	20 910	1 171 000	323
540	540	0,27	4 860	131 200	156	1140	1140	0,57	21 660	1 235 000	329
560	560	0,28	5 230	146 300	162	1160	1160	0,58	22 430	1 301 000	335
580	580	0,29	5 610	162 600	167	1180	1180	0,59	23 210	1 369 000	341
600	600	0,30	6 000	180 000	173	1200	1200	0,60	24 000	1 440 000	346
620	620	0,31	6 410	198 600	179	1220	1220	0,61	24 810	1 513 000	352
640	640	0,32	6 830	218 500	185	1240	1240	0,62	25 630	1 589 000	358
660	660	0,33	7 260	239 600	191	1260	1260	0,63	26 460	1 667 000	364
680	680	0,34	7 710	262 000	196	1280	1280	0,64	27 310	1 748 000	370
700	700	0,35	8 170	285 800	202	1300	1300	0,65	28 170	1 831 000	375
720	720	0,36	8 640	311 000	208	1320	1320	0,66	29 040	1 917 000	381
740	740	0,37	9 130	337 700	214	1340	1340	0,67	29 930	2 005 000	387
760	760	0,38	9 630	365 800	219	1360	1360	0,68	30 830	2 096 000	393
780	780	0,39	10 140	395 500	225	1380	1380	0,69	31 740	2 190 000	398
800	800	0,40	10 670	426 700	231	1400	1400	0,70	32 670	2 287 000	404
820	820	0,41	11 210	459 500	237	1420	1420	0,71	33 610	2 386 000	410
840	840	0,42	11 760	493 900	243	1440	1440	0,72	34 560	2 488 000	416
860	860	0,43	12 330	530 000	248	1460	1460	0,73	35 530	2 593 000	421
880	880	0,44	12 910	567 900	254	1480	1480	0,74	36 510	2 701 000	427

Beispiel: BSH-Träger 180/700: A, g, W_y, I_y = 1,8 · Tafelwert

z. B. $W_y = 1{,}8 \cdot 8170 \cdot 10^3 = 14\,706 \cdot 10^3$ mm^3

Kanthölzer nach DIN 4070-2 (Auswahl), g mit 5,0 kN/m³ berechnet

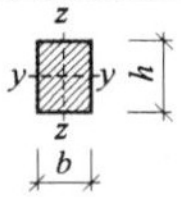

■ Konstruktionsvollholz (KVH) ▲ auch als KVH erhältlich

Zahlenwerte gelten zum Zeitpunkt des Einschnitts bei ca. 20 % Holzfeuchte (ausgenommen KVH mit der Holzfeuchte 15 % ± 3 %).

b/h	A	g	W_y	I_y	W_z	I_z	i_y	i_z
mm/mm	10^2 mm²	kN/ m	10^3 mm³	10^4 mm⁴	10^3 mm³	10^4 mm⁴	mm	mm
▲ 60/60	36	0,018	36	108	36	108	17,3	17,3
▲ 60/80	48	0,024	64	256	48	144	23,1	17,3
▲ 60/100	60	0,030	100	500	60	180	28,9	17,3
■ 60/120	72	0,036	144	864	72	216	34,6	17,3
■ 60/140	84	0,042	196	1372	84	252	40,4	17,3
■ 60/160	96	0,048	256	2048	96	288	46,2	17,3
■ 60/180	108	0,054	324	2916	108	324	52,0	17,3
■ 60/200	120	0,060	400	4000	120	360	57,7	17,3
▲ 60/220	132	0,066	484	5324	132	396	63,6	17,3
■ 60/240	144	0,072	576	6910	144	432	69,4	17,3
▲ 80/80	64	0,032	85	341	85	341	23,1	23,1
▲ 80/100	80	0,040	133	667	107	427	28,9	23,1
■ 80/120	96	0,048	192	1152	128	512	34,6	23,1
■ 80/140	112	0,056	261	1829	149	597	40,4	23,1
■ 80/160	128	0,064	341	2731	171	683	46,2	23,1
▲ 80/180	144	0,072	432	3888	192	768	52,0	23,1
■ 80/200	160	0,080	533	5333	213	853	57,7	23,1
▲ 80/220	176	0,088	645	7099	235	939	63,5	23,1
■ 80/240	192	0,096	768	9216	256	1024	69,4	23,1
▲ 100/100	100	0,050	167	833	167	833	28,9	28,9
■ 100/120	120	0,060	240	1440	200	1000	34,6	28,9
▲ 100/140	140	0,070	327	2287	233	1167	40,4	28,9
▲ 100/160	160	0,080	427	3413	267	1333	46,2	28,9
▲ 100/180	180	0,090	540	4860	300	1500	52,0	28,9
■ 100/200	200	0,100	667	6667	333	1667	57,7	28,9
▲ 100/220	220	0,110	807	8873	367	1833	63,5	28,9
▲ 100/240	240	0,120	960	11 520	400	2000	69,3	28,9
■ 120/120	144	0,072	288	1728	288	1728	34,6	34,6
120/140	168	0,084	392	2744	336	2016	40,4	34,6
▲ 120/160	192	0,096	512	4096	384	2304	46,2	34,6
■ 120/200	240	0,120	800	8000	480	2880	57,7	34,6
■ 120/240	288	0,144	1152	13 824	576	3456	69,3	34,6
▲ 140/140	196	0,098	457	3201	457	3201	40,4	40,4
140/160	224	0,112	597	4779	523	3659	46,2	40,4
▲ 140/200	280	0,140	933	9333	652	4573	57,7	40,4
▲ 140/240	336	0,168	1344	16 128	784	5488	69,3	40,4
160/160	256	0,128	683	5461	683	5461	46,2	46,2
160/180	288	0,144	864	7776	768	6144	52,0	46,2
160/200	320	0,160	1067	10 667	853	6827	57,7	46,2
180/180	324	0,162	972	8748	972	8748	52,0	52,0
180/220	396	0,198	1452	15 972	1188	10 692	63,5	52,0
200/200	400	0,200	1333	13 333	1333	13 333	57,7	57,7
200/240	480	0,240	1920	23 040	1600	16 000	69,3	57,7
220/220	484	0,242	1775	19 520	1775	19 520	63,5	63,5
240/240	576	0,288	2304	27 648	2304	27 648	69,3	69,3

16 B Holzbau nach DIN 1052:1988

I Bezeichnungen und Abkürzungen

A_n	Nettoquerschnitt	HFH	Harte Holzfaserplatte	‖ Pl	In Plattenebene
BAZ	Bauaufsichtl. Zulassung	HFM	Mittelharte Holzfaserplatte	⊥ Pl	Rechtwinklig zur Plattenebene
BFU	Bau-Furniersperrholz DIN 68 705	HW	Holzwerkstoff	Ri	Richtung
Bo	Bolzen	Kl	Klammer	RNa	Rillennagel
BSH	Brettschichtholz	Kr	Kraft, Kraftrichtung	S	Sortierklasse
Fa	Faser, Faserrichtung	KVH	Konstruktionsvollholz	SDü	Stabdübel
‖ Fa	In Faserrichtung	LH	Laubholz	SNa	Schraubnagel
⊥ Fa	Rechtw. zur Faserrichtung	MS	Sortierklasse für maschinelle Sortierung	Sr	Holzschraube
FP	Flachpressplatte DIN 68 763	Na	Nagel	vb	Vorgebohrt
G	Schubmodul	NH	Nadelholz	VH	Vollholz
		PB	Passbolzen	VM	Verbindungsmittel

Lasten und Schnittgrößen (s. a. Hinweise in den Abschnitten)

g	Eigenlast, ständige Last	p	Verkehrslast	q	Gesamtlast
N	Längskraft	M	Biegemoment	Q	Querkraft

1 Berechnungsgrundlagen

1.1 Elastizitäts- und Schubmoduln (DIN 1052-1 und DIN 1052-1/A1)

Tafel 16.43a Rechenwerte für Elastizitäts- und Schubmoduln in MN/m² für Vollholz⁶⁾ ($u \leq 20$ %)

Modul	NH, Sortierklasse nach DIN 4074-1[1)]					LH, mittlere Güte[4)]		
	S 7/MS 7	S 10/MS 10	S 13	MS 13	MS 17	Gruppe A	Gruppe B	Gruppe C
$E_{\parallel}$	8000	10 000[2) 3)]	10 500[2) 3)]	11 500[2)]	12 500[2)]	12 500	13 000	17 000[5)]
$E_{\perp}$	250	300	350	350	400	600	800	1200[5)]
G	500	500	500	550	600	1000	1000	1000[5)]
G_T	330	330	330	360	360	400	660	660[5)]

NH: Fichte (FI), Kiefer (KI), Tanne (TA), Lärche (LA), Douglasie (DG), Southern Pine (PIR),Western Hemlock (HEM), Yellow Cedar

LH: Gruppe A: Eiche (EI), Buche (BU), Teak (TEK), Keruing (YAN)
Gruppe B: Afzelia (AFZ), Merbau (MEB), Angelique (AGQ)
Gruppe C: Azobé (Bongossi) (AZO), Greenheart (GRE)

1) Den Sortierklassen S 7, S 10 und S 13 entsprechen die Güteklassen III, II und I nach DIN 4074-2.
2) Für Holz, das mit einer Holzfeuchte ≤ 15 % eingebaut wird, dürfen für Durchbiegungsberechnungen die Werte um 10 % erhöht werden.
3) Für Baurundholz: $E_{\parallel} = 12\,000$ MN/m².
4) Mindestens Sortierklasse S 10 im Sinne von DIN 4074-1 bzw. Güteklasse II im Sinne von DIN 4074-2.
5) Diese Werte gelten unabhängig von der Holzfeuchte.
6) Auch für Konstruktionsvollholz (KVH) aus NH S 10, siehe [16.1].

Die Rechenwerte sind bei allseitiger Bewitterung um 1/6, bei dauernder Durchfeuchtung um 1/4 abzumindern.

Tafel 16.43b Rechenwerte für Elastizitäts- und Schubmoduln in MN/m² für BSH aus NH

Festigkeitsklasse	BS 11	BS 14	BS 16	BS 18
Sortierklasse der Lamellen	S 10/MS 10	S 13	MS 13	MS 17
Beanspruchungsart				
Biegung $E_{\parallel}$	11 000	11 000[1)]	12 000[1)]	13 000[1)]
Zug und Druck $E_{\parallel}$	11 000	12 000	13 000	14 000
Zug und Druck $E_{\perp}$	350	400	400	450
Schub und Torsion G, G_T	550	600	650	700

1) Erhöhung um 1000 MN/m², wenn in den äußeren Sechsteln der Zug- und Druckzone des Biegeträgers die zugehörige Sortierklasse, im übrigen Bereich mindestens die nächst niedrigere Sortierklasse verwendet wird.

Die Rechenwerte sind bei allseitiger Bewitterung um 1/6, bei dauernder Durchfeuchtung um 1/4 abzumindern.

Tafel 16.44a Rechenwerte[1] für Elastizitäts- und Schubmoduln in MN/m² für FP nach DIN 68 763

Beanspruchungsart		Flachpressplatten nach DIN 68 763 Plattendicke in mm					
		≤ 13	> 13 – 20	> 20 – 25	> 25 – 32	> 32 – 40	> 40 – 50
Biegung ⊥ Pl	E_B	3200	2800	2400	2000	1600	1200
	G	200			100		
Biegung ∥ Pl	E_B	2200	1900	1600	1300	1000	800
	G	1100	1000	850	700	550	450
Druck, Zug ∥ Pl	$E_{D,Z}$	2200	2000	1700	1400	1100	900

[1] Größere Werte dürfen verwendet werden, sofern nachgewiesen.

Tafel 16.44b Rechenwerte für Elastizitäts- und Schubmoduln in MN/m² für BFU nach DIN 68 705-3 und BFU-BU nach DIN 68 705-5

Beanspruchungsart		*E*-Modul ∥ Fa Lagenanzahl 3	*E*-Modul ∥ Fa Lagenanzahl ≥ 5	*E*-Modul ⊥ Fa Lagenanzahl 3	*E*-Modul ⊥ Fa Lagenanzahl ≥ 5	*G*-Modul ≥ 3
Biegung ⊥ Pl	E_B	8000	5500	400	1500	250 (400)
Biegung ∥ Pl / Zug, Druck	E_B / $E_{D,Z}$	4500		1000	2500	500 (700)

Größere Werte dürfen verwendet werden, sofern nachgewiesen.
E-Moduln um 1/5 abmindern bei BFU aus Okumé und Pappel.
Werte in ( ) für BFU-BU nach DIN 68 705-5.
Klassenspezifische *E*-Moduln für BFU-BU nach Beiblatt 1 zu DIN 68 705-5.

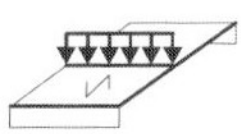
⊥ Pl ∥ Fa

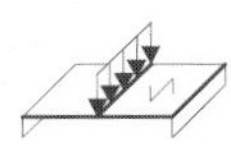
⊥ Pl ⊥ Fa

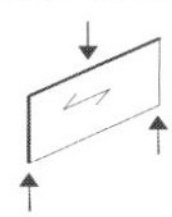
∥ Pl ∥ Fa

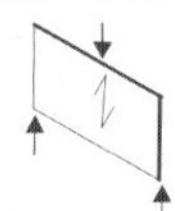
∥ Pl ⊥ Fa

E- und *G*-Werte für BFU und FP sind bei Plattenfeuchten von > 18 % über mehrere Wochen abzumindern, um 1/4 bei BFU 100G und um 1/3 bei FP V100G.

1.2 Gleichgewichtsfeuchten und Rechenwerte der Schwind- und Quellmaße

Tafel 16.44c Mittlere Gleichgewichtsfeuchten in %

Exposition	Bauwerk geschlossen mit Heizung	Bauwerk geschlossen ohne Heizung	Bauwerk offen, überdeckt	Konstruktion der Witterung ausgesetzt
Mittl. Gleichgewichtsfeuchten	9 ± 3	12 ± 3	15 ± 3	18 ± 6

Tafel 16.44d Rechenwerte der Schwind- und Quellmaße in % je 1 % Holzfeuchteänderung

VH und BSH aus NH, EI ⊥ Faser	BU, YAN, AGQ, GRE ⊥ Faser	TEK, AFZ, MEB ⊥ Faser	AZO ⊥ Faser	BFU in Plattenebene	FP in Plattenebene
0,24	0,3	0,2	0,36	0,02	0,035

Werte gelten für Holzfeuchten unterhalb des Fasersättigungsbereiches.
Bei behinderter Schwindung oder Quellung dürfen die Tabellenwerte halbiert werden.
Schwinden und Quellen ∥ zur Faser (≈ 0,01) oder in Plattenebene bleibt normalerweise unberücksichtigt.

1.3 Lasten und Lastfälle (DIN 1052-1, 6.2)

Auf ein Tragwerk einwirkende Lasten nach DIN 1055 werden eingeteilt in:

Hauptlasten (H): ständige Lasten, Verkehrslasten einschließlich Schneelasten, freie Massenkräfte von Maschinen, Seitenlasten aus Hauptlasten nach Abschnitt 4.4

Zusatzlasten (Z): Windlasten, Bremskräfte und waagerechte Seitenkräfte (z. B. von Kranen), Zwängungen aus Temperatur- und Feuchteänderungen, Seitenlasten aus Zusatzlasten nach Abschnitt 4.4, Personenlast nach DIN 1055-3

Sonderlasten (S): waagerechte Stoßlasten und Erdbebenlasten

Man unterscheidet die Lastfälle:
Lastfall H Summe der ungünstig wirkenden Hauptlasten
Lastfall HZ Summe der ungünstig wirkenden Haupt- und Zusatzlasten

Wird ein Bauteil, abgesehen von seiner Eigenlast, nur durch Zusatzlasten beansprucht, so gilt die größte davon als Hauptlast.

1.4 Zulässige Spannungen (DIN 1052-1, 5 und DIN 1052-1/A1)

Tafel 16.45a Zulässige Spannungen für Vollholz[6] in MN/m² im Lastfall H

Art der Beanspruchung		Vollholz aus NH (Holzarten siehe Tafel 16.43a) Sortierklasse nach DIN 4074-1[1]					Vollholz aus LH (Holzarten s. Taf. 16.43a) Holzartgruppe		
		S 7 MS 7	S 10 MS 10	S 13	MS 13	MS 17	A mittlere Güte[2]	B mittlere Güte[2]	C mittlere Güte[2]
Biegung	zul σ_B	7	10	13	15	17	11	17	25
Zug	zul $\sigma_{Z\parallel}$	0[3]	7	9	10	12	10	10	15
Zug	zul $\sigma_{Z\perp}$	0[3]	0,05	0,05	0,05	0,05	0,05	0,05	0,05
Druck	zul $\sigma_{D\parallel}$	6	8,5	11	11	12	10	13	20
Druck	zul $\sigma_{D\perp}$	2 2,5[4]	2 2,5[4]	2 2,5[4]	2,5 3[4]	2,5 3[4]	3 4[4]	4 -	8 -
Abscheren	zul τ_a	0,9	0,9	0,9	1	1	1	1,4	2
Schub aus Q	zul τ_Q	0,9	0,9	0,9	1	1	1	1,4	2
Torsion[5]	zul τ_T	0	1	1	1	1	1,6	1,6	2

[1] Den Sortierklassen S 7, S 10 und S 13 entsprechen die Güteklassen III, II und I von DIN 4074-2.
[2] Mindestens Sortierklasse S 10 nach DIN 4074-1 bzw. Güteklasse II nach DIN 4074-2.
[3] Für MS 7 gilt: zul $\sigma_{Z\parallel} = 4$ MN/m² und zul $\sigma_{Z\perp} = 0{,}05$ MN/m².
[4] Bei Anwendung dieser Werte ist mit größeren Eindrückungen zu rechnen, die erforderlichenfalls konstruktiv zu berücksichtigen sind. Bei Anschlüssen mit verschiedenen VM diese Werte nicht anwenden.
[5] Für Kastenquerschnitte sind die Werte für Schub aus Q einzuhalten.
[6] Auch für Konstruktionsvollholz (KVH) aus NH S 10, siehe [16.1].

Tafel 16.45b Zulässige Spannungen für BSH in MN/m²

Art der Beanspruchung		BSH aus NH			
		BS 11	BS 14	BS 16	BS 18
		Sortierklasse[1] der Lamellen			
		S 10/MS 10	S 13	MS 13	MS 17
Biegung	zul σ_B	11	14	16	18
Zug	zul $\sigma_{Z\parallel}$	8,5	10,5	11	13
Zug	zul $\sigma_{Z\perp}$	0,2	0,2	0,2	0,2
Druck	zul $\sigma_{D\parallel}$	8,5	11	11,5	13
Druck	zul $\sigma_{D\perp}$	2,5 3[2]	2,5 3[2]	2,5 3[2]	2,5 3[2]
Abscheren	zul τ_a	0,9	0,9	1	1
Schub aus Q	zul τ_Q	1,2	1,2	1,3	1,3
Torsion[3]	zul τ_T	1,6	1,6	1,6	1,6

[1] Die zugehörige Sortierklasse nach DIN 4074-1 muss bei Biegeträgern mindestens in den äußeren Sechsteln der Trägerhöhe, mindestens jedoch in zwei Lamellen, vorhanden sein. Für die inneren Lamellen darf die nächst niedrigere Sortierklasse nach DIN 4074-1 verwendet werden.
[2] Bei Anwendung dieser Werte ist mit größeren Eindrückungen zu rechnen, die erforderlichenfalls konstruktiv zu berücksichtigen sind. Bei Anschlüssen mit verschiedenen VM diese Werte nicht anwenden.
[3] Für Kastenquerschnitte sind die Werte für Schub aus Q einzuhalten.

Die zulässigen Spannungen der Sortierklasse S 13 dürfen bei Sparren, Pfetten, Deckenbalken aus Kanthölzern oder Bohlen nicht angewendet werden. Bei Fliegenden Bauten nach DIN 4112 müssen tragende Bauteile der Haupttragwerke mindestens den Bedingungen der Sortierklasse S 13 nach DIN 4074-1 bzw. der Güteklasse I nach DIN 4074-2 entsprechen.

Mögliche Erhöhungen der zulässigen Spannungen nach Tafel 16.45a/b:

zul σ_B	um 10 %	bei Durchlaufträgern ohne Gelenke über Innenstützen
zul σ_B , zul $\sigma_{D\parallel}$	um 20 %	bei Rundhölzern mit ungeschwächter Randzone

zul $\sigma_{D\perp}$	auf $k_{D\perp}$ zul $\sigma_{D\perp}$	bei kleinen Druckflächen mit $k_{D\perp}$ nach Abschnitt 3.3, Seite 16.52
zul τ_Q	auf 1,2 MN/m²	bei Trägern aus NH und LH A für die Querschnitte, die ≥ 1,5 m vom Stirnende entfernt sind.

Erforderliche Abminderungen der zulässigen Spannungen nach Tafel 16.45a/b:

zul $\sigma_{Z\parallel}$	um 20 %	bei symmetrisch beanspruchten Teilen genagelter Zugstöße oder Zuganschlüsse, siehe Gl. (2) auf Seite 16.52
zul $\sigma_{D\perp}$	um 20 %	wenn Überstand $ü$ < 10 (7,5) cm nach Abschnitt 3.3, Seite 16.52

Zul. Druckspannungen in MN/m² bei einem Winkel α zwischen Kraft und Faser im Lastfall H

zul $\sigma_{D\alpha}$ = zul $\sigma_{D\parallel}$ − (zul $\sigma_{D\parallel}$ − zul $\sigma_{D\perp}$) sin α α ist der Winkel zwischen Kraft- und Faserrichtung.

Winkel α	0°	10°	20°	30°	40°	50°	60°	70°	80°	90°
VH(NH) S 10/MS 10	8,5	7,4	6,3	5,2	4,3	3,5	2,9	2,4	2,1	2,0
BSH (NH) BS 11	8,5	7,5	6,4	5,5	4,6	3,9	3,3	2,9	2,6	2,5

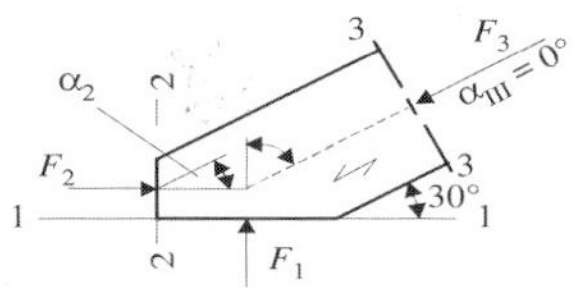

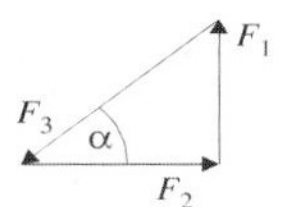

NH S 10; α = 30°

Fuge	1-1	2-2	3-3
α	60°	30°	0°
zul $\sigma_{D\alpha}$	2,9	5,2	8,5

Tafel 16.46 Zulässige Spannungen in MN/m² für BFU und FP im Lastfall H

		BFU nach DIN 68 705-3(5) Lagenanzahl 3	≥ 5	3	≥ 5		FP DIN 68 763, Plattendicke in mm ≤ 13	> 13 ≤ 20	> 20 ≤ 25	> 25 ≤ 32	> 32 ≤ 40	> 40 ≤ 50
zul σ_B	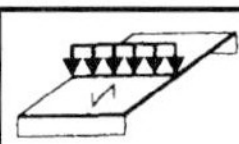	13		5		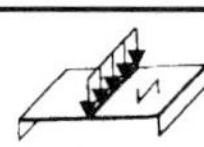	4,5	4,0	3,5	3,0	2,5	2,0
		9		6			3,4	3,0	2,5	2,0	1,6	1,4
zul σ_Z	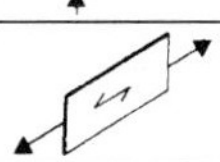	8³⁾		4³⁾		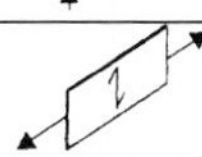	2,5	2,25	2,0	1,75	1,5	1,25
zul σ_D	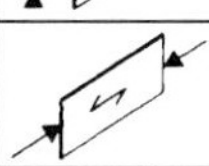	8³⁾		4³⁾		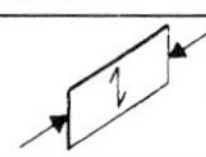	3,0	2,75	2,5	2,25	2,0	1,75
zul $\sigma_{D\perp}$	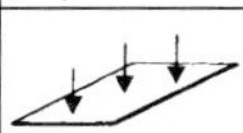	3 (4,5)					2,5			2,0	1,5	
zul τ¹⁾	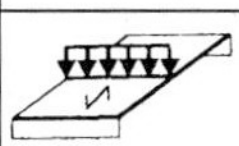	0,9 (1,2)				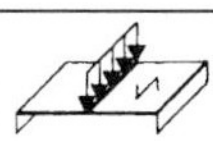	0,4			0,3		
	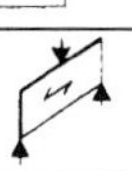	1,8 (3)	3 (4)	1,8 (3)	3 (4)	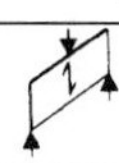	1,8			1,2		
zul σ_l²⁾⁴⁾	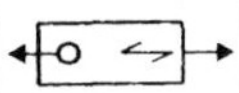	8		4		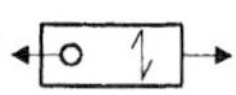	6,0					

[1] Werte gelten für Abscheren und Schub aus Querkraft Q.
[2] Lochleibungsspannung für Bo und SDü.
[3] Bei Winkel Kr-Fa 30° bis 60° ist zul $\sigma_{Z,D}$ = 2 MN/m². Für 0° < α < 30° darf zwischen 8 MN/m² und 2 MN/m², für 60° < α < 90° darf zwischen 2 MN/m² und 4 MN/m² interpoliert werden.
[4] Für BFU-BU nach DIN 68 705-5 aus mindestens 5 Lagen ist zul σ_l = 2 zul σ_D.
( )-Werte gelten für BFU nach DIN 68 705-5 mit Beiblatt 1. Die übrigen Werte für zulässige Spannungen dürfen nach DIN 68 705-5 mit dem Sicherheitsbeiwert 3,0 berechnet werden.

Die zulässigen Spannungen der Tafeln 16.45a, 16.45b und 16.46 dürfen erhöht werden um:

25 % im Lastfall HZ 50 % für Transport- und Montagezustände 100 % bei Sonderlasten

Die zulässigen Spannungen müssen bei Feuchteeinwirkungen abgemindert werden für

VH und BSH um 1/6 bei Bauteilen, die der Witterung allseitig ausgesetzt sind oder deren Gleichgewichtsfeuchte > 18 % ist, nicht aber bei Gerüsten;
um 1/3 bei Bauteilen und Gerüsten, die dauernd im Wasser stehen, und bei Gerüsten aus Hölzern, die zum Zeitpunkt der Belastung noch nicht halbtrocken sind (siehe DIN 4074-1 u. -2). Diese Abminderungen gelten nicht für LH der Gruppe C und für Fliegende Bauten mit Schutzanstrich, der mindestens alle zwei Jahre erneuert wird;

BFU 100G und FP V 100G um 1/4 für BFU 100G und um 1/3 für FP V 100G, wenn Plattenfeuchten > 18 % über mehrere Wochen zu erwarten sind.

Zulässige Spannungen für Stahlteile (DIN 1052-1, 5.3)
- Für geschweißte Bauteile aus Stahl gilt DIN 18 800-7.
- Für gerade Bauteile aus Flach- und Rundstahl ohne Werksbescheinigung gilt für Lastfälle H und HZ:
  zul σ_B = zul σ_Z = 110 MN/m² allgemein und
  zul σ_Z = 100 MN/m² im Kernquerschnitt der Rundstähle.

1.5 Querschnittsermittlung

Mindestquerschnitte und Mindestdicken (DIN 1052-1, 6.3)

$a \geq 2{,}4$ cm, $A \geq 14$ cm²	für tragende einteilige VH-Querschnitte
$A \geq 11$ cm²	für Lattungen
$a \geq 8$ mm	für tragende FP
$a \geq 6$ mm	für tragendes BFU (Lagenanzahl ≥ 5)
$a \geq 6$ mm	für aussteifende BFU-Beplankungen (Lagenanzahl ≥ 3)
a ist die Plattendicke.	

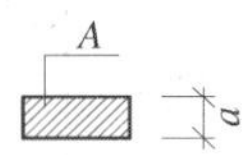

Brettabmessungen für BSH

6 mm ≤ a ≤ 33 mm	
$a \leq 42$ mm	bei geraden Bauteilen, die keinen extremen klimatischen Wechselbeanspruchungen ausgesetzt sind
$b \leq 220$ mm	bei einteiligen Brettern
$b > 220$ mm	zulässig, wenn mindestens 1 Entlastungsnut je Brett oder mindestens 2 Bretter je Lage

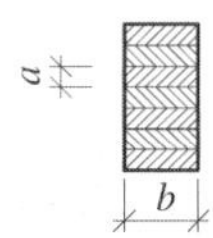

Querschnittsschwächungen im Zug- und Biegezugbereich (DIN 1052-1, 6.4)

Abzuziehen sind alle im gleichen Querschnitt liegenden Fehlflächen (z. B. Einschnitte, Bohrungen usw.). Nach DIN 4074 zulässige Baumkanten sind nicht abzuziehen. a, d_{st}, d_n, d_b in cm.
Versetzt liegende Schwächungen nach nebenstehender Abbildung sind in Querschnitt 1-1 abzuziehen, wenn der Lichtabstand $l \leq 15$ cm oder bei stabförmigen Verbindungsmitteln < $4d$

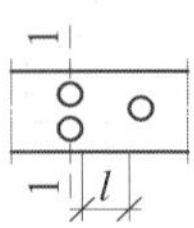

Bei Keilzinkungen ist die Schwächung durch den Zinkengrund nur einmal abzuziehen.

Verbindungsmittel	VM-∅	Bemerkung	Fehlfläche in cm^2
SDü und PB	d_{st}	alle Durchmesser	$a\ d_{st}$
Nagellöcher vb	d_n		$a\ d_n$
Nagellöcher nicht vb	d_n	$d_n > 4{,}2$ mm[1)]	$a\ d_n$
Holzschrauben (Sr)	d_s	alle Sr-∅	$a\ d_s$
Bolzen (Bo)	d_b	alle Bo-∅	$a\ (d_b + 0{,}1)$
Dübel besonderer Bauart nach DIN 1052-2		alle Dü-∅; ΔA nach DIN 1052-2	Seitenholz $\Delta A + a\ (d_b + 0{,}1)$ Mittelholz $2\Delta A + a\ (d_b + 0{,}1)$
Keilzinkung nach DIN 68 140		Keilzinken der Beanspruchungsgruppe I	$vA = A\ b/t$

[1)] Bei BFU alle Na-∅.

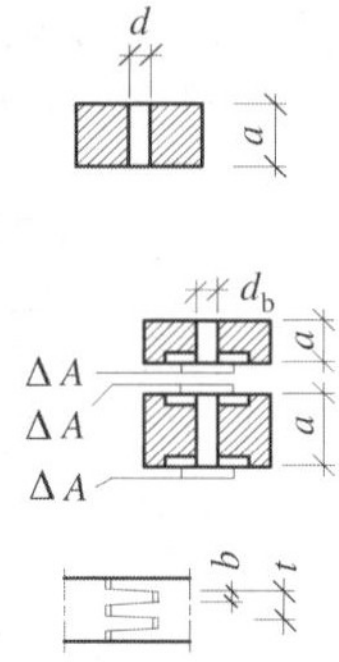

Querschnittsschwächungen im Druck- und Biegedruckbereich sind nur abzuziehen, wenn die geschwächte Stelle nicht satt ausgefüllt ist oder der E-Modul des ausfüllenden Materials kleiner ist als der E-Modul des Holzes in Richtung der Druck- und Biegespannungen.

Bezugsachse für I_n und W_n

Die Netto-Querschnittswerte I_n u. W_n dürfen auf die Achse des ungeschwächten Querschnitts bezogen werden.

1.6 Stützweiten und Ausmittigkeiten

Als **Stützweite** von Biegeträgern ist nach DIN 1052-1, 8.1.1 der Abstand der Auflagermitten anzusetzen, bei Einfeldträgern und Auflagerung auf Mauerwerk oder Beton jedoch höchstens das 1,05fache der lichten Weite.

Durchlaufende Bretter, Bohlen oder Platten aus HW sind üblicherweise als frei drehbar gelagerte Träger auf zwei Stützen zu berechnen.

Ausmittigkeiten in Anschlüssen und Stößen sind zu berücksichtigen.

Spannungen infolge Ausmittigkeit brauchen bei Verbindungen mit Nägeln, Nagel- oder Knotenplatten nicht nachgewiesen zu werden, wenn für die Ausmittigkeit gilt: e_1 bzw. $e_2 \leq h_g/2$

Bei Zugstößen und -anschlüssen sind die einseitig beanspruchten Teile (Außenlasche bzw. Stabhälfte) vereinfacht zu bemessen für

$$1{,}5\ N/2$$

(siehe auch Abschnitt 3.1)

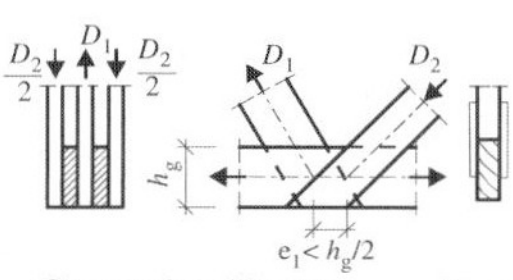

Genagelter Knoten

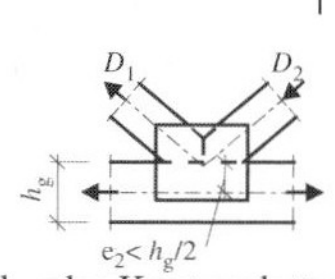

Nagel- oder Knotenplatten

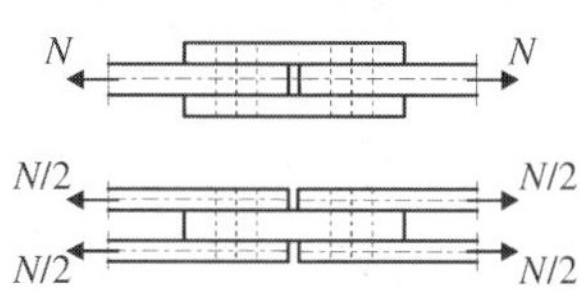

1.7 Knicklängen (DIN 1052-1, 9.1)

Knicklängen für die Eulerfälle, die nachgiebig eingespannte Stütze, die Stützenreihe, das Kehlbalkendach, den Bogenträger und Rahmentragwerke siehe BTI/CD-ROM wobei gilt: $s_k = l_{ef}$

Weitere Knicklängen siehe [16.8].

Knicklängen für Fachwerkstäbe

Stabart und Anschluss		zur Fachwerksebene ∥	zur Fachwerksebene ⊥
Gurtstäbe		s	s_v
Füllstäbe, angeschlossen mit	Versatz, Bo, Dübelpaar	s	s
	SDü, Nä, Knotenplatten, Dü-Gruppe	$0{,}8\ s$	s

s Länge der Netzlinie

s_v Abstand der Dachverbandsknoten

Zulässiger Schlankheitsgrad

(DIN 1052-1, 9.2)

$\lambda \leq 150$ bei einteiligen Druckstäben

ef $\lambda \leq 175$ bei zusammengesetzten, nicht geleimten Druckstäben

$\lambda \leq 200$ bei Verbands- und Zugstäben, die nur aus Zusatzlast Druckkräfte erhalten

$\lambda \leq 250$ bei Zeltstangen zur Minderung des Durchhangs nach DIN 4112

1.8 **Knickzahlen** (DIN 1052-1, Tab. 10 und DIN 1052-1/A1)

Tafel 16.49a Knickzahlen ω Zwischenwerte dürfen linear interpoliert werden.

	VH aus NH	BSH aus NH		VH aus LH Gruppe			FP Plattendicke in cm		BFU Lagenanzahl	
λ	S 7 bis MS 17	BS 14 bis BS 18	BS 11	A	B	C	≤ 2	>2 ≤ 5	3	≥ 5
0	1,00	1,00	1,00	1,00	1,00	1,00	1,00	1,00	1,00	1,00
10	1,04	1,00	1,00	1,04	1,03	1,03	1,03	1,02	1,02	1,01
20	1,08	1,00	1,00	1,08	1,08	1,07	1,07	1,07	1,05	1,04
30	1,15	1,00	1,00	1,15	1,15	1,15	1,15	1,16	1,11	1,12
40	1,26	1,03	1,03	1,25	1,27	1,29	1,28	1,34	1,22	1,28
50	1,42	1,13	1,11	1,40	1,45	1,50	1,49	1,61	1,38	1,54
60	1,62	1,28	1,25	1,59	1,69	1,79	1,78	1,99	1,61	1,91
70	1,88	1,51	1,45	1,83	2,00	2,17	2,15	2,48	1,92	2,53
80	2,20	1,92	1,75	2,13	2,38	2,67	2,60	3,24	2,30	3,30
90	2,58	2,43	2,22	2,48	2,87	3,38	3,22	4,10	2,87	4,18
100	3,00	3,00	2,74	2,88	3,55	4,17	3,98	5,07	3,55	5,16
110	3,63	3,63	3,32	3,43	4,29	5,05	4,82	6,13	4,29	6,24
120	4,32	4,32	3,95	4,09	5,11	6,01	5,73	7,30	5,11	7,43
130	5,07	5,07	4,63	4,79	5,99	7,05	6,73	8,56	5,99	8,72
140	5,88	5,88	5,37	5,56	6,95	8,18	7,80	9,93	6,95	10,11
150	6,75	6,75	6,17	6,38	7,98	9,39	8,96	11,40	7,98	11,61
160	7,68	7,68	7,02	7,26	9,08	10,68	10,19	12,97	9,08	13,20
170	8,67	8,67	7,92	8,20	10,25	12,06	11,50	14,64	10,25	14,91
175	9,19	9,19	8,39	8,69	10,86	12,78	12,19	15,52	10,86	15,80
180	9,72	9,72	8,88	9,19	11,49	13,52	12,90	16,41	11,49	16,71
190	10,83	10,83	9,89	10,24	12,80	15,06	14,37	18,29	12,80	18,62
200	12,00	12,00	10,96	11,35	14,18	16,69	15,92	20,26	14,18	20,63
210	13,23	13,23	12,08	12,51	15,64	18,40	17,55	22,34	15,64	22,75
220	14,52	14,52	13,26	13,73	17,16	20,19	19,27	24,52	17,16	24,97
230	15,87	15,87	14,50	15,01	18,76	22,07	21,06	26,80	18,76	27,29
240	17,28	17,28	15,78	16,34	20,43	24,03	22,93	29,18	20,43	29,71
250	18,75	18,75	17,13	17,73	22,16	26,08	24,88	31,66	22,16	32,24

Tafel 16.49b Knickzahlen ω von VH aus NH für die ganzzahligen Schlankheitsgrade

λ	0	1	2	3	4	5	6	7	8	9
0	1,00	1,00	1,01	1,01	1,02	1,02	1,02	1,03	1,03	1,04
10	1,04	1,04	1,05	1,05	1,06	1,06	1,06	1,07	1,07	1,08
20	1,08	1,09	1,09	1,10	1,11	1,11	1,12	1,13	1,13	1,14
30	1,15	1,16	1,17	1,18	1,19	1,20	1,21	1,22	1,24	1,25
40	1,26	1,27	1,29	1,30	1,32	1,33	1,35	1,36	1,38	1,40
50	1,42	1,44	1,46	1,48	1,50	1,52	1,54	1,56	1,58	1,60
60	1,62	1,64	1,67	1,69	1,72	1,74	1,77	1,80	1,82	1,85
70	1,88	1,91	1,94	1,97	2,00	2,03	2,06	2,10	2,13	2,16
80	2,20	2,23	2,27	2,31	2,35	2,38	2,42	2,46	2,50	2,54
90	2,58	2,62	2,66	2,70	2,74	2,78	2,82	2,87	2,91	2,95
100	3,00	3,06	3,12	3,18	3,24	3,31	3,37	3,44	3,50	3,57
110	3,63	3,70	3,76	3,83	3,90	3,97	4,04	4,11	4,18	4,25
120	4,32	4,39	4,46	4,54	4,61	4,68	4,76	4,84	4,92	4,99
130	5,07	5,15	5,23	5,31	5,39	5,47	5,55	5,63	5,71	5,80
140	5,88	5,96	6,05	6,13	6,22	6,31	6,39	6,48	6,57	6,66
150	6,75	6,84	6,93	7,02	7,11	7,21	7,30	7,39	7,49	7,58
160	7,68	7,78	7,87	7,97	8,07	8,17	8,27	8,37	8,47	8,57
170	8,67	8,77	8,88	8,98	9,08	9,19	9,29	9,40	9,51	9,61
180	9,72	9,83	9,94	10,05	10,16	10,27	10,38	10,49	10,60	10,72
190	10,83	10,94	11,06	11,17	11,29	11,41	11,52	11,64	11,76	11,88
200	12,00	12,12	12,24	12,36	12,48	12,61	12,73	12,85	12,98	13,10
210	13,23	13,36	13,48	13,61	13,74	13,87	14,00	14,13	14,26	14,39
220	14,52	14,65	14,79	14,92	15,05	15,19	15,32	15,46	15,60	15,73
230	15,87	16,01	16,15	16,29	16,43	16,57	16,71	16,85	16,99	17,14
240	17,28	17,42	17,57	17,71	17,86	18,01	18,15	18,30	18,45	18,60
250	18,75	-	-	-	-	-	-	-	-	-

2 Durchbiegungsberechnung

2.1 Zulässige Durchbiegungen (DIN 1052-1, Tab. 9 und 8.5.6)

Zur Sicherung der Gebrauchstauglichkeit von Bauteilen und Bauwerken sind Grenzwerte für die Durchbiegungen (nach DIN 1052: zulässige Durchbiegungen) einzuhalten.

Tafel 16.50 Zulässige Durchbiegungen[1)]

Bauteil (Üb = Überhöhung)		Mit Üb		Ohne Üb
		Verkehrslast	Gesamtlast	Gesamtlast
BSH-Träger, zusammengesetzte Träger, Vollwandträger		$l/300$	$l/200$[2)]	$l/300$
Fachwerkträger einschl. einsinnig verbretterter Vollwandträger	Näherungsberechnung: nur die elastische Verformung der Gurtstäbe	$l/600$	$l/400$	$l/600$
	Genauere Berechnung:[3)] elast. Verformung aller Stäbe u. Nachgiebigkeit aller Anschlüsse	$l/300$	$l/200$[2)]	$l/300$
Deckenträger (außer Stalldecken), Pfetten, Sparren und Balken über Wohn- u. Büroräumen				$l/300$
Pfetten und Sparren, Balken in Ställen und Scheunen				$l/200$
Stützen und Riegel in Außenwänden, z. B. infolge Windlast				$l/200$
Dach- und Deckenschalung oder obere Beplankung		$l/200 \leq 1$ cm für $g + p + w$ $l/100 \leq 2$ cm für g + 1 kN (Personenlast)		
Kragträger: bezogen auf die Kraglänge l_k gelten die zweifachen obigen Werte.				

1) In Sonderfällen (z. B. verglaste Fassaden) geringere Durchbiegungen beachten.
2) Diese Werte gelten in landwirtschaftlichen Bauten auch ohne Überhöhung.
3) Zum Beispiel bei Flachdächern mit $l/h > 10$.

2.2 Überhöhungen (DIN 1052-1, 8.5.5)

Bei BSH-, Fachwerk- und zusammengesetzten Trägern ist in der Regel das Gesamtsystem parabelförmig zu überhöhen. Die Überhöhung soll betragen:

mit rechnerischem Nachweis: $\geq$ rechnerische Durchbiegung infolge Gesamtlast, gegebenenfalls einschließlich Kriech- und Nachgiebigkeitseinfluss

ohne rechnerischen Nachweis: $\geq l/300$ allgemein
$\geq l/200$ bei halbtrockenem oder frischem Holz
$\geq l_k/150$ bei Kragträgern

2.3 Kriechverformungen (DIN 1052-1, 4.3)

Die Kriechverformung ist bei hoher ständiger Last ($g > 0{,}5q$) zu berücksichtigen und darf proportional zur elastischen Verformung infolge ständiger Last angenommen werden.

Kriechverformung $f_k = \phi f_{el}$ (1) mit Kriechzahl $\phi = 1/\eta_k - 1$ (2)

Gesamtverformung $$f_{g+p} = (1+\phi) f_g + f_p = (f_g + f_p)\ (1 + \phi \frac{g}{q}) \quad (3)$$

Für Bauteile aus Holz und BFU ist in Gl. (2) einzusetzen:

Bei $u_G \leq 18$ %: $\eta_k = 1{,}5 - g/q$
Bei $u_G > 18$ %: $\eta_k = 1{,}67 - 1{,}33\, g/q$

Bei $s_0 > 0{,}75$ kN/m² ist anstelle von g
$g + 0{,}5\,(s_0 - 0{,}75)\,s/s_0$ zu verwenden.

g ständige Last
p Verkehrslast
q Gesamtlast
s, s_0 Schneelast, Regelschneelast (DIN 1055-5) in kN/m²
u_G Gleichgewichtsfeuchte

Für Bauteile aus FP sind, sofern ihre Holzfeuchte nicht ständig unter 15 % liegt, die zweifachen ϕ-Werte in Rechnung zu stellen. Bei Wohnhausdächern mit Ausnahme von Flachdächern dürfen Kriechverformungen beim Durchbiegungsnachweis vernachlässigt werden.

2.4 Verschiebungswerte (DIN 1052-2, 13)

Neben den elastischen Verformungen und den Kriechverformungen sind in Holzkonstruktionen die Verschiebungen infolge der Nachgiebigkeit in Anschlüssen und Stößen beim Nachweis der Gebrauchstauglichkeit gegebenenfalls zusätzlich zu berücksichtigen. Rechenwerte für Verschiebungsmoduln C siehe BTI/CD-ROM Kapitel 9, 2.4.

2.5 Vereinfachte Durchbiegungsnachweise

2.5.1 Einteilige Träger mit konstanter Höhe

Einachsige Biegung $f_\sigma = n \max M\, l^2 \dfrac{1}{I} \dfrac{10^4}{E_\parallel} \leq \text{zul}\, f$ (1)

Doppelbiegung $f_y = n \max M_z\, l_z^2 \dfrac{1}{I} \dfrac{10^4}{E_\parallel}$ $f_z = n \max M_y\, l_y^2 \dfrac{1}{I} \dfrac{10^4}{E_\parallel}$

$f_\sigma = \sqrt{f_y^2 + f_z^2} \leq \text{zul}\, f$ (2)

n-Werte und Einheiten von max M, l, I siehe Seite 13.21

Schubverformung $f_\tau = \dfrac{\max M}{G A_v}$ (3)

G Schubmodul

$A_v = A_{Steg}$ bei Stegträgern

$A_v = A/1{,}2$ bei Trägern mit Rechteck-Querschnitt

Gesamtverformung $f = f_\sigma + f_\tau \leq \text{zul} f$ (4)

Beachten: Bei Feuchteeinwirkung: E-Modul abmindern

ϕf_g aus Kriecheinfluss, wenn $g > 0{,}5q$ (siehe Abschnitt 2.3)

2.5.2 Sattel- und Pultdachträger aus BSH unter Gleichstreckenlast

Biegeverformung mit $I_a = b\, h_a^3/12$

$f_\sigma = \dfrac{\max M\, l^2}{9{,}6 E_\parallel\, I_a} k_\sigma$ (5)

Schubverformung mit $A_a = b\, h_a$

$f_\tau = \dfrac{1{,}2 \max M}{G\, A_a} k_\tau$ (6)

Faktoren k_σ und k_τ für Pultdachträger und symmetrische Satteldachträger

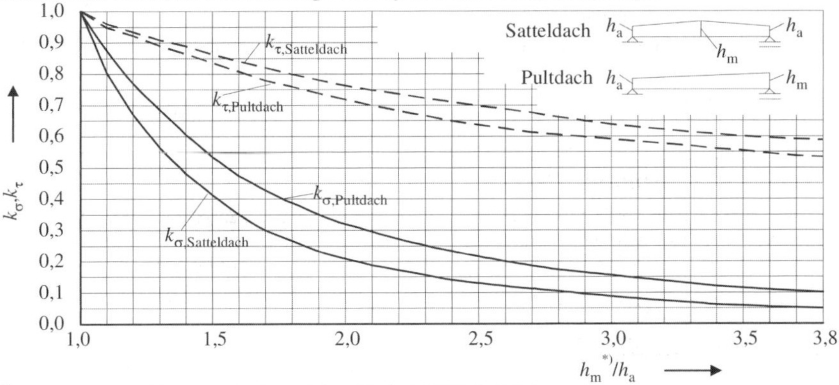

*) Bei gekrümmtem Untergurt hier h_1 nach der Abb. in BTI/CD-ROM einsetzen.

Für symmetrische Satteldachträger kann k_σ bzw. k_τ nach folgenden Gln. berechnet werden:

$k_\sigma = \dfrac{(h_a / h_m)^3}{0{,}15 + 0{,}85 h_a / h_m}$ (7)

$k_\tau = \dfrac{2}{1 + (h_m / h_a)^{2/3}}$ (8)

3 Spannungsnachweise einteiliger Rechteckquerschnitte

3.1 Zug parallel zur Faser (DIN 1052-1, 7)

$\dfrac{N / A_n}{\text{zul}\sigma_{Z\parallel}} \leq 1$ (9)

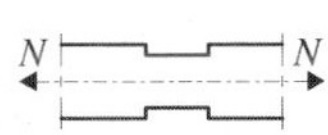

N ist mittige Zugkraft

Zugstoß oder Zuganschluss

Teile m (mittig)

allgemein $\frac{N/A_n}{\text{zul}\,\sigma_{Z\parallel}} \leq 1$ (1)

genagelt $\frac{N/A_n}{0{,}8^{*)}\,\text{zul}\,\sigma_{Z\parallel}} \leq 1$ (2)

Teile s ausmittig $\frac{1{,}5^{**)}\,N/A_n}{\text{zul}\,\sigma_{Z\parallel}} \leq 1$ (3)

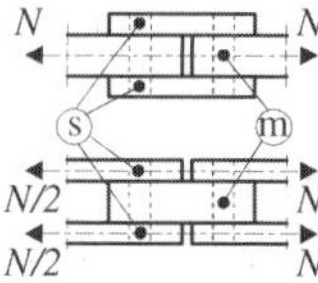

*) Siehe Seite 16.46 **) Siehe Abschnitt 1.6.

3.2 Druck parallel zur Faser

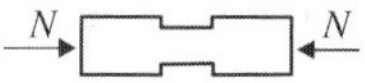

$$\frac{N/A_n}{\text{zul}\,\sigma_{D\parallel}} \leq 1 \quad (4)$$

N ist mittige Druckkraft.
Bei Knickgefahr siehe 4.1.

3.3 Druck rechtwinklig zur Faser

ü < 10 (7,5) cm $\frac{V/A_n}{0{,}8\,\text{zul}\,\sigma_{D\perp}} \leq 1$ (5)

ü ≥ 10 (7,5) cm $\frac{V/A_n}{\text{zul}\,\sigma_{D\perp}} \leq 1$ (6)

ü ≥ 10 (7,5) cm und *l* < 15 cm $\frac{V/A_n}{k_{D\perp}\,\text{zul}\,\sigma_{D\perp}} \leq 1$ (7)

mit *l* in cm ist $k_{D\perp} = \sqrt[4]{15/l} \leq 1{,}8$ (8)

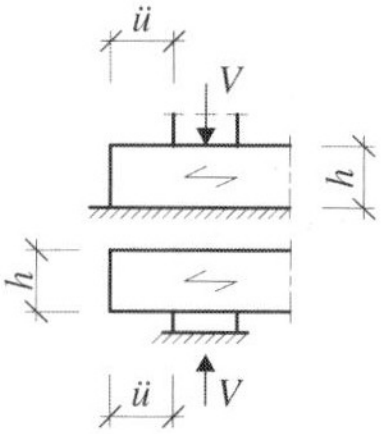

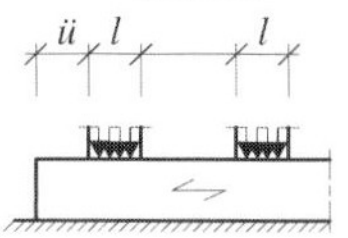

h	> 6 cm	≤ 6 cm
ü	≥10 cm	≥ 7,5 cm

3.4 Biegung

$$\frac{M_y/W_{yn} + M_z/W_{zn}}{\text{zul}\,\sigma_B} \leq 1 \quad (9)$$

W_{yn} bzw. W_{zn} ist das Netto-Widerstandsmoment um die *y*- bzw. *z*-Achse.

Zulässige Spannung siehe 1.4.
Bei Kippgefahr siehe Abschnitt 4.2.

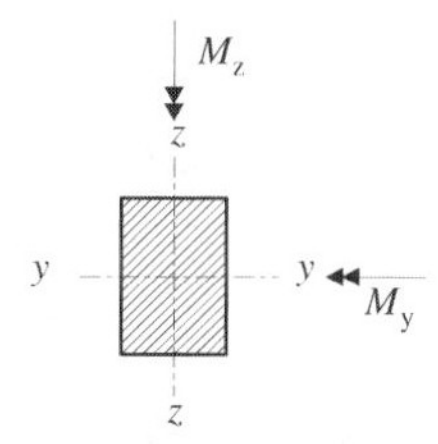

3.5 Biegung und Zug

$$\frac{N/A_n}{\text{zul}\,\sigma_{Z\parallel}} + \frac{M_y/W_{yn} + M_z/W_{zn}}{\text{zul}\,\sigma_B} \leq 1 \quad (10)$$

Zum Beispiel exzentrischer Zug mit $M_y = N \cdot e$
Bezeichnungen siehe 3.4.

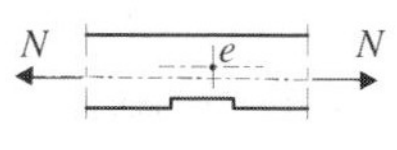

3.6 Biegung und Druck

$$\frac{N/A_n}{\text{zul}\,\sigma_{D\parallel}} + \frac{M_y/W_{yn} + M_z/W_{zn}}{\text{zul}\,\sigma_B} \leq 1 \quad (11)$$

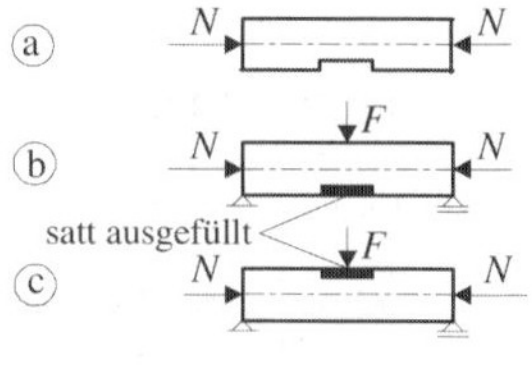

Als Querschnittswerte sind einzusetzen:
A_n und W_n : für Fall a stets; für Fall b nur, wenn $|N/A| < |M/W|$ ist.
A und *W* : für Fall c stets; für Fall b nur, wenn $|N/A| \geq |M/W|$ ist.

3.7 Abscheren

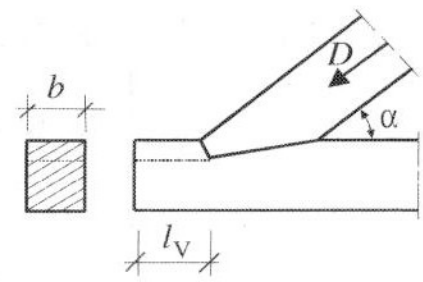

$$\tau_a = \frac{D \cos \alpha}{b\, l_V} \quad (1) \qquad \tau_a / \mathrm{zul}\, \tau_a \leq 1$$

3.8 Schub

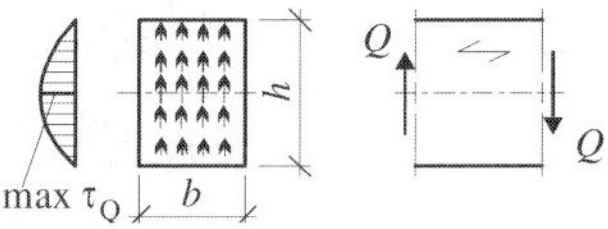

aus Querkraft: $\tau_Q = 1{,}5 \dfrac{Q}{b\,h}$ (2) $\tau_Q / \mathrm{zul}\, \tau_Q \leq 1$

Q darf gegebenenfalls durch red Q ersetzt werden, siehe unten.

Reduzierte Querkraft red Q (DIN 1052-1, 8.2.1.2)

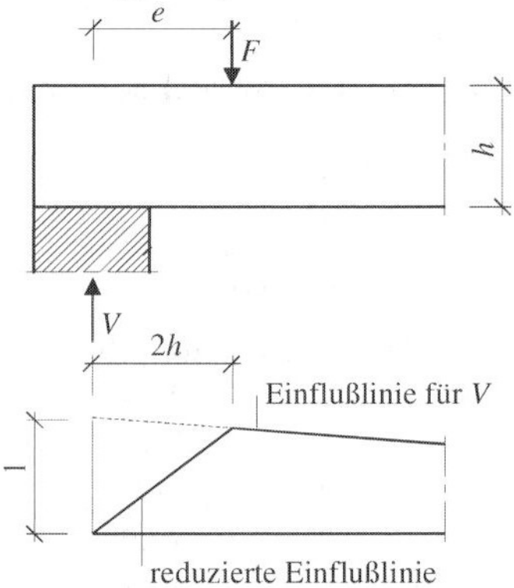

Für Biegeträger mit Auflagerung am unteren und Lastangriff am oberen Trägerrand darf im Bereich der End- und Zwischenauflagerung der Nachweis der Schubspannung und gegebenenfalls der Schubverbindungsmittel mit red Q geführt werden, wenn dort keine Ausklinkungen und Durchbrüche sind.

Bei Einzellast: red $Q = k_F\, V$
wenn $a \leq 2h$

Bei Gleichlast: red $Q = k_q\, V$

k_F und k_q für Einfeldträger siehe BTI.

4 Stabilitätsnachweise

4.1 Knicken von Druckstäben (DIN 1052-1, 9)

Zentrischer Druck

$$\frac{N / A_n}{\mathrm{zul}\, \sigma_k} \leq 1 \quad (4) \quad \text{mit} \quad \mathrm{zul}\, \sigma_k = \mathrm{zul}\, \sigma_{D\|} / \omega \quad \text{und } \omega \text{ nach Tafeln 16.49a/b}$$

Druck und Biegung

$$\frac{N / A_n}{\mathrm{zul}\, \sigma_k} + \frac{M / W_n}{k_B \cdot 1{,}1 \cdot \mathrm{zul}\, \sigma_B} \leq 1 \quad (5)$$

Für $k_B > 1/1{,}1$ ist außerdem einzuhalten:

$$\frac{N / A_n}{\mathrm{zul}\, \sigma_k} + \frac{M / W_n}{\mathrm{zul}\, \sigma_B} \leq 1 \quad (6)$$

k_B ist der Kippbeiwert nach Abschnitt 4.2. Für ω ist stets der größte Wert ohne Rücksicht auf die Richtung der Ausbiegung einzusetzen. Die Schlankheitsgrade λ_y bzw. λ_z (Knicken) und der Kippschlankheitsgrad λ_B dürfen für den ungeschwächten Querschnitt berechnet werden.

4.2 Kippen von Biegeträgern Siehe BTI/CD-ROM.

4.3 Tragsicherheitsnachweis nach der Spannungstheorie II. Ordnung
(DIN 1052-1, 9.6)

Anstelle des Knicksicherheitsnachweises (ω-Verfahren nach Abschnitt 4.1) wird der Tragsicherheitsnachweis mit γ-fachen Lasten nach der Spannungstheorie II. Ordnung geführt. Näheres siehe BTI/CD-ROM.

4.4 Berechnung von Verbänden Siehe BTI/CD-ROM.

Sofern kein genauerer Nachweis erfolgt, sind bei Gebäudelängen über 25 m mindestens zwei Aussteifungskonstruktionen anzuordnen, deren lichter Abstand in der Regel ≤ 25 m betragen soll.

5 Weitere Nachweise

Bez. weiterer Nachweise (Berechnung von BSH-Trägern, Berechnung zusammengesetzter Querschnitte, Nachweis von Verbindungen) s. BTI/CD-ROM.

17 Glasbau

Prof. Dr.-Ing. Jochen Menkenhagen

Inhaltsverzeichnis

1 Glasprodukte im Bauwesen

1.1 Begriffe, Bezeichnungen und Abkürzungen

- *Glas* ist ein organisches Schmelzprodukt, das im Wesentlichen ohne Kristallisation erstarrt.
- Unter dem Begriff *Glasarten* werden Gläser zusammengefasst, die sich durch ihre chemische Zusammensetzung unterscheiden.
- Als *Basis-Gläser* oder *Basis-Produkte* werden die direkt aus der Glasschmelze hergestellten Gläser bezeichnet.
- *Veredelungsprodukte* ist der Sammelbegriff für Basis-Gläser, die einen weiteren Schritt in der Verarbeitung durchlaufen.

AbZ	Allgemeine baurechtliche Zulassung des DIBt
Basisglas	direkt aus der Glasschmelze hergestelltes Glas
BRL	Bauregelliste A, Bauregelliste B und Liste C; Mitteilungen des DIBt
DIBt	Deutsches Institut für Bautechnik, Berlin; http://www.dibt.de
Einfach-Verglasung	Verglasungseinheit ohne Scheibenzwischenraum
EOTA	Europäische Organisation für technische Zulassungen
ESG	Einscheiben-Sicherheitsglas
ESG-H	heißgelagertes Einscheiben-Sicherheitsglas
FKG	Fachverband konstruktiver Glasbau e. V.
Flachglas	Glas mit planparallelen ebenen Außenflächen
Float	Abkürzung für Floatglas nach DIN 1249-3
Glasarten	Gläser, die sich durch ihre chemische Zusammensetzung unterscheiden
MIG	Mehrscheiben-Isolierglas
NiS	Nickel-Sulfid
OBB	oberste Baubehörde
PVB	Polyvinyl-Butyral
SPG	Spiegelglas
SZR	Scheibenzwischenraum
Transformationstemperatur	Temperatur, bei der die Glasschmelze in den Festkörper übergeht
TRAV	Technische Regeln für die Verwendung von absturzsichernden Verglasungen, 01.03
TRLV	Technische Regeln für die Verwendung von linienförmig gelagerten Verglasungen, 03.98, DIBt-Mitteilungen Nr. 06.98; Erläuterungen, 03.99
TVG	teilvorgespanntes Glas
Veredelungsprodukte	Basisgläser, die einen weiteren Schritt der Verarbeitung durchlaufen
VG	Verbundglas
VSG	Verbund-Sicherheitsglas
ZiE	Zustimmung im Einzelfall

1.2 Glasarten im konstruktiven Ingenieurbau

Im konstruktiven Ingenieurbau werden fast ausschließlich *Silikatgläser* verwendet, wobei im Wesentlichen die Glasarten *Kalk-Natron-Silikatglas* und *Borosilikatglas* zum Einsatz kommen. Die Schmelztemperatur der Gläser beträgt je nach Zusammensetzung ca. 1300 °C bis 1600 °C.

Tafel 17.2 Hauptbestandteile von Kalk-Natron-Silikatglas[1)] und Borosilikatglas[2)]

	Kalk-Natron-Silikatglas	Borosilikatglas
Siliciumoxid (Quarzsand) SiO_2	69 - 74 %	70 – 87 %
Calciumoxid CaO	5 - 12 %	-
Bortrioxid B_2O_3	-	7 – 15 %
Natriumoxid/Kaliumoxid Na_2O/K_2O	12 - 16 %	0 – 16 %
Magnesiumoxid MgO	0 - 6 %	-
Aluminiumoxid Al_2O_3	0 - 3 %	0 - 8 %

[1)] Mengenmäßig größte Bedeutung im Bauwesen. Größere thermische Ausdehnung und geringere Beständigkeit gegen Temperaturwechsel und Temperaturunterschiede als Borosilikatgläser.
[2)] Glas mit hoher chemischer und guter Temperaturwechselbeständigkeit. Vornehmliche Verwendung im Bauwesen für Brandschutzverglasungen.

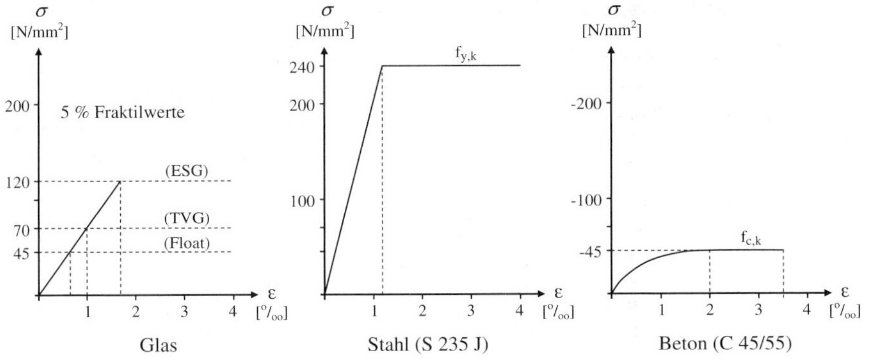

Abb. 17.3 Gegenüberstellung des rechnerischen Spannungs-Dehnungs-Diagramms von Glas (Zugspannungen) im Vergleich zu Stahl (Zugspannungen) und Beton (Druckspannungen) (aus [17.4])

Tafel 17.3a Mechanische und physikalische Eigenschaften von Kalk-Natron-Silikatglas und Borosilikatglas nach [17.1] und [17.2]

	Kalk-Natron-Silikatglas	Borosilikatglas
Dichte ρ	2500 kg/m³	2200 - 2500 kg/m³
Elastizitätsmodul E	ca. 70 000 - 75 000 N/mm²	ca. 63 000 N/mm²
Querdehnzahl (Poisson-Zahl) ν	0,22	0,20
spezifische Wärmekapazität C_p	$0{,}72 \cdot 10^3$ J/(kg·K)	$0{,}8 \cdot 10^3$ J/(kg·K)
mittlerer thermischer Längenausdehnungskoeffizient (20 bis 300 °C)	$9 \cdot 10^{-6}\ K^{-1}$	Klasse 1: $3{,}1 - 4{,}0 \cdot 10^{-6}\ K^{-1}$ Klasse 2: $4{,}1 - 5{,}0 \cdot 10^{-6}\ K^{-1}$ Klasse 3: $5{,}1 - 6{,}0 \cdot 10^{-6}\ K^{-1}$
Wärmeleitfähigkeit λ	1,05 W/(m·K)	1,0 W/(m·K)
mittlerer Brechungsindex	1,52	1,50
Mohs-Härte	5,3	ca. 6

Tafel 17.3b Chemische Beständigkeit von Kalk-Natron-Silikatglas

Reagenzen	Beständigkeit	
aliphatische Kohlenwasserstoffe	0/-	
Alkohole	+	
aromatische Kohlenwasserstoffe	+	
Chlorkohlenwasserstoffe	+	
Ester	+	+ = beständig 0 = bedingt beständig - = nicht beständig
Ketone	+	
nicht oxidierende Basen	+	
nicht oxidierende Säuren	+	
Öle und Fette	+	
Oxidierende Basen	0/-	
oxidierende Säuren	+	
Salze	+	
SiO_2 lösende Säuren	0/-	

2 Basisgläser und Basis-Produkte

2.1 Übersicht

- **Betongläser** Glaskörper für Bauteile aus Glasstahlbeton nach DIN 1045
  Aus einem Stück im Pressverfahren oder aus zwei Stück durch Verschmelzung fest verbundener Teile hergestellte Glaskörper für begehbare und befahrbare Glasflächen. Betongläser müssen den Anforderungen der DIN 4243 entsprechen.
- **Drahtglas** Spezielle Form des *Gussglases* mit Drahteinlage nach DIN 1249-4
  Drahtglas wird nach dem *kontinuierlichen Walzverfahren* hergestellt. Zur Verhinderung von Verletzungen nach Glasbruch werden Drahteinlagen eingezogen. Die dadurch bedingte Festigkeitsminderung lässt Drahtgläser in kleine Teile zersplittern, die durch das Drahtnetz zusammengehalten werden. Drahtglas zählt nach heutigen Anforderungen nicht mehr zu den Sicherheitsgläsern.
- **Fensterglas** Maschinell gezogenes durchsichtiges Flachglas (Alkali-Kalk-Silikatglas) nach DIN 1249-1
  Fensterglas weist beiderseits feuerblanke, ebene und gleichmäßig dicke Oberflächen auf. Es wird maschinell im Ziehverfahren hergestellt. Fensterglas wurde früher als *Tafelglas* bezeichnet.
- **Floatglas** Am häufigsten verwendetes Bauglas (Pilkington 1952) nach DIN 1249-3
  Floatglas[1)] ist ein hochwertiges durchsichtiges Flachglas mit ebenen planparallelen Oberflächen. Die Glasschmelze schwimmt unter Schutzgasatmosphäre auf einer flüssigen Zinnbadoberfläche. Die Glasdickenregulierung erfolgt über die Geschwindigkeit der Rollen im Kühlbereich.
- **Gefärbtes Glas** Durch chemische Zusätze in der Schmelze eingefärbte Gläser
  Neben dem farblichen Erscheinungsbild lassen sich durch die Färbung die physikalischen Eigenschaften von Glas beeinflussen. Beispielsweise wird die Transmission von Wärmestrahlung durch Hinzugeben von grün färbendem Eisenoxid herabgesetzt.
- **Glasbausteine** Durch Verschmelzen von zwei, im Pressverfahren hergestellten Glaskörpern gefertigte Glassteine nach DIN 18 175
  Beim Abkühlen des Glasbausteins entsteht in dem luftdicht abgeschlossenen Hohlraum ein Unterdruck. Gängige Kantenabmessungen der Glasbausteine liegen zwischen 19 cm und 30 cm. Glasbausteinwände können nach DIN 4242 bemessen werden.
- **Gussglas** Herstellung häufig als Ornamentglas mit Ornamentierung und Drahtglas mit Drahtnetzeinlage
  Glas, das aus der Schmelze entweder diskontinuierlich auf eine Platte ausgegossen und anschließend ausgewalzt wird oder das nach kontinuierlichem Auslaufen aus der Schmelzwanne zwischen zwei Walzen zu einem Band geformt wird. Die Glasdickenregulierung erfolgt über Zulaufmenge der Glasschmelze und durch die Spaltbreite zwischen den Formwalzen. Durch entsprechende Profilierung der Walzen und durch Verwendung von Eindruckwalzen lassen sich Ornamentglas und Drahtglas herstellen. Gussglas ist durchscheinend und lichtstreuend, aber nicht völlig klar durchsichtig.
  Für die Herstellung von *Spiegelglas*[1)] (durchsichtiges Glas mit planparallelen Oberflächen) muss Gussglas einer zusätzlichen mechanischen Oberflächenbearbeitung unterzogen werden. Spiegelglas aus Gussglas weist die gleichen Qualitätsmerkmale wie Floatglas auf.
- **Profilbauglas** Spezielle Form des Gussglases in Form von U-Profilen nach DIN 1249-5, prEN 572-7
  Profilbauglas wird nach dem *kontinuierlichen Walzverfahren* immer mit Ornamentierung, mit und ohne Drahteinlage, hergestellt. Durch die statisch günstige U-Form eignen sich Profilbaugläser zur Überbrückung größerer Spannweiten.
- **Schaumglas** Ein aus silikatischem Glas thermisch aufgeschäumter Wärmedämmstoff mit geschlossenem Zellgefüge nach DIN 18 174
  Die Grundeigenschaften von Schaumglas wie Ausdehnung und chemische Beständig-

[1)] Wegen der gleichen Qualitätseigenschaften von **Spiegelglas** aus *Gussglas* und *Floatglas* wird in verschiedenen Normen und in der Literatur für *Floatglas* auch der Begriff *Spiegelglas* verwendet. Wird im Folgenden die Bezeichnung Spiegelglas ohne Zusatz von (Float) angegeben, dann handelt es sich um ein Flachglas, das sowohl aus *Gussglas* wie auch aus *Floatglas* hergestellt sein kann.

keit entsprechen denen eines Silikatglases. Schaumglas ist wasserdampfdiffusionsdicht und somit formbeständig. Aufgrund seiner besonderen Eigenschaften und seiner hohen Druckfestigkeit (Mittelwert der Druckfestigkeit 0,50 - 0,70 N/mm^2) eignet sich Schaumglas insbesondere für die Dämmung von bitumenhaltigen Flachdachkonstruktionen, Außenwandkonstruktionen, begeh- bzw. befahrbaren Böden (Parkdecks und Terrassen) und als Perimeter-Wärmedämmung.

- **Tafelglas** Maschinell gezogenes durchsichtiges Flachglas (Alkali-Kalk-Silikatglas) Tafelglas weist beiderseits feuerblanke, ebene und gleichmäßig dicke Oberflächen auf. Es wird maschinell im Ziehverfahren hergestellt. Tafelglas wird in die Arten Dünnglas, Fensterglas und Dickglas eingeteilt. Da die Herstellungsverfahren in Bezug auf Produktivität und Qualität dem Floatglasverfahren unterlegen sind, hat Tafelglas seine frühere Bedeutung verloren. In der DIN 1249-1 wird der Begriff „Tafelglas" nicht mehr verwendet, im Ziehverfahren hergestelltes Glas wird als *Fensterglas* bezeichnet.

2.2 Flachgläser

Unter dem Sammelbegriff *Flachglas* werden alle Gläser zusammengefasst, die in Form flacher Tafeln hergestellt werden, deren Dicke im Verhältnis zu Länge und Breite gering ist und deren Oberflächen sowohl glatt und planparallel als auch strukturiert sein können.

2.2.1 Verfügbare Abmessungen

Tafel 17.5a Verfügbare Dicken[1)] d und zul. Abweichungen Δd von Basis-Gläsern

Nenndicke d in mm	Floatglas Kalk-Natron-Silikatglas	Floatglas Borosilikatglas	Spiegelglas	Profilbauglas[2)]
	$\pm\Delta d$ in mm	Δd in mm	$\pm\Delta d$ in mm	$\pm\Delta d$ in mm
3	0,2	–0,4/+0,5	0,2	
4	0,2	–0,4/+0,5	0,2	
5	0,2	–0,4/+0,5	0,2	
6	0,2	–0,4/+0,5	0,2	0,2
7		–0,4/+0,5		0,2
8	0,3	–0,4/+0,5	0,2	
10	0,3	–0,9/+1,0	0,2	
12	0,3	–0,9/+1,0	0,2	
15	0,5	–0,9/+1,0	0,2	
19	1,0		0,2	

1) Andere Standarddicken können verfügbar sein. Einzelheiten hierzu sind den Herstellerangaben zu entnehmen.
2) Profilbauglas stellt gem. Definition kein Flachglas dar und ist in der Tafel der Vollständigkeit halber aufgenommen.

Tafel 17.5b Verfügbare Dicken[1)] d und zul. Abweichungen Δd von Basis-Gläsern

Nenndicke d in mm	Gussglas[2)] Drahtglas	Gussglas[2)] Draht-Ornamentglas	Gussglas[2)] Ornamentglas	Fensterglas
	$\pm\Delta d$ in mm	$\pm\Delta d$ in mm	$\pm\Delta d$ in mm	$\pm\Delta d$ in mm
3			0,5	0,2
4			0,5	0,3
5			0,5	0,3
6			0,5	0,3
7	0,7	0,7		
8			0,8	0,4
9	1,0	1,0		
10			1,0	0,5
12				0,6
15				1,0
19				1,0

1) Andere Standarddicken können verfügbar sein. Einzelheiten hierzu sind den Herstellerangaben zu entnehmen.
2) Angegeben ist die maximale Glasdicke (Tellerdicke), gemessen von Spitze zu Spitze der Profilierung.

Tafel 17.6 Maximale Längen und Breiten von Basis-Gläsern in mm

Nenndicke d in mm	Spiegelglas [1]		Gussglas [2] Drahtglas		Gussglas [2] Draht-Ornamentglas		Gussglas [2] Ornamentglas		Fensterglas [3]	
	Länge	Breite	Länge	Breite	Länge	Breite	Länge	Breite	Länge	Breite
3	4500	3180							3620	3180
4	6000	3180					2100	1500	3620	3180
5	6000	3180							3620	3180
6	6000	3180	4500	2520	4500	2520	4500	2520	3620	3180
8	7500	3180							3620	3180
9			4500	2520	4500	2520	4500	2520		
10	9000	3180							3620	3180
12	9000	3180							3620	3180
15	6000	3180							3620	3180
19	4500	2820							3620	3180

[1] Die Breite von Spiegelglas entspricht der Breite des Glasbandes (Bandmaß) ohne Borten, meist 3,21 m bzw. 3,18 m. Aus herstellungstechnischen Gründen sind größere Längen (Überlängen) sowie größere Breiten (Überbreiten) Sonderanfertigungen. Bezeichnung von Spiegelglas (S) nach DIN 1249-3 mit einer Nenndicke 6 mm, Länge 6000 mm und Breite 3180 mm: „Spiegelglas DIN 1249 – S – 6 – 6000 × 3180".

[2] Bezeichnung von Gussglas (DO) nach DIN 1249-4 mit einer Nenndicke 7 mm, Breite 2520 mm und Länge 4500 mm: „Gussglas DIN 1249 – DO – 7 – 2520 × 4500".

[3] Bezeichnung von Fensterglas (F) nach DIN 1249-1 mit einer Nenndicke 5 mm, Breite 3180 mm und Länge 3620 mm: „Fensterglas DIN 1249 – F – 5 – 3180 × 3620".

2.2.2 Bohrungen

- Bohrungen können für die Befestigung von Scheiben innerhalb der Glasfläche herangezogen werden.
- Bohrungen sollten wegen der hohen lokalen Beanspruchungen nur in thermisch vorgespannten Gläsern (ESG, TVG) ausgeführt werden.
- Thermisch vorgespannte Gläser (ESG, TVG) sind *vor* dem Vorspannprozess zu bohren.
- Bohrungen sind als zylindrische oder konische Bohrungen auszuführen.

Empfohlene Ausbildung von Bohrungen in thermisch vorgespannten Gläsern

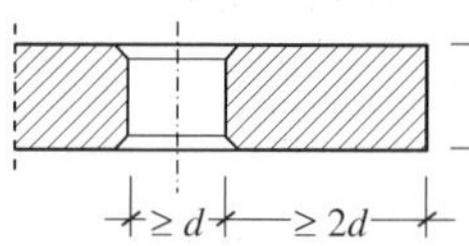

zylindrische Bohrung

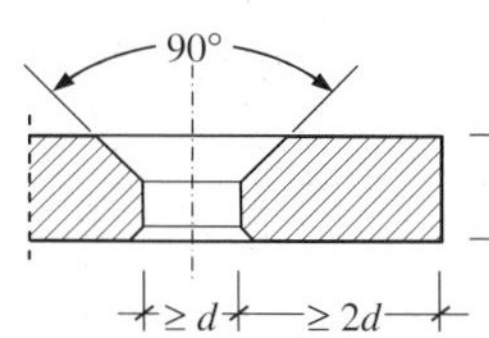

konische Bohrung

2.2.3 Kantenbearbeitung

- Eine unbearbeitete Glaskante mit scharfen Rändern wird nur dort eingesetzt, wo diese im Rahmen liegt.
- Bei thermisch vorgespannten Gläsern (ESG, TVG) ist die Kantenbearbeitung vor dem Vorspannprozess durchzuführen, eine nachträgliche Bearbeitung ist nur bedingt möglich.
- Bei thermisch vorgespannten Gläsern (ESG, TVG) führt ein fehlender Kantenschliff während des Vorspannprozesses häufig zum Bruch der Scheibe.

Tafel 17.7a Ausführung der Glaskante nach DIN 1249-11, DIN EN 1863-1:2000-03

Benennung	Kurzzeichen	Beschreibung	Skizze
geschnitten	KG	Geschnittene, unbearbeitete Glaskante mit scharfkantigen Rändern. Quer zu den Rändern weist die Kante leichte Wellenlinien (Wallnerlinien) auf.	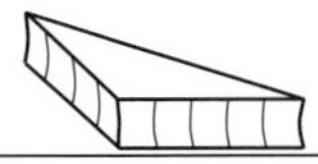
gesäumt	KGS	Schnittkante, deren Ränder mit einem Schleifwerkzeug gebrochen bzw. gefast sind.	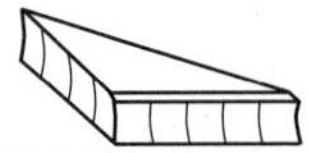
maßgeschliffen (justiert)	KMG	Die Glasscheibe wird durch Schleifen der Kantenoberfläche auf das erforderliche Maß gebracht. Die Kante kann sowohl geschnitten als auch gesäumt sein.	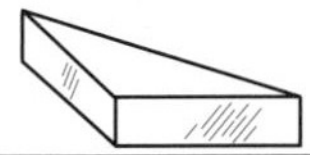
geschliffen (feinjustiert)	KGN	Die Kantenoberfläche wird durch Schleifen ganzflächig bearbeitet. Die Kante kann sowohl geschnitten als auch gesäumt sein.	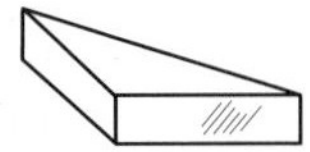
poliert	KPO	Die polierte Kante ist eine durch Überpolieren verfeinerte geschliffene Kante. Polierspuren sind in gewissem Umfang zulässig.	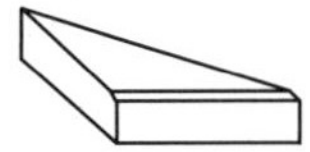

2.3 Profilbauglas

2.3.1 Querschnittswerte

Tafel 17.7b Liefermaße[1] und Querschnittswerte von Profilbauglas

- Lieferlängen: 100 bis 700 cm
- Elastizitätsmodul: $E = 60\,000$ bis $70\,000$ N/mm^2
- Härte nach Mohs: 6 bis 7
- spezifisches Gewicht: 2500 kg/m^3
- linearer Ausdehnungskoeffizient bei Erwärmung um 1°C: 75 bis $85 \cdot 10^{-7}$

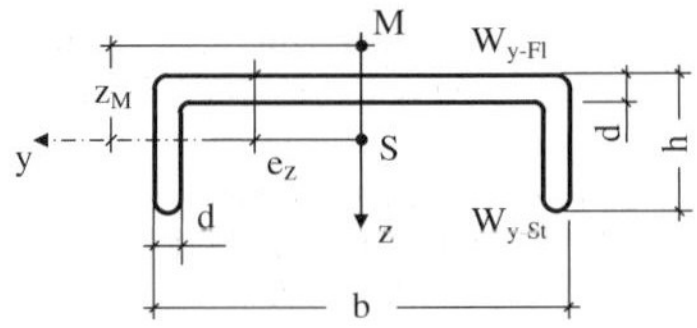

Profilmaße[2]			Statische Werte						
b mm	h mm	d mm	A cm^2	I_y cm^4	$W_{y\text{-St}}$ cm^3	$W_{y\text{-Fl}}$ cm^3	e_z cm	z_M cm	g[3] kg/m
232	41	6	18,0	17,4	22,9	5,2	0,76	1,29	4,5
232	60	7	23,6	61,5	48,4	13,0	1,27	2,44	5,9
262	41	6	19,8	17,8	24,7	5,3	0,72	1,19	5,0
262	60	7	25,7	63,3	52,9	13,2	1,12	2,28	6,4
270	40	6	20,2	16,6	24,1	5,0	0,69	1,12	5,1
331	41	6	24,0	18,6	28,6	5,4	0,65	1,02	6,0
331	60	7	30,5	66,4	62,5	13,4	1,06	2,00	7,6
498	41	6	34,0	19,7	36,0	5,5	0,55	0,76	8,5
748	41	6	49,0	20,8	44,2	5,7	0,47	0,55	12,3

[1] Andere Liefermaße und Abmessungen können verfügbar sein. Einzelheiten hierzu sind den Herstellerangaben zu entnehmen.

[2] Grenzabweichungen Δd: für die gesamte Profilbreite b: ± 2 mm; für die gesamte Flanschhöhe h: ± 2 mm; für die gesamte Glasdicke t: ± 0,2 mm.

[3] Die angegebenen statischen Werte und Profilgewichte können in Abhängigkeit der Radien und der Oberflächenbeschaffenheit variieren. Einzelheiten hierzu sind den Herstellerangaben (Zulassungen) zu entnehmen.

2.3.2 Hinweise

- Die Verwendbarkeit von Profilbauglas ist in *Allgemeinen bauaufsichtlichen Zulassungen* geregelt.
- *Profilbauglas* darf stehend und/oder liegend nur für nichttragende Außenwände und nichttragende Innenwände verwendet werden, sofern keine Anforderungen an die Stoßsicherheit gestellt sind.
- Die Verglasung darf nur durch ihr Eigengewicht und Wind beansprucht werden. Zulässige Beanspruchbarkeit sowie die Ausbildung der Lager u. Fugen sind in bauaufsichtlichen Zulassungen geregelt.
- Die Verglasung darf nicht zur Absturzsicherung od. zur Aussteifung anderer Bauteile verwendet werden.
- *Bohrungen, Ausschnitte* und *Ausklinkungen* sowie eine nachträgliche Oberflächenbehandlung (z. B. durch Sandstrahlen) sind nur im Rahmen eines gesonderten Verwendbarkeitsnachweises (z. B. Zustimmung im Einzelfall) zulässig.

Tafel 17.8a Beispiele für Verlegearten von Profilbauglas

Einschalige Bauweise		Doppelschalige Bauweise	
einschalig, Flansch innen		doppelschalig, mit paarweisen Flanschstößen	
einschalig, Flansch außen		doppelschalig, leicht gekrümmt	
Spundwand angereiht		paarweise, doppelschalige Zickzackanordnung	
Spundwand eingehakt			

2.3.3 Bemessung

- Für innerhalb der Wandebene stehend (*vertikal)* angeordnete Glasbahnen ist nachzuweisen, dass infolge Einwirkungen aus *Wind* die in Tafel 17.8b angegebenen zulässigen Hauptzugspannungen nicht überschritten werden.
- Für innerhalb der Wandebene liegend (*horizontal)* angeordnete Glasbahnen ist nachzuweisen, dass in Feldmitte die Einwirkungen aus *Eigengewicht* und *Wind* die Ungleichung

$$\frac{\sigma_{\text{vorh,Wind}}}{\sigma_{\text{zul,Wind}}} + \frac{\sigma_{\text{vorh,Eigengewicht}}}{\sigma_{\text{zul,Eigengewicht}}} \leq 1$$

  mit $\sigma_{\text{zul,Wind}}$ nach Tafel 17.8b und $\sigma_{\text{zul, Eigengewicht}} = 5{,}0\ \text{N/mm}^2$ erfüllen. Zusätzlich ist für die Flansche im Bereich der Glasbahnenden unter Berücksichtigung der konkreten Lagergeometrie nachzuweisen, dass die zulässige Hauptzugspannung $\sigma_{\text{zul, Eigengewicht}} = 5{,}0\ \text{N/mm}^2$ nicht überschritten wird.
- Die zulässige Durchbiegung für Profilbauglas beträgt 1/100 der Einbaulänge.
- Bezogen auf eine Wandbreite von 500 mm dürfen Abweichungen der Auflagerung zur Horizontalen auch unter Last einen Betrag von 2 mm nicht überschreiten.

Tafel 17.8b Richtwerte[1] für zul. Spannungen für Profilbauglas für Windlast $\sigma_{\text{zul,Wind}}$

Verglasungsart	$\sigma_{\text{zul,Wind}}$ in N/mm² Flansch in der Zugzone	Steg in der Zugzone
	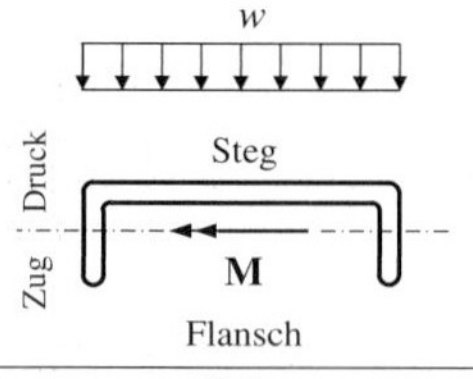	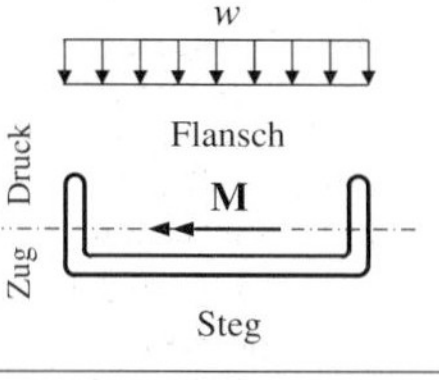
mit Versiegelung[2]	20,0	13,0
ohne Versiegelung	16,0	11,0

[1] Andere Werte sind möglich. Einzelheiten hierzu sind den Allgemeinen bauaufsichtlichen Zulassungen zu entnehmen.
[2] Ausbildung der Versiegelung entsprechend bauaufsichtlicher Zulassung.

2.3.4 Wärmeschutz

- In Bereichen, in denen Anforderungen an den Wärmeschutz gestellt werden, sind die Werte für den Wärmedurchgangskoeffizienten *UG* und den Bemessungswert *g* des Gesamtenergiedurchlassgrades nach Tafel 17.9 einzusetzen.

Tafel 17.9 Richtwerte[1] für Bemessungswert *UG* des Wärmedurchgangskoeffizienten und *g* des Gesamtenergiedurchlassgrades für Profilbauglas nach [17.3]

Profilbauglas	UG-Wert W/(m^2K)	*g*-Wert
einschalig, ohne Beschichtung	5,7	0,87
doppelschalig, ohne Beschichtung	2,8	0,90
doppelschalig, mit Wärmeschutzbeschichtung	1,8	0,73
doppelschalig, mit Sonnenschutzbeschichtung	2,8	0,65
doppelschalig, mit Sonnen- und Wärmeschutzbeschichtung	1,8	0,62
doppelschalig, mit blauer Farbbeschichtung	2,8	0,62
doppelschalig, mit blauer Farb- und Wärmeschutzbeschichtung	1,8	0,62

[1] Andere Werte sind möglich. Einzelheiten hierzu sind den Allgemeinen bauaufsichtlichen Zulassungen zu entnehmen.

3 Veredelungsprodukte

3.1 Allgemeines

Die Oberflächen von Glas sind infolge Herstellung, Gebrauch und mechanischer Witterungs- und Alterungseinflüsse durch Mikro- und Makrorisse geschädigt, während das Glasinnere weitestgehend aus fehlerfreiem Material besteht. Infolge Zugbeanspruchung kommt es am Rissgrund durch Kerbwirkung zu Spannungsspitzen, die nicht umgelagert werden und bei Überschreitung der spezifischen Bruchzähigkeit zum Versagen führen können. Wie bei allen spröden Werkstoffen tritt das Versagen schlagartig und ohne jede Vorankündigung ein; Glas besitzt keine plastischen Tragreserven und somit keinerlei Resttragfähigkeit (vgl. Abb. 17.3).

Art, Form und Tiefe der auftretenden Schädigungen bleiben beim praktischen Einsatz von Glas unbekannt, da die Rissbildung durch ständige, gegenläufig wirkende *rissheilende* Prozesse, die von der Wechselwirkung Glas und umgebendem Medium abhängen, beeinflusst werden [17.4], [17.10].

Im Vergleich zu anderen Baustoffen lässt sich somit für Glas keine absolute Festigkeit definieren, vielmehr geben die in den technischen Regeln angegebenen zulässigen Beanspruchbarkeiten ein Maß für die Wahrscheinlichkeit signifikanter Oberflächenschädigungen für eine bestimmte Nutzung an.

Für die Druckfestigkeit von Glas spielen die Defekte eine untergeordnete Rolle, da die Risse zusammengedrückt werden. Darüber hinaus liegt die Druckfestigkeit mit ≥ 800 N/mm^2 weit über der Zugfestigkeit von ≈ 120 N/mm^2, sodass die Druckfestigkeit für die Bemessung von Flachgläsern nicht maßgebend wird (die angegebenen Werte gelten für „Reinglas", d. h. für Glas ohne jegliche Schädigungen).

Erst durch die ***Veredelung*** der Basisprodukte zu *vorgespannten* Gläsern, Verbundgläsern und Isoliergläsern wird die Verwendung von Glas im konstruktiven Bereich ermöglicht. Hierfür stehen im Wesentlichen zwei Verfahren zur Verfügung:

- **Thermische Vorspannung**
  Durch Erhitzen und anschließendes schnelles Abkühlen werden die in Abb. 17.10 dargestellten Oberflächendruckspannungen erzeugt. Durch die Vorspannung zerspringt das Glas beim Bruch in kleine würfelförmige Teile, wodurch das Verletzungsrisiko gesenkt wird. Der Großteil der Gläser für baupraktische Anwendungen ist thermisch vorgespannt; als Ausgangsmaterial dient meist Floatglas.
- **Chemische Vorspannung**
  Der Vorspannprozess erfolgt in einer Kaliumsalzlösung knapp unterhalb der Transformationstemperatur. In chemisch vorgespannten Gläsern lassen sich sehr hohe Werte für die Vorspannung bei geringen Druckzonentiefen erreichen, wodurch sie sich Spezialanwendungen erschließen. Da die Materialfestigkeit von der Dauer des Vorspannprozesses abhängt, ist die Herstellung hoch vorgespannter Gläser sehr teuer. Die geringeren Druckzonentiefen vergrößern die Anfälligkeit für Oberflächenschädigungen, welche die Biegefestigkeit stark herabsetzen können.

Bei allen vorgespannten Gläsern müssen Kantenbearbeitung, Bohrungen etc. vor dem Vorspannprozess erfolgen. Zusätzlich ist wegen der thermischen Behandlung der Gläser mit Maßtoleranzen und Vorkrümmungen zu rechnen.

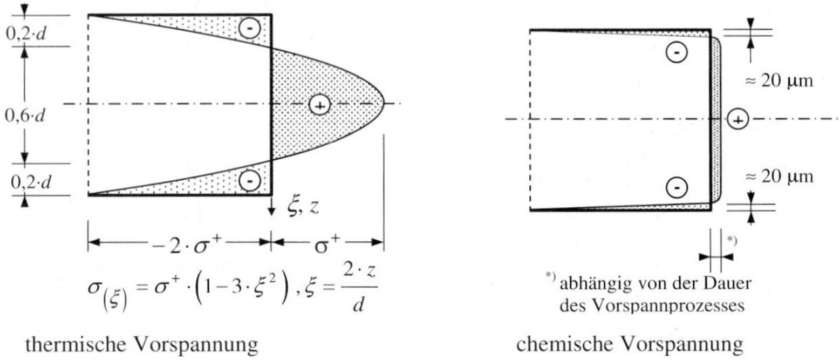

Abb. 17.10 Spannungsverlauf bei vorgespanntem Glas, aus [17.4]

3.2 Einscheiben-Sicherheitsglas ESG

Vorgespanntes Flachglas mit einem Eigenspannungszustand nach Abb. 17.10. ESG im Bauwesen ist i. d. R. thermisch vorgespannt.

Mindestbiegefestigkeit von ESG, DIN 149-10: $f_{c,t} = 120$ N/mm² (5%-Fraktile)

Oberflächendruckspannung von ESG: $100 \text{ N/mm}^2 \leq \sigma_O \leq 150 \text{ N/mm}^2$

ESG zerspringt beim Bruch in kleine würfelförmige Teile, wodurch das Verletzungsrisiko gesenkt wird.

Unvermeidbare Verunreinigungen der Glasschmelze beim Herstellungsprozess führen zu ***Nickel-Sulfid-Einschlüssen***, die sich durch chemische Prozesse und zusätzlich durch Temperaturänderungen (der Temperaturausdehnungskoeffizient von NiS ist größer als der von Glas) im Volumen vergrößern. Eine Überlagerung der daraus resultierenden Spannungskonzentrationen mit den Zugspannungen aus Vorspannung im Scheibeninneren können zu einer Überschreitung der Glasfestigkeit und zu einem sog. ***Spontanbruch*** der Glasscheibe führen.

Zur Vermeidung von Spontanbruch wird ESG vor dem Einbau einer erneuten Wärmebehandlung, dem sog. ***Heißlagerungstest*** (*Heat-Soak-Test*), unterzogen, bei dem der Spontanbruch bei Vorhandensein von NiS künstlich erzeugt wird. ESG, das den Heißlagerungstest bestanden hat, wird als *ESG-H* bezeichnet.

Bei Borosilikat-Glas ist die Möglichkeit einer Nickel-Sulfid-Bildung erheblich geringer und die Versagenswahrscheinlichkeit aufgrund Spontanbruch hinreichend klein.

3.3 Teilvorgespanntes Glas TVG

Vorgespanntes Flachglas mit einem Eigenspannungszustand nach Abb. 17.10. TVG im Bauwesen ist i. d. R. thermisch vorgespannt.

Charakt. Biegefestigkeit von TVG [17.13]: $f_{c,t} = 70$ N/mm² (5%-Fraktile)

Der Herstellungsprozess von TVG entspricht dem von ESG, wobei durch langsamere Abkühlung eine geringere Vorspannung erzeugt wird. TVG hat folglich eine geringere Biegefestigkeit als ESG. Das Bruchbild ähnelt dem von Floatglas, wodurch bei Folienverbund eine bessere Verzahnung der größeren Bruchstücke zu einer Verbesserung der Resttragfähigkeit führt. TVG wird in Allgemeinen bauaufsichtlichen Zulassungen geregelt; vgl. z. B. [17.13].

3.4 Verbund-Sicherheitsglas VSG

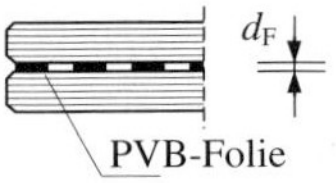

$0{,}38 \text{ mm} \leq d_F \leq 2{,}28$

Mit einer elastischen, reißfesten Folie, meist Poly-Vinyl-Butyral (PVB), aus mindestens zwei Flachgläsern verbundene Glaseinheit.

Bei Versagen der Scheibe haften die Bruchstücke an der Folie, wodurch die Verletzungsgefahr herabgesetzt und durch den Folienverbund eine Resttragfähigkeit der VSG-Einheit gewährleistet wird. Die PVB-Folien der Dicke 0,38 mm werden unter Druck und Erwärmung, ein- oder mehrlagig bis zu $d_F = 2{,}28$ mm, eingebaut.

3.5 Verbundglas VG

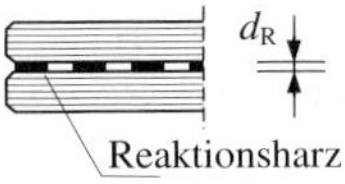

$1{,}0 \text{ mm} \leq d_R \leq 4{,}0 \text{ mm}$

Mit Reaktionsharzen der Dicke 1 bis 4 mm aus mindestens zwei Flachgläsern verbundene Glaseinheit.

Gläser aus Verbundglas eignen sich in besonderem Maß für Spezialanwendungen (z. B. Verglasungen mit innen liegenden Solarzellen oder Schallschutzgläser), da die Gießharze in ihrer Zusammensetzung auf spezielle Anwendungen angepasst werden können.

3.6 Isoliergläser

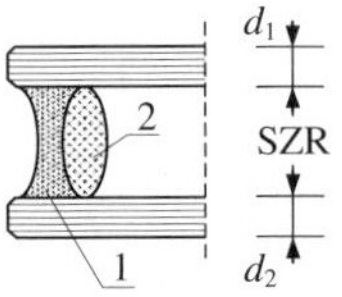

1 Dichtmaterial
2 Randverbund

Verglasungseinheit aus mindestens zwei Gläsern, die durch einen Scheibenzwischenraum mit eingeschlossenem Luft-/Gasvolumen (SZR, meist 8 - 16 mm) voneinander getrennt und nur durch einen Randverbund miteinander verbunden sind.

Isoliergläser werden zur Wärme- und Schalldämmung oder zum Sonnenschutz eingesetzt. Zur Verbesserung von Wärmedämmeigenschaften und zur Verbesserung des Schallschutzes erfolgt eine Füllung des SZR mit Spezialgasen. Innere und äußere Scheibenaufbauten können aus unterschiedlichen Gläsern bestehen, wobei der Einsatz von VSG und/oder VG erforderlich werden kann.

Tafel 17.11 Gängige Aufbauten von Isolierglas und Marktanteile, aus [17.4]

Isolierverglasung	Scheibenaufbau d_1/SZR/d_2 in mm	Marktanteil %
Standard-Wärmeschutzglas	4/16/4	50
konventionelles Isolierglas	4/16/4	10
Schallschutz-Isolierglas	6/16/4	10
Sonnenschutzglas	6/16/4	10
andere (z. B. Sprossen- und Sicherheitsglas)		20

3.7 Brandschutzverglasungen

Vorgespannte Gläser mit hohem Widerstand gegen Hitzeeinwirkungen

Gläser, die allein oder im System (mit Rahmen, Dichtungen und Befestigungsmitteln) den Flammen- und den Brandgasdurchtritt für einen bestimmten Zeitraum verhindern, werden als Brandschutzverglasungen bezeichnet und können in die Gruppen G30 bis G120 eingestuft werden. Verhindern die Gläser zusätzlich den Durchtritt von Hitzestrahlung, gehören sie den Feuerwiderstandsklassen F30 bis F120 an, vgl. DIN 4102. Die feuerhemmende Wirkung bei Brandschutzgläsern wird über Verdampfen oder Aufschäumen von speziellen Zwischenschichten erzielt. Brandschutzverglasungen werden in Allgemeinen bauaufsichtlichen Zulassungen geregelt.

3.8 Sonstige Veredelungsprodukte

- Angriffhemmende Verglasungen
  - Klasse A: durchwurfhemmend DIN 52 290-4
  - Klasse B: durchbruchhemmend DIN 52 290-3
  - Klasse C: durchschusshemmend DIN 52 290-2
  - Klasse D: sprengwirkungshemmend DIN 52 290-1
- Ballwurfsichere Gläser, DIN 18 032-3
- Alarmgläser
- Heizscheiben
- Gebogenes Glas

4 Ermittlung von Spannungen und Verformungen

4.1 Allgemeines

Für praxisrelevante Abmessungen von Glasscheiben ergeben sich i. d. R. Durchbiegungen, die größer sind als die Glasscheibendicke. Werden diese bei vierseitiger Lagerung zugelassen, so überschätzen die nach der linearen Plattentheorie ermittelten Beanspruchungen die auftretenden Beanspruchungen teilweise erheblich. In diesen Fällen kann eine nichtlineare Berechnungsmethode zur Ermittlung der Schnittgrößen und Verformungen gewählt werden. Die bei Berücksichtigung der Membran- und Vorspannungen denkbar größeren Hauptzugspannungen im Scheibeninneren sind nicht kritisch und brauchen nicht nachgewiesen zu werden. Versagensbestimmend sind immer die Hauptzugspannungen an der Scheibenoberfläche [17.16].

4.2 Biegespannungen in allseitig linienförmig gelagerten rechteckigen Glasplatten

Die maximalen Biegespannungen in der Plattenmitte von allseitig linienförmig gelagerten rechteckigen Glasplatten ergeben sich näherungsweise in Abhängigkeit der normierten Belastung p^* zur Berücksichtigung großer Verformungen ([17.17], [17.18]) nach Tafel 17.12.

Tafel 17.12 Beiwerte k_1 zur Berechnung der maximalen Hauptzugspannungen σ_{max} allseitig gelagerter rechteckiger Glasplatten [17.4], [17.10]

$$\sigma_{max} = k_1 \cdot q \cdot \left(\frac{\ell_{min}}{d}\right)^2 ; \quad p^* = \frac{q}{E} \cdot \left(\frac{\ell_{min}}{d}\right)^4$$

$$\varepsilon = \ell_{max} / \ell_{min} ; \; \nu = 0,22^{1)}$$

q gleichförmig verteilte Flächenlast
ℓ_{min} Länge der kürzeren Glaskante
E Elastizitätsmodul, vgl. Tafel 17.3a
ν Querdehnzahl, vgl. Tafel 17.3a
d Glasscheibendicke
p^* normierte Belastung

p^*	k_1					
	$\varepsilon = 1$	$\varepsilon = 1,25$	$\varepsilon = 1,5$	$\varepsilon = 1,75$	$\varepsilon = 2$	$\varepsilon = 3$
0[2)]	0,272	0,383	0,475	0,548	0,603	0,711
10	0,270	0,378	0,450	0,512	0,557	0,694
20	0,261	0,331	0,384	0,437	0,486	0,654
30	0,244	0,291	0,336	0,379	0,426	0,603
40	0,234	0,271	0,306	0,334	0,380	0,559
50	0,227	0,263	0,290	0,318	0,346	0,519
100	0,206	0,239	0,264	0,294	0,308	0,382
200	0,188	0,220	0,244	0,276	0,287	0,338
300	0,178	0,211	0,232	0,266	0,275	0,326
400	0,172	0,206	0,225	0,257	0,266	0,318
500	0,167	0,202	0,219	0,250	0,259	0,312

1) Die Berechnungsergebnisse decken mit hinreichender Genauigkeit den Bereich von $0,20 < \nu \leq 0,24$ ab.
2) Für kleine Verformungen gilt $p^* = 0$.

4.3 Durchbiegungen in allseitig linienförmig gelagerten rechteckigen Glasplatten

Die maximalen Durchbiegungen in der Plattenmitte von allseitig linienförmig gelagerten rechteckigen Glasplatten ergeben sich näherungsweise in Abhängigkeit der normierten Belastung p^* zur Berücksichtigung großer Verformungen ([17.17] [17.18]) nach Tafel 17.13a.

Tafel 17.13a Beiwerte k_2 zur Berechnung der maximalen Durchbiegungen f_{max} allseitig gelagerter rechteckiger Glasplatten [17.4] [17.10]

$$f_{max} = k_2 \cdot q \cdot \frac{\ell_{min}^4}{E \cdot d^3}; \quad p^* = \frac{q}{E} \cdot \left(\frac{\ell_{min}}{d} \right)^4$$

$$\varepsilon = \ell_{max} / \ell_{min}; \quad \nu = 0,22^{1)}$$

q gleichförmig verteilte Flächenlast
ℓ_{min} Länge der kürzeren Glaskante
E Elastizitätsmodul, vgl. Tafel 17.3a
ν Querdehnzahl, vgl. Tafel 17.3a
d Glasscheibendicke
p^* normierte Belastung

p^*	k_2					
	$\varepsilon = 1$	$\varepsilon = 1,25$	$\varepsilon = 1,5$	$\varepsilon = 1,75$	$\varepsilon = 2$	$\varepsilon = 3$
0[2)]	0,0464	0,0685	0,0878	0,103	0,115	0,139
10	0,0445	0,0643	0,0820	0,0957	0,110	0,136
20	0,0413	0,0568	0,0708	0,0832	0,0953	0,129
30	0,0376	0,0503	0,0623	0,0738	0,0848	0,120
40	0,0347	0,0455	0,0559	0,0663	0,0767	0,111
50	0,0320	0,0417	0,0512	0,0608	0,0702	0,104
100	0,0239	0,0304	0,0373	0,0443	0,0516	0,0795
200	0,0171	0,0215	0,0263	0,0313	0,0365	0,0573
300	0,0139	0,0173	0,0211	0,0252	0,0294	0,0463
400	0,0119	0,0155	0,0181	0,0228	0,0251	0,0396
500	0,0106	0,0147	0,0160	0,0200	0,0222	0,0349

1) Die Berechnungsergebnisse decken mit hinreichender Genauigkeit den Bereich von $0,20 < \nu \leq 0,24$ ab.
2) Für kleine Verformungen gilt $p^* = 0$.

5 Linienförmig gelagerte Verglasungen nach TRLV – 9.1998

5.1 Anwendungsbereich

Linienförmig gelagerte Verglasungen sind in den *„Technischen Regeln für die Verwendung von linienförmig gelagerten Verglasungen"* (TRLV 9.1998) geregelt. Nur Scheibenränder, die für die Abtragung von Soglasten durch *Abdeckleisten* gehalten sind, gelten als *liniengelagert.*

- Alle Überkopf- und Vertikal-Verglasungen, die nicht der TRLV entsprechen, bedürfen einer *Zustimmung im Einzelfall* bei der zuständigen entscheidungsbefugten Baubehörde.

Tafel 17.13b Linienlagerung

Linienlagerungen[1)]

zulässig

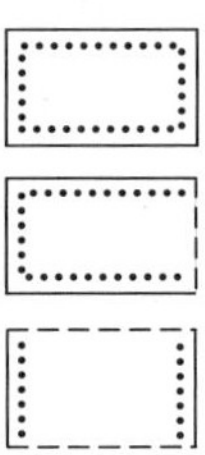

nicht zulässig

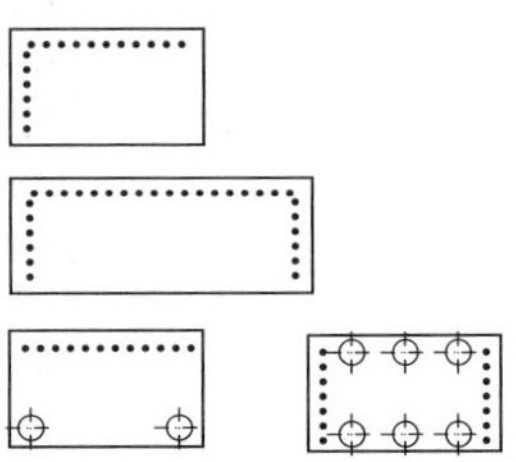

Prinzipdarstellung eines liniengelagerten Scheibenrandes

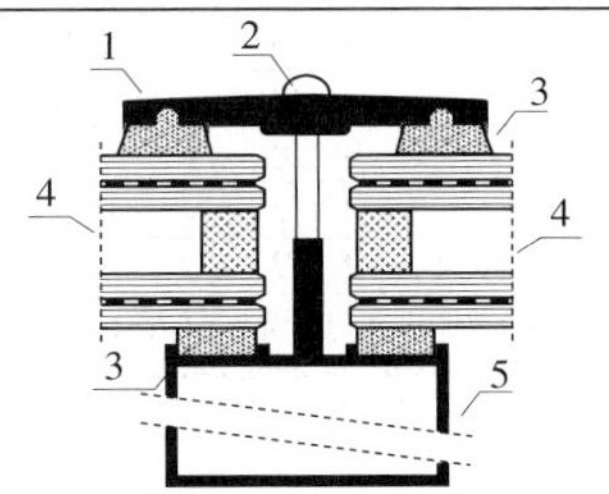

—— gelagerter Rand (unterstützt, ohne Abdeckleiste)
•••• Abdeckleiste
– – · freier Rand/Kante (nicht unterstützt)
⌖ Punktstützung (punktuelle Befestigung)[2)]

1 Abdeckleiste[2)]
2 Befestigungselement
3 Silikonprofil
4 z.B. Isolierverglasung
5 Auflagerprofil (tragend)

1) Die Kombination von punkt- und linienförmig gelagerten Verglasungen ist nicht geregelt.
2) Punktuelle Halterungen sind nicht zulässig.

- Je nach ihrer Neigung zur Vertikalen werden die linienförmig gelagerten Verglasungen in *Überkopfverglasungen* und *Vertikalverglasungen* eingeteilt.

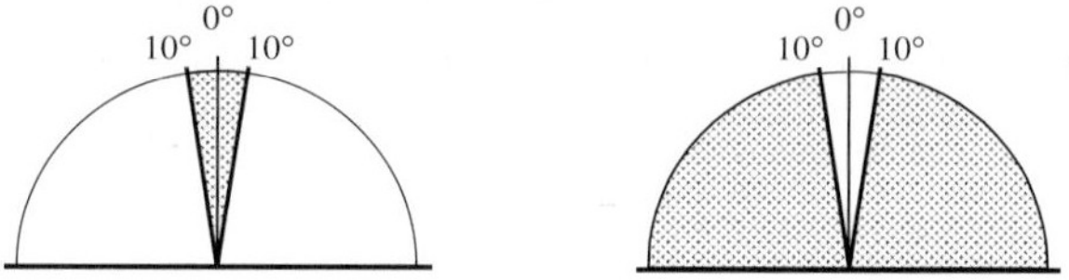

Vertikalverglasungen
Neigung ≤ 10° zur Senkrechten

Überkopfverglasungen
Neigung > 10° zur Senkrechten

- Vertikalverglasungen, die nicht nur kurzzeitigen veränderlichen Einwirkungen (z. B. Wind) ausgesetzt sind, wie z. B. die lotrechten Teile von Shed-Verglasungen, bei denen eine Belastung durch Schneeanhäufungen möglich ist, sind wie Überkopfverglasungen zu behandeln.

Die Technischen Regeln gelten bei Verwendung von Glaserzeugnissen nach Tafel 17.14a für:

- Einfach-Verglasung
- Verglasungen aus Isolierglas
- Überkopfverglasungen
- Vertikalverglasungen, auch gebogen.
  Für hinterlüftete Außenwandbekleidungen aus ESG gilt DIN 18 516-4 (2.90)

Tafel 17.14a Verwendbare Glaserzeugnisse für linienförmig gelagerte Verglasungen

	Baustoffe und Glaserzeugnisse
a	*Spiegelglas* nach DIN 1249-3 (2.80)
b	*Gussglas*: Drahtglas[1] oder Ornamentglas nach DIN 1249-4 (8.81)
c	*Einscheiben-Sicherheitsglas*: ESG nach DIN 1249-12 (9.90) sowie *Heißgelagertes Einscheiben-Sicherheitsglas* [2]: ESG-H nach Bauregelliste A Teil 1, lfd. Nr. 11.4.2 aus Glas nach a oder b
d	*Verbund-Sicherheitsglas*: VSG aus Gläsern nach a bis c mit Zwischenfolien aus Polyvinyl-Butyral (PVB-Folie) oder aus anderen Gläsern bzw. mit anderen Zwischenschichten, deren Verwendbarkeit z. B. durch eine Allgemeine bauaufsichtliche Zulassung nachgewiesen ist
e	*Verbundglas*: VG aus Gläsern nach a bis c mit sonstigen Zwischenschichten

[1] Kanten von Drahtglas dürfen nicht ständig der Feuchtigkeit ausgesetzt sein. Freie Kanten dürfen der Bewitterung ausgesetzt sein, wenn die Abtrocknung nicht behindert ist.

[2] Vgl. [17.20]. Für die Gläser der Zeilen a bis c ist ein Elastizitätsmodul von $E = 70\,000$ N/mm^2 und eine Querdehnzahl von $\nu = 0{,}23$ anzunehmen. Im Weiteren gelten die physikalischen Eigenschaften nach DIN 1249-10 (8.90) und DIN 1249-12 (9.90).

Tafel 17.14b Zulässige Glasarten bei linienförmig gelagerten Überkopfverglasungen

		SPG	ESG[1]	VSG aus			Drahtglas	Gussglas	VG
				SPG	ESG[1]	TVG[2]			
Einfach-Verglasung				•		•	•		
Isolier-Verglasung	obere Scheibe	•	•	•	•	•	•	•	•
	untere Scheibe			•		•	•		

[1] Schließt die Verwendung von ESG-H ein. [2] Geregelt durch AbZ, siehe z. B. [17.13].

Für zustimmungspflichtige Überkopfverglasungen, die nicht Tafel 17.14b entsprechen, sind neben den Tragfähigkeitsnachweisen i.d.R. auch Nachweise zur Resttragfähigkeit erforderlich. Können diese Nachweise nicht erbracht werden, sind Zusatzmaßnahmen (z. B. Netzunterspannungen) erforderlich. Da der Nachweis zur Resttragfähigkeit bislang nicht in den Technischen Regeln definiert ist, muss dieser durch Versuche erbracht werden.

Die Technischen Regeln brauchen nicht angewendet zu werden für

- Verglasungen von Kulturgewächshäusern (siehe DIN V 11 535 (2.98))
- Vertikalverglasungen, deren Oberkante nicht mehr als 4,0 m über einer Verkehrsfläche liegt (z. B. Schaufensterverglasungen)
- Dachflächenfenster in Wohnungen und Räumen ähnlicher Nutzung (z. B. Hotelzimmer, Büroräume) mit einer Lichtfläche (Rahmeninnenmaß) bis zu 1,6 m^2.

Die Technischen Regeln gelten nicht für

- Verglasungen, die planmäßig zur Aussteifung dienen.
- gekrümmte Überkopfverglasungen
- Kombinationen aus linien- und punktförmig gelagerten Verglasungen
- Verglasungen, bei denen mit zusätzlichen Belastungen zu rechnen ist, die über Wind, Schnee, Eigen- oder Klimalasten hinausgehen.

Zusätzliche Anforderungen sind zu berücksichtigen bei

- absturzsichernden Verglasungen
- begehbaren Verglasungen.

5.2 Standsicherheit

- Die Glasscheiben sind für die Einwirkungen nach DIN 1055 zu bemessen.
- Einflüsse, welche die Spannungen erhöhen (z. B. Bohrungen und Ausschnitte, sowie bei Isolier-Verglasungen die Kopplung der Einzelscheiben über das geschlossene Gasvolumen), sind zu berücksichtigen (vgl. Abschn. 5.6).
- Die untere Scheibe einer Überkopfverglasung aus Isolierglas ist außer für den Fall der planmäßigen Einwirkungen (Wind, Schnee, Klimalasten ...) auch für den Fall des Versagens der oberen Scheibe mit deren Belastung zu bemessen.
- Beim Nachweis von Einfach-Verglasungen aus VSG oder VG darf ein günstig wirkender Schubverbund der Scheiben nicht berücksichtigt werden. Gleiches gilt für die Schubkopplung von Isolier-Verglasungen über den Randverbund.
- Bei Vertikalverglasungen aus Isolierglas mit VSG oder VG ist für veränderliche Einwirkungen zusätzlich der Grenzzustand des vollen Schubverbundes zu berücksichtigen.

Tafel 17.15a Zulässige Biegezugspannungen bei Einfach-Verglasungen in N/mm²

Glassorte	Überkopfverglasung	Vertikalverglasung
ESG aus Spiegelglas	50,0	50,0
ESG aus Gussglas	37,0	37,0
Emailliertes[1] ESG aus Spiegelglas	30,0	30,0
Spiegelglas	12,0	18,0
Gussglas	8,0	10,0
VSG aus Spiegelglas	15,0	22,5

[1] Emaille auf der Zugseite

Tafel 17.15b Zulässige Biegezugspannungen bei Isolier-Verglasungen in N/mm²

Glassorte	Überkopf-verglasung	Vertikalverglasung	
		Glasflächen > 1,6 m²	Glasflächen ≤ 1,6 m²
ESG aus Spiegelglas	57,5	57,5	62,5
ESG aus Gussglas	42,5	42,5	42,5
Emailliertes[1] ESG aus Spiegelglas	34,5	34,5	37,5
Spiegelglas	13,8	20,7	22,5
Gussglas	9,2	11,5	11,5
VSG aus Spiegelglas	17,3 (25,0)[2]	25,8	28,0

[1] Emaille auf der Zugseite. [2] Nur für die untere Scheibe beim Lastfall „Versagen der oberen Scheibe“ zulässig.

5.3 Gebrauchstauglichkeit

- Die Glasscheiben sind für die Einwirkungen nach DIN 1055 zu bemessen.
- Bei Isolier-Verglasungen ist die Kopplung der Einzelscheiben über das geschlossene Gasvolumen zu berücksichtigen.

- Beim Nachweis von Einfach-Verglasungen aus VSG oder VG darf ein günstig wirkender Schubverbund der Scheiben nicht berücksichtigt werden. Gleiches gilt für die Schubkopplung von Isolier-Verglasungen über den Randverbund.
- Bei Vertikal-Verglasungen aus Isolierglas mit VSG oder VG ist für veränderliche Einwirkungen zusätzlich der Grenzzustand des vollen Schubverbundes zu berücksichtigen.

Die Durchbiegungen der Glasscheiben dürfen an der ungünstigsten Stelle nicht größer sein als die Werte nach Tafel 17.16a.

Tafel 17.16a Zulässige Durchbiegungen f von Glasscheiben

Lagerung	Überkopfverglasung	Vertikalverglasung
vierseitig	*Einfach-Verglasung und Scheiben einer Isolier-Verglasung*	
	$\ell/100$ der Scheibenstützweite in Haupttragrichtung[2]	keine Anforderungen[2]
drei- und zweiseitig	*Einfach-Verglasung*	
	$\ell/100$ der Scheibenstützweite in Haupttragrichtung	$\ell/100$ der freien Kante[1]
	Scheiben einer Isolier-Verglasung	
	$\ell/200$ der freien Kante[2]	$\ell/100$ der freien Kante[2]

[1] Auf die Einhaltung der Durchbiegungsbegrenzungen kann verzichtet werden, wenn nachgewiesen wird, dass unter Last ein Glaseinstand von 5 mm nicht unterschritten wird.
[2] Die Durchbiegungsbegrenzungen des Isolierglasherstellers sind zu beachten. Richtwerte für die Vorbemessung [17.11]: $8\ \text{mm} \geq f \leq \ell/100$; ℓ maßgebende Stützweite.

5.4 Konstruktionsregeln

5.4.1 Glaskanten, Bohrungen und Ausschnitte

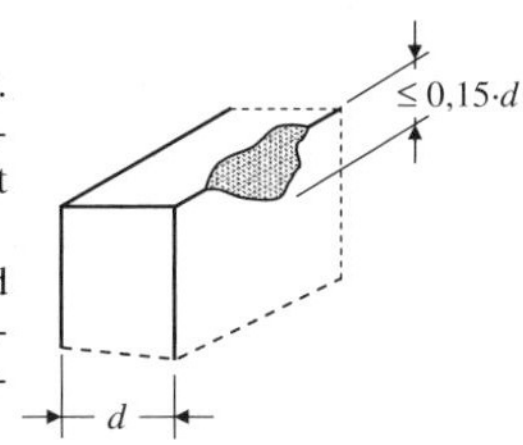

- Scheiben aus ESG sind auf Kantenverletzungen zu prüfen. Scheiben mit Kantenverletzungen, die tiefer als 15 % der Scheibendicke d in das Glasvolumen eingreifen, dürfen nicht eingebaut werden.
- Bohrungen und Ausschnitte sind nur in Scheiben aus ESG und VSG bei Vertikal-Verglasungen zulässig. Lasten aus durchgeführten Bauteilen (z. B. Regenrohre) dürfen nicht an die Verglasung abgegeben werden.

5.4.2 Zwischenfolien

- Zwischenfolien aus Polyvinyl-Butyral (PVB) müssen bei 23 °C die folgenden mechanischen Eigenschaften aufweisen.

Tafel 17.16b Mechanische Eigenschaften von Zwischenfolien bei 23 °C

Folie	Reißfestigkeit	Bruchdehnung
Polyvinyl-Butyral (PVB)	> 20 [1]	> 250

[1] Prüfung nach EN ISO 527-3 : 1995-10, Prüfungsgeschwindigkeit 50 mm/min.

Die Eigenschaften sind vom Hersteller der Folien durch Werksbescheinigung „2.1" nach DIN EN 10 204:1995-08 zu bestätigen.

5.4.3 Glaseinstand und Falzhöhe

- Der Glaseinstand ist so zu wählen, dass die Standsicherheit der Verglasung langfristig sichergestellt ist. Grundlage hierfür ist DIN 18 545 (2.92) oder DIN 18 516-4 (2.90).
  Der Glaseinstand soll in der Regel 2/3 der Glasfalzhöhe betragen.
- Unter Last- und Temperatureinwirkung darf kein Kontakt zwischen Glas und harten Werkstoffen (z. B. Metall, Glas) auftreten.

- Ein Verrutschen der Scheiben ist durch Distanzklötze zu verhindern. Der Abstand zwischen Falzgrund und Scheibenrand muss unter Beachtung der Grenzmaße von Unterkonstruktion und Verglasung so groß sein, dass ein Dampfdruckausgleich möglich ist.

Tafel 17.17a Glaseinstand nach DIN 18 516-4

Scheibenlagerung linienförmig	Glaseinstand mm
allseitig	≥ 10[1)]
zwei oder dreiseitig	$d + \ell/500 \cdot$ Stützweite, mindestens aber 15 mm

[1)] Der Glaseinstand sollte zur Vermeidung von Temperaturzwängungen 20 mm nicht überschreiten [17.4].

Beispiel: Scheibe mit Stützweite 1000 mm,
Scheibendicke d = 16 mm ⇒
Glaseinstand = 16 + 1000 / 500 = 18 > 15 mm

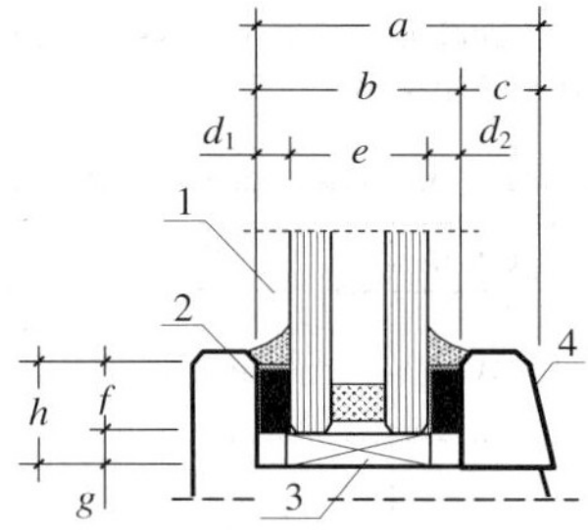

1 Verglasung
2 Glasfalzanschlag
3 Klotzung
4 Glashalteleiste

a Gesamtfalzbreite
b Glasfalzbreite
c Auflagerbreite der Glashalteleiste
d_1 äußere Dichtstoffdicke
d_2 innere Dichtstoffdicke ($3 \text{ mm} < d_i \leq 6 \text{ mm}$, $i = 1, 2$)
e Dicke der Verglasungseinheit
f Glaseinstand
g Glasfalzgrund
h Glasfalzhöhe

Tafel 17.17b Mindestwerte für die Glasfalzhöhe nach DIN 18 545-1

Längste Seite der Verglasungseinheit mm	Glasfalzhöhe bei Einfachglas mm	Isolierglas mm
< 1000	10	18
1000 bis 3500	12	18
> 3500	15	20

Bei Mehrscheiben-Isolierglas mit einer Kantenlänge bis 500 mm darf mit Rücksicht auf eine schmale Sprossenausbildung der Glaseinstand auf 11 mm und die Glasfalzhöhe auf 14 mm reduziert werden.

5.4.4 Unterkonstruktion/Unterstützungen

- Die Durchbiegung f_U der Auflagerprofile/Unterkonstruktion darf nicht mehr als $\ell/200$ der aufzulagernden Scheibenlänge, höchstens jedoch 15 mm betragen. Bei der Ermittlung der Schnittgrößen der Glasscheiben kann näherungsweise eine kontinuierliche Lagerung angesetzt werden.

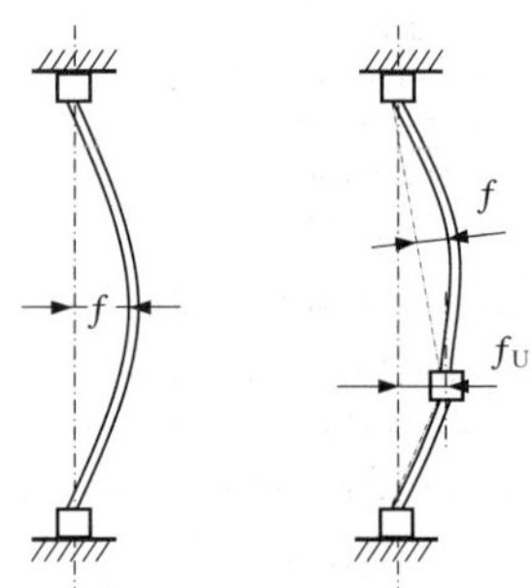

15 mm ≥ $f_U \leq \ell/200$
f nach Tafel 17.16a

5.5 Anwendungsbedingungen

5.5.1 Überkopfverglasungen

- Für Überkopfverglasungen von Wohnungen (z. B. Wintergärten, Balkonüberdachungen) mit einer Scheibenspannweite ≤ 80 cm und einer Einbauhöhe ≤ 3,50 m dürfen alle Gläser nach Tafel 17.14a verwendet werden.
- Bohrungen und Ausschnitte in Überkopfverglasungen sind unzulässig.
- Für Einfach-Verglasungen und für die untere Scheibe von Isolier-Verglasungen darf nur Drahtglas oder VSG aus Spiegelglas verwendet werden; Ausnahmen siehe Fußnote zu Tafel 17.14b.

- Bei Stützweiten größer 1,20 m sind VSG-Scheiben aus Spiegelglas allseitig zu lagern, dabei darf das Seitenverhältnis nicht größer als 3:1 sein.
- Drahtglas ist nur bei einer Stützweite in Haupttragrichtung von 0,7 m zulässig. Der Glaseinstand von Drahtglas muss mindestens 15 mm betragen.
- Bei VSG als Einfach-Verglasung oder als untere Scheibe einer Isolier-Verglasung muss die Gesamtdicke der PVB-Folie im Allgemeinen mindestens 0,76 mm betragen. Eine Dicke von 0,38 mm ist zulässig bei allseitiger Lagerung mit einem Seitenverhältnis nicht größer als 3:1 und einer Stützweite in Haupttragrichtung bis zu 0,8 m.
- Die Auflagerung von zweiseitig gelagerten Verglasungen ist mit Dichtstoffen nach DIN 18 545-2 Gruppe E auszuführen. Bei geschraubten Andruckprofilen/Abdeckleisten sind vorgefertigte Dichtprofile nach DIN 7863 Gruppe A bis D zulässig.
- Wird durch geeignete Maßnahmen, wie z. B. durch dauerhafte, ausreichend tragfähige Netze mit einer Maschenweite ≤ 40 mm, verhindert, dass größere Glasteile auf Verkehrsflächen herabfallen, dann kann von den o. a. Regeln abgewichen werden. Eine Zustimmung der entscheidungsbefugten Behörde ist zweckmäßig.

5.5.2 Vertikalverglasungen

Unter Berücksichtigung der nachstehenden Anwendungsbedingungen dürfen alle geregelten Glasarten nach Bauregelliste A Teil 1 (vgl. Tafel 17.43) verwendet werden.

- Vertikalverglasungen müssen mechanisch, also z.B. nicht durch Klebung, befestigt sein und dürfen nur ausfachende Funktion haben.
- Bohrungen und Ausschnitte sind nur in Scheiben aus ESG oder VSG zulässig.
- Einfach-Verglasungen aus Spiegelglas, Ornamentglas oder VG müssen allseitig gelagert sein.
- Für Scheiben
  - bei denen die Gefahr besteht, dass sie einer besonderen Temperaturbeanspruchung unterliegen (z. B. durch Aufheizen aufgrund unmittelbar dahinter angeordneter Dämmung) oder
  - die eine Energieabsorption von mehr als 65 % ausweisen (z. B. aufgrund von Einfärbung oder Beschichtung) oder
  - die nicht allseitig durchgehend eingefasst [2] sind, ist heißgelagertes Einscheiben-Sicherheitsglas (ESG-H) nach Bauregelliste A Teil 1, lfd. Nr. 11.4.2 zu verwenden [1].

[1] Vergleiche [17.10].

[2] Für Isolierverglasungen aus ESG ist der Heißlagerungstest nicht grundsätzlich gefordert, da diese durch den Randverbund als auf allen Seiten durchgehend eingefasst gelten und somit ein Herausfallen durch Spontanbruch unwahrscheinlich ist.

5.5.3 Verwendung von TVG

Abweichend von Tafel 17.14a können für die Herstellung linienförmig gelagerter Verglasungen andere Glaserzeugnisse, wie z.B. TVG, verwendet werden, wenn dies in der Allgemeinen bauaufsichtlichen Zulassung für das betreffende Glasprodukt geregelt ist.

In Tafel 17.18 sind Richtwerte für die zulässigen Spannungen von TVG angegeben, aus [17.13].

Tafel 17.18 Zulässige Biegezugspannungen [1] N/mm^2 für TVG aus [17.13]

Glassorte		Überkopfverglasung	Vertikalverglasung
TVG		29,0	29,0
emailliertes TVG	Emaille auf Druckseite	29,0	29,0
	Emaille auf Zugseite	18,0	18,0

[1] Andere Werte sind möglich; Einzelheiten hierzu sind den Allgemeinen bauaufsichtlichen Zulassungen zu entnehmen.

5.6 Berechnungsverfahren für Isolierglas Anhang A, TRLV – 9.1998

Bei Isolier-Verglasungen ist die Wirkung *Klimalasten*, d. h. von Druckdifferenzen, die sich aus der Veränderung der Temperatur, des meteorologischen Luftdrucks sowie aus der Differenz der Ortshöhe zwischen Herstellungs- und Einbauort ergeben, zu berücksichtigen.

Der Lastabtragungsteil der äußeren und der inneren Scheibe und die Einwirkungen infolge klimatischer Veränderungen können bei kleinen Deformationen wie folgt ermittelt werden:

Anteile δ_a und δ_i der Einzelscheiben an der Gesamtbiegesteifigkeit:

$$\delta_a = \frac{d_a^3}{d_a^3 + d_i^3} \quad (1) \qquad \delta_i = \frac{d_i^3}{d_a^3 + d_i^3} = 1 - \delta_a \quad (2)$$

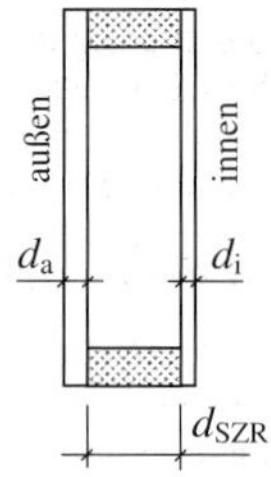

Ersatzdicken d^* bei VSG und VG bestehend aus n Einzelscheiben:

– voller Verbund: $d^* = d_1 + d_2 + \ldots + d_n$

– ohne Verbund: $d^* = \sqrt[3]{d_1^3 + d_2^3 + \ldots + d_n^3}$

Charakteristische Kantenlänge a^*:

$$a^* = 28{,}9 \cdot \sqrt[4]{\frac{d_{SZR} \cdot d_a^3 \cdot d_i^3}{\left(d_a^3 + d_i^3\right) \cdot B_v}} \quad (3)$$

Faktor φ:

$$\varphi = \frac{1}{1 + \left(a / a^*\right)^4} \quad (4)$$

B_v Der Beiwert B_v ist in Abhängigkeit vom Seitenverhältnis a/b in Tafel 17.20b angegeben.

a^* Werte für a^* sind für gebräuchliche Isolierglasaufbauten in Abhängigkeit vom Seitenverhältnis a/b in Tafel 17.20a zusammengestellt.

Isochorer Druck p_0 (Druck bei gleich bleibendem Volumen) im Scheibenzwischenraum:

$$p_0 = c_1 \cdot \Delta T - \Delta p_{met} + c_2 \cdot \Delta H \quad (5)$$

$c_1 = 0{,}340$ kPa/K
$c_2 = 0{,}012$ kPa/m

Verteilung der Einwirkungen:

Zur Verteilung der Einwirkungen und der Wirkung des isochoren Drucks auf die äußere und innere Scheibe siehe Tafel 17.21b

Bezeichnungen:

- a kleinere Kantenlänge ℓ_{min} der Isolierverglasung in mm
- b größere Kantenlänge ℓ_{max} der Isolierverglasung in mm
- d_{SRZ} Abstand zwischen den Scheiben (Scheibenzwischenraum) in mm
- d_a Dicke der äußeren Scheibe in mm
- d_i Dicke der inneren Scheibe in mm
- d^* Ersatzdicke bei VSG und VG mit n Einzelscheiben

Tafel 17.20a Anteil δ_i und δ_a der Einzelscheiben an der Gesamtsteifigkeit eines Zweischeiben-Isolierglases und charakteristische Kantenlänge a^*

Scheiben-abstand mm	Glasdicke mm		Steifigkeits-anteil %		Charakteristische Kantenlänge a^* mm			
d_{SZR}	d_i	d_a	δ_i	δ_a	a/b = 0,33	a/b = 0,50	a/b = 0,67	a/b = 1,00
10	4	4	50	50	234	259	279	328
	4	6	23	77	270	288	311	365
	4	8	11	89	280	299	322	379
	4	10	6	94	284	303	326	384
	6	6	50	50	329	351	378	444
	6	8	30	70	358	382	411	484
	6	10	18	82	373	397	428	503
	8	8	50	50	408	435	469	551
	8	10	34	66	438	466	503	591
	10	10	50	50	483	514	554	652
12	4	4	50	50	254	271	292	343
	4	6	23	77	283	302	325	382
	4	8	11	89	293	313	337	396
	4	10	6	94	297	317	341	402
	6	6	50	50	344	367	395	465
	6	8	30	70	375	400	430	507
	6	10	18	82	390	415	448	527
	8	8	50	50	427	455	490	577
	8	10	34	66	458	488	526	619
	10	10	50	50	505	538	580	682
14	4	4	50	50	264	281	303	357
	4	6	23	77	294	314	338	397
	4	8	11	89	305	325	350	412
	4	10	6	94	309	329	355	418
	6	6	50	50	358	381	411	483
	6	8	30	70	390	415	447	526
	6	10	18	82	405	432	465	547
	8	8	50	50	444	473	510	600
	8	10	34	66	476	507	547	643
	10	10	50	50	525	559	603	709
16	4	4	50	50	273	291	313	369
	4	6	23	77	304	324	349	411
	4	8	11	89	315	336	362	426
	4	10	6	94	320	341	367	432
	6	6	50	50	370	394	425	500
	6	8	30	70	403	429	463	544
	6	10	18	82	419	446	481	566
	8	8	50	50	459	489	527	620
	8	10	34	66	492	525	565	665
	10	10	50	50	543	578	623	733

Tafel 17.20b Beiwerte B_v [1)]

a/b	1,0	0,9	0,8	0,7	0,6	0,5	0,4	0,3	0,2	0,1
B_v	0,0194	0,0237	0,0288	0,0350	0,0421	0,0501	0,0587	0,0676	0,0767	0,0857

[1)] Die Werte wurden auf Basis der Kirchhoff´schen Plattentheorie für ν = 0,23 berechnet. Zwischenwerte können linear interpoliert werden.

5.6.1 Einwirkungen

Zu berücksichtigende Beanspruchungen bei Isolier-Verglasungen:

- Einwirkungen nach DIN 1055
- Druckdifferenzen p_0 aus der Veränderung der Temperatur ΔT und des meteorologischen Luftdrucks Δp_{met}
- Druckdifferenzen p_0 aus der Differenz ΔH der Ortshöhe zwischen Herstellungs- und Einbauort. Als Herstellungsort gilt der Ort, an dem die endgültige Scheibenabdichtung eingebaut wurde.
- Für die untere Scheibe einer Überkopfverglasung:
  Lasten der oberen Scheibe für den Fall, dass diese versagt (Lastfall Versagen der oberen Scheibe).

5.6.2 Einwirkungskombinationen

Es sind die Einwirkungskombinationen nach Tafel 17.21a zu berücksichtigen.

Tafel 17.21a Rechenwerte für klimatische Einwirkungen und den resultierenden isochoren Druck p_0

Einwirkungs kombination	ΔT [1)] [K]	Δp_{met} [kN/m²]	ΔH [2)] [m]	p_0 [3)] [kN/m²]
Sommer	+ 20	− 2	+ 600	+ 16
Winter	− 25	+ 4	− 300	− 16

1) Voraussetzung für den Ansatz der Rechenwerte der Temperaturdifferenz ΔT ist die Verwendung von Isolierglas, das einen Gesamtabsorptionsgrad von weniger als 30 % aufweist und nicht durch andere Bauteile oder Sonnenschutzeinrichtungen aufgeheizt wird.
2) Falls die Differenz zwischen Ortshöhen ΔH bekannt ist, so ist der tatsächliche Wert zu berücksichtigen.
3) Ist aufgrund außergewöhnlicher Einbaubedingungen mit ungünstigeren Temperaturbedingungen zu rechnen, so sind zusätzlich die Werte ΔT oder Δp_0 nach Tafel 17.22 zu verwenden.

Bezeichnungen:

ΔT	Temperaturdifferenz zwischen Herstellung und Gebrauch
Δp_{met}	Differenz des meteorologischen Luftdrucks am Einbauort und am Ort der Herstellung
ΔH	Differenz der Ortshöhe zwischen Einbauort und Herstellungsort
d_a	Dicke der äußeren Scheibe in mm
p_0	aus ΔT, Δp_{met} und ΔH resultierender isochorer Druck, nach Abschn. 5.6, Gleichung (5)

Tafel 17.21b Verteilung der Einwirkungen [1)]

Lastangriff auf	Einwirkung [2)]	Lastanteil in kN/m² auf äußere Scheibe	Lastanteil in kN/m² auf innere Scheibe
äußere Scheibe	Wind w_a	$(\delta_a + \varphi \cdot \delta_i) \cdot w_a$	$(1 - \varphi) \cdot \delta_i \cdot w_a$
	Schnee s	$(\delta_a + \varphi \cdot \delta_i) \cdot s$	$(1 - \varphi) \cdot \delta_i \cdot s$
innere Scheibe	Wind w_i	$(1 - \varphi) \cdot \delta_a \cdot w_i$	$(\varphi \cdot \delta_a + \delta_i) \cdot w_i$
beide Scheiben	isochorer Druck p_0	$- \varphi \cdot p_0$	$+ \varphi \cdot p_0$

1) Vorzeichendefinition nach Tafel 17.23, δ_i, δ_a und φ nach Abschn. 5.6.
2) Die Verteilung der Eigengewichtslasten ist bei Überkopfverglasungen entsprechend den Einwirkungen aus Schnee zu berücksichtigen.

5.6.3 Erläuterungen zu den Mindestwerten für klimatische Einwirkungen

Randbedingungen für die Klimawerte nach Tafel 17.21a

- **Einwirkungskombination Sommer**

  Einbaubedingungen:
  - Einstrahlung 800 W/m² unter Einstrahlwinkel 45°
  - Absorption der Scheiben 30 %
  - Lufttemperatur innen und außen 28 °C
  - mittlerer Luftdruck 1010 hPa
  - Wärmeübergangswiderstand innen und außen 0,12 m²K/W
  - resultierende Temperatur im Scheibenzwischenraum ca. +39 °C.

  Produktionsbedingungen:
  - Herstellung im Winter bei +19 °C und einem hohen Luftdruck von 1030 hPa.

- **Einwirkungskombination Winter**

  Einbaubedingungen:
  - keine Einstrahlung
  - U-Wert des Glases 1,8 W/(m²K)
  - Lufttemperatur innen 19 °C und außen −10 °C
  - hoher Luftdruck 1030 hPa
  - Wärmeübergangswiderstand innen 0,13 m²K/W und außen 0,04 m²K/W
  - resultierende Temperatur im Scheibenzwischenraum ca. +2 °C.

  Produktionsbedingungen:
  - Herstellung im Sommer bei +27 °C und einem niedrigen Luftdruck von 990 hPa.

Eventuell vorhandene besondere Temperaturbedingungen am Einbauort können durch die in Tafel 17.22 angegebenen Werte für ΔT und Δp_0 berücksichtigt werden.

Tafel 17.22 Zusätzliche Werte[1] für ΔT und Δp_0 zur Berücksichtigung besonderer Temperaturbedingungen am Einbauort einer Isolier-Verglasung

Einwirkungs-kombination	Ursache für erhöhte Temperaturdifferenz	ΔT K	Δp_0 kN/m²
Sommer	Absorption zwischen 30 % und 50 %	+ 9	+ 3
	innen liegender Sonnenschutz (ventiliert)	+ 9	+ 3
	Absorption größer als 50 %	+ 18	+ 6
	innen liegender Sonnenschutz (nicht ventiliert)	+ 18	+ 6
	dahinter liegende Wärmedämmung (Paneel)	+ 35	+ 12
Winter	unbeheiztes Gebäude	− 12	− 4

[1] Die Werte (Standardwerte) sollen dann angewendet werden, wenn keine tatsächlichen Werte bekannt sind.

5.6.4 Erläuterungen zur Vorzeichenregelung Anhang B, TRLV – 9.1998

Das positive Vorzeichen wird in Richtung der „Hauptlast" gewählt, z. B. bei einer Vertikalverglasung in Richtung des Winddrucks auf die äußere Scheibe. Der Richtungspfeil zeigt damit von „außen" nach „innen". Diese Regelung bleibt auch erhalten, wenn andere Lasten dominieren, z. B. Windsog oder bei Isolierglas der Innendruck.

Tafel 17.23 Vorzeichen der Einwirkungen und der Verformungen f bei einer Vertikalverglasung (dargestellt ist der verformte Zustand)

Einwirkungen		
Winddruck w_D	Überdruck	Unterdruck
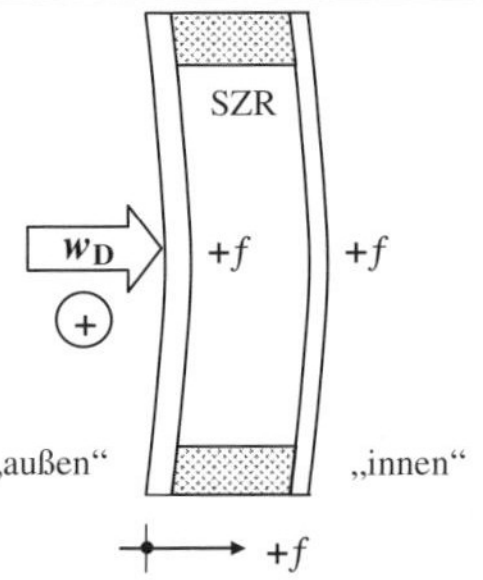	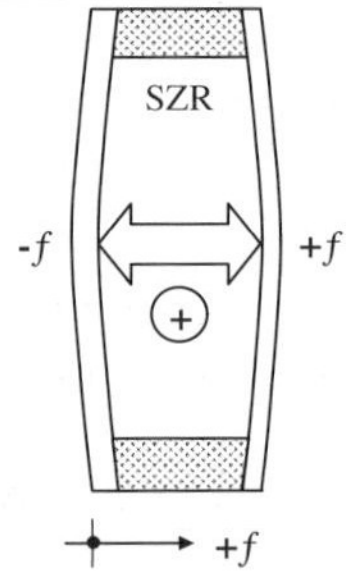	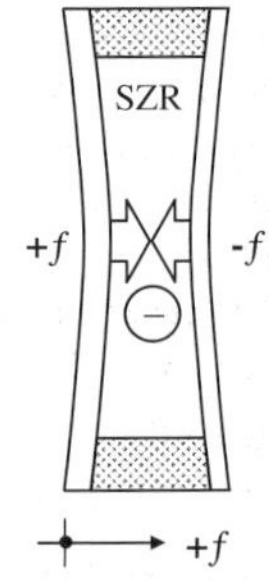
Die Hauptlast Winddruck w_D wirkt auf die äußere Scheibe, damit sind die Durchbiegungen in Richtung der Windlast positiv.	Überdruck im Scheibenzwischenraum (positiv) bewirkt eine Durchbiegung der Innenscheibe in Richtung der Hauptlast (positiv) und eine Durchbiegung der Außenscheibe entgegengesetzt zur Richtung der Hauptlast (negativ).	Unterdruck im Scheibenzwischenraum (negativ) bewirkt eine Durchbiegung der Innenscheibe entgegengesetzt zur Richtung der Hauptlast (negativ) und eine Verschiebung der Außenscheiben in Richtung der Hauptlast (positiv).

5.6.5 Spannungsnachweise

Für liniengelagerte Isolier-Verglasungen ist nachzuweisen, dass die zulässigen Biegezugspannungen nach Tafel 17.15b nicht überschritten werden.

Die maximalen Biegespannungen in der Plattenmitte von allseitig linienförmig gelagerten rechteckigen Glasplatten können in Abhängigkeit der normierten Belastung p^* zur Berücksichtigung großer Verformungen ([17.17] [17.18]) näherungsweise nach Tafel 17.12 berechnet werden.

5.6.6 Gebrauchstauglichkeitsnachweise

Für liniengelagerte Isolier-Verglasungen ist nachzuweisen, dass die zulässigen Durchbiegungen nach Tafel 17.16a nicht überschritten werden.

Für den Lastfall Versagen der oberen Scheibe nach Abschn. 5.6.1 ist der Verformungsnachweis für die untere Scheibe einer Überkopfverglasung nicht erforderlich.

Die maximalen Durchbiegungen in der Plattenmitte von allseitig linienförmig gelagerten rechteckigen Glasplatten können in Abhängigkeit der normierten Belastung p^* zur Berücksichtigung großer Verformungen ([17.17] [17.18]) näherungsweise nach Tafel 17.13a berechnet werden.

5.6.7 Nachweiserleichterungen

Kein gesonderter Nachweis ist für Isolier-Verglasungen zu erbringen, wenn sämtliche der folgenden Kriterien erfüllt sind:

- Vertikalverglasung aus Spiegelglas oder ESG
- Einbauhöhe unter 20 m über der Verkehrsfläche, Windlast $w \leq 0{,}8$ kN/m²
- Scheibenfläche $\leq 1{,}6$ m²
- allseitig gelagert
- kurze Scheibenkante ≥ 500 mm
- lange Scheibenkante ≤ 3200 mm
- Scheibendicke 2×4 mm, SZR ≤ 16 mm
- Differenz zwischen den Scheibendicken ≤ 4 mm (z. B. Schallschutz-Verglasungen)
- normale Produktions- und Einbaubedingungen nach Tafel 17.21a (Abschn. 5.6.2).

Unabhängig von der entfallenden Nachweispflicht ist die Glasdicke auf Grundlage der vorliegenden Lastannahmen zu bemessen. Wenn *alle* aufgeführten Bedingungen eingehalten werden, gelten die Forderungen der technischen Regeln als erfüllt.

5.7 Übersicht zur Bemessung linienförmig gelagerter Verglasungen TRLV – 9.1998

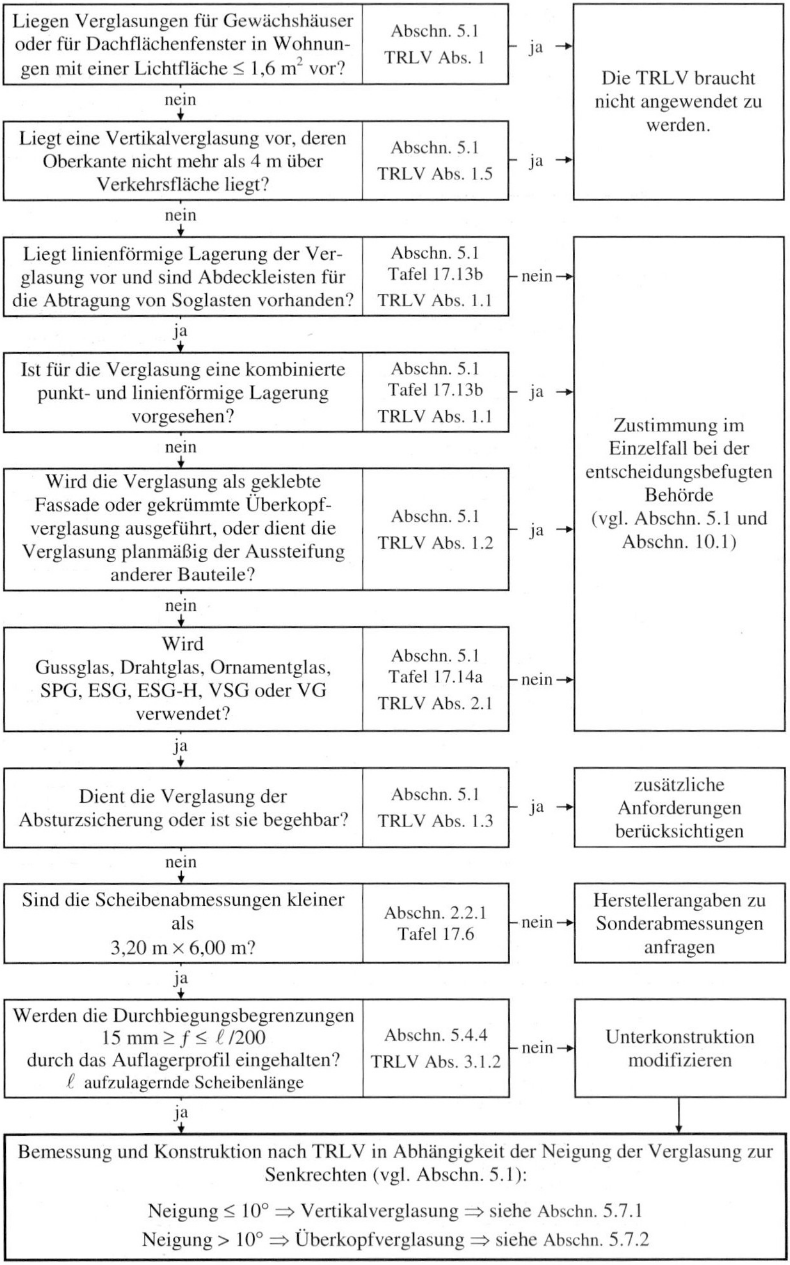

5.7.1 Übersicht zur Bemessung von Vertikalverglasungen TRLV – 9.1998

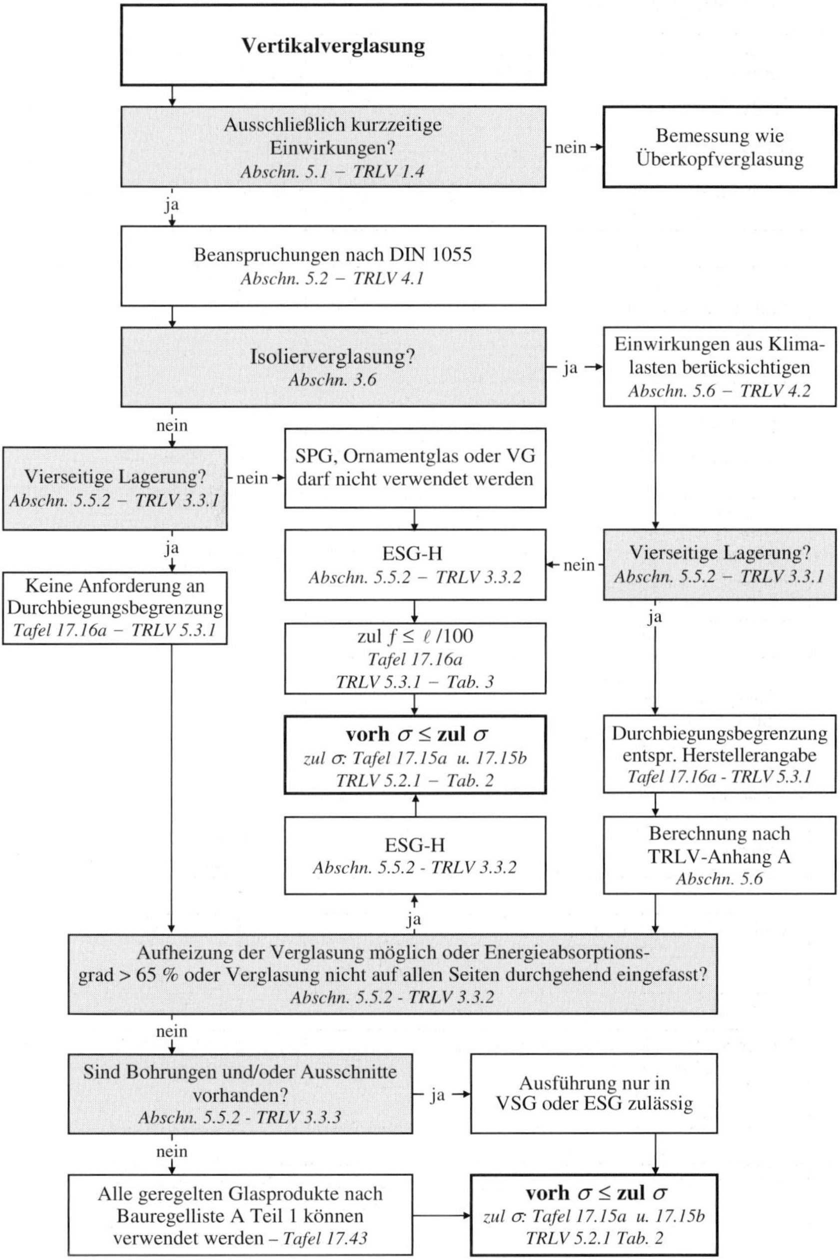

5.7.2 Übersicht zur Bemessung von Überkopfverglasungen TRLV – 9.1998

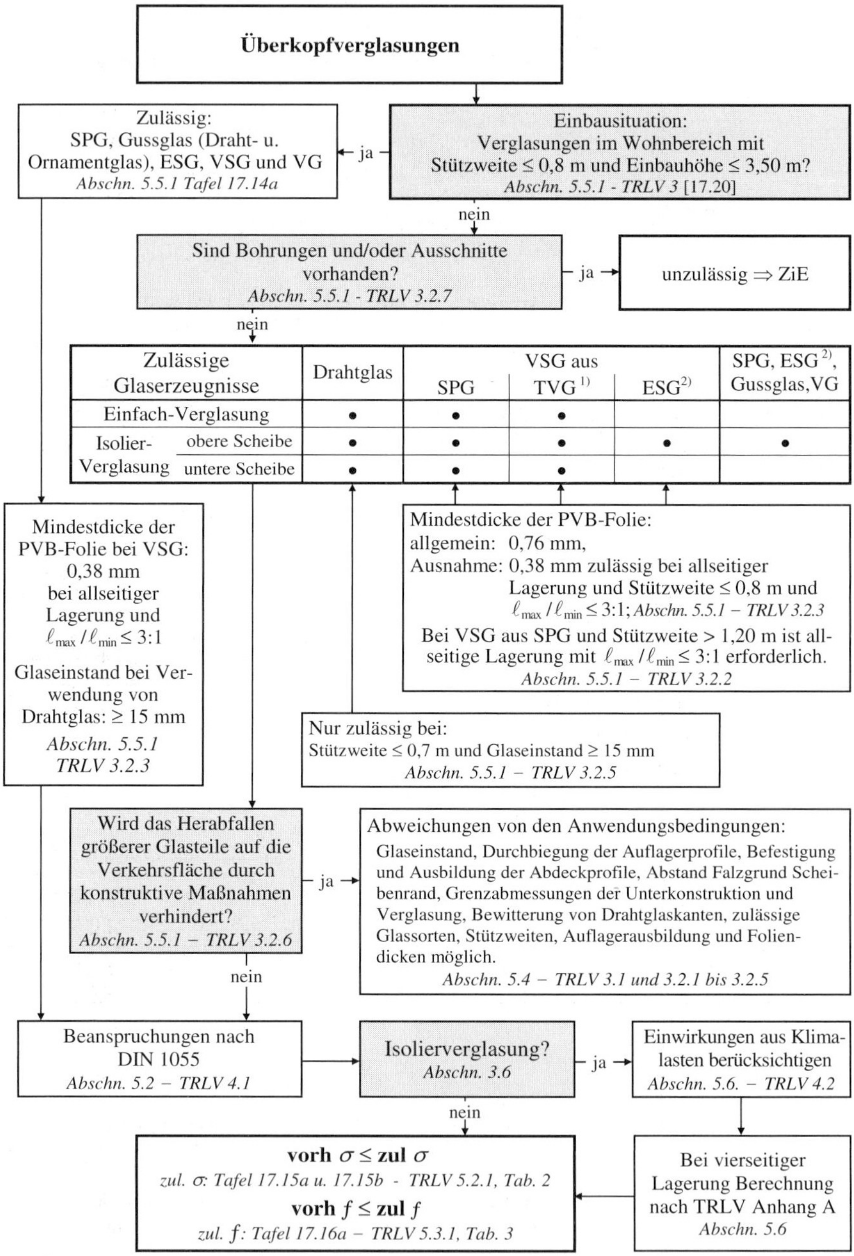

Zulässige Glaserzeugnisse		Drahtglas	VSG aus SPG	VSG aus TVG [1]	VSG aus ESG [2]	SPG, ESG [2], Gussglas, VG
Einfach-Verglasung		•	•	•		
Isolier-Verglasung	obere Scheibe	•	•	•	•	•
	untere Scheibe	•	•	•		

[1] Nur wenn durch AbZ geregelt, siehe z. B. [17.13]. [2] Schließt die Verwendung von ESG-H ein.

5.8 Zahlenbeispiele

5.8.1 Überkopfverglasung

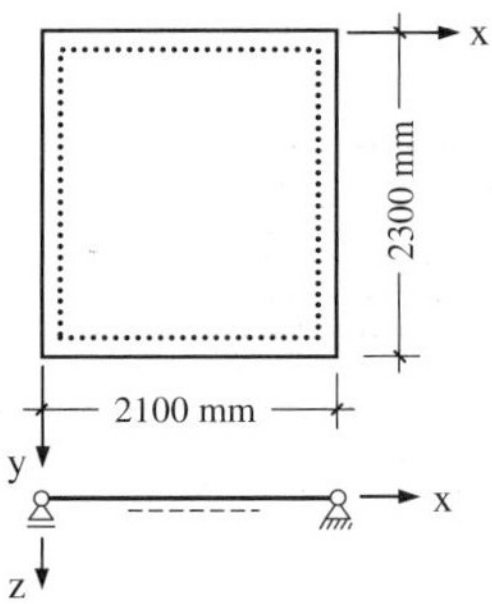

- Allseitig linienförmig gelagerte Überkopfverglasung als Einfachverglasung
- Neigung der Verglasung zur Vertikalen: $\alpha = 90°$
- Einbausituation: Außenbereich, nicht betretbar
- Scheibenabmessungen: $\ell_x = 2100$ mm, $\ell_y = 2300$ mm
- Schneelastzone I - DIN 1055-5 $\Rightarrow s_0 = 0{,}75$ kN/m²
- $\ell_{min} > 1200$ mm $\Rightarrow$ VSG aus SPG
- $\ell_y / \ell_x \approx 1{,}1 < 3{,}0$ (Abschn. 5.5.1, Abs. 4)

Gewählt: VSG aus 2 × 10 mm Spiegelglas
PVB-Folie = 0,76 mm (Abschn.5.5.1)

Nachweis:

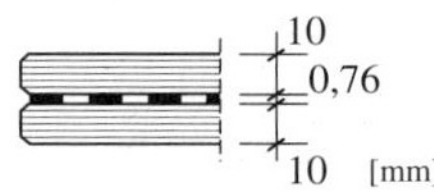

- Belastung:
  Windsoglasten bleiben unberücksichtigt.
  $$q_{k,z} = 2 \cdot d \cdot \rho_{Glas} + s_0 = 2 \cdot 0{,}01 \cdot 25{,}0 + 0{,}75 = 1{,}25 \text{ kN/m}^2$$
  Tafel 17.14a
- Spannungsnachweis:
  $$E = 7{,}0 \cdot 10^4 \text{ N/mm}^2$$
  Tafel 17.12
  $$p^* = \frac{1{,}25 \cdot 10^{-3}}{2 \cdot 70\,000} \cdot \left(\frac{2100}{10}\right)^4 = 17{,}36 \Rightarrow k_1 \approx 0{,}295$$
  Abschn. 5.2, Tafel 17.15a
  $$\sigma_{max} = 0{,}295 \cdot \frac{1{,}25 \cdot 10^{-3}}{2} \cdot \left(\frac{2100}{10}\right)^2 = 8{,}13 \text{ N/mm}^2$$
  $$< \text{zul } \sigma = 15{,}0 \text{ N/mm}^2$$
  Ein günstig wirkender Schubverbund bei Einfach-Verglasungen aus VSG darf nicht berücksichtigt werden. Die Lasten werden entsprechend den Steifigkeitsanteilen auf die Einzelscheiben aufgeteilt.
  Abschn. 4.3, Tafel 17.13a
- Gebrauchstauglichkeitsnachweis:
  $$p^* = 17{,}36 \Rightarrow k_2 = 0{,}0488$$
  $$f_{max} = 0{,}0488 \cdot \frac{1{,}25 \cdot 10^{-3}}{2} \cdot \frac{2100^4}{70\,000 \cdot 10^3} = 8{,}5 \text{ mm}$$
  $$< \text{zul } f = \ell / 100 = 21{,}0 \text{ mm}$$
  Tafel 17.16a

Unter Verwendung praxisrelevanter Tafelwerke ([17.14] [17.15]) und der FE-Methode ergeben sich die nachstehend angegebenen Berechnungsergebnisse.

	Pieper-Martens	Marcus	Czerny	FEM
m kNm/m	0,332	0,322	0,329	0,290
σ N/mm²	9,97	9,65	9,87	8,70
f mm	-	-	-	9,55

5.8.2 Vertikalverglasung

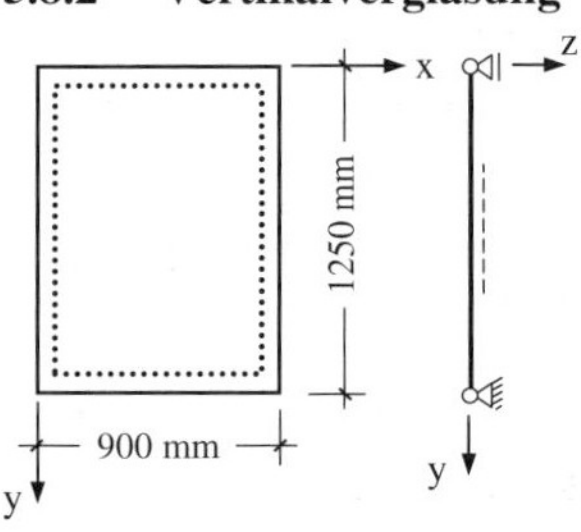

- Allseitig linienförmig gelagerte Vertikalverglasung als Isolierverglasung
- Neigung der Verglasung zur Vertikalen: $\alpha = 0°$
- Die Ortshöhen sind unbekannt, ein Aufheizen der Verglasung ist nicht möglich.
- Scheibenabmessungen: $\ell_x = 900$ mm, $\ell_y = 1250$ mm
- Höhe über Verkehrsfläche: 8,0 m < h < 20,0 m

Gewählt: Isolierglas aus Spiegelglas
$d_a / d_{SZR} / d_i = 4/16/4$

Nachweis:

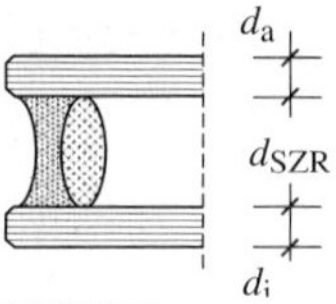

- Belastung
- Einwirkungen aus Wind für die äußere Scheibe:
  für 8,0 m < h < 20,0 m ⇒ Staudruck q = 0,8 kN/m²
  $w_D = w_a = c_f \cdot q = 1,3 \cdot 0,8 = 1,04$ kN/m²

– Lastabtragungsanteil für die äußere und innere Glasscheibe

Seitenverhältnis:	$\ell_{min} / \ell_{max} = 0{,}72$	*Tafel 17.21b*
Beiwert:	$B_v = 0{,}0338$	*Tafel 17.20b*
Charakteristische Kantenlänge:	$a^* = 321$ mm	*Abschn. 5.6, Gl. (3), Tafel 17.20a*
bezogene Kantenlänge:	$\ell_{min} / a^* = 2{,}80$	

$\Rightarrow \quad \varphi = 1/(1+2{,}80^4) = 0{,}016$ — *Abschn. 5.6, Gl. (1), (2), Tafel 17.20a*

Lastverteilungsfaktoren: $\delta_a = \delta_i = 0{,}50$

⇒ Belastung der Scheiben aus Winddruck:
äußere Scheibe: $(\delta_a + \varphi \cdot \delta_i) \cdot w_a = 0{,}53$ kN/m² — *Tafel 17.21b*
innere Scheibe: $(1 - \varphi) \cdot \delta_i \cdot w_a = 0{,}51$ kN/m²

- Klimatische Einwirkungen

Sommer:	$\Delta H = +600$ m	Winter: $\Delta H = -300$ m
	$\Delta T = 20$ K	$\Delta T = -25$ K
	$\Delta p_{met} = -2$ kN/m²	$\Delta p_{met} = 4$ kN/m²

Bei unbekannten Ortshöhen können die Rechenwerte für die klimatischen Einwirkungen und den resultierenden isochoren Druck Tafel 17.21a entnommen werden.

– Isochorer Druck im SZR

$$p_0 = c_1 \cdot \Delta T - \Delta p_{met} + c_2 \cdot \Delta H \Rightarrow$$

$p_{0,Sommer} = 16{,}0$ kN/m² Überdruck
$p_{0,Winter} = -16{,}1$ kN/m² Unterdruck

Abschn. 5.6, Gl. (5)
$c_1 = 0{,}340$ kN/m²
$c_2 = 0{,}012$ kN/m²

- Resultierende Einwirkungen:

Sommer: (*Tafel 17.21a*, Vorzeichen nach *Tafel 17.23*)
äußere Scheibe: $\Sigma p_{Sommer} = 0{,}53 - 0{,}016 \cdot 16{,}0 = 0{,}27$ kN/m²
innere Scheibe: $\Sigma p_{Sommer} = 0{,}51 + 0{,}016 \cdot 16{,}0 = 0{,}77$ kN/m²

Winter: (*Tafeln 17.21a, 17.23*)
äußere Scheibe: $\Sigma p_{Winter} = 0{,}53 + 0{,}016 \cdot 16{,}1 = 0{,}79$ kN/m²
innere Scheibe: $\Sigma p_{Winter} = 0{,}53 - 0{,}016 \cdot 16{,}1 = 0{,}27$ kN/m²

maßgebend: **äußere Scheibe im Winter**

- Spannungsnachweis: *Abschn. 5.2*

$$E = 7{,}0 \cdot 10^4 \text{ N/mm}^2$$ *Tafel 17.14a*

$$p^* = \frac{0{,}79 \cdot 10^{-3}}{70\,000} \cdot \left(\frac{900}{4}\right)^4 \approx 30 \Rightarrow k_1 \approx 0{,}32$$ *Tafel 17.12*

$$\sigma_{max} = 0{,}32 \cdot 0{,}79 \cdot 10^{-3} \cdot \left(\frac{900}{4}\right)^2 = 12{,}80 \text{ N/mm}^2$$

$$< \text{zul } \sigma = 22{,}5 \text{ N/mm}^2$$

- Gebrauchstauglichkeitsnachweis: *Abschn. 5.3*

$$p^* \approx 30{,}0 \Rightarrow k_2 = 0{,}0570$$

$$f_{max} = 0{,}0570 \cdot 0{,}79 \cdot 10^{-3} \cdot \frac{900^4}{70\,000 \cdot 4^3} = 6{,}6 \text{ mm}$$ *Tafel 17.13a*

Nach den TRLV bestehen für allseitig gelagerte Vertikalverglasungen keine Anforderungen an die Durchbiegungsbegrenzungen. Es sind die zulässigen Verformungen nach Herstellerangabe zu berücksichtigen. *Tafel 17.16a*

6 Absturzsichernde Verglasungen nach TRAV-1.2003

6.1 Anwendungsbereich

Die *„Technischen Regeln für die Verwendung von absturzsichernden Verglasungen“* (TRAV – 01.03) gelten für mechanisch gelagerte Verglasungen, die auch dazu dienen, Personen auf Verkehrsflächen gegen seitlichen Absturz zu sichern. Geregelt werden:

- Verglasungen nach den „Technischen Regeln für die Verwendung linienförmig gelagerter Verglasungen“ (TRLV) mit absturzsichernder Funktion
- am Fußpunkt eingespannte Ganzglasbrüstungen mit tragendem Handlauf
- Geländerausfachungen.

Tafel 17.29 Unterteilung absturzsichernder Verglasungen nach TRAV

Kategorie A Linienförmig gelagerte Vertikalverglasung ohne tragenden Brüstungsriegel oder vorgesetzten Holm zur Aufnahme von Horizontallasten Die Kanten der Verglasung sind durch Lagerung (z. B. Pfosten, Riegel, benachbarte Scheiben) oder direkt angrenzende Bauwerksteile (z. B. Wände oder Decken) vor Stößen zu schützen (Kantenschutz).	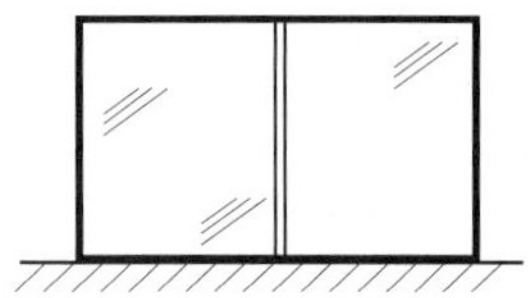
Kategorie B Am Fußpunkt eingespannte tragende Ganzglasbrüstung mit durchgehendem tragendem Handlauf Neben dem Schutz der oberen Kante durch den Handlauf muss er die sichere Abtragung der planmäßigen Holmlasten auch bei Ausfall eines Brüstungselementes gewährleisten.	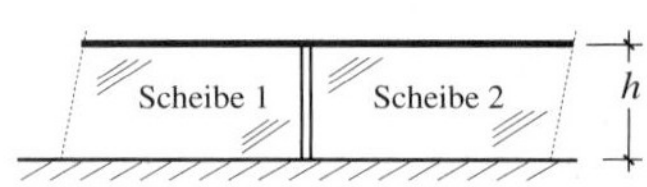
Kategorie C Absturzsichernde Verglasung, die nicht zur Abtragung von Horizontallasten in Holmhöhe dienen und einer der folgenden Gruppen entsprechen **C1**: Geländerausfachungen **C2**: linienförmig gelagerte Vertikalverglasungen unterhalb eines lastabtragenden Querriegels **C3**: Verglasungen der Kategorie A mit vorgesetztem, nicht an der Verglasung befestigtem, lastabtragendem Handlauf	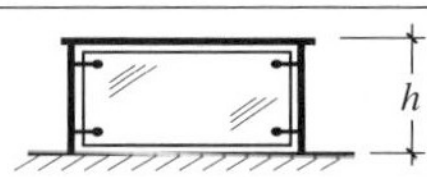 **Kategorie C1** *h* Holmhöhe 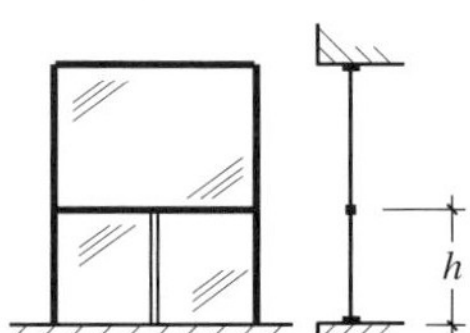 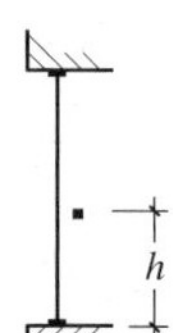 **Kategorie C2** **Kategorie C3**

Die technischen Regeln gelten nicht für:

- Fassadenverglasungen, die auch ohne absturzsichernde Anforderungen als nicht geregelt einzustufen sind, z. B. bei punktförmiger Lagerung oder bei Befestigung durch Kleben.

Zusätzliche Anforderungen können erforderlich werden bei:

- außergewöhnlichen Nutzungsbedingungen, z. B. Fußballstadien
- besonderen Stoßrisiken, z. B. beim Transport schwerer Lasten auf abschüssigen Rampen vor absturzsichernde Verglasungen.

Die technischen Regeln sind auch anzuwenden für:

- Verglasungen, deren Oberkante maximal 4 m über einer Verkehrsfläche liegt.

6.2 Bauprodukte

- Verwendet werden dürfen alle Glaserzeugnisse nach Tafel 17.14a sowie Glasprodukte, die über eine Allgemeine bauaufsichtliche Zulassung ausdrücklich für die Verwendung im Rahmen der TRLV zugelassen sind, wie z. B. TVG und Borosilikatglas.
- Die tragenden Teile der Glashaltekonstruktionen müssen den Technischen Baubestimmungen entsprechen.

Tafel 17.30 Zulässige Glasarten bei Einfachverglasungen und zulässige Glaskombination bei Mehrscheiben-Isolier-Verglasungen (MIG)

Kategorie	Einfachverglasungen	Isolier-Verglasungen (MIG)	
		stoßzugewandte Seite	stoßabgewandte Seite
A	VSG [2]	VSG [2]	Glas nach Tafel 17.14a
		ESG [3) 4)]	VSG [2]
		VG aus ESG [3) 4)]	
B	VSG [2]	-	-
C1 **C2**	VSG [2] ESG [1) 3) 4)]	VSG [2]	Glas nach Tafel 17.14a
		ESG [3) 4)]	
C3	VSG [2]	VSG [2]	Glas nach Tafel 17.14a
		ESG [3) 4)]	VSG [2]
		VG aus ESG [3) 4)]	

1) Nur zulässig bei allseitig linienförmiger Lagerung.
2) Die Dicken der verwendeten Glastafeln dürfen maximal um den Faktor 1,5 voneinander abweichen.
3) Anwendungsbereiche, für die nach TRLV heißlagerungsgeprüftes ESG (ESG-H) vorgesehen ist, sind auch für absturzsichernde Verglasungen in ESG-H auszuführen.
4) Thermisch vorgespanntes Borosilikatglas mit AbZ darf in den technischen Regeln für absturzsichernde Verglasungen für Anwendungsbereiche von ESG verwendet werden.

6.3 Anwendungsbedingungen

- Zur Gewährleistung eines Schutzes von freien Kanten randgelagerter Scheiben vor unbeabsichtigten Stößen ist ihr Abstand zu Gebäude- und Geländerkonstruktionen sowie der Abstand benachbarter Scheiben auf 30 mm (gemessen in der Scheibenebene) zu begrenzen (Kanntenschutz).
- Bohrungen sind nur in Scheiben aus VSG aus ESG bzw. VSG aus TVG zulässig.
- Unter Last- und Temperatureinwirkung darf kein Kontakt zwischen Glas und harten Werkstoffen (z. B. Metall, Glas) auftreten.
- Ein Verrutschen der Scheiben ist durch Distanzklötze zu verhindern. Der Abstand zwischen Falzgrund und Scheibenrand muss unter Beachtung der Grenzmaße von Unterkonstruktion und Verglasung so groß sein, dass ein Dampfdruckausgleich möglich ist.

6.4 Nachweis der Standsicherheit unter statischen Einwirkungen

- Die charakteristischen Werte der Einwirkungen auf absturzsichernde Verglasungen (z. B. Wind, Holmlast) sind nach den technischen Baubestimmungen anzusetzen.
- Für Verglasung und Haltekonstruktion ist stets ein rechnerischer Nachweis der Tragfähigkeit unter Belastung mit den Einwirkungskombinationen nach Tafel 17.31a zu führen.
- Beim Nachweis von Verglasungen aus VSG oder VG darf ein günstig wirkender Schubverbund der Scheiben nicht angesetzt werden. Gleiches gilt für die Schubkopplung von Isolier-Verglasungen über den Randverbund. Für veränderliche Einwirkungen ist zusätzlich der Grenzzustand des vollen Schubverbundes zu berücksichtigen.
- Bei Isolier-Verglasungen ist die Wirkung von *Klimalasten*, d.h. von Druckdifferenzen, die sich aus der Veränderung der Temperatur, des meteorologischen Luftdrucks sowie aus der Differenz der Ortshöhe zwischen Herstellungs- und Einbauort ergeben, zu berücksichtigen.

Hierbei darf
- die Kopplung von Innen- und Außenscheibe über das im SZR eingeschlossene Gasvolumen angesetzt werden;
- für allseitig linienförmig gelagerte Verglasungen unter Gleichlast das Näherungsverfahren nach TRLV, vgl. Abschn. 5.6, verwendet werden;
- unter gleichzeitiger Einwirkung von Wind (w) und Holmlast (h) die Beanspruchung aus Klimalasten (d) vernachlässigt werden.

Tafel 17.31a Einwirkungskombinationen[1] für Einfach- und Isolierverglasungen

Einwirkungen	Einfach-Verglasung	Isolier-Verglasung
Wind (w) Holmlast (h) Klimalast (d)	$w + h/2$ $h + w/2$	$w + h/2$ $h + w/2$ $h + d$ w + d

[1] Neben den statischen Einwirkungen aus Wind- und Holmlast muss auch die hinreichende Tragfähigkeit der Verglasungskonstruktion beim Anprall von Personen nachgewiesen werden.

- Bei nicht gleichmäßig verteilten Belastungen (z.B. Holmlast) oder nicht allseitiger Scheibenlagerung ist die Kopplung der Innen- und Außenscheibe über das im SZR eingeschlossene Gasvolumen in jedem Einzelfall unter Berücksichtigung der Scheibensteifigkeiten und der allgemeinen Gasgleichung zu berechnen.
- Für den Nachweis der Haltekonstruktion gelten die einschlägigen Technischen Baubestimmungen.
- Die für die verwendbaren Glasarten zulässigen Biegespannungen sind in Tafel 17.31b angegeben.

Tafel 17.31b Zulässige Biegezugspannungen[1] für absturzsichernde Verglasungen in N/mm²

Glassorte	Einfach-Verglasung	Isolier-Verglasung	
		Glasflächen > 1,6 m²	Glasflächen ≤ 1,6 m²
ESG aus Spiegelglas	50,0	57,5	62,5
ESG aus Gussglas	37,0	42,5	42,5
Emailliertes[2] ESG aus Spiegelglas	30,0	34,5	37,5
Spiegelglas	18,0	20,7	22,5
Gussglas	10,0	11,5	11,5
VSG aus Spiegelglas	22,5	25,8	28,0

[1] Bei Glaserzeugnissen mit AbZ sind die zulässigen Biegezugspannungen dem Zulassungsbescheid zu entnehmen. Für den Nachweis „Ausfall Brüstungselement" für Verglasungen der Kategorie B darf der 1,5-fache Wert der zul. Biegezugspannungen angesetzt werden.
[2] Emaille auf der Zugseite.

Besondere Nachweise bei Glasbrüstungen der Kategorie B

Für Glasbrüstungen der Kategorie B ist die Beschädigung eines beliebigen Brüstungselementes zu untersuchen.

Es ist nachzuweisen, dass der durchgehende Handlauf die Holmlasten bei vollständigem Ausfall eines Brüstungselementes auf Nachbarscheiben, Endpfosten oder die Verankerung am Gebäude übertragen kann (vgl. Abb. 17.32).

Für den Nachweis der beschädigten Brüstungskonstruktion darf für die Verglasung der 1,5-fache Wert der zulässigen Biegezugspannungen nach Tafel 17.31b angesetzt werden.

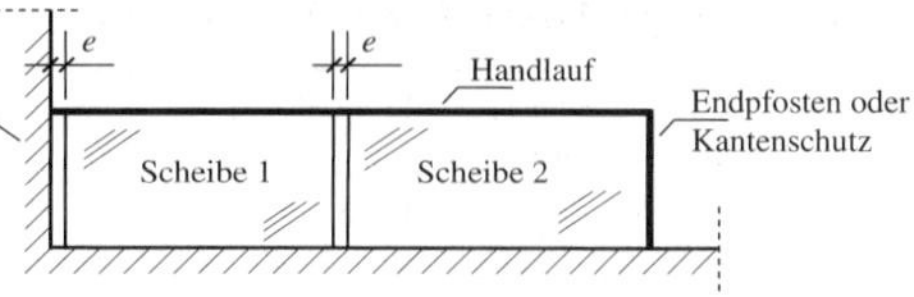

$e \leq 30$ mm und alle freien Glaskanten, z. B. durch Endpfosten, massive Bauteile oder dauerhaft befestigtes Kantenschutzprofil geschützt	$\Rightarrow$	Nur die der Verkehrsfläche zugewandte VSG-Schicht fällt stoßbedingt aus.
$e > 30$ mm oder ungeschützte Glaskanten	$\Rightarrow$	Totalausfall der betreffenden Scheibe

Abb. 17.32 Glasbrüstung der Kategorie B

6.5 Standsicherheit unter stoßartigen Einwirkungen

Neben der ausreichenden Standsicherheit unter statischen Lasten ist auch der Lastfall „Anprall von Personen" zu untersuchen. Der Nachweis der ausreichenden Standsicherheit der Verglasungen und ihrer unmittelbaren Befestigung (z. B. Klemmleisten, Verschraubungen) bei stoßartigen Einwirkungen kann durch Versuche geführt werden.

6.5.1 Experimenteller Nachweis

Als Nachweis der ausreichenden Stoßsicherheit dienen in Anlehnung an prEN 12 600 (Doppelreif-Pendelkörper m = 50 kg, Reifendruck 4,0 bar) Pendelschlagversuche, die nur von einer dafür bauaufsichtlich zugelassenen anerkannten Prüfstelle durchgeführt werden dürfen. Die Versuchsdurchführung erfolgt entsprechend der technischen Richtlinie Abs. 6.2.

6.5.2 Linienförmig gelagerte Verglasungen der Kategorie A und C mit versuchstechnisch nachgewiesener Stoßsicherheit

Für die in Tafel 17.33 tabellierten linienförmig gelagerten Verglasungen kann der Nachweis der Tragfähigkeit unter stoßartiger Belastung entfallen, wenn folgende konstruktiven Bedingungen eingehalten sind.

- Glaseinstand: bei allseitiger linienförmiger Lagerung: ≥ 12 mm
  bei zweiseitiger Lagerung: ≥ 18 mm
- Klemmleisten aus Metall und hinreichend steif
- Befestigung der Klemmleisten an die Tragkonstruktion mit metallischer Verschraubung alle 300 mm. Die charakteristische Auszugskraft der Verschraubung muss mindestens 3,0 kN betragen.

  Bei kleineren Schraubenabständen dürfen Verschraubungen geringerer Tragkraft verwendet werden, wenn nachgewiesen wird, dass die resultierende Tragkraft der unmittelbaren Glasbefestigung eine statische Ersatzlast von 10,0 kN/m nicht unterschreitet.
- Verwendung hinreichend tragfähiger Rahmensysteme, in denen der stoßbeanspruchte Glasfalzanschlag einer statischen Ersatzlast von mindestens 10,0 kN standhält. Der Nachweis kann rechnerisch erfolgen, wenn der Rahmen aus geregelten Bauprodukten mit bauaufsichtlich bekannt gemachten Bemessungsnormen besteht.
- Die Verglasung darf nicht durch Bohrungen oder Ausnehmungen geschwächt sein.
- Die in Tafel 17.33 angegebenen Glas- und Foliendicken dürfen überschritten werden.
- Der Scheibenzwischenraum von Isolier-Verglasungen muss mindestens 12 mm und darf höchstens 20 mm betragen.
- Anstelle von VSG aus SPG darf auch VSG aus TVG der gleichen Dicke verwendet werden.
- Die Verglasung muss rechteckig und eben sein. Zulässige Abweichungen von der Rechteckform sind in Abb. 17.34 angegeben.
- Die Einzelscheiben dürfen keine festigkeitsreduzierende Oberflächenbehandlung (z. B. Emaillierung) aufweisen.

Tafel 17.33 Linienförmig gelagerte Glasaufbauten mit nachgewiesener Stoßsicherheit [1)]

Kat.	Typ	Lagerung	Breite mm min.	Breite mm max.	Höhe mm min.	Höhe mm max.	Glasaufbau mm von innen [2)] nach außen	
1	2	3	4	5	6	7	8	
A	MIG	allseitig	500	1300	1000	2000	8 ESG/ SZR/ 4 SPG/ 0,76 PVB/ 4 SPG	1
			1000	2000	500	1300	8 ESG/ SZR/ 4 SPG/ 0,76 PVB/ 4 SPG	2
			900	2000	1000	2100	8 ESG/ SZR/ 5 SPG/ 0,76 PVB/ 5 SPG	3
			1000	2100	900	2000	8 ESG/ SZR/ 5 SPG/ 0,76 PVB/ 5 SPG	4
			1100	1500	2100	2500	5 SPG/ 0,76 PVB/ 5 SPG/ SZR/ 8 ESG	5
			2100	2500	1100	1500	5 SPG/ 0,76 PVB/ 5 SPG/ SZR/ 8 ESG	6
			900	2500	1000	4000	8 ESG/ SZR/ 6 SPG/ 0,76 PVB/ 6 SPG	7
			1000	4000	900	2500	8 ESG/ SZR/ 6 SPG/ 0,76 PVB/ 6 SPG	8
			300	500	1000	4000	4 ESG/ SZR/ 4 SPG/ 0,76 PVB/ 4 SPG	9
			300	500	1000	4000	4 SPG/ 0,76 PVB/ 4 SPG/ SZR/ 4 ESG	10
	einfach	allseitig	500	1200	1000	2000	6 SPG/ 0,76 PVB/ 6 SPG	11
			500	2000	1000	1200	6 SPG/ 0,76 PVB/ 6 SPG	12
			500	1500	1000	2500	8 SPG/ 0,76 PVB/ 8 SPG	13
			500	2500	1000	1500	8 SPG/ 0,76 PVB/ 8 SPG	14
			1200	2100	1000	3000	10 SPG/ 0,76 PVB/ 10 SPG	15
			1000	3000	1200	2100	10 SPG/ 0,76 PVB/ 10 SPG	16
			300	500	500	3000	6 SPG/ 0,76 PVB/ 6 SPG	17
C1 und C2	MIG	allseitig	500	2000	500	1000	6 ESG/ SZR/ 4 SPG/ 0,76 PVB/ 4 SPG	18
			500	1300	500	1000	4 SPG/ 0,76 PVB/ 4 SPG/ SZR/ 6 ESG	19
		zweiseitig, oben u. unten	1000	bel.	500	1000	6 ESG/ SZR/ 5 SPG/ 0,76 PVB/ 5 SPG	20
	einfach	allseitig	500	2000	500	1000	5 SPG/ 0,76 PVB/ 5 SPG	21
		zweiseitig, oben u. unten	1000	bel.	500	800	6 SPG/ 0,76 PVB/ 6 SPG	22
			800	bel.	500	1000	5 ESG/ 0,76 PVB/ 5 ESG	23
			800	bel.	500	1000	8 SPG/ 0,76 PVB/ 8 SPG	24
		zweiseitig, links u. rechts	500	800	1000	1100	6 SPG/ 0,76 PVB/ 6 SPG	25
			500	1000	800	1100	6 ESG/ 0,76 PVB/ 6 ESG	26
			500	1000	800	1100	8 SPG/ 0,76 PVB/ 8 SPG	27
C3	MIG	allseitig	500	1500	1000	3000	6 ESG/ SZR/ 4 SPG/ 0,76 PVB/ 4 SPG	28
			500	1300	1000	3000	4 SPG/ 0,76 PVB/ 4 SPG/ SZR/ 12 ESG	29
	einfach	allseitig	500	1500	1000	3000	5 SPG/ 0,76 PVB/ 5 SPG	30

[1)] Die statischen Nachweise mit den Einwirkungen nach Abschn. 6.4 sind stets zu führen.
[2)] Mit „innen" ist stets die Angriffseite, mit „außen" die Absturzseite der Verglasung gemeint.

Bezeichnungen:
- MIG Mehrscheiben-Isolierverglasung
- einfach Einfachverglasung
- SZR Scheibenzwischenraum, mindestens 12 mm, höchstens 20 mm
- SPG Spiegelglas (Float-Glas)
- ESG Einscheiben-Sicherheitsglas aus SPG
- PVB Polyvinyl-Butyral-Folie

Kategorie B

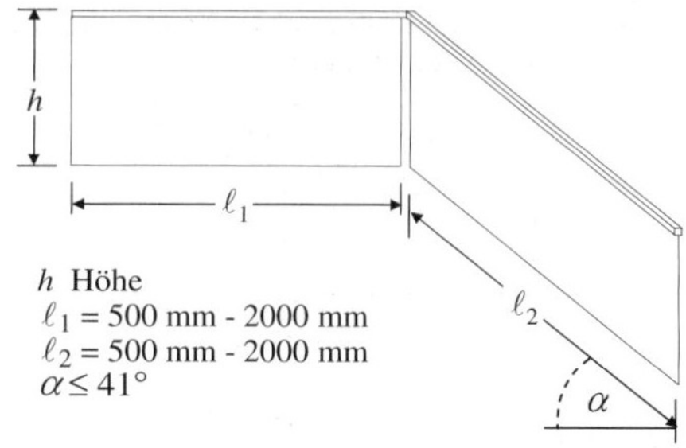

Kategorie C1

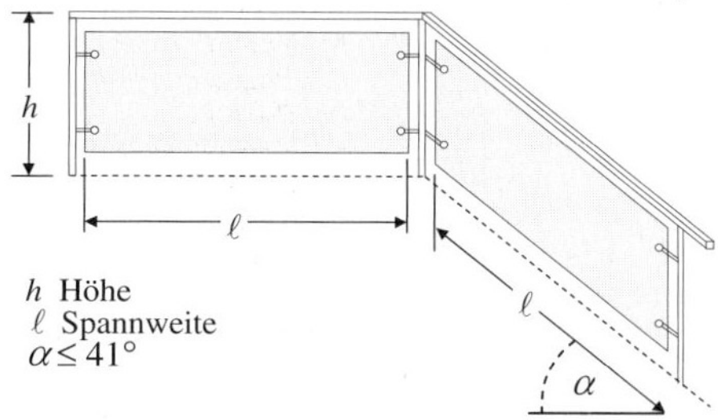

Kategorie C2

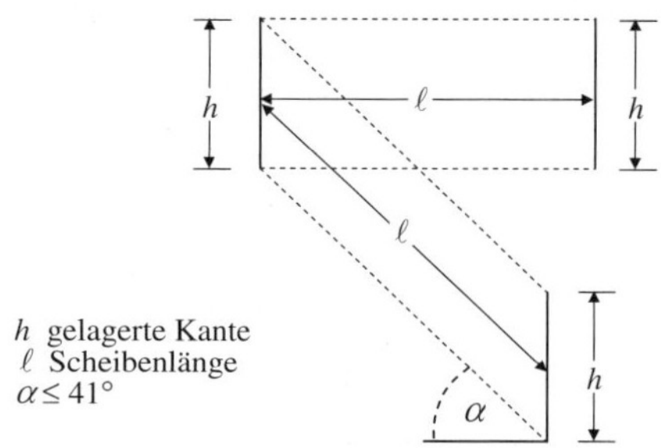

Abb. 17.34 Zulässige Abweichungen von der Rechteckform bei von Stoßversuchen freigestellten Verglasungen [1]

[1] Die Stoßsicherheit der in Tafel 17.33, 17.35 und 17.36a aufgelisteten Rechteckverglasungen gilt als erbracht. Dies kann für Verglasungen der Kategorie B, C1 und C2 auch dann angenommen werden, wenn die von Versuchen freigestellten Rechteckverglasungen so auf Parallelogrammform transformiert werden, dass die Stützungsverhältnisse entsprechend den in Abb. 17.34 dargestellten Vorgaben erhalten bleiben. Der Nachweis unter statischer Belastung bleibt von dieser Nachweiserleichterung unberührt.

6.5.3 Am Fußpunkt eingespannte Ganzglasbrüstungen der Kategorie B mit versuchstechnisch nachgewiesener Stoßsicherheit

Für die in Tafel 17.35 tabellierten tragenden, am Fußpunkt eingespannten Ganzglasbrüstungen mit durchgehendem tragendem Handlauf kann der Nachweis der Tragfähigkeit unter stoßartiger Belastung entfallen, wenn folgende konstruktiven Bedingungen eingehalten sind:

- Ausführung der Verglasung in VSG
- Für die VSG-Scheiben, den Handlauf und die Klemmkonstruktion sind die in Abschn. 6.4 vorgesehenen statischen Nachweise zu führen.
- Die konstruktiven Vorgaben nach Abb. 17.35 sind einzuhalten.
- Die Verglasung muss rechteckig und eben sein. Zulässige Abweichungen von der Rechteckform sind in Abb. 17.34 angegeben.
- Die Einzelscheiben dürfen keine festigkeitsreduzierende Oberflächenbehandlung (z. B. Emaillierung) aufweisen.

Tafel 17.35 **Vorgaben für am Fußpunkt eingespannte Ganzglasbrüstungen aus VSG mit durchgehendem tragendem Handlauf**

Breite in mm		Höhe in mm		Glasaufbau
min.	max.	min.	max.	mm
500	2000	900	1100	≥ (10 ESG/ 1,52 PVB/ 10 ESG)
500	2000	900	1100	≥ (10 TVG/ 1,52 PVB/ 10 TVG)

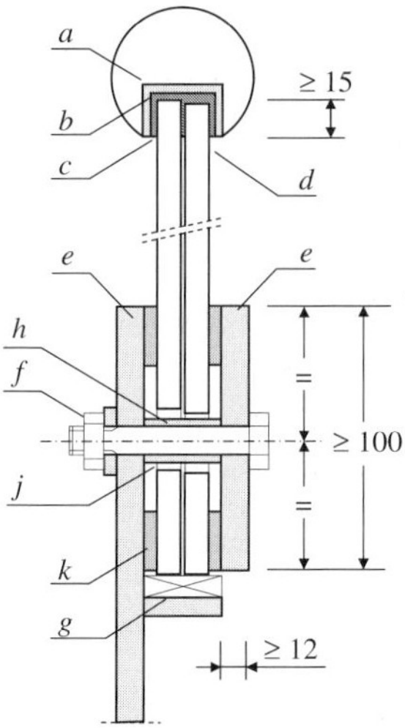

Prinzipskizze unmaßstäblich, Maße in mm

Konstruktionsmerkmale Handlauf:

a tragendes U-Profil mit beliebigem nichttragendem Aufsatz oder tragendem metallischem Handlauf mit integriertem U-Profil

b Verhinderung von Glas-Metall-Kontakt durch in das U-Profil eingelegten druckfesten Elastomerstreifen, Abstand ca. 200 bis 300 mm

c Verbindung des Handlaufs mit den Scheiben durch Verfüllung des verbleibenden Hohlraums im U-Profil mit Dichtstoffen nach DIN 18 545-2 Gruppe E

d Glaseinstand im U-Profil ≥ 15 mm

Konstruktionsmerkmale Einspannung:

Einspannhöhe ≥ 100 mm

e Klemmblech aus Stahl ($t \geq 12$ mm)

f Verschraubungsabstand ≤ 300 mm

g Klotzung am unteren Ende der Scheibe

h Kunststoffhülse über Verschraubung

j Glasbohrungen mittig zum Klemmblech (25 mm $\leq d \leq$ 35 mm)

k in Längsrichtung durchgehende Zwischenlagen aus druckfestem Elastomer

Die Klemmung der Scheiben darf auch über hinreichend steife andere Haltekonstruktionen realisiert werden.

Abb. 17.35 Konstruktive Vorgaben für von Versuchen freigestellte Brüstungen der Kategorie B

6.5.4 Punktförmig über Bohrungen gelagerte Verglasungen der Kategorie C1 mit versuchstechnisch nachgewiesener Stoßsicherheit

Für die in Tafel 17.36a tabellierten punktförmig gelagerten Verglasungen für die Anwendung im Innenbereich, ohne planmäßige Querlasten, kann der Nachweis der Tragfähigkeit unter stoßartiger Belastung entfallen, wenn folgende Bedingungen eingehalten sind.

- Die Verglasung ist in VSG auszuführen.
- Die Höhe der Verglasung darf 1,0 m nicht überschreiten.
- Die Befestigung der Glastafeln ist mit durchgehender Verschraubung und beidseitigen kreisförmigen Klemmtellern, jeweils aus Stahl, auszuführen.
- Die Klemmteller müssen die Glasbohrungen mindestens 10 mm überdecken.
- Jede Glashalterung muss für eine statische Last von mindestens 2,8 kN ausgelegt sein.
- Der Abstand der Glasbohrungen von den Glaskanten muss zwischen 80 und 250 mm betragen.
- Die Verglasung darf nicht durch zusätzliche Bohrungen oder Ausnehmungen geschwächt sein.
- Es darf kein direkter Kontakt zwischen Klemmteller, Verschraubung und Glas bestehen.
- Die Verglasung muss rechteckig und eben sein. Zulässige Abweichungen von der Rechteckform sind in Abb. 17.34 angegeben.
- Die Einzelscheiben dürfen keine festigkeitsreduzierende Oberflächenbehandlung (z. B. Emaillierung) aufweisen.

Tafel 17.36a Vorgaben für punktförmig über Bohrungen gelagerte Geländerausfachungen aus VSG

Spannweite[1] in mm min.	max.	Tellerdurchmesser mm	Glasaufbau mm
500	1200	≥ 50	≥ (6 ESG/ 1,52 PVB/ 6 ESG)
500	1600	≥ 70	≥ (8 ESG/ 1,52 PVB/ 8 ESG)
500	1600	≥ 70	≥ (10 ESG/ 1,52 PVB/ 10 TVG)

[1] Maßgebender Abstand zwischen den Punkthaltern.

6.5.5 Nachweis der Stoßsicherheit für Einfachverglasungen mittels Spannungstabellen

Für durch Pendelschlagversuche beanspruchte linienförmig gelagerte rechteckige Einfachverglasungen sind in den Tafeln 17.36b und 17.37a rechnerisch ermittelte maximale Biegezugspannungen für eine Pendelfallhöhe von 450 mm angegeben. Die bei Fallhöhen von 900 mm auftretenden Spannungswerte ergeben sich durch Multiplikation der Tafelwerte mit dem Faktor 1,4.

Es ist nachzuweisen, dass die mittels der Tafeln 17.36b und 17.37a ermittelten maximalen Biegezugspannungen im Glas die Werte nach Tafel 17.37b nicht überschreiten.

Tafel 17.36b Maximale Kurzzeitspannung in N/mm² bei einer Pendelfallhöhe von 450 mm bei allseitig linienförmiger Lagerung

ℓ_1 in m		1,0	1,0	1,5	1,5	1,5	2,0	2,0	2,0
ℓ_2 in m		1,0	2,0	1,0	2,0	3,0	2,0	3,0	4,0
Glasdicke t in mm	6	184	188	197	193	194	192	193	192
	8	154	159	163	157	158	151	152	151
	10	133	141	140	134	135	129	129	132
	12	95	106	104	95	97	93	93	95
	14	81	93	91	84	85	82	82	84
	15	74	86	84	81	82	76	76	77
	16	67	79	76	77	79	70	69	71
	20	37	45	44	50	52	48	46	47
	22	33	40	39	45	48	44	44	44
	24	29	36	35	40	43	40	40	41
	27	23	28	28	32	35	33	34	35
	30	17	21	20	24	26	25	27	28

ℓ_1, ℓ_2 Seitenlänge der Verglasung
t Glasdicke (Bei VSG-Tafeln ist t die Summe der Einzelscheibendicken.)

Für den Nachweis sind folgende konstruktive Vorgaben und Beschränkungen einzuhalten.

- Alle Verglasungen müssen grundsätzlich den Vorgaben dieser Regel entsprechen.
- Die Verglasungen müssen im Sinne der TRLV gelagert sein.
- Die Verglasungen müssen den Vorgaben nach Abschn. 6.5.2 entsprechen.
- Die PVB-Folie von VSG muss eine Mindestdicke von 0,76 mm ausweisen.
- Isolierverglasungen der Kategorie A sind grundsätzlich mit den Aufbauten VSG/VSG, ESG/VSG oder VSG/ESG (jeweils von innen nach außen) herzustellen.
- Die in den Tafeln 17.36b und 17.37a vorgegebenen kleinsten Glasabmessungen dürfen nicht unterschritten und die größten Glasabmessungen nicht überschritten werden. Die Tabellenwerte dürfen nicht auf andere Lagerungsarten übertragen werden.
- Es gelten die Pendelfallhöhen nach Tafel 17.37c.
- Isolier-Verglasungen müssen allseitig gelagert sein.

- Die Angriffseite von Isolier-Verglasungen ist ohne Ansatz der Mitwirkung der Außenscheibe für die volle planmäßige Pendelfallhöhe auszulegen.
- Die Außenscheibe von Isolier-Verglasungen ist grundsätzlich für eine Pendelfallhöhe von 450 mm nachzuweisen.
- Druckdifferenzen zwischen dem eingeschlossenen Gasvolumen und der Umgebungsluft aus Temperatur- und atmosphärischen Druckdifferenzen sowie Änderungen der Höhenlage zwischen Herstell- und Einbauort brauchen nicht berücksichtigt zu werden.

Tafel 17.37a Maximale Kurzzeitspannung in N/mm² bei einer Pendelfallhöhe von 450 mm bei zweiseitiger Lagerung

ℓ_1 in m		1,0	1,0	1,5	1,5
ℓ_2 in m		1,0	≥ 2,0	1,0	≥ 2,0
Glasdicke t in mm	6	240	223	226	195
	8	192	183	167	157
	10	159	155	129	126
	12	136	134	110	105
	14	107	105	99	94
	15	96	94	94	89
	16	87	85	89	85
	20	62	60	75	71
	22	52	50	65	61
	24	44	43	58	54
	27	36	34	49	45
	30	39	28	43	39
	38	19	19	31	28

ℓ_1, ℓ_2 Seitenlänge der Verglasung
t Glasdicke (Bei VSG-Tafeln ist t die Summe der Einzelscheibendicken.)

Tafel 17.37b Zulässige Biegespannungen bei kurzzeitiger Einwirkung durch Pendelschlag

	SPG	TVG	ESG
zul. Biegespannung in N/mm²	80	120	170

Tafel 17.37c Pendelfallhöhen

	Kategorie A	Kategorie B	Kategorie C
Pendelfallhöhen in mm	900	700	450

6.6 Nachweis der Gebrauchstauglichkeit

Die unter statischer Last auftretenden Verformungen sind so zu begrenzen, dass die Gebrauchstauglichkeit der absturzsichernden Verglasung gewährleistet ist. Für Verglasungen im Geltungsbereich der TRLV sind die Durchbiegungsbegrenzungen nach Tafel 17.16a zu beachten.

Bei Isolierverglasungen sind die Verformungen so zu begrenzen, dass sich Innen- und Außenscheibe nicht berühren.

7 Punktförmig gelagerte Verglasungen nach TRPV-Entwurf 8.2005

7.1 Anwendungsbereich

Die *„Technischen Regeln für die Bemessung und Ausführung einfacher punktförmig gelagerter Vertikal- und Überkopfverglasungen (TRPV - Entwurfsfassung August 2005)* beziehen sich ausschließlich auf Aspekte der Standsicherheit und Gebrauchstauglichkeit.

- Baurechtl. Anforderungen an den Brand-, Schall- und Wärmeschutz bleiben unberührt.
- Geregelt werden nur Verglasungskonstruktionen, bei denen alle Glastafeln ausschließlich durch mechanische Halterungen formschlüssig gelagert sind.
- Jede Einzelscheibe darf nur planmäßig durch Eigengewicht, Temperatur, Wind und Schnee beansprucht werden.
- Für absturzsichernde Verglasungen und begehbare Verglasungen sind zusätzliche Anforderungen zu berücksichtigen.
- Die Oberkante der Verglasung darf maximal 20 m über OK-Gelände liegen.
- Die maximalen Abmessungen der Glastafel betragen 2500 mm × 3000 mm.
- Als *Randklemmhalter* werden Halter bezeichnete, die den Rand einer Verglasung U-förmig umschließen, vgl. Abb. 17.38.
- Als *Tellerhalter* werden Halter mit zwei Tellern bezeichnet, die über einen Bolzen durch eine zylindrische Glasbohrung miteinander verbunden sind, vgl. Abb. 17.38. Tellerhalter bedürfen einer allgemeinen bauaufsichtlichen Zulassung, wenn sie nicht nach bauaufsichtlich bekannt gemachten Technischen Baubestimmungen nachgewiesen werden können.

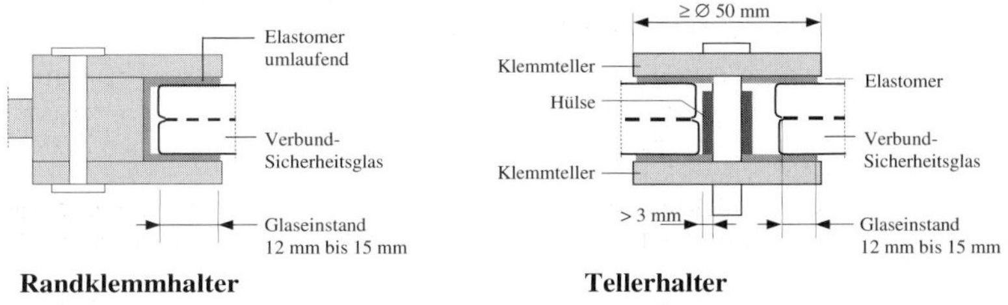

Abb. 17.38 Prinzipskizze Randklemmhalter und Tellerhalter

7.2 Bauprodukte

Zulässige Glaserzeugnisse:

a) Verbund-Sicherheitsglas (VSG) mit Übereinstimmungsnachweis nach Bauregelliste A (BRL A) Teil 1 lfd. Nr. 11.8 bestehend aus:
   ESG nach BRL A Teil 1 lfd. Nr. 11.4.1 oder
   ESG-H nach BRL A Teil 1 lfd. Nr. 11.4.2.

b) VSG aus teilvorgespanntem Glas (TVG) nach allg. bauaufsichtlicher Zulassung.

c) Zweischeibige Isolierverglasung, die durch Randklemmhalter gehalten ist, mit Übereinstimmungsnachweis nach BRL A Teil 1 lfd. Nr. 11.5.2, 11.6 und 11.7 mit mindestens einer Scheibe aus VSG nach a) oder b). Wenn die zweite Scheibe nicht der Verkehrsfläche zugewandt ist, darf diese aus ESG-H bestehen.

d) Bohrungsoberflächen müssen glatt und riefenfrei sein. Ein Kantenversatz infolge zweiseitiger Bohrung darf 0,5 mm nicht überschreiten. Die Ränder von Bohrungen sind auf beiden Seiten der Scheibe mit einer Fase von 0,5 bis 1,0 mm unter 45° zu säumen.

- Die Dicken der Scheiben von VSG dürfen sich höchstens um den Faktor 1,5 unterscheiden.
- Die zur Herstellung von VSG verwendete PVB-Folie muss mindestens 0,76 mm betragen.
- Die Punkthalter müssen aus nichtrostendem Stahl mit geeigneter Korrosionswiderstandsklasse, mindestens jedoch Korrosionswiderstandsklasse II, bestehen.

7.3 Allgemeine Anforderungen

- Die Verglasungskonstruktion ist zwängungsfrei zu montieren. Unter Betriebsbedingungen (Lasteinwirkung, Temperatur, Verformungen/Nachgiebigkeit der tragenden Konstruktion) darf kein Kontakt zwischen Glas und Glas und zwischen sonstigen harten Bauteilen entstehen.
- Jede einzelne Glasscheibe ist in allen Richtungen formschlüssig zu halten.
- Alle zur Verwendung kommenden Glasscheiben müssen sowohl vor als auch nach dem Einbau eben sein.
- Freie Glasränder dürfen maximal 300 mm über die von den Glashaltern aufgespannte Innenfläche auskragen, vgl. Abb. 17.39a.

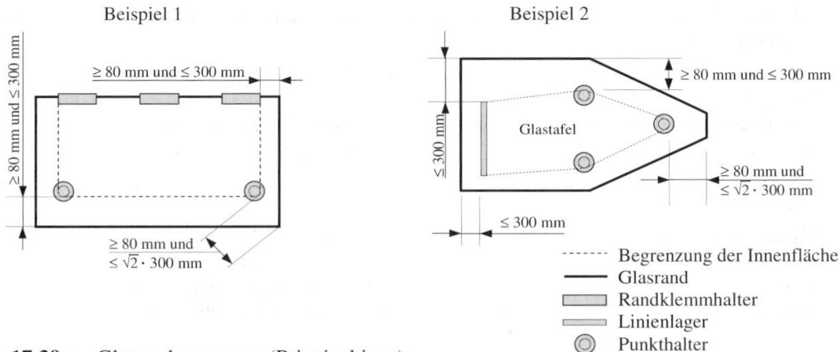

Abb. 17.39a Glasauskragungen (Prinzipskizze)

- Verglasungen dürfen sich nicht mehr als 1/100 der maßgebenden Stützweite durchbiegen.
- Abstände von Bohrungen für Tellerhalter müssen den Angaben nach Abb. 17.39b entsprechen.
- Für Tellerhalter sind die Abmessungen von Tellerdurchmesser, Glaseinstand und Hülsendicke entsprechend Abb. 17.38 festzulegen.
- Jede punktgelagerte VSG-Scheibe ist durch mindestens drei Punkthalter zu lagern. Der größte eingeschlossene Winkel des von den drei Punkthaltern aufgespannten Dreiecks darf 120° nicht überschreiten, vgl. Abb. 17.39b.
- Zur Befestigung der Verglasung verwendete Schraubenverbindungen sind gegen selbstständiges Lösen zu sichern.

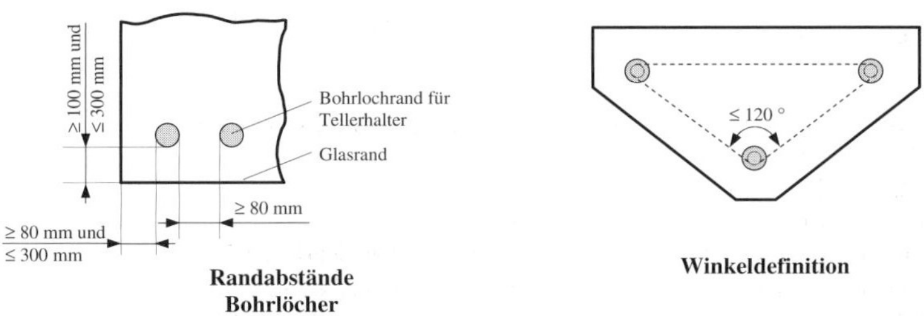

Abb. 17.39b Prinzipskizze Bohrlochabstände und Winkeldefinition für punktgelagerte VSG-Scheiben

7.4 Einwirkungen, Standsicherheits-, Gebrauchstauglichkeitsnachweise

- Die für den Nachweis der Standsicherheit und Gebrauchstauglichkeit anzusetzenden Einwirkungen ergeben sich aus den technischen Baubestimmungen.
- Alle relevanten Einflüsse (z.B. Spannungskonzentrationen am Bohrlochrand, Exzentrizitäten, Verformungen der Unterkonstruktion, Steifigkeiten der Zwischenschichten von Teller und Hülse, Grenztemperaturen von –20 C° bis +80 C° sind bei der rechnerischen Ermittlung der maßgebenden Beanspruchungen für die Bemessung zu berücksichtigen.

- Ein günstig wirkender Schubverbund zwischen den Einzelscheiben von VSG bzw. dem Randverbund von Isolierverglasungen darf nicht angesetzt werden. Ein ungünstig wirkender Schubverbund ist für die Bemessung im Lastfall „voller Schubverbund“ zu berücksichtigen.
- Bei den Nachweisen von Isolierverglasungen sind Klimalasten zu berücksichtigen.
- Die zulässigen Hauptzugspannungen für die verwendete Glasart sind der TRLV und im Falle von VSG aus TVG der entsprechenden bauaufsichtlichen Zulassung zu entnehmen.
- Die Tragfähigkeit der Glashalterung muss auf Basis der Technischen Baubestimmungen rechnerisch nachgewiesen werden.

7.5 Zusätzliche Anforderungen an Vertikalverglasungen

- Bei Vertikalverglasungen muss die Glaseinstandstiefe von Randklemmhaltern mindestens 25 mm betragen. Die glasüberdeckte Klemmfläche je Halterung darf 1000 mm^2 nicht unterschreiten.
- Bei Vertikalverglasungen ist die Anwendung von Kombinationen aus linienförmiger Lagerung nach der TRLV und punktförmiger Lagerung zulässig. Hierbei dürfen zwei Punkthalter durch ein Linienlager ersetzt werden. Außer bei Isolierverglasungen darf die Verglasung zur Befestigung von Klemmleisten durchbohrt werden.

7.6 Zusätzliche Anforderungen an Überkopfverglasungen

- Für Einfachverglasungen ist VSG aus TVG aus gleich dicken Glasscheiben, mindestens 2 × 6 mm, und PVB-Folie mit einer Nenndicke von mindestens 1,52 mm zu verwenden.
- Der von äußeren Punkthaltern eingeschlossene Scheibenbereich darf, außer durch Bohrungen für innen liegende Punkthalter, nicht durch sonstige Bohrungen, Öffnungen oder Ausschnitte geschwächt sein, vgl. Abb. 17.40.
- Es müssen Tellerhalter nach Abb. 17.38 verwendet werden.
- Das maximale Stützraster bei gleichmäßig verteilter Schneelast kleiner 1,0 kN/m^2 ist entsprechend Tafel 17.40 festzulegen. Diese Tabelle ersetzt nicht die in jedem Fall zu führenden statischen Nachweise.

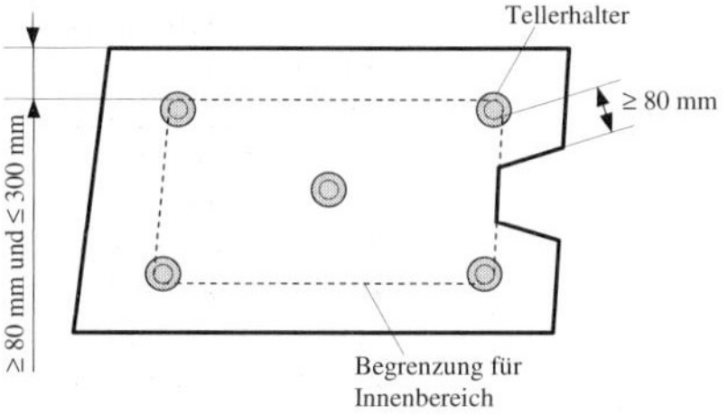

Abb. 17.40 Innenbereiche punktförmig gestützter Überkopfverglasungen

Tafel 17.40 Maximal zulässiges Stützraster der Glasaufbauten für rechteckige[1)] Raster mit nachgewiesener Resttragfähigkeit

Tellerdurchmesser in mm	Minimale Glasdicke für TVG in mm	Stützweite in mm Richtung 1	Stützweite in mm Richtung 2
70	2 × 6	900	750
70	2 × 8	1100	750
60	2 × 8	950	750
70	2 × 10	1400	1000
60	2 × 10	1000	900

[1)] Bei von der Rechteckform abweichenden Glastafeln ist das umschließende Rechteck maßgebend.

8 Begehbare Verglasungen

Für begehbare Verglasungen gibt es derzeit keine Technischen Baubestimmungen, sodass für ihre Verwendung stets eine Allgemeine baurechtliche Zulassung oder Zustimmung im Einzelfall erforderlich ist. Nach den Empfehlungen sind planmäßig begehbare Verglasungen in der Regel aus VSG mit mindestens drei Glasschichten herzustellen.

- *Begehbare Verglasungen* sind Konstruktionen, die *planmäßig* durch Personenverkehr belastet werden können, wie z. B. Treppen, Podeste und Galerien.
- *Betretbare Verglasungen* sind Gläser, die nur zu Reinigungszwecken betreten werden dürfen. Für sie gelten die Regeln für *Überkopfverglasungen*.

9 Glasbemessung bei Reparatur-Verglasungen

Bei Reparatur-Verglasungen sollte die vorhandene Glasdicke mindestens den zum Zeitpunkt der Errichtung geltenden Regelwerken entsprechen. Bei Abweichungen gelten die Regeln für den Bestandschutz, d. h., die ursprüngliche Glasdicke kann ersetzt und die Auflagerung unverändert übernommen werden. Ein Bestandschutz gilt nicht, wenn

- die Sicherheit oder Gesundheit der Allgemeinheit gefährdet ist (MBO – § 83 „Bestehende bauliche Anlagen"),
- der Glasbruch ursächlich auf eine falsche Bemessung bzw. Auflagerung zum Zeitpunkt der Errichtung zurückzuführen ist,
- Forderungen aus anderen Gesetzen im Einzelfall andere Festlegungen nach sich ziehen,
- der Glasbruch nachweislich auf zu dünn bemessene Scheiben zurückzuführen ist.

10 Baurechtliche Grundlagen

10.1 Zustimmung im Einzelfall

Nach dem Bauordnungsrecht werden

- *geregelte,*
- *nichtgeregelte* und
- *sonstige Bauprodukte*

unterschieden. Für geregelte Glasprodukte kann die Konstruktion und Berechnung nach dem allgemein anerkannten Stand der Technik, i. Allg. festgelegt in Normen, Richtlinien und Regelwerken, durchgeführt und den zuständigen Behörden zur Prüfung vorgelegt werden.

Bauprodukte, die nicht den in der *Bauregelliste A* (vgl. Tafel 17.43) des *Deutschen Instituts für Bautechnik* (DIBt) bekannt gemachten technischen Regeln entsprechen oder von ihnen wesentlich abweichen, werden nur genehmigt, wenn eine *Allgemeine bauaufsichtliche Zulassung* oder *Prüfzeugnis* vorliegt oder eine **Zustimmung im Einzelfall** (ZiE) erteilt wird. Gleiches gilt für Bauprodukte, für die es keine Regel gibt, und für die sonstigen Bauprodukte, die nicht in der *Bauregelliste A* aufgenommen sind.

Im Unterschied zur *Allgemeinen bauaufsichtlichen Zulassung*, die nur durch das DIBt erteilt werden kann und die bundesweit für alle zugelassenen Anwendungen eines Glasprodukts oder einer Bauart Gültigkeit hat, gilt die *Zustimmung im Einzelfall* nur bei einem ganz bestimmten Bauvorhaben für ein *nichtgeregeltes* oder *sonstiges* Glasbauteil.

Beispiele für Glaskonstruktionen und Glasprodukte, für die eine *ZiE* erforderlich ist, sind:

- punktförmig gelagerte Fassaden und Überkopfverglasungen, soweit nicht durch Erlasse freigestellt
- Structural Glazing
- absturzsichernde Verglasung, soweit nicht durch Erlasse freigestellt
- begehbares Glas
- betretbare Verglasung
- tragende Glasbauteile.

Die Beantragung der *ZiE* erfolgt durch den Bauherrn in Zusammenarbeit mit Planern und Fachingenieuren bei der *obersten Baubehörde* (OBB) des Bundeslandes, in dem das Projekt/Bauvorhaben durchgeführt werden soll. Die Adressen der entscheidungsbefugten Baubehörden sind in der Tafel 17.42 angegeben. Folgende Unterlagen und Anlagen sind erforderlich:

- Antragsgegenstand (Bauprodukt bzw. Bauart)
- Bauvorhaben mit Aktenzeichen und Baugenehmigung
- Antragsteller und/oder Bauherr
- zuständige Bauaufsichtsbehörde
- Aufsteller der Standsicherheitsnachweise
- Prüfingenieur für Baustatik, falls zum Zeitpunkt der Antragstellung bekannt
- Konstruktionszeichnungen
- Nachweis der Standsicherheit und der Gebrauchstauglichkeit
- falls vorhanden, Versuchsberichte anderer Bauvorhaben, wenn diese auf den vorliegenden Fall übertragbar sind
- ggf. eine gutachtliche Stellungnahme durch einen Sachverständigen; es ist zu beachten, dass der Aufsteller der Statik nicht gleichzeitig als Gutachter für die beantragte Verglasung tätig sein darf.

Tafel 17.42 Adressen der obersten Baubehörden

Bundesland	**oberste Baubehörde**
Baden-Württemberg	Wirtschaftsministerium – Oberste Baubehörde – Theodor-Heuss-Straße 4, 70174 Stuttgart Tel.: 0711/123-0, 0711/123-3378
Bayern	Oberste Baubehörde im Bayerischen Staatsministerium des Innern Franz-Josef-Strauß-Ring 4, 80539 München Tel.: 089/2192-202, 089/2192-3485
Berlin	Senatsverwaltung für Bauen, Wohnen und Verkehr – Abt. VI – Württembergische Str. 6-10, 10707 Berlin Tel.: 030/90-0, 030/90-125704
Brandenburg	Ministerium für Stadtentwicklung, Wohnen und Verkehr – Bauabteilung – Dortustr. 30-33, 14411 Potsdam Tel.: 0331/866-8668343, 0355/7828-113
Bremen	Freie Hansestadt Bremen – Der Senator für Bau, Umwelt und Verkehr – Ansgaritorstr. 2, 28195 Bremen Tel.: 0421/361-1, 0421/361-2506
Hansestadt Hamburg	Freie und Hansestadt Hamburg, Amt für Bauordnung und Hochbau Stadthausbrücke 8, 20355 Hamburg Tel.: 040/4284-0, 040/4284-2278
Hessen	Ministerium für Wirtschaft, Verkehr und Landesentwicklung, Abt. VI 1 Friedrich-Ebert-Allee 12, 65185 Wiesbaden Tel.: 0611/353-631, 0611/353-296
Mecklenburg-Vorpommern	Ministerium für Arbeit und Bau des Landes Mecklenburg-Vorpommern Schlossstr. 6-8, 19053 Schwerin Tel.: 0385/588-0, 0385/588-3620
Niedersachsen	Niedersächsisches Sozialministerium Hinrich-Wilhelm-Kopf-Platz 2, 30159 Hannover Tel.: 0511/1202-1, 0511/1202-928
Nordrhein-Westfalen	Ministerium für Bauen und Wohnen des Landes Nordrhein-Westfalen Elisabethstraße 5-11, 40217 Düsseldorf Tel.: 0211/3843-0, 0211/3843-389
Rheinland-Pfalz	Ministerium der Finanzen des Landes Rheinland-Pfalz Kaiser-Friedrich-Str. 1, 55116 Mainz Tel.: 06131/16-1, 06131/16-4234
Saarland	Ministerium für Umwelt, Energie und Verkehr des Saarlandes Hardenbergstr. 8, 66119 Saarbrücken Tel.: 0681/501-1, 0681/501-4766
Sachsen	Staatsministerium des Inneren des Freistaates Sachsen Archivstr. 1, 01097 Dresden Tel.: 0351/564-0, 0351/564-3537
Sachsen-Anhalt	Ministerium für Wohnungswesen, Städtebau und Verkehr Turmschanzenstr. 30, 39114 Magdeburg Tel.: 0391/56701
Schleswig-Holstein	Innenministerium des Landes Schleswig-Holstein, Landeshaus Düsternbrooker Weg 92, 24105 Kiel Tel.: 0431/988-0, 0431/988-3330
Thüringen	Thüringer Ministerium für Wirtschaft und Infrastruktur Johann-Sebastian-Bach-Str. 1, 99005 Erfurt Tel.: 0361/342-0, 0361/3797642

10.2 Geregelte Bauprodukte aus Glas

In Tafel 17.43 sind die geregelten Bauprodukte aus Glas, entsprechend Bauregelliste A, Teil 1 (2005/1) Stand (01.05), angegeben.

Tafel 17.43 Auszug aus der Bauregelliste A, Teil 1 (2005/1), DIBt-Mitteilungen (01/05)

Lfd. Nr.	Glasprodukt	Technische Regeln (Ausgabe)	Übereinstimmungsnachweis	Verwendbarkeitsnachweis bei Abweichung von den technischen Regeln
11.1	Spiegelglas	DIN 1249-3:1980-02 Zusätzlich gilt: DIN 1249-10:1990-08, DIN 1249-11:1986-09.	ÜH	Z
11.2	Gussglas	DIN 1249-4:1981-08 Zusätzlich gilt: DIN 1249-10:1990-08, DIN 1249-11:1986-09.	ÜH	Z
11.4.1	Einscheiben-Sicherheitsglas (ESG)	DIN 1249-12:1990-09	ÜHP	Z
11.4.2	Heißgelagertes Einscheiben-Sicherheitsglas (ESG-H)	DIN 1249-12:1990-09 Zusätzl. gilt Anlage 11.4.	ÜZ	Z
11.5.2	Luftgefülltes Mehrscheiben-Isolierglas ohne Beschichtung	DIN 1286-1: 1994-03 ohne Fußnote 2 Zusätzl. gilt Anlage 11.1 ohne Abschnitt 5.2.	ÜHP	P
11.6	Gasgefülltes Mehrscheiben-Isolierglas ohne oder mit Beschichtung	DIN 1286-2:1989-05 ohne Fußnote 4 Zusätzl. gilt Anlage 11.1.	ÜZ gilt auch für Nichtserienfertigung	Z
11.7	Luftgefülltes Mehrscheiben-Isolierglas mit Beschichtung	DIN 1286-1:1994-03 ohne Fußnote 2 Zusätzl. gilt Anlage 11.1.	ÜZ gilt auch für Nichtserienfertigung	Z
11.8	Verbund-Sicherheitsglas mit PVB-Folie	DIN EN ISO 12543-2, -5, -6: 1998-08 Zusätzl. gilt Anlage 11.3.	ÜHP	Z
11.9	Vorgefertigte absturzsichernde Verglasung nach TRAV, deren Tragfähigkeit unter stoßartigen Einwirkungen bereits nachgewiesen wurde (Abschnitt 6.3) oder rechnerisch nachweisbar ist (Abschn. 6.4)	Technische Regeln für die Verwendung von absturzsichernden Verglasungen TRAV, 2003-01, außer den Abschnitten 6.2 und 6.3.2 b und c	ÜH	Z

Bezeichnungen:

ÜH Übereinstimmungserklärung des Herstellers
ÜHP Übereinstimmungserklärung des Herstellers nach Prüfung des Bauproduktes durch eine anerkannte Prüfstelle
ÜZ Übereinstimmungserklärung durch eine anerkannte Zertifizierungsstelle
Z Allgemeine bauaufsichtliche Zulassung
P Allgemeines bauaufsichtliches Prüfzeugnis

Hinweis: Profilbauglas und teilvorgespanntes Glas (TVG) werden durch Allgemeine bauaufsichtliche Zulassungen geregelt.

Tafel 17.43 Auszug aus der Bauregelliste A, Teil 1 (2005/1) (Fortsetzung)

Lfd. Nr.	Glasprodukt	Technische Regeln	Übereinstimmungsnachweis	Verwendbarkeitsnachweis bei Abweichung von den techn. Regeln
11.10 neu	Basiserzeugnisse aus Kalk-Natronsilicatglas nach EN 572-9 – Floatglas – Poliertes Drahtglas – Gezogwenes Flachglas – Ornamentglas – Drahtornamentglas – Profilbauglas	Anlage 11.5	ÜH	Z
11.11 neu	Beschichtetes Glas nach EN 1096-4	Anlage 11.6	ÜH	Z
11.12 neu	Thermisch vorgespanntes Kalknatron-Einscheibensicherheitsglas nach EN 12 150-2	Anlage 11.7	ÜHP	Z
Erläuterungen s. Seite vorher				

10.3 Glaskonstruktionen und Regelwerke

Bauaufsichtliche Regelwerke für die Verwendung von Glas als tragendes Material existieren nur für ausgewählte Konstruktionen. Tafel 17.44 enthält eine Zusammenstellung von Glaskonstruktionen und zugehörige Regelwerke.

Tafel 17.44 Glaskonstruktionen und Regelwerke aus [17.4]

Konstruktion	Regelwerk	Status
linienförmig gelagerte Verglasung	Technische Regel für die Verwendung von linienförmig gelagerten Verglasungen (TRLV), Ausgabe 09.98	bauaufsichtlich eingeführt
hinterlüftete Außenwandbekleidungen aus Einscheiben-Sicherheitsglas (ESG)	DIN 18 516-4, Ausgabe 02.90 Außenwandbekleidungen hinterlüftet	bauaufsichtlich eingeführt
geklebte, lastabtragende Glasfassaden (Structural Sealant Glazing Systems, SSGS)	Richtlinie für europäische Zulassungen (ETA), Ausgabe 1997	Grundlage für Zulassungen, sonst ZiE[1)]
absturzsichernde Verglasungen	Technische Regel für die Verwendung von absturzsichernden Verglasungen (TRAV), 01.2003	bauaufsichtlich eingeführt
zu Reinigungszwecken betretbare Überkopfverglasungen	–	Zulassung, ZiE
begehbare Verglasungen	–	Zulassung, ZiE
punktförmig gelagerte Eingangs- o. Schaufensterüberdachungen aus Glas für rechteckige Flächen < 1,6 m² aus VSG o. TVG	Nachweiserleichterung in einigen Bundesländern	Zulassung, ZiE
punktförmig gelagerte Verglasungen	–	Zulassung, ZiE
sonstige tragende Glasbauelemente, z. B. Balken, Glaselemente zur Aussteifung, Stützen	–	Zulassung, ZiE
[1)] ZiE Zustimmung im Einzelfall.		

Abweichend von den Angaben der Tafel 17.44 können durch die OBB der einzelnen Bundesländer zusätzliche Sonderregelungen und Nachweiserleichterungen (vgl. z. B. [17.12]) festgelegt sein, die bei den betreffenden Stellen zu erfragen sind.

18 A Stahlbau nach DIN 18 800 (11.90)
18 B Stähle im Bauwesen
18 C Trapezprofile und Sandwichbauteile
18 D Stahlbauprofile

Inhaltsverzeichnis

18 A Stahlbau nach DIN 18 800 (11.90)

Prof. Dr.-Ing. Otto Oberegge und Dipl.-Ing. Hans-Peter Hockelmann

1 Werkstoffe

Tafel 18.2a Mechanische Eigenschaften warmgewalzter Flach- und Langerzeugnisse aus unlegierten Baustählen, Auszug aus DIN EN 10 025-2 (4.05)

Stahlsorte nach DIN EN 10 027-1		**S235 JR**[1]	**S235JRG**[1]	**S235 JRG2**	**S235 JO**	**S355 JO**
Werkst.-Nr. nach DIN EN 10 027-2		1.0037	1.0036	1.0038	1.0114	1.0553
Bezeichnung in DIN 18800 (11.90)		St 37-2	USt 37-2	RSt 37-2	St 37-3 U	St 52-3 U
Stahlart [2]		BS	BS	BS	QS	QS
Desoxidationsart [3]		freigestellt	FU	FN	FN	FN
Zugfestigkeit [4] R_m in N/mm² für Nenndicken t in mm	$3 \leq t \leq 100$	-	340–470	340–470	340–470	490–630
	$100 < t \leq 150$	-	-	-	340–470	470–630
	$150 < t \leq 250$	-	-	-	320–470	450–630
Mindestwert der oberen Streckgrenze [4] R_{eH} in N/mm² für Nenndicken t in mm	$t \leq 16$	235	235	235	235	355
	$16 < t \leq 40$	225	225	225	225	345
	$40 < t \leq 63$	-	-	215	215	335
	$63 < t \leq 80$	-	-	215	215	325
	$80 < t \leq 100$	-	-	215	215	315
	$100 < t \leq 150$	-	-	195	195	295
	$150 < t \leq 200$	-	-	185	185	285
	$200 < t \leq 250$	-	-	175	175	275
Mindestwert der Bruchdehnung [5] A in % für Nenndicken t in mm	$3 \leq t \leq 40$	26 (24)	26 (24)	26 (24)	26 (24)	22 (20)
	$40 < t \leq 63$	25 (23)	25 (23)	25 (23)	25 (23)	21 (19)
	$63 < t \leq 100$	24 (22)	24 (22)	24 (22)	24 (22)	20 (18)
	$100 < t \leq 150$	22 (22)	22 (22)	22 (22)	22 (22)	18 (18)
	$150 < t \leq 250$	21 (21)	21 (21)	21 (21)	21 (21)	17 (17)
Mindestwert der Kerbschlagarbeit in J für Nenndicken t in mm	$10 \leq t \leq 150$	-	27 bei 20 °C	27 bei 20 °C	27 bei 0 °C	27 bei 0 °C
	$150 < t \leq 250$	-	-	23 bei 20 °C	23 bei 0 °C	23 bei 0 °C

[1] Nur in Nenndicken $t \leq 25$ mm lieferbar. [2] BS Grundstahl, QS Qualitätsstahl.
[3] FU unberuhigt; FN unberuhigt nicht zulässig; FF vollberuhigt.
[4] Die Tabellenwerte für den Zugversuch gelten für Längsproben, bei Band, Blech und Breitflachstahl in Breiten ≥ 600 mm für Querproben.
[5] Die Tabellenwerte für den Zugversuch gelten für Längsproben, die Werte in Klammern für Querproben bei Band, Blech und Breitflachstahl in Breiten ≥ 600 mm.

Tafel 18.2b Mechanische Eigenschaften von Schraubenwerkstoffen
Auszug aus DIN EN ISO 898-1 (11.99)

Eigenschaft		Festigkeitsklasse				
		4.6	5.6	8.8 $d \leq 16$ mm	8.8 $d > 16$ mm	10.9
Zugfestigkeit R_m in N/mm²	Nennwert	400	500	800	800	1000
	min	400	500	800	830	1040
Untere Streckgrenze R_{eL} in N/mm²	Nennwert	240	300	-	-	-
	min	240	300	-	-	-
0,2-%-Dehngrenze $R_{p0,2}$ in N/mm²	Nennwert	-	-	640	640	900
	min	-	-	640	660	940
Bruchdehnung A in %		22	20	12	12	9

2 Grundlagen der Berechnung nach DIN 18 800 (11.90)

2.1 Regelwerke

Die Normenreihe DIN 18 800 besteht aus folgenden Teilen:

DIN 18 800-1	Stahlbauten, Bemessung und Konstruktion
DIN 18 800-1/A1	Änderung A1
DIN 18 800-2	Stahlbauten, Stabilitätsfälle, Knicken von Stäben und Stabwerken
DIN 18 800-2/A1	Änderung A1
DIN 18 800-3	Stahlbauten, Stabilitätsfälle, Plattenbeulen
DIN 18 800-3/A1	Änderung A1
DIN 18 800-4	Stahlbauten, Stabilitätsfälle, Schalenbeulen
DIN 18 800-7	Ausführung und Herstellerqualifikation

Das dieser Norm zugrunde liegende Sicherheitskonzept ist auf die zu erwartende europäische Norm abgestimmt. Die Anpassungsrichtlinie Stahlbau [18.1] enthält Festlegungen zu einzelnen Normelementen sowie Regelungen zur Anwendung von Fachnormen und DASt-Richtlinien, die noch auf dem alten Sicherheitskonzept basieren.

Die probeweise Anwendung der Vornorm DIN V ENV 1993 Teil 1-1 Ausgabe 4.93 (Eurocode 3), deren Regelungsumfang weitgehend DIN 18 800-1 und -2 entspricht, ist ebenfalls erlaubt. Hierbei sind die in der „Richtlinie zur Anwendung von DIN V ENV 1993-1-1" (DASt-Ri 103 Ausgabe 11.93) enthaltenen Regelungen zu beachten.

2.2 Begriffe, Größen und anzunehmende Werte

- **Einwirkungen** sind Ursachen von Kraft- und Verformungsgrößen in einem Tragwerk. Allgemein werden diese mit F (engl. force) bezeichnet. Nach ihrer zeitlichen Veränderlichkeit sind zu unterscheiden:

  G ständige Einwirkungen
  Q veränderliche Einwirkungen
  F_A außergewöhnliche Einwirkungen.

  Wahrscheinliche Baugrundbewegungen sind wie ständige Einwirkungen G, Temperaturänderungen wie veränderliche Einwirkungen Q und der Anprall von Fahrzeugen wie außergewöhnliche Einwirkungen F_A zu behandeln.
- **Einwirkungsgrößen** sind die zur Beschreibung der Einwirkungen verwendeten Größen.
- **Widerstand** ist im Sinne der Norm der Widerstand eines Tragwerkes, seiner Bauteile und Verbindungen gegen Einwirkungen.
- **Widerstandsgrößen** sind aus geometrischen Größen und Werkstoffkennwerten abgeleitete Größen. Allgemein werden diese mit M (engl. material) gekennzeichnet. Festigkeiten und Steifigkeiten sind z. B. Widerstandsgrößen.
- **Bemessungswerte** sind diejenigen Werte der Einwirkungs- und Widerstandsgrößen, die für die Nachweise anzunehmen sind. Sie beschreiben einen Fall ungünstiger Einwirkungen auf Tragwerke mit ungünstigen Eigenschaften. Ungünstigere Fälle sind in der Realität nur mit sehr geringer Wahrscheinlichkeit zu erwarten. Bemessungswerte werden im Allgemeinen durch den Index d (engl. design) gekennzeichnet.

– **Bemessungswerte von Einwirkungen** werden aus den charakteristischen Werten der Einwirkungen durch Multiplikation mit den Teilsicherheitsbeiwerten γ_F und den Kombinationsbeiwerten ψ berechnet: $F_d = \gamma_F \cdot \psi \cdot F_k$. Die Beanspruchungen werden aus Grund- und eventuell zusätzlichen Grundkombinationen der Bemessungswerte von Einwirkungsgrößen berechnet.

– **Bemessungswerte von Widerstandsgrößen** sind im Allgemeinen – eine Ausnahme ist das Nachweisverfahren Plastisch-Plastisch – aus den charakteristischen Werten der Widerstandsgrößen M_k durch Division durch den Teilsicherheitsbeiwert γ_M zu berechnen: $M_d = M_k / \gamma_M$.

- **Charakteristische Werte für Einwirkungs- und Widerstandsgrößen** sind die Bezugsgrößen für die Bemessungsgrößen. Als charakteristische Werte für Einwirkungen gelten die Werte der einschlägigen Normen über Lastannahmen. Charakteristische Werte von Festigkeiten, z. B. Streckgrenze $f_{y,k}$ (y: engl. yieldpoint) und Zugfestigkeit $f_{u,k}$ (u: engl. ultimate), können den Tafeln 18.4a und 18.4b entnommen werden. Charakteristische Werte von Steifigkeiten, z. B. $(E \cdot I)_k$, $(E \cdot A)_k$ und $(G \cdot A_S)_k$ sind mit den Nennwerten der Querschnittswerte und dem charakteristischen Wert für den Elastizitätsmodul E und den Schubmodul G zu berechnen.

Tafel 18.4a Charakteristische Werte für Walzstahl und Stahlguss

Stahl		Erzeugnisdicke t mm	Streckgrenze $f_{y,k}$ N/mm²	Zugfestigkeit $f_{u,k}$ N/mm²	E-Modul E N/mm²	Schubmodul G N/mm²	Temperaturdehnzahl α_T K^{-1}
Baustahl	S235	$t \leq 40$	240	360	210 000	81 000	$12 \cdot 10^{-6}$
		$40 < t \leq 100$	215				
	S275	$t \leq 40$	275	410			
		$40 < t \leq 80$	255				
	S355	$t \leq 40$	360	490			
		$40 < t \leq 80$	335				
Feinkornbaustahl	S275N u. NL, M u. ML	$t \leq 40$	275	370			
		$40 < t \leq 80$	255				
	S355N u. NL	$t \leq 40$	360	470			
		$40 < t \leq 80$	335				
	M u. ML	$t \leq 40$	360	450			
		$40 < t \leq 80$	335				
	S460N u. NL	$t \leq 40$	460	550			
		$40 < t \leq 80$	430				
	M u. ML	$t \leq 40$	460	530			
		$40 < t \leq 80$	430				
Vergütungsstahl	C35+N	$t \leq 16$	300	550			
		$16 < t \leq 100$	270	520			
	C45+N	$t \leq 16$	340	620			
		$16 < t \leq 100$	305	580			
Gusswerkstoffe	CS-38	$t \leq 100$	200	380			
	GS-45		230	450			
	GS-52		260	520			
	GS 16 Mn 5 N	$t \leq 50$	260	430			
		$50 < t \leq 100$	230				
	GS 20 Mn 5 N	$t \leq 50$	300	500			
		$50 < t \leq 100$	280				
	GS 20 Mn 5 V	$t \leq 50$	360				
		$50 < t \leq 100$	300				
	EN-GJS-400-15	$t \leq 60$	250	390	169 000	46 000	$12{,}5 \cdot 10^{-6}$
	EN-GJS-400-18		250				
	EN-GJS-400-18-LT		230				
	EN-GJS-400-18-RT		250				

Tafel 18.4b Charakteristische Werte der Schraubenwerkstoffe

Charakteristischer Wert	Festigkeitsklasse 4.6	5.6	8.8	10.9
Streckgrenze $f_{y,b,k}$ in N/mm²	240	300	640	900
Zugfestigkeit $f_{u,b,k}$ in N/mm²	400	500	800	1000

- **Teilsicherheitsbeiwerte** γ_F und γ_M berücksichtigen die Streuung der Einwirkungen *F* und der Widerstandsgrößen *M*

Tafel 18.5a Größen der Teilsicherheitsbeiwerte der Einwirkungen γ_F

γ_F	Anwendung
1,35	für ständige Einwirkungen *G*
1,5	für ungünstig wirkende veränderliche Einwirkungen *Q*
1,0	wenn ständige Einwirkungen *G* Beanspruchungen aus veränderlichen Einwirkungen *Q* verringern, z. B. beim Tragsicherheitsnachweis von Dächern bei Windsog
1,0	wenn neben einer außergewöhnlichen Einwirkung F_A ständige Einwirkungen *G* und veränderliche Einwirkungen *Q* wirken, für alle drei Einwirkungen
Für Tragwerke vom Typ Waagebalken gilt:	
1,1	wenn Teile ständiger Einwirkungen die Beanspruchungen aus veränderlichen Einwirkungen erhöhen
0,9	wenn Teile ständiger Einwirkungen die Beanspruchungen aus veränderlichen Einwirkungen verringern zur Untersuchung einer zusätzlichen Grundkombination

Tafel 18.5b Größen der Teilsicherheitsbeiwerte der Widerstandsgrößen γ_M

γ_M	Anwendung
1,1	zur Berechnung der Bemessungswerte der Festigkeiten beim Nachweis der Tragsicherheit
1,1	zur Berechnung der Bemessungswerte der Steifigkeiten beim Nachweis der Tragsicherheit
1,0	ist erlaubt, falls sich eine abgeminderte Steifigkeit weder erhöhend auf die Beanspruchung noch ermäßigend auf die Beanspruchbarkeit auswirkt
1,0	ist erlaubt zur Berechnung der Bemessungswerte der Steifigkeiten, falls kein Nachweis der Biegeknick- und Biegedrillknicksicherheit erforderlich ist
1,0	bei der Berechnung von Schnittgrößen aus Zwängungen nach der Elastizitätstheorie, wenn $\gamma_M = 1{,}1$ die Zwängungsbeanspruchungen reduzieren würde
1,0	für den Nachweis der Gebrauchstauglichkeit, wenn **keine** Gefahr für Leib und Leben besteht
1,1	für den Nachweis der Gebrauchstauglichkeit, wenn Gefahr für Leib und Leben besteht

- **Kombinationsbeiwerte** ψ berücksichtigen die Wahrscheinlichkeit des gleichzeitigen Auftretens von Einwirkungen

Tafel 18.5c Größen der Kombinationsbeiwerte ψ

ψ	Anwendung
1,0	für ständige Einwirkungen
1,0	bei der Berücksichtigung von jeweils nur **einer** veränderlichen Einwirkung bei der Bildung einer Grundkombination
0,9	bei der Berücksichtigung **aller** ungünstig wirkenden veränderlichen Einwirkungen bei der Bildung einer Grundkombination

- **Einwirkungskombinationen**
  Zur Berechnung der Beanspruchungen aus Einwirkungen sind Einwirkungskombinationen zu bilden. Es werden Grundkombinationen, zusätzliche Grundkombinationen und außergewöhnliche Kombinationen unterschieden.

Grundkombination 1

Ständige Einwirkungen G und **alle** ungünstig wirkenden veränderlichen Einwirkungen Q_i.

$$G_d = \gamma_F \cdot \psi \cdot G_k = 1{,}35 \cdot 1{,}0 \cdot G_k = 1{,}35 \cdot G_k$$
$$Q_{i,d} = \gamma_F \cdot \psi \cdot Q_{i,k} = 1{,}5 \cdot 0{,}9 \cdot Q_{i,k} = 1{,}35 \cdot Q_{i,k}$$

Anmerkung: Vertikale Verkehrslasten nach DIN 1055-3 gelten als **eine** Einwirkung Q_i.

Grundkombination 2

Ständige Einwirkungen G und **eine** ungünstig wirkende veränderliche Einwirkung Q_i.

$$G_d = \gamma_F \cdot \psi \cdot G_k = 1{,}35 \cdot 1{,}0 \cdot G_k = 1{,}35 \cdot G_k$$
$$Q_{i,d} = \gamma_F \cdot \psi \cdot Q_{i,k} = 1{,}5 \cdot 1{,}0 \cdot Q_{i,k} = 1{,}5 \cdot Q_{i,k}$$

Zusätzliche Grundkombinationen,

- wenn ständige Einwirkungen Beanspruchungen aus veränderlichen Einwirkungen verringern:
  $G_d = \gamma_F \cdot \psi \cdot G_k = 1{,}0 \cdot 1{,}0 \cdot G_k = 1{,}0 \cdot G_k$
- wenn die Teile ständiger Einwirkungen die Beanspruchungen aus veränderlichen Einwirkungen vergrößern:
  $G_d = \gamma_F \cdot \psi \cdot G_k = 1{,}1 \cdot 1{,}0 \cdot G_k = 1{,}1 \cdot G_k$
  verkleinern:
  $G_d = \gamma_F \cdot \psi \cdot G_k = 0{,}9 \cdot 1{,}0 \cdot G_k = 0{,}9 \cdot G_k$

Außergewöhnliche Kombinationen

Ständige Einwirkungen, alle ungünstig wirkenden veränderlichen Einwirkungen und eine außergewöhnliche Einwirkung.

$$G_d = \gamma_F \cdot \psi \cdot G_k = 1{,}0 \cdot 1{,}0 \cdot G_k = 1{,}0 \cdot G_k$$
$$Q_{i,d} = \gamma_F \cdot \psi \cdot Q_{i,k} = 1{,}0 \cdot 0{,}9 \cdot Q_{i,k} = 0{,}9 \cdot Q_{i,k}$$
$$F_{A,d} = \gamma_F \cdot \psi \cdot F_{A,k} = 1{,}0 \cdot 1{,}0 \cdot F_{A,k} = 1{,}0 \cdot F_{A,k}$$

Beispiel: Zusammenstellung der Einwirkungskombinationen für ein System

Statisches System mit den charakteristischen Werten der Einwirkungen

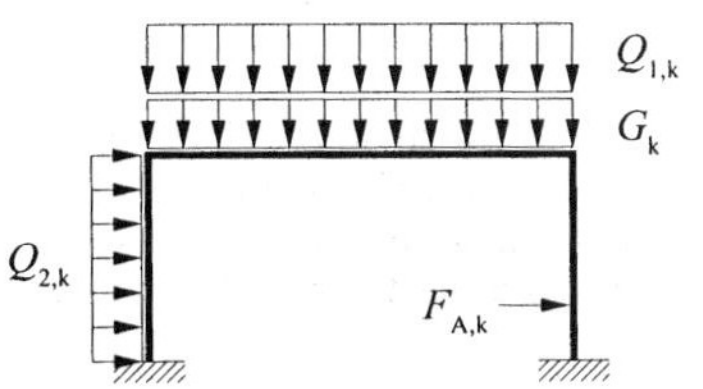

Grundkombination 1

$G_d = 1{,}35 \cdot G_k$
$Q_{1,d} = 1{,}5 \cdot 0{,}9 \cdot Q_{1,k} = 1{,}35 \cdot Q_{1,k}$
$Q_{2,d} = 1{,}5 \cdot 0{,}9 \cdot Q_{2,k} = 1{,}35 \cdot Q_{2,k}$

Grundkombination 2

2.1 $G_d = 1{,}35 \cdot G_k$, $Q_{1,d} = 1{,}5 \cdot Q_{1,k}$
2.2 $G_d = 1{,}35 \cdot G_k$, $Q_{2,d} = 1{,}5 \cdot Q_{2,k}$

Außergewöhnliche Kombination

$G_d = 1{,}0 \cdot G_k$
$Q_{1,d} = 1{,}0 \cdot 0{,}9 \cdot Q_{1,k} = 0{,}9 \cdot Q_{1,k}$
$Q_{2,d} = 1{,}0 \cdot 0{,}9 \cdot Q_{2,k} = 0{,}9 \cdot Q_{2,k}$
$F_{A,d} = 1{,}0 \cdot 1{,}0 \cdot F_{A,k} = 1{,}0 \cdot F_{A,k}$

- **Beanspruchungen S_d** (S: engl. stress) sind die von den Bemessungswerten der Einwirkungen F_d verursachten Zustandsgrößen (vorhandene Größen) in einem Tragwerk. Zustandsgrößen sind Momentenschnittgrößen M_x, M_y, M_z, Kraftschnittgrößen N, V_y, V_z, Verschiebungen u, v, w und Verdrehungen (siehe Abb. 18.7).

- **Grenzzustände** können auf Bauteile, Querschnitte, Werkstoffe und Verbindungsmittel bezogen sein. Zu unterscheiden sind:
  - Beginn des Fließens
  - Durchplastizieren eines Querschnittes
  - Ausbilden einer Fließgelenkkette
  - Bruch.

  Es sind Zustände des Tragwerks, die den Bereich der Beanspruchung, in dem das Tragwerk tragsicher bzw. gebrauchstauglich ist, begrenzen.

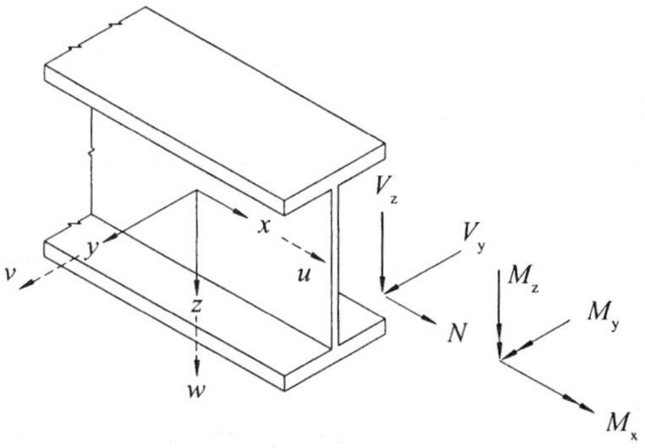

Anmerkung: Querkräfte werden mit V bezeichnet, um Verwechslungen mit der veränderlichen Einwirkung Q zu vermeiden.

Abb. 18.7 Koordinaten, Verschiebungs- und Schnittgrößen

- **Beanspruchbarkeiten** R_d (R: engl. resistance) sind die zu den Grenzzuständen gehörenden Zustandsgrößen. Sie sind mit den Bemessungswerten der Widerstandsgrößen M_d zu berechnen und werden als **Grenzgrößen** bezeichnet.
  Beanspruchbarkeiten sind z. B. Grenzspannungen, Grenzschnittgrößen, Grenzabscherkräfte von Schrauben.

Beispiel:

Ermittlung des Grenzbiegemoments bezogen auf die y-Achse eines Walzprofils IPE 500 aus S235

1. elastischer Zustand

$M_{el,y,d} = W_y \cdot \sigma_{R,d}$; $\sigma_{R,d} = f_{y,k}/\gamma_M$

$M_{el,y,d} = 1930 \cdot 24 \cdot 10^{-2}/1{,}1$

$= 421$ kNm

2. plastischer Zustand

$M_{pl,y,d} = W_{pl,y} \cdot \sigma_{R,d}$; $W_{pl,y} = \alpha_{pl,y} \cdot W_y$

$\alpha_{pl,y}$ plastischer Formbeiwert

$M_{pl,y,d} = 1{,}14 \cdot 1930 \cdot 24 \cdot 10^{-2}/1{,}1 = 480$ kNm

2.3 Nachweisverfahren

- **Nachweis der Tragsicherheit**
  Der Tragsicherheitsnachweis belegt, dass das Tragwerk und seine Teile während der Errichtung und geplanten Nutzung gegen Versagen ausreichend sicher sind. Es dürfen während der Nutzung keine die Standsicherheit beeinträchtigenden Veränderungen – z. B. Korrosion – eintreten. Der Tragsicherheitsnachweis ist geführt, wenn nachgewiesen ist, dass der Quotient Beanspruchung S_d zu Beanspruchbarkeit R_d kleiner oder gleich 1 ist.

  $$S_d / R_d \leq 1$$

  Tragsicherheitsnachweise können nach einem den Grenzzuständen entsprechenden Verfahren geführt werden.

Tafel 18.7 Übersicht über die Nachweisverfahren

Verfahren	Ermittlung der Beanspruchungen S_d nach	Ermittlung der Beanspruchbarkeiten R_d nach
Elastisch-Elastisch (E-E)	Elastizitätstheorie	Elastizitätstheorie
Elastisch-Plastisch (E-P)	Elastizitätstheorie	Plastizitätstheorie
Plastisch-Plastisch (P-P)	Plastizitätstheorie	Plastizitätstheorie

Bei den Nachweisen sind grundsätzlich folgende Einflüsse zu berücksichtigen:
- Tragwerksverformungen
- geometrische Imperfektionen
- Schlupf in Verbindungen
- planmäßige Außermittigkeiten.

- **Tragwerksverformungen** sind zu berücksichtigen, wenn sie zu einer Vergrößerung der Beanspruchungen führen. Hierbei sind die Gleichgewichtsbedingungen am verformten System (Theorie II. Ordnung) anzusetzen, wenn die Vergrößerung der Schnittgrößen infolge der nach Theorie I. Ordnung ermittelten Verformungen mehr als 10 % beträgt. Bei druckbeanspruchten Stäben und Stabwerken können Abtriebskräfte zu einer Vergrößerung der Beanspruchungen führen. Ob in diesen Fällen die Beanspruchungen nach Theorie II. Ordnung zu ermitteln sind, kann anhand der in Abschnitt 2.4 dargestellten Abgrenzungskriterien entschieden werden.

- **Geometrische Imperfektionen,** die durch Abweichungen von den planmäßigen Maßen verursacht werden können, sind bei druckbeanspruchten Stäben und Stabwerken durch den Ansatz von Stabdrehwinkeln zu berücksichtigen.

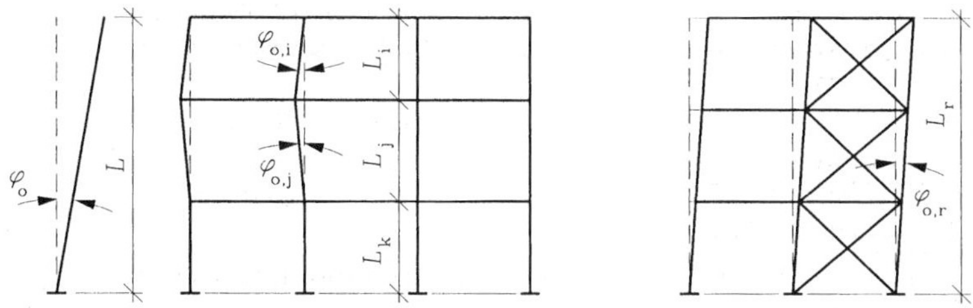

Abb. 18.8a Winkel der Vorverdrehung φ_o bei Stäben und Stabwerken

Allgemein gilt:

$\boxed{\varphi_o = 1 / 400 \cdot r_1 \cdot r_2}$ Reduktionsfaktoren: $r_1 = \sqrt{5 / L} \leq 1$; $r_2 = 0{,}5\ (1 + \sqrt{1 / n})$

L Länge des Stabes oder Stabzuges, für den Stabdrehwinkel anzusetzen sind ($L > 5$ m).

n Anzahl der unabhängigen Ursachen für Vorverdrehungen von Stäben und Stabzügen. Bei Rahmen ist n die Anzahl der Stiele in einem Stockwerk. Stiele, deren Normalkraft (Druck) kleiner als 25 % der maximalen Normalkraft im jeweiligen Geschoss ist, werden nicht mitgezählt.

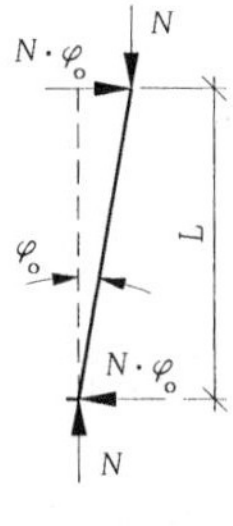

Beanspruchungen von Stabwerken mit geringen horizontalen Einwirkungen, die gemäß Abschnitt 2.4 nach Theorie I. Ordnung ermittelt werden dürfen, sind mit den 2fachen Imperfektionen zu berechnen. Geringe horizontale Einwirkungen liegen vor, wenn die ungünstigen horizontalen Einwirkungen kleiner sind als 1 / 400 der ungünstigen vertikalen Einwirkungen.
Imperfektionen können auch durch den Ansatz von Ersatzlasten berücksichtigt werden.
Nach DIN 18 800-2 (11.90) sind zusätzliche strukturelle Imperfektionen zu berücksichtigen.

Abb. 18.8b Berücksichtigung von Imperfektionen durch Ersatzlasten

- **Schlupf in Verbindungen** ist zu berücksichtigen, wenn die daraus resultierende Vergrößerung der Beanspruchungen offensichtlich nicht vernachlässigbar ist. Dies ist zum Beispiel bei Aussteifungsfachwerken mit Schraubverbindungen und kurzen Stäben der Fall. Bei Durchlaufträgern wird z. B. durch Laschenstöße der Flansche, die als SL-Verbindungen ausgeführt sind, die Durchlaufwirkung stark reduziert.

- **Planmäßige Außermittigkeiten**, die oft konstruktiv bedingt sind, müssen berücksichtigt werden. Dies ist z. B. der Fall, wenn die Schwerachsen der Füllstäbe bei Fachwerken keinen gemeinsamen Schnittpunkt mit der Schwerachse eines Gurtstabes haben.

2.4 Abgrenzungskriterien

Folgende Nachweise sind im Rahmen des Tragsicherheitsnachweises zu führen:

- Biegeknicknachweis nach DIN 18 800-2 (siehe Abschnitt 4.1)
- Biegedrillknicknachweis nach DIN 18 800-2 (siehe Abschnitt 4.1)
- Betriebsfestigkeitsnachweis.

- **Biegeknicknachweis**
  Der Nachweis darf entfallen, wenn die maßgebenden Biegemomente nach Theorie II. Ordnung nicht größer sind als die 1,1fachen maßgebenden Biegemomente nach Theorie I. Ordnung. Hiervon kann ausgegangen werden, wenn eine der folgenden Bedingungen erfüllt ist:

a) $\boxed{\dfrac{N_d}{0{,}1 \cdot N_{ki,d}} \leq 1}$ $\quad N_{ki,d} = \dfrac{\pi^2 \cdot (E \cdot I)_d}{s_k^{\,2}}$; $\quad (E \cdot I)_d = E \cdot I / \gamma_M$; $\quad s_k = \beta \cdot l$

b) $\boxed{\bar{\lambda}_k / (0{,}3 \sqrt{f_{y,d} / \sigma_{N,d}}) \leq 1}$ $\quad \bar{\lambda}_k = \lambda_k / \lambda_a$; $\quad \lambda_k = s_k / i$; $\quad \lambda_a = \pi \sqrt{E / f_{y,k}}$; $\quad \sigma_{N,d} = N_d / A$

c) $\boxed{\beta \cdot \varepsilon \leq 1}$ $\quad \varepsilon = l \sqrt{N_d / (E \cdot I)_d}$ $\quad$ Diese Bedingung muss für alle Stäbe erfüllt sein.

N_d Normalkraft (als Druckkraft positiv)
$\bar{\lambda}_k$ bezogener Schlankheitsgrad
λ_a Bezugsschlankheitsgrad; S235: λ_a = 92,9; S355: λ_a = 75,9

β Knicklängenbeiwert
l Systemlänge
ε Stabkennzahl

Beispiel:

Profil: HEA 400; S235
N_d = 700 kN
l = 500 cm
β_y = 2
Ausweichen senkrecht zur z-Achse sei ausgeschlossen.

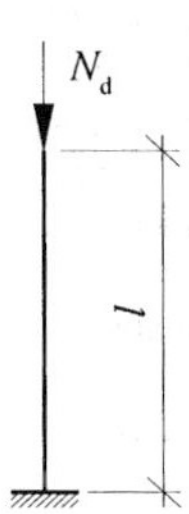

Bedingung a):

$$N_{ki,d} = \frac{\pi^2 \cdot 21\,000 \cdot 45\,070}{2^2 \cdot 500^2 \cdot 1{,}1} = 8\,492 \text{ kN}$$

$$\frac{N_d}{0{,}1 \cdot N_{ki,d}} = \frac{700}{0{,}1 \cdot 8\,492} = 0{,}82 < 1$$

Bedingung b):

$\lambda_a = \pi \sqrt{21\,000 / 24} = 92{,}93$
$\lambda_k = 2 \cdot 500 / 16{,}8 = 59{,}52$
$\bar{\lambda}_k = 59{,}52 / 92{,}93 = 0{,}641$
$\sigma_{N,d} = 700 / 159 = 4{,}40 \text{ kN/cm}^2$; $f_{y,d} = 24 / 1{,}1 = 21{,}8 \text{ kN/cm}^2$
$\bar{\lambda}_k / (0{,}3 \sqrt{f_{y,d} / \sigma_{N,d}}) = 0{,}641 / (0{,}3 \sqrt{21{,}8 / 4{,}40}) = 0{,}96 < 1$

Bedingung c):

$\varepsilon = 500 \sqrt{700 / (21\,000 \cdot 45\,070 / 1{,}1)} = 0{,}451$
$\beta \cdot \varepsilon = 2 \cdot 0{,}451 = 0{,}90 < 1$

Bei diesem Beispiel ist der Biegeknicknachweis nach DIN 18 800-2 (11.90) nicht erforderlich.

- **Biegedrillknicknachweis**

Der Nachweis nach DIN 18 800-2 darf entfallen

- bei Stäben mit Hohlquerschnitt;
- wenn Stäbe mit I-förmigem Querschnitt nur durch ein Biegemoment M_z beansprucht sind;
- wenn bei einfachsymmetrischen Querschnitten (Symmetrie zur z-Achse), die durch ein Biegemoment M_y beansprucht sind, der Druckgurt im Abstand c seitlich unverschieblich gehalten und die folgende Bedingung erfüllt ist:

$$c \leq 0{,}5\ \lambda_a \cdot i_{z,g} \cdot M_{pl,y,d} \,/\, M_{y,d}$$

$i_{z,g}$ Trägheitsradius um die Stegachse z der aus Druckgurt und 1/5 des Steges gebildeten Querschnittsfläche (siehe Tafel 18.33)

$M_{pl,y,d}$ Biegemoment im plastischen Zustand (siehe Tafel 18.19a)

$M_{y,d}$ größter Absolutwert des Biegemoments

Beispiel:

Profil IPEa 500; S235
$G_d + Q_d = 30$ kN/m; $c = 250$ cm
Der Druckgurt ist an den Auflagern sowie in den Punkten 1, 2 und 3 seitlich unverschieblich gehalten.

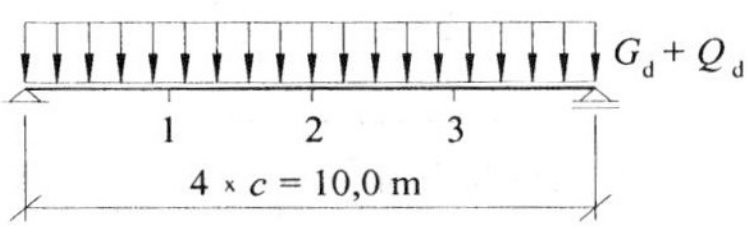

$M_{y,d} = 30 \cdot 10^2 / 8 = 375$ kNm
$M_{pl,y,d} = 430$ kNm
$i_{z,g} = 5{,}0$ cm
$\lambda_a = 92{,}93$
$0{,}5 \cdot 92{,}93 \cdot 5{,}0 \cdot 430 / 375 = 266$ cm
$c = 250 < 266$ cm

Der Biegedrillknicknachweis nach DIN 18 800-2 (11.90) kann bei diesem System entfallen.

- **Betriebsfestigkeitsnachweis**

Auf den Betriebsfestigkeitsnachweis darf verzichtet werden

- wenn als veränderliche Einwirkungen neben Schnee, Temperatur und Verkehrslasten nur Windlasten auftreten, die das Bauwerk nicht periodisch anfachen;
- wenn eine der folgenden Bedingungen erfüllt ist:

a) $\Delta\sigma_d < 26$ N/mm² — $\Delta\sigma_d = \max \sigma_d - \min \sigma_d$ Spannungsschwingbreite in N/mm² unter den Bemessungswerten der veränderlichen Einwirkungen für den Tragsicherheitsnachweis

b) $n < 5 \cdot 10^6 \cdot (26 / \Delta\sigma_d)^3$ — n Anzahl der Spannungsspiele

Bei der Berechnung von $\Delta\sigma_d$ brauchen die o. g. veränderlichen Einwirkungen nicht berücksichtigt zu werden. Wenn mehrere veränderliche Einwirkungen auftreten, darf $\Delta\sigma_d$ für die einzelnen Einwirkungen getrennt berechnet werden.

3 Trag-, Lage- und Gebrauchstauglichkeitsnachweise nicht stabilitätsgefährdeter Bauteile

3.1 Nachweisverfahren Elastisch-Elastisch (E-E)

- **Ermittlung der Beanspruchungen**
  Beim Nachweisverfahren E-E sind die Beanspruchungen nach der Elastizitätstheorie zu ermitteln.

- **Ermittlung der Grenzwerte grenz (*b*/*t*) der Querschnittsteile**
  Bei Einhaltung der Werte grenz (*b*/*t*) ist das volle Mitwirken der Querschnittsteile unter Druckspannungen gewährleistet. Ein Nachweis ausreichender Beulsicherheit nach DIN 18 800-3 (11.90) ist in diesem Fall nicht erforderlich. Die Querschnitte werden in ein- bzw. zweiseitig gelagerte Plattenstreifen eingeteilt und nachgewiesen.

- **Zweiseitig gelagerte Plattenstreifen** (z. B. Stege von Walz-, Schweiß- und Hohlprofilen)

Lagerung Spannungsverteilung

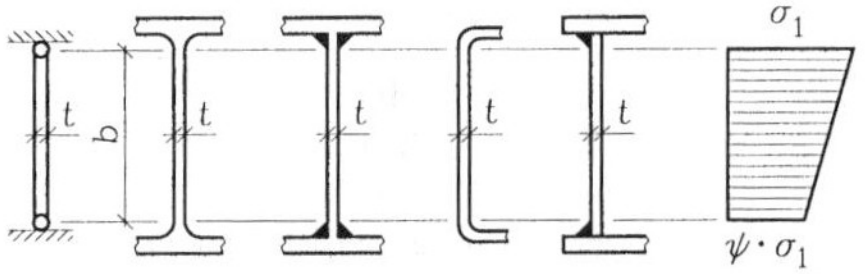

σ_1 größte Druckspannung im betrachteten Plattenstreifen in N/mm²
ψ Spannungsverhältnis (Druck: positiv; Zug: negativ)

Walzprofile $b = h - (2 \cdot t + 2 \cdot r)$; Schweißprofile $b = h - \left(2 \cdot t + 2 \cdot a \cdot \sqrt{2}\right)$;
a Kehlnahtdicke nach Abschnitt 5

Für $-1 < \psi \leq 0$ gilt: $\text{grenz}\,(b/t) = 420{,}4\sqrt{\left(7{,}81 - 6{,}29 \cdot \psi + 9{,}78 \cdot \psi^2\right) \cdot \frac{1}{\sigma_1 \cdot \gamma_M}}$; mit σ_1 in N/mm²

Für $0 < \psi \leq 1$ gilt: $\text{grenz}\,(b/t) = 420{,}4\left(1 - 0{,}278 \cdot \psi - 0{,}025 \cdot \psi^2\right)\sqrt{\frac{8{,}2}{\psi + 1{,}05} \cdot \frac{1}{\sigma_1 \cdot \gamma_M}}$

Sonderfälle

$M_y = 0$; $N \neq 0$ (reine Druckbeanspruchung)

$\psi = 1$ $\text{grenz}\,(b/t) = 37{,}8\sqrt{\frac{240}{\sigma_1 \cdot \gamma_M}}$

$M_y \neq 0$; $N = 0$ (reine Biegebeanspruchung)

$\psi = -1$ $\text{grenz}\,(b/t) = 133\sqrt{\frac{240}{\sigma_1 \cdot \gamma_M}}$

Tafel 18.11 Grenz (*b*/*t*) zweiseitig gelagerter Plattenstreifen mit $t \leq 40$ mm und $\sigma_1 = \sigma_{R,d}$

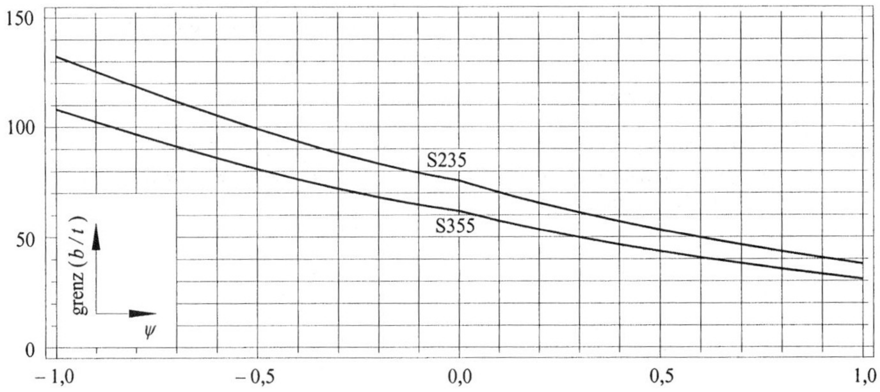

- **Nachweis**

vorh $(b/t) \le$ grenz (b/t)

vorh (b/t) für I-förmige Walzprofile siehe Tafel 18.12

Beispiel:

Profil IPE 500, S235
Beanspruchungen:
$M_{y,d}$ = 340 kNm
$N_{x,d}$ = 470 kN (Druck)

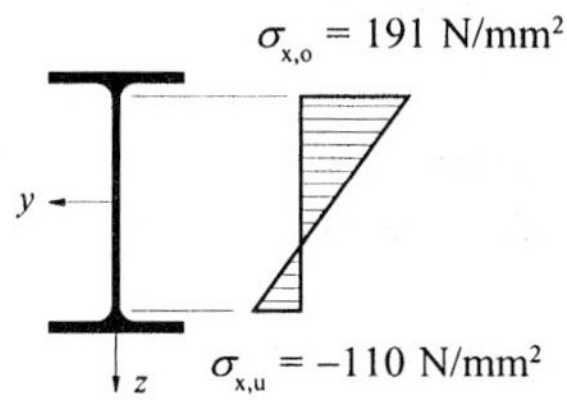

Berechnung der Normalspannungen siehe Seite 18.14
$\sigma_1 = \sigma_{x,o} = 191$ N/mm²
$\psi = \sigma_{x,u} / \sigma_{x,o} = -110 / 191 = -0{,}58$
Berechnung von grenz (b/t)

$$420{,}4\sqrt{\left[7{,}81-6{,}29\cdot(-0{,}58)+9{,}78\cdot(-0{,}58)^2\right]\cdot\frac{1}{191\cdot 1{,}1}}=111$$

grenz (b/t) = 111
vorh (b/t) = <u>41,8 < 111</u> (vorh $(b/t)_{Steg}$ nach Tafel 18.12)

Ein Nachweis der Beulsicherheit nach DIN 18 800-3 (11.90) ist in diesem Fall nicht erforderlich.

Tafel 18.12 Verhältnisse vorh (*b*/*t*) zum Nachweis der Schlankheit des Steges von Walzprofilen vorh $(b/t)_{Steg}$

Nenn-höhe	I	IPEa	IPE	IPEo	IPEv	HEAA	HEA	HEB	HEM
80	15,1	-	15,7	-	-	-	-	-	-
100	16,7	-	18,2	-	-	13,3	11,2	9,33	4,67
120	18,0	24,6	21,2	-	-	17,6	14,8	11,4	5,92
140	19,1	29,5	23,9	-	-	21,4	16,7	13,1	7,08
160	19,8	31,8	25,4	-	-	23,1	17,3	13,0	7,43
180	20,6	34,0	27,5	24,3	-	24,4	20,3	14,4	8,41
200	21,2	35,3	28,4	25,6	-	24,4	20,6	14,9	8,93
220	21,7	35,5	30,1	26,9	-	25,3	21,7	16,0	9,81
240	22,1	36,6	30,7	27,2	-	25,2	21,9	16,4	9,11
260	22,1	-	-	-	-	27,2	23,6	17,7	9,83
270	-	39,9	33,3	29,3	-	-	-	-	-
280	22,3	-	-	-	-	28,0	24,5	18,7	10,6
300	22,3	40,8	35,0	31,1	-	27,7	24,5	18,9	9,90
320	22,4	-	-	-	-	28,1	25,0	19,6	10,7
330	-	41,7	36,1	31,9	-	-	-	-	-
340	22,5	-	-	-	-	28,6	25,6	20,3	11,6
360	22,3	45,2	37,3	32,5	-	29,0	26,1	20,9	12,4
400	22,4	47,3	38,5	34,1	31,2	31,4	27,1	22,1	14,2
450	22,4	49,8	40,3	34,4	30,5	34,4	29,9	24,6	16,4
500	22,4	50,7	41,8	35,5	30,0	37,1	32,5	26,9	18,6
550	23,4	52,0	42,1	36,8	27,3	38,1	35,0	29,2	20,9
600	22,5	52,4	42,8	34,3	28,6	40,5	37,4	31,4	23,1
650	-	-	-	-	-	42,7	39,6	33,4	25,4
700	-	-	-	-	-	44,8	40,1	34,2	27,7
800	-	-	-	-	-	48,1	44,9	38,5	32,1
900	-	-	-	-	-	51,3	48,1	41,6	36,7
1000	-	-	-	-	-	54,3	52,6	45,7	41,3

vorh $(b/t)_{Steg} = (h - 2 \cdot t - 2 \cdot r) / s$

- **Einseitig gelagerte Plattenstreifen** (z. B. Flansche von Walz- und Schweißprofilen)

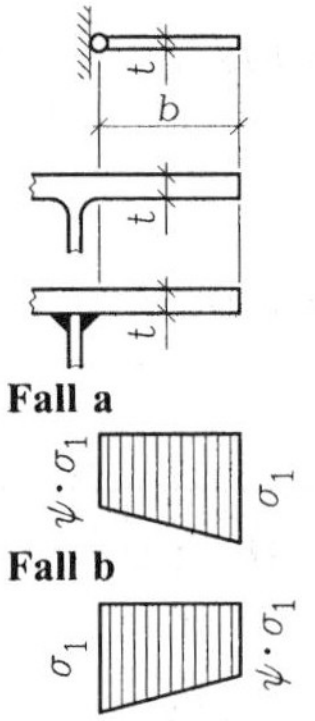

Fall a: Größte Druckspannung am freien Rand (siehe Tafel 18.13a)

Für $\boxed{-1 \le \psi \le 1}$ gilt: $\text{grenz}\,(b/t) = 305\sqrt{\dfrac{0{,}57 - 0{,}21 \cdot \psi + 0{,}07 \cdot \psi^2}{\sigma_1 \cdot \gamma_M}}$

Fall b: Größte Druckspannung am gelagerten Rand (siehe Tafel 18.13b)

Für $\boxed{-1 \le \psi < 0}$ gilt: $\text{grenz}\,(b/t) = 305\sqrt{\dfrac{1{,}7 - 5 \cdot \psi + 17{,}1 \cdot \psi^2}{\sigma_1 \cdot \gamma_M}}$

Für $\boxed{0 \le \psi \le 1}$ gilt: $\text{grenz}\,(b/t) = 305\sqrt{\dfrac{0{,}578}{\psi + 0{,}34} \cdot \dfrac{1}{\sigma_1 \cdot \gamma_M}}$

σ_1 Größte Druckspannung im betrachteten Plattenstreifen in N/mm²

ψ Spannungsverhältnis (Druck: positiv; Zug: negativ)

Tafel 18.13a grenz (b/t) einseitig gelagerter Plattenstreifen mit $t \le 40$ mm und $\sigma_1 = \sigma_{R,d}$
Fall a: Größte Druckspannung am freien Rand

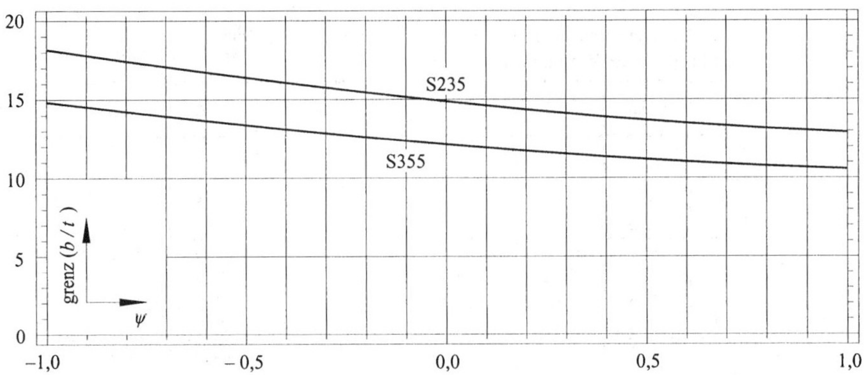

Tafel 18.13b grenz (b/t) einseitig gelagerter Plattenstreifen mit $t \le 40$ mm und $\sigma_1 = \sigma_{R,d}$
Fall b: Größte Druckspannung am gelagerten Rand

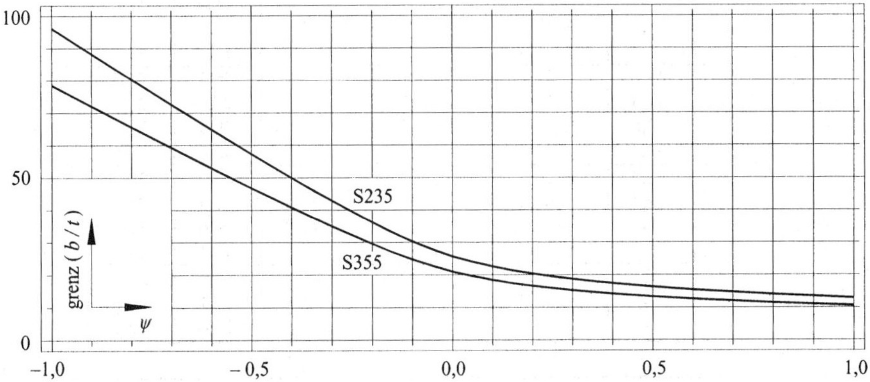

- **Nachweis** vorh $(b/t) \le$ grenz (b/t)

Tafel 18.14 Verhältnisse vorh (*b/t*) zum Nachweis der Schlankheit des Flansches von Walzprofilen

vorh $(b/t)_{\text{Flansch}}$

Nenn-höhe	I	IPEa	IPE	IPEo	IPEv	HEAA	HEA	HEB	HEM
80	2,57	-	3,10	-	-	-	-	-	-
100	2,68	-	3,24	-	-	6,53	4,44	3,50	1,75
120	2,77	4,53	3,62	-	-	8,35	5,69	4,07	2,13
140	2,84	4,93	3,93	-	-	9,31	6,50	4,54	2,48
160	2,90	5,08	3,99	-	-	8,96	6,89	4,69	2,65
180	2,95	5,28	4,23	3,78	-	9,67	7,58	5,05	2,95
200	2,99	5,11	4,14	3,78	-	9,91	7,88	5,17	3,10
220	3,02	5,26	4,35	3,99	-	10,5	8,05	5,45	3,36
240	3,05	5,11	4,28	3,94	-	10,6	7,94	5,53	2,94
260	3,01	-	-	-	-	10,8	8,18	5,77	3,11
270	-	5,72	4,82	4,04	-	-	-	-	-
280	2,92	-	-	-	-	11,3	8,62	6,15	3,36
300	2,86	6,19	5,28	4,49	-	11,4	8,48	6,18	3,01
320	2,79	-	-	-	-	10,8	7,65	5,72	2,93
330	-	5,88	5,07	4,35	-	-	-	-	-
340	2,74	-	-	-	-	10,3	7,17	5,44	2,93
360	2,67	5,54	4,96	4,31	-	9,88	6,74	5,19	2,91
400	2,59	5,46	4,79	4,20	3,70	9,10	6,18	4,84	2,90
450	2,50	5,36	4,75	3,95	3,56	8,74	5,58	4,46	2,90
500	2,43	5,16	4,62	3,89	3,21	8,41	5,09	4,13	2,89
550	2,38	4,87	4,39	3,75	2,99	7,82	4,86	3,98	2,89
600	2,32	4,63	4,21	3,35	2,89	7,55	4,66	3,84	2,88
650	-	-	-	-	-	7,30	4,47	3,71	2,88
700	-	-	-	-	-	6,85	4,29	3,58	2,86
800	-	-	-	-	-	6,28	4,02	3,37	2,78
900	-	-	-	-	-	5,63	3,73	3,16	2,76
1000	-	-	-	-	-	5,33	3,60	3,07	2,76

vorh $(b/t)_{\text{Flansch}} = (b/2 - s/2 - r)/t$

- **Normalspannung**

– Normalspannung an einer beliebigen Querschnittsstelle
$$\sigma_x = \frac{N}{A} + \frac{M_y}{I_y} \cdot z - \frac{M_z}{I_z} \cdot y$$

– Maximale Normalspannung bei doppeltsymmetrischen Querschnitten
$$\sigma_x = \frac{N}{A} \pm \frac{M_y}{W_y} \pm \frac{M_z}{W_z}$$

– Erlaubnis örtlich begrenzter Plastizierung für Stäbe mit doppeltsymetrischem I-Querschnitt: Wenn für diese Querschnitte die Nachweise vorh $(b/t) \le$ grenz (b/t) nach dem Verfahren E-P (siehe Seite 18.17) erfüllt sind, darf die Normalspannung σ_x wie folgt berechnet werden.

$$\sigma_x = \left| \frac{N}{A} \pm \frac{M_y}{\alpha^*_{pl,y} \cdot W_y} \pm \frac{M_z}{\alpha^*_{pl,z} \cdot W_z} \right|$$

Für α^*_{pl} ist der jeweilige plastische Formbeiwert $\alpha_{pl} \le 1{,}25$ einzusetzen. Für gewalzte I-Profile darf $\alpha^*_{pl,y} = 1{,}14$ und $\alpha^*_{pl,z} = 1{,}25$ angenommen werden.

Nachweis $\sigma_d / \sigma_{R,d} \le 1$ bzw. $\sigma_d / (1{,}1 \cdot \sigma_{R,d}) \le 1$ [1)]

Grenznormalspannung $\sigma_{R,d} = f_{y,k} / \gamma_M$

Fußnote siehe Seite 18.15 unten.

- **Schubspannung**

Für doppeltsymmetrische I-Profile mit ausgeprägten Flanschen darf die Schubspannung infolge Querkraft V_z wie folgt berechnet werden:

$\tau = V_z / A_{Steg}$ (mittlere Schubspannung) mit $A_{Steg} = (h - t) \cdot s$ nach Tafel 18.16

Ausgeprägte Flansche liegen vor, wenn die Bedingung $A_{Gurt} / A_{Steg} > 0{,}6$ erfüllt ist. Für A_{Gurt} ist die Querschnittsfläche eines Gurtes bzw. Flansches einzusetzen.

Die maximale Schubspannung infolge V_z und V_y kann nach der Theorie für dünnwandige Querschnitte an den in der Skizze angegebenen Querschnittsstellen wie folgt bestimmt werden.

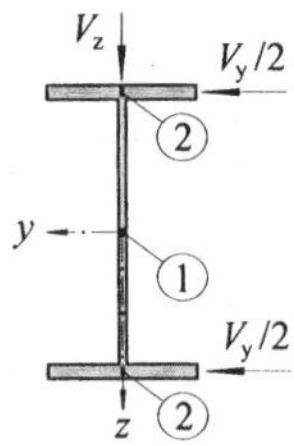

	Stelle 1	Stelle 2
a) V_z und V_y wirken nicht gleichzeitig	$\tau_1 = \dfrac{V_z \cdot S_y}{I_y \cdot s}$	$\tau_2 = \dfrac{V_y \cdot b^2/8}{I_z}$
b) Bei gleichzeitiger Wirkung von V_z und V_y	$\tau_1 = \left\lvert \dfrac{V_z \cdot S_y}{I_y \cdot s} \right\rvert$	$\tau_2 = \left\lvert \dfrac{V_z \cdot (h-t) \cdot b/4}{I_y} \pm \dfrac{V_y \cdot b^2/8}{I_z} \right\rvert$

Nachweis $\boxed{\tau_d / \tau_{R,d} \le 1}$ bzw. $\boxed{\tau_d / (1{,}1 \cdot \tau_{R,d}) \le 1}$ [1)]

Grenzschubspannung $\tau_{Rd} = f_{y,k} / (\sqrt{3} \cdot \gamma_M)$

- **Vergleichsspannung** (bei gleichzeitiger Wirkung mehrerer Spannungen)

– Allgemein gilt: $\sigma_v = \sqrt{\sigma_x^2 + \sigma_y^2 + \sigma_z^2 - \sigma_x \cdot \sigma_y - \sigma_x \cdot \sigma_z - \sigma_y \cdot \sigma_z + 3\,\tau_{xy}^2 + 3\,\tau_{xz}^2 + 3\,\tau_{yz}^2}$

– Für doppeltsymmetrische Profile mit I-Querschnitt und den Beanspruchungen N, M_y und V_z darf die Vergleichsspannung wie folgt berechnet werden.

$$\sigma_v = \sqrt{\sigma^2 + 3\,\tau^2} \quad \text{mit} \quad \sigma = \left\lvert \frac{N}{A} \pm \frac{M_y}{I_y} \cdot \frac{h-t}{2} \right\rvert \quad \text{und} \quad \tau = V_z / A_{Steg} \quad \text{für} \quad A_{Gurt} / A_{Steg} > 0{,}6$$

Nachweis $\boxed{\sigma_{v,d} / \sigma_{R,d} \le 1}$

Bei alleiniger Wirkung von σ_x und τ oder σ_y und τ ist der Nachweis erfüllt, wenn $\sigma_d / \sigma_{R,d} \le 0{,}5$ oder $\tau_d / \tau_{R,d} \le 0{,}5$ ist.

Erlaubnis örtlich begrenzter Plastizierung

– Allgemein darf in kleinen Bereichen die Vergleichsspannung $\sigma_{v,d}$ rechnerisch die Grenzspannung $\sigma_{R,d}$ um 10 % überschreiten. Für Stäbe mit Normalkraft und zweiachsiger Biegung kann ein kleiner Bereich unterstellt werden, wenn gleichzeitig gilt:

$$\left\lvert \frac{N}{A} + \frac{M_y}{I_y} \cdot z \right\rvert \le 0{,}8 \cdot \sigma_{R,d} \quad \text{und} \quad \left\lvert \frac{N}{A} + \frac{M_z}{I_z} \cdot y \right\rvert \le 0{,}8 \cdot \sigma_{R,d}$$

Nachweis: $\boxed{\sigma_{v,d} / (1{,}1 \cdot \sigma_{R,d}) \le 1}$

Der Vergleichsspannungsnachweis ist nicht maßgebend bei

– Einfeldträgern mit Beanspruchung aus Gleichstreckenlast, wenn am Auflager der Schubspannungsnachweis und bei $l/2$ der Normalspannungsnachweis erfüllt ist;

– Rechteck- oder T-Querschnitten mit den Beanspruchungen M_y und V_z. Derartige Querschnitte liegen z. B. bei Trägerausklinkungen vor.

[1)] Nach DIN 18 800-1/A1 (2.96) darf die Grenzspannung um 10 % erhöht werden, wenn die Erlaubnis örtlich begrenzter Plastizierung nicht in Anspruch genommen wird und kein Stabilitätsnachweis nach folgenden Normteilen zu führen ist:
Teil 2 → Prüfung anhand der Abgrenzungskriterien auf Seite 18.9 und 18.10;
Teil 3 → Nachweis vorh $(b/t) \le$ grenz (b/t) nach Seite 18.11 bis 18.14;
Teil 4 → Nachweis vorh $(d/t) \le$ grenz (d/t) nach DIN 18 800-1 Tabelle 14.

Tafel 18.16 Querschnittsfläche A_{Steg} in cm² zur Berechnung der mittleren Schubspannung τ für Walzprofile mit Beanspruchung durch V_z A_{Steg}

Nenn-höhe	I	IPEa	IPE	IPEo	IPEv	HEAA	HEA	HEB	HEM
80	2,89	-	2,84	-	-	-	-	-	-
100	4,19	-	3,87	-	-	3,59	4,40	5,40	12,0
120	5,73	4,27	5,00	-	-	4,35	5,30	7,09	14,9
140	7,49	5,01	6,26	-	-	5,25	6,85	8,96	17,9
160	9,48	6,04	7,63	-	-	6,35	8,58	11,8	22,0
180	11,7	7,33	9,12	10,4	-	7,98	9,69	14,1	25,5
200	14,2	8,55	10,7	11,9	-	9,79	11,7	16,6	29,3
220	16,8	10,5	12,4	14,0	-	11,8	13,9	19,4	33,2
240	19,7	11,9	14,3	16,2	-	14,0	16,4	22,3	42,8
260	23,1	-	-	-	-	15,2	17,8	24,3	46,4
270	-	14,2	17,1	19,6	-	-	-	-	-
280	26,7	-	-	-	-	17,8	20,6	27,5	51,2
300	30,7	17,6	20,5	23,3	-	20,4	23,5	30,9	63,2
320	34,8	-	-	-	-	23,2	26,5	34,4	67,0
330	-	20,6	23,9	27,2	-	-	-	-	-
340	39,2	-	-	-	-	26,2	29,8	38,2	70,8
360	44,3	22,8	27,8	32,1	-	29,4	33,3	42,2	74,6
400	*54,5*	27,0	33,2	37,7	41,4	34,7	40,8	50,8	82,3
450	*69,0*	33,0	40,9	48,2	54,6	41,2	48,2	59,4	92,0
500	*85,1*	40,5	49,4	58,4	69,7	48,1	56,0	68,4	102
550	*98,8*	47,8	59,1	68,0	92,5	58,3	64,5	78,2	112
600	*123*	56,8	69,7	87,9	106	66,7	73,5	88,3	122
650	-	-	-	-	-	75,5	82,9	99,0	132
700	-	-	-	-	-	84,9	96,1	114	142
800	-	-	-	-	-	*105*	114	134	163
900	-	-	-	-	-	*128*	138	160	183
1000	-	-	-	-	-	*152*	*158*	*183*	*203*

$A_{Steg} = (h - t) \cdot s$ (bei *kursiv* gedruckten Werten ist $A_{Gurt} / A_{Steg} \leq 0{,}6$)

Beispiel:

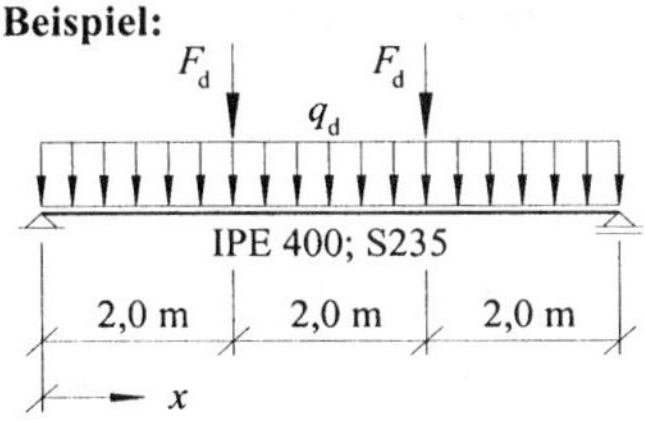

Bemessungswerte der Einwirkungen

$F_d = 112$ kN; $q_d = 6{,}3$ kN/m

Auflager- und Schnittgrößen

$A_d = \max V_{z,d} = 112 + 6{,}3 \cdot 3{,}0 = 130{,}90$ kN
$V_{z,d}$ $(x = 2{,}0) = 130{,}9 - 6{,}3 \cdot 2{,}0 = 118{,}30$ kN
$M_{y,d}$ $(x = 2{,}0) = 130{,}9 \cdot 2{,}0 - 6{,}3 \cdot 2{,}0^2 / 2 = 249{,}20$ kNm
$\max M_{y,d} = 130{,}9 \cdot 3{,}0 - 112 \cdot 1{,}0 - 6{,}3 \cdot 3{,}0^2 / 2 = 252{,}35$ kNm

Tragsicherheitsnachweis nach dem Verfahren E - E

Schubspannungsnachweis an der Stelle $x = 0$

$\tau_{R,d} = 24 / (\sqrt{3} \cdot 1{,}1) = 12{,}6$ kN/cm²
$\tau_d = 130{,}9/33{,}2 = 3{,}94$ kN/cm² (mit $A_{Steg} = 33{,}2$ cm² nach Tafel 18.16); $\tau_d / \tau_{R,d} = 3{,}94 / 12{,}6 = 0{,}31 < 1$

Normalspannungsnachweis an der Stelle $x = 3{,}0$

$\sigma_{R,d} = 24 / 1{,}1 = 21{,}8$ kN/cm²
$\sigma_d = 252{,}35 \cdot 10^2 / 1160 = 21{,}75$ kN/cm² (mit $W_y = 1166$ cm³); $\sigma_d / \sigma_{R,d} = 21{,}75 / 21{,}8 = 0{,}998 \approx 1$

Ein Vergleichsspannungsnachweis an der Stelle $x = 2{,}0$ ist nicht erforderlich, da hier das Verhältnis $\tau_d / \tau_{R,d} < 0{,}5$ ist.

3.2 Nachweisverfahren Elastisch-Plastisch (E-P)

- **Ermittlung der Beanspruchungen**
  Beim Verfahren E-P sind die Beanspruchungen nach der Elastizitätstheorie und die Beanspruchbarkeiten unter Ausnutzung plastischer Tragfähigkeiten zu ermitteln.

  Ermittlung der Grenzwerte grenz (*b*/*t*) der Querschnittsteile
  Bei Einhaltung der Werte grenz (*b*/*t*) ist das volle Mitwirken der Querschnittsteile unter Druckspannungen gewährleistet. Ein Nachweis ausreichender Beulsicherheit nach DIN 18 800-3 (11.90) ist in diesem Fall nicht erforderlich. Für Bereiche, in denen die Schnittgrößen nicht größer als die elastischen Grenzschnittgrößen sind, darf der Nachweis nach dem Verfahren E-E geführt werden. Die Querschnitte werden in ein- bzw. zweiseitig gelagerte Plattenstreifen aufgeteilt und nachgewiesen.

- **Zweiseitig gelagerte Plattenstreifen** (z. B. Stege von Walz-, Schweiß- und Hohlprofilen)

Lagerung: Spannungsverteilung:

$f_{y,d} = f_{y,k} / \gamma_M$ (Druck)

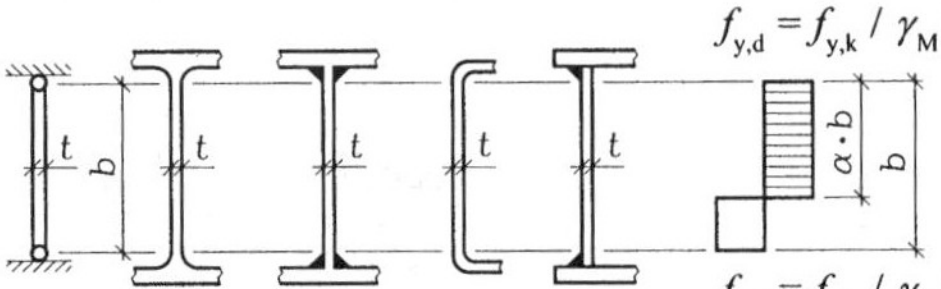

$f_{y,d} = f_{y,k} / \gamma_M$ (Zug)

Allgemein gilt:

$$\text{grenz}\,(b/t) = \frac{37}{\alpha}\sqrt{\frac{240}{f_{y,k}}}$$

mit $f_{y,k}$ in N/mm

Sonderfälle

– Reine Druckbeanspruchung

$\alpha = 1$ Für S235 und $t \leq 40$ gilt: grenz (*b*/*t*) = 37
Für S355 und $t \leq 40$ gilt: grenz (*b*/*t*) = 30,2

– Beanspruchung $M_{y,d}$ und $M_{z,d}$ bei doppeltsymmetrischen I-Profilen

$\alpha = 0{,}5$ Für S235 und $t \leq 40$ gilt: grenz (*b*/*t*) = 74
Für S355 und $t \leq 40$ gilt: grenz (*b*/*t*) = 60,4

– Beanspruchung N_d, $M_{y,d}$ und $M_{z,d}$ bei doppeltsymmetrischen I-Profilen

$0 < \alpha \leq 1$ $$\alpha = \frac{1}{2}\cdot\left[1 + \frac{N_d}{f_{y,k}/\gamma_M \cdot (h - 2t - 2r)\cdot s}\right]$$

N_d ist als Druckkraft positiv und als Zukraft negativ einzusetzen.

Nachweis vorh (*b*/*t*) ≤ grenz (*b*/*t*) vorh $(b/t)_{Steg}$ für I-förmige Walzprofile siehe Tafel 18.12

- **Einseitig gelagerte Plattenstreifen** (z. B. Flansche von Walz- und Schweißprofilen)

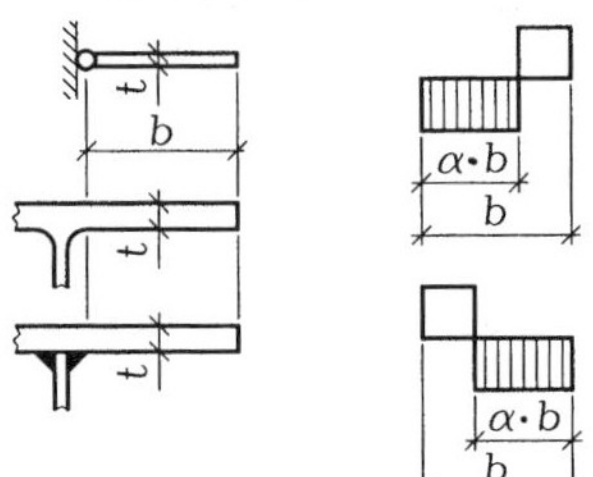

Fall a: Druckspannung $f_{y,k} / \gamma_M$ am gelagerten Rand:

$$\text{grenz}\,(b/t) = \frac{11}{\alpha\cdot\sqrt{\alpha}}\sqrt{\frac{240}{f_{y,k}}}$$

Fall b: Druckspannung $f_{y,k} / \gamma_M$ am freien Rand:

$$\text{grenz}\,(b/t) = \frac{11}{\alpha}\sqrt{\frac{240}{f_{y,k}}}$$

Nachweis

vorh (*b*/*t*) ≤ grenz (*b*/*t*) vorh $(b/t)_{Flansch}$ für I-förmige Walzprofile siehe Tafel 18.14

- **Spannungsverteilung und Grenzschnittgrößen im vollplastischen Zustand**

Für die Berechnung der Grenzschnittgrößen von Stabquerschnitten im vollplastischen Zustand gelten folgende Annahmen:

- Linearelastische-idealplastische Spannungs-Dehnungs-Beziehung des Werkstoffes mit der Streckgrenze $f_{y,d} = f_{y,k} / \gamma_M$
- Ebenbleiben der Querschnitte und Fließbedingung nach Seite 18.15 (Vergleichsspannung).

Die Grenzbiegemomente sind im Allg. für einen beliebigen Querschnitt auf den 1,25fachen Wert des Grenzbiegemomentes im elastischen Zustand zu begrenzen. Ausgenommen sind Einfeld- und Durchlaufträger mit konstantem Querschnitt.

Für gewalzte I-Profile gilt: $M_{pl,y,d} < 1{,}25 \cdot \sigma_{R,d} \cdot W_y$ und $M_{pl,z,d} \geq 1{,}25 \cdot \sigma_{R,d} \cdot W_z$. Daraus folgt, dass die o. g. Begrenzung für $M_{pl,z,d}$ nur dann zu berücksichtigen ist, wenn es sich nicht um Einfeld- oder Durchlaufträger mit konstantem Querschnitt handelt.

Grenzschnittgrößen

a) $N_{pl,d} = \sigma_{R,d} \cdot A$

b) $M_{pl,y,d}$ [1] $= \sigma_{R,d} \cdot W_{pl,y} = \sigma_{R,d} \cdot 2 \cdot S_y$

c) $V_{pl,z,d} = \tau_{R,d} \cdot (h - t) \cdot s$

d) $M_{pl,z,d} = \sigma_{R,d} \cdot W_{pl,z} = \sigma_{R,d} \cdot 2 \cdot S_z$

$M_{pl,z,d,red} = 1{,}25 \cdot \sigma_{R,d} \cdot W_z$

e) $V_{pl,y,d} = \tau_{R,d} \cdot 2 \cdot b \cdot t$

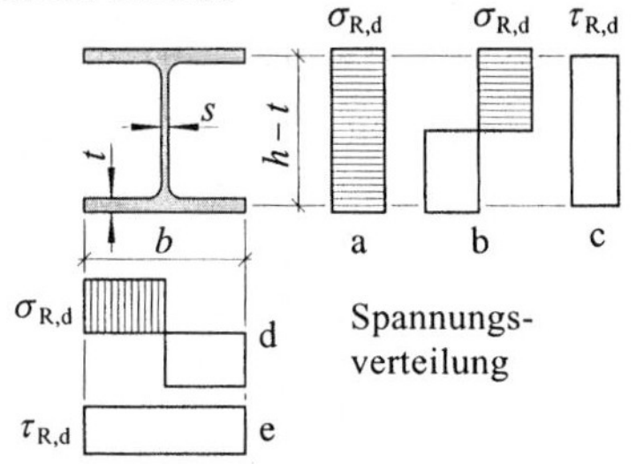

[1] Für gewalzte I-Profile darf $M_{pl,y,d} = 1{,}14 \cdot \sigma_{R,d} \cdot W_y$ angenommen werden.
Die Werte in Tafel 18.19a sind wie folgt ermittelt: $M_{pl,y,d} = \max(\sigma_{R,d} \cdot 2 \cdot S_y;\ 1{,}14 \cdot \sigma_{R,d} \cdot W_y)$.

Tafel 18.18 Normalkraft im plastischen Zustand in kN für Walzprofile aus S235 (für S355 gilt der 1,5fache Wert) $N_{pl,d}$

Nenn-höhe	IPEa	IPE	IPEo	IPEv	HEAA	HEA	HEB	HEM
80	-	167	-	-	-	-	-	-
100	-	225	-	-	340	463	568	1 160
120	241	288	-	-	405	553	742	1 450
140	292	358	-	-	502	685	937	1 760
160	353	438	-	-	662	846	1 180	2 120
180	427	521	591	-	797	987	1 420	2 470
200	512	622	697	-	963	1 170	1 700	2 860
220	617	728	816	-	1 120	1 400	1 990	3 260
240	727	853	954	-	1 320	1 680	2 310	4 360
260	-	-	-	-	1 510	1 890	2 580	4 790
270	854	1 000	1 170	-	-	-	-	-
280	-	-	-	-	1 700	2 120	2 870	5 240
300	1 010	1 170	1 370	-	1 940	2 460	3 250	6 610
320	-	-	-	-	2 060	2 710	3 520	6 810
330	1 190	1 370	1 580	-	-	-	-	-
340	-	-	-	-	2 190	2 910	3 730	6 890
360	1 400	1 590	1 840	-	2 330	3 120	3 940	6 960
400	1 590	1 840	2 100	2 330	2 570	3 470	4 320	7 110
450	1 870	2 160	2 570	2 880	2 770	3 880	4 760	7 320
500	2 210	2 520	2 980	3 580	2 990	4 310	5 210	7 510
550	2 560	2 930	3 400	4 410	3 340	4 620	5 540	7 730
600	2 990	3 400	4 290	5 100	3 580	4 940	5 890	7 930

Tafel 18.19a Biegemoment im plastischen Zustand in kNm für Walzprofile aus S235 (für S355 gilt der 1,5fache Wert) $M_{pl,y,d}$

Nennhöhe	IPEa	IPE	IPEo	IPEv	HEAA	HEA	HEB	HEM
80	-	5,06	-	-	-	-	-	-
100	-	8,60	-	-	12,9	18,1	22,7	51,5
120	10,9	13,3	-	-	18,9	26,4	36,0	76,4
140	15,7	19,3	-	-	27,9	38,6	53,7	108
160	21,8	27,1	-	-	43,0	54,7	77,4	147
180	29,8	36,3	41,3	-	58,7	73,1	106	193
200	40,3	48,3	54,5	-	78,8	96,8	142	248
220	53,2	62,7	70,3	-	101	128	183	310
240	69,1	80,6	89,8	-	130	168	233	463
260	-	-	-	-	163	208	286	550
270	91,5	107	126	-	-	-	-	-
280	-	-	-	-	199	251	343	646
300	120	139	164	-	243	313	418	890
320	-	-	-	-	271	368	480	969
330	156	177	207	-	-	-	-	-
340	-	-	-	-	303	418	537	1 030
360	202	225	261	-	338	470	597	1 090
400	254	289	328	368	410	575	716	1 220
450	331	373	445	502	490	721	883	1 380
500	430	480	572	689	577	883	1 070	1 550
550	545	607	711	916	694	1 030	1 240	1 730
600	691	768	977	1 160	801	1 190	1 420	1 920

Tafel 18.19b Biegemoment im plastischen Zustand in kNm für Walzprofile aus S235 (für S355 gilt der 1,5fache Wert) $M_{pl,z,d}$

Nennhöhe	IPEa		IPE		IPEo		IPEv		HEAA		HEA		HEB		HEM	
	1	2	1	2	1	2	1	2	1	2	1	2	1	2	1	2
100	-	-	2,00	1,58	-	-	-	-	6,21	5,02	8,98	7,30	11,2	9,12	25,4	20,5
120	2,40	1,91	2,96	2,36	-	-	-	-	8,86	7,22	12,8	10,5	17,7	14,4	37,4	30,4
140	3,39	2,72	4,20	3,36	-	-	-	-	13,1	10,7	18,5	15,2	26,1	21,4	52,5	42,8
160	4,52	3,62	5,69	4,54	-	-	-	-	19,9	16,3	25,7	21,0	37,1	30,3	71,0	57,8
180	6,10	4,91	7,55	6,04	8,71	6,95	-	-	27,0	22,1	34,1	28,0	50,4	41,3	92,8	75,7
200	7,97	6,39	9,73	7,77	11,3	9,03	-	-	35,6	29,1	44,5	36,4	66,7	54,6	119	96,7
220	10,6	8,50	12,7	10,2	14,6	11,7	-	-	45,7	37,5	59,0	48,5	85,9	70,5	148	121
240	13,6	10,9	16,1	12,9	18,4	14,7	-	-	57,7	47,2	76,7	62,9	109	89,2	219	179
260	-	-	-	-	-	-	-	-	71,5	58,5	93,9	76,9	132	108	260	213
270	18,0	14,5	21,2	17,0	25,7	20,6	-	-	-	-	-	-	-	-	-	-
280	-	-	-	-	-	-	-	-	87,1	71,4	113	92,8	157	128	305	249
300	23,4	18,9	27,3	22,0	33,3	26,8	-	-	105	86,1	140	115	190	156	417	341
320	-	-	-	-	-	-	-	-	110	90,2	155	127	205	168	426	348
330	29,1	23,4	33,5	26,9	40,4	32,3	-	-	-	-	-	-	-	-	-	-
340	-	-	-	-	-	-	-	-	115	94,3	165	135	215	176	426	348
360	37,5	30,3	41,7	33,5	49,5	39,7	-	-	121	98,4	175	143	225	184	424	346
400	44,1	35,5	50,0	39,9	58,7	46,9	66,3	52,9	131	107	190	156	241	197	422	344
450	53,6	43,1	60,3	48,1	74,4	59,2	84,9	67,4	136	111	211	172	261	213	423	344
500	65,8	52,9	73,3	58,4	89,1	70,8	111	87,5	142	115	231	188	282	230	422	341
550	78,9	63,2	87,4	69,3	105	83,0	138	108	152	123	242	197	293	238	423	342
600	96,5	77,3	106	84,0	140	110	170	133	158	127	252	205	304	246	421	339

Spalte 1: $M_{pl,z,d} = \sigma_{R,d} \cdot W_{pl,z}$; Spalte 2: $M_{pl,z,d,red} = 1,25 \cdot \sigma_{R,d} \cdot W_z$ (Erläuterung siehe Seite 18.18)

Tafel 18.20a Querkraft im plastischen Zustand in kN für Walzprofile aus S235 (für S355 gilt der 1,5fache Wert) $V_{pl,z,d}$

Nenn-höhe	IPEa	IPE	IPEo	IPEv	HEAA	HEA	HEB	HEM
80	-	35,8	-	-	-	-	-	-
100	-	48,7	-	-	45,2	55,4	68,0	151
120	53,9	63,0	-	-	54,8	66,8	89,2	187
140	63,1	78,8	-	-	66,1	86,3	113	226
160	76,1	96,1	-	-	79,9	108	148	277
180	92,4	115	131	-	100	122	178	321
200	108	135	150	-	123	147	210	368
220	132	157	176	-	149	175	244	418
240	150	180	204	-	176	206	281	540
260	-	-	-	-	192	224	305	584
270	179	216	247	-	-	-	-	-
280	-	-	-	-	224	259	347	646
300	221	259	294	-	257	296	389	796
320	-	-	-	-	292	334	434	844
330	260	301	343	-	-	-	-	-
340	-	-	-	-	330	375	481	891
360	288	350	405	-	371	419	531	939
400	339	419	475	521	437	514	639	1 040
450	415	516	607	688	518	607	748	1 160
500	511	622	736	878	606	706	862	1 280
550	602	745	857	1170	734	812	984	1 410
600	715	878	1110	1340	840	925	1 110	1 530

Tafel 18.20b Querkraft im plastischen Zustand in kN für Walzprofile aus S235 (für S355 gilt der 1,5fache Wert) $V_{pl,y,d}$

Nenn-höhe	IPEa	IPE	IPEo	IPEv	HEAA	HEA	HEB	HEM
80	-	60,3	-	-	-	-	-	-
100	-	79,0	-	-	139	202	252	534
120	82,2	102	-	-	166	242	333	667
140	103	127	-	-	212	300	423	809
160	122	153	-	-	282	363	524	962
180	149	183	209	-	340	431	635	1 130
200	176	214	244	-	403	504	756	1 300
220	213	255	288	-	471	610	887	1 480
240	251	296	332	-	544	726	1 030	2 000
260	-	-	-	-	622	819	1 150	2 190
270	296	347	418	-	-	-	-	-
280	-	-	-	-	705	917	1 270	2 390
300	348	404	486	-	794	1 060	1 440	3 050
320	-	-	-	-	831	1 170	1 550	3 110
330	403	464	551	-	-	-	-	-
340	-	-	-	-	869	1 250	1 630	3 110
360	493	544	637	-	907	1 320	1 700	3 100
400	544	612	711	802	983	1 440	1 810	3 090
450	627	699	851	958	1 020	1 590	1 970	3 090
500	731	806	967	1 180	1 060	1 740	2 120	3 080
550	831	910	1 080	1 370	1 130	1 810	2 190	3 080
600	970	1 050	1 350	1 610	1 170	1 890	2 270	3 070

- **Tragsicherheitsnachweis nach dem Verfahren Elastisch-Plastisch (E-P)**
  Es ist nachzuweisen, dass die Grenzschnittgrößen im plastischen Zustand nicht überschritten sind.

Tafel 18.21a Vereinfachte Tragsicherheitsnachweise für doppeltsymmetrische I-Profile mit den Beanspruchungen N, M_y, V_z

Gültigkeits-bereich	$\frac{V_z}{V_{pl,z,d}} \le 0{,}33$	$0{,}33 < \frac{V_z}{V_{pl,z,d}} \le 1$
$\frac{N}{N_{pl,d}} \le 0{,}1$	$\frac{M_y}{M_{pl,y,d}} \le 1$	$0{,}88 \frac{M_y}{M_{pl,y,d}} + 0{,}37 \frac{V_z}{V_{pl,z,d}} \le 1$
$0{,}1 < \frac{N}{N_{pl,d}} \le 1$	$0{,}9 \frac{M_y}{M_{pl,y,d}} + \frac{N}{N_{pl,d}} \le 1$	$0{,}8 \frac{M_y}{M_{pl,y,d}} + 0{,}89 \frac{N}{N_{pl,d}} + 0{,}33 \frac{V_z}{V_{pl,z,d}} \le 1$

Tafel 18.21b Interaktionsdiagramm für die Beanspruchungen:

N, M_y und V_z

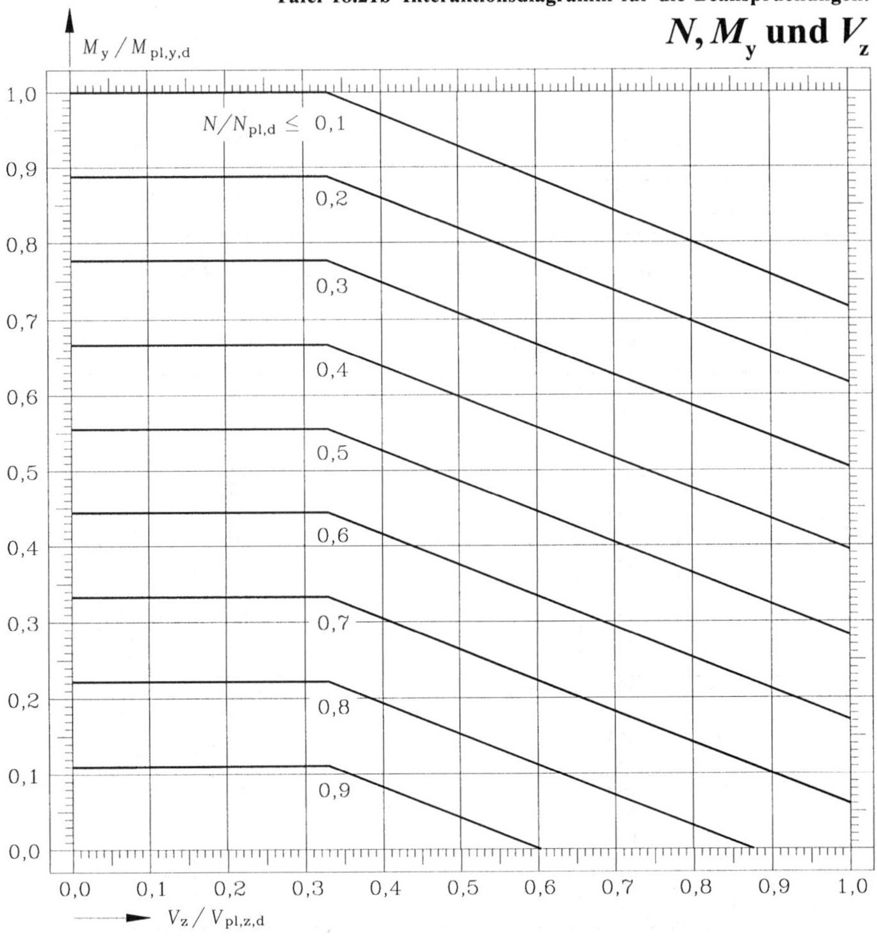

Tafel 18.22a Vereinfachte Tragsicherheitsnachweise für doppeltsymmetrische I-Profile mit den Beanspruchungen N, M_z und V_y

Gültigkeitsbereich	$\frac{V_y}{V_{pl,y,d}} \leq 0{,}25$	$0{,}25 < \frac{V_y}{V_{pl,y,d}} \leq 0{,}9$
$\frac{N}{N_{pl,d}} \leq 0{,}3$	$\frac{M_z}{M_{pl,z,d}} \leq 1$	$0{,}95 \frac{M_z}{M_{pl,z,d}} + 0{,}82 \left[\frac{V_y}{V_{pl,y,d}}\right]^2 \leq 1$
$0{,}3 < \frac{N}{N_{pl,d}} \leq 1$	$0{,}91 \frac{M_z}{M_{pl,z,d}} + \left[\frac{N}{N_{pl,d}}\right]^2 \leq 1$	$0{,}87 \frac{M_z}{M_{pl,z,d}} + 0{,}95 \left[\frac{N}{N_{pl,d}}\right]^2 + 0{,}75 \left[\frac{V_y}{V_{pl,y,d}}\right]^2 \leq 1$

Tafel 18.22b Interaktionsdiagramm für die Beanspruchungen:

N, M_z und V_y

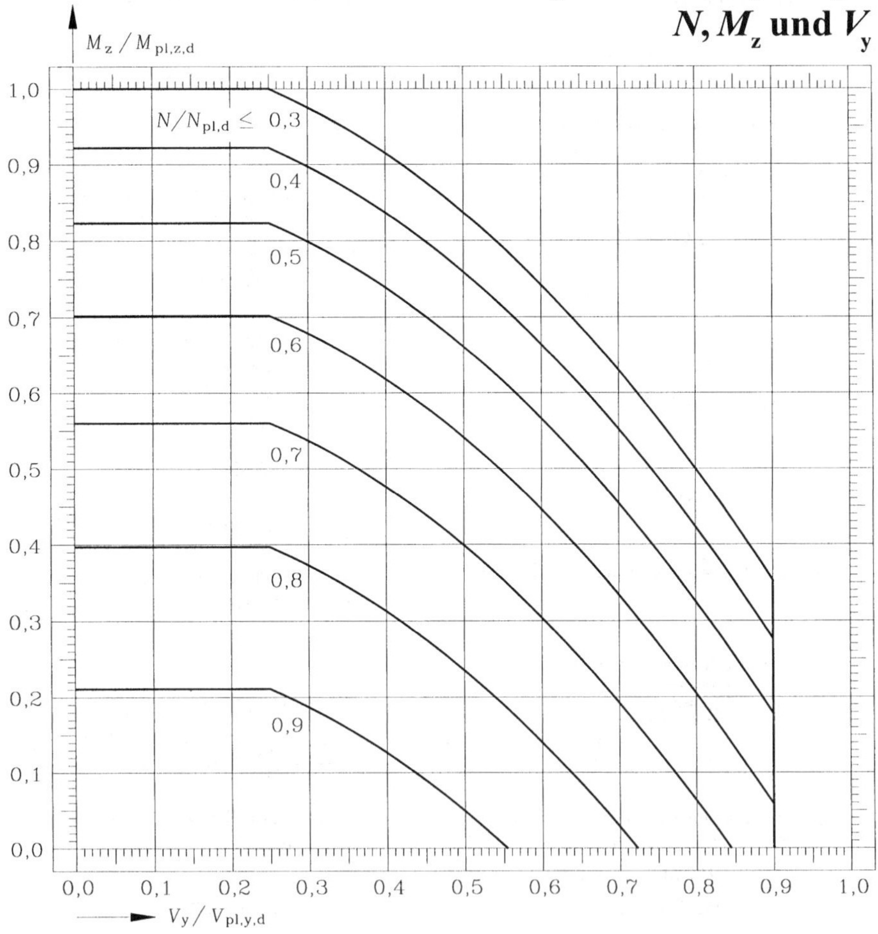

Beispiel:

– **System mit den charakteristischen Werten der Einwirkungen**

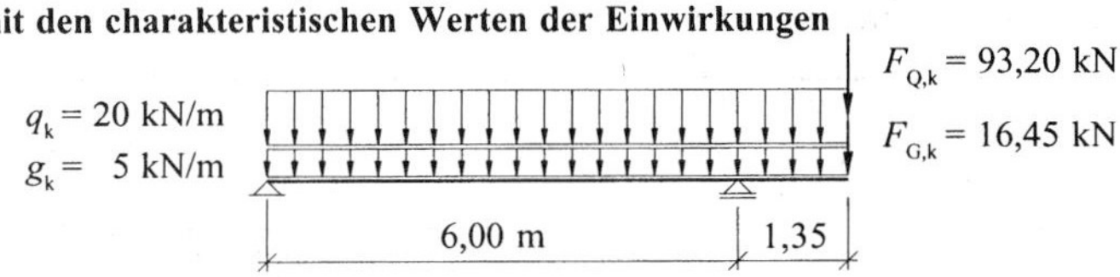

– **Bemessungswerte der Einwirkungen** (siehe auch Seite 18.5 und 18.6)

Für die Bemessung ist die Grundkombination 2 mit dem Kombinationsbeiwert $\psi = 1{,}0$ maßgebend. Da es sich bei den veränderlichen Einwirkungen um Verkehrlasten nach DIN 1055 Teil 3 handelt, gelten diese als ***eine*** veränderliche Einwirkung.

$g_d = 5{,}0 \cdot 1{,}35 \cdot 1{,}0 = 6{,}75$ kN/m	$F_{G,d} = 16{,}45 \cdot 1{,}35 \cdot 1{,}0 = 22{,}2$ kN
$q_d = 20{,}0 \cdot 1{,}50 \cdot 1{,}0 = 30{,}00$ kN/m	$F_{Q,d} = 93{,}20 \cdot 1{,}50 \cdot 1{,}0 = 139{,}8$ kN
$r_d = 36{,}75$ kN/m	$\Sigma F_d = 162{,}0$ kN

Zur Berechnung der minimalen Auflagerkraft A ist folgende zusätzliche Grundkombination zu untersuchen:

Feld $g_d = 5{,}0 \cdot 0{,}9 \cdot 1{,}0 = 4{,}50$ kN/m
Kragbereich $r_d = 5{,}0 \cdot 1{,}1 \cdot 1{,}0 + 30{,}0 = 35{,}50$ kN/m; $\Sigma F_d = 139{,}8 + 16{,}45 \cdot 1{,}1 \cdot 1{,}0 = 157{,}9$ kN

– **Berechnung der maßgebenden Auflager- und Schnittgrößen**

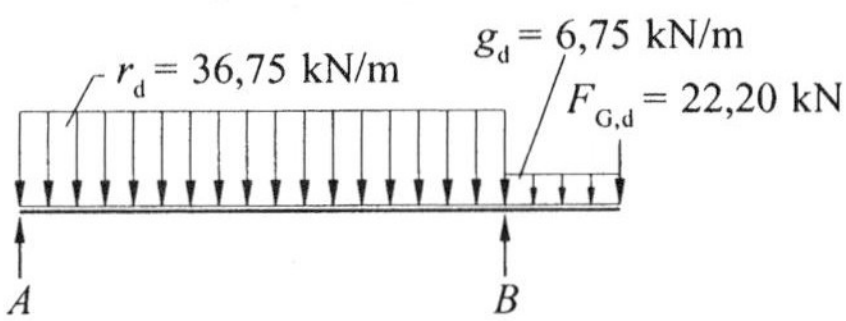

$\max A_d = (36{,}75 \cdot 6{,}0^2 / 2 - 22{,}20 \cdot 1{,}35 - 6{,}75 \cdot 1{,}35^2 / 2) / 6 = 104{,}23$ kN
$x_0 = 104{,}23 / 36{,}75 = 2{,}84$ m
$\max M_{F,d} = 104{,}23 \cdot 2{,}84 - 36{,}75 \cdot 2{,}84^2 / 2 = 147{,}81$ kNm

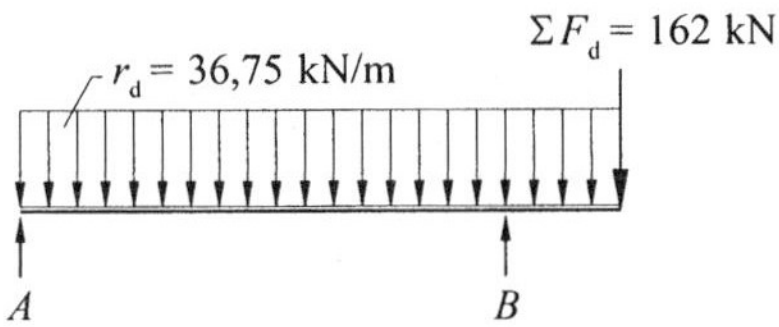

$\max B_d = (36{,}75 \cdot 7{,}35^2 / 2 + 162 \cdot 7{,}35) / 6 = 363{,}89$ kN
$\max V_{Br,d} = 162 + 36{,}75 \cdot 1{,}35 = 211{,}61$ kN
$\min V_{Bl,d} = 211{,}61 - 363{,}89 = -152{,}28$ kN
$\min M_{B,d} = -36{,}75 \cdot 1{,}35^2 / 2 - 162 \cdot 1{,}35 = -252{,}19$ kNm

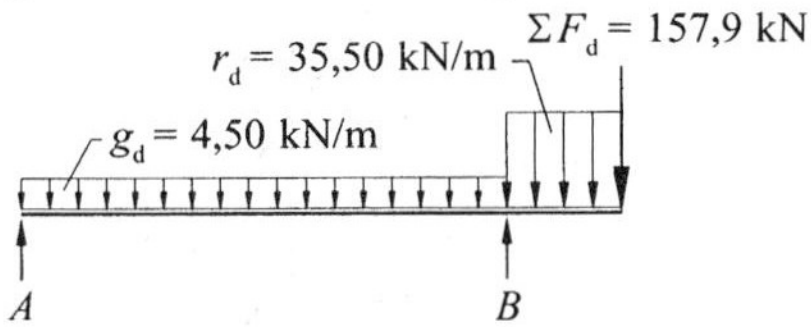

$\min A_d = (4{,}50 \cdot 6{,}0^2 / 2 - 35{,}50 \cdot 1{,}35^2 / 2 - 157{,}9 \cdot 1{,}35) / 6 = -27{,}42$ kN
→ Der Träger ist am Auflager A gegen Abheben zu sichern.

– **Tragsicherheitsnachweis nach dem Verfahren E - P**

gewählt: **IPE 400, S235** mit $V_{pl,z,d} = 419$ kN (Tafel 18.20a); $M_{pl,yd} = 289$ kNm (Tafel 18.19a)

$(b/t)_{Steg}$ $\alpha = 0{,}5$ → grenz $(b/t) = 74$ (siehe Seite 18.17); vorh $(b/t)_{Steg} = 38{,}5$ (Tafel 18.12) < 74
$(b/t)_{Flansch}$ $\alpha = 1$ → grenz $(b/t) = 11$ (siehe Seite 18.17); vorh $(b/t)_{Flansch} = 4{,}79$ (Tafel 18.14) < 11

Für den Tragsicherheitsnachweis ist der Schnitt über dem Auflager B mit den Schnittgrößen max $V_{Br,d} = 211{,}61$ kN und min $M_{B,d} = -252{,}19$ kNm maßgebend.

$V_{z,d} / V_{pl,z,d} = 211{,}61 / 419 = 0{,}51 > 0{,}33$

Nachweis (siehe Tafel 18.21a) $0{,}88 \cdot (252{,}19 / 289) + 0{,}37 \cdot 0{,}51 = 0{,}96 < 1$

3.3 Krafteinleitungen

In Bereichen von Krafteinleitungen, Kraftumlenkungen, Krümmungen und Ausschnitten ist zu prüfen, ob konstruktive Maßnahmen erforderlich sind.
Bei Walz- und Schweißprofilen mit I-förmigem Querschnitt dürfen Kräfte ohne Aussteifungen eingleitet werden, wenn ...

- der Betriebsfestigkeitsnachweis nicht maßgebend ist,
- der Trägerquerschnitt gegen Verdrehen und seitliches Ausweichen gesichert und
- die Tragsicherheit wie folgt nachgewiesen wird:

$$F / F_{R,d} \leq 1$$

Für σ_x und σ_z mit unterschiedlichem Vorzeichen und $|\sigma_x| > 0{,}5\, f_{y,k}$ gilt:

$$F_{R,d} = \frac{1}{\gamma_M} s \cdot l \cdot f_{y,k}\, (1{,}25 - 0{,}5\, |\sigma_x| / f_{y,k})$$

Für alle anderen Fälle gilt:

$$F_{R,d} = \frac{1}{\gamma_M} s \cdot l \cdot f_{y,k}$$

F einzuleitende Kraft
σ_x Normalspannung im maßgebenden Schnitt
σ_z konstante Spannung über die Bereiche l bzw. l_i aus der Krafteinleitung (siehe Tafel 18.24)
s Stegdicke des Trägers
l mittragende Länge nach Tafel 18.24

Bei Profilen mit Stegschlankheiten $h/s > 60$ ist zusätzlich ein Beulsicherheitsnachweis für den Steg zu führen.

Tafel 18.24 Rippenlose Krafteinleitung bei Walz- und Schweißprofilen mit I-Querschnitt

Auflagerkraft am Trägerende	Einzellast in Feldmitte oder Auflagerkraft an einer Zwischenstützung

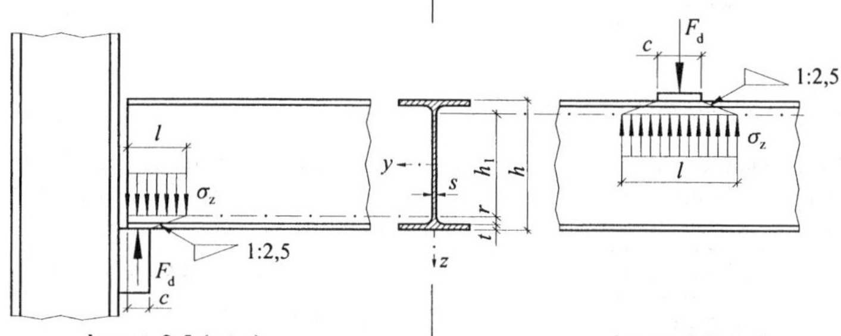

$l = c + 2{,}5\,(t + r)$	$l = c + 5\,(t + r)$

Trägerkreuzung

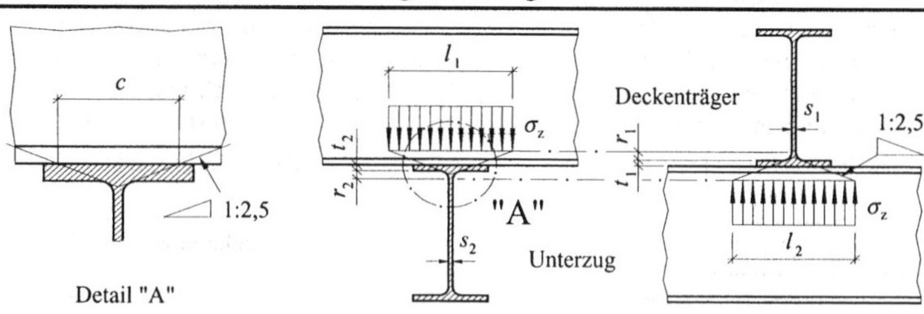

$c = s + 1{,}61 \cdot r + 5 \cdot t$	$l_1 = c_2 + 5\,(t_1 + r_1)$	$l_2 = c_1 + 5\,(t_2 + r_2)$

Bei geschweißten I-förmigen Profilen ist der Wert $r = a$ (Schweißnahtdicke) zu setzen.

Beispiel: Ein Unterzug IPE 400 aus S235 ist an einem Endauflager auf eine Knagge aufgelegt. Die Auflagerkraft $F_{A,d}$ beträgt 180 kN. Es ist zu prüfen, ob Rippen zur Krafteinleitung erforderlich sind.

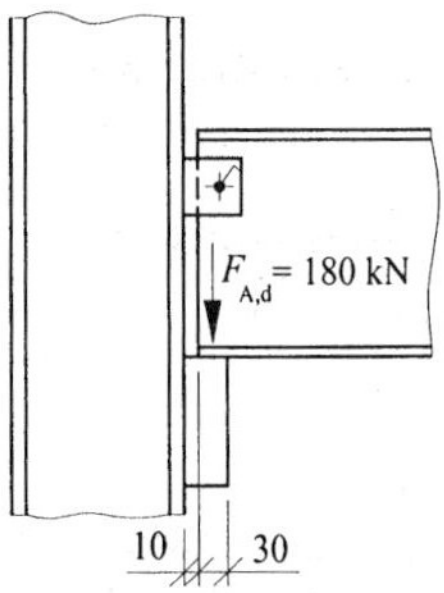

IPE 400
s = 8,6 mm
t = 13,5 mm
r = 21,0 mm

Nachweis:
c = 30 mm
$l = 3{,}0 + 2{,}5 \cdot (1{,}35 + 2{,}1) = 11{,}63$ cm
$F_{A,R,d} = 0{,}86 \cdot 11{,}63 \cdot 24 / 1{,}1 = 218{,}22$ kN
$F_{A,d} / F_{A,R,d} = 180 / 218{,}22 = \underline{0{,}82 < 1}$
→ Es sind keine Rippen erforderlich.

Beispiel: In einer rippenlosen Trägerkreuzung zwischen einem Deckenträger IPE 270 (S235) und einem Unterzug IPE 500 (S235) wirkt eine Auflagerkraft $F_{A,d}$ = 180 kN.

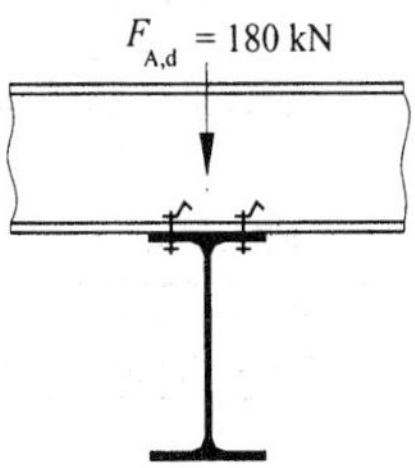

IPE 270
s = 6,6 mm
t = 10,2 mm
r = 15,0 mm

IPE 500
s = 10,2 mm
t = 16,0 mm
r = 21,0 mm

Nachweis:
Für das Profil IPE 500 ergibt sich
$c_2 = 1{,}02 + 1{,}61 \cdot 2{,}1 + 5 \cdot 1{,}6 = 12{,}4$ cm.
Für das Profil IPE 270 ergibt sich
$l_1 = 12{,}4 + 5 \cdot (1{,}02 + 1{,}5) = 25$ cm.

$F_{A,R,d} = 0{,}66 \cdot 25 \cdot 24 / 1{,}1 = 360$ kN
$F_{A,d} / F_{A,R,d} = 180 / 360 = \underline{0{,}50 < 1}$

3.4 Lochschwächungen

Bei der Berechnung der Beanspruchbarkeiten sind Lochschwächungen zu berücksichtigen. Die Grenzzugkraft von Querschnitten und Querschnittsteilen aus S235 bzw. S355 darf unabhängig von der Art der Lochherstellung wie folgt ermittelt werden:

$$N_{R,d} = A_{Netto} \cdot f_{u,k} / (1{,}25 \cdot \gamma_M)$$

$f_{u,k}$ Charakteristischer Wert der Zugfestigkeit des Werkstoffes

Für andere Stähle gilt dies nur, wenn die Löcher gebohrt sind.

Der Lochabzug **darf entfallen,**

- wenn die Bedingung $A_{Brutto} / A_{Netto} \leq 1{,}2$ (S235) bzw. $\leq 1{,}1$ (S355) erfüllt ist;
- bei der Berechnung der Beanspruchungen (Schnittgrößen) und Formänderungen;
- wenn im Bereich von Druck- oder Schubspannungen liegende Löcher durch Verbindungsmittel ausgefüllt sind, deren Lochspiel höchstens 1 mm beträgt. Ist das Lochspiel größer, können größere Verformungen im Bereich der Löcher entstehen, die ggf. zu berücksichtigen sind.

Der durch die Lochschwächung verursachte Versatz darf unberücksichtigt bleiben, wenn die Grenzzugkraft in der Form

$$N_{R,d} = A_{Netto} \cdot f_{y,k} / \gamma_M$$

$f_{y,k}$ Charakteristischer Wert der Streckgrenze des Werkstoffes

ermittelt wird oder die Bedingung $A_{Brutto} / A_{Netto} \leq 1{,}2$ (S235) bzw. $\leq 1{,}1$ (S355) eingehalten ist.

Lochabzug bei Zugstäben, die nur durch eine Schraube angeschlossen sind (unsymmetrische Anschlüsse):

Falls kein genauer Nachweis geführt wird, ist $A_{Netto} = 2 \cdot A^*$ anzunehmen.

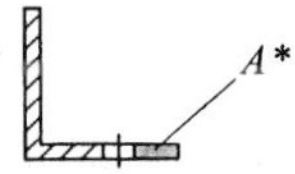

Beispiel: Für die dargestellten Zugstäbe aus S 235 sind die Tragsicherheitsnachweise zu führen.

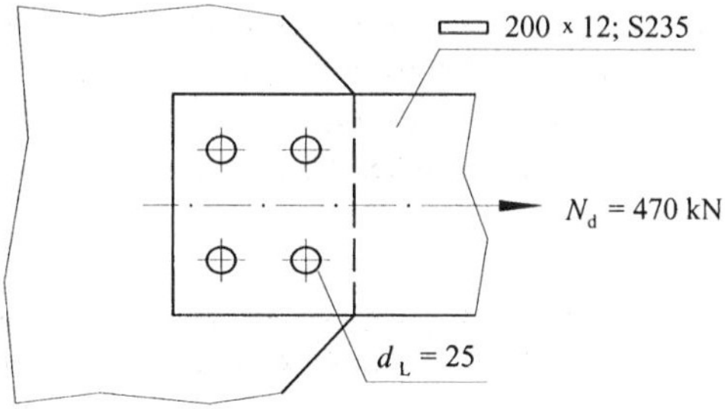

$A_{Brutto} = 20 \cdot 1{,}2 = 24\ cm^2$

$A_{Netto} = 24 - 2 \cdot 2{,}5 \cdot 1{,}2 = 18\ cm^2$

$A_{Brutto} / A_{Netto} = 24 / 18 = 1{,}33 > 1{,}2$

$N_{R,d} = 18 \cdot 36 / (1{,}25 \cdot 1{,}1) = 471{,}28$ kN

mit $f_{u,k} = 36$ kN/cm² nach Tafel 18.4a.

Nachweis

$N_d / N_{R,d} = 470 / 471{,}28 = 0{,}997 < 1$

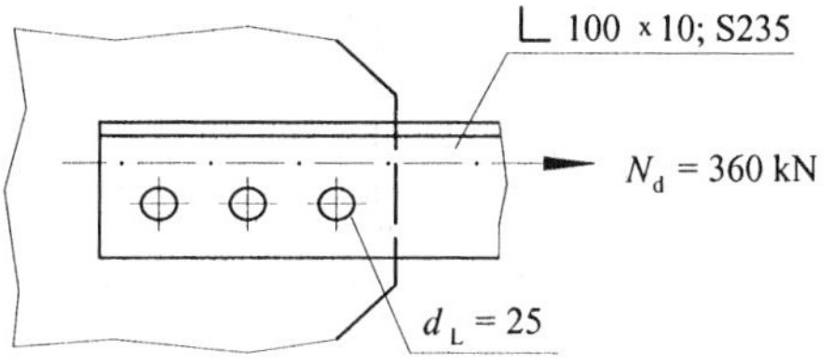

$A_{Brutto} = 19{,}2\ cm^2$

$A_{Netto} = 19{,}2 - 2{,}5 \cdot 1{,}0 = 16{,}7\ cm^2$

$A_{Brutto} / A_{Netto} = 19{,}2 / 16{,}7 = 1{,}15 < 1{,}2$

→ Das aus dem Versatz der Schwerachse zur Lochachse resultierende Moment darf unberüchsichtigt bleiben.

$N_{R,d} = 16{,}7 \cdot 24 / 1{,}1 = 364{,}36$ kN

mit $f_{y,k} = 24$ kN/cm² nach Tafel 18.4a.

Nachweis

$N_d / N_{R,d} = 360 / 364{,}36 = 0{,}99 < 1$

3.5 Gebrauchstauglichkeit

Der Nachweis der Gebrauchstauglichkeit ist in den meisten Fällen ein Nachweis der Größe der Verformungen. Hierbei muss ggf. das plastische Verhalten berücksichtigt werden, insbesondere bei Systemen, die nach dem Verfahren P-P nachgewiesen werden.
Da DIN 18 800-1 keine Angaben über Grenzzustände für den Nachweis der Gebrauchstauglichkeit enthält, sind Teilsicherheitsbeiwerte, Kombinationsbeiwerte und Einwirkungskombinationen zu vereinbaren, soweit sie nicht entsprechenden Fachnormen zu entnehmen sind.

Beim Nachweis der Gebrauchstauglichkeit sind zwei Fälle zu unterscheiden:

- **Es besteht keine Gefahr für Leib und Leben:**

  Die Verformungsberechnungen werden mit den charakteristischen Einwirkungsgrößen durchgeführt (γ_F und $\gamma_M = 1{,}0$).

- **Es besteht Gefahr für Leib und Leben:**

  Für die Berechnung gelten die gleichen Bestimmungen wie beim Nachweis der Tragsicherheit. Die Streuung der Einwirkungen und Widerstandsgrößen ist also durch die entsprechenden γ_F- und γ_M-Werte nach den Tafeln 18.5a und 18.5b zu berücksichtigen.

4 Tragsicherheitsnachweise stabilitätsgefährdeter Bauteile

4.1 Knicken von Stäben und Stabwerken

Wenn die Abgrenzungskriterien nach Abschnitt 2.4 für Biegeknicken und Biegedrillknicken nicht eingehalten sind, muss die Sicherheit gegenüber diesen Versagensformen nachgewiesen werden.

4.1.1 Biegeknicksicherheitsnachweis nach Theorie II. Ordnung

Dieser Nachweis ist in den Bautabellen für Ingenieure in Kapitel 4 A, Abschnitt 6 und 7 behandelt.

4.1.2 Planmäßig mittiger Druck

- **Biegeknicken**

Berechnungsablauf:

– **Ermittlung der Knicklänge** getrennt für die Querschnittshauptachsen des Einzelstabes oder des gedanklich aus dem Stabwerk herausgelösten Stabes mit den realen Randbedingungen (Ersatzstabverfahren).

$$s_K = \beta \cdot l$$

β Knicklängenbeiwert
l Stablänge

Knicklängenbeiwerte einfacher Stäbe mit konstantem Querschnitt nach Euler

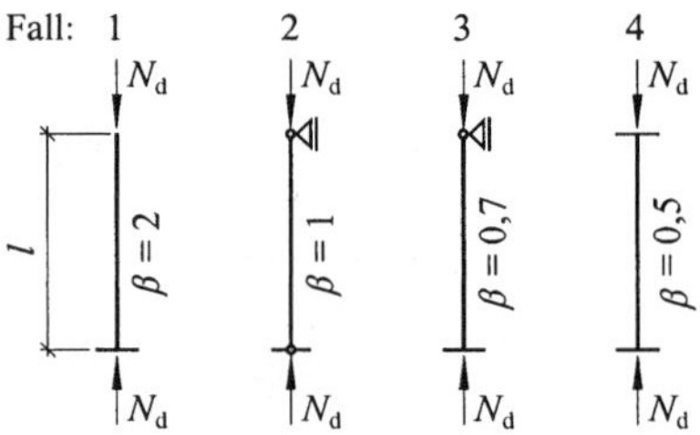

Zur Ermittlung der Knicklängen bei unverschieblichen und verschieblichen Stabwerken siehe Schneider, Bautabellen für Ingenieure, Kapitel 8 A, Abschnitt 4.3.

– **Schlankheitsgrad** $\lambda_K = s_K / i$ i Trägheitsradius

– **Bezogener Schlankheitsgrad** $\bar{\lambda}_K = \lambda_K / \lambda_a$ λ_a Bezugsschlankheitsgrad $\lambda_a = \pi \sqrt{E / f_{y,k}}$

S 235, $t \leq 40$ mm $\rightarrow \lambda_a = 92{,}9$
S 355, $t \leq 40$ mm $\rightarrow \lambda_a = 75{,}9$

– **Zuordnung des Querschnitts zu einer Knickspannungslinie** (siehe Tafel 18.28)

– **Abminderungsfaktor κ nach den Europäischen Knickspannungslinien**
Der Abminderungsfaktor für die Knickspannungslinien a, b, c und d kann den Tafeln 18.30 bzw. 18.31 entnommen oder mit folgenden Formeln berechnet werden.

Bereich: $\bar{\lambda}_K \leq 0{,}2$	$\bar{\lambda}_K > 0{,}2$	$\bar{\lambda}_K > 3{,}0$ (vereinfachend)
$\kappa = 1$	$\kappa = 1 / (k + \sqrt{k^2 - \bar{\lambda}_K^2})$ $k = 0{,}5\,[1 + \alpha\,(\bar{\lambda}_K - 0{,}2) + \bar{\lambda}_K^2]$	$\kappa = 1 / [\bar{\lambda}_K \cdot (\bar{\lambda}_K + \alpha)]$

Tafel 18.27 Parameter α zur Berechnung des Abminderungsfaktors κ

Knickspannungslinie	a	b	c	d
α	0,21	0,34	0,49	0,76

– **Berechnung der Normalkraft im plastischen Zustand $N_{pl,d}$**
Für I-förmige Walzprofile siehe hierzu Tafel 18.18.

– **Nachweis der Biegeknicksicherheit** $N_d / (\kappa \cdot N_{pl,d}) \leq 1$

N_d Bemessungswert der Normalkraft (Druck positiv)

Tafel 18.28 Zuordnung der Querschnitte zu den Knickspannungslinien

Querschnitt			Ausweichen rechtwinklig zur Achse	Knickspannungslinie
Hohlprofile	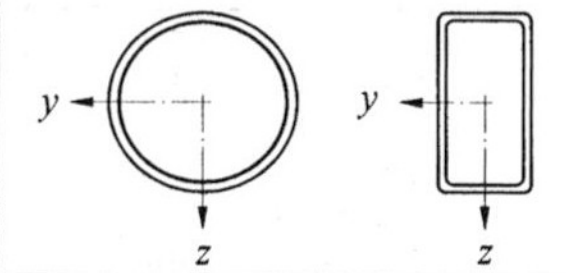	warm gefertigt	y und z	a
		kalt gefertigt	y und z	b
geschweißte Kastenquerschnitte	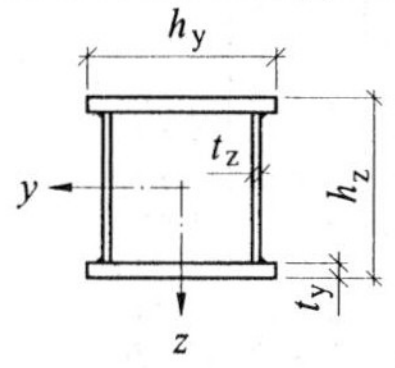		y und z	b
		Schweißnaht $a \geq \min t$ und $h_y / t_y < 30$ $h_z / t_z < 30$	y und z	c
gewalzte I-Profile	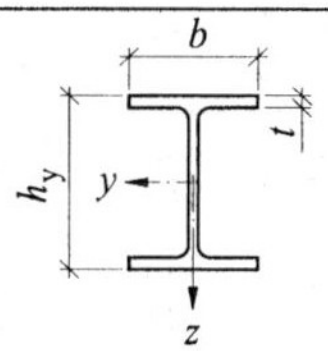	$h / b > 1{,}2$; $t \leq 40$ mm	y z	a b
		$h / b > 1{,}2$; $40 < t \leq 80$ mm $h / b \leq 1{,}2$; $t \leq 80$ mm	y z	b c
		$t > 80$ mm	y und z	d
geschweißte I-Querschnitte	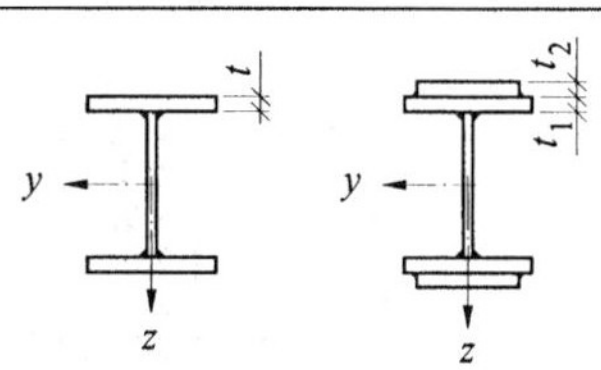	$t_i \leq 40$ mm	y z	b c
		$t_i > 40$ mm	y z	c d
U-, L, T- und Vollquerschnitte	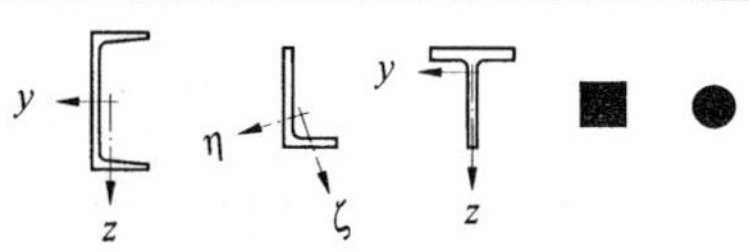		y und z bzw. η und ζ	c
Hier nicht aufgeführte Querschnitte sind nach den möglichen Eigenspannungen und Blechdicken sinngemäß einzuordnen.				

Beispiel:

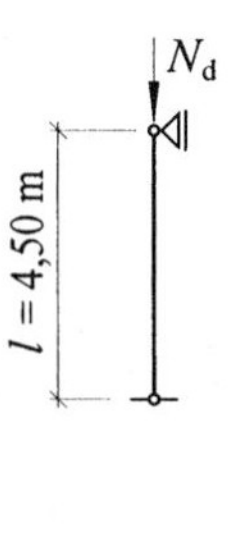

Profil: HEB 360, S355

Beanspruchung: $N_d = 3900$ kN

Maßgebend ist in diesem Fall Ausweichen senkrecht zur z-Achse.

$s_{K,z} = \beta_z \cdot l = 1{,}0 \cdot 450 = 450$ cm; $i_z = 7{,}49$ cm

$\lambda_K = s_{K,z} / i_z = 450 / 7{,}49 = 60{,}1$; $\bar{\lambda}_K = \lambda_K / \lambda_a = 60{,}1 / 75{,}9 = 0{,}79$

$h / b = 360 / 300 = 1{,}2 \rightarrow$ Knickspannungslinie c (siehe Tafel 18.28)

$\kappa = 0{,}67$ (Tafel 18.30)

$N_{pl,d} = 3940 \cdot 1{,}5 = 5910$ kN ($N_{pl,d}$ nach Tafel 18.18; Faktor 1,5 für S355)

Biegeknicknachweis $3900 / (0{,}67 \cdot 5910) = 0{,}98 < 1$

Tafel 18.29 Beanspruchbarkeiten $N_{R,d}$ in kN von Druckstäben aus S235 für Biegeknicken senkrecht zur z-Achse

Profil-reihe	Nenn-höhe	Knicklänge (bezogen auf die z-Achse) $s_{K,z}$ in m										
		3,00	3,50	4,00	4,50	5,00	5,50	6,00	6,50	7,00	7,50	8,00
HEA (IPBl)	**100**	183	146	118	96,6	80,6	68,1	58,3	50,4	44,0	38,8	34,4
	120	277	227	188	156	132	112	96,5	83,8	73,4	64,8	57,7
	140	404	343	290	246	209	180	156	136	120	106	94,4
	160	555	484	418	361	311	270	235	207	183	162	145
	180	707	633	561	493	433	380	334	296	263	235	210
	200	888	810	730	653	581	516	458	408	365	327	294
	220	1 110	1 030	946	860	777	699	628	564	508	458	414
	240	1 380	1 290	1 200	1 100	1 010	919	834	755	684	621	564
	260	1 600	1 510	1 420	1 320	1 220	1 120	1 030	941	859	785	717
	280	1 830	1 740	1 650	1 550	1 450	1 340	1 240	1 150	1 050	969	890
	300	2 160	2 070	1 960	1 860	1 750	1 640	1 530	1 420	1 320	1 220	1 130
	320	2 390	2 280	2 170	2 060	1 940	1 810	1 690	1 570	1 460	1 350	1 240
	340	2 560	2 450	2 330	2 200	2 070	1 940	1 810	1 680	1 560	1 440	1 330
	360	2 740	2 610	2 480	2 350	2 210	2 070	1 930	1 790	1 660	1 530	1 410
	400	3 160	3 050	2 930	2 800	2 650	2 500	2 340	2 170	2 010	1 860	1 710
	450	3 530	3 410	3 270	3 120	2 960	2 790	2 600	2 420	2 240	2 060	1 900
	500	3 910	3 770	3 620	3 450	3 270	3 080	2 870	2 670	2 460	2 270	2 090
HEB (IPB)	**100**	227	181	147	120	100	85,0	72,7	62,9	54,9	48,4	42,9
	120	377	310	257	214	180	154	132	115	101	89,0	79,1
	140	561	478	405	344	293	252	219	191	168	149	133
	160	786	688	597	515	446	387	338	297	262	233	209
	180	1 030	921	817	720	633	556	490	434	386	344	309
	200	1 300	1 190	1 070	964	860	765	681	607	543	487	439
	220	1 590	1 470	1 350	1 230	1 120	1 010	905	814	733	662	599
	240	1 910	1 790	1 660	1 540	1 410	1 280	1 170	1 060	961	873	794
	260	2 190	2 070	1 950	1 820	1 680	1 550	1 420	1 300	1 190	1 090	996
	280	2 490	2 360	2 240	2 110	1 970	1 830	1 700	1 570	1 440	1 330	1 220
	300	2 870	2 750	2 620	2 480	2 340	2 190	2 050	1 900	1 770	1 640	1 510
	320	3 110	2 970	2 830	2 680	2 530	2 370	2 210	2 060	1 910	1 770	1 630
	340	3 290	3 140	2 990	2 830	2 670	2 500	2 330	2 170	2 010	1 860	1 720
	360	3 470	3 320	3 150	2 990	2 810	2 630	2 460	2 280	2 120	1 960	1 810
	400	3 930	3 800	3 650	3 490	3 310	3 120	2 930	2 730	2 530	2 330	2 150
	450	4 330	4 180	4 010	3 830	3 630	3 420	3 200	2 980	2 760	2 540	2 340
	500	4 730	4 560	4 380	4 180	3 960	3 730	3 480	3 230	2 990	2 760	2 540
	550	5 020	4 840	4 640	4 420	4 180	3 930	3 660	3 400	3 130	2 880	2 650
	600	5 320	5 120	4 910	4 670	4 410	4 130	3 850	3 560	3 280	3 010	2 760
HEM (IPBv)	**100**	515	416	339	280	235	199	171	148	129	114	101
	120	788	658	549	461	390	334	288	251	220	194	173
	140	1 100	949	812	694	596	514	447	391	345	306	273
	160	1 460	1 290	1 130	984	856	747	654	576	511	455	407
	180	1 830	1 650	1 480	1 310	1 160	1 030	907	805	717	642	577
	200	2 230	2 050	1 870	1 690	1 510	1 350	1 210	1 080	970	873	788
	220	2 640	2 460	2 270	2 080	1 900	1 720	1 550	1 400	1 270	1 150	1 040
	240	3 660	3 450	3 230	3 000	2 770	2 540	2 320	2 120	1 930	1 760	1 610
	260	4 120	3 910	3 690	3 470	3 230	3 000	2 770	2 550	2 340	2 150	1 970
	280	4 600	4 390	4 170	3 940	3 710	3 470	3 230	3 000	2 780	2 560	2 370
	300	5 920	5 680	5 430	5 170	4 900	4 630	4 350	4 070	3 800	3 540	3 290
	320	6 090	5 840	5 580	5 310	5 030	4 740	4 450	4 170	3 880	3 610	3 360
	340	6 360	6 160	5 950	5 720	5 470	5 200	4 920	4 620	4 320	4 020	3 730
	360	6 410	6 210	5 990	5 760	5 500	5 220	4 930	4 630	4 320	4 010	3 720
	400	6 530	6 320	6 090	5 850	5 580	5 290	4 980	4 660	4 340	4 030	3 730
	450	6 700	6 480	6 240	5 980	5 700	5 390	5 070	4 740	4 400	4 080	3 770
	500	6 860	6 630	6 370	6 100	5 790	5 470	5 130	4 780	4 440	4 100	3 780
	550	7 040	6 790	6 530	6 240	5 920	5 580	5 220	4 860	4 500	4 150	3 820
	600	7 200	6 940	6 660	6 350	6 010	5 650	5 280	4 900	4 520	4 160	3 830

Tafel 18.30 Abminderungsfaktoren κ für Biegeknicken

Bezogener Schlankheitsgrad $\bar{\lambda}_k$ für Knickspannungslinie:				κ	Bezogener Schlankheitsgrad $\bar{\lambda}_k$ für Knickspannungslinie:				κ
a	b	c	d		a	b	c	d	
0,20	0,20	0,20	0,20	**1,00**	1,17	1,08	0,98	0,85	**0,55**
0,25	0,23	0,22	0,21	**0,99**	1,18	1,09	1,00	0,87	**0,54**
0,29	0,26	0,24	0,23	**0,98**	1,20	1,11	1,02	0,88	**0,53**
0,33	0,28	0,26	0,24	**0,97**	1,22	1,13	1,03	0,90	**0,52**
0,37	0,31	0,28	0,25	**0,96**	1,23	1,14	1,05	0,92	**0,51**
0,41	0,34	0,30	0,26	**0,95**	1,25	1,16	1,07	0,94	**0,50**
0,45	0,36	0,32	0,28	**0,94**	1,27	1,18	1,09	0,96	**0,49**
0,48	0,39	0,34	0,29	**0,93**	1,28	1,20	1,11	0,98	**0,48**
0,51	0,42	0,36	0,30	**0,92**	1,30	1,22	1,13	0,99	**0,47**
0,54	0,44	0,38	0,32	**0,91**	1,32	1,23	1,15	1,01	**0,46**
0,57	0,46	0,39	0,33	**0,90**	1,34	1,25	1,17	1,03	**0,45**
0,60	0,49	0,41	0,35	**0,89**	1,36	1,27	1,19	1,05	**0,44**
0,63	0,51	0,43	0,36	**0,88**	1,38	1,29	1,21	1,08	**0,43**
0,65	0,53	0,45	0,37	**0,87**	1,40	1,31	1,23	1,10	**0,42**
0,67	0,55	0,47	0,39	**0,86**	1,42	1,34	1,25	1,12	**0,41**
0,70	0,57	0,49	0,40	**0,85**	1,44	1,36	1,27	1,14	**0,40**
0,72	0,59	0,51	0,41	**0,84**	1,46	1,38	1,30	1,17	**0,39**
0,74	0,61	0,52	0,43	**0,83**	1,48	1,40	1,32	1,19	**0,38**
0,76	0,63	0,54	0,44	**0,82**	1,51	1,43	1,35	1,22	**0,37**
0,77	0,65	0,56	0,46	**0,81**	1,53	1,45	1,37	1,24	**0,36**
0,79	0,67	0,58	0,47	**0,80**	1,56	1,48	1,40	1,27	**0,35**
0,81	0,69	0,59	0,48	**0,79**	1,58	1,51	1,43	1,30	**0,34**
0,83	0,71	0,61	0,50	**0,78**	1,61	1,53	1,45	1,32	**0,33**
0,84	0,72	0,63	0,51	**0,77**	1,64	1,56	1,48	1,35	**0,32**
0,86	0,74	0,64	0,53	**0,76**	1,67	1,59	1,51	1,39	**0,31**
0,88	0,76	0,66	0,54	**0,75**	1,70	1,63	1,55	1,42	**0,30**
0,89	0,77	0,68	0,56	**0,74**	1,73	1,66	1,58	1,45	**0,29**
0,91	0,79	0,69	0,57	**0,73**	1,76	1,69	1,61	1,49	**0,28**
0,92	0,81	0,71	0,59	**0,72**	1,80	1,73	1,65	1,53	**0,27**
0,94	0,82	0,72	0,60	**0,71**	1,84	1,77	1,69	1,56	**0,26**
0,95	0,84	0,74	0,61	**0,70**	1,88	1,81	1,73	1,60	**0,25**
0,96	0,86	0,76	0,63	**0,69**	1,92	1,85	1,78	1,65	**0,24**
0,98	0,87	0,77	0,64	**0,68**	1,97	1,90	1,82	1,69	**0,23**
0,99	0,89	0,79	0,66	**0,67**	2,01	1,95	1,87	1,74	**0,22**
1,01	0,90	0,80	0,67	**0,66**	2,07	2,00	1,92	1,80	**0,21**
1,02	0,92	0,82	0,69	**0,65**	2,12	2,05	1,98	1,85	**0,20**
1,04	0,93	0,84	0,70	**0,64**	2,18	2,11	2,04	1,91	**0,19**
1,05	0,95	0,85	0,72	**0,63**	2,24	2,18	2,10	1,98	**0,18**
1,07	0,96	0,87	0,74	**0,62**	2,31	2,25	2,17	2,05	**0,17**
1,08	0,98	0,88	0,75	**0,61**	2,39	2,32	2,25	2,12	**0,16**
1,09	1,00	0,90	0,77	**0,60**	2,47	2,40	2,33	2,21	**0,15**
1,11	1,01	0,92	0,78	**0,59**	2,56	2,50	2,42	2,30	**0,14**
1,12	1,03	0,93	0,80	**0,58**	2,66	2,60	2,53	2,40	**0,13**
1,14	1,04	0,95	0,82	**0,57**	2,78	2,71	2,64	2,52	**0,12**
1,15	1,06	0,97	0,83	**0,56**	2,91	2,84	2,77	2,65	**0,11**
					3,06	2,99	2,92	2,79	**0,10**

Tafel 18.31a Abminderungsfaktoren κ für Biegeknicken (Knickspannungslinien a, b, c und d)

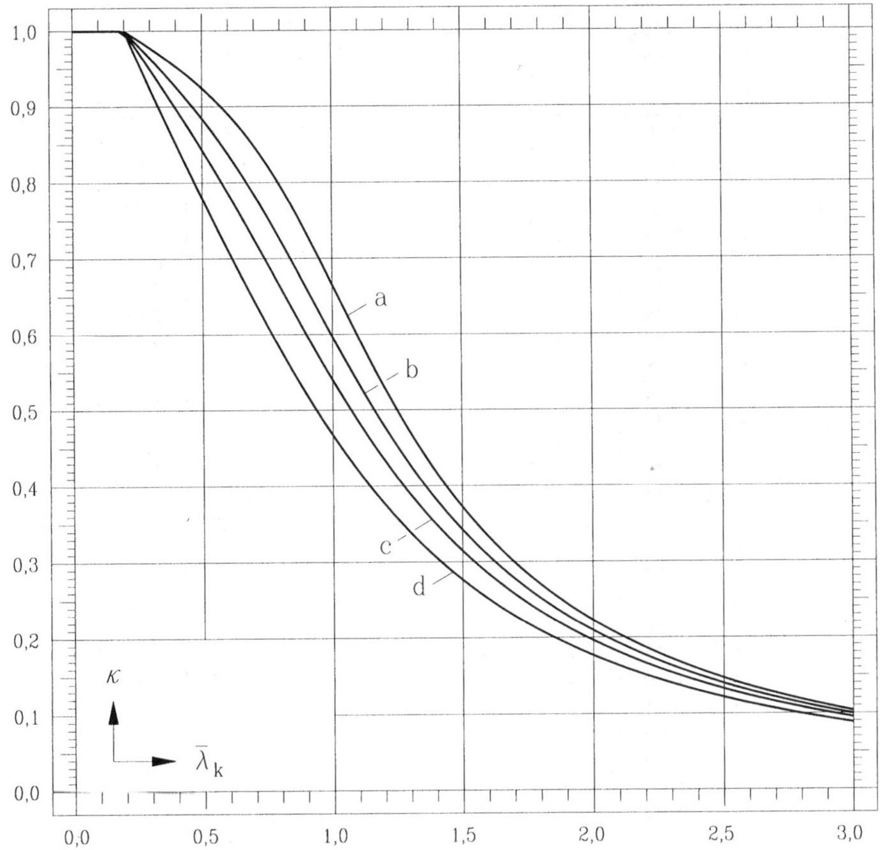

Tafel 18.31b Beanspruchbarkeiten $N_{R,d}$ in kN von an den Enden gelenkig gelagerten Druckstäben aus warmgefertigten quadratischen Hohlprofilen nach DIN EN 10 210-2 aus S235 (Fortsetzung siehe Seite 18.32)

B	*T*	Knicklänge s_K in m										
mm	mm	2,00	2,50	3,00	3,50	4,00	4,50	5,00	5,50	6,00	6,50	7,00
50	3	69,8	50,0	36,6	27,6	21,6	17,3	14,1	11,8	9,94	8,51	7,37
	4	87,7	62,3	45,4	34,3	26,7	21,4	17,5	14,6	12,3	10,5	9,12
60	3	105	81,7	62,0	47,7	37,6	30,2	24,8	20,7	17,6	15,1	13,1
	4	135	104	78,2	60,1	47,2	38,0	31,2	26,0	22,0	18,9	16,4
70	3	139	117	93,6	74,0	59,1	48,0	39,6	33,2	28,2	24,2	21,0
	4	180	150	120	94,2	75,1	60,9	50,2	42,1	35,7	30,7	26,6
	5	218	181	143	112	89,4	72,4	59,7	49,9	42,4	36,4	31,6
80	3	170	152	129	106	86,0	70,6	58,7	49,4	42,1	36,3	31,5
	4	222	197	166	136	110	90,4	75,0	63,1	53,8	46,3	40,2
	5	271	239	200	163	132	108	89,8	75,5	64,3	55,3	48,1

Tafel 18.31b (Fortsetzung)

B	T	Knicklänge s_K in m										
mm	mm	2,00	2,50	3,00	3,50	4,00	4,50	5,00	5,50	6,00	6,50	7,00
90	4	262	241	213	181	152	126	106	89,5	76,6	66,1	57,6
	5	322	295	259	220	183	152	127	108	92,1	79,5	69,3
	6	379	346	303	256	212	176	147	124	106	91,7	79,9
100	4	301	283	259	229	197	168	142	121	104	90,4	79,0
	5	370	347	317	279	240	203	172	147	126	109	95,4
	6	437	409	372	327	279	236	200	170	146	127	111
120	5	464	446	423	393	357	318	279	243	212	186	164
	6	550	528	500	464	421	373	327	285	248	217	191
	8	715	685	646	597	539	475	414	360	313	273	240
140	5	557	541	522	498	470	435	397	357	319	283	252
	6	661	642	619	591	556	514	468	420	374	333	296
	8	863	837	806	768	720	664	601	538	478	424	377

- **Biegedrillknicken**

Für Walzprofile mit I-förmigem Querschnitt und Träger mit ähnlichen Abmessungen sowie für Hohlprofile ist bei *Beanspruchung durch planmäßig mittigen Druck* kein Tragsicherheitsnachweis für Biegedrillknicken erforderlich. Zum Nachweis anderer Querschnitte siehe Schneider BAUTABELLEN für Ingenieure Seite 8.39 bis 8.41.

4.1.3 Einachsige Biegung ohne Normalkraft

Behandelt werden hier I-förmige Profile mit der Beanspruchnung M_y. Bei der alleinigen Beanspruchung durch M_z ist der Biegedrillknicksicherheitsnachweis nicht erforderlich.

- **Nachweis des Druckgurtes als Druckstab**

Eine genauere Biegedrillknickuntersuchung kann entfallen, wenn der Druckgurt im Abstand c seitlich unverschieblich gehalten und folgende Bedingung erfüllt ist:

$$\boxed{\bar{\lambda} \leq 0{,}5 \cdot M_{pl,y,d} \,/\, M_{y,d}} \quad \text{mit } \bar{\lambda} = \frac{c \cdot k_c}{i_{z,g} \cdot \lambda_a}$$

$i_{z,g}$ Trägheitsradius um die Steg-Achse z der aus Druckgurt und 1/5 des Steges gebildeten Querschnittsfläche (Tafel 18.33)

k_c Beiwert für den Verlauf der Druckkraft im Druckgurt

$$\rightarrow \quad \boxed{c \leq 0{,}5 \cdot \frac{M_{pl,y,d}}{M_{y,d}} \cdot \frac{i_{z,g} \cdot \lambda_a}{k_c}}$$

Tafel 18.32 Druckkraftbeiwerte k_c

Normalkraftverlauf	k_c
 max N	1,00
 max N	0,94
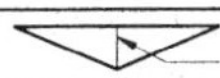 max N	0,86
max N 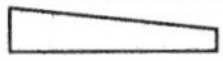 $\psi \cdot$ max N; $-1 \leq \psi \leq 1$	$\frac{1}{1{,}33 - 0{,}33 \cdot \psi}$

Beispiel:

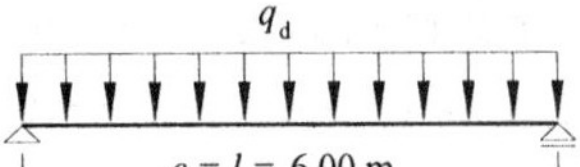

Profil: IPE 400, S235; q_d = 23,5 kN/m

$M_{y,d}$ = 23,5 · 6,0² / 8 = 105,75 kNm;

$M_{pl,y,d}$ = 289 kNm (siehe Tafel 18.19a)

λ_a = 92,9; $i_{z,g}$ = 4,49 cm (Tafel 18.33); k_c = 0,94 (Tafel 18.32)

$c \leq 0{,}5 \cdot \frac{289}{105{,}75} \cdot \frac{4{,}49 \cdot 92{,}9}{0{,}94} \leq 606$ cm; vorh c = 600 < 606 cm

Tafel 18.33 Trägkeitsradius um die Stegachse *z* der aus Druckgurt und 1/5 der Stegfläche gebildeten Querschnittsfläche für Walzprofile in cm $i_{z,g}$

Nenn-höhe	I	IPEa	IPE	IPEo	IPEv	HEAA	HEA	HEB	HEM
80	1,02	-	1,18	-	-	-	-	-	-
100	1,21	-	1,40	-	-	2,60	2,66	2,69	2,90
120	1,40	1,61	1,63	-	-	3,14	3,21	3,24	3,45
140	1,58	1,86	1,87	-	-	3,70	3,76	3,80	4,00
160	1,76	2,07	2,08	-	-	4,23	4,26	4,31	4,53
180	1,95	2,31	2,32	2,35	-	4,78	4,82	4,87	5,08
200	2,14	2,51	2,52	2,59	-	5,27	5,32	5,39	5,61
220	2,32	2,78	2,79	2,85	-	5,81	5,88	5,95	6,16
240	2,51	3,01	3,03	3,09	-	6,30	6,40	6,47	6,78
260	2,67	-	-	-	-	6,81	6,91	6,99	7,31
270	-	3,40	3,41	3,47	-	-	-	-	-
280	2,81	-	-	-	-	7,35	7,46	7,54	7,86
300	2,94	3,78	3,79	3,88	-	7,83	7,98	8,06	8,47
320	3,94	-	-	-	-	7,81	7,99	8,06	8,43
330	-	4,00	4,02	4,10	-	-	-	-	-
340	3,23	-	-	-	-	7,79	7,99	8,05	8,41
360	3,36	4,31	4,29	4,36	-	7,77	7,98	8,04	8,36
400	3,64	4,51	4,49	4,57	4,60	7,75	7,94	7,99	8,29
450	3,99	4,76	4,72	4,81	4,87	7,68	7,93	7,97	8,23
500	4,34	5,00	4,96	5,04	5,13	7,61	7,91	7,94	8,15
550	4,72	5,21	5,16	5,25	5,34	7,54	7,86	7,89	8,09
600	5,01	5,47	5,41	5,56	5,66	7,47	7,82	7,84	8,01
650	-	-	-	-	-	7,40	7,77	7,80	7,95
700	-	-	-	-	-	7,36	7,70	7,73	7,87
800	-	-	-	-	-	7,20	7,58	7,61	7,72
900	-	-	-	-	-	7,13	7,50	7,52	7,60
1000	-	-	-	-	-	7,01	7,41	7,43	7,50

- **Vereinfachter Nachweis auf Biegedrillknicken**

– **Bezugsschlankheit** $\bar{\lambda} = c \cdot k_c \,/\, (i_{z,g} \cdot \lambda_a)$

c Abstand der unverschieblichen, seitlichen Abstützungen des Druckgurtes

k_c Druckkraftbeiwert nach Tafel 18.32

– **Abminderungsfaktor** κ**:**

Der Abminderungsfaktor ist nach Seite 18.27 für die Knickspannungslinie c mit $\alpha = 0{,}49$ zu bestimmen (siehe auch Tafeln 18.30 und 18.31a).

Ausnahme: Bei geschweißten Profilen mit Querbelastung am Druckgurt ist der Abminderungsfaktor für die Knickspannungslinie d mit $\alpha = 0{,}76$ zu ermitteln.

Zusätzlich ist folgende Bedingung einzuhalten:

$h/t \leq 44\sqrt{240/f_{y,k}}$; h größte Gesamthöhe des Querschnitts; t Dicke des Druckgurtes

– **Biegedrillknicknachweis** $\boxed{0{,}843 \cdot |M_{y,d}| / (\kappa \cdot M_{pl,y,d})}$

Beispiel:

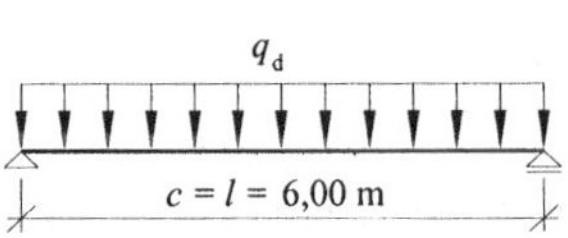

Profil: IPE 400, S235; $q_d = 28$ kN/m

$M_{y,d} = 28 \cdot 6{,}0^2 / 8 = 126$ kNm; $M_{pl,y,d} = 289$ kNm (Tafel 18.19a)

$i_{z,g} = 4{,}49$ cm (Tafel 18.33); $k_c = 0{,}94$ (Tafel 18.32); $\lambda_a = 92{,}9$

$\bar{\lambda} = 600 \cdot 0{,}94 \,/\, (4{,}49 \cdot 92{,}9) = 1{,}35$; $\rightarrow \kappa = 0{,}37$ (s. Tafel 18.30)

Nachweis: $\dfrac{0{,}843 \cdot 126}{0{,}37 \cdot 289} = \underline{0{,}99 < 1}$

5 Verbindungen mit Schweißnähten

5.1 Allgemeine Regeln

Schweißverbindungen müssen schweißgerecht konstruiert sein. Die Werkstoffe sind nach ihrem Verwendungszweck und ihrer Schweißeignung auszuwählen (siehe DASt-Ri 009 und Änderung und Ergänzung der Anpassungsrichtlinie Stahlbau (Ausg. Dez. 2001). Anhäufungen von Schweißnähten sollen vermieden werden.

In **Hohlkehlen von Walzprofilen** aus unberuhigt vergossenen Stählen dürfen in Längsrichtung keine Schweißnähte ausgeführt werden.

Bei **kaltverformten Bauteilen**, die vor dem Schweißen nicht normalgeglüht werden, darf im kaltverformten und im angrenzenden Bereich mit der Breite 5 t nur geschweißt werden, wenn die in Tafel 18.34 angegebenen Grenzwerte min (r/t) eingehalten sind. Für Zwischenwerte darf linear interpoliert werden.

Tafel 18.34 Grenzwerte min (r/t) für das Schweißen in kaltverformten Bereichen

max t mm	min (r/t)
50	10
24	3
12	2
8	1,5
4*)	1
< 4*)	1

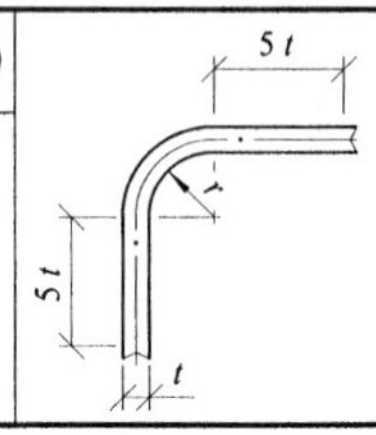

*) Für S235JO: max t = 6 mm

Stumpfstöße von Querschnittsteilen mit einem Dickenunterschied > 10 mm sind wie folgt auszuführen:

a) einseitig bündiger Stoß

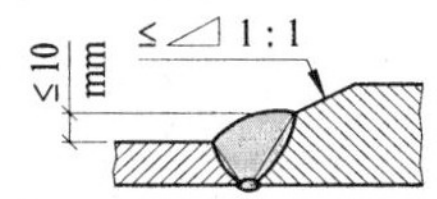

b) zentrischer Stoß

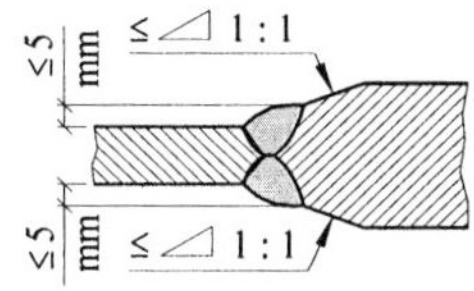

5.2 Maße und Querschnittswerte

- **Rechnerische Schweißnahtdicke *a***

  Für verschiedene Nahtarten siehe hierzu Tafel 18.36. Dort nicht aufgeführte Nahtarten sind sinnvoll einzuordnen. Zur Nahtdickenbegrenzung bei Kehlnähten siehe Seite 18.37.

- **Rechnerische Schweißnahtlänge *l***

  Die rechnerische Schweißnahtlänge entspricht der geometrischen Nahtlänge. Bei Kehlnähten ist das die Länge der Wurzellinie. Zur Nahtlängenbegrenzung bei Kehlnähten siehe Seite 18.37. Tafel 18.35 enthält Angaben über die anzunehmende Nahtlänge bei unmittelbaren Stabanschlüssen. Die Nahtlänge bei mittelbaren Anschlüssen ist nach folgender Abb. anzunehmen.

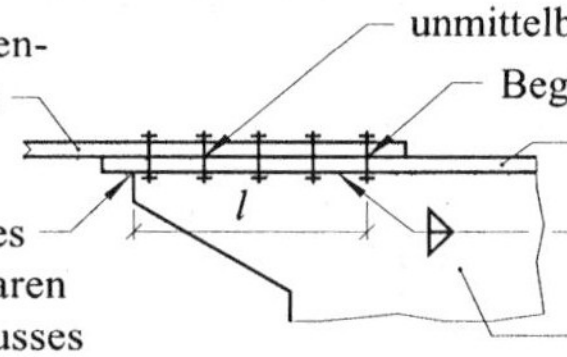

- **Rechnerische Schweißnahtfläche A_w**

$$A_w = \Sigma\, a \cdot l$$

Beim Nachweis dürfen nur die Schweißnahtflächen derjenigen Nähte angesetzt werden, die aufgrund ihrer Lage vorzugsweise imstande sind, die Schnittgrößen in der Verbindung zu übertragen. Bei einem Trägeranschluss mit Flansch- und Stegkehlnähten sind z.B. nur die Stegnähte zur Übertragung der Querkraft V_z heranzuziehen.

- **Rechnerische Schweißnahtlage**

  Bei der Ermittlung der Querschnittswerte von Kehlnähten ist die Schweißnahtfläche konzentriert in der Wurzellinie anzunehmen.

Tafel 18.35 Rechnerische Schweißnahtlängen Σl bei unmittelbaren Stabanschlüssen

	1	2	3
	Nahtart	**Bild**	**Rechnerische Nahtlänge** Σl
1	Flankenkehlnähte	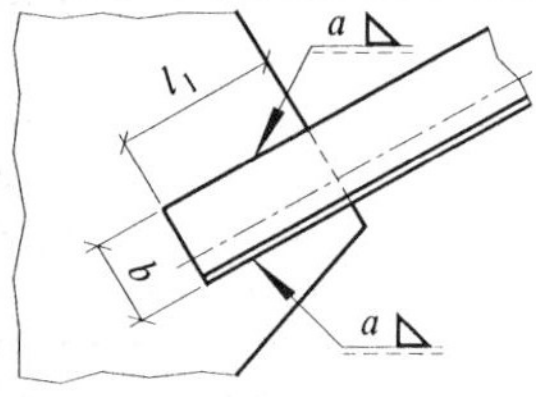	$\Sigma l = 2\, l_1$
2	Stirn- und Flankenkehlnähte	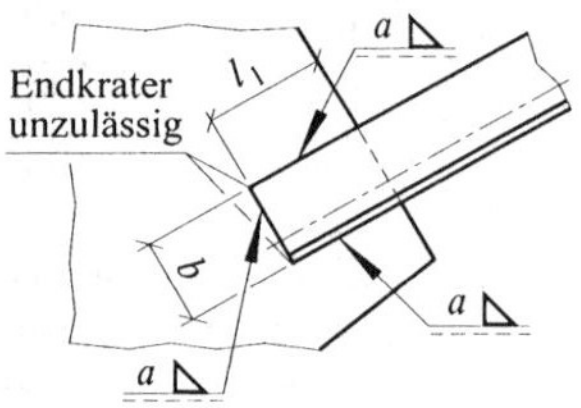	$\Sigma l = b + 2\, l_1$
3	Ringsumlaufende Kehlnaht – Schwerachse näher zur längeren Naht	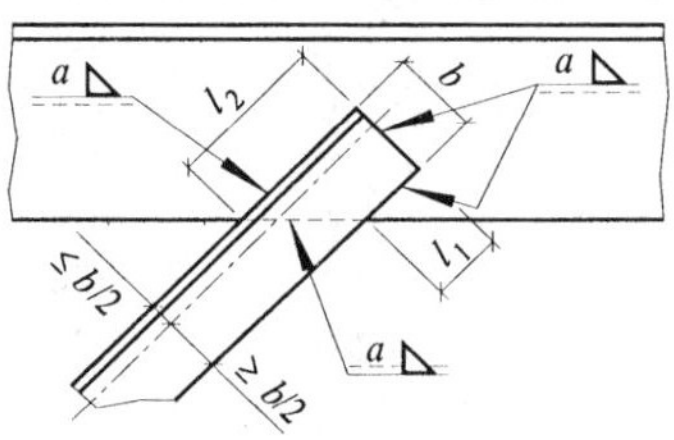	$\Sigma l = l_1 + l_2 + 2\, b$
4	Ringsumlaufende Kehlnaht – Schwerachse näher zur kürzeren Naht	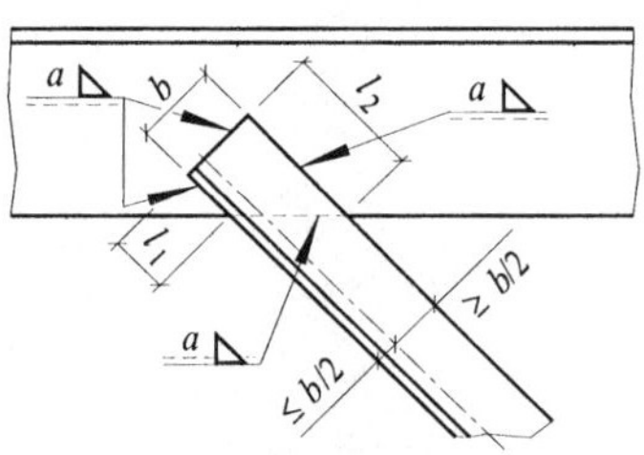	$\Sigma l = 2\, l_1 + 2\, b$
5	Kehlnaht oder HV-Naht bei geschlitztem Winkelprofil	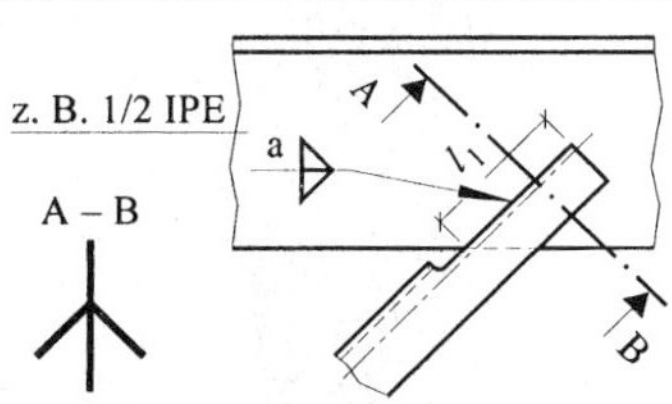	$\Sigma l = 2\, l_1$

Die Momente aus den Außermittigkeiten des Nahtschwerpunktes zur Stabachse dürfen unberücksichtigt bleiben, wenn die rechnerische Schweißnahtlänge nach dieser Tafel bestimmt wird. Dies gilt auch für den Anschluss anderer, hier nicht dargestellter Profilarten.

Tafel 18.36 Rechnerische Schweißnahtdicken *a*

		1		2	3
		Nahtart		**Bild**	**Rechnerische Nahtdicke *a***
1	Durch- oder gegengeschweißte Nähte	Stumpfnaht		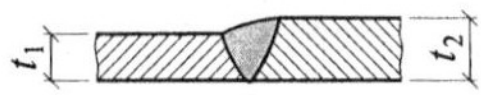	$a = t_1$
2	Durch- oder gegengeschweißte Nähte	D(oppel)HV-Naht (K-Naht)		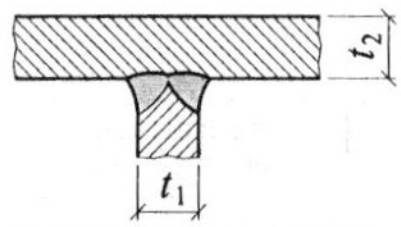	$a = t_1$
3	Durch- oder gegengeschweißte Nähte	HV-Naht	Kapplage gegengeschweißt	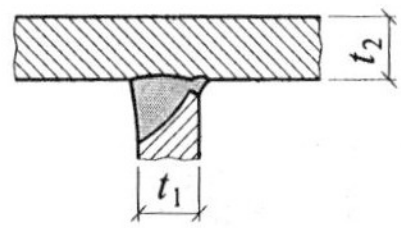	$a = t_1$
4	Durch- oder gegengeschweißte Nähte	HV-Naht	Wurzel durchgeschweißt	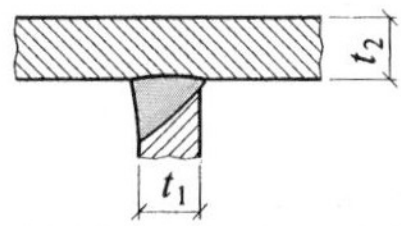	$a = t_1$
5	Nicht durchgeschweißte Nähte	HY-Naht mit Kehlnaht[1)]		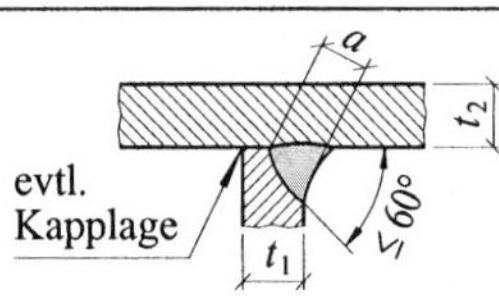	Die Nahtdicke *a* ist gleich dem Abstand vom theoretischen Wurzelpunkt zur Nahtoberfläche
6	Nicht durchgeschweißte Nähte	HY-Naht[1)]		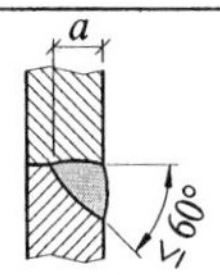	Die Nahtdicke *a* ist gleich dem Abstand vom theoretischen Wurzelpunkt zur Nahtoberfläche
7	Nicht durchgeschweißte Nähte	D(oppel)HY-Naht mit Doppelkehlnaht[1)]		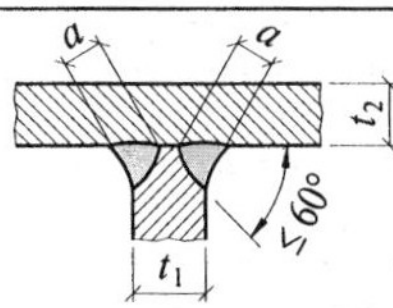	Die Nahtdicke *a* ist gleich dem Abstand vom theoretischen Wurzelpunkt zur Nahtoberfläche
8	Nicht durchgeschweißte Nähte	D(oppel)HY-Naht[1)]		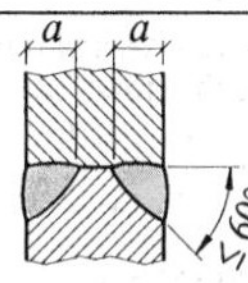	Die Nahtdicke *a* ist gleich dem Abstand vom theoretischen Wurzelpunkt zur Nahtoberfläche
9	Nicht durchgeschweißte Nähte	Doppel I-Naht ohne Nahtvorbereitung (Vollmechanische Naht)		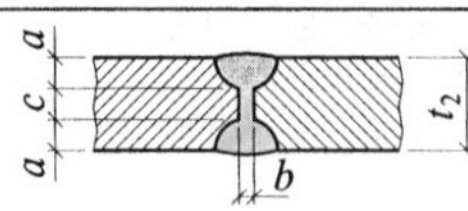	Nahtdicke *a* mit Verfahrensprüfung festlegen; Spalt *b* ist verfahrensabhängig; UP: $b = 0$

Tafel 18.36 (Fortsetzung)

		1		2	3
		Nahtart		**Bild**	**Rechnerische Nahtdicke *a***
10	Kehlnähte	Kehlnaht		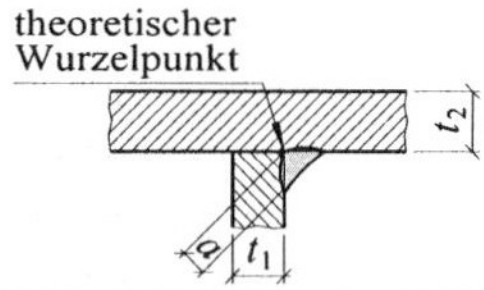	Nahtdicke a ist gleich der bis zum theoretischen Wurzelpunkt gemessenen Höhe des einschreibbaren gleichschenkligen Dreiecks
11	Kehlnähte	Doppelkehlnaht		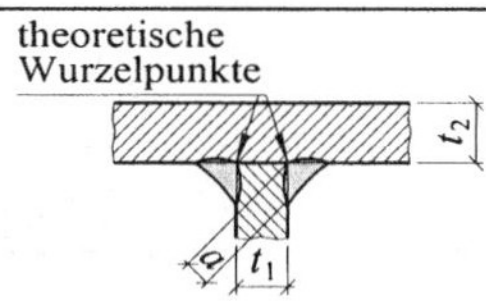	
12	Kehlnähte	Kehlnaht	mit tiefem Einbrand	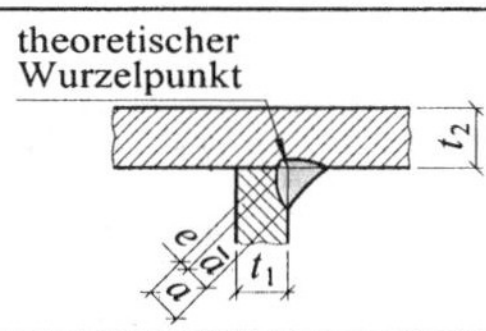	$a = \bar{a} + e$ $\bar{a}$: entspricht a nach Zeile 10 und 11 e: mit Verfahrensprüfung festlegen
13	Kehlnähte	Doppelkehlnaht	mit tiefem Einbrand	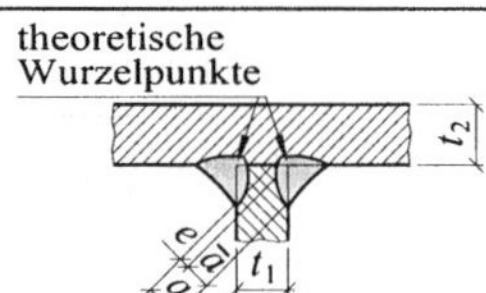	
14		Dreiblechnaht Steilflankennaht		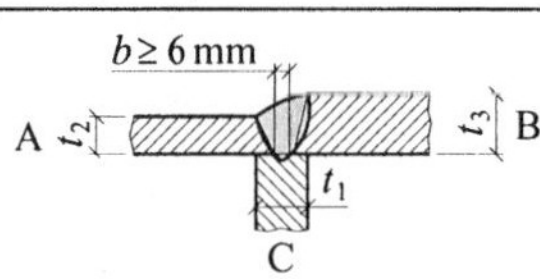	Kraftübertragung von ... A nach B: $a = t_2$ für $t_2 < t_3$
15					C nach A und B: $a = b$

[1)] Bei Nähten nach Zeile 5 bis 8 mit einem Öffnungswinkel < 45° ist das rechnerische a-Maß um 2 mm zu vermindern oder durch eine Verfahrensprüfung festzulegen. Ausgenommen hiervon sind Nähte, die in Wannenposition (w) und Horizontalposition (h) mit Schutzgasschweißung ausgeführt werden.

- **Nahtdickenbegrenzung bei Kehlnähten**

$$2 \leq a \leq 0{,}7 \cdot \min t$$

$$a \geq \sqrt{\max t} - 0{,}5\ ^{*)}$$

mit a und t in mm

*) Hierdurch wird die Versprödungs- und Kaltrissgefahr berücksichtigt, die durch einen schnellen Wärmeabfluss beim Schweißen entstehen kann. In Abhängigkeit von den Schweißbedingungen darf auf die Einhaltung der Bedingung verzichtet werden, wenn bei $t \geq 30$ mm die Nahtdicke mit $a \geq 5$ mm gewählt wird.

- **Nahtlängenbegrenzung bei Kehlnähten**

Kehlnähte dürfen rechnerisch nur berücksichtigt werden, wenn folgende Bedingung erfüllt ist:

$$30 < l \geq 6 \cdot a$$ mit l und a in mm

Bei unmittelbaren Laschen- und Stabanschlüssen mit nicht kontinuierlicher Krafteinleitung gilt: $\max l \leq 150 \cdot a$

- **Nachweise für Schweißverbindungen** siehe BAUTABELLEN für Ingenieure Seite 8.68.

5.3 Symbole für Schweißverbindungen

Beispiele nach DIN EN 22 553 (8.94)

Grundsymbole für Nahtarten		Zusammengesetzte Symbole für Nahtarten	
Benennung	Illustration / Symbol	Benennung	Illustration / Symbol
Kehlnaht	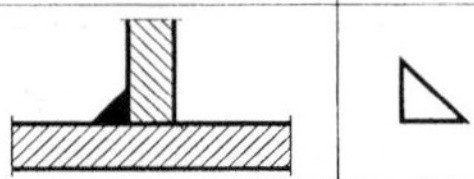	Doppelkehlnaht	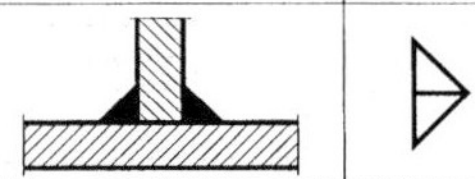
V-Naht		DV-Naht	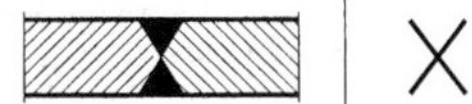
HV-Naht	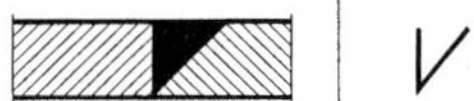	DHV-Naht	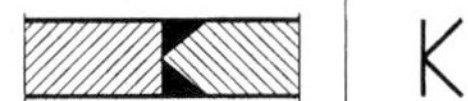
Y-Naht	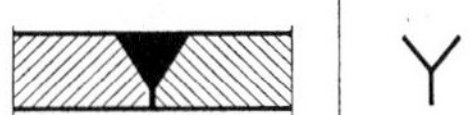	DY-Naht	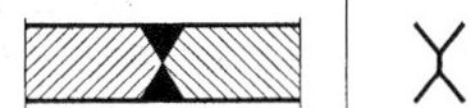
HY-Naht		DHY-Naht	
Gegennaht (Gegenlage)		V-Naht mit Gegennaht	
I-Naht		**Bezugszeichen**	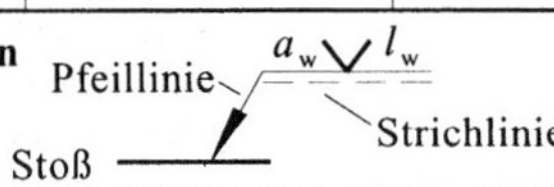

Zusatzsymbole		Ergänzungssymbole
Oberflächenform	Nahtausführung	
hohl (konkav) flach gewölbt (konvex) 	Wurzel ausgearbeitet und gegengeschweißt Naht durch zusätzliche Bearbeitung eingeebnet 	ringsum-verlaufende Naht Baustellennaht 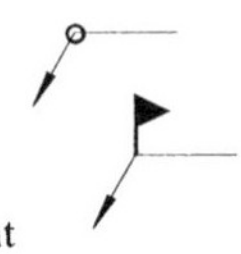

Kombinationen

V-Naht mit ebener Oberfläche, Wurzel ausgearbeitet und gegengeschweißt 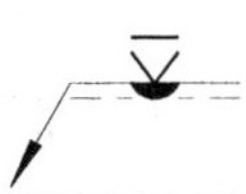	ringsum-verlaufende Kehlnaht mit hohler Oberflächenform, auf der Baustelle geschweißt 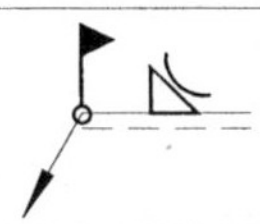

Stellung des Bezugszeichens bzw. des Symbols

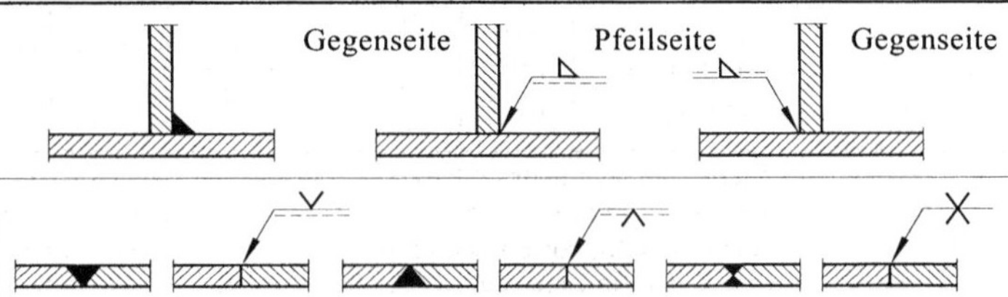

6 Verbindungen mit Schrauben

6.1 Allgemeine Regeln

Tafel 18.39a Ausführungsformen von Schraubenverbindungen

Nennlochspiel [1] $\Delta d = d_L - d_{Sch}$ mm	ohne planmäßige Vorspannung	mit planmäßiger Vorspannung [2] ohne gleitfeste Reibfläche	mit planmäßiger Vorspannung [2] mit gleitfester Reibfläche [3]
$0{,}3 < \Delta d \leq \max \Delta d$	SL	SLV	GV
$\Delta d \leq 0{,}3$	SLP	SLVP	GVP
Schraubenfestigkeitsklasse →	4.6; 5.6; 8.8; 10.9	8.8 (nur SLV); 10.9	10.9

d_L Lochdurchmesser; d_{Sch} Schaftdurchmesser;
max Δd Größtwert des Nennlochspiels:
1 mm für Schrauben < M 16; 2 mm für Schrauben M 16 bis M 24; 3 mm für Schrauben > M 24

SL Scher-Lochleibungsverbindung
SLP Scher-Lochleibungsverbindung mit Passschrauben
SLV Scher-Lochleibungsverbindung mit planmäßiger Vorspannung
SLVP Scher-Lochleibungsverbindung mit planmäßiger Vorspannung und Passschrauben
GV Gleitfeste, planmäßig vorgespannte Verbindung
GVP Gleitfeste, planmäßig vorgespannte Verbindung mit Passschrauben

[1] Das Nennlochspiel ist auf $\Delta d \leq 1$ mm zu begrenzen,
- wenn beim Nachweis von Vollwandträgern der Schlupf in den Endanschlüssen zusätzlicher Gurtplatten nicht berücksichtigt wird;
- für die Bohrung einer Senkschraubenverbindung in dem Bauteil das die Senkung erhält.

[2] Vorspannung nach DIN 18 800-7.
[3] Reibflächenbehandlung nach DIN 18 800-7.

In unmittelbaren Laschen- und Stabanschlüssen mit nicht kontinuierlicher Krafteinleitung dürfen maximal 8 Schrauben in Kraftrichtung hintereinanderliegend beim Nachweis berücksichtigt werden.

Unsymmetrische Anschlüsse mit nur einer Schraube dürfen ausgeführt werden, wenn bei Zugstäben der Nettoquerschnitt nach Abschnitt 3.4 berechnet wird. Dieser Abschnitt enthält außerdem Angaben über die Berücksichtigung von Lochschwächungen.

Bezeichnung der Rand- und Lochabstände

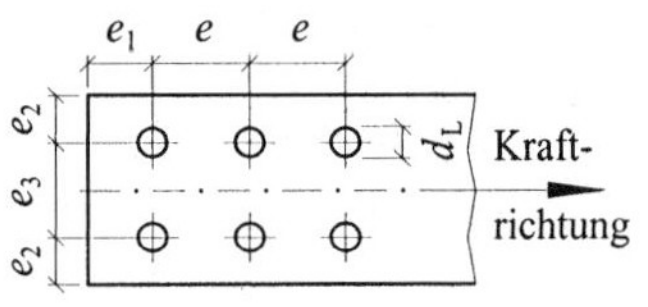

Tafel 18.39b Rand- und Lochabstände von Schrauben und Nieten

Randabstände			Lochabstände		
Kleinster Rand-abstand	In Kraftrichtung e_1	1,2 d_L	Kleinster Loch-abstand	In Kraftrichtung e	2,2 d_L
	⊥ zur Kraftrichtung e_2	1,2 d_L		⊥ zur Kraftrichtung e_3	2,4 d_L
Größter Rand-abstand	In und ⊥ zur Kraftrichtung e_1 bzw. e_2	3 d_L oder 6 t [1]	Größter Loch-abstand e bzw. e_3	Zur Sicherung gegen lokales Beulen	6 d_L oder 12 t
				wenn lokale Beulgefahr nicht besteht	10 d_L oder 20 t

Bei gestanzten Löchern sind die kleinsten Randabstände 1,5 d_L, die kleinsten Lochabstände 3 d_L.
Die Rand- und Lochabstände dürfen vergrößert werden, wenn keine lokale Beulgefahr besteht und wenn ein ausreichender Korrosionsschutz durch besondere Maßnahmen sichergestellt ist.
[1] Maximal 8 t, wenn der freie Rand durch die Querschnittsform versteift wird.

6.2 Tragsicherheitsnachweise

6.2.1 Beanspruchung auf Abscheren

Die Tragsicherheit auf Abscheren ist nachgewiesen, wenn die vorhandene Abscherkraft $V_{a,d}$ je Scherfuge und je Schraube die Grenzabscherkraft $V_{a,R,d}$ nicht überschreitet.

- **Grenzabscherkraft** $\boxed{V_{a,R,d} = A \cdot \tau_{a,R,d} = A \cdot \alpha_a \cdot f_{u,b,k} / \gamma_M}$

A Schaftquerschnittsfläche nach Tafel 18.46b, wenn der glatte Teil des Schaftes in der Scherfuge liegt; Spannungsquerschnittsfläche A_S nach Tafel 18.46b, wenn das Gewinde in der Scherfuge liegt.
α_a = 0,60 für Festigkeitsklasse 4.6, 5.6 und 8.8; α_a = 0,55 für Festigkeitsklasse 10.9
α_a = 0,44 für Festigkeitsklasse 10.9, wenn das Gewinde in der Scherfuge liegt.
γ_M = 1,1 bzw. γ_M = 1,25, wenn es sich um eine einschnittige ungestützte Verbindung handelt.
$f_{u,b,k}$ Charakteristischer Wert der Zugfestigkeit des Schraubenwerkstoffes nach Tafel 18.4b

Tafel 18.40 Grenzabscherkräfte $V_{a,R,d}$ in kN je Scherfuge für einschnittige gestützte und mehrschnittige Verbindungen

Verbindungsart		Festigkeitsklasse	Schraubengröße M 12	M 16	M 20	M 22	M 24	M 27	M 30	M 36
Schaft in der Scherfuge	SL	4.6	24,7	43,9	68,5	82,9	98,6	125	154	222
		5.6	30,8	54,8	85,6	104	123	156	193	278
	SL bzw. SLV	8.8	49,3	87,7	137	166	197	250	309	444
		10.9	56,5	101	157	190	226	287	354	509
Gewinde in der Scherfuge	SL	4.6	18,4	34,3	53,5	66,1	77,0	100	122	178
		5.6	23,0	42,8	66,8	82,6	96,3	125	153	223
	SL bzw. SLV	8.8	36,8	68,5	107	132	154	200	245	357
		10.9	33,7	62,8	98,0	121	141	184	224	327
SLP		4.6	29,0	49,5	75,5	90,5	107	134	165	235
		5.6	36,3	61,9	94,4	113	134	168	206	293
SLP bzw. SLVP		10.9	66,5	114	173	208	246	308	378	538

- **Nachweis auf Abscheren** $\boxed{V_{a,d} / V_{a,R,d} \leq 1}$

6.2.2 Beanspruchung auf Zug in Richtung der Schraubenachse

Es ist nachzuweisen, dass die in der Schraube vorhandene Zugkraft N_d die Grenzzugkraft $N_{R,d}$ nicht überschreitet. Schrauben der Festigkeitsklassen 8.8 und 10.9 sind nach DIN 18 800-7 planmäßig vorzuspannen, wenn die zu erwartenden Verformungen im Tragsicherheitsnachweis nicht berücksichtigt bzw. im Gebrauchszustand nicht in Kauf genommen werden.

- **Grenzzugkraft**

$$\boxed{N_{R,d} = \min \begin{bmatrix} A \cdot \sigma_{1,R,d} \\ A_S \cdot \sigma_{2,R,d} \end{bmatrix}}$$

mit $\sigma_{1,R,d} = f_{y,b,k} / (1{,}1 \cdot \gamma_M)$ und $\sigma_{2,R,d} = f_{u,b,k} / (1{,}25 \cdot \gamma_M)$
$f_{y,b,k}$ Charakteristischer Wert der Streckgrenze nach Tafel 18.4b
$f_{u,b,k}$ Charakteristischer Wert der Zugfestigkeit nach Tafel 18.4b

Für Schrauben mit Gewinde bis annähernd zum Kopf, Gewindestangen und aufgeschweißte Gewindebolzen und wenn die durch das Fließen der Schrauben verursachten Verformungen nicht zulässig sind, ist an Stelle des Schaftquerschnittes A der Spannungsquerschnitt A_S (siehe Tafel 18.46b) einzusetzen.

- **Nachweis auf Zug** $\boxed{N_d / N_{R,d} \leq 1}$

Tafel 18.41a Grenzzugkräfte $N_{R,d}$ in kN je Schraube

Schraubenart	Festigkeitsklasse	Schraubengröße M 12	M 16	M 20	M 22	M 24	M 27	M 30	M 36
Sechskantschrauben	4.6	22,4	39,9	62,3	75,4	89,7	114	140	202
	5.6	28,0	49,8	77,9	94,2	112	142	175	252
	8.8	49,0	91,3	143	176	205	267	326	475
	10.9	61,3	114	178	220	257	334	408	594
Sechskant-Passschrauben	4.6	24,5	45,0	68,6	82,3	97,4	122	150	213
	5.6	30,7	56,3	85,8	103	122	153	187	267
	10.9	61,3	114	178	220	257	334	408	594

6.2.3 Beanspruchung auf Zug und Abscheren

Bei dieser Beanspruchungskombination ist zusätzlich zum Nachweis nach Abschnitt 6.2.2 (Zugbeanspruchung) folgender Interaktionsnachweis zu führen:

$$\left[\frac{N_d}{N_{R,d}}\right]^2 + \left[\frac{V_{a,d}}{V_{a,R,d}}\right]^2 \leq 1$$

Der Nachweis darf entfallen, wenn $N_d / N_{R,d}$ oder $V_{a,d} / V_{a,R,d} < 0{,}25$ ist. Für die Berechnung von $N_{R,d}$ ist die in der Scherfuge liegende Querschnittsfläche maßgebend.

6.2.4 Beanspruchung auf Lochleibung

Die Tragsicherheit auf Lochleibung ist nachgewiesen, wenn die vorhandene Lochleibungskraft $V_{l,d}$ einer Schraube an einer Lochwandung die Grenzlochleibungskraft $V_{l,R,d}$ nicht überschreitet.

- **Grenzlochleibungskraft** $V_{l,R,d} = t \cdot d_{Sch} \cdot \sigma_{l,R,d} = t \cdot d_{Sch} \cdot \alpha_l \cdot f_{y,k} / \gamma_M$

t Maßgebende Blechdicke ≥ 3 mm
α_l Beiwert nach Tafel 18.41b
d_{Sch} Schaft-∅ nach Tafel 18.45b bzw. 18.46a
$f_{y,k}$ Streckgrenze des Werkstoffes nach Tafel 18.4a

Tafel 18.41b Bestimmungsgleichungen für α_l

Maßgebender Abstand	Bedingungen für Abstände in Kraftrichtung	Bedingungen für Abstände ⊥ zur Kraftrichtung: $e_2 \geq 1{,}5\ d_L$ und $e_3 \geq 3{,}0\ d_L$	$e_2 = 1{,}2\ d_L$ und $e_3 = 2{,}4\ d_L$
Randabstand in Kraftrichtung	$1{,}2\ d_L \leq e_l \leq 3{,}0\ d_L$	$\alpha_l = 1{,}1 \cdot e_l / d_L - 0{,}3$	$\alpha_l = 0{,}73 \cdot e_l / d_L - 0{,}2$
Lochabstand in Kraftrichtung	$2{,}2\ d_L \leq e \leq 3{,}5\ d_L$	$\alpha_l = 1{,}08 \cdot e / d_L - 0{,}77$	$\alpha_l = 0{,}72 \cdot e / d_L - 0{,}51$
Unabhängig von den tatsächlichen Abständen darf e_l höchstens mit 3 d_L und e höchstens mit 3,5 d_L in Rechnung gestellt werden. Für Zwischenwerte von e_2 und e_3 darf linear interpoliert werden.			

Bezeichnungen

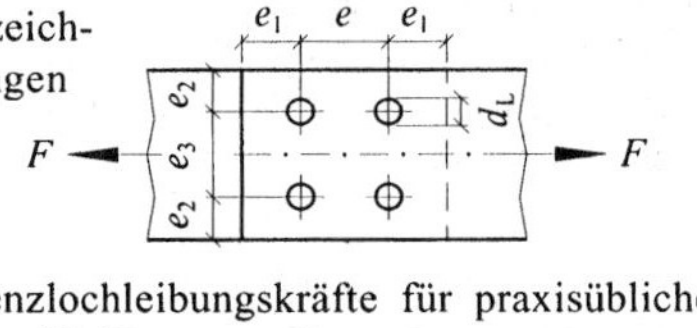

Die maximale Beanspruchbarkeit auf Lochleibung ergibt sich für die Abstände: $e_l = 3 \cdot d_L$, $e_2 = 1{,}5 \cdot d_L$, $e = 3{,}5 \cdot d_L$ und $e_3 = 3 \cdot d_L$. Für die Mindestabstände nach Tafel 18.39b werden wesentlich kleinere Werte erreicht.

Grenzlochleibungskräfte für praxisübliche Rand- bzw. Lochabstände sind den Tafeln 18.42 bzw. 18.43 zu entnehmen.

Die Grenzlochleibungskräfte der Schrauben einer Verbindung dürfen innerhalb eines Anschlusses addiert werden, wenn die einzelnen Schraubenkräfte beim Nachweis auf Abscheren berücksichtigt werden. Zur Ermittlung des Kleinstwertes der Beanspruchbarkeit auf Abscheren und Lochleibung innerhalb einer Verbindung ist für jede Schraube die Summe der Grenzabscherkräfte sowie die Summe der für die vorhandenen Rand- und Lochabstände maßgebenden Grenzlochleibungskräfte zu bestimmen. Dies gilt ebenfalls für die entgegengesetzte Kraftrichtung.

Tafel 18.42 Grenzlochleibungskräfte in kN für SL-, SLV- und GV-Verbindungen, bezogen auf 10 mm Bauteildicke und Baustahl S235 mit 3 mm ≤ t ≤ 40 mm

Nennlochspiel Δd = 1 mm	Abstand mm	M 12	M 16	M 20	M 22	M 24	M 27	M 30	M 36
		Schrauben (alle Festigkeitsklassen)							
Lochabstand in Kraftrichtung	e = 30	45,1							
	35	56,0							
	40	66,8	61,8						
	45	77,7	72,9						
	50	78,8	84,0	78,6					
	55	78,8	95,1	89,8	87,0	84,1			
	60	↓	105	101	98,3	95,4			
	65		105	112	110	107	102		
	70		↓	123	121	118	114	109	
	75			131	132	129	125	121	
	80			131	143	141	136	132	
	85			↓	144	152	148	143	134
	90				144	158	159	155	146
	95				↓	158	170	166	157
	100					↓	177	178	169
	105						177	189	180
	110						↓	197	192
	115							197	203
	120							↓	215
	125								226
	130								236
	135								236
Randabstand in Kraftrichtung	e_1 = 20	36,5							
	25	47,5	46,0						
	30	58,6	57,3	55,5	54,5	53,4			
	35	69,7	68,6	66,9	65,9	64,9	63,3		
	40	78,5	79,9	78,3	77,4	76,5	74,9	73,3	
	45	78,5	91,2	89,9	88,9	88,0	86,5	84,9	81,5
	50	↓	102	101	100	99,5	98,0	96,5	93,2
	55		105	113	112	111	110	108	105
	60		105	124	123	123	121	120	117
	65		↓	131	135	134	133	131	128
	70			131	144	146	144	143	140
	75			↓	144	157	156	155	152
	80				↓	157	167	166	163
	85					↓	177	178	175
	90						177	189	187
	95						↓	196	189
	100							196	210
	105							↓	222
	110								233
	115								236

Die Tafelwerte sind mit der maßgebenden Bauteildicke min Σt (in cm) zu multiplizieren. Sie gelten nur, wenn senkrecht zur Kraftrichtung die Abstände $e_2 \geq 1{,}5\, d_L$ und $e_3 \geq 3\, d_L$ eingehalten werden. Die maximale Beanspruchbarkeit auf Lochleibung ergibt sich bei einem Lochabstand $e = 3{,}5\, d_L$ bzw. einem Randabstand $e_1 = 3\, d_L$. Das Zeichen "↓" bedeutet, dass es sich bei dem davor angegebenen Wert um max $V_{l,Rd}$ handelt, der auch für größere Abstände anzunehmen ist. Für die Stahlsorte S355 können die Tafelwerte mit dem Faktor 1,5 umgerechnet werden.

Tafel 18.43 Grenzlochleibungskräfte in kN für SLP-, SLVP- und GVP-Verbindungen bezogen auf 10 mm Bauteildicke und Baustahl S235 mit 3 mm ≤ t ≤ 40 mm

		Abstand mm	Schrauben (alle Festigkeitsklassen)							
			M 12	M 16	M 20	M 22	M 24	M 27	M 30	M 36
Nennlochspiel Δd = 0 mm	Lochabstand in Kraftrichtung	e = 30	48,9							
		35	60,6							
		40	72,4	65,7						
		45	84,2	77,5						
		50	85,4	89,3	82,5					
		55	85,4	101	94,3	91,0	87,6			
		60	↓	112	106	103	99,4			
		65		112	118	115	111	106		
		70		↓	130	126	123	118	113	
		75			138	138	135	130	125	
		80			138	150	147	141	136	
		85			↓	151	158	153	148	138
		90				151	164	165	160	150
		95				↓	164	177	172	162
		100					↓	184	184	173
		105						184	195	185
		110						↓	204	197
		115							204	209
		120							↓	221
		125								232
		130								243
		135								243
	Randabstand in Kraftrichtung	e_1 = 20	39,5							
		25	51,5	48,9						
		30	63,5	60,9	58,3	56,9	55,6			
		35	75,5	72,9	70,3	68,9	67,6	65,7		
		40	85,1	84,9	82,3	80,9	79,6	77,7	75,7	
		45	85,1	96,9	94,3	92,9	91,6	89,7	87,7	83,8
		50	↓	109	106	105	104	102	99,7	95,8
		55		111	118	117	116	114	112	108
		60		111	130	129	128	126	124	120
		65		↓	137	141	140	138	136	132
		70			137	151	152	150	148	144
		75			↓	151	164	162	160	156
		80				↓	164	174	172	168
		85					↓	183	184	180
		90						183	196	192
		95						↓	203	204
		100							203	216
		105							↓	228
		110								240
		115								242

Die Tafelwerte sind mit der maßgebenden Bauteildicke min Σt (in cm) zu multiplizieren. Sie gelten nur, wenn senkrecht zur Kraftrichtung die Abstände $e_2 \geq 1{,}5\ d_L$ und $e_3 \geq 3\ d_L$ eingehalten werden. Die maximale Beanspruchbarkeit auf Lochleibung ergibt sich bei einem Lochabstand $e = 3{,}5\ d_L$ bzw. einem Randabstand $e_1 = 3\ d_L$. Das Zeichen "↓" bedeutet, dass es sich bei dem davor angegebenen Wert um max $V_{l,Rd}$ handelt, der auch für größere Abstände anzunehmen ist. Für die Stahlsorte S355 können die Tafelwerte mit dem Faktor 1,5 umgerechnet werden.

- **Nachweis auf Lochleibung** $\boxed{V_{l,d} / V_{l,R,d} \leq 1}$ bzw. $\boxed{1{,}2 \cdot V_{l,d} / V_{l,R,d} \leq 1}$ wenn es sich um eine einschnittige, ungestützte Verbindung mit nur einer Schraubenreihe senkrecht zur Kraftrichtung nach folgender Skizze handelt:
Für die Randabstände gilt in diesem Fall: $e_1 \geq 2 \cdot d_L$ und $e_2 \geq 1{,}5 \cdot d_L$.

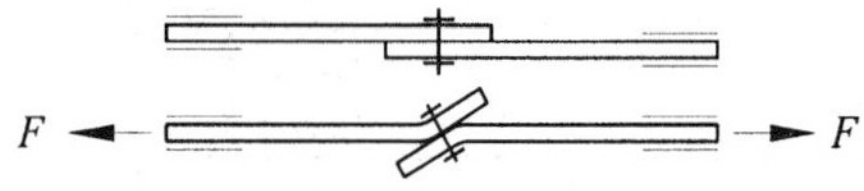

6.3 Anwendungen

- **Rechteckiges Schraubenbild mit den Beanspruchungen V_z, N, und M_S**

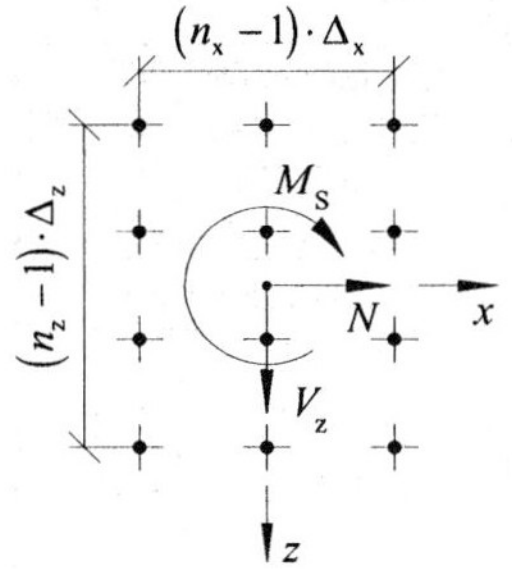

n_x Anzahl der Schrauben je Reihe in x-Richtung
Δ_x Abstand der Schrauben in x-Richtung
n_z Anzahl der Schrauben je Reihe in z-Richtung
Δ_z Abstand der Schrauben in z-Richtung
n Anzahl der Schrauben; $n = n_x \cdot n_z$

- **Schraubenkraft V_b der maximal beanspruchten Schraube**

$$\boxed{V_b = \sqrt{\left[\frac{V_z}{n} + \frac{M_S}{I_P} \cdot \frac{(n_x - 1) \cdot \Delta_x}{2}\right]^2 + \left[\frac{N}{n} + \frac{M_S}{I_P} \cdot \frac{(n_z - 1) \cdot \Delta_z}{2}\right]^2}}$$

$$\text{mit } I_P = \sum r_i^2 = \frac{n}{12} \cdot \left[(n_x^2 - 1) \cdot \Delta_x^2 + (n_z^2 - 1) \cdot \Delta_z^2\right]$$

– **Sonderfall: $N = 0$, $M_S = V_z \cdot a \rightarrow$** $V_b = V_z \cdot \sqrt{\left[\frac{1}{n} + \frac{a}{I_P} \cdot \frac{(n_x - 1) \cdot \Delta_x}{2}\right]^2 + \left[\frac{a}{I_P} \cdot \frac{(n_z - 1) \cdot \Delta_z}{2}\right]^2}$

Beispiel:

Gelenkiger Winkelanschluss

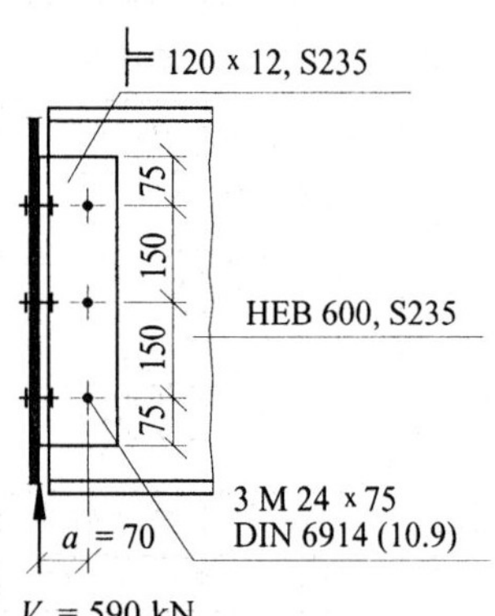

– **Berechnung der Schraubenkraft V_b der maximal beanspruchten Schraube**

$n = 3;\ n_x = 1;\ n_z = 3;\ I_P = \frac{3}{12} \cdot (3^2 - 1) \cdot 15^2 = 450 \text{ cm}^2$

$V_b = 590 \cdot \sqrt{\left[\frac{1}{3}\right]^2 + \left[\frac{7}{450} \cdot \frac{(3-1) \cdot 15}{2}\right]^2} = \underline{240{,}1 \text{ kN}}$

– **Nachweis auf Abscheren**
Die Schraubenschäfte der 2-schnittigen SL-Verbindung befinden sich in der Scherfuge.
$V_{a,R,d} = 226$ kN je Scherfuge (Tafel 18.40)
$V_b / (V_{a,R,d} \cdot n) = 240{,}1 / (226 \cdot 2) = \underline{0{,}53 < 1}$

– **Nachweis auf Lochleibung**
Maßgebend ist Lochleibungsversagen im Trägersteg (min $t = s_{(HEB\ 600)} = 15{,}5$ mm).
Mit $e = 150$ folgt aus Tafel 18.42: $V_{l,R,d} = 158$ kN
$V_b / (V_{l,R,d} \cdot \min t) = 240{,}1 / (158 \cdot 1{,}55) = \underline{0{,}98 < 1}$

6.4 Bemessungshilfen für Verbindungen

Für folgende typisierte Verbindungen stehen in [18.30] Bemessungshilfen zur Verfügung, für die ein rechnerischer Nachweis nicht erforderlich ist, da sie vom Prüfamt für Baustatik des Landes Nordrhein-Westfalen geprüft sind:

- querkraftbeanspruchte Winkelanschlüsse (Schraubenfestigkeitsklassen 4.6 und 10.9),
- querkraftbeanspruchte Stirnplattenanschlüsse (Schraubenfestigkeitsklassen 4.6 und 10.9),
- biegesteife Stirnplattenanschlüsse (Schraubenfestigkeitsklasse 10.9),
- rippenlose Trägerverbindungen.

6.5 Schraubentafeln

Tafel 18.45a Übersicht über die Produktnormen von Schrauben, Muttern und Scheiben

Ausführungsform [1]	Schraube	Festigkeitsklasse	Mutter	Festigkeitsklasse	Scheibe	Härteklasse
SL	DIN 7990 DIN 7969	4.6	DIN EN ISO 4034 DIN EN ISO 4032	> M 16: 4 [4] ≤ M 16: 5 [4]	DIN 7989-1 DIN 7989-2 DIN 434 DIN 435	100
SL	DIN 7990	5.6		5 [4]		
SLP [2]	DIN 7968					
SL	DIN EN ISO 4014 DIN EN ISO 4017	8.8	DIN EN ISO 4032	8	DIN EN ISO 7089 DIN EN ISO 7090 DIN EN ISO 7091 DIN 434; DIN 435	200; 300 200; 300 100 100
SLV [3]					DIN EN ISO 7089 [5]	300
SL SLV [3] GV [2][3]	DIN 6914	10.9	DIN 6915	10	DIN 6916 DIN 6917 DIN 6918	300
SLP [2] SLVP [2][3] GVP [2][3]	DIN 7999					

[1] Bei allen Ausführungsformen ist vorwiegend ruhende Zugbeanspruchung zulässig.
[2] Auch nicht vorwiegend ruhende Scherbeanspruchung zulässig.
[3] Auch nicht vorwiegend ruhende Zugbeanspruchung zulässig.
[4] Auch Muttern der Festigkeitsklasse 8 zulässig. [5] Mit Innenfase; zusätzlich gekennzeichnet mit dem Herstellerkennzeichen an der der Fase gegenüberliegenden Seite.

Tafel 18.45b Schraubenmaße in mm für Sechskantschrauben nach DIN 7990 und DIN 7968

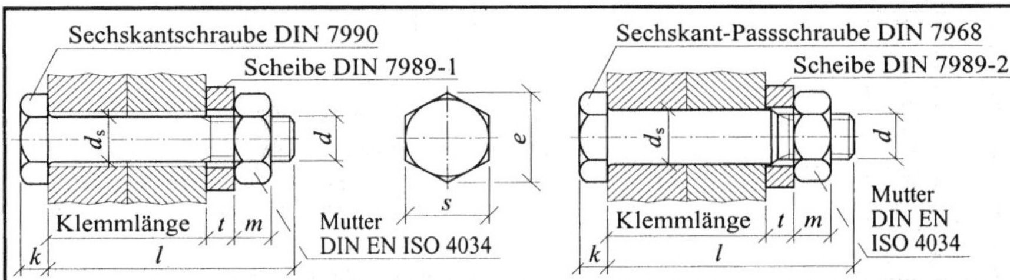

Schraubengröße →	M 12	M 16	M 20	M 22	M 24	M 27	M 30	M 36
Gewinde-∅ d	12	16	20	22	24	27	30	36
Schaft-∅ d_s	= Gewinde-∅ d							
dto. Passschraube d_s	13	17	21	23	25	28	31	37
Kopfhöhe k	8	10	13	14	15	17	19	23
Mutterhöhe max m	12,2	15,9	19	20,2	22,3	24,7	26,4	31,5
Schlüsselweite s	18	24	30	34	36	41	46	55
Eckenmaß min e	19,85	26,17	32,95	37,29	39,55	45,20	50,85	60,79
Scheiben-∅	24	30	37	39	44	50	56	60
Scheibendicke t	8	8	8	8	8	8	8	8

Tafel 18.46a Schraubenmaße in mm für Sechskantschrauben mit großen Schlüsselweiten (HV-Schrauben) nach DIN 6914 und DIN 7999

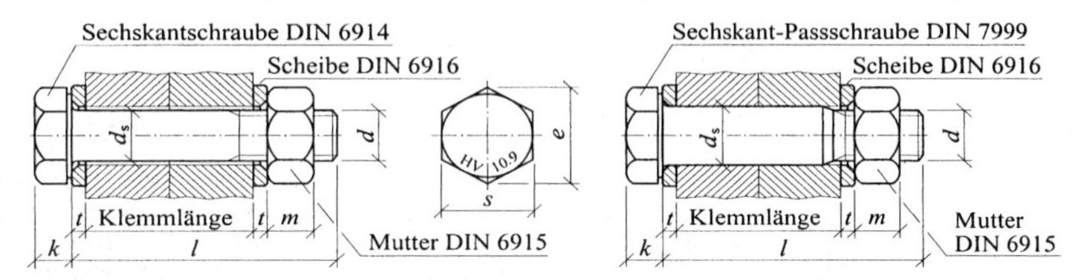

Schraubengröße →	M 12	M 16	M 20	M 22	M 24	M 27	M 30	M 36
Gewinde-∅ d	12	16	20	22	24	27	30	36
Schaft-∅ d_s	= Gewinde-∅ d							
dto. Passschraube d_s	13	17	21	23	25	28	31	37
Kopfhöhe k	8	10	13	14	15	17	19	23
Mutterhöhe max m	10	13	16	18	19	22	24	29
Schlüsselweite s	22	27	32	36	41	46	50	60
Eckenmaß min e	23,91	29,56	35,03	39,55	45,20	50,85	55,37	66,44
Scheiben-∅	24	30	37	39	44	50	56	66
Scheibendicke t	3	4	4	4	4	5	5	6

Tafel 18.46b Schaftquerschnittsfläche A und Spannungsquerschnittsfläche A_S in cm²

Schraubengröße →	M 12	M 16	M 20	M 22	M 24	M 27	M 30	M 36
Schaftquerschnitt A	1,13	2,01	3,14	3,80	4,52	5,73	7,07	10,18
dto. Passschraube A	1,33	2,27	3,46	4,15	4,91	6,16	7,55	10,75
Spannungsquerschnitt A_S	0,843	1,57	2,45	3,03	3,53	4,59	5,61	8,17

Tafel 18.46c Symbole für Schrauben in Zeichnungen nach DIN ISO 5261 (2.83)

Zeichenebene →	senkrecht zur Achse			parallel zur Achse		
Bedeutung des Symbols	nicht gesenkt	Senkung auf der Vorderseite	Senkung auf der Rückseite	Mutterseite freigestellt	Mutterseite rechts	Senkung rechts
Schraube in der Werkstatt eingebaut					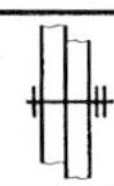	
Schraube auf der Baustelle eingebaut				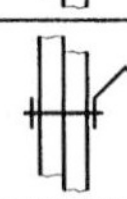	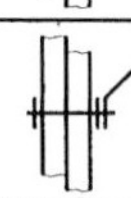	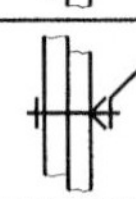
Schraube auf der Baustelle gebohrt und eingebaut				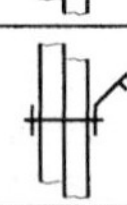		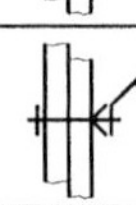

Bei den Sinnbildern für Löcher entfallen der Punkt in der Mitte bzw. in der Ansicht parallel zur Achse die senkrechten Striche. Zusätzlich ist der Loch-∅ in mm anzugeben.	Bezeichnung einer Schraube bzw. Schraubengruppe: 4 M 20 × (Länge in mm) DIN .... 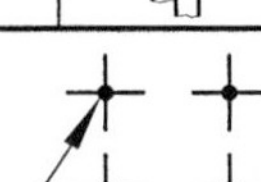

18 B Stähle im Bauwesen

Prof. Dr.-Ing. Ömer Bucak (Abschn. 1 und 2)
Prof. Dipl.-Ing. Hellmut Losert (Abschn. 3)

1 Allgemeines zu den neuen europäischen Stahlbezeichnungen

Die Lieferbedingungen der Stähle des Bauwesens/Stahlbaus wurden in den letzten Jahren überarbeitet; dabei wurde den Neuerungen in der Produktion und den Wünschen der stahlverarbeitenden Industrie Rechnung getragen. Es ergaben sich auch Änderungen in der Normennummerierung. Tafel 18.47a zeigt die seit 2005 bauaufsichtlich eingeführten Normen im Vergleich zu den alten Normen.

Tafel 18.47a Normennummerierung, Flacherzeugnisse und Langerzeugnisse

EN 10025	**Warmgewalzte Erzeugnisse aus Baustählen**	bis Ende 2005
EN 10025-1	Allgemeine Lieferbedingungen	
EN 10025-2	unlegierte Baustähle	EN 10025
EN 10025-3	Feinkorn, Zustand N	EN 10113-2
EN 10025-4	Feinkorn, Zustand M	EN 10113-3
EN 10025-5	wetterfeste Baustähle	EN 10155
EN 10025-6	Feinkorn, Zustand Q	EN 10137-2

1.1 Neue europäische Stahlbezeichnungen

Kurzzeichen nach EN 10 027-1 mit ECISS CR 10 260 (IC10) bzw. der kommenden Neuausgabe von EN 10 027-1.

- **nach der chemischen Zusammensetzung**: wie frühere DIN-Regel, jedoch ohne Leerzeichen, z. B. bisher: 10 CrMo 9 10 ⇒ neu: **10CrMo9-10**
- **nach Verwendung/Eigenschaften**: Hauptsymbol mit (größter) Mindeststreckgrenze (in Mpa = N/mm^2), z. B. **S355** (ohne Leerzeichen)

Hauptsymbol **S**	=	Stahlbau (**S**tructural)
Hauptsymbol **P**	=	Druckbehälterbau (**P**ressure vessel)
Hauptsymbol **E**	=	Maschinenbau (**E**ngineering)
Hauptsymbol **L**	=	Leitungsrohrbau (**L**ine pipe)

Tafel 18.47b Haupt- und Zusatzsymbole

	Hauptsymbole EN 10027			Zusatzsymbol DIN V 17006-100		
z. B.	G	S	355	K	2	+N
	Guss	S → Stahlbau P → Druckbehälter L → Rohrleitungen E → Maschinenbau	Mindeststreckgrenze für Erzeugnisdicke	Mindestkerbschlagarbeit J → 27 Joule K → 30 Joule L → 60 Joule	Prüftemperatur R → +20°C 0 → 0°C 2 → −20°C 3 → −30°C 4 → −30°C 5 → −50°C 6 → −60°C	+AR → im Walzzustand +N → normalgeglüht, normalisierend gewalzt M → thermomech. gewalzt Q → vergütet W → wetterfest C → für Kaltformgebung geeignet L → für niedrigere Temperaturen H → für höhere Temperaturen S → für einfache Druckbehälter Q → vergütet

Die unterschiedliche Benennung in den Stahlsorten aufgrund ihrer **mechanischen oder physikalischen Eigenschaften** erfolgt gemäß Abb. 18.47.

B	→	Betonstähle
Y	→	Spannstähle
R	→	Schienenstähle
F	→	Feinst- und Weißblech
…		

Abb. 18.47 Benennung der Stähle nach ihren mechanischen und physikalischen Eigenschaften

1.2 Zusatzsymbol

- **Stahlerzeugnis,** z. B. Lieferzustand bei unlegierten Baustählen S355JR**+N**
  +AR wie gewalzt, im Walzzustand
  +N normalgeglüht oder normalisierend gewalzt
- **Eigenschaft/Behandlungszustand,** z. B. bei Feinkornbaustählen
  N normalgeglüht oder normalisierend gewalzt
  Q vergütet
  Hinweis Die bisherigen G-Bezeichnungen der Stähle (G1 bis G4) entfallen bei den neuen Liefernormen.
- **besondere Anforderungen,** z. B. in Dickenrichtung S355N+Z35
- **weitere Kennzeichen**

C	für besondere Kaltumformbarkeit	S235J2**C** (S235J2**C**+N) S500M**C**
W	für Wetterfestigkeit	S355K2**W** (S355K2**W**+N)
S	für einfache Druckbehälter	P235**S**
H	für höhere Temperaturen	P275N**H**
L	für niedrige Temperaturen	S275N**L**, P355N**L1**

1.3 Definierter Dickenbereich

Die Erzeugnisform Grobblech ist in EN 10025-2 bis **250 mm** Dicke definiert, J2 und K2 bis **400 mm**. Ähnlich werden auch die folgenden Teile der EN 10025 erweitert:

- Teil 3 für S275, S355 und S420 von 150 mm auf **250 mm** bzw. für S460 von 100 mm auf **200 mm**
- Teil 4 von 63 mm auf **120 mm**
- Teil 5 von 100 mm auf **150 mm**

1.4 Chemische Zusammensetzung

- **Verbesserungen bei P und S**
- **Kohlenstoffäquivalent** CEV als Standard bei S235, S275 und S355 definiert (bisher Option)

Das CEV wird auch bei den anderen Teilen der EN 10025 als **Regelanforderung** definiert.

Tafel 18.48a CEV-Werte für den Stahltyp S355 (Standardwerte, Schmelzanalyse)

Stahlsorte	Blechdicke (in mm)						
	≤ 30	> 30 ≤ 40	> 40 ≤ 63	> 63 ≤ 120	> 120 ≤ 150	> 150 ≤ 250	> 250 ≤ 400
S355JR, J0, J2, K2	0,45	0,47	0,47	0,47	0,47	0,49	0,49
S355N, NL	0,43	0,43	0,43	0,45	0,45	0,45	–
S355M, ML	0,39	0,39	0,40	0,45	0,45	–	–
S355J0W, J2W, K2W	0,52	0,52	0,52	0,52	0,52	–	–

1.5 Neuerungen bei der Streckgrenze

Tafel 18.48b Stahlsorte S355, Vergleich der Mindeststreckgrenze in N/mm²

Stahlsorte		Blechdicke (in mm)									
		≤ 16	> 16 ≤ 40	> 40 ≤ 63	> 63 ≤ 80	> 80 ≤ 100	> 100 ≤ 120	> 120 ≤ 150	> 150 ≤ 200	> 200 ≤ 250	> 250 ≤ 400
S355JR, J0, J2, K2	neu	355	345	335	325	315	295	295	285	275	265[1)]
	alt	355	345	335	325	315	295	295	285	275	–
S355N, NL	neu	355	345	335	325	315	295	295	285	275	–
	alt	355	345	335	325	315	295	295	–	–	–
S355M, ML	neu	355	345	335	325	325	320	–	–	–	–
	alt	355	345	335	–	–	–	–	–	–	–
S355J0W, J2W, K2W	neu	355	345	335	325	315	295	295	–	–	–
	alt	355	345	335	325	315	–	–	–	–	–

1) Bei J2 und K2.

1.6 Änderungen bei der Zugfestigkeit

Tafel 18.49a Stahlsorte S235, Mindestzugfestigkeit in N/mm²

Stahlsorte		Blechdicke in mm			
		≤ 100	> 100 ≤ 150	> 150 ≤ 250	> 250 ≤ 400
S235J2	neu	360	350	340	330
	alt	340	340	320	–

Bei **S235** je nach Blechdicke **Mindestzugfestigkeit** bis zu 20 N/mm² höher als bisher.

Tafel 18.49b Stahlsorte S355, Mindestzugfestigkeit in N/mm²

Stahlsorte		Blechdicke in mm						
		>(3) ≤ 40	> 40 ≤ 63	> 63 ≤ 100	> 100 ≤ 120	>120 ≤ 150	> 150 ≤ 250	> 250 ≤ 400
S355JR, J0, J2, K2	neu	**470**	**470**	**470**	**450**	**450**	450	450
	alt	490	490	490	470	470	450	–
S355N, NL	neu	470	470	470	450	450	450	450
	alt	470	470	470	450	450	–	–
S355M, ML	neu	**470**	450	450	430	–	–	–
	alt	450	450	–	–	–	–	–
S355J0W, J2W, K2W	neu	**470**	**470**	**470**	450	–	–	–
	alt	490	490	490	–	–	–	–

Bei **S355** je nach Blechdicke **Mindestzugfestigkeit** nach den einzelnen Teilen der Norm unterschiedlich; für Teil 2 in Dicken bis 150 mm niedrigere Werte, ähnlich für Teil 5 (wetterfeste Stähle), dagegen für Teil 4 bis 40 mm Dicke Erhöhung der Mindestzugfestigkeit.

1.7 Kerbschlag-Anforderungen

Die Kerbschlaganforderungen sind in Tafel 18.49c angegeben.

- **Zusatzsymbol Kerbschlag-Anforderungen** z. B. bei unlegierten Baustählen S355**J2**

J	Charpy-V längs 27 J	**R**	bei Raumtemperatur +20 °C
K	Charpy-V längs 40 J	**0**	bei ± 0 °C
		2	bei –20 °C

- **Änderungen bei der Kerbschlagarbeit**
  - Bisher waren die Kerbschlagwerte bei S235, S275 und S355 bei Dicken über 150 mm abgesenkt. Nach der neuen EN 10 025-2 **wird der Mindestwert von 27 J auch bei größeren Dicken** eingehalten.
  - Es ergibt sich für den Stahltyp S355 nach den einzelnen Teilen der neuen EN 10025 für Prüftemperaturen von –20 °C und tiefer.

Tafel 18.49c Kerbschlaganforderungen

Stahlsorte	Mindestwert in J	Prüftemperatur in °C	Maximaldicke in mm
S355J2(+N)	27	–20	450
S355K2(+N)	40 / 27 33	–20 / –30 –20	150 400
S355N	40 / 27	–20 / –30	250
S355NL	27	–50	250
S355M	40 / 27	–20 / –30	120
S355ML	27	–50	120
S355J2W(+N)	27	–20	150
S355K2W(+N)	40 / 27	–20 / –30	150

1.8 Stahlsorten im Vergleich

Bezeichnung der Stähle nach					
EN 10025-2:2004		EN 10025:1990, w. v., A1:1993		EN 10025:1990	DIN 17100
S185	1.0035	S185	1.0035	FE 310-0	St 33
		S235JR	1.0037	Fe 360 B	St 37-2
		S235JRG1	1.0036	Fe 360 BFU	USt 37-2
S235JR	1.0037	S235JRG2	1.0038	Fe 360 BFN	RSt 37-2
S235J0	1.0114	S235J0	1.0114	Fe 360 C	St 37-3 U
[a]	[a]	S235J2G3	1.0116	Fe 360 D1	St 37-3 N
S235J2	1.0117	S235J2G4	1.0117	Fe 360 D2	–
S275JR	1.0044	S275JR	1.0044	Fe 430 B	St 44-2
S275J0	1.0143	S275J0	1.0143	Fe 430 C	St 44-3 U
[a]	[a]	S275J2G3	1.0144	Fe 430 D1	St 44-3 N
S275-J2	1.0145	S275J2G4	1.0145	Fe 430 D2	–
S355JR	1.0045	S355JR	1.0045	Fe 510 B	–
S355J0	1.0553	S355J0	1.0553	Fe 510 C	St 52-3 U
[a]	[a]	S355J2G3	1.0570	Fe 510 D1	St 52-3 N
S355J2	1.0577	S355J2G4	1.0577	Fe 510 D2	–
[a]	[a]	S355K2G3	1.0595	Fe 510 DD1	–
S355K2	1.0596	S355K2G4	1.0596	Fe 510 DD2	–
S450J0	1.0590				
E295	1.0050	E295	1.0050	Fe 490-2	St 50-2
E335	1.0060	E335	1.0060	Fe 590-2	St 60-2
E360	1.0070	E360	1.0070	Fe 690-2	St 70-2

[a] Wenn ein Erzeugnis im normalgeglühten Zustand geliefert wird.

2 Feinkornbaustähle

2.1 Allgemeines

Im Stahlbau gehen die Entwicklungstendenzen dahin, genormte Profile und Bleche aus Stählen unterschiedlicher Festigkeit einzusetzen. Resultierend aus den spezifischen Anforderungen der vielfältigen Baukonstruktionen aus dem Werkstoff Stahl genügen heutzutage die Stahlsorten S235JR (R-St 37-2) und S355J0 (St 52-3) allein nicht mehr den Anforderungen im expandierenden Stahlmarkt.

Der Markt fordert zunehmend Stahlgüten, die hohe Festigkeitskennwerte mit guten Zähigkeitseigenschaften, einer guten Schweißeignung und einer Feinkörnigkeit des Gefüges verbinden.

Das Walzen mit kontrollierter Wärmesteuerung, d. h. das normalisierende Walzen, das thermomechanische Walzen bzw. das Vergüten bieten Möglichkeiten, diese Ziele bei der Produktion von Blechen und von Profilen zu erreichen.

Das Walzen mit kontrollierter Wärmesteuerung von Stählen wird seit etwa 30 Jahren praktiziert. Im Wesentlichen kann unterschieden werden zwischen dem

- normalisierenden Umformen (Lieferbedingungen DIN EN 10025-3; alt: DIN EN 10113-2), das im Bereich der Normalglühtemperaturen erfolgt,
- thermomechanischen Umformen (Lieferbedingungen DIN EN 10025-4; alt: DIN EN 10113-3), welches in Temperaturbereichen zwischen 800 °C und 900 °C erfolgt,
- Vergüten (Lieferbedingungen DIN EN 10137).

Bei Verwendung von Mikrolegierungselementen werden die Rekristallisierungsverzögerung und damit der thermomechanische Effekt bereits bei Temperaturen um 900 °C wirksam. Das thermomechanische Walzen wird daher vor allem im Zusammenhang mit dem Einsatz von Mikrolegierungselementen wie Titan, Niob und Vanadium durchgeführt. Diese Elemente scheiden zum Teil während und nach dem Walzen aus der Eisenmatrix als feinverteilte Dispersionen, bestehend aus Nitriden, Carbiden und Carbonnitriden, aus. Die Wirkmechanismen dieser Elemente sind sehr unterschiedlich.

Tafel 18.51 Wirkungsmechanismen der Mikrolegierungselemente

Mikrolegierungselement	Wirkungsmechanismus
Titan	Erzeugt eine Kornverfeinerung und eine Ausscheidungshärtung.
Niob	Bewirkt hauptsächlich eine Kornverfeinerung, wodurch gleichzeitig Festigkeit und Zähigkeit verbessert werden.
Vanadium	Steigert vor allem die Festigkeit durch Ausscheidungshärtung.

In der Praxis verringert das thermomechanische Walzen den erforderlichen Legierungsgehalt des Stahls und erhöht daher nicht nur die Festigkeit und Zähigkeit, sondern verbessert ebenfalls seine Schweißeigenschaften, was niedrigere Vorwärmtemperaturen ermöglicht.

Die Kombination des thermomechanischen Walzens mit beschleunigter Kühlung aus der Walzhitze und anschließendem Selbstanlassen stellt eine weitere wirtschaftliche Möglichkeit dar, die Beschränkung des herkömmlichen thermomechanischen Walzens im Bereichen der schweren Walzprofile zu überwinden und hohe Festigkeit, gute Zähigkeit und erheblich verbesserte Schweißeigenschaften miteinander zu verbinden.

Dieses sogenannte **QST**-Verfahren (**Q**uenching and **S**elf-**T**empering = Abschrecken und Selbstanlassen) wurde in den letzten Jahren zur Produktionsreife gebracht, so dass heute den Anwendern alle Abmessungen von schweren Trägern, auch mit diesem Verfahren hergestellt, zur Verfügung stehen.

Von großer Bedeutung ist das niedrigere Kohlenstoffäquivalent dieser Träger, das erlaubt, diese Träger in vielen Fällen ohne Vorwärmen rissfrei zu verschweißen. Das niedrige Kohlenstoffäquivalent bedeutet aber auch eine erhebliche Einsparung an Legierungselementen, insbesondere von Mangan, Vanadium und Niob, was dieses Verfahren wirtschaftlich attraktiv macht.

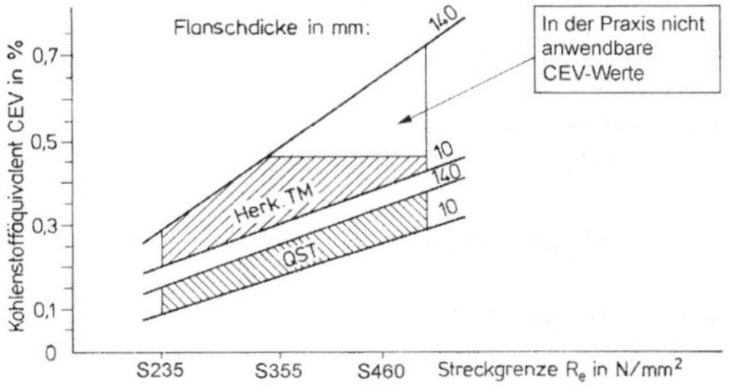

Abb. 18.51 Kohlenstoffäquivalent CEV und erreichbare Streckgrenze beim herkömmlichen TM-Walzen und beim QST-Verfahren

2.2 Schweißeignung

Der entscheidende Vorteil der kontrolliert gewalzten Baustähle (z. B. TM) aus der Sicht des Verarbeiters liegt in der verbesserten Schweißeignung. Speziell durch die Anwendung der beschleunigten Kühlung nach dem Walzen lassen sich aber bei größeren Blechdicken die Festigkeitseigenschaften mit erheblich vermindertem Kohlenstoff-, Legierungs- und Mikrolegierungsgehalt einstellen, was die Schweißeignung des Stahls wesentlich verbessert.

Einer der wichtigsten Kennwerte zur Beurteilung der Schweißeignung eines Baustahls ist das Kohlenstoffäquivalent CEV (nach DIN EN 10 025-1, Abschn. 7.2.2). Je niedriger der Wert des Kohlenstoffäquivalents ist, umso besser ist die Schweißeignung.

Das Kohlenstoffäquivalent CEV wird nach der folgenden Formel ermittelt (IIW-Formel).

$$\mathrm{CEV} = \mathrm{C} + \frac{\mathrm{Mn}}{6} + \frac{\mathrm{Cr} + \mathrm{V}}{5} + \frac{\mathrm{Ni} + \mathrm{Cu}}{15}$$

Neben dem Kohlenstoffäquivalent CEV wird der p_{cm}-Wert als Maß für die Schweißeignung herangezogen. Der p_{cm}-Wert, eine modifizierte Form des Kohlenstoffäquivalents, welche den Kohlenstoffgehalt besonders gewichtet, wird zur Beurteilung der Kaltrissempfindlichkeit in der Wärmeeinflusszone (WEZ) einer Schweißnaht infolge von Wasserstoffinduktion benötigt. Für hochfeste Stähle mit Streckgrenzen ≥ 690 N/mm² wird die Anwendung des p_{cm}-Wertes anstatt des CEV-Wertes empfohlen.

$$p_{\mathrm{cm}} = \mathrm{C} + \frac{\mathrm{Si}}{30} + \frac{\mathrm{Mn} + \mathrm{Cu} + \mathrm{Cr}}{20} + \frac{\mathrm{Ni}}{60} + \frac{\mathrm{Mo}}{15} + \frac{\mathrm{V}}{10} + 5\mathrm{B}$$

2.3 Stähle nach DIN EN 10 025-2 bis -4

Tafel 18.52a Stähle nach DIN EN 10 025-3 und -4

Kurzname	Wanddickenbereich	Zugehörige Gütegruppen
S275 S355 S420	< 250 mm	**N** Normalgeglühte bzw. normalisierend gewalzte Stähle, Nachweis der Kerbschlagarbeit bei – 20 °C **NL** Nachweis der Kerbschlagarbeit bei – 50 °C
S460	< 100 mm	**M** Thermomechanisch gewalzte Stähle, Nachweis der Kerbschlagarbeit bei – 20 °C **ML** Nachweis der Kerbschlagarbeit bei – 50 °C

Bestellbeispiel: Stahl EN 10 025-3 S355 N oder S355 NL
Stahl EN 10 025-4 S355 M oder S355 ML

Tafel 18.52b Benennung der Stähle nach DIN EN 10 025-2

S 355 J2

- J2 – Kerbschlagarbeit: von 27 Joule bei –20 °C
- 355 – Mindeststreckgrenze,: z. B. 355 N/mm²
- S – Kennbuchstabe: S Stähle für den Stahlbau

Zusätzliche Anforderungen: z. B.
4 Verbesserte Eigenschaften in Blechdickenrichtung
14 Eignung zum Kaltbiegen, Abkanten usw.
12 Kaltprofilieren
5 Eignung zum Schmelztauchverzinken
22 Eignung zum Kaltziehen

2.4 Stähle nach DIN EN 10 025-6

Für andere Anwendungsfälle, z. B. Mobilkranbau, sind auch Stähle mit höherer Festigkeit lieferbar, die nach DIN EN 10 025-6 geliefert werden können.

Kurzname	Wanddickenbereich	Zugehörige Gütegruppen für Kerbschlagarbeit
S460 **S500** **S550** **S620** **S690**	3 bis 150 mm	**Q** bei Temperaturen nicht unter – 20 °C **QL** bei Temperaturen nicht unter – 40 °C **QL1** bei Temperaturen nicht unter – 60 °C
S890	3 bis 100 mm	
S960	3 bis 50 mm	nur in den Gütegruppen **Q** und **QL** lieferbar

Bestellbeispiel: Stahl 10 025-6 S 690 QL1

2.5 Stähle nach DIN EN 10149

Kurzname	Wanddickenbereich	Zugehörige Gütegruppen
S315 **S355** **S420** **S460**	1,5 < t < 20 mm	**N** normalgeglüht bzw. normalisierend gewalzt **M** thermomechanisch gewalzt **C** zum Kaltverformen geeignet
S500 **S550** **S600** **S650** **S700**	1,5 < t < 16 mm	

Bestellbeispiel: Stahl EN 10 149-2 S420 MC
Stahl EN 10 149-3 S420 NC

2.6 Hohlprofile nach DIN EN 10 210-1 und DIN EN 10 219-1

Tafel 18.53a Bezeichnung der Stähle nach DIN EN 10 210-1

S 355 J 2 (N) H

H — Hohlprofil

(N)	normalgeglüht oder normalisierend gewalzt
(L)	festgelegter Mindestwert der Kerbschlagarbeit bei einer Temperatur von –50 °C
2	–20 °C
R	Raumtemperatur
0	0 °C
J	Kerbschlagarbeit 27 J
K	Kerbschlagarbeit 40 J
355	Streckgrenze 355 N/mm² (t < 16 mm)
235	Streckgrenze 235 N/mm² (t < 16 mm)
S	Stähle für den Stahlbau
P	Stähle für den Druckbehälter
L	Stähle für den Rohleitungsbau
E	Maschinenbaustähle

Tafel 18.53b Gesamtübersicht

Stahl-festig-keit	Kerbschlag-arbeit Längsprobe AV		EN 10 025 Teil 2	EN 10 025 Teil 3	EN 10 025 Teil 4	EN 10 025 Teil 5	EN 10 025 Teil 6	EN 10 149 Teil 2	EN 10 210 Teil 1	EN 10 219 Teil 1
	bei T °C	J	Stahlgüte	Stahlgüte	Stahlgüte	Stahlgüte	Stahlgüte	Stahlgüte	Stahlgüte	Stahlgüte
S235	20	27	S235JR						S235JRH	S235JRH
	0	27	S235J0			S235J0W				
	–20	27	S235J2			S235J2W				
S275	20	27	S275JR							
	0	27	S275J0						S275J0H	S275J0H
	–20	27	S275J2						S275J2H	S275J2H
	–20	30		S275N	S275M				S275NH	S275NH
	–20	47								S275 MH
	–50 –30	27 40		S275NL	S275ML				S275NLH	S275NLH S275MLH
S315	–20	40						S315MC		
S355	20	27	S355JR							
	0	27	S355J0			S355J0W S355J0WP			S355J0H	S355J0H
	–20	27	S355J2			S355J2W S355J2WP			S355J2H	S355J2H
	–20	40	S355K2	S355N	S355M	S355K2W		S355MC	S355K2H S355NH	S355K2H S355NH S355MH
	–20 –50	47 27		S355NL	S355ML				S355NLH	S355NLH S355MLH

Tafel 18.53b Gesamtübersicht (Fortsetzung)

Stahl-festig-keit	Kerbschlag-arbeit Längsprobe AV bei T °C	J	EN 10 025 Teil 2 Stahlgüte	EN 10 025 Teil 3 Stahlgüte	EN 10 025 Teil 4 Stahlgüte	EN 10 025 Teil 5 Stahlgüte	EN 10 025 Teil 6 Stahlgüte	EN 10 149 Teil 2 Stahlgüte	EN 10 210 Teil 1 Stahlgüte	EN 10 219 Teil 1 Stahlgüte
S420	–20	40		S420N	S420M			S420MC		S420NH S420MH
	–20	47								S420NLH
	–50	27		S420NL	S420ML					S420MLH
S450	0	27	S640J0							
S460	–20	30					S460Q			
	–20	40		S460N	S460M			S460MC	S460NH	S460NH S460MH
	–30	30					S460QL			
	–20	47								
	–50	27		S460NL	S460ML				S460NLH	S460NLH S460MLH
	–60	30					S460QL1			
S500	–20	40						S500MC		
	–20	30					S500Q			
	–20	40					S500QL			
	-20	50					S500QL1			
S550	–20	40						S550MC		
	–20	30					S500Q			
	–20	40					S550QL			
	–20	50					S550QL1			
S600	–20	40						S600MC		
S620	–20	30					S620Q			
	–20	40					S620QL			
	–20	50					S620QL1			
	–40	40					S620QL1			
	–60	30					S620QL1			
S650	–20	40						S650MC		
S690	–20	30					S690Q			
	–20	40					S690QL			
	–40	30					S690QL1			
	–20	50					S690QL1			
	–40	40					S690QL1			
	–60	30					S690QL1			
S700	–20	40						S700MC		
S890	–20	30					S890Q			
	–20	40					S890QL			
	–40	30					S890QL			
	–20	50					S890QL1			
	–40	40					S890QL1			
	–60	30					S890QL1			
S960	–20	30					S960Q			
	–20	40					S960QL			
	–40	30					S960QL			

3 Nichtrostende Stähle im Bauwesen

(mit Hinweisen zum Schweißen und erforderlichen Nachbehandlungen)

3.1 Allgemeines

Abkürzungen:	SEW	Stahl-Eisen Werkstoffblatt
	WstNr.	Werkstoffnummer

Normen, Richtlinien:
[1] DIN 18 800-1 (Ausgabe 11.1990)
[2] DIN 18 800-2 bis -4 (Ausgabe 11.1990)
[3] Anpassungsrichtlinien mit Änderungen und Ergänzungen (12.2002)
[4] Allgemeine bauaufsichtliche Zulassungen Z-30.3-6 vom 5. 12. 2003, „Erzeugnisse, Verbindungsmittel und Bauteile aus nichtrostenden Stählen"

Als **nichtrostend** werden Stähle **mit > 12 % Cr-Gehalt** angesehen. Mit erhöhtem C-Gehalt (höhere Festigkeiten) muss auch der Cr-Gehalt erhöht werden. Die Beständigkeit wird dadurch erreicht, dass sich an der Luft eine feine, dichte, fest haftende Oxidschicht (Passivschicht) bildet, die von den meisten Medien nicht angegriffen wird.

Die Grundlage dieses Abschnitts ist die **„Allgemeine bauaufsichtliche Zulassung Z-30.3-6"** [4].

3.2 Stähle

Die Stähle sind nach DIN EN 10 088-1 bzw. SEW 400 sowie für Bauteile und Verbindungen entsprechend der Grundnorm DIN 18 000 und den entsprechenden Fachnormen ausgewiesen.

3.3 Verbindungsmittel

Verbindungsmittel werden gem. EN ISO 3506-1 und -2: 1998-03 den Festigkeitsklassen 50, 70 und 80 zugeordnet und nach der Zugfestigkeit R_m in kN/cm^2 bezeichnet.

Bauteile und Verbindungsmittel müssen ein min t bzw. min d = 1,5 mm aufweisen und die Verbindungsmittel ≥ M 6 sein.

3.4 Anwendungsbereiche

Anwendungsbereiche für Stähle nach [2] und [3] für vorwiegend ruhende Lasten sind z. B.:

Stahlhochbau	DIN 18 801
Hohlprofile	DIN 18 808, bis zur Festigkeitsklasse S 355
Dünnwandige Rundsilos	DIN 18 914
Fliegende Bauten	DIN 4112
Antennentragwerke	DIN 4131.

Bei dynamischen Beanspruchungen (z. B. Wind und Temperaturwechsel) sind für Fassadenbauteile, Verankerungen und für Verbindungselemente die Besonderheiten zu beachten.

Für **Korrosionsbeständigkeit** ist eine Einteilung nach Widerstandsklassen in Tafel 18.56 zu finden.

3.5 Höherfeste Stähle

Die höherfesten Stähle erhalten die Festigkeit durch Kaltrecken.

Zugelassen sind die Erzeugnisse gemäß Tafeln 18.56 und 18.57.

Für Erzeugnisse ohne oder vor der Kaltverfestigung gelten für Tafel 18.56, lfd. Nr. 1 – 14 und 16, 17:

DIN EN 10 088-2:1995-08	für Bleche und Band
DIN EN 10 088-3:1995-08	für Stäbe, Walzdraht und Profile
DIN 17 440: 2001-3	für gezogene Drähte
DIN 17 455: 1999-02	für geschweißte Rohre
DIN 17 456: 1999-02	für nahtlose Rohre.

Für lfd. Nr. 15 und 1 (Festigkeitsklasse S 460) im vergüteten Zustand ist SEW 400 usw. maßgebend.

Erzeugnisse nach der Kaltverfestigung sind in einer besonderen Tafel in [4] ausgewiesen.

Stahlgütegruppen, entsprechend [3] zur Ausgabe [1], Element 403, gelten sinngemäß. Sie müssen die gleichen Anforderungen wie die allgemeinen Baustähle erfüllen.

Ferritische Stähle WstNr. 1.4003 und 1.4016 sowie austenitisch-ferritische Stähle, WstNr. 1.4462, müssen bei – 40 °C mindestens eine Kerbschlagarbeit von 40 J mit der ISO-V-Probe nachweisen.

Technische Lieferbedingungen für Verbindungsmittel siehe Tafel 18.57.

Tafel 18.56 Einteilung der zugelassenen Stahlsorten nach Festigkeits- und Widerstandsklassen gegen Korrosion mit typischen Anwendungen. Die Bezeichnung erfolgt nach Dehngrenzen $R_{p,0,2}$ in N/mm²

Stahlsorte[1]			Gefüge[2]	Festigkeitsklassen[3] und Erzeugnisformen[4]					Korrosion	
Lfd. Nr.	Kurzname	W-Nr.		S 235	S 275	S 355	S 460	S 690	Widerstandsklasse[5]	Belastung und typische Anwendung
1	X2CrNi12	1.4003	F	B, Ba, H, P	D, H, S W	D, S	D, S	–	I/gering	Konstruktionen in Innenräumen mit Ausnahme von Feuchträumen
2	X6Cr17	1.4016	F	D, S, W	–	–	–	–		
3	X5CrNi18-10	1.4301	A	B, Ba, D, H, P, S, W	B, Ba, D, H, P, S	B, Ba, D, H, S	Ba, D, H, S	S	II/mäßig	Zugängliche Konstruktionen, ohne nennenswerte Gehalte an Chloriden und Schwefeldioxyden, keine Industrieatmosphäre
4	X2CrNi18-9	1.4307	A	B, Ba, D, H, P, S, W	B, Ba, D, H, P, S	Ba, D, H, S	Ba, D, S	S		
5	X3CrNiCu18-9-4	1.4567	A	D, S, W	D, S	D, S	D, S	–		
6	X6CrNiTi18-10	1.4541	A	B, Ba, D, H, P, S, W	B, Ba, D, H, P, S	Ba, D, H, S	Ba, D, H, S	–		
7	X2CrNiN18-7	1.4318	A	–	–	B, Ba, D, H, P, S	B, Ba, H	–		
8	X5CrNiMo17-12-2	1.4401	A	B, Ba, D, H, P, S, W	B, Ba, D, H, P, S	Ba, D, H, S	Ba, D, S	S	III/mittel	Konstruktionen mit mäßiger Chlorid- und Schwefeldioxydbelastung und unzugängliche Konstruktionen[6]
9	X2CrNiMo17-12-2	1.4404	A	B, Ba, D, H, P, S, W	B, Ba, D, H, P, S	Ba, D, H, S	Ba, D, H, S	D, S		
10	X3CrNiCuMo17-11-3-2	1.4578	A	D, S, W	D, S	D, S	D, S	–		
11	X6CrNiMoTi17-12-2	1.4571	A	B, Ba, D, H, P, S, W	B, Ba, D, H, P, S	Ba, D, H, S	Ba, D, H, S	D, S		
12	X2CrNiMoN17-13-5	1.4439	A	–	B, Ba, D, H, S, W	–	–	–		
13	X2CrNiMoN22-5-3	1.4462	FA	–	–	–	B, Ba, D, P, S, W	D, S	IV/stark	hohe Korrosionsbelastung[7] durch Chlor und/oder Chloride und/oder Schwefeldioxyde und hohe Luftfeuchtigkeit, sowie Aufkonzentrationen von Schadstoffen[8]
14	X1NiCrMoCu25-20-5	1.4539	A	B, BA, D, H, P, S, W	B, Ba, D, P, S	D, P, S	D, S	D, S		
15	X2CrNiMnMoNbN25-18-5-4	1.4565	A	–		–	B, Ba, D, S	–		
16	X1NiCrMoCuN25-20-7	1.4529	A	–	B, D, S, W	B, D, H, P, S	D, P, S	D, S		
17	X1CrNiMoCuN20-18-7	1.4547	A	–	B, Ba	B, Ba	–	–		

[1] nach DIN EN 10 088-1 bzw. SEW 400
[2] A = Austenit; F = Ferrit; FA = Ferrit-Austenit
[3] Die der jeweils untersten Festigkeitsklasse folgenden sind durch Kaltverfestigung mittels Kaltverformung erzielt.
[4] B = Blech; Ba = Band und daraus gefertigte Bleche; D = Draht, gezogen; H = Hohlprofile; P = Profile; S = Stäbe; W = Walzdraht
[5] gilt nur für metallisch blanke Oberflächen. Bei möglicher Kontaktkorrosion besteht Gefahr für das unedlere Metall.
[6] Als unzugänglich werden Konstruktionen eingestuft, deren Zustand nicht oder nur unter erschwerten Bedingungen kontrollierbar ist, und die im Bedarfsfall nur mit sehr großem Aufwand saniert werden können.
[7] Diese Werkstoffe weisen eine hohe Beständigkeit gegen Spannungsrisskorrosion auf. Die Werkstoffe 1.4565, 1.4529, 1.4547 weisen außerdem eine erhöhte Beständigkeit gegen örtliche Korrosionserscheinungen (Loch- und/oder Spaltkorrosion) auf. Für Bauteile in Schwimmhallenatmosphäre ohne regelmäßige Reinigung sind nur die Werkstoffe 1.4565, 1.4529, 1.4547 geeignet. In Bereichen von Wasser mit einem Cl-Gehalt ≤ 250 mg/l (Trinkwasser) ist zusätzlich der Werkstoff 1.4539 zulässig.
[8] z. B. Straßentunnel, enge, stark befahrene Straßenschluchten, schlecht belüftete Parkgaragen oder Teile im Meerwasser sowie in Meeresatmosphäre nach DIN EN ISO 12 944-2 : 1998-07, Abschnitt 3.7.4

Tafel 18.57 Stahlsorten für Verbindungsmittel mit Zuordnung zu Stahlgruppen nach DIN EN ISO 3506-1 und -2

Stahlsorte				Korrosions-widerstands-klasse[1)]	Kennzeichnung für Schrauben mit Kopf in Anlehnung an DIN EN ISO 3506-1 Festigkeitsklasse			Kennzeichnung für Gewindestangen, Stiftschrauben, Muttern und Scheiben in Anlehnung an DIN EN ISO 3506-1 und -2 Festigkeitsklasse		
lfd. Nr.	Kurzname	W-Nr.	Gruppe		50	70	80	50	70	80
3	X5CrNi18-10	1.4301	A2	II/mäßig	≤ M 39	≤ M 24	≤ M 20	≤ M 64	≤ M 45	≤ M 24
4	X2CrNi18-9	1.4307	A2L		≤ M 39	≤ M 24	≤ M 20	≤ M 64	≤ M 45	≤ M 24
5	X3CrNiCu18-9-4	1.4567	A2L		≤ M 24	≤ M 16	≤ M 12	≤ M 24	≤ M 16	≤ M 12
6	X6CrNiTi18-10	1.4541	A3		≤ M 39	≤ M 20	≤ M 16	≤ M 64	≤ M 30	≤ M 24
8	X5CrNiMo17-12-2	1.4401	A4	III/mittel	≤ M 39	≤ M 24	≤ M 20	≤ M 64	≤ M 45	≤ M 24
9	X2CrNiMo17-12-2	1.4404	A4L		≤ M 39	≤ M 24	≤ M 20	≤ M 64	≤ M 45	≤ M 24
10	X3CrNiCuMo17-11-3-2	1.4578	A4L		≤ M 24	≤ M 16	≤ M 12	≤ M 24	≤ M 16	≤ M 12
11	X6CrNiMoTi17-12-2	1.4571	A5		≤ M 39	≤ M 24	≤ M 20	≤ M 64	≤ M 45	≤ M 24
12	X2CrNiMoN17-13-5	1.4439	2)		≤ M 20	–	–	≤ M 64	–	–
13	X2CrNiMoN22-5-3	1.4462	2)	IV/stark	–	≤ M 24	≤ M 20	–	≤ M 64	≤ M 20
14	X1NiCrMoCu25-20-5	1.4539	2) 3)		≤ M 39	≤ M 24	≤ M 20	≤ M 64	≤ M 45	≤ M 20
15	X2CrNiMnMoNbN25-18-5-4	1.4565	2) 3)		–	≤ M 24	≤ M 20	–	≤ M 64	≤ M 30
16	X1NiCrMoCuN25-20-7	1.4529	2) 3)		≤ M 30	≤ M 24	≤ M 20	≤ M 64	≤ M 45	≤ M 45

1) Gemäß Tafel 18.56

2) Da derzeit keine normativen Festlegungen gelten, sind diese Stähle mit der Werkstoff-Nummer zu kennzeichnen.

3) Für Verbindungsmittel in Schwimmhallenatmosphäre gilt:

a) Zuordnung der Schweißzusätze für Mischverbindungen zwischen der Stahlsorte mit der WstNr. 1.4462 und Baustählen/Feinkornbaustählen;
b) Höchstdicken der Erzeugnisse für Bauteile und aus den Erzeugnissen hergestellte Profile und Hohlprofile im kaltverfestigten Zustand;
c) Höchstdicken für geschweißte Bauteile im nicht kaltverfestigten Zustand;
d) Stahlsorten für Schwimmhallen siehe Abschn. 3.9

3.6 Eignung zum Schweißen und Zusatzwerkstoffe

Für alle Stahlsorten (ohne WstNr.: 1.4016, 1.4567, 1.4578) – sofern keine Einschränkungen gemacht werden – sind folgende Schweißprozesse zugelassen:

Lichtbogenhandschweißen (111), WIG-Schweißen (141), MIG-Schw. (131), MAG-Schw. (135), MAG-Schw. mit Fülldrahtelektroden (136), UP-Schw. (12), Bolzen-Schw. mit Hub- (783) und Spitzenzündung (786), Plasma-Schw. (151), Widerstandspunkt-Schw. (21), Abbrennstumpf-Schw. (24), Pressstumpf-Schw. (25), Reib-Schw. (42), Laserstrahl-Schw. (52) und Elektronenstrahl-Schw. (51)

Verbindungen und Schweißzusätze aus gleichen oder zugelassenen nichtrostenden Stahlsorten (Mischverbindungen) sind zulässig [3].

3.7 Bestimmungen für die Konstruktion und Bemessung der Bauteile

Hinweise: Es gelten DIN 18 800-1 bis -4, DIN 18 808 und [3]. Bei Verwendung verschiedener Stahlsorten in einem Tragwerk sind abweichend von [1], Element 502, die unterschiedlichen Temperaturdehnzahlen zu berücksichtigen. Unterschiede z. B. aus Witterung oder Fertigung.

Bei **Schrauben** sind **nicht** geregelt oder zugelassen:

- gleitfeste Verbindungen nach [1], Element 506
- planmäßige Vorspannungen, wegen Kriecherscheinungen unter Zug nicht zulässig
- Korrosionsschutz und Schraubenabstände nach [1], Fußnote der DIN 18 800, Zeile 5, gilt ergänzend zu Element 513. Es werden bei gegebenem Korrosionsschutz Rand- und Lochabstände zugelassen.

Für Schweißungen an Verbindungsmitteln ist Festigkeitsklasse 50 anzusetzen.

Für Verbindungen von austenitischen und ferritischen Stählen muss max $a < 16$ mm sein.

Zu verbindende Querschnittsteile mit Dicken 1,5 mm $\leq t < 2$ mm soll die Kehlnahtdicke $a = \min t$ sein.

Schweißen in kaltgeformten Bereichen kann vorgenommen werden, wenn die Wärmebehandlung, Kaltformgebung, Warmformgebung beachtet wird.

Bei ferritischen Stählen mit WstNr. 1.4003 ist eine Kaltverformung von max. 5 % zulässig.

Bemessung siehe [4].

3.8 Bestimmungen für die Ausführung der Bauteile

Es gilt DIN 18 800-7.

Eignung zum **Trennen**:

- Es kann spanend, mechanisch oder thermisch geschnitten werden.
- Brennschneiden mit Sauerstoff-Azetylen-Brenner ist nicht erlaubt.
- Entsprechend der Tafel 18.56 sind die Handhabungen der Verfahren bzgl. Gefügebeeinflussung zu beachten.
- Bei thermischen Verfahren sind die entstandenen Oxid- oder Anlauffarben zu entfernen (Korrosionsschutz).
- Von der Oberfläche gemessene Tiefen der Entfestigungen sind maximal bei:

austenitischen Stählen	1,5 mm
austenitisch-ferritischen Stählen	2,0 mm
ferritischen Stählen	3,0 mm.

Die Entfestigungszonen sind bei der Tragfähigkeit dann zu berücksichtigen, wenn sie mehr als 10 % der tragenden Querschnittsfläche erfassen.

Wärmebehandlungen sind bei ferritischen Stählen erforderlich und bei austenitisch-ferritischen Stählen unzulässig.

Kaltformgebung ist nur dann erlaubt, wenn keine Risse entstehen.

- Mindestbiegeradius r bei t (Blechdicke oder Durchmesser) von Flacherzeugnissen im unverfestigten Zustand
  austenitische Stähle $r = 0$
  bei ferritischen-austenitischen und ferritischen Stählen $r = \mathrm{t}$
- Ansonsten gilt $\min r \geq (4{,}2 - A_5/10) \cdot t$
  r Innenradius
  A_5 Mindestbruchdehnung in % für unverfestigten und für verfestigten Zustand (Tafel 18.59).

Warmformgebung ist durch Versuche zu ermitteln.

Tafel 18.59 **Als charakteristische Werte der Stahlsorten für Bauteile einschl. Schweißverbindungen festgelegte Werte für Streckgrenze, Festigkeit, E-Modul, Schubmodul, Temperaturdehnzahl und Dichte**

1	2	3		4		5	6	7	8	9	10	11
Festigkeitsklasse	Werkstoff-Nr.	Streckgrenze				Zugfestigkeit	E-Modul, Schubmodul (G)				Temperaturdehnzahl	Dichte
		Bauteile		Schweißverbindungen[1)]			bei Berechnung von		bei Nachweisen der Stabilitätssicherheit			
		Kaltband[2)]	Sonstige	Kaltband[2)]	Sonstige		Widerständen, Verformungen	Zwangsschnittgrößen	vereinfacht	mit Sekantenmodul		
		$f_{y,k}$		$f_{y,k}$		$f_{u,k}$	E G	E G	E	$E_{sek,y}$		
		N/mm²		N/mm²		N/mm²	N/mm²	N/mm²	N/mm²	N/mm²	$10^{-6} \times K^{-1}$	kg/dm³
	1.4567	–	175	–	–	450			–	–		7,9
	1.4578											8,0
	1.4301											
	1.4307	220	190	220	190					60 900		7,9
	1.4541						170 000	200 000			16	
S 235	1.4401					500						
	1.4404	240	200	240	200		65 400	76 900	170 000	63 000		
	1.4571											8,0
	1.4539	240	220	240	220					66 800		
	1.4003	240	240	240	240	450				70 300	10	7,7
	1.4016	–	240	–	–	400			–	–		
	1.4301											
	1.4307	275		275	275				170 000	60 900		
	1.4541											7,9
	1.4567	–		–	–				–	–		
	1.4578										16	
	1.4401		275			550	170 000	200 000				
S 275	1.4404	275		275			65 400	76 900		63 000		8,0
	1.4571				275							
	1.4539									66 800		
	1.4003	–		–					170 000	70 300	10	7,7
	1.4439	290		290	275					76 000		8,0
	1.4529	300	300	300	300					79 700	16	8,1
	1.4547	275	–	275	–	600					17	8,0

Tafel 18.59 (Fortsetzung)

1	2	3		4		5	6	7	8	9	10	11
Festigkeits-klasse	Werkstoff-Nr.	Streckgrenze				Zugfestigkeit	E-Modul, Schubmodul (G)				Temperatur-dehnzahl	Dichte
		Bauteile		Schweißverbindungen[1)]			bei Berechnung von		bei Nachweisen der Stabilitätssicherheit			
		Kaltband[2)]	Sonstige	Kaltband[2)]	Sonstige		Widerständen, Verformungen	Zwangs-schnittgrößen	vereinfacht	mit Sekanten-modul		
		$f_{y,k}$		$f_{y,k}$		$f_{u,k}$	E G	E G	E	$E_{sek,y}$		
		N/mm²		N/mm²		N/mm²	N/mm²	N/mm²	N/mm²	N/mm²	$10^{-6} \times K^{-1}$	kg/dm³
S 355	1.4003	–	355	–	320	600	170 000 65 400	200 000 76 900	170 000	70 300	10	7,7
	1.4318	350	330	350	300					83 700	16	7,9
	1.4301	355	355	355	355					60 900		
	1.4307											
	1.4541											
	1.4567	–		–	–				–	–		
	1.4578											8,0
	1.4401	355		355	355				170 000	63 000		
	1.4404											
	1.4571											
	1.4539	–		–	320					66 800		
	1.4529	355		355	355					79 700		8,1
	1.4547		–		–						17	8,0
S 460	1.4565	460	420	350	350	600	170 000 65 400	200 000 76 900	170 000	93 900	16	8,0
	1.4003	–	460	–	320					70 300	10	7,7
	1.4301	460		355	355					60 900	16	7,9
	1.4307											
	1.4318		–		–					83 700		
	1.4541		460		355					60 900		
	1.4567	–		–	–				–	–		
	1.4578											8,0
	1.4401	460		355	355				170 000	63 000		
	1.4404											
	1.4539	–		–	320					66 800		
	1.4571	460		355	355					63 000		
	1.4529	–		–	420					79 700		8,1
	1.4462	480[3)]	460[3)]	–	450[3)]					86 800	13	7,8

Tafel 18.59 (Fortsetzung)

1	2	3		4		5	6	7	8	9	10	11
Festigkeitsklasse	Werkstoff-Nr.	Streckgrenze				Zugfestigkeit	E-Modul, Schubmodul (G)				Temperaturdehnzahl	Dichte
		Bauteile		Schweißverbindungen[1]			bei Berechnung von		bei Nachweisen der Stabilitätssicherheit			
		Kaltband[2]	Sonstige	Kaltband[2]	Sonstige		Widerständen, Verformungen	Zwangsschnittgrößen	vereinfacht	mit Sekantenmodul		
		$f_{y,k}$		$f_{y,k}$		$f_{u,k}$	E G	E G	E	$E_{sek,y}$		
		N/mm²		N/mm²		N/mm²	N/mm²	N/mm²	N/mm²	N/mm²	$10^{-6} \times K^{-1}$	kg/dm³
S 690	1.4301	–	690	–	355	800	170 000 65 400	200 000 76 900	170 000	60 900	16	7,9
	1.4307											
	1.4539				320					66 800		8,0
	1.4529				420					79 700		8,1
	1.4401				355					63 000		8,0
	1.4404				355							
	1.4571											
	1.4462		690[3]		450[3]					86 800	13	7,8

[1] Die Streckgrenzen sind im Rahmen der Zulassung der Schweißzusätze nachzuweisen:
a) Zuordnung der Schweißzusätze für Mischverbindungen zwischen austenitischen Stählen und der ferritischen Stahlsorte mit der WstNr. 1.4003;
b) Zuordnung der Schweißzusätze für Mischverbindungen zwischen den WstNrn.: 1.4003; 1.4301; 1.4307; 1.4401; 1.4541; 1.4571; 1.4404; 1.4318; 1.4539; 1.4547; 1.4439; 1.4529; 1.4565 und Baustählen/Feinkornbaustählen;
c) Zuordnung der Schweißzusätze für Mischverbindungen zwischen der Stahlsorte mit der WstNr. 1.4462 und Baustählen/Feinkornbaustählen.

[2] Nach DIN EN 10 088-2.

[3] Beim Vorliegen von Druckspannungen gilt $f_{y,k} = 355$ N/mm².

3.9 Stahlsorten für Schwimmhallen

Bauteile in Schwimmhallenatmosphäre	**Stahlsorten**
mit regelmäßiger Reinigung der Bauteile	entsprechend Korrosionsbelastung nach Tafel 18.56
ohne regelmäßige Reinigung[1] der Bauteile in Bereichen von Wasser nach Trinkwasserverordnung, Cl ≤ 250 mg/l	1.4539 1.4565 1.4529 1.4547
ohne regelmäßige Reinigung[1] der Bauteile in Bereichen von chloridsalzreichem Wasser[2] (z. B. Solewasser), Cl > 250 mg/l	1.4565 1.4529 1.4547

[1] Vgl. Merkblatt 831 der Informationsstelle Edelstahl Rostfrei „Edelstahl rostfrei in Schwimmbädern (MB 831)", 2. Auflage 2000.

[2] Zu beachten sind auch Spritzwasser und Aerosole, die z. B. über die Lüftung in unzugängliche bzw. von der regelmäßigen Reinigung nicht erfasste Bereiche gelangen und dort zu Aufkonzentrationen führen können.

3.10 Durchführung von Schweißarbeiten

- Die Durchführung erfolgt nach DIN 18 800-7 mit nachgewiesener Herstellerqualifikation.
- Schweißfachingenieur und Großer Nachweis erforderlich mit Zusatzqualifikation.
- Die unterschiedlichen Wärmeausdehnungen und die geringe Wärmeleitfähigkeit sind zu beachten (Nichtrostende Stähle und Baustähle).
- Die einzelnen Schweißverfahren sind der jeweiligen Zulassung zu entnehmen.
- **Flammrichten** sollte vermieden werden. Ist dies nicht möglich, dann Temperaturen möglichst niedrig und Glühzeit, d. h. die Wärmeeinwirkungszeit (Anwärmen, Haltezeit und Abkühlzeit), so kurz wie möglich halten.

  Einzuhaltende Bedingungen:

Stahlsorte	Flammrichttemperatur	Glühfarbe
Austenitische Stähle	650 – 750 °C	braunrot bis dunkelrot
1.4003 1.4462	500 – 600 °C	blaugrau bis Beginn dunkelrot

- **Haltezeit** max. 12 Minuten bei austenitischen Stählen, max. 8 Minuten bei 1.4462.
- Alle Verunreinigungen sind zu entfernen, da sonst die Gefahr des Rostens provoziert wird.
- Alle zur Bearbeitung notwendigen Werkzeuge sollten aus CrNi-Stahl bestehen.
- Anlauffarben, Oxidhäute, Zunder etc. sind zu entfernen.
- Beim Tragsicherheitsnachweis sind bei kaltverfestigten Stählen die Entfestigungen infolge Flammrichten zu beachten.

3.11 Anforderungen an Schweißbetriebe

Nach DIN 18 800-7, Klasse D, ist zum Schweißen der „Große Nachweis" erforderlich.

18 C Trapezprofile und Sandwichbauteile

Prof. Dr.-Ing. Klaus Berner

1 Stahltrapezprofile für Dach und Wand

Stahltrapezprofile sind tragende Bauteile für Dächer, Decken, Wände und Wandverkleidungen. Sie werden aus dünnen, ebenen Stahlblechen durch Kaltumformung (Profilierung) in der Art hergestellt, dass in Tragrichtung Rippen (Trapeze) mit Gurten und Stegen entstehen, die durch Sicken oder Ähnliches versteift sein können. Die Nennblechdicken liegen zwischen 0,5 mm und 1,5 mm. Die Profiltafeln sind durch Bandverzinkung und entsprechend den für die verschiedenen Bausysteme vorgeschriebenen Korrosionsschutzklassen (nach DIN ISO 12 944) durch eine zusätzliche Beschichtung vor Korrosion geschützt.

Das Herstellen der Stahltrapezprofile unterliegt einer laufenden Eigen- und Fremdüberwachung und den Güte- und Prüfbestimmungen nach RAL-GZ 617.

Eine Auswahl von Stahltrapezprofilen mit unterschiedlicher Querschnittsgeometrie ist nachfolgend zusammengestellt. Neben diesen üblichen Stahltrapezprofilen werden auch Kassetten, wellenförmige Querschnittsgeometrien und entsprechende Bauteile aus Aluminium hergestellt.

Der praxisgerechte Einsatz der Stahltrapezprofile ist nach DIN 18 807 Teile 1 bis 3 geregelt. Für die erforderlichen Nachweise zur Gebrauchstauglichkeit und Standsicherheit sind die maßgebenden Querschnittswerte und die aufnehmbaren Tragfähigkeitswerte auf der Grundlage von Versuchen nach Teil 2 oder rein rechnerisch nach Teil 1 zu bestimmen. Für die meisten Trapezprofil-Typen liegen typengeprüfte Tabellen mit den genannten Werten vor.

Stahltrapezprofil Typ **Musterfirma 50/250**

Querschnitts- und Bemessungswerte nach DIN 18 807, Teil 1

Freiraum für Prüfvermerk (Typenprüfung)

Profiltafel in **Positivlage**

Maße in mm

Radien:
r = 10 mm

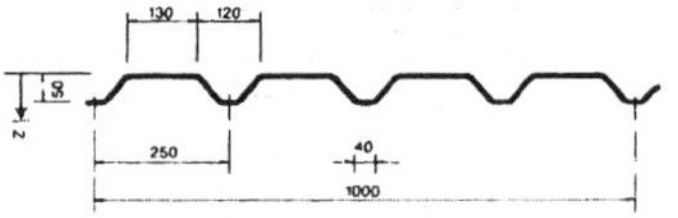

Nennstreckgrenze des Stahlkerns $\beta_{S,N}$ = 320 N/mm²

Aufnehmbare Tragfähigkeitswerte für nach unten gerichtete und andrückende Flächen-Belastung [1)]

Nennblechdicke	Feldmoment	Endauflagerkräfte		Elastisch aufnehmbare Schnittgrößen an Zwischenauflagern [5)]				Reststützmomente [6)]		
		Tragfähigkeit	Gebrauchsfähigkeit	$\max. M_B \geq M^0 - (R_B/C)^{\varepsilon}$		maximales Stützmoment	maximale Zwischenauflagerkraft	$M_R = 0$ für $\ell \leq \min. \ell$; $M_R = \frac{\ell - \min. \ell}{\max. \ell - \min. \ell} \cdot \max. M_R$; $M_R = \max. M_R$ für $\ell \geq \max. \ell$		
t_N	$M_{F,k}$	$R^T_{A,k}$	$R^G_{A,k}$	$M^0_{B,k}$	C	max. $M_{B,k}$	max. $R_{B,k}$	min. ℓ	max. ℓ	max. $M_{R,k}$
mm	kNm/m	kN/m	kN/m	kNm/m	1/m	kNm/m	kN/m	m	M	kNm/m
		[2)] $b_A \geq 40$ mm		[3)] Zwischenauflagerbreite b_B = 60 mm; ε = 1; [C] = m^{-1}						
0,88	**3,43**	**11,71**	**11,71**	**3,83**	**13,01**	**2,99**	**15,59**	**2,35**	**3,22**	**1,83**

1) An den Stellen von Linienlasten quer zur Spannrichtung und von Einzellasten ist der Nachweis nicht mit dem Feldmoment M_F, sondern mit dem Stützmoment max. M_B für die entgegengesetzte Lastrichtung zu führen.

2) b_A = Endauflagerbreite. Bei einem Profiltafelüberstand ü ≥ 50 mm dürfen die R_A-Werte um 20 % erhöht werden.

3) Für kleinere Auflagerbreiten muss zwischen den angegebenen aufnehmbaren Tragfähigkeitswerten und denen bei 10 mm Auflagerbreite linear interpoliert werden. Für Auflagerbreiten kleiner als 10 mm, z. B. Rohren, darf maximal 10 mm eingesetzt werden.

4) Bei Auflagerbreiten, die zwischen den aufgeführten Werten liegen, dürfen die aufnehmbaren Tragfähigkeitswerte jeweils linear interpoliert werden.

5) Interaktionsbeziehung für M_B und R_B: $M_B \geq M^0 - (R_B/C)^{\varepsilon}$. Sind keine Werte für M^0 und C angegeben, ist M_B = max. M_B zu setzen.

6) Sind keine Werte für Reststützmomente angegeben, ist beim Tragsicherheitsnachweis M_R = 0 zu setzen oder ein Nachweis mit γ = 1,65 nach der Elastizitätstheorie zu führen. (ℓ = kleinere der benachbarten Stützweiten).

Abb. 18.63 Tragfähigkeitswerte für ein Trapezprofil (Musterbeispiel)

Beispielhaft sind für ein Profiltyp und eine Blechstärke in Abb. 18.63 die Tragfähigkeitswerte dargestellt. Zu beachten ist, dass bei den zurzeit vorliegenden Tabellen es sich meist um charakteristische Werte (R_K) handelt, mit denen nach dem anzuwendenden Bemessungskonzept nach der Anpassungsrichtlinie Stahlbau (Abschnitt 4.13) unter Berücksichtigung des Materialsicherheitsfaktors γ_M die Beanspruchbarkeiten (Bemessungswerte R_d) bestimmt werden müssen. Im Prinzip ist in jedem Fall nachzuweisen, dass die Beanspruchbarkeiten (R_d) größer sind als die Beanspruchungen S_d. Die entsprechenden Nachweise, einschließlich von Beispielen, sind im Einzelnen in der Literatur (z. B. [18.59], [18.60]) dargestellt.

Die nachfolgenden Tabellen enthalten für eine Vorbemessung zulässige Stützweiten für Einfeldträger und für Mehrfeldträger mit gleichen Stützweiten für Dächer. Die angegebenen Werte für gleichmäßig verteilte Belastung in den Spalten 5–10 sind für reine Biegebeanspruchung auf der Grundlage der aufnehmbaren Tragfähigkeitswerte nach der Elastizitätstheorie bzw. dem Traglastverfahren errechnet.

(Die angegebenen Stützweiten liegen geringfügig auf der sicheren Seite, da die Werte meist noch mit einem globalen Sicherheitsfaktor von $\gamma_F = 1{,}7$ ohne Berücksichtigung von γ_M, errechnet sind). Es wird jedoch ausdrücklich darauf hingewiesen, dass ohne typengeprüfte Stützweitentabellen, bei unterschiedlichen Spannweiten oder besonderer Belastung (z. B. Einzellasten oder Schubfeldbeanspruchung) stets projektbezogene Nachweise zu führen sind. In jedem Fall ist vor allem auch die Windsogverankerung (Befestigungen) nachzuweisen.

Abb. 18.64 Beispiel Dachaufbau

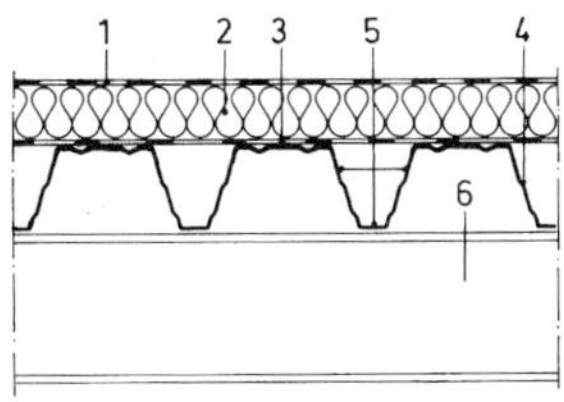

1 Dachabdichtung
2 Wärmedämmung
3 Dampfsperre (falls erforderlich)
4 Stahltrapezprofil
5 Werkseitige Kunststoffbeschichtung
6 Pfette oder Rahmenriegel

Warmdachaufbau, Vertikalschnitt

Tafel 18.64 Zulässige Stützweiten für Stahltrapezprofile für Dächer in m

(Die zulässige Grenzstützweite für die Begehbarkeit ist berücksichtigt.)

	Abmessungen nach DIN 18 807 h_e/b_R [mm/mm]	Profilquerschnitt Maße in mm	Nennblechdicke t_n mm	Eigenlast g kN/m²	Statische Systeme: Einfeldträger q= 1,20 kN/m²	Einfeldträger q= 2,20 kN/m²	Zweifeldträger q= 1,20 kN/m²	Zweifeldträger q= 2,20 kN/m²	Dreifeldträger q= 1,20 kN/m²	Dreifeldträger q= 2,20 kN/m²	Zwischenauflagerbreite b_B mm
	1	2	3	4	5	6	7	8	9	10	11
1	35/ 207	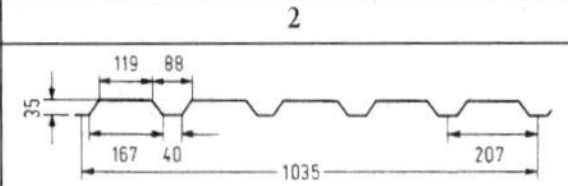	0,75 0,88 1,00 1,25	0,073 0,085 0,097 0,121	0,88 1,36 1,78 2,20	0,88 1,36 1,63 1,80	1,10 1,70 2,22 2,98	1,10 1,70 2,21 2,44	1,10 1,70 2,22 2,73	1,10 1,70 2,02 2,23	60
2	40/ 183	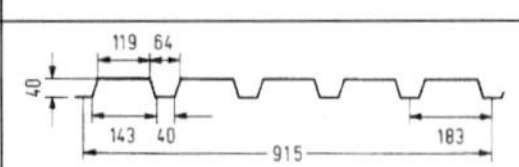	0,75 0,88 1,00 1,25	0,082 0,096 0,109 0,137	1,20 2,31 2,50 2,70	1,20 1,89 2,04 2,20	1,50 3,10 3,36 3,62	1,50 2,53 2,74 2,96	1,50 2,86 3,09 3,34	1 50 2,33 2,53 2,72	60
3	48,5/ 250	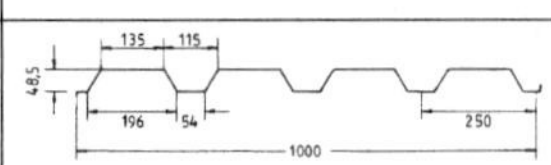	0,75 0,88 1,00 1,25	0,075 0,088 0,100 0,125	1,77 2,50 2,77 2,99	1,77 2,16 2,26 2,44	2,21 3,13 3,58 4,01	2,21 2,56 2,83 3,27	2,21 3,13 3,42 3,69	2,21 2,67 2,79 3,02	60

	Abmessungen nach DIN 18 807 h_e/b_R [mm/mm]	Profilquerschnitt Maße in mm	Nennblechdicke t_n mm	Eigenlast g kN/m²	Statische Systeme: Einfeldträger q= 1,20 kN/m²	Einfeldträger q= 2,20 kN/m²	Zweifeldträger q= 1,20 kN/m²	Zweifeldträger q= 2,20 kN/m²	Dreifeldträger q= 1,20 kN/m²	Dreifeldträger q= 2,20 kN/m²	Zwischenauflagerbreite b_B mm
	1	2	3	4	5	6	7	8	9	10	11
4	111/ 275	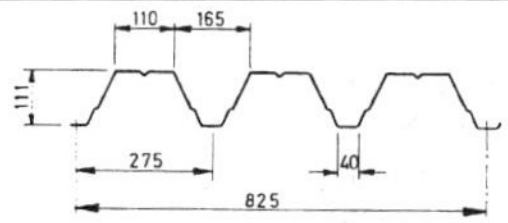	0,75 0,88 1,00 1,25	0,090 0,106 0,121 0,151	4,23 4,39 4,54 4,87	3,45 3,59 3,71 3,98	5,67 5,89 6,08 6,53	4,44 4,81 4,97 5,34	5,25 5,46 5,63 6,05	4,29 4,46 4,60 4,94	160
5	126/ 326	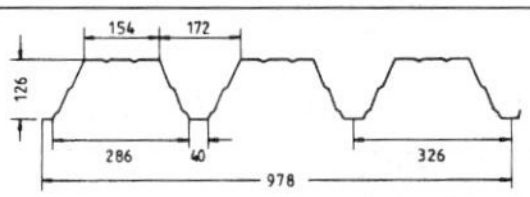	0,75 0,88 100 1,25	0,092 0,108 0,123 0,153	4,66 4,93 5,16 5,57	3,81 4,03 4,21 4,55	5,31 6,70 7,00 7,56	3,92 4,73 5,21 6,09	5,79 6,14 6,41 6,93	3,92 4,73 5,24 5,66	160
6	135/ 310	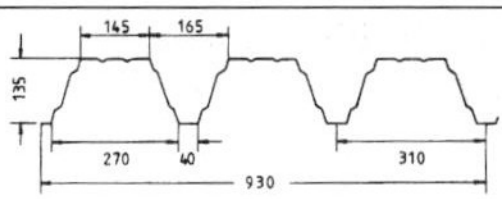	0,75 0,88 1,00 1,25	0,097 0,114 0,129 0,161	4,96 5,25 5,48 5,93	4,05 4,28 4,48 4,84	6,10 6,97 7,35 7,95	3,90 5,19 5,91 6,49	6,16 6,51 6,81 7,36	3,93 5,34 5,56 6,01	160
7	137/ 310 137,8/ 308	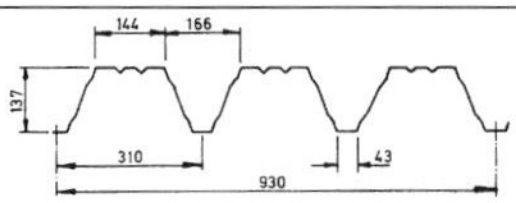	0,75 0,88 1,00 1,25	0,097 0,114 0,130 0,162	5,10 5,36 5,57 6,03	3,82 4,38 4,55 4,93	6,32 7,18 7,47 8,09	3,82 5,19 5,95 6,61	6,30 6,62 6,89 7,46	4,28 5,19 5,63 6,09	160
8	144/ 287	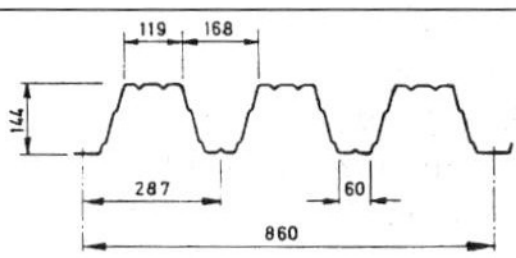	0,75 0,88 1,00 1,25	0,105 0,123 0,139 0,174	5,44 5,66 5,85 6,35	4,44 4,62 4,78 5,20	7,27 7,58 7,83 8,55	5,13 6,04 6,43 7,00	6,76 7,04 7,28 7,92	5,35 5,75 5,95 6,46	160
9	153/ 280 153/	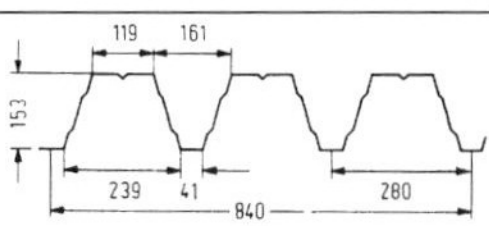	0,75 0,88 1,00 1,25	0,107 0,126 0,143 0,179	5,52 5,84 6,11 6,60	4,51 4,77 4,99 5,39	7,19 7,83 8,19 8,84	5,18 6,34 6,69 7,22	6,83 7,22 7,55 8,15	5,18 5,90 6,17 6,66	160
10	155/ 280	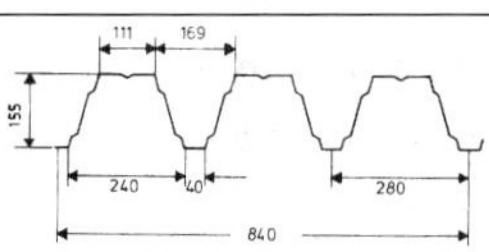	0,75 0,88 1,00 1,25	0,107 0,126 0,143 0,179	5,68 6,01 6,29 6,79	4,64 4,91 5,14 5,55	7,39 8,16 8,53 9,22	4,82 6,34 6,97 7,53	7,07 7,48 7,82 8,45	4,93 6,11 6,39 6,90	160
11	158/ 250 158/ 280	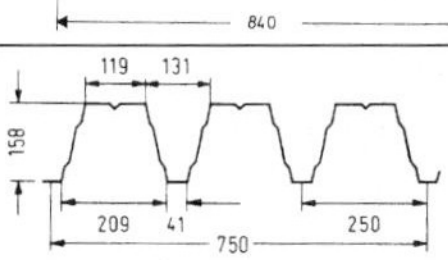	0,75 0,88 1,00 1,25	0,121 0,142 0,161 0,201	5,89 6,23 6,52 7,04	4,81 5,09 5,32 5,75	7,63 8,36 8,74 9,44	5,40 6,41 7,14 7,71	7,28 7,71 8,05 8,70	5,40 6,30 6,58 7,11	160
12	165/ 250	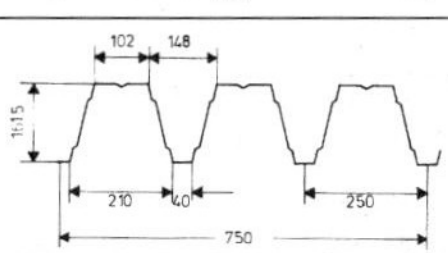	0,75 0,88 1,00 1,25	0,120 0,141 0,160 0,200	6,00 6,33 6,61 7,20	4,90 5,17 5,43 5,86	7,60 8,40 9,00 9,75	5,60 6,40 7,25 7,95	7,45 7,86 8,21 8,90	5,65 6,40 6,75 7,30	160

2 Sandwichbauteile für Dach und Wand (Querschnitte und Stützweitentabellen)

Sandwichbauteile werden hauptsächlich als raumbildende und tragende Wand- und Dachbauteile eingesetzt. Sie bestehen in der Regel aus zwei dünnen Deckblechen (profiliert oder gesickt), die durch eine Kernschicht aus Hartschaum (z. B. Polyurethan) oder Mineralwolle schubfest miteinander verbunden sind, sodass ein tragender Verbundquerschnitt entsteht. Die beim additiven Aufbau von z. B. oberseitig wärmegedämmten Trapezblechen ausschließlich zur Dämmung vorgesehene Schicht wird hier zusätzlich als schubsteifer Kern im Sandwichquerschnitt bei der Tragfähigkeit integriert. Durch die Mitwirkung der Dämmschicht und der damit erreichten Verbundwirkung können große Stützweiten erreicht werden. Gleichzeitig ist eine hohe Wärmedämmung gewährleistet.

Die schubfeste Verbindung der Deckbleche mit dem Kern wird automatisch durch Selbsthaftung (bei PUR) oder Verklebung (bei Mineralwolle) bei der fabrikmäßigen Herstellung der Bauteile in großen, kontinuierlichen Fertigungsstraßen erreicht.

Das Herstellen der Sandwichbauteile unterliegt einer laufenden Eigen- und Fremdüberwachung und den Güte- und Prüfbestimmungen nach RAL-GZ-617.

Die Bauteile werden als Fertigteile auf die Baustelle angeliefert und auf der Unterkonstruktion in **einem** Arbeitsgang verschraubt.

Bauaufsichtliche Zulassung

Für den Einsatz von tragenden Sandwichbauteilen für Dach und Wand, bei denen die Verbundtragwirkung durch Verbindung der Deckbleche mit einem schubsteifen Kern angesetzt und genutzt wird, ist in Deutschland eine bauaufsichtliche Zulassung des DIBt erforderlich, da diese Bauteile in keiner Norm geregelt und in der Bauregelliste nicht erfasst sind.

Wegen der Verwendung von leichten Kernschichten, z.B. aus Polyurethan-Hartschaum, die sich hinsichtlich der Herstellung und der bautechnischen Anforderungen so günstig verhalten, sind bei der Beurteilung der Tragfähigkeit des Sandwichtragwerks und damit bei der Bemessung jedoch eine Reihe von Besonderheiten zu beachten. So ist zunächst, um eine „sichere“ Bemessung zu gewährleisten, bei fast allen praxisgerechten Sandwichbauteilen die Schubverformung der Kernschicht zu berücksichtigen und damit die „Theorie des nachgiebigen Verbundes“ anzuwenden. Die Besonderheiten sind jedoch im Einzelnen in den bauaufsichtlichen Zulassungen erfasst.

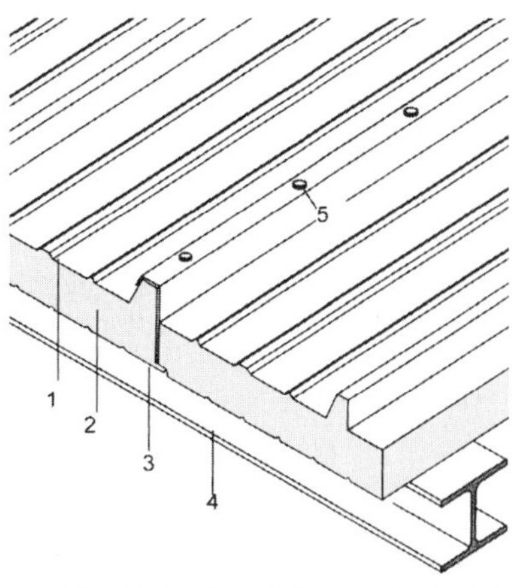

1 = äußere Deckschicht (Stahl, Alu, Kupfer etc.)
2 = Kernschicht (PUR, Mineralwolle, PS)
3 = innere Deckschicht (Stahl, Alu, Kupfer etc.)
4 = Unterkonstruktion
5 = Befestigungsmittel (Bohrschrauben etc.)

Einwirkungen und Lastfallkombinationen

Bei der Bemessung von Sandwichbauteilen ist außerdem darauf zu achten, dass (neben den üblichen Belastungen) ein wesentlicher Anteil der Beanspruchungen infolge Zwängung aus unterschiedlichen Deckblechtemperaturen und bei langzeitiger Belastung infolge Spannungsumlagerung durch Schub-Kriechen in der Kernschicht entsteht. Diese Zusatzbeanspruchungen müssen bei der Berechnung nach der Theorie des nachgiebigen Verbundes mit erfasst werden.

Die genauen Angaben über die anzusetzenden Temperaturen (im Gebrauchsfähigkeitsnachweis in Abhängigkeit von der Farbe des äußeren Deckblechs) enthält Anlage A der Zulassungen. Es werden für die Bemessung der Bauteile drei Farbgruppen (Gruppe I: sehr hell, Gruppe II: hell, Gruppe III: dunkel) definiert. Für den Lastfall Kriechen sind die Kriechwerte in dem jeweiligen Zulassungsbescheid angegeben. Zur sicheren Bemessung ist – wie üblich – die ungünstigste Lastfallkombination anzusetzen. Dabei ist eine Reihe von Lastfällen zu beachten, abhängig vom statischen System (Einfeld- oder Mehrfeldsysteme), von der Nachweisart (z. B. Tragfähigkeits-, Gebrauchsfähigkeits- oder Verformungsnachweis) und von den Widerstandsgrößen (z. B. Knitterspannungen im Feld oder über der Stütze).

Für die praxisgerechte Bemessung der Bauteile werden in den meisten Fällen von den Herstellern zunächst immer Tabellen mit (typengeprüften) zulässigen Stützweiten zur Verfügung gestellt. Diese zulässigen Stützweiten müssen, getrennt für Wand- und Dachbauteile, für die ungünstigsten Lastfälle berechnet und für die zugehörigen Lastansätze wie z. B. Schneelast, Windbelastung und Temperaturen (in Abhängigkeit von den Farbgruppen) angegeben werden.

In diesen Tabellen können nur die Standardfälle, z. B. durchlaufende Platten mit **gleichen** Stützweiten und üblichen Lastfällen, erfasst werden, selbstverständlich mit Berücksichtigung aller erforderlichen Nachweise.

Bei statischen Systemen, die nicht erfasst sind (z. B. ungleiche Stützweiten), oder bei besonderen Beanspruchungen (z. B. Kühllager mit Innentemperaturen von 0 bis –30 °C) oder zur Überprüfung von Berechnungen (z. B. auch bei nicht typengeprüften Stützweitentabellen) müssen Einzelnachweise entsprechend Abschnitt 7 der Zulassung durchgeführt werden. Im Wesentlichen sind folgende Nachweise zu führen:

Tragfähigkeitsnachweis:

Das 1,85fache der Spannungen aus äußeren Lasten (σ_L) wird zu den 1,3fachen Spannungen aus Temperaturzwängungen (σ_T) addiert und der Knitterspannung σ_K (bei Druckspannung) oder der Fließspannung β_S (bei Zugspannung) gemäß Zulassung gegenübergestellt:

$1{,}85 \cdot \sigma_L + 1{,}3 \cdot \sigma_T \leq \sigma_K$ bzw. β_S

Bei langzeitigen Einwirkungen sind zusätzlich die 1,3fachen Spannungsanteile aus Kriechen zu erfassen.

Bei Mehrfeldsystemen kann Versagen im Feld nach Ausbilden von Knittergelenken über den Zwischenstützen vorausgesetzt werden.

Gebrauchsfähigkeitsnachweis:

Neben dem Nachweis der Durchbiegung wird der Gebrauchsfähigkeitsnachweis dadurch geführt, dass an keiner Stelle Fließen im Zug oder Knittern im Druckbereich auftritt. Bei Mehrfeldsystemen sind die Nachweise vor allem auch über den Mittelstützen zu führen.

Das 1,1fache der Addition aller gleichzeitig wirkenden Spannungen aus äußeren Lasten (σ_L) und Temperatur (σ_T) ist der Knitter- bzw. Fließspannung gegenüberzustellen:

$1{,}1\ (\sigma_L + \Psi \cdot \sigma_T) \leq \sigma_K$ bzw. $1{,}1\ (\sigma_L + \Psi \cdot \sigma_T) \leq \beta_S$

$\Psi = 1{,}0$ (Kühlhäuser)

$\Psi = 0{,}9$ (sonst. Gebäude)

Bei profilierten Deckschichten, bei denen die Zugspannungen im Obergurt maßgebend werden können, sind bei langzeitigen Einwirkungen zusätzlich auch die 1,1fachen Spannungsanteile aus Kriechen zu erfassen.

Um Einzelnachweise oder Überprüfungen von Berechnungen zu ermöglichen, stehen spezielle Rechenhilfen zur Verfügung ([18.60], [18.61], [18.62], [18.63], [18.64]).

In [18.65] sind zusammenfassend weitere Berechnungshilfen und praxisgerechte Beispiele dargestellt. Falls häufig Sandwichbauteile berechnet werden, bietet sich die Anwendung eines EDV-Programms an.

Zusatznachweise

Es wird ausdrücklich darauf hingewiesen, dass zusätzlich zu dem Nachweis für die Sandwichplatten selbst, z. B. anhand zulässiger Stützweiten oder aufgrund von Einzelnachweisen, unbedingt noch folgende Nachweise nach den Zulassungen gefordert sind:

a) Nachweis der **Auflagerpressung nach Abschnitt 7.2.1.4 und 7.3 der Zulassung:**
Hier ist nachzuweisen, dass aufgrund der Auflagerkräfte infolge Auflasten, einschließlich der Zwängungskräfte infolge Temperatur, die Druckfestigkeit der Kernschicht (mit den entsprechenden Sicherheiten) nicht überschritten wird.

b) Nachweis der **Befestigungen**, insbesondere für abhebende Beanspruchungen, auch in Rand- und Eckbereichen der Gebäude nach Abschnitt 7.7 der Zulassung:
Die abhebenden Schraubenkräfte sind infolge Windsogbeanspruchungen und Zwängungen aus den Temperaturlastfällen zu ermitteln. Die zulässigen Kräfte für die Befestigungen sind in Anlage B der Zulassungen bzw. in den Verbindungselemente-Zulassungen definiert.

c) Nachweis der **Schraubenkopfauslenkung** infolge unterschiedlicher Deckblech-Temperaturen nach Abschnitt 7.7.2 der Zulassung:
Diese Nachweise sind aufgrund einer Berechnungsformel [18.63] relativ einfach nachzuweisen. Die maximal zulässigen Schraubenkopfauslenkungen sind in den Zulassungen angegeben.

Stützweiten in m

Elementbeschreibung	statisches System	Farbgruppe	Schneelast [kN/m²] 0,75	1,25	1,75	2,25
Dachbauteil 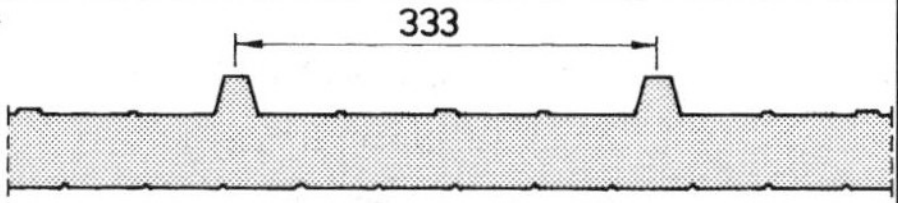	Einfeldträger	I,II, III	4,38[1] 3,79[1]	3,04	2,31	1,89
	Zweifeldträger	I,II,III	3,28	2,47	2,04	1,78
äußere Deckschicht: t_{N1} = 0,60 mm, β_S = 350 N/mm², A = 6,43 cm²/m, I = 8,53 cm⁴/m, h_{1o} = 31,8 mm, h_{1u} = 6,2 mm PUR-Kernschicht: d = 60 mm, G_S = 3,02 N/mm² innere Deckschicht: t_{N2} = 0,45 mm, β_S = 350 N/mm², A = 3,95 cm²/m, I = 0 cm⁴/m, h_{2o} = 1,9 mm, h_{2u} = 0,2 mm	Dreifeldträger	I,II,III	3,77	2,81	2,31	1,89

[1] Unter Berücksichtigung einer max. Durchbiegung von $l/150$.

Elementbeschreibung	statisches System	Farbgruppe	Einbaubereich $h/a \leq 0,25$: $h \leq 8$m	$h/a \leq 0,25$: $8 < h < 20$	$h/a > 0,5$: $h \leq 8$m	$h/a > 0,5$: $8 < h < 20$
Wandbauteil 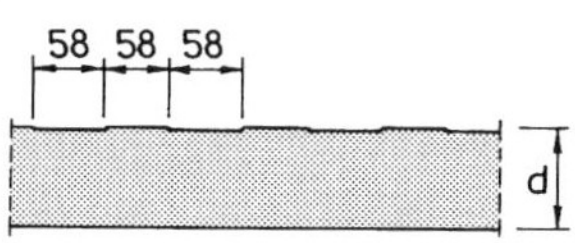	Einfeldträger	I,II,III	8,95 8,08[2]	7,07 6,96[2]	8,95 8,08[2]	7,07 6,96[2]
	Zweifeldträger	I,II,III	7,24	6,00	7,24	6,00
äußere Deckschicht: t_{N1} = 0,60 mm, β_S = 320 N/mm², A = 5,64 cm²/m, I = 0 cm⁴/m, h_{1o} = 0,8 mm, h_{1u} = 0,8 mm PUR-Kernschicht: d = 120 mm, G_S = 3,4 N/mm² innere Deckschicht: t_{N2} = 0,50 mm, β_S = 320 N/mm², A = 4,63 cm²/m, I = 0 cm⁴/m, h_{2o} = 0,8 mm, h_{2u} = 0,8 mm	Dreifeldträger	I,II,III	8,47	6,80	8,47	6,80

Wandbauteil

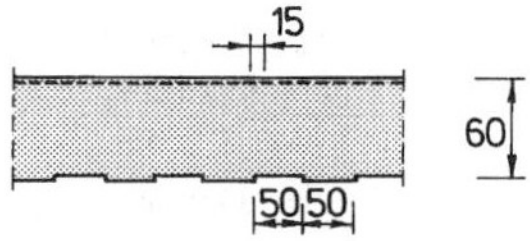

äußere Deckschicht: t_{N1} = 0,60 mm, β_S = 350 N/mm^2, A = 5,61 cm^2/m, I = 0 cm^4/m, h_{1o} = 0,2 mm, h_{1u} = 0,2 mm

Mineralwollschicht: s = 80 mm, G_S = 10,5 N/mm^2

innere Deckschicht: t_{N2} = 0,60 mm, β_S = 350 N/mm^2, A = 5,63 cm^2/m, I = 0 cm^4/m, h_{2o} = 0,2 mm, h_{2u} = 0,2 mm

Einfeldträger	I,II,III	7,20 6,41[2)]	5,70 5,63[2)]	7,20 6,41[2)]	5,70 5,63[2)]
Zweifeldträger	I	6,72	5,40	6,70	5,39
	II	5,34	4,54	4,75	4,07
	III	2,69	2,59	2,62	2,50
Dreifeldträger	I	7,20	5,70	7,20	5,70
	II	7,20	5,70	6,75	5,42
	III	3,67	3,26	3,37	2,98

2) Unter Berücksichtigung einer max. Durchbiegung von $l/100$.

Allgemeine Randbedingungen:

- Farbgruppen I (sehr hell), II (hell) und III (dunkel) siehe Zulassungen, Anlage A, Abschnitt 3.4.2.
- Die Stützweitentabelle gilt nur für geschlossene Gebäude mit normalem Innenklima.
- Zulässige Stützweiten sind in Metern (m) angegeben und gelten bei den Wandelementen für direkte Befestigungen mit maximal 3 Schrauben pro Meter und Zwischenauflagerlinie.
- Für jeden Einzelfall sind noch die Nachweise der Befestigungen (Schraubenkopfauslenkung und Zugverankerung) sowie der Nachweis der Auflagerpressungen zu erbringen.

Oben dargestellte Stützweitentabellen sind nur beispielhaft für einige wenige Paneeltypen angegeben. Ähnliche Tabellen für viele weitere Bauteiltypen können direkt von den Liefer-/Herstellfirmen angefordert werden.

Im europäischen Ausland werden häufig folgende offizielle Unterlagen bei der Bemessung und dem praktischen Einsatz verwendet ([18.66], [18.67]):
ECCS-Empfehlungen und CIB-Empfehlungen.

In Zukunft wird eine europäische Norm die Anwendung von Sandwichbauteilen regeln. Für die Erarbeitung der Norm wurde 1996 ein Committee (CEN/TC 128, SC 11) beauftragt. Der Titel der Norm lautet: Double Skin Metal Sandwich Panels with Insulation.

In der Zwischenzeit liegt ein in den Arbeitsgruppen abgestimmter Entwurf (FV) vor, über den zurzeit von den einzelnen Mitgliedstaaten abgestimmt wird.

3 Verbunddecken

3.1 Allgemeines

Verbunddecken bestehen aus Stahlprofilblechen (mit Dicken zwischen 0,75 und 1,5 mm) und Aufbeton (siehe Abb. 18.70). Das multifunktionale Prinzip dieser Deckenkonstruktion für den Hoch- und Industriebau liegt auf der Hand, da die Profilbleche gleichzeitig mehrere wesentliche Aufgaben erfüllen:

a) Tragende Schalung
Die Stahlprofilbleche, die in ähnlicher Form bereits seit Jahrzehnten als tragende Dacheindeckungen eingesetzt werden, können im Bauzustand sofort nach der Befestigung auf der Unterkonstruktion als tragende Deckenschalung und begehbare Arbeitsfläche genutzt werden.

b) Aufnahme der Zugkräfte im Verbundquerschnitt
Nach dem Erhärten des Betons nehmen die untenliegenden Stahlbleche (bei positiven Biegemomenten) im Verbundquerschnitt die Zugkräfte auf und ersetzen ganz oder teilweise die herkömmliche Bewehrung. Die dauerhafte Übertragung der Längsschubkräfte, die im Verbundquerschnitt in der Fuge Beton/Profilblech auftreten, kann durch verschiedene Verbundarten (siehe Abb. 18.71) sichergestellt werden.

c) Ausreichender Feuerwiderstand
Durch die besondere Geometrie der Profilbleche bleiben bei Brandtemperaturen Teilbereiche des Querschnitts tragfähig. Durch eine gezielte Branddimensionierung kann, entsprechend den Anforderungen, jeweils eine ausreichende Feuerwiderstandsfähigkeit der Decken nachgewiesen werden.

d) Weitere Vorteile
Neben den oben genannten wesentlichen Aufgaben gibt es weitere Vorteile, wie z. B. Verlegung der Profiltafeln per Hand (Montage ohne Kran) und einfache Möglichkeiten für Abhängungen, die wirtschaftliche Vorteile und eine Verkürzung der Bauzeit erkennen lassen. Für bestimmte Nutzungen entsteht bei entsprechender farblicher Beschichtung auf der Blechunterseite ein fertiges Design.

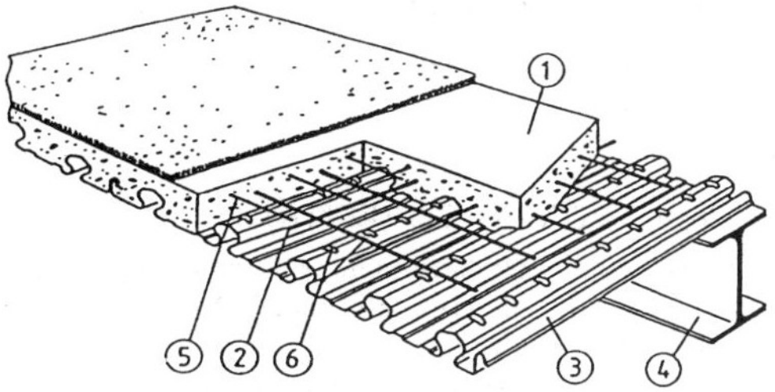

① Beton
② Zulagebewehrung, falls erforderlich
③ Stahl-Profilbleche
④ Unterkonstruktion, Stahl oder Beton
⑤ Schwindbewehrung
⑥ Verbundmittel, z. B. eingeprägte Noppen oder Sicken

Abb. 18.70 Aufbau einer Verbunddecke

3.2 Tragverhalten des Verbundsystems

Für das Tragverhalten der biegebeanspruchten Decken ist das Verbundsystem Beton-Stahlprofilblech durch den werkstoffadäquaten Einsatz der Verbundpartner (Beton in der Druckzone, Stahl in der Zugzone) besonders geeignet.

Zur genaueren Beurteilung des Tragverhaltens sind jedoch drei Versagensarten zu beachten:

Biegemomententragfähigkeit
Das Biegemoment wird aufgeteilt in eine Druck- und Zugkraft. Die Beanspruchbarkeit ist begrenzt durch die Betondruckfestigkeit oder durch die Fließgrenze des Stahls.

„Vertikale“ Schubtragfähigkeit
Die Aufnahme der Querkräfte wird vorwiegend durch den Betonquerschnitt übernommen und kann nach den üblichen Methoden für Stahlbetondecken (DIN 1045-1) beurteilt werden (Bei Verbunddecken ist in der Regel keine Schubbewehrung erforderlich).

Längsschubtragfähigkeit
Die Übertragung der Längsschubkräfte, resultierend aus dem zugehörigen Kräftepaar infolge Biegemoment, kann durch folgende spezielle konstruktive Maßnahmen (siehe Abb. 18.71) erreicht werden:

a) Verbund durch eine spezielle hinterschnittene Profilgeometrie, wobei Schubkräfte ohne zusätzliche mechanische Verdübelung durch Klemm- und Keilwirkung (Reibungsverbund) übertragen werden können.

b) Mechanischer Verbund durch eingeprägte Rippen oder Noppen (quer oder schräg) im Obergurt und/oder in den Stegen des Stahlprofilblechs.

c) Verzahnung durch eingestanzte Löcher und Dorne oder durch Bewehrungsstäbe, die quer zu den Rippen verlaufend angeschweißt werden.

d) Endverankerung durch Blechverformungsanker oder Kopfbolzendübel.

Durch Kombination von verschiedenen Verbundarten (z. B. Endverankerungen mit hinterschnittener Geometrie) kann die Verbundwirkung verbessert werden.

Nur hinsichtlich der Längsschubbeanspruchungen in der Fuge zwischen Beton und Stahlblech sind für die Verbunddecken besondere Nachweise und hierfür auch zusätzliche Bemessungswerte erforderlich und stellen somit ein wesentliches Bemessungskriterium dar.

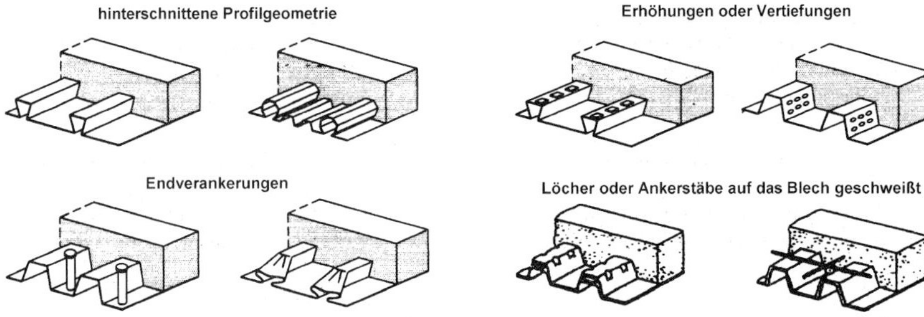

Abb. 18.71 Typische Ausführungen von Verbundarten

3.3 Bestimmung der Bemessungswerte und Nachweise

Die Längsschubtragfähigkeit kann bei Verbunddecken mit Profilblechen nur experimentell bestimmt werden. Die hierfür erforderlichen Versuche sind im Eurocode 4-1-1 bzw. in der EN 1994-1-1:2004 oder DIN V 18800-5:2004 (jeweils zurzeit Entwurf) geregelt.

Aus den Versuchsergebnissen wird im Prinzip die Schubtragfähigkeit in der Verbundfuge ermittelt und als Bemessungswert festgelegt. In Deutschland müssen die Bemessungswerte in einer allgemeinen bauaufsichtlichen Zulassung erfasst werden.

Für die Auswertung von Versuchen zur Bestimmung der Längsschubtragfähigkeit können zwei Verfahren angewendet werden:

m+k-Methode
Die m+k-Methode, ein halbempirisches Verfahren, das nicht auf einem mechanischen Modell basiert, stellt das Standard-Verfahren im Eurocode 4 dar. Durch Auswertung von Versuchen werden zwei Koeffizienten m und k ermittelt, mit denen die Querkrafttragfähigkeit unter Berücksichtigung der Längsschubtragfähigkeit bestimmt werden kann.

Teilverbundtheorie
Bei Decken mit duktilem Verbundverhalten darf der Nachweis der Längsschubtragfähigkeit nach der Teilverbundtheorie erfolgen. Mit Hilfe der im Versuch ermittelten Tragmomente wird ein Teilverbunddiagramm erstellt, aus dem der Verdübelungsgrad bestimmt und die Verbundfestigkeit $\tau_{u,Rk}$ errechnet werden kann. Das zugehörige Nachweisverfahren besteht darin, dass die Beanspruchbarkeit (Biegemoment M_{Rd}) der Verbunddecken entsprechend dem Verdübelungsgrad berechnet wird.

Bemessungswerte für Verbunddecken sind in Deutschland in allgemeinen bauaufsichtlichen Zulassungen erfasst. Für den praktischen Einsatz, zumindest für eine Vorbemessung, liegen für die einzelnen Produkte und Varianten (z. B. Deckenstärke) Bemessungstabellen vor, auf deren Grundlagen zulässige Belastungen einschließlich zugehöriger Feuerwiderstandsklassen festgelegt werden können.

Im Allgemeinen sind für Verbunddecken die gleichen Stützweiten und Deckendicken wie bei Ortbeton- oder Fertigteildecken möglich.

3.4 Nachweise für den Brandfall

Bei realistischen Randbedingungen kann generell für die Verbunddecken und hier insbesondere bei durchlaufenden Deckensystemen zum Brandverhalten Folgendes bemerkt werden.

1. Es ist in jedem Fall möglich, Verbunddecken entsprechend den Anforderungen hinsichtlich der Feuerwiderstandsfähigkeit (Feuerwiderstandsklassen) einzusetzen.
2. Aufgrund von ausgewerteten Versuchsergebnissen über die Tragfähigkeit bei Brandtemperaturen ist eine sinnvolle Bemessung entsprechend den Anforderungen im Einzelfall sehr gut möglich. Die prinzipielle Anwendung ist in den bauaufsichtlichen Zulassungen geregelt.

4 Verzeichnis von Lieferfirmen und Herstellern (Auszug)

Firma	Anschrift	Hersteller bzw. Lieferant von		
		Trapezblechen	Sandwichbauteile	Verbundblechen
Aluform System-Technik GmbH	02994 Bernsdorf	☒	☒	
Arcelor Bauteile GmbH	06796 Brehna	☒	☒	☒
Bausysteme Krahl + Partner GmbH	70184 Stuttgart	☒	☒	
Bieber Marburg GmbH & Co. KG	35649 Bischoffen	☒	☒	
BPS Profile + Bauelemente GmbH	57234 Wilnsdorf	☒	☒	
Brucha GmbH	A-1232 Wien		☒	
Color Profil Deutschland GmbH	81243 München	☒	☒	
Corus ByggeSystemer A/S	DK-8400 Ebeltoft	☒		
Dörnbach Bauprofile Handelsges. mbH	57250 Netphen	☒	☒	
DS Stålprofil A/S	DK 9500 Hobro	☒		
ems Isoliersysteme GmbH	23689 Pansdorf		☒	
Fischer Profil GmbH	57250 Netphen	☒	☒	
Friedr. Schrag GmbH & Co. KG	57271 Hilchenbach	☒		
Friedrich von Lien AG	27404 Zeven	☒	☒	
Haironville Austria Ges.m.b.H.	A-4501 Neuhofen/Kr.	☒	☒	☒
Holorib GmbH	63069 Offenbach			☒
IsoBouw Dämmtechnik GmbH	NL-5711 EG-Someren		☒	
Isocab S.A.	B-8531 Harelbeke-Bavikhove	☒	☒	
Isopan s.p.a.	50127 Bergheim		☒	
Italpannelli GmbH	I-38201 Tramin	☒	☒	
Kingspan GmbH	46485 Wesel	☒	☒	
Maas GmbH	74532 Ilshofen-Eckartshausen	☒		
Metecno Bausysteme GmbH	74379 Ingersheim	☒	☒	
Montana Bausysteme AG	CH-5612 Villmergen	☒	☒	☒
Münker Metallprofile GmbH	57223 Kreuztal		☒	
O-Metall Deutschland GmbH	15936 Dahme	☒	☒	
Paroc GmbH	28816 Stuhr bei Bremen		☒	
Pflaum & Söhne Bausysteme GmbH	A-4050 Traun		☒	
Romakowski GmbH & Co. KG	86647 Buttenwiesen-Thürheim	☒	☒	
Rudolf Wiegmann Umformtechnik GmbH	49593 Bersenbrück	☒	☒	
SAB-profiel b.v.	NL-3400 AB IJesselstein	☒	☒	
Salzgitter Bauelemente GmbH	38239 Salzgitter	☒	☒	
ThyssenKrupp Hoesch Bausysteme GmbH	57223 Kreuztal	☒	☒	
Trimex GmbH	80802 München		☒	
Unidek Deutschland GmbH	33809 Steinhagen/Westfalen		☒	
Wirth GmbH	06188 Landsberg	☒		
Wurzer-Profiliertechnik GmbH	86444 Affing bei Augsburg	☒		

18 D Stahlbauprofile

Prof. Dr.-Ing. Otto Oberegge und Dipl.-Ing. Hans-Peter Hockelmann

Kurzzeichen für Walzmaterial (Beispiele)

Kurzbezeichnung		Bedeutung
zeichnerisch	schreibbar	
IPE 240 – 4600 DIN 1025	IPE 240 × 4600 DIN 1025	Mittelbreiter I-Träger mit h = 240 mm und l = 4600 mm nach DIN 1025
HEB 400 – 8000 DIN 1025	HEB 400 × 8000 DIN 1025	Breiter I-Träger mit h = 400 mm und l = 8000 mm nach DIN 1025
[200 – 800 DIN 1026	U 200 × 800 DIN 1026	U-Profil mit h = 200 mm und l = 800 mm nach DIN 1026
L 100 × 10 – 2500 DIN EN 10 056	L 100 × 10 × 2500 DIN EN 10 056	Gleichschenkliger Winkelstahl mit 100 mm Schenkelbreite, 10 mm Dicke und 2500 mm Länge nach DIN EN 10 056
L 120 × 80 × 12 – 2500 DIN EN 10 056	L 120 × 80 x 12 × 2500 DIN EN 10 056	Ungleichschenkliger Winkelstahl mit 120 und 80 mm Schenkelbreite, 12 mm Dicke und 2500 mm Länge nach DIN EN 10 056
▭ 80 × 10 – 800 DIN 1017	Fl 80 × 10 × 800 DIN 1017	Flachstahl mit b = 80 mm, t = 10 mm und l = 800 mm nach DIN 1017
Bl 8 × 600 × 900 DIN EN 10 029	Bl 8 × 600 × 900 DIN EN 10 029	Stahlblech mit t = 8 mm, b = 600 mm und l = 900 mm nach DIN EN 10 029
Rohr 88,9 × 4 – 500 DIN EN 10 210	Rohr 88,9 × 4 x 500 DIN EN 10 210	Warmgefertigtes Stahlrohr mit 88,9 mm Außendurchmesser, 4 mm Wanddicke und 500 mm Länge nach DIN EN 10 210
QHP 100 × 4 – 2500 DIN EN 10 219	QHP 100 × 4 × 2500 DIN EN 10 219	Kaltgefertigtes, quadratisches Hohlprofil mit B = 100 mm, T = 4 mm und l = 2500 mm nach DIN EN 10 219

Benennungen in den Profiltafeln nach DIN 1080-1 (6.76) und DIN 1080-4 (3.80)

Die Indizes y bzw. z und η bzw. ζ geben den Bezug zu den entsprechenden Querschnittshauptachsen an.

Profilmaße: Die Bedeutung ist den Querschnittsskizzen zu entnehmen. Das Maß $h_1 = h - (2 \cdot t + 2 \cdot r)$ ist auf volle mm abgerundet.

Statische Werte:

A Querschnittsfläche

g Charakteristischer Wert der Eigenlast in kN/m (entspricht Masse m in kg/m · 10^{-2})

I_y; I_z Flächenmoment 2. Grades bezogen auf die y- bzw. z-Achse

W_y; W_z Widerstandsmoment bezogen auf die y- bzw. z-Achse. Bei Profilen mit unterschiedlichen Abständen der Randfasern von der jeweiligen Bezugsachse gilt für die Tafelwerte: W = min $W = I$ / max. Abstand.

i_y; i_z Trägheitsradius $i_y = \sqrt{I_y / A}$; $i_z = \sqrt{I_z / A}$

S_y Flächenmoment 1. Grades des halben Querschnitts bezogen auf die y-Achse

I_T Torsionsflächenmoment 2. Grades

W_T Torsionswiderstandsmoment

I_ω Wölbflächenmoment 2. Grades (Wölbwiderstand), bezogen auf den Schubmittelpunkt; Alternative Bezeichnung: C_M

y_M Abstand des Schubmittelpunktes M von der z-Achse bei U-Profilen. Bei doppelt- und punktsymmetrischen Profilen fallen Schubmittelpunkt und Schwerpunkt zusammen. Bei Winkel- und T-Profilen ergibt sich der Schubmittelpunkt als Schnittpunkt der Mittellinien der beiden Teilflächen.

Weitere statische Werte für *I-förmige Profile* sind auf folgenden Seiten zusammengestellt:

$i_{z,g}$ Trägheitsradius um die Stegachse z der aus Druckgurt und 1/5 der Stegfläche gebildeten Querschnittsfläche (siehe Seite 18.33)

Schmale I-Träger

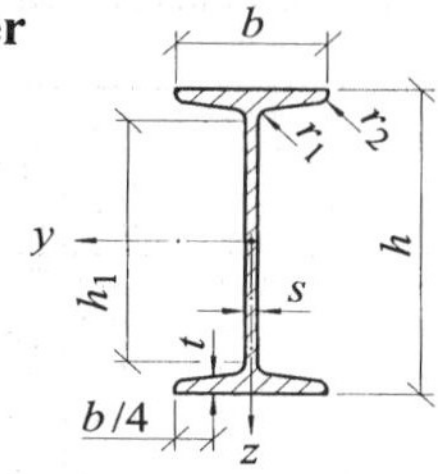

Normallängen bei
$h < 300$ mm: 8–16 m
$h \geq 300$ mm: 8–18 m

Mittelbreite I-Träger

IPEa
IPE
IPEo

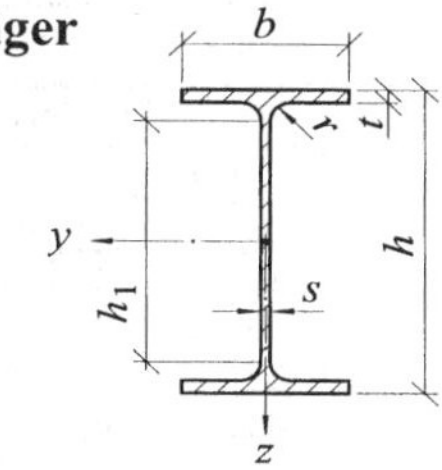

Normallängen bei
$h < 300$ mm: 8–16 m
$h \geq 300$ mm: 8–18 m

I-Reihe nach DIN 1025-1 (10.63)

	Profilmaße						Statische Werte								
Nenn-höhe	h mm	b mm	$s=r_1$ mm	t mm	r_2 mm	h_1 mm	A cm²	I_y cm⁴	W_y cm³	i_y cm	I_z cm⁴	W_z cm³	i_z cm	S_y cm³	g kN/m
80	80	42	3,9	5,9	2,3	59	7,57	77,8	19,5	3,20	6,29	3,00	0,91	11,4	0,0594
100	100	50	4,5	6,8	2,7	75	10,6	171	34,2	4,01	12,2	4,88	1,07	19,9	0,0834
120	120	58	5,1	7,7	3,1	92	14,2	328	54,7	4,81	21,5	7,41	1,23	31,8	0,111
140	140	66	5,7	8,6	3,4	109	18,2	573	81,9	5,61	35,2	10,7	1,40	47,7	0,143
160	160	74	6,3	9,5	3,8	125	22,8	935	117	6,40	54,7	14,8	1,55	68,0	0,179
180	180	82	6,9	10,4	4,1	142	27,9	1 450	161	7,20	81,3	19,8	1,71	93,4	0,219
200	200	90	7,5	11,3	4,5	159	33,4	2 140	214	8,00	117	26,0	1,87	125	0,262
220	220	98	8,1	12,2	4,9	176	39,5	3 060	278	8,80	162	33,1	2,02	162	0,311
240	240	106	8,7	13,1	5,2	192	46,1	4 250	354	9,59	221	41,7	2,20	206	0,362
260	260	113	9,4	14,1	5,6	208	53,3	5 740	442	10,4	288	51,0	2,32	257	0,419
280	280	119	10,1	15,2	6,1	225	61,0	7 590	542	11,1	364	61,2	2,45	316	0,479
300	300	125	10,8	16,2	6,5	241	69,0	9 800	653	11,9	451	72,2	2,56	381	0,542
320	320	131	11,5	17,3	6,9	258	77,7	12 510	782	12,7	555	84,7	2,67	457	0,610
340	340	137	12,2	18,3	7,3	274	86,7	15 700	923	13,5	674	98,4	2,80	540	0,680
360	360	143	13,0	19,5	7,8	290	97,0	19 610	1 090	14,2	818	114	2,90	638	0,761
400	400	155	14,4	21,6	8,6	323	118	29 210	1 460	15,7	1 160	149	3,13	857	0,924
450	450	170	16,2	24,3	9,7	363	147	45 850	2 040	17,7	1 730	203	3,43	1 200	1,15
500	500	185	18,0	27,0	10,8	404	179	68 740	2 750	19,6	2 480	268	3,72	1 620	1,41
550	550	200	19,0	30,0	11,9	445	212	99 180	3 610	21,6	3 490	349	4,02	2 120	1,66
600	600	215	21,6	32,4	13,0	485	254	139 000	4 630	23,4	4 670	434	4,30	2 730	1,99

IPEa (nicht genormt)

Nenn-höhe	h mm	b mm	s mm	t mm	r mm	h_1 mm	A cm²	I_y cm⁴	W_y cm³	i_y cm	I_z cm⁴	W_z cm³	i_z cm	S_y cm³	g kN/m
120	117,6	64	3,8	5,1	7	93	11,0	257	43,8	4,83	22,4	7,00	1,42	24,9	0,0866
140	137,4	73	3,8	5,6	7	112	13,4	435	63,3	5,70	36,4	9,98	1,65	35,8	0,105
160	157	82	4,0	5,9	9	127	16,2	689	87,8	6,53	54,4	13,3	1,83	49,5	0,127
180	177	91	4,3	6,5	9	146	19,6	1 060	120	7,37	81,9	18,0	2,05	67,7	0,154
200	197	100	4,5	7,0	12	159	23,5	1 590	162	8,23	117	23,4	2,23	90,8	0,184
220	217	110	5,0	7,7	12	177	28,3	2 320	214	9,05	171	31,2	2,46	120	0,222
240	237	120	5,2	8,3	15	190	33,3	3 290	278	9,94	240	40,0	2,68	156	0,262
270	267	135	5,5	8,7	15	219	39,1	4 920	368	11,2	358	53,0	3,02	206	0,307
300	297	150	6,1	9,2	15	248	46,5	7 170	483	12,4	519	69,2	3,34	271	0,365
330	327	160	6,5	10,0	18	271	54,7	10 230	626	13,7	685	85,6	3,54	351	0,430
360	357,6	170	6,6	11,5	18	298	64,0	14 520	812	15,1	944	111	3,84	453	0,502
400	397	180	7,0	12,0	21	331	73,1	20 290	1 020	16,7	1 170	130	4,00	572	0,574
450	447	190	7,6	13,1	21	378	85,5	29 760	1 330	18,7	1 500	158	4,19	747	0,672
500	497	200	8,4	14,5	21	426	101	42 930	1 730	20,6	1 940	194	4,38	973	0,794
550	547	210	9,0	15,7	24	467	117	59 980	2 190	22,6	2 430	232	4,55	1 240	0,921
600	597	220	9,8	17,5	24	514	137	82 920	2 780	24,6	3 120	283	4,77	1 570	1,080

IPE-Reihe nach DIN 1025-5 (3.65) und EURONORM 19-57

	Profilmaße						Statische Werte								
Nennhöhe	h mm	b mm	s mm	t mm	r mm	h_1 mm	A cm²	I_y cm⁴	W_y cm³	i_y cm	I_z cm⁴	W_z cm³	i_z cm	S_y cm³	g kN/m
80	80	46	3,8	5,2	5	59	7,64	80,1	20,0	3,24	8,49	3,69	1,05	11,6	0,060
100	100	55	4,1	5,7	7	74	10,3	171	34,2	4,07	15,9	5,79	1,24	19,7	0,081
120	120	64	4,4	6,3	7	93	13,2	318	53,0	4,90	27,7	8,65	1,45	30,4	0,104
140	140	73	4,7	6,9	7	112	16,4	541	77,3	5,74	44,9	12,3	1,65	44,2	0,129
160	160	82	5	7,4	9	127	20,1	869	109	6,58	68,3	16,7	1,84	61,9	0,158
180	180	91	5,3	8	9	146	23,9	1 320	146	7,42	101	22,2	2,05	83,2	0,188
200	200	100	5,6	8,5	12	159	28,5	1 940	194	8,26	142	28,5	2,24	110	0,224
220	220	110	5,9	9,2	12	177	33,4	2 770	252	9,11	205	37,3	2,48	143	0,262
240	240	120	6,2	9,8	15	190	39,1	3 890	324	9,97	284	47,3	2,69	183	0,307
270	270	135	6,6	10,2	15	219	45,9	5 790	429	11,2	420	62,2	3,02	242	0,361
300	300	150	7,1	10,7	15	248	53,8	8 360	557	12,5	604	80,5	3,35	314	0,422
330	330	160	7,5	11,5	18	271	62,6	11 770	713	13,7	788	98,5	3,55	402	0,491
360	360	170	8	12,7	18	298	72,7	16 270	904	15,0	1 040	123	3,79	510	0,571
400	400	180	8,6	13,5	21	331	84,5	23 130	1 160	16,5	1 320	146	3,95	654	0,663
450	450	190	9,4	14,6	21	378	98,8	33 740	1 500	18,5	1 680	176	4,12	851	0,776
500	500	200	10,2	16	21	426	116	48 200	1 930	20,4	2 140	214	4,31	1 100	0,907
550	550	210	11,1	17,2	24	467	134	67 120	2 440	22,3	2 670	254	4,45	1 390	1,06
600	600	220	12	19	24	514	156	92 080	3 070	24,3	3 390	308	4,66	1 760	1,22
IPEo (nicht genormt)															
180	182	92	6	9	9	146	27,1	1 510	165	7,45	117	25,5	2,08	94,6	0,213
200	202	102	6,2	9,5	12	159	32,0	2 210	219	8,32	169	33,1	2,30	125	0,251
220	222	112	6,6	10,2	12	177	37,4	3 130	282	9,16	240	42,8	2,53	161	0,294
240	242	122	7	10,8	15	190	43,7	4 370	361	10,0	329	53,9	2,74	205	0,343
270	274	136	7,5	12,2	15	219	53,8	6 950	507	11,4	513	75,5	3,09	287	0,423
300	304	152	8	12,7	15	248	62,8	9 990	658	12,6	746	98,1	3,45	372	0,493
330	334	162	8,5	13,5	18	271	72,6	13 910	833	13,8	960	119	3,64	471	0,570
360	364	172	9,2	14,7	18	298	84,1	19 050	1 050	15,0	1 250	145	3,86	593	0,660
400	404	182	9,7	15,5	21	331	96,4	26 750	1 320	16,7	1 560	172	4,03	751	0,757
450	456	192	11	17,6	21	378	118	40 920	1 790	18,6	2 090	217	4,21	1 020	0,924
500	506	202	12	19	21	426	137	57 780	2 280	20,6	2 620	260	4,38	1 310	1,07
550	556	212	12,7	20,2	24	467	156	79 160	2 850	22,5	3 220	304	4,55	1 630	1,23
600	610	224	15	24	24	514	197	118 300	3 880	24,5	4 520	404	4,79	2 240	1,54
IPEv (nicht genormt)															
400	408	182	10,6	17,5	21	331	107	30 140	1 480	16,8	1 770	194	4,06	841	0,840
450	460	194	12,4	19,6	21	378	132	46 200	2 010	18,7	2 400	247	4,26	1 150	1,04
500	514	204	14,2	23	21	426	164	70 720	2 750	20,8	3 270	321	4,47	1 580	1,29
550	566	216	17,1	25,2	24	467	202	102 300	3 620	22,5	4 260	395	4,60	2 100	1,59
600	618	228	18	28	24	514	234	141 600	4 580	24,6	5 570	489	4,88	2 660	1,84

Breite I-Träger (siehe Folgeseiten)

HEAA

HEA (IPBl)

HEB (IPB)

HEM (IPBv)

Normallängen: $h < 300$ mm: 8–16 m
$h \geq 300$ mm: 8–18 m

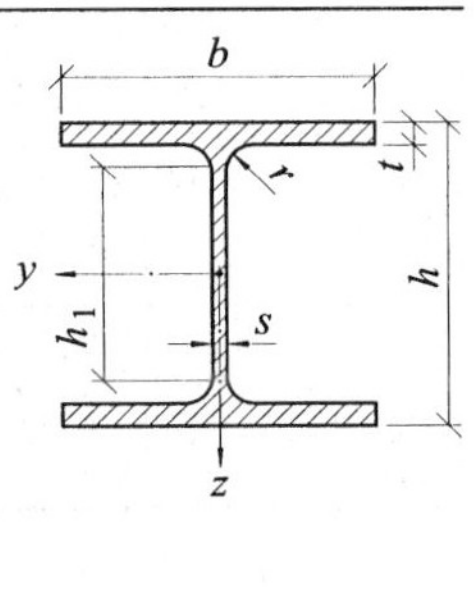

HEAA (nicht genormt)

Nenn-höhe	Profilmaße in mm						Statische Werte								g kN/m
	h	b	s	t	r	h_1	A cm^2	I_y cm^4	W_y cm^3	i_y cm	I_z cm^4	W_z cm^3	i_z cm	S_y cm^3	
100	91	100	4,2	5,5	12	56,0	15,6	237	52,0	3,89	92,1	18,4	2,43	29,2	0,122
120	109	120	4,2	5,5	12	74,0	18,6	413	75,8	4,72	159	26,5	2,93	42,1	0,146
140	128	140	4,3	6	12	92,0	23,0	719	112	5,59	275	39,3	3,45	61,9	0,181
160	148	160	4,5	7	15	104	30,4	1 280	173	6,50	479	59,8	3,97	95,2	0,238
180	167	180	5	7,5	15	122	36,5	1 970	236	7,34	730	81,1	4,47	129	0,287
200	186	200	5,5	8	18	134	44,1	2 940	317	8,17	1 070	107	4,92	174	0,346
220	205	220	6	8,5	18	152	51,5	4 170	407	9,00	1 510	137	5,42	223	0,404
240	224	240	6,5	9	21	164	60,4	5 840	521	9,83	2 080	173	5,87	285	0,474
260	244	260	6,5	9,5	24	177	69,0	7 980	654	10,8	2 790	214	6,36	357	0,541
280	264	280	7	10	24	196	78,0	10 560	800	11,6	3 660	262	6,85	437	0,612
300	283	300	7,5	10,5	27	208	88,9	13 800	976	12,5	4 730	316	7,30	533	0,698
320	301	300	8	11	27	225	94,6	16 450	1 090	13,2	4 960	331	7,24	598	0,742
340	320	300	8,5	11,5	27	243	101	19 550	1 220	13,9	5 180	346	7,18	670	0,789
360	339	300	9	12	27	261	107	23 040	1 360	14,7	5 410	361	7,12	748	0,837
400	378	300	9,5	13	27	298	118	31 250	1 650	16,3	5 860	391	7,06	912	0,924
450	425	300	10	13,5	27	344	127	41 890	1 970	18,2	6 090	406	6,92	1 090	0,997
500	472	300	10,5	14	27	390	137	54 640	2 320	20,0	6 310	421	6,79	1 290	1,07
550	522	300	11,5	15	27	438	153	72 870	2 790	21,8	6 770	451	6,65	1 560	1,20
600	571	300	12	15,5	27	486	164	91 870	3 220	23,7	6 990	466	6,53	1 810	1,29
650	620	300	12,5	16	27	534	176	113 900	3 680	25,5	7 220	481	6,41	2 080	1,38
700	670	300	13	17	27	582	191	142 700	4 260	27,3	7 670	512	6,34	2 420	1,50
800	770	300	14	18	30	674	218	208 900	5 430	30,9	8 130	542	6,10	3 110	1,72
900	870	300	15	20	30	770	252	301 100	6 920	34,6	9 040	603	5,99	4 000	1,98
1000	970	300	16	21	30	868	282	406 500	8 380	38,0	9 500	633	5,80	4 890	2,22
HEA (IPBl)-Reihe nach DIN 1025-3 (10.63) und Euronorm 53-62															
100	96	100	5	8	12	56	21,2	349	72,8	4,06	134	26,8	2,51	41,5	0,167
120	114	120	5	8	12	74	25,3	606	106	4,89	231	38,5	3,02	59,7	0,199
140	133	140	5,5	8,5	12	92	31,4	1 030	155	5,73	389	55,6	3,52	86,7	0,247
160	152	160	6	9	15	104	38,8	1 670	220	6,57	616	76,9	3,98	123	0,304
180	171	180	6	9,5	15	122	45,3	2 510	294	7,45	925	103	4,52	162	0,355
200	190	200	6,5	10	18	134	53,8	3 690	389	8,28	1 340	134	4,98	215	0,423
220	210	220	7	11	18	152	64,3	5 410	515	9,17	1 950	178	5,51	284	0,505
240	230	240	7,5	12	21	164	76,8	7 760	675	10,1	2 770	231	6,00	372	0,603
260	250	260	7,5	12,5	24	177	86,8	10 450	836	11,0	3 670	282	6,50	460	0,682
280	270	280	8	13	24	196	97,3	13 670	1 010	11,9	4 760	340	7,00	556	0,764
300	290	300	8,5	14	27	208	113	18 260	1 260	12,7	6 310	421	7,49	692	0,883
320	310	300	9	15,5	27	225	124	22 930	1 480	13,6	6 990	466	7,49	814	0,976
340	330	300	9,5	16,5	27	243	133	27 690	1 680	14,4	7 440	496	7,46	925	1,05
360	350	300	10	17,5	27	261	143	33 090	1 890	15,2	7 890	526	7,43	1 040	1,12
400	390	300	11	19	27	298	159	45 070	2 310	16,8	8 560	571	7,34	1 280	1,25
450	440	300	11,5	21	27	344	178	63 720	2 900	18,9	9 470	631	7,29	1 610	1,40
500	490	300	12	23	27	390	198	86 970	3 550	21,0	10 370	691	7,24	1 970	1,55
550	540	300	12,5	24	27	438	212	111 900	4 150	23,0	10 820	721	7,15	2 310	1,66
600	590	300	13	25	27	486	226	141 200	4 790	25,0	11 270	751	7,05	2 680	1,78
650	640	300	13,5	26	27	534	242	175 200	5 470	26,9	11 720	782	6,97	3 070	1,90
700	690	300	14,5	27	27	582	260	215 300	6 240	28,7	12 180	812	6,84	3 520	2,04
800	790	300	15	28	30	674	286	303 400	7 680	32,6	12 640	843	6,65	4 350	2,24
900	890	300	16	30	30	770	321	422 100	9 480	36,3	13 550	903	6,50	5 410	2,52
1000	990	300	16,5	31	30	868	347	553 800	11 190	40,0	14 000	934	6,35	6 410	2,72

Nenn-höhe	Profilmaße						Statische Werte								
	h	b	s	t	r	h_1	A	I_y	W_y	i_y	I_z	W_z	i_z	S_y	g
	mm	mm	mm	mm	mm	mm	cm²	cm⁴	cm³	cm	cm⁴	cm³	cm	cm³	kN/m
HEB (IPB)-Reihe nach DIN 1025-2 (10.63) und Euronorm 53-62															
100	100	100	6	10	12	56	26,0	450	89,9	4,16	167	33,5	2,53	52,1	0,204
120	120	120	6,5	11	12	74	34,0	864	144	5,04	318	52,9	3,06	82,6	0,267
140	140	140	7	12	12	92	43,0	1 510	216	5,93	550	78,5	3,58	123	0,337
160	160	160	8	13	15	104	54,3	2 490	311	6,78	889	111	4,05	177	0,426
180	180	180	8,5	14	15	122	65,3	3 830	426	7,66	1 360	151	4,57	241	0,512
200	200	200	9	15	18	134	78,1	5 700	570	8,54	2 000	200	5,07	321	0,613
220	220	220	9,5	16	18	152	91,0	8 090	736	9,43	2 840	258	5,59	414	0,715
240	240	240	10	17	21	164	106	11 260	938	10,3	3 920	327	6,08	527	0,832
260	260	260	10	17,5	24	177	118	14 920	1 150	11,2	5 130	395	6,58	641	0,930
280	280	280	10,5	18	24	196	131	19 270	1 380	12,1	6 590	471	7,09	767	1,03
300	300	300	11	19	27	208	149	25 170	1 680	13,0	8 560	571	7,58	934	1,17
320	320	300	11,5	20,5	27	225	161	30 820	1 930	13,8	9 240	616	7,57	1 070	1,27
340	340	300	12	21,5	27	243	171	36 660	2 160	14,6	9 690	646	7,53	1 200	1,34
360	360	300	12,5	22,5	27	261	181	43 190	2 400	15,5	10 140	676	7,49	1 340	1,42
400	400	300	13,5	24	27	298	198	57 680	2 880	17,1	10 820	721	7,40	1 620	1,55
450	450	300	14	26	27	344	218	79 890	3 550	19,1	11 720	781	7,33	1 990	1,71
500	500	300	14,5	28	27	390	239	107 200	4 290	21,2	12 620	842	7,27	2 410	1,87
550	550	300	15	29	27	438	254	136 700	4 970	23,2	13 080	872	7,17	2 800	1,99
600	600	300	15,5	30	27	486	270	171 000	5 700	25,2	13 530	902	7,08	3 210	2,12
650	650	300	16	31	27	534	286	210 600	6 480	27,1	13 980	932	6,99	3 660	2,25
700	700	300	17	32	27	582	306	256 900	7 340	29,0	14 440	963	6,87	4 160	2,41
800	800	300	17,5	33	30	674	334	359 100	8 980	32,8	14 900	994	6,68	5 110	2,62
900	900	300	18,5	35	30	770	371	494 100	10 980	36,5	15 820	1 050	6,53	6 290	2,91
1000	1000	300	19	36	30	868	400	644 700	12 890	40,1	16 280	1 090	6,38	7 430	3,14
HEM (IPBv)-Reihe nach DIN 1025-4 (10.63) und Euronorm 53-62															
100	120	106	12	20	12	56	53,2	1 140	190	4,63	399	75,3	2,74	118	0,418
120	140	126	12,5	21	12	74	66,4	2 020	288	5,51	703	112	3,25	175	0,521
140	160	146	13	22	12	92	80,6	3 290	411	6,39	1 140	157	3,77	247	0,632
160	180	166	14	23	15	104	97,1	5 100	566	7,25	1 760	212	4,26	337	0,762
180	200	186	14,5	24	15	122	113	7 480	748	8,13	2 580	277	4,77	442	0,889
200	220	206	15	25	18	134	131	10 640	967	9,00	3 650	354	5,27	568	1,03
220	240	226	15,5	26	18	152	149	14 600	1 220	9,89	5 010	444	5,79	710	1,17
240	270	248	18	32	21	164	200	24 290	1 800	11,0	8 150	657	6,39	1 060	1,57
260	290	268	18	32,5	24	177	220	31 310	2 160	11,9	10 450	780	6,90	1 260	1,72
280	310	288	18,5	33	24	196	240	39 550	2 550	12,8	13 160	914	7,40	1 480	1,89
300	340	310	21	39	27	208	303	59 200	3 480	14,0	19 400	1 250	8,00	2 040	2,38
320	359	309	21	40	27	225	312	68 130	3 800	14,8	19 710	1 280	7,95	2 220	2,45
340	377	309	21	40	27	243	316	76 370	4 050	15,6	19 710	1 280	7,90	2 360	2,48
360	395	308	21	40	27	261	319	84 870	4 300	16,3	19 520	1 270	7,83	2 490	2,50
400	432	307	21	40	27	298	326	104 100	4 820	17,9	19 340	1 260	7,70	2 790	2,56
450	478	307	21	40	27	344	335	131 500	5 500	19,8	19 340	1 260	7,59	3 170	2,63
500	524	306	21	40	27	390	344	161 900	6 180	21,7	19 150	1 250	7,46	3 550	2,70
550	572	306	21	40	27	438	354	198 000	6 920	23,6	19 160	1 250	7,35	3 970	2,78
600	620	305	21	40	27	486	364	237 400	7 660	25,6	18 980	1 240	7,22	4 390	2,85
650	668	305	21	40	27	534	374	281 700	8 430	27,5	18 980	1 240	7,13	4 830	2,93
700	716	304	21	40	27	582	383	329 300	9 200	29,3	18 800	1 240	7,01	5 270	3,01
800	814	303	21	40	30	674	404	442 600	10 870	33,1	18 630	1 230	6,79	6 240	3,17
900	910	302	21	40	30	770	424	570 400	12 540	36,7	18 450	1 220	6,60	7 220	3,33
1000	1008	302	21	40	30	868	444	722 300	14 330	40,3	18 460	1 220	6,45	8 280	3,49

U-Stahl nach DIN 1026 (10.63)

Normallängen bei
$h \leq$ 65 mm: 6–12 m
$h <$ 300 mm: 8–16 m
$h \geq$ 300 mm: 8–18 m

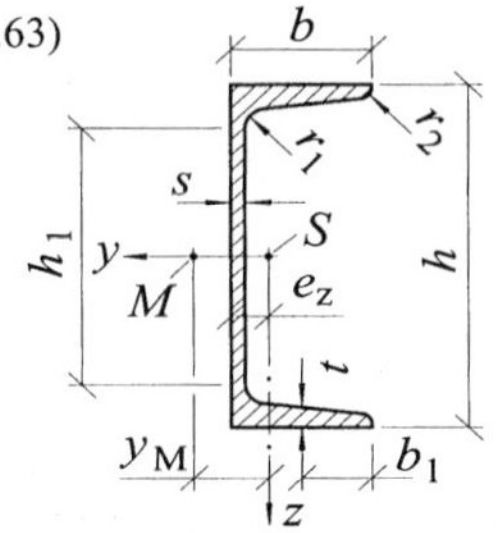

h	b_1	Flanschneigung
$h \leq 300$	$b/2$	8 %
$h > 300$	$(b-s)/2$	5 %

U	Profilmaße in mm						Statische Werte								e_z	y_M	g
	h	b	s	$t=r_1$	r_2	h_1	A cm²	I_y cm⁴	W_y cm³	i_y cm	I_z cm⁴	W_z cm³	i_z cm	S_y cm³	cm	cm	kN/m
30 × 15	30	15	4	4,5	2	12	2,21	2,53	1,69	1,07	0,38	0,39	0,42	–	0,52	0,74	0,017
30	30	33	5	7	3,5	1	5,44	6,39	4,26	1,08	5,33	2,68	0,99	–	1,31	2,22	0,043
40 × 20	40	20	5	5,5	2,5	18	3,66	7,58	3,79	1,44	1,14	0,86	0,56	–	0,67	1,01	0,029
40	40	35	5	7	3,5	11	6,21	14,1	7,05	1,50	6,68	3,08	1,04	–	1,33	2,32	0,049
50 × 25	50	25	5	6	3	25	4,92	16,8	6,73	1,85	2,49	1,48	0,71	–	0,81	1,34	0,039
50	50	38	5	7	3,5	20	7,12	26,4	10,6	1,92	9,12	3,75	1,13	–	1,37	2,47	0,056
60	60	30	6	6	3	35	6,46	31,6	10,5	2,21	4,51	2,16	0,84	–	0,91	1,50	0,051
65	65	42	5,5	7,5	4	33	9,03	57,5	17,7	2,52	14,1	5,07	1,25	–	1,42	2,60	0,071
80	80	45	6	8	4	47	11,0	106	26,5	3,10	19,4	6,36	1,33	15,9	1,45	2,67	0,086
100	100	50	6	8,5	4,5	64	13,5	206	41,2	3,91	29,3	8,49	1,47	24,5	1,55	2,93	0,106
120	120	55	7	9	4,5	82	17,0	364	60,7	4,62	43,2	11,1	1,59	36,3	1,60	3,03	0,134
140	140	60	7	10	5	97	20,4	605	86,4	5,45	62,7	14,8	1,75	51,4	1,75	3,37	0,160
160	160	65	7,5	10,5	5,5	116	24,0	925	116	6,21	85,3	18,3	1,89	68,8	1,84	3,56	0,188
180	180	70	8	11	5,5	133	28,0	1 350	150	6,95	114	22,4	2,02	89,6	1,92	3,75	0,220
200	200	75	8,5	11,5	6	151	32,2	1 910	191	7,70	148	27,0	2,14	114	2,01	3,94	0,253
220	220	80	9	12,5	6,5	166	37,4	2 690	245	8,48	197	33,6	2,30	146	2,14	4,20	0,294
240	240	85	9,5	13	6,5	185	42,3	3 600	300	9,22	248	39,6	2,42	179	2,23	4,39	0,332
260	260	90	10	14	7	201	48,3	4 820	371	9,99	317	47,7	2,56	221	2,36	4,66	0,379
280	280	95	10	15	7,5	216	53,3	6 280	448	10,9	399	57,2	2,74	266	2,53	5,02	0,418
300	300	100	10	16	8	232	58,8	8 030	535	11,7	495	67,8	2,90	316	2,70	5,41	0,462
320	320	100	14	17,5	8,75	247	75,8	10 870	679	12,1	597	80,6	2,81	413	2,60	4,82	0,595
350	350	100	14	16	8	283	77,3	12 840	734	12,9	570	75,0	2,72	459	2,40	4,45	0,606
380	380	102	13,5	16	8	313	80,4	15 760	829	14,0	615	78,7	2,77	507	2,38	4,58	0,631
400	400	110	14	18	9	325	91,5	20 350	1 020	14,9	846	102	3,04	618	2,65	5,11	0,718

Statische Werte für Torsion								
U	I_T cm⁴	I_ω cm⁶	**U**	I_T cm⁴	I_ω cm⁶	**Z**	I_T cm⁴	I_ω cm⁶
30 × 15	0,165	0,408	**160**	7,39	3 260	**30**	0,306	9,78
30	0,912	4,36	**180**	9,55	5 570	**40**	0,473	25,9
40 × 20	0,363	2,12	**200**	11,9	9 070	**50**	0,714	60,3
40	1,00	11,9	**220**	16,0	14 600	**60**	0,923	114
50 × 25	0,878	8,25	**240**	19,7	22 100	**80**	1,78	355
50	1,12	27,8	**260**	25,5	33 300	**100**	2,86	883
60	0,939	21,9	**280**	31,0	48 500	**120**	4,37	1 920
65	1,61	77,3	**300**	37,4	69 100	**140**	6,67	3 810
80	2,16	168	**320**	66,7	96 100	**160**	9,66	6 940
100	2,81	414	**350**	61,2	114 000			
120	4,15	900	**380**	59,1	146 000			
140	5,69	1 800	**400**	81,6	221 000			

Gleichschenkliger T-Stahl

nach DIN EN 10 055 (12.95)
Normallängen: 6–12 m

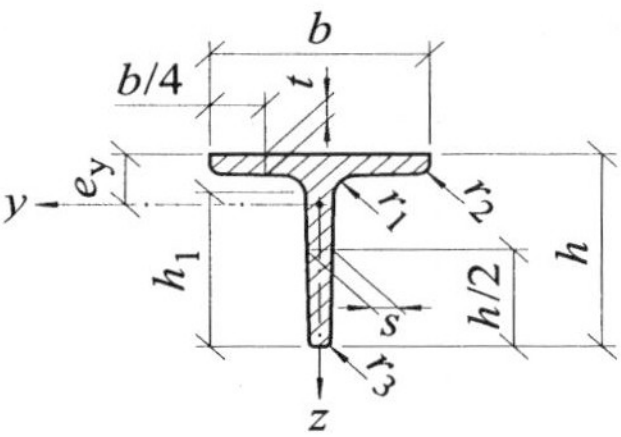

Neigung der Flanschinnenflächen und der Stegflächen 2 %

T	Profilmaße in mm							Statische Werte								
	h	b	s; t	r_1	r_2	r_3	h_1	A cm²	I_y cm⁴	W_y cm³	i_y cm	I_z cm⁴	W_z cm³	i_z cm	e_y cm	g kN/m
30	30	30	4	4	2	1	21	2,26	1,72	0,80	0,87	0,87	0,58	0,62	0,85	0,018
35	35	35	4,5	4,5	2,5	1	25	2,97	3,10	1,23	1,04	1,57	0,90	0,73	0,99	0,023
40	40	40	5	5	2,5	1	29	3,77	5,28	1,84	1,18	2,58	1,29	0,83	1,12	0,030
50	50	50	6	6	3	1,5	37	5,66	12,1	3,36	1,46	6,06	2,42	1,03	1,39	0,044
60	60	60	7	7	3,5	2	45	7,94	23,8	5,48	1,73	12,2	4,07	1,24	1,66	0,062
70	70	70	8	8	4	2	53	10,6	44,5	8,79	2,05	22,1	6,32	1,44	1,94	0,083
80	80	80	9	9	4,5	2	61	13,6	73,7	12,8	2,33	37,0	9,25	1,65	2,22	0,107
100	100	100	11	11	5,5	3	77	20,9	179	24,6	2,92	88,3	17,7	2,05	2,74	0,164
120	120	120	13	13	6,5	3	93	29,6	366	42,0	3,51	178	29,7	2,45	3,28	0,232
140	140	140	15	15	7,5	4	109	39,9	660	64,7	4,07	330	47,2	2,88	3,80	0,313

Z-Stahl

nach DIN 1027 (10.63)
Normallängen: 6–12 m

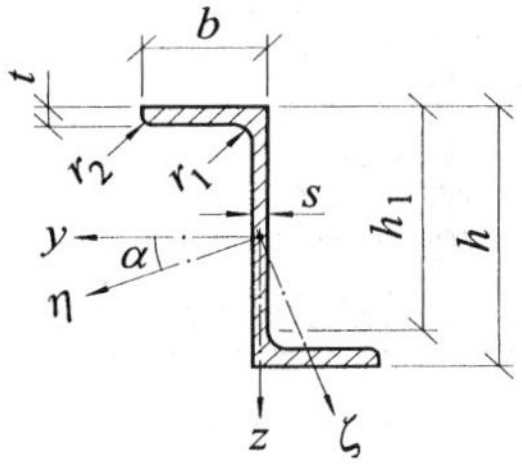

Z	Profilmaße in mm						g
	h	h_1	b	s	$t=r_1$	r_2	kN/m
30	30	21	38	4	4,5	2,5	0,034
40	40	30	40	4,5	5	2,5	0,043
50	50	39	43	5	5,5	3	0,053
60	60	48	45	5	6	3	0,062
80	80	66	50	6	7	3,5	0,087
100	100	84	55	6,5	8	4	0,114
120	120	102	60	7	9	4,5	0,143
140	140	120	65	8	10	5	0,180
160	160	138	70	8,5	11	5,5	0,216

Z	Statische Werte													
	A cm²	I_y cm⁴	W_y cm³	i_y cm	I_z cm⁴	W_z cm³	i_z cm	I_η cm⁴	W_η cm³	i_η cm	I_ζ cm⁴	W_ζ cm³	i_ζ cm	tan α
30	4,32	5,96	3,97	1,17	13,7	3,80	1,78	18,1	4,69	2,04	1,54	1,11	0,60	1,655
40	5,43	13,5	6,75	1,58	17,6	4,66	1,80	28,0	6,72	2,27	3,05	1,83	0,75	1,181
50	6,77	26,3	10,5	1,97	23,8	5,88	1,88	44,9	9,76	2,57	5,23	2,76	0,88	0,939
60	7,91	44,7	14,9	2,38	30,1	7,09	1,95	67,2	13,5	2,81	7,60	3,73	0,98	0,779
80	11,1	109	27,3	3,13	47,4	10,1	2,07	142	24,4	3,58	14,7	6,44	1,15	0,588
100	14,5	222	44,4	3,91	72,5	14,0	2,24	270	39,8	4,31	24,6	9,26	1,30	0,492
120	18,2	402	67,0	4,70	106	18,8	2,42	470	60,6	5,08	37,7	12,5	1,44	0,433
140	22,9	676	96,6	5,43	148	24,3	2,54	768	88,0	5,79	56,4	16,6	1,57	0,385
160	27,5	1060	132	6,20	204	31,0	2,72	1180	121	6,57	79,5	21,4	1,70	0,357

Lochdurchmesser und Lochabstände

nach DIN 997 (10.70)
in mm

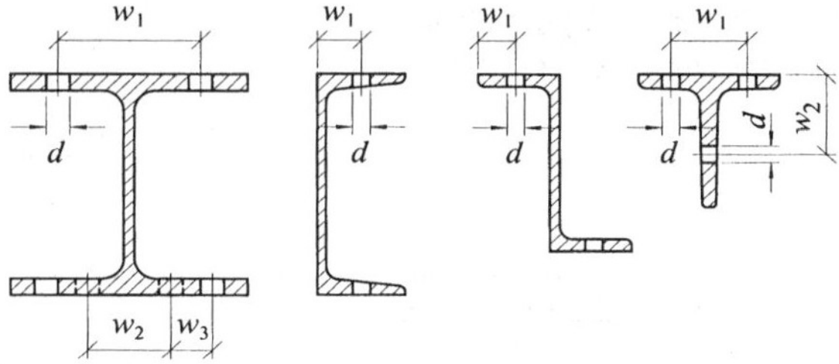

I	d	w_1	IPE	d	w_1	HEA	d	w_1	w_2	w_3	HEB	d	w_1	w_2	w_3	HEM	d	w_1	w_2	w_3
80	6,4	22	**80**	6,4	26	**100**	13	56	–	–	**100**	13	56	–	–	**100**	13	60	–	–
100	6,4	28	**100**	8,4	30	**120**	17	66	–	–	**120**	17	66	–	–	**120**	17	68	–	–
120	8,4	32	**120**	8,4	36	**140**	21	76	–	–	**140**	21	76	–	–	**140**	21	76	–	–
140	11	34	**140**	11	40	**160**	23	86	–	–	**160**	23	86	–	–	**160**	23	86	–	–
160	11	40	**160**	13	44	**180**	25	100	–	–	**180**	25	100	–	–	**180**	25	100	–	–
180	13[1])	44	**180**	13	50	**200**	25	110	–	–	**200**	25	110	–	–	**200**	25	110	–	–
200	13	48	**200**	13	56	**220**	25	120	–	–	**220**	25	120	–	–	**220**	25	120	–	–
220	13	52	**220**	17	60	**240**	25	–	94	35	**240**	25	–	96	35	**240**	25/23	–	100	35
240	17/13	56	**240**	17	68	**260**	25	–	100	40	**260**	25	–	106	40	**260**	25	–	110	40
260	17	60	**270**	21/17	72	**280**	25	–	110	45	**280**	25	–	110	45	**280**	25	–	116	45
280	17	60	**300**	23	80	**300**	28	–	120	45	**300**	28	–	120	45	**300**	25	–	120	50
300	21/17	64	**330**	25/23	86	**320**	28	–	120	45	**320**	28	–	120	45	**320**	28	–	126	47
320	21/17	70	**360**	25	90	**340**	28	–	120	45	**340**	28	–	120	45	**340**	28	–	126	47
340	21	74	**400**	28/25	96	**360**	28	–	120	45	**360**	28	–	120	45	**360**	28	–	126	47
360	23/21	76	**450**	28	106	**400**	28	–	120	45	**400**	28	–	120	45	**400**	28	–	126	47
400	23	86	**500**	28	110	**450**	28	–	120	45	**450**	28	–	120	45	**450**	28	–	126	47
450	25/23	94	**550**	28	120	**500**	28	–	120	45	**500**	28	–	120	45	**500**	28	–	130	45
500	28	100	**600**	28	120	**550**	28	–	120	45	**550**	28	–	120	45	**550**	28	–	130	45
						600	28	–	120	45	**600**	28	–	120	45	**600**	28	–	130	45
						650	28	–	120	45	**650**	28	–	120	45	**650**	28	–	130	45
						700	28	–	120	45	**700**	28	–	120	45	**700**	28	–	130	42
						800	28	–	130	40	**800**	28	–	130	40	**800**	28	–	132	42
						900	28	–	130	40	**900**	28	–	130	40	**900**	28	–	132	42
						1000	28	–	130	40	**1000**	28	–	130	40	**1000**	28	–	132	42

Lochabstände für IPEo und IPBv wie bei IPE außer:
IPEo220 mit w_1 = 62
IPEo400 mit w_1 = 98
IPEv400 mit w_1 = 98

U	d	w_1	U	d	w_1	T	d	w_1	w_2	Z	d	w_1
30 × 15	4,3	10	**160**	21/17	35	**30**	4,3	17	17	**30**	4,3	17
30	8,4	20	**180**	21	40	**35**	4,3	19	19	**40**	4,3	19
40 × 20	6,4	11	**200**	23/21	40	**40**	6,4	21	22	**50**	6,4	21
40	8,4	20	**220**	23	45	**45**	6,4	24	25	**60**	6,4	24
50 × 25	8,4	16	**240**	25/23	45	**50**	6,4	30	30	**80**	6,4	30
50	11	20	**260**	25	50	**60**	8,4	34	35	**100**	8,4	34
60	8,4	18	**280**	25	50	**70**	11	38	40	**120**	11	38
65	11	25	**300**	28	55	**80**	11	45	45	**140**	11	45
80	13	25	**320**	28	58	**90**	13	50	50	**160**	13	50
100	13	30	**350**	28	58	**100**	13	60	60			
120	17/13	30	**380**	28	60	**120**	17	70	70			
140	17	35	**400**	28	60	**140**		80	75			

d = größtmöglicher Lochdurchmesser. Für Verbindungen mit kleinerem Lochdurchmesser können die gleichen Maße angenommen werden. Sind für d zwei Werte angegeben, gilt der kleinere Wert für HV-Schrauben.

Gleichschenkliger Winkelstahl

nach DIN EN 10 056 (10.98)

[1)] $I = I_y = I_z$

[2)] $W = W_y = W_z = I / (a - e)$

[3)] $i = i_y = i_z$

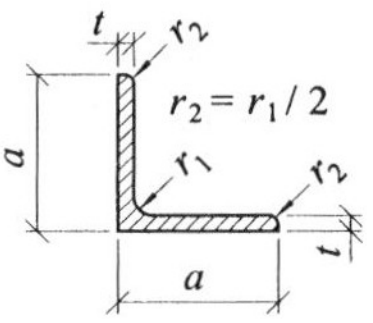

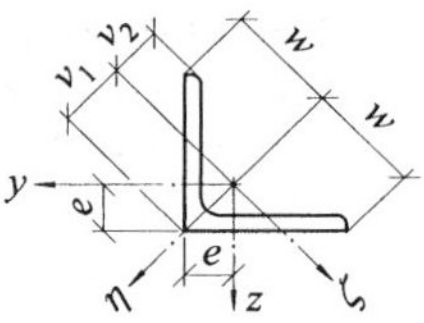

Profilmaße		Abstände der Achsen				Statische Werte								
$a \times t$ mm	r_1 mm	e cm	w cm	v_1 cm	v_2 cm	A cm²	I [1)] cm⁴	W [2)] cm³	i [3)] cm	I_η cm⁴	i_η cm	I_ζ cm⁴	i_ζ cm	g kN/m
20 × 3	3,5	0,598	1,41	0,846	0,708	1,12	0,392	0,279	0,590	0,618	0,742	0,165	0,383	0,0088
25 × 3	3,5	0,723	1,77	1,02	0,885	1,42	0,803	0,452	0,751	1,27	0,945	0,334	0,484	0,0112
25 × 4	3,5	0,762	1,77	1,08	0,901	1,85	1,02	0,586	0,741	1,61	0,931	0,430	0,482	0,0145
30 × 3	5	0,835	2,12	1,18	1,05	1,74	1,40	0,649	0,899	2,22	1,13	0,585	0,581	0,0136
30 × 4	5	0,878	2,12	1,24	1,06	2,27	1,80	0,850	0,892	2,85	1,12	0,754	0,577	0,0178
35 × 4	5	1,00	2,47	1,42	1,24	2,67	2,95	1,18	1,05	4,68	1,32	1,23	0,678	0,0209
40 × 4	6	1,12	2,83	1,58	1,40	3,08	4,47	1,55	1,21	7,09	1,52	1,86	0,777	0,0242
40 × 5	6	1,16	2,83	1,64	1,41	3,79	5,43	1,91	1,20	8,60	1,51	2,26	0,773	0,0297
45 × 4,5	7	1,25	3,18	1,78	1,58	3,90	7,14	2,20	1,35	11,4	1,71	2,94	0,870	0,0306
50 × 4	7	1,36	3,54	1,92	1,75	3,89	8,97	2,46	1,52	14,2	1,91	3,73	0,979	0,0306
50 × 5	7	1,40	3,54	1,99	1,76	4,80	11,0	3,05	1,51	17,4	1,90	4,55	0,973	0,0377
50 × 6	7	1,45	3,54	2,04	1,77	5,69	12,8	3,61	1,50	20,3	1,89	5,34	0,968	0,0447
60 × 5	8	1,64	4,24	2,32	2,11	5,82	19,4	4,45	1,82	30,7	2,30	8,03	1,17	0,0457
60 × 6	8	1,69	4,24	2,39	2,11	6,91	22,8	5,29	1,82	36,1	2,29	9,44	1,17	0,0542
60 × 8	8	1,77	4,24	2,50	2,14	9,03	29,2	6,89	1,80	46,1	2,26	12,2	1,16	0,0709
65 × 7	9	1,85	4,60	2,62	2,29	8,70	33,4	7,18	1,96	53,0	2,47	13,8	1,26	0,0683
70 × 6	9	1,93	4,95	2,73	2,46	8,13	36,9	7,27	2,13	58,5	2,68	15,3	1,37	0,0638
70 × 7	9	1,97	4,95	2,79	2,47	9,40	42,3	8,41	2,12	67,1	2,67	17,5	1,36	0,0738
75 × 6	9	2,05	5,30	2,90	2,64	8,73	45,8	8,41	2,29	72,7	2,89	18,9	1,47	0,0685
75 × 8	9	2,14	5,30	3,02	2,66	11,4	59,1	11,0	2,27	93,8	2,86	24,5	1,46	0,0899
80 × 8	10	2,26	5,66	3,19	2,83	12,3	72,2	12,6	2,43	115	3,06	29,9	1,56	0,0963
80 × 10	10	2,34	5,66	3,30	2,85	15,1	87,5	15,4	2,41	139	3,03	36,4	1,55	0,119
90 × 7	11	2,45	6,36	3,47	3,16	12,2	92,6	14,1	2,75	147	3,46	38,3	1,77	0,0961
90 × 8	11	2,50	6,36	3,53	3,17	13,9	104	16,1	2,74	166	3,45	43,1	1,76	0,109
90 × 9	11	2,54	6,36	3,59	3,18	15,5	116	17,9	2,73	184	3,44	47,9	1,76	0,122
90 × 10	11	2,58	6,36	3,65	3,19	17,1	127	19,8	2,72	201	3,42	52,6	1,75	0,134
100 × 8	12	2,74	7,07	3,87	3,52	15,5	145	19,9	3,06	230	3,85	59,9	1,96	0,122
100 × 10	12	2,82	7,07	3,99	3,54	19,2	177	24,6	3,04	280	3,83	73,0	1,95	0,150
100 × 12	12	2,90	7,07	4,11	3,57	22,7	207	29,1	3,02	328	3,80	85,7	1,94	0,178
120 × 10	13	3,31	8,49	4,69	4,24	23,2	313	36,0	3,67	497	4,63	129	2,36	0,182
120 × 12	13	3,40	8,49	4,80	4,26	27,5	368	42,7	3,65	584	4,60	152	2,35	0,216
130 × 12	14	3,64	9,19	5,15	4,60	30,0	472	50,4	3,97	750	5,00	194	2,54	0,236
150 × 10	16	4,03	10,6	5,71	5,28	29,3	624	56,9	4,62	990	5,82	258	2,97	0,230
150 × 12	16	4,12	10,6	5,83	5,29	34,8	737	67,7	4,60	1170	5,80	303	2,95	0,273
150 × 15	16	4,25	10,6	6,01	5,33	43,0	898	83,5	4,57	1430	5,76	370	2,93	0,338
160 × 15	17	4,49	11,3	6,35	5,67	46,1	1100	95,6	4,88	1750	6,15	453	3,14	0,362
180 × 16	18	5,02	12,7	7,11	6,38	55,4	1680	130	5,51	2690	6,96	679	3,50	0,435
180 × 18	18	5,10	12,7	7,22	6,41	61,9	1870	145	5,49	2960	6,92	768	3,52	0,486
200 × 16	18	5,52	14,1	7,81	7,09	61,8	2340	162	6,16	3720	7,76	960	3,94	0,485
200 × 18	18	5,60	14,1	7,92	7,12	69,1	2600	181	6,13	4150	7,75	1050	3,90	0,543
200 × 20	18	5,68	14,1	8,04	7,15	76,3	2850	199	6,11	4530	7,70	1170	3,92	0,599
200 × 24	18	5,84	14,1	8,26	7,21	90,6	3330	235	6,06	5280	7,64	1380	3,90	0,711
250 × 28	18	7,24	17,7	10,2	9,04	133	7700	433	7,62	12200	9,61	3170	4,89	1,04
250 × 35	18	7,50	17,7	10,6	9,17	163	9260	529	7,54	14700	9,48	3860	4,87	1,28

Ungleichschenkliger Winkelstahl

Gekürzte Reihe nach
DIN EN 10 056 (10.98)

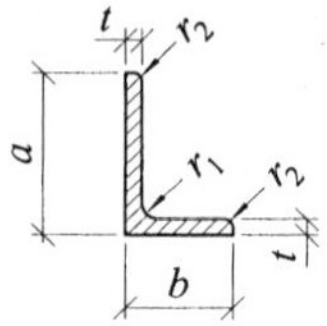

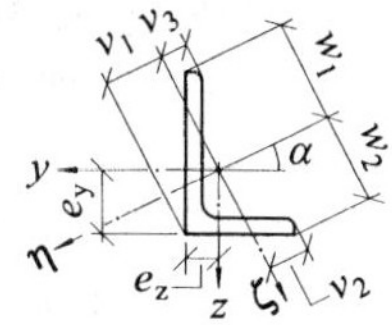

Profilmaße			Abstände der Achsen								
$a \times b \times t$ mm	r_1 mm	r_2 mm	e_y cm	e_z cm	w_1 cm	w_2 cm	v_1 cm	v_2 cm	v_3 cm	tan α	g kN/m
40 × 20 × 4	4,0	2,0	1,47	0,480	2,58	1,79	0,824	1,17	0,498	0,252	0,0177
40 × 25 × 4	4,0	2,0	1,36	0,623	2,69	1,94	1,07	1,35	0,671	0,380	0,0193
45 × 30 × 4	4,5	2,25	1,48	0,740	3,07	2,25	1,26	1,58	0,819	0,436	0,0225
50 × 30 × 5	5,0	2,5	1,73	0,741	3,33	2,38	1,27	1,65	0,791	0,352	0,0296
60 × 30 × 5	5,0	2,5	2,17	0,684	3,88	2,67	1,20	1,77	0,722	0,257	0,0336
60 × 40 × 5	6,0	3,0	1,96	0,972	4,10	3,00	1,67	2,11	1,08	0,434	0,0376
60 × 40 × 6	6,0	3,0	2,00	1,01	4,08	3,02	1,72	2,10	1,11	0,431	0,0446
65 × 50 × 5	6,0	3,0	1,99	1,25	4,53	3,60	2,08	2,39	1,49	0,577	0,0435
70 × 50 × 6	7,0	3,5	2,23	1,25	4,83	3,67	2,11	2,52	1,42	0,500	0,0541
75 × 50 × 6	7,0	3,5	2,44	1,21	5,12	3,75	2,08	2,64	1,35	0,435	0,0565
75 × 50 × 8	7,0	3,5	2,52	1,29	5,08	3,78	2,18	2,62	1,41	0,430	0,0739
80 × 40 × 6	7,0	3,5	2,85	0,884	5,20	3,54	1,57	2,38	0,935	0,258	0,0541
80 × 40 × 8	7,0	3,5	2,94	0,963	5,14	3,59	1,65	2,34	1,01	0,253	0,0707
80 × 60 × 7	8,0	4,0	2,51	1,52	5,55	4,35	2,54	2,92	1,77	0,546	0,0736
100 × 50 × 6	8,0	4,0	3,51	1,05	6,55	4,39	1,90	3,00	1,12	0,262	0,0684
100 × 50 × 8	8,0	4,0	3,60	1,13	6,48	4,45	1,99	2,96	1,20	0,258	0,0897
100 × 65 × 7	10	5,0	3,23	1,51	6,83	4,89	2,63	3,49	1,69	0,415	0,0877
100 × 65 × 8	10	5,0	3,27	1,55	6,81	4,92	2,69	3,47	1,72	0,413	0,0994
100 × 65 × 10	10	5,0	3,36	1,63	6,76	4,95	2,79	3,45	1,78	0,410	0,123
100 × 75 × 8	10	5,0	3,10	1,87	6,95	5,42	3,13	3,65	2,19	0,547	0,106
100 × 75 × 10	10	5,0	3,19	1,95	6,92	5,45	3,24	3,65	2,24	0,544	0,130
100 × 75 × 12	10	5,0	3,27	2,03	6,89	5,47	3,34	3,65	2,29	0,540	0,154
120 × 80 × 8	11	5,5	3,83	1,87	8,23	5,97	3,24	4,23	2,12	0,437	0,122
120 × 80 × 10	11	5,5	3,92	1,95	8,19	6,01	3,35	4,21	2,18	0,435	0,150
120 × 80 × 12	11	5,5	4,00	2,03	8,15	6,04	3,45	4,20	2,24	0,431	0,178
125 × 75 × 8	11	5,5	4,14	1,68	8,44	5,86	2,98	4,20	1,85	0,360	0,122
125 × 75 × 10	11	5,5	4,23	1,76	8,39	5,91	3,08	4,17	1,92	0,357	0,150
125 × 75 × 12	11	5,5	4,31	1,84	8,33	5,95	3,17	4,15	1,98	0,354	0,178
135 × 65 × 8	11	5,5	4,78	1,34	8,79	5,87	2,44	3,95	1,43	0,245	0,122
135 × 65 × 10	11	5,5	4,88	1,42	8,72	5,93	2,53	3,91	1,51	0,243	0,150
150 × 75 × 9	12	6,0	5,26	1,57	9,82	6,59	2,85	4,50	1,68	0,261	0,154
150 × 75 × 10	12	6,0	5,31	1,61	9,79	6,62	2,90	4,48	1,72	0,261	0,170
150 × 75 × 12	12	6,0	5,40	1,69	9,72	6,68	2,99	4,44	1,79	0,258	0,202
150 × 75 × 15	12	6,0	5,52	1,81	9,63	6,75	3,11	4,40	1,90	0,253	0,248
150 × 90 × 10	12	6,0	5,00	2,04	10,1	7,06	3,61	5,03	2,25	0,360	0,182
150 × 90 × 12	12	6,0	5,08	2,12	10,1	7,11	3,71	5,00	2,31	0,358	0,216
150 × 90 × 15	12	6,0	5,21	2,23	9,98	7,16	3,84	4,98	2,41	0,354	0,266
150 × 100 × 10	12	6,0	4,81	2,34	10,3	7,48	4,08	5,29	2,67	0,438	0,190
150 × 100 × 12	12	6,0	4,89	2,42	10,2	7,52	4,18	5,28	2,73	0,436	0,225
200 × 100 × 10	15	7,5	6,93	2,01	13,2	8,74	3,71	6,05	2,18	0,263	0,230
200 × 100 × 12	15	7,5	7,03	2,10	13,1	8,80	3,81	6,00	2,26	0,262	0,273
200 × 100 × 15	15	7,5	7,16	2,22	13,0	8,89	3,95	5,84	2,37	0,260	0,3375
200 × 150 × 12	15	7,5	6,08	3,61	13,9	10,8	6,10	7,34	4,35	0,552	0,320
200 × 150 × 15	15	7,5	6,21	3,73	13,9	10,9	6,27	7,33	4,43	0,551	0,396

Ungleichschenkliger Winkelstahl (Fortsetzung)

Gekürzte Reihe nach DIN EN 10 056 (10.98)

Profilmaße	Statische Werte										
$a \times b \times t$ mm	A cm²	I_y cm⁴	W_y cm³	i_y cm	I_z cm⁴	W_z cm³	i_z cm	I_η cm⁴	i_η cm	I_ζ cm⁴	i_ζ cm
40 × 20 × 4	2,26	3,59	1,42	1,26	0,600	0,393	0,514	3,80	1,30	0,393	0,417
40 × 25 × 4	2,46	3,89	1,47	1,26	1,16	0,619	0,687	4,35	1,33	0,700	0,534
45 × 30 × 4	2,87	5,78	1,91	1,42	2,05	0,910	0,850	6,65	1,52	1,18	0,640
50 × 30 × 5	3,78	9,36	2,86	1,57	2,51	1,11	0,816	10,3	1,65	1,54	0,639
60 × 30 × 5	4,28	15,6	4,07	1,91	2,63	1,14	0,784	16,5	1,97	1,71	0,633
60 × 40 × 5	4,79	17,2	4,25	1,89	6,11	2,02	1,13	19,7	2,03	3,54	0,860
60 × 40 × 6	5,68	20,1	5,03	1,88	7,12	2,38	1,12	23,1	2,02	4,16	0,855
65 × 50 × 5	5,54	23,2	5,14	2,05	11,9	3,19	1,47	28,8	2,28	6,32	1,07
70 × 50 × 6	6,89	33,4	7,01	2,20	14,2	3,78	1,43	39,7	2,40	7,92	1,07
75 × 50 × 6	7,19	40,5	8,01	2,37	14,4	3,81	1,42	46,6	2,55	8,36	1,08
75 × 50 × 8	9,41	52,0	10,4	2,35	18,4	4,95	1,40	59,6	2,52	10,8	1,07
80 × 40 × 6	6,89	44,9	8,73	2,55	7,59	2,44	1,05	47,6	2,63	4,93	0,845
80 × 40 × 8	9,01	57,6	11,4	2,53	9,61	3,16	1,03	60,9	2,60	6,34	0,838
80 × 60 × 7	9,38	59,0	10,7	2,51	28,4	6,34	1,74	72,0	2,77	15,4	1,28
100 × 50 × 6	8,71	89,9	13,8	3,21	15,4	3,89	1,33	95,4	3,31	9,92	1,07
100 × 50 × 8	11,4	116	18,2	3,19	19,7	5,08	1,31	123	3,28	12,8	1,06
100 × 65 × 7	11,2	113	16,6	3,17	37,6	7,53	1,83	128	3,39	22,0	1,40
100 × 65 × 8	12,7	127	18,9	3,16	42,2	8,54	1,83	144	3,37	24,8	1,40
100 × 65 × 10	15,6	154	23,2	3,14	51,0	10,5	1,81	175	3,35	30,1	1,39
100 × 75 × 8	13,5	133	19,3	3,14	64,1	11,4	2,18	162	3,47	34,6	1,60
100 × 75 × 10	16,6	162	23,8	3,12	77,6	14,0	2,16	197	3,45	42,2	1,59
100 × 75 × 12	19,7	189	28,0	3,10	90,2	16,5	2,14	230	3,42	49,5	1,59
120 × 80 × 8	15,5	226	27,6	3,82	80,8	13,2	2,28	260	4,10	46,6	1,74
120 × 80 × 10	19,1	276	34,1	3,80	98,1	16,2	2,26	317	4,07	56,8	1,72
120 × 80 × 12	22,7	323	40,4	3,77	114	19,1	2,24	371	4,04	66,7	1,71
125 × 75 × 8	15,5	247	29,6	4,00	67,6	11,6	2,09	274	4,21	40,9	1,63
125 × 75 × 10	19,1	302	36,5	3,97	82,1	14,3	2,07	334	4,18	49,9	1,61
125 × 75 × 12	22,7	354	43,2	3,95	95,5	16,9	2,05	391	4,15	58,5	1,61
135 × 65 × 8	15,5	291	33,4	4,34	45,2	8,75	1,71	307	4,45	29,4	1,38
135 × 65 × 10	19,1	356	41,3	4,31	54,7	10,8	1,69	375	4,43	35,9	1,37
150 × 75 × 9	19,6	455	46,7	4,82	77,9	13,1	1,99	483	4,96	50,2	1,60
150 × 75 × 10	21,7	501	51,6	4,81	85,6	14,5	1,99	531	4,95	55,1	1,60
150 × 75 × 12	25,7	588	61,3	4,78	99,6	17,1	1,97	623	4,92	64,7	1,59
150 × 75 × 15	31,7	713	75,2	4,75	119	21,0	1,94	753	4,88	78,6	1,58
150 × 90 × 10	23,2	533	53,3	4,80	146	21,0	2,51	591	5,05	88,3	1,95
150 × 90 × 12	27,5	627	63,3	4,77	171	24,8	2,49	694	5,02	104	1,94
150 × 90 × 15	33,9	761	77,7	4,74	205	30,4	2,46	841	4,98	126	1,93
150 × 100 × 10	24,2	553	54,2	4,79	199	25,9	2,87	637	5,13	114	2,17
150 × 100 × 12	28,7	651	64,4	4,76	233	30,7	2,85	749	5,11	134	2,16
200 × 100 × 10	29,2	1220	93,2	6,46	210	26,3	2,68	1290	6,65	135	2,15
200 × 100 × 12	34,8	1440	111	6,43	247	31,3	2,67	1530	6,63	159	2,14
200 × 100 × 15	43,0	1758	137	6,40	299	38,5	2,64	1864	6,59	193	2,12
200 × 150 × 12	40,8	1650	119	6,36	803	70,5	4,44	2030	7,04	430	3,25
200 × 150 × 15	50,5	2022	147	6,33	979	86,9	4,40	2476	7,00	526	3,23

Lochdurchmesser

nach DIN 997 (10.70) in mm

und Lochabstände

nach DIN 998 (10.70)
bzw. DIN 999 (10.70) in mm

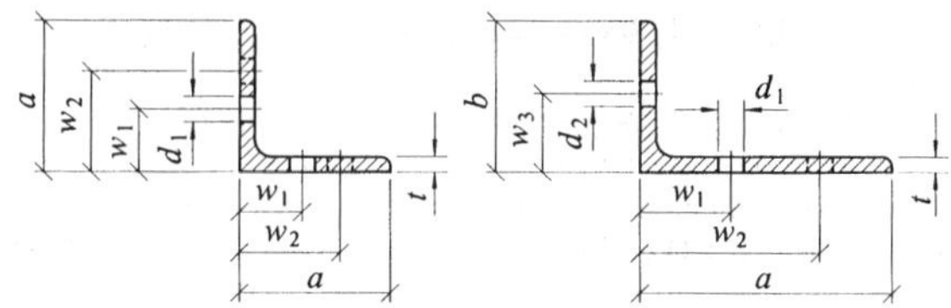

Gleichschenkliger Winkelstahl			
$a \times t$	d_1	w_1	w_2
25 × 3	6,4	15	–
25 × 4	6,4	15	–
30 × 3	8,4	17	–
30 × 4	8,4	17	–
35 × 4	11	18	–
40 × 4	11	22	–
40 × 5	11	22	–
45 × 4,5	*13*	*25*	–
50 × 4	13	30	–
50 × 5	13	30	–
50 × 6	13	30	–
60 × 5	17	35	–
60 × 6	17	35	–
60 × 8	17	35	–
65 × 7	21	35	–
70 × 6	21	40	–
70 × 7	21	40	–
75 × 6	23	40	–
75 × 8	23	40	–
80 × 8	23	45	–
80 × 10	23	45	–
90 × 7	*25*	*50*	–
90 × 8	25	50	–
90 × 9	25	50	–
90 × 10	*25*	*50*	–
100 × 8	25	55	–
100 × 10	25	55	–
100 × 12	25	55	–
120 × 10	25	50	80
120 × 12	25	50	80
130 × 12	25	50	90
150 × 10	*28*	*60*	*105*
150 × 12	28	60	105
150 × 15	28	60	105
160 × 15	28	60	115
180 × 16	28	60	135
180 × 18	28	60/65[1]	135
200 × 16	28	65	150
200 × 18	28	65	150
200 × 20	28	65	150
200 × 24	28	65/70[1]	150
250 × 28	*28*	*75*	*200*
250 × 35	*28*	*75*	*200*

Ungleichschenkliger Winkelstahl					
$a \times b \times t$	d_1	d_2	w_1	w_2	w_3
40 × 25 × 4	11	6,4	22	–	15
45 × 30 × 4	13	8,4	25	–	17
50 × 30 × 5	13	8,4	30	–	17
60 × 30 × 5	17	8,4	35	–	17
60 × 40 × 5	17	11	35	–	22
60 × 40 × 6	17	11	35	–	22
65 × 50 × 5	21	13	35	–	30
70 × 50 × 6	*21*	*13*	*40*	–	*30*
75 × 50 × 6	*23*	*13*	*35*	–	*30*
75 × 50 × 8	*23*	*13*	*35*	–	*30*
80 × 40 × 6	23	11	45	–	22
80 × 40 × 8	23	11	45	–	22
80 × 60 × 7	*23*	*17*	*45*	–	*35*
100 × 50 × 6	25	13	55	–	30
100 × 50 × 8	25	13	55	–	30
100 × 65 × 7	25	21	55	–	35
100 × 65 × 8	*25*	–	*55*	–	*35*
100 × 65 × 10	*25*	*21/17*[1]	*55*	–	–
100 × 75 × 8	*25*	*23*	*55*	–	*40*
100 × 75 × 10	*25*	–	*55*	–	*40*
100 × 75 × 12	*25*	–	–	–	–
120 × 80 × 8	25	23	50	80	45
120 × 80 × 10	25	23	50	80	45
120 × 80 × 12	25	23	50	80	45
125 × 75 × 8	*25*	–	*50*	–	–
125 × 75 × 10	*25*	–	*50*	–	–
125 × 75 × 12	*25*	–	*50*	–	–
135 × 65 × 8	–	–	–	–	–
135 × 65 × 10	–	–	–	–	–
150 × 75 × 9	28	23	60	105	40
150 × 75 × 10	*28*	–	*60*	*105*	*40*
150 × 75 × 12	*28*	–	–	–	–
150 × 75 × 15	*28*	–	–	–	–
150 × 90 × 10	28	25	60	105	50
150 × 90 × 12	28	25	60	105	50
150 × 90 × 15	*28*	*25*	*60*	–	–
150 × 100 × 10	28	25	60	105	55
150 × 100 × 12	28	25	60	105	55
200 × 100 × 10	28	25	65	150	55
200 × 100 × 12	28	25	65	150	55
200 × 100 × 15	*28*	*25*	*65*	*150*	*55*
200 × 150 × 12	–	–	–	–	–
200 × 150 × 15	–	–	–	–	–

[1] Der zweite Wert ist für HV-Schrauben anzunehmen. Kursiv gedruckte Werte sind nicht genormt.

Hohlprofile mit kreisförmigem Querschnitt

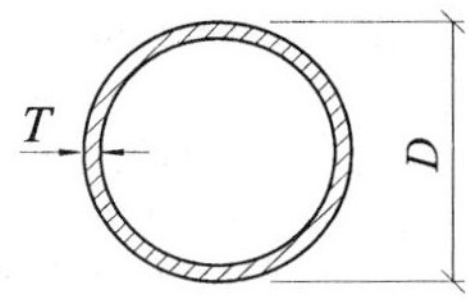

Auszug aus:
DIN EN 10 210-2 (11.97), warmgefertigt, nahtlos oder geschweißt
DIN EN 10 219-2 (11.97), kaltgefertigt, geschweißt
Die o. g. Normen enthalten zusätzlich Profile mit folgenden Nenndurchmessern D : 21,3; 26,9; 762; 813; 914; 1016; 1067; 1168 und 1219.

Nennmaße	Statische Werte						Nennmaße	Statische Werte					
$D \times T$ mm	A cm²	I cm⁴	i cm	W_{el} cm³	W_{pl} cm³	g kN/m	$D \times T$ mm	A cm²	I cm⁴	i cm	W_{el} cm³	W_{pl} cm³	g kN/m
33,7×2,5 [1]	2,45	3,00	1,11	1,78	2,44	0,0192	**193,7×6**	35,4	1 560	6,64	161	211	0,278
×3 [1]	2,89	3,44	1,09	2,04	2,84	0,0227	**×8**	46,7	2 016	6,57	208	276	0,366
×3,2 [2]	3,07	3,60	1,08	2,14	2,99	0,0241	**×10**	57,7	2 442	6,50	252	338	0,453
×4	3,73	4,19	1,06	2,49	3,55	0,0293	**×12**	68,5	2 839	6,44	293	397	0,538
42,4×2,5 [1]	3,13	6,26	1,41	2,95	3,99	0,0246	**219,1×6**	40,2	2 282	7,54	208	273	0,315
×3 [1]	3,71	7,25	1,40	3,42	4,67	0,0291	**×8**	53,1	2 960	7,47	270	357	0,416
×3,2 [2]	3,94	7,62	1,39	3,59	4,93	0,0309	**×10**	65,7	3 598	7,40	328	438	0,516
×4	4,83	8,99	1,36	4,24	5,92	0,0379	**×12**	78,1	4 200	7,33	383	515	0,613
48,3×2,5 [1]	3,60	9,46	1,62	3,92	5,25	0,0282	**244,5×6**	45,0	3 199	8,43	262	341	0,353
×3 [1]	4,27	11,0	1,61	4,55	6,17	0,0335	**×8**	59,4	4 160	8,37	340	448	0,467
×4	5,57	13,8	1,57	5,70	7,87	0,0437	**×10**	73,7	5 073	8,30	415	550	0,578
×5	6,80	16,2	1,54	6,69	9,42	0,0534	**×12**	87,7	5 938	8,23	486	649	0,688
60,3×2,5 [1]	4,54	19,0	2,05	6,30	8,36	0,0356	**273,0×6**	50,3	4 487	9,44	329	428	0,395
×3 [1]	5,40	22,2	2,03	7,37	9,86	0,0424	**×8**	66,6	5 852	9,37	429	562	0,523
×4	7,07	28,2	2,00	9,34	12,7	0,0555	**×10**	82,6	7 154	9,31	524	692	0,649
×5	8,69	33,5	1,96	11,1	15,3	0,0682	**×12**	98,4	8 396	9,24	615	818	0,772
76,1×2,5 [1]	5,78	39,2	2,60	10,3	13,5	0,0454	**323,9×6**	59,9	7 572	11,2	468	606	0,470
×3 [1]	6,89	46,1	2,59	12,1	16,0	0,0541	**×8**	79,4	9 910	11,2	612	799	0,623
×4	9,06	59,1	2,55	15,5	20,8	0,0711	**×10**	98,6	12 158	11,1	751	986	0,774
×5	11,2	70,9	2,52	18,6	25,3	0,0877	**×12**	118	14 320	11,0	884	1 168	0,923
88,9×3 [1]	8,10	74,8	3,04	16,8	22,1	0,0636	**355,6×8**	87,4	13 201	12,3	742	967	0,686
×4	10,7	96,3	3,00	21,7	28,9	0,0838	**×10**	109	16 223	12,2	912	1 195	0,852
×5	13,2	116	2,97	26,2	35,2	0,103	**×12**	130	19 139	12,2	1 076	1 417	1,02
×6	15,6	135	2,94	30,4	41,3	0,123	**×16**	171	24 663	12,0	1 387	1 847	1,34
101,6×4	12,3	146	3,45	28,8	38,1	0,0963	**406,4×8**	100	19 874	14,1	978	1 270	0,786
×5	15,2	177	3,42	34,9	46,7	0,119	**×10**	125	24 476	14,0	1 205	1 572	0,978
×6	18,0	207	3,39	40,7	54,9	0,141	**×12**	149	28 937	14,0	1 424	1 867	1,17
×8 [2]	23,5	260	3,32	51,1	70,3	0,185	**×16**	196	37 449	13,8	1 843	2 440	1,54
114,3×4	13,9	211	3,90	36,9	48,7	0,109	**457,0×8**	113	28 446	15,9	1 245	1 613	0,886
×5	17,2	257	3,87	45,0	59,8	0,135	**×10**	140	35 091	15,8	1 536	1 998	1,10
×6	20,4	300	3,83	52,5	70,4	0,160	**×12**	168	41 556	15,7	1 819	2 377	1,32
×8	26,7	379	3,77	66,4	90,6	0,210	**×16**	222	53 959	15,6	2 361	3 113	1,74
139,7×4	17,1	393	4,80	56,2	73,7	0,134	**508,0×8**	126	39 280	17,7	1 546	2 000	0,986
×5	21,2	481	4,77	68,8	90,8	0,166	**×12**	187	57 536	17,5	2 265	2 953	1,47
×6	25,2	564	4,73	80,8	107	0,198	**×16**	247	74 909	17,4	2 949	3 874	1,94
×8	33,1	720	4,66	103	139	0,260	**×20**	307	91 428	17,3	3 600	4 766	2,41
168,3×4	20,6	697	5,81	82,8	108	0,162	**610,0×8**	151	68 551	21,3	2 248	2 899	1,19
×6	30,6	1 009	5,74	120	158	0,240	**×12**	225	100 814	21,1	3 305	4 292	1,77
×8	40,3	1 297	5,67	154	206	0,316	**×16**	299	131 781	21,0	4 321	5 647	2,34
×10	49,7	1 564	5,61	186	251	0,390	**×20**	371	161 490	20,9	5 295	6 965	2,91
177,8×5	27,1	1 014	6,11	114	149	0,213	**711,0×8**	177	109 162	24,9	3 071	3 954	1,39
×6	32,4	1 196	6,08	135	177	0,254	**×12**	264	160 991	24,7	4 529	5 864	2,07
×8	42,7	1 541	6,01	173	231	0,335	**×16**	349	211 040	24,6	5 936	7 730	2,74
×10	52,7	1 862	5,94	209	282	0,414	**×20**	434	259 351	24,4	7 295	9 552	3,41

$I_T = 2 \cdot I$; $W_T = 2 \cdot W_{el}$. [1] Nur kaltgefertigt lieferbar. [2] Nur warmgefertigt lieferbar.

Warmgefertigte Hohlprofile mit quadratischem Querschnitt

Auszug aus:
DIN EN 10 210-2 (11.97), nahtlos oder geschweißt

Diese Norm enthält zusätzliche Profile mit den Nennmaßen B = 20 und B = 25.

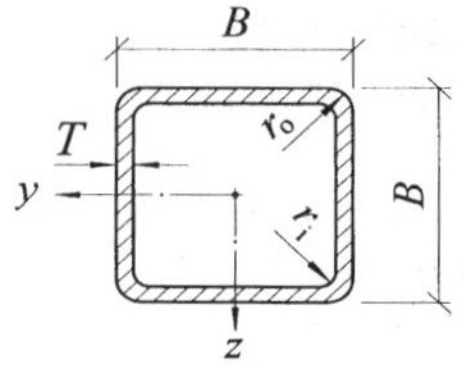

Radien für Berechnungen:
$r_o = 1{,}5 \cdot T$
$r_i = 1{,}0 \cdot T$

Nennmaße		Statische Werte					
B mm	**T** mm	A cm²	I cm⁴	i cm	W_{el} cm³	W_{pl} cm³	g kN/m
30	**2,5**	2,68	3,33	1,11	2,22	2,74	0,0211
	3	3,14	3,74	1,09	2,50	3,14	0,0247
40	**3**	4,34	9,78	1,50	4,89	5,97	0,0341
	4	5,59	11,8	1,45	5,91	7,44	0,0439
50	**3**	5,54	20,2	1,91	8,08	9,70	0,0435
	4	7,19	25,0	1,86	9,99	12,3	0,0564
	5	8,73	28,9	1,82	11,6	14,5	0,0685
60	**3**	6,74	36,2	2,32	12,1	14,3	0,0529
	4	8,79	45,4	2,27	15,1	18,3	0,0690
	5	10,7	53,3	2,23	17,8	21,9	0,0842
	6	12,6	59,9	2,18	20,0	25,1	0,0987
70	**3**	7,94	59,0	2,73	16,9	19,9	0,0624
	4	10,4	74,7	2,68	21,3	25,5	0,0815
	5	12,7	88,5	2,64	25,3	30,8	0,0999
	6	15,0	101	2,59	28,7	35,5	0,118
80	**3**	9,14	89,8	3,13	22,5	26,3	0,0718
	4	12,0	114	3,09	28,6	34,0	0,0941
	5	14,7	137	3,05	34,2	41,1	0,116
	6	17,4	156	3,00	39,1	47,8	0,136
	8	22,4	189	2,91	47,3	59,5	0,175
90	**4**	13,6	166	3,50	37,0	43,6	0,107
	5	16,7	200	3,45	44,4	53,0	0,131
	6	19,8	230	3,41	51,1	61,8	0,155
	8	25,6	281	3,32	62,6	77,6	0,201
100	**4**	15,2	232	3,91	46,4	54,4	0,119
	5	18,7	279	3,86	55,9	66,4	0,147
	6	22,2	323	3,82	64,6	77,6	0,174
	8	28,8	400	3,73	79,9	98,2	0,226
	10	34,9	462	3,64	92,4	116	0,274
120	**5**	22,7	498	4,68	83,0	97,6	0,178
	6	27,0	579	4,63	96,6	115	0,212
	8	35,2	726	4,55	121	146	0,276
	10	42,9	852	4,46	142	175	0,337
	12	50,3	958	4,36	160	201	0,395
140	**5**	26,7	807	5,50	115	135	0,210
	6	31,8	944	5,45	135	159	0,249
	8	41,6	1 195	5,36	171	204	0,326
	10	50,9	1 416	5,27	202	246	0,400
	12	59,9	1 609	5,18	230	284	0,470
150	**5**	28,7	1 002	5,90	134	156	0,226
	6	34,2	1 174	5,86	156	184	0,268
	8	44,8	1 491	5,77	199	237	0,351
	10	54,9	1 773	5,68	236	286	0,431
	12	64,7	2 023	5,59	270	331	0,508

Nennmaße		Statische Werte					
B mm	**T** mm	A cm²	I cm⁴	i cm	W_{el} cm³	W_{pl} cm³	g kN/m
160	**5**	30,7	1 225	6,31	153	178	0,241
	6	36,6	1 437	6,27	180	210	0,287
	8	48,0	1 831	6,18	229	272	0,376
	10	58,9	2 186	6,09	273	329	0,463
	12	69,5	2 502	6,00	313	382	0,546
180	**5**	34,7	1 765	7,13	196	227	0,273
	6	41,4	2 077	7,09	231	269	0,325
	8	54,4	2 661	7,00	296	349	0,427
	10	66,9	3 193	6,91	355	424	0,525
	12	79,1	3 677	6,82	409	494	0,621
200	**5**	38,7	2 445	7,95	245	283	0,304
	6	46,2	2 883	7,90	288	335	0,362
	8	60,8	3 709	7,81	371	436	0,477
	10	74,9	4 471	7,72	447	531	0,588
	12	88,7	5 171	7,64	517	621	0,696
	16	115	6 394	7,46	639	785	0,903
220	**6**	51,0	3 875	8,72	352	408	0,400
	8	67,2	5 002	8,63	455	532	0,527
	10	82,9	6 050	8,54	550	650	0,651
	12	98,3	7 023	8,45	638	762	0,772
	16	128	8 749	8,27	795	969	1,00
250	**6**	58,2	5 752	9,94	460	531	0,457
	8	76,8	7 455	9,86	596	694	0,603
	10	94,9	9 055	9,77	724	851	0,745
	12	113	10 556	9,68	844	1 000	0,885
	16	147	13 267	9,50	1 061	1 280	1,15
260	**6**	60,6	6 491	10,4	499	576	0,476
	8	80,0	8 423	10,3	648	753	0,628
	10	98,9	10 242	10,2	788	924	0,777
	12	117	11 954	10,1	920	1 087	0,922
	16	153	15 061	9,91	1 159	1 394	1,20
300	**6**	70,2	10 080	12,0	672	772	0,551
	8	92,8	13 128	11,9	875	1 013	0,728
	10	115	16 026	11,8	1 068	1 246	0,902
	12	137	18 777	11,7	1 252	1 470	1,07
	16	179	23 850	11,5	1 590	1 895	1,41
350	**8**	109	21 129	13,9	1 207	1 392	0,854
	10	135	25 884	13,9	1 479	1 715	1,06
	12	161	30 435	13,8	1 739	2 030	1,26
	16	211	38 942	13,6	2 225	2 630	1,66
400	**10**	155	39 128	15,9	1 956	2 260	1,22
	12	185	46 130	15,8	2 306	2 679	1,45
	16	243	59 344	15,6	2 967	3 484	1,91
	20	300	71 535	15,4	3 577	4 247	2,35

Kaltgefertigte Hohlprofile mit quadratischem Querschnitt

Auszug aus:
DIN EN 10 219-2 (11.97), geschweißt

Diese Norm enthält zusätzliche Profile mit den Nennmaßen B = 20 und B = 25.

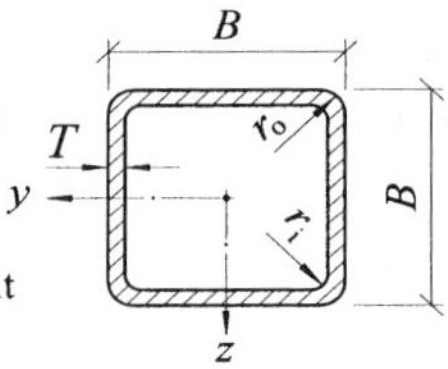

Radien für Berechnungen:

r	$T \leq 6$	$6 < T \leq 10$	$T > 10$
r_o	$2 \cdot T$	$2{,}5 \cdot T$	$3 \cdot T$
r_i	$1 \cdot T$	$1{,}5 \cdot T$	$2 \cdot T$

Nennmaße		Statische Werte					
B mm	T mm	A cm²	I cm⁴	i cm	W_{el} cm³	W_{pl} cm³	g kN/m
30	**2,5**	2,59	3,16	1,10	2,10	2,61	0,0203
	3	3,01	3,50	1,08	2,34	2,96	0,0236
40	**3**	4,21	9,32	1,49	4,66	5,72	0,0330
	4	5,35	11,1	1,44	5,54	7,01	0,0420
50	**3**	5,41	19,5	1,90	7,79	9,39	0,0425
	4	6,95	23,7	1,85	9,49	11,7	0,0545
	5	8,36	27,0	1,80	10,8	13,7	0,0656
60	**3**	6,61	35,1	2,31	11,7	14,0	0,0519
	4	8,55	43,6	2,26	14,5	17,6	0,0671
	5	10,4	50,5	2,21	16,8	20,9	0,0813
	6	12,0	56,1	2,16	18,7	23,7	0,0945
70	**3**	7,81	57,5	2,71	16,4	19,4	0,0613
	4	10,1	72,1	2,67	20,6	24,8	0,0797
	5	12,4	84,6	2,62	24,2	29,6	0,0970
	6	14,4	95,2	2,57	27,2	33,8	0,113
80	**3**	9,01	87,8	3,12	22,0	25,8	0,0707
	4	11,7	111	3,07	27,8	33,1	0,0922
	5	14,4	131	3,03	32,9	39,7	0,113
	6	16,8	149	2,98	37,3	45,8	0,132
	8	20,8	168	2,84	42,1	53,9	0,164
90	**4**	13,3	162	3,48	36,0	42,6	0,105
	5	16,4	193	3,43	42,9	51,4	0,128
	6	19,2	220	3,39	49,0	59,5	0,151
	8	24,0	255	3,25	56,6	71,3	0,189
100	**4**	14,9	226	3,89	45,3	53,3	0,117
	5	18,4	271	3,84	54,2	64,6	0,144
	6	21,6	311	3,79	62,3	75,1	0,170
	8	27,2	366	3,67	73,2	91,1	0,214
	10	32,6	411	3,55	82,2	105	0,256
120	**5**	22,4	485	4,66	80,9	95,4	0,175
	6	26,4	562	4,61	93,7	112	0,207
	8	33,6	677	4,49	113	138	0,264
	10	40,6	777	4,38	129	162	0,318
	12	45,7	806	4,20	134	174	0,358
140	**5**	26,4	791	5,48	113	132	0,207
	6	31,2	920	5,43	131	155	0,245
	8	40,0	1 127	5,30	161	194	0,314
	10	48,6	1 312	5,20	187	230	0,381
	12	55,3	1 398	5,03	200	253	0,434
150	**5**	28,4	982	5,89	131	153	0,223
	6	33,6	1 146	5,84	153	180	0,264
	8	43,2	1 412	5,71	188	226	0,339
	10	52,6	1 653	5,61	220	269	0,413
	12	60,1	1 780	5,44	237	298	0,471
160	**5**	30,4	1 202	6,29	150	175	0,238
	6	36,0	1 405	6,25	176	206	0,283
	8	46,4	1 741	6,12	218	260	0,365
	10	56,6	2 048	6,02	256	311	0,444
	12	64,9	2 224	5,86	278	346	0,509
180	**5**	34,4	1 737	7,11	193	224	0,270
	6	40,8	2 037	7,06	226	264	0,321
	8	52,8	2 546	6,94	283	336	0,415
	10	64,6	3 017	6,84	335	404	0,507
	12	74,5	3 322	6,68	369	454	0,585
200	**5**	38,4	2 410	7,93	241	279	0,301
	6	45,6	2 833	7,88	283	330	0,358
	8	59,2	3 566	7,76	357	421	0,465
	10	72,6	4 251	7,65	425	508	0,570
	12	84,1	4 730	7,50	473	576	0,660
	16	107	5 625	7,26	562	706	0,838
220	**6**	50,4	3 813	8,70	347	402	0,396
	8	65,6	4 828	8,58	439	516	0,515
	10	80,6	5 782	8,47	526	625	0,632
	12	93,7	6 487	8,32	590	712	0,735
	16	120	7 812	8,08	710	881	0,939
250	**6**	57,6	5 672	9,92	454	524	0,452
	8	75,2	7 229	9,80	578	676	0,591
	10	92,6	8 707	9,70	697	822	0,727
	12	108	9 859	9,55	789	944	0,848
	16	139	12 047	9,32	964	1 180	1,09
260	**6**	60,0	6 405	10,3	493	569	0,471
	8	78,4	8 178	10,2	629	734	0,616
	10	96,6	9 865	10,1	759	894	0,758
	12	113	11 200	9,96	862	1 028	0,886
	16	145	13 739	9,73	1 057	1 289	1,14
300	**6**	69,6	9 964	12,0	664	764	0,547
	8	91,2	12 801	11,8	853	991	0,716
	10	113	15 519	11,7	1 035	1 211	0,884
	12	132	17 767	11,6	1 184	1 402	1,04
	16	171	22 076	11,4	1 472	1 774	1,34
350	**8**	107	20 681	13,9	1 182	1 366	0,842
	10	133	25 189	13,8	1 439	1 675	1,04
	12	156	29 054	13,6	1 660	1 949	1,23
	16	203	36 511	13,4	2 086	2 488	1,59
400	**10**	153	38 216	15,8	1 911	2 214	1,20
	12	180	44 319	15,7	2 216	2 587	1,41
	12,5	187	45 877	15,7	2 294	2 683	1,47
	16	235	56 154	15,5	2 808	3 322	1,84

Warmgefertigte Hohlprofile mit rechteckigem Querschnitt

Auszug aus:
DIN EN 10 210-2 (11.97), nahtlos oder geschweißt

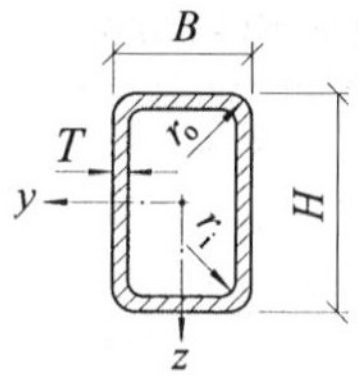

Radien für Berechnungen:
$r_o = 1{,}5 \cdot T$
$r_i = 1{,}0 \cdot T$

Nennmaße		Statische Werte										
H* × *B	***T***	A	I_y	i_y	$W_{el,y}$	$W_{pl,y}$	I_z	i_z	$W_{el,z}$	$W_{pl,z}$	I_T	g
mm	mm	cm^2	cm^4	cm	cm^3	cm^3	cm^4	cm	cm^3	cm^3	cm^4	kN/m
50 × 25	**3**	4,04	11,9	1,72	4,76	6,18	3,83	0,973	3,06	3,71	9,64	0,0317
50 × 30	**3**	4,34	13,6	1,77	5,43	6,88	5,94	1,17	3,96	4,76	13,5	0,0341
	4	5,59	16,5	1,72	6,60	8,59	7,08	1,13	4,72	5,88	16,6	0,0439
60 × 40	**3**	5,54	26,5	2,18	8,82	10,9	13,9	1,58	6,95	8,19	29,2	0,0435
	4	7,19	32,8	2,14	10,9	13,8	17,0	1,54	8,52	10,3	36,7	0,0564
	5	8,73	38,1	2,09	12,7	16,4	19,5	1,50	9,77	12,2	43,0	0,0685
	6	10,2	42,3	2,04	14,1	18,6	21,4	1,45	10,7	13,7	48,2	0,0799
80 × 40	**3**	6,74	54,2	2,84	13,6	17,1	18,0	1,63	9,00	10,4	43,8	0,0590
	4	8,79	68,2	2,79	17,1	21,8	22,2	1,59	11,1	13,2	55,2	0,0690
	5	10,7	80,3	2,74	20,1	26,1	25,7	1,55	12,9	15,7	65,1	0,0842
	6	12,6	90,5	2,68	22,6	30,0	28,5	1,50	14,2	17,8	73,4	0,0987
90 × 50	**4**	10,4	107	3,21	23,8	29,8	41,9	2,01	16,8	19,6	97,5	0,0815
	5	12,7	127	3,16	28,3	36,0	49,2	1,97	19,7	23,5	116	0,0999
	6	15,0	145	3,11	32,2	41,6	55,4	1,92	22,1	27,0	133	0,118
	8	19,2	174	3,01	38,6	51,4	64,6	1,84	25,8	32,9	160	0,150
100 × 50	**4**	11,2	140	3,53	27,9	35,2	46,2	2,03	18,5	21,5	113	0,0878
	5	13,7	167	3,48	33,3	42,6	54,3	1,99	21,7	25,8	135	0,108
	6	16,2	190	3,43	38,1	49,4	61,2	1,95	24,5	29,7	154	0,127
	8	20,8	230	3,33	46,0	61,4	71,7	1,86	28,7	36,3	186	0,163
100 × 60	**4**	12,0	158	3,63	31,6	39,1	70,5	2,43	23,5	27,3	156	0,0941
	5	14,7	189	3,58	37,8	47,4	83,6	2,38	27,9	32,9	188	0,116
	6	17,4	217	3,53	43,4	55,1	95,0	2,34	31,7	38,1	216	0,136
	8	22,4	264	3,44	52,8	68,7	113	2,25	37,8	47,1	265	0,175
120 × 60	**4**	13,6	249	4,28	41,5	51,9	83,1	2,47	27,7	31,7	201	0,107
	5	16,7	299	4,23	49,9	63,1	98,8	2,43	32,9	38,4	242	0,131
	6	19,8	345	4,18	57,5	73,6	113	2,39	37,5	44,5	279	0,155
	8	25,6	425	4,08	70,8	92,7	135	2,30	45,0	55,4	344	0,201
120 × 80	**4**	15,2	303	4,46	50,4	61,2	161	3,25	40,2	46,1	330	0,119
	5	18,7	365	4,42	60,9	74,6	193	3,21	48,2	56,1	401	0,147
	6	22,2	423	4,37	70,6	87,3	222	3,17	55,6	65,5	468	0,174
	8	28,8	525	4,27	87,5	111	273	3,08	68,1	82,6	587	0,226
140 × 80	**4**	16,8	441	5,12	62,9	77,1	184	3,31	46,0	52,2	411	0,132
	5	20,7	534	5,08	76,3	94,3	221	3,27	55,3	63,6	499	0,163
	6	24,6	621	5,03	88,7	111	255	3,22	63,8	74,4	583	0,193
	8	32,0	776	4,93	111	141	314	3,14	78,5	94,1	733	0,251
150 × 100	**4**	19,2	607	5,63	81,0	97,4	324	4,11	64,8	73,6	660	0,151
	6	28,2	862	5,53	115	141	456	4,02	91,2	106	946	0,221
	8	36,8	1 087	5,44	145	180	569	3,94	114	135	1 203	0,289
	12	52,7	1 450	5,25	193	249	745	3,76	149	185	1 633	0,414
160 × 80	**4**	18,4	612	5,77	76,5	94,7	207	3,35	51,7	58,3	493	0,144
	5	22,7	744	5,72	93,0	116	249	3,31	62,3	71,1	600	0,178
	6	27,0	868	5,67	108	136	288	3,27	72,0	83,3	701	0,212
	8	35,2	1 091	5,57	136	175	356	3,18	89,0	106	883	0,276
	12	50,3	1 449	5,37	181	240	455	3,01	114	142	1 175	0,395

Warmgefertigte Hohlprofile mit rechteckigem Querschnitt (Fortsetzung)

Auszug aus DIN EN 10 210-2 (11.97), nahtlos oder geschweißt

Nennmaße		Statische Werte										
$H \times B$ mm	T mm	A cm²	I_y cm⁴	i_y cm	$W_{el,y}$ cm³	$W_{pl,y}$ cm³	I_z cm⁴	i_z cm	$W_{el,z}$ cm³	$W_{pl,z}$ cm³	I_T cm⁴	g kN/m
180 × 100	**4**	21,6	945	6,61	105	128	379	4,19	75,9	85,2	852	0,169
	5	26,7	1 153	6,57	128	157	460	4,15	92,0	104	1 042	0,210
	6	31,8	1 350	6,52	150	186	536	4,11	107	123	1 224	0,249
	8	41,6	1 713	6,42	190	239	671	4,02	134	157	1 560	0,326
	10	50,9	2 036	6,32	226	288	787	3,93	157	188	1 862	0,400
	12	59,9	2 320	6,22	258	333	886	3,85	177	216	2 130	0,470
200 × 100	**4**	23,2	1 223	7,26	122	150	416	4,24	83,2	92,8	983	0,182
	5	28,7	1 495	7,21	149	185	505	4,19	101	114	1 204	0,226
	6	34,2	1 754	7,16	175	218	589	4,15	118	134	1 414	0,268
	8	44,8	2 234	7,06	223	282	739	4,06	148	172	1 804	0,351
	10	54,9	2 664	6,96	266	341	869	3,98	174	206	2 156	0,431
	12	64,7	3 047	6,86	305	395	979	3,89	196	237	2 469	0,508
	16	83,0	3 678	6,66	368	491	1 147	3,72	229	290	2 982	0,652
200 × 120	**6**	36,6	1 980	7,36	198	242	892	4,94	149	169	1 942	0,287
	8	48,0	2 529	7,26	253	313	1 128	4,85	188	218	2 495	0,376
	10	58,9	3 026	7,17	303	379	1 337	4,76	223	263	3 001	0,463
	12	69,5	3 472	7,07	347	440	1 520	4,68	253	305	3 461	0,546
250 × 150	**6**	46,2	3 965	9,27	317	385	1 796	6,24	239	270	3 877	0,362
	8	60,8	5 111	9,17	409	501	2 298	6,15	306	350	5 021	0,477
	10	74,9	6 174	9,08	494	611	2 755	6,06	367	426	6 090	0,588
	12	88,7	7 154	8,98	572	715	3 168	5,98	422	497	7 088	0,696
	16	115	8 879	8,79	710	906	3 873	5,80	516	625	8 868	0,903
260 × 180	**6**	51,0	4 942	9,85	380	454	2 804	7,42	312	353	5 554	0,400
	8	67,2	6 390	9,75	492	592	3 608	7,33	401	459	7 221	0,527
	10	82,9	7 741	9,66	595	724	4 351	7,24	483	560	8 798	0,651
	12	98,3	8 999	9,57	692	849	5 034	7,16	559	656	10 285	0,772
	16	128	11 245	9,38	865	1 081	6 231	6,98	692	831	12 993	1,00
300 × 200	**6**	58,2	7 486	11,3	499	596	4 013	8,31	401	451	8 100	0,457
	8	76,8	9 717	11,3	648	779	5 184	8,22	518	589	10 562	0,603
	10	94,9	11 819	11,2	788	956	6 278	8,13	628	721	12 908	0,745
	12	113	13 797	11,1	920	1 124	7 294	8,05	729	847	15 137	0,885
	16	147	17 390	10,9	1 159	1 441	9 109	7,87	911	1 080	19 252	1,15
350 × 250	**6**	70,2	12 616	13,4	721	852	7 538	10,4	603	677	14 529	0,551
	8	92,8	16 449	13,3	940	1 118	9 798	10,3	784	888	19 027	0,728
	10	115	20 102	13,2	1 149	1 375	11 937	10,2	955	1 091	23 354	0,902
	12	137	23 577	13,1	1 347	1 624	13 957	10,1	1 117	1 286	27 513	1,07
	16	179	30 011	12,9	1 715	2 095	17 654	9,93	1 412	1 655	35 325	1,41
400 × 200	**8**	92,8	19 562	14,5	978	1 203	6 660	8,47	666	743	15 735	0,728
	10	115	23 914	14,4	1 196	1 480	8 084	8,39	808	911	19 259	0,902
	12	137	28 059	14,3	1 403	1 748	9 418	8,30	942	1 072	22 622	1,07
	16	179	35 738	14,1	1 787	2 256	11 824	8,13	1 182	1 374	28 871	1,41
450 × 250	**8**	109	30 082	16,6	1 337	1 622	12 142	10,6	971	1 081	27 083	0,854
	10	135	36 895	16,5	1 640	2 000	14 819	10,5	1 185	1 331	33 284	1,06
	12	161	43 434	16,4	1 930	2 367	17 359	10,4	1 389	1 572	39 260	1,26
	16	211	55 705	16,2	2 476	3 070	22 041	10,2	1 763	2 029	50 545	1,66
500 × 300	**10**	155	53 762	18,6	2 150	2 595	24 439	12,6	1 629	1 826	52 450	1,22
	12	185	63 446	18,5	2 538	3 077	28 736	12,5	1 916	2 161	62 039	1,45
	16	243	81 783	18,3	3 271	4 005	36 768	12,3	2 451	2 804	80 329	1,91
	20	300	98 777	18,2	3 951	4 885	44 078	12,1	2 939	3 408	97 447	2,35

Kaltgefertigte Hohlprofile mit rechteckigem Querschnitt

Auszug aus:
DIN EN 10 219-2 (11.97), geschweißt

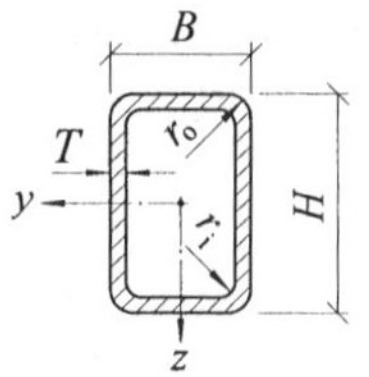

Radien für Berechnungen:

r	$T \leq 6$	$6 < T \leq 10$	$T > 10$
r_o	$2 \cdot T$	$2{,}5 \cdot T$	$3 \cdot T$
r_i	$1 \cdot T$	$1{,}5 \cdot T$	$2 \cdot T$

Nennmaße		Statische Werte										
$H \times B$ mm	T mm	A cm²	I_y cm⁴	i_y cm	$W_{el,y}$ cm³	$W_{pl,y}$ cm³	I_z cm⁴	i_z cm	$W_{el,z}$ cm³	$W_{pl,z}$ cm³	I_T cm⁴	g kN/m
40 × 20	**3**	3,01	5,21	1,32	2,60	3,50	1,68	0,748	1,68	2,12	4,57	0,0236
50 × 30	**3**	4,21	12,8	1,75	5,13	6,57	5,70	1,16	3,80	4,58	13,5	0,0330
	4	5,35	15,3	1,69	6,10	8,05	6,69	1,12	4,46	5,58	16,5	0,0420
60 × 40	**3**	5,41	25,4	2,17	8,46	10,5	13,4	1,58	6,72	7,94	29,3	0,0425
	4	6,95	31,0	2,11	10,3	13,2	16,3	1,53	8,14	9,89	36,7	0,0545
70 × 50	**3**	6,61	44,1	2,58	12,6	15,4	26,1	1,99	10,4	12,2	53,6	0,0519
	4	8,55	54,7	2,53	15,6	19,5	32,2	1,94	12,9	15,4	68,1	0,0671
80 × 40	**3**	6,61	52,3	2,81	13,1	16,5	17,6	1,63	8,78	10,2	43,9	0,0519
	4	8,55	64,8	2,75	16,2	20,9	21,5	1,59	10,7	12,8	55,2	0,0671
80 × 60	**3**	7,81	70,0	3,00	17,5	21,2	44,9	2,40	15,0	17,4	88,3	0,0613
	4	10,1	87,9	2,94	22,0	27,0	56,1	2,35	18,7	22,1	113	0,0797
90 × 50	**3**	7,81	81,9	3,24	18,2	22,6	32,7	2,05	13,1	15,0	76,7	0,0613
	4	10,1	103	3,18	22,8	28,8	40,7	2,00	16,3	19,1	97,7	0,0797
100 × 40	**3**	7,81	92,3	3,44	18,5	23,7	21,7	1,67	10,8	12,4	59,0	0,0613
	4	10,1	116	3,38	23,1	30,3	26,7	1,62	13,3	15,7	74,5	0,0797
100 × 50	**3**	8,41	106	3,56	21,3	26,7	36,1	2,07	14,4	16,4	88,6	0,0660
	4	10,9	134	3,50	26,8	34,1	44,9	2,03	18,0	20,9	113	0,0859
	5	13,4	158	3,44	31,6	40,8	52,5	1,98	21,0	25,0	135	0,105
100 × 60	**3**	9,01	121	3,66	24,1	29,6	54,6	2,46	18,2	20,8	122	0,0707
	4	11,7	153	3,60	30,5	37,9	68,7	2,42	22,9	26,6	156	0,0922
	5	14,4	181	3,55	36,2	45,6	80,8	2,37	26,9	31,9	188	0,113
100 × 80	**3**	10,2	149	3,82	29,8	35,4	106	3,22	26,4	30,4	196	0,0801
	4	13,3	189	3,77	37,9	45,6	134	3,17	33,5	39,2	254	0,105
	5	16,4	226	3,72	45,2	55,1	160	3,12	39,9	47,2	308	0,128
120 × 60	**4**	13,3	241	4,25	40,1	50,5	81,2	2,47	27,1	31,1	201	0,105
	5	16,4	287	4,19	47,8	60,9	96,0	2,42	32,0	37,4	242	0,128
	6	19,2	328	4,13	54,7	70,6	109	2,38	36,3	43,1	280	0,151
120 × 80	**4**	14,9	295	4,44	49,1	59,8	157	3,24	39,3	45,2	331	0,117
	5	18,4	353	4,39	58,9	72,4	188	3,20	46,9	54,7	402	0,144
	6	21,6	406	4,33	67,7	84,3	215	3,15	53,8	63,5	469	0,170
140 × 80	**4**	16,5	430	5,10	61,4	75,5	180	3,30	45,1	51,3	412	0,130
	5	20,4	517	5,04	73,9	91,8	216	3,26	54,0	62,2	501	0,160
	6	24,0	597	4,98	85,3	107	248	3,21	62,0	72,4	584	0,189
	8	30,4	708	4,82	101	131	293	3,10	73,3	88,4	731	0,239
150 × 100	**4**	18,9	595	5,60	79,3	95,7	319	4,10	63,7	72,5	662	0,149
	5	23,4	719	5,55	95,9	117	384	4,05	76,8	88,3	809	0,183
	6	27,6	835	5,50	111	137	444	4,01	88,8	103	948	0,217
	8	35,2	1 008	5,35	134	169	536	3,90	107	128	1 206	0,277
160 × 80	**4**	18,1	598	5,74	74,7	92,9	204	3,35	50,9	57,4	494	0,142
	5	22,4	722	5,68	90,2	113	244	3,30	61,0	69,7	601	0,175
	6	26,4	836	5,62	105	132	281	3,26	70,2	81,3	702	0,207
	8	33,6	1 001	5,46	125	163	335	3,16	83,7	100	882	0,264
	10	40,6	1 146	5,32	143	191	380	3,06	95,0	117	1 031	0,318

Kaltgefertigte Hohlprofile mit rechteckigem Querschnitt (Fortsetzung)

Auszug aus DIN EN 10 219-2 (11.97), geschweißt

Nennmaße		Statische Werte										
$H \times B$ mm	T mm	A cm²	I_y cm⁴	i_y cm	$W_{el,y}$ cm³	$W_{pl,y}$ cm³	I_z cm⁴	i_z cm	$W_{el,z}$ cm³	$W_{pl,z}$ cm³	I_T cm⁴	g kN/m
180 × 100	**4**	21,3	926	6,59	103	126	374	4,18	74,8	84,0	854	0,168
	6	31,2	1 310	6,48	146	181	524	4,10	105	120	1 227	0,245
	8	40,0	1 598	6,32	178	226	637	3,99	127	150	1 565	0,314
	10	48,6	1 859	6,19	207	268	736	3,89	147	177	1 859	0,381
200 × 100	**4**	22,9	1 200	7,23	120	148	411	4,23	82,2	91,7	985	0,180
	6	33,6	1 703	7,12	170	213	577	4,14	115	132	1 417	0,264
	8	43,2	2 091	6,95	209	267	705	4,04	141	165	1 811	0,339
	10	52,6	2 444	6,82	244	318	818	3,94	164	195	2 154	0,413
200 × 120	**4**	24,5	1 353	7,43	135	164	618	5,02	103	115	1 345	0,193
	6	36,0	1 929	7,32	193	237	874	4,93	146	166	1 947	0,283
	8	46,4	2 386	7,17	239	298	1 079	4,82	180	209	2 507	0,365
	10	56,6	2 806	7,04	281	356	1 262	4,72	210	250	3 007	0,444
250 × 150	**5**	38,4	3 304	9,28	264	320	1 508	6,27	201	225	3 285	0,301
	6	45,6	3 886	9,23	311	378	1 768	6,23	236	266	3 886	0,358
	8	59,2	4 886	9,08	391	482	2 219	6,12	296	340	5 050	0,465
	10	72,6	5 825	8,96	466	582	2 634	6,02	351	409	6 121	0,570
260 × 180	**5**	42,4	4 121	9,86	317	377	2 350	7,45	261	294	4 695	0,332
	6	50,4	4 856	9,81	374	447	2 763	7,40	307	348	5 566	0,396
	8	65,6	6 145	9,68	473	573	3 493	7,29	388	446	7 267	0,515
	10	80,6	7 363	9,56	566	694	4 174	7,20	464	540	8 850	0,632
	12	93,7	8 245	9,38	634	790	4 679	7,07	520	615	10 328	0,735
300 × 100	**6**	45,6	4 777	10,2	318	411	842	4,30	168	188	2 403	0,358
	8	59,2	5 978	10,0	399	523	1 045	4,20	209	238	3 080	0,465
	10	72,6	7 106	9,90	474	631	1 224	4,11	245	285	3 681	0,570
	12	84,1	7 808	9,64	521	710	1 343	4,00	269	321	4 177	0,660
	16	107	9 157	9,26	610	865	1 543	3,80	309	386	4 939	0,838
300 × 150	**6**	51,6	6 074	10,8	405	500	2 080	6,35	277	309	4 988	0,405
	8	67,2	7 684	10,7	512	640	2 623	6,25	350	396	6 491	0,528
	10	82,6	9 209	10,6	614	776	3 125	6,15	417	479	7 879	0,648
	12	96,1	10 298	10,4	687	883	3 498	6,03	466	546	9 153	0,754
	16	123	12 387	10,0	826	1 092	4 174	5,83	557	673	11 328	0,964
300 × 200	**6**	57,6	7 370	11,3	491	588	3 962	8,29	396	446	8 115	0,452
	8	75,2	9 389	11,2	626	757	5 042	8,19	504	574	10 627	0,591
	10	92,6	11 313	11,1	754	921	6 058	8,09	606	698	12 987	0,727
	12	108	12 788	10,9	853	1 056	6 854	7,96	685	801	15 236	0,848
	16	139	15 617	10,6	1 041	1 319	8 340	7,75	834	1 000	19 223	1,09
350 × 250	**6**	69,6	12 457	13,4	712	843	7 458	10,3	597	671	14 554	0,547
	8	91,2	16 001	13,2	914	1 092	9 573	10,2	766	869	19 136	0,716
	10	113	19 407	13,1	1 109	1 335	11 588	10,1	927	1 062	23 500	0,884
	12	132	22 197	13,0	1 268	1 544	13 261	10,0	1 061	1 229	27 749	1,04
	16	171	27 580	12,7	1 576	1 954	16 434	9,81	1 315	1 554	35 497	1,34
400 × 200	**8**	91,2	18 974	14,4	949	1 173	6 517	8,45	652	728	15 820	0,716
	10	113	23 003	14,3	1 150	1 434	7 864	8,36	786	888	19 368	0,884
	12	132	26 248	14,1	1 312	1 656	8 977	8,24	898	1 027	22 782	1,04
	16	171	32 547	13,8	1 627	2 093	11 056	8,05	1 106	1 294	28 928	1,34
400 × 300	**8**	107	25 122	15,3	1 256	1 487	16 212	12,3	1 081	1 224	31 179	0,842
	10	133	30 609	15,2	1 530	1 824	19 726	12,2	1 315	1 501	38 407	1,04
	12	156	35 284	15,0	1 764	2 122	22 747	12,1	1 516	1 747	45 527	1,23
	16	203	44 350	14,8	2 218	2 708	28 535	11,9	1 902	2 228	58 730	1,59

19 A Bauvermessung
19 B Bauzeichnungen

Inhaltsverzeichnis

19 A Bauvermessung

Prof. Dr.-Ing. Rolf Gelhaus

1 Grundlagen

1.1 Genauigkeit

Die empirische Standardabweichung (s. Kapitel 11 A, Abschnitt 6) $s_X = \sum_{i=1}^{n}(X_i - \overline{X})^2$ mit $\overline{X} = \frac{1}{n}\sum_{i=1}^{n} X_i$ für eine Messungsgröße X ist ein Maß, das die erreichbare Genauigkeit bei Wiederholungen eines Messverfahrens beschreibt. Dabei sind systematische Messabweichungen durch gute Justierung des Messgeräts und die Art der Messung und Berechnung auszuschalten. Die englische Bezeichnung für ein solches Maß heißt Precision (Präzision). Verfahren zur Genauigkeitsuntersuchung geodätischer Instrumente werden in DIN 18 723 beschrieben. Die Toleranz T (auch Fertigungstoleranz) kennzeichnet hingegen die Differenz zwischen dem größten zulässigen Maß G_o und dem kleinsten zulässigen Maß G_u, also $T = G_o - G_u$. Für den Zusammenhang zwischen einer vom Zweck vorgegebenen Toleranz T und der Wahl eines geeigneten Messverfahrens mit seiner typischen Standardabweichung s_X gibt DIN 17 710-1, im Abschnitt *3.3 Vermessungstoleranz*, einen Anhalt. Als grobe Faustformel sei hier $s_X = 0{,}2 \cdot T$ angegeben.

Beispiel: Ein Bauteil besitzt das Sollmaß $x = 10$ m. Aus $G_o = 10{,}01$ m und $G_u = 9{,}99$ m folgt die Toleranz $T = 0{,}02$ m. Damit sollte für die Standardabweichung des Messverfahrens $s_X = 0{,}2 \cdot T = 0{,}004$ m gewählt werden.

1.2 Bezugssysteme

Bezugssysteme der Lage

Von den Landesvermessungsbehörden wird eine mathematische Idealfigur der Erde definiert und festgelegt. Das ist meist ein Rotationsellipsoid (Referenzellipsoid genannt), dessen Lage sich dem Landesgebiet in Meereshöhe gut anschmiegt (in Deutschland z. B. das Bessel-Ellipsoid). Die Punkte der Erdoberfläche werden in geeigneter Weise auf dieses Referenzellipsoid projiziert und dann weiter in eine Ebene abgebildet, die für die Kartenherstellung benutzt wird. In Deutschland werden in dieser Kartenebene Landeskoordinaten nach Gauß-Krüger in 3° breiten Meridianstreifen benutzt. In Europa werden es zukünftig UTM-Koordinaten in 6° breiten Meridianstreifen sein (UTM = Universal-Transversal-Mercator-Projektion). In kleineren Gebieten bis zu 10 km × 10 km können die Messungen ohne merkliche Fehler wie Messungen in einer Ebene behandelt werden.

Bezugssysteme der Höhe

Für die Angabe von Höhen wird verlangt, dass Wasser auf der Erdoberfläche von einem Punkt mit größerer Höhe zu einem Punkt mit geringerer Höhe fließt. Um das in größeren Teilen der Erdoberfläche zu gewährleisten, ist viel Theorie, Mess- und Rechenarbeit notwendig. Man versucht, Meereshöhen zu bestimmen. Damit verbunden ist die Bestimmung einer Fortsetzung der idealisierten Meeresoberfläche (Geoid) unter dem Festland. Dieses Geoid ist eine unregelmäßige Fläche, die keiner mathematisch einfachen Regel genügt. Physikalisch ist sie definiert als Fläche in Meereshöhe, die in jedem ihrer Punkte senkrecht zur Schwerkraft verläuft. Als Bezugspunkt diente ein Pegel bei Amsterdam für Westdeutschland (NN-Höhen) und für Ostdeutschland ein Pegel bei Kronstadt (HN-Höhen). Das führte bei der Wiedervereinigung der west- und ostdeutschen Bundesländer zu Problemen, denn die Höhenangaben identischer Punkte unterscheiden sich teilweise im Dezimeterbereich. Durch Beschluss der Arbeitsgemeinschaft der Vermessungsverwaltungen Deutschlands wurde daher 1993 bundeseinheitlich das neue Höhenbezugssystem DHHN92 mit dem Bezugspunkt Pegel Amsterdam eingeführt. Diese sog. Normalhöhen werden als NHN-Höhen bezeichnet. Sie unterscheiden sich von den früheren Höhenangaben lokal im Subdezimeterbereich.

Globale geozentrische Koordinaten

World Geodetic System (WGS), dreidimensionales Welt-Koordinatensystem mit Ursprung im Schwerpunkt der Erde. Die Z-Achse ist die mittlere Rotationsachse der Erde. Ihre positive Richtung verläuft zum Nordpol. Die X-Achse steht senkrecht dazu und liegt in der Ebene, die die Z-Achse enthält und durch die Sternwarte von Greenwich verläuft. Die Y-Achse entsteht durch Drehung der X-Achse um die Z-Achse in östliche Richtung um 90°. Zurzeit gilt das WGS 84 (Bezugsjahr 1984). In diesem System werden die Bahnkoordinaten der GPS-Satelliten angegeben. Mit den Messgeräten zur Satellitennavigation (GPS-Empfänger) werden Raumkoordinaten (im WGS-84-System) aus den Satellitenpositionen abgeleitet.

2 Lagemessungen

2.1 Längenmessungen

Stahlmessbänder

Für Lagevermessungen im Bauwesen kann man die Bezugsfläche als eben ansehen (Tangentialebene). Der Abstand zweier Punkte auf der Erdoberfläche muss stets horizontal gemessen werden – gerade bei starken Höhenunterschieden. Daher wird das Messband bei jeder Bandlage horizontal gehalten und am Bandende mit dem Schnurlot abgelotet. Die folgende Bandlage setzt am Endpunkt der vorhergehenden Bandlage der Höhe nach versetzt an (Staffelmessung). Die Länge von Stahlmessbändern beträgt nach DIN 6403 meist 20 m, 30 m, 50 m oder 100 m, der Querschnitt 13 mm × 0,2 mm. Bevorzugt werden 20-m- und 30-m-Messbänder verwendet.

Für genaue Ergebnisse sind zu beachten:

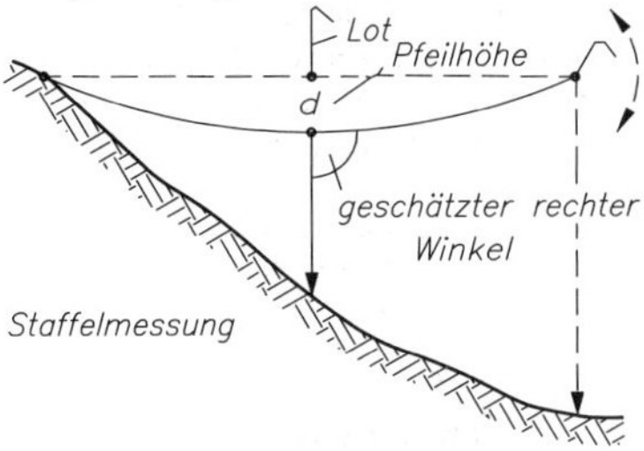

- Messband gut in die Gerade einfluchten
- Band stets horizontal halten (Freihandgefällmesser oder Hilfslot in Bandmitte); sauber abloten am Bandende
- mit einheitlichem Zug von 50 N arbeiten, Durchhangkorrektur berücksichtigen:
  $k_d = (-8/3) \cdot d^2/L$
  (d Pfeilhöhe des Durchhangs,
  $d = 0{,}0005 \cdot L^2$ für $L \leq 20$ m,
  L Länge des frei durchhängenden Bandstücks)
- Bandtemperatur messen und Temperaturkorrektur anbringen: $k_t = s \cdot 11{,}5 \cdot 10^{-6}\,(t - 20\,°C)$

Beispiel: Rohentfernung $s = 77{,}14$ m gemessen mit 20-m-Band bei $t = 2{,}4$ °C. Drei volle Bandlängen und das unrunde Reststück von 17,14 m sind bei der Durchhangkorrektur zu berücksichtigen. Für $L = 20$ m ist der Durchhang $d = 0{,}20$ m, und für $L = 17{,}14$ m ergibt sich $d = 0{,}15$ m. Also wird $k_d = (-8/3) \cdot (3 \cdot 0{,}200^2/20 + 0{,}15^2/17{,}14)$ m $= -0{,}0194$ m

Temperaturkorrektur: $k_t = 77{,}14 \cdot 11{,}5 \cdot 10^{-6} \cdot (2{,}4 - 20)$ m $= -0{,}0156$ m

korrigierte Strecke: $s_{korr} = (77{,}14 - 0{,}0194 - 0{,}0156)$ m $= 77{,}105$ m

Elektronische Distanzmesser (EDM)

EDM-Geräte ermitteln Streckenlängen aus der Laufzeit von Lichtsignalen, die über die Strecke gesandt und am Ende durch Reflektorprismen (für genaue Messungen) oder von natürlichen Oberflächen (für die schnelle Bauaufnahme) zum Messgerät zurückgelenkt werden. Die Lichtgeschwindigkeit in der Atmosphäre und damit der Gerätemaßstab hängen hauptsächlich von der Lufttemperatur und vom Luftdruck ab. Daher muss man den aktuellen Gerätemaßstab ermitteln und am Gerät einstellen oder später rechnerisch berücksichtigen. Moderne Geräte messen Luftdruck und Temperatur und berücksichtigen den Gerätemaßstab automatisch.

EDM-Geräte mit automatischer Höhenwinkelmessung (sog. elektronische Tachymeter oder *Totalstationen*) erlauben die Umrechnung der direkt gemessenen Schrägentfernung in die benötigte Horizontalentfernung und des Höhenunterschiedes zwischen der Kippachshöhe des Instruments und dem Zielprisma. Die Reichweite ist abhängig vom Gerätetyp, vom Wetter und von der Anzahl der Reflektorprismen. Aktuelle Geräte erreichen bei Entfernungen bis 500 m Standardabweichungen im Millimeterbereich.

Für die Bauaufnahme gibt es *Laserdistanzmesser* als Freihandgeräte. Sie benutzen natürliche Oberflächen zur Reflektion des Lichtes. Die Genauigkeit liegt im Millimeterbereich.

Für die Kombination von EDM mit einem bestimmten Reflektortyp muss man die Nullpunktkorrektion k_0 berücksichtigen (nachträglich rechnerisch oder vor der Messung durch Eingeben in den Speicher des EDM-Geräts). Eine einfache Prüfung kann durch Messen der Distanzen zwischen drei Punkten P_1, P_2 und P_3 in einer Geraden erfolgen. Die Nullpunktkorrektion beträgt dann $k_0 = P_1P_3 - P_1P_2 - P_2P_3$.

2.2 Winkelmessungen

Rechtwinkelprismen

Rechtwinkelprismen werden freihändig zum Messen oder Abstecken rechter Winkel benutzt. Man hält das Prisma im Abstand von etwa 20 cm derart vor ein Auge, dass im Gesichtsfeld des Prismas ein rechts oder links stehender Fluchtstab zu sehen ist, der als Zielmarke dient. Die vom Auge des Beobachters über diese Zielmarke verlaufende Visurlinie steht senkrecht auf der Geraden „Prisma – Fluchtstab". Die Winkelgenauigkeit liegt bei 0,02 gon. Bevorzugt werden Pentagonprismen (Fünfseit-) oder Doppelpentagonprismen verwendet.

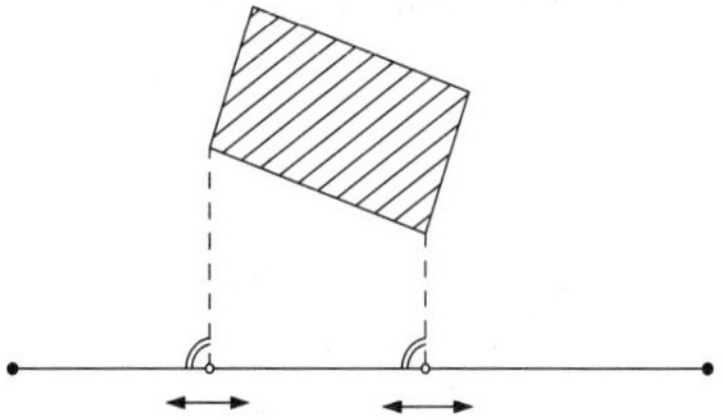

Aufwinkeln eines Punktes auf eine Messungslinie (Lotfußpunkt ermitteln)

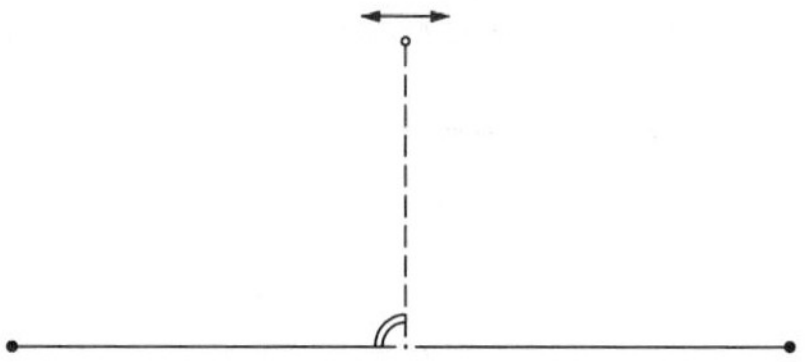

Abstecken einer Senkrechten zu einer gegebenen Geraden

Theodolit

Der Theodolit dient zum Messen und Abstecken von Horizontalwinkeln (meist auch von Vertikalwinkeln). Spezielle Anwendungen im Bauwesen sind Präzisionsfluchtungen und Lotungen, insbesondere beim Senkrechtstellen langer Stützen. Er wird mit einem dreibeinigen Stativ lotrecht (Schnurlot, genauer: optisches Lot) über dem Bodenpunkt aufgebaut (zentriert) und anschließend horizontiert (mit Röhrenlibelle).

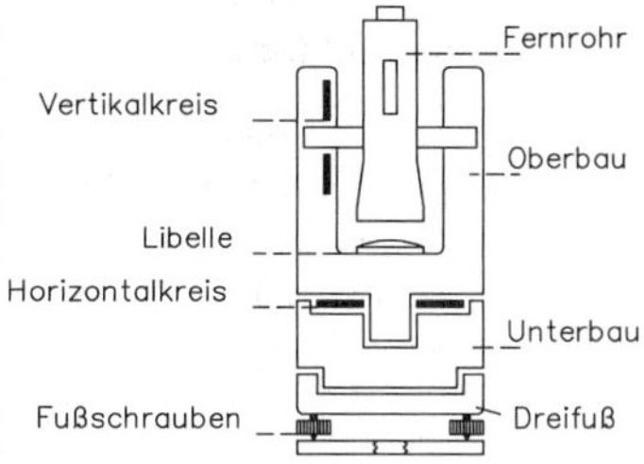

Bauteile eines Theodolits

Zentrieren

Theodolit nach Augenmaß aufstellen, Stativbeine fest eintreten. Zielmarke des optischen Lots mit den Dreifußschrauben auf Bodenpunkt richten. Passende Stativbeine verlängern oder verkürzen, bis Dosenlibelle einspielt. Dann Feinzentrieren durch Verschieben des Dreifußes auf dem Stativteller (Dosenlibelle eingespielt halten!).

Horizontieren

Längsachse der Röhrenlibelle parallel zu zwei Dreifußschrauben drehen und auf Mittelmarke einspielen. Libelle mit Theodolit um 100 gon drehen, mit der dritten Fußschraube einspielen. Kontrolle: Theodolit um 200 gon drehen, Libelle beobachten. Spielt sie wieder in der Mitte ein, ist die Horizontierung abgeschlossen. Andernfalls liegt der Spielpunkt an der Stelle des halben Blasenausschlags. Horizontierung wiederholen mit Spielpunkt statt Mittelmarke!

Winkelmessung in vollen Sätzen

(Vgl. Aufschreibungsbeispiel) Nullrichtung des Teilkreises ungefähr auf das erste Ziel (Punkt 43) richten; scharf anvisieren; Teilkreis ablesen (0,016 gon), in Spalte „1. Fernrohrlage" notieren / rechtes Ziel (Punkt 61) anvisieren, Kreisablesung (69,728 gon) notieren / Fernrohr in die 2. Lage bringen (Objektiv zum Beobachter kippen, Theodolit um 200 gon drehen); letztes Ziel (Punkt 61) anvisieren, Kreisablesung (269,731 gon) in Spalte „2. Fernrohrlage" notieren / erstes Ziel (Punkt 43) anvisieren; Kreisablesung (200,021 gon) notieren.

Damit ist der erste Satz gemessen. Rechnerisch werden die Richtungen so reduziert, dass die Nullrichtung genau auf das erste Ziel weist (Richtung des ersten Ziels von den gemessenen Richtungen derselben Fernrohrlage abziehen). Dann 1. und 2. Fernrohrlage mitteln.

Der zweite Satz wiederholt die Messungen, nachdem der Teilkreis um etwa 100 gon verdreht wurde. Müssen aus Genauigkeitsgründen drei oder vier volle Sätze gemessen werden, so ist der Teilkreis um etwa 67 bzw. 50 gon (allgemein: 200 gon geteilt durch Anzahl der Sätze) zu verstellen.

Standpunkt	Zielpunkt	1. Fernrohrlage	2. Fernrohrlage	reduzierte Ablesungen 1. Lage	reduzierte Ablesungen 2. Lage	Mittel
(1.Satz)	43	0,016	200,021	0,000	0,000	0,000
14	61	69,728	269,731	69,712	69,710	69,711
(2.Satz)	43	100,215	300,214	0,000	0,000	0,000
14	61	169,923	369,926	69,708	69,712	69,710
					Gesamtmittel:	0,0000 69,7105

2.3 Aufnahmeverfahren

Bei weitmaschigem Vermessungspunktfeld (Aufnahmepunktfeld) legt man einen (Ring-)Polygonzug (vgl. 4.4) um das Baugebiet und vermarkt die Eckpunkte sicher. Die Brechungswinkel werden mit einem Theodolit, die Polygonseiten mit Messband oder besser elektronischem Distanzmesser ermittelt. Zur Berechnung der Koordinaten siehe Abschnitt 4.4.

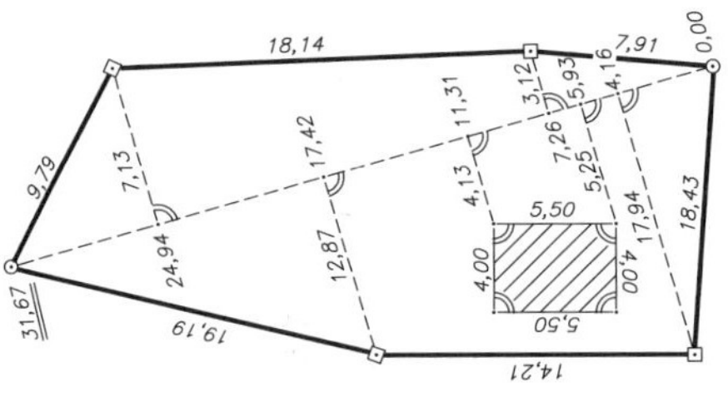

Orthogonalaufnahme

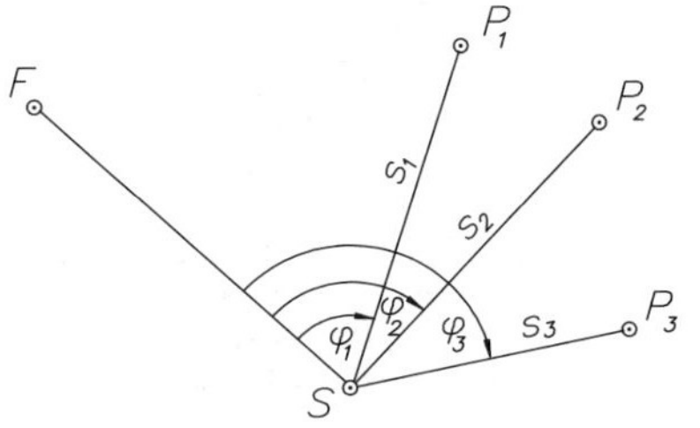

Polaraufnahme

Orthogonalaufnahme

Detailpunkte werden mit dem Rechtwinkelprisma auf Messungslinien zwischen Aufnahmepunkten aufgewinkelt und die Abszissen (Maße auf der Messungslinie) und Ordinaten (Abstände von der Messungslinie) mit einem Messband ermittelt.

Polaraufnahme

Detailpunkte werden durch Polarwinkel φ_i gegenüber einer bekannten Anschlussrichtung und Polarentfernungen s_i bestimmt. Standardgeräte für dieses Verfahren sind elektronische Tachymeter (elektronische Distanzmesser mit integriertem elektronischem Theodolit, auch Total-Stationen genannt).

Laserscanning

Totalstationen mit Schrittmotoren für horizontale und vertikale Feinbewegung des Messfernrohrs erlauben automatisches Anfahren von Objektpunkten. Als Laserscanning bezeichnet man das mäanderförmige Abtasten von Gelände- oder Bauwerksoberflächen mit solchen Laser-Totalstationen. Wegen hoher Punktdichte entsteht automatisch eine 3D-Punktwolke, die gespeichert und im Computer analysiert wird. Sie gestattet die Extraktion von Oberflächenelementen für die spätere CAD-Auswertung (z. B. für die Bauaufnahme).

Freie Standpunktwahl

Ist von einem nach Koordinaten bekannten Aufnahmepunkt keine gute Sichtverbindung zu allen Detailpunkten gegeben, kann man den Tachymeter-Standpunkt frei wählen und durch Anmessen von mindestens zwei, besser drei Aufnahmepunkten rechnerisch ableiten. Praktisch sind Total-Stationen, die Programme für die häufigsten Rechenaufgaben (z. B. für die freie Standpunktwahl) integriert haben (s. Abschnitt 4.6).

GPS-Vermessung

Die Satellitennavigation (GPS = Global Positioning System) ist für Zwecke der Bauvermessung genau genug, wenn man mit Hilfe zweier Satellitenempfänger (eine feste *Referenzstation* und ein beweglicher *Rover*) Koordinaten*differenzen* anstatt globaler, geozentrischer Koordinaten im WGS-System (World Geodetic System) bestimmt. Die systematischen Abweichungen sind bei nicht zu großen Entfernungen zwischen den Stationen etwa gleich groß und fallen bei der Differenzbildung heraus. Bei guter Satellitenkonstellation (keine Abdeckung durch hohe Gebäude oder Bäume!) und geeigneter Messdauer können Genauigkeiten im Millimeterbereich erzielt werden. Anstelle einer benutzereigenen Referenzstation können auch permanente Referenzstationen des SAPOS-Dienstes (**SA**telliten**POS**itionierungsdienst) der Landesvermessung über Funk oder Mobiltelefon verwendet werden.

Um Koordinaten im System der Landesvermessung zu bekommen, sollten zusätzlich zu den Detailpunkten mindestens drei, besser vier Aufnahmepunkte mit bekannten Landeskoordinaten und Höhenwerten angemessen werden. Mit deren Hilfe lassen sich die Transformationsparameter für eine räumliche Koordinatentransformation (WGS-Koordinaten in Landeskoordinaten) berechnen. Geeignete GPS-Empfänger enthalten Programme für diesen Zweck, sodass Satellitenvermessung in „Echtzeit" (Real Time) ermöglicht wird.

3 Höhenmessungen

3.1 Geräte zum Höhenmessen

Die Höhe eines Punktes der Erdoberfläche ist sein Abstand vom Geoid. Man kann sie nicht direkt messen, sondern nur Höhen*unterschiede* zwischen je zwei Punkten auf der Erdoberfläche.

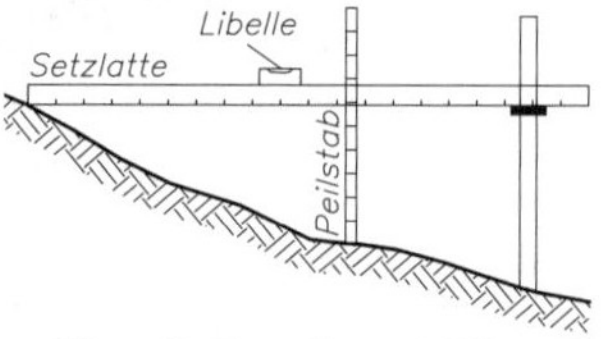

Setzlatte

Meist 3 m lange Holzlatte mit eingebauter oder aufgesetzter Röhrenlibelle (Wasserwaage), wird horizontal ausgerichtet und am freien Ende unterstützt. Zwischenhöhen des Geländeprofils werden mit einem Peilmaßstab abgelesen.

Schlauchwaage

Mit Wasser gefüllter Schlauch, an dessen Enden vertikal gehaltene Glaszylinder mit mm-Teilung die Wasseroberfläche erkennen lassen. Sehr wichtig ist die blasenfreie Füllung des Schlauchs. Nach Prüfung auf etwaige Nullpunktkorrektur (beide Messzylinder nebeneinander!) können Höhenübertragungen zwischen Punkten auch ohne Sichtverbindung, z. B. in verschiedenen Räumen eines Stockwerks, mit mm-Genauigkeit vorgenommen werden.

Freihand-Gefällemesser

Pendelnd aufgehängte Visiervorrichtungen mit Winkel- oder Prozentteilung. Man hält sie vor ein Auge, visiert horizontal (0 gon oder 0 % Neigung) und kann dann an vertikalen Maßstäben Höhenunterschiede gegenüber der eigenen Augenhöhe ermitteln. Mit Hilfe der Prozentskala können auch Geländeneigungen gemessen werden.

Nivellierinstrumente

Diese Instrumente zur Höhenmessung werden in Arbeitshöhe auf einem dreibeinigen Stativ montiert und besitzen ein Messfernrohr mit einem Strichkreuz, das horizontale Sicht ermöglicht (Messverfahren s. Abschnitt 3.2). Dosenlibellen werden für die grobe und Röhrenlibellen für die feine Horizontierung des Messfernrohrs in Verbindung mit Stellschrauben verwendet.

Kompensatornivelliere

Nach einer Grobhorizontierung mit Dosenlibellen wird die Restneigung des Fernrohrs automatisch durch ein Pendelsystem kompensiert, wodurch die Ziellinie ohne weiteres Zutun des Beobachters horizontal gestellt wird. Vorteil: bequem und schnell. Nachteil: Kompensatoren sind im Gegensatz zu Röhrenlibellen bei starken Bodenerschütterungen auf der Baustelle schwerer einsetzbar (Pendel zittert!).

Lasernivelliere

Ein rotierender Laserstrahl erzeugt eine Horizontalebene. Die Ablesung an den Latten erfolgt mit dem Auge oder besser mit Detektoren für den Laserstrahl. Kompensatoren sorgen für die genaue Horizontierung. Vorteil: Bequem und schnell bei Flächennivellements

Digitalnivelliere

Nivellierlatten mit codierter Skala erlauben mittels Codescanner im Nivelliergerät eine digitale Ablesung. Automatische Speicherung und Übertragung der Messdaten zum Computer erspart Zeit und vermindert die Fehlerquote der Daten. Die horizontale Zielung wird durch Kompensatoren erreicht.

Nivellierprobe

Man stellt das Nivellierinstrument in die Mitte zwischen zwei 20 m voneinander entfernten Nivellierlatten und „horizontiert" je nach Gerätetyp die Ziellinie. Die Lattenablesung a_1 an der Latte A ist möglicherweise um die unbekannte Justierabweichung verfälscht, aber die Ablesung b_1 an der Latte B wegen der gleichen Zielweiten um den gleichen Betrag.

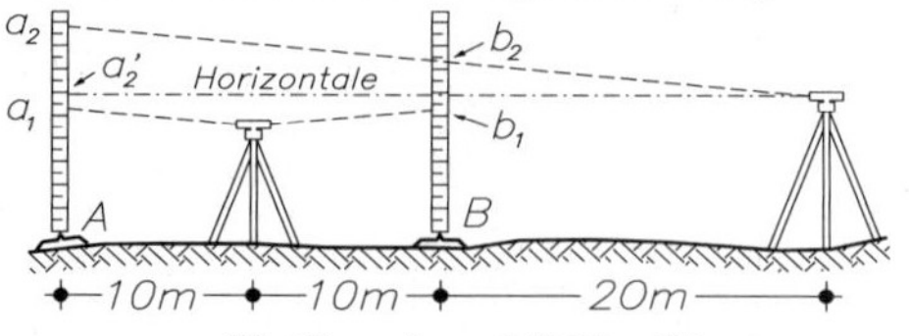

Nivellierprobe nach Kukkamäki

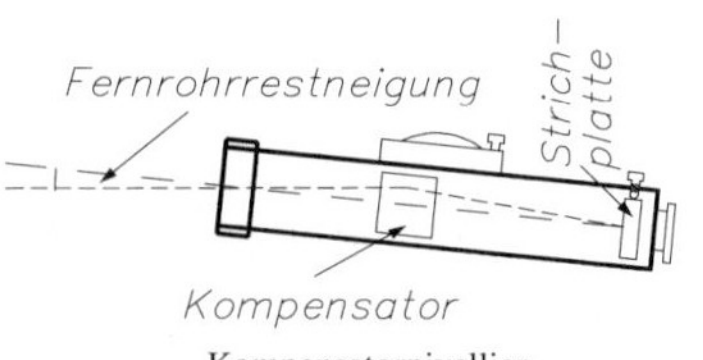

Kompensatornivellier

Bei ungleichen Zielweiten ist auch die Abweichung verschieden. Stellt man sich 20 m von *B* entfernt in die Verlängerung von *A*–*B*, so ist die Abweichung bei *A* doppelt so groß wie bei *B*. Mit den Ablesungen a_1, b_1 sowie a_2, b_2 errechnet sich die Sollablesung für horizontale Sicht

$$a_2' = a_2 + 2[(a_1 - b_1) - (a_2 - b_2)]$$

Die Justierabweichung kann mit den Strichplattenjustierschrauben durch Einstellen der Sollablesung a_2' korrigiert (justiert) werden.

3.2 Verfahren zur Höhenmessung

Raumhöhe

Am bequemsten erhält man Raumhöhen mit einem senkrecht auf den Boden gesetzten Freihand-Laserdistanzmesser.

Mit zwei Gliedermaßstäben erhält man die Raumhöhe durch Anhalten eines voll entfalteten Gliedermaßstabs an der Raumdecke und Messen des Reststücks zum Boden mit dem zweiten Gliedermaßstab.

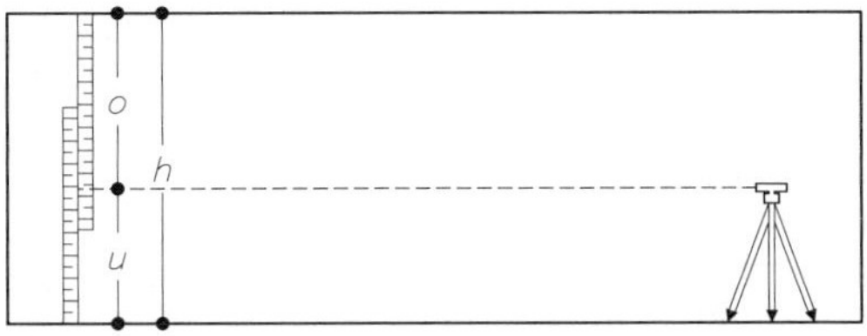

Mit einem Nivelliergerät liest man an der Nivellierlatte den Abstand *u* vom Boden bis zum Gerätehorizont und durch umgekehrtes Anhalten der Nivellierlatte an der Raumdecke den Abstand *o* der Raumdecke vom Gerätehorizont. Die Raumhöhe *h* ist dann $h = u + o$.

Festpunktnivellement

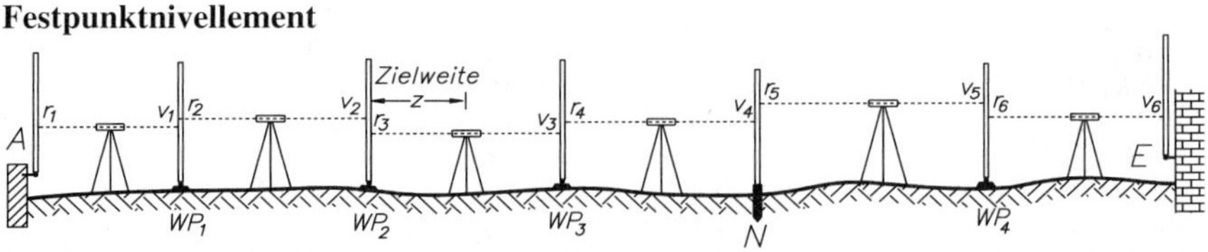

A und *E* sind bekannte Höhenanschlusspunkte, *N* der zu bestimmende Höhenneupunkt. Wechselpunkte WP_i werden je nach Gelände maximal alle 80 m mit gusseisernen Nivellierlattenuntersätzen zwischengeschaltet. Der Höhenunterschied Δh zweier aufeinander folgender Lattenstandpunkte ist „Rückblickablesung *r* minus Vorblickablesung *v*", der bei gleichen Zielweiten *z* im Rückblick und Vorblick frei von Restfehlern der Justierung und der Erdkrümmung ist.

Höhenabweichung

$w_H = H_E - H_A - \Sigma\Delta h$ Zulässig ist $Z_H = 0{,}002 + 0{,}006\sqrt{S/1000}$ (Festpunktnivellement 4. Ordnung).

Bei zulässiger Abweichung wird w_H proportional zum Nivellementsweg verteilt: $k = w_H \cdot s_i / S$

Beispiel:

Pkt.	z	$s_i = \Sigma z$	r	v	$\Delta h = r - v$	$H_{vorläufig}$	k	$H_{korrigiert}$	Bemerkungen
578	40		1,349			56,394	$0{,}000_0$	56,394	Höhenfestpunkt *A*
	40	80		1,428	– 0,079				
WP_1	40		1,421			56,315	$0{,}000_9$	56,316	Wechselpunkt
	40	160		1,549	– 0,128				
WP_2	40		1,235			56,187	$0{,}001_8$	56,189	Wechselpunkt
	40	240		1,043	+0,192				
WP_3	27		1,652			56,379	$0{,}002_6$	56,382	Wechselpunkt
	27	294		1,117	+0,535				
923	40		1,327			56,914	$0{,}003_2$	56,917	Neupunkt
	40	374		1,635	– 0,308				
WP_4	40		1,124			56,606	$0{,}004_1$	56,610	Wechselpunkt
	40	454		1,678	– 0,554				
713						56,052	$0{,}005_0$	56,057	Höhenfestpunkt *E*

Σ: $S = 454$ 8,108 8,450 – 0,342 └ $w_H = 56{,}057 - 56{,}052 = 0{,}005$

$\Sigma r - \Sigma v = -0{,}342$ ┘ $Z_H = 0{,}002 + 0{,}006\sqrt{0{,}454} = 0{,}006$

└ $H_{E\ vorläufig} = 56{,}394 - 0{,}342$

4 Koordinatenberechnungen

Die Berechnung von Absteckelementen für die Absteckung von Bauwerken gestaltet sich häufig einfacher, wenn für die geometrischen Elemente rechtwinklige Koordinaten in günstig liegenden lokalen Koordinatensystemen berechnet werden, die dann in ein dem gesamten Bauwerk gemeinsames Koordinatensystem (z. B. Landeskoordinatensystem, Gauß-Krüger-Koordinaten) transformiert werden. Die eigentlich benötigten Absteckdaten in Bezug auf die in der Örtlichkeit vorhandenen Messungslinien oder Polygonseiten werden über eine weitere Transformation gewonnen, bei der das Zielkoordinatensystem ein lokales Koordinatensystem ist mit Ursprung in einem Messungspunkt, dessen x-Achse die Messungslinie ist.

Bei größeren Maßstabsunterschieden zwischen Koordinatensystem und dem zur Absteckung benutzten Längenmesswerkzeug messe man eine Strecke s im Gelände, berechne deren Länge s' auch aus Koordinaten und multipliziere alle berechneten Längen vor der Absteckung mit dem Faktor s/s'. Winkel bleiben unverändert.

4.1 Polares Anhängen

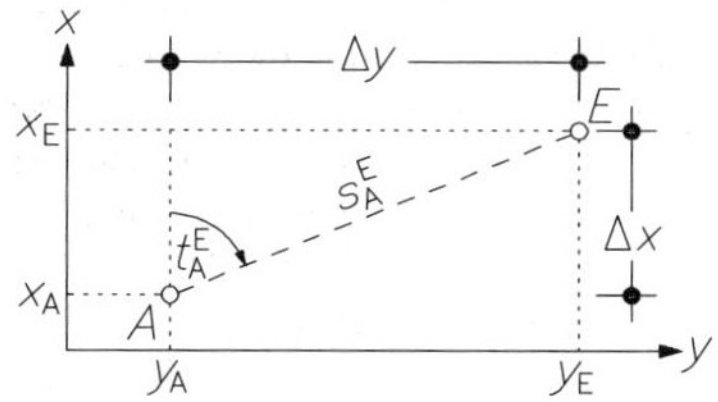

Gegeben: $A\ (x_A\,;\,y_A)$, t_A^E, s_A^E; gesucht: $E\ (x_E\,;\,y_E)$

Lösung: $x_E = x_A + s_A^E \cdot \cos t_A^E$; $y_E = y_A + s_A^E \cdot \sin t_A^E$

4.2 Richtungswinkel und Entfernung aus Koordinaten

Gegeben: $A\ (x_A\,;\,y_A)$, $E\ (x_E\,;\,y_E)$

Gesucht: Richtungswinkel t_A^E, Strecke s_A^E

Lösung: $s_A^E = \sqrt{(x_E - x_A)^2 + (y_E - y_A)^2}$

Mit $\Delta x = x_E - x_A$ und $\Delta y = y_E - y_A$ ergibt sich der

geodätische Richtungswinkel t_A^E der Strecke s_A^E in allen vier Quadranten:

$$t_A^E = \begin{cases} 100 \text{ gon} & \text{für } \Delta x{=}0 \text{ und } \Delta y{>}0 \\ 300 \text{ gon} & \text{für } \Delta x{=}0 \text{ und } \Delta y{<}0 \\ \arctan(\Delta y/\Delta x) + 200 \text{ gon} & \text{für } \Delta x{<}0 \text{ und } \Delta y \text{ beliebig} \\ \arctan(\Delta y/\Delta x) + 400 \text{ gon} & \text{für } \Delta x{>}0 \text{ und } \Delta y{<}0 \\ \arctan(\Delta y/\Delta x) & \text{für } \Delta x{>}0 \text{ und } \Delta y \geq 0 \end{cases}$$

Beispiel:
A: (522,837 ; 238,248)
E: (493,733 ; 193,885)
$\Rightarrow \Delta x = -29{,}104$; $\Delta y = -44{,}363$
$\Rightarrow s = 53{,}058$; $t = 263{,}0371$ gon

Taschenrechner und Programmiersprachen mit einer Funktion für den Arcustangens mit ***zwei*** Argumenten liefern im Gegensatz zum gewöhnlichen `arctan` Werte zwischen $-\pi$ und $+\pi$. Damit lässt sich der geodätische Richtungswinkel ***in allen vier Quadranten ohne Fallunterscheidung*** ermitteln.

Beispiel: In der Tabellenkalkulation Excel gibt man für obiges Beispiel mit $\Delta x = -29{,}104$; $\Delta y = -44{,}363$ die Formel ein: `=200+50*Arctan2(29,104;44,363)/ArcTan(1)` und erhält direkt den Funktionswert: t = `263,0371` gon.

4.3 Kleinpunktberechnung

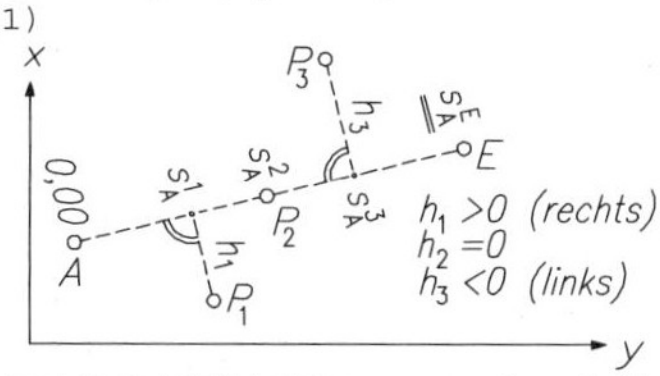

Gegeben: $A\ (x_A\,;\,y_A)$, $E\ (x_E\,;\,y_E)$

Gemessen: s_A^E, $P_i(s_A^i\,;\,h_i)$, $i = 1, 2, \ldots$

Gesucht: $P_i\ (x_i\,;\,y_i)$

Lösung: $a = (x_E - x_A)/s_A^E$; $o = (y_E - y_A)/s_A^E$

$x_i = x_A + a \cdot s_A^i - o \cdot h_i$; $y_i = y_A + o \cdot s_A^i + a \cdot h_i$. Liegt P_i bei Blickrichtung von A nach E „rechts" von $\overline{AE}$, so ist $h_i > 0$; liegt P_i auf $\overline{AE}$, so ist $h_i = 0$; sonst ist $h_i < 0$.

4.4 Polygonzugberechnung

Gegeben: Anfangspunkt $A\ (x_A\,;\,y_A)$, Endpunkt $E\ (x_E\,;\,y_E)$ sowie die Fernziele $AF\ (x_{AF}\,;\,y_{AF})$ bei A und $EF\ (x_{EF}\,;\,y_{EF})$ bei E.

Gemessen: n Brechungswinkel β_i, $i = 1, 2 \ldots n-2$ und $\beta_A = \sphericalangle AF\text{-}A\text{-}P_1$ und $\beta_E = \sphericalangle P_{n-2}\text{-}E\text{-}EF$ sowie $n-1$ Polygonseiten s_i^{i+1} ; $i = A, 1, 2 \ldots n-2$

Gesucht: Die Koordinaten der Neupunkte $P_i\ (x_i\,;\,y_i)$; $i = 1, 2 \ldots n-2$

Lösung:

1. Anschlussrichtungswinkel: Mit $\Delta x = x_A - x_{AF}$; $\Delta y = y_A - y_{AF}$ berechnet man t_{AF}^A nach Abschnitt 4.2 und mit $\Delta x = x_{EF} - x_E$; $\Delta y = y_{EF} - y_E$ ergibt sich auf gleiche Weise t_E^{EF}.

2. Vorläufige Richtungswinkel der Polygonseiten:

$t_A^1 = \left\| t_{AF}^A + \beta_A - 200 \text{ gon} \right\|$

$t_1^2 = \left\| t_A^1 + \beta_1 - 200 \text{ gon} \right\|$

...

$t_{n-2}^E = \left\| t_{n-3}^{n-2} + \beta_{n-2} - 200 \text{ gon} \right\|$

Dabei ist

$$\|t\| = \begin{cases} t - 400 \text{ gon für } t \geq 400 \text{ gon} \\ t \quad \text{für } 0 \leq t < 400 \text{ gon} \\ t + 400 \text{ gon für } t < 0 \text{ gon} \end{cases}$$

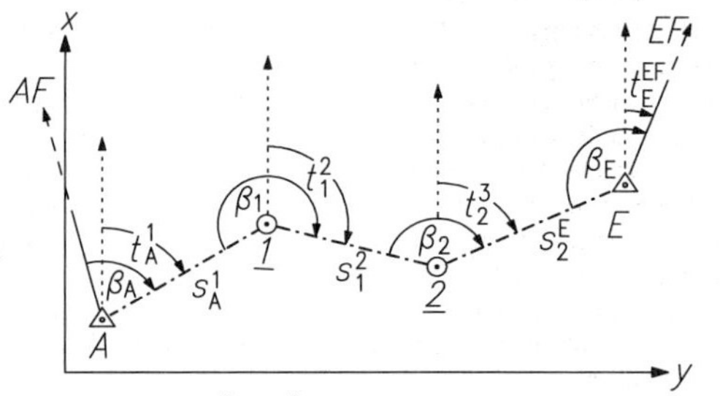

3. Winkelabweichung

$W_W = t_E^{EF} - \left\| t_{n-2}^E + \beta_E - 200 \text{ gon} \right\|$;

dem Betrage nach maximal zulässig: $Z_W = 0{,}009$ gon , also $|W_W| \leq 0{,}009$ gon

4. Verteilung der Winkelabweichung:

Wenn W_W zulässig ist, wird jeder gemessene Brechungswinkel β_i um W_W / n verbessert.

5. Wiederholung von Schritt 2 mit den verbesserten Brechungswinkeln β_i .

6. Vorläufige Koordinatenunterschiede:

$\Delta x_i^{i+1} = s_i^{i+1} \cdot \cos t_i^{i+1}$; $\Delta y_i^{i+1} = s_i^{i+1} \cdot \sin t_i^{i+1}$; $i = A, 1, 2 \ldots n-2$

7. Koordinatenabweichungen:

$W_x = (x_E - x_A) - \sum \Delta x_i^{i+1}$; $W_y = (y_E - y_A) - \sum \Delta y_i^{i+1}$; $i = A, 1, 2 \ldots n-2$

8. Längs- (W_L) und Querabweichung (W_Q)

$W_L = (w_y \, \Sigma\Delta y + w_x \, \Sigma\Delta x) / \sqrt{(\sum \Delta x)^2 + (\sum \Delta y)^2}$; dem Betrage nach zulässig: $Z_L = 0{,}09$ m

$W_Q = (w_y \, \Sigma\Delta x - w_x \, \Sigma\Delta y) / \sqrt{(\sum \Delta x)^2 + (\sum \Delta y)^2}$; dem Betrage nach zulässig: $Z_Q = 0{,}09$ m

9. Korrektur der Koordinatenunterschiede, falls W_L und W_Q zulässig sind:

$\Delta x_i^{i+1} := \Delta x_i^{i+1} + w_x \cdot s_i^{i+1} / \sum s$; $\Delta y_i^{i+1} := \Delta y_i^{i+1} + w_y \cdot s_i^{i+1} / \sum s$; $i = A, 1, 2 \ldots n-2$

10. Koordinaten der Neupunkte: $x_{i+1} = x_i + \Delta x_i^{i+1}$; $y_{i+1} = y_i + \Delta y_i^{i+1}$; $i = A, 1, 2 \ldots n-2$

Beispiel: A (5789216,04 ; 3497035,12) ; AF (5789177,31 ; 3497005,21) $\Rightarrow t_{AF}^A = 41{,}8642$ gon
E (5789122,60 ; 3497174,80) ; EF (5789242,98 ; 3497164,90) $\Rightarrow t_E^{EF} = 394{,}7762$ gon

$\beta_A = 302{,}1436$ gon ; $\beta_1 = 181{,}0700$ gon ; $\beta_2 = 218{,}3574$ gon ; $\beta_E = 51{,}3370$ gon

$s_A^1 = 57{,}93$ m ; $s_1^2 = 56{,}42$ m ; $s_2^E = 55{,}29$ m ; $n = 4$; $\sum s = 169{,}64$ m

Pkt.	t / v_β / β	s	$\Delta y = s \cdot \sin t$ / v_y / y	$\Delta x = s \cdot \cos t$ / v_x / x	Pkt.
AF			3497005,21	5789177,31	AF
	41,8642				
	+ 0,0010				
A	302,1436		3497035,12	5789216,04	A
	144,0088	57,93	+ 44,631	− 36,932	
	+ 0,0010		+ 0,014	+ 0,005	
1	181,0700		3497079,765	5789179,113	1
	125,0798	56,42	+ 52,098	− 21,656	
	+ 0,0010		+ 0,013	+ 0,005	
2	218,3574		3497131,876	5789157,462	2
	143,4382	55,29	+ 42,911	− 34,866	
	+ 0,0010		+ 0,013	+ 0,004	
E	51,3370		3497174,80	5789122,60	E
	394,7762	169,64			
EF			3497164,90	5789242,98	EF

$W_W = +\,0{,}0040$ gon

zulässig wegen $|+0{,}0040| \leq 0{,}009$

$v_\beta = W_W / 4 = +\,0{,}0010$ gon

$\Sigma\Delta y = 139{,}640$ m ; $\Sigma\Delta x = -\,93{,}454$ m

$\sqrt{139{,}640^2 + (-93{,}454)^2} = 168{,}027$

$W_y = 3497174{,}80 - 3497035{,}12 - 139{,}640 = 0{,}040$

$W_x = 5789122{,}60 - 5789216{,}04 + 93{,}454 = 0{,}014$

$$W_L = \frac{0{,}040 \cdot 139{,}640 + 0{,}014 \cdot (-93{,}454)}{168{,}027} = 0{,}025$$

zulässig wegen $|+0{,}025| \leq 0{,}09$

$$W_Q = \frac{0{,}040 \cdot (-93{,}454) - 0{,}014 \cdot 139{,}640}{168{,}027} = -0{,}034$$

zulässig wegen $|-0{,}034| \leq 0{,}09$

4.5 Koordinatentransformation

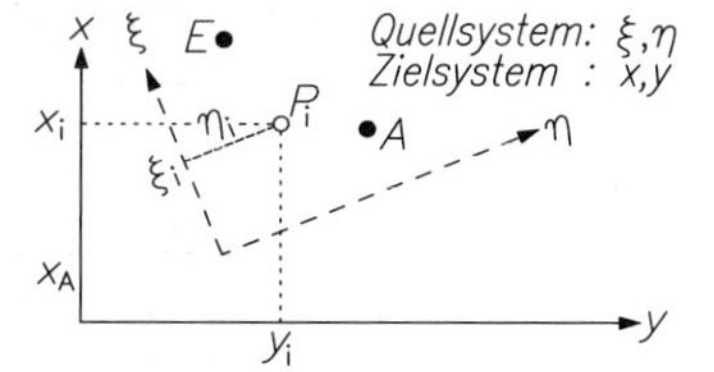

Gegeben: $A(\xi_A\,;\,\eta_A)$, $E(\xi_E\,;\,\eta_E)$, $P_i(\xi_i\,;\,\eta_i)$, $i = 1, 2 \ldots$
$A(x_A\,;\,y_A)$, $E(x_E\,;\,y_E)$

Gesucht: $P_i(x_i\,;\,y_i)$ im Zielsystem

Lösung: $\Delta\xi = \xi_E - \xi_A$; $\Delta\eta = \eta_E - \eta_A$
$\Delta x = x_E - x_A$; $\Delta y = y_E - y_A$
$s^2 = \Delta\xi^2 + \Delta\eta^2$
$a = (\Delta\eta\cdot\Delta y + \Delta\xi\cdot\Delta x)\,/\,s^2$; $o = (\Delta\xi\cdot\Delta y - \Delta\eta\cdot\Delta x)\,/\,s^2$

Neupunkte: $x_i = x_A + a\cdot(\xi_i - \xi_A) - o\cdot(\eta_i - \eta_A)$; $y_i = y_A + o\cdot(\xi_i - \xi_A) + a\cdot(\eta_i - \eta_A)$

Beispiel: $A = (\xi_A = 0{,}000\,;\,\eta_A = 0{,}000)$; $(x_A = 493{,}733\,;\,y_A = 193{,}885)$
$E = (\xi_E = 53{,}058\,;\,\eta_E = 0{,}000)$; $(x_E = 522{,}837\,;\,y_E = 238{,}248)$
Zu transformieren: $P_i\,(\xi_i = 39{,}921\,/\,\eta_i = 1{,}669)$
$\Delta\xi = 53{,}058$; $\Delta\eta = 0{,}000$; $\Delta x = 29{,}104$; $\Delta y = 44{,}363$
$a = (\,0{,}000\cdot 44{,}363 + 53{,}058\cdot 29{,}104)\,/\,(53{,}058^2 + 0{,}000^2) = 0{,}548532$
$o = (53{,}058\cdot 44{,}363 - \,0{,}000\cdot 29{,}104)\,/\,(53{,}058^2 + 0{,}000^2) = 0{,}836123$
$x_i = 493{,}733 + 0{,}548532\cdot(39{,}921 - 0{,}000) - 0{,}836123\cdot(1{,}669 - 0{,}000) = 514{,}235$
$y_i = 193{,}885 + 0{,}836123\cdot(39{,}921 - 0{,}000) + 0{,}548532\cdot(1{,}669 - 0{,}000) = 228{,}179$

4.6 Helmerttransformation

Wenn mehr als zwei Altpunkte AP_i in beiden Koordinatensystemen bekannt sind, müssen die Transformationsparameter durch Ausgleichung bestimmt werden (Verallgemeinerung der unter Abschnitt 4.5 beschriebenen Transformation).

Gegeben: $AP_1(\xi_1\,;\,\eta_1)$, $AP_2(\xi_2\,;\,\eta_2)$, …, $AP_n(\xi_n\,;\,\eta_n)$; $P_i(\xi_i\,;\,\eta_i)$, $i = n{+}1, n{+}2, \ldots$
$AP_1(x_1\,;\,y_1)$, $AP_2(x_2\,;\,y_2)$, …, $AP_n(x_n\,;\,y_n)$

Gesucht: $P_i\,(x_i\,;\,y_i)$ im Zielsystem

Lösung: Koordinaten des Schwerpunktes beider Systeme:

$$\bar{\xi} = \frac{1}{n}\sum_{i=1}^{n}\xi_i \;;\; \bar{\eta} = \frac{1}{n}\sum_{i=1}^{n}\eta_i \;;\; \bar{x} = \frac{1}{n}\sum_{i=1}^{n}x_i \;;\; \bar{y} = \frac{1}{n}\sum_{i=1}^{n}y_i$$

Hilfsgrößen:

$$Sxx = \sum_{i=1}^{n}(\xi_i - \bar{\xi})(x_i - \bar{x}) \;;\; Syy = \sum_{i=1}^{n}(\eta_i - \bar{\eta})(y_i - \bar{y}) \;;\; Sss = \sum_{i=1}^{n}\left[(\xi_i - \bar{\xi})^2 + (\eta_i - \bar{\eta})^2\right]$$

$$Sxy = \sum_{i=1}^{n}(\xi_i - \bar{\xi})(y_i - \bar{y}) \;;\; Syx = \sum_{i=1}^{n}(\eta_i - \bar{\eta})(x_i - \bar{x})$$

Transformationsparameter:

$$a = (Sxx + Syy)/Sss \;;\; o = (Sxy - Syx)/Sss$$

$$x_0 = \bar{x} - a\cdot\bar{\xi} + o\cdot\bar{\eta} \;;\; y_0 = \bar{y} - o\cdot\bar{\xi} - a\cdot\bar{\eta}$$

Neupunkte:

$$x_i^t = x_0 + a\cdot\xi_i - o\cdot\eta_i \;;\; y_i^t = y_0 + o\cdot\xi_i + a\cdot\eta_i$$

Beispiel: Bei einer Polaraufnahme mit einem elektronischen Tachymeter konnten bei freier Standpunktwahl vier Aufnahmepunkte AP_1, AP_2, AP_3, AP_4 mit bekannten Landeskoordinaten (y_i ; x_i) angezielt werden. Für jeden Messpunkt liegen also die Polarentfernung s_i und der Polarwinkel φ_i vor. Die Koordinaten des Standpunktes S und weitere Neupunkte P_i sollen berechnet werden. Man legt ein lokales ξ,η-Koordinatensystem mit Ursprung in S, dessen ξ-Achse in die Nullrichtung der Winkelmessung zeigt. Daher sind die Polarwinkel φ_i zugleich die Richtungswinkel t_i im lokalen System. S hat im lokalen System die Koordinaten (0,000 / 0,000). Für alle anderen Punkte berechnet man durch polares Anhängen $\xi_i = s_i\cdot\cos\varphi_i$ und $\eta_i = s_i\cdot\sin\varphi_i$:

AP_i	s_i	φ_i in gon	$\eta_i = s_i\cdot\sin\varphi_i$	$\xi_i = s_i\cdot\cos\varphi_i$	y_i	x_i
2	21,72	24,320	8,097	20,154	104,39	485,77
3	36,90	311,816	– 36,266	6,809	58,28	481,24
6	28,65	209,757	– 4,374	–28,314	82,81	440,63
7	28,04	107,337	27,854	–3,224	119,28	459,02

Man berechnet zuerst die Schwerpunktkoordinaten $\bar{\xi} = -1{,}144$; $\bar{\eta} = -1{,}172$; $\bar{x} = 466{,}665$; $\bar{y} = 91{,}190$

es folgen die Hilfssummen $Sxx = 1246{,}103$; $Syy = 2119{,}478$; $Sss = 3429{,}703$
$Sxy = 188{,}6420$; $Syx = -472{,}9548$

und damit die Transformationsparameter $a = 0{,}9813036$; $o = 0{,}1929020$; $x_0 = 467{,}561$; $y_0 = 92{,}561$

Mit diesen Transformationsparametern werden alle Punkte transformiert:

P_i	s_i	φ_i in gon	$\eta_i = s_i \cdot \sin \varphi_i$	$\xi_i = s_i \cdot \cos \varphi_i$	y_i^t	x_i^t	$vy_i = y_i - y_i^t$	$vx_i = x_i - x_i^t$
2			8,097	20,154	104,395	485,777	–0,005	–0,007
3			– 36,266	6,809	58,286	481,239	–0,006	0,001
6			– 4,374	– 28,314	82,807	440,620	0,003	0,010
7			27,854	– 3,224	119,272	459,024	0,008	–0,004
S			0,000	0,000	92,561	467,561		
111	12,76	319,703	– 12,158	3,888	81,380	473,722		
112	21,69	335,858	– 18,338	11,580	76,800	482,462		

4.7 Schnittpunkt zweier Strecken

Gegeben: Die Endpunkte der Strecken $P_1(x_1\,;y_1)$, $P_2(x_2\,;y_2)$, $P_3(x_3\,;y_3)$, $P_4(x_4\,;y_4)$

Gesucht: Schnittpunkt von $\overline{P_1\,P_3}$ mit $\overline{P_2\,P_4}$

Lösung: $Det = (y_3 - y_1)\cdot(x_4 - x_2) - (x_3 - x_1)\cdot(y_4 - y_2)$

$t_{13} = [(y_2 - y_1)\cdot(x_4 - x_2) - (x_2 - x_1)\cdot(y_4 - y_2)]\,/Det$

$t_{24} = [(y_2 - y_1)\cdot(x_3 - x_1) - (x_2 - x_1)\cdot(y_3 - y_1)]\,/Det$

Wenn $(0 \le t_{13} \le 1)$ und $(0 \le t_{24} \le 1)$, dann schneiden sich die Strecken in:

$y_{S(13)} = (1 - t_{13})\cdot y_1 + t_{13}\cdot y_3\,;\quad x_{S(13)} = (1 - t_{13})\cdot x_1 + t_{13}\cdot x_3$

Probe: $y_{S(24)} = (1 - t_{24})\cdot y_2 + t_{24}\cdot y_4\,;\quad x_{S(24)} = (1 - t_{24})\cdot x_2 + t_{24}\cdot x_4$

5 Absteckungsberechnung

5.1 Klothoide (s. S. 11.2, 11.26, 11.30)

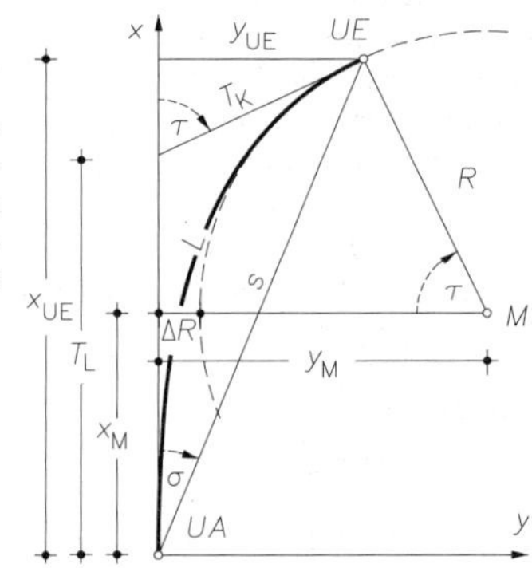

Die Reihenentwicklung nach dem unten stehenden Struktogramm lässt sich leicht programmieren (Visual Basic- und C-Quellprogramme s. S. 11.30). Mit einfachen Taschenrechnern kann man auf sechs Stellen genau bei Beschränkung der Bogenlänge L auf Werte zwischen 0 und R mit der Bogenlänge $l = L/A$ auf der Einheitsklothoide rechnen nach:

$x = A\cdot x_{KL}(l) = A\cdot((3474^{-1}\cdot l^4 - 40^{-1})\cdot l^4 + 1)\cdot l$

$y = A\cdot y_{KL}(l) = A\cdot((42\,410^{-1}\cdot l^4 - 336^{-1})\cdot l^4 + 6^{-1})\cdot l^3$

Struktogramm Klothoide:

Eingabe: L, A
$l := L/A$
$i := 0\,;\; b := l\,;\; x := b\,;\; y := 0\,;\; k := -1$
→ $i := i + 2\,;\quad k := -k$
→ $b := b\cdot l^2\cdot\frac{(i-1)}{i\cdot(i+1)}$
→ wenn $k < 0$
→ dann: $b := -b$; $x := x + b$ — sonst: $y := y + b$
wiederhole, bis $\lvert b\rvert < 0{,}5\cdot 10^{-7}$
$x := A\cdot x\;;\quad y := A\cdot y$
Ausgabe: x, y

Hauptwerte der Klothoide:

$R\cdot L = A^2$; $l = \frac{L}{A}$	$\tau = \frac{l^2}{2}\cdot\frac{200}{\pi}$ gon
$x_{UE} = A\cdot x_{KL}(l)$	$y_{UE} = A\cdot y_{KL}(l)$
$x_M = x_{UE} - R\cdot\sin\tau$	$y_M = y_{UE} + R\cdot\cos\tau$
$\Delta R = y_M - R = y_{UE} - 2R\cdot\sin^2\frac{\tau}{2}$	
$s = \sqrt{x_{UE}^{\,2} + y_{UE}^{\,2}}$	$\sigma = \arctan\frac{y_{UE}}{x_{UE}}$
$T_K = y/\sin\tau$	$T_L = x_{UE} - y_{UE}/\tan\tau$

Beispiel: Gegeben $R = 125$ m ; $A = 65$ m. Daraus berechnet man die Hauptwerte:

$L = 65^2/125 = 33{,}800$; $l = 33{,}800/65 = 0{,}52000$; $\tau = 200\cdot 0{,}52000^2/(2\pi) = 8{,}6071$ gon

$x_{KL}(0{,}52000) = ((0{,}52000^4/3474 - 1/40)\cdot 0{,}52000^4 + 1)\cdot 0{,}52000 = 0{,}519050$

$y_{KL}(0{,}52000) = ((0{,}52000^4/42\,410 - 1/336)\cdot 0{,}52000^4 + 1/6)\cdot 0{,}52000^3 = 0{,}023404$

$x_{UE} = 65\cdot 0{,}519050 = 33{,}738$; $y_{UE} = 65\cdot 0{,}023404 = 1{,}521$

$x_M = 33{,}738 - 125\cdot\sin 8{,}6071$ gon $= 16{,}889$; $y_M = 1{,}521 + 125\cdot\cos 8{,}6071$ gon $= 125{,}380$

$\Delta R = 125{,}380 - 125{,}000 = 0{,}380$

$s = \sqrt{33{,}738^2 + 1{,}521^2} = 33{,}772$

$\sigma = \arctan(1{,}521/33{,}738) = 2{,}8681$ gon

$T_K = 1{,}521/\sin 8{,}6071$ gon $= 11{,}284$

$T_L = 33{,}738 - 1{,}521/\tan 8{,}6071$ gon $= 22{,}557$

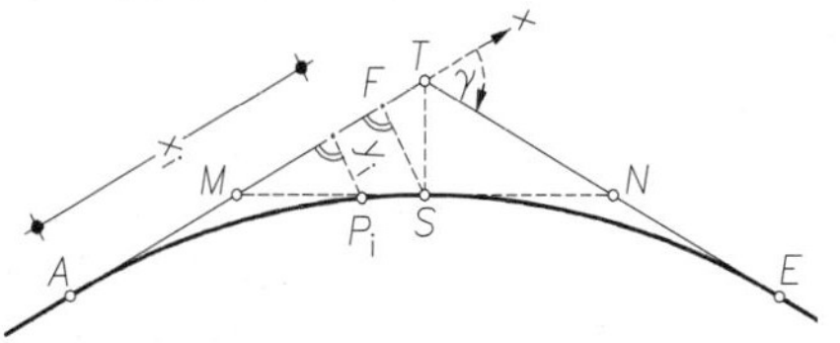

5.2 Kreisbogen

Gegeben: Radius R des abzusteckenden Kreises, Schnittwinkel γ der Anschlusstangenten

Gesucht: Rechtwinklige Koordinaten in einem System mit Ursprung in A bzw. E, dessen x-Achse mit der Tangente AT bzw. der Tangente ET zusammenfällt.

Bogenlänge: $AE = \gamma \cdot R \cdot \pi / 200$

Hauptpunkte: $TA = TE = R \cdot \tan(\gamma/2)$; $AM = MS = SN = NE = R \cdot \tan(\gamma/4)$

$TS = MS \cdot \tan(\gamma/2) = R \cdot \tan(\gamma/4) \cdot \tan(\gamma/2)$; $FT = TS \cdot \sin(\gamma/2)$

$AF = R \cdot \sin(\gamma/2)$; $FS = TS \cdot \cos(\gamma/2) = 2\,R \cdot \sin^2(\gamma/4)$

Zwischenpunkte: Ist x_i vorgegeben, so folgt $y_i = R - \sqrt{R^2 - x_i^2} = x_i^2/(2R) + \ldots$

Ist die Bogenlänge b von A bis P_i bzw. von E bis P_i vorgegeben, dann ist mit dem zugehörigen Umfangswinkel $\omega = 200 \cdot b/(2\pi R)$ gon

$x_i = R \cdot \sin(2\omega)$; $y_i = 2R \cdot \sin^2(\omega)$

Beispiel: $R = 125$ m ; $b = 19{,}214 \Rightarrow \omega = (19{,}214 \cdot 200)/(2 \cdot \pi \cdot 125) = 4{,}8928$ gon
$x_i = 125 \cdot \sin(2 \cdot 4{,}8928 \text{ gon}) = 19{,}138$; $y_i = 2 \cdot 125 \cdot (\sin 4{,}8928 \text{ gon})^2 = 1{,}474$

5.3 Klothoidenzwischenpunkte

Für ein Stationierungsmaß $L_{ÜA}$ des Klothoidenanfangspunktes $ÜA$ und das Stationierungsmaß L_i des Zwischenpunktes ist die Klothoidenlänge L von $ÜA$ aus gezählt $L = L_i - L_{ÜA}$. Damit ergibt sich $l = L/A$ und weiter:

$x_i = A \cdot [(3474^{-1} \cdot l^4 - 40^{-1}) \cdot l^4 + 1] \cdot l$; $y_i = A \cdot [(42\,410^{-1} \cdot l^4 - 336^{-1}) \cdot l^4 + 6^{-1}] \cdot l^3$

Beispiel: $L_i = 20$ m; $L_{ÜA} = 8{,}686$ m; $A = 55$ m $\Rightarrow L = 20 - 8{,}686 = 11{,}314$
$l = 11{,}314 / 55 = 0{,}205709$
$x_i = 55 \cdot [(3474^{-1} \cdot 0{,}205709^4 - 40^{-1}) \cdot 0{,}205709^4 + 1] \cdot 0{,}205709 = 11{,}313$
$y_i = 55 \cdot [(42\,410^{-1} \cdot 0{,}205709^4 - 336^{-1}) \cdot 0{,}205709^4 + 6^{-1}] \cdot 0{,}205709^3 = 0{,}080$

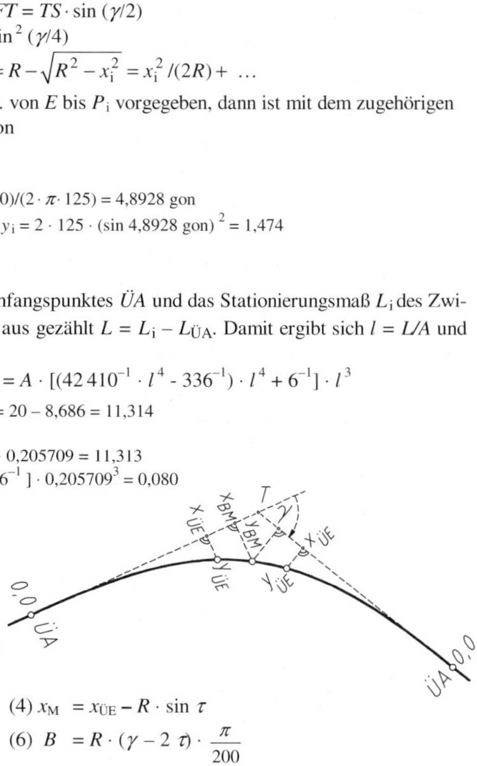

5.4 Kreisbogen mit symmetrischen Klothoidenästen

Gegeben: R, A, γ

Hauptpunkte:

(1) $L = A^2/R$; $l = L/A = A/R$; $\tau = \dfrac{l^2}{2} \cdot \dfrac{200}{\pi}$ gon

(2) $x_{ÜE} = A \cdot x_{KL}(l)$; $y_{ÜE} = A \cdot y_{KL}(l)$

(3) $\Delta R = y_{ÜE} - 2R \cdot \sin^2(\tau/2)$ — (4) $x_M = x_{ÜE} - R \cdot \sin\tau$

(5) $TÜA = x_M + (R + \Delta R) \cdot \tan(\gamma/2)$ — (6) $B = R \cdot (\gamma - 2\tau) \cdot \dfrac{\pi}{200}$

(7) $x_{BM} = x_M + R \cdot \sin(\gamma/2)$ — (8) $y_{BM} = \Delta R + 2R \cdot \sin^2(\gamma/4)$

Zwischenpunkte im Abstand L_i von ÜA:

Klothoide: $x_i = A \cdot x_{KL}(L_i/A)$; $y_i = A \cdot y_{KL}(L_i/A)$

Kreis: $\omega = (L_i - L/2) \cdot \dfrac{200}{2\pi R}$ gon ; $x_i = x_M + R \cdot \sin(2\omega)$; $y_i = \Delta R + 2R \cdot \sin^2\omega$

Beispiel: $R = 120$ m ; $A = 50$ m ; $\gamma = 30{,}000$ gon $\Rightarrow L = 50^2/120 = 20{,}833$; $l = 50/120 = 0{,}416667$; $\tau = 5{,}5262$ gon
$x_{ÜE} = 50 \cdot [(3474^{-1} \cdot 0{,}416667^4 - 40^{-1}) \cdot 0{,}416667^4 + 1] \cdot 0{,}416667 = 20{,}818$; $x_M = 20{,}818 - 120 \cdot \sin 5{,}5262 = 10{,}414$
$y_{ÜE} = 50 \cdot [(42\,410^{-1} \cdot 0{,}416667^4 - 336^{-1}) \cdot 0{,}416667^4 + 6^{-1}] \cdot 0{,}416667^3 = 0{,}602$
$TÜA = 10{,}414 + 120{,}151 \cdot \tan(30{,}000 \text{ gon}/2) = 39{,}260$

5.5 Kreisbogen mit unsymmetrischen Klothoidenästen

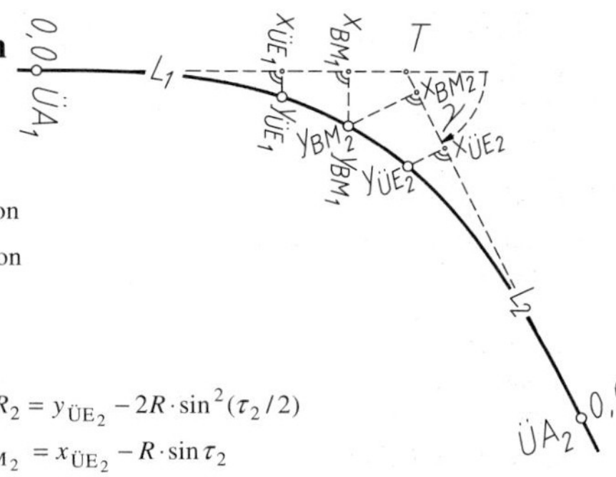

Gegeben: A_1, A_2, R und γ

Hauptpunkte:

(1.1) $L_1 = A_1^2/R;\quad l_1 = A_1/R;\quad \tau_1 = l_1^2 \cdot 100/\pi$ gon

(1.2) $L_2 = A_2^2/R;\quad l_2 = A_2/R;\quad \tau_2 = l_2^2 \cdot 100/\pi$ gon

(2.1) $x_{\text{ÜE}_1} = A_1 \cdot x_{\text{KL}}(l_1);\quad y_{\text{ÜE}_1} = A_1 \cdot y_{\text{KL}}(l_1)$

(2.2) $x_{\text{ÜE}_2} = A_2 \cdot x_{\text{KL}}(l_2);\quad y_{\text{ÜE}_2} = A_2 \cdot y_{\text{KL}}(l_2)$

(3.1) $\Delta R_1 = y_{\text{ÜE}_1} - 2R \cdot \sin^2(\tau_1/2);$ (3.2) $\Delta R_2 = y_{\text{ÜE}_2} - 2R \cdot \sin^2(\tau_2/2)$

(4.1) $x_{\text{M}_1} = x_{\text{ÜE}_1} - R \cdot \sin\tau_1;$ (4.2) $x_{\text{M}_2} = x_{\text{ÜE}_2} - R \cdot \sin\tau_2$

(5.1) $T\ddot{U}A_1 = x_{\text{M}_1} + (R + \Delta R_1) \cdot \tan(\gamma/2) + (\Delta R_2 - \Delta R_1)/\sin\gamma$

(5.2) $T\ddot{U}A_2 = x_{\text{M}_2} + (R + \Delta R_2) \cdot \tan(\gamma/2) - (\Delta R_2 - \Delta R_1)/\sin\gamma$

(6) $B = R \cdot (\gamma - \tau_1 - \tau_2) \cdot \pi/200$

(7.1) $x_{\text{BM}_1} = x_{\text{M}_1} + R \cdot \sin[(\gamma + \tau_1 - \tau_2)/2]$

(7.2) $x_{\text{BM}_2} = x_{\text{M}_2} + R \cdot \sin[(\gamma - \tau_1 + \tau_2)/2]$

(8.1) $y_{\text{BM}_1} = \Delta R_1 + 2R \cdot \sin^2[(\gamma + \tau_1 - \tau_2)/4]$

(8.2) $y_{\text{BM}_2} = \Delta R_2 + 2R \cdot \sin^2[(\gamma - \tau_1 + \tau_2)/4]$

Zwischenpunkte:
wie beim symmetrischen Fall (richtige Parameter bzw. Klothoiden verwenden!).

Beispiel: Aus vorangegangenen Berechnungen sind die drei Punkte H_1, T und H_2 des Tangentenpolygons bekannt. T ist der Tangentenschnittpunkt, H_1 ein Punkt auf der ersten Tangente, H_2 ein Punkt auf der zweiten Tangente im Sinne steigender Stationierung. Der Punkt H_1 habe das Stationsmaß 0 m. Zwischen die beiden Tangenten soll eine Kurvenfolge eingerechnet werden, bestehend aus einer Klothoide vom Parameter $A_1 = 55$ m, gefolgt von einem Kreis mit dem Radius $R = 125$ m und einer anschließenden Klothoide mit dem Parameter $A_2 = 65$ m.

Für die Absteckung können zwei Polygonpunkte PP_A und PP_B in der Nähe der Trasse verwendet werden. Die Gauß-Krüger-Koordinaten der Punkte lauten:

H_1	($x = 493{,}733;$	$y = 193{,}885$)
T	($x = 522{,}837;$	$y = 238{,}248$)
H_2	($x = 527{,}609;$	$y = 296{,}454$)
PP_A	($x = 480{,}417;$	$y = 184{,}194$)
PP_B	($x = 564{,}442;$	$y = 286{,}637$)

Aus den Koordinaten berechnet man zunächst die Richtungswinkel φ_1 und φ_2 der Tangenten nach Abschnitt 4.2:

$H_1 - T$: $\varphi_1 = 63{,}0371$ gon, $s_1^T = 53{,}058$ m

$H_2 - T$: $\varphi_2 = 94{,}7923$ gon, $s_2^T = 58{,}401$ m

$\gamma = 94{,}79203 - 63{,}0371 = 31{,}7552$ gon

Damit lassen sich in der Reihenfolge der obigen Formeln errechnen:

$L_1 = 24{,}200;\quad l_1 = 0{,}44000;\quad \tau_1 = 6{,}1625$ gon

$L_2 = 33{,}800;\quad l_2 = 0{,}52000;\quad \tau_2 = 8{,}6071$ gon

$x_{\text{ÜE}_1} = 24{,}177;\quad y_{\text{ÜE}_1} = 0{,}780$

$x_{\text{ÜE}_2} = 33{,}738;\quad y_{\text{ÜE}_2} = 1{,}521$

$\Delta R_1 = 0{,}195;\quad \Delta R_2 = 0{,}381$

$x_{\text{M}_1} = 12{,}096;\quad x_{\text{M}_2} = 16{,}890$

$T_{\text{ÜA}_1} = 44{,}372;\quad T_{\text{ÜA}_2} = 48{,}438$

$B = 33{,}351$

$x_{\text{BM}_1} = 40{,}618;\quad y_{\text{BM}_1} = 3{,}493$

$x_{\text{BM}_2} = 50{,}063;\quad y_{\text{BM}_2} = 4{,}863$

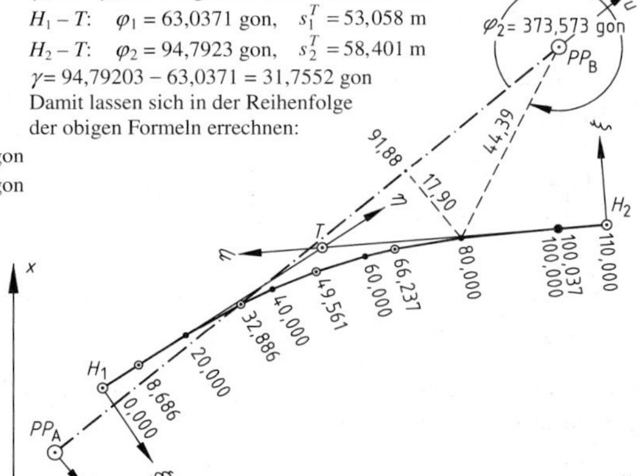

Die Hauptpunkte haben die Stationierungsmaße (Sg = Segmentgrenze):

$\ddot{U}A_1$: $Sg_1 = s_1^{\text{T}} - T_{\ddot{U}A_1} = 53{,}058 - 44{,}372 = 8{,}686;$ $\ddot{U}E_1$: $Sg_2 = Sg_1 + L_1 = 32{,}886$

Kreisbogenmitte: $BM = Sg_2 + B/2 = 49{,}561;$ $\ddot{U}E_2$: $Sg_3 = Sg_2 + B = 66{,}237$

$\ddot{U}A_2$: $Sg_4 = Sg_3 + L_2 = 100{,}037;$ H_2: $Sg_5 = Sg_4 + s_2^{\text{T}} - T_{\ddot{U}A_2} = 110{,}000$

Die Zwischenpunkte im lokalen ξ-η-System der Anfangstangente:

$L = 20$: $\xi = 8{,}686 + 50 \cdot x_{\text{KL}}[(20 - 8{,}686)/55] = 19{,}999;$ $\eta = 55 \cdot y_{\text{KL}}\,[(20 - 8{,}686)/55] = 0{,}080$

$\ddot{U}E_1$: $\xi = 8{,}686 + 24{,}177 = 32{,}836$; $\eta = 0{,}780$

$L = 40$: $\omega = (40 - 8{,}686 - 24{,}2/2)\cdot 200/(2\cdot\pi\cdot 125) = 4{,}8928$ gon

$\xi = 8{,}686 + 12{,}096 + 125\cdot\sin(2\cdot 4{,}8928 \text{ gon}) = 39{,}920$

$\eta = 0{,}195 + 2\cdot 125\cdot(\sin 4{,}8928 \text{ gon})^2 = 1{,}669$

Analog werden die übrigen ξ-η-Koordinaten im System der Endtangente berechnet. Nach dem Verfahren der Kleinpunktberechnung (Abschnitt 4.3) erhält man die Gauß-Krüger-Koordinaten (x, y) mit $A = H_1$, $E = T$ für die Anfangstangente und $A = H_2$, $E = T$ für die Endtangente. Über eine Koordinatentransformation nach Abschnitt 4.5 mit $A = PP_A$ und $E = PP_B$ berechnet man die orthogonalen Absteckdaten (u, v) im System der Polygonseite $PP_A \rightarrow PP_B$. Abschließend erhält man nach Abschnitt 4.2 aus den (u, v)-Koordinaten die Polarkoordinaten (e, φ), bezogen auf PP_A (bzw. PP_B) als Pol, und die Polygonseite als Nullrichtung für die polare Absteckmethode.

Tabelle der Absteckdaten:

	Station	Tangenten-system		Gauß-Krüger-System		Absteckdaten im System der Polygonseite orthogonal		polar				
	L	ξ	η	x	y	u	v	e_1	φ_1	e_2	φ_2	
Erste Tangente	0,000	0,000	0,000	493,733	193,885	15,938	–4,150	16,469	383,783	116,631	2,266	H_1
	8,686	8,686	0,000	498,497	201,147	24,574	–3,228	24,785	391,685	107,968	1,904	$\ddot{U}A_1$
	20,000	19,999	0,080	504,637	210,651	35,816	–1,948	35,869	396,541	96,698	1,283	
	32,886	32,863	0,780	511,107	221,791	48,532	0,114	48,532	0,149	83,962	399,914	$\ddot{U}E_1$
	40,000	39,920	1,669	514,235	228,179	55,456	1,747	55,483	2,004	77,059	398,557	
	49,561	49,304	3,493	517,858	237,025	64,593	4,556	64,753	4,483	68,055	395,735	BM
	(T)	53,058	0,000	522,837	238,248	68,696	1,481	68,712	1,372	63,816	398,522	(T)
Zweite Tangente	(T)	58,401	0,000	522,837	238,248	68,696	1,481	68,712	1,372	63,816	398,522	(T)
	49,561	60,027	–4,863	517,858	237,025	64,593	4,556	64,753	4,483	68,055	395,735	BM
	60,000	49,858	–2,516	521,028	246,968	74,290	8,410	74,765	7,176	58,808	390,865	
	66,237	43,702	–1,521	522,522	253,022	79,919	11,084	80,686	8,781	53,733	386,760	$\ddot{U}E_2$
	80,000	29,996	–0,317	524,842	266,584	91,876	17,901	93,604	12,251	44,388	373,573	
	100,000	10,001	0,000	526,792	286,487	108,501	29,015	112,314	16,635	37,650	343,986	
	100,037	9,964	0,000	526,795	286,524	108,532	29,036	112,349	16,642	37,647	343,924	$\ddot{U}A_2$
	110,000	0,000	0,000	527,609	296,454	116,729	34,705	121,776	18,398	38,119	327,150	H_2

6 Lageabsteckungen

6.1 Allgemeine Verfahren

Orthogonalverfahren

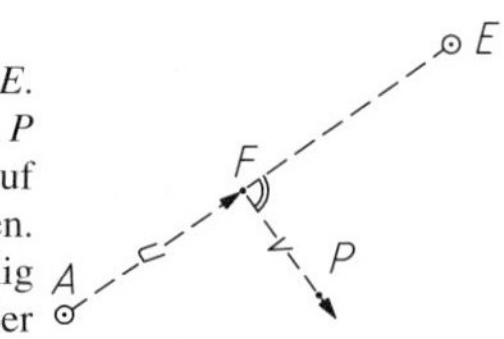

Orthogonalverfahren

In der Örtlichkeit bereits vorhanden sind die Anschlusspunkte A und E. Die rechtwinkligen Koordinaten $(u\ /\ v)$ des abzusteckenden Neupunkts P sind häuslich errechnet worden. Mit dem Messband wird das Maß u auf der Messungslinie AE abgetragen und so der Lotfußpunkt F gewonnen. Mit dem Rechtwinkelprisma wird von F aus ein Fluchtstab rechtwinklig zur Geraden AE in einer Entfernung von F eingewiesen, die etwas größer als v ist (abschreiten!). Schließlich wird von F aus in Richtung auf diesen Hilfspunkt das genaue Maß v abgetragen.

Polarverfahren

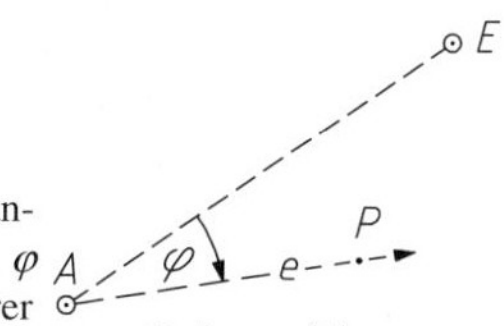

Polarverfahren

Standardverfahren beim Abstecken mit elektronischen Tachymetern.

Standpunkt auf bekanntem Anschlusspunkt

Das Gerät wird auf A zentriert und horizontiert. Die Horizontalwinkelanzeige wird in die Richtung nach E auf null gesetzt. Der Polarwinkel φ wird eingestellt und das Reflektorprisma in diese Richtung in ungefährer Entfernung e (abschreiten!) auf einen Näherungspunkt eingewiesen. Danach erfolgt die genaue elektronische Distanzmessung e' zu diesem Näherungspunkt. Die Entfernungsverbesserung $e - e'$ wird mit einem 2-m-Handrollmessband oder nach Augenmaß abgesetzt. Das Verfahren wird mit dem neuen Näherungspunkt so lange wiederholt, bis die gewünschte Absteckgenauigkeit erreicht ist.

Freie Standpunktwahl

Viel Rechenarbeit wird gespart bei Verwendung von modernen Tachymetern (Totalstationen), in denen die Koordinaten der Anschlusspunkte und der abzusteckenden Neupunkte gespeichert werden können.

Man kann dann den Gerätestandpunkt geschickt wählen, mindestens zwei, besser drei oder vier bekannte Anschlusspunkte (AP_i) anmessen und den Gerätestandpunkt S von einem Programm zur freien Standpunktwahl berechnen lassen (s. Beispiel zu Abschnitt 4.6). Die abzusteckenden Neupunkte werden durch Angabe ihrer Punktnummer ausgewählt. Im Tachymeter werden durch das Absteckprogramm die vom Gerätestandpunkt abhängigen Absteckdaten berechnet und mit der durch Messung erhaltenen Position des Prismas verglichen. Das Prisma wird dann iterativ in die Sollposition gewiesen. Am wirtschaftlichsten ist das Verfahren mit Tachymetern, die dem Prisma automatisch folgen (Sensor plus Motorantrieb) und ihre Messdaten durch Funk oder Infrarotlicht zu einem Display am Prismenstab übertragen. Dann genügt ein Bediener am Prismenstab für die Absteckung.

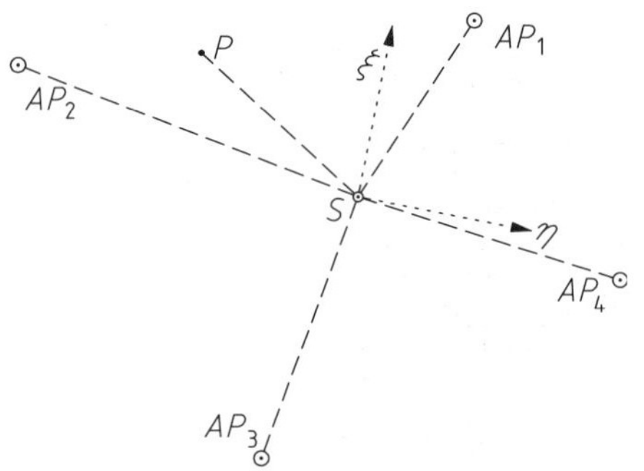

Freie Standpunktwahl

Abstecken nach Koordinaten durch Satellitenpositionierung (GPS)

Bei freier Sicht zum Himmel auf die GPS-Satelliten (GPS = Globales Positionierungssystem) und Verwendung von GPS-Satellitenempfängern, die die Speicherung der 3D-Koordinaten von Anschlusspunkten und Neupunkten gestatten, können direkt die 3D-Koordinaten zur Absteckung verwendet werden (s. Abschnitt 2.3 Aufnahmeverfahren, GPS-Vermessung). Man benötigt mindestens drei 3D-Anschlusspunkte, um vom GPS-Gerät in Echtzeit die Daten in das terrestrische Gebrauchskoordinatensystem transformieren zu lassen. Mit den dadurch ermittelten Transformationsparametern können die abzusteckenden Neupunkte interaktiv mit ihren zuvor häuslich ermittelten Gebrauchskoordinaten abgesteckt werden. Die Position des Neupunktes wird zu Beginn grob geschätzt und markiert. In einer Echtzeit-Auswertung werden die Messergebnisse mit den Sollwerten verglichen und die vorläufige Punktlage verbessert, falls notwendig. Dann wird erneut gemessen. Das Vorgehen wird so lange fortgesetzt, bis die gewünschte Genauigkeit erreicht ist.

6.2 Spezialfälle

In der Regel wird man mit zahlreichen häuslich errechneten Absteckdaten zum Abstecken auf die Baustelle gehen. Im Falle von Verlusten einzelner Punkte (z. B. durch Baustellenbetrieb) ist man jedoch für Verfahren zur Punktverdichtung dankbar, deren Absteckdaten mit dem Taschenrechner oder durch örtliche Konstruktionen schnell ermittelt werden können.

Rechter Winkel durch Bogenschnitt mit einem Messband

Lot errichten im Punkt P einer Geraden

Man nutzt den Lehrsatz des Pythagoras ($c=\sqrt{a^2+b^2}$) aus, indem man vom Lotfußpunkt P mit einem Messband auf der Geraden eine Kathete (z. B. b) abträgt und von diesen beiden Geradenpunkten die Kreise mit der anderen Kathete (z. B. a) und der Hypotenuse c örtlich zum Schnitt bringt.
Bequem sind dabei ganze Zahlen pythagoreischer Dreiecke (z. B. a = 3 m, b = 4 m, c = 5 m).

Lot fällen von einem Punkt P auf eine Gerade

Von P aus werden die beiden Schnittpunkte eines Kreises mit hinreichend großem Radius (Messband mit Marke, z. B. Zählnadel) mit der Geraden durch Einweisen örtlich konstruiert. Der Mittelpunkt dieser Strecke (messen, Messwert halbieren, Maß abtragen) ist der gesuchte Lotfußpunkt.

Ellipse

Bei der so genannten **Gärtnermethode** wird ausgenutzt, dass für Punkte auf einer Ellipse die Summe der Abstände von den beiden Brennpunkten gleich dem Doppelten der großen Halbachse a ist. Man steckt örtlich die beiden Brennpunkte F_1 und F_2 im Abstand $2 \cdot e$ (mit $e=\sqrt{a^2-b^2}$, wobei b die kleine Halbachse ist) ab, knotet eine Schnur (einen Draht) der Länge $s=2a+2e$ zu einer Schlaufe und hängt diese Schlaufe über zwei Fluchtstäbe in F_1 und F_2 . Spannt man die Schlaufe mit einem dritten Fluchtstab F_3 zu einem Dreieck, so liegt F_3 auf der Ellipse. Durch Umrunden der Brennpunkte konstruiert man beliebig viele Ellipsenpunkte.

Kreisbogen

Kann ein Kreisdurchmesser abgesteckt werden und sind zwei Fluchtstäbe an den Endpunkten dieses Durchmessers sichtbar, so kann man Kreispunkte unter Ausnutzung des Thales-Satzes (der Umfangswinkel über einem Kreisdurchmesser ist ein rechter Winkel) mit einem Rechtwinkelprisma direkt aufsuchen.

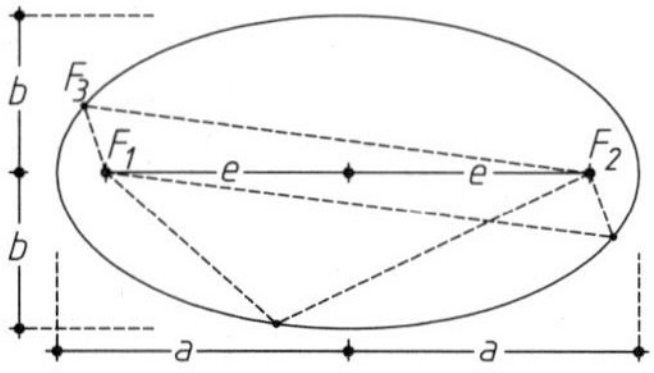

Ellipse

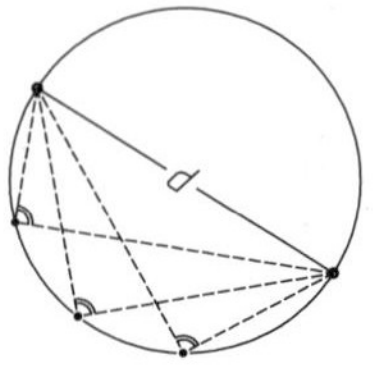

Kreis

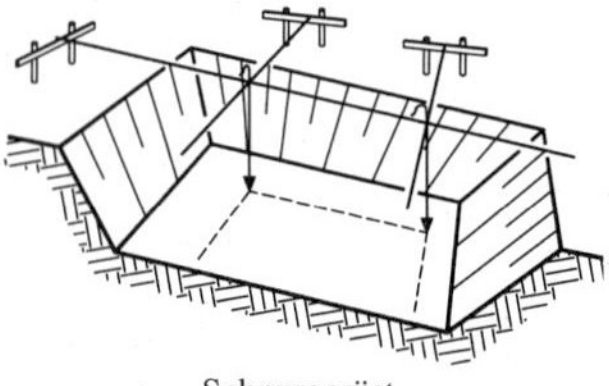
Schnurgerüst

Schnurgerüst für Baugruben

Nach Absteckung des Bauwerkgrundrisses auf der Erdoberfläche verlängert man die **Grundriss**seiten über die geplante Baugrube hinaus und sichert die Verlängerungen mit Schnurgerüsten, die jederzeit eine schnelle Wiederherstellung der Seiten durch Einhängen von Schnüren erlauben. Ist die Baugrube fertig gestellt, werden die Schnittpunkte der Schnüre an den Eckpunkten des Bauwerks auf die Grubensohle abgelotet.

7 Höhenabsteckungen

Einzelpunkte

Einzelpunkte mit der Planungshöhe H_{Pl} werden abgesteckt, indem man zu einem nahe gelegenen Höhenanschlusspunkt (Höhe H_A) mit einem Nivellierinstrument einen Rückblick r abliest. An der gewünschten Stelle wird dann ein Höhenpflock so weit in den Boden geschlagen, dass an der aufgehaltenen Nivellierlatte die Vorblickablesung $v = H_A + r - H_{Pl}$ erscheint.

Geraden konstanter Steigung

Geraden mit konstanter Steigung kann man mit dem Nivellierinstrument durch Abstecken der Einzelpunkte in der Örtlichkeit konstruieren. Schneller jedoch kommt man zum Ziel, indem man nur Anfangs- und Endpunkt nach dieser Methode absteckt und die Zwischenpunkte mit Hilfe von Visierkreuzen höhenmäßig einweist. Am bequemsten verwendet man Kanalbaulaser. Sie gestatten es nach passender Ausrichtung, durch Auffangen des Laserstrahls mit einer Zieltafel lage- und höhenmäßig ohne Hilfspersonal selber Zwischenpunkte einzuweisen.

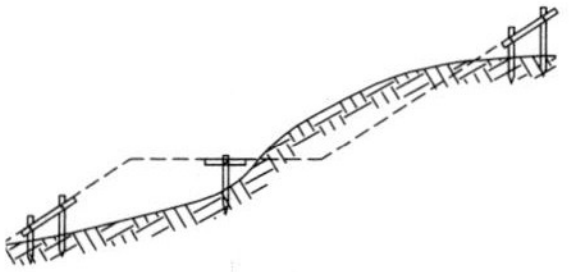
Böschungslehre

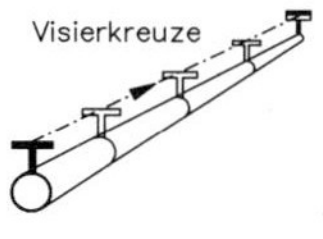

Visierkreuze

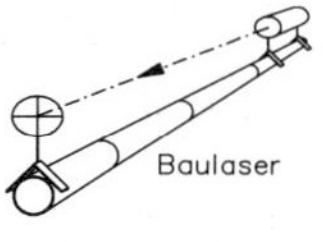

Kanalbaulaser

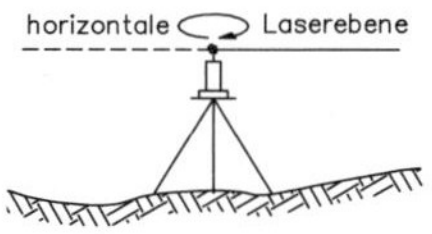

Lasernivellier

Flächen

Flächen können an ausgewählten Punkten mit dem Nivellierinstrument einzeln höhenmäßig eingewiesen werden. Bei horizontalen Ebenen (z. B. Geschossflächen) sind oft Schlauchwaagen vorteilhaft. Man markiert einen Höhenpunkt, z. B. mit Hilfe eines Nivellierinstrumentes, an einer Wand oder einem Pfahl. Man überträgt seine Höhe mit der Schlauchwaage auf beliebig viele Zwischenpunkte (auch ohne Sichtverbindung möglich, falls Wände die Sicht mit dem Nivellierinstrument behindern). Das Planum einer Baustelle lässt sich mit dem horizontal kreisenden Laserstrahl eines Lasernivelliers (Rotationslaser) und einem Laserstrahldetektor an der Planierraupe sogar direkt einweisen.

Vermarkung

Die Vermarkung von abgesteckten Höhenpunkten geschieht durch Einschlagen von Pflöcken und Bolzen in den Boden oder durch Farbmarkierungen an bereits vorhandenen Wänden, Säulen oder Pfeilern. Böschungen werden durch Böschungslehren sichtbar gemacht.

19 B Bauzeichnungen

Prof. Dr.-Ing. Rudolf Bertig

1 Linien in Zeichnungen des Bauwesens

DIN ISO 128-23[1)]

Nr.	Linienart	Anwendung	Liniengruppe				
			0,25	0,35	0,5	0,7	1
1.1	Volllinie, schmal	Begrenzung unterschiedlicher Werkstoffe in Ansichten und Schnitten	0,13	0,18	0,25	0,35	0,5
		Schraffuren					
		Diagonallinien für die Angabe von Öffnungen, Löchern und Aussparungen					
		Pfeillinien in Treppen, Rampen und geneigten Flächen					
		Rasterlinien 1. Ordnung					
		kurze Mittellinien					
		Maßhilfslinien					
		Maßlinien und Maßlinienbegrenzungen Hinweislinien					
		vorhandene Höhenlinien in Zeichnungen für Außenanlagen					
		sichtbare Umrisse von Teilen in der Ansicht					
		vereinfachte Darstellung von Türen, Fenstern, Treppen, Armaturen usw.					
		Umrahmung von Einzelheiten					
	Zickzacklinie, schmal	Begrenzungen von teilweise oder unterbrochenen Ansichten und Schnitten, wenn die Begrenzung nicht eine Linie 4.1 ist					
1.2	Volllinie, breit	sichtbare Umrisse von Teilen in Schnitten mit Schraffur	0,25	0,35	0,5	0,7	1
		Begrenzungen unterschiedlicher Werkstoffe in Ansichten und Schnitten					
		sichtbare Umrisse von Teilen in der Ansicht					
		vereinfachte Darstellung von Türen, Fenstern, Treppen, Armaturen usw.					
		Rasterlinien 2. Ordnung					
		Pfeillinien zur Kennzeichnung von Ansichten und Schnitten					
		projektierte Höhenlinien in Zeichnungen für Außenanlagen					
1.3	Volllinie, sehr breit	sichtbare Umrisse von Teilen in Schnitten ohne Schraffur	0,5	0,7	1	1,4	2
		Bewehrungsstähle					
		Linien mit besonderer Bedeutung					

1) Die DIN ISO 128-23 legt Linienarten und deren Anwendung in der Baudokumentation fest, bestehend aus Architekturzeichnungen, Statikzeichnungen, Zeichnungen für den ingenieurtechnischen Ausbau, Zeichnungen des Bauingenieurwesens, Zeichnungen für Außenanlagen sowie Zeichnungen der Stadtplanung.
Die Linienart, ihre Bezeichnungen und Abmessungen sowie die Grundregeln für das Zeichnen von Linien sind in DIN ISO 128-20 beschrieben. Die Anforderungen für die Mikroverfilmung enthält DIN ISO 6428.

Linien in Zeichnungen des Bauwesens (Fortsetzung) DIN ISO 128-23

Nr.	Linienart	Anwendung	Liniengruppe				
			0,25	0,35	0,5	0,7	1
2.1	Strichlinie, schmal - - - - - - - - -	vorhandene Höhenlinien in Zeichnungen für Außenanlagen; Unterteilung von Pflanzlichen/Rasen; unsichtbare Umrisse	0,13	0,18	0,25	0,35	0,5
2.2	Strichlinie, breit - - - - - - - - -	verdeckte Umrisse	0,25	0,35	0,5	0,7	1
2.3	Strichlinie, sehr breit ▬ ▬ ▬ ▬	Bewehrungsstähle in der unteren Schicht in einem Lageplan sowie in der von der Oberfläche weiter entfernt liegenden Schicht in einer Ansichtszeichnung, wenn die untere und obere Schicht sowie die nahe Oberfläche und die dahinterliegende Schicht in einer Skizze dargestellt werden	0,5	0,7	1	1,4	2
4.1	Strichpunktlinie, schmal —·—·—·—	Schnittebenen; Mittellinien; Symmetrielinien; Rahmen für vergrößerte Einzelheiten; Bezugslinien; Begrenzungen von teilweisen oder unterbrochenen Ansichten u. Schnitten	0,13	0,18	0,25	0,35	0,5
4.2	Strichpunktlinie, breit —·—·—·—	Schnittebenen; Umrisse von sichtbaren Teilen von der Schnittebene	0,25	0,35	0,5	0,7	1
4.3	Strichpunktlinie, sehr breit ▬ ▪ ▬	zweitrangige Linie für Lagebeziehungen und beliebige Bezugslinie; Kennzeichnung von Linien oder Oberflächen mit besonderen Anforderungen; Grenzlinien für Verträge, Phasen, Bereiche usw.	0,5	0,7	1	1,4	2
5.1	Strich-Zweipunktlinie, schmal —‥—‥—	Alternativ- und Grenzstellungen beweglicher Teile; Schwerlinie; Umrisse angrenzender Teile	0,13	0,18	0,25	0,35	0,5
5.2	Strich-Zweipunktlinie, breit —‥—‥—	Umrisslinie vor der Schnittebene	0,25	0,35	0,5	0,7	1
5.3	Strich-Zweipunktlinie, sehr breit ▬ ▪▪ ▬	vorgespannte Bewehrungsstähle und -seile	0,5	0,7	1	1,4	2
7	Punktlinie, schmal	Umrisse von nicht zum Projekt gehörenden Teilen	0,13	0,18	0,25	0,35	0,5
8	grafische Symbole	Beschriftung und Darstellung grafischer Symbole	0,18	0,25	0,35	0,5	0,7

In einer Zeichnung für das Bauwesen werden in der Regel drei Linienbreiten, schmal, breit und sehr breit, angewendet. Das Verhältnis zwischen den Linienbreiten ist 1 : 2 : 4.

Eine spezielle Linienbreite wird für die Darstellung und Beschriftung grafischer Symbole angewendet. Diese Linienbreite befindet sich zwischen den Breiten der schmalen und der breiten Linie.

Die Linienbreite muss nach Art, den Maßen und dem Maßstab der Zeichnung ausgewählt werden sowie den Anforderungen für die Mikroverfilmung und für andere Reproduktionsverfahren entsprechen.

2 Kennzeichnung von geschnittenen Stoffen und Darstellung für Bauteile nach DIN 1356/DIN 201/DIN 919

Baustoff, Bauteil (ggf. ergänzt durch nähere Angaben)[1]		Kennz. der Schnittflächen	Baustoff, Bauteil (ggf. ergänzt durch nähere Angaben)[1]		Kennz. der Schnittflächen
Boden	gewachsen		Dämmstoff		
	geschüttet		Füllstoff		
Kies			Isolierstoff		
Sand			Kunststofffolie		
Beton	bewehrt		Dichtungsbahn mit Metallfolie		
	unbewehrt		Gussasphalt		
Porenbeton, bewehrt	(nicht genormt)		Abdichtg. gem. DIN 18 195-3	z. B. Thermoplaste, Bitumenbahnen	
Leichtbeton			Vollholz	Hirnholz	
Bimsbeton				Längsholz	
WU-Beton			Holzwerkstoffplatten		
Betonfertigteile			Eintragung der Plattenart/ Nenndicke	z. B. FPY 16 (Flachpressplatte, Rohdicke 16 mm)	FPY 16
Mauerwerk	Ziegel				
	erhöhte Festigkeit		Kernstruktur	Hirnholz	STAE 16 ×
	Leichtziegel			Längsholz	ST 16 →
	Bimsbaustoffe		Beschichtung	einseitig	FPY 16
Gipsplatte				beidseitig	FPY 16
Putz, Mörtel			Kennz. der Oberfl.struktur	in Faserrichtung	→
Metall				quer zur Faser	×
HWL-Platte			Anleimer		

[1] Die Rechtsverordnungen der Länder enthalten konkrete Forderungen der zu verwendenden Zeichen und ggf. Farben. Die Schraffuren können u. a. ergänzt werden durch grafische Symbole, Werkstoffkurzzeichen, Normbezeichnungen in Verbindung mit Maßangaben, Wortangaben, die in die Schnittflächen eingetragen oder durch Hinweislinien herausgezogen werden.

3 Arten und Inhalte von Bauzeichnungen für die Objekt- und Tragwerksplanung

3.1 Anforderungen an die Zeichnungen der Objektplanung

In dieser Checkliste werden Regeln und Mindestanforderungen für Zeichnungen in den einzelnen Entwurfs- und Ausführungsphasen zusammengestellt. In der HOAI (Honorarordnung für Architekten und Ingenieure) sind komplexe Leistungsbilder der Objektplanung genau beschrieben, diese Checkliste behandelt jedoch nur die Leistungen der *zeichnerischen* Darstellung.

3.1.1 Vorentwurfszeichnungen

Vorentwurfszeichnungen sind zeichnerische Darstellungen – gegebenenfalls in skizzenhafter Form – eines Entwurfskonzeptes für eine geplante bauliche Anlage. Sie dienen im Rahmen der Vorentwurfsplanung der Erläuterung des Entwurfskonzeptes unter Berücksichtigung der Leistungen anderer an der Planung fachlich Beteiligter, soweit notwendig. Vorentwurfszeichnungen können auch als Grundlage zur Beurteilung der baurechtlichen Genehmigungsfähigkeit verwendet werden.

Vorentwurfszeichnungen sind nach Art und Umfang der Bauaufgabe im Maßstab 1:500 bzw. 1:200 darzustellen und *sollen mindestens* enthalten:

a) die Einbindung der baulichen Anlagen in ihrer Umgebung, z. B. Darstellung des Bauwerks auf dem Baugrundstück mit Angabe der Haupterschließung und der Nordrichtung,
b) die Zuordnung der im Raumprogramm genannten Räume zueinander,
c) die angenäherten Maße der Baukörper und Räume, auch als Grundlage für die Berechnung nach DIN 276 und DIN 277,
d) konstruktive Angaben, soweit notwendig,
e) Darstellung der Baumassen, Gebäudeformen und Bauteile in Grundrissen, Schnitten und wesentlichen Ansichten mit Verdeutlichung der räumlichen Wirkung, soweit notwendig.

3.1.2 Entwurfszeichnungen

Entwurfszeichnungen sind zeichnerische Darstellungen des durchgearbeiteten Entwurfskonzeptes der geplanten baulichen Anlage und müssen die Beiträge anderer an der Planung fachlich Beteiligter berücksichtigen sowie Gestaltung und Konstruktion erkennen lassen. Sie dienen der abschließenden Beurteilung durch den Bauherrn und sind Grundlage für die Genehmigungsplanung. Entwurfszeichnungen sind in der Regel im Maßstab 1:100, ggf. 1:200 darzustellen und *sollen mindestens* enthalten:

in den Grundrissen

a) Angabe der Nordrichtung, die Bemaßung der Lage des Bauwerks im Baugrundstück, Hinweise auf die Erschließung,
b) die Bemaßung der Baukörper und Bauteile,
c) die lichten Raummaße des Rohbaues und Höhenlage des Bauwerks über NN,
d) Lage der vertikalen Schnittebenen,
e) Raumfläche in m^2,
f) Angabe der Bauart und der wesentlichen Baustoffe,
g) Bauwerksfugen,
h) Türöffnungen mit Bewegungsrichtung der Türen, Fensteröffnungen und besondere Kennzeichnung der Gebäudezugänge und ggf. Wohnungszugänge o.ä.,
i) Rampen und Treppen mit Angaben der Steigungsverhältnisse, Anzahl der Steigungen und Lauflinien,
j) Schornsteine, Kanäle und Schächte,
k) Einrichtungen des technischen Ausbaus,
l) betriebliche Einbauten und Möblierungen,
m) Bezeichnung der Raumnutzung und ggf. die Raumnummern gem. DIN ISO 4157,
n) bei Änderung baulicher Anlagen die zu erhaltenden, zu beseitigenden und die neuen Bauteile gem. DIN ISO 7518,

o) den zu erhaltenden Baumbestand und die geplante Gestaltung der Freiflächen auf dem Baugrundstück (Verkehrsflächen, Grünflächen),
p) die bestehenden und zu berücksichtigenden baulichen Anlagen, soweit notwendig;

in den Schnitten
a) Geschosshöhen (Stockwerkshöhen), ggf. auch lichte Raumhöhen,
b) Höhenlage der baulichen Anlage über NN,
c) konstruktive Angaben zur Gründung und zum Dachaufbau,
d) Rampen und Treppen mit Angabe der Steigungsverhältnisse und Anzahl der Steigungen,
e) den vorhandenen und den geplanten Geländeverlauf (Geländeanschnitt);

in den Ansichten
a) die Gliederung der Fassade, einschl. Gebäudefugen,
b) die Fenster- und Türteilungen,
c) die Dachrinnen und Regenfallleitungen,
d) die Schornsteine und sonstige technische Aufbauten,
e) die Dachüberstände,
f) den vorhandenen und den geplanten Geländeverlauf,
g) die ggf. zu berücksichtigende anschließende Bebauung.

3.1.3 Bauvorlagezeichnungen

Bauvorlagezeichnungen sind Entwurfszeichnungen (in der Regel im Maßstab 1 : 100), die durch alle Angaben ergänzt sind, die gemäß den jeweiligen Bauvorlagenverordnungen der Länder oder nach den Vorschriften für andere öffentlich-rechtliche Verfahren gefordert werden.

Zu den Bauvorlagezeichnungen gehören die Entwässerungszeichnungen, die mit den in DIN 1986-1 festgelegten Symbolen zu zeichnen und bei der zuständigen Baubehörde zur Genehmigung einzureichen sind (Sinnbilder siehe Abschn. 13.2).

Zu den Entwässerungszeichnungen gehören mindestens:
- Lageplan i. M. 1 : 500 mit der vorhandenen/geplanten Regen-Schmutzwasserkanalisation
- Stockwerksgrundrisse mit der Angabe aller Zapfstellen und Abläufe i. M. 1 : 100
- Kellergrundriss mit allen Fallrohren und Grundleitungen mit den jeweiligen Nennweitenangaben
- Schnitt i. M. 1 : 100 mit Grund- und Anschlussleitungen, Revisionsschacht, Fall- und Entlüftungsleitungen. Des Weiteren sind anzugeben und höhenmäßig, bezogen auf NN, festzulegen: die Rückstauebene, das Gefälle und die Nennweiten der verschiedenen Rohrleitungen.

Die Rechtsverordnungen der Länder enthalten konkrete Forderungen hinsichtlich der Maßstäbe, der Mindestinhalte sowie der zu verwendenden Symbole und ggf. Tönungen. Bauvorlagezeichnungen dürfen keine farbigen Darstellungen enthalten und müssen sich wegen der Schwarzweiß-Mikroverfilmbarkeit gleichmäßig kontrastreich vom Zeichenträger abheben. Grautöne für Flächen sind in ihrer Wertigkeit so zu wählen, dass sie in diesen vorhandene Eintragungen nicht überdecken.

3.1.4 Ausführungszeichnungen

Ausführungszeichnungen sind Bauzeichnungen mit zeichnerischen Darstellungen des geplanten Objekts mit allen für die Ausführung notwendigen Einzelangaben. Sie enthalten alle für die Ausführung bestimmten Einzelangaben in
1. Werkzeichnungen,
2. Teilzeichnungen/Detailzeichnungen,
3. Sonderzeichnungen

und dienen als Grundlage der Leistungsbeschreibung und Ausführung der baulichen Leistungen.

3.1.4.1 Werkzeichnungen (Werkpläne)

Werkzeichnungen werden vorzugsweise im Maßstab 1 : 50, ggf. 1 : 20 dargestellt und sollen in jeweils einer Zeichnung oder – aus Gründen der Übersicht entsprechend der geplanten Baudurchführung – in schrittweise aufeinander abgestimmten und sich ergänzenden Zeichnungen *mindestens* enthalten:

in den Grundrissen

a) alle Maße zum Nachweis der Raumflächen und des Rauminhaltes (lichte Raummaße des Rohbaues),
b) Quadratmeterangaben für die Raumflächen, bezogen auf den Rohbau,
c) Höhenangaben, Lage des Bauwerkes über NN,
d) Maße aller Bauteile,
e) Türöffnungen mit Bewegungsrichtungen der Türen, Fensteröffnungen,
f) Treppen und Rampen mit Angabe der Steigungsrichtung (Lauflinie), Anzahl der Steigungen und Steigungsverhältnisse, bei Rampen nur Steigungsverhältnis,
g) Angaben der Bauart und der Baustoffe, soweit diese nicht den Tragwerksausführungszeichnungen zu entnehmen sind,
h) Lage und Verlauf der Abdichtungen,
i) konstruktive Fugen,
j) die Anordnung der betriebstechnischen Anlagen mit Querschnitten der Kanäle, Schächte und Schornsteine,
k) alle Angaben über Aussparungen und Einbauteile,
l) die Geländeanschnitte, die die vorhandenen und künftigen Höhen erkennen lassen,
m) bei Änderung baulicher Anlagen: alle Angaben über zu erhaltende, zu beseitigende und neu zu errichtende Bauteile, Darstellung gem. DIN ISO 7518,
n) Hinweise auf weitere Zeichnungen,
o) die Raumnummern und die Bezeichnung der Raumnutzung,
p) Angaben über die Oberflächenbeschaffenheit verwendeter Baustoffe bei besonderen Anforderungen an die Oberfläche,
q) die Anordnung der Einrichtungen des technischen Ausbaus,
r) die Anordnung der betrieblichen Einbauten, ggf. in schematischer Darstellung,
s) Einbauschränke, Kücheneinrichtungen,
t) Verlauf der Grundleitung, Darstellung gem. DIN 1986-1
u) Angaben über die Dränung,
v) Hinweise auf weitere Zeichnungen,
w) bei Verwendung von Fertigteilen Angaben der Maßtoleranzen;

in den Schnitten

a) Geschosshöhen (Stockwerkshöhen), ggf. auch lichte Raumhöhen,
b) Höhenangaben für Decken und Fußböden (Rohbau- und Fertigmaß), Podeste, Brüstungen, Unterzüge, Vouten,
c) Maße aller Bauteile,
d) Angabe der Bauart und Baustoffe, soweit diese nicht den Tragwerksausführungszeichnungen zu entnehmen sind,
e) Angaben über die Oberflächenbeschaffenheit der verwendeten Baustoffe, bei besonderen Anforderungen an die Oberfläche,
f) Treppen mit Angabe der Anzahl der Steigungen und Steigungsverhältnisse, bei Rampen Steigungsverhältnis,
g) Lage und Verlauf der Abdichtungen,
h) Angaben über Aussparungen und Einbauteile, soweit notwendig,
i) die Geländeanschnitte, die die vorhandenen und die künftigen Höhen erkennen lassen,
j) Angaben über die Dränung,
k) bei Änderung bestehender Anlagen Angaben über zu beseitigende oder neu zu errichtende Bauteile,
l) Einbauschränke und Kücheneinrichtungen,
m) Hinweise auf weitere Zeichnungen;

in den Ansichten

a) Gliederung der Fassade, einschließlich Fugen,
b) Bemaßung und Höhenangaben, soweit nicht aus Grundriss und Schnitt ersichtlich,
c) hinter der Fassade liegende verdeckte Geschossdecken und verdeckte Fundamente,
d) Fenster und Türen mit Angabe der Teilung und Öffnungsart,
e) Dachrinnen und Regenfallleitungen,
f) Schornsteine und sonstige technische Aufbauten,
g) die ggf. zu berücksichtigende anschließende Bebauung.

3.1.4.2 Detailzeichnungen (Einzelheiten)

Detailzeichnungen ergänzen die Werkzeichnungen in bestimmten Ausschnitten in jeweils notwendigem Umfang durch zusätzliche Angaben. Sie werden im Maßstab 1 : 20, 1 : 10, 1 : 5 oder 1 : 1 dargestellt.

3.1.4.3 Sonderzeichnungen

Sonderzeichnungen enthalten zusätzliche Angaben über die Ausführung bestimmter Gewerke, der Maßstab ist nach den Erfordernissen zu wählen.

3.1.5 Abrechnungszeichnungen

Abrechnungszeichnungen dienen als Grundlage für die Abrechnung und Rechnungsprüfung. Hierfür werden in der Regel die während der Objektplanung fortgeschriebenen Ausführungszeichnungen angewendet. Jedoch ist auch eine unmaßstäbliche skizzenhafte Darstellung möglich.

3.1.6 Baubestandszeichnungen

Baubestandszeichnungen enthalten als fortgeschriebene Entwurfs- bzw. Ausführungszeichnungen alle für den jeweiligen Zweck notwendigen Angaben über die fertiggestellte bauliche Anlage. Maßstab 1 : 100, 1 : 50.

3.1.7 Bauaufnahmezeichnungen

Bauaufnahmen sind nachträgliche Maßaufnahmen bestehender Objekte im erforderlichen Umfang und Maßstab. Sie sind nach DIN 1356-6 anzufertigen.

3.1.8 Benutzungspläne

Benutzungspläne sind Baubestandszeichnungen oder Bauaufnahmen, die durch zusätzliche Angaben für bestimmte baurechtlich, konstruktiv oder funktionell zulässige Nutzungen ergänzt sind (z. B. zulässige Verkehrslasten, Rettungswege im Filmtheater, Bestuhlungspläne im Theater usw.).

3.2 Anforderungen an die Zeichnungen der Tragwerksplanung im Massivbau (Mauerwerks-, Beton-, Stahlbeton- und Spannbetonbau)

In dieser Checkliste werden Regeln und Mindestanforderungen für die Zeichnungen der Tragwerksplanung zusammengestellt. In der HOAI ist der für die Honorierung der Ingenieurleistungen gesteckte Rahmen genau beschrieben. Da entsprechend den Festlegungen in der HOAI ein Schalplan nicht alle Maße und Angaben enthalten muss, die auf der Baustelle für die Ausführung des Objekts benötigt werden, wurde in die DIN 1356 der zusätzliche Begriff der *Rohbauzeichnung* neu aufgenommen. Schalpläne sind danach lediglich Ergänzungen zu den Ausführungszeichnungen des Objektplaners. Bei Rohbauzeichnungen und Schalplänen ist die Grundrissdarstellungsart nach DIN ISO 2594 bzw. DIN 1356 Grundriss Typ B (gespiegelte Projektion) als „Blick in die leere Schalung“ anzuwenden.

3.2.1 Positionspläne

Positionspläne sind Bauzeichnungen des Tragwerks – ggf. in skizzenhafter Darstellung – zur Erläuterung der statischen Berechnungen mit Angabe der einzelnen Positionen. Sie werden auf der Grundlage der Entwurfszeichnungen des Objektplaners nach den gleichen Projektionsregeln wie Schalpläne und Rohbauzeichnungen erstellt, im Regelfall als Grundrisse im Maßstab 1 : 100, durch Ergänzungen der Transparentpausen der Entwurfszeichnungen des Objektplaners.

Positionspläne dienen der Erläuterung der statischen Berechnung und *sollen mindestens* enthalten:

a) Hauptmaße des Tragwerks und der tragenden Bauteile,
b) Spannrichtungen plattenartiger Bauteile,
c) Kennzeichnung der Bauteile mit den Positionen der statischen Berechnung, erforderlichenfalls mit ihren Bereichsgrenzen (z. B. bei Platten),
d) Angaben über Festigkeitsklassen der Baustoffe tragender Bauteile.

3.2.2 Tragwerksausführungszeichnungen

3.2.2.1 Rohbauzeichnungen

Rohbauzeichnungen sind Bauzeichnungen mit allen für die Ausführung des Rohbaues erforderlichen Angaben im Maßstab 1 : 50 (erweiterte Schalpläne). Sie werden auf der Grundlage der Ausführungszeichnungen des Objektplaners angefertigt und sollen außer den für Schalpläne geforderten Mindestinhalten alle Angaben für die Herstellung des Tragwerks, auch des Mauerwerks, enthalten, insbesondere:

a) in den Beton oder das Mauerwerk einbindende Bauteile, die selbst Bestandteile des Tragwerks sind oder zur späteren Befestigung oder Anbindung von nicht selbst zum Tragwerk gehörenden Teilen dienen, z. B. Ankerschienen, Ankerplatten, Fassadenverankerungen, Rohrhülsen, Sperr- und Gleitschichten, Dämmschichten, Fugenbänder. Dazu gehört auch die genaue Lage beim Einbau einschließlich Bemaßung.
b) Lager- und Übergangskonstruktionen, soweit nicht in besonderen Zeichnungen dargestellt,
c) Aussparungen (Durchbrüche und Schlitze),
d) Arbeitsfugen, soweit sie für die Konstruktion erforderlich sind,
e) Oberflächenbeschaffenheit, z. B. Sichtmauerwerk, Strukturbeton, Waschbeton, Abfasungen.

3.2.2.2 Schalpläne

Schalpläne sind Bauzeichnungen des Beton-, Stahlbeton- und Spannbetonbaus im Maßstab 1 : 50 mit Darstellung der einzuschalenden Bauteile. Sie werden auf der Grundlage der Ausführungszeichnungen des Objektplaners als Grundrisse und Schnitte unter Berücksichtigung der Ergebnisse der statischen Berechnung angefertigt. Dabei werden für raumbildende Konstruktionen des Ingenieurhochbaus die Grundrisse im Regelfall als Grundrisse Typ B entsprechend DIN 1356-1 dargestellt. Fundamentzeichnungen werden ebenso wie Zeichnungen des Ingenieurtiefbaus im Regelfall als Grundrisse Typ A nach DIN 1356-1 dargestellt.

Schalpläne *sollen mindestens* enthalten:

a) Maße des Bauwerks und der Bauteile, auch Höhenkoten und ggf. Bauwerksachsen,
b) Aussparungen innerhalb dieser Bauteile, soweit sie für das Tragverhalten von Bedeutung sind,
c) Auflager der einzuschalenden Bauteile, wie z. B. Umrisse der tragenden Mauerwerkswände oder Kopfplatten von Stahlstützen, sowie tragende Einbauteile, die in die Schalung verlegt werden,
d) Arten und Festigkeitsklassen der Baustoffe, ggf. besondere Zuschläge, Zusatzmittel und Zusatzstoffe.

3.2.2.3 Bewehrungszeichnungen

Bewehrungszeichnungen sind Bauzeichnungen des Stahlbeton- und Spannbetonbaus mit allen zum Biegen und Verlegen der Bewehrung erforderlichen Angaben. Sie sind nach DIN EN ISO 3766 anzufertigen (vgl. S. 19.42, Abschnitt 15).

3.2.2.4 Fertigteilzeichnungen

Fertigteilzeichnungen sind Bauzeichnungen im Maßstab 1 : 25 bzw. 1 : 20 zur Herstellung von Fertigteilen aus Beton, Stahlbeton, Spannbeton (s. DIN 1045 und 4227) oder Mauerwerk (s. DIN 1053-4) im Fertigteilwerk oder auf der Baustelle.

Für Fertigteilzeichnungen gelten die Anforderungen an Tragwerksausführungszeichnungen nach 3.2.2.1 – 3.2.2.3. Außerdem *sollen* sie *mindestens* folgende Angaben enthalten:

a) erforderliche Festigkeit des Fertigteilbaustoffs zur Zeit des Transports bzw. des Einbaus,
b) Eigenlasten der einzelnen Fertigteile,
c) zulässige Maßtoleranzen der Fertigteile,
d) Aufhängung bzw. Auflagerung für Transport, ggf. Zwischenlagerung und Einbau,
e) ggf. Stückzahl und Fertigteilbezeichnung,
f) Angaben zur Oberflächenbeschaffenheit.

3.2.2.5 Verlegezeichnungen

Verlegezeichnungen sind Bauzeichnungen für die Verwendung von Fertigteilen. Sie enthalten alle für Einbau und Anschluss der Fertigteile erforderlichen Angaben, ggf. in skizzenhafter Darstellung. Diese richtet sich nach der Art der Fertigteilkonstruktion. Grundrisse als Typ A bzw. Typ B sowie Maßstäbe für Schalpläne (Vorzugsmaßstab 1 : 50).

Nach Verlegezeichnungen werden Fertigteile auf der Baustelle zusammengebaut bzw. eingebaut. Sie *sollen mindestens* außer der Bemaßung enthalten:
a) Positionsbezeichnungen der einzelnen Fertigteile,
b) Lage der Fertigteile im Gesamttragwerk,
c) Einbauablauf, soweit erforderlich,
d) Einbaumaße und Einbautoleranzen, Auflagertiefen,
e) Anschlüsse, Fertigteilauflager,
f) ggf. erforderliche Hilfsstützen (Montagestützen),
g) auf der Baustelle zusätzlich zu verlegende Bewehrung,
h) Festigkeitsklassen und ggf. besondere Eigenschaften von zur Verbindung oder zur Ergänzung erforderlichen Baustoffen (Ortbeton, Mörtel, Kleber, Laschen, Konsolen usw.).

4 Bauaufnahmezeichnungen nach DIN 1356-6

4.1 Allgemeines und Anwendungsbereich

Bauen im Bestand ist eines der zentralen Themen, mit denen sich die Immobilienwirtschaft verstärkt auseinander setzen muss, denn im Jahre 2020 wird voraussichtlich 85 % im Bestand und nur noch 15 % neu gebaut. Schon heute greifen ca. 60 % aller durchgeführten Baumaßnahmen in den Baubestand ein. Die Prüfung der Erhaltungswürdigkeit eines historischen Bauwerkes setzt aber eine fundierte Bauzustandsuntersuchung bzw. Analyse, Erfassung und Dokumentation voraus und bildet somit eine wichtige Voraussetzung für die Planung von wirtschaftlich vertretbaren und fachgerechten Sanierungs- bzw. Modernisierungsmaßnahmen. Bei der immer größer werdenden Technisierung beim Gebäudeaufmaß, bei dem Bestreben berührungsfrei zu messen, um dadurch nicht zugängliche Stellen erfassen zu können und um die Effizienz zu steigern, müssen erhebliche Investitionen in Messwerkzeuge und Computer getätigt werden. Ein neuer Berufszweig aus der Verknüpfung aus Architektur und Vermessungswesen in die Fachrichtung Gebäudeaufmaß ist entstanden. Der Teil 6 der DIN 1356 wurde erstellt, um einheitliche Anforderungen an Bauaufnahmezeichnungen festzulegen, insbesondere auch für die digitale Erfassung und Dokumentation des Baubestandes.
Die Norm legt außerdem Anforderungen an die Darstellung, sowie an die erforderliche Genauigkeit in Bezug auf den Verwendungszweck von Bauaufnahmezeichnungen fest. Bauaufnahmezeichnungen werden durch textliche und grafische Angaben ergänzt (z. B. Raumbuch). Die Festlegungen gelten auch als Grundlage einer Kostenermittlung für die Bauaufnahme.
Bauaufnahmezeichnungen werden benötigt für:
Baubestandsbewertung, Dokumentation von Kulturdenkmälern, Orts- und Stadtbildänderungen, Renovierungen, Sanierungsmaßnahmen, Umbaumaßnahmen, Umnutzungen, etc.

4.2 Informationsdichten

Die Informationsdichten leiten sich aus der Aufgabenstellung an eine Bauaufnahme ab. Die Art und Weise der Aufmaßmethode ist zu dokumentieren. Je nach dem Verwendungszweck der Bauaufnahmezeichnung ist festzulegen, welche Informationsdichte erforderlich ist: Informationsdichte I (4.2.1) bzw. Informationsdichte II (4.2.2). Je größer die Informationsdichte, umso höher sind die Anforderungen an Qualität und Quantität der Messpunkte und Merkmale und umso größer ist auch die Exaktheit und Aussagekraft der Bauaufnahmezeichnung.

4.2.1 Informationsdichte I

Anwendung: Die Bauaufnahmezeichnung dient als Grundlage für die Darstellung des Bestandes und wird aufgrund eines zerstörungsfreien Aufmaßes erstellt. In der Bauaufnahmezeichnung werden nicht alle Maße dokumentiert, die zur genauen Darstellung erfasst werden müssen. *Mindestens* müssen aber die Außenabmessungen und lichten Raummaße angegeben werden. In Abhängigkeit von der Aufgabenstellung können weitere Angaben als Zusatzleistung vereinbart werden: Wand- und Deckenstärken, lichte Wand- und Deckenöffnungen, Stockwerkshöhen, Dachstuhl-, Trauf-, First- und Kaminhöhen, Geländehöhe an den Bauwerksbegrenzungen.
Die Bauaufnahmezeichnung der Informationsdichte I umfasst zeichnerische Darstellungen sowie textliche Inhalte. Bauschäden werden nicht aufgenommen und dargestellt!

4.2.2 Informationsdichte II

Die Informationsdichte II unterscheidet sich durch eine vermehrte Messpunktdichte, durch die Anzahl der grafischen und textlichen Informationen und durch den Maßstab (vorzugsweise 1 : 50) von der Informationsdichte I. Ein Aufbau auf die Aufmaßdaten der Informationsdichte I ist anzustreben.

Anwendung: Die Bauaufnahmezeichnung, die ein wirklichkeitsgetreues Aufmaß wiedergibt, dient bei Genehmigungsplanungen und Sanierungsmaßnahmen als Grundlage. Weiterhin bildet sie die Grundlage für Orts- und Stadtbildanalysen und die daraus abgeleiteten Gestaltungssatzungen. Die Bauaufnahmezeichnung der Informationsdichte II umfasst zeichnerische Darstellungen sowie textliche Inhalte.
In Abhängigkeit von der Aufgabenstellung sind als Zusatzleistung zu vereinbaren: Bauschadenerfassung, Darstellung von Bauschäden, fotografische Dokumentation.
Die Bauschadenerfassung in der zeichnerischen Dokumentation muss Angaben über Art und Größe des Schadens, das so genannte Schadenbild enthalten. Die Schäden sind in der Zeichnung mit fortlaufenden Positionsnummern, Schadenschlüsselnummern gemäß Tabelle und der Bezeichnung **BS** (z. B. 14 – **BS** 15 Gr) anzuwenden (mehrfaches Auftreten gleicher Schäden an einem Ort wird zusammengefasst und mit der Ergänzung Gr gekennzeichnet).

Tabelle – Schadenschlüssel

01	Löcher	13	Auswaschung	25	Fäulnis
02	Druckstellen	14	Abnutzung	26	Insektenbefall
03	Leckage	15	Salze/Ausblühungen	27	Blitz/elektr. Spannung
04	Kratzspuren	16	Oxydation/Lochfraß	28	Funktion
05	Risse/Spalten	17	chemische Schäden	29	technischer Ausbau
06	Brüche	18	Farbveränderung	30	Reparatur
07	Hohlräume/Blasen	19	Versottung	31	Vermutung
08	Abplatzungen	20	Frost	32	Lärm/Geruch
09	Ablösungen	21	Wasser/Feuchtigkeit	33	Altlasten/Kontaminierung[b]
10	Verformung/Durchbiegung	22	Brand/Hitze	34	besondere Schäden[a]
11	Erosion	23	Sturm	35	Umweltschäden[b]
12	Versandung	24	Schimmel/Pilze	36	...

[a] z. B. bewusst herbeigeführte Schäden, wie Erkundungsschachtung/-bohrung, Bergsenkung, Kriegsschäden, Grabräuberei usw.; Brandfolgeschäden, z. B. Beaufschlagung durch Ruße und Rauchkondensate, chemische Schäden
[b] Angabe in Verbindung mit anderen Schadenschlüsseln

Die Darstellung von Bauschäden ist in folgende Kategorien einzuteilen: punktuelle Schäden, lineare Schäden, flächige/räumliche Schäden, temporäre Schäden (Zusatz T), mehrfach auftretende Schäden (Gr). In der Bauaufnahmezeichnung nicht aufgeführte Schadenbilder und textliche Ergänzungen sind in einer Legende zur Zeichnung und in den textlichen Inhalten im Abschnitt Bauschadenerfassung aufzuführen.
Die textlichen Inhalte der Bauschadenerfassung enthalten die Angaben der grafischen Darstellung in schriftlicher Form: Positionsnummerierung mit Schadenschlüssel und ausführlicher Beschreibung über Art und Größe des Schadens (Schadenbild) und weitere Daten zum Schaden, z. B. in Form von datiertem Bildmaterial usw.

4.2.3 Fotografie in der Bauaufnahme

Die Bauaufnahme ist durch eine aussagekräftige Fotodokumentation zu ergänzen. In allen Fotos ist eine Messtafel mit Bauteilbezeichnung nach DIN EN ISO 4157, Messskala, Datum, Name des Bearbeiters abzubilden. In der Informationsdichte I dient die Fotografie zur Ergänzung der textli-

chen Inhalte. In der Informationsdichte II ist die Fotodokumentation ein wesentlicher Bestandteil der Bauaufnahme. Sie verdeutlicht z. B. Farben, Strukturen, Oberflächen, Veränderungen, örtliche Zusammenhänge, Größenverhältnisse und Details aufgemessener Objekte.
Weitere Informationsdichten erfordern ein noch exakteres Aufmaß, das die Grundlage für schwierige Umbau-, Rekonstruktions- und Sanierungsmaßnahmen bildet und nur durch entsprechende photogrammetrische Vermessung (Auswertung von Stereoaufnahmen) oder mit elektronischen Theodoliten (dreidimensionale Bauaufnahme) erfolgt. Ein Normentwurf für Teil 6 und 7 der DIN 1356 ist in Vorbereitung.

5 Projektionsarten für Bauzeichnungen nach DIN 1356-1 und ISO 2594

Darstellungsart bei der Objektplanung	Darstellungsart bei der Tragwerksplanung
Grundrissdarstellung – „Grundriss Typ A“ Diese Darstellungsart nach DIN 1356-1 wird bei der Objektplanung angewendet und stellt die Draufsicht auf den unteren Teil eines waagerecht geschnittenen Bauobjektes dar. Die horizontale Schnittebene liegt – auch verspringend – so im Bauwerk bzw. Bauteil, dass die wesentlichen Einzelheiten, z.B. Treppen, Öffnungen für Fenster und Türen, Stützen oder andere Tragglieder, geschnitten werden. Von oben sichtbare Begrenzungen und Knickkanten der Bauteiloberseiten werden als sichtbare Kanten durch Volllinien dargestellt. Darunter liegende Kanten werden ggf. als verdeckte Kanten durch Strichlinien dargestellt. Bauteilkanten, die oberhalb der Schnittlinie liegen (Deckenöffnungen, Unterzüge, Vorsprünge etc.), werden ggf. durch Punktlinien dargestellt.	Grundrissdarstellung – „Grundriss Typ B“ Diese Darstellungsart nach DIN 1356-1 und ISO 2594 wird bei der Tragwerksplanung angewendet. Der Grundriss stellt die gespiegelte Untersicht unter dem oberen Teil eines waagerecht geschnittenen Bauobjektes dar. Die Schnitte sind so zu führen, dass die Gliederung und der konstruktive Aufbau des Tragwerks deutlich werden. Alle tragenden Bauteile werden im jeweiligen Stockwerk (vgl. DIN ISO 4157) zusammen mit der Spiegelung der Decke über diesem Stockwerk dargestellt, sozusagen als „Blick in die leere Schalung“. Kanten und Begrenzungen der Untersichten werden in der Zeichnung als sichtbare Kanten durch Volllinien dargestellt. Darüber liegende Bauteile (Unterzüge, Schlitze, Aufkantungen, Brüstungen etc.) werden als verdeckte Kanten durch Strichlinien dargestellt.
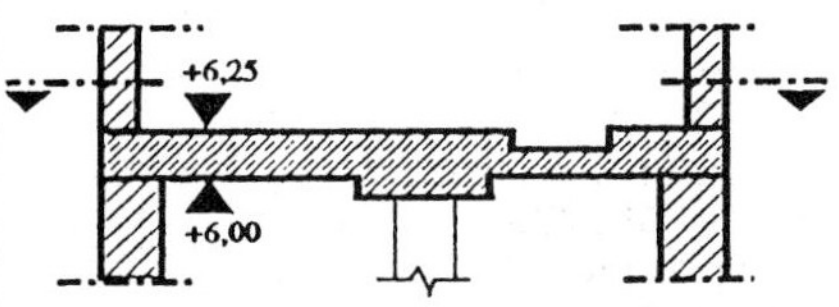 Schnitt	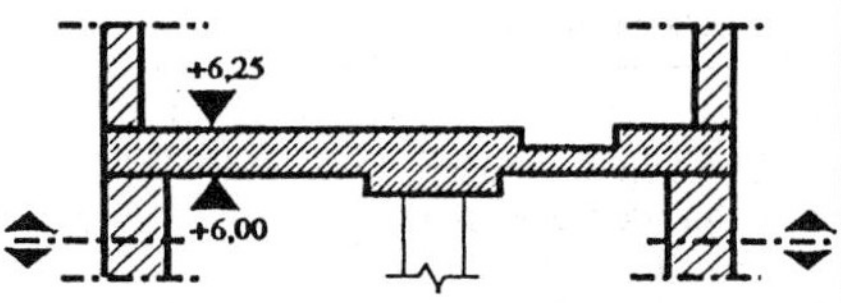 Schnitt
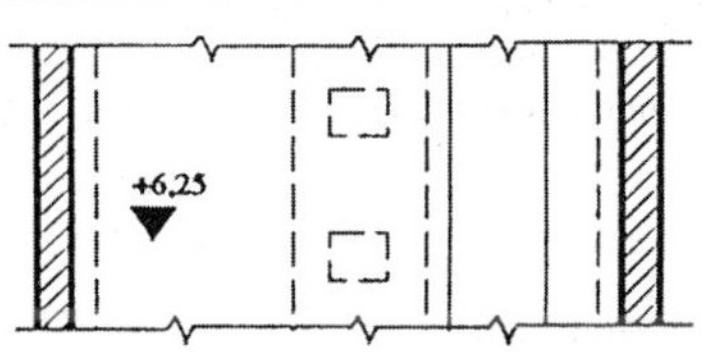 Grundriss	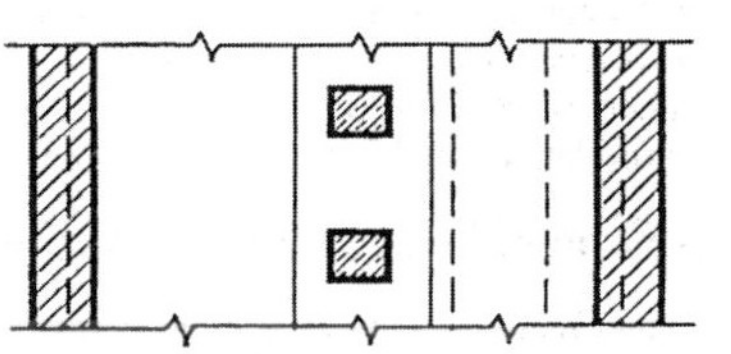 Grundriss

6 Projektionsarten nach DIN ISO 5456-3

Parallelprojektionen (vgl. auch ISO 128)

Die Darstellungen der Parallelprojektionen sind „doppeldeutig“, d.h., der abzubildende Körper kann von oben (Vogelperspektive) oder von unten (Froschperspektive) betrachtet werden.

Der ISO-Normkörper als Volumenmodell im Drahtmodell eines Würfels:

Aufsicht | Untersicht | Rundformen

Rechtwink. axonometr. Projektion

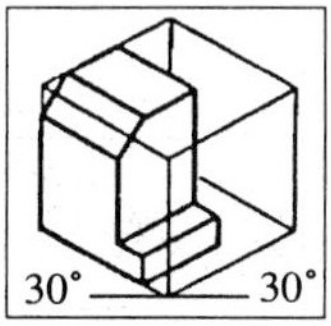

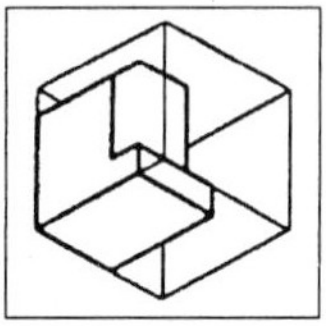

Isometrische Projektion – Seitenverhältnis 1 : 1 : 1 Winkel der Tiefenlinie, gemessen zur Horizontalen 30° / 30°

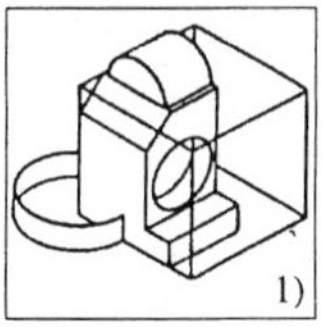

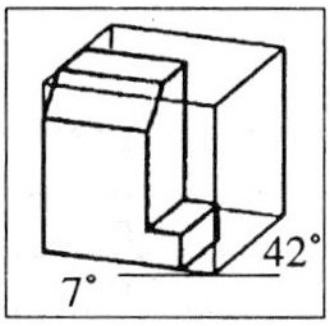

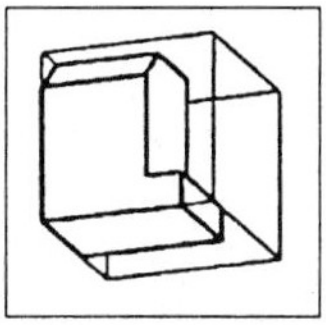

Dimetrische Projektion – Seitenverhältnis 1 : 0,5 : 1 Winkel der Tiefenlinie, gemessen zur Horizontalen 7° / 42°

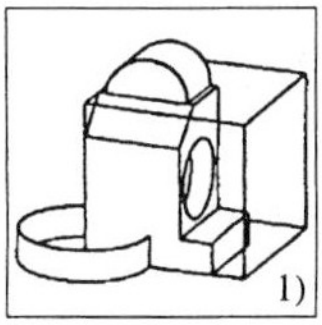

Schiefwinklige axonometrische Projektion

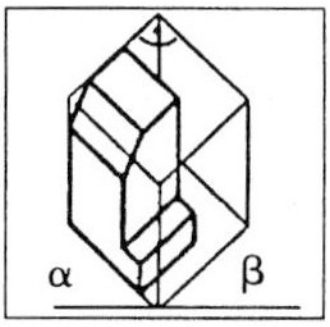

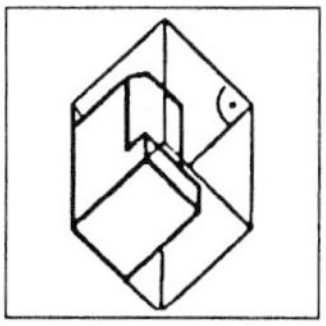

normale planometrische Projektion – Seitenverhältnis 1 : 1 : 1 Winkel der Tiefenlinie, gemessen zur Horizontalen $\alpha = 0 - 180°$, $\beta = 90° - \alpha$

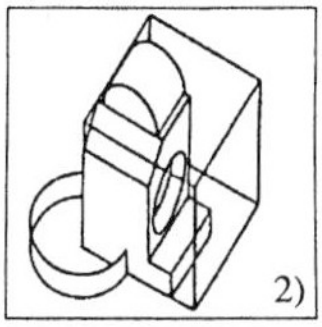

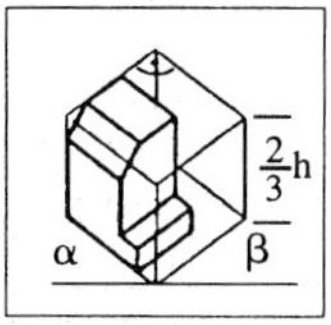

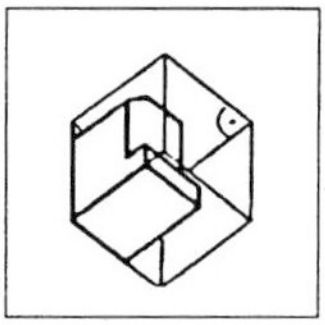

verkürzte planometrische Projektion – Seitenverhältnis 1 : 1 : 2/3 *h* Winkel der Tiefenlinie, gemessen zur Horizontalen $\alpha = 0 - 180°$, $\beta = 90° - \alpha$

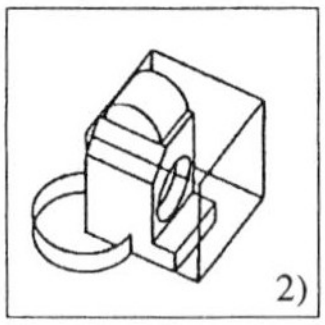

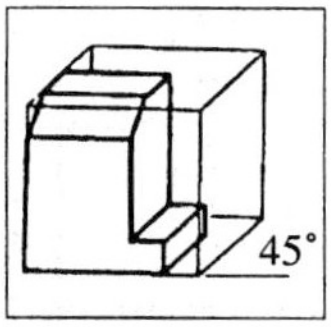

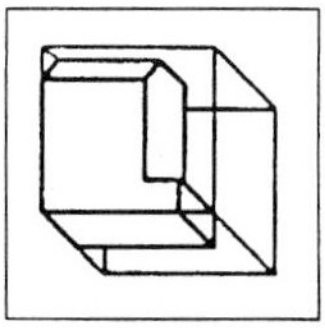

Kabinett-Projektion Seitenverhältnis 1 : 0,5 : 1 Winkel der Tiefenlinie, gemessen zur Horizontalen 0° / 45°

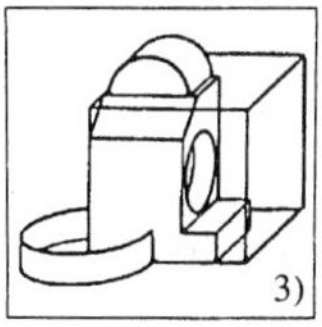

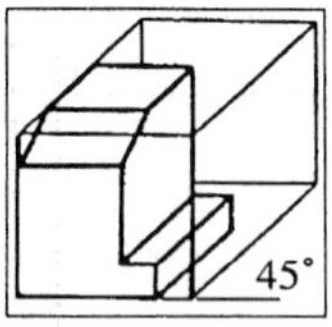

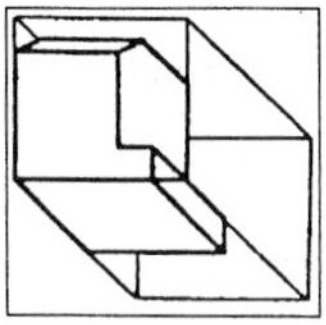

Kavalier-Projektion Seitenverhältnis 1 : 1 : 1 Winkel der Tiefenlinie, gemessen zur Horizontalen 0° / 45°

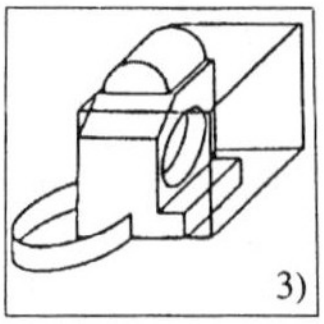

Kreisdarstellungen bei Parallelprojektionen / axonometrischen Abbildungsmethoden

1) Kreise in allen drei Koordinatenebenen erscheinen als Ellipsen.

2) Kreise in einer Koordinatenebene erscheinen als Kreise (Grundriss, Aufsicht), sonst erscheinen Kreise als Ellipsen.

3) Wie 2), jedoch in Aufriss/Ansicht.

Nur in der isometrischen und der dimetrischen Projektion erscheinen Kugelumrisse als Kreise, sonst bildet sich die Kugel elliptisch ab.

7 Allgemeine Zeichen und Begriffe nach DIN 1356-1 und DIN ISO 4157-1

1	Richtung		6	Radius	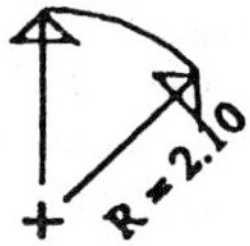
2	Höhenangabe Oberfläche Fertigkonstruktion Rohkonstruktion				
3	Höhenangabe Unterfläche Fertigkonstruktion Rohkonstruktion		7	abgehängte Decke im Grundriss	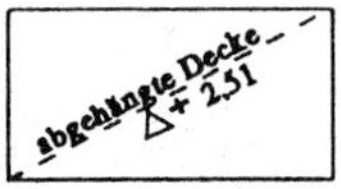
4	Angabe der Schnitt-führung in Blickrichtung		8	Tragrichtung von Platten zweiseitig getragen dreiseitig gelagert vierseitig gelagert auskragend	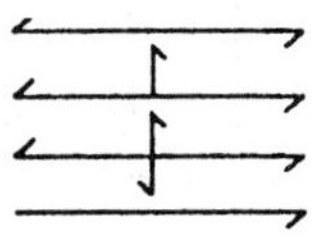
5	Angabe der horizontalen Schnittführung im Grundriss Typ B	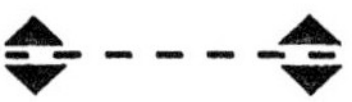			

Beispiel: Höhenbemaßung:

Stützen, Platten, Wände, Balken etc. werden mit Abkürzungen versehen:

Stützen (Colums)
= C 301

Platten (Slaps)
= S 301; 302

Wände (Walls)
= W 202

Balken (Beams)
= B 301

Die erste Ziffer gibt die Stockwerkszahl an, die zwei letzten Ziffern sind laufende Nummern.

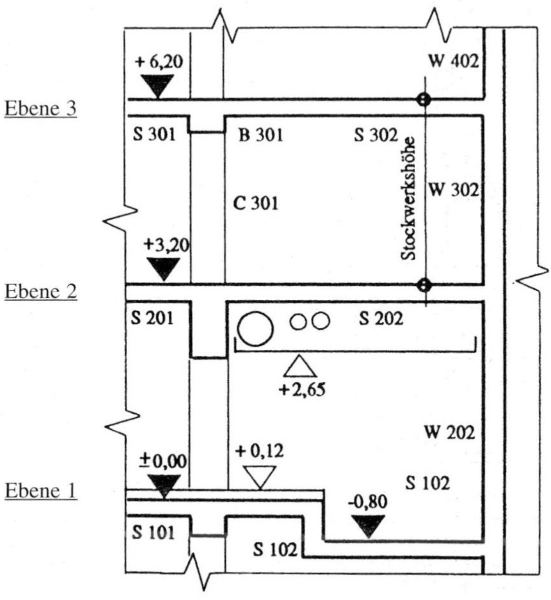

8 Darstellung von Treppen und Rampen mit Steigungsrichtung im Grundriss nach DIN 1356-1 (vgl. auch DIN 18064)

Spalte 1		2	3	4
Zeile		vereinfachte Darstellung		
1	einläufige Treppe	Treppenlauf 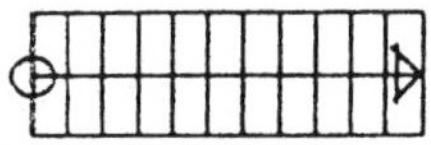	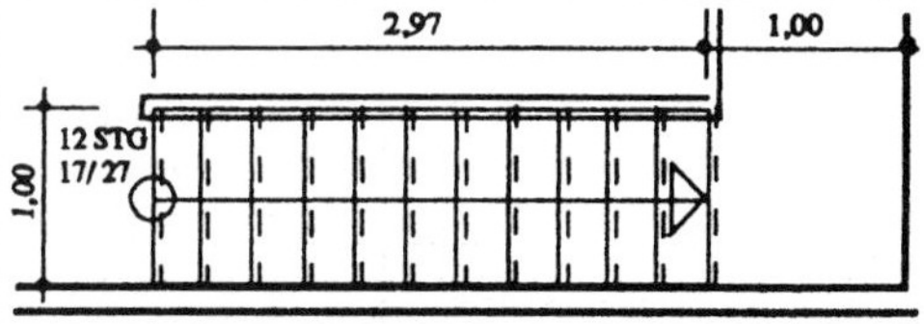	oberstes Geschoss
	einläufige Treppe	Treppenlauf horizontal geschnitten mit darunter liegendem Lauf 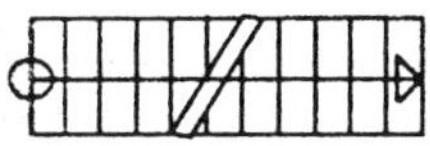	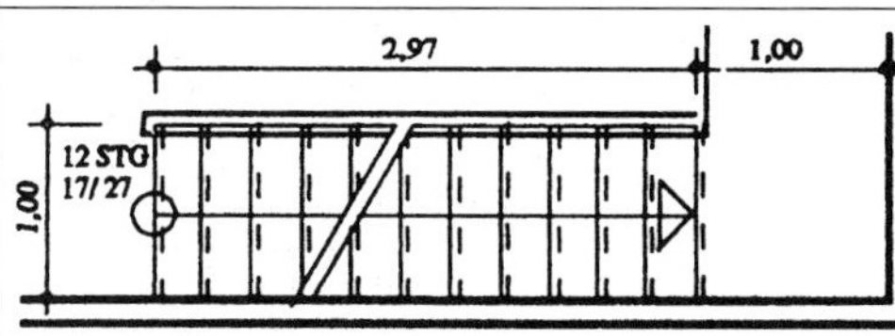	Normalgeschoss
	einläufige Treppe	Treppenlauf horizontal geschnitten mit Darstellung oberhalb der Schnittebene 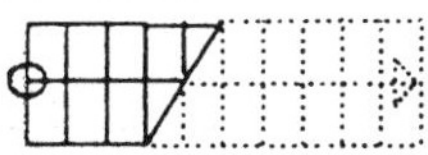	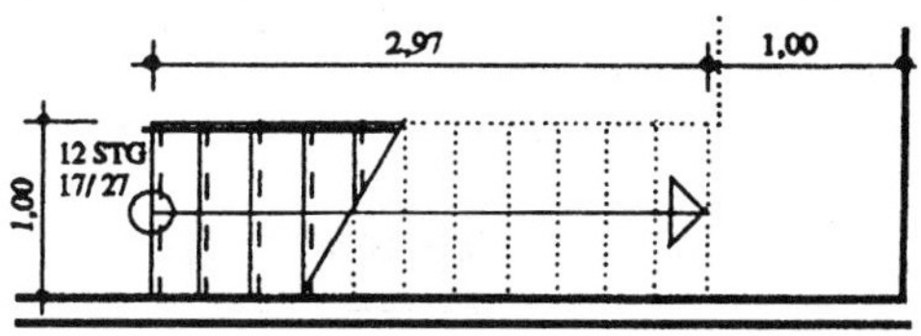	unterstes Geschoss
2	zweiläufige Treppe	Treppenlauf 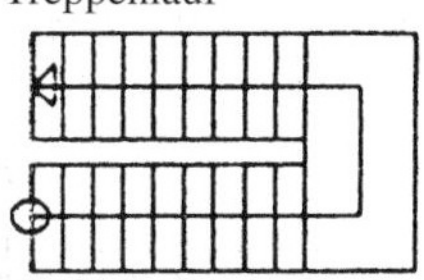	Darstellung wie Zeile 1	oberstes Geschoss
	zweiläufige Treppe	Treppenlauf horizontal geschnitten mit darunter liegendem Lauf 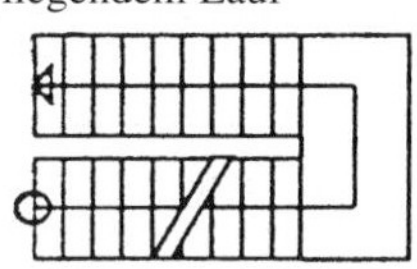	Darstellung wie Zeile 1	Normalgeschoss
	zweiläufige Treppe	Treppenlauf horizontal geschnitten mit Darstellung oberhalb der Schnittebene 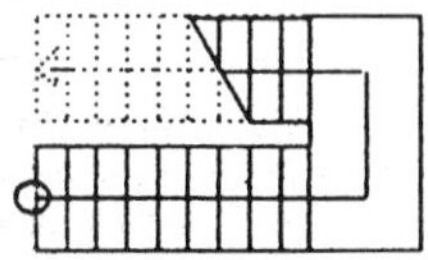	Darstellung wie Zeile 1	unterstes Geschoss

Darstellung von Treppen und Rampen mit Steigungsrichtung im Grundriss (Fortsetzung)

Spalte 1		2	3		
Zeile		Bezeichnung	vereinfachte Darstellung		
3		dreiläufige Treppe[1)]	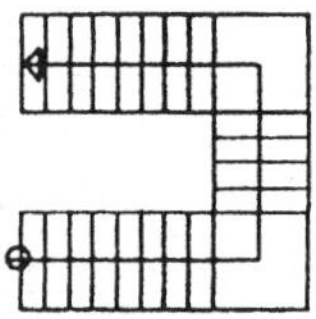	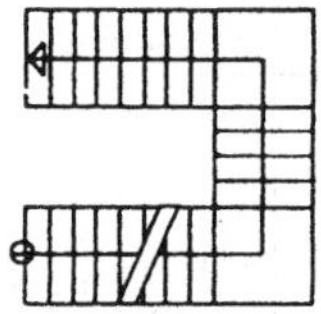	
4		gewendelte Treppe[1)]	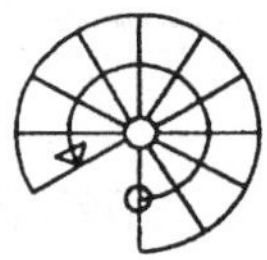	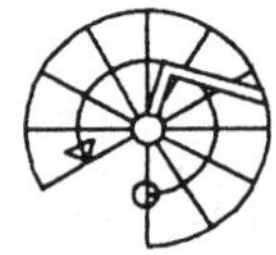	
5		Rampe[1)]	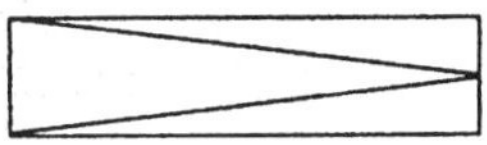		

[1)] Darstellung wie Zeile 1.

9 Darstellung von Aussparungen

Aussparungen, deren Tiefe		
gleich der Bauteiltiefe ist (Durchbrüche)	kleiner als die Bauteiltiefe ist (Schlitze)	
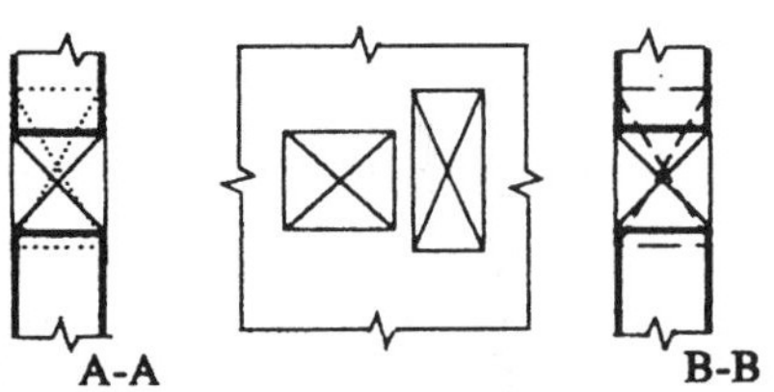	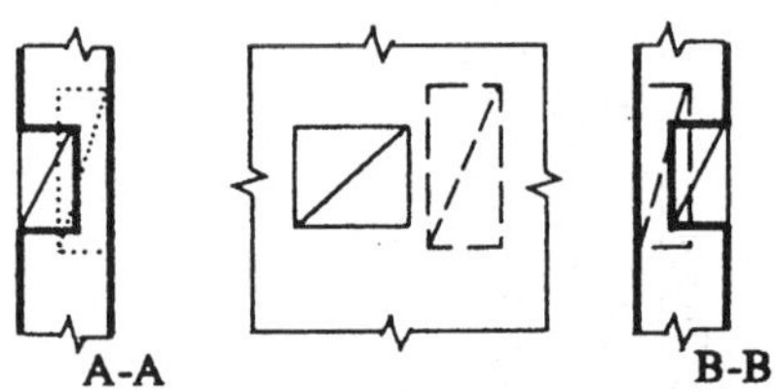	Ansicht / Schnitt
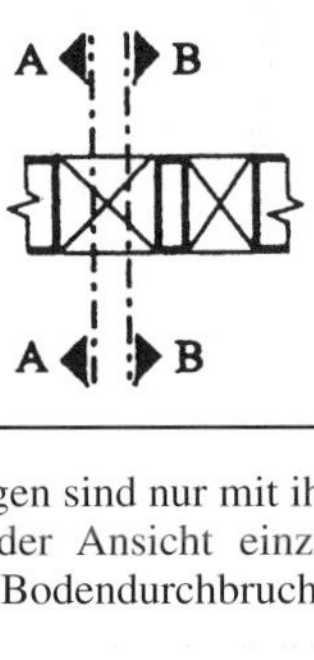	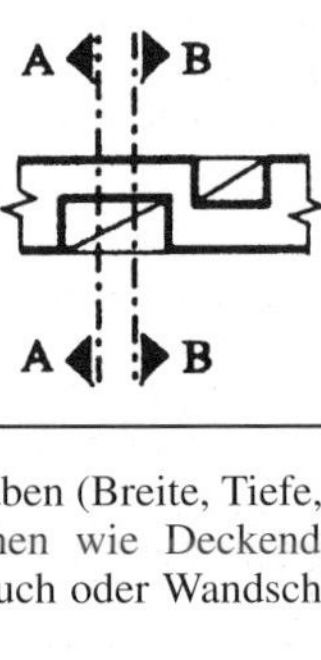	Grundriss

Die Aussparungen sind nur mit ihren Symbolen und Maßangaben (Breite, Tiefe, Höhe) in Grundriss, Schnitt oder Ansicht einzutragen. Weitere Kennzeichen wie Deckendurchbruch (DD), Deckenschlitz, Bodendurchbruch, Bodenkanal, Wanddurchbruch oder Wandschlitz sind nicht erforderlich.

10 Öffnungsarten von Türen im Grundriss und von Türen und Fenstern in der Ansicht

1	Drehflügel, einflügelig	
2	Drehflügel, zweiflügelig	
3	Drehflügel, zweiflüg., gegeneinander schlagend	
4	Pendelflügel, einflügelig	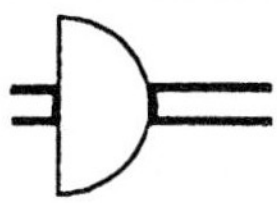
5	Pendelflügel, zweiflügelig	
6	Hebe-Dreh-Flügel	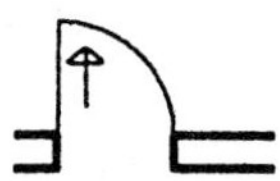
7	Drehtür	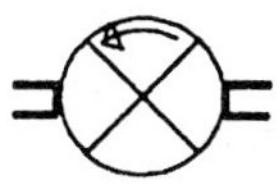
8	Schiebeflügel	
9	Hebe-Schiebe-Flügel	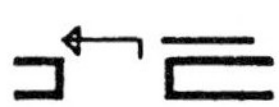
10	Falttür, Faltwand	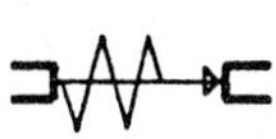
11	Schwingflügel	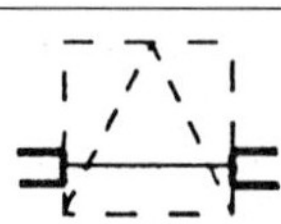

12	Drehflügel	
13	Kippflügel	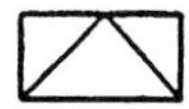
14	Klappflügel	
15	Dreh-Kipp-Flügel	
16	Hebe-Dreh-Flügel	
17	Schwingflügel	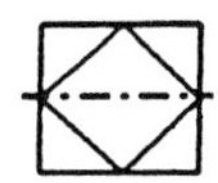
18	Wendeflügel	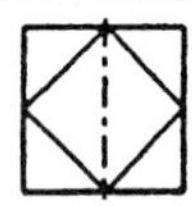
19	Schiebeflügel, vertikal	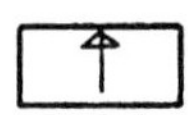
20	Schiebeflügel, horizontal	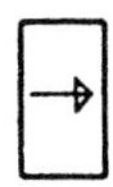
21	Hebe-Schiebe-Flügel	
22	Festverglasung	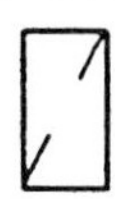

11 Symbole, Markierungen und vereinfachte Darstellungen von Abriss und Wiederaufbau nach DIN 1356 bzw. DIN ISO 7518

	beabsichtigte Änderung	Darstellung und Angaben in der bestehenden Zeichnung[1] (Grundriss, Schnitt, Ansicht)	Darstellung und Angaben in der neuen Zeichnung[1] (Grundriss, Schnitt, Ansicht)
1	Umrisse bestehender Teile, die erhalten bleiben sollen	(keine Vereinbarung)	——— [3]
2	Umrisse bestehender Teile, die abgerissen werden sollen		 [3]
3	Umrisse neuer Teile	neue Linien stärker als die alten	gemäß DIN 1356
4	Maße und Informationen zu bestehenden, abzureißenden Bauteilen	~~12,38~~ feine Linie durch die Maßzahl oder den Text[2]	~~Ber T 16,2~~
5	bestehender, zu erhaltender Teil des Gebäudes	(keine Vereinbarung)	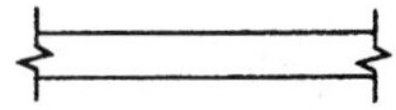 [3) 4)]
6	bestehender, abzureißender Teil eines Gebäudes	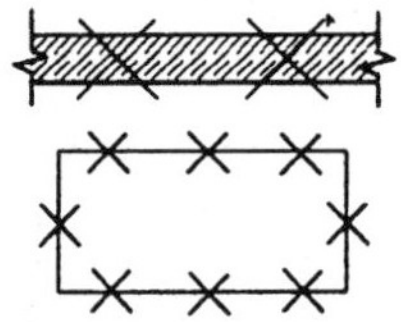	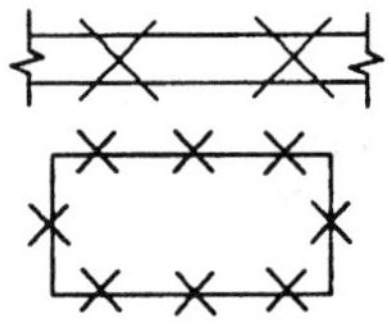 [3) 4)] [3]
7	neue Bauteile	gem. DIN 1356	gem. DIN 1356
8	Schließung von Öffnungen im bestehenden Mauerwerk		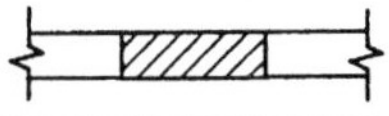 [3) 4)]
9	neue Öffnungen im bestehenden Mauerwerk	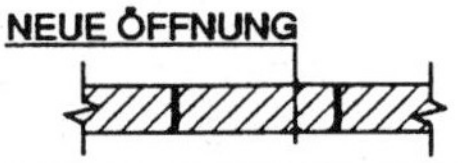	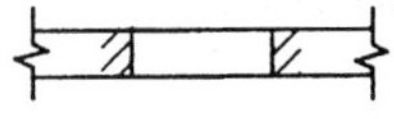 [3) 4)]
10	Wiederherstellung eines bestehenden Bauwerkes nach Abriss eines damit verbundenen Bauwerkes	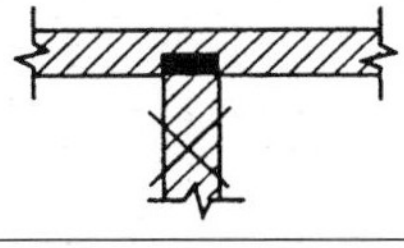	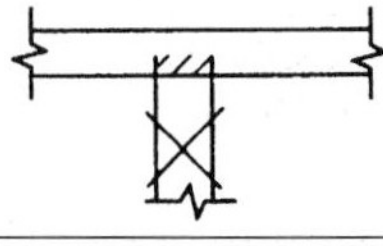 [3) 4)]
11	Änderung der Oberflächenbeschichtung	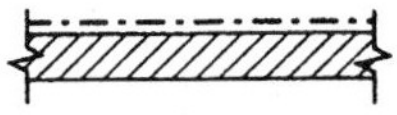	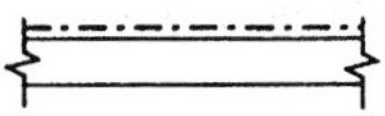 [3) 4)]

[1] Um die geplante Änderung zu erklären, soll der ursprüngliche (bestehende) Zustand des Gebäudes in einer Zeichnung zusammen mit den Angaben der geplanten Änderungen sowie eine neue Zeichnung des geänderten Gebäudes angefertigt werden.

[2] Es wird empfohlen, zwischen ursprünglichen und neuen Maßen und Textinformationen zu unterscheiden. Dies soll durch verschiedene Schriftgrößen oder durch die Schreibweise der Ziffern und des Textes geschehen.

[3] Linienarten und Linienbreiten siehe Tabelle gem. DIN 1356; DIN 15-2.

[4] Schraffur in Übereinstimmung mit DIN 1356/DIN 201; ISO 4069 siehe Tabelle.

12 ISO-Normkörper Haus am See [1)]

12.1 Beispiele für die Darstellung von Entwurfszeichnungen

nach DIN 1356-1 und DIN 5 (vgl. auch 3.1.2)

12.1.1 Ansicht von Süden (Bemaßung)

Der vorhandene und geplante Geländeverlauf einschließlich Höhenangaben und der Höhenlage der baulichen Anlage über NN ist anzugeben.

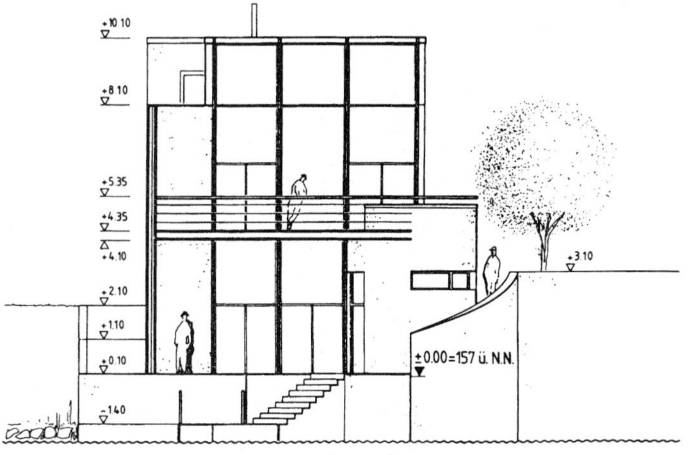

12.1.2 Räumliche Entwurfsdarstellung (Präsentationszeichnung)

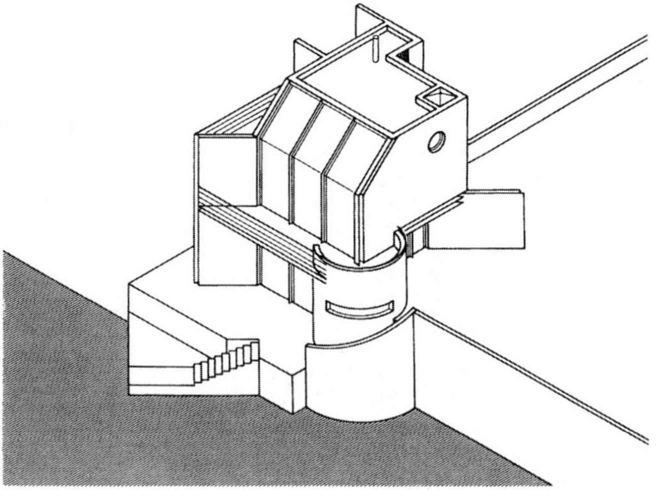

Die Isometrie zeigt gleichwertig betont drei Seiten des Baukörpers – Südfassade, Ostfassade, Dachaufsicht – und die Einpassung der baulichen Anlage im Gelände.

1) Entwurf: cand. arch. G. Kersten.

12.1.3 Räumliche Darstellungsmethode (Planometrie)

Die Explosionszeichnung erlaubt Einblicke in das Innere des Baukörpers und stellt gleichzeitig komplexe Zusammenhänge des geplanten Bauwerks anschaulich dar.

Im Gegensatz zur Isometrie kann bei der Planometrie die Lage des Baukörpers zum Betrachter frei gewählt werden.

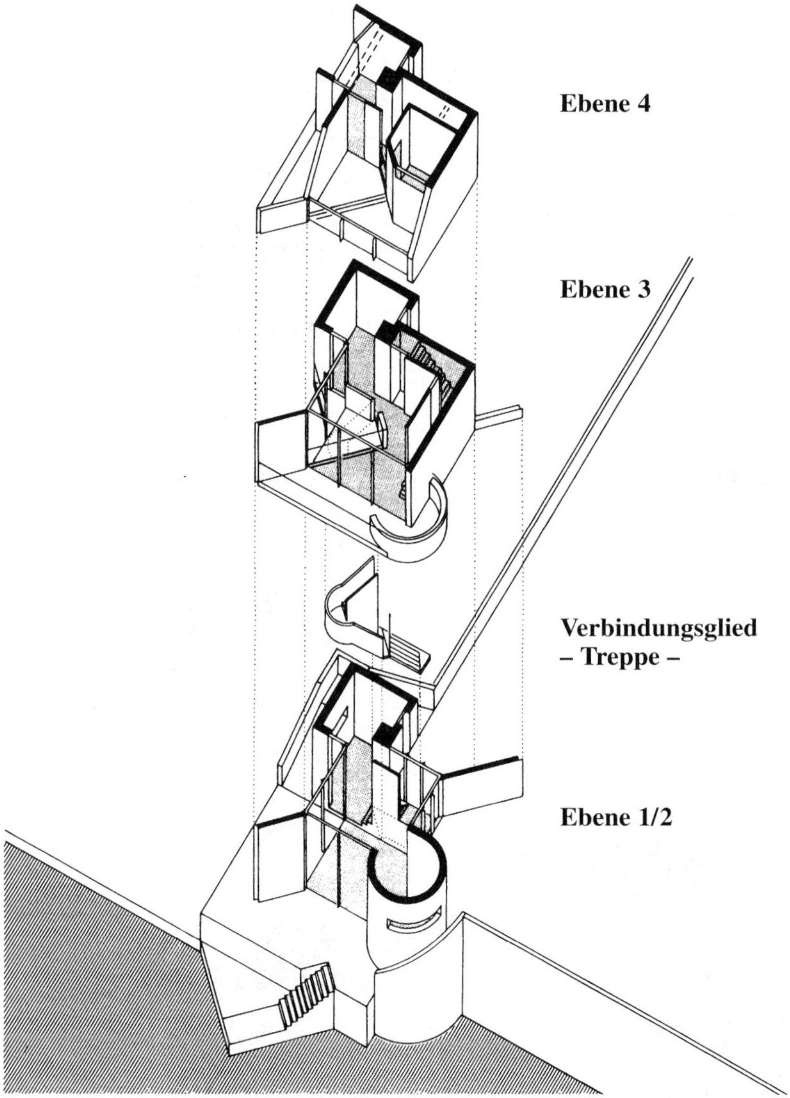

12.1.4 Grundriss (Bemaßung)

Die Bemaßung besteht aus Maßzahl, Maßlinie, Maßhilfslinie und Maßlinienbegrenzung. Maßzahlen sind über der durchgezogenen Maßlinie so anzuordnen, dass sie in der Gebrauchslage der Zeichnung von unten bzw. von rechts leserlich sind.

Bei Wandöffnungen (Türen, Fenster) wird die Maßzahl für die Breite über der Maßlinie und die Maßzahl für die Höhe direkt darunter unter der Maßlinie angeordnet.

Die Lage der vertikalen Schnittebenen (z. B. A-A, B-B) ist mit starken Strichpunktlinien anzugeben, ebenfalls die Blickrichtung.

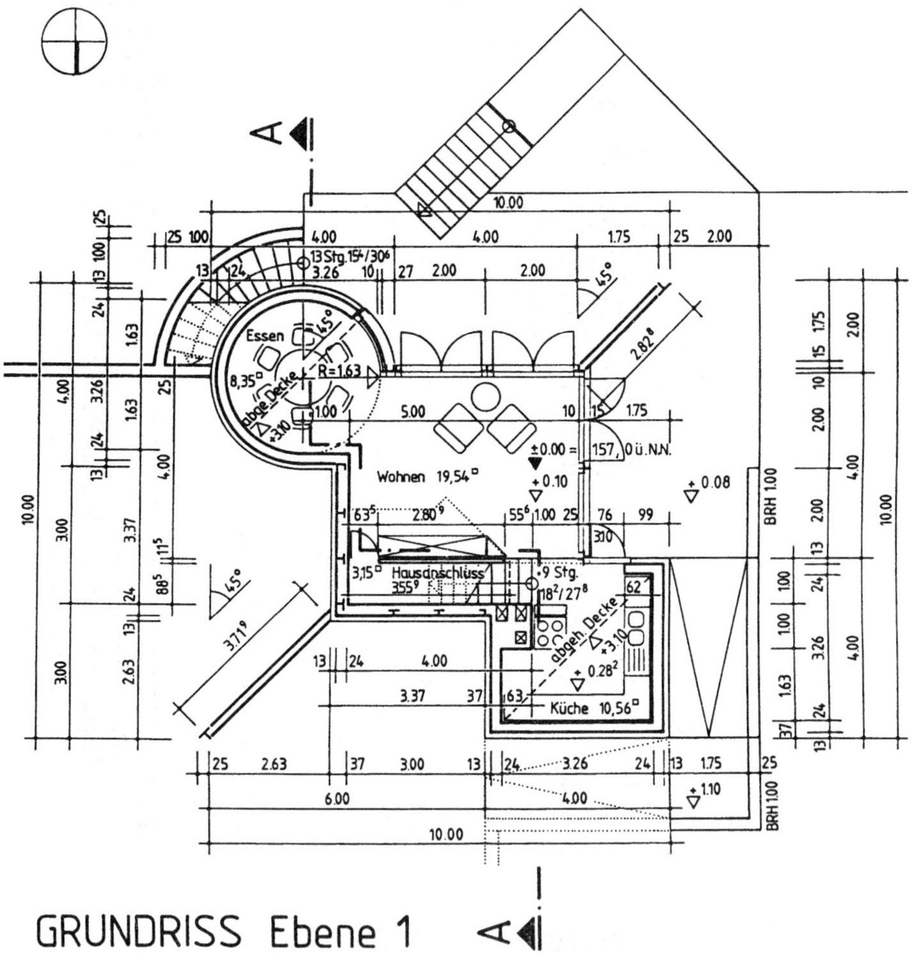

GRUNDRISS Ebene 1 A

12.2 Beispiele für die Darstellung von Werkzeichnungen

nach DIN 1356-1

(vgl. auch Abschn. 3.1.4.1)

12.2.1 Draufsicht/Dachaufsicht

(Grundrissdarstellung der Ebene 5 ohne Bemaßung)

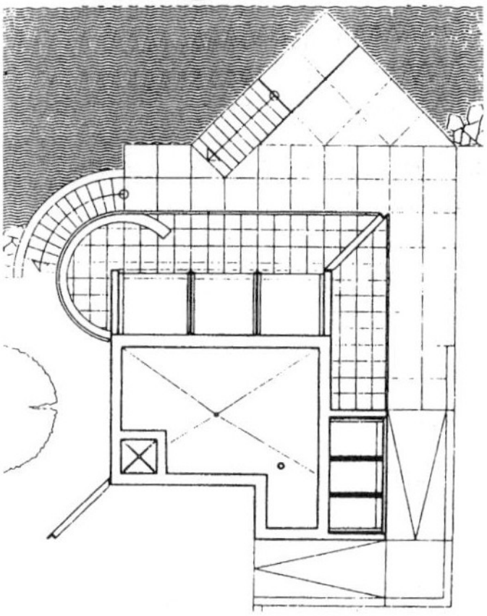

12.2.2 Grundriss (Bemaßung)

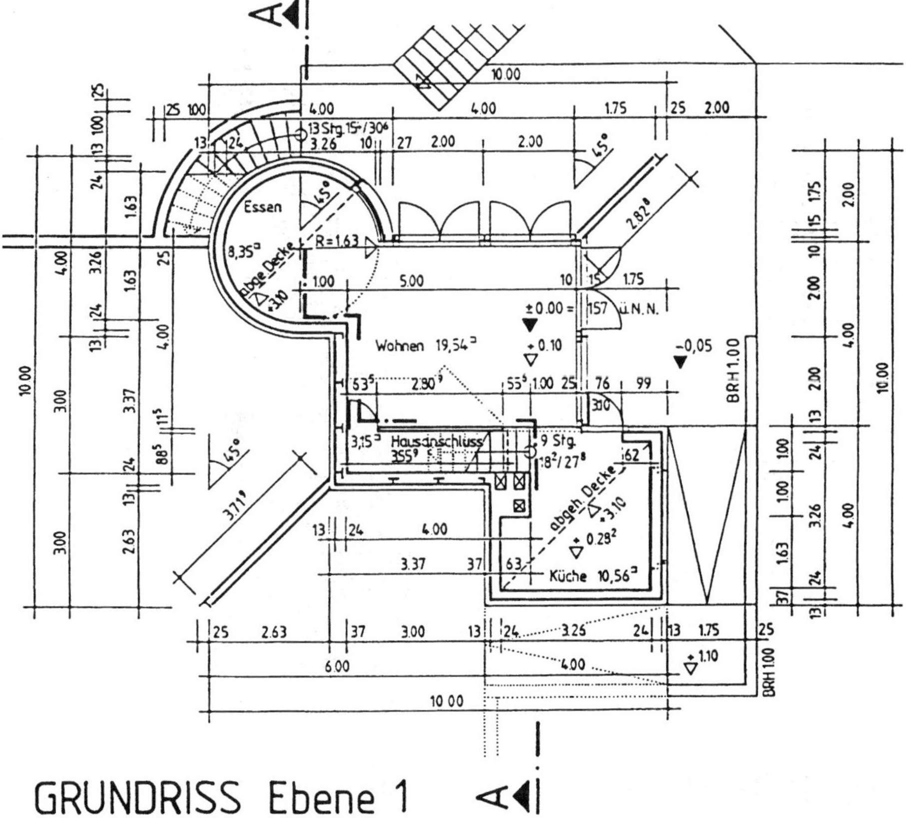

GRUNDRISS Ebene 1

In Grundrissen sind Höhenangaben (Höhenkoten), bezogen auf die Höhenlage ±0,00 (= Rohfußboden), erforderlich. Bei Brüstungen soll die Rohbauhöhe über Oberfläche Rohfußboden angegeben werden.

12.2.3 Schnitt (Höhenangaben und Bemaßung)

Die Höhenbemaßung ist durch zwei Bemaßungsangaben vorzunehmen:

a) Durch vertikale Maßketten sind Stockwerks-/Geschosshöhen, lichte Raumhöhen, Brüstungs-, Fenster- und Sturzhöhen anzugeben.

b) Durch Höhenkoten ist die Höhenlage der Ebenen bzw. der Deckenoberflächen in Bezug zu ±0,00 anzugeben.

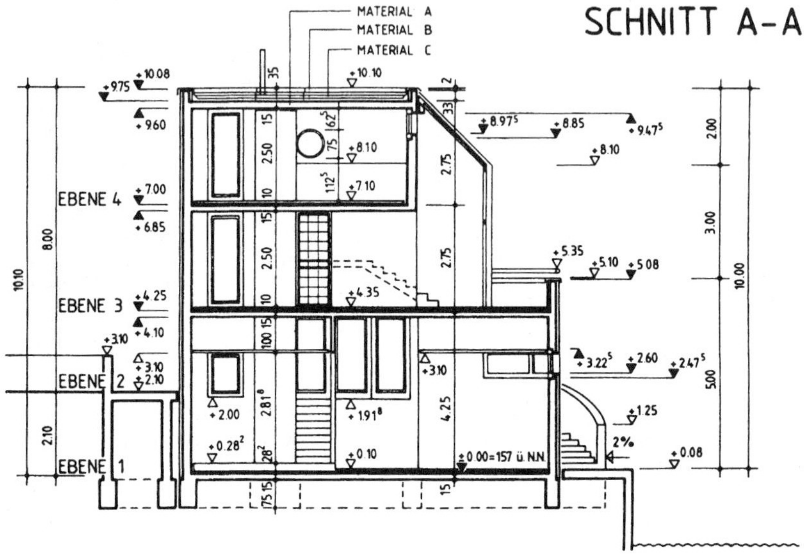

12.2.4 Ansicht der Westfassade (Höhenangaben und Bemaßung)

Werkzeichnung mit Bemaßung und Höhenangaben; mit Angabe der Teilung und Öffnungsart der Türen und Fenster, mit Angabe der hinter der Fassade liegenden verdeckten Geschossdecken und Fundamente.

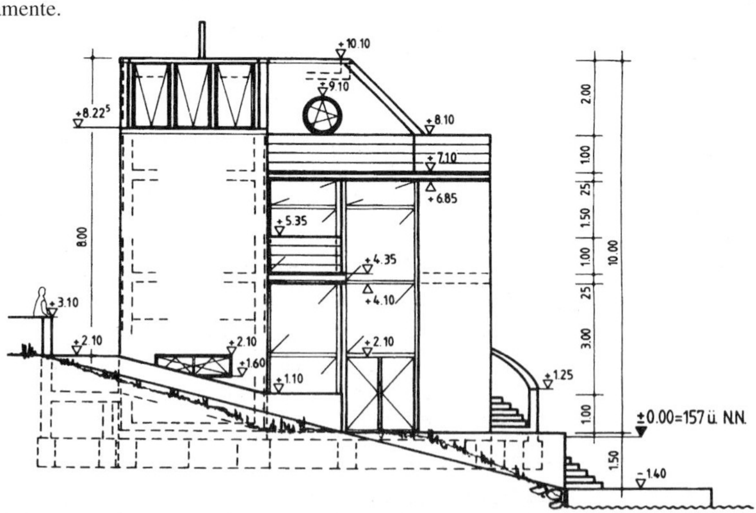

13 Entwässerungszeichnungen

13.1 Linienbreiten für die Darstellung von Sinnbildern und Zeichen in Entwässerungszeichnungen nach DIN 1986-1

Je nach gewähltem Maßstab sind folgende Linienbreiten und Schrifthöhen vorgeschrieben:

	Linienbreiten in mm	Darstellung im Maßstab	
Sanitärausstattungs-gegenstände	0,5	1 : 50	Weitere Vorschriften für die Darstellung von Sinnbildern und Zeichen im Bereich Bad, WC und Küche siehe DIN 18 022 (11.89)
	0,25	1 : 100	
Rohrleitungen	1,0	1 : 50	
	0,5	1 : 100	
Schriftgröße (Schriftform B, gerade)	0,5	1 : 50	
	0,25	1 : 100	

(Schablonen für Sanitärausstattung vereinfachen die Zeichenarbeit.)
Beispiel: WC Ansicht / Grundriss 1 : 50 / 1 : 100 mit Rohrleitung

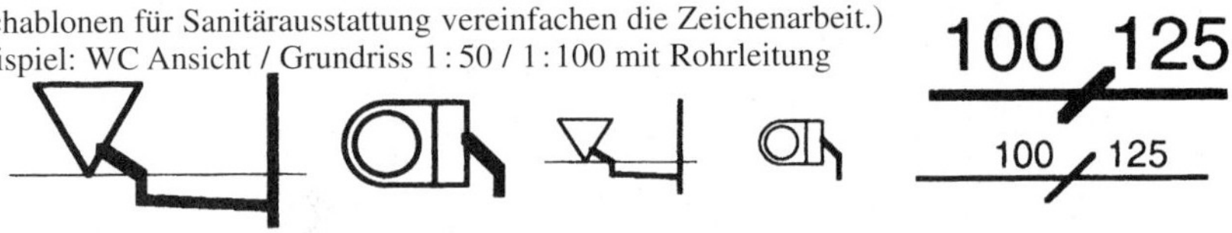

13.2 Sinnbilder und Zeichen nach DIN 1986-1 zur Darstellung von Sanitär-, Ausstattungs-, Entwässerungsgegenständen und Abwasserleitungen im Grund- und Aufriss für Entwässerungsanlagen von Gebäuden und Grundstücken

(weitere Symbole s. S. 7.55)

	Benennung	Grundriss	Aufriss
Sanitär-Ausstattungsgegenstände	Badewanne	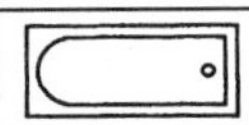	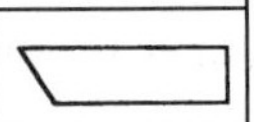
	Duschwanne	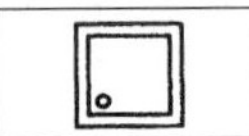	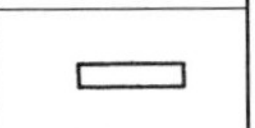
	Waschtisch Einbau-Waschtisch	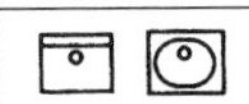	
	Sitzwasch-becken/Bidet		
	Urinalbecken		
	Urinal mit automatischer Spülung		
	WC-Becken m. Spülkasten/m. Einbauspülkasten	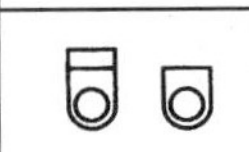	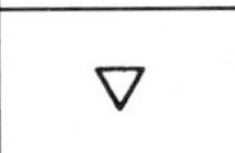

Benennung	Grundriss	Aufriss
Ausgussbecken	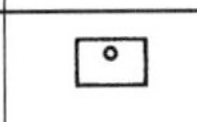	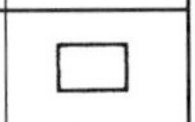
Spülbecken einfach	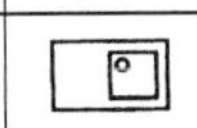	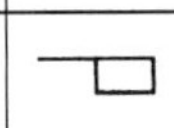
Spülbecken doppelt	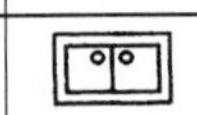	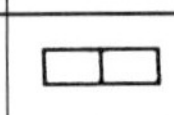
Geschirrspülmaschine	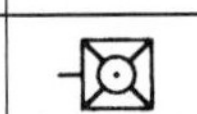	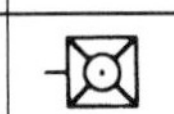
Waschmaschine	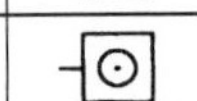	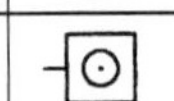
Wäschetrockner	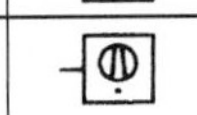	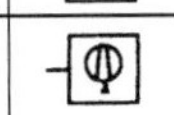
Klimagerät	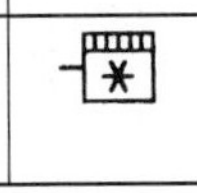	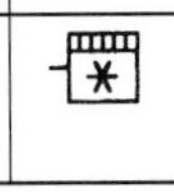

Abwasserleitungen	Schmutzwasserleitung	
	vorh. Schmutzwasserleitung	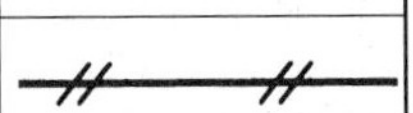
	Regenwasserleitung	
	Lüftungsleitung	

Mischwasserleitung	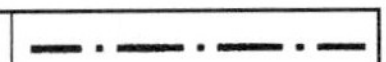
vorh. Mischwasserleitung	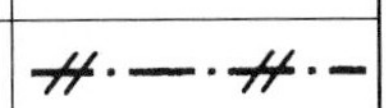
Werkstoffwechsel	
Nennweitenänderung	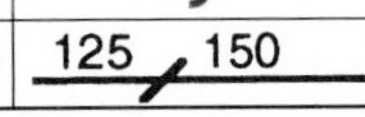

14 Elektroinstallationszeichnungen

14.1 Elektrische Schalt- und Kurzzeichen nach DIN 40 900

	Leiter, allgemein[1]
	Leiter, bewegbar
	Leiter im Erdreich, z. B. Erdkabel
	Leiter oberirdisch, z. B. Freileitung
	Leiter auf Isolatoren
	Leiter auf Putz
	Leiter im Putz
	Leiter unter Putz
	Leiter in Elektroinstallationsrohr
	Leitung mit Kennzeichnung der Leiteranzahl, z. B. 3 Leiter[1]
3	vereinfachte Darstellung
	Signalleitung
	Fernmeldeleitung
	Rundfunkleitung, nach DIN 40 711
	nach oben führende Leitung
	nach unten führende Leitung
	nach unten und oben führende Leitung
	Leiterverbindung
	Abzweigdose, Darstellung falls erf.
	Dose
	Hausanschlusskasten
	Verteiler, Schaltanlage
220/8 V	Transformator, 220/8 V
	Zähler, nach DIN 40 716-1

	Schalter 1/1 (Ausschalter einpolig)
	Schalter 1/2 (Ausschalter zweipol.)
	Schalter 1/3 (Ausschalter dreipol.)
	Schalter 5/1 (Serienschalter einp.)
	Schalter 6/1 (Wechselschalter einp.)
	Schalter 7/1 (Kreuzschalter einp.)
	Zeitschalter
	Taster
	Leuchttaster
	Stromstoßschalter
	Dimmer (Ausschalter)
	Einfach-Steckdose o. Schutzkontakt
	Schutzkontaktsteckdose
3/N/PE	Schutzkontaktsteckdose für Drehstrom, z. B. fünfpolig
	Schutzkontaktsteckdose, abschaltbar
3	Schutzkontaktsteckdose, z. B. dreif.
	Steckdose mit Trenntrafo, z. B. für Rasierapparat
	Fernmeldesteckdose m. Zusatzbez. TP = Telefon FM = UKW-Rundfunk M = Mikrofon TV = Fernsehen [Lautsprechersymbol] = Lautsprecher TX = Telex
	Antennensteckdose
	Antenne, allg. nach DIN 40 700-3
t	Zeitrelais, z. B. für Treppenhausbel.
	Leuchte, allgemein
5×60 W	Leuchte m. Angabe d. Lampenzahl u. Leistung, z. B. 5 Lampen zu je 60 W

[1] Schaltzeichen nach DIN 40 711.

	Leuchte mit Schalter
	Leuchte m. veränderbarer Helligkeit
	Sicherheitsleuchte in Dauerschaltung
	Sicherheitsleuchte in Bereitschafts-schaltung
	Scheinwerfer, allgemein
	Punktleuchte
	Leuchte mit zusätzlicher Sicherheits-leuchte in Dauerschaltung
	Leuchte mit zusätzlicher Sicherheits-leuchte in Bereitschaftsschaltung
	Leuchte für Entladungslampe, allg.
	Leuchte f. Entladungslampe m. Angabe d. Lampenzahl, z. B. 3 Lampen
	Leuchte für Leuchtstofflampe, allg.
40 W	Leuchtenband, z. B. 3 Leuch. à 40 W
65 W	Leuchtenb., z. B. 2 Leuch. à 2×65 W
E	Elektrogerät, allgemein
	Küchenmaschine
	Elektroherd, allgemein
	Mikrowellenherd
	Backofen
	Wärmeplatte
	Friteuse
	Heißwasserspeicher
	Durchlauferhitzer
	Heißwassergerät, allgemein
	Infrarotgrill
	Waschmaschine
	Wäschetrockner
	Geschirrspülmaschine

	Händetrockner/Haartrockner
	Lüfter
	Infrarotstrahler, nach DIN 40 704-1
	Klimagerät
***	Kühlgerät, z. B. Tiefkühlgerät [1]
* ***	Gefriergerät [1]
HVt	Hauptverteiler (Fernmeldeanlage)
Vz	Verzweiger auf Putz (Fernmelde-anlage)
Vz	Verzweiger unter Putz
	Fernsprechgerät allgemein
	Fernsprechgerät, halbamts-berechtigt
	Fernsprechgerät, amtsberechtigt
	Mehrfachfernsprecher, z. B. Haus-telefon
	Wechselsprechstelle
	Gegensprechstelle
	Wecker nach DIN 40 708
	Summer
	Gong
	Hupe
	Türöffner
	Brand-Druckknopf-Nebenmelder
	Temperaturmelder
	Wächtermelder
	Lichtstrahlmelder, Lichtschranke
	Lautsprecher
	Rundfunkgerät
	Fernsehgerät

[1] Anzahl der Sterne siehe DIN 8950-2.

14.2 Beispiel für einen Elektroinstallationsplan des Wohngeschosses eines Mietshauses mit Schaltzeichen nach DIN 40 900

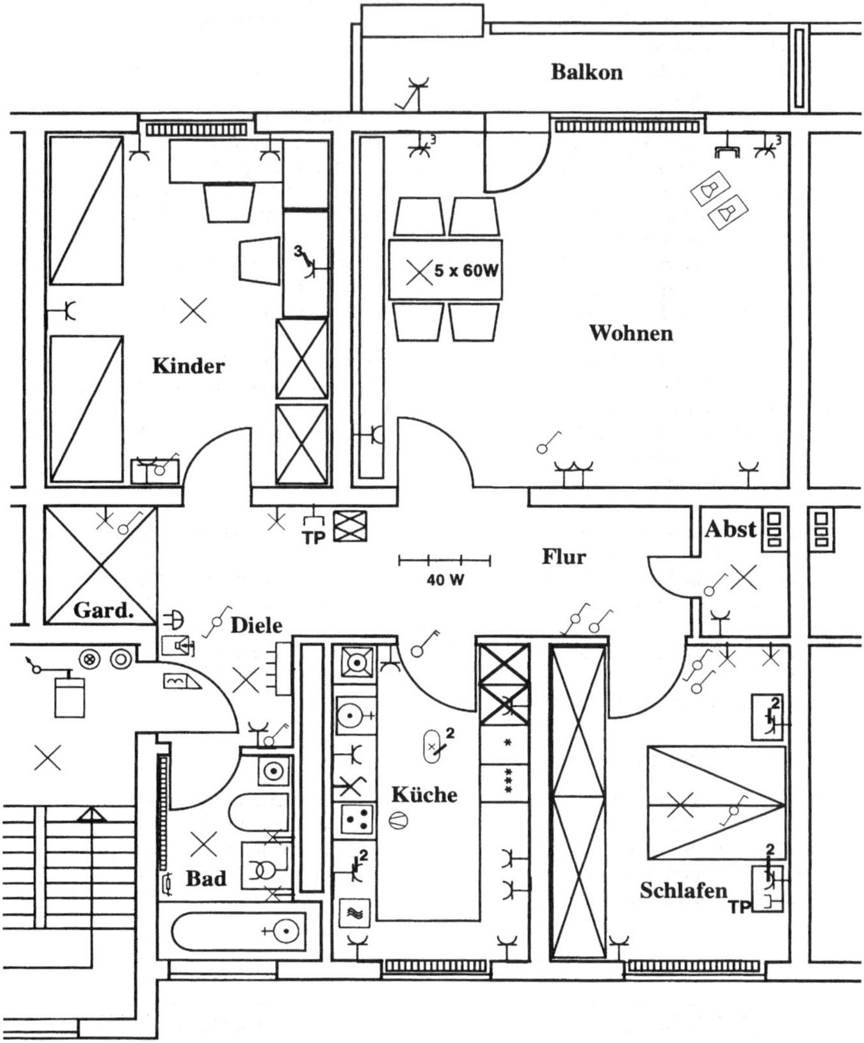

15 Bewehrungszeichnungen nach DIN EN ISO 3766

15.1 Anforderungen an Bewehrungszeichnungen

Die Bauteile müssen mit den Hauptmaßen versehen sein, die Bewehrung ist einzuzeichnen und alle Teile müssen eindeutig und klar in maßstäblichen Grundrissen, Ansichten und Schnitten dargestellt werden. Die Darstellungen müssen mit den Bezeichnungen in den statischen Berechnungen übereinstimmen und sollten, falls anwendbar, alle Größen, die für die Konstruktion der Bauteile und für die Nachprüfung der Berechnungen notwendig sind, beinhalten.

Zeichnungen für Werks- und Serienfertigung sind von dieser Regelung ausgenommen.
Auf zugehörige Zeichnungen muss verwiesen werden. Falls Zeichnungen später geändert werden, müssen alle betroffenen Zeichnungen auch modifiziert werden.
Folgende Merkmale der Bewehrungsstäbe (allgemeine und Lageinformationen) müssen in der Zeichnung angegeben werden:
- geforderte Betonfestigkeitsklasse, die Expositionsklassen sowie weitere Anforderungen gemäß nationaler Normen;
- Sorte des Betonstahls und des Spannstahls gemäß Referenznormen;
- Positionsnummern (Formnummern), Anzahl, Durchmesser, Form und Lage der Bewehrungsstäbe, gegenseitiger Abstand zwischen den Stäben und Übergreifungslängen an Stößen und Verankerungslängen, Anordnung, Maße und Ausbildung von Schweißstellen mit Angabe der Schweißzusatzwerkstoffe; Typ und Lage der mechanischen Verbindungsmittel; Rüttelgassen, Lage von Betonieröffnungen;
- das Herstellungsverfahren der Vorspannung; Anzahl, Typ und Lage der Spannglieder, Anzahl, Typ und Lage der Spanngliedverankerungen und Spanngliedkopplungen sowie Anzahl, Durchmesser, Form und Lagen der zugehörigen Betonstahlbewehrung; Typ und Durchmesser der Hüllrohre; Angaben zum Einpressmörtel;
- Maßnahmen zur Lagesicherung der Betonstahlbewehrung und der Spannglieder (z. B. Art und Anordnung der Abstandhalter sowie Anordnung, Maße und Ausführung der Unterstützungen der oberen Betonstahlbewehrungslage und der Spannglieder);
- das Verlegemaß c_V der Bewehrung, das sich aus dem Nennmaß c_{nom} der Betondeckung ableitet, sowie das Vorhaltemaß Δc der Betondeckung;
- die Fugenausbildung;

Die folgenden Biegeinformationen der Bewehrungsstäbe müssen in der Zeichnung oder in separaten Unterlagen wie z. B. der Stahlliste angegeben werden:
Bei Anwendung der Kennzeichnungssystematik, müssen die Biegeformen der Bewehrungsstäbe eindeutig auf die Positionsnummern verweisen. Dabei darf die grafische Darstellung unmaßstäblich sein;
Einzellängen, Teilllängen und gegebenenfalls Biegewinkel der Bewehrungsstäbe müssen angegeben werden. Um die Biegeform zu typisieren, muss die entsprechende Tabelle beachtet werden; die Biegerollendurchmesser oder -radien.

15.2 Kennzeichnung

Angaben zur Stabstahlbewehrung werden in Längsrichtung der Bewehrungsstäbe oder entlang der Bezugslinien eingetragen. Angaben für geschweißte Betonstahlmatten werden entlang der Diagonale eingetragen. Die Mattennummer muss zusammen mit der Anzahl der Matten angegeben werden. Für jede Positionsnummer (Formnummer) müssen die Angaben für die Bewehrungsstäbe in der Zeichnung, wie in folgender Tabelle gezeigt, enthalten sein.

Angabe	Beispiel
alphanumerische Positionsnummer (in z. B. einem Kreis oder einem Oval)	②[1]
Anzahl der Bewehrungsstäbe	19
Stabdurchmesser in mm	Ø18
Abstand in mm	250
Lage im Bauteil (optional)	T
Formschlüssel des Bewehrungsstabes (optional)	13

[1] Eine auf das Beispiel bezogene Angabe lautet: ②19 Ø20—200—T—13 oder ②19 Ø20—200.

15.3 Beispiele

15.3.1 Positionskennzeichnung (ohne optionale Angaben)

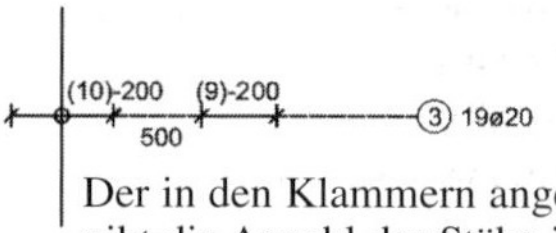

Der in den Klammern angegebene Zahlenwert gibt die Anzahl der Stäbe im jeweils betrachteten Abschnitt an.

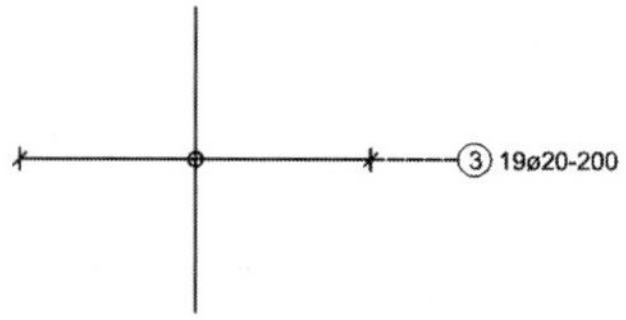

15.3.2 Maßangaben

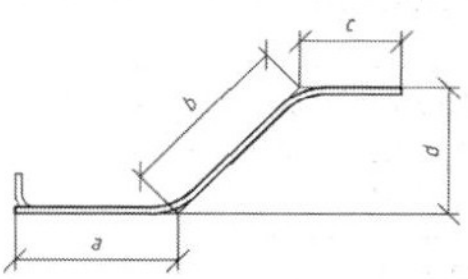	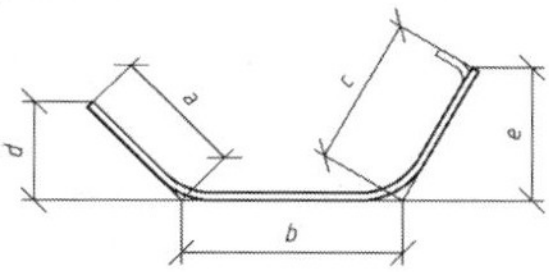	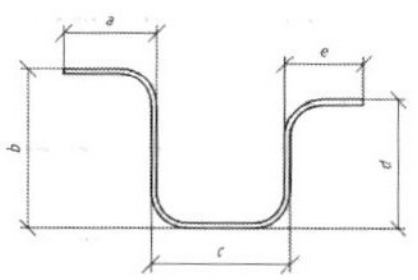
Maßangaben Formschlüssel 26	Maßangaben Formschlüssel 25	Maßangaben Formschlüssel 44

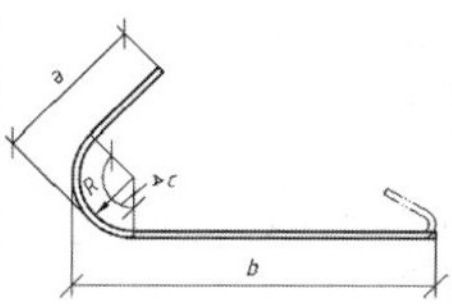	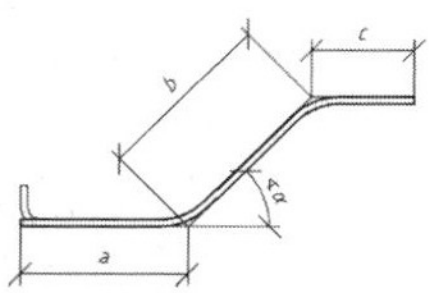	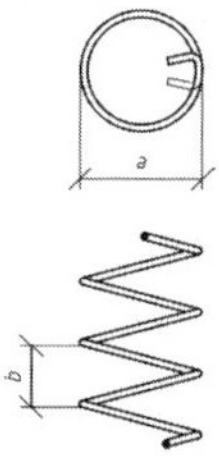	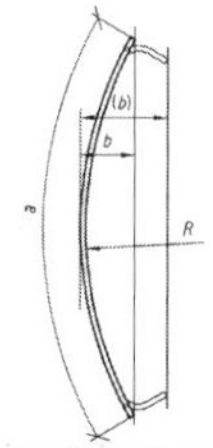
Maßangaben Formschlüssel 99 (nicht genormtes Beispiel)	Maßangaben Formschlüssel 99 (nicht genormtes Beispiel)	Maßangaben Formschlüssel 77	Maßangaben Formschlüssel 67 (Maß b – Bogenstich optional)

15.3.3 Darstellung und Symbole für Stabstahlbewehrung

Nr.	**Darstellung**		**Bedeutung**
	Grundriss	Schnitt/Ansicht (sofern abweichend)	
1	a)  b) 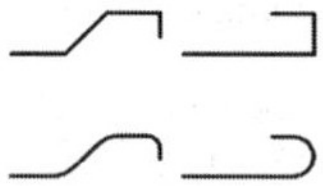 c) 		**Allgemeine Darstellung eines Bewehrungsstabes** Gebogener Bewehrungsstab b): 1) Geknickter Linienzug 2) Linienzug aus Geraden und Bögen c) Stabbündel, Endmarkierung gibt Anzahl der Stäbe im Bündel an (hier: drei)
2		a)  b) 	**Schnitt** a) durch einen Bewehrungsstab, b) durch ein Stabbündel aus drei Bewehrungsstäben

Nr.	Darstellung		Bedeutung
	Grundriss	Schnitt/Ansicht (sofern abweichend)	
3		a) b) c) 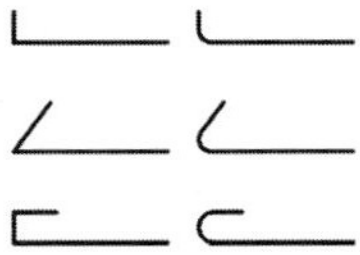	**Bewehrungsstab mit Endhaken-Verankerung** a) 90°-Bogen (Winkelhaken) b) Bogen zwischen 90° und 180° c) 180°-Bogen
4			Gerade Stäbe in einer Lage (Ebene) hintereinander mit Positionsnummern an den Enden
5		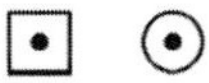	Endverankerung mit Platte/Scheibe
6			Rechtwinklig aus der Zeichnungsebene nach hinten gebogener Bewehrungsstab
7			Rechtwinklig aus der Zeichnungsebene nach vorne gebogener Bewehrungsstab
8	a) 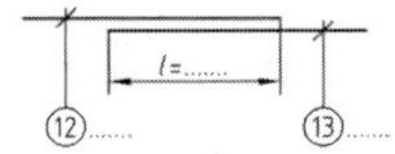 b) 		**Übergreifungsstoß** ohne Markierung der Stabenden durch Schrägstrich und Positionsnummer (Formnummer) mit Markierung
9	a)  b) 		**Mechanische Verbindungen** Muffenverbindung (Zugbeanspruchung) Kontaktstoß (Druckbeanspr.)
10		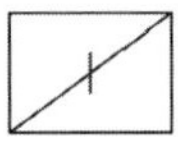	**Matte** Ggf. zeigt schräger Strich in der Diagonalen die Richtung der Hauptbewehrung.
11		a) 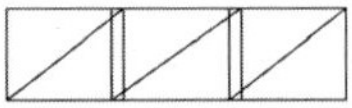 b) 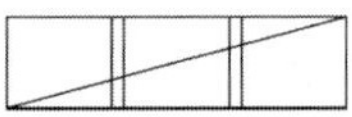	**Gleiche Matten in einer Reihe** a) Darstellung der einzelnen Matten b) Zusammengefasste Darstellung (Übergreifungslänge muss auf der Zeichnung angegeben werden.)
12	a) 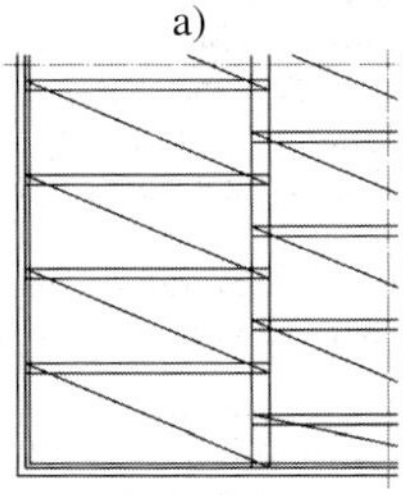	b) 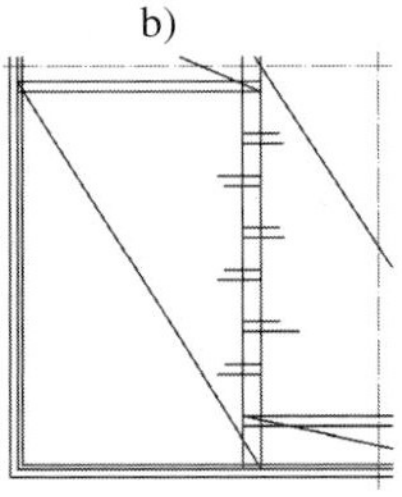	**Gleiche Matten in einer Lage** a) Darstellung der einzelnen Matten b) Zusammengefasste Darstellung mit Andeutung der Übergreifungsstöße (Übergreifungslänge muss auf der Zeichnung angegeben werden.)

Nr.	Darstellung		Bedeutung
	Grundriss	Schnitt/Ansicht (sofern abweichend)	
13		a) b) 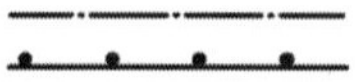	**Schnitt durch eine geschweißte Matte** a) vereinfachte Darstellung b) ausführliche Darstellung
14		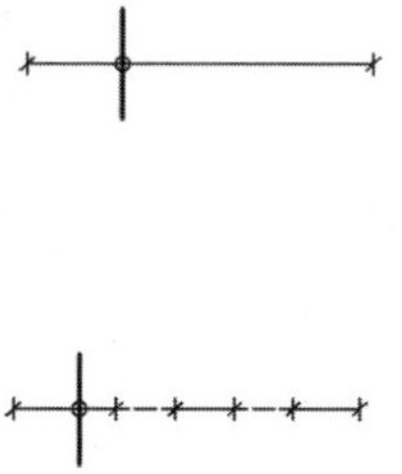	**Gruppen gleicher Bewehrungsstäbe** dargestellt durch maßstäblich gezeichneten Bewehrungsstab und eine Verlegelinie, die durch Schräglinien zur Kennzeichnung der äußeren Stäbe begrenzt ist; ein Kreis verbindet Bewehrungsstab und Verlegelinie gleiche Bewehrungsstäbe in Gruppen
15			Stäbe mit Festlegung des Biegerollendurchmessers oder -radius, falls dieser sich vom Mindest-Biegerollendurchmesser oder -radius unterscheidet; handelt es sich um einen Radius, wird dieser mit R angezeigt
16	Anmerkung: B und T werden für die englische Sprache benutzt, entsprechende Buchstaben für andere Sprachen sind möglich, vgl. DIN EN ISO 3766 Anhang NB	a) b) 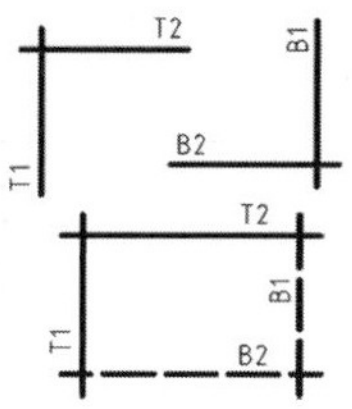	**Festlegung der Bewehrungslagen in ebener Darstellung** B untere Bewehrung T obere Bewehrung 1 erste Lage in Bezug auf die Betonoberfläche 2 zweite Lage in Bezug auf die Betonoberfläche **obere und untere Bewehrung** a) in getrennten Darstellungen b) in derselben Darstellung
17	Anmerkung: N und F werden für die englische Sprache benutzt, entsprechende Buchstaben für andere Sprachen sind möglich, vgl. DIN EN ISO 3766 Anhang NB	a) b) 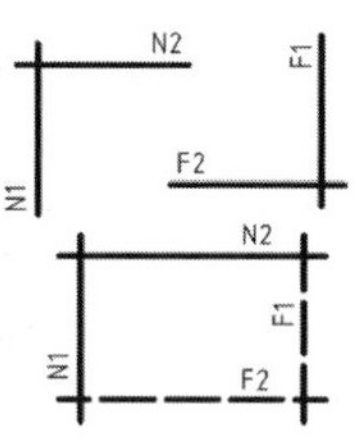	**Festlegung der Bewehrungslagen in Ansichten** N vordere Bewehrung F hintere Bewehrung 1 erste Lage in Bezug auf die Betonoberfläche 2 zweite Lage in Bezug auf die Betonoberfläche **vordere und hintere Bewehrung** a) in getrennten Darstellungen b) in derselben Darstellung

Nr.	Darstellung		Bedeutung
	Grundriss	Schnitt/Ansicht (sofern abweichend)	
18		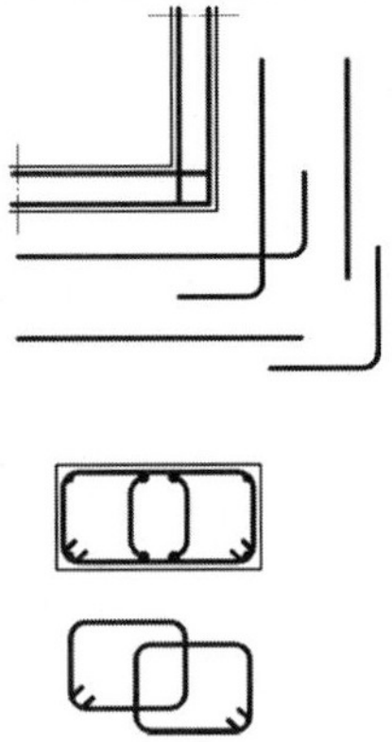	Wenn eine Anordnung der Bewehrung nicht eindeutig durch den Schnitt dargestellt ist, darf ein zusätzliches Detail, das die Bewehrung darstellt, außerhalb des Schnittes angefertigt werden.

15.3.4 Bewehrung mit Vorspannung

Nr.	Darstellung		Bedeutung
	Grundriss	Schnitt/Ansicht (sofern abweichend)	
1			vorgespannter Stab oder Drahtbündel
2			nachträglich vorgespannte Bewehrung, in Hüllrohren liegend
3			vorgespannte Bewehrung mit sofortigem Verbund
4	a)  b) 		**Verankerung** a) Spanngliedverankerung b) Festanker
5	a) 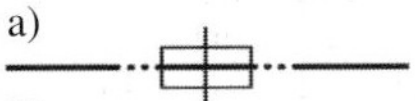 b) 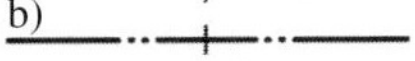		**Kopplung** a) beweglich b) Fest

15.4 Geometrische Beschreibung der Biegeform für die Datenerfassung

Die Schlüsselnummer für die Stabform besteht aus zwei Zeichen. Das erste Zeichen gibt die Anzahl der Bögen oder die Art des Bogens bzw. der Bögen, das zweite Zeichen gibt die Biegerichtung des Bogens bzw. der Bögen an:

Erstes Zeichen			Zweites Zeichen	
0	keine Bögen (optional)		0	gerader Stab (optional)
1	1 Bogen		1	90°-Bogen/Bögen mit genormtem Radius, alle Bögen in derselben Richtung gebogen
2	2 Bögen		2	90°-Bogen/Bögen mit ungenormtem Radius, alle Bögen in derselben Richtung gebogen
3	3 Bögen		3	180°-Bogen/Bögen mit ungenormtem Radius, alle Bögen in derselben Richtung gebogen
4	4 Bögen		4	90°-Bogen/Bögen mit genormtem Radius, nicht alle Bögen in derselben Richtung gebogen
5	5 Bögen		5	Bögen < 90° mit genormtem Radius, alle Bögen in derselben Richtung gebogen
6	Kreisabschnitte		6	Bögen < 90° mit genormtem Radius, nicht alle Bögen in derselben Richtung gebogen
7	vollständige Windungen		7	Kreisabschnitte oder vollständige Windungen
9[a]	kann nur mit 9 kombiniert werden		9[a]	kann nur mit 9 kombiniert werden

ANMERKUNG 1: Diese Tabelle erklärt die Logik hinter der Benummerung der Formen nach der Tabelle 15.5 Stabformen

ANMERKUNG 2: Die Anzahl der Bögen beinhaltet nicht Bögen der Endhaken, die wie unten angegeben werden.

[a] Spezielle nicht-genormte Formen, werden durch eine Skizze definiert. Formschlüssel 99 muss für alle nicht-genormten Formen verwendet werden. Biegeradien für Formschlüssel 99 müssen als genormt angenommen werden, sofern sie nicht anderweitig festgelegt sind.

0 = kein Endhaken; 1 = Endhaken 90°; 2 = Endhaken zwischen 90° und 180°, abhängig von Referenznormen; 3 = Endhaken 180°

Die Maße für die Längen *h* und Durchmesser oder Radien der Endhaken sind Referenznormen zu entnehmen und müssen in der Stahlliste angegeben werden.

15.5 Stabformen

Schlüssel-nummer	Stabform	Beispiel ohne Endhaken	Beispiel mit Endhaken
00	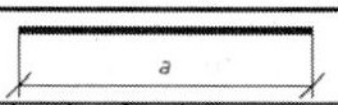	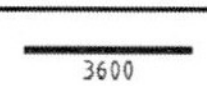	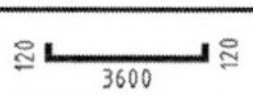
	00 | 0 | 0 | a | h	00 | 0 | 0 | 3600	00 | 1 | 1 | 3600 | 120
21	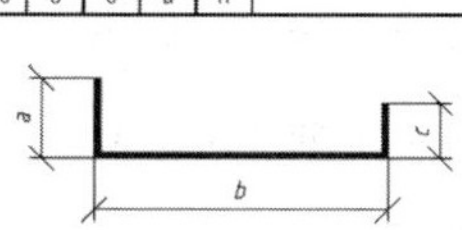	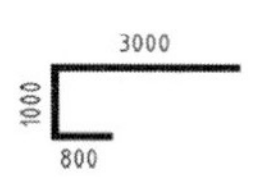	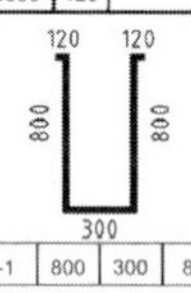
	21 | 0 | 0 | a | b | c | h	21 | 0 | 0 | 3000 | 1000 | 800	21 | -1 | -1 | 800 | 300 | 800 | 120
46	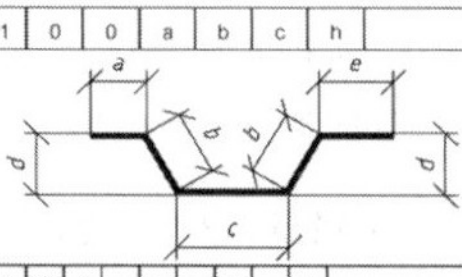	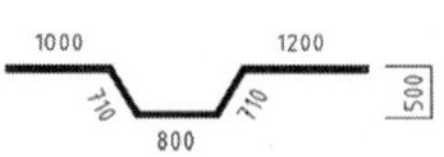	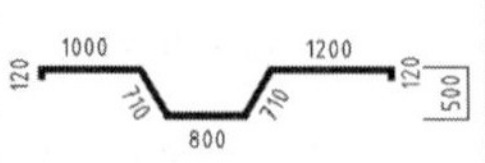
	46 | 0 | 0 | a | b | c | d | e | h	46 | 0 | 0 | 1000 | 710 | 800 | 500[a] | 1200	46 | 1 | 1 | 1000 | 710 | 800 | 500 | 1200 | 120

Weitere Beispiele sowie Anforderungen an Stahllisten und Mattenlisten mit Beispielen sind der DIN EN ISO 3766 zu entnehmen.

16 Darstellung von Planzeichen für Bauleitpläne gemäß Planzeichenverordnung Stand 1991

	Darstellung sw / farbig	Inhalt	Bedeutung
1 Art der baulichen Nutzung	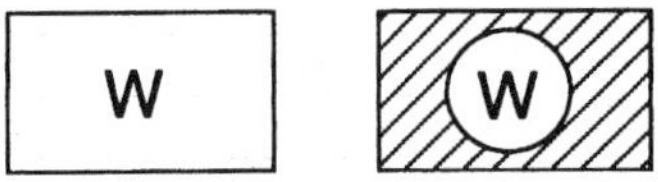 (bei farbiger Darstellung rot mittel)	W WS WR WA WB	Wohnbauflächen Kleinsiedlungsgebiete reine Wohngebiete allgemeine Wohngebiete besondere Wohngebiete
	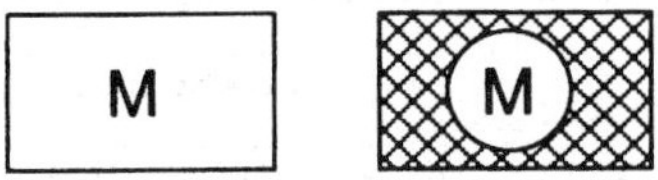 (bei farbiger Darstellung braun mittel)	M MD MI MK	gemischte Bauflächen Dorfgebiete Mischgebiete Kerngebiete
	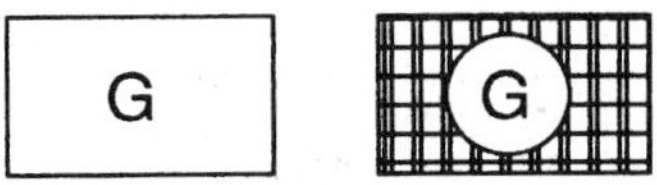 (bei farbiger Darstellung grau mittel)	G GE GI	gewerbliche Bauflächen Gewerbegebiete Industriegebiete
	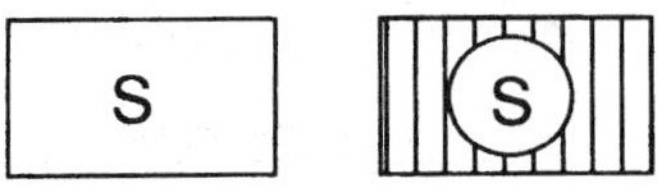 (bei farbiger Darstellung orange mittel)	S	Sonderbauflächen
	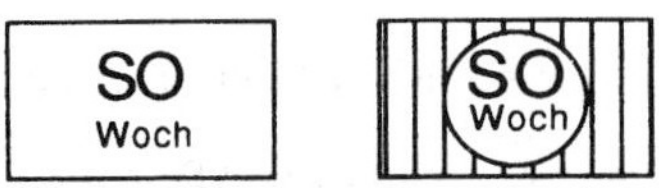 (bei farbiger Darstellung orange mittel)	SO	sonstige Sondergebiete, z. B. solche, die der Erholung dienen; Wochenendhausgebiet
	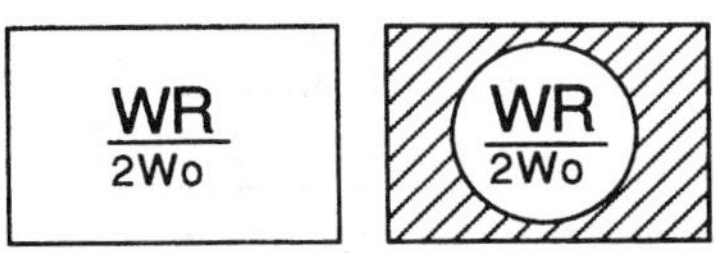 (bei farbiger Darstellung orange mittel)	Beschränkung der Zahl der Wohnungen Aus besonderen städtebaulichen Gründen kann die höchstzulässige Zahl der Wohnungen in Wohngebäuden durch Ergänzungen der Planzeichen festgesetzt werden.	

Die Planzeichen sollen in Farbton, Strichstärke und Dichte den Planunterlagen so angepasst werden, dass deren Inhalt erkennbar bleibt.

Die verwendeten Planzeichen müssen im Bauleitplan erklärt werden.

Zur weiteren Unterscheidung der Baugebiete sind Farbabstufungen zulässig.

Im Bebauungsplan können die farbigen Flächensignaturen auch als Randsignaturen verwendet werden.

Im Flächennutzungsplan kann bei den Planzeichen für die Bauflächen bei farbiger Darstellung der Buchstabe entfallen.

Soweit Darstellungen des Planinhalts erforderlich sind, für die keine wie oben aufgeführten Planzeichen enthalten sind, können Planzeichen verwendet werden, die **sinngemäß** aus den angegebenen Planzeichen entwickelt worden sind.

Darstellung von Planzeichen für Bauleitpläne gemäß Planzeichenverordnung Stand 1991 (Fortsetzung)

	Maß	Beschreibung	Beispiele
2 Maß der baulichen Nutzung	Geschossflächenzahl	Dezimalzahl im Kreis oder **GFZ** mit Dezimalzahl	(0,8) GFZ 0,8
	Geschossfläche	**GF** mit Flächenangabe	GF 300 m^2
	Baumassenzahl	Dezimalzahl im Rechteck oder **BMZ** mit Dezimalzahl	[2,8] BMZ 2,8
	Baumasse	**BM** mit Volumenangabe	BM 3500 m^3
	Grundflächenzahl	Dezimalzahl oder **GRZ** mit Dezimalzahl	0,4 GRZ 0,4
	Grundfläche	**GR** mit Flächenangabe	GR 125 m^2
	Zahl der Vollgeschosse	römische Ziffer als Höchstmaß; zwingend: im Kreis	IV (IV)
	Höhe baulicher Anlagen	in … m über einem Bezugspunkt	
		Traufhöhe **TH**	**TH** 10,51 m ü. GOK
		Firsthöhe **FH**	**FH** 97,55 m ü. NN
		Oberkante **OK**	**OK** 78,79 m ü. NN
		zwingend: im Kreis	(**OK**) 95,00 m ü. NN

	Beschreibung	Beispiele
3 Bauweise, Baulinien, Baugrenzen	offene Bauweise [1]	o
	geschlossene Bauweise [1]	g
	nur Einzelhäuser zulässig	△E
	nur Doppelhäuser zulässig	△D
	nur Hausgruppen zulässig	△H
	nur Einzel- und Doppelhäuser zulässig	△ED
	Baulinie [2] (bei farbiger Darstellung rot)	— · · — · · — · · — · · — ·
	Baugrenze [2] (bei farbiger Darstellung blau)	· — — · — — · — —

[1] Abweichende Bauweisen sind näher zu bestimmen.

[2] Die Bestimmungslinien von Baulinien und Baugrenzen können bei farbiger Darstellung auch in durchgezogenen Linien ausgeführt werden.

Darstellung von Planzeichen für Bauleitpläne gemäß Planzeichenverordnung Stand 1991 (Fortsetzung)

	Darstellung	Bedeutung
4 Einrichtungen und Anlagen zur Versorgung mit Gütern und Dienstleistungen des öffentlichen und privaten Bereichs, Flächen für den Gemeinbedarf, Sport und Spielanlagen	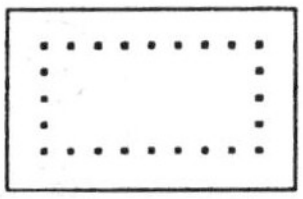 (bei farbiger Darstellung karminrot mittel)	Flächen für den Gemeinbedarf (Im Bebauungsplan kann die farbige Flächensignatur auch als Randsignatur verwendet werden.)
	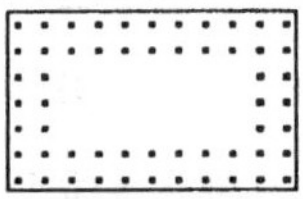	Flächen für Sport und Spielanlagen
	1) 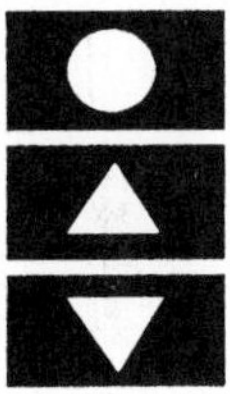	Öffentliche Verwaltungen Schule Kulturellen Zwecken dienende Gebäude
5 Flächen für den überörtlichen Verkehr und für die örtlichen Hauptverkehrszüge	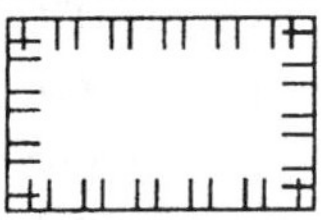 (bei farbiger Darstellung violett dunkel)	Umgrenzung der Flächen für den Luftverkehr
	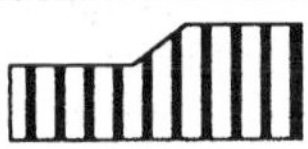 (bei farbiger Darstellung violett mittel)	Bahnanlagen
6 Verkehrsflächen	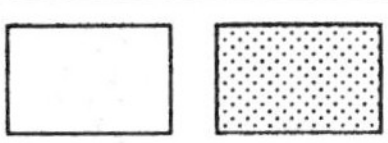 (bei farbiger Darstellung goldocker)	Straßenverkehrsflächen
	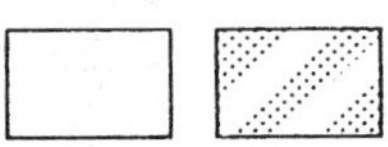 (bei farbiger Darstellung goldocker)	Verkehrsflächen besonderer Zweckbestimmung
	  	Einfahrt Einfahrtbereich Bereich ohne Ein- und Ausfahrt

1) Die Zeichen können bei Bedarf durch Buchstaben ergänzt werden. Im Flächennutzungsplan können die Zeichen zur Kennzeichnung der Lage auch ohne obige Flächendarstellung verwendet werden.

Darstellung von Planzeichen für Bauleitpläne gemäß Planzeichenverordnung Stand 1991 (Fortsetzung)

	Darstellung	Bedeutung	Beispiele der Zweckbestimmung
7	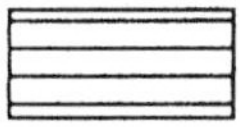 (bei farbiger Darstellung gelb hell)	Flächen für Versorgungsanlagen, Abfallentsorgung, Abwasserbeseitigung und Ablagerungen	 Fernwärme [1]
8	 oberirdisch  unterirdisch	Hauptversorgungs- und Hauptabwasserleitungen	(Die Art der Leitung soll näher bezeichnet werden.)
9	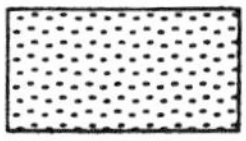 (bei farbiger Darstellung grün mittel)	Grünflächen [2]	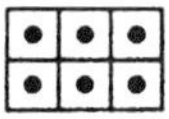 Dauerkleingärten
10	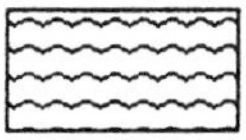 (bei farbiger Darstellung blau mittel)	Wasserflächen,[1] Flächen für Wasserwirtschaft, Hochwasserschutz, Regelung des Wasserabflusses	(H) Hafen
11	 Aufschüttung  Abgrabung	Flächen für Aufschüttungen, Abgrabungen oder für die Gewinnung von Bodenschätzen	
12	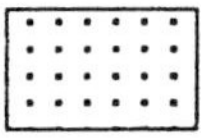 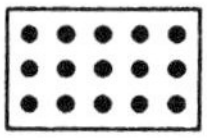 (bei farbiger Darstellung gelbgrün bzw. blaugrün)	Flächen für Landwirtschaft und Wald	(E) Erholungswald
13	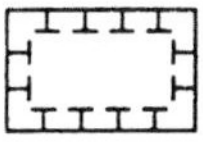 (bei farbiger Darstellung Rand grün dunkel)	Planungen, Nutzungsregelungen, Maßnahmen u. Flächen für Maßnahmen zwecks Schutz, Pflege und Entwicklung von Natur und Landschaft	◎ Anpflanzen ⊙ Erhaltung Landschaftsschutzgebiet (L)
14	 (bei farbiger Darstellung Rand rot)	Regelungen für die Stadterhaltung und für den Denkmalschutz	(E) Erhaltungsbereich (D) Denkmalbereich [D] Einzeldenkmal
15	 [3]  (farb. Darstg.: Rand grau dunkel)	Sonstige weitere Planzeichen [1] Flächen, die von Bebauung freizuhalten sind Grenze des räumlichen Geltungsbereiches des Bebauungsplans	St Stellplätze Ga Garagen GGa Gemeinschaftsgaragen

[1] Weitere Symbole sind in der vollständigen Ausgabe der Planzeichenverordnung enthalten.
[2] Im Bebauungsplan sind Grünflächen als öffentlich oder privat besonders zu bezeichnen.
[3] Im Bebauungsplan sind die Maßnahmen innerhalb der Flächen näher zu bestimmen.

20 Verzeichnisse

Inhaltsverzeichnis

1 Normen und Richtlinien

Nachfolgend sind Normen, Richtlinien u.a.m. zusammengestellt, die für die entsprechenden Kapitel und Abschnitte von Bedeutung sind. Hierbei sind neben den sog. „Weißdrucken“ auch bereits zurückgezogene Normen, Normenentwürfe oder Vornormen aufgeführt.
Es wird jedoch darauf hingewiesen, dass Normen – auch als Weißdruck veröffentlichte endgültige Normen – nur dann verbindlich angewendet werden dürfen, wenn sie in der „Liste der Technischen Baubestimmungen“ der jeweiligen Bundesländer aufgeführt bzw. aufgenommen worden sind. Im Zweifelsfall empfiehlt sich eine Nachfrage bei der zuständigen Bauaufsichtsbehörde.

Zu Kapitel 1 Objektentwurf

DIN	Teil	Ausg.	Titel
4102	1–22	77–03	Brandverhalten von Baustoffen und Bauteilen
4109		11.89	Schallschutz im Hochbau
	Bbl. 1	11.89	Ausführungsbeispiele und Rechenverfahren
	Bbl. 2	11.89	Hinweise für Planung und Ausführung; Vorschläge für erhöhten Schallschutz im eigenen Wohn- und Arbeitsbereich
	Bbl. 3	6.96	Berechnung von Rw,R für den Nachweis nach DIN 4109
4543	1	9.94	Büroarbeitsplätze; Flächen für die Aufstellung und Benutzung von Büromöbeln
5034	1-6	85-99	Tageslicht in Innenräumen
7914	1	1.05	Turn- und Gymnastikgeräte; Mattenmaße
14 092	1	10.01	Feuerwehrhäuser. Planungsgrundlagen
15 306		6.02	Personenaufzüge für Wohngebäude
15 309		12.02	Personenaufzüge für andere als Wohngebäude sowie Bettenaufzüge
15 310		5.85	Kleingüteraufzüge; Baumaße; Fahrkorbmaße
18 000		5.84	Modulordnung im Bauwesen
18 012		11.00	Hausanschlussräume. Planungsgrundlagen
18 017	1	2.87	Lüftung von Bädern und Toilettenräumen ohne Außenfenster
	3	8.90	Lüftung von Bädern und Toilettenräumen ohne Außenfenster mit Ventilatoren
18 022		11.98	Küche, Bad, WC, Hausarbeitsraum; Planungsgrundlagen für den Wohnungsbau
18 024	1	1.98	Barrierefreies Bauen: Straßen, Plätze, Wege, öffentliche Verkehrs- und Grünanlagen sowie Spielplätze. Planungsgrundlagen
	2	11.96	Barrierefreies Bauen: Öffentlich zugäugige Gebäude und Arbeitsstätten. Planungsgrundlagen *Hinweis: Neue DIN 18 030 als Ersatz in Vorbereitung.*
18 025	1	12.92	Barrierefreie Wohnungen; Wohnungen für Rollstuhlfahrer. Planungsgrundlagen
	2	12.92	Barrierefreie Wohnungen. Planungsgrundlagen *Hinweis: Neue DIN 18 030 als Ersatz in Vorbereitung.*
18 032	1	9.03	Sporthallen. Hallen für Turnen, Spiele und Mehrzwecknutzung. Grundsätze für Planung und Bau
18 034		12.99	Spielplätze
18 035		2.03	Sportplätze; Freianlagen für Spiele und Leichtathletik; Planung und Maße
18 036		11.92	Eissportanlagen
18 038		4.82	Squashhallen *(zurückgezogen)*
18 065		1.00	Gebäudetreppen; Definitionen, Messregeln, Hauptmaße
18 225		6.88	Industriebau; Verkehrswege in Industriebauten
18 230	1	5.98/ 12.98	Baulicher Brandschutz im Industriebau; Rechnerisch erforderliche Feuerwiderstandsdauer

DIN	Teil	Ausg.	Titel
18 232			Rauch- und Wärmefreihaltung
	1	2.02	Begriffe, Aufgabenstellung
	2	4.03	Wärmeabzüge (WA); Prüfverfahren
	5	4.03	Maschinelle Rauchabzugsanlagen (MRA); Anforderungen, Bemessung
33 942		8.02	Barrierefreie Spielplatzgeräte
58 125		7.02	Schulbau – Bautechnische Anforderungen zur Verhütung von Unfällen
66 075	3–8	74–77	Einrichtungen für die Gastronomie
66 354		12.86	Kücheneinrichtungen. Formen. Planungsgrundsätze *(zurückgezogen)*
67 526	3	8.76	Sportstättenbeleuchtung; Richtlinien für die Beleuchtung mit Tageslicht
68 901		1.86	Kücheneinrichtungen. Koordinierungsmaße für Küchenmöbel

DIN EN	Teil	Ausg.	Titel
81	1	5.00	Sicherheitsregeln für die Konstruktion und den Einbau von Aufzügen; Elektrisch betriebene Personen- und Lastenaufzüge
	2	5.00	Sicherheitsregeln für die Konstruktion und den Einbau von Aufzügen; Hydraulisch betriebene Personen- und Lastenaufzüge
	3	5.01	Sicherheitsregeln für die Konstruktion und den Einbau von Aufzügen; Elektrisch und hydraulisch betriebene Kleingüteraufzüge
115		5.05	Sicherheitsregeln für die Konstruktion und den Einbau von Fahrtreppen und Fahrsteigen
1176	1–11	97–06	Spielplatzgeräte – Allgemeine sicherheitstechnische Anforderungen und Prüfverfahren
1177		3.02	Stoßdämpfende Spielplatzböden – Sicherheitstechnische Anforderungen und Prüfverfahren

Norm	Teil	Ausg.	Titel
BGI		12.04	Bildschirm- und Büroarbeitsplätze. Leitfaden zur Gestaltung
EAE 85/95		85/95	Empfehlungen zur Anlage von Erschließungsstraßen. Ergänzte Fassung 1995
GUV-VS1		5.01	Unfallverhütungsvorschrift Schulen
GUV-SR 2002		3.01	Richtlinien für Kindergärten – Bau und Ausrüstung
GUV-SI 8014		8.00	Merkblatt Naturnahe Spielräume
GUV-SI 8017		5.05	Merkblatt Außenspielflächen und Spielplatzgeräte
GUV-SI 8018		5.02	Merkblatt Giftpflanzen
VDI 2050	1	6.05	Heizzentralen – Heizzentralen in Gebäuden – Technische Grundlagen für Planung und Ausführung
	2	9.95	Heizzentralen – Freistehende Heizzentralen – Grundsätze für Planung und Ausführung
	Bbl.	8.96	Heizzentralen – Gesetze, Verordnungen, Technische Regeln
TRbF			Technische Regeln für brennbare Flüssigkeiten (z. T. ersetzt durch: BetriebssicherheitsVO)

Altenwohnstätten (12.71), Planungsempfehlungen des Bundesministers für Städtebau und Wohnungswesen für Altenwohnungen, Wohnungen in Altenwohnheimen, Wohnplätze in Altenheimen

ArbStättV (8.04), Verordnung über Arbeitsstätten

ASR, Arbeitsstätten-Richtlinien (Einzelerlasse des Bundesministers für Arbeit und Soziales)

AufzV, Aufzugsverordnung

BASchulR (Landesrecht) Bauaufsichtliche Richtlinien für Schulen

BeVO (Landesrecht) Beherbergungsstättenverordnung
Bildschirmarbeitsplatzverordnung (11.03)
BImSchG (10.01) Bundesimmissionsschutzgesetz
18. BImSchV (7.91) Sportanlagenlärmverordnung (18. Verordnung zum BImSchG)
BNatSchG (3.02) Bundesnaturschutzgesetz
FeuVO (Landesrecht) Feuerungsverordnung
GarV (Landesrecht) Garagenverordnung
GastStättV (Landesrecht) Gaststättenverordnung
GhVO bzw. **WaGeV** bzw. **VkVO** (Landesrecht) Geschäftshaus-, Warenhaus- bzw. Verkaufsstättenverordnung
HeimMindBauV (5.83), Verordnung überbauliche Mindestanforderungen für Altenheime, Altenwohnheime und Pflegeheime für Volljährige (in Überarbeitung)
HHR (Landesrecht) Hochhausrichtlinien
HotelbauVO (Landesrecht) Hotelbauverordnung, s. auch BeVO
IndBauRl (Landesrecht) Industriebaurichtlinie
KiGartGV (Landesrecht) Verordnung über Bau, Beschaffenheit und Ausstattung von Kindergärten
KiTaV (Landesrecht) Verordnung über die Mindestanforderungen an Kindertagesstätten
LBO (Landesrecht) Landesbauordnung
LNatSchG (Landesrecht) Landesnaturschutzgesetz
MBO (11.02) (Musterordnung der Landesbauministerkonferenz) Musterbauordnung
SchBauRl (Landesrecht) Richtlinie zur Gewährung von zweckgebundenen Zuwendungen für Schulbauten
SchulBauRl (Landesrecht) Richtlinien überbauaufsichtliche Anforderungen an Schulen
VStättVO (Landesrecht) Versammlungsstättenverordnung
WHG (6.05) Wasserhaushaltsgesetz
WoBauG (12.97) Wohnungsbaugesetz

Zu Kapitel 2 B Abdichtung von Hochbauten im Erdreich

DIN	Teil	Ausg.	Titel
4095		6.90	Dränung zum Schutz baulicher Anlagen
18 195			Bauwerksabdichtungen
	1	8.00	Grundsätze, Definitionen, Zuordnung der Abdichtungsarten
	2	8.00	Stoffe
	3	8.00	Anforderungen an den Untergrund und Verarbeitung der Stoffe
	4	8.00	Abdichtung gegen Bodenfeuchte und nichtstauendes Sickerwasser an Bodenplatten und Wänden. Bemessung und Ausführung
	5	8.00	Abdichtung gegen nichtdrückendes Wasser auf Deckenflächen und in Nassräumen, Bemessung und Ausführung
	6	8.00	Abdichtung gegen von außen drückendes Wasser und aufstauendes Sickerwasser, Bemessung und Ausführung
	7	6.89	Abdichtungen gegen von innen drückendes Wasser, Bemessung und Ausführung
	8	3.04	Abdichtungen über Bewegungsfugen
	9	3.04	Durchdringungen, Übergänge, Abschlüsse
	10	3.04	Schutzschichten und Schutzmaßnahmen
	100	6.03	Vorgesehene Änderungen zu Teil 1 bis 6
Richtlinie für die Planung und Ausführung von Abdichtungen mit kunststoffmodifizierten Bitumendickbeschichtungen (KMB), November 2001			

Zu Kapitel 3 Bauphysik

DIN	Teil	Ausg.	Titel
1988	6	5.02	Technische Regeln für Trinkwasserinstallationen (TRWI) – Feuerlösch- und Brandschutzanlagen; Technische Regel des DVGW
4102			Brandverhalten von Baustoffen und Bauteilen
	1	5.98	Baustoffe – Begriffe, Anforderungen und Prüfungen
	2	9.77	Bauteile – Begriffe, Anforderungen und Prüfungen
	3	9.77	Brandwände und nichttragende Außenwände: Begriffe, Anforderungen und Prüfungen
	4	3.94	Zusammenstellung und Anwendung klassifizierter Baustoffe, Bauteile und Sonderbauteile
	4/A1	11.04	Änderung A1
	5	9.77	Feuerschutzabschlüsse. Abschlüsse in Fahrschachtwänden und gegen Feuer widerstandsfähige Verglasungen; Begriffe, Anforderungen und Prüfungen
	6	9.77	Lüftungsleitungen; Begriffe, Anforderungen und Prüfungen
	7	7.98	Bedachungen; Begriffe, Anforderungen und Prüfungen
	9	5.90	Kabelabschottungen; Begriffe. Anforderungen und Prüfungen
	11	12.85	Rohrummantelungen, Rohrabschottungen, Installationsschächte und -kanäle sowie Abschlüsse ihrer Revisionsöffnungen; Begriffe, Anforderungen und Prüfungen
	12	11.98	Funktionserhalt von elektrischen Kabelanlagen
	13	5.90	Brandschutzverglasungen; Begriffe, Anforderungen und Prüfungen
	22	11.04	Anwendungsnorm zu DIN 4102-4
4108			Wärmeschutz und Energieeinsparung in Gebäuden
	2	7.03	Mindestanforderungen an den Wärmeschutz
	3	7.01	Klimabedingter Feuchteschutz; Anforderungen, Berechnungsverfahren und Hinweise für Planung und Ausführung; Berichtigung 1 (4.02)
	V4	7.04	Wärme- und feuchteschutztechnische Bemessungswerte
	V6	6.03	Berechnung des Jahresheizwärme- und des Jahresheizenergiebedarfs; Berichtigung 1 (3.04)
	7	8.01	Luftdichtheit von Gebäuden; Anforderungen, Planungs- und Ausführungsempfehlungen sowie -beispiele
	V10	6.04	Anwendungsbezogene Anforderungen an Wärmedämmstoffe, werkmäßig hergestellte Dämmstoffe; Berichtigung 1 (9.04)
	Bbl. 2	3.06	Wärmebrücken – Planungs- und Ausführungsbeispiele
4109		11.89	Schallschutz im Hochbau; Anforderungen und Nachweise
	A1	1.01	Änderung A1
	Bbl. 1	11.89	Ausführungsbeispiele und Rechenverfahren
	Bbl. 1/A1	9.03	Änderung A1
	Bbl. 1/A2	2.06	Änderung A2
	Bbl. 2	11.89	Hinweise für Planung und Ausführung, Vorschläge für einen erhöhten Schallschutz im eigenen Wohn- und Arbeitsbereich
	Bbl. 3	6.96	Berechnung von $R'_{w,R}$ … aus im Labor ermittelten Schalldämm-Maßen R_w
4701	V10	8.03	Energetische Bewertung heiz- und raumlufttechnischer Anlagen, Heizung, Trinkwassererwärmung, Lüftung
	Bbl. 1	2.02	Diagramme und Planungshilfen
	V12	2.04	Energetische Bewertung heiz- und raumlufttechnischer Anlagen im Bestand; Wärmeerzeuger und Trinkwassererwärmung
4844	3	9.03	Sicherheitskennzeichnung – Flucht- und Rettungspläne
14011	V	6.05	Begriffe aus dem Feuerwehrwesen
14090		5.03	Flächen für die Feuerwehr auf Grundstücken
14095		8.98	Feuerwehrpläne für bauliche Anlagen (zus. Entwurf 4.06)

DIN	Teil	Ausg.	Titel
14 489		5.85	Sprinkleranlagen
14 675		11.03	Brandmeldeanlagen – Aufbau und Betrieb
18 005			Schallschutz im Städtebau
	1	7.02	Grundlagen und Hinweise für die Planung
	Bbl. 1	5.87	Schalltechnische Orientierungswerte für die städtebauliche Planung
	Bbl. 2	9.91	Lärmkarten, kartenmäßige Darstellung von Schallimmissionen
18 041		5.04	Hörsamkeit in kleinen bis mittelgroßen Räumen
18 093		6.87	Feuerschutzabschlüsse; Einbau von Feuerschutztüren in massive Wände aus Mauerwerk oder Beton; Ankerlagen. Ankerformen. Einbau
18 095			Türen; Rauchschutztüren
	1	10.88	Begriffe und Anforderungen
	2	3.91	Bauartprüfling der Dauerfunktionstüchtigkeit und Dichtheit
18 230			Baulicher Brandschutz im Industriebau
	1	5.98	Rechnerisch erforderliche Feuerwiderstandsdauer; Berichtigung (12.98)
	2	1.99	Ermittlung des Abbrandfaktors
	3	8.02	Rechenwerte
18 232			Rauch- und Wärmefreihaltung
	1	2.02	Begriffe, Aufgabenstellung
	2	6.03	Natürliche Rauchabzugsanlagen (NRA); Bemessungen, Anforderungen und Einbau
	4	4.03	Wärmeabzüge (WA); Prüfverfahren
	5	4.03	Maschinelle Rauchabzugsanlagen (MRA); Anforderungen, Bemessung
18 234			Baulicher Brandschutz großflächiger Dächer – Brandbeanspruchung von unten
	1	9.03	Begriffe, Anforderungen und Prüfungen; geschlossene Dachflächen
	2	9.03	Verzeichnis v. Dächer, welche Anforderungen von DIN 18 232-1 erfüllen
	3	9.03	– Durchdringungen, Anschlüsse und Abschlüsse von Dachflächen
	4	9.03	Verzeichnis von Durchdringungen , welche die Anforderungen ... erfüllen
18 599			Energetische Bewertung von Gebäuden – Berechnung des Nutz-, End- und Primärenergiebedarfs für Heizung, Kühlung, Lüftung, Trinkwarmwasser und Beleuchtung
	V1	7.05	Allgemeine Bilanzierungsverfahren, Begriffe, Zonierung und Bewertung
	V2	7.05	Nutzenergiebedarf für Heizen und Kühlen von Gebäudezonen
	V3	7.05	Nutzenergiebedarf für die energetische Luftaufbereitung
	V4	7.05	Nutz- und Endenergiebedarf für Beleuchtung
	V5	7.05	Endenergiebedarf von Heizsystemen
	...	7.05	
	V10	7.05	Nutzungsrandbedingungen, Klimadaten
45 642		6.04	Messung von Verkehrsgeräuschen
68 800	2	5.96	Holzschutz – Vorbeugende bauliche Maßnahmen im Hochbau

DIN EN	Teil	Ausg.	Titel
54	1-24	96-06	Brandmeldeanlagen (Normen über Komponenten)
832		6.03	Wärmetechnisches Verhalten von Gebäuden – Berechnung des Heizenergiebedarfs – Wohngebäude
12 101			Rauch- und Wärmefreihaltung
	1	6.06	Bestimmungen für Rauchschürzen
	2	9.03	Bestimmungen für natürliche Rauch- und Wärmeabzugsgeräte
	3	6.02	Bestimmungen für maschinelle Rauch- und Wärmeabzugsgeräte
12 207	1	6.00	Fenster und Türen, Luftdurchlässigkeit – Klassifizierung
12 354			Bauakustik – Berechnung der akustischen Eigenschaften von Gebäuden
	1	12.00	Luftschalldämmung zwischen Räumen
	2	9.00	Trittschalldämmung zwischen Räumen
	3	9.00	Luftschalldämmung gegen Außenlärm

DIN EN	Teil	Ausg.	Titel
	6	4.04	Schallabsorption in Räumen
12 524		7.00	Baustoffe und Bauprodukte – Wärmeschutztechnische Eigenschaften – Tabellierte Bemessungswerte
13 161 bis 13 171		01/06	Wärmedämmstoffe für Gebäude (Unterschiedliche Baustoffarten)
13 172		9.05	Konformitätsbewertung
13 501			Klassifizierung von Bauprodukten und Bauarten zu ihrem Brandverhalten –
	E2	6.06	mit den Ergebnissen aus den Feuerwiderstandsprüfungen, mit Ausnahme von Lüftungsanlagen
	3	3.06	mit den Ergebnissen aus den Feuerwiderstandsprüfungen an Bauteilen von haustechnischen Anlagen: Leitungen und Brandschutzklappen
	5	3.06	mit den Ergebnissen aus Prüfungen von Bedachungen bei Beanspruchung durch Feuer von außen
13 829		2.01	Wärmetechnisches Verhalten – Bestimmung der Luftdurchlässigkeit von Gebäuden – Differenzdruckverfahren (ISO 9972:1996, modifiziert)

DIN EN ISO	Teil	Ausg.	Titel
140			Messung der Schalldämmung in Gebäuden und von Bauteilen
	4	12.98	Messung der Luftschalldämmung zwischen Räumen in Gebäuden
	5	3.05	Messung der Luftschalldämmung von Fassadenelementen und Fassaden an Gebäuden
	7	12.98	Messung der Trittschalldämmung von Decken in Gebäuden
354		12.03	Akustik – Messung der Schallabsorption in Hallräumen
717			Akustik – Bewertung der Schalldämmung in Gebäuden und von Bauteilen
	1	1.97	Luftschalldämmung
	1/A1	8.04	Änd. 1: Rundungsregeln für Einzahlbewertungen u. Einzahlangaben
	2	1.97	Trittschalldämmung
	2/A1	8.04	Änd. 1: Rundungsregeln für Einzahlbewertungen u. Einzahlangaben
3382		3.00	Akustik – Messung der Nachhallzeit von Räumen
	E2	5.06	Akustik – Messung von Parametern der Raumakustik; Nachhallzeit in gewöhnlichen Räumen
3741		1.01	Akustik – Bestimmung der Schallleistungspegel von Geräuschquellen aus Schalldruckmessungen – Hallraumverfahren
3822	1	7.99	Akustik: Prüfung des Geräuschverhaltens von Armaturen und Geräten der Wasserinstallation im Laboratorium: Messverfahren
6946		10.03	Wärmedurchlasswiderstand und Wärmedurchgangskoeffizient – Berechnungsverfahren (Änderung A2; Entwurf 6.05)
10 077	1	11.00	Wärmetechn. Verhalten von Fenstern, Türen und Abschlüssen; Berechnung des Wärmedurchgangskoeffizienten (Entwurf 8.04)
10 211	E	6.05	Wärmebrücken im Hochbau – Wärmeströme und Oberflächentemperaturen – Detaillierte Berechnungen
	1	11.95	Allgemeine Berechnungsverfahren
	2	6.01	Linienförmige Wärmebrücken
12 569		3.01	Wärmetechnisches Verhalten von Gebäuden – Bestimmung des Luftwechsels von Gebäuden – Indikatorgasverfahren
13 789		10.99	Wärmetechnisches Verhalten von Gebäuden, spezifischer Transmissionswärmeverlustkoeffizient. Berechnungsverfahren
14 683		9.99	Wärmebrücken im Hochbau. Längenbezogener Wärmedurchgangskoeffizient. Vereinfachte Verfahren und Anhaltswerte
	E	6.05	wie vor

VDI	Teil	Ausg.	Titel
2569		1.90	Schallschutz und akustische Gestaltung im Büro
4100		9.94	Schallschutz von Wohnungen, Kriterien für Planung und Beurteilung

EnEV Verordnung über energiesparenden Wärmeschutz und energiesparende Anlagentechnik bei Gebäuden, vom 16.11.2001 (Energieeinsparverordnung – EnEV), in der Fassung der Ersten Verordnung zur Änderung der Energieeinsparverordnung von 2004

Regeln für Dachdeckungen mit Fachregeln für Dächer mit Abdichtungen – Flachdachrichtlinien – Stand 2001, Verlagsgesellschaft Rudolf Müller, Köln

DeGA BR 0101: Deutsche Gesellschaft für Akustik; Memorandum: Die DIN 4109 und die allgemein anerkannten Regeln der Technik in der Bauakustik, vom August 2005

Zu Kapitel 4 Technische Gebäudeausrüstung

DIN	Teil	Ausg.	Titel
1946		10.98	Raumlufttechnik
	6		Lüftung von Wohnungen, Anforderungen, Ausführung, Abnahme (VDI-Lüftungsregeln)
1986			Entwässerungsanlagen für Gebäude und Grundstücke
	3	11.04	Regeln für Betrieb und Wartung
	4	2.03	Verwendungsbereiche von Abwasserrohren und -formstücken verschiedener Werkstoffe
	30	2.03	Instandhaltung
	100		Zusätzliche Bestimmungen zu den DIN EN 752 und DIN EN 12 056
	100	12.02	Berichtigung zu 100
1988			Technische Regeln für Trinkwasser-Installationen (TRWI)
1989			Regenwassernutzungsanlagen
	1	4.02	Planung, Ausführung, Betrieb und Wartung
	2	8.04	Filter
	3	8.03	Regenwasserspeicher
	4	8.05	Bauteile zur Steuerung und Nachspeisung
1999			Abscheideranlagen für Leichtflüssigkeiten
	100	10.03	Anforderungen für die Anwendung von Abscheideranlagen
4040			Abscheideranlagen für Fette
	2	3.89	Bemessung, Einbau und Betrieb
	100		Anforderungen an die Anwendung
4701			Regeln für die Berechnung des Wärmebedarfs von Gebäuden (der Heizlast von Gebäuden)
	Bbl. 10	2.02	Diagramme und Planungshilfen für ausgewählte Analysesysteme mit Standardkomponenten (Vornorm)
	12	2.12	Wärmeerzeuger und Trinkwassererwärmung
	1–3		*werden seit 01.04.04 durch DIN EN 12 831 ersetzt*
18 015			Elektrische Anlagen in Wohngebäuden
	1	9.02	Planungsgrundlagen
	2	4.04	Art und Umfang der Mindestausstattung
	3	4.99	Leitungsführung und Anordnung der Betriebsmittel
18 017			Lüftung von Bädern und Toilettenräumen ohne Außenfenster
	1	2.87	Einzelschachtanlagen ohne Ventilator
	3	8.90	mit Ventilatoren
57 185			Blitzschutzanlagen
	1	11.82	Allgemeines für das Errichten (VDE 0185 Teil 1)
	2	11.82	Errichten besonderer Anlagen (VDE 0185 Teil 2)

DIN EN	Teil	Ausg.	Titel
806			Technische Regeln für Trinkwasser – Installationen
	2	6.05	Planung
12 056			Schwerkraftentwässerungsanlagen innerhalb von Gebäuden
	1	1.01	Anwendungsbereich, Begriffe, allgemeine Anforderungen und Ausführungsanforderungen
	2	1.01	Schmutzwasseranlagen, Planung und Berechnung
	3	1.01	Dachentwässerung, Planung und Berechnung
	4	1.01	Abwasserhebeanlagen, Planung und Berechnung
	5	1.01	Installation, Wartung und Betriebsanleitung
	6 E	10.95	Abnahme und Prüfung
12 792		1.04	Lüftung von Gebäuden – Symbole, Terminologie und graphische Symbole
12 831		8.03	Heizungsanlagen in Gebäuden Verfahren zur Berechnung der Norm-Heizlast
13 779		5.05	Lüftung von Nichtwohngebäuden – Allgemeine Grundlagen und Anforderungen an Lüftungs- und Klimaanlagen

VDE	Titel
0100	Errichten von Niederspannungsanlagen; Anforderungen für Betriebsstätten, Räume und Anlagen besonderer Art

Zu Kapitel 5 B Baustoffe

ÖNORM EN ISO 14 040 Umweltmanagement – Ökobilanz – Prinzipien und allgemeine Anforderungen (ISO 14 040:1997); Ausgabedatum 1997-11-01

ONORM EN ISO 14 041 Umweltmanagement – Ökobilanz – Festlegung des Ziels und des Untersuchungsrahmens sowie Sachbilanz (ISO 14 041:1998) (zweisprachige Fassung); Ausgabedatum 1999-05-01

ÖNORM EN ISO 14 042 Umweltmanagement– Ökobilanz – Wirkungsabschätzung (ISO 14 042:2000); Ausgabedatum 2000-06-01

Die produktspezifischen Normen sind den jeweiligen Anwendungskapiteln zu entnehmen.

Zu Kapitel 6 B Schutz und Instandsetzung von Betonbauwerken

DIN	Teil	Ausg.	Titel
18 195	5	08.00	Bauwerksabdichtungen; Abdichtungen gegen nichtdrückendes Wasser auf Deckenflächen und in Nassräumen, Bemessung und Ausführung
DAfStb-Instandsetzungsrichtlinie: Schutz und Instandsetzung von Betonbauteilen			
	1	10.01	Allgemeine Regelungen und Planungsgrundsätze
	2	10.01	Bauprodukte und Anwendung
	3	10.01	Anforderungen an die Betriebe und Überwachung der Ausführung
	4	10.01	Prüfverfahren
ZTV-ING: Baudurchführung : Zusätzliche Technische Vertragsbedingungen und Richtlinien für Ingenieurbauten ZTV-Ing. (inkl. ZTV-Kor-Stahlbauten 2002) Dortmund: Verkehrsblatt, 2003			

Zu Kapitel 6 C Schutz von Stahlbauten

DIN	Teil	Ausg.	Titel
17 440		3.01	Nichtrostende Stähle
50 900			Korrosion der Metalle
	2	6.02	Elektrochemische Begriffe
50 902		4.94	Schichten für den Korrosionsschutz von Metallen
50 960			Korrosionsschutz: Galvanische und chemische Überzüge
	1	10.98	Bezeichnung in technischen Dokumenten
	2	1.06	Zeichnungsangaben

DIN EN ISO	Teil	Ausg.	Titel
1461		3.99	Durch Feuerverzinken auf Stahl aufgebrachte Zinküberzüge
2063		5.05	Thermisches Spritzen – Metallische und andere anorganische Schichten – Zink, Aluminium und ihre Legierungen
12 944		7.98	Korrosionsschutz von Stahlbauten durch Beschichtungssysteme
	1		Allgemeine Einleitung
	2		Einteilung der Umgebungsbedingungen
	3		Grundregeln zur Gestaltung
	4		Arten von Oberflächen und Oberflächenvorbereitung
	5		Beschichtungssysteme
	6		Laborprüfungen zur Bewertung von Beschichtungssystemen
	7		Ausführung und Überwachung der Beschichtungsarbeiten
	8		Erarbeiten von Spezifikationen für Erstschutz und Instandhaltung
14 713		5.99	Schutz von Eisen- und Stahlkonstruktionen vor Korrosion; Metallische Überzüge, Leitfaden

DASt-Ri.007	Richtlinien für die Lieferung, Verarbeitung und Anwendung wetterfester Baustähle, 1993, Deutscher Ausschuss für Stahlbau, Stahlbau-Verlagsgesellschaft, Köln

Zu Kapitel 7 B Straßenwesen

DIN	Teil	Ausg.	Titel
482		8.03	Straßenbordsteine aus Naturstein
483		4.04	Bordsteine aus Beton
1996	1–20	10.71 bis 12.92	Prüfung bituminöser Massen für den Straßenbau und verwandte Gebiete
1998		5.78	Unterbringung von Leitungen und Anlagen in öffentlichen Flächen; Richtlinien für die Planung
E 18 196		11.04	Erd- und Grundbau; Bodenklassifikation für bautechnische Zwecke
18 299		12.02	Allgemeine Regelungen für Bauarbeiten jeder Art
18 300		12.02	Erdarbeiten
18 315		12.00	Verkehrswegebauarbeiten; Oberbauschichten ohne Bindemittel
18 316		12.00	Verkehrswegebauarbeiten; Oberbauschichten mit hydraulischen Bindemitteln
18 317		12.00	Verkehrswegebauarbeiten; Oberbauschichten aus Asphalt
18 318		12.00	Verkehrswegebauarbeiten; Pflasterdecken, Plattenbeläge, Einfassungen
18 500		4.91	Betonwerkstein; Begriffe, Anforderungen, Prüfung, Überwachung
18 503		12.03	Pflasterklinker; Anforderungen und Prüfverfahren
18 915 bis 18 920		9.90	Vegetationstechnik im Landschaftsbau; Schutz von Bäumen, Pflanzenbeständen und Vegetationsflächen bei Baumaßnahmen

DIN EN	Teil	Ausg.	Titel
932	1–6	11.96 bis 1.00	Prüfverfahren für allgemeine Eigenschaften von Gesteinskörnungen
933	1–11	1.96 bis 3.04	Prüfverfahren für geometrische Eigenschaften von Gesteinskörnungen
1097	1–10	6.98 bis 03.03	Prüfverfahren für mechanische und physikalische Eigenschaften von Gesteinskörnungen
1317	1–6	7.98 bis 2.05	Rückhaltesysteme für Straßen
1338 bis 1340		8.03	Pflastersteine, Pflasterplatten und Bordsteine aus Beton
1341 bis 1343		4.02	Naturstein für Außenbereiche
1367	1–5	5.98 bis 11.02	Prüfverfahren für thermische Eigenschaften und Verwitterungsbeständigkeit von Gesteinskörnungen
1425 bis 1431		12.99	Prüfverfahren für Bitumen und bitumenhaltige Bindemittel
1433		4.03	Entwässerungsrinnen für Verkehrsflächen – Klassifizierung, Bau- und Prüfgrundsätze, Kennzeichnung und Beurteilung der Konformität
1744	1–6	5.98 bis 3.04	Prüfverfahren für chemische Eigenschaften von Gesteinskörnungen
1793	1–3	11.97	Lärmschutzeinrichtungen an Straßen – Prüfverfahren zur Bestimmung der akustischen Eigenschaften
1794		7.03	Lärmschutzeinrichtungen an Straßen – Nichtakustische Eigenschaften
12 271	3	9.02	Straßenbaustoffe, Oberflächenbehandlung
12 274	1–8	4.02 bis 8.05	Straßenbaustoffe, Dünne Schichten in Kaltbauweise
12 591 bis 12 596		4.00	Bitumen und bitumenhaltige Bindemittel; Straßenbaubitumen, Anforderungen an Straßenbaubitumen
12 697	1–45	4.01 bis 08.05	Asphalt – Prüfverfahren für Heißasphalt
E 13 108	1–8 20–21	2.04 bis 5.04	Asphalt – Anforderungen

Technisches Regelwerk der FGSV

Merkblatt zur Umweltverträglichkeitsstudie in der Straßenplanung (MUVS) [2001]
Merkblatt über Luftverunreinigungen an Straßen ohne oder mit lockerer Randbebauung (MLuS-02) [2002/2005]
Merkblatt für Flächenbefestigungen mit Pflasterdecken und Plattenbelägen, Teil 1: Regelbauweise (MFPl) [2003]
Merkblatt für Asphaltfundationsschichten im Heißeinbau (MAFS-H) [1997]
Merkblatt für Bodenverfestigungen und Bodenverbesserungen mit Bindemitteln [2004]
Hinweise zur Berücksichtigung des Naturschutzes und der Landschaftspflege beim Bundesfernstraßenbau (HNL-S 99) [1999]
Empfehlungen für Wirtschaftlichkeitsuntersuchungen an Straßen (EWS) [1997]
Empfehlungen zur Straßenraumgestaltung innerhalb bebauter Gebiete (ESG 96) [1996]
Empfehlungen für die Anlage von Erschließungsstraßen (EAE 85/95) [1985/1995]
Empfehlungen für die Anlage von Hauptverkehrsstraßen (EAHV) [1993/1998]
Empfehlungen für Radverkehrsanlagen (ERA 95) [1995]
Empfehlungen für Anlagen des ruhenden Verkehrs (EAR05) [2005]
Empfehlungen zur Straßenbepflanzung in bebauten Gebieten [1991]
Handbuch für die Bemessung von Straßenverkehrsanlagen (HBS) [2001/2005]
Richtlinien für die Anlage von Straßen (RAS)
Teil L: Linienführung (RAS-L) [1995]
Teil Q: Querschnitte (RAS-Q) [1996]

Teil N: Leitfaden für die funktionale Gliederung des Straßennetzes (RAS-N) [1988]
Teil K: Knotenpunkte (RAS-K)
Abschnitt 1: Plangleiche Knotenpunkte (RAS-K-1) [1988/2001]
Abschnitt 2: Planfreie Knotenpunkte (RAL-K-2) [1976/1991]
Aktuelle Hinweise zur Gestaltung planfreier Knotenpunkte außerhalb bebauter Gebiete (AH-RAL-K2) [1993]
Entwurfshinweise für planfreie Knotenpunkte an Straßen der Kategoriegruppe B (RAS-K-2-B) [1995]Teil LP:Landschaftspflege (RAS-LP)
Abschnitt 1: Landschaftspflegerische Begleitplanung (RAS-LP-1) [1996]
Abschnitt 2: Landschaftspflegerische Ausführung (RAS-LP-2) [1993]
Abschnitt 3: Lebendverbau(RAS-LG-3) [1983]
Abschnitt 4: Schutz von Bäumen, Vegetationsbeständen und Tieren bei Baumaßnahmen (RAS-LP-4) [1999]
Teil Ew: Entwässerung (RAS-Ew) [2005]
Richtlinien für den Lärmschutz an Straßen (RLS-90) [1990/1992]
Richtlinien für passive Schutzeinrichtungen an Straßen (RPS) einschließlich Ergänzungen 1996 [1989/1996]
Richtlinien für die Markierung von Straßen (RMS)
Teil 1: Abmessungen und geometrische Anordnung von Markierungszeichen (RMS-1) [1993]
Teil 2: Anwendung von Fahrbahnmarkierungen (RMS-2) [1980/1995]
Richtlinien für Lichtsignalanlagen an Straßen (RiLSA) – Lichtzeichenanlagen für den Straßenverkehr – mit Teilfortschreibung 2003 [1992/1998/2003]
Richtlinien für den ländlichen Wegebau (RLW) [2005]
Richtlinien für bautechnische Maßnahmen an Straßen in Wassergewinnungsgebieten (RiStWag) [2002]
Richtlinien für die Standardisierung des Oberbaues von Verkehrsflächen (RStO 01) [2001]
Richtlinien für den ländlichen Wegebau (RLW) [1999]
Technische Prüfvorschriften für Mineralstoffe im Straßenbau (TP Min-StB), Sammelordner
Zusätzliche Technische Vertragsbedingungen und Richtlinien für die Bauliche Erhaltung von Verkehrsflächen – Asphaltbauweisen (ZTV BEA-StB 98/03) [1998/2003]
Zusätzliche Technische Vertragsbedingungen und Richtlinien für den Bau von Entwässerungseinrichtungen im Straßenbau (ZTV Ew-StB 91) [1991]
Zusätzliche Technische Vertragsbedingungen und Richtlinien für den Bau von Fahrbahndecken aus Asphalt (ZTV Asphalt-StB 01) [2001]*
Zusätzliche Technische Vertragsbedingungen und Richtlinien für Erdarbeiten im Straßenbau (ZTVE-StB 94) [1994/1997]
Zusätzliche Technische Vorschriften und Richtlinien für Tragschichten im Straßenbau (ZTVT-StB 95) [1995/2002]*
Zusätzliche Technische Vertragsbedingungen und Richtlinien für den Bau von Fahrbahndecken aus Beton (ZTV Beton-StB 01) [2001]
Zusätzliche Technische Vorschriften und Richtlinien für die Befestigung ländlicher Wege (ZTV-LW 99/01) [1999/2001]
Zusätzliche Technische Vertragsbedingungen und Richtlinien für den Bau von Pflasterdecken und Pflasterbelägen (ZTV P-StB) [2000]
Zusätzliche Technische Vertragsbedingungen und Richtlinien für den Bau von Schichten ohne Bindemittel im Straßenbau (ZTV SoB-StB04) [2004]
Technische Lieferbedingungen für Gesteinskörnungen im Straßenbau (TL Gestein – StB) [2004]
Technische Lieferbedingungen für Asphalt im Straßenbau, Teile:
– Güteüberwachung (TLG Asphalt-StB 01) [2001]*
– Mischgut für dünne Schichten im Kalteinbau (TLG Asphalt-DSK-StB 98/03) [1998/2003]
Technische Lieferbedingungen für Baustoffgemische und Böden zur Herstellung von Schichten ohne Bindemittel im Straßenbau (TL SoB-StB04) [2004]
Technische Lieferbedingungen für Baustoffgemische und Böden zur Herstellung von Schichten ohne Bindemittel im Straßenbau, Teil: Güteüberwachung (TL G SoB-StB) [2004]
Standardleistungskatalog für den Straßen- und Brückenbau StLK-StB [1980 ff.]
Weitere Angaben sind in „Der Elsner" sowie in den „Veröffentlichungen der Forschungsgesellschaft für Straßen- und Verkehrswesen", die regelmäßig im FGSV Verlag erscheinen, zu finden. Siehe auch www.fgsv-verlag.de.

* jedoch mit Änderungen durch den BMV mit ARS 9/2005

Zu Kapitel 7 C Wasserversorgung

Die maßgeblichen DIN-Normen zum Kapitel Wasserversorgung sind in den nachfolgend aufgelisteten DIN-Taschenbüchern aufgeführt.

DIN	Nr.	Ausgabe	Titel
Taschenbuch	12	01.00	Wasserversorgung 1: Wassergewinnung, Wasseruntersuchung, Wasseraufbereitung (Verfahren)
Taschenbuch	62	06.04	Wasserversorgung 2: Faserzement-, Guss-, Kunststoff-, Stahlbeton- und Stahlrohre für Wasserleitungen
Taschenbuch	63	06.04	Wasserversorgung 3: Rohrnetz und Zubehör
Taschenbuch	160	06.99	Wasserversorgung 4: Kupferrohre, Armaturen, Wasserzähler und Dichtmittel für Wasserleitungen
Taschenbuch	301	2000	Wasserversorgung 5: Produkte zur Wasseraufbereitung

Arbeitsblätter (Auswahl)

Auswahl von Richtlinien des DVGW: Arbeitsblätter, Merkblätter zu beziehen durch:
Deutsche Vereinigung des Gas- und Wasserfaches e. V. Technisch-wissenschaftlicher Verein, Josef-Wirmer-Straße 1–3, 53123 Bonn, Tel: 02 28/9 18 85

	Ausg.	Titel
W122	8.95	Abschlussbauwerke für Brunnen der Wassergewinnung – Arbeitsblatt
W300	6.05	Wasserspeicherung – Planung, Bau, Betrieb und Instandhaltung von Wasserbehältern in der Trinkwasserversorgung – Arbeitsblatt
W302	8.81	Hydraulische Berechnung von Rohrleitungen und Rohrnetzen, Druckverlusttafeln für Rohrdurchmesser von 40 bis 2000 mm – Arbeitsblatt
W392	5.03	Rohrnetzinspektion und Wasserverluste – Maßnahmen, Verfahren und Bewertungen – Arbeitsblatt
W400-1	10.04	Technische Regeln Wasserverteilungsanlage (TRMV) – Teil 1 Planung; Arbeitsblatt
W400-2	9.04	Technische Regeln Wasserverteilungsanlage (TRMV) – Teil 2 Bau und Prüfung; Arbeitsblatt
W404	3.98	Wasseranschlussleitungen – Merkblatt
W405	7.78	Bereitstellung von Löschwasser durch die öffentliche Trinkwasserversorgung – Arbeitsblatt
W555	3.02	Nutzung von Regenwasser (Dachablaufwasser) im häuslichen Bereich – Arbeitsblatt

Zu Kapitel 7 D Kanalisation

Die maßgeblichen DIN-Normen zum Kapitel Kanalisation sind in den nachfolgend aufgelisteten DIN-Taschenbüchern aufgeführt:

DIN Taschenbuch 13, 13. Auflage, Beuth Verlag, Berlin 1999, Abwassertechnik 1; Gebäude- und Grundstücksentwässerung, Sanitärausstattungsgegenstände, Entwässerungsgegenstände

DIN Taschenbuch 50, 9. Auflage, Beuth Verlag, Berlin 2000, Abwassertechnik 2; Rohre und Formstücke für die Gebäudeentwässerung

DIN Taschenbuch 138, 6. Auflage, Beuth Verlag, Berlin 2003, Abwassertechnik 3; Kläranlagen, Abwasserreinigung

DIN Taschenbuch 152, 7. Auflage, Beuth Verlag, Berlin 2004, Abwassertechnik 4; Abwasserkanäle, erdverlegte Abwasserleitungen; Planung, Verlegung, Betrieb, Sanierung

DIN Taschenbuch 259, 3. Auflage, Beuth Verlag, Berlin 2001, Abwassertechnik 5; Rohre und Formstücke für Abwasserkanäle und erdverlegte Abwasserleitungen

DIN Taschenbuch 356, 1. Auflage, Beuth Verlag, Berlin 2004, Abwassertechnik 6; Schächte für Abwasserleitungen und -kanäle, Straßenentwässerungsgegenstände

Auswahl an Arbeitsblättern und Merkblättern

Die aufgeführten Arbeitsblätter sind enthalten im Regelwerk der DWA, Theodor-Heuss-Allee 17, 53773 Hennef (www.dwa.de).

	Ausg.	Titel
A105	12.97	Wahl des Entwässerungsverfahrens
A110	9.01	Hydraulische Dimensionierung und Leistungsnachweis von Abwasserkanälen und -leitungen
A111	2.94	Richtlinien für die hydraulische Dimensionierung und den Leistungsnachweis von Regenwasserentlastungsanlagen in Abwasserkanälen und -leitungen
A116	9.92	Besondere Entwässerungsverfahren, Unterdruckentwässerung – Druckentwässerung
A116-1	3.05	Besondere Entwässerungsverfahren; Teil 1: Unterdruckentwässerungssysteme außerhalb von Gebäuden
A117	3.01	Bemessung von Regenrückhalteräumen
A118	3.06	Hydraulische Bemessung und Nachweis von Entwässerungssystemen
A134	6.00	Planung und Bau von Abwasserpumpanlagen
A138	4.05	Planung, Bau und Betrieb von Anlagen zur Versickerung von Niederschlagswasser
A139	6.01	Einbau und Prüfung von Abwasserleitungen und -kanälen
A157	11.00	Bauwerke der Kanalisation
A166	11.99	Bauwerke der zentralen Regenwasserbehandlung und -rückhaltung – Konstruktive Gestaltung und Ausrüstung
M153	2.00	Handlungsempfehlungen zum Umgang mit Regenwasser
M159	12.05	Kriterien zur Materialauswahl für Abwasserleitungen und -kanäle
M165	1.04	Anforderungen an Niederschlagsabfluss-Berechnungen in der Stadtentwässerung
M167	7.95	Abscheider und Rückstausicherungsanlagen bei der Grundstücksentwässerung; Einbau und Betrieb

Zu Kapitel 8 Geotechnik

DIN	Teil	Ausg.	Titel
1054		1.05	Baugrund – Sicherheitsnachweise im Erd- und Grundbau
1055	2	2.76	Lastannahmen für Bauten; Bodenkenngrößen; Wichte, Reibungswinkel, Kohäsion, Wandreibungswinkel
1055 E	2	2.03	Einwirkungen auf Tragwerke – Bodenkenngrößen
4014		3.90	Bohrpfähle; Herstellung, Bemessung und Tragverhalten
4017 E		6.01	Baugrund – Berechnung des Grundbruchwiderstands von Flachgründungen
	1 Bbl. 1	1.04	Beiblatt 1
4017		8.79	Baugrund – Berechnung des Grundbruchwiderstands von Flachgründungen
	1 Bbl. 1	8.79	Beiblatt 1 – Erläuterungen und Berechnungsbeispiele
4019	1	4.79	Baugrund – Setzungsberechnungen
	1 Bbl. 1	4.79	Beiblatt 1 – Erläuterungen und Berechnungsbeispiele
4020		9.03	Geotechnische Untersuchungen für bautechnische Zwecke
	Bbl. 1	10.03	Beiblatt 1 – Anwendungshilfen, Erklärungen
4021		10.90	Baugrund – Aufschluss durch Schürfe und Bohrungen sowie Entnahme von Proben
4022	1	9.87	Baugrund und Grundwasser – Benennen und Beschreiben von Boden und Fels – Schichtenverzeichnis für Bohrungen ohne durchgehende Gewinnung von gekernten Proben im Boden und im Fels
4023		3.84	Baugrund- und Wasserbohrungen – Zeichnerische Darstellung der Ergebnisse

DIN	Teil	Ausg.	Titel
4023 E		9.03	Geotechnische Erkundung und Untersuchung – Zeichnerische Darstellung der Ergebnisse von Bohrungen und sonstigen direkten Aufschlüssen
4030			Beurteilung betonangreifender Wässer, Böden und Gase
	1	6.91	Grundlagen und Grenzwerte
	2	6.91	Grundlagen und Grenzwerte – Entnahme und Analyse von Wasser und Bodenproben
4084 E		11.02	Baugrund – Geländebruchberechnungen
4084		7.81	Baugrund – Böschungs- und Geländebruchberechnungen
	Bbl. 1	7.81	Beiblatt 1 – Erläuterungen
	Bbl. 2	9.83	Berechnungsbeispiele
4085 E		12.02	Baugrund – Berechnung des Erddrucks
4085		2.87	Baugrund – Berechnung des Erddrucks
	Bbl. 1	2.87	Beiblatt 1 – Erläuterungen
	Bbl. 2	6.89	Beiblatt 2 – Berechnungsbeispiele
4093		9.87	Baugrund – Einpressen in den Untergrund – Planung, Ausführung, Prüfung
4094	1	6.02	Baugrund – Felduntersuchungen: Drucksondierungen
	2	5.03	Baugrund – Felduntersuchungen: Bohrlochrammsondierung
	3	1.02	Baugrund – Felduntersuchungen: Rammsondierungen
	4	1.02	Baugrund – Felduntersuchungen: Flügelscherversuche
	5	6.01	Baugrund – Felduntersuchungen: Bohrlochaufweitungsversuche
4095		6.90	Dränung zum Schutz baulicher Anlagen
4123		9.00	Ausschachtungen, Gründungen und Unterfangungen im Bereich bestehender Gebäude
4124		10.02	Baugruben und Gräben – Böschungen, Arbeitsraumbreiten, Verbau
4126 E		8.04	Nachweis der Standsicherheit von Schlitzwänden
4128		4.83	Verpresspfähle (Ortbeton- und Verbundpfähle) mit kleinem Durchmesser – Herstellung, Bemessung und zulässige Belastung
4149		4.05	Bauten in deutschen Erdbebengebieten – Lastannahmen, Bemessung und Ausführung üblicher Hochbauten
4149	1	4.81	Bauten in deutschen Erdbebengebieten – Lastannahmen, Bemessung und Ausführung üblicher Hochbauten
	1 Bbl. 1	4.84	Beiblatt 1 – Zuordnung von Verwaltungszonen zu den Erdbebenzonen
4150	1	6.01	Erschütterungen im Bauwesen – Vorermittlung von Schwingungsgrößen
	2	6.99	Erschütterungen im Bauwesen – Einwirkungen auf Menschen in Gebäuden
17 892		1.05	Geotechnische Erkundung und Untersuchung – Laborversuche an Bodenproben
	1		Bestimmung des Wassergehalts
	2		Bestimmung der Dichte von feinkörnigen Böden
	3		Bestimmung der Korndichte, Pyknometerverfahren
	4		Bestimmung der Korngrößenverteilung
	5		Oldometerversuch mit stufenweiser Belastung
	6		Fallkegelversuch
	7		Einaxialer Druckversuch an feinkörnigen Böden
	8		Unkonsolidierter undrainierter Triaxialversuch
	9		Konsolidierte triaxiale Kompressionsversuche an wassergesättigten Böden
	10		Direkte Scherversuche
	11		Bestimmung der Durchlässigkeit mit konstanter und fallender Druckhöhe
	12		Bestimmung der Zustandsgrenzen

DIN	Teil	Ausg.	Titel
18 121	1	4.98	Baugrund, Untersuchungen von Bodenproben – Wassergehalt – Bestimmung durch Ofentrocknung
	2	8.01	Baugrund, Untersuchungen von Bodenproben – Wassergehalt – Bestimmung durch Schnellverfahren
18 122	1	7.97	Baugrund, Untersuchungen von Bodenproben – Zustandsgrenzen (Konsistenzgrenzen) – Bestimmung der Fließ- und Ausrollgrenze
	2	9.00	Baugrund, Untersuchungen von Bodenproben – Zustandsgrenzen (Konsistenzgrenzen) – Bestimmung der Schrumpfgrenze
18 123		11.96	Baugrund, Untersuchung von Bodenproben – Bestimmung der Korngrößenverteilung
18 124		7.97	Baugrund, Untersuchung von Bodenproben – Bestimmung der Korndichte – Kapillarpyknometer – Weithalspyknometer
18 125			Baugrund, Untersuchung von Bodenproben
	1	8.97	Bestimmung der Dichte des Bodens – Laborversuche
	2	8.99	Bestimmung der Dichte des Bodens – Feldversuche
18 126		11.96	Baugrund, Untersuchungen von Bodenproben – Bestimmung der Dichte nichtbindiger Böden bei lockerster und dichtester Lagerung
18 127		11.97	Baugrund, Untersuchungen von Bodenproben – Proctorversuch
18 128		12.02	Baugrund, Untersuchungen von Bodenproben – Bestimmung des Glühverlustes
18 129		11.96	Baugrund, Untersuchungen von Bodenproben – Kalkgehaltsbestimmung
18 130	1	5.98	Baugrund, Untersuchungen von Bodenproben – Bestimmung des Wasserdurchlässigkeitsbeiwerts – Laborversuche
18 132		12.95	Baugrund – Versuche und Versuchsgeräte – Bestimmung des Wasseraufnahmevermögens
18 134		9.01	Baugrund – Versuche und Versuchsgeräte – Plattendruckversuch
18 135 E		6.99	Baugrund, Untersuchungen von Bodenproben – Eindimensionaler Kompressionsversuch
18 136		11.03	Baugrund, Untersuchungen von Bodenproben – Einaxialer Druckversuch
18 137			Baugrund, Versuche und Versuchsgeräte – Bestimmung der Schwerfestigkeit
	1	8.90	Begriffe und grundsätzliche Versuchsbedingungen
	2	12.90	Triaxialversuch
	3	9.02	Direkter Scherversuch
18 196		11.04	Erd- und Grundbau – Bodenklassifikation für bautechnische Zwecke

DIN EN	Teil	Ausg.	Titel
1536		6.99	Ausführung von besonderen geotechnischen Arbeiten (Spezialtiefbau) – Bohrpfähle
1537		1.01	Ausführung von besonderen geotechnischen Arbeiten (Spezialtiefbau) – Verpressanker
1538		7.00	Ausführung von besonderen geotechnischen Arbeiten (Spezialtiefbau) – Schlitzwände
12 063		5.99	Ausführung von besonderen geotechnischen Arbeiten (Spezialtiefbau) – Spundwandkonstruktionen
12 699		5.01	Ausführung spezieller geotechnischer Arbeiten (Spezialtiefbau) – Verdrängungspfähle
12 715		10.00	Ausführung von besonderen geotechnischen Arbeiten (Spezialtiefbau) – Injektionen
12 716		12.01	Ausführung von besonderen geotechnischen Arbeiten (Spezialtiefbau) – Düsenstrahlverfahren (Hochdruckinjektion, Hochdruckbodenvermörtelung, Jetting)
12 794		6.05	Betonfertigteile – Gründungspfähle

DIN EN	Teil	Ausg.	Titel
14 199		5.05	Ausführung spezieller geotechnischer Arbeiten (Spezialtiefbau) – Pfähle mit kleinen Durchmessern (Mikropfähle)
14 475 E		5.07	Ausführung spezieller geotechnischer Arbeiten (Spezialtiefbau) – Bewehrte Schüttkörper
14 490 E		2.09	Ausführung spezieller geotechnischer Arbeiten (Spezialtiefbau) – Bodenvernagelung
14 679		5.07	Ausführung spezieller geotechnischer Arbeiten (Spezialtiefbau) – Tiefreichende Bodenstabilisierung
14 689	1	4.04	Geotechnische Erkundung und Untersuchung – Bemessung, Beschreibung und Klassifikation von Fels – Bemessung und Beschreibung
14 731		12.05	Ausführung spezieller geotechnischer Arbeiten (Spezialtiefbau) – Baugrundverbesserung durch Tiefenrüttler
15 237 E		7.05	Ausführung von besonderen geotechnischen Arbeiten (Spezialtiefbau) – Vertikaldräns
22 476 E	1	4.05	Geotechnische Erkundung und Untersuchung – Felduntersuchungen – Drucksondierungen mit elektrischen Messwertaufnehmern und Messeinrichtungen für den Porenwasserdruck
22 476	2	4.05	Geotechnische Erkundung und Untersuchung – Felduntersuchungen – Rammsondierungen
22 476	3	4.05	Geotechnische Erkundung und Untersuchung – Felduntersuchungen – Standard Penetration Test
22 476 E	4	9.05	Geotechnische Erkundung und Untersuchung – Felduntersuchungen – Pressiometerversuch nach Ménard
22 476 E	5	9.05	Geotechnische Erkundung und Untersuchung – Felduntersuchungen – Versuch mit dem flexiblen Dilatometer
22 476 E	7	9.05	Geotechnische Erkundung und Untersuchung – Felduntersuchungen – Seitendruckversuch
22 476 E	10	8.05	Geotechnische Erkundung und Untersuchung – Felduntersuchungen – Gewichtssondierung
22 476 E	11	8.05	Geotechnische Erkundung und Untersuchung – Felduntersuchungen – Flachdilatometer
22 477 E	5	7.05	Geotechnische Erkundung und Untersuchung – Prüfung von geotechnischen Bauwerken und Bauwerksteilen – Ankerprüfungen

EC	Teil	Ausg.	Titel
1	1-1	10.02	Einwirkungen auf Tragwerke – Allgemeine Einwirkungen – Wichte, Eigengewicht und Nutzlasten im Hochbau
1	1-2	9.03	Einwirkungen auf Tragwerke – Allgemeine Einwirkungen – Brandeinwirkungen auf Tragwerke
1	1-4	9.04	Einwirkungen auf Tragwerke – Allgemeine Einwirkungen – Schneelasten
1	1-5	7.05	Einwirkungen auf Tragwerke – Allgemeine Einwirkungen – Windlasten
1	1-6	7.04	Einwirkungen auf Tragwerke – Allgemeine Einwirkungen – Temperatureinwirkungen
1	1-7	9.05	Einwirkungen auf Tragwerke – Allgemeine Einwirkungen – Einwirkungen während der Bauausführung
7	1	10.05	Entwurf, Berechnung und Bemessung in der Geotechnik – Allgemeine Regeln
7	2	9.99	Entwurf, Berechnung und Bemessung in der Geotechnik – Laborversuche für die geotechnische Bemessung
7	3	10.99	Entwurf, Berechnung und Bemessung in der Geotechnik – Felduntersuchungen für die geotechnische Bemessung

Zu Kapitel 10 Bauprozessmanagement, Kostenplanung

DIN	Teil	Ausg.	Titel
			Zu den Hochbaukosten
276		06.93	Kosten im Hochbau
277			Grundflächen und Rauminhalte von Bauwerken im Hochbau
	1	08.87	Begriffe, Berechnungsgrundlagen
	2	02.05	Gliederung der Nettogrundfläche (Nutzungsfläche, Technische Funktionsfläche und Verkehrsfläche)
	3	02.05	Mengen und Bezugseinheiten
18 960		08.99	Nutzungskosten im Hochbau
			Zur Ablaufplanung
69 900			Projektwirtschaft; Netzplantechnik
	1	08.87	Begriffe
	2	08.87	Darstellungstechnik
			Zum Projektmanagement
19 246		06.91	Messen, Steuern, Regeln – Abwicklung von Projekten – Begriffe
69 900			Projektwirtschaft – Netzplantechnik
	1	08.87	Begriffe
	2	08.87	Darstellungstechnik
32 736		08.00	Gebäudemanagement
69 901		08.87	Projektwirtschaft, Projektmanagement
69 902		08.87	Projektwirtschaft, Einsatzmittel
69 903		08.87	Projektwirtschaft, Kosten und Leistung, Finanzmittel
69 904		11.00	Projektwirtschaft, Projektmanagementsysteme, Elemente und Strukturen
69 905		05.97	Projektwirtschaft – Projektabwicklung
			Zum Qualitätsmanagement
EN ISO 9000		12.05	Qualitätsmanagementsysteme – Grundlagen und Begriffe (ISO 9000:2005)
EN ISO 9001		12.00	Qualitätsmanagementsysteme, Anforderungen (ISO 9001:2005)
EN ISO 9004		12.00	Qualitätsmanagementsysteme, Leitfaden zur Leistungsverbesserung (ISO 9004:2005)
EN ISO 10 007		12.04	Qualitätsmanagement – Leitfaden für Konfigurationsmanagement (ISO 10 007:2003)
			Zur Bemessung und Bauausführung
1045			Tragwerke aus Beton, Stahlbeton und Spannbeton
	2	07.01	Beton; Festlegung, Eigenschaften, Herstellung und Konformität
EN 1065		12.98	Baustützen aus Stahl mit Ausziehvorrichtung, Produktfestlegung, Bemessung und Nachweis durch Berechnung und Versuche
4235			Verdichten von Beton durch Rütteln
	1	12.78	Rüttelgeräte und Rüttelmechanik
	2	12.78	Verdichten mit Innenrüttlern
	3	12.78	Verdichten bei der Herstellung von Fertigteilen mit Außenrüttlern
	4	12.78	Verdichten von Ortbeton mit Schalungsrüttlern
	5	12.78	Verdichten mit Oberflächenrüttlern
4421		08.82	Traggerüste; Berechnung, Konstruktion und Ausführung
18 202		10.05	Toleranzen im Hochbau – Bauwerke
18 218		09.80	Frischbetondruck auf lotrechte Schalungen

DIN	Teil	Ausg.	Titel
18216		12.86	Schalungsanker für Betonschalungen; Anforderungen, Prüfung, Verwendung

Zu Kapitel 12 Einwirkungen auf Tragwerke (Lastannahmen)

DIN	Teil	Ausg.	Titel
1055			Einwirkungen auf Tragwerke
	1	6.02	Wichten und Flächenlasten von Baustoffen, Bauteilen und Lagerstoffen
	2	2.76	Lastannahmen für Bauten, Bodenkenngrößen, Wichte, Reibungswinkel, Kohäsion, Wandreibungswinkel
	2 (E)	2.03	Bodenkenngrößen
	3	3.06	Eigen- und Nutzlasten für Hochbauten
	4	3.05	Windlasten
	4 Ber. 1	3.06	Berichtigungen zu DIN 1055-4:2005-03
	5	7.05	Schnee- und Eislasten
	6	3.05	Einwirkungen auf Silos und Flüssigkeitsbehälter
	6 Ber. 1	2.06	Berichtigungen zu DIN 1055-6:2005-03
	7	11.02	Temperatureinwirkungen
	8	1.03	Einwirkungen während der Bauausführung
	9	8.03	Außergewöhnliche Einwirkungen
	10	7.04	Einwirkungen infolge Krane und Maschinen
	100	3.01	Grundlagen der Tragwerksplanung, Sicherheitskonzept und Bemessungsregeln
4149		4.05	Bauten in deutschen Erdbebengebieten – Lastannahmen, Bemessung und Ausführung üblicher Hochbauten
18218		9.80	Frischbetondruck auf lotrechte Schalungen

DIN EN	Teil	Ausg.	Titel
1991			Eurocode 1: Einwirkungen auf Tragwerke
	1-1	10.02	Allgemeine Einwirkungen auf Tragwerke; Wichte, Eigengewicht und Nutzlast im Hochbau
	1-2	9.03	Brandeinwirkungen auf Tragwerke
	1-3	9.04	Schneelasten
	1-4	7.05	Windlasten
	1-5	7.04	Temperatureinwirkungen
	1-6	9.05	Einwirkungen während der Bauausführung
	2	5.04	Verkehrslasten auf Brücken
	2-7 (V)	7.00	Außergewöhnliche Einwirkungen (Vornorm)
	4 (V)	12.96	Einwirkungen auf Silos und Flüssigkeitsbehälter (Vornorm)
	5 (V)	10.00	Einwirkungen aus Kranen und anderen Maschinen (Vornorm)
12812		9.04	Traggerüste – Anforderungen, Bemessung und Entwurf
13782		5.06	Fliegende Bauten – Zelte – Sicherheit
13814		6.05	Fliegende Bauten und Anlagen für Veranstaltungsplätze und Vergnügungsparks – Sicherheit

Zu Kapitel 14 Beton und Stahlbetonbau

DIN	Teil	Ausg.	Titel
488	1	9.84	Betonstahl
1045			Tragwerke aus Beton, Stahlbeton und Spannbeton
	1	7.01	Bemessung und Konstruktion
	–	6.05	w. v. Berichtigung 2 zu DIN 1045-1
	2	7.01	Beton – Festlegung, Eigenschaften, Herstellung und Konformität/ Anwendungsregeln zu DIN EN 206-1
	A1	1.05	w. v. Änderung A1
	3	7.01	Bauausführung
	A1	1.05	w. v. Änderung A1
	4	7.01	Ergänzende Regeln für die Herstellung und Konformität von Fertigteilen
	100	2.05	Ziegelsteindecken
EN 206	1	7.01	Beton – Festlegung, Eigenschaften, Herstellung und Konformität
	A1	10.04	w. v. Änderung A1
	A2	9.05	w. v. Änderung A2
Fachbericht	100	2005	Beton
Fachbericht	102	3.03	Betonbrücken

DIN	Teil	Ausg.	Titel
1045		7.88	Beton- und Stahlbetonbau
	A1	12.96	Beton- und Stahlbetonbau, Änderungen A1
4227			Spannbeton
	1	7.88	Bauteile aus Normalbeton mit beschränkter oder voller Vorspannung
	A1	12.95	Änderung A1
	2	5.84	Bauteile mit teilweiser Vorspannung (Vornorm)
	3	12.83	Bauteile in Segmentbauart, Bemessung und Ausführung der Fugen (Vornorm)
	4	2.86	Bauteile aus Spannleichtbeton (Vornorm)
Anmerkung: Die Normen der Reihe 1045 und 4227 wurden Ende 2004 zurückgezogen.			

DIN EN	Teil	Ausg.	Titel
1992			Eurocode 2: Bemessung und Konstruktion von Stahlbeton- und Spannbetonwerken
	1-1	10.05	Allgemeine Bemessungsregeln und Regeln für den Hochbau
	1-2	5.97	Tragwerksbemessung für den Brandfall (Europäische Vornorm)
	2	10.97	Betonbrücken
	4	12.00	Stütz- und Behälterbauwerke aus Beton
Zu der Normenreihe DIN EN 1992 (Eurocode 2) ist noch ein Nationaler Anhang zu erarbeiten; nach dem gegenwärtigen Stand ist damit nicht vor Ende 2007 zu rechnen (vgl. *Harz:* Normen und Regelwerke; BetonKalender 2006).			

DAfStb-Hefte

Heft 220: Bemessung von Beton- und Stahlbetonbauteilen nach DIN 1045, Ausg. 7.88
Heft 425: Bemessungshilfen zu Eurocode 2 Teil 1, Ausg. 6.92
Heft 525: Erläuterungen zu DIN 1045-1, Ausg. 7.01
w. v. Berichtigung 1 zum DAfStb-Heft 525 (5.05)
Heft 526: Erläuterungen zu den Normen DIN EN 206-1, DIN 1045-2, DIN 1045-3, DIN 1045-4 und DIN 4226

DIN	Teil	Ausg.	Titel
1048			Prüfverfahren für Beton
	1	6.91	Frischbeton
	5	6.91	Festbeton, gesondert hergestellte Probekörper
1100	–	10.89	Hartstoffe für zementgebundene Hartstoffestriche
1164			Zement mit besonderen Eigenschaften
	10	8.04	Zusammensetzung, Anforderungen und Übereinstimmungsnachweis von Normalzement mit besonderen Eigenschaften
	11	11.03	Zusammensetzung, Anforderungen und Übereinstimmungsnachweis von Zement mit verkürztem Erstarren
	12	6.05	Zusammensetzung, Anforderungen und Übereinstimmungsnachweis von Zement mit einem erhöhten Anteil an organischen Bestandteilen
4030			Beurteilung betonangreifender Wässer, Böden und Gase
	1	6.91	Grundlagen und Grenzwerte
	2	6.91	Entnahme und Analyse von Wasser- und Bodenproben
4226			Gesteinskörnungen für Beton und Mörtel
	100	2.02	Rezyklierte Gesteinskörnungen
51043		8.79	Trass – Anforderungen, Prüfung
V 18 004		10.03	Anwendung von Bauprodukten in Bauwerken – Prüfverfahren für Gesteinskörnungen nach DIN V 20 000-103 und DIN V 20 000-104 (Vornorm)
V 18 998		11.02	Beurteilung des Korrosionsverhaltens von Zusatzmitteln nach Normen der Reihe DIN EN 934 (Vornorm)
V 20 000			Anwendung von Bauprodukten in Bauwerken (Vornorm)
	100	10.02	Betonzusatzmittel nach DIN EN 934-2
	101	11.02	Zusatzmittel für Einpressmörtel für Spannglieder nach DIN EN 934-4
	103	10.03	Gesteinskörnung nach DIN EN 12 620
	104	10.03	Leichte Gesteinskörnung nach DIN EN 13 055-1

DAfStb-Richtlinien

Richtlinie für Beton mit verlängerter Verarbeitbarkeitszeit (Verzögerter Beton), 1995
Vorbeugende Maßnahmen gegen schädigende Alkalireaktion im Beton (Alkali-Richtlinie), 2001
Betonbau beim Umgang mit wassergefährdenden Stoffen, 1996
Wasserundurchlässige Bauwerke aus Beton (WU-Richtlinie), 2003
Selbstverdichtender Beton (SVB-Richtlinie), 2004

DIN EN	Teil	Ausg.	Titel
196	1,2,3,5	5.95	Prüfverfahren für Zement
197		2.01	Zement
	1	8.00	Zusammensetzung, Anforderungen und Konformitätskriterien von Normalzement
	4	8.04	Zusammensetzung, Anforderungen und Konformitätskriterien von Hochofenzement mit niedriger Anfangsfestigkeit
450		5.05	Flugasche für Beton
	1		Definition, Anforderungen und Konformitätskriterien
934			Zusatzmittel für Beton, Mörtel und Einpressmörtel
	2	2.02	Betonzusatzmittel – Definitionen, Anforderungen, Konformität, Kennzeichnung und Beschriftung
	4	2.02	Zusatzmittel für Einpressmörtel für Spannglieder – Definitionen, Anforderungen, Konformität, Kennzeichnung und Beschriftung
	6	2.02	Probenahme, Konformitätskontrolle und Bewertung der Konformität
1008	–	10.02	Zugabewasser für Beton, Festlegung für die Probenahme, Prüfung und Beurteilung der Eignung von Wasser einschließlich bei der Betonherstellung anfallendem Wasser, als Zugabewasser für Beton
12 350			Prüfung von Frischbeton

DIN EN	Teil	Ausg.	Titel
	1	3.00	Probenahme
	4	6.00	Verdichtungsmaß
	5	6.00	Ausbreitmaß
	6	3.00	Frischbetonrohdichte
	7	11.00	Luftgehalte – Druckverfahren
12 390			Prüfung von Festbeton
	1	2.01	Form, Maße und andere Anforderungen an Probekörper und Formen
	2	6.01	Herstellung und Lagerung von Probekörpern für Festigkeitsprüfungen
	4	12.00	Bestimmung der Druckfestigkeit; Anforderungen an Prüfmaschinen
	5	2.01	Biegzugfestigkeit von Probekörpern
	6	2.01	Spaltzugfestigkeit von Probekörpern
	7	2.01	Rohdichte von Festbeton
	8	2.01	Wassereindringtiefe unter Druck
12 504			Prüfung von Beton in Bauwerken
	1	9.00	Bohrkernproben – Herstellung, Untersuchung und Prüfung unter Druck
	2	12.01	Zerstörungsfreie Prüfung – Bestimmung der Rückprallzahl
12 620		4.03	Gesteinskörnungen für Beton
12 878		9.99	Pigmente zum Einfärben von zement- und/oder kalkgebundenen Baustoffen – Anforderungen und Prüfverfahren
13 055			Leichte Gesteinskörnungen
	1	8.02	Gesteinskörnungen für Beton, Mörtel und Einpressmörtel
14 216	1	8.04	Zusammensetzung, Anforderung und Konformitätskriterien von Sonderzementen mit sehr niedriger Hydrationswärme

Zu Kapitel 15 Mauerwerksbau

DIN	Teil	Ausg.	Titel
1053			Mauerwerk
	1	11.96	Rezeptmauerwerk; Berechnung und Ausführung
	2	11.96	Mauerwerk nach Eignungsprüfung; Berechnung und Ausführung
	3	2.90	Bewehrtes Mauerwerk; Berechnung und Ausführung
	4	2.04	Fertigbauteile
	100	8.06	Berechnung auf der Grundlage des semiprobalistischen Sicherheitskonzepts
4242		1.79	Glasbausteinwände; Ausführung und Bemessung
V 105	100	10.05	Mauerziegel mit besonderen Eigenschaften
V 106		10.05	Kalksandsteine mit besonderen Eigenschaften
EN 771			Festlegungen für Mauersteine
	1	5.05	Mauerziegel
	2	5.05	Kalksandsteine
	3	5.05	Mauersteine aus Beton
	4	5.05	Porenbetonsteine
V 4165	100	10.05	Porenbetonsteine: Plansteine und Planelemente mit besonderen Eigenschaften
V 18 151	100	10.05	Hohlblöcke aus Leichtbeton: Hohlblöcke mit besonderen Eigenschaften
V 18 152	100	10.05	Vollsteine und Vollblöcke aus Leichtbeton: Vollsteine und Vollblöcke mit besonderen Eigenschaften
V 18 153	100	10.05	Mauersteine aus Beton: Mauersteine mit besonderen Eigenschaften

DIN	Teil	Ausg.	Titel
V 20 000			Anwendungen von Bauprodukten in Bauwerken
	401	6.05	Regeln für die Verwendung von Mauerziegeln nach DIN EN 771-1
	402	6.05	Regeln für die Verwendung von Kalksandsteinen nach DIN EN 771-2
	403	6.05	Regeln für die Verwendung von Mauersteinen nach DIN EN 771-3
	404	1.06	Regeln für die Verwendung von Porenbetonsteinen nach DIN EN 771-4
Richtlinien Bemessung und Ausführung von Flachstürzen (Ausgabe: Juli 1982) Bauteile, die gegen Absturz sichern (Ausgabe: Juni 1985)			

Zu Kapitel 16 Holzbau

DIN	Teil	Ausg.	Titel
1052		8.04	Entwurf, Berechnung und Bemessung von Holzbauwerken – Allgemeine Bemessungsregeln und Bemessungsregeln für den Hochbau
1055	100	3.01	Einwirkungen auf Tragwerke – Grundlagen der Tragwerksplanung, Sicherheitskonzept und Bemessungsregeln
4074	1	6.03	Sortierung von Holz nach der Tragfähigkeit; Nadelschnittholz
	2	12.58	Gütebedingungen für Baurundholz (Nadelholz)
	5	6.03	Sortierung von Holz nach der Tragfähigkeit; Laubschnittholz
4102	1	5.98	Brandverhalten von Baustoffen und Bauteilen – Baustoffe; Begriffe, Anforderungen und Prüfungen
4102	4	3.94	Brandverhalten von Baustoffen und Bauteilen; Zusammenstellung und Anwendung klassifizierter Baustoffe, Bauteile und Sonderbauteile (u. a. aus Holz und Stahl)
	22	11.04	Brandverhalten von Baustoffen und Bauteilen – Anwendungsnorm zu DIN 4102-4 auf der Bemessungsbasis von Teilsicherheitsbeiwerten

DIN EN	Teil	Ausg.	Titel
300		7.04	Platten aus langen, schlanken, ausgerichteten Spänen (OSB) – Definitionen, Klassifizierung und Anforderungen
312		11.03	Spanplatten – Anforderungen
350	2	10.94	Dauerhaftigkeit von Holz und Holzprodukten – Natürliche Dauerhaftigkeit von Vollholz – Leitfaden für die natürliche Dauerhaftigkeit und Tränkbarkeit von ausgewählten Holzarten von besonderer Bedeutung in Europa
387		4.02	Brettschichtholz – Universal-Keilzinkenverbindungen – Leistungsanforderungen und Mindestanforderungen an die Herstellung
390		3.95	Brettschichtholz; Maße, Grenzabmaße
622	2	7.04	Faserplatten; Anforderungen an harte Platten
	3	7.04	Faserplatten; Anforderungen an mittelharte Platten
	5	5.04	Faserplatten; Anforderungen an Platten nach dem Trockenverfahren (MDF)
634	1	4.95	Zementgebundene Spanplatten – Anforderungen, Allgemeine Anforderungen
	2	10.96	Zementgebundene Spanplatten -Anforderungen, Anforderungen an Portlandzement (PZ) gebundene Spanplatten zur Verwendung im Trocken-, Feucht- und Außenbereich
636		11.03	Sperrholz–Anforderungen
912		2.01	Holzverbindungsmittel – Spezifikationen für Dübel besonderer Bauart für Holz

DIN EN	Teil	Ausg.	Titel
10 230	1	1.00	Nägel aus Stahldraht – Lose Nägel für allgemeine Verwendungszwecke
13 986		3.05	Holzwerkstoffe zur Verwendung im Bauwesen – Eigenschaften, Bewertung der Konformität und Kennzeichnung

DIN EN ISO	Ausg.	Titel
7094	12.00	Flache Scheiben – Extra große Reihe, Produktklasse C

DIN	Teil	Ausg.	Titel
96		12.86	Halbrund-Holzschrauben mit Schlitz
97		12.86	Senk-Holzschrauben mit Schlitz
488	1	9.84	Betonstahl-Sorten, Eigenschaften, Kennzeichen
571		12.86	Sechskant-Holzschrauben
976	1	12.02	Gewindebolzen – Metrisches Gewinde
4070	1	1.58	Nadelholz; Querschnittsmaße und statische Werte für Schnittholz; Vorratskantholz und Dachlatten
	2	10.63	Nadelholz; Querschnittsmaße und statische Werte für Schnittholz; Dimension- und Listenware
4071	1	4.77	Ungehobelte Bretter und Bohlen aus Nadelholz; Maße
7996		12.86	Halbrund-Holzschraube mit Kreuzschlitz
7997		12.84	Senk-Holzschrauben mit Kreuzschlitz
7998		2.75	Gewinde und Schraubenenden für Holzschrauben
18 180		9.89	Gipskartonplatten – Arten, Anforderungen, Prüfung
68 364		5.03	Kennwerte von Holzarten; Festigkeit, Elastizität, Resistenz
68 800	2	5.96	Holzschutz; vorbeugende bauliche Maßnahmen im Hochbau
	3	4.90	Holzschutz; vorbeugender chemischer Holzschutz

Zu Kapitel 17 Glasbau

DIN	Teil	Ausg.	Titel
1055			Lastannahmen für Bauten
	1	7.78	Lagerstoffe, Baustoffe und Bauteile, Eigenlasten und Reibungswinkel
	3	6.71	Verkehrslasten
	4	8.86	Verkehrslasten, Windlasten bei nicht schwingungsanfälligen Bauwerken
	5	6.75	Verkehrslasten, Schneelast und Eislast
1249	1	8.81	Flachglas im Bauwesen – Fensterglas
	3	2.80	Flachglas im Bauwesen – Spiegelglas
	4	8.81	Flachglas im Bauwesen – Gussglas
	5	4.83	Flachglas im Bauwesen – Profilbauglas
	10	8.90	Flachglas im Bauwesen – chemische und physikalische Eigenschaften
	11	9.86	Flachglas im Bauwesen – Glaskanten
	12	9.90	Flachglas im Bauwesen – Einscheiben-Sicherheitsglas
1259	1	9.01	Glas – Begriffe für Glasarten und Glasgruppen
	2	9.01	Glas – Begriffe für Glaserzeugnisse
1286	1	3.94	Mehrscheiben-Isolierglas, luftgefüllt; Zeitstandverhalten
	2	89	Mehrscheiben-Isolierglas, gasgefüllt
4102		98	Brandverhalten von Baustoffen und Bauteilen
4242		1.79	Glasbausteinwände; Ausführung und Bemessung
4243		3.78	Betongläser
7863		4.83	Nichtzellige Elastomer-Dichtprofile im Fenster- und Fassadenbau, Technische Lieferbedingungen
18 174		1.81	Schaumglas als Dämmstoff für das Bauwesen

DIN	Teil	Ausg.	Titel
18 175		5.77	Glasbausteine
18 516	4	2.90	Außenwandbekleidungen, hinterlüftet – Einscheiben-Sicherheitsglas
18 545	1	2.92	Abdichten von Verglasungen mit Dichtstoffen – Anforderungen an Glasfalze
	2	2.01	Abdichten von Verglasungen mit Dichtstoffen – Dichtstoffe, Bezeichnungen, Anforderungen, Prüfung
52 292	1	4.84	Prüfung von Glas und Glaskeramik – Bestimmung der Biegefestigkeit, Doppelring-Biegeversuch an plattenförmigen Proben mit kleinen Prüfflächen
	2	9.86	Prüfung von Glas und Glaskeramik – Bestimmung der Biegefestigkeit; Doppelring-Biegeversuch an plattenförmigen Proben mit großen Prüfflächen
52 303	1	8.84	Prüfverfahren für Flachglas im Bauwesen – Bestimmung der Biegefestigkeit; Prüfung bei zweiseitiger Auflagerung
	2	83	Prüfverfahren für Profilbauglas im Bauwesen – Bestimmung der Biegefestigkeit; Prüfung bei zweiseitiger Auflagerung
52 324		2.84	Prüfung von Glas, Bestimmung der Transformationstemperatur
52 338		9.85	Prüfverfahren für Flachglas im Bauwesen – Kugelfallversuch für Verbundglas
52 349		77	Bruchstruktur von Glas für bauliche Anlagen
52 460		2.00	Fugen- und Glasabdichtungen – Begriffe

DIN EN	Teil	Ausg.	Titel
356		2.00	Glas im Bauwesen – Sicherheitssonderverglasung – Prüfverfahren und Klasseneinteilung des Widerstandes gegen manuellen Angriff
572	1	1.95	Glas im Bauwesen – Basiserzeugnisse aus Kalk-Natronglas – Definitionen und allgemeine physikalische und mechanische Eigenschaften
	2	1.95	Glas im Bauwesen – Basiserzeugnisse aus Kalk-Natronglas – Floatglas
	3	1.95	Glas im Bauwesen – Basiserzeugnisse aus Kalk-Natronglas – Poliertes Drahtglas
	7	1.95	Glas im Bauwesen – Basiserzeugnisse aus Kalk-Natronglas – Profilbauglas mit oder ohne Drahteinlage
1096	1	1.99	Glas im Bauwesen – Beschichtetes Glas – Definitionen und Klasseneinteilung
1288	1	9.00	Glas im Bauwesen – Bestimmung der Biegefestigkeit von Glas – Grundlagen
	2	9.00	Glas im Bauwesen – Bestimmung der Biegefestigkeit von Glas – Doppelring-Biegeversuch an plattenförmigen Proben mit großen Prüfflächen
	3	9.00	Glas im Bauwesen – Bestimmung der Biegefestigkeit von Glas – Prüfung von Proben bei zweiseitiger Auflagerung (Vierschneiden-Verfahren)
	4	9.00	Glas im Bauwesen – Bestimmung der Biegefestigkeit von Glas – Prüfung von Profilbauglas
	5	9.00	Glas im Bauwesen – Bestimmung der Biegefestigkeit von Glas – Doppelring-Biegeversuch an plattenförmigen Proben mit kleinen Prüfflächen
1748	1	4.98	Glas im Bauwesen – Spezielle Basiserzeugnisse – Borosilikatgläser
	2	4.98	Glas im Bauwesen – Spezielle Basiserzeugnisse – Glaskeramik
1863		3.00	Glas im Bauwesen – Teilvorgespanntes Kalk-Natronglas
10 204		8.95	Metallische Erzeugnisse – Arten von Prüfbescheinigungen
12 150	1	11.00	Glas im Bauwesen – Thermisch vorgespanntes Kalk-Natron-Einscheibensicherheitsglas – Definition und Beschreibung
12 337	1	11.00	Glas im Bauwesen – Chemisch vorgespanntes Kalk-Natronglas – Definition und Beschreibung
12 488		96	Glas am Bau-Verglasungsrichtlinien, Verglasungssysteme und Anforderungen für die Verglasung

DIN EN	Teil	Ausg.	Titel
12 600		4.03	Glas im Bauwesen – Pendelschlagversuch – Verfahren für die Stoßprüfung und Klassifizierung von Flachglas

EN ISO	Teil	Ausg.	Titel
527	3	10.95	Kunststoffe – Bestimmung der Zugeigenschaften – Prüfbedingungen für Folien und Tafeln
12 543		8.98	Glas im Bauwesen – Verbundglas und Verbund-Sicherheitsglas

prEN	Teil	Ausg.	Titel
572	7	10.03	Glas im Bauwesen – Basiserzeugnisse aus Kalk-Natronsilikatglas – Profilbauglas mit oder ohne Drahteinlage
12 150	2	9.01	Glas im Bauwesen – Thermisch vorgespanntes Kalk-Natron-Einscheibensicherheitsglas – Konformitätsbewertung
12 337	2	9.01	Glas im Bauwesen – Chemisch vorgespanntes Kalk-Natron-Silikatglas – Konformitätsbewertung
13 474	1	99	Glas im Bauwesen – Bemessung von Glasscheiben; Allgemeine Grundlagen für den Entwurf, Berechnung und Bemessung
	2	00	Glas im Bauwesen – Bemessung von Glasscheiben; Bemessung für gleichmäßig verteilte Belastungen

Zu Kapitel 18 Stahlbau

DIN	Teil	Ausg.	Titel
18 800			Stahlbauten
	1	11.90	Bemessung und Konstruktion
	A 1	2.96	Änderung A 1
	2	11.90	Stabilitätsfälle, Knicken von Stäben und Stabwerken
	A 1	2.96	Änderung A 1
	3	11.90	Stabilitätsfälle, Plattenbeulen
	A 1	2.96	Änderung A 1
	4	11.90	Stabilitätsfälle, Schalenbeulen
	5	11.05	Verbundtragwerke aus Stahl und Beton – Bemessung und Konstruktion
	7	9.02	Ausführung und Herstellerqualifikation
18 801		9.83	Stahlhochbauten; Bemessung, Konstruktion, Herstellung
18 807			Trapezprofile im Hochbau; Stahltrapezprofile
	1	6.87	Allgemeine Anforderungen, Ermittlung der Tragfähigkeitswerte durch Berechnung
	A 1	5.01	Änderung A 1
	2	6.87	Durchführung und Auswertung von Tragfähigkeitsversuchen
	A 1	5.01	Änderung A 1
	3	6.87	Festigkeitsnachweise und konstruktive Ausbildung
	A 1	5.01	Änderung A 1
18 808		10.84	Stahlbauten; Tragwerke aus Hohlprofilen unter vorwiegend ruhender Beanspruchung

DIN EN	Teil	Ausg.	Titel
1993	1-1	7.05	Eurocode 3: Bemessung und Konstruktion von Stahlbauten – Allgemeine Bemessungsregeln und Regeln für den Hochbau
10 025			Warmgewalzte Erzeugnisse aus unlegierten Baustählen
	1	2.05	Allgemeine Technische Lieferbedingungen
	2	2.05	Technische Lieferbedingungen für unlegierte Baustähle

DIN EN	Teil	Ausg.	Titel
	3	2.05	Technische Lieferbedingungen für normalgeglühte/normalisierend gewalzte schweißgeeignete Feinkornbaustähle
	4	2.05	Technische Lieferbedingungen für thermomechanisch gewalzte schweißgeeignete Feinkornbaustähle
	5	2.05	Technische Lieferbedingungen für wetterfeste Baustähle
	6	2.05	Technische Lieferbedingungen für Flacherzeugnisse aus Stählen mit höherer Streckgrenze im vergüteten Zustand
10 027			Bezeichnungen für Stähle
	1	10.05	Kurznamen
	2	9.92	Nummernsystem
10 083			Vergütungsstähle
	1	10.91	Technische Lieferbedingungen für Edelstähle
	2	10.91	Technische Lieferbedingungen für unlegierte Qualitätsstähle
10 088	1	9.05	Verzeichnis der nichtrostenden Stähle
	2	9.05	Technische Lieferbedingungen für Blech und Band aus korrosionsbeständigen Stählen für allgemeine Verwendung
	3	9.05	Technische Lieferbedingungen für Halbzeug – Stäbe, Walzdraht, gezogenen Draht, Profile und Blankstahlerzeugnisse aus korrosionsbeständigen Stählen für allgemeine Verwendung
10 137	2	11.95	Blech und Breitflachstahl aus Baustählen mit höherer Streckgrenze im vergüteten oder im ausscheidungsgehärteten Zustand, Lieferbedingungen für vergütete Stähle
10 143		7.04	Kontinuierlich schmelztauchveredeltes Blech und Band aus Stahl; Grenzabmaße und Formtoleranzen
10 149	2	11.95	Warmgewalzte Flacherzeugnisse aus Stählen mit hoher Streckgrenze zum Kaltumformen, Lieferbedingungen für thermomechanisch gewalzte Stähle
10 164		3.05	Stahlerzeugnisse mit verbesserten Verformungseigenschaften senkrecht zur Erzeugnisoberfläche
10 210	1	4.03	Warmgefertigte Hohlprofile für den Stahlbau aus unlegierten Baustählen und aus Feinkornbaustählen, Technische Lieferbedingungen
10 219	1	4.03	Kaltgefertigte geschweißte Hohlprofile für den Stahlbau aus unlegierten Baustählen und aus Feinkornbaustählen, Technische Lieferbedingungen

DIN V EN V	Teil	Ausg.	Titel
1993	1-1	4.93	Eurocode 3: Bemessung und Konstruktion von Stahlbauten; Allgemeine Bemessungsregeln, Bemessungsregeln für den Hochbau
1994	1-1	2.94	Eurocode 4: Bemessung und Konstruktion von Verbundtragwerken aus Stahl und Beton; Allgemeine Bemessungsregeln, Bemessungsregeln für den Hochbau

DASt-Richtlinien

009 (1.05) Empfehlungen zur Wahl der Stahlgütegruppen für geschweißte Stahlbauten

014 (1.81) Empfehlungen zum Vermeiden von Terrassenbrüchen in geschweißten Konstruktionen aus Baustahl

103 (11.93) Richtlinie zur Anwendung von DIN V ENV 1993-1-1 (Eurocode 3, Bemessung und Konstruktion von Stahlbauten); Nationales Anwendungsdokument

104 (2.95) NAD (Nationales Anwendungsdokument): Richtlinie zur Anwendung von DIN V EN V 1994-1-1

DIN EN ISO	Teil	Ausg.	Titel
898	1	11.99	Mechanische Eigenschaften von Verbindungselementen aus Kohlenstoffstahl und legiertem Stahl – Schrauben
13 918		12.98	Schweißen – Bolzen und Keramikringe zum Lichtbogenbolzenschweißen
14 555		12.98	Schweißen – Lichtbogenbolzenschweißen von metallischen Werkstoffen

DIBT-Mitteilungen Anpassungsrichtlinie Stahlbau (12.98)
Bauaufsichtliche Zulassung Z-30.3-6 Bauteile und Verbindungsmittel aus nichtrostenden Stählen (9.98)
Mitteilungen 3/88 und 4/88 Angaben über das Brandverhalten von Verbundträgern und Verbundstützen (Klassifizierung)

Zu Kapitel 19 A Bauvermessung

DIN	Teil	Ausg.	Titel
6403		2.76	Messbänder aus Stahl mit Aufrollrahmen oder Aufrollkapsel
18 700		7.97	Ziffern zur visuellen Ablesung für geodätische Instrumente und Geräte
18 702		3.76	Zeichen für Vermessungsrisse. Großmaßstäbige Karten und Pläne
18 703		11.96	Nivellierlatten
18 705		9.86	Runde Fluchtstäbe
18 709			Begriffe, Kurzzeichen und Formelzeichen im Vermessungswesen
	1	10.95	Allgemeines
	2	4.86	Ingenieurvermessung
18 710			Ingenieurvermessung
	1	10.98	Allgemeine Anforderungen
	3	3.99	Absteckung
	4	7.02	Überwachung
18 718		1.86	Arten und Bauteile von geodätischen Instrumenten; Begriffe
18 720		7.95	Verbindung zwischen Instrument und Stativ bei geodätischen Instrumenten
18 723			Feldverfahren zur Genauigkeitsuntersuchung geodätischer Instrumente
	1	7.90	Allgemeines
	2	7.90	Nivelliere
	3	7.90	Theodolite
	6	7.90	Elektrooptische Distanzmesser für den Nahbereich
18 726		7.96	Stative für geodätische Instrumente

Zu Kapitel 19 B Bauzeichnungen

DIN	Teil	Ausg.	Titel
201		5.90	Technische Zeichnungen; Schraffuren; Darstellung von Schnittflächen und Stoffen
406	10	12.92	Technische Zeichnungen, Maßeintragung; Begriffe, allgemeine Grundlagen
	11	12.92	Technische Zeichnungen, Maßeintragung; Grundlagen der Anwendung
	(E) Bbl.1	5.96	Ausgang der Bearbeitung an Rohteilen
	(E) A 1	6.94	Änderung 1
	12	12.92	Eintragung von Toleranzen für Längen- und Winkelmaße
919	1	4.91	Technische Zeichnungen für Holzverarbeitung; Grundlagen
1356	1	2.95	Bauzeichnungen; Arten, Inhalte und Grundregeln der Darstellung
1986	1	6.88	Entwässerungsanlagen für Gebäude und Grundstücke
6771	1	12.70	Schriftfelder für Zeichnungen, Pläne und Listen
6776	1	4.76	Technische Zeichnungen; Beschriftung, Schriftzeichen
18 000		5.84	Modulordnung im Bauwesen
18 702		3.76	Zeichen für Vermessungsrisse, großmaßstäbige Karten und Pläne
30 798	1	9.82	Modulsystem, Modulordnungen; Begriffe
	2	9.82	Modulsystem, Modulordnungen; Grundsätze
	3	9.82	Modulsystem, Modulordnungen; Grundlagen für die Anwendung
	4	4.85	Modulsystem, Modulordnungen; Zeichnerische Darstellung
40 900	2	3.88	Elektroinstallationen, graphische Symbole und Kennzeichen für Schaltzeichen *(wird abgelöst durch DIN EN 60 617 und DIN 40 719-2)*

DIN ISO	Teil	Ausg.	Titel
128	20	12.97	Technische Zeichnungen – Allgemeine Grundlagen der Darstellung; Linien, Grundregeln
	24	12.99	Technische Zeichnungen – Allgemeine Grundlagen der Darstellung; Linien in Zeichnungen der mechanischen Technik
3766		11.04	Zeichnungen für das Bauwesen – Bewehrungszeichnungen
5456	1	4.98	Technische Zeichnungen, Projektionsmethoden; Übersicht
	2	4.98	Technische Zeichnungen, Projektionsmethoden; Orthogonale Darstellungen
	3	4.98	Technische Zeichnungen, Projektionsmethoden; Axonometrische Darstellungen
	4	6.02	Technische Zeichnungen, Projektionsmethoden; Perspektivische Darstellungen
10 209	1	1.91	Technische Produktdokumentation – Allgemeine Begriffe und Zeichnungsarten
	2	1.91	Begriffe für Projektionsmethoden

2 Literaturverzeichnis

Zu Kapitel 1 Objektentwurf

Heisel, Joachim P.: Planungsatlas, Berlin 2002

Zu Kapitel 2 A Baukonstruktion

[2.1] Dierks/Schneider/Wormuth: Baukonstruktion, 5. Aufl. 2002, Werner Verlag, Neuwied
[2.2] Schneider/Schubert/Wormuth: Mauerwerksbau, 6. Aufl. 1999, Werner Verlag, Neuwied
[2.3] Wormuth, R.: Grundlagen der Hochbaukonstruktion, 1977, Werner Verlag, Neuwied
[2.4] Kahlmeyer, E.: Stahlbau nach DIN 18 800 (11.90), Werner Verlag, Neuwied, 1998
[2.5] Hünersen, G./Fritzsche, E.: Stahlbau in Beispielen, 4. Aufl. 1998, Werner Verlag, Neuwied
[2.6] Frommhold/Hasenjäger: Wohnungsbau-Normen, 23. Aufl. 2003, Werner Verlag, Neuwied
[2.7] Pfefferkorn, W.: Rissschäden an Mauerwerk, IRB-Verlag, Stuttgart, 1994
[2.8] Werner, G./Steck, G.: Holzbau, Teil 2, Dach- und Hallentragwerke, 4. Aufl. 1993, Werner Verlag, Neuwied
[2.9] Schulze, H.: Schäden an Decken und Wänden in Holzbauart, IRB-Verlag, Stuttgart 1993
[2.10] Küllmer, M.: Freigelegte Holzfachwerkfassaden. Holzzerstörung durch Schwamm, in: Deutsches Architektenblatt (DAB) 12/93, S. 2189 (Bauschäden-Sammlung)
[2.11] Pflüger, A.: Elementare Schalenstatik, 5. Aufl. 1994, Springer-Verlag, Berlin
[2.12] Fachregeln des Dachdeckerhandwerks, Hrsg.: Zentralverband des Deutschen Dachdeckerhandwerks – Fachverband Dach-, Wand- und Abdichtungstechnik – e. V., Verlag Rudolf Müller, Stand Juli 1995
[2.13] Stahlbetonbau aktuell (Hrsg.: Avak, R./Goris, A.), Bauwerk Verlag, Berlin, 2002
[2.14] Betonkalender 2001, Bd. 2 (Schriftltg.: Eibl. J.), Ernst & Sohn, Berlin
[2.15] Hochtief AG Fertigteilebau – Hochtief Bausysteme, Systeminformationen
[2.16] Fleischmann, H. D.: Grundlagen der Vorfertigung, Werner Verlag, Neuwied, 1979
[2.17] Bindseil, P.: Stahlbetonfertigteile, 2. Aufl., Werner Verlag, Neuwied, 1998

Zu Kapitel 2 B Abdichtung von Hochbauten im Erdreich

[2.30] ZDB: Merkblatt „Hinweise für die Ausführung von Abdichtungen im Verbund mit Bekleidungen und Belägen aus Fliesen und Platten für den Innen- und Außenbereich“. Ausgabe August 2005 des Zentralverbandes des Deutschen Baugewerbes, Bonn
[2.31] Cziesielski, E./Lufsky, K.: Bauwerksabdichtungen, 5. Aufl. 2001, Teubner Verlag, Stuttgart/Wiesbaden
[2.32] ATV Regelwerk Abwasser-Anfall: Bau und Bemessung von Anlagen zur dezentralen Versickerung von nicht schädlich verunreinigtem Niederschlagswasser. Arbeitsblatt A 138, Januar 1990
[2.33] Muth, W.: Bauwerksdränung. Tagungsband des Instituts für das Bauen mit Kunststoffen (IBK), Nr. 245, 1999
[2.34] Cziesielski, E./Schrepfer, T.: Bauwerke aus wasserundurchlässigem Beton. Jahrbuch Stahlbetonbau aktuell – 2000. Beuth Verlag und Werner Verlag, Berlin/Neuwied
[2.35] Hohmann, R.: Fugenabdichtung bei wasserundurchlässigen Bauwerken aus Beton. Fraunhofer IRB Verlag, Stuttgart, 2005
[2.36] Cziesielski, E./Friedmann, M.: Keller aus wasserundurchlässigem Beton, Die Bautechnik, H.4, 1985
[2.37] Grunewald, J./Häupl. P.: Gekoppelter Feuchte-, Luft-, Salz- und Wärmetransport in porösen Baustoffen. Bauphysik-Kalender 2003, Verlag Ernst & Sohn, Berlin, 2003
[2.38] Springenschmid, R./Beddoe, R.: Feuchtetransport durch Bauteile aus Beton. Beton- und Stahlbetonbau, Heft 4, 1999
[2.39] Edvardsen, C.: Wasserundurchlässigkeit und Selbstheilung von Trennrissen im Beton. Deutscher Ausschuss für Stahlbeton, Heft 455, 1996

[2.40] Klopfer, H.: Wasserundurchlässiger Beton – bauphysikalisch gesehen; in: Ingenieur-Hochbau, Festschrift zum 60. Geburtstag von Erich Cziesielski. Werner Verlag, Neuwied, 1996
[2.41] Lohmeyer, G.: Ausbildung von Bauten aus WU-Beton. Aufsatz in: Lufsky, Bauwerksabdichtung, 5. Auflage, Teubner Verlag, 2001

Zu Kapitel 3 Bauphysik

[3.1] Cziesielski, E.: Bauphysik-Kalender 2002 und Folgejahre, Verlag W. Ernst, Berlin
[3.2] Liersch, K.: Bauphysik kompakt, 2006, Bauwerk Verlag, Berlin
[3.3] Gertis, Schew-Ram: Bauphysikalische Formelsammlung, 2006, Teubner Verlag, Stuttgart
[3.4] Ihle, C.: Erläuterungen zur DIN 4701 mit Wärmedämmung und Wärmeschutzverordnung, 2006, Werner, Neuwied
[3.5] Lohmeyer, G.: Praktische Bauphysik, 5. Aufl. 2005, Teubner Verlag, Stuttgart
[3.6] Lutz/Klopfer/Jenisch/Freymuth/Krampf/Petzold/Stohrer: Lehrbuch der Bauphysik, 5. Aufl. 2002, Teubner Verlag, Stuttgart
[3.7] Hohmann, R./Setzer, M. J./Wehling, M.: Bauphysikalische Formeln und Tabellen, Wärmeschutz – Feuchteschutz – Schallschutz, 4. Aufl. 2004, Werner Verlag, Neuwied
[3.8] Schulz, P.: Schallschutz, Wärmeschutz, Feuchteschutz, Brandschutz, 2002, DVA
[3.9] Arndt/Fasold/Veres: Wärmeschutz und Feuchte in der Praxis/Schallschutz und Raumakustik in der Praxis (2 Bde.), 2003, Verlag für Bauwesen
[3.10] Liersch, K.: EnEV-Praxis, 2005, Bauwerk Verlag, Berlin
[3.11] Cziesielski, E./Göbelsmann, M./Röder, J.: Einführung in die Energieeinsparverordnung, 2002, Verlag W. Ernst, Berlin
[3.12] Fasold, W.: Schallschutz und Raumakustik in der Praxis, 2003, Verlag Bauwesen
[3.13] Locher-Weiß, S.: Rechtliche Probleme des Schallschutzes, 2004, Werner, Neuwied
[3.14] Lotz, A.: Schimmelschäden vermeiden, 2004, IRB Verlag
[3.15] Arendt, C./Seele, J.: Feuchte und Salze in Gebäuden, 2. Aufl. 2001, Verlagsanstalt Alexander Koch
[3.16] Hausladen, G./Saldanke M./Nowak, W.: Einführung in die Bauklimatik, 2003, Verlag W. Ernst, Berlin
[3.17] Veith, J.: Bauakustik, 2. Aufl. 2003, expert Verlag
[3.18] Bock, H.-M./Klement, E.: Brandschutz-Praxis für Architekten und Ingenieure, 2006, Bauwerk Verlag, Berlin
[3.19] Klingsohr, K./Messerer, J.: Vorbeugender baulicher Brandschutz, 7. Aufl. 2005, Kohlhammer, Stuttgart
[3.20] Hass, R./Meyer-Ottens, C./Richter, E.: Stahlbau-Brandschutz-Handbuch. 1994, Verlag W. Ernst, Berlin
[3.21] Hass, R./Meyer-Ottens, C./Quast, U.: Verbundbau-Brandschutz-Handbuch, 1989, Verlag W. Ernst, Berlin
[3.22] Kordina, K./Meyer-Ottens, C.: Beton-Brandschutz-Handbuch, 2. Aufl. 1999, VBT-Verlag, Düsseldorf
[3.23] Kordina, K./Meyer-Ottens, C.: Holz-Brandschutz-Handbuch, 2. Aufl. 1995, Beuth Verlag, Berlin
[3.24] Löbbert, A./Thomas, K.: Brandschutzplanung, 4. Aufl. 2003, Verlag R. Müller
[3.25] Merschbacher, A.: Brandschutz, 2006, Verlagsgesellschaft Rudolf Müller

Zu Kapitel 5 A Tragwerksentwurf und Vorbemessung

[5.1] Arnold: Praktische Tragwerkslehre, Werner Verlag, Neuwied, 1987
[5.2] Becker: Tragkonstruktionen des Hochbaues, Teil 1 und 2, Werner Verlag, Neuwied, 1983 und 1987
[5.3] Mattheiß: Stahlbeton, Stahlleichtbeton, Spannbeton, Werner Verlag, Neuwied, 1977
[5.4] Mattheiß: Baugrund und Baustoffe, Werner Verlag, Neuwied, 1977
[5.5] Wormuth, R.: Grundlagen der Hochbaukonstruktion, Werner Verlag, Neuwied, 1977
[5.6] Rybicki, Rudolf: Faustformeln und Faustwerte, Teil 1, Werner Verlag, Neuwied, 3. Auflage
[5.7] Füg, D.: Stahltragwerke im Industriebau, VEB Verlag für Bauwesen, Berlin

[5.8] Herget, W.: Tragwerkslehre, Skelettbau und Wandbau, Teubner-Verlag, Stuttgart, 1993
[5.9] Büttner, Hampe: Bauwerk – Tragwerk – Tragstruktur, Band 1 und 2, E + S-Verlag
[5.10] Engel: Tragsysteme, DVA
[5.11] Führer/Ingendaaij/Stein: Der Entwurf von Tragwerken, Verlagsgesellschaft R. Müller, 2. Aufl., Köln, 1995
[5.12] Engel: Tragwerksysteme, DVA
[5.13] Salvadori/Heller: Tragwerk und Architektur, Vieweg Verlag
[5.14] Natterer u. a.: Holzbauatlas, Band 1 und 2, Rudolf Müller, Köln, 1996
[5.15] Hart/Sonntag u. a.: Stahlbauatlas
[5.16] Informationsdienst Holz, Hefte
[5.17] Merkblätter der Bearbeitungsstelle für Stahlverwendung, Düsseldorf
[5.18] Rosel/Witte: Hallen aus Stahl, DStV
[5.19] Rosel: Betonfertigteile
[5.20] Dubas, P./Gehri, E.: Stahlhochbau, Springer-Verlag, Berlin/New York, 1988
[5.21] Steinle/Hahn: Bauen mit Betonfertigteilen im Hochbau, Fachvereinigung Deutscher Betonfertigteilbau e. V.
[5.22] Kolbitsch, Andreas: Altbaukonstruktionen, Springer-Verlag, Wien/New York, 1988
[5.23] Guiten, H. v.: Tragkonstruktionen, Verlag der Fachvereine an der ETH Zürich

Zu Kapitel 5 B Baustoffe

[5.31] BMfBuT, Katalog für empfohlene Wärmeschutzrechenwerte von Baustoffen und Baukonstruktionen, Wien, 1979
[5.32] Krapfenbauer/Sträussler: Bautabellen, J & V Schulbuchverlag GmbH, Wien, 2002
[5.33] Funk u. a.: Mauerwerk-Kalender 1993, Ernst und Sohn, Berlin, 1993
[5.34] Schneider/Schwimann/Bruckner: Lehmbau für Architekten und Ingenieure, Werner Verlag, Neuwied, 1996
[5.35] N.N., www.blumenfeld.at, 2006
[5.36] Scholz, W./Hiese, W.: Baustoffkenntnis, 15. Aufl., Werner Verlag, Neuwied, 2003
[5.37] Pörschmann, H.: Bautechnische Berechnungstafeln für Ingenieure, Ernst und Sohn, Berlin, 1987
[5.38] N.N., www.heraklith.at
[5.39] Krause/Berger/Nehlert/Wiegmann: Technologie der Keramik, Bd. 1, 2. Aufl., Verlag für Bauwesen, Berlin, 1985
[5.40] Ross/Stahl: Handbuch Putze, Verlagsgesellschaft Rudolf Müller, Köln, 1992
[5.41] Schulze/Tischer/Ettel: Der Baustoff Beton, Bd. 1, Verlag für Bauwesen, Berlin, 1988
[5.42] Eichler/Arendt: Bautechnischer Wärme- und Feuchtigkeitsschutz, 2. Aufl., VEB Verlag für Bauwesen, Berlin, 1989
[5.43] Weber, H.: Das Porenbetonhandbuch, Bauverlag GmbH, Wiesbaden und Berlin, 1991
[5.44] Wesche, H.: Baustoffe für tragende Bauteile, Bd. 2, 3. Aufl., Bauverlag GmbH, Wiesbaden und Berlin, 1993
[5.45] Sälzer/Gothe: Bauphysiktaschenbuch 1984, Bauverlag GmbH, Wiesbaden und Berlin, 1984
[5.46] N.N., www.woodworker.de/forum, 2006
[5.47] ÖNORM B 6021: Dämmstoffe für den Wärme- und Schallschutz im Hochbau (Sept. 1991)
[5.48] Schild/Casselmann/Dahmen/Pohlenz: Bauphysik, 4. Aufl., Friedr. Vieweg & Sohn Verlagsgesellschaft mbH, Braunschweig, 1990
[5.49] Huber/Riccarbona: Baustoffkunde, Manz Verlags- und Universitätsbuchhandlung, Wien, 1992, 3. Auflage 1997
[5.50] Petzold/Marusch/Schramm: Der Baustoff Glas, 3. Aufl., Schondorf: Hofmann, Verlag für Bauwesen, Berlin 1990
[5.51] Scholz, W./Hiese, W.: Baustoffkenntnis, 15. Auflage, Werner Verlag, Neuwied, 2003
[5.52] Wesche, K.: Baustoffe für tragende Bauteile, Bd. 3, 2. Aufl., Bauverlag, Wiesbaden und Berlin, 1985
[5.53] Wesche, K.: Baustoffe für tragende Bauteile, Bd. 4, 2. Aufl., Bauverlag GmbH, Wiesbaden und Berlin, 1988
[5.54] Bruckner, H./Schneider, U.: Studienunterlagen zur Vorlesung „Alternative Baustoffe“ an der TU Wien, 2004

[5.55] König, H.: Wege zum gesunden Bauen, 6. Aufl., Ökobuchverlag, Staufen, 1993
[5.56] Knauf Produktinformationen
[5.57] Tomm, A.: Ökologisch planen und bauen, Friedr. Vieweg & Sohn Verlagsgesellschaft mbH, Braunschweig/Wiesbaden, 1992
[5.58] Krusche/Althaus/Gabriel: Ökologisches Bauen, Bauverlag, Wiesbaden und Berlin, 1982
[5.59] Kruse, O.: Fachkunde für Fliesenleger, B. G. Teubner, 4. Aufl., Stuttgart, 1992
[5.60] Schumann, W.: Der neue BLV Steine- und Mineralienführer, BLV Verlagsgesellschaft mbH, 3. Aufl., München/Wien/Zürich, 1991
[5.61] Soini, H.: Holzwerkstoffe, DRW-Verlag Weinbrenner, 1995
[5.62] Bruckner, H./Schneider, U.: Naturbaustoffe, Werner Verlag, Neuwied 1998

Zu Kapitel 6 A Befestigungstechnik

[6.1] Fuchs, W./Breen, J./Eligehausen, R.: Concrete Capacity Design (CCD) Approach for Fastening to Concrete. ACI-Structural Journal, Vol. 92 (1995), No. 6, S. 794–802
[6.2] Eligehausen, R./Mallèe, R.: Befestigungstechnik im Beton- und Mauerwerksbau. Verlag Ernst & Sohn, 2000
[6.3] Deutsches Institut für Bautechnik, Berlin: Bemessungsverfahren für Dübel zur Verankerung im Beton (Anhang zum Zulassungsbescheid). Ausgabe Juni 1993
[6.4] European Organisation for Technical Approvals (EOTA): Guideline for European Technical Approval of Anchors (Metal Anchors) for Use in Concrete. 1997, Part 1: Anchors in General. Part 2: Torque Controlled Expansion Anchors. Part 3: Undercut Anchors. Annex A: Details of Tests. Annex B: Tests for Admissible Service Conditions, Detailed Information. Annex C: Design Method for Anchorages
[6.5] Eurocode No. 2: Design of Concrete Structures, Part 1: General Rules and Rules for Building. Final Draft, December 1988
[6.6] DIN V ENV 1992 Teil 1-1, Eurocode 2, Planung von Stahlbeton- und Spannbetontragwerken, Teil 1: Grundlagen und Anwendungsregeln für den Hochbau, Ausgabe Juni 1992

Zu Kapitel 6 B Schutz und Instandsetzung von Betonbauwerken

[6.20] Deutscher Ausschuss für Stahlbeton; DAfStb; DAfStb-Instandsetzungs-Richtlinie: Schutz und Instandsetzung von Betonbauteilen. Teil 1: Allgemeine Regelungen und Planungsgrundsätze. Teil 2: Bauprodukte und Anwendung. Teil 3: Anforderungen an die Betriebe und Überwachung der Ausführung. Teil 4: Prüfverfahren. Ausgabe Oktober 2001. Berlin : Deutscher Ausschuss für Stahlbeton, 2001
[6.21] Bundesanstalt für Straßenwesen; ZTV-ING: Baudurchführung: Zusätzliche Technische Vertragsbedingungen und Richtlinien für Ingenieurbauten ZTV-Ing. (inkl. ZTV-Kor-Stahlbauten 02) Dortmund: Verkehrsblatt, 2003
[6.22] Mitteilungen Deutsches Institut für Bautechnik ; DIBt ; Bauregelliste: Bauregelliste A, Bauregelliste B und Liste C (Ausgabe 2001/1). In: Mitteilungen Deutsches Institut für Bautechnik 32 (2001), Nr. 24 Sonderheft
[6.23] DBV-Merkblatt, Begrenzung der Rissbildung im Stahlbeton- und Spannbetonbau, Fassung September 1996, Deutscher Beton-Verein e.V., Wiesbaden
[6.24] DIN 18 195-5 Bauwerksabdichtungen, Teil 5: Abdichtungen gegen nichtdrückendes Wasser auf Deckenflächen und in Nassräumen, Bemessung und Ausführung, August 2000
[6.25] Forschungsgesellschaft für Straßen- und Verkehrswesen: Merkblatt für Schichtenverbund, Nähte, Anschlüsse und Randausbildung von Verkehrsflächen aus Asphalt (M SNAR). Ausgabe 1998. Köln: Forschungsgesellschaft für Straßen- und Verkehrswesen, 1998
[6.26] Technische Lieferbedingung für Reaktionsharze für Grundierungen, Versiegelungen und Kratzspachtelungen unter Asphaltbelägen auf Beton. 1999

Zu Kapitel 6 C Schutz von Stahlbauten

[6.51] Wesche, K.: Baustoffe für tragende Bauteile, Band 3 (Stahl, Aluminium), 2. Auflage 1985, Bauverlag, Wiesbaden und Berlin

[6.52] Nürnberger, U.: Korrosion und Korrosionsschutz im Bauwesen, Band 1 und 2, 1995, Bauverlag, Wiesbaden und Berlin
[6.53] Gellings, P. J.: Korrosion und Korrosionsschutz von Metallen, 1981, Carl Hanser Verlag, München und Wien
[6.54] Kaesche, H.: Die Korrosion der Metalle, 1990, Springer-Verlag, Berlin – Heidelberg – New York
[6.55] Katzung, W.: Korrosionsschutz von Stahlbauten, in Stahlbaukalender 2000, Hrsg. U. Kuhlmann, Ernst & Sohn, Berlin
[6.56] Katzung, W.: Richtlinie Korrosionsschutz von Stahlbauten in atmosphärischen Umgebungsbedingungen durch Beschichtungssysteme, 1999, Deutscher Stahlbau-Verband, Düsseldorf
[6.57] Katzung, W.: Korrosionsschutz von Stahlkonstruktionen durch Beschichtungssysteme, Merkblatt 405, Ausgabe 2005, Stahl-Informationszentrum, Düsseldorf
[6.58] Arbeitsblätter Feuerverzinken, 4. Auflage 1999, Institut Feuerverzinken GmbH, Düsseldorf

Zu Kapitel 7 A Landschaftsbau/Gehölzanwendung

[7.1] FLL-Forschungsgesellschaft Landschaftsentwicklung – Landschaftsbau e. V., Bonn (Hrsg.): Gütebestimmungen für Baumschulpflanzen, 2005
[7.2] FLL (wie vor): Leitfaden für die funktionsgerechte Ausführung und Pflege von Gehölzpflanzungen im besiedelten Bereich, 1999
[7.3] Krieter, M./Malkus, A. u. a.: Untersuchungen zur Standortoptimierung von Straßenbäumen; (Hrsg.): FLL (wie vor), Bonn, 1996
[7.4] FLL-Forschungsges. Landschaftsentwicklung – Landschaftsbau e. V. (Hrsg.): Besondere Leistungen, Nebenleistungen und gewerbliche Verkehrssitte bei Landschaftsbau-Fachnormen DIN 18 915 bis DIN 18 920, Bonn, 1994, überarb. Aufl. 1997
[7.5] DIN 18 916 (8/02) – Pflanzen und Pflanzarbeiten
[7.6] Warda, H.-D.: Das große Buch der Garten- und Landschaftsgehölze, 2. Aufl. Bruns Pflanzen Export GmbH, Bad Zwischenahn, 2001
[7.7] Straßenbaumliste der Gartenamtsleiter, Stand 1995, in: Grün ist das Leben 11/95 (Verbandszeitschr. des BDB)

Zu Kapitel 7 B Verkehrswesen

[7.8] Schnabel, W./Lohse, D.: Grundlagen der Straßenverkehrstechnik und Straßenverkehrsplanung, 1997, Verlag für Bauwesen, Berlin
[7.9] Weise, G./Durth, W.: Straßenbau – Planung und Entwurf, 1997, Verlag für Bauwesen, Berlin
[7.10] Natzschka, H.: Straßenbau – Entwurf und Bautechnik, 2003, Verlag Teubner, Stuttgart
[7.11] Hessisches Landesamt für Straßenbau: Grundlagen und Berechnungsverfahren zur verkehrstechnischen Bearbeitung eines Knotenpunktes, Heft 37 der Schriftenreihe des Hessischen Landesamtes für Straßenbau, 1994, Wiesbaden
[7.12] Forschungsgesellschaft für Straßen- und Verkehrswesen: Handbuch für die Bemessung von Straßenverkehrsanlagen (HBS), 2001/2005, FGSV Verlag, Köln
[7.13] Bundesministerium für Verkehr: Schriftenreihe „Forschung Straßenbau und Straßenverkehrstechnik“, Bonn-Bad Godesberg
[7.14] Höfler, F.: Verkehrswesen-Praxis, Band 1 und 2, 2004/2006, Bauwerk Verlag, Berlin
[7.15] Straßenbau von A–Z (Loseblattsammlung), Erich Schmidt Verlag, Berlin
[7.16] Der Elsner, Handbuch für Straßen- und Verkehrswesen, Otto Elsner Verlagsgesellschaft, Darmstadt (erscheint jährlich)
[7.17] Wolf, G.: Straßenplanung, 7. Aufl. 2005, Werner Verlag, Neuwied
[7.18] Bundesministerium für Verkehr, Beispielesammlung „Planfreie Knotenpunkte“, bearbeitet von der Bundesanstalt für Straßenwesen
[7.19] Richter, D./Heindel, M.: Straßen- und Tiefbau, 2004, Teubner Verlag, Stuttgart
[7.20] Velske, S. /Mentlein, H./Eymann, P.: Straßenbautechnik, 5. Aufl. 2002, Werner Verlag, Neuwied

[7.21] Löther, W.: Straßenbau-Praxis, 2001, Bauwerk Verlag, Berlin
[7.22] Straube, E./Krass, K.: Straßenbau und Straßenerhaltung, 8. Aufl. 2005, Erich Schmidt Verlag, Berlin
[7.23] Sill, O.: Handbuch für Städtisches Ingenieurwesen, Bände I, II, III, Otto Elsner Verlagsgesellschaft, Darmstadt
[7.24] Straße und Autobahn (Zeitschrift), Kirschbaum Verlag, Bonn
[7.25] Straßenverkehrstechnik (Zeitschrift), Kirschbaum Verlag, Bonn
[7.26] Tiefbau, Ingenieurbau, Straßenbau (Zeitschrift), C. Bertelsmann Verlag, Gütersloh
[7.27] Straßen- und Tiefbau (Zeitschrift), Giesel Verlag, Isernhagen
[7.28] Asphalt (Zeitschrift), Giesel Verlag, Isernhagen
[7.29] Der Nahverkehr (Zeitschrift), Alba Fachverlag, Düsseldorf
[7.30] Baier, R./Ackva, A./Baier, M.: Straßen und Plätze neu gestaltet (Loseblatt-Sammlung), Kirschbaum Verlag, Bonn
[7.31] Hutschenreuther, J./Wörner, Th.: Asphalt im Straßenbau, 1998, Verlag Bauwesen, Berlin
[7.32] Kolks, W./Fiedler, J.: Verkehrswesen in der kommunalen Praxis, 2003, Erich Schmidt Verlag, Berlin
[7.33] Wiehler, H.-G. u. a.: Straßenbau – Konstruktion und Ausführung, 3. Aufl. 1995, Verlag für Bauwesen, Berlin
[7.34] Steierwald, G./Künne, H.-D.: Stadtverkehrsplanung, 1994, Springer-Verlag, Berlin

Zu Kapitel 7 C Wasserversorgung

[7.40] Pistohl, W.:,Handbuch der Gebäudetechnik Band 1, 5. Auflage, Werner Verlag, Neuwied, 2005
[7.41] Karger, R./Cord-Landwehr, K./Hoffmann, F.: Wasserversorgung, 12. Auflage, Teubner Verlag, Stuttgart, 2005
[7.42] Grombach, P./Haberer K./Trueb, F.:,Handbuch der Wasserversorgungstechnik, 3. Auflage, Oldenbourg Verlag, München, 2000
[7.43] Mutschmann, J./Stimmelmayr, F.:,Taschenbuch der Wasserversorgung, 13. Auflage, Vieweg & Sohn Verlagsgesellschaft mbH, Braunschweig/Wiesbaden, 2002

Zu Kapitel 7 D Kanalisation

[7.50] ATV-Handbuch, Planung der Kanalisation, 4. Auflage 1994, Verlag Wilhelm Ernst & Sohn, Berlin
ATV-Handbuch, Bau und Betrieb der Kanalisation, 4. Auflage 1995, Verlag Wilhelm Ernst & Sohn, Berlin
[7.51] itwh, DWD, FH Höxter: KOSTRA DWD 2000 Programm Version 2.0.1
[7.52] Imhoff, K. u. K. R.:,Taschenbuch der Stadtentwässerung, 29. Auflage 1999, Oldenbourg Verlag, München

Zu Kapitel 8 Geotechnik

[8.1] EWB: Empfehlungen Wechselwirkung Baugrund/Bauwerk bei Flachgründungen, Entwurf, 17. Fassung, 2001
[8.2] EAU: Empfehlungen des Arbeitsausschusses Ufereinfassungen, 9. Auflage, 1996, Verlag Ernst & Sohn, Berlin
[8.3] EVB: Empfehlungen Verformungen des Baugrunds, 1993, Verlag Ernst & Sohn, Berlin
[8.4] Hoffmann: Bautechnik 2/1958 S. 59–63
[8.5] Weißenbach, A.: Baugruben, Verlag Ernst & Sohn, Berlin
Teil I: Konstruktion und Bauausführung, 1975
Teil II: Berechnungsgrundlagen, 1985
Teil III: Berechnungsverfahren, 1977
[8.6] EAB: Empfehlungen des Arbeitskreises Baugruben, 3. Aufl. 1994, Verlag Ernst & Sohn, Berlin
[8.7] Grundbautaschenbuch, Hrsg. Smoltczyk, U.: Teil 2, 5. Auflage 1996

[8.8] Grundbautaschenbuch, Hrsg. Smoltczyk, U.: Verlag Ernst & Sohn, Berlin
Teil 1, 6. Auflage 2001
Teil 2, 6. Auflage 2001
Teil 3, 6. Auflage 2001

[8.9] Herth, W./Arndt, E.: Theorie und Praxis der Grundwasserabsenkung, 3. Auflage 1994, Verlag Ernst & Sohn, Berlin

[8.10] Schmidt, H.G./Seitz, J.: Grundbau; in: Betonkalender II/1998, Verlag Ernst & Sohn, Berlin

[8.11] Bartl, U.: Zur Mobilisierung des passiven Erddrucks in kohäsionslosem Boden. Diss. an der TU Dresden, 2004

[8.12] Franke, D.: Erddruck auf Querflügelmauern, Bauplanung – Bautechnik, Berlin, 1981 H. 2, S. 85–88

[8.13] Piakowski, A./Kowalewski, Z.: Application of Thixotropic Clay Suspensions for Stability of Vertical Sides of Deep Trenches without Strutting. Proc. of the Sixth International Conference on Soil Mechanics and Foundation Engineering, Montreal, 1965, Vol. II, S. 526 bis 529; Vol. III, S. 563–564

[8.14] Pregl, O.: Bemessung von Stützbauwerken; in: Handbuch der Geotechnik, Band 16; herausgegeben vom Institut für Geotechnik, Universität für Bodenkultur, Wien, 1990

[8.15] Sokolovski, V.V.: Statics of Granular Media. Pergamon Press, Oxford, 1965

[8.16] Winkler, A.: Ermittlung des Erddrucks im Bruchzustand bei Drehung einer Wand um den Kopfpunkt. Dissertation, TU Dresden, 2001

[8.17] Franke, D.: Beiträge zur praktischen Erddruckberechnung. Habilitationsschrift, TU Dresden, 1982

[8.18] Weißenbach, A./Hettler, A.: Berechnung von Baugrubenwänden nach der neuen DIN 1054, Bautechnik 12/2003 S. 857–874

Zu Kapitel 9 A Öffentliches Bau- und Umweltrecht

[9.1] Daub, M.: Bebauungsplanung, 3. Aufl. 1973, Kohlhammer-Verlag, Stuttgart

[9.2] Göderitz, J./Rainer, R./Hoffmann, H.: Die gegliederte und aufgelockerte Stadt, 1957, Verlag E. Wasmuth, Tübingen

[9.3] Handwörterbuch der Raumforschung und Raumordnung, 2. Aufl. 1970, Jänecke-Verlag, Hannover

[9.4] Hangarter, E.: Grundlagen der Bauleitplanung, 3. Aufl. 1996, Werner Verlag, Neuwied

[9.5] Rosenbach, H. J.: Einführung in das öffentliche Baurecht, 1978, Werner Verlag, Neuwied

[9.6] Schwentek, K.: Niedersächsische Bauordnung, 4. Aufl. 2005, Rehmbau, Heidelberg

[9.7] Architektenkammer Nidersachsen (Hrsg.): Baugenehmigung und Genehmigungsfreiheit in Niedersachsen, Hannover 2005

[9.8] Baugesetzbuch, Textausgb. m. Einf. von W. Söfker, 37. Aufl. 2005, Beck-Texte im dtv, München

[9.9] Wasserhaushaltsgesetz, Abwasserabgabengesetz … Textsammlung 2005, Saxonia Verlag, Dresden 2005

Zu Kapitel 10 A Bauprozessmanagement

[10.1] Hrsg. Hauptverband der Deutschen Bauindustrie e.V.: KLR - Bau - Kosten- und Leistungsrechnung der Bauunternehmen. 7. aktualisierte Auflage, Wiesbaden und Berlin: Bauverlag GmbH; Neuwied: Werner-Verlag

[10.2] Hrsg. Deutscher Taschenbuch Verlag: VOB – Vergabe- und Vertragsordnung für Bauleistungen; HOAI – Honorarordnung für Architekten und Ingenieure, Beck-Texte im dtv, 22. Auflage 2003

[10.3] AHO e.V.: Projektmanagementleistungen in der Bau- und Immobilienwirtschaft, 2. Auflage, Berlin: AHO e.V. Januar 2004

[10.4] Kapellmann, K. D./Schiffers, Karl-Heinz.: Vergütung, Nachträge und Behinderungsfolgen beim Bauvertrag, 4. erweiterte Auflage, Neuwied: Werner Verlag. Januar 2000

[10.5] Langen. W./Schiffers, Karl-Heinz: Bauplanung und Bauausführung, 1. Auflage, Werner Verlag 2005

[10.6] Greiner, P./Mayer, Peter E./Stark, K.: Baubetriebslehre/Projektmanagement, 2. korr. Auflage, Braunschweig/Wiesbaden: Vieweg Verlag 2002
[10.7] Kapellmann, K. D.: Schlüsselfertiges Bauen, Rechtsbeziehungen zwischen Auftraggeber, Generalunternehmer, Nachunternehmer, 2. Auflage., Werner Verlag 2004
[10.8] Hrsg. Hauptverband der Deutschen Bauindustrie: Geräteliste (BGL) 2001 technisch-wirtschaftliche Baumaschinendaten. Wiesbaden: Bauverlag 2001
[10.9] Schulte, Karl-Werner (Hrsg.): Handbuch Immobilien-Projektentwicklung. Köln: R. Müller Verlag, 1996
[10.10] Korbion, H./Mantscheff, J./Vygen, K.: HOAI-Kommentar, 6. Auflage, München: C.H. Beck Verlag 2004
[10.11] Meyran, Gabriel: Optimierungsfragen der Baustelleneinrichtung. München: Technische Universität München. Lehrstuhl für Tunnelbau und Baubetrieb, Dissertation: D-20, 1973
[10.12] Hrsg. DIN Deutsches Institut für Normung e.V.: Vergabe- und Vertragsordnung für Bauleistungen (VOB), Ausgabe 2002. Berlin, Wien. Zürich: Beuth Verlag, 2005
[10.13] Ingenstau, H./Korbion,/Locher. H./Vygen, K.: VOB Kommentar – Teil A und B, Werner Verlag, 15. Auflage 2003
[10.14] Kochendörfer, B./Viering, M. G./Liebchen, J.: Bau-Projekt-Management, 2. Auflage, Teubner-Verlag, Juni 2004
[10.15] Zentralverband des Deutschen Baugewerbes e.V.; Hauptverband der Deutschen Bauindustrie e. V.; Industriegewerkschaft Bauen-Agrar-Umwelt: Arbeitszeit-Richtwerte Hochbau – ARH Tabellen, Neu-Isenburg: Zeittechnik-Verlag
[10.16] Hrsg. DIN Deutsches Institut für Normung e. V.; Aufgestellt vom GAEB und vom DVA: Standardleistungsbuch für das Bauwesen – STLB-Bau; Berlin, Köln: Beuth Verlag
[10.17] Baukosteninformationszentrum Deutscher Architektenkammern: BKI Baukosten 2004, Teil 1 und Teil 2, Müller Verlag 2004
[10.18] von der Damerau, H./Tauterat, A./Franz, R.: VOB im Bild, Hochbau- und Ausbauarbeiten, 17. Auflage, Köln: Rudolf Müller Verlag 2003
[10.19] von der Damerau, H./Tauterat, A./Stern, W.: VOB im Bild, Tiefbau- und Erdarbeiten. 17. Auflage, Köln: Rudolf Müller Verlag 2003
[10.20] Bundesrahmentarifvertrag für das Baugewerbe vom 4. Juli 2002 in der Fassung vom 29. Juli 2005
[10.21] Tarifvertrag zur Regelung der Mindestlöhne im Baugewerbe im Gebiet der Bundesrepublik Deutschland (TV Mindestlohn) vom 29. Juli 2005

Zu Kapitel 10 B Kostenplanung, Honorarordnung

[10.30] Möller, D.-A./Tripler, K.: Baukostenplanung, Vortragsmanuskript, 1996, FH Oldenburg
[10.31] BKI Baukosten 2001, Teil 1 Kostenkennwerte für Gebäude. Hrsg. Baukosteninformationsdienst Deutscher Architektenkammern GmbH, Stuttgart, 2004
[10.32] Bundesministerium für Raumordnung, Bauwesen und Städtebau, Ermittlung zeitgemäßer Normalherstellungskosten für die Belange der Verkehrswertermittlung, NHK 2000
[10.33] Statistisches Bundesamt, Wiesbaden, 2005
[10.34] Schmitz, H./Gerlach, R./Meisel, U: Baukosten 2004 (Neubau) Verlag Hubert Wingen, Essen, 2004
[10.35] Sirados-Texte: Baupreis-Elementkatalog, 6. Auflage 1997, Edition Aum, Dachau (Loseblattsammlung)
[10.36] Hutzelmeyer, H./Greulich, M.: Baukostenplanung mit Gebäudeelementen, 1983, Verlagsgesellschaft Rudolf Müller
[10.37] Möller, D.-A.: Planungs- und Bauökonomie, Band 1, 3. Aufl. 1996, Verlag R. Oldenbourg, München und Wien
[10.38] Plakoda, Planungskostendaten der öffentlichen Bauverwaltung, ZBWB, Zentralstelle für Bedarfsmessung und Wirtschaftliches Bauen des Landes Baden-Württemberg, und IWB, Zentralstelle für Bedarfsmessungen und wirtschaftliches Bauen, beide Oberfinanzdirektion Karlsruhe in Freiburg/Brsg.
[10.39] Kostenflächenarten-Methode, ARGEBAU – Hochbauausschuss (Länderarbeitsgemeinschaft LAG), Hochschul-Informations-System (HIS GmbH.), Hannover, und ZBWB/IWB (siehe [10.38])

Zu Kapitel 10 C Integrales Facility Management

[10.50] Kahlen, Hans: Integrales Facility Management – Management des Ganzheitlichen Bauens. Initiierung, Planung, Realisierung, Betrieb, Stilllegung, Abriss, Neuwied: Werner, 1999; Kahlen, Hans: Facility Management: Entstehung, Konzeptionen, Perspektiven, Berlin/.../Tokio: Springer, 2001

[10.51] Schneider, Klaus-Jürgen (Hrsg.): Bautabellen für Architekten mit europäischen und nationalen Vorschriften, Neuwied: Werner, 16. Aufl. 2004

[10.52] Dütz, Armand: Lokale Agenda 21 Grundlagen und erste Zwischenergebnisse, DBZ 5/97, S. 105–112

[10.53] Ulrich, Hans/Probst, Gilbert J. B.: Anleitung zum ganzheitlichen Denken und Handeln, Bern: Paul Haupt, 1995

[10.54] Schwarz, Werner: Computerintegriertes Bauen, in: Kahlen, Hans (Hrsg.), Bauen in den neuen Bundesländern, Reihe Facility Management, Bd. 4, Stuttgart/Berlin/Köln: Kohlhammer, 1991, S. 113–162

[10.55] Henzler, Dieter W./Heidbreder, Uwe W.: Praxis des Objektmanagements – Methodik, Planung, Durchführung, Berlin (West), Landsberg am Lech: Moderne Industrie, 1989

[10.56] Frutig, Daniel/Reiblich, Dietrich: Facility Management. Erfolgsfaktoren der Immobilien- und Anlagenbewirtschaftung, Stuttgart: Schäffer-Poeschel Verlag, 1995

[10.57] Braun, Hans-Peter/Haller, Peter/Oesterle, Eberhard: Facility Management: Erfolg in der Immobilienbewirtschaftung, Berlin/Heidelberg u. a.: Springer, 2001

[10.58] Nävy, Jens: Facility Management, Grundlagen, Computerunterstützung, Einführungsstrategie, Praxisbeispiel, Berlin/Heidelberg: Springer, 2000

[10.59] Barrett, Peter: Facility Management: Optimierung der Gebäude- und Anlagenverwaltung, Wiesbaden/Berlin: Bauverlag, 1998 (English Edition 1995)

[10.60] Ghahremani, Amir: Integrale Infrastrukturplanung: Facility Management und Prozessmanagement in Unternehmensinfrastrukturen, Berlin/Heidelberg: Springer, 1998

[10.61] Henzelmann, Torsten u. a.: Facility Management: ein neues Geschäftsfeld für die Versorgungswirtschaft, Renningen-Malmsheim: expert Verlag, 2001

[10.62] Lochmann, Hans-Dieter/Köllgen, Rainer (Hrsg.): Facility Management: strategisches Immobilienmanagement in der Praxis, Wiesbaden: Gabler, 1998

[10.63] Zechel, Peter u. a.: Facility Management in der Praxis, Renningen-Malmsheim: expert Verlag, 2002

[10.64] ATKIN-Studie, Strategische Studie über das Bauwesen (Schlussbericht: Strategien für die Bauwirtschaft), Kommission der Europäischen Gemeinschaften, Generaldirektion Binnenmarkt und Gewerbliche Wirtschaft (von WS Atkins International Limited für die Europäische Kommission verfasst), 1993

[10.65] HOAI – Verordnung über die Honorare für Leistungen der Architekten und der Ingenieure, Textausgabe mit DM- und Euro-Werten, 1999, Werner Verlag, Neuwied

[10.66] Staudt, Erich/Kriegesmann, Bernd/Thomzik, Markus: Facility Management: der Kampf um Marktanteile beginnt, Frankfurt am Main: Frankfurter Allgemeine Zeitung, Verl.-Bereich Buch, 1999

[10.67] Wübbenhorst, Klaus: Konzept der Lebenszykluskosten – Grundlagen, Problemstellungen und technologische Zusammenhänge, Darmstadt: Verlag für Fachliteratur, 1984

[10.68] Campy, James: Reengineering im Management. Die Radikalkur für die Untemehmensführung, Frankfurt (M.)/New York: Campus, 1995

[10.69] Nippa, Michael/Picot, Arnold (Hrsg.): Prozessmanagement und Reengineering. Praxis im deutschsprachigen Raum, Frankfurt (M.)./New York: Campus, 1995

[10.70] Sprenger, Reinhard K.: Das Prinzip der Selbstverantwortung. Wege zur Motivation, Frankfurt (M.)./New York: Campus, 1995

[10.71] Dierks, Klaus (Hrsg.): Elektronische Datenverarbeitung in der Architektur. Gesammelte Vorträge des Symposiums „Elektronische Datenverarbeitung in der Architektur" vom 19. bis 20. Mai 1978 in Berlin, Neuwied: Werner Verlag, 1979 (Schriftenreihe Entwerfen und Konstruieren)

[10.72] Schwarz, Heinz: Daten- und Informationsverarbeitung in Planung und Steuerung von Bauprojekten, Berlin: Ernst & Sohn, 1988

[10.73] Willim, Bernd: Leitfaden der Computer Grafik. Visuelle Informationsdarstellung mit dem

Computer, Berlin: Drei-R-Verlag, 1989

[10.74] Kröger, Detlef/Rossig, Eberhard H.: Internet für Facility-Manager, Neuwied, Kriftel: Luchterhand, 1998

[10.75] Treacy, Michael/Wiersema, Fred: Marktführerschaft. Weg zur Spitze, Frankfurt (M.)/New York: Campus, 1995

[10.76] Institut für freie Berufe an der Friedrich-Alexander-Universität Erlangen-Nürnberg (Hrsg.), Freie Berufe in Europa, Materialien zur Struktur und Lage der freien Berufe in der Europäischen Gemeinschaft, in Österreich und der Schweiz, Bonn: der freie Beruf Verlags GmbH, 1993, S. 305 und 306

Zu Kapitel 11 A/B Mathematik und Bauinformatik

[11.1] Bronstein, I. N./Semendjajew, K. A./Musiol, G. u. a.: Taschenbuch der Mathematik, 6. Auflage 2005, Harri-Deutsch-Verlag, Frankfurt (M.)

[11.2] Gelhaus, R./Ehlebracht, H.:,Kleine Ingenieurmathematik,
Teil 1, WIT 29, 2. Auflage 1985
Teil 2, WIT 30, 2. Auflage 1984, Werner Verlag, Neuwied

[11.3] Stöcker, H. (Hrsg.):,Taschenbuch mathematischer Formeln und moderner Verfahren, 4. Auflage, Sonderausgabe 2003, Harri-Deutsch-Verlag, Frankfurt (M.)

[11.4] Zeidler, E. (Hrsg.):,Teubner-Taschenbuch der Mathematik, 2. Auflage 2003, Teubner Verlag, Wiesbaden

[11.5] Claus, V./Schwill, A.: DUDEN Informatik, 3. verb. Auflage 2003, Bibliographisches Institut, Mannheim

[11.6] Doberenz, W./Kowalski, Th.:,Visual Basic NET, Grundlagen und Profiwissen, 1. Auflage 2004, Hanser Fachbuchverlag, München

[11.7] Isernhagen, R./Helmke, H.:,Softwaretechnik in C und C++, Das Kompendium, 4. Auflage 2004, Hanser Fachbuchverlag, München

[11.8] Jacobson, R.:,Microsoft Excel VBA, Auflage 2005, Microsoft Press Deutschland

[11.9] Schäpers, A. u. a.:,C sharp Kompendium, 1. Auflage 2002, Markt + Technik Verlag, München

[11.10] Schneider, U./Werner, D. u. a.:,Taschenbuch der Informatik, 5. Auflage 2004, Hanser Fachbuchverlag, Leipzig

Zu Kapitel 12 Einwirkungen auf Tragwerke (Lastannahmen)

[12.1] Holschemacher, K.: Lastannahmen nach neuen Normen, 2006, Bauwerk Verlag, Berlin

[12.2] Grünberg, J.: Grundlagen der Tragwerksplanung – Sicherheitskonzept und Bemessungsregeln für den konstruktiven Ingenieurbau. Beuth Verlag, 2004

[12.3] Gemeinsames Amtsblatt (GABl.) des Landes Baden-Württemberg vom 26. März 1997

[12.4] Gemeinsames Amtsblatt (GABl.) des Landes Baden-Württemberg Nr. 7 vom 26. März 1993, Ausgabe A sowie Berichtigung vom 17. September 1993 im GABl. Nr. 27

Zu Kapitel 13 A Baustatik

[13.1] Schneider, K.-J./Schweda, E.: Baustatik – Statisch bestimmte Systeme, WIT 1, 5. Aufl. 1999, Werner Verlag, Neuwied

[13.2] Rubin, H./Schneider, K.-J.: Baustatik – Theorie I. und II. Ordnung, WIT 3, 4. Aufl. 2002, Werner Verlag, Neuwied

[13.3] Schweda, E./Krings, W.: Baustatik – Festigkeitslehre, WIT 4, 3. Aufl. 2000, Werner Verlag, Neuwied

[13.4] Friemann, H.: Schub und Torsion in geraden Stäben, WIT 78, 2. Aufl. 1983, Werner Verlag, Neuwied

[13.5] Schineis, M.: Festigkeitslehre, Skriptum, Fachhochschule München

[13.6] Dimitrov, N.: Festigkeitslehre, in: Beton-Kalender, Teil 1, Verlag Ernst & Sohn, Berlin

Zu Kapitel 13 B Aufbau statischer Berechnungen

[13.20] Vereinigung der Prüfingenieure in Rheinland-Pfalz e. V.: Form und Inhalt statischer Unterlagen; Merkblätter Teile A und B, September 1985. Geschäftsstelle: 55543 Bad Kreuznach

[13.21] Dames, K.-H.: Rohbauzeichnungen, Bewehrungszeichnungen, Bauverlag Wiesbaden und Berlin, 1997

[13.22] Cziesielski, E.: Gebäudedehnfugen; in: Lehrbuch der Hochbaukonstruktionen, 3. Auflage, Teubner Verlag Stuttgart, 1997

[13.23] Bundesvereinigung der Prüfingenieure: Ri-EDV-AP-2001 (Richtlinie für das Aufstellen und Prüfen EDV-unterstützter Standsicherheitsnachweise, vpi, Ferdinandstr. 38-40, 20095 Hamburg, April 2001

Zu Kapitel 14 A Beton

[14.1] Bundesverband der Deutschen Zementindustrie (Hrsg.): Beton – Herstellung nach Norm. 16. Auflage, Verlag Bau+Technik, Düsseldorf 2004

[14.2] Deutscher Ausschuss für Stahlbeton (DAfStb): Erläuterungen zu DIN EN 206-1, DIN 1045-2, DIN 1045-3 und DIN 1045-4. Heft 526 der Schriftenreihe des DAfStb; Beuth Verlag, Berlin, 2003

[14.3] Deutscher Beton- und Bautechnik-Verein (DBV): Betonherstellung und Verwendung nach neuer Norm. Verlag Ernst & Sohn. Berlin 2003

[14.4] Meyer, L.: Umsetzung der neuen DIN 1045 / Hinweise und Erfahrungen. Beton 55 (2005), Heft 1 und 2, S. 32–38

[14.5] Verein Deutscher Zementwerke (Hrsg.): Zement-Taschenbuch. 50. Auflage, Verlag Bau+Technik, Düsseldorf, 2002

[14.6] Weber, R.: Guter Beton/Ratschläge für die richtige Betonherstellung. 21. Auflage, Verlag Bau+Technik, Düsseldorf. 2005

Zu Kapitel 14 B Betonstahl

[14.7] Schwarzkopf, M.: BSt 500 MA. das neue Mattenprogramm im Einklang mit DIN 1045-1. Bauingenieur, 12/2001, Springer Verlag

[14.8] Rußwurm/Fabritius: Bewehren von Stahlbeton-Tragwerken nach DIN 1045-1. Institut für Stahlbetonbewehrung. Düsseldorf, 2002

Zu Kapitel 14 C Stahlbetonbau

[14.10] Schmitz/Goris: DIN 1045 digital; DIN 1045-1 als Hypertext, ausführliche Berechnungsbeispiele, interaktive Bemessungshilfen, Version 2, 2005, Werner Verlag, Neuwied

[14.11] Deutscher Ausschuss für Stahlbeton, DAfStb-Heft 425, Bemessungshilfen zum EC 2, 1992, Beuth Verlag, Berlin/Köln

[14.12] Litzner, H.-U.: Grundlagen der Bemessung nach Eurocode 2 – Vergleich mit DIN 1045 und DIN 4227, Beton-Kalender 1996, Verlag Ernst & Sohn, Berlin

[14.13] Grasser, E./Thielen, G.: Hilfsmittel zur Berechnung der Schnittgrößen und Formänderungen von Stahlbetontragwerken, DAfStb-H. 240, 1991, Beuth Verlag, Berlin/Köln

[14.14] Avak, R.: Stahlbetonbau in Beispielen, DIN 1045 und europäische Normung; Teil 1, 4. Aufl. 2004, Teil 2, 3. Aufl. 2005, Werner Verlag, Neuwied

[14.15] Wommelsdorff, O.: Stahlbetonbau; Teil 1, 8. Auflage 2005, Teil 2, 7. Auflage 2006; Werner Verlag, Neuwied

[14.16] Pieper, K./Martens, P.: Näherungsberechnung vierseitig gestützter durchlaufender Platten im Hochbau; in: Beton- und Stahlbetonbau 6/66 und 7/67, Verlag Ernst & Sohn, Berlin

[14.17] Czerny, F.: Tafeln für Rechteckplatten. Beton-Kalender, verschiedene Jahrgänge, Verlag Ernst & Sohn, Berlin

[14.18] Schlaich/Schäfer: Konstruieren im Stahlbeton. Beton-Kalender 1998, Verlag Ernst & Sohn, Berlin

[14.19] Zilch/Rogge: Bemessung der Stahlbeton- und Spannbetonbauteile im Brücken- und Hochbau; in: Beton-Kalender 2002, Verlag Ernst & Sohn, Berlin
[14.20] Leonhardt, F.: Vorlesungen über Massivbau, Teile 1 bis 6, Springer-Verlag, Berlin
[14.21] DAfStb-Heft 525: Deutscher Ausschuss für Stahlbeton, Heft 525. Erläuterungen zu DIN 1045, 2003, Beuth Verlag
[14.22] Litzner/Fingerloos: Erläuterungen zur praktischen Anwendung der neuen DIN 1045. Beton-Kalender, 2006, Verlag Ernst & Sohn, Berlin
[14.23] Krüger, W./Mertzsch, O.: Verformungsnachweise – Erweiterte Tafeln zur Begrenzung der Biegeschlankheit; in: Stahlbetonbau aktuell, Praxishandbuch 2003, Bauwerk Verlag, Berlin
[14.24] Quast, U.: Stützenbemessung. Beton-Kalender 2004, Verlag Ernst & Sohn, Berlin
[14.25] Schießl: Rissbreitenbegrenzung, in: DAfStb-Heft 400, 1988, Beuth Verlag, Berlin/Köln
[14.26] Kordina: Bewehrungsrichtlinien, Umlenkkräfte, in: DAfStb-Heft 400, 1988, Beuth Verlag, Berlin/Köln
[14.27] Dieterle/Rostásy: Tragverhalten quadratischer Einzelfundamente aus Stahlbeton. DAfStb-Heft 387, Verlag Ernst & Sohn, Berlin
[14.28] Steinle: Zum Tragverhalten von Blockfundamenten für Stahlbetonfertigteilstützen. Vortrag Betontag 1981, Deutscher Beton-Verein, 1981
[14.29] Eligehausen/Gerster: Das Bewehren von Stahlbetonbauteilen – Erläuterungen zu verschiedenen gebräuchlichen Bauteilen. DAfStb-Heft 399, 1993, Beuth Verlag, Berlin/Köln
[14.30] Grasser/Kordina/Quast: Bemessung von Beton- und Stahlbetonbauteilen nach DIN 1045, Ausgabe 1978. DAfStb-Heft 220, 2., überarbeitete Aufl., 1979, Verlag Ernst & Sohn, Berlin
[14.31] Franz: Konstruktionslehre des Stahlbetons. Band I, Grundlagen und Bauelemente, 4. Auflage, 1980, Springer-Verlag, Berlin
[14.32] Franz/Schäfer/Hampe: Konstruktionslehre des Stahlbetons. Band II, Tragwerke, 2. Auflage, 1991, Springer-Verlag, Berlin
[14.33] Jennewein/Schäfer: Standardisierte Nachweise von häufigen D-Bereichen. DAfStb-Heft 430, 1992, Beuth Verlag, Berlin/Köln
[14.34] Kordina/Schaaff/Westphal: Empfehlung für die Bewehrungsführung in Rahmenecken und -knoten. DAfStb-Heft 373, 1986, Beuth Verlag, Berlin/Köln
[14.35] Normenausschuss Bauwesen (NABau): Auslegungen zu DIN 1045-1; Stand 15.03.2006
[14.36] Grünberg, J.: Sicherheitskonzept und Einwirkungen nach DIN 1055 (neu); in: Avak/Goris (Hrsg.), Stahlbetonbau aktuell, Jahrbuch für die Baupraxis 2001, Beuth Verlag, Berlin/Werner Verlag, Neuwied
[14.37] Stiglat/Wippel: Platten. 3. Auflage 1983, Verlag Ernst & Sohn, Berlin
[14.38] Kordina, K.: Zum Tragsicherheitsnachweis gegenüber Schub, Torsion und Durchstanzen nach EC 2 Teil 1 – Erläuterung zur Neuauflage von Heft 425 und Anwendungsrichtlinie zu EC 2. Beton- und Stahlbetonbau 4/1994, S. 97–100
[14.39] Kordina, K.: Zur Berechnung und Bemessung von Einzel-Fundamentplatten nach EC 2 Teil 1. Beton- und Stahlbetonbau 8/1994, S. 224–226
[14.40] Fricke, K.-L.: Berechnung der Durchbiegung von Stahlbetonbauteilen: Praktische Anwendung im Ingenieurbüro; in: Stahlbetonbau aktuell, Jahrbuch für die Baupraxis 2001, Beuth Verlag, Berlin/Werner Verlag, Neuwied
[14.41] Goris, A.: Bemessung von Stahlbetonbauteilen; in: Avak/Goris (Hrsg.): Stahlbetonbau aktuell, Praxishandbuch 2006, Bauwerk Verlag, Berlin
[14.42] Bender/Mark: Zur Querkraftbemessung bei Kreisquerschnitten. Beton- und Stahlbetonbau 2/2006 und 5/2006, Ernst & Sohn, Berlin
[14.43] Steinle/Hahn: Bauen mit Betonfertigteilen im Hochbau. Beton-Kalender 1995, Verlag Ernst & Sohn, Berlin
[14.44] Bindseil, P.: Stahlbetonfertigteile – Konstruktion, Berechnung, Ausführung, 1991, Werner Verlag, Neuwied
[14.45] Seiler/Kupfer/Manleitner: Stahlbetonfertigteile, Geschossdecken, Dachdecken und vergleichbare Bauteile mit Fertigteilen; in: DAfStb-Heft 400, S. 125–128, 1988, Beuth Verlag, Berlin/Köln
[14.46] Mainka/Paschen: Untersuchungen über das Tragverhalten von Köcherfundamenten. DAfStb-Heft 411, 1990, Beuth Verlag, Berlin/Köln

[14.47] Dieterle/Steinle: Blockfundamente für Stahlbetonfertigstützen. DAfStb-H. 326, 1981, Beuth Verlag, Berlin/Köln

[14.48] Deutscher Beton-Verein: Beispiele zur Bemessung von Betontragwerken nach DIN 1045-1, Band 1: Hochbau, 2. Auflage, 2005; Band 2: Ingenieurbau, 2003. Verlag Ernst & Sohn, Berlin

[14.49] Grasser, E.: Grundlagen zur Ermittlung der Schnittgrößen; in: DAfStb-H. 400, 1988, Beuth Verlag, Berlin/Köln

[14.50] Stiglat, K.: Näherungsberechnung der Durchbiegungen von Biegetraggliedern aus Stahlbeton. Beton- und Stahlbetonbau 4/1995, S. 99–101

[14.51] Avak/Goris: Bemessungspraxis nach Eurocode 2, Zahlen- und Konstruktionsbeispiele, 1994, Werner Verlag, Neuwied

[14.52] Geistefeldt/Goris: Ingenieurhochbau – Teil 1: Tragwerke aus bewehrtem Beton nach Eurocode 2, 1993, Beuth Verlag, Berlin/Werner Verlag, Neuwied

[14.53] Schmitz, U.P.: Statik; in: Avak/Goris (Hrsg.), Stahlbetonbau aktuell, Praxishandbuch 2006, Bauwerk Verlag, Berlin

[14.54] Schmitz/Goris: Bemessungstafeln nach DIN 1045-1. ergänzte Auflage 2004, Werner Verlag, Neuwied

[14.55] Goris, A.: Stahlbetonbau-Praxis nach DIN 1045 neu
Band 1: Grundlagen, Bemessung, Beispiele; 2. Auflage, 2004, Bauwerk Verlag, Berlin
Band 2: Bewehrung, Konstruktion, Beispiele; 2006, Bauwerk Verlag, Berlin

Zu Kapitel 15 Mauerwerksbau

[15.1] Jäger, W./Schneider, K.-J./Weickenmeier, N.: Mauerwerksbau aktuell, Praxishandbuch 2006, Bauwerk Verlag, Berlin

[15.2] Schneider, K.-J./Schubert, P./Wormuth, R.: Mauerwerksbau, 6. Aufl. 1999, Werner Verlag, Neuwied

[15.3] Reichert, H.: Konstruktiver Mauerwerksbau, Bildkommentar zur DIN 1053, 7. Aufl. 1994, Verlag R. Müller, Köln

[15.4] Al Bosta, S.: Risse im Mauerwerk, 2. Aufl. 1998, Werner Verlag, Neuwied

[15.5] Mauerwerk-Atlas, 2. Aufl. 1986, Institut für int. Architektur – Dokumentation GmbH, München

[15.6] UNIPOR-Fachinformation, München

[15.7] Pfefferkorn, W.: Rissschäden an Mauerwerk, 1994, IRB Verlag, Stuttgart

[15.8] Irmschler, H.-J./Schubert, P./Jäger, W.: Mauerwerk-Kalender 2006, Verlag Ernst & Sohn, Berlin

Zu Kapitel 16 Holzbau

[16.1] Glos, P. u. a.: Konstruktionsvollholz, holzbau handbuch, Reihe 4, Teil 2, Folge 1, Info Holz, 1997

[16.2] Holzbau Kalender 2004, 3. Jahrgang 2004, Bruder Verlag, Karlsruhe, 2004

[16.3] Schulze, H.: Baulicher Holzschutz. holzbau handbuch, Reihe 3, Teil 5, Folge 2, Info Holz, 1997

[16.4] Lewitzki, W./Schulze, H.: Holzschutz, Bauliche Empfehlungen. holzbau handbuch, Reihe 3, Teil 5, Folge 1, Info Holz, 1997

[16.5] Gockel, H.: Konstruktiver Holzschutz, Bauen mit Holz ohne Chemie. Beuth Verlag, Berlin/Werner Verlag, Neuwied, 1996

[16.6] DIBt (Hrsg.): Holzschutzmittelverzeichnis, Schriften des Deutschen Institutes für Bautechnik (DIBt), 52. Aufl, Erich Schmidt Verlag, Berlin, 2004

[16.7] Schulze, H. u. a.: Beuth-Kommentare „Holzschutz“, baulich, chemisch, bekämpfend; Erläuterungen zu DIN 68 800-2, -3, -4. Beuth Verlag, Berlin, 1998

[16.8] Steck, G.: Euro-Holzbau Teil 1, Grundlagen, Werner Verlag, Neuwied, 1997

[16.9] Blaß. H. J. u. a.: Erläuterungen zu DIN 1052:2004, DGfH-Innovations- und Service GmbH, München / Bruder Verlag, Karlsruhe, 2004

[16.10] Blaß. H. J. u. a.: Einführung in die Bemessung nach DIN 1052:2004, holzbau-handbuch, Reihe 2, Teil 1, Folge 10, Info Holz, 2004
[16.11] Steck, G.: 100 Holzbau-Beispiele nach DIN 1052:2004, Werner Verlag, 2005
[16.12] Blaß, H. J./Görlacher, R.: Querdrucknachweis nach DIN 1052. Bauen mit Holz 106, Heft 9, S. 38–44, 2004
[16.13] Bruderverlag (Hrsg.): Holzbau Kalender 2003. Bruderverlag, Karlsruhe, 2002
[16.14] BFD (Hrsg.): Moderner Holzhausbau in Fertigbauweise. WEKA, 2001

Zu Kapitel 17 Glasbau

[17.1] prEN 1748-1: Glas im Bauwesen; Spezielle Basiserzeugnisse – Teil 1: Borosilikatglas (Okt. 1996)
[17.2] Glasfibel. Hrsg.: Bundesverband des deutschen Flachglas-Großhandels, 1983
[17.3] Allgemeine bauaufsichtliche Zulassung, Z-70.4-44, Glasfabrik Lamberts GmbH & Co. KG, LINIT-Profilbauglas für die Verwendung als Vertikalverglasung
[17.4] Wörner, J./Schneider, J./Fink, A.: Glasbau – Grundlagen, Berechnung, Konstruktion. Springer-Verlag Berlin/Heidelberg 2001
[17.5] Mitteilungen Deutsches Institut für Bautechnik, ISSN 0172-3006, 3. August 1998, 29. Jahrgang, Nr. 4
[17.6] Charlier, H.: Bauaufsichtliche Anforderungen an Glaskonstruktionen, Der Prüfingenieur Nr. 11 (1997), S. 44–54
[17.7] DIBt: Bauregelliste A, Bauregelliste B und Liste C (Ausgabe 01.2003). Mitteilungen des Deutschen Instituts für Bautechnik, Berlin 2003
[17.8] DIBt: Technische Regeln für die Verwendung linienförmig gelagerter Verglasungen, Ausgabe 09.1998, Mitteilungen des Deutschen Instituts für Bautechnik, Berlin 1998
[17.9] Petzhold/Marusch/Schramm: Der Baustoff Glas – Grundlagen, Eigenschaften, Erzeugnisse, Glasbauelemente, Anwendungen. Verlag für Bauwesen Berlin, 3. Auflage 1990
[17.10] Sedlacek, G./Blank, K./Laufs, W./Güsgen, J.: Glas im Konstruktiven Ingenieurbau, Bauingenieur Praxis, Ernst & Sohn, 1. Auflage, Berlin, 1999
[17.11] Technische Richtlinien des Glaserhandwerkes Nr. 19: Linienförmig gelagerte Verglasungen, Verlagsanstalt Handwerk GmbH, 4. Auflage 1999
[17.12] Bekanntmachung des Wirtschaftsministeriums Baden-Württemberg über den Verzicht auf Zustimmung, im Einzelfall für die Verwendung bestimmter nichtgeregelter Verglasungskonstruktionen vom Dezember 2003, Az.: 6-2600.0 § 21/2
[17.13] Linienförmig gelagerte Verglasung aus teilvorgespanntem Glas „ipasafe TVG" und aus Verbundsicherheitsglas „ipasafe VSG aus TVG", Allgemeine bauaufsichtliche Zulassung Z-70.3-55, Interpane Sicherheitsglas, Maybachstraße 5, 31135 Hildesheim
[17.14] Pieper, K./Martens, P.: Näherungsberechnungen vierseitig gestützter durchlaufender Platten im Hochbau; in: Beton- und Stahlbetonbau 6/66 und 7/67, Verlag Ernst & Sohn
[17.15] Hahn, J.: Durchlaufträger, Rahmen, Platten und Balken auf elastischer Bettung, 13., neu bearbeitete und erweiterte Auflage, Werner Verlag, 1981
[17.16] Aalami, B., Williams, D. G.: Thin Plate Design for Transverse Loading. Halsted Press Book, Wiley/New York, 1975
[17.17] Egner, K.: Untersuchungen zur Ermittlung der zulässigen Biegebeanspruchungen großer Glasscheiben bei verteilter Flächenbelastung; in: Berichte aus der Bauforschung, Heft 83, Berlin/München/Düsseldorf, Verlag Wilhelm Ernst & Sohn, 1973
[17.18] Hess, R.: Glasdickenbemessung – Berechnung von Einfach- und Isolierverglasungen unter Anwendung der Mebranwirkung bei Rechteckplatten großer Durchbiegung, Institut für Hochbautechnik, ETH Zürich, Oktober 1986
[17.19] Erläuterungen zu den „Technischen Regeln für die Verwendung von linienförmig gelagerten Verglasungen", Mitteilungen DIBt 3/1999
[17.20] Auszug aus der Bekanntmachung des Wirtschaftsministeriums Baden-Württemberg über die Ergänzung und Änderung der Liste der Technischen Baubestimmungen (LTB) vom Oktober 2003 (Gemeinsames Amtsblatt Nr. 10 vom 30. 09. 2003)
[17.21] Charlier, H./Feldmeier, F./Reidt, A.: Erläuterungen zu den „Technischen Regeln für die Verwendung von linienförmig gelagerten Verglasungen", Mitteilungen DIBt 3/1999

Zu Kapitel 18 Stahlbau

[18.1] Mitteilungen des Deutschen Instituts für Bautechnik, Verlag Ernst & Sohn, Berlin Anpassungsrichtlinie Stahlbau, Herstellungsrichtlinie Stahlbau, 3. Auflage, Ausgabe Dez. 1998, 29. Jahrgang Sonderheft Nr. 11/2; Berichtigungen zur Anpassungsrichtlinie Stahlbau, Heft 6/1999, Seite 201; Änderung und Ergänzung der Anpassungsrichtlinie Stahlbau, Heft 1/2002, Ausgabe 12/2001

[18.57] Schwarze, K.: Bemessung von Stahltrapezprofilen nach DIN 18 807 unter Beachtung der Anpassungsrichtlinien Stahlbau, Bauingenieur 7/8 (1998) 347–356 und IFBS-Info 3.10.

[18.58] Eggert, H.: Stahlbaunormen – angepasst (u. a. DIN 18 807, T 1, 2, 3), Bauingenieur-Praxis, 1999, Verlag Ernst & Sohn

[18.59] Schwarze, K.: Numerische Methoden zur Berechnung von Sandwichelementen; Stahlbau 12 (1984)

[18.60] Jungbluth, O./Berner, K.: Verbund- und Sandwichtragwerke, Springer-Verlag, 1986

[18.61] Wölfel, E.: Nachgiebiger Verbund, Eine Näherungslösung und deren Anwendungsmöglichkeiten, Stahlbau 6 (1987)

[18.62] Berner, K.: Erarbeitung vollständiger Bemessungsunterlagen im Rahmen bautechnischer Zulassungen für Sandwichbauteile, Forschungsvorhaben DIBt, Berlin 1995

[18.63] Berner, K.: Praxisgerechte Nachweise zur Trag- und Gebrauchsfähigkeit von Sandwichbauteilen, Stahlbau 12 (1998)

[18.64] ECCS/CIB: European Recommendations for Sandwich panels, TC 7/W 56, 2001

[18.65] European Recommendations for Sandwich panels with mineral wool core material CIB (Conseil International du Bâtiment pour l'Etude), W 56, Publication 148

[18.66] Losert H.: Zum Tragverhalten der Stähle – St 37 (235) und höherwertige, insbesondere bei Wechselbeanspruchung und starker Kerbwirkung. 40 Jahre Studiengang Stahlbau, FH München.

[18.67] Losert H.: Der Maschinenschaden, Allianz Report für Risiko und Sicherheit 6/92; 3/93; 4/93. Analyse eines ungewöhnlichen Schadensfalles. Übersetzt ins Japanische und Russische.

Zu Kapitel 19 A Bauvermessung

[19.1] Bauer, M.: Vermessung und Ortung mit Satelliten, 5. Auflage 2003, Wichmann-Verlag, Heidelberg

[19.2] Deumlich, F./Staiger, R.: Instrumentenkunde der Vermessungstechnik, 9. Auflage 2002, Wichmann-Verlag, Heidelberg

[19.3] Gelhaus, R./Kolouch, D. †: Vermessungskunde für Architekten und Bauingenieure, 2. Auflage 1997, Werner Verlag, Neuwied

[19.4] Hennecke, F./Meckenstock, H. J./Pollmer, G.: Vermessung im Bauwesen, 11. Auflage 1996, Dümmlers Verlag, Bonn

[19.5] Kahmen, H.: Vermessungskunde, 20. Auflage 2005, de Gruyter-Verlag, Berlin/New York

[19.6] Matthews, V.: Vermessungskunde,
Teil 1, 29. Auflage 2003
Teil 2, 17. Auflage 1997, Teubner Verlag, Wiesbaden

[19.7] Möser/Müller/Schlemmer/Werner (Hrsg.): Handbuch Ingenieurgeodäsie (8 Einzelbände), Auflagen 2000 bis 2006, Wichmann-Verlag, Heidelberg

[19.8] Scherer, M.: Vermessungswesen Multimedial, 2. Auflage 1998, Wichmann-Verlag, Heidelberg

[19.9] Witte, B./Schmidt. H.: Vermessungskunde und Grundlagen der Statistik für das Bauwesen, 5. Auflage 2004, Wittwer-Verlag, Stuttgart

Zu Kapitel 19 B Bauzeichnungen

[19.10] Darstellungs- und Vervielfältigungstechniken für Projektplanung und Projektdokumentation; Schriftenreihe des Bundesministers für Raumordnung, Bauwesen und Städtebau, 1983

[19.12] Empfehlungen zur Standardisierung von Bauzeichnungen; Forschungsauftrag des Bundesministers für Raumordnung, Bauwesen und Städtebau, 1983

[19.13] Bertig, R.: Räumliche Darstellungsmethoden nach DIN, Bericht zum Stand der Normung; in: Mitteilungen der Fachbereiche Architektur/Städtebau und Bauingenieurwesen der Universität GH Siegen, Heft 5, 1986

[19.14] Bertig, R.: Zeichnerische Darstellungen – Regeln nach DIN und ISO-Normen; in: das bauzentrum, Fachzeitschrift für Architekten und Bauingenieure, Heft 2, 1992

[19.16] Bundesgesetzblatt Teil I und Anlageband v. 22. 1. 1991, S. 58 ff.
Verordnung über die Ausarbeitung der Bauleitpläne und die Darstellung des Planinhaltes (Planzeichenverordnung – PlanzV 90 (12.90))

3 Wichtige Adressen für das Bauwesen*)

Allgemein

Bundesarchitektenkammer, 10963 Berlin, Askanischer Platz 4, Tel.: 0 30/26 39 44-0, Fax: 0 30/ 26 39 44-90, E-Mail: info@bak.de

Bundesingenieurkammer, 10969 Berlin, Kochstraße 22, Tel.: 0 30/25 34-29 00, Fax: 0 30/25 34-29 03, E-Mail: info@bingk.de

Bundesverband der Prüfingenieure, Ferdinandstr. 47, 20095 Hamburg, Tel.: 0 40/3 03 79 50-0, Fax: 0 40/35 35 65, E-Mail: info@bvpi.de

DiBt Deutsches Institut für Bautechnik, 10829 Berlin, Kolonnenstr. 30, Tel.: 0 30/78 73 00, Fax: 0 30/ 78 73 03 20, E-Mail: info@dibt.de

DIN Deutsches Institut für Normung, 10787 Berlin, Burggrafenstraße 6, Tel.: 0 30/26 01-0, Fax: 0 30/ 26 01 12 31

Hauptverband der Deutschen Bauindustrie, 10785 Berlin, Kurfürstenstraße 129, Tel.: 0 30/2 12 86-0, Fax: 0 30/21 28 62 40, E-Mail: bauind@bauindustrie.de

Normenausschuss Bauwesen im DIN (NABau), 10787 Berlin, Burggrafenstr. 6, Tel.: 0 30/26 01-25 03, Fax: 0 30/26 01-11 80

Zentralverband Deutsches Baugewerbe, Kronenstraße 55–58, 10117 Berlin, Tel.: 0 30/2 03 14-0, Fax: 0 30/2 03 14-420, E-Mail: Bau@zdb.de

Bundesminister für Verkehr, Bau- und Wohnungswesen, 10115 Berlin, Invalidenstraße 44, Tel.: 0 30/20 08-0, Fax: 0 30/20 08-19 20

Informationszentrum Raum und Bau der Fraunhofer-Gesellschaft, 70569 Stuttgart, Nobelstraße 12, Tel.: 07 11/9 70 25 00, Fax: 07 11/9 70 25 08

Zu Kapitel 2 B Abdichtung von Hochbauten im Erdreich

Siehe z. B. „Zu Kapitel 3 Bauphysik“

Zu Kapitel 3 Bauphysik

AIBau – Aachener Institut für Bauschadensforschung und angewandte Bauphysik gemeinnützige Gesellschaft mbH, 52072 Aachen, Theresienstr. 19, Tel.: 02 41/9 10 50 70, Fax: 02 41/9 10 50 720

Bundesarbeitskreis Altbauerneuerung (BAKA), 13187 Berlin, Elisabethweg 10, Tel: 0 30/4 84 90 78 55, Fax: 0 30/4 84 90 78 99

Bundesfachabteilung Bauwerksabdichtung im Hauptverband der Deutschen Bauindustrie, 10785 Berlin, Kurfürstenstr. 129, Tel.: 0 30/21 28 62 59, Fax: 0 30/21 28 62 50

Bundesministerium für Verkehr, Bau und Stadtentwicklung, 53175 Bonn, Robert-Schumann-Platz 1, Tel.: 0 18 88/3 00-0, Fax: 01 88 80/3 00-34 28

Bundesverband der Gipsindustrie, 64295 Darmstadt, Birkenweg 13, Tel.: 0 61 51/3 66 82-0

Bundesverband Glasindustrie und Mineralfaserindustrie, 40474 Düsseldorf, Am Bonneshof 5, Tel.: 02 11/47 96-1 34, Fax: 02 11/9 51 37 51

Bundesverband Porenbetonindustrie e. V., Entenfangweg 15, 30419 Hannover, Tel.: 05 11/3 90 89 77, Fax: 05 11/39 08 97 90

Bundesverband Rollladen + Sonnenschutz, 53177 Bonn, Hopmannstr. 2, Tel.: 02 28/95 21 000, Fax: 02 28/32 80 99

Deutscher Wetterdienst, Zentralamt, 63067 Offenbach, Kaiserleistraße, Tel.: 0 69/8 06 20, Fax: 0 69/8 06 22 44 84

Gesamtverband Dämmstoffindustrie GDI, 60386 Frankfurt, Ferdinand-Porsche-Str. 116, Tel.: 0 69/ 40 89 39 95, Fax: 0 69/40 14 37 22

*) Adressen der obersten Baubehörden s. S. 17.42.

Industrieverband Hartschaum, 69123 Heidelberg, Kurpfalzring 100a, Tel.: 0 62 21/77 60 71, Fax: 0 62 21/77 51 06

Institut für Sachverständigenwesen, 50672 Köln, Hohenzollernring 85–87, Tel.: 02 21/91 27-71 12, Fax: 02 21/ 91 27-71 99

Verband der Fenster- und Fassadenhersteller, 60594 Frankfurt, Walter-Kolb-Straße 1–7, Tel.: 0 69/ 9 55 05 40, Fax: 0 69/95 50 54 11

Vereinigung zur Förderung des Deutschen Brandschutzes, 48341 Altenberge, Theodor-Heuss-Str. 14, Tel.: 0 25 05/24 68

Zentralverband des Deutschen Dachdeckerhandwerks, Fachverband Dach-, Wand- und Abdichtungstechnik, 50968 Köln, Fritz-Reuter-Str. 1, Tel.: 02 21/ 39 80 38-0, Fax: 39 80 38-99

Zu Kapitel 5 B Baustoffe

www.wupperinst.org Informationen zu ökologischen Werten (MIPS)

www.ecoinvent.ch/de/index.htm Informationen zu ökologischen Werten (zu Ökoinventaren)

www.oeko.de/service/kea/dateien/kea-bau.pdf Informationen zu ökologischen Werten (KEA-Werte)

www.vms.at/3/3_2_4_4.htm Informationen zu ökologischen Werten (SPI-Konzept)

Zu Kapitel 6 Bauwerkserhaltung

Deutsches Institut für Bautechnik, 10829 Berlin, Kolonnenstraße 30, Tel. 0 30/78 73 00, Fax: 0 30/78 73 03 20, E-Mail: info@dibt.de

Deutscher Ausschuss für Stahlbeton (DAfStb), im DIN Deutsches Institut für Normung e. V., Burggrafenstraße 6, 10787 Berlin, Tel.: 0 30/26 01 20 39, Fax: 0 30/26 01 17 23, E-Mail: dafstb@din.de

Deutscher Beton- und Bautechnik-Verein e. V. (DBV), Kurfürstenstraße 129, 10785 Berlin, Tel.: 0 30/23 60 96-0, Fax: 0 30/23 60 96-23, E-Mail: info@betonverein.de

(EOTA) European Organisation for Technical Approvals, Kunstlaan 40 Avenue des Arts, 1040 Brüssel (Belgien), Tel.: 00 32/25 02/69 00, Fax: 00 32/25 02/38 14, E-Mail: info@eota.be

Zu Kapitel 7 B Verkehrswesen

Arbeitsgemeinschaft der Bitumen-Industrie, ARBIT, Steindamm 55, 20099 Hamburg, Tel.: 0 40/ 2 80 29 39, Fax: 0 40/2 80 21 25

Asphalt + Bitumen Beratung c/o KOOB Agentur für Public Relations, Solinger Str. 13, 45481 Mühlheim a. d. Ruhr, Tel.: 02 08/46 96-0, Fax: 02 08/46 96-1 00

Bundesanstalt für Straßenwesen, Brüderstr. 53, 51427 Bergisch Gladbach, Tel.: 0 22 04/43-0, Fax: 0 22 04/43-6 73

Bundesfachabteilung Straßenbau im Hauptverband der Deutschen Bauindustrie, Geschäftsführer: Obering. U. Habermann, 10785 Berlin, Kurfürstenstr. 129, Tel. 0 30/2 12 86-2 63, Fax: 0 30/2 12 86-2 97

Bundesfachgruppe Straßen- und Tiefbau im Zentralverband Deutsches Baugewerbe, Geschäftsführer: Dipl.-Ing. H. Gscheiner, Kronenstr. 55–58, 10117 Berlin, Tel. 0 30/2 03 14-0, Fax: 0 30/ 2 03 14-4 20

Bundesverband der Baumaschinen-, Baugeräte- und Industriemaschinen-Firmen, Adenauerallee 45, 53113 Bonn, Tel.: 02 28/22 34 69, Fax: 02 28/22 56 01

Deutscher Asphaltverband e. V., Schieffelingsweg 6, 53123 Bonn, Tel.: 02 28/97 96 50, Fax: 02 28/ 9 79 65 11

Forschungsgesellschaft für Straßen- und Verkehrswesen, Hauptgeschäftsstelle Bonn: Konrad-Adenauer-Str. 13, 50996 Köln, Tel.: 02 21/9 35 83-0, Fax: 02 21/9 35 83-73

Verband Deutscher Verkehrsunternehmen (VDV), Kamekestr. 37–39, 50672 Köln, Tel.: 02 21/ 57 97 90, Fax: 02 21/51 42 72

Zu Kapitel 7 C/D Wasserversorgung und Kanalisation

Deutsche Vereinigung des Gas- und Wasserfaches e. V. Technisch-wissenschaftlicher Verein, Josef-Wirmer-Straße 1–3, 53123 Bonn, Tel: 02 28/9 18 85, www.dvgw.de

Deutsche Vereinigung für Wasserwirtschaft, Abwasser und Abfall e. V. (DWA), Theodor-Heuss-Allee 17, 53773 Hennef, Tel.: 0 22 42/87 20, www.dwa.de

Fachgemeinschaft Guss-Rohrsysteme, Wittestraße 30 k, 13509 Berlin, Tel.: 0 30/43 57 25 80, Fax: 0 30/43 57 24 00, www.gussrohrtechnik.de

Fachverband Steinzeugindustrie e. V., Max-Planck-Str. 6, 50858 Köln, Tel.: 0 22 34/5 07-0, Fax: 0 22 34/5 07-2 04

Fachvereinigung Betonrohre und Stahlbetonrohre (FBS) e. V., Schlossallee 10, 53179 Bonn, Tel.: 02 28/9 54 56-54, Fax: 02 28/9 54 56-43, www.fbsrohre.de

Gütegemeinschaft Kunststoffrohre e. V., Dyroffstr. 2, 53113 Bonn, Tel.: 02 28/9 14 77-0, Fax: 02 28/ 21 13 09, www.krv.de

Güteschutz Kanalbau e. V., Linzer Str. 21, 53604 Bad Honnef, Tel.: 0 22 24/93 84-0, Fax: 0 22 24/ 93 84-84, www.kanalbau.com

Rohrleitungssanierungsverband (RSV) e. V., Postfach 340142, 45073 Essen, Telefon/Fax: 02 01/27 61 45, www.rsv-ev.de

Tiefbau-Berufsgenossenschaft, Am Knie 6, 81241 München, Tel.: 0 89/88 97-01, Fax: 0 89/88 97-590, www.tiefbaubg.de

VUBIC Verband unabhängig beratender Ingenieure und Consultants e. V., Wallstraße 23/24, 10179 Berlin, Tel.: 0 30/2 78 73 20, www.vubic.de

Zu Kapitel 8 Geotechnik

Bundesausschuss Leistungslohn Bau-Fachgruppe Erdbau, Abraham-Lincoln-Str. 30, 65189 Wiesbaden, Tel.: 06 11/9 70 25 00, Fax: 06 11/7 72 40

Deutsche Gesellschaft für Geotechnik e. V., Hohenzollernstraße 52, 45128 Essen, Tel.: 02 01/ 78 27 23, Fax: 02 01/78 27 43

Tiefbau-Berufsgenossenschaft, Technischer Aufsichtsdienst, Am Knie 6, 81241 München, Tel.: 0 89/ 88 97-5 00, Fax: 0 89/88 97-4 94

Zu Kapitel 10 A Bauprozessmanagement

Gesellschaft für Immobilienwirtschaftliche Forschung e. V., 65185 Wiesbaden, Wilhelmstraße 12, Tel.: 06 11/33 44 970, Fax: 06 11/33 44 975, E-Mail: info@gif-ev.de

DVP Deutscher Verband der Projektmanager in der Bau- und Immobilienwirtschaft e. V., 10787 Berlin, Landgrafenstraße 14, Tel.: 0 30/25 12 21 86, Fax: 0 30/25 12 21 89, E-Mail: info@dvpev.de

agenda4-eCommunity e. V. c/o DV – Gesellschaft des Deutschen Verbandes für Wohnungswesen, Städtebau und Raumordnung mbH, 10117 Berlin, Georgenstraße 21, Tel.: 0 30/20 64 16 90, Fax: 0 30/20 64 16 91, E-Mail: info@deutscher-verband.org

Zu Kapitel 14 Beton und Stahlbetonbau

Bundesverband der Deutschen Kies- und Sandindustrie e. V., Düsseldorfer Str. 50, 47051 Duisburg, Tel.: 02 03/99 23 90, Fax: 02 03/9 92 39 97 bzw. 98

Bundesverband der Deutschen Transportbetonindustrie e. V., Düsseldorfer Straße 50, 47051 Duisburg, Tel.: 02 03/99 23 90, Fax: 02 03/9 92 39 97

Bundesverband der Deutschen Zementindustrie e. V., Tannenstraße 2, 40401 Düsseldorf, Tel.: 02 11/43 69 26-0, Fax: 02 11/43 69 26-700

Bundesverband Deutsche Beton- und Fertigteilindustrie e. V., Schlossallee 10, 53179 Bonn, Tel.: 02 28/9 54 56-0, Fax: 02 28/9 54 56-90

Bundesverband Estrich und Belag e. V., Industriestr. 19, 53842 Troisdorf, Tel.: 0 22 41/4 20 41, Fax: 0 22 41/40 42 95

Bundesverband Kraftwerksnebenprodukte e. V., Niederkasseler Kirchweg 97, 40547 Düsseldorf, Tel.: 02 11/57 91 95, Fax: 02 11/57 95 24

Deutscher Ausschuss für Stahlbeton, im DIN Deutsches Institut für Normung, Burggrafenstr. 6, 10787 Berlin, Tel.: 0 30/26 01 20 39, Fax: 0 30/26 01 17 23

Deutscher Beton- und Bautechnik-Verein e. V., Kurfürstenstr. 129, 10785 Berlin, Tel.: 0 30/ 2 36 09 60, Fax: 0 30/23 60 96 23

Fachverband Betonstahlmatten, Kaiserswerther Str. 137, 40474 Düsseldorf, Tel.: 02 11/4 56 42 56, Fax: 02 11/4 56 42 18

Verein Deutscher Zementwerke e. V., Tannenstraße 2, 40476 Düsseldorf, Tel.: 02 11/4 57 81, Fax: 02 11/4 57 82 96

Zu Kapitel 15 Mauerwerksbau

Bundesverband der Deutschen Kalkindustrie e. V., Annastr. 67–71, 50968 Köln, Tel.: 02 21/ 93 46 74-0, Fax: 02 21/93 46 74-10 bzw. 14, E-Mail: info@kalk.de

Bundesverband der Deutschen Ziegelindustrie e. V., Schaumburg-Lippe-Str. 4, 53133 Bonn, Tel.: 02 28/9 14 93-0, Fax: 02 28/9 14 93-28, E-Mail: info@ziegel.de

Bundesverband Kalksandsteinindustrie e. V., Entenfangweg 15, 30419 Hannover, Tel.: 05 11/ 2 79 54-0, Fax: 05 11/2 79 54-54, E-Mail: info@kalksandstein.de

Bundesverband Porenbetonindustrie e. V., Entenfangweg 15, 30419 Hannover, Tel.: 05 11/39 08 97-7, Fax: 05 11/39 08 97-90, E-Mail: info@bv-porenbeton.de

Deutsche Gesellschaft für Mauerwerksbau e. V., Kochstraße 6–7, 10969 Berlin, Tel.: 0 30/25 35 96-40, Fax: 0 30/25 35 96-45, E-Mail: mail@dgfm.de

Fachvereinigung Leichtbeton e. V., Sandkauler Weg 1, 56564 Neuwied, Tel.: 0 26 31/3 55 55-0, Fax: 0 26 31/3 13 36, E-Mail: info@leichtbeton.de

Industrieverband Werkmörtel e. V., Düsseldorfer Straße 50, 47051 Duisburg, Tel.: 02 03/9 92 39, Fax: 02 03/9 92 39-90, E-Mail: info@iwm-ev.de

Zu Kapitel 16 Holzbau

Bund Deutscher Zimmermeister im Zentralverband Deutsches Baugewerbe e. V., Kronenstraße 55–58, 10117 Berlin, Tel.: 0 30/2 03 14-5 36, Fax: 0 30/2 03 14-5 60, www.bdz-holzbau.de

Deutsche Bauchemie e. V., Karlstraße 21, 60329 Frankfurt am Main, Tel.: 0 69/25 56-0, Fax: 0 69/ 25 16 09, www.deutsche-bauchemie.de

Deutsche Gesellschaft für Holzforschung e. V. (DGfH), Bayerstr. 57–59, 80335 München, Tel.: 0 89/ 51 61 70-0, Fax: 0 89/53 16 57, Postfach 31 01 31, 80102 München, www.dgfh.de

Gütegemeinschaft Nagelplatten e. V./Interessenverband Nagelplatten e. V., Gartenstraße 6, 37181 Hardeysen, Tel.: 01805 44 66 75, Fax: 0 55 05/50 98 61, www.nagelplatten.de

Holzabsatzfonds, Godesberger Allee 142–148, 53175 Bonn, Tel.: 02 28/3 08 38-0, Fax: 02 28/ 3 08 38-30, www.infoholz.de

Studiengemeinschaft Holzleimbau e. V., Gütegemeinschaft Holzleimbau e. V., Elfriede-Stremmel-Straße 69, 42369 Wuppertal, Tel.: 02 02/9 78 35 81, Fax: 02 02/9 78 35 79, www.brettschichtholz.de

Qualitätsgemeinschaft Holzbau und Ausbau e. V., Kronenstraße 55–58, 10117 Berlin, Tel.: 0 30/ 2 03 14-5 71, Fax: 0 30/2 03 14-5 61, www.qha.de

Zu Kapitel 17 Glasbau

Bundesverband Flachglas e. V., Mühlheimer Str. 1, 53840 Troisdorf, Tel.: 0 22 41/8 72 70, Fax: 0 22 41/87 27 10

Bundesverband Glasindustrie e. V., Am Bonneshof 5, 40474 Düsseldorf, Tel.: 02 11/4 79 61 34, Fax: 02 11/9 51 37 51

Bundesinnungsverband des Glaserhandwerkes (BIV), An der Glasfachschule, 65589 Hadamar, Tel.: 0 64 33/9 13 30, Fax: 0 64 33/57 02

Deutscher Stahlbauverband DTSV, Abeitsgemeinschaft Stahl und Glas, Sohnstraße 65, 40237 Düsseldorf, Tel.: 02 11/6 70 78 00, Fax: 02 11/6 70 78 20

FMPA Baden-Württemberg, Pfaffenwaldring 4, 70569 Stuttgart, Tel.: 07 11/6 85 33 23, Fax: 07 11/ 6 85 68 20

Gütegemeinschaft Mehrscheiben-Isolierglas e. V., Mühlheimer Str. 1, 53840 Troisdorf, Tel.: 0 22 41/ 87 27 30, Fax: 0 22 41/87 27 10

Institut für Fenstertechnik e. V., Theodor-Grietl-Str. 7–9, 83026 Rosenheim, Tel.: 0 80 31/26 10, Fax: 0 80 31/26 12 90

LMPA Sachsen-Anhalt, Große Steinernetischstr. 4, 39104 Magdeburg, Tel.: 03 91/5 69 20, Fax: 03 91/56 92 11

Materialprüfungsamt des Landes Brandenburg, Müggelseedamm 109, 12587 Berlin, Tel.: 0 30/ 64 18 60, Fax: 0 30/64 18 61 77

Materialprüfanstalt für das Bauwesen Hannover, Schönebecker Allee 2, 30823 Garbsen, Tel.: 05 11/ 762 43 62, Fax: 05 11/7 62 30 02

MFPA Leipzig, Hans-Weigel-Str. 2b, 04319 Leipzig, Tel.: 03 41/8 44 92 30, Fax: 03 41/84 49 23 99

MPA Nordrhein-Westfalen, Marsbruchstr. 186, 44287 Dortmund, Tel.: 02 31/4 50 20, Fax: 02 31/ 45 85 49

MPA Darmstadt, Grafenstr. 2, 64283 Darmstadt, Tel.: 0 61 51/16 23 51, Fax: 0 61 51/16 61 18

Zu Kapitel 18 Stahlbau

Bauen mit Stahl e. V., Sohnstr. 65, 40237 Düsseldorf, Tel.: 02 11/67 07-8 28, Fax: 02 11/ 67 07 8 29

Deutscher Ausschuss für Stahlbau, Sohnstr. 65, 40237 Düsseldorf, Tel.: 02 11/67 07-80, Fax: 02 11/ 67 07-820

Deutscher Stahlbau-Verband, Sohnstr. 65, 40237 Düsseldorf, Tel.: 02 11/6 70 78-00, Fax: 02 11/ 6 70 78-20

Deutscher Verband für Schweißen und verwandte Verfahren e. V., Aachener Str. 172, 40223 Düsseldorf, Tel.: 02 11/1 59 10, Fax: 02 11/1 59 12 00

Industrieverband für Bausysteme im Metallleichtbau e. V. (IFBS), Max-Planck-Str. 4, 40237 Düsseldorf, Tel.: 02 11/91 42 70, Fax: 02 11/67 20 34

Informationsstelle Edelstahl Rostfrei, Postfach 10 22 05, 40013 Düsseldorf, Tel.: 02 11/67 07-0, Fax: 02 11/67 07-3 44

Institut Feuerverzinken GmbH, Sohnstr. 70, 40237 Düsseldorf, Tel.: 02 11/69 07 65-0, Fax: 02 11/ 68 95 99

Institut für Sandwichtechnik – Mainz, FH Mainz (iS-mainz), Holzstraße 36, 55116 Mainz, Tel.: 0 61 31/ 2 85 93 14, Fax: 0 61 31/2 85 93 50

Stahl-Informations-Zentrum, Sohnstraße 65, 40237 Düsseldorf, Tel.: 02 11/67 07-8 46, Fax: 02 11/ 67 07-3 44

Zu Kapitel 19 A/B Bauvermessung/Bauzeichnungen

Bund der Öffentlich bestellten Vermessungsingenieure e. V. (BDVI), Luisenstr. 46, 10117 Berlin, Tel.: 0 30/2 40 83 83, Fax: 0 30/24 08 38 59, www.bdvi.de

Gesellschaft für Geodäsie, Geoinformation und Landmanagement e. V. (DVW), Am Badenberg 28, 79235 Vogtsburg-Oberrotweil, Tel.: 0 76 62/94 92 87, Fax: 0 76 62/94 92 88, www.dvw.de

Verband Deutscher Vermessungsingenieure e. V. (VDV), Weyerbuschweg 23, 42115 Wuppertal, Tel.: 02 02/7 16 05 79, Fax: 02 02/7 16 05 79, www.vdv-online.de

Normenausschuss Technische Grundlagen – Techn. Produktdokumentation im DIN, Burggrafenstr. 6, 10787 Berlin, Tel.: 0 30/26 01-0, Fax: 0 30/26 01-12 60

4 Allgemeine Tafeln

Prof. Dipl.-Ing. Karlheinz Tripler

Formate für Zeichnungen nach EN 20 216 (Deutsche Fassung 02.91)

Format Kurzzeichen	Maße (mm) beschnitten (B)	Maße (mm) unbeschnitten (U)
4A0	1682 × 2378	1720 × 2420
2A0	1189 × 1682	1230 × 1720
A0*	841 × 1189	880 × 1230
A1*	594 × 841	625 × 880
A2*	420 × 594	450 × 625
A2.0	420 × 1189	450 × 1230
A2.1	420 × 841	450 × 880
A3*	297 × 420	330 × 450
A3.0	297 × 1189	330 × 1230
A3.1	297 × 841	330 × 880
A3.2	297 × 594	330 × 625
A4*	210 × 297	240 × 330
A5*	148 × 210	165 × 240
A6*	105 × 148	
A7*	74 × 105	
A8*	52 × 74	
A9*	37 × 52	
A10*	26 × 37	
A11*	18 × 26	
A12*	13 × 19	

* Hauptreihe A ISO 216 (1975)

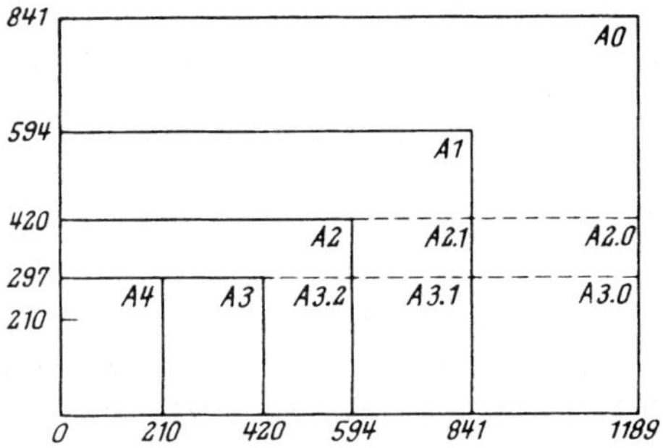

Bildung von Streifenformaten (A2.0, A2.1, A3.0, A3.1, A3.2) durch Kombination der Seiten zweier Formate.

Faltung auf Ablageformat A4 nach DIN 824 (3.81)

Blattgröße*)	Faltungsschema	Blattgröße*)	Faltungsschema
A 0 **841 × 1189** 1 m² (831 × 1179)	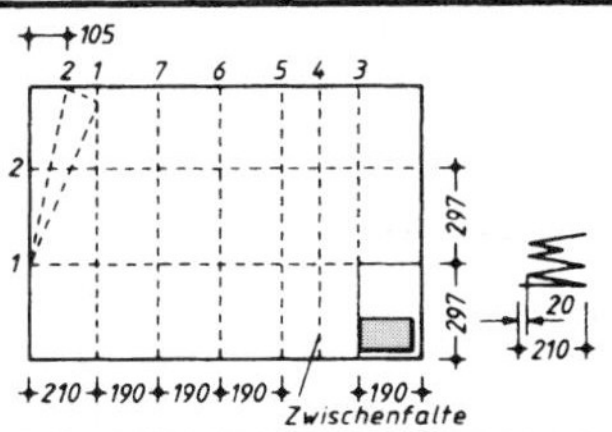	**A 2** **420 × 594** 0,25 m² (410 × 584)	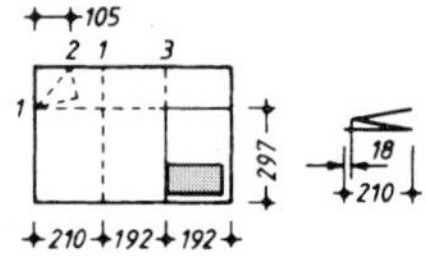
		A 3 **297 × 420** 0,125 m² (287 × 410)	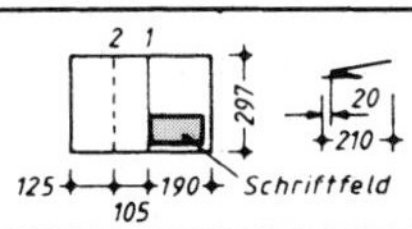
A 1 **594 × 841** 0,5 m² (584 × 831)	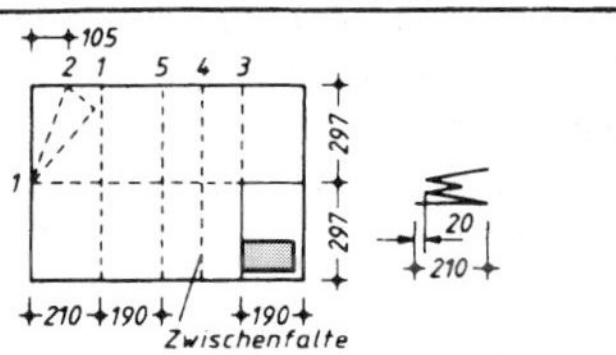	**A 4** **210 × 297** 0,062 m² (200 × 287)	*) ( ) Werte geben die Zeichenfläche an.

Sütterlin

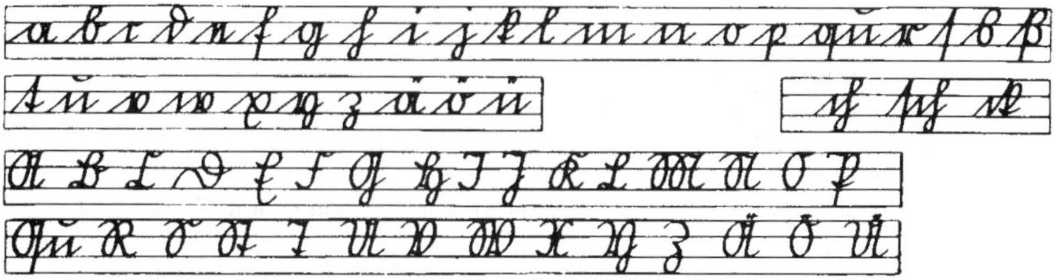

Römische Zahlen

I = 1	VII = 7	XL = 40	IC = 99	DC = 600
II = 2	VIII = 8	L = 50	C = 100	DCC = 700
III = 3	IX = 9	LX = 60	CC = 200	DCCC = 800
IV = 4	X = 10	LXX = 70	CCC = 300	CM = 900
V = 5	XX = 20	LXXX = 80	CD = 400	IM = 999
VI = 6	XXX = 30	XC = 90	D = 500	M = 1000

Griechisches Alphabet

Α α Alpha	*Β β* Beta	*Γ γ* Gamma	*Δ δ* Delta	*Ε ε* Epsilon	*Ζ ζ* Zeta	*Η η* Eta	*Θ ϑ* Theta
Ι ι Jota	*Κ ϰ* Kappa	*Λ λ* Lambda	*Μ μ* My	*Ν ν* Ny	*Ξ ξ* Xi	*Ο ο* Omikron	*Π π* Pi
Ρ ϱ Rho	*Σ σ* Sigma	*Τ τ* Tau	*Υ υ* Ypsilon	*Φ φ* Phi	*Χ χ* Chi	*Ψ ψ* Psi	*Ω ω* Omega

Druck- und Spannungseinheiten – Vergleich nach DIN 1080-2 (3.80)

international verständlich					international ungebräuchlich	
SI-Einheit	Einheiten außerhalb des SI-Systems nur für Druckangaben von Fluiden	Ausgewählte Vielfache der SI-Einheit	Einheit bezogen auf m^2	Einheit bezogen auf mm^2	Einheit bezogen auf cm^2 nur für Sonderfälle[1]	entspricht etwa den nicht mehr zulässigen bisherigen Einheiten
10^0 Pa		**Pa**[2]	**N/m^2**			
10^1 Pa						kp/m^2; mm WS
10^2 Pa	mbar[3]					
10^3 Pa		**kPa**	**kN/m^2**			
10^4 Pa					N/cm^2	Mp/m^2; m WS
10^5 Pa	bar					kp/cm^2; at
10^6 Pa		**MPa**	**MN/m^2**	**N/mm^2**		
10^7 Pa					kN/cm^2	kp/mm^2
10^8 Pa						
10^9 Pa		GPa	GN/m^2	kN/mm^2		

[1] Diese Einheiten stehen im Widerspruch zu internationalen Empfehlungen, z. B. ISO 1000. Sie sollten daher nur in Sonderfällen angewandt werden, z. B. in statischen Berechnungen, wobei Vergleichsgrößen in Einheiten der Spalten 3, 4 und 5 umzurechnen sind.

[2] Pascal. [3] 1 bar = 9,81 m (ca. 10,00 m) Wassersäule.

Einheitenbeispiele nach DIN 1080-1 (6.76); weitere Einheiten siehe DIN 1301-1 bis -3 (02.78 bis 10.02)

	Einheiten				Größe
1	m [1]	mm	cm	µm	Länge
2	m^2	mm^2	cm^2		Fläche
3	m^3	mm^3	cm^3	l	Volumen
4	m^4	mm^4	cm^4	–	Flächenmoment 2. Grades (früher: Flächenträgheitsmoment)
5	o	′	″	rad gon	Winkel – 1° = 60′ = 3600″; 1° = (π/180) rad 1 gon = (π/200) rad; 1 rad = 1 m/m
6	t	kg	g	mg	Masse, Gewicht (1 kg wirkt mit der Eigenlast 10 N)
7	t/m^3	g/cm^3	kg/m^3	g/l	Dichte (Masse/Volumen) $1\ t/m^3 = 1\ g/cm^3$; $1\ kg/m^3 = 1\ g/l$
8	s	min	h	d	Zeit (1 d = 24 h; 1 h = 60 min; 1 min = 60 s)
9	Hz				Frequenz (1 Hz = 1/s)
10	1/s				Kreisfrequenz, Winkelgeschwindigkeit
11	1/s	1/min			Drehzahl
12	m/s	km/h	m/min	cm/s	Geschwindigkeit
13	rad/s				Winkelgeschwindigkeit
14	m/s^2	cm/s^2			Beschleunigung
15	rad/s^2				Winkelbeschleunigung
16	m^3/s	L/s			Durchfluss, Volumenstrom
17	kN	MN	N [2]		Kraft; Einzellast; Schnittkraft ($1\ MN = 10^3\ kN = 10^6\ N$)
18	kN/m				Streckenlast
19	kN/m^2				Flächenlast; Bodenscherfestigkeit ($1\ kN/m^2 = 1\ kPa$)
20	MN/m^2	N/mm^2			Spannung; Festigkeit ($1\ MN/m^2 = 1\ N/mm^2 = 1\ MPa$)
21	kN/m^3				Wichte (= Eigenlast/Volumen)
22	MN/m^2	kN/m^2	MPa	kPa	Druck [3] ($1\ kN/m^2 = 1\ kPa = 10^3\ N/m^2$)
23	MPa	kPa	Pa	bar	Druck [3),4] ($1\ bar = 10^5\ N/m^2$)
24	kN m	MN m	N m		Moment
25	W s	kW h	J		Energie; Wärmemenge (1 J = 1 N m = 1 W s)
26	kN m	N m	J		Arbeit
27	N s				Impuls
28	kW	W			Leistung; Energiestrom; Wärmestrom (1 W = 1 N m/s)
29	°C	K			Temperatur (0 °C = 273,15 K)
30	K	°C [5]			Temperaturdifferenzen und -intervalle
31	$W/(m^2\ K)$				Wärmeübergangskoeffizient; Wärmedurchlasskoeffizient; Wärmedurchgangskoeffizient
32	W/(m · K)				Wärmeleitfähigkeit
33	dB [6]				Schallpegel

[1] 1 m ist der vierzigmillionste Teil des über die Pole gemessenen Erdumfanges.
[2] 1 N ist die Kraft, die einem Körper der Masse 1 kg die Beschleunigung $1\ m/s^2$ erteilt.
[3] Bei Druckgrößen muss zusätzlich zur Einheit eindeutig angegeben werden, ob es sich um barometrischen Überdruck oder um Absolutdruck handelt (siehe auch DIN 1314 (2.77)).
[4] Bei Messungen mit Druckmessgerät (Manometer).
[5] Empfohlen für die Angabe von Celsiustemperaturen mit zulässigen Abweichungen, z. B. (20 ± 2) °C.
[6] Dezibel ist keine Einheit nach DIN 1301, sondern dient zur Kennzeichnung von logarithmierten Größenverhältnissen, siehe DIN 5493 (02.93).

Achsenkreuz und positive Schnittgrößen nach DIN 1080 Teil 1 (6.76)

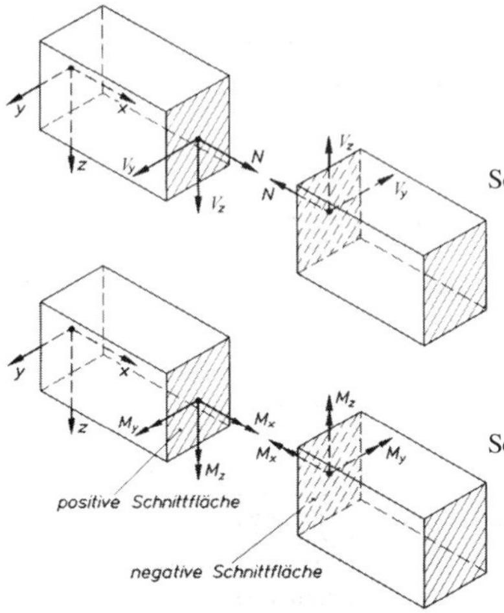

Schnittkräfte

Schnittmomente

Orientierung durch Koordinaten
(rechtwinkliges, rechtsdrehendes System *x*, *y*, *z*)

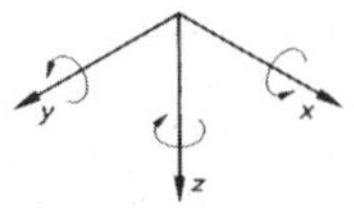

Hinweis
Querkraftkurzzeichen *V* angepasst (in DIN 1080 wird die Querkaft noch mit *Q* bezeichnet; s. u.).

Formel- und Kurzzeichen

Gegenüberstellung der Hauptzeichen nach DIN 1080 (6.76) und ISO 3898 (8.97)*)

Haupt-zeichen ISO 3898	Bedeutung		Haupt-zeichen DIN 1080
A	Fläche	area	*A*
a	Abstand	distance	*a*
b	Breite	width	*b*
d	Durchmesser	diameter	*d*
d	**Nutzhöhe**[1)]	**effective depth**	***h***
E	Elastizitätsmodul	modulus of elasticity	*E*
e	Exzentrizität	eccentricity	*e*
F	Kraft (Last, Schnittkraft)	action, force	*F*
f	**Festigkeit eines Materials**	**strength of a material**	***β***
G	Eigenlast	permanent action	*G*
G	Schubmodul	shear modulus	*G*
g	Eigenlast je Länge oder Fläche	distributed permanent action	*g*
h	**Querschnittshöhe**[1)]	**overall depth**	***d***[1)]
I	Flächenmoment 2. Grades	second moment of a plane area	*I*
i	Trägheitsradius	radius of gyration	*i*
L, *l*	Stützweite	span	*l*, *L*
M	Biegemoment	bending moment	*M*
N	Längskraft	axial force	N
P	**Vorspannkraft**	**prestressing force**	***V***
Q	**Verkehrslast**	**variable action**	***P***
q	**Verkehrslast je Länge oder Fläche**	**distributed variable load**	***p***
R	resultierende Kraft	resultant force	*R*
r	Radius	radius	*r*
S	Flächenmoment 1. Grades	first moment of a plane area	*S*
S	Schneelast	snow action	*S*
s	Schneelast je Länge oder Fläche	distributed snow action	*s*

1) Unterscheidung zwischen *d* und *h* ist insbesondere im Stahlbetonbau von Beduetung.

*) In neueren Normen werden (überwiegend) die in der ersten Spalte genannten internationalen Kurzzeichen verwendet; Abweichungen zu DIN 1080 sind fett gedruckt gekennzeichnet.

Haupt-zeichen ISO 3898	Bedeutung		Haupt-zeichen DIN 1080
T	**Torsionsmoment**	**torsional moment**	$\boldsymbol{M_T}$
t	Dicke	thickness	*t*
V	**Querkraft**	**shear force**	***Q***
V	Volumen	volumen	*V*
W	Windlast	wind action	*W*
w	Windlast je Länge oder Fläche	distributed wind action	*w*
γ	(Teil-)Sicherheitsbeiwert	(partial) safety factor	γ
ε	Dehnung	strain	ε
λ	Schlankheitsgrad	slenderness ratio	λ
ρ	Dichte (Masse je Volumen)	density	ρ
σ	Längsspannung	axial stress	σ
τ	Schubspannung	shear stress	τ

Abkürzungen von Nebenzeichen

Abkürzung	Bedeutung
abs	absolut
cal	rechnerisch (calculated)
const	konstant
crit	kritisch
ef	wirksam (effective)
el	elastisch
erf (req)	erforderlich (required)
est	geschätzt (estimated)
inf	unteres, niedrigeres (inferior)
lim	Grenze (Grenz-) (limit)

Abkürzung	Bedeutung
max	maximal, (Größt-)
min	minimal (Kleinst-)
nom	Nenn... (nominal)
pl	plastisch
red	reduziert
rel	relativ, bezogen
sup	oberes, höheres (superior)
tot	gesamt (total)
vorh, prov	vorhanden (provided)
zul	zulässig

Nicht genormte Einheiten (Auswahl)

Längenmaß	m
brit. inch (Zoll[1])	0,0254
preußischer Zoll	0,0262
bayerischer Zoll	0,29186
brit. foot	0,30488
preußischer Fuß	0,314
preußische Elle	0,667
brit. yard	0,914
	km
russischer Werst	1,06678
brit. statute mile	1,60943
Welt-Seemeile	1,85201
franz. See-Linie	5,556
neue geograph. Meile	7,420
dänische und preußische Meile	7,532
schwedische Neumeile	10,000
Meridiangrad	111,120
Äquatorgrad	111,306

Flächenmaß	m^2
square foot	0,093
square yard	0,836
preußischer Quadratfuß	0,0986
preußische Quadratrute	14,185
preußischer Morgen	2553
bayerisches Tagwerk	3407
brit./amerik. acre	4046,7
sächsischer Acker	5534
österreichisches Joch	5755,4
square mile	2588881

Raummaß	m^3
brit. quart	0,00145
Metzen	0,00344
brit. gallon	0,00455
cubic foot	0,02830
preußischer Scheffel	0,05496

[1] Siehe auch Umrechnungstafel nächste Seite.

Fortsetzung s. nächste Seite.

Raummaß (Forts.)	m^3
Eimer	0,06870
amerikanischer barrel	0,15900
Oxhoft	0,20600
Tonne	0,21980
Ohm	0,30900
Klafter	0,33800
cubic yard	0,76400

Gewicht	
Karat	0,205 g
brit. ounce	28,350 g
Unze	31,100 g
brit. pound	454,000 g
Zentner	50 kg
brit. short ton	907 kg
brit. long ton	1016 kg

Arbeit, Leistung, Energie, Wärme – Umrechnung

		kpm	kcal
Arbeit, Energie- oder Wärme-menge	Nm = J = Ws	0,102	$2{,}39 \cdot 10^{-4}$
	kNm = kJ = kWs	102	0,239
	kWh	$367 \cdot 10^3$	860
Leistung, Energie- oder Wärme-strom		kpm/s	kcal/h
	Nm/s = J/s = W	0,102	0,860
	kNm/s = kJ/s = kW	102	860
	kJ/h	0,0283	0,239

Vervielfachung von Einheiten

da	Deka	10^1	Zehn	M	Mega	10^6	Million
h	Hekto	10^2	Hundert	G	Giga	10^9	Milliarde
k	Kilo	10^3	Tausend	T	Tera	10^{12}	Billion

Teilung von Einheiten

d	Dezi	10^{-1}	Zehntel	μ	Mikro	10^{-6}	Millionstel
c	Zenti	10^{-2}	Hundertstel	n	Nano	10^{-9}	Milliardstel
m	Milli	10^{-3}	Tausendstel	p	Pico	10^{-12}	Billionstel

Umrechnung Zoll[1)]/cm

Zoll		1	2	3	4	5	6[2)]	7	8	9
	cm	2,540	5,080	7,620	10,160	12,700	15,240	17,780	20,320	22,860
1/16	0,1587	2,699	5,239	7,779	10,319	12,859	15,399	17,939	20,479	23,019
1/8	0,3175	2,858	5,398	7,938	10,478	13,018	15,558	18,098	20,638	23,178
3/16	0,4761	3,016	5,556	8,096	10,636	13,176	15,716	18,256	20,796	23,336
1/4	0,6350	3,175	5,715	8,255	10,795	13,335	15,875	18,415	20,958	23,495
3/8[2)]	0,9525	3,493	6,033	8,573	11,113	13,653	16,193	18,733	21,273	23,813
1/2	1,2700	3,810	6,350	8,890	11,430	13,970	16,510	19,050	21,590	24,130
5/8	1,5875	4,128	6,668	9,208	11,748	14,288	16,829	19,368	21,908	24,448
3/4	1,9050	4,445	6,985	9,525	12,065	14,605	17,145	19,685	22,225	24,765
7/8	2,2225	4,763	7,303	9,843	12,383	14,923	17,463	20,003	22,543	25,083

1) Britischer und amerikanischer Zoll (inch, in.). 2) Beispiel: $6\,^3/_8$ Zoll = 16,193 cm.

Maßtoleranzen nach DIN 18 202 (10.05)

Bei der Ausführung von Bauwerken und der Herstellung von Bauteilen sind Ungenauigkeiten bei der Fertigung bzw. Vorfertigung, beim Aufmaß und bei der Montage grundsätzlich nicht zu vermeiden. Die Einhaltung der hier beschriebenen Toleranzen ermöglicht das reibungslose Zusammenfügen von Bauteilen und wirkt sich vorteilhaft bei der Abnahme der Bauleistungen, z. B. nach VOB, aus.

Begriffe	
1. Maßtoleranz	Differenz zwischen Höchstmaß und Mindestmaß
2. Größtmaß	Höchst zulässiges Maß
3. Mindestmaß	Mindest zulässiges Maß
4. Grenzabweichung	Differenz zwischen Höchstmaß bzw. Mindestmaß und Nennmaß (hierzu Tabelle unten)
5. Nennmaß (Sollmaß)	Maß für Größe, Gestalt und Lage eines Bauteils oder Bauwerks, in *Zeichnungen* eingetragen
6. Istmaß	Durch *Messung* festgestelltes Maß
7. Istabmaß	Differenz zwischen Ist- und Nennmaß

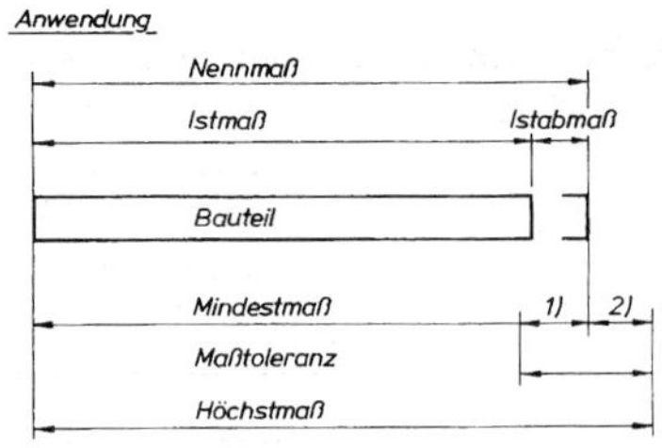

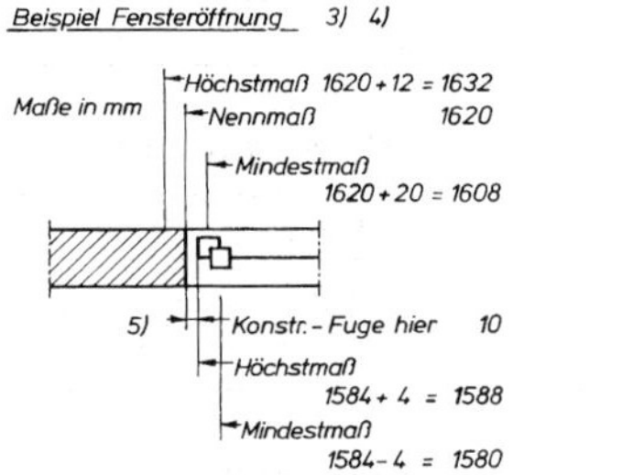

[1] Grenzabweichung (–)
[2] Grenzabweichung (+)
[3] Grenzabweichungen ± 12 mm, Maßtoleranz 24 mm.
[4] Fensterrahmen
Grenzabweichungen ± 4 mm, Maßtoleranz 8 mm.
[5] 1608 – (2 × 10) für 2 Fugen = 1588 mm.

Grenzabweichungen						
1	2	3	4	5	6	7
Bezug	Grenzabweichungen in mm bei Nennmaßen in mm					
	bis 1	über 1 bis 3	über 3 bis 6	über 6 bis 15	über 15 bis 30	über 30
Maße im Grundriss, z. B. Längen, Breiten, Achs- und Rastermaße	± 10	± 12	± 16	± 20	± 24	± 30
Maße im Aufriss, z. B. Geschosshöhen, Podesthöhen, Abstände von Aufstandsflächen und Konsolen	± 10	± 16	± 16	± 20	± 30	± 30
Lichte Maße im Grundriss, z. B. Maße zwischen Stützen, Pfeilern usw.	± 12	± 16	± 20	± 24	± 30	–
Lichte Maße im Aufriss, z. B. unter Decken und Unterzügen	± 16	± 20	± 20	± 30	–	–
Öffnungen, z. B. für Fenster, Türen, Einbauelemente	± 10	± 12	± 16	–	–	–
Öffnungen wie vor, jedoch mit oberflächenfertigen Leibungen	± 8	± 10	± 12	–	–	–

5 Stichwortverzeichnis*)

*) Nomenklatur wichtiger Begriffe des öffentlichen Baurechts siehe Kapitel 9.

Raum für Notizen

Raum für Notizen

Raum für Notizen

Raum für Notizen

Raum für Notizen